VDI-Lexikon Informatik und Kommunikationstechnik

Springer
*Berlin*
*Heidelberg*
*New York*
*Barcelona*
*Hongkong*
*London*
*Mailand*
*Paris*
*Singapur*
*Tokio*

# VDI-Lexikon
# Informatik und
# Kommunikations-
# technik

Zweite, erweiterte und neubearbeitete Auflage

Herausgegeben von
Manfred Broy und Otto Spaniol

 Springer

Prof. Dr. rer. nat. Manfred Broy
Institut für Informatik
Technische Universität München
80290 München

Prof. Dr. rer. nat. Otto Spaniol
Lehrstuhl für Informatik IV
RWTH Aachen
Ahornstr. 55
52074 Aachen

ISBN 3-540-63249-2 Springer-Verlag Berlin Heidelberg New York

Die Deutsche Bibliothek – CIP-Einheitsaufnahme

**Verein Deutscher Ingenieure:**
VDI-Lexikon Informatik und Kommunikationstechnik / Hrsg.:
Manfred Broy ; Otto Spaniol. – 2., erw. und neubearb. Aufl. – Berlin ;
Heidelberg ; New York ; Barcelona ; Hongkong ; London ;
Mailand ; Paris ; Singapur ; Tokio : Springer, 1999
   (VDI-Buch)
   ISBN 3-540-63249-2

Dieses Werk ist urheberrechtlich geschützt. Die dadurch begründeten Rechte, insbesondere die der Übersetzung, des Nachdrucks, des Vortrags, der Entnahme von Abbildungen und Tabellen, der Funksendung, der Mikroverfilmung oder Vervielfältigung auf anderen Wegen und der Speicherung in Datenverarbeitungsanlagen, bleiben, auch bei nur auszugsweiser Verwertung, vorbehalten. Eine Vervielfältigung dieses Werkes oder von Teilen dieses Werkes ist auch im Einzelfall nur in den Grenzen der gesetzlichen Bestimmungen des Urheberrechtsgesetzes der Bundesrepublik Deutschland vom 9. September 1965 in der jeweils geltenden Fassung zulässig. Sie ist grundsätzlich vergütungspflichtig. Zuwiderhandlungen unterliegen den Strafbestimmungen des Urheberrechtsgesetzes.

© Springer-Verlag Berlin Heidelberg 1999
Printed in Germany

Die Wiedergabe von Gebrauchsnamen, Handelsnamen, Warenbezeichnungen u. ä. in diesem Werk berechtigt auch ohne besondere Kennzeichnung nicht zu der Annahme, daß solche Namen im Sinne der Warenzeichen- und Markenschutz-Gesetzgebung als frei zu betrachten wären und daher von jedermann benutzt werden dürften.
Sollte in diesem Werk direkt oder indirekt auf Gesetze, Vorschriften oder Richtlinien (z.B. DIN, VDI, VDE) Bezug genommen oder aus ihnen zitiert worden sein, so kann der Verlag keine Gewähr für die Richtigkeit, Vollständigkeit oder Aktualität übernehmen. Es empfiehlt sich, gegebenenfalls für die eigenen Arbeiten die vollständigen Vorschriften oder Richtlinien in der jeweils gültigen Fassung hinzuzuziehen.

Redaktion: Dipl.-Ing. Bernd Küffer
Graphische Darstellungen: Peter Lübke
Satz: Konrad Triltsch GmbH
Umschlaggestaltung: Struve & Partner, Heidelberg

SPIN: 10628494    68/3020 - 5 4 3 2 1 0 – Gedruckt auf säurefreiem Papier

# Vorwort

Die Informatik ist immer noch eine junge und aufstrebende Disziplin. Ihr wachsender Einfluß ist zunehmend in weiteren Bereichen des täglichen Lebens spürbar: Mikroprozessoren steuern Waschmaschinen und Fotoapparate, spezielle Software ermöglicht die rationelle Erstellung von Texten, unterstützt die Verkehrsführung auf Autobahnen und kontrolliert Telefonnetze. Das inzwischen fast allgegenwärtige Internet mit Millionen angeschlossener Rechner und einer rasant wachsenden Zahl von Benutzern ist dabei, eine neue Dimension für unsere Kommunikationsmöglichkeiten zu erschließen.

Weitere hochaktuelle Aufgabenfelder der Informatik sind Neuronale Netze, Expertensysteme, hochintegrierte Schaltungen, Parallel- und Höchstleistungsrechner, Informationssysteme und „Computer Supported Cooperative Work" sowie Anwendungen aus Bereichen wie der Mustererkennung, der rechnerintegrierten Produktion sowie der Computergrafik und -animation. Dies sind nur einige Anwendungsbereiche, die innerhalb weniger Jahre neu entstanden sind und/oder deren Möglichkeiten sich enorm ausgeweitet haben.

Forschung und Entwicklung auf den zusammenwachsenden Gebieten Informatik und Kommunikationstechnik beschäftigen sich mit Problemfeldern, die einerseits immer differenzierter werden, für die sich andererseits jedoch in steigendem Maße neue Integrationsmöglichkeiten ergeben. Das Zusammenwachsen von Informations- und Kommunikationsdiensten und ihre Nutzung durch elektronische Massenmedien sind Beispiele dafür. Hochkomplexe Kommunikationsnetzwerke ermöglichen die immer weitergehende Globalisierung der Märkte – mit allen Chancen und Risiken. Die Entwicklung geht immer weiter hin zu einer „Global Information Infrastructure", also zu einer weltumspannenden Infrastruktur für den Austausch von Informationen.

Wir hoffen, daß auch die 2. Auflage dieses Lexikons den Nutzern zur Klärung möglichst vieler Fragen gute Dienste leistet. Den Autoren sei an dieser Stelle für ihre Mitarbeit herzlich gedankt, ebenso der Redaktion des Springer-Verlags, der die Fortführung der Lexika-Reihe vom VDI-Verlag übernommen hat.

*Manfred Broy*
*Otto Spaniol*

# Die Herausgeber

Professor Dr. rer. nat. Manfred Broy ist seit 1983 ordentlicher Professor für Informatik, zuerst an der Universität Passau und seit 1989 an der Technischen Universität München. Er forscht auf dem Gebiet „Programm- und Systementwicklung" mit den Schwerpunkten Frühe Phasen der Entwicklung, Methodik, Spezifikation und Verifikation. 1994 wurde er mit dem Leibniz-Preis der Deutschen Forschungsgemeinschaft (DFG) ausgezeichnet.

Professor Dr. rer. nat. Otto Spaniol ist seit 1984 Inhaber des Lehrstuhls für Informatik IV „Kommunikation und verteilte Systeme" an der RWTH Aachen. Er ist deutscher Delegierter für Kommunikationssysteme in verschiedenen internationalen Gremien (z.B. IFIP und ICCC). Er war langjähriger Vorsitzender des Fachausschusses Informatik in der Deutschen Forschungsgemeinschaft (DFG). Seine Veröffentlichungen betreffen Gebiete wie die Datenkommunikation, die Modellierung und Bewertung, verteilte Systeme, Hochleistungsnetze, Multimediasysteme und Anwendungen.

# Die Autoren

*Dr.-Ing. Hans-Josef Ackermann*
ZGDV Zentrum für Graphische Datenverarbeitung e.V., Darmstadt

*Dipl.-Ing. Dipl.-Inform. Bernd Alheit*
ZGDV Zentrum für Graphische Datenverarbeitung e.V., Darmstadt

*Dr. Michael Amberg*
Lehrstuhl für Wirtschaftsinformatik, Otto-Friedrich-Universität Bamberg

*Dr. Peter Astheimer*
Siemens AG, München

*Prof. Dr. Achim Bachem*
DLR Deutsche Forschungsanstalt für Luft- und Raumfahrt e.V., Köln

*Dr. rer. nat. Peter Bastian*
Institut für Computeranwendungen III, Universität Stuttgart

*Dr. Peter Baumann*
FORWISS Bayerisches Forschungszentrum für Wissensbasierte Systeme, München

*Dr. rer. nat. Jürgen Bendisch*
GMD Gesellschaft für Mathematik und Datenverarbeitung mbH, Sankt Augustin

*Dr. rer. nat. Dipl.-Inform. Klaus Bergner*
Institut für Informatik, Technische Universität München

*Dipl.-Inform. Hartmut Bittner*
Capcom GmbH, Darmstadt

*Prof. Dr. rer. nat. Dr.-Ing. habil. Arndt Bode*
Lehrstuhl für Rechnertechnik und Rechnerorganisation, Institut für Informatik, Technische Universität München

*Dr.-Ing. Carsten Bormann*
Technologiezentrum Bremen, Universität Bremen

*Prof. Dr.-Ing. Ute Bormann*
Arbeitsgruppe Rechnernetze, Fachbereich Mathematik/Informatik, Universität Bremen

*Prof. Dr. Dipl.-Math. Wilfried Brauer*
Institut für Informatik, Technische Universität München

*Dipl.-Inform. Max Breitling*
Institut für Informatik, Technische Universität München

*Prof. Dr. rer. nat. Manfred Broy*
Institut für Informatik, Technische Universität München

*Dipl.-Inform. Jürgen Büchler*
GRIS Fachgebiet Graphisch-Interaktive Systeme, Fachbereich Informatik, Technische Hochschule Darmstadt

*Dipl.-Ing. Darius Burschka*
Lehrstuhl für Prozeßrechner, Technische Universität München

# Die Autoren

*Patentanwalt Dr.-Ing. Helge B. Cohausz*
Patent- und Rechtsanwaltskanzlei Cohausz u.a.,
Düsseldorf

*Dr.-Ing. habil. Fan Dai*
ABB Forschungszentrum, Heidelberg

*Dipl.-Inform. Stefan Daun*
IGD Institut für Graphische Datenverarbeitung,
Fraunhofer-Institut Darmstadt

*Dr. Kerstin Dautenhahn*
Department of Cybernetics, University of Reading
(UK)

*Dr. jur. Jörg Debelius*
Deutscher Verband technisch-wissenschaftlicher
Vereine, Düsseldorf

*Prof. Dr. P. Deussen*
ILKD Institut für Logik, Komplexität und
Deduktionssysteme, Universität Karlsruhe

*Dipl.-Inform. Dierk Ehmke*
ZGDV Zentrum für Graphische Datenverarbeitung
e.V., Darmstadt

*em. Prof. Dr.-Ing. Klaus Ehrlenspiel*
Lehrstuhl für Konstruktion im Maschinenbau,
Technische Universität München

*Prof. Dr.-Ing. José Luis Encarnação*
Fachgebiet Graphisch-Interaktive Systeme, Institut
für Informationsverwaltung und Interaktive Systeme,
Technische Hochschule Darmstadt

*em. Prof. Dr. Albert Endres*
Institut für Informatik, Technische Universität
München

*Prof. Dr.-Ing. Georg Färber*
Lehrstuhl für Prozeßrechner, Technische Universität
München

*Dipl.-Inform. Andreas Fasbender*
Lehrstuhl IV für Informatik, RWTH Aachen

*Dipl.-Inform. Wolfgang Felger*
IGD Institut für Graphische Datenverarbeitung,
Fraunhofer-Institut Darmstadt

*Prof. Dr. Otto K. Ferstl*
Lehrstuhl für Wirtschaftsinformatik, Otto-Friedrich-
Universität Bamberg

*em. Prof. Dr. jur. Dr. rer. nat. Herbert Fiedler*
Alfter-Oedekoven

*Dipl.-Ing. Franz Fischer*
Lehrstuhl für Prozeßrechner, Technische Universität
München

*Prof. Dr. Harald Ganzinger*
Max-Planck-Institut für Informatik, Saarbrücken

*Dipl.-Inform. Stefan Gastinger*
Institut für Informatik, Ludwig-Maximilians-
Universität München

*Dipl.-Math. Thomas Grauschopf*
Institut für Informatik, Technische Universität
München

*Prof. Dr. rer. nat. habil. Michael Griebel*
Institut für Angewandte Mathematik,
Abteilung Wissenschaftliches Rechnen
und Numerische Simulation, Universität Bonn

*Prof. Dr.-Ing. Rolf-Rainer Grigat*
Parallelrechner-Architekturen für die digitale Bild-
verarbeitung, Technische Informatik I,
Technische Universität Hamburg-Harburg

*Dr.-Ing. Rudolf Güll*
ZGDV Zentrum für Graphische Datenverarbeitung
e.V., Darmstadt

*Dipl.-Ing. Udo Gutheil*
IGD Institut für Graphische Datenverarbeitung,
Fraunhofer-Institut Darmstadt

*Dipl.-Ing. Thomas Haaker*
GRIS Fachgebiet Graphisch-Interaktive Systeme,
Fachbereich Informatik, Technische Hochschule
Darmstadt

*em. Prof. Dr.-Ing. Michael Hausdörfer*
Mühltal

*Privatdozent Dr. Reinhold Heckmann*
Institut für Informatik, Universität des Saarlandes,
Saarbrücken

*Dr. Rolf Hennicker*
Institut für Informatik, Ludwig-Maximilians-
Universität München

*Dipl.-Ing. Thomas Herbig*
Lehrstuhl für Prozeßrechner, Technische Universität
München

*Dr. Oliver Hermanns*
Lehrstuhl für Informatik IV, RWTH Aachen

*Peter Herrmann*
VDI Verein Deutscher Ingenieure, Düsseldorf

## Die Autoren

*Prof. Dr. Wolfgang Hesse*
Fachgebiet Informatik, Fachbereich Mathematik,
Philipps-Universität Marburg

*Prof. Dr. Ralf Hofestädt*
Magdeburg

*Dipl.-Inform. Simon Hoff*
Ericsson Eurolab Deutschland GmbH, Herzogenrath

*Prof. Dr. Georg Rainer Hofmann*
Fachhochschule Würzburg-Schweinfurt-
Aschaffenburg

*Dr.-Ing. Wolfgang Hübner*
GIF GmbH, Ludwigshafen

*Kai Jakobs*
Lehrstuhl Informatik IV, RWTH Aachen

*Dr. Hans Joseph*
Dresdner Bank, Frankfurt/Main

*Dr.-Ing. Kennet Karlsson*
Ericsson Telecom AB, Mölndal (Schweden)

*Dipl.-Inform. Edwin Klement*
IGD Institut für Graphische Datenverarbeitung,
Fraunhofer-Institut Darmstadt

*Dipl.-Math. Kornel Klement*
IGD Institut für Graphische Datenverarbeitung,
Fraunhofer-Institut Darmstadt

*Dr. phil. Leo H. Klingen*
Bonn

*Prof. Dr. Walter Knödel*
Institut für Informatik, Universität Stuttgart

*Dr.-Ing. Dagmar Köhler*
Boehringer Ingelheim

*Dipl.-Ing. Thomas Kolloch*
Lehrstuhl für Prozeßrechner, Technische Universität
München

*Prof. Dr.-Ing. Jürgen Krauser*
Fachhochschule Berlin, Deutsche Telekom AG,
Berlin

*Dipl.-Inform. Marion Kreiter*
ZGDV Zentrum für Graphische Datenverarbeitung
e.V., Darmstadt

*Dipl.-Ing. Klaus G. Krieg*
DIN Deutsches Institut für Normung e.V., Berlin

*em. Prof. Dr. rer. nat. Fritz Krückeberg*
Bonn

*Dr.-Ing. Herbert Kümmritz*
Neu-Ulm

*Dr.-Ing. Hermann Lang*
VDE Verband Deutscher Elektrotechniker e.V.,
Frankfurt/Main

*Prof. Dr.-Ing. Reinhard Langmann*
Fachbereich Elektrotechnik, Fachhochschule
Düsseldorf

*Dr. Ulrike Lechner*
Lehrstuhl für Programmierung,
Universität Passau

*Prof. Dr. Ph. D. Thomas Lengauer*
Institut für Algorithmen und wissenschaftliches
Rechnen (SCAI), GMD – Forschungszentrum
Informationstechnik GmbH, Sankt Augustin

*Dr.-Ing. Rolf Lindner*
GRIS Fachgebiet Graphisch-Interaktive Systeme,
Fachbereich Informatik, Technische Hochschule
Darmstadt

*Dipl.-Math. Fritz Loseries*
ZGDV Zentrum für Graphische Datenverarbeitung
e.V., Darmstadt

*Dr.-Ing. Michael Lutz*
Commerzbank AG, Frankfurt/Main

*Dipl.-Inform. Gregor Lux*
ZGDV Zentrum für Graphische Datenverarbeitung
e.V., Darmstadt

*Dipl.-Inform. Max Mehl*
IGD Institut für Graphische Datenverarbeitung,
Fraunhofer-Institut Darmstadt

*Dr. rer. nat. Stephan Merz*
Institut für Informatik, Ludwig-Maximilians-
Universität München

*Dr. rer. nat. Wilhelm Merz*
Institut für Angewandte Mathematik,
Technische Universität München

*Dr.-Ing. Luiz Ary Messina*
GRIS Fachgebiet Graphisch-Interaktive Systeme,
Fachbereich Informatik, Technische Hochschule
Darmstadt

# Die Autoren

*Dipl.-Inform. Bernd Meyer*
Lehrstuhl für Informatik IV, RWTH Aachen

*Dipl.-Ing. Theodoros Moissiadis*
Wiesbaden

*Dr. rer. nat. Andy Mück*
Allgemeine Innere Verwaltung, Bay BFH Hof

*Dipl.-Inform. Matthias Muth*
ZGDV Zentrum für Graphische Datenverarbeitung e.V., Darmstadt

*Prof. Ph. D. Bernd Neumann*
Fachbereich Informatik, Universität Hamburg

*Dr. Friederike Nickl*
sd&m GmbH & Co. KG, München

*Prof. Dr.-Ing. Heinrich Niemann*
Lehrstuhl für Mustererkennung, Informatik 5, Friedrich-Alexander-Universität Erlangen-Nürnberg

*Dr.-Ing. Stefan Noll*
IGD Institut für Graphische Datenverarbeitung, Fraunhofer-Institut Darmstadt

*Dr.-Ing. Jörg Ott*
Arbeitsgruppe „Rechnernetze", Fachbereich 3, Universität Bremen

*Prof. Dr.-Ing. habil. Reinhold Paul*
Lehrstuhl für Technische Elektronik, Technische Universität Hamburg-Harburg

*Dipl.-Ing. Stefan M. Petters*
Lehrstuhl für Prozeßrechner, Technische Universität München

*Dipl.-Ing. Johann Pfefferl*
Lehrstuhl für Prozeßrechner, Technische Universität München

*Prof. Dr. Jochen Poller*
Institut für Informationstechnik, Berufsakademie Mannheim

*Dr. Claudia Popien*
Lehrstuhl für Informatik IV, RWTH Aachen

*Dipl.-Ing. Hermann Pott*
Open Enterprise Computing – High End Server, Siemens Nixdorf Informationssysteme AG, Paderborn

*Dr.-Ing. Jürgen Quade*
Softing GmbH, Haar

*Dr. rer. nat. Ulrich Quernheim*
Lehrstuhl für Informatik IV, RWTH Aachen

*Dr. rer. nat. Dipl.-Phys. Hermann H. Rampacher*
GI Gesellschaft für Informatik e.V., Wissenschaftszentrum, Bonn

*Dipl.-Ing. Jürgen Redmer*
GRIS Fachgebiet Graphisch-Interaktive Systeme, Fachbereich Informatik, Technische Hochschule Darmstadt

*Dr. rer. nat. Bernhard Reus*
Institut für Informatik, Ludwig-Maximilians-Universität München

*Dipl.-Ing. Hans-Peter Richter*
Philips Broadcast Television Systems GmbH, Griesheim

*Dr.-Ing. Georgios Sakas*
IGD Institut für Graphische Datenverarbeitung, Fraunhofer-Institut Darmstadt

*Dipl.-Inform. Christian Sänger*
ZGDV Zentrum für Graphische Datenverarbeitung e.V., Darmstadt

*Dr.-Ing. Jutta Schaub*
IGD Institut für Graphische Datenverarbeitung, Fraunhofer-Institut Darmstadt

*Prof. Dr.-Ing. Sigram Schindler*
Institut für Kommunikations- und Softwaretechnik, Fachbereich 13 Informatik, Technische Universität Berlin

*Prof. Dr. Gerhard Schmeißer*
Mathematisches Institut, Universität Erlangen-Nürnberg

*Prof. Dr. Joachim W. Schmidt*
Arbeitsbereich Softwaresysteme, Fachbereich Informatik, Technische Universität Hamburg-Harburg

*em. Prof. Dr. rer. nat. Hans Schneeberger*
Holzkirchen/Föching

*Prof. Dr. Hans Jürgen Schneider*
Lehrstuhl für Programmiersprachen, Universität Erlangen-Nürnberg

*Dipl.-Inform. Gerald Schröder*
Arbeitsbereich Softwaresysteme, Fachbereich Informatik, Universität Hamburg-Harburg

*Prof. Dr. rer. nat. Dipl.-Phys. Elmar Schrüfer*
Lehrstuhl für Elektrische Meßtechnik, Technische Universität München

# Die Autoren

*Prof. Dr.-Ing. Herbert Schulz*
Institut für Produktionstechnik und Spanende Werkzeugmaschinen, Technische Hochschule Darmstadt

*Dr. rer. nat. Joachim Selbig*
Institut für Algorithmen und wissenschaftliches Rechnen (SCAI), GMD – Forschungszentrum Informationstechnik GmbH, Sankt Augustin

*Dipl.-Ing. Harald Selzer*
INTEGRATA Unternehmensberatung GmbH, Darmstadt

*Prof. Dr. Elmar J. Sinz*
Lehrstuhl für Wirtschaftsinformatik, Otto-Friedrich-Universität Bamberg

*Prof. Dr. rer. nat. Otto Spaniol*
Lehrstuhl für Informatik IV, RWTH Aachen

*Dr. rer. nat. Dipl.-Inform. Katharina Spies*
Institut für Informatik, Technische Universität München

*Prof. Peter Paul Spies*
Lehrstuhl für Systemarchitektur, Institut für Informatik, Technische Universität München

*Dr.-Ing. Jürgen Stärk*
Dr. Stärk Computer GmbH, Dreieich

*Dr. rer. nat. Günther Strohrmann*
Marl

*Dr. rer. nat. Klaus Stüben*
Institut für Algorithmen und wissenschaftliches Rechnen (SCAI), GMD – Forschungszentrum Informationstechnik GmbH, Sankt Augustin

*Dipl.-Ing. Herbert Thielen*
Lehrstuhl für Prozeßrechner, Technische Universität München

*Prof. Dr. Ulrich Trottenberg*
Institut für Algorithmen und wissenschaftliches Rechnen (SCAI), GMD – Forschungszentrum Informationstechnik GmbH, Sankt Augustin

*Dr. Max Ungerer*
Prostep GmbH, Darmstadt

*Dr. rer. nat. Martin Vingron*
DKFZ Deutsches Krebsforschungszentrum, Heidelberg

*Prof. Dr.-Ing. Otto Weitzel*
Fachhochschule Gießen-Friedberg

*Prof. Dr. rer. nat. Reinhard Wilhelm*
Institut für Informatik, Fachbereich 14, Universität des Saarlandes, Saarbrücken

*Prof. Dr. Martin Wirsing*
Lehrstuhl für Programmierung und Softwaretechnik, Institut für Informatik, Ludwig-Maximilians-Universität München

*Dipl.-Inform. Rolf Ziegler*
IGD Institut für Graphische Datenverarbeitung, Fraunhofer-Institut Darmstadt

*Dipl.-Inform. Peter Zuppa*
IGD Institut für Graphische Datenverarbeitung, Fraunhofer-Institut Darmstadt

# Erläuterungen zur Benutzung

Das Spektrum der Informatik und Kommunikationstechnik ist in etwa 2300 Stichwörter aufgegliedert. Unter einem Stichwort ist i.d.R. nur die speziell diesen Begriff erläuternde Erklärung zu finden; Ausnahmen dienen dazu, Zusammenhänge deutlich zu machen. Die Verweise führen entweder zu einem synonymen oder zu einem übergeordneten Begriff, unter dem das entsprechende Stichwort abgehandelt ist. Die Querverweise im Text führen zu einer Vertiefung des Wissens, wenn der Nutzer des Lexikons das verwandte oder ergänzende Stichwort aufsucht.

Die Stichwörter sind – gleichgültig, ob sie aus einem oder mehreren Wörtern bestehen – alphabetisch geordnet. Zusammengesetzte Begriffe sind vorwiegend unter dem Substantiv zu finden, das i. allg. im Singular aufgeführt ist. Die „Innere-Punkt-Methode" ist also unter I zu suchen, der „perfekte Graph" als „Graph, perfekter" unter G und „RTK" unter R. Ist ein aus dem Englischen übernommener Begriff nicht als Stichwort enthalten, empfiehlt es sich, den gesuchten Begriff in der Übersetzungsliste (Verzeichnis der englischsprachigen Stichwörter) am Ende des Lexikons nachzuschlagen.

Bilder, Tabellen und Programmierbeispiele zu den einzelnen Stichwörtern sind i.d.R. im Anschluß an den Absatz, in dem sie erwähnt bzw. erläutert werden, plaziert. Aus umbruchtechnischen Gründen kann es jedoch vorkommen, daß sie – besonders im Fall zweispaltiger Abbildungen und Tabellen – erst auf der nächsten Seite zu finden sind. Die Zuordnung ist durch das Wiederholen des Stichwortes in der Bildlegende bzw. Tabellenüberschrift deutlich gemacht.

Literaturhinweise sind knapp gehalten und auf die wichtigsten Werke beschränkt.

Begriffe aus den Bereichen Elektronik und Prozeßdatenverarbeitung sind nur in einzelnen Fällen erläutert. Hier wird empfohlen, in den noch im VDI-Verlag erschienenen Lexika „Elektronik und Mikroelektronik" sowie „Meß- und Automatisierungstechnik" nachzuschlagen.

Redaktion/Lektorat
im Oktober 1998

# A

**A\*-Algorithmus** ⟨*A\*-algorithm*⟩. Heuristisch gesteuertes Suchverfahren der Künstlichen Intelligenz (KI), das in einem → Suchgraph den kostengünstigsten Pfad von einem Startknoten zu einem Zielknoten findet. Die Suche wird schrittweise durchgeführt, indem je Schritt der günstigste Nachfolge-Knoten K für einen Teilpfad gewählt wird. Zur Knotenauswahl dient eine Bewertungsfunktion, die sich beim A\*-A. aus zwei Teilen zusammensetzt:
– eine Abschätzung $g^*(K)$ für die optimalen Kosten vom Start bis zu K,
– eine Abschätzung $h^*(K)$ für die optimalen Kosten von K bis zum Ziel.

$g^*(K)$ wird aufgrund der tatsächlichen Kosten für den Teilpfad bis K berechnet, $h^*(K)$ wird geschätzt mit Hilfe einer → Heuristik, die die noch ausstehenden Schritte bewertet. Die Bewertung von K ist die Summe aus $f^*(K)$ und $h^*(K)$.

Ein A\*-A. liegt vor, wenn $h^*(K)$ für alle Knoten kleiner oder gleich den tatsächlichen Kosten ist, diese also unterschätzt. Unter dieser Bedingung findet der → Algorithmus stets den kostengünstigsten Pfad, falls einer existiert. Dies schließt den Fall ein, wo $h^*$ für alle Knoten identisch Null ist. Dann reduziert sich der A\*-A. auf eine blinde → Breitensuche. *Neumann*

**Abbild** ⟨*illustration*⟩. Das objektorientierte Arbeiten bzw. Bedienen mittels A. hat sich im Bereich der Bürowelt für graphische → Bedienoberflächen zum Standard entwickelt. Der größte Vorteil dieser Bedienphilosophie besteht darin, daß dem Nutzer seine gewohnte Arbeitsumgebung als meist graphisches A. präsentiert wird und er mittels Manipulation dieser A. das → System bedient. Die graphischen A. schaffen für den → Benutzer eine Objektwelt auf dem → Bildschirm, die der jeweiligen physikalischen Realität des Anwendungsbereiches entspricht. Zur Arbeit mit dieser Objektwelt werden gegenwärtig drei Grundprinzipien genutzt:
– → WYSIWYG-Prinzip (What You See Is What You Get),
– → direkte Manipulation,
– Verwendung von → Icons.

Werden graphische A. für → Benutzerschnittstellen technischer Anwendungen eingesetzt, bedeutet dies, daß die A., die ein reales → Objekt oder einen → Prozeß darstellen, genau den Funktionsinhalt des → Weltobjektes dem Benutzer vermitteln, der auch durch eine Manipulation des A. tatsächlich physisch realisiert werden kann. Gegenüber Textverarbeitungs- oder → Desktop-Publishing-Systemen ergibt sich jedoch eine Reihe von Problemen dadurch, daß sich technische Objekte i.d. R. nur durch eine strukturierte Menge von A. über die Benutzerschnittstelle präsentieren lassen und damit die eineindeutige Zuordnung zwischen der Reaktion des Objektes auf dem Bildschirm und seiner Reaktion in der Realität nicht immer gewahrt ist. *Langmann*

**Abbruchfehler** ⟨*truncation error*⟩. Bei vielen Verfahren der praktischen Mathematik wird eine unendliche Reihe oder Folge nach endlich vielen Gliedern abgebrochen, oder es wird in einer bestehenden Gleichung ein Glied (Restglied) vernachlässigt. Der dadurch entstehende Fehler heißt A. oder Verfahrensfehler. Er tritt unabhängig von den benutzten Rechengeräten allein schon durch das Verfahren selbst auf. In der Regel läßt er sich nicht explizit numerisch angeben, da man sonst ebensogut ein fehlerfrei arbeitendes Verfahren aufstellen könnte. Zur vollständigen Beschreibung eines Verfahrens gehört es jedoch, auch den A. zu diskutieren, formal darzustellen oder durch numerisch zugängliche Größen abzuschätzen (→ a-posteriori-Abschätzung, → a-priori-Abschätzung). *Schmeißer*

**Abduktion** ⟨*abduction*⟩. Inferenzmethode, die zu Fakten (Beobachtungen) mögliche Erklärungen erzeugt. Eine A. kann in folgender Form notiert werden:

    Aus    b
    und   (a verursacht b)
    schließe a

A. sind nicht notwendigerweise gültig. Wenn beispielsweise a für „ich habe Krebs" und b für „mir geht es schlecht" stehen, ist a nicht notwendigerweise die Erklärung für b, obwohl der Zusammenhang „a verursacht b" in der Regel gültig ist. A. sind der Kern von vielen Interpretationsaufgaben, z. B. von medizinischer Diagnose, Interpretation seismischer Messungen oder Auswerten von Bildern. Expertensysteme für Interpretationsaufgaben enthalten Abduktionsregeln als wesentlichen Bestandteil ihrer → Wissensbasis, meist in der Form „wenn b, dann a", z. B. „wenn gelbe Gesichtsfarbe, dann Hepatitis". Wegen der Unsicherheit von Abduktionsschlüssen werden solche Regeln häufig mit Konfidenz-Faktoren versehen, z. B. „wenn b dann wahrscheinlich (0.7) a". *Neumann*

**Abfragesprache** ⟨*query language*⟩ → Anfragesprache

**Abgeschlossenheit** ⟨*closure*⟩. In verschiedenen mathematischen Disziplinen wird eine Teilmenge von

Objekten „abgeschlossen" genannt, wenn die Operationen dieser Disziplin nicht aus dieser Teilmenge herausführen.

*Beispiele*

☐ *Arithmetik.* Die Menge aller ganzen Zahlen ist abgeschlossen gegenüber Addition und Subtraktion. Die Menge aller von Null verschiedenen rationalen Zahlen ist abgeschlossen gegenüber Multiplikation und Division.

☐ *Algebra.* Ein Körper K heißt algebraisch abgeschlossen, wenn jede algebraische Gleichung mit Koeffizienten aus K mindestens eine Lösung in K besitzt. Beispielsweise ist der Körper der komplexen Zahlen nach dem Fundamentalsatz der Algebra algebraisch abgeschlossen, der Körper der reellen Zahlen ist es dagegen nicht, da die Gleichung $x^2+1=0$ keine reelle Lösung besitzt.

☐ *Topologie.* Eine Menge heißt abgeschlossen, wenn sie alle ihre Häufungspunkte enthält. Man kann die abgeschlossenen Mengen auch axiomatisch einführen oder definieren als die Komplemente der offenen Mengen oder als diejenigen Mengen, die mit ihrer abgeschlossenen Hülle übereinstimmen.

Auf der reellen Zahlengeraden bzw. in der euklidischen Ebene sind die abgeschlossenen Intervalle bzw. die Gebiete nach Vereinigung mit ihren Randpunkten Beispiele für abgeschlossene Mengen eines topologischen Raumes. *Schmeißer*

Literatur: *Franz, W.:* Topologie I. Berlin 1973. – *Meyberg, K.:* Algebra, Teil 2. München 1976. – *Schubert, H.:* Topologie. Stuttgart 1975. – *van der Waerden, B. L.:* Algebra, Bd. 1 (8. Aufl.). Berlin 1971.

**Abhängigkeit, funktionale** ⟨*functional dependency*⟩. Im relationalen Datenbankmodell ist eine Attributkombination Y funktional abhängig von einer Attributkombination X, wenn es keine zwei Tupel in der Relation mit derselben Belegung für X und unterschiedlichen Belegungen für Y gibt. Weitere Abhängigkeiten sind in der Literatur beschrieben (→ Normalform, → Normalisierung). *Schmidt/Schröder*

Literatur: *Lockemann, P. C.* und *J. W. Schmidt* (Hrsg.): Datenbankhandbuch. Berlin–Heidelberg–New York 1987. – *Ullmann, J. D.:* Database and knowledge-base systems. Vol. 1. Rockville, MA 1988.

**Abhängigkeiten zwischen Prozessen und dem Betriebssystem** ⟨*dependencies between processes and the operating system kernel*⟩ → Betriebssystem, prozedurorientiertes

**Ablauf** ⟨*trace*⟩. Insbesondere bei nebenläufigen (parallelen, nichtsequentiellen) → Systemen bezeichnet man als A. eines Prozesses eine abstrakte Darstellung eines Protokolls der Beobachtungen eines einzelnen hypothetischen Beobachters, der alle Aktionen (oder Ereignisse) des Prozesses, die er feststellen kann, nacheinander aufschreibt. Dabei werden simultane Aktionen (oder Ereignisse) in irgendeiner Reihenfolge notiert.

Die Menge aller solcher Beobachtungen eines Prozesses in einem System stellt eine → operationale Semantik dieses Prozesses dar, bei der zwischen → Nebenläufigkeit und → Nichtdeterminismus nicht unterschieden werden kann; die darauf beruhende Semantiktheorie heißt *Hoare*sche Ablauftheorie.

Von *A. Mazurkiewicz* stammt eine Idee, wie man bei manchen Systemen mit nur einer einzigen Beobachtungsfolge auskommen kann: Man gibt für das System an, welche der möglichen Aktionen (oder Ereignisse) unabhängig sind, d. h. in beliebiger Reihenfolge oder simultan auftreten können; dabei muß das System so beschaffen sein, daß sich diese Unabhängigkeitsrelation im Laufe der Zeit nicht ändert. Das ist z. B. bei 1-sicheren → *Petri*-Netzen der Fall. Bei dieser Semantik kann Nebenläufigkeit (als Unabhängigkeit) von Nichtdeterminismus unterschieden werden. Die auf dieser Idee beruhende Semantiktheorie für nebenläufige Systeme heißt Ablauftheorie oder neuerdings auch Spurtheorie. *Brauer*

Literatur: *Diekert, V.; Rozenberg, G.* (Eds.): The book of traces. World Sci., Singapore 1995. – *Hoare, C. A. R.:* Communication sequential processes. Prentice Hall, Englewood Cliffs 1984.

**Ablaufmodell** ⟨*process model, dynamic model*⟩. Teil des → Anwendungsmodells für eine Software-Entwicklung, das neben dem → Datenmodell und dem → Funktionsmodell steht und die dynamischen Aspekte des Gegenstandsbereichs mit ihren Zusammenhängen beschreibt. Dazu gehört z. B. die Beschreibung des Ablaufs von Geschäftsvorgängen und -prozessen, der Ablaufbeziehungen verschiedener Funktionen untereinander, ihrer Sichten auf das Datenmodell und der von ihnen bewirkten Datenflüsse, die Beschreibung von Dialogen und Vorkehrungen für Ausnahme- und Fehlerfälle. Bevorzugte Darstellungsarten sind Datenflußdiagramme und *Petri*-Netze.

In neueren Verfahren zur objektorientierten Anwendungsmodellierung wird die strikte Trennung in ein A., Daten- und Funktionsmodell aufgehoben. An ihre Stelle tritt eine Gliederung, die sich vorrangig an fachlich-inhaltlichen, aus der Anwendung begründeten Gesichtspunkten orientiert. Das bedeutet, daß das Daten- und das Funktionsmodell (und soweit möglich auch das A.) für alle Teile des Gegenstandsbereichs (d. h. für jeden Objekttyp) gemeinsam erstellt und beschrieben werden. *Hesse*

Literatur: *Hesse, W.; Barkow, H.* et al.: Terminologie der Softwaretechnik – Ein Begriffssystem für die Analyse und Modellierung von Anwendungssystemen. Teil 2: Tätigkeits- und ergebnisbezogene Elemente. Informatik-Spektrum (1994) S. 96–105.

**Ableitung** ⟨*derivation*⟩. Ein Ableitungskalkül K (axiomatic system, calculus) über einer syntaktisch (induktiv) definierten Menge S, z. B. $WFF_\Sigma$ (→ Prädikatenlogik), ist durch folgende Bestandteile definiert:
– Eine endliche Menge von Axiomenschemata, so daß jedes Schema eine Teilmenge von S ist. Die Elemente

der Schemata nennt man auch Axiome. Zum Beispiel ist x = x für jede Variable x ein solches Schema.
– Eine endliche Menge von Relationen $R \subseteq S^{n+1}$, $n \geq 1$, die Regeln des Kalküls. Eine Regel $R = (\phi_1, \ldots, \phi_n, \phi)$ wird oft zweidimensional dargestellt als

$$(R) \frac{\phi_1, \ldots, \phi_n}{\phi}.$$

Dies kann gelesen werden als „$\phi$ ist ableitbar, wenn $\phi_1$ bis $\phi_n$ ableitbar sind".

Eine A. für ein Objekt $\phi \in S$ aus einer Menge $\Psi \subseteq S$ ist eine endliche Folge $\langle \phi_1, \ldots, \phi_m \rangle$, so daß $\phi_m = \phi$ für alle $1 \leq i \leq m$ $\phi_i$ eine der folgenden Bedingungen erfüllt:
(a) $\phi_i$ ist ein Axiom.
(b) $\phi_i \in \Psi$.
(c) Es gibt eine Regel $R = (\psi_1, \ldots, \psi_n, \phi_i)$, so daß jedes $\psi_k$ (für $1 \leq k \leq n$) gleich einem $\phi_j$ mit $j < i$ ist.
Existiert so eine A., schreibt man kurz $\Psi \vdash_\kappa \phi$.

Dieser syntaktische Ableitungsbegriff ist „berechenbar" in dem Sinne, daß die Menge aller ableitbaren Objekte (Formeln) rekursiv ($\rightarrow$ Rekursion) aufzählbar ist, sofern man verlangt, daß die Axiomenschemata und die Regeln jeweils entscheidbar ($\rightarrow$ Entscheidbarkeit) sind.

Für $\rightarrow$ Prädikatenlogik (auch mit Gleichheit) gibt es korrekte und vollständige Ableitungskalküle in verschiedenen Stilarten. „Korrekt" heißt hier, daß jede ableitbare Formel gültig ($\rightarrow$ Prädikatenlogik) ist, und „vollständig" bedeutet, daß jede gültige Formel auch ableitbar ist. Gilt beides zusammen, so sind die gültigen Formeln genau die im formalen System syntaktisch ableitbaren. *Reus/Wirsing*

**Ableitungskalkül** ⟨*derivation calculus*⟩ → Ableitung

**Abschätzung, a posteriori** ⟨*a posteriori estimation*⟩. Eine Fehlerabschätzung zu einem Verfahren der praktischen Mathematik, wobei dessen Ergebnis bereits verwendet wird. Die a.-p.-A. kommt dem wahren Fehler näher als die → a-priori-Abschätzung. *Schmeißer*

**Abschätzung, a priori** ⟨*a priori estimation*⟩. Eine Fehlerabschätzung zu einem Verfahren der praktischen Mathematik, die schon vor dessen Durchführung allein aus den Ausgangsdaten gewonnen wird. Mit Hilfe einer a-p.-A. will man feststellen, ob mit dem vorliegenden Verfahren eine gewünschte Genauigkeit erreicht werden kann oder auch wieviele Verfahrensschritte höchstens durchzuführen sind. Eine a.-p.-A. ist i.d. R. viel gröber als eine → a-posteriori-Abschätzung. *Schmeißer*

**Absoluttest** ⟨*acceptance test*⟩. A. im Zusammenhang mit einem → Rechensystem S sind → Tests zur Überprüfung der Ist-Eigenschaften des Systems auf der Grundlage a priori festgelegter Soll-Eigenschaften. Sie werden insbesondere in Verfahren zur → Fehlererkennung für S angewandt. In der Regel werden A. unter Verwendung von Konsistenzprädikaten, die aus den Soll-Eigenschaften abgeleitet sind, durchgeführt. Ist K ein Konsistenzprädikat für eine Klasse von Soll-Eigenschaften des Systems und E eine entsprechende Ist-Eigenschaft von S, die überprüft werden soll, so wird der A. für E mit K durchgeführt, indem K auf E angewandt wird. Wenn K angewandt auf E wahr ist, hat E den Test mit K bestanden und sonst nicht bestanden. Ein Beispiel aus dem Alltag für einen A. ist die Neunerprobe bei der Addition von Zahlen.

Wie alle Tests, so liefern auch A. mehr oder weniger scharfe Aussagen über die zu überprüfenden Eigenschaften. Die Ergebnisse von A. können als Grundlage für Schlußfolgerungen über die zu prüfenden Eigenschaften dienen. Die Schärfen der Testergebnisse und die Vorgehensweise bei der Ableitung von Schlußfolgerungen entscheiden über die Qualität der aus Tests gewonnenen Ergebnisse. Dabei können Fehler auftreten, wobei zwischen →Fehlern 1. Art und →Fehlern 2. Art zu unterscheiden ist. *P. P. Spies*

**Abstiegsverfahren** ⟨*descent method*⟩. Grundlegende Technik vieler Verfahren zur Lösung nichtlinearer Minimierungsprobleme ohne Nebenbedingungen (→ Operations Research). Ausgehend vom augenblicklich zulässigen Iterationswert x(k) wird nach den jeweiligen Regeln des Verfahrens eine Abstiegsrichtung d gewählt und die Zielfunktion entlang dieser gewählten Richtung mit Hilfe sog. Line-Search-Verfahren minimiert. Ist t die dabei gewonnene optimale Schrittweite, so berechnet sich der neue Iterationswert mittels der Formel

$$x(k+1) = x(k) + t \cdot d.$$

Durch A. wird die Minimierung einer Funktion mehrerer Veränderlicher zurückgeführt auf die Minimierung einer Funktion einer Veränderlichen. A. werden charakterisiert durch die Auswahl der jeweiligen Minimierungsrichtungen und die Verwendung des speziellen Line-Search-Verfahrens.

Minimierung jeweils in Richtung des negativen Zielfunktionsgradienten ergibt das *Steilste A.*, in Richtung der Koordinatenachsen das *Koordinaten-A.* (zyklische, *Aitken double sweet*, *Gauß-Southwell*), in Richtung der konjugierten Gradienten das *Konjugierte Gradientenverfahren*. Das *Newton*-Verfahren wählt als Abstiegsrichtung die *Newton*-Richtung $g(k) = H(k) \cdot f(x(k))$, wobei H(k) die inverse *Hesse*-Matrix der Zielfunktion am Iterationspunkt x(k) darstellt. Wird die *Hesse*-Matrix durch die Summe zweier spezieller Matrizen vom Rang 1 ersetzt, die die *Hesse*-Matrix approximieren, so geht das *Newton*-Verfahren in das *Variable-Metrik-Verfahren* (→ Quasi-*Newton*-Methode) über. *Bachem*

**Abstract State Machine** ⟨*abstract state machine*⟩ → Algebra, dynamische

**Abstraktion** ⟨abstraction⟩. Verfahren zur Darstellung eines Problems durch ein → Modell, welches die bezüglich einer bestimmten Zielsetzung relevanten Aspekte des Problems beschreibt und irrelevante Aspekte unterdrückt. Eine A. ist somit immer abhängig von einer speziellen Sicht auf das Problem und daher unvollständig.

Zum Beispiel können elektronische Schaltkreise durch logische Ausdrücke beschrieben werden, wenn das Augenmerk auf das logische Zusammenspiel der einzelnen Schaltglieder gerichtet ist. Dabei wird allerdings von der speziellen Anordnung der Leiterbahnen abstrahiert, die für das physikalisch korrekte Verhalten von entscheidender Bedeutung ist.

Die Technik der A. erlaubt es, die Komplexität von Problemen durch das Einziehen von mehreren Abstraktionsebenen zu verringern. Dabei geht eine Modellbildung auf einer höheren Abstraktionsebene davon aus, daß Lösungen für bestimmte Teilprobleme auf niedrigeren Abstraktionsebenen schon existieren: Im obigen Beispiel geht die Modellierung von Schaltkreisen durch logische Ausdrücke davon aus, daß Lösungen für die korrekte Anordnung von Leiterbahnen existieren.

Ein bekanntes Beispiel für die Modellierung auf verschiedenen Abstraktionsebenen ist das → ISO-Referenzmodell zur Nachrichtenübertragung.

Im → Lambda-Kalkül wird unter einer A. die Kennzeichnung der formalen Parameter in einem Ausdruck verstanden. Da für die formalen Parameter beliebige Ausdrücke als aktuelle Parameter eingesetzt werden können, wird ein Ausdruck durch A. zu einer allgemeinen Rechenvorschrift. *Nickl/Wirsing*

Literatur: *Aho, A. V.; Ullmann, J. D.*: Foundations of computer science. Computer Sci. Press, New York 1992. – *Bauer, F. L.; Wössner, H.*: Algorithmische Sprache und Programmentwicklung. 2. Aufl. Springer, 1984. – *Rumbaugh, J. et al.*: Object oriented modeling and design. Prentice Hall, 1991. – *Marciniak, J. J.*: Encyclopedia of software engineering. Wiley & Sons, 1994.

**Abtasten** ⟨sampling⟩. **1.** Beim Fernkopieren, beim Scannen zur Digitalisierung von Bildern und in der Fernsehtechnik wird jedes Bild zeilenweise und die Zeilen werden je nach Gerät entweder in einem Schritt oder punktweise abgetastet. Dabei wird der mittlere Helligkeitswert, ggf. auch der Farbwert der Fläche jedes „Punktes", bestimmt. Das Bild wird auf diese Weise in einen seriellen → Datenstrom umgewandelt und kann der Übertragung oder Weiterverarbeitung zugeführt werden. Das sichtbare Bild bei einem digitalisierten Videobild nach der Digitalen Studio-Norm (CCIR Empfehlung 601) besteht aus 720×625 Bildpunkten, die Bildpunktfolgefrequenz beträgt 13,5 MHz.

**2.** In der Radartechnik wird der Luftraum nach Flugzeugen abgetastet (Radarverfahren). Man benutzt dazu schwenkbare Antennen, die in einem scharfen Strahl Impulse von elektromagnetischen Wellen aussenden. Je nach dem Programm der Antennenbewegung unterscheidet man Rundumabtastung (360° in der horizontalen Ebene), konische Abtastung (der Öffnungswinkel des Kegels ist ungefähr so groß wie die Halbwertsbreite der Antennenkeule, Antennen), ferner die Sektorabtastung, die in der horizontalen oder vertikalen Ebene nur einen Sektor erfaßt, und die Raumwinkelabtastung, die einen bestimmten Raumwinkel ähnlich wie beim Fernsehen „zeilenweise" abtastet.

Weitaus mehr Möglichkeiten bieten sich, wenn statt mechanisch bewegter Antennen solche mit elektronischer Strahlauslenkung verwendet werden. Mit einer phasengesteuerten Gruppenantenne läßt sich die Strahlungskeule praktisch trägheitslos auslenken. Insbesondere läßt sich eine Abtaststrategie entwickeln, nach der die Winkelbereiche mit größerer Zielwahrscheinlichkeit häufiger und genauer abgetastet werden als andere Bereiche. Dadurch wird die Abtastdauer verkürzt, und es können auch mehrere Ziele „zugleich" verfolgt werden.

**3.** Die Abtastung von stetigen Zeitfunktionen, die Nachrichtensignale darstellen, zu diskreten Zeitpunkten ist die Grundlage der Nachrichtenübertragung mit Pulsmodulation (→ Abtasttheorem; → Modulation).
*Encarnação/Ackermann*

**Abtastfrequenz** ⟨sampling frequency⟩. Die A. ist der bestimmende Parameter beim Übergang zwischen zeitkontinuierlichen und zeitdiskreten Signalen. Sie ist definiert als Zahl der pro Zeiteinheit entnommenen Signalproben. Im Frequenzbereich tritt als Ergebnis des Abtastvorgangs das Nutzsignalspektrum gespiegelt an den Vielfachen der A. auf. Eine fehlerfreie Rekonstruktion des zeitkontinuierlichen Signals ist möglich für $f_a > 2 f_g$ mit $f_a$ = A. und $f_g$ = höchste Signalfrequenz (Abtasttheorem). In diesem Fall erfolgt keine Überlappung zwischen dem Basisband und dem rückgespiegelten ersten Seitenband. Die Einhaltung des Abtasttheorems kann durch eine entsprechende Vorfilterung des Signals vor dem Abtastvorgang sichergestellt werden. Bei $f_a < 2 f_g$ fallen Spektrallinien des ersten Seitenbands in das Basisband und erzeugen eine Alias-Störung (Unter-Nyquist-Abtastung).

In manchen Anwendungen ist die A. sehr viel höher, als es das Abtasttheorem erfordert (Oversampling). In Verbindung mit digital arbeitenden Interpolationsrechenwerken können so Unzulänglichkeiten von Analog/Digital- bzw. Digital/Analog-Wandlerbausteinen ausgeglichen werden und die Anforderungen an die zugehörigen analogen Vor- bzw. Nachfilter gesenkt werden.

Übliche A. im Bereich der Videotechnik sind Vielfache der Farbträgerfrequenzen ($3 \times f_{sc}$, $4 \times f_{sc}$) für FBAS-Signale und 13,5 MHz bzw. 6,75 MHz für Komponentensignale entsprechend dem digitalen Studiostandard (ITU R-601). *Hausdörfer/Richter*

**Abtastrate** ⟨sampling rate⟩. Die A. gibt die Anzahl der Messungen pro Sekunde an und hat die Dimension $s^{-1}$. Ist das Intervall zwischen den Abtastungen konstant, so ist die A. identisch mit der → Abtastfrequenz.

Bei Realisierung in Software lassen sich Schwankungen in der A. nur mit erheblichem Aufwand verhindern (→ Zeitunschärfe). Dagegen wird von → Prozeßrechnern die A. gezielt variiert, um kritische Situationen besser beherrschen zu können. Um die mit → Abtasten gewonnenen Werte in den Frequenzbereich transformieren zu können, ist ein konstantes Abtastintervall notwendig. Des weiteren muß hierbei die A. dem → Abtasttheorem genügen.   *Petters*

**Abtasttheorem** ⟨*sampling theorem*⟩. In weiten Bereichen der → Nachrichtentechnik, z. B. bei der digitalen Verarbeitung von → Signalen, werden keine zeitkontinuierlichen, sondern zeitdiskrete Signale verwendet. Das heißt, daß die Amplitude des ursprünglich zeitkontinuierlichen Signals in äquidistanten Zeitabständen abgetastet (und anschließend digital codiert) wird. Das A. gibt an, wie groß das Abtastintervall T zwischen zwei Abtastungen sein darf, damit das ursprüngliche → Signal der Bandbreite B wieder rekonstruiert werden kann (s. auch → Sprachcodierung).

Das A. nach *Shannon* besagt, daß hierfür $T < 1/2B$ gelten muß, d. h., die → Abtastfrequenz $1/T$ muß mindestens das Doppelte der Bandbreite betragen.

*Quernheim/Spaniol*

**Abtastverfahren** ⟨*sampling method*⟩. In der Technik haben A. verschiedene Zielsetzungen. Im Rahmen der → Nachrichtentechnik einschließlich des Radarwesens finden sie Anwendung in drei wesentlichen Bereichen:
– in der Fernsehtechnik,
– in der Radartechnik,
– bei der digitalen Nachrichtenübertragung.

☐ Beim *Fernkopieren* und in der *Fernsehtechnik* wird jedes Bild zeilenweise und die Zeilen werden punktweise abgetastet. Jedem Punkt wird dabei sein Helligkeitswert und ggf. sein Farbwert entnommen und der Übertragung zugeführt. So entsteht aus einem „ruhend" dargebotenen Bild ein zeitliches Nacheinander von Bildpunktsignalen. Beim Fernsehen sind es in Deutschland 25 Bilder in der Sekunde mit je 625 Zeilen und auf jeder → Zeile rund 520 Bildpunkte. Damit ergibt sich eine Bildpunktfolgefrequenz von etwa $8 \cdot 10^6 \, s^{-1}$.

☐ In der *Radartechnik* (Radaranwendungen) wird der Luftraum nach Luftfahrzeugen abgetastet (scanning). Man benutzt dazu schwenkbare Antennen, die in einem eng gebündelten Strahl Impulse elektromagnetischer Energie aussenden. Je nach der Art der Antennenbewegung unterscheidet man *Rundumabtastung* (360° in der horizontalen Ebene), *konische Abtastung* (conical scan) – der Öffnungswinkel des Kegels ist ungefähr so groß wie die Halbwertbreite der Antennenkeule –, *Sektorabtastung*, die in der horizontalen oder vertikalen Ebene nur einen Sektor erfaßt, und die *Raumwinkelabtastung*, die einen bestimmten Raumwinkel ähnlich wie beim Fernsehen zeilenweise abtastet.

Weitaus mehr Möglichkeiten bieten sich, wenn statt mechanisch bewegter Antennen solche mit elektronischer Strahlauslenkung verwendet werden. Mit einer phasengesteuerten Gruppenantenne (phased array antenna) läßt sich die Strahlungskeule praktisch trägheitslos auslenken. Insbesondere läßt sich eine Abtast-„Strategie" entwickeln, nach der die Winkelbereiche mit größerer Zielwahrscheinlichkeit häufiger und genauer abgetastet werden als andere Bereiche. Dadurch wird die Abtastdauer verkürzt, und es können auch mehrere Ziele zugleich verfolgt werden.

☐ Die *Abtastung von stetigen Zeitfunktionen*, die Nachrichtensignale darstellen, zu diskreten Zeitpunkten ist die Grundlage der Nachrichtenübertragung mit Pulsmodulation (→ Abtasttheorem, → Modulation).

*Kümmritz*

**ACC** ⟨*ACC (Asynchronous Computer Conferencing)*⟩ → Gruppenkommunikation

**ACID-Eigenschaften** ⟨*ACID (Atomicity Consistency Isolation Duration) properties*⟩. Die ACID-E. (→ Atomarität, → Konsistenz, → Isolation, → Dauerhaftigkeit) beschreiben die Bedingungen, die parallel ablaufende → Transaktionen erfüllen müssen, damit ein anomalienfreies Arbeiten auf einem Datenbestand möglich ist (→ Serialisierbarkeit, → Parallelitätskontrolle).

*Schmidt/Schröder*

Literatur: *Gray, J.* and *A. Reuter*: Transaction processing: concepts and techniques. Hove, East Sussex 1993. – *Lockemann, P. C.* und *J. W. Schmidt* (Hrsg.): Datenbankhandbuch. Berlin–Heidelberg–New York 1987.

**Ackermann-Funktion** ⟨*Ackermann function*⟩. Rekursive Rechenvorschrift, die auf den Logiker *W. Ackermann* (1896–1962) zurückgeht. Durch die Rekursionsgleichungen

```
ack(0,a,b)=b+1,
ack(n,a,0)=if n=1 then a else
    if n=2 then 0 else 1,
ack(n+1,a,b+1)=
    ack(n,a,ack(n+1,a,b))
```

wird eine dreistellige total-rekursive Funktion (→ Rekursion; → Funktion, rekursive) definiert, die stärker als jede primitiv-rekursive Funktion wächst und deshalb nicht primitiv-rekursiv ist. Das erste Argument der A.-F. definiert eine Folge von primitiv-rekursiven Funktionen, beginnend mit

```
ack₀(a,b)=b+1,
ack₁(a,b)=a+b,
ack₂4(a,b)=a*b,
ack₃(a,b)=aᵇ.
```

Für $n > 3$ ergeben sich die sog. Hyperpotenzfunktionen. Für eine zweistellige Variante der A.-F. → rekursive Funktion.

*Wirsing*

Literatur: *Ackermann, W.*: Zum Hilbertschen Aufbau der reellen Zahlen. Math. Ann. 99 (1928) S. 118–133. – *Bauer, F. L.; Wössner, H.*: Algorithmische Sprache und Programmentwicklung. Springer, Berlin 1984.

**ACL** ⟨*ACL (Access Control List)*⟩ → Zugriffskontrollsystem

**ACM** ⟨*ACM (Association for Computing Machinery)*⟩. Professionelle Organisation, die in allen Bereichen der Informationstechnik aktiv ist. Sie wurde 1947 gegründet und ist damit die älteste und mit über 90 000 Mitgliedern auch die größte derartige Organisation weltweit.
*Jakobs/Spaniol*

**ACSE** ⟨*Association Control Service Element*⟩. Vertreter der Common Application Service Elements (→ CASE). Die Aufgabe von ACSE ist die Kontrolle von Anwendungsverbindungen in → OSI-Umgebungen. Die ACSE-Instanzen bauen hierfür eine → Assoziation auf. Mit einer Assoziation sind an beiden Endpunkten bestimmte Informationen verknüpft, z. B. über weitere involvierte Dienstelemente, ausgewählte Protokolloptionen und Parameterwerte. Die Menge dieser Informationen wird als Anwendungskontext bezeichnet. Die Dienste von ACSE werden über vier → Primitive erbracht:
– A-ASSOCIATE: Dieses Primitiv startet eine Assoziation entsprechend den Regeln des vom Benutzer aufgerufenen Kontextes.
– A-RELEASE: Hiermit beginnt der ordnungsgemäße Abbau einer Assoziation.
– A-ABORT: Sowohl Dienstanbieter als auch Dienstbenutzer können einen sofortigen Abbruch der Verbindung (mit der Möglichkeit des Datenverlustes) initiieren.
– A-P-ABORT: Das Primitiv wird vom Dienstanbieter initiiert, wenn er von der → Darstellungsebene eine Fehlermeldung erhält. Auch bei diesem Abbruch ist der Verlust von Daten möglich.

Alle Primitive werden eins zu eins auf die entsprechenden Primitive der unterliegenden Darstellungsebene abgebildet. Zu den Parametern, die über diese Primitive übergeben werden, gehören die rufende und die gerufene Darstellungsadresse, der Anwendungskontext (z. B. → FTAM oder → JTM) und die gewünschte → Dienstgüte der Verbindung. *Jakobs/Spaniol*
Literatur: *Spaniol, O.; Jakobs, K.*: Rechnerkommunikation – OSI-Referenzmodell, Dienste und Protokolle. VDI Verlag, 1993. – *Halsall, F.*: Data communications, computer networks and open systems. 3rd Edn. Addison-Wesley, 1992.

**ACT** ⟨*ACT*⟩. Ansatz zur formalen Software-Entwicklung auf der Basis algebraischer Spezifikationen (→ Spezifikation), der an der TU Berlin in der Forschungsgruppe von *H. Ehrig* entwickelt wurde und zwei Spezifikationssprachen, ACT ONE und ACT TWO, beinhaltet. Die Sprache ACT ONE dient zum Schreiben parametrisierter Spezifikationen auf der Grundlage der initialen Semantik (→ Algebra, initiale). Die formale Spezifikationssprache → LOTOS zur Beschreibung verteilter Systeme verwendet ACT ONE zur Spezifikation der Datentypen.

ACT TWO ist eine Erweiterung von ACT ONE zur Beschreibung von Software-Modulen (→ Modul). Eine ACT TWO-Spezifikation besteht aus vier Komponenten, die als algebraische Spezifikationen gegeben sind: Die Import- und die Exportkomponente repräsentieren die Schnittstellen des Moduls, die Parameterkomponente ist ein gemeinsamer Teil von Export und Import und repräsentiert den für diesen Modul relevanten Teil der Parameter des Gesamtsystems. Die Rumpfkomponente verwendet die Konstrukte der Importkomponente und stellt die Spezifikation der Implementierung der Exportkomponente zur Verfügung.

*Beispiel*
Parametrisierte Spezifikation von Listen in ACT ONE und die Aktualisierung NATLIST durch eine Spezifikation NAT der natürlichen Zahlen mit Sorte Nat.

```
type LIST[D] is
   sorts List(D)
   constructors
      nil: → List(D);
      ladd: D,List(D) → List(D);
endtype
type NATLIST is
   actualize LIST by NAT
   using
      sortnames
         Nat for D
   endact
endtype
```
*Wirsing*
Literatur: *Claßen, I.; Ehrig, H.; Wolz, D.*: Algebraic specification techniques and tools for software development. AMAST Ser. in Computing 1. World Sci., Singapore 1993.

**ACTS** ⟨*ACTS (Advanced Communications Technologies and Services)*⟩. Forschungs- und Entwicklungsprogramm der EU-Kommission im Bereich der Telekommunikation mit einer vorläufigen Laufzeit von vier Jahren (1994–1998). Ähnlich wie das Vorgängerprogramm → RACE zielt ACTS auf die Entwicklung modernster Kommunikationsdienste, insbesondere zur Förderung der ökonomischen Entwicklung der europäischen Region. Hierzu gehören neben der reinen Technik auch soziale und legale Aspekte. *Jakobs/Spaniol*

**ADA** ⟨*ADA*⟩ → Programmiersprache, imperative; → Realzeitprogrammiersprache

**Adaption** ⟨*adaption*⟩. Im Kontext moderner → Benutzerschnittstellen bedeutet A. die Anpassung der Benutzerschnittstelle an vorbestimmte Eigenschaften. Diskutiert werden hier Benutzerschnittstellen, die eine individuelle Systemnutzung ermöglichen. In der technischen Umsetzung spielen dabei zwei Konzepte eine wichtige Rolle:

☐ *Auto-Adaptivität.* Die Benutzerschnittstelle wird als autoadaptiv bezeichnet, wenn sie eigeninitiativ eine Anpassungsleistung realisiert. Die Anpassungsleistung kann sich auf das Benutzerverhalten und/oder auf das Prozeßverhalten beziehen. Von einer Individualisierung kann allerdings bei autoadaptiven Benutzerschnittstellen nur bei einer Anpassung an das Benutzerverhalten gesprochen werden.

☐ *Adaptierbarkeit.* Die Benutzerschnittstelle wird als adaptierbar bezeichnet, wenn der → Benutzer die Schnittstelle selbst seinen Bedürfnissen anpassen kann. Systemseitig werden nur die Werkzeuge zur Verfügung gestellt, deren sich der Benutzer für die Anpassung bedienen kann.

Adaptierbare Benutzerschnittstellen gehören heute im Bereich der Büroanwendungen zum Stand der Technik. Dabei lassen sich die Anpassungsleistungen in zwei Hauptkategorien einteilen:

– → *Makros* sind in der einfachsten Form eine Folge von Tastatureingaben, die unter einem Namen zusammengefaßt und aktivierbar sind. Das Erstellen von Makros erfolgt entweder durch Vormachen oder Programmieren.

– *Umgebungsparameter* sind autonom setzbare Parameter, die Randbedingungen für die Ausführung von Aktionen und → Befehlen redefinieren. Zum einen können alternative Wertbelegungen durch den Benutzer auf Vorrat definiert werden, zum anderen können diese vorbereiteten Wertbelegungen als Anfangsbelegungen (defaults) dienen.

Über autoadaptive graphische Benutzerschnittstellen liegen einige Forschungsergebnisse vor. Ein Einsatz in der kommerziellen Praxis ist jedoch bisher kaum erfolgt. Ursache sind die noch nicht ausgereiften technischen Prinzipien, die unzureichende Leistungsfähigkeit üblicher Rechner sowie generelle Akzeptanzprobleme für diese Art von Benutzerschnittstellen.
*Langmann*

**Addierglied** ⟨*adder*⟩. Ein Schaltnetz, das am Ausgang die Summe von zwei oder mehr Zahlen – je nach Anzahl der Eingänge – liefert. Ein A. für zwei → Dualzahlen ist in der Abbildung dargestellt, wobei A bzw. B jeweils eine Stelle der Eingangszahlen und C den Übertrag (carry) von der nächstniedrigeren Position bezeichnet.

Bei seriellen Addierwerken ist nur ein solches A. erforderlich: Die einzelnen Dualstellen der beiden Summanden werden den Eingängen nacheinander, beginnend bei der niedrigsten Position, zugeführt: Der Übertrag wird jeweils aufbewahrt und mit den Summandenstellen der nächsthöheren Position verarbeitet.

Bei parallelen Addierwerken wird für jede Dualstelle ein eigenes A. vorgesehen, so daß die einzelnen Dualstellen gleichzeitig addiert werden können. Eine Verzögerung ergibt sich auch hier, weil die Überträge

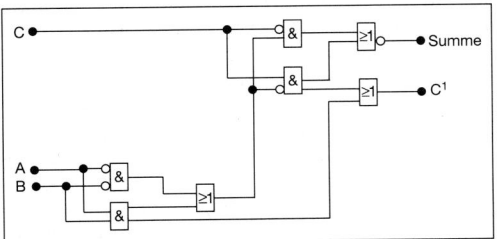

*Addierglied: Ausführung für zwei Dualzahlen*

im ungünstigsten Fall von der niedrigsten bis zur höchsten Stelle durchlaufen können. Liegen scharfe Zeitbedingungen vor, so wird der in den niedrigeren Positionen anfallende Übertrag C unabhängig von der dortigen Addition unmittelbar aus den dortigen Summandenstellen berechnet, wozu eine sehr viel größere Anzahl von Verknüpfungsgliedern erforderlich ist.
*Bode/Schneider*

**ADI (Anwenderverband Deutscher Informationsverarbeiter).** ⟨*Association of German Computer Users*⟩. Mitglieder sind ca. 200 Firmen und öffentliche Institutionen sowie über 700 Fachleute aus Wirtschaft, Verwaltung, Wissenschaft und Forschung. Organisatorische Gliederung in Landesverbände.

Ziel des 1955 gegründeten ADI ist es, seinen Mitgliedern und der Öffentlichkeit Informationen über den optimalen Einsatz von DV-Systemen (vom Großrechner bis zum → PC) zu vermitteln. Darüber hinaus unterstützt der ADI die Interessen der Anwender gegenüber den Herstellern, dem Parlament, Normenausschüssen, Wirtschaftsverbänden usw. Auf europäischer Ebene vertritt der ADI die Interessen der deutschen Anwender bei der CECUA (Confederation of European Computer User Association). Innerhalb des ADI finden Erfahrungsaustausch (Tagungen, Fachvorträge, Arbeitskreise), Weiterbildung (Informatik-Akademie des ADI) sowie die Erarbeitung von Richtlinien statt (u. a. zum → Datenschutz und zur → Normung). *Krückeberg*

**ADMD** ⟨*ADMD (Administration Management Domain)*⟩ In der → X.400-Welt ist eine ADMD eine organisatorische Einheit, ein Teil des Dienstes, der von einem öffentlichen Dienstanbieter (z.B. Deutsche Telekom) betrieben wird. *Jakobs/Spaniol*

**ADPCM** ⟨*ADPCM (Adaptive Differential Pulse Code Modulation)*⟩. Verfahren zur → Codierung von Audiosignalen, bei dem anstatt eines Abtastwertes seine Differenz zu einem aus bisher übertragenen Werten gewonnenen Vorhersagewert quantisiert und übertragen wird. Der Vorhersagewert wird dabei aus einem adaptiven Prädiktor gewonnen (→ Sprachcodierung). Zu den Vorteilen von ADPCM gehören die relativ einfache → Implementierung und die geringe Codier/Decodierverzögerung. Verwendung z.B. in ITU-T → G.722, G.726. *Schindler/Bormann*

**Adresse** ⟨*address*⟩. 1. A. dienen im → Digitalrechner dazu, einzelne Plätze im → Arbeitsspeicher oder einzelne → Register zu identifizieren. Sie werden in → Befehlen zur Bestimmung der Operanden oder des Sprungzieles verwandt. Man unterscheidet Befehle mit null (implizite Adressierung z.B. über Keller), einer, zwei oder drei A. A. sind auf der Maschinenebene durch natürliche Zahlen gegeben. → Maschinenorientierte Programmiersprachen erlauben jedoch dem Programmierer, statt dessen *symbolische A.* zu verwenden, die mnemotechnisch aus Buchstaben, Ziffern und einigen Sonderzeichen zusammengesetzt werden können und vom Assembler übersetzt werden müssen.

Eine *absolute A.* (auch *direkte A.*) bezeichnet unmittelbar den Speicherplatz, wo sich der → Operand befindet oder das Ergebnis zu speichern ist. Eine *relative A.* gibt die numerische Differenz an zwischen der gewünschten A. und einer vorgegebenen *Basisadresse*. Oft gibt es unterschiedliche Basisadressen für → Programm und → Daten. Auf der Programmebene hat der Programmierer die Möglichkeit, Adreßmodifikationen durch indirekte Adressierung und durch Indexregister vorzunehmen.

Die *indirekte A.* verweist auf einen Speicherplatz, der nicht den Operanden (oder das Ergebnis) sondern dessen A. enthält. Bei vielen Rechensystemen kann diese wiederum indirekt sein. Bei der Modifikation durch ein Indexregister *(modifizierte A.)* wird der Indexregisterinhalt zu der im Befehl angegebenen A. addiert. Diese Art der Adressierung wird in Schleifen verwandt, wo durch fortlaufende Erhöhung oder Erniedrigung des Indexregisterinhalts die Operanden eines gewissen Speicherbereiches der Reihe nach verarbeitet werden müssen. Auf Programmebene versteht man unter der *effektiven A.* dann diejenige, die sich nach Auswertung der modifizierten Adressierung ergibt. Auf Hardware-Ebene wird diese A. jedoch im Zusammenhang mit einer virtuellen Speicheradressierung i. allg. nochmals modifiziert. *Bode/Schneider*

2. Ein Begriff der → OSI-Welt. Eine A. der Ebene (N) ((N)-Adresse) ist ein eindeutiger → Name, der innerhalb der OSI-Umgebung eine Gruppe von (N)-SAP (→ SAP, Dienstzugangspunkt) identifiziert. Diese SAP liegen alle zwischen einem (N)-Teilsystem und einem (N+1)-Teilsystem in demselben offenen System.

Ein solches Verfahren ist sehr flexibel; es erlaubt beispielsweise, die zu adressierenden → Instanzen innerhalb eines → Systems (und auch über Systemgrenzen hinweg) zu verschieben und zu konfigurieren.

Da über einen SAP mehrere Verbindungen gleichzeitig abgewickelt werden können, ist ein weiterer Mechanismus notwendig, der es erlaubt, die einzelnen Verbindungen innerhalb eines SAP zu unterscheiden. Hierfür ist der → CEPI (Connection Endpoint Identifier, Verbindungsendpunkt-Identifikator) vorgesehen (vgl. auch → Routing und → Name). *Jakobs/Spaniol*

Literatur: *Spaniol, O.; Jakobs, K.*: Rechnerkommunikation – OSI-Referenzmodell, Dienste und Protokolle. VDI-Verlag, 1993.

**Adreßraum** ⟨*address space*⟩. Der A. im Kontext eines → Digitalrechners besteht aus der Menge der → Adressen von elementaren Einheiten. Elementare Einheiten sind logische Datenobjekte aus → Programmiersprachen sowie physikalische Speicherplätze z. B. in → Register, → Cachespeicher, → Arbeitsspeicher oder Plattenspeicher. Man unterscheidet zwischen logischem, relativem, virtuellem und physikalischem A.

Die Umsetzung des logischen A. in den entsprechenden physikalischen A. geschieht in mehreren Stufen. Der logische A. umfaßt die Menge der Namen der Datenobjekte einzelner Programm-Module. Ein → Compiler oder → Interpreter besorgt die Transformation der Module auf eine maschinennahe → Ebene mit modulrelativen Adressen. Diese verschiedenen Teile werden von einem Linker zu einem Ganzen zusammengebunden, das über einen virtuellen A. ansprechbar ist. Die Abbildung des virtuellen auf den physikalischen A. besorgt ein Lader, der mit dem Konzept des virtuellen Speichers arbeiten kann.

*Encarnação/Astheimer*

Literatur: *Weck, G.*: Prinzipien und Realisierung von Betriebssystemen. Stuttgart 1982.

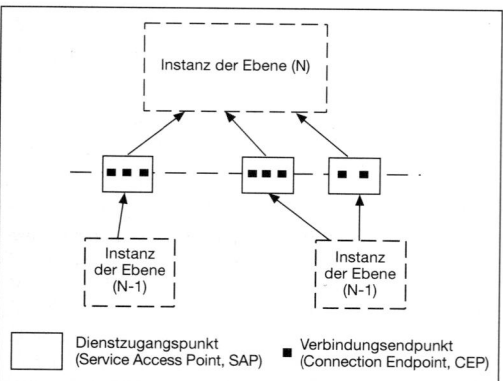

*Adresse: Dienstzugangspunkte und Verbindungsendpunkte*

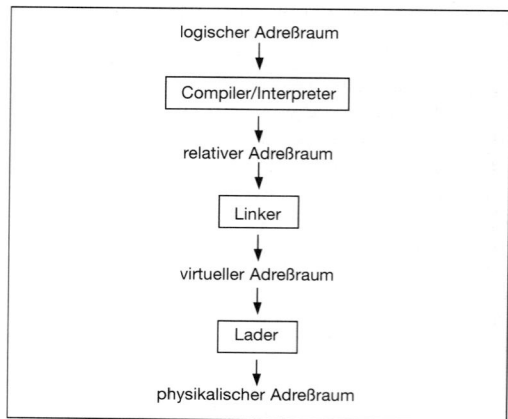

*Adreßraum: Transformationen*

**Adreßraum, virtueller** ⟨*virtual address space*⟩ → Speichermanagement

**Adreßregister** ⟨*address register*⟩. Ein → Register zur Aufnahme von → Adressen. Das *Speicher-A.* enthält während eines Lese- oder Schreibvorganges die Adres-

se des angesprochenen Speicherplatzes, zu dessen Ansteuerung der Registerinhalt dient. Sind → Operanden von oder zum → Speicher zu transportieren, so wird das Speicher-A. vom Adreßteil des → Befehls (ggf. nach dessen Modifikation) gefüllt. Sind Befehle aus dem Speicher in das → Leitwerk zu bringen, so liefert der Befehlszähler den Inhalt des Speicheradreßregisters und wird daher gelegentlich auch *Befehls-A.* genannt.
*Bode/Schneider*

**Adreßzuordnung** ⟨*address allocation*⟩. Mit der A. oder Speicherzuordnung beginnt die Synthesephase der Übersetzung. Hier gehen Eigenschaften der Zielmaschine ein wie die Wortlänge, die Adreßlänge, die direkt adressierbaren Einheiten der Maschine und die Existenz bzw. Nichtexistenz von Befehlen zum effizienten Zugriff auf Teile direkt adressierbarer Einheiten. Diese Maschinenparameter bestimmen die Zuordnung von Speichereinheiten zu den elementaren Typen und die Möglichkeit, Objekte *kleiner* Typen, z. B. *Boole*sche oder Zeichenobjekte, in größere Speichereinheiten zu packen. Bei dieser Zuordnung muß beachtet werden, daß in den meisten Maschinen die Befehle gewisse Adressierungseinschränkungen haben, daß etwa eine ganze Zahl nur geladen, gespeichert oder in einer → Operation verknüpft werden kann, wenn sie an einer Ganzwortgrenze liegt. Diese Randbedingungen an die Speicherzuordnung nennt man die Ausrichtungsbedingungen (alignment). *Wilhelm*

**AGC** ⟨*AGC (Asynchronous Group Communication)*⟩ → Gruppenkommunikation

**Agenda** ⟨*agenda*⟩. Liste durchzuführender oder möglicher Verarbeitungsschritte in Systemen der Künstlichen Intelligenz (KI). Bei schrittweiser Bearbeitung komplexer Probleme können zu jedem Zeitpunkt mehrere Verarbeitungsschritte als nächste Aktivität zur Auswahl stehen. Die A. ist eine → Datenstruktur, in der die aktuell möglichen oder erforderlichen Verarbeitungsschritte explizit verzeichnet werden. A.-Einträge können durch unabhängig voneinander arbeitende Prozeduren erzeugt werden. Die Auswahl erfolgt i. allg. durch eine Planungskomponente des Systems (scheduler). Eine A. ermöglicht flexible, datenabhängige Kontrollstrategien.

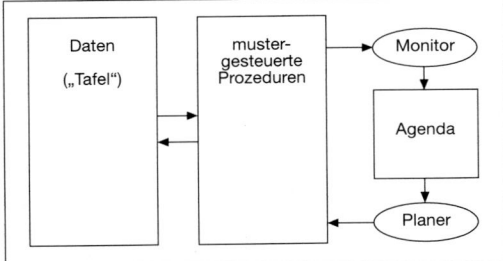

*Agenda: A. in einem Tafelsystem*

Eine A. kann Bestandteil eines Tafelsystems sein. Die mustergesteuerten Prozeduren ermitteln durch → Mustervergleich mit den aktuellen → Daten, ob sie anwendbar sind. Der → Monitor trägt anwendbare Prozeduren in die A. ein, der Planer wählt einen A.-Eintrag zur Exekution aus. Dadurch wird die Datenbasis verändert, und ein neuer Zyklus kann beginnen.
*Neumann*

**Agent** ⟨*agent*⟩. Aktive Einheit in einem System, die unabhängig vom Kontrollfluß des Systems agiert und eigene Aufgaben erfüllt. Beispielsweise kann ein aktives Hilfesystem in dem Moment Hilfe anbieten, in dem es ein bestimmtes (fehlerhaftes oder unnötig kompliziertes) Interaktionsmuster des Benutzers mit dem Rechner erkennt. In Informationssystemen unterstützen A. die Informationsgewinnung, indem sie die Suche nach Informationen, z. B. in verteilten Datenbeständen, übernehmen. Mehrere A. auf unterschiedlichen Rechnern können Teil einer → Transaktion sein und mit dieser interagieren.
*Schmidt/Schröder*

**Agent, intelligenter** ⟨*intelligent agent*⟩. System (meist ein Anwendungsprozeß), das typischerweise folgende Eigenschaften hat:
– Autonomie: Ein i. A. operiert selbständig und besitzt die Kontrolle über seine Aktivitäten und seinen gegenwärtigen Zustand. Er ist auch in der Lage – entsprechend seiner Aufgabe – die Initiative zu ergreifen.
– Kommunikation: I. A. kommunizieren miteinander und ggf. mit Benutzern mittels einer Agentenkommunikationssprache (z. B. Agent Communication Language (ACL) oder → Telescript).
– Reaktion: Ein i. A. nimmt seine Umgebung wahr und reagiert innerhalb einer bestimmten Zeit auf stattgefundene Vorgänge.

Zur Erfüllung seiner Aufgaben verfügt ein i. A. über eine → Wissensbank, die im Besitz von Wissen über die Applikation und den Benutzer ist. Beim Programmlauf benutzt der i. A. seine Wissensbank, um die Wünsche des Benutzers zu erkennen und um Möglichkeiten zu finden, diese zu erfüllen. Diese Wissensbank wird selbstlernend vom i. A. durch Interaktion mit dem Benutzer und anderen i. A. erarbeitet. Hierzu wird bevorzugt auf Methoden der → Künstlichen Intelligenz (KI) zurückgegriffen.

Eine typische Anwendung von i. A. liegt im Bereich der Filterung von Informationen. Ein i. A. kann z. B. automatisch in einem → Netzwerk → Informationssysteme (etwa das → WWW im → Internet) absuchen und dabei durch Interaktion mit dem Benutzer und anderen i. A. lernen, auf welche Informationen er besonders achten soll, wie er sie dem Benutzer präsentieren soll bzw. wo er die Informationen überhaupt im Netz finden kann.
*Hoff/Spaniol*

Literatur: *Riecken, D.*: Intelligent agents, communications of the ACM. 1994. – *Etzioni, O.; Weld, D. S.*: Intelligent agents on the Internet: Fact, fiction and forecast. IEEE Expert (1995).

**Aggregation** ⟨*aggregation*⟩. Ansammlung verschiedenartiger →Daten oder →Objekte, die damit Teil einer umfassenderen Einheit (Tupel, Objekt) sind. Beispiel: Ein Motor, ein Chassis und vier Räder werden zu einem Auto aggregiert. *Schmidt/Schröder*

**Aggregationsoperation** ⟨*aggregation operation*⟩. Eine A. über eine Tabelle (→Datenmodell) ist eine Funktion über alle Zeilen und normalerweise eine Spalte der Tabelle, die genau einen Wert liefert. Beispiele: Anzahl der Werte bzw. Zeilen, Durchschnitt der Werte, maximaler bzw. minimaler Wert (→SQL). *Schmidt/Schröder*

**Akkumulator** ⟨*accumulator*⟩. →Register im Rechenwerk eines →Prozessors, in dem die Ergebnisse arithmetischer und *Boole*scher Operationen abgelegt werden. Mehrstellige Operationen setzen i. allg. voraus, daß einer der →Operanden bereits mit einem früheren →Befehl in den A. gebracht wurde. Bei Einadreßmaschinen genügt dann der Adreßteil des Verknüpfungsbefehls, um den zweiten Operanden zu adressieren. Bei Zweiadreßmaschinen und Dreiadreßmaschinen wird die Funktion des A. in der Regel von mehreren sog. allgemeinen Registern wahrgenommen, wobei eine →Adresse das Register bezeichnet, das bei Ausführung der →Operation als A. fungiert.

Bei Multiplikations-, Divisions- und einigen Schiebebefehlen arbeitet der A. mit einer Erweiterung (Multiplikator-Quotienten-Register) zusammen, falls das Ergebnis zumindest vorübergehend in doppelter Bitlänge gehalten wird. Sind mehrere A. vorhanden (allgemeine Register), können sie zu diesem Zweck paarweise zusammengefaßt werden (→Digitalrechner). *Bode/Schneider*

**Aktion** ⟨*action*⟩. Ausführungsschritt in einer →Berechnung oder einem →Prozeß (→Aktion, atomare; →Ablauf). *Breitling/K. Spies*

**Aktion, atomare** ⟨*atomic action*⟩. Ausführungen von →Berechnungen, die bzgl. ihrer Wirkungen als atomar, also als unteilbar, festgelegt werden. Eine Aktion hat analog zu →Systemen eine Black-Box-Sicht und eine Glass-Box-Sicht; die Wirkung der Aktion ist atomar bzgl. der Black-Box-Sicht festgelegt. Häufig wird zudem für a. A. Alles-oder-nichts-Semantik festgelegt, was bedeutet, daß die Wirkung die festgelegte ist oder die Aktion wirkungslos ist. Das ist die festgelegte, spezifizierte Wirkung der Aktion; sie muß durch Implementierung auf der Grundlage der Glass-Box-Sicht gewährleistet werden. A. A. sind ein Konzept für →Subsysteme von fehlertoleranten Systemen; für Datenbanksysteme entspricht es dem Transaktionenkonzept. *P. P. Spies*

**Akzeptor, endlicher** ⟨*finite-state, acceptor*⟩. Ein endlicher Automat ohne Ausgabe wird e. A. oder →*Rabin-Scott*-Automat genannt, weil es seine Aufgabe ist, nur gewisse Eingabeworte zu akzeptieren (z. B. alle Worte, in denen kein Buchstabe zweimal hintereinander vorkommt). *Brauer*

**Algebra, dynamische** ⟨*dynamic algebra*⟩. **1.** Algebraisch definiertes Modell der dynamischen Aussagenlogik (→Logik, algorithmische). Eine d. A. besteht aus einer →*Boole*schen Algebra B=(B, 0, V, ¬), einer →*Kleene*-Algebra (K=(K, $\underline{0}$, λ, ;, ∪, *) und einem „Skalarprodukt" ·: K×B → B, das bestimmte Bedingungen wie
(α; β) · X = α · (β · X) und α · 0 = 0 · X = 0
erfüllen muß, die sich an den Gesetzen der dynamischen Logik (im Beispiel <α;β>X=<α><β>X bzw. <α>false=<false?>X=false) orientieren. Anschaulich repräsentiert die Menge B Zustandsmengen (und daher B die Formeln der dynamischen Aussagenlogik) und die Menge K binäre Relationen (und daher K die Programme der dynamischen Aussagenlogik). In einem Standardmodell repräsentiert $\underline{0}$ die Nullrelation (das Programm false?), λ die Identitätsrelation (das Programm true?), und die Operatoren „;", „∪" und „*" stehen für Komposition, Vereinigung und reflexiv transitive Hülle binärer Relationen. D. A. wurden von *Pratt* und *Kozen* eingeführt.

**2.** Gelegentlich werden Evolving Algebras im deutschen Sprachgebrauch als d. A. bezeichnet. Seit kurzem werden sie auch als Abstract State Machines bezeichnet. Eine Evolving Algebra ist eine Folge von Zuständen (beschrieben als statische Algebren), die durch die Anwendung von Übergangsregeln aus einem Startzustand erzeugt werden. Berechnungsmodell und Notation orientieren sich an üblichen programmiersprachlichen Konstrukten wie Zuweisungen – im Gegensatz etwa zur →*Turing*-Maschine – und sind daher ein attraktives Beschreibungsmittel zur formalen Definition der →Semantik von Programmiersprachen oder abstrakten →Maschinen. Es liegt auch nahe, Evolving Algebras als Modelle der →temporalen Logik aufzufassen. *Merz/Wirsing*

Literatur: *Parikh, R.*: Propositional dynamic logics of programs – a survey. In: E. Engeler (Ed.): Logics of programs. Lecture Notes in Computer Sci. 125 (1979) pp. 102–144. – *Gurevich, Y.*: Evolving algebras (Lipari Guide). In: E. Börger (Ed.): Specification and validation methods, Oxford Univ. Press, 1995.

**Algebra, endlich erzeugte** ⟨*finitely generated algebra*⟩. →Heterogene Algebra, die dem Endlichkeitsprinzip genügt. *Hennicker/Wirsing*

**Algebra, finale** ⟨*final algebra*⟩. Auch terminale Algebra genannt. Dualer Begriff zur →initialen Algebra und Grundlage der finalen Semantik algebraischer →Spezifikationen. Formal heißt eine Algebra A aus einer

Klasse K von $\Sigma$-Algebren final in K, wenn es von jeder Algebra B aus K genau einen $\Sigma$-Homomorphismus f: B $\to$ A gibt. F. A. sind bis auf Isomorphie eindeutig bestimmt und enthalten, im Gegensatz zu initialen Algebren, möglichst wenig Redundanz, d. h., es werden möglichst wenige Elemente unterschieden.

F. A. werden v. a. im Zusammenhang mit Datentyperweiterungen verwendet. Sie sind „völlig abstrakt" in dem Sinne, daß alle Elemente, die durch Operationen mit Ergebniswerten in einem „alten" oder „primitiven" Datentyp nicht unterschieden werden können, schon gleich sind. Häufig können f. A. durch Identifikation beobachtbar gleicher Elemente konstruiert werden ($\to$ Beobachtbarkeit). Die Existenz von f. A. ist jedoch nicht immer gewährleistet.

*Hennicker/Wirsing*

**Algebra, heterogene** ⟨*heterogeneous algebra*⟩. Mathematische Struktur, bestehend aus einer Familie von inhaltlich zusammengehörigen Wertemengen (auch Trägermengen) und einer Familie von typischen Operationen (Funktionen) auf diesen Mengen. Algebren werden häufig zur mathematischen Präzisierung von $\to$ Datentypen verwendet. H. A. werden zu einer $\to$ Signatur $\Sigma = (S, F)$ gebildet und daher auch $\Sigma$-Algebren genannt. Besteht die Menge S der Sorten aus genau einem Element, so spricht man von einer einsortigen Algebra oder einfach von einer Algebra. Formal besteht eine $\Sigma$-Algebra A aus einer Familie $(A_s)_{s \in S}$ von Trägermengen $A_s$ und aus einer Familie $(f^A)_{f \in F}$ von Funktionen $f^A: A_{s1} \times \ldots \times A_{sn} \to A_s$ für jedes Funktionssymbol $f \in F$ mit Funktionalität $f: s_1, \ldots, s_n \to s$. Im Fall $n = 0$ bezeichnet $f^A$ ein konstantes Element aus $A_s$.

*Hennicker/Wirsing*

**Algebra, initiale** ⟨*initial algebra*⟩. Bildet die Grundlage der initialen Semantik algebraischer $\to$ Spezifikationen. Eine Algebra A aus einer Klasse K von $\Sigma$-Algebren heißt initial in K, wenn es zu jeder Algebra B aus K genau einen $\Sigma$-Homomorphismus f: A $\to$ B gibt.

□ *Eigenschaften.* (1) I. A. sind bis auf Isomorphie eindeutig bestimmt. Die Isomorphieklasse der i. A. ist damit für die Charakterisierung $\to$ abstrakter Datentypen geeignet. (2) I. A. einer Klasse K genügen dem $\to$ Erzeugungsprinzip, wenn immer K gegenüber Unteralgebren abgeschlossen ist. (3) I. A. einer Klasse K sind die „feinsten" Algebren aus K. Sie tragen möglichst viel Information, d. h., wenn immer zwei Grundterme ($\to$ Term) in der i. A. gleich interpretiert werden, dann werden sie auch in jeder anderen Algebra aus K gleich interpretiert.

□ *Existenz.* Für beliebige Klassen K von $\Sigma$-Algebren ist die Existenz i. A. nicht gesichert. Ist K die Klasse aller Modelle einer algebraischen $\to$ Spezifikation SP = $(\Sigma, E)$, deren Axiome E bedingte Gleichungen sind, dann existiert eine i. A. in K, die endlich erzeugt ist und nur die aus E ableitbaren Gleichungen zwischen Grundtermen erfüllt.

□ *Konstruktion.* Die $\to$ Term-Algebra $T(\Sigma)$ aller Grundterme ist initial in der Klasse aller $\Sigma$-Algebren. Ist SP = $(\Sigma, E)$ eine algebraische Spezifikation, deren Axiome E Gleichungen sind, dann kann aus der Termalgebra $T(\Sigma)$ durch Quotientenbildung bezüglich der durch E erzeugten Kongruenz ein initiales Modell der Spezifikation konstruiert werden.

*Beispiel*
Sei $\Sigma_{NAT} = (\{nat\}, \{zero: \to nat, succ: nat \to nat\})$ eine Signatur. Die Termalgebra $T(\Sigma_{NAT})$ hat als Elemente alle Terme der Form $succ^i(zero)$ mit $i \geq 0$. Sie ist initial in der Klasse aller $\Sigma_{NAT}$-Algebren und isomorph zur Rechenstruktur der natürlichen Zahlen.

*Hennicker/Wirsing*

Literatur: *Goguen, J. A.; Thatcher, J. W.; Wagner, E.*: An initial algebra approach to the specification, correctness and implementation of abstract data types. In: *R. Yeh* (Ed.): Current trends in programming methodology, Vol. 4: Data structuring. Prentice Hall, 1978, pp. 80–149.

**ALGOL 60** ⟨*ALGOL 60*⟩ $\to$ Programmiersprache, imperative

**Algorithmus** ⟨*algorithm*⟩. Einer der grundlegenden Begriffe der Informatik. In der Mathematik spielten A. schon immer eine wichtige Rolle — einer der sehr alten A. ist der *Euklid*ische A. zur Bestimmung des größten gemeinsamen Teilers zweier natürlicher Zahlen. Die Bezeichnung A. ist abgeleitet von dem Namen des persisch-arabischen Mathematikers *Al-Khowarizmi* (um 800), der ein weitverbreitetes Buch über die Behandlung algebraischer Gleichungen geschrieben hatte, das später „liber algoritmi" genannt wurde.

Bis in die 30er Jahre dieses Jahrhunderts blieb der Begriff des A. unpräzisiert, man begnügte sich mit der intuitiven Vorstellung eines allgemeinen Verfahrens zur Lösung einer Klasse von Problemen, das durch eine eindeutige Vorschrift so bis in alle Einzelheiten festgelegt ist, daß man es anwenden kann, ohne es verstanden zu haben.

Erst im Rahmen der Untersuchungen zu den Grundlagen der Mathematik wurde es nötig, nach einer präzisen Definition des A.-Begriffs zu suchen – insbesondere zur Lösung des *Hilbert*schen Entscheidungsproblems, d. h. der Frage danach, ob es für jede axiomatisierte mathematische Theorie (wie die *Euklid*ische Geometrie oder die elementare Zahlentheorie) einen A. gibt, mit dem für jede Formel, d. h. jede in der $\to$ formalen Sprache der betreffenden Theorie geschriebenen Aussage, entschieden werden kann, ob sie wahr oder falsch ist. *K. Gödel* zeigte 1931, daß die Frage mit Nein beantwortet werden muß; er benutzte dazu den Begriff der $\to$ rekursiven Funktion. 1936 zeigten *A. Church* (mit

Hilfe des →Lambda-Kalküls) und *A. M. Turing* (mit Hilfe der →*Turing*-Maschine), daß die →Prädikatenlogik nicht entscheidbar ist.

Es gibt natürlich keine formale Definition des Begriffs A., von der man beweisen kann, daß sie jede mögliche sinnvolle Definition eines A.-Begriffs mit umfaßt; aber man ist heute davon überzeugt, daß die Thesen von *Turing, Church* und *Markoff* gültig sind, die besagen, daß jeder A. sich als Programm für eine *Turing*-Maschine umformulieren läßt bzw. daß jede algorithmisch berechenbare Funktion eine rekursive Funktion ist bzw. daß jeder A. in einen →Markoff-A. übersetzt werden kann.

In dieser mittlerweile klassischen Auffassung sind für einen Algorithmus A folgende Eigenschaften charakteristisch:

☐ *Determiniertheit*. A ist durch eine endliche Vorschrift so festgelegt, daß seine Anwendung auf die zu bearbeitenden →Daten stets nur auf höchstens eine Weise möglich ist.

☐ *Allgemeinheit*. A löst eine Klasse von Problemen gleicher Art, die sich nur in den Startdaten für die Anwendung des A. unterscheiden.

☐ *Endlichkeit*. Für jeden Satz von Startdaten der Problemklasse liefert A nach endlich vielen Schritten die Lösung.

Heutzutage betrachtet man auch nichtdeterministische A., bei denen gewisse Möglichkeiten der Auswahl zwischen verschiedenen Alternativen offengelassen werden, aber so, daß das Endergebnis trotzdem eindeutig bestimmt ist.

*Beispiel*
Ein nichtdeterministischer A. zum Sortieren einer Reihung $a_1, a_2, \ldots a_n$ von ganzen Zahlen: Man vergleiche jeweils zwei Zahlen $a_i$ und $a_j$ mit i kleiner als j und vertausche sie, falls $a_i$ größer als $a_j$ ist. Das tue man solange, bis keine Vertauschungen mehr auftreten.

Ferner betrachtet man manchmal auch sog. nichtabbrechende A. wie das Verfahren zum Ziehen der Quadratwurzel. Auch diese sind eigentlich nur unvollständig spezifizierte A., bei denen das Abbruchkriterium (im Fall der Quadratwurzel die gewünschte →Genauigkeit) nicht angegeben ist. *Brauer*

Literatur: *Brauer, W.; Indermark, K.*: Algorithmen, rekursive Funktionen und formale Sprachen. Mannheim 1968. – *Loeckx, J.*: Algorithmentheorie. Berlin 1976. – *Stetter, F.*: Grundbegriffe der theoretischen Informatik. Berlin 1988.

**Algorithmus, genetischer** ⟨*genetic algorithm*⟩. **1.** Die Grundform des g. A. wurde von *J. Holland* seit Anfang der 60er Jahre in den USA entwickelt. G. A. zählen wie auch Evolutionsstrategien und das Evolutionary Programming zu den evolutionären Algorithmen. Evolutionäre Algorithmen sind probabilistische Such- und Optimierungsverfahren gemäß Prinzipien nach dem Vorbild biologischer Evolution (Mutation, Rekombination von Individuen und ihre Selektion – survival of the fittest).

Neben der im folgenden genauer vorgestellten kanonischen g.-A.-Form gibt es nichtkanonische g. A. und Mischformen zwischen g. A. und Evolutionsstrategien wie den züchterorientierten Breeder Genetic Algorithm. G. A. werden als Metaheuristik v. a. bei der Lösung von komplexeren Problemen der kontinuierlichen sowie der kombinatorischen globalen Optimierung eingesetzt, bei denen exakte Verfahren in aller Regel auf große praktische Schwierigkeiten stoßen.

Ein kanonischer g. A. stellt jede (phänotypische) Zwischenlösung durch einen (genotypischen) Bitstring a (Individuum, Chromosom) fester Länge l dar (Codierungsproblem!). Für pseudo-*Boole*sche Zielfunktionen mit genau l Variablen, letztere allein der Werte 0 oder 1 fähig, kann ein solcher Bitstring direkt interpretiert werden. Nicht so etwa bei der kontinuierlichen Optimierung mit reellwertiger Zielfunktion $f(x_1, \ldots, x_n)$ unter Nebenbedingungen $u_i \leq x_i \leq v_i$, $i = 1, \ldots, n$.

Im letzten Fall wird der Bitstring a in n Teilstrings $T_i = (a_{i1}, a_{i2}, \ldots, a_{il'})$ gleicher Länge $l'$ zerlegt ($l = n \cdot l'$) und $x_i$ hat die Gestalt

$$x_i = u_i + (v_i - u_i) \cdot \alpha(T_i)$$

mit $0 \leq \alpha(T_i) = \sum_{j=1}^{l'} \dfrac{a_{ij} \cdot 2^{j-1}}{2^{l'} - 1} \leq 1.$

Für die Optimierung von f wird zunächst eine Fitneßfunktion

$$F(a) = F(a_{11}, a_{12}, \ldots, a_{nl'}) = \delta(f(x_1(T_1), \ldots, x_n(T_n)))$$

eingeführt, wobei δ eine meist lineare Skalierungsfunktion ist, die positive Fitneßwerte garantiert und den besten Individuen die größten Fitneßwerte zuweist (etwa $\delta(y) = A \cdot y + B$ mit geeigneten Konstanten A und B).

Startend mit einer Population P(0) von N Bitstrings bzw. Individuen, erzeugt ein kanonischer g. A. mittels genetischer Operatoren für Selektion, Paarbildung, Rekombination und Mutation eine Sequenz von Populationen (Generationen) P(t), t = 0, 1, 2, … von jeweils N weiterevolvierten Zwischenlösungen bzw. Bitstrings, bis ein Abbruchkriterium erfüllt ist, z. B. keine weitere Lösungsverbesserung in den letzten 20 Generationen.

Die Gestaltung der einzelnen Schritte ist von Verfahren zu Verfahren verschieden.

Für praktische Problemstellungen im Zusammenhang mit der kombinatorischen Optimierung sind für die Gestaltung von Codierung, Fitnessfunktion, Selektions-, Mutations- und Rekombinations-Operatoren die jeweiligen Problemspezifika zu berücksichtigen, um effizient qualitativ gute Lösungen zu erzeugen. Neben den genetischen Operatoren treten in der g. A. häufig noch sog. Hillclimber als deterministische lokale Verbesserungsverfahren auf, letztere in Anlehnung an klassische Optimierungsstrategien. Die g. A. stehen in Konkurrenz zu klassischen Verfahren und zu anderen Meta-

*Algorithmus, genetischer.* Tabelle: Schrittfolge in kanonischen g. A.

| (1) Initialisierung | Erzeuge Start-Population P(0) von N Bitstrings. |
|---|---|
| (2) Evaluation | Berechne Fitnesswerte von P(t) für t=0. |
| (3) Selektion | Proportionale Selektion (nach *J. Holland*). |
| (4) Paarbildung | Bildung von N Elternpaaren aus selektierten Individuen. |
| (5) Rekombination | Erzeugung von N Nachkommen (Offspring) aus den N Elternpaaren. |
| (6) Mutation | Mutation der Nachkommen zur neuen Population P(t+1) mit N Individuen. |
| (7) Evaluation | Berechne Fitnesswerte von P(t+1). |
| (8) Prüfung des Abbruchkriteriums | Falls kein Abbruch, fahre mit (3) fort. |

heuristiken wie Evolutionsstrategien, Simulated Annealing, Tabu Search und Hybridverfahren. Für eine Reihe von (insbesondere → Operations Research) Problemen gibt es entsprechende Benchmarks, so etwa für die Maschinenbelegungsplanung (Minimierung der Gesamtdurchlaufzeit von n Jobs über m Maschinen).
*Bendisch*

Literatur: *Aizpuru, J. R.; J. A. Usunariz*: GA/TS: A hybrid approach for job shop scheduling in a production system. Lecture Notes in Artificial Intelligence 990 (1995) pp. 153–164. – *Bäck, T.*: Evolutionary algorithms in theory and practice. Cambridge 1995. – *Bäck, T.; H.-P. Schwefel*: An overview of evolutionary algorithms for parameter optimization. Evolutionary Computation 1 (1995) 1, pp. 1–23. – *Goldberg, D. E.*: Genetic algorithms in search optimization and machine learning. 1995. – *Mühlenbein, H.; D. Schlierkamp-Voosen*: Predictive models for the breeder genetic algorithm. I. Continuous parameter optimization. Evolutionary Computation 1 (1993) 1, pp. 25–49.

**2.** Die Bezeichnung g. A. hat sich für eine große Klasse von an der Evolutionstheorie angelehnten Verfahren (die → Evolutionsstrategien inbegriffen) eingebürgert. Im engeren Sinne meint g. A. das von *J. Holland* 1975 (unabhängig von *Rechenberg*s Evolutionsstrategien) entwickelte Verfahren, bei dem (in der Terminologie der Evolutionsstrategien) die Werte der Gene durch Bitstrings dargestellt werden und die Mutation einzelne Bits komplementiert; Rekombination wird realisiert durch „crossing over", d. h. Zusammensetzen eines neuen Wertesatzes (Bitstrings) für ein Individuum durch Zusammensetzen von zwei von Elternindividuen stammenden Teilstücken; Selektion wirkt auf das Ausmaß der Selbstreproduktion von Individuen. Die Theorie und Anwendung von g. A. wurde zunächst vornehmlich in den USA betrieben. Mittlerweile hat sich genauer herauskristallisiert, daß Evolutionsstrategien und g. A. recht unterschiedliche Verhalten haben und daher verschiedene Anwendungsmöglichkeiten besitzen. Die Methode der g. A. wird häufig auch zur Entwicklung → Neuronaler Netze verwendet sowie zur Konstruktion von → Programmen (Schlagwort: genetic programming).
*Brauer*

**Algorithmus, probabilistischer** ⟨*probabilistic algorithm*⟩. Im weiteren Sinne ein Verfahren, dessen Ablauf an geeigneten Stellen durch eine Zufallsstrategie gesteuert wird. Im engeren Sinne ein → Algorithmus zur Lösung eines Entscheidungsproblems (→ Entscheidungstheorie), wobei eine der beiden möglichen Antworten des Algorithmus nur mit einer vom Algorithmus abhängigen Wahrscheinlichkeit p richtig ist. Endet der Algorithmus also z. B. mit der Antwort „ja" oder „nein", so ist die Antwort „ja" stets richtig, die Antwort „nein" jedoch nur mit Wahrscheinlichkeit p.

Antwortet ein p. A. n-mal hintereinander mit „nein", so ist die Fehlerwahrscheinlichkeit der „nein"-Antwort $(1-p)^n$. Ein p. A. kann deshalb eine Ja-Nein-Entscheidung mit beliebig kleiner Fehlerwahrscheinlichkeit berechnen. P. A. können z. B. erfolgreich zum Primzahltest (Public-Key-Crypto-Systeme) herangezogen werden.
*Bachem*

**Algorithmus, verteilter** ⟨*distributed algorithm*⟩. → Algorithmus, der ohne globale Steuerung auf einem verteilten System abläuft, wobei also jeder der verteilten → Prozessoren Informationen, die für den Ablauf des Algorithmus nötig sind, nur von einer beschränkten Zahl von Nachbarprozessen erhält. Beispiele für v. A. sind verteilte Terminierung (d. h. Feststellung, ob im verteilten System alle Prozessoren ihre Aufgabe erledigt haben und keine → Nachrichten mehr im System auf Bearbeitung warten) und Wahl eines Anführers (Bestimmung eines ausgewählten Prozessors, der Steuerungsaufgaben für das gesamte System übernehmen soll).
*Brauer*

Literatur: *Herrtwich, R. G.; Hommel, G.*: Nebenläufige Programme, 2. Aufl. Springer, Berlin 1994.

**Aliasing** ⟨*aliasing*⟩. Objekte, die synthetisch erzeugt werden und symbolisch mittels Kanten, Konturen und Flächen beschrieben sind, werden als Folge der Rasterung des Darstellungsbereiches und Quantelung des Farbspektrums als diskrete Punktanordnung (die Einzelpunkte bezeichnet man als → Pixel) dargestellt. Da im Bereich der generativen Graphik noch nicht das Auflösungsvermögen wie in der Photographie erreicht wurde, sind charakteristische Bildfehler (→ Darstellungsfehler) zu beobachten, die unter dem Begriff A.-Effekte zusammengefaßt werden. Diese Effekte äußern sich typischerweise im treppenförmigen Verlauf ursprünglich glatter Linien und Flächengrenzen und in Interferenzerscheinungen zwischen Strukturen im Originalbild und dem Rastergitter des Bildschirms (Moiré-Effekt). Verschiebungen und gar vollständige Verluste von Details gehören ebenso zum Umfang des A. wie die Veränderung von Konturen oder das Blinken von feinen Details in bewegten Bildern.

Die Erfahrung des Fernsehens lehrt aber, daß diese Effekte nicht notwendigerweise eine Folge des Rasterbildschirms sind, demnach durch geeignete Aufbereitung der Bildinformation bzw. des -signals vermieden werden können.

Bildinformationen bei bewegten Bildsequenzen sind die Zusammenfassung zweier → Signale, einem zweidimensionalen räumlichen und einem eindimensionalen zeitlichen, die diskretisiert werden. Diesen → Prozeß bezeichnet man als Abtastung oder → Sampling.

A.-Effekte treten dann auf, wenn das aus der Signaltheorie bekannte → Abtasttheorem verletzt wird. Dies ist der Fall, wenn im Bild (oder in Bildsequenzen) höhere Frequenzen als die halbe → Abtastfrequenz auftreten, man spricht dann von Unterabtastung. Da ideal-scharfe Konturen in einem Bild einen nichtstetigen Intensitätssprung des zweidimensionalen Signals im Ortsbereich bedeuten und damit einem unbeschränkten Frequenzbereich entsprechen, treten durch die Bandbeschränktheit physikalischer Systeme (Kameras, Monitore) automatisch A.-Effekte auf.

Es existieren Verfahren, um Bildfehler zu mindern und dadurch die Bildqualität zu steigern:

☐ Das Bild wird mit einer höheren → Auflösung berechnet, als später auf dem → Monitor angezeigt werden kann. Nach der Berechnung wird das Bild mittels eines digitalen Filters auf die gewünschte Auflösung reduziert, die einzelnen informationstragenden Pixel des ursprünglichen Bildes werden dabei gewichtet zusammengefaßt. Dadurch treten zwar weniger A.-Effekte auf, die Methode ist aber sehr kostspielig, da die anfallenden Berechnungen proportional zum Quadrat der Auflösung anwachsen. Die einzelnen Pixel werden dabei als diskrete Punkte im mathematischen Sinne betrachtet.

☐ Das Bild wird vorgefiltert; man versucht so, alle hohen Frequenzen herauszufiltern. Bei diesem Verfahren wird sozusagen „künstliche Unschärfe" erzeugt, die A.-Effekte werden verwischt und so gemindert. Diese Vorgehensweise ist äquivalent mit der Betrachtung der einzelnen Pixel als elementare Fläche.

☐ Zur Reduzierung von zeitlichen Abtastfehlern werden mehr Bilder generiert, als für eine Bildsequenz notwendig sind, um diese danach auf die zeitliche Ausgaberate gewichtet zusammenzufiltern. Konturen von bewegten Objekten werden durch diese Maßnahme verwischt (Bewegungsunschärfe/motion blur).

*Encarnação/E. Klement*

**Alignment biologischer Sequenzen** *(alignment of biological sequences)*. Dies ist die Grundoperation zum Vergleich von biologischen Sequenzen. Sie wird benutzt, um Ähnlichkeiten zwischen derartigen Sequenzen aufzuzeigen und um einer Sequenz ähnliche Sequenzen in den → biologischen Datenbanken aufzuspüren. Die meisten von biologischen Systemen genutzten Moleküle sind Polymere, d. h. Kettenmoleküle aus kleinen Einzelbausteinen. In der Natur kommen drei Arten von Biopolymeren vor:

– Desoxyribonucleinsäure (DNA). Dieses in einer Doppelhelix angeordnete Molekül speichert die genetische Information und ist ein Polymer aus Nukleotiden, die jeweils eine der Basen Adenin (A), Cytosin (C), Guanin (G) und Thymin (T) enthalten.

– Ribonukleinsäure (RNA). Dieses Molekül ist evolutionär am ältesten und übernimmt Funktionen sowohl bei der Speicherung genetischer Information als auch beim Stoffwechsel. Seine Bausteine sind gegenüber DNA leicht veränderte Nukleotide aus den Basen A, G, C und Uracil (U).

– Proteine. Diese Moleküle übernehmen Funktionen beim Stoffwechsel und beim Aufbau der Körpersubstanz. Sie sind Polymere, die aus den zwanzig genetisch codierten Aminosäuren aufgebaut sind. Für die Aminosäuren verwendet man die 1-Zeichen-Codes ACDEFGHIKLMNPQRSTVWY.

Formal versteht man unter einem A. eine zweispaltige Matrix. In der ersten Zeile steht die eine Sequenz, ggf. unterbrochen durch Lückenzeichen (–), in der zweiten Zeile steht die zweite Sequenz. Die Spalten stellen jeweils zwei Zeichen gegenüber, eines aus jeder Sequenz. Dabei treten folgende Fälle auf:

| | |
|---|---|
| A<br>A | *Identität (Match)* |
| A<br>C | *Mismatch* |
| –<br>A | *Einfügung (Insertion)* |
| A<br>– | *Streichung (Deletion)* |
| –<br>– | Darf nicht auftreten |

Oft wird zwischen Einfügungen und Streichungen nicht unterschieden. Man bezeichnet dann beide Operationen als *Indel*. Sequenzen von Lückenzeichen in derselben Zeile und aufeinanderfolgenden Spalten heißen *Lücken* (gaps). Das A. in Bild 1 hat drei Lücken, die aus zwei Einfügungen und sieben bzw. einer Streichung bestehen. In der mittleren Zeile des A. werden Matches durch den entsprechenden Buchstaben und Ersetzungen durch chemisch verwandte Aminosäuren durch "|" repräsentiert.

A. werden i. allg. mit Kosten behaftet. Dazu wird jedem Match und Mismatch ein Kostenwert (score) zugewiesen, der von den beteiligten Zeichen sowie der Position des Match/Mismatch im A. abhängen kann.

```
...AVAV--QSRIIYGGSVTGGNCKELASQHDVDGFLVGGASLKPEF...
   |V   |||GGS||GG||  |F||||  ||  ||F
...YVLPVPFLNVLNGGSHAGGAL-------ALQEFMIAPTGA-KTF...
```

*Alignment biologischer Sequenzen 1: Ausschnitt aus einem A. zweier Proteinsequenzen*

Auch Lücken werden mit Kostenwerten belegt, die von der Länge der Lücke abhängen können.

Am weitesten verbreitet sind Kostenmodelle, bei denen die Kostenwerte für Matches und Mismatches nur von den beteiligten Zeichen, nicht aber von der Position der Spalte im A. abhängen. Die Kosten g(k) für ein Gap der Länge k werden in diesem Fall häufig als linear angenommen $g(k) = \alpha + \beta k$. Ein solches Kostenschema läßt sich durch Angabe einer 20×20-Score-Matrix sowie der Gap-Startkosten $\alpha$ und der Gap-Erweiterungskosten $\beta$ spezifizieren. Als Score-Matrix wird häufig die *Dayhoff*-Matrix verwendet, die auf einer Modellierung der Evolution mit *Markoff*-Ketten beruht. Es sind jedoch über hundert verschiedene Score-Matrizen in Gebrauch. Die besten Matrizen werden mit statistischen Methoden aus dem vorhandenen Sequenzdatenbestand berechnet.

Bei auf Score-Matrizen basierten Kostenmodellen läßt sich das A. mit dynamischer Programmierung lösen. Die Laufzeit beträgt O(mn) bei linearen Gap-Kosten, wobei m und n die Längen der beiden zu alignierenden Sequenzen sind. Datenanalysen weisen darauf hin, daß Gap-Kostenfunktionen der Form $f(k) = \alpha + \log \beta$ die Realität häufig besser widerspiegeln. Für allgemeine Gap-Kostenfunktionen f(k) haben *Needleman* und *Wünsch* einen auf dynamischer Programmierung basierenden Algorithmus mit Laufzeit O(mn(m+n)) angegeben, der im wesentlichen die Suche eines längsten Weges in einem geeigneten gitterähnlichen, gerichteten, azyklischen Graphen ist. Ist die Gap-Kostenfunktion konvex oder konkav, so kann man die Laufzeit auf O(mn log(m+n)) verringern.

Oft möchte man nicht ganze Sequenzen gegeneinander alignieren, sondern identische oder ähnliche Stücke in Sequenzen finden. Dieses *lokale* A. vernachlässigt nicht alignierte Bereiche an den Enden beider Sequenzen und läßt sich durch eine geringe Modifikation der dynamischen Programmiermethoden berechnen.

Das gleichzeitige A. mehrerer Sequenzen wird *multiples* A. genannt (Bild 2).

Erweitert man das auf Score-Matrizen basierende Kostenmodell auf multiples A., so sind jeder möglichen Spalte in dem A. Kosten zuzuweisen. Man erhält bei k Sequenzen eine k-dimensionale Score-Matrix, die meistens durch Kombinationen der Werte aus zweidimensionalen Score-Matrizen, etwa einer Durchschnittsbildung, gewonnen wird. Bei der Bestimmung der Gap-Kosten geht man ähnlich vor. Die Laufzeit der Alignment-Berechnung wächst in diesem Modell exponentiell in k. Deshalb wird diese Methode schnell unpraktisch, und man bedient sich →Heuristiken, die das multiple A. aus paarweisen A. zusammensetzen.

Oft will man über das multiple A. hinaus auch den Abstammungsbaum der beteiligten Sequenzen, den sog. →phylogenetischen Baum berechnen. Dafür gibt es eigens entwickelte Theorien und Algorithmen.

In jüngster Zeit berechnet man A. auch mit Hilfe von →Hidden-Markoff-Modellen. Diese Methode hat die Vorteile, daß während einer initialen Trainingsphase die Kostenwerte spezifisch für einzelne Proteinklassen erlernt werden können. Ferner können komplexere Kostenmodelle berücksichtigt werden. Schließlich steigt die Laufzeit für das multiple A. von k Sequenzen nur linear in k an. *Lengauer*

Literatur: *Higgins, D. G.*: Clustal V multiple alignment of DNA and protein sequences. Methods in Molecular Biology 25 (1994) pp. 307–318. – *Dayhoff, M. O.*: Atlas of protein sequence and structure. Vol. 5, Suppl. 3. National Biomedical Research Foundation, Washington D. C. 1978. – *Galil, Z.; R. Giancarlo*: Speeding up dynamic programming with applications to molecular biology. Theoretical Computer Science 64 (1989) pp. 107–118. – *Needleman, S. B.; C. D. Wünsch*: A general method applicable to the search for similarities in the Amino Acid sequence of two proteins. J. of Molecular Biology 48 (1970) pp. 443–453. – *Smith, T. F.; M. S. Waterman*: Identification of common molecular subsequences. J. of Molecular Biology 147 (1981) pp. 195–197. – *Stryer, L.*: Biochemistry. 4th Edn. New York 1995. – *Doolittle, R. F.*: Of urfs and orfs. A primer on how to analyze derived Amino acid sequences. Mill Valley, CA 1987. – *Waterman, M. S.*: Introduction to computational biology. New York 1995.

**Alles-oder-nichts-Semantik** ⟨*all-or-nothing semantics*⟩ →Rechensystem, fehlertolerantes

**ALOHA** ⟨*ALOHA*⟩. Stochastisches Mehrfachzugriffsprotokoll (→Netzzugangsverfahren), das 1970 für ein terrestrisches Funk- und →Satellitennetz auf den hawaiianischen Inseln entwickelt wurde; das Protokoll kann jedoch für beliebige →Übertragungsmedien mit Mehrfachzugriff verwendet werden. Alle →Benutzer haben prinzipiell wahlfreien Zugriff zum Übertragungsmedium, sie berücksichtigen also nicht das Sendeverhalten anderer Stationen. Bei einer Überlagerung (Kollision) mehrerer Sendungen werden alle beteiligten →Nachrichten zerstört. Erkennt ein Sender einen solchen Konflikt durch Mithören der eigenen Sendung bzw. fehlende →Quittungen, dann versucht er eine erneute Übertragung zu einem zufällig gewählten späteren Zeitpunkt. Wird der durchschnittliche Zeitraum zwischen den Sendeversuchen zu kurz gewählt, kommt es in Systemen mit zahlreichen Benutzern nach einer gewissen Zeit zur Instabilität: Übertragungen können immer seltener konfliktfrei durchgeführt werden, das System bricht zusammen.

Beim *Pure-ALOHA*-Verfahren können Sendungen zu jedem beliebigen Zeitpunkt beginnen, während beim *Slotted-ALOHA*-Verfahren die Nachrichtenübertragung

```
...GTM----SMLVLLPDEVSG---LEQLESIINFEK--LTE...
...DDI----TMVLILPKPEKS---LAKVEKELTPEV--LQE...
...NATA-----IFFLPDEGK----LQHLENELTHDI--ITK...
...GHDKRQFSMYILLPGAQDG---LWSLAKRLSTEPEFIEN...
...WSDAQ--NNFSVTRVPLGESVTLLLIQPQCASDLDRVEV...
```

*Alignment biologischer Sequenzen 2: Ausschnitt aus einem multiplen A. von fünf Proteinsequenzen*

jeweils nur zu Beginn eines Taktes (Slot) gestartet werden kann. Geht man von konstanten Nachrichtenlängen (T Sekunden) aus, kann in einem Pure-ALOHA-System eine Übertragung mit einer anderen kollidieren, deren Sendebeginn in einem Intervall der Länge 2 T liegt. Beim Slotted-ALOHA-System hingegen wird eine während eines Taktes generierte Nachricht erst zu Beginn des nächsten Taktes übertragen; die Länge der Konfliktphase beträgt also nur T Sekunden, Teilkollisionen treten nicht auf (Bild 1). Vereinfacht gilt für den Durchsatz S (Anzahl der erfolgreichen Sendungen pro Zeiteinheit) bei zu 1 normierter Nachrichtenlänge

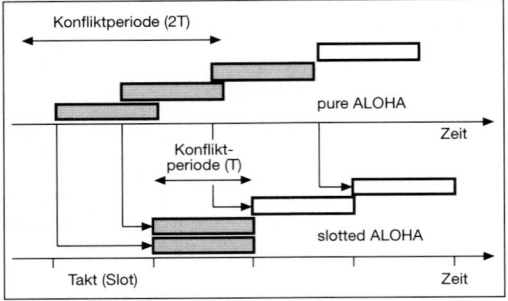

*ALOHA 1: Kollisionen beim Pure- bzw. Slotted-ALOHA-Verfahren; schraffierte Nachrichten kollidieren*

$S = G \cdot e^{-2G}$ für pure ALOHA,
$S = G \cdot e^{-G}$ für slotted ALOHA
(G Gesamtzahl der Sendeversuche pro Zeiteinheit).

Bild 2 zeigt, daß bereits für den maximalen Durchsatz jede Sendung rund zwei Wiederholungen erfordert. Somit eignen sich ALOHA-Verfahren nur für Systeme mit geringer Auslastung. Eine Verminderung der Konflikte kann erreicht werden, indem der Sender das Übertragungsmedium abhört und mit seiner Sendung erst dann beginnt, wenn es nicht belegt ist, vgl. → CSMA/CD für lokale Netze (→ LAN). In Netzen mit geostationären Satelliten (→ Satellitenkommunikation)

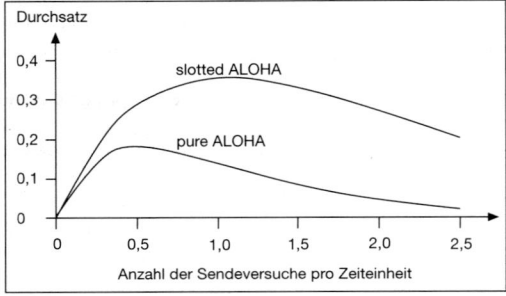

*ALOHA2: Vergleich des Durchsatzes von Pure- und Slotted-ALOHA*

ist ein solches Vorgehen wegen der langen → Signallaufzeit von 270 ms i. allg. nicht möglich.

*Quernheim/Spaniol*

Literatur: *Tanenbaum, A. S.*: Computer networks. Prentice Hall, 1996.

**Alpha-Beta-Verfahren** ⟨*alpha-beta method*⟩. Vermeidet überflüssige Evaluierungen beim → Minimax-Verfahren durch Abschätzen von Knotenwerten. Betrachtet man einen Ausschnitt aus einem Minimax-Baum, so ist die Bewertung von A das Maximum von B und C. Nach Evaluierung von B hat A als untere Schranke (Alpha) den Wert 10. Analog hat C nach Evaluierung von D als obere Schranke (Beta) den Wert 6. Offensichtlich kann A durch die Evaluierung von E nicht beeinflußt werden, E wird durch einen Alpha-Schnitt abgetrennt. Analog spricht man von einem Beta-Schnitt, wenn ein Nachfolger eines MAX-Knotens nicht evaluiert werden muß. *Neumann*

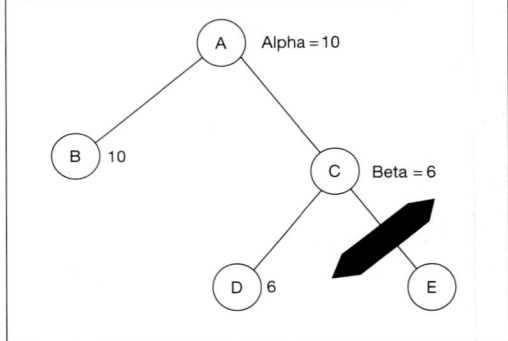

*Alpha-Beta-Verfahren: Alpha-Schnitt von Knoten E*

**ALU** ⟨*ALU (Arithmetic Logical Unit)*⟩ → Rechenwerk

**AM (Amplitudenmodulation)** ⟨*AM (Amplitude Modulation)*⟩ → Modulation

**Amdahl-Gesetz** ⟨*Amdahl's law*⟩. Unter dem A.-G. versteht man eine einfache Abschätzung der → parallelen Effizienz eines Programmes. Dabei geht man davon aus, daß die Gesamtrechenzeit T in einen rein seriellen Anteil $T_{ser}$ und einen optimal parallelisierbaren Anteil $T_{par}$ zerfällt. Mit der Abkürzung $\varepsilon = T_{ser}/T_{par}$ ergibt sich nach Einsetzen in die Definition der parallelen Effizienz

$$E(P) = \frac{1+\varepsilon}{1+P\varepsilon}.$$

Das A.-G. sagt also aus, wie klein der serielle Anteil des Algorithmus sein muß, um mit einer bestimmten Prozessorzahl eine vorgegebene Effizienz zu erzielen.

Um beispielsweise eine Effizienz von 0,8 zu erreichen, ergibt sich für $P=16: \varepsilon=0{,}01695$, für $P=64: \varepsilon=0{,}00398$ und für $P=256: \varepsilon=0{,}00098$, und das bei *optimaler* Parallelisierung des parallelen Anteils! Das A.-G. wurde von G. M. Amdahl ursprünglich für Vektorrechner entwickelt, entsprechend spricht man dann von seriellem und vektorisierbarem Anteil.

*Bastian*

**Amdahl-Regeln** ⟨*Amdahl's formulae*⟩. Aussagen über die angemessene Dimensionierung der Leistungsfähigkeit der wesentlichen Komponenten von Universalrechnern. Ziel ist das Erreichen einer Leistungsbalance zwischen Verarbeitungs-, Speicher- und Ein-/Ausgabewerken.

Die A.-R. 1 setzt Prozessorleistung in Bezug zur Hauptspeichergröße: Eine Architektur ist balanciert, wenn die Kapazität des Hauptspeichers in → Bytes der Anzahl der pro Sekunde im → Prozessor ausführbaren → Befehle entspricht. Beispielsweise sollte also ein Rechner mit Prozessorleistung von 500 MIPS über einen Hauptspeicher mit 500 MBytes verfügen.

Die A.-R. 2 setzt Prozessorleistung in Bezug zur Bandbreite der Ein-/Ausgabegeräte: Eine Architektur ist balanciert, wenn die Bandbreite der Ein-/Ausgabe in Bit pro Sekunde der Anzahl der pro Sekunde im Prozessor ausführbaren Befehle entspricht. Der o. g. Rechner mit 500 MIPS sollte also eine Ein-/Ausgabebandbreite von 500 MBit/s haben.

Neben der A.-R. ist auch das *Amdahl*sche Gesetz zur Leistungserwartung paralleler Systeme bekannt geworden. Es besagt, daß die durch Parallelisierung einer Aufgabe erzielbare Beschleunigung stark von dem Anteil der seriellen Ausführung abhängt:

$$S := 1/(A_s + A_p/n) \,;$$

dabei ist S die erzielbare Beschleunigung (speedup), $A_s$ der prozentuale Anteil der nicht parallelisierbaren Programmausführungszeit, $A_p$ der prozentuale Anteil der parallelisierbaren Ausführungszeit und n die Anzahl der parallelen Prozessoren. Sind als Beispiel nur 10% einer Aufgabe nicht parallelisierbar, so ist selbst mit sehr großen Prozessorzahlen nur ein Beschleunigungsfaktor von knapp 10 erreichbar.

*Bode*

**AMG (Algebraisches Mehrgitterverfahren)** ⟨*algebraic multigrid method*⟩. Iterative Methoden zur Lösung dünnbesetzter linearer Gleichungssysteme unter Verwendung von Komponenten und Prinzipien von → Mehrgitterverfahren. Im Gegensatz zu diesen wird jedoch nicht vorausgesetzt, daß dem gegebenen Problem eine geometrische Gitterstruktur zugrunde liegt (wie etwa bei der → Diskretisierung partieller → Differentialgleichungen). AMG sind daher den allgemeineren → Multi-Level-Verfahren zuzuordnen.

Dem feinsten Gitter entspricht bei AMG die Menge aller Unbekannten, den gröberen Gittern entsprechen geeignet gewählte Teilmengen dieser Unbekannten. Ausgehend von dieser Interpretation von „Gittern", werden auch die zur Definition eines Mehrgitteralgorithmus benötigten Mehrgitterkomponenten nach bestimmten (algebraischen) Prinzipien verallgemeinert. Im Gegensatz zu üblichen Mehrgitterverfahren (wo diese Komponenten i. allg. a priori festgelegt werden) ist die explizite Konstruktion dieser Komponenten – ebenso wie auch die Entscheidung über die Vergröberung selbst – wesentlicher Bestandteil eines AMG-Algorithmus. Entsprechend besteht ein AMG aus zwei algorithmischen Phasen: einer Vorbereitungsphase und der eigentlichen Lösungsphase.

Der Vorbereitungsphase, in der eine komplette Mehrgitterhierarchie automatisch und dynamisch aufgebaut wird, liegen die folgenden wesentlichen Prinzipien zugrunde:
– Die (matrixabhängige) Vergröberung wird so durchgeführt, daß auf allen Leveln das einfache Einzelschrittverfahren hinreichende Glättungseigenschaften besitzt.
– Die → Gittertransferoperationen werden direkt aus den Matrizen der Gleichungssysteme erzeugt.
– Die Berechnung von Grobgitterkorrekturen basiert auf dem *Galerkin*-Prinzip (→ Grobgitterkorrektur).

An die Vorbereitungsphase schließt sich die Lösungsphase an. Wie in üblichen Mehrgitterverfahren können verschiedene → Cycle-Typen verwendet werden.

AMG sind Black-Box-Verfahren. Allerdings ist nicht jedes Gleichungssystem zur numerischen Behandlung mit AMG geeignet. Problemlos ist die Anwendung z. B., wenn die Matrix positiv definit und „vom positiven Typ" ist (d. h. alle Diagonalelemente haben dasselbe Vorzeichen, alle übrigen Einträge das entgegengesetzte), wenngleich eine schwache Verletzung dieser Kriterien toleriert werden kann. *Stüben/Trottenberg*

**AMI-Code** ⟨*AMI (Alternate Mark Inversion) code*⟩. Pseudoternärer Leitungscode (→ Leitungscodierung), der auf dem NRZ-Code aufbaut. Die zwei Bitwerte „0" bzw. „1" werden durch die Zustände „0" bzw. jeweils alternierend „+1" und „–1" dargestellt (realisiert z. B. durch drei Spannungswerte 0 V, +5 V, –5 V). Somit folgt stets auf ein → Signal positiver Polarität ein Signal negativer Polarität und umgekehrt, so daß das Signal gleichstromfrei wird. Der AMI-C. wird u. a. im → ISDN am → Basisanschluß verwendet. Eine gezielte Verletzung der Coderegel (zwei „1"- oder zwei „–1"-Zustände in Folge) kann zu Steuerungszwecken eingesetzt werden. *Quernheim/Spaniol*

**Amplitude** ⟨*amplitude*⟩ → Welle, elektromagnetische

**Amplitudenmodulation** ⟨*amplitude modulation*⟩ → Modulation

**Amplitudenumtastung** ⟨*amplitude shift keying*⟩ → Modulation

**analog** ⟨*analogue*⟩. Kontinuierlich, stufenlos; Gegensatz zu → digital. Bei analoger → Codierung von

→ Information wird diese durch kontinuierliche, stetig veränderbare Größen (z. B. Spannung) dargestellt.

*Breitling/K. Spies*

**Analogrechner** ⟨*analog computer*⟩. Im Gegensatz zum →Digitalrechner wird mit dem A. ein Problem dadurch gelöst, daß ein analoges physikalisches System aufgebaut wird und der zeitliche Ablauf der physikalischen Größen dieses Systems die Problemlösung beschreibt. Dabei werden z. B. Temperatur, Geschwindigkeit oder andere problemspezifische Größen durch elektrische Größen, i. d. R. Spannungen, dargestellt, ebenso wie die zwischen ihnen bestehenden Beziehungen durch eine entsprechende Schaltanordnung von Rechenelementen. Die Nachbildung des Problems durch ein physikalisches System bewirkt, daß bei der Lösung alle Zustandsvariablen gleichzeitig errechnet werden und so eine höhere Geschwindigkeit als beim Digitalrechner erreicht wird. Andererseits erlaubt der Digitalrechner eine höhere Genauigkeit. Während für die Genauigkeit beim Digitalrechner Wortlänge und →Algorithmus maßgebend sind, wird sie beim A. durch die Rechenkomponenten begrenzt.

□ *Hybridrechner.* Im Vergleich zum Digitalrechner ist der A. sehr schnell; bei speziellen Problemen ergibt sich der Faktor 100:1. Ferner ist das Aufstellen des Koppelplanes problembezogener als die Programmierung eines Digitalrechners, weil das Zusammenschalten der Funktionsgruppen exakt dem logischen Zusammenhang der Problemvariablen entspricht. Und schließlich erlaubt der A. während der Ergebnisanzeige das Variieren eingestellter Parameter und ermöglicht so dem Ingenieur, die Abhängigkeit des Ergebnisses von den Parametern unmittelbar zu erfassen. Andererseits erlaubt der Digitalrechner eine größere arithmetische Genauigkeit und den stärkeren Einsatz *Boole*scher Operationen, zudem besitzt er einen größeren Datenspeicher. Dies hat schon früh zum Hybridrechner geführt, bestehend aus A. und Digitalrechnern sowie einem Koppelsystem zur Analog/Digital- und zur Digital/Analog-Umwandlung, das den Informationsaustausch ermöglicht.

*Bode*

**Analyse, dynamische** ⟨*dynamic analysis*⟩ →Analyse, semantische

**Analyse, lexikalische** ⟨*lexical analysis*⟩. Ein →Modul, meist Scanner genannt, nimmt die l. A. eines Quellprogramms vor. Er liest das Quellprogramm in Form einer Zeichenfolge von einer Datei und zerlegt diese Zeichenfolge in eine Folge von lexikalischen Einheiten der →Programmiersprache, Symbole genannt. Typische lexikalische Einheiten sind die Standardbezeichnungen von →Objekten der Typen integer, real, char, boolean und string, außerdem Identifikatoren (identifier), Schlüsselwörter (reservierte Symbole), Kommentare, Sonderzeichen und Sonderzeichenkombinationen wie =, ⟨=,⟩=, (,), [,] etc. Die Ausgabe des Scanners, wenn er nicht auf einen Fehler stößt, ist eine Darstellung des Quellprogramms als Folge von Symbolen bzw. von →Codierungen von Symbolen.

*Wilhelm*

**Analyse, morphologische** ⟨*morphological analysis*⟩ (auch Lemmatisierung). Aufgabe der m. A. ist das Zerlegen eines Wortes in morphologische Komponenten (Morpheme) und das Analysieren von morphologischen Transformationen. Dabei werden Gesetzmäßigkeiten aus der →Morphologie verwendet. Beispielsweise wird das →Wort „untergegangen" in die Bestandteile „unter-gegangen" zerlegt, und der Bestandteil „gangen" auf den Stamm „geh" zurückgeführt. M. A. ist eine Teilaufgabe in natürlichsprachlichen Systemen. Durch m. A. werden wichtige Informationen zur Unterstützung der syntaktischen Analyse gewonnen, z. B. Numerus, Kasus, Genus, Tempus. Die Reduktion auf Wortstämme erlaubt den Zugriff auf ein Stammformen-Lexikon. Die morphologische Struktur natürlicher Sprachen ist sehr unterschiedlich; allgemeingültige Analyseverfahren sind nicht bekannt.

*Neumann*

**Analyse, objektorientierte** ⟨*object-oriented analysis*⟩. O. A. ist eine spezifische Vorgehensweise bei der Analyse, die den Prinzipien der →Objektorientierung folgt. Ausgangspunkt der Analyse sind die Objekte des Gegenstandsbereichs. Diese werden als selbständig agierende Elemente aufgefaßt, die durch den Austausch von Nachrichten miteinander in Verbindung treten können (Objekt-Metapher).

Gleichartige Objekte werden zu →Klassen zusammengefaßt und durch Merkmale (gemeinsame relevante Eigenschaften, unterschieden in →Attribute und →Operationen) beschrieben. Besondere Behandlung erfahren einander ähnliche Klassen: Sie werden in Generalisierungs- bzw. Spezialisierungshierarchien eingeordnet und können gemäß dem →Vererbungsprinzip Merkmale voneinander erben.

*Hesse*

**Analyse, operationelle** ⟨*operational analysis*⟩. Verfahren zur →Leistungsanalyse von Rechensystemen. Das System wird während eines bestimmten Zeitraums beobachtet, wobei einige leicht zu messende Größen wie →Wartezeit, →Durchsatz oder Anzahl insgesamt abgefertigter Kunden erfaßt werden. Andere Leistungsgrößen, deren Messung zu aufwendig wäre, werden aus den gemessenen Daten abgeleitet. Entgegen anderen Verfahren zur Leistungsanalyse von Rechensystemen (z. B. auf der Basis von →Warteschlangennetzen oder →Petri-Netzen) werden hier keine wahrscheinlichkeitstheoretischen Konzepte verwendet.

*Fasbender/Spaniol*

Literatur: *Bolch, G.; Akyildiz, I. F.*: Analyse von Rechensystemen. Teubner, 1982.

**Analyse, semantische** ⟨*semantic analysis*⟩. Aufgabe der s. A. ist es, Eigenschaften von →Programmen zu bestimmen, die über (kontextfreie) syntaktische Eigenschaften hinausgehen, aber ausschließlich mit Hilfe des Programmtextes berechnet werden können. Diese Eigenschaften nennt man oft statische semantische Eigenschaften, im Gegensatz zu dynamischen Eigenschaften, die erst zur Laufzeit des übersetzten Programms festzustellen sind. Die beiden Begriffe „statisch" bzw. „dynamisch" werden also jeweils mit den beiden Zeiten, Übersetzungszeit bzw. Laufzeit, verbunden (→ Übersetzer).

Zu den verlangten statischen semantischen Eigenschaften von Programmen gehört z. B., daß Bezeichner deklariert, aber nicht mehrfach deklariert sind, und daß Ausdrücke korrekt getypt sind (→ Typ). *Wilhelm*

**Analyse, statische** ⟨*static analysis*⟩. → Semantische Analyse, die im Gegensatz zur dynamischen Analyse ausschließlich *statische* (nicht auf die Laufzeit bezogene) Eigenschaften eines Programms bestimmt.

*Breitling/K. Spies*

**Analyse, strukturierte** ⟨*structured analysis*⟩. Systementwurfsmethode, die im wesentlichen auf den Beschreibungsmitteln Datenflußdiagramm (DFD), Beschreibung der Datenflüsse (Daten-Lexikon) und Prozeßbeschreibungen (PSpec) beruht.

Die s. A. wird in den Systementwurfsphasen „Erstellen des Anforderungskatalogs" (requirement specification) und der „System-Spezifikation" (design specification) eingesetzt. Durch die graphische Repräsentierung des Informationsflusses soll einerseits die Verständigung zwischen Auftraggeber und Auftragnehmer (Software- oder Systementwickler), und andererseits sollen das später folgende Design und die Implementierung formalisiert und vereinfacht werden.

Ausgehend von einer Systemübersicht (Kontextmodell, Top-Level-Darstellung), in der das System selbst als ein Prozeß mit seiner Umwelt (Ein-/Ausgangssignale) dargestellt wird (Kontextdiagramm), wird im weiteren das Systemmodell schrittweise verfeinert (Zerlegung in Unterprozesse). Hierbei bleibt die Anzahl der Ein- bzw. Ausgänge in jedem neu entstehenden Diagramm konstant (balancing). Zu beachten ist, daß zur Erhaltung der Übersichtlichkeit die Anzahl der neuen Prozesse immer im Bereich 7 ± 2 bleibt. Ein DFD besteht aus den Elementen Prozesse (Verarbeitung), Datenquellen und -senken, Daten- und Informationsflüsse und Datenspeicher (Bild).

In dem zu führenden Datenverzeichnis (data dictionary) werden sämtliche Datenflüsse der DFD meist in *Backus-Naur*-Form beschrieben.

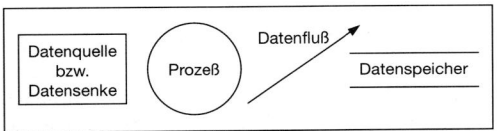

*Analyse, strukturierte: Symbole*

Die Beschreibung der Prozesse (PSpec) erfolgt textuell, meist in Prosa. Beschrieben wird dabei neben den Ein- und Ausgangssignalen insbesondere der dem Prozeß zugrundeliegende Algorithmus (Verarbeitungsvorschrift). Zusätzlich können hier jetzt z. B. Einschränkungen des Datenbereichs, Rechenleistungsanforderungen oder einzuhaltende Zeitbedingungen aufgeführt werden.

Erweiterungen der s. A., die auch die zeitliche Steuerung der Abläufe beschreiben, sind beispielsweise von *Haltey-Pirbhai* und *Ward-Mellor* durchgeführt worden. *Kolloch*

Literatur: *DeMarco, T.*: Structured analysis and system specification. Prentice-Hall 1979.

**Analyse, syntaktische,** ⟨*syntactic analysis*⟩. Die s. A. erhält von der → lexikalischen Analyse das Quellprogramm in Form einer Folge von Symbolen. Sie soll die syntaktische Struktur des → Programms gemäß der → Grammatik der → Sprache herausfinden (→ Syntax). Sie kennt den Aufbau von Ausdrücken, Anweisungen, Deklarationen und von Auflistungen von solchen Konstrukten. Der entsprechende Modul, aus dem Englischen hat sich der Name „Parser" eingebürgert, muß aber auch in der Lage sein, Fehler in der syntaktischen Struktur zu erkennen, zu lokalisieren und zu diagnostizieren. Für die Ausgabe des Parsers gibt es verschiedene zueinander äquivalente Formen. Wir benutzen in unserer konzeptionellen → Übersetzerstruktur als Ausgabe den Syntaxbaum des Programms. *Wilhelm*

**Änderungsoperation** ⟨*ubdate operation*⟩. Führt Änderungen an → Daten aus, d.h. im Gegensatz zu (reinen) Auswertungsfunktionen werden Seiteneffekte auf den Daten ausgeführt, was zu einer Verletzung von Integritätsbedingungen oder Wechselwirkungen mit gleichzeitig ablaufenden Auswertungs- oder Änderungsoperationen führen kann. Daher werden Ä. in → Transaktionen gekapselt. *Schmidt/Schröder*

**Anforderung** ⟨*requirement*⟩. A. an ein System sind Aussagen über vom System zu erbringende Leistungen. Dabei kann zwischen funktionalen und nichtfunktionalen A. unterschieden werden. Die funktionalen A. beschreiben das „Was" eines Systems, insbesondere die Funktionen, die das System ausführen können soll, und die Reaktion des Systems auf außergewöhnliche Ereignisse.

Nichtfunktionale A. beinhalten unter anderem Qualitätsanforderungen (z. B. Antwortzeiten, Zuverlässigkeit und Benutzerfreundlichkeit), Sicherheitsanforderungen, technische Anforderungen (wie anzuschließende Geräte und externe Schnittstellen) und einzuhaltende Nebenbedingungen (Standards, Ressourcen).

*Nickl/Wirsing*

Literatur: *Kühnel, B.; Partsch, H.; Reinshagen, K.-P.*: Requirements Engineering, Versuch einer Begriffserklärung. Inform. 10 (1987) S. 334–335. – *Ashworth, C.; Slater, L.*: An introduction to SSADM 4. McGraw-Hill, 1992.

**Anforderungsanalyse** ⟨*requirements analysis*⟩ (→ Analyse). Tätigkeit mit dem Ziel, Anforderungen an ein → System zu ermitteln, zu beschreiben und als Vorgabe für eine künftige Modellierung und Realisierung zur Verfügung zu stellen. Zur A. gehören u. a. die folgenden Tätigkeiten:
– Untersuchungsbereich festlegen: Als Untersuchungsbereich (Universe of Discourse, UoD) bezeichnet man denjenigen Teilbereich der realen Welt, der mit dem Ziel untersucht wird, ein Anwendungssystem zu entwickeln. Dazu gehören z. B. die beteiligten Menschen, Organisationseinheiten, Technikkomponenten und ihre Funktionen, Tätigkeiten, Verrichtungen und Beziehungen untereinander.
– Projektziele festlegen: Innerhalb des festgelegten Untersuchungsbereichs werden die Wirkungen und Leistungen beschrieben, die durch das zu entwickelnde System zu erbringen sind. Ziele lassen sich unter verschiedenen Gesichtspunkten gliedern, z. B. in Systemziele/Vorgehensziele, Sach-/Formalziele, ökonomische/technische/soziale Ziele oder Muß-/Soll-/Kann-Ziele.
– Gegenstandsbereich festlegen und analysieren: Eine wichtige Analyseaufgabe besteht darin, innerhalb des Untersuchungsbereichs den tatsächlichen Gegenstandsbereich (= Systembereich, vgl. oben) des Anwendungssystems abzugrenzen. Dabei werden Grenzen zwischen dem künftigen Anwendungssystem und seiner Umgebung festgelegt, die sowohl technischer Art (als Schnittstellen zu anderen technischen Systemen) als auch organisatorischer Art (zu Benutzern oder anderen Institutionen) sein können. Die Analyse des Gegenstandsbereichs läßt sich in die Teiltätigkeiten Istzustand beschreiben, Stark-/Schwachstellen analysieren und Lösungsmöglichkeiten erarbeiten untergliedern.
– Anforderungen an das künftige Anwendungssystem erarbeiten: Unter dem Stichwort → Anforderungen werden alle Aussagen über zu erbringende Leistungen des Systems sowie seine qualitativen oder quantitativen Eigenschaften zusammengefaßt. Diese sind in enger Zusammenarbeit mit den Auftraggebern und künftigen Anwendern zu ermitteln, zu klassifizieren, zu bewerten und zu dokumentieren. Um Anforderungen zu präzisieren und ihre Validität zu erproben, können (vornehmlich zu Demonstrationszwecken) Prototypen erstellt werden. Sollen verschiedene Lösungsalternativen offen gehalten werden, können Anforderungen für alternative Systemausbaustufen (z. B. Muß-, Soll- und Kann-Anforderungen) parallel ermittelt und dokumentiert werden. *Hesse*
Literatur: *Hesse, W.; Keutgen, H.* et al.: Ein Begriffssystem für die Softwaretechnik. Informatik-Spektrum (1984) S. 200–213.

**Anforderungsdefinition** ⟨*requirements specification*⟩. Schritt der → Systementwicklung, in dem meist in informaler Weise die Anforderungen eines Anwenders an ein (zu erstellendes) System beschrieben werden (→ Systemanalyse). *Schmidt/Schröder*

**Anforderungsverfahren der AS-Verwaltung** ⟨*demand paging algorithms*⟩ → Speichermanagement

**Anfrage** ⟨*query*⟩. A. an → Datenbanken dienen dazu, Informationen aus einem Datenbestand zu extrahieren, indem → Daten miteinander verknüpft und Teile des Datenbestandes ausgewählt werden. Das Ergebnis einer A. kann ein Wahrheitswert (z. B. auf die A. „Gibt es eine Person, die älter als 100 Jahre ist?"), ein Wert (z. B. auf die A. „Wie hoch ist das höchste Gehalt?" oder „Wie hoch ist die Summe aller Gehälter?") bzw. eine Datenmenge (z. B. auf die A. „Welche Personen sind älter als 18 Jahre?") sein. Die A. können in natürlicher (s. Beispiele) oder → formaler Sprache formuliert sein oder interaktiv zusammengestellt werden (→ QBE). Die gebräuchlichste formale → Anfragesprache für das relationale Datenmodell ist → SQL, z. B. „select * from personRel where age > 18". A. können in eine → Wirtssprache eingebettet werden (z. B. embedded SQL), so daß das Anfrageergebnis algorithmisch weiterverarbeitet werden kann (→ Anfrageverarbeitung). *Schmidt/Schröder*

**Anfrageoptimierung** ⟨*query optimization*⟩. Als Teil der → Anfrageverarbeitung kann die → Anfrage durch eine (statische) A. so verändert werden, daß sie bei gleichem Ergebnis möglichst effizient ausgewertet werden kann. Die Auswertung einer Anfrage kann durch Auswertungsstrategien (dynamisch) optimiert werden. Kriterien für die Optimierung und Auswertungsstrategie können z. B. die Größe des Datenbestandes, vorhandene → Zugriffspfade oder die Verteilung des Datenbestandes auf Rechner oder Speichermedien sein (→ Anfrageverarbeitung). *Schmidt/Schröder*
Literatur: *Ullmann, J. D.*: Database and knowledge-base systems. Vol. 2. Rockville, MA 1989.

**Anfragesprache** ⟨*query language*⟩. Dient zur Formulierung von → Anfragen an einen Datenbestand (→ Datendefinitionssprache, → Datenmanipulationssprache). *Schmidt/Schröder*

**Anfrageverarbeitung** ⟨*query evaluation*⟩. Umsetzung einer meist hochsprachlichen, z. B. natürlichsprachlichen oder deklarativen, → Anfrage in Zugriffe auf die von einem → Datenbankverwaltungssystem verwalteten Datenbestände. Während der Umsetzung und Auswertung kann die Anfrage optimiert werden (→ Anfrageoptimierung). *Schmidt/Schröder*
Literatur: *Ullmann, J. D.*: Database and knowledge-base systems. Vol. 2. Rockville, MA 1989.

**Angreifer** ⟨*attacker*⟩ → Angriff

**Angriff** ⟨*attack*⟩. Für ein → rechtssicheres Rechensystem $\mathcal{R}$ ist jeder Versuch eines → Subjekts s, nicht übereinstimmend mit den Festlegungen des Rechtsystems zu $\mathcal{R}$ zuzugreifen und $\mathcal{R}$ zu nutzen, ein A. auf die Rechtssicherheit von $\mathcal{R}$; das Subjekt s ist ein *Angreifer*.

Die Rechte, die Subjekte an den →Objekten von $\mathcal{R}$ haben, werden für einen Schnappschuß von $\mathcal{R}$ mit einem Rechtesystem $R = (S, X, (\rho(s, x) \mid s \in S, x \in X))$ festgelegt. Dabei sind S die Subjekte, X die Objekte, und für $s \in S$, $x \in X$ sind $\rho(s, x) \subseteq POT(D(x))$ mit der Menge $D(x)$ der für x definierten Dienste die Rechte, die s an x hat. Für Rechtssicherheit von $\mathcal{R}$ ist gefordert, daß die Zugriffe von Subjekten zu $\mathcal{R}$ und die Nutzung der Objekte von $\mathcal{R}$ in Übereinstimmung mit den Festlegungen gemäß R erfolgen. Für Aussagen über die Rechtssicherheit von $\mathcal{R}$ ist erforderlich, daß die Subjekte, die zu $\mathcal{R}$ zugreifen, und die Objekte von $\mathcal{R}$, zu denen sie zugreifen, identifiziert und authentisch sind. Grundlegende Voraussetzung für Rechtssicherheit von $\mathcal{R}$ ist demnach, daß die Identität und die Authentizität der Subjekte und Objekte kontrolliert und gewährleistet wird. Alle Maßnahmen, mit denen erreicht wird, daß unberechtigte Subjekte nicht zu $\mathcal{R}$ zugreifen können, sind Maßnahmen der *A.-Vermeidung*. Ebenso sind Maßnahmen zur Gewährleistung der Authentizität der Objekte von $\mathcal{R}$, also insbesondere alle Maßnahmen zur Gewährleistung der →Zuverlässigkeit der Objekte, Maßnahmen zur Vermeidung von A. auf die Rechtssicherheit von $\mathcal{R}$.

A.-Vermeidung hat das Ziel zu gewährleisten, daß keine A. auf die Rechtssicherheit von $\mathcal{R}$ stattfinden können; dieses Ziel läßt sich i. allg. nur teilweise erreichen. Die Möglichkeiten für A. können reduziert werden. Zusätzlich sind weitere Maßnahmen erforderlich, nämlich Identitäts- und Authentizitätskontrollen, die dynamisch durchgeführt werden. Mit Zugangskontrollen des →Betriebssystems von $\mathcal{R}$ werden die Identität und die Authentizität von Subjekten, die versuchen $\mathcal{R}$ zu nutzen, initial nach festgelegten Regeln geprüft. Ein Subjekt, dessen Identität oder Authentizität mit negativem Ergebnis geprüft wird, wird als Angreifer erkannt und abgewiesen: Zugangskontrollen dienen der *A.-Erkennung* und der *A.-Abwehr*. Wenn ein Subjekt als Angreifer erkannt und abgewiesen wird, wird mit den durchgeführten Kontrollen verhindert, daß der Angreifer sein Ziel, Information von $\mathcal{R}$ zu nutzen, erreicht. Die Kontrollen sind also Maßnahmen der *A.-Verhinderung*, nämlich der Verhinderung von Zugriffen zu weiteren Objekten von $\mathcal{R}$. Die Identitäts- und Authentizitätsprüfungen der Zugangskontrolle sind →Tests, die unterschiedlich scharf sein und bei deren Durchführung Fehler auftreten können.

Die initialen Identitäts- und Authentizitätsprüfungen der Zugangskontrolle für Subjekte haben weitreichende Konsequenzen für die Rechtssicherheit von $\mathcal{R}$: Wenn ein Subjekt als $s \in S$ identifiziert und authentifiziert wird, kann es die Rechte gemäß $\rho(s, \cdot)$ wahrnehmen und die Objekte $x \in X$ mit $\rho(s, x) \equiv \phi$ nutzen. Die Tests der Zugangskontrolle müssen diesen Konsequenzen entsprechend scharf und zuverlässig sein. Wenn $s \in S$ als berechtigtes Subjekt von der Zugangskontrolle identifiziert und authentifiziert ist, kann es die Rechte von s gemäß $\rho(s, \cdot)$ wahrnehmen.

Für die Nutzung von $\mathcal{R}$ durch s sind dann weitere Identitäts-, Authentizitäts- und Rechtskontrollen für alle Objekte $x \in X$, zu denen s bei der Ausführung seiner →Berechnungen zuzugreifen versucht, erforderlich. Für jedes $x \in X$ und jeden Versuch von s zur Ausführung von $d \in D(x)$ auf x ist $d \in \rho(s, x)$ zu prüfen.

Bei positivem Prüfergebnis ist s zur Ausführung von d auf x berechtigt, und s wird autorisiert, seine Berechnungen mit d auf x weiterzuführen. Bei negativem Prüfergebnis liegt ein A. auf die Rechtssicherheit von x und damit von $\mathcal{R}$ vor, und der Zugriffsversuch ist abzuwehren, indem die Fortsetzung der Berechnungen von s mit d auf x verhindert wird. Die angegebenen Prüfungen sind also als Maßnahmen der A.-Erkennung und -Abwehr sowie der Verhinderung wirksamer weiterer A. zur Gewährleistung der Rechtssicherheit von $\mathcal{R}$ notwendig. Sie sind aufwendig, so daß spezielle Mechanismen und Verfahren der →Zugriffskontrollsysteme einzusetzen sind.

Alle bisher erklärten Prüf- und Kontrollmaßnahmen setzen voraus, daß A. auf die Rechtssicherheit von $\mathcal{R}$ mittels Berechnungen, die $\mathcal{R}$ ausführt, erfolgen. Wenn das der Fall ist, liegen *aktive A.* vor. Neben diesen sind *passive A.* auf die Rechtssicherheit von $\mathcal{R}$ möglich. Sie erfolgen ohne Berechnungen von $\mathcal{R}$ und bestehen in Zugriffen zu $\mathcal{R}$ durch Beobachtungen: Das technische System $\mathcal{R}$ kann abgehört werden. Dieses Abhören ist mit mehr oder weniger Aufwand möglich, und es ist mit mehr oder weniger Aufwand zu vermeiden. Wenn $\mathcal{R}$ ein vernetztes System ist, ist es mit relativ geringem Aufwand möglich, die Nachrichtentransportleitungen des Rechnernetzes abzuhören; der Aufwand zur Vermeidung dieser passiven A. ist sehr hoch.

Passive A. sind i. d. R. nicht erkennbar; sie können nicht abgewehrt und nicht verhindert werden. In dieser Situation kann Rechtssicherheit für $\mathcal{R}$ durch *A.-Toleranz* erreicht werden, was bedeutet, daß die nicht vermeidbaren und nicht verhinderbaren A. erfolgen, aber bzgl. der Rechtssicherheit unwirksam bleiben. Das wird dadurch erreicht, daß die Nachrichten, die $\mathcal{R}$ speichert und verarbeitet, mittels →kryptographischer Verfahren so verschlüsselt werden, daß sie für Angreifer wertlos sind: Ein Angreifer kann zu Nachrichten, die $\mathcal{R}$ speichert und verarbeitet, beobachtend zugreifen. Er erhält mit ihnen jedoch nicht die Information, die $\mathcal{R}$ speichert und verarbeitet, und für die Rechtssicherheit zu gewährleisten ist. Diese A.-Toleranz ist wirksam, solange ein Angreifer nicht in der Lage ist, die gewonnenen Nachrichten zu entschlüsseln. A. auf ein für $\mathcal{R}$ eingesetztes →Kryptosystem sind damit auch A. auf die Rechtssicherheit von $\mathcal{R}$. *P. P. Spies*

**Angriff, aktiver** ⟨active attack⟩ → Angriff

**Angriff, passiver** ⟨passive attack⟩ → Angriff

**Angriffsabwehr** ⟨attack repulse⟩ → Angriff

**Angriffserkennung** ⟨attack detection⟩ → Angriff

**Angriffstoleranz** ⟨attack tolerance⟩ → Angriff

**Angriffsverhinderung** ⟨attack avoidance⟩ → Angriff

**Angriffsvermeidung** ⟨attack prevention⟩ → Angriff

**Animation** ⟨animation⟩. A. ist als Begriff nicht an Computer und die graphische → Datenverarbeitung gebunden. Vielmehr versteht man unter A. generell die „Belebung" unbelebter Gegenstände im Film oder Video, also die Möglichkeit, Zeichnungen, Puppen, Roboter etc. und neuerdings eben auch Computergraphiken „agieren" zu lassen.

Dies ist möglich, indem man wie beim Medium Film die Tatsache nutzt, daß Bewegungen (Bewegtbilder) in Form von hinreichend schnell aufeinanderfolgenden Einzelbildern darstellbar sind. „Hinreichend schnell" heißt, daß einerseits eine möglichst flimmerfreie (→ Flimmern) Darstellung der Bewegtbilder erreicht wird, wichtiger aber noch eine anscheinend kontinuierliche (nicht „abgehackte") Bewegung entsteht. Beim normalen Film werden in einer Sekunde 24 einzelne Bilder dargestellt (wobei mittels einer Zwischenblende jedes Bild quasi doppelt gezeigt wird, so daß eine Bildfrequenz von 48 Bildern pro Sekunde erreicht wird, was das Flimmern erheblich mindert).

Es ist also das Bewegtbild vom Festbild zu unterscheiden: Bewegtbilder sind Folgen von Einzelbildern, die den Eindruck eines zeitlich kontinuierlichen, veränderlichen Bildes hervorrufen, Festbilder hingegen sind zeitlich nicht veränderliche Bilder. Die Computeranimation beschäftigt sich mit der Erstellung von Bewegtbildern (→ Animationssystem).

Im klassischen (nicht computergenerierten) Film gibt es im wesentlichen zwei Animationstechniken: zum einen die „Puppenanimation", zum anderen den Zeichentrickfilm. Die erstere beruht darauf, ein bewegliches mechanisches → Modell zu konstruieren und dieses Modell dann für jedes Einzelbild des Films in die richtige Position zu bewegen, so daß beim Abspielen der einzeln photographierten Bilder als Film der Eindruck einer selbständigen Bewegung der Puppe (oder des Modells) entsteht. Dieses Verfahren wird typischerweise bei der A. von „Monstern" verwendet – eines der bekanntesten Beispiele für eine Puppenanimation ist der Film „King Kong".

Beim Zeichentrickfilm werden die Einzelbilder des Films nicht als Photographien irgendwelcher Puppen oder Modelle gewonnen, sondern gezeichnet und gemalt (Frame-by-Frame-Animation, Inking). Dies bedeutet einen hohen Zeichenaufwand: Für einen abendfüllenden Film (wie „Asterix" oder „Lucky Luke") müssen einige hunderttausend Bilder gezeichnet werden. Der Zeichentrickfilm wurde in seiner heutigen Form in den 30er Jahren v. a. durch Walt Disney in den USA etabliert. Mittlerweile existieren auch Mischformen des Zeichentricks mit anderen filmischen Techniken; so können Zeichentrickfiguren Realszenen überlagert werden – wie dies etwa bei der Fernsehserie „Meister Eder und sein Pumuckl" der Fall ist.

Es ist nunmehr machbar, computergenerierte Graphiken, die an sich Festbilder sind, so mit einem Videoaufzeichnungsgerät o. ä. im Einzelbildverfahren aufzuzeichnen, daß sie mit normaler Geschwindigkeit abgespielt den Eindruck eines Bewegtbildes vermitteln: *Computeranimation* (s. auch → Multimedia).

Was charakterisiert die Computeranimation und wie ist sie in der Informatik und der graphischen Datenverarbeitung einzuordnen und von verwandten Disziplinen abzugrenzen? Sie unterscheidet sich von der → Präsentations-, → Business- und sonstigen Festbildgraphik, da in der Computeranimation bewegte Bilder das Ziel sind, während sonst Festbilder erstellt werden. Sie unterscheidet sich von der → Simulation, speziell der Sichtsimulation (wie sie in Flug-, Schiffs- und Fahrsimulatoren zum Einsatz kommt), durch den Umstand, daß die Simulation Bilder in Echtzeit (→ Echtzeitanimation) produzieren muß.

Die Computeranimation unterscheidet sich in der Generierung der Einzelbilder zudem noch von den „Paint Boxes" (→ Maltechnik), bei denen Bilder via Computer interaktiv gemalt werden, bei der Computeranimation aber Modelle und → Objekte, die entsprechend im Rechner abgespeichert sind, visualisiert werden. Die → Modellierung dieser Objekte ist für die Computeranimation typisch, es gibt hierfür unterschiedliche Verfahren (→ Modelldaten). Die Computeranimation muß außerdem von den „Effect Boxes" abgegrenzt werden: Das sind (meist analoge) Computer, mit deren Hilfe Videobilder (Fernsehbilder) manipuliert werden können. So können Einzelbilder gedreht, beliebig verzerrt und verschiedene Bilder gemischt dargestellt werden.

Die vollständige Einordnung der Computeranimation in die graphische Datenverarbeitung und in die Informatik gelingt indes nicht, da sie eigentlich eine interdisziplinäre Wissenschaft ist: Sie greift einerseits auf die Methoden (→ Maschinen und → Algorithmen) der Informatik zu, wird aber andererseits, wenn es um die Gestaltung der Bildinhalte und der szenischen Handlung geht, ebenso von der Gestaltungslehre (Design) und der Filmkunst beeinflußt. Darüber hinaus ist es für die konkrete Ausgestaltung und Abhandlung eines Themas (besonders bei wissenschaftlichen und instruktiven Anwendungen) vonnöten, daß bei der Computeranimation mit den Wissenschaften, die direkten Nutzen von ihr erwarten, interdisziplinär und eng zusammengearbeitet wird. *Encarnação/Hofmann*

**Animationssystem** ⟨animation system⟩. Einrichtung sowohl in → Hardware als auch in → Software, die der Generierung von computeranimierten (→ Animation) Filmen dient.

Die besonderen Hardware-Anforderungen an A. haben zur Entwicklung spezieller Computergraphiksysteme geführt. Man unterscheidet zwischen den eigentlichen Workstations (→ Arbeitsplatzrechner) sowie der zur Produktion computergenerierter Bilder und Filme notwendigen Peripherie (→ Peripheriegerät).

Als Workstations werden Spezialcomputer bezeichnet, die über ein hochwertiges Display (hohe → Auflösung, viele Farben) verfügen, eine Eingabevorrichtung (Tablett) und leistungsfähige Spezialprozessoren zur Erreichung einer hohen Rechenleistung haben. Die einzelnen Maschinen zeichnen sich durch eine jeweils ihnen eigene Architektur der Hardware aus. Diese Architektur soll die Software der A. bestmöglich unterstützen.

Die Software der Workstations ist meist spezieller Art und daher nur für einen speziellen Workstation-Typ voll leistungsfähig. In den Software-Paketen zur Computeranimation gibt es aber einige Komponenten, die i. d. R. allen diesen Systemen gemeinsam sind:
– Data-Input- oder Data-Capture-Software,
– Previewing-Software,
– Rendering-Software,
– Motion-Specification- oder Animating-Software und
– Recording/Production-Software.

Die *Data-Input*-Software unterstützt die → Modellierung und Eingabe von dreidimensionalen Modellen. Entweder kann mit dieser Software ein Digitalisierungstablett betrieben oder die Eingabe von Polygoneckdaten oder sonstiger geometrischer → Information komfortabel abgewickelt werden (→ Modelldaten).

Die *Previewing*-Software visualisiert die eingegebenen → Daten in einfacher Form, meistens als → Drahtmodell (wire-frames). Damit werden zwei Ziele verfolgt: Zum einen ist eine einfache erste Kontrolle der mittels der Input-Software spezifizierten Daten möglich, zum anderen kann mit diesen einfachen Darstellungen ein schneller Bildaufbau erreicht werden. Damit ist Kontrolle von bewegten Objekten als → Echtzeitanimation möglich.

Die *Rendering*-Software übernimmt die Visualisierung der Objekte in hoher Qualität. Sie ist meistens so ausgelegt, um komplexe und diffizile optische Effekte (→ Beleuchtungsmodell) simulieren und visualisieren zu können. Die Rendering-Software visualisiert die Objekte als Einzelbilder (frame-by-frame), d. h. nicht in Echtzeit. Vielmehr dauert die Berechnung eines einzelnen Bildes (frame), je nach Komplexität desselben, sehr lange, manchmal auch mit Supercomputern mehrere Stunden und Tage.

Die *Animating*-Software dient zur → Spezifikation (Eingabe) der Bewegungen von innerhalb einer Filmsequenz bewegten Objekten. Diese Eingabe muß, soll sie nicht extrem langwierig sein, nichtnumerisch erfolgen. Die Bewegungen von Objekten müssen entweder direkt analog (über Eingabegeräte wie eine → Maus oder Dials) eingegeben oder mit Hilfe physikalischer Gleichungen spezifiziert werden. Mit Hilfe der Previewing-Software kann die Bewegungsspezifikation überprüft werden.

Die *Recording*-Software übernimmt und steuert die Aufzeichnung der von der Rendering-Software generierten Bilder auf Film und/oder Videoband. Dazu ist es z. B. vonnöten, daß die Einzelbildaufnahmen einer Filmkamera mit der Anzeige der einzelnen Bilder auf dem → Monitor synchronisiert werden. Die Recording-Software muß auch das Problem der geräteunabhängigen Farbausgabe lösen.

Insgesamt kann man die gesamte Ausstattung eines Animationsstudios in die folgenden, durch lokale Netze (local area networks, → LAN) gekoppelten fünf Gerätegruppen einteilen: Mainframes, Personal Computer, Workstations, Hardcopy und Video-Recorder.

Diesen Gerätegruppen ist jeweils eine ihnen eigene Funktion im Rahmen des Produktionsprozesses (→ Story, In-betweening, Inking) eines computeranimierten Films oder Videos zugeordnet.

In der Regel existieren zwei Aufzeichnungseinrichtungen: ein Gerät zur Erstellung von Hardcopys (Diapositive, slides) und eine Einrichtung zur Erstellung von Videobändern.

Dias werden gebraucht, um einzelne Bilder in hoher Qualität aufzuzeichnen, so daß dieselben z. B. als Druck- und Photoreprovorlagen oder in einer Lichtbildpräsentation verwendet werden können. Diese Dias werden üblicherweise in einer höheren als der Bildschirmauflösung berechnet: Von der Rendering-Maschine (Mainframe) werden dazu Bilder bis zu einer Auflösung von 4000×4000 (und mehr) Pixel berechnet, die Filme dann → Zeile für Zeile, Punkt für Punkt belichtet.

Die Recorder-Einrichtung für die Erstellung von Video-Bändern besteht aus einem Display, einer Recorder-Steuerung und dem eigentlichen Video-Recorder. Auf dem Display werden die einzelnen aufzuzeichnenden Bilder dargestellt und (im klassischen Fall) mittels einer → Kamera vom Video-Recorder aufgezeichnet. Die Recorder-Steuerung (dies kann ein Personal Computer o. ä. sein) regelt die Synchronisation zwischen der Bilderzeugung bzw. Bilddarstellung auf dem Display und dem Einzelbild-Aufnahmemechanismus des Video-Recorders. Da die Aufzeichnung selbst relativ kurzer Sequenzen mehrere Tage in Anspruch nehmen kann, ist für das Recording ein eigenes Display vonnöten, weil sonst eine ganze → Workstation nur für diesen speziellen Zweck blockiert wäre.

*Encarnação/Hofmann*

**anisochron** ⟨*anisocronous*⟩. → Prozesse, deren zeitliche Abläufe unregelmäßig und voneinander unabhängig sind, werden als a. bezeichnet. Bei der Übertragung von digitalen → Signalen, deren Signalelemente nicht in zeitlich konstanten Abständen auftreten, spricht man von a. Signalen (vgl. auch → isochron).

*Quernheim/Spaniol*

**Ankunftsprozeß** ⟨*arrival process*⟩. Spezieller stochastischer → Prozeß, der die Ankünfte von Kunden oder Ereignissen in einem → System beschreibt. Er kann z. B. zur → Modellierung des Ankunftsverhaltens von Kunden in einem → Warteschlangennetz oder zur Lastgenerierung in einem Simulationsprogramm (→ Simulation) eingesetzt werden. Eine sehr wichtige, weil mathematisch relativ einfach zu handhabende → Klasse von A. ist die der → Erneuerungs- oder Zählprozesse, bei denen die Zeiten zwischen aufeinanderfolgenden Ankünften unabhängig und identisch verteilt sind. *Fasbender/Spaniol*

Literatur: *Ross, S. M.*: Stochastic processes. John Wiley & Sons, 1983.

**Annahme der geschlossenen Welt** ⟨*closed world assumption*⟩. Die A. d. g. W. ist ein Schlußprinzip zur Ableitung negativer Information in einer deduktiven Datenbank. Sie besagt anschaulich, daß die Datenbank alle relevanten Informationen über das Modellierungsgebiet enthält. Formal erlaubt sie die Herleitung einer negierten variablenfreien Grundformel $\neg p(t_1, \ldots, t_n)$, falls die Formel $p(t_1, \ldots, t_n)$ nicht aus den in der Datenbank gegebenen Axiomen und Regeln folgt.

*Beispiel*
Aus den Axiomen (in → PROLOG-Schreibweise)
```
   kind(a,b).
   kind(a,c).
   kind(d,e).
```
und der Regel
```
   geschwister(X,Y):-
       kind(Z,X),kind(Z,Y),X≠Y
```
folgen mit Hilfe der Resolutionsregel
   geschwister(b,c)
sowie – unter der A. d. g. W. – weiter
   ¬geschwister(b,e).

Im Gegensatz zu gewöhnlichen Schlußregeln ist die A. d. g. W. eine „Metaregel" über die Herleitbarkeit von Aussagen im zugrunde liegenden Schlußsystem. Eng verwandt ist die Negation-as-Failure-Regel in der Logikprogrammierung.

Die A. d. g. W. ist logisch korrekt, wenn folgende drei Voraussetzungen erfüllt sind:
– Verschiedene Konstanten bezeichnen verschiedene Objekte.
– Die Datenbank enthält alle Objekte und Relationen des Modellierungsbereichs.
– Alle Regeln der Datenbank sind *Horn*-Klauseln, insbesondere enthalten sie (ggf. bis auf Ungleichungen) keine negierten Literale.

Unter diesen Voraussetzungen existiert ein eindeutig bestimmtes minimales → *Herbrand*-Universum der Datenbank. Die A. d. g. W. wurde von *Reiter* vorgeschlagen. Auf ihr basieren neuere Ansätze etwa zur Semantik der Negation in stratifizierten Datenbanken oder die Circumscription als allgemeinere Metaregel zur Herleitung negativer Information. *Merz/Wirsing*

Literatur: *Reiter, R.*: On closed world databases. In: *H. Gallaire, J. Minker* (Eds.): Logic and databases, pp. 55–76. Plenum Press, New York 1978. – *McCarthy, J.*: Circumscription – a form of nonmonotonic reasoning. Artif. Intell. 13(1) (1980) pp. 27–39. – *Ullman, J. D.*: Principles of database and knowledge-base systems, Vol. I. Computer Sci. Press, 1988.

**Annotation** ⟨*annotation*⟩. Unter der A. eines Programms versteht man die Erweiterung des Programmtextes um formale Kommentare. Im wesentlichen werden mit dem Annotieren von Programmen drei Ziele verfolgt:
– die Erzeugung von Laufzeitprüfungen und Verbesserung der Ausnahmebehandlung,
– die Schnittstellen- und Modulspezifikation als methodische Hilfe für die Programmentwicklung sowie
– die Korrektheitsbeweise von Programmen.
Verschiedene Sprachen, die auch als A.-Sprachen bezeichnet werden, integrieren die A. in ihre Programmtexte: Eiffel und die A.-Sprache Anna für → ADA unterstützen die ersten beiden Aspekte. Eiffel unterstützt Vor- und Nachbedingungen für Methoden und Invarianten für Klassen und Schleifen. Anna unterstützt außerdem die A. von Typen und Paketen (packages). Typische Beispiele für die letzten beiden Aspekte sind die Ergänzung von while-Programmen um → Vor- und → Nachbedingungen, so daß daraus Formeln der → *Hoare*-Logik entstehen, und die Schnittstellensprache → Larch (s. dort für ein Beispiel einer A. eines C-Programms). Weitere A.-Sprachen sind ADL für C und Borneo für Java. *Wirsing*

Literatur: *Meyer, B.*: Object-oriented software construction. Prentice Hall, London 1988.

**ANSI** ⟨*ANSI (American National Standards Institute)*⟩. Amerikanisches Gegenstück zum → DIN, dem Deutschen Institut für Normung. ANSI wurde 1918 gegründet. Mitglieder sind hauptsächlich Unternehmen, aber auch Regierungsstellen sowie Handels- und Verbraucherorganisationen. *Jakobs/Spaniol*

**ANSI/SPARC-Architektur** ⟨*ANSI/SPARC architecture*⟩. ANSI (American National Standards Institute) hat in seiner Untergruppe SPARC (Systems Planning and Requirements Committee) die Beschreibung einer Architektur von Datenbanksystemen erarbeitet, die aus drei → Ebenen besteht: intern, konzeptuell, extern. Die interne Ebene legt die physische Speicherung der Daten fest (→ Cluster, → Index). Die konzeptuelle Ebene beschreibt die Gesamtheit aller Daten in einer logischen Weise (→ Datenbankschema); diese Beschreibung wird auf die interne Ebene abgebildet. Die externe Ebene umfaßt mehrere klientenspezifische logische Teilsichten (→ Datenbanksicht) der konzeptuellen Ebene. *Schmidt/Schröder*

**Anspruch eines Subjekts** ⟨*claim of a subject*⟩ → Rechensystem, rechtssicheres

**Antialiasing** ⟨*antialiasing*⟩ → Aliasing

**Antivalenz** ⟨*exclusive Or*⟩. Eine n-stellige *Boole*sche Verknüpfung, die die Eigenschaft hat, daß der Funktionswert genau dann eine binäre 1 ist, wenn eine ungerade Anzahl von Eingängen den Wert 1 hat (*exklusives Oder*). *Bode*

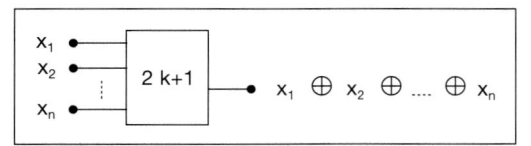

*Antivalenz: A.-Schaltung (schematische Darstellung)*

**Antwortzeit** ⟨*response time*⟩. Nach DIN 44 300 die Zeitspanne zwischen dem Zeitpunkt, zu dem eine → Instanz die Erteilung eines Auftrags an eine andere Instanz beendet, und dem Zeitpunkt, zu dem bei der auftraggebenden Instanz die Übergabe des Ergebnisses der Auftragsabwicklung oder der Mitteilung darüber an sie beginnt. Im Zusammenhang mit → Realzeitsystemen wird die A. definiert als die Zeitspanne vom Auftreten bestimmter Eingangssignale oder Eingaben bis zur Antwort des Systems durch die zugehörigen Ausgangssignale oder Ausgaben. Diese Definition ist äquivalent zu der nach DIN 44 300.

Bei Realzeitsystemen spielt die maximal zulässige A. (Deadline) eine wichtige Rolle: Vom System wird gefordert, daß es alle Aufträge innerhalb der jeweils maximal zulässigen A., also vor Ablauf der Deadline, fertig bearbeitet hat. (Bei der Steuerung eines technischen → Prozesses z. B. sind diese maximal zulässigen A. meist vom technischen Prozeß vorgegeben.) Die maximal zulässige A. kann als Kriterium für die Prozessorzuteilung beim Deadline-Scheduling verwendet werden. *Fischer*

Literatur: *Laplante, P.*: Real-time systems design and analysis. An Engineer's Handbook. IEEE 1992.

**Antwortzeitsicherheit** ⟨*safety of sojourn time*⟩ → Sicherheit von Rechensystemen

**Anwenderkooperation, rechnergestützte** ⟨*computer-supported user cooperation*⟩ → Rechensystem, verteiltes

**Anwenderschnittstelle** ⟨*application interface*⟩. Bei graphischen Systemen die → Schnittstelle zur graphischen Programmierung des → Anwendungsprogrammes. Die bekanntesten genormten A. sind das Graphische Kernsystem (→ GKS) und → PHIGS. Beide werden in einer Reihe von Anwendungen (z. B. → CAD-Systeme, Datenvisualisierung im wissenschaftlich-technischen Bereich) v. a. für Workstations mit Mehrnutzerbetrieb eingesetzt. *Langmann*

**Anwendungsebene** ⟨*application layer*⟩. Oberste der sieben → Ebenen des → OSI-Referenzmodells. Sie stellt somit ihre → Dienste direkt dem → Benutzer bzw. einem Anwendungsprozeß zur Verfügung. Ihre Aufgabe ist es, eine Art „Fenster" zwischen diesen Anwendungsprozessen und der OSI-Kommunikations-Software zu schaffen.

Entsprechend der möglichen Vielfalt der Kommunikationsanforderungen werden in der A. viele unterschiedliche Dienste zur Verfügung gestellt, u. a.
– → X.500 Directory Service, DS;
– Message Handling System, MHS (→ X.400);
– File Transfer, Access and Management, → FTAM;
– Job Transfer and Manipulation, → JTM;
– → Terminal, virtuelles, VT.

Diese als → SASE (Specific Application Service Elements) bezeichneten Dienste benötigen eine Reihe von gemeinsamen Funktionen. Hierzu gehören u. a. ein Verbindungsmanagement und die Koordinierung der Aktivitäten mehrerer Partner. Entsprechend wurden diese Funktionen zu einer eigenen Gruppe von Dienstelementen, den Common Application Service Elements (→ CASE), zusammengefaßt. *Jakobs/Spaniol*

Literatur: *Dickson, G.; Lloyd, A.*: Open systems interconnection. Prentice Hall, 1992.

**Anwendungsentwicklungsumgebung** ⟨*application development environment*⟩. Unterstützt einen oder mehrere Entwickler während des Entwicklungsprozesses einer Anwendung. Idealerweise sollte die Umgebung alle Phasen des Entwicklungsprozesses unterstützen (→ Systementwicklung, → Software-Datenbank). *Schmidt/Schröder*

**Anwendungsfunktion** ⟨*application function*⟩. Als Funktion bezeichnet man in der Mathematik eine Abbildungsvorschrift, die einer Menge von (Eingabe-)Daten eindeutig eine Menge von (Ausgabe-)Daten zuordnet. In betrieblichen → Anwendungssystemen bezeichnet man als A. manuelle, zu automatisierende oder automatisierte Tätigkeiten oder Vorgänge. Bei den Ein- und Ausgabedaten handelt es sich in der Regel um Mengen von Werten (etwa gegeben als Dateien, Tabellen oder Listen), Steuerelemente (Auslöser) oder Statusanzeigen.

Die durch eine A. implizierte Abbildung kann automatisiert oder manuell erfolgen. A. können hierarchisch gegliedert werden, d. h. der Funktionsbegriff wird rekursiv verwendet. Soll die Stellung einer Funktion in der Funktionshierarchie durch die Begriffsbildung ausgedrückt werden, so kann das durch die Wahl geeigneter Präfixe (Hauptfunktion, Elementarfunktion) oder Suffixe (-gruppe, -komplex, -element) geschehen. *Hesse*

Literatur: *Hesse, W.; Barkow, G.* et al.: Terminologie der Softwaretechnik – Ein Begriffssystem für die Analyse und Modellierung von Anwendungssystemen. Teil 2: Tätigkeits- und ergebnisbezogene Elemente. Informatik-Spektrum (1994) S. 96–105.

**Anwendungskooperation** ⟨*application cooperation*⟩. A. dient als Oberbegriff für die Zusammenarbeit meh-

# Anwendungskooperation

rerer Instanzen eines verteilten Anwendungssystems (z. B. eines Textverarbeitungssystems) auf verschiedenen Rechnern mittels Telekommunikationstechnik. Zielsetzung ist es, den Benutzern des Anwendungssystems die gleichzeitige kooperative Bearbeitung eines →Dokumentes (im Rahmen einer Telekonferenz) zu ermöglichen.

Kooperierende Anwendungssysteme lassen sich nach verschiedenen Merkmalen klassifizieren:
1. Mehrbenutzerfähigkeit des Anwendungssystems: →Mehrbenutzeranwendungen vs. →Einbenutzeranwendungen.
2. Verteiltheit des Anwendungssystems: zentral organisierte vs. verteilte (dezentral organisierte, replizierte) Anwendungen.
3. Informationsaustausch zur Kopplung der Anwendungen: Übertragung von Ein- und Ausgaben vs. Übertragung von Eingaben.

☐ Zu 1. Mehrbenutzeranwendungen enthalten bereits die zur A. notwendige Funktionalität und können direkt in Telekonferenzen eingesetzt werden. Sie sind jedoch in der heutigen Büroumgebung noch bedeutungslos. Daher wird versucht, auch Einbenutzeranwendungen in Telekonferenzen zu integrieren. Es bedarf jedoch zusätzlicher Mechanismen, um die Einbenutzeranwendung kooperationsfähig zu machen. Die Funktionen zur Unterstützung von Gruppenarbeit werden „außerhalb" der Einbenutzeranwendung implementiert (in einem Kooperationsmodul). Das Bild zeigt die prinzipielle Funktionsweise: Die Ein- und/oder Ausgabeströme der Einbenutzeranwendung werden vom Kooperationsmodul abgefangen. Die einzelnen Ereignisse werden an die Kooperationspartner übertragen; dort werden die Eingaben simuliert und/oder die Ausgaben dargestellt (vgl. auch 3).

Zur Erweiterung einer Einbenutzeranwendung um Kooperationsfunktionalität lassen sich grundsätzlich zwei Ansätze unterscheiden:
– Eingriff in den Quellcode der Einbenutzeranwendung. Dieser Ansatz wird primär im universitären Bereich verfolgt. Die Einbenutzeranwendung wird derart modifiziert, daß sie zum einen vom Benutzer erhaltene Eingaben oder die daraus resultierenden Ausgaben (siehe 3) an das Kooperationsmodul weiterleitet. Zum anderen erhält die Einbenutzeranwendung durch Funktionsaufrufe Eingaben vom Kooperationsmodul, die diesem von einem Kooperationspartner zugesandt wurden. Dieser Ansatz ist jedoch wirtschaftlich kaum relevant, da professionelle Einbenutzeranwendungen meist nicht als Quellcode zur Verfügung stehen.
– Einkapselung der Einbenutzeranwendung in einer virtuellen Systemumgebung (dann spricht man i. d. R. von →Application Sharing). Dieser Weg wird heute von den meisten Anbietern kommerzieller Produkte zur Anwendungskooperation mit Einbenutzeranwendun-

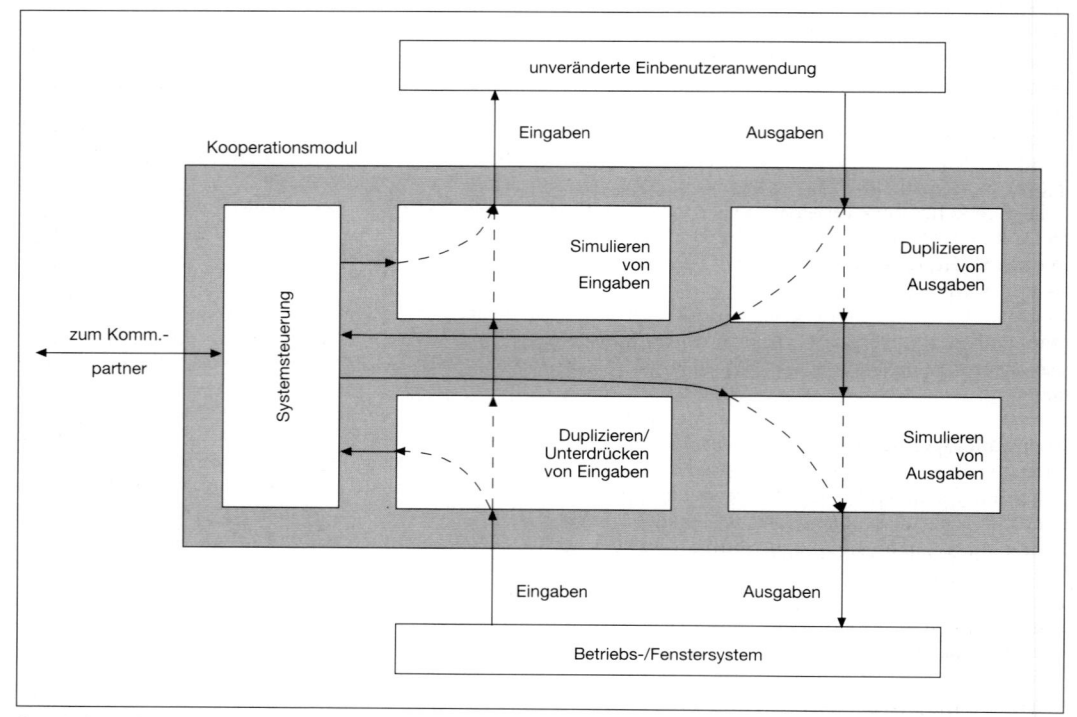

*Anwendungskooperation: Ergänzung einer Einbenutzeranwendung um Kooperationsfunktionalität*

gen beschritten, da hierfür die Anwendungssysteme nicht verändert werden müssen. Die Funktionsweise basiert auf dem Abfangen der Interaktionen einer Anwendung mit dem Betriebs- und/oder Fenstersystem des Rechners. Das Kooperationsmodul setzt außerhalb der Anwendung in der Systemumgebung an, z. B. durch das Abfangen von Interrupts oder Systemaufrufen und durch das künstliche Generieren von Eingabeereignissen. So lassen sich nahezu beliebige Interaktionen der Einbenutzeranwendung mit der Systemumgebung steuern (duplizieren und Weiterleiten, Simulieren, Unterbinden von Ein- und Ausgaben). Verschiedene Formen sind → Screen Sharing und → Window Sharing. Die Erweiterung von Einbenutzeranwendung um Kooperationsfunktionalität impliziert eine starke Ausprägung des → WYSIWIS; bei allen Kooperationspartnern können nur die von der Anwendung aktuell dargestellten Informationen angezeigt werden, die Anwendung verfügt nur über einen Cursor usw.

☐ Zu 2. Zentral organisierte Anwendungen sind dadurch gekennzeichnet, daß eine Anwendungsinstanz die Zustandsänderungen in der Kooperationsbeziehung koordiniert, z. B. Eingaben verschiedener Benutzer sequentialisiert oder nur Eingaben eines berechtigten Benutzers zuläßt (Schreibrecht). Eingaben, die ein Benutzer tätigt, werden zunächst zu dieser zentralen Instanz der Anwendung gesendet, dort überprüft und ggf. verarbeitet. Erst dann werden die Eingaben (oder die daraus resultierenden Ergebnisse) an alle Kooperationspartner verteilt. So werden die Zustandsinformationen der Anwendung immer konsistent gehalten. Jedoch vergrößern sich die Antwortzeiten des Anwendungssystems, und mögliche Nebenläufigkeit verringert sich. Der Ausfall der zentralen Instanz führt zur Unterbrechung der Kooperationsbeziehung. Diesem Ansatz folgend, werden heute i. d. R. Application-Sharing-Systeme implementiert.

In → verteilten (replizierten) Anwendungssystemen hält jede Anwendungsinstanz eine Kopie der Zustandsinformationen, auf denen sie Eingaben des Benutzers sofort ausführen kann. Dadurch verringert sich die Antwortzeit, und die mögliche Nebenläufigkeit wird erhöht. Jedoch müssen (aufwendige) Maßnahmen zur (Re-)Synchronisation der Zustandsinformationen auf den einzelnen Systemen vorgesehen werden. Der Ausfall einer beliebigen Anwendungsinstanz berührt die Kooperationsbeziehung der restlichen Kooperationspartner nicht.

☐ Zu 3. Kooperierende Anwendungssysteme, die sowohl Ein- als auch Ausgaben austauschen, sind meist zentral organisiert. Eine Anwendungsinstanz erhält die Eingabeereignisse von den Kooperationspartnern und führt die entsprechenden Operationen aus. Die Ergebnisse dieser Operationen (z. B. Bildschirmausgaben) werden an alle Kooperationspartner versandt. Auf diese Weise ist die Fernsteuerung von (Einbenutzer-)Anwendungen möglich, ohne daß die gesteuerte Anwendung auf dem fernsteuernden System vorhanden sein muß.

Hier ist lediglich das Kooperationsmodul zur Weiterleitung der Eingaben und zur Darstellung der empfangenen Ausgaben erforderlich. Im allgemeinen ist jedoch für die Verteilung der Ergebnisse – besonders wenn es sich um Bildschirmausgaben handelt – eine deutlich höhere Bandbreite erforderlich als für den Eingabedatenstrom. Diesem Prinzip folgen die meisten Ansätze zum Application Sharing.

Werden nur Eingaben zur Kooperation ausgetauscht, so liegt (zumindest teilweise) eine verteilte Anwendung vor. Es wird angenommen, daß ausgehend von demselben Anfangszustand gleiche Eingaben in der gleichen Reihenfolge zu demselben Ergebnis bei allen Anwendungsinstanzen führen. Durch die ausschließliche Übertragung von Eingabeereignissen benötigen Systeme, die diesen Ansatz verfolgen, vergleichsweise wenig Übertragungskapazität. Die Praxis hat jedoch gezeigt, daß die kooperative Nutzung von Einbenutzeranwendungen ausschließlich durch den Austausch von Eingaben problematisch ist: Die initiale Synchronisation der Systemumgebungen erweist sich als sehr aufwendig, nichtdeterministische (z. B. zeitabhängige) Operationen in den Anwendungen führen oft zum Verlust der Synchronisation, und das nachträgliche Hinzufügen eines Kooperationspartners (bzw. das Wiederherstellen der Synchronisation) ist nicht mit vertretbarem Aufwand möglich. Deshalb ist dieser Ansatz nur bei Mehrbenutzeranwendungen praktikabel, da diesen Problemen bereits bei deren Entwurf Rechnung getragen werden kann.
*Schindler/Ott*

**Anwendungsmodell** ⟨*application model*⟩. Modell, das sich auf einen Weltausschnitt bezieht, der Gegenstandsbereich eines → (Software-)Anwendungssystems ist. Es entsteht in der Analyse- und Definitionsphase eines Software-Entwicklungsprojekts und dient der Darstellung des zukünftigen Anwendungssystems aus fachlicher Sicht. Es richtet sich an Anwender, Angehörige eines Fachbereichs oder einer Fachabteilung (deren Arbeitsbereich es beschreibt) sowie an Systemarchitekten und -entwickler (als Grundlage für den folgenden Systementwurf und die Realisierung). Es setzt sich in der Regel zusammen aus einem → Datenmodell, einem → Funktionsmodell und einem → Ablaufmodell. *Hesse*

Literatur: Hesse, W.; Barkow, G. et al.: Terminologie der Softwaretechnik – Ein Begriffssystem für die Analyse und Modellierung von Anwendungssystemen. Teil 2: Tätigkeits- und ergebnisbezogene Elemente. Informatik-Spektrum (1994) S. 96–105.

**Anwendungsprogramm** ⟨*application program, user program*⟩. Programm, mit dem die von einem Anwender mit Hilfe eines → Rechners durchzuführenden spezifischen fachlichen Aufgaben bearbeitet werden (z. B. Textverarbeitungsprogramme oder Programme zur Gehaltsabrechnung). Im Gegensatz dazu schaffen *Systemprogramme* die allgemeinen Voraussetzungen für die Nutzung eines Rechners und den Ablauf von A., ohne einen unmittelbaren Beitrag zur Bearbeitung der eigentlichen Aufgabe zu leisten. Beispiele für Systemprogramme sind Programme des → Betriebssystems und Programme zur Leistungsmessung eines laufenden Systems. *Breitling/K. Spies*

**Anwendungsprogrammierer** ⟨application programmer⟩. Informatik-Berufsbild für eine Tätigkeit, bei der es typischerweise darum geht, in Zusammenarbeit mit Experten des Anwendungsgebiets für eine oft nur vage formulierte Aufgabe ein Informatiksystem zu entwickeln. Der A. ist in allen Phasen eines → Informatikprojekts involviert. Er/sie arbeitet mit an der Projektdefinition (Erstellung des Pflichtenheftes), ist verantwortlich für Entwurf, Implementierung, Testen und Dokumentation von Anwendungsprogrammen. Je nachdem aus welchem Anwendungsgebiet die Aufgaben stammen, die primär bearbeitet werden, sind auch Fachkenntnisse aus diesem Gebiet hilfreich. Jedenfalls muß er sich in die Gedankenwelt der Anwender hineinversetzen können. A. ist das berufliche Tätigkeitsfeld, in dem sich Absolventen der Informatik-Studiengänge der Hochschulen am häufigsten wiederfinden. Auch der größte Teil der Mitarbeiter eines Informatik-Projekts stammt aus dieser Berufsgruppe. *Endres*

**Anwendungsprogrammierschnittstelle** ⟨application programming interface⟩. Die A. (Abk. API) eines Datenbanksystems bietet dem → Anwendungsprogrammierer die → Funktionalität der → Datenbank an. Die Form der → Schnittstelle ist abhängig von der verwendeten → Programmiersprache und dem → Datenbankverwaltungssystem, z. B. explizite Funktionsaufrufe eines → Laufzeitsystems oder eingebettetes → SQL, das durch einen Präprozessor in Funktionsaufrufe umgewandelt wird. *Schmidt/Schröder*

**Anwendungssystem** (Erweiterbarkeit, Wiederverwendbarkeit) ⟨reusability and extensibility of application systems⟩. Der Begriff charakterisiert den Einsatz von wiederverwendbaren und erweiterbaren Entwicklungsobjekten in den einzelnen Projektstufen eines Software-Entwicklungsprojekts (→ Software-Engineering betrieblicher Anwendungssysteme).

Wiederverwendbarkeit bezeichnet die Möglichkeit der Nutzung existierender (Entwicklungs-) Objekte in einem neuen Kontext. Erweiterbarkeit ist die Möglichkeit der individuellen Erweiterung und Anpassung der → Objekte an die spezifischen Anforderungen und Rahmenbedingungen im neuen Kontext.

Die Wiederverwendung und Erweiterung von Entwicklungsobjekten kann geplant und ungeplant erfolgen. Ungeplant heißt, daß bei der Entwicklung eines Objekts die Wiederverwendung nicht geplant wurde. Über seine Wiederverwendbarkeit können keine methodischen Aussagen gemacht werden.

Bei der geplanten Wiederverwendung wird die *Entwicklung für die Wiederverwendung* (development for reuse) von der Aktivität der *Entwicklung mit Wiederverwendung* (development with reuse) differenziert. Erstere zielt im Sinne einer Lagerfertigung auf die Entwicklung von vielseitig und flexibel verwendbaren Objekten und Objektvarianten, die auf eine spätere Wiederverwendung vorbereitet und gut dokumentiert sind. Aktivitäten bei der Entwicklung mit Wiederverwendung sind die Suche nach geeigneten Objekten, ihre Evaluierung hinsichtlich der Eignung, die Komposition mit anderen Entwicklungsobjekten sowie die Anpassung an den konkreten Kontext.

Erweiterbarkeit und Wiederverwendbarkeit werden vornehmlich im Zusammenhang mit → Standard-Software und → Objektorientierung diskutiert. Beispiele für den Einsatz von wiederverwendbaren Entwicklungsobjekten in den einzelnen Projektstufen sind die Verwendung von Referenz-Geschäftsprozeßmodellen in der Analyse, von Patterns (Entwurfsmustern) in Analyse und Design sowie von Standard-Software-Komponenten (ComponentWare) in Design und Realisierung. Die Wiederverwendung erweiterbarer Entwicklungsobjekte trägt zur Erhöhung der Wirtschaftlichkeit und der Qualität der Software-Entwicklung bei. Sie ermöglicht eine verkürzte Reaktion auf Änderungen in der Aufgabenstellung, der Verfahrens- und Systemumgebung. *Amberg*

Literatur: *Horn, E.* u. *W. Schubert*: Objektorientierte Software-Konstruktion – Grundlagen, Modelle, Methoden, Beispiele. München-Wien 1993. – *Gamma, E.; Helm, R. et al.*: Design patterns – elements of reusable object-oriented software. Reading, MA 1994.

**Anwendungssystem, betriebliches** ⟨business application system⟩. Automatisiertes Teilsystem eines betrieblichen Informationssystems (→ Informationssystem, betriebliches), i. allg. bestehend aus einem integrierten Verbund oder mehreren isolierten (Teil-)Anwendungssystemen. Die Aufgabenebene eines Anwendungssystems umfaßt automatisierte Informationsverarbeitungsaufgaben und ihre Beziehungen. Die Aufgabenträgerebene umfaßt Rechner- und Kommunikationssysteme einschließlich der zugehörigen Anwendungs-Software.

Ein b. A. stellt in seiner Außensicht eine Nutzermaschine für die automatisierte Durchführung betrieblicher Aufgaben dar, die in der Innensicht über Anwendungs-Software ggf. mehrstufig mit der vorgesehenen Systemplattform als Basismaschine verknüpft ist (→ Software-Engineering betrieblicher Anwendungssysteme). Das Anwendungssystem für ein betrachtetes betriebliches System umfaßt aus Anwendersicht:
– Auf der Aufgabenebene die Menge der informationsverarbeitenden Aufgaben(typen) einschließlich ihrer Beziehungen, von denen Anwendungssystem automatisiert durchzuführen sind (betriebliche Aufgabe). Die Lösungsverfahren (Innensicht) der Aufgaben werden durch Programme spezifiziert. Teilautomatisierte Aufgaben werden dadurch unterstützt, daß ihre vollautomatisierbaren Teilaufgaben automatisiert werden.

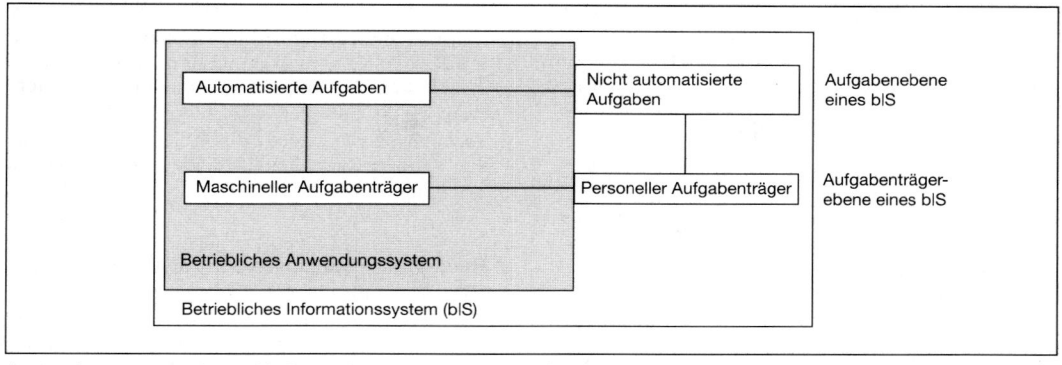

*Anwendungssystem, betriebliches: Abgrenzung zum betrieblichen Informationssystem*

– Auf der Aufgabenträgerebene die zugrunde gelegten Systemplattformen. Informationsbeziehungen zwischen Aufgaben des Anwendungssystems und Aufgaben seiner Umgebung bestimmen den Bedarf an → Interaktionen und damit die → Schnittstellen des Anwendungssystems.

Diese Sichtweise legt eine zweistufige Vorgehensweise für die Entwicklung bzw. Einsatzplanung von Anwendungssystemen nahe:
– Im Rahmen der Aufgabenanalyse wird die Gesamtaufgabe eines betrieblichen Systems schrittweise in Teilaufgaben unterteilt.
– Im Rahmen der Aufgabensynthese werden die elementaren Aufgaben zu Aufgabenkomplexen für die vorgesehenen Aufgabenträgertypen zusammengefaßt.

Die Anwendungssystementwicklung setzt auf dieses Ergebnis auf und realisiert für einen Aufgabenkomplex das zugehörige Anwendungssystem. Die Verantwortung für den Betrieb eines Anwendungssystems wird i. allg. dem → Informationsmanagement übertragen.

Den zahlreichen Anforderungen, die an b. A. hinsichtlich Funktionsumfang und Flexibilität gestellt werden, begegnet man zunehmend durch verteilte Anwendungssysteme auf der Basis von Client-Server-Architekturen. Moderne verteilte Anwendungssysteme bestehen z. B. aus Datenbank-, Applikations- und Präsentations-Server (verteiltes betriebliches Anwendungssystem). Beim Zusammenführen isolierter Teilanwendungssysteme zu einem Gesamtanwendungssystem sind Integrationsziele und -formen zu berücksichtigen. Überwiegend verwendete Integrationsformen sind die Daten-, Funktions- und Objektintegration (→ Informationssystem, betriebliches: Integration).

Anwendungssysteme werden in → betrieblichen Systemen für die unterschiedlichsten betrieblichen Anwendungsbereiche eingesetzt. Aufgrund der Vielfalt sind unterschiedliche → Klassifikationen geläufig. Eine nach Wertschöpfungsstufen horizontale Klassifikation unterscheidet Anwendungsbereiche nach betrieblichen Funktionen (z. B. Beschaffung, Produktion, Absatz, Verwaltung) und Branchen (z. B. Banken, Versicherungen, Industrie). Eine nach Lenkungsebenen vertikale Klassifikation unterscheidet nach dem Verwendungszweck z. B. Anwendungssysteme im operativen und strategischen Informationssystem. Der Grad der Spezialisierung und des Leistungsumfangs (funktionsspezifisch bis unternehmensweit sowie unternehmensübergreifend) ist ein weiteres Klassifikationsmerkmal. Die Anwendungs-Software wird nach dem Grad der Standardisierung weiter in → Individual-Software und → Standard-Software unterteilt.

Der Einsatz von b. A. ist für alle (teil)automatisierbaren betrieblichen Aufgaben sinnvoll, bei denen der wirtschaftliche Nutzen bei der automatisierten Durchführung den Gestaltungs- und Entwicklungsaufwand rechtfertigt. Weitere Nutzeffekte ergeben sich aus den Eignungsmerkmalen maschineller Aufgabenträger wie zeitliche Verfügbarkeit, weitgehend frei wählbare Kapazitäten, Zuverlässigkeit der Aufgabendurchführung und Transparenz der Aufgabenbearbeitung.

*Amberg*

Literatur: *Ferstl, O. K.* u. *E. J. Sinz*: Grundlagen der Wirtschaftsinformatik. 2. Aufl. München 1994. – *Kurbel, K.* u. *H. Strunz* (Hrsg.): Handbuch Wirtschaftsinformatik. Stuttgart 1990.

**Anwendungssystem, verteiltes betriebliches** ⟨*distributed business application system*⟩. Der Funktionsumfang eines v. b. A. ist auf mehrere autonome Software- und/oder Hardware-Komponenten aufgeteilt. Eine automatisierte betriebliche Aufgabe wird kooperativ von diesen Komponenten durchgeführt.

V. b. A. sind insbesondere durch folgende Struktur- und Verhaltensmerkmale charakterisierbar:
– Ein v. b. A. stellt aus Außensicht ein integriertes System dar, welches eine vorgegebene Aufgabenstellung (Zielsetzung) erfüllt.
– Das System besteht aus mehreren autonomen Komponenten, welche zur Erfüllung dieser Zielsetzung kooperieren. Keine Komponente besitzt die globale Kontrolle über das gesamte System.
– Die Aufteilung des Systems in mehrere Komponenten ist für die Nutzer des Systems nicht sichtbar (Verteilungstransparenz).

– Die Komponenten des Systems sind lose gekoppelt, d. h., sie interagieren durch den Austausch von Nachrichten. Die einzelnen Komponenten sind autonom; sie kapseln einen lokalen Speicher und zugehörige Operatoren.

V. b. A. stellen die korrespondierenden maschinellen Aufgabenträger für die verteilten Aufgaben eines betrieblichen Systems dar. Ermöglicht werden v. b. A. durch die Verfügbarkeit verteilter Systemplattformen und der zugehörigen verteilten Rechner- und Kommunikationssysteme.

Idealerweise erfolgt die Spezifikation der Verteilung betrieblicher Anwendungssysteme korrespondierend mit der Zuordnung betrieblicher Aufgaben zu den einzelnen Geschäftsprozessen eines betrieblichen Systems. Diese Geschäftsprozesse bilden ihrerseits ein verteiltes System. Innerhalb der einzelnen Teil-Anwendungssysteme erfolgt eine Aufteilung in Komponenten für → Kommunikation (→ Präsentation), Anwendungsfunktionen und Daten- bzw. Objektmanagement. Dieser Ansatz stellt eine wichtige Voraussetzung für die kontinuierliche Anpassung der Anwendungssysteme an die sich permanent weiterentwickelnde Aufgabenstruktur eines betrieblichen Systems dar. *Sinz*

**Anzahl der Erneuerungen** ⟨*number of renewals*⟩
→ Erneuerungsprozeß

**Anzeige** ⟨*presentation*⟩. Eine mittelbare, durch eine technische Einrichtung den menschlichen Sinnen dargebotene Information. Die A. kann sichtbar, hörbar oder fühlbar erfolgen. *Langmann*
Literatur: VDI/VDE-Richtlinie 2172. – DIN 66233.

**APD (Avalanche-Photo-Diode)** ⟨*APD (Avalanche Photo Diode)*⟩ → Lawinenphotodiode

**aperiodisch** ⟨*aperiodic*⟩. Bei → Realzeitsystemen Eigenschaft von → Ereignissen oder → Realzeit-Tasks, bei denen der zeitliche Abstand zwischen zwei Auftritten nicht durch eine konstante → Periode beschrieben werden kann, sondern höchstens durch die maximale Anzahl des Auftretens innerhalb eines Intervalls. A. Ereignisse können beispielsweise durch Alarme (z. B. bei Grenzwertüberschreitungen) oder Zustandswechsel des technischen Prozesses ausgelöst werden. *Pfefferl*

**API** ⟨*API (Application Programming Interface)*⟩
→ Anwendungsprogrammierschnittstelle

**Application Sharing** ⟨*application sharing*⟩. A. S. ist die heute gängige Realisierung von → Anwendungskooperation. Mittels A. S. können beliebige → Einbenutzeranwendungen z. B. im Rahmen einer Telekonferenz von mehreren Kommunikationspartnern zur gleichzeitigen kooperativen Arbeit gemeinsam genutzt werden. Wesentlich ist, daß hierzu keine Änderungen an den Einbenutzeranwendungen erforderlich sind. A. S. wird i. allg. in Form von → Screen Sharing oder → Window Sharing implementiert. *Schindler/Ott*

**Arbeitsplatz, graphisch-interaktiver** ⟨*graphical workstation*⟩. Besitzt → Hardware- und → Software-Komponenten, die eine interaktive Arbeitsweise zum Erzeugen und Darstellen graphischer Ausgabe unterstützen. Damit wird das Entstehen der Bilder während der Programmausführung vom Benutzer mitgesteuert. Es findet ein → Dialog zwischen dem → Benutzer und der → Maschine statt. Dabei wird ein Entscheidungsnetz von Fragen (Darstellungen) und Antworten (Kommandos) durchlaufen, d. h. Aktionen einerseits und Reaktionen andererseits.

Die Gerätekonfiguration eines graphischen Arbeitsplatzes besitzt keine einheitliche Form. Das Vorhandensein eines Eingabegerätes (z. B. Tastatur, Funktionstastatur, → Maus, Rollkugel, → Joystick, Tablett) und eines graphikfähigen Bildschirms ist obligatorisch. Üblich ist ein weiteres Ausgabegerät wie → Plotter, Laserdrucker oder Hardcopy-Gerät. Neben diesem Ein-/Ausgabesystem existieren noch drei weitere Systeme, die zu einem graphischen Arbeitsplatz gehören:

☐ Das *Prozessorsystem*. Dabei handelt es sich um Mikroprozessoren. In der Regel werden 16- oder 32-bit-Mikroprozessoren verwendet. Die Wahl eines bestimmten Mikroprozessors hängt von der Anwendung ab (numerische Anwendungen, Anwendungen im Bereich der Forschung, CAD-Anwendungen, Textverarbeitung).

☐ Das → *Speichersystem*. Es stellt Primär- und Sekundärspeicher bereit. Wenn lokale Sekundärspeicher zur Verfügung stehen, können viele Dienstprogramme lokal verfügbar gemacht werden, um bei interaktiven Anwendungen die Antwortzeit zu verringern.

☐ Das *Graphiksystem*. Dazu zählen Hardware-Bausteine mit speziellen Graphikfähigkeiten, die dem Benutzer die Arbeit mit der Maschine erleichtern (z. B. Bit-Mapped Raster-Display).

Die Software-Organisation in Verbindung mit der Hardware bestimmt die funktionalen Charakteristika eines g.-i. A.

Die Programmierumgebung gestaltet sich nach den entsprechenden Anwendungsgebieten. In einer Büroumgebung z. B. spielen Textformatierer, bildschirmorientierte Editoren und graphische Illustrationen eine große Rolle. *Encarnação/Ziegler*

**Arbeitsplatz, multifunktionaler** ⟨*multifunctional workstation*⟩. Arbeitsplatz mit (Zugriff auf) Rechner-

und Speicherkapazität, einem hochauflösenden graphikfähigen (heute weitgehend farbfähigen) → Bildschirm, Tastatur, Zeigegerät (z. B. einer → Maus), möglicherweise hochauflösendem Laserdrucker, Anschluß an → Telematikdienste (i. d. R. Telephon, → Telefax und/oder → Bildschirmtext) dergestalt, daß eine integrierte Bearbeitung von → Dokumenten möglich ist. Dokumente können damit erstellt, verändert, angezeigt, abgespeichert, aufgefunden und wahlfrei über mehrere Kommunikationswege versendet und empfangen werden. M. A. werden vermutlich in naher Zukunft auch zunehmend mit Mechanismen zur → Anwendungskooperation ausgestattet sein bzw. die erforderlichen Komponenten eines → Desktop-Multimediakonferenzsystems enthalten. *Schindler/Bormann*

**Arbeitsplatz, virtueller** ⟨*logical workstation*⟩. Begriff aus der graphischen → Datenverarbeitung. Er beschreibt eine Zusammenfassung von Geräten, die von einem graphischen → System angesprochen werden können. Aus den Normen der Internationalen Standard Organisation (→ ISO) wie dem Graphischen Kernsystem (→ GKS) oder der Computer Graphik Metafile (→ CGM) kann die folgende Definition entnommen werden:
Der v. A. ist ein Arbeitsplatz, der aus einer Anordnung von Geräten für die graphische Ausgabe und Eingabe besteht. Die graphischen Systeme sind auf der Konzeption der abstrakten graphischen Arbeitsplätze aufgebaut. Sie stellen die logische → Schnittstelle bereit, über die Anwendungsprogramme die physikalischen Geräte steuern.
V. A. sind die Zusammenfassung von einem oder mehreren Geräten zur Ausgabe von graphischen Objekten, zur Eingabe von → Daten und zur Identifizierung von Objekten sowie zur Speicherung von Bildern und graphischen Datenstrukturen.
Bei der physikalischen Realisierung der virtuellen Ausgabearbeitsplätze handelt es sich z. B. um einen → Plotter, bei der eines Eingabegerätes um einen Scanner, bei einem Ein-/Ausgabegerät um ein → Terminal. Zur Speicherung werden die v. A. (→ Metafile; arbeitsplatzunabhängiger → Segmentspeicher) verwendet und mit Plattenspeicher oder anderen physikalischen Speichermedien realisiert.
Arbeitsplätze können in den verschiedenen Zuständen „geschlossen", „offen" oder „aktiv" auftreten. Ein geschlossener Arbeitsplatz hat keine Verbindung zum graphischen System. Wird der Arbeitsplatz geöffnet, so wird eine Verbindung vom System zum Arbeitsplatz hergestellt. Graphische Objekte können zu einem offenen Arbeitsplatz assoziiert werden. Der v. A. ist dem System mit dem Öffnen bekannt. Wenn ein Arbeitsplatz aktiviert wird, werden sämtliche graphischen Darstellungselemente, die danach erzeugt werden, zum Arbeitsplatz gesandt.
Das Konzept der graphischen v. A. hat sich im Bereich der graphischen Standards durchgesetzt und wird von zukünftigen Standards ebenfalls verwendet werden. *Encarnação/Poller*

**Arbeitsplatzattribut** ⟨*workstation attribute*⟩. Das A. hat in der graphischen → Datenverarbeitung zwei Bedeutungen: Zum einen beschreiben A. die Eigenschaften und Fähigkeiten der Arbeitsplätze, die gesetzt werden können. Darunter versteht man
– Farbdefinitionen,
– → Auflösung,
– angeschlossene physikalische Geräte u. a.
Zum anderen sind A. in graphischen Systemen die → Attribute des Systems, die auf dem jeweiligen graphischen Arbeitsplatz gesetzt werden können. Diese Attribute werden in den jeweiligen Bündeltabellen des Systems gesetzt. Die A. werden über einen → Index, der im → System gesetzt wird, angesprochen. Sie können dynamisch auf dem Gerät geändert werden. Die Definition der Attribute und der Bündeltabelle in → GKS lautet: eine geräteabhängige Tabelle, die einem bestimmten Darstellungselement zugeordnet ist. Die Einträge in dieser Tabelle geben alle geräteabhängigen Aspekte eines Darstellungselements an. In GKS/GKS-3D existieren Bündeltabellen für die folgenden Darstellungselemente: Polygon, Polymarker, → Text und Füllgebiet sowie für deren entsprechende 3D-Elemente. *Encarnação/Poller*

**Arbeitsplatzrechner** ⟨*workstation*⟩. Kompaktes → Rechensystem auf Basis eines oder mehrerer Höchstleistungsmikroprozessoren mit Unix als → Betriebssystem und Vernetzung über → Ethernet oder → ATM. Die Klasse der A. geht zurück auf die Dissertation von *A. von Bechtoldsheim*, der Anfang der 80er Jahre einen kompakten Ein-Platinen-Rechner auf Basis des → Mikroprozessors Motorola 68 000 im Stanford University Network (SUN) entwickelte. Im Prinzip sind A. Universalrechner.
Im Gegensatz zum → Personal Computer, der ebenfalls auf einen einzelnen → Benutzer zugeschnittene Rechenleistung bietet, ist der A. auf hohe Leistung konfiguriert. Er umfaßt daher i. allg. einen oder mehrere RISC-Mikroprozessoren mit hoher Taktfrequenz, → Speicher mit mindestens 32 MByte Kapazität und zwei- bis dreistufiger Cachespeicherhierarchie, leistungsfähige Peripheriespeicher und – v. a. für naturwissenschaftlich-technische Anwendungen – Hochleistungsgraphik ggf. mit spezialisierter Graphik-Hardware. Charakteristisch für den A. ist auch die Nutzung des Betriebssystems Unix anstelle des im Personal-Computer-Bereich verbreiteten MS-DOS oder Windows NT. Ein → Server ist ein A., der mehrere → Programme gleichzeitig bedient, wodurch dessen aufwendige Peripherie besser genutzt wird. Server sind i. allg. Multiprozessorsysteme.
Durch die steigende Leistungsfähigkeit der Mikroprozessoren für Personal Computer ist zu erwarten, daß

sich die Eigenschaften von diesen und A. stark annähern. *Bode*

**Arbeitsspeicher (AS)** ⟨*main memory*⟩. Speicher in einer digitalen Rechenanlage, der zumindest den aktuellen Ausschnitt des in Ausführung befindlichen → Programms und der zugehörigen → Daten beinhaltet. Wegen der hohen Arbeitsgeschwindigkeit moderner → Prozessoren sind zwischen dem A. und dem Prozessor i. allg. eine oder mehrere Stufen kleinerer und schnellerer → Cachespeicher geschaltet (→ Digitalrechner). Der Begriff wird zunehmend durch den Ausdruck → Hauptspeicher ersetzt (s. auch → Speichermanagement). *Bode*

**Arbeitsspeicher-Adreßraum** ⟨*memory address space*⟩ → Speichermanagement

**Arbeitsspeicherebene** ⟨*working storage level*⟩ → Speichermanagement

**Arbeitsspeichermanagement** ⟨*memory management*⟩ → Betriebssystem

**Architektur betrieblicher Informationssysteme** ⟨*architecture of business information systems*⟩. Umfaßt
– den „Bauplan" eines → betrieblichen Informationssystems im Sinne einer Beschreibung seiner Komponenten und ihrer Beziehungen unter allen relevanten Blickwinkeln sowie
– die „Konstruktionsregeln" für die Erstellung des Bauplans.
Der Bauplan wird in Form des Modellsystems eines betrieblichen Informationssystems spezifiziert (→ Modellierung). Die Konstruktionsregeln (Beschreibungsformen) werden in Form von Meta-Modellen angegeben. Um die Komplexität der Modellsysteme beherrschbar zu machen, werden diese in Modellebenen und zugehörige (Modell-) Sichten strukturiert. Die Art der Strukturierung des Modellsystems und die Beschreibungsformen für die Modellebenen und Sichten werden durch den jeweils verwendeten Architekturrahmen (Architekturansatz) bestimmt.

Im Bild ist ein allgemeiner generischer Architekturrahmen dargestellt. Dieser weist folgende Merkmale auf:
– Definition der Modellebenen, in die das Modellsystem untergliedert wird. Jede Modellebene umfaßt eine vollständige Beschreibung des betrieblichen Informationssystems unter einem bestimmten Blickwinkel. Die Beschreibungsformen für die einzelnen Modellebenen werden durch ihre Meta-Modelle bestimmt.
– Wichtige Blickwinkel, die ggf. zu eigenen Modellebenen führen, sind Aufgaben- und Aufgabenträgerblickwinkel, fachlicher und softwaretechnischer Blickwinkel, Außensicht und Innensicht.
– Definition der Sichten zu den einzelnen Modellebenen. Die Beschreibungsformen der Sichten werden durch Projektionen auf die jeweiligen Meta-Modelle definiert.
– Definition der Beziehungen zwischen den einzelnen Modellebenen. Für jede paarweise Beziehung zwischen Modellebenen wird ein Beziehungs-Meta-Modell angegeben, das Meta-Objekte der Modellebene i mit Meta-Objekten der Modellebene j verknüpft.
Die Meta-Modelle der einzelnen Modellebenen ergeben zusammen mit den zugehörigen Beziehungs-Meta-Modellen ein integriertes Meta-Modell für die Spezifikation des Modellsystems.
Beispiele für konkrete Architekturrahmen finden sich für die Modellierungsansätze ARIS und SOM.
☐ Der *Architekturrahmen von ARIS* (Architektur integrierter Informationssysteme) strukturiert das Modellsystem eines betrieblichen Informationssystems zunächst in
– eine Datensicht,
– eine Funktionssicht,
– eine Organisationssicht und
– eine Steuerungssicht, welche geschäftsprozeßorientiert die Beziehung zwischen den anderen Sichten herstellt. Innerhalb der einzelnen Sichten wird nach Beschreibungsebenen (Modellebenen) differenziert. Es werden Modellebenen für Fachkonzept, DV-Konzept und Realisierung unterschieden.
☐ Die *Unternehmensarchitektur von SOM* (Semantisches Objektmodell) unterscheidet die Modellebenen
– Unternehmensplan (Außensicht eines betrieblichen Systems),
– Geschäftsprozeßmodell (Innensicht eines betrieblichen Systems und Lösungsverfahren für die Umsetzung des Unternehmensplans) und
– Ressourcenmodell, getrennt nach Anwendungssystemmodell und Aufbauorganisation. Für die einzelnen Modellebenen werden jeweils struktur- und verhaltensorientierte Sichten spezifiziert.
– Vollständige und konsistente Spezifikationen von Architekturen werden zunehmend als erfolgsbestimmendes Hilfsmittel für die Analyse, Gestaltung und Nutzung betrieblicher Informationssysteme erkannt. Beispiele für Einsatzbereiche sind die strategische

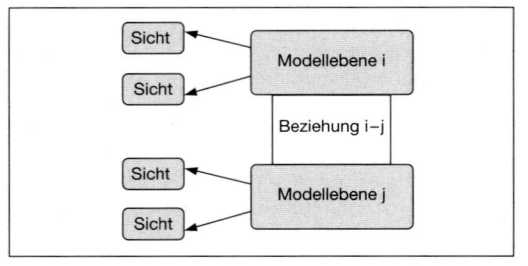

*Architektur betrieblicher Informationssysteme: Allgemeiner generischer Architekturrahmen*

Informationssystemplanung, die Auswahl und Einführung von Standard-Software, die Spezifikation der Ablauforganisation und das Qualitätsmanagement.

*Sinz*

Literatur: *Ferstl, O. K.* u. *E. J. Sinz*: Der Ansatz des Semantischen Objektmodells (SOM) zur Modellierung von Geschäftsprozessen. Wirtschaftsinformatik 37 (1995) 3, S. 209–220. – *Scheer, A.-W.*: Wirtschaftsinformatik. Referenzmodelle für industrielle Geschäftsprozesse. Studienausgabe. Berlin-Heidelberg-New York 1995.

## Archivierungsschnittstelle ⟨recording interface⟩.

A.- und Austauschschnittstellen dienen dem externen Speichern von → graphischen Datenstrukturen in → Bilddateien und deren Austausch mit anderen graphischen Systemen. Von besonderer Bedeutung auf dem Gebiet der graphischen → Datenverarbeitung sind die beiden Bilddatei-Standards → GKSM und → CGM. Neben den internationalen Standards hat sich die A. DXF (Drawing eXchange Format) aus dem CAD-System AutoCAD (→ CAD) zu einem Defacto-Standard für viele Anwendungen, insbesondere im technischen Bereich, entwickelt.

Eine Datei, die im DXF-Format erstellt wurde, ist eine reine → ASCII-Datei, die speziell formatierten Text enthält und sich aus den folgenden fünf Teilen zusammensetzt:
– HEADER – allgemeine Informationen über die Datei,
– TABLES – Definitionen benannter Funktionen,
– BLOCKS – Blockdefinitionen und darin enthaltene Elemente,
– ENTITIES – verwendete graphische Elemente und Blockreferenzen,
– EOF – Endemarkierung der Datei.

Der HEADER beinhaltet Variablen und deren Belegungen zum Zeitpunkt der Dateierstellung. In den TABLES sind Informationen über → Attribute, Ebenenzuordnungen (DXF kennt Zeichnungsebenen), Sichtbarkeitsfenster u. ä. aufgeführt. BLOCKS beinhaltet alle → graphischen Objekte. Blöcke dürfen nicht geschachtelt werden. Der Teil ENTITIES ist praktisch der Hauptblock einer DXF-Datei, ähnlich dem Hauptprogramm einer → Programmiersprache.

DXF-Dateien sind außerordentlich speicherintensiv, da das gewählte Darstellungsprinzip über Gruppencode und Gruppenwert pro Element zwei Zeilen der Datei benötigt. Andererseits wird damit eine ausgezeichnete Lesbarkeit erreicht. DXF-Dateien werden deshalb gern zum Datenaustausch zwischen verschiedenen CAD-Systemen, aber auch zum Austausch mit anderen liniengraphischen Systemen genutzt.

Außerhalb der Standards gibt es noch eine Vielzahl anderer firmenspezifischer Graphikformate, die in verschiedenen Anwendungsbereichen dominieren. Dazu gehören z. B. die Graphikformate PCX (PC Paintbrush Bitmap), EPS (Encapsulated PostScript), WMF (Windows Metafile) und TIFF (Tagged Image File).

*Langmann*

**Archivspeicher** ⟨archive storage⟩ → Speichermanagement

**Arithmetik** ⟨first-order arithmetic⟩. In der → Prädikatenlogik mit Gleichheit bezeichnet man die Menge aller Formeln über der Signatur ($\{0, 1, +, *\}$, $\{<\}$), die in den natürlichen Zahlen mit Standardinterpretation der Operationen gelten, als (volle) A. Dies stellt eine → Theorie dar, da allgemein gezeigt werden kann, daß die in einer Struktur (Interpretation) gültigen Formeln stets eine Theorie formen. Als Theorie ist die A. vollständig, aber nicht entscheidbar, und damit kann sie weder rekursiv (→ Rekursion) aufzählbar noch axiomatisierbar (→ Axiomatisierung) sein. Die *Peano*-A. (auch: formal number theory) ist eine unvollständige Axiomatisierung der A. Sie besteht aus den sog. *Peano*-Axiomen:
$\mathrm{succ}(n) \neq 0$,
$\mathrm{succ}(n) = \mathrm{succ}(m) \Rightarrow n = m$,
$n + 0 = n$,
$n + \mathrm{succ}(m) = \mathrm{succ}(n+m)$,
$n \times 0 = 0$,
$n \times \mathrm{succ}(m) = (n \times m) + n$,
$A(0) \land (\forall n.\, A(n) \Rightarrow A(\mathrm{succ}(n))) \Rightarrow \forall n.\, A(n)$ für jedes Prädikat A erster Stufe (Induktionsschema).

Das Hinzunehmen des Induktionsgesetzes zu diesen Axiomen ist nicht möglich, da die Induktion keine Formel erster Ordnung ist. Das Induktionsschema gehört zwar zu den *Peano*-Axiomen (ohne Quantifikation über Prädikate, als Schema), es ist jedoch schwächer, da nur über Prädikate induziert werden kann, die in → Prädikatenlogik erster Stufe ausdrückbar sind! Die *Peano*-A. ist nach *Gödel* ebenfalls unentscheidbar und unvollständig. Die → *Presburger*-A. ist dagegen entscheidbar.

Die Implementierung der grundlegenden Rechenoperationen in → Mikroprozessoren bezeichnet man ebenfalls als A. (arithmetische Operationen/Befehle). Hier wird nicht immer das Dezimalsystem verwendet (Binärzahlen), die A. hängt deshalb vom verwendeten → Zahlensystem ab. Man unterscheidet zudem zwischen → Festpunkt- und → Gleitpunktarithmetik.

*Reus/Wirsing*

Literatur: In jedem Lehrbuch über Logik, z. B. *Ebinghaus, H.-D.; Flum, J.; Thomas, W.*: Einführung in die mathematische Logik. 3. Aufl. BI Wiss.-Verl., Mannheim 1992.

## ARPA-Net ⟨ARPA (Advanced Research Project Agency) net⟩.

Erstes paketvermittelndes → Weitverkehrsnetz (→ Paketvermittlung). Die → Implementierung begann 1969. Aufgabe des Netzes war es ursprünglich, den ARPA-Vertragspartnern gemeinsamen Zugriff auf lokal nicht vorhandene Ressourcen zu ermöglichen. Das ARPA-N. war der Vorgänger des heutigen → Internet.

*Jakobs/Spaniol*

Literatur: *Comer, D. E.*: Internetworking with TCP/IP, Vol. 1: Principles, protocols and architecture. 2nd Edn. Prentice Hall, 1991.

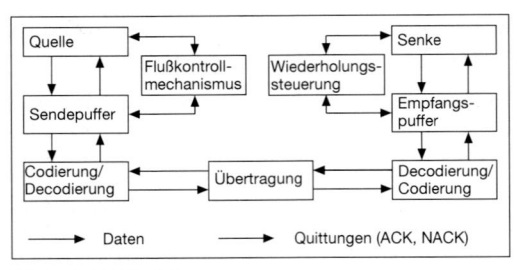

*ARQ: ARQ-Verfahren*

**ARQ** ⟨*ARQ (Automatic Repeat Request)*⟩. Verfahren zur → Fehlersicherung bei der → Datenübertragung mit Hilfe fehlererkennender → Codes und Wiederholung fehlerhafter Blöcke vgl. → LLC (Logical Link Control). Die zu übertragenden Blöcke werden fortlaufend numeriert und erhalten eine Blockprüffolge (→ Blockprüfung), anhand derer der Empfänger entscheidet, ob ein Übertragungsfehler vorliegt. Korrekte Blöcke werden vom Empfänger auf einem Rückkanal quittiert (ACK, Acknowledgement). Auf einen fehlerhaften Block reagiert der Empfänger entweder mit einer negativen → Quittung (NACK), oder er ignoriert den Block, worauf der Sender nach Ablauf eines → Timeout die Sendung wiederholt. Bis zum Erhalt der positiven Quittung muß jeder Block vom Sender zwischengespeichert werden.

Die drei Hauptklassen von ARQ-Verfahren erfordern unterschiedlichen Aufwand:

– *Stop-and-Wait*: Der Sender überträgt einen Block erst dann, wenn der unmittelbar vorhergehende Block vom Empfänger positiv quittiert worden ist. Derselbe Kanal kann für die Übermittlung der → Daten in der einen und Quittungen in der anderen Richtung verwendet werden, ein separater Rückkanal wird nicht benötigt.

– *Go-Back-N (Reject)*: Mehrere Blöcke können unquittiert unterwegs sein. Wenn der Empfänger einen Übertragungsfehler feststellt, fordert er mit einem „Reject" (REJ) den Sender auf, alle Blöcke vom fehlerhaften an erneut zu senden. Das gleiche gilt, wenn der Sender den Ablauf eines Timeout feststellt.

– *Selective Repeat, Selective Reject*: Im Gegensatz zu Go-Back-N werden lediglich die fehlerhaften Blöcke wiederholt. Um eine reihenfolgetreue Ablieferung zu gewährleisten, muß der Empfänger die nach einem fehlerhaften Block erhaltenen korrekten Blöcke zwischenspeichern, bis eine fehlerfreie Kopie des Blockes eintrifft. Dies bedeutet eine Vergrößerung des Aufwands auf Empfängerseite, führt aber andererseits bei einem fehlerbehafteten Kanal zu einem höheren → Durchsatz. Die Varianten „Selective Repeat" und „Selective Reject" unterscheiden sich dadurch, daß im ersten Fall mehrere Blöcke als fehlerhaft gemeldet werden können, bevor die Korrektur erfolgt; im zweiten Fall kann ein zweiter fehlerhafter Block erst dann gemeldet werden, wenn der vorige → Fehler behoben ist. Dies liegt daran, daß bei Selective Reject mit einer (positiven oder negativen) Quittung alle früheren Blöcke positiv mitquittiert werden; auf diese Weise muß nicht für jeden Block eine positive Quittung ausgestellt werden.

Modifizierte Go-Back-N- und Selective-Repeat-Verfahren werden im → HDLC-Protokoll verwendet. Wegen der begrenzten → Pufferspeicher bei Sendern und Empfängern können Flußkontrollmechanismen eingesetzt werden, die die Sendung stoppen, sobald eine bestimmte Anzahl noch nicht quittierter Blöcke übertragen worden ist. *Quernheim/Spaniol*

Literatur: *Tanenbaum, A. S.*: Computer networks. Prentice Hall, 1996. – *Halsall, F.*: Data communications, computer networks and open systems. 3rd Edn. Addison-Wesley, 1992.

**Artificial Life** ⟨*artificial life*⟩. Bezeichnung für ein interdisziplinäres Forschungsgebiet, welches die Konstruktion sich „lebensähnlich" verhaltender Artefakte untersucht. Mit dieser gemeinsamen Schwerpunktsetzung umfaßt A. L. Arbeiten aus Forschungsgebieten wie Biologie, Chemie, Robotik und Informatik.

Das Forschungsgebiet A. L. wurde von *C. G. Langton* initiiert, der 1987 die erste „Artificial-Life"-Konferenz in Los Alamos, New Mexico, veranstaltete. Wichtige in A. L. verwendete Techniken sind Zellularautomaten, → genetische Algorithmen, → Neuronale Netze und verhaltensorientierte Kontrollalgorithmen. Eine Abgrenzung von anderen Forschungsgebieten geschieht weniger über die verwendeten Methoden und Techniken, sondern über die Zielsetzung der Forschungsarbeiten.

Als Ergänzung der traditionellen, analytisch orientierten biologischen Wissenschaften beschäftigt sich A. L. mit der Untersuchung grundlegender Lebensprinzipien, die die synthetische Schaffung alternativer Lebensformen ermöglichen, also anderer, nicht notwendigerweise exakt an den natürlichen biologischen Vorbildern orientierter möglicher Lebensformen. Eigenschaften, die kennzeichnend für kohlenstoffbasierte, natürlich lebende Systeme (Tiere und Pflanzen) sind, werden an Hardware- und Software-Artefakten untersucht. Die verwendete Konzeption von „Leben" ist hierbei stark an den einzig vorhandenen Instanzen, nämlich den biologischen Vorbildern, orientiert.

Die Suche nach den hinreichenden Bedingungen für die Schaffung von künstlichem Leben erfordert die Erforschung möglicher Gemeinsamkeiten zwischen natürlichen und künstlichen Systemen. Zentral sind hierbei die Fragen nach der Entwicklung von Komplexität, der Autonomie von Lebewesen, der Entstehung emergenter Eigenschaften und dem Ursprung von Intelligenz. Während sich der Intelligenzbegriff in dem Forschungsgebiet → Künstliche Intelligenz an der Modellierung menschlichen Problemlösungsverhaltens und deren Umsetzung in Computerprogramme orientiert, orientieren sich die Arbeiten zu Intelligenz innerhalb von A. L. an der Bottom-up-Entwicklung von intelligentem Verhalten auf einer evolutionären Zeitskala oder während der individuellen „Lebensspanne" eines Individuums.

Der Erfolg des Forschungsgebietes A. L. wird stark davon abhängen, ob eine intensive Zusammenarbeit zwischen Natur- und Ingenieurwissenschaften gelingen wird. Zukünftige Ergebnisse müssen zeigen, inwiefern die Annahme einer gemeinsamen Basis von natürlichen und künstlichen Lebensformen gerechtfertigt ist. Wichtig für ein „Überleben" dieses Forschungsgebietes wird auch sein, inwieweit künstliche Lebensformen für Anwendungszwecke relevant sind. Ungelöst ist hierbei die Frage, ob es prinzipiell möglich ist, autonome Lebensformen aufgabenorientiert zu entwerfen.

*Dautenhahn*

Literatur: *Dautenhahn, K.*: Artificial Life = Künstliches Leben? Künstliche Intelligenz. Bd. 2 (1995) S. 34. – *Langton, C. G.*: Artificial life. In: Proc. of an Interdisciplinary Workshop on the Synthesis and Simulation of Living Systems. Los Alamos, NM (1989) pp. 1–47.

**AS (Arbeitsspeicher)** ⟨memory⟩ → Speichermanagement

**AS-Adreßraum** ⟨memory address space⟩ → Speichermanagement

**AS-Realisierung** ⟨representation in memory⟩ → Speichermanagement

**AS-Realisierung, partielle** ⟨partial representation in memory⟩ → Speichermanagement

**AS-Realisierung, vollständige** ⟨complete representation in memory⟩ → Speichermanagement

**AS-Struktur, eindimensionale** ⟨one-dimensional structure of the memory⟩ → Speichermanagement

**AS-Struktur, zweidimensionale** ⟨two-dimensional structure of the memory⟩ → Speichermanagement

**AS-Verwaltung, adaptive Verfahren zur** ⟨adaptive memory management algorithms⟩ → Speichermanagement

**AS-Verwaltung, Anforderungsverfahren zur** ⟨memory management by demand paging⟩ → Speichermanagement

**AS-Verwaltung, bereichsorientierte** ⟨region-based memory management⟩ → Speichermanagement

**AS-Verwaltung, Einzelseiten-Anforderungsverfahren zur** ⟨memory management by single-page demand paging⟩ → Speichermanagement

**AS-Verwaltung im Großen** ⟨large-scale memory management⟩ → Speichermanagement

**AS-Verwaltung im Kleinen** ⟨small-scale memory management⟩ → Speichermanagement

**AS-Verwaltung, kachelorientierte** ⟨page-based management of memory⟩ → Speichermanagement

**AS-Verwaltung, prozeßglobale Verfahren zur** ⟨process-global strategies of memory management⟩ → Speichermanagement

**AS-Verwaltung, prozeßlokale Verfahren zur** ⟨process-local strategies of memory management⟩ → Speichermanagement

**AS-Verwaltung, vorausplanende** ⟨memory management using prefetch policies⟩ → Speichermanagement

**ASCII** ⟨ASCII (American Standard Code for Information Interchange)⟩. → 7-Bit-Code des US-Normungsinstituts ANSI. Die → Schriftzeichen von ASCII umfassen Großbuchstaben, Kleinbuchstaben, die zehn Ziffern, einige Satzzeichen, einige mathematische Zeichen und weitere Zeichen wie % und & (Bild).

| 7<br>6<br>5 | 0<br>0<br>0 | 0<br>0<br>1 | 0<br>1<br>0 | 0<br>1<br>1 | 1<br>0<br>0 | 1<br>0<br>1 | 1<br>1<br>0 | 1<br>1<br>1 |
|---|---|---|---|---|---|---|---|---|
| 4 3 2 1 | 0 | 1 | 2 | 3 | 4 | 5 | 6 | 7 |
| 0 0 0 0    0 |   |   |   | 0 | @ | P | ` | p |
| 0 0 0 1    1 |   |   | ! | 1 | A | Q | a | q |
| 0 0 1 0    2 |   |   | " | 2 | B | R | b | r |
| 0 0 1 1    3 |   |   | # | 3 | C | S | c | s |
| 0 1 0 0    4 |   |   | $ | 4 | D | T | d | t |
| 0 1 0 1    5 |   |   | % | 5 | E | U | e | u |
| 0 1 1 0    6 |   |   | & | 6 | F | V | f | v |
| 0 1 1 1    7 |   |   | ' | 7 | G | W | g | w |
| 1 0 0 0    8 |   |   | ( | 8 | H | X | h | x |
| 1 0 0 1    9 |   |   | ) | 9 | I | Y | i | y |
| 1 0 1 0    10 |   |   | * | : | J | Z | j | z |
| 1 0 1 1    11 |   |   | + | ; | K | [ | k | { |
| 1 1 0 0    12 |   |   | , | < | L | \ | l | | |
| 1 1 0 1    13 |   |   | - | = | M | ] | m | } |
| 1 1 1 0    14 |   |   | . | > | N | ^ | n | ~ |
| 1 1 1 1    15 |   |   | / | ? | O | _ | o |   |

*ASCII: Internationale Referenzversion entsprechend ISO 646*

ASCII wurde als internationale Referenzversion (IRV) auch in den allgemeineren internationalen Standard für 7-Bit-Codes (ISO 646) übernommen.

*Schindler/Bormann*

**ASK** ⟨*ASK (Amplitude Shift Keying)*⟩ → Modulation

**ASN.1** ⟨*ASN.1 (Abstract Syntax Notation One)*⟩. Um die → Kommunikation zweier oder mehrerer → Systeme in einer OSI-Umgebung (→ OSI-Referenzmodell) zu gewährleisten, ist eine gleichartige Beschreibung von Strukturen und Inhalten der Anwendungsdaten (→ Anwendungsebene) notwendig. Diese Voraussetzung kann erfüllt werden, wenn alle Systeme eine gemeinsame abstrakte → Syntax verwenden, durch welche Strukturen und Inhalte auf logischer Basis beschrieben werden. Eine Notation zur Beschreibung einer solchen abstrakten Syntax ist von der → ISO unter der Bezeichnung ASN.1 definiert worden. Generelles Ziel ist die maschinenunabhängige formale Spezifikation von Datenstrukturen (→ Spezifikationstechniken, formale; Spezifikationssprache, formale).

Zur Beschreibung von → Datenstrukturen bietet ASN.1 – analog zu gängigen Programmiersprachen wie → C oder → PASCAL – verschiedene Strukturierungsmöglichkeiten. Ausgehend von primitiven Datentypen (z. B. INTEGER, BIT STRING, OCTET STRING) können komplexe Datenstrukturen zusammengesetzt werden.

```
Adresse :: = SEQUENCE{
   name      OCTET STRING (SIZE (20)),
   strasse   OCTET STRING (SIZE (40)),
   nr        INTEGER,
   ort       OCTET STRING (SIZE (40)),
   plz       INTEGER
}
```

Eine in der abstrakten Syntax spezifizierte Datenstruktur hat eine system- und prozessorabhängige lokale Repräsentation (lokale Syntax). Obiges Beispiel könnte in → C wie folgt definiert werden:

```
struct Adresse {
   char name[20];
   char strasse[40];
   int  nr;
   char ort[40];
   int  plz;
}
```

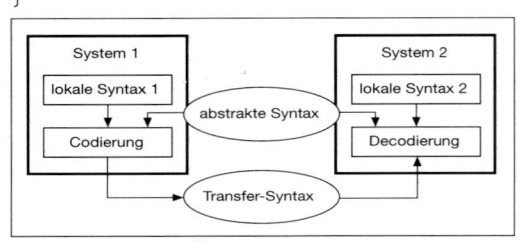

*ASN.1: Prinzip der Übertragung von Anwendungsdaten*

Damit eine Wertbelegung einer ASN.1-Datenstruktur übertragen und nach Transport durch das Netzwerk beim Empfänger wieder korrekt zusammengesetzt werden kann, muß sie gemäß ihrer abstrakten Syntax als Bitfolge codiert werden (Bild). Die zur Übertragung codierte Repräsentation einer abstrakten Syntax heißt Transfersyntax. Die ISO hat zur Codierung von ASN.1-Datenstrukturen Regelwerke festgelegt, u. a. die Basic Encoding Rules. Hier wird eine ASN.1-Datenstruktur durch Angabe einer Typidentifikation, eines Längenfelds und die eigentliche Wertbelegung codiert.

*Hoff/Spaniol*

Literatur: *Halsall, F.*: Data communications, computer networks and open systems. Addison-Wesley, 1992. – ITUT X.208: Specification of abstract syntax notation one (ASN.1) 1988. – ITU-T X.680: Abstract syntax notation one (ASN.1): Specification of basic notation 1994.

**Assembler** ⟨*assembler*⟩ → Maschinensprache

**Assoziation** ⟨*association*⟩. Setzt zwei → Objekte miteinander in Beziehung. Beispiel: Die Person Peter ist durch die A. „verheiratet" mit der Person Maria assoziiert (→ Beziehung). *Schmidt/Schröder*

**Assoziativrechner** ⟨*associative computer*⟩. Rechner mit → Assoziativspeicher als → Hauptspeicher. Im Gegensatz zum klassischen Universalrechner, der Datenpaare bitparallel, aber wortseriell in genau einem Rechenwerk verarbeitet, verfügt der A. über eine größere Menge bitserieller Rechenwerke (es existieren Realisierungen von bis zu 65 536 Rechenwerken), die bitseriell, aber wortparallel auf den im Assoziativspeicher gespeicherten → Daten arbeiten. Die bitseriellen Rechenwerke sind beim A. den einzelnen → Worten des Assoziativspeichers zugeordnet.

Die Rechenwerke des A. arbeiten streng getaktet und werden durch ein gemeinsames → Leitwerk gesteuert, sie gehören daher zur Klasse der → Feldrechner. Der Befehlssatz von A. ist i. allg. mikroprogrammiert und umfaßt drei Klassen von → Befehlen:
– Such- und Vergleichsbefehle (Extremwertsuche mit oder ohne Schranken, Exaktvergleich, Ähnlichkeit, Sortierbefehle etc.);
– arithmetische Befehle (auf Skalaren, Vektoren, Matrizen);
– sonstige (Ein-/Ausgabe, Daten vertauschen etc.).

Insbesondere Such- und Vergleichsbefehle können wegen des inhaltsorientierten Zugriffs sehr effizient implementiert werden. Arithmetische Befehle auf Skalaren sind wegen der bitseriellen Arbeitsweise dagegen langsam, ein Gewinn ergibt sich jedoch bei arithmetischen Operationen auf Feldern durch den hohen Parallelitätsgrad. Die Rechenwerke und Speicherzellen von A. sind zum Zwecke der Umordnung von Daten meist durch ein Verbindungsnetzwerk miteinander verbunden, das im einfachsten Fall lediglich eine Verbindung mit den vier nächsten Nachbarn, zusätzlich oft auch ein mehrstufiges Verbindungsnetz (n-Kubus, Permutationsnetz), zur Verfügung stellt.

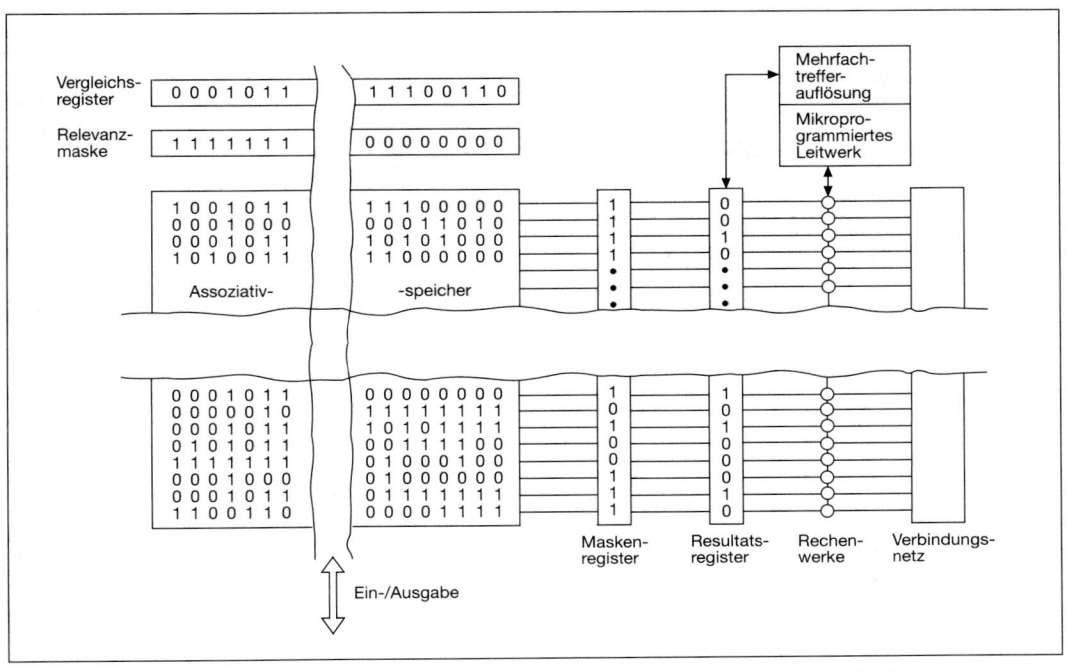

*Assoziativrechner: Schematischer Aufbau des A. und Arbeitsweise des Maschinenbefehls „Exaktvergleich"*

Die Arbeitsweise des A. ist charakterisiert durch die Anwendung spezieller → Register. Als Beispiel wird in der Abbildung ein Maschinenbefehl „Exaktvergleich" erläutert, der im Resultatsregister alle diejenigen Wörter des Assoziativspeichers mit einer „1" kennzeichnet, deren Bitstellen, die in der Relevanzmaske mit einer „1" markiert sind, mit den Bitstellen des Vergleichsregisters übereinstimmen und nicht durch eine „0" im Maskenregister als ungültig deklariert wurden. Alle übrigen Stellen des Resultatsregisters enthalten nach Abschluß des Maschinenbefehls den Wert „0". Im Beispiel ist der Zustand des Resultatsregisters nach Abschluß des Maschinenbefehls dargestellt: Es entstehen vier „Treffer".

Der Vorgang der „Assoziation" läßt bei dem vorliegenden Beispiel einen Schluß vom Wert der in der Relevanzmarke mit „1" markierten Bitstellen der Daten auf die restlichen Bitstellen der Daten zu. Die Reihenfolge des Zugriffs auf diese Daten bei Mehrfachtreffern wird dann durch eine zusätzliche Steuerlogik, die Mehrfachtrefferauflösung, nach verschiedenen Kriterien geregelt.

Neben den hier erläuterten bitseriellen A. sind auch bitparallele und wortparallele A. vorgeschlagen worden, deren Rechenwerke die volle Wortlänge des Assoziativspeichers parallel verarbeiten.

Wegen der beschränkten Anwendungsmöglichkeiten und der Schwierigkeit, assoziative Speicher und Rechenwerke hochintegriert zu realisieren, haben A. nur beschränkte Verbreitung gefunden. *Bode*

Literatur: *Foster, C. C.*: Content addressable parallel processors. New York 1976. – *Kohonen, T.*: Content-addressable memories. Berlin 1980.

**Assoziativspeicher** ⟨*associative memory*⟩. Speicher, der auf dem Prinzip des inhaltsorientierten Zugriffs (= Assoziation) beruht. Anstelle der Angabe einer expliziten → Adresse wird der A. implizit über einen Teil der abgespeicherten Information adressiert (→ Assoziativrechner). Der A. umfaßt ein Vergleichsregister, in die zu suchende Information abgelegt ist. Eine Relevanzmaske markiert alle Bitstellen der im A. abgelegten → Worte, die mit dem Inhalt des Vergleichsregisters verglichen werden sollen. Ein Maskenregister markiert die Worte des A., die beim Vergleich nicht berücksichtigt werden sollen. Das Resultatsregister enthält nach dem Vorgang der Assoziation an den Bitstellen eine 1, die Worten entsprechen, die im relevanten Suchbereich mit den Suchinformationen übereinstimmen. Je nach Typ des A. erfolgt der Zugriff bitseriell, aber wortparallel oder bit- und wortparallel. Wegen des wortparallelen Zugriffs auf gespeicherte Informationen müssen Daten im A. nicht sortiert abgelegt werden. Das Ergebnis des Zugriffs ist mehrdeutig (mehrere Treffer).

A. werden oft in virtuellen Speichersystemen für die Adreßumsetzung verwendet. Assoziativrechner mit A. sind wegen des hohen Aufwands für den Aufbau des Speichers relativ selten, da hochintegrierte Speicherbausteine mit ähnlicher Integrationsdichte wie bei Direktzugriffsspeichern wegen der orthogonalen Zugriffsstruktur nicht realisierbar sind. *Bode*

**asynchron** ⟨*asynchronous*⟩. Bei a. Arbeitsweise werden die Teilwerke einer Rechenanlage nicht von einem zentralen Taktgeber gesteuert. Die einzelnen Operationen werden nur angestoßen und melden die Beendigung durch ein Endesignal zurück. Da verschiedene Operationen unterschiedlich lang dauern können, entfallen bei a. Arbeitsweise Totzeiten, denn bei Festlegung eines Taktes muß sich dieser an der längsten Operation orientieren. Bei a. E/A-Kanälen erfolgt die Synchronisierung durch Steuerzeichen in beiden Richtungen. Steht beispielsweise in einem Gerät ein Zeichen zur Übertragung an, so aktiviert dieses ein Anforderungssignal. Der Kanal, der u. U. noch weitere Geräte bedient, antwortet mit einem *Bereit*-Signal. Nach der Übertragung des Zeichens quittiert er dessen Empfang (→ synchron).     *Bode/Schneider*

**ATM** ⟨*Asynchronous Transfer Mode*⟩. Übertragungsbasis für das zukünftige Breitband-ISDN (→ B-ISDN). Damit kommt diesem Verfahren in Zukunft eine überragende Bedeutung zu. ATM ist eine Datentransporttechnik, die auf sehr schneller → Paketvermittlung beruht: Die Datenübertragungsrate (Übertragungsrate) liegt momentan üblicherweise bei 155 520 Mbps, es sind jedoch auch schon Systeme mit 622 080 Mbps und sogar einigen Gbit/s in der Erprobungsphase. Die zu übertragenden → Daten werden in relativ kleine sog. Zellen der festen Größe 53 Bytes (5 davon für den Paket-Header und die restlichen 48 für Daten) (Bild 1) aufgeteilt (→ Segmentierung). Die Zellen können aufgrund ihrer kleinen Länge sehr schnell und hardwarebasiert zwischen den netzinternen Vermittlungsrechnern (Switches) weitergeleitet werden. Die Verwendung von 48-Byte-Zellen ergab sich hierbei als Kompromiß einerseits zwischen Daten- und Sprachapplikationen und andererseits zwischen dem in Europa angestrebten Wert von 32 Bytes und der amerikanischen bzw. japanischen Vorstellung von 64 Bytes.

ATM-Zellen werden über → virtuelle Verbindungen vom Sender zum Empfänger vermittelt. Jede Zelle enthält ein Adreßpaar, bestehend aus Virtual Channel Identifier und Virtual Path Identifier, auf deren Basis in den Zwischenknoten der jeweilig nächste Knoten einer Verbindung ausgewählt wird. Hierzu ist in jedem Switch eine Header-Übersetzung anhand eines in der Verbindungsaufbauphase eingerichteten Tabelleneintrags erforderlich. Virtuelle Pfade dienen zur Zusammenfas-

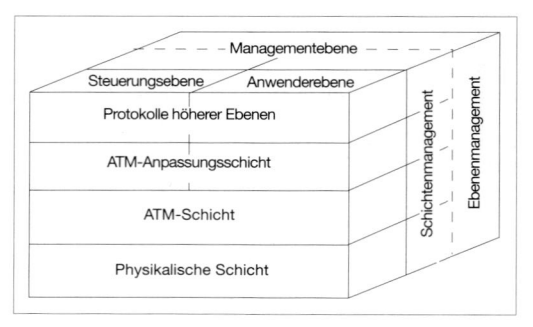

*ATM2: ATM-Referenzmodell (nach de Prycker)*

sung virtueller Kanäle, um einen schnelleren Verbindungsaufbau und eine effizientere Zellvermittlung durch das Netz zu ermöglichen (vergleichbar mit Transitstrecken beim Autoverkehr). Hauptzweck des Payload-Type-Felds ist die Unterscheidung zwischen Nutzerdaten und Managementzellen (etwa zur Reservierung von Ressourcen). Die Zellpriorität (Bit „Prio." im Bild) gibt an, ob eine Zelle im Falle von Überlastsituationen im Netz gelöscht werden darf oder nicht (→ Überlastkontrolle). Schließlich wird der Header durch einen zyklischen Fehlererkennungscode geschützt, der ein Byte beansprucht und alle einzelnen Bitfehler im Header korrigieren sowie eine große Anzahl von Mehrbitfehlern erkennen kann.

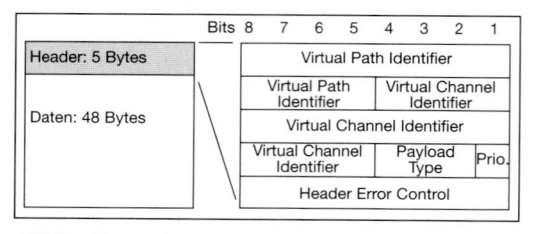

Eine eindeutige Abbildung der ATM-Funktionalitäten in OSI-Terminologie (→ OSI-Referenzmodell) ist nicht möglich (z. B. wurde die Fehlerkontrolle des Datenteils aufgrund der üblicherweise zugrundeliegenden, sehr zuverlässigen Glasfasermedien in die Endknoten verlagert, s. auch → Frame Relay). Daher wurde von der → ITU ein eigenes ATM-Referenzmodell definiert (Bild 2).

Auf physikalischer → Ebene erfolgt die Übertragung der Zellen. Es sind hier u. a. → Schnittstellen auf → SDH-Basis und → FDDI-Basis festgelegt. Auf ATM-Ebene werden die von der ATM-Anpassungsschicht übergebenen Frames in Zellen fragmentiert und mit der VPI/VCI-Zieladresse versehen. In den Switches werden ATM-Zellen verschiedener Verbindungen auf eine physikalische Leitung gemultiplext (statistisches Multiplexing). Hierbei sind verschiedene Verfahren zur Pufferung der Zellen und zur Abarbeitung der Eingangsströme im Einsatz. Ein wesentlicher Bestandteil des ATM-Referenzmodells ist die Anpassungsschicht (ATM Adaptation Layer, AAL), die für die effiziente Paketisierung der Nutzerdaten (Sprache, Video, Daten usw.) zuständig ist. Zur Zeit sind vier verschiedene AAL-Typen standardisiert: AAL1 für „constant bit-rate applications", AAL2 für „variable bit-rate applications" mit vorgegebener maximaler Ende-zu-Ende-Verzögerung, AAL3/4 für verbindungsorientierte Datendienste (vergleichbar mit → X.25) und AAL5 für verbindungslose Datendienste, wie sie z. Z. bei → IP bereitgestellt

*ATM1; (Netzinternes) ATM-Zellformat*

werden. Schließlich definiert das ATM-Referenzmodell vertikal getrennte Protokoll-Stacks sowohl für die Steuerungsebene (etwa zum Verbindungsaufbau) als auch für Managementzwecke. *Fasbender/Spaniol*

Literatur: *de Prycker, M.*: Asynchronous transfer mode solution for broadband ISDN. Ellis Horwood, 1994. – *Partidge, C.*: Gigabit networking. Addison-Wesley, 1993.

**ATN** ⟨*ATN (Augmented Transition Network)*⟩. Formalismus zur Analyse von Sätzen einer formalen → Sprache. Ein ATN ist ein endlicher Automat, dessen Zustandsübergänge mit zusätzlichen Aktionen verbunden sein können. Ein ATN hat dadurch die Mächtigkeit einer → *Turing*-Maschine und kann auch bei komplexen, kontextsensitiven Grammatiken eingesetzt werden, z. B. zur Analyse natürlicher Sprache.

Ein Zustandsübergang in einem ATN kann mit folgenden Ereignissen bzw. Aktionen verknüpft werden:
– Lesen eines bestimmten Eingabewortes,
– rekursiver Abstieg in ein Teilnetz (z. B. zur Analyse einer Nominalphrase),
– Aufruf einer → Prozedur zum → Test des Eingabewortes und vorhergehender Worte (z. B. ist Eingabewort ein Artikel?),
– Aufruf von Prozeduren zur Erzeugung von Ausgabestrukturen (z. B. Ableitungsbaum des Satzes).

ATN werden in → natürlichsprachlichen Systemen und anderen Anwendungen der → Künstlichen Intelligenz eingesetzt. *Neumann*

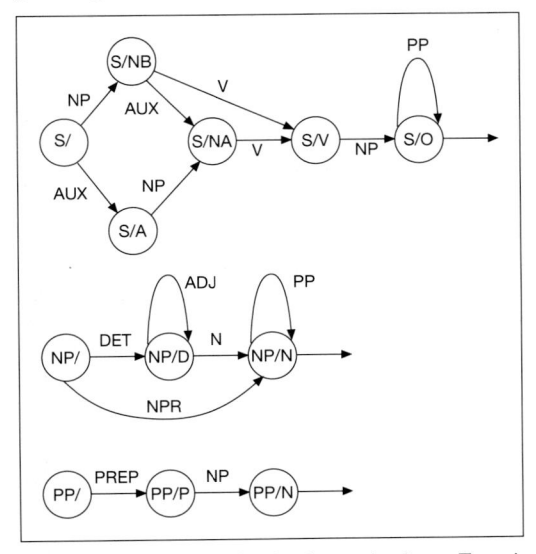

*ATN: Grammatikalische Analyse mit einem Transitionsnetz*

S Satz, NP Nominalphrase, AUX Hilfsverb, V Verb, PP Präpositionalphrase, DET Bestimmungswort, ADJ Adjektiv, N Nomen, PREP Präposition

**Atomarität** ⟨*atomicity*⟩. Eine → Transaktion wird vollständig oder gar nicht ausgeführt, d. h., entweder werden alle Änderungen, die die Transaktion an den Daten vornimmt, durchgeführt oder alle Änderungen werden rückgängig gemacht (→ ACID-Eigenschaften).
*Schmidt/Schröder*

**Attribut** ⟨*attribute*⟩. Bezeichnet eine strukturelle Eigenschaft eines → Objekts. Beispiel: Name und Alter sind A. von Personen. A.-Werte können wiederum Objekte (im Sinne einer → Aggregation oder → Referenz), einfache oder strukturierte Werte sein.
*Schmidt/Schröder*

**Attribut, abgeleitetes** ⟨*derived attribute*⟩. Ein a. A. läßt sich aus anderen Attributen eines → Objekts und seinen → Beziehungen zu anderen Objekten ableiten. Beispielsweise läßt sich das Alter einer Person aus ihrem Geburtsdatum und dem aktuellen Datum errechnen.
*Schmidt/Schröder*

**Attribut, graphisches** ⟨*graphic attribute*⟩. Darstellungseigenschaften → graphischer Primitiver. Zu den g. A. gehören Farbe, Linienart und -stärke, Füllmuster von Flächen usw. Die g. A. werden auf der Pixelebene i. d. R. global gesetzt und sind dann für die folgenden Zeichenroutinen gültig. Eine Ausnahme bilden die graphischen Primitiven im → X-Window-System, bei dem die g. A. (als graphischer Kontext bezeichnet) für jeden Primitivenaufruf separat angegeben werden müssen.
*Langmann*

**Attributbündel** ⟨*attribute bundle*⟩. Im → GKS werden die nichtgeometrischen Attribute eines graphischen Darstellungselements zu einem neuen → Attribut, dem → Index des Darstellungselements, zusammengefaßt. Die Zusammenfassung von Werten der nichtgeometrischen Attribute eines Darstellungselementes wird A. (Attributverbund) genannt und definiert den Wert des Indexes des Darstellungselementes. Diese A. werden in Bündeltabellen, die Teil der Arbeitsplatz-Zustandsliste sind, abgelegt. Jeder graphische Arbeitsplatz hat für jedes Darstellungselement eine eigene Bündeltabelle. Dadurch können die Werte der Indizes individuell für jeden graphischen Arbeitsplatz gesetzt werden. Dies geschieht durch Setzen der Werte der entsprechenden A. Alle für einen Arbeitsplatz gültigen Werte können in einem Bündel (Eintrag in der Bündeltabelle) vorkommen. Für einen bestimmten Index können die Werte der entsprechenden A. also an verschiedenen graphischen Arbeitsplätzen verschieden sein. Auf diese Weise ist es möglich, daß ein Darstellungselement, das mit demselben Bündelindex auf zwei verschiedenen Arbeitsplätzen ausgegeben wird, mit verschiedenen Werten der nichtgeometrischen Attribute gezeichnet wird, z. B. am ersten Arbeitsplatz rot und am zweiten grün.
*Encarnação/Lutz*

**Attributgrammatik.** ⟨*attribute grammar*⟩. Mechanismus zur Beschreibung von nichtkontextfreien Eigenschaften von → Sprachen, insbesondere von → Programmiersprachen. Zu diesen Eigenschaften gehören Deklariertheitseigenschaften und Typeigenschaften.

Den Nichtterminalen einer →kontextfreien Grammatik werden →Attribute als Träger von Kontextinformation zugeordnet. Ein Attribut ist entweder ererbt oder abgeleitet. Ererbte Attribute eines Nichtterminalvorkommens in einem →Syntax-Baum beziehen ihre Information aus dem umgebenden Kontext, abgeleitete aus dem unteren Kontext, d. h. dem Teilbaum für dieses Nichtterminalvorkommen.

Die Produktionsregeln der kontextfreien Grammatik werden erweitert um Relationen zwischen den Vorkommen von Attributen in dieser Produktion. Diese Relationen beschreiben, in welcher Beziehung die Werte dieser Attributvorkommen stehen müssen. Aus der Menge dieser Relationen wird ein Attributauswerter erzeugt, der die Teilaufgabe →semantische Analyse im →Übersetzer bearbeitet, indem er Attribute in Syntaxbäumen auswertet. *Wilhelm*

**Aufforderung** ⟨*prompt*⟩. Unter einer A. versteht man in der elektronischen →Datenverarbeitung eine →Ausgabe, die dem →Bediener anzeigt, daß ein bestimmtes funktionales →Eingabegerät verfügbar ist. Die A. wird bei der Erzeugung des Maßwertprozesses ausgegeben. In welcher Form eine A. erbracht wird, ist abhängig von der Realisierung eines funktionalen Eingabegerätes.

Beim Graphischen Kernsystem (→GKS) kann zwischen unterschiedlichen Aufforderungsarten für jedes Eingabegerät gewählt werden.

*Encarnação/Alheit/Haag*

**Auffrischrate** ⟨*refresh rate*⟩ →Bildwiederholrate

**Aufgabendefinition** ⟨*functional specification, functional design, requirements definition*⟩ (auch: Anforderungsdefinition, Fachkonzept, fachlicher Entwurf, funktionaler Entwurf, Pflichtenheft). Ergebnis der Tätigkeiten der →Analyse und →Modellierung eines →Anwendungssystems. Es enthält u. a. eine Zusammenstellung der →Anforderungen an das künftige System, ein →Anwendungsmodell, Vorgaben für die weitere Systementwicklung (technischer Entwurf und Realisierung), für die Systemabnahme und -einführung sowie Untersuchungen über Konsequenzen der geplanten Systemlösung. *Hesse*

Literatur: *Hesse, W.; Keutgen, H.* et al.: Ein Begriffssystem für die Softwaretechnik. Informatik-Spektrum (1984) S. 200–213.

**Auflösung** ⟨*resolution*⟩. Unter A. wird in der →Rastergraphik die Anzahl von einzelnen Bildpunkten pro Längen- bzw. Flächeneinheit verstanden. Je mehr Bildpunkte für ein auf einer fest vorgegebenen Fläche darzustellendes Rasterbild verwendet werden, desto höher ist die A. dieses Rasterbilds.

Übersteigt die A. des Rasterbilds bei einer gegebenen Entfernung des Betrachters die A. seines Auges, verschmelzen die einzelnen nebeneinander liegenden Bildpunkte für den Betrachter zu kontinuierlichen Strukturen (z. B. Linien, Flächen). Daher können mit steigender Rasterbild-A. zum einen feinere Strukturen dargestellt werden, zum anderen fallen störende Treppenstufen schräger Linien auch ohne aufwendige Filtermaßnahmen (→Aliasing) weniger auf.

Die A. eines Rastergraphiksystems mit angeschlossenem →Monitor hängt von der Größe des Bildwiederholspeichers und der Ausgabefrequenz der Bildpunkte ab. Je mehr einem Bild zugeordnete →Pixel gespeichert werden, desto höher ist die maximal erreichbare A. Werden zusätzlich einem logischen Pixel mehrere Bits zugeordnet, kann eine Anzahl von Farben dargestellt werden, die der Zweierpotenz der Anzahl der Bits/Pixel entspricht. Die Anzahl der pro Pixel verwendeten Bits wird Farbauflösung genannt. Zum Beispiel ergeben 3 bit/Pixel acht verschiedene Farben, die gleichzeitig in dem auszugebenden Rasterbild vorkommen können.

Die letztlich am Monitor sichtbare A. hängt von der Anzahl der Bildpunkte ab, die pro Bildzeile aus dem →Bildwiederholspeicher ausgelesen und angezeigt werden. Die gewünschte Menge von Bildpunkten pro Bildzeile muß daher in der Zeit ausgegeben werden, in der der Elektronenstrahl des Monitors eine Bildzeile überstreicht. Die dazu notwendige Ausgabefrequenz darf jedoch nicht die für den jeweiligen Monitor angegebene maximale Videofrequenz überschreiten, um ein scharfes und kontrastreiches Monitorbild der geforderten A. zu erzielen. *Encarnação/Haaker*

**Aufruf** ⟨*call*⟩. Der A. einer Prozedur oder einer Funktion ist eine Anweisung zur Anwendung einer Prozedur- bzw. Funktionsdeklaration auf ein oder mehrere Argumente. Im allgemeinen hat ein A. die Form $f(t_1, \ldots, t_n)$, wobei f ein (sichtbarer) Prozedur- bzw. Funktionsname ist und $t_1, \ldots, t_n$ →Ausdrücke sind. f heißt dabei aufrufende Prozedur bzw. Funktion. Die Argumente $t_1, \ldots, t_n$ heißen aktuelle →Parameter.

Bei der Auswertung der Prozedur- bzw. Funktionsdeklaration werden zunächst die aktuellen Parameter an die formalen Parameter der aufrufenden Prozedur bzw. Funktion übergeben, d. h., im Rumpf der aufrufenden Prozedur bzw. Funktion werden die formalen Parameter durch die aktuellen Parameter ersetzt. Anschließend wird der Rumpf ausgewertet und die Auswertung des Gesamtprogramms an der nächsten Position nach dem A. fortgesetzt. Zur Übergabe der aktuellen Parameter an die formalen Parameter gibt es verschiedene Parameterübergabemechanismen: Call-by-Value (Wertaufruf), Call-by-Reference, Call-by-Value-Result und Call-by-Name.

Bei *Call-by-Value* werden bei der Auswertung eines Prozedur-/Funktionsaufrufs zuerst die aktuellen Parameter ausgewertet. Die Ergebnisse dieser Auswertung werden in die Speicherzellen kopiert, die die formalen Parameter der aufrufenden Prozedur/Funktion repräsentieren. Anschließend wird der Rumpf der aufrufenden Prozedur/Funktion ausgewertet.

Bei Call-by-Reference werden bei der Auswertung zuerst die aktuellen Parameter ausgewertet. Die formalen Parameter der aufrufenden Prozedur/Funktion werden dann an einen Verweis auf diese Ergebnisse gebunden. Die formalen Parameter enthalten dann nicht, wie bei Call-by-Value, eine Kopie dieser Ergebnisse, sondern lediglich Verweise auf die Speicherzellen, in denen diese Ergebnisse zu finden sind.

Bei *Call-by-Value-Result* werden ebenso zuerst die aktuellen Parameter ausgewertet. Wie bei Call-by-Value werden die Ergebnisse dieser Auswertung in die Speicherzellen kopiert, die die formalen Parameter der aufrufenden Prozedur/Funktion repräsentieren (Copy-in-Phase). Gleichzeitig merkt man sich jedoch die Adressen (der Speicherzellen) der aktuellen Parameter und kopiert nach Ausführung der Prozedur/Funktion die Werte der formalen Parameter wieder zurück auf die aktuellen Parameter (Copy-out-Phase).

Bei *Call-by-Name* werden die Namen der formalen Parameter im Rumpf der aufrufenden Funktion/Prozedur durch die aktuellen Parameter ersetzt. Namenskonflikte mit lokalen Variablen im Rumpf werden durch Umbenennung der lokalen Namen gelöst. Anschließend wird (im Hauptprogramm) an der aufrufenden Stelle der A. durch den Rumpf der aufrufenden Funktion/Prozedur ersetzt. Namenskonflikte zwischen Variablen werden auch hier durch Umbenennung gelöst.

Alle bekannten imperativen Programmiersprachen (z. B. →PASCAL, C) verfügen über eine Call-by-Value- wie auch über eine Call-by-Reference-Parameterübergabe. In der Programmiersprache ADA können Parameter auch durch Call-by-Value-Result übergeben werden. Im →Lambda-Kalkül ist eine Call-by-Value- sowie eine Call-by-Name-Parameterübergabe möglich.

Ein Vergleich der Auswertungsstrategien ist von *R. Sethi* vorgenommen worden. *Mück/Wirsing*

Literatur: *Bauer, Wössner*: Algorithmische Sprache und Programmentwicklung. Springer, Berlin 1994. – *Sethi, R.*: Programming languages. Concepts and constructs. Addison-Wesley, 1989.

**Auftraggeber-Auftragnehmer-Beziehung** ⟨*client-server relationship*⟩ →Betriebssystem, prozeßorientiertes

**Auftragsmanagement** ⟨*job management*⟩ →Betriebssystem

**Auftragssprache** ⟨*job control language*⟩ →Betriebssystem

**Aufwand** ⟨*expenditure*⟩ →Zugriffskontrollsystem

**Aufwand für Rechtekontrollen** ⟨*expenditure to control the rights*⟩ →Zugriffskontrollsystem

**Aufwand zur Prozeßerzeugung** ⟨*effort of process generation*⟩ →Betriebssystem, prozeßorientiertes

**Aufwandschätzung** ⟨*cost estimation*⟩. Tätigkeit innerhalb der Projektplanung mit dem Ziel, die für die Durchführung von Projektaktivitäten benötigten Kosten zu schätzen. Bei →Informatikprojekten entstehen in der Regel folgende Kostenarten: Personalkosten, Maschinenkosten und sonstige Kosten. Zu den sonstigen Kosten gehören Reise-, Porto-, Telefon- und einmalige Software-Kosten. Da der größte Teil des Aufwands (immer noch) auf Personalkosten entfällt, wird dieser Kostenart bei der Aufwandschätzung die größte Aufmerksamkeit gewidmet. Die in Literatur und Praxis verwandten Kostenschätzungsmodelle beziehen sich daher fast ausschließlich auf Personalkosten. Das gilt auch für die beiden bekanntesten Vertreter, nämlich die →CoCoMo-Methode und die →Function-Point-Methode.

Generell lassen sich zum Thema A. von Informatik-Projekten folgende Aussagen machen: Der tatsächliche Aufwand für ein Projekt hängt von einer Vielzahl von Einflußfaktoren ab. Dabei stellen Komplexität und Größe des zu entwickelnden Systems zwar die am besten meßbaren, aber nicht die allein ausschlaggebenden Faktoren dar. Ebenso wichtig ist die Erfahrung des Teams mit Problemstellung und Werkzeugen, die verfügbare Werkzeug- und Maschinenunterstützung, die Zusammenarbeit zwischen Entwickler und Auftraggeber sowie die Motivation und Kooperation der Team-Mitglieder.

Bei Schätzungen ist es wichtig, daß man Vergleiche mit ähnlichen Projekten macht und die ausführenden Personengruppen an der Schätzung beteiligt. Dadurch entsteht eine Bindung der Projektbeteiligten, die bewirkt, daß die vorhergesagten Zahlen eher in Erfüllung gehen. Der Personalaufwand wird zunächst in Personentagen, -monaten oder -jahren geschätzt. Durch Multiplikation mit entsprechenden Kosten pro Zeiteinheit erhält man daraus die Personalkosten.

Für die Schätzung der Maschinenkosten wird ebenfalls von der benötigten Maschinenzeit, sei es für einen Großrechner oder einen Arbeitsplatzrechner, ausgegangen und anschließend mit den Kosten pro Zeiteinheit multipliziert. Bei verstärktem Einsatz von Arbeitsplatzrechnern ist es sinnvoll, die Maschinenkosten als Teil der Personalkosten anzusehen und in die Kosten pro Personalzeiteinheit hineinzurechnen.

Eine interessante Veränderung der A. ergibt sich dann, wenn statt vollständiger Neuentwicklung verstärkt wiederverwendbare Bausteine eingesetzt werden. Die dafür aufzubringenden Software-Kosten sollten sich durch entsprechende Einsparungen bei den Personalkosten ausgleichen. Der damit angedeutete Trend führt langfristig von einer personal- zu einer kapitalintensiven Entwicklungsstrategie. *Endres*

**Aufzählbarkeit** ⟨*enumerability*⟩. Eine Menge M heißt aufzählbar (oder rekursiv aufzählbar), wenn es eine →Turing-Maschine gibt, die eine Abbildung der Menge der natürlichen Zahlen auf M berechnet. Nicht jede

Menge von natürlichen Zahlen ist aufzählbar, denn es gibt nur abzählbar viele aufzählbare Mengen natürlicher Zahlen, aber überabzählbar viele Teilmengen der Menge der natürlichen Zahlen. *Brauer*

**Aufzeichnungsdichte** ⟨*areal data density*⟩ → Datendichte

**Ausdruck, regulärer** ⟨*regular expression*⟩. Ein r. A. ist eine formelmäßige Beschreibung einer von einem → *Rabin-Scott*-Automaten akzeptierten Wortmenge. Sei V das Eingabevokabular (oder Eingabealphabet) des Automaten, wobei die Symbole $\Lambda$, +, *, (,), 0 keine Elemente aus V sind. Dann ist die Menge der r. A. über V definiert durch
- 0, $\Lambda$ sind r. A.
- $\chi \in V$ ist r. A.
- Falls $X$, $Y$ reguläre Ausdrücke sind, so sind auch $(X+Y)$ und $XY$ reguläre Ausdrücke.
- Falls $X$ ein r. A. ist, so ist auch $(X)^*$ ein r. A.

Oft werden Klammern weggelassen, wenn die Bedeutung klar ist. Ein regulärer Ausdruck $X$ definiert eine Wortmenge $L(X)$ wie folgt:
- $L(\Lambda) = \{\varepsilon\}$,
- $L(0) = \{\ \}$,
- $L(X+Y) = L(X) \cup L(Y)$,
- $L(XY) = L(X) L(Y)$,
- $L(X^*) = \bigcup_{i=0}^{\infty} L(X)^i$.

Dadurch kann mit r. A. wie mit Wortmengen gerechnet werden, z. B. gilt $X+Y=X+Y$, $X+Y=X$, etc. *Brauer*

**Ausfall** ⟨*failure*⟩. A. eines → Rechensystems S ist eine schwerwiegende Form von → Fehlverhalten. Ein A. von S besteht, wenn → permanentes Fehlverhalten bzgl. aller Schnittstelleneigenschaften von S so vorliegt, daß das System nicht mehr genutzt werden kann. Den Charakteristika von → Systemen entsprechend, ist der Begriff A. auch auf Komponenten und auf → Subsysteme von S anwendbar. Er wird insbesondere für Hardware-Komponenten benutzt. Bei Analysen der → Zuverlässigkeit von Systemen werden A. mit Einphasensystemen modelliert; die → Lebenszeit eines → Einphasensystems endet mit einem A. *P. P. Spies*

**Ausfallerkennung** ⟨*failure detection*⟩. Ein Bauelementausfall in einem Gerät oder ein partieller oder totaler Ausfall eines Geräts in einem → System bleibt oft zunächst ohne Folgen für die Funktionsfähigkeit des Systems. Der Ausfall bleibt insbesondere dann unentdeckt, wenn das System nicht eingreifen muß. Um zu verhindern, daß sich unerkannte Teilausfälle akkumulieren und daß im Anforderungsfall das System funktionsunfähig ist, ist eine A. notwendig. Aufgrund der A. können dann Ersatzmaßnahmen ergriffen werden. Das System ist dann nicht nur ausfallerkennend, sondern auch ausfall- oder fehlertolerierend.

Die A. ist unabhängig von Sicherheitsüberlegungen z. B. auch bei Geräten notwendig, denen im Eichwesen jeweils für eine bestimmte Zeit eine ausreichende Meßbeständigkeit bescheinigt wird. Dazu müssen diese Geräte vorher eine von der Physikalisch-Technischen Bundesanstalt durchgeführte *Bauartprüfung auf Zulassung zur Eichung* mit Erfolg bestanden haben. Im Rahmen dieser Bauartzulassung wird insbesondere kontrolliert, ob die Funktionsfehlererkennbarkeit hinreichend gewährleistet ist.

Entsprechend der Bedeutung der A. werden viele unterschiedliche Methoden zur Erreichung dieses Ziels angewendet, so z. B.
- die kontinuierliche Überwachung von Teilfunktionen (Thermoelement-Bruchsicherung, Statussignal),
- die Stimulation analoger Systeme durch Prüfsignale (Überwachung des statischen und/oder dynamischen Verhaltens, Systemidentifikation),
- die Stimulation digitaler Systeme durch (vollständige Mindest-)Testmengen,
- die A. durch den Vergleich redundanter Kanäle (A. durch → Redundanz),
- die Plausibilitätskontrolle,
- die Verwendung fehlererkennender → Codes,
- die → Mustererkennung,
- die Verwendung von Komponenten mit sicherheitsgerichteten Ausfällen.

Die Wirksamkeit einer Maßnahme zur A. wird durch den Ausfallerkennungsfaktor c (coverage factor) ausgedrückt. Dieser wird in Tests als das Verhältnis

$$c = \frac{\text{Zahl der erkannten Ausfälle}}{\text{Zahl der eingebauten Ausfälle}}$$

ermittelt.

Bei Verwendung mehrerer Prüf- oder Überwachungseinheiten hat jede Einheit einen Ausfallerkennungsfaktor kleiner als 100%. Keine Überwachungsschaltung findet jeden Fehler. Einige Fehler werden durch mehrere Kontrollschaltungen detektiert, andere werden überhaupt nicht gefunden (Bild).

Unter der Annahme, daß die Ausfallmeldungen der einzelnen Überwachungsschaltungen zufällige unab-

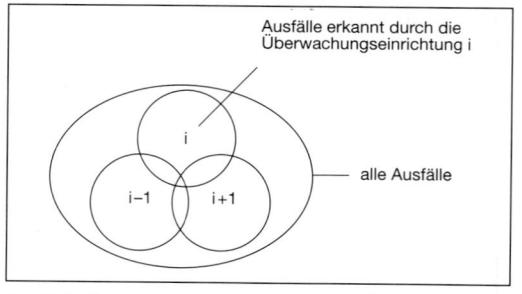

*Ausfallerkennung: A. durch mehrere Überwachungseinrichtungen*

*Ausfallerkennung. Tabelle: Überwachung eines Dreifach-Rechner-Systems*

| i | Ausfallerkennung durch | $C_i$ | $\bar{c}_i$ | $\bar{c}_{tot}$ | $c_i^*$ | $MFDT_i$ | $MFDT_{tot}$ |
|---|---|---|---|---|---|---|---|
| 1 | Vergleich der Rechenergebnisse | 0,7 | 0,3 | 0,3 | | 1 s | |
| 2 | Test der Ein-/Ausgabe | 0,6 | 0,4 | 0,12 | 0,18 | 1 s | 1 s |
| 3 | Test der Zentraleinheit | 0,9 | 0,1 | 0,012 | 0,108 | 3 min | 20,6 s |
| 4 | Speichertest | 0,6 | 0,4 | 0,0048 | 0,0072 | 1 h | 46,5 s |
| 5 | Generalüberholung | 0,99 | 0,01 | 0,000048 | 0,004752 | 5000 h | 23,8 h |

hängige und vereinbare Ereignisse sind, lassen sich mit
- Ereignis $E_i$: die Überwachungseinheit i findet den Ausfall,
- Ereignis $\bar{E}_i$: Die Überwachungseinheit i findet nicht den Ausfall,
- $w(E_i) = c_i$: → Wahrscheinlichkeit, daß die Überwachungseinheit i den Ausfall findet,
- $w(\bar{E}_i) = 1 - c_i = \bar{c}_i$: → Wahrscheinlichkeit, daß die Überwachungseinheit i den Ausfall nicht findet,

die folgenden Größen berechnen:
– Gesamtwirksamkeit $c_{tot}$: Die Ereignisse sind unabhängig, aber vereinbar. Die Wahrscheinlichkeit, daß ein Ausfall entweder von der Prüfeinheit 1 oder von der Prüfeinheit 2 oder von der Prüfeinheit n entdeckt wird, berechnet sich zu

$$c_{tot} = w(E_1 \vee E_2 \vee ... \vee E_n) = 1 - \prod_1^n w(\bar{E}_i) = 1 - \prod_1^n \bar{c}_i.$$

– Restfehleranteil $\bar{c}_{tot}$: Der Anteil der unentdeckten Fehler bzw. die Wahrscheinlichkeit, daß keine der Überwachungseinrichtungen den Fehler findet, errechnet sich als Komplement zur Gesamtwirksamkeit zu

$$\bar{c}_{tot} = 1 - c_{tot} = \prod_1^n \bar{c}_i.$$

– Nettowirksamkeit $c_n^*$ der n-ten Prüfeinheit: Werden mehrere Prüfeinrichtungen verwendet, so entsteht die Frage nach ihrem Nutzen. Eine zusätzliche Überwachungseinrichtung ist nur dann sinnvoll, wenn sie neue, zusätzliche Ausfälle erkennt, die die anderen Prüfeinrichtungen nicht gefunden haben. Die Prüfeinrichtungen werden dazu zweckmäßigerweise nach zunehmenden mittleren A.-Zeiten MFDT geordnet. Entdecken zwei Überwachungsmechanismen denselben Ausfall, so wird er dem häufiger laufenden → Test angerechnet. Der Anteil $c_n^*$ der Ausfälle, den die n-te Kontrollschaltung zusätzlich zu den anderen $(n-1)$ vorhandenen Überwachungseinrichtungen noch findet, ergibt sich als Wahrscheinlichkeit der folgenden konjunktiv verknüpften Ereignisse zu

$$c_n^* = w(\bar{E}_1 \wedge \bar{E}_2 \wedge ... \wedge \bar{E}_{n-1} \wedge E_n) = \bar{c}_1 \bar{c}_2 ... \bar{c}_{n-1} c_n.$$

– Mittlere Ausfallerkennungszeit: Die mittlere A.-Zeit der i-ten Prüfeinrichtung sei $MFDT_i$. Die aus dem Zusammenwirken der verschiedenen Überwachungseinrichtungen resultierende gesamte A.-Zeit $MFDT_{tot}$ läßt sich als gewichtetes Mittel berechnen:

$$MFDT_{tot} = \frac{c_1 MFDT_1 + c_2^* MFDT_2 + ... c_n^* MFDT_n}{c_1 + c_2^* + ... c_n^*}.$$

Dieser mittleren A.-Zeit läßt sich eine resultierende Ausfallerkennungsrate $\varepsilon_{tot}$ zuordnen mit

$$\varepsilon_{tot} = \frac{1}{MFDT_{tot}}.$$

*Beispiel*
Ein aus drei parallel arbeitenden Rechnern bestehendes System wird durch die in der Tabelle zusammengestellten Prüfroutinen überwacht. Ein Teil der Ausfälle wird bei einem Vergleich der Rechenergebnisse gefunden, ein geringerer Teil bei dem Testen der Ein- und Ausgabeeinheiten und des Speichers. Erfolgreicher ist natürlich der für die Zentraleinheit geschriebene Test, und die größte Wirksamkeit hat die Generalüberholung. Der Restfehleranteil, der für jede einzelne Maßnahme nicht zu vernachlässigen ist, ist für die Summe aller Tests hinreichend niedrig. *Schrüfer*

**Ausfallstrategie** ⟨*failure strategy*⟩. Maßnahme, um die Auswirkungen des Ausfalls einer Komponente eines → Leitsystems auf den zu automatisierenden → Prozeß zu unterbinden oder auf ein erträgliches Maß einzuschränken. Als erträgliches Maß wird allgemein der Ausfall einer einzelnen Komponente eines parallelen Leitsystems (→ Struktur von Leitsystemen) wie einzelne Meßumformer, Regler oder Stellgeräte angesehen, da es sich beim Einsatz von analogen Prozeßleitsystemen in der Vergangenheit gezeigt hat, daß die Produktionsbetriebe solche Ausfälle beherrschen konnten. Dabei spielt die in den Prozessen und in den Leitsystemen meist inhärent vorhandene → Redundanz eine

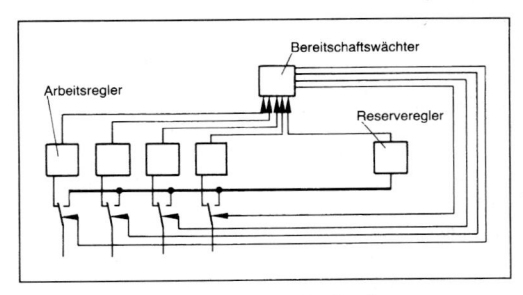

*Ausfallstrategie 1: Eins-aus-n-Redundanz*

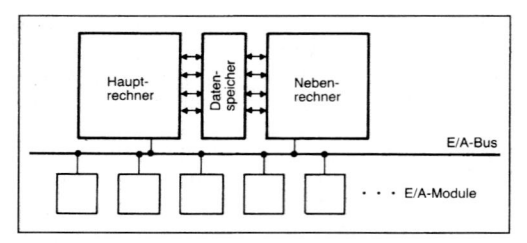

*Ausfallstrategie 2: System mit voller Redundanz des zentralen Teils*

wesentliche Rolle. Erträgliches Maß kann – wenn der Ausfall hinreichend unwahrscheinlich ist und im Prozeß entsprechende Zwischenspeicher vorhanden sind – auch der Ausfall eines abgegrenzten Prozeßabschnittes sein, z. B. der einer Destillationskolonne oder der eines Reaktors.

In Leitsystemen mit zentralen Komponenten würde der Ausfall einer zentralen Komponente einen Gesamtausfall zur Folge haben und den Prozeß beträchtlich stören. Um das zu verhindern, werden meist Redundanz- oder Strukturierungsmaßnahmen vorgesehen. Wie die Bilder 1 und 2 beispielhaft zeigen, wird häufig von beiden Möglichkeiten kombiniert Gebrauch gemacht. Bild 1 zeigt ein verteiltes Prozeßleitsystem, das sich der Struktur des Prozesses anpassen läßt. Zusätzlich kann bei Störungen ein Reserveregler die Funktionen von einem aus vier Arbeitsreglern übernehmen. Ein Bereitschaftswächter überwacht dazu Arbeits- und Reserveregler auf Funktionsfähigkeit und schaltet auf den Reserveregler um, wenn ein Arbeitsregler gestört ist, nachdem er dessen Parameter dem Reserveregler mitgeteilt hat. Nicht redundant vorhanden ist der Bereitschaftswächter.

Redundant im zentralen Teil und strukturiert in den Ein-/Ausgangskomponenten ist das Prozeßleitsystem nach Bild 2: Die im Zentrum angeordnete Komponente Datenspeicher veranlaßt den aktiven Hauptrechner, seine aktuellen Daten alle 0,5 s in einen gesonderten Pufferspeicher zu übertragen, die der Nebenrechner nur dann übernimmt, wenn der Hauptrechner fehlerfrei läuft. Ist das nicht der Fall, so wird auf den Nebenrechner umgeschaltet, der den Prozeß mit den letzten gültigen Werten weiterführt. *Strohrmann*

Literatur: *Strohrmann, G.*: Automatisierungstechnik, Bd. 1: Grundlagen, analoge und digitale Prozeßleitsysteme. 4. Aufl. München-Wien 1997.

**Ausfallwahrscheinlichkeit** ⟨*failure probability*⟩. Die A. eines →Systems ist die Wahrscheinlichkeit dafür, daß für das System zu einem Zeitpunkt nach Beginn einer Intakt-Phase ein →Ausfall eingetreten ist. Sie ist eine lebenszeitorientierte →Zuverlässigkeitskenngröße und damit primär für →Einphasensysteme von Interesse. Sei S ein Einphasensystem mit der →Lebenszeit L, deren Verteilung mit dem W-Maß P durch die Verteilungsfunktion $F(x) = P\{L \leq x\}$ für alle $x \in \mathbb{R}_+$ definiert ist. Dann ist $P\{L < x\}$ die A. von S zur Zeit x für alle $x \in \mathbb{R}_+$. Wegen $P\{L < x\} = 1 - P\{L > x\} - P\{L = x\} = 1 - R(x) - P\{L = x\}$ mit der →Überlebenswahrscheinlichkeit $R(x)$ von S zur Zeit x, ist die A. für Systeme mit stetig verteilter Lebenszeit das Komplement der Überlebenswahrscheinlichkeit. *P. P. Spies*

**Ausführung eines Dienstes** ⟨*execution of a service*⟩ →Rechensystem

**Ausführungszeit** ⟨*execution time*⟩ →Berechnung

**Ausführungszeit eines Dienstes** ⟨*execution time of a service*⟩ →Rechensystem

**Ausgabe** ⟨*output*⟩. →Information, die vom Prozessor eines digitalen Rechensystems zu einem peripheren Speicher oder einem anderen Gerät außerhalb des Prozessors übertragen wird. Es ist dabei zu unterscheiden zwischen A., die für den menschlichen Auftraggeber bestimmt sind, und solchen, die weiterverarbeitet werden sollen. Im ersten Fall erfolgt die A. über →Bildschirme, →Drucker, →Plotter oder sonstige audiovisuelle Medien.

Sollen die A.-Daten später oder sofort weiterverarbeitet werden, so erfolgt die A. in maschinenlesbarer Form. Je nach Dauer der Aufbewahrungszeit und der Zweckbestimmung kommen →Magnetbänder, →Magnetplatten, aber auch andere Peripheriespeicher in Frage.

Magnetbänder dienen beispielsweise der langfristigen Sicherung der Daten durch Anfertigung von Kopien. Richten sich A.-Daten an Geräte, z. B. im Rahmen einer Prozeßsteuerung, so sind über einen Digital-/Analog-Umsetzer analoge →Signale zu erzeugen. *Bode*

**Ausgabe, graphische** ⟨*graphic output*⟩. Dient zur →Visualisierung von Bildern auf einem →graphischen Ausgabegerät wie →Bildschirm, →Plotter oder →Laserdrucker.

Zur g. A. von Daten ist auch eine dynamische Zwischenspeicherung, z. B. in dem arbeitsplatzunabhängigen →Segmentspeicher (→GKS), möglich. Zur Langzeitaufbewahrung oder zum Datenaustausch können graphische Informationen auf Bilddateien abgelegt werden. Geräteunabhängige Standards (→GKS, →PHIGS) definieren die g. A. als abstrakte Ausgabe auf einen abstrakten graphischen Arbeitsplatz. Ein graphischer Arbeitsplatz ist eine Anordnung von Geräten mit einer physikalischen oder →virtuellen Darstellungsfläche. Durch Abstraktion von physikalischen Eigenschaften kann →Geräteunabhängigkeit erreicht werden.

Die g. A. ist allgemein aus zwei Gruppen von Grundelementen zusammengesetzt, den Darstellungselementen (→Primitive) und den Darstellungsattributen. Die Darstellungselemente sind Abstraktionen der Grundfunktionen, die ein Gerät ausführen kann, wie das

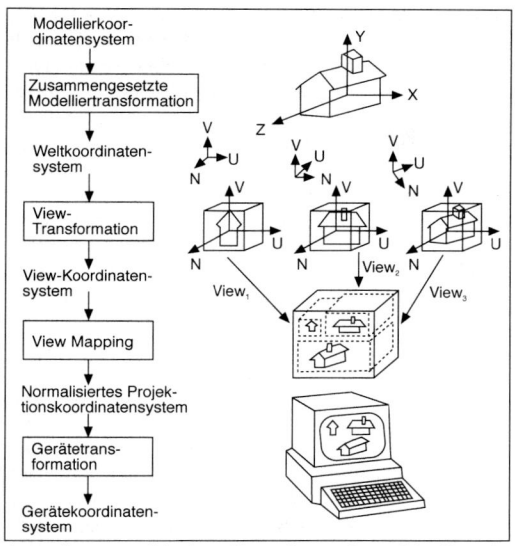

*Ausgabe, graphische: Transformations-Pipeline in PHIGS*

Zeichnen von Linien und das Drucken von Zeichenfolgen. Die Attribute steuern die Eigenschaften und das Aussehen der Darstellungselemente an einem Gerät wie Linientyp, Farbe oder Zeichenhöhe. Darstellungselemente und Attribute können in Segmenten (GKS) angeordnet oder zu komplexen hierarchischen Strukturen (PHIGS) zusammengefaßt werden. Darstellungselemente, Segmente, Strukturen oder graphische Objekte in objektorientierten Systemen sind die Einheiten der g. A., der Transformation und der interaktiven Manipulation.

Die wichtigsten Grundbausteine für die g. A. sind die Darstellungselemente, mit denen die Anwendung ihre Bilder und Bildelemente aufbaut. Beispiele für Darstellungselemente sind die folgenden Primitive aus GKS:
– Der →Linienzug stellt verbundene Linien dar, die durch eine Punktfolge definiert sind.
– Polymarke definiert eine zentrierte Marke an einer gegebenen Position.
– →Text gibt eine Zeichenfolge an einer gegebenen Position aus.
– Das Füllgebiet ist eine polygonumrandete Fläche, die leer oder mit einer einheitlichen Farbe, einem Muster oder einer Schraffur gefüllt sein kann.
– Zellmatrix ist eine Matrix von Pixeln mit individuellen Farben.

Das verallgemeinerte Darstellungselement (VDE) dient zum Ansprechen besonderer Fähigkeiten eines Arbeitsplatzes, wie Zeichnen von Splinekurven, Kreisbögen und elliptischen Bögen.

Segmente bilden die Einheit für Manipulation und Änderung. Manipulation beinhaltet Erzeugen, Löschen und Umbenennen. Änderung bedeutet Transformieren eines Segments, Unsichtbarmachen eines sichtbaren Segments und →Hervorheben eines Segments. Segmente bilden die Grundlage für die geräteunabhängige Speicherung von Bildern zur →Laufzeit. Während das Segmentkonzept von GKS einstufig ist, lassen sich in PHIGS mit hierarchischen Strukturen gerichtete, azyklische Graphen aufbauen. Auf der Basis von Strukturelementen können Segmente (structures) definiert und beliebig geschachtelt werden.

Die Attribute, die das Aussehen von Teilen des Bildes (Darstellungselemente, Segmente, Objekte, Strukturen etc.) auf der Darstellungsfläche steuern, sind in graphischen Systemen wie GKS auf einheitliche Art und Weise festgelegt. Grundsätzlich beeinflussen zwei Gruppen von Attributen die Darstellung der Bildteile: Darstellungs- und Arbeitsplatzattribute. Die Darstellungsattribute werden modal spezifiziert und bei der Erzeugung mit dem Darstellungselement verbunden. Die Darstellungsattribute beinhalten alle geometrischen Aspekte der Darstellungselemente, wie Zeichenhöhe für Text und Mustergröße für Füllgebiet.

Nichtgeometrische Attribute bestimmen nur das Aussehen von Darstellungselementen, wie Füllgebietsausfüllung und Farbe. Nichtgeometrische Eigenschaften können auf zwei verschiedene Arten gesteuert werden. Entweder wird ein einziges →Attribut benutzt, um alle nichtgeometrischen Aspekte des Darstellungselements über ein beschreibendes Bündel zu spezifizieren. Andernfalls wird für jeden nichtgeometrischen Aspekt ein eigenes Attribut benutzt. Diese individuelle →Spezifikation garantiert eine geräteunabhängige Definition und Nutzung der Attribute.

Die Arbeitsplatzattribute beschreiben die konkreten Eigenschaften der Primitive an einem graphischen Arbeitsplatz über ein Bündel. Zum Beispiel enthalten die Beschreibungen für den Linienzug jeweils Linientyp, Linienbreitefaktor und Farbindex. Arbeitsplatzattribute können dynamisch gesetzt werden.

Für zusammengesetzte Bildteile oder Segmente wird die Darstellung über weitere Attribute wie die Segmentattribute gesteuert. Beispiele für solche Darstellungsattribute sind →Segmenttransformation, →Sichtbarkeit, →Hervorheben, Segmentpriorität und Ansprechbarkeit. Sie können auch dynamisch gesetzt werden.

Die geometrische →Information in den Darstellungselementen und Attributen kann Transformationen unterworfen werden. Die Abfolge der Abbildungen zwischen verschiedenen Koordinatensystemen wird in graphischen Systemen auch als Transformations-Pipeline (Bild) bezeichnet. Graphische Objekte werden von der Anwendung je nach Graphiksystem entweder in →Weltkoordinaten (GKS) oder in Modellierungskoordinaten (PHIGS) beschrieben. Beide Koordinatenbeschreibungen sind in jedem Fall geräteunabhängig. In PHIGS durchlaufen graphische Daten die folgenden Koordinatentransformationen: Ausgehend von den anwendungsspezifischen Modellierungskoordinaten transformiert die *Zusammengesetzte Modelliertransformation* verschiedene, individuell beschriebene Objekte in eine gemeinsame Beschreibung in einem einheitlichen Koordinatensystem, dem Weltkoordinatensystem. Die *View-Transformation* bildet Weltkoordinaten auf View-Koordinaten ab, auf die dann die mathematischen Operationen für → Clipping und Sichtbarkeit angewendet werden. Diese Operationen legen ein logisches Fenster fest. Dadurch werden die graphischen Daten für die Ausgabe selektiert und in normalisierte Projektionskoordinaten transformiert. Diese Koordinaten sind normalisiert und arbeitsplatzabhängig. Mit Hilfe der *Gerätetransformation* wird ein Arbeitsplatzfenster definiert.

In Window-Umgebungen entspricht die Darstellungsfläche eines abstrakten graphischen Arbeitsplatzes einem → Window. Die Windows auf einer physikalischen Darstellungsfläche werden von einem Window-System verwaltet (z. B. X-Windows), das ebenfalls Funktionen zur g. A. anbietet. Solche funktionalen Schnittstellen von Window-Systemen umfassen z. B. hardwarenahe Rasteroperationen oder die Ausgabe von Primitiven in Rasterkoordinaten. *Encarnação/Köhler*

**Ausgabe-Pipeline** ⟨*output pipeline*⟩. Beschreibt den Weg von der Anwendungsdatenstruktur zum Bild. Dabei wird die geometrische Objektbeschreibung schrittweise in maschinenabhängige Darstellungen übergeführt. Es wird festgelegt, in welchen Schritten der Pipeline welche → Attribute des Ausgabeelements gebunden bzw. berechnet werden. Je nach → Funktionalität des Graphiksystems hat die A.-P. unterschiedliche Ausprägungen.

*Beispiel* einer einfachen A.-P.
Schritt 1: Ein Teil der Objektdarstellung, welche Geometrie (→ Layout) und → Topologie beschreibt, wird in Graphikaufrufe transformiert (Anwendungsprogramm).
Schritt 2: Die Viewing-Transformation einschließlich → Clipping (z. B. → Perspektive) wird durchgeführt.
Schritt 3: Geräteunabhängige (normalisierte) Koordinaten werden in geräteabhängige Koordinaten übergeführt.
Schritt 4: Aus den Ausgabeelementen werden sichtbare Objekte auf dem Ausgabemedium erzeugt (z. B. Lichtpunkte auf dem → Bildschirm oder Tintenspritzer auf Papier). Bei Rastergeräten wird in diesem Schritt die Scan Conversion durchgeführt.

In komplexeren Graphiksystemen gibt es wesentlich mehr Schritte in der A.-P. Dies sind z. B. Berechnungen für Beleuchtung, → Schattierung, Depth-Cueing und Überdeckungen (hidden surface removal).
*Encarnação/Noll*

**Ausgabefunktion, graphische** ⟨*graphical output function*⟩. Durch Aufruf von g. A. im Anwendungsprogramm werden gleichnamige Darstellungselemente erzeugt. Graphische Darstellungselemente des Graphischen Kernsystems (→ GKS) sind Polygon (→ Polyline), Polymarke (Polymarker), → Text, Füllgebiet (fill area), Zellmatrix (cell array), Verallgemeinertes Darstellungselement (VDE; Generalized Drawing Primitive, GDP).

Bei den dreidimensionalen Kernsystemen → GKS-3D und → PHIGS sind zusätzliche 3D-Ausgabefunktionen definiert: Polyline 3, Polymarker 3, Text 3, Fill Area 3, Fill Area Set 3 (auch Fill Area Set), Cell Array 3 und Generalized Drawing Primitive 3 (GDP3). PHIGS definiert zusätzlich zu GKS-3D noch die Ausgabefunktionen Annotation Text Relative und Annotation Text Relative 3.

In anderen Systemen gibt es auch Ausgabefunktionen, welche Darstellungselemente für gekrümmte Linien (z. B. Splines) und gekrümmte Flächen (patches) erzeugen.

Jedem Darstellungselement werden → Attribute zugeordnet. Diese Attribute werden ebenfalls über entsprechende Funktionen gesetzt. Sie steuern das genaue Aussehen der Darstellungselemente und werden in Verbindung mit der Eingabe zur Identifizierung benutzt.
*Encarnação/Noll*

**Ausgabegerät** ⟨*output device*⟩ → Ein-/Ausgabegerät

**Ausgabegerät, graphisches** ⟨*graphics display*⟩ → Ausgabe, graphische

**Ausgabeprozeß** ⟨*display process*⟩. In einem → System wird mit dem A. ein Teilprozeß bezeichnet, der innerhalb des Graphikerns für die Erzeugung der Ausgabe zuständig ist (renderer). In dem A. werden die mit den Ausgabefunktionen erzeugten Darstellungselemente abgearbeitet, um das Bild z. B. auf dem → Monitor oder Papier zu erzeugen. Dabei werden die einzelnen Schritte der → Ausgabe-Pipeline berechnet, um die Darstellungselemente mit den zugeordneten → Attributen zu erzeugen.
*Encarnação/Noll*

**Ausgabeprozessor** ⟨*display processing unit, display controller*⟩. Neben dem → Bildwiederholspeicher (BWS) und dem bilderzeugenden Systemteil (→ Graphikprozessor) ein wesentlicher Bestandteil eines Rastergraphiksystems.

Der A. steuert die Ausgabe des im BWS abgelegten Rasterbildes auf ein zeilenorientiertes Ausgabemedium, das meistens aus einem Raster-Scan-Monitor, oftmals aber auch aus einem → Laserdrucker, besteht. Er erzeugt dazu periodisch (d. h. für jeden Bild-Refresh-Zyklus) die dem auszulesenden Bildbereich zugehörigen BWS-Adressen, liest die pro → Adresse selektierten Pixelgruppen aus und steuert per serielle Ausgabe über Schieberegister. Damit bei einem Rastergerät ein für das menschliche Auge flimmerfreies Bild auf dem → Monitor entsteht, muß der A. die gesamte im BWS gespeicherte Bildinformation 60 bis 70mal pro Sekunde auf den Monitor ausgeben. Zugleich generiert er die zur Ansteuerung und Synchronisation des Monitors wichtigen Steuersignale und paßt sie den gegebenen Monitorcharakteristiken (Anzahl der darstellbaren Pixel/Zeile u. Zeilen/Bild, horizontale und vertikale Ablenkfrequenz sowie Strahlrücklaufzeit) an. Moderne A. können zu diesem Zweck programmiert werden.

Bedingt durch die stetig steigende Integrationsdichte komplexer VLSI-Schaltungen (→ VLSI), können – abgesehen vom BWS – immer mehr der für Graphiksysteme relevanten Funktionsblöcke auf einem Chip realisiert werden. Die heute auf dem Markt verfügbare Palette von speziellen Rastergraphik-VLSI-Schaltungen reicht von einfachen CRT-Controllern (mit der → Funktionalität von A.) über Graphik-Controller mit jeweils integriertem A. bis zu eigenständigen Graphikprozessoren, die über die Aufgaben der Graphik-Controller hinaus als allgemein programmierbare Mikroprozessoren beliebige, auch nicht graphikspezifische Programme ausführen können.

Die genannten prinzipiellen Funktionen erfüllen sämtliche A. der gängigen Graphikprozessoren. Hingegen unterscheiden sie sich sowohl in der Unterstützung daraus abgeleiteter spezieller Teilfunktionen (z. B. Manipulation von Bildausschnitten, Graphik-Cursor) als auch in dem zur Nutzung der angebotenen Funktionen erforderlichen Aufwand an externer → Logik.

Eine wichtige Funktion des A. in leistungsfähigen Graphiksystemen stellt die schnelle Handhabung und Manipulation mehrerer Bildausschnitte, den Fenstern, dar. Um Bildfenster sinnvoll aufbauen und nutzen zu können, ist ein größerer BWS erforderlich, als zur Darstellung des gesamten Bildschirmbereichs notwendig wäre. A., die Fenster verwalten, lesen je nach Anzahl der Fenster innerhalb eines Darstellungszyklus verschiedene Teilbereiche des BWS aus und kombinieren deren Inhalte auf dem → Bildschirm. Die System-CPU teilt dazu dem A. für jedes Fenster die Startadresse des darzustellenden Bildbereichs, die horizontale Fensterbreite (in → Pixel bzw. Speicherworten) und die vertikale Fensterhöhe (in → Zeilen) mit. Durch einfaches Ändern der Startadresse kann das Bildfenster gegenüber dem gesamten im BWS gespeicherten Bild horizontal und vertikal bewegt werden. Für den Betrachter ergibt das den Anschein, als ob der Fensterinhalt hinter dem Fensterrahmen vertikal (scrolling) oder horizontal (panning) hindurchgeschoben würde.

Da die genannten Fensterparameter von der CPU meist durch nur je einen Controller-Zugriff geändert werden können, lassen sich die Fensterinhalte quasi in Realzeit manipulieren. Man beachte daher den Unterschied zu den durch Klippen (→ Clipping) erzeugten Bildausschnitten, bei denen nach jeder gewünschten Änderung ein neuer Drawing-Prozeß vom Graphik-Controller angestoßen werden muß (→ Graphikprozessor).

Die maximale Fensteranzahl sowie deren Positionierungsmöglichkeiten auf dem Bildschirm (z. B. teilweise überlappende Bildausschnitte) hängen wiederum stark vom A. ab. Während manche nur einige Split-Screens (Bildstreifen der gesamten Bildschirmbreite) und wenige rechteckige den Split-Screens überlagerbare Windows erlauben, ermöglichen andere, mehrere Fenster beliebig zu verschachteln oder zu überlappen.

Einige der auf Graphikprozessoren integrierten A. weisen bereits auf dem Chip integrierte Schieberegister auf. Sie können jeweils nicht nur den Datenstrom über externe Schieberegister steuern, sondern auch direkt die ausgelesenen Pixel seriell an die RGB-Kanäle (Rot-Grün-Blau) des Monitors ausgeben. Die Verwendung der internen Schieberegister begrenzt zwar die Videobandbreite und damit die Bildauflösung, erlaubt jedoch den Aufbau sehr kompakter und kostengünstiger Graphiksysteme. *Encarnação/Haaker*

**Ausgliederung** ⟨elimination⟩. A. im Zusammenhang mit einem → fehlertoleranten Rechensystem ist eine Maßnahme der → Rekonfiguration bei → Fehlerbehandlung durch → Übergang zu einem fehlerfreien Subsystem; fehlerhafte Komponenten oder Subsysteme werden zur Bildung eines fehlerfreien Subsystems ausgegliedert. *P. P. Spies*

**Auslastung** ⟨load, machine load⟩. Maßzahl, die die zeitliche Belastung von Ressourcen (insbesondere Rechnerkern, Speicher, Bus) in einem Rechnersystem (gemittelt über ein Intervall) angibt. Zur Bestimmung der A. setzt man die benötigten Ressourcen in Beziehung zu den vorhandenen Ressourcen. Um ein → realzeitfähiges System realisieren zu können, ist es notwendig, daß die A. aller Ressourcen unter 100% liegt (→ Verarbeitung, schritthaltende). Um dieses sicherzustellen, ist eine erweiterte Untersuchung mittels → Realzeitnachweis durchzuführen. Liegt die A. über 100%, tritt eine Überlastsituation (→ Überlastverhalten) auf.

Zur Bestimmung der Rechnerkern-A. $\rho$ sind zwei Faktoren maßgebend. Zum einen spielen die Verarbeitungszeiten $t_{vi}$ der einzelnen Tasks eine Rolle. Zum anderen muß die Häufigkeit berücksichtigt werden, mit der die einzelnen Tasks in dem Referenzzeitintervall aufgerufen bzw. durchlaufen werden (Prozeßzeit $t_{pi}$ der Tasks, → Periode). Damit läßt sich die A. folgendermaßen berechnen (mit n Anzahl der Tasks):

$$\rho = \sum_{i=1}^{n} \frac{t_{vi}}{t_{pi}}.$$

Aufgrund von → aperiodisch auftretenden Alarmen und Interrupts (→ Interrupt Service Routine) stellt die A. keine konstante Größe dar (→ Idle Task), sondern ist abhängig von dem aktuellen Zustand des Gesamtsystems. Aufgrund dieser auftretenden Schwankungen kann anstelle der momentanen Belastung auch eine mittlere, maximale oder minimale A. angegeben werden. *Pfefferl*

Literatur: *Färber, G.*: Prozeßrechentechnik, 3. Aufl. Berlin, Heidelberg 1994.

**Auslöser** ⟨*trigger*⟩. Der A., ein Begriff der elektronischen → Datenverarbeitung, besteht aus einem oder mehreren physischen Eingabegeräten, mit deren Hilfe ein → Bediener maßgebliche Zeitpunkte anzeigen kann. Dieser kann mehr als einem → funktionalen Eingabegerät zugeordnet sein. Mit dem Betätigen von A. schließt der Bediener Aufforderungseingaben ab oder bestimmt die Zeitpunkte, an welchen den Maßwertprozessen Werte für Ereigniseingaben entnommen werden.                                                 *Encarnação/Alheit/Haag*

**Ausnahmebehandlung** ⟨*exception handling*⟩. Eine A. tritt ein, wenn in einem Programmablauf ein Fehler aufgetreten ist, der abgefangen und behandelt werden soll. Dies ist nötig, weil nicht alle Fehlerfälle von vornherein ausgeschlossen werden können. Alternativen dazu sind, das → Programm trotzdem weiterlaufen zu lassen, was mit hoher Wahrscheinlichkeit zu Folgefehlern führt, oder den Programmlauf abzubrechen. Bei der A. werden vom Anwendungsprogrammierer bestimmte Fehler zugelassen, wobei der Programmierer dafür verantwortlich ist, diese Fehler zu behandeln. Beispiel: Eine Funktion sucht in einer Relation nach einer Person und soll das Gehalt dieser Person bestimmen. Wenn diese Person nicht bei einer Firma angestellt ist, kann das Gehalt nicht bestimmt werden. In diesem Fall kann der Fehler abgefangen und z. B. ein Gehalt der Höhe 0 angenommen werden (→ Trigger, → Vorwärtsfehlerbehandlung).                         *Schmidt/Schröder*

**Ausnahmekonzept** ⟨*exception concept*⟩ → Vorwärtsfehlerbehandlung

**Aussagenlogik** ⟨*propositional logic*⟩. Die einfachste → formale Logik; sie geht zurück auf *Aristoteles* (384–322 v. Chr.). In ihr werden nur Aussagen betrachtet, die entweder wahr oder falsch sein können.

Elementare, unzerlegbare Aussagen werden durch Aussagenvariable repräsentiert. Die Formeln der A. stellen Zusammensetzungen von Aussagen mit Hilfe logischer Operatoren wie „und", „oder", „nicht", „impliziert" dar, die durch die Zeichen ∧, ∨, ¬ und → dargestellt werden.

Seien also $V = \{x_1, x_2, \ldots\}$ eine abzählbare Menge von Aussagenvariablen und T (wahr) bzw. F (falsch) die beiden Wahrheitswerte. Dann ist die Menge der aussagenlogischen Formeln definiert als die kleinste Menge von Zeichenreihen mit folgenden Eigenschaften:
– Sie enthält T, F und jedes $x_i$, $i = 1, 2, \ldots$ (als Grundformeln).
– Mit einer Formel A enthält sie auch ¬A.
– Mit den Formeln A und B enthält sie auch (A ∧ B), (A ∨ B), (A → B).

Für jede endliche Teilmenge von V ist die Menge der aussagenlogischen Formeln mit Variablen, die nur zu dieser Teilmenge gehören, eine → kontextfreie Sprache.

Einer aussagenlogischen Formel f kann wie folgt eine → Semantik (Bedeutung) zugeordnet werden: Sei $V_f$ die Menge der in f vorkommenden Aussagenvariablen und $\beta: V_f \to \{T, F\}$ eine Abbildung (Belegung der Variablen). Dann läßt sich der Wahrheitswert $\overline{\beta}(f)$ von f induktiv über den Aufbau von f wie folgt bestimmen:

$$\overline{\beta}(T) = T, \overline{\beta}(F) = F,$$
$$\overline{\beta}(x) = \overline{\beta}(x) \text{ für jedes x aus X;}$$
$$\overline{\beta}(\neg A) = \begin{cases} T, \text{ falls } \overline{\beta}(A) = F \\ F, \text{ falls } \overline{\beta}(A) = T \end{cases}.$$

Für die zusammengesetzten Aussagen benutze man folgende sog. Wahrheitstabelle:

| $\beta(A)$ | $\beta(B)$ | $\beta(A \wedge B)$ | $\beta(A \vee B)$ | $\beta(A \to B)$ |
|---|---|---|---|---|
| T | T | T | T | T |
| T | F | F | T | F |
| F | T | F | T | T |
| F | F | F | F | T |

Eine Formel heißt erfüllbar, wenn es eine Variablenbelegung gibt, bei der sie den Wahrheitswert T erhält (→ Erfüllbarkeitsproblem).

Eine Formel heißt allgemeingültig oder eine Tautologie, wenn sie bei jeder Variablenbelegung den Wert T erhält.

Der Aussagenkalkül liefert ein Verfahren, aus wenigen einfachen Tautologien (den Axiomen) mit einer einfachen Schlußregel (dem sog. Modus ponens) genau alle Tautologien herzuleiten. Der Modus ponens erlaubt folgendes: Kann man die Formeln A und (A → B) herleiten, so läßt sich auch B herleitbar. Als Axiome kann man z. B. folgende Tautologien wählen (sowie alle daraus durch Ersetzung von p, q und r durch beliebige aussagenlogische Formeln erhältlichen Formeln):
1. (p → (q → p)),
2. ((¬p → ¬q) → (q → p)),
3. ((p → (q → r)) → ((p → q) → (p → r))).

*Beispiel*
Herleitung der Tautologie (¬p → (p → q))
Ersetze im 3. Axiom p durch ¬p sowie q durch (¬q → ¬p) und r durch (p → q):
((¬p → ((¬q → ¬p) → (p → q))) → ((¬p → (¬q → ¬p)) → (¬p → (p → q)))).
Ersetze im 1. Axiom p durch ((¬q → ¬p) → (p → q)) und q durch ¬p:
(((¬q → ¬p) → (p → q)) → (¬p → ((¬q ¬p) → (p → q)))).
Ersetze im 2. Axiom p durch q und q durch p und wende auf die so erhaltene und die letzte Formel den Modus ponens an:
(¬p → ((¬q → ¬p) → (p → q))).
Wende auf diese und die erste Formel den Modus ponens an:
((¬p → (¬q → ¬p)) → (¬p → (p → q))).

Ersetze im 1. Axiom p durch ¬p und q durch ¬q und wende auf die so erhaltene und die letzte Formel den Modus ponens an:
(¬p → (p → q)).

Zwei aussagenlogische Formeln heißen äquivalent, wenn sie bei allen Variablenbelegungen die gleichen Wahrheitswerte erhalten. Äquivalente Formeln können, wenn sie in anderen Formeln als Teilformeln auftreten, durcheinander ersetzt werden, ohne den Wahrheitswert der Gesamtformel zu ändern. Man kann deshalb mit den Formeln in bestimmter Weise ähnlich wie mit Zahlen rechnen; die Rechengesetze sind die einer → *Boole*schen Algebra. *Brauer*

Literatur: *Schöning, U.*: Logik für Informatiker. 4. Aufl. Spektrum Akad. Verlag, Heidelberg 1995. – *Bauer, F. L.; Wirsing, M.*: Elementare Aussagenlogik. Springer, Berlin 1991.

**Ausschluß, wechselseitiger/gegenseitiger** ⟨*mutual exclusion*⟩. Beinhaltet ein System mehrere aktive Komponenten, die Zugriff auf bestimmte Betriebsmittel haben, ist es aufgrund der Art der Betriebsmittel oft notwendig, nebenläufige Zugriffe (→ Nebenläufigkeit) zu unterbinden. Dies heißt, daß immer nur der Zugriff von einer Komponente zu einem Zeitpunkt auf dieses Betriebsmittel erlaubt ist. Wollen zwei aktive Komponenten gleichzeitig auf dieses Betriebsmittel zugreifen, so kommt es zum Konflikt, der mit geeigneten Algorithmen gelöst wird (→ Konfliktauflösung).

Ein Beispiel für einen g. A. in einem Hardware-System ist ein → DMA-Zugriff, bei dem für die Dauer des DMA-Zugriffs dem → Prozessor der Zugriff auf den Speicher und den Bus verweigert wird.

Zur Realisierung des w. A. werden bei der → Programmierung z. B. → Semaphore von *Dijkstra* eingesetzt. Aktive Komponenten sind hier die Rechenprozesse oder Tasks, die z. B. auf gemeinsamen Speicher zugreifen (s. auch → Berechnungskoordinierung). *Petters*

**Ausschnitt eines Systems** ⟨*section of a system*⟩ → System

**Austastlücke** ⟨*blanking interval*⟩ → Fernsehsystem

**Austauschformat** ⟨*interchange format*⟩ → Dokumentaustauschformat

**Auswahl** ⟨*choice*⟩ → Nichtdeterminismus

**Auswertung** ⟨*exploitation*⟩ → Aufruf

**Auszeichnung** ⟨*markup*⟩. Im Rahmen einer → Dokumentarchitektur Einstreuen von Strukturinformationen in den → Text eines → Dokuments. Eines der gegenwärtig wichtigsten Verfahren dazu ist → SGML. Die Strukturinformationen bezeichnen z. B. den Anfang, das Ende bzw. besondere Eigenschaften der so markierten Textteile. A.-Informationen sind i. d. R. menschenlesbare Folgen von → Schriftzeichen, die durch Benutzung spezieller Zeichen von den Inhaltsinformationen abgehoben sind. Beispiel in SGML:
⟨Kapitel⟩ ⟨Absatz⟩ ... Dies sind die Inhaltsinformationen ... ⟨/Absatz⟩ ...
Die in „⟨...⟩" eingeschlossenen Wörter sind die A.-Informationen. *Schindler/Bormann*

**Authentifikation** ⟨*authentication*⟩. A. im Zusammenhang mit einem → rechtssicheren Rechensystem faßt Maßnahmen zusammen, mit denen die Authentizität von → Subjekten und von → Objekten des Systems überprüft wird. Aussagen über die Rechtssicherheit eines Systems sind Aussagen über das Maß der Übereinstimmung zwischen festgelegten Soll-Rechten und wahrgenommenen Ist-Rechten von Subjekten in der Umgebung des Systems an den Objekten, aus denen das System besteht. Diese Aussagen erfordern, daß Subjekte und Objekte authentisch sind. A. ist also unverzichtbare Voraussetzung für qualifizierte Aussagen zur Rechtssicherheit. Maßnahmen zur A. werden durchweg in Kombination mit Maßnahmen zur → Identifikation durchgeführt.

Seien S die Menge der Subjekte und X die Menge der Objekte eines rechtssicheren Systems $\mathcal{R}$. Dann sind die Elemente von S und X die Identifikatoren der Subjekte bzw. Objekte von $\mathcal{R}$. Sie bezeichnen eindeutig Subjekte und Objekte mit bekannten, definierenden Eigenschaften. Maßnahmen zur A. haben dementsprechend zum Ziel, die Übereinstimmung zwischen bezeichneten Subjekten oder Objekten und den durch ihre definierenden Eigenschaften bekannten zu überprüfen. Bei positivem Prüfergebnis wird die *Authentizität* von Subjekten oder Objekten erkannt und festgestellt. Als Konsequenz ergibt sich, daß A. Kenntnisse der definierenden Eigenschaften der Subjekte und Objekte voraussetzt und in dem Maß qualifizierte Ergebnisse liefert, in dem diese Kenntnisse vorliegen und überprüft werden. Als weitere Konsequenz ergibt sich, daß A.-Prüfungen mit → Tests erfolgen, die mehr oder weniger scharf sind und bei deren Durchführung Fehler auftreten können.

Die Maßnahmen und Verfahren, die zur A. von Subjekten und Objekten von $\mathcal{R}$ durchgeführt werden, sind den definierenden Eigenschaften entsprechend verschieden. Weil $\mathcal{R}$ ein dynamisches System ist, sind jedoch sowohl für Subjekte als auch für Objekte einmalige initiale und mehrmalige begleitende A.-Prüfungen zu unterscheiden. Die Unterscheidung bezieht sich darauf, daß A. jeweils für die Dauer von Nutzungsphasen von $\mathcal{R}$, in denen → Berechnungen ausgeführt werden sollen, gefordert ist. *Einmalige initiale Authentizitätsprüfung* bedeutet, daß die Überprüfung beim ersten Versuch von Subjekten, Objekte von $\mathcal{R}$ zu nutzen, erfolgt. Bei positivem Prüfergebnis wird geschlossen, daß die authentifizierten Subjekte oder Objekte für die Dauer der jeweiligen Nutzungsphasen authentisch bleiben. *Mehrmalige begleitende Authentizitätsprüfungen* werden in Nutzungsphasen wiederholt durchgeführt. Sie tragen der Dynamik von $\mathcal{R}$ Rechnung, aus der sich ergibt, daß Subjekte und Objekte, die zur Zeit t authentifiziert werden, nicht notwendig auch zur Zeit t'>t authentisch sind.

Maßnahmen und Verfahren zur A. *von Objekten* von $\mathcal{R}$ stehen in engem Zusammenhang mit der Zuverlässigkeit der Objekte und des Systems $\mathcal{R}$. Das ergibt sich daraus, daß die → Funktionalität die wesentliche Eigenschaft der Objekte ist. Qualifizierte Authentizitätsprüfungen für Objekte werden selten durchgeführt; nichtauthentische Objekte sind entsprechend häufig die Ursache für Mängel der Rechtssicherheit eines Systems. Typische Beispiele hierfür sind → Trojanische Pferde. Wenn $\mathcal{R}$ ein zuverlässiges System mit integrierten Maßnahmen und Verfahren zur → Fehlererkennung ist, dann sind diese zugleich Maßnahmen zur Authentizitätsprüfung für Objekte von $\mathcal{R}$, die begleitend durchgeführt werden. Wenn $\mathcal{R}$ ein fehlertolerantes System ist, dann sind die entsprechenden Maßnahmen und Verfahren zugleich Beiträge zur Gewährleistung der Authentizität der Objekte von $\mathcal{R}$.

Maßnahmen und Verfahren zur A. *von Subjekten*, die $\mathcal{R}$ zu nutzen versuchen, werden häufig initial als Zugangskontrollen des → Betriebssystems von $\mathcal{R}$ durchgeführt. Dabei sind nach den definierenden Eigenschaften der Subjekte, die überprüft werden, drei Arten der A. zu unterscheiden: Authentifizierung nach biometrischen Merkmalen, nach Wissen und nach Besitz.

*A. nach biometrischen Merkmalen* von Subjekten erfolgt durch Überprüfung biologischer Eigenschaften von Personen, beispielsweise von Fingerabdrücken oder von Charakteristika der Stimmen. Diese Art der Überprüfung erfordert spezielle Geräte, ist entsprechend aufwendig und wird (noch) selten eingesetzt.

*A. nach Wissen*, das Subjekte haben und zur Überprüfung präsentieren müssen, wird seit langem eingesetzt und ist weit verbreitet. Das spezifische Wissen der Subjekte, das überprüft wird, variiert mit einem breiten Spektrum. Eine einfach zu handhabende, verbreitete Art spezifischen Wissens von Subjekten sind Passwörter. Ein *Passwort* zur A. eines Subjektes $s \in S$ ist eine von s gewählte und für s festgelegte Zeichenfolge, die der Zugangskontrolle von $\mathcal{R}$ zur Authentizitätsprüfung von s präsentiert werden muß. Die Prüfung erfolgt durch Vergleiche des präsentierten Passworts mit den Passwörtern berechtigter Subjekte von $\mathcal{R}$. Die Wirksamkeit der Überprüfung setzt voraus, daß das Passwort von s allein dem Subjekt s bekannt ist und sonst geheimgehalten wird. Die Forderung gilt für die Umgebung von $\mathcal{R}$ und für $\mathcal{R}$. Das Subjekt s muß die Geheimhaltung in der Umgebung von $\mathcal{R}$ gewährleisten. Die Geheimhaltung des Passworts von s in $\mathcal{R}$ wird dadurch erreicht, daß statt des Passworts in Klartext mit einer → Einwegfunktion eine Codierung in Kryptotext berechnet und gespeichert wird. Die Überprüfung erfolgt entsprechend dadurch, daß das Passwort in Klartext eingegeben, die Codierung berechnet und die Kryptotexte verglichen werden. Die Geheimhaltung in $\mathcal{R}$ wird durch die Einwegfunktion erreicht, die gewährleistet, daß die gespeicherten Kryptotexte praktisch nicht decodierbar sind. A. von Subjekten mit dem erklärten Passwortverfahren werden als Zugangskontrollen von $\mathcal{R}$ in Kombination mit Identifikationen der Subjekte nach einfachen Protokollen durchgeführt. Das Verfahren ist auf *A.-Dialoge* erweiterbar. Mit ihnen wird das Passwort eines Subjekts durch Wissen von Antworten auf Fragen, die gestellt werden, ersetzt; die Antworten werden $\mathcal{R}$-seitig wieder als Kryptotexte gespeichert. Mit der Erweiterung des Wissens, das zur A. überprüft wird, wächst die Schärfe des A.-Tests.

Die Notwendigkeit der Geheimhaltung der Passwörter oder generell des Wissens, das zur A. überprüft wird, entfällt bei *A. nach Besitz*: Die definierenden Eigenschaften, die Subjekte haben und zur Prüfung präsentieren müssen, sind materieller Besitz, beispielsweise Schlüssel, Ausweiskarten oder *Identitätskarten*. Die Verfahren dieser Art der Authentizitätsprüfung sind denen mit Passwörtern ähnlich. Entsprechendes gilt für die Sicherheit: An die Stelle der Gefährdung durch Aufdecken des geheimen Wissens tritt die Gefährdung durch Verlust (und Auffinden) des Besitzes. Fortschritte können jedoch dann erzielt werden, wenn die Subjekte zur A. intelligente Chipkarten besitzen.

*Chipkarten* sind Ausweiskarten mit einem Mikroprozessor und mit Speicherfähigkeiten. Mit ihnen können qualifizierte A.-Verfahren realisiert werden, die A. nach Besitz und nach Wissen kombinieren. Mit ihnen kann insbesondere eine konzeptionelle Schwäche der Passwortverfahren überwunden werden. Für Passwortverfahren ist charakteristisch, daß die Passwörter in Klartext präsentiert und dann in Kryptotext transformiert überprüft werden. Die konzeptionelle Schwäche ergibt sich aus den Passwörtern in Klartext; sie kann dann gravierend sein, wenn die Passwörter über (abhörbare) Nachrichtentransportleitungen übertragen werden. Mit Chipkarten zur A. kann diese Schwäche überwunden werden: An der Quelle und Senke können → kryptographische Verfahren angewandt werden, so daß Klartexte allein lokal auftreten. *P. P. Spies*

**Authentifikation durch Besitz** ⟨*authentication using possession*⟩ → Authentifikation

**Authentifikation mit Chipkarten** ⟨*authentication using smart cards*⟩ → Authentifikation

**Authentifikation mit einem Kryptosystem** ⟨*authentication based on a cryptosystem*⟩ → Kryptosystem, asymmetrisches

**Authentifikation mit Passwörtern** ⟨*authentication using passwords*⟩ → Authentifikation

**Authentifikation nach biologischen Merkmalen** ⟨authentication using biological characteristics⟩ → Authentifikation

**Authentifikation nach Wissen** ⟨authentication using knowledge⟩ → Authentifikation

**Authentifikation von Objekten** ⟨authentication of objects⟩ → Authentifikation

**Authentifikation von Subjekten** ⟨authentication of subjects⟩ → Authentifikation

**Authentifikationsdialog** ⟨authentication dialogue⟩ → Authentifikation

**Authentisierung** ⟨authentication⟩. In einem Mehrbenutzersystem, insbesondere also in Datenbanksystemen, ist es notwendig, die Identität der Klienten zu kennen. Klienten können dabei sowohl menschliche → Benutzer als auch → Prozesse sein. Da die Identität jedoch lediglich eine Behauptung darstellt, muß verifiziert werden, ob ein Klient, der angibt, eine bestimmte Identität zu haben, tatsächlich derjenige ist, mit dem das System diese Identität verbindet. Dieser Vorgang wird als A. bezeichnet. Im einfachsten Falle kann eine A. durch Passwörter erfolgen, in verteilten Umgebungen ist jedoch eine Verwendung kryptographischer Authentisierungsprotokolle zur zuverlässigen A. unerläßlich. Die Sicherheit eines A.-Verfahrens hängt somit von der → Korrektheit des Protokolls und der Sicherheit der verwendeten kryptographischen Algorithmen ab (→ Kryptosystem). *Schmidt/Schröder*

**Authentizität** ⟨authenticity⟩ → Authentifikation

**Authentizitätsprüfung** ⟨authentication⟩ → Authentifikation

**Authentizitätsprüfung, begleitende** ⟨continual authentication⟩ → Authentifikation

**Authentizitätsprüfung, initiale** ⟨initial authentication⟩ → Authentifikation

**Authentizitätsprüfung von Subjekten** ⟨authentication of subjects⟩ → Authentifikation

**Autokorrelation** ⟨autocorrelation⟩. Unter A. versteht man die → Korrelation der Glieder einer Zeitreihe untereinander.
Wenn $\xi_t$ ein stationärer Prozeß mit Erwartungswert $\mu$ und Varianz $\sigma^2$ ist, so ist der A.-Koeffizient k-ter Ordnung definiert als

$$\rho = \rho_{-k} = \frac{1}{\sigma^2} \cdot E\{(\xi_t - \mu)(\xi_{t+k} - \mu)\}$$

(Erwartungswertbildung über die gemeinsame Verteilung von $\xi_t$ und $\xi_{t+k}$).

Trägt man an der Abszisse die Ordnung k und an der Ordinate den A.-Koeffizienten $\rho_k$ auf, so erhält man die A.-Funktion des stochastischen Prozesses $\xi_t$. Die A.-Funktion offenbart, wie sich die Korrelation zwischen zwei Werten einer Reihe ändert, wenn sich deren Abstand ändert. Da $\rho_k = \rho_{-k}$, ist die A.-Funktion symmetrisch um Null, und in der Praxis ist es nur notwendig, die positive Hälfte der Funktion aufzuzeichnen. Früher nannte man die A.-Funktion meist Korrelogramm.

Hat man von einer Zeitreihe nur T Beobachtungen $x_1, \ldots, x_T$, so kann man $\rho_k$ abschätzen durch

$$r_k = \frac{c_k}{c_0},$$

wobei $\quad c_k = \frac{1}{T} \sum_{t=1}^{T-k} (x_t - \bar{x}) \cdot (x_{t+k} - \bar{x})$

die geschätzte Autokovarianz k-ter Ordnung ist und $\bar{x}$ sich als arithmetisches Mittel aller Beobachtungswerte ergibt. *Schneeberger*

**Automat** ⟨automaton⟩ → Automatentheorie

**Automat, endlicher** ⟨finite-state automaton⟩ → Rabin-Scott-Automat; → Akzeptor, endlicher; → Automatentheorie

**Automat, linear beschränkter** ⟨linear bounded automaton⟩ → Automatentheorie

**Automat, zellulärer** ⟨cellular automaton⟩. Modelle für Parallelverarbeitung. Sie basieren auf der Idee, daß man lauter gleichartige endliche Automaten in Form einer (zwei- oder mehrdimensionalen Gitterstruktur bzw. einer linearen Reihung) zu einem sog. Zellularraum miteinander verbindet. Solch ein Automatengitter wird als potentiell unendlich angesehen. Die Eingabe, die in dem Zellularraum verarbeitet werden soll, wird gleichmäßig auf einen zusammenhängenden Teil des Zellularraums verteilt. Alle Automaten arbeiten im gleichen Takt und können mit ihren Nachbarautomaten Informationen austauschen. Die von den Eingaben enthaltenen Automaten ausgehenden Aktivitäten können sich über beliebig große Teile des Zellularraumes ausbreiten. Als z. A. im engeren Sinne wird i. allg. ein Zellularraum bezeichnet, bei dem nur die Automaten aktiv werden, die auch Eingaben erhalten haben. In Zellularräumen können viele interessante Probleme der Organisation → paralleler Prozesse studiert werden. Es bestehen Beziehungen zu → Neuronalen Netzen.
*Brauer*

Literatur: *Vollmar, R.; Worsch, Th.*: Modelle der Parallelverarbeitung. Teubner, Stuttgart 1993. – *Garzon, M.*: Models of massive parallelism – analysis of cellular automata and neural networks. Springer, Berlin 1995.

**Automatenabbildung** ⟨automaton mapping⟩. Eine A. – auch sequentielle Wortfunktion genannt – ist eine Abbildung zwischen zwei endlich erzeugten freien

→ Monoiden, die von einem endlichen → *Mealy*-Automaten erzeugt wird, d. h., φ: X* → Z* ist eine A., wenn es einen *Mealy*-Automaten A und einen Zustand z von A so gibt, daß A bei Eingabe eines beliebigen → Wortes w aus X* im Zustand z die Ausgabe φ(w) produziert.

Es gilt der Charakterisierungssatz von *Raney*: φ ist A. genau dann, wenn folgende Bedingungen erfüllt sind: φ ist längentreu, d. h., es ist $|\varphi(w)| = |w|$ für alle w aus X*.

Zu jedem u aus X* existiert eine Abbildung $\varphi_u$: X* → Y* so, daß für alle v aus X* gilt:

$\varphi(u\ v) = \varphi(u)\ \varphi_u(v)$.

Die Menge der Abbildungen $\varphi_u$ ist endlich.

Eine A. ist ein Spezialfall einer a-Transduktorabbildung (auch rationale Transduktion genannt), die von einem → Transduktor mit akzeptierenden Zuständen (einem a-Transduktor) erzeugt wird. Eine a-Transduktorabbildung von X* nach Y* ist eine Abbildung, die Teilmengen von X* Teilmengen von Y* zuordnet.

Der Charakterisierungssatz von *Nivat* besagt, daß eine Abbildung t die Teilmengen von X* Teilmengen von Y* zuordnet, genau dann eine a-Transduktorabbildung ist, wenn es eine endliche Menge P, eine reguläre Teilmenge R von P* und Homomorphismen $h_1$ und $h_2$ von P* nach X* bzw. Y* so gibt, daß $t(U) = h_2(h_1^{-1}[U] \cdot \cap R)$ für jede Teilmenge U von X* gilt. *Brauer*

Literatur: *Berstel, J.*: Transductions and context-free languages. Stuttgart 1979. – *Brauer, W.*: Automatentheorie. Stuttgart 1984.

**Automatenmodell** ⟨*automata model*⟩ → Automatentheorie; → Modell

**Automatentheorie** ⟨*automata theory*⟩. Teilgebiet der theoretischen → Informatik, das sich mit abstrakten → Modellen einfacher datenverarbeitender Maschinen befaßt. Dabei steht nicht so sehr der innere Aufbau, sondern mehr das Ein-/Ausgabeverhalten im Vordergrund, obwohl auch Fragen der Zerlegung, Umformung und Zusammensetzung sowie der praktischen Realisierung untersucht werden.

Automatenmodelle dienen zur Beschreibung und Analyse des Verhaltens von technischen Geräten, von Systemen und Prozessen, von Algorithmen und Programmen. Beispiele sind Zigarettenautomaten, → Schaltwerke, Rechenwerke und Steuerwerke von Computern. Auch komplexere Teilsysteme von Computern bis hin zu ganzen Computern werden mittels → Automaten modelliert, ebenso verschiedene andere technische Steuerungen sowie Komponenten von → Betriebssystemen, → Compilern oder Anwenderprogrammen.

Das allgemeine Grundmodell eines Automaten besteht aus
– Eingabeeinheit,
– Ausgabeeinheit,
– Steuerwerk,
– → Speicher.

Ein- und Ausgabeeinheit verarbeiten Zeichenfolgen. Man stellt sich vor, daß die Eingabe auf einem (oder mehreren) Eingabebändern (linearen Speichern wie → Lochstreifen oder → Magnetbändern) steht und von der Eingabeeinheit zeichenweise gelesen wird. Der Automat arbeitet in Takten; in jedem Takt befindet sich das Steuerwerk in einem bestimmten Zustand. Die Anzahl der möglichen Zustände ist endlich, d. h., das Steuerwerk ist als Schaltwerk auffaßbar. In jedem Takt werden → Zeichen aus Eingabe und Speicher gelesen, wird ein neuer (Nachfolge-)Zustand bestimmt und werden Zeichen in den Speicher geschrieben bzw. ausgegeben.

Die verschiedenen Automatentypen unterscheiden sich v. a. in der Kapazität und Struktur des Speichers. Der einfachste Typ – der endliche Automat – hat nur einen festen endlichen Speicher, der i. allg. nicht gesondert modelliert, sondern mit dem Steuerwerk zusammengefaßt wird.

Gemeinhin versteht man unter A. die Theorie endlicher Automaten. Denn die anderen Automatentypen werden meist in den speziellen Zusammenhängen behandelt, in denen sie vornehmlich verwendet werden. Dabei dient die Theorie endlicher Automaten als Grundlage, weil jeder andere Automat aufgefaßt werden kann als ein endlicher Automat, der um einen speziellen Speicher erweitert wurde.

Bei allen anderen Automatentypen ist der Speicher (potentiell) unendlich, d. h. beliebig vergrößerbar. Unterschiede ergeben sich aus der Speicherorganisation, d. h. der Struktur und dem Zugriffsmechanismus. In der einfachsten Version wird der Speicher als lineare Anordnung von Speicherzellen aufgefaßt. In jeder Zelle kann ein Zeichen gespeichert werden. Der Zugriff geschieht zellenweise und zwar so, daß jeweils nur zur (links oder rechts) benachbarten Zelle gegangen werden kann. Man stelle sich also ein Magnetband mit Lese-/Schreibkopf vor, das in einem Schritt jeweils um eine Zelle weiterbewegt wird. In der theoretischen Informatik herrscht allerdings die Vorstellung vor, daß das Band (als Abstraktion des Schreibpapiers) feststeht, und daß der Lese-/Schreibkopf (als Abstraktion der Hand mit Zeigefinger, Bleistift und Radiergummi) sich hin und her bewegt. Das Schreiben in eine nichtleere Speicherzelle ist ein Überschreiben; der vorhandene Inhalt wird durch das neue Zeichen ersetzt. Löschen kann dann als Schreiben des Leerzeichens modelliert werden.

Der einfachste unendliche Speicher ist der → Keller. Bei ihm kann nur von einem Ende her zugegriffen werden. Der Lese-/Schreibkopf steht am Ende der gespeicherten Folge und kann nur das dort gespeicherte Zeichen lesen. Soll der Inhalt weiterer Zellen gelesen werden, so wandert der Lese-/Schreibkopf über früher beschriebene Zellen hinweg und löscht dabei deren Inhalt. Man stelle sich dazu einen Tablettstapel in einer

Kantine vor. Um an ein weiter unten liegendes Tablett zu kommen, muß man die darüberliegenden erst wegräumen.

Was zuletzt in den Speicher geschrieben wird, kann als erstes wieder gelesen werden (LIFO-Prinzip, Kellerungsprinzip). Ein mit solch einem Speicher versehener Automat heißt → *Kellerautomat*. Er spielt eine wichtige Rolle bei der Syntaxanalyse im Rahmen des Übersetzerbaus und hängt eng zusammen mit dem Begriff der → kontextfreien Sprache.

Ein Spezialfall des Kellerautomaten ist der → Zählerautomat. Hier kann nur ein Zeichen für den Speicher verwendet werden, so daß nur die Anzahl der mit diesem Zeichen beschriebenen Speicherzellen eine Rolle spielt.

Läßt man zu, daß überall im Keller gelesen werden kann, ohne daß Zelleninhalte zerstört werden, d. h. daß die abgespeicherte Zeichenfolge zwar nur von einer Seite her verändert, aber in ihrer ganzen Länge gelesen werden kann, so erhält man einen Stapelspeicher und als zugehörigen Automaten den *Stapelautomaten*. Ein Beispiel soll die Arbeitsweise verdeutlichen. Zur Eingabe benutzen wir drei Zeichen: 0, 1 und das Trennzeichen #. Der Stapelautomat soll genau alle Zeichenfolgen der Gestalt w # w erkennen, wobei w eine beliebige Folge der Zeichen 0 und 1 ist. Das heißt, genau dann, wenn auf seinem Eingabeband solch eine Folge steht, soll er am Schluß „+", sonst „–" ausgeben. Der Stapelautomat arbeitet nun so: Er liest die eingegebene Zeichenfolge und kopiert sie in seinen Speicher solange, bis er das Trennzeichen # findet. Tritt # nicht auf, so gibt er „–" aus und stoppt. Hat er # gefunden, so geht er an den Anfang des Speichers zurück und vergleicht beim Weiterlesen der Eingabe Zeichen für Zeichen mit dem Inhalt des Speichers. Besteht Übereinstimmung bis zum Schluß, so wird „+", sonst „–" ausgegeben. Man beachte, daß für dieses Beispiel ein Kellerautomat nicht ausgereicht hätte, weil bei diesem nur in der zur Schreibrichtung entgegengesetzten Richtung gelesen werden kann.

Stapelautomaten stehen in engem Zusammenhang zu kontextsensitiven Sprachen und werden insbesondere im Rahmen der → Komplexitätstheorie untersucht.

Ein weiterer Verallgemeinerungsschritt führt zu einem linearen Speicher ohne Einschränkung, d. h., an jeder Position kann der Lese-/Schreibkopf lesen oder schreiben. Das liefert die → *Turing*-Maschine. Sie ist in einem sehr allgemeinen Sinne das mächtigste Automatenmodell: Jede in diskreten Schritten ihre Zustände verändernde, zeichenverarbeitende Maschine mit endlicher → Zentraleinheit und beliebig vergrößerbarem (und beliebig organisierten Speicher) ist durch eine *Turing*-Maschine simulierbar. Letztere werden vornehmlich in der Theorie der → Berechenbarkeit und in der Komplexitätstheorie untersucht. Sie sind ferner derjenige Automatentyp, der die allgemeinste Klasse der → formalen Sprachen, die Typ-0- (oder allgemeinen Regel-)Sprachen, bestimmt.

Der Speicher der *Turing*-Maschine läßt sich dadurch einschränken, daß bei jeder festen Eingabefolge der zur Verarbeitung dieser Folge benutzte Speicherplatz linear von der Länge der Eingabefolge abhängt, wobei die lineare Funktion, die den benutzbaren Speicherplatz beschreibt, für jede Maschine fest vorgegeben ist. Man kann zeigen, daß es dabei keine echte Einschränkung bedeutet, wenn man nur die Identitätsfunktion zuläßt, so daß also nur soviel Speicher verwendet werden darf, wie die Eingabe Platz braucht. Man erhält damit den Typ des linear beschränkten Automaten, der die Klasse der kontextsensitiven Sprachen bestimmt.

Weitere Automatenmodelle erhält man, indem man zuläßt, daß
– auf dem Eingabeband in zwei Richtungen (vorwärts und rückwärts) gelesen werden kann, sich also der Lesekopf beliebig hin und her bewegen darf (Zweiwegeautomat),
– ein Automat mehrere Speicher eines Typs benutzen darf (z. B. Zwei-Kellerautomat, Zwei-Zählerautomat). Im allgemeinen erhält man dann aber schon ein → Modell, das so mächtig ist wie das der *Turing*-Maschine (z. B. kann man diese mit einem Zwei-Zählerautomaten simulieren),
– kompliziertere Speicher verwendet werden, etwa mehrdimensionale Anordnungen von Speicherzellen, spezielle → Register, direkt zugreifbare (adressierbare) Speicherzellen,
– in Speicherzellen beliebig große ganze Zahlen gespeichert werden können und das Steuerwerk auch einfache arithmetische Operationen ausführen kann; zusammen mit dem wahlfreien Zugriff auf den Speicher ergibt das *Registermaschinen* oder *Random-Access-Maschinen*,
– die Bewegungen des Lese-/Schreibkopfes auf verschiedene Weisen eingeschränkt werden,
– die Eingabeeinheit mehrere Zeichen auf einmal liest, z. B. dadurch, daß mehrere Leseköpfe auf einem Band arbeiten (Mehrkopfautomat),
– mehrere Eingabebänder zur Eingabe von Tupeln von Folgen benutzt werden (→ Zweibandautomat),
– der Automat nichtdeterministisch arbeitet, d. h., daß momentaner Zustand, momentane Eingabe und momentan aus dem Speicher entnommene Informationen nicht, wie bisher angenommen, eindeutig festlegen, was als nächstes geschieht, sondern daß nur eine endliche Menge von gleichberechtigten Möglichkeiten vorgegeben ist, aus denen nichtdeterministisch eine ausgewählt wird. Zur Akzeptierung einer Eingabe genügt dabei schon, daß unter den vielen möglichen Verarbeitungsabläufen einer zu einem positiven Ergebnis führt.

Automaten werden vornehmlich zur → Klassifikation von Zeichenfolgen verwendet: Sie akzeptieren (oder erkennen) gewisse eingegebene Folgen (und produzieren dann eine bestimmte → Ausgabe); alle anderen werden abgelehnt, indem der Automat entweder eine bestimmte Ausgabe produziert oder in einen → Fehlerzustand gerät oder nie zu einem Halt kommt. Sie werden auch Akzeptoren oder erkennende Automaten genannt.

Automaten, deren Aufgabe es ist, eine Eingabefolge in eine Ausgabefolge umzuformen (zu transformieren, zu übersetzen), werden häufig →Transduktoren oder Maschinen (mit entsprechender Zusatzbezeichnung, die die sonstigen Charakteristika angibt) genannt.

Aufgabe der A. ist es, die von Automaten eines bestimmten Typs akzeptierbaren Mengen von Zeichenfolgen (oder die erzeugten Ein-/Ausgaberelationen) auf verschiedene Weise zu charakterisieren, verschiedene Automatentypen bezüglich ihrer Leistungsfähigkeit untereinander zu vergleichen, Methoden der Konstruktion, der Umformung und der Analyse von Automaten zu entwickeln und besondere Anwendungsmöglichkeiten zu untersuchen. *Brauer*

Literatur: *Brauer, W.*: Automatentheorie. Eine Einführung in die Theorie endlicher Automaten. Stuttgart 1984. – *Bucher, W.; Maurer, H.*: Theoretische Grundlagen der Programmiersprachen, Automaten und Sprachen. Mannheim 1984. – *Hopcroft, J. E.; Ullmann, J. D.*: Introduction to automata theory, languages, and computation. Reading, MA 1979.

## Automatisierung betrieblicher Aufgaben ⟨*automation of business tasks*⟩.

Zuordnung von maschinellen Aufgabenträgern zu automatisierbaren betrieblichen Aufgaben. Eine Aufgabe ist automatisierbar, wenn ein Aufgabenmodell und ein Lösungsverfahren angegeben werden können, für welche ein maschineller Aufgabenträger verfügbar ist. Beispiele für maschinelle Aufgabenträger sind Rechnersysteme und Fertigungsmaschinen.

Eine Aufgabe wird aus Außensicht definiert durch
– das Aufgabenobjekt (an dem eine Verrichtung durchgeführt wird),
– die Ziele der Aufgabe (die mit der Verrichtung verfolgt werden),
– Vorereignisse (welche die Verrichtung auslösen) und
– Nachereignisse (die aus der Verrichtung resultieren).

Die Innensicht einer Aufgabe spezifiziert deren Lösungsverfahren (für die Verrichtung). Diese Spezifikation erfolgt in bezug auf den Typ des Aufgabenträgers.

Als Aufgabenträger für die Durchführung von Aufgaben stehen Menschen (personelle Aufgabenträger) und Maschinen (maschinelle Aufgabenträger) zur Verfügung. Auf der Grundlage dieser beiden Arten von Aufgabenträgern können drei Automatisierungsgrade unterschieden werden. Eine Aufgabe ist
– vollautomatisiert (automatisiert), wenn sie ausschließlich von maschinellen Aufgabenträgern durchgeführt wird,
– teilautomatisiert, wenn sie gemeinsam von personellen und maschinellen Aufgabenträgern durchgeführt wird, und
– nichtautomatisiert, wenn sie ausschließlich von personellen Aufgabenträgern durchgeführt wird.

Bei automatisierten Aufgaben werden Lösungsverfahren in Form von imperativen oder deklarativen Programmen spezifiziert. Die Automatisierung von betrieblichen Aufgaben wird darüber hinaus durch weitere sachliche und formale Kriterien bestimmt (z. B. Durchführungskosten). Lösungsverfahren für nichtautomatisierte Aufgaben werden dagegen meist in natürlichsprachiger Form beschrieben oder sind vom personellen Aufgabenträger selbst zu bestimmen. *Sinz*

Literatur: *Ferstl, O. K.* u. *E. J. Sinz*: Grundlagen der Wirtschaftsinformatik. 2. Aufl. München 1994.

## Automatisierungssystem, dezentrales ⟨*process control system*⟩ (syn.: Prozeßleitsystem).

Funktionell oder räumlich dezentralisiertes Automatisierungssystem auf Mikroprozessorbasis mit bildschirmgestützter →Prozeßführung. In verfahrenstechnischen Anlagen haben d. oder verteilte A. in den letzten Jahren die konventionellen, voll parallelen sowie die von zentralen →Prozeßrechnern gesteuerten →Systeme weitgehend abgelöst. Bei einer großen Zahl unterschiedlicher Realisierungen findet man folgende gemeinsame Grundzüge:
– Möglichkeit, die Struktur des Automatisierungssystems der Struktur des Prozesses funktionell und räumlich anzupassen;
– weitgehende Nutzung marktgängiger Standards der Digitaltechnik;
– Informationsaustausch über digitale →Netzwerke;
– integrierte Bedienerführung mit homogener, funktionsbezogener →Bedienoberfläche (vollgraphische Bildschirme mit zugehörigen, auf sinnfällige Bedienung zugeschnittenen Tastaturen und anderen Bedienelementen);
– vorhandene und aufrüstbare →Redundanz;
– Koppelungsmöglichkeiten zu hierarchisch über- und untergeordneten Systemen (z. B. zu Workstations, PC, Waagen oder Analysenmeßsystemen);
– Programmierung mit vorprogrammierten (dedizierten) Funktionsbausteinen;
– gleichartige Bedien-, Konfigurier- und Strukturierkonzepte für Regelungen und Steuerungen.

Das Bild zeigt ein typisches d. A.: Zwei unabhängige serielle Systembusse verbinden die Prozeßstationen (zeitkritische Datenübertragung) und die Leitstationen (mengenkritische Datenübertragung) jeweils untereinander. Bei den Prozeßstationen ist der →Bus immer redundant ausgeführt. Die Prozeßstationen haben Verbindung mit den prozeßnahen Geräten (Meßumformern, Aufnehmern, Schaltern, Stellgeräten), unterlagerten digitalen Subsystemen (Waagen oder Gaschromatographen) oder Datennetzen (→Feldbus). Die Prozeßstationen lassen sich der Struktur des zu automatisierenden Prozesses sowohl funktionell – die Regelungen und Steuerungen einer Destillationskolonne werden z. B. von einer Prozeßstation ausgeführt – als auch räumlich anpassen; letzteres ist besonders bei Anlagen größerer Ausdehnung von Vorteil, weil ein Großteil der

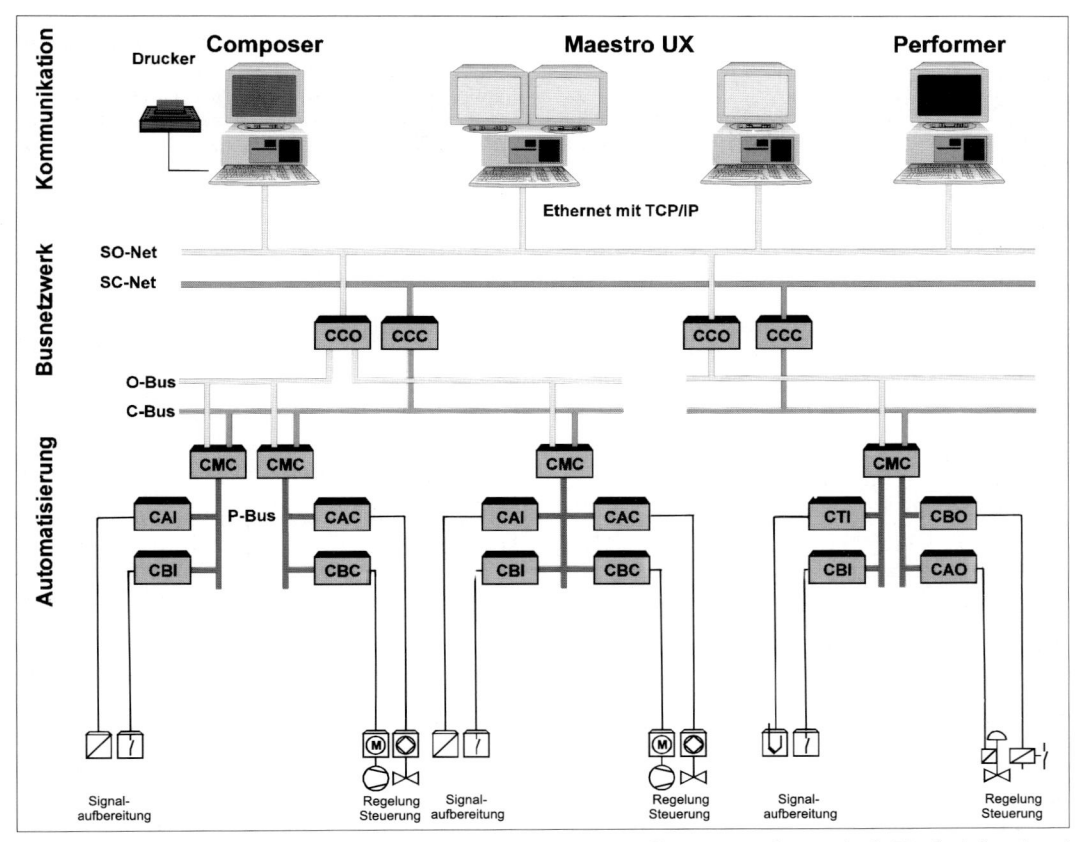

*Automatisierungssystem, dezentrales:* Struktur des zentralen Prozeßleitsystems Contronic S. Ein funktional und hierarchisch strukturiertes Bussystem verbindet die prozeßnahen Komponenten mit den Komponenten der Betriebs- und Prozeßführung sowie des Engineering. Ein-/Ausgabe-Baugruppen und Feldbusse stellen die Verbindung zu den Sensoren und Aktoren im Feld her. Über die Managementstation kann auch mit anderen Datennetzen kommuniziert werden. (Quelle: Hartmann & Braun)

sternförmig zu den Prozeßstationen zu führenden Verkabelung dabei eingespart werden kann. Bei Bedarf läßt sich eine komplexe Funktion auch auf mehrere Prozeßstationen verteilen. Die Prozeßstationen bearbeiten ihre Regelungs-, Steuerungs- und Sicherungsaufgaben autark. Unterschiedliche Redundanzkonzepte in den Prozeßstationen ermöglichen es, Störungen des Prozeßablaufs bei Ausfall einer Prozeßstation zu vermeiden.

Über die mit Bildschirmen und Funktionstastaturen ausgerüsteten redundanten Leitstationen wird der Prozeß geführt und über die Engineeringstationen das Prozeßleitsystem konfiguriert und parametriert (→ Konfiguration; Parametrierung). Die Engineeringstationen dienen auch zur Inbetriebnahme, Diagnose und Wartung des Prozeßleitsystems und verwalten die gesamte umfangreiche Dokumentation.

Standardaufgaben der Betriebsführung werden in den Leitstationen gelöst (z. B. Rezepturmanagement), umfassende Betriebsmanagementfunktionen werden in einem separaten Betriebsmanagementsystem realisiert (Optimierung, Bilanzierung, Produktionsplanung).

Für die Anwenderprogramme stehen dedizierte Funktionsbausteine und freiprogrammierbare Bausteine zur Verfügung und manchmal noch zusätzlich → Programmpakete für Spezialaufgaben (Informationsdarstellung auf Bildschirmen; Strukturierung; Systemauswahl). *Strohrmann*

Literatur: *J. Hengstenberg; K. H. Schmitt, B. Sturm* und *O. Winkler* (Hrsg.): Messen, Steuern und Regeln in der Chemischen Technik. 3. Aufl. Bd. IV. Berlin–Heidelberg 1983. – *Strohrmann, G.*: Automatisierungstechnik. Bd. 1: Grundlagen, analoge und digitale Prozeßleitsysteme. 4. Aufl. München–Wien 1997.

**Autoregression** ⟨*autoregression*⟩. A. nennt man eine stochastische Beziehung, welche den Wert einer Variablen zum Zeitpunkt t mit Werten der gleichen Variablen zu früheren Zeitpunkten verknüpft. Die zwei bekanntesten autoregressiven Ansätze sind das *Markoff*-Schema

$$u_t = \alpha_1 \cdot u_{t-1} + \varepsilon_t,$$

wobei $\varepsilon_t$ eine Störvariable darstellt und das *Yule*-Schema
$$u_t = \alpha_1 \cdot u_{t-1} + \alpha_1 \cdot u_{t-2} + \varepsilon_t.$$

Die beiden Ansätze ähneln den Ansätzen der linearen Regression – daher der Name A. –, aber es gibt besondere Probleme in der Schätzung der Parameter.

*Schneeberger*

**Autorisierung** ⟨*authorisation*⟩. Die → Ressourcen eines Systems, dazu zählen z. B. auch die in einer → Datenbank gespeicherten → Objekte, dürfen i. d. R. nicht von allen → Benutzern eines Systems benutzt werden. Im Rahmen einer A. wird überprüft, ob ein Benutzer berechtigt ist, einen gewünschten Zugriff auf ein bestimmtes Objekt durchzuführen. Dabei wird vorausgesetzt, daß zuvor eine erfolgreiche → Authentisierung des Benutzers stattgefunden hat. Der Begriff A. entspricht dem klassischen Begriff der → Zugriffskontrolle. Die für eine A. notwendige Information kann nach unterschiedlichen A.-Modellen strukturiert werden (s. auch → Zugriffskontrollsystem). *Schmidt/Schröder*

**Autorisierungskontrolle** ⟨*controlling the authorization*⟩ → Zugriffskontrollsystem

**Autotelephon** ⟨*car telephone*⟩. Das Führen von Telephongesprächen aus einem bewegten (Land-)Fahrzeug war und ist ein Hauptanwendungsgebiet der → mobilen Funknetze. Seit 1950 können durch Ausweitung des UKW-Funks Autotelephongespräche geführt werden. Heute stehen das analoge C-Netz sowie die digitalen, auf dem europaweiten → GSM-Standard basierenden Netze D1, D2 und e-plus zur Verfügung. Über die Nutzung als A. hinaus ermöglichen sie die Mitnahme eines leichten Mobiltelephongeräts (Handy) und damit die Erreichbarkeit an nahezu jedem Ort innerhalb des Netzgebiets. Für geschlossene Benutzergruppen kommt noch der → Bündelfunk hinzu. *Quernheim/Spaniol*

**Avalanche-Photo-Diode** ⟨*avalanche photo diode*⟩ → Lawinenphotodiode

**Axiom** ⟨*axiom*⟩. Bei der Formalisierung eines Gebiets, d. h. der Formulierung des Wissens über das Gebiet mittels einer formalisierten Sprache (unter Zuhilfenahme von Logik, Mathematik, Theorie formaler Sprachen), ist man häufig bemüht, eine möglichst kleine Menge von Grundwissenseinheiten zu finden, die für das betreffende Gebiet als gültig angesehen werden und aus denen man alles andere Wissen (alle anderen Aussagen) über dieses Gebiet mittels allgemein anerkannter Grundregeln (der Logik) formal ableiten kann. Solche Grundwissenseinheiten eines Gebiets nennt man A. des Gebiets (man denke z. B. an die A. der *Euklidi*schen Geometrie). Die Gesamtheit der A. eines Gebiets heißt Axiomensystem. In der Informatik besonders wichtig sind Axiomensysteme für die → Logik, die es gestatten, alle allgemeingültigen Formeln zu finden (s. auch → Ableitung; → Axiomatisierung). *Brauer*

**axiomatisierbar** ⟨*axiomatizable*⟩ → Axiomatisierung

**Axiomatisierung** ⟨*axiomatization*⟩. Eine → Theorie $\Theta$ heißt axiomatisierbar, wenn es eine entscheidbare (→ Entscheidbarkeit) Menge $W \subseteq \Theta$ gibt, so daß $\Theta$ eine logische Konsequenz von W ist, d. h., $W \models \Theta$ bzw. $\Theta \subseteq \text{Cons}(W)$, was aufgrund der Definition von → Theorie bereits $\Theta = \text{Cons}(W)$ impliziert. Natürlich kann $\models$ hier durch einen korrekten und vollständigen Ableitungsoperator (→ Ableitung) ersetzt werden. Man spricht von einer A. von $\Theta$ durch W, und die Elemente von W heißen auch die Axiome von $\Theta$.

Beispiele: → Prädikatenlogik ist axiomatisierbar, wähle einfach als (nichtlogische) Axiome $W = \emptyset$. → *Presburger*-Arithmetik ist axiomatisierbar, Gruppentheorie ist axiomatisierbar, → Arithmetik ist nicht (first-order) axiomatisierbar.

Jede axiomatisierbare Theorie ist zwangsläufig rekursiv (→ Rekursion) aufzählbar, aber nicht unbedingt entscheidbar (s. Beispiel → Prädikatenlogik).

*Reus/Wirsing*

**Axiomensystem** ⟨*axiom system*⟩ → Axiom

# B

**B-Baum** ⟨*B-tree*⟩. Ein B-B. (oder auch die Spezialform B*-Baum) dient zur Verwaltung eines nach einem Kriterium sortierten Datenbestands. Er bildet eine baumartige → Datenstruktur auf Seiten fester Größe (z. B. eines Externspeichers) ab. Optimierungsziel ist, durch Balancierung eine geringe Höhe des Baums zu erreichen, um mit einer minimalen Anzahl von Seiten- und damit Externspeicherzugriffen ein Datum aufzufinden (→ Zugriffspfad, → Index). *Schmidt/Schröder*
Literatur: *Date, C. J.*: An introduction to database systems. Vol. 1. Wokingham, Berks. 1990. – *Lockemann, P. C.* und *J. W. Schmidt* (Hrsg.): Datenbankhandbuch. Berlin–Heidelberg–New York 1987. – *Ullmann, J. D.*: Database and knowledge-base systems. Vol. 1. Rockville, MA 1988.

**B-ISDN** ⟨*B-ISDN (Broadband Integrated Services Digital Network)*⟩. B-ISDN soll das zukünftige einheitliche, breitbandige Kommunikationsnetz werden. Die Übertragungsrate beträgt bis zu 140 Mbit/s; → ATM ist die wichtigste Übertragungstechnik für B-ISDN.

Solche Übertragungsraten sind auch für → Multimedia-Anwendungen ausreichend. Einige der wichtigsten geplanten Dienste, die B-ISDN nutzen sollen, sind demzufolge Anwendungen wie Bildschirmarbeit, Fernsehprogrammverteilung und → Videokonferenzen. Die Standardisierung zu B-ISDN begann 1990 bei der → ITU; heute sind an vielen Orten Pilotnetze im Einsatz. *Jakobs/Spaniol*

**B-Kanal** ⟨*B-channel*⟩. Ein → ISDN-→ Basisanschluß bietet dem Benutzer zwei Basiskanäle (B-Kanäle) mit einer Übertragungsrate von jeweils 64 kbit/s. Diese Kanäle können gleichzeitig für verschiedene → Dienste (z. B. Telephon und Telefax) genutzt werden. *Jakobs/Spaniol*

**B-Spline** ⟨*b-spline*⟩. Ein B-S. der Ordnung k ist ein stückweise (segmentweise) definiertes Polynom vom Grad $k-1$, das an den Knoten (Segmentübergängen) $(k-2)$-mal stetig differenzierbar ist.

Die Parameterwerte $t_i$ der unabhängigen Variablen an den Knoten des Spline seien im Intervall $[t_0, t_n]$ gegeben durch

$$t_0 \leq t_1 \leq \ldots \leq t_i \leq t_{i+1} \leq \ldots \leq t_n.$$

Der Vektor $T = (t_0, t_1, \ldots, t_i, t_{i+1}, \ldots, t_n)$ heißt Knotenvektor. $N_{i,k}(t)$ heißt ein normierter B.-S. der Ordnung k (vom Grad $k-1$), wenn gilt:

$$\sum_{i=0}^{n} N_{i,k}(t) = 1 \text{ für } t \in [t_{k-1}, t_{n+1}], \tag{1}$$

$$N_{i,k}(t) > 0 \text{ für } t_i < t < t_{i+k}, \tag{2}$$

$$N_{i,k}(t) = 0 \text{ für } t_0 \leq t \leq t_i, \ t_{i+k} \leq t \leq t_{n+k}, \tag{3}$$

$N_{i,k}(t)$ $C^{k-2}$-stetig an den Knotenwerten, $t_i, \ldots, t_{i+k}$. (4)

Der B-S. ist nach *de Boor* rekursiv aus folgender Beziehung zu berechnen:

$$N_{i,k}(t) = \frac{(t-t_i) N_{i,k-1}(t)}{t_{i+k-1} - t_i} + \frac{(t_{i+k} - t) N_{i+1,k-1}(t)}{t_{i+k} - t_{i+1}}; \tag{Gl. 1}$$

(es gelte $0/0 = 0$).

Die → Rekursion beginnt mit dem normierten B-S. erster Ordnung

$$N_{i,1}(t) = \begin{cases} 1 \text{ für } t_i \leq t \leq t_{i+1} \\ 0 \text{ sonst} \end{cases}. \tag{Gl. 2}$$

Das Arbeiten mit B-S. wird wesentlich vereinfacht, wenn die Knoten $t_i$ äquidistant (uniforme Splines) sind. Es gibt zwei Arten von B-S.: offen und geschlossen. Geschlossene B-S. sind periodisch. Für einen uniformen Spline mit dem Knotenvektor $U = (0, 1, \ldots, n)$ gilt:

$P_0 \equiv P_{n+1}$ mit $P_i$ Stützstelle im Knoten i (B-S.-Kurve).

Die Knoten der Knotenvektoren können gewichtet werden. Dies erfolgt durch Vervielfältigung eines Knotens. Der Knotenvektor kann z. B. folgendes Aussehen haben:

$T = (0, 0, 0, 1, 2, 2, 2)$.

Dieser Knotenvektor enthält am Anfang und am Ende jeweils einen Dreifachknoten. Ein wichtiger Sonderfall entsteht, wenn der Knotenvektor nur aus k-fachen Anfangs- und Endknoten besteht:

$T = (t_0 = t_1 = \ldots = t_{k-1}, t_k = \ldots = t_{2k-1})$.

In diesem Fall sind die entstandenen B-S. der Ordnung k identisch mit den *Bernstein*-Polynomen vom Grad $k-1$, die auch für die *Bézier*-Approximation verwendet werden.

Gleichung (2) impliziert, daß bei zusammenfallenden Knoten $u_i = u_{i+1}$ der B-S. $N_{i,1}(t) = 0$ ist. Fallen m Knoten zusammen, dann reduziert sich die stetige Differenzierbarkeit der Funktion $N_{i,k}(t)$ an der Stelle $u_i$ von $C^{(k-2)}$ auf $C^{(k-1-m)}$.

*Encarnação/Loseries/Büchler*

Literatur: *Encarnação, J. L.* und *W. Straßer*: Computer Graphics – Gerätetechnik, Programmierung und Anwendung graphischer Systeme. München 1986.

**Backbone-Netz** ⟨*backbone network*⟩. Als B.-N. werden Netzwerke bezeichnet, die eine → Verbindung autonomer → Teilnetze ermöglichen. Durch die fortschreitende Verbreitung von lokalen Netzen (Local Area Networks, → LAN) kommt einer effizienten Kopplung dieser hochratigen → Netzwerke eine besondere Bedeutung zu (Bild).

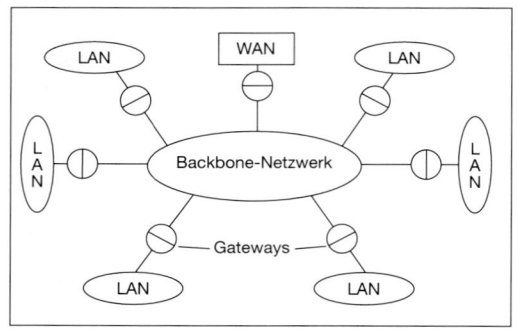

*Backbone-Netz: B.-N. zur LAN-Kopplung mit Wide-Area-Network-Anbindung*

Die Backbone-Stationen erfüllen dabei → Gateway-Funktionen zur Protokollanpassung der möglicherweise unterschiedlichen Netztypen (s. u.). Eine effiziente Kopplung unterstellt, daß das B.-N. eine Datenrate zur Verfügung stellt, welche diejenigen der einzelnen Subnetze deutlich übersteigt. Sinnvoll erscheint ebenfalls die Kopplung verschiedener Netztypen (z. B. LAN-→ WAN-Kopplung), um eine Kombination dieser durch unterschiedliche Eigenschaften geprägten Systeme bereitzustellen.

☐ *Einsatzgebiete.* Es hat sich herausgestellt, daß Marktentwicklungen und Standardisierungsbemühungen von Gremien wie → ECMA oder → IEEE auch in Zukunft unterschiedliche Konzeptionen von lokalen Netzen unterstützen werden. Diese Entwicklung ist einerseits bedauerlich, weil die Kopplung heterogener Netze Anpassungsprobleme mit sich bringt, andererseits sind die verschiedenen Netzkonzepte auf unterschiedliche Anwendungen zugeschnitten und werden von unterschiedlichen Herstellern vermarktet. Die Kopplung von lokalen Subnetzen durch B.-N. kann diese Inhomogenitäten beheben und bringt zudem folgende Vorteile:
– Fehlerbegrenzung: Fehlersituationen innerhalb der Subnetze beeinträchtigen das Gesamtsystem nicht.
– Lastreduktion: Lokale Kommunikation belastet das B.-N. nicht.
– Kostenreduktion: Die Auslegung der Subnetze kann den lokalen Anforderungen angepaßt werden.

☐ *Stationen.* Die Stationen des B.-N. haben folgende (→ Gateway)-Funktionen:
– Lesen aller Nachrichten auf dem B.-N. und dem jeweiligen Subnetz.
– Ausfiltern und Weiterleiten von netzübergreifendem Verkehr, ggf. Zwischenspeicherung bei momentaner Überlastung.
– Protokollanpassung bei heterogenen Netzen.

☐ *Topologien.* Prinzipiell kommen alle → Topologien aus dem Bereich der lokalen Netze in Betracht. Netze mit Breitbandübertragung oder der Ausnutzung von Lichtwellenleitern ermöglichen die Überwindung größerer Distanzen, beeinflussen allerdings die Topologie.
– Breitbandnetze: Die Eigenschaften der Breitbandübertragung (Kabelfernsehen) erfordern eine baumartige Topologie mit einer speziellen „Head-End-Station" als Wurzel.
– Einsatz von Lichtwellenleitern: Sie sind prädestiniert für Punkt-zu-Punkt-Verbindungen und favorisieren deshalb ring- oder sternförmige Topologien.

☐ *Medienzugangsprotokolle.* Die Wahl eines geeigneten Zugriffsprotokolls ist abhängig von den Leistungsanforderungen. Sind LAN-typische Datenraten von wenigen Megabit/Sekunde ausreichend, können die LAN-Protokolle nahezu unverändert übernommen werden. Dies gilt nicht mehr für sehr hohe Datenraten und große zu überbrückende Distanzen.
– → CSMA/CD: Dieses für Bustopologien konzipierte Protokoll erlaubt einen Zugriff auf das gemeinsame → Übertragungsmedium, falls dieses frei ist. Kollisionen von → Nachrichten treten bei quasisimultaner Datenübertragung von Stationen auf, die den Kanal trotz begonnener Datenübertragung einer anderen Station für frei halten, dies aber aufgrund der endlichen Signallaufzeit nicht feststellen können. Diese Nachrichtenüberlagerung kann nur erkannt werden, falls die eigene Datenübertragung noch nicht beendet ist, was eine gewisse Mindestpaketlänge voraussetzt. Für Hochgeschwindigkeitsnetze ist diese Methode wegen der erforderlichen Mindestpaketlänge nur bedingt geeignet (→ Ethernet).
– → Token-Ring: Der Medienzugriff auf den physikalischen Ring wird durch eine zirkulierende Sendeberechtigung, das sog. → Token, realisiert. Dieses Verfahren ist auch für den Einsatz von Lichtwellenleitern bei hohen Datenraten geeignet (→ FDDI).
– → Ring, getakteter: Eine Monitor-Station generiert eine gewisse Anzahl von Rahmen (Frames) eines festen Formats auf dem Ring. Jeder Rahmen ist in eine feste Anzahl sog. Slots unterteilt. Sendewillige Stationen können freie Slots mit ihren Nachrichten belegen. Dieses Verfahren wird sowohl für metallische Leiter als auch für Lichtwellenleiter vorgeschlagen und ist auch für den Einsatz als Hochgeschwindigkeits-B.-N. geeignet. Ein ähnliches Zugriffsverfahren wurde vom Gre-

mium IEEE 802.6 für → MAN (Metropolitan Area Network) spezifiziert (→ DQDB).
– Zellvermittlung: Hier arbeiten die Gateway-Stationen nach dem Prinzip der → Paketvermittlung, das Medium wird durch die Gateway-Stationen exklusiv genutzt. Die Datenpakete der am B.-N. angeschlossenen lokalen Netzsegmente werden ggf. zunächst segmentiert und als Zellen (Pakete) fester Länge (z. B. 53 Oktette in → ATM) auf dem B.-N. übertragen und je nach → Topologie von Netzknoten zu Netzknoten weitervermittelt, bis die Ziel-Gateway-Station erreicht ist. *Hoff/Spaniol*

Literatur: Halsall, F.: Data communications, computer networks and open systems. 3rd Edn. Addison-Wesley, 1992.

**Background-Betrieb** ⟨*background mode*⟩ → Foreground-/Background-Betrieb

**Backup-System** ⟨*back-up system*⟩ (auch Stand-by-System genannt). Einrichtung, die ein Weiterführen eines rechnergestützten Prozesses bei Rechnerausfall möglich macht. Meist werden für B.-u.-S. analoge elektrische oder pneumatische Komponenten eingesetzt, die im Störungsfall jedoch höheren Personaleinsatz erfordern und die Regelqualität einschränken. B.-u.-S. hatten v. a. in der Anfangszeit des Prozeßrechnereinsatzes Bedeutung, als die heute verbreiteten Ausfallstrategien wie → Redundanz und Strukturierung noch nicht oder nur eingeschränkt zur Verfügung standen (→ Ausfallstrategie). *Strohrmann*

**Bandeinheit** ⟨*tape unit*⟩ → Magnetbandeinheit

**Bandkassette** ⟨*tape cartridge*⟩ → Magnetbandkassette

**Bandspeicher** ⟨*tape storage*⟩ → Speichermanagement

**Bankier-Algorithmus** ⟨*banker's algorithm*⟩ → Berechnungskoordinierung

**Banyan-Netz** ⟨*Banyan network*⟩. Klasse von Verbindungsstrukturen für Rechenanlagen mit parallelen Teilwerken (→ Permutationsnetz). Der → Graph eines B.-N. ist ein *Hasse*-Diagramm einer Teilordnung, in der es jeweils genau einen Pfad von jeder Wurzel zu jedem Blatt des Graphen gibt. Wurzeln und Blätter entsprechen den Ein-/Ausgängen der Verbindungsstruktur. B.-N. erhielten ihren Namen nach dem indischen Baum gleichen Namens, der eine gewisse Ähnlichkeit zum Banyan-Netzgraphen aufweist. Das B.-N. leistet eine vollständige Verbindung bei nur $O(N \log_2 N)$ Schaltern (gegenüber $O(N^2)$ beim → Kreuzschienenverteiler) bei maximal $\log_2 N$ Vermittlungsschritten. Verschiedene B.-N. unterscheiden sich nach Verzweigungsgrad und Schaltertiefe. *Bode*

**Barriere-Verfahren** ⟨*barrier method*⟩. Verfahren zur Approximation eines nichtlinearen Optimierungsproblems mit Nebenbedingungen durch Lösung einer Folge von nichtlinearen Optimierungsproblemen ohne Nebenbedingungen. Die Approximation erfolgt durch Hinzunahme eines neuen Terms (Barriere-Funktion) in die Zielfunktion, welcher Punkte im Inneren gegenüber Punkten am Rande des zulässigen Bereichs durch einen niedrigeren (im Fall der Minimierung) bzw. höheren (im Fall der Maximierung) Wert bevorzugt.

Gesteuert wird die Approximation durch einen Parameter $\mu$, der den neuen Zielfunktionsterm gegenüber der originalen Zielfunktion gewichtet. Mit wachsendem $\mu$ wird die Approximation beliebig genau, d. h., die optimalen Lösungen des approximierten Problems konvergieren gegen eine optimale Lösung des Ausgangsproblems.

Für nichtlineare Optimierungsprobleme der Form

$$\min_{i=1,\ldots m}\left\{f(x)\big|g_i(x) \le 0\right\} \text{ ist } B(x) : \sum \frac{1}{g_i(x)}$$

eine konvexe, monoton wachsende Barriere-Funktion, welche das approximative Barriere-Hilfsproblem im k-ten Schritt durch

$$\min f(x) + \frac{1}{\mu(k)} \cdot B(x)$$

definiert.

Ein wesentlicher Nachteil des B.-V. ist, daß mit zunehmender Approximation (wachsendes $\mu$) das Barriere-Hilfsproblem numerisch sehr schwer handhabbar wird und nur langsam konvergiert. *Bachem*

**BASIC** ⟨*BASIC*⟩. Abk. für Beginners All Purpose Symbolic Instruction → Code. Weitverbreitete maschinennahe → Programmiersprache, die besonders für Anfänger geschaffen worden ist. B. wurde von 1963 an am Dartmouth College (USA) entwickelt und besitzt heute viele Dialekte unterschiedlichen Komforts. Es wird i. d. R. durch Interpreter verarbeitet. B.-Programme bestehen aus einer numerierten Folge von Zeilen, wobei GOTO-Anweisungen mit der Angabe von Zeilennummern zu unbedingten Sprüngen führen. Die damit erzeugte Schwierigkeit, die Programme zu lesen, soll dadurch teilweise aufgehoben werden, daß häufig parallel Programmablaufpläne veröffentlicht werden. Im klassischen B. gibt es drei Arten von Variablen:
– *numerische Variablen*, gekennzeichnet durch ein oder zwei Buchstaben, die ohne Deklaration mit 0 initialisiert werden (zwischen INT und REAL wird nicht unterschieden);
– *Zeichenkettenvariablen*, die durch einen Buchstaben mit einem angehängten Dollarzeichen gekennzeichnet werden;
– *Feldvariablen* für ein- oder zweidimensionale Felder, die über eine DIM-Anweisung für gleichartige Komponenten deklariert werden müssen.

Zuweisungen von Werten für Variablen werden durch die LET-Anweisung und ein Gleichheitszeichen ausgeführt, wobei das Schlüsselwort auch wegfallen kann.

Neben dem für B. charakteristischen unbedingten Sprung mit GOTO gibt es den bedingten Sprung mit IF-THEN (in neueren Dialekten auch mit ELSE-Teil) sowie als einen gewissen Gliederungs- und Prozedurersatz den Unterprogrammaufruf mit GOSUB-Zeilennummer (in neueren Dialekten mit einer eingeschränkten Möglichkeit, Wertparameter zu übergeben), wobei das Unterprogramm mit einer RETURN-Anweisung abgeschlossen wird.

Als Schleifenkonstruktion gibt es i.d. R. nur die → Schleife mit bekannter Zahl von Wiederholungen als FORNEXT-Schleife und einem Sonderausstieg über einen bedingten Sprung. Ferner ist die Deklaration von Funktionen mit der Anweisung DEF FNC(X) möglich. Über READ- und DATA-Anweisungen können → Daten vom Programm statt von der Tastatur eingelesen und z. B. Felder damit initialisiert werden. Insgesamt sind die Anweisungen einfach gehalten, damit Anfänger die → Sprache rasch erlernen. Hinzu kommt die Erleichterung, daß Syntax-Fehler beim Interpretieren sofort nach Zeilenabschluß gemeldet werden und Schreibmaschinenkenntnisse eine geringere Rolle spielen als in elaborierten Programmiersprachen, welche lange Bezeichner zulassen. Für komplexere Problemlösungen wird Strukturierung durch Kommentarzeilen (REM-Anweisungen) empfohlen, was aber nur einen Ersatz darstellt, zumal höhere Datenstrukturen gänzlich fehlen.

QuickBasic erlaubt Kompilation von Modulen und verzichtet auf Zeilennummern.

*Beispiel* eines BASIC-Programms
```
10 INPUT B
20 PRINT „NETTO-BETRAG", B
30 IF NOT (B < 100) GOTO 60
40 PRINT „VERPACKUNG 5 DM"
50 LET B = B + 5
60 LET S = B · 0.14
70 PRINT „MW-STEUER", S
80 LET B = B + S
90 PRINT „ENDSUMME", B
100 END
```
*Klingen*

Literatur: Menzel, K.: BASIC in 100 Beispielen. 4. Aufl. Stuttgart 1984. – *Hückstädt, J.*: QuickBasic 4.0/4.5. München 1989.

**Basisanschluß** ⟨*basic access*⟩. Der → ISDN-B. stellt dem → Benutzer über die $S_0$-Schnittstelle eine Netto-Bitrate von 144 kbit/s zur Verfügung. Diese Rate teilt sich auf in zwei Nutzkanäle (→ B-Kanal) mit jeweils 64 kbit/s und einen separaten Steuerkanal (→ D-Kanal) mit einer Übertragungsrate von 16 kbit/s (2 B + D).

*Jakobs/Spaniol*

**Basisband** ⟨*baseband*⟩. Der Begriff B. wird oft als Gegensatz zum Begriff → Breitband und vielfach eher intuitiv verwendet. Auch hier soll wegen der unscharfen Begriffsbildung lediglich eine informelle Definition gegeben werden.

Das B. beschreibt das Frequenzband eines → Signals in seiner ursprünglichen Lage, d. h. unmoduliert. Bei der B.-Übertragung reicht das Frequenzband des zu übertragenden Signals bis zur Frequenz 0 Hz. Demzufolge kann zu einem gegebenen Zeitpunkt in ungestörter Form nur ein B.-Signal auf einer → Leitung vorliegen. Das Signal selbst kann in analoger oder in digitaler Form (z. B. Manchester-codiert, → Manchester-Code) vorliegen. Sollen mehrere B.-Verbindungen auf einer Leitung realisiert werden, kann das Zeitmultiplexverfahren (→ Multiplexverfahren) angewandt werden. Reicht das Frequenzband eines Signals bis zu Frequenzen von mehreren Megahertz, wird vielfach (in ungenauer Terminologie) von Breitbandübertragung gesprochen (s. auch → Fernsehempfänger, analoger).

*Quernheim/Spaniol*

**Basispunkt** ⟨*binary point*⟩. Die Stellenschreibweise der Zahlen zu einer bestimmten Basis (z. B. die Basis 10 bei den Dezimalzahlen) geht davon aus, daß jeder Stelle eine bestimmte Potenz der Basis zugeordnet ist (→ Zahlensystem). Der B. ist das Zeichen, das die Stellen, denen die negativen Potenzen zugeordnet sind, von den übrigen trennt. Während im täglichen Leben hierfür meist ein Komma verwandt wird, hat sich in den Datenverarbeitungsanwendungen der im Angelsächsischen übliche Punkt durchgesetzt.

*Bode/Schneider*

**Batch-Betrieb** ⟨*batch processing*⟩ → Stapelbetrieb

**Baum** ⟨*tree*⟩. Strukturierungsform (→ Datenstruktur), bei der die Datenelemente als Knoten in einem gerichteten azyklischen und zusammenhängenden → Graph angeordnet sind.

In einem B. haben alle Knoten höchstens eine eingehende Kante. Es gibt genau einen Knoten ohne eingehende Kante; dieser wird als *Wurzel* bezeichnet. Ein Knoten ohne ausgehende Kanten ist ein *Blatt* eines B. Mit einem B. wird eine Relation dargestellt, die durch folgende Bezeichnungen der Knoten veranschaulicht wird: Die ausgehenden Kanten eines Knotens führen zu seinen *Kind*-Knoten, wobei das „Kind" über seine eingehende Kante mit seinem *Elter*-Knoten verbunden ist. Die *Höhe* des B. gibt die maximale Weglänge von der Wurzel zu einem Blatt an, und die maximale Anzahl der ausgehenden Kanten aller Knoten eines B. wird seine *Ordnung* genannt. Ein B. der Ordnung 2 wird als *binärer Baum* bezeichnet.

B. werden häufig als *Suchbäume* zur effizienten Darstellung von → Daten verwendet. Beispiele für spezielle Ausprägungen von B. sind AVL-Bäume, B-Bäume und Heaps.

*Breitling/K. Spies*

Literatur: *Wirth, N.*: Algorithmen und Datenstrukturen, Teubner, Stuttgart 1983.

**Baum, phylogenetischer** ⟨*phylogenetic tree*⟩. Als mit biochemischen Methoden die Sequenzen von Genen oder Proteinen bestimmt wurden, fand man, daß biochemisch ähnliche Gene oder Proteine oft auch ähnliche Sequenzen besaßen. Aufgrund der Vorstellung, daß im Laufe der Evolution die Spezies baumhaft auseinander entstanden sind, begann man dann, auch die Sequenzen als Resultat einer solchen baumhaften Entwicklung zu interpretieren. Die Operationen, die im Laufe dieser Entwicklung die Sequenzen veränderten, sind vor allem Mutationen (Austausche), aber auch Insertionen und Deletionen (→ Alignment biologischer Sequenzen). Die genaue Form des Baumes, entlang dessen sich die Sequenzen entwickelten, gilt es, aus den heutigen Daten zu rekonstruieren.

Formal ist ein p. B. ein Baum, dessen Blätter mit den gegebenen Spezies oder deren Sequenzen markiert sind. Man unterscheidet gewurzelte und ungewurzelte Bäume. Im allgemeinen erwartet man, daß die Kanten des Baumes gewichtet sind. Diese Längen repräsentieren dann evolutionäre Zeit. Um den Baum ohne Kantengewichte zu beschreiben, spricht man oft von der *Topologie* des Baumes. Des weiteren wird von einem p. B. oft angenommen, daß er → binär ist.

Die Zugänge zum Problem der Rekonstruktion eines p. B. fallen im wesentlichen in drei Klassen:
– merkmalsbasierte Verfahren, welche die Sequenzen selbst als Daten verwenden und deren Buchstaben als Merkmale interpretieren;
– distanzbasierte Verfahren, welche einen Baum suchen, dessen Kantenlängen die Distanzen zwischen den Sequenzen approximieren; und
– statistische Verfahren, welche ein Wahrscheinlichkeitsmodell der evolutionären Änderung von Sequenzen aufstellen und dann einen Baum suchen, der die gegebenen Sequenzdaten am besten erklärt (Maximum-Likelihood-Baum).

Ein typischer Vertreter der Klasse der merkmalsbasierten Verfahren ist das sog. *Parsimony*-Verfahren. Hierbei wird zu einer gegebenen Baumtopologie und einem gegebenen Satz von alignierten DNA-Sequenzen eine Belegung der inneren Kanten des Baumes gesucht, die die Gesamtlänge des Baumes minimiert. Dieses Problem läßt sich in Linearzeit lösen. Der *most parsimonious tree* ist dann ein Baum, dessen Länge nicht mit einer anderen Topologie verbessert werden kann. Basierend auf der Analogie zur Konstruktion eines *Steiner*-Baumes wurde gezeigt, daß dieses Problem NP-schwer ist. Eine restriktivere Version eines merkmalsbasierten Verfahrens ist das *perfect phylogeny problem*, bei dem ein Baum gesucht wird, dessen innere Knoten sich so belegen lassen, daß jeder Buchstabe einer jeden Alignment-Position jeweils eine Zusammenhangskomponente des Baumes definiert. Auch diese Beschränkung macht das Problem i. allg. aber nicht effizient lösbar.

Die distanzbasierten Verfahren versuchen einen Baum zu finden, so daß die in der Pfadmetrik gemessenen Abstände zwischen den Blättern die postulierten Abstände zwischen den Spezies approximieren. Letztere sind dann entweder Alignment Scores (→ Alignment biologischer Sequenzen) oder Transformationen dieser Abstände, welche unter einem *Markoff*-Modell von Evolution für mehrfache Änderungen in einer Alignment-Position korrigieren. Eine der frühen Arbeiten sucht einen Baum, der hierbei die Fehlerquadrate zwischen diesen Abständen minimiert. Andere Verfahren modellieren die Approximation als lineares Programm unter der zusätzlichen Annahme, daß die Abstände zwischen den Sequenzen immer kleiner sein werden als die Abstände im Baum. Die auf solchen Zugängen beruhenden Verfahren kommen aber i. allg. nicht umhin, sämtliche Topologien zu testen. Clustering-Verfahren hingegen sind schnell, ihre Interpretation ist aber unklar. Weit verbreitet ist das *Neighbor-Joining-Verfahren*.

Schwer berechenbar, aber von der Interpretation her schlüssig, sind *Maximum-Likelihood-Verfahren*. Hierbei wird ein Wahrscheinlichkeitsmodell von Sequenzevolution zugrunde gelegt. Für eine gegebene Topologie stellen dann typischerweise die Kantenlängen die Parameter dar, die so optimiert werden, daß der resultierende Baum die gegebenen Daten am wahrscheinlichsten erscheinen läßt. Dieser Vorgang müßte dann für alle Topologien wiederholt werden, was i. allg. durch eine → Heuristik ersetzt wird.

Neueste Entwicklungen betrachten sehr allgemeine Wahrscheinlichkeitsmodelle und geben Bedingungen und Methoden, daraus einen Baum zurückzugewinnen. Ein anderer Ansatz relaxiert die Baumstruktur und führt sog. Splitdiagramme ein. *Vingron*

Literatur: *Felsenstein, J.*: Evolutionary trees from DNA sequences: A maximum likelihood approach. J. of Molecular Evolution 17 (1981) pp. 368–376. – *Fitch, W. M.*: Toward defining the course of evolution: Minimum change for specific tree topology. Systematic Zoology 20 (1971) pp. 406–416. – *Fitch, W. M.* and *E. Margoliash*: Construction of phylogenetic trees. Science 155 (1967) pp. 279–284. – *Hartigan, J. A.*: Minimum mutation fits to a given tree. Biometrics 29 (1973) pp. 53–65. – *Waterman, M. S.* and *T. F. Smith et al.*: Additive evolutionary trees. J. of Theoretical Biology 64 (1977) pp. 199–213. – *Saitou, N.* and *M. Nei*: The neighbor-joining method: A new method for reconstructing phylogenetic trees. Molecular Biology and Evolution 4 (1987) pp. 406–425. – *Bandelt, H.-J.* and *A. W. M. Dress*: Split decomposition: A new and useful approach to phylogenetic analysis of distance data. Molecular Phylogenetics and Evolution 1 (1992) pp. 242–252. – *Steel, M. A.; M. D. Hendy* and *D. Penny*: A discrete Fourier analysis for evolutionary trees. Proc. of the National Academy of Sciences of the USA 91 (1994) pp. 3339–3343. – *Evans, S. N.* and *T. P. Speed*: Invariants of some probability models used in phylogenetic inference. Annals of Statistics 21 (1993) pp. 355–377.

**Bayes-Klassifikator** ⟨*Bayes classifier*⟩. Ansatz zur → Klassifikation aus der statistischen Entscheidungstheorie, bei dem Entscheidungen mit minimaler Fehlerwahrscheinlichkeit getroffen werden.

Wenn bestimmte Klassifikationsprobleme häufig zu lösen sind, ist ein sinnvolles und gebräuchliches Optimierungskriterium die Minimierung der Wahrscheinlichkeit von Fehlentscheidungen. Beispiele aus der

Mustererkennung sind die Klassifikation von einzelnen gedruckten Schriftzeichen, die Klassifikation von Schriftzeichen im Kontext anderer, die Erkennung von Wörtern in gesprochener Sprache oder die Klassifikation und Lokalisation dreidimensionaler Objekte in zweidimensionalen Bildern.

Das grundlegende Ergebnis besagt, daß man die a-posteriori-Wahrscheinlichkeit aller möglichen Entscheidungen berechnet unter der Bedingung der gegebenen Beobachtungen und sich für die Klasse mit maximaler a-posteriori-Wahrscheinlichkeit entscheidet. Dieses wird auch als B.-K. bezeichnet.

Der einfachste Fall ergibt sich aus dem klassischen Mustererkennungsproblem, bei dem man aus einem Muster (z.B. einem Bild oder einem Geräusch) einen Vektor c von → Merkmalen extrahiert, der genau einer von K Klassen $\Omega_\kappa$, $\kappa = 1, \ldots, K$ zuzuordnen ist. Nach der *Bayes*-Formel über bedingte Wahrscheinlichkeiten sind dann die K a-posteriori-Wahrscheinlichkeiten

$$p(\Omega_\kappa | c) = \frac{p(c | \Omega_\kappa)\, p(\Omega_\kappa)}{p(c)}, \quad \kappa = 1, \ldots, K$$

zu berechnen und die größte zu bestimmen.

Kontextberücksichtigung, Worterkennung in isolierter oder kontinuierlicher Sprache und Objekterkennung beruhen auf der gleichen Beziehung. Wegen der Vielzahl möglicher Alternativen ergeben sich hier komplexe Suchprobleme, für die effiziente → Algorithmen bekannt sind, wenn einige geeignete Annahmen über statistische Unabhängigkeiten gemacht werden.

Der Vorteil des B.-K. ist seine fundierte theoretische Basis und die Verfügbarkeit von Schätzverfahren für die zu bestimmenden statistischen Parameter. Der Nachteil sind die vorausgesetzten statistischen Kenntnisse und die z. T. umfangreichen numerischen Rechnungen. *Niemann*

Literatur: Berger, J. O.: Statistical decision theory, foundations, concepts, and methods. Berlin-Heidelberg 1980. – Niemann, H.: Klassifikation von Mustern. Berlin-Heidelberg 1983.

**BCD** ⟨*BCD (Binary-Coded Decimal)*⟩ → Binärcode für Dezimalstellen

**BCH-Code** ⟨*BCH (Bose Chaudhuri Hocquenghem) code*⟩. Eine wichtige Klasse von fehlerkorrigierenden zyklischen Blockcodes (→ Blockprüfung, zyklische, → FEC, → Informationstheorie). *Quernheim/Spaniol*

Literatur: Heise, W.; Quattrocchi, P.: Informations- und Codierungstheorie. 2. Aufl. Springer, 1989.

**BDD** ⟨*BDD (Binary Decision Diagram)*⟩ → Binary Decision Diagram

**BDSG (Bundesdatenschutzgesetz)** ⟨*federal law on data protection*⟩ → Datenschutz

**Bearbeitungszeit** ⟨*execution time*⟩. Nach DIN 44 300 bei einer → Instanz die Summe der Zeitspannen, während derer sie denselben Auftrag bearbeitet. In der B. sind eventuelle → Wartezeiten nicht eingeschlossen. *Fischer*

**Bedeutung eines Objekts** ⟨*semantics of an object*⟩ → Rechensystem

**Bediener** ⟨*operator*⟩. Der Begriff wird im Zusammenwirken eines Menschen mit einem technischen System verwendet. Der B. hat den Auftrag – der auch selbst gestellt sein kann – zur permanenten Interaktion in einem → Mensch-Maschine-System, das in Echtzeit ohne Unterbrechung läuft. Er steht in direkter Verbindung mit dem technischen System und ist in dieses eingebunden. Der B. führt, lenkt oder leitet das technische System. Beispiele für technische Systeme, die der B. führt und in denen er Bedientätigkeiten ausführt, sind Kraftwerke, Flugzeuge, chemische Anlagen, Werkzeugmaschinen u.a. Zur Führung eines technischen Systems muß der B. über ausreichendes praktisches Gebrauchswissen oder operatives Betriebswissen für die Interaktion mit dem technischen System unter normalen Betriebsbedingungen besitzen.

Der B. wird in der deutschen Fachliteratur auch als Operateur oder Operator bezeichnet.

In Mensch-Rechner-Systemen ist die Rolle des B. teilweise identisch mit der des → Benutzers. *Langmann*

**Bedienoberfläche** ⟨*operator surface*⟩. Unter einer B. wird unabhängig von der internen Struktur das äußere Erscheinungsbild einer → Benutzerschnittstelle, wie es sich dem → Benutzer gegenüber auf einem → Bildschirm darstellt, einschließlich der möglichen Benutzereingaben verstanden. In der Praxis wird B. häufig als Synonym für Benutzerschnittstelle verwendet. Kann bei globaler Sicht diese Begriffsverschiebung noch toleriert werden, so müssen detaillierte Betrachtungen zwischen beiden Begriffen unterscheiden. *Langmann*

**Bedienstation** ⟨*server*⟩ → Server

**Bedienstrategie** ⟨*service strategy*⟩. Der → Server einer → Warteschlange wählt aus den auf Bedienung wartenden Kunden einen oder mehrere nach bestimmten Regeln aus. Dabei kann man unterscheiden zwischen B. mit und ohne Prioritäten, wobei im ersten Fall Kunden höherer Priorität eher bedient werden als Kunden mit niedrigerer Priorität. Wird der nächste zu bedienende Kunde erst nach vollständiger Abarbeitung des gerade bedienten Kunden gewählt, spricht man von nicht unterbrechender B. Bei einer unterbrechenden B. kann hingegen die Bedienung eines Kunden durch einen neu ankommenden Auftrag unterbrochen werden. Sie wird dann zu einem späteren Zeitpunkt fortgesetzt. Eine andere Unterscheidung von B. kann durch den Auswahlzeitpunkt des neu zu bedienenden Kunden erfolgen. Folgende Auswahlstrategien sind in der → Model-

lierung von realen Systemen mittels Warteschlangen üblich:
– FCFS (First-Come-First-Served): Die Kunden werden in der Reihenfolge ihrer zeitlichen Ankunft bedient.
– LCFS (Last-Come-First-Served): Der zuletzt angekommene Kunde wird als nächster bedient; die Bedienung des Vorgängers wird aber zuerst abgeschlossen.
– LCFS-Preemptive Resume: Der zuletzt angekommene Kunde wird als nächster bedient; die Bedienung des Vorgängers wird durch ihn unterbrochen und erst später wieder an der unterbrochenen Stelle fortgesetzt.
– LCFS-Preemptive Repeat: Der zuletzt angekommene Kunde wird als nächster bedient; die Bedienung des Vorgängers wird durch ihn unterbrochen und muß später von vorne begonnen werden.
– RR (Round-Robin): Ist die Bedienung eines Kunden nach einer fest vorgegebenen Zeit noch nicht beendet, so wird er wieder in die Warteschlange eingereiht, die nach FCFS abgearbeitet wird. Dies wird solange wiederholt, bis der Kunde fertig bedient ist.
– PS (Processor Sharing): Alle Kunden werden gleichzeitig bedient, wobei jedem Kunden die Bedienleistung des Servers anteilig zur Verfügung steht.
– Random: Die Auswahl des nächsten Kunden erfolgt zufällig aus der Menge der wartenden Kunden.
– SPT (Shortest Processing Time): Es wird derjenige Kunde als nächster bedient, der die kleinste mittlere Bearbeitungsdauer im Server benötigt. Es kann gezeigt werden, daß diese Strategie optimal ist bzgl. der mittleren Kundenwartezeit und damit (nach *Little*'s Result) auch bzgl. der mittleren Kundenanzahl in einem nichtunterbrechenden System. Bei unterbrechenden Strategien ist die dazu äquivalente Strategie Shortest Remaining Processing Time (SPTF) optimal.

*Fasbender/Spaniol*

Literatur: *Bolch, G.*: Leistungsbewertung von Rechensystemen. Teubner, 1989.

## Bedienungsfehler ⟨command error⟩. B. eines → Rechensystems S sind → Fehlverhalten der Umgebung von S bei der Manipulation der Eingabe-Ausgabe-Geräte oder sonstiger Hardware-Komponenten von S. Sie sind äußere → Störungen des Systems, die Fehler von S, also → Fehlerzustände oder → Fehlverhalten von S, verursachen können. *P. P. Spies*

## Bedienzeitverteilung ⟨service time distribution⟩. In der → Modellierung realer Systeme mittels → Warteschlangen wird die an der Bedienstation (→ Server) je Kunde anfallende Arbeitszeit i. allg. als zufällig gemäß einer vorgegebenen Verteilung angenommen. Bei realen Systemen ist die exakte Zeit für eine Bedienung meist nicht meß- oder berechenbar, oft jedoch sind aus Messungen oder Schätzverfahren zumindest approximative Verteilungsfunktionen für diese Zeiten angebbar. Aus Gründen einfacher mathematischer Handhabbarkeit bei breitem Anwendungsspektrum haben sich für B. sog. Phasenverteilungen wie die → Exponentialverteilung, → *Erlang*-Verteilung (oder allgemeiner Hypoexponentialverteilung) sowie die → Hyperexponentialverteilung durchgesetzt. Außerdem findet die deterministische Verteilung breite Anwendung. Je nach der Art der Bedienung in einem Server werden die Bedienzeiten durch eine der genannten Verteilungen modelliert.

*Beispiele*
Können die Bedienzeiten eines Servers als zufällig mit gegebenem festem → Erwartungswert angenommen werden, so kann eine Exponentialverteilung zugrunde gelegt werden. Besteht eine Bedienung aus k aufeinanderfolgenden Abschnitten (Phasen), deren zufälliger Beitrag zur Gesamtbedienzeit jeweils dieselbe mittlere Dauer hat, modelliert man die Bedienzeiten durch eine *Erlang*-Verteilung mit k Phasen. Kann ein Kunde alternativ zwei verschiedene Bedienungen mit zufälliger, aber unterschiedlicher mittlerer Dauer erhalten, eignet sich eine Hyperexponentialverteilung zur Beschreibung des Systemverhaltens. Konstante Bedienzeiten werden durch einen Server mit deterministischen Bedienzeiten modelliert.

Nahezu alle praktisch relevanten Verteilungen lassen sich durch eine Cox-Verteilung hinreichend genau approximieren. Sie wird durch die Hintereinanderschaltung mehrerer Server mit exponentialverteilten Bedienzeiten konstruiert, wobei ein Kunde den Cox-Server nach Bedienung in einem der Teilstücke mit einer vorgegebenen Wahrscheinlichkeit verläßt.

*Fasbender/Spaniol*

Literatur: *Bolch, G.; Akyildiz, I. F.*: Analyse von Rechensystemen. Teubner, 1982. – *King, P. J. B.*: Computer and communication systems performance modelling. Prentice Hall, 1990.

## Befehl ⟨instruction⟩. Unter einem B. versteht man nach DIN 44300 eine Anweisung, die in der benutzten → Programmiersprache nicht mehr in noch kleinere Anweisungen zerlegt werden kann; der B. ist somit die kleinste Funktionseinheit eines → Programms. Im allgemeinen wird der Begriff B. jedoch nur im Zusammenhang mit maschinenorientierten Sprachen benutzt. Man spricht daher auch von einem Maschinenbefehl. Jeder B. besteht aus einem Operationsteil, der die auszuführende → Operation festlegt, und einem Operandenteil, der Angaben über die zu benutzenden → Operanden enthält und meist einen oder mehrere Adreßteile umfaßt (→ Digitalrechner).

☐ *Verzweigungsbefehl.* Ein B., der dem Programmierer die Möglichkeit gibt, Alternativen zu programmieren. Bei der Ausführung des Programms wird vom Rechner aufgrund vorgegebener Bedingungen geprüft, mit welchem Zweig fortgesetzt wird.

☐ *Unterbrechungsbefehl.* Ein B., dessen Ausführung einen Rechner veranlaßt, den gerade arbeitenden → Prozeß zu unterbrechen und der Prozeßverwaltung die Regie zu übertragen (→ Betriebssystem).

☐ *Makrobefehl.* Eine programmiersprachliche Anweisung, die vom Übersetzer der Programmiersprache

durch eine Folge von einzelnen → Befehlen ersetzt wird (Assembler).
☐ *Mikrobefehl*. B. auf der Ebene des Mikroprogramms.
☐ *Mehr-Adreß-B.* Ein B., dessen Operandenteil mehrere → Adressen umfaßt. Üblich sind bis zu drei Adressen.
☐ *Ein-Adreß-B.* Ein B., dessen Operandenteil nur eine Adresse umfaßt. Über den Speicherplatz der übrigen Operanden und des Ergebnisses werden bei Digitalrechnern mit Ein-Adreß-B. feste Voraussetzungen getroffen (→ Digitalrechner, → Akkumulator).
☐ *Adreßmodifikationsbefehl*. Bei einigen Rechnern ein B., der den Operandenteil des folgenden B. modifiziert.
☐ *Pseudobefehl*. Eine Anweisung an den Übersetzer zur Steuerung des Übersetzungsvorganges. Sie hat meist die gleiche äußere Form wie die übrigen B., führt aber nicht zu einem B. im Zielprogramm (→ Assembler).
*Bode/Schneider*

**Befehlssatz, reduzierter** ⟨*RISC, Reduced Instruction Set Computer*⟩. Tendenz in der → Rechnerarchitektur zum Entwurf von → Prozessoren mit wenigen einfachen Maschinenbefehlen: RISC.

Die Entwicklung der Rechnerarchitektur seit 1960 war geprägt durch das Familienkonzept klassischer Universalrechner (mainframes). Die Prozessoren dieser Rechnerfamilien umfaßten meist weit über 100 Maschinenbefehle auch komplexer Natur, die mittels der Technik der → Mikroprogrammierung implementiert waren. Innerhalb der Rechnerfamilien bestand unter Wahrung der Aufwärtskompatibilität eine Tendenz zur Integration immer neuer und mächtigerer Maschinenbefehle in den Befehlssatz leistungsfähiger Prozessoren. Diese Entwicklung zum CISC (*Complex Instruction Set Computer*) war letztlich bedingt durch die Entwicklung der Rechnertechnologie: Die → Hauptspeicher der Universalrechner waren in Ferritkernspeichertechnik aufgebaut, die bei angemessenem Kostenaufwand nur Zugriffszeiten von minimal 1 µs erlaubten. Die wesentlich kleineren Mikroprogrammspeicher konnten jedoch bereits in der neu aufkommenden Halbleitertechnologie realisiert werden und ermöglichten Zugriffszeiten, die um circa eine Größenordnung kürzer waren. Es lag daher nahe, aus Leistungsgründen immer mächtigere Maschinenbefehle mikroprogrammiert zu implementieren, die Technik der vertikalen Verlagerung ganzer Teile von Anwendungsalgorithmen und von → Betriebssystemen wurde intensiv benutzt.

Die weitere Entwicklung der Halbleitertechnologie erlaubte ab 1970 die schrittweise Ersetzung der Ferritkernspeicher durch Halbleiterspeicher. Damit konnten Hauptspeicher mit kürzeren → Zugriffszeiten realisiert werden, der Geschwindigkeitsvorteil der Mikroprogrammierung wurde damit tendenziell verringert. Untersuchungen zu den klassischen Großrechnerfamilien mit CISC-Eigenschaften zeigten zudem:
– Aus den komplexen Maschinenbefehlssätzen wird v. a. durch die Codegeneratoren von → Compilern für höhere → Programmiersprachen nur ein sehr kleiner Anteil genutzt, die große Mehrzahl der → Befehle wird sehr selten verwendet.
– Die → Implementierung großer Mikroprogramme ist wegen der Hardware-Nähe und mangelnder Hilfsmittel sehr fehleranfällig und änderungsunfreundlich.

Aus diesen Erkenntnissen entwickelten sich seit Ende der 70er Jahre gleichzeitig an universitären und industriellen Forschungsinstituten die RISC-Architekturen, deren Architekturprinzipien heute die Entwicklung von Mikroprozessoren dominieren. Wesentliches Ziel ist das Zusammenspiel von Rechnerarchitektur mit beschränktem Befehlssatz und Compilerprinzipien.

RISC-Architekturen sind nicht fest definiert, sondern vielmehr durch eine Reihe von Merkmalen gekennzeichnet, die in konkreten Rechnern in unterschiedlich starken Ausprägungen realisiert sind:
– Geringe Komplexität der Hardware durch kleine, einheitliche Maschinenbefehlssätze. In der Regel werden deutlich unter 100 Befehle implementiert. Maschinenbefehle erhalten ihre → Operanden immer aus → Registern, es gibt also keine komplexen Adreßbildungsverfahren. Der Datenzugriff auf den Hauptspeicher ist nur durch explizite Lade/Speichere-Befehle möglich. Man spricht daher auch von Load-Store-Architekturen. Die Leitwerke sind festverdrahtet, nicht mikroprogrammiert.
– Hohe Ausführungsgeschwindigkeit durch verschiedene Strukturmaßnahmen, die dazu führen, daß zum Teil mehr als ein Maschinenbefehl pro Prozessortakt ausgeführt wird. Schnelle → Decodierung der Maschinenbefehle wird durch einheitliches, horizontales Befehlsformat erreicht, kurzer Grundtakt und Überlappung der Befehlsausführung durch Pipelining des Maschinenbefehlszyklus. Pipeline-Hemmnisse und Verzögerungen beim Zugriff auf den Hauptspeicher werden durch Umordnen der Befehlsfolge weitgehend beseitigt (delayed branch, delayed store). Mehrere Befehle aus einem Befehlsstrom werden – überwacht durch das → Leitwerk – gleichzeitig auf mehreren Rechenwerken ausgeführt (superskalare Arbeitsweise). Zugriffe auf den Hauptspeicher werden durch schnelle Allzweckregister reduziert. Das zeitaufwendige Retten von Registern beim Prozeduraufruf wird bei einigen Varianten der RISC-Architekturen durch Bereitstellen mehrerer Registerbänke weitgehend verhindert. Um dennoch nötige Zugriffe auf den Hauptspeicher zu beschleunigen, werden → Cachespeicher – meist getrennt für Daten und Befehle – sowie weitere Spezialspeicher eingeführt.
– Optimierung des Maschinencode durch geeignete Compiler. Voraussetzung für die Optimierungstechnik sind dabei die einfachen Grundoperationen und die Nutzung universeller Allzweckregister.

Bei Realisierung der RISC-Prozessoren auf → VLSI-Bausteinen kann die durch die einfachere Leitwerkstruktur gesparte Chipfläche für Speicherbereiche (Cachespeicher, Register) oder für Kommunikationsmechanismen bei → Multiprozessor-Systemen genutzt werden. *Bode*

**Befehlsvorrat** ⟨*commands*⟩. Gesamtheit der in der Befehlsliste eines bestimmten Computermodells enthaltenen Befehle oder die Menge der zulässigen Befehle einer bestimmten maschinenorientierten → Programmiersprache.

Je größer der B. ist, für um so mehr Operationen gibt es eigene Befehle. Bei geringem B. müssen Operationen, für die kein eigener → Befehl vorhanden ist, i.d. R. durch mehrere andere Befehle „umschrieben" werden, was meist nicht nur zu einer Erhöhung der Zahl der Befehle im Programm und damit zu einem größeren Bedarf an Speicherplätzen für die Unterbringung dieses Programmes führt, sondern auch die Laufzeit des Programmes verlängert.

Ein großer B. muß jedoch nicht in jedem Fall die → Programmierung erleichtern. Er erschwert unter Umständen dem Programmierer seine Arbeit durch Unübersichtlichkeit und unnötige Kompliziertheit.

*Encarnação/Sänger*

**Befehlszähler** ⟨*program counter*⟩. Ein zählendes → Register (Zähler) im → Leitwerk eines → Digitalrechners, das zu jedem Zeitpunkt die → Adresse des → Befehls enthält, der gerade ausgeführt wird bzw. der als nächster auszuführen ist. Während der Ausführung eines Befehls wird das Register so erhöht, daß es anschließend die Adresse des folgenden Befehls enthält. Bei Rechnern mit variabler Befehlslänge ist das Inkrement daher vom Befehlstyp abhängig. Wenn ein → Prozeß unterbrochen wird, muß der B. neben anderen Registern gerettet werden, so daß der Prozeß später an der Stelle fortgesetzt werden kann, an der er unterbrochen wurde. Bei Sprungbefehlen (Verzweigungsbefehlen) wird der Inhalt des B. durch die Adresse des Sprungzieles ersetzt. Bei Rechnern mit Pipelining des Befehlszyklus sind ggf. mehrere B. vorhanden, die die verschiedenen versetzt in Ausführung befindlichen Befehle adressieren. *Bode/Schneider*

**Behebung von Deadlock-Zuständen** ⟨*recovery from deadlock states*⟩ → Berechnungskoordinierung

**Belady's Optimal (BO)** ⟨*Belady's optimal*⟩ → Speichermanagement

**Belegungsanforderungsgraph** ⟨*serially reusable resource graph*⟩ → Berechnungskoordinierung

**Belegungsanforderungszustand** ⟨*allocation request state*⟩ → Berechnungskoordinierung

**Beleuchtungsmodell** ⟨*lighting model*⟩. Grundlage für jedes Schattierungsverfahren (→ Schattierung) in der Computergraphik ist ein B. Es ist eine Abstraktion der realen optischen Verhältnisse, die in der darzustellenden → Szene herrschen.

Elemente des B. sind Position und Strahlungscharakteristik (z. B. → Intensität, Farbe, Öffnungswinkel des Strahlenkegels) von Lichtquellen und die Materialeigenschaften (z. B. glatt, rauh, spiegelnd, transparent) der Objekte in der Szene.

Ein einfaches B., das in der Praxis (z. B. in CAD-Anwendungen) häufig ausreichend ist, erhält man durch Anwendung des *Lambert*-Gesetzes für die diffuse Reflektion. Damit wird erreicht, daß dreidimensionale Körper auch in der zweidimensionalen Darstellung plastisch wirken.

Das → Modell läßt sich auf einfache Weise erweitern durch die Einbeziehung des sog. Umgebungslichtes (ambient light). Die Intensität des → Umgebungslichtes wird dabei durch eine konstante Intensität angenähert. Damit werden auch solche Oberflächen sichtbar, die (z. B. durch Abschattung) keiner direkten Lichteinstrahlung unterliegen.

Komplexere Modelle ermöglichen die → Simulation spiegelnder, transparenter und brechender Oberflächen. Damit können z. B. gläserne Objekte und Flüssigkeiten realitätsnah dargestellt werden. Als ein Sonderfall der spiegelnden Reflexion sind die sog. Glanzlichter anzusehen. Durch ein geeignetes Modell kann das Verhalten hinsichtlich Farbe, Abstrahlungsrichtung, Entfernung usw. unterschiedlicher Typen von Lichtquellen modelliert werden. Dabei gilt jedoch, daß mit zunehmender Realitätsnähe der Darstellung (also zunehmender Komplexität des Modells) der Aufwand beträchtlich steigt.

Ein Verfahren, das die Einbeziehung auch komplexerer B. und damit die Generierung sehr realistisch wirkender Bilder erlaubt, ist das → Ray-Tracing.

*Encarnação/Joseph*

Literatur: *Cook, R. L.* and *K. E. Torrance*: A reflection model for computer graphics. ACM Transactions on Graphics 1 (1982) 1, pp. 7–24. – *Whitted, T.*: An improved illumination model for shaded display. Communications of the ACM. 23 (1980) 6, pp. 343–349.

**Bell-LaPadula-Modell** ⟨*Bell LaPadula model*⟩
→ Rechtssicherheitspolitik

**Benchmark** ⟨*benchmark*⟩. → Programmpaket, das zum Zwecke der Rechnerbewertung auf Rechenanlagen ausgeführt wird. Ziel ist meist die Auswahl einer geeigneten Anlage gemäß einem geplanten Anforderungsprofil, das durch die → Programme des B. möglichst gut repräsentiert sein soll. B. können vom einzelnen Benutzer selbst zusammengestellt werden, es existieren jedoch auch Standardpakete für verschiedene Anwendungsbereiche. Verbreitete B. sind für Numerik LINPACK, WHETSTONE, PERFECT, für gemischte und Systemanwendungen auf Arbeitsplatzrechnern SPEC, DHRYSTONE, auf PCs BAPCO sowie für transaktionsorientierte Anwendungen TPC. Bei B. wird die Gesamtausführungszeit im Rechnerkern bei ansonst unbelasteter Anlage gemessen. Die interne Abarbeitungsreihenfolge der Programme aus dem B. wird der jeweiligen Strategie der Betriebssoftware überlassen. Die Programme sind meist in höheren Programmiersprachen erstellt und werden vor ihrer Ausführung compiliert. B. messen neben den Eigenschaften der → Hardware also auch Eigenschaften der Betriebssoftware. Ergebnis des B.-Tests ist eine Ausführungszeit, die nur als Vergleichsmaß zu interpretieren ist. Verschiedene B. können durchaus zu unterschiedlichen Beurteilungen einer gleichen Menge von Rechenanlagen kommen.

Benchmarking paralleler und → verteilter Systeme ist wegen der unterschiedlichen Programmiersysteme und Architekturen schwierig. *Bode*

**Benutzer** ⟨user⟩. Als B. im Kontext eines → Mensch-Maschine-Systems wird diejenige Person bezeichnet, die mehr oder weniger passiv das Mensch-Maschine-System nutzt. Sie nimmt die Leistung des technischen Systems in Anspruch, ohne unbedingt auch gleichzeitig dessen → Bediener zu sein.

Übernimmt der Mensch die Rolle eines interaktiven B., so ist er zugleich Bediener des entsprechenden technischen Systems. Diese Betrachtungsweise spielt eine wichtige Rolle bei Mensch-Rechner-Systemen. Hier ist nach DIN 66200 der B. beispielsweise als Person definiert, die gegenüber einem Rechnersystem die Rolle des Auftraggebers wahrnimmt. *Langmann*

Literatur: *Johannsen, G.*: Mensch-Maschine-Systeme. Berlin 1993.

**Benutzerassistent** ⟨user assistant⟩. Bezeichnung für eine u. U. lernfähige Systemkomponente, die den → Benutzer eines rechnergesteuerten Systems unterstützt. Ein B. soll im Unterschied zum klassischen Hilfssystem meist von sich aus tätig werden (z.B. abhängig von den Benutzerinteraktionen). *Langmann*

**Benutzereingabe** ⟨user imput⟩. In der elektronischen → Datenverarbeitung kann eine B. auf unterschiedliche Art und Weise durchgeführt werden: z.B. Abfrageeingabe, Anforderungseingabe, Ereigniseingabe. B. werden über funktionale Eingabegeräte (→ GKS) realisiert, denen ein oder mehrere physische Eingabegeräte zugeordnet sind. Eine B. in der Form der Anforderungseingabe besteht aus der → Ausgabe der → Aufforderung, der Durchführung des Maßwertprozesses mit eventueller Darstellung des Echos, der Betätigung der → Auslöser durch den → Bediener, der Übernahme des Maßwertes und der Quittierung der Eingabe.

*Encarnação/Alheit/Haag*

**Benutzerkoordinaten** ⟨user coordinates⟩ → Weltkoordinaten

**Benutzermaschine** ⟨user machine⟩ → Betriebssystem

**Benutzermodell** ⟨user model⟩. Modell der Fähigkeiten und Fertigkeiten eines Endbenutzers in einem Aufgabenkontext. Das bekannteste Modell, das von kognitiven Psychologen für die Mensch-Computer-Interaktion entwickelt wurde, ist das GOMS-Modell (Abk. für *G*oals, *O*perators, *M*ethods, *S*election, *R*ules). Es basiert auf einer Theorie, die das menschliche Problemlösen als zielgerichtete Tätigkeit sieht. Andere Ansätze modellieren die Mensch-Computer-Interaktion mittels → Grammatiken.

B. können sich im Detail, bezogen auf den Einsatzbereich des technischen Systems, sehr unterscheiden. Zur Aufstellung eines wirksamen B. sind häufig aufwendige empirische Untersuchungen der beteiligten Nutzergruppen erforderlich.

Die Forschungs- und Entwicklungstätigkeit beim Einsatz von B. richtet sich auf die Verbesserung der Mensch-Computer-Kommunikation. Die Grundidee besteht dabei darin, eine → Benutzerschnittstelle als → Expertensystem aufzufassen. Damit sollen dann zwei Anwendungsziele erschlossen werden:
– Der Benutzerschnittstelle zugeordnet ist ein → Benutzerassistent, der den → Bediener fallweise bei seinen Tätigkeiten unterstützen kann. Dies gestattet mehr implizite Kommunikation zwischen Mensch und Computer.
– Aufgrund des intern vorhandenen Wissens über den Benutzer (über das B.) kann die Benutzerschnittstelle kontextabhängig während der → Laufzeit modifiziert werden (→ Adaption der Benutzerschnittstelle).

Die meisten bekannten Systeme, die mit expliziten B. arbeiten, befinden sich gegenwärtig noch im experimentellen Stadium. *Langmann*

Literatur: *Card, S. K. et al.*: The psychology of human-computer interaction. Hillsdale, NJ 1983. – *Kobsa, A.; Wahlster,W.* (Eds): User models in dialogue systems. Berlin 1989.

**Benutzerschnittstelle** ⟨user interface⟩. Gesamtheit der dem → Benutzer für den → Dialog zur Verfügung stehenden → Hardware eines interaktiven Systems und dessen Verhalten in Abhängigkeit von den Benutzereingaben, festgelegt durch → Software. Gelegentlich wird sie auch als Mensch-Maschine-Schnittstelle bezeichnet.

Die Minimalkonfiguration der Hardware einer B. besteht i. d. R. ausgabeseitig aus einem → Sichtgerät und eingabeseitig aus einer Tastatur. Den Erfordernissen entsprechend, können graphische Eingabegeräte und Ausgabegeräte hinzukommen.

Die Notwendigkeit, den Benutzer beim Systementwurf zu berücksichtigen, wurde erst spät erkannt. Zu Beginn des Computerzeitalters entstammten Benutzer dem mathematisch naturwissenschaftlichen Bereich, und es lohnte sich für sie, sich das für die Bedienung der Computer erforderliche Spezialwissen anzueignen. Durch die darauffolgende weite Verbreitung der Computer müssen die Entwickler der Systeme heute auch Laien als prospektive Benutzer berücksichtigen.

B. stellen im Gegensatz zu Schnittstellen zwischen Programmen den Kontakt des Computers zur Außenwelt, zum Menschen, her. Sie haben den Eigenschaften zweier grundlegend verschiedener Systeme Rechnung zu tragen: denen des Menschen und denen des Computers. Dies macht sie zum am schlechtesten spezifizierbaren Teil eines Computersystems. Die B. muß sowohl den technischen Gegebenheiten des Computers als auch den psychologischen und physiologischen Anforderungen des Menschen gerecht werden.

Die B. ist der Zugang zum Werkzeug Computer. Diese wichtige Stellung, die Komplexität der → Schnittstelle und die zunehmende Bedeutung des Werkzeugs Computer für Arbeits- und Privatleben fordert eine neue Wissenschaft, die sich mit dieser Schnittstelle unter ergonomischer Sichtweise befaßt, die → Software-Ergonomie. Da die Software-Ergonomie informationstechnische, psychologische sowie Aspekte des Arbeitsumfeldes zu betrachten hat, ist sie eine interdisziplinäre Wissenschaft, die zumindest Physiologie, Psychologie, Informatik und Arbeitswissenschaften zu berücksichtigen hat.

Die Hauptanforderungen der *Software-Ergonomie* an ein interaktives → System finden ihren Niederschlag in DIN 66234. Sie enthält fünf Kriterien:

□ *Aufgabenangemessenheit.* Ein Dialog muß den Benutzer bei der Erledigung seiner eigentlichen Arbeitsaufgabe unterstützen, ohne ihn zusätzlich zu belasten.

□ *Selbsterklärungsfähigkeit.* Ein Dialog soll unmittelbar verständlich sein oder dem Benutzer auf Verlangen Einsatzweck sowie Einsatzweise des Dialoges erläutern können. Soweit der Dialog nicht unmittelbar verständlich ist, sollen auch der Leistungsumfang der Arbeitsmittel und die Voraussetzungen für die Anwendung erklärt werden können.

□ *Steuerbarkeit.* Die Geschwindigkeit des Ablaufs, Auswahl und Reihenfolge von Arbeitsmitteln oder Art und Umfang von Ausgaben können vom Benutzer beeinflußt werden.

□ *Verläßlichkeit.* Das Dialogverhalten des Systems soll den aufgrund seiner Erfahrungen aus Arbeitsweisen und Umgang mit dem System gebildeten Erwartungen des Benutzers entsprechen.

□ → *Fehlertoleranz und Fehlertransparenz.* Ein Dialog ist fehlertolerant, wenn trotz fehlerhafter Eingabedaten das beabsichtigte Arbeitsergebnis erreicht wird. Ein Dialog ist fehlertransparent, wenn dem Benutzer der Fehler zum Zwecke der Behebung transparent gemacht wird.

Der heutige Wissensstand der Software-Ergonomie läßt sich aus der Tatsache ersehen, daß in DIN 66234 vage Zielvorgaben für die Gestaltung von B. genannt werden, ohne daß Vorschriften hinzugefügt werden, wie diese erreicht bzw. überprüft werden können.

Neben den ergonomischen Betrachtungen ist die Erstellung von B. auch eine ingenieurwissenschaftliche Aufgabe. Die Anforderungen an Software-Systeme, die B. realisieren, werden in Zukunft weiter steigen. Man benötigt allgemeine Methoden und Werkzeuge zum Design und zur Konstruktion von B., um zu möglichst guten und wirtschaftlich vertretbaren Lösungen zu kommen. *Encarnação/Ehmke*

Literatur: *Fähnrich, K.-P.* (Hrsg.): Software-Ergonomie. München 1987. – *Fischer, G.* u. *R. Gunzenhäuser* (Hrsg.): Methoden und Werkzeuge zur Gestaltung benutzergerechter Computersysteme. Berlin 1986. – *Schönpflug, W.* u. *M. Wittstock* (Hrsg.): Software-Ergonomie '87. Berlin 1987.

**Benutzerverwaltung** ⟨*user administration*⟩
→ Betriebssystem

**Benutzungsschnittstelle eines Rechensystems**
⟨*user interface of a computing system*⟩ → Rechensystem, → Benutzerschnittstelle

**Beobachtbarkeit** ⟨*observability*⟩. Entscheidendes Kriterium für die Korrektheit eines Programms bzw. eines Software-Systems ist, daß das System (auf bestimmte Eingaben) die „richtigen" Daten als Ergebnisse liefert, d. h. das gewünschte Ein-/Ausgabeverhalten hat. Infolgedessen kommt dem beobachtbaren Verhalten eines Systems entscheidende Bedeutung zu, während von internen, nicht beobachtbaren Eigenschaften abstrahiert werden kann. Beispiele sind etwa Systeme kommunizierender Prozesse, deren beobachtbare Aktionen für das Systemverhalten maßgeblich sind, oder Datenbanksysteme, die unabhängig von ihrer internen Struktur als korrekte Realisierung einer → Spezifikation aufzufassen sind, wenn nur die (in bezug auf die Spezifikation) richtigen Daten geliefert werden.

Das Prinzip der B. hat sich als ein wichtiger Bestandteil formaler Programmentwicklungsmethoden erwiesen, da es einen intuitiv klaren Abstraktionsmechanismus liefert, der einerseits bei der Formalisierung der beobachtbaren Äquivalenz von Prozessen, andererseits bei der Formalisierung von Verfeinerungskonzepten (→ Verfeinerung) für algebraische Spezifikationen Verwendung findet.

Ein wichtiges Konzept der beobachtbaren Äquivalenz von Prozessen wurde im Rahmen des von *R. Milner* entwickelten Calculus for Communicating Systems (→ CCS) vorgestellt. Die Idee hierbei ist, von den internen, nicht sichtbaren Aktionen von Prozessen weitmöglichst zu abstrahieren. Formal werden zwei Prozesse p und q beobachtbar äquivalent genannt (Schreibweise: p≈q), wenn es eine → Bisimulation gibt, die p und q enthält. Beispielsweise gelten für beliebige CCS-Prozesse p, q und r die Äquivalenzen p+p≈p, p+q≈q+p und p+(q+r)≈(p+q)+r, d. h., der CCS-Auswahloperator + ist idempotent, kommutativ und assoziativ bezüglich der beobachtbaren Äquivalenz von Prozessen.

Grundlegende Vorstellung bei der beobachtungsorientierten Verfeinerung von Spezifikationen ist, daß eine algebraische Spezifikation SP-IMPL aus dem Gesichtspunkt der B. heraus als korrekte Verfeinerung einer abstrakten Spezifikation SP-A aufgefaßt wird, wenn SP-IMPL (unabhängig von internen Eigenschaften) nur die beobachtbaren Eigenschaften von SP-A erfüllt. Die beobachtbaren Eigenschaften werden dabei durch eine Menge von „beobachtbaren Experimenten", d.h. von Berechnungen mit beobachtbarem Ergebniswert, bestimmt. Die beobachtbaren Daten sind typischerweise Werte von Basisdatentypen wie *Boole*sche Werte, numerische Werte oder Zeichen (characters).

*Beispiel*
In einer üblichen Spezifikation von → Kellerspeichern wird verlangt, daß nach Hinzufügen eines Elements x zu einem Keller k (mit der Operation „push") und nach Entfernen des obersten Kellerelements mit der Operation „pop" der alte Kellerzustand wieder hergestellt ist, was durch die Gleichung pop(push(x, k))=k ausgedrückt wird.

Eine übliche Implementierung von Kellern besteht in deren Realisierung durch Paare, bestehend aus einem Feld (array) und einem Zeiger auf diejenige Feldkomponente, die das zum aktuellen Zeitpunkt oberste Kellerelement enthält. Die Operation „push" wird dabei so realisiert, daß der Zeiger um eine Position erhöht und ein Wert in die betreffende Feldkomponente eingetragen wird. Die Operation „pop" wird durch einfaches Erniedrigen des Zeigers realisiert, und die Operation „top" liefert den Inhalt derjenigen Feldkomponente, auf die der Zeiger verweist. Offensichtlich erfüllt die Implementierung von Kellern durch Felder mit Zeigern die geforderte Gleichung pop(push(x, k))=k nicht.

Beachtet man jedoch, daß Keller komplexe Objekte sind, deren interner Zustand nicht direkt sichtbar ist, sondern nur durch Zugriff auf das jeweils oberste Kellerelement abgefragt werden kann, so erkennt man, daß durch derartige Operationen mit beobachtbarem Ergebnis der durch pop(push(x, k)) repräsentierte Keller nicht von dem durch k repräsentierten Keller unterschieden werden kann. Die Realisierung von Kellern durch Felder mit Zeigern ist also aus beobachtungsorientierter Sicht korrekt.

Modula-2-Programm zur Realisierung von Kellern:
```
CONST Max = 100;
TYPE
  Index = [0..Max];
  Keller =
    RECORD
      Feld: ARRAY Index OF CARDINAL;
      Zeiger: Index;
    END;
PROCEDURE empty (VAR k: Keller);
BEGIN k.Zeiger := 0;
END empty;

PROCEDURE push (x: CARDINAL; VAR k: Keller);
BEGIN
  IF k.Zeiger < Max
  THEN
    k.Zeiger := k.Zeiger + 1;
    k.Feld[k.Zeiger] := x END;
END push;

PROCEDURE pop (VAR k: Keller);
BEGIN
  IF k.Zeiger > 0
  THEN k.Zeiger := k.Zeiger - 1 END;
END pop;

PROCEDURE top (k: Keller): CARDINAL;
BEGIN
  IF k.Zeiger > 0
  THEN RETURN k.Feld[k.Zeiger]
  END;
END top;
```
*Hennicker/Wirsing*

Literatur: *Bidoit, M.; Hennicker, R.; Wirsing, M.*: Behavioural and abstractor specifications. Sci. of Computer Progr. 25 (2–3) 1995. – *Milner, R.*: Lectures on a calculus for communicating systems. In: *M. Broy* (Ed.): Control flow and data flow: Concepts of distributed programming. NATO ASI Series, Vol. F14. Springer, Berlin 1985. – *Reichel, H.*: Behavioural equivalence – a unifying concept for initial and final specification methods. In: *M. Arato* and *L. Varga* (Eds.): Math. models in comp. systems. Proc. 3rd Hungarian Computer Sci. Conf., Budapest 1981.

**Beobachtung des Verhaltens** ⟨observation of the behaviour⟩ → Fehlererkennung

**Beobachtung eines Systems** ⟨observation of a system⟩ → Fehlervermeidung

**Berechenbarkeit** ⟨computability⟩. Der Begriff der B. einer Funktion hängt eng mit den Begriffen → Algorithmus und → *Turing*-Maschine zusammen. Eine Funktion heißt berechenbar, wenn es einen Algorithmus gibt, mit dessen Hilfe für jedes mögliche Argument der Funktion ihr Wert bestimmt werden kann, falls dieser überhaupt definiert ist. Beispielsweise kann solch ein Algorithmus als *Turing*-Programm gegeben sein. Es gibt einfach definierbare Funktionen über den natürlichen Zahlen, die nicht berechenbar sind; z.B. die Funktion, die jeder natürlichen Zahl die Maximalanzahl von Einsen zuordnet, die eine haltende *Turing*-Maschine mit dem Alphabet {0, 1} und n Anweisungen auf das leere (nur mit Nullen beschriftete) Arbeitsband schreiben kann, so daß sie nach dem Schreiben dieser Einsen hält. *Brauer*

Literatur: *Brauer, W.*: Grenzen maschineller Berechenbarkeit. Informatik-Spektrum 13 (1990) S. 61–70.

**Berechnung** ⟨computation⟩. **1.** Ablauf eines Programms auf einer → Rechenanlage bzw. (in der theoretischen Informatik) Ablauf eines Automaten oder einer → Maschine. Eine sequentielle Berechnung kann als lineare Folge $s_0 s_1 s_2 \ldots$ von → Zuständen dargestellt werden, wobei $s_0$ ein Anfangszustand des Automaten ist und alle Zustandsübergänge $(s_i, s_{i+1})$ gemäß der Zustandsübergangsrelation des Automaten zulässig sind. Eine endliche B. heißt terminierend (→ Terminierung), eine unendliche B. nichtterminierend. Ist für den Automaten eine Akzeptanzbedingung (Akzeptor) definiert, so kann eine terminierende B. akzeptierend sein oder nicht. Terminierende B. von → Transduktoren erzeugen ein Ergebnis. B. verteilter oder paralleler Systeme können als Menge ihrer möglichen Sequentialisierungen (interleaving) oder allgemeiner als kausal geordnete Menge von Ereignissen (Ereignisstruktur, Trace-Theorie) dargestellt werden. *Merz/Wirsing*

**2.** B. werden von → Rechensystemen als geordnete Menge von *Berechnungsschritten* ausgeführt; dabei sind die Berechnungsschritte die Bausteine, mit denen B. komponiert werden.

Einem Berechnungsschritt sind Datenobjekte zugeordnet, die zur Ausführung des Berechnungsschrittes benötigt werden; die Menge dieser Datenobjekte ist der *Wirkungsbereich* des Berechnungsschritts. Mit der Ausführung des Berechnungsschritts werden Datenobjekte des Wirkungsbereichs verändert; diese Veränderungen sind als *Wirkung* die funktionalen Eigenschaften des Berechnungsschritts. Die Ausführung eines Berechnungsschritts hat eine endliche Dauer; diese *Ausführungszeiten* sind die temporalen Eigenschaften des Berechnungsschritts.

Berechnungsschritte werden zu B. komponiert mit dem Ziel, komponierte Wirkungen zu erzielen. Dazu ist einerseits erforderlich, daß Interferenzen der Wirkungen der Berechnungsschritte vermieden werden. Dazu ist andererseits zu berücksichtigen, daß die Wirkungen der Berechnungsschritte gezielt kombiniert werden können, indem festgelegt wird, daß Resultate eines Berechnungsschritts Eingaben eines anderen Berechnungsschritts sind. Diese Anforderungen können erfüllt werden, indem für die Berechnungsschritte *Reihenfolgerestriktionen* so festgelegt werden, daß sich mit ihnen Ordnungen über den Berechnungsschritten ergeben. Komponierte B. werden demnach spezifiziert, indem die Menge ihrer Berechnungsschritte und Reihenfolgerestriktionen für diese so festgelegt werden, daß sich Ordnungen über die Menge der Berechnungsschritte ergeben. Ausführungen der komponierten B. sind dann Ausführungen der Berechnungsschritte in einer Reihenfolge, die mit den Ordnungen über der Menge der Berechnungsschritte verträglich ist. Die funktionalen und die temporalen Eigenschaften der komponierten B. ergeben sich durch die der Ausführungsreihenfolge entsprechenden Kompositionen der funktionalen und temporalen Eigenschaften der Berechnungsschritte.

Mit dem Erklärten ergeben sich für komponierte B. vielfältige Möglichkeiten. Für eine Menge B von Berechnungsschritten werden mit den Reihenfolgerestriktionen enge oder weite Grenzen für Kompositionen gezogen. Die schärfste Einschränkung liegt dann vor, wenn mit den Reihenfolgerestriktionen für B eine lineare Ordnung festgelegt ist. In diesem Fall ist die komponierte B. die *sequentielle B.*, deren Ausführung darin besteht, daß die Berechnungsschritte in der mit der linearen Ordnung über B festgelegten Folge ausgeführt werden. Die schwächste Einschränkung liegt dann vor, wenn für die Berechnungsschritte gemäß B keine Reihenfolgerestriktionen festgelegt sind. In diesem Fall sind für die komponierte B. Ausführungen der Berechnungsschritte in beliebigen Reihenfolgen zugelassen. Zu diesen gehören insbesondere *parallele B.*, die dann vorliegen, wenn mehrere Berechnungsschritte (partiell) gleichzeitig ausgeführt werden. In der Regel sind für die Berechnungsschritte Reihenfolgerestriktionen festgelegt, aus denen sich keine lineare Ordnung über B ergibt; B ist also partiell geordnet. Wenn das der Fall ist, sind für die komponierte B. Ausführungen der Berechnungsschritte in einer Reihenfolge, die mit der partiellen Ordnung über B verträglich ist, zugelassen; zu diesen gehören sequentielle und parallele B.

Komponierte B. werden meist mit Programmen spezifiziert. Insbesondere spezifizieren *sequentielle Programme* sequentielle B.; sie legen die Berechnungsschritte und die lineare Ordnung über diesen fest. Sequentielle Programme werden insbesondere von → Betriebssystemen dazu benutzt, sequentielle Prozesse als abstrakte Maschinen, die sequentielle B. ausführen, zu erzeugen. Sequentielle Programme können zur Spezifikation komponierter B. herangezogen werden. Der einfachste Fall hierfür ergibt sich mit einer Menge P, die aus mehreren sequentiellen Programmen besteht. Jedes sequentielle Programm p ∈ P legt dann eine Menge von Berechnungsschritten und die lineare Ordnung über diesen fest. Mit der Menge P können komponierte B. spezifiziert werden. Dazu sind dann keine weiteren Maßnahmen erforderlich, wenn die Berechnungsschritte aller p, q ∈ P mit p ≠ q interferenzfrei sind und wenn die B. der P-Elemente nicht gezielt kombiniert werden sollen. In diesem Fall werden mit P komponierte B. wie folgt spezifiziert: Ihre Berechnungsschritte sind die Berechnungsschritte der p ∈ P, und die Reihenfolgerestriktionen sind die der linearen Ordnungen der einzelnen sequentiellen Programme. Wenn jedoch die Berechnungsschritte der p, q ∈ P, p ≠ q, nicht interferenzfrei sind oder wenn die B. der P-Elemente gezielt kombiniert werden sollen, dann müssen die Wirkungen der komponierten B. mit zusätzlichen Reihenfolgerestriktionen für die Berechnungsschritte der P-Elemente spezifiziert werden. In jedem dieser Fälle hat das Betriebssystem die sich ergebende Koordinierungsaufgabe zu lösen: Die B. der Prozesse sind der jeweiligen Spezifikation entsprechend zu koordinieren.

Die erklärten komponierten B. gehen von Berechnungsschritten mit festliegenden Eigenschaften als Bausteinen aus; das Erklärte gilt entsprechend relativ zu diesen Bausteinen. Die Bausteine können ihrerseits komponierte B. sein. Diese Vorgehensweise ist zum Verständnis von → Rechensystemen wesentlich. Sie entspricht der Rekursivität des Begriffs → System sowie den beiden für ein System charakteristischen Sichten, der Black-Box-Sicht und der Glass-Box-Sicht.

Die erklärten sequentiellen und parallelen, komponierten B. werden zur Charakterisierung von Rechensystemen herangezogen, und zwar insbesondere zur Charakterisierung der Fähigkeiten der Systeme, die für Anwender nutzbar sind. Ein Rechensystem erhält seine für Anwender nutzbaren Fähigkeiten mit seinem Betriebssystem. Dementsprechend ergeben sich sequentielle und parallele Rechensysteme wesentlich aus den Eigenschaften ihrer Betriebssysteme. Ein Rechensystem, das seine nutzbaren B. als linear geordnete Menge von Berechnungsschritten ausführt, ist ein → sequentielles Rechensystem. Ein Rechensystem, das seine nutzbaren B. als nicht notwendig linear geordnete Menge von Berechnungsschritten ausführt, ist ein → paralleles Rechensystem. Ein paralleles Rechensystem kann also seine nutzbaren Berechnungsschritte sequentiell ausführen; es kann sie jedoch auch (partiell) gleichzeitig ausführen.

*P. P. Spies*

**Berechnung, nebenläufige** ⟨concurrent computation⟩ → Berechnung; → Algorithmus, paralleler; → Programmierung, parallele; → Parallelsysteme

**Berechnung, nichtterminierende** ⟨non-terminating computation⟩ → Berechnung

**Berechnung, parallele** ⟨parallel computation⟩ → Berechnung

**Berechnung, sequentielle** ⟨sequential computation⟩ → Berechnung

**Berechnung, terminierende** ⟨terminating computation⟩ → Berechnung

**Berechnung, verteilte** ⟨distributed computation⟩ → Berechnung; → System, verteiltes

**Berechnungen, Speichermanagement für** ⟨storage management for computations⟩ → Speichermanagement

**Berechnungskoordinierung** ⟨coordinating computations⟩. Das → Betriebssystem, mit dem ein → Rechensystem seine für Anwender nutzbaren Speicher- und Rechenfähigkeiten erhält, stellt neben anderen Konzepten mit dem Prozeßmanagement insbesondere Konzepte für sequentielle Prozesse als abstrakte Maschinen, die (sequentielle) → Berechnungen ausführen, zur Verfügung mit der Konsequenz, daß die Fähigkeiten des Rechensystems mit den Berechnungen seiner jeweiligen Prozesse genutzt werden. Die Prozesse des Systems werden bei Bedarf erzeugt und, wenn sie nicht mehr benötigt werden, wieder aufgelöst; das erfolgt mit Diensten des → Betriebssystemkerns. Als Prozesse werden insbesondere den einzelnen Benutzern des Systems ihre Benutzermaschinen zur Erteilung und zur Ausführung von Aufträgen zur Verfügung gestellt.

Es ergibt sich, daß es für das System eine dynamische Familie von Mengen koexistierender Prozesse gibt, und das Fortschreiten der Berechnungen der jeweiligen Prozesse bestimmt das → Verhalten des Systems. Die einzelnen Prozesse sind abstrakte Maschinen mit konzeptionell festgelegten Wirkungsbereichen für ihre Berechnungen. Die konzeptionell festgelegten abstrakten Eigenschaften der Prozesse müssen vom Betriebssystemkern realisiert werden; zudem können die Prozesse ihre Wirkungsbereiche dynamisch den jeweiligen Anforderungen anpassen. Damit ergeben sich Abhängigkeiten zwischen den Prozessen, die dazu führen, daß die Berechnungen der Prozesse koordiniert werden müssen. Die *Koordinierungsaufgabe* des Betriebssystems besteht darin, für die jeweiligen Prozesse das Fortschreiten ihrer Berechnungen so zu gewährleisten, daß die Prozesse ihre Berechnungen mit der spezifizierten → Funktionalität ausführen können.

Diese von einem Betriebssystem zu lösende Koordinierungsaufgabe ist in Abhängigkeit vom jeweiligen Rechensystem, von den Eigenschaften der Prozesse und insbesondere von den möglichen Wechselwirkungen zwischen den Prozessen mehr oder weniger vielfältig und komplex; sie erfordert die Zerlegung in Teilaufgaben und systematisches Vorgehen. In allen Fällen müssen die beiden folgenden Anforderungen erfüllt werden:
– Es ist zu gewährleisten, daß alle Prozesse ihre Berechnungen vollständig ausführen können.
– Es ist zu gewährleisten, daß die Prozesse die Datenobjekte der Wirkungsbereiche ihrer Berechnungen den funktionalen Eigenschaften dieser Datenobjekte entsprechend nutzen können.

Zur Erfüllung der zweiten dieser Anforderungen müssen die funktionalen Eigenschaften der Datenobjekte bekannt sein. Weil viele Datenobjekte und vielfältige Eigenschaften erfaßt werden müssen, sind Vergröberungen der Eigenschaften und Klassifizierungen der Datenobjekte nach ihren relevanten Eigenschaften erforderlich. Dementsprechend werden Datenobjekte zu *Betriebsmitteln* vergröbert und Betriebsmittelklassen gebildet. Die Koordinierungsaufgabe wird dann auf dieser Basis als *Betriebsmittelverwaltungsaufgabe* (*BMV-Aufgabe*) gelöst. Die Datenobjekte können mit unterschiedlichen Granularitäten erfaßt und ihre Eigenschaften mehr oder weniger vergröbert werden; damit ergeben sich Möglichkeiten zur Steuerung der Komplexität der Koordinierungsaufgabe. Im folgenden werden die grundlegenden Aspekte der Koordinierungsaufgaben und Verfahren zur Lösung unter vereinfachenden Rahmenbedingungen erklärt.

Sei $\mathcal{R}$ ein Rechensystem. Von $\mathcal{R}$ wird ein Zeitintervall betrachtet, in dem die Menge D der Datenobjekte und die Menge P der koexistierenden Prozesse fest sind. Mit $\mathcal{R}=(D, P)$ wird folgende Koordinierungsaufgabe gestellt: Es ist zu gewährleisten, daß die Prozesse ihre Berechnungen vollständig ausführen können.

Die Prozesse p ∈ P benötigen Datenobjekte gemäß D für ihre Berechnungen. Sie konkurrieren um die D-Elemente; sie fordern Datenobjekte an, belegen und benutzen diese und geben sie wieder frei. Dabei ist wesentlich, daß die Prozesse die Datenobjekte ihren funktionalen Eigenschaften entsprechend benutzen können. Für die notwendigen Vergröberungen der Datenobjekte zu *Betriebsmitteln* (*BM*) gilt hier: Die D-Elemente sind *wiederholt benutzbare Betriebsmittel* (*WBM*), was bedeutet, daß sie von den Prozessen mehrfach benutzt werden können und nicht aufgelöst werden. Im Hinblick auf die Konkurrenz der Prozesse können die Datenobjekte gemäß D in zwei Klassen zerlegt werden: Ein Datenobjekt d ∈ D ist in ein *uneingeschränkt parallel benutzbares Betriebsmittel* (*PBM*) zu vergröbern, wenn es seinen funktionalen Eigenschaften entsprechend ohne Einschränkungen von beliebig vielen Prozessen gleichzeitig benutzt werden kann. Diese Vergröberung ist charakteristisch für die D-Elemente, deren Eigenschaften von den Prozessen nicht verändert werden können, also für Datenobjekte mit konstanten Werten. Ein Datenobjekt d ∈ D ist in ein *exklusiv benutzbares Betriebsmittel* (*XBM*) zu vergröbern, wenn es seinen funktionalen Eigenschaften entsprechend jeweils höchstens von einem Prozeß benutzt werden darf. Diese Vergröberung ist charakteristisch für die D-Elemente, deren Eigenschaften von den Prozessen, die sie benutzen, verändert werden, also für Datenobjekte mit variablen Werten.

Mit diesen Klassifizierungskriterien ergibt sich für D die Zerlegung $D = D_{par} \cup D_{exc}$. Für die Koordinierungsaufgabe, die zu lösen ist, ergibt sich weiter, daß die $d \in D_{par}$ den anfordernden Prozessen stets zugeteilt werden können; sie sind also unkritisch und müssen nicht weiter berücksichtigt werden. Für die kritischen Datenobjekte gemäß $D_{exc}$, die weiter zu berücksichtigen sind, ist es zweckmäßig, Äquivalenzklassen so zu bilden, daß die Elemente einer Klasse für die Prozesse gleichwertig sind. Mit $l \in \mathbb{N}$ seien für $D_{exc}$ die XBM-Klassen $(K_1, \ldots, K_l)$ gebildet. Für $i \in \{1, \ldots, l\}$ sei $w_i \in \mathbb{N}$ die Anzahl der Elemente von $K_i$. Dann wird $D_{exc}$ mit dem *BM-Vektor* $w = (w_1, \ldots, w_l)$ beschrieben.

Damit steht eine geeignete Beschreibung zur Lösung der Koordinierungsaufgabe für $\mathcal{R}$ zur Verfügung. Zur Lösung der Aufgabe sind Kenntnisse über das Verhalten der Prozesse, genauer über die BM, die sie für ihre Berechnungen benötigen, erforderlich. Diese Anforderungen werden bzgl. der BM-Klassen mit der Anzahl der benötigten Klassenelemente beschrieben. Die Kenntnisse über das Verhalten der Prozesse können mehr oder weniger detailliert sein; sie können im voraus vorliegen oder mit dem Fortschreiten der Berechnungen bekannt werden. Wenn die Koordinierungsaufgabe gelöst werden soll, müssen die von den Prozessen benötigten BM im voraus wenigstens grob bekannt sein. Für p ∈ P seien mit $h(p) = (h_1(p), \ldots, h_l(p))$ die maximalen XBM-Anforderungen bekannt; für $i \in \{1, \ldots, l\}$ ist dabei $h_i(p)$ die maximale Anzahl der Elemente der Klasse $K_i$, die p benötigt. Mit $H = (h(p) \mid p \in P)$ seien die *maximalen BM-Anforderungen* der Prozesse von $\mathcal{R}$ beschrieben. Die für die Koordinierungsaufgabe relevanten Eigenschaften des Systems $\mathcal{R}$ werden jetzt mit $\mathcal{R} = (w, P, H)$ beschrieben. Damit ergibt sich ein Kriterium für die Lösbarkeit der Koordinierungsaufgabe. Das System $\mathcal{R} = (w, P, H)$ ist *BM-zulässig* ⇔ für alle p ∈ P gilt $h(p) \leq w$. BM-Zulässigkeit ist offenbar eine notwendige Voraussetzung für die Lösbarkeit der Aufgabe. Sie ist auch hinreichend: Wenn $\mathcal{R}$ BM-zulässig ist, können die Berechnungen aller p ∈ P *sequentiell* in der Reihenfolge einer Permutation von P vollständig ausgeführt werden.

Die BM-Zulässigkeit von $\mathcal{R}$ gewährleistet zwar die Lösbarkeit der Koordinierungsaufgabe, die Lösungen, die sie liefert, sind jedoch i. d. R. nicht effizient: Es werden Lösungen gesucht, die wenigstens partiell *parallele Berechnungen* der Prozesse von $\mathcal{R}$ ermöglichen. Dazu sind detaillierte Kenntnisse des Verhaltens der Prozesse, detailliertere Beschreibungen des Verhaltens von $\mathcal{R}$ und differenziertere Koordinierungsmaßnahmen erforderlich.

Detailliertere Kenntnisse des Verhaltens der Prozesse ergeben sich daraus, daß die sequentiellen Prozesse ihre Berechnungen in *Phasenfolgen* ausführen sowie BM für die einzelnen Phasen anfordern und mit dem Abschluß der einzelnen Phasen freigeben. Für den Prozeß p sind dann der *Phasenstruktur* von p entsprechend die BM-Anforderungen mit einer Matrix $(X(p))$ und die BM-Freigaben mit einer Matrix $(Y(p))$ zu beschreiben. Die Zeilenvektoren von $(X(p))$ bzw. $(Y(p))$ geben die für die einzelnen Phasen angeforderten bzw. mit dem Abschluß der Phasen freigegebenen BM an. Für die Prozesse von $\mathcal{R}$ werden die BM-Anforderungen mit $X = (X(p) \mid p \in P)$ und die BM-Freigaben mit $Y = (Y(p) \mid p \in P)$ beschrieben. Die relevanten Eigenschaften des Systems $\mathcal{R}$ werden jetzt mit $\mathcal{R} = (w, P, H, X, Y)$ erfaßt; dabei haben w, P und H die früher erklärten Bedeutungen.

Die Koordinierung der Berechnungen der Prozesse von $\mathcal{R}$ muß jetzt für die einzelnen Phasen der Prozesse erfolgen. Das *Verhalten* von $\mathcal{R}$ wird zweckmäßig mit Ereignisspuren und zugeordneten Zustandsspuren beschrieben. Die Ereignisspuren ergeben sich, indem jeder Phase $p_i$ eines Prozesses p ∈ P zwei *Ereignisse* zugeordnet werden: das *Initiierungsereignis*, mit dem die Ausführung von $p_i$ beginnt und für das die angeforderten BM zugeteilt sein müssen, sowie das *Terminierungsereignis*, mit dem die Ausführung von $p_i$ endet und mit dem nicht mehr benötigte BM freigegeben und weitere für die Folgephase angefordert werden. Eine *Ereignisspur* von $\mathcal{R}$ ist eine Folge von Ereignissen der Phasen der Prozesse von $\mathcal{R}$ in der Reihenfolge, in der die Ereignisse eintreten. Eine *partielle Ereignisspur* von $\mathcal{R}$ enthält einen Teil der Phasenereignisse; eine *vollständige Ereignisspur* von $\mathcal{R}$ enthält alle Phasenereignisse und beschreibt damit eine vollständige Ausführung der Berechnungen der Prozesse von $\mathcal{R}$. Einer

# Berechnung

Ereignisspur von $\mathcal{R}$ wird eine *Zustandsspur* zugeordnet; das ist eine Folge von Zuständen, welche die jeweiligen BM-Belegungen und -Anforderungen beschreiben. Ein BM-Belegungszustand wird durch eine *BM-Belegungsmatrix* $B = (b(p) \mid p \in P)$ beschrieben; dabei gibt $b(p) = (b_1(p), \ldots, b_l(p))$ die für den Prozeß p belegten BM an. Ein BM-Anforderungszustand wird durch eine *BM-Anforderungsmatrix* $A = (a(p) \mid p \in P)$ beschrieben; dabei gibt $a(p) = (a_1(p), \ldots, a_l(p))$ die für den Prozeß p angeforderten BM an. Die Koordinierungsaufgabe für $\mathcal{R}$ wird gelöst, indem schrittweise, also den Phasenereignissen entsprechend, eine vollständige, BM-zulässige Ereignisspur mit zugeordneter Zustandsspur konstruiert wird. Die BM-Zulässigkeit einer Ereignisspur wird induktiv über die Zustandsspuren definiert. Jeder Zustand $z^k$ wird durch ein Matrixpaar $z^k = (B^k, A^k)$ mit der BM-Belegungsmatrix $B^k$ und der BM-Anforderungsmatrix $A^k$ des Zustands beschrieben. Der *Anfangszustand* $z^0 = (B^0, A^0)$ ist mit $B^0 = 0$ und $A^0$ gemäß den Anforderungen für die ersten Phasen aller $p \in P$ definiert und zulässig.

Sei $\mathcal{R} = (w, P, H, X, Y)$ BM-zulässig. Weiter seien $\eta = \varepsilon^1 \ldots \varepsilon^k$ mit $k \in \mathbb{N}_0$ eine (partielle) Ereignisspur von $\mathcal{R}$ und $\zeta(z^0, \eta) = z^0 \ldots z^k$ die $z^0$ und $\eta$ zugeordnete Zustandsspur. Die *Ereignisspur* $\eta$ *ist BM-zulässig* $\Leftrightarrow$ für alle $m \in \{1, \ldots, k\}$ gilt mit

$$z^m = (B^m, A^m): 0 \leq \sum_{p \in P} b^m(p) \leq w$$

BM-zulässige Ereignisspuren von $\mathcal{R}$ werden von $z^0$ und der leeren Ereignisspur ausgehend schrittweise konstruiert; dabei ist bei jedem Schritt die BM-Zulässigkeit zu gewährleisten. Diese Konstruktion ist ein Beitrag zur Lösung der für $\mathcal{R}$ gestellten Koordinierungsaufgabe; es ist jedoch möglich, daß sie nicht zum Erfolg führt. Die grundlegenden Begriffe und Eigenschaften zur Lösung der Koordinierungsaufgabe werden im folgenden definiert.

Sei $\mathcal{R} = (w, P, H, X, Y)$ BM-zulässig. Seien $\eta = \varepsilon^1 \ldots \varepsilon^k$ eine zulässige Ereignisspur von $\mathcal{R}$ und $\zeta(z^0, \eta) = z^0 \ldots z^k$ die $z^0$ und $\eta$ zugeordnete Zustandsspur.
- Der *Zustand* $z^k = (B^k, A^k)$ ist *BMV-sicher* $\Leftrightarrow$ es gibt eine vollständige, BM-zulässige Ereignisspur von $\mathcal{R}$ mit dem Präfix $\eta$.
- Der Zustand $z^k = (B^k, A^k)$ ist *Deadlock-Zustand* oder Verklemmungszustand $\Leftrightarrow$ es gibt $P' \subseteq P$ mit $P' \neq 0$ so, daß

$$a(p) \not\leq w - \sum_{q \in P'} b(q) \text{ für alle } p \in P'$$

gilt.

Mit den erklärten Begriffen gibt es für einen Zustand $z^k$ von $\mathcal{R}$ (unter den für $z^k$ angegebenen Bedingungen) folgende Möglichkeiten:
- Der Zustand $z^k$ ist BMV-sicher. Dann ist die Koordinierungsaufgabe für $\mathcal{R}$ von $z^k$ ausgehend lösbar. Es sind also für $\mathcal{R}$ BM-zulässige Ereignisspuren mit BMV-sicheren Zuständen zu konstruieren.

- Der Zustand $z^k$ ist nicht BMV-sicher und kein Deadlock-Zustand. Dann können für die Prozesse von $\mathcal{R}$ nach $z^k$ noch BM-zulässige Ereignisse eintreten; mit diesen Ereignissen ergibt sich schließlich jedoch ein Deadlock-Zustand.
- Der Zustand $z^k$ ist Deadlock-Zustand mit einer Prozeßmenge P'. Dann können für die Prozesse $p \in P'$ nach $z^k$ ohne Zusatzmaßnahmen keine weiteren BM-zulässigen Ereignisse eintreten; die Prozesse gemäß P' blockieren sich. Diese wechselseitige Blockierung wird mit der äquivalenten Umformulierung der Deadlock-Bedingung zu

$$a(p) \not\leq r^k + \sum_{q \in P - P'} b(q) \text{ für alle } p \in P'$$

zum Ausdruck gebracht; dabei ist $r^k = w - \sum_{q \in P} b(q)$

der *BM-Restvektor* im Zustand $z^k$. Für die Prozeßmenge P' ist der Fall $P' = P$ möglich; wenn er vorliegt, ist $z^k$ ein *totaler Deadlock-Zustand* von $\mathcal{R}$.

Zur Lösung der Koordinierungsaufgabe für das System $\mathcal{R}$ ergibt sich, daß für $\mathcal{R}$ BM-zulässige Ereignisspuren mit BMV-sicheren Zuständen konstruiert werden müssen, so daß konstruktive Verfahren, mit denen dieses Ziel erreicht wird, erforderlich sind.

Ein wichtiger Beitrag hierzu kann dadurch geleistet werden, daß die BM, welche die Prozesse für ihre Berechnungen benötigen, geeignet konstruiert werden. Die Ursache für mögliche Deadlock-Zustände ist die Charakteristik der XBM, die sagt, daß jedes XBM jeweils höchstens von einem Prozeß benutzt werden darf; diese BM sind für die Berechnungen der Prozesse i. allg. notwendig. Sie können jedoch teilweise so konstruiert werden, daß sie für die Koordinierungsaufgabe unkritisch sind. Das ist für ein BM x dann der Fall, wenn einem Prozeß p, der x benutzt, x ohne Informationsverlust entzogen und später wieder zugeteilt werden kann. Dazu muß der Wert von x für den Prozeß p umgespeichert werden. Diesen konstruktiven Möglichkeiten entsprechend, sind die XBM in zwei Unterklassen aufzuteilen: Ein XBM ist ein uneingeschränkt *unterbrechbares XBM* (*UXBM*), wenn es Prozessen, die es belegen, ohne Informationsverlust entzogen und wieder zugeteilt werden kann; sonst ist das XBM ein *nicht unterbrechbares XBM* (*NXBM*). Die UXBM müssen explizit konstruiert werden. Zur Verwaltung der BM müssen entsprechende Dienste zur Verfügung stehen, und diese Dienste führen zu Verwaltungsaufwand. Die BM, die zur Realisierung der konzeptionell festgelegten abstrakten Eigenschaften der Prozesse benötigt werden, also Speicher und Prozessoren der Hardware-Konfiguration, sind für UXBM-Konstruktionen geeignet und werden häufig als solche realisiert. Prozessoren der Hardware-Konfigurationen werden durchweg als UXBM zur Verfügung gestellt.

Mit der Zerlegung der XBM in die beiden Unterklassen ergibt sich, daß allein die NXBM zur Lösung der Koordinierungsaufgabe für das System $\mathcal{R}$ kritisch sind. Für das Weitere wird entsprechend angenommen, daß die BM von $\mathcal{R}$ gemäß w NXBM sind. Als weitere Maßnahmen zur BM-Verwaltung und zur Koordinierung der Berechnungen von $\mathcal{R}$ werden Verfahren zur Deadlock-Erkennung und -Behebung sowie Verfahren zur Deadlock-Vermeidung und zur Deadlock-Verhinderung angewandt.

Mit Verfahren zur Deadlock-Erkennung und -Behebung für $\mathcal{R}$ werden BM-zulässige, partielle Ereignisspuren von $\mathcal{R}$ und zugeordnete Zustandsspuren konstruiert. Die Zustände, die sich ergeben, werden periodisch oder sporadisch auf Deadlock-Zustände analysiert. Wenn ein Deadlock-Zustand vorliegt, wird er behoben. Wenn $z^k$ ein entsprechender Zustand ist, erfolgt *Deadlock-Erkennung* durch Analyse von $z^k$ mit einem Algorithmus, der aus der angegebenen Deadlock-Bedingung abgeleitet ist. Der Algorithmus liefert eine Menge $P' \subseteq P$, die mit $P' = 0$ sagt, daß $z^k$ kein Deadlock-Zustand ist; $P' \neq 0$ sagt, daß $z^k$ Deadlock-Zustand mit der Prozeßmenge $P'$ ist. *Deadlock-Behebung* für den Deadlock-Zustand $z^k$ mit der Prozeßmenge $P'$ faßt Maßnahmen zusammen, mit denen das System $\mathcal{R}$ vom Zustand $z^k$ in einen Zustand $\bar{z}^k$, der kein Deadlock-Zustand ist, überführt wird. Nach Einführung der XBM-Unterklassen und Beschränkung auf die NXBM sind diese Maßnahmen für die Fortsetzung der Berechnungen von $\mathcal{R}$ mit den Prozessen gemäß $P-P'$ notwendig; sie führen jedoch i. allg. zu Informationsverlust für die Prozesse gemäß $P'$. Häufig bestehen die Maßnahmen im *Abbruch* der Berechnungen der Prozesse $p \in P'$ (oder eines Teils davon). Maßnahmen zur Deadlock-Erkennung und -Behebung führen nicht zur Lösung der für $\mathcal{R}$ gestellten Koordinierungsaufgabe; es sind Notmaßnahmen.

Verfahren zur *Deadlock-Verhinderung* für $\mathcal{R}$ gewährleisten durch zusätzliche Kontrollen bei der Konstruktion BM-zulässiger Ereignisspuren von $\mathcal{R}$, daß stets BMV-sichere Zustände erreicht werden. Wenn $\eta = \varepsilon^1 \ldots \varepsilon^k$ eine partielle, BM-zulässige Ereignisspur mit der zugeordneten Zustandsspur $\zeta(z^0, \eta) = z^0 \ldots z^k$ und dem BMV-sicheren Zustand $z^k$ ist, ist für jede Erweiterung von $\eta$ zu $\eta' = \eta \varepsilon^{k+1}$ mit $\zeta(z^0, \eta') = z^0 \ldots z^{k+1}$ zu überprüfen, ob der Zustand $z^{k+1}$ BMV-sicher ist; das erfordert aufwendige Kontrollen. Diese Kontrollen können mit dem *Bankier-Algorithmus* unter Verwendung der maximalen BM-Anforderungen der Prozesse gemäß H als Deadlock-Erkennungsanalysen für Pseudozustände von $\mathcal{R}$ durchgeführt werden. Die Pseudozustände ergeben sich daraus, daß den Prozessen statt der angeforderten BM versuchsweise die BM gemäß H zugeteilt werden. Wenn diese versuchsweise Zuteilung nicht zu einem Deadlock-Zustand führt, ist der Zustand, der sich durch Zuteilung der angeforderten BM ergibt, BMV-sicher. Auch mit diesem Algorithmus sind die Kontrollen, die Verfahren zur Deadlock-Verhinderung erfordern, aufwendig.

Mit Verfahren zur *Deadlock-Vermeidung* wird das System $\mathcal{R}$ so konstruiert, daß alle Zustände, die BM-zulässigen Ereignisspuren von $\mathcal{R}$ zugeordnet sind, BMV-sichere Zustände sind. Mit diesen Verfahren wird also die Koordinierungsaufgabe mit der Konstruktion des Systems $\mathcal{R}$ gelöst. Wenn $\mathcal{R}$ entsprechend konstruiert ist, muß für die Ereignisspuren von $\mathcal{R}$ lediglich die BM-Zulässigkeit geprüft und gewährleistet werden. Deadlock-Vermeidung kann mit Vergröberungen der *Phasenstrukturen* der Prozesse von $\mathcal{R}$ erreicht werden; das führt jedoch häufig zu ineffizienten Lösungen. Ein geeignetes Verfahren zur Deadlock-Vermeidung besteht darin, $\mathcal{R}$ als System mit geordneter BM-Benutzung zu konstruieren. Das Verfahren basiert auf einer wichtigen Eigenschaft des Belegungsanforderungsgraphen, der für jeden Zustand von $\mathcal{R}$ definiert ist.

Für einen Zustand $z^k = (B^k, A^k)$ von $\mathcal{R}$ ist der *Belegungsanforderungsgraph* $G_k = (K, L)$ von $\mathcal{R}$ in $z^k$ der Graph mit der Knotenmenge $K = \{1, \ldots, l\}$, die den BM-Klassen von $\mathcal{R}$ entspricht, und der Kantenmenge

$$L = \{(i, j) \in K \times K | \exists\, p \in P(b_i(p) \geq 1 \wedge a_j(p) \geq 1)\}.$$

Belegungsanforderungsgraphen haben die folgende für Deadlock-Vermeidung wichtige Eigenschaft: Wenn $G_k$ der Belegungsanforderungsgraph von $\mathcal{R}$ im Zustand $z^k$ und $z^k$ ein Deadlock-Zustand ist, enthält $G_k$ einen Zyklus.

Ein Zyklus im Belegungsanforderungsgraphen eines Zustands von $\mathcal{R}$ ist eine notwendige (i. allg. jedoch keine hinreichende) Bedingung für einen Deadlock-Zustand. Wenn also gewährleistet wird, daß die Belegungsanforderungsgraphen von $\mathcal{R}$ keinen Zyklus enthalten können, sind die Belegungsanforderungszustände von $\mathcal{R}$ BMV-sicher.

$\mathcal{R}$ wird mit folgenden Regeln als *System mit geordneter BM-Benutzung* konstruiert:
– Über den BM-Klassen von $\mathcal{R}$ wird eine lineare Ordnung definiert.
– Für die BM-Anforderungen der Prozesse von $\mathcal{R}$ gilt: Ein Prozeß, der BM belegt, fordert weitere BM höchstens aus Klassen, die gemäß der linearen Ordnung vor den Klassen der belegten BM angeordnet sind.

Für die Konstruktion von $\mathcal{R}$ als System mit geordneter BM-Benutzung ist also erforderlich, daß die BM, die $\mathcal{R}$ zur Verfügung stellt, systematisch konstruiert und in linear geordnete Klassen zusammengefaßt werden. Die lineare Ordnung entspricht wichtigeren und weniger wichtigen BM-Klassen, die den Prozessen für kürzere oder längere Zeitintervalle zugeteilt werden sollen. Von den Prozessen von $\mathcal{R}$ muß gewährleistet werden, daß sie die angegebene Regel für BM-Anforderungen einhalten. Wenn $\mathcal{R}$ entsprechend konstruiert ist, enthalten die Belegungsanforderungsgraphen von $\mathcal{R}$ keine Zyklen, und die BM-zulässigen Ereignisspuren von $\mathcal{R}$ zugeordneten Zustände sind BMV-sicher.

Mit dem für das System $\mathcal{R}$ Erklärten sollte die Notwendigkeit der Koordinierung der Berechnungen der Prozesse eines →parallelen Rechensystems klar sein. Sie ist erforderlich, wenn erreicht werden soll, daß die Prozesse ihre Berechnungen mit ihrer spezifizierten →Funktionalität ausführen. Das für die Koordinierungsaufgabe und ihre Lösungsmöglichkeiten für das System $\mathcal{R}$ Erklärte gilt unter den angegebenen vereinfachenden Bedingungen. Sie sind die Ausgangsbasis für weitere Differenzierungen der WBM-Klassen und für Erweiterungen zur Erfassung der *einmal benutzbaren Betriebsmittel* (*EBM*), die von den Prozessen erzeugt und aufgelöst werden und die für die Koordinierung der Berechnungen der Prozesse kritisch sind. Zudem sind Verallgemeinerungen der Aufgabenstellung zur Koordinierung der Berechnungen von Prozessen, die mittels Nachrichtenkommunikation oder mittels gemeinsam benutzter Datenobjekte kooperieren, nötig. Für diese verallgemeinerten Koordinierungsaufgaben sind z. T. Lösungsverfahren bekannt; es sind jedoch noch weitere Forschungs- und Entwicklungsarbeiten erforderlich.

Das für die Koordinierung der Berechnungen des Systems $\mathcal{R}$ Erklärte liefert Richtlinien und Verfahren für die Konstruktion eines entsprechenden Systems. Mit den benutzten Beschreibungen der Eigenschaften ist $\mathcal{R}$ jedoch lediglich ein → Modellsystem, mit dem die Koordinierungsaufgabe formulierbar ist und Verfahren zu ihrer Lösung abgeleitet werden können. Mit den gewonnenen Ergebnissen bleibt die Aufgabe, das Modellsystem als Ausgangsbasis für die notwendigen weiteren Realisierungsmaßnahmen zu nutzen. Diese Aufgabe ist mit dem → Betriebssystem, insbesondere mit dem → Betriebssystemkern, eines Rechensystems zu leisten. Für diese Aufgabe werden geeignete *Koordinierungsmechanismen* als Datenobjekte mit für sie definierten Diensten benötigt. Im folgenden werden Semaphore als Koordinierungsmechanismen erklärt.

Für die zu lösende Koordinierungsaufgabe haben sich die Datenobjekte, die zu XBM vergröbert werden, als kritisch erwiesen. Ein Datenobjekt x wird zu einem XBM vergröbert, wenn x jeweils von höchstens einem Prozeß benutzt werden darf. Die Restriktion ergibt sich aus den funktionalen Eigenschaften von x; wenn sie nicht eingehalten wird, wird x inkonsistent. Wenn $D(x)$ die für x definierten Dienste sind, muß gewährleistet werden, daß mit $d \in D(x)$ jeweils höchstens eine d-Berechnung auf x ausgeführt wird. Für x bedeutet das, daß *wechselseitiger Ausschluß* für die Dienste von x zu gewährleisten ist. Diese Forderung muß auch dann erfüllt werden, wenn mehrere Prozesse gleichzeitig versuchen, x zu benutzen. Zur Durchsetzung dieser Forderung sind spezielle Koordinierungsmechanismen erforderlich.

Einfache Koordinierungsmechanismen, mit denen wechselseitiger Anschluß durchgesetzt werden kann, sind *Boole*sche Semaphore. Ein *Boole*sches Semaphor ist ein Datenobjekt mit einer gekapselten *Boole*schen Variablen, hier mit frei bezeichnet, die mit true initialisiert wird, und zwei Diensten, die mit P und V bezeichnet werden und die atomar in der Wirkung sind. Die Dienste sind programmiersprachlich wie folgt definiert:
P: anfang : [if ¬frei then goto anfang else frei: = false end if;],
V : [frei: = true;].

Die Klammern [ ] weisen darauf hin, daß Atomarität gefordert ist; die Anweisungen in [ ] werden als Einheiten interferenzfrei aufgeführt.

Sei b_sem ein *Boole*sches Semaphor. Ein Prozeß, der b_sem.P ausführt, testet die Bedingung b_sem.frei bis sie erfüllt ist; dann weist er, atomar mit dem erfolgreichen Test zusammengefaßt, b_sem.frei den Wert false zu. Ein Prozeß, der b_sem.V ausführt, weist b∧sem.frei den Wert true zu.

Für das Datenobjekt x mit den Diensten $D(x)$ kann wechselseitiger Ausschluß mit b_sem dezentral oder zentral durchgesetzt werden. Für die dezentrale Durchsetzung wird festgelegt, daß die Aufrufe der $d \in D(x)$ mit b_sem.P und b_sem.V zu klammern sind. Diese *dezentrale Durchsetzung des wechselseitigen Ausschlusses* basiert darauf, daß die Prozesse, die x nutzen, die angegebene Festlegung beachten. Das Datenobjekt und das Koordinierungsobjekt b_sem existieren als zwei Datenobjekte, die nach den Festlegungen zu benutzen sind. Für die zentrale Durchsetzung wird b_sem mit x gekapselt, und die Körper der Programme der Dienste $d \in D(x)$ werden mit b_sem.P und b_sem.V geklammert. Diese *zentrale Durchsetzung des wechselseitigen Ausschlusses* basiert auf der systematischen Konstruktion des Objekts x und ist offenbar weniger fehlergefährdet als die dezentrale.

Die erklärten *Boole*schen Semaphore haben noch Mängel in zweifacher Hinsicht: Ein Prozeß, der auf einem *Boole*schen Semaphor b_sem den Dienst b_sem.P ausführt, testet ggf. lange Zeit erfolglos. Er wartet in dieser Zeit aktiv, und er kann von anderen Prozessen überholt werden. Die angegebenen Semaphore sind Koordinierungsmechanismen mit *aktivem Warten*, und sie leisten keinen Beitrag zur *Fairneß*; sie sind deshalb nur eingeschränkt einsetzbar. Beide Mängel können mit zählenden Semaphoren mit passivem Warten überwunden werden.

Koordinierungsmechanismen mit *passivem Warten* tragen der Tatsache Rechnung, daß die Rechenfähigkeiten von Prozessen mit Rechenprozessoren der Hardware-Konfiguration realisiert werden müssen. Dementsprechend belegen Prozesse, die aktiv warten, Prozessoren, die von anderen Prozessoren benötigt werden. Koordinierungsmechanismen mit passivem Warten werden deshalb so konstruiert, daß sich ein Prozeß, der eine Bedingung erfolglos getestet hat, blockiert; zudem gibt er den ihm zugeteilten Prozessor frei. Das hat zur Folge, daß ein passiv wartender Prozeß nicht erkennen kann, ob die Bedingung, deren Erfüllung er erwartet, erfüllt ist; er muß von einem anderen Prozeß entblockiert werden. Koordinierungsmechanismen mit passivem Warten müssen in Kombination mit Diensten des Betriebssystemkerns zur Prozessorverwaltung konstruiert werden.

Zählende Semaphore können mit aktivem oder mit passivem Warten konstruiert werden. Im folgenden werden zählende Semaphore mit passivem Warten unvollständig bzgl. der Kombination mit den Diensten

zur Prozessorverwaltung angegeben. Ein *zählendes Semaphor mit passivem Warten* ist ein Datenobjekt mit einer gekapselten Ganzzahlvariablen, hier mit z bezeichnet, die mit einem Wert $\geq 0$ initialisiert wird, und mit einem gekapselten FIFO-Warteraum für Prozeßidentifikatoren, hier mit w bezeichnet, der leer initialisiert wird. Zudem sind auf dem Semaphor wieder zwei mit P und V bezeichnete Dienste definiert, die atomar in der Wirkung sind. Die Dienste sind programmiersprachlich wie folgt definiert:
P : [z: = z − 1; if z < 0 then w.blockiere end if;],
V : [z: = z + 1; if z ≤ 0 then w.entblockiere end if;].
Die Klammern [ ] weisen wieder darauf hin, daß Atomarität gefordert ist.

Sei z_sem ein zählendes Semaphor. Ein Prozeß, der z_sem.P ausführt, dekrementiert z und führt dann die if-Anweisung aus. Wenn mit der if-Anweisung w.blockiere ausgeführt wird, dann fügt der Prozeß damit seinen Identifikator in w ein, blockiert sich und gibt den ihm zugeordneten Prozessor frei; [ ] klammert die Operationen auf z und w. Ein Prozeß, der z_sem.V ausführt, inkrementiert z und führt dann die if-Anweisung aus. Wenn mit der if-Anweisung w.entblockiere ausgeführt wird, dann wird damit der erste Identifikator aus w entnommen, und diesem Prozeß wird ein Prozessor zugeteilt; [ ] klammert die Operationen auf z und w. z_sem ist *fair*. Das wird dadurch erreicht, daß w ein FIFO-Warteraum ist. Prozesse werden in der Reihenfolge entblockiert, in der sie sich blockieren.

Für das Datenobjekt x mit den Diensten D(x) kann *wechselseitiger Ausschluß dezentral oder zentral* analog zur früher erklärten Vorgehensweise durchgesetzt werden. Dazu wird ein zählendes Semaphor z_sem, für das z_sem.z mit 1 initialisiert ist, als Koordinierungsmechanismus benutzt.

Die erklärte Durchsetzung des wechselseitigen Ausschlusses ist eine einfache Koordinierungsmaßnahme. Sie ist dadurch gekennzeichnet, daß die wechselseitig ausgeschlossenen Dienste in beliebiger Reihenfolge sequentiell ausgeführt werden können. Diese einfache Koordinierung wird als *freier wechselseitiger Ausschluß* bezeichnet. Häufig sind zusätzlich zum wechselseitigen Ausschluß Vorbedingungen für die Dienste eines Datenobjekts durchzusetzen, die mit anderen Diensten erfüllt werden. Das hat zur Folge, daß Prozesse die entsprechenden Diensteberechnungen den jeweiligen Bedingungen entsprechend in festgelegten Reihenfolgen ausführen müssen. Die Prozesse werden dann mit der Durchsetzung der für die Dienste geltenden Vorbedingungen *synchronisiert*; die gestellte Koordinierungsaufgabe ist eine *Synchronisationsaufgabe* für die Berechnungen der Prozesse.

Synchronisationsaufgaben treten insbesondere dann auf, wenn Prozesse mittels gemeinsam benutzter Datenobjekte oder mittels → Nachrichtenkommunikation kooperieren. Kooperation zwischen Prozessen mittels Nachrichtenkommunikation kann mit speziellen Kommunikationsprimitiven nach Konzepten für Nachrichtenkommunikation erfolgen. Alternativ dazu können Prozesse Nachrichten kommunizieren, indem sie gemeinsam Datenobjekte, die *Nachrichtenpuffer* sind, explizit benutzen. Diese Nachrichtenpuffer erfordern die Lösung einer Klasse von Synchronisationsaufgaben, die als Erzeuger-Verbraucher-Probleme bezeichnet werden.

Die Lösungsmöglichkeiten für *Erzeuger-Verbraucher-Probleme* werden im folgenden für das Datenobjekt x, das Prozesse als Nachrichtenpuffer benutzt, erklärt. Die Dienste für x sind entsprechend *füge-ein* und *entnimm* für die Speicherung bzw. die Entnahme jeweils einer Nachricht. Das Objekt x verfügt zur Pufferung der Nachrichten über einen gekapselten Speicher mit einer Kapazität K $\geq$ 1. Das Objekt x speichert jeweils k Nachrichten mit 0 $\leq$ k $\leq$ K; mit k sind für die Dienste von x folgende Bedingungen durchzusetzen:
– Vorbedingung für *füge-ein* ist k < K;
– Vorbedingung für *entnimm* ist 0 < k;
– zudem sind *füge-ein* und *entnimm* wechselseitig auszuschließen.

Die Synchronisationsaufgabe kann wieder zentral oder dezentral gelöst werden; hier wird eine dezentrale Lösung angegeben. Die Lösung wird mit drei zählenden Semaphoren konstruiert:
– *voll* dient zur Durchsetzung der Vorbedingung für *füge-ein*; *voll.z* wird mit K initialisiert.
– *leer* dient zur Durchsetzung der Vorbedingung für *entnimm*; *leer.z* wird mit 0 initialisiert.
– *wa* dient zur Durchsetzung des wechselseitigen Ausschlusses; *wa.z* wird mit 1 initialisiert.

Die Prozesse, die x als Nachrichtenpuffer benutzen, sind *Erzeuger* bzw. *Verbraucher* von Nachrichten. Von ihren Berechnungen sind die x-Dienste relevant; sie müssen geeignet geklammert werden. Die dezentrale Lösung ergibt sich mit folgenden Festlegungen:
– für Erzeuger: ...*voll*.P; *wa*.P; x.*füge-ein*; *wa*.V; *leer*.V; ...
– für Verbraucher: ...*leer*.P; *wa*.P; x.*entnimm*; *wa*.V; *voll*.P; ...

Mit diesen Festlegungen und mit ihrer Beachtung durch die Prozesse wird die Synchronisationsaufgabe gelöst. Der Nachweis dafür wird mit den festgelegten Eigenschaften der Semaphore geführt. Dabei ist nachzuweisen, daß die angegebenen Vorbedingungen erfüllt und *Deadlock-Zustände* vermieden werden.

Die angegebene Lösung des Erzeuger-Verbraucher-Problems für das Datenobjekt x kann dazu benutzt werden, die Nachrichtenkanäle der Kommunikationskonzepte, also NBS-Kanäle oder UDR-Kanäle zu realisieren.

Erzeuger-Verbraucher-Probleme sind wichtige Beispiele für die Synchronisationsaufgaben, die für → parallele Rechensysteme zu lösen sind; sie treten in zahlreichen Variationen auf. Synchronisationsprobleme als spezielle Koordinierungsprobleme machen deutlich, daß geeignete Methoden, Konzepte und Verfahren zur

Koordinierung der Berechnungen paralleler Systeme unverzichtbar sind. *P. P. Spies*
Literatur: *Nutt, G. J.*: Centralized and distributed operating systems. Prentice Hall, Englewood Cliffs, NJ 1992.

**Berechnungsregel** ⟨*computation rule*⟩. Beschreibt, in welcher Reihenfolge geschachtelte Funktions- bzw. Prozeduraufrufe (→ Aufruf) ausgewertet werden. Die wichtigsten B. sind die LI-Berechnungsregel (leftmost-innermost rule), die LO-Berechnungsregel (leftmost-outermost rule) und die D-Berechnungsregel (delay rule).

Bei der LI-Berechnungsregel wird zuerst die am weitesten links stehende → Funktion/Prozedur, die keine weiteren → Aufrufe mehr als Argumente enthält, ausgewertet. Bei der LO-Berechnungsregel wird die am weitesten links stehende Funktion/Prozedur zuerst ausgewertet.

*Beispiel*
Gegeben seien folgende Funktionsdeklarationen (in der Programmiersprache → SML):
fun f(x,y)=x;
fun g(x)=x;
fun h(x)=h(x+1);
Der Ausdruck f(g(12), h(12)) wird gemäß der *LI-Berechnungsregel* wie folgt ausgewertet:
f(g(12), h(12))=f(12, h(12))=
f(12, h(13))=f(12, h(14))=...
Gemäß der LI-Berechnungsregel terminiert (→ Terminierung) die Berechnung von f(g(12), h(12)) nicht. Betrachten wir die Auswertung dieses Ausdrucks gemäß der LO-Berechnungsregel:
f(g(12), h(12))=g(12)=12.
Mit der *LO-Berechnungsregel* terminiert also die Berechnung des Ausdrucks f(g(12), h(12)). Die Terminierung mit der LO-Berechnung einerseits sowie die Nichtterminierung mit der LI-Berechnung andererseits liegt daran, daß zur Auswertung des Ausdrucks f(g(12), h(12)) die (nichtterminierende) Berechnung von h(12) nicht notwendig ist.

Die LI- und die LO-Berechnungsregel lassen sich zu parallelen Auswertungsregeln erweitern. Man spricht von Parallel-Innermost-Berechnung, wenn man alle Funktionsaufrufe parallel auswertet, die keine weiteren Funktionsaufrufe mehr enthalten. Man spricht von Parallel-Outermost-Berechnung, wenn man alle Funktionsaufrufe parallel auswertet, die nicht Argumente eines anderen Funktionsaufrufs sind.

Die *D-Berechnungsregel* schreibt die Auswertung des am weitesten links liegenden Funktionsaufrufs sowie die Auswertung aller Funktionsaufrufe vor, die dieselbe syntaktische Form wie der am weitesten links liegende Aufruf haben.
*Beispiel*
Der Ausdruck (f(g(1),2),g(f(g(1),2))) wird mit der D-Regel wie folgt ausgewertet:
(f(g(1),2), g(f(g(1),2)))=(g(1), g(g(1)))=(1, g(1))=(1, 1)

Mit der Parallel-Outermost-Regel wird wie folgt ausgewertet:
(f(g(1),2), g(f(g(1),2)))=
(g(1), f(g(1),2))=(1, g(1))=(1, 1)
Mit der Parallel-Innermost-Regel wird wie folgt ausgewertet:
(f(g(1),2), g(f(g(1),2)))=
(f(1,2), g(f(1,2)))=(1, g(1))=
(1, 1). *Mück/Wirsing*
Literatur: *Bauer, Wössner*: Algorithmische Sprache und Programmentwicklung. Springer, Berlin 1994.

**Berechnungsschritt** ⟨*step of computation*⟩ → Berechnung

**Berechnungssicherheit** ⟨*safety of computations*⟩ → Sicherheit von Rechensystemen

**Bereich, semantischer** ⟨*semantic domain*⟩. In der Methode der → denotationellen Semantik versteht man unter einem s. B. den Wertebereich einer semantischen Funktion, die für die Programme einer Sprache (meist einer Programmiersprache) die Semantik angibt. Die semantischen Funktionen ordnen also jedem syntaktischen Konstrukt einer Sprache einen Wert aus einem semantischen Bereich zu. Üblicherweise werden als s. B. vollständig geordnete Mengen (→ cpo) verwendet. In der denotationellen Semantik werden s. B. meist durch → Bereichsgleichungen definiert.
*Nickl/Wirsing*

**Bereichsfinden** ⟨*range finding*⟩. Abgrenzen zusammenhängender → Pixel-Mengen in Digitalbildern aufgrund von Bildeigenschaften. Bereiche sollen nach Möglichkeit bedeutungsvollen Realweltobjekten oder → Objekt-Teilen entsprechen. B. hat deshalb ähnliche Ziele wie → Kantenfinden. Lokale Techniken führen zu Bereichen durch Vergleich von Pixeln in einer eingeschränkten Umgebung. Beispiel: Zusammenfassen von benachbarten Pixeln mit gleicher Farbe. *Globale* Techniken beruhen auf Eigenschaften großer Pixelmengen, die im ganzen Bild verteilt sein können. Beispiel: Bereichszerlegung durch Histogrammanalyse.

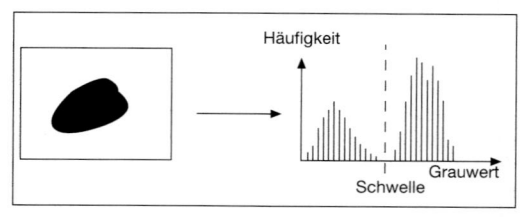

*Bereichsfinden: Teilung eines bimodalen Grauwerthistogramms*

Pixel mit → Grauwerten oberhalb bzw. unterhalb der Schwelle werden jeweils zu Bereichen zusammengefaßt. Zur inkrementellen Verbesserung einer Bereichszerlegung können Verschmelzungs- und Teilungstechniken verwendet werden. Beispiel: Verschmelzen bzw. Teilen neu entstandener Bereiche durch rekursive Anwendung der Histogrammanalyse. *Neumann*

Literatur: *Ballard, D. H.; Brown, C. M.*: Computer vision. London 1982, pp. 149 ff.

**Bereichsgleichung** ⟨*domain equation*⟩. → Semantische Bereiche zur Festlegung der Semantik einer Programmiersprache werden meist durch B. definiert. Zum Beispiel könnten zur Interpretation einer einfachen imperativen Sprache die semantischen Bereiche Exp (für Ausdrücke), Cmd (für Anweisungen) und Value (für Werte) definiert werden durch

Value = Nat + Bool,
State = Id → (Value + {free}$_\bot$),
Exp = State → (Value + {fail}$_\bot$),
Cmd = State → (State + {fail}$_\bot$).

Hierbei werden die semantischen Bereiche ausgehend von primitiven Bereichen (wie den Bereichen Nat und Bool von natürlichen Zahlen und *Boole*schen Werten) mit Hilfe von Bereichskonstruktoren aufgebaut (wie hier der Summe +, des Funktionsraumkonstruktors → sowie des Operators •$_\bot$, der aus einer Menge eine → cpo bildet durch Hinzufügen eines kleinsten Elementes ⊥).

In der denotationellen Semantik werden Bereiche oft rekursiv definiert. Eine berühmte B. ist

$X \cong (X \to X)$,

wobei hier nur eine Lösung bis auf Isomorphie verlangt wird. Eine Lösung dieser B. ergibt ein Modell für den untypisierten → Lambda-Kalkül. Aus Kardinalitätsgründen kann es für diese Gleichung keine nichttriviale Lösung geben, wenn (X → X) den Raum aller Funktionen von X nach X bezeichnet. Trivial heißt hier, daß X aus nur einem einzigen Element besteht.

Das Problem der Lösung dieser Gleichung bildete den Ausgangspunkt der *Scott*schen Bereichstheorie. *Scott* zeigte 1969, daß sich in der Klasse der stetigen Verbände eine nichttriviale Lösung finden läßt, wobei der Funktionsraumkonstruktor so definiert ist, daß er den Raum der stetigen Funktionen als Ergebnis liefert. Dabei erhielt er die Lösung durch die Konstruktion eines inversen Limes. In den folgenden Jahren wurden ausgehend von *Scott*s stetigen Verbänden weitere Klassen von vollständig geordneten Mengen (→ cpo) untersucht, in denen sich rekursive B. lösen lassen. Außerdem wurde gezeigt, daß sich die Lösung durch Limes-Bildung verallgemeinern läßt zu einer kategorientheoretischen Methode zur Lösung von B., wobei die Kategorien bestimmte Vollständigkeitseigenschaften erfüllen müssen (*Smyth, Plotkin* 1982). *Nickl/Wirsing*

Literatur: *Scott, D. S.*: Continuous lattices. In: Proc. Dalhousie Conf. 1971. Lecture Notes in Mathematics, Vol. 274. Springer, New York 1972, pp. 97–136. – *Smyth, M. B.; Plotkin, G. D.*: The category-theoretic solution of recursive domain equations. SIAM J. Comput 11 (1982) pp. 761–783. – *Gunter, C. A.*: Semantics of programming languages. The MIT Press; Cambridge, MA 1992. – *Fehr, E.*: Semantik von Programmiersprachen. Springer, Berlin 1989.

**Bericht** ⟨*report*⟩. Zusammenstellung eines Datenbestands, hauptsächlich in Form einer schriftlichen Ausgabe. Die Form des B. kann automatisch aus den auszugebenden Daten abgeleitet werden (→ Berichtsgenerator) oder anwendungsbezogen ausprogrammiert sein (→ Vier-GL, → Informationssystem).
*Schmidt/Schröder*

Literatur: *Date, C. J.*: An introduction to database systems. Vol. 1. Wokingham, Berks. 1990.

**Berichtigungsrecht** ⟨*right of data correction*⟩ → Datenschutz

**Berichts- und Kontrollsystem (BuK-System)**
⟨*reporting system*⟩. Teilsystem eines betrieblichen Lenkungssystems, das die Lenkungsebenen → operatives Informationssystem und darüberliegendes strategisches Planungs- und Entscheidungssystem verbindet.

Es meldet lenkungsrelevante Zustände des Leistungssystems, die im operativen Informationssystem erfaßt sind, an die übergeordneten Regler. Darüber hinaus kontrolliert es die gemeldeten Zustände anhand von Plan-Ist-Vergleichen und Analysen. Die Initiative zur Berichtserstellung liegt beim BuK-System. Nach dem Inhalt und dem Zeitpunkt der Berichterstattung werden unterschieden:
– BuK-Systeme, die periodisch betriebliche Zustände in verdichteter oder unverdichteter Form melden und zusätzlich Plan-Ist-Vergleiche durchführen. Zur Verdichtung werden i. d. R. Kennzahlen verwendet (z. B. Umsatz-, Kosten- oder Rentabilitätsberichte).
– BuK-Systeme mit Ausnahmemeldung, die in Erweiterung zu den vorherigen Schwellenwertüberschreitungen ermitteln.
– Signalsysteme, die bei Auftreten von Schwellenwertüberschreitungen Ausnahmeberichte generieren.
– Expertisesysteme, die zusätzlich zu einem Zustandsbericht eine Interpretation der gemeldeten Zustände im Hinblick auf vorgegebene Untersuchungsziele liefern (z. B. Schwachstellenberichte).

Das BuK-System beinhaltet diejenigen Teilbereiche des betrieblichen Rechnungswesens, die Informations- und Kontrollaufgaben erfüllen. Die verbleibende Dokumentationsaufgabe des betrieblichen Rechnungswesens ist dem operativen Informationssystem zuzuordnen. Der Begriff BuK-System bezeichnet im engeren Sinn Anwendungssysteme, die zur Berichterstattung in der o. g. Form verwendet werden. In diesem Zusammenhang bildet ein BuK-System eine Vorstufe zu einem → Führungsinformationssystem. *Ferstl*

Literatur: *Kirsch, W.* u. *H. K. Klein*: Management-Informationssysteme I. Stuttgart 1977. – *Mertens, P.* u. *J. Griese*: Integrierte Informationsverarbeitung. Bd. 2: Planungs- und Kontrollsysteme in der Industrie. 7. Aufl. Wiesbaden 1993.

**Berichtsgenerator** ⟨*report generator*⟩. → Programm, das automatisch aus einem → Datenbankschema oder einer anderen Datenstrukturbeschreibung (→ Metadaten) einen Bericht erzeugt, der einen Datenbestand in einer schriftlichen Form, meist tabellarisch, präsentiert. Es gelten dieselben Einschränkungen wie bei → Maskengeneratoren. Daher wird zunehmend dazu übergegangen, die ausgewerteten Daten zu exportieren (→ Datenexport), um die Daten mit spezialisierten Programmen (Tabellenkalkulation, Textverarbeitung, Graphikprogramm) anwendungsgerecht zu präsentieren (→ Maskengenerator, → Vier-GL). *Schmidt/Schröder*

**BERKOM** ⟨*Berlin communications system*⟩. Das B.-Programm (BERliner KOMmunikationssystem) wurde 1986 von der Deutschen Bundespost gestartet, um die Entwicklung von praxisorientierten Nutzungsmöglichkeiten für das künftige Breitband-ISDN (→ B-ISDN) zu fördern. Im Rahmen des Programms wurde eine Reihe von Anwendungen entwickelt, u. a. → Multimedia-Informationssysteme, → Videokonferenzen und → Multimedia Mail, die auf einem Netz mit Übertragungsgeschwindigkeiten bis 155 Mbit/s arbeiten.
*Jakobs/Spaniol*

**Beschränkungssystem** ⟨*constraint system*⟩. Formalismus zur Repräsentation und zum Auswerten von Beschränkungen (auch Nebenbedingungen) in Systemen der → Künstlichen Intelligenz (KI). Komplexe Aufgabenstellungen, Fakten und Zusammenhänge enthalten vielfach Angaben, die auf natürliche Weise als Beschränkungen formuliert werden. Beispiele sind Zielvorgaben bei Planungsproblemen, Kompatibilitätsbedingungen bei Konfigurierungsproblemen oder Gesetzmäßigkeiten der → Blockswelt.

Ein B. ermöglicht die computerinterne Repräsentation von Beschränkungen in einem Beschränkungsnetz und bietet ein Lösungsverfahren durch Propagation von Werten entlang der Verbindungen im Beschränkungsnetz. Dadurch können Wertekombinationen gefunden werden, die gleichzeitig eine große Zahl von Beschränkungen befriedigen.

B. sind Bestandteil moderner KI-Programmierwerkzeuge (→ Wissensrepräsentation, hybride). *Neumann*

**Beschreibungsmittel** ⟨*description means*⟩. Im Bereich der graphischen → Datenverarbeitung werden B. insbesondere in Zusammenhang mit graphischen → Benutzerschnittstellen diskutiert und z. T. auch eingesetzt. Auslöser der Betrachtungen ist der hohe programmtechnische Aufwand zur Realisierung einer graphischen Benutzerschnittstelle. Nicht selten erreicht der Quellcodeumfang einer modernen Benutzerschnittstelle 70% des gesamten Quellcode einer Anwendung. Eine Unterstützung des Implementierungsprozesses für graphische Benutzerschnittstellen ist deshalb unumgänglich. Zielstellung ist dabei, daß entsprechende Software-Werkzeuge, ausgehend von einer Beschreibung der Benutzerschnittstelle, diese automatisch bzw. halbautomatisch generieren können. Zu den wichtigsten dafür zur Anwendung kommenden B. gehören → Graphen und → Netze, → kontextfreie Grammatiken sowie Fachsprachen.

☐ *Graphen und Netze.* Der Zustand einer Benutzerschnittstelle wird in einer Variablen codiert, und die einzelnen Zustände werden in einem → Zustandsgraphen oder in einem → Zustandsdiagramm dargestellt. Benutzereingaben bzw. auch durch den Anwendungsprozeß generierte Ereignisse (z. B. Alarmmeldungen) verändern den Zustand der Benutzerschnittstelle und bewirken einen Übergang im Zustandsgraphen. Üblicherweise ist jeder Zustand mit einer Prozedur assoziiert, die bei seiner Aktivschaltung ausgeführt wird. Jedes Bedienobjekt beinhaltet alle für den betreffenden Zustand erforderlichen Informationen wie Graphiken, Dialogmasken, Prozeßvariable und Anwendungsfunktionen. Ein Zustandsübergang erfolgt durch Aktivierung von Manövriercodes, die z. B. durch Bedienereingaben erzeugt werden.

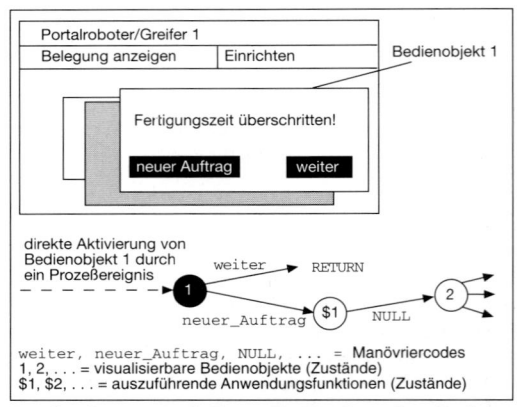

*Beschreibungsmittel: Zustandsorientierte Beschreibung einer Benutzerschnittstelle*

☐ *Kontextfreie Grammatiken.* Die Beschreibung der Benutzerschnittstelle erfolgt durch die aus der Software-Technik bekannte *Backus-Naur*-Form (BNF) oder durch Syntaxdiagramme. Syntaxdiagramme haben gegenüber der BNF den Vorzug, die syntaktischen Regeln sehr übersichtlich und anschaulich graphisch darzustellen. Die Beschreibung (Ausschnitt) einer einfachen Benutzerschnittstelle für ein Zeichenprogramm mittels BNF zeigt das folgende Beispiel:

```
<command> ::=<create> |<polyline>|
            <delete> |<move>| STOP
<create> ::=CREATE+<type>+<position>
<type>   ::= SQUARE | TRIANGLE
<position>::= <number>+<number>
       •
       •
       •
```

☐ *Fachsprachen.* Die Beschreibung einer Benutzerschnittstelle mittels Fachsprachen erfolgt auf unterschiedlichen Abstraktionsstufen:
– Auf der untersten Stufe unterstützt die Fachsprache den Systementwickler und übernimmt mittels einer leicht zu beherrschenden deklarativen Sprache die Formulierung des größten Teils der Benutzerschnittstellen-Software.
– Auf einer höheren Stufe sind Sprachen einzuordnen, die eine reichere → Syntax und → Semantik, bezogen auf die Benutzerschnittstelle, besitzen. Zum Einsatz dieser Sprachen werden jedoch gleichfalls noch beträchtliche Systemkenntnisse und Programmiererfahrungen benötigt.
– Auf der höchsten Stufe wird der Dialogablauf einer Benutzerschnittstelle mit Hilfe von Produktionsregeln formuliert. Die Regeln sind einfach beherrschbar und werden durch Werkzeuge wie Regeleditoren unterstützt. Die erforderlichen System- und Programmierkenntnisse sind erheblich reduziert. Eine gewisse Verbreitung haben diese B. insbesondere bei → UIMS gefunden. *Langmann*

Literatur: *Langmann, R.:* Prozeßaktive Bedienobjekte. ZwF 87 (1992) 9, S. 552–563. – *Hasselhof, D.:* Geregelte Gesprächsführung. iX (1992) 7, S. 38–41.

**Besitz zur Authentizitätsprüfung** ⟨*possession used in authentication*⟩ → Authentifikation

**Best Fit** ⟨*best fit*⟩ → Speichermanagement

**Betrieb, serieller** ⟨*serial processing*⟩ → Stapelbetrieb

**Betriebsfehler** ⟨*fault during the running phase*⟩. B. eines → Rechensystems S sind Fehler von S, die während der Betriebsphase des Systems auftreten. Der Begriff orientiert sich an der → Lebenszeit des Systems, die vergröbert aus einer Konstruktionsphase und aus einer Betriebsphase besteht; dementsprechend unterscheidet man zwischen → Konstruktionsfehlern von S und B. von S. *P. P. Spies*

**Betriebsmittel (BM)** ⟨*resource*⟩ → Berechnungskoordinierung

**Betriebsmittel, einmal benutzbares (EBM)** ⟨*consumable resource*⟩ → Berechnungskoordinierung

**Betriebsmittel, exklusiv benutzbares (XBM)** ⟨*serially reusable resource*⟩ → Berechnungskoordinierung

**Betriebsmittel, parallel benutzbares (PBM)** ⟨*sharable resource*⟩ → Berechnungskoordinierung

**Betriebsmittel, wiederholt benutzbares (WBM)** ⟨*reusable resource*⟩ → Berechnungskoordinierung

**Betriebsmittelverwaltung** ⟨*resource management*⟩ → Berechnungskoordinierung

**Betriebspause** ⟨*not-running phase*⟩ → Betriebssystem

**Betriebsphase** ⟨*running phase*⟩ → Betriebssystem

**Betriebssystem** ⟨*operating system*⟩. Management eines Rechensystems; B. dient dazu, Anwendern die Nutzung der Fähigkeiten des Rechensystems zu ermöglichen. Es hat die Aufgabe, den Zugang zum Rechensystem zu kontrollieren, Benutzern Dienste zur Formulierung und Erteilung von Aufträgen an das Rechensystem zur Verfügung zu stellen, Aufträge entgegenzunehmen sowie die Ausführung der Aufträge zu organisieren, zu steuern und zu kontrollieren. Es ist als integraler, die Nutzungsmöglichkeiten des Rechensystems prägender Teil die Zusammenfassung der Programme, Daten und Dienste, mit denen diese Managementaufgaben erfüllt werden.

Für ein → Rechensystem sind Kombinationen von abstrakten und realen sowie von statischen und dynamischen Eigenschaften charakteristisch. Die Fähigkeiten eines Rechensystems, die sich damit ergeben, werden Anwendern mit dem B. nutzbar so zur Verfügung gestellt, daß Anwendungsaufgaben mit Interaktionen zwischen Benutzern und Rechensystem, durch Erteilung von Aufträgen und deren Ausführung, gelöst werden können. Aus dieser, die Nutzungsmöglichkeiten eines Rechensystems bestimmenden Rolle ergeben sich die vielfältigen Aufgaben eines B., die sich wie folgt zusammenfassen lassen:

– Das B. stellt *Anwendern die Konzepte und Dienste* zur Verfügung, die sie für die Nutzung des Rechensystems als verläßliches und effizientes Hilfsmittel zur Lösung ihrer Aufgaben benötigen. Das sind Anforderungen an die abstrakten, für Anwender primär wichtigen Eigenschaften: Es sollen anwendungsgeeignete Konzepte und Dienste zur Verfügung stehen. Die Dienste sollen verläßlich, also ihrer spezifizierten Funktionalität entsprechend, und effizient, also mit kurzen Antwortzeiten für Aufträge, genutzt werden können.

– Das B. *managt die Ressourcen* des Rechensystems so, daß die Anforderungen der Anwender möglichst weitgehend erfüllt werden. Das sind Anforderungen, die dem notwendigen Übergang von abstrakten zu realen Eigenschaften, von Objekten mit ihren Diensten als anwendungsgeeigneten Ressourcen zu den verfügbaren technischen Ressourcen, Rechnung tragen. Dieser Übergang erfordert, abhängig von den Objekten und Diensten, die an der Benutzungsschnittstelle angeboten werden, viele Transformationen und weitere Berechnungen, die automatisch ausgeführt werden sollen.

Das breite Spektrum dieser Aufgaben begründet die Vielfalt der Eigenschaften, die B. haben können. Die notwendige Orientierung zur Einordnung dieser Eigenschaften und zur Beurteilung der Beiträge, die sie zu den Nutzungsmöglichkeiten von Rechensystemen leisten, ergibt sich durch eine grobe Aufteilung der Managementaufgaben sowie durch Beschränkung auf einfache Konzepte und Dienste für diese Aufgaben. Sie liefern die grundlegenden Betriebssystemteile, die eine geeignete Ausgangsbasis für Erklärungen des Aufbaus und der Arbeitsweise eines B. und für Erweiterungen sind.

Zu jedem B. gehören drei Teile: Das Dateimanagement, mit dem ein Rechensystem seine langfristig nutzbaren Speicherfähigkeiten erhält, das Prozeßmanagement, mit dem die Rechenfähigkeiten des Systems für Anwender zur Verfügung gestellt werden, und der Betriebssystemkern, der alle Berechnungen des B. ausführt. Das Datei- und das Prozeßmanagement stellen zunächst Konzepte bereit, nämlich Konzepte für Dateien als nutzbare Datenobjekte bzw. Konzepte für Prozesse als nutzbare, rechenfähige Maschinen. Sie stellen zudem Dienste zum Umgang mit Dateien bzw. Prozessen bereit, die dann vom Betriebssystemkern den jeweiligen Prozessen so angeboten werden, daß sie mittelbar auch von Anwendern genutzt werden können.

Die direkt nutzbaren Fähigkeiten eines Rechensystems bestehen darin, daß Dienste von Objekten ausgeführt werden; dazu müssen die Objekte jedoch gespeichert zur Verfügung stehen. Ein maßgeblicher Beitrag zu den Nutzungsmöglichkeiten eines Rechensystems wird folglich dadurch geleistet, daß Objekte langfristig im Speicher des Systems bereitgehalten werden. Diesen Gegebenheiten wird wie folgt Rechnung getragen: Für die Dynamik des Systems sind *Betriebsphasen*, in denen das System rechenbereit ist und Berechnungen ausführt, und *Betriebspausen* als alternierende Phasen zu unterscheiden. Zudem wird eine Klasse von Objekten, *persistente Datenobjekte* genannt, so eingeführt, daß diese Objekte über Betriebspausen hinweg in entsprechenden Speichern des Systems bereitgehalten werden. Als Konsequenz ergibt sich, daß für das System in Betriebspausen statische Speicherfähigkeiten, also die jeweilige Menge der persistenten Objekte, erhalten bleiben und für die folgende Betriebsphase zur Verfügung stehen. Die drei genannten Teile eines B. stehen in den Betriebsphasen des Rechensystems zur Verfügung; mit ihnen hat das System seine Rechenfähigkeiten.

Das *Dateimanagement* stellt einem Rechensystem Konzepte und Dienste für Dateien zur Verfügung. Dateien sind einfache, universell nutzbare, persistente Datenobjekte, so daß das System mit den Dateien auch seine langfristigen, Betriebspausen überdauernden Speicherfähigkeiten erhält.

Dateikonzepte sind Ergebnisse typischer Abstraktionen von den technischen Eigenschaften der Speicher der Hardware-Konfiguration eines Rechensystems. Diese Speicher können grob in den Arbeits- und den Hintergrundspeicher aufgeteilt werden. Der Arbeitsspeicher besteht aus einer linear geordneten Menge von mit Adressen identifizierten Byte-Zellen, die für (universelle) Rechenprozessoren und für (spezielle) E/A-Prozessoren direkt zugreifbar sind. Der Hintergrundspeicher besteht aus Geräten, die Mengen von mit Adressen identifizierten Bereichen zur Speicherung von Byte-Feldern, Blöcke genannt, zur Verfügung stellen. Blöcke können gelesen und geschrieben werden; das erfolgt mit Operationen, die von E/A-Prozessoren als Datentransporte zwischen dem Arbeitsspeicher und dem jeweiligen Gerät ausgeführt werden. Typische Geräte des Hintergrundspeichers sind Plattenspeicher mit adressierbaren Sektoren als Blockbereiche. Der Hintergrundspeicher ist im Gegensatz zum Arbeitsspeicher dazu geeignet, persistente Datenobjekte bereitzuhalten; er kann aus mehreren Geräten mit unterschiedlichen Eigenschaften, insbesondere unterschiedlichen Blockbereichen, bestehen. Der Hintergrund- und der Arbeitsspeicher sollen gleichermaßen zur Speicherung von Datenobjekten genutzt werden; Dateien sind einfache Datenobjekte, mit denen dies ermöglicht wird.

Eine *Datei* ist als Datenobjekt im einfachsten, häufig auftretenden Fall eine Byte-Folge-Datei: Eine mit einem für sie festgelegten Bezeichner identifizierte Folge von Bytes mit in festgelegten Grenzen variierender Länge. Das Dateimanagement stellt die Dienste für den Umgang mit Dateien zur Verfügung. Dazu gehören Dienste zur Erzeugung neuer sowie zur Nutzung und zur Auflösung existierender Dateien. Wenn eine Datei erzeugt wird, wird ihr Bezeichner festgelegt. Eine existierende Datei kann mit Lese- und Schreiboperationen für Byte-Folgen relativ zu einer Startposition der gegebenen Folge genutzt werden; Folgen von Lese- und Schreiboperationen auf einer Datei müssen durch Öffnen und Schließen der Datei geklammert werden. Für die jeweils existierenden Dateien sind Verzeichnisse für die Bezeichner und Beschreibungen der weiteren Eigenschaften der Dateien erforderlich. Dafür werden Dateien einer speziellen weiteren Art, *Verzeichnisdateien* oder *Verzeichnisse* genannt, eingesetzt. Das Dateimanagement stellt Verzeichnisse und Dienste für den Umgang mit Verzeichnissen so zur Verfügung, daß jede neue Datei bzgl. eines Verzeichnisses erzeugt wird; sie wird in das Verzeichnis aufgenommen. Verzeichnisse und Dateien werden als persistente Datenobjekte mit dem Hintergrundspeicher realisiert; sie werden in den Blockbereichen eines entsprechenden Gerätes gespeichert. Eine (vollständige) Menge von Verzeichnissen zusammen mit den verzeichneten Dateien ist ein *Dateisystem*.

Dateien sind einfache Datenobjekte mit den für Rechensysteme charakteristischen Kombinationen von abstrakten und realen Eigenschaften. Eine Datei ist mit ihren abstrakten Eigenschaften, also als Byte-Folge, auf der Lese- und Schreiboperationen ausgeführt werden können, benutzbar. Sie wird jedoch mit Blöcken im Hintergrundspeicher realisiert mit der Konsequenz, daß für die Lese- und Schreiboperationen auch Datentransporte zwischen Geräten und dem Arbeitsspeicher auszuführen sind. Die notwendigen Übergänge zwischen den abstrakten und realen Eigenschaften werden vom B. mit den Diensten geleistet, die das Dateimanagement zur Verfügung stellt. Das sind Realisierungsaufgaben, die für B. charakteristisch sind.

Dateien sind einfache und universell nutzbare Datenobjekte. Die Bedeutung einer Datei ist die der entsprechenden Byte-Folge. Für diese Bedeutung ist Informationstreue einfach zu gewährleisten; für diese sind die Lese- und Schreiboperationen als Dienste festgelegt. Auf dieser Grundlage können Dateien weitere Bedeutungen zugeordnet werden, für die Informationstreue jedoch mit zusätzlichen Maßnahmen, also mit dafür festgelegten Diensten, gewährleistet werden muß. Die universelle Nutzbarkeit der Dateien ergibt sich daraus, daß sie als Byte-Folgen eine geeignete Ausgangsbasis hierfür liefern, nämlich abstrakte Byte-Folgen-Speicher und deren technische Realisierungen.

Mit dem Dateimanagement erhält ein Rechensystem also zunächst die Fähigkeiten dazu, einfache, abstrakte, persistente Speicher zu erzeugen, zu benutzen und aufzulösen. Mit einem entsprechenden Dateisystem erhält es zudem langfristige Speicherfähigkeiten, und mit den entsprechenden Dateien können Objekte, die für die Nutzung des Systems benötigt werden, mit ihren Diensten bereitgehalten werden.

Das *Prozeßmanagement* stellt einem Rechensystem die Konzepte und Dienste zur Verfügung, mit denen Anwendern die Nutzung der Rechenfähigkeiten des Systems ermöglicht wird. Grundlegend hierfür sind Konzepte und Dienste für sequentielle Prozesse. Sequentielle Prozesse sind abstrakte Maschinen, die abgegrenzte Fähigkeiten zur Ausführung sequentieller Berechnungen haben, und die Anwendern zur Verfügung gestellt werden. Ein Benutzer, dem ein Prozeß zur Verfügung steht, kann seine Anwendungsaufgaben durch Interaktionen mit seinem Prozeß lösen, indem er Aufträge erteilt, die der Prozeß ausführt. Er nutzt dabei den Betriebssystemkern und kann die Fähigkeiten anderer Prozesse nutzen.

Konzepte sequentieller Prozesse sind Ergebnisse typischer Abstraktionen von den technischen Eigenschaften der Komponenten der Hardware-Konfiguration eines Rechensystems, die für sequentielle Berechnungen eingesetzt werden müssen. Sequentielle Berechnungen sind Ausführungen sequentieller Programme. Zur Ausführung eines sequentiellen Programms ist ein Prozessor erforderlich. Zudem ist das Programm mit den zugehörigen Daten in prozessorverständlichen Repräsentationen, in Maschinensprache, erforderlich, und diese müssen für den Prozessor direkt zugreifbar gespeichert bereitstehen. Sequentielle Programme werden als Folgen von Berechnungsschritten und -phasen ausgeführt. Dabei sind alternierende Rechen- und E/A-Phasen zu unterscheiden, für die unterschiedliche Prozessoren eingesetzt werden. Eine Rechenphase ist eine Folge von Berechnungsschritten, die von einem Rechenprozessor auf dem Arbeitsspeicher ausgeführt werden. Eine E/A-Phase ist eine Folge von speziellen Berechnungsschritten, von Datentransporten zwischen dem Arbeitsspeicher und einem Ein- oder Ausgabegerät, die von einem E/A-Prozessor ausgeführt werden. Die Unterscheidung zwischen (universellen) Rechen- und E/A-Prozessoren sowie daraus folgend zwischen Rechen- und E/A-Phasen ist durch die wesentlich verschiedenen funktionalen und temporalen Eigenschaften der entsprechenden Berechnungen begründet. Diesen Unterschieden und den Anforderungen, die sich daraus ergeben, wird dadurch Rechnung getragen, daß die Aufgabe, E/A-Operationen auszuführen, dem Betriebssystemkern zugeordnet wird.

Diesen Gegebenheiten entsprechend, werden die Konzepte für sequentielle Prozesse festgelegt: Ein *sequentieller Prozeß* ist eine mit einem für sie festgelegten Bezeichner identifizierbare abstrakte Maschine mit einem Arbeitsspeicher und einem Rechenprozessor, die an die Betriebssystemkern-Schnittstelle gebunden ist. Der Arbeitsspeicher enthält ein sequentielles Programm mit zugehörigen Daten, und der Rechenprozessor führt dieses Programm unter Nutzung der Fähigkeiten des Betriebssystemkerns aus.

Mit dem Erklärten ergeben sich die grundlegenden Eigenschaften sequentieller Prozesse und die Beiträge, die Prozesse zur Nutzung der Rechenfähigkeiten eines Systems leisten:

– Ein Prozeß ist zunächst eine abstrakte, rechenfähige Maschine. Die Berechnungen, die er ausführt, ergeben sich dann mit dem Programm im Speicher dieser Maschine. Die Wirkungen der Berechnungen des Prozesses können folglich mit dem Programm konstruktiv festgelegt werden, und dabei können die Fähigkeiten des Betriebssystemkerns genutzt werden.

– Ein Prozeß ist als abstrakte, rechenfähige Maschine ein abgegrenzter Teil eines Rechensystems. Die Abgrenzung besteht einerseits darin, daß der Prozeß sequentielle Berechnungen ausführt. Sie besteht andererseits darin, daß der Wirkungsbereich der Berechnungen des Prozesses beschränkt ist, und zwar auf den zugeordneten Speicher und auf vom Betriebssystemkern kontrollierte Erweiterungen. Dadurch werden Beschreibungen der Wirkungen der Berechnungen des Prozesses vereinfacht und die Ausbreitungsmöglichkeiten von Fehlverhalten des Prozesses eingeschränkt.

– Ein Prozeß ist eine abstrakte Maschine mit einem Speicher und einem Prozessor. Sowohl der Speicher als auch der Prozessor gehören zu den abstrakten Eigenschaften des Prozesses; sie müssen also vom Betriebssystemkern realisiert werden. Für Festlegungen der abstrakten Eigenschaften eines Prozesses gibt es mehrere abgestufte Möglichkeiten, zu denen insbesondere gehört, daß für den Speicher allein der Adreßraum – als virtueller Adreßraum des Prozesses – festgelegt wird. Die Präzisierungen hierfür gehören zu den jeweiligen Prozeßkonzepten und sind zusammen mit den Realisierungsfähigkeiten des Betriebssystemkerns festzulegen.

Mit den Prozeßkonzepten stellt das Prozeßmanagement Dienste zum Umgang mit Prozessen zur Verfügung. Dazu gehören zunächst Dienste zur Erzeugung neuer Prozesse; dazu gehören weiter Dienste zur Koordinierung, Gestaltung und Terminierung der Prozeßberechnungen und schließlich Dienste zur Auflösung von Prozessen. Mit den Erzeugungs- und Koordinierungsdiensten für sequentielle Prozesse können Subsysteme gebildet werden, die parallele und kooperative Berechnungen ausführen.

Mit dem Prozeßmanagement erhält ein Rechensystem also zunächst die Fähigkeiten dazu, abstrakte Maschinen, die sequentielle Berechnungen mit abgegrenzten Wirkungsbereichen ausführen, zu erzeugen, Anwendern diese *rechenfähigen Maschinen* zur Nutzung zur Verfügung zu stellen und schließlich aufzulösen. Mit diesen Fähigkeiten wird erreicht, daß Anwendern ein paralleles Rechensystem zur Verfügung gestellt werden kann.

Der *Betriebssystemkern* stellt einem Rechensystem die Dienste des B. einschließlich der Dienste des Datei- und des Prozeßmanagements als Kerndienste mit der Prozeß-Kern-Schnittstelle zur Verfügung und führt die Berechnungen des B. aus. Die *Prozeß-Kern-Schnittstelle* ist Diensteschnittstelle und zugleich ein von den Rechenprozessoren kontrollierter Grenzwall zwischen *Privilegierungsbereichen*, nämlich den Bereichen der einzelnen Prozesse mit niedrigen Privilegien und dem Bereich des Kerns mit hohen Privilegien. Mit dem Grenzwall und den Privilegienfestlegungen werden die Wirkungsbereiche der einzelnen Prozesse zueinander und zum Kern so abgegrenzt, daß sie allein mit *Kerndienstaufrufen*, die kontrolliert werden, überschritten werden können; damit werden die Auswirkungen von Fehlverhalten der Prozesse begrenzt. Zudem erhält der Kern alle Privilegien, die zur Erfüllung der Managementaufgaben für das Rechensystem benötigt werden.

Die *Kerndienste* werden unmittelbar den Prozessen angeboten, und sie werden von diesen auf der Grundlage der Prozeß-Kern-Schnittstelle genutzt. Die Kerndienste stehen damit auch Anwendern mittelbar, eingeordnet in die Berechnungen ihrer Prozesse, zur Verfügung. Ihren Aufrufen entsprechend, sind implizite und explizite Kerndienste zu unterscheiden. Die impliziten Dienste dienen dazu, die abstrakten Eigenschaften der Prozesse, die Rechenprozessoren und die Arbeitsspeicher, zu realisieren; sie werden also von allen Prozessen genutzt. Die expliziten Kerndienste dienen den Prozessen dazu, ihre Wirkungsbereiche, vom Kern kontrolliert und koordiniert, den jeweiligen Anforderungen entsprechend zu verändern; sie werden von den Prozessen bei Bedarf mit expliziten Kerndienstaufrufen genutzt. Die Grenzwallkontrollen mit den entsprechenden Privilegierungsbereichwechseln erfolgen sowohl bei impliziten als auch bei expliziten Kerndienstaufrufen.

Der Betriebssystemkern erfüllt seine *Managementaufgaben* mit seinem Instrumentarium, den Kerndiensten und den Konzepten des Datei- und Prozeßmanagements, sowie mit den ihm zur Verfügung stehenden Ressourcen. Die gesamte Hardware-Konfiguration eines Rechensystems ist dem Kern zugeordnet; ihre Komponenten sind die Ressourcen, die zunächst zur Verfügung stehen. Der Kern managt den Einsatz der Ressourcen. Er setzt sie für seine Dienste sowie für Dateien und Prozesse, die erzeugt werden, ein. Damit ergeben sich die Ressourcen mit den charakteristischen Kombinationen von abstrakten und realen Eigenschaften. Diese werden mit ihren abstrakten Eigenschaften, also als Dateien, die als Speicher und als Datenobjekte nutzbar sind, und als Prozesse, die sequentielle Berechnungen ausführen, Anwendern zur Verfügung gestellt. Der Kern hat die Aufgabe, diese Ressourcen so zu realisieren, daß sie mit ihren abstrakten Eigenschaften nutzbar sind.

Die Komponenten der Hardware-Konfiguration eines Rechensystems, die dem Betriebssystemkern zunächst als Ressourcen zur Verfügung stehen, lassen sich – von den Verbindungen abgesehen – grob in Prozessoren, Speicher und E/A-Geräte einteilen. Sie werden für Realisierungen von Dateien und Prozessen sowie für den Kern und die Kerndienste eingesetzt. Erzeugungen von Dateien und Prozessen als abstrakte Ressourcen sind für den Kern verbindliche Managementmaßnahmen; der Kern muß die jeweils existierenden Dateien und Prozesse realisieren. Die funktionalen und temporalen Anforderungen, die sich daraus ergeben, und die Eigenschaften der Hardware-Ressourcen, die einzusetzen sind, bestimmen die Verfahren und Maßnahmen, mit denen der Kern seine Managementaufgaben erfüllt.

Die Managemententscheidungen, die getroffen werden, sind für Zeitintervalle mit wesentlich verschiedenen Längen verbindlich. Eine Übersicht über die Managementmaßnahmen ergibt sich, indem diese den Längen der *Verbindlichkeitsintervalle* entsprechend von langen zu kurzen Intervallen übergehend in vier Klassen eingeordnet werden.

Die erste Klasse mit langfristig verbindlichen Entscheidungen ergibt sich mit den Dateien, die als (potentiell) langlebige, Betriebspausen überdauernde, persistente Datenobjekte erzeugt werden. Die entsprechenden Maßnahmen gehören zum Dateimanagement. Sie erfordern Entscheidungen über den Einsatz eines Teils des Speichers, nämlich des Hintergrundspeichers, der für Realisierungen der persistenten Dateien eingesetzt wird. Das sind Aufgaben des *Hintergrundspeichermanagements*. Die Verbindlichkeitsintervalle aller Managemententscheidungen der drei weiteren Klassen sind jeweils auf eine Betriebsphase des Rechensystems beschränkt.

Die zweite Klasse mit in einer Betriebsphase langfristig verbindlichen Managemententscheidungen ergibt sich mit den Prozessen: Mit der Erzeugung eines Prozesses erhält dieser auf Lebenszeit seine abstrakten Eigenschaften, also seinen Arbeitsspeicher mit dem Prozeßprogramm und seinen Rechenprozessor, so daß er mit diesem Standardwirkungsbereich seine sequentiellen Berechnungen ausführen kann. Die Entscheidungen, die mit der Erzeugung von Prozessen getroffen werden, sind für die Lebenszeiten der Prozesse verbindlich. Ihre abstrakten Eigenschaften müssen so realisiert werden, daß sie genutzt werden können. Die entsprechenden Maßnahmen gehören zum Prozeßmanagement. Sie erfordern Entscheidungen über den Einsatz der realen Speicher, die vom → Speichermanagement mit den Teilen Hintergrund- und *Arbeitsspeichermanagement* getroffen werden, und Entscheidungen über den Einsatz der realen Rechenprozessoren, die als kurzfristig verbindliche Entscheidungen des Prozessormanagements zur vierten Klasse gehören.

Die dritte Klasse mit mittelfristig verbindlichen Managemententscheidungen ergibt sich daraus, daß die Prozesse ihre Standardwirkungsbereiche, vom Betriebssystemkern kontrolliert und koordiniert, so erweitern können, daß sie Dateien mit Folgen von Lese- und Schreiboperationen auf diesen und Folgen von Ein- und Ausgabeoperationen auf entsprechenden E/A-Geräten ausführen können. Diese Erweiterungen der Standardwirkungsbereiche der Prozesse erfolgen durch Öffnen der benötigten Dateien durch das Dateimanagement und durch Belegungen der benötigten E/A-Geräte durch das *E/A-Gerätemanagement*. Die entsprechenden Entscheidungen sind verbindlich bis zum Schließen der Dateien bzw. bis zur Freigabe der E/A-Geräte durch die Prozesse.

Die vierte Klasse mit kurzfristig verbindlichen Managemententscheidungen ergibt sich daraus, daß die Prozesse in Phasen mit festen, erweiterten Wirkungsbereichen ihre Berechnungen ausführen. Dabei sind Lese- und Schreiboperationen auf offenen Dateien sowie Ein- und Ausgabeoperationen auf belegten E/A-Geräten mit entsprechenden Kerndiensten auszuführen. Zudem benötigen die Prozesse ihre realisierten Arbeitsspeicher und ihre realisierten Rechenprozessoren. Sie werden mit kurzfristig verbindlichen Entscheidungen des Arbeitsspeicher- und des *Prozessormanagements* zur Verfügung gestellt.

Die erklärten Verbindlichkeitsintervall-Klassen entsprechen Abstraktionsebenen eines Systems, und die Übergänge zwischen den Ebenen der Klassen zwei bis vier erfordern jeweils typische Managementmaßnahmen des Betriebssystemkerns zur schrittweisen, systematischen Realisierung der abstrakten Prozesse mit den Komponenten der Hardware-Konfiguration. Für die Übergänge ist charakteristisch, daß die koexistierenden Prozesse einer Ebene um die Rechen- und Speicherkapazitäten, die Ressourcen, der folgenden Ebene konkurrieren. Weil die vorhandenen Ressourcen i. allg. nicht dazu ausreichen, alle Anforderungen gleichzeitig zu erfüllen, werden sie mit *Zeitmultiplex-Verfahren* nacheinander zeitlich verzahnt erfüllt. Das Management hat jeweils zwei Teilaufgaben zu lösen:
– Von den jeweils anfordernden Prozessen sind die auszuwählen, deren Anforderungen erfüllt werden sollen. Diese Entscheidungen werden nach Strategien, die Fairneß und quantitative Leistungsziele berücksichtigen, mit einem *Scheduler* für die jeweiligen Ressourcen getroffen.
– Für die ausgewählten Prozesse sind zur Erfüllung der gestellten Anforderungen Zuteilungs-, Umspeicher- und Umschaltmaßnahmen erforderlich; sie werden mit Diensten des Managements der jeweiligen Ressourcen durchgeführt. Den Rechen- und Speicherfähigkeiten der Prozesse entsprechend, sind dies insbesondere die Dienste des → *Speichermanagements*, mit denen Umspeicherungen durchgeführt werden, sowie die Dienste des *Dispatchers* des Prozessormanagements, mit denen der Rechenprozessor zwischen den Prozessen umgeschaltet wird.

Das Erklärte gibt einen Überblick über die Managementaufgaben des Betriebssystemkerns und über die Systematik, mit der die notwendigen Entscheidungen abgestuft nach den Längen ihrer Verbindlichkeitsintervalle so getroffen werden, daß das Fortschreiten der Berechnungen der Prozesse gewährleistet wird. Damit wird erreicht, daß Anwender die Prozesse mit ihren abstrakten Eigenschaften nutzen können.

Die erklärten Konzepte und Dienste des Dateimanagements, des Prozeßmanagements und des Betriebssystemkerns sind eine geeignete Ausgangsbasis für vielfältige Erweiterungen und Differenzierungen der Fähigkeiten, die ein Rechensystem Anwendern mit seinem B. zur Verfügung stellen kann. Die Datei- und die Prozeßkonzepte sind so festgelegt, daß sie konstruktiv für die jeweils benötigten Erweiterungen und Differenzierungen einsetzbar sind. Sie werden v. a. zur Erfüllung von Anwendungsanforderungen eingesetzt und sind damit die Grundlage für die Bereitstellung anwendungsgeeigneter und anwendungsspezifischer Dienste. Sie werden zudem für weitere Betriebssystemaufgaben eingesetzt. Das gilt insbesondere für die Managementaufgaben an der Benutzungsschnittstelle eines Rechensystems, also für Zugangskontrollen und für die Interaktionen zwischen Benutzern und System zur Erteilung und zur Ausführung von Aufträgen.

*Zugangskontrollen* sind für jedes Mehrbenutzer-Rechensystem erforderlich. Sie dienen zur Unterscheidung von Subjekten in der Umgebung des Systems und sollen gewährleisten, daß allein berechtigte Subjekte, identifizierte und berechtigte Benutzer, die Dienste des Systems nutzen können, und zwar die Dienste, zu deren Nutzung sie berechtigt sind. Die Berechtigungen von Benutzern können unterschiedlichen Zwecken dienen. In einfachen Fällen dienen sie dazu, Nutzungskosten abzurechnen. Sie können jedoch auch Festlegungen von Rechten sein, die Subjekte an Objekten des Systems haben und die zu gewährleisten sind; das gilt für → rechtssichere Rechensysteme. Diesen unterschiedlichen Zwecken entsprechend, sind Zugangskontrollen mehr oder weniger scharf. Zugangskontrollen werden von Prozessen mit speziellen Protokollen für die Ein- und Ausgaben über entsprechende E/A-Geräte, i. d. R. Terminals, durchgeführt. Die Protokolle legen fest, daß jedes Subjekt zunächst einen Identifikator und ein Passwort eingeben muß; diese Eingaben werden überprüft. Bei negativem Prüfungsergebnis wird das Subjekt abgewiesen; bei positivem Ergebnis erhält der identifizierte, berechtigte Benutzer Zugang zum System. Die

Überprüfungen setzen voraus, daß berechtigte Benutzer registriert sind; dafür setzt das B. Dateien mit Beschreibungen der Benutzer und ihrer Berechtigungen ein. Diese Dateien und die Dienste zur Registrierung und Deregistrierung berechtigter Benutzer gehören zur *Benutzerverwaltung* als Teil der Managementaufgaben des B. Für die Durchführung der Zugangskontrollen setzt das B. Prozesse mit Programmen ein, welche die mit den Protokollen festgelegten Berechnungen ausführen.

Berechtigte Benutzer, die Zugang zu einem Rechensystem haben, sollen das System nutzen können, indem sie Aufträge erteilen und ausführen lassen. Dafür sind geeignete Sprachen, Auftragssprachen, und Dienste für Interaktionen zwischen Benutzern und dem System erforderlich. Die *Auftragssprachen*, die an der Benutzungsschnittstelle angeboten werden, sind mit ihren Ausdrucksfähigkeiten ausschlaggebend für die Nutzungs- und Arbeitsmöglichkeiten, die Benutzer haben. Mit ihnen wird insbesondere darüber entschieden, ob ein System im Stapelbetrieb oder im Dialogbetrieb benutzt werden kann.

Für einen Benutzer, der an einem Terminal im Dialogbetrieb arbeitet, ist als Auftragssprache eine *Kommandosprache* geeignet. In diesem Fall erteilt der Benutzer Aufträge durch Eingaben von Kommandos. Die Kommandos sind Aufrufe von Diensten, die angeboten werden, und die Auftragsausführungen bestehen darin, daß die entsprechenden Dienstberechnungen ausgeführt werden. Das B. stellt dem Benutzer in diesem Fall die benötigten Dienste mit einem Prozeß, der Kommandos entgegennimmt und dann ausführt, zur Verfügung. Das Programm des eingesetzten Prozesses ist ein Interpretierer der Kommandosprache mit Diensten zur Eingabe von Kommandos und zur Ausgabe berechneter Ergebnisse. Diese Vorgehensweise ist für einfache Dienste mit Folgen von Kommandoeingaben und -ausführungen geeignet.

Erweiterungsmöglichkeiten für Kommandos mit aufwendigen Diensten bestehen darin, daß für die Ausführung eines entsprechenden Auftrags ein Prozeß erzeugt wird, der die erforderlichen Berechnungen ggf. parallel zur Eingabe und zur Ausführung weiterer Aufträge ausführt. Es ergibt sich, daß ein berechtigter Benutzer, der Zugang zum Rechensystem hat, zunächst einen Prozeß, der die Kommandosprache interpretiert, erhält. Mit diesem Prozeß wird ihm bei entsprechender Ausdrucksfähigkeit der Sprache eine sequentielle oder eine parallele *Benutzermaschine* als Teil des Rechensystems, zu dem er Zugang hat, zur Verfügung gestellt. Die Fähigkeiten der Prozesse dieser Benutzermaschine können für interaktive Problemlösungen genutzt werden. Entsprechende Maschinen werden vom *Auftragsmanagement* des B. allen Benutzern zur Bearbeitung ihrer Aufgaben zur Verfügung gestellt.

Das für Zugangskontrollen und für die Bereitstellung von Benutzermaschinen Erklärte gibt einen Einblick in die Einsatzmöglichkeiten der Datei- und Prozeßkonzepte eines B. und in die Beiträge, die ein B. mit seinen Konzepten und Diensten dazu leistet, daß Anwender die Fähigkeiten eines Rechensystems nutzen können.

Das hier Erklärte gibt einen Überblick über die Aufgaben, die ein B. als Management eines Rechensystems hat, und über die Vorgehensweise, mit der diese Aufgaben so gelöst werden können, daß die Fähigkeiten eines Rechensystems seinen Benutzern anwendungsgeeignet nutzbar zur Verfügung gestellt werden. Ihren vielfältigen Einsatzmöglichkeiten entsprechend, werden Rechensysteme mit ihren B. als Einbenutzersysteme oder als Mehrbenutzersysteme sowie als → sequentielle Rechensysteme oder als → parallele Rechensysteme eingesetzt, wobei die jeweiligen B. diese Nutzungsmöglichkeiten bestimmen.

Die hier erklärten B. haben die Eigenschaften der klassischen → prozedurorientierten B.; die Abbildung zeigt ein entsprechendes System. Prozedurorientierte Systeme sind die Ausgangsbasis für die zahlreichen Rechensystemarten, die heute im Einsatz sind.

*P. P. Spies*

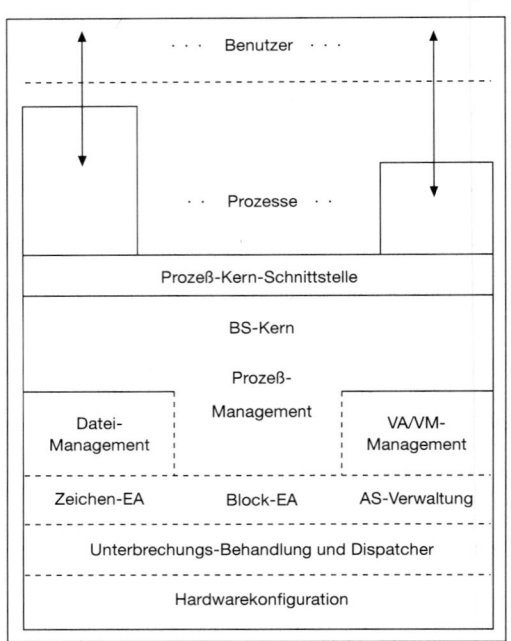

*Betriebssystem: Prozedurorientiertes System*

Literatur: *Silberschatz, A.; Galvin, P. B.*: Operating system concepts. Reading, MA: Addison-Wesley 1994. – *Tanenbaum, A. S.*: Modern operating systems. Prentice Hall, Englewood Cliffs, NJ 1992.

**Betriebssystem, nachrichtenorientiertes** ⟨message-oriented operating system⟩ → Betriebssystem, prozeßorientiertes

**Betriebssystem, prozedurorientiertes** ⟨procedure-oriented operating system⟩. Das → Betriebssystem, mit dem ein → Rechensystem seine für Anwender nutzbaren Speicher- und Rechenfähigkeiten erhält, besteht wesentlich aus den Teilen Dateimanagement, Prozeßmanagement und → Betriebssystemkern. Ein Anwender kann das Rechensystem dadurch nutzen, daß ihm vom Betriebssystem ein → Prozeß als seine Benutzermaschine zur Verfügung gestellt wird. Er nutzt seine Maschine mit den Diensten, die der Prozeß anbietet, und der Prozeß führt als abstrakte Maschine die entsprechenden → Berechnungen aus. Diese Berechnungen sind mit dem sequentiellen Programm des Prozesses spezifiziert, und dieses Programm enthält implizite und kann explizite Aufrufe von Kerndiensten enthalten; mit expliziten Kerndienstaufrufen nutzt also der Anwender mittelbar Dienste des Betriebssystemkerns als Teile seiner Berechnungen. Die hierfür wesentliche Prozeß-Kern-Schnittstelle begründet die Charakterisierung eines Betriebssystems als prozedurorientiert: Ein p. B. liegt vor, wenn der Kern den Prozessen seine Dienste als Prozeduren mit einer prozeduralen Prozeß-Kern-Schnittstelle anbietet.

Die Charakterisierung hebt hervor, daß der Betriebssystemkern seine Dienste unter Verwendung eines Prozedurkonzepts, also als (geschlossene) Unterprogramme, bereitstellt. Für die Prozesse und den Kern eines Systems bedeutet das, daß ein Prozeß einen Kerndienst nutzt, indem er die entsprechenden Eingabeparameter bereitstellt und den Dienst aufruft. Die Dienstberechnungen werden ausgeführt, und die Resultate werden als Ausgabeparameter so an den Aufrufer übergeben, daß der Prozeß sie für seine weiteren Berechnungen nutzen kann. Diese Erklärung der Kerndienstaufrufe und -ausführungen beschränkt sich auf die Bedeutung der Kernschnittstelle für die funktionalen Eigenschaften der Diensteberechnungen; zusätzlich bewirken Kerndienstaufrufe die notwendigen Grenzwallkontrollen und die Privilegierungsbereichswechsel zwischen den aufrufenden Prozessen und dem Kern.

Das Wesentliche der prozeduralen Prozeß-Kern-Schnittstelle liegt zunächst darin, daß der Kern für die Prozessen angebotenen Dienste die Syntax und die Semantik festlegt: Der Kern legt die Bedeutung der Eingabe- und der Ausgabeparameter sowie die Funktionalität der Dienste fest. Die Prozesse, welche die Dienste nutzen, müssen diese Festlegungen kennen und beachten; die Kerndienstberechnungen werden im Bedeutungskontext des Kerns ausgeführt. Als Konsequenzen ergeben sich enge syntaktische und semantische Bindungen und mit diesen starke *Abhängigkeiten zwischen den Prozessen* einerseits *und dem Kern* andererseits. Diese Abhängigkeiten werden dadurch verstärkt, daß für alle nicht konzeptionell festgelegten Eigenschaften der Prozesse Kerndienste erforderlich sind. Es sind also Kerndienste für die Nutzung von Dateien und für E/A-Operationen und natürlich Dienste zur Realisierung der abstrakten Eigenschaften der Prozesse erforderlich.

Die Abhängigkeiten werden weiter dadurch verstärkt, daß der Kern die parallelen Berechnungen der jeweils koexistierenden Prozesse koordinieren muß. Die koexistierenden Prozesse eines Systems kennen einander im wesentlichen nicht. Sie führen als solche parallele Berechnungen aus, deren Wirkungsbereiche gemeinsame Datenobjekte enthalten können und deren Wirkungen folglich nicht notwendig interferenzfrei sind. Für die Prozesse ergibt sich die Notwendigkeit, die Wirkungen ihrer Berechnungen gegen evtl. Interferenzen mit Berechnungen anderer Prozesse zu sichern. Dazu sind entsprechende Sperren und Kerndienste erforderlich. Der Kern hat die Aufgabe, die Berechnungen der koexistierenden Prozesse auf dieser Grundlage zu koordinieren.

Das Zusammentreffen dieser Anforderungen, also die impliziten Kerndienste zur Realisierung der konzeptionell festgelegten abstrakten Eigenschaften der Prozesse, die Ausführung der Berechnungen der expliziten Kerndienste, zu denen insbesondere die Dateidienste und die echten E/A-Dienste gehören, sowie die Koordinierungsaufgabe für die Berechnungen der koexistierenden Prozesse, die gemeinsame Datenobjekte, die dafür nicht konzeptionell vorbereitet sind, benutzen können, liefern die charakteristischen Eigenschaften eines prozedurorientierten Systems: Es ist speicherdominant und zentralisiert. Es ist *speicherdominant*, weil die dominierenden Systemkomponenten Datenobjekte mit schwachen konzeptionellen Eigenschaften sind. Relativ zu diesen spielen die Berechnungen der Prozesse eine nachgeordnete Rolle. Es ist *zentralisiert* mit dem Kern als Zentrum und den starken Prozeß-Kern-Abhängigkeiten als Ursache. Die Komplexität des Kerns wächst mit den an das System gestellten Anforderungen, und der Kern wird zum *Leistungsengpaß* des Systems.

Als Maßnahmen gegen diese Zentralisierung und ihre Konsequenzen sind explizit genutzte Kerndienste prozedurorientierter Systeme auf Prozesse so zu übertragen, daß die entsprechenden Dienste durch Kooperation zwischen Prozessen genutzt werden können. Dem Kern bleibt dabei die Aufgabe, Prozeßkooperationen mit Nachrichtenkommunikation zu vermitteln. Es ergeben sich → prozeßorientierte Betriebssysteme mit nachrichtenorientierten Prozeß-Kern-Schnittstellen. Sie tragen nicht nur dazu bei, die erklärten Abhängigkeiten als Zentralisierungs- und Leistungsengpaßursachen abzuschwächen, sie sind auch für Übergänge von Systemen mit zentralen Hardware-Konfigurationen zu verteilten Systemen mit physisch/räumlich verteilten, vernetzten Hardware-Konfigurationen geeignet.

P. B. sind die entwicklungsgeschichtlich ältesten und zugleich die am weitesten verbreiteten Betriebssysteme. Zu ihnen gehören die → Mainframe-Betriebssysteme, die heute im Einsatz sind, und die weit verbreiteten → UNIX-Systeme. Ihre Charakteristika sind heute mit Systemeigenschaften, die im Laufe der Zeit entstanden sind, überlagert, aber noch deutlich erkennbar. P. B. sind deshalb wichtig zum Verständnis des evolutionären

Entwicklungsprozesses von Rechensystemen im Laufe der Zeit. *P. P. Spies*

**Betriebssystem, prozeßorientiertes** ⟨*process-oriented operating system*⟩. Das → Betriebssystem, mit dem ein → Rechensystem seine für Anwender nutzbaren Speicher- und Rechenfähigkeiten erhält, besteht wesentlich aus den Teilen Dateimanagement, Prozeßmanagement und → Betriebssystemkern. Ein Anwender kann das Rechensystem dadurch nutzen, daß ihm vom Betriebssystem ein → Prozeß als seine Benutzermaschine zur Verfügung gestellt wird. Er nutzt seine Maschine mit den Diensten, die der Prozeß anbietet, und der Prozeß führt als abstrakte Maschine die entsprechenden → Berechnungen aus. Diese Berechnungen sind mit dem sequentiellen Programm des Prozesses spezifiziert, und dieses Programm enthält implizite und kann explizite Aufrufe von Kerndiensten enthalten. Mit expliziten Kerndienstaufrufen können unmittelbar echte Kerndienste oder mittelbar Dienste anderer Prozesse genutzt werden; für die Nutzung dieser von anderen Prozessen angebotenen Dienste leistet der Kern lediglich Vermittlungsdienste zur Nachrichtenkommunikation. Diese von Prozessen angebotenen und erbrachten Dienste eines Systems begründen die Charakterisierung eines Betriebssystems als prozeßorientiert: Ein p. B. liegt vor, wenn die Dienste des Systems überwiegend von Prozessen angeboten und erbracht werden und wenn der Kern überwiegend Vermittlungsdienste zur Nachrichtenkommunikation zwischen Prozessen leistet. Die Prozeß-Kern-Schnittstelle ist diesen überwiegenden Aufgaben des Kerns entsprechend eine nachrichtenorientierte; wegen dieser Schnittstelleneigenschaften wird auch der Begriff *nachrichtenorientiertes Betriebssystem* benutzt.

Die Charakterisierung hebt hevor, daß die Dienste, die ein System zur Verfügung stellt, vorrangig von Prozessen des Systems angeboten und erbracht werden. Die → Berechnungen des Systems werden demnach vorrangig von *kooperierenden Prozessen* ausgeführt, und die Prozesse kooperieren auf der Basis von *Nachrichtenkommunikation*, die der Betriebssystemkern vermittelt. Mit diesen Eigenschaften sind p. B. Alternativen und Weiterentwicklungen der → prozedurorientierten Betriebssysteme. Der Übergang von prozedur- zu p. B. ist durch Dezentralisierung und Verteilung der Berechnungen der Systeme sowie durch Entlastung der Betriebssystemkerne und Reduktion ihrer Komplexität gekennzeichnet; es ist ein Schritt des Übergangs von speicher- zu *berechnungsdominanten* Systemen. P. B. wurden zunächst für Rechensysteme mit physisch/räumlich zentralen Hardware-Konfigurationen entwickelt, und sie werden nach wie vor für diese eingesetzt. Sie sind jedoch insbesondere für Systeme mit physisch/räumlich verteilten, vernetzten Hardware-Konfigurationen geeignet.

Wenn die Dienste, die ein System zur Verfügung stellt, vorrangig von Prozessen des Systems angeboten und erbracht werden sollen, ist zu klären, mit welchen Konzepten Dienste definiert, Diensteberechnungen ausgeführt und von kooperierenden Prozessen genutzt werden sollen. P. B. stellen hierfür einfache, auf unidirektionaler Nachrichtenkommunikation basierende Konzepte und Mechanismen der Betriebssystemkerne bereit. Wenn ein Prozeß q eines Systems $\mathcal{R}$ einen → Dienst d anbietet, bedeutet das, daß q die Syntax und die Semantik für d definiert: q legt die Bedeutung der Eingabe- und Ausgabeparameter und die Aufrufspezifikation für d sowie die → Funktionalität von d-Berechnungen, die im Bedeutungskontext von q ausgeführt werden, fest. Wenn d genutzt werden soll, müssen diese Festlegungen bekannt sein und beachtet werden. Ein Prozeß p ≠ q von $\mathcal{R}$ kann d durch Erteilung eines Auftrags an q nutzen; q führt den Auftrag mit der entsprechenden d-Berechnung aus: Dabei werden die spezifizierten Resultate berechnet; sie sind an p zu übergeben. Im betrachteten Fall ergibt sich für die Nutzung des von q angebotenen Dienstes d durch p eine *Auftraggeber-Auftragnehmer-Beziehung*. Für die Kooperation müssen die Beiträge, die p und q leisten, in die Berechnungen der sequentiellen Prozesse p und q eingeordnet werden; die Berechnungen der Prozesse müssen koordiniert werden. Schließlich müssen der Auftrag von p an q und die berechneten Resultate von q an p verträglich mit den festgelegten Eigenschaften der Prozesse übergeben werden. P. B. stellen keine Konzepte zur Kooperation von Prozessen mit den erklärten Auftraggeber-Auftragnehmer-Beziehungen zur Verfügung. Sie stellen statt dessen Konzepte zur unidirektionalen Nachrichtenkommunikation zur Verfügung; mit diesen ergeben sich *Sender-Empfänger-Beziehungen* zwischen Prozessen, und alle über diese hinausgehenden Kooperationsbeziehungen müssen mit den verfügbaren Kommunikationskonzepten explizit komponiert werden.

Die *Konzepte für unidirektionale Nachrichtenkommunikation*, die p. B. zur Verfügung stellen, werden im folgenden für ein Rechensystem $\mathcal{R}$ mit einer Menge P koexistierender Prozesse erklärt. Für diese Erklärungen sind zwei Sichten zu unterscheiden: Die abstrakte Sicht der Prozesse, die unter Verwendung der verfügbaren Konzepte unmittelbar Nachrichten kommunizieren können, und die Realisierungssicht des Betriebssystemkerns, der die Nachrichtenkommunikation vermitteln muß. Die Eigenschaften der Konzepte, welche die Prozesse benutzen, spezifizieren die Anforderungen, die der Kern erfüllen soll.

Die Prozesse von $\mathcal{R}$ erhalten die Möglichkeit, Nachrichten zu kommunizieren dadurch, daß ihnen die *Kommunikationsprimitive* send und receive zur Verfügung stehen; sie werden im folgenden als programmiersprachliche Anweisungen formuliert und erklärt. Sei N der für $\mathcal{R}$ definierte Typ der Nachrichten, die zwischen den Prozessen gemäß P kommuniziert werden können. Ein Prozeß p ∈ P, der send ausführt, ist *Sender* einer Nachricht an einen anderen Prozeß. Ein Prozeß q ∈ P, der receive ausführt, ist *Empfänger* einer an ihn gesendeten Nachricht. Wenn für p ≠ q und eine N-Nachricht n der Prozeß p der Sender von n und der Prozeß q der Empfänger von n ist, dann stehen p und q für n in *Sender-Empfänger-Beziehung*; die Nachrichtenkommunikation ist *unidirektional* von p an q gerichtet. Für Anwendungen der Kommunikationsprimitive sind Sender-Empfänger-Zuordnungen festzulegen. Dabei sind *1:1-Zuordnungen*, für die Sender und Empfänger eindeutig sind, und *m:1-Zuordnungen*, für die mehrere Sender zugelassen sind und der Empfänger eindeutig ist, möglich.

Für die *Syntax* der Kommunikationsprimitive gelten
– send na to ⟨empfänger-id⟩;
– receive nv [from ⟨sender-id⟩];
dabei sind send, to, receive und from Schlüsselwörter, na ein N-Ausdruck, nv ein Bezeichner einer N-Variablen, ⟨empfänger-id⟩ und ⟨sender-id⟩ Prozeßbezeichner sowie [ ] die Optionalklammer; die receive-Anweisung mit leerem Optionalteil ist für m:1-Zuordnungen zu verwenden.

Die beiden im folgenden angegebenen Konzepte für unidirektionale Nachrichtenkommunikation werden häufig benutzt. Sie unterscheiden sich wesentlich in den Festlegungen für die Koordinierung der Berechnungen der Kommunikationspartner. Für beide Konzepte gilt die angegebene Syntax; die Semantik wird operational festgelegt. Dabei werden p ∈ P als Sender und q ∈ P, p ≠ q, als Empfänger angenommen.

Das *erste Konzept* ermöglicht *asynchrone* Nachrichtenkommunikation. Genauer gilt, daß Sender und Empfänger nicht synchronisiert und Sender nicht blockiert werden; es wird als *No-Wait-Send* oder als Nicht Blockierendes Senden oder kurz als *NBS-Konzept* bezeichnet. Es gelten
– send na to q;
Die Ausführung der Anweisung durch p hat folgende Wirkung: p erarbeitet na und sendet den erarbeiteten Wert als Nachricht an q; damit terminiert die Ausführung der send-Primitive durch p.
– receive nv [from p];
Die Ausführung der Anweisung durch q hat folgende Wirkung: q erwartet eine Nachricht (von p); wenn keine Nachricht vorliegt, blockiert sich q, und q wird mit dem Eintreffen einer Nachricht (von p) entblockiert. Wenn Nachrichten vorliegen, wählt q eine davon aus und empfängt diese durch Zuweisung an nv; damit terminiert die Ausführung der receive-Primitive durch q.

In der abstrakten Sicht, für die das Konzept erklärt ist, werden Nachrichten vom Sender p zum Empfänger q mittels eines abstrakten *NBS-Kanals* kommuniziert; auf diesen Kanal beziehen sich das Senden von p und das Empfangen von q. Das Konzept legt fest, daß der Sender nicht blockiert wird. Damit ergibt sich, daß der Sender einen beliebig großen „Vorsprung" (Anzahl der gesendeten und nicht empfangenen Nachrichten) vor dem Empfänger haben kann. Damit ergibt sich weiter, daß der Sender ohne zusätzliche Maßnahmen keine Kenntnis über das Verhalten der Empfänger erhält.

Das *zweite Konzept* ermöglicht *synchrone* Nachrichtenkommunikation. Genauer gilt, daß Sender und Empfänger Nachrichten im Rendezvous kommunizieren; es wird als *Unidirektionales Rendezvous-Konzept* oder kurz als *UDR-Konzept* bezeichnet. Es gelten
– send na to q;
Die Ausführung der Anweisung durch p hat folgende Wirkung: p erarbeitet na und sendet den erarbeiteten Wert als Nachricht an q. p erwartet, daß q die Nachricht empfängt.
– receive nv [from p];
Die Ausführung der Anweisung durch q hat folgende Wirkung: q erwartet eine Nachricht (von p). Wenn keine Nachricht vorliegt, blockiert sich q, und q wird vom Eintreffen einer Nachricht (von p) entblockiert. Wenn Nachrichten vorliegen, wählt q eine davon aus und empfängt diese durch Zuweisung an nv; damit terminieren die Ausführung der send-Primitive des Senders der empfangenen Nachricht und der receive-Primitive durch q.

In der abstrakten Sicht, für die das Konzept erklärt ist, werden Nachrichten vom Sender p zum Empfänger q mittels eines abstrakten *UDR-Kanals* kommuniziert; auf diesen Kanal beziehen sich das Senden und das Empfangen der Nachrichten von p und q. Das Konzept legt fest, daß Nachrichten im Rendezvous von Sender und Empfänger kommuniziert werden. Damit ergibt sich, daß ein Sender höchstens eine Nachricht „Vorsprung" vor dem Empfänger haben kann. Damit ergibt sich weiter, daß dem Sender das Vorliegen seiner Nachricht beim Empfänger bekannt ist, wenn die Ausführung der send-Primitive terminiert.

Die erklärten Eigenschaften der beiden Konzepte sind die Grundlagen für die Entwicklung von Verfahren zur Lösung von Problemen mit Berechnungen kooperierender Prozesse. Die Wahl zwischen den beiden Konzepten ist in Abhängigkeit von den jeweiligen Rahmenbedingungen und Zielen zu treffen. Beide Konzepte haben Vor- und Nachteile. Bei Problemlösungen mit intensiver Kooperation ist asynchrone Nachrichtenkommunikation zunächst einfacher zu handhaben; beim Nachweis der Korrektheit der Lösungen hat Rendezvous-Nachrichtenkommunikation wesentliche Vorteile. Das UDR-Konzept ist theoretisch und praktisch insbesondere im Zusammenhang mit *CSP-Systemen* (CSP Communicating Sequential Processes) gründlich untersucht.

Die für die abstrakte Sicht erklärten Konzepte liefern die Anforderungen für die Realisierungssicht, also für die Dienste und Mechanismen, die der Betriebssystemkern eines prozeßorientierten Systems zur Verfügung stellen soll. Die entsprechenden *Anforderungen an den Kern* ergeben sich einerseits aus den Eigenschaften der Prozesse eines Systems und andererseits aus den erklärten Eigenschaften der Kommunikationsprimitive. Von den Eigenschaften der Prozesse ist zunächst wesentlich, daß diese ihre Berechnungen in disjunkten Wirkungs- und Privilegierungsbereichen ausführen. Daraus ergibt sich, daß kommunizierte

Nachrichten aus dem Wirkungsbereich des jeweiligen Senders zu übernehmen, im Kern zu puffern und dann an den jeweiligen Empfänger zu übergeben sind. Dementsprechend sind für die abstrakten NBS- oder UDR-Kanäle *Nachrichtenpuffer* des Kerns erforderlich. Für die Dimensionierung dieser Puffer sind die Festlegungen der Konzepte maßgeblich; dabei kommen die wesentlichen Unterschiede zwischen dem NBS-Konzept einerseits und dem UDR-Konzept andererseits zum Tragen. Zusätzlich zu dieser Nachrichtenpufferung müssen die Berechnungen der Sender- und der Empfängerprozesse den Festlegungen der Konzepte entsprechend koordiniert werden; das erfolgt mit Synchronisationsmechanismen des Kerns.

Ein wesentliches Ziel des Übergangs von prozedur- zu p. B. ist die Entlastung der Kerne und die Reduktion ihrer Komplexität. Das muß wesentlich mit den Kerndiensten zur Nachrichtenkommunikation und mit der *nachrichtenorientierten Prozeß-Kern-Schnittstelle* erreicht werden. Wenn die beiden Prozesse p und q zur Kommunikation einer Nachricht n vom Typ N in Sender-Empfänger-Beziehung stehen, dann ergibt sich, daß der Empfänger q den Nachrichtentyp N festlegt. Der Sender p muß diese Festlegungen kennen und beobachten; sie sind Grundlage für die notwendige Interpretation der Nachricht n und p und q. Der Kern hat die Aufgabe, die Kommunikation der Nachricht n zu vermitteln; dazu ist keine Interpretation der Nachricht erforderlich. Die *Kerndienste zur Nachrichtenkommunikation* sind vielmehr so festzulegen, daß n vom Kern uninterpretiert vermittelt werden kann. Das wird dadurch erreicht, daß der Kern vom Sender p eine zweigeteilte Nachricht kn erhält: kn ist ein Paar kn = (kopf, körper); dabei ist *kopf* der Teil, den der Kern interpretiert. Er beschreibt, was für den Kernvermittlungsdienst festzulegen ist, also insbesondere den Sender, den Empfänger, das Kommunikationskonzept und das Format der Gesamtnachricht kn. *körper* ist der Teil, der n entspricht und der vom Kern uninterpretiert vermittelt wird. Die *Entlastung des Kerns* wird also durch die Zweiteilung der Nachrichten, die den beiden Bedeutungskontexten für Interpretationen entspricht, erreicht. Der Körper-Teil von kn, also die Nachricht n, wird von den Prozessen p und q interpretiert, und mit der Interpretation von n durch q erhält der Empfänger den Auftrag, den der Sender p erteilt hat. Mit der Ausführung dieses Auftrags durch q wird ein Beitrag zur *Dezentralisierung und Verteilung der Berechnungen* des Systems geleistet.

Der Kern eines p. B. stellt den Prozessen die erforderlichen Dienste zur Nachrichtenkommunikation häufig mit speziellen Hilfsobjekten, die *Ports* genannt werden, und mit Diensten auf diesen Objekten zur Verfügung. Ein Port ist ein Pufferobjekt des Kerns, das mit einem Bezeichner bei Bedarf erzeugt wird und zur Realisierung der für Nachrichtenkommunikation zwischen den Prozessen konzeptionell erforderlichen Kanäle dient; sie entsprechen der Realisierungssicht der Nachrichtenkommunikation. Mit Ports als identifizierten Kernobjekten ergibt sich, daß Ports für die Prozesse die Quellen und Senken für kommunizierte Nachrichten sind. Die Ports sind *Vermittlungsobjekte*, und mit Ports wird für Nachrichtenkommunikation zwischen Prozessen eine Indirekt-Stufe eingeführt. Für Nachrichtenkommunikation zwischen Prozessen sind dementsprechend für Prozesse *Senderechte* und *Empfangsrechte* bzgl. Ports festzulegen: Ein Prozeß mit Senderecht (Empfangsrecht) an einem Port ist ein potentieller Sender (Empfänger) von Nachrichten, die mittels dieses Ports kommuniziert werden, und Nachrichten werden an den Port gesendet bzw. vom Port empfangen. Die Ports, für die ein Prozeß Empfangsrechte hat, bilden die → Schnittstelle für Nachrichten an den Prozeß. Es ergibt sich, daß Ports *Schnittstellenobjekte* des Kerns sind, und dementsprechend wird die *nachrichtenorientierte Prozeß-Kern-Schnittstelle* eines p. B. generell, also auch für echte Kerndienste, mit Ports festgelegt. Der erklärte Einsatz der Ports ist eine typische Realisierungsmaßnahme, mit der Flexibilität für Realisierungen erreicht wird. Die Anforderungen, die sich mit den für die erklärten Konzepte zur Nachrichtenkommunikation zwischen Prozessen ergeben, müssen durch Komposition der verfügbaren Realisierungsmechanismen und -dienste erfüllt werden.

Mit einem p. B. werden, wie erklärt, Voraussetzungen dafür geschaffen, relativ zu einem prozedurorientierten Betriebssystem den Kern zu entlasten sowie die Berechnungen des entsprechenden Rechensystems zu dezentralisieren und zu verteilen. Zur Nutzung dieser Möglichkeiten sind Dienste des Systems, die bei prozedurorientierten Betriebssystemen als Kerndienste zur Verfügung gestellt werden, auf Prozesse zu übertragen. Naheliegend hierfür ist zunächst, *Systemprozesse* einzuführen, welche die Dienste übernehmen, die ein prozedurorientiertes Betriebssystem seinen Prozessen permanent als Kerndienste zur Verfügung stellt. Hierzu gehören insbesondere die E/A-Dienste, die jetzt von *E/A-Prozessen* angeboten und erbracht werden. Für die Dienste des Dateimanagements, das Teil eines prozedurorientierten Betriebssystems ist, ergibt sich ebenfalls die Möglichkeit der Übertragung auf Prozesse: Wenn eine Datei d geöffnet werden soll, wird ein *Dateiprozeß* für d, ein d-Prozeß, so erzeugt, daß nachfolgende Lese- und Schreiboperationen auf d von diesem d-Prozeß ausgeführt und mittels Nachrichtenkommunikation mit dem d-Prozeß genutzt werden können.

Dieses Beispiel zeigt, daß sich mit der Dezentralisierung und Verteilung der Berechnungen eines Systems, die mit einem p. B. erfolgt, auch zusätzliche Aufgaben für den Kern ergeben: Neben der Aufgabe, die konzeptionell festgelegten abstrakten Eigenschaften der Prozesse zu realisieren und die Prozeßberechnungen zu koordinieren, hat der Kern die Aufgabe, Nachrichtenkommunikation zwischen den Prozessen zu vermitteln, und dem verstärkten Einsatz der Prozesse entsprechend die Aufgabe, die jeweils benötigten Prozesse zu erzeugen und schließlich aufzulösen. Diese intensiven *Prozeßerzeugungs- und -auflösungsanforderungen* an den Kern schränken die Leistungsfähigkeit p. B. und entsprechender Rechensysteme ein.

Diese Leistungsbeschränkungen p. B. werden mit Mikrokernsystemen abgeschwächt. *Mikrokernsysteme* sind Weiterentwicklungen der prozeßorientierten Systeme; sie haben folgende Charakteristika:
– Sie setzen den Ansatz p. B. zur Entlastung des Kerns und zur Reduktion seiner Komplexität fort: Der Kern soll lediglich einen kleinen Vorrat an Konzepten, Diensten und Mechanismen, die zum Einsatz der Hardware-Konfiguration notwendig sind, für das Betriebssystem eines Rechensystems zur Verfügung stellen.
– Der Aufwand für Prozeßerzeugungen und -auflösungen, der für die bisher betrachteten p. B. zu Leistungsbeschränkungen führt, wird dadurch reduziert, daß das Konzept sequentieller, in Tasks eingeordneter Prozesse zur Verfügung gestellt wird.

Mit diesen Charakteristika ergibt sich, daß ein Mikrokernsystem jeweils aus einer Menge von Tasks, aus Mengen von in die Tasks eingeordneten Prozessen und aus dem Betriebssystemkern besteht. Die Eigenschaften des Kerns sind den erklärten eines p. B. ähnlich. Sie sind jedoch dem erweiterten Konzept der in Tasks eingeordneten Prozesse angepaßt, und die sich damit ergebenden Möglichkeiten werden für weitere Entlastungen des Kerns genutzt. Das erweiterte Konzept der in Tasks eingeordneten Prozesse liefert unmittelbar und mittelbar die Unterschiede zu den bisher betrachteten prozeßorientierten Systemen; das wird im folgenden erklärt.

Das Konzept für sequentielle Prozesse, das für prozedurorientierte Betriebssysteme eingeführt wurde, legt einen Prozeß als abstrakte Maschine mit einem Arbeitsspeicher und einem Rechenprozessor, die an die Schnittstelle des Betriebssystemkerns gebunden ist, fest. Der Prozeß führt sequentielle Berechnungen aus, die mit dem Prozeßprogramm spezifiziert sind und die mit expliziten Kerndienstaufrufen erweitert werden können. Diese Festlegungen kombinieren die Speicher- und die Rechenfähigkeiten, die für Berechnungen erforderlich sind, in einem Konzept mit der Konsequenz, daß Prozeßerzeugungen und -auflösungen notwendig sind. Das Konzept der in Tasks eingeordneten Prozesse flexibilisiert und erweitert diese Kombination. Eine *Task mit eingeordneten Prozessen* ist eine mit einem festgelegten Bezeichner identifizierbare abstrakte Maschine mit einem Arbeitsspeicher und mit Prozessen, die an die Schnittstelle des Betriebssystemkerns gebunden ist. Die Speicher der Prozesse sind Teile des Speichers der Maschine; die Anzahl der Prozesse ist $\geq 1$ und variabel.

Das Konzept der in eine Task eingeordneten Prozesse ist eine Erweiterung des für prozedurorientierte Betriebssysteme eingeführten Prozeßkonzepts; ein entsprechender Prozeß ist eine Task mit auf Lebenszeit genau einem eingeordneten Prozeß. Die Erweiterung entspricht dem Übergang von einer abstrakten Einprozessormaschine, die sequentielle Berechnungen ausführt, zu einer *abstrakten Mehrprozessormaschine mit gemeinsamem Speicher und variabler Prozessoranzahl*, die parallele Berechnungen als (koordinierte) Kombinationen sequentieller Berechnungen ausführt.

Das Konzept der in Tasks eingeordneten Prozesse separiert die Festlegungen der Speicher- und Rechenfähigkeiten, die für Berechnungen erforderlich sind, partiell. Dem entsprechen die Begriffe *Task* und *Prozeß*; der notwendigen Kombination von Speicher- und Rechenfähigkeiten entsprechen die in eine Task eingeordneten Prozesse. Für ein Mikrokernsystem sei t eine Task mit den eingeordneten Prozessen $P_t$. Damit steht mit t zunächst der Speicher von t zur Verfügung. Die Prozesse $p \in P_t$ führen ihre sequentiellen Berechnungen aus; sie nutzen dabei ihre Speicher als Teile des Speichers von t. Diese Speicher enthalten insbesondere die p-Programme mit zugehörigen Daten; sie können zudem weitere Datenobjekte im Speicher der Task t benutzen. Die Wirkungsbereiche der Prozesse $p \in P_t$ sind nicht konzeptionell festgelegt; sie ergeben sich aus den p-Programmen. Dementsprechend müssen die Berechnungen der Prozesse gemäß $P_t$ explizit koordiniert werden. Die Prozesse können kooperieren, indem sie gemeinsam Datenobjekte im Speicher von t benutzen. Diese Möglichkeiten der Prozesse gemäß $P_t$ sind Konsequenzen ihrer Einordnung in die Task t. Mit dieser Einordnung können weitere Prozesse erzeugt und in t eingeordnet sowie existierende Prozesse aufgelöst werden.

Ein neuer Prozeß $q \notin P_t$ wird als Erweiterung von $P_t$ zu $P_t \cup \{q\}$ erzeugt, indem das q-Programm in den Speicher der Task t eingeordnet und vom q-Prozessor ausgeführt wird. Der Aufwand für die q-Erzeugung ergibt sich daraus, daß das q-Programm in den Speicher von t einzuordnen und seine Ausführung zu starten ist; er ist relativ gering. Im Hinblick auf diesen Aufwand werden die in eine Task eingeordneten Prozesse auch *leichtgewichtige Prozesse* oder *Threads* genannt. Der Aufwand für die q-Erzeugung ist relativ gering, weil die Task t, in die q eingeordnet wird, mit ihrem Speicher bereits existiert. Der (abstrakte) *Speicher der Task t* wird mit t erzeugt und aufgelöst. Er ist der konzeptionelle Rahmen der gemeinsamen Wirkungsbereiche und der gemeinsame *Privilegierungsbereich* der in t eingeordneten Prozesse mit der Schnittstelle zum Betriebssystemkern als Grenzwall. Taskerzeugungen und -auflösungen sind entsprechend aufwendig. Der erklärte Zusammenhang zwischen dem Konzept der in eine Task eingeordneten Prozesse und dem für prozedurorientierte Betriebssysteme eingeführten Prozeßkonzept begründet, daß diese Prozesse als *schwergewichtige Prozesse* bezeichnet werden.

Sei $\mathcal{R}$ ein *prozeßorientiertes Mikrokernsystem*. Ein Schnappschuß von $\mathcal{R}$ zeigt eine Menge T von Tasks, für jedes $t \in T$ die Menge $P_t$ der in t eingeordneten Prozesse und den Kern von $\mathcal{R}$. Die Prozesse der Familie $(P_t \mid t \in T)$ führen die Berechnungen von $\mathcal{R}$ aus, so daß das → Verhalten des Systems durch das Fortschreiten der Berechnungen dieser Prozesse bestimmt ist. Für eine Task $t \in T$ führen die Prozesse $p \in P_t$ ihre Berechnungen primär in dem mit der Task festgelegten Wirkungs- und Privilegierungsbereich aus. Die Prozesse können *kooperieren*, indem sie gemeinsam Datenobjekte im Wirkungsbereich von t benutzen. Die Tasks gemäß T haben disjunkte Wirkungs- und Privilegierungsbereiche; der Kern ist ihre gemeinsame Basis.

Für $t, t' \in T$, $t \neq t'$, können Prozesse, die in t bzw. t' eingeordnet sind, kernvermittelt Nachrichten kommunizieren und damit bei Bedarf *mittels Nachrichtenkommunikation kooperieren*. Der Kern hat die für den Kern eines p. B. angegebenen, an die konzeptionellen Erweiterungen angepaßten Aufgaben: Erzeugung und Auflösung von Tasks, Erzeugung und Auflösung der in die Tasks eingeordneten Prozesse, Realisierung der konzeptionell festgelegten abstrakten Eigenschaften der Tasks und Prozesse, Vermittlung der Nachrichtenkommunikation zwischen in verschiedene Tasks eingeordneten Prozessen und schließlich die Koordinierung der Prozeßberechnungen.

Für die *Dezentralisierung und Verteilung der Berechnungen* des Systems stehen die in Tasks eingeordneten Prozesse zur Verfügung, so daß entsprechende Maßnahmen zweistufig, Dezentralisierung auf die Prozesse einer Task und Dezentralisierung auf Prozesse mehrerer Tasks, möglich sind. Zur *Entlastung des Kerns* stehen diese Möglichkeiten ebenfalls zur Verfügung.

Prozeßorientierte Mikrokernsysteme sind erfolgreiche und erfolgversprechende Rechensysteme. Wesentliche Beiträge zu den Konzepten entstanden bei der Entwicklung des Mach-Mikrokerns. Sie haben inzwischen mit Varianten auch in andere Betriebssysteme Eingang gefunden. Insbesondere ist → *Windows NT* ein PC-Betriebssystem mit einem modifizierten Mikrokern-Ansatz. Prozeßorientierte Mikrokernsysteme sind Gegenstand aktueller Forschungs- und Entwicklungsarbeiten. Mit ihren Konzepten, für die es zahlreiche Varianten gibt, können leistungsfähige Rechensysteme mit zentralen Hardware-Konfigurationen, vernetzte Rechensysteme, zu denen auch die Client-Server-Systeme gehören, und insbesondere leistungsfähige → verteilte Rechensysteme mit physisch/räumlich verteilten, vernetzten Hardware-Konfigurationen konstruiert werden.
*P. P. Spies*

**Betriebssystem, verteiltes** ⟨*distributed operating system*⟩ → Rechensystem, verteiltes

**Betriebssystemkern** ⟨*operating system kernel*⟩. Derjenige Teil eines → Betriebssystems, der Mechanismen bereitstellt zur
– Prozeßverwaltung (Erzeugen, Löschen von Prozessen, Prozessorzuteilung (Scheduling)),
– Betriebsmittelverwaltung (Speicher- und Geräteverwaltung) sowie
– Synchronisation und Kommunikation.

In der Regel ist dieser Teil des Betriebssystems permanent im Speicher geladen und arbeitet in einer privilegierten Betriebsart des Prozessors (privileged mode, supervisor mode) mit physikalischen bzw. realen → Adressen.
*Fischer*

Literatur: *Silberschatz*: Operating system concepts. Amsterdam-Bonn 1989.

**Bewegungsschätzung** ⟨*motion estimation*⟩. **1.** Sie wird in der Videotechnik eingesetzt u. a. zur bewegungskompensierten Interframe-Bildcodierung, zur Zerlegung einer Bildszene in Einzelobjekte (Segmentierung), zur modellbasierten Bildcodierung, zur Berechnung von Bewegungszwischenzuständen bei der Bildfrequenzverdopplung auf 100 Hz für die Beseitigung des 50-Hz-Großflächenflimmerns, zur 50-Hz/60-Hz-Bildfrequenzkonversion sowie zur adaptiven Filterung bei Rauschreduktion oder Luminanz-/Chrominanztrennung mit Kammfiltern. In der digitalen → Bildverarbeitung, → Mustererkennung und Computer Vision wird die B. zur Parameterschätzung und Klassifikation herangezogen.

In der → Bildcodierung sind Verschiebungsvektoren im Sinne kleinster Prädiktionsfehler gesucht. Solche Verschiebungsvektoren können von der wahren Bewegung abweichen. Bei MPEG-2 kann für eine dem Decoder nachgeschaltete Rasterkonversion trotz empfangener Bewegungsvektoren eine erneute B. der wahren Bewegung sinnvoll sein.

Meist werden Bewegungsmodi in der Kamera- oder Bildschirmebene (2D) oder im Raum (3D) benötigt. Wichtige Bewegungsmodi sind Translation, Skalierung, Rotation, Scherung und Spiegelung. Man unterscheidet weiterhin die Bewegung starrer und verformbarer Objekte. Besondere Berücksichtigung erfordern z. B. Aufdeckung und Verdeckung sowie Beleuchtungseffekte (Schattenwurf, Glanzlichter), Objekteigenschaften (Transparenz, gitterartige Struktur) oder Mehrdeutigkeiten durch zeitliche Unterabtastung (z. B. zu starke Änderungen zwischen aufeinander folgenden Bildern).

Wichtige Verfahren der B. sind Korrelation, Phasenkorrelation und optischer Fluß. Translationsschätzung rechteckiger Bereiche mittels Korrelation wird „Blockmatching" genannt. Zur Reduktion des hohen Rechenaufwands der Korrelation dienen suboptimale Verfahren wie die logarithmische oder die hierarchische Suche.

Phasenkorrelation wertet nur die Phaseninformation, d. h. die Strukturinformation, aus und ist damit unempfindlich gegen Schwankungen der Beleuchtungsverhältnisse. Phasenkorrelation ist sehr leistungsfähig bei reiner Translation, jedoch sehr empfindlich gegen Änderungen des Musters z. B. durch Rauschen, Rotation, Skalierung u. ä.

Der → optische Fluß dient der B. an lokalen Kanten und liefert jeweils nur die Bewegungskomponente senkrecht zu den untersuchten Kantenabschnitten. Man benötigt daher möglichst zueinander orthogonale Kan-

tenabschnitte. Die Kantenbreite muß stets größer sein als die Bewegung von Bild zu Bild. Beim optischen Fluß werden die Beleuchtungsverhältnisse als konstant vorausgesetzt. Gehört eine Kante zu einer Objektgrenze, so können Zuordnungsprobleme des Bewegungsvektors zu Vorder- bzw. Hintergrund auftreten.
*Grigat*

2. Schätzung der Bewegung von Objekten aus einer zeitlichen Folge von Bildern, entweder in zweidimensionalen Bildkoordinaten oder in dreidimensionalen Weltkoordinaten.

Die Schwierigkeit der B. hängt u. a. davon ab, ob es ein oder mehrere bewegte Objekte im Bild geben kann, ob die Objekte nur Translationen (evtl. sogar nur längs einer Koordinatenachse) oder Translationen und Rotationen ausführen können, ob die Objekte starr, nicht starr oder auch größenveränderlich sind, ob der Hintergrund relativ zur aufnehmenden Kamera ruht oder nicht und welche Information über die Kamera verfügbar ist. In der Regel wird eine Änderung der Bildhelligkeit in einem Bildpunkt als durch eine Bewegung verursacht interpretiert. Das Verschiebungsvektorfeld gibt in jedem Punkt eines Bildes die wahrgenommene Verschiebung eines Objektpunktes vom Zeitpunkt t zum Zeitpunkt $t + \Delta t$.

Verfahren, die auf dem *optischen Fluß* basieren, gehen von der Einschränkungsgleichung in zweimensionalen Bildkoordinaten aus,

$$uf_x + vf_y + f_t = 0,$$

wobei $u = dx/dt$, $v = dy/dt$ und $f_x$ usw. die partielle Ableitung des Bildes nach x usw. sind. Diese Gleichung wird durch eine Glattheitsbedingung regularisiert, woraus sich die Geschwindigkeiten in jedem Bildpunkt als Lösung eines Variationsproblems ergeben.

Die auf einem Blockvergleich beruhenden Verfahren nehmen konstante Geschwindigkeit in einem rechteckigen Block um einen Bildpunkt an und suchen im nächsten Bild nach dem dazu ähnlichsten Block. Aus der relativen Verschiebung der Blöcke folgt die Bewegung. Die Ähnlichkeit zweier Blöcke wird z. B. durch die Summe der Betragsdifferenzen gemessen. Zusätzlich kann ein Glattheitskriterium eingeführt werden.

In merkmalbasierten Verfahren wird jedes Bild der Bildfolge segmentiert, z. B. in gerade Linien oder charakteristische Punkte, diese werden von Bild zu Bild verfolgt und aus korrespondierenden Bildelementen die Bewegung berechnet. Durch die → Segmentierung wird eine Informationsreduktion erreicht, die Segmentierung ist in Grenzen robust gegen Änderungen in der Beleuchtung, allerdings ist Segmentierung erfahrungsgemäß fehleranfällig. Wenn genügend viele korrespondierende Merkmale (Punkte) eines Objekts in zwei Bildern gefunden wurden, kann auch die Bewegung im Raum berechnet werden
*Niemann*

Literatur: *Mitiche, A.*: Computational analysis of visual motion. New York 1994.

**Beweisassistent** ⟨*proof assistant*⟩. Liefert Maschinenunterstützung bei der → Verifikation. Im Gegensatz zu einem Beweiser kann er weder halbautomatisch noch automatisch Beweise erstellen, da er keine mächtigen Taktiken zur Verfügung stellt. Vielmehr erlaubt er die kontrollierte Erstellung von Beweisen Schritt für Schritt durch den Benutzer. Durch die Formalisierung kann aber zumindest die Korrektheit des konstruierten Beweises überprüft werden, man spricht deswegen manchmal auch von einem Proof Checker.

Ein typischer B. ist das →Lego-System.
*Reus/Wirsing*

**Beweisen, automatisches** ⟨*automatic proof*⟩. Konstruktion einer Ableitungskette, die eine Behauptung auf vorgegebene Prämissen zurückführt, mit Hilfe eines →Deduktionssystems. Die Entwicklung automatischer Beweiser ist geprägt durch zwei Zielrichtungen:
– mathematische → Logik zu „mechanisieren" und
– menschliche Beweistechniken zu simulieren. Beide Richtungen haben die → Künstliche Intelligenz (KI) nachhaltig beeinflußt. Neuere Verfahren sind eher der ersten Kategorie zuzuordnen (z. B. Beweisen mit einem → Konnektionsgraph).

Ein Beweis ist eine Kette von Ableitungsschritten, mit denen gezeigt wird, daß eine Behauptung logisch aus Prämissen folgt. Die Suche nach einem Beweis kann sowohl vorwärts, von den Prämissen zur Behauptung, als auch rückwärts, von der Behauptung zu den Prämissen erfolgen. Bei jedem Schritt müssen eine Schlußregel und geeignete Formeln einander angepaßt (unifiziert) werden, um die Anwendung der Schlußregel zu ermöglichen. Die Entwicklung von Unifikationsalgorithmen und ihren theoretischen Grundlagen stellt ein wichtiges Teilgebiet der Deduktionssysteme dar.
*Neumann*

**Beweiser** ⟨*prover*⟩ → Theorembeweiser

**Beziehung** ⟨*relationship*⟩. Im E/R-Modell (→ Datenmodell) verbinden B. → Entitäten miteinander. Allgemeiner können B. auf verschiedenen → Ebenen (→ Modellierung, → Implementierung) und in verschiedenen Ausprägungen (→ Assoziation, → Aggregation, → Vererbung) bestehen. Beispiel: Personen können in einer assoziativen B. „verheiratet" zueinander stehen. Assoziative B. können durch Kardinalitäten eingeschränkt sein (z. B. 1:1, 1:n, n:m), die angeben, wie oft ein Objekt an einer bestimmten B. beteiligt sein darf. Beispiel: Für die B. „verheiratet" gilt die Kardinalität 0/1:0/1, d. h., daß jede Person mit höchstens einer anderen Person in B. stehen darf, aber nicht alle Personen an einer B. beteiligt sein müssen. B. können nicht nur zwischen einzelnen Objekten, sondern auch zwischen Mengen (Klassen usw.) bestehen, z. B. Vererbungsbeziehungen. Beispiel: Angestellte sind Personen, d. h., Angestellte *erben* alle Eigenschaften (→ Attribute, Konsistenzbedingungen, → Operationen usw.) von Personen.
*Schmidt/Schröder*

**Bézier-Kurve** ⟨*Bézier graphic*⟩. Das *Bézier*-Verfahren approximiert Kurven mit Hilfe von Kontrollpunkten (Stützstellen) und definiert sie in Form einer Parameterdarstellung (→ Kurvendarstellung):

$$K(u) = \sum_{i=0}^{n} P_i \, B_{i,n}(u), \quad u \in [0, 1]$$

wobei

$B_{i,n}(u) = C(n, i) \, u^i (1-u)^{n-i}$,
$C(n, i) = n!/(i!(n-1)!)$;
$P_i$    Kontrollpunkte.

Die Basisfunktionen $B_{i,n}(u)$ sind die *Bernstein*-Polynome.

Der Schlüssel zum Verständnis der *Bézier*-Approximation liegt in den Basisfunktionen $B_{i,n}(u)$. Die Basisfunktionen beeinflussen in Abhängigkeit vom Parameter u die geometrische Auswirkung der Kontrollpunkte $P_i$ auf den Kurvenverlauf.

Die *Bézier*-Approximation besitzt folgende wesentliche Eigenschaften:
– Durch geschickte Wahl der Kontrollpunkte können Kurvensegmente geglättet aneinandergefügt werden (kein Sprung in der 1. Ableitung).
– Der Grad der Approximationsfunktion und damit der Rechenaufwand ist abhängig von der Anzahl der Kontrollpunkte für ein Kurvensegment.
– Durch Veränderung eines Kontrollpunktes verändert sich die gesamte Kurve (keine lokale Kontrolle).
– Die Approximation verläßt nicht die konvexe Hülle des *Bézier*-Polygons.

Die B.-K. wurden von *der Casteljau* (1959) und *Bézier* (1962) unabhängig voneinander entwickelt. Sie fanden ihren ersten Einsatz in → CAD-Systemen von Renault und Citröen.    *Encarnação/Loseries/Büchler*

Literatur: *Hoscheck, J. und D. Lasser*: Grundlagen der geometrischen Datenverarbeitung. Stuttgart 1989.

**BHCA** ⟨*BHCA (Busy Hour Call Attempts)*⟩. Mit BHCA wird die Anzahl der (erfolgreichen oder erfolglosen) Versuche in einem Kommunikationssystem bezeichnet, während der Busy Hour (→ Hauptverkehrsstunde) eine Verbindung aufzubauen. Der gemessene bzw. geschätzte BHCA-Wert bildet neben dem → Verkehrswert eine wesentliche Grundlage für die Dimensionierung eines Kommunikationssystems.

*Quernheim/Spaniol*

**Bild** ⟨*image, picture*⟩. Die Darstellung eines Objekts oder i. allg. eines physikalischen Sachverhalts durch ein bildgebendes System wie Fernsehkamera, Radar mit synthetischer Apertur, Magnetresonanztomograph oder Röntgengerät.

Im Rahmen der digitalen → Bildverarbeitung wird ein B. unter Beachtung des Abtasttheorems zunächst in eine endliche zweidimensionale Folge von Abtastwerten transformiert. Die Amplituden der Abtastwerte werden durch Puls-Code-Modulation (PCM) in endlich viele Amplitudenstufen quantisiert. Diese Darstellung ist Ausgangspunkt der weiteren Verarbeitung, die natürlich nur dann korrekt ist, wenn auch bei der Verarbeitung das Abtasttheorem beachtet wird.

Ein Abtastwert repräsentiert, je nach bildgebendem System, einen Oberflächenwert oder einen Volumenwert zu einer bestimmten Zeit an einem bestimmten Ort. Er kann in einem oder in mehreren Spektralkanälen gemessen werden. Eine Fernsehkamera liefert z. B. den Grauwert oder den Farbwert einer Szene in einem bestimmten Punkt (s. auch → Multimedia).

*Niemann*

Literatur: *Pratt, W. K.*: Digital image processing. New York 1991.

**Bild, intrinsisches** ⟨*intrinsic image*⟩. Zweidimensionaler Verlauf („Bild") einer wichtigen physikalischen Größe, die eine abgebildete → Szene beschreibt, z. B. zweidimensionaler Verlauf der Orientierung, der Geschwindigkeit oder des Abstands von sichtbaren Oberflächen. I. B. müssen beim → Bildverstehen aus der Projektion einer Szene rekonstruiert werden. Dazu können aufwendige Berechnungen erforderlich sein (z. B. Schattierungsanalyse). I. B. stellen wichtige Informationen für nachfolgende Analyseschritte bereit (z. B. → Objekterkennung).    *Neumann*

Literatur: *Ballard, D. H.; Brown, C. M.*: Computer vision. London 1982, pp. 63 ff. – *Barrow, H. G.; Tanenbaum, J. M.*: Recovering intrinsic scene characteristics from images. In: *Hanson, A. R.; Riseman, E. M.* (Eds.): Computer vision systems. New York 1978, pp. 3–26.

**Bildänderungsprinzip** ⟨*image variation principle*⟩. Methode der → graphisch-dynamischen Simulation (z. B. zur Darstellung des Bearbeitungsvorganges an Werkzeugmaschinen), bei der ein → Datenmodell im → Bildwiederholspeicher der Graphikeinheit vorliegt. Es erfolgt eine einfache *Boole*sche Verknüpfung der Bitebenen des Bildwiederholspeichers. Der Bilddatendurchsatz ist gering, da nur Änderungen im Bildwiederholspeicher durchgeführt werden müssen. Nachteilig ist, daß die gesamte Informationskette von Anfang an neu durchlaufen werden muß, wenn andere Informationen, z. B. andere Bildausschnitte, dargestellt werden sollen. Für kostengünstige Lösungen der zeitsynchronen Simulation wird das B. oft eingesetzt.

Beim B. kommt man mit relativ einfachen Graphiksystemen aus, die aber einige spezielle Anforderungen erfüllen müssen. Dazu gehören u. a. Transformation und → Clipping, Definition von Teilbildern, Bewegung der Teilbilder längs Geraden und Kreisen, Realisierung von Spiegelfunktionen für rotationssymmetrische Darstellungen.

Im Gegensatz zum B. steht das → Bildwechselprinzip.    *Langmann*

Literatur: *Koloc, J.*: Dynamic graphic simulation of the turning process. Proc. of 21st Annual Meeting of Advancing Manufacturing Technologies, Numerical Control Society, Long Beach, CA, 25.–28.3.1984, pp. 156–172.

**Bildanalyse** *(image analysis)*. Begriff für die elektronische →Bildverarbeitung und →Mustererkennung. Im Bereich der Grundlagenforschung und der praktischen Anwendung sind in den letzten Jahren große Anstrengungen unternommen worden. Die B. wurde u. a. erfolgreich in Geologie, Kartographie, Medizin und anderen Bereichen eingesetzt. Im industriellen Bereich wird die B. oder das Image Processing in der Materialkunde z. B. zur automatischen Bestimmung von Stahlqualität eingesetzt. In Verbindung mit flexiblen Handhabungsgeräten wird die B. beispielsweise zur Identifizierung, Ausrichtung und Prüfung verwendet.

Dabei wird über einen Bildmuster-Erkennungsprozeß, bei dem eine flexible Interpretation und Verarbeitung von Bildern mit Farb- oder Tiefeninformation im Computer erfolgt, ein Bild analysiert. Solch ein Bild wird über einen Scan-Prozeß in den Computer eingelesen. Dabei wird ein Bild digitalisiert und für jeden einzelnen Punkt eine →Information (Farb-, Grauwerte oder Anstandswerte) gespeichert. Durch Bildverarbeitungsprozesse wie Kanten- oder Flächendetektoren wird das digitalisierte Bild in einzelne Bereiche segmentiert. Diese Bereiche werden in einem Objekterkennungsprozeß zu →Objekten zusammengefaßt. Beschreiben die Objekte das Bild in ausreichender Form, so ist die B. abgeschlossen. *Encarnação/Poller*

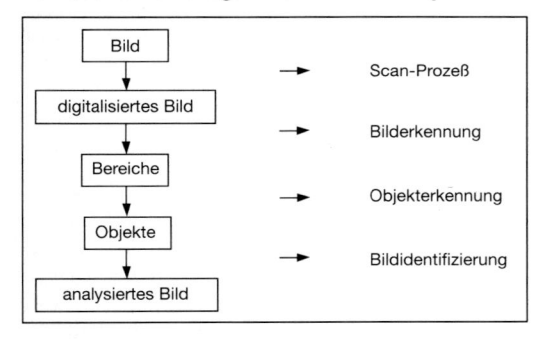

*Bildanalyse: Prinzipielle Darstellung*

**Bildausschnitt** *(window)*. Teilbereich eines Gesamtbildes. Dieser Teilbereich kann verschieden spezifiziert werden. Dies können zum einen die Grenzen eines Gebietes sein in dem Koordinatensystem, in dem die graphischen Objekte des Bildes definiert sind (Ausschnitt, Fenster im Weltkoordinatensystem). Solche Bereiche können z. B. für Ausschnittsvergrößerungen eingesetzt werden oder für die gleichzeitige Darstellung eines graphischen Objektes aus verschiedenen Perspektiven auf der Ausgabefläche. Der B. kann zum anderen aber auch durch ein Gebiet auf der →Darstellungsfläche (definiert durch →Gerätekoordinaten) angegeben werden. Dieser Bereich kann dann z. B. über verschiedene Rasteroperationen manipuliert werden, wie man ihn in den meisten gängigen Text- und Zeichenprogrammen findet (Kopieren, Verschieben, Rotieren oder Invertieren des angegebenen Bereiches). *Encarnação/Zuppa*

**Bildbaum** *(quad tree)*. Hierarchische Repräsentation einer Teilfläche eines Digitalbildes durch rechteckige Bildelemente unterschiedlicher Größe (Bild).

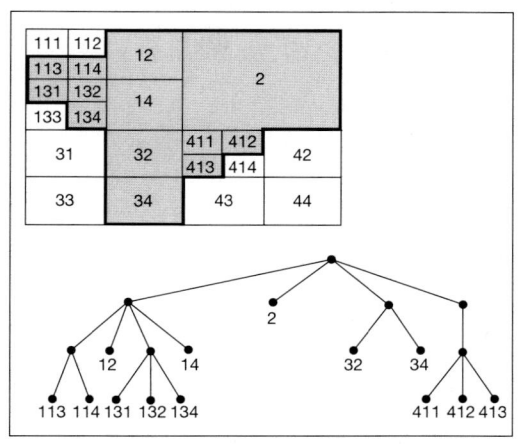

*Bildbaum: Abdeckung einer Teilfläche durch einen B.*

Die Wurzel des Baumes entspricht dem ganzen Bild. Jedes Rechteck zerlegt sich in vier gleiche Teilrechtecke in der nächsten →Ebene. Die Blätter eines B. stellen zusammengenommen die zu repräsentierende Teilfläche dar. *Neumann*

**Bildbeschreibung** *(image description)*. Jedes Bild wird über graphische Grundprimitive beschrieben. Die einfachste Art einer B. ist die Angabe von Pixelmengen (bei Rastergeräten) oder Vektormengen (bei Vektorgeräten) zur graphischen Darstellung von Objekten. Höhere Beschreibungsformen stellen Ausgabeprimitive wie →Linienzug, →Text, Füllgebiet usw. zur Verfügung, die eine komfortable B. erlauben.

*Encarnação/Felger*

**Bildcodierung** *(image coding, video coding)*. Bilddatenkompression oder Quellencodierung erlaubt die Speicherung von Bildern oder Bildfolgen bei minimalem Speicherbedarf bzw. die Übertragung mit minimaler Bandbreite. Hierzu werden örtliche und ggf. zeitliche Korrelationen des Bildinhalts möglichst weitgehend entfernt (→Redundanz-Reduktion). Die Amplitude wird auf möglichst wenige diskrete Amplitudenstufen eingeschränkt (→Quantisierung), wobei insbesondere nicht sichtbare oder kaum sichtbare Bilddetails entfernt werden (→Irrelevanz-Reduktion). Schließlich werden, optimiert auf die Statistik des nun vorliegenden →Signals, häufige Signalwerte durch kurze Codeworte und seltene Signalwerte durch längere Codeworte derart ersetzt, daß die mittlere Codewortlänge dem mittleren Informationsgehalt (→Entropie) möglichst nahe kommt (Entropiecodierung oder variable Längencodierung (VLC)). Den bisher genannten, auf das Quellensignal bezogenen Codierungsschritten (Quellencodierung) kann sich für eine Signalübertragung noch die auf das Fehlerverhalten des Übertragungsmediums zugeschnittene →Kanalcodierung anschließen.

Die Redundanzreduktion ist reversibel, d. h. verlustfrei. Irrelevanzreduktion einschließlich Quantisierung ist dagegen irreversibel. Reversible →Codierung von Bildern erlaubt maximal Kompressionsfaktoren von 2 bis 4. Beispiele sind verlustloses JPEG (Joint Photographic Experts Group, Standard „Digital Compression of Continuous-Tone Still Images") oder das für Binärbilder wie Faxmile entwickelte JBIG (Joint Bilevel Images Group). Eine homogene Bildvorlage läßt sich stark verlustfrei komprimieren, unkorreliertes weißes Rauschen dagegen nicht.

Wichtige Verfahren der B. sind z. B. Transformationscodierung, Differenz-Pulscodemodulation (DPCM), hybride →DCT, Vektorquantisierung, fraktale B., Teilbandcodierung, regionenbasierte B. und modellbasierte B.

☐ Bei der *Transformationscodierung* von Bildblöcken (z. B. 8×8 Pixel) werden durch eine Hauptachsentransformation lineare Korrelationen der Bildpunkte (→ Pixel) entfernt. Beispiele sind diskrete Cosinustransformation (DCT), *Walsh-Hadamard*-Transformation (WHT) oder die aufwendige, aber optimale *Karhunen-Loève*-Transformation (KLT). JPEG verwendet die DCT, kombiniert mit einer Vorhersage des Gleichanteils aus dem Gleichanteil des Nachbarblocks. Motion-JPEG codiert jedes Bild einzeln nach JPEG, also ohne zeitliche Korrelationen zu nutzen. Verlustloses JPEG muß wegen der Rundungsfehler auf die DCT verzichten und verwendet eine zweidimensionale DPCM.

☐ Bei der *Differenz-Pulscodemodulation (DPCM)* wird eine Vorhersage (Prädiktion) eines Bildpunkts aus dem Wert seiner örtlichen Nachbarn (Intraframe), eines zeitlichen Vorgängers im älteren Bild (Interframe) oder zusätzlich dem Wert eines zeitlichen Nachfolgers (bidirektionale Prädiktion) gemacht. Nur die Abweichung zwischen tatsächlichem Wert und Prädiktion (Prädiktionsfehler) wird übertragen. Der Empfänger (Decoder) und der Sender (Encoder) führen dieselbe →Decodierung des quantisierten Signals durch, so daß der Sender zur Prädiktion stets das im Empfänger dargestellte Bild verwendet. Zur Vermeidung von Fehlerfortpflanzung bei Übertragungsfehlern müssen in sinnvollen Abständen Originaldaten ohne Prädiktion übertragen werden. Bilder ohne zeitliche Prädiktion heißen intracodiert.

☐ Bei der *hybriden DCT* wird der Prädiktionsfehler einer DPCM mittels DCT transformiert. Die Spektralkoeffizienten werden im Sinne optimaler subjektiver Bildqualität bzw. Irrelevanzreduktion quantisiert und schließlich entropiecodiert. Bei Bildfolgen wird eine Prädiktion mit Bewegungskompensation durchgeführt. Aus dem aktuellen und dem decodierten Bild wird die Verschiebung der Bildblöcke ermittelt (Bewegungsvektoren). Die Prädiktionsstufe verschiebt anhand der Bewegungsvektoren die Bildblöcke des vorhergehenden decodierten Bilds zur Minimierung des Prädiktionsfehlers. Die Bewegungsvektoren werden zusätzlich zum codierten Bildinhalt zum Empfänger übertragen, um auch dort ohne erneute Bewegungsschätzung dieselbe bewegungskompensierende Prädiktion durchführen zu können.

Die hybride DCT bildet die Grundlage der ISO-Standards MPEG-1 und MPEG-2 der Moving Pictures Expert Group sowie der ITU/CCITT-Standards H.120, H.261, H.262 und H.263. H.120 und H.261 sind für Bildtelephon und → Videokonferenz-Anwendungen optimiert, müssen also u. a. eine möglichst geringe Codierverzögerung besitzen. MPEG-1 dient hauptsächlich der Aufzeichnung von Videomaterial bei progressiver Bildabtastung (Non-Interlace) in Computer-Anwendungen wie CD-I oder Karaoke-CD mit einer Datenrate bis 1,5 Mbit/s. MPEG-2 ist vorwärtskompatibel zu MPEG-1, erweitert MPEG-1 insbesondere um das Zeilensprungverfahren und ist gedacht für Datenraten bis 100 Mbit/s für einzelne Videodatenströme. H.262 ist identisch zu MPEG-2.

Bei MPEG-1 und MPEG-2 werden intracodierte Bilder (I) ohne die Information vorhergehender oder folgender Bilder, prädiktiv codierte Bilder (P) als Prädiktionsfehler relativ zum vorangegangenen I- oder P-Bild sowie bidirektional codierte Bilder (B) als Prädiktionsfehler relativ zum vorangegangenen und zum zeitlich folgenden I- oder P-Bild übertragen.

☐ Bei der *Vektorquantisierung* (VQ) können nichtlineare Korrelationen zwischen Pixeln berücksichtigt werden. Der Vektorraum der gemeinsam zu codierenden Bildpunkte wird in Zellen (Voronoi-Zonen) aufgeteilt, wobei jedem Ersatzvektor (Codevektor) eine Zelle zugeordnet ist. Man unterscheidet die Lattice-VQ mit gleicher Form aller Voronoi-Zonen und die Random-VQ, bei der die Dichte der Ersatzvektoren der Häufigkeitsverteilung der zu codierenden Vektoren angepaßt wird. Die Random-VQ besitzt Vorteile bei ausgeprägt ungleichmäßiger Häufigkeitsverteilung der Vektoren, dafür liegen aber manche zu codierenden Vektoren abseits der Häufungspunkte oft in großem Abstand zum nächstliegenden Ersatzwert. Es werden also durch die Random-VQ bei selten auftretenden Bildinhalten u. U. große Bildfehler erzeugt. Bei der Random-Vektorquantisierung kann der nächstliegende Ersatzwert im Gegensatz zur Lattice-Vektorquantisierung nicht arithmetisch berechnet werden, sondern ist zu suchen. Der Rechenaufwand der Random-Vektorquantisierung ist daher hoch.

☐ Bei der *fraktalen Bildcodierung* wird durch den Encoder ein Funktionensatz erzeugt, der das zu codierende Bild bei gleichzeitiger Verkleinerung auf sich selbst abbildet. Damit ist das zu codierende Bild Fixpunkt des Funktionensatzes. Das Bild muß dazu möglichst selbstähnlich sein, d. h. jeden kleinen Bildausschnitt zusätzlich auch vergrößert enthalten. Übertragen wird nur der ermittelte Funktionensatz mit Argument-

und Wertemenge. Der Decoder wendet den empfangenen Funktionensatz mehrfach iterativ auf ein beliebiges Startbild an. Dadurch entsteht nach typisch ca. 5 Iterationsschritten das decodierte Bild. Dieses Verfahren kann Kompressionsfaktoren über 100 liefern für hinreichend selbstähnliche Bildinhalte, z.B. bei natürlichen Bildvorlagen wie Pflanzen oder Wolken.

□ Die *Teilbandcodierung* ist eine Erweiterung der Transformationscodierung, indem das Filter jedes Teilbands einzeln optimiert werden kann. Insbesondere ist die Zahl der Filterkoeffizienten unabhängig von der Zahl der Teilbänder, und die Abtastwerte brauchen nicht äquidistant zu sein. Ein Beispiel sind Oktavfilterbänke, bei denen jedes Teilband eine Oktave umfaßt. Quadratur-Spiegelfilter (Quadrature Mirror Filter (QMF)) und konjugierte Quadratur-Filter (Conjugate Quadrature Filterbank (CQF)) ermöglichen die perfekte Rekonstruktion von Amplitude und Phase auch für überlappende Teilbänder, zumindest bei einer Rekonstruktion mittels unverfälschter Teilbandsignale (also ohne Quantisierung). Die Quantisierung wird spezifisch für jedes Teilband auf die subjektive Wahrnehmung der Bildfehler optimiert. Die Wavelet-Transformationen ermöglichen in besonderem Maße die Berücksichtigung visueller Wahrnehmungseigenschaften, indem hochfrequente Signalkomponenten mit höherer Ortsauflösung und niederfrequente Signalkomponenten dagegen mit höherer Frequenzauflösung analysiert werden.

□ Bei der *regionenbasierten* (oder auch objektbasierten) *Bildcodierung* werden zusammengehörige Regionen des Bildinhalts mit dem jeweils optimalen Codierverfahren codiert. Hierdurch wird die Prädiktion verbessert, wenn z.B. ein bewegtes Objekt als eine Region und der anders bewegte Bildhintergrund als zweite Region codiert wird. Blockgrenzen können daher auch bei höheren Kompressionsfaktoren nicht stören. Dafür müssen aber die Konturen der Regionen explizit codiert werden und erfordern zusätzliche Datenrate. Regionenbasierte B. ist bereits ein Schritt in Richtung interaktiver Bilddatenübertragung, bei der ggf. einzelne Objekte gezielt angefordert und übertragen werden.

□ Bei der *modellbasierten Bildcodierung* werden zwei- oder dreidimensionale parametrische Modelle für den Bildinhalt verwendet, so daß nur noch die Modellparameter zu übertragen werden brauchen. Der Empfänger errechnet mit den Methoden der Computergraphik unter Verwendung des Modells und der Parameterwerte das Bild. Dies setzt Vorwissen über die zulässigen Bildinhalte (Gültigkeitsbereich des Modells) voraus, erlaubt aber z.B. die Beschreibung der Mimik eines Gesichts mit ca. zehn Zahlenwerten. Eine Erweiterung sind schließlich die *wissensbasierte* und die *semantische Codierung*, bei denen nur noch die Wahl einer Objektklasse und die Aktionen der Objekte codiert werden. Der Decoder erzeugt daraus die Szene. Hierdurch werden insbesondere interaktive Anwendungsfelder erschlossen, bei denen die Gleichheit zu einer Bildvorlage im Sinne kleinster Fehlerquadrate in den Hintergrund treten kann.

□ MPEG-3 (HDTV) wurde in MPEG-2 integriert und existiert nicht als eigenständige Norm. In *MPEG-4* sollen Bildtelephonie, Fernsehwelt und Interaktivität der Computerwelt einschließlich Zugriff auf Datenbanken

*Bildcodierung. Tabelle: Standards der B.*

| | H.261 | MPEG-1 | MPEG-2(H.262) | H.263 | MPEG-4 |
|---|---|---|---|---|---|
| Bildformat | QCIF, CIF/SIF | CIF/SIF | ITU-R BT. 601, HDTV | Sub-QCIF, QCIF, CIF, 4CIF, 16CIF | variabel |
| Raster Interlace/ Progressiv | Progressiv | Progressiv | Interlace und Progressiv | Progressiv | variabel |
| Bitrate | p • 64 kbit/s | bis 1,5 Mbit/s | variabel, ITU-R BT. 601: 2-8 Mbit/s, HDTV: bis 40 Mbit/s | keine Empfehlung, typisch 8-20 kbit/s | variabel |
| Verfahren | blockbasierte, bewegungskompensierte hybride DCT | | | | variabel durch syntaktische Beschreibungssprache (Tools) |
| Anwendungen | ISDN Bildtelephon, Videokonferenz | CD-ROM, CD-I | Digitales TV und HDTV | Bildtelephon, sehr niedrige Datenraten | Interaktivität, selektiver Datenzugriff, Bildtelephonie, TV |

kombiniert werden. Dies soll gelingen durch Definition einer Beschreibungssprache, mit der nicht nur Bild-, Ton- und sonstige Daten, sondern auch die damit durchzuführenden Aktionen zu beschreiben sind. Es bestehen hier Parallelen z. B. zur → Programmiersprache → Java des → Internet für Verhaltensbeschreibungen und zur Beschreibungssprache VRML für Computergraphik.

*Grigat*

Literatur: *Ohm, J.-R.*: Digitale Bildcodierung. Springer, Berlin 1995. – *Hartwig, S.* und *W. Endemann*: Tutorial Digitale Bildcodierung. Fernseh- und Kinotechnik 1/92-1/93. – ITG-Fachbericht 136 Multimedia, 6. Dortmunder Fernsehseminar, 1995.

**Bilddatei** *(image file)*. Zur Speicherung graphischer Informationen unterschiedlicher Art benutzt. Die in einer B. enthaltenen Elemente dienen der Umsetzung der gespeicherten Bilder in eine sichtbare Repräsentation, aber auch der Rückgewinnung von → Information über interne Strukturierung und Aufbau des Bildes. Die Festlegung, welche verschiedenartigen Elemente in einer B. enthalten sein können, bestimmt ganz wesentlich die mögliche Vielfalt der abgelegten Bilder.

In der generativen Computergraphik, besonders im Bereich CAD/CAM, werden B. zu folgenden Zwecken eingesetzt:
– Archivierung von Bildern in maschinenlesbarer Form,
– Austausch von → Daten zwischen graphischen Programmen,
– Übertragen graphischer Information von Rechner zu Rechner,
– Speichern des Zustands bei Abbruch einer Dialogsitzung zur späteren Wiederaufnahme,
– geräteunabhängige Zwischenspeicherung von Bildern und Graphiken zum Zweck der späteren Ausgabe auf unterschiedlichen Geräten.

Um diese Funktionen, besonders unter dem Aspekt der → Geräteunabhängigkeit, zu erfüllen, wurde eine Reihe von Dateiformaten entwickelt.

Das GKS-Metafile (→ GKSM) ist logisch in die Definition des graphischen Kernsystems → GKS eingebettet. Die B. wird konzeptionell wie ein normales GKS-Ausgabegerät angesprochen. Ein Dateiformat wird von der GKS-Norm vorgeschlagen, jedoch nicht verbindlich festgelegt.

Das Computer Graphics Metafile (→ CGM) definiert die Elemente, aus denen eine B. besteht, sowie Dateiformate zu ihrer Speicherung.

In der → Norm → PHIGS erfüllt das „PHIGS archive" die Aufgabe der Speicherung und Übertragung. Es kann auch als Bibliothek vorgefertigter graphischer Bausteine benutzt werden.

Diese Formate können außer der graphischen → Struktur eines Bildes auch nichtgraphische Benutzerdaten enthalten.

Andere Formate, wie die ursprünglich für Anwendungen im Maschinenbau entwickelte Geometriedatei → IGES, sind logisch auf einer eher anwendungsspezifischen Ebene angesiedelt.

In der analytischen Computergraphik (→ Bildverarbeitung) werden B. zur Speicherung zwischen verschiedenen Bearbeitungsschritten verwendet. Dabei können die Inhalte der B. von rohen Quelldaten, wie sie z. B. von einer Videokamera stammen, über graphische Strukturinformation bis zu mit Hilfe nichtgraphischer Zusatzinformation gewonnenen logischen Zusammenhängen zwischen erkannten Objekten gehen.

*Encarnação/Muth*

**Bilddateifunktion** *(image file function)*. In Bilddateien werden graphische Informationen gespeichert. Die in einer → Bilddatei enthaltene → Information dient der Umsetzung der gespeicherten Bilder in eine sichtbare Repräsentation.

Die Inhalte einer Bilddatei können als Steuerungselemente für Funktionen angesehen werden, die bei der Interpretation der Bilddatei ausgeführt werden, um zu einer Darstellung zu gelangen.

Diese Funktionen sind in mehrere Bereiche gegliedert. Sie dienen
– der Steuerung der Interpretation der Bilddatei (Beschreibung des verwendeten Formats, Indizierungsinformation),
– der Strukturbegrenzung in der Bilddatei abgelegter Informationen (z. B. Segmentbegrenzungen),
– der Beschreibung von Bildprimitiven, wobei die verwendete Art der → Primitive die Verwendbarkeit der Bilddateidefinition für verschiedene Anwendungsbereiche bestimmt,
– der Festlegung von → Attributen nachfolgend verwendeter Bildprimitive.

Je nach Art der definierten B. ergeben sich verschiedene Möglichkeiten der Speicherung ein und desselben Bilds. Beispielsweise läßt sich eine Konstruktionszeichnung als Ansammlung logischer Information über enthaltene Objekte, als Folge attributierter Punkte, Linien und Flächen oder als Sequenz von Fahrbefehlen für einen → Plotter beschreiben.

Als B. lassen sich auch diejenigen Funktionen eines graphischen Systems bezeichnen, mit deren Hilfe es möglich ist, Bilddateien zu erzeugen, zu verändern, wiedereinzulesen und zu verarbeiten.

*Encarnação/Muth*

**Bilddynamik** *(image dynamics)*. Kennzeichnet bei der → Prozeßvisualisierung die aktiven → Bildobjekte, die während ihrer → Präsentation auf dem → Bildschirm durch → Prozeßvariable ihre Darstellung ändern können (z. B. verschiedene Ausschläge eines Zeigers, Farbumschlag, Blinken). Alle aktiven Bildobjekte müssen in regelmäßigen Abständen oder ereignisgetrieben zur Laufzeit der Prozeßvisualisierung aktualisiert werden.

Wichtigste Aufgabe der Bildobjekt-Dynamisierung ist die Anbindung der Dynamikattribute an die entsprechenden Prozeßvariablen. Hierzu gibt es verschiedene Methoden, die im wesentlichen davon ausgehen, daß die für die Visualisierung verwendeten Prozeßvariablen in geordneter Form als z. B. Kanal- oder Datenliste einer SPS (Speicherprogrammierbare Steuerung) vorliegen. Jedes aktive Bildobjekt hat Zugriff auf die Datenstruktur für die Prozeßvariable, die es visualisiert.

Eine Prozeßvariable kann i. allg. von beliebig vielen Bildobjekten visualisiert werden. Jedes Bildobjekt kann aber i. d. R. nur eine Prozeßvariable (einen Kanal) visualisieren. Die letzte Bedingung bedeutet eine erhebliche Einschränkung bei der Visualisierung von →Objekten, die von zwei oder mehr Prozeßvariablen abhängen (z. B. Bewegung von 2D- und 3D-Elementen, Formveränderungen von Objekten).

Die Zuordnung zwischen dynamischen (aktiven) und statischen Bildobjekten erfolgt meist durch spezielle Werkzeuge, die gleichzeitig auch einen Dynamiktest ermöglichen. Eine weitere Möglichkeit besteht darin, die statischen Bildobjekte mit einem üblichen Zeichenprogramm zu erstellen und in dieses mittels Schlüsselwörter die aktiven Bildobjekte mit ihrer B. einzutragen. Zur Laufzeit kann dann ein Interpretierer die erforderlichen Objekte mit den Prozeßvariablen visualisieren.

Probleme an der Datenschnittstelle für die Prozeßvariablen ergeben sich immer dann, wenn die Variablen nicht als SPS-Kanäle vorliegen, sondern z. B. als C-Datenstrukturen in einem Anwendungsprozeß. Die Realisierung der B. kann dann auf zwei Wegen erfolgen:
– über die Integration von C-Funktionen in die Prozeßvisualisierung (erfordert Programmierkenntnisse) oder
– durch die Schaffung einer Makroschnittstelle zwischen Anwendungs- und Visualisierungsprozeß.

Moderne Prozeßvisualisierungssysteme bieten häufig auch die Möglichkeit, die Prozeßvariablen über DDE-(Dynamic Data Exchange) oder DLL-(Dynamic Link Library)Schnittstellen einzubinden. *Langmann*

**Bildebene** ⟨*image layer*⟩ → Perspektive

**Bildelement** ⟨*picture element*⟩ → Pixel

**Bildelementmatrix** ⟨*pixel array*⟩. Konzept einer → Datenstruktur zur systemneutralen Beschreibung, Erfassung und Speicherung rechteckiger Bildausschnitte, deren Grundelemente auf → Pixeln basieren. Die B. ist geräteunabhängig und kann durch eine Abbildungsvorschrift in einen physikalischen Bildspeicher (→ Bildwiederholspeicher) oder einen logischen Bildspeicher (→ Bit-Map) übertragen werden, um damit auf dem Ausgabegerät sichtbar zu werden.

Zur Lagebestimmung dient ein kartesisches Koordinatensystem, das seine diskrete Unterteilung unveränderlich durch den Abstand der Pixel zueinander erhält. Im Gegensatz zur Zellmatrix (cell array) bestimmen bei der B. die Anzahl der Pixel in x- und y-Richtung die Größe der Darstellung auf dem Ausgabegerät. Zur Abbildung wird dem Ursprung einer B. eine Koordinate des virtuellen oder physikalischen Rasterbildspeichers zugeordnet, und die Pixel der B. werden zeilen- oder spaltenweise kopiert. Durch Ändern der Schrittrichtungen lassen sich Spiegelungen (x- und y-Werte in negativer Schrittweite) oder Drehungen um 90° (Vertauschen von x- und y-Achse) ausdrücken. In der Realisierung ist die Repräsentation der Pixeldaten festgelegt in der Form von Farbindizes, Direktfarben oder Farbebenen. Die Reihenfolge (Anordnung) der Pixel geht meist von einer zeilenorientierten Speicherung aus, bei der das erste Pixel den linken oberen Eckpunkt der B. darstellt und in x-Richtung in positiver und in y-Richtung in negativer Weise fortschreitet.

*Encarnação/Mehl*

**Bildformate** ⟨*image formats*⟩. Das Common Intermediate Format (CIF) wird für → Bildtelephonie und → Videokonferenzen eingesetzt sowie unter der Bezeichnung Source Input Format (SIF) nach MPEG-1 mit 25 bzw. 30 Bildern/s auch zur Videoaufzeichnung. Quarter CIF wird bei Bildtelephonie mit niedrigen Datenraten angewandt. Sub-QCIF, 4CIF und 16CIF sind weitere abgeleitete Formate, die z. B. in H.263 berücksichtigt werden. ITU-R BT. 601 ist die Empfehlung für das digitale Studioformat, → HDTV sind Formate für hochauflösendes Fernsehen. 4 : 3 und 16 : 9 bezeichnen das Bildseitenverhältnis Breite: Höhe. Die Tabelle (s. Seite 98) gilt für Europa, die Zeilenzahlen in Klammern für USA und Japan. Mögliche B. sind auch in der Empfehlung H.324 dokumentiert. CIF/SIF und Derivate verwenden progressives Raster (Non-Interlace 1 : 1), und die Chrominanzwerte sind jedem zweiten Luminanzwert einer Zeile in jeder zweiten Zeile zugeordnet (4 : 2 : 0). ITU-R BT. 601, EDTV und HDTV dagegen verwenden Zeilensprungverfahren (Interlace 2 : 1), und die Chrominanzwerte sind in jeder Zeile jedem zweiten Luminanzwert zugeordnet (4 : 2 : 2). *Grigat*
Literatur: *Ohm, J.-R.*: Digitale Bildcodierung. Springer, Berlin 1995.

**Bildkoordinaten** ⟨*pixel coordinates*⟩ → Weltkoordinaten

**Bildobjekt** ⟨*pictural object*⟩. In technischen Anwendungen (z. B. → Benutzerschnittstellen für die Anlagen- und Maschinenautomatisierung) sind B. graphische Darstellungen, die die Komplexität zugrundeliegender physikalischer Objekte berücksichtigen und diese möglichst realistisch dem → Benutzer vermitteln. Für die Erzeugung, Veränderung und Manipulation von B. bei ihrer Benutzung im Rahmen einer Interaktion (→ Interaktivität) müssen sie im Rechner als → Datenstruktur in Form eines → Objektmodells vorliegen. Ein B. stellt damit die graphische Präsentation eines Objektmodells dar (Bild). Die den B. unterlagerten Objektmodelle

*Bildformate. Tabelle: B. der Videotechnik*

|  | Bildpunkte/Zeile | | Zeilenzahl | | Datenmenge pro Einzelbild bei 8bit PCM in 1024 Byte |
|---|---|---|---|---|---|
|  | Y | (B-Y), (R-Y) | Y | (B-Y), (R-Y) |  |
| Sub-QCIF | 128 | 64 | 96 | 48 | 18,0 |
| QCIF | 176 | 88 | 144 (120) | 72 (60) | 37,1 |
| CIF/SIF | 352 | 176 | 288 (240) | 144 (120) | 148,5 |
| 4CIF | 704 | 352 | 576 (480) | 288 (240) | 594,0 |
| 16CIF | 1408 | 704 | 1152 (960) | 576 (480) | 2376,0 |
| ITU-R BT. 601 | 720 | 360 | 576 (480) | 576 (480) | 810,0 |
| EDTV 16:9 | 960 | 480 | 576 (480) | 576 (480) | 1080,0 |
| HDTV 4:3 | 1440 | 720 | 1152 (960) | 1152 (960) | 3240,0 |
| HDTV 16:9 | 1920 | 960 | 1152 (960) | 1152 (960) | 4320,0 |

können von sehr verschiedener Natur sein. In einer groben Einteilung lassen sich zwei Gruppen unterscheiden:
☐ *Nichtgeometrische Objektmodelle.* Diese Objektmodelle werden in technischen Anwendungen für graphisch-schematische sowie graphisch-symbolische Darstellungen zur Unterstützung der Bedienung, → Programmierung, → Simulation, Überwachung und Diagnose umfangreich genutzt. Dazu gehören z. B. Bilder für den Bediendialog, Strukturbilder, Darstellungen von Steuerungsgraphen, Funktionspläne u. a. Die Erzeugung, Veränderung, Manipulation und graphische Darstellung ist für diese Objektmodelle insbesondere dann einfach, wenn als Objektmodell die gleichen Datenstrukturen wie die für die graphische Darstellung genutzt werden. Für die Visualisierung nichtgeometrischer Objektmodelle als B. sind i. d. R. die Grundroutinen der 2D-Graphik ausreichend.

☐ *Geometrische Objektmodelle.* Sollen 2D- oder 3D-Bildobjekte geometrisch manipuliert werden, so werden dazu unterlagerte geometrische Objektmodelle (→ Objekt, geometrisches) benötigt. Während die Handhabung und Visualisierung von geometrischen 2D-Objektmodellen grundsätzlich keine Schwierigkeiten bereitet, ergeben sich für B. auf der Basis von 3D-

**Objektmodell**

$$dh/dt = (Q_{zu} S_{zu} - Q_{ab} S_{ab})/A$$

mit h – Höhe des Flüssigkeitsstandes
Q – Zu- bzw. Abfluß
S – Stellung der Ventile (0 = geschlossen, 1 = offen)
A – Querschnitt des Flüssigkeitsbehälters

**graphische Darstellung (Bildobjekt)**

schematische Darstellung mit absoluter Füllhöhe | zeitliche Darstellung der Füllmengenänderung | zeitliche Darstellung des Ventilzustandes

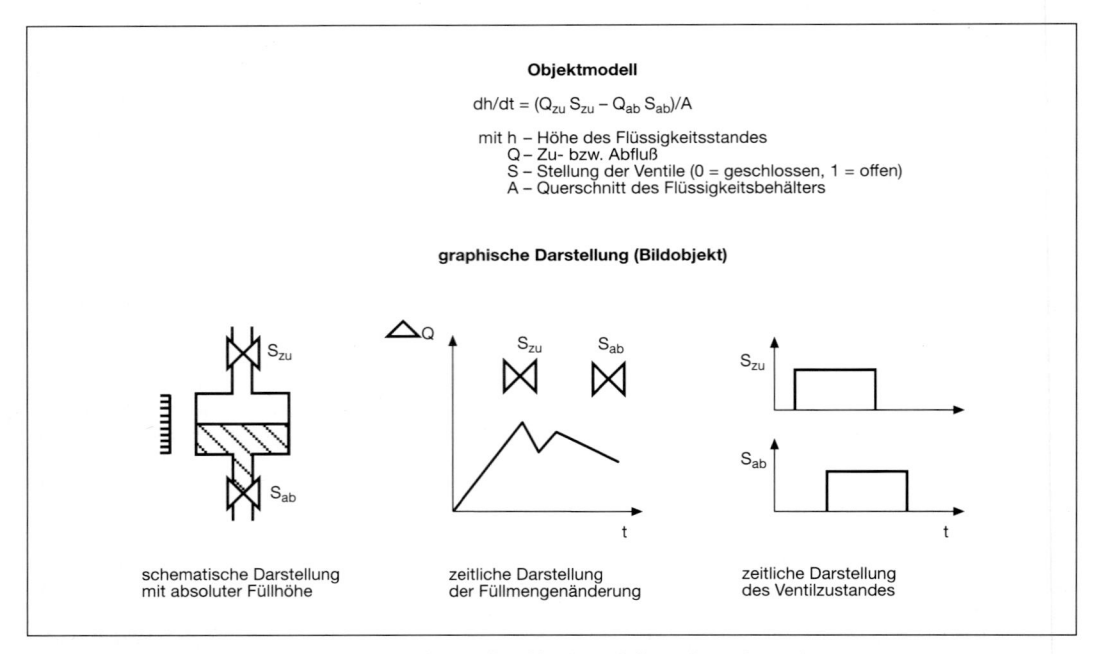

*Bildobjekt: Unterschiedliche B. für ein und dasselbe Objektmodell (Füllstandsregelung)*

Objektmodellen erhebliche Probleme. Der Grund dafür besteht in der sehr hohen Rechnerleistung für die → geometrische Modellierung der 3D-Objektmodelle und die Erzeugung der entsprechenden B. (→ Visualisierung) unter Berücksichtigung einer perspektivischen Darstellung bei entsprechenden Lichtverhältnissen. Einsatzbereiche für diese Art von B. sind neben klassischen CAD-Anwendungen (→ CAD) auch → graphisch-dynamische Simulationen zur Überwachung des Bearbeitungsvorganges an Werkzeugmaschinen oder zur Bewegungssteuerung von Industrierobotern.

Die effiziente Verwaltung der B. (ob als graphische Datenstruktur oder als geometrisches Objektmodell) ist bei ihrer Anwendung ein nicht zu unterschätzendes Problem. Die Nutzung von → Datenbanken wird zwar prinzipiell angestrebt, aber entweder eignen sich die verfügbaren Datenbanken nur unzureichend oder sie erfordern einen Systemaufwand, der per se für den jeweiligen Anwendungsfall (z. B. eine Benutzerschnittstelle für eine Maschinensteuerung) nicht getragen werden kann. Eingesetzt wird deshalb meist eine auf die B. zugeschnittene Dateiverwaltung. *Langmann*

**Bildprozedur** ⟨display subroutine⟩. Sequenz von Anweisungen innerhalb einer Vektorliste, die über einen Namen aufgerufen werden kann.

Die B. dient zur mehrfachen Wiederholung ihrer Befehlssequenz aus unterschiedlichen Umgebungen heraus, z. B. mit unterschiedlichen aktuellen Ausgabepositionen oder → Attributen. Sie kann als → Teilbild oder → Segment angesehen werden und dient somit zur Hierarchisierung des Gesamtbildes sowie zur Einsparung von Speicherplatz im Display-File. Einfachere Systeme verwenden B. zur Generierung von Software-Characters (→ ASCII, → Zeichen).

B. werden typischerweise unter Verwendung eines einfachen Stapels zur Speicherung der Rücksprungadresse implementiert. Komfortable Displays können die Aufrufumgebung retten, um nach der Abarbeitung der B. im alten Zustand weiterarbeiten zu können.

Das Bild zeigt einen Teil eines Schaltkreises, in dem die Dioden unter dreimaliger Verwendung der entsprechenden B. gezeichnet wurden.

*Encarnação/Lux-Mülders*

Literatur: *Foley, J. D.* and *A. van Damm*: Fundamentals of interactive computer graphics. Amsterdam 1982.

**Bildpuffer** ⟨frame buffer⟩ → Bildwiederholspeicher

**Bildpunkt** ⟨pixel⟩ → Pixel

**Bildraum** ⟨image space⟩. Zweidimensionaler Raum, auf dessen Elementen (→ Pixel) Farbwerte und damit auch Bilder definiert werden können. Der B. kann eine → Diskretisierung der Bildebene (→ Perspektive) sein (→ Bildraumverfahren). *Encarnação/Hofmann*

```
MAIN:       *
            *
            *
            ABS MOVE (x₁,y₁)
            CALL DIODE
            ABS MOVE (x₂,y₂)
            CALL DIODE
            ABS MOVE (x₃,y₃)
            CALL DIODE
            LINE
            *
            *
            *
DIODE: REL_DRAW (>x₁,>y₁)
       REL_DRAW (>x₂,>y₂)
            *
            *
            *
       REL_MOVE (>x₁,>y₁)
            *
            *
            *
       RETURN
```
a

b

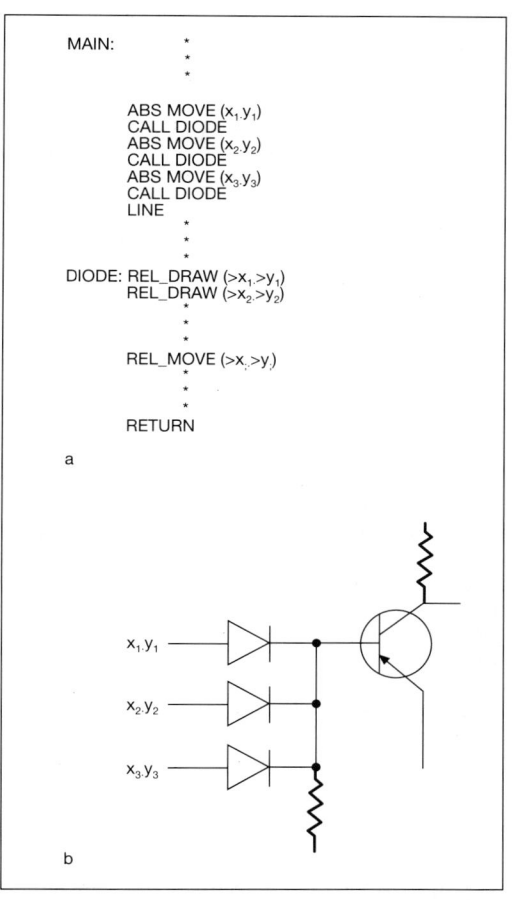

*Bildprozedur: Schaltkreisdarstellung unter Verwendung einer B. a. DPU-Code, b. Display*

**Bildraumverfahren** ⟨image space method⟩. Bei den graphischen Verfahren wird zwischen B. und → Objektraumverfahren unterschieden, je nach dem, ob die Verfahren im → Objektraum oder → Bildraum stattfinden.

B. konzentrieren sich auf die Erzeugung des fertigen Bildes, d. h., sie generieren Bilddaten für Ausgabegeräte mit bestimmter → Auflösung und arbeiten somit mit → Gerätekoordinaten. Hier wird das Problem behandelt: Was soll auf einem Rasterpixel dargestellt werden? Es geht einerseits darum, von welchem graphischen → Objekt dieser Bildpunkt erzeugt (Elimination verdeckter Kanten/Flächen) und andererseits, mit welcher Farbe und Farbintensität er dargestellt (Shading) werden soll.

Der *z-Buffer-Algorithmus* ist das einfachste B. zur Elimination verdeckter Kanten/Flächen. Zusätzlich zu den x-, y-Speichern wird noch ein z-Speicher für die Tiefe der projizierten Punkte vorgesehen. Es werden die Tiefen aller Objektpunkte verglichen, und der nächste Punkt wird dargestellt.

Das *Scan-Line-Verfahren* ist ein weiteres Beispiel. Dabei werden alle Liniensegmente der Objekte untersucht, die auf eine Rasterlinie projiziert werden. Dabei können sowohl Verdeckungsprobleme als auch Beleuchtungsprobleme betrachtet werden. Hierbei wird die Dimension des Problemraums reduziert und somit das zu lösende Problem vereinfacht. Das Verdeckungsproblem kann dadurch auf den Tiefenvergleich der Liniensegmente der Objekte reduziert werden.

Da im Bildraum die Berechnungen aufgrund der Ausgabe des Bildes erfolgen und somit auch der Auflösung des Ausgabegerätes entsprechen, sind B. maschinenabhängig. Der Rechenaufwand solcher Verfahren ist auch stark abhängig von der Bildauflösung. Der große Vorteil dabei ist aber, daß vergleichbar gute Ausgabequalität erzielt werden kann.

*Encarnação/Dai*

**Bildrekonstruktion** ⟨image restoration⟩. Bereich der → Bildverarbeitung, der sich mit der Wiederherstellung gestörter oder verzerrter Bilddaten beschäftigt. Eine Ansatzmöglichkeit zur Rekonstruktion ist die Inverse Filterung. Bei bekannter Übertragungsfunktion der → Störung oder Verzerrung kann das ursprüngliche Bild durch *Fourier*-Transformation des gestörten Bildes, Multiplikation mit dem Inversen der Störübertragungsfunktion und *Fourier*-Rücktransformation gewonnen werden. Dieses Verfahren eignet sich besonders gut zur Beseitigung von geometrischen Verzerrungen, z.B. durch Bewegung der → Kamera bei der Aufnahme.

Ähnlich läßt sich die Modifikation der Ortskoordinaten einsetzen. Durch eine Transformation der Bildpunkte des verzerrten Bildes wird das Originalbild berechnet. Wenn die benötigte → Transformationsfunktion nicht bekannt ist, kann man sie als Polynom, dessen Parameter nach der Paßpunktmethode ermittelt werden, ansetzen. Bei Störungen durch → Rauschen, die etwa durch schlechte Übertragungskanäle hervorgerufen werden, verwendet man die Wiener-Filterung. Sie basiert auf einer Beschreibung von Bildern und Störungen als stochastische Prozesse. Der Fehler zwischen errechnetem und ungestörtem Bild wird nach der Methode der kleinsten Fehlerquadrate minimiert. Störungen durch Interferenzen können durch Bandpaßfilterung beseitigt werden.

*Encarnação/Ackermann*

**Bildschirm** ⟨display⟩. Bestandteil eines Datensichtgerätes. Der B. stellt die Sichtfläche eines Wandlers dar, der unmittelbar die Umwandlung von elektrischer Energie in sichtbares Licht vornimmt, so daß eine Graphik entsprechend der elektrischen Ansteuerung dieses Wandlers entsteht.

Ein B. besteht aus einer Vielzahl optisch wirksamer Punkte; ihre Anzahl bestimmt die → Auflösung, mit der graphische Objekte dargestellt werden können. Beim → Farbbildschirm besteht jeder Punkt aus drei Komponenten; jede gibt eine der Farben Rot, Grün, Blau wieder.

Das heute am meisten verbreitete Prinzip eines solchen Wandlers ist die Bildröhre. Die sog. Plasma-Panel-Displays sind vergleichsweise flache Bildwiedergabeeinheiten und heute (noch) vereinzelt anzutreffen. Alle diese B. haben die Eigenart, daß sie das Bild nicht speichern können; diese Speicherung muß das → Bildschirmsichtgerät mit übernehmen.

*Encarnação/Güll*

**Bildschirmprozeß** ⟨display process⟩. Der Begriff B. wird nicht weitläufig verwendet. Seine Bedeutung läßt sich aus den zu diesem neuen Begriff zusammengesetzten Einzelbegriffen „→ Bildschirm" und „→ Prozeß" vermuten. Dabei wird hier von der Annahme ausgegangen, daß der zusammengesetzte Begriff aus dem Bereich der graphischen Software kommt. Dort werden dann mit dem Begriff „Bildschirm" die graphische Ausgabe und (bedingt) die graphische Eingabe angesprochen. Der Begriff Prozeß stammt hierbei als Denkmodell aus der strukturierten → Programmierung und kennzeichnet jene Bereiche des insgesamt ablaufenden Programms, die einerseits die graphische Ausgabe auf dem Bildschirm, insbesondere die ständige Aktualisierung des Bildschirminhalts, durchführen, andererseits den Bezug der graphischen Eingabe zum Bildschirminhalt herstellen. Diese Programmbereiche sind im Betriebssystembereich, im Grund-Software-Bereich, im Anwendungs-Software-Bereich oder übergreifend in mehreren Bereichen zu finden.

Ob der B. als Teil eines Programms regelmäßig aktiv wird, ob er in einem Multitask-System durch einen Prozeß-Scheduler regelmäßig und prioritätsgesteuert aktiviert wird oder ob er in einem Multiprozessorsystem ständig aktiv ist, hängt von der Software und der Hardware des graphischen Systems ab und ist letztlich für den Inhalt des Begriffes selbst irrelevant.

*Encarnação/Lindner*

**Bildschirmsichtgerät** ⟨display⟩. Dieses Gerät gehört zu den Bildendgeräten, die im Teilnehmerbetrieb der → Rechenanlage die Ausgabe graphischer → Daten übernehmen.

Beim zeilenorientierten B., das zur Wiedergabe von → Text eingesetzt wird, erfolgt eine halbgraphische Darstellung. Der → Bildschirm wird hier in mehrere Textzeilen unterteilt; jede dieser Zeilen besteht aus mehreren gleichgroßen Feldern zur Darstellung von beliebigen → Zeichen eines Zeichensatzes. Jedes Zeichen wiederum wird durch mehrere matrixförmig angeordnete Punkte dargestellt, welche entsprechend der Zeichenform aktiviert werden. Typische Werte: 24 Zeilen zu je 90 Zeichen, $9 \times 7$ Punkte pro Zeichenfeld.

Zur Wiedergabe von graphischen Objekten wird im Interesse einer hohen → Auflösung jeder einzelne Punkt

(→ Pixel) des Bildschirms angesteuert; es entsteht so eine vollgraphische Darstellung. Typische Werte: 1 024 Zeilen zu je 1 280 Punkten.

Der grundsätzliche Aufbau eines B. wird stark vom Verfahren der Bildschirmansteuerung bestimmt. Heute dominieren sog. Rastersichtgeräte (→ Rasterbildschirm) mit Bildröhren, bei denen das Bild zeilenweise erzeugt wird. Da eine Bildspeicherung nicht durch den Bildschirm selbst erfolgt, wird das Bild mit 25 bis 30 Hz beim sog. Zeilensprungverfahren und mit 50 bis 60 Hz beim Vollbildverfahren wiederholt, wodurch ein flimmerfreies Bild entsteht. Die darzustellende Information wird von der Datenverarbeitungsanlage als Zeichenfolge in den → Pufferspeicher übertragen. Von dort gelangt jede → Zeile solcher Zeichen in den → Bildwiederholspeicher. Sie wird dort zur Bildwiederholung aufbewahrt. Bei der Zeilenausgabe auf den Bildschirm tritt → Scrolling auf. Der → Zeichengenerator erzeugt aus jedem darzustellenden Zeichen eine Folge von Steuersignalen, die die Steuerung des Ablenksystems beeinflussen. Hierzu enthält der Zeichengenerator einen Festwertspeicher, der den → Zeichensatz der darzustellenden Zeichen definiert.

Eine Positionssteuerung bewirkt die Positionierung der Zeichen auf dem Bildschirm, die Einteilung von Zeilen und Spalten sowie die Positionierung des Cursor, wobei die Cursorposition mit Hilfe einer → Maus extern vorgegeben werden kann.

Das Ablenkungssystem übernimmt beim Röhren-Display die Steuerung des Elektronenstrahls, so daß ein aus Bildschirmzeilen bestehendes Bild auf dem Bildschirm entsteht. Hierbei überlagern sich die Wirkungen der vom Zeichengenerator, vom Bildwiederholspeicher und von der Lagesteuerung erzeugten Signale. An den Stellen des Bildschirms, an denen keine darzustellenden Zeichen vom Bildwiederholspeicher geliefert werden, bleibt der Bildschirm dunkel.

Die Koordinierung aller Steuervorgänge wird von einer zentralen Steuerung, einem sog. Display-Prozessor, übernommen.

Bei vollgraphischen Darstellungen muß die Information für jeden Bildpunkt im Bildwiederholspeicher abgelegt werden. Während bei zeilenorientierten B. eine Hell-Dunkel-Information pro Punkt ausreicht, ist bei vollgraphischen B. die Abspeicherung der codierten Punkthelligkeit erforderlich. Diese Information wird dem Ablenksystem dann über einen Digital-Analog-Umsetzer zugeführt. Bei → Farbgraphik wird die → Intensität jeder Farbkomponente (rot, grün, blau) eines Punktes im Bildwiederholspeicher codiert abgespeichert. Die einzelnen Farbeninformationen werden dem → Farbbildschirm getrennt zugeführt; ihre Wirkungen überlagern sich dort. *Encarnação/Güll*

**Bildschirmtext** ⟨*videotex*⟩. B. (Btx) ist ein On-line-Dienst der Deutschen Telekom, der seit 1984 angeboten wird und jetzt über → Datex-J bzw. T-Online verfügbar ist. Der Benutzer kann sich Informationen (Seiten) aus vielfältigen Bereichen anzeigen lassen und mit den Informationsanbietern kommunizieren. Heute erfolgt die Nutzung meist mit einem Personal Computer über → Modem bzw. → ISDN-Adapter, während in der Einführungsphase eine Verwendung von Fernsehgeräten mit einer Btx-Zusatzeinrichtung vorgesehen war. *Quernheim/Spaniol*

**Bildsegmentierung** ⟨*image segmentation*⟩. Automatische Extraktion von Segmentierungsobjekten und deren Attributen und Relationen in einem Bild, i. d. R. ohne explizite Repräsentation und Nutzung von aufgabenspezifischem Wissen.

Typische Beispiele für Segmentierungsobjekte sind gerade oder gekrümmte Linien, Polygonzüge, homogene Regionen und Vertices, d. h. Punkte, wo ein oder mehrere Linien zusammentreffen. Beispiele für Attribute sind Anfangs- und Endpunkt von Geraden, Textur von Regionen, die Lage von Vertices, Tiefe oder Bewegung. Die Berechnung der → Attribute kann bildbezogen, d. h. in zweidimensionalen Bildkoordinaten, erfolgen oder szenenbezogen, d. h. in dreidimensionalen Weltkoordinaten. Zwei wichtige Vorgehensweisen sind die → Liniendetektion und das → Regionenwachsen. Das Ergebnis der B. ist eine initiale symbolische Beschreibung des Bildes, die aus einem Netzwerk von rekursiv definierten Segmentierungsobjekten

$$O = [D{:}T_O,\qquad \text{Name}$$
$$(A{:}(T_A, R \cup V_T))^*,\quad \text{Attribute}$$
$$(P{:}=)^*,\qquad \text{Teile}$$
$$(S(A_O, A_P){:}R)^*,\quad \text{Relationen}$$
$$G{:}R^n]\qquad \text{Güte}$$

besteht.

Das ideale Ziel besteht darin, rein datengetrieben Segmentierungsobjekte zu finden, die auch den vom Menschen wahrgenommenen sinnvollen Teilen bzw. Konturen von → Objekten im → Bild entsprechen. Erfahrungsgemäß ist dieses Ziel bestenfalls näherungsweise zu erreichen. *Niemann*

Literatur: *Rosenfeld, A.* and *A. C. Kak*: Digital picture processing. Vol. 1, 2. New York 1982.

**Bildspeicher, digitaler** ⟨*picture memory, digital p. m.*⟩. Der d. B. ist ein Kurzzeitspeichermedium für digitalisierte Videosignale. Er setzt sich zusammen aus einem Speicherteil (RAM-Speicher), dessen Kapazität für die Aufnahme eines Video-Teilbildes (Teilbildspeicher) bzw. mehrere Teilbilder (Bildspeicher) ausgelegt ist, und einem Steuerteil, der die Verwaltung des Speicherblocks übernimmt.

Wichtigster Bestandteil der Speichersteuerung sind die Adresszähler. Der Schreibadresszähler bestimmt die Speicherstelle für das gerade am Spei-

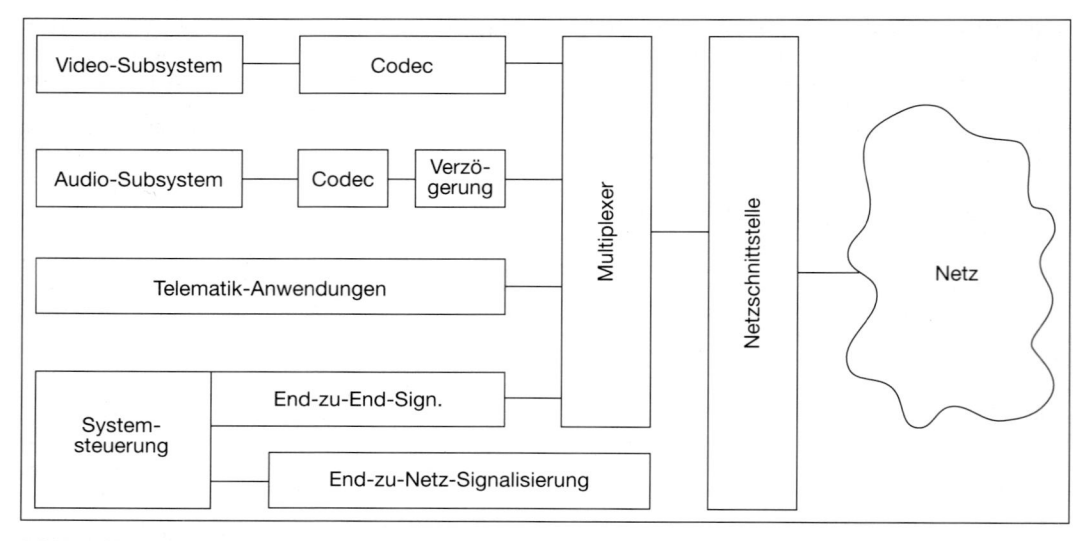

*Bildtelephonie: Schemadarstellung eines Bildtelephons (nach ITU-T H.320)*

chereingang anliegende Videosignal, und der Leseadressenzähler zeigt auf die Speicherstelle, deren Inhalt am Speicherausgang gewünscht wird. Für die verschiedenen Applikationen des d. B. ist in der Regel nur eine Modifikation des Adressenrechners notwendig.

Das neben der Speicherkapazität zweite wichtige Leistungsmerkmal eines Bildspeichers ist dessen Arbeitsgeschwindigkeit, also die Geschwindigkeit, mit der Daten in den Speicher geschrieben bzw. aus dem Speicher gelesen werden. Einen Speicher, der fortlaufende Videobilder in Echtzeit abspeichern und wieder ausgeben kann, nennt man auch Echtzeit-Bildspeicher.

Der d. B. ist integraler Bestandteil einer Vielzahl von videotechnischen Geräten. Er dient als festes (Kammfilter, digitaler Rauschbefreier) und variables (Synchronisator) Verzögerungselement, zur Standbildwiedergabe als eigenständiges Gerät (Still Store) oder als Teilfunktion komplexerer Geräte (Diageber, Filmabtaster, MAZ) sowie als Zwischenspeicher bei der Variation von Bild- und Abtastparametern (Digitales Effektgerät, Normwandlung).             *Hausdörfer/Richter*

**Bildtelephon** ⟨video phone⟩ → Bildtelephonie

**Bildtelephonie** ⟨video telephony⟩. B. ist die Erweiterung der traditionellen Telefonie um einen visuellen Kommunikationskanal. B. kann mit einem Stand-alone-Bildtelefon (video phone) betrieben werden oder als Bestandteil eines in einen PC integrierten → Desktop-Multimediakonferenzsystems (DMC-System).

Die Idee der B. stammt bereits aus den 30er Jahren, als erste Experimente in den USA und in Deutschland durchgeführt wurden („bidirektionales Fernsehen"). Die Umsetzung der B. wurde erstmals in den 60er Jahren von AT&T angegangen; in Deutschland in den 70er Jahren. Die (zunächst analoge) B. scheiterte jedoch an den zu hohen technischen Anforderungen (z. B. an Vermittlungsstellen). Die Nutzung der audiovisuellen Kommunikation blieb auf (zunächst analoge, später digitale) → Videokonferenzen beschränkt, die anfänglich mit Standleitungen arbeiteten. Diese Systeme stellten hohe Anforderungen an das Kommunikationsnetz: Auf dem in Deutschland zunächst verwendeten VBN wurden die audiovisuellen Informationen analog übertragen; digitale Bildkommunikation benötigte 2 Mbit/s Übertragungskapazität. Erst die Fortschritte in der Bilddatenkompression führten dazu, daß B. seit Anfang der 90er Jahre bereits über schmalbandige Basisanschlüsse des → ISDN (2×64 kbit/s) realisierbar ist. Zusätzlich zur B. über ISDN hat die → ITU-T die ersten Empfehlungen zur B. über das analoge Telefonnetz (basierend auf → Modems, ITU-T H.324), über Breitbandnetze (→ ATM, ITU-T H.310, H.321) und über lokale Netze (→ LAN, ITU-T H.323) in den Jahren 1995 und 1996 verabschiedet.

Zur Kommunikation mit einem Partnersystem werden im ISDN-Bildtelefon (Bild) ein oder mehrere B-Kanäle zusammengefaßt. Diese werden anschließend in virtuelle Kanäle aufgeteilt, so daß Audio-, Video-, Daten- und Steuerinformationen gleichzeitig übertragen werden können (→ Multimediakommunikation). Audio- und Videoinformationen werden in Codecs (Coder/Decoder) (de)codiert bzw. (de)komprimiert. Wegen der unterschiedlichen Verarbeitungszeiten werden die Audioinformationen ggf. künstlich verzögert, um Lippensynchronisation zu erzielen. Optional können Anwendungssysteme, die → Telematikdienste (z. B. Telefax) erbringen, parallel zur audiovisuellen Kommunikation genutzt werden. Die Systemsteuerung sorgt für den Auf- und Abbau von (ISDN-)Verbindungen (End-zu-Netz-Signalisierung) und verarbeitet die B.-spezifischen Steuersignale (z. B. Bild einfrieren, Kamera umschalten, Kodierung festlegen), die zwischen den beiden Kommunikationspartnern ausgetauscht werden (End-zu-End-Signalisierung).

B. läßt sich durch Einsatz von → MCU, die mehrere Bildtelefone sternförmig zusammenschalten, zu einfachen Videokonferenzen erweitern.

B. hat (ebenso wie Videokonferenzen) den ihr über Jahrzehnte wiederholt prognostizierten Markterfolg bis heute nicht erreicht. Durch die Entstehung internationaler Normen, die flächendeckende Verfügbarkeit der geeigneten Kommunikationsinfrastruktur und die niedrigeren Anschaffungs- und Betriebskosten, aber auch durch die Integration von B. und → Anwendungskooperation in DMC-Systemen wird der Durchbruch dieser Kommunikationsform in naher Zukunft erwartet.

Schindler/Ott

**Bildübertragung, schmalbandige** ⟨narrow-band picture transmission⟩. Moderne Verfahren der digitalen Bildübertragung, geeignet zur Reduzierung von Bandbreiten und Aufwand, bauen auf datenreduzierende Codierverfahren auf. Eine leistungsfähige → Codierung von Bewegtbildern mit 64 kbit/s wird angestrebt. Realisiert werden kann sie mit der Prädiktions- oder mit der Transformationscodierung. Zur Anhebung der Bildqualität werden zusätzlich „bewegungskompensierte Prädiktion" und „bewegungsadaptive Interpolation" vorgeschlagen. Angewandt werden soll dieses Übertragungsverfahren für den Bildfernsprechdienst im Rahmen von → ISDN.

Nicht zuletzt aus aufwands- und frequenzökonomischen Gründen werden Versuche unternommen, Bilder schmalbandig digital zu übertragen. Gegenüber einem digitalen Fernsehen, welches eine Datenrate von mehr als 200 Mbit/s benötigt, gehen die Zielvorstellungen des neuen Konzepts von einer Übertragungsrate von 64 kbit/s aus. Ermöglicht wird dies durch Anwendung neuartiger Bildcodierungsverfahren. Zwei derartige Verfahren stehen derzeit zur Diskussion.

Bei der sog. *Prädiktionscodierung*, z. B. differentielle Puls-Code-Modulation (DPCM), werden zur Senkung der Datenrate im wesentlichen nur die Abweichungen zwischen Bildpunkten codiert. In Bildfolgen läßt sich durch eine Bild-zu-Bild-Prädiktion, bei der zu codierende Signale nur noch dort auftreten, wo der Bildinhalt sich geändert hat, eine erhebliche Datenreduzierung erzielen.

Ein zweites Verfahren, die *Transformationscodierung*, geht von einer Transformation in einen Spektralbereich aus. Dazu wird ein Einzelbild in regelmäßige Blöcke von Bildpunkten (→ Pixel) zerlegt und deren (zweidimensionales) Spektrum berechnet. Da Spektralkomponenten hoher Ordnung nur sehr geringe Amplituden erreichen, sind diese nach → Quantisierung mit wenigen Bits genügend genau darstellbar.

Mittels des Prädiktionsverfahrens können unter Anwendung der DPCM mit adaptiver Quantisierung und Optimalcodierung die zur Exaktbildübertragung notwendigen 216 Mbit/s der CCIR-Norm auf 34 Mbit/s reduziert werden. Ein derartiges Verfahren wird z. Z. international genormt.

Eine noch höhere Datenreduzierung läßt sich erreichen, wenn bei bestimmten (aber seltenen) Bildfolgen → Fehler zugelassen werden. So kommt z. B. in den derzeit installierten Telephonkonferenzstudios der Deutschen Telekom ein von → CCITT genormter Codec (Coder/Decoder) mit 2 Mbit/s Übertragungsrate zum Einsatz. Diese Codierung hat zur Folge, daß die Bildqualität bei geringen Bewegungsvorgängen in der abgebildeten Szene gut ist, mit zunehmender Bewegung jedoch abnimmt und spürbar schlechter wird, wenn große Bereiche im Bild zu erneuern sind.

Stehende Bilder und Szenen mit mäßiger Bewegung lassen sich darüber hinaus mit Raten von 64 kbit/s übertragen, wenn zusätzlich zu den genannten Prinzipien „bewegungskompensierte Prädiktion" und „bewegungsadaptive Interpolation" ausgelassener Bilder angewandt werden. Hiermit wird eine Anhebung der Bildqualität an die des gewohnten Farbfernsehens erzielt.

Ein Bewegtbildcodierer, der alle angesprochenen Techniken benutzt, sieht folgende Schritte zur Verkleinerung des Rekonstruktionsfehlers vor:
– Zerlegung eines Bildes in unterschiedlich bewegte Bereiche und Berechnung der Bewegungsparameter dieser Bereiche unter Zugrundelegung eines Bewegungsmodells (object matching);
– bewegungskompensierte Schätzbildberechnung aus dem letzten rekonstruierten Bild mit Hilfe der (zu übertragenden) Bewegungsparameter;

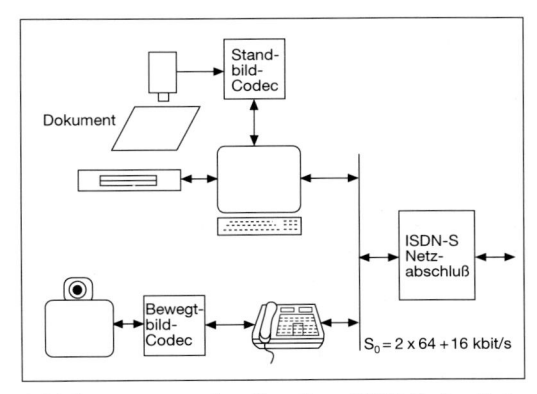

*Bildübertragung, schmalbandige: ISDN-Endgerät im Büro mit PC und Bildtelephon*

– Codierung der verbleibenden Prädiktionsfehler in nicht prädizierbaren Bildbereichen durch adaptive Blockquantisierung (Cosinus-Transformation, Klassifizierung und Optimalcodierung);
– bewegungsrichtige Interpolation ausgelassener Teil- und Vollbilder auf der Empfängerseite mit Hilfe der übertragenen Bewegungsparameter.

Hinsichtlich Anwendung der s. B. wird zur Zeit an die Ausgestaltung des Individual-Bildfernsprechdienstes gedacht. Im Rahmen des 1988 eingeführten diensteintegrierenden digitalen Netzes ISDN wird zusätzlich zur Sprachkommunikation (64 kbit/s) ein zweiter Kanal, ebenfalls 64 kbit/s, für die simultane Übertragung von → Daten, → Graphiken, → Dokumenten, aber auch für die Bildübertragung freigehalten (Bild).

*Kümmritz*

Literatur: CCIR Recommendation 601: Encoding parameters of digital television for studios. – CCITT Recommendation H. 120: Codecs for videoconferencing using primary digital group transmission. – *Huang, T. S.* (Ed.): Image sequence analysis. Springer, Berlin 1981. – *Kummerfeldt, G.; May, F.; Wolf, W.*: Coding television signals at 320 and 64 kbit/s. Proc. 2nd Int. Techn. Symp. on Optical and Electro-Optical Applied Science and Engineering, Cannes, France, Dec. 1985. – SPIE Vol. 594: Image coding. Bellingham, WA 1986 pp. 119–128. – *May, F.*: Codierung von Bewegtbildern für ISDN-Kanäle. telematica 86, Stuttgart 1986. Kongreßband Teil 1, S. 588–601 (Hrsg.: W. Kaiser, München 1986). – *Musmann, H. G.; Pirsch, P.; Grallert, H. J.*: Advances in picture coding. Proc. IEEE 73 (1985) 4, pp. 523–548. – *Netravali, A. N.; Limb, J. O.*: Picture coding: A review. Proc. IEEE 68 (1980) 3, pp. 366–406.

**Bildungswert des Informatikunterrichts** ⟨*educational aims of teaching computer science*⟩. Wie jeder Unterricht an allgemeinbildenden Schulen soll auch der → Informatikunterricht zur Persönlichkeitsbildung beitragen. Erzieherischer Einfluß kann vornehmlich in der Dimension kognitiver und affektiver Lernziele erfolgen und wird dem Begriff des Bildungswertes untergeordnet.

Im kognitiven Bereich zwingen die Programmbeschreibungen in einer Computersprache zur Disziplin in der Einhaltung formaler Regeln und setzen Transparenz sowohl der Problemlösung wie auch hinsichtlich der formalen Struktur der Sprachelemente voraus. Durch die Notwendigkeit der Beschreibung eines Computerprogramms entsteht eine metakognitive Ebene, wodurch Lösungsansätze stärker bewußt gemacht werden können. Zugleich ist die Alternativenmannigfaltigkeit der zugehörigen → Algorithmen und noch mehr die ihrer Beschreibungen oft größer als in Mathematik und den Naturwissenschaften, was dem Anregungsgehalt in der schulischen Vermittlung entgegenkommt.

Im affektiven Bereich wird die selektive Konzentration, die für Problemlösungen in der heuristischen Phase benötigt wird, in besonderer Weise geschult und erfährt durch das Wechselspiel des Erfolgs oder Mißerfolgs bei möglicher Selbstkontrolle am Rechner wichtige Motivationen. Ferner werden Tugenden wie Ziel-

gerichtetheit (im Verfolgen offener Pläne), Toleranz (in der Schnittstellengestaltung komplexerer Programme bei gemeinschaftlichem arbeitsteiligen Vorgehen) sowie Beharrlichkeit und Geduld (in der vielseitigen und vollständigen Prüfung von Fallunterscheidungen) durch selbständiges Arbeiten am Rechner günstig beeinflußt.

Kriterien für den Bildungswert eines Lerngutes sind über seine erzieherische Bedeutsamkeit hinaus seine Relevanz für Gegenwart und Zukunft sowie seine Elementarität und Exemplarität, schließlich sein Zusammenhang mit anderen Lerngegenständen, die bereits in der Schule vermittelt werden.

Die Bedeutung informationstechnologischer Sachverhalte für die Zukunft der Jugend ist unumstritten, insbesondere auch wegen der Breite des Einsatzes von Computern in fast allen Bereichen des Lebens. Wenn auch nicht alle frühen Elemente eines wissenschaftlichen Faches Informatik für die Schule hinreichend elementar sind, so hat sich doch eine Reihe von Prinzipien vornehmlich im algorithmischen Bereich für die schulische Lehre als elementar im pädagogischen Sinne bewährt. Als Grundsätze (z. B. die Einhaltung einer Invarianzbedingung bei der Abarbeitung einer Iteration über eine Schleifenkonstruktion) sind sie allgemeingültig und gestatten deshalb eine Übertragung auf verwandte Lösungsansätze im exemplarischen Sinn mit jenem bescheidenen Grad von Selbständigkeit, der auf Schulen eingehalten werden kann. Ein Zusammenhang mit anderen Lerngegenständen ist in vielen Fällen durch den Anwendungsbereich einer Problemlösung aus Mathematik, Natur- oder Sozialwissenschaften gegeben, hinsichtlich der Methoden und der Art der Begriffsbildung meist zum Mathematikunterricht; schließlich bestehen Bezüge im historischen und kulturgeschichtlichen Kontext.

Auch die Art der Vermittlung von Informatik in der Schule (Methodik des Informatikunterrichts), nämlich der entwickelnde Unterricht im Lehrer-Schüler-Dialog, stellt den B. d. I. heraus.

*Klingen*

**Bildverarbeitung** ⟨*image processing*⟩. Die digitale B. ist ein weitreichendes Gebiet, das aufgrund vielfältiger Verwendungsmöglichkeiten in Forschung und Industrie mehr und mehr an Bedeutung gewinnt. Das Spektrum des Einsatzes von B. reicht von zerstörungsfreier Werkstoffprüfung über medizinische, biologische Anwendungen, Robotik, Kernphysik bis zu Astronomie, Kartographie, Kriminologie und Meteorologie. In allen Bereichen, die Bilder als Informationsquellen nutzen, kann B. sinnvoll eingesetzt werden. B. baut auf experimentell gewonnenen, augenphysiologischen Modellen für monochromes und Farb-Sehen auf.

☐ *Digitalisierung.* Um Bilder verarbeiten zu können, müssen sie in eine für Rechner verständliche Form gebracht, d. h. in digitale Informationen umgesetzt, werden. Diese → Digitalisierung kann auf unterschiedliche Art erfolgen. Photos oder Zeichnungen werden zeilenweise durch Scanner opto-mechanisch abgetastet. Als Videosignal vorliegende Bilder können direkt elektronisch durch Analog-Digital-Wandler in Binärdaten umgesetzt werden. Die Digitalisierung besteht aus zwei Schritten, der Rasterung und der Quantisierung (Bild 1). Als Rasterung bezeichnet man die Zerlegung der Bildvorlage in kleine Flächenstücke, Bildpunkte oder → Pixel genannt, die matrixartig in Spalten und Zeilen angeordnet sind. Bei der Quantisierung wird entschieden, welcher Wert einem Bildpunkt zugewiesen wird. Wenn nur zwischen zwei Werten Schwarz oder Weiß unterschieden wird, entsteht ein → Binärbild. Bei mehreren unterscheidbaren Helligkeitsstufen spricht man von Grauwerten. Gängige Systeme arbeiten mit 256 Grauwerten. Das Vorgehen bei der Digitalisierung farbiger Bilder ist prinzipiell gleich, es werden jedoch pro Bild drei Farbauszüge getrennt digitalisiert.

□ *Eigenschaften digitalisierter Bildinhalte.* Zur Charakterisierung digitaler Bilddaten verwendet man einige mathematische Kenngrößen. Der mittlere → Grauwert oder Mittelwert trifft eine Aussage über die Gesamthelligkeit des Bildes. Zur Bestimmung des Kontrastgehaltes kann man die mittlere quadratische Abweichung vom Mittelwert oder das Histogramm der relativen Häufigkeit der Grauwerte heranziehen. Die → Entropie ist ein Maß für den mittleren Informationsgehalt eines Bildes.

□ *Datenreduktion und -kompression.* Ein Problem der B. sind die anfallenden großen Datenmengen. Es ist nicht immer notwendig, die gesamte Grauwertmatrix eines Bildes zu speichern, sondern es gibt zwei Arten von Verfahren, die den Speicherbedarf verringern können. Bei Anwendung von Datenkompression können die Originaldaten wieder eindeutig rekonstruiert werden, bei der Datenreduktion wird auf unwesentliche Details verzichtet, es gehen Informationen des Originalbildes verloren. Bei der Binärbilderzeugung wird die Menge aller Grauwerte auf zwei Werte abgebildet. Bei der Speicherung von Grauwertbildern können niederwertige Bitebenen, die wenig Informationsgehalt besitzen, ebenso wie die höchstwertige Bitebene, die bei Bedarf rekonstruierbar ist, bei der Speicherung weggelassen werden. Weitere Ansätze sind Lauflängencodierung, Speicherung als Baumstruktur und Richtungskettenverfahren. Die Effektivität von Datenreduktionsverfahren hängt sehr stark von den → Daten selbst ab. Es ist deshalb möglich, daß der erzeugte → Code länger als der bei der Speicherung der Grauwertmatrix ist.

□ *Bildtransformationen.* Transformationen spielen in der B. eine wichtige Rolle, da man sie vorteilhaft in der Bildverbesserung, → Bildrekonstruktion, → Bildbeschreibung und -speicherung einsetzen kann. Die wegen ihrer universellen Verwendbarkeit am häufigsten eingesetzte Transformation ist die auch in der → Nachrichtentechnik häufig angewandte *Fourier*-Transformation, die Funktionen vom Zeitbereich in den Frequenzbereich überführt. Da Bilder nicht als Funktionen, sondern als diskrete Werte vorliegen, verwendet

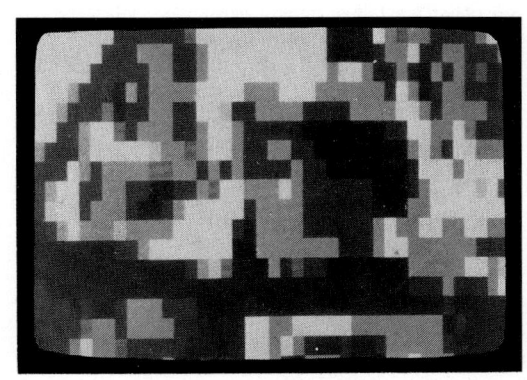

*Bildverarbeitung 1: Auswirkungen von zu grober Rasterung und Quantisierung. a. Original, b. Simulation einer groben Rasterung durch Zusammenfassung von je 4×4 Bildpunkten bei 256 Graustufen, c. Zusammenfassung von je 16×16 Bildpunkten und Beschränkung auf vier Graustufen (Quelle: FTZ Darmstadt)*

man die zweidimensionale diskrete *Fourier*-Transformation (DFT) und erhält das diskrete Frequenzspektrum des transformierten Bildes. Durch Abwandlung des → Algorithmus der *Fourier*-Transformation erhält man die Fast-*Fourier*-Transformation (FFT), die den Rechenaufwand stark verringert. Das transformierte Bild kann leicht im Frequenzbereich einer digitalen Filterung unterzogen werden. Dazu muß das Spektrum nur mit der Filterfunktion, die z. B. Tief-, Hoch- oder Bandpaßverhalten beschreibt, multipliziert werden. Auch die → Korrelation zweier Bilder kann im Frequenzbereich einfach durchgeführt werden. Um wieder ein Bild zu erhalten, wird die *Fourier*-Rücktransformation durchgeführt. Neben der *Fourier*-Transformation werden u. a. die *Walsh-*, *Hadamard-*, diskrete Cosinus- und die *Karhunen-Loève*-Transformation benutzt.

□ *Bildverbesserung* (image enhancement). Ziel der Bildverbesserung ist es, interessierende Informationen, die ein Bild enthält, deutlich herauszuarbeiten. Verluste an unwesentlicher Information werden dabei in Kauf genommen. Grundlegende Verfahren dienen der Kontrastverbesserung, der Glättung und der Kantenextraktion, wobei zwischen Verfahren im Orts- und im Frequenzbereich unterschieden wird (Bild 2). Eine Kontraststeigerung kann durch Modifikation der Grauwertverteilung eines Bildes erreicht werden. Sie wird dazu durch eine entsprechend zu wählende Skalierungsfunktion transformiert mit dem Ziel, das Histogramm der Verteilung so einzuebnen, daß alle Grauwerte gleich häufig auftreten. Durch Mittelung des Grauwertes eines Bildpunktes mit denen seiner Nachbarpunkte kann eine Glättung des Bildes erreicht werden. Durch Differenzbildung können Kanten herausgearbeitet werden. Durch verschiedene Gewichtungen der Nachbarpunkte bei der Mittelung kann man starke Auswirkungen von Störungen einzelner Punkte vermeiden. Die Gewichtungsfaktoren werden in Matrixform angegeben, die Matrix für eine spezielle Transformation zur Kantenextraktion heißt z. B. *Sobel*-Operator. Zur Beseitigung von Pixel-Störungen wird u. a. das Median-Filter eingesetzt. Im Frequenzbereich kann man verschiedene Tiefpaßfilter zum → Glätten und Hochpaßfilter zur Kantenschärfung benutzen. Um feine Nuancen besser unterscheidbar zu machen, setzt man die Graustufen von Grautonbildern in unterschiedliche Farben um, da das Auge Farbtöne besser differenzieren kann. Dies nennt man Pseudo-Farb-Verfahren.

□ *Bildrekonstruktion* (image restoration). In Abgrenzung zur Bildverbesserung will die Bildrekonstruktion das ursprüngliche Bild, das z. B. bei der Übertragung gestört oder verzerrt wurde, möglichst genau wiederherstellen. Das bekannteste Verfahren hierzu ist die inverse Filterung. Man geht davon aus, daß die Übertragungsfunktion der → Störung bekannt ist oder näherungsweise modelliert werden kann. Dann wird das ursprüngliche Bild durch Multiplikation des zugehörigen Frequenzspektrums mit dem Inversen der Störübertragungsfunktion und Rücktransformation in den Ortsbereich zurückgewonnen. Dieses Verfahren eignet sich genau wie die Transformation der Koordinaten im Ortsbereich sehr gut zur Beseitigung von geometrischen Verzerrungen. Die Wiener-Filterung basiert auf einer Beschreibung des Bildes als stochastischer → Prozeß, dem als Störung → Rauschen überlagert wird. Bei Störungen durch Interferenzen ist es sinnvoll, die entsprechenden Frequenzanteile im Spektrum interaktiv zu suchen und dann durch Bandpaßfilterung zu beseitigen.

□ *Bildsegmentierung*. Zielsetzung der → Segmentierung ist es, die Fläche eines vorverarbeiteten Bildes in zusammengehörige Bereiche mit einheitlichen Bildeigenschaften, sog. Regionen, einzuteilen. Die Segmentierung ist eine Vorstufe zur Szenen- oder → Bildanalyse, bei der Informationen aus dem vorverarbeiteten und segmentierten Bild gewonnen werden.

Es gibt zwei grundlegende Ansätze zur Segmentierung: das Zusammenfinden von Punkten zu Gruppen mit ähnlichen Eigenschaften und das Suchen von Grenzen oder Kanten im Bild. Eines der einfachsten Verfahren zur Segmentierung ist die Binärbilderzeugung. Verwendet man mehrere ortsunabhängige Schwellwerte, die durch Findung von lokalen Extremwerten bestimmt werden, spricht man von Äquidensitätentechnik. Auch die Oberflächenstruktur (→ Textur) als umgebungsabhängiges Merkmal kann zur Unterscheidung von Regionen herangezogen werden. Der Einsatz von Baumstrukturen wie die des Quad-Tree eignet sich sehr gut zur Segmentierung, da Gebiete mit gleichen Eigenschaften zusammengefaßt werden. Zu den Segmentierungsverfahren, die kantenorientiert vorgehen, gehören die parallele und sequentielle Kantenextraktion, die Relaxation und die *Hough*-Transformation.

*Encarnação/Ackermann*

Literatur: *Gonzalez, R. C.* and *P. Wintz*: Digital image processing. Massachusetts 1977. – *Haberäcker, P.*: Digitale Bildverarbeitung. München–Wien 1985. – *Wahl, F.*: Digitale Bildverarbeitung. Berlin 1984.

*Bildverarbeitung 2: Bildverbesserung. Wirkung von verschiedenen Operationen zur Kantenextraktion (Quelle: FTZ Darmstadt)*

**Bildverstehen** ⟨image understanding⟩. Symbolische Beschreibung bzw. Interpretation eines → Bildes (oder einer Bildfolge) relativ zu gespeichertem a-priori-Wissen.

Der Inhalt der Bildinterpretation ist aufgabenabhängig, soll möglichst gut zum beobachteten Bild passen und möglichst verträglich mit dem a-priori-Wissen sein. Grundsätzlich liegt also ein Optimierungsproblem vor. Anwendungsbeispiele sind die diagnostische Interpretation medizinischer Bilder, die Auswertung industrieller Szenen zum Zwecke der Fertigungssteuerung, die Interpretation von Fernsehbildfolgen, die aus einem Fahrzeug aufgenommen werden, zum Zwecke der Fahrerunterstützung oder des autonomen Fahrens.

Eine übliche Vorgehensweise besteht darin, ein Bild zunächst weitgehend datengetrieben zu segmentieren (→ Bildsegmentierung) und die Segmentierungsobjekte relativ zu einer → Wissensbasis bzw. einem → Modell so zu interpretieren, daß eine heuristische Gütefunktion maximiert wird. Dieses ist z. B. mit → regelbasierten Systemen oder mit → semantischen Netzen möglich.

Die Wissensbasis bzw. das Modell enthält das verfügbare a-priori-Wissen, z. B. über auftretende Objekte und ihre Relationen und Bewegungen, über die Bildaufnahme, das Anwendungsgebiet, den Zweck der Verarbeitung und über ggf. auszuführende Aktionen. In einem regelbasierten System werden diese durch Regeln, in einem semantischen Netz durch Konzepte $C_i$ repräsentiert. Das Ziel der Verarbeitung wird durch ein (oder mehrere) Zielkonzept $C_g$ repräsentiert. Das Auftreten eines Konzepts im Bild wird durch eine Instanz $I_j(C_i)$ repräsentiert. Jedes Konzept hat eine zugeordnete Bewertungsfunktion G, durch die eine Instanz, auch die eines Zielkonzepts, bewertet wird. In diesem Kontext bedeutet (wissensbasierte) Bildinterpretation oder B. die Berechnung einer optimal bewerteten Instanz $I^*(C_g)$ eines Zielkonzepts, d. h., es ist die Größe

$$I^*(C_g) = \underset{\{I(C_g)\}}{\arg\max}\, G(I(C_g))$$

zu berechnen. Dieses ist z. B. in semantischen Netzen oder regelbasierten Systemen möglich. *Niemann*

Literatur: *Matsuyama, T.* and *V. Hwang*: SIGMA: A knowledge-based aerial image understanding system. New York 1990. – *Niemann, H.*: Pattern analysis and understanding. Berlin-Heidelberg 1990.

## Bildwechselprinzip ⟨image change principle⟩.

Methode der → graphisch-dynamischen Simulation (z. B. zur Darstellung des Bearbeitungsvorganges an Werkzeugmaschinen), bei der ein → Datenmodell im Hauptspeicher der Steuerungseinheit vorliegt. Ein Datenmodell im Hauptspeicher hat den Vorteil, daß bei geeigneter Konzeption darin alle wichtigen Informationen beliebiger Randbedingungen bereitstehen, d. h. bei Änderungen der Randbedingungen wie Ausschnittsvergrößerung kann sofort ein neues Bild aus den gespeicherten Daten erzeugt werden, ohne neue zeitaufwendige Interpretation des Simulationsmodells. Zur Darstellung auf dem → Bildschirm wird durch Vorgabe von Randbedingungen eine Untermenge des Datenmodells angezeigt. Für die → Visualisierung wird laufend ein vollständig neues Bild aufgebaut und dieses dann als neue Seite auf den Bildschirm geschaltet. Erforderlich sind dazu ein hoher Bilddatendurchsatz sowie geeignete Verknüpfungsalgorithmen zur Aktualisierung des Datenmodells. Beide Aspekte stellen erhöhte Anforderungen an die Rechnerleistung und den Speicherausbau. Im Gegensatz zum B. steht das → Bildänderungsprinzip. *Langmann*

Literatur: *Herrscher, A. u. a.*: Grafische Simulation von Doppelschlittenbearbeitungen auf Drehmaschinen. wt – Z. ind. Fertig. 75 (1985) S. 363–366.

## Bildwiederholrate ⟨image refresh rate⟩.

Gibt an, wie oft pro Zeiteinheit ein im → Bildwiederholspeicher gerastert abgelegtes Bild auf einen → Monitor ausgegeben wird.

Der → Bildschirm des Monitors ist mit einem Phosphor belegt, der beim Auftreffen des Elektronenstrahls Licht emittiert. Nach dem Abschalten des Elektronenstrahls leuchtet der so angeregte Phosphor einige Zeit mit abnehmender → Helligkeit nach. Die Nachleuchtdauer bestimmt, wie oft das Bild pro Zeiteinheit regeneriert werden muß, damit der Betrachter den Eindruck eines kontinuierlich leuchtenden Bildes erhält. Ist die B. im Verhältnis zur Nachleuchtdauer zu niedrig gewählt, kann das Auge des Betrachters noch das Abklingen der Lichtemission der einzelnen Bildpunkte registrieren. Es entsteht der Eindruck eines flimmernden Bildes, der über längere Zeit sehr störend wirkt. Helligkeit, → Struktur und Farbe des Bildes haben ebenfalls großen Einfluß auf die Flimmerempfindlichkeit. Die Grenze, ab der ein Bild als flimmerfrei empfunden wird, ist zudem individuell verschieden. Display-Hersteller wählen daher gewöhnlich B. mit mindestens 50 Bildern pro Sekunde. *Encarnação/Haaker*

## Bildwiederholspeicher (BWS) ⟨frame buffer⟩.

Bindeglied zwischen dem bilderzeugenden und dem -ausgebenden Teil eines Rastergraphiksystems. Im BWS wird das auf dem → Bildschirm darzustellende Bild gespeichert, wenn zur Ausgabe eine Kathodenstrahlröhre dient. Entsprechend dem Prinzip des Raster-Display muß das auszugebende Bild zeilenweise auf dem Bildschirm aufgebaut und nach jeweils einem kompletten Bildaufbau regelmäßig aufgefrischt, d. h. neu ausgegeben, werden. Daher wird der BWS oftmals auch als Auffrischspeicher (refresh memory) bezeichnet. Die Geschwindigkeit, mit der der Auffrischvorgang abläuft, entspricht der → Bildwiederholrate und ist entscheidend, beim menschlichen Auge den Eindruck eines stabilen Bildes hervorzurufen.

BWS bestehen heute aus hochintegrierten Halbleiterspeichern mit wahlfreiem Zugriff (→ RAM, Random Access Memory). Die von dem im Graphiksystem implementierten Anwendungsprogramm erzeugten Bilder bzw. Ausgabeprimitive (z. B. Linie, Kreis, Rechteck, Fläche, → Text) werden zunächst entweder direkt vom Systemprozessor oder einem speziellen →Graphikprozessor in einzelne Bildpunkte (→Pixel) aufgelöst und nach der Reihenfolge ihrer Ausgabe auf den →Monitor unter sequentiellen Adressen gespeichert. Auf diese Weise kann ein beliebig komplexes Bild zerlegt (gerastert) und unabhängig vom restlichen Graphiksystem im BWS abgelegt werden.

Die Speichergröße bzw. -tiefe hängt zum einen von der gewünschten →Auflösung und der Anzahl der darzustellenden Farben bzw. →Grauwerte, zum anderen von der Speicherorganisation ab. Wird das Bild in Form einer →Bit-Map gespeichert, muß für jedes Pixel genau ein →Speicherelement vorgesehen werden. Bei einer farblichen Darstellung wird für jeden Bildpunkt der Farbwert in codierter Form eingetragen. Die dazu notwendige Anzahl von Bits pro Pixel wird gewöhnlich Speichertiefe genannt. Der Gesamtspeicherbedarf vergrößert sich dabei von einer Bitebene (schwarz/weiß) um den Faktor der Speichertiefe auf die entsprechende Anzahl von Bitebenen (farbig).

Der bei dieser Speicherorganisation hohe Speicherbedarf läßt sich reduzieren, wenn die Bildinformation codiert in den BWS übertragen wird. Ein einfaches Verfahren, das besonders bei alphanumerischen Anwendungen und einfachen Graphiken angewendet wird, unterteilt den Bildschirm in rechteckige Felder (Zellen). Es wird nun nicht der Inhalt einer solchen Zelle (d. h. die Punktmatrix), sondern eine einfache Codierung, die das mit der Punktmatrix gebildete →Zeichen repräsentiert, im BWS gespeichert. Erst bei der Bildausgabe auf den Monitor ordnet ein →Zeichengenerator den codierten Zeicheneintragungen die jeweils zugehörige Punktmatrix zu. Der BWS wird in diesem Fall oftmals einfach Zeichenspeicher (character memory) genannt. Der Nachteil dieses Codierverfahrens liegt in den eingeschränkten Graphikdarstellungen, da diese nur aus vom Zeichengenerator vordefinierten Einzelzeichen zusammengesetzt werden können. Die Bedeutung der Speichercodierung liegt neben dem geringeren Aufwand und den niedrigeren Speicherkosten jedoch v. a. in dem schnelleren Bildaufbau, der aufgrund der kleineren zu übertragenden Menge an Bildinformationen erzielt werden kann.

Die Steuerung der mit der Bildwiederholrate periodischen Darstellungszyklen übernimmt der in dem für die Bildausgabe verantwortlichen Systemteil integrierte →Ausgabeprozessor, indem dieser für jeden Darstellungszyklus fortlaufende BWS-Adressen erzeugt und die gespeicherten Bildpunkte (Pixel) zeilenweise ausliest. Da meist die Speicherzugriffszeiten im Verhältnis zu den bei großer Auflösung hohen Auslesefrequenzen zu groß sind, muß bei jedem Zugriff eine Anzahl von Pixel parallel ausgelesen und in entsprechend schnellen Schieberegistern in einen seriellen →Datenstrom verwandelt werden, dessen Ausgabefrequenz gleich der geforderten Videofrequenz ist.

Die Realisierung eines BWS erfordert gegenüber den üblichen Systemprozessorspeichern eine spezielle Konstruktion, da bilderzeugende und -ausgebende Graphik-Hardware mit hoher Bandbreite auf den BWS zugreifen will. Der Ausgabeprozessor ist dabei zur Erzielung eines flimmerfreien Bildes an den starren Ablauf der Rasterablenkung gebunden, während der Graphikprozessor möglichst viele Bildpunkte pro Zeiteinheit wahlfrei in den BWS eintragen bzw. dort ändern will. Aus diesem Grund, und um den Hauptrechner von den häufigen Speicherzugriffen der Bildwiederholung zu entlasten, wird der BWS unabhängig von dem eigentlichen Systemspeicher realisiert. *Encarnação/Haaker*

**binär** ⟨binary⟩. Mit diesem →Attribut werden →Systeme gekennzeichnet, die nur zweier Zustände fähig sind. Üblicherweise werden die Symbole 0 und 1 oder O und L verwendet, um die beiden möglichen Werte zu kennzeichnen. Dabei steht 1 bzw. L für „ja", „eingeschaltet", „vorhanden", „wahr" und 0 bzw. O für „nein", „ausgeschaltet", „nicht vorhanden", „falsch". In →Digitalrechnern werden die beiden Werte durch unterschiedliche Spannungen, Ströme oder Magnetisierungen dargestellt (→Signal). *Bode/Schneider*

**Binärbild** ⟨bilevel picture⟩. Ein B. besteht aus einer Bildpunktmenge $P_{11} \ldots P_{mn}$, die zeilen- und spaltenweise in Form einer rechteckigen oder quadratischen Matrix angeordnet sind. Jeder der innerhalb der Bildmatrix liegenden Bildpunkte $P_{ij}$ wird durch einen Wert g dargestellt, der aus einer zweiwertigen Wertmenge G entnommen ist. Bei Schwarzweißbildern können dies z. B. zwei beliebige →Grauwerte oder nur die Werte Schwarz und Weiß sein, in Farbbildern werden zwei Farbwerte dargestellt. *Encarnação/Bittner*

**Binärcode für Dezimalzahlen** ⟨BCD (Binary-Coded Decimal)⟩. Grundsätzlich ist jede Zahlendarstellung, die nur die →binären Ziffern O und L benutzt, ein Binärcode. Im Gegensatz zur dualen Zahlendarstellung versteht man jedoch unter dem BCD-Code einen →Code für Dezimalzahlen, bei dem das dezimale Zahlensystem nicht verlassen wird, die Zahlen also nicht etwa in das Dualsystem übersetzt werden.

Im BCD-Code wird jede Dezimalstelle für sich binär codiert, wofür vier Binärstellen erforderlich sind (drei Stellen bieten nur $2^3 = 8$ Möglichkeiten). Meistens werden zwei so codierte Dezimalstellen in einem Byte untergebracht. Da bei vier Binärstellen 16 Elemente codiert werden können, bleiben sechs Binärkombinationen übrig, die Pseudodezimalen genannt werden.

Der BCD-Code wird in →Digitalrechnern benutzt, um die Dezimalarithmetik zu realisieren, wie sie etwa bei einigen kommerziell-administrativen Aufgabenstellungen benötigt wird. *Bode/Schneider*

**Binärgraphik** ⟨binary graphics/bilevel graphics⟩. Unter B. versteht man Zeichnungen und Bilder, die nur genau zwei Helligkeitswerte enthalten. Im Normalfall sind dies die Helligkeitswerte Schwarz und Weiß, die zur Speicherung in Rechnersystemen durch die binären Zustände „0" und „1" dargestellt werden. Bei beliebigen anderen Werten spricht man allgemein von Zweipegelbildern.

Ein Haupteinsatzgebiet der B. ist der Bereich des Computer Aided Design (→ CAD). Hier werden Objekte sowohl zwei- als auch dreidimensional durch ihre sichtbaren Begrenzungslinien auf Graphikbildschirmen dargestellt und interaktiv verändert. Ein realitätsnahes Aussehen, das durch Verwendung von Graustufen (→ Grautongraphik) erreicht werden kann, ist nicht notwendig. Die Priorität liegt vielmehr in der Möglichkeit, das Bild schnell zoomen, drehen und den Bildinhalt verändern zu können. Zur Erzielung dieser schnellen Interaktionsmöglichkeiten arbeitet man meist mit → Vektorgraphik und → Vektorbildschirm, da die Speicherung und Ausgabe von Linien mit diesem System sehr effizient und schnell ist.

Vektorgraphik ist eine B., da Linien systembedingt nicht in mehreren Graustufen dargestellt werden können. Auch bei mehrfarbiger Wiedergabe kann man von B. sprechen. Eine Linie oder ein Bildbereich ist dann durch eine Farbinformation charakterisiert, die aus den Informationen der drei Grundfarben Rot, Grün und Blau eines → Farbmonitors zusammengesetzt sind. Es können somit gleichzeitig $2^3 = 8$ verschiedene Farben dargestellt werden, die zur Unterscheidung von Objekten verwendbar sind.

Ein anderes Gebiet, auf dem die B. Bedeutung hat, ist die → Bildverarbeitung. Hier werden Vorlagen wie Grautonbilder digitalisiert, wobei die Entscheidung, welcher Wert einem Bildpunkt im digitalisierten Bild zugeordnet wird, von einem Schwellwert abhängt. Diesen Entscheidungsvorgang nennt man → Quantisierung, speziell bei der Erzeugung von Binärbildern spricht man von Ein-Bit-Quantisierung. Im einfachsten Fall wird der Schwellwert konstant in die Mitte des Entscheidungsintervalls gelegt; es gibt aber auch die Möglichkeit, einen dynamischen Schwellwert zu verwenden, der für jeden Bildpunkt aus den Informationen seiner Nachbarpunkte berechnet wird. Mit dieser Methode kann eine Kontrastverbesserung erreicht werden. Ziel einer Binärbilderzeugung in der Bildverarbeitung ist u. a. die Trennung von → Objekt und Bildhintergrund.

Die Speicherung von B. erfolgt auf unterschiedliche Art. Bei der Vektorgraphik werden die Koordinaten von Anfangs- und Endpunkten von Linien gespeichert. Der Speicherbedarf ist somit proportional zur Anzahl der darzustellenden Linien. Bei B. auf Rasterbildschirmen wird meistens das gesamte Bild punktweise in einem → Bildspeicher abgelegt. Dies vereinfacht die Ausgabe, der Speicherbedarf ist aber, unabhängig vom Informationsgehalt eines Bildes, hoch. Dies versucht man durch Speicherung in Baumstrukturen, mit Lauflängencodierung oder Richtungsketten zu verringern. Eine Möglichkeit zur → Simulation von Grauwerten in der B. stellen die Verfahren der → Halbtongraphik dar.

*Encarnação/Ackermann*

**Binary Decision Diagram** ⟨*binary decision diagram*⟩. Das binäre Entscheidungsdiagramm (kurz: BDD) ist eine reduzierte Form eines Entscheidungsbaumes zur Darstellung der Funktionstabelle einer → *Boole*schen Funktion.

In der theoretischen Informatik wurde bisher meist der Begriff „Branching Program" statt BDD verwendet. Ein Entscheidungsbaum zu einer n-stelligen *Boole*schen Funktion f ist ein vollständiger → binärer Baum, bei dem die inneren Knoten der i-ten Ebene mit der Argumentvariablen $x_i$ der Funktion f beschriftet sind und je eine der von einem Knoten ausgehenden Kanten mit 0, die andere mit 1 beschriftet ist; die Blätter des Baumes sind mit den Funktionswerten von f beschriftet und zwar so: Ist die Folge der Kantenbeschriftungen, die zum Blatt B führen, $b_1, \ldots, b_n$, so wird B mit $f(b_1, \ldots, b_n)$ beschriftet. Aus einem solchen Entscheidungsbaum erhält man ein BDD (das dann ein azyklischer gerichteter → Graph ist), wenn man zunächst alle gleichbeschrifteten Blätter identifiziert (also nur noch ein mit 0 und ein mit 1 beschriftetes Blatt behält) und dann, zur Wurzel des Baumes fortschreitend, Knoten identifiziert, an denen gleiche Untergraphen hängen, und Knoten wegläßt, die nur einen Nachfolger haben. Die Größe eines BDD zu einer Funktion f hängt sehr davon ab, wie man die Variablen numeriert (ordnet). Das nach diesem Verfahren erhaltene BDD zu einer *Boole*schen Funktion nennt man – um die Bedeutung der Ordnung der Variablen hervorzuheben – geordnetes (ordered) Entscheidungsdiagramm (OBDD), denn von jedem mit $x_i$ beschrifteten Knoten erreicht man im BDD nur Knoten $x_j$ mit $j > i$.

BDD spielen eine wichtige Rolle bei der Untersuchung von zustandsendlichen → Systemen (die man als endliche Automaten – und daher durch *Boole*sche Funktionen – repräsentieren kann) sowie beim → Model Checking. *Brauer*

Literatur: *Wolper, P.* (Ed.): Computer aided verification. LNCS Vol. 939. Springer, Berlin 1995.

**Binden** ⟨*linking*⟩. Bezeichnet das Zusammenfügen von Programmbestandteilen zu einem Ganzen. B. ist der letzte Prozeß im Übersetzungszyklus von Programmen (nach dem Scannen (→ Scanning), Parsen und der → Codeerzeugung durch den → Compiler). Bestandteile sind dabei vor allem Codesegmente (Module, Klassen, Bibliotheken) und Datensegmente (Zeichenketten, Bilder, Icons, Sound). Generell unterscheidet man dynamisches und statisches B. *Statisch*: Das entstehende Produkt ist ab dem Bindezeitpunkt ohne weitere Nachbearbeitung fertig, d. h. direkt ablauffähig. *Dynamisch*: Erst zum Ausführungszeitpunkt werden weitere benötigte Bestandteile hinzugefügt.

Durchgeführte Arbeiten beim B.: Adreßumschreibung (relative Adreßverweise werden in absolute Adressen umgerechnet), Adreßzuweisung (Ersetzen von symbolischen durch numerische Adressen), Auswahl zusätzlich benötigter Codebestandteile (z. B. aus Bibliotheken), Erzeugung eines Dateiformats (das durch das Betriebssystem später in den Speicher geladen und ausgeführt werden kann), Überprüfung (ob alle Symbole vollständig definiert wurden), Erzeugen von Fehlermeldungen (z. B. bei fehlenden oder mehrfach definierten Symbolen), Auflösung mehrfach definierter Symbole (z. B. durch Auswahlstrategien), Festlegung der Reihenfolge einzelner Codesegmente (z. B. zur Optimierung der Segmentierungstechniken von Prozessoren) und evtl. Typüberprüfung (v. a. bei statischen, objektorientierten Sprachen). Darüber hinaus kann beim Bindevorgang zusätzlich zu Code- und Datensegmenten weitere Information (z. B. für Debugger) hinzugefügt werden.  *Stabl/Wirsing*

**Bindung** ⟨*binding*⟩. Zuordnung eines Objekts zu einem Bezeichner. Das →Objekt ist an den Bezeichner gebunden und überall dort, wo der Bezeichner auftritt, wird die →Referenz aufgelöst und das bezeichnete Objekt eingebunden, d. h. benutzt. Unterschieden wird danach, zu welchem Zeitpunkt die B. durchgeführt wird. B. werden oft über →Typen kontrolliert.
☐ Die *B. zur Übersetzungszeit* (static/compile time) erfordert, daß alle wesentlichen Informationen (Typ, Speicherungsort, Zugriffsart) über das Objekt zur Übersetzungszeit zur Verfügung stehen. Vorteil dieser Bindungsart, daß fehlerhafte B. zur Übersetzungszeit erkannt werden, so daß zur Laufzeit kein Bindungsfehler mehr auftreten kann.
☐ Die *B. zur Laufzeit* (dynamic/runtime) ist flexibler als die B. zur Übersetzungszeit, da ein Teil oder sogar alle Informationen über das zu bindende Objekt erst zur →Laufzeit zur Verfügung stehen müssen. Gleichzeitig werden dadurch Bindungsfehler zur Laufzeit möglich, wenn z. B. das Objekt nicht existiert, nicht zugreifbar ist oder den falschen Typ besitzt.
*Schmidt/Schröder*

**Binomialverteilung** ⟨*binomial distribution*⟩. Kann ein Versuch (z. B. eine Stichprobe) zwei sich gegenseitig ausschließende Ergebnisse haben (z. B. *Gut* bzw. *Schlecht*) und ist die Wahrscheinlichkeit für das Auftreten von *Gut* für jeden von n Versuchen unabhängig von den restlichen Versuchen, d. h. p(*Gut*)=konstant=p, dann ist die Wahrscheinlichkeit für das r-malige Auftreten von *Gut* bei n Versuchen

$$P_r = \frac{n!}{r!(n-r)!} p^r \cdot q^{n-r} \text{ mit } q = 1 - p.$$

Diese Funktion wird bisweilen als *Bernoulli*-Wahrscheinlichkeitsfunktion bezeichnet, und die Wahrscheinlichkeitsverteilung von r wird B. genannt, da die Wahrscheinlichkeit durch Entwicklung des Ausdrucks $(p+q)^n$ nach der binomischen Reihe erhalten werden kann. Der Erwartungswert der B. ist $n \cdot p$, ihre →Varianz ist $n \cdot p \cdot q$.  *Schneeberger*

**Bioinformatik** ⟨*bioinformatics*⟩. Interdisziplinärer Forschungsbereich zwischen den Wissenschaften Biologie und Informatik.
Die B. teilt sich in zwei Bereiche auf:
☐ *Informatik in der Biologie.* Dieser Bereich umfaßt aus der Informatik zur Verfügung gestellte Methoden, die dazu dienen, biologische Fragen zu beantworten. Zu den Fragestellungen gehören Probleme aus allen Bereichen der Biologie, etwa die rechnergestützte Steuerung von Fermentern oder die rechnergestützte Modellierung der Morphologie von Pflanzen (Bäumen, Blättern). Allerdings hat sich als der wesentliche Bestandteil dieses von der Informatik in die Biologie weisenden Teils der B. die molekulare B. (→Bioinformatik, molekulare) erwiesen, die Informatikmethoden auf molekularbiologische Probleme anwendet. Solche Probleme kommen etwa aus dem Bereich der Genomkartierung und →Genomsequenzierung (Informatikprobleme), der Analyse, insbesondere des Alignments biologischer Sequenzen, der biomolekularen Strukturvorhersage (→Strukturvorhersage, biomolekulare) sowie der Berechnung intermolekularer Wechselwirkungen, die das Docking (→Docking, molekulares) und das →Metabolic Engineering umfassen.
☐ *Biologie in der Informatik.* Bei diesem Teilbereich der B. geht es darum, neue Erkenntnisse der Biologie in informationstechnische Konzepte einzubetten oder zu übertragen. Dieses Gebiet umfaßt den Bereich →Molecular Computing sowie die Anstrengungen, biologische Systeme mit mechanischen und technischen Komponenten zu verbinden, wie dies etwa bei Biosensoren geschieht. Dieser Teilbereich der B. ist heute noch bei weitem nicht so weit entwickelt wie der Teilbereich Informatik in der Biologie. Manchmal werden auch die →Neuronalen Netze, die →genetischen Algorithmen und der Bereich des →Artificial Life zur B. gezählt. Dies ist jedoch problematisch, da sich diese Teilbereiche der Informatik lediglich auf in der Biologie beobachtete und sofort abstrahierte Grundparadigmen stützen und keine tiefergehenden biologischen Erkenntnisse umsetzen.

Die B. ist zu unterscheiden von der medizinischen Informatik, die sich mit der Anwendung von Informatikmethoden in den Bereichen Diagnose, Therapie und medizinische Ausbildung befaßt. Die B. ist ein junges Gebiet, und es ist zu erwarten, daß sich die Bedeutung des Begriffes aufgrund von Akzentverschiebungen in der Forschungslandschaft mit der Zeit verändern wird.  *Lengauer*

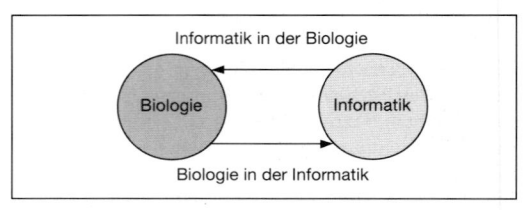

*Bioinformatik: Die zwei Teilbereiche der B.*

**Bioinformatik, molekulare** ⟨*computational molecular biology*⟩. Teilbereich der → Bioinformatik, der sich mit dem Einsatz von Informatikmethoden zur Lösung molekularbiologischer Probleme beschäftigt.

Der Begriff „m. B." wurde im Zuge der Konzeption eines gleichnamigen Strategieprogramms des BMFT (Bundesministerium für Forschung und Technologie) im Jahre 1992 geprägt. Der Bedarf nach einem solchen Forschungsgebiet steigerte sich in den 80er Jahren dramatisch durch die rasanten Fortschritte in der Molekularbiologie. Zum einen wurde mit der Polymerasen-Kettenreaktion (PCR) eine Methode verfügbar, mit der genomische Sequenzen und damit auch Proteine praktisch beliebig synthetisiert werden können. Die Verfügbarkeit dieser Technik ermöglichte die verschiedenen Genomsequenzierungsprojekte, die seit Ende der 80er Jahre genomische Sequenzen in großen Mengen entschlüsseln. Der anfallende Datenbestand ist ohne Rechnerhilfe nicht einmal mehr zu verwalten, geschweige denn zu interpretieren. Zum anderen wuchs die Mächtigkeit der Computer in den 80er Jahren so stark, daß solche Datenbestände zu vertretbaren Kosten rechnergestützt verwaltet und die entsprechenden Moleküle mit Hilfe von Computergraphik sichtbar gemacht werden konnten.

Zur m. B. werden im einzelnen folgende Forschungsbereiche gezählt:

☐ Die Unterstützung von Genomsequenzierungsprojekten mit informatischen Mitteln (→ Genomsequenzierung). Dies wurde notwendig, da der Genomsequenzierungsprozeß selbst automatisiert wurde. (Heute werden bis zu 50 Basenpaare in der Sekunde automatisch gelesen.)

☐ Die Analyse biomolekularer Sequenzen (DNA, RNA und Proteine), insbesondere deren Untersuchung auf evolutionäre Verwandtschaft und andere Arten von Ähnlichkeit (→ Alignment biologischer Sequenzen). Diese Vergleichsmethoden sind die wesentliche Basis für praktisch alle Zugriffe auf Datenbanken biomolekularer Sequenzen. Daher sind sie von herausragender Bedeutung in der m. B.

☐ Die Analyse biomolekularer Strukturen, insbesondere deren Vorhersage aus den biomolekularen Sequenzen und ggf. weiteren verfügbaren Informationen, z. B. aus verschiedenen molekularbiologischen Experimenten (→ Strukturvorhersage, biomolekulare). Biologische Moleküle üben ihre Funktion aufgrund der spezifischen räumlichen Anordnung ihrer Atome (3D-Struktur) aus. Daher ist die Kenntnis der räumlichen Struktur von Biomolekülen von eminenter Bedeutung.

☐ Die Berechnung und Vorhersage von Wechselwirkungen zwischen Biomolekülen und anderen organischen Molekülen sowie von Biomolekülen untereinander (→ Docking, molekulares). In diesem Feld wird die Kenntnis der räumlichen Struktur beteiligter Biomoleküle genutzt, um die räumliche Anordnung von Komplexen aneinander gebundener Moleküle zu berechnen. Neben der räumlichen Anordnung spielt auch eine möglichst genaue Schätzung der Energie des Komplexes eine wesentliche Rolle. Beim Docking-Problem handelt es sich um ein Problem mit einem hybriden Charakter. Einerseits ist die geometrische Paßform der beteiligten Moleküle zu analysieren (Schlüssel-Schloß-Prinzip). Andererseits spielen auch energetische Analysen hier eine wesentliche Rolle.

☐ Die Analyse von Ketten biochemischer Reaktionen in lebenden Organismen, die Prozesse wie Metabolismus oder Zelldifferenzierung ausmachen und steuern (→ Metabolic Engineering). Reaktionen zwischen Paaren oder kleinen Mengen von Biomolekülen sind die Bausteine der sog. metabolischen Pfade. Dies sind Ketten biochemischer Reaktionen, die in ihrer Gesamtheit einen Prozeß in einem lebenden Organismus ausmachen. Die Analyse solcher Pfade und der aus ihnen gebildeten Netzwerke ist ein wesentlicher Schritt auf dem Weg zum Verständnis der Systemeigenschaften lebender Zellen. *Lengauer*

Literatur: *Suhai, S.* (Ed.): Computational methods in genome research. New York 1994.

**biologische Merkmale zur Authentizitätsprüfung** ⟨*biological characteristics used in authentication*⟩ → Authentifikation

**Bipolar-Bauelement** ⟨*bipolar device*⟩. Halbleiterbauelement, dessen wesentliche elektronische Eigenschaften durch Bewegungsvorgänge von zwei Ladungsträgerarten (Elektronen, Löcher bzw. Majoritäts- und Minoritätsträger) in Halbleitergebieten bestimmt werden. Die Grundstruktur des B.-B. ist der pn-Übergang mit seiner stromgesteuerten Injektion von Minoritätsträgern in Bahngebiete. Diese Anordnung findet als Halbleiterdiode breiteste Anwendung, als Bipolartransistor mit zwei pn-Übergängen sowie als Mehrschichtbauelemente mit drei, vier und mehr aufeinanderfolgenden pn-Übergängen (z. B. Thyristor). Die Verkopplung zweier pn-Übergänge über ein schmales gemeinsames Bahngebiet – die Basis – wie beim Bipolartransistor erlaubt Verstärkerwirkung.

Der Gegensatz zum B.-B. ist das Unipolar-Bauelement. B.-B. finden sehr breite Anwendung in bipolaren Schaltkreisen sowie als diskrete Bauelemente, dort vor allem auch für sehr hohe Leistungen. *Paul*

**Bisimulation** ⟨*bisimulation*⟩. Für zwei markierte → Transitionssysteme $T = (S, \rightarrow)$ und $T' = (S', \rightarrow')$ über einem gemeinsamen Alphabet A heißt eine Relation $R \subseteq S \times S'$ eine (starke) B., wenn für alle $s \in S$ und $s' \in S'$ mit $(s, s') \in R$ gilt:

1. Für alle $t \in S$ mit $s \xrightarrow{a} t$ gibt es $t' \in S'$, so daß $s' \xrightarrow{a} t'$ und $(t, t') \in R$.
2. Für alle $t' \in S'$ mit $s' \xrightarrow{a} t'$ gibt es $t \in S$, so daß $s \xrightarrow{a} t$ und $(t, t') \in R$.

Für Transitionssysteme mit Anfangszustand fordert man weiter, daß die Anfangszustände von T und T' in der B.-Relation R stehen. T und T' heißen (stark) bisimilar, wenn es eine B.-Relation R für sie gibt.

Bisimilare Transitionssysteme können dieselben Aktionsfolgen ausführen; sie sind daher für einen externen Beobachter nicht unterscheidbar. Dagegen kann sich die interne Zustandsstruktur bisimilarer Transitionssysteme stark unterscheiden. Der Begriff der B. ist verwandt dem Begriff des p-Morphismus in der modalen Logik; tatsächlich charakterisiert z. B. die *Hennessy-Milner*-Logik die B. von Transitionssystemen.

B. spielen eine wichtige Rolle für Verfeinerungsbeweise im Rahmen von → Prozeßalgebren. Enthält deren Alphabet eine interne Aktion, so erweist sich die starke B. als zu fein. Daher wurden verschiedene gröbere B.-Begriffe definiert, die interne Aktionen vor bzw. nach einer externen Aktion zulassen. *Merz/Wirsing*

Literatur: *Milner, R.*: Communication and concurrency. Prentice Hall, New York 1989. – *Park, D.*: Concurrency and automata on infinite sequences. 5th GI Conference on Theoretical Computer Science. LNCS 104. Springer, Berlin 1981.

**Bit** ⟨*bit*⟩. Kleinste Informationseinheit, die genau einen von zwei (üblicherweise mit 0 und 1 bezeichneten) Werten annimmt. *Breitling/K. Spies*

**bit-blt** ⟨*bit-blt*⟩. Eine sehr mächtige graphische → Operation, die modernere Graphikprozessoren bieten, ist der Bit-Block-Transfer (Bit-Blt). Diese Operation verknüpft mittels einer logischen Funktion zwei beliebig aber gleich groß definierte rechteckige Pixelfelder miteinander und speichert das Ergebnis im → Bildwiederholspeicher ab. In den meisten Fällen muß jedoch einer der beiden zu verknüpfenden Pixelblöcke angegeben werden, in den das Ergebnis transferiert wird. Die B.-B.-Operation verknüpft somit einen Pixelblock als Quelle logisch mit dem Inhalt eines anderen gleich großen Blocks als Senke. Von den theoretisch 16 möglichen Operationen haben jedoch nur UND, ODER, XOR, Invertieren, Kopieren, Ersetzen mit festem Muster und Löschen eine praktische Bedeutung. Die System-CPU gibt nur die Koordinaten und Abmessungen des Quell- bzw. Zielbereichs sowie die logische Funktion (UND, ODER, XOR usw.) vor, mit der jeweils die Quell- und Zielpixel verknüpft werden. Danach kann der Drawing-Controller ohne weitere Belastung der CPU (Central Processing Unit) ganze Bildbereiche manipulieren, verschieben oder kopieren.

Mit Hilfe der B.-B.-Funktion lassen sich Hochqualitätstext und Graphik beliebig mischen, ohne daß die Systemleistung durch stark erhöhte Datenmengen zwischen CPU und → Graphikprozessor wesentlich gemindert wird. Sollen z. B. Texte in einer Zeichnung eingefügt und dargestellt werden, baut der Benutzer zuvor in einem nicht sichtbaren Teil des Bildwiederholspeichers den gewünschten → Zeichensatz auf, indem er jeden darzustellenden Buchstaben in eine Pixelmatrix geforderter → Auflösung zerlegt. Danach kann er die einzelnen Buchstaben des auszugebenden Textes mit B.-B.-Operationen schnell an die vorgesehene sichtbare Stelle des Bildschirms kopieren. Die System-CPU muß dabei nur noch Zeiger manipulieren und die Operationen anstoßen.

Ein Problem in Verbindung mit B.-B.-Funktionen ergibt sich aus der Organisation des Bildwiederholspeichers und dessen Interface zum Graphikprozessor. Um einen schnellen Datentransfer zu erzielen, greifen Graphikprozessoren auf den Bildwiederholspeicher immer in Worten zu mehreren Bits (z. B. 16 bit) zu. Bei den B.-B.-Operationen wird es daher oftmals erforderlich, die innerhalb eines Wortes enthaltenen Bits beim Transport von Quell- zu Ziel-Pixelfeldern nach links oder rechts um mehrere Stellen zu verschieben, um die Wortgrenze der neuen Lage der → Pixel anzupassen. Daher benötigt ein Graphikprozessor, der B.-B.-Operationen erlaubt, einen integrierten Barrel-Shifter, der alle Pixel in einem Schritt verschieben kann. So können mit der B.-B.-Operation sehr hohe Datenraten für alle Pixel-Manipulationen innerhalb des Bildspeichers (z. B. Kopieren, Verschieben oder Löschen von Bildbereichen) erzielt werden. *Encarnação/Haaker*

**7-bit-Code** ⟨*7-bit code*⟩. Eine Menge von → Zeichen und ihre → Codierung in einer → 7-bit-Umgebung (ohne → Codeerweiterung). Beispiele: → ASCII, ISO 646, DIN 66003. Im Zuge der Internationalisierung wurden nationale Ausprägungen von 7-bit-C. (wie DIN 66003) weitgehend durch → 8-bit-Codes abgelöst. *Schindler/Bormann*

**8-bit-Code** ⟨*8-bit code*⟩. Menge von → Zeichen und ihre → Codierung, die üblicherweise innerhalb einer → 8-bit-Umgebung repräsentiert wird. Beispiele sind ISO 8859-1 (→ Latin 1) und ISO 6937-2. *Schindler/Bormann*

**Bit-Map** ⟨*bit-map*⟩. Mit dem Ausdruck B.-M. wird zunächst die der Form einer Matrix entsprechende Anordnung von Speicherzellen, die jeweils eine Information (bit) enthalten, bezeichnet.

Im Bereich der graphischen → Datenverarbeitung wurde dieser Begriff mit der Darstellung einfarbiger Hochqualitätstexte und Liniengraphiken auf hochauflösenden Ausgabemedien (z. B. → Monitor, → Laserdrucker) geprägt. Dort entspricht die jeweils in einem Element der B.-M. gespeicherte Information einem Bildpunkt, der auf dem Ausgabemedium hell oder dunkel dargestellt wird. Die B.-M. ist das Ergebnis der Rasterung eines Bildes (Zerlegung in einzelne Bildpunkte) und stellt dessen Abbildung auf eine Speicherstruktur dar. Der Begriff B.-M. wird daher oftmals zusammen mit dem entsprechenden Geräteteil (z. B. Bit-Map-Speicher, Bit-Map-Display) genannt.

Der B.-M.-Speicher ist eine einfache Form des → Bildwiederholspeichers (BWS), in dem das darzustellende Bild uncodiert eingetragen wird. Für jeden Bildpunkt ist eine Speicherzelle vorhanden. Die Anordnung entspricht der zeitlichen Reihenfolge der zeilenweise vorgenommenen Bildausgabe.

Da inzwischen sehr viele graphische Ausgabegeräte auch farbliche Darstellungen ermöglichen, wurde der Ausdruck B.-M. entgegen der ursprünglichen Bedeutung auch auf gerasterte Bilder mit zusätzlich gespeicherter Farbinformation pro →Pixel ausgedehnt, obwohl in Verbindung mit farbfähigen Graphik-Displays der allgemeinere Begriff „Pixel-Map" – einer der Farbcodierung entsprechenden Anzahl von parallelen B.-M. – treffender wäre.

Im Gegensatz zu Bildwiederholspeichern mit codierter Bildinformation (z.B. Textterminal) muß bei B.-M.-Speichern die System-CPU oder ggf. der →Graphikprozessor große Datenmengen übertragen. In solchen Systemen findet man daher häufig DMA-Controller (→DMA), die die CPU (Central Processing Unit) bei Datenbewegungen (z. B. Übertragen eines bereits gerasterten Bildes in den BWS, Hardcopy des auf dem Monitor dargestellten Bildes auf einen Laserdrucker, Umkopieren von Bildbereichen) unterstützen.

Gleichzeitig muß jedoch ein →Ausgabeprozessor die gesamte B.-M.-Information aus dem →Speicher auslesen und auf einem →Bildschirm darstellen. Dies führt zum einen zu Speicherzugriffskonflikten, zum anderen zu einem zeitlichen Engpaß beim Eintragen neuer Pixel in den →Bildspeicher. Zwei voneinander unabhängige Prozesse greifen somit auf den B.-M.-Speicher zu: Der Graphikprozessor trägt die gerasterten →Primitive ein, der Ausgabeprozessor liest ständig Bildpunkte aus, um ein flimmerfreies Bild aufzubauen.

Da die genannten Prozesse zeitlich asynchron zueinander ablaufen, müssen die Zugriffsrechte durch Prioritäten vergeben werden. Dies löst jedoch noch nicht den zeitlichen Engpaß der BWS-Zugriffe, da bei Verwendung konventioneller Speicher mit je einem Ein- u. Ausgang alle anderen Prozesse warten müssen, sobald einer aktiv ist.

Um Bilder im Hinblick auf kurze Reaktionszeiten eines Graphiksystems möglichst schnell aufbauen und ändern zu können, sollte der Graphikprozessor kontinuierlich arbeiten. Andererseits muß den Zugriffen des Ausgabeprozessors unbedingt Vorrang gegeben werden, da sonst für den Betrachter starke Bildstörungen (Blitze, →Flimmern) auf dem Monitor sichtbar würden, die ihm gerade bei interaktiver Arbeit keinesfalls zugemutet werden können.

Wird zum Aufbau des B.-M.-Speichers jedoch das neu entwickelte Video-RAM (VRAM) verwendet, kann der zeitliche Engpaß vermindert werden. Das VRAM besitzt gegenüber dem konventionellen Speicherbaustein je einen zweiten seriellen Datenein- und -ausgang (dual port memory), der für den periodischen Bild-Refresh genutzt wird. Auf dem VRAM-Chip ist neben dem konventionellen Speicherfeld ein Schieberegister integriert, das mit einem Transfersignal parallel geladen (meist 256 bit) und seriell am Ausgang ausgelesen werden kann. Während der Graphikprozessor bereits über den ersten Datenein- und -ausgang die Bildpunkte modifiziert, werden die in dem internen Schieberegister

gespeicherten Bildpunkte seriell ausgegeben. Video-RAMs können daher die aktive Arbeitszeit des Graphikprozessors wesentlich steigern.

*Encarnação/Haaker*

**7-bit-Umgebung** ⟨*7-bit environment*⟩. In einer 7-bit-U. lassen sich $2^7 = 128$ verschiedene →Codesymbole unterscheiden, die i.d. R. für 32 →Steuerzeichen und 94 oder 96 →Schriftzeichen benutzt werden. Bei Sätzen von 94 Schriftzeichen kommen den verbleibenden zwei Codesymbolen eine Sonderbedeutung zu: SPACE (Leerzeichen) und DELETE (Löschzeichen). Die den 128 verschiedenen Codesymbolen zugeordneten Zeichen werden in eine Codetabelle mit acht Spalten (die die drei höherwertigen Bits spezifizieren) und 16 Zeilen (die die vier niederwertigen Bits spezifizieren) eingeordnet (BILD). An jeder Tabellenposition wird das diesem Codesymbol zugeordnete Zeichen vermerkt. Die linken beiden Spalten sind für die Steuerzeichen vorgesehen (→Steuerzeichensatz), die rechten sechs Spalten dagegen für die Schriftzeichen (→Schriftzeichensatz).

Reichen in einer 7-bit-U. die 128 verfügbaren Codesymbole nicht aus, so muß auf Mechanismen der →Codeerweiterung zurückgegriffen werden.

*Schindler/Bormann*

| | | Bit 8 7 6 5 | 0 0 0 0 | 1 0 0 1 | 2 0 1 0 | 3 0 1 1 | 4 1 0 0 | 5 1 0 1 | 6 1 1 0 | 7 1 1 1 |
|---|---|---|---|---|---|---|---|---|---|---|
| | 4321 | | | | | | | | | |
| 0 | 0000 | | | | ▨ | | | | | |
| 1 | 0001 | | | | | | | | | |
| 2 | 0010 | | | | | | | | | |
| 3 | 0011 | | | | | | | | | |
| 4 | 0100 | | | | | | | | | |
| 5 | 0101 | | | | | | | | | |
| 6 | 0110 | | | Steuerzeichen | | | Schriftzeichen | | | |
| 7 | 0111 | | | | | | | | | |
| 8 | 1000 | | | | | | | | | |
| 9 | 1001 | | | | | | | | | |
| 10 | 1010 | | | | | | | | | |
| 11 | 1011 | | | | | | | | | |
| 12 | 1100 | | | | | | | | | |
| 13 | 1101 | | | | | | | | | |
| 14 | 1110 | | | | | | | | | |
| 15 | 1111 | | | | | | | | | ▨ |

*7-bit-Umgebung: Codetabelle*

**8-bit-Umgebung** ⟨*8-bit environment*⟩. In einer 8-bit-U. können $2^8 = 256$ verschiedene →Codesymbole unterschieden werden, die entsprechend viele verschiedene →Zeichen repräsentieren. Um →Kompatibilität mit einer →7-bit-Umgebung zu erreichen, werden die den Codesymbolen entsprechenden Zeichen in einer erweiterten Codetabelle angeordnet, die aus 16 Spalten und 16 Zeilen besteht (Bild). Die linken acht Spalten (Bit 8 = 0) und die rechten acht Spalten (Bit 8 = 1) sind jeweils wie in einer 7-bit-Umgebung strukturiert, d. h. in jeweils zwei Spalten für 32 → Steuerzeichen (Spalten 0, 1, 8 und 9) und jeweils sechs Spalten für 94 (oder 96) → Schriftzeichen (Spalten 2 bis 7, 10 bis 15). Reichen in einer 8-bit-U. die 256 verfügbaren Codesymbole nicht aus, so muß auf Mechanismen der → Codeerweiterung zurückgegriffen werden.

*Schindler/Bormann*

*8-bit-Umgebung: Codetabelle*

**Bitdichte** ⟨*bit density*⟩ → Datendichte

**Bitnet** ⟨*Bitnet*⟩. Ein Hochschulnetz aus den frühen 80er Jahren, das herstellerspezifische → Protokolle der IBM verwendete und im wesentlichen IBM-Rechner verband. Wesentlicher Dienst war die Dateiübermittlung (file transfer), aber auch Electronic Mail (→ Post, elektronische) wurde angeboten. In Europa war Bitnet in → EARN integriert. *Jakobs/Spaniol*

**Bitrate** ⟨*bit rate*⟩. Anzahl der je Zeiteinheit von einer Informationsquelle erzeugten bzw. von einem → Kanal übertragenen → Bits. Die Einheit der B. ist bit/s. Sie ist ein Maß für die Geschwindigkeit einer binären → Datenübertragung. Im bitseriellen Fall entspricht 1 bit/s einem Baud. *Quernheim/Spaniol*

**Bitslice-Mikroprozessor** ⟨*bitslice microprocessor*⟩. Hochintegrierter Halbleiterbaustein, der durch Kaskadierung mehrerer identischer Elemente zum Aufbau von Prozessor- oder Teilwerkstrukturen beliebiger Wortlänge verwendet werden kann. Ausgangspunkt für die Bitslice-(Bitscheiben-)Technik war die technische Unmöglichkeit, die gesamte Logik eines vollständigen mikroprogrammierbaren → Prozessors auf einem integrierten Schaltkreis in bipolarer Technologie unterzubringen. Anstatt den Prozessor funktional zu zerlegen und getrennte Bausteine für Register, Multiplexer, Schiebeelemente, arithmetisch-logische Einheiten etc. zu realisieren, wurden ganze Werke bzw. Teilwerke in identische Teilscheiben zerlegt, die alle Funktionen – jedoch für geringe Wortlängen – umfassen. In dieser Weise wurden zunächst Zweibitscheiben von Rechenwerken und Mikroprogrammsteuerwerken angeboten. Das Konzept ist später auf Scheiben der Wortlängen 4, 8, 16 Bit erweitert worden; ferner wurden auch Scheiben für Unterbrechungswerke, Mikroprogrammspeicher, Speicheransteuerungen etc. entwickelt.

Die Vorteile des Bitslice-Konzeptes beruhen darauf, daß man für jedes Werk nur genau eine Bausteinart benötigt (geringe Herstellungskosten, Ersatzteilhaltung) und daß man durch Kaskadierung Werke beliebiger Wortlänge aufbauen kann. Gegenüber einer monolithischen Realisierung auf genau einem integrierten Schaltkreis größerer Wortlänge besteht der Nachteil größerer Laufzeiten durch Signale, die die Scheibengrenzen überschreiten, z. B. Übertrag, Schiebeverbindungen in Rechenwerken.

Wegen der höheren Flexibilität ist das Bitslice-Konzept meist mit dem Konzept der → Mikroprogrammierung verbunden.

Im Zuge der ständig wachsenden Komplexität von Halbleiterbausteinen werden B.-M. zunehmend durch monolithische → Mikroprozessoren fester Wortlänge verdrängt, da diese inzwischen Wortlängen von bis zu 64 bit auf einem Schaltkreis bieten. *Bode*

**Bittransparenz** ⟨*bit-transparent transmission*⟩. Ein → Protokoll ist bittransparent, wenn es in der Lage ist, beliebige Bitfolgen als → Daten zu übertragen.

*Quernheim/Spaniol*

**Bitübertragungsebene** ⟨*physical layer*⟩. Ebene 1 des → OSI-Referenzmodells. Ihre Aufgabe besteht darin, die ihr von höheren → Instanzen (also i. allg. der Ebene 2) übergebenen Daten bitweise zu übertragen, d. h., die angebotenen Dienste sind Aufbau, Erhaltung und Abbau von ungesicherten Systemverbindungen. Dazu bedarf es mechanischer, elektrischer und funktionaler Spezifikationen. Die mechanischen Spezifikationen legen u. a. die zu verwendenden Anschlüsse (Stecker) und das → Übertragungsmedium fest. Die elektrischen Spezifikationen bestimmen z. B. die Signalformen für „0" und „1", die Dauer eines Bits, die Frequenz, Start/Stop des Bitaustausches und Zahl und Bedeutung der physikalischen Anschlußleitungen. Die funktionalen Spezifikationen entscheiden, ob beispielsweise seriell oder parallel, synchron oder asynchron, simplex, halbduplex (abwechselnd in beide Richtungen) oder duplex und ob ohne bzw. mit Multiplexing verschiedener Datenströme übertragen wird.

*Fasbender/Spaniol*

**Bitvektor** ⟨*bit vector*⟩ → Speichermanagement

**Black-Box-Sicht eines Systems** ⟨*black-box view of a system*⟩ → System

**Black-Box-Test** ⟨*black-box test*⟩. B.-B.-T. im Zusammenhang mit einem → Rechensystem S sind → Tests zur Überprüfung der äußeren Eigenschaften des Systems, bei denen S als Black-Box, also ohne Bezugnahme auf innere Eigenschaften des Systems, angesehen wird. Sie werden insbesondere in Verfahren zur → Fehlererkennung für S angewandt.

B.-B.-T. sind auf Beobachtungen an der → Schnittstelle von S nach außen und damit in ihrer Aussagefähigkeit beschränkt. Den Charakteristika eines → Systems entsprechend, sind sie jedoch auf Komponenten und Subsysteme von S entsprechend anzuwenden. Nach B.-B.-T. für Komponenten und Subsysteme von S können insbesondere Aussagen über Eigenschaften von S aus den Gesetzmäßigkeiten der Komposition von S abgeleitet werden. *P. P. Spies*

**Blatt des Dateisystembaums** ⟨*leaf node of the file system tree*⟩ → Speichermanagement

**BLOB** ⟨*BLOB (Binary Large Object)*⟩. Große, untypisierte → Datenstruktur, die nur aus einer Aneinanderreihung von → Bits (bzw. → Bytes oder → Worten) besteht, deren Inhalt nicht semantisch interpretiert wird. BLOBs dienen zur Erweiterung von Standarddatenbanken in Richtung → CAD-, Software- oder → Multimediadatenbanken, indem in den BLOBs Programmteile, Bilder, Audio- oder Videosequenzen abgelegt werden. BLOBs können generell Werte aller → Datentypen aufnehmen, aber das → Datenbankverwaltungssystem kann keine semantisch sinnvollen Operationen auf diesen Daten anbieten, z.B. zur Auswertung, zur → Präsentation oder zur Konvertierung. Diese Operationen sind durch Anwendungsprogramme (→ Datenbankklienten) zu implementieren (→ Datenstrom). *Schmidt/Schröder*

**Block** ⟨*block*⟩ → Speichermanagement

**Blockbereich** ⟨*block frame*⟩ → Speichermanagement

**Blockbereichs-Adreßraum** ⟨*block frame address space*⟩ → Speichermanagement

**Blockbereichsadresse** ⟨*block frame address*⟩ → Speichermanagement

**Blockiernetzwerke** ⟨*blocking network*⟩ → Warteschlangennetz

**Blockindexmenge einer Datei** ⟨*set of block indices of a file*⟩ → Speichermanagement

**Blockprüfung** ⟨*frame check*⟩. Wird zur → Fehlererkennung und ggf. -korrektur bei der Datenübertragung verwendet. Dem zu übertragenden Block wird i. allg. eine Blockprüffolge (Frame Checking Sequence, FCS) angehängt. Sie enthält redundante, aus den Bits des Blocks berechnete Informationen. Das einfachste Beispiel ist ein Paritätsbit, das die Zahl der Nullen oder Einsen des Blocks zu einer geraden oder ungeraden Anzahl ergänzt. *Quernheim/Spaniol*

**Blockprüfung, zyklische** ⟨*cyclic redundancy check*⟩. Fehlererkennungsverfahren bei der → Datenübertragung, das auf zyklischen → Codes basiert. Zur Berechnung der Blockprüffolge (FCS) werden die Bits eines Datenblocks als Koeffizienten eines Polynoms aufgefaßt. Dieses Polynom wird durch das Generatorpolynom des zyklischen Code dividiert; der Divisionsrest bildet die FCS. Zur → Fehlererkennung berechnen der Sender und der Empfänger des Datenblocks die FCS in gleicher Weise. Eine fehlerfreie Übertragung wird dann angenommen, wenn die vom Sender übertragene und die vom Empfänger berechnete FCS übereinstimmen. Modifikationen des Verfahrens werden z. B. beim → HDLC-Protokoll verwendet. Dort werden außer den genannten Operationen noch Invertierungen vorgenommen, so daß sich beim Empfänger nicht dieselbe FCS wie beim Sender, sondern ein bestimmter Divisionsrest ergeben muß. Realisiert wird das Verfahren meist mit Schieberegistern (→ Codierungstheorie). *Quernheim/Spaniol*

**Blockpuffer** ⟨*block buffer*⟩ → Speichermanagement

**Blockstrukturtechnik** ⟨*block structure technology*⟩. Die B. wurde in der → Prozeßvisualisierung als Alternative zur Fließbildtechnik (→ Fließbild) entwickelt. Sie ist durch folgende Merkmale gekennzeichnet:
– gleiche Instrumente/Geräte werden zu Gruppen zusammengefaßt,
– die Zuordnung von Bedien- und Anzeigeelementen zum technischen Prozeß erfolgt durch Namen,
– die Anwahl und Betätigung von Bedien- und Anzeigeelementen erfolgt indirekt; ein direkter topologischer Bezug zu einer graphischen Prozeßdarstellung ist nicht gegeben.

Wesentliches Merkmal der B. ist darüber hinaus eine hierarchische Anordnung der Prozeßbilder. *Langmann*

**Blockswelt** ⟨*blocks world*⟩. Anordnung einfach geformter, meist eben begrenzter Körper (Blöcke) als Untersuchungsdomäne der → Künstlichen Intelligenz (KI). B.-Szenen sind ein wichtiger Untersuchungsgegenstand von → Bildverstehen. Aus einem Linienbild (Bild) können in der Regel die dreidimensionalen Abmaße der Blöcke sowie ihre räumliche Anordnung berechnet werden. Die B. dient auch als → Domäne für andere Forschungsbereiche der KI, z. B. Planen und →Sprachverstehen. *Neumann*

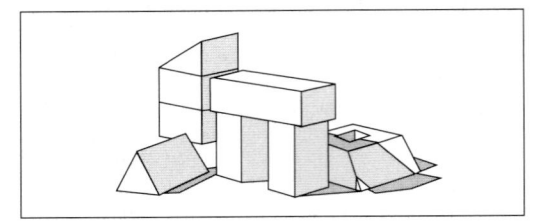

*Blockswelt: B.-Szene*

**BM (Betriebsmittel)** ⟨*resource*⟩ → Berechnungskoordinierung

**BM-Anforderung, maximale** ⟨*maximum claim for resources*⟩ → Berechnungskoordinierung

**BM-Anforderungsmatrix** ⟨*resource request matrix*⟩ → Berechnungskoordinierung

**BM-Belegungsmatrix** ⟨*resource allocation matrix*⟩ → Berechnungskoordinierung

**BM-Benutzung, geordnete** ⟨*ordered resource allocation*⟩ → Berechnungskoordinierung

**BM-Vektor** ⟨*resource vector*⟩ → Berechnungskoordinierung

**BM-zulässige Ereignisspur** ⟨*resource-admissible trace of events*⟩ → Berechnungskoordinierung

**BM-zulässiges Rechensystem** ⟨*resource-admissible computing system*⟩ → Berechnungskoordinierung

**BMV-Aufgabe** ⟨*resource management problem*⟩ → Berechnungskoordinierung

**BMV-sicherer Zustand** ⟨*safe state*⟩ → Berechnungskoordinierung

**BO** ⟨*BO (Belady's Optimal)*⟩ → Speichermanagement

**Boolesche Algebra** ⟨*Boolean algebra*⟩. In der Mitte des 19. Jahrhunderts von G. *Boole* als algebraischer →Kalkül für die →Aussagenlogik entwickelt. Eine Menge M mit zwei assoziativen und kommutativen Verknüpfungen „·" und „+", für die die Distributivitätsgesetze gelten, heißt B. A., wenn folgende Gesetze gelten:
(1) $x \cdot (x+y) = x$ und $x + (x \cdot y) = x$ für alle x, y aus M.
(2) Es gibt ein Element 0 in M mit $0 \cdot x = 0$ und $0 + x = x$ für alle x aus M.
(3) Es gibt ein Element 1 in M mit $1 \cdot x = x$ und $1 + x = 1$ für alle x aus M.
(4) Zu jedem x aus M existiert genau ein y aus M mit $x \cdot y = 0$ und $x + y = 1$.
Die einfachste B. A. ist die Menge der Wahrheitswerte {T, F} der Aussagenlogik mit den Verknüpfungen ∧ (statt ·) und ∨ (statt +), wobei T für 1 und F für 0 steht.

Weitere Beispiele für B. A. sind
– die Menge der n-stelligen →*Boole*schen Funktionen,
– die Menge der Klassen äquivalenter Formeln der Aussagenlogik,
– die Menge der Teilmengen einer beliebigen nichtleeren Menge M mit den Verknüpfungen Durchschnitt (für ·) und Vereinigung (für +) sowie M als 1 und der leeren Menge als 0 (jede endliche B. A. läßt sich so darstellen). *Brauer*
Literatur: *Bauer, F. L.; Goos, G.*: Informatik. 1. Teil. 3. Aufl. Berlin 1982. – *Birkhoff, G.; Bartee, T. C.*: Angewandte Algebra. München 1973. – *Gericke, H.*: Theorie der Verbände. Mannheim 1963.

**Boolesche Funktion** ⟨*Boolean function*⟩. Eine Funktion mit Argumenten und Werten aus der →*Boole*schen Algebra über {0, 1}. B. F. dienen z. B. zur Beschreibung des Verhaltens logischer Schaltungen; sie werden deshalb auch oft Schaltfunktionen genannt.

Die Operatoren der →Aussagenlogik lassen sich durch B. F. beschreiben:
¬ durch die Funktion NOT, die 1 auf 0 und 0 auf 1 abbildet,
∧ durch die Funktion AND, die alle Paare (x, y) außer (1, 1) auf 0 abbildet,
∨ durch die Funktion OR, die alle Paare (x, y) außer (0, 0) auf 1 abbildet.
Jede B. F. läßt sich mit Hilfe der Funktionen NOT, AND und OR darstellen.

Die Untersuchung B. F. ist ein wichtiges Teilgebiet der →Komplexitätstheorie.

Eine für viele Anwendungen besonders effiziente Darstellung einer B. F. ist ein →Binary Decision Diagram. *Brauer*
Literatur: *Bauer, F. L.; Goos, G.*: Informatik. 1. Teil. 3. Aufl. Berlin 1982. – *Spaniol, O.*: Arithmetik in Rechenanlagen. Stuttgart 1978. – *Wegener, I.*: The complexity of Boolean functions. New York 1987.

**Boolesches Semaphor** ⟨*binary semaphore*⟩ → Berechnungskoordinierung

**Bootstrapping** ⟨*bootstrapping*⟩. **1.** Technik, beim Start eines →Digitalrechners die ersten →Befehle in den →Speicher zu laden. Diese dienen dann dazu, ein umfassenderes Ladeprogramm von einem externen Speicher zu laden, das seinerseits den →Betriebssystemkern einzulesen und zu starten gestattet. Früher war es nötig, die ersten Befehle von Hand an dem Bedienungspult einzugeben. Bei modernen Rechnern steht dieses Urladeprogramm in einem Festprogrammspeicher als Teil des →Prozessors zur Verfügung.
**2.** Eine Technik, den Kompilierer (→Compiler) für eine →Programmiersprache von einer Rechenanlage auf eine andere zu übertragen, ohne daß er ganz neu geschrieben werden muß. Diese Technik ist anwendbar, wenn der Kompilierer in der eigenen Sprache vorliegt. Nach Änderung desjenigen Teiles, der den Maschinencode erzeugt, wird die so geänderte Fassung mit der

alten übersetzt, wobei ein Kompilierer für die zweite Rechenanlage entsteht. *Bode/Schneider*

**Boyer-Moore-Beweiser** ⟨*Boyer-Moore prover*⟩. Einer der ältesten automatischen Beweiser. Bereits seit 1971 arbeiten *R. S. Boyer* und *J. S. Moore* an dem in LISP implementierten induktiven → Theorembeweiser. Es sind daher bereits zahlreiche größere Fallstudien durchgeführt worden wie der *Gödel*sche Unvollständigkeitssatz, die Verifikation eines Mikroprozessors (FM8502), eines Compilers, von Kommunikationsprotokollen u. a. Im B.-M.-B. müssen alle Objekte, also auch Formeln, in LISP codiert werden. Formeln enthalten keine Quantoren, freie → Variablen werden als global universell quantifiziert betrachtet. Der Beweismotor besteht hauptsächlich aus Vereinfachung mittels (bedingter) Termersetzung und aus einer Art struktureller Induktionsregel für die freien (allquantifizierten) Variablen. Das System ist vollautomatisch, nach Einstellen gewisser Heuristiken für die Beweissuche kann der Benutzer nicht mehr eingreifen. *Reus/Wirsing*

Literatur: *Boyer, R. S.; Moore, J. S.*: A computational logic. Academic Press, 1979.

**BPSK** ⟨*BPSK (Binary Phase Shift Keying)*⟩, syn. für 2-PSK, → Modulation

**Branch-and-Bound-Verfahren** ⟨*branch-and-bound method*⟩. Organisierte, systematische Suche nach der optimalen Lösung in der Menge aller zulässigen Lösungen eines gegebenen Optimierungsproblems durch Aufteilung eines erweiterten zulässigen Bereichs in Teilbereiche, Berechnung von Schranken für die Zielfunktion über jeden dieser Teilbereiche und Ausnutzung der Schranken, um einige dieser Teilbereiche für die weitere Suche auszuschließen.

B.-a.-B.-V. werden auch unter den Bezeichnungen Such-, Implizite-Enumeration-, Partielle Enumeration-, Divide-and-Conquer- oder Backtracking-Verfahren verwendet und häufig auf ganzzahlige Programmierungsprobleme der Form

$$\max\{f(x) | x \in S\} \quad (P)$$

angewendet. Grundlage eines B.-a.-B.-V. ist eine Relaxationsannahme: Zu jedem gegebenen Problem der Form (P) gibt es ein relaxiertes Problem RELAX(P) $\max\{g(x) | x \in S'\}$ mit einer erweiterten zulässigen Menge $S \subset S'$ und neuer Zielfunktion $g(x)$, deren Werte auf zulässigen Lösungen $x \in S$ mit denen von $f(x)$ übereinstimmen. Das Problem RELAX(P) sollte so gewählt werden, daß es wesentlich einfacher und effizienter zu lösen ist als das Ausgangsproblem (P).

Ein Optimierungsproblem läßt sich auf viele Weisen relaxieren. Dabei ist der optimale Zielfunktionswert einer Relaxation eine obere Schranke für den optimalen Zielfunktionswert des Ausgangsproblems. Die Qualität eines B.-a.-B.-V. hängt ganz wesentlich von der Wahl einer solchen Relaxation ab, deren Optimalwert nicht „zu stark" vom Optimalwert des Ausgangsproblems abweicht, und deren Lösungsaufwand nicht „zu groß" ist. Das effizient lösbare Zuordnungsproblem (→ Matching-Problem) ist z. B. eine sehr häufig verwendete gute Relaxation des → NP-vollständigen → Travelling-Salesman-Problems.

Das allgemeine Gerüst eines Branch-and-Bound-Algorithmus beinhaltet die folgenden Makroschritte:
– *Initialisierung*: Verwende eine → Heuristik zur Bestimmung einer unteren Schranke L des optimalen Zielfunktionswertes (oder setze L := $-\infty$). Bezeichne mit K die Menge aller noch zu untersuchenden Teilbereiche. Beginne mit K := {S}.
– *Start-Schritt*: Enthält K keine Mengen mehr, d. h. sind alle Teilbereiche untersucht worden, so beende den Algorithmus. Die augenblickliche Lösung ist optimal.
– *Auswahl-Schritt*: Wähle einen „geeigneten" Kandidaten T ∈ K.
– *Bounding-Schritt*: Relaxiere entsprechend der Relaxationsannahme das Problem

$$\max\{f(x) | x \in T\} \quad (T)$$

zu

$$\max\{g(x) | x \in T'\} \quad (RT)$$

und finde eine optimale Lösung x* von (RT). Ist der Zielfunktionswert f(x*)≤L, so kann der Teilbereich T aus der Kandidatenliste K entfernt werden, da schon eine Lösung mit Zielfunktionswert L bekannt ist. Ist x* eine zulässige Lösung für das Problem (T) und gilt f(x*)>L, so setze L := f(x*) und speichere x* als die augenblicklich beste Lösung. Gehe zurück zum Start-Schritt.
– *Branching-Schritt*: Ist x* jedoch keine zulässige Lösung für das Problem (T), so teile die zulässige Menge T weiter in Teilmengen $T_1, \ldots, T_k$ auf, ersetze in K die Menge T gegen die neuen Teilmengen $T_1, \ldots, T_k$ und gehe wieder zum Start-Schritt.

Der Nutzen eines B.-a.-B.-V. hängt wesentlich von der effizienten Implementierung einer Strategie für ein speziell vorgegebenes Problem ab. Besonders wichtig sind hierbei die

☐ *Auswahl-Strategie*. Zwischen den beiden Strategien „breadth first" (wähle eine Teilmenge T ∈ K mit bisher bester oberer Schranke) und „depth first" (falls möglich, wähle die erste der neu aufgeteilten Teilmengen oder wende diese Regel auf die zuletzt aufgeteilten Teilmengen an) gibt es verschiedene Varianten.

☐ *Bounding-Strategie*. Zur Berechnung einer guten oberen Schranke (Relaxationsannahme) werden oft die Techniken → *Lagrange*-Relaxation mit → Subgradientenverfahren oder → Schnittebenenverfahren angewendet. Die Bestimmung einer guten unteren Schranke L in der Initialisierung wird oft mittels einer → *Greedy*-Heuristik vorgenommen.

Viel Erfolg haben zur Zeit die Branch-and-Cut-Verfahren, welche → Schnittebenenverfahren mit „tiefen" Schnitten in ein B.-a.-B.-V. einbinden.

Die Erfahrung mit B.-a.-B.-V. zeigt, daß man oft schon nach relativ kurzer Zeit eine gute Annäherung an den optimalen Zielfunktionswert erreicht, jedoch sehr viel Rechenzeit für den Nachweis einer optimalen Lösung benötigt. Bricht man ein B.-a.-B.-V. vor Erreichen der optimalen Lösung ab, so hat man eine zulässige Lösung x* mit Zielfunktionswert $U := f(x^*)$, eine obere Schranke des optimalen Zielfunktionswertes L und somit auch eine Gütegarantie, daß der aktuelle Zielfunktionswert um maximal $100(L-U)/L$ Prozent vom Optimum abweicht. *Bachem*

Literatur: *Barnhart, C.; E. L. Johnson* et al.: Branch and price: Column generation for solving huge integer programs. In: *J. R. Birge* and *K. G. Murty* (Eds.): Mathematical programming, state of the art. 1994, pp. 186–207. – *Jünger, M.; G. Reinelt* and *S. Thienel*: Practical problem solving with cutting plane algorithms in combinatorial optimization. In: *Cook, W.; L. Lovász* and *P. Seymour* (Eds.): Dimacs series in discrete mathematics and theoretical computer science. Vol. 20: Combinatorial optimization. American Mathematical Society 1995, pp. 111–151. – *Horowitz, E.* and *S. Sahni*: Algorithmen. Springer, Berlin 1981.

**Breitband** ⟨*broadband*⟩. Von B.-Übertragung wird häufig bei der Übermittlung von Informationen in Netzen mit hoher Bandbreite gesprochen (z. B. mehrere Mbit/s). Eine eindeutige Definition gibt es jedoch nicht. Werden mehrere schmalbandige Kanäle auf unterschiedliche Trägerfrequenzen eines gemeinsamen → Übertragungsmediums aufmoduliert (→ Multiplexverfahren), so liegt jedenfalls im Gegensatz zur → Basisband- eine B.-Übertragung vor. Die schmalbandigen Kanäle sind gegeneinander durch Sicherheitszonen getrennt.

Ein Beispiel für die B.-Übertragung ist das Kabelfernsehen. Hierbei werden die einzelnen Fernsehkanäle durch Frequenzmultiplexverfahren auf ein gemeinsames Medium aufgebracht. Als → Topologie ergibt sich eine baumartige Struktur, wobei der Sender die Wurzel des Baumes darstellt.

Lokale Netze (→ LAN) verwenden teilweise B.-Übertragung, z. B. kann → Ethernet auf B.-Netzen realisiert werden. Modulation bzw. Demodulation der Signale verursachen allerdings einen nicht zu unterschätzenden Kostenfaktor, der bei Basisbandübertragung entfällt.

Bei der Datenkommunikation auf B.-Systemen entsteht auf natürliche Weise eine Baumtopologie mit ausgezeichneten Sende- und Empfangskanälen. Als Wurzel des Baumes dient eine zentrale Komponente (Head End), deren Aufgabe unter anderem in der Umsetzung der Signale der Sendekanäle auf die Empfangskanäle besteht. Da Signale nunmehr die Entfernung von Sender zum Head End sowie von Head End zum Empfänger durchlaufen müssen, ergibt sich eine erhöhte → Signallaufzeit.

Ein Argument für B.-Übertragung ist die mögliche Integration unterschiedlicher Anwendungen, sofern deren Anforderungen bei Verwendung eines gemeinsamen Mediums sich gegenseitig stören könnten. Eine derartige Integration auf einem B.-Medium wird durch die Aufteilung der verfügbaren Gesamtbandbreite auf geeignet zu wählende Kanäle erreicht.

*Quernheim/Spaniol*

**Breitensuche** ⟨*breadth-first search*⟩. Geordnete Suche in einem → Baum, bei der Knoten in der Reihenfolge steigenden Abstands vom Startknoten besucht werden.

B. garantiert, daß Zielknoten mit geringstem Abstand zum Startknoten zuerst gefunden werden. B. und → Tiefensuche sind „blinde" Suchverfahren im Gegensatz zur heuristischen Suche (→ A*-Algorithmus)

*Neumann*

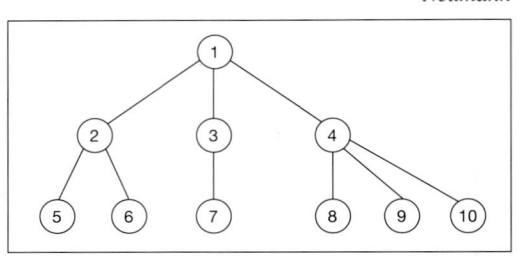

*Breitensuche: Knotenfolge*

**Bresenham-Algorithmus** ⟨*Bresenham algorithm*⟩.
→ Algorithmus zur → Simulation von Strecken auf einer
→ Dot-Maschine. Er eignet sich zur Simulation einer
→ Stroke-Maschine auf einer Dot-Maschine.

Der Algorithmus basiert darauf, daß auf einer Darstellungsfläche, die mit einem Gitter mit den Gitterkonstanten gx und gy versehen ist, eine Strecke, die zwei Gitterpunkte als Anfangs- und Endpunkt besitzt, durch adressierbare Punkte der Dot-Maschine dargestellt wird.

Ein mit einem Dot (dot) zu versehender Gitterpunkt wird i. allg. durch Rundung eines Streckenpunktes, welcher auf einer Ordinatengitterlinie liegt, ermittelt. Der Verdienst *Bresenham*s ist es nun, daß er eine Version dieses Algorithmus aufgestellt hat, welche ohne Rundung auskommt und somit sehr effizient ist. Die Grundidee ist dabei, daß man iterativ die y-Gitterpunktkoordinate aus einem vorher ermittelten Gitterpunkt G(i, j) bestimmt.

Betrachtet man eine Strecke, die im ersten Oktanten liegt und deren Anfangspunkt (0, 0) und deren Endpunkt (u, v) ist, so lautet der Algorithmus programmiersprachlich wie folgt:

```
(i, j) := (0, 0);
put (i, j);
a := 2*v;  b := 2*u – a;  d := a – u;
while i < u loop
        if d =< 0 then (i, d) : = (i + 1, d + a)
                 else (i, j, d) := (i + 1, j + 1, d – b)
        endif
        put (i, j);
endloop
```
*Encarnação/Loseries*

Literatur: *Bresenham, J. E.*: Algorithm for computer. Control of digital plotter. IBM Syst. J. 4 (1965) 1, pp. 25–30.

**Briefkasten, elektronischer** ⟨*mailbox*⟩ → Mailbox

**Broadcast** ⟨*broadcast*⟩ → Rundsprucheigenschaft

**Brücke** ⟨*bridge*⟩. Dient zur Kopplung von gleichartigen lokalen Netzen (→ LAN). Eine Kopplung ist u. a. aus folgenden Gründen sinnvoll bzw. notwendig:
– Begrenzung der Kommunikationslast und Netzfehler auf kleinere Teilnetze ohne Beeinträchtigung anderer → Subnetze,
– Parallelisierung (parallele Arbeiten auf verschiedenen lokalen Subnetzen beeinflussen einander nicht),
– geographische Erweiterung des Netzwerks.

Die B. besteht aus zwei verbundenen Netzadaptern („Brückenköpfen"). Beide Netzadapter erfüllen dabei auf ihrem zugehörigen Netzsegment folgende Funktionen:
– Lesen aller → Nachrichten auf dem jeweiligen Subnetz,
– Ausfiltern und Weiterleiten von netzübergreifendem Verkehr,
– ggf. Zwischenspeicherung bei momentaner Überlastung.

Die Kopplung der Subnetze erfolgt auf Ebene 2 des → OSI-Referenzmodells (→ Sicherungsebene) (Bild 1). Die für andere Teilnetze bestimmten Pakete werden über die B. auf das nächste Netzsegment bzw. ins Zielnetz weitergeleitet. Da die Netzkopplung auf Ebene 2 geschieht, können nur geringfügige Protokollanpassungen vorgenommen werden. Aus diesem Grund ist eine einheitliche Struktur der durch B. verbundenen Netzsegmente erforderlich. Sie müssen über einen globalen einheitlichen Adreßraum verfügen, da jeweils die Zielstation adressiert wird und nicht die B., die nur subnetzübergreifende Pakete auf andere Segmente weiterleitet, d. h. deren Übertragung dort in identischer Form wiederholt.

Die Netzadapter können direkt (Bild 2 a), über eine einzelne Punkt-zu-Punkt-Verbindung (Bild 2 b) oder über ein Netzwerk verbunden sein (Bild 2 c). Ist eine Verbindung über ein → Netzwerk realisiert, kann dieses nur als reines Transportmedium genutzt werden, d. h., eine Kommunikation zu eventuellen Partnern in diesem Netz ist ebensowenig möglich wie die Ausnutzung dort angebotener → Dienste.

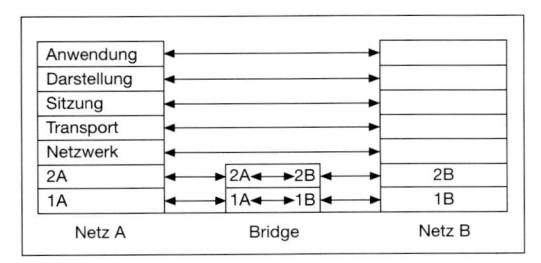

*Brücke 1: Verbindung homogener lokaler Netze mittels einer B.*

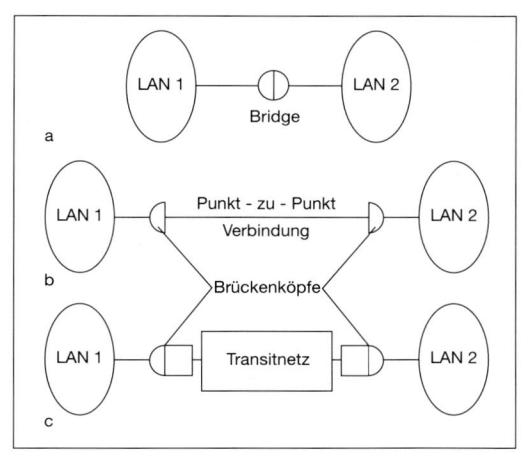

*Brücke 2: Arten der Verbindung von Netzadaptern*

Zur Verringerung des Ausfallrisikos und zum Lastausgleich können mehrere B. zwei Netzsegmente verbinden. Hier müssen die B. gewährleisten, daß ein Paket nur von einer einzelnen B. in das nächste Netzsegment kopiert wird. Erst im Fehlerfall sollen andere B. „einspringen". Werden mehrere LAN über B. gekoppelt, so müssen in den B. geeignete Mechanismen zur Wegwahl implementiert werden, insbesondere muß verhindert werden, daß Pakete kreisförmig von B. zu B. weitergereicht werden (Bild 3).

In LAN wird hierzu meist der Spanning-Tree-Algorithmus eingesetzt (→ Routing). Bei diesem Verfahren tauschen die B. untereinander in regelmäßigen Abständen → Nachrichten aus, anhand derer ein → Baum kon-

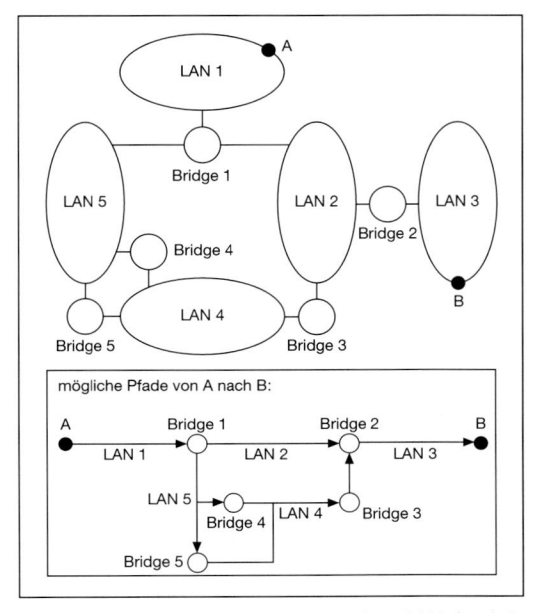

*Brücke 3: Komplexe Vernetzung einzelner LAN durch B.*

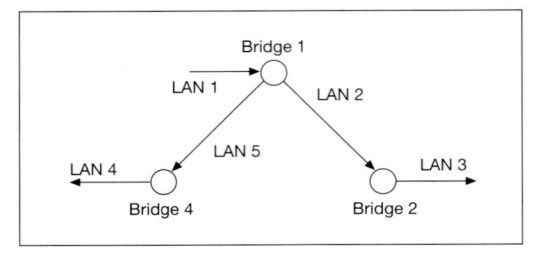

*Brücke 4: Möglicher Spanning-Tree für das Netz aus Bild 3*

struiert werden kann, der alle LAN überdeckt (der Spanning-Tree, Bild 4). Empfängt eine B. ein → Paket, so überprüft sie lediglich die Zieladresse des Pakets anhand einer lokal in der B. verwalteten Tabelle: Stimmen Ziel- und Quell-LAN überein, wird das Paket ignoriert. Andernfalls wird das Paket auf das LAN gesetzt, welches gemäß des Spanning-Tree auf dem Pfad zur Zieladresse des Pakets liegt. Ist keine Zuordnung zwischen Zieladresse des Pakets und einem LAN des Spanning-Tree möglich (dies ist z. B. der Fall, wenn eine Station sich neu in das Netz eingeschaltet hat), so schickt die B. das Paket an alle LAN, die im Spanning-Tree von der B. abzweigen (→ Flooding). Antwortet die Zielstation, so kann die B. selbstlernend einen neuen Eintrag in ihrer Tabelle vornehmen.

Sollen heterogene Netze verbunden werden, für deren Kopplung umfangreiche Protokoll- und Formatanpassungen sowie evtl. weitergehende → Funktionalitäten des Kopplungselements erforderlich sind, werden → Gateways benötigt. Eine B. ist demnach ein vereinfachtes Gateway. *Hoff/Spaniol*

Literatur: *Tanenbaum, A. S.*: Computer networks. Prentice Hall, 1996.

**BS** ⟨*BS (backspace)*⟩. Rückwärtsschritt; → Steuerzeichen, das die Schreibposition (→ Cursor) um ein → Zeichen bzw. die Breite eines Leerzeichens entgegengesetzt zur Schreibrichtung bewegt.

Eine Taste mit der Bedeutung und Aufschrift BS befindet sich häufig auch auf der Tastatur eines → Terminals. *Schindler/Bormann*

**Btx** ⟨*Btx*⟩ → Bildschirmtext

**BuK-System** ⟨*reporting system*⟩ → Berichts- und Kontrollsystem

**Bündelfunk** ⟨*trunked radio*⟩. Der B. hat sich aus dem Betriebsfunk entwickelt. Anwendungsbereiche des Betriebsfunks sind u. a. zu finden bei Taxi- und Verkehrsbetrieben, Speditionen, Polizei und Zoll. Betriebsfunk unterscheidet sich vom öffentlichen Mobilfunk (→ Funknetze, mobile; → GSM) dadurch, daß es keine direkten Dienstübergänge zu Telekommunikationsnetzen gibt. Ähnlich öffentlichen Mobilfunknetzen ist ein B.-Netz aufgebaut aus Basisstationen, die in direktem Funkkontakt zu den Mobilstationen stehen, sowie aus Kontrollstationen für die Zellen- und Netzsteuerung.

Während im Betriebsfunk Kanäle fest den Anwendern zugeordnet sind, geschieht die Kanalvergabe im B. nach Bedarf. Liegt dem B.-Netz ein Kommunikationswunsch vor, so teilt die Zellensteuerung der mobilen Station einen Kanal aus dem zur Verfügung stehenden Frequenzbündel zu. Nach Abschluß der Kommunikation bzw. nach einer gewissen systemabhängigen Zeit wird der Kanal der Mobilstation wieder entzogen. Beispiele für B.-Netze sind der europäische Standard → TETRA und das 1990 von der Deutschen Telekom eingeführte Chekker-System. *Hoff/Spaniol*

Literatur: *Eberhardt, R.; Franz, W.*: Mobilfunknetze. Vieweg, 1993.

**Bundesdatenschutzgesetz** ⟨*federal law on data protection*⟩ → Datenschutz

**Bürodokumentarchitektur** ⟨*office/open document architecture*⟩. ODA, auch offene Dokumentarchitektur. International standardisierte → Dokumentarchitektur für Anwendungen im Rahmen digitaler Bürotechnologie und darüber hinaus (ISO 8613, CCITT-Empfehlungen T.410ff). Grundlage der B. ist das Dreiphasenmodell der Bearbeitung von → Dokumenten:
– Dokumenterstellung,
– Dokumentformatierung,
– Dokumentdarstellung.

Diese Phasen werden nicht streng sequentiell durchlaufen, sondern sind insbesondere bei → WYSIWYG-Editoren eng miteinander verwoben, aber dennoch deutlich unterscheidbar.

Regeln, die die Eigenschaften einer ganzen Gruppe von ähnlichen Dokumenten umfassen, können in der Definition einer → Dokumentklasse festgelegt werden und dann bei der Erstellung, Formatierung und Darstellung von Dokumenten dieser Klasse berücksichtigt werden.

Die B. legt → Dokumentaustauschformate fest sowohl für Dokumente, die den Formatiervorgang noch nicht durchlaufen haben und daher noch bearbeitbar (processable) sind (und erneut der Dokumenterstellung unterworfen werden können) als auch für formatierte (formatted) Dokumente.

Beide Formen von Dokumenten enthalten neben ihren Inhaltsinformationen die Strukturinformationen, die für die jeweils noch ausstehenden Bearbeitungsschritte des Dreiphasenmodells erforderlich sind. Ziel des Modells ist es, mit Hilfe der Strukturinformationen diese Bearbeitungsschritte so genau zu beschreiben, daß sie nach einem Austausch des Dokuments beim Empfänger automatisch in der vom Sender intendierten Weise ausgeführt werden können.

Die Strukturinformationen bearbeitbarer Dokumente werden „logische Struktur" genannt, die formatierter Dokumente „Layout-Struktur". Die logische Struktur wird vom Autor bei der Dokumenterstellung erzeugt. Sie kann je nach Bedarf semantisch sehr niedrig angesiedelt sein (dicht an der Beschreibung von reinen Formatiereigenschaften wie Fettdruck, zentrieren) oder auch sehr abstrakt sein (Beschreibung der Zusammensetzung des Dokuments aus logischen Bestandteilen wie „Kapiteln", „Absätzen" etc.), wobei diese Begriffe nicht mitstandardisiert werden, sondern ihnen in einer zugehörigen Dokumentklasse die gewünschte Bearbeitungssemantik zugeordnet werden muß. Dem letzteren, also dem abstrahierenden Ansatz, wird im Modell deutlich der Vorzug gegeben. Die Layout-Struktur des Dokuments wird im Formatiervorgang unter Zugrundelegung der aus der logischen Struktur und der Dokumentklasse ermittelten Formatierregeln automatisch erzeugt. Sie beschreibt die Seitenaufteilung des Dokuments, z. B. die Position und Größe von Spalten bzw. den Inhalt von Kopf- und Fußzeilen. Ein Dokumentaustausch kann auch beide Strukturen umfassen (formatierte bearbeitbare Form/formatted processable form).

Beide Strukturen eines Dokuments sind weitgehend als Baumstruktur aufgebaut, ihre Eigenschaften werden über → Attribute genauer beschrieben. In der Layout-Struktur handelt es sich um Eigenschaften wie Position, Größe, Hervorhebungsart etc. In der logischen Struktur handelt es sich insbesondere um Richtlinien für den Formatiervorgang, die angeben, welche Eigenschaften das Layout dieser Informationen später einmal haben soll. *Schindler/Bormann*

**Büroinformationssystem** ⟨*office information system*⟩. Auch Büroinformations- und -kommunikationssystem genannt. Sammelbegriff für → betriebliche Anwendungssysteme mit Schwerpunkt auf der Dokumentenverarbeitung sowie der Unterstützung der Kommunikation und der Aufgabenkoordination zwischen Personen.

Die in einem Büro anfallenden Aufgaben (Büroaufgaben) werden nach Aufgabentypen geordnet in
– Führungsaufgaben, die Tätigkeiten der Planung und Koordination des Betriebsgeschehens (Managementaufgaben) darstellen;
– Spezial-/Fachaufgaben, die überwiegend komplexe, nicht routinemäßig durchführbare Tätigkeiten in abgegrenzten Aufgabengebieten umfassen;
– Sachbearbeitungsaufgaben, die weitgehend strukturierte, wiederkehrende und an Ablaufregeln gebundene Tätigkeiten umspannen;
– Unterstützungsaufgaben, die durch allgemeine unterstützende Bürotätigkeiten wie Schriftguterstellung, -ablage und -versendung gekennzeichnet sind.

Den Büroaufgaben gemeinsam ist der Umgang mit Informationen, deren Verarbeitung nicht automatisierbar und daher Personen vorbehalten ist. Charakteristisch hierfür sind schlecht strukturierbare Informationen und eine Informationsbearbeitung durch Gruppen. Diese Merkmale führen dazu, daß B. primär die Dokumentenbearbeitung, die Dokumentenverwaltung und das Information-Retrieval sowie die Kommunikation und Koordination von Personen bei der kooperativen Bearbeitung von Aufgaben unterstützen.

Aufgrund der charakteristischen Merkmale werden insbesondere folgende Anwendungssysteme zu der Kategorie B. gezählt:
☐ *Personal-Informations-Managementsysteme* (*PIMS*) unterstützen die Verwaltung schwach strukturierter Notizen und Dokumente. Statt die → Dokumente typisiert zu organisieren, werden sie auf der Basis von → Hypertext miteinander in Beziehung gesetzt.
☐ *Information-Retrieval-Systeme* unterstützen das Archivieren und das Wiederfinden von Informationen bzw. Dokumenten.
☐ → *Desktop-Publishing-Systeme* (*DTP-Systeme*) und *Multimedia-Systeme* dienen der Bearbeitung von Dokumenten, bestehend aus Text, Tabellen, Graphiken sowie Sprache und bewegten Bildern.
☐ → *Groupware-Systeme* unterstützen Personengruppen bei der gemeinsamen Bearbeitung schlecht strukturierbarer Aufgaben. Beispiele dafür sind Terminplanungs-, Electronic-Mail- und Telekonferenzsysteme.
☐ Bürovorgänge aus eher individuellen Arbeitselementen werden durch → *Workflow-Managementsysteme* unterstützt. Hierbei werden größere Aufgaben in parallel laufende, voneinander unabhängige Aktivitäten unterteilt, die von verschiedenen Mitarbeitern an unterschiedlichen Orten und mit individuellen Arbeitsmitteln bearbeitet werden.

Ziele der B. sind Minderung der Durchlaufzeit, Senkung der Kosten, Steigerung der Qualität, Erhöhung der Transparenz sowie Verbesserung der Informationsbereitstellung (Data Warehouse).

Ansätze zur Vereinbarung einheitlicher Dokumentenstrukturen im Bürokommunikationsbereich sind die Office Document Architecture (→ ODA) und das Interchange Format (→ ODIF) für die Strukturierung und den Austausch von Dokumenten. *Amberg*

Literatur: *Gabriel, R.; Begau, K. u.a.*: Büroinformations- und -kommunikationssysteme – Aufgaben, Systeme, Anwendungen. Heidelberg 1994.

**Bürotechnik** ⟨*office communication technology*⟩. Traditionelle Arbeitsvorgänge innerhalb des Bürobereichs bieten ein signifikantes Potential zu ihrer Automatisierung: Viele dieser Vorgänge sind in nur geringen Abweichungen immer wieder durchzuführen. Dies betrifft z. B. vielfältige lokale Bearbeitungsschritte (z. B. das Erstellen von → Dokumenten wie Briefe und Rechnungen). Lokale Bearbeitungsschritte sind fast immer auch mit Kommunikationsvorgängen mit der Außenwelt verbunden (z. B. das Versenden von lokal erstellten Dokumenten an Geschäftspartner).

Die kontinuierlichen Weiterentwicklungen im Bereich der elektronischen Informationsverarbeitung ermöglichen es, die Bearbeitungsschritte im Bürobereich durch elektronische Unterstützung zu vereinfachen. Dazu werden zunehmend leistungsfähige → Arbeitsplatzrechner eingesetzt.

Aufgrund der großen Bedeutung von Kommunikationsvorgängen interessieren bei Arbeitsplatzrechnern neben ihrer Rechenleistung, ihrer Speicherfähigkeit und den angeschlossenen → Endgeräten insbesondere auch ihre Möglichkeiten zur Kommunikation mit der Außenwelt, d. h. die Anbindung des Rechners an verschiedene Kommunikationsdienste. Von den Telekommunikationsgesellschaften wurde in den vergangenen Jahren eine Reihe von isolierten Kommunikationsdiensten angeboten (→ Telematikdienste), z. B. → Telex, → Telefax und → Btx. Besonders Telefax hat in den vergangenen Jahren stark an Bedeutung gewonnen und das traditionelle Telex weitgehend verdrängt.

Die isolierten Telematikdienste haben den Nachteil, unterschiedliche Geräte und Anschlußverfahren bereitstellen zu müssen, wenn mehr als ein Dienst unterstützt werden soll. Ein Übergang von Informationen von einem Dienst zum anderen ist nicht immer einfach.

Durch die neueren Entwicklungen des → ISDN ist es möglich geworden, alle diese Dienste in einem Anschlußgerät zu vereinigen. Die Unterstützung mehrerer Kommunikationsdienste und verschiedenartiger leistungsfähiger Endgeräte läßt einen Arbeitsplatzrechner zu einem → multifunktionalen Arbeitsplatz werden.

Im Zuge der durch ISDN erreichbaren Diensteintegration wird ein multifunktionaler Arbeitsplatz zunehmend auch über interaktive zwischenmenschliche Kommunikationsdienste verfügen, beginnend bei der Sprachkommunikation über Videokonferenzen bis hin zu einem gemeinsamen interaktiven Zugriff auf Datenbestände und Dokumente (→ Anwendungskooperation, → Desktop-Multimediakonferenzsystem). Alle diese Dienste werden zunehmend auch über das → Internet abgewickelt und über Intranets bzw. LANs an den Arbeitsplatzrechner herangebracht.

Die Verfügbarkeit von Kommunikationsdiensten allein ermöglicht i. d. R. noch keine sinnvolle Kooperation zwischen verschiedenen Benutzern. Kommunikationsvorgänge sollten in einer Weise erfolgen, die sicherstellt, daß die dadurch übergebenen Informationen beim Empfänger in der gewünschten Weise genutzt werden können: Der Empfänger muß die Informationen interpretieren und den eigenen Bearbeitungsschritten zuführen können (z. B. Ausfüllen eines erhaltenen Formulars oder Überarbeiten eines Vertragsentwurfs).

Um eine optimale Nutzung von übertragenen Dokumenten beim Empfänger zu erzielen, sind → Dokumentaustauschformate normiert worden. Die beiden zentralen Standards in diesem Bereich sind → SGML und → ODA. Protokolle und Verwaltungsinformationen für den Dokumentversand werden u. a. im Rahmen von Mailing-Anwendungen (→ E-Mail) definiert. Das World Wide Web (→ WWW) hingegen bietet Verfahren zum Anfordern von Dokumenten aus entfernten Dokumentbeständen.

Andere wichtige Anwendungen im Rahmen digitaler B. beschäftigen sich mit der Erstellung von → Spreadsheets und Bürographiken. *Schindler/Bormann*

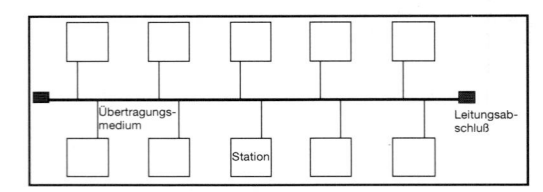

*Bus: Beispiel lokales Netz*

**Bus** 〈*bus*〉. Spezielle → Topologie von Kommunikationssystemen. Dabei sind n Stationen an ein → Übertragungsmedium angeschlossen. Die Stationen sind i. d. R. passiv an das Medium angeschlossen, d. h., die Anwesenheit einer Station hat für die Übertragung einer anderen Station keineAuswirkungen im Gegensatz zu einem „aktiven" → Ring, wo jede Nachricht alle Ringstationen passiert und dort geprüft und regeneriert wird. Die Passivität der Stationen erlaubt es, neue Stationen im laufenden Betrieb an das Netz anzuschließen; entsprechend unproblematisch ist das Abschalten oder auch der → Ausfall einer Station.

Die Übertragung kann ungerichtet oder gerichtet erfolgen (bidirektionale bzw. unidirektionale Übertragung). Gerichtete Übertragung (die vor allem bei Breitband-Kommunikation eingesetzt wird) erreicht man durch den Einsatz von Zwischenverstärkern, die das → Signal in einer der beiden Laufrichtungen stark abschwächen, in der anderen jedoch verstärken. Nebeneffekt dieser Zwischenverstärkung ist die Vergrößerung der maximalen geographischen Reichweite (Bild).

Der Leitungsabschluß des B. ist ein Widerstand, der Reflexionen am Leitungsende unterbindet. Die Größe des Widerstands muß dem Wellenwiderstand des Leiters (Leitung) entsprechen.

Unter IEEE 802 wurden mehrere Varianten von B. normiert. Unterschiede liegen u. a. in der Art des Übertragungsmediums (Kupferdoppelader, Koaxialkabel usw.), in der Übertragungsgeschwindigkeit und dem Zugriffsprotokoll. Letzteres gibt an, nach welchen Regeln Stationen auf dem B. senden dürfen. Die bekanntesten Zugriffsprotokolle lauten:
- → ALOHA: Jede Station sendet, ohne den Zustand des → Übertragungsmediums zu beachten.
- CSMA (Carrier Sense Multiple Access) bzw. →CSMA/CD: Eine Station sendet nur dann, wenn das Übertragungsmedium frei ist, d. h. wenn keine andere Station sendet. Konflikte entstehen dann, wenn der kurz zuvor erfolgte Sendebeginn einer anderen Station noch nicht bemerkt wurde.
- → Token: Eine Sendeberechtigung wird von Station zu Station weitergereicht.

Das bekannteste lokale Netz, das auf einem B. basiert, ist das → Ethernet. *Quernheim/Spaniol*

Literatur: *Halsall, F.:* Data communications, computer networks and open systems. 3rd Edn. Addison-Wesley, 1992.

**Business-Graphik** 〈*business graphics*〉. Teil der → Präsentationsgraphik, und zwar graphische Darstel-

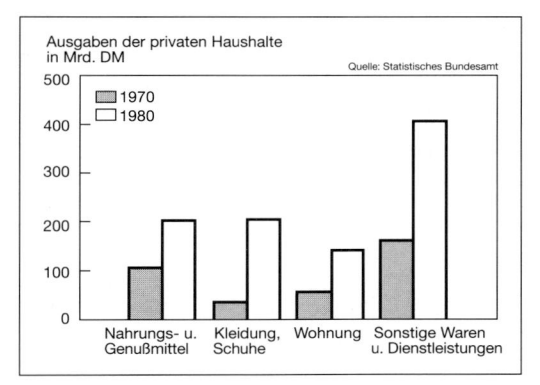

*Business-Graphik 1: Beispiel für ein Balkendiagramm – Ausgaben der privaten Haushalte*

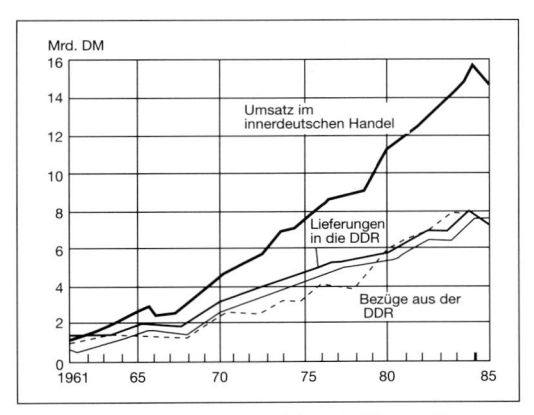

*Business-Graphik 2: Beispiel für ein Kurvendiagramm – Entwicklung des innerdeutschen Handels 1961 bis 1986*

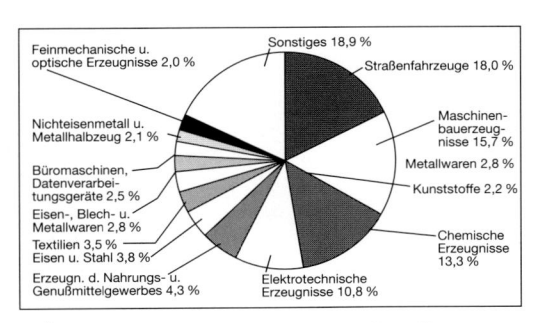

*Business-Graphik 3: Beispiel für ein Kreisdiagramm – Ausfuhr der BR Deutschland nach Warengruppen 1986*

lung von Zusammenhängen, Prognosen und Entwicklungen sowie Veranschaulichung von Zahlenmaterial speziell für den Geschäftsbereich unter Einsatz von Hilfsmitteln der elektronischen → Datenverarbeitung.

Sinn und Zweck des Einsatzes der B.-G. – auch Geschäftsgraphik genannt – ist es zum einen, anschauliche und schnell zu verstehende Arbeits- und Entscheidungsgrundlagen bereitzustellen, zum anderen Unterlagen zu Zwecken der Präsentation, Publikation und Werbung zu erstellen.

Vordringliches Mittel zur Darstellung ist das Diagramm (auch Schaubild oder Chart genannt). Es stellt im Gegensatz zu Tabellen und Listen eine komprimiertere Form der Informationswiedergabe dar, um die gestiegene Informationsflut leichter und schneller verarbeiten zu können.

Die drei wichtigsten Formen für Diagramme sind: Balkendiagramm (oder auch Säulen-, Rechteckdiagramm), Kurvendiagramm (oder auch Liniendiagramm) und Kreisdiagramm (oder auch Kuchen- bzw. Tortendiagramm). (Bild 1, 2, 3).

*Balkendiagramme* sind die am allgemeinsten einsetzbaren Diagramme. Sie können in Gruppen angeordnet und/oder nach verschiedenen Merkmalen unterteilt werden.

*Kurvendiagramme* sind zur Darstellung stetiger Funktionen verwendbar. Dabei können in einem Diagramm mehrere Funktionen zum direkten Vergleich überlagert dargestellt werden.

*Kreisdiagramme* sind zur Darstellung von „Prozenten" oder „Anteilen" geeignet. Aus dem Wert der darzustellenden Merkmale werden die Prozentanteile aus der Gesamtsumme=100% errechnet und der Kreis in Segmente entsprechender Größe eingeteilt.

Die verschiedenen Formen können in einem Diagramm miteinander kombiniert werden, um verwandte Sachverhalte darzustellen oder verschiedene Merkmale eines Sachverhaltes miteinander zu vergleichen. Häufig werden auch dreidimensionale Darstellungen verwendet, um einen plastischen Eindruck zu erzielen. *Encarnação/Lux*

**Bustechnik** ⟨bus technology⟩. Mittel für den i.d.R. bitseriellen Datenaustausch zwischen räumlich verteilten Komponenten digital arbeitender Prozeßleitsysteme über Leitungssysteme mit linienförmigen Strukturen. Für Prozeßleitsysteme haben Bedeutung:
– der →Feldbus für die Datenübertragung zwischen Prozeßleitsystem sowie im Feld räumlich verteilten Meß- und Stellgeräten.
– der Systembus, der die Komponenten dezentraler Automatisierungssysteme miteinander verbindet, sowie
– Busverbindungen in lokalen Netzen zum Datenaustausch mit Prozeßrechnersystemen hierarchisch übergeordneter Ebenen (→LAN). *Strohrmann*

**Busy Hour** ⟨busy hour⟩→ Hauptverkehrsstunde

**BWS** ⟨frame buffer⟩→ Bildwiederholspeicher

**Byte** ⟨byte⟩. Eine Gruppe von acht Binärstellen im →Digitalrechner. Das B. ist heute die übliche Einheit der Zeichendarstellung und die Einheit für die Kapazitätsangabe bei →Speichern. Der Inhalt eines B. kann als →Dualzahl (zwischen 0 und 255), als →BCD-Darstellung zweier Dezimalstellen oder als Darstellung eines Textzeichens interpretiert werden.

Mit wenigen Ausnahmen sind die → Hauptspeicher von Rechenanlagen heute so eingerichtet, daß jedes B. für sich adressierbar ist.

Gelegentlich versteht man unter dem B. zusätzlich zu den acht Informationsbits noch ein zusätzliches Paritätsbit. Das Paritätsbit dient zur Erkennung von Einzelbitfehlern. Es ist meist so definiert, daß mit dem Paritätsbit die Anzahl der Einsen im B. ungerade ist.

*Bode/Schneider*

**Byte-Folgen-Datei** ⟨*byte-sequence file*⟩ → Speichermanagement

**Byzantinischer Fehler** ⟨*Byzantine failure*⟩. Fehlermodell in verteilten Systemen, deren Kommunikationsstruktur auf Nachrichtenübertragung beruht. Bei einem B. F. kann ein fehlerhafter Prozeß die Kommunikation anderer Prozesse über private Kommunikationskanäle nicht beeinflussen, aber jedes andere Verhalten des fehlerhaften Prozesses ist möglich, z. B. das Verlieren und Zerstören von Nachrichten oder das Senden falscher Nachrichten.

Verteilte Algorithmen, die trotz der Möglichkeit des Auftretens von B. F. korrekte Ergebnisse liefern, erfordern höhere Kosten als andere, die nur eingeschränktere Fehlersituationen tolerieren, z. B. wenn der fehlerhafte Prozeß nur einige Nachrichten nicht sendet (omission failure) oder anhält, ohne weitere Nachrichten zu senden (halting failure). Letzteres ist eine übliche Annahme bei Fehlermodellen, die den Ausfall einzelner Rechner tolerieren. Fehlertoleranz gegenüber B. F. wird in sicherheitskritischen Systemen verlangt, bei denen eine besonders hohe Systemzuverlässigkeit notwendig ist.

*Wirsing*

Literatur: *Lamport, L.; Lynch, N.*: Distributed computing models and methods. In: *J. van Leeuwen* (Ed.): Handbook of theoretical computer science, Vol. B. 1990, pp. 1159–1199. – *Lamport, L.; Shostak, R.; Pease, M.*: The Byzantine generals problem. ACM Trans. Prog. Lang. and Syst. 4(3) (1982) pp. 382–401.

# C

**C** ⟨*C*⟩. → Imperative Programmiersprache. Sie wurde von *D. Ritchie* für die → Implementierung von → UNIX entworfen und implementiert. Fast das ganze UNIX-Betriebssystem und alle UNIX-Dienstprogramme wurden in C geschrieben.

C ist eine maschinennahe → Sprache. An elementaren Datentypen bietet sie Zeichen, Integerzahlen verschiedener Länge und Gleitpunktzahlen an. Durch das struct-Konstrukt können zusammengesetzte Datentypen definiert werden. Zeiger und Arithmetik auf ihnen erlauben eine uneingeschränkte Adressierung von → Objekten im → Speicher.

An Kontrollstrukturen bietet C bedingte Anweisungen, Fallanweisungen und bedingte und zählende Schleifen an. Funktionen können nur im Hauptprogramm, d.h. nicht geschachtelt, definiert werden. Dagegen können Sichtbarkeitsbereiche durch die Verwendung des Blockkonstrukts beliebig tief geschachtelt werden. Beim Aufruf von Funktionen werden Inkarnationen ihrer lokalen Variablen auf einem Laufzeitkeller angelegt. Die Parameter werden als Werte übergeben (call-by-value). Mittels Zeigern kann man call-by-reference simulieren.

Konversionen zwischen Typen sind so flexibel, daß C nicht streng getypt ist.

Um den Sprachumfang klein zu halten, wurden viele Anweisungen weggelassen, die aus externen Bibliotheken importiert werden müssen. Dazu gehören Ein-/Ausgabe, Speicherverwaltung und → Operationen auf zusammengesetzten → Objekten wie Zeichenketten (strings).
*Wilhelm*

**C++** ⟨*C++*⟩. Objektorientierte Sprache (→ Objektorientierung), die aus → C heraus entwickelt wurde und alle wesentlichen Sprachelemente von C als eine Teilmenge enthält. Im Gegensatz zu C legt C++ seinen Schwerpunkt auf Strukturierung und Typisierung. C++ unterstützt u.a. folgende Konzepte:
– Mehrfachvererbung: Eine → Klasse kann von mehreren Elternklassen erben.
– Abstrakte Klassen: Eine abstrakte Klasse dient als Rahmenwerk für abgeleitete Klassen.
– Überladen von Methoden und Operatoren.
– Klassen-Templates: → Templates sind Klassen mit Typparametern, die erst bei Erzeugen eines → Objekts dieser Klasse mit konkreten Typen belegt werden.

Das folgende vereinfachte Beispiel zeigt die Definition eines Stacks zur Speicherung ganzzahliger Werte:

```
class IntStack {
  public:
    IntStack(int size)
      {top = stack = new int[size];}
    ~IntStack()
      {delete stack;}
    void push(int i)
      {*top = i; top++;}
    int pop()
      {top--; return *top;}
  private:
    int* top; int* stack;
};
```

Das Erzeugen und die Manipulation eines Objekts dieser Klasse kann dann wie folgt geschehen:

```
IntStack s(5);    // Stack für 5 Elemente.
s.push(17);       // Die Zahl 17 wird auf
                     den Stack gelegt.
```
*Hoff/Spaniol*

Literatur: *Stroustrup, B.*: Die C++-Programmiersprache. Addison-Wesley, 1992.

**C-PODA** ⟨*C-PODA*⟩. → PODA, → Netzzugangsverfahren

**Cachespeicher** ⟨*cache memory*⟩. Sehr schneller, kleiner Pufferspeicher zwischen Rechenwerk und Hauptspeicher von Rechenanlagen. Aus Kostengründen wird der teure, schnelle C. nur einen Bruchteil der Speicherkapazität des → Hauptspeichers besitzen. Ziel der Einrichtung dieses Pufferspeichers ist es, eine möglichst große Anzahl von Speicherzugriffen durch physikalischen Zugriff auf den C. zu befriedigen. Wegen der Lokalitätseigenschaften von → Programmen und → Daten gelingt es meist, schon mit relativ kleinen C. (1 bis 512 KByte) deutlich über 90% der Speicherzugriffe zu bedienen. Der Cache wird dabei transparent organisiert, so daß der Programmierer das Vorhandensein des Cache in seinen Programmen nicht berücksichtigen muß. Der Rechner verhält sich jedoch annähernd so, als verfüge er über einen Hauptspeicher mit der Zugriffsgeschwindigkeit des C.

Aus Verwaltungsgründen sind Hauptspeicher und C. in Seiten (z.B. zu je 1 KByte) eingeteilt. Zur Laufzeit der Rechenanlage enthält der C. jeweils einige Kopien von Seiten aus dem Hauptspeicher. Beim Zugriff auf eine Speicherinformation wird deren → Adresse zunächst bezüglich ihres Seitenadreßteiles mit den im C. abgespeicherten Hauptspeicheradressen eingelagerter Seiten verglichen. Wird Übereinstimmung festgestellt, kann bei lesendem Zugriff direkt auf die Information im Cache zugegriffen werden, ansonsten muß die entsprechende Seite aus dem Hauptspeicher nachgeladen werden (was meist in Blöcken z. B. zu je 64 Byte geschieht). Die Verwaltung des Nachladens neuer Blöcke erfolgt über Gültigkeitsbits, das Ersetzen zu überschreibender Seiten bei vollem Cache über Aktivitätslisten und Ersetzungsstrategien (meist LRU (Least Recently Used): die am längsten nicht zugegriffene Seite wird überschrieben). Bei schreibendem Zugriff muß neben der Seite im Cache auch die zugehörige Kopie im Hauptspeicher verändert werden. Bei Multiprozessorsystemen mit mehreren Caches zu einem gemeinsamen Hauptspeicher muß das Cachekonsistenzproblem gelöst werden: Alle Kopien einer Seite müssen identische Information beinhalten. Für die Cacheverwaltung, das Nachladen, das Ersetzen der Seiten und das Konsistenzproblem existieren unterschiedlichste → Algorithmen.

Um die großen Geschwindigkeitsunterschiede zwischen → Prozessor und Hauptspeicher moderner Mikroprozessorsysteme zu überbrücken, sind heute meist zweistufige, teilweise auch dreistufige C. vorgesehen. Der C. 1. Stufe ist der kleinste und schnellste und wird physikalisch auf dem Mikroprozessorbaustein integriert. Der C. 2. und 3. Stufe ist als externer Baustein, ggf. auf einem Mehrchipträger mit dem Prozessor, realisiert. Ferner existieren oft getrennte C. für Programme und Daten. *Bode*

**CAD** ⟨*CAD (Computer Aided Design)*⟩. Mit Rechnereinsatz verbundene Arbeitstechnik des Konstruierens unter Nutzung entsprechender Geräte (→ Hardware) und Programme (→ Software). Ein → *CAD-Arbeitsplatz* (Hardware) besteht i. allg. aus:
– graphischem → Bildschirm,
– → Eingabegerät (z. B. → Tablett oder → Maus für graphische Eingabe und → Digitalisierung),
– alphanumerischem Bildschirm mit Tastatur,
– Ausgabegeräten für → Text und → Graphik (→ Drukker, → Plotter),
– autarkem → Arbeitsplatzrechner oder Anschluß an einen Großrechner, jeweils mit geeignetem → Massenspeicher.

*CAD-Programmsysteme* (Software) lassen sich in folgende Bereiche gliedern:
– Kommunikationsbereich (Anwenderschnittstelle), der die Datenein- und -ausgabe von und zum Konstrukteur organisiert,
– Methodenbereich mit fachspezifischen Arbeitsmodellen zum Modellieren, Informieren und Berechnen,
– Produktmodell, das die Beschreibung aller Objekte des Produkts mit all ihren Eigenschaften und Beziehungen unter Verwendung von Daten ermöglicht.

Um ein dreidimensionales → Objekt im Rechner abbilden zu können, muß es in ein rechnerinternes → Modell überführt werden. Die verschiedenen Arten von rechnerinternen Modellen zeigt Bild 1. Grundsätz-

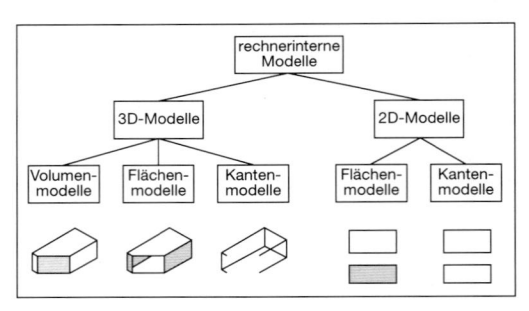

CAD 1: *Rechnerinterne CAD-Modelle*

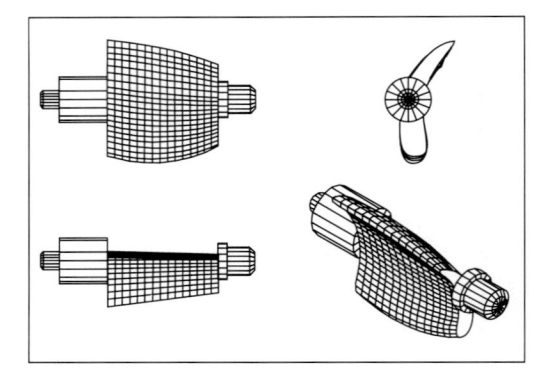

CAD 2: *Darstellung einer Turbinen-Leitschaufel mit einem 3D-Volumenmodell*

lich lassen sich dreidimensionale (3D-) und zweidimensionale (2D-) Modelle unterscheiden.

*3D-Volumenmodelle* bilden das Volumen räumlicher Objekte ab (Bild 2). Dadurch ermöglichen sie die automatische Erstellung von Ansichten oder Schnitten sowie die Berechnung von Volumina, Körperschwerpunkten und Trägheitsmomenten.

*3D-Flächenmodelle* beschreiben räumliche Objekte durch die sie begrenzenden Oberflächen. Damit lassen sich alle Flächenpunkte sowie Schnittkanten ermitteln.

*3D-Kantenmodelle* bilden räumliche Objekte durch ihre Körperkanten ab. Die automatische Ermittlung von verdeckten Kanten oder Schnittkanten ist damit nicht möglich.

Bei der Erstellung von 3D-Modellen ist der Übergang von Kanten- zu Flächenmodellen sowie von Flächen- zu Volumenmodellen möglich.

Mit *zweidimensionalen Modellen* (2D-Flächen- und Kantenmodelle) können nur ebene und rotationssymmetrische Körper eindeutig abgebildet werden. Auf 2D-Systemen lassen sich räumliche Körper auch in mehreren Ansichten zeichnen, rechnerintern werden diese Ansichten jedoch wie unterschiedliche ebene Elemente behandelt.

Mit Hilfe *parametrischer Modelle* ist es möglich, jedes Attribut der Geometriemodelle zu jedem Zeitpunkt der Konstruktion zu ändern. Zusätzlich können damit geometrische Zwangsbedingungen rechnerintern abgebildet werden. Die Parametrik erhöht die Flexibilität der rechnerinternen Geometriemodelle.

CAD-Systeme können den Konstrukteur bei folgenden Tätigkeiten unterstützen:
– Gestalten (von Bauteilen, Baugruppen, Maschinen usw.),
– Informationen suchen (z. B. Normteile, Kosteninformationen).
– Nachrechnen (z. B. Berechnung von Festigkeit oder Durchbiegung),
– Auslegen (z. B. Wahl eines geeigneten Schraubendurchmessers bei vorgegebener Belastung),
– Optimieren (z. B. Minimieren von Abfall durch geeignete Anordnung von Stanzteilen auf einer Blechtafel),
– Simulieren (z. B. den Bewegungsablauf eines Montageroboters),

Der Vorteil des CAD-Einsatzes gegenüber dem konventionellen Konstruieren liegt v. a. in der Möglichkeit, einmal eingegebene Geometrieinformationen wieder- und weiterzuverwenden: Bestehende Teile lassen sich leicht in Form und Größe modifizieren, was v. a. bei der Anpassungs- und Variantenkonstruktion sehr hilfreich ist. Die Geometriedaten aus der Konstruktion können für die Arbeitsvorbereitung und die → Programmierung von NC-Werkzeugmaschinen weiterverwendet werden; der Rechner wird damit zum Hilfsmittel für zahlreiche Ingenieuraufgaben (Computer Aided Engineering, CAE). *Ehrlenspiel*

Literatur: *Eigner, M.* u. *H. Maier*: Einstieg in CAD. Lehrbuch für CAD-Anwender. München-Wien 1985. – *Grätz, J.-F.*: Handbuch der 3D-CAD-Technik. Berlin 1989. – *Pahl, G.*: Konstruieren mit 3D-CAD-Systemen. Berlin 1990. – *Schwaiger, L.*: CAD-Begriffe. Berlin 1987. – *Spur, G.* u. *F.-L. Krause*: CAD-Technik. München 1984. – VDI 2210 (Entwurf): Datenverarbeitung in der Konstruktion; Analyse des Konstruktionsprozesses im Hinblick auf den EDV-Einsatz. Düsseldorf 1975. – VDI 2211, Bl. 1: Datenverarbeitung in der Konstruktion – Methoden und Hilfsmittel, Ausgabe, Prinzip und Einsatz von Informationssystemen. Düsseldorf 1980. – VDI 2211, Bl. 3: Datenverarbeitung in der Konstruktion – Maschinelle Herstellung von Zeichnungen. Düsseldorf 1980. – VDI 2212: Datenverarbeitung in der Konstruktion – Systematisches Suchen und Optimieren konstruktiver Lösungen. Düsseldorf 1981. – VDI 2215: Datenverarbeitung in der Konstruktion – Organisatorische Voraussetzungen und allgemeine Hilfsmittel. Düsseldorf 1980. – VDI 2216: Datenverarbeitung in der Konstruktion – Vorgehen bei der Einführung der DV im Konstruktionsbereich. Düsseldorf 1981. – VDI 2217: Datenverarbeitung in der Konstruktion; Begriffserläuterungen. Düsseldorf 1979. – VDI 993: Datenverarbeitung in der Konstruktion '92 – Plenarvorträge (Tag. München, Okt. 1992). – VDI 1148: Datenverarbeitung in der Konstruktion '94 (Tag. München, Okt. 1994). – VDI 1289: Effiziente Anwendung und Weiterentwicklung von CAD/CAM-Technologien (Tag. München, Okt. 1996). – VDI 1216: CAD/CAM-Systemwechsel – ein Schritt ins Ungewisse? (Tag. München, Okt. 1995). – CAD'96: Verteilte und intelligente CAD-Systeme. Ges. f. Informatik, Kaiserslautern 1996.

**CAD-Datenbank** ⟨*CAD database*⟩. Unterstützt das → CAD, indem → graphische Objekte, ihre → Attribute und → Beziehungen untereinander abgebildet werden. Besondere Anforderung in CAD-Anwendungen sind außerdem lange → Transaktionen, da ein Entwicklungsschritt normalerweise Stunden bis Monate dauert. Daraus leitet sich auch die Forderung nach einer → Versionsverwaltung zur Speicherung konsistenter → Konfigurationen eines Entwicklungsobjekts ab. *Schmidt/Schröder*

**CAGD** ⟨*CAGD (Computer Aided Geometric Design)*⟩. Das computerunterstützte geometrische Modellieren ist ein Teilaspekt des → CAD (Computer Aided Design), der sich mit der Theorie, den Techniken und den Systemen für die rechnergestützte Beschreibung und Darstellung dreidimensionaler Körper befaßt. Es erlaubt (zumindest im Prinzip) bzw. schafft die Grundlagen für
– die Berechnung geometrischer Eigenschaften von Körpern (Volumen, Oberfläche usw.),
– die graphische Darstellung von Körpern,
– weitergehende graphische Anwendungen (Spiegelungseffekte, Schattierung usw.),
– die darauf aufbauende Berechnung des geometrischen und physikalischen Verhaltens der Körper.

Körper werden im Rechner entweder direkt durch volumenbeschreibende Methoden wie die Normzellenaufzählung, das Octree-Verfahren, CSG (Constructive Solid Geometry), Interpolationsmethoden und die Verschiebegeometrie oder indirekt durch oberflächenbeschreibende Methoden wie das Drahtrahmenmodell (wire frame) oder das Oberflächenschema dargestellt. Beim letzteren wird eine Menge von zusammenhängenden Flächenstücken gespeichert. Dabei kommen auch Freiformflächen (*Bézier*-Flächen, *Coons*-Patch, B-Splineflächen) zum Einsatz.

Ein geometrisches Modelliersystem erlaubt dem Benutzer die interaktive Erzeugung und Manipulation der körperbeschreibenden Daten und deren graphische Darstellung auf dem Bildschirm. Die so erstellten geometrischen Daten können dann (zusammen mit weiteren produktdefinierenden Daten, CAD) direkt zur Steuerung von Fabrikationsmaschinen herangezogen werden (→ CIM). *Griebel*

**Callback-Funktion** ⟨*callback function*⟩. Diese Funktionen überprüfen in der Eingabeverwaltung eines Fenstersystems (→ Fenstertechnik), ob zu dem eingetroffenen Eingabeereignis eine → Operation definiert ist. Im positiven Fall wird die entsprechende Operation ausgeführt. C.-F. können Ereignisse vorverarbeiten, bevor die eigentlichen Anwendungsfunktionen ausgeführt werden. Sie besitzen deshalb in diesen Fällen auch Filtereigenschaften. *Langmann*

**CAM** ⟨*CAM (Computer Aided Manufacturing)*⟩. Nach Empfehlung des AWF (Ausschuß für Wirtschaftliche Fertigung e. V.) bezeichnet CAM die EDV-Unterstützung zur technischen Steuerung und Überwachung der Betriebsmittel bei der Herstellung von Produkten im

Fertigungsprozeß. Dabei erstreckt sich CAM auf die direkte Steuerung von Arbeitsmaschinen, verfahrenstechnischen Anlagen, Handhabungsgeräten sowie Transport- und Lagersystemen.

Beim Rechnereinsatz von CAM muß man zwischen zwei Arbeitsebenen, der zentralen Ebene mit dem Fertigungsleitrechner und der lokalen Ebene mit NC-Steuerungseinheiten, unterscheiden. Erstere ist mit der rechnerüblichen Peripherie (Bildschirm, → Drucker, → Massenspeicher etc.) ausgestattet und dient der übergeordneten Koordination und Überwachung des Fertigungsprozesses. Aufgaben sind z. B. Auftragsverwaltung, Werkstattsteuerung, Lagerverwaltung, Werkzeugdisposition, DNC-Steuerung mit Programmspeicherung, -verwaltung und -verteilung. Dagegen dient die lokale Ebene, die durchaus mehrere Hierarchiestufen aufweisen kann, der Steuerung von Bearbeitungsmaschinen, Werkstücktransport und Werkzeugversorgung sowie Handhabungsgeräten.

Die Rechner und Steuerungen in der Fertigung werden beim Einsatz von CAM über ein lokales → Netzwerk (→ LAN) gekoppelt. Dabei treten generelle Probleme der Standardisierung der verschiedenen Systemkomponenten sowie der Schnittstellennormung auf. Mit der Entwicklung eines standardisierten Protokolls → MAP (Manufacturing Automation Protocol) hat General Motors eine Initiative ergriffen, um einen durchgängigen Informationsfluß der fabrikinternen Kommunikationssysteme zu erreichen. *Schulz*

Literatur: *Rapp, H.*: Bewertung von CAD-Systemen. Diss. Universität Stuttgart 1985. – *Schröder, G.*: Die neue Fabrik. Techn. Rundschau 78 (27. 5. 1986).

**Cambridge-Ring** ⟨*Cambridge ring*⟩. Kommunikationssystem, das an der University of Cambridge (Großbritannien) entwickelt wurde. Es zählt zu der Familie der lokalen Netze (→ LAN) und basiert auf einer → Ring-Topologie mit einer Übertragungsrate von 10 Megabit pro Sekunde. Als Medienzugriffsprotokoll dient das Verfahren des → getakteten Ringes, auf dem eine Monitorstation Bit-Rahmen fester Struktur (Slots) erzeugt, die auf dem Ring zirkulieren.

| 1 | 2 | 3 | 4 | 5 | 6 | 7 | 8 |
|---|---|---|---|---|---|---|---|

*Cambridge-Ring: Aufbau der Slots*

1 Synchronisationsbit, 2 leer/gefüllt-Bit, 3 Monitor-Bit, 4 Zieladresse (8 bit), 5 Absenderadresse (8 bit), 6 Daten (16 bit), 7, 8 Response-Bits

*Quernheim/Spaniol*

Literatur: *Hopper, A.* et al.: Local area network design. Addison-Wesley, 1986.

**CAN-Bus** ⟨*CAN (Controller Area Network) bus*⟩. Der CAN-B. ist ein → Feldbus, der ursprünglich für die Vernetzung von Komponenten in Kraftfahrzeugen konzipiert wurde. Seine Robustheit und sein günstiger Preis machen ihn jedoch auch für den Einsatz in Fertigungsumgebungen interessant. Derzeit befindet sich die CAN-Spezifikation unter der Bezeichnung ISO/DIS 11 898 bzw. ISO/DIS 11 519-1 auf dem Weg zur internationalen Standardisierung.

Als Medium (→ Übertragungsmedium) verwendet CAN alternativ verdrillte Zweidrahtleitungen oder Lichtwellenleiter. Hierauf kann bei einer Medienlänge von 40 m eine maximale Datenrate von 1 Mbit/s erzielt werden. Eine Verlängerung des Mediums ist unter Verringerung der Datenrate möglich. An einen Bus können bis zu 32 Knoten angeschlossen werden. Als Medienzugangsprotokoll wird ein prioritätengestütztes CSMA/CA-Verfahren (Carrier Sense Multiple Access/Collision Avoidance) verwendet. Hierbei werden Kollisionen über die Prioritäten vermieden und somit ein partieller Determinismus in bezug auf die Übertragungszeit erzielt. *Hermanns/Spaniol*

Literatur: *Etschberger, K.*: CAN: Grundlagen, Protokolle, Bausteine, Anwendungen. Hanser, München 1994.

**Capability** ⟨*capability*⟩ → Zugriffskontrollsystem

**CAPI** ⟨*CAPI (Common ISDN Application Interface)*⟩. Mit CAPI wird eine einheitliche → Schnittstelle (Interface) zwischen Anwendungen und → ISDN-Endgeräten standardisiert. Während CAPI 1.1 lediglich ISDN-Adapter für PCs berücksichtigt, ist die neue Version CAPI 2.0 plattformunabhängig definiert.

*Quernheim/Spaniol*

**CASE 1.** ⟨*CASE (Computer Aided Software Engineering)*⟩. Die ingenieurmäßige Entwicklung von → Software unter Verwendung von → Software-Produktionsumgebungen (SPU). CASE zielt auf die weitgehende Automatisierung des Software-Entwicklungsprozesses ab. Es faßt hierzu die Methoden und Verfahren des → Software-Engineering für betriebliche Anwendungssysteme und die Werkzeugunterstützung durch Software-Produktionsumgebungen zusammen.

Das Software-Engineering fokussiert auf die Gesamtaufgabe der → Software-Entwicklung, zerlegt diese schrittweise in Teilaufgaben und stellt für den gesamten Software-Lebensweg eine breite Palette spezifischer Methoden und Verfahren bereit. Software-Produktionsumgebungen konzentrieren sich auf die Automatisierung einzelner Teilaufgaben der Software-Entwicklung und stellen korrespondierend ein oder mehrere rechnergestützte Hilfsmittel (CASE-Werkzeuge, *CASE tools*) zur Verfügung.

CASE kombiniert beide Bereiche zu einem abgestimmten System von Methoden, Verfahren und Werkzeugen für die Software-Entwicklung einschließlich der projektbegleitenden Maßnahmen des Projekt-, Konfigurations- und Qualitätsmanagements und berücksichtigt dabei insbesondere die spezifischen Anforderungen der Software-Entwickler. Dabei stellt die Systematisierung der Software-Entwicklung die Grundlage für den sinnvollen Einsatz einer Rechnerunterstützung dar. Durch das Verzahnen beider Bereiche kann eine bessere Beherrschung der Komplexität, eine Steigerung der → Software-Qualität und eine Verbesserung der Produktivität im Software-Entwicklungsprozeß erwartet werden.

Bezüglich der Abstimmung von Werkzeugen mit Methoden und Verfahren sind weiterhin Defizite erkennbar: Zum Teil werden Methoden und Verfahren durch Werkzeuge unterschiedlich interpretiert. Die Durchgängigkeit rechnergestützter Methoden und Verfahren über alle Phasen eines Entwicklungsprozesses ist vielfach eingeschränkt. *Amberg*

Literatur: *Balzert, H.* (Hrsg.): CASE – Systeme und Werkzeuge. 5. Aufl. Mannheim-Leipzig-Wien-Zürich 1993. – *Sommerville, I.*: Software engineering. 4th Edn. Wokingham, England 1992.

**CASE 2.** ⟨*CASE (Common Application Service Element)*⟩. Dienste der → Anwendungsebene in → OSI-Umgebungen wie File Transfer (→ FTAM) oder Electronic Mail (→ Post, elektronische; → X.400) benötigen eine Reihe gemeinsamer Funktionen. Dazu gehören z. B. Mechanismen zum Verbindungsmanagement und zur Koordinierung von Aktivitäten zwischen den einzelnen Kommunikationspartnern. Da diese Mechanismen identisch für alle Dienste sind, ist es ineffizient, sie in jeden einzelnen Dienst separat zu integrieren. Die in OSI realisierte Alternative überläßt daher diese Dienste speziellen Diensteelementen, → CASE, die von allen Anwendungsdiensten gemeinsam genutzt werden können. Zusätzlich wird durch dieses Baukastenprinzip eine größere Flexibilität erreicht (Bild).

CASE: Common Application Service Elements

Die einzelnen standardisierten CASE sind:
- → ACSE, Association Control Service Element;
- → CCR, Commitment, Concurrency and Recovery;
- → ROSE, Remote Operations Service Element;
- → RTSE, Reliable Transfer Service Element.

*Jakobs/Spaniol*

Literatur: *Spaniol, O.; Jakobs, K.*: Rechnerkommunikation – OSI-Referenzmodell, Dienste und Protokolle. VDI-Verlag, 1993. – *Halsall, F.*: Data communications, computer networks and open systems. 3rd Edn. Addison-Wesley, 1992.

**CC** ⟨*Calculus of Constructions*⟩ → Kalkül der Konstruktionen

**CCD** ⟨*CCD (Charge-Coupled Device)*⟩. Ladungsgekoppeltes Bauelement oder ladungsgekoppelte Schaltung. Spezielle Form eines ladungsgekoppelten Bauelementes, d. h. einer Anordnung zur Speicherung und Weiterleitung von analogen und digitalen Signalen durch Verschiebung von zeitlich-räumlich konzentrierten Ladungspaketen, insbesondere unter Verwendung von MOS-Kondensatoren. Die CCD ist eine folgerichtige Weiterentwicklung der Eimerkettenschaltung, wobei die zwischen den Kondensatoren liegenden Schaltertransistoren entfallen.

Beim CCD sind MOS-Kondensatoren in einem homogenen Halbleiterkristall kettenförmig möglichst nahe beieinander angeordnet und ihre Steuerelektroden gruppenweise miteinander verkoppelt (Bild 1).

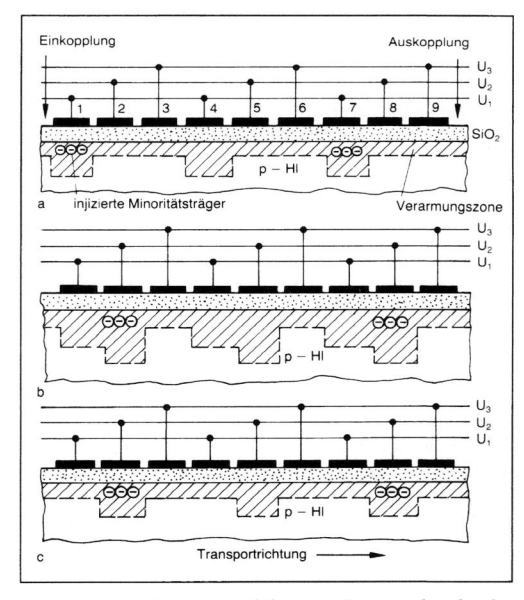

*CCD 1: Dreiphasen-Ausführung; Potentialverlauf in den einzelnen MOS-Kondensatoren und Speicherladungen zu den Zeitpunkten $t_1-t_3$*

Erzeugt man unter der ersten Steuerelektrode einen *tiefen* Verarmungszustand (durch Anlegen einer negativen Spannung größer als die Schwellspannung), so bildet sich dort und in den jeweiligen zur Gruppe gehörenden Kondensatoren eine Potentialmulde. Sie speichert eingebrachte Minoritätsträger eine Zeitlang. Eine solche Minoritätsinjektion kann z. B. durch einen benachbarten flußgepolten pn-Übergang erfolgen (Bild 2),

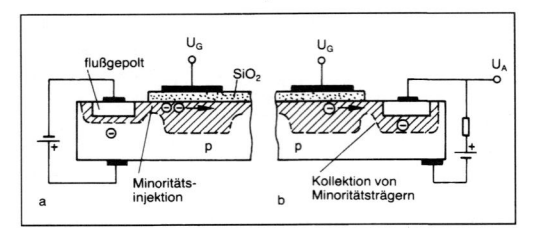

*CCD 2: Ein-/Ausgabeschaltungen (a, b) für Minoritätsträger in einer CCD-Struktur*

aber auch durch optische Generation (Bildaufnahme). Durch zyklisches Weiterschalten des Taktsignals zum benachbarten MOS-Kondensator wird dort eine (leere) Potentialmulde erzeugt, die sich allmählich durch überwandernde Minoritätsträger füllt. In einer folgenden Taktphase wird die Gate-Spannung am vorhergehenden Kondensator auf einen Wert unter die Schwellspannung angehoben, so daß die Potentialmulde dort verschwindet. So wandert das Minoritätspaket zum Nachbarkondensator. Zyklische Fortsetzung dieses Vorgangs transportiert dieses Ladungspaket taktweise an der Halbleiteroberfläche bis an das Ende dieser CCD-Kette. Dort steht es als Ausgangssignal zur Verfügung und kann z. B. durch einen gesperrten pn-Übergang erkannt werden (Bild 2).

Das bisher geschilderte Grundprinzip der CCD arbeitet mit drei Taktphasen. Einer ihrer Nachteile ist, daß eine der drei Taktleitungen nicht kreuzungsfrei realisiert werden kann und damit eine zusätzliche Bondverbindung oder zweite Isolierebene erfordert. Deshalb wurden andere Strukturen entwickelt, die mit zwei und sogar einer Taktphase auskommen.

Beim Ladungstransport von Potentialmulde zu Potentialmulde entstehen Verluste, zum einen in der Mulde selbst durch Rekombination mit thermisch generierten Majoritätsträgern (weshalb die Verweildauer begrenzt werden muß, kleinste Taktfrequenz), zum anderen durch Haftstellen im Halbleitermaterial und insbesondere an dessen Oberfläche. Deshalb darf die Taktfrequenz weder zu klein noch zu hoch sein (Bereich etwa 10 kHz bis weit in den MHz-Bereich). Vor allem die sehr nachteilige Rekombination mit Haftstellen an der Halbleiteroberfläche führte zu einer Reihe von Maßnahmen, um ihre Auswirkungen zu mildern, z. B.

– Verlagerung des Ladungstransportes von der Oberfläche weg ins Halbleitervolumen durch sog. *vergrabene* Kanäle (Buried CCD, BCCD),
– Absättigung der Haftstellen durch generellen Transport einer Grundladung von etwa 10% der Maximalladung (sog. Betrieb mit *fetter Null* (fat zero)),
– Verlagerung der schwer zu übertragenden Restladung von der Oberfläche weg ins Volumen durch den sog. *peristaltischen* CCD (PCCD-, Peristaltic-CCD).

Üblicherweise speichert eine CCD-Zelle ein Bit. Eine Vergrößerung der Speicherdichte ist beispielsweise möglich durch

– Mehrwertspeicherung (Multilevel-Betrieb), wenn die zu speichernde Ladung in n-Stufen aufgeteilt wird und diese mit einer Randelektronik erzeugt und wieder verarbeitet werden;
– den Ripple-Betrieb, wobei grundsätzlich unter jeder Elektrode ein Ladungspaket gespeichert und die eigentliche Verschiebung durch rückwärtslaufende Leer-Bits möglich wird.

Heute werden CCD-Anordnungen mit bis zu 5 000 Elementen in einer Kette und mehr realisiert. Die Hauptanwendungsgebiete dieser aufgrund des Wirkprinzips sehr vielseitig nutzbaren Strukturen sind:

☐ *Transversalfilter.* Hierbei durchläuft das Signal mehrere einfache Teilfilter und nach jedem Teil wird ein durch einen Koeffizienten festliegender Teil addiert. In CCD-Technik aufgebaute Filter reichen so bis in den unteren MHz-Bereich.

☐ *CCD-Speicher*, aufgebaut mit CCD-Schieberegistern (mit seriellem Zugriff). Die Information läuft in einem derartigen Speicher dauernd um (Selbstregeneration). Anwendung finden CCD-Register und -Speicher in der analogen und digitalen → Signal-Verarbeitung, z. B. analoge Schieberegister für Frequenzumsetzung, Zeitkompression und Zeitsynchronisation sowie dynamische Speicher.

☐ *Lichtempfindliche Sensoren* für die Bildaufnahme (CCD-Bildsensoren und -Bildwandler). Dazu gehören die CCD-Zeile als Grundelement sowie die daraus aufgebauten CCD-Matrizen und CCD-Bildsensoren. Bei der CCD-Zeile besteht die CCD-Zelle aus zwei Teilen (Bild 3): dem Sensorbereich, in dem das einfallende Licht Ladungsträgerpaare generiert, und einem benachbarten nicht lichtempfindlichen Transferbereich. Der Sensorbereich wird in mehreren Taktphasen ausgelesen, d. h. die erzeugte Ladung in den Transportbereich verlagert und dort wiederum durch ein Taktsignal der Ausleseschaltung am Kettenende zugeführt. Die Belichtung der Zeile kann sowohl von der Vorder- als auch von der Rückseite her erfolgen, im letzten Fall darf die Chipdicke nur etwa 10 µm betragen. Zeilensensoren mit mehr als 4 036 Bildpunkten werden heute

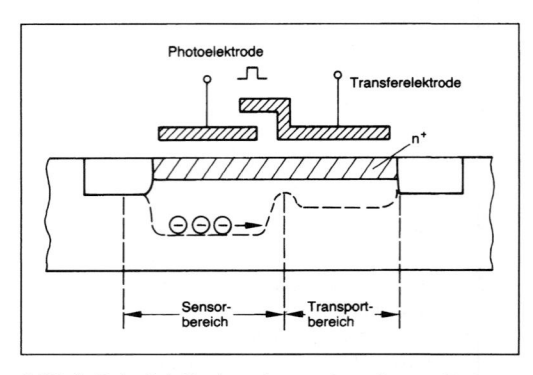

*CCD 3: Prinzipielle Anordnung einer Sensor-Transferstelle*

standardmäßig angeboten. Solche Zeilen werden verbreitet in der Meß- und Robotertechnik z. B. zur Längen- und Lagebestimmung eingesetzt.

Zur flächenhaften Bilderfassung dienen CCD-Matrizen. Dabei sind die lichtempfindlichen Gate-Flächen matrixartig angeordnet. Auslese- und Verschiebevorgänge werden durch Spalten- und Zeilentaktleitungen besorgt. Am Ausgang der CCD-Matrix steht dann zeilenweise ein Signal zur Verfügung, daß der Helligkeitsverteilung der Fläche entspricht.

Besonders feinstufige Bildaufnehmer werden als CCD-Bildsensoren bezeichnet. Grundlage ist die CCD-Matrix, doch wird die abzubildende Fläche so fein in Aufnahmezellen zerlegt, daß ein geschlossener Bildeindruck entsteht. Versieht man die Matrizen mit Mosaik-Farbfiltern, so können auch Farbbilder aufgenommen werden. Da sich der ausgelesene Spannungsverlauf mit zusätzlichen Schaltungen in normgerechte Fernsehbilder überführen läßt, werden CCD-Bildsensoren hauptsächlich in Fernsehkameras und Camcordern eingesetzt. Bildpunktzahlen von über 500 (vertikal) und 700 (horizontal) sind heute Standard.

Für die elektronische Bildwandlung sind CCD heute ein konkurrenzloses Bauelement, während ihre Anwendung für dynamische Speicher hoher Speicherkapazität durch die Entwicklung der DRAM deutlich zurückgegangen ist (→ Ladungskopplungsspeicher). *Paul*

Literatur: *Höfflinger, B.* und *G. Zimmer* (Hrsg): Hochintegrierte analoge Schaltungen. München 1987. – *Weiß, H.* und *K. Horninger*: Integrierte MOS-Schaltungen. Berlin 1986.

**CCITT** ⟨*CCITT*⟩ Abk. für Comité Consultatif International des Télégraphique et Téléphonique. Vorgänger von → ITU-T, des Telecommunication Standardization Sector der International Telecommunication Union. Aufgabe des CCITT war, „... über technische Fragen sowie über Betriebs- und Gebührenfragen der Telegraphie und des Fernsprechdienstes Studien durchzuführen und Empfehlungen herauszugeben". Diese Aufgaben werden heute zum größten Teil von ITU-T wahrgenommen. *Jakobs/Spaniol*

**CCR** ⟨*CCR (Commitment, Concurrency and Recovery)*⟩. Beispiel für ein Common Application Service Element (→ CASE). In → OSI-Umgebungen, in denen entweder mehrere Benutzer gleichzeitig auf eine Datei zugreifen können oder in denen Datenbestände repliziert gehalten werden, sind Maßnahmen zur Konsistenzsicherung (→ Konsistenz) erforderlich. So wäre es im ersten Fall möglich, daß eine von einem Benutzer vorgenommene Änderung der Datei durch einen anderen Benutzer überschrieben wird. Im zweiten Fall besteht die Gefahr, daß zu einem Zeitpunkt inkonsistente Versionen des Datenbestands existieren. Zur Vermeidung solcher Effekte in einer OSI-Umgebung steht das CCR-Dienstelement zur Verfügung.

CCR basiert auf dem Konzept der Atomic Action (→ Aktion, atomare). Es verwendet hierzu ein Two-phase Commit Protocol (zweiphasiges Überführungsprotokoll) und eine als Rollback Error Recovery bezeichnete Prozedur zur Fehlerbehebung. Eine atomare Aktion, die von zwei oder mehreren Anwendungsprozessen (AP) ausgeführt wird, hat folgende wesentliche Eigenschaften:
– Die Operationen einer atomaren Aktion werden nicht durch hieran unbeteiligte AP beeinflußt.
– Die Operationen werden entweder alle erfolgreich abgeschlossen (Commit), oder die gesamte Aktion ist nicht erfolgreich, falls eine Operation nicht ausgeführt werden konnte. In diesem Fall werden alle modifizierten Daten auf die Werte zurückgesetzt, die sie vor Beginn der Aktion hatten (Rollback). *Jakobs/Spaniol*

Literatur: *Spaniol, O.; Jakobs, K.*: Rechnerkommunikation – OSI-Referenzmodell, Dienste und Protokolle. VDI-Verlag, 1993. – *Halsall, F.*: Data communications, computer networks and open systems. 3rd Edn. Addison-Wesley, 1992.

**CCS** ⟨*Calculus of Communicating Systems*⟩. Eine der ersten → Prozeßalgebren zur Beschreibung nebenläufiger Berechnungen; sie wurde in den 70er Jahren von *R. Milner* entwickelt. Das Berechnungsmodell, das CCS zugrunde liegt, basiert auf Prozessen, die nichtdeterministisch Aktionen ausführen und untereinander mittels synchroner → Kommunikation Nachrichten austauschen. CCS definiert eine formale Sprache zur Beschreibung von Prozessen über einem Alphabet von elementaren Aktionen, die entweder Ein- oder Ausgabeaktionen sein können; daneben gibt es die nach außen unsichtbare Aktion τ. Als Operatoren zum Aufbau von Prozessen und Prozeßsystemen kennt CCS Hintereinanderausführung (aP, wobei a eine elementare Aktion und P ein Prozeß ist), nichtdeterministische Auswahl (P+Q bzw. $\Sigma_{i \in I} P_i$ für eine Indexmenge I), rekursive Definitionen, Umbenennen und Verbergen von Aktionen (P\V, wobei V eine Menge von elementaren Aktionen ist) sowie die parallele Komposition (P|Q). Enthalten dabei P und Q dieselbe Aktion a einmal als Eingabeaktion (a) und einmal als Ausgabeaktion (ā), so können sie sich synchronisieren, indem sie diese Aktion gemeinsam ausführen. Nach außen wirkt diese gemeinsame Ausführung wie die Ausführung einer internen Aktion.

*Beispiel*
Der folgende CCS-Ausdruck GA modelliert einen Getränkeautomaten, der gegen Einzahlung von DM 1,– wahlweise eine Tasse Kaffee oder Tee ausgibt und danach wieder zur Verfügung steht. Dabei sind der Geldeinwurf, die Getränkeauswahl und die Getränkeausgabe als drei nebenläufige Prozesse modelliert. Die Eingabeaktionen dieser Spezifikation sind münze (1), ..., münze (100) zur Darstellung des Geldeinwurfs, die Ausgabeaktionen sind tassekaffee und tassetee zur Modellierung der Getränkeausgabe. Die Aktionen okg, okk und okt sowie die entsprechenden Ausgabeaktio-

nen $\overline{okg}$, $\overline{okk}$ und $\overline{okt}$ dienen der Synchronisation der Teilprozesse; sie sind im Gesamtausdruck verborgen und daher nach außen unsichtbar.

GA = ( Geld(100) | Wahl | Ausgabe)\{okg,okk,okt}
Geld(0) = $\overline{okg}$.Geld(100)
Geld(n) = $\sum_{k \in \{1,2,5,10,50,100\}, k \leq n}$münze(k).Geld (n−k) für n > 0
Wahl = kaffee.$\overline{okk}$.Wahl + tee.$\overline{okt}$.Wahl
Ausgabe = (okg.okk.$\overline{tassekaffee}$.Ausgabe) + (okg.okt.$\overline{tassetee}$.Ausgabe)

CCS umfaßt auch einen Kalkül zum Beweis der → Bisimulation.

CCS hat die Entwicklung vieler späterer Prozeßalgebren beeinflußt. Eine Verallgemeinerung und Weiterentwicklung von CCS hin zu mobilen Prozessen, die neben Daten auch Code austauschen können, stellt der → Pi-Kalkül dar. *Merz/Wirsing*

Literatur: *Milner, R.*: Communication and concurrency. Prentice Hall, New York 1989.

**CD** ⟨*CD*⟩ → Compact Disk

**CD-ROM** ⟨*CD-ROM*⟩ → Speicher, optischer

**CDMA** ⟨*CDMA (Code Division Multiple Access)*⟩. Ein → Multiplexverfahren, bei dem alle Benutzer zur gleichen Zeit den gleichen Frequenzbereich belegen (→ TDMA, → FDMA). CDMA verwendet zur Unterscheidung der einzelnen Signale unterschiedliche Codes. *Jakobs/Spaniol*

**CELP** ⟨*CELP (Code Excited Linear Prediction)*⟩. Verfahren zur → Sprachcodierung, bei dem lineare Prädiktoren mit einem per → Vektorquantisierung übertragenen Restsignal angeregt werden. CELP-Verfahren gehören zu den Blockcodern, verursachen also spürbare Codierverzögerungen, benötigen aber bei guter Qualität nur geringe → Bitraten. Varianten von CELP finden Verwendung z. B. in → ITU-T → G.728 und → G.723.1. *Schindler/Bormann*

**CEN** ⟨*European Committee for Standardization*⟩. Abk. für Comité Européen de Normalisation (Europäisches Komitee für Normung). In CEN/CENELEC sind die nationalen Normungsinstitute sowohl aller EU-Länder als auch aller EFTA-Länder Mitglied. Es handelt sich um dieselben Normungsinstitute, die auch Mitglied in → ISO oder → IEC sind. CEN und → CENELEC haben beide ihren Sitz in Brüssel. Die Zielsetzung von CEN/CENELEC ist darauf ausgerichtet, die europäische Normung voranzubringen, allerdings unter Beachtung der ISO/IEC-Arbeit: Wenn ein Gegenstand bereits in ISO/IEC behandelt wird, ist jegliche CEN/CENELEC-Arbeit darauf gerichtet, die ISO/IEC-Arbeit zu übernehmen und falls nötig zu vervollständigen (s. auch → Normung, regionale). *Krückeberg*

**CENELEC** ⟨*European Committee for Electrotechnical Standardization*⟩ Abk. für Comité Européen de Normalisation Electrotechnique (Europäisches Komitee für Elektrotechnische Normung) → Normung, regionale

**CEPI** ⟨*CEPI (Connection Endpoint Identifier)*⟩. Eine → Adresse identifiziert immer einen Dienstzugangspunkt (→ SAP). Da in → OSI-Umgebungen über einen SAP mehrere Verbindungen gleichzeitig abgewickelt werden können, ist ein weiterer Mechanismus notwendig, der es erlaubt, diese einzelnen Verbindungen zu unterscheiden. Dies geschieht über einen CEPI. Ein (N)-CEPI besteht aus zwei Teilen:
– Der (N)-Adresse des (N)-SAP, über den die Verbindung abgewickelt wird.
– Dem (N)-Verbindungs-Endpunkt Suffix ((N)-Connection Endpoint Suffix), der innerhalb dieses SAP eindeutig eine Verbindung kennzeichnet. *Jakobs/Spaniol*

**CEPT** ⟨*CEPT*⟩. Abk. für Conférence Européenne des Administrations des Postes et des Télécommunications. Europäischer Dachverband der nationalen Post- und Netzträgergesellschaften. *Schindler/Bormann*

**CEPT T/CD 6-1** ⟨*CEPT T/CD 6-1*⟩. Empfehlung der → CEPT zur Codierung von Btx-Seiten im Rahmen des → Bildschirmtext. Wird auch in anderen europäischen Ländern verwendet. Wichtigste Eigenschaften sind die Schriftzeichensätze der ISO 6937/2, weitere Schriftzeichensätze für → Mosaikzeichen, eine Reihe von Steuerfunktionen für die Positionierung von → Schriftzeichen auf dem → Bildschirm und die Angabe einer Reihe von Attributen (verschiedene Farben, verschiedene Blinkmodi etc.), die Unterstützung der dynamischen Definition von Farben, von Graphikinformationen auf der Basis von → CGM und von DRCS-Zeichen. DRCS ist die Abkürzung für Dynamically Redefinable Character Set, d. h. für einen → Zeichensatz, bei dem die äußere Form der Zeichen nicht fest vordefiniert ist, sondern in der in verwendenden Btx-Anwendung festgelegt wird. Dies geschieht i. d. R. in Form von → Rasterbildinformationen. Durch die Zuordnung eines → Codesymbols können DRCS-Zeichen daraufhin als Schriftzeichen angesprochen werden. *Schindler/Bormann*

**CFD** ⟨*CFD (Computational Fluid Dynamics)*⟩. Die → numerische Simulation von Strömungsvorgängen in Gasen und Flüssigkeiten. Hier werden beispielsweise die Ausbreitung von Schall, atmosphärische Luftbewegungen oder technisch relevante Fragestellungen wie der Auftrieb von Tragflächen, der Luftwiderstand von Automobilen oder Strömungen in Kanälen und Turbinen studiert. Als → mathematisches Modell dienen meist die *Navier-Stokes*- oder *Euler*-Gleichungen. Diese werden auf strukturierten oder unstrukturierten → Gittern geeignet diskretisiert (beispielsweise durch

→ Finite- → Differenzenverfahren, → Finite-Elemente- oder → Finite-Volumen-Methoden) und die entstehenden Probleme auf dem Computer mit numerischen Verfahren gelöst. Die resultierenden Gleichungssysteme sind insbesondere im dreidimensionalen Fall sehr groß und die Rechenzeiten einfacher numerischer Methoden relativ lang, so daß hierbei oft → Parallelrechner eingesetzt werden. Zudem können effiziente Lösungsmethoden wie → Mehrgitterverfahren verwendet werden. *Griebel*

**CFS** ⟨*CFS (Common Functional Specifications)*⟩. In CFS werden die Ergebnisse zusammengefaßt, die im Rahmen von → RACE erzielt wurden. Sie bilden eine der Grundlagen für die Standardisierungsaktivitäten im europäischen Raum (→ ETSI). *Jakobs/Spaniol*

**CGI** ⟨*CGI (Computer Graphics Interface)*⟩. Standard der → ISO, der die Kommunikationsschnittstelle eines graphischen 2D-Systems mit dem Gerät behandelt.

CGI umfaßt sechs unabhängige Teile, deren Beziehungen untereinander in einem Referenzmodell im ersten Teil festgehalten sind. Daneben erhält der erste Teil allgemeine Erläuterungen und die Beschreibung des Prinzips der Profiles, mit denen die Gesamtfunktionalität von CGI für spezielle Geräte oder Anwendungen eingeschränkt wird; einzelne Profiles werden nicht standardisiert, sondern wie bereits die Profiles für verschiedene GKS-Levels registriert.

Da CGI die Hardware-Eigenschaften von Geräten unterstützen soll, hat es insbesondere auf der Ausgabeseite über → GKS hinausgehende Funktionen wie Kreis und Ellipsen. *Langmann/Schaub*

**CGM** ⟨*CGM (Computer Graphics Metafile)*⟩. Die ISO-Norm 8632 „Information processing systems – Computer graphics – Metafile for the transfer and storage of picture description information" definiert das Format einer → Bilddatei (→ Metafile) für die Speicherung, Übertragung und Wiedergewinnung graphischer Information.

Das CGM-Format besteht aus einer Menge von Elementen zur → Bildbeschreibung sowie Codierungstechniken zur Umsetzung dieser Elemente in maschinenlesbare Dateien. Die definierten Elemente ermöglichen die Darstellung unterschiedlichster Bilder auf einem breiten Spektrum von Ausgabegeräten.

Mit Hilfe der definierten Elemente ist es möglich, eine statische Bildbeschreibung (picture capture) festzuhalten. Ein im CGM-Format geschriebenes Metafile enthält daher im Gegensatz z. B. zum → GKSM keine Information über Strukturen innerhalb des Bildes und keine Elemente, die eine dynamische Bildänderung bewirken können. *Langmann/Muth*

**Character** ⟨*character*⟩ → Zeichen

**Cheapernet** ⟨*Cheapernet*⟩. Eine Variante des → Ethernet, von dem sich C. durch die kürzere maximale Segmentlänge (185 m) und das preiswertere → Übertragungsmedium (RG 58 A/U Koaxialkabel) unterscheidet. Das Medienzugangsprotokoll (→ Medienzugangskontrolle) und die Übertragungsrate (10 Mbit/s) sind identisch. *Jakobs/Spaniol*

**Chi-Quadrat** ⟨*chi-square*⟩. Sind $u_1, \ldots, u_n$ n-unabhängige, standardisierte, normalverteilte Zufallsgrößen, so ist

$$\chi^2 = \sum_{i=1}^{n} u_i^2,$$

$\chi^2$ – verteilt mit $\nu = n$ Freiheitsgraden. Die Verteilungsdichte lautet

$$f(\chi^2) = \frac{1}{2^{n/2} \Gamma\left(\frac{n}{2}\right)} (\chi^2)^{n/2-1} e^{-\chi^2/2},$$

$0 < \chi^2 < \infty$, und ist ein Spezialfall einer Funktion vom *Pearson*schen Typ III. Sind $x_1, \ldots, x_n$ unabhängige Zufallsgrößen aus einer normalverteilten Gesamtheit mit Streuung $\sigma^2$ und wird $\sigma^2$ durch

$$\sigma^2 = \sum_{i=1}^{n} (x_i - x)^2 / (n-1)$$

geschätzt, so ist $(n-1) s^2/\sigma^2$ $\chi^2$ verteilt mit $n-1$ Freiheitsgraden.

Werden die Wahrscheinlichkeiten $p_t$ ($t = 1, \ldots, k$) für die Zugehörigkeit zu k disjunkten Klassen vollständig durch die Testhypothese festgelegt und sind $h_t$ die zugehörigen Häufigkeiten aufgrund einer Stichprobe, so kann die Güte der Übereinstimmung durch die Testgröße

$$\chi^2 = n \sum^{k} (h_t - p_t)^2 / p_t$$

geprüft werden (einseitiger Test). Diese Testgröße ist näherungsweise $\chi^2$ verteilt mit $k-1$ Freiheitsgraden, falls die Anteile $np_t$ nicht zu klein sind (in der Praxis nicht kleiner als 5). Um dies zu vermeiden, ist es oft notwendig, zwei oder mehrere → Klassen mit kleinen Werten $p_t$ zusammenzufassen. Falls die Testhypothese eine Verteilungsdichte zugrunde legt, von der r Parameter mit Hilfe der → Stichprobe zu schätzen sind, um die $p_t$ berechnen zu können, so reduziert sich der → Freiheitsgrad der Testgröße auf $k-r-1$. Für große Werte des Freiheitsgrades ($\nu \geq 30$) ist $\sqrt{\chi^2}$ näherungsweise normalverteilt mit Erwartungswert $\sqrt{2\nu - 1}$ und Streuung $2\nu$. Die üblichen Tafeln dieser Verteilung beschränken sich daher auf $\nu \leq 30$. *Schneeberger*

**CHILL** ⟨*CHILL*⟩. Eine von der → CCITT (heute → ITU-T) standardisierte → Programmiersprache zur → Programmierung von Prozeßrechnern, insbesondere von Nebenstellenanlagen. *Quernheim/Spaniol*

**Chipkarte** ⟨*smart card*⟩ → Smart Card, → Authentifikation

**Chipprüfung** ⟨*chip test*⟩. Die C. – oder verbreiteter: der Test integrierter Schaltungen – umfaßt alle Maßnahmen, die die anforderungsgerechte Funktionsfähigkeit und die Fehlerfreiheit einer solchen Schaltung sicherstellen sollen.

Während Schaltungen mit kleinem Integrationsgrad etwa auf SSI-Niveau noch sehr einfach von den Anschlußklemmen her zu prüfen waren und fehlerhafte mit geringem Aufwand nochmals neu entworfen werden konnten, wurde dies mit steigendem Integrationsgrad unmöglich. Gleichzeitig stieg der Testaufwand (von der Datenkomplexität her) immer mehr. Deshalb haben neben den eigentlichen Testverfahren (auf verschiedenen Ebenen) zunehmend an Bedeutung erlangt:
– Der testfreundliche Entwurf, d. h. Entwurfsstrategien, die auf die spätere Testung Rücksicht nehmen, sowie der Einsatz von Testverfahren und -mitteln im Entwurfsvorgang selbst mit dem Ziel, Entwurfsfehler zu vermeiden.
– Der Trend zu selbsttestenden Schaltungen, d. h. zum Einbau sog. aktiver Testhilfen. Dabei enthält die integrierte Schaltung eigene Testmustergeneratoren, die auf ein Kommando hin Teilbereiche einer Schaltung überprüfen (built-in self test, Selbsttest).
– Der Einsatz fehlertolerierender oder redundanter Prinzipien. Hier sind die nie ganz auszuschließenden Herstellungsfehler bereits vom Entwurf her derart berücksichtigt, daß die Funktion fehlerhafter Funktionselemente bzw. Schaltungsteile entweder selbsttätig oder durch Steuerung von außen von anderen Elementen übernommen wird.

Der Test integrierter Schaltungen schließt Maßnahmen während der Entwicklung und Herstellung ein:
– Während des Herstellungsprozesses zur Kontrolle der einzelnen Fertigungsschritte. Hierfür werden entweder spezielle Chips (sog. Testfelder) oder Teile eines Chips verwendet, die Schaltungen geringen Umfanges, einfache Gatterkombinationen oder auch nur Funktionselemente enthalten. Ziel sind u. a. die Kontrolle der Einhaltung technologischer Parameter, Studium der Ausfallursachen, Gewinnung von Modellparametern und Entwurfsgrößen für den Entwurf. Meßtechnisch fallen hochgenaue Strom- und Spannungsmessungen an.

Die Testmethoden dieser Stufe nutzen neben den typischen elektrischen Halbleitermeßverfahren zunehmend auch fortgeschrittene physikalische Verfahren wie Elektronen-, Ionen- und Laserstrahlabtastung, Infrarotverfahren vor allem zur Untersuchung lokaler Herstellungs- und Schaltungsfehler.
– Neben den Testfeldern werden die vollständigen integrierten Schaltungen selbst im Verlaufe des Herstellungsprozesses zweimal geprüft: als Schaltung auf der Scheibe (Wafer) und später nach der Montage im Gehäuse im Sinne einer Fertigungsendprüfung zur Sicherung der dem Anwender gegenüber garantierten Eigenschaften.

Der Test auf der Scheibe dient vor allem dazu, Schaltungen mit prinzipiellen Fehlern zu erkennen und von der weiteren Verarbeitung auszuschließen. Funktionsuntüchtige Schaltungen werden dabei farbig markiert (sog. *inken*). Technisch werden bei diesem Test die Meßspitzen des Testgerätes auf die an der Schaltungsperipherie an den Chip-Rändern liegenden Anschlußfelder gesetzt. Bei der Fertigungsendprüfung hingegen können die Gehäuseanschlüsse verwendet werden.

Das Prüfprogramm besteht in beiden Fällen im Regelfall aus folgenden Gruppen, die je nach Ziel des Testverfahrens unterschiedlich umfangreich eingesetzt werden:
– Der Funktionsprüfung (functional test program) zur Überprüfung der grundsätzlichen System- oder Schaltungsfunktion. Bei Digitalschaltungen beispielsweise werden dazu individuelle Prüfmuster (test pattern) am Ein- und Ausgang verwendet. Dazu wird das Ausgangssignal der Schaltung bei anliegendem Eingangssignal mit einem Ausgangssollmuster Takt für Takt verglichen. Das Testergebnis lautet Test bestanden oder nicht.
– Der Prüfung typischer statischer Parameter (DC-parametric test), wobei etwa die Spannungspegel und Ströme mit den Sollwerten verglichen werden.
– Der Prüfung des dynamischen Verhaltens (AC-parametric test). Dazu zählen Parameter wie Grenzfrequenz, max. Taktfrequenz, Flankenmessungen, Laufzeiten, Haltezeiten u. a.

Außer den genannten Tests erfahren die integrierten Schaltungen am Ende des Herstellungsprozesses noch eine Reihe von Prüfungen, die ihre Zuverlässigkeit innerhalb gesetzter Grenzen gewährleisten sollen: Dichtigkeits-, Frühausfall-, Lebensdauer-Test.

Die Wichtigkeit der einzelnen Teilprüfungen hängt nicht nur davon ab, an welcher Stelle des Herstellungsvorganges die Prüfung erfolgt, sondern auch stark von der Schaltungskomplexität. Vor allem bei hochintegrierten Schaltungen steigt der Aufwand für die Logiküberprüfung sehr rasch, weil gleichzeitig Schaltungs- und Systemkomplexe über nur sehr wenige Anschlüsse geprüft werden müssen. Hier haben sich für typische Schaltkreise – → Speicher, → Mikroprozessoren, A/D-Wandler – sehr unterschiedliche Teststrategien herausgebildet. Sie hängen stark davon ab, wie die Testbarkeit bereits beim Entwurf berücksichtigt worden ist.

Ein zentrales Problem für den Test höher integrierter Schaltungen ist die Erzeugung individueller Prüfmuster oder der Testmusterfolge, die sog. Testvektorgenerierung. Darunter versteht man eine Folge von Eingangsvektoren der Länge $2^{n+m}$, die $2^{n+m}$ Gesamtzustände enthält. Weil ein völliger Ablauf des Testmusters bei LSI-Schaltungen bereits zu Laufzeiten von Jahren führen würde, muß der Testvektor so gestaltet sein, daß er mit möglichst wenigen Testmustern möglichst viele (ideal alle) Fehler aufspürt und diese an den Anschlüssen nachweisbar macht.

Die Erzeugung solcher Testvektoren ist ein zeitintensiver und kostspieliger Teil des Schaltungsentwurfs, der heute z. T. durch sog. automatische Test-Pattern-

Generatoren (ATPG) softwaremäßig besorgt wird, sofern man bei kleineren Schaltungen (etwa 100 Gatter) nicht zum Handentwurf (sog. Ad-hoc-Generierung) übergehen kann. Auch algorithmische und algebraische Verfahren sind für kombinatorische Schaltungen üblich.

Eine wichtige Grundlage für die Testvektorerzeugung ist die Fehlermodellierung, d. h. die Darstellung, wie sich Fehler der Technologie, Topologie, der Schaltung und des Entwurfs meßtechnisch bemerkbar machen. Verbreitet ist dafür das Haftfehlermodell (single stuck at 0,1). Es nimmt an, daß sich alle Fehler so auswirken, als ob ein Ein- oder Ausgang fest auf logisch eins oder null liegt. Bei gegebener Zahl der Ein- und Ausgänge läßt sich dann die Zahl möglicher Haftfehler mit den tatsächlich vorhandenen vergleichen.

In CMOS-Schaltungen beispielsweise reicht dieses Modell jedoch nur sehr bedingt aus, weil z. B. jeder einzelne Transistor eines Komplementärpaares unabhängig vom anderen permanent leitend (stuck short) oder nichtleitend (stuck open) sein kann. Hierfür wurden verbesserte Modelle entwickelt.

Bereits beim einfachen Haftfehlermodell bemerkt man, daß ein Testvektor oft mehrere Fehler ansprechen kann, also zusammenfallen können. Dies kann zu systematischen Reduktionsverfahren ausgenutzt werden.

Die bisherigen Verfahren zielten darauf ab, Fehler zu entdecken, mit der die hergestellte integrierte Schaltung behaftet ist. Sie können entweder aus der Fertigung stammen (sog. Fertigungsfehler) oder bereits im Entwurf entstanden sein (Entwurfsfehler). Um insgesamt den Prüfaufwand deutlich zu senken, gibt es deswegen mehrere, z. T. parallel verfolgte Wege beim Schaltungsentwurf:

☐ Vermeidung von Entwurfsfehlern auf allen Entwurfsebenen (z. B. der elektrischen Schaltung, der Logik, im Layout). Ein wichtiges Hilfsmittel ist hierbei die Fehlersimulation, d. h. eine Simulation unter Fehlerbedingungen (Fehlermodell). Dabei wird die Schaltung durch eingefügte Fehler geändert und neu simuliert, was sehr zeitaufwendig ist. Daher wird in neueren Verfahren parallel und gleichzeitig simuliert, so daß der Fehler schließlich erkannt und beseitigt werden kann. Neben dieser nachträglichen Fehlerbeseitigung entwickelt sich zunehmend der fehlerfreie Entwurf, in dem der Entwurfsvorgang selbst automatisiert erfolgt und menschlich bedingte Fehler nicht entstehen können. Dieses Verfahren – durchweg als *Silicon Compiler* bezeichnet – steht noch in den Anfängen mit z. T. erheblichen Einschränkungen der Entwurfsfreiheiten.

☐ Schaltungsentwurf mit prüffreundlichen Strukturen, kurz als testfreundlicher Schaltungsentwurf *(design for testability)* bezeichnet. Im Prinzip werden dabei Testhilfen eingebaut, die die Strukturen der Schaltung nicht, wohl aber ihre logische Funktion beeinflussen. Grundsätzlich ist dazu weitere Chipfläche erforderlich, weil die folgenden typischen Grundelemente eingefügt werden:

– Testpunkte, die interne, schwer zu kontrollierende Schaltungspunkte zur Außenwelt führen (sog. Prüfbus, *scan-path*);
– Schieberegister, die zunächst als parallele Ein-Aus-Register arbeiten und durch ein Steuersignal seriell über wenige Anschlußpunkte ausgelesen werden;
– linear rückgekoppelte Schieberegister zur Datenkompression und Testvektorerzeugung;
– sog. BILBO-Strukturen (Built in Logic Block Observation) als universelle Teststruktur, die über Steuersignale als Register, Schieberegister und linear rückgekoppeltes Schieberegister arbeiten können;
– Unterteilung komplexer Schaltungen in einfachere Funktionsmodule. Da größere Systeme mit Busstrukturen arbeiten, ist es oft nur erforderlich, einen Buszugang z. B. über zusätzliche Multiplexer zu verschaffen.

Daneben wird jeweils noch eine Reihe von prüftechnischen Entwurfsregeln beachtet, vor allem der vollsynchrone Entwurf (Trennung von Daten und Takt, Beschränkung auf flankengesteuerte Speicherelemente u. a., Beschränkung der sequentiellen Tiefe). Nach den Testmethoden selbst haben sich neben der schon erwähnten Ad-hoc-Technik (für kleinere Schaltungen) vor allem strukturierte Verfahren, wie die Scan-Techniken und Verfahren für reguläre Strukturen (PLA u. a.) durchgesetzt.

Die Scan-Verfahren (Abtastverfahren) beruhen darauf, ein Schaltwerk durch Erweiterung seiner speichernden Elemente durch ein externes Signal in ein Schaltnetz umzuwandeln und dabei die Speicherelemente zu einem Schieberegister zusammenzuschalten (Testmode). In diesem Zustand kann der Inhalt des Registers seriell ausgelesen oder mit einem Testmuster versehen werden. Wird die Schaltung für eine Taktperiode in den Normalzustand rückgeschaltet, so reagiert die Logik auf den bekannten Speicherinhalt und das Eingangssignal und speichert gleichzeitig das Ergebnis in den Speicherelementen. Es kann im nächsten Schritt im Testmode ausgelesen und mit dem Ausgangssignal verglichen werden.

Je nach der Struktur der verwendeten Zustandsspeicher gibt es verschiedene Varianten des Scan-Verfahrens:
– Für reguläre Strukturen wie PLA lassen sich durch Einbau von Schieberegistern universelle Testvektoren erzeugen.
– Dem letzten Testprinzip lag u. a. der Gedanke zugrunde, das System für den Test in kleinere Einheiten zu zerlegen, die sich einfacher prüfen lassen. Konsequent ist es nun, die dafür erforderlichen einfacheren Prüfprogramme nicht von außen (wie bisher) zuzuführen, sondern intern selbst zu erzeugen. Damit entstehen die Selbsttest-Schaltungen. Sie ersparen einerseits Test-Hardware, zum anderen können damit auch Schaltungsteile überprüft werden, die von außen schlecht zugängig sind. Ein sehr verbreitetes Selbsttestverfahren ist der Einbau eines BILBO (Built in Logic Block Observer). Dies ist ein Funktionsblock, der auf Steuersignal

hin sowohl Testvektorgenerator als auch Testvektoranalysator sein kann. So entfällt u. a. auch das zeitaufwendige Ein- und Auslesen der Testvektoren. Das BILBO-Konzept eignet sich besonders für modular aufgebaute kombinatorische Funktionseinheiten, die über Register zusammenarbeiten.

– Ein Verfahren, das mehr auf eine Ausbeuteerhöhung hinzielt und die Möglichkeit von Herstellungsfehlern bereits vom Entwurf her berücksichtigt, besteht in der Nutzung fehlertolerierender Methoden. Hierbei wird die Schaltung so konzipiert, daß die Funktion eines fehlerhaften Elementes resp. der zugehörigen komplexeren Schaltung automatisch von anderen Schaltungsteilen mit übernommen wird. Diese Technik gewinnt zunehmend für Halbleiterspeicher im Megabit-Bereich an Bedeutung. *Paul*

Literatur: *Tsui, F.*: LSI/VLSI testability design. New York 1987.

**Chomsky-Hierarchie** ⟨*Chomsky hierarchy*⟩. Die echte Hierarchie der →abstrakten Sprachfamilie der Typ-i-Sprachen für i=0, 1, 2, 3; manchmal bezieht sich der Begriff auch nur auf die Hierarchie der entsprechenden Typen von Phrasenstrukturgrammatiken.
*Brauer*

**Church-Rosser-Eigenschaft** ⟨*Church-Rosser property*⟩. Eine binäre Relation → auf einer Menge M mit reflexiv-transitiver Hülle →* und reflexiv-transitiv-symmetrischer Hülle ↔* hat die C.-R.-E., wenn für je zwei Elemente x, y ∈ M mit x ↔* y ein Element z ∈ M existiert, so daß x →* z und y →* z gelten.

Die C.-R.-E. bedeutet informell, daß zwei (bezüglich ↔*) äquivalente Elemente einer Menge immer durch Anwendung der Relation →* in ein einziges Element transformiert werden können. Bei →Termersetzungssystemen impliziert die C.-R.-E., daß jedes Element aus M höchstens eine →Normalform besitzt.

Die C.-R.-E. ist äquivalent zu der einfacher zu formulierenden Eigenschaft der Konfluenz: Die Relation → heißt *konfluent*, wenn für alle u aus u →* x und u →* y folgt, daß es ein z gibt mit x →* z und y →* z. *Newman* zeigte darüber hinaus, daß für terminierende Termersetzungssysteme (→Terminierung) die Konfluenz (und damit die C.-R.-E.) äquivalent zur lokalen Konfluenz ist: Eine Relation → heißt lokal konfluent, wenn für alle u aus u → x und u → y folgt, daß es ein z gibt mit x →* z und y →* z. *Wirsing*

Literatur: *Newman, M. H. A.*: On theories with a combinatorial definition of „equivalence". Math. Ann. 43 (1942) pp. 223–243. – *Avenhaus, J.*: Reduktionssysteme. Springer, Berlin 1995.

**Churchsche These** ⟨*Church thesis*⟩. *A. Church* stellte 1936 die These auf, daß jede im intuitiven Sinne berechenbare Funktion eine →rekursive Funktion ist, also auch (wie von *Church* bewiesen) im →Lambda-Kalkül darstellbar ist. *A. Turing* und *E. Post* formulierten analoge Thesen, die besagen, daß zu jeder intuitiv berechenbaren Funktion ein sie berechnendes Programm für eine →*Turing*-Maschine (bzw. die *Post*sche Variante davon) angegeben werden kann. Die These wird heute als gültig angesehen, da sich alle seit 1936 entwickelten Formalismen zur Definition von Berechenbarkeit als gleichwertig erwiesen haben. *Brauer*

**CIF** ⟨*CIF (Common Intermediate Format)*⟩ →Bildformate

**CIM** ⟨*CIM (Computer Integrated Manufacturing)*⟩. Ansatz für die Computerunterstützung und Integration des →operativen Informationssystems sowie der technischen Planungs- und Steuerungssysteme eines Produktionsbetriebs mit Hilfe integrierter Anwendungssysteme.

Die Leistungskette eines Produktionsbetriebs umschließt die Stufen
– Produktentwurf,
– Entwurf des Herstellungsprozesses für das Produkt (Arbeitsvorbereitung),
– Fertigung einschließlich Montage.

In jeder der drei Stufen ist neben der spezifischen Leistungserstellung eine Qualitätsprüfung der Leistung durchzuführen. Die Lenkung der Leistungskette wird vom operativen Informationssystem sowie von den technischen Planungs- und Steuerungssystemen übernommen. Aufgabe des operativen Informationssystems ist die Planung, Steuerung und Kontrolle der Durchführung von Kunden-, Fertigungs- und Beschaffungsaufträgen sowie die terminliche, kapazitäts- und mengenmäßige Koordination der Produktionsfaktoren. Zu den Produktionsfaktoren gehören Mitarbeiter, Maschinen und Material, aber auch Informationen wie Produktzeichnungen. Die technischen Planungs- und Steuerungssysteme übernehmen Aufträge vom operativen Informationssystem und führen technische Planungsaufgaben wie den Produktentwurf durch oder steuern den Aufträgen entsprechend das betriebliche Leistungssystem.

Die Computerunterstützung der Stufen der Leistungskette wird mit den Abkürzungen CAD (Computer Aided Design), CAP (Computer Aided Planning) und CAM (Computer Aided Manufacturing) bezeichnet. Die parallel ablaufende Qualitätsprüfung trägt die Abkürzung CAQ (Computer Aided Quality Control). Die in diesen Bereichen eingesetzten Anwendungssysteme unterstützen bzw. übernehmen Aufgaben im Bereich der technischen Planungs- und Steuerungssysteme. Sie stehen unmittelbar mit dem operativen Informationssystem, speziell mit dem →Produktionsplanungs- und -steuerungssystem (PPS-System) in Verbindung.

Die Integration der Anwendungssysteme (→Informationssystem, betriebliches) der technischen Planungs- und Steuerungssysteme und des operativen Informationssystems ist auf struktur- und verhaltensorientierte Integrationsziele ausgerichtet:

– Durch die gemeinsame Verwendung von Daten und Funktionen aller Teilsysteme sollen ungeplante Daten- und Funktionsredundanzen vermieden werden. Die → Kommunikation zwischen den Teilsystemen soll automatisiert mit Hilfe von Fabrikkommunikationssystemen erfolgen. Die Kommunikationsabläufe (Kommunikationsprotokoll) sind soweit möglich zu standardisieren, um das Zusammenfügen der Komponenten zu vereinfachen (Plug-and-Play-Technik). Instrumente zur Verfolgung dieser Ziele sind Datenbanksysteme zur Unterstützung der Datenintegration und standardisierte Kommunikationssysteme. Ein bekannter Standard hierfür ist das Manufacturing Automation Protocol (→ MAP).
– Die Daten und Funktionen aller Teilsysteme sind permanent konsistent zu halten. → Konsistenz-Verletzungen sind häufig eine Folge ungeplanter → Redundanz, insbesondere zwischen dem operativen Informationssystem und den technischen Planungs- und Steuerungssystemen, und können daher durch Redundanzvermeidung behandelt werden.
– Ein weiteres verhaltensorientiertes Integrationsziel betrifft die Ausrichtung aller Teilsysteme auf das gemeinsame Zielsystem des Produktionsbetriebs. Dieses für den CIM-Ansatz bedeutendste Ziel bereitet von allen Integrationszielen die größten Probleme bei der Umsetzung und beim Nachweis der Zielerreichung. Ein wesentliches Instrument hierfür ist die ganzheitliche Planung aller Teilsysteme, wie sie im Ansatz der → Informationssystemplanung verfolgt wird.

Historisch betrachtet, bildet der CIM-Ansatz einen natürlichen nächsten Schritt bei der Gestaltung von Produktionssystemen. In handwerklichen Produktionsbetrieben ist sowohl das betriebliche Leistungssystem als auch das betriebliche Lenkungssystem mit eher geringem Automatisierungsgrad ausgestaltet. Beim Übergang zu industriellen Systemen steht die Automatisierung des Leistungssystems im Vordergrund. Die Produktivitätserfolge beim Übergang zu industriellen Systemen beruhen auf der Arbeitsteilung und der weitgehenden Automatisierung der so entstandenen Teilaufgaben. Im nächsten Schritt steht nun die Automatisierung des betrieblichen Lenkungssystems an. Diese Automatisierungsaufgabe liegt dem CIM-Ansatz zugrunde. Ähnlich wie beim Übergang zu industriellen Systemen, der mit veränderten Arbeitsteilungen verbunden ist, sind auch beim CIM-Ansatz neue Organisationsformen möglich.

Ein klassisches Beispiel für neue Organisationseinheiten, die mit Einführung des CIM-Ansatzes möglich werden, sind Flexible Fertigungssysteme (FFS). Sie füllen die Lücke zwischen den bereits in industriellen Systemen verwendeten Transferstraßen und der herkömmlichen Werkstattfertigung mit Einzelmaschinen. Transferstraßen sind vollautomatisierte Produktionsanlagen mit vergleichsweise einfachen Steuerungssystemen für hohe Stückzahlen, aber einem sehr kleinen Spektrum von damit bearbeitbaren Werkstücktypen. Die herkömmliche Werkstattfertigung ist dagegen eher handwerklich organisiert und auf kleine Stückzahlen aber hohe Variantenanzahl ausgerichtet. Ein FFS beinhaltet die zur Bearbeitung erforderlichen Werkzeugmaschinen einschließlich NC-Steuerungen sowie Transport- und Lagersysteme für die Werkstücke und für die erforderlichen Werkzeuge. Der Gesamtbetrieb des FFS wird von einem Leitrechner gesteuert. Das FFS ist bis auf Überwachungsaufgaben und Störfallbehandlungen vollautomatisiert. Es arbeitet innerhalb eines großen Stückzahlenintervalls und eines großen Spektrums von Varianten wirtschaftlich.

Die computerunterstützte Lenkung eines Produktionsbetriebs durch die Anwendungssysteme des operativen Informationssystems und die technischen Planungs- und Steuerungssysteme erfolgt i. d. R. durch ein mehrstufig hierarchisches, dezentralisiertes System von Lenkungskomponenten. Die Hierarchiespitze bildet das Produktionsplanungs- und -steuerungssystem mit den Ebenen Grob- und Feinplanung von Fertigungsaufträgen. Die Grobplanung wird mit Hilfe eines zentralen Computersystems durchgeführt. Die Feinplanung ist auf mehrere dezentralisierte Leitrechner für jeweils abgegrenzte Fertigungsbereiche verteilt und wird abhängig von der Betriebsgröße ggf. in weitere Stufen mit weiteren Leitrechnern unterteilt. Am Ende der Hierarchie stehen NC-Steuerungen (Numerical Control) für die unmittelbare Ansteuerung von Werkzeugmaschinen sowie Speicherprogrammierbare Steuerungen (SPS) für die Ansteuerungen von Transport- und Handhabungssystemen. Die erforderlichen Reaktionszeiten auf Ereignisse im Leistungssystem reichen dabei vom Bereich Millisekunden bei NC-Steuerungen bis zu Stunden bzw. Tagen an der Spitze der Steuerungspyramide. Die Planungssysteme bzw. zugehörigen Anwendungssysteme für den Entwurf eines Produkts (CAD) und für den Entwurf seines Herstellungsprozesses (CAP) stehen mit den Lenkungskomponenten über ein Kommunikationssystem in Verbindung. Sie liefern dorthin z. B. Arbeitspläne und NC-Programme. *Ferstl*

Literatur: *Rembold, U.* u. a.: CIM: Computeranwendung in der Produktion. Bonn 1994. – *Scheer, A.*: CIM – Der computergesteuerte Industriebetrieb. 5. Aufl. Berlin-Heidelberg-New York 1990.

**CISC** ⟨*CISC (Complex Instruction Set Computer)*⟩. Rechner mit komplexem Befehlssatz, insbesondere vielfältigen Adressierungsarten (→ Befehlssatz, reduzierter). *Bode*

**Cleanroom Software Engineering** ⟨*cleanroom software engineering*⟩. Mit dem Cleanroom-Prozeß kann → Software unter statistischer Qualitätskontrolle entwickelt werden. Der erste Schritt der Entwicklung ist die Erstellung einer strukturierten → Spezifikation, die sowohl eine funktionale Spezifikation des zu erstellenden → Systems beinhaltet als auch Anforderungen an die Performanz des Systems sowie statistische Angaben über die Häufigkeiten der Anwendungsfälle. Dabei gibt eine strukturierte Spezifikation eine Zerlegung in Subspezifikationen vor und beschreibt damit nicht nur das vollständige Produkt, sondern liefert zugleich einen Plan zu dessen Implementierung durch eine Folge von Software-Inkrementen sowie einen Plan für den sukzessiven Test von Teilsystemen, die aus den schon verfügbaren Inkrementen aufgebaut sind. Die Teststrategie basiert dabei auf den in der Spezifikation beinhalteten Angaben über die statistische Verteilung der Anwendungsfälle. Die einzelnen Software-Inkremente müssen von einer Größe sein, die eine Entwicklung ohne Entwickler-Test erlaubt (etwa 5000 bis 20 000 Zeilen Code).

Die Software-Inkremente werden von einem Entwicklungsteam mit Methoden des strukturierten Entwurfs und mathematischer (funktionaler) → Verifikation entworfen und codiert und ohne weiteren Test einem Zertifizierungsteam übergeben. Dieses prüft an Hand der aus der Spezifikation gewonnenen Testpläne sukzessive die Qualität der Teilsysteme, die durch Akkumulation der Inkremente entstehen. Dabei wird durch funktionales Testen die Korrektheit der Implementierung überprüft, und aufgrund der statistischen Vorgaben werden aus den Testergebnissen Vorhersagen über die Verläßlichkeit der Software ermittelt. Fehlerhafte Software wird dem Entwicklungsteam zur Korrektur zurückgegeben.

Der hier beschriebene Cleanroom-Prozeß wurde bei IBM entwickelt und in etlichen Projekten (einer Größenordnung von 30 000 bis 80 000 Zeilen Code) erfolgreich eingesetzt. Insbesondere hat sich in Vergleichsuntersuchungen gezeigt, daß die mit (box-)strukturiertem Entwurf und funktionaler Verifikation ohne Unit-Test entwickelte Software deutlich höhere Qualität aufwies als Software, die von den Entwicklern nicht mathematisch verifiziert wurde, sondern mit einem Debugger überprüft wurde. *Nickl/Wirsing*

Literatur: *Mills, H. D.; Dyer, M.; Linger, R. C.*: Cleanroom software engineering. IEEE Software 4 (1987) pp. 19–24. – *Mills, H. D.*: Cleanroom testing. In: *Marciniak* (Ed.): Encyclopedia of software engineering. Wiley & Sons 1994, pp. 97–103.

**Client** ⟨*client*⟩ → Kunde

**Client-Server-Konfiguration** ⟨*client-server configuration*⟩. → Modell für die → Implementierung eines verteilten → Betriebssystems für parallele und verteilte → Rechnerarchitekturen. Dabei werden innerhalb des verteilten → Systems die → Dienste durch in → Software und/oder Hardware implementierte → Server erbracht, die von Auftraggebern (Clients) angefordert wurden. Clients und Server müssen dabei nicht auf demselben → Prozessor ausgeführt werden. Server können zur Steigerung von Leistung und Verfügbarkeit selbst mehrfach vorhanden sein. Spezielle Kommunikationsmechanismen zwischen Clients und Servern sorgen dafür, daß die Verteiltheit der Dienste für den Anwender nicht sichtbar ist (transparent). *Bode*

**Client-Server-Modell** ⟨*client-server model*⟩. C.-S.-M. beschreiben Software-Architekturen, in denen die verschiedenen Komponenten eines i. allg. verteilten Systems (→ System, verteiltes) wie folgt interagieren: Eine kleine Anzahl Diensterbringer (→ Server) stellt bestimmte → Dienste zur Verfügung und veröffentlicht diese Bereitschaft zur Diensterbringung durch Angabe von Dienst, Rechnername und Dienstadresse. Solche Dienste sind dann üblicherweise durch eine sehr große Anzahl von Benutzern (→ Clients) abrufbar. Dazu formuliert ein Client einen Auftrag (z. B. einen Druckauftrag) und schickt ihn an einen Server, der für diesen Dienst zuständig ist (hier also einen Printserver). Im einfachsten Fall wird der Auftrag vom Server bearbeitet und das Ergebnis an den Client zurückgeschickt. Es kann allerdings auch erforderlich sein, daß der Server selbst die Dienste eines anderen Servers in Anspruch nehmen muß, also zunächst selbst zum Client dieses Servers wird (Beispiel: Anfrage an das Directory-System durch einen Message Transfer Agent; → MHS, Message Handling System). *Fasbender/Spaniol*

**Client-Server-System** ⟨*client-server system*⟩ → Rechensystem, verteiltes

**Clipping** ⟨*clipping*⟩. Unterteilen einer vorhandenen Bildinformation in für den Benutzer sichtbare und unsichtbare Teile.

Bei der Ausgabe von Bildern tritt oft das Problem auf, aus der gesamten vorhandenen Bildinformation nur einen Ausschnitt darzustellen. Um ein fehlerfreies Bild zu erhalten, muß die außerhalb des Ausschnittes liegende Bildinformation von der Bildausgabe abgeschnitten werden. Wird dies unterlassen, können unerwünschte Effekte auftreten: Wraparound kann entstehen, wenn Bildelemente außerhalb der Darstellungsfläche einen Koordinatenüberlauf der Koordinatenadressierung des Ausgabegerätes verursachen. Dies führt i. d. R. zu Anomalien des Bildes. Die auftretenden Fehler hängen dabei stark vom Prinzip der Rechnung der einzelnen Bildpunkte (z. B. im → Vektorgenerator) im Gerät ab (Bild 1).

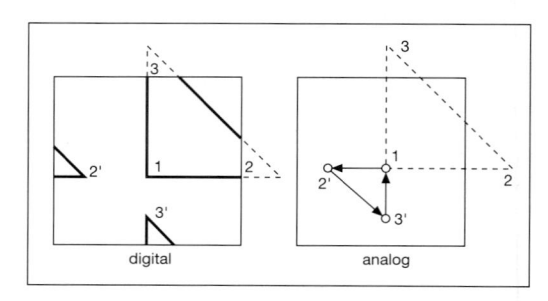

*Clipping 1: Wraparound-Fehler*

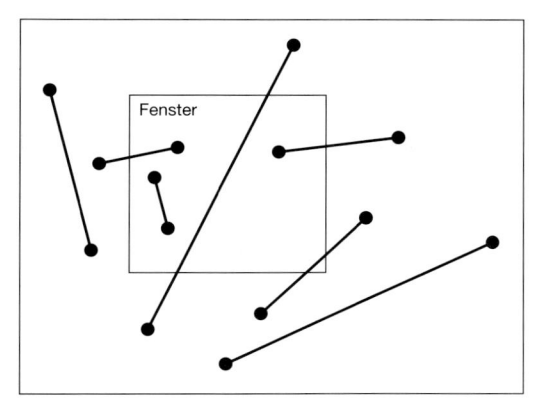

*Clipping 2: Vektor-C. am Fenster*

Aus Gründen der Performanz verwendet man C.-Vorschriften für größere Bildteile, orientiert an den Ausgabe-Primitiven des Systems.
□ *C. von Vektoren (Geraden).* Bild 2 zeigt unterschiedliche Lagen von Vektoren bezüglich des Fensters. Man erkennt, daß bei der Unterteilung einer Geraden in sichtbare und unsichtbare Teile an einem rechteckigen (allg. konvexen) Fenster nur ein sichtbarer Teil entstehen kann.

Vektoren, deren beide Endpunkte oberhalb, unterhalb, rechts oder links des Fensters liegen, sind völlig unsichtbar. Können diese Vektoren einfach aussortiert werden, so ist eine erhebliche Beschleunigung des C. zu erwarten. Der *Cohen-Sutherland*-Algorithmus nutzt diese Eigenschaft, indem die in der ersten Stufe und zusätzlich die im → Bildausschnitt vollständig enthaltenen Vektoren bestimmt werden. Durch eine geschickte → Codierung der Lage der jeweiligen Endpunkte wird die Verwendung einfacher *Boole*scher Operationen für diese Stufe möglich, wodurch sie schnell ausgeführt werden kann. In der zweiten Stufe werden die Schnittpunkte der übrigen Vektoren mit dem Fenster berechnet. Der *Cohen-Sutherland*-Algorithmus ist sehr effizient, wenn die meisten Vektoren völlig innerhalb (sehr großes Fenster) oder völlig außerhalb (sehr kleines Fenster) des Fensters liegen. Nachteilig sind die notwendigen Schnittpunktberechnungen, welche Multiplikation und Division erfordern. Dies wird beim sog. Mittelpunktsalgorithmus vermieden.

Beim Mittelpunktsalgorithmus wird der Schnittpunkt mit den Fenstergrenzen nicht direkt berechnet, sondern durch einen Iterationsprozeß (binäres Suchen) gewonnen. Der Mittelpunkt des Vektors wird als Schätzwert zum Start des Suchvorgangs genommen. Die so entstehenden Hälften werden anschließend wie Einzelvektoren behandelt, d. h., über ihre Endpunkte wird auf völlige → Sichtbarkeit oder Unsichtbarkeit geprüft. Ist eine Entscheidung nicht möglich, wird wieder eine Halbierung durchgeführt usw. Dieser Vorgang führt spätestens nach $\log_2 N$ Schritten zum Ergebnis. Bei einer → Auflösung von $N = 2^{10}$ sind dies maximal zehn Schritte. Der Vorteil dieses Verfahrens gegenüber der Schnittpunktsberechnung liegt in den einfachen Operationen Addition und Shift, die bei der Festkommadarstellung in → Hardware sehr schnell realisiert werden können. Die bei der Halbierung entstehenden zwei Vektoren können bei doppelter Auslegung der Hardware gleichzeitig und unabhängig voneinander weiterverarbeitet werden. Dies wurde im sog. Clipping Divider erstmalig realisiert.
□ *Polygon-C.* Polygone sind besonders als Begrenzungen von Flächen bei der → Rastergraphik wichtig. Ein C.-Algorithmus muß diesem Flächencharakter entsprechen und als Ergebnis des Clipping-Vorgangs wieder geschlossene Polygone liefern. Dies ist nur durch richtige Einbeziehung von Teilen der Fensterbegrenzung

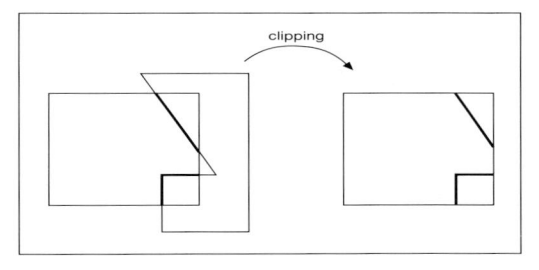

*Clipping 3: C. von Polygonzügen*

in das „geclippte" Polygon möglich (Bild 3).
□ *3D-C.* Im räumlichen Fall wird der interessierende Teil der Bildinformation durch ein sog. Sichtvolumen (view volume) begrenzt. Die beschriebenen Verfahren für den ebenen Fall können sinngemäß auf drei Dimensionen erweitert werden. *Encarnação/Ehmke*

Literatur: Encarnação, J. L. u. W. Straßer: Computer Graphics. 2. Aufl. München 1987.

**CLNS** ⟨*CLNS (Connectionless Network Service)*⟩. Verbindungsloser → Dienst der Vermittlungsebene. Ein CLNS wird z. B. vom Internet Protocol (IP) erbracht. Er unterscheidet sich von einem verbindungsorientierten Dienst (→ CONS) dadurch, daß keine explizite Verbindung aufgebaut wird. Die einzelnen → Pakete werden unabhängig voneinander durch das Netzwerk geroutet (→ Datagramm, → Routing, Verbindung).

*Jakobs/Spaniol*

Literatur: Nussbaumer, H.: Computer communication systems. Vol. 2: Principles, design, protocols. John Wiley, 1990.

**CLP-Sprachen** ⟨*CLP (Constraint Logic Programming languages)*⟩ → Programmiersprache, logikbasierte

**Cluster** ⟨*cluster*⟩. **1.** Netz von verteilten → Arbeitsplatzrechnern oder Personal Computern, die über ein gemeinsames Programmiermodell mit Kommunikati-

ons- und Synchronisationsfunktionen für die Ausführung von →parallelen Programmen geeignet sind.
*Bode*

**2.** Eine Datengruppe, die semantisch zusammengehört und auf die oft gemeinsam zugegriffen wird, z.B. eine Abteilung mit ihren Angestellten. Um die Effektivität dieser Zugriffe zu steigern, werden diese →Daten in physischer Nähe zueinander gehalten, z.B. auf einem gemeinsamen Plattenbereich, einer gemeinsamen Platte oder einem bestimmten Rechner im Netz (→Index, →Fragmentierung, →Replikation).
*Schmidt/Schröder*

**CMIP** ⟨*CMIP (Common Management Information Protocol)*⟩. Innerhalb einer →OSI-Umgebung ist CMIP das Protokoll, das den Netzwerkmanagement-Dienst erbringt (→CMIS, →Netzwerkmanagement).
*Jakobs/Spaniol*

**CMIS** ⟨*CMIS (Common Management Information Service)*⟩. →OSI-Netzwerkmanagement-Dienst. Er erlaubt es dem Netzwerkmanager, auf entfernte Objekte (z.B. →Router oder →Gateways) zuzugreifen. CMIS erbringt einen einfachen →Dienst, der das Senden und Empfangen von managementrelevanten Nachrichten erlaubt (→CMIP, →Netzwerkmanagement).
*Jakobs/Spaniol*

Literatur: Halsall, F.: Data communications, computer networks and open systems. 3rd Edn. Addison-Wesley, 1992.

**CMOS** ⟨*CMOS (Complementary MOS)*⟩. Komplementäre MOS-Technik, bei der sowohl n- als auch p-Kanal-MOS-Transistoren auf dem gleichen Chip integriert sind, die jeweils paarweise zusammenarbeiten.

Die in CMOS aufgebaute Inverterstufe (Bild 1) besteht aus zwei Enhancement-Transistoren unterschiedlichen Leitungstyps in Wechselschaltung (komplementäre Schaltungstechnik). Dabei wirkt der p-Kanal-Transistor als Last für den n-Kanal-Transistor und umgekehrt, je nach anliegendem Steuersignal. Bei L-Pegel am Eingang (d.h. $U_E=0$) sperrt $T_N$, $T_P$ leitet, und die Ausgangsspannung $U_A$ beträgt praktisch $U_{DD}$. Mit wachsender Eingangsspannung wird $T_N$ immer stärker leitend, und $U_A$ sinkt. Liegt H-Pegel am Eingang ($U_E \approx U_{DD}$), so ist $T_P$ gesperrt und $T_N$ geöffnet. Dann liegt $U_A$ auf Masse (L-Pegel).

Weil in CMOS beide Transistoren im Wechsel sperren, fließt praktisch kein Ruhestrom. Stets liegt entweder ein leitender Pfad zur Masse oder zur Versorgungsspannung, aber nie gibt es zwischen beiden Punkten gleichzeitig leitende Pfade. Die statische Verlustleistung ist dadurch sehr gering. Die Ausgangspegel liegen praktisch bei O und $U_{DD}$, d.h., der Störabstand ist groß (deutlich größer als bei TTL-Schaltungen) und die Übertragungskennlinie ist gut symmetrisch. Sofern die Transistoren eine geringe Schwellspannung besitzen ($U_{TO} \leq 1{,}0$ V), ist ein großer Betriebsspannungsbereich möglich ($U_{DD}=3-18$ V). Besonders ausgelegte Schaltungen erlauben Werte bis herab zu 1 V (Bild 2). Der Pegelbereich beträgt üblicherweise

$$O \leq L \leq 0{,}3\ U_{DD};\ 0{,}7\ U_{DD} \leq H \leq U_{DD}.$$

Ein Vorteil des wechselseitigen Schaltens ist, daß die Übertragungskennlinie sehr steil verläuft. Sind beide Transistoren zudem symmetrisch, so stimmen die Potentiale von Ausgangs- und Eingangsanschluß überein, falls der Inverter mit $U_E=U_{DD}/2$ betrieben wird. Darauf beruht die breite Anwendung der CMOS auch in Analogschaltungen. Die geringe statische Verlustleistung wird durch Umladevorgänge als dynamische Verlustleistung vergrößert. Zu ihr tragen die ausgangsseitige Lastkapazität und innere Kapazitäten bei. Das äußert sich durch eine Stromspitze, und im Mittel tritt eine dynamische Verlustleistung

$$P_{dyn} = C_{ges}\ U_{DD}^2 \cdot f$$

auf, die mit der Betriebsfrequenz wächst.

Geringe Verlustleistung ($P_{ges}=P_{stat}+P_{dyn}$) trifft deshalb nur bei sehr niedrigen Frequenzen und geringen kapazitiven Belastungen zu. Daher gibt es im Vergleich zu anderen Schaltungstechniken einen Frequenzbereich, bei dem die CMOS sogar ungünstiger sein kann.

Ein weiterer Vorteil der CMOS ist der relativ kleine Ausgangswiderstand, gegeben durch den Drain-Source-

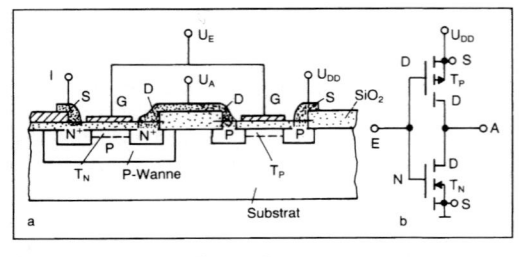

*CMOS 1: Prinzipieller Aufbau (a) und Schaltbild (b) eines CMOS-Inverters*

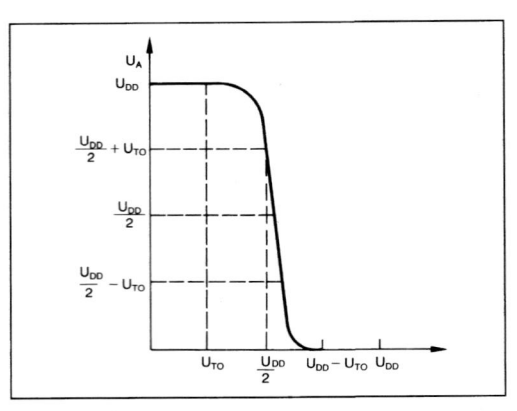

*CMOS 2: Übertragungskennlinie des CMOS-Inverters*

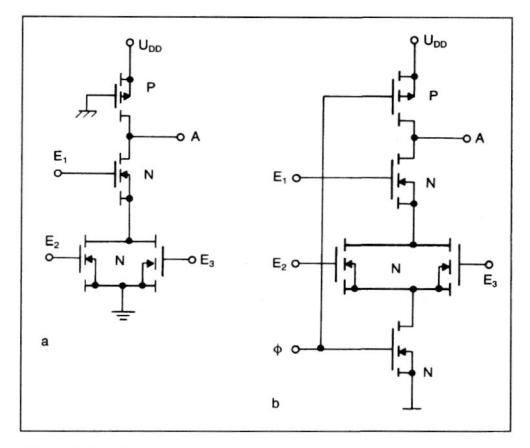

*CMOS 3: Gatter, ausgeführt in Pseudo-NMOS-Technik (a) oder als dynamisches CMOS-Gatter (b)*

Widerstand des eingeschalteten MOS-Transistors. Er hängt vom Verhältnis Kanalbreite zu Kanallänge ab und kann damit konstruktiv frei beeinflußt werden (im Gegensatz zu den meisten NMOS-Techniken, wo er konstruktiven Beschränkungen unterliegt).

Die CMOS-Technik hat sowohl für die Digital- als auch Analogtechnik grundlegende Bedeutung erlangt.

Da sich historisch die CMOS-Technik später als die NMOS-Technik entwickelte, bestand der naheliegende Wunsch, NMOS-Entwürfe einfach in CMOS-Versionen umzusetzen. Dazu wurde die Pseudo-NMOS-Technik (Bild 3 a) entworfen. Das ist eine der NMOS-Technik nachgebildete CMOS mit folgenden Eigenheiten: Als Last arbeitet ein p-Kanal-Transistor. Die Schaltung selbst ist eine Verhältnislogik (kein freier Transistorentwurf), die eine größere Verlustleistung und schlechtere dynamische Eigenschaften besitzt. Weitere Verbesserungen (Einsparung von Chipfläche, besseres dynamisches Verhalten) brachte der Übergang zu dynamischen CMOS-Gattern. Dabei wird die dynamische Funktion nur aus den Transistoren eines Leitungstyps realisiert, so daß ein Gatter mit n-Eingängen nicht mehr 2n, sondern nur noch n+2 Transistoren benötigt (Bild 3 b). So wird z. B. während einer Ladephase (Takt $\varphi=0$) der p-Kanal-Transistor leitend, während alle n-Transistoren gesperrt sind. Dann führt der Knoten A die Spannung $U_{DD}$. Während der Taktphase $\varphi=1$ ist dagegen der p-Kanal-Transistor gesperrt, und die n-Transistoren leiten abhängig vom Eingangssignal. So wird Knoten A je nach Eingangssignal entladen oder nicht. Auf solche Ideen baut eine Reihe von neueren CMOS-Schaltungstechniken auf, z. B. die *Domino*technik (bei der statische Inverter zwischen dynamischen Blöcken eingebaut sind) oder die *Nora*-Technik. Im letzten Fall werden die logischen Funktionen durch dynamische p- und n-Kanal-Blöcke realisiert, als speichernde Elemente dienen getaktete CMOS-Latches. Das gesamte System ist in Abschnitte zerlegt, die durch Latches getrennt sind. So entsteht in einer solchen Anordnung ein pipelineartiger Informationsfluß.

Eine weitere Besonderheit der CMOS ist die Möglichkeit, sog. Transmissionsgatter (Torschaltung zur bidirektionalen Signalübertragung) aufzubauen, die ein Signal in beiden Richtungen durchschalten oder sperren können. Solche Strukturen erlauben logische Verknüpfungen auf z. T. einfache Weise. Transmissionsgatter finden auch breite Anwendung als Schalter, z. B. in Multiplexern.

Analoge CMOS-Schaltungen entstanden nicht allein durch die erwähnten Vorzüge der CMOS, sondern zunehmend aus der Notwendigkeit, digitale und analoge Schaltungsteile auf dem Chip zu verflechten. Herausgebildet haben sich hauptsächlich zwei Schaltungsgruppen: solche auf Basis der Schalter-Kondensator-Technik und nichtgetaktete Schaltungen. Zentrale Funktionseinheit der letzten Gruppe ist der Operationsverstärker (OP) hoher Verstärkung und sehr geringer Offsetspannung, sowie großer Bandbreite. Betreibt man die MOSFET dabei im Bereich schwacher Inversion, d. h. mit sehr geringen Strömen ($\lesssim 1$ μA), so lassen sich Operationsverstärker mit extrem kleiner Verlustleistung und für geringe Betriebsspannungen realisieren.

Für getaktete CMOS-Schaltungen sind solche Verstärker eine Voraussetzung ebenso wie Transmissionsgatter und MOS-Präzisionskondensatoren. Mit derartigen Elementen wurden vor allem SC-Filter entwickelt, aber auch Impulsoszillatoren, Modulatoren, AD/DA-Wandler, Code-Decoder, PLL-Schaltungen, Referenzquellen u.a.m.

Die CMOS erlaubt heute eine sehr gute Integration von Analogschaltungen, die lange Zeit als die Domäne der Bipolartechnik galten (geringes Rauschen, geringe Offsetgrößen, hohe Verstärkung, gutes Frequenzverhalten, hohe Ausgangstreiberleistung).

Das technologische Konzept der ersten CMOS-Schaltungen in den 60er Jahren war die sog. *p-Wannen*-Technik. Dabei befindet sich der n-Kanal-Transistor zur Isolation (Sperrschichtisolation) in einer p-Wanne. Um unerwünschte Oberflächenkanäle zu vermeiden, werden beide mit einem Schutzring (Kanalstopper) umgeben. Dies erfordert viel Chipfläche. Verbesserungen brachten erst die Isoplanar-Technik und die LOC-MOS-Technik.

Im Verlauf der 70er Jahre entstand die n-Wannen-CMOS. Nicht in allen Fällen wird die CMOS-Komplementarität voll ausgenutzt. So befindet sich z. B. bei vielen DRAM die Speichermatrix in einem p-Substrat, während die Peripherie in CMOS-Technik entworfen wird (gemeinsame Integration von CMOS- und n-Kanal-Transistoren auf dem gleichen Chip). Dies gilt ganz besonders für EPROM-Schaltungen und Mikroprozessoren.

Kompatibilität der CMOS mit der n-Kanal-Si-Gate-Technik ist erforderlich, weil Kanaltransistoren bei gleichen Abmessungen etwa zwei- bis dreimal schneller als p-Kanaltypen durch die Beweglichkeitsunterschiede für Elektronen und Löcher sind. Das muß für höhere Arbeitsgeschwindigkeiten beachtet werden.

Der n-Wannenprozeß eignet sich sehr vorteilhaft für die gleichzeitige Integration von Bipolartransistoren.

Ein wichtiger Gesichtspunkt waren auch sog. Heißelektroneneffekte, die an n-Kanaltransistoren mit kurzen Kanallängen entstehen können, bei p-Kanaltransistoren hingegen praktisch keine Rolle spielen.

Etwa in diese Zeit fällt auch eine deutliche Strukturverkleinerung der CMOS durch Skalierung, die verbreitet durch die Bezeichnung HCMOS-Technik erfaßt wird.

Im dritten Schritt schließlich ging man Ende der 70er Jahre zur Doppelwannen-Technik über, bei der jeder MOSFET eine eigene Isolierwanne hat. Als entscheidender Vorteil können hier beide Wannendotierungen unterschiedlich gewählt werden, was die Flexibilität beim Entwurf deutlich vergrößert.

Trotz aller Vorzüge muß auf zwei wichtige Nachteile der CMOS verwiesen werden:
– Der Latchup-Effekt durch parasitäre Transistoren. So ergibt sich vom p-Drain-Gebiet über das n-Substrat zur p-Wanne und zum p-Source-Gebiet (Bild 4) eine pnpn-Zonenfolge (Vierschichtdiode), die unter bestimmten Bedingungen durchschalten kann (Thyristor-Effekt). Dabei wird der CMOS-Inverter zerstört.
– Die relativ großen Parasitärkapazitäten zur Wanne hin und von der Wanne zum Substrat.

Beide Effekte werden vermieden, wenn anstelle des Substrates ein Isolatormaterial mit dünnem einkristallinen Halbleiterfilm für die Aufnahme der MOSFET an der Oberfläche abgeschieden wird. Diese SOS- bzw. SOI-Technik ist eine erfolgversprechende Entwicklung, mit der die CMOS auch in den Bereich der Ultrahöchstintegration (ULSI) eindringen könnte.

Insgesamt sind die Vorteile der CMOS heute so bestimmend angesehen, daß sie als wichtigste Integrationstechnik für den VLSI-Bereich gilt. Herauszuheben sind dabei
– die große Schaltungsgestaltungs-Flexibilität sowohl für statische als auch dynamische Konzepte,
– die Eignung sowohl für Digital- als auch Analogschaltungen,
– der große konstruktive Freiraum bei der Festlegung elektrischer Eigenschaften (großer Versorgungsspannungsbereich, Störsicherheit u. a.),
– Vorteile des geringen Leistungsverbrauchs,
– geringer Temperatureinfluß (vor allem bei üblichen Umgebungstemperaturen),
– Einsatz des Skalierungsverfahrens für die weitere Strukturverkleinerung des MOSFET (dieses Prinzip ist auf Bipolartransistoren weit weniger gut anwendbar). Dabei wurde erkannt, daß für Kanallängen unter 0,5 µm der Betrieb des MOSFET bei sehr tiefer Temperatur (77 K und darunter) deutliche Vorteile bringt: Steigerung der Geschwindigkeit um den Faktor 3, bessere Latchup-Unterdrückung, geringere Leckströme (damit längere Speicherzeiten beim DRAM, kleinere Leitungswiderstände), jedoch auch größerer Heißelektroneneinfluß. Ob sich der Betrieb der CMOS in diesem Temperaturbereich durchsetzt, muß die Zukunft zeigen.

Trotz der Vorteile sollten einige Begrenzungen genannt werden:
– der etwas größere Flächenaufwand gegenüber der Einkanal-Technik,
– eine höhere Prozeßkomplexität,
– die Gefahr des Latchup, die besondere Schutzmaßnahmen erfordert.

Die CMOS-Technik hat in den letzten Jahren ein breites Anwendungsfeld gefunden:
– CMOS-Digitalschaltungen sind TTL-kompatibel (z. T. sogar mit gleicher Anschlußbelegung) und heute ebenso schnell bei deutlich geringerer Verlustleistung. Deshalb gibt es für die meisten TTL-Schaltungen äquivalente CMOS-Typen.
– In Einsatzfeldern mit niedriger Batteriespannung und Verlustleistung (Digitaluhren, batteriebetriebene Geräte der verschiedensten Art).
– Durch die hohe Störsicherheit, die ältere störsichere Schaltungsfamilien (DTLZ u. a.) abgelöst hat. Ein breiter Einsatz in der Automatisierungstechnik, Kfz-Elektronik, Wehrtechnik und Raumfahrt war die Folge.
– Die hohe Packungsdichte war u. a. die Grundlage für den Einsatz in allen hochintegrierten Schaltungen (SRAM, DRAM, Mikroprozessoren, Telekommunikationsschaltkreise, AD/DA-Wandler.
– In MOS-Analogschaltungen, die durch CMOS erst in breitem Umfange möglich wurden und insbesondere

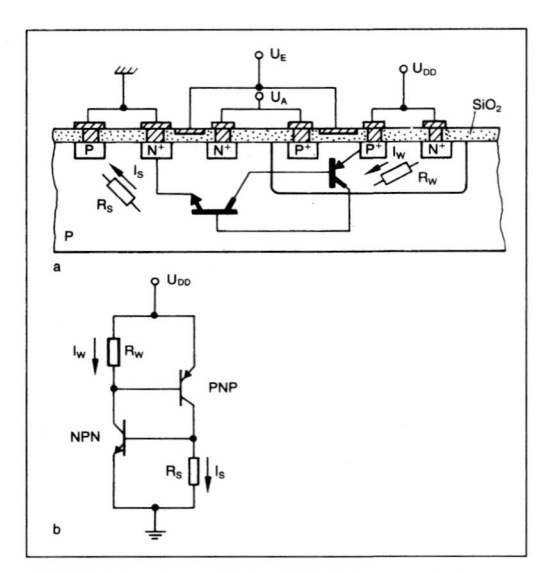

*CMOS 4: Latch-up-Effekt. CMOS-Inverter, Aufbau mit eingetragenen Parasitärelementen und Ersatzschaltbild*

Rw, Rs Wannen- bzw. Substratwiderstände

durch das Schalter-Kondensatorprinzip auch in die Filtertechnik eindrangen.
– Im nahezu gesamten anwenderspezifischen Bereich (ASIC) wegen der schon genannten Vorteile. *Paul*

Literatur: *Höfflinger, B.* und *G. Zimmer* (Hrsg): Hochintegrierte analoge Schaltungen. München 1987. – *Millman, J.* and *A. Grabel*: Microelectronics. New York 1986. – *Paul, R.*: Mikroelektronik – eine Übersicht. Berlin 1990.

**Cobol** ⟨*Cobol*⟩ → Programmiersprache, imperative

**CoCoMo-Methode** ⟨*CoCoMo method*⟩. Eine in der amerikanischen Raumfahrtindustrie entwickelte Methode zur Schätzung des Personalaufwands für Informatikprojekte (Constructive Cost Model). Sie ist der bekannteste Vertreter einer Klasse von Verfahren, die zuerst die Anzahl der zu schreibenden Instruktionen schätzen, diese in Schwierigkeitsklassen einteilen und für jede Klasse mit einem aus empirischen Daten abgeleiteten Produktivitätsfaktor arbeiten.

Das CoCoMo-Modell geht davon aus, daß es einen nichtlinearen Zusammenhang zwischen Größe eines Programms und Entwicklungsaufwand gibt. Die Berechnungsformeln haben die Form

$A = c \cdot K^x$.

Dabei ist A die Anzahl der benötigten Personenmonate und K die Größe des Programms in Tausenden von Instruktionen (KLOC: Kilo Lines of Code). Der Faktor c hat die Werte (2,4; 3,0; 3,6) und die Potenz x die Werte (1,05; 1,12; 1,20), je nachdem, ob es sich um einfachen, mittelschweren oder schwierigen Code handelt. Bis zu 70 andere Einflußfaktoren werden anschließend herangezogen, um die so erhaltene Zahl der Programmierer-Personenmonate für die jeweilige Situation anzupassen. Die in der Literatur verwandten Werte für c und x basieren auf Daten aus dem technisch-wissenschaftlichen Bereich (amerikanische Raumfahrtindustrie). In einer anderen Umgebung muß man eigene auf relevanten empirischen Daten beruhende Werte einsetzen. Der große Nachteil dieser Klasse von Schätzungsmodellen ist, daß sie von der Anzahl der zu schreibenden Instruktionen ausgehen, also im Prinzip erst nach Beendigung der Entwurfsphase einsetzbar sind. Auch erlauben sie keine Produktivitätsvergleiche zwischen verschiedenen Programmiersprachen, da diese bei der Anpassung der Grobschätzung als Parameter in das Modell eingehen. *Endres*

Literatur: *Boehm, B.*: Softwareengineering economics. Englewood Cliffs, NJ 1981.

**CODASYL** ⟨*CODASYL (Committee on Data Systems Languages)*⟩. Für die Standardisierung von Cobol verantwortliches Gremium, das die Integration von Datenbanksystemen und Programmiersprachen durch eine → Anwendungsprogrammierschnittstelle, insbesondere für das Netzwerkdatenmodell (→ DBTG), vorangetrieben hat. *Schmidt/Schröder*

**Code** ⟨*code*⟩. **1.** Im Bereich der → Programmierung bezeichnet man den Programmtext als Programmcode und spricht beim Übersetzerbau von Quellencode (dem → Text in der höheren → Sprache) und vom Maschinencode, der oft auch einfach C. genannt wird.

**2.** In der → Codierungstheorie ist ein C. über einem (stets als endlich und nicht leer vorausgesetzten) → Zeichenvorrat Z eine endliche, nichtleere Teilmenge des freien → Monoids Z*, d. h. eine Menge von Wörtern, die Codewörter heißen. Ist A ein weiterer Zeichenvorrat (ein Alphabet einer Sprache), so heißt eine injektive Abbildung C von A in Z* \ {Λ} eine Codierung. Das Bild eines Zeichenvorrats unter einer → Codierung ist ein C.

Für die Praxis sind nur C. interessant, deren → Decodierung eindeutig möglich ist. Bekannte Codes sind
– die verschiedenen Binärdarstellungen für Dezimalziffern, wie die C. von *Stibitz, Aiken* und *Gray*, die früher in der Rechner-Hardware verwendet wurden;
– der ASCII-C. zur rechnerinternen Darstellung alphanumerischer → Zeichen, der in den Normen DIN 66 003 und ISO 646 festgelegt ist – er ermöglicht die Hinzunahme eines Paritätsbits;
– der Morsecode für die Morsetelegraphie;
– der CCIT-C. des internationalen Telex-Systems;
– der ISBN-C. zur Kennzeichnung von Büchern.

*Brauer*

**Code- und Haldensegment** ⟨*code and heap segment*⟩ → Speichermanagement

**Codeerweiterung** ⟨*code extension*⟩. Mechanismen nach ISO 2022 zur → Codierung von → Zeichenvorräten, die in ihrer Mächtigkeit die Anzahl der vorhandenen → Codesymbole übersteigen.

□*C. für* → *Schriftzeichensätze.* Wenn in einer Anwendungsumgebung (→ 7-Bit-Umgebung oder → 8-Bit-Umgebung) der durch einen einzelnen → 7-Bit-Code bzw. → 8-Bit-Code gegebene → Zeichenvorrat nicht ausreicht, wird die C. angewendet, um Codesymbole dynamisch mit neuen Bedeutungen belegen zu können. Hierbei werden die gerade aktiven Schriftzeichensätze (die die aktuellen Bedeutungen der Codesymbole ausmachen) zeitweise oder permanent durch andere ersetzt. Dazu dienen besondere → Steuerzeichen, die → Umschaltzeichen genannt werden. Die Benutzung eines Umschaltzeichens wird Aufruf (invocation) des gewählten Schriftzeichensatzes genannt. Die Umschaltzeichen spezifizieren,
– ob die Änderung nur für das nächste → Zeichen gelten soll (single shift, SS) oder für alle folgenden Zeichen (locking shift, LS),
– welcher Schriftzeichensatz nun aktiviert werden soll,
– und – in einer 8-Bit-Umgebung – welcher der beiden gerade aktiven Schriftzeichensätze durch den gewählten Schriftzeichensatz „ersetzt" werden soll.

Um die Anzahl der notwendigen Umschaltzeichen zu reduzieren, wird die C. in zwei Schritten vorgenommen. Bis zu vier Schriftzeichensätze sind durch die Umschaltzeichen direkt aktivierbar und werden in ihren Wartepositionen G0, G1, G2 und G3 genannt. Daraus leiten sich die Namen der Umschaltzeichen ab:
– LS0 (locking shift von G0 in die linke Hälfte der Codetabelle), LS1, LS2, LS3;
– LS1R (locking shift von G1 in die rechte Hälfte der Codetabelle), LS2R, LS3R;
– SS2 (single shift von G2 in die linke Hälfte der Codetabelle), SS3.

Mit Hilfe der Bereitstellungsfunktionen (designation sequences) wird bestimmt, welche Schriftzeichensätze (aus der Menge aller jemals definierten Schriftzeichensätze) die vier Wartepositionen einnehmen. Damit Bereitstellungsfunktionen eindeutig bestimmte Zeichensätze identifizieren, wird eine internationale Registrierung der Zeichensätze und ihrer Bereitstellungsfunktionen vorgenommen.

□ C. für → Steuerzeichensätze. Mit Hilfe der Codesymbole aus den Spalten 0 und 1 bzw. 8 und 9 der Codetabelle können in einer 7-Bit-Umgebung 32 Steuerfunktionen und in einer 8-Bit-Umgebung 64 Steuerfunktionen direkt repräsentiert werden. Zusätzliche Steuerfunktionen können dadurch repräsentiert werden, daß ihre Codierung mit dem C.-Steuerzeichen → ESC (escape) beginnt. Solche Steuerfunktionen werden daher häufig Escape-Sequenzen genannt.

Komplexere Steuerfunktionen lassen sich aus dem C.-Steuerzeichen CSI (Control Sequence Introducer) und numerisch spezifizierten Parametern konstruieren (Kontrollsequenzen). *Schindler/Bormann*

**Codeerzeugung** ⟨code generation⟩. Die C. ist die letzte Phase der Übersetzung. Sie zerfällt in die Teilaufgaben Instruktionsselektion, → Registerzuteilung und → Instruktionsanordnung. Der Codeerzeuger generiert die Befehle des Zielprogramms. Dabei benutzt er zur Adressierung von Variablen die bereits vorher zugeteilten Speicheradressen. Allerdings kann die Zeiteffizienz des Zielprogramms oft gesteigert werden, wenn es gelingt, die Werte von Variablen und Ausdrücken in den Registern der → Maschine zu halten. Da jede Maschine nur über eine beschränkte Zahl von solchen Registern verfügt, muß der Codeerzeuger diese möglichst nutzbringend zur Ablage von häufig benutzten Werten verwenden. Dies ist die Aufgabe der Registerzuteilung.

Ein weiteres Problem des Codeerzeugers ist die → Codeselektion; das ist die Auswahl möglichst guter Befehlsfolgen für die Ausdrücke und Anweisungen des Quellprogramms. Die meisten Rechner bieten mehrere Befehlsfolgen als Übersetzung einer Quellsprachenanweisung an. Daraus gilt es, eine bzgl. Ausführungszeit und/oder Speicherplatzbedarf möglichst gute Befehlsfolge auszuwählen.

Kann der Zielprozessor mehrere Befehle parallel zueinander ausführen, so sollte der Codeerzeuger versuchen, dies möglichst effektiv zu nutzen. Dazu muß er die vom Codeselektor ausgewählte Befehlsfolge eventuell umordnen. Dies ist die Aufgabe der Instruktionsanordnung. *Wilhelm*

**Codeinspektion** ⟨code inspection⟩. Spezielle Form der Prüfung eines Stücks codierter Software durch (menschliche) Begutachtung. Besondere Verbreitung hat die Inspektionsmethode durch *M. E. Fagan* gefunden. *Hesse*

Literatur: *Fagan, M. E.*: Advances in software inspections. IEEE Trans. Software Engineering 12 (1986) No. 7.

**Codekonvertierung** ⟨code conversion⟩ → Codewandlung

**Codeoptimierung, maschinenunabhängige** ⟨machine ndependent code optimization⟩. Weitere statische Analysen des Quellprogramms (→ Datenflußanalyse) können Indizien für zu erwartende Laufzeitfehler bzw. Möglichkeiten für effizienzsteigernde Transformationen entdecken. Durch eine Datenflußanalyse können z. B. folgende Eigenschaften untersucht werden:
– enthält das Programm nicht erreichbare Programmteile, sog. toten Code;
– gibt es Programmvariablen, die bei allen Ausführungen die gleichen Werte haben;
– gibt es redundante Berechnungen, das sind Berechnungen von Ausdrücken, deren Wert berechnet wurde und noch zur Verfügung steht;
– gibt es schleifeninvariante Ausdrücke, das sind Ausdrücke in Schleifen, deren Bestandteile sich durch die Ausführung des Schleifenrumpfs nicht ändern.

Sind diese Informationen bekannt, so kann der Übersetzer das Programm eventuell effizienter machen. Er kann toten Code beseitigen, redundante Berechnungen vermeiden, bekannte Werte für Variablen einsetzen und Ausdrücke eventuell schon auswerten. Diese Umformungen bezeichnet man als effizienzsteigernde Programmtransformationen, traditionell mit dem Namen C. belegt. Diese Bezeichnung ist unpassend, da bei vielen Transformationen höchstens eine lokale, aber nie die globale Optimalität bezüglich eines vorgegebenen Kriteriums erreichbar ist. *Wilhelm*

**Coder** ⟨encoder⟩. In einem C. wird die → Codierung der drei Farbwertsignale zu einem Frequenzmultiplexsignal vorgenommen, das je nach Farbfernsehsystem die Bezeichnung NTSC, SECAM oder PAL trägt. Ein C. enthält im wesentlichen folgende Baugruppen:
– Linearmatrix für das Leuchtdichtesignal und die zwei Farbdifferenzsignale,
– Tiefpaßglieder zur Bandbreitebeschneidung der Farbdifferenzsignale,

– Modulatoren, bei NTSC und PAL Doppelgegentaktmodulatoren mit Trägerunterdrückung, bei SECAM ein Frequenzmodulator mit Ruhefrequenzregelung,
– Laufzeitglieder und Farbträgerfalle im Leuchtdichtekanal zur Laufzeitanpassung an die geträgerten Farbdifferenzsignale und zur Reduktion des Farbnebensprechens,
– Impulsgeber und Summierverstärker zur Bereitstellung des Impulshaushalts für Kennimpulse (Burst) und zur Zusammenfassung von modulierten Farbdifferenzsignalen und Leuchtdichtesignal zum sendefähigen Farbfernsehsignal.

C. werden häufig als integrale Bestandteile von Bildquellengeräten wie Farbkamera und Farbfilmabtaster verwendet. Ihre Prüfung erfolgt mit Hilfe eines Farbbalken-Testsignals, das eine einfache Auswertung des Amplituden- und Vektoroszillogramms gestattet.
*Hausdörfer*

**Codeselektion** ⟨*code selection*⟩. Teilaufgabe der →Codeerzeugung. Ausgangspunkt ist ein zu übersetzendes →Programm in einer Zwischendarstellung, die meist baum- oder graphartig ist. Der Codeselektor muß ein zu diesem Programm äquivalentes Maschinenprogramm erzeugen. Unter den i. allg. vielen solchen Programmen soll ein bzgl. Ausführungszeit und/oder Platzbedarf möglichst gutes Programm erzeugt werden. Die größte Variabilität des erzeugten Maschinencodes gibt es bei der Adressierung von Komponenten von Datenstrukturen. Eine Komponentenadresse sieht hier häufig wie ein komplexer arithmetischer Ausdruck aus. Als solchen kann man ihn auch in eine Folge von arithmetischen Befehlen übersetzen. In RISC-Rechnern ist dies eine gute Möglichkeit. In →CISC-Rechnern können solche Komponenten durch die Kombination von Basisregister-, →Indexregister und indirekter Adressierung häufig in einem Befehl adressiert werden.

Zur Lösung des C.-Problems lassen sich endliche Baumautomaten einsetzen, die in einem Durchlauf durch die Zwischendarstellung eines Ausdrucks eine Menge von möglichen Befehlsfolgen zusammen mit ihren Kosten erzeugen. Daraus kann dann die (lokal) billigste Befehlsfolge ausgewählt werden.
*Wilhelm*

**Codesymbol** ⟨*code symbol*⟩. Gruppe von (meist 5 bis 8) Bits, die bei der →Codierung von →Schriftzeicheninformationen ein →Zeichen (oder einen Teil der Codierung eines Zeichens) repräsentiert (→ 7-bit-Umgebung, →8-bit-Umgebung).
*Schindler/Bormann*

**Codeverbesserung, maschinenabhängige** ⟨*machine dependent code optimization*⟩. Die Verfahren zur maschinenunabhängigen Codeverbesserung benutzen meist globale Informationen über Berechnungen des Programms. Die m. C. kommt dagegen meist mit lokaler Sicht auf Teile des Zielprogramms aus. Der Name *Peephole*-Optimierer rührt von der Vorstellung her, daß man ein kleines Fenster über das Zielprogramm schiebt und die darunter sichtbare Befehlsfolge lokal durch eine bessere zu ersetzen versucht.

Teilaufgaben dieser Phase sind es,
– überflüssige Befehle zu eliminieren,
– erzeugte allgemeine Befehle durch effizientere für Spezialfälle zu ersetzen.
*Wilhelm*

**Codewandlung** ⟨*code conversion*⟩. Im Rahmen digitaler Bürotechnologie Umwandlung von einer →Codierung von Inhaltsinformationen oder Strukturinformationen eines →Dokuments in eine andere. C. werden durch →Filter realisiert.
*Schindler/Bormann*

**Codierer** ⟨*encoder*⟩, auch Coder. **1.** Nach DIN 44 300 ein Code-Umsetzer – d. h. eine Funktionseinheit, die den →Zeichen eines Zeichenvorrats eindeutig die Zeichen eines anderen zuordnet –, bei dem immer nur an einem der Eingänge ein →Signal anliegt und dieses eine spezielle Kombination der Ausgangssignale zur Folge hat.

Ein Beispiel ist ein →Eingabegerät, bei dem das Drücken einer Taste zur Ausgabe einer ganz bestimmten 8-Bit-Kombination führt (→Code). In einem allgemeineren Sprachgebrauch umfaßt der Begriff jeden Code-Umsetzer und das Umsetzen einer analogen Größe in eine digitale Darstellung (A/D-Umsetzer).

**2.** Bei der Programmentwicklung derjenige Mitarbeiter, der die Programmablaufpläne in Anweisungen einer Programmiersprache überträgt.
*Bode/Schneider*

**Codierung** ⟨*coding, encoding*⟩. **1.** [Software] Tätigkeit mit dem Ziel, für die spezifizierte Aufgabenstellung eines vorgegebenen, i. allg. nicht weiter zerlegten Software-Bausteins Lösungen aufzufinden, darzustellen und in ein Computer-Programm oder eine Menge von Programmen umzusetzen.
*Hesse*

Literatur: *Hesse, W.; Keutgen, H.* et al.: Ein Begriffssystem für die Softwaretechnik. Informatik-Spektrum (1984) S. 200–213.

**2.** [Datensicherheit] →Verfahren, kryptographische

**3.** [Fernsehen] Die gegenwärtigen analogen Farbfernsehsysteme NTSC, SECAM, PAL übertragen die Farbinformation in einer Frequenzmultiplexanordnung, wobei aus drei Farbwertsignalen $E_R$, $E_G$, $E_B$ ein Leuchtdichtesignal $E_Y$ sowie zwei Farbdifferenzsignale geformt werden, die in geträgerter Form dem Leuchtdichtesignal überlagert werden. Das Signal ist nach C. sendefähig.

Die C. wird in einem →Coder vorgenommen. Zur Rückgewinnung der codierten Farbsignale wird in einem →Decoder eine →Decodierung vorgenommen.
*Hausdörfer*

**Codierung, direkte** ⟨*direct coding*⟩. Codierungstechnik für →Rasterbildinformationen, bei der jedes Bildelement (→Pixel) durch ein Bitmuster codiert wird, das die Farbe des Bildelements angibt. Bei einem Schwarzweißbild z. B. könnten die weißen Bildelemente durch das Binärzeichen „0" und die schwarzen Bildelemente durch das Binärzeichen „1" codiert werden.

Dieses Verfahren ist für die Übertragung größerer Bilder über langsame Leitungen zu ineffizient und wird daher nur in Ausnahmefällen verwendet. Bei Fernkopierern der Gruppe 4 (CCITT-Empfehlung T.6) ist es z. B. als Option vorgesehen. *Schindler/Bormann*

**Codierung, eindimensionale** ⟨*one-dimensional coding*⟩. Codierungstechnik für schwarz/weiße → Rasterbildinformationen auf der Basis einer Lauflängencodierung mit nach dem *Huffman*-Verfahren optimierten Codewörtern für die Lauflängen. Bei diesem Codierungsverfahren besteht die codierte Information einer Rasterzeile von Bildelementen (→ Pixel) aus einer Folge von Codewörtern unterschiedlicher Länge. Jedes Codewort beschreibt eine sog. Lauflänge von weißen bzw. schwarzen Bildelementen, d. h., es beschreibt die Anzahl der aufeinanderfolgenden Bildelemente gleicher Farbe. Codewörter für weiße und schwarze Lauflängen wechseln sich in der Codierung damit ab.

Für alle schwarzen und weißen Lauflängen bis zu 63 Bildelementen sind eigene Codewörter definiert worden (Basiscodewörter), wobei es für schwarze und weiße Lauflängen unterschiedliche Basiscodewörter gibt. Größere Lauflängen werden zweistufig, d. h. durch ein Abschnittscodewort gefolgt von einem Basiscodewort, repräsentiert, wobei durch das Abschnittscodewort das größte in der Lauflänge enthaltene Vielfache von 64 codiert wird und das Basiscodewort den verbleibenden Rest codiert.

Die codierte Zeileninformation beginnt immer mit einem Codewort für eine weiße Lauflänge. Wenn die tatsächliche Abtastzeile mit einer schwarzen Lauflänge beginnt, wird das Codewort für die weiße Lauflänge 0 gesendet.

Rastert man eine Seite mit → Schriftzeicheninformationen, so finden sich darauf i. allg. Zeilen mit schwarzer Schrift auf weißem Hintergrund. Jeder Strich eines → Zeichens wird i. d. R. einige wenige Punkte breit sein (je nach Schriftgröße). An den Rändern und zwischen den Zeilen befinden sich große weiße Flächen. Aufgrund dieser Häufigkeitsverteilung haben kurze schwarze und lange weiße Lauflängen relativ kurze Codeworte, die weniger Platz einnehmen als die entsprechende direkte Codierung.

Die e. C. wird hauptsächlich bei Fernkopierern der Gruppe 3 ohne → ECM verwendet.

*Schindler/Bormann*

**Codierung, fehlererkennende** ⟨*error detecting coding*⟩ → Codierungstheorie

**Codierung mit Einwegfunktionen** ⟨*encoding with one-way functions*⟩ → Einwegfunktion

**Codierung, semantische** ⟨*semantic coding*⟩ → Bildcodierung

**Codierung, wissensbasierte** ⟨*knowledge-based coding*⟩ → Bildcodierung

**Codierung, zweidimensionale** ⟨*two-dimensional coding*⟩. Codierungstechnik für schwarz/weiße → Rasterbildinformationen (auch „modified READ code" genannt). Die z. C. ist eine Erweiterung der → eindimensionalen Codierung. Ausgangspunkt der z. C. ist die Beobachtung, daß sich die Bildmuster aufeinanderfolgender Rasterzeilen häufig nicht wesentlich voneinander unterscheiden (z. B. bei den Buchstaben I oder V). Daher werden hier, sofern sinnvoll, nur die Unterschiede zur Vorgängerzeile codiert.

Dabei wird die Position des zu codierenden Farbwechselelements, d. h. jenes Bildelements (→ Pixel), das sich in seiner Farbe (schwarz oder weiß) von seinem linken Nachbar-Bildelement unterscheidet, zu einem definierten Bezugselement in der Vorgängerzeile angegeben. Je nach Lage des Bezugselements wird eine der folgenden Codierungsmethoden angewandt:

☐ *Vertikal-Modus (V)*. Dieser Modus findet Verwendung, wenn das zu codierende Farbwechselelement a nur bis zu drei Bildpunkte links oder rechts von dem darüberliegenden Bezugselement b entfernt liegt. Die Position von b ergibt sich aus dem Codierungszusammenhang (Bild 1).

☐ *Pass-Modus (P)*. Dieser Modus wird verwendet, wenn in der zu codierenden Zeile eine „große Lauflänge" codiert werden muß, in der darüberliegenden Bezugszeile jedoch „in diesem Bereich" mehrere Farbwechsel stattgefunden haben, so daß das gegenwärtige Bezugselement nicht brauchbar ist (Bild 2).

☐ *Horizontal-Modus (H)*. Dieser Modus muß angewendet werden, wenn keiner der vorherigen Modi angewendet werden kann, d. h. wenn es für das zu codierende Farbwechselelement kein geeignetes Bezugselement in der vorigen Zeile gibt, da dort an dieser Stelle kein Farbwechsel stattgefunden hat (Bild 3).

Nach jedem Codierungsschritt werden die Bezugselemente nach einem definierten Verfahren verschoben. Nachdem eine Zeile codiert worden ist, wird sie Bezugszeile für die nächste zu codierende Zeile. Als Grundlage für die erste zu codierende Zeile wird eine weiße Bezugszeile vorausgesetzt.

Die z. C. wird sowohl in Fernkopierern der Gruppe 3 (dort allerdings infolge der Fehleranfälligkeit der verwendeten Telephonleitungen durchgängig nur bei Ver-

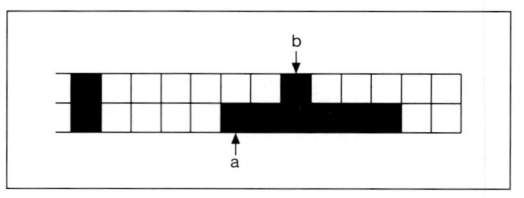

*Codierung, zweidimensionale 1: Beispiel für die Verwendung des Vertikal-Modus*

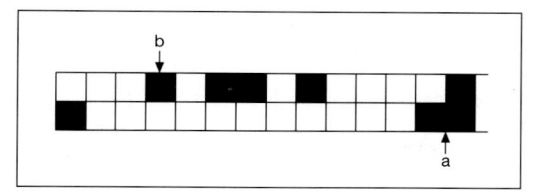

*Codierung, zweidimensionale 2: Beispiel für die Verwendung des Pass-Modus*

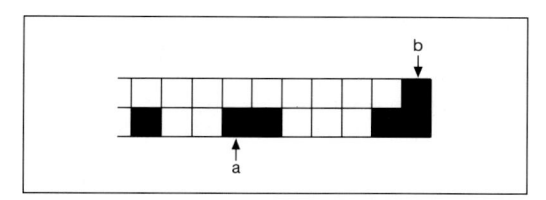

*Codierung, zweidimensionale 3: Beispiel für die Verwendung des Horizontal-Modus*

wendung des → ECM) als auch der Gruppe 4 angewendet. *Schindler/Bormann*

**Codierungsfunktion** ⟨*encoding function*⟩ → Verfahren, kryptographisches

**Codierungsschlüssel** ⟨*encryption key*⟩ → Kryptosystem, asymmetrisches

**Codierungstheorie** ⟨*coding theory*⟩. Die C. befaßt sich damit, Verfahren bereitzustellen, die bei der Übermittelung oder Speicherung von → Nachrichten (→ Daten) dazu verwendet werden, Fehler zu vermeiden, die sonst durch physikalisch-technische Effekte (Störungen) verursacht werden können. Mit der Verschlüsselung von Nachrichten zum Zweck der Geheimhaltung befaßt sich die → Kryptographie.
Man geht dabei aus von der Vorstellungswelt der → Informationstheorie, verwendet aber nicht wahrscheinlichkeitstheoretische, sondern algebraische und kombinatorische Methoden. Die C. entstand Ende der 50er Jahre durch Arbeiten von *M. J. E. Golay* und *R. W. Hamming*.
Entsprechend der informationstheoretischen Vorgehensweise gliedert man ein Nachrichtenübertragungssystem in Funktionseinheiten (Bild); Speicherung wird dabei ebenfalls als Übertragung von einem Zeitpunkt zu einem späteren aufgefaßt.
Der Quellencodierer hat die Aufgabe, die zu übertragenden Nachrichten in Folgen von → Signalen umzusetzen oder zu codieren (→ Code), so daß sie der Kanal übertragen kann. Dabei wird er, um eine möglichst große Übertragungsrate für die Nachrichten zu erreichen, relativ häufige Bestandteile von Nachrichten durch möglichst kurze, seltener auftretende in längere Signalfolgen übersetzen. Der Quellendecodierer formt

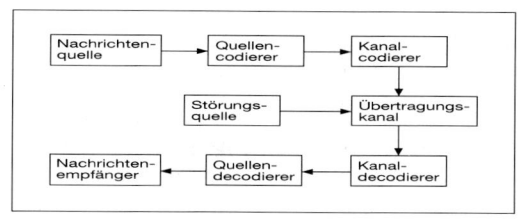

*Codierungstheorie: Gliederung eines Nachrichtenübertragungssystems*

aus Signalfolgen für den Empfänger verarbeitbare Nachrichten.
Vom Kanal wird nicht vorausgesetzt, daß er fehlerfrei arbeitet, sondern es wird angenommen, daß eine Störungsquelle mit gewisser Wahrscheinlichkeit Signale während der Übertragung verändert. Der Kanalcodierer soll nun trotzdem eine relativ zuverlässige Übertragung gewährleisten. Dazu faßt er jeweils eine bestimmte Anzahl s von Signalen zu Blöcken zusammen und fügt eine Anzahl k von Kontrollsignalen (im einfachsten Fall ein Paritätsbit) hinzu; das ergibt sog. Codewörter (→ Code). Der Kanalcodierungssatz von *Shannon* besagt, daß man auf diese Weise einen beliebig hohen Grad an → Sicherheit erhalten kann; dazu muß man natürlich die Übertragungswahrscheinlichkeit für die Nachrichten herabsetzen, weil die Übertragungskapazität des Kanals begrenzt ist.
Je nach den von den Anwendungen bestimmten Forderungen erzeugt der Kanalcodierer Signalblöcke, die es dem Kanaldecodierer ermöglichen, entweder nur festzustellen, ob gewisse Störungen aufgetreten sind oder sogar durch Störungen verursachte Fehler (bis zu einer bestimmten Maximalzahl pro Signalblock) automatisch zu korrigieren.
Die C. beschäftigt sich v. a. mit der Konstruktion praktisch nutzbarer fehlererkennender und fehlerkorrigierender Codes; die Entwicklung von Verfahren für Quellencodierer bedient sich mehr der Methoden der Informationstheorie. *Brauer*
Literatur: *Heise, W.; Quattrocchi, P.*: Informations- und Codierungstheorie. Berlin 1983.

**Coercion** ⟨*coercion*⟩. Eine semantische Operation, die dazu benutzt wird, um ein Argument einer Funktion in den von ihr erwarteten → Typ, etwa ganze Zahlen in Gleitkommazahlen, umzuwandeln (→ Typisierung, polymorphe). C. können vom → Übersetzer statisch zur Verfügung gestellt werden, indem er sie zur Übersetzungszeit automatisch bei der Parameterübergabe an die Funktionen einfügt. Sie können aber auch dynamisch zur Laufzeit durch Tests auf den Argumenten bestimmt werden. Als Beispiel betrachten wir die Additionsfunktion, die für alle Argumentkombinationen von ganzen Zahlen und Gleitkommazahlen definiert ist und als Ergebnis eine Gleitkommazahl liefert.
 +: integer * integer → real
 +: integer * real → real

+: real * integer → real
+: real * real → real

Im Gegensatz zum →Overloading wird die Funktion hier durch eine Additionsfunktion auf Gleitkommazahlen definiert. C. wandeln ganzzahlige Argumente in Gleitkommazahlen um. In der Praxis werden in Übersetzern häufig Kombinationen aus Overloading und C. eingesetzt. *Gastinger/Wirsing*

**COMAL** ⟨*COMAL (Common Algorithmic Language)*⟩. Von 1973 an von *B. R. Christensen* u. a. in Dänemark als Schulsprache aus einer Verbindung von →BASIC- und →PASCAL-Konstrukten entwickelt (vornehmlich in Skandinavien verbreitet).

C. versucht, Mißlichkeiten der →Sprache BASIC auszuräumen und trotzdem eine einfache Anfängersprache darzustellen. Deshalb werden neben der Zählschleife auch WHILE- und UNTIL-Schleifen eingeführt. Die unglückliche Verwendung des Gleichheitszeichens (für an der Mathematik geschulte Schüler ist $x=x+1$ eine unerfüllbare Gleichung) für Wertzuweisungen wird durch das Zuweisungszeichen := verbessert. Ferner werden IF-THEN-ELSE-Anweisungen so mit END IF abgeschlossen, daß Verbundanweisungen im THEN- oder ELSE-Teil nicht zusätzlich durch BEGIN und END geklammert werden müssen, was eine Verbesserung im Vergleich zu PASCAL darstellt. Wie in →ELAN sind ELIF-Teile in Mehrfach-Alternativen zugelassen. Programmteile können in Form von Prozeduren und Funktionen ausgelagert werden. Dabei gibt ein Zusatz „closed" an, daß die in der Prozedur verwendeten Variablen lokalen Charakter haben. Rekursionen sind erlaubt. Die Zeilennumerierung wie in BASIC wird beibehalten, nicht jedoch der GOTO-Befehl. Gliederungen und Unterprogramme werden über (evtl. parameterlose) Prozeduren realisiert. Für Bezeichner stehen mindestens 16 signifikante Stellen zur Verfügung, wobei zusätzlich zu den Variablenarten von BASIC durch name ≠ eine ganzzahlige Variable zwischen −327 688 und 32 767 gekennzeichnet wird. Felder können auch in höheren Dimensionen vereinbart werden. READ/DATA-Anweisungen werden wie in BASIC verwendet mit der zusätzlichen Verwendung der *Boole*schen Variablen EOD (End Of Data) als Abbruchkriterium für lesende →Schleifen.

Das folgende Programmbeispiel zeigt eine Bruchkürzung mit dem *Euklid*ischen →Algorithmus und einer dreizeiligen Ausgabekosmetik:

0100 // Bruch kuerzen
0110//
0120 input „Zaehler:" : zaehler
0130 input „Nenner:" : nenner
0140 print
0150 print zaehler; tab (20); zaehler/ggt (zaehler, nenner)
0160 print „---------"; tab (15); „=---------"
0170 print nenner; tab (20); nenner/ggt (zaehler, nenner)
0180//
0190 func ggt (dividend, divisor) closed
0200 repeat
0210 rest ≠ dividend mod divisor
0220 dividend ≠ divisor
0230 divisor ≠ rest
0240 until rest = 0
0250 return dividend
0260 enffunc ggt

Da C. als Verbesserung von BASIC entwickelt wurde, ist das Umsteigen von BASIC auf C. für Lernende besonders einfach. Wie in BASIC gibt es mit PEEK und POKE auch einen unmittelbaren Zugriff auf Speicherstellen. Fehlermeldungen des →Syntax-Prüfers erfolgen in Englisch. *Klingen*

Literatur: *Fischer, V.*: COMAL in Beispielen. Stuttgart 1986.

**Compact Disk (CD)** ⟨*compact disk*⟩. Die Abkürzung CD hat sich als Bezeichnung für diese weit verbreitete optische Speicherplatte eingebürgert, von der digitalisierte Aufzeichnungen über geeignete Geräte (z. B. an Personal Computern oder an Stereomusikanlagen) wiedergegeben werden können.

CD-ROM (Compact Disc, Read Only Memory) bezeichnet Datenträger mit Informationen aller Art, bei denen es dem Benutzer nur auf Wiedergabe, nicht auf eigene Aufzeichnungen ankommt (u. a. im Bildungswesen, Training, wissenschaftliche und kommerzielle Bibliotheken). Die Platten haben i. allg. einen Durchmesser von 4,7" (ungefähr 12 cm).

Bisher am weitesten verbreitet sind CDs in der Unterhaltungsindustrie, wo sie auch *Kompaktschallplatte* oder *digitale Schallplatte* heißen. Die Spieldauer kann über 80 Minuten betragen. CDs werden wie Schallplatten kostengünstig mechanisch vervielfältigt (Laser-Vision-Bildplatte).

Gelesen werden die als Vertiefungen in den meist spiralförmigen Spuren der Speicherfläche liegenden *Pits,* die als Signale dienen, mit Hilfe eines Laserstrahls. Die Speicherfläche ist mit →Aluminium bedampft, um die für den Lesevorgang ausschlaggebende unterschiedliche Reflexion zu verbessern. Der Lesevorgang bei optischen Platten ist unter Einbrennverfahren und →magnetooptischer Speichertechnologie näher beschrieben. *Voss*

Literatur: *Roth, J. P.*: Handbuch CD-ROM. Essen 1987. – *Schulte-Hillen, J.* und *U. Schwerhoff*: Optische Diskette Speicher. Essen 1987.

**Compiler (Übersetzer)** ⟨*compiler*⟩. Programm, welches ein Programm (Quellprogramm) einer Programmiersprache (Quellsprache) in ein semantisch äquivalentes Programm (Zielprogramm) einer anderen Programmiersprache (Zielsprache) übersetzt (Bild). Die Quellsprache ist meist eine höhere Programmiersprache (z. B. →C) und die Zielsprache eine Assembler-ähnliche Sprache.

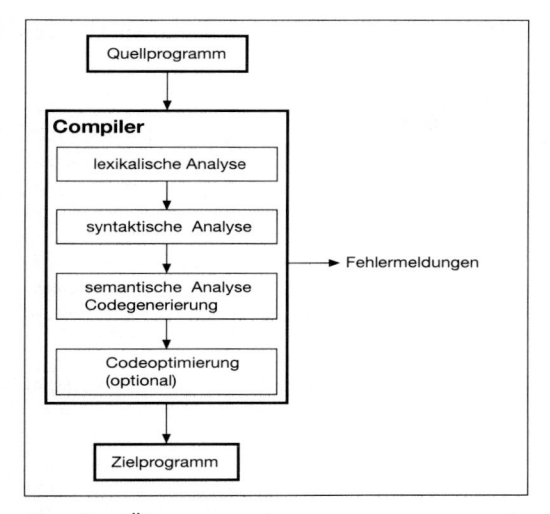

```
┌─────────────────────────────────┐
│      ┌──────────────┐           │
│      │ Quellprogramm│           │
│      └──────┬───────┘           │
│  ┌──────────▼───────────┐       │
│  │ Compiler             │       │
│  │ ┌──────────────────┐ │       │
│  │ │lexikalische Analyse│       │
│  │ └────────┬─────────┘ │       │
│  │ ┌────────▼─────────┐ │       │
│  │ │syntaktische Analyse│──► Fehlermeldungen
│  │ └────────┬─────────┘ │       │
│  │ ┌────────▼─────────┐ │       │
│  │ │semantische Analyse│ │       │
│  │ │ Codegenerierung  │ │       │
│  │ └────────┬─────────┘ │       │
│  │ ┌────────▼─────────┐ │       │
│  │ │ Codeoptimierung  │ │       │
│  │ │   (optional)     │ │       │
│  │ └────────┬─────────┘ │       │
│  └──────────┼───────────┘       │
│      ┌──────▼───────┐           │
│      │ Zielprogramm │           │
│      └──────────────┘           │
└─────────────────────────────────┘
```

*Compiler: Übersetzungsphasen*

*Hoff/Spaniol*

Literatur: *Aho, A. V.; Sethi, R.; Ullman, J. D.*: Compilerbau. Addison-Wesley, 1988.

**Computational Chemistry** ⟨*computational chemistry*⟩. Moderner Zweig der Chemie, bei der mittels Methoden des wissenschaftlichen Rechnens und der numerischen Simulation Aufgabenstellungen der Chemie auf Hochleistungsrechnern simuliert werden. Hierzu zählen etwa Fragen des Molekülaufbaus, der Form und Gestalt von Proteinen, deren Faltungen und Wechselwirkungen, die Untersuchung und das Design neuer chemischer Verbindungen und Wirkstoffe etwa für Medikamente, Enzymreaktionen oder die Katalyse an Metalloberflächen. Der Computer wird dabei immer mehr als „virtuelles chemisches Labor" benutzt, in dem schnell und automatisch neue chemische Verbindungen und Stoffe konstruiert werden und auf ihre Wirksamkeit überprüft werden können.

Ein Schwerpunkt ist die Quantenchemie und dabei die Lösung der *Schrödinger*-Gleichung. Damit lassen sich für Atome und Moleküle wichtige chemische Eigenschaften wie Bindungslängen und -energien sowie die Geometrie des Mehrteilchensystems bestimmen. Die *Schrödinger*-Gleichung ist die Eigenwertgleichung eines nichtlinearen Differentialoperators. Analytische Lösungen lassen sich nur in sehr einfachen Fällen angeben, z. B. für das Wasserstoffatom. Dies ist u. a. durch die Dimension des Problems bedingt: Jede Eigenfunktion zu einem n-Teilchensystem hängt von allen 3n-Koordinaten aller Teilchen ab.

Alle numerischen Verfahren für die Behandlung der *Schrödinger*-Gleichung zielen deshalb darauf ab, die Anzahl der Dimensionen zu verringern. So betrachtet man die gegenüber den Elektronen sehr viel schwereren und trägeren Kerne in erster Näherung als fixiert (Ab-initio-Verfahren und lokale Dichtefunktionsmethoden), oder man setzt Näherungen der Eigenfunktionen des Mehrteilchensystems als Linearkombination von Eigenfunktionen von wasserstoffähnlichen Atomen an (LCAO-Methoden) und, anstelle die Wechselwirkungen eines Elektrons mit jedem einzelnen anderen zu betrachten, berücksichtigt man nur den Einfluß eines gemittelten Feldes. Damit reduziert sich die 3n-dimensionale Problemstellung auf eine dreidimensionale. Die bekannteste Methode dieser Art ist das *Hartree-Fock*-Verfahren.

Bei der Moleküldynamik werden darüber hinaus die Bewegungen, Faltungen und Verwickelungen von Molekülen und Molekülverbänden studiert. Dabei muß schon aus Komplexitätsgründen ein nicht relativistischer Zugang gewählt werden. Das resultierende dynamische Vielkörperproblem berücksichtigt die *Newton*schen Bewegungsgleichungen.

Bei der Lösung solcher Probleme kommen parallele Höchstleistungsrechner zum Einsatz. *Griebel*

**Computer** ⟨*computer*⟩ → Rechner

**Computer Aided Design** ⟨*computer aided design*⟩ → CAD

**Computer Aided Manufacturing** ⟨*computer aided manufacturing*⟩ → CAM

**Computer Integrated Manufacturing** ⟨*computer integrated manufacturing*⟩ → CIM

**Computeranimation** ⟨*computer animation*⟩ → Animation

**Computergraphik, generative** ⟨*generative computer graphics*⟩ → Datenverarbeitung, interaktive graphische; → Datenverarbeitung, passive graphische

**Computergraphik, interaktive** ⟨*interactive computer graphics*⟩ → Datenverarbeitung, interaktive graphische

**Computerprogramm-Schutz** ⟨*software protection*⟩ → Urheberrecht

**Computervirus** ⟨*computer virus*⟩. Befehlsfolge des Computers, deren Ausführung in einem anderen Programm – dem Wirtsprogramm – bewirkt, daß eine Kopie oder eine modifizierte Version des Virus einem Programm als sog. Infektion hinzugefügt wird. Die Existenz und die Verbreitung von Viren sind Konsequenzen der Verwendung von Programmen mit schwachen definierenden Eigenschaften und unterlassener oder schwacher Authentizitätsprüfung für die → Objekte eines → Rechensystems. *P. P. Spies*

**Concurrency** ⟨*concurrency*⟩. Eine Eigenschaft, die Ereignisse gemeinsam haben können. (Die Relation wird in der deutschsprachigen Literatur „nebenläufig" genannt.) Im einfachen Fall bedeutet es, daß zwei Ereignisse zeitlich nicht durch die früher/später-Relation geordnet sind (d. h., es gilt nicht, daß das eine vor dem anderen liegt bzw. umgekehrt) und trotzdem nicht streng gleichzeitig (koinzident) sind. Diese feine Unterscheidung ist in der → Automatentheorie nicht möglich und deshalb auch lange Zeit unbemerkt geblieben, wohl aber ist sie bei der Betrachtung von realen Raum/Zeit- bzw. → Zustand/→ Ereignis-Strukturen geradezu nötig.

Im allgemeinen Fall werden zwei Ereignisse dann als nebenläufig bezeichnet, wenn sie – über die zeitliche Unabhängigkeit hinaus – in keiner direkten oder indirekten Wirkungsbeziehung zueinander stehen. Mathematisch gesehen handelt es sich bei der → Nebenläufigkeit um eine symmetrische, nichttransitive Relation, also um eine Ähnlichkeitsrelation (der seinerzeit von *Wiener* vorgeschlagene Ausweg durch Identifizieren – und somit Erzeugen einer Äquivalenzrelation – ist inzwischen als unbrauchbar widerlegt).

Die Theorie geht zurück auf *C. A. Petri* (1961, → Petri-Netze) und hat fundamentale Bedeutung im Bereich der Computer-, Nachrichten- und Raumfahrtsysteme. Im Praktischen kann man sie auch als eine (Un-)Genauigkeitsrelation auffassen, als eine Ungenauigkeit unterhalb einer feststellbaren Schranke. Diese Schranke kann – das weiß man aus grundsätzlichen Betrachtungen – mit keinem Mittel unterschritten, ja nicht einmal vom → System selbst bemerkt werden, da sie nämlich durch die Endlichkeit der Lichtgeschwindigkeit bedingt ist. Die systemtheoretisch bedeutsame Folgerung daraus ist unmittelbar, daß damit jede Signalübertragungsgeschwindigkeit endlich ist und somit jede Übertragungsgeschwindigkeit überhaupt (also natürlich auch jede physische) – und das gilt in jedem System. Ebenso unmittelbar kann man daraus folgern, daß in realen Systemen, in denen → Laufzeiten von Dingen, → Nachrichten und → Signalen eine Rolle spielen, der gegenwärtige Zustand eines Systems nicht bekannt sein kann.

Als Unschärferelation interpretiert, haben die Ergebnisse der C.-Theorie unmittelbare Bedeutung für die Theorie des Messens, folgt doch aus einem Überdeckungstheorem, daß man in unmerklich kleinen Schritten (wie erwähnt: von der Natur der Sache her sogar theoretisch unbemerkbar) jeden beliebig großen Fehler machen kann. *Brauer*

Literatur: *Petri, C. A.*: Kommunikation mit Automaten. Diss. Darmstadt 1961. – *Petri, C. A.*: State-transition structures in physics and in computation. Int. J. Theor. Physics 21 (1982) 12, pp. 979–992. – *Petri, C. A.*: Concurrency theory. LNCS Vol. 254. New York 1987, pp. 4–24. – *Voss, K.; Genrich, H. J.; Rozenberg, G.* (Eds.): Concurrency and nets. Berlin 1987. – Proc. „Advanced Course on Petri Nets 1986". Vol. 254, 255 of Lecture Notes in Computer Science. New York 1987. – *Smith, E.*: Zur Bedeutung der Concurrency-Theorie für den Aufbau hochverteilter Systeme. GMD-Bericht Nr. 180. München 1989.

**Conference Floor** ⟨*conference floor*⟩ → Floor Control; → Konferenzmanagement

**CONS** ⟨*CONS (Connection Oriented Network Service)*⟩. Verbindungsorientierter → Dienst der → Vermittlungsebene, der z. B. von → X.25 in öffentlichen Datennetzen (→ Paketvermittlung) erbracht wird. Hierbei wird zunächst explizit eine Verbindung zwischen Sender und Empfänger aufgebaut. Die einzelnen Pakete werden anschließend über eine → virtuelle Verbindung geroutet (→ Routing, → CLNS). *Jakobs/Spaniol*

Literatur: *Nussbaumer, H.*: Computer communication systems. Vol. 2: Principles, design, protocols. John Wiley, 1990.

**Continuation** ⟨*continuation*⟩. Der → Lambda-Kalkül stellt die Grundlage aller → funktionalen Programmiersprachen dar. Diese besitzen jedoch meist zusätzliche Kontrollflußoperatoren wie Sprünge und Ausnahmebehandlungen (exception handling). Diese Operatoren können zur Effizienzsteigerung eingesetzt werden, um unnötige Auswertungen zu vermeiden (Sprung aus einer for-Schleife). Zudem ermöglichen sie eine bequeme Fehlerbehandlung. Dies kann bereits auf programmiersprachlicher Ebene geschehen: Funktionale Programmiersprachen wie LISP und Scheme enthalten Kontrolloperatoren (catch, throw bzw. call/cc). Allerdings kann dies auch vom → Compiler erledigt werden, indem beim Übersetzen von funktionalen Sprachen wie → SML eine CPS (Continuation Passing Style)-Translation in eine Zwischensprache durchgeführt wird, in der dann Optimierungen leichter möglich sind. Diese Übersetzung führt sog. C. als ausgezeichnete $\lambda$-Terme ein, welche das „noch auszuführende Restprogramm" repräsentieren. Ein Kontrolloperator kann etwa die aktuelle C. ignorieren und die Auswertung bei einer gespeicherten C. wieder aufnehmen. Damit wird ein Sprung realisiert. Bei der CPS-Übersetzung wird also in den reinen Lambda-Kalkül übersetzt. Viele Optimierungen werden damit einfach durch Auswerten der $\lambda$-Terme möglich. Außerdem ist sowohl für Call-by-Value- als auch Call-by-Name-Sprachen das Ergebnis der Übersetzung ein purer $\lambda$-Term, der unabhängig von der Auswertungsstrategie stets die gleiche Normalform besitzt. Die Auswertungsstrategie ist sozusagen in die C. (und damit in den übersetzten Term) „hineinprogrammiert".

☐ $\lambda$C-Kalkül. Ein weiterer Ansatz besteht darin, den $\lambda$-Kalkül um Kontrolloperatoren zu erweitern. *Landin* tat dies bereits 1965 (Kontrolloperator J). Eine heute übliche Variante ist der $\lambda$C-Kalkül, der den → Lambda-Kalkül um den *Felleisen*schen C-Operator erweitert. Eine C. entspricht einem Auswertungskontext (evaluation context); im Call-by-Name-Fall sind dies alle Kontexte der Form [] $t_1 \ldots t_n$, wobei $t_i$ alle $\lambda$C-Terme sind. Dies entspricht operational gesehen einfach einem Stack von Argumenten in einer abstrakten Maschine. Es müssen nun noch weitere Berechnungsregeln eingeführt werden:

$(C_{local})\ E[Ct] \to_{\lambda C} C(\lambda f \cdot t(\lambda x \cdot f\ E[x]))$,

wobei E ein Evaluationskontext ist und f eine frische Variable.

$(C_{global})E[Ct] \twoheadrightarrow_{\lambda C} t(\lambda x \cdot A\ E[x])$.

Die Notation $\twoheadrightarrow$ bedeutet, daß dieser Reduktionsschritt nicht in Kontexten (lokal) durchgeführt werden darf (und somit auch selbst keine Kongruenzrelation darstellt). Die beiden Relationen $\to_{\lambda C}$ und $\twoheadrightarrow_{\lambda C}$ induzieren (wie beim Lambda-Kalkül) jeweils einen Gleichheitsbegriff, die erste einen „lokalen", letztere einen „globalen" (= Schal). Der Abort-Operator A ist definiert mittels $At = C(\lambda z.t)$, wobei z eine frische Variable ist. Seine Bedeutung wird weiter unten diskutiert.

Anhand der zweiten Regel kann die Wirkung von C gut veranschaulicht werden. Der Kontext (die C.) E wird von außen sozusagen nach „innen" gezogen, als Argument von t, und kann demnach jederzeit gezielt wieder verwendet bzw. „angesprungen" werden. Damit dann die „aktuelle C." (Kontext) „vergessen" wird, muß noch eine Abort-Operation A vorgeschaltet werden. Die Wirkung von A ist nun leicht ersichtlich:

$E[AT] = E[C(\lambda z \cdot t)] =_{global} (\lambda z \cdot t)(\lambda x \cdot A\ E[x]) = t$.

Mit anderen Worten: A bewirkt das Herausspringen aus dem Kontext mit Resultat t, also ist der Name „Abort" zutreffend. Die lokale Regel $C_{local}$ bewirkt das geeignete Einkopieren des lokalen Kontextes E. Betrachtet man Kompositionen von Kontexten E[E'[Ct]], so läßt $C_{local}$ Reduktion für E'[Ct] zu, nach deren Ausführung $C_{global}$ noch immer die intendierte Wirkung bei Anwendung auf den Gesamtkontext behält.

Der entsprechende Call-by-Value-$\lambda$C-Kalkül ist dahingehend komplizierter, daß die Auswertungskontexte eine reichhaltigere Struktur besitzen ($\to$ Lambda-Kalkül, Call-by-Value).

Für den $\lambda$C-Call-by-Name- sowie -Call-by-Value-Kalkül kann jeweils eine direkte bereichstheoretische Semantik ($\to$ Bereich, semantischer) angegeben werden, aus der auch jeweils eine abstrakte Maschine ableitbar ist. Im Call-by-Value-Fall wird eine C. als eine Funktion vom Typ $V \to R$ interpretiert, wobei V Values (Werte, d. h. Variablen und Abstraktionen) und R Responses (den Antwortbereich) bezeichnen. Die Interpretation eines $\lambda$-Terms

$[\![\_]\!] : Term \to (Var \to V) \to D$

und

$[\![\_]\!]_{val} : Value \to (Var \to V) \to V$

erfolgt somit relativ zu einer Variablenbelegung $e \in Var \to V$ und einer C. $k \in C$, weil man verlangt, daß $D = C \to R$ (d. h., ein Datum aus D bildet eine C. aus C in den Antwortbereich R ab) und $V = V \to D$ (ein Wert kann als Funktion aufgefaßt werden, die Values – gemäß Call-by-Value – in Daten abbildet). Die Interpretationsfunktion wird dann wie folgt definiert:

$[\![x]\!]_{val}\ e = e(x)$

$[\![\lambda x.t]\!]_{val}\ e\ v k = [\![t]\!]\ e[x := v]\ k$

$[\![V]\!]\ e k = k([\![V]\!]_{val}\ e)$

$[\![t\ s]\!]\ e\ k = [\![t]\!]\ e\ \lambda f \cdot [\![s]\!]\ e(\lambda v \cdot f\ v\ k)$

$[\![Ct]\!]\ e\ k = [\![t]\!]\ e(\lambda u.(\lambda v.\lambda h.k(v))\ stop)$,

wobei stop eine C. bezeichnet, welche dem „Programmstop" entspricht. Die Interpretation für den Call-by-Name-Kalkül ist entsprechend einfacher, da man nur eine Funktion $[\![\_]\!]: Term \to (Var \to D) \to D$ definieren muß. *Reus/Wirsing*

Literatur: *Felleisen, M.; Friedman, D. P. et al.*: A syntactic theory of sequential control. In: Theoretical computer science 52 (1987) No 3 und *Felleisen, M.; Hieb, R.*: The revised report on the syntactic theories of sequential control and state. In: Theoretical computer science 102 (1992). – *Constable, R. L.*: Lectures on: Classical proofs as programs. In: Logic and algebra of specification. NATO ASI Series, Vol. 94. Springer, 1993, gibt eine Übersicht auch über den Zusammenhang mit klassischer Logik via „propositions as types".

**Copyright** ⟨*copyright*⟩ → Urheberrecht

**CORBA** ⟨*CORBA (Common Object Request Broker Architecture)*⟩. Standard der Object Management Group ($\to$ OMG) für einen RPC-Dienst ($\to$ RPC). CORBA ist ein Bestandteil der Object Management Architecture ($\to$ OMA). Sie definiert eine Sprache ($\to$ IDL), mit deren Hilfe die $\to$ Schnittstelle eines $\to$ Objekts abstrakt beschrieben werden kann. Die Beschreibungen der Schnittstellen aller verfügbaren Objekte werden im Interface Repository gespeichert. CORBA bietet sowohl einen statischen als auch einen dynamischen RPC-Dienst an. Bei statischen Aufrufen ist die Schnittstelle des entfernten Objekts zur Übersetzungszeit bekannt, während sie bei dynamischen Aufrufen zur Laufzeit aus dem Interface Repository geladen wird. In der Version 2.0 wird ein Kooperationsprotokoll für Object Request Broker (ORB) verschiedener Hersteller definiert.

Die wichtigsten CORBA-Implementierungen sind ORBIX von IONA, ORB++ von HP, ORBeline von PostModern Computing, NEO von SUN sowie DSOM von IBM. *Meyer/Spaniol*

Literatur: *Mowbray, T.; Zahavi, R.*: The essential CORBA. John Wiley and OMG, 1995. – *Mowbray, T.; Zahavi, R.*: The essential CORBA. John Wiley and OMG, 1995.

**COST** ⟨*COST*⟩. Abk. für Coopération européenne dans le domaine de la recherche Scientifique et Technique. Europäisches Grundlagenforschungsprogramm in fünfzehn unterschiedlichen Bereichen, darunter auch Informations- und Telekommunikationstechnik. Das Programm wurde 1971 gestartet. *Jakobs/Spaniol*

**CPN** ⟨*CPN (Customer Premises Network)*⟩. Telekommunikationssystem, das auf die Bedürfnisse eines privaten Kunden zugeschnitten ist und i. allg. auch von diesem betrieben wird. Einfache Beispiele sind eine private Telephon-→ Nebenstellenanlage, ein lokales Netz (→ LAN) oder auch eine Kombination aus beiden. *Jakobs/Spaniol*

**cpo** ⟨*cpo (complete partial order)*⟩. Eine partiell geordnete Menge (A, $\subseteq_A$), die ein kleinstes Element (üblicherweise mit ⊥ bezeichnet) besitzt und in der jede nichtleere Kette $K \subseteq A$ eine kleinste obere Schranke sup K in A hat. Dabei heißt eine Teilmenge $K \subseteq A$ eine Kette, wenn je zwei Elemente in K bzgl. $\subseteq_A$ vergleichbar sind.

Die weiteren Ausführungen über cpo stützen sich immer auf diese Definition, die *Loeckx, Sieber* entnommen ist.

*Beispiel*
Sei F die Menge der Funktionen von $\mathbb{N}$ nach $\mathbb{N} \cup \{\bot\}$ (wobei $\mathbb{N}$ für die Menge der natürlichen Zahlen und ⊥ für „undefiniert" steht) mit der Ordnung $\subseteq_F$, gegeben durch

$f \subseteq_F g$ genau dann, wenn für alle $n \in \mathbb{N}$ gilt: $f(n) = \bot$ oder $f(n) = g(n)$.

Es läßt sich leicht zeigen, daß (F, $\subseteq_F$) eine cpo ist: Das kleinste Element von (F, $\subseteq_F$) ist die total undefinierte Funktion $\Omega$, gegeben durch $\Omega(n) = \bot$ für alle $n \in \mathbb{N}$. Sei $K \subseteq F$ eine Kette von Funktionen. Dann sieht man leicht, daß für jedes $n \in \mathbb{N}$ folgendes gilt: Die Menge $\{f(n): f \in K \text{ und } f(n) \in \mathbb{N}\}$ ist leer oder hat genau ein Element. Das Supremum von K ist daher die Funktion $f_K$, definiert durch

$$f_K(n) = \begin{cases} \bot, & \text{falls } \{f(n): f \in K \text{ und } f(n) \in N\} = \emptyset \\ y, & \text{falls } \{f(n): f \in K \text{ und } f(n) \in N\} = \{y\} \end{cases}$$

In der Literatur wird manchmal die Existenz des kleinsten Elements nicht in die Definition einer cpo aufgenommen, und für cpo mit kleinstem Element werden eigene Begriffe vergeben (wie „pointed cpo" oder „focal cpo"). Ebenso wird öfters an Stelle der Existenz von Suprema für alle nichtleeren Ketten die Existenz von Suprema zu allen gerichteten Teilmengen verlangt (eine nichtleere Teilmenge $G \subseteq A$ heißt gerichtet, wenn je zwei Elemente in G eine obere Schranke in G besitzen). Es läßt sich zeigen, daß die Kettenvollständigkeit äquivalent ist zur Vollständigkeit bezüglich gerichteter Teilmengen (*Cohn* 1965).

Eine schwächere Vollständigkeitsbedingung ist die Vollständigkeit bezüglich ω-Ketten. Dies sind abzählbare Ketten $\{x_i : i \in \mathbb{N}\}$ mit $x_i \subseteq x_{i+1}$ für alle $i \in \mathbb{N}$. Eine partiell geordnete Menge, die ein kleinstes Element besitzt, heißt ω-vollständig (oder ω-cpo), wenn jede ω-Kette ein Supremum besitzt.

In der Methode der → denotationellen Semantik werden üblicherweise cpo oder ω-cpo als semantische Bereiche gewählt, weil auf solche Bereiche der Fixpunktsatz von *Kleene* angewandt werden kann (→ Fixpunkt). Für diesen Satz ist die Existenz des kleinsten Elements von entscheidender Bedeutung.
*Nickl/Wirsing*

Literatur: *Loeckx, J.; Sieber, K.*: The foundations of program verification. Wiley & Sons, 1987. – *Cohn, P. M.*: Universal algebra. D. Reidel Publishing Company, 1965.

**CPU** ⟨*CPU (Central Processing Unit)*⟩ → Zentraleinheit

**CR** ⟨*CR (Carriage Return)*⟩. Wagenrücklauf; → Steuerzeichen, das die Schreibposition (→ Cursor) an den Beginn der aktuellen Zeile bewegt.

Eine Taste für diesen → Code befindet sich häufig auch auf der Tastatur eines → Terminals, allerdings wird ihr meist die Bedeutung von → RETURN zugeordnet. *Schindler/Bormann*

**CRC** ⟨*CRC (Cyclic Redundancy Check)*⟩ → Blockprüfung, zyklische

**CSDN** ⟨*CSDN (Circuit Switched Data Network)*⟩. Leitungsvermittelndes Datennetz (→ Leitungsvermittlung), z. B. → Datex-L. *Quernheim/Spaniol*

**CSMA/CD** ⟨*CSMA/CD (Carrier Sense Multiple Access with Collision Detection)*⟩. Statistisches Zugriffsprotokoll auf ein lokales Netzwerk (→ LAN), das von IEEE 802.3 standardisiert wurde. Implementiert wird es häufig auf einem bidirektionalen → Bus, an den die angeschlossenen Stationen passiv gekoppelt sind. Es können jedoch auch andere → Topologien verwendet werden (z. B. Sternnetze auf Lichtwellenleiterbasis). Jede angeschlossene Station hat prinzipiell jederzeit die Möglichkeit, → Nachrichten zu übertragen (multiple access). Nachrichten breiten sich (bei bidirektionaler Übertragung) vom Sender in beide Richtungen auf dem → Übertragungsmedium aus und werden an beiden Enden des Kabels absorbiert. Das Zugriffsprotokoll arbeitet dezentral.

☐ *Regelung des Kanalzugangs.* Sendewillige Stationen hören zunächst das Medium ab (carrier sensing), ob momentan eine Nachricht übertragen wird. Ist dies der Fall, wird der eigene Übertragungswunsch zurückgestellt, bis das Medium als frei erkannt wird. Nach einer kurzen Zeitspanne (interframe gap) zur Reaktion aller Stationen auf ein Übertragungsende wird mit der eigenen Übertragung begonnen. Ist das Medium nicht belegt, kann ohne Verzögerung mit der Datenübertragung begonnen werden.

☐ *Konflikterkennung.* Beginnen mehrere Stationen quasisimultan, d. h. innerhalb der → Signallaufzeit auf dem Medium zwischen den sendenden Stationen, mit einer Paketübermittlung auf dem als frei erkannten Medium, dann kommt es zu einer Nachrichtenüberlagerung, wobei alle beteiligten Pakete zerstört werden

(Kollision). Zur Kollisionsentdeckung vergleichen sendende Stationen ihr eigenes Signal mit dem vom Medium übertragenen (gleichzeitiges Mithören). Ist dieses gestört, wird die Übertragung abgebrochen, um das Medium nicht unnötig zu blockieren (collision detection). Die maximale Konfliktdauer wird durch die doppelte Signallaufzeit zwischen den entferntesten Stationen bestimmt. Die minimale Paketlänge wird daher notfalls mit Füllbits (padding) so gewählt, daß die Übertragungsdauer größer ist als die doppelte End-End-Laufzeit.

☐ *Konfliktbereinigung.* Konfliktauflösung bei CSMA/CD nach IEEE 802.3-Standard erfolgt durch (wiederum konfliktanfällige) Wiederholung nach einer zufällig gewählten („ausgewürfelten") Wartezeit. Um das Medium nicht bei kurzzeitigen Hochlastsituationen und entsprechend hoher Konflikt- und Wiederholungszahl zu blockieren, wird die mittlere Wartezeit durch die Zahl der bisherigen erfolglosen Sendeversuche des Pakets beeinflußt: Beim k-ten Sendeversuch wird im Mini-Slot $r(k)$ nach Freiwerden des Mediums übertragen. Die Länge eines Mini-Slots ist die Übertragungsdauer eines Pakets minimaler Länge, also höher als die maximale Konfliktdauer. $r(k)$ ist eine ganze Zahl aus dem Intervall $[1:2k]$. Die mittlere Wartezeit verdoppelt sich also bei jedem Folgekonflikt (Binary Exponential Backoff, BEB). Die betroffene Station erkennt Überlastungssituationen (durch eine erhöhte Konfliktzahl) und trägt durch BEB „freiwillig" zur Entlastung bei. Die Stabilisierung des Mediums (keine Überlastung durch Folgekonflikte) wird erkauft durch eine Benachteiligung von Nachrichten, die bereits mehrere Konflikte erlitten haben und jetzt „zur Strafe" um so länger warten müssen. Nach maximal 16 Kollisionen wird der Übertragungsversuch abgebrochen.

☐ *Paketformat.* Ein auf dem Medium übertragenes → Paket ist entsprechend dem Bild formatiert.

| 1 | 2 | 3 | 4 | 5 | 6 | 7 | 8 |
|---|---|---|---|---|---|---|---|

*CSMA/CD: Paketformat*

*Quernheim/Spaniol*

Literatur: *ISO 8802-3:* Local area networks. Part 3: Carrier sense multiple access with collision detection access method and physical layer specifications. 4. Edn. 1993. – *Tanenbaum, A. S.:* Computer networks. Prentice Hall, 1993.

**CSP** ⟨*CSP (Communicating Sequential Processes)*⟩. Eine von *C. A. R. Hoare* 1978 vorgeschlagene → Programmiersprache für kommunizierende sequentielle Prozesse, die *Dijkstras* Sprache der bewachten Anweisungen um parallele Komposition (Einsetzen) und „Handshake"-Kommunikation erweitert. Aus CSP haben sich einerseits die Programmiersprache → Occam und das Parallelrechnerkonzept des → Transputers entwickelt und andererseits – unter dem Einfluß von CCS – die → Prozeßalgebra TCSP (s. auch → Betriebssystem, prozeßorientiertes). *Brauer*
Literatur: *Hoare, C. A. R.:* Communicating sequential processes. Prentice Hall, Englewood Cliffs 1984.

**CSP-System** ⟨*CSP system*⟩ → Betriebssystem, prozeßorientiertes

**Curriculum des Informatikunterrichts** ⟨*curriculum of computer science*⟩. Stellt Lernziele, Lerninhalte, Methoden und Lernerfolgskontrolle des → Informatikunterrichts in einen begründeten Zusammenhang. Es ist aus begonnener Unterrichtserfahrung abgeleitet und wird über Beobachtungen der Lehrer in der Praxis weiterentwickelt.

Die fachspezifischen Lernziele und die Lernbereiche für die einschlägigen Inhalte ordnen sich den Zielen und Inhalten des mathematisch-naturwissenschaftlich-technischen Aufgabenfelds und schließlich den Stufenzielen der gymnasialen Oberstufe unter und werden dadurch legitimiert. Im Gegensatz zu berufskundlichem Unterricht, der i. allg. unter dem Titel „→ Datenverarbeitung" läuft, ist an den allgemeinbildenden Schulen die Lehre von den Algorithmen zentraler Unterrichtsgegenstand. Neben dem Lernbereich Algorithmik treten in enger Zuordnung der Lernbereich → Daten und Datenstrukturen, ferner die Lernbereiche Hardware- und Software-Systeme sowie Auswirkungen praktischer Datenverarbeitung auf, in einigen Bundesländern auch Elemente theoretischer Informatik.

Die Lernziele gliedern sich nach kognitiven und affektiven Lernzielen. Typisch kognitive Lernziele sind:
– Kenntnis von fundamentalen Begriffen, Grundstrukturen und Eigenschaften von Algorithmen sowie Daten und Sprachkonstrukte zu deren Beschreibung (memoriale Stufe);
– Fähigkeit, einen → Algorithmus in ein Programm umzusetzen und geeignet zu dokumentieren (operative Stufe);
– Fähigkeit, komplexe Problemzusammenhänge auf ein → Modell zu reduzieren und das Problem im Modell zu lösen (produktive Stufe).

Ein typisches affektives Lernziel ist die
– Förderung von Kommunikationsbereitschaft und Kooperationsfähigkeit bei der Arbeit am Rechner.

Im Lernbereich Algorithmen werden anfangs behandelt:
– der intuitive Algorithmusbegriff mit elementaren Eigenschaften und Beispielen, auch aus dem täglichen Leben;
– grundlegende Begriffe wie Ein- und Ausgabeobjekte, Anweisung, → Befehl, → Programm, → Programmiersprache, → Software, → Hardware;
– lineare Algorithmen mit E/A-Anweisungen, Wertzuweisung, Darstellung mit Deklarations- und Anweisungsteil;
– verzweigte Algorithmen mit einseitiger und zweiseitiger Verzweigung, Mehrfachauswahl und Schachtelung von Verzweigungen;

– Algorithmen mit Schleifen: zähler- und klauselgesteuerte, abweisende → Schleife, Schachtelung von Schleifen.

Alle Konstrukte werden in einer verfügbaren Programmiersprache an einfachen Beispielen erprobt. Dann folgt eine mehr systematische Lehre der Algorithmenentwicklung mit der Methode der schrittweisen → Verfeinerung der Teilprobleme, der syntaktischen und semantischen Korrektheitsüberprüfung, der Dokumentation und Archivierung. Eine neue Ebene wird durch das Prozedurkonzept mit parameterfreien Prozeduren, parameterenthaltenden Prozeduren, Aktions- und Funktionsprozeduren, Standardprozeduren, rekursiven Prozeduren (einfache, mehrfache, endständige und nichtendständige, indirekte rekursive Prozeduren) gelegt. Hier erfolgen schon größere Anwendungen in Such- und Sortieralgorithmen. Gegen Ende des Algorithmenlehrgangs wird der Aufwand eines Algorithmus nach Laufzeit und Speicherbedarf betrachtet, und es werden unterschiedlich effiziente Lösungen desselben Problems theoretisch und praktisch miteinander verglichen.

Der Lernbereich Daten und Datenstrukturen befaßt sich mit
– einfachen Standard-Datentypen wie INT, REAL, TEXT und BOOLE;
– zusammengesetzten Datentypen wie ARRAY (ROW), RECORD (STRUCT);
– Listenstrukturen ohne Zeiger wie FILE, STACK, QUEUE;
– dem Zeigerprinzip für einfache und mehrfache Verkettung;
– der Baumstruktur.

Dabei werden Deklaration, Zugriffsart und -recht, Wertevorrat, Schachtelung von Datentypen, abgekürzte Notationen besprochen und ebenso – wo es die → Sprache erlaubt – die Definition abstrakter Datentypen mitsamt einschlägigen Operatoren und ihre Verwendung. Für alle zusammengestellten Formen werden als Grundoperationen Ein- und → Ausgabe, Aufbauen, Suchen, Verändern und Löschen behandelt.

Im Lernbereich Hardware- und Software-Systeme werden Binärcodes wie der → ASCII-Code für alphanumerische → Zeichen behandelt und Stellenwertsysteme für die Basen 2, 8, 16 mit den zugehörigen Rechenoperationen thematisiert. Über einen → Modellrechner wird die → Zentraleinheit eines Einadreßrechners simuliert, und es werden Entwicklung und Ausführung einfacher Programme auf ihm studiert. Das kann auf einem Einplatinenrechner mit hexagesimaler Eingabetastatur geschehen, oft jedoch mit einem speziellen Programm auf dem „großen" Schulrechner, und zwar sowohl in → Maschinensprache wie mit Assembler. Es werden Elemente realer Rechnerkonfigurationen wie → Massenspeicher und → Peripheriegeräte in prinzipiellen Funktionen behandelt. Schließlich werden Grundsätze des vorhandenen → Betriebs-systems und weiterer Programmiersprachen besprochen.

Zum Lernbereich „Auswirkungen der praktischen Datenverarbeitung" gehören Kapitel zur → Datensicherung und zum → Datenschutz ebenso wie kritische Überlegungen zur → Modellbildung, zur Änderung von beruflichen Qualifikationen usw. Unter „Elemente theoretischer Informatik" kann eine Einführung in die → Automatentheorie erfolgen, die in Begriff und Anwendung einer *Turing*-Maschine endet, die ebenfalls auf dem Schulrechner auch praktisch simuliert werden kann. Das Halteproblem kann als Grenze der Algorithmik thematisiert werden.

In seinem methodischen Teil wird ein C. d. I. Hinweise zum Szenario des entwickelnden Unterrichts und zugeordneter Schülerübungen geben. Grundsätze für Lernerfolgsüberprüfungen (Klausuren, Abiturprüfungen) werden auch konkretisiert durch Veröffentlichungen von Beispiel-Prüfungsaufgaben mitsamt der Schülerlösung und durchgeführter Lehrerkorrektur anhand vordefinierter und begründeter Bewertungseinheiten.

Die Curricula zum Fach „Datenverarbeitung" an beruflichen Schulen werden mehr auf Anwendungen der Datenverarbeitung und Bauweise der Rechner eingehen müssen. *Klingen*

Literatur: *Klingen, L. H.*; *Otto, A.*: Computereinsatz im Unterricht – der pädagogische Hintergrund. Stuttgart 1986.

**Currying** ⟨*currying*⟩. Im getypten → Lambda-Kalkül mit Produkttypen kann eine Operation

$$\text{curry}: (\alpha \times \beta \to \gamma) \to (\alpha \times \beta \to \gamma)$$

definiert werden, die eine zweistellige Funktion f vom Typ $\alpha \times \beta \to \gamma$ in eine einstellige Funktion curry(f) vom Typ $\alpha \to \beta \to \gamma$ höherer Ordnung überführt, d. h. curry(f)(x)(y)=f(x, y). Der curry-Operator geht ursprünglich nicht auf *Curry*, sondern auf *Schönfinkel* zurück. Unter dem Begriff C. versteht man das Anwenden des curry-Operators. Das Resultat nennt man auch Curried Function. C. hat z. B. den Vorteil, daß Funktionen bereits ausgewertet werden können, wenn nur ein Teil des Arguments konkret vorliegt (partielle Auswertung).

Die Umkehrfunktion zu curry heißt uncurry mit uncurry(f)(x, y)=f(x)(y). Der curry-Operator spielt auch eine wichtige Rolle bei der Axiomatisierung kartesisch abgeschlossener Kategorien, die einen Modellbegriff für den → getypten Lambda-Kalkül bilden. Dort spiegelt er die Semantik des λ-Operators wider.

*Reus/Wirsing*

**Cursor** ⟨*cursor*⟩. Eine auf dem → Bildschirm sichtbare Markierung. Sie kennzeichnet die Stelle, an der eine Manipulation des Bildinhalts durch den → Benutzer erfolgen kann. Der C. kann vom Benutzer frei positioniert werden. Dies geschieht entweder über Sondertasten der Tastatur oder mit Hilfe einer → Maus. Ein C. kann die Form eines Sonderzeichens (z. B. eines Blocks von der Größe eines Zeichenfeldes, eines Unterstrichs usw.) haben. Ein genaues Positionieren erlaubt ein C. in Fadenkreuzform. Dieses besteht aus einer horizontalen und einer vertikalen Linie. Diese Linien erstrecken sich über den gesamten Bildschirm. Der Schnittpunkt beider Linien kann vom Benutzer frei bewegt werden.

Encarnação/Güll

**Cyberspace** ⟨cyberspace⟩ → Realität, virtuelle

**Cycle Stealing** ⟨cycle stealing⟩. Zur Erhöhung der Auslastung der einzelnen Komponenten eines → Digitalrechners ist es zweckmäßig, den E/A-Kanälen den Zugriff zum → Hauptspeicher zu gestatten, während das Rechenwerk → Operationen ausführt, die keinen Speicherzugriff erfordern. Da der Informationsstrom zwischen Hauptspeicher und E/A-Gerät meist in seiner zeitlichen Folge durch die technischen Gegebenheiten des E/A-Gerätes vorgegeben ist, muß diesen Kanälen bei gleichzeitigem Zugriffswunsch eine erhöhte Priorität gegenüber dem Rechenwerk zugebilligt werden. Der Zugriff durch das Rechenwerk wird daher zurückgestellt (→ Digitalrechner). <i>Bode/Schneider</i>

**Cycle-Typ** ⟨cycle-type⟩. Der Begriff „Cycle" wird bei → Mehrgitterverfahren synonym für einen Iterationsschritt verwendet. Ein Iterationsschritt eines Mehrgitterverfahrens ist rekursiv (aus entsprechenden Verfahren mit weniger Gittern) definiert. Die genaue Form dieser → Rekursion (d. h. in welcher Reihenfolge Berechnungen auf feinen und groben Gittern durchgeführt werden sollen) und damit die Struktur eines Cycle werden durch den C.-T. festgelegt. Prinzipiell gibt es hier viele Möglichkeiten. Unter dem Aspekt größtmöglicher Effizienz lohnt es sich einerseits nicht, die Grobgitterkorrektur-Gleichungen zu genau zu lösen. Andererseits kann eine zu ungenaue Berechnung zu einer wesentlichen Konvergenzverlangsamung des Gesamtprozesses führen.

In der Praxis wird nur mit einigen wenigen C.-T. gearbeitet, von denen der V-Cycle der einfachste und billigste ist. Hierbei werden die Grobgitterkorrektur-

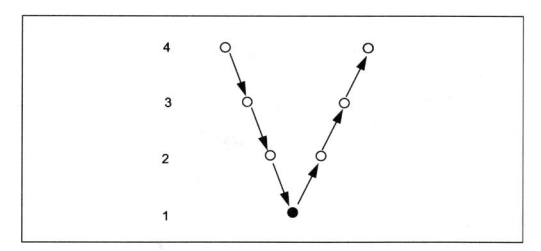

*Cycle-Typ 1: Struktur eines V-Cycle bei einem Verfahren mit vier Gittern*

1 gröbstes Gitter, 4 feinstes Gitter, ○ Glättungsprozeß, • Lösung auf gröbstem Gitter, ↘ Restriktion, ↗ Interpolation

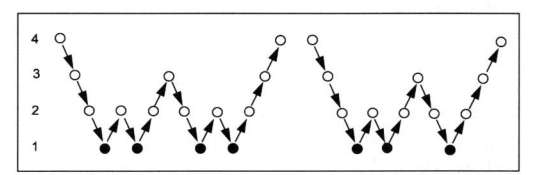

*Cycle-Typ 2: Schematische Darstellung von W- und F-Cycle bei vier Gittern*

Gleichungen rekursiv durch nur einen einzigen Iterationsschritt approximativ gelöst (Bild 1).

Für manche „kritischen" Probleme sind die Grobgitterkorrekturen des V-Cycle zu ungenau. In solchen Fällen wird oft der aufwendigere, aber auch robustere W-Cycle benutzt, bei dem die Grobgitterkorrektur-Gleichungen rekursiv durch jeweils zwei Iterationsschritte approximativ gelöst werden (Bild 2). Als Kompromiß zwischen dem V- und W-Cycle hat sich auch der F-Cycle bewährt.

Neben diesen „starren" werden oft auch adaptive C.-T. verwendet. Hierbei werden Anzahl und Reihenfolge von Berechnungen auf groben und feinen Gittern nicht a priori festgelegt, sondern anhand bestimmter Kriterien dynamisch angepaßt. <i>Stüben/Trottenberg</i>

# D

**D-Kanal** ⟨*D-channel*⟩. Der D-K. (Daten-Kanal) dient – trotz seines Namens – im wesentlichen zur Übertragung von Signalisierungsinformationen im → ISDN (→ Signalisierung). Zum ISDN-→ Basisanschluß gehört ein D-K. mit einer Übertragungsrate von 16 kbit/s, der → Primärmultiplexanschluß verfügt über einen 64 kbit/s-D-Kanal. *Jakobs/Spaniol*

**D-Kanal-Protokoll** ⟨*D-channel protocol*⟩. Entspricht den unteren drei Ebenen des → OSI-Referenzmodells (→ Bitübertragungsebene, → Sicherungsebene, → Vermittlungsebene). Das Protokoll erbringt die → Funktionalität, die für die Realisierung der → ISDN-Dienstmerkmale erforderlich ist. Die eigentliche Nutzdatenübertragung erfolgt dann über die → B-Kanäle. *Jakobs/Spaniol*

**DAB** ⟨*DAB (Digital Audio Broadcasting)*⟩. Über den digitalen Rundfunk, DAB, können Tonübertragungen mit Compact-Disk-Qualität erfolgen sowie beliebige digitale Informationen übertragen werden, d. h. Daten, Texte, Sprache, Musik, Stand- und sogar Bewegtbilder. Neben dem Hörfunk finden sich damit typische Anwendungen für Zusatzdienste auch im Bereich der Verkehrstelematik (Road Transport Informatics, → RTI), z. B. bei der Verkehrsinformation und Zielführung (Radio Data System, → RDS; Traffic Message Channel, → TMC).

In der Standardisierung von DAB wurde das Eureka-147-System (benannt nach einem gleichnamigen europäischen Forschungs- und Entwicklungsprojekt) von EBU (European Broadcasting Union), → ETSI und → ITU übernommen. Eureka 147 wurde so gestaltet, daß terrestrisch, via Satellit, hybrid (d. h. terrestrisch und via Satellit) und in einem Kabelnetz (→ Breitband) auf einer beliebigen Frequenz bis zu 3 GHz gesendet werden kann. Eureka 147 ermöglicht auch eine → ISDN-konforme Übertragung für Daten und Sprache auf zwei Kanälen mit 64 kbit/s. Die Quellencodierung für Audiosignale geschieht gemäß ISO/IEC MPEG-Audio Layer II. Dies ermöglicht eine Übertragung mit Stereo-Tonqualität vergleichbar der einer Compact-Disk-Wiedergabe bei 2×92 kbit/s.

In Deutschland wird DAB zunächst über den Fernsehkanal 12 im VHF-Band und im C-Band bei 1,5 GHz übertragen. Der Fernsehkanal wird in vier Teilbänder aufgeteilt, auf denen jeweils eine Datenrate von brutto 2 bis 3 Mbit/s übertragen werden kann. Nach Abzug der für die Fehlerkorrektur (→ FEC) benötigten Kapazität bleibt eine Nettodatenrate von ca. 1,7 Mbit/s. Diese Kapazität wird dann auf mehrere Kanäle variabler Datenrate (für einen Stereo-Hörfunkkanal z. B. 256 kbit/s) zur Übertragung von Stereo-Hörfunk und Zusatzdiensten aufgeteilt. *Hoff/Spaniol*

Literatur: *Jürgen, R. K.*: Broadcasting with digital audio. IEEE Spectrum, März 1996. – *Briskman, R. D.*: Satellite DAB. Int. J. Satellite Communic. 13 (1995).

**Dämonprozedur** ⟨*demon procedure*⟩. Prozedur, die aufgrund eines Ereignisses beim Programmablauf ohne explizit programmierten Aufruf aktiviert wird. D. werden in der → Künstlichen Intelligenz (KI) hauptsächlich für Verwaltungsaufgaben in Wissensbasen, zur automatischen Berechnung von Inferenzen oder zur Reaktion auf besondere Situationen verwendet. Zugriffe zur assoziativen Datenbasis in der → Programmiersprache → PLANNER aktivieren automatisch D., wenn deren Aufrufmuster mit dem Datenmuster übereinstimmt. Beim Schreiben in die Datenbasis können auf diese Weise zusätzliche Fakten inferiert und eingetragen werden. Beim Lesen können Informationen, die nicht in der Datenbasis stehen, durch Inferenzen gewonnen werden. D. werden auch in Schemata eingesetzt, um Zugriffe auf Attributwerte prozedural zu unterstützen (IF-ADDED- und IF-NEEDED-Prozeduren). *Neumann*

**Dämpfung** ⟨*attenuation*⟩. Energieverlust eines Signals während der Übertragung. Sie wird als logarithmisches Verhältnis der Eingangsleistung zur Ausgangsleistung angegeben. *Jakobs/Spaniol*

**DAP** ⟨*DAP (Directory Access Protocol)*⟩. Ein Directory User Agent (→ DUA) greift über dieses Protokoll auf den → X.500-Dienst zu. *Jakobs/Spaniol*

**DARPA** ⟨*DARPA (Defense Advanced Research Project Agency)*⟩. Forschungsinstitution des US-amerikanischen Verteidigungsministeriums; → ARPA-Net. *Jakobs/Spaniol*

**Darstellung, areale** ⟨*surface drawing*⟩. Mit dem Aufkommen von Rastergeräten war es möglich, auf einfache Weise von Linien begrenzte Flächenstücke mit einer einheitlichen Farbe bzw. mit bestimmten vordefinierten Mustern zu füllen. So lassen sich auch Buchstaben als Muster definieren und darstellen. Die Grundelemente sind Punkte und definierte Grundmuster. Dazu zählen aber auch noch die Möglichkeiten aus der linealen Darstellung, z. B. das Zeichnen von Linien.

→Operationen auf diese Grundobjekte können sein: Positionieren, Rotieren, Skalieren oder typische Rasteroperationen wie die bitweise logischen Verknüpfungen (AND, OR, XOR etc.) von Bildern oder das Verändern von Farbinformationen.

*Encarnação/Zuppa*

**Darstellung, von Linien** ⟨line drawing⟩. Diese Darstellungsform gehört zu den grundlegenden Darstellungsmöglichkeiten in der graphischen →Datenverarbeitung. Ein Bild ist zusammengesetzt aus Punkten und Linien. Graphische Grundobjekte wie Punkt, Gerade, Kreis, Kreisbogen, Ellipsen, Kurven, Splines, →Text etc. sind dann aus Punkten und Linien aufgebaut. →Operationen auf diese Grundobjekte können sein: Positionieren, Aneinanderhängen, Übereinanderlegen u. ä. Damit kann man i. allg. alles darstellen, was der technische Zeichner auf dem Reißbrett zu zeichnen vermag.

Die l. D. wird überwiegend für Anwendungen eingesetzt, deren →Struktur konzeptionell zweidimensional ist, wie Präsentationsgraphiken, Entwurf von Schaltplänen oder in Netzplanverwaltungen.

*Encarnação/Zuppa*

**Darstellung, vorgestaltet in Videobild** ⟨pre-formated display in process graphic⟩. Hierarchisch gegliederte Darstellungsform für die →Prozeßführung über Bildschirme, in der durch feste Formate die notwendigen Informationen und deren Ort, Form und Farbe in Videobildern festgelegt sind. Die Festlegung kann firmenspezifisch geschehen oder nach VDI/VDE 3695. Die v. D. – sie heißt auch normierte, konfektionierte oder Blockdarstellung – erleichtert den Übergang von der konventionellen Wartentechnik zur Sichtgerätetechnik, weil Kommunikationselemente der erstgenannten Technik auf dem Bildschirm abgebildet werden, z. B. Leitgeräte als Leitfelder.

Das Bild zeigt ein Gruppenbild in v. D.: Auf dem Bildschirm sind die Elemente zum Führen von sechs PLT-Kreisen eingeblendet. Über virtuelle Bedienfelder

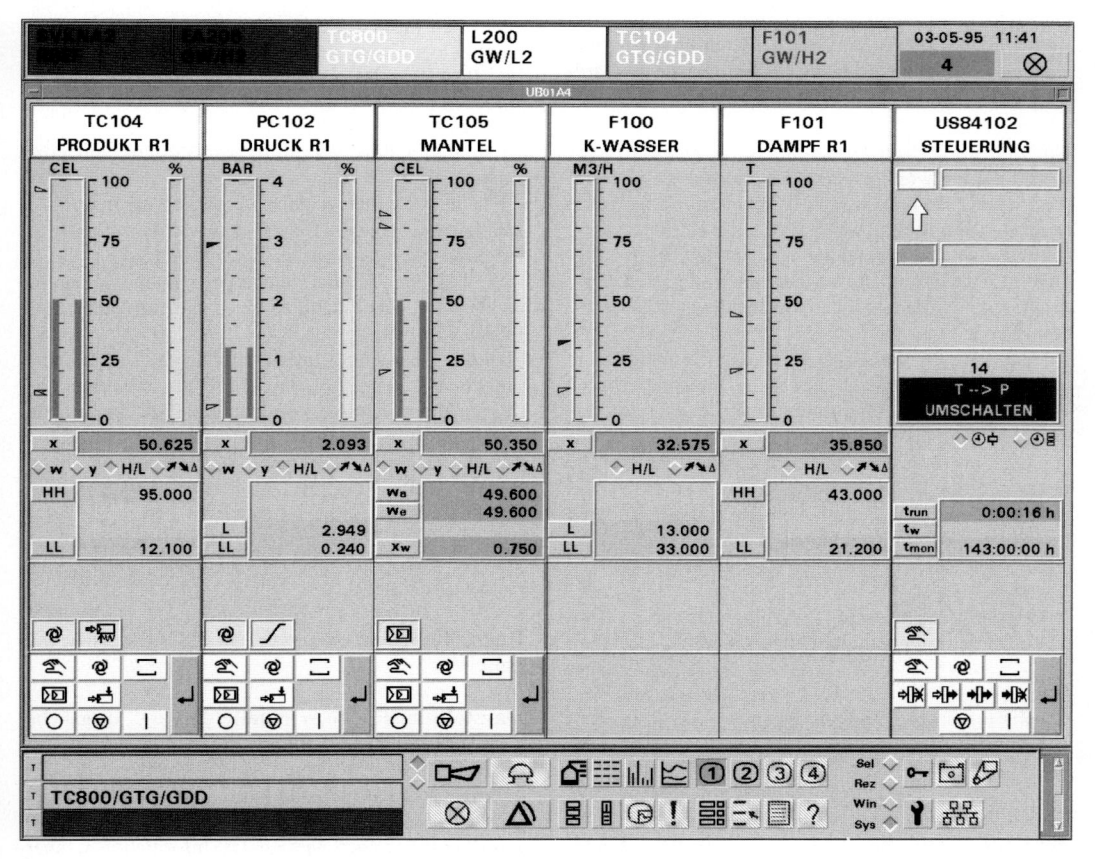

*Darstellung, vorgestaltet in Videobild: Gruppenbild in v. D. Nebeneinander sind Leitfelder für sechs Meß-, Regel- und Steuerkreise angeordnet. Virtuelle Tasten dieser Darstellung lassen sich über Rollkugel oder Maus bedienen (Quelle: Hartmann & Braun).*

im Videobild kann der Operator mit Rollkugel oder Maus auf den Prozeß einwirken. Auch ein Einblenden des Videobildes in ein sensitives Flachdisplay ist im Prozeßleitsystem vorgesehen, so daß dann die virtuellen Tasten durch Fingerberührung gestellt werden können. Den Gruppenbildern hierarchisch übergeordnet sind Übersichtsbilder über einen größeren Bereich.

*Strohrmann*

Literatur: VDI/VDE 3695: Vorgestaltete Darstellung über Bildschirm in verfahrenstechnischen Anlagen. Juli 1986.

**Darstellungsbereich** ⟨*viewport*⟩. Teil des Gerätebereichs eines graphischen Geräts, in dem die Ausgabe von graphischer Information möglich ist. Dieser Bereich kann die gesamte →Darstellungsfläche eines Geräts sein oder auch nur einen rechteckigen Ausschnitt davon bezeichnen. Im allgemeinen wird dieser Bereich in geräteabhängigen Koordinaten adressiert. Es existieren aber auch graphische Ausgabegeräte, die den D. als einen eigenen, logisch adressierbaren Koordinatenbereich ansehen mit einem in →Gerätekoordinaten definierten Ursprung. In diesen Koordinatenbereich wird dann relativ zum definierten Ursprung adressiert. Die Transformation logischer Koordinaten auf die Gerätekoordinaten wird in diesem Fall von der →Hardware geleistet.

*Encarnação/Zuppa*

**Darstellungsebene** ⟨*presentation layer*⟩. Dies ist die 6. und damit zweithöchste →Ebene des →OSI-Referenzmodells. Da praktisch jeder Rechnertyp ein eigenes internes Datenformat verwendet, müssen diese unterschiedlichen Datenformate von der D. aufeinander abgebildet werden, um zu gewährleisten, daß beim Empfänger die Bedeutung der Daten die gleiche ist wie beim Sender.

Eine Aufgabe der D. ist es also, Informationen in einer für die →Anwendungsebene interpretierbaren Weise darzustellen. Hierdurch ermöglicht sie die Verwendung beliebiger lokaler →Syntaxen, die auf eine gemeinsame Transfersyntax abgebildet werden. Die Daten werden dann in dieser gemeinsamen Syntax übertragen und in der empfangenden Instanz auf deren maschinen- oder anwendungstypische interne Syntax abgebildet. Die einzige z. Z. standardisierte globale Syntax ist →ASN.1.

Ver- und Entschlüsseln (Verschlüsselung) der gesendeten Daten sind ebenfalls Aufgaben der D.

*Jakobs/Spaniol*

Literatur: *Spaniol, O.; Jakobs, K.*: Rechnerkommunikation – OSI-Referenzmodell, Dienste und Protokolle. VDI-Verlag, 1993. – *Dickson, G.; Lloyd, A.*: Open systems interconnection. Prentice Hall, 1992.

**Darstellungsfehler** ⟨*aliasing/display error*⟩. D. entstehen durch Rundungsfehler, wenn ein Bild, das als Farbverteilung auf einem Kontinuum definiert ist (Referenzbild), auf einem Medium dargestellt werden soll, das nur Farbflächen an bestimmten diskreten

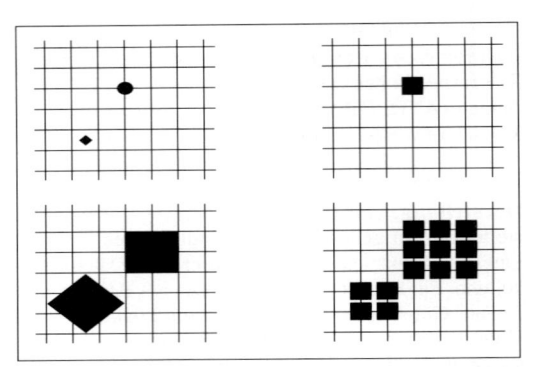

*Darstellungsfehler: Verschwinden oder Verzerrung der Form von kleinen Flächen (oben) und unterschiedliche Größe durch veränderte Lage (unten)*

Punkten adressieren oder nur Linien in bestimmten Winkeln zeichnen kann. Bei einem Rastergerät werden Farbe und →Helligkeit, evtl. auch diese nur in diskreten Abstufungen, auf Pixelflächen zugeordnet. Dazu müssen das Bild gerastert und die Farbwerte ggf. gequantelt werden. Die Verfremdung eines Bildes unter diesen Operationen wird auch mit →Aliasing bezeichnet. Bei der →Rasterkonversion können folgende D. auftreten:
– Treppeneffekte bei Linien,
– ungleichmäßige Verteilung von Punkten auf einer Linie,
– Flächen, die kleiner oder wesentlich kleiner als die Ausdehnung eines →Pixels sind, werden nicht mehr aufgelöst oder gar nicht mehr dargestellt.
– Bei Flächen, die die gleiche Form haben, kann eine andere Lage der Fläche zu einer anderen Darstellung führen.
– Durch Quantelung oder Nachbarschaft zu anderen Farben auftretende Fehldarstellungen von Farben.

Problemen der Art von Treppeneffekten oder der Fehldarstellung von Farben versucht man durch →Antialiasing beizukommen, indem man die Umgebung eines Pixels mit in die Berechnung seines Farb- und Helligkeitswertes einbezieht.

*Encarnação/Kreiter*

Literatur: *Purgathofer, W.*: Graphische Datenverarbeitung. Berlin–Heidelberg 1985.

**Darstellungsfeld** ⟨*view port*⟩ →GKS; →Ausgabe, graphische

**Darstellungsfläche, virtuelle** ⟨*buffer*⟩. Ausgabebereich, der nicht notwendigerweise sofort bzw. vollständig auf einem graphischen Ausgabegerät zur Anzeige gebracht werden muß. So kann die Ausgabe der graphischen Informationen erst in einen Speicherbereich zwischengespeichert werden. Die Informationen innerhalb dieses Speicherbereiches können dann teilweise oder auch zeitlich verzögert auf dem Ausgabegerät ausgegeben werden.

Dieser temporäre Speicherbereich verhält sich gegenüber dem → Prozeß, der die graphischen Informationen erzeugt, wie die → Darstellungsfläche eines graphischen Ausgabegerätes, auf der graphische Objekte angezeigt oder auch wieder gelöscht werden können. Damit kann dieser Speicherbereich auch als eine v. D. angesehen werden.

So kann z. B. ein Prozeß mehrere Bilder in verschiedenen Speicherbereichen erzeugen, die dann nacheinander auf dem Ausgabegerät angezeigt werden können (multiple buffering). Man kann aber auch mehreren Prozessen verschiedene v. D. zur Verfügung stellen. Die Prozesse können dann in ihren v. D. unabhängig voneinander Bildinformationen einschreiben oder wieder entfernen. Die Inhalte dieser Teilbereiche oder mehrere Ausschnitte aus den den Prozessen zugeordneten v. D. können dann z. B. gleichzeitig auf einem Ausgabegerät angezeigt werden (Benutzeroberfläche, Fenstertechnik). *Encarnação/Zuppa*

**Darstellungsmedium** ⟨*graphics output device*⟩. Über das D. wird graphische Information visualisiert. Das D., mit dem graphische Geräte Bildinformationen anzeigen können, ist je nach Art der Anwendung verschieden. Für dynamische Bildänderungen kann z. B. als Medium die Kathodenstrahlröhre in → Rasterbildschirmen oder → Vektorbildschirmen eingesetzt werden. Weiterhin existieren Laserbildschirm, Flüssigkristallanzeige oder die → Speicherröhre (Speicherröhre und Vektorbildschirm werden heute nur noch in wenigen Fällen eingesetzt).

Für die Archivierung von graphischen Informationen wird als Medium Papier benutzt, z. B. bei Druckern, → Plottern, Laserdruckern, → Laserplottern, oder photoempfindliches Material, auf das die Bildinformation übertragen wird. *Encarnação/Zuppa*

**Data-Warehouse** ⟨*data warehouse*⟩ → Büroinformationssystem

**Datagramm** ⟨*datagram*⟩. Ein → Paket, das unabhängig von seinen Vorgängern und seinen Nachfolgern den Weg durch ein paketvermittelndes (→ Paketvermittlung, verbindungslos) → Netzwerk findet (→ Routing), wird als D. (→ Datagrammdienst) bezeichnet. Dabei ist es erforderlich, daß in jedem Paket die erforderlichen Steuerinformationen sowie die komplette Adresse enthalten sind. Der Einsatz von D. ist besonders dann zweckmäßig, wenn vergleichsweise wenige Pakete zu übertragen sind, wenn sich also der relativ aufwendige Aufbau und Betrieb einer Verbindung nicht lohnen.
*Jakobs/Spaniol*

Literatur: *Nussbaumer, H.*: Computer communication systems. Vol. 2: Principles, design, protocols. John Wiley, 1990.

**Datagrammdienst** ⟨*connectionless service*⟩. Ein paketvermittelndes (→ Paketvermittlung) → Netzwerk erbringt einen D., wenn es die einzelnen Pakete einer Verbindung unabhängig voneinander weiterleitet. Der D. wird auch als → verbindungsloser → Dienst bezeichnet. Er unterscheidet sich vom → verbindungsorientierten Dienst in einigen wesentlichen Punkten:
– Im Netzwerk entfällt die Prozedur des Verbindungsauf- und -abbaus.
– Die einzelnen → Pakete einer Verbindung werden nicht notwendigerweise über die gleiche physikalische Verbindung zwischen Quell- und Zielknoten geleitet (→ Routing). Die Reihenfolgeerhaltung wird daher vom Netz nicht garantiert, Pakete können einander also im Netz überholen. Es ist Aufgabe einer höheren → Ebene (i. allg. der → Transportebene), für eine reihenfolgerichtige Auslieferung der Pakete beim Empfänger zu sorgen.
– Da die einzelnen Pakete unabhängig voneinander weitergeleitet werden, muß jedes Paket alle notwendigen Steuer- und Kontrollinformationen mit sich führen. Insbesondere muß die komplette → Adresse in jedem Paket enthalten sein. Im Unterschied dazu muß im verbindungsorientierten Netz lediglich das erste Paket für den Verbindungsaufbau die Quell- und Zieladresse mit sich führen, alle übrigen Pakete dieser Verbindung werden dann über den beim Verbindungsaufbau etablierten logischen Kanal übertragen. Über diesen logischen Kanal liegen in jedem Transitknoten die notwendigen Informationen vor.

Im Vergleich zwischen → Datagramm und verbindungsorientiertem Netzdienst lassen sich für jede der beiden Varianten Vor- und Nachteile aufzählen:
– Der D. ermöglicht flexibleres, adaptives → Routing. Diese Tatsache stellt im Fall von Störungen in Transitknoten oder auf Verbindungsstrecken einen großen Vorteil dar.
– Bei Verbindungen, die nur kurze Zeit bestehen, kann der relativ aufwendige Verbindungsauf- und -abbau vermieden werden.
– Die Protokollinformationen (→ Protokoll), die in einem datagrammorientierten Netz jedes → Paket mit sich führen muß, bringen im Falle kurzer Pakete (z. B. beim Dialog) einen enormen Overhead und damit Durchsatzeinbußen (→ Durchsatz) mit sich.
*Jakobs/Spaniol*

Literatur: *Spaniol, O.; Jakobs, K.*: Rechnerkommunikation – OSI-Referenzmodell, Dienste und Protokolle. VDI-Verlag, 1993. – *Halsall, F.*: Data communications, computer networks and open systems. 3rd Edn. Addison-Wesley, 1992. – *Nussbaumer, H.*: Computer communication systems. Vol. 2: Principles, design, protocols. John Wiley, 1990.

**Datei** ⟨*file*⟩ → Betriebssystem, → Speichermanagement

**Datei, Blockindexmenge einer** ⟨*set of block indices of a file*⟩ → Speichermanagement

**Datei, eindimensionale Struktur einer** ⟨*one-dimensional structure of a file*⟩ → Speichermanagement

**Datei, Speicherfunktion einer** ⟨mapping function of a file⟩ → Speichermanagement

**Datei, zweidimensionale Struktur einer** ⟨two-dimensional structure of a file⟩ → Speichermanagement

**Dateideskriptor** ⟨file descriptor⟩ → Speichermanagement

**Dateien in virtuellen Speichern** ⟨files in virtual memory⟩ → Speichermanagement

**Dateimanagement** ⟨file-system management⟩ → Betriebssystem, → Speichermanagement

**Dateiprozeß** ⟨file process⟩ → Betriebssystem, prozeßorientiertes

**Dateisystem** ⟨file system⟩ → Betriebssystem

**Dateisystembaum** ⟨file system tree⟩ → Speichermanagement

**Dateisystembaum, Realisierung des** ⟨implementation of the file system tree⟩ → Speichermanagement

**Dateiübertragung** ⟨file transfer⟩ → FTAM, → FTP

**Dateiverwaltung** ⟨file-system management⟩ → Dateimanagement

**Daten** ⟨data⟩. Ein *Datum* ist ein Wert, der eine Information repräsentiert. Beispielsweise wird bei Personen die Information „Alter" durch eine natürliche Zahl dargestellt, die Information „Name" dagegen durch eine Zeichenkette. Der Zusammenhang zwischen dem Wert und der Information, d. h. der Interpretation des Wertes, wird durch → Domänen oder → Datentypen unterstützt. So kann ein Bitmuster (Wert) sowohl als natürliche Zahl, als rationale Zahl oder als Zeichen(kette) gedeutet werden, oder eine Zahl (Wert) wiederum als Alter, Länge oder Gewicht. Das heißt, erst die Bindung eines Werts an eine Domäne macht aus dem Wert ein informationstragendes Datum.
□ *Unstrukturierte D.* sind nicht weiter zerlegbare Werte, z. B. Zahlen oder Zeichenketten.
□ *Strukturierte D.* sind Werte, die sich wiederum aus anderen (strukturierten oder unstrukturierten) Werten zusammensetzen. Beispiel: Eine Adresse besteht aus Straße, Hausnummer, Postleitzahl und Wohnort.
*Schmidt/Schröder*

**Daten, personenbezogene** ⟨personal data⟩ → Rechensystem, rechtssicheres

**Daten, strukturierte** ⟨structured data⟩ → Daten

**Daten, unstrukturierte** ⟨unstructured data⟩ → Daten

**Datenabstraktion** ⟨data abstraction⟩. Methode für die Spezifikation und systematische Entwicklung von Software-Bausteinen, die an das → Geheimnisprinzip von *D. Parnas* anknüpft. Danach enthält der öffentliche Teil eines Bausteins die Spezifikation derjenigen Operationen, die für die Zugriffe auf die Baustein-internen Daten notwendig sind. Die Daten selbst sind dagegen Bestandteil des privaten Teils und damit dem direkten Zugriff externer Bausteine entzogen. Durch diese Abschirmung der Daten (→ Datenkapselung) wird eine gute Modularisierung erreicht, im besonderen lassen sich nach der D.-Methode definierte Software-Bausteine leichter ändern, testen und warten. *Hesse*
Literatur: *Liskov, B.; Zilles, S.*: Specification techniques for data abstraction. IEEE Trans. Software Engl. 1 (1975) No. 7.

**Datenanalyse, graphische** ⟨graphical data analysis⟩. Graphische Auswertung und Behandlung von Massendaten. Diese Daten fallen insbesondere in der Meßtechnik, bei technisch-wissenschaftlichen Untersuchungen komplexer physikalischer Prozesse (Strömungs- und Wirbelbildung, meteorologische Untersuchungen u. a.) und bei der Steuerung von Produktionsprozessen an. Die dabei auftretenden Probleme in Zusammenhang mit der g. D. konzentrieren sich auf die Datenerfassung und -verwaltung sowie auf die Auswertung und graphische Anzeige.

Die Leistungsfähigkeit der Datenverwaltung drückt sich im erfaßbaren Datenumfang und in der Möglichkeit aus, auch mit großen Datenmengen noch sehr schnell operieren zu können. Abhängig von der → Datenstruktur kommen zwei Verwaltungsprinzipien zum Einsatz:
– Speichern und Verwaltung der Datenmengen in anwendungsspezifischen → Datenstrukturen wie Datenmatrizen,
– Einsatz von → Datenbanken.

Das Bild zeigt die Organisation von Daten bei Benutzung einer Datenmatrix. Die einfache Zuordnung Datenkanal ⇔ Datennummer wird häufig eingesetzt. Sie ermöglicht einen schnellen Zugriff auf die Daten bis hin zur Echtzeitanalyse, ist aber in der Struktur der Daten stark eingeschränkt.

Bei der Analyse von Meßdaten, die z. B. für die Qualitätsüberwachung in einem Fertigungsprozeß benötigt werden, sind einfache Datenmatrizen aufgrund der Komplexität der zu erfassenden Informationen ungeeignet. Hier erweist sich der Einsatz von Datenbanken als unumgänglich. Dabei ergibt sich jedoch häufig das Problem, daß Datenbanken meist große, geschlossene Systeme sind, die sich nur mit hohem Aufwand in anwendungsspezifische Lösungen integrieren lassen und meist auch nicht unter Echtzeitbedingungen arbeiten können.

Liegen die Daten in gespeicherter Form vor, kann eine g. D. darauf aufsetzen und die Daten graphisch in geeigneter Form präsentieren. Typische Präsentationsmechanismen für meßtechnische Anwendungen sind

|  | Datensatzkopf |  |  |  |
|---|---|---|---|---|
|  | Dateiname, Kommentar |  |  |  |
|  |  | Anzahl der Datenkanäle | | |
|  | Kanalnummer / Datennummer | Kanal 1 | Kanal 2 | ... |
|  | Kanalkopf | Kanalname<br>Wertebereich<br>Minwert<br>Maxwert | Kanalname<br>Wertebereich<br>Minwert<br>Maxwert |  |
| Kanal-<br>länge | 1<br>2<br>. | Meßwert 1<br>Meßwert 2<br>. | Meßwert 1<br>Meßwert 2<br>. |  |

*Datenanalyse, graphische: Organisation von Daten in einer Datenmatrix*

Kurvendarstellungen zeitlicher oder anderer Abhängigkeiten im 2D- und 3D-Koordinatensystem sowie in Tabellenform, → Visualisierung von Punktmengen durch verschiedene Darstellungsarten (Balken, Spikes, Flächen und Kurven im 3D-Raum). Zu den graphischen Analysemethoden für wissenschaftlich-technische Untersuchungen gehören darüber hinaus die Anzeige und Manipulation von schattierten → Volumenmodellen, Filterfunktionen, Arbeit mit Farben, Kontrasterhöhung, Kantenoptimierung u. a. *Langmann*

**Datenautobahn** ⟨*information superhighway*⟩. Auf Al Gore, den Vizepräsidenten der USA zurückgehendes Schlagwort, das die Möglichkeiten beschreibt, die die schnelle weltweite Vernetzung (→ Internet) insbesondere im Kommunikations- und Medienbereich bringt und bringen wird (Hochgeschwindigkeitsnetz; s. auch → Information Superhighway). *Griebel*

**Datenbank** ⟨*database*⟩. Strukturierte Sammlung von persistenten Daten, die Informationen repräsentieren. Mit Hilfe von D. können Daten gemeinsam verwaltet (→ Datenbankverwaltungssystem), geprüft (→ Integritätsbedingung) und von vielen Klienten gleichzeitig benutzt werden (→ Transaktion). Dies hilft u. a., → Redundanzen und Inkonsistenzen im Datenbestand zu vermeiden.

☐ Eine *aktive D.* enthält Regeln, die beim Eintreten eines bestimmten → Ereignisses oder Erreichen eines → Zustandes des Datenbestandes Aktionen auslösen. Beispielsweise können beim Löschen einer Person aus der D. Aktionen ausgelöst werden, die Referenzen auf diese Person, z. B. von der Firma, bei der diese Person angestellt war, ebenfalls löschen. Dies dient der Kontrolle und der Erhaltung der Konsistenz des Datenbestandes (→ Trigger, → Regelbasis).

☐ Eine *deduktive D.* unterstützt durch Sprach- und Auswertungsmechanismen die Ableitung von Daten aus dem Datenbestand. Wenn z. B. eine Firma für jede Abteilung ein → Attribut mit dem Abteilungsbudget führt, kann dieses Attribut aus den Gehältern der Angestellten, die dieser Abteilung angehören, abgeleitet werden.

☐ *Föderierte D.* sind autonome, in einem Kommunikationsnetz verteilte und von verschiedenen Datenbankverwaltungssystemen verwaltete D., die zusammen die Datenbasis einer Anwendung bilden. Im Gegensatz zu *verteilten D.* sind die einzelnen D. nicht integriert, d. h., es existiert keine gemeinsame Globalsicht.

☐ *Standard-D.*, z. B. relationale D., unterstützen betriebswirtschaftliche und administrative Anwendungen ohne Spezialanforderungen. Sie implementieren ein (einfaches) → Datenmodell (z. B. das relationale Datenmodell in erster Normalform) mit seinen grundlegenden → Operationen, insbesondere den Anfrageoperationen, und unterstützen das klassische Transaktionsmodell (→ ACID).

☐ *Relationale Datenbanken* implementieren das relationale → Datenmodell. Sie haben eine Tabellenstruktur, wobei die Zeilen Tupel bilden und die Spalten aus atomaren Werten jeweils einer → Domäne bestehen. Die Zeilen werden durch → Schlüssel identifiziert (→ Schlüsselintegrität), also assoziativ über die Schlüsselwerte im Gegensatz zu expliziten → Referenzen. Bezüge zwischen Tabellen werden ebenfalls assoziativ gebildet (→ Integrität, referentielle). Einsatzgebiet relationaler Datenbanken sind v. a. kommerzielle Anwendungen (Standarddatenbanken).

☐ *Nicht-Standard-D.*, z. B. erweiterte relationale, objektorientierte → Wissensbank, → Volltext-, → Multimedia-, → CAD- oder → Software-Datenbanken, unterstützen Anwendungen mit speziellen Anforderungen, z. B. aus den Bereichen → Multimedia, → Hypermedia und Entwurf (→ CAD). Sie unterstützen z. B. multimediale Datenobjekte (Bild, Video, Ton), implementieren lange Transaktionen, integrieren → Versionsverwaltungen, erlauben beliebige Verbindungen zwischen den Daten, inferieren Daten, bieten navigierenden Zugriff auf den Datenbeständen oder Suchalgorithmen (→ Volltextrecherche).

☐ Eine *verteilte D.* ermöglicht die Verteilung eines Datenbestandes in einem Netz von Rechnern. Der Zugriff auf diese Daten soll für den Klienten transparent sein, d. h., er kann lokale und entfernte Datenzugriffe in gleicher Weise durchführen. Verteilte D. müssen Fehler, die durch heterogene Systeme und Netzzugriffe entstehen können, berücksichtigen, z. B. durch → Protokolle (→ Zweiphasen-Commit-Protokoll) oder → Replikation (→ Datenbankfernzugriff).

☐ Eine *Objekt-D.* speichert zu den → Objekten auch Methoden, die auf diesen Objekten arbeiten. Weiterhin sind beliebige Referenzen zwischen den Objekten erlaubt (→ Objektspeicher). *Schmidt/Schröder*

Literatur: *Bell, D.* and *J. Grimson*: Distributed database systems. Wokingham, Berks. 1992. – *Date, C. J.*: An introduction to database systems. Vol. 1. Wokingham, Berks. 1990. – *Heuer, A.*: Objektorientierte Datenbanken. Bonn–München 1992. – *Lamersdorf, W.*: Datenbanken in verteilten Systemen. Wiesbaden 1994.

**Datenbank, biologische** ⟨*biological database*⟩. In den letzten zehn Jahren hat sich der Bestand an molekularbiologischen Daten explosiv vergrößert. Diese Daten werden in einer Vielzahl von Datenbanken gespeichert, die die Grundlage für die Anstrengungen bilden, genomische Informationen mit Hilfe des Rechners zu interpretieren.

In b. D. werden unterschiedliche Arten von Informationen gespeichert.

Die Datenbanken EMBL Database (EMBL, Cambridge) und GenBank (NIH, Bethesda, MD) speichern allgemeine genomische Sequenzen der verschiedensten Organismen. Ferner gibt es Datenbanken, die auf einzelne Organismen spezialisiert sind. Dabei stehen solche Organismen im Vordergrund, für die umfassende Genomsequenzierungsaktivitäten im Gange sind (E. coli, H. influenzae, Hefe, C. elegans, Drosophila, Maus, Mensch etc.). Die Datenbank GDB (NIH, Bethesda, MD) speichert die Daten zum Humangenom. Der Umfang an DNA-Daten betrug zum Ende des Jahres 1995 über 400 Millionen Basenpaare. Das entspricht etwa 300 000 unterschiedlichen Genen.

Die Datenbanken Swissprot (EMBL und Universität Genf) und PIR (NIH, Bethesda, MD) speichern Proteinsequenzen. Zum Ende des Jahres 1995 sind rund 200 000 Proteinsequenzen mit insgesamt rund 50 Mio. Aminosäureresten bekannt.

Die Brookhaven Databank (PDB, Brookhaven, NY) ist die wesentliche öffentlich zugängliche Datenbank von (dreidimensionalen) Proteinstrukturen. In ihr sind Ende 1995 rund 3500 Proteinstrukturen gespeichert. Dabei sind auch Duplikate. Insgesamt zählt man zwischen 500 und 600 wesentlich unterschiedliche Proteinstrukturen. Die PDB enthält darüber hinaus auch Strukturen von DNA, RNA sowie von Proteinen, die Komplexe untereinander oder mit anderen Molekülen bilden.

Die Cambridge Structure Database (CSD) enthält Ende 1995 die 3D-Strukturen von etwa 150 000 niedermolekularen organischen Substanzen. Diese Substanzen sind u. a. als potentielle Bindungspartner von Proteinen und damit als biologische Wirkstoffe von Interesse. Die CSD nimmt jedoch über die Biochemie hinaus in der gesamten organischen Chemie eine zentrale Rolle ein.

Über diese Datenbanken hinaus gibt es eine Vielzahl weiterer Datenbanken, die die verschiedenartigsten Informationen, z. B. über spezielle Proteinklassen und bestimmte Abschnitte in DNA-Sequenzen, enthalten. Ferner gibt es Datenbanken, die über Sequenz- bzw. Strukturähnlichkeiten biologischer Moleküle Auskunft geben.

Die Datenbestände in allen Datenbanken wachsen zur Zeit explosiv an. Dies wird auch bis auf weiteres anhalten, da die Sequenzierungsprojekte wenigstens noch in den nächsten zehn Jahren in unverminderter Intensität weitergeführt werden.

B. D. zeichnen sich durch hohe Datenbestände sowie komplexe Beziehungen zwischen den Daten und komplexe Datensätze aus. Im allgemeinen ist das relationale Modell für diese Datenbanken nicht geeignet. Heute werden objektorientierte Modelle favorisiert. Eine ganze Reihe von Datenbanken, v. a. bei Proteinen, basiert aber auch heute noch im wesentlichen auf flachen Dateien ohne eine angepaßte Methode des Datenbankmanagements.

Das Datenbanksystem ACeDB – das ursprünglich zur Verwaltung bei der Sequenzierung des Organismus C. elegans entwickelt wurde, wird heute auch für zahlreiche andere genomische Datenbanken verwendet und gilt als ein State-of-the-Art-Werkzeug. Das Datenbanksystem verbindet objektorientierte Methoden mit effektiver graphischer Visualisierung der komplexen genomischen Kartographierungs- und Sequenzierungsdaten und benutzerfreundlichen Interaktionsmethoden.

Zugriffsmethoden auf b. D. sind im Vergleich zu technischen und kommerziellen Anwendungen komplex. In Sequenzdatenbanken z. B. werden keine vorgegebenen Textstrings gesucht, sondern man sucht nach evolutionär verwandten Sequenzen zu einer Querysequenz in der Datenbank. Dabei bedient man sich der Methoden des → Alignment biologischer Sequenzen. Da solche Methoden häufig zu rechenzeitintensiv für

Suchen über große Datenbanken sind, wurden für solche Suchen spezielle Zugriffsprogramme entwickelt. Das am weitesten verbreitete Programm dieser Art ist heute BLAST. Solche Programme verwenden Hierarchien heuristischer Methoden mit dem Ziel, unähnliche Teile der Datenbank schnell zu überwinden und bei ähnlichen Teilen genauere Analysen vorzunehmen.

Auch bei Strukturdatenbanken sind die wichtigen Zugriffsmethoden hochkomplex. Sie beinhalten u.a. Strukturvergleiche zwischen den Molekülen in der Datenbank und einer Abfragestruktur und werden deshalb auch meistens mit heuristischen Verfahren gelöst.

Ein besonderes Problem bei molekularen Datenbanken ist das der Integrität und Konsistenz. Zum einen sind biologische Daten zwingend mit Fehlern behaftet, die von den Meßverfahren herrühren. Dabei handelt es sich im Falle von molekularen Strukturen um Ungenauigkeiten oder auch krasse Fehler in den räumlichen Koordinaten, im Falle von Sequenzen um falsche Zeichen. Strukturdatenbanken enthalten heute schon recht zufriedenstellende Angaben über die Toleranz der räumlichen Koordinaten. Was andere Fehler betrifft, ist bis heute jedoch weder für Strukturen noch für Sequenzen eine überzeugende Methode gefunden worden, solche Fehler aufzudecken oder den Daten ein Maß für die Wahrscheinlichkeit ihres Auftretens beizufügen. Das ist insbesondere deshalb problematisch, weil aufgrund der Unstrukturiertheit biologischer Daten viele Interpretationsmethoden an den vorhandenen Daten kalibriert werden (→ Lernverfahren, maschinelles; → Modellierung, molekulare). Fehler in den Daten verunreinigen damit auch solche Interpretationsmethoden und tun dies in wahrscheinlich nicht unerheblichem Maße.

Durch den Aufbau des World Wide Web (→ WWW) hat sich die Verfügbarkeit der b. D. über die letzten Jahre geradezu sprunghaft verbessert. Praktisch alle wichtigen Datenbanken und die zu ihnen gehörenden Zugriffsmethoden sind über das Netz verfügbar. Es gibt heute auch schon Ansätze zur Vernetzung der verschiedenen Datenbanken untereinander (z.B. SRS, EMBL Heidelberg), so daß in dieser Wissenschaftsgemeinde ein Data Mining bereits praktiziert werden kann.

*Lengauer*

Literatur: *Durbin, R.* and *J. Thierry-Mieg*: The ACEDB genome database. Computational Methods in Genome Research (Ed.: *S. Suhai*). New York 1994, pp. 45–55. – *Altschul S. F.* et al.: Basic local alignment search tool. J. of Molecular Biology 215 (1990) pp. 403–410. – *Allen, F. H.* and *O. Kennard*: 3D search and research using the Cambridge structural database. Chem. Design Automation News 8 (1993) 1, pp. 31–37. – *Fasman, K. H.* and *A. J. Cuticchia, D. T. Kingsbury*: The GDB human genome data base anno 1994. Nucleic Acids Research 22 (1994) pp. 3462–3469. – *Bernstein, F. C.* et al.: The protein data bank: A computer based archival file for macromolecular structures. J. of Molecular Biology 112 (1977) pp. 535–542. – *Etzold, T.* and *P. Argos*: Transforming a set of biological flat file libraries to a fast access network. Computer Appl. in the Biosciences 9 (1993) pp. 59–64. – *Bairoch, A.* and *B. Boeckmann*: The SwissProt protein sequence data bank. Nucleic Acids Research 20 (1992) pp. 2019–2022.

**Datenbank, deduktive** ⟨*deductive database*⟩ → Datenbank

**Datenbank, föderierte** ⟨*federated database*⟩ → Datenbank

**Datenbank, realzeitfähige** ⟨*real-time database*⟩. R. D. garantieren das Auffinden der angeforderten Daten in deterministischer Zeit. Der gleichzeitige Zugriff mehrerer aktiver Komponenten auf den gleichen Datensatz muß synchronisiert (→ Synchronisation) werden, um die → Konsistenz der Daten zu erhalten. Dadurch kann es zu einer → Prioritätsinversion kommen. *Petters*

**Datenbank, relationale** ⟨*relational database*⟩ → Datenbank

**Datenbank, verteilte** ⟨*distributed database*⟩ → Datenbank

**Datenbankadministrator** ⟨*data base administrator*⟩. Informatik-Berufsbild, das bei Betreibern großer kommerzieller datenintensiver Systeme eine Rolle spielt. Der D. entwirft und implementiert die für alle Anwendungen eines Betriebs erforderlichen Datenbeschreibungen, überführt diese in ein möglichst konsistentes logisches Modell (Unternehmensdatenmodell) und leitet daraus die optimale physikalische Realisierung mittels eines Datenbankverwaltungssystems (DBMS) ab. Der D. wählt die für den Betrieb von Datenbanken erforderliche Systemsoftware aus, installiert sie und paßt sie neuen Anforderungen an. Er/sie berät → Anwendungsprogrammierer bezüglich der Nutzung von Datenbanken, richtet die benötigten Datenbanken durch Laden der Inhalte ein und implementiert die erforderlichen Zugangs- und Sicherungsmaßnahmen. Oft nimmt ein D. auch die Aufgaben des Datenschutzbeauftragten im Sinne des BDSG wahr. *Endres*

**Datenbankentwurf** ⟨*database design*⟩. Schritt der → Systementwicklung, in dem aus einer → Anforderungsdefinition heraus die Strukturen des Datenbestandes für einen Anwendungsbereich festgelegt werden. Das konzeptuelle → Modell (conceptual model) beschreibt die Daten anwendungsnah (also in Begriffen des Anwendungsbereiches) gemäß den Abstraktionsprinzipien eines semantischen → Datenmodells, z.B. des → E/R-Modells. Das konzeptuelle Modell wird in ein logisches Modell (logical model) überführt, dem die Abstraktionsprinzipien des Datenmodells des zur → Implementierung verwendeten Datenbanksystems, z.B. ein relationales Modell, zugrunde liegen. Dieses logische Modell wird angepaßt (z.B. normalisiert), um Anomalien zu vermeiden. Abschließend wird das physische Modell (physical model) entworfen, in das Performanzkriterien einfließen, z.B. durch die Erstellung von Indizes, Lokalisierung der Daten auf Rechnern und Platten usw. (→ ANSI/SPARC-Architektur).

*Schmidt/Schröder*

Literatur: *Date, C. J.*: An introduction to database systems. Vol. 1. Wokingham, Berks. 1990. – *Gabriel, R.* und *H. Röhrs*: Datenbanksysteme. Berlin–Heidelberg–New York 1994.

**Datenbankfernzugriff** *(remote database access)*. Ein Fernzugriff auf eine → Datenbank liegt vor, wenn ein Datenbankklient mit einem Datenbankserver in Verbindung tritt, wobei Klient und → Server auf verschiedenen Rechnern residieren. Vorteil ist die funktionale Verteilung in Anwendungs- und Datenbankrechner, evtl. ergänzt um einen getrennten Ausgaberechner mit einer graphischen → Benutzerschnittstelle. Es ergeben sich aber auch Probleme, weil die beiden Rechner nicht vom gleichen Typ sein müssen (Heterogenität) und die Verbindung über ein oder mehrere → Netzwerke läuft, mit allen daraus resultierenden Problemen und Fehlermöglichkeiten (→ Datenbank, → RDA).

*Schmidt/Schröder*

Literatur: *Bell, D.* and *J. Grimson*: Distributed database systems. Wokingham, Berks. 1992. – *Lamersdorf, W.*: Datenbanken in verteilten Systemen. Wiesbaden 1994.

**Datenbankgenerator** *(database generator)*. Erzeugt eine → Datenbank bzw. ein → Datenbankschema aus einer (hochsprachlichen oder graphischen) Beschreibung (→ Vier-GL). *Schmidt/Schröder*

**Datenbankindex** *(database index)* → Index

**Datenbankklient** *(database client)*. Anwendungsprogramm (oder -prozeß), das mit Hilfe eines Datenbankservers (→ Datenbankverwaltungssystem) auf einen Datenbestand zugreift. Aus der Sicht des → Servers ist das anfragende Programm ein Klient. Andererseits kann ein Klient wiederum Server für andere Klienten sein oder ein Server als Klient eines anderen Servers auftreten, z. B. in einem verteilten oder föderierten Datenbanksystem, in dem → Anfragen weitergereicht werden (→ Datenbankfernzugriff). *Schmidt/Schröder*

**Datenbankprogrammiersprache** *(database programming language)*. Zusätzlich zu den Daten- und Ablaufabstraktionen einer → Drei-GL bieten D. leistungsfähige Abstraktionen zur Verwaltung von persistenten (→ Persistenz) Datenbeständen an, die im Gegensatz zu → Vier-GLs orthogonal in die Sprache eingebettet sind, d. h. mit allen anderen Sprachkonstrukten kombiniert werden können (→ Wirtssprache). *Schmidt/Schröder*

**Datenbankprozedur** *(database (stored) procedure)*. Benutzerdefinierte Prozedur, die auf einem Datenbestand arbeitet und in einer Datenbank gespeichert ist. Somit können mehrere Anwendungsprogramme als → Datenbankklienten auf den Datenbestand über diese D. zugreifen. Neben der Wiederverwendung erleichtert dies die Wahrung von → Integritätsbedingungen, indem diese von der D. beachtet werden und somit alle Anwendungsprogramme, die über diese Prozedur auf den Datenbestand zugreifen, die Integritätsbedingungen respektieren. *Schmidt/Schröder*

**Datenbankrechner** *(database machine)*. Besteht aus Komponenten, die speziell auf die Belange der Datenverwaltung optimiert sind, z. B. durch Prozessor- und Hauptspeicherausstattung, redundante (Tandem-)Komponenten, die beim Ausfall einer Komponente den Betrieb übernehmen, schnelle Bussysteme (→ Bus) für den Anschluß von Sekundärspeichern, schnelle und fehlertolerante Plattensubsysteme (→ RAID), → Backup-Systeme zur → Datensicherung, optimierte Betriebssystemversionen. Optimierungskriterien sind Performanz, → Datensicherheit, Datensicherung, Ausfallsicherheit. Meist wird ein D. für keine anderen Zwecke als die Datenverwaltung eingesetzt, also werden insbesondere nur Datenbankanfragen ausgewertet und Datenmodifikationen durchgeführt, während die Anwendungen auf anderen Rechnern ablaufen und per → Datenbankfernzugriff auf die → Datenbank zugreifen. *Schmidt/Schröder*

Literatur: *Keim, D.* und *E. Prawirohardjo*: Datenbankmaschinen-Performanz durch Parallelität. Mannheim 1992.

**Datenbankschema** *(database schema)*. Beschreibung der Struktur eines Datenbestandes, den ein → Datenbankverwaltungssystem verwalten soll, in den von einem → Datenmodell zur Verfügung gestellten Strukturkonzepten. Zu einem D. gehört (je nach Datenmodell und Datenbankverwaltungssystem) die Aufteilung der Daten in Mengen gleichförmiger Daten, die Definition von → Beziehungen zwischen den Mengen, die Festlegung von Namen für die Mengen und → Attribute, die Beschreibung der Attribute durch → Typen, die Festsetzung von Primärschlüsseln und → Indexe. Es kann ergänzt werden durch → Integritätsbedingungen auf dem Datenbestand. Die Beschreibung des Schemas erfolgt in einer → Datendefinitionssprache, evtl. auch graphisch unterstützt. Das Datenbankverwaltungssystem erzeugt aus der Schemabeschreibung das interne D., das evtl. in der Form von → Metadaten abgelegt und damit für Klienten zugreifbar ist.

*Schmidt/Schröder*

**Datenbankserver** *(database server)*. Ein einem → Datenbankverwaltungssystem zugeordneter → Prozeß (evtl. auf einem → Datenbankrechner ablaufend), der den Zugriff auf eine → Datenbank von einem anderen Prozeß (→ Datenbankklient) aus erlaubt. Typischerweise findet dabei ein → Datenbankfernzugriff statt. *Schmidt/Schröder*

**Datenbanksicht** *(database view)*. Eine ausschnittsweise Sicht auf eine Datenbank, bei der getrennte

Datenbestände zusammengeführt und/oder Teile des Datenbestandes (aus Vereinfachungs- oder Sicherheitsgründen) ausgeblendet werden. Beispielsweise kann eine D. auf eine Personenrelation alle Personen mit einem Alter unter 18 Jahren ausblenden und von der Ergebnisrelation nur die → Attribute Name und Wohnort enthalten. Für die Klienten stellt sich diese Sicht wie eine eigenständige Relation dar. Probleme ergeben sich, wenn der Klient auf einer Sicht Änderungen durchführen will, da nur der sichtbare Teil geändert werden kann. Wenn er z. B. ein neues Tupel einfügen möchte, dieses Tupel in der Originaltabelle aber mehr Attribute enthält als in der dem Klienten sichtbaren Version, kann der Klient für diese unsichtbaren Attribute keine Werte angeben, was insbesondere bei Primärschlüsseln nicht erlaubt ist. *Schmidt/Schröder*
Literatur: *Date, C. J.*: An introduction to database systems. Vol. 1. Wokingham, Berks. 1990. – *Ullmann, J. D.*: Database and knowledge-base systems. Vol. 1. 1988.

**Datenbankverwaltungssystem** ⟨*database management system*⟩. Programm(paket), das ein Datenmodell implementiert (→ ODBMS, → RDBMS). Es stellt → generische Operationen zur Verwaltung der in der → Datenbank abgelegten → Daten zur Verfügung. Das D. bietet Schnittstellen zur Definition von → Schemata sowie zum Anlegen von Daten und zum Zugriff auf diese Daten. Diese Schnittstellen können Sprach- (→ DDL, → DML; z. B. → SQL) oder Anwendungsprogrammierschnittstellen (API) sein. Ein D. synchronisiert und autorisiert auch den Zugriff mehrerer Benutzer bzw. Programme auf die (evtl. verteilten) Daten (→ Transaktion; Datenbank, verteilte; → Datensicherheit) und stellt Hilfsmittel zur → Datensicherung bereit. *Schmidt/Schröder*
Literatur: *Date, C. J.*: An introduction to database systems. Vol. 1. Wokingham, Berks. 1991. – *Lockemann, P. C.* und *J. W. Schmidt* (Hrsg.): Datenbankhandbuch. Berlin–Heidelberg–New York 1987. – *Ullmann, J. D.*: Database and knowledge-base systems. 1988.

**Datenbankzeiger** ⟨*cursor*⟩. → Referenz in einen geordneten Datenbestand, mit dessen Hilfe auf einzelne → Objekte dieses Datenbestandes zugegriffen werden kann. D. sind z. B. nötig, wenn in einer → Programmiersprache keine mengenorientierte Verarbeitung der Daten möglich oder gewünscht ist, so daß elementweise auf die Daten zugegriffen werden muß (→ SQL, → Wirtssprache). *Schmidt/Schröder*

**Datenbasis, assoziative** ⟨*associative database*⟩. Datenbasis, die einen assoziativen Zugriff auf → Daten unterstützt. Daten werden dabei nicht durch Angabe der → Adressen, sondern durch partielle → Spezifikation der Daten selber selektiert. A. D. bieten bei der Verwaltung hochstrukturierter und umfangreicher Daten Vorteile, z. B. bei der → Wissensrepräsentation in der → Künstlichen Intelligenz (KI).
Zur Verdeutlichung werden ein Ausschnitt aus einer Datenbasis mit assoziativen Tripeln und zwei Anfragen mit Hilfe von Suchmustern dargestellt:
Datenbasis:
(FARBE BLOCK1 ROT)
(FARBE BLOCK2 BLAU)
(FARBE BLOCK3 ROT)
(HOEHE BLOCK1 100)
Anfragen:
(FARBE BLOCK1 ?) → (FARBE BLOCK1 ROT)
(FARBE ? ROT) → (FARBE BLOCK1 ROT). *Neumann*

**Datendefinitionssprache** ⟨*data definition language*⟩. Dient zur Beschreibung eines → Datenbankschemas (→ Datenmanipulationssprache, → Anfragesprache). *Schmidt/Schröder*

**Datendichte** ⟨*bit density*⟩ (auch Bitdichte, Aufzeichnungsdichte). Bezeichnung für eine Anzahl von Informationseinheiten je Längen-, Flächen- oder Raumeinheit. Bei → Massenspeichern ist die D. eine der entscheidenden Einflußgrößen für die Kapazität, den Datendurchsatz und die Leistung des Geräts bzw. des → Datenträgers. Die gebräuchliche Recheneinheit ergibt sich aus der Multiplikation der Zeichendichte (in Bits pro Inch (Zoll, bpi) mit der Spurdichte (in Tracks

*Datendichte. Tabelle: Wichtigste Daten für unterschiedliche Technologien*

| Technologie/ Bezeichnung | Zeichendichte in bpi | Spurendichte in tpi | Flächenbitdichte in Mbit/inch$^2$ | Flächenbitdichte in kbit/mm$^2$ |
|---|---|---|---|---|
| Magnetband | 1 600 ... 6 250 | 18 | 0,029 | 0,045 |
| MBK 1/2″ (IBM) | 38 000 ... 66 000 | 72 ... 256 | 2,7 ... 16,9 | 4,2 ... 26,2 |
| MBK 1/2″ (DLT) | 86 000 | 416 | 35,8 | 55,5 |
| MBK 1/4″ (QIC) | 36 000 ... 68 000 | 120 ... 576 | 4,3 ... 39,2 | 6,7 ... 60,7 |
| 8-mm-Videoband | 43 000 | 1 638 | 70 | 109 |
| 4-mm-DAT-Band | 61 000 | 1 869 ... 2 793 | 114 ... 340 | 177 ... 528 |

pro Inch (Spuren pro Zoll), tpi) zu Bits pro Quadratzoll bzw. durch Umrechnung zu Bits/mm$^2$.

☐ *Magnetplatteneinheit.* Die D. von in Großserie gefertigten → Magnetplattenlaufwerken ist von 0,1 Megabit/inch$^2$ in den 60er Jahren auf über 1 000 Mbit/inch$^2$ im Jahr 1997 gestiegen. Durch die stetige Weiterentwicklung wird eine Verdopplung der D. etwa alle 15 bis 18 Monate erreicht. In den Labors der IBM wurden Ende 1996 bereits Bitdichten von 5 Gigabit/inch$^2$ (=7,75 Megabit/mm$^2$) mit einer Schreib-/Lesefehlerzuverlässigkeit von lediglich einem Fehler pro 1 Mrd. Bits erreicht.

☐ *Magnetband (MB)/Magnetbandkassette (MBK).* Bei → MB bzw. → MBK hängt die D. sehr stark von der verwendeten Aufzeichnungstechnologie ab (Tabelle). Während die Zeichendichte bei allen Kassettentypen etwa gleich ist, wird bei den Schrägspuraufzeichnungsverfahren (Helical Scan, bei 8-mm- und 4-mm-MBK) eine wesentlich höhere Spurdichte als bei den Longitudinalaufzeichnungsverfahren erreicht.

☐ *Optische Speicher.* Bei den optischen Speichermedien wird die D. im wesentlichen durch die Wellenlänge des verwendeten Laserstrahls sowie dessen Fokussierung bestimmt. Durch die punktförmige Manipulation des Mediums und eine hochpräzise geschlossene Regelung des Positioniersystems (closed loop servo) werden derzeit (1997) Bitdichten von ca. 50 000 bpi und Spurdichten von ca. 22 000 tpi erreicht, die zu einer D. von ca. 1 100 Mbit/inch$^2$ führen. Eine Verdopplung dieser D. wird 1998 erwartet.

Für alle hier erwähnten Speichertechnologien laufen derzeit Entwicklungen, die zu D. im Bereich mehrerer Gigabit/inch$^2$ führen. *Pott*

**Datenendeinrichtung** ⟨*data termination equipment*⟩ → DEE

**Datenfernverarbeitung** ⟨*remote processing*⟩. Technik der → Datenverarbeitung, bei der die Funktionen der Datenein-/ausgabe und der Verarbeitung räumlich getrennt sind. Bei On-line-D. werden die über eine Datenstation eingegebenen → Daten über eine ggf. drahtlose Verbindung unmittelbar an den Zentralrechner zur Verarbeitung gegeben und Ausgaben entsprechend unmittelbar zurückgesendet. Bei Off-line-Fernverarbeitung werden die an der Datenstation eingegebenen Daten zunächst zwischengespeichert und erst später durch physikalischen oder elektronischen Transport zur Verarbeitung an den Zentralrechner weitergegeben. D. findet z. B. in Buchungssystemen statt, wo die Datenhaltung und Verarbeitung im Zentralrechner wie die Ein-/Ausgabe dezentral in Reisebüros etc. erfolgt. *Bode*

**Datenfluß** ⟨*data flow*⟩. Weg (Durchlauf) der → Daten durch computergestützte und/oder organisatorische Systeme (z. B. Datenverarbeitungssysteme, betriebliche Fertigungssysteme, Bürokommunikationssysteme)

in seinen sachlichen Zusammenhängen und Abhängigkeiten. D. können graphisch durch → Datenflußdiagramme dargestellt werden. *Nickl/Wirsing*

**Datenflußanalyse** ⟨*data flow analysis*⟩. Ein → Übersetzer benutzt die D., um Eigenschaften von → Programmen für die sog. Codeoptimierung zu berechnen. Dazu gehören etwa die Informationen, daß an einem Programmpunkt
– eine Berechnung redundant ist, weil der Wert bereits berechnet zur Verfügung steht,
– eine Variable bei jeder Ausführung den gleichen bekannten Wert haben wird,
– eine Wertzuweisung überflüssig ist, weil der zugewiesene Wert später nicht mehr gebraucht wird,
– zwei Programmvariablen bei jeder Ausführung den gleichen Wert haben werden,
– die Werte einer Variablen immer innerhalb eines berechneten Intervalls liegen werden.

Solche Informationen lassen sich benutzen, um die Programmausführung durch das Eliminieren von überflüssigen → Berechnungen oder → Tests zu beschleunigen.

Da viele solche Eigenschaften von Programmen unentscheidbar sind, kann die D. sie nicht gleichzeitig vollständig und korrekt lösen. Korrektheit wird von den Ergebnissen allerdings verlangt, da sonst die darauf basierenden Programmtransformationen die → Semantik der Programme nicht erhalten würden. Deshalb wird auf die Vollständigkeit verzichtet.

Ein Datenflußproblem für ein Programm definiert ein rekursives Gleichungssystem. Seine Unbekannten sind die Informationen an den Programmpunkten. Die Gleichungen werden durch eine Nichtstandardsemantik der → Programmiersprache bestimmt. Die Lösung des Datenflußproblems erfolgt dann durch eine iterative Berechnung eines Fixpunktes dieses Gleichungssystems. Die semantischen Grundlagen der D. wurden durch die Theorie der → abstrakten Interpretation geklärt. *Wilhelm*

**Datenflußdiagramm** ⟨*data flow diagram*⟩. Diagramm, welches die Eingänge und Ausgänge von Daten in ein → System bzw. aus einem System, die Datenspeicher und die Prozesse, die die Daten transformieren, als Knoten darstellt und die Datenflüsse als Verbindungen zwischen diesen Knoten (nach → IEEE).

D. werden in der Software-Entwicklung insbesondere in der Phase der → Anforderungsdefinition als eine Basis zur Kommunikation zwischen Entwicklern und Kunden verwendet. Mit Hilfe von D. können sowohl die Schnittstellen zwischen einem System und seiner Außenwelt dargestellt als auch die Funktionalität des Systems und die organisatorische Aufteilung im System auf hohem Abstraktionsniveau beschrieben werden.

In der klassischen Methode der → strukturierten Analyse wird zur funktionalen Beschreibung eines Systems

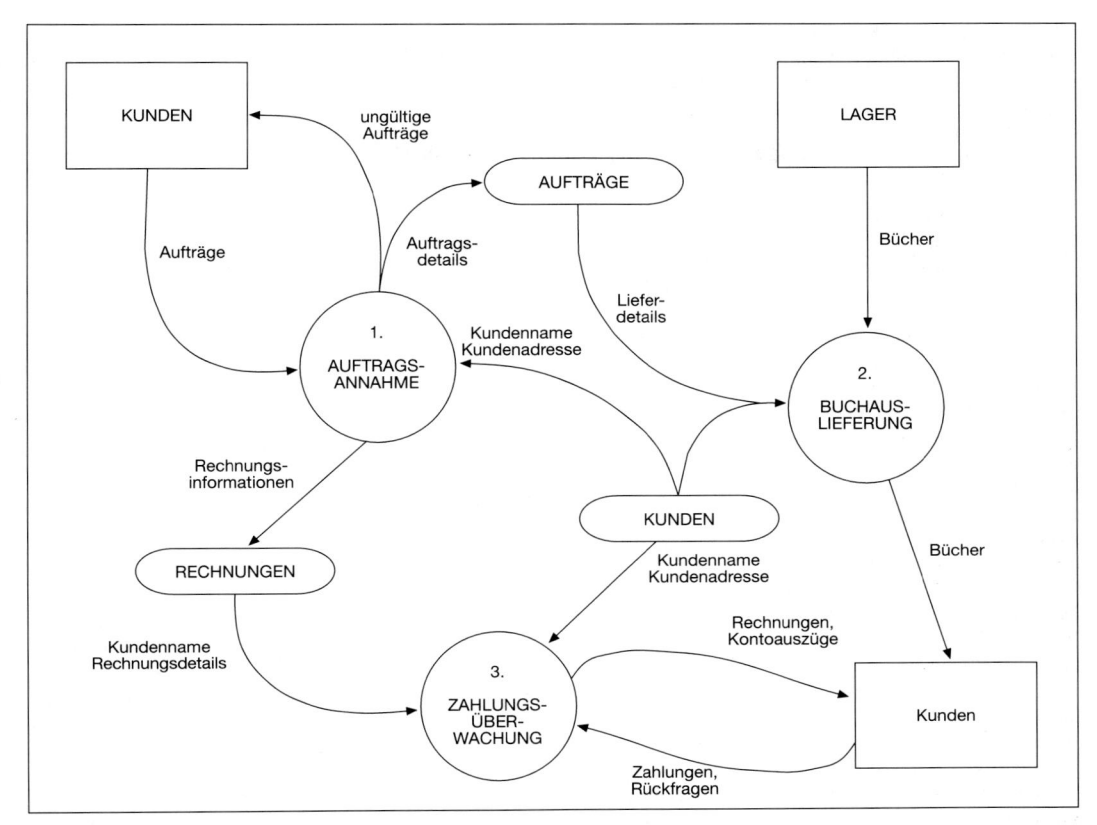

*Datenflußdiagramm: D. (der Stufe 1) aus:* Yourdon: *Moderne Strukturierte Analyse. Prentice Hall, 1992, S. 80*

eine Hierarchie von D. auf verschiedenen Detaillierungsstufen angegeben:
– In einem Kontextdiagramm wird das System als ein Prozeßknoten dargestellt mit Verbindungen zu anderen Knoten, welche die Umgebung des Systems repräsentieren. Diese Umgebung besteht i. allg. aus den Benutzern des Systems sowie aus anderen Systemen.
– In einem D. der Stufe 1 werden die wesentlichen →Prozesse im System angegeben zusammen mit den →Speichern zur Datenhaltung und den →Datenflüssen zwischen Prozessen, Speichern und Systemumgebung.
– In den Diagrammen der Stufe (i+1) werden die Prozesse der Stufe i selber wieder durch D. beschrieben (funktionale Dekomposition).

Prozesse, die nicht mehr weiter zerlegt werden, werden durch sog. „Mini-Spezifikationen" beschrieben. Diese können entweder verbal, in Pseudocode oder in einer formalen Spezifikationssprache angegeben werden.
*Nickl/Wirsing*

Literatur: *Yourdon, E.*: Modern structured analysis. Prentice Hall, 1989. – *DeMarco, T.*: Structured analysis and system specification. Yourdon Press, New York 1978. – *Downs, E.; Clare, P.;* *Coe, I.*: Structured systems analysis and design method. Appl. and Context. 2nd Edn. Prentice Hall, 1992.

**Datenflußgraph** ⟨*data flow graph*⟩. Algorithmen bzw. Programme für Ziffernrechenanlagen stellen aus Angaben Zwischenergebnisse und Endergebnisse her. Alle diese Daten müssen zeitweise oder während des ganzen Algorithmus gespeichert werden. Wir repräsentieren jedes Datum durch einen Knoten im D. Zwei Knoten werden durch eine gerichtete Kante verbunden, wenn das Datum im Anfangsknoten unmittelbar zur Herstellung des Datums im Endknoten benötigt wird. Der Algorithmus ist nur ausführbar, wenn der D. kreisfrei ist. Andernfalls würde ein Datum zu seiner Herstellung sich selbst mittelbar oder unmittelbar benötigen. Der Speicherplatz für ein Datum kann freigegeben werden, sobald alle unmittelbaren Nachfolger im D. berechnet sind. Dies erlaubt es, die minimale Zahl von Registern zu ermitteln, die zur Ausführung eines Algorithmus benötigt werden. Dazu wird der D. mit Hilfe von Spielsteinen zu einem Petri-Netz ergänzt. Ein Datum kann berechnet werden, wenn seine sämtlichen Vorgänger mit Spielsteinen besetzt sind. Die Anzahl der Register ist dann gleich der Anzahl der Spielsteine. – Ermitteln wir von zwei Knoten K und L die jeweilige Menge der Vorgänger $M_K$ und $M_L$. Wenn diese Mengen durchschnittsfremd sind, dann können die Daten in K und L unabhängig voneinander parallel berechnet werden. Andernfalls muß die Rechnung bezüglich der Knoten im Durchschnitt synchronisiert werden.   *Knödel*

**Datenflußrechner** ⟨*dataflow computer*⟩. Rechner mit unkonventionellem Ausführungsmodell: Die Ausführung von Instruktionen (→ Befehle) eines Programms geschieht rein datengetrieben. Im klassischen Universalrechner erfolgt die Ausführung von Instruktionen gesteuert durch implizite oder explizite prozedurale Anweisungen bzw. Steuerkonstrukte. Die wesentliche implizite Anweisung im klassischen Universalrechner besagt, daß Instruktionen, die auf konsekutiven → Adressen des → Hauptspeichers abgelegt sind, auch streng nacheinander ausgeführt werden. Modifikationen dieser impliziten Anweisung ergeben sich nur durch in das → Programm eingestreute explizite Kontrollkonstrukte wie Sprünge, Verzweigungen, Iterationen, Unterprogrammaufruf etc. Den jeweiligen Stand der Ausführung eines Programms beschreibt ein spezielles → Register, der Befehlszähler, der jeweils die Hauptspeicheradresse der nächsten auszuführenden Instruktion beinhaltet.

Im D. sind demgegenüber die Instruktionen zu einem Programm nicht streng geordnet, sie bilden vielmehr die Mengen ausführbereiter und nicht ausführbereiter Anweisungen. Die Bereitschaft zur Ausführung ist gegeben, wenn die → Operanden der Anweisung vorhanden sind, also durch bereits ausgeführte Anweisungen bzw. die Eingabe produziert wurden. Die Ausführungsreihenfolge der Elemente der Menge ausführungsbereiter Anweisungen ist völlig beliebig, d. h. der D. kennt keinen Maschinenbefehlszähler.

Das Ausführungsmodell des D. beruht auf dem formalen Modell des Datenflußschemas. Man kann zeigen, daß Datenflußschemata unter gewissen Einschränkungen deterministisch und deadlock-frei sind. Sie beschreiben damit eindeutige Berechnungsvorschriften.

D. (Bild) sind wegen des Ausführungsmodells parallel und flexibel: Der Hauptspeicher umfaßt Instruktionszellen, die die ausführbereiten und nicht ausführbereiten Anweisungen aufnehmen. Ein Auswahlnetzwerk verteilt die ausführbereiten Instruktionen auf eine beliebige Anzahl parallel arbeitender Operationseinheiten. Die Ergebnisse aus den Operationseinheiten werden über ein Verteilernetzwerk den nicht ausführbereiten Instruktionen zugeteilt, wodurch diese – wenn alle Operanden vorhanden sind – ausführbereit werden. Die Instruktionszelle selbst trägt dabei allerdings mehr Information als der Maschinenbefehl im klassischen Universalrechner. Neben der Spezifikation der Operation und den Speicherplätzen für die Operanden müssen alle Adressen von Instruktionszellen mitgeführt werden, die das oder die Ergebnisse der Operation als Operanden benötigen. Auf diese Weise wird das Verteilernetzwerk gesteuert.

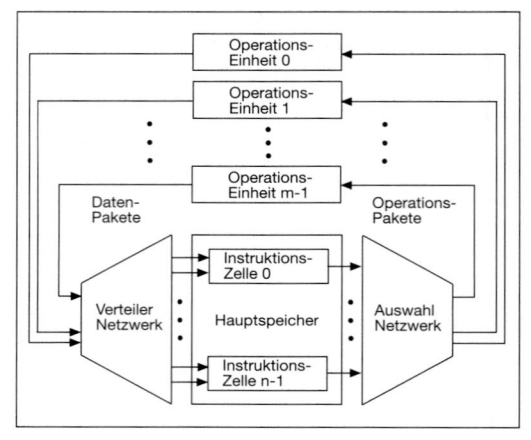

*Datenflußrechner: Schematischer Aufbau eines elementaren D.*

Das Ausführungsmodell ist im Prinzip einfach, insbesondere ist es von der Anzahl der Operationseinheiten unabhängig. Prinzipiell lassen sich damit auch einfache Fehlertoleranzmechanismen realisieren: Defekte Operationseinheiten werden lediglich abgeschaltet. Der Rechner arbeitet automatisch jeweils mit höchstem Parallelitätsgrad, der lediglich durch die Anzahl der Operationseinheiten oder die Parallelitätseigenschaften des Programms (Anzahl der ausführbereiten Instruktionen) beschränkt ist.

Erweiterungen des in der Abbildung dargestellten elementaren D. beinhalten auch Entscheidungseinheiten und ein Steuernetzwerk, das spezielle Kontrollkonstrukte einführt.

Trotz des einfachen Ausführungsmodells haben sich D. nicht allgemein durchgesetzt. Dies ist durch das Fehlen klassischer Kontrollkonstrukte in Datenfluß-Programmiersprachen (Programme müssen zyklenfrei sein), den hohen Adressierungsaufwand in den Instruktionszellen und den Schwierigkeiten beim Aufbau großer Auswahl- und Verteilernetzwerke zu erklären.   *Bode*

**Datenfunk** ⟨*data radio*⟩. Im Gegensatz zum (möglicherweise digitalisierte) Analogsignale übertragenden Sprechfunk übermittelt der D. Digitalzeichen z. B. für die Rechnerkommunikation. Beispiele für D.-Netze sind → MODACOM, z. T. → Bündelfunk und → Satellitennetze. D. kann auch über eigentlich für den Sprechfunk konzipierte Funknetze wie D1 und D2 (→ Funknetze, mobile) realisiert werden. Aufgrund der größeren Fehleranfälligkeit der Funkübertragung gegenüber der kabelgebundenen Übertragung muß besonderer Wert auf die Fehlersicherheit gelegt werden.

*Quernheim/Spaniol*

**Datenimport/-export** ⟨data import/export⟩. Übernahme von Daten aus einem Anwendungsprogramm bzw. einem → Datenbankverwaltungssystem in ein anderes. Das Format der exportierten → Daten muß dafür von dem importierenden → Programm verarbeitet werden können. Durch D. können Aufnahme, Bearbeitung, Verwaltung, Auswertung und Präsentation (→ Bericht) der Daten auf verschiedene, spezialisierte Programme verteilt werden (→ Informationssystem).
*Schmidt/Schröder*

**Datenkapselung** ⟨data encapsulation⟩. Modularisierungstechnik, bei der die Daten eines jeden Software-Bausteins von anderen Bausteinen nicht direkt, sondern nur indirekt mit Hilfe von Operationen zugreifbar sind (→ Datenabstraktion). *Hesse*

**Datenkompression** ⟨data compression⟩. Techniken zur → Codierung von → Daten durch Entfernung von → Redundanzen mit dem Ziel, den Platzbedarf dieser Daten ohne Informationsverlust zu reduzieren. Die D. wird vorwiegend angewandt, um Ressourcen bei der Datenspeicherung und → Datenübertragung zu sparen. Verdichtete Daten müssen vor ihrer Nutzung wieder dekomprimiert werden (→ Datenverdichtung). Verbreitete Beispiele für D.-Standards sind ZIP und → MPEG. *Breitling/K. Spies*

**Datenlexikon** ⟨data dictionary⟩. Werkzeug, das sich an Projektleiter, Entwickler und Datenverwalter richtet und der Aufnahme und Weitergabe von „Daten über Daten" (→ Metadaten) dient. Diese können sich z. B. auf Namen, Typ, Aufbau, Länge und technische Realisierung von Dateien, Datenbanktabellen und sonstigen Datenstrukturen beziehen. Im Zuge der Ausdehnung der Datendefinitionstechniken zur Daten- und Anwendungsmodellierung dienen heute D. vielfach auch zur Aufnahme der Elemente von Daten- und Funktionsmodellen wie Entitätstypen, Attribute, Funktionen und Operationen. *Hesse*

**Datenmanipulationssprache** ⟨data manipulation language⟩. Dient zur Formulierung von → Änderungsoperationen auf einem Datenbestand. Teile der → Sprache können eine → Anfragesprache bilden, z. B. um die → Operation „entferne alle Personen, die älter als 18 Jahre sind" formulieren zu können (→ Datendefinitionssprache). *Schmidt/Schröder*

**Datenmodell** ⟨data model⟩. **1.** Modell, das die statische Struktur des Gegenstandsbereichs beschreibt. Im Mittelpunkt stehen Beschreibungen der Gegenstände, ihrer Merkmale und Beziehungen in Form von Entitätstypen, Attributen etc. Der (historische) Datenbegriff paßt hier kaum noch, wird aber aus pragmatischen Gründen (und dem üblichen Sprachgebrauch folgend) beibehalten; z. B. wäre „Entitätsmodell" angebrachter. Faßt man mehrere D., die durch gemeinsame Entitätstypen oder Attribute zusammenhängen, zu größeren Modellen zusammen, kommt man zu Bereichs- und schließlich Unternehmens-D. Für die Darstellung von D. werden sehr häufig → Entity-Relationship-Diagramme eingesetzt. *Hesse*
Literatur: *Hesse, W.; Barkow, G.* u. a.: Terminologie der Softwaretechnik – Ein Begriffssystem für die Analyse und Modellierung von Anwendungssystemen. Teil 2: Tätigkeits- und ergebnisbezogene Elemente. Informatik-Spektrum (1994) S. 96–105.

**2.** Das D. stellt Strukturen zur Beschreibung von Informationen sowie → Operationen auf diesen → Datenstrukturen zur Verfügung. Strukturen sind z. B. → Aggregationen („eine Person hat einen Namen, ein Alter und eine Adresse"), Mengen („alle Personen") oder Beziehungen („eine Person ist bei einer Firma angestellt"). Datenmodellierung im Bereich der → Massendaten befaßt sich insbesondere mit der Zusammenfassung gleichartiger Daten zu (potentiell unendlich großen) Datenbeständen sowie mit den Operationen auf diesen Datenbeständen. Die → Identifikation einzelner Daten in einem Datenbestand kann referentiell (Netzwerkdatenmodell, hierarchisches und objektorientiertes D.) oder assoziativ (relationales D.) erfolgen. Manipulationen können sich auf einzelne Daten, einen Teil oder den gesamten Datenbestand beziehen. Das gebräuchlichste D. ist das relationale D.

☐ Das *Netzwerkdatenmodell* erlaubt die Definition netzwerkartiger Strukturen über Datenbeständen, d. h., es existieren Datenmengen und explizite, gerichtete Verbindungen (links) zwischen den Elementen dieser Datenmengen.

☐ Das *hierarchische D.* unterstützt die baumartige Strukturierung von Datenbeständen.

☐ Im *relationalen D.* werden gleichartige Elemente zu Relationen zusammengefaßt, wobei Relationen Mengen mit Schlüsseleigenschaft sind, d. h., zwei Elemente einer Relation sind gleich, wenn ihr → Schlüssel gleich ist. Elemente, auch Tupel genannt, sind aus einzelnen → Attributen zusammengesetzt. Jedes Attribut ist Element einer → Domäne. Domänen sind Mengen von unstrukturierten Werten. Anschaulich kann man sich Relationen als Tabellen vorstellen. Den Tupeln entsprechen die Zeilen der Tabelle. Jedes Attribut bildet eine Spalte. In einer Spalte dürfen nur Werte stehen, die aus der Domäne der jeweiligen Spalte stammen.

Zur Formulierung von Anfragen an Relationen dienen die Relationenalgebra (operationale Beschreibung) und das Relationenkalkül (deklarative Beschreibung). Sie legen Operationen bzw. Prädikate auf Relationen fest, wobei beide → Anfragesprachen gleich ausdrucksmächtig sind. Die drei grundlegenden Operationen der relationalen Algebra sind (neben den Mengenoperationen):

– Projektion: Die Auswahl von Spalten aus einer Tabelle, z. B. „das Alter aller Personen".

– Selektion: Die Auswahl von Zeilen aus einer Tabelle, wobei über die Zeilen ein Selektionsprädikat formu-

liert wird, z. B. „alle Personen, die älter als 18 Jahre sind".
– Kombination: Das kartesische Produkt zweier Tabellen, d. h., jede Zeile einer Tabelle wird mit jeder Zeile der anderen Tabelle verbunden, z. B. „alle Personen kombiniert mit allen Firmen". Sinnvoll wird die Operation, wenn ein Selektionsprädikat eingefügt wird, das die Ergebnismenge einschränkt, z. B. „Personen kombiniert mit Firmen, wenn die Person in der Firma beschäftigt ist". Ein natürlicher Verbund (natural join) liegt vor, wenn das Selektionsprädikat darauf basiert, daß in beiden Tabellen Spalten mit dem gleichen Namen (und der gleichen Domäne) existieren, die für die Selektion miteinander auf Gleichheit überprüft werden. Wenn z. B. sowohl für Personen als auch für Firmen eine Spalte mit dem Namen „Firmenname" existiert, würde die Beziehung „ist beschäftigt" über den in beiden Tabellen enthaltenen Firmennamen hergestellt werden.

□ In *objektorientierten D.* werden gleichartige Daten in → Klassen zusammengefaßt, die in Vererbungsbeziehungen stehen können. Zwischen den Klassen können weitere Beziehungen, z. B. Assoziations- und Aggregationsbeziehungen, definiert werden. Bisher existiert keine allgemeingültige Definition für objektorientierte D. (→ ODMG).

□ *Semantische D.* stellen den Anspruch, die → Semantik der Anwendungswelt(en) in einem D. adäquat abbilden zu können. Das heißt, semantische D. stellen mehr als ein Minimum an Strukturen und Operationen zur Verfügung.

□ Das *E/R-Modell* ist ein semantisches D., das die Daten in Entitätsmengen gruppiert, die untereinander in Beziehung gesetzt werden können. Erweiterungen des E/R-Modells betreffen z. B. Generalisierungsbeziehungen, Schlüsseldefinitionen, Integritätsbedingungen. Ein E/R-Modell kann in einem relationalen D. implementiert werden, indem die Entitätsmengen und die Beziehungen in Relationen abgebildet werden.

Während der → Systementwicklung beschreibt das D. eines Systems die statischen (Daten-)Aspekte des zu entwickelnden Systems. Dieses konkrete D., z. B. das D. einer Lagerhaltung, wird mit Hilfe der Strukturen und Begriffe eines D., z. B. des relationalen D., notiert (→ Schema, → Metadaten, → Systemanalyse).

*Schmidt/Schröder*

Literatur: *Codd, E.*: The relational model for database management. Version 2. Wokingham, Berks. 1991. – *Date, C. J.*: An introduction to database systems. Vol. 1. Wokingham, Berks. 1991. – *Heuer, A.*: Objektorientierte Datenbanken. Bonn–München 1992. – *Lockemann, P. C.* und *J. W. Schmidt* (Hrsg.): Datenbankhandbuch. Berlin-Heidelberg-New York 1987. – *Loonies, M. E. S.*: Object databases: The essential. Wokingham, Berks. 1994. – *Ullmann, J. D.*: Database and knowledge-base systems. Vol. 1. Rockville, MA 1988.

**Datenmodell, hierarchisches** ⟨*hierarchical data model*⟩ → Datenmodell

**Datenmodell, objektorientiertes** ⟨*object-oriented data model*⟩ → Datenmodell

**Datenmodell, relationales** ⟨*relational data model*⟩ → Datenmodell

**Datenmodell, semantisches** ⟨*semantic data model*⟩ → Datenmodell

**Datennetz, leitungsvermittelndes** ⟨*circuit switched data network*⟩ → Leitungsvermittlung

**Datennetz, öffentliches** ⟨*public data network*⟩ → PDN

**Datenobjekt, lineares** ⟨*linear data object*⟩ → Speichermanagement

**Datenobjekt, persistentes** ⟨*persistent data object*⟩ → Betriebssystem, → Speichermanagement

**Datenobjekt, transientes** ⟨*transient data object*⟩ → Speichermanagement

**Datenrate** ⟨*data rate*⟩ → Bitrate

**Datenschutz** ⟨*privacy protection, data protection*⟩. Schutz von Personen vor Beeinträchtigung ihrer Interessen durch den Umgang mit sie betreffenden (personenbezogenen) Daten (dem entsprechend auch die Umschreibung in DIN 44 300, Nr. 1.21). Hierbei ist zunächst folgendes hervorzuheben:

D. ist nicht – wie die Bezeichnung vermuten läßt – Schutz von Daten (dies ist → Datensicherheit bzw. → Datensicherung, vgl. DIN 44 300, 1.19, 1.20), sondern Schutz von Personen. Geschützt wird jeweils diejenige Person („Betroffener"), auf welche sich die Daten beziehen (personenbezogene, Daten).

Es ist selbstverständlich, daß nicht jede Beeinträchtigung von Interessen datenbetroffener Personen ausgeschlossen werden kann oder soll. Man spricht hier einschränkend etwa von Beeinträchtigung durch „Mißbrauch", von der Beeinträchtigung „schutzwürdiger Belange" oder des „Persönlichkeitsrechts". Den Schutzinteressen Betroffener stehen ebenso legitime Interessen anderer und der Gemeinschaft an personenbezogenen Informationen gegenüber – Interessengegensätze, über die typischerweise durch Rechtsregeln zu entscheiden ist. Einschlägig ist hier das Datenschutzrecht.

Datenschutzrecht ist der Teil der Rechtsordnung, welcher den Datenschutz regelt. Dieser Teil enthält die besonderen Datenschutzgesetze, beschränkt sich aber nicht darauf. Auch in anderen Vorschriften finden sich Regelungen, welche den D. betreffen (insbesondere im Strafrecht, Arbeits- und Sozialrecht, in den Prozeßordnungen, Polizeigesetzen und Meldegesetzen). Besondere Datenschutzgesetze gibt es in Deutschland seit dem Beginn der 70er Jahre, als sich auch hier (nach den USA) Befürchtungen vor den Folgen der elektronischen Datenverarbeitung mit den Anliegen des Schutzes einer Privatsphäre verbanden. Aus dieser Zeit stammt auch die deutsche (mißverständliche) Wortbildung D. Seitdem wurden in Deutschland Datenschutzgesetze des Bundes und sämtlicher Länder erlassen, z. T. bereits wieder reformiert. Hierbei regeln das Bundesdatenschutzgesetz (BDSG) den D. im Bereich der Behörden und öffentlichen Stellen des Bundes sowie im privaten Bereich, die Datenschutzgesetze der Länder nur den D. im Bereich ihrer jeweiligen Behörden und öffentlichen Stellen.

Das BDSG (zuerst v. 27.01.1977, stark veränderte Fassung v. 20.12.1990) enthält neben den Regelungen für den privaten Bereich und für den Bereich der öffentlichen Stellen des Bundes z. T. auch Regelungen für den Bereich der öffentlichen Stellen der Länder, soweit dort der D. nicht durch Landesgesetze geregelt ist. Da die Prinzipien der Datenschutzgesetze von Bund und Ländern weitgehend übereinstimmen (wobei die Regelung des BDSG die umfassendere ist), wird im folgenden an die Regelung des BDSG (1990) angeknüpft. Allerdings können hier nur einige Andeutungen gebracht werden. Angesichts der vielfältigen, komplizierten Differenzierungen des BDSG (z. B. einerseits zwischen verschiedenen Phasen der Datenverarbeitung und andererseits zwischen dem öffentlichen und dem privaten Bereich) ist es unmöglich, in Kürze eine nichtmißverständliche Inhaltsübersicht zu geben. Hierzu muß auf das Gesetz und die Literatur verwiesen werden.

Grundprinzip des BDSG ist es, den Umgang mit personenbezogenen Daten nur bei Einwilligung des Betroffenen oder gemäß besonderer Erlaubnis durch das BDSG oder eine andere Rechtsvorschrift zuzulassen. Dieses Grundprinzip bedeutet für den Umgang mit personenbezogenen Daten eine Art „Verbot mit Erlaubnisvorbehalt". Hierbei umfaßt „Umgang" grundsätzlich alles vom „Erheben" (Ermittlung) von Daten über die Stadien der „Verarbeitung" im Sinne des BDSG (Speicherung, Veränderung, Übermittlung, Sperrung, Löschung) bis zu ihrer „Nutzung" als Auffangtatbestand. Neben der automatisierten Behandlung ist auch der manuelle Umgang mit Daten eingeschlossen, neben Daten in Dateien z. T auch Daten in Akten. Der Umgang mit personenbezogenen Daten in diesen Modalitäten wird vom BDSG unter jeweils spezifischen, für den öffentlichen und privaten Bereich sehr verschiedenen Bedingungen zugelassen. Hierbei werden den Betroffenen Rechte eingeräumt und den datenbehandelnden Stellen Verpflichtungen auferlegt; außerdem werden besondere Instanzen der Datenschutzkontrolle begründet (Datenschutzbeauftragte im öffentlichen und privaten Bereich).

Zu den Rechten der Betroffenen zählen insbesondere (unter jeweils speziellen Voraussetzungen) Rechte auf Auskunft, Berichtigung, Löschung oder Sperrung personenbezogener Daten. Die Verpflichtungen der datenbehandelnden Stellen entsprechen einerseits diesen Rechten, umfassen andererseits auch Maßnahmen der Datensicherung im Interesse des D. und Unterstützungspflichten gegenüber den Datenschutzkontrollinstanzen. Ein wichtiger Katalog von Maßnahmen der Datensicherung für automatisierte Verfahren befindet sich in einer Anlage zu § 9 BDSG (die seither oft so genannten „10 Gebote"): Zugangskontrolle, Datenträgerkontrolle, Speicherkontrolle, Benutzerkontrolle, Zugriffskontrolle, Übermittlungskontrolle, Eingabekontrolle, Auftragskontrolle, Transportkontrolle, Organisationskontrolle.

Datenschutzbeauftragte gibt es im öffentlichen Bereich (der Bundesbeauftragte für den D. und entsprechende Instanzen der Länder) sowie unter bestimmten Voraussetzungen auch im Bereich privater Stellen bei Verarbeitung personenbezogener Daten (insbesondere die sog. „betrieblichen Datenschutzbeauftragten"). Außerdem gibt es für den privaten Bereich nach Landesrecht zuständige Aufsichtsbehörden für den D. All diese Instanzen sind mit Rechten und Pflichten zur Kontrolle des D. versehen; den Datenschutzbeauftragten im öffentlichen Bereich sind außerdem Verpflichtungen zur regelmäßigen öffentlichen Berichterstattung auferlegt.

Für die Entwicklung des Datenschutzrechts in Deutschland wichtig geworden ist insbesondere eine Entscheidung des Bundesverfassungsgerichts, das sog. „Volkszählungsurteil" aus dem Jahre 1983. Dieses Urteil hat im Konflikt um die Volkszählung eine aufgrund der spezifischen Verfassungslage in der Bundesrepublik Deutschland entwickelte Doktrin vom „informationellen Selbstbestimmungrecht" des Einzelnen proklamiert. Beurteilung und genauere Konsequenzen dessen sind z. T. bis heute kontrovers geblieben. Tendenziell laufen die Konsequenzen sicherlich auf eine (hier spezifisch deutsche) Verschärfung des Datenschutzrechts hinaus, welche von den Gesetzgebern von Bund und Ländern inzwischen z. T. umgesetzt worden sind. Veränderungsrichtungen waren hier insbesondere: Einbeziehung auch der Datenerhebung und -nutzung (neben den Verarbeitungsstadien der Speicherung usw.), Einbeziehung auch von Akten (neben Dateien), engere Zweckbindung, Stärkung der Stellung von Datenschutzkontrollinstanzen.

Wichtig ist immer mehr die internationale Entwicklung des D. und die Entwicklung internationaler Datenschutzstandards, insbesondere im Hinblick auf den internationalen Datenverkehr. Hier kann nur auf verschiedenartige Bemühungen und z. T. Resultate internationaler Organisationen hingewiesen werden, wie Europarat, Europäische Union und OECD. Insbesondere kann auf die EG-Richtlinie 95/46/EG des Europäischen Parlaments und des Rates vom 24.10.1995 zum Schutz natürlicher Personen bei der Verarbeitung personenbezogener Daten und zum freien Datenverkehr

(ABL EG L 281 vom 23.11.1995, 31 ff.) verwiesen werden. *Fiedler*

Literatur: *Auernhammer, H.*: Bundesdatenschutzgesetz: Kommentar. 3. Aufl. Köln–Berlin–Bonn–München 1993. – Entscheidungen des Bundesverfassungsgerichts. 65. Bd. Tübingen 1984, S. 1–71. – *Ordemann, H.-J.* u. *R. Schomerus*: Bundesdatenschutzgesetz mit Erläuterungen. 5. Aufl. München 1992. – *Simitis, S.* u. *U. Dammann*: Kommentar zum Datenschutzgesetz. 4. Aufl. Baden-Baden 1991. – *Tinnefeld, M.-Th.* u. *Ehmann, E.*: Einführung in das Datenschutzrecht. München 1992. – *Vogelgesang, K.*: Grundrecht auf informationelle Selbstbestimmung? Baden-Baden 1987.

**Datenschutzbeauftragter** ⟨*data protection commissioner*⟩ → Datenschutz

**Datenschutzgesetz** ⟨*law on data protection*⟩ → Datenschutz

**Datenschutzrecht** ⟨*data protection law*⟩ → Datenschutz

**Datensicherheit** ⟨*data security*⟩. Beschreibt die Forderung, daß Nutzung und Modifikation der Daten ausschließlich gemäß den Bestimmungen des Besitzers der Daten bzw. des für die Daten Verantwortlichen erfolgen. Dazu sind systemseitige Maßnahmen zur Sicherstellung dieser Eigenschaften auch im laufenden Betrieb erforderlich, z. B. durch → Autorisierung und → Authentisierung. *Schmidt/Schröder*

**Datensicherung** ⟨*backup*⟩. Verhindert den Verlust von → Daten. Daten können verlorengehen, indem sie (versehentlich) von einem → Benutzer oder einem (fehlerhaften) → Programm gelöscht oder durch Hardware-Fehler physisch fehlerhaft oder unerreichbar werden (Plattenausfall, Diebstahl, Brand, Naturkatastrophen). Maßnahmen zur D. im laufenden Betrieb sind das Aufzeichnen von Änderungen an den Daten (logging) und redundante Datenhaltung (auf mehrere Rechner oder Platten verteilt, → RAID, → Replikation). Für längerfristige D. werden Kopien der Daten auf Sekundärspeichern (Bändern oder anderen preisgünstigeren Medien) räumlich getrennt gelagert. Dabei wird regelmäßig (z. B. monatlich) der volle Datenbestand gesichert, und inkrementell (wöchentlich, täglich, stündlich) werden die Änderungen gegenüber dem letzten Sicherungspunkt mitprotokolliert (→ Sicherungspunkt, → Datenwiederherstellung). *Schmidt/Schröder*

Literatur: *Gray, J.* and *A. Reuter*: Transaction processing: Concepts and techniques. Hove, East Sussex 1993.

**Datenstation** ⟨*terminal*⟩. Eine Stelle in einem Datenverarbeitungssystem, wo → Daten in das → System eingegeben und/oder aus ihm gelesen werden können. Dabei spielt es keine Rolle, ob dies in für den Menschen lesbarer Form oder zum Zweck späterer Weiterverarbeitung in nicht lesbarer Form geschieht. *Bode*

**Datenstrom** ⟨*data (audio, video) stream*⟩. Besteht aus Daten, die sequentiell zur Verfügung gestellt und normalerweise in Echtzeit verarbeitet werden. Beispiele für Echtzeitdaten sind Audio- und Videodaten oder Sensormeßwerte. Bei der Aufnahme und Wiedergabe eines D. sind Zeitlimits einzuhalten, weil sonst Informationen verlorengehen. Wenn z. B. ein Audiosignal zu langsam wiedergegeben wird, ist es unverständlich. Zusätzlich ergibt sich die Forderung nach der → Synchronisation verschiedener D., z. B. eines Audio- und eines Videodatenstroms. Die Verwaltung solcher D. in → Datenbanken stellt hohe Anforderungen an die Performanz beim Zugriff auf die Daten (→ BLOB, → Multimediadatenbank). *Schmidt/Schröder*

**Datenstruktur** ⟨*data structure*⟩. Form der Repräsentation von → Information. Mit D. wird die Art und Weise festgelegt, wie → Daten strukturell aus elementaren D. und mittels *Konstruktoren* aufgebaut sind. Typische elementare D. sind die Mengen der Wahrheitswerte (häufig als BOOL bezeichnet), der Zeichen (CHAR) und der ganzen Zahlen (NAT) sowie durch Aufzählung definierte endliche Mengen. Tupelbildung, disjunkte Vereinigung und Potenzmengenbildung sind Beispiele für übliche Konstruktoren. In → Programmiersprachen können D. aus vorgegebenen Konstruktoren definiert werden (z. B. record, union, array). Häufig verwendete D. sind → Liste, → Baum und → Keller. *Breitling/K. Spies*

**Datenstruktur, geometrische** ⟨*geometric data structure*⟩. Datenstrukturen, die die rechnerinterne Darstellung geometrischer Objekte aufnehmen. Darunter sind ein- bis dreidimensionale Objekte, also Punkte, Linien, Flächen und Körper, zu verstehen, die entweder in die Ebene (zweidimensionale Systeme) oder in den Raum (dreidimensionale Systeme) eingebettet sind. Im Fall der → Animation kommt die Zeit als vierte Dimension hinzu.

Für die Repräsentation im Rechner ist die Wahl eines geeigneten mathematischen Modells notwendig. Man unterscheidet zwischen analytischen und parametrischen Beschreibungen. Eine analytische Darstellung besteht aus einer Funktion, die den Verlauf der Kurve oder Fläche exakt beschreibt. Das hat u. a. den Nachteil, daß für ein vorgegebenes → Objekt die entsprechende Funktion sehr schwer zu finden ist. Bei der parametrischen Beschreibung werden diese Probleme umgangen, indem anhand vorgegebener Stützpunkte stückweise Polynome definiert werden, die den gewünschten Kurvenverlauf approximieren (z. B. → Bézier-Kurve, → B-Spline).

Zur Repräsentation von Körpern existieren mehrere Methoden, die grob nach der Dimensionalität ihrer Geometrie-Information klassifizierbar sind:
– *Drahtmodelle* (wire frame models) enthalten nur die Koordinaten der Eckpunkte sowie unter Umständen Kantenbeschreibungen.

– *Oberflächenmodelle* (surface models) enthalten zusätzlich Flächenbeschreibungen.
– *Volumenmodelle* (solid models) schließlich enthalten eine vollständige Beschreibung des Körpers.

Die gebräuchlichsten Volumenmodelle sind:

☐ *Binärbaum* (bintree). Der Raum wird durch (oft achsenparallele) Halbräume rekursiv unterteilt. Die Unterteilung wird in einem binären → Baum abgelegt, wobei jeder Knoten ein Raumsegment repräsentiert. Im Knoten ist eine Trennebene abgespeichert; die Söhne repräsentieren jeweils eine der beiden dadurch definierten Raumsegmenthälften. Liegt ein Raumsegment ganz innerhalb oder außerhalb des zu modellierenden Körpers, dann terminiert die → Rekursion, und der Knoten erhält die Information „voll" bzw. „leer". Andernfalls wird das Raumsegment weiter unterteilt. Binärbäume erlauben einfache, schnelle Visualisierungsalgorithmen. Insbesondere eignen sie sich gut für Parallelverarbeitung. Der Hauptnachteil besteht darin, daß Transformationen des Körpers (insbesondere Rotationen) oft eine völlige Neuberechnung, zumindest aber ein Traversieren des Baumes notwendig machen.

☐ *Oktalbaum* (octtree). Oktalbäume sind ein Spezialfall von Binärbäumen. Die Aufteilung des Raumes erfolgt jeweils in allen drei Dimensionen gleichzeitig und mit achsenparallelen Trennebenen. Aus der Tatsache, daß somit acht neue Raumsegmente pro Baumknoten, also acht mögliche Söhne entstehen, leitet sich der Name her. Bezüglich der Vor- und Nachteile gilt dasselbe wie bei Binärbäumen. Es sei jedoch noch angemerkt, daß die Zusammenfassung von drei Unterteilungen in einen Knoten zwar die Knotenzahl verringert, andererseits aber unter Umständen eine Vereinfachung des Baumes erschwert bzw. verhindert.

☐ *Vollkörpergeometrie* (Constructive Solid Geometry, CSG): Gegenstände werden hier durch Vereinigung, Durchschnitt und Differenz einfacher analytisch beschriebener Grundkörper (z. B. Quader, Zylinder, Kegel) aufgebaut. Es entsteht ein binärer Baum, dessen innere Knoten mit den Mengenoperationen, die Blätter hingegen mit den Grundkörpern markiert sind. Außerdem enthalten die Knoten eine → Transformationsmatrix, um die (Teil-)Körper skalieren, verschieben und rotieren zu können. Der CSG-Ansatz ist neben BRep in CAD-Systemen am weitesten verbreitet, da die Methode für Konstrukteure leicht erfaßbar ist und schnelle Algorithmen zur Auswertung bekannt sind. Seine Grenzen sind dann erreicht, wenn (z. B. im Automobilbau) Freiformflächen zu modellieren sind.

☐ *Begrenzungsflächendarstellung* (Boundary Representation, BRep): Bei der BRep-Darstellung wird ein Körper durch seine Begrenzungsflächen, seine Randkanten sowie seine Eckpunkte beschrieben, wobei darauf geachtet werden muß, daß die aufgezählten Objekte richtig miteinander verknüpft werden. Diese Strukturinformation nennt man die → Topologie des Körpers, die Teilobjekte selbst die Geometrie des Körpers. Sie kann im einfachsten Fall nur aus Koordinatenangaben in den Eckpunkten bestehen, aber auch Kurvendefinitionen in den Kanten und Flächenbeschreibungen in den Oberflächen sind möglich. Mit Techniken wie Splines lassen sich so beliebig geformte Körper modellieren. Allerdings ist die Auswertung eines BRep-Modells ziemlich programmier- und rechenzeitaufwendig.

Außer den vier aufgezählten gebräuchlichsten Methoden gibt es noch verschiedene andere, z. B. Spatial Enumeration (Aufzählung aller Raumsegmente, die zum Körper gehören). Darüber hinaus ist es eine gängige Technik in CAD-Systemen, zwei verschiedene Repräsentationen – meist CSG und BRep – gleichzeitig zu halten (Hybridmodell), um so die Vorteile der → Modelle zu kombinieren. *Encarnação*

**Datenstruktur, graphische** *(graphical data structure)*. Eine → Datenstruktur zur Aufnahme von → Daten, die ganz oder teilweise für die graphische Ein- und Ausgabe verwendet wird. G. D. sind die interne Darstellung von → Objekten eines graphischen Systems.

Graphische Objekte können z. B. Symbole, Linien und Flächen sein. Graphische Systeme haben die Aufgabe, mit Hilfe von g. D. Objekte und Bilder zu erzeugen, zu löschen, zu transformieren, darzustellen und zu identifizieren. Die interne Repräsentation graphischer Objekte in einem → System basiert auf einem → Modell. Anwendungsmodelldaten werden auf g. D. abgebildet, die dann zur externen Darstellung auf elementare graphische Ausgabeeinheiten abgebildet werden.

G. D. stellen die Objekte einerseits unabhängig von einem Anwendungsmodell (z. B. → Datenstruktur, geometrische) dar. Andererseits beschreiben sie die Objekte unabhängig von Hardware und Software.

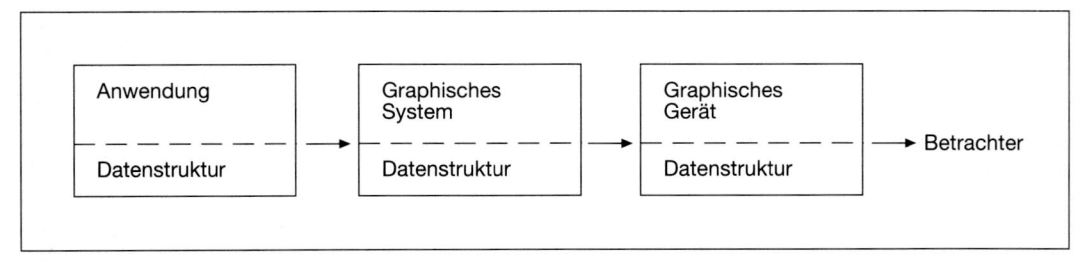

*Datenstruktur, graphische: Abbildung von g. D.*

In graphischen Systemen werden die Objekte über die g. D. repräsentiert durch eine Menge von Eigenschaften (→ Sichtbarkeit, → Identifizierbarkeit, Farbe, Priorität) und eine Menge von Datentypen (Punkt, Vektor, → Text). Die Dateneinheiten graphischer Systeme wie → GKS und → PHIGS basieren auf sog. Primitiven, die sich je nach Art der Graphik (2D-, 3D- und → Vektorgraphik) unterscheiden können. Die Objekterzeugung auf Primitiven (z. B. Linie, Fläche) kann einstufig-hierarchisch (GKS) oder mehrstufig-hierarchisch (PHIGS) sein, was die Organisation der Daten und damit der g. D. im → Speicher des graphischen Systems beeinflußt.

Die → Primitive werden durch einen → Datentyp intern repräsentiert und haben bestimmte Eigenschaften hinsichtlich ihrer Darstellung.

Zu jeder Datenstruktur stellt das graphische System einen Satz von Funktionen zur Verfügung. Diese Funktionen verändern die über die g. D. repräsentierten Objekte in ihrer graphischen Darstellung.

*Encarnação/Köhler*

**Datenträger** ⟨*data carrier*⟩. Jedes Mittel, auf dem → Daten aufgezeichnet werden können, ist ein D. Dabei spielt zunächst keine Rolle, ob diese Daten im Rahmen maschineller Datenverarbeitung gelesen werden sollen. Es hat sich jedoch eine Sprechweise herausgebildet, die den Begriff auf die maschinell lesbaren und/oder beschreibbaren D. eingrenzt. Man unterscheidet denn noch die D., die überwiegend als Zwischenspeicher eingesetzt werden (→ Speicher) und D., die als Eingabe- oder Ausgabemedien Bedeutung besitzen (E/A-Geräte).

Sowohl für Eingabe als auch für Ausgabe wurden früher → Lochkarten und → Lochstreifen benutzt. Für die Eingabe geeignete D. sind die Markierungs- und Klarschriftbelege (Datenerfassungssystem); dabei werden Strichmarkierungen oder genormte Schriftzeichen mit den Methoden der optischen oder magnetischen Zeichenerkennung gelesen. Als D. für die Ausgabe müssen neben dem Papier (→ Drucker) noch die Mikrofilme erwähnt werden. Welche D. für Ein- oder Ausgabe verwandt werden, hängt sehr stark vom Anwendungsgebiet ab.

Im Rahmen des *D.-Austausches* werden Daten entweder über Netzverbindung elektronisch oder physikalisch auf → Magnetband von einem Unternehmen zu einem anderen weitergegeben. Der D.-Austausch spielt eine große Rolle im bargeldlosen Zahlungsverkehr, z. B. im Einzugsverfahren von Versicherungs- und anderen Beiträgen. *Bode/Schneider*

**Datentyp** ⟨*data type*⟩. Besteht aus einer oder mehreren Mengen von → Daten zusammen mit den auf diesen Daten definierten → Operationen (→ Rechenstruktur). Programmiersprachen enthalten i. allg. Grunddatentypen wie *Boole*sche Werte, ganze Zahlen, Gleitpunktzahlen und Zeichen sowie benutzerdefinierte D. wie Aufzählungstypen, Felder und Verbunde. → Imperative Programmiersprachen enthalten außerdem Zeiger, → funktionale Programmiersprachen, Listen und Funktionsdatentypen; bei objektorientierten Sprachen können → Klassen als benutzerdefinierte D. verstanden werden. Bei → abstrakten D. sind die Mengen und Operationen nicht konkret gegeben, sondern werden unabhängig von der Realisierung allein durch die Angabe einer → Signatur und der charakteristischen Eigenschaften der Operationen beschrieben. *Wirsing*

Literatur: *Bauer, F. L.; Wössner, M.*: Algorithmische Sprache und Programmentwicklung. Springer, Berlin 1984.

**Datentyp, abstrakter** ⟨*abstract data type*⟩. Ein abstrakter Datentyp (ADT) beschreibt die wesentlichen Eigenschaften, die ein → Datentyp für die jeweilige Anwendung haben soll durch Angabe der verfügbaren → Operationen und ihrer charakteristischen Gesetze. Dadurch verbleibt i. d. R. Wahlfreiheit bezüglich der eigentlichen → Implementierung des Datentyps, die in nachfolgenden Schritten der → Verfeinerung eingeengt wird.

Mathematisch wird ein ADT durch eine → Klasse von Algebren (→ Algebra, heterogene) präzisiert. Sind alle Algebren zu einem ADT isomorph, d. h., legt der ADT den konkreten Datentyp bis auf die Repräsentation fest, so heißt der ADT monomorph, sonst polymorph. Zur Spezifikation der ADT werden algebraische → Spezifikationen verwendet.

Die Grundideen von ADT, insbesondere das Geheimnisprinzip (die Trennung von → Schnittstelle und Implementierung), werden in manchen Konzepten moderner Programmiersprachen wie Schnittstellendefinitionen in Modula-2, abstrakten Typen in der → funktionalen Programmierung oder abstrakten Klassen in der → objektorientierten Programmierung aufgegriffen. Wegen der Unentscheidbarkeit allgemeiner Programmeigenschaften werden dabei aber nur die → Funktionalität der Operationen und keine weitergehenden Eigenschaften festgelegt.

*Hennicker/Merz/Wirsing*

Literatur: *Ehrich, H.-D.; Gogolla, M.; Lipeck, U.*: Algebraische Spezifikation abstrakter Datentypen. Teubner, Stuttgart 1989. – *Wirsing, M.*: Algebraic specification. In: *J. van Leeuwen* (Ed.): Handbook of theoretical computer science, Vol. B. MIT Press/Elsevier, 1990.

**Datentypenrechner** ⟨*tagged architecture*⟩. → Rechnerarchitektur mit expliziter Typenkennung der gespeicherten → Daten im → Hauptspeicher durch zusätzlich zum Wert des Datums angehängte Kennungsbits (tags). Während im klassischen Universalrechner nach *von Neumann* jedes → Wort des Hauptspeichers identisch behandelt wird, gleich ob es sich um Daten oder → Befehle handelt, wünscht man sich in modernen Rechnerarchitekturen aus Sicherheitsgründen eine strenge Unterscheidung verschiedener Datentypen (Tabelle). Durch explizite Kennungsbits im Hauptspei-

*Datentypenrechner. Tabelle: Typenkennung für D. nach Feustel*

| Typen-erkennung | Bezeichnung | Bedeutung |
|---|---|---|
| 00000 | int | Ganzzahl einfacher Genauigkeit |
| 00001 | long int | Ganzzahl doppelter Genauigkeit |
| 00010 | real | Gleitkommazahl einfacher Genauigkeit |
| 00011 | long real | Gleitkommazahl doppelter Genauigkeit |
| 00100 | complex | Komplexe Zahl einfacher Genauigkeit |
| 00101 | long complex | Komplexe Zahl doppelter Genauigkeit |
| 00110 | undef | Undefinierter Typ |
| 00111 | mixed | Gemischter Typ |
| 01000 | char | Zeichen |
| 01001 | bool | Bitkette |
| 01010 | vec | Vektor |
| 01011 | ref | Zeiger (Adresse) |
| 01100 | label | Marke |
| 01101 | matrix | Matrix |
| 01110 | svec | Dünn besetzter Vektor |
| 01111 | sll | Einfach verkettete Liste (single-linked list) |
| 10000 | dll | Doppelt verkettete Liste (double-linked list) |
| 10001 | stack | Keller |
| 10010 | queue | Warteschlange |
| 10011 | ms | Maschinenzustand (machine state) |
| 10100 | msg | Nachricht |
| 10101 | ipt | Unterbrechung (interrupt) |
| 10110 | evt | Ereignis (event) |
| 10111 | ps | Parametermenge (parameter set) |
| 11000 | proc | Designator für Prozedurumgebung (procedure environment) |
| 11001 | name | Variablenname |
| 11010 | i.d. | Identifikator eines Prozesses oder eines Benutzers |
| 11011 | instr | Befehl |
| 11100 | file | Datei |
| 11101 | formal | Formaler Parameter |
| 11110 | sema | Semaphor |
| 11111 | garbage | Ungültige Daten |

cher kann bei der Ausführung von Maschinenbefehlen eine simultane oder nachträgliche Typenprüfung der geholten Speicheroperanden durch zusätzliche → Hardware oder → Software erfolgen, die den Aufbau des restlichen → Leitwerkes deutlich vereinfacht.

Datentypenarchitekturen haben eine Reihe von Vorteilen. Sie
– ermöglichen kleine generische Maschinenbefehlssätze,
– unterstützen den Aufbau von Strukturdatentypen durch Deskriptoren,
– erlauben und erleichtern die → Implementierung mächtiger Mechanismen aus höheren → Programmiersprachen,
– erleichtern die Implementierung der Aufgaben des → Betriebssystems (Zugriffsrechtkontrolle, Verwaltung abstrakter Datentypen, Speicherverwaltung, Fehlersuche zur Laufzeit),
– vereinfachen spezielle Organisationsaufgaben wie die Speicherbereinigung (garbage collection) durch zusätzliche Kennungen z. B. zur Bezeichnung von Generationen (secondary tag),
– unterstützen die Kommunikation in Multiprozessorsystemen durch Kennung spezieller Kommunikationsinformation.

Diesen Vorteilen steht der Nachteil der Verlängerung des Speicherwortes um die für die Typenkennung benötigten Bitstellen entgegen. D. haben sich daher speziell in Bereichen durchgesetzt, wo häufig unterschiedliche Typen und Strukturtypen benutzt werden: bei Spezialrechnern für funktionale, logische und objektorientierte Programmiersprachen. *Bode*

Literatur: *Feustel, E. A.*: On the advantage of tagged architecture. IEEE Transactions on Computers, C-29 (1973) 7, pp. 644–656.

**Datenübertragung** ⟨*data transfer*⟩. Im Rahmen der → Datenfernverarbeitung, in → Rechnernetzen und bei der dezentralen Datenerfassung müssen Daten zu geographisch entfernten Punkten übertragen werden. Zwischen dem → Endgerät (Datenerfassungsgerät, Drucker, Sichtgerät, Rechenanlage) und der eigentlichen Übertragungsleitung ist eine D.-Einrichtung erforderlich, die nach DIN 44 302 aus Signalumsetzer, Anschalteinheit, Synchronisiereinheit und Fehlerschutzeinheit besteht. Der Umsetzer bringt die Signale in die auf der Übertragungsleitung erforderliche Form und umgekehrt; bei der Verwendung von Fernsprechleitungen z. B. übernimmt diese Aufgabe ein sog. Modem (Modulator – Demodulator) oder ein Akustikkoppler.

Ein wichtiges Maß bei der D. ist die *Übertragungsgeschwindigkeit*. Dabei ist zu unterscheiden zwischen der Schrittgeschwindigkeit und der D.-Geschwindigkeit. Die Schrittgeschwindigkeit gibt die Anzahl der Schritte an, die in einer Sekunde übertragen werden (1 Baud = 1 Schritt/s). Beispielsweise wird bei Wählverbindungen im Fernschreibnetz der Deutschen Telecom mit 50 Bd gearbeitet. Bei gemieteten Fernsprechleitungen sind bis zu 9600 Bd üblich. Im digitalen ISDN (Integrated Services Digital Network) und bei Nutzung von Lichtwellenleitern werden Schrittgeschwindigkeiten bis über 1 Gbit/s möglich. Wird bei jedem Schritt genau ein Bit übertragen (z. B. Darstellung durch verschiedene Frequenzen), so stimmt die D.-Geschwindigkeit mit der Schrittgeschwindigkeit überein. Bei Übertragungsverfahren mit n Kennzuständen ist die Übertragungsgeschwindigkeit entsprechend höher

$v_D = v_S \cdot \ln_2 n$.

(Wird bei jedem Schritt ein Byte übertragen, so ist also $v_D = 8 v_S$.) Die effektive Übertragungsgeschwindigkeit ist in jedem Fall kleiner, da außer der zu übertragenden Information noch zusätzliche Zeichen zur Synchronisation, Start- und Stop-Zeichen sowie Zeichen für Blockende usw. übertragen werden müssen (Tabelle).

Die Form der tatsächlich zu übertragenden Information, d. h. die Einbettung der gegebenen Information in einen äußeren Rahmen, muß vorab vereinbart sein; man spricht von *Übertragungsprozeduren*.

Bei den Betriebsarten unterscheidet man zwischen Duplex- und Halbduplexbetrieb. Die einseitig gerichteten Verbindungen spielen in der Datenverarbeitung keine Rolle, weil die Möglichkeit der Kontrolle fehlt. Beim Duplexbetrieb ist ein gleichzeitiges Übertragen von Daten in beiden Richtungen möglich, beim Halbduplexbetrieb kann zwar in beiden Richtungen, aber nicht gleichzeitig übertragen werden.

*Datenübertragung. Tabelle: Steuerzeichen für D. nach CCIT (BCD-Verfahren)*

| Kurz-zeichen | Binär (ISO) | Bedeutung |
|---|---|---|
| SOH | 000 0001 | Anfang des Kopfes (Start of Heading) |
| STX | 000 0010 | Anfang des Textes (Start of Text) |
| ETX | 000 0011 | Ende des Textes (End of Text) |
| EOT | 000 0100 | Ende der Übertragung (End of Transmission) |
| ENQ | 000 0101 | Aufforderung zum Empfang (Enquiry) |
| ACK | 000 0110 | Positive Rückmeldung (Acknowledge) |
| DLE | 001 0000 | Zeichenumschaltung (Data Link Escape) |
| NAK | 001 0101 | Negative Rückmeldung (Negative Acknowledge) |
| SYN | 001 0110 | Synchronisierung |
| ETB | 001 0111 | Ende eines Blocks (End of Transmission Block) |

Um Rechenanlagen verschiedener Hersteller und mit verschiedenen → Betriebssystemen innerhalb eines Rechnernetzes nach einem einheitlichen Verfahren Kommunikation durch D. durchführen zu lassen, wurde das ISO-OSI-Schichtenmodell entwickelt. Diese Protokollhierarchie ist heute die Basis für → Implementierungen der → Kommunikation in Rechenanlagen verschiedenster Arten und Hersteller. Die untersten drei Schichten werden üblicherweise von den öffentlichen Telekommunikationsunternehmen angeboten und verwaltet. Im einzelnen beinhaltet das → Protokoll die folgenden Schichten:
1. Schicht: physikalische Schicht,
2. Schicht: Leitungsschicht,
3. Schicht: Netzwerkschicht,
4. Schicht: Transportschicht,
5. Schicht: Sitzungsschicht,
6. Schicht: Darstellungsschicht,
7. Schicht: Anwendungsschicht.

*Bode/Schneider*

**Datenübertragungseinrichtung** ⟨*data communication equipment*⟩ → DÜE

**Datenunabhängigkeit** ⟨*data (representation) independence*⟩. Unabhängigkeit eines → Anwendungsprogramms von der Repräsentation, Speicherung und dem Zugriff auf die verwendeten Anwendungsdaten, z. B. bzgl. Speicherungsort, physischer Ablageart, Zugriffsmöglichkeit, Datensicherung und Mehrbenutzersynchronisation. In heterogenen Systemen wird auch von der physischen Speicherung der Daten abstrahiert, d. h., Programme auf verschiedenen → Rechnerarchitekturen mit unterschiedlichen Repräsentationen (z. B. für natürliche Zahlen) können auf dieselben Daten zugreifen. Gegenteil der D. ist die Ablage der Daten in anwendungs- und rechnerspezifischen Datenstrukturen, z. B. Files mit ausprogrammierten Zugriffs- und Auswertungsmethoden. *Schmidt/Schröder*
Literatur: *Date, C. J.*: An introduction to database systems. Vol. 1. Wokingham, Berk. 1990. – *Lockemann, P. C.* und *Y. W. Schmidt*: Datenbankhandbuch. Berlin-Heidelberg-New York 1987.

**Datenverarbeitung** ⟨*data processing*⟩. Abk. DV, auch Elektronische Datenverarbeitung (EDV) genannt. Umfassender Begriff für das Gebiet der maschinellen Verarbeitung von → Informationen (→ Daten) mit → Rechnern. *Breitling/K. Spies*

**Datenverarbeitung, geometrische** ⟨*geometric data processing*⟩. Unterstützt die Lösung geometrisch orientierter Problemstellungen v. a. im Bereich der Konstruktion (→ CAD). Dazu werden die → Objekte mit Hilfe eines geeigneten Modells im Rechner dargestellt (→ Datenstruktur, geometrische). Auf diesem → Modell arbeiten Verfahren zur Konstruktion, Modifikation und Darstellung.

Geometrische Objekte sind Gebilde, die nur die geometrischen Informationen eines behandelten technischen Objekts enthalten. Konzeptionell können sie als Punktmengen aufgefaßt und nach ihrer Dimensionalität in Punkte, Linien, Flächen und Körper eingeteilt werden. Dazu wird zwischen analytisch beschreibbaren Objekten (z. B. Punkt, Gerade, Rechteck, Trapez, Ellipse, Kegel, Kugel, Quader) und analytisch nicht beschreibbaren Objekten (beliebig gekrümmte Kurven und Flächen, sog. Freiformkurven und -flächen) unterschieden. Der Bereich der analytisch beschreibbaren Objekte ist schnell erschöpft, wenn es um die Konstruktion nach ästhetischen oder speziellen technischen (z. B. strömungsmechanischen) Gesichtspunkten geht. Folgende Anforderungen werden an solche Kurven bzw. Flächen gestellt:
– beschreibbar durch wenige, leicht bestimmbare Parameter mit anschaulicher Bedeutung,
– glatter Verlauf (d. h. stetige Tangentenänderung, mehrfach differenzierbar),
– in Teilbereichen (lokal) oder auch im gesamten Verlauf (global) änderbar durch Veränderung der Parameter,
– einfach und stetig aneinanderfügbar,
– Schnittpunkte mit anderen geometrischen Objekten leicht berechenbar,
– leicht transformierbar,
– leicht darstellbar.

Durch die Anwendung geometrischer Methoden (z. B. Schnittberechnungen) können Objekte konstruiert werden. Transformationen, die sich aus den Elementartransformationen → Translation, Rotation, → Skalierung zusammensetzen, dienen zur Positionierung und Dimensionierung der Objekte. Bei der Konstruktion können schon vorhandene Objekte in vielfältiger Weise verwendet werden. So kann man sich z. B. eine Gerade als Verbindung zweier Punkte, als Ergebnis des Schnitts von zwei Flächen oder als gemeinsame Tangente zweier Kreise vorstellen (→ Modellierung, geometrische; → Datenstruktur, geometrische; → Objekt, geometrisches).

*Encarnação/Daun*

Literatur: *Encarnação, J. L.* und *W. Straßer:* Computer Graphics – Gerätetechnik, Programmierung und Anwendung graphischer Systeme. München 1986. – *Spur, G.* und *F.-L. Krause:* CAD-Technik – Lehr- und Arbeitsbuch für die Rechnerunterstützung in Konstruktion und Arbeitsplanung. München 1984.

## Datenverarbeitung, interaktive graphische

**Datenverarbeitung, interaktive graphische** ⟨*interactive computer graphics*⟩. Unter i. g. D. versteht man den Teil der graphischen → Datenverarbeitung, der sich mit der interaktiven Erzeugung, Bearbeitung und Ausgabe von Bildern beschäftigt. Im Gegensatz dazu stellt die passive graphische Datenverarbeitung das Teilgebiet dar, welches nur die Ausgabeseite behandelt, also nicht die Möglichkeit enthält, Bilder oder Bildobjekte dynamisch zu beeinflussen.

Die i. g. D. wird heute in vielen Bereichen angewandt.

☐ In der → *Präsentationsgraphik* werden Ergebnisse und Übersichten in Form von Histogrammen, Funktionengebirgen, Balken-, Kuchen- oder Kurvendiagrammen etc. dargestellt. Die Ausgabe erfolgt auf Papier, Diafilm oder Folie. Für diesen Bereich sind allgemein verwendbare Graphikeditoren, aber auch spezielle kommerzielle Präsentationsgraphikpakete verfügbar.
☐ Die Möglichkeit, aus einer im Rechner gespeicherten → Datenstruktur nach bestimmten Themen *verschiedene Darstellungen* zu erstellen (thematische Karten), wird v. a. in der Kartographie ausgenutzt. Beispiele dafür sind Landkarten, Liegenschaftskarten, Reliefkarten, Wetterkarten etc. Zur Ausgabe werden entsprechend großformatige → Plotter oder Filmausgabegeräte benötigt.
☐ Vor allem im Schiffs-, Flugzeug- und Automobilbau hat sich der *computerunterstützte Entwurf* (→ CAD) durchgesetzt. Der herkömmliche Zeichentisch wird durch einen → Digitalisierer ersetzt. Während zuerst lediglich Entwürfe erstellt wurden, läßt sich heute eine zunehmend stärkere Integration der Computerunterstützung bis hin zur Produktion beobachten. In zunehmendem Maße werden Methoden in CAD-Systeme eingebracht, die eine Bewertung der Entwürfe ermöglichen.
☐ Die wohl spektakulärste Anwendung im Bereich der → Simulation sind die *Flugsimulatoren*. Der → Bediener befindet sich hier in einem völlig realistischen Nachbau eines Cockpits, dessen Fenster jeweils durch einen → Farbmonitor ersetzt sind. Sämtliche Bedienungselemente sind an einen Rechner angeschlossen. Mit Hilfe von im Rechner gespeicherten Landschaftsszenen, Beschreibungen von Flughafengeländen etc. und in Abhängigkeit von den Aktionen des Bedieners werden in Echtzeit ständig neue Bilder auf den Monitoren erzeugt, die zusammen mit der Simulation von Geräuschen, Beschleunigung etc. einen realistischen Eindruck ergeben. Eng verwandt damit ist auch das Gebiet der → *Animation*, bei der vom Rechner einzelne Szenen erzeugt und zu einem Film zusammengefügt werden.

Die Computergraphik allgemein wird nach *Rosenfeld* in generative Computergraphik, → Bildanalyse und → Bildverarbeitung eingeteilt. Diese Klassifizierung orientiert sich an den zur Ein- und Ausgabe verwendeten Datentypen (→ Datenverarbeitung, passive graphische).

Am Beispiel der generativen Computergraphik, bei der aus einer formalen Beschreibung ein Bild erzeugt wird, soll hier die Bildmodifikation mit einem interaktiven → System erläutert werden. Ausgehend von einer → Bildbeschreibung, wird vom Graphiksystem ein Bild auf dem → Bildschirm erzeugt. Dieses Bild kann nun vom Benutzer interaktiv verändert werden. Das Graphiksystem ändert daraufhin die formale Bildbeschreibung entsprechend (Bild 1).

Gerade die Fähigkeit, Dialoge benutzerfreundlich zu gestalten, hat die graphische Datenverarbeitung auch in

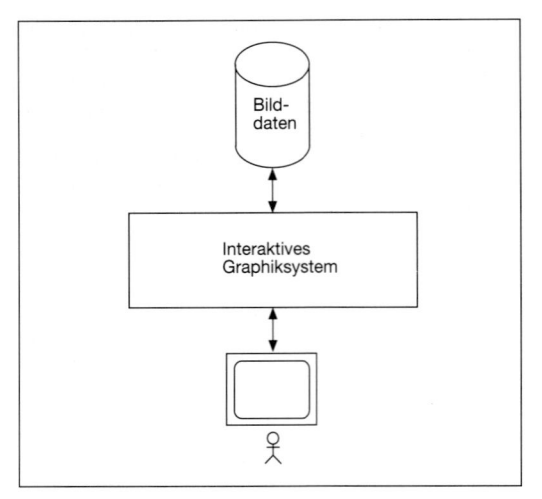

*Datenverarbeitung, interaktive graphische 1: Bildmodifikation bei einem interaktiven System*

Gebieten, deren Hauptzweck nicht in der Verarbeitung graphischer → Daten besteht, zu einem willkommenen und heute weit verbreiteten Werkzeug gemacht. Nicht zuletzt deswegen kommt den Vorgängen zur Durchführung des Dialogs zwischen Mensch und Maschine, also der → Interaktion, bei der graphischen Datenverarbeitung ein besonderer Stellenwert zu. In diesem Zusammenhang spielt die → Benutzerschnittstelle (user interface), also das Erscheinungsbild des Programms (und damit des Computers) gegenüber dem Bediener, eine zentrale Rolle. In ihr werden Interaktionstechniken realisiert, die auf verschiedenen Eingabetechniken basieren. Beispielsweise kann der Benutzer in einem Menü eine Aktion aus einer Anzahl von Aktionen auswählen, indem er das Fadenkreuz (→ Cursor) mit Hilfe eines Eingabegeräts (z. B. einer → Maus) auf das entsprechende Menüfeld positioniert und dann z. B. die Maustaste drückt. Durch geeignete Realisierung von Prompt und → Echo kann der Benutzer jederzeit erkennen, in welchem Zustand sich die Interaktion befindet.

Die einzelnen Komponenten eines graphischen Systems (Bild 2) sind auf vier Ebenen angeordnet. Die Beziehungen zwischen den Komponenten sind durch Schnittstellen festgelegt. Komponenten, die über keine gemeinsame → Schnittstelle verfügen, dürfen nicht direkt miteinander in Verbindung treten. Diese klare Trennung der Komponenten erleichtert z. B. die geräteunabhängige Entwicklung von Anwendungsprogrammen.

Interaktive graphische Systeme stellen allerdings im Vergleich zu passiven Systemen i. d. R. höhere Anforderungen an die → Hardware, da die einzelnen Interaktionsschritte in einer für den Bediener zumutbaren Zeit abgewickelt werden müssen. Außerdem ist neben einem Ausgabegerät auf Papier oder Film auch noch ein → Sichtgerät mit entsprechender → Auflösung nötig. Andererseits zeigte sich, daß kaum eine Anwendung heute noch ohne Interaktion auskommt. Wichtige Anwendungsgebiete sind Animation, → Bildrekonstruktion, → Business-Graphik, rechnerunterstützter Entwurf, Graphik in Dokumenten, → geometrische Modellierung, → Präsentationsgraphik, → Rastergraphik.

Damit aber nicht jeder Programmierer alle die Graphik betreffenden Teile seines Programms – und dort insbesondere die der Interaktion – neu entwickeln muß, wurden Graphiknormen geschaffen, die eine gewisse Kernfunktionalität zur Verfügung stellen. Hier sind v. a. → GKS und → PHIGS zu nennen (→ Ausgabe, graphische; → Datenstruktur, graphischer; → Dialog, graphischer; → Menütechnik, → Vektorgraphik, Mensch-Maschine-Schnittstelle).  *Encarnação/Daun*

Literatur: *Encarnação, J. L.* und *W. Straßer*: Computer Graphics – Gerätetechnik, Programmierung und Anwendung graphischer Systeme. München 1986. – *Foley, J. D.* and *A. van Dam*: Fundamentals of interactive computer graphics. Amsterdam 1984. – *Gorny, P.* und *A. Viereck*: Interaktive graphische Datenverarbeitung. Stuttgart 1984. – *Newman, W. M.* and *R. F. Sproull*: Principles of interactive computer graphics. New York 1979. – *Salmon, R.* and *M. Slater*: Computer graphics – systems & concepts. Amsterdam 1987.

**Datenverarbeitung, passive graphische** ⟨*passive computer graphics*⟩. Bei der p. g. D. wird nur der Ausgabeaspekt der Computergraphik betrachtet. Ein Eingreifen des Benutzers, d. h. eine Interaktion während der Verarbeitung, ist nicht möglich, da keine Eingabemöglichkeiten zur Verfügung stehen. Im Gegensatz dazu beschäftigt sich die interaktive graphische Datenverarbeitung gerade mit solchen Interaktionstechniken.

Die Computergraphik allgemein wird nach *Rosenfeld* in Generative Computergraphik, → Bildanalyse und → Bildverarbeitung eingeteilt. Diese Klassifizierung orientiert sich an den zur Ein- und Ausgabe verwendeten Datentypen (Bild 1).

Am Beispiel der generativen Computergraphik, bei der aus einer formalen Beschreibung ein Bild erzeugt

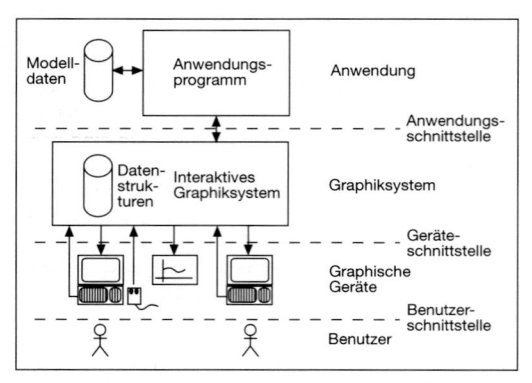

*Datenverarbeitung, interaktive graphische 2: Komponenten und Schnittstellen eines interaktiven Graphiksystems*

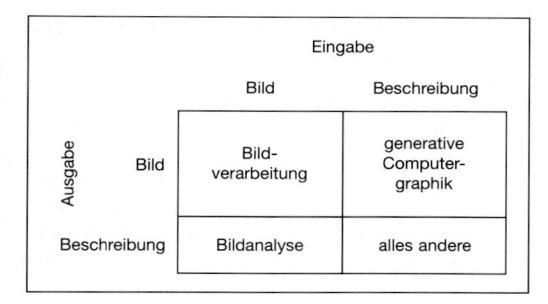

*Datenverarbeitung, passive graphische 1: Klassifizierung der graphischen Datenverarbeitung nach Rosenfeld*

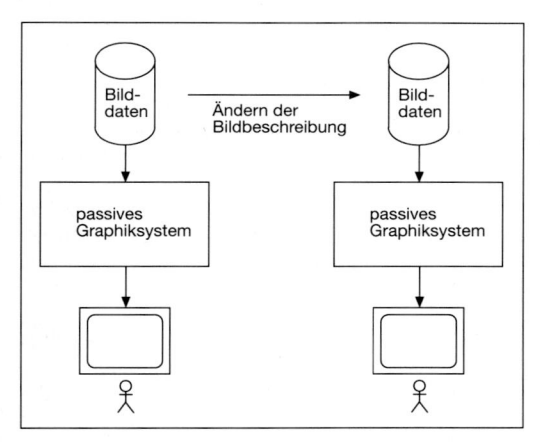

*Datenverarbeitung, passive graphische 2: Bildmodifikation bei einem passiven System*

wird, soll hier die Bildmodifikation mit einem passiven → System erläutert werden (→ Datenverarbeitung, interaktive graphische). Ausgehend von einer → Bildbeschreibung, die beispielsweise auf einer → Datei belegt sein kann, wird vom Graphiksystem ein Bild auf dem → Bildschirm erzeugt, das vom Benutzer nicht mehr verändert werden kann. Eine Bildmodifikation kann nur durch Verändern der bildbeschreibenden → Daten erfolgen. Nach der Änderung muß das Bild neu aufgebaut werden (Bild 2).
 Der Unterschied in der Bilderzeugung zwischen passiver und interaktiver graphischer Datenverarbeitung läßt sich in gewisser Hinsicht mit dem Unterschied in der Programmentwicklung bei übersetzenden bzw. interpretierenden Programmiersprachen vergleichen (→ Ausgabe, graphische; → Datenstruktur, graphische; → Datenverarbeitung, interaktive graphische; → Vektorgraphik). *Encarnação/Daun*

Literatur: *Encarnação, J. L.* und *W. Straßer*: Computer Graphics – Gerätetechnik, Programmierung und Anwendung graphischer Systeme. München 1986. – *Purgathofer, W.*: Graphische Datenverarbeitung. Berlin-Heidelberg 1985. – *Salmon, R.* and *M. Slater*: Computer graphics – systems & concepts. Amsterdam 1987.

**Datenverdichtung** ⟨*data concentration*⟩. Maßnahmen zur rationellen Speicherung digital anfallender Prozeßdaten. Meist werden Mittelwerte gespeichert und dabei der zeitliche Verlauf der Werte von Prozeßgrößen zwangsläufig geglättet. Andere Verfahren speichern die Kurvenverläufe in Vektorform und können damit trotz D. noch Vorgänge abspeichern, die nur eine Abtastperiode lang angedauert haben (→ Datenkompression) (Bild). *Strohrmann*

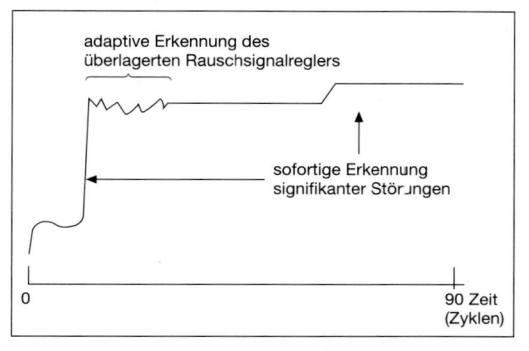

*Datenverdichtung: Darstellung des zeitlichen Werteverlaufs von Prozeßgrößen in Vektorform. Durch Speicherung des so umgewandelten Kurvenverlaufs lassen sich auch steile Anstiege mit vertretbarem Aufwand festhalten.*

**Datenwiederherstellung** ⟨*data recovery*⟩. Wiederherstellen eines konsistenten Datenbankzustands zu einem bestimmten Zeitpunkt. Dies kann nötig sein, weil menschliches Fehlverhalten oder technische Fehler die Qualität des Datenbestandes verschlechtert haben (→ Datensicherung, → Sicherungspunkt).
 *Schmidt/Schröder*
Literatur: *Gray, J.* and *A. Reuter*: Transaction processing: Concepts and techniques. Hove, East Sussex 1993.

**Datenwörterbuch** ⟨*data dictionary*⟩. Dient während der → Systementwicklung zur Beschreibung der statischen Datenstrukturen des Systems, inklusive der → Integritätsbedingungen und Sichten. In dem D. wird zu einem Datenbestand die Struktur und der anwendungsbezogene Kontext, in dem diese Datenstruktur auftritt, beschrieben. Diese Beschreibungen sind normalerweise textuell und informal, können aber graphisch ergänzt oder (teilweise) formalisiert werden, z. B. durch Benutzung einer → Datendefinitionssprache (→ Metadaten, → Datenbankschema).
 *Schmidt/Schröder*
Literatur: *Lockemann, P. C.* und *J. W. Schmidt* (Hrsg.): Datenbankhandbuch. Berlin–Heidelberg–New York 1987.

**Datex-J** ⟨*Datex-J*⟩. → Dienst der Deutschen Telekom, stellt eine Erweiterung (seit 1993) des früheren → Bildschirmtext/Btx-Dienstes dar. Der Zugang erfolgt über die bundeseinheitliche Rufnummer 0 19 10. Die Übertragungsgeschwindigkeit beträgt im Vollduplex-Betrieb über das analoge Telephonnetz maximal 28 800 bit/s, im → ISDN 64 000 bit/s, jeweils für beide Richtungen.

Neben dem Zugriff auf Bildschirmtextseiten besteht die Möglichkeit der Kommunikation zwischen PCs, wobei die Teilnehmer verschiedene → Modems, → Protokolle und Übertragungsgeschwindigkeiten verwenden können. Außerdem ist der Zugang vom Datex-J zum → Datex-P möglich. Datex-J ist in diesem Sinne und wegen der günstigen Anschlußgebühren als „Datex für jedermann" zu verstehen.

Seit 1995 wird der Dienst von der Deutschen Telekom stark erweitert, u. a. um einen Internet-Zugang, und seitdem unter dem Namen T-Online vermarktet.

*Quernheim/Spaniol*

**Datex-L** ⟨*Datex-L*⟩. Das Datex-L (Data Exchange)- → Netzwerk war ein öffentliches leitungsvermittelndes Datennetz (→ Leitungsvermittlung) der Deutschen Telekom und Teil des → IDN (Integriertes Datennetz). Datex-L wurde 1997 eingestellt, da → ISDN den gleichen Dienst zu i. d. R. günstigeren Tarifen erbringen kann. *Quernheim/Spaniol*

**Datex-M** ⟨*Datex-M*⟩ → SMDS

**Datex-P** ⟨*Datex-P*⟩. Das Datex-P (Data Exchange)- → Netzwerk ist das öffentliche deutsche Paketvermittlungsnetz (→ Paketvermittlung, WAN). Der Betrieb wurde 1980 aufgenommen. Das Netz besteht aus
– Vermittlungsstellen (Knoten) sowie dazwischenliegenden Verbindungsleitungen,
– Datexhauptanschlüssen mit Hauptanschlußleitungen zum nächsten Knoten,
– Zugängen aus und zu anderen Fernmeldenetzen mit Wählbetrieb. Es ist Teil des → IDN (Integriertes Datennetz). Mit der Vollintegration kann der Zugang auch über das → ISDN sowohl über → B-Kanäle als auch über → D-Kanäle erfolgen.

Paketorientiert arbeitende Datenendgeräte (→ Endgerät) können direkt an das Netz angeschlossen werden. Zeilenorientierte, asynchrone Endgeräte können über einen → PAD (→ X-Serie) ebenso angeschlossen werden wie synchrone Endgeräte. Datex-P basiert auf den → X.21- und → X.25(→ X-Serie)-Empfehlungen der → ITU. Der Funktionsumfang dieser → Protokolle entspricht dem der unteren drei Ebenen im → OSI-Referenzmodell. Es gewährleistet somit eine gesicherte Datenübertragung; darauf aufbauende Dienste der höheren Ebenen (→ FTAM, → MHS) unterliegen der Verantwortung der Benutzer. *Quernheim/Spaniol*

Literatur: *Görgen, K. u. a.*: Grundlagen der Kommunikationstechnologie. Springer, Berlin 1985.

**Datum** ⟨*datum*⟩ → Daten

**Dauerhaftigkeit** ⟨*durability*⟩. Die Änderungen, die eine → Transaktion durchgeführt hat, müssen nach der Beendigung der Transaktion (*commit*) persistent (→ Persistenz) sein. D. h. insbesondere, daß das Datenbanksystem die Änderungen nicht aufgrund von (später festgestellten) Konflikten wieder rückgängig machen darf (→ ACID-Eigenschaften). *Schmidt/Schröder*

**DBMS** ⟨*DBMS (Database Management System)*⟩. Ein Programm(paket), das ein → Datenmodell realisiert (→ Datenbankverwaltungssystem, → ODBMS, → RDBMS). *Schmidt/Schröder*

**DBTG** ⟨*DBTG (Database Task Group)*⟩. Untergruppe der → CODASYL für das Netzwerkdatenmodell.

*Schmidt/Schröder*

**DC** ⟨*Device Coordinates*⟩ → Gerätekoordinaten

**DCE** ⟨*DCE (Distributed Computing Environment)*⟩. Standard der Open Software Foundation (→ OSF) für verteilte Plattformen. DCE setzt auf dem lokalen → Betriebssystem eines Rechnerknotens sowie einem → Dienst der → Transportebene auf. Diese werden um zwei Basisdienste erweitert (→ RPC und Threads). Aufbauend auf diesen Basisdiensten, bietet DCE eine Reihe von Diensten an, die bei der Programmierung verteilter Anwendungen hilfreich sind. Dabei handelt es sich um ein verteiltes Dateisystem, eine verteilte Namensverwaltung (Directory), einen Dienst für globale Systemzeit sowie den Security Service. Mehrere Rechnerknoten können zu sog. DCE-Zellen zusammengefaßt werden. Innerhalb einer Zelle wird zur Namensverwaltung der Cell Directory Service verwendet, während Zellen mit Hilfe des Global Directory Service identifiziert werden. Bei dem Global Directory Service handelt es sich um eine Realisierung des Verzeichnisdienstes (→ X.500) der → Anwendungsebene

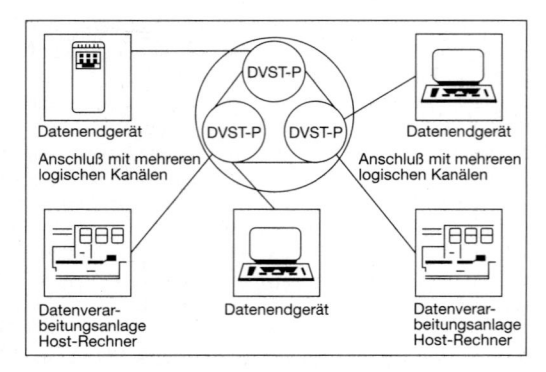

*Datex-P: Aufbauschema. DVST-P Datenvermittlungsstelle mit Paketvermittlung, x Paket der virtuellen Verbindung X*

von →OSI. Ende der 80er Jahre stellte DCE den De-facto-Standard für verteilte Plattformen dar. Es ist jedoch abzusehen, daß →CORBA diese Position einnehmen wird, wenn dessen Standardisierung abgeschlossen ist. *Meyer/Spaniol*
Literatur: *Schill, A.*: DCE – Das OSF distributed computing environment. Springer, Berlin 1993.

**DCL** ⟨*DCL (Data Control Language)*⟩. Eine →Sprache zur Beschreibung von Sicherheits- und Parallelitätsaspekten (→DDL, →DML). *Schmidt/Schröder*
Literatur: *Gray, J.* and *A. Reuter*: Transaction processing: Concepts and techniques. Hove, East Sussex 1993.

**DCT** ⟨*DCT (Discrete Cosine Transform)*⟩. Diskrete Cosinus-Transformation. Im Zusammenhang mit Bildcodierungsverfahren eine umkehrbare Transformation, die ein zweidimensionales Raster in eine Matrix wandelt, die für ein zweidimensionales Frequenzspektrum steht. Die DCT wird meist auf einen kleinen Ausschnitt des Bildes, einen Block, angewendet. *Schindler/Bormann*

**DDA** ⟨*DDA (Digital Differential Analyzer)*⟩. Beinhaltet eine →Klasse von →Algorithmen zur →Rasterkonversion von Linien, Kreisen und Kurven. DDA wurden speziell für maschinennahe →Programme entwickelt. Sie enthalten, bis auf die Initialisierungsphase, keine echten Divisionen oder Multiplikationen. Grundlage der Algorithmen ist die Beschreibung der Linien und Kurven durch deren Differentialgleichungen. Von einem Anfangspunkt ausgehend, werden die Inkremente $\delta x$ und $\delta y$, mit denen der nächste Punkt berechnet wird, aus den ersten Ableitungen von x und y mal einem Schrittfaktor $\varepsilon$ berechnet. $\varepsilon$ wird dabei so klein gewählt, daß $\delta x$ und $\delta y$ nicht größer als die Distanz zwischen zwei Rasterpunkten werden. Um Rasterkoordinaten zu erzeugen, wird auf die nächste ganze Zahl gerundet.

Für das Erzeugen von Linien auf einem →Raster gibt es den symmetrischen und den einfachen DDA. Linien werden nach deren Differentialgleichung

$$\frac{dy}{dx} = \frac{\delta y}{\delta x}$$

erzeugt.

Die Inkremente werden aus dem Anfangspunkt minus dem Endpunkt, dividiert durch die auf die nächste Zweierpotenz gerundete Länge bestimmt. Diese Division läßt sich dann als Shift-Operation realisieren. Beim einfachen DDA wird entweder $\delta x$ oder $\delta y$ auf 1 gesetzt. Zur Rundung auf Rasterkoordinaten werden 0,5 addiert und die Nachkommastellen abgeschnitten. Bei Kreisen ist der Ansatz wie für eine Spirale

$$\frac{dy}{dx} = \frac{-x}{y}.$$

Die Inkremente ergeben $\delta x = \varepsilon y$, $\delta y = -\varepsilon x$. Die Werte müssen bei jedem Schritt noch korrigiert werden, damit ein Kreis entsteht. *Encarnação/Kreiter*
Literatur: *Newman, M.* und *R. F. Sproull*: Grundzüge der interaktiven Computergraphik. Hamburg 1986. – *Purgathofer, W.*: Graphische Datenverarbeitung. Berlin–Heidelberg 1985.

**DDL** ⟨*DDL (Data Definition Language)*⟩. Dient zur Festlegung eines →Datenbankschemas, also zur Beschreibung von Datenstrukturen (→DML, →DCL). *Schmidt/Schröder*

**Deadline** ⟨*deadline*⟩. Maximal zulässige →Antwortzeit eines →Realzeitsystems; Kriterium für die Prozessorvergabe bei Deadline-Scheduling. Wird die D. überschritten, d. h. erfolgt die Antwort zu spät, spricht man von einer D.- Verletzung. Die Überschreitung einer *harten D.* (hard deadline) verursacht sprungartig zu sehr hohen Werten steigende Kosten (katastrophale Folgen), so daß ein zu spät erbrachtes Ergebnis wertlos ist (harte →Realzeitbedingung). Die Verletzung einer *weichen D.* (soft deadline) bewirkt mit der Länge der Zeitüberschreitung ansteigende Kosten (weiche Realzeitbedingung). *Thielen*

**Deadlock** ⟨*deadlock*⟩ →Verklemmung, →Berechnungskoordinierung

**Deadlock-Behebung** ⟨*recovery from deadlock*⟩ →Berechnungskoordinierung

**Deadlock-Erkennung** ⟨*deadlock detection*⟩ →Berechnungskoordinierung

**Deadlock-Verhinderung** ⟨*deadlock avoidance*⟩ →Berechnungskoordinierung

**Deadlock-Vermeidung** ⟨*deadlock prevention*⟩ →Berechnungskoordinierung

**Deadlock-Zustand** ⟨*deadlock state*⟩ →Berechnungskoordinierung

**Deadlock-Zustand, totaler** ⟨*total deadlock state*⟩ →Berechnungskoordinierung

**DECnet** ⟨*DECnet*⟩ →DNA

**Decoder** ⟨*decoder*⟩ →Decodierer

**Decodierer** ⟨*decoder*⟩. **1.** Nach DIN 44300 ein Code-Umsetzer – d. h. eine Funktionseinheit, die den Zeichen eines Zeichenvorrats eindeutig die Zeichen eines anderen zuordnet –, bei dem für jede spezifische Kombination von Eingangssignalen immer nur ein bestimmter Ausgang ein Signal abgibt. Ein Beispiel ist ein Ausgabegerät, bei dem jede 8-Bit-Kombination die Darstellung eines bestimmten →Zeichens hervorruft (→Code). *Bode*

**2.** [Fernsehsystem] Nach Übertragung wird das codierte Farbfernsehsignal mit Hilfe eines D. in die Farbwertsignale $E_R$, $E_G$, $E_B$ zerlegt. Es lassen sich folgende Grundelemente eines D. benennen:
– frequenzselektive Mittel zur Trennung der Spektren des Leuchtdichtesignals und der modulierten Farbinformation; dies sind Kombinationen von Farbträgerfalle und Bandpaßfiltern oder Kammfilterstrukturen.
– Kammfilterstrukturen zur spektralen Trennung von Farbdifferenzsignalen im Falle des PAL-Decoders (PAL-Signalaufspaltung).
– Demodulatoren zur Demodulation der Farbinformation und Tiefpaßfilter.
– Farbträgerregenerator zur Erzeugung des zur Demodulation erforderlichen Farbträgers (phasengeregelter Quarzoszillator; NTSC, PAL).
– Laufzeitglieder zur Bereitstellung der zeitlichen Koinzidenz der decodierten Farbwertsignale.
– Impulsgeber zur Erzeugung des Impulshaushalts des Decoders.
– Linearmatrix zur Gewinnung der Farbwertsignale ($E_R$, $E_G$, $E_B$) aus dem Leuchtdichtesignal und den Farbdifferenzsignalen.
– Laufzeitglied und Kreuzschalter zur Gewinnung von zeitlich simultanen Farbdifferenzsignalen durch Zeilenwiederholung bei SECAM.

Der D. ist ein Bestandteil jedes Farbfernsehempfängers. *Hausdörfer*

**Decodierung** ⟨*decoding*⟩. Vorgang, aus einer Folge w von → Zeichen aus dem → Zeichenvorrat eines Code die Folge u der Originalzeichen zurückzugewinnen, die durch eine → Codierung sowie eine eventuell folgende → Störung auf w abgebildet wurde, falls eine solche überhaupt existiert.

Ob eine D. möglich ist, hängt ab von dem durch die Codierung bestimmten → Code und von der Art der Störung.

Welche Bedingungen erfüllt sein müssen und wie entsprechende Codes zu konstruieren sind, untersucht die → Codierungstheorie (→ Verfahren, kryptographische). *Brauer*

Literatur: *Heise, W.; Quattrocchi, P.*: Informations- und Codierungstheorie. Berlin 1983.

**Decodierungsfunktion** ⟨*decoding function*⟩ → Verfahren, kryptographische

**Decodierungsschlüssel** ⟨*decryption key*⟩ → Kryptosystem, asymmetrisches

**DECT** ⟨*DECT (Digital Enhanced Cordless Telecommunications)*⟩. 1988 wurde – von → CEPT initiiert und später von → ETSI fortgesetzt – der Entwurf eines neuen digitalen schnurlosen Telekommunikationssystems begonnen, das neben Sprach- auch Datendienste unterstützt. Das Resultat DECT liegt seit 1992 als europäischer Standard vor und spezifiziert eine universelle Luftschnittstelle zwischen (mobilen) schnurlosen Stationen und einem Base Station Controller (BSC), der mehrere Basisstationen bedienen kann. Die DECT-Architektur beschränkt sich dabei für die → Signalisierung auf die → Ebenen 1 bis 3 des → OSI-Referenzmodells; zur Nutzdatenübertragung legt DECT eine → Schnittstelle zur Ebene 2 (→ Sicherungsebene) fest. DECT operiert im Bereich von 1880 bis 1900 MHz mit einer Bruttodatenrate von 1152 kbit/s. Physikalische Übertragungskanäle werden durch ein → TDMA-Verfahren auf 10 Trägerfrequenzen (→ Trägerfrequenzsysteme) zur Verfügung gestellt. Up- und Downlink werden im TDD (Time Division Duplex) separiert. Innerhalb des Versorgungsgebiets eines BSC kann sich die Mobilstation frei bewegen. Im Fall eines Zellwechsels während der Kommunikation wird die Verbindung durch ein → Handover aufrechterhalten. DECT erlaubt eine Datenrate von 32 kbit/s pro Kanal, und es können pro Verbindung mehrere solcher Kanäle reserviert werden.

Neben dem drahtlosen → ISDN-Zugang sind drahtlose → Nebenstellenanlagen und drahtlose lokale Netze (→ LAN) die wesentlichen Anwendungen von DECT. Von aktuellem Interesse ist die Untersuchung der Integrationsmöglichkeiten von DECT und zellularen, flächendeckenden → mobilen Funknetzen.

*Hoff/Spaniol*

Literatur: *Tuttlebee, W. H. W.*: Cordless telecommunications in Europe. Springer, Berlin 1990.

**Deduktionssystem** ⟨*deduction system*⟩. Rechnerverfahren, das aus vorhandenen → Daten Schlußfolgerungen zieht und damit neue Daten ableitet. D. sind ein eigenständiges Teilgebiet der → Künstlichen Intelligenz (KI). Erste Ansätze finden sich in den 50er Jahren in Gestalt von Programmen, die einfache mathematische Sätze beweisen (z. B. „Die Summe zweier gerader Zahlen ist gerade"). Heute bilden D. die Grundlage für anspruchsvolle Anwendungen wie logische Programmiersprachen (→ PROLOG), deduktive Datenbanken, → Programmverifikation und Inferenzkomponenten für wissensbasierte Systeme.

Ein D. basiert auf logischen Formeln und einem → Kalkül, das wahre Formeln definiert und Ableitungen aus Formeln ermöglicht. Dabei spielt die Bedeutung der Formel keine Rolle: Der Kalkül garantiert, daß abgeleitete Formeln allgemeingültig sind, sofern die Ausgangsformeln allgemeingültig sind. Eine in logischen Kalkülen häufig verwendete Schlußregel (der Modus Ponens) sagt z. B.: Wenn „A" und „A impliziert B" gültig sind, dann ist auch „B" gültig. Aus den zwei Formeln „A" und „A impliziert B" kann also die neue Formel „B" abgeleitet werden, egal was A und B bedeuten.

Die meisten D. basieren auf der → Prädikatenlogik erster Stufe. In diesem Formelsystem können zwar nicht alle logischen Zusammenhänge ausgedrückt werden, aber doch die für viele Anwendungen erforderlichen. Für das Ableiten neuer prädikatenlogischer Formeln gibt es verschiedene Kalküle, die im folgenden Sinn vollständig sind: Durch wiederholtes Anwenden von Schlußregeln lassen sich alle allgemeingültigen Formeln der Prädikatenlogik ableiten. Mit Hilfe eines vollständigen Kalküls kann ein D. Behauptungen beweisen: Es generiert durch systematisches Anwenden von Schlußregeln solange Ableitungen aus den Prämissen, bis die Behauptung entsteht. Allerdings ist die Prädikatenlogik nur halbentscheidbar: Man kann es zwar beweisen, wenn eine Behauptung aus Prämissen folgt, nicht aber das Gegenteil.

Ein häufig verwendetes Kalkül ist das →Resolutionsverfahren. Es ist vollständig für Widerlegungen: Alle widersprüchlichen Formeln können durch Resolution entlarvt werden. Ein Resolutionsbeweiser ist Bestandteil der →Programmiersprache PROLOG.

D. können mit unterschiedlichen Zielsetzungen entwickelt werden. Sie können zum einen versuchen, menschliches Schlußfolgern zu simulieren, und müssen sich entsprechend am Menschen orientieren. Sie können aber auch darauf abzielen, mathematische →Logik zu perfektionieren und für den Menschen nutzbar zu machen. Beide Richtungen werden in der Künstlichen Intelligenz verfolgt. Möglicherweise werden sich die leistungsfähigsten D. durch eine Kombination beider Richtungen realisieren lassen. *Neumann*

Literatur: *Bläsius, K. H.; Bürckert, H.-J.* (Hrsg.): Deduktionssysteme. München 1987.

**DEE (Datenendeinrichtung)** ⟨*DEE (Data Terminal Equipment)*⟩. Von der Deutschen Telekom verwendeter Oberbegriff für Datenverarbeitungsanlagen, Datenkonzentratoren und Datenendgeräte (Dateldienste, →DATEX-P, →DATEX-L, →DÜE).

*Quernheim/Spaniol*

**Default** ⟨*default*⟩. →Information, die kraft fehlender Informationen Gültigkeit besitzt. Ein D. ist im einfachsten Fall eine Vorbesetzung für eine Variable, die verwendet wird, solange kein anderer Wert zugewiesen ist. In der nichtmonotonen →Logik wird ein D. als besondere Form einer Schlußregel aufgefaßt, z. B.

VOGEL (X) : M FLIEGEN (X)
        FLIEGEN (X)

„Wenn X ein Vogel ist und nichts dagegen spricht, daß X fliegen kann, so nimm an, daß X fliegen kann". Der Operator M läßt sich auch interpretieren als „es ist konsistent anzunehmen, daß...".

Es gibt verschiedene Theorien (*Reiter* 1980, *McDermott* u. *Doyle* 1980, *McCarthy* 1980), in denen präzisiert wird, was mit einem D. geschlossen werden kann. D.-Annahmen müssen zurückgenommen werden, wenn dagegensprechende Informationen bekannt werden. Effektive →Algorithmen zur →Konsistenz-Erhaltung von →Wissensbasen stellen ein wichtiges Problem der D.-Theorien dar. *Neumann*

**Defekt-Phase** ⟨*defect phase*⟩ →Zuverlässigkeit von Rechensystemen

**Defekt-Zustand** ⟨*defect state*⟩ →Zuverlässigkeit von Rechensystemen

**Dehnlinientechnik** ⟨*rubber band technique*⟩. Die D. gehört zur Klasse der Kontrolltechniken, deren Aufgabe es ist, sichtbare Objekte zu formen und zu transformieren. Sie bezieht sich auf →Objekte, die zwar schon vorliegen, aber erst noch modifiziert werden müssen, um die gewünschte Form zu erlangen.

Bei der D. wird von einem Zielobjekt, welches Linie, Dreieck, Kreis, Rechteck o. ä. sein kann, einer der markanten Punkte herausgegriffen und durch Verschiebung desselben manipuliert.

Insbesondere kann die D. klassifiziert werden, je nachdem, ob eine kontinuierliche oder diskrete bzw. direkte oder indirekte →Rückkopplung vorliegt. Auch kann sie im zwei- bzw. dreidimensionalen Raum durchgeführt werden.

Am Beispiel der Dehnlinie sei die Technik erklärt. Gegeben ist eine Strecke, die durch einen Referenzpunkt und einen Punkt, der durch eine Positionierungstechnik spezifiziert ist, bestimmt ist. Beim Bewegen des letztgenannten Punktes wird die Strecke manipuliert; sie folgt dem Punkt. Der Effekt ist wie bei einem Gummiband, welches zwischen einem festen und einem beweglichen Punkt gedehnt wird. In seiner grundlegendsten Form benutzt die D. einen Referenzpunkt und eine Echoposition, den →Cursor. Der Benutzer wählt einen Referenzpunkt mittels einer Positionierungs- und einer Selektionstechnik aus. Anschließend wird der Cursor vom Referenzpunkt zum gewünschten Endpunkt geführt, welches das Ziehen einer Strecke vom Referenzpunkt zum Cursor bewirkt. Weitere Variationen sind das Dehnen von vertikalen und horizontalen Strecken, Dehnen von Rechtecken, Kreisen, Tetraedern und weiteren geometrischen Körpern, die ausgezeichnete Punkte besitzen.

*Encarnação/Loseries*

Literatur: *Chan, P.* and *J. D. Foley; V. L. Wallace*: The human factors of computer graphics interaction techniques. IEEE CG&A 1984 (Nov.) pp. 39ff.

**DEKITZ (Deutsche Koordinierungsstelle für IT-Normenkonformitätsprüfung und -Zertifizierung)** ⟨*German Coordination Body for IT Standards Conformity Testing and Certification*⟩. Abk., Sitz und Geschäftsstelle beim DIN, Berlin (→Normenkonformitätsprüfung und Zertifizierung).

**Dekompositionsverfahren** ⟨*decomposition method*⟩. Verfahren, welche die Aufsplittung eines Problems in mehrere kleinere (leichter lösbare) Teilprobleme erlauben und die Zusammenführung der Einzellösungen der Teilprobleme zu einer Gesamtlösung des Problems ermöglichen. Das *Dantzig-Wolfe*sche D. der →linearen

Programmierung nutzt eine Blockstruktur der Restriktionsmatrix

$$\begin{pmatrix} A_1 & A_2 & A_3 & \dots & A_4 \\ B_1 & & & & \vdots \\ & B_2 & & & \vdots \\ & & B_3 & & \vdots \\ & & & \ddots & \vdots \\ & & & & B_n \end{pmatrix} \begin{pmatrix} x_1 \\ x_2 \\ \vdots \\ x_n \end{pmatrix} \leq \begin{pmatrix} b_1 \\ b_2 \\ \vdots \\ b_n \end{pmatrix} \quad (*)$$

aus; die Dekompositionsmethode von *Benders* löst eine sukzessive Approximation eines zu (*) dualen Problems (→ Dualität). D. werden häufig auch bei Netzwerkflüssen mit spezieller Netzwerkstruktur erfolgreich eingesetzt.
*Bachem*

**Demodulation** ⟨*demodulation*⟩. Vorgang, bei dem das modulierende → Signal aus dem (übertragenen) modulierten Signal (Modulationsprodukt) zurückgewonnen wird (→ Modulation). Die dazu notwendige Einrichtung heißt Demodulator. Diese Bezeichnungen deuten auf eine Umkehrung des Modulationsvorganges hin. Dementsprechend ist die Art der D. vom jeweils verwendeten Modulationsverfahren abhängig.
□ *Gleichrichterdemodulator.* Eine Einrichtung, die eine oder mehrere Dioden enthält und bei der aus einer amplitudenmodulierten Trägerschwingung durch Gleichrichtung ein Ausgangssignal entsteht, dessen Mittelwert proportional zum modulierenden Signal ist. Unter der Voraussetzung einer idealisierten Gleichrichtung ist die Linearität der Einrichtung gut bei einem Modulationsgrad, der kleiner als 10% ist.
□ *Einhüllendendemodulator.* Ein Gleichrichterdemodulator, dessen Ausgang durch einen Kondensator abgeschlossen ist. Das hat zur Folge, daß das Ausgangssignal proportional zu den Spitzenwerten der gleichgerichteten amplitudenmodulierten Trägerschwingung wird. Um die Verzerrungen gering zu halten, muß das Verhältnis der Trägerfrequenz zur höchsten Modulationsfrequenz sehr groß sein.
□ *Frequenzdemodulator.* Eine Einrichtung, die ein Ausgangssignal erzeugt, dessen Momentanwert proportional zur Augenblicksfrequenz des Eingangssignals ist. Sie ist weitgehend unempfindlich gegen Amplitudenschwankungen des Eingangssignals. Die Einrichtung wird auch als Diskriminator bezeichnet.
□ *Produktdemodulator.* Eine Einrichtung, deren Ausgangssignal das Produkt zweier Eingangssignale ist; diese sind die amplitudenmodulierte Trägerschwingung und eine im Empfänger erzeugte (unmodulierte) Trägerschwingung. Diese Einrichtung hat also dasselbe Prinzip wie der sendeseitige Produktmodulator; durch ein entsprechendes Frequenzfilter kann das ursprüngliche Signal im → Basisband zurückgewonnen werden.
□ *Quadratischer Demodulator.* Eine Einrichtung, deren Ausgangssignal proportional zum Quadrat des Eingangssignals ist. Ist das Eingangssignal eine amplitudenmodulierte Trägerschwingung, so entsteht am Ausgang das ursprüngliche modulierende Signal neben Störprodukten, die mit Zunahme des Modulationsgrades stark ansteigen.
□ *PLL-Demodulator.* Eine Einrichtung, welche die unmodulierte Trägerschwingung aus einem phasenmodulierten Signal mit Hilfe einer PLL-Schaltung zurückgewinnt und diese als Referenzphase benutzt. Die Steuersignale des Phasendetektors in der PLL-Schaltung können dabei sowohl zur D. von Phasensprüngen als auch von Frequenzsprüngen verwendet werden.
*Quernheim/Spaniol*

Literatur: *Prokott, E.*: Modulation und Demodulation. Berlin 1978.

**DES** ⟨*DES (Data Encryption Standard)*⟩ → Kryptosystem, symmetrisches

**DES-Kryptosystem** ⟨*DES cryptosystem*⟩ → Kryptosystem, symmetrisches

**Deskriptor** ⟨*descriptor*⟩ → Speichermanagement

**Desktop-Multimediakonferenzsystem** ⟨*desktop multimedia conferencing system*⟩. DMC-Systeme basieren auf Arbeitsplatzrechnern (PC, Workstation) und verknüpfen Elemente der → Videokonferenz bzw. der → Bildtelephonie mit Elementen der rechnergestützten Gruppenarbeit (Computer Supported Cooperative Work, CSCW), insbesondere der → Anwendungskooperation.

Ein DMC-System besteht aus einem leistungsstarken Rechner, der um verschiedene Hard- und Software-Komponenten erweitert wird. Zu den Hardware-Erweiterungen zählen die Schnittstellen zu (analogen) Audio- und Videosubsystemen (z. B. Telephon oder Kopfhörer mit integriertem Mikrofon, Kamera) sowie diese Geräte selbst; außerdem die – oftmals schon vorhandene – Schnittstelle zu einem Kommunikationsnetz (z. B. → ISDN, → LAN). Die Software-Komponenten implementieren u. a. das → Konferenzmanagement, verschiedene Formen der Anwendungskooperation sowie eine graphische Benutzeroberfläche. Die Codierung von Audio- und Videoinformationen kann je nach gewähltem Audio-/Videokompressionsverfahren sowohl in Hardware als auch in Software realisiert werden.

DMC-Systeme stellen eine Alternative zu Videokonferenzstudios und zu Bildtelephonen dar. Die Qualität der Wiedergabe von Audio- und Videoinformationen ist im Vergleich zur Studiovideokonferenz geringer (bedingt durch die geringere benötigte Bandbreite und die weniger aufwendige Technik). Jedoch sind DMC-Systeme am Arbeitsplatz verfügbar: Für die Durchführung einer Telekonferenz ist keine Reservierung eines Videokonferenzstudios erforderlich, auch der Weg dorthin entfällt. Damit können Telekonferenzen genauso spontan geführt werden wie Telephongespräche.

Darüber hinaus lassen sich – im Gegensatz zu Studiokonferenz und Bildtelephon – im Rechner abgelegte Informationen in eine Telekonferenz einbringen, dort diskutieren und bearbeiten (Anwendungskooperation, → Joint Editing). Dadurch und durch die ständige Verfügbarkeit eines DMC-Systems am Arbeitsplatz läßt sich die Nutzung dieser Technik problemlos in den gewohnten Arbeitsablauf integrieren. Durch Kompatibilität zu internationalen Standards wird auch die Kommunikation mit Bildtelephonen oder einfachen Telephonen möglich.

Mindestens die folgenden Merkmale charakterisieren ein (ideales) DMC-System:
– Audiovisuelle Kommunikation und verteilte Gruppenarbeit (Anwendungskooperation durch → Window Sharing oder → Screen Sharing).
– Mehrpunktkommunikation. Es müssen mehr als zwei Gesprächspartner gleichzeitig miteinander kommunizieren können (durch → MCU und/oder → Multicasting).
– Sicherheit. Die zwischen DMC-Systemen im Rahmen einer Telekonferenz ausgetauschen Informationen müssen gegen unberechtigten Zugriff geschützt werden (→ Authentifikation, Vertraulichkeit).
– Standardkonformität. Die Implementierung der Funktionalität des DMC-Systems muß an internationalen Standards ausgerichtet sein.
– Netztransparenz. Für die Kommunikation mehrerer Personen mit DMC-Systemen sollte es unerheblich sein, in welchem Netz sich die einzelnen Gesprächspartner befinden.
– Zentralentransparenz. Die Teilnehmer an einer Telekonferenz sollten kein Wissen über evtl. involvierte Zentralen (MCU), deren Zahl, ihre Verbindungen untereinander usw. besitzen müssen.
– Zusatzfunktionalität. Die DMC-Funktionalität ist ein reines Add-on, das die bisher vom Arbeitsplatzrechner erbrachte Funktionalität nicht beeinträchtigen darf.
– Benutzeroberflächenkonsistenz. Die Benutzerschnittstelle des DMC-Systems muß sich den Style Guides der jeweiligen Systemumgebung (z. B. MS Windows, X, OSF/Motif) anpassen.
– Die Beschaffungskosten für ein DMC-System sollten seiner Natur als Zusatz zum Arbeitsplatzrechner gerecht werden und nicht (signifikant) über den Kosten für den Rechner selbst liegen.
– Die Betriebskosten für die Teilnahme an einer Telekonferenz mit anderen DMC-Systemen sollte sich in der Größenordnung der Kosten einer (Bild-)Telephonverbindung bewegen.
*Schindler/Ott*

**Desktop Publishing** ⟨*desktop publishing*⟩. Abk.: DTP. Bearbeitung komfortabler Druckvorlagen am → PC. Spezielle DTP-Programme können unterschiedliche Texte, Schriften und Computergraphiken (→ Rastergraphiken und/oder → Vektorgraphiken) in variabler Zusammenstellung (→ Layout) zu einem informationstechnischen → Dokument integrieren. Hierbei wird angestrebt, daß die Darstellung am Computerbildschirm mit der des realen Papierdokuments identisch ist. Die Realisierung eines physischen Dokuments ist auf verschiedene Arten möglich: Ausdruck auf Computerdrucker, Ausgabe als Belichtungsdatei zur photographischen Reproduktion, Datenerstellung für Großdrucker usw. Bekannte DTP-Programme sind z. B. QuarkXPress und PageMaker. Zunehmend haben auch moderne Textverarbeitungsprogramme eine Reihe wesentlicher Eigenschaften von DTP-Programmen.
*Langmann*

**Determinismus** ⟨*predictability*⟩ → Realzeitsystem, deterministisches

**Deutsche Gesellschaft zur Zertifizierung von Managementsystemen mbH (DQS)** ⟨*Quality Assessment Company Ltd.*⟩. Die gemeinsam vom → DIN Deutsches Institut für Normung e. V. und der Deutschen Gesellschaft für Qualität e. V. gegründete DQS hat das Ziel, auf Antrag von Unternehmen deren Qualitätsmanagementsystem daraufhin zu prüfen, ob es den relevanten anerkannten Regeln der Technik oder anderen mit dem Auftraggeber (Unternehmen) vereinbarten Regeln entspricht. Die Prüfung der Qualitätsmanagementsysteme erfolgt durch von der DQS berufene neutrale Fachleute.

Das Ergebnis der Beurteilung des Qualitätsmanagementsystems wird in einem Bericht festgehalten. Dieser enthält eine Aussage über die festgestellte Erfüllung oder Nichterfüllung der Qualitätsmanagement-Nachweisforderungen. Im Fall der Erfüllung erteilt die DQS auf Antrag das DQS-Zertifikat.

Technologische Entwicklungen haben auf allen Gebieten der Technik zu Verfahren und Produkten geführt, deren Qualität nur noch von spezialisierten Fachleuten beurteilt werden kann.

Zur Erlangung eines erhöhten Vertrauens in die Qualitätsfähigkeit eines Lieferers werden im internationalen Handel zunehmend Nachweise über für den Abnehmer besonders wichtige Qualitätsmanagementelemente verlangt. Zahlreiche Industriebetriebe, insbesondere Lieferer militärischen Materials, haben bereits Erfahrungen mit solchen Qualitätsmanagement-Nachweisführungen, die allerdings auf verschiedenen technischen Regeln basieren, gemacht. Aufbauend auf eine national und international sachlich übereinstimmende → Normung der Begriffe auf dem Gebiet des Qualitätsmanagements, wurden von der → ISO internationale → Normen für gestufte Nachweisforderungen für Qualitätsmanagementsysteme erarbeitet. Ziel ist es dabei, die zahlreichen in Normen und anderen technischen Regeln z. T. branchenabhängig festgelegten Qualitätsmanagement-Nachweisforderungen weitgehend produktunabhängig weltweit zu vereinheitlichen und zu harmonisieren.

Da es im Ausland, z. B. in der Schweiz und in Großbritannien, schon seit einiger Zeit Gesellschaften gibt, die Zertifikate über Qualitätsmanagementsysteme von Firmen ausstellen, entstand auch in Deutschland der Wunsch, ein für interne Zwecke eingerichtetes Qualitätsmanagementsystem einer Prüfung durch eine unabhängige, national und international anerkannte Stelle unterziehen lassen zu können. Diese Forderung und die weitgehende Einbindung der deutschen Wirtschaft in den internationalen Handel sowie die internationale Normenentwicklung auf diesem Gebiet haben das DIN Deutsches Institut für Normung e. V. und die Deutsche Gesellschaft für Qualität e. V. dazu bewogen, die Deutsche Gesellschaft zur Zertifizierung von Managementsystemen mbH (DQS) zu gründen.

Die DQS arbeitet auf der Grundlage von Regeln, die auch die gegenseitige internationale und europäische Anerkennung der Zertifikate ermöglichen. Die Regeln betreffen v. a. die Durchführung der Prüfung des Qualitätsmanagements (Qualitätsaudits), ferner die Qualifikation der Auditoren und die Verwendung der Normen DIN EN ISO 9001 bis DIN EN ISO 9003 als Grundlagen für die Qualitätsaudits und Zertifikate.

Mit den im VdTÜV zusammengefaßten Technischen Überwachungsvereinen ist eine Zusammenarbeit im Hinblick auf eine einheitliche → Zertifizierung von Qualitätsmanagementsystemen und die zugehörige einheitliche Durchführung von Audits vereinbart worden.

Damit die in unterschiedlichen Ländern ausgegebenen Zertifikate über Qualitätsmanagementsysteme von Unternehmen nicht zu Handelshemmnissen im Import und Export führen, bringt die DQS die Anerkennung ihrer Zertifikate in anderen Ländern im Sinne einer Gegenseitigkeit ein.

Sitz der Gesellschaft, die sich als Selbstverwaltungsorgan der Deutschen Wirtschaft versteht und die nach den Prinzipien der Gemeinnützigkeit arbeitet, ist Berlin.
*Krieg*

Literatur: Satzung der DQS Deutsche Gesellschaft zur Zertifizierung von Managementsystemen mbH. Berlin 1985. – DIN EN ISO 8402: Qualitätsmanagement – Begriffe (1995). – Beiblatt 1 zu DIN EN ISO 8402: Qualitätsmanagement – Anmerkungen zu Begriffen (1995). – DIN EN ISO 9000-1: Normen zum Qualitätsmanagement und zur Qualitätssicherung: Leitfaden zur Auswahl und Anwendung (1994). – DIN ISO 9000-2: Qualitätsmanagement- und Qualitätssicherungsnormen – Allgemeiner Leitfaden zur Anwendung von ISO 9001, ISO 9002 und ISO 9003 (1992). – DIN ISO 9000-3: Qualitätsmanagement- und Qualitätssicherungsnormen – Leitfaden für die Anwendung von ISO 9001 auf die Entwicklung, Lieferung und Wartung von Software (1992). – DIN ISO 9000-4: Normen zu Qualitätsmanagement und zur Darlegung von Qualitätssicherungssystemen; Leitfaden zum Management von Zuverlässigkeitsprogrammen (1994). – DIN EN ISO 9001: Qualitätsmanagementsysteme – Modell zur Qualitätssicherung/QM-Darlegung in Design, Entwicklung, Produktion, Montage und Wartung (1994). – DIN EN ISO 9003: Qualitätsmanagementsysteme – Modell zur Qualitätssicherung/QM-Darlegung bei der Endprüfung (1994). – DIN EN ISO 9004-1: Qualitätsmanagement und Elemente eines Qualitätsmanagementsystems – Teil 1: Leitfaden (1994). – DIN ISO 9004-2: Qualitätsmanagement und Elemente eines Qualitätssicherungssystems – Leitfaden für Dienstleistungen (1992). – Petrick, K. u. H. Reihlen: Die neuen internationalen und nationalen Normen zum Thema Qualitätssicherungssysteme. DIN-Mitt. 66 (1987) 5, S. 236–239. – *Volkmann, D.*: Aktivitäten in der EG auf dem Gebiet der Zertifizierung und Qualitätssicherung. DIN-Mitt. 66 (1987) 9, S. 419–421. – *Hansen, W.*: Zertifizierung von Produkten und Dienstleistungen – Zertifizierung und Qualitätssicherungssysteme. DIN-Mitt. 68 (1989) 4, S. 205–207.

**Deutsche Norm** ⟨*German Standard*⟩. Eine im → DIN Deutsches Institut für Normung e. V. aufgestellte und mit dem Zeichen DIN herausgegebene Norm, kurz auch → DIN-Norm genannt (→ Normung, technische).
*Krieg*

**Deutsches Forschungsnetz (DFN)** ⟨*German research network*⟩. Der Verein zur Förderung eines Deutschen Forschungsnetzes e. V. – DFN Verein wurde 1984 gegründet. Er wird von Wirtschaftsunternehmen, Großforschungseinrichtungen und Universitäten gebildet und vom Bundesforschungsministerium gefördert. Das DFN hat, auf der Basis von → ISO-Normen und → ITU-Empfehlungen, einen flächendeckenden Verbund zwischen lokalen DV-Strukturen aufgebaut. Verbunden sind sowohl Rechenzentren, privateNetze als auch Arbeitsplatzrechner.

Über das DFN können sowohl das → Internet als auch der → X.400-Dienst erreicht werden.
*Jakobs/Spaniol*

**Deutsches Normenwerk** ⟨*body of German Standards*⟩. Gesamtheit der vom → DIN Deutsches Institut für Normung e. V. herausgegebenen Deutschen Normen, kurz auch → DIN-Normen genannt (→ Normungsarbeit; → Normenarten).
*Krieg*

**Deutsches Patentamt** ⟨*German Patent Office*⟩. Die für den Gewerblichen Rechtsschutz zuständige obere Bundesbehörde, die dem Bundesjustizministerium untersteht. Der Sitz des D. P. ist in D-80297 München, Zweibrückenstr. 12, mit einer Dienststelle in Berlin. Zur Prüfung von Anmeldungen zum → Patent, → Gebrauchsmuster, Geschmacksmuster, zur Marke und typographischer Schriftzeichen bestehen Prüfungsstellen (1 Prüfer) und Abteilungen (3 Mitglieder). Ferner bestehen Schiedsstellen u. a. für Arbeitnehmererfindungen. Für Geschmacksmusteranmeldungen von Anmeldern mit Sitz in Deutschland waren die ca. 240 Amtsgerichte zuständig. Seit dem 1. 7. 1988 sind Geschmacksmusteranmeldungen bei einem D. P. geführten Musterregister einzutragen. Seit dem 1. 11. 1987 kann durch das → Halbleiterschutzgesetz auch die geometrische Struktur (Topographie) von Mikrochips durch Anmeldung beim D. P. geschützt werden.
*Cohausz*

Literatur: Jahresber. d. Deutschen Patentamtes. Hrsg.: Referat für Presse- und Öffentlichkeitsarbeit des Deutschen Patentamtes.

**Dezentralisierung von Berechnungen** ⟨*decentralization of computations*⟩ → Betriebssystem, prozeßorientiertes

**Dezimalzahl** ⟨*decimal number*⟩. Darstellung einer Zahl zur Basis 10 (→ Zahlensystem).
*Bode/Schneider*

**DFN** ⟨*German research network*⟩ → Deutsches Forschungsnetz

**DFR** ⟨*DFR (Document Filing and Retrieval)*⟩ → DTAM

**DGD (Deutsche Gesellschaft für Dokumentation)** ⟨*German Association for Documentation*⟩. Die Deutsche Gesellschaft für Dokumentation e. V. – Vereinigung für Informationswissenschaft und -praxis, hat zum Ziel, daran mitzuwirken, das Wissen der Menschheit unter Nutzung modernster Informatiksysteme, informationswissenschaftlicher Erkenntnisse und Informationsmanagement-Methoden sowohl einem Fach- als auch einem Allgemeinpublikum jederzeit verfügbar zu machen. Dabei diskutiert die DGD auch gesellschaftspolitische Rahmenbedingungen und Konsequenzen. Um diese Ziele zu erreichen, organisiert die DGD jährlich mehrere Tagungen und Kongresse, gibt Tagungsbände sowie die Fachzeitschrift „Nachrichten für Dokumentation" und den DGD Newsletter heraus. Die DGD bildet Dokumentationsassistenten aus und organisiert Fort- und Weiterbildungsveranstaltungen.
*Krückeberg*

**DGPS** ⟨*Differential GPS*⟩ → GPS

**Dialog** ⟨*dialogue*⟩. Direkter Austausch von → Nachrichten zwischen zwei menschlichen D.-Partnern. Diese Grundbedeutung wird im Fach-Sprachgebrauch oft auf nichtmenschliche D.-Partner ausgedehnt. Im Fall eines menschlichen und eines maschinellen Partners spricht man auch von Mensch-Maschine-Interaktion. *Hesse*
Literatur: *Hesse, W.; Barkow, G.* u. a.: Terminologie der Softwaretechnik – Ein Begriffssystem für die Analyse und Modellierung von Anwendungssystemen. Teil 2: Tätigkeits- und ergebnisbezogene Elemente. Informatik-Spektrum (1994) S. 96–105.

**Dialog, graphischer** ⟨*graphics dialogue*⟩. Der → Dialog stellt die wechselseitige → Kommunikation zwischen Computer und dem benutzenden Menschen dar. Er „kennzeichnet einen Ablauf, bei dem zur Abwicklung einer Arbeitsaufgabe der Benutzer – in einem oder mehreren Dialogschritten – → Daten eingibt und jeweils Rückmeldung über die Verarbeitung dieser Daten erhält" (DIN 66234, Teil 8). Ein Dialogschritt besteht aus Eingabedaten, den zugehörigen Verarbeitungsprozessen und den zugehörigen Ausgabedaten des Dialogsystems. Wenn graphische Eingabegeräte verwendet werden, deren Eingabedaten graphischer Natur sind oder die Eingabedaten sich auf graphische Ausgaben beziehen, spricht man von g. D. Sie stehen im Gegensatz zu textuellen Dialogen, bei denen ausschließlich mittels Tastatur alphanumerische Daten bearbeitet werden.

Die graphischen Möglichkeiten der Mensch-Maschine-Interaktion werden geprägt von den Fähigkeiten der zur Verfügung stehenden Eingabegeräte wie → graphisches Tablett, → Maus, → Lichtgriffel, → Digitalisierer, Rollkugel oder Steuerknüppel und Ausgabegeräte wie → Rasterbildschirm, → Vektorbildschirm oder → Plotter. Durch Bedienung der Eingabegeräte werden graphische Daten (Position, Länge, Objektkennzeichnung) an das graphische → Dialogsystem übermittelt. Sie werden dort verarbeitet und beeinflussen die graphischen Repräsentationen durch die Ausgabegeräte.

Mit dem g. D. steuert der Benutzer u. a. folgende Aufgaben: Er
– löst Verarbeitungsprogramme aus (z. B. ein Übersetzungslauf),
– entwirft mechanische und elektrische Geräte mit CAD-Systemen (z. B. Automobile, Häuser, Leiterplatinen),
– erstellt Dokumente mit Texteditoren oder Systemen zum Desktop Publishing.
– kontrolliert und beeinflußt reelle technische Prozeßabläufe (z. B. in Fabriken oder im Straßenverkehr),
– steuert simulierte zeitliche Abläufe (z. B. im Flugsimulator) u. v. m.

Zur Lösung graphischer Dialogaufgaben werden Dialogtechniken (Interaktionstechniken) zur
– Eingabe graphischer Daten und
– Modifikation graphischer Darstellungen
unterschieden.

Die erste Klasse Dialogaufgaben zur graphischen Eingabe wurden im Graphischen Kernsystem (→ GKS) standardisiert. Man unterscheidet logische Eingabegeräte aus sechs verschiedenen Eingabeklassen, die logische Eingabewerte liefern können. Die Kopplung zu physikalischen Geräten, Prompt/Echo-Typen und die Realisierung der Geräte legen die spezielle Dialogtechnik im einzelnen fest.

☐ → *Lokalisierer* liefern eine Position in → Weltkoordinaten: Die für diese Aufgabe verwendeten realen Eingabegeräte sind vor allem Maus, Tablett, Rollkugel, Digitalisierer oder Tastatur. Der Benutzer erhält meist eine optische, kontinuierliche → Rückkopplung durch ein Fadenkreuz, Gummiband, → Cursor o. ä.

☐ Der → *Liniengeber* liefert eine Folge von Punktkoordinaten, z. B. zur Erzeugung eines Polygonzuges. Unter Verwendung der gleichen Eingabegeräte wie beim Lokalisierer können die eingegebenen Punkte bzw. die dadurch erfaßten graphischen Objekte zusätzlich dargestellt werden.

☐ Der → *Wertgeber* bestimmt eine reelle Zahl innerhalb eines vordefinierten Bereiches. Dies ist der Maßwert innerhalb eines Bemaßungstyps, deren Eingabe durch graphische Darstellungen wie Rollbalken (scrollbars) oder Thermometer unterstützt werden können. Die gebräuchlichsten Eingabegeräte sind Maus, Tablett, Rändelschrauben, Drehknöpfe.

☐ Der *Auswähler* dient zur Selektion unter mehreren vorgegebenen Alternativen und wird in erster Linie zur

Menüauswahl verwendet. Der Benutzer kann ohne genaue Kenntnisse einer → Dialogsprache ein Menüfeld aktivieren. Es wird eine nichtnegative ganze Zahl geliefert, die eine Auswahlalternative (z. B. ein Kommando, Symbol, → Objekt) repräsentiert. Je nach Bedeutung der Auswahlalternative werden Verarbeitungsschritte ausgelöst, die graphische Darstellungen aktualisierten oder weitere Eingabedaten erwarten. Maus, Tablett, Digitalisierer, Funktionstasten sind geeignete Eingabegeräte.

□ Mittels → *Picker* werden Objekte oder Teilobjekte, die visuell dargestellt sind (in GKS Segmente genannt), identifiziert. Das gekennzeichnete graphische Objekt kann hervorgehoben, gelöscht oder modifiziert werden. Man verwendet die Maus, den Lichtgriffel, das Tablett oder den Finger auf der Bildschirmoberfläche als → Eingabegerät.

□ Der → *Textgeber* dient zur alphanumerischen Eingabe von Zeichenfolgen. Der → Text kann als Befehlskommando oder als Bestandteil der graphischen → Information (z. B. Bemaßung einer Strecke) interpretiert und entsprechend dargestellt werden. Zur Texteingabe wird die Tastatur verwendet.

In der zweiten Klasse der Modifikation graphischer Darstellungen kennt man u. a. folgende Dialogfunktionen:

□ *Strecken* (stretching) besteht aus dem → Identifizieren eines Punktes oder Teilobjektes und anschließendem Verschieben dieses Teiles, während der Rest des Objektes unverändert bleibt. Damit können Figuren verschoben, verdreht oder verzerrt werden. Die Umrisse eines Objektes können geändert werden, indem z. B. eine Ecke eines Rechtecks festgehalten wird, während die andere verschoben wird. Exakte Streckungen sind nur durch kontinuierliche Rückkopplungen möglich.

□ Unter *Ziehen* (dragging) versteht man das kontinuierliche Verschieben eines Objektes auf dem → Bildschirm ohne Verzerrungen. Das Objekt folgt dem Zeigegerät (z. B. Lichtgriffel oder Maus). Verbindungslinien und andere, relativ zum Objektreferenzpunkt positionierte Objekte können dabei aktualisiert werden.

□ *Twisting* dient zur Rotation von zwei- oder dreidimensionalen Objekten. Der Benutzer definiert die Rotationsachsen, wobei kontinuierliche oder diskrete Rückkopplungen möglich sind.

□ Durch *Skalieren* (scaling) werden Objekte vergrößert oder verkleinert, indem ihr Skalierungsfaktor geändert wird.

□ *Kurven* oder *Oberflächen*, die durch B-Splines oder Bézier-Kurven generiert wurden, werden verändert, indem ein oder mehrere Kontrollpunkte ausgewählt und verschoben werden.

Weitere graphische Dialogtechniken sind spezifisch auf den Anwendungskontext zugeschnitten.

Eine neuere Art der graphischen Dialogführung, die besonders in Desktop-Oberflächen, WYSIWYG-Editoren oder Computerspielen auftritt, wird „direkte Manipulation" genannt. Kontinuierliche graphische Darstellungen der wichtigen Objekte, physikalische Aktionen anstelle abstrakter → Syntax sowie schnelle, reversible Operationen, deren Effekt auf die Objekte sofort sichtbar wird, zeichnen diesen Dialogtyp aus.

Der g. D. sollte so gestaltet sein, daß eine hohe Benutzerfreundlichkeit erreicht wird. Mit der menschengerechten Gestaltung des Dialogverhaltens beschäftigt sich die → Software-Ergonomie, die auch physische und psychische Aspekte berücksichtigt. Grundsätze zur Gestaltung von Dialogsystemen sind als Leitlinien in DIN 66 234 Teil 8 formuliert.

*Encarnação/Hübner*

Literatur: DIN 66 234, Teil 8: Bildschirmarbeitsplätze. Grundsätze der Dialoggestaltung (1985). – *Foley/Wallace/Chan*: The human factors of computer graphics interaction techniques. IEEE Computer Graphics & Applications 4 (1984) 11, pp. 13–48. – *Shneiderman*: Designing the user interface: Strategies for effective human-computer interaction. Amsterdam 1987.

**Dialogentwurf** ⟨*dialogue design*⟩. Teil der Gestaltung von Arbeitsabläufen, der sich mit dem Wechselspiel von Mensch und Maschine beim interaktiven Betrieb befaßt. Das Interaktionsdiagramm dient dabei als graphisches Beschreibungsmittel des Entwurfs. *Hesse*

Literatur: *Hesse, W.; Barkow, G.* et al.: Terminologie der Softwaretechnik – Ein Begriffssystem für die Analyse und Modellierung von Anwendungssystemen. Teil 2: Tätigkeits- und ergebnisbezogene Elemente. Informatik-Spektrum (1994) S. 96–105.

**Dialogkontrolle** ⟨*dialogue control*⟩. Komponente des → *Seeheim*-Modells für → Benutzerschnittstellen, die den Dialog zwischen dem Nutzer und dem Anwendungsprogramm steuert. Die D. stellt die Verbindung zwischen der → Präsentation einer Benutzerschnittstelle auf dem → Bildschirm und den Anwendungsfunktionen her. *Langmann*

**Dialogmodellierung** ⟨*dialogue modeling*⟩. Komponente eines intelligenten → Unterstützungssystems, die aus der bisherigen Dialoggeschichte auf die Aufgaben des → Benutzers schließen kann, die dieser gerade mit einem Anwendungsprogramm ausführt bzw. fertig ausgeführt hat. Hierzu muß ein explizites → Modell über den aktuellen Dialogzustand aufgebaut werden, das in bezug zu größeren Einheiten als nur den elementaren Dialogkommandos steht. Diese größeren Einheiten sind Handlungspläne, zu denen Beschreibungen in einer Planwissensbasis abgelegt werden. Die Handlungspläne können für die Planerkennung und für die Fortsetzung von Plänen verwendet werden:

– Ein Planerkenner versucht, aufgrund der vom Benutzer ausgeführten Einzelaktionen den dahinter liegenden Handlungsplan zu erschließen. Bei erfolgter Ausführung des Planes durch den Benutzer liefert der Erkenner als Ergebnis die Art und Weise, wie der Plan durchgeführt wurde. Dieses Ergebnis kann dann genutzt werden, um auf den Wissensstand und die Handlungsweisen des Benutzers zu schließen.

– Ein Planfortsetzer bietet die Möglichkeit, an einer beliebigen Stelle während der Abarbeitung eines Planes in einen rechnergeführten Dialog umzuschalten und den Plan halbautomatisch zu Ende führen zu lassen. Der Benutzer muß dabei nur noch bei wichtigen Entscheidungen eingreifen.

Die Planbeschreibungen innerhalb der Planwissensbasis enthalten neben Vorbedingungen, die erfüllt werden müssen, damit ein Plan durchführbar ist, im wesentlichen ein Muster für den Ablauf des Planes. Hierbei handelt es sich um eine aktionsorientierte Beschreibung, die verschiedene Möglichkeiten zur Ausführung des Planes widerspiegelt. Alternativen, Sequenzen, Schleifen, Planhierarchie usw. können darin beschrieben werden.

Da die Ablaufbeschreibung Variablen und Alternativen enthalten kann, stellt sie noch keinen direkt vom Anwendungssystem ausführbaren Planablauf dar. Es liegt vielmehr ein Planskelett oder ein Muster für den Ablauf vor. Bei der Planerkennung wird versucht, eine Abfolge von elementaren Aktionen auf solche Muster abzubilden. Der Planfortsetzer wiederum versucht, die vorliegenden Planskelette soweit zu instanziieren, daß eine gültige Folge von elementaren Aktionen entsteht. Durch den Anschluß der D.-Komponente kann der Benutzer eines z. B. Vorgangseditors folgendermaßen unterstützt werden:

– Der Benutzer kann sich über den aktuellen Dialogzustand informieren. Er kann feststellen, welche Handlungspläne im aktuellen Kontext durchführbar sind und welche er bereits begonnen hat durchzuführen.

– Von den im aktuellen Kontext möglichen Handlungsplänen kann der Benutzer einen auswählen und diesen halbautomatisch durchführen lassen.

– In ähnlicher Weise kann er von ihm bereits teilweise begonnene Handlungspläne zu Ende führen lassen.

– Der bisherige Dialogablauf kann auf Wunsch inspiziert werden. Es werden die von der D. erkannten Handlungspläne visualisiert. *Langmann*

Literatur: *Bauer, D. u.a.*: Einsatz einer anwendungsneutralen Benutzerschnittstelle in einer Büroanwendung als Beispiel für wissensbasierte Mensch-Computer-Kommunikation. Angewandte Informatik (1989) 7, S. 294–301.

**Dialogsprache** ⟨*dialogue language*⟩. Die D. (auch → Kommandosprache) dient der Formulierung von Aufträgen und Informationen eines Benutzers an einen Computer. Sie legt fest, wie der Benutzer eines Dialogsystems → Nachrichten abschicken kann. Die D. besteht meist aus einem festen Satz von Kommandos. Sie hat eine relativ einfache syntaktische → Struktur, damit sie vom → Benutzer leicht erlernbar ist und vom → Dialogsystem verstanden werden kann.

Sämtliche Dialogsysteme besitzen eine D. zur interaktiven → Kommunikation zwischen Benutzer und Computer. Betriebssystemkommandos, Texteditorfunktionen, Eingabemöglichkeiten von Datenerfassungssystemen, CAD-Systemen oder anderen Systemen mit → Interaktivität werden in eine benutzergerechte Dialogsyntax zerlegt. Die D. spiegelt den vollständigen Leistungsumfang eines Dialogsystems wider, soweit dieser vom Benutzer bedient werden kann. Die Eingaben erfolgen durch Bedienung der Eingabegeräte. Das Dialogsystem antwortet mit Meldungen auf dem Ausgabegerät.

Die am weitesten verbreitete Form der textuellen D. oder befehlsorientierten Kommandosprachen beschränkt sich auf Tastatureingabe. Die Kommandos bestehen dabei aus einer Sequenz von Worten wie
*Ersetze „alt" „neu" 100-ENDE*
zur Textersetzung ab → Zeile 100 in einem → Editor. Sie können syntaktisch durch → Grammatiken beschrieben werden. Jedem Kommando werden semantische Operationen zugeordnet.

Komfortablere D. setzen Menüs, Masken (Formulare), graphische Dialoge und natürliche → Sprache ein. Mit der wissenschaftlichen Analyse, Gestaltung und Evaluation menschen- und aufgabengerechter D. beschäftigt sich das neue Fachgebiet der → Software-Ergonomie. *Encarnação/Hübner*

**Dialogsystem** ⟨*dialogue system*⟩. Besondere Ausprägung eines → natürlichsprachlichen Systems, bei der das System einen natürlichsprachlichen → Dialog mit einem menschlichen Benutzer führen kann. Im Gegensatz zu einfachen → Frage-Antwort-Systemen müssen D. einen längeren Gesprächskontext auswerten. Dazu muß ein D. interne Repräsentationen vom Dialogziel, vom augenblicklichen Dialogfokus, vom Kenntnisstand des Dialogpartners sowie anderen dialogrelevanten Informationen besitzen. D. können z.B. für Reservierungs- oder Beratungsaufgaben dienen.

Die folgenden Problemkreise sind charakteristisch für D.:

☐ *Gemischte Initiative.* System und Benutzer können abwechselnd die Gesprächsinitiative ergreifen, („Warum fragen Sie das?").

☐ *Indirekte Sprechakte.* Erschließen von Absichten über den wörtlichen Sinngehalt einer Äußerung hinaus („Wissen Sie, wie spät es ist?").

☐ *Implizite Präsuppositionen.* Erkennen und kooperatives Behandeln von möglicherweise irrigen Vorannahmen des Benutzers („Haben Sie „Eine kleine Nachtmusik" von Beethoven?").

☐ *Referenzauflösung.* Verstehen von sprachlichen Bezügen im Gesprächskontext, z.B. Pronomina („Ist er ausgebucht?").

☐ *Satzfragmente.* Verstehen von ungrammatikalischen oder elliptischen Äußerungen („Den nicht!").
*Neumann*

**Dialogsystem, graphisches** ⟨*graphical dialogue system*⟩. D. im Sinne der DIN-Norm 66 234 Teil 8 sind „die Teile eines Datenverarbeitungssystems, die dem Benutzer am Bildschirmarbeitsplatz zur Abwicklung eines Dialogs zur Verfügung stehen". Hierzu zählt man

u. a. Dialogsprachen, Gerätekonfigurationen, Programme und sonstige Funktionseinheiten des Datenverarbeitungssystems, die der → Kommunikation mit dem → Benutzer dienen. Wenn das D. Möglichkeiten zur Erzeugung und Darstellung graphischer → Ausgabe und zur interaktiven Arbeitsweise mittels graphischer Dialoge besitzt, spricht man von g. D.

*Schmitt* klassifiziert D. nach den unterschiedlichen Anwendungsmotiven:

☐ *Entwurfs-Motiv.* Das D. dient der interaktiven Erstellung von Datenobjekten, die in das D. eingeschleust, gespeichert, verändert, inspiziert, verifiziert und aus dem System ausgeschleust werden. Hier werden in erster Linie g. D. zum rechnerunterstützten Entwerfen und Konstruieren (→ CAD) gezählt. Die wichtigsten Anwendungsgebiete sind Maschinenbau (Maschinenteile, Automobile, Flugzeuge), Elektrotechnik (VLSI-Entwurf, Leiterplatten) und Bauwesen (Architektur, Straßenbau).

☐ *Dienstleistungs-Motiv.* Das D. dient dem Ziel, → Dienste und Utilities des Rechners zu nutzen. Im Gegensatz zum → Stapelbetrieb werden Dienstleistungen interaktiv genutzt und dort weitere Vorgänge der Arbeit durch kurze Zykluszeiten beschleunigt. Hier sind u. a. Software-Entwurfswerkzeuge, interaktive graphische Systeme zur Formatierung und für Mathematikprobleme von Bedeutung.

☐ *Informationsspeicher-Motiv.* Die Aufgaben beziehen sich auf das Speichern und Wiederauffinden von Informationen. Hauptanwendungen sind Informations- und Dokumentationssysteme.

☐ *Transaktions-Motiv.* Die korrekte Ausführung von Buchungsvorgängen steht im Vordergrund. Beispiele sind Finanzbuchhaltung, Lagerverwaltung, Platzbuchung oder Kontoführung.

☐ *Steuerungs-Motiv.* Das g. D. erlaubt dem Benutzer die visuelle Überwachung, Steuerung und Regelung von Prozessen, die real oder simuliert ablaufen. Typische Anwendungen sind Kraftwerkssteuerung, Flugzeugführung, Straßenverkehrsüberwachung.

☐ *Informationsübertragungs- und Konversations-Motiv.* → Daten- und Informationsübertragung stehen z. B. in Bildschirm-Text-Systemen, Kommunikation und Konversation stehen z. B. im rechnergestützten Lernen oder bei Spielprogrammen im Vordergrund.

*Langmann/Hübner*

Literatur: *Schmitt*: Dialogsysteme. Mannheim 1983.

**DIB** ⟨*DIB (Directory Information Base)*⟩ → X.500

**Dichte** ⟨*density*⟩. Die Zahl der Binärstellen, die pro Einheit auf einem peripheren Speichermedium untergebracht werden können. Die D. wird in Bit pro inch bzw. Bit pro cm längs einer Aufzeichnungsspur oder in Bit pro inch$^2$ oder Bit pro cm$^2$ angegeben. Die Zählung längs einer Spur bewirkt, daß die Bitdichte mit der Zeichendichte identisch ist. Typische Bitdichten sind für verschiedene Geräte:

– Plattenspeicher 600 bit/mm 40 000 bit/mm$^2$
– Diskettenspeicher 200 bit/mm
– Magnetbandspeicher 250 bit/mm
(→ Datendichte). *Bode*

**Didaktik des Informatikunterrichts** ⟨*didactics of computer science*⟩. Auswahl der Inhalte des → Informatikunterrichts und alle Methoden seiner Vermittlung.

Die Auswahl der Inhalte richtet sich nach den einschlägigen Curricula. Diese stellen i. d. R. einen Rahmen bereit, der Alternativen erlaubt, die je nach Kursart und -zusammensetzung, insbesondere auch Vorkenntnissen der Schüler, sowie nach Vorhandensein örtlicher Rechneranlagen unterschiedlich ausfallen können. In den Anfängen des Informatikunterrichts hat sich die Auswahl der Lehrgegenstände mehr an Prinzipien der → Hardware orientiert. Dagegen ziehen allgemeinbildende Schulen heute Elemente der Algorithmik vor, deren Lehre fortschreitende Lehrsequenzen erlaubt und für die gute Erfahrungen mit hinreichenden Elementarisierungen gemacht worden sind.

Die Methoden richten sich teilweise nach Vorbildern des mathematisch-naturwissenschaftlichen Unterrichts, da technischer Unterricht an allgemeinbildenden Schulen nur selten vorkommt. Dabei tritt der Lehrervortrag, der noch zur Mitteilung historischer Fakten, des Aufbaus größerer Rechneranlagen, des Inhalts von Datenschutzgesetzen u. ä. benutzt wird, für das Zentrum des Unterrichts in den Hintergrund. Statt dessen sind genetische Methoden der Vermittlung gefragt, die eine originäre Begegnung des Schülers mit wesentlichen propädeutischen Elementen der Wissenschaft induzieren sollen. Auch sollen über eine entwickelnde Lehre im Lehrer-Schüler-Dialog Motivationen geschaffen und Erfolgserlebnisse gegeben werden. In diese Methode gehen Prinzipien entdeckenden Lernens ein, eine → Heuristik, die für einige Jugendliche Überforderung bedeuten kann. Um so bemerkenswerter ist es, daß algorithmische Teile von Problemlösungen dafür oft geeigneteres Material darstellen als z. B. traditionelle Inhalte des Mathematikunterrichts, deren Nachtdeckung in vielen Fällen schlechterdings nicht verlangt werden kann.

Die jederzeit mögliche Selbstkontrolle der Lösungen am Rechner bedeutet einen besonderen methodischen Vorteil. Dieses operative Arbeiten kann nur bei einer hinreichenden Zahl von Arbeitsplätzen (Terminals) genutzt werden bzw. bei Verfügbarkeit dieser Plätze über den meist begrenzten Wochenstundenrahmen des Unterrichts hinaus am Nachmittag zu freien Übungen. Eine methodische Schwierigkeit stellen oft die sehr unterschiedlichen Vorkenntnisse dar, auf die mit solchen differenzierenden Maßnahmen geantwortet werden muß, die eine weitere Spreizung dieses Zustandes nicht noch begünstigen. Dazu können Referate fortgeschrittener Schüler für die Lerngruppe gehören, die zu Hause über einen Heimcomputer verfügen. Saubere Dokumentation von Problemlösungen ist erfahrungsgemäß für alle ein lohnendes Aufgabenfeld. Besonderer methodischer Sorgfalt bedarf auch die Einbindung der Mitarbeit von Mädchen in koedukative Lerngruppen.

Vom meist nur autodidaktisch ausgebildeten Lehrer wird die Fähigkeit verlangt, kooperativ mit der Lerngruppe zu arbeiten und in integrativer Weise eigene Lernprozesse mit ihr auszutauschen. Die Bundesländer organisieren umfangreiche Weiterbildungslehrgänge für Informatiklehrer. *Klingen*

Literatur: *Klingen, L. H.; Otto, A.*: Computereinsatz im Unterricht – der pädagogische Hintergrund. Stuttgart 1986.

**Dienst** ⟨service⟩. Unter einem D. versteht man die →Funktionalität, die ein →Protokoll der →Ebene (N) seinem Benutzer (z. B. einem Protokoll der Ebene (N+1)) anbietet. Ein D. wird immer von einem Protokoll erbracht; →OSI-Referenzmodell.

*Jakobs/Spaniol*

**Dienst mit lokaler Wirkung** ⟨service with local effects⟩ →Rechensystem

**Dienst mit nichtlokaler Wirkung** ⟨service with non-local effects⟩ →Rechensystem

**Dienst, verbindungsloser** ⟨connectionless service⟩ →CLNS

**Dienst, verbindungsorientierter** ⟨connection oriented service⟩ →CONS

**Dienste eines Objekts** ⟨services of an object⟩ →Rechensystem

**Dienstgüte** ⟨quality of service⟩. Beschreibt die Qualität einer Verbindung auf verschiedenen →Ebenen. Eine →Instanz der Ebene (N) handelt mit ihrer entfernten Partnerinstanz eine für beide Seiten akzeptable QoS (Quality of Service) aus. Die daraus resultierenden Anforderungen an die unterliegende Verbindung werden der nächst niedrigeren Ebene über spezielle Parameter übergeben. Typische Parameter sind
– maximal akzeptable Restfehlerrate,
– Verfügbarkeit,
– Zuverlässigkeit,
– →Durchsatz,
– maximale Verzögerung.

→OSI läßt nur eine statische D. zu, die während einer Verbindung nicht neu ausgehandelt werden kann. Neuere Konzepte sehen flexiblere Mechanismen vor, die es z. B. ermöglichen, eine einmal ausgehandelte D. in Abhängigkeit von der Last auf dem Netz zu ändern. Dies ist insbesondere für →Multimedia-Anwendungen von Nutzen. *Jakobs/Spaniol*

Literatur: *Halsall, F.*: Data communications, computer networks and open systems. 3rd Edn. Addison-Wesley, 1992. – *Nussbaumer, H.*: Computer communication systems. Vol. 2: Principles, design, protocols. John Wiley, 1990.

**Dienstprimitiv** ⟨service primitive⟩ →Primitiv

**Dienstzugangspunkt** ⟨service access point⟩ →SAP

**Differentialanalysator** ⟨differential analysator⟩. Ein 1930 von *Dr. V. Bush* am Massachusetts Institute of Technology entwickelter elektromechanischer Analogrechner zur Lösung von Differentialgleichungen. Der Integrator besteht aus einem Rad und einer Scheibe, die auf zueinander senkrechten Wellen so montiert sind, daß das Rad die Scheibe berührt. Der Abstand des Rades vom Mittelpunkt der Scheibe entspricht y und die Drehung der Scheibe dx. Die dabei dem Rad verliehene Drehung ist ein Maß für ydx (Bild).

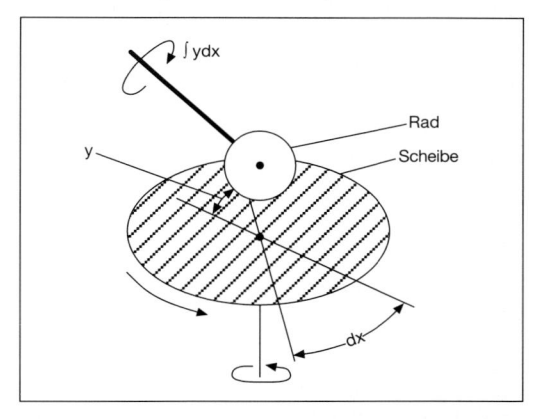

*Differentialanalysator: Prinzip eines mechanischen D.*

Bei Kopplung einer Anzahl solcher Integratoren über geeignete Wellen und Getriebe sowie Antrieb an der Stelle, die die unabhängige Variable darstellt, können an den verschiedenen Punkten des Systems die Werte der anderen Variablen abgelesen werden. Der D. wurde später durch elektronische Analogrechner ersetzt (→Analogrechner). *Bode/Schneider*

**Differentialgleichung** ⟨differential equation⟩. Obwohl die in Naturwissenschaft und Technik auftretenden D. schon auf Grund ihrer Herkunft lösbar sind, so läßt sich doch in den wenigsten Fällen die Lösung explizit mit Hilfe von elementaren Funktionen angeben. Deshalb sind bei D. numerische Methoden unumgänglich. Man kann die gebräuchlichsten Lösungsverfahren in folgende drei Gruppen einteilen:

☐ *Diskretisierungsverfahren*. Ist eine gewöhnliche D. auf einem Intervall [a, b] oder eine partielle D. auf einem Bereich B gegeben, so wird in [a, b] bzw. in B eine endliche diskrete Punktmenge $P = \{p_1, p_2, \ldots, p_n\}$ gewählt und fortan die D. nur noch auf P betrachtet. An Stelle der Lösungsfunktion y versucht man ihre Werte

y(p1), y(p2), ..., y(pn) zu berechnen. Man begibt sich somit von einem Funktionenraum in den Raum der n-Tupel und hat nur n reelle Unbekannte. Wichtige Klassen von Diskretisierungsverfahren sind:
– *Ein- und Mehrschrittverfahren.* Sie dienen primär der Behandlung des Anfangswertproblems gewöhnlicher D. Man denke sich die Punkte $p_\nu$ angeordnet als

$$a \leq p_1 < p_2 < \ldots .$$

Dann wird beim k-Schrittverfahren rekursiv für $\nu = 1, 2, \ldots$ aus schon berechneten Näherungen von $y(p_\nu), y(p_\nu + 1), \ldots, y(p_\nu + k - 1)$ eine Näherung für $y(p_\nu + k)$ gewonnen. Beispiele für (nichtlineare) Einschrittverfahren sind die Runge-Kutta-Verfahren und für lineare Mehrschrittverfahren die Adams-Verfahren und das Verfahren von Milne.
– → *Differenzverfahren.* Sie beruhen auf der naheliegenden Idee, bei der Diskretisierung gewöhnliche oder partielle Ableitungen durch Differenzenquotienten zu approximieren. Solche Diskretisierungsverfahren werden für Randwertprobleme gewöhnlicher D. und alle Arten von partiellen D. benutzt.
☐ Lösungsansatz. Eine große Anzahl von Verfahren beruht darauf, daß man von einer Entwicklung der Gestalt

$$y = \sum_{\nu=1}^{\infty} a_\nu \varphi_\nu \qquad (1)$$

für die gesuchte Lösungsfunktion y ausgeht. Je nach Wahl der Funktionen $\varphi_n$ und Festlegung der Koeffizienten $a_\nu$ unterscheidet man zahlreiche Methoden, von denen nur einige genannt seien:
– *Koeffizientenvergleich und Kollokation.* Bei vielen Anfangswertproblemen gewöhnlicher D. führt ein Potenzreihenansatz durch Koeffizientenvergleich zu einer Näherungslösung. Bei Randwertproblemen empfiehlt sich eine Reihenentwicklung, die der besonderen Situation angepaßt ist. Bei linearen Problemen mit homogenen Randbedingungen bildet man z. B. den Ansatz (1) mit Funktionen $\varphi_n$, die bereits die Randbedingung erfüllen, setzt in die D. ein und führt dann bzgl. einer Entwicklung nach $\varphi_n$ Koeffizientenvergleich durch. Ebenso kann man bei einer homogenen D. deren Lösungen als Funktionen $\varphi_n$ nehmen und mit dem Ansatz (1) für die Randbedingung Koeffizientenvergleich durchführen (Superposition). Leider läßt sich ein Koeffizientenvergleich bei Potenzreihen und erst recht bei allgemeineren Entwicklungen nicht automatisieren. Er ist deshalb sehr an spezielle Situationen gebunden.

Einen systematischen Weg zu Potenzreihenentwicklungen auch bei Anfangswertproblemen partieller D. bietet die Methode der Lie-Reihen. Für die beiden bei Randwertproblemen genannten Reihenansätze ergibt sich ein numerisch leicht durchführbarer Weg, indem man sich auf eine endliche Näherung

$$y = \sum_{\nu=1}^{n} a_\nu \varphi_\nu \qquad (2)$$

beschränkt und die Koeffizienten $a_1, a_2, \ldots, a_n$ durch Kollokation bestimmt.
– *Variationsmethoden.* Zu vielen linearen Randwertproblemen bei gewöhnlichen oder partiellen D. läßt sich ein quadratisches Funktional angeben, das in einem bestimmten Vektorraum V von Funktionen genau für die Lösung des Randwertproblems ein Minimum annimmt (Variationsrechnung). Bestimmt man das Minimum nur auf einem endlich dimensionalen Teilraum $V_n$ von V, so bekommt man eine Näherungslösung. Zu einer Basis $\{\varphi_1, \varphi_2, \ldots, \varphi_n\}$ von $V_n$ läßt sich die gesuchte Näherungslösung in der Form der Gl. (2) ansetzen. Die Bestimmung des Minimums führt immer auf ein lineares Gleichungssystem für die Koeffizienten $a_1, a_2, \ldots, a_n$. Zur Konstruktion von geeigneten Basisfunktionen $\varphi n$ verwendet man häufig die → Finite-Elemente-Methode (FEM). Beispiele von Variationsmethoden sind die Verfahren von Ritz und Galerkin.
– *Störungsrechnung.* Oft läßt sich ein kompliziertes Problem unter Einführung eines Parameters $\lambda$ als Störung eines einfacheren für $\lambda = 0$ sich ergebenden Problems auffassen, dessen Lösung $y_0$ exakt bekannt ist. Dann bietet sich ein Lösungsansatz, Gl. (1), von der speziellen Gestalt

$$y = y_0 + \lambda y_1 + \lambda^2 y_2 + \ldots$$

an. Durch Einsetzen in die D. und Entwicklung nach $\lambda$ läßt sich $y_1$ näherungsweise durch ein lineares Problem erfassen.
☐ *Lösungsformel.* Für viele Anfangs- und Randwertprobleme bei gewöhnlichen und partiellen D. existiert eine Lösungsformel, deren Anwendung allerdings selbst wieder umfangreiche numerische Methoden erfordern kann.

*Beispiele*
– Für das Anfangswertproblem eines Systems linearer D. mit konstanten Koeffizienten kennt man eine Integraldarstellung der Lösung, wobei die Exponentialfunktion für eine Matrix eingeht.
– Für viele lineare D.

$$L[v] = f$$

mit homogenen Randbedingungen läßt sich die Lösung häufig mittels einer Green-Funktion G in der Form

$$v(x) = \int G(x, \xi) f(\xi) d\xi$$

darstellen.
– Die Lösung des *Dirichlet*-Problems der *Laplace*-Gleichung im Einheitskreis läßt sich mittels der *Poisson*-Integralformel darstellen. Da die *Laplace*-Gleichung unter konformer Abbildung invariant bleibt, kann man auch für jedes andere einfach zusammenhängende Gebiet unter schwachen Voraussetzungen an seinem Rand eine Lösungsformel angeben.

Der hauptsächliche numerische Aufwand besteht bei diesen Beispielen in der Auswertung der Exponentialfunktion für eine Matrix, Konstruktion einer *Green*-Funktion und Berechnung einer konformen Abbildung. Die erforderliche numerische Integration fällt demgegenüber kaum ins Gewicht.

□ *Vergleich der Verfahren.* Die Diskretisierungsverfahren besitzen den weitesten Anwendungsbereich und sind am besten für Computer automatisierbar. Allerdings liefern sie primär keine Näherungsfunktion, sondern immer eine Wertetabelle, aus der – falls erforderlich – durch Interpolation eine Näherungsfunktion gewonnen wird. Ferner lassen sich nur solche D. behandeln, die auf einem beschränkten Bereich erklärbar sind.

Beim Lösungsansatz sind fast immer umfangreiche Vorarbeiten nötig, ehe ein Computer eingesetzt werden kann. Dafür bekommt man sofort eine Näherungsfunktion. Häufig sind auch unbeschränkte Bereiche zulässig. Ein Vorteil ist ferner, daß bekannte qualitative Eigenschaften der exakten Lösungsfunktion wie Periodizität oder Singularitäten schon im Ansatz berücksichtigt werden können. Bei der Störungsrechnung lassen sich umgekehrt auch Eigenschaften der exakten Lösung erkennen, die eine Wertetabelle nicht so leicht zeigen würde. Da bei der Methode der Finiten Elemente der Lösungsansatz schon durch seine Werte in endlich vielen Punkten, den Ecken der Finiten Elemente, festliegt, kann man in diesem Fall die Variationsmethode auch als Diskretisierungsverfahren interpretieren. In der Tat zeigt sich, daß z. B. im Fall der zweidimensionalen *Poisson*-Gleichung für ein Quadrat das Differenzenverfahren mit Fünf-Punkt-Operator und das Verfahren von *Ritz* mit einem Lösungsansatz über quadratischen Finiten Elementen numerisch identisch sind.

Lösungsformeln lassen am besten Eigenschaften der Lösungsfunktion erkennen. Unbeschränkte Bereiche bereiten i. allg. keine Schwierigkeiten. Jedoch erfordert die numerische Auswertung von Lösungsformeln am stärksten Vorarbeiten, die an die jeweilige konkrete Situation gebunden sind. Empfehlenswert sind Lösungsformeln dann, wenn für einen gewissen Differentialoperator auf einem festen Bereich B sehr viele D. unter verschiedenen Nebenbedingungen zu lösen sind. In dieser Situation müssen aufwendige Teilaufgaben wie die Konstruktion einer *Green*-Funktion oder Berechnung einer konformen Abbildung nur ein einziges Mal erledigt werden. *Schmeißer*

Literatur: Collatz, L.: The numerical treatment of differential equations. 3. Edn. Berlin 1966. – Gladwell, I. and R. Wait: A survey of numerical methods for partial differential equations. Oxford 1979. – Grigorieff, R. D.: Numerik gewöhnlicher Differentialgleichungen. 2 Bde. Stuttgart 1972 u. 1977. – Gröbner, W. u. P. Lesky: Mathematische Methoden der Physik. 2 Bde. Mannheim 1964 u. 1965. – Kantorowitsch, L. W. u. W. I. Krylow: Näherungsmethoden der höheren Analysis. Berlin 1956. – Kirchgraber, U. u. E. Stiefel: Methoden der analytischen Störungsrechnung und ihre Anwendungen. Stuttgart 1978. – Meis, Th. u. U. Marcowitz: Numerische Behandlung partieller Differentialgleichungen. Berlin 1978. – Michlin, S. G.: Numerische Realisierung von Variationsmethoden. Ost-Berlin 1969. – Velte, W.: Direkte Methoden der Variationsrechnung. Stuttgart 1976. – Wanner, G.: Integration gewöhnlicher Differentialgleichungen. Mannheim 1969. – Zienkiewicz, O. C.: Methode der finiten Elemente. München 1975.

**Differenzenverfahren** ⟨*difference method*⟩. Bei der numerischen Behandlung von → Differentialgleichungen aller Art ist es sehr naheliegend, die auftretenden Ableitungen durch Differenzenquotienten zu approximieren. Die auf dieser Idee beruhenden Diskretisierungsverfahren heißen D.

□ *Gewöhnliche Differentialgleichungen*
– *Randwertaufgaben.* Betrachten wir als Beispiel

$$y'' + \varphi(x)y' - \psi(x)y = f(x), \quad a \leq x \leq b$$
$$y(a) = \alpha, \quad y(b) = \beta$$

mit gegebenen Funktionen $\varphi, \psi, f$ auf $[a, b]$. Hier wählt man $n \in \mathbb{N}$, setzt $h := (b - a)/n$,

$$x_\nu := a + \nu h, \quad \varphi_\nu := \varphi(x_\nu), \quad \psi_\nu := \psi(x_\nu),$$
$$f_\nu := f(x_\nu)$$

($\nu = 0, 1, \ldots, n$) und nähert etwa $y'(x_\nu)$ durch

$$\frac{y_{\nu+1} - y_{\nu-1}}{2h}$$

sowie $y \leq (x_\nu)$ durch

$$\frac{y_{\nu+1} - 2y_\nu + y_{\nu-1}}{h^2} \qquad (1)$$

an, wobei $y_n$ die gesuchte Näherung für $y(x_n)$ bezeichnet. Eingesetzt in die Differentialgleichung ergibt sich zusammen mit den Randbedingungen das lineare Gleichungssystem

$$y_0 = \alpha, \quad y_n = \beta$$
$$\left(\frac{1}{h^2} - \frac{\varphi_\nu}{2h}\right)y_{\nu-1} - \left(\frac{2}{h^2} + \psi_\nu\right)y_\nu +$$
$$\left(\frac{1}{h^2} + \frac{\varphi_\nu}{2h}\right)y_{\nu+1} = f_\nu$$

($\nu = 1, 2, \ldots, n - 1$),

in dessen Matrix höchstens die Hauptdiagonale und die beiden Nebendiagonalen mit von Null verschiedenen Elementen besetzt sind (Bandmatrix). Für ein solches System vereinfachen sich die üblichen numerischen Verfahren erheblich. Sind die Funktionen $f, \varphi, \psi$ zweimal stetig differenzierbar und gilt $\psi(x) \geq p > 0$ für $x \in [a, b]$, so besitzt sowohl das Randwertproblem als auch das Gleichungssystem immer eine Lösung. Dabei besteht für den Verfahrensfehler die asymptotische Darstellung

$$\max_{1 \leq \nu \leq n-1} |y(x_\nu) - y_\nu| = 0\,(h^2)$$

für $h \to 0$, $a + \nu \in [a, b]$.

Im Prinzip kann man auch bei jedem anderen Randwertproblem so vorgehen, wobei ein nichtlineares Problem immer auf ein nichtlineares Gleichungssystem führt. Oft wird es jedoch schwierig, die Lösbarkeit des Gleichungssystems und die Konvergenz des Verfahrens für $h \to 0$ zu sichern.

– *Eigenwertaufgaben* lassen sich in entsprechender Weise anpacken. Zum Beispiel führt bei

$$y'' + \varphi(x)y' - \psi(x)y = \lambda y, \quad x \in [a, b]$$
$$y(a) = y(b) = 0,$$

ein analoges Vorgehen auf ein homogenes lineares Gleichungssystem und damit verbunden auf ein Eigenwertproblem einer Matrix. Diese besitzt wieder Tridiagonalgestalt und ist deshalb numerisch leicht zu behandeln.

– *Anfangswertaufgaben*. Bei einem Anfangswertproblem $y' = f(x, y)$, $y(a) = a$ kann man zwar ebenfalls die Ableitung durch einen Differenzenquotienten approximieren, doch erweist es sich als günstiger, schrittweise die äquivalenten Integralgleichungen

$$y(x_{n+1}) = y(x_n) + \int_{x_n}^{x_{n+1}} f(t, y(t))\,dt, \quad y(x_0) = \alpha$$

numerisch zu behandeln. Die meisten Einschritt- und Mehrschrittverfahren werden auf diese Art gewonnen. Manche Autoren sprechen auch dann von einem D.

□ *Partielle Differentialgleichungen*

Bei einer auf einem Gebiet $G \subset \mathbb{R}^n$ gegebenen partiellen Differentialgleichung mit Nebenbedingungen auf dem Rand $\partial G$ kann wie folgt vorgegangen werden: Durch äquidistante Unterteilung der Koordinatenachsen erzeugt man in $G \cup \partial G$ ein Punktgitter und betrachtet fortan alle Funktionen und Gleichungen nur noch auf diesem Gitter. Partielle Ableitungen in Gitterpunkten werden dabei durch Differenzenquotienten (gebildet aus den Funktionswerten benachbarter Gitterpunkte) angenähert. Kommen in den Nebenbedingungen Ableitungen vor, so verfährt man mit ihnen analog. Eventuell muß man bei krummen Rändern noch zusätzliche Punkte in das Gitter aufnehmen. Wichtig ist, daß das diskrete Problem schließlich aus ebensovielen Gleichungen wie Unbekannten besteht. Die schwierige Frage, ob auf diese Weise bei Verfeinerung des Gitters tatsächlich die Werte der exakten Lösung der partiellen Differentialgleichung beliebig genau approximiert werden können, läßt sich mit Hilfe der Begriffe *Konsistenz* und *Stabilität* in zwei Teilprobleme zerlegen. Konsistenz liegt vor, wenn das diskrete Problem mit dem ursprünglichen verträglich ist; genauer: wenn die Werte der exakten Lösung die Gleichungen des diskreten Problems bis auf ein Korrekturglied erfüllen, das mit zunehmender Verfeinerung des Gitters gegen Null strebt. Stabilität bezieht sich dagegen nur auf das diskrete Problem. Dieses ist stabil, wenn es selbst bei kleinen Störungen auch für jedes noch so feine Gitter lösbar ist und für jede kompakte Menge $K \subset G \cup \partial G$ die zu Punkten aus $K$ gehörenden Lösungskomponenten beschränkt bleiben. Auch stärkere und schwächere Stabilitätsbegriffe sind gebräuchlich. Mit Stabilität und Konsistenz wird garantiert, daß die Lösungen des diskreten Problems gegen die entsprechenden Werte der exakten Lösungsfunktion konvergieren, wenn die maximale Maschenweite des Gitters gegen Null strebt. Quantitative Aussagen zur Stabilität und Konsistenz ergeben eine Fehlerabschätzung. Rein qualitativ läßt sich Konsistenz leicht erreichen; die Formeln der numerischen Differentiation leisten das Gewünschte. Stabilitätsaussagen liegen dagegen nur in speziellen Situationen vor. Wir behandeln die drei für Anwendungen am wichtigsten Typen von partiellen Differentialgleichungen:

– *Elliptische Gleichungen*. Die am häufigsten verwendete → Diskretisierung des *Laplace*-Operators

$$\Delta \equiv \frac{\partial^2}{\partial x^2} + \frac{\partial^2}{\partial y^2}$$

geschieht in einem Quadratgitter mit Hilfe des sog. Fünf-Punkt-Operators (Bild 1).

$$\Delta u(P_0) =$$
$$\frac{u(P_1) + u(P_2) + u(P_3) + u(P_4) - 4u(P_0)}{h^2} + O(h^2).$$

Für eine große Klasse von elliptischen Gleichungen kann ein Maximumprinzip auf das diskrete Problem übertragen und dann nach einer Methode von *Gerschgorin* Stabilität gesichert werden. Die praktische Durchführung der D. bedarf jedoch noch besonderer Maßnahmen. Typisch ist bei elliptischen Randwertaufgaben das Auftreten riesiger linearer Glei-

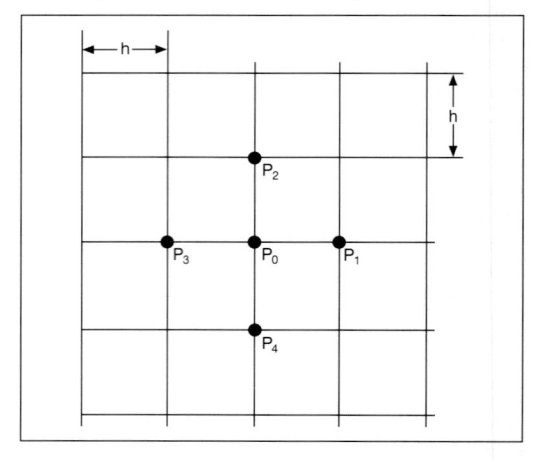

*Differenzenverfahren 1: Fünf-Punkt-Operator für Quadratgitter*

chungssysteme (z. B. mit 4000 Unbekannten) im diskreten Problem, wobei allerdings die zugehörige Matrix nur schwach mit von Null verschiedenen Elementen besetzt ist. Solche Systeme können oft nur mit iterativen Verfahren bewältigt werden. Ein eigener Zweig der numerischen linearen Algebra hat sich für diesen Zweck entwickelt. Auch die Numerierung der Gitterpunkte und die Speicherung der Matrix im Computer erfordert gewisse Überlegungen, um einen effektiven → Algorithmus zu erhalten.

– *Hyperbolische Gleichungen.* Ihre Besonderheit besteht in der Existenz von Charakteristiken. Einerseits läßt sich dadurch die Dimension des zu lösenden Problems reduzieren. Zum Beispiel vereinfacht sich eine hyperbolische Differentialgleichung im zweidimensionalen Fall längs der Charakteristiken zu einem System gewöhnlicher Differentialgleichungen. Andererseits schränken die Charakteristiken die freie Wahl des Gitters erheblich ein. Betrachten wir z. B. eine hyperbolische Gleichung in der (x, t)-Ebene (x Orts-, t Zeitkoordinate), bei der die zweiten partiellen Ableitungen nach x und t jeweils entsprechend Gl. (1) diskretisiert werden. Zur Zeit t = 0 sei eine Anfangsbedingung gegeben. Dann muß asymptotisch für kleine Schrittweite h in x-Richtung die Schrittweite δt in t-Richtung so gewählt werden, daß das von jedem Gitterpunkt nach rückwärts laufende Paar von Charakteristiken aus der vorherigen Zeitschicht keine Strecke von größerer Länge als 2h

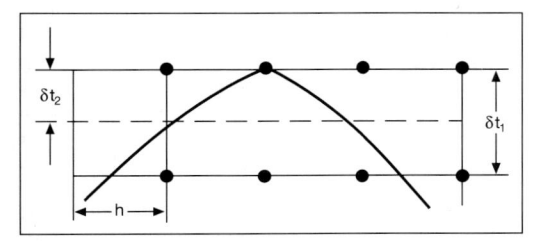

*Differenzenverfahren 2: Darstellung der* Courant-Friedrichs-Lewy-*Bedingung. δt$_1$ zu groß; δt$_2$ richtig*

herausschneidet; andernfalls ist das D. nicht stabil (*Courant-Friedrichs-Lewy*-Bedingung) (Bild 2).

Vereinfacht ausgedrückt dürfen die Diagonalen des Gitters nicht steiler werden als die Charakteristiken. Um diese Bedingung zu erfüllen, kann man in jeder Zeitschicht t = t$_\mu$ die Steigungen S$_\nu$, i (i = 1, 2) der Charakteristiken in den Gitterpunkten mit Hilfe von Differenzenquotienten näherungsweise berechnen und dann die nächste Zeitschicht durch

$$t_{\mu+1} = t_\mu + h \cdot \min_{\nu, i} |S_{\nu, i}|$$

festlegen. Schwierigkeiten, die durch unregelmäßige Schrittweite in Zeitrichtung entstehen, lassen sich mittels Interpolation überwinden. Noch konsequenter werden bei den *Charakteristikenverfahren* die Charakteristiken näherungsweise berechnet und zum Aufbau eines

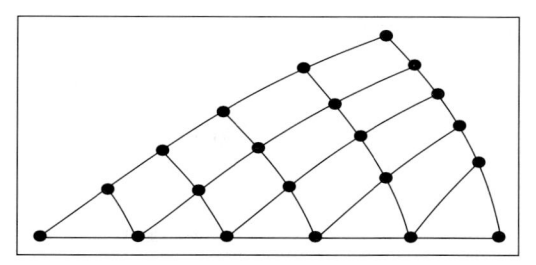

*Differenzenverfahren 3: Charakteristikenverfahren*

Netzes benutzt, auf dem die hyperbolische Gleichung in ein System gewöhnlicher Differentialgleichungen zerfällt (Bild 3). Damit lassen sich hohe Genauigkeiten erreichen.

Auch analoge Verfahren für nichtlineare Probleme wurden aufgestellt. Da hyperbolische Differentialgleichungen mit einer Anfangsbedingung auftreten, kann in der Zeitkoordinate schrittweise vorwärts gerechnet werden, wodurch sich Rechen- und Speicheraufwand gegenüber elliptischen Problemen in Grenzen halten.

– *Parabolische Gleichungen.* Sie stehen zwischen elliptischen und hyperbolischen Gleichungen. Wie hyperbolische Gleichungen treten sie zusammen mit einer Anfangsbedingung auf und erlauben daher ein schrittweises Rechnen in Zeitschichten. Wie bei elliptischen Gleichungen kann bei ihnen ein Maximumprinzip für Stabilitätsuntersuchungen Anwendung finden. Unangenehm ist jedoch, daß bei vielen naheliegenden Differenzenschemata die Schrittweite in Zeitrichtung gegenüber der in Ortsrichtung sehr viel kleiner gewählt werden muß, um Stabilität zu erreichen. Eine erfreuliche Ausnahme macht das Verfahren von *Crank-Nicolson*.

In der modernen Theorie der Differentialgleichungen wird die Lösung u(x, t) eines Anfangswertproblems als eine Schar (mit Parameter t) von Abbildungen

u(t): x → u(x, t)

aufgefaßt. Dabei ist also u(·) eine Abbildung, deren „Werte" u(t) nicht Zahlen, sondern selbst Abbildungen sind. Dann kann ein parabolisches Problem

$$\frac{\partial u}{\partial t} = a(t)u_{xx} + b(t)u_x + c(t)u, \quad u(x, 0) = g(x)$$

als Anfangswertproblem einer gewöhnlichen Differentialgleichung für u(·) in der Form

$$u'(t) = A(t)[u(t)], \quad u(0) = g$$

mit einer linearen Abbildung

$$A(t): u(t) \to a(t)\, u_{xx}(\cdot, t) + b(t)\, u_x(\cdot, t) + c(t)\, u(\cdot, t)$$

geschrieben werden. Auch lineare hyperbolische Probleme lassen sich nach Umwandlung in ein System erster Ordnung auf die Gestalt der Gl. (2) bringen. Durch Entwicklung von D. für Gl. (2) erhält man einen einheitlichen Zugang zur numerischen Behandlung einer großen Klasse von Anfangswertaufgaben partieller Differentialgleichungen. *Schmeißer*

Literatur: *Ansorge, A.*: Differenzenapproximation partieller Anfangswertaufgaben. Stuttgart 1978. – *Collatz, L.*: The numerical treatment of differential equations. 3rd Edn. Berlin 1966. – *Forsythe, G. E.* and *W. R. Wasow*: Finite-difference methods for partial differential equations. New York 1960. – *Gladwell, I.* and *R. Wait*: A survey of numerical methods for partial differential equations. Oxford 1979. – *Marsal, D.*: Die numerische Lösung partieller Differentialgleichungen in Wissenschaft und Technik. Mannheim 1976. – *Meis, Th.* u. *U. Marcowitz*: Numerische Behandlung partieller Differentialgleichungen. Berlin 1978. – *Mikhlin, S. G.* and *K. L. Smolitskiy*: Approximate methods for solution of differential and integral equations. New York 1967. – *Rjabenki, V. S.* und *A. F. Filippow*: Über die Stabilität von Differenzengleichungen. Berlin 1960. – *Young, D. M.*: Iterative solution of large linear systems. New York 1971.

**Diffusionsapproximation** ⟨*diffusion approximation*⟩. Hilfsmittel zur Analyse von → Warteschlangennetzen mit beliebig verteilten, aber voneinander unabhängigen Zwischenankunfts- und Servicezeiten (GI/G/1-Modelle). Dabei wird die Länge der → Warteschlangen durch einen Diffusionsprozeß (das ist ein zeit- und wertkontinuierlicher *Markoff*-Prozeß) approximiert. Beispiel für einen solchen Prozeß ist die *Brown*sche Molekularbewegung. Die Approximation liefert die Verteilungsfunktion bzw. → Verteilungsdichte der Anzahl wartender Kunden im System. Um die D. für die Analyse von Warteschlangensystemen anzuwenden, muß festgelegt werden, wie bei einer leeren Warteschlange zu verfahren ist; dies ist notwendig, da hier die Analogie zur *Brown*schen Molekularbewegung nicht weiterhilft. Das Verhalten an dieser Grenze wird durch intuitive Bedingungen festgelegt. Am gebräuchlichsten sind reflektierende und absorbierende Barrieren:

☐ *Reflektierende Barriere.* Erreicht die Zufallsvariable, welche die Warteschlangenlänge repräsentiert, den Wert Null, so wird sie sofort in den positiven Bereich zurückgelenkt (reflektiert). Negative Kundenzahlen werden dadurch ausgeschlossen.

☐ *Absorbierende Barriere.* Im Gegensatz zur reflektierenden Barriere werden hier Zeitintervalle berücksichtigt, wo sich kein Kunde im System befindet. Anschließend „springt" der Prozeß unmittelbar auf einen positiven Wert (üblicherweise zum Wert 1) zurück; dies entspricht der Neuankunft eines Kunden in einem zuvor leeren System. Als Mittelwert der Leerzeitintervalle wird die mittlere Zwischenankunftszeit zweier Kunden gewählt.

Die D. benötigt zur analytischen Behandlung lediglich die ersten beiden Momente von Zwischenankunfts- und Servicezeit. Sie bringt gute, d. h. relativ genaue Resultate v. a. für hochbelastete Systeme, da dort das Barrierenproblem von untergeordneter Bedeutung ist und sich der Fehler durch Approximation des wertdiskreten durch einen wertkontinuierlichen Prozeß verhältnismäßig wenig auswirkt. *Quernheim/Spaniol*

Literatur: *Gelenbe, E.; Mitrani, I.*: Analysis and synthesis of computer systems. Academic Press, 1980.

**digital** ⟨*digital*⟩. Bezeichnet eine diskrete, gestufte Darstellung von → Informationen, die nicht kontinuierliche (→ analog), sondern nur bestimmte Werte sprungartig annehmen kann. In → Digitalrechnern werden nur zwei diskrete Werte (0 und 1; → Bit) als grundlegende Elemente zur → Codierung verwendet.

*Breitling/K. Spies*

**Digitalisierer** ⟨*digitizer*⟩. Oberbegriff für eine Reihe von Geräten, die verwendet werden, um einem Rechner oder ein CAD-System die Bestimmung zweidimensionaler Koordinaten auf einer Arbeitsfläche zu ermöglichen oder um Bilder verschiedener Repräsentationsformen wie Zeichnungen, Photos oder Videobilder in digitale speicher- und verarbeitbare Informationen umzusetzen. Zu diesen Geräten gehören u. a. Digitalisiertablett, D., Video-Digital-Analog-Wandler und Scanner (→ Eingabegerät, graphisches). Die → Digitalisierung von dreidimensionalen Gebilden ist ebenfalls möglich, wenn auch mit hohem apparativen Aufwand verbunden.

Ein D. entspricht in der Verwendung und Funktionsweise einem Digitalisiertablett, besitzt aber wesentlich größere Abmessungen. Es können Formate bis etwa DIN A0 bearbeitet werden. Um eine ausreichende Genauigkeit zu erzielen und die Erfassung der Position durch Wegmessung vereinfachen zu können, verwendet man beim D. eine Mechanik ähnlich der eines Flachbettplotters zur Führung des Positionsaufnehmers. Die aktuelle Position wird über einen angeschlossenen Rechner rückgemeldet oder ist direkt am Gerät an einer Digitalanzeige abzulesen. *Encarnação/Ackermann*

**Digitalisierung** ⟨*digitizing*⟩. Umwandlung beliebiger (kontinuierlicher) Signale (Sprache, Musik, Video usw.) in diskrete Signale, die meist durch eine Folge von Binärzeichen (Bits) dargestellt werden. In der Regel erfolgt in gleichen Zeitabständen eine → Quantisierung der (analogen) Signalamplitude. Wichtigstes Beispiel ist die D. von Sprache oder Musik durch → PCM.

*Quernheim/Spaniol*

**Digitalrechner** ⟨*digital computer*⟩. Im Gegensatz zum → Analogrechner, der mit stetig veränderlichen → Daten arbeitet, verwendet der D. eine diskrete Informationsdarstellung wie Ziffern oder → Zeichen eines Alphabets. Er kann darauf arithmetische und *Boole*sche Operationen ausführen, wobei nicht nur die Daten im engeren Sinne als → Operanden dienen können, sondern auch die → Befehle, aus denen → Programme zusammengesetzt sind und die sich ebenso wie die Daten im → Speicher des Rechners befinden.

Meist werden die Begriffe Computer, Rechenanlage und Datenverarbeitungssystem als Synonyme verwendet. DIN 44 300 versteht unter Datenverarbeitungs-

oder Rechensystem eine Funktionseinheit zur Durchführung mathematischer, umformender, übertragender und speichernder → Operationen, unter Datenverarbeitungs- oder Rechenanlage die Gesamtheit der materiellen Gebilde und ordnet letzteres dem englischen Begriff „computer" zu.

Rechnen im ursprünglichen Sinne bedeutet die Bestimmung neuer arithmetischer Werte aus vorgegebenen durch Anwendung einer einzelnen arithmetischen Operation oder einer Folge solcher Operationen. Im D. kommen Vergleiche und andere *Boole*sche Operationen ebenso hinzu wie die Verarbeitung beliebiger Zeichen und Zeichenfolgen und die hierzu benötigten Operationen.

Digitalsysteme können nach verschiedenen Gesichtspunkten klassifiziert werden: nach der Rechnerstruktur, der Einsetzbarkeit als Universalrechner oder Spezialrechner, den möglichen Betriebsweisen oder der verwendeten Technologie.

☐ *Funktionseinheiten eines digitalen Rechensystems.* Grundsätzlich besteht ein digitales Rechensystem aus einer oder mehreren → Zentraleinheiten sowie Ein- und Ausgabeeinheiten. Im klassischen auf *von Neumann* zurückgehenden Modell des Universalrechners umfaßt die Zentraleinheit das Leitwerk, das Rechenwerk (diese beiden bilden zusammen den Prozessor) und den Speicher. Heute werden noch Ein- und Ausgabewerke, die das Übertragen von Daten zwischen der Zentraleinheit und den Ein-/Ausgabeeinheiten bzw. peripheren Speichern steuern, hinzugerechnet. Außerdem können mehrere → Prozessoren und/oder mehrere Speicher vorhanden sein (Bild 1, 2).

☐ *Speicher.* Der Speicher enthält während der Ausführung eines Programms die zu verarbeitenden Daten, die Ergebnisse und die Befehle des auszuführenden Programms. Da die Operanden jeder Operation zunächst aus dem Speicher in den Prozessor gebracht werden müssen, ist die → Zugriffszeit zum Speicher eine wesentliche Kenngröße für die Geschwindigkeit der Zentraleinheit. Im Fall umfangreicher Programme oder der Verarbeitung umfangreicher Datenmengen befinden sich zu jedem Zeitpunkt nur Teile davon im

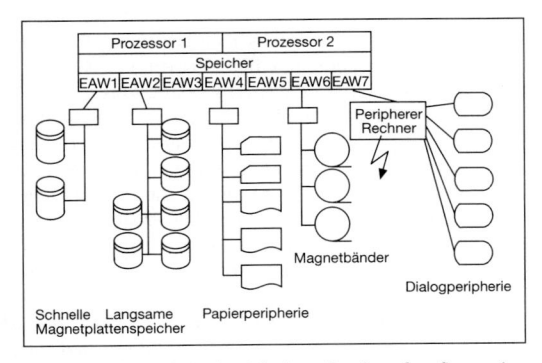

*Digitalrechner 1: Beispiel einer Rechnerkonfiguration*

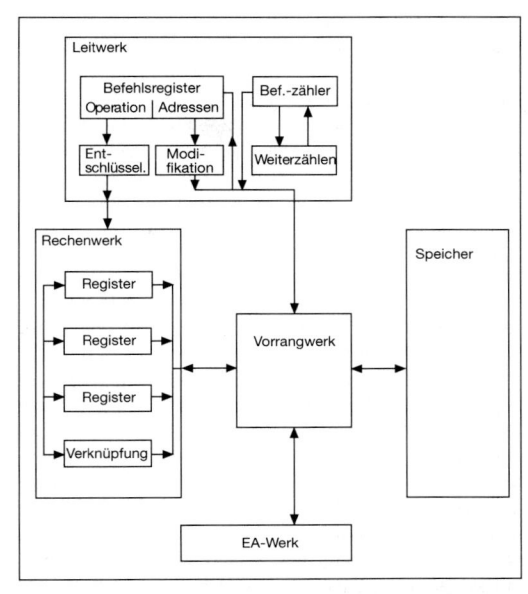

*Digitalrechner 2: Struktur einer Zentraleinheit (die Informationswege sind sehr stark vereinfacht dargestellt)*

schnellen → Arbeitsspeicher (Hauptspeicher, Primärspeicher, Zentralspeicher), auf den der Prozessor unmittelbar Zugriff hat, während die übrigen auf größere, aber langsamere und daher billigere periphere Speicher (Sekundärspeicher) ausgelagert sind. Der gleiche Arbeitsspeicherplatz kann so mehrfach genutzt werden (Überlagerung). Zur Überbrückung der Geschwindigkeitsunterschiede zwischen Speicher und Prozessor verwenden moderne Rechner zusätzliche kleine, schnelle Pufferspeicher (→ Cachespeicher), die die jeweils aktuellen Befehle und Daten enthalten (den „aktuellen Ausschnitt").

☐ *Daten- und Befehlswörter.* Eine Folge von Binärstellen im → Hauptspeicher, die zusammenhängend verarbeitet werden kann, wird als ein → Wort bezeichnet. Man hat zwischen Datenwörtern und Befehlswörtern zu unterscheiden, wobei diese Unterscheidung nur in ganz seltenen Fällen durch spezielle Binärstellen im Wort (Typenkennung) erfolgt. Normalerweise geschieht die Unterscheidung durch die Art der Verarbeitung.

Datenwörter enthalten die Informationen, die entsprechend den Befehlen des Programms zu verarbeiten sind. Bei arithmetischen Daten ist die Zahlendarstellung (Festpunktzahlen, Gleitpunktzahlen) für einen Rechnertyp vorgegeben. Bei der Verarbeitung von Zeichen eines Alphabets kann der Programmierer zwischen verschiedenen Formaten wählen, die sich darin unterscheiden, wieviele Binärstellen für ein Zeichen verwandt werden und wie jedes einzelne Zeichen dargestellt wird (→ Code). Befehlswörter enthalten die

Angaben darüber, welche Operationen auszuführen sind. Um den Zugriff zu den Daten- und Befehlswörtern zu ermöglichen, sind die Wörter im Speicher fortlaufend numeriert (→ Adresse).

☐ *Wortlänge.* Unter der Wortlänge versteht man die Anzahl der Binärstellen eines Wortes; sie hängt eng mit der Genauigkeit der Zahlendarstellung zusammen: zehn Binärstellen entsprechen etwa drei Dezimalstellen ($2^{10} = 1\,024 \approx 10^3$).

Bei Universalrechnern findet man häufig die Wortlängen 32 und 64 bit, bei Spezialrechnern auch andere Wortlängen. Alle Funktionseinheiten des Rechensystems sind auf die Wortlänge abgestimmt. Dies gilt für Daten- und Befehlswörter in gleicher Weise. (Bei sehr großer Wortlänge werden zwei Befehle in einem Wort untergebracht, bei sehr kleiner Wortlänge werden Daten, aber auch Befehle über mehrere verteilt.) Bei kommerziell-administrativen Aufgaben, wo die Verarbeitung unterschiedlich langer Zeichenfolgen eine große Rolle spielt, war früher auch die variable Wortlänge gebräuchlich. Auch die Befehlswörter müssen nicht gleich groß sein, so daß ein hoher Grad an Flexibilität entsteht. Wenn auf einem Rechner sowohl das Arbeiten mit fester als auch mit variabler Wortlänge möglich sein soll, wird für bestimmte Befehlsgruppen (z. B. arithmetische Operationen) eine vorgegebene Anzahl von Bytes, etwa 4, zu einem Wort zusammengefaßt. Als Adresse von Wörtern treten in diesem Fall dann nur noch durch 4 teilbaren Zahlen auf.

☐ *Rechenwerk.* Die eigentliche Verarbeitung der Daten erfolgt im Rechenwerk, in dem sowohl die arithmetischen Operationen (Addition, Substraktion, Multiplikation, Division) als auch die *Boole*schen Operationen (Vergleich, Konjunktion, Disjunktion, Negation) ausgeführt werden. Mit den Vergleichen kann überprüft werden, ob die Daten bestimmte Bedingungen erfüllen, mit den übrigen *Boole*schen Operationen können einzelne Bedingungen miteinander verknüpft werden. In Abhängigkeit von Erfüllt- oder Nichterfülltsein dieser Bedingungen kann das Leitwerk den Programmablauf steuern.

Neben den Verknüpfungsgliedern enthält das Rechenwerk → Register. Diese können Informationen aufnehmen, kurzfristig speichern und bei Bedarf mit kurzer Zugriffszeit abgeben. Sie haben meist die Länge eines Wortes und sind bisweilen bestimmten Funktionen zugeordnet: Im → Akkumulator werden Zwischenergebnisse gebildet, das Multiplikator-Quotienten-Register enthält bei Multiplikationen den Multiplikator und nimmt bei Divisionen den Quotienten auf; entsprechendes gilt für das Multiplikanden-Divisor-Register. Um Zwischenrechnungen durchführen zu können, ohne alle Zwischenergebnisse in den Arbeitsspeicher transportieren zu müssen und von dort zurückzuholen, werden i. allg. mindestens 32 Universalregister vorgesehen.

☐ *Leitwerk.* Die Befehle des Programms werden der Reihe nach aus dem Arbeitsspeicher in das Leitwerk gebracht. Die Reihenfolge wird dabei von einem → Befehlszähler im → Leitwerk kontrolliert, indem zu Beginn der Programmausführung die Anfangsadresse gespeichert wird, so daß der Befehlszähler stets auf den als nächstes auszuführenden Befehl zeigt. Diese fortlaufende Abarbeitung kann durch Sprungbefehle unterbrochen werden. Ein Befehl besteht i. allg. aus einem Operationsteil und einem Operandenteil. Der Operationsteil gibt an, welche Operation auszuführen ist (eine der arithmetischen Operationen, Speichern, Lesen usw.). Die Analyse des Befehls führt dazu, daß das Leitwerk den Ablauf einer Folge von elementaren Operationen (→ Mikrooperationen) wie Transport, Verschieben, stellenweises Verknüpfen oder Löschen auslöst und steuert, die zusammen die gewünschte Wirkung ergeben (→ Mikroprogrammierung).

Der Operandenteil enthält eine oder mehrere Speicheradressen, die angeben, wo sich der oder die zu verarbeitenden Operanden befinden; bei der Verarbeitung konstanter Werte ist oft im Operandenteil der Operand selbst enthalten. Bei Sprungbefehlen bestimmt der Operandenteil die Adresse des nächsten Befehls (Sprungziel). Der Operandenteil muß die Adresse nicht unbedingt in endgültiger Form enthalten: Durch zusätzliche Kennungen kann festgelegt sein, daß die angegebene Adresse um den Inhalt eines Indexregisters zu erhöhen oder zu erniedrigen ist oder durch den Inhalt des angegebenen Speicherplatzes substituiert werden soll. Der Befehlszyklus besteht also aus der Befehlsholphase, der Entschlüsselungsphase, der Adreßmodifikation, die für alle Befehlstypen gleich ist, und der eigentlichen Befehlsausführung. (Der Begriff Befehlszyklus wird im Sprachgebrauch auch für die Zeitspanne benutzt, die dieser benötigt.)

☐ *Ein- und Ausgabegerät.* Eingabegeräte dienen dazu, die zu verarbeitenden Daten und das Programm in den Speicher der Zentraleinheit zu bringen. Weit verbreitete Eingabemedien sind magnetische Datenträger (Bänder, Platten, Disketten), früher Trommeln, Lochkarten. Die gleichen Medien dienen auch als → Datenträger für die Ausgabe; hinzu kommen Drucker, Zeichengeräte (→ Plotter) und die Ausgabe mit Mikrofilm.

Ferner ist die → Kommunikation mit dem Rechensystem über Datenendgeräte (→ Terminals bzw. angeschlossene → PCs, → Arbeitsplatzrechner) möglich, die aus einem → Bildschirm mit Tastatur bestehen. Die Ein-/Ausgabegeräte können beliebig weit von der Rechenanlage entfernt sein (→ Datenfernverarbeitung).

☐ *Ein- und Ausgabewerk.* Ein Eingabewerk (Ausgabewerk) steuert die Übertragung der Daten von peripheren Geräten zur Zentraleinheit (bzw. umgekehrt). Zumindest bei Großrechnern erfolgt diese Steuerung heute nicht mehr durch den zentralen Prozessor, sondern durch ein selbständiges Leitwerk, so daß man von einem eigenen Ein-/Ausgabeprozessor (oder mehreren) sprechen kann. Diese Prozessoren benötigen jedoch kein universelles Rechenwerk, da sie meist nur Umcodierungen und Fehlerprüfungen durchführen und die korrekte Übertragung zu quittieren haben.

Ein-/Ausgabewerke können simultan mehrere Transportwege zwischen dem Arbeitsspeicher und je einer peripheren Einheit schalten. Man spricht dann von einem Kanalwerk mit mehreren Kanälen. Unter einem Kanal versteht man in diesem Zusammenhang eine Übertragungseinrichtung, die nach Anstoß durch das Ein-/Ausgabeleitwerk einen Block von Daten überträgt. Da nicht alle peripheren Einheiten gleichzeitig aktiv sind, kommt man mit weniger Kanälen als peripheren Einheiten aus.

Die Abwicklung eines Ein-/Ausgabeauftrages spielt sich dann auf mehreren Ebenen ab. Das Anwenderprogramm gibt den Ein-/Ausgabewunsch an die Betriebsmittelverwaltung des →Betriebssystems. Diese prüft Richtigkeit, →Zuverlässigkeit und derzeitige →Verfügbarkeit des angeforderten Gerätes. Sie übergibt Startbefehl und Leitdaten dem Ein-/Ausgabewerk, das dann die Steuerung übernimmt. Es veranlaßt beispielsweise die Speicheradressierung und die Blocklängenzählung. Das Kanalwerk schließlich ist der Vermittler zwischen Zentralspeicher und peripherer Einheit und führt die eigentliche Datenübertragung durch.

☐ *Programmsteuerung.* Zum Lösen einer Aufgabe benötigt ein Rechensystem eine Arbeitsvorschrift, d. h. einen → Algorithmus, worunter eine endliche, eindeutige Folge elementarer Anweisungen (Befehle) zu verstehen ist: das Programm. Die Befehle sind einerseits elementar, müssen andererseits in ihrer Gesamtheit aber so universell sein, daß sich damit jeder Algorithmus beschreiben läßt. Führt ein Gerät eine Folge von Operationen automatisch aus, so spricht man von Programmsteuerung.

Bei der seit *J. von Neumann* üblichen Speicherprogrammierung wird das Programm vor seiner Ausführung in den Speicher der Zentraleinheit gebracht. Dies führt in verschiedener Hinsicht zu hoher Flexibilität. Einmal ist das Rechensystem nicht auf die Lösung einer Aufgabe festgelegt, sondern für jeden Algorithmus kann ein Programm gespeichert werden. Zum anderen ist die Reihenfolge der Befehlsabarbeitung nicht an die Reihenfolge gebunden, in der die Befehle gespeichert werden; sie ist vielmehr selbst programmabhängig (Alternativen, → Schleifen). Und schließlich kann sich das Programm selbst ändern, indem der Speicherinhalt verändert wird. Aus Gründen der Sicherheit wird diese Technik der Selbstmodifikation heute kaum verwendet. Die Effizienz der Programme bestimmt letzten Endes, wie gut der Rechner genutzt wird.

☐ *Programmierung.* Unter Programmierung im engeren Sinne versteht man die Formulierung eines Algorithmus in einer Programmiersprache; für diese Tätigkeit ist jedoch auch der Begriff → Codieren gebräuchlich. Im weiteren Sinne ist unter Programmieren die Gesamtheit der Tätigkeiten zu verstehen, die vom Problem zum fertigen Programm führen: das Analysieren der Aufgabenstellung, das Suchen nach einem Lösungsverfahren, das Zeichnen von Datenfluß- und Programmablaufplänen, das Codieren, Testen und Korrigieren sowie das Dokumentieren des Programmes.

☐ *Befehle.* Unter einem Befehl versteht man nach DIN 44 300 eine Anweisung; das ist eine Arbeitsvorschrift, die sich in der benutzten →Programmiersprache nicht mehr in noch kleinere Anweisungen zerlegen läßt. Jeder Befehl besteht aus einem Operationsteil, der die auszuführenden Operationen angibt, und einem Operandenteil, der Angaben über die zu benutzenden Operanden enthält, und der meist aus einem oder mehreren Adreßteilen besteht.

In letzter Zeit wird der Entwurf von Befehlsvorräten von Rechenanlagen zunehmend diskutiert: An Stelle umfangreicher komplexerer Befehle treten wenige einfache Befehle, die jedoch effizient implementierbar sind (→ Befehlssatz, reduzierter).

Die Formulierung eines Programms geschieht in einer Programmiersprache. Dabei unterscheidet man problem- und maschinenorientierte Programmiersprachen. Problemorientierte Programmiersprachen dienen dazu, Algorithmen eines bestimmten Anwendungsbereiches unabhängig von einem bestimmten Rechensystem abzufassen. Die Sprache nimmt auf die Terminologie des Anwendungsgebietes Rücksicht. Diese Sprachen sind daher leichter zu erlernen und reduzieren wegen der Übersichtlichkeit den Bedarf an Programmier- und Testzeit. Beispiele für derartige Sprachen sind ALGOL, COBOL, C, C++, FORTRAN, APL, LISP, PEARL, PROLOG, SIMULA und SNOBOL.

Moderne Großrechner bearbeiten mehrere Programme gleichzeitig. Es sind daher Programme nötig, die die Grundlage der möglichen Betriebsarten bilden und insbesondere die Abwicklung der Programme steuern und überwachen. Diese Programme nennt man Betriebssystem. Zu seinen Aufgaben gehören die Auftragsverwaltung (z. B. Ingangsetzen eines Auftrages), die Betriebsmittelverwaltung (z. B. Bereitstellen von Arbeitsspeicher), die Datenverwaltung (z. B. Wiederauffinden einmal auf Magnetplatte gespeicherter Informationen) und die Prozeßüberwachung.

*Bode/Schneider*

Literatur: *Giloi, W.*: Rechnerarchitektur. 2. Aufl. Berlin 1993.

**DIN** ⟨*DIN*⟩. DIN ist seit 1975 Namensbestandteil des → DIN Deutsches Institut für Normung e. V. Als Bestandteil des Namens der deutschen Normungsorganisation ist DIN nach § 12 des Bürgerlichen Gesetzbuches (BGB) und § 16 des Gesetzes gegen den unlauteren Wettbewerb (UWG) gegen Mißbrauch geschützt. DIN wird ständig als Abkürzung für die Benennung Deutsches Institut für Normung benutzt. In der inzwischen zurückgezogenen Norm DIN 31 hieß es hierzu:

Das Wort DIN war ursprünglich die Abkürzung für Deutsche Industrie-Norm. Nachdem der „Normenausschuß der deutschen Industrie" im Jahre 1926 die Bezeichnung „Deutscher Normenausschuß" erhalten hatte, wurde DIN als „Das ist Norm" gedeutet. Beide Deutungen sind überholt.

DIN ist auch in dem Verbandszeichen DIN enthalten. Mit ihm werden z. B. die herausgegebenen Ergebnisse der → Normungsarbeit (z. B. → DIN-Normen) und sonstige Veröffentlichungen des DIN Deutsches Institut für Normung e. V. gekennzeichnet.

Als Aussage der → Normenkonformität, insbesondere von technischen Erzeugnissen, findet man das Zeichen DIN auch auf Waren außerhalb des Tätigkeitsbereiches des DIN. *Krieg*

**DIN Deutsches Institut für Normung e. V** ⟨*DIN German Institute for Standardization*⟩. Zentrale, national wie international als normenschaffende Körperschaft anerkannte deutsche „Nationale Normungsorganisation".

Seine Hauptaufgabe besteht darin, → Normen (→ Normung, technische) zu erstellen, anzuerkennen oder anzunehmen sowie diese der Öffentlichkeit zugänglich zu machen.

Das DIN ist Mitglied in den entsprechenden regionalen (europäischen) und internationalen Normungsorganisationen (→ Normung, regionale; → Normung, internationale). Ergebnisse der Normungsarbeit im DIN sind → Deutsche Normen (→ DIN-Normen), die unter dem Verbandszeichen DIN vom DIN herausgegeben werden und das → Deutsche Normenwerk bilden. Internationale und Europäische Normen, ausländische Normen sowie technische Regeln anderer Regelsetzer werden auch als Deutsche Normen (z. B. DIN-ISO-Normen oder DIN-EN-Normen) in das Deutsche Normenwerk übernommen.

Das DIN hat die Rechtsform eines eingetragenen Vereins auf ausschließlich gemeinnütziger Grundlage mit Sitz in Berlin. Gegründet wurde es 1917.

Oberstes Organ des DIN ist die Mitgliederversammlung. Mitglied des DIN können Firmen oder Verbände sowie alle an der → Normung interessierten Körperschaften, Behörden und Organisationen sein. Einzelpersonen können nicht Mitglied des DIN werden. Zur Zeit hat das DIN etwa 6 000 Mitglieder.

Der Finanzbedarf des DIN wird gedeckt aus
– Mitgliedsbeiträgen und zweckbestimmten Fachförderungen. Der Mitgliedsbeitrag wird nach der Anzahl der Betriebsangehörigen eines Mitglieds errechnet (etwa 18% Anteil am Haushalt des DIN);
– Zuwendungen von Bund und Ländern als Projektmittel für im Interesse der Öffentlichkeit durchgeführte Normungsarbeiten (etwa 16% Anteil am Haushalt des DIN);
– Erlöse aus dem Verkauf der Arbeitsergebnisse. Etwa 66% der Einnahmen des DIN werden hauptsächlich durch die Verkaufserlöse der Normen und Normentwürfe sowie der DIN-Taschenbücher erreicht.

Im Jahre 1975 hat das DIN mit der Bundesrepublik Deutschland einen Vertrag (Normenvertrag) geschlossen. Demzufolge betrachtet die Bundesregierung das DIN nach Maßgabe der DIN-internen Regularien als die zuständige Normungsorganisation in nichtstaatlichen internationalen Normungsorganisationen. Das DIN verpflichtet sich in dem Normenvertrag, bei seinen Normungsarbeiten das öffentliche Interesse zu berücksichtigen und bei der Ausarbeitung der DIN-Normen insbesondere dafür Sorge zu tragen, daß die Normen bei der Gesetzgebung, in der öffentlichen Verwaltung und im Rechtsverkehr als Umschreibungen technischer Anforderungen herangezogen werden können.

Der Normenvertrag regelt die Beziehungen zwischen dem DIN und dem Staat in einer Weise, die die Grundsätze der → Normungsarbeit des DIN gewährleistet. Diese zehn Grundsätze (Maxime der Normung) sind gleichzeitig auch die wesentlichen Randbedingungen des eigentlichen Normungsprozesses. Im einzelnen sind es folgende:

– *Freiwilligkeit*. Jedermann – wenn die Gegenseitigkeit gewährleistet ist, auch am Markt vertretene ausländische interessierte Kreise – hat das Recht, mitzuarbeiten, niemand wird jedoch dazu gezwungen. Die Arbeitsergebnisse sind Empfehlungen, die keine andere Macht hinter sich haben als den in ihnen liegenden akkumulierten Sachverstand.

– *Öffentlichkeit*. Alle → Normungsvorhaben und Entwürfe zu DIN-Normen werden öffentlich bekannt und für jedermann zugänglich gemacht.

– *Beteiligung aller interessierten Kreise*. Jedermann kann sein Interesse einbringen. Der Staat ist dabei ein wichtiger Partner neben anderen. Kritiker werden an den Verhandlungstisch gebeten. Ein Schlichtungs- und Schiedsverfahren sichert die Rechte von Minderheiten.

– *Konsens*. Die der Normungsarbeit des DIN zugrunde liegenden Regeln garantieren ein für alle interessierten Kreise faires Verfahren, dessen Kern die Ausgewogenheit der verschiedenen Interessen bei der Meinungsbildung ist.

– *Einheitlichkeit und Widerspruchsfreiheit*. Das Deutsche Normenwerk befaßt sich insbesondere mit allen technischen Disziplinen. Die Regeln der Normungsarbeit sichern seine Einheitlichkeit.

– *Sachbezogenheit*. Das DIN normt keine Weltanschauung. DIN-Normen sind ein Spiegelbild der Wirklichkeit. Sie werden abgefaßt auf der Grundlage technisch-wissenschaftlicher Erkenntnisse, ohne sich darin zu erschöpfen.

– *Ausrichtung am allgemeinen Nutzen*. DIN-Normen haben gesamtgesellschaftliche Ziele einzubeziehen. Es gibt keine wertfreie Normung. Der Nutzen für alle steht über dem Vorteil einzelner.

– *Ausrichtung am Stand der Technik*. Die Normung des DIN vollzieht sich in dem Rahmen, den die naturwissenschaftlichen Erkenntnisse und die Erfahrungen der Praxis setzen. Sie sorgt für die schnelle Umsetzung neuer Erkenntnisse. DIN-Normen sind Niederschrift des Standes der Technik.

– *Ausrichtung an den wirtschaftlichen Gegebenheiten*. Jede Normensetzung wird auf ihre wirtschaftlichen Wirkungen hin untersucht. Es wird nur das unbedingt Notwendige genormt.

– *Internationalität*. Das DIN will einen von technischen Handelshemmnissen freien Welthandel und unterstützt im Rahmen seiner Möglichkeiten die internationale Zusammenarbeit, Verständigung und den Erfahrungsaustausch auf allen Gebieten. Die Aufgaben der Normung in Deutschland sind demzufolge nicht nur auf das Inland beschränkt. Als Richtschnur werden hierfür Internationale Normen und im Rahmen der internationalen Normung Europäische Normen benötigt.

In Anbetracht dieser Normungsgrundsätze und auf Grund ihres qualifizierten Erfahrungspotentials eignen sich DIN-Normen auch für Anwendungen im rechtlichen Bereich, obwohl sie von ihrer Bestimmung her vorrangig zur Anwendung im technisch-wirtschaftlichen, technisch-wissenschaftlichen Bereich gedacht sind.

Die eigentliche fachliche Arbeit (Normungsarbeit) des DIN wird in Arbeitsausschüssen geleistet, die i. d. R. zu → Normenausschüssen zusammengefaßt sind.

Normen sind immer erst dann wirksam, wenn sie angewendet werden. Je häufiger und je früher DIN-Normen angewendet werden, desto größer ist der wirtschaftliche Nutzen, der aus der Normung des DIN erwächst.

Zu den Aufgaben eines Normenausschusses gehört es deshalb auch, sich im Rahmen seiner Normungsarbeit für die Einführung und Anwendung der Normen einzusetzen. Ein Beispiel hierfür sind die gemeinsam mit der DIN CERTCO Gesellschaft für Konformitätbewertung mbH wahrgenommenen Zertifizierungsaktivitäten (→ Normenkonformität).

Mit der Aufgabe, die Einführung der DIN-Normen in die betriebliche Praxis zu erleichtern sowie der Allgemeinheit die Vorteile der Normung aufzuzeigen, befaßt sich insbesondere der Ausschuß Normenpraxis (ANP) im DIN. Er setzt sich zum großen Teil aus Mitarbeitern zusammen, die in der Industrie, Wirtschaft, Wissenschaft und Verwaltung in der Normung (Werknormung, Werknorm) tätig sind. Der im ANP betriebene Erfahrungsaustausch bildet hierbei ein wirksames Instrument einer anwenderbezogenen Normenkontrolle, der Zweckmäßigkeitsbeurteilung und der Einführung der DIN-Normen in die Praxis. Gleiches, nur auf internationaler Ebene, gilt für die im Rahmen der ISO wirkende Internationale Föderation der Ausschüsse Normenpraxis (IFAN), ein weltweiter Zusammenschluß der nationalen Organisationen Normenpraxis.

Mit der Interessenwahrnehmung einer weiteren Gruppe von Normenanwendern, den nichtgewerblichen Letztverbrauchern, befaßt sich der Verbraucherrat im DIN. Sein Ziel ist es, die Ausgewogenheit der Interessen zwischen Herstellern und Verbrauchern zu verbessern. So berät und unterstützt er die Lenkungs- und Arbeitsgremien des DIN in allen Fragen, die für den Verbraucher von Bedeutung sind. Wie der ANP stellt der Verbraucherrat selbst keine Normen auf, wirkt aber durch ehren- und hauptamtliche Mitarbeiter in der Facharbeit mit.

Ein weiterer Aspekt der Normenanwendung ist die Umweltverträglichkeit von technischen Festlegungen. Zur Beratung und Unterstützung der Normenausschüsse in Fragen des Umweltschutzes ist eine Koordinierungsstelle im DIN eingerichtet worden.

Der Nutzen der Normung des DIN kann nur dann seine volle Wirkung erzielen, wenn die Informationsquellen über die Normung den potentiellen Anwendern bekannt sind und die Informationsbeschaffung problemlos zu handhaben ist. Aus diesem Grunde bietet das DIN neben den von seinem Deutschen Informationszentrum für technische Regeln (DITR) angebotenen Dienstleistungen noch folgende Informations- und Beschaffungsmöglichkeiten an:

– Der Beuth Verlag GmbH ist die zentrale Bezugsquelle für Normen und technische Regeln in Deutschland. Er liefert DIN-Normen und andere deutsche technische Regeln (z. B. → VDI-Richtlinien) sowie die Normen aller Mitgliedsländer der → ISO und alle ausländischen nationalen Normen.

– In den Beuth-Kommentaren werden bereits zum Erscheinungstermin von wichtigen Normen eines Fachgebiets Hinweise und Vorschläge zur Anwendung sowie Beispiele aus der Praxis für dieses Gebiet gegeben.

– Darüber hinaus wird über den Zusammenhang mit Gesetzen, Verordnungen und Richtlinien sowie sonstige Festlegungen von Staat und Wirtschaft informiert.

*Krieg*

Literatur: Normenheft 10: Grundlagen der Normungsarbeit des DIN. 6. Aufl. Berlin 1995. – Handb. Normung, Bd. 1: Grundlagen der Normungsarbeit. 9. Aufl. Berlin 1993.

**DIN-EN-Norm** ⟨*DIN EN Standard*⟩. In das → Deutsche Normenwerk als → DIN-Norm unverändert übernommene Europäische Norm (EN-Norm) von CEN/CENELEC (→ Normung, technische). *Krieg*

**DIN-IEC-Norm** ⟨*DIN IEC Standard*⟩. In das → Deutsche Normenwerk als → DIN-Norm unverändert übernommene Internationale Norm IEC (→ Normung, technische). *Krieg*

**DIN-ISO-Norm** ⟨*DIN ISO Standard*⟩. In das → Deutsche Normenwerk als → DIN-Norm unverändert übernommene Internationale Norm der → ISO (→ Normung, technische). *Krieg*

**DIN-Norm** ⟨*DIN Standard*⟩. Auf nationaler Ebene durch ehrenamtlich tätige Fachleute aus den interessierten Kreisen in → Normenausschüssen erarbeitete (Normungsarbeit) und vom → DIN Deutsches Institut für Normung e. V. herausgegebene → technische Normen. DIN-N. enthalten Festlegungen (Angaben, Anweisungen, Empfehlungen oder Anforderungen) z. B. für die

– Verständigung (zwischen verschiedenen Fachbereichen),

– Beschaffenheit und Prüfung technischer Erzeugnisse (→ Normenkonformität),
– Herstellung, Instandhaltung und Handhabung von Gegenständen und Anlagen,
– Gestaltung und den organisatorischen Ablauf von Verfahren und Dienstleistungen,
– Sicherheit, Gesundheit und den Umweltschutz.

Auf Grund ihres Inhalts oder des Grads der → Normung kann zwischen verschiedenen → Normenarten unterschieden werden. DIN-N. werden allgemein beachtet und angewendet.

DIN-N. unterscheiden sich von den überbetrieblichen Empfehlungen (technischen Regeln) anderer Regelsetzer, weil sie nach den u. a. in den → Normen der Reihe DIN 820 enthaltenen Grundsätzen und festgelegten Verfahrensregeln des DIN erstellt und herausgegeben werden. Ein wesentlicher Aspekt ist hierbei die selbstauferlegte und durch den Normenvertrag bestätigte Pflicht, bei der → Normungsarbeit das öffentliche Interesse zu berücksichtigen sowie die Beteiligung der Öffentlichkeit an der Normensetzung sicherzustellen.

Ein weiteres Unterscheidungsmerkmal ist auch darin zu sehen, daß allein durch DIN-N. die Verbindung mit den Internationalen und Europäischen Normen hergestellt wird. Durch die Übernahme der meisten dieser multinationalen Normen in das → Deutsche Normenwerk leisten DIN-N. einen wichtigen Beitrag zum Abbau von Handelshemmnissen.

Einen Sonderfall im Rahmen der Normungsarbeit des DIN stellen die Vornormen dar. Durch die Möglichkeit, das nach DIN 820-4 vorgeschriebene Aufstellungsverfahren zu variieren, kann auch auf technischen Gebieten, die einer raschen Entwicklung unterliegen, technischen Neuerungen kurzfristig Rechnung getragen werden.

DIN-N. stehen jedermann zur Anwendung frei. Eine Anwendungspflicht kann sich aus Rechts- oder Verwaltungsvorschriften, Verträgen oder aus sonstigen Rechtsgrundlagen ergeben. Als zeitgerechte (DIN-N. müssen spätestens alle 5 Jahre auf ihre Aktualität hin überprüft werden) Spiegelung des Standes der Technik (technische Regel) sind sie eine wichtige Erkenntnisquelle für fachgerechtes und marktgerechtes Verhalten im Normalfall und bilden damit einen Maßstab für einwandfreies technisches Verhalten. Dieser Maßstab ist auch im Rahmen der Rechtsordnung von Bedeutung. So sollen sich die DIN-N. als „anerkannte Regeln der Technik" einführen und zur Ausfüllung der unbestimmten Rechtsbegriffe „anerkannte Regel der Technik" oder „Stand der Technik" durch den Gesetzgeber herangezogen werden können. Bei sicherheitstechnischen Festlegungen in DIN-N. besteht sogar eine tatsächliche Vermutung dafür, daß sie „anerkannte Regeln der Technik" sind. Beispiele hierfür sind die auf dem elektrotechnischen Gebiet herausgegebenen DIN-VDE-Normen, die zugleich → VDE-Bestimmungen sind. Durch das Anwenden von DIN-N. entzieht

sich jedoch niemand der Verantwortung für eigenes Handeln. DIN-N. sind urheberrechtlich geschützt. Die Urheberrechte nimmt das DIN wahr. Vervielfältigungen von DIN-N., auch das Einspeichern von DIN-N. und Norm-Inhalten in EDV-Anlagen, müssen durch das DIN genehmigt werden. Der Vertrieb der DIN-N. wird vom Beuth Verlag, Berlin, wahrgenommen. Auskünfte zu DIN-N. und anderen technischen Regeln erteilt das Deutsche Informationszentrum für technische Regeln (DITR) im DIN. *Krieg*

Literatur: Normenheft 10: Grundlagen der Normungsarbeit des DIN. 6. Aufl. Berlin 1995 – *Budde, E.* u. *H. Reihlen*: Zur Bedeutung technischer Regeln in der Rechtsprechungspraxis der Richter. DIN-Mitt. 63 (1984) 5, S. 248–250. – *Hesser, W.*: Untersuchungen zum Beziehungsfeld zwischen Konstruktion und Normung. Diss. TU Berlin 1980. – Normungskunde. Bd. 16. Berlin 1981 – *Meyer, R.*: Parameter der Wirksamkeit von typenreduzierenden Normungsvorhaben. Normungskunde Bd. 34. Berlin 1995. – *Muschalla, R.*: Überregelung – Sachzwang oder menschliches Versagen? DIN-Mitt. 61 (1982) 9, S. 513–517.

**Direktrufnetz** ⟨*leased circuit data network*⟩. Bietet Benutzern die Möglichkeit, Endgeräte über direkte Verbindungen mit Übertragungsraten bis zu 1,92 Mbit/s zu koppeln. D. ist Teil des → IDN (Integriertes Datennetz). *Jakobs/Spaniol*

**Direktzugriffsspeicher** ⟨*random access memory*⟩. → Speicher in → Rechenanlagen, bei dem die → Zugriffszeit auf die gespeicherte Information vom Wert der → Adresse unabhängig ist. Man spricht auch vom Speicher mit wahlfreiem Zugriff, (RAM Random Access Memory). Die Hauptspeicher moderner → Digitalrechner sind D., die vorwiegend als statische oder dynamische Halbleiterspeicher aufgebaut werden. Streng genommen sind bei Speichersystemen auf Basis von Halbleiterbausteinen wegen des internen Aufbaus und der Adreßdecodierung Zugriffe auf unmittelbar aufeinander folgend abgespeicherte Informationen in Zeilen oder Spalten der zweidimensionalen Speicherdarstellung schneller als Zugriffe auf Informationen mit Zeilen- und Spaltenwechseln. Diese Eigenschaft von Halbleiterspeichern wird i. allg. für schnelle Blockzugriffe, z. B. zum Nachladen von → Cachespeichern, genutzt. Auch die in den 60er und 70er Jahren vorwiegend als Hauptspeicher genutzten Magnetkernspeicher waren D. Lediglich in den Anfängen der Rechnertechnik wurden zunächst Speicher mit zyklischem Zugriff als Hauptspeicher genutzt. *Bode*

**Disjunktion**⟨*Or*⟩. Eine mehrstellige *Boole*sche Verknüpfung, die die Eigenschaft hat, daß der Funktionswert genau dann eine binäre 1 ist, wenn mindestens einer der Parameter den Wert 1 hat. Die Funktion wird auch „Oder-Funktion" oder „Inklusives Oder" (im Gegensatz zum „Exklusiven Oder", → Antivalenz) genannt. In der Formelsprache der *Boole*schen Algebra wird die Funktion als

$$F = x_1 \vee x_2 \vee \ldots \vee x_n$$

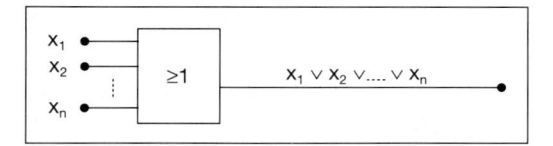

*Disjunktion: Schaltsymbol D*

geschrieben. Anstelle des Symbols μ werden auch die Symbole + oder OR verwendet. *Bode/Schneider*

**Diskette** ⟨*floppy disk*⟩. Auswechselbarer → Datenträger, der in → Diskettenlaufwerken beschrieben, gelesen und gelöscht werden kann. Sie wurde Anfang der 70er von IBM entwickelt und hat sich in mehreren Ausführungen in der gesamten Computerwelt etabliert. So ist die D. das am weitesten verbreitete auswechselbare Speichermedium in der Personal- und Bürocomputerumgebung, ein großer Teil der Software wird über D. verteilt bzw. verkauft. Aufgrund ihres niedrigen Preises, ihrer leichten Handhabung und der standardisierten Formate eignet sich die D. vor allem auch zum Anlegen kleiner Archive, für die → Datensicherung und den Datenaustausch.

Die D. besteht aus einer flexiblen, mit einer magnetisierbaren Schicht überzogenen Scheibe, die mit einer Schutzhülle aus flexiblem oder festem Kunststoff umgeben ist. In der Hülle befinden sich Öffnungen für den Antrieb der Scheibe, das Schreib-/Lesefenster für die optische Abtastung von Spur- bzw. Sektoranfang sowie für den einstellbaren Schreibschutz der D. Auf der Innenseite der Hülle befindet sich ein antistatisches Vlies zur Reduzierung der Reibung und zur Reinhaltung der Scheibe.

Als magnetisches Material in der Beschichtung dient meist Eisenoxid, manchmal mit magnetisierbarem Kobalt überzogen („dotiert"), welches zu höherer Koerzitivität führt und damit höhere Aufzeichnungsdichten zuläßt. Die neuesten Generationen der D. weisen eine Barium-Ferrit-Beschichtung (BaFe) auf, die wiederum höhere → Datendichten zuläßt.

Weil die Diskettenlaufwerke zu den „berührenden Aufzeichnungsmedien" zählen, haben D. eine polierte und mit einem Gleitmittel versehene Oberfläche. Am Ende des Herstellungsprozesses der Scheiben wird die gesamte Oberfläche einem Test auf eindeutige Signalwiedergabe und eventuelle Fehlstellen unterzogen.
– Gängige Ausführungen der D.: 8″ (200 mm), 5 $^1/_4$″ (120 mm), 3 $^1/_2$″ (80 mm).
– Spuren pro Zoll: 48, 96 und 144 tpi (tracks per inch).
– Kapazitäten: 8″ zwischen 360 KByte und 1,2 MByte, 5 $^1/_4$″ zwischen 720 KByte und 1,2 MByte, 3 $^1/_2$″ zwischen 720 KByte und 2,88 MByte.

Seit einigen Jahren werden nahezu ausschließlich 3 $^1/_2$″-D. mit Kapazitäten von 1,44 und 2,88 MByte verwendet. Diese D. haben im Gegensatz zu den größeren Vorgängern eine feste Kunststoffhülle, und eine verschiebbare Abdeckung vor dem Schreib-/Lesefenster schützt die Scheibe vor Verschmutzung. Noch kleinere D. mit 2″ (50 mm) Durchmesser wurden für spezielle Anwendungen entwickelt (z. B. Still Video Camera); sie haben sich im EDV-Bereich jedoch nicht durchgesetzt.

Neueste Entwicklungen bei den D.-Technologien erzielen seit 1996 auf einer 3 1/2″-D. Kapazitäten von 100 bis 120 MByte. Hierzu werden spezielle Servomechanismen verwendet, die entweder auf einer Laserabtastung von auf der D. aufgeprägten Informationen oder auf der Auswertung vorformatierter Servoinformationen beruhen. Dadurch werden gegenüber den herkömmlichen D. wesentlich höhere Spurdichten erzielt, die zusammen mit gesteigerten Bitdichten die Kapazitätszuwächse erlauben. Durch zusätzliche Schreib-/Leseköpfe sind einige dieser D.-Laufwerke in der Lage, die 1,44-MByte-D. zu lesen und zu beschreiben.

*Pott*

**Diskettenlaufwerk** ⟨*floppy disk drive*⟩. Sonderform der → Magnetplattenlaufwerke, zählt jedoch im Gegensatz zu diesen zu den „berührenden Aufzeichnungsmedien" (contact recording), d. h., die (i. d. R. zwei) Schreib-/Leseköpfe liegen während des Schreib- oder Lesevorgangs auf dem Datenträger auf. Sie werden nur beim Entnehmen der → Diskette, bei neueren D. auch beim Abschalten des Antriebsmotors, vom Medium abgehoben.

Die heute üblichen D. bestehen aus folgenden Hauptkomponenten:
– Diskettenschacht zur mechanischen Aufnahme des Datenträgers; die Ver- und Entriegelung der Diskette erfolgen über einen von außen zugänglichen Knopf oder Knebel (3 $^1/_2$″-D. verriegeln selbständig beim Einschieben der Diskette).
– Antriebsmotor mit Zentrierstück für die Diskette, rotiert mit 300, 360, 600 oder 720 min$^{-1}$,
– Steppermotor zum Positionieren der Köpfe; die Auflösung (Positionierfähigkeit) liegt zwischen 48 und 144 Spuren pro Zoll (tracks per inch, tpi);
– Kopfträger mit den Schreib-/Leseköpfen (typischerweise zwei, in älteren D. auch nur einer); der untere Kopf ist meistens starr gelagert, während der obere flexibel aufgehängt ist, um Unebenheiten in der Diskette auszugleichen. Die Köpfe werden beim Entriegeln mechanisch von der Diskette abgehoben, das gleiche geschieht bei den neueren Typen (3 $^1/_2$″-D.) durch einen Elektromagneten, der in längeren Zugriffspausen ebenfalls die Köpfe entlädt, während der Antriebsmotor abgeschaltet wird.
– Elektronikboard mit der Schreib-/Leseelektronik, der Ansteuerung für die elektromechanischen Komponenten und die Schnittstellenlogik.

D. gehören zu den unintelligenten Speichergeräten, sie werden über Schnittstellensignale von einer → Kontrolleinheit (controller) im System angesteuert. Die

Datenübertragungsrate liegt zwischen 62,5 und 1 000 KByte/s. Die Adressierung der Daten wird in Spuren und Sektoren vorgenommen. Dazu wird vor der eigentlichen Speicherung der Daten die Diskette in einem Formatierungslauf von dem jeweiligen → Betriebssystem mit diesem Adressierungsschema versehen (formatiert). Der Spuranfang wird optisch durch ein Loch in der Scheibe (bei 8"- und 5 $^1/_4$"-D.) oder induktiv durch eine Marke am Antriebsmotor (bei 3 $^1/_2$"-D.) festgelegt.

Die Fehlererkennung bei der Datenaufzeichnung erfolgt durch sog. CRC-Zeichen (Cyclic Redundancy Check), die von der Kontrolleinheit erzeugt und nach der Aufzeichnung in einem Verifizierungslauf geprüft werden.

D. gehören typischerweise zur Serienausstattung von Datenverarbeitungsanlagen (Büro- und Arbeitsplatzcomputer), als Ergänzung zu bestehenden Anlagen können sie auch über externe → Schnittstellen angeschlossen werden. Angeboten werden heute verschiedene Bauformen in den Formfaktoren 8", 5 $^1/_4$" und 3 $^1/_2$", die die Durchmesser der verwendeten Diskettenscheiben bezeichnen. Die Höhe beträgt ca. 41 mm, bei 3 $^1/_2$"-D. sind Bauhöhen zwischen 12,5 und 25 mm (0,5" bis 1") üblich. Kombinationen von 3 $^1/_2$"- und 5 $^1/_4$"-D. in einem Gerät werden ebenfalls angeboten.

In besonderen Anwendungen (z. B. bei Still Video Cameras) werden noch kleinere Bauformen wie die 2"-D. eingesetzt. Diese haben sich jedoch wegen fehlender → Kompatibilität nicht im EDV-Umfeld etabliert.

Die gängigen D. bieten Kapazitäten zwischen 720 KByte und 2,88 MByte, wobei mehrere Formate in einem Laufwerk verarbeitet werden können.

Seit einigen Jahren werden optische und servounterstützte Verfahren zur Positionierung der Schreib-/Leseköpfe entwickelt, die zu einer wesentlich höheren Spurdichte und damit zu höheren Kapazitäten führen.

Die daraus entstandenen Produkte können bis zu 120 MByte auf einer Diskette speichern, sind aber in vielen Fällen nicht lese- oder schreibkompatibel zu den Standardformaten. Erst bei einer breiten Akzeptanz und Marktdurchdringung wird sich ein neuer Standard herausbilden, der die etablierten Diskettenformate ablösen wird. *Pott*

**Diskretisierung** ⟨*discretization*⟩. Generelle Bezeichnung für den Übergang von einer kontinuierlichen Problembeschreibung zu einer genäherten Darstellung in endlich vielen Punkten oder Freiheitsgraden. Konkrete Beispiele für die D. von Differentialgleichungen sind → Differenzenverfahren, die Methode der Finiten Elemente oder der Finiten Volumen. Weiterhin alle Verfahren numerischer Art, die auf Gitterstrukturen arbeiten (→ Gitter). Zudem können auch Partikelmethoden oder das Monte-Carlo-Verfahren eine gewisse D. des zugrundeliegenden kontinuierlichen Problems bewirken. *Griebel*

**Dispatcher** ⟨*dispatcher*⟩ → Betriebssystem

**Dispersion** ⟨*dispersion*⟩. Beim Durchlaufen eines Lichtwellenleiters wird ein Lichtimpuls zeitlich verbreitert. Dieser Effekt wird mit D. bezeichnet. Die Ursachen für die Verzerrung können in verschieden langen Wegen einzelner Lichtleistungsanteile liegen oder durch unterschiedliche Ausbreitungsgeschwindigkeiten der einzelnen Lichtfrequenzen zustande kommen. Der Lichtwellenleiter wirkt für die zu übertragenden Signale als Tiefpaß.

Handelt es sich um einen *Gauß*-förmigen Eingangsimpuls, so ist der Zusammenhang zwischen den Impulsbreiten des Eingangs- und Ausgangsimpulses durch den Dispersionsparameter D gegeben, der die auf 1 km Länge bezogene zeitliche Verbreiterung $\Delta t$ eines

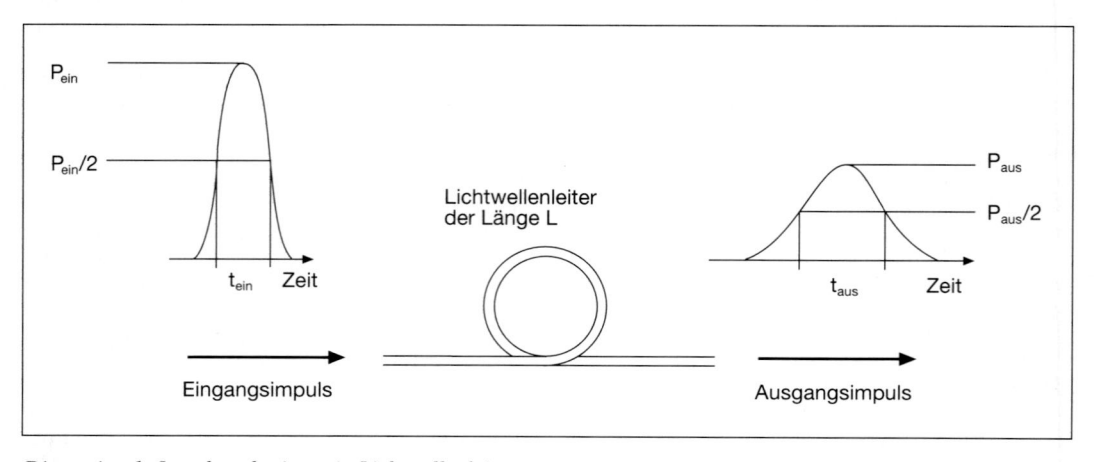

*Dispersion 1: Impulsverbreitung in Lichtwellenleitern*

optischen Impulses darstellt (Bild 1):

$$D = \frac{\Delta t}{L} = \frac{\sqrt{t_{aus}^2 - t_{ein}^2}}{L}.$$

Man unterscheidet zwischen Moden-D., beschrieben durch den Parameter $D_{mod}$, und der wellenlängenabhängigen chromatischen D., gegeben durch $D_{chr}$. Während bei vielwelligen Stufenfasern (r Multimodefaser) die Moden-D. i. allg. der bestimmende Faktor für die Impulsverbreiterung ist ($D_{mod} > D_{chr}$), muß bei Gradientenfasern zusätzlich noch die chromatische D. berücksichtigt werden. Für die Gesamt-D. ergibt sich

$$D = \sqrt{D_{mod}^2 + D_{chr}^2}.$$

Die einzelnen Moden in einer Stufenfaser legen unterschiedliche Wege zurück, wobei sich alle Moden mit der gleichen Geschwindigkeit ausbreiten. Dadurch erreichen sie zu unterschiedlichen Zeiten das Lichtwellenleiterende. Dies führt zur Aufweitung eines Eingangsimpulses. Für die zeitliche Verbreiterung gilt näherungsweise

$$\Delta t_{mod} \approx \frac{L \cdot n_K \cdot \Delta}{c},$$

mit $\Delta \approx \frac{n_K - n_M}{n_K}$ Brechzahldifferenz zwischen Kern und Mantel, L Faserlänge, c Lichtgeschwindigkeit. Ein typischer Wert für $D_{mod}$ liegt bei 50 ns/km.

Durch ein Gradientenbrechzahlprofil kann die Moden-D. um den Faktor $\frac{\Delta}{2}$ reduziert werden:

$$\Delta t_{mod} \approx \frac{L \cdot n_k}{c} \cdot \frac{\Delta^2}{2}.$$

Der typische Wert für $D_{mod}$ ist < 1 ns/km.

Die wesentlichen Beiträge zur chromatischen D. liefern Material-D. und Wellenleiter-D. Diese D.-Arten kommen durch die endliche spektrale Breite $\Delta\lambda$ der optischen Sender zustande.
Es gilt $D_{chr}(\lambda) = D_{mat} + D_{wel}(\lambda)$, mit $D_{mat}$ Material-D., $D_{wel}$ Wellenleiter-D. Für die zeitliche Impulsverbreiterung ergibt sich $\Delta t_{chr} = D_{chr}(\lambda) \cdot \Delta\lambda \cdot L$, soweit die Signalwellenlänge $\lambda_m$ nicht in unmittelbarer Nähe der Wellenlänge $\lambda_0$ liegt, bei der die chromatische Dispersion $D_{chr}$ gleich Null ist. In diesem Fall berechnet sich die Impulsverbreiterung aus

$$\Delta t_{chr} = \Delta\lambda \cdot L \cdot \sqrt{\left(D_{chr}(\lambda_m)\right)^2 + D_{chr}'(\lambda_0)^2 \cdot \frac{\Delta\lambda^2}{8}}$$

mit $D_{chr}'$ Steigung der D. an der Nullstelle.

Die Material-D. entsteht durch die Wellenlängenabhängigkeit der Brechzahl $n(\lambda)$; die einzelnen Lichtwellenlängenanteile haben im Glas unterschiedliche Geschwindigkeiten. Ein optischer Impuls mit der spektralen Breite $\Delta\lambda$ erfährt beim Durchlaufen der Glasfaser mit der Länge L die zeitliche Verbreiterung $\Delta t_{mat} = D_{mat} \cdot \Delta\lambda \cdot L$.

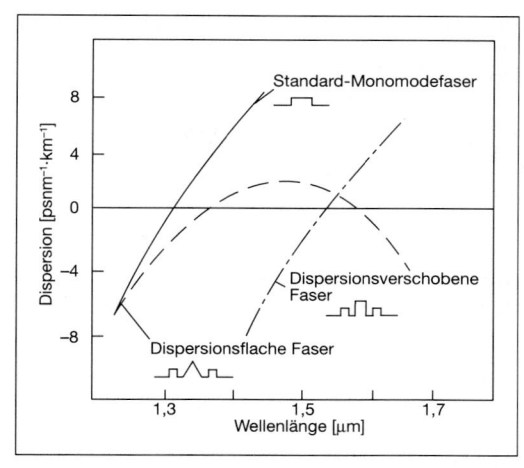

*Dispersion 2: D. von Monomodefasern mit verschiedenen Brechzahlprofilen*

Die Wellenleiter-D. entsteht durch die wellenlängenabhängige Verteilung des optischen Feldes auf Faserkern und -mantel. Die Anteile, die sich im Kern ausbreiten, besitzen eine kleinere Geschwindigkeit als die Anteile im Mantel. Die Impulsverbreiterung aufgrund der Wellenleiter-D. ist näherungsweise $\Delta t_{wel} = D_{welt} \cdot \Delta\lambda \cdot L$.

In Standardmonomodefasern haben Material- und Wellenleiter-D. unterschiedliche Vorzeichen und kompensieren sich zur Gesamtdispersion Null bei $\lambda \approx 1300$ nm, wo auch ein relatives Dämpfungsminimum vorliegt. Durch Wahl geeigneter Brechzahlprofile kann das D.-Minimum zu höheren Wellenlängen verschoben (dispersionsverschobene Faser) bzw. über einen bestimmten Wellenlängenbereich niedrig gehalten werden (dispersionsflache Faser) (Bild 2). Das D.-Verhalten einer Glasfaser bestimmt ihre Übertragungsbandbreite B. Für ein sinusförmig moduliertes Signal ergibt sich näherungsweise der Zusammenhang zwischen Impulsverbreiterung $\Delta t$ und Bandbreite B zu

$$B \approx \frac{0{,}44}{\Delta t},$$

wobei B die Bandbreite ist, bei der die Modulationsamplitude auf die Hälfte abgenommen hat (3-dB-Bandbreite).

Fasern mit großer negativer chromatischer D. werden zur D.-Kompensation eingesetzt. Durch geeignete Längenkombination mit einer Standardmonomodefaser kann die Gesamt-D. der Übertragungsstrecke minimiert werden. *Krauser*

Literatur: *Opielka, D.*: Optische Nachrichtentechnik. Braunschweig 1995.

**Display** ⟨*display*⟩ → Sichtgerät, → Bildschirmsichtgerät

**Display-File** ⟨*display file*⟩ → Rastergraphik

**Display, monochromes** ⟨*monochromatic display*⟩. → Bildschirmsichtgerät, dessen Bildpunkte nur zwei diskrete Zustände (z. B. Schwarz oder Weiß) wiedergeben bzw. anzeigen (s. auch → Sichtgerät).

*Encarnação/Ziegler*

**Distance Vector Routing (Wegewahl über Entfernungsvektor)** ⟨*distance vector routing*⟩. Ein dynamisches, verteiltes → Routing-Verfahren (→ Routing, dynamisches). Bei diesem Verfahren hält jeder Knoten eine Tabelle mit den Entfernungen zu allen anderen Knoten. Der Algorithmus, nach dem diese Entfernungen gesammelt und berechnet werden, funktioniert folgendermaßen:
– Ein Knoten wird mit seiner eigenen → Adresse konfiguriert.
– Ein Knoten wird ebenfalls mit den Kosten jeder seiner Verbindungsstrecken konfiguriert. Diese Kosten können z. B. in Messungen ermittelt worden sein.
– Die Tabelle jedes Knotens wird mit dem Wert der Entfernung zu sich selber (0) und einem Wert für alle anderen Ziele (∞) vorbesetzt.
– Jeder Knoten sendet seinen aktuellen Entfernungsvektor immer dann an alle Nachbarn, wenn sich einer der Werte geändert hat.
– Jeder Knoten speichert den jeweils aktuellen Entfernungsvektor jedes Nachbarn.
– Jeder Knoten berechnet seinen eigenen Entfernungsvektor zu jedem anderen Knoten im Netz. Die Kosten einer Verbindungsstrecke sind das Minimum aus den Kosten seiner Nachbarn für diese Strecke plus die Kosten der jeweiligen Verbindungsstrecke zu diesen Nachbarn.
– Ein Entfernungsvektor wird dann neu berechnet, wenn ein neuer Wert von einem Nachbarn gemeldet wird oder wenn entdeckt wird, daß ein Nachbar nicht mehr aktiv ist. In diesem Fall wird der Distanzvektor dieses Nachbarn verworfen.

Der Algorithmus wurde im → ARPA-Net verwendet. Es hat sich dabei gezeigt, daß er auch in einem großen Netzwerk robust arbeitet. Die leichte Implementierbarkeit macht ihn zusätzlich attraktiv. Der Grund, warum er durch ein anderes Verfahren, das → Link State Routing, ersetzt wurde, ist sein sehr langsames Konvergieren. Dies gilt insbesondere für die Reaktion auf „schlechte Nachrichten" (z. B. „Knoten x ist ausgefallen").

*Jakobs/Spaniol*

Literatur: Comer, D. E.: Internetworking with TCP/IP. Vol. 1: Principles, protocols and architecture. 2nd Edn. Prentice Hall, 1991.

**DIT** ⟨*DIT (Directory Information Tree)*⟩. Der DIT hält die Informationen des → X.500-Dienstes.

*Jakobs/Spaniol*

**DITR (Deutsches Informationszentrum für Technische Regeln)** ⟨*German Information Center for Technical Rules*⟩ → DIN-Norm

**Diversität** ⟨*diversity*⟩. D. im Zusammenhang mit einem → Rechensystem S bezeichnet das Vorhandensein mehrerer verschiedener Komponenten oder Subsysteme von S mit gleichen äußeren Soll-Eigenschaften. Man erreicht D. dadurch, daß die Komponenten oder Subsysteme unabhängig voneinander mit gleichen Vorgaben für ihre Soll-Eigenschaften konstruiert werden.

D. ist nützlich zur → Fehlererkennung für S; man kann mit diversitären Subsystemen von S → Relativtests konstruieren und durchführen. Mit diversitären Komponenten und Subsystemen von S steht zudem → Redundanz zur Verfügung, die für Maßnahmen der → Fehlertoleranz von S eingesetzt werden kann.

*P. P. Spies*

**DKE (Deutsche Elektrotechnische Kommission)** ⟨*German Electrotechnical Commission*⟩. Für die Erarbeitung und Auslegung von Texten elektrotechnischer Normen einschließlich Sicherheitsbestimmungen haben → DIN und → VDE (Verband Deutscher Elektrotechniker) als gemeinsames Organ die DKE gebildet (Sitz: Frankfurt/M). Die DKE ist in die Arbeit des NI (Normenausschuß Informationstechnik im DIN) durch entsprechende Abkommen mit eingebunden.

*Krückeberg*

**DMA** ⟨*DMA (Direct Memory Access)*⟩. Beschreibt einen Speicherzugriff einer Peripherieeinheit unter Umgehung des → Prozessors. Dieses Verfahren kann dazu verwendet werden, die Datenübertragung vom oder zum Speicher erheblich zu beschleunigen oder ohne Interruptverwaltung, d. h. ohne zeitintensiven Kontextwechsel, Daten von Peripheriegeräten entgegenzunehmen. Bei einem DMA wird dem Prozessor nach Beendigung seines laufenden Buszyklus der Bus entzogen. Der Entzug des Busses wird unabhängig davon durchgeführt, ob der Prozessor gerade Kernprozeduren oder sonstige ununterbrechbare Bereiche ausführt. Häufige Einsatzgebiete für DMA sind Zugriffe von „schnellen" Peripheriegeräten (z. B. Festplatten) oder Kommunikations-Controllern. Es werden zwei Varianten unterschieden:

☐ *Cycle Stealing.* Dabei belegt das Peripheriegerät in bekannten minimalen Abständen den Bus. Es können immer nur kleine Datenmengen übertragen werden. Der Vorteil dieser Variante liegt darin, daß der Prozessor nur für jeweils kurze Zeit keinen Buszugriff bekommt. Der Nachteil liegt darin, daß keine großen Datenübertragungsraten erreicht werden.

☐ *Block-DMA.* Hierbei überträgt das Peripheriegerät einen zusammenhängenden Speicherbereich in einem Stück. Diese Variante hat den Vorteil, daß große Datenmengen sehr schnell übertragen werden können. Manche Bussysteme optimieren den Datendurchsatz

weiter dadurch, daß nach der Startadresse des Blocks nur noch Daten ohne Adressen folgen. Durch diese Maßnahme verringert sich die Buslast erheblich.
*Petters*

**DMC-System** ⟨*DMC (Desktop Multimedia Conferencing) system*⟩ → Desktop-Multimediakonferenzsystem

**DME** ⟨*DME (Distributed Management Environment)*⟩. Von der Open Software Foundation (→ OSF) entwickelte Computerumgebung, die sich jedoch – im Gegensatz zu dem OSF-Produkt Distributed Computing Environment (→ DCE) – bisher nicht durchsetzen konnte. Die DME ist ein zu DCE kompatibles Produkt, das auf der Betriebssystem- und Transportdienstschnittstelle aufsetzt. Darauf basierend werden verschiedene Managementprotokolle unterstützt. Der Nutzer kann über ein spezielles Management User Interface auf das System zurückgreifen. *Popien/Spaniol*
Literatur: Sloman, M. (Ed.): Network and distributed systems management. Addison-Wesley, 1994. – Hegering, H.; Abeck, S.: Integriertes Netz- und Systemmanagement. Addison-Wesley, 1993.

**DML** ⟨*DML (Data Manipulation Language)*⟩. Dient dazu, → Anfragen an eine → Datenbank zu stellen und den Inhalt der Datenbank zu ändern (→ DDL, → DCL). *Schmidt/Schröder*

**DNA** ⟨*DNA (Digital Network Architecture)*⟩. Protokollarchitektur (→ Übertragungsprotokoll) der Digital Equipment Corporation (DEC), die früher den Rahmen für jegliche Kommunikation zwischen DEC-Endgeräten bildete. Mittlerweile wird jedoch auch bei DEC-Produkten weitgehend die → TCP/IP-Protokollwelt eingesetzt (sieht man von VAX-Clustern ab). Das Bild zeigt die Relation der Protokollebenen von DNA im Vergleich zum → OSI-Referenzmodell. Die Gesamtfunktionalität ist stark an die von OSI angelehnt.

DNA ermöglicht die Etablierung von sowohl → LAN als auch WAN und integriert wohldefinierte Schnittstellen zu anderen Weitverkehrsnetzen wie → SNA und → X.25. Auf → Sicherungsebene werden DDCMP (Digital Data Communications Message Protocol) von DEC, X.25 und → Ethernet unterstützt. Ein auf der Basis von DNA realisiertes Netzwerk wird DECnet genannt. *Fasbender/Spaniol*
Literatur: Madron, T. W.: Local area networks – the second generation. John Wiley, 1988.

**Docking, molekulares** ⟨*molecular docking*⟩. Prozesse in lebenden Organismen basieren auf biochemischen Reaktionen, bei denen die beteiligten Moleküle aneinander binden bzw. solche Bindungen sich wieder lösen. Dieser Bindungsprozeß wird m. D. genannt. Bei den beteiligten Molekülen handelt es sich um DNA, RNA, Proteine und niedermolekulare organische oder metallorganische Verbindungen. M. D. wird heute mit verschiedenen rechnergestützten Methoden analysiert.

M. D. zwischen Proteinen findet z. B. in unserem Immunsystem statt. Dort binden spezielle Enzyme, die sog. Proteasen, an körperfremde Proteine und spalten die Proteinketten an speziellen Bindungsstellen. Dann dissoziieren die Proteasen wieder von den Spaltprodukten.

Docking zwischen Proteinen und DNA findet z. B. beim Transkriptionsprozeß des genetischen Code im ersten Schritt der biologischen Proteinsynthese statt.

Besonders wichtig für pharmazeutische Anwendungen ist das Docking zwischen Proteinen und niedermolekularen organischen und metallorganischen Verbindungen. Solche Verbindungen sind aufgrund ihrer Lagerfähigkeit und, da sie in vielen Fällen oral verabreicht werden können, als Medikamente besonders geeignet. Sie haben in dieser Eigenschaft meistens die Rolle von *Inhibitoren*. Das heißt, daß die Moleküle an Bindungsstellen von Enzymen, also Proteinen, fest anlagern und so das Enzym in seiner katalytischen Aktivität blockieren. Damit werden metabolische Prozesse unterbrochen und so die gewünschte Kontrolle auf den Organismus ausgeübt. Das Enzym wird in diesem Zusammenhang auch als der *Rezeptor*, der Inhibitor als der *Ligand* bezeichnet. Das Bild zeigt einen molekularen Komplex zwischen dem Enzym (Protein) Dihydrofolat-Reduktase (DHFR) und dem Inhibitormolekül Methotrexat (MTX). Das Anlagern von MTX an DHFR unterbricht einen metabolischen Pfad beim Stoffwechsel des Zellwachstums. Deshalb wird MTX zur Behandlung von bösartigen Tumoren eingesetzt, in denen das Zellwachstum außer Kontrolle geraten ist.

Beim sog. *rationalen Wirkstoffentwurf* wird versucht, ein Inhibitormolekül wie etwa MTX auf der Basis der Kenntnis der räumlichen Struktur des zugehörigen Rezeptors (etwa DHFR) zu entwickeln. Dabei kommt der Rechner zum Einsatz. Zum einen werden am Gra-

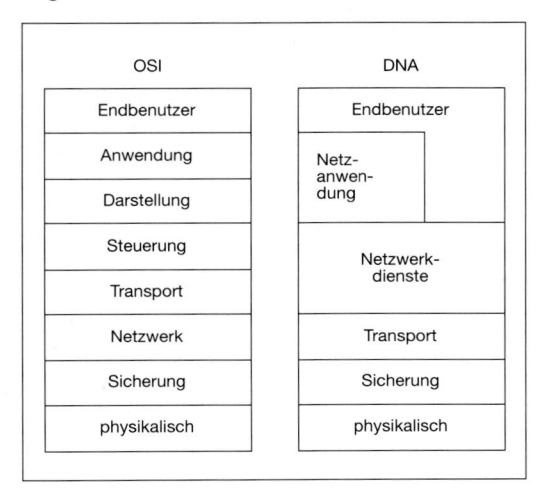

| OSI | DNA | |
|---|---|---|
| Endbenutzer | Endbenutzer | |
| Anwendung | Netz-anwendung | |
| Darstellung | | |
| Steuerung | Netzwerk-dienste | |
| Transport | | |
| Netzwerk | Transport | |
| Sicherung | Sicherung | |
| physikalisch | physikalisch | |

*DNA: Protokollebenen in Relation zum OSI-Referenzmodell*

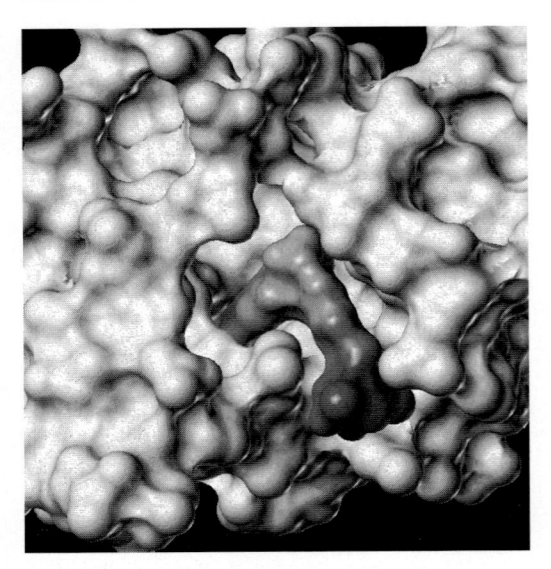

*Docking, molekulares: Molekularer Komplex*

phikbildschirm die molekularen Strukturen sichtbar gemacht. Zum anderen werden konformationelle und energetische Analysen vorgenommen, um die Qualität eines Vorschlages für einen molekularen Komplex zu bemessen. Die Qualität eines Liganden als Inhibitor für einen Rezeptor ergibt sich aus seiner komplementären molekularen Oberfläche und aus der Möglichkeit, chemische Wechselwirkungen (Wasserstoffbrücken, ionische und hydrophobe Wechselwirkungen etc.) auszubilden.

In den letzten Jahren ist man über eine Verwendung des Rechners als interaktives Modellierungswerkzeug hinausgegangen. Dabei kann die Suche nach einem geeigneten Inhibitor für einen Rezeptor grundsätzlich zwei Formen annehmen. Beim *de-novo-Design* wird ein niedermolekularer Ligand aus Fragmenten stückweise in der Bindungstasche des Rezeptors aufgebaut. Dabei wird auf sterische Komplementarität, also geometrische Paßform, geachtet, und geeignete Wechselwirkungen zwischen Ligand und Rezeptor werden Stück für Stück gebildet. Beim *Rezeptor-Ligand-Docking* dagegen werden Datenbanken von bereits verfügbaren Liganden (→ Datenbank, biologische) durchsucht. In einer Filterphase werden dabei zunächst chemisch offensichtlich nicht in Frage kommende Liganden ausgesondert. Die verbleibende Menge von hunderten bis wenigen tausend Liganden wird, einer nach dem anderen, im Rechner in die Bindungstasche des Rezeptors plaziert. Die ganz wenigen energetisch am besten bewerteten Liganden werden dann weiteren genaueren Untersuchungen unterzogen.

Die Modellierung der energetischen Situation wird insbesondere dadurch kompliziert, daß nicht nur enthalpische (Wechselwirkungs-)Terme, sondern auch entropische Beiträge berücksichtigt werden müßten. Die Modellierung der entropischen Terme ist heute jedoch erst sehr eingeschränkt möglich.

Neben der Schwierigkeit des geeigneten Energiemodells bildet die strukturelle Flexibilität der beteiligten Docking-Partner ein zweites Problem, das eher kombinatorischen Charakter hat. Dabei sind Proteine nur eingeschränkt flexibel, ändern jedoch ihre Konformation während des Docking-Prozesses meist geringfügig (induced fit). Demgegenüber ist ein niedermolekularer Ligand oft hochflexibel und kann im Prinzip Millionen bis Milliarden verschiedenartiger Konformationen annehmen.

Heutige Software-Werkzeuge können einen Rezeptor-Ligand-Komplex in einigen Minuten auf einer Workstation bewerten. Bei dieser Analyse wird der Rezeptor noch häufig als starr angenommen, während die Flexibilität des Liganden berücksichtigt wird. Eine entsprechende Bewertung von Komplexen zwischen zwei Proteinen geht heute noch von der Starrheit beider Partner aus, was bezüglich der Vorhersagegenauigkeit eine ernste Einschränkung darstellt. Die genaue Analyse der energetischen Situation sowie die Berücksichtigung struktureller Flexibilität von Proteinen benötigt Rechenzeiten, die wenigstens zehn- bis hundertmal länger sind. Dabei kommen auch Parallelrechner zum Einsatz.

Die Analyse molekularer Wechselwirkungen wird erheblich erschwert, wenn die räumliche Struktur des Rezeptors nicht bekannt ist. In diesem Fall, der heute noch in der Mehrzahl der Anwendungen auftritt, versucht man, durch einen Vergleich und eine Überlagerung von an den Rezeptor bindenden Liganden ein Modell für die Rezeptorstruktur abzuleiten. Auch hier bilden sowohl eine geeignete Modellierung der chemischen Eigenschaften als auch die Beherrschung der strukturellen Flexibilität die Engpässe für die Modellierungsmethoden.

Das Zusammenspiel mehrerer zeitlich aufeinander folgender molekularer Wechselwirkungen baut *metabolische Pfade* auf. Aus deren Zusammenspiel wiederum entstehen i. allg. hochkomplexe *metabolische Netzwerke*. Deren Verständnis ist letztlich die Grundlage für eine umfassendere Modellierung metabolischer Vorgänge (→ Metabolic Engineering).

*Lengauer*

Literatur: *Alberts* et al.: Molecular biology of the cell. 2nd Edn. New York 1989. – *Lengauer, T.* and *M. Rarey*: Methods for predicting molecular complexes involving proteins. Current Opinion in Structural Biology 6 (1996) pp. 402–406. – *Stryer, L.*: Biochemistry. 4th Edn. New York 1995.

**Dokument** ⟨document⟩. Strukturierte Menge → Text, die von den Benutzern digitaler Bürotechnologie als eine Einheit erstellt, ausgetauscht, weiterbearbeitet und dargestellt werden kann. Ein D. enthält i.d.R. Strukturinformationen, Inhaltsinformationen und evtl. zusätzliche Verwaltungsinformationen und unterliegt häufig einer → Dokumentarchitektur.

Dabei handelt es sich bei den Inhaltsinformationen um jene Informationen, die den eigentlichen Text des D. ausmachen (→ Schriftzeicheninformationen, → Rasterbildinformationen, Graphikinformationen; zunehmend auch Audio und Video). Strukturinformationen hingegen sind jene Informationen, die die Unterteilung des D. in Strukturbestandteile wie Kapitel, Absätze, Seiten, Spalten und deren Eigenschaften für die Bearbeitung des D., insbesondere für die Formatierung und Darstellung, beschreiben.

*Schindler/Bormann*

**Dokumentarchitektur** ⟨*document architecture*⟩. Beschreibungsmodell für → Dokumente und die ihnen innewohnenden Strukturen sowie für dokumentübergreifende Gemeinsamkeiten einer Gruppe von ähnlichen Dokumenten (→ Dokumentklasse). D. können sowohl Dokumente in bearbeitbarer Form (d. h. ohne die vom Formatierer erzeugten Informationen) als auch in formatierter Form (d. h. ohne die für die Funktion des Formatierers erforderlichen Informationen) als auch Mischformen von beiden modellieren. Ein konkretes Modell dieser Art wurde als → Bürodokumentarchitektur standardisiert. *Schindler/Bormann*

**Dokumentaustausch** ⟨*document interchange*⟩. Übermittlung von → Dokumenten in einem Kommunikationsnetz zum Zwecke der Weiterbearbeitung oder Dokumentdarstellung (im Gegensatz zur uninterpretierten Speicherung). Durch Verwendung standardisierter Kommunikationsprotokolle und → Dokumentaustauschformate ist der D. auch in heterogenen Netzen möglich. *Schindler/Bormann*

**Dokumentaustauschformat** ⟨*document interchange format*⟩. Repräsentation der Strukturinformationen, Inhaltsinformationen und Verwaltungsinformationen eines → Dokuments zum Zwecke des → Dokumentaustauschs. Wichtigstes D. im Rahmen der → Bürodokumentarchitektur ist → ODIF. *Schindler/Bormann*

**Dokumentklasse** ⟨*document class*⟩. Im Rahmen der → Bürodokumentarchitektur Beschreibung der gemeinsamen Eigenschaften einer Gruppe von ähnlichen → Dokumenten, z. B. von Berichten, Briefen, Formularen. In der D. werden u. a. Regeln dafür festgelegt, welche logischen Strukturen und Layout-Strukturen die Dokumente dieser Klasse besitzen können. Beispiele: Anzahl der Hierarchiestufen von Kapiteln, wo können Fußnoten verwendet werden; einspaltige oder zweispaltige Seiten, automatisch erzeugte Kopfzeilen und Fußzeilen. Darüber hinaus werden in der D. Fehlwerte (Default-Werte) für Eigenschaften dieser Strukturelemente festgelegt, z. B. Regeln zur Formatierung (Abstände, Unteilbarkeit, Schriftarten, Hervorhebungsarten etc.).

Eine D.-Definition besteht aus der Definition von Objektklassen. Jede Objektklasse legt die Eigenschaften der dadurch definierten Art von Strukturelement fest. So kann z. B. eine Objektklasse „Absatz" → Schriftzeicheninformationen als Art der Inhaltsinformationen festlegen und für deren Formatierung bestimmte Abstände, einen Einzug oder Blocksatz vorsehen. Die Objektklasse „Bild" mag dagegen → Rasterbildinformationen als Art der Inhaltsinformationen festlegen und für deren Formatierung eine Unteilbarkeit vorsehen. Objektklassen können bereits vordefinierte Inhaltsstücke besitzen, die in allen Dokumenten dieser Klasse verwendet werden, z. B. Firmenlogos oder Urheberrechtsvermerke.

Die Verwendung von D.-Definitionen hat folgende Vorteile:
– automatische Überprüfung der Erzeugung klassenkonformer Dokumente im → Editor;
– automatische Formatierung, d. h. Ableiten der Layout-Struktur aus der logischen Struktur aufgrund der Richtlinien in der Klasse;
– erhöhte Effizienz beim Editieren, Speichern und Übertragen von Dokumenten, da alle unveränderlichen Informationen nur einmal editiert, abgelegt bzw. übertragen werden müssen (Setzen von Fehlwerten).

D.-Definitionen können sowohl allgemein bekannt und verfügbar (z. B. über Registrierung) als auch für Spezialanwendungen konzipiert worden sein.

*Schindler/Bormann*

**Domäne** ⟨*domain*⟩. Menge von → Objekten, die in einer bestimmten Beziehung zueinander stehen. D. werden eingeführt, um Objekte zusammenzufassen oder den Zuständigkeitsbereich von Managern festzulegen. D. müssen nicht disjunkt sein, sondern können einander überlappen. Weiterhin können D. Subdomains enthalten.

*Beispiel*

Eine → Adresse im → Internet hat die allgemeine Form local_part@ domain_part. Der domain_part kann z. B. folgendes Aussehen haben: informatik.rwth-aachen.de. Hierbei ist „informatik" eine Subdomain von „rwth-aachen", die ihrerseits wiederum eine Subdomain von „de" (Deutschland) ist.

Alle Mitglieder einer Subdomain sind indirekt auch Mitglieder der übergeordneten D. Wird ein indirektes Mitglied aus einer Subdomain entfernt, so berührt dies seine Mitgliedschaft in der übergeordneten D. nicht notwendigerweise. Zwei disjunkte D. sind durch technologische oder administrative Grenzen getrennt (s. auch → Datenmodell). *Jakobs/Meyer/Spaniol*

**Domain** ⟨*domain*⟩ → Domäne

**Dominoeffekte** ⟨*domino effects*⟩. D. für Fehler von → Rechensystemen können auftreten, wenn bei voneinander abhängigen Aufträgen und Operationen Feh-

ler bei der Ausführung eines Auftrags Fehler für andere Aufträge verursachen. D. lassen sich durch systematische Beschränkungen und Strukturierung der Wirkungsbereiche von → Berechnungen vermeiden oder begrenzen.
*P. P. Spies*

**Doppelader** ⟨twisted pair/two-wire circuit⟩ → Übertragungsmedium

**Dot-Maschine** ⟨dot machine⟩. Abstrakte (graphische) Maschine, die als formale Beschreibung für sog. „punktebeschreibende" Geräte dient. Die Darstellungsfläche ist mit einem Gitter mit den Gitterkonstanten (gx, gy) versehen. Die D.-M. kann nur an den Gitterpunkten, welche die adressierbaren Punkte des Gerätes sind, einen mit einer Farbe versehenen Dot (dot) zeichnen.

Die Maschine kann verschiedene konkrete Ausprägungen haben, die mittels Parameter bestimmt werden. Ausprägungen sind beispielsweise Größe der Darstellungsfläche oder Anzahl und Art der verfügbaren Werkzeuge.

Ein Dot ist ein ebenes geometrisches → Objekt, meist ein Kreis; es kann aber auch Ellipse, Rechteck oder Dreieck sein.

Die Farbwertmenge F für die Maschine wird in zwei disjunkte Teilmengen Fc und Fn zerlegt, so daß Fc die eigentliche Farbwertmenge, d. h. die auf der Darstellungsfläche sichtbaren Farben, enthält und $F_n$ die Menge der abstrakten Farbwerte, sog. Farbindizes, enthält. Die eigentliche Farbwertmenge kann auch Fc = {schwarz, weiß} sein.

Durch die Farbindizes kann ein Referenzbild auf der Darstellungsfläche manipuliert werden. Ist z. B. ein Dot eine Kreisscheibe mit Durchmesser d, wobei d aus einer endlichen Menge d von Durchmessern ist, so können die Farbindizes die Ausprägung des Dot in Durchmesser und tatsächlichen Farbwert darstellen (Fn ist Teilmenge von D×Fc). Die Farbindizes dienen also als Look-up-Table (Farbtabelle).

Durch Definieren einer Referenzbildalgebra und einer Befehlsstruktur können nun unterschiedliche Geräte als Dot-Maschine realisiert werden. Beispiele solcher Geräte sind → Rasterbildschirm, Rasterfolie für Offsetdruck, Fernschreiber, Schnelldrucker und Fernseher (→ Stroke-Maschine).
*Encarnação/Loseries*

**Downlink** ⟨downlink⟩. In einem Funknetz bezeichnen D. und → Uplink (U.) eine Kommunikationsrichtung. Kanäle, die von einer Funkfeststation bzw. einem Satelliten benutzt werden, um mit (mobilen) Benutzerstationen bzw. Bodenstationen zu kommunizieren, werden als D.-Kanäle bezeichnet. Die Trennung zwischen D. und U. kann in der Frequenz durch Zuweisung unterschiedlicher Teilbänder des Spektrums (→ FDMA) oder in der Zeit durch Zuweisung unterschiedlicher Slots (→ TDMA) für D. und U. realisiert werden.
*Hoff/Spaniol*

**DQDB** ⟨DQDB (Distributed Queue Dual Bus)⟩. Ein innerhalb des Gremiums IEEE 802.6 standardisiertes (und von der → ISO im 8802.6-Standard adaptiertes) Hochgeschwindigkeitsnetzwerk mit → Rundspracheigenschaft, das für geographisch ausgedehnte Bereiche mit Medienlängen von etwa 5 bis 50 km (→ MAN, Metropolitan Area Network) entwickelt wurde. DQDB ist hauptsächlich auf die Verbindung lokaler Netzinseln (→ LAN) innerhalb einer Organisation oder auch innerhalb eines größeren öffentlichen Bereichs wie einer Stadt ausgerichtet. Als Übertragungseinheit wurde trotzdem bewußt die bei → B-ISDN vereinbarte 53-Byte-Zellstruktur übernommen und damit die Kompatibilität zu zellbasierten Übertragungsverfahren (→ ATM) der heutigen Generation von Weitverkehrsnetzen gewahrt.

Die Netztopologie basiert auf einem Paar unidirektionaler optischer Busse (→ Übertragungsmedium, → Bus) mit entgegengesetzter Übertragungsrichtung. Pro Bus gibt es eine Kopfstation, die Frames gleicher Größe mit einer festgelegten Anzahl von Slots („Zeitschlitzen") à 53 Bytes generiert und sie auf den Bus gibt. Nachdem die Slots evtl. mehrfach durch die angeschlossenen Stationen genutzt worden sind, werden sie am Busende von einer Zielstation absorbiert. Es sind zwei Architekturen möglich: eine offene Topologie, bei der die Kopfstationen der beiden Busse räumlich voneinander getrennt sind, und eine ringförmige Topologie, bei der ihre Anfangs- und Endpunkte beider Busse in einer Station vereinigt sind. Ein ringförmiger Aufbau bietet den Vorteil der → Fehlertoleranz, d. h., bei einer → Unterbrechung des Mediums können die der Unterbrechung nächstgelegenen Stationen die Aufgaben der Verwaltung der Busse übernehmen. Dieser Vorteil wird allerdings mit einem erhöhten Verkabelungsaufwand erkauft.

Der Medienzugang (→ Medienzugangskontrolle) wird über eine verteilte → Warteschlange realisiert. Eine Station i, die einen Sendeslot auf einem der Busse nutzen will (der je nach Lage der Zielstation gewählt wird), äußert ihren Sendewunsch auf dem anderen Bus, indem sie das R-Bit (Request) eines vorbeikommenden Slots setzt. Für jeden Slot mit gesetztem R-Bit, der die Station i passiert, erhöht sie einen internen Zähler (Request Counter, RC) um 1. Analog wird RC bei jedem freien Slot (B(usy)-Bit=0), der auf dem Sendebus weitergeleitet wird, um 1 dekrementiert (Bild). Dadurch hält RC immer den aktuellen Stand ausstehender Slotanfragen auf dem Sendebus durch Stationen, die von i aus gesehen „downstream" (also in Richtung des Endpunktes des Busses) liegen. Wird nun von Station i eine Reservierung initiiert, wird der aktuelle Stand von RC in ein spezielles Register, den Countdown Counter (CC), kopiert. Damit wird die wartende Sendung in die verteilte Warteschlange eingereiht. Freie Slots auf dem Sendebus führen nun auch zu einer Dekrementierung von CC. Die erste freie Zelle, nachdem CC den Wert 0 erreicht hat, wird zum Senden genutzt.

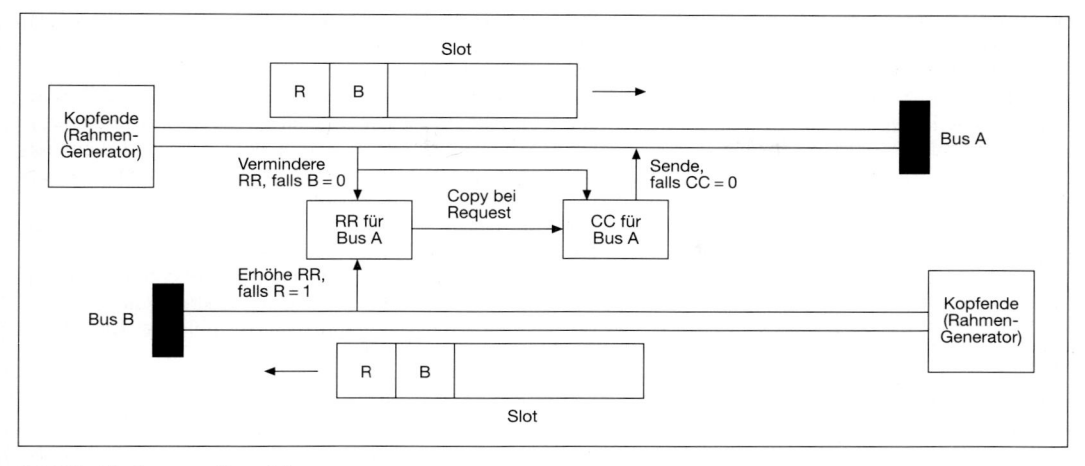

*DQDB: Medienzugriffsverfahren*

Eine Anzahl weiterer Vereinbarungen im Standard ist z. B. der Verwaltung der vier möglichen Prioritäten, der Behandlung synchroner Dienste sowie der Begegnung von Unfairness beim Medienzugriff gewidmet (Stationen, die näher zum Kopfende liegen, werden durch das beschriebene Verfahren bevorzugt und müssen daher von Zeit zu Zeit freiwillig Slots ungenutzt passieren lassen). *Fasbender/Spaniol*

Literatur: *Halsall, F.*: Data communications, computer networks and open systems. Addison-Wesley, 1992. – IEEE 802.6/ISO 8802.6: Distributed queue dual bus access method and physical layer specification (1993).

**DQS** ⟨*DQS*⟩ → Deutsche Gesellschaft zur Zertifizierung von Managementsystemen mbH

**Drahtmodell** ⟨*wire frame model*⟩. Im Bereich der geometrischen → Modellierung werden D. zur Darstellung von dreidimensionalen Körpern verwendet. Sie approximieren räumliche Objekte durch polygonal begrenzte Flächen (Bild). Hauptvorteil dieser Darstellungsform sind ihre Allgemeinheit, die algorithmische Ableitbarkeit aus anderen Darstellungsformen und eine einfache Mathematik. Nachteilig ist, daß gekrümmte Oberflächen durch eine i. allg. große Anzahl von Polygonen approximiert werden müssen. Dies bläht die Datenmenge auf und verlangsamt die Systeme erheblich.

Für D. existieren verschiedene Speicherungs- und Repräsentationsformen. Bei der *expliziten Kantendarstellung* erfolgt die Speicherung der räumlichen Objekte durch eine Ecken-, eine Kanten- und eine Polygonliste. Die Eckenliste enthält die Koordinaten der Eckpunkte, die Kantenliste Verweise zu den Eckpunkten und Polygonen und die Polygonliste Verweise zu Kanten in der Kantenliste. Diese Speicherungsform besitzt folgende Eigenschaften:
– Effiziente Ausnutzung des Speicherplatzes, da Eckpunkte, die zu mehreren Polygonen gehören, nur einmal gespeichert werden.
– Die Suche und Manipulation von Eckpunkten wird erleichtert, da keine Duplikate durch Mehrfachspeicherung existieren.
– Beim Zeichnen eines Polygonnetzes werden Kanten, auch wenn sie zu mehreren Polygonen gehören, nur einmal ausgegeben. *Encarnação/Loseries/Büchler*

**Drawing-Controller** ⟨*drawing controller*⟩ → Graphikprozessor

**Drei-GL** ⟨*3GL (Third Generation Language)*⟩. Eine → Programmiersprache der dritten Generation, welche leistungsfähige Daten- und Ablaufabstraktionen zur Formulierung von → Algorithmen bietet. Im Gegensatz zu → Vier-GLs und → Datenbankprogrammiersprachen bieten sie jedoch keine Abstraktionen zur Verwaltung persistenter (→ Persistenz) Datenbestände und zum Aufbau graphischer Benutzeroberflächen. 3GLs können aber als → Wirtssprachen für spezialisierte Sprachen, z. B. Datenbanksprachen wie → SQL, dienen.

*Schmidt/Schröder*

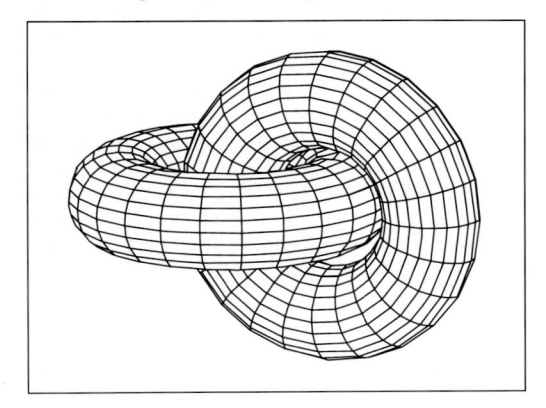

*Drahtmodell: D. eines räumlichen Objektes*

**Drucker** ⟨*printer*⟩. Im Rahmen einer digitalen → Rechenanlage ein → Peripheriegerät zur Datenausgabe in Schriftform, die durch den Menschen unmittelbar lesbar ist. Alternativen sind Ausgabegeräte, die eine nur maschinenlesbare Form erzeugen (z. B. auf → Magnetbändern) oder graphische Darstellungen (z. B. → Sichtgeräte).

D. können nach verschiedenen Kriterien klassifiziert werden. Nach dem verwendeten Druckverfahren sind mechanische (impact printer) und nichtmechanische (non-impact printer) D. zu unterscheiden. Bezüglich der Arbeitsweise gibt es Zeichendrucker, bei denen Zeichen für Zeichen zu Papier gebracht wird, Zeilendrucker, bei denen zunächst in einem Puffer ein vollständiges Zeilenbild aufgebaut wird und dann alle Zeichen dieser Zeile mehr oder weniger gleichzeitig gedruckt werden, und schließlich Seitendrucker, bei denen jeder Ausgabevorgang das Bild einer ganzen Seite erzeugt.

Charakteristische Merkmale eines D. sind die Anzahl der gedruckten Zeichen oder Zeilen pro Zeiteinheit (Geschwindigkeit), der Zeichenvorrat (nur Großbuchstaben, Ziffern und Sonderzeichen oder auch Kleinbuchstaben oder auswechselbare Alphabete), die Zeilenlänge (bis 160 Zeichen) und das Schriftbild (Verwendung von Typen für jedes Zeichen oder mosaikartige Zusammensetzung in einem Punktraster).

☐ Zu den *Zeichendruckern* gehören die Blattschreiber, das sind für Datenein- und -ausgabe speziell eingerichtete Schreibmaschinen und Fernschreiber. Soweit sie mit Typenhebel oder Kugelkopf arbeiten, spielen sie wegen ihrer geringen Geschwindigkeit (bis zu 30 Zeichen/s) in der Datenverarbeitung nur noch als Dialoggeräte eine Rolle. Schneller sind die mit Mosaikdruck (Rasterdruck, Matrixdruck) ausgerüsteten Geräte: Bei ihnen bewegt sich ein Druckkopf über das Papier, der Drahtstifte in einer rechteckigen Anordnung (Matrix) enthält. Die zum Abdruck eines Zeichens erforderlichen Stifte werden mit Hilfe eines Magneten herausgeschoben. Verbreitet sind Mosaikdrucker mit einer 5×7- bzw. 7×9-Matrix; bei Verwendung einer größeren Matrix wird zwar der Aufwand größer, aber das Schriftbild besser. Die Geschwindigkeit dieser Geräte beträgt ca. 100 Zeichen/s und kann bis zu 660 Zeichen/s gesteigert werden, indem der Druckkopf mehrere Druckmatrizen nebeneinander enthält. Zeilendrucker erreichen bis zu 2000 Zeilen/min.

☐ Beim *Trommeldrucker* enthält die Trommel für jede Druckposition den gesamten Schriftzeichenvorrat; dessen Größe ist also durch den Trommelumfang begrenzt. Die Trommel dreht sich mit konstanter Geschwindigkeit, und das Papier wird von einem (hinter dem Papier befindlichen) Hammer genau in dem Augenblick gegen die Trommel gedrückt, in dem das auf dieser Druckposition gewünschte Zeichen „vorbeifliegt" (fliegender Abdruck).

☐ Beim *Kettendrucker* läuft in Zeilenrichtung eine Kette als Typenträger am Papier vorbei. Da jede Position der Kette an allen Druckpositionen vorbeikommt, ist der Zeichenvorrat prinzipiell nur einmal erforderlich, so daß ein größerer Zeichenvorrat als beim Trommeldrucker möglich ist. Da die umlaufende Kette wesentlich länger als die 130 bis 160 Druckpositionen umfassende Zeile sein muß, kann sie den Zeichenvorrat mehrfach aufnehmen. Dies trägt zur Geschwindigkeitssteigerung bei, weil nur ein Teil eines Kettenumlaufs zum Druck einer Zeile erforderlich ist.

☐ Die *nichtmechanischen* D. sind wesentlich schneller, da bei ihnen keine Typenträger oder Anschlagvorrichtungen bewegt werden müssen. Sie sind daher i. allg. auch leiser und erzeugen ein besseres Schriftbild. Sie finden daher zunehmende Verbreitung. Der Druck erfolgt hier in mehreren Phasen:

– Zunächst wird die mit konstanter Geschwindigkeit rotierende Fotoleitertrommel gleichförmig aufgeladen.
– Auf dieser Trommel werden im zweiten Arbeitsgang genau diejenigen Stellen belichtet, die dem Abbild der zu druckenden Zeichen entsprechen; an diesen Stellen verliert die Fotoleiterschicht aufgrund der Belichtung ihre Ladung. Um eine besonders enge Bündelung des Lichtstrahls zu erreichen, wird Laserlicht verwendet (→ Laser-D.). Bei diesem Belichtungsvorgang können auch Formularmuster hinzuprojiziert werden, so daß ohne Papierwechsel verschiedene Formulare verwandt werden können.
– Anschließend wird das Bild erzeugt, indem auf die Trommel ein in der gleichen Weise aufgeladenes Farbpulver aufgebracht wird, das daher an den unbelichteten Stellen abgestoßen wird.
– Entgegengesetzt aufgeladenes Papier wird geschwindigkeitsgleich an der Trommel vorbeigeführt, wobei das Farbpulver übertragen wird; schließlich wird das Seitenbild durch Wärme fixiert. Die Geschwindigkeit dieser D. beträgt bis zu 20000 Zeilen/min.

☐ Andere nichtmechanische D. sind der Tintenstrahl- und der Thermo-D. Beim *Tintenstrahldrucker* wird das Schriftbild durch Tinte erzeugt, die aus einer oder mehreren Düsen austritt. Dabei gibt es sowohl den Fall einzelner Tintenpartikel, die aus mehreren, nach dem Mosaikprinzip angeordneten Düsen austreten, als auch den Fall eines kontinuierlichen Tintenstrahles, der durch ein elektrisches Ablenkfeld bewegt wird. Beim *Thermodrucker* wird das Schriftbild durch kurzzeitiges Erwärmen der mit dem Papier in Kontakt stehenden Mosaikpunkte in das Papier eingebrannt.

Im Gegensatz zu den elektromechanischen Schnell-D. werden bei einem Laser-D. die zu druckenden Zeichen nicht durch mechanischen Druck auf ein Farbtuch, sondern durch einen Laserstrahl erzeugt. Laser-D. drucken ca. 10mal so schnell wie bisherige Schnell-D., nämlich bis zu 1,2 Mio. Zeilen/Std.  *Bode/Schneider*

**DS** ⟨*DS (Directory Service)*⟩ Verzeichnisdienst (→ X.500).

**DSA** ⟨*DSA (Directory System Agent)*⟩. Die Gesamtheit aller DSA erbringen den → X.500-Dienst.

*Jakobs/Spaniol*

**DSP** ⟨*DSP (Directory System Protocol)*⟩. (→ X.500, → OSI). Beschreibt die Regeln für die Kommunikation zwischen den einzelnen → DSA. *Jakobs/Spaniol*

**DSS1** ⟨*DSS1 (Digital Subscriber Signalling System No 1)*⟩ → Euro-ISDN

**DSSSL** ⟨*DSSSL (Document Style Semantics and Specification Language (ISO/IEC 10 179))*⟩. ISO-Standard, der Sprachmittel bereitstellt, um → Dokumenten, die mit → SGML ausgezeichnet wurden, Verarbeitungsregeln zuzuordnen. In DSSSL werden zwei verschiedene Dokumentverarbeitungsprozesse unterschieden, die hintereinander durchlaufen werden (können):
☐ Der *Transformation Process* wandelt ein SGML-Dokument auf der Grundlage einer DSSSL-Spezifikation in ein anderes SGML-Dokument. Ziel dieser Umwandlung ist i. d. R. eine Aufbereitung des Dokuments für die spätere Weiterverarbeitung z. B. in einem Formatierer. Dabei können z. B. Attribute für die Formatierung hinzugefügt, die Kapitelnumerierung erzeugt, Teile des Dokumentinhalts ausgeblendet oder umsortiert werden. Eine weitere Anwendung ist die Umwandlung eines Dokuments gemäß den Regeln einer anderen → Dokumentklasse. Die Sprache zur Spezifikation der Verarbeitungsregeln und ihrer Zuordnung zu den relevanten Teilen des Quelldokuments basiert auf Konzepten der Programmiersprache Scheme.
☐ Der *Formatting Process* sorgt für die Umwandlung des Dokuments in ein Seiten-Layout. Die zugehörige DSSSL-Spezifikation steuert die Formatierung und liefert dazu Regeln für die Platzverwaltung auf den Seiten, den Zeilenumbruch, die Silbentrennung etc.
*Schindler/Bormann*

**DTAM** ⟨*DTAM (Document Transfer, Access and Manipulation)*⟩. Sammelbezeichnung für eine Gruppe von Standards der → ISO bzw. → ITU zur Dokumentbearbeitung. Bekannte Vertreter aus diesem Bereich sind → ODA und → ODIF. DTAM benutzt die Dienste von → X.400, → ACSE, → ROSE und → RTSE.
Ein wesentlicher Bestandteil von DTAM ist der Document Filing and Retrieval Service (DFR). DFR beschreibt ein System zur Dokumentspeicherung.

Objekte (z. B. Dokumente oder Referenzen) können u. a. gesucht, erzeugt, modifiziert und gelöscht werden. Die Attribute, die zur Beschreibung der Dokumentstruktur benutzt werden, entsprechen im wesentlichen den in ODA verwendeten. *Jakobs/Spaniol*
Literatur: *Dickson, G.; Lloyd, A.*: Open systems interconnection. Prentice Hall, 1992.

**DTE** ⟨*DTE (Data Termination Equipment)*⟩ → DEE

**DTP** ⟨*Desktop Publishing*⟩ → Desktop Publishing

**DUA** ⟨*DUA (Directory User Agent)*⟩. Ermöglicht seinem Benutzer den Zugang zum → X.500-Dienst.
*Jakobs/Spaniol*

**Dualität** ⟨*duality*⟩. Min-Max-Beziehung zwischen zwei mathematischen Optimierungsproblemen (P) und (D), die die Existenz und die Optimalität einer Lösung x für (P) und u für (D) gegenseitig impliziert. Die D. hat in allen Bereichen des → Operations Research grundlegende Bedeutung für die Charakterisierung der Optimalität einer Lösung und für die Entwicklung effizienter Lösungsverfahren.
☐ *Lineare Programmierung*. Das Paar primal-dualer → linearer Programmierungs-Probleme (P) und (D)

Primal           Dual
min cx           max ub
$Ax \geq b$   (P)   $uA \leq c$   (D)
$x \geq 0$           $u \geq 0$

heißt symmetrische Form der D., und es gilt der folgende
☐ *Dualitätssatz der linearen Programmierung*: Besitzt eines der beiden linearen Programmierungsprobleme (P) und (D) eine endliche Optimallösung, so auch das andere, und die Zielfunktionswerte beider Probleme sind gleich. Über- bzw. unterschreitet die Zielfunktion eines der beiden Probleme jede Schranke, so besitzt das andere Problem keine zulässige Lösung.
Der D.-Satz gilt für andere Darstellungen linearer Programme entsprechend (Tabelle). Jeder Ungleichung (Gleichung) im primalen Problem ist eine nichtnegativ beschränkte (unbeschränkte) Variable im dualen Problem zugeordnet.

*Dualität. Tabelle: Duale Paare linearer Programme*

| primales LP | duales LP |
|---|---|
| (P1)  max cx, $Ax \leq b$, $x \geq 0$ | (D1)  min ub, $uA \geq c$, $u \geq 0$ |
| (P2)  max cx, $Ax \geq b$, $x \geq 0$ | (D2)  min ub, $uA \leq c$, $u \geq 0$ |
| (P3)  max cx, $Ax = b$, $x \geq 0$ | (D3)  min ub, $uA \geq c$ |
| (P4)  min cx, $Ax = b$, $x \geq 0$ | (D4)  max ub, $uA \leq c$ |
| (P5)  max cx, $Ax \leq b$ | (D5)  min ub, $uA = c$, $u \geq 0$ |
| (P6)  min cx, $Ax \geq b$ | (D6)  max ub, $uA = c$, $u \geq 0$ |

Die optimalen Lösungen eines Paares primal-dualer linearer Programmierungsprobleme genügen einer weiteren Beziehung, die insbesondere bei ökonomischen Anwendungen eine interessante Interpretation erlauben.

☐ *Satz vom komplementären Schlupf.* Sind x und u zulässige Lösungen des primalen Problems (P4) bzw. des dualen Problems (D4), so sind x und u genau dann optimale Lösungen dieser beiden Probleme, falls: (1) Ist $x_i > 0$, so ist $uA_i = 0$, und (2) ist $uA_i < 0$, so ist $x_i = 0$.

Die D.-Theorie führt zu verschiedenen Alternativen zur Lösung linearer Programmierungsprobleme der Form (P4). Das → Simplexverfahren iteriert von einer zulässigen (Basis-)Lösung $x = A_B^{-1} b$ zur nächsten, wobei der Zielfunktionswert ständig verbessert wird. Der zugehörige duale Iterationsvektor $u = c_B B^{-1}$ ist solange unzulässig für (D4), bis die optimale primale Lösung erreicht ist. Das *duale Simplexverfahren* startet mit einer zulässigen dualen Lösung u und wendet das Simplexverfahren auf das duale Problem an. Hierbei erfüllen die den dualen Iterationslösungen zugeordneten primalen Lösungen zwar das Gleichungssystem $Ax = b$, die Nichtnegativität bleibt jedoch bis zum Erreichen des Optimums verletzt. → Primal-duale Verfahren starten mit einem Paar primal bzw. dual zulässiger Lösungen und iterieren, bis die Bedingungen des Satzes vom komplementären Schlupf erfüllt sind.

Die D.-Theorie der linearen Programmierung basiert auf den Alternativ- und Transpositionssätzen linearer Systeme. Der bekannteste Vertreter ist das *Farkas*-Lemma.

Das *Farkas*-Lemma ermöglicht es, die Unlösbarkeit eines linearen Systems nachzuweisen, indem man eine spezielle Lösung eines anderen linearen Systems konstruiert. Es erlaubt damit die Konstruktion eines effizienten Optimalitätsbeweises (Stoppkriterium), welches alle Verfahren der → linearen Programmierung implizit ausnutzen.

☐ *Ganzzahlige Programmierung.* Die D.-Theorie der → kombinatorischen Optimierung untersucht die speziellen Strukturen ganzzahliger Programmierungsprobleme

$$\min \{cx \mid Ax \geq b, x \text{ ganzzahlig}\},$$

die eine D.-Theorie erlauben. Im allgemeinen ist die Existenz einer D.-Theorie oder Min-Max-Beziehung eng verwandt mit der effizienten Lösbarkeit des entsprechenden Optimierungsproblems und kann oft auch zur → Sensitivitätsanalyse herangezogen werden. Sie ist v. a. von theoretischem Interesse und sehr nützlich zum Verständnis der Funktionsweise der jeweiligen Algorithmen.

Oft zeigt eine Min-Max-Beziehung, daß ein lineares Programm spezieller Struktur stets eine ganzzahlige (primale oder duale) optimale Lösung besitzt und deshalb die D.-Theorie der linearen Programmierung angewendet werden kann. Wichtige Klassen sind z. B. die von *Hoffman* und *Kruskal* untersuchten ganzzahligen Programmierungsprobleme mit *total unimodularer* Restriktionsmatrix A (die Determinanten sämtlicher quadratischer Untermatrizen von A sind 0, +1 oder −1). → Netzwerkfluß-Probleme (Max-Flow-Min-Cut), → Transportprobleme und Zuordnungsprobleme sind Beispiele für Probleme mit total unimodularer Restriktionsmatrix.

Auch wenn ein lineares System nicht total unimodular ist, so läßt sich manchmal die Existenz ganzzahliger Optimallösungen dadurch zeigen, daß man aus der Menge der aktiven Nebenbedingungen im Optimum eine totale unimodulare Basis auswählt. Das hier verwendete Werkzeug sind die total dual ganzzahligen Systeme. Ein lineares System $Ax \leq b$ heißt *total dual ganzzahlig* falls das duale Problem (D5) $\min \{ub \mid uA = c, y \geq 0\}$ für alle c, für die das primale Problem (P5) $\max \{cx \mid Ax \leq b\}$ eine endliche Optimallösung besitzt, eine ganzzahlige Optimallösung u* besitzt. Ist $Ax \leq b$ total dual ganzzahlig, so besitzt das primale lineare Programmierungsproblem (P5) immer dann eine ganzzahlige Optimallösung, falls es überhaupt eine Optimallösung besitzt.

Lineare Ungleichungssysteme, die mit Hilfe → submodularer Funktionen definiert werden können, sind stets total dual ganzzahlig. Ist S eine endliche Menge und sind f und g auf P(S) definierte submodulare Funktionen mit ganzzahligen Werten, so ist das lineare System

$$\sum_{t \in T} x_t \leq \min \{f(T), g(T)\} \text{ für alle } T \subset S$$

total dual ganzzahlig. Aus diesem Satz von *Edmonds* und *Giles* folgt eine Vielzahl von D.-Sätzen und Min-Max-Beziehungen der kombinatorischen Optimierung, insbesondere die Verallgemeinerung des Max-Flow-Min-Cut-Satzes in Matroiden (→ Matroidtheorie).

Die Theorie der Blocking- und Antiblocking-Polyeder ist ein D.-Prinzip, welches eine Polaritätsbeziehung zwischen zwei Polyedern (→ Polyedertheorie) ausnutzt. Sind A und B nichtnegative Matrizen mit jeweils n Spalten $A_1, \ldots, A_n$ und $B_1, \ldots, B_n$, so heißt A der Blocker von B, falls für jedes $x \geq 0$ mit $Bx \geq 1$ eine Konvexkombination y der Spalten von A existiert, so daß $x \geq y$.

☐ *Nichtlineare Programmierung.* Verallgemeinerungen einer schwachen D.-Beziehung existieren für allgemeine nichtlineare Programmierungsaufgaben. Die *Fenchel*-D.-Theorie oder die D.-Theorie von *Dantzig*, *Eisenberg* und *Cottle* sind Beispiele einer D.-Theorie für spezielle Funktionsklassen. *Bachem*

Literatur: *Papadimitriou, C. H.* and *K. Steiglitz*: Combinatorial optimization (algorithms and complexity). London 1982. – *Luxemburger, D. G.*: Introduction to linear and nonlinear programming. Reading, MA 1973.

**Dualzahl** ⟨binary number⟩. Unter einer D. versteht man die Darstellung einer Zahl zur Basis 2 (→ Zahlensystem). Die einzelnen Stellen können nur die Werte 0 und 1 annehmen und entsprechen den Potenzen von 2 (Tabelle). Um einen Wert als D. auszudrücken, werden mehr Dualstellen benötigt, als für den gleichen Wert Dezimalstellen nötig sind. Bei der Darstellung gebrochener Zahlen muß beachtet werden, daß abbrechende Dezimalbrüche periodischen Dualbrüchen entsprechen können.

*Dualzahl. Tabelle: Dezimalzahlen und entsprechende D.-Darstellungen*

| dezimal | dual | dezimal | dual |
|---|---|---|---|
| 1 | 1 | 0,125 | 0,001 |
| 2 | 10 | 0,25 | 0,01 |
| 3 | 11 | 0,375 | 0,011 |
| 4 | 100 | 0,5 | 0,1 |
| 5 | 101 | 0,625 | 0,101 |
| 6 | 110 | 0,75 | 0,11 |
| 7 | 111 | 0,8 | 0,110011 ... |
| 8 | 1000 | 0,875 | 0,111 |
| 9 | 1001 | | |
| 10 | 1010 | | |

Die Darstellung einer Zahl im Dualsystem ist eine → binäre Darstellung, aber nicht jede binäre Darstellung eine D. (→ Code). *Bode/Schneider*

**Dualzähler** ⟨*dual counter*⟩. Ein Zähler, der mit → Dualzahlen arbeitet. *Bode*

**DÜE (Datenübertragungseinrichtung)** ⟨*DCE (Data Circuit Terminating Equipment)*⟩. Von der Deutschen Telekom verwendeter Oberbegriff für alle Komponenten eines Datenübertragungsnetzes (Dateldienste, → DATEX-P, → DATEX-L, DATEX-S).
*Quernheim/Spaniol*

**Dünnschichtspeicher** ⟨*thin-film memory*⟩. Digitaler → Speicher, der durch Aufdampfen dünner (ca. 0,05 μm) ferromagnetischer Schichtflecken auf einem Trägermaterial entsteht. Da während des Aufdampfens ein magnetisches Feld angelegt wird, nehmen die Flecken eine magnetische Vorzugsachse in Feldrichtung an, längs der zwei stabile Zustände möglich sind, die den → binären Werten O und L zugeordnet werden. Die Anordnung der verschiedenen Binärstellen und Wörter erfolgt in einer Matrix (→ Kernspeicher); die erforderlichen Schreib- und Leseleitungen werden ebenfalls aufgedampft. Das Lesen der gespeicherten Information ist nicht zerstörungsfrei möglich und erfordert ein Wiedereinschreiben.

In ähnlicher Weise arbeiten Magnetdrahtspeicher, bei denen eine dünne ferromagnetische Schicht mit zirkularer Vorzugsrichtung einen Metalldraht umgibt. Beide Formen verloren nach dem Aufkommen der Halbleiterspeicher ihre Bedeutung. *Bode/Schneider*

**duplex** ⟨*duplex*⟩ → vollduplex

**Durchführbarkeitsstudie** ⟨*feasibility study*⟩. Studie zur Erarbeitung einer Empfehlung, ob ein Anwendungssystem unter technischen und Aufwandsaspekten realisiert werden soll.

Ziel der D. ist eine Empfehlung, die dem betroffenen Fachabteilungs- und DV-Management (bzw. dem DV-Steuerungsgremium) eine Entscheidung darüber ermöglicht, ob das System in der vorgeschlagenen Form realisiert werden soll. In der Studie müssen Aussagen zu folgenden Aspekten erarbeitet werden:
– Ziele,
– Veränderungen im Systemumfeld,
– Restriktionen durch das Systemumfeld,
– Entwicklungsaufwand,
– Aufwand für den Betrieb,
– zu erwartender Nutzen,
– Vorschlag für einen Projektplan. *Hesse*

Literatur: *Hesse, W. G.* u. a.: Terminologie der Softwaretechnik – Ein Begriffssystem für die Analyse und Modellierung von Anwendungssystemen. Teil 2: Tätigkeits- und ergebnisbezogene Elemente. Informatik-Spektrum (1994) S. 96–105.

**Durchsatz** ⟨*throughput*⟩. Mittlere Anzahl der → Kunden (z. B. → Pakete in einem Kommunikationssystem oder Megabytes in einer Speichereinheit), die von einer Bedienstation pro Zeiteinheit fertig bedient werden. Dies entspricht der Systemabgangsrate. In der → Leistungsanalyse von Warteschlangensystemen ist der D. neben der → Wartezeit ein grundlegendes Leistungsmaß. Der zeitliche Mittelwert des D. wird oft als Prozentsatz der Gesamtkapazität angegeben. Können z. B. im Mittel 20 kbit/s an → Daten über eine 64-kbit/s-Leitung übertragen werden, spricht man von einem D. von 31,25%. Übliche Durchsatzkurven zeigen zunächst einen mit der Systemlast steigenden Wert, der dann in Hochlastfällen wieder gegen 0 abfällt. Die Bestimmung des Durchsatzoptimums ist eine der wichtigsten Aufgaben bei der Modellierung und Bewertung von Rechensystemen. *Fasbender/Spaniol*

**Durchschnitt** ⟨*mean*⟩. Ein einfacher, aber grundlegender Ansatz der → Statistik, der die Darstellung eines ganzen Satzes von Werten $x_1, \ldots, x_n$ in einem einzigen Wert zusammenfassen will. In der Statistik sind die gebräuchlichsten Formen für den D.:

☐ Das *geometrische* Mittel G ist definiert nach

$$G = \sqrt[n]{x_1 \cdot x_2 \ldots x_n}$$

☐ Das *arithmetische* Mittel $M = \bar{x}$ ist definiert nach

$$M = \frac{1}{n}\sum_{i=1}^{n} x_i.$$

☐ Das *harmonische* Mittel $H = \bar{x}_h$ ist definiert nach

$$\frac{1}{H} = \frac{1}{n}\sum_{i=1}^{n}\frac{1}{x_i}.$$

Wenn man den einzelnen Werten $x_i$ nicht den gleichen Einfluß zumißt, können diese mit unterschiedlichen Gewichten $w_1, \ldots, w_n$ gewichtet werden. Dann wird z. B. das arithmetische Mittel

$$M = \frac{1}{\sum_{i=1}^{n} w_i}\sum_{i=1}^{n} x_1 w_i.$$

*Schneeberger*

**DV** ⟨*data processing*⟩ → Datenverarbeitung

**DVB** ⟨*DVB (Digital Video Broadcasting)*⟩ → Fernsehen, digitales

**Dyck-Sprache** ⟨*Dyck language*⟩. Eine gewissermaßen typische → kontextfreie Sprache. Sei $X_n = \{x_1, x_2, \ldots, x_n, y_1, y_2, \ldots, y_n\}$ mit $n \geq 1$. Dann ist die *Dyck*-Sprache $D_n$ über $X_n$ die Menge aller Worte über $X_n$, die durch Anwendung folgender Ersetzungsregeln (im Sinne eines → Semi-Thue-Systems) auf das leere → Wort $\Lambda$ reduziert werden können: $x_i y_i \to \Lambda$ für $i = 1, \ldots, n$. Sie kann durch folgende → kontextfreie Grammatik erzeugt werden: $(\{S\}, X_n, \{S \to \Lambda, S \to SS, S \to x_1 Sy_1, \ldots, S \to x_n Sy_n\}, S)$. Ist $n = 1$ und fassen wir $x_1$ als öffnende und $y_1$ als schließende Klammer auf, so ist $D_1$ gerade die Menge aller wohlgeformten Klammerausdrücke über diesen beiden Klammern.

*Brauer*

Literatur: *Salomaa, A.*: Formale Sprachen. Berlin 1978.

# E

**E/A-Gerätemanagement** ⟨*I/O device management*⟩ → Betriebssystem

**E/A-Prozeß** ⟨*I/O process*⟩ → Betriebssystem, prozeßorientiertes

**E/A-Speicher** ⟨*I/O storage*⟩ → Speichermanagement

**E-Mail** ⟨*e-mail (electronic mail)*⟩. Allgemein Synonym für digitale Mitteilungssysteme (→ Mitteilung), im besonderen aber das weltweit verbreitete, auf → SMTP, → RFC 822 und → MIME basierende Mitteilungssystem im → Internet. E.-M. wird auch verkürzend verwendet als Begriff für eine einzelne Mitteilung. *Schindler/Bormann*

**E/R-Modell** ⟨*entity/relationship model*⟩ → Datenmodell

**EARN** ⟨*EARN (European Academic and Research Network)*⟩. EARN war eines der großen europäischen Forschungsnetzwerke. Durch die Vereinigung von EARN mit → RARE entstand 1994 → TERENA. *Jakobs/Spaniol*

**EBCDIC** ⟨*EBCDIC (Extended Binary Coded Decimal Interchange Code)*⟩. Ein 8-bit-→ Code für Dezimalziffern, Alphabet- und Sonder- bzw. → Steuerzeichen; der sog. erweiterte BCD-Code. Dieser Code wird in sehr vielen Datenverarbeitungsanlagen verwendet (Tabelle). Beispiele: „a" hat den Code $8 \times 16 + 1 = 125$
„<" hat den Code $4 \times 16 + 12 = 76$.
*Quernheim/Spaniol*

**Ebene** ⟨*layer*⟩. Mit dem Ziel der größtmöglichen Flexibilität wird die gesamte → Funktionalität, die für eine Kommunikationsverbindung erforderlich ist, i. allg. von hierarchisch aufeinander aufbauenden E. erbracht. Jede E. (N) nutzt hierbei die → Dienste, die ihr von der unterliegenden E. (N−1) angeboten werden, und bietet ihrerseits ihre Dienste der nächst höheren E. (N+1) an (→ OSI-Referenzmodell). *Jakobs/Spaniol*

**Ebene der Arbeitsspeicher** ⟨*working storage level*⟩ → Speichermanagement

**Ebene der Hintergrundspeicher** ⟨*background storage level*⟩ → Speichermanagement

**Ebene, physikalische** ⟨*physical layer*⟩ → Bitübertragungsebene

**EBM (Einmal Benutzbares Betriebsmittel)** ⟨*consumable resource*⟩ → Berechnungskoordinierung

**Echo** ⟨*echo*⟩. Die sofortige Anzeige des aktuellen Wertes (Maßwert) eines Eingabegerätes für den Benutzer des Bildschirmarbeitsplatzes. *Encarnação/Noll*

**Echokompensation** ⟨*echo suppressor*⟩. Wird das gleiche Adernpaar für eine zeitgleiche bidirektionale Übertragung zwischen zwei Teilnehmern A und B verwendet (→ Zeitgleichlageverfahren), so überlagern (und stören damit) Echos der Sendung von A nach B die Sendung von B nach A und umgekehrt. Solche Echos treten u. a. an Gabel- und Stoßpunkten der Leitungen auf. Das gleiche gilt z. B. auch bei der → Sprachkommunikation über → Satellitennetze. Die E. versucht, die

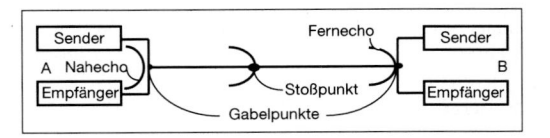

|    | 0   | 1   | 2   | 3   | 4   | 5  | 6 | 7 | 8 | 9 | 10 | 11 | 12 | 13 | 14 | 15 |
|----|-----|-----|-----|-----|-----|----|---|---|---|---|----|----|----|----|----|----|
| 0  | NUL |     |     |     | SPA | &  | - |   |   |   |    |    |    |    |    | 0  |
| 1  |     |     |     |     |     |    | / |   | a | j |    |    | A  | J  |    | 1  |
| 2  |     |     |     |     |     |    |   |   | b | k | s  |    | B  | K  | S  | 2  |
| 3  |     |     |     |     |     |    |   |   | c | l | t  |    | C  | L  | T  | 3  |
| 4  |     | PF  | RES | BYT | PN  |    |   |   | d | m | u  |    | D  | M  | U  | 4  |
| 5  |     | HT  | NL  | LF  | RS  |    |   |   | e | n | v  |    | E  | N  | V  | 5  |
| 6  |     | LC  | BS  | EOB | UC  |    |   |   | f | o | w  |    | F  | O  | W  | 6  |
| 7  |     | DEL | IL  | PRE | EOT |    |   |   | g | p | x  |    | G  | P  | X  | 7  |
| 8  |     |     |     |     |     |    |   |   | h | q | y  |    | H  | Q  | Y  | 8  |
| 9  |     |     |     |     |     |    |   |   | i | r | z  |    | I  | R  | Z  | 9  |
| 10 |     |     | SM  |     |     | ¢  | ! | ^ | : |   |    |    |    |    |    |    |
| 11 |     |     |     |     |     | .  | $ | , | # |   |    |    |    |    |    |    |
| 12 |     |     |     |     |     | <  | * | % | @ |   |    |    |    |    |    |    |
| 13 |     |     |     |     |     | (  | ) | _ | ' |   |    |    |    |    |    |    |
| 14 |     |     |     |     |     | +  | ; | > | = |   |    |    |    |    |    |    |
| 15 |     |     |     |     |     | \| | ¬ | ? | " |   |    |    |    |    |    | □  |

*EBCDIC: Darstellung des vollständigen Code*

*Echokompensation: Reflektion von Signalen an Gabel- und Stoßpunkten*

mit unterschiedlicher Zeitverzögerung und Intensität eintreffenden Echos der eigenen Sendung zeitgenau nachzubilden und vom empfangenen Signal zu subtrahieren. Hierbei wird bei A und B je ein adaptiver Echokompensator installiert.  *Quernheim/Spaniol*

**Echtzeitanimation** ⟨*real-time animation*⟩. Die Computeranimation behandelt generell die Erzeugung bewegter Bilder (→ Animation). Für gewisse Anwendungen müssen die Bewegtbilder in Echtzeit erzeugt werden. Diese Anwendungen sind die → Simulation der Sicht in Flug-, Schiffs- und Fahrsimulatoren.

Die Einzelbilder werden in der E. on-line gezeigt, und es existiert kein Aufzeichnungsmedium wie etwa ein Videoband.

Echtzeit bedeutet in diesen Anwendungen zweierlei: erstens, daß für die computergraphische Berechnung eines Einzelbildes ein enger Zeitrahmen vorgegeben ist, der von der → Bildwiederholrate bestimmt wird: Sollen etwa 25 Bilder pro Sekunde gezeigt werden, muß ein Bild innerhalb von 40 ms berechnet werden. Zweitens, daß das → System innerhalb eines engen Zeitraums reagieren muß, da stets die aktuelle Sichtsituation simuliert werden soll. Als typische maximale → Reaktionszeit sind 100 ms anzusehen.

*Encarnação/Hofmann*

**Echtzeitbearbeitung** ⟨*real-time processing*⟩. Bearbeitung, bei der das → Programm synchron zum → Prozeß abläuft. Echtzeit- oder Realzeitbearbeitung ist ein Kennzeichen für → Prozeßrechner. Sie müssen dabei nicht nur Rechenoperationen durchführen, sondern auch durch die Prozeßdynamik bestimmte Zeitforderungen zwischen der Datenaufnahme und der Ausgabe der zu bearbeitenden Daten einhalten. Um diese Aufgaben erfüllen zu können, ist einerseits ein Echtzeitbetriebssystem und zum andern eine für Echtzeitanwendungen geeignete → Programmiersprache erforderlich wie C, C$^+$, PROZESS-FORTRAN oder PEARL.

Im Gegensatz zur E. steht die Stapelbearbeitung der kommerziellen Datenverarbeitungsanlagen (Anwenderprogramm). *Strohrmann*

**echtzeitfähig** ⟨*real time capable*⟩ → realzeitfähig

**Echtzeitnachweis** ⟨*real-time proof*⟩ → Realzeitnachweis

**Echtzeitsimulation** ⟨*real-time simulation*⟩. Eine computergestützte → Simulation, die mindestens so schnell abläuft wie der zu simulierende Vorgang selbst. E.-S. bietet somit die Möglichkeit, das reale → System zu steuern. *Bastian*

**Echtzeituhr** ⟨*real-time clock*⟩ → Realzeituhr

**Echtzeitvisualisierung** ⟨*real-time visualization*⟩. Die E. spielt in graphischen → Benutzerschnittstellen für technische Systeme und auch bei Systemen zur Realisierung einer künstlichen Realität eine zunehmende Rolle. Dabei müssen sowohl das Fenster- als auch das Graphiksystem und evtl. vorhandene Simulations- und Animationssysteme für die Arbeit unter Echtzeitbedingungen geeignet sein. Die Problematik ist für alle Teilkomponenten einer graphischen Benutzerschnittstelle ähnlich und soll hier am Beispiel der → Fenstertechnik näher erläutert werden.

Üblicherweise müssen gleichzeitig neben einem Dialogprozeß in weiteren Fenstern andere, unabhängige, und häufig eben auch zeitkritische Prozesse wie Parametervisualisierungen oder Prozeßsimulationen ablaufen. Problematisch erweist sich dabei eine sinnvolle Verteilung der CPU-Zeit auf die einzelnen Fenster, damit nicht ein Visualisierungsvorgang die Aktivitäten in allen anderen Fenstern blockiert. Die Realisierung der Fenstertechnik für E. folgt deshalb gegenwärtig drei Wegen:

– Die eigentliche Echtzeitanwendung kann separiert werden und läuft in einem Target-System; die graphische Benutzerschnittstelle bzw. die → Visualisierung ist voll ausgelagert und nutzt einen PC mit → MS-Windows bzw. eine Workstation mit dem → X-Window-System (X) als → Host-Rechner.

– Ein verfügbares und zumindest multitaskfähiges Fenstersystem wird in das zum Einsatz kommende Echtzeitbetriebssystem integriert. Dieser Weg wird z. Z. vor allem für X beschritten.

– Es werden spezielle Fenstersysteme für das jeweilige Echtzeitbetriebssystem entwickelt, die häufig die spezifischen Fähigkeiten der Graphik-Hardware ausnutzen. Dazu gehört z. B. das Fenstersystem OS-9-Windows.

Der erste Weg ist am einfachsten zu realisieren, besitzt aber ungünstige Bedingungen für einen effektiven Datenaustausch zwischen Echtzeitsystem und Benutzerschnittstelle auf dem Host-Rechner. Zeitkritische → Prozeßvisualisierungen oder graphische Simulationsaufgaben können damit kaum gelöst werden.

Technisch-inhaltliche Vorteile sind für den dritten Weg ausschlaggebend. Es lassen sich optimale Lösungen erzielen, insbesondere bei Nutzung von Graphik-Subsystemen, die Hardware-Fenster unterstützen. Die Nachteile bestehen in der Ausrichtung dieses Weges auf eine ganz spezifische und begrenzte Einsatzumgebung.

Eine Alternative zum ersten und dritten Weg stellt die Portierung von X auf Echtzeitbetriebssysteme dar. Damit wird gleichzeitig sichergestellt, daß alle auf X basierenden Werkzeuge und Systeme mit wenig Aufwand gleichfalls in die Echtzeitwelt portiert werden können. Diese Lösung wird auch für die Realisierung von virtuellen Welten (→ Realität, virtuelle) und → graphisch-dynamischen Simulations-Systemen häufig eingesetzt. Probleme können sich hier bei den benötigten Hauptspeicher- und CPU-Ressourcen ergeben, die u. U. im betreffenden technischen System (z. B. einer Steuerungs- oder Automatisierungseinrichtung) aus Kostengründen (gegenwärtig noch) nicht zur Verfügung stehen. *Langmann*

**ECITC** ⟨*ECITC (European Committee for IT&T Testing and Certification)*⟩, Brüssel → Normenkonformitätsprüfung und Zertifizierung.

**ECM** ⟨*ECM (Error Correction Mode)*⟩. Optionale Betriebsart für → Telefax, bei der die Rasterbildinformationen fehlergesichert übertragen werden.
*Schindler/Bormann*

**ECMA** ⟨*ECMA (European Computer Manufacturers Association)*⟩. Organisation europäischer Rechnerhersteller, die Standards für alle Gebiete der Datenverarbeitung (→ Programmiersprachen, → Codes, Kommunikationsprotokolle usw.) erarbeitet. Ein Schwerpunkt liegt im Bereich der → Datenübertragung. Hier existieren ECMA-Standards zu allen → Ebenen im → OSI-Referenzmodell, insbesondere zu lokalen Netzen (→ LAN).

ECMA arbeitet eng mit den entsprechenden Gremien von → ISO, → ITU und → ETSI zusammen, wobei die ECMA-Dokumente für gewöhnlich früher verabschiedet werden als die entsprechenden Normen der anderen Gremien. *Jakobs/Spaniol*

**EDI** ⟨*EDI (Electronic Data Interchange)*⟩. Kommunikationsverfahren zwischen Anwendungssystemen verschiedener Betriebe für den Austausch von Geschäftsdokumenten mit Standardformaten unter Nutzung von Computer-Netzwerken.

EDI dient vor allem der vollautomatisierten Kommunikation zwischen den Anwendungssystemen der → operativen Informationssysteme der beteiligten Betriebe. Die zugrunde liegenden → Rechnernetze sind i. d. R. Weitverkehrsnetzwerke (wide area networks einschl. metropolitan area networks und global area networks). Standardisierungen des Kommunikationsablaufs und der Geschäftsdokumente wurden innerhalb ausgewählter Kommunikationsgruppen (z. B. einzelne Unternehmen und ihre Zulieferer oder Mitglieder einer Branche) bereits frühzeitig auf nationaler und europäischer Ebene vereinbart (z. B. Automobilindustrie, Handel, Banken, Versicherungen). Ein branchenunabhängiger und internationaler Standard ist → EDIFACT (Electronic Data Interchange for Administration, Commerce and Transport), der von der Wirtschaftskommission der Vereinten Nationen unter Mitarbeit weiterer Standardisierungsgremien herausgegeben wird. EDIFACT beschreibt Kommunikationsabläufe auf der syntaktischen und semantischen Ebene. Die → Syntax von Geschäftsdokumenten wird in Form von flexiblen Nachrichtenformaten beschrieben. Eine EDIFACT-Nachricht (z. B. Rechnung) besteht elementar aus Datenelementen (z. B. Stückzahl, Preis, Bezeichnung). Diese werden sukzessive zu Datenelementgruppen, Segmenten, Segmentgruppen, → Nachrichten, Nachrichtengruppen, Übertragungsdatei zusammengefaßt. Im Rahmen der semantischen Normung wurden bisher zahlreiche Geschäftsdokumente, die bei der Auftragsabwicklung in Industrie, Handel, Banken, Versicherungen und angrenzenden Bereichen wie den Zollbehörden verwendet werden, standardisiert. *Ferstl*

Literatur: *Plattner, B.* u. a.: Datenkommunikation und elektronische Post. Bonn 1990. – *Normenausschuß Bürowesen im DIN*: Funktionale Beschreibung ausgewählter UN/EDIFACT-Nachrichtentypen. 3. Aufl. Berlin 1995.

**EDIFACT** ⟨*EDIFACT (Electronic Data Interchange for Administration, Commerce and Transport)*⟩. Eine Anzahl internationaler Standards und Richtlinien für den elektronischen Austausch von strukturierten → Dokumenten (→ EDI). *Jakobs/Spaniol*

Literatur: *Dickson, G.; Lloyd, A.*: Open systems interconnection. Prentice Hall, 1992.

**Editor** ⟨*editor*⟩. Software-System zur Dokumenterstellung. Ein E. stellt seinen Benutzern eine interaktive → Schnittstelle zur Verfügung, mit der ein → Text (oder allgemeiner ein → Dokument) eingegeben und geändert werden kann. Dazu kann der Benutzer eine Reihe von E.-Kommandos aufrufen, u. a. zum Eingeben, Löschen, Verschieben, Kopieren, Ausschneiden und Einkleben von Text. Diese Kommandos erfordern die Angabe einer Arbeitsposition und/oder eines Wirkbereichs. Um die wiederholte Angabe einer Arbeitsposition oder eines Wirkbereichs zu vereinfachen, verwaltet ein E. üblicherweise eine aktuelle Position (→ Cursor). Weitere E.-Kommandos bewegen die aktuelle Position bzw. spezifizieren den Wirkbereich.

Frühe E. arbeiteten zeilenorientiert, d. h., die ausgewählten E.-Kommandos wirkten innerhalb einer spezifizierten aktuellen Zeile oder auf einen angegebenen Zeilenbereich. Ein Ausschnitt aus dem eingegebenen Text konnte durch ein spezielles Kommando angezeigt werden. Die Kommandos wurden als Zeichenfolgen eingetippt.

Heutige E. arbeiten i. d. R. bildschirmorientiert, d. h., zu jedem Zeitpunkt ist ein Ausschnitt aus dem Dokument (nicht notwendigerweise in fertigem → Layout) auf dem → Bildschirm sichtbar. In diesem Ausschnitt kann die aktuelle Position festgelegt werden. Änderungen der Position und des Textes werden sofort sichtbar. Die Kommandoeingabe erfolgt i. d. R. über Funktionstasten oder die → Menütechnik. Unter Umständen ist in den E. bereits ein Formatierer integriert, so daß eine WYSIWYG-Sicht (→ WYSIWYG) des Dokuments unterstützt wird.

Eine wichtige Funktion moderner E. ist das bequeme Rückgängigmachen irrtümlicher Änderungskommandos (undo). Weiterhin verfügen moderne E. über temporäre oder permanente Automatisierungsmöglichkeiten für häufig aufgerufene Kommandofolgen (→ Makros, Erweiterbarkeit). Aufgrund der zentralen

Rolle eines E. in der digitalen Bürotechnologie wird der Benutzerfreundlichkeit aber auch der Wirksamkeit der →Benutzerschnittstelle besondere Bedeutung beigemessen. *Schindler/Bormann*

**Editor, graphischer** ⟨*graphics editor*⟩. Software-Paket, das auf einer bestimmten →Hardware (z. B. bestehend aus CPU, →Bildschirm, Tastatur, →Maus und →Drucker) ablauffähig ist. Er ist ein Werkzeug, Zeichnungen aller Arten mit Hilfe der →Datenverarbeitung zu erstellen, zu verändern und für einen weiteren Gebrauch zur Verfügung zu stellen.

Ein g. E. ist eine Fortentwicklung der Editoren, die am Anfang der Computernutzung nur Texte verarbeiten konnten. Der Wunsch, sowohl Texte als auch Graphiken, d. h. Zeichnungen, Halbtonbilder, (Satelliten-) Aufnahmen u. ä., miteinander in einem Werkzeug zu verbinden, führte zur Entwicklung von g. E. Ein ähnlich starkes Entwicklungsmoment war die Automatisierung der Konstruktionszeichnungen. Mit Hilfe eines g. E. können aus einzelnen Grundelementen (z. B. Punkte, Linien, Kreise, Rechtecke, Schraffuren) komplexe →Objekte zusammengesetzt und konstruiert werden. Neben dem Erstellen der Objekte sind →Operationen wie Löschen, Drehen, Vergrößern, Plazieren und Kopieren möglich.

Zu unterscheiden sind g. E. nach dem Anwendungsgebiet und nach der Art und Weise, wie sie aufgebaut sind. Ein und dasselbe Ergebnisbild kann sowohl mit Hilfe eines kommandoorientierten Editors erreicht werden als auch mit Hilfe eines menüorientierten Editors. Kommandoorientierte Editoren bieten den Vorteil eines sehr umfangreichen Kommandovorrates, der sogar um Definitionen neuer Kommandos durch den Benutzer erweitert werden kann. Nachteilig ist das umständliche Eintippen der Kommandos und die selten durchgestaltete Plazierung auf dem Bildschirm bzw. auf dem graphischen Tablett. Menüorientierte Editoren arbeiten mit Kommandos, die in Einheiten logisch zusammenhängend verpackt sind. In der Regel werden sie optisch oder durch graphisch hervorgehobenen →Text dem Benutzer immer dann angezeigt, wenn die Anwendung sie zuläßt. Die neuen Möglichkeiten bezüglich der Benutzungsoberflächengestaltung bieten der Gestaltung noch mehr Freiraum, so daß fast nur noch menüorientierte Editoren benutzt werden.

Anwendungsgebiete für g. E. umfassen einen weiten Bereich, von einfachen Strichzeichnungen bis hin zum Frame-Editieren für einen Computerspielfilm. Auch →CAD-Systeme fallen unter diese Kategorie. Der Punkt für eine Kantenkonstruktion im Maschinenbau, eine Leiterbahnendurchführung im Elektronikbereich, den Mittelpunkt einer Iris in der Werbegestaltung o. ä. ist generell gleich. Nur der jeweilige Kontext definiert eine eindeutige Anwendung und damit das besondere Merkmal beim Erstellen dieses Punktes an dieser Stelle zu dieser Zeit. Umgangssprachlich war eine Zeitlang der Begriff g. E. für reine Zeichenprogramme

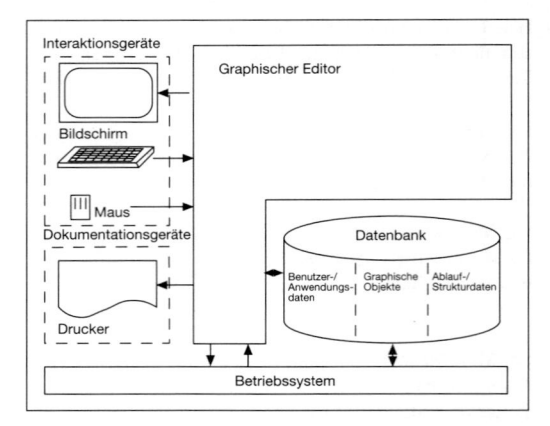

*Editor, graphischer: Prinzipieller Aufbau*

gebräuchlich, für die sich jetzt andere Begriffe eingebürgert haben. G. E. stehen auf Personal Computern wie auch auf Mainframe-Anlagen zur Verfügung. Ihre Qualität zeigt sich an der Fähigkeit, andere Zeichnungen oder anders strukturierte Informationen (Texte, Tabellen, Pixelbilder) zu integrieren und zu manipulieren. Bedienungskomfort zeigt sich letztlich in der Schnelligkeit des Bildaufbaues, der Benutzerführung und den verwendeten Hilfsmitteln wie Maus, →Lernprogramme und Fehlerunterstützung.

Der Benutzer führt einen →Dialog mit den g. E. (Bild) über die Eingabegeräte (Tastatur, Maus, Tablett usw.) und die Ausgabegeräte (→Bildschirm). Der g. E. hat seine eigenen Ablaufstrukturdaten, die neben den Benutzerdaten, d. h. seinen erstellten Objekten (Zeichnungen), zusammen mit evtl. benötigten graphischen Objekten der Benutzungsoberfläche in Datenbanken abgelegt werden. Letztere können Ikonographien sein, die die Art der gemeinten, vom g. E. auszuführenden Handlung symbolisieren (z. B. ein Papierkorb für „Löschen", ein Pinsel für „Malen", ein graphisches Ausrufezeichen für „Warnung") oder auch als Punktmuster abgelegte Schriftarten (→Fonts).

Die Zukunft wird immer neue Anwendungsbereiche für g. E. erschließen, da die in einem Bild codierte →Information erheblich höher oder dichter ist als reiner Text. In einer visuell orientierten Gesellschaft wird diese Art der →Kommunikation mit Maschinen neben der kommenden Sprachein-/ und -ausgabe das Hauptfeld der Computeranwendungen bilden.

*Encarnação/Weber*

**Editor, kommandoorientierter** ⟨*command-based editor*⟩. →Software, die auf einer bestimmten →Hardware ablauffähig ist. Die Art der →Interaktion zwischen Mensch und Maschine geschieht durch Eingabe von verbalisierten Wörtern wie *zeichne, Kreisbogen, Seitengrenzen und Ende*, wobei die Kommandos mit Hilfe der Tastatur eingegeben werden. Diese aus den frühen Tagen der EDV übernommene Art und Weise der Interaktion hat den Vorteil, für einen bestimmten Kontext beliebige und beliebig viele Kommandos zusammenfassen zu können. Vom Rechner werden diese Kommandos überprüft, z. B. mit Hilfe eines Interpreters, auf syntaktische und semantische Anwendbarkeit. Dem Vorteil der flexiblen Auswahl der Kommandos steht neben der Dauer der Eingabe, die abhängig von der Buchstaben-/Ziffernanzahl des Kommandos ist, der Nachteil des geringen Kontextbezuges gegenüber. Der Benutzer wird selten über den Satz der im Augenblick möglichen Kommandos informiert. K. E. sind auch auf kleinen Rechnern ohne große Graphikunterstützung lauffähig. *Encarnação/Weber*

**Editor, menüorientierter** ⟨*menue-based editor*⟩. → Software, die auf einer bestimmten → Hardware ablauffähig ist. Die Art der → Interaktion zwischen Mensch und Maschine geschieht durch Auswahl aus angezeigten möglichen Kommandos. Die Kommandos sind in kontextbezogenen Gruppen zusammengefaßt, und für ihre Aktivierung genügt das Deuten auf die Position (z. B. durch die → Maus) oder durch Eingabe der Positionsnummer oder des Anfangsbuchstabens mit Hilfe der Tastatur.

Die Idee der menügesteuerten Interaktion erlaubt von der Maschinenseite her das ergonomische Gestalten der Interaktion im jeweiligen Kontext (DIN 66 234 Teil 8). Neben der einfachen Art, die möglichen Kommandos durch Auflisten der Namen zu einem Menü zusammenzufassen, laufen hier die Methoden bis hin zu einer ikonographischen Gestaltung des Gemeinten und Ausführbaren, die als künstlich erzeugte Bilder oder sogar als gescannte Originalbilder benutzbar werden.

M. E. setzen sich aus zwei Gründen immer mehr durch:
– Ihre Ergonomie ist leicht auffaßbar und oft intuitiv verständlich, da sie vom Benutzer nicht das Auswendiglernen langer Kommandoketten (→ Editor, kommandoorientierter) verlangt.
– Durch die Unabhängigkeit von der Aufeinanderfolge der verwendeten Buchstaben können Versionen in der jeweiligen Landessprache leicht umgestellt werden, während die Ergebnisse der Arbeit mit solch einem Werkzeug frei transferierbar sind.
*Encarnação/Weber*

Literatur: DIN 66 234 Teil 8: Bildschirmarbeitsplätze; Grundsätze ergonomischer Dialoggestaltung (1988).

**EDTV** ⟨*EDTV (Extended Definition Television)*⟩ → HDTV

**EDV (Elektronische Datenverarbeitung** ⟨*electronic data processing*⟩ → Datenverarbeitung

**EEMA** ⟨*EEMA (European Electronic Messaging Association)*⟩. Vereinigung von Nutzern, Dienstanbietern und Herstellern aus dem Bereich des elektronischen Nachrichtenaustausches (→ Post, elektronische (electronic mail), → X.400). Ihr Hauptziel liegt in der Förderung einer breiten Nutzung von (standardbasierten) elektronischen Mitteilungssystemen. Die amerikanische Partnerorganisation ist die → EMA.
*Jakobs/Spaniol*

**Effizienz, numerische** ⟨*numerical efficiency*⟩. Bei der iterativen Lösung von linearen Gleichungssystemen auf Parallelrechnern kommt es häufig vor, daß die Konvergenzrate der Verfahren von der Prozessorzahl und der genauen Aufteilung des Problems auf die Rechner abhängt. In diesem Fall ist die → parallele Effizienz einer Iteration $E_{it}$ allein nicht als Bewertungsmaßstab ausreichend. Ein adäquates Maß wäre es, die Effizienz aus der Zeit zu berechnen, die benötigt wird, um den Fehler um einen festen Faktor $\varepsilon$ zu reduzieren. Diese Effizienz sei mit Gesamteffizienz $E_{ges}$ bezeichnet. Die Gesamteffizienz läßt sich auch schreiben als ein Produkt von Effizienz pro Iteration $E_{it}$ und der numerischen Effizienz $E_{num}$:

$$E_{ges}(p) = E_{it}(p) \cdot E_{num}(p) = \frac{T_{it}(1) \log \rho_p}{T_{it}(p) \cdot p \log \rho_1},$$

wobei $T_{it}(p)$ die Ausführungszeit einer Iteration auf p Rechnern ist und $\rho_p$ die Konvergenzrate auf p Prozessoren. Die numerische Effizienz $E_{num}(p) = \log \rho_p / \log \rho_1$ ist somit ein Maß für die Robustheit des numerischen Lösungsverfahrens gegenüber der Prozessorzahl. *Bastian*

**Effizienz, parallele** ⟨*parallel efficiency*⟩. Die p. E. mißt die Qualität einer → Parallelisierung und kann auf eine Aufgabe (z. B.: Löse lineares Gleichungssystem) oder auf ein Verfahren (z. B.: Löse lineares Gleichungssystem mit dem *Jacobi*- oder Einschritt-Iterationsverfahren) bezogen werden. Die Definition lautet: Sei $T_S$ die Zeit, die das schnellste serielle Programm zur Lösung der Aufgabe benötigt, sei $T_P(P)$ die Zeit, die das schnellste parallele Programm zur Lösung derselben Aufgabe auf P Prozessoren benötigt, dann ist die p. E.

$$E(P) = \frac{T_S}{PT_P(P)}.$$

Die Effizienz ist eine Zahl zwischen 0 und 1 und wird häufig in Prozent ausgedrückt. Üblicherweise fällt die Effizienz mit wachsendem P.

Diese strenge Definition der Effizienz ist in der Praxis schwierig zu verwenden, da das schnellste Programm i. allg. nicht bekannt ist. Deswegen wendet man die Definition häufig so an, daß man für serielle und parallele Rechnung dasselbe Verfahren verwendet (vorausgesetzt, die Befehle erlauben eine parallele Ausführung, oft sind auch kleinere Modifikationen erlaubt). Dabei ist Vorsicht geboten, da dann die bessere p. E. eines Verfahrens nicht unbedingt eine kürzere Ausführungszeit bedeutet! Ähnliches gilt auch für die Messung von MFLOP-Raten als Qualitätsmaßstab einer Parallelisierung.  *Bastian*

**Effizienz, skalierte, parallele** ⟨*parallel scaled efficiency*⟩. In der Definition der → parallelen Effizienz wurde mit seriellem und parallelem Programm dasselbe Problem gelöst. Dies ist aber oft unrealistisch, da die Speichergröße mit wachsender Prozessorzahl wächst und man somit mit mehr Prozessoren auch größere Probleme lösen will. Bei der s., p. E. hält man daher die Problemgröße pro Prozessor konstant. Sei T(N,P) die Zeit, die zur Lösung eines Problems der Größe N auf P Prozessoren benötigt wird. Dann wird die s., p. E. definiert als

$$E_S(P,K) = \frac{T(KP,1)}{PT(KP,P)},$$

wobei K die Problemgröße pro Prozessor bezeichnet. Bei dieser Definition ist die Messung von T(KP,1) in der Praxis schwer möglich, da ein Prozessor oft nicht genug Speicher hat, um ein Problem der Größe KP zu berechnen. Eine einfach meßbare Größe ist hingegen die → Skalierbarkeit.

Eine konstante Problemgröße pro Prozessor kann auch bei der Bestimmung des → Speedup zugrunde gelegt werden, man spricht dann von skaliertem Speedup. *Bastian*

**Eigentümer** ⟨*owner*⟩ → Rechtssicherheitspolitik

**Eigentümerrechte** ⟨*owner rights*⟩ → Rechtssicherheitspolitik

**Ein-/Ausgabegerät** ⟨*input/output device*⟩. Eingabegeräte dienen dazu, die zu verarbeitenden → Daten und das → Programm in den → Speicher der → Zentraleinheit von → Rechenanlagen zu bringen. Die dort ermittelten Ergebnisse werden später an die Ausgabegeräte weitergegeben. Die externe Informationsdarstellung hängt wesentlich vom verwendeten → Datenträger ab. Die E.-/A. müssen diesen in die interne Darstellung (elektrische Signale) umwandeln bzw. umgekehrt. Einzelne Geräte können sowohl der Eingabe als auch der Ausgabe dienen. Dies gilt insbesondere für die peripheren Speicher (Magnetbandgerät, Plattenspeicher, Trommelspeicher), aber auch für die Geräte, die der unmittelbaren Kommunikation eines Benutzers mit dem Rechner dienen (Drucker, Sichtgerät).

Es ist zwischen Geräten zu unterscheiden, die
– maschinenlesbare Datenträger verarbeiten bzw. erstellen,
– von peripheren Speichern lesen bzw. auf diese schreiben,
– für den Menschen lesbare Datenträger erstellen (Drucker),
– analoge Daten lesen bzw. erzeugen (Analog-Digital-Umsetzer, Digital-Analog-Umsetzer) und
– die unmittelbare Kommunikation mit dem menschlichen Bediener gestatten.

Nicht jedes Gerät ist einer dieser Gruppen eindeutig zuzuordnen. So erzeugen z. B. die Kurvenschreiber für den Menschen lesbare Information, aber ggf. in analoger Form.

Die klassischen Datenträger waren → Lochstreifen und → Lochkarte, wobei die Lochstreifen heute nur noch bei speziellen Anwendungen zu finden sind (z. B. bei der Steuerung von Werkzeugmaschinen). Während hier die Information in Form von in den Datenträger gestanzten Löchern vorliegt, die durch einen Lichtstrahl oder Bürsten abgetastet werden, existieren heute auch Eingabegeräte, die spezielle Schriften oder Markierungen zu lesen gestatten (Datenerfassungssystem). Mit dem Aufkommen multimedialer Rechneranwendungen werden neben den klassischen E.-/A. Tastatur, → Drucker und → Bildschirm zunehmend auch andere audiovisuelle Medien wichtig wie Mikrophon, Lautsprecher und Videokamera. Die Umsetzung audiovisueller Information in die interne Rechnerdarstellung wird zunehmend aufwendiger und erfordert entsprechende Verarbeitungskomponenten. Die Auswahl der E.-/A. für eine bestimmte Rechenanlage hängt sehr stark von den zu bearbeitenden Aufgaben ab.

*Bode/Schneider*

**Ein-/Ausgabesteuerung** ⟨*I/O (Input-Output) control*⟩. Der Ein-/Ausgabevorgang umfaßt mehrere Aufgaben, z. B.
– Starten des Ein-/Ausgabevorgangs,
– Ausführen spezifischer Gerätefunktionen, z. B. Einstellen des Zugriffsarmes bei einem Plattenlaufwerk,
– Übertragen einzelner Daten mit Synchronisation der Übertragungspartner,
– Datenzählung und Adreßfortschaltung bei blockweiser Übertragung,
– Lesen und Auswerten von Statusinformation,
– Stoppen des Ein-/Ausgabevorgangs.

Die Übertragung von Daten zwischen dem Speicher und einem Interface kann prozessorgesteuert ablaufen oder durch Spezial-Hardware unterstützt werden. Die Hardware-gestützte E.-/A.-S. realisiert selbständig alle notwendigen Organisationsaufgaben, z. B. die Adreßfortschaltung, Bytezählung. Sie wird in Form von DMA-Controller, Ein-/Ausgabeprozessoren oder Ein-/Ausgabecomputer realisiert.

Die Ein-/Ausgabe mit Direktspeicherzugriff übernimmt eine spezielle Steuereinheit, der DMA-Controller (DMAC). Dieser Controller erfüllt folgende Aufgaben: das Adressieren des Speichers einschließlich der Adreßfortschaltung, das Adressieren des Interface- oder Device-Controller-Datenregisters, die Steuerung der Buszyklen für die Lese- bzw. Schreibvorgänge und das Zählen der übertragenen Bytes. In einer erweiterten Betriebsart ist eine Übertragung von mehreren unzusammenhängenden Blöcken möglich. Abhängig von der Zeitspanne, in der der Prozessor durch den DMA-

Vorgang am Systembuszugriff gehindert wird, unterscheidet man zwei Arten des Direktspeicherzugriffs: Der Vorrangmodus (cycle-steal mode) belegt den Systembus für die Zeit der Übertragung eines einzelnen Datums, und der Blockmodus (burst mode) belegt den Systembus für die Gesamtdauer der Übertragung eines Datenblocks.

Die Ein-/Ausgabeprozessoren und -computer übernehmen zusätzlich zu der Übertragungsorganisation weitere, je nach Anwendungsfall variierende Aufgaben, zu denen die Initialisierung von Interfaces und Gerätesteuereinheiten, das Starten und Stoppen von Peripheriegeräten, das Ausführen spezieller Gerätefunktionen und das Auswerten des Gerätestatus mit Fehlerbehandlung gehören kann. Rechnersysteme werden zur Entlastung des Zentralprozessors von diesen Aufgaben durch die Ein-/Ausgabeprozessoren und -computer zu Mehrprozessor- bzw. Mehrrechnersystemen erweitert.

Die Synchronisation der Datenübertragung erfolgt auf vier verschiedene Arten:
☐ *Busy-Waiting.* Der Prozessor wartet mit dem Aus- oder Eingeben eines neuen Datums, bis das Interface seine Bereitschaft durch ein Statusbit anzeigt.
☐ *Programmunterbrechung.* Der Zustand des Interface-Statusbit wird als Interruptanforderung an den Mikroprozessor weitergegeben.
☐ *Handshaking.* Bei sehr schneller Peripherie wird die Datenübernahme auf beiden Seiten durch Quittungssignale (Quittungsbetrieb) bestätigt.
☐ *X-ON/X-OFF-Synchronisation.* Übertragung von speziellen Steuerzeichen zur Steuerung des Datenflusses.

Auf der Softwareseite werden die Ein-/Ausgabegeräte von Treibern unterstützt, die dem Programmierer einen Zugriff auf einer relativ hohen Abstraktionsebene erlauben und die Details der eigentlichen Gerätesteuerung verdecken. *Burschka/Herbig*

Literatur: *Färber, G.:* Prozeßrechentechnik, 3. Aufl. Berlin – Heidelberg 1994. – *Flik, T.,* und *Liebig, H.:* Mikroprozessortechnik, 3. Aufl. Berlin – Heidelberg 1990.

**Einbenutzer-Rechensystem** ⟨*single-user computing system*⟩. Ein → Rechensystem mit genau einem → Subjekt als berechtigtem Benutzer ist ein E.-R. oder ein *Einbenutzersystem.* Die Bedeutung dieser Festlegung ergibt sich daraus, ob das → Betriebssystem, mit dem ein System seine nutzbaren Speicher- und Rechenfähigkeiten erhält, Zugangskontrollen durchführt. Wenn das Betriebssystem keine Zugangskontrollen durchführt, wird angenommen, daß das Subjekt, welches das System betriebsbereit benutzt, der berechtigte Benutzer ist. Das hat zur Folge, daß erforderliche Zugangskontrollen systemextern als Kontrollen über das Gerät durchgeführt werden müssen. Der Zuordnung zwischen Benutzer und System, die diesen Kontrollnotwendigkeiten und Nutzungsmöglichkeiten Rechnung trägt, entspricht die Bezeichnung → *Personal Computer* mit der häufig benutzten Abkürzung → *PC*. Wenn das Betriebssystem Zugangskontrollen durchführt, dann erfolgen diese – eingeschränkt auf den berechtigten Benutzer – mit den für → Mehrbenutzer-Rechensysteme angewandten Maßnahmen und Verfahren.

Mit oder ohne Zugangskontrollen wird dem berechtigten oder als berechtigt angenommenen Benutzer ein → Prozeß mit dem Interpretierer der Kommandosprache sowie mit Diensten zur Eingabe von Kommandos und zur Ausgabe berechneter Ergebnisse zur Verfügung gestellt; er erhält damit das System als seine Benutzermaschine. Die weiteren Nutzungsmöglichkeiten ergeben sich aus den vom Betriebssystem angebotenen Diensten und aus der Ausdrucksfähigkeit der Kommandosprache. Mit ihr kann dem Benutzer ein → sequentielles Rechensystem oder ein → paralleles Rechensystem zur Verfügung gestellt werden.

Die Einführung von PCs in der zweiten Hälfte der 70er Jahre hat eine Wende für die Bedeutung und für die Verbreitung von Rechensystemen bewirkt. Rechensysteme haben sich in den letzten zwei Jahrzehnten von teuren Spezialmaschinen für ausgewählte Anwendungsgebiete zu Maschinen mit geringen Kosten und hoher Leistungsfähigkeit entwickelt, die in allen Bereichen des privaten, des beruflichen und des öffentlichen Lebens als unverzichtbare Hilfsmittel zur Informationsspeicherung und -verarbeitung eingesetzt werden. Diese Verbreitung wurde durch Fortschritte der → Mikroelektronik und der → Software-Technik sowie durch Fortschritte der → Nachrichtenkommunikations-Techniken möglich. Diese Verbreitung hat auch zu einer Wende bei der Gewichtung für die Kriterien geführt, nach denen Rechensysteme bewertet werden: Die Systeme erhalten zwar nach wie vor ihre für Anwender nutzbaren Rechen- und Speicherfähigkeiten mit den Konzepten ihrer Betriebssysteme; diese Infrastrukturen werden jedoch mit den → Diensten, die mit den Benutzungsschnittstellen der Rechensysteme zur Verfügung gestellt werden, verdeckt, und Anwender sollen ihre Systeme ohne Kenntnis der Infrastrukturen nutzen können.

Das Betriebssystem MS-DOS (Microsoft – Disk Operating System), das Anfang der 80er Jahre entstand und mit einer Folge von Verbesserungen und Erweiterungen zu dem nach seiner Verbreitung erfolgreichsten PC-Betriebssystem wurde, ist ein Beispiel für diese Entwicklung. MS-DOS ist ein im wesentlichen sequentielles Einbenutzersystem. Für die erste Version wurden Eigenschaften des primitiven Betriebssystems CP/M (Control Program for Microcomputers) übernommen. In den folgenden Versionen kamen hierarchische Dateisysteme nach dem Vorbild von → UNIX, Dienste zur Nachrichtenkommunikation und u. a. graphische Benutzungsschnittstellen Dosshell und schließlich Windows hinzu. Die Benutzungsschnittstelle verdeckt einerseits die Infrastruktur mit ihren hardwarebezogenen, veralteten, ungeeigneten Konzepten, sie stellt andererseits zahlreiche Anwendungs-Softwarepakete zur Verfügung, die wesentlich zur Verbreitung von MS-DOS beigetragen haben und beitragen.

Die veralteten und ungeeigneten Konzepte der Infrastruktur von MS-DOS erschweren die Weiterentwicklung des Systems, die zur Erfüllung der wachsenden Anwendungsanforderungen notwendig sind. Die Fa. Microsoft trägt diesen Gegebenheiten mit dem PC-Betriebssystem → *Windows NT* für parallele Einbenutzersysteme Rechnung.  *P. P. Spies*

**Einbenutzeranwendung** ⟨*single user application*⟩. E. sind Anwendungssysteme, die für die Benutzung durch genau eine Person zu einem Zeitpunkt konzipiert sind, z. B. die gebräuchlichen Textverarbeitungssysteme, Tabellenkalkulations- und Zeichenprogramme usw. Sie machen den weitaus größten Teil der im Einsatz befindlichen Bürosoftwaresysteme aus.

E. bieten von sich aus keinerlei Unterstützung für die gleichzeitige, kooperative Nutzung durch mehrere Personen (cooperation-naïve application). Daher bedarf es zusätzlicher Mechanismen, sollen E. als Hilfsmittel in Telekonferenzen eingesetzt werden (→ Anwendungskooperation, → Application Sharing, → WYSIWIS). *Schindler/Ott*

**Einbenutzersystem** ⟨*single-user system*⟩ → Einbenutzer-Rechensystem

**Einbrennverfahren** ⟨*burn-in method*⟩ → Speicher, optischer

**Eindringling** ⟨*intruder*⟩ → Verfahren, kryptographische

**Eingabe, asynchrone** ⟨*asynchronous input*⟩. Bereitstellung von → Daten zu einem nicht festgelegten Zeitpunkt. Die a. E. erfordert von einem → System die Fähigkeit, auf unerwartete Eingaben zu reagieren. Zu diesem Zweck muß ein laufender → Prozeß von außen unterbrochen werden können, um z. B. anstehende Daten entgegenzunehmen. Diese Unterbrechungsmöglichkeiten (interrupts) sind bei Rechnersystemen schon in der → Hardware realisiert. Jede periphere Rechnerschnittstelle besitzt i. allg. die Möglichkeit, eine → Unterbrechung im System auszulösen. Die Verarbeitung von asynchronen Ereignissen kann in gewissen Grenzen auch mit Software-Mitteln realisiert werden. Hierzu wird im Multi-Tasking-Betrieb ein einzelner Prozeß, der ausschließlich für die Eingabe verantwortlich ist, quasiparallel zu den Verarbeitungs-Tasks aktiviert. *Encarnação/Gutheil*

**Eingabe-Pipeline** ⟨*input pipeline*⟩. Folge von Aktionen, die von allen Eingabewerten von den physischen → Eingabegeräten bis zum Anwendungssystem durchlaufen werden. Auf einen Eingabewert werden u. U. Werte von mehreren physischen Eingabegeräten abgebildet. Bei allen physischen Werten findet eine Transformation auf die → funktionalen Eingabewerte statt (→ GKS). Innerhalb des vom Anwendungssystem benutzten graphischen Systems können noch zusätzliche Transformationen bezüglich interner Koordinatensysteme auftreten. *Encarnação/Alheit/Haag*

**Eingabefunktion** ⟨*input function*⟩. Liefert dem Anwendungsprogramm einen Eingabewert. Der Typ des Wertes wird von der Eingabeklasse bestimmt. Abhängig vom Betriebsmodus werden Eingaben von den Geräten auf unterschiedliche Weise erzeugt. An der Anwenderschnittstelle stehen dazu Abfrage-E., Anforderungs-E. und Ereignis-E. zur Verfügung. *Encarnação/Ungerer*

**Eingabegerät, funktionales** ⟨*logical input device*⟩. Physisches Gerät oder eine Menge von physischen Geräten, welche einen → funktionalen Eingabewert liefern. Der funktionale Eingabewert ist der aktuelle Maßwert, der vom → Maßwertprozeß erzeugt wird, welcher dem f. E. zugeordnet ist.

Jedes f. E. gehört einer Eingabeklasse an. Im Graphischen Kernsystem (→ GKS) existieren folgende Eingabeklassen: Auswähler, → Liniengeber, → Lokalisierer, → Picker, → Textgeber und → Wertgeber. *Encarnação/Alheit/Haag*

**Eingabegerät, graphisches** ⟨*graphical input device*⟩. Über die in der alphanumerischen → Datenverarbeitung eingesetzte Tastatur hinaus werden in der graphischen Datenverarbeitung für die → Interaktion besser geeignete → Eingabegeräte benötigt. Diese Geräte werden allgemein zum Positionieren und Identifizieren von Objekten verwendet. Typische Geräte für zweidimensionale Anwendungen sind → Maus, Rollkugel (→ Trackball), → Joystick, → Lichtgriffel, Tablett, → Wertgeber, Touchscreen und spezielle Funktionstastaturen.

Eine *Maus* ist ein etwa handgroßes Gerät, das auf der Unterseite mit einer oder mehreren Kugeln versehen ist. Durch Verschieben der Maus wird die Rotation der Kugeln auf Potentiometer übertragen, deren Signale den mit der Maus assoziierten → Cursor auf dem → Bildschirm steuern. Bei der Maus werden nur relative Bewegungen registriert, sie ist daher primär zum Identifizieren geeignet. Auf der Oberseite der Maus sind mehrere Knöpfe bzw. Tasten integriert, mit denen man → Aktionen auslösen kann.

Die *Rollkugel* kann man sich als eine auf dem Rücken liegende Maus vorstellen. Der Benutzer bewegt die Kugel, die eine große Masse zugunsten einer ruhigen Bewegung besitzt, mit seiner Hand. Dies erschwert schnelle Positionsänderungen.

Der *Joystick* besteht aus einem frei beweglichen Knüppel, der durch Federn in seiner senkrechten Ruhestellung gehalten wird. Die Bewegung des Joystick wird auf Mikroschalter oder zwei Potentiometer übertragen, die eine Änderung der Cursor-Position veranlassen. Mit Tasten auf dem Knüppel oder dem Basisgerät kann eine Aktion ausgelöst werden.

Der *Lichtgriffel* besteht aus einem Stift mit einem Lichtsensor an der Spitze, der auf das zu identifizierende → Objekt auf dem Bildschirm deutet. Durch Betätigen einer Taste wird die augenblickliche Position auf dem Bildschirm durch Detektion des Schreibstrahls ermittelt. Nachteile dieses Gerätes sind, daß nur helle Objekte identifiziert werden können und daß wegen der Unschärfe der Optik ein genaues Positionieren nur schwer möglich ist.

Das wichtigste g. E. für Positionierungs- (und natürlich auch Identifikations-) Aufgaben ist das *Tablett*. Es besteht aus einer flachen → Zeichenfläche, innerhalb derer mit einem Stift oder Puck (flaches Gerät mit Fadenkreuz) eine Position bestimmt werden kann, vergleichbar der Arbeitsweise mit Papier und Schreibstift. Zur Ermittlung dieser Position gibt es verschiedene Verfahren, die galvanische, akustische, kapazitive, magnetische oder magnetostriktive Kopplung zwischen Basisgerät und Stift verwenden. Bei dem Ultraschalltablett mit akustischer Kopplung wird im Stift ein Ultraschallsignal erzeugt und die Laufzeit des Signals zu zwei am Rande angebrachten Mikrophonen gemessen. Meßfehler ergeben sich durch Temperaturschwankungen und Inhomogenitäten des Raumes.

Bei dem zur Zeit meistverwendeten Tablett mit magnetostriktiver Kopplung ist in die Basisfläche ein Kreuzgittersystem aus ferromagnetischen Stahldrähten eingebettet. Sendespulen an den beiden Rändern erzeugen ein Magnetfeld, das eine Längenänderung der Drähte bewirkt. Diese Änderung pflanzt sich als mechanische Spannungsquelle fort und kann von der im Stift befindlichen Empfängerspule erkannt werden. Die Laufzeit der Welle ist proportional dem Abstand des Stiftes von den beiden Rändern des Tabletts. Mit dieser Technik werden sehr gute Genauigkeiten erreicht, zudem ist sie sehr robust.

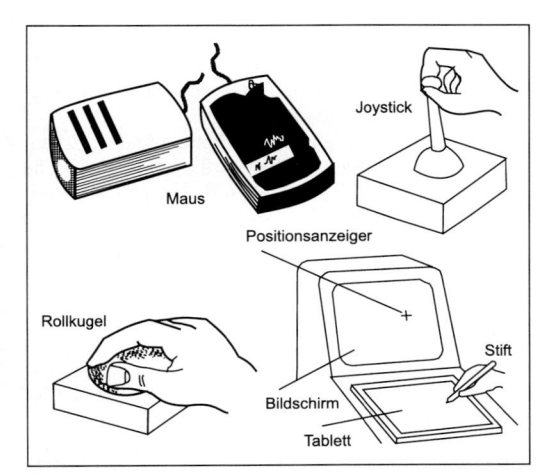

*Eingabegerät, graphisches: Verschiedene Beispiele*

Ein *Digitizer* ist ein sehr großes Tablett, bei dem der Stift ähnlich wie bei einem Zeichenbrett an einem Gestänge befestigt ist. Wertgeber sind Potentiometer, deren Spannungswert digitalisiert wird. Die Anzeige des Wertes geschieht dabei über den Bildschirm.

Der *Touchscreen* ist von seinem prinzipiellen Aufbau mit dem Lichtgriffel vergleichbar. Auf dem Bildschirm ist außen eine Folie angebracht, die eine Feststellung der Andruckposition des Fingers ermöglicht.

*Encarnação/Astheimer*

**Eingabetechnik** ⟨*interactive technique*⟩. Beschreibt die Art und Weise, wie ein → Bediener eines graphischen Eingabegerätes eine Eingabe erzeugt. Man unterscheidet zwei grundsätzliche Arten der graphischen → Interaktion: Das Positionieren neuer Objekte und das Zeigen auf bereits existierende Objekte. Die E. wird im wesentlichen durch das physikalische → Eingabegerät bestimmt (→ Digitalisierer, Fadenkreuz, → Joystick, → Lichtgriffel, → Maus, Rollkugel, Tablett).

Die Technik des Positionierens dient zur Bestimmung der Position neuer Objekte auf dem → Bildschirm. Mit Eingabegeräten wie einer Maus oder einem Joystick kann ein → Cursor oder Fadenkreuz an die entsprechende Stelle bewegt und damit die Position wesentlich einfacher als durch numerische Eingabe der Koordinaten bestimmt werden.

Die Technik des Zeigens wird dazu verwendet, vorhandene Objekte, die gelöscht, kopiert oder in irgendeiner anderen Form bearbeitet werden sollen, zu identifizieren. Der Lichtgriffel ist das einzige Eingabegerät, mit dem direkt auf der Bildschirmoberfläche Objekte identifiziert werden können. Die meisten Geräte (z. B. die Maus) arbeiten indirekt über Positionierungstechniken. Auf der Grundlage der ermittelten Position wird das am nächsten liegende → Objekt identifiziert.

*Encarnação/Ungerer*

**Eingabewert, funktionaler** ⟨*logical input value*⟩. In der elektronischen → Datenverarbeitung wird ein f. E. von einem → funktionalen Eingabegerät geliefert, welches durch ein oder mehrere physische Eingabegeräte realisiert ist. Der dem funktionalen Eingabegerät zugeordnete → Maßwertprozeß erzeugt einen aktuellen Maßwert, welcher den f. E. darstellt. F. E. können z. B. ganze oder reelle Zahlen, einzelne Koordinatenpunkte, Folgen von Punkten oder Zeichenketten sein.

*Encarnação/Alheit/Haag*

**Eingliederung** ⟨*insertion*⟩. E. im Zusammenhang mit einem → fehlertoleranten Rechensystem ist eine Maßnahme der → Rekonfiguration bei → Fehlerbehandlung durch → Übergang zu einem fehlerfreien Subsystem. Zur Bildung eines fehlerfreien Subsystems werden redundante Komponenten und Subsysteme anstelle von ausgegliederten fehlerhaften Komponenten und Subsystemen eingegliedert; diese E. ist ein Charakteristikum für → dynamische Redundanz.

*P. P. Spies*

**Einphasensysteme** ⟨*one-phase systems*⟩. → Modellsysteme zur Beschreibung und zur Analyse der → Zuverlässigkeit von → Systemen. Sie sind dadurch charakterisiert, daß sie genau eine Intakt-Phase, deren Längen die → Lebenszeiten der Systeme genannt werden, durchlaufen. Sie werden mit dem Abschluß der Intakt-Phase defekt und bleiben defekt; mit dem Abschluß der Intakt-Phase tritt also ein → Ausfall ein. Alternativen zu E. sind → Erneuerungssysteme und → Zweiphasensysteme.

Sei S ein E. Die für die Zuverlässigkeit wesentliche Eigenschaft von S ist die → Lebenszeit L von S; L ist eine stochastische Variable mit Werten aus $\mathbb{R}_+$, die durch ihre Verteilung charakterisiert wird. Wenn die Verteilung von L bekannt ist, können weitere lebenszeitorientierte → Zuverlässigkeitskenngrößen von S aus ihr abgeleitet werden. Dazu gehören insbesondere die → Überlebenswahrscheinlichkeit und die → Restlebenszeit von S.

E. sind insbesondere als Modelle für Beschreibungen und Analysen der Lebenszeiten von Systemen geeignet, die den charakteristischen Eigenschaften von Systemen entsprechend aus Komponenten zusammengesetzt sind. Wenn S ein System mit der Lebenszeit L ist und aus $n \in \mathbb{N}$ Komponenten besteht, dann interessieren die Gesetzmäßigkeiten der Zusammenhänge zwischen L und den Lebenszeiten $L_1, \ldots, L_n$ der Komponenten von S. Beispiele hierfür sind die → m-aus-n-Systeme. Wenn die Verteilung der Lebenszeit L mit den Verteilungen der Lebenszeiten $L_1, \ldots, L_n$ berechnet ist, dann kann S den charakteristischen Eigenschaften von Systemen entsprechend als Komponente eines Erneuerungssystems mit der Länge L der Erneuerungsintervalle oder als Komponente eines → Zweiphasensystems mit der Länge L einer Intakt-Phase benutzt werden.

*P. P. Spies*

**Einprozessormaschine, abstrakte** ⟨*abstract single-processor machine*⟩ → Betriebssystem, prozeßorientiertes

**Einschlüssel-Kryptosystem** ⟨*single-key cryptosystem*⟩ → Kryptosystem, symmetrisches

**Einwegfunktion** ⟨*one-way function*⟩. Eine Funktion $f: A \to B$ ist eine E., wenn der Aufwand für die Berechnung von f klein und der Aufwand für die Berechnung der Umkehrfunktion $f^{-1}$ sehr groß ist. Die Angaben „klein" und „sehr groß" erhalten ihre Bedeutung aus der Komplexitätstheorie. Für den praktischen Einsatz einer Einwegfunktion $f: A \to B$ ist gefordert, daß $f(a)$ für $a \in A$ mit kleinem Aufwand berechnet werden kann, während die Berechnung von $f^{-1}(b)$ für $b \in f(A)$ aus Aufwandsgründen praktisch (also mit den leistungsfähigsten Rechnern) unmöglich ist.

Ein Beispiel für eine E. ist $f: \mathbb{N}^2 \to \mathbb{N}$ mit $f(p, q) \triangleq p \cdot q$ für große Primzahlen p und q. Das Berechnen großer Primzahlen und deren Multiplikation sind mit kleinem Aufwand durchführbar; die Faktorisierung von $f(p, q)$ ist praktisch unmöglich (für große p und q). Diese E. wird für das RSA-Verfahren benutzt.

E. sind nützlich für die *Codierung* von Nachrichten, die nicht mehr decodiert werden sollen. In diesem Sinn werden E. für Passwörter eingesetzt: Die geheim zu haltenden Passwörter werden mit einer E. codiert und in dieser Codierung in → Rechensystemen gespeichert und für → Zugangskontrollen eingesetzt. Mit der E. wird Geheimhaltung der Passwörter gewährleistet.

Für einige Einsatzbereiche von E. kann auf die Berechnung der Umkehrfunktion nicht verzichtet werden. Dann werden E. mit *Falltür* benutzt, was bedeutet, daß die Umkehrfunktion dann praktisch berechnet werden kann, wenn Zusatzinformation bekannt ist; diese Zusatzinformation muß dann geheimgehalten werden.

*P. P. Spies*

**Einwegfunktion mit Falltür** ⟨*one-way function with trapdoor*⟩ → Einwegfunktion

**Einzelseiten-Anforderungsverfahren** ⟨*single-page demand strategies*⟩ → Speichermanagement

**Einzelworterkenner** ⟨*isolated word recognizer*⟩. Technisches Gerät, das einzelne gesprochene Wörter aus einem gegebenen Wortschatz automatisch erkennen kann.

Die übliche Funktionsweise ist die folgende:
– Das von einem Mikrofon aufgenommene → Wort (oder auch eine kurze Wortfolge) wird bezüglich der Energie normiert, es werden Anfangs- und Endpunkt aufgrund der Schallenergie ermittelt.
– Das Sprachsignal wird parametrisch dargestellt, z. B. durch die Koeffizienten der diskreten *Fourier*-Transformation, der linearen Vorhersage, des Mel-Cepstrums oder der Ausgänge einer Filterbank; diese Größen werden etwa alle 10 ms ermittelt.
– In der „Lernphase" muß der Sprecher die Wörter des zu erkennenden Wortschatzes einmal oder mehrmals sprechen. Aus der parametrischen Repräsentation dieser Wörter werden Prototypen oder Wortmodelle (→ Hidden-Markoff-Modell) aufgebaut und im Referenzspeicher des Systems abgelegt.
– Nach der Lernphase kann das System in der „Erkennungsphase" arbeiten. Dabei wird die parametrische Darstellung des Wortes mit allen Prototypen des Referenzspeichers verglichen. Der Vergleich erfolgt durch eine lineare oder nichtlineare Zeitnormierung der Wörter und Berechnung eines Maßes für den Abstand zwischen gesprochenem Wort und Prototyp. Die Prototype mit kleinstem Abstand ist das „erkannte" Wort.

*Niemann*

Literatur: *Rabiner, L.* and *B.-H. Juang*: Fundamentals of speech recognition. Englewood Cliffs, NJ 1993. – *Schukat-Talamazzini, E. G.*: Automatische Spracherkennung. Wiesbaden 1995.

**ELAN** ⟨*ELAN (Elementary Language)*⟩. Eine ab 1975 von *C. H. A. Koster* u. a. in Berlin entwickelte Schulsprache, die besonders geeignet ist, strukturiertes und verbalisiertes → Problemlösen zu unterstützen.

E. gliedert sich in drei Ebenen: → Verfeinerungen, → Prozeduren und → Pakete. Verfeinerungen sind ausgelagerte Programmabschnitte, die beim Compilieren durch einen (ggf. auch längeren und semantisch treffenden) Bezeichner identifiziert und textuell in das Hauptprogramm übernommen werden. Durch diese Abstraktion entfallen Kommentare, weil die Programmentwicklung sich selbst dokumentiert. Verfeinerungen können auch einen Wert liefern sowie hierarchisiert werden:
(* stochastische pi-Berechnung *)
initialisiere;
REPEAT
erzeuge einen zufälligen tropfen im einheitsquadrat;
zaehle ihn;
IF tropfen im eingeschriebenen viertelkreis innen
    THEN zaehle ihn extra;
                 drucke seine lage aus
    FI
UNTIL tropfenzahl hinreichend gross END REPEAT;
berechne nun eine naeherung fuer pi.
tropfen im eingeschriebenen viertelkreis innen:
$x \cdot x + y \cdot y \leq 1.0$.

Bei der einen ausgeführten Verfeinerung handelt es sich um eine, die einen *Boole*schen Wert liefert. An Schulen unterstützt diese Methode die schrittweise Erstellung eines Programms und erleichtert nachträgliche Ergänzungen auch für fremde Anwender.

Verfeinerungen enthalten die üblichen Kontrollstrukturen ähnlich wie in → PASCAL. Bei Alternativen kann das zusätzliche Schlüsselwort ELIF (=ELSE IF) sog. IF-Gebirge vermeiden. Durch die einheitliche Verwendung von Endekürzeln entfallen BEGIN-END-Klammerungen von Verbundanweisungen. Mit einer LEAVE-Anweisung kann man Verfeinerungen – und damit auch geschachtelte → Schleifen auf einmal – verlassen.

Neben den einfachen Datentypen INT, REAL, BOOL, TEXT (bis zu 255 → Zeichen) und FILE gibt es die zusammengesetzten ROW (für Reihungen gleichartiger Komponenten in beliebig vielen Dimensionen) und STRUCT (für Komponenten unterschiedlichen Typs), die beliebig geschachtelt und über die LET-Anweisung abgekürzt werden können:
LET max = 35,
    SCHUELERLISTE = ROW max PERSON,
    PERSON = STRUCT (TEXT name, vorname; INT jahrgang);

Deklarationen können an beliebigen Stellen des Programms erfolgen. Sie enthalten mit VAR bzw. CONST eine Angabe des Zugriffsrechts.

Prozeduren sind ähnlich wie in PASCAL wertliefernde Funktionsprozeduren oder Aktionsprozeduren. Sie gestatten rekursiven Aufruf auch für mehrfache oder indirekte Rekursionen, sukzessive Definition und geschachtelten Aufruf. Ähnlich lassen sich auch Infix-Operatoren für monadische oder dyadische Operatoren behandeln. Pakete stellen Module dar, die es erlauben, zusammengehörige Prozeduren und Operatoren mit einer Schnittstellenvereinbarung (DEFINES-Liste) so vorzuübersetzen, daß sich ein Anwender nicht mit dem Detail ihrer → Programmierung zu belasten braucht. Das ist didaktisch wünschenswert und verschafft Spracherweiterungen über abstrakte Datentypen. *Klingen*

Literatur: *Klingen, L. H.*; *Liedtke, J.*: ELAN in 100 Beispielen. Stuttgart 1986.

**Electronic Mail** ⟨*electronic mail*⟩ → Post, elektronische

**Elektronische Datenverarbeitung** ⟨*electronic data processing*⟩ → Datenverarbeitung

**Elementar-Informatik** ⟨*elementary computer science*⟩. Bezieht sich auf solche algorithmische Verfahren, die wesentliche Programmierkonzepte enthalten, vom Umfang her übersichtlich und vom Schwierigkeitsgrad her einfach sind, so daß sie an Schulen in der Sekundarstufe gelehrt werden können, sowie auf weitere typische Konzepte der Informatik in der Schule.

Im Bereich elementarer Kontrollstrukturen ist jedes kürzere Programm für die Schule geeignet. Für Anfängerunterricht mit jüngeren Schülern haben sich Konzepte wie das Programmierenlernen in einer Modelllandschaft (Hamster-Modell) und das Programmierlernen durch Steuern kleiner Maschinen aus einzelnen Bauelementen besonders bewährt. Für rekursive Prinzipien gibt es Standardbeispiele elementarer Algorithmen:
– die binäre Suche (z. B. beim Zahlenraten in einem vorgegebenen Intervall);
– die Prozedur „printreverse" als parameterfreie → Rekursion;
– die Organisation eines Stapels nach dem LIFO (Last In First Out)-Prinzip;
– die „Türme von Hanoi" als Muster einer mehrfachen Rekursion;
– die Labyrinthsuche „Maus sucht Käse" für das Zusammenspiel von Rekursion und → Rücksetzen.

Im Fach Mathematik sind elementare Algorithmen:
– die Rückführung der Rechenarten aufeinander,
– der Divisions-Algorithmus (incl. Polynom-Division),
– der *Euklid*ische → Algorithmus für den ggT zweier Zahlen,
– der Sumerer-Algorithmus für die Quadratwurzel in der Sekundarstufe I und
– das *Horner*-Schema zur Berechnung von Funktionswerten ganzer rationaler Funktionen,
– das *Newton*-Verfahren zur Approximation von Nullstellen von Funktionen,
– das *Simpson*-Verfahren zur Integration,
– die *Gauß*-Elimination für lineare Gleichungssysteme in der Sekundarstufe II.

Im Fach Physik sind insbesondere diskrete Fortschreibungen stückweise gleichförmiger Bewegungen mit Geschwindigkeitsinkrementierungen am Ende oder in der Mitte eines Intervalls nach unterschiedlichen Kraftgesetzen zu nennen, im Synthesebereich zwischen Erdkunde, Sozialkunde und Biologie exponentielle und logistische Wachstumsprozesse.

Auch das Arbeiten mit einem Modellcomputer in Maschinensprache oder Assembler sowie das Operieren mit einer Modell-*Turing*-Maschine können zum Bereich der E.-I. gezählt werden. *Klingen*

**Elimination verdeckter Linien/Flächen** ⟨hidden line/surface removal⟩. In der Anwendung der Computergraphik sind meistens Objekte darzustellen, die undurchsichtig sind. Diese Objekte sind visuell sichtbar durch ihre Oberflächen und deren Rand (Linien). Graphisch kann man ein → Objekt dann durch die Darstellung der Oberflächen oder Linien des Objektes repräsentieren.

Hier entsteht das Problem der Verdeckungen, insbesondere wenn mehrere Objekte darzustellen sind. Die Objekte werden durch geometrische Projektion auf eine Ebene und → Visualisierung des dadurch gewonnenen Bildes dargestellt. Bei der geometrischen Projektion werden alle Punkte aller Objekte abgebildet.

In der Liniendarstellung kann man aus der Abbildung meistens nicht erkennen, wie die Lage der Objekte ist und wie die Objekte zueinander stehen. Als Beispiel kann man die Liniendarstellung eines Quaders betrachten (Bild a).

Es ist nicht eindeutig zu sehen, ob der Punkt A vorn liegt oder der Punkt B. Wenn noch mehr Objekte in einer → Szene sind, wird die Sache noch unklarer (Bild b).

Bei der → Flächendarstellung ist es trivial, daß nicht alle Flächen dargestellt werden können, wenn ihre Projektionen in der Bildebene einander überlappen (Bild c).

Es ist nun eine wichtige Aufgabe herauszufinden, was verdeckt ist und somit nicht dargestellt werden darf. Wenn die Objekte mit Linien dargestellt werden sollen, werden die verdeckten Linien bzw. Linienteile eliminiert (E. v. L.). Wenn Flächen als Grundobjekte der Darstellung benutzt werden, sind die verdeckten Flächen bzw. Flächenteile zu finden (E. v. F.). Das Hauptproblem dabei ist, als erstes herauszufinden, welche Objekte von welchen verdeckt sind und dann die sichtbaren Teilbereiche zu bestimmen. Schon seit Anfang der 60er Jahre sind → Algorithmen zur E. bekannt. Es existieren heute viele Verfahren, die unterschiedlich vorgehen. Dabei werden vielfach Oberflächen als verdeckende Grundobjekte und Kanten und Ecken als verdeckte Elemente betrachtet. Zur Bestimmung der sichtbaren Teilgebiete eines Objektes müssen meistens Schnittpunkte der verdeckten Kanten mit den verdeckenden Objekten ermittelt, und die Visibilität der Punkte muß bestimmt werden.

Die Verfahren können nach verschiedenen Kriterien klassifiziert werden. Eine Klassifizierung der Verfahren danach, ob die Berechnungen im → Objektraum oder → Bildraum oder beides erfolgen, ist die Aufteilung in Objektraum-, Bildraum- und → Prioritätsverfahren, wobei die Prioritätsverfahren nicht von den anderen zwei Gruppen streng abzutrennen sind.

Eine andere Klassifizierung ist die Einteilung nach den auf Verdeckung getesteten Objekten, d. h. Punkte, Linien und Flächen. Hier wird die Klassifizierung vielmehr algorithmisch vorgenommen.

Es ist auch die Aufteilung in Elimination verdeckter Kanten oder Flächen bekannt, da hier die Grundobjekte der Darstellung unterschiedlich sind. Aber auch bei der Elimination verdeckter Kanten werden Oberflächen der Objekte betrachtet, weil die Flächen die Verdeckungen verursachen.

Alle Verfahren streben danach, das Problem zu vereinfachen und somit die Berechnung zu beschleunigen. Wichtige, viel benutzte Strategien bei der E. sind u. a. der Tiefenvergleich der Objekte oder Segmente (wie Linien und Punkte) zur Bestimmung ihrer Visibilität, die Prioritätszuordnung nach ihrer Visibilität, die Reduzierung der Dimension (Scan-Line-, z-Buffer-Verfahren) und somit auch der Komplexität des Problems sowie die Kohärenzuntersuchung zur Reduzierung der relevanten graphischen Objekte.

*Encarnação/Dai*

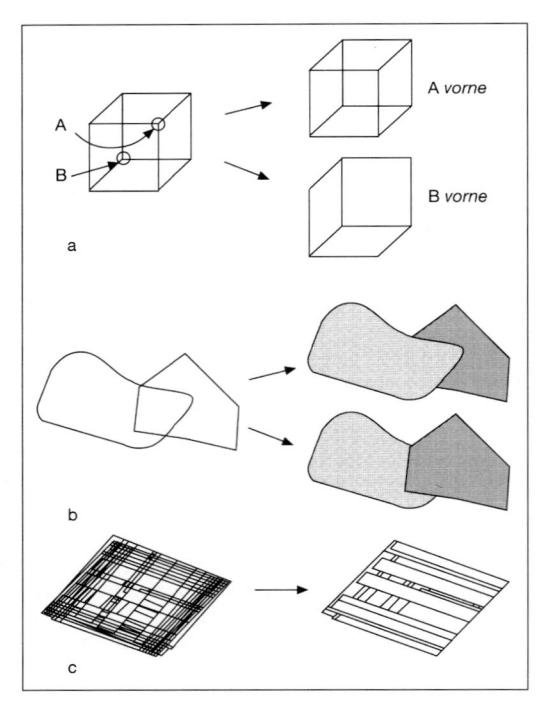

*Elimination verdeckter Linien/Flächen: a. Linien-, b. Objekt- und c. Flächendarstellung*

**EM-Algorithmus** ⟨*EM algorithm*⟩. Ein Algorithmus, der durch Iteration über die beiden Schritte „expectation" und „maximization" (EM) die Schätzung statistischer Parameter auch bei sog. „fehlender Information" erlaubt bzw. erleichtert.

Gesucht seien die Parameter $\Theta$ der parametrischen Verteilungsdichte $p(x|\Theta)$ der beobachtbaren Zufallsvariablen x. Der Zufallsprozeß enthalte jedoch auch nicht beobachtbare Variable y. Man hat also die Verteilungsdichte der vollständigen Daten $p(x, y|\Theta)$, die der beobachtbaren Daten $p(x|\Theta)$ und die der fehlenden Daten $p(y|x, \Theta)$. Das Prinzip der fehlenden Information wird formal in der Gleichung zusammengefaßt

$$L(x, \Theta) = \log[p(x|\Theta)] = \log[p(x, y|\Theta)] - \log[p(y|x,\Theta)].$$

Der Maximum-Likelihood(ML)-Schätzwert für den Parameter $\Theta$ maximiert bekanntlich die Funktion L. Es läßt sich zeigen, daß schon das Wachstum der *Kullback-Leibler*-Statistik $Q(\hat{\Theta}|\Theta)$ hinreichend für das Wachstum von L ist.

Der EM-A. berechnet iterativ, ausgehend von einem im Prinzip beliebigen Startwert $\hat{\Theta}_0$, im i-ten Schritt die *Kullback-Leibler*-Statistik Q (expectation, E-Schritt) und mit dieser einen neuen Schätzwert $\hat{\Theta}_i^*$, der Q maximiert (maximization, M-Schritt). Der EM-A. ist ein theoretisch fundierter Ansatz zum unüberwachten Schätzen bzw. Lernen von Parameterwerten in der → Mustererkennung. Sein Vorteil gegenüber der direkten ML-Schätzung liegt darin, daß in vielen Anwendungen die Parameter (teilweise) separiert werden, wodurch ein hochdimensionaler Raum in mehrere mit niedrigerer Dimension zerfällt, und daß die Funktion Q oft einfacher zu maximieren ist als die Funktion L.

*Niemann*

Literatur: *Tanner, M. A.*: Tools for statistical inference. Springer series in statistics. Berlin-Heidelberg 1993.

**EMA** ⟨*EMA (Electronic Messaging Association)*⟩. Amerikanische Organisation, deren Ziel in der Entwicklung, Förderung und breiteren Nutzung von elektronischen Kommunikationsmedien liegt. Hierzu gehört insbesondere die Unterstützung und Promotion einschlägiger internationaler Standards. Die EMA ist die amerikanische Partnerorganisation der europäischen → EEMA. *Jakobs/Spaniol*

**Empfänger** ⟨*receiver*⟩ → Betriebssystem, prozeßorientiertes

**Empfang, heterodyner** ⟨*heterodyne reception*⟩ → Überlagerungsempfang, → Empfänger

**Empfang, homodyner** ⟨*homodyne reception*⟩. Spezialfall des heterodynen Empfangs (→ Überlagerungsempfang, → Empfänger).

**Empfangsanlage** ⟨*receiving installation*⟩. Jede Funkempfangsanlage setzt sich aus mindestens drei Komponenten zusammen: Antenne, Antennenkoppelschaltung und Empfänger. Beim Betrieb mehrerer Empfänger (und Antennen) werden Antennenverteiler in die Anlage integriert. Fernwirkelemente einerseits und → Prozessoren und Datengeräte andererseits erweitern die Anlage in Richtung Fernsteuer- und Datentechnik.

Vermittels einer Koppelschaltung wird die in der Antenne induzierte HF-Spannung an die Eingangsstufe des Empfängers weitergeleitet. Die Schaltung stellt im wesentlichen einen Schwingkreis dar, an den die Antenne verschieden fest induktiv oder kapazitiv gekoppelt ist (induktive bzw. kapazitive Abstimmung, Bild 1).

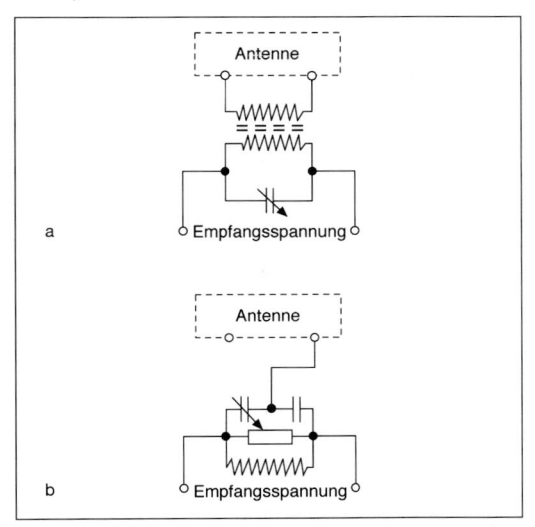

*Empfangsanlage 1: Induktive (a) und kapazitive (b) Antennenkopplung (Stromkopplung)*

Autoantennen, bei denen die kapazitive Abstimmung Schwierigkeiten bereitet, werden mittels Variometer abgestimmt oder besitzen einen zwischen Antenne und Empfänger liegenden Entkoppelverstärker (aktive Antenne). Bei Verwendung von Ferritantennen entfällt die Koppelschaltung, da die Antennenspule für den Eingangskreis als Induktivität wirkt.

Häufig werden Koppelschaltung, Vor- und Mischstufe, Oszillator und ZF-Auskopplung zu einer Baueinheit, dem Tuner, zusammengefaßt. Dieser optimiert für die Eingangsstufe die hohe Eingangsselektion mit guter Grenzempfindlichkeit bei gleichzeitiger Erweiterung des Dynamikbereichs.

E. hoher Komplexität, etwa für Nachrichtendienste, Funküberwachung, Funkaufklärung (EloKa) u. ä., weisen eine größere Anzahl von Empfängern und Antennen – Antennenfeldern – auf. Dies macht im Sinne der Anlagenökonomie – Mehrfachausnutzung der Antennen – Antennenverteiler erforderlich: Antennensignale wer-

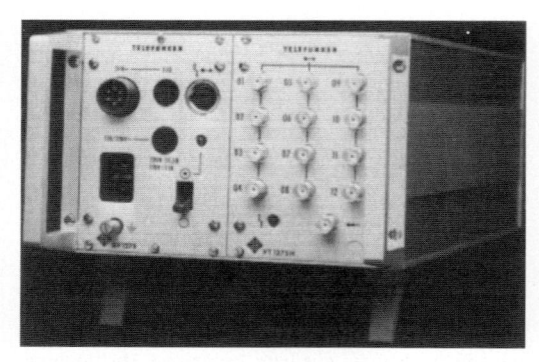

Empfangsanlage

*Empfangsanlage 2: Aktiver Antennenverteiler als Tischgerät (Quelle: AEG)*

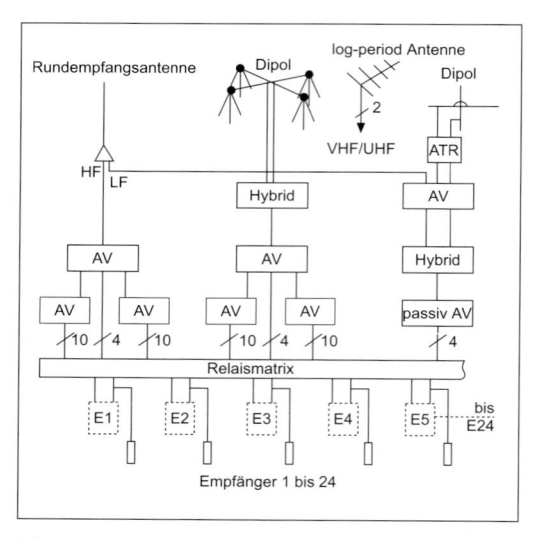

*Empfangsanlage 5: Bedien- und Überwachungsanlage einer kommerziellen Funkempfangsanlage 200 kHz bis 900 MHz (Quelle: AEG)*

den durch sie auf mehrere Empfänger wunschgemäß verteilt. Passive Verteiler, ohne Netzteil betrieben, verlangen bei hohem Antennengewinn große Empfangsfeldstärken. Aktive Verteiler (Bild 2) dagegen gleichen durch einen integrierten Verstärker die im Verteilernetzwerk entstehenden Dämpfungen aus mit dem Vorteil, daß die Anzahl der nachgeschalteten Empfänger beliebig groß sein kann.

Eine Antennenverteileranlage für den Betrieb von vier Antennen mit 24 Empfängern gibt Bild 3 wieder. Die Auswahl einer Antenne für einen bestimmten Empfänger, z.B. für den mit dem relevanten Frequenzbereich, erfolgt hier rechnerunterstützt über eine Relaismatrix (Verteilermatrix).

Das für komplexe E. notwendige Antennenfeld liegt wegen der erforderlichen Störunanfälligkeit häufig von dem Empfängersystem (weit) abgesetzt. Dieses erzwingt den Einsatz rechnergestützter Fernsteuerungen, etwa in Verbindung mit Antennenmatrizen (Relaismatrix, Bild 3). In zeitgemäßen Anlagen (Bild 4) sind alle Bedienfunktionen fernsteuerbar. Darüber hinaus übernehmen Prozessoren die Programmsteuerung, dies insbesondere für Signalerkennung und Signalauswertung (Bild 5).  *Kümmritz*

*Empfangsanlage 3: Antennenverteileranlage für vier Antennen und 24 Empfänger*

AV Antennenverteiler; ATR Antennentransformator

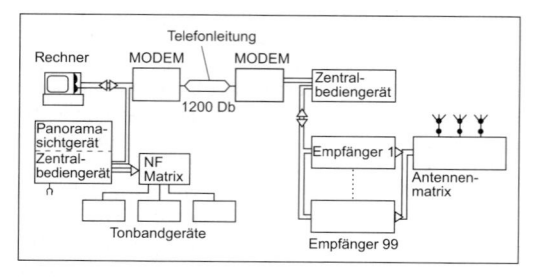

*Empfangsanlage 4: Programmgesteuerte und fernsteuerbare Funküberwachungsanlage (20 MHz bis 1 GHz)*

**Empfangsrecht** ⟨*right to receive*⟩ → Betriebssystem, prozeßorientiertes

**Emulator** ⟨*emulator*⟩. Menge der → Programme, die den → Maschinenbefehlssatz eines Rechners X auf einem anderen Rechner Y auszuführen gestattet. Aus Effizienzgründen sind E. in der Regel Mikroprogramme. E. werden eingesetzt, um einmal entwickelte maschinenabhängige Programme auch beim Wechsel des Rechnersystems weiter verwenden zu können. Sie werden daher v.a. dann entwickelt, wenn eine Rechnerfamilie eines Herstellers durch eine neue Familie abgelöst wird.

Wird die Emulation nicht durch Mikroprogramme, sondern durch Maschinenbefehle durchgeführt, spricht man oft auch von Simulation. *Bode*

**EN-Norm** ⟨*EN Standard*⟩ → Normung, regionale

**Endbenutzersystem** ⟨*end-user system*⟩. Bezeichnet → betriebliche Anwendungssysteme, die auf die Nutzergruppe Endbenutzer ausgerichtet sind. E. zeichnen sich typischerweise durch eine komfortable Mensch-Maschine-Schnittstelle aus, die nur geringe Anforderungen an die Systemkenntnisse der → Benutzer stellt. Richtlinien für die Gestaltung der Mensch-Maschine-Schnittstelle gibt die → Software-Ergonomie.

Mit Endbenutzer (Endanwender) wird ein Benutzer bezeichnet, der ein Anwendungssystem im Rahmen der Durchführung von Aufgaben mit direktem Bezug zur betrieblichen Leistungserstellung und ihrer Lenkung nutzt. Die Nutzergruppe Endbenutzer steht in Abgrenzung zu den Nutzergruppen Entwickler (mit Aufgabenschwerpunkt Systementwicklung) und Administrator (mit Aufgabenschwerpunkt Systempflege).

Aufgrund des beschriebenen Benutzertyps werden E. auf eine interaktive Benutzung und auf geringe Systemkenntnisse des Benutzers ausgerichtet. Die Mensch-Maschine-Schnittstelle des E. stellt typischerweise Dialogfähigkeit, Benutzerführung (→ Menütechnik), graphische Oberfläche, Hilfefunktionalität und, falls erforderlich, eine einfache Programmierbarkeit (z. B. in Form von → Makros) bereit.

Der Begriff E. wurde im Zusammenhang mit Datenbanksystem- und Großrechneranwendungen geprägt. Hierbei wurden separate Software-Systeme für Entwickler, Administratoren und Endbenutzer bereitgestellt. Mit der Entwicklung integrierter Systeme verliert die Abgrenzung nach Nutzergruppen zunehmend an Bedeutung (→ Informationssystem, betriebliches). *Amberg*

**Endgerät** ⟨*terminal*⟩. Über eine genormte → Schnittstelle an ein Netz angeschlossenes Gerät, das zur Erfassung und Ausgabe von übertragenen Informationen z. B. bei → Telematikdiensten dient. E. können sowohl freistehende Einzelgeräte, z. B. Telephon, Fernkopierer, als auch → Arbeitsplatzrechner oder größere Rechnersysteme sein. *Schindler/Bormann*

**Entität** ⟨*entity*⟩. 1. Konkreter oder abstrakter Gegenstand, der existiert, existiert hat oder existieren könnte, eingeschlossen Assoziationen zwischen solchen Gegenständen. Beispiele: eine Person, ein physikalischer Gegenstand, ein Ereignis, eine Idee, ein Prozeß.

2. Repräsentation eines (konkreten oder abstrakten) Gegenstands, der für ein gegebenes Anwendungssystem von Bedeutung ist, mit Hilfe von Attributen, die seine (temporären oder dauerhaften) Eigenschaften beschreiben.

Synonym: entity, → Objekt (im engeren Sinn), Exemplar, instance, Ausprägung. Im relationalen Modell: Tupel.

Beispiel: Eine irgendwie geartete Repräsentation des Kunden Alfons Maier, geboren am 31.12.45, wohnhaft in 81925 München, Isarstraße 25.

Bemerkung: Der hier gegebene Begriff der E. ist nicht gleichbedeutend mit dem des Objekts (im weiteren Sinne). *Hesse*

Literatur: *Hesse, W.; Barkow, G.* u. a.: Terminologie der Softwaretechnik – Ein Begriffssystem für die Analyse und Modellierung von Anwendungssystemen. Teil 2: Tätigkeits- und ergebnisbezogene Elemente. Informatik-Spektrum (1994) S. 96–105. – ISO/IEC: Information technology – vocabulary – Part 17: Databases. ISO/IEC DIS 232-17 (1993).

**Entitätstyp** ⟨*entity type*⟩. Zusammenfassung von → Attributen, die auf einer Entitätsmenge definiert sind. Ein E. nimmt Bezug auf Gegenstände, die als gleichartig betrachtet werden, und beschreibt deren Eigenschaften.

Synonym: Entitätsklasse, Objekttyp, Objektklasse (im engeren Sinn).

Bemerkung: Formal läßt sich ein E. (ET) definieren als

$ET = \{f_i | f_i \in EM \times T \rightarrow W_i\}$, wobei mit EM die Entitätsmenge, mit T die Zeit und mit $W_i$ die Wertebereiche ($i = 1, \ldots, n$ mit $n \in N$) bezeichnet werden. Die Definition von E. dient der einordnenden Bezugnahme auf Entitäten.

Beispiel: Der E. Kunde ist durch die Menge der Attribute Kunden-Nr., Name, Vorname, PLZ, Ort, Straße definiert. *Hesse*

Literatur: *Hesse, W.; Barkow, G.* u. a.: Terminologie der Softwaretechnik – Ein Begriffssystem für die Analyse und Modellierung von Anwendungssystemen. Teil 2: Tätigkeits- und ergebnisbezogene Elemente. Informatik-Spektrum (1994) S. 96–105.

**Entity-Relationship (ER)-Diagramm** ⟨*entity relationship diagram*⟩. Diagramm, das eine Menge von gut unterscheidbaren Objekten eines Problembereichs sowie die logischen Beziehungen zwischen diesen Objekten beschreibt.

Der ER-Ansatz zur logischen Datenmodellierung wurde 1976 von *Chen* eingeführt. Die beiden wesentlichen Komponenten eines ER-Diagramms nach *Chen* sind Entitätstypen (dargestellt durch Rechtecke) und Beziehungstypen (dargestellt durch Rauten). Ein Entitätstyp steht für eine Menge von gleichartigen Objekten. Jeder Entitätstyp wird durch eine Menge von → Attributen charakterisiert.

Ein Beziehungstyp ist durch Linien mit den Entitätstypen verbunden, die an der Beziehung beteiligt sind. Durch → Annotation dieser Linien mit Zahlenwerten kann spezifiziert werden, wie viele Entitäten der beteiligten Entitätstypen an einer Beziehung partizipieren können. Im folgenden Beispiel ist die Beziehung

„erteilt" als 1:N-Beziehung spezifiziert. Das bedeutet, daß zu jeder Entität vom Typ „Auftrag" genau eine Entität vom Typ „Kunde" in der Beziehung „erteilt" steht, aber daß zu einer Entität vom Typ „Kunde" beliebig viele (oder auch gar keine) Entitäten vom Typ „Auftrag" in der Beziehung „erteilt" stehen können.

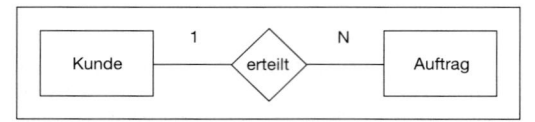

```
┌─────────┐    1  ╱‾‾‾‾‾╲   N   ┌─────────┐
│  Kunde  │──────⟨ erteilt⟩──────│ Auftrag │
└─────────┘       ╲_____╱        └─────────┘
```

*Entity-Relationship-Diagramm: ER-Diagramm*

Im Laufe der Zeit haben sich viele Notationen zur ER-Modellierung entwickelt. In der objektorientierten Analyse werden Erweiterungen des ER-Ansatzes zur Datenmodellierung von objektorientierten Systemen eingesetzt.  *Nickl/Wirsing*
Literatur: *Chen, P. P.*: The entity-relationship model – toward a unified view of data. Transactions on Database Systems 1 (1976) pp. 9–36.

**Entlastung des Kerns** ⟨discharge of the kernel⟩
→ Betriebssystem, prozeßorientiertes

**Entrekursivierung** ⟨recursion elimination⟩. Überführung einer rekursiv definierten Rechenvorschrift (→ Rekursion) in ein semantisch äquivalentes iteratives Programm, um dadurch zu einer effizienteren → Implementierung zu gelangen. Man verwendet dazu Techniken der → Programmtransformation wie fold und unfold, um eine zunächst repetitive Rekursion zu erhalten, die dann in ein while-Programm umgesetzt wird.
Für linear rekursive Definitionen gibt es einfache Transformationen in repetitive Form, die allerdings gewisse Eigenschaften der verwendeten Basisfunktionen voraussetzen. Als Beispiel betrachte man das folgende → Programmschema für lineare Rekursion (in → SML-ähnlicher → Syntax):
(i) $f(x) = \text{if } B(x) \text{ then } H(x) \text{ else } p(E(x), f(K(x)))$,
wobei p: $D \times D \to D$ eine zweistellige Funktion bezeichnet und B, H, E und K Ausdrücke, in denen x möglicherweise vorkommt. Eine → Instanz dieses Schemas ist die linear rekursive Definition der Fakultät (→ Rekursion):
$\text{fak}(x) = \text{if } x = 0 \text{ then } 1 \text{ else } x * \text{fak}(x-1)$
mit der Multiplikation für p.
Ist p assoziativ (d. h. $p(x, p(y, z)) = p(p(x, y), z)$ für alle x,y,z aus D) und besitzt D ein neutrales Element e bzgl. p, (d. h. $p(e, x) = p(x, e) = x$ für alle x aus D), so kann man das Schema (i) in die folgende äquivalente repetitive Form (ii) transformieren:
$g(a, x) =$
if $B(x)$ then $p(a, H(x))$ else $g(p(a, E(x)), K(x))$,
$f(x) = g(e, x)$.
Für die Fakultät ergibt sich
$g(a, x) = \text{if } x = 0 \text{ then } a \text{ else } g(a * x, x-1)$.

Ähnliche Transformationen können angewendet werden, wenn K(x) umkehrbar ist (wie es bei der Fakultät mit $K(x) = x - 1$ der Fall ist).
Die repetitive Rechenvorschrift g läßt sich direkt in ein äquivalentes while-Programm transformieren (wobei x1, a1 neue Bezeichner sind, die nicht in B, E, K, H auftreten dürfen):
$g(a1, x1) =$
  begin            $\text{var}(a, x) := (a1, x1)$;
    while not $B(x)$ do
      $a := p(a, E(x)); x := K(x)$ od;
    $p(a, H(x))$
  end;
Repetitive Rekursion und while-Programme (der obigen Form) sind also semantisch äquivalent; eine naive Implementierung der Rekursion führt allerdings zu linearem Speicherplatzbedarf, während der Speicherbedarf eines while-Programms konstant ist.
Zur Behandlung nichtlinearer Rekursionen verwendet man u. a. Techniken der Tabellierung, Vorausberechnung und der Entflechtung des Ablaufs.  *Wirsing*
Literatur: *Bauer, F. L.; Wössner, M.*: Algorithmische Sprache und Programmentwicklung. Springer, Berlin 1984. – *Partsch, H.*: Specification and transformation of programs. Springer, Berlin 1990.

**Entropie** ⟨entropy⟩. Mittlerer Informationsgehalt eines Quellensignals. Voraussetzung zur Berechnung ist die Kenntnis des Zeichenvorrats (Alphabets) A = $\{a_1, a_2, \ldots a_n\}$ der Quelle und der Auftrittswahrscheinlichkeit der → Zeichen $p(a_i)$. Der Informationsgehalt eines Zeichens sinkt mit wachsender Auftrittswahrscheinlichkeit und beträgt $I_i = -\text{ld } p(a_i)$ in bit/Zeichen. Die E. ist der mittlere Informationsgehalt und beträgt für unkorrelierte Ereignisse $E = -\sum_i p(a_i) \text{ ld } p(a_i)$. Die mittlere Wortlänge L des → Code kann nicht kleiner werden als die E. Die → Redundanz R beträgt $R = L - E$. Sind die $p(a_i)$ nicht für alle i identisch, so wird die Redundanz durch einen Code variabler Länge minimiert, wobei das häufigste Zeichen, wie beim *Morse*-Alphabet, die kürzeste Codelänge und das seltenste Zeichen die größte Codelänge erhält (Entropiecodierung, variable Längencodierung (VLC)). Ein *systematisches* Verfahren zur Entropiecodierung ist die → *Huffman*-Codierung (1952). Sind die Ereignisse korreliert, so sind die Übergangswahrscheinlichkeiten in die Entropiedefinition einzubeziehen.  *Grigat*
Literatur: *Ohm, J.-R.*: Digitale Bildcodierung. Springer, Berlin 1995.

**Entscheidbarkeit** ⟨decidability⟩. Der Begriff der E. hängt eng mit dem Begriff → Algorithmus zusammen: Eine Teilmenge T heißt entscheidbar bzgl. M, wenn es einen Algorithmus gibt, mit dem für jedes Element von M (in endlicher Zeit) festgestellt werden kann, ob es in T liegt oder nicht. Das ist genau dann der Fall, wenn sowohl T als auch das Komplement M\T von T in M aufzählbar ist. Nicht jede aufzählbare

Menge ist entscheidbar. Bekannte unentscheidbare Probleme sind:
– Das Entscheidbarkeitsproblem der → Prädikatenlogik: Ist eine logische Formel des Prädikatenkalküls allgemeingültig?
– Das zehnte *Hilbert*sche Problem: Besitzt ein Polynom in mehreren Variablen mit ganzzahligen Koeffizienten eine ganzzahlige Nullstelle?
– Das *Post*sche Korrespondenzproblem: Existiert für zwei n-Tupel $(u_1, u_2, \ldots, u_n)$ und $(v_1, v_2, \ldots, v_n)$ von → Worten über einem Alphabet A (d. h. von Elementen des → Monoids A*) eine Indexfolge $i_1, i_2, \ldots, i_k$ mit $u_{i_1} u_{i_2} \ldots u_{i_k} = v_{i_1} v_{i_2} \ldots v_{i_k}$?
– Ist eine kontextfreie → Grammatik eindeutig?
– Sind zwei nichtdeterministische → Transduktoren äquivalent?

Hierbei ist M jeweils die Menge aller Objekte (z. B. aller logischen Formeln des Prädikatenkalküls oder aller Paare von nichtdeterministischen Transduktoren über einem festen Alphabet) und T die Teilmenge aller Objekte mit der geforderten Eigenschaft (z. B. allgemeingültig bzw. äquivalent). *Brauer*

Literatur: *Stetter, F.:* Grundbegriffe der theoretischen Informatik. Berlin 1988. – *Salomaa, A.:* Formale Sprachen. Berlin 1978.

**Entscheidungsfunktion** ⟨*decision function*⟩. Eine E. ist ein Abbruchkriterium, das dem Statistiker in jedem Stadium einer Stichprobenerhebung sagt, ob weitere Erhebungen durchgeführt werden müssen oder ob genug Informationen gesammelt sind und, falls das letztere vorliegt, welche Entscheidungen sich daraus ableiten lassen. Bei jeder Stufe außer der ersten ist die E. eine Funktion der vorausgehenden Beobachtungen.

Bis zur Entwicklung der Sequentialanalyse (*A. Wald* 1947) waren E. meist einfacher Art, d. h., ausgehend von einem festen Stichprobenumfang konnte eine Hypothese abgelehnt bzw. angenommen werden, oder es konnten Vertrauensintervalle für den zu schätzenden Parameter angegeben werden. Eine Gefahr bei der beschriebenen sequentiellen Vorgehensweise liegt in der Möglichkeit, daß man bei keiner der aufeinanderfolgenden Stufen zu einer Entscheidung über die Testhypothese gelangt, sondern immer weitere Erhebungen durchführt (→ Stichprobenverfahren).
*Schneeberger*

**Entscheidungstheorie** ⟨*decision theory*⟩. Suche nach Strategien, bei gegebener Präferenz (Zielfunktion) unter mehreren Alternativen (zulässige Menge der Entscheidungen) eine für ein Individuum oder eine Gruppe optimale Entscheidung auszuwählen.

Die mathematische E. nutzt je nach Ausgestaltung des Modells eine Kombination verschiedener → Operations-Research-Verfahren. Sind z. B. die Alternativen und ihre Auswirkungen nichtdeterministisch, so werden Verfahren der → stochastischen Programmierung angewendet. Wird die Auswahl einer Strategie durch einen Gegner beeinflußt, so kommen Verfahren der Spieltheorie zur Anwendung. Läßt sich die Präferenz nicht durch eine eindeutige Zielfunktion modellieren, so werden Techniken aus der Optimierungstheorie mehrfacher Zielsetzung verwendet.

Die Fuzzy-Set-Theorie behandelt Modelle, in denen die Alternativen und ihre Auswirkungen nichtdeterministisch sind, jedoch ihre Wahrscheinlichkeitsverteilung nicht bekannt ist. *Bachem*

**Entscheidungsunterstützungssystem** ⟨*decision support system*⟩. Anwendungssystem zur Unterstützung von Entscheidungsträgern bei Problemlösungen in schlecht strukturierten Entscheidungssituationen durch Bereitstellung von Daten, Methoden und Modellen.

Eine schlecht strukturierte Situation liegt typischerweise vor, wenn das Wissen der Entscheidungsträger über die Situation vage, nicht vollständig oder nicht überprüfbar ist. Einer systematischen Ermittlung des Wissens steht häufig die rasche Änderung der Entscheidungssituation entgegen (z. B. Planung im Bereich Forschung und Entwicklung, Personalakquisition, Lieferantenauswahl). E. sind auf die Unterstützung des individuellen Problemlösungsverhaltens eines Entscheidungsträgers auszurichten. Sie stellen hierfür vorwiegend Verfahren des → Operations Research und wissensbasierte Lösungstechniken zur Verfügung. Leistungsanforderungen an E. werden anhand geeigneter Ausprägungen folgender Merkmale (ROMC-Konzept) festgelegt: R (representation): Repräsentationsformen für Daten, O (operations): Spektrum der Operationen zur Manipulation von Daten, M (memory aids): Spektrum der einem Nutzer besonders einprägsamen Sichten auf die entscheidungsrelevanten Daten, C (control mechanism): Bedienungskonzept und Nutzeroberfläche. E. besitzen zur Erbringung der geforderten Leistungen folgenden Aufbau:
– → Datenbank für die Verwaltung entscheidungsrelevanter Daten,
– Methodenbank für die Datenmanipulation,
– Modellbank für die Bereitstellung vorformulierter Modelle,
– Reportbank für die Verwaltung erstellter Berichte,
– Dialogkomponente.

Für die Gestaltung individueller E. stehen E.-Generatoren zur Verfügung. *Ferstl*

Literatur: *Chamoni, P.* u. a.: Management-Support-Systeme. Berlin-Heidelberg-New York 1996. – *Turban, E.:* Decision support and expert systems. Englewood Cliffs, NJ 1995.

**Entschlüsselung** ⟨*decryption*⟩ → Verfahren, kryptographische

**Entwicklungsdatenbank** ⟨*repository, development library*⟩. Globales, d. h. in allen Projektphasen einsetzbares Werkzeug für die → Software-Entwicklung. Es dient zur Aufnahme, Speicherung und Verwaltung aller relevanten Ergebnisse eines Software-Entwicklungsprojekts und stellt eine Erweiterung und Zusammen-

fassung der Leistungen von herkömmlichen →Datenlexika und Projektbibliotheken dar.
*Hesse*

**Entwicklungsmodell** ⟨design model⟩ →Modellsystem

**Entwicklungsprozeß von Rechensystemen** ⟨design-process of computing systems⟩ →Betriebssystem, prozedurorientiertes

**Entwurf, objektorientierter** ⟨object-oriented design⟩. Beschreibung der Struktur eines zu erstellenden →Software-Systems, die den Leitlinien der →Objektorientierung folgt. Ein o. E. besteht aus einer Menge von Klassendefinitionen, die nach den Prinzipien der →Datenkapselung, der →Vererbung, der →Polymorphie und des Nachrichtenaustauschs zwischen →Objekten aufgebaut sind.
*Hesse*

**Entwurf, rechnerunterstützter** ⟨CAD, (Computer Aided Design)⟩. →CAD-Systeme finden Verwendung in der Entwicklung, Konstruktion und Fertigungsplanung eines Produktes. Der r. E. ist daher das Gefüge von Tätigkeiten, die in diesen Bereichen rechnerunterstützt durchgeführt werden.

Die Entwurfsaktivität beginnt mit der Phase der Produktplanung, gefolgt von der Phase des konzeptionellen, dann präliminaren bis hin zur Phase des detaillierten Entwurfs. Anschließend wird diese Produktinformation bei der Fertigungsplanung angewendet (Bild).

Die Funktionen und Charakteristika des Produktes werden in der Produktplanungsphase definiert. Dazu dienen Funktionsauffindungsprozeduren, die z. B. ähnliche Teile suchen, und Variantenprozeduren, die Variantenproduktentwürfe ermöglichen. In der konzeptionellen Phase wird diese →Spezifikation benutzt, um das Produkt zu konstruieren; d. h., geometrische Eigenschaften werden definiert und Verfahren, die das Verhalten des Produktes simulieren, werden durchgeführt.

Der präliminare Entwurf versucht, anhand von Tests für eine große Zahl unterschiedlicher Fälle und vollständig für einige, die schwingendes Verhalten vorweisen, eine komplette Definition des Produkts zu geben.

Der Detaillierungsentwurf gibt dem Produkt seine aktuellen, geometrischen, technischen und graphischen Unterlagen (Berechnungsergebnisse, Zeichnungen und Stücklisten).

Die Fertigungsplanung addiert bereichsabhängige Informationen und bereitet die Fertigungsdokumentation vor. Die Rückwärtsdesignkette ist unvermeidlich, wenn eine Produktinformation wieder ab irgendeiner zu bestimmenden Phase oder unter einem zu berücksichtigenden Aspekt reformuliert werden muß.

Beim Entwerfen werden die Funktionen und Charakteristika eines Produktes spezifiziert. Ein →Modell des Produktes wird konstruiert. Die Entwurfs- und Produktionsphasen benutzen das Modell und können es auch modifizieren. Die Konstruktion und die Produktänderungen richten sich nach den Produktanforderungen. Die Simulationsverfahren überprüfen das Produktmodell, und durch das Modellverhalten wird das Produkt und seine Produktion spezifiziert.

Eine CAD-Hardware/Software-Konfiguration dient der Unterstützung dieser Entwurfstätigkeiten. Eine minimale Konfiguration sieht wie folgt aus:
☐ CAD-Hardware-Konfiguration:
– ein Rechner oder Rechneranschluß,
– ein graphischer →Bildschirm mit Eingabegeräten (Tastatur, Tablett usw.),
– ein Drucker, ein →Plotter oder ein Anschluß dazu;
☐ CAD-Software-Konfiguration:
– ein geometrischer Kern inklusive geometrischer Objekte und Operationen,
– ein →Datenbankverwaltungssystem für die Manipulation der Objektdaten,
– eine Programmbibliothek und Erweiterungsmodule zur Bearbeitung von Unterlagen der Angebotserstellung, des Konzipierens, des Entwurfs, der Gestaltung, der Zeichnungs- und Stücklistenerstellung, der Berechnung, der Arbeitsplanung, der NC-Programmierung und der Qualitätssicherung,
– Dialogprozesse (Dialogverwalter), die die Mensch-Maschine-Kommunikation ermöglichen.

*Encarnação/Messina*

Literatur: *Eigner, M.* und *H. Maier*: Einstieg in CAD. München 1985. – *Encarnação, J. L.* and *E. G. Schlechtendahl*: Computer aided design. Fundamentals and system architectures. Berlin–New York 1983. – *Encarnação, J. L.*; *Hellwig, H.-E. u. a.*: GI/CAD-Handbuch. Auswahl und Einführung von CAD-Systemen. Berlin–Heidelberg 1984. – *Hatvany, J.*: CAD state of the art and a tentative forecast. Robotics & Computer-Integrated Manufacturing 1 (1984) No 1. – *Messina, L. A.*: Verfahren zur Auswahl und Evaluierung von CAD-Systemen. Dissertationsarbeit, TH Darmstadt 1988. – *Spur, G.* und *F.-L. Krause*: CAD-Technik. Lehr- und Arbeitsbuch für die Rechnerunterstützung in Konstruktion und Arbeitsplanung. München 1984.

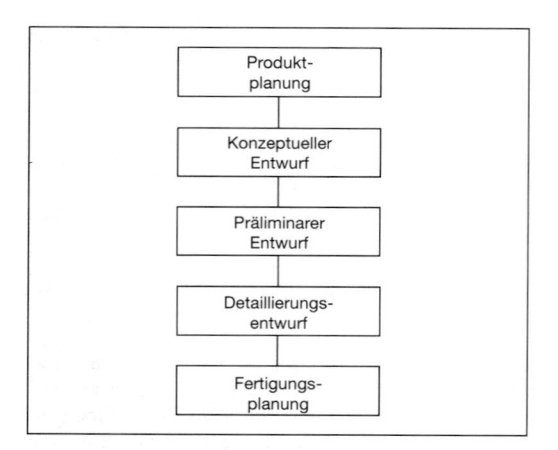

*Entwurf, rechnerunterstützter: Phasen eines Entwurfsprozesses*

**Entwurfsfehler** ⟨*design fault*⟩. E. eines → Rechensystems S sind Fehler, also Nichtübereinstimmungen zwischen den (unbestrittenen) Soll- und den Ist-Eigenschaften von S, die während des Entwurfsprozesses des Systems entstanden sind. Die Klassifikation für diesen Fehlerbegriff orientiert sich an der Lebenszeit von S, die vergröbernd aus einer Konstruktionsphase und einer Betriebsphase besteht. Der Einordnung der Entwurfsphase entsprechend, sind E. spezifische → Konstruktionsfehler. Den wesentlichen Aufgaben des Entwurfsprozesses entsprechend, sind Fehler der Spezifikation der Schnittstelleneigenschaften von Komponenten, Fehler in Festlegungen der Schnittstellen von Komponenten oder Fehler der Spezifikation von Wechselwirkungen zwischen Komponenten typische E. Da die Ergebnisse des Entwurfsprozesses in der Phasenfolge des Konstruktionsprozesses die Grundlage für den Implementierungsprozeß liefern, sind → Implementierungsfehler häufig → Folgefehler von E. *P. P. Spies*

**Erdfunkstelle** ⟨*earth station*⟩. Wesentlicher Bestandteil von Satellitenfunkverbindungen. In diesen Verbindungen bilden sie die bodengestützten „Kopfstationen". Sende- wie Empfangsanlagen nebst beweglichen Antennen, jeweils auf den Partner-Satelliten ausgerichtet, umreißen den Begriff E. Die von der Deutschen Telekom betriebenen E. dienen v. a. dem interkontinentalen Fernsprech-Weitverkehr. Sie kommunizieren dabei mit Satelliten der INTELSAT-Reihe.

Überdimensionale Antennenanlagen mit einem Reflektordurchmesser teilweise über 30 m (Bild 1) sind das äußere Kennzeichen einer Erdfunkstelle. Diese stellt sende- wie empfangsseitig den terrestrischen „Brückenkopf" einer Satellitenfunkverbindung mit dem Satelliten als *Relaisstation* dar (Bild 2).

Entsprechend der ihr gestellten Aufgabe verfügt die E. über Sende- und Empfangsanlagen sowie über die zum jeweiligen Partner-Satelliten hin ausgerichteten Antennen. (Die Antennenausrichtung muß mit einer Winkelgenauigkeit von ±1% erfolgen.) Regelmechanismen sorgen beim Abdriften des auf geostationärer Bahn befindlichen Satelliten für die automatische Antennennachführung. Die Antenne ist imstande, gleichzeitig zu senden und zu empfangen. Problematischer als das Senden – *Aufwärtsstrecke* – gestaltet sich aufgrund der kleinen Sendeleistung des Satellitensenders der Empfang – *Abwärtsstrecke* –.

Die → Empfangsanlage muß imstande sein, auch extrem schwach einfallende Signale – teilweise $10^{-12}$ W – verarbeitbar verstärken zu können. Ein vor dem Empfänger geschalteter Vorverstärker, z. B. ein tiefgekühlter parametrischer Verstärker, besorgt dies mit beachtlichem Verstärkungsfaktor ($10^4$ und besser). Nach weiteren Frequenzumsetzungen (ZF = 70 MHz)

*Erdfunkstelle 1: Antennen der E. Raisting/Obb.*

Erdfunkstelle

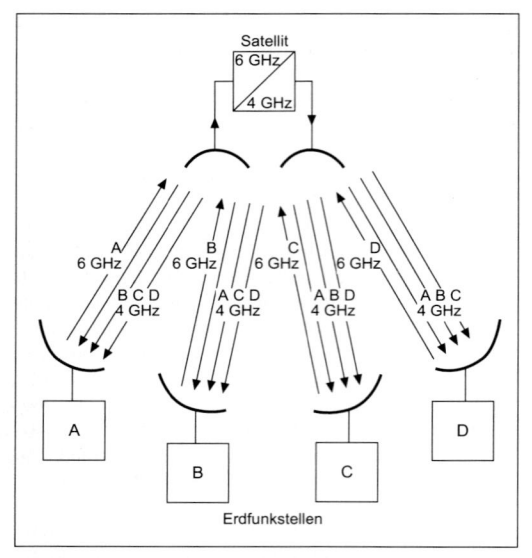

*Erdfunkstelle 2: Verkehr von vier E. miteinander über einen Satelliten*

und weiterer Verstärkung einschließlich → Demodulation wird das durch Frequenzmultiplex übertragene Empfangssignal über Richtfunk oder Kabel weitergeleitet und in die deutschen Kabelnetze eingespeist.

Die unter dem Namen E. betriebenen Stationen sind Teil eines weltumspannenden Netzes von Verbindungen über Fernmeldesatelliten (Bild 2). Erreicht werden hiermit Weitverkehrsverbindungen, die dem Fernsprech- und Datenverkehr, dem Fernschreibdienst, aber auch der Übertragung von Fernsehprogrammen dienen. Hierfür stehen Fernmeldesatelliten der INTELSAT-Reihe (International Telecommunications Satellite Organization) zur Verfügung. Gegenwärtig betreibt INTELSAT den interkontinentalen Verkehr mit Satelliten der Reihe V, ausgerüstet mit 12 000 Sprach- und zwei Fernsehkanälen. Satelliten der Reihe VI setzen 60 000 bis 80 000 Sprachkanäle ein. Die Nutzung dieser Kanäle erfolgt über Vielfach-Zugriffsverfahren (multiple access procedure). Fernsehprogramme werden derzeit auch mittels ECS (European Communications Satellite) und INTELSAT V F 8 übertragen.

Unter den weltweit betriebenen rund 250 Erdfunkstellen befinden sich drei in Deutschland. Unter Betriebsführung der Deutschen Telekom arbeiten die E. Raisting/Obb. (Bild 1), Usingen/Hessen und Fuchsstadt/Franken. Die größte von ihnen, Raisting, verfügt über fünf Antennen, teilweise mit Reflektordurchmessern von 32 m. In Verbindung mit dem INTELSAT-Netz senden sie (Aufwärtsstrecke) mit Frequenzen im 6- und 14-GHz-Bereich und empfangen (Abwärtsstrecke) Frequenzen im 4- und 11-GHz-Bereich. Der Trend zu höheren Frequenzen ist unverkennbar.

Auf der Funkverwaltungskonferenz 1979 in Genf wurden den Satellitenfunkdiensten Frequenzteilbereiche bis hinauf zu 275 GHz zugewiesen.

Da weitere Satellitensysteme in Aussicht genommen werden, u. a. ECS und Fernsehrundfunksatelliten, ist mit einem starken Anwachsen der E. zu rechnen. Allein für ECS sollen in Europa etwa 30 E. eingerichtet werden. Kleinere Kopfstationen für den direkten Empfang von Satelliten-Fernsehprogrammen befinden sich bereits außerhalb der Projektierungsphase. *Kümmritz*
Literatur: Bergmann, K.: Lehrbuch der Fernmeldetechnik. Berlin 1978. – Herter, E.; Rupp, H.: Nachrichtenübertragung über Satelliten. Springer, Berlin 1979. – INTELSAT: Jahresbericht 31. 3. 1979. – Strehl, H.: Die Fernsehrundfunkversorgung Europas durch Satelliten. Fernseh- und Kino-Technik (1976) Nr. 30.

**Ereignis** ⟨event⟩. **1.** Eine Zustandsänderung (z. B. der Systemumgebung), die bezüglich einer Aufgabe relevant ist, also z. B. auslösenden oder unterbrechenden Charakter hat. Beispiele dafür sind das Erreichen eines bestimmten Zeitpunktes oder der Eingang einer Nachricht oder eines Kundenauftrags. *Hesse*

**2.** Moderne Fenster- und → Benutzerschnittstellen-Systeme basieren auf einer ereignisgesteuerten Informationsverarbeitung. E. sind dabei z. B. Betätigung der Tastaturtasten, Betätigung der Maustasten, Verlassen/Betreten eines Fensters auf dem → Bildschirm, Verdecken und Verändern eines Fensters. Alle eintreffenden E. werden in eine globale → Warteschlange abgelegt. Die Auflösung und Verteilung der sequentiellen Folge der E. erfolgt über einen Demultiplexer und → Callback-Funktionen. Neben den vom System fest vorgegebenen Ereignissen kann der Nutzer meist auch eigene E. definieren, die dann zur Aktivierung anwendungsspezifischer Funktionen verwendet werden können.
*Langmann*

**3.** Zustandswechsel, z. B. die Ausführung einer Einfüge-Operation auf einer bestimmten Relation. Das Eintreten dieses E. kann als Auslöser für einen → Trigger dienen. *Schmidt/Schröder*
Literatur: Hesse, W. G. u. a.: Terminologie der Softwaretechnik – Ein Begriffssystem für die Analyse und Modellierung von Anwendungssystemen. Teil 1: Begriffssystematik und Grundbegriffe. Informatik-Spektrum (1994) S. 39–47.

**Ereignisfunktion** ⟨event function⟩ → Ereignisstrommodell

**Ereignisspur** ⟨trace of events⟩ → Berechnungskoordinierung

**Ereignisspur, BM-zulässige** ⟨resource-admissible trace of events⟩ → Berechnungskoordinierung

**Ereignisspur, partielle** ⟨partial trace of events⟩ → Berechnungskoordinierung

**Ereignisspur, vollständige** ⟨total trace of events⟩ → Berechnungskoordinierung

**Ereignisstrommodell** ⟨*event model*⟩. Beschreibungsmodell, das eine in Zeitintervallen beschränkte Anzahl von → Ereignissen in einem → Realzeitsystem spezifiziert.

Die Einhaltung aller → Realzeitbedingungen wird für ein → deterministisches Realzeitsystem anhand von Beschreibungsmodellen für die Systemumgebung und für das System geprüft. Dabei entspricht die Systemumgebung meist einem technischen Prozeß, welcher Rechenanforderungen an das System stellt, deren Fertigstellung innerhalb vorgegebener Zeitspannen (→ Antwortzeit) erfolgen muß. Diese Anforderungen werden als externe Ereignisse bezeichnet. Darüber hinaus kommt es innerhalb des Realzeitsystems zu Rechenanforderungen, die als interne Ereignisse bezeichnet werden (z. B. → Unterbrechungen durch eine → Realzeituhr). Anhand des E. können die Auftrittszeitpunkte von Ereignissen beschrieben, und damit kann die zeitliche Aufeinanderfolge von Rechenanforderungen modelliert werden.

Die Auftrittszeitpunkte unterscheidbarer Ereignistypen lassen sich durch Ereignistupel, bestehend aus Zyklus $z_i$ und Intervall $a_i$, beschreiben. Der Zyklus $z_i$ gibt bei periodisch wiederkehrenden Ereignissen die Zykluszeit an. Aperiodische Ereignisse sind durch einen Zykluswert gleich unendlich gekennzeichnet. Mit dem Intervallwert $a_i$ ist der Auftrittszeitpunkt innerhalb des jeweiligen Zyklusintervalls angegeben. Eine Menge dieser Ereignistupel stellt einen Ereignisstrom ES dar, durch den eine Ereignisfolge mit einer maximalen Anzahl an Ereignissen zu frühesten Zeitpunkten beschrieben werden kann. Mit Hilfe des E. läßt sich somit die Ereignisfunktion E(I) ermitteln, die eine maximal mögliche Anzahl von Ereignissen innerhalb des Zeitintervalls I angibt.

Zusätzlich können Abhängigkeiten von Ereignistypen, die einen zeitlichen Mindestabstand gewährleisten, in einer Ereignisabhängigkeitsmatrix spezifiziert werden. Diese Abhängigkeiten sind meist durch die Struktur des technischen Prozesses bedingt (z. B. alternierende Ereignisse: „Temperatur zu hoch"/„Temperatur zu niedrig"). *Herbig*

Literatur: *Gresser, K.*: Echtzeitnachweis ereignisgesteuerter Realzeitsysteme. VDI-Fortschrittsber. R. 10, Nr. 268. Düsseldorf 1993.

**Erfindung** ⟨*invention*⟩. Eine neue technische Lösung, die eine das durchschnittliche Fachkönnen übersteigende geistige Leistung darstellt. Sie ist eine neue Lehre für technisches Handeln. Soll diese technische Lehre durch ein → Patent oder → Gebrauchsmuster geschützt werden, so muß sie nicht nur neu, sondern auch fertig, ausführbar und gewerblich anwendbar sein, und sie muß auf einer erfinderischen Tätigkeit beruhen, § 1 PatG. Im § 1 Gebrauchsmustergesetz wird von einem erfinderischen Schritt gesprochen. Eine erfinderische Tätigkeit, früher E.-Höhe genannt, wird dann anerkannt, wenn die Lösung sich für den Fachmann nicht in naheliegender Weise aus dem Stand der Technik ergibt, § 4 PatG.

Die Vergütung einer E. erfolgt bei in Anspruch genommenen Arbeitnehmer-E. An einer E. kann eine → Lizenz vergeben werden (Patentverwertung). *Cohausz*

Literatur: *Fischer, F. B.*: Grundzüge des gewerblichen Rechtsschutzes. 2. Aufl. 1986.

**Erfüllbarkeitsproblem** ⟨*satisfiability problem*⟩. Das E. der → Aussagenlogik besteht darin, für jede aussagenlogische Formel zu entscheiden, ob sie erfüllbar ist, d. h. ob es eine Belegung der in der Formel vorkommenden Variablen mit Wahrheitswerten so gibt, daß die Formel den Wahrheitswert „wahr" ergibt. Das Problem ist das Standardbeispiel eines → NP-vollständigen Problems. *Brauer*

Literatur: *Stetter, F.*: Grundbegriffe der theoretischen Informatik. Berlin 1988.

**Erkennung von Deadlock-Zuständen** ⟨*detection of deadlock states*⟩ → Berechnungskoordinierung

**Erkennungsproblem** ⟨*identification problem*⟩. Nachweis, daß ein gegebenes Problem zu einer bestimmten Klasse von Problemen gehört. Ist P z. B. die Menge aller Paare (A, b), so daß das zugehörige lineare System Ax ≤ b eine Lösung besitzt, so ist das E. „(B, d) ∈ P?" eine mathematische Formalisierung des Konsistenztests linearer Systeme. Die → Komplexitätstheorie bedient sich der (Sprach-)E., um die Begriffe „leicht" bzw. „schwer" (algorithmisch) lösbar axiomatisch zu begründen. *Bachem*

**Erklärungskomponente** ⟨*explanation component*⟩. Bestandteil eines → Expertensystems, das dem Benutzer Einblick in das Systemverhalten ermöglicht. Als

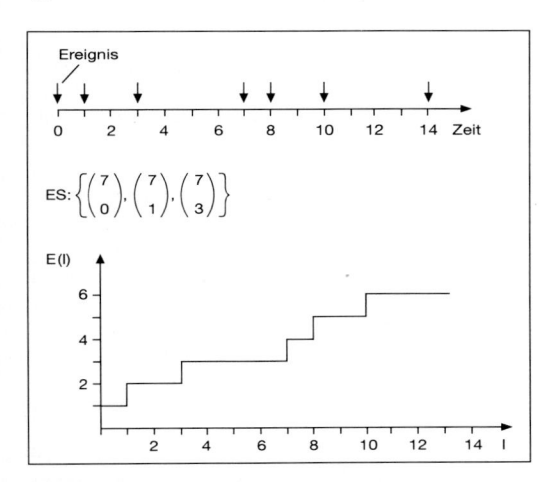

*Ereignisstrommodell: Ereignisfolge, Ereignisstrom und Ereignisfunktion*

Antwort auf eine Warum-Frage kann das → System beispielsweise die Regelkette ausgeben, die zum aktuellen Ergebnis geführt hat. Durch automatisches Paraphrasieren der Regel in natürlicher → Sprache kann eine solche → Ausgabe auch für Laienbenutzer verständlich gemacht werden (→ System, natürlichsprachliches). Eine Erklärung geht i. allg. nicht tiefer als das im Expertensystem verwendete Wissen. Der Vorgang der Erklärungsgenerierung kann als logische → Abduktion aufgefaßt werden.
*Neumann*

**Erklärungsmodell** ⟨*explanation model*⟩ → Modellsystem

**Erlang** ⟨*Erlang*⟩. Einheit (dimensionslos) für den → Verkehrswert in einem Kommunikationssystem. Angegeben wird der Zeitanteil, zu dem eine Verbindung oder Leitung (bzw. ein Pool von Leitungen) belegt ist. Beispielsweise entspricht 0,5 E. bei einer Leitung einer Belegung von 30 Minuten Dauer oder 10 Belegungen von jeweils 3 Minuten Dauer. Entsprechend liegt bei 5 Leitungen ein Verkehrswert von 2,5 E. bei 50 Belegungen von je 3 Minuten Dauer vor. Auf der Basis des Verkehrswertes läßt sich für eine gegebene Anzahl von Leitungen in einem Pool die Wahrscheinlichkeit für eine erfolgreiche Belegung berechnen.
*Quernheim/Spaniol*

**Erlang-Verteilung** ⟨*Erlang distribution*⟩. Die E.-V. ist durch folgende Verteilungsfunktion definiert:

$$F_x(x) = 1 - \exp(-\mu x) \sum_{i=1}^{k} \frac{(\mu x)^i}{i!} \text{ für } x \geq 0.$$

Eine einfachere Beschreibung ist über die Verteilungsdichte möglich:

$$f_x(x) = \frac{\mu^k}{k!} = \frac{\mu^k}{k!} x^{k-1} \exp(-\mu x) \text{ für } x \geq 0.$$

Für die Verteilungskenngrößen → Erwartungswert $E(X)$ und → Varianz $Var(X)$ erhält man $E(X) = k/\mu$ und $Var(X) = k/\mu^2$. Die natürliche Zahl k gibt die Anzahl der sog. Phasen der Verteilung an. Eine so definierte E.-V. ist die Verteilung einer Zufallsvariablen, die als Summe von k identisch exponentialverteilten Zufallsvariablen mit Parameter $\mu$ aufgefaßt werden kann. Anwendung findet die E.-V. in der Beschreibung von → Bedienzeitverteilungen für Wartesysteme, deren Variationskoeffizient in der Bedienung (Standardabweichung relativ zum Erwartungswert) kleiner als 1, also kleiner als derjenige der Exponentialverteilung, ist. Dürfen die einzelnen Phasen auch unterschiedliche Bedienraten besitzen, erhält man eine Hypoexponentialverteilung (s. auch → Erneuerungsprozeß).
*Fasbender/Spaniol*

Literatur: *Bolch, G.*: Leistungsbewertung von Rechnersystemen. Teubner, 1989.

**Erlaubnisprinzip** ⟨*principle of fail-safe defaults*⟩ → Rechtssicherheitspolitik

**Erneuerung** ⟨*renewal*⟩. Eine Maßnahme zur Steigerung der → Zuverlässigkeit von → Systemen: Eine defekte Komponente wird durch eine intakte ersetzt. Zur Beschreibung des Verhaltens von Systemen mit E. sind → Erneuerungsprozesse geeignet. Diese summieren Längen von Zeitintervallen, die Erneuerungsintervalle genannt und als Zeitdauer bis zur nächsten E. interpretiert werden. Für einen Erneuerungsprozeß mit einer E. zur Zeit t ist wesentlich, daß Ereignisse, die vor t eintreten, keine Wirkung auf Ereignisse, die nach t eintreten, haben (stochastische Unabhängigkeit). Die Anzahl der E. in einem Zeitintervall wird durch den einem Erneuerungsprozeß zugeordneten Zählprozeß beschrieben und dessen Erwartungswert als Funktion der Zeit wird → Erneuerungsfunktion genannt.
*P. P. Spies*

**Erneuerungsfunktion** ⟨*renewal function*⟩. Die E. eines → Erneuerungsprozesses ist der Erwartungswert des dem Erneuerungsprozeß zugeordneten Zählprozesses als Funktion der Zeit. Für jeden Zeitpunkt $t \in \mathbb{R}_+$ liefert die E. den Erwartungswert der Anzahl der Erneuerungen im Zeitintervall [0, t]. Sind $(S_n | n \in \mathbb{N}_0)$ der Erneuerungsprozeß mit $(X_n | n \in \mathbb{N})$ und $(N_t | t \in \mathbb{R}_+)$ der zugeordnete Zählprozeß, dann ist $E[N_t] : \mathbb{R}_+ \to \mathbb{N}_0 \cup \{+\infty\}$ die dem Erneuerungsprozeß zugeordnete E. Die E. von $(S_n)$ mit $(X_n)$ läßt sich mit der Verteilung der $X_n$ berechnen. Ist F die Verteilungsfunktion von $X_n$, so ist die Verteilungsfunktion von $S_n$ die n-fache Faltung von F, also $P\{S_n \leq x\} = F^{*n}(x)$ für alle $n \in \mathbb{N}_0$ und $x \in \mathbb{R}_+$. Mit $E[N_t] = \sum_{n \in \mathbb{N}_0} P\{N_t > n\}$

$= \sum_{n \in \mathbb{N}} P\{S_n \leq t\}$ ergibt sich $E[N_t] = \sum_{n \in \mathbb{N}} F^{*n}(x)$

für alle $t \in \mathbb{R}_+$. Für den häufig benutzten Erneuerungsprozeß $(S_n)$, für den die $X_n$ identisch exponentiell mit dem Parameter $\lambda$ verteilt sind, ist der zugeordnete Zählprozeß $(N_t)$ ein *Poisson*-Prozeß, dessen Erneuerungsfunktion $E[N_t] = \lambda t$ ist.
*P. P. Spies*

**Erneuerungsprozeß** ⟨*renewal process*⟩. Wahrscheinlichkeitstheoretisches → Modellsystem, das insbesondere zur Analyse der → Zuverlässigkeit von Systemen geeignet ist. Über einem gegebenen W-Raum sei $(X_n | n \in \mathbb{N})$ eine unabhängige Folge von identisch verteilten stochastischen Variablen mit Werten aus $\mathbb{R}_+$.

Seien $S_0 \hat{=} 0$ und $S_n \hat{=} \sum_{i=1}^{n} X_i$ für $n \in \mathbb{N}$. Dann ist $(S_n | n \in \mathbb{N})$
*S.M.*

In Anwendungen auf die Zuverlässigkeit von Systemen beschreibt ein Erneuerungsprozeß $(S_n)$ mit $(X_n)$ ein System mit einem unbeschränkten Vorrat an Komponenten, die als kalte Reserve zur Verfügung stehen und nacheinander eingesetzt werden. $X_n$ ist die Lebensdauer der n-ten Komponente. Zur Zeit $S_0 = 0$ wird die erste Komponente intakt eingesetzt. Sie wird zur Zeit $S_0 + X_1$ defekt. Damit erfolgt eine → Erneuerung: Die zweite Komponente wird eingesetzt; entsprechend wird in der Folgezeit mit den weiteren Komponenten verfahren. $S_n$ ist die Zeit bis zur n-ten Erneuerung.

Ein Erneuerungsprozeß $(S_n)$ mit $(X_n)$ wird durch die Verteilung der $X_n$ definiert. Sind P das W-Maß und F die Verteilungsfunktion von $X_n$, so gilt $F(x) = P\{X_n \le x\}$ für alle $x \in \mathbb{R}_+$ und jedes $n \in \mathbb{N}$. Die Verteilungsfunktion von $S_n$ läßt sich aus F berechnen; sie ist das n-fache Faltungsprodukt von F. Mit dem Faltungsoperator * ergibt sich $P\{S_n \le x\} = F^{*n}(x)$ für alle $x \in \mathbb{R}_+$ und alle $n \in \mathbb{N}_0$. Aus der Definition von $(S_n)$ ergibt sich die für E. charakteristische Eigenschaft: $P\{S_{m+n} - S_m \le x\} = P\{S_n \le x\}$ für alle $x \in \mathbb{R}_+$ und alle $n \in \mathbb{N}_0$. Der Erneuerungsprozeß $(S_n)$ summiert die Lebensdauern der Komponenten.

Jedem E. ist zudem ein *Zählprozeß* zugeordnet, der die Anzahl der Erneuerungen in Zeitintervallen zählt. Diese Anzahl bleibt endlich, wenn für die Verteilung der $X_n$ $P\{X_n = 0\} < 1$ gilt. Für $t \in \mathbb{R}_+$ sei $N_t \triangleq \sup\{n \in \mathbb{N}_0 \mid S_n \le t\}$. $N_t$ ist unter den angegebenen Voraussetzungen eine stochastische Variable mit Werten aus $\mathbb{N}_0$ für alle $t \in \mathbb{R}_+$; $N_t$ ist die Anzahl der Erneuerungen im Zeitintervall $[0, t]$; $(N_t \mid t \in \mathbb{R}_+)$ ist der $(S_n)$ zugeordnete Zählprozeß. Die Verteilung des einem Erneuerungsprozeß $(S_n)$ zugeordneten Zählprozesses $(N_t)$ kann man aus der Verteilung der $S_n$ berechnen. Es gilt $P\{N_t = n\} = F^{*n}(t) - F^{*n+1}(t)$ für alle $n \in \mathbb{N}_0$ und $t \in \mathbb{R}_+$. Den Erwartungswert $E[N_t]$ als Funktion von $t \in \mathbb{R}_+$ nennt man → Erneuerungsfunktion von $(S_n)$.

Ein einfacher, häufig benutzter E. ergibt sich, wenn $(X_n)$ eine unabhängige Folge von identisch mit dem Parameter $\lambda$ *exponentiell verteilten* stochastischen Variablen ist. Dann ist die Verteilungsfunktion von $X_n: F(x) = P\{X_n \le x\} = 1 - e^{-\lambda x}$ für alle $x \in \mathbb{R}_+$. Für den Erneuerungsprozeß $(S_n)$ mit $(X_n)$ gilt: $S_n$ ist *Erlangverteilt* mit den Parametern $\lambda$ und n; es gilt also

$$P\{S_n \le x\} = 1 - e^{-\lambda x} \sum_{k=0}^{n-1} \frac{(\lambda x)^k}{k!}$$

für alle $n \in \mathbb{N}_0$ und $x \in \mathbb{R}_+$. Der $(S_n)$ zugeordnete Zählprozeß $(N_t)$ ist ein *Poisson*-Prozeß; es gilt

$$P\{N_t = n\} = e^{-\lambda t} \frac{(\lambda t)^n}{n!}$$

für alle $n \in \mathbb{N}_0$ und $t \in \mathbb{R}_+$. Für festes t ist also $N_t$ mit dem Parameter $\lambda t$ *Poisson-verteilt*. $N_t$ ist die Anzahl der Erneuerungen im Zeitintervall $[0, t]$. Für die Berechnung der Anzahl A der Erneuerungen im Zeitintervall $[0, T]$, wobei T eine stochastische Variable mit Werten aus $\mathbb{R}_+$ ist, benötigt man die Verteilung von T. Ist G die Verteilungsfunktion von T, so ergibt sich zunächst $P\{A = n \mid T = t\} = P\{N_t = n\}$ und daraus

$$P\{A = n\} = \int_0^\infty P\{N_t = n\} \, dG(t).$$ Ist T mit dem Parameter $\mu$ exponentiell verteilt, so gilt

$$P\{A = n\} = \left(1 - \frac{\lambda}{\lambda + \mu}\right) \cdot \left(\frac{\lambda}{\lambda + \mu}\right)^n \text{ für alle } n \in \mathbb{N}_0; \text{ A ist}$$

also mit dem Parameter $\frac{\lambda}{\lambda + \mu}$ *geometrisch verteilt*.

Bei Analysen der Zuverlässigkeit von Systemen treten häufig Intakt- und Defekt-Phasen auf, die sich alternierend wiederholen. Zur Beschreibung dieses Sachverhalts sind alternierende E. geeignet. Seien $(U_n \mid n \in \mathbb{N})$ und $(V_n \mid n \in \mathbb{N})$ zwei identisch verteilte Folgen von stochastischen Variablen mit Werten aus $\mathbb{R}_+$, die insgesamt unabhängig sind. Für $n \in \mathbb{N}$ sei $X_n \triangleq U_n + V_n$. Dann ist der Erneuerungsprozeß $(S_n \mid n \in \mathbb{N}_0)$ mit $(X_n)$ ein alternierender E. mit $(U_n)$ und $(V_n)$. Jedes $X_n$ ist ein Erneuerungsintervall mit einer Intakt-Phase $U_n$ und einer Defekt-Phase $V_n$. Die Erneuerungen, die auftreten, können dadurch zustande kommen, daß defekte Komponenten repariert und damit wieder intakt werden. Alternierende E. eignen sich damit insbesondere zur Beschreibung von Systemen mit Reparatur, wobei sowohl Systeme mit → statischer Redundanz als auch Systeme mit → dynamischer Redundanz in Betracht kommen. Die Zuverlässigkeit aller dieser Systeme läßt sich durch die mittlere → Verfügbarkeit A charakterisieren.
Dabei gilt
$$A = \frac{E[U_n]}{E[U_n] + E[V_n]}$$

A ist zugleich die Verfügbarkeit des stationären Systems. In Anwendungen dieser Art tritt häufig der Fall auf, daß dem Erneuerungsprozeß $(S_n)$ ein spezielles Zeitintervall für das Startverhalten des betrachteten Systems vorausgeht; dann liegt ein *verzögerter E.* vor.

Ein einfaches Beispiel für einen alternierenden E. erhält man für ein System mit einer Arbeitskomponente, deren Intakt-Phasen $(U_n)$ mit dem Parameter $\lambda$ exponentiell verteilt sind, und einer immer intakten Reparaturkomponente, welche die Arbeitskomponente mit Reparaturphasen $(V_n)$, die mit dem Parameter $\mu$ exponentiell verteilt sind, repariert. Für die Zustandsfunktion dieses Systems gilt dann

$$P\{Z(t) = 1 \mid Z(0) = 1\} = \frac{\mu}{\lambda + \mu} + \frac{\lambda}{\lambda + \mu} e^{(\lambda + \mu)t} \text{ für alle}$$

$t \in \mathbb{R}_+$, wobei $Z(t) = 1$ bedeutet, daß das System zur Zeit t intakt ist. Für die mittlere → Verfügbarkeit gilt

$$A = \frac{\mu}{\lambda + \mu},$$

und man kann $A = \lim_{t \to \infty} P\{Z(t) = 1 \mid Z(0) = 1\}$ unmittelbar ablesen. *P. P. Spies*

**Erneuerungsprozeß, verzögerter** ⟨*delayed renewal process*⟩ → Erneuerungsprozeß

**Erneuerungssysteme** ⟨*renewal systems*⟩. → Modellsysteme zur Beschreibung und zur Analyse der → Zuverlässigkeit zusammengesetzter Systeme. Sie sind dadurch charakterisiert, daß Komponenten, von denen ein unbeschränkter Vorrat zur Verfügung steht, nacheinander so eingesetzt werden, daß Systeme entstehen, die immer intakt sind. Jede Komponente, die nicht eingesetzt ist, ist intakt. Wenn eine Komponente eingesetzt wird, dann wird sie nach einer gewissen Zeit, die durch die Lebensdauer der Komponente festgelegt ist, defekt. Sie interessiert dann nicht mehr; sie wird sofort durch die nächste (intakte) Komponente ersetzt. Die wahrscheinlichkeitstheoretischen Modelle für E. sind die → Erneuerungsprozesse. Alternativen zu E. sind → Einphasensysteme und → Zweiphasensysteme.

Sei S ein E. mit den Lebensdauern $(X_n | n \in \mathbb{N})$ seiner Komponenten. $(X_n)$ ist eine unabhängige Folge von identisch verteilten stochastischen Variablen mit Werten aus $\mathbb{R}_+$, die durch ihre Verteilung charakterisiert wird. Die für die Zuverlässigkeit wesentliche Eigenschaft von S ist die Verteilung der $X_n$. Wenn diese Verteilung bekannt ist, können weitere → Zuverlässigkeitskenngrößen von S aus ihr abgeleitet werden. Dazu gehören insbesondere die Zeit bis zur n-ten → Erneuerung und die Anzahl der Erneuerungen in Zeitintervallen festgelegter Längen. Diese Kenngrößen kann man mit den Techniken für Erneuerungsprozesse berechnen. Diese Techniken kann man auch für Analysen entarteter E. mit beschränkter Komponentenanzahl, die also spezielle Einphasensysteme sind, anwenden. *P. P. Spies*

**Erwartungswert (einer Zufallsvariablen)** ⟨*expectation of a random number*⟩. Der E. E(X) einer kontinuierlichen Zufallsvariablen X ist definiert als

$$E(X) = \int_{-\infty}^{\infty} x f_X(x)\, dx$$

(falls das Integral absolut konvergiert), wobei $f_X(x)$ die Dichte der Zufallsvariablen ist. Analog ist der E. einer diskreten Zufallsvariablen definiert als

$$E(X) = \sum_{i=1}^{\infty} x_i\, p(x_i),$$

wobei $p(x_i)$ die Wahrscheinlichkeit für das Eintreten des Ereignisses $X = x_i$ ist. Der E. entspricht dem ersten Moment einer Verteilung und ist die wichtigste Kenngröße zu ihrer Beschreibung. Er gibt den erwarteten Ausgang einer Realisation einer Zufallsvariablen X an, die gemäß f bzw. p verteilt ist. *Fasbender/Spaniol*

**Erzeuger** ⟨*producer*⟩ → Berechnungskoordinierung

**Erzeuger-Verbraucher-Problem** ⟨*producer-consumer problem*⟩ → Berechnungskoordinierung

**Erzeuger-Verbraucher-Problem, dezentrale Lösung des** ⟨*decentralized solution of the producer-consumer problem*⟩ → Berechnungskoordinierung

**Erzeugungsprinzip** ⟨*generation principle*⟩. In der Informatik spielt die Endlichkeitsforderung eine zentrale Rolle. Insbesondere müssen alle Objekte, die auf einem Rechner realisiert werden, endlich darstellbar sein. Aus diesem Grund beschränkt man sich häufig auf $\Sigma$-Algebren (→ Algebra, heterogene), die folgendem E. genügen: Jedes Element einer Trägermenge der $\Sigma$-Algebra kann – ausgehend von nullstelligen Funktionen (Konstanten) – durch endlichmalige Anwendung von Funktionen der $\Sigma$-Algebra erhalten werden. Formal bedeutet dies, daß es für jedes Element a einer Trägermenge $A_s$ der $\Sigma$-Algebra einen Grundterm (→ Term) t der Sorte s aus der → Term-Algebra $T(\Sigma)$ gibt, so daß a gleich der → Interpretation von t ist.

Das E. kann bezüglich bestimmter Trägermengen, für die die Forderung der endlichen Darstellbarkeit aufgehoben wird, relativiert werden. Diese Verallgemeinerung kann insbesondere bei der → Spezifikation parametrisierter → Datentypen nützlich sein.

*Hennicker/Wirsing*

Literatur: *Bauer, F. L.; Wössner, H.*: Algorithmische Sprache und Programmentwicklung. 2. Aufl. Springer, Berlin 1984.

**ESC** ⟨*ESC (escape)*⟩. Fluchtsymbol; → Steuerzeichen, mit dem die nachfolgenden → Codesymbole eine entgegen ihrer „normalen" Bedeutung veränderte Bedeutung erhalten (→ Codeerweiterung).

Oft auch Taste auf der Tastatur eines Terminals mit der Bedeutung eines Fluchtsymbols, mit dem der folgende Tastendruck bzw. die folgende Tastenkombination eine entgegen ihrer „normalen" Bedeutung veränderte Bedeutung erhält, z.B. als Eingabesyntax für Kommandos an einen → Editor. *Schindler/Bormann*

**ESPRIT** ⟨*ESPRIT (European Strategic Programme for Research and Development in Information Technology)*⟩. Das ESPRIT-Programm wurde 1984 von der EU-Kommission aufgelegt. In seinem Rahmen werden Forschungs- und Entwicklungsprojekte aus allen Bereichen der Informationstechnik gefördert. *Jakobs/Spaniol*

**Estelle** ⟨*Estelle*⟩. Formale → Spezifikationssprache, die für die Beschreibung von verteilten Systemen entwickelt wurde. E. wurde von der → ISO (International Organization for Standardization) seit 1981 entwickelt. Die → Syntax von E. wurde an die Sprache → Pascal angelehnt. E. basiert auf dem Modell der erweiterten endlichen Automaten. Ein endlicher Automat beschreibt ein System durch Zustände und Zustandsübergänge. Für jeden Zustand sind Ereignisse (Eingaben) definiert, die einen Übergang in einen anderen Zustand bewirken. Für jeden Zustandsübergang können darüber hinaus Ausgaben definiert werden. Ein erweiterter endlicher Automat kann zusätzlich lokale Variablen enthalten. Eine Zustandstransformation ist dann auch vom aktuellen Inhalt der lokalen Variablen abhängig. Während einer Zustandstransformation können die lokalen Variablen manipuliert werden.

Ein System wird in E. in Form von miteinander kommunizierenden erweiterten endlichen Automaten (in E. Module genannt) spezifiziert. Die Module kommunizieren asynchron über Kanäle, welche die Interaktionspunkte der Module verbinden. Die Module sind in E. stets baumartig hierarchisch gegliedert. Innerhalb dieser Hierarchie können die Module sequentiell oder parallel aktiv sein: Ein Vatermodul kann dynamisch Sohnmodule erzeugen und synchronisiert alle Aktionen seiner Sohnmodule. Dies wird erreicht, indem während einer Transition eines Vatermoduls alle Transitionen der Sohnmodule verhindert werden, was eine parallele Aktivität von Modulen ausschließt, die sich in einer Vorfahren/Nachfahren-Relation befinden. Sohnmodule können jedoch (durch das Vatermodul – gemäß der in E. spezifizierten Regeln – kontrolliert) parallel aktiv sein. *Hoff/Spaniol*

Literatur: ISO/IS 9074: Estelle: A formal description technique based on an extended state transition model (1987). – *Hogrefe, D.*: Estelle, LOTOS und SDL – Standard-Spezifikationssprachen für verteilte Systeme. Springer, Berlin 1989.

**Ethernet** ⟨*Ethernet*⟩. E. wurde ursprünglich von den Firmen XEROX, DEC und INTEL entwickelt und später als IEEE 802.3 genormt. Es ist heute Grundlage vieler kommerzieller lokaler Netze (→ LAN). Charakteristische Eigenschaften von E. sind:
– 10 Mbit/s Übertragungsrate.
– Zugangsverfahren → CSMA/CD; allen Stationen wird gleiches Senderecht gewährt (d. h. keine Prioritätensteuerung); → Bus-, Baum- oder → Stern-Struktur;
– → Übertragungsmedium Koaxialkabel, Glasfaseroder mit – wachsender Bedeutung – verdrillte Kupferkabel;
– maximale Länge eines Kabelsegments: 500 m;
– maximale Länge des Anschlußkabels zum Gerät: 50 m. Maximal 100 Anschlüsse pro Segment (1024 insgesamt);
– Minimaler Abstand zwischen zwei Kabel-Anschlußpunkten: 2,5 m;
– Größte Entfernung zwischen zwei Stationen: 2,8 km.

E. basiert auf einem passiven → Bus. Die daraus folgenden Eigenschaften sind:
– Unempfindlichkeit gegen den Ausfall einzelner Geräte,
– Möglichkeit der einfachen, schnellen Erweiterung während des laufenden Betriebs,
– unkomplizierter Aufbau.

Von der → Topologie her besteht E. aus bis zu 500 m langen Kabelsegmenten, die an den Enden mit ihrem Wellenwiderstand abgeschlossen werden. Mehrere Segmente sind über Verstärker (→ Repeater) koppelbar, so daß Baumstrukturen gebildet werden können. Bekannte Varianten des E. sind das → Fast-Ethernet und das → Cheapernet. *Quernheim/Spaniol*

**ETSI** ⟨*ETSI (European Telecommunications Standards Institute)*⟩. 1988 auf Initiative der EU-Kommission gegründet mit dem Ziel, Standards und Empfehlungen im Bereich der Telekommunikation sowie der Radio- und TV-Übertragung schneller zu verabschieden. Dieses Ziel soll durch Mehrheitsentscheidungen (anstelle der Einstimmigkeit bei → ITU) und spezielle Vollzeit-Projektgruppen erreicht werden. ETSI arbeitet eng mit ITU, → ISO und → IEC zusammen.

Mitgliedschaft in ETSI ist offen für nationale Standardisierungsgremien, öffentliche Netzwerkbetreiber, Herstellerfirmen, Dienstanbieter, Forschungseinrichtungen, Unternehmensberatungen und andere. Mitglieder kommen auch aus allen Staaten der Europäischen Freihandelszone (EFTA) und in immer stärkerem Maße aus den osteuropäischen Ländern. *Jakobs/Spaniol*

**EUMEL** ⟨*EUMEL (Extendable Multi User Microprocessor)*⟩. Von 1978 an von *J. Liedtke* u. a. am HRZ Bielefeld und in der GMD Bonn entwickeltes → Betriebssystem für die Schulsprache → ELAN. Eine Weiterentwicklung ist das Betriebssystem L 3 der GMD.

Das → Betriebssystem ist sowohl auf 8-bit- (insbesondere Z 80) wie auf 16-bit-Rechnern implementiert und wegen seines hierarchischen Aufbaus schnell auf Neuentwicklungen portierbar. Dabei muß jeweils nur die unterste Schicht (EUMEL-0-Maschine als virtueller → Prozessor) der speziellen → Hardware angepaßt werden.

Das E.-System ist ein Time-Sharing-System, d. h., mehrere Benutzer können gleichzeitig an einem Zentralrechner arbeiten. Dabei wird die verfügbare Rechen- und Speicherkapazität zwischen den Benutzerprozessen dynamisch aufgeteilt. Diese Zahl kann größer sein als die Zahl der angeschlossenen Terminals, weil Benutzertasks, die keine → Ausgabe auf Bildschirmen verlangen, im Hintergrund weiterlaufen können. Diese Tasks werden in einem Task-Baum verwaltet, wobei die Benutzer eines Zweiges (Söhne) auf spezielle Module zurückgreifen können, die als ELAN-Pakete beim Vater insertiert worden sind (lokale Modifikationen mit erweitertem ELAN). So steht z. B. dem Informatikkurs eines Oberstufenjahrgangs für alle Benutzer spezielle Graphik zur Verfügung, während gleichzeitig ein Anfängerkurs aus der Unterstufe in einem anderen Zweig auf den „Hamster" (eine didaktisch begründete, einfach simulierte Robotersteuerung) zurückgreifen kann und die Schulverwaltung in einem dritten Zweig mit ISPEL (einem interaktiven Stundenplanprogramm) arbeitet. Dabei schützen Pass-Wörter vor unbefugtem Eindringen nichtberechtigter Benutzer in fremde Tasks bzw. vor dem Anhängen eigener Tasks an fremde Zweige.

Neben diesen Datenschutzmaßnahmen werden Datensicherungen ca. alle zehn Minuten durch ein Fixpunktverfahren durchgeführt, das den augenblicklichen

Zustand des Gesamtsystems konserviert, so daß z. B. bei Ausfall der Netzversorgung höchstens Daten- oder Programmänderungen der letzten zehn Minuten verlorengehen. Daneben gibt es ein ebenfalls mit sinnreicher Legitimationskontrolle ausgestattetes Archivsystem für Diskettenstationen.

Das E.-System verwaltet seinen Hauptspeicher nach dem *Demand-Paging*-Prinzip. Daten und Programme werden nach Seiten aufgeteilt, von denen sich nur solche im Hauptspeicher befinden, die gerade benötigt werden. Mehrere Benutzer können denselben → Code benützen (wenn kein Schreibzugriff erfolgt), ohne daß Kopien von ihm zusätzlichen Speicherplatz benötigen. Die Kommandosprache des Systems entspricht der ELAN-Syntax und kann ihrerseits in ELAN-Programmen enthalten sein.

Das E.-System bietet besonders gute Textverarbeitungsmöglichkeiten für Blocksatz in Proportionalschrift mit allen Änderungswünschen, die bei einer Manuskriptbearbeitung auftreten, einschließlich automatischem Zeilenumbruch mit deutscher Silbentrennung, Paginierung, Fußnoten, Referenzen, automatischer Indexerstellung und Umschaltung auf verschiedene Schriftarten. Grundlage dafür ist ein bildschirmorientierter → Editor, der mit mnemotechnisch einfachen Befehlen u. a. auch das Zeigen paralleler Dateien in Bildschirmfenstern erlaubt.

E. enthält ca. 400 Standardprozeduren für alle Zwecke, die in Schulen vorkommen, wobei gleiche Prozedurnamen für gleiche Aufgaben bei unterschiedlichen Parametertypen oder Anzahlen von Parametern (z. B. für I/O-Befehle) die Handhabung erleichtern. Für spezielle Anwendungen gibt es einen umfangreichen erweiterten und gewarteten Standard (sog. E.-Werkzeuge, darunter ein Simulationssystem und einen Dynamo-Compiler für naturwissenschaftliche und sozialwissenschaftliche Wachstumsprozesse, einen Modellcomputer, Datenbanken, Statistik usw.). *Klingen*

**Euro-ISDN** ⟨*EURO-ISDN*⟩. Seit 1994 wird von der Deutschen Telekom das europäische → ISDN (Euro-ISDN) angeboten, für das europaweit einheitliche → Protokolle definiert wurden. Der Hauptunterschied zum ISDN liegt im hier verwendeten Protokoll des → D-Kanals DSS1 (Digital Subscriber No. 1). *Jakobs/Spaniol*

**Europäische Norm** ⟨*European Standard*⟩, Kurzform: EN-Norm, → Normung, regionale

**Europäisches Patentamt** ⟨*European Patent Office*⟩. Das E. P. – EPA – hat seinen Sitz in D-80298 München, Erhardtstr. 27, und erteilt Europäische Patente auf Grund des *Europäischen Patentübereinkommens – EPÜ*. Es hat eine Zweigstelle in Den Haag, die die Formal- und Eingangsprüfungen und die Recherchen zu den eingereichten Patentanmeldungen durchführt. Alle anderen daraufolgenden Arbeiten – sachliche Prüfung der → Erfindung, Beschwerde, Einspruch – werden beim EPA in München durchgeführt. Weitere Dienststellen hat das EPA in Berlin und Wien. *Cohausz*
Literatur: Der Weg zum Europäischen Patent. Leitfaden für Anmelder. Informationsschr. des Europäischen Patentamtes.

**Evolutionsstrategie** ⟨*evolution strategy*⟩. Mit Hilfe von E. (bzw. → genetischen Algorithmen) versucht man, Optimierungsaufgaben, die sich mit den traditionellen mathematischen Methoden nicht effizient behandeln lassen, dadurch approximativ zu lösen, daß man von der biologischen Evolutionstheorie abgeleitete Experimentierverfahren benutzt. Bei den E. codiert man das Problem durch einen endlichen Vektor $(x_1, \ldots, x_n)$ von Parametern, die reelle Werte annehmen können, so daß Lösungen des Problems dargestellt werden durch gewisse Belegungen der Parameter mit reellen Werten $(w(x_1), \ldots, w(x_n))$, die bestimmten Optimalitätskriterien genügen. Die Analogie zur Evolution wird nun dadurch hergestellt, daß man die Parameter als Gene und eine bestimmte Wertebelegung $(w(x_1), \ldots, w(x_n))$ als ein durch die Gene und ihre konkrete Ausprägung festgelegtes Individuum auffaßt. Lösungen des ursprünglichen Problems zu finden, heißt nun, Individuen zu finden, die den Umweltbedingungen (Optimalitätskriterien) möglichst gut angepaßt sind. Die Anpassung versucht man analog zur Evolution zu erreichen, indem man mit gewissen zufällig gewählten Individuen startet und aus diesen Nachkommen entstehen läßt, wobei man alle oder einige der Evolutionsoperatoren Selektion, Mutation und Rekombination anwendet. *Selektion* heißt hier, daß nur gewisse (für die Optimierung geeignete) Individuen zur Nachkommenproduktion herangezogen werden. *Mutation* heißt hier, daß die Werte $w(x_i)$ der Gene verändert werden (nach verschiedenen Strategien). *Rekombination* bedeutet hier, daß neue Individuenvektoren der nächsten Generation aus mehreren Individuenvektoren der Elterngeneration gebildet werden, indem einzelne neue Genwerte aus den Werten der ausgesuchten Elternindividuen berechnet (im einfachsten Fall direkt übernommen) werden. Die Idee der E. wurde ab 1964 von *I. Rechenberg* (TU Berlin) entwickelt und v. a. in Deutschland erfolgreich angewendet und weitergeführt. *Brauer*
Literatur: *Heistermann, J.*: Genetische Algorithmen. Teubner, Stuttgart 1994.

**EWOS** ⟨*EWOS (European Workshop for Open Systems)*⟩. 1987 gegründet, um die europäischen Beiträge zur internationalen Entwicklung von funktionalen Standards zu koordinieren. Der Hauptaufgabenbereich liegt in der Entwicklung solcher funktionalen Standards (profiles, → GOSIP, → MAP, → TOP) sowie im Bereich der Konformitätsprüfung von Implementierungen. *Jakobs/Spaniol*

**Experimente mit einem System** ⟨*experiments with a system*⟩ → Fehlervermeidung

**Expertennutzer** ⟨expert user⟩. Spielt bei der Projektierung und Konfigurierung (→ Konfiguration) graphischer → Benutzerschnittstellen eine besondere Rolle. Prinzipiell können dabei drei verschiedene Personengruppen beteiligt sein: Systementwickler, Anwendungsentwickler und E.

Anwendungsentwickler und E. gehören zu den Entwicklern der Benutzerschnittstelle. Systementwickler bearbeiten die anwendungsunabhängigen Basiskomponenten einer → Mensch-Prozeß-Schnittstelle und gebrauchen meist Programmierhochsprachen. Die Bearbeitung einer konkreten Benutzerschnittstellen-Komponente, wie die Gestaltung von Dialogabläufen für z. B. eine Maschinenbedienung oder die graphisch-dynamische Überwachung von Prozeßvariablen, obliegt nach der o. a. Einteilung dem Anwendungsentwickler. Der E. bringt in diesen Prozeß sein spezifisches Wissen über den technologischen Prozeß und über die produktionstechnische Umgebung ein, kann aber auch selbst die Benutzerschnittstelle modifizieren. Für eine effektive Arbeitsweise benötigen insbesondere E. und Anwendungsentwickler spezielle Werkzeuge für die Erstellung von Benutzerschnittstellen, die technologie- und anlagen- bzw. maschinenbezogen arbeiten und keine oder nur wenig Software-Systemkenntnisse benötigen.

E. besitzen eine zunehmende Bedeutung für die Erhöhung der Flexibilität in der Produktion, da mit ihrer Hilfe bei geänderten Rahmenbedingungen auch die Mensch-Prozeß-Schnittstelle ohne teure und aufwendige Systemkenntnisse angepaßt werden kann.
*Langmann*

**Expertensystem** ⟨expert system⟩. Wissensbasiertes → System, das die Rolle eines menschlichen Experten übernehmen kann. E. sind eine wichtige Anwendung der → Künstlichen Intelligenz (KI) (Bild).

Probleme werden in Form von Fakten (auch Hypothesen oder Zielen) in die → Wissensbasis eingetragen. Die → Inferenzkomponente bearbeitet die Fakten durch Auswahl und Anwendung passender Regeln. Durch die Regelanwendung wird die Faktenbasis i. allg. verändert, so daß beim nächsten Zyklus andere Regeln zur Anwendung kommen können. Die → Benutzerschnittstelle kann u. a. eine → Erklärungskomponente enthalten, die dem Benutzer Einblick in das Systemverhalten ermöglicht. Zur Eingabe von Expertenwissen kann ein Wissenseditor oder anderes Werkzeug vorgesehen sein.

Die wichtigsten Anwendungskategorien von E. sind Diagnose (z. B. medizinische Diagnose, Fehlverhalten technischer Systeme, Interpretation seismischer → Daten) und Konfiguration (z. B. Konfigurierung technischer Anlagen, Methodenauswahl, Planung).

Zur Entwicklung eines E. für eine konkrete Anwendung verwendet man häufig eine → Expertensystem-Shell. Dies ist ein „leeres" E., das im wesentlichen aus einer Inferenzkomponente, einer Benutzerschnittstelle und Werkzeugen zur → Wissensrepräsentation besteht. Dadurch reduziert sich die Entwicklung auf den Aufbau einer anwendungsspezifischen Wissensbasis. Die Überführung von menschlichem Wissen in eine formale, für das E. adäquate Form wird als Wissenstechnik (knowledge engineering) bezeichnet, Fachleute für diese Aufgabe heißen Wissensingenieure.
*Neumann*

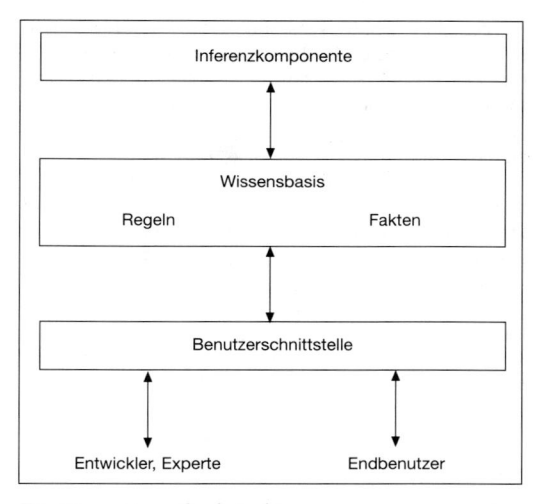

*Expertensystem: Grobstruktur*

**Expertensystem, betriebliches** ⟨business expert system⟩. Anwendungssystem, das Wissen und Problemlösefähigkeiten menschlicher Experten auf einem begrenzten betrieblichen Aufgabengebiet nachbildet. B. E. sind interaktive wissensbasierte Systeme. Expertensysteme dienen der Automatisierung schlecht strukturierter betrieblicher Aufgaben, die nicht in Form eines analytischen Modells, sondern lediglich auf der Basis von Erfahrungen und Beobachtungen beschrieben werden können.

Im Gegensatz zu algorithmischen Systemen sind bei wissensbasierten Systemen die Wissensdarstellung und die Wissensverarbeitung (→ Inferenzmaschine) voneinander getrennt. Wissensbasierte Expertensysteme bestehen daher im wesentlichen aus zwei Hauptkomponenten: dem Steuerungssystem und der Wissensbasis. Das Steuerungssystem umfaßt in Form der Inferenzmaschine die Problemlösungskomponente. Weitere Komponenten des Steuerungssystems sind eine Interviewer-Komponente zur Erfassung von fallspezifischem Wissen, eine Erklärungskomponente zur Erläuterung von Lösung und Lösungsweg sowie eine Wissenserwerbskomponente zur Erfassung von Expertenwissen.

Die Wissensbasis umfaßt bereichsspezifisches Expertenwissen, welches während der Konsultation des Expertensystems i. d. R. unverändert bleibt, fallspezifisches Wissen sowie Zwischenergebnisse und Problemlösungen, die durch die Inferenzmaschine abgeleitet werden. Für die Wissensrepräsentation stehen relationsorientierte (Logik, Produktionsregeln) und objektorientierte Ansätze (semantische Netze, Objektklassen, Frames) zur Verfügung. Praxisrelevante Entwicklungsplattformen für Expertensysteme unterstützen vielfach eine hybride Form der Wissensrepräsentation.

B. E. eignen sich insbesondere für Klassifikations- bzw. Diagnoseprobleme (z. B. Fehlerdiagnose), für Designprobleme (z. B. Konfiguration technischer Systeme), für Planungsprobleme (z. B. Reihenfolgeplanung am Fertigungsleitstand) und für Simulationsprobleme (z. B. im Bereich der Logistik). *Sinz*

Literatur: *Ferstl, O. K.* u. *E. J. Sinz*: Grundlagen der Wirtschaftsinformatik. 2. Aufl. München-Wien 1994. – *Puppe F.*: Einführung in Expertensysteme. 2. Aufl. Berlin-Heidelberg 1991. – *Mertens, P.; V. Borkowski* u. *W. Geis*: Betriebliche Expertensystem-Anwendungen. Eine Materialsammlung. 3. Aufl. Berlin-Heidelberg 1993.

**Expertensystem-Shell** ⟨*expert system shell*⟩. Expertensystemschale, Baustein für die Entwicklung eines Expertensystems. Eine Shell ist im wesentlichen ein → Expertensystem ohne anwendungsspezifisches Wissen. Sie besteht i. allg. aus einer → Inferenzkomponente, einer → Benutzerschnittstelle und Werkzeugen zur → Wissensrepräsentation. Eine E.-S. kann im Hinblick auf eine bestimmte Anwendungskategorie spezialisiert sein, z. B. für Diagnose oder Planung. *Neumann*

**Exponentialverteilung** ⟨*exponential distribution*⟩. Die Dichte der E. ist gegeben durch

$$f(x) = \begin{cases} 0 & \text{für } x \leq 0 \\ \lambda e^{-\lambda x} & \text{für } x > 0 \end{cases}$$

mit $\lambda > 0$; s. auch → Erneuerungsprozeß.

*Schneeberger*

**Extremwertauswahl** ⟨*extreme value selection*⟩. Auswahl eines von mehreren analogen Signalen in parallelen Kanälen leittechnischer Einrichtungen. Abhängig von der Regelungsaufgabe oder dem Schutzziel wird der größte oder der kleinste Wert ausgewählt. Man nennt das auch Maximal- bzw. Minimalauswahl (Maximal-Auswahl-Gerät; Minimal-Auswahl-Gerät).

*Strohrmann*

# F

**F-PODA** ⟨F-PODA⟩ → PODA, → Netzzugangsverfahren

**Fachkonzept** ⟨functional specification, functional design, requirements definition⟩ (syn.: Aufgabendefinition, fachlicher/funktionaler/sachlogischer Entwurf, Fachspezifikation, funktionale Spezifikation). Zusammenfassende Darstellung des → Anwendungssystems aus fachlicher Sicht.

Seine wesentlichen Teile sind Abgrenzung und Beschreibung des Gegenstandsbereichs, Anforderungen an das Anwendungssystem, → Anwendungsmodell, Beschreibung der Struktur.

Neben den Entwicklungstätigkeiten sind die Management-Tätigkeiten des Planens und Steuerns und die Tätigkeiten der → Qualitätssicherung zu betrachten.
*Hesse*

Literatur: *Hesse, W. G.* u. a.: Terminologie der Softwaretechnik – Ein Begriffssystem für die Analyse und Modellierung von Anwendungssystemen. Teil 2: Tätigkeits- und ergebnisbezogene Elemente. Informatik-Spektrum (1994) S. 96–105.

**Färbetechnik** ⟨colouring technique⟩ → Schattierung

**Färbungsproblem** ⟨coloring problem⟩. Problem, die Knoten eines gegebenen → Graphen G mit k Farben so zu färben, daß die durch Kanten benachbarten Knoten nicht die gleiche Farbe besitzen. Die minimale Anzahl k von Farben, die eine solche Färbung der Knoten erlauben, heißt die *chromatische Zahl* $\gamma(G)$ des Graphen G; die minimale Anzahl von Farben, die man benötigt, um die Kanten eines Graphen G so zu färben, daß die mit einem Knoten inzidierenden Kanten nicht die gleiche Farbe besitzen, heißt der *chromatische Index* $q(G)$ des Graphen.

Festzustellen, ob ein Graph k-färbbar ist, ist für k=2 mit → Algorithmen mit polynomialer Laufzeit möglich, für k>2 ist das Problem jedoch → NP-vollständig.

Der chromatische Index eines Graphen G ist gleich der chromatischen Zahl eines Graphen L(G), der aus G wie folgt gebildet wird: Die Knoten von L(G) entsprechen den Kanten von G, und zwei Knoten sind in L(G) durch eine Kante verbunden, falls die zugehörigen Kanten in G in einem Knoten inzidieren.

Die Aufstellung von Stundenplänen, die Zuordnung von Speicherbereichen für Programmvariable (Compiler-Optimierung), die Erstellung von Verdrahtungsplänen für Computerboards und die Routenoptimierung für die Müllabfuhr sind Anwendungsbeispiele des F.

Eine geographische Landkarte ist ein planarer Graph, dessen Kanten den Grenzen der Landkarte entsprechen. Eine Färbung der durch die Grenzen einbeschriebenen Länder entspricht einer Färbung der Knoten des zu G dualen Graphen. Der Vierfarbensatz der Graphentheorie besagt, daß alle planaren Graphen vierfach färbbar sind.
*Bachem*

**Fairneß** ⟨fairness⟩. Verschiedene Präzisierungen des intuitiven Konzepts der F. werden bei nebenläufigen Prozessen in nichtsequentiellen → Systemen verwendet. Die wichtigsten zwei sind folgende: Sollen mehrere nebenläufige Prozesse durch einen Scheduler auf einem Einprozessorsystem fair verzahnt ausgeführt werden, wird i. allg. schwache F. (auch justice genannt) verlangt, was besagt, daß eine Aktion, die von einem Zeitpunkt an unendlich lange ausführbar ist, nach endlicher Zeit auch ausgeführt wird. Sind nebenläufige Prozesse durch Synchronisations- oder Kommunikationsvorgänge gekoppelt, so verlangt man i. allg. starke F. (auch compassion genannt), was besagt, daß eine Aktion, die bei der Ausführung des Prozeßsystems unendlich oft aktiviert wird, auch tatsächlich nach endlicher Zeit zur Ausführung kommt.
*Brauer*

Literatur: *Manna, Z.; Pnueli, A.*: The temporal logic of reactive and concurrent systems – specifications. Springer, New York 1991.

**Faksimile** ⟨facsimile⟩ → Telefax

**Falltür** ⟨trapdoor⟩ → Einwegfunktion

**Faltungscode** ⟨convolutional code⟩. Kanalcode, welcher der eigentlichen Information zusätzliche, redundante Information hinzufügt, anhand derer Übertragungsfehler erkannt und ggf. auch korrigiert (vgl. → FEC) werden können. Im Gegensatz zum Blockcode (→ Blockprüfung) werden bei einem F. der Rückgrifftiefe M fortlaufend aus M aufeinanderfolgenden Bits L>M Bits berechnet; effizient realisiert wird dies mit einem Schieberegister der Länge M.
*Quernheim/Spaniol*

Literatur: *Heise, W.; Quattrocchi, P.*: Informations- und Codierungstheorie. 2. Aufl. Springer, Berlin 1989.

**Familienkonzept** ⟨family concept⟩. Bereitstellung einer Menge von aufwärtskompatiblen Modellen einer Rechenanlage mit unterschiedlicher Rechenleistung und Speicherkapazität (→ Kompatibilität). Die verschiedenen Modelle einer Rechnerfamilie enthalten dabei einen identischen → Maschinenbefehlssatz, der jedoch auf unterschiedliche Weise implementiert und

realisiert wird und der bei den leistungsfähigeren Modellen ggf. erweitert wird. Das F. beruht auf der konzeptuellen Trennung von
– Architektur: Maschinenbefehlssatz als äußeres Erscheinungsbild der Rechenanlage,
– Implementierung: logische Struktur der Rechenanlage, die die Architektur bereitstellt,
– Realisierung: physikalische Elemente, aus denen die Rechenanlage besteht.

Unterschiede in der → Implementierung können sich auf die Struktur des → Leitwerkes (mikroprogrammiert, festverdrahtet), die Speicherhierarchie (Register, Cache), den Parallelitätsgrad (Pipelining, Parallelwortstruktur oder Iteration) etc. beziehen. Verschiedene Realisierungen sind durch Verwendung unterschiedlich aufwendiger und leistungsfähiger Technologien gegeben. Die Unterschiede in der Leistungsfähigkeit der Modelle können so in der Praxis einen Faktor von mehr als 100 erreichen.

Ziel des F. ist es, einmal erstellte → Software auch beim Übergang auf leistungsfähigere Modelle ohne Modifikationen übernehmen zu können (Investitionsschutz). *Bode*

**Farbbild** ⟨*color image*⟩. Zur Reproduktion von Bilddaten auf einem farbfähigen graphischen Ausgabegerät (z. B. → Farbbildschirm) wird eine → Bilddatei zunächst in einem → Bildwiederholspeicher abgelegt und von dort anhand einer geräteabhängigen → Farbtabelle und eines dem Ausgabegerät angepaßten Farbmodells aufbereitet.

Bei der Wiedergabe von künstlich in einem Rechner erzeugten Bildern tragen Farbtabelle und → Farbmodell dazu bei, auf verschiedenen Ausgabegeräten einigermaßen ähnliche Farbeindrücke zu vermitteln. Sollen jedoch Kamera-Aufnahmen digital gespeichert und naturgetreu wiedergegeben werden, so ist die sorgfältige Auswahl eines geeigneten Farbmodells von besonderer Bedeutung. Man unterscheidet grob zwischen physikalisch-technischen und wahrnehmungsorientierten Farbmodellen. Unter den physikalisch-technischen Modellen finden sich wiederum Ansätze, die Grautonbilder rein schematisch mit Primärfarben belegen und überlagern, sowie mehr physiologische Modelle, die Farbreize ähnlich dem menschlichen Auge in die Komponenten → Helligkeit, Farbton und Farbsättigung zerlegen. Diese physiologischen Modelle eignen sich in besonderem Maße für die technische Realisierung, da sie nicht nur das subjektive Empfinden des menschlichen Auges berücksichtigen, sondern darüber hinaus auch → Kompatibilität zwischen Farb- und Schwarzweißdarstellungen gewährleisten. Jedem → Pixel der Bilddarstellung bzw. jeder Speicherzelle im Bildwiederholspeicher wird dabei ein → Grauwert, eine Farbton-Information(en) sowie ein Farbsättigungswert zugeordnet. Je nach verwendetem Ausgabegerät erfolgt die Umsetzung der Farbton-Information zur endgültigen Farbwiedergabe durch additive (→ Farbmonitor) oder subtraktive (→ Drucker) Mischung von Primärfarben. *Encarnação/Redmer*

**Farbbildschirm** ⟨*color display*⟩. Anzeigemedium zur Darstellung farbiger Informationen. Die Lochmaskenröhre ist der am häufigsten verwendete Röhrentyp. Drei Elektronenstrahlsysteme werden verwendet, um die Phosphorleuchtpunkte oder -streifen für die drei Grundfarben anzusprechen. Die Punkte sind eng genug angeordnet, um dem Auge als ein einziger Punkt zu erscheinen. Die Farbe ergibt sich aus der entsprechenden Mischung der einzelnen Punkte. Eine Lochmaske wird verwendet, um sicherzustellen, daß jeder Strahl nur den für ihn vorgesehenen Farbpunkt anspricht. Die Strahlen für die roten, grünen und blauen Farbpunkte müssen die Maskenöffnung im richtigen Winkel passieren, um ihre zugehörigen Phosphorpunkte zu treffen (Konvergenz, → Farbmonitor). *Encarnação/Stärk*
Literatur: *Encarnação, J. L.* und *W. Straßer*: Computer Graphics – Gerätetechnik, Programmierung und Anwendung graphischer Systeme. München–Wien 1986.

**Farbdüsenplotter** ⟨*ink jet plotter*⟩ → Ink-Jet-Plotter

**Farbgebungstechnik** ⟨*colouring technique*⟩ → Schattierung

**Farbgraphik** ⟨*color graphics*⟩. Beinhaltet die Bearbeitung und Handhabung von graphischen → Daten, deren Umsetzung in ein → Farbbild mittels eines Graphikprozessors oder eines entsprechenden Software-Moduls sowie die endgültige Darstellung des Bildes auf einem graphischen Ausgabegerät.

Die Erstellung oder Bearbeitung einer F. geschieht aus der Sicht des Anwenders völlig losgelöst von der → Pixel- bzw. Bildspeicherumgebung. Vielmehr arbeitet der Anwender mit vordefinierten Darstellungselementen wie Kreis, Rechteck, Dreieck, Polygon, Schrift oder einfachen Grundelementen wie Punkt, Linie und Fläche. Darüber hinaus steht für jedes Element eine Reihe von → Attributen wie → Font, Farbe, Linienbreite, Linienart (z. B. durchgezogen, punktiert, strichpunktiert oder gestrichelt) und → Textur zur Verfügung. Die einzelnen Elemente werden jeweils in drei Schritten in eine F. eingearbeitet. Zunächst wird jedes Element mit Hilfe eines graphischen Eingabegerätes (→ Tablett, graphisches, Fadenkreuz, → Cursor, → Joystick, → Maus) auf der zur Verfügung stehenden → Darstellungsfläche positioniert. Anschließend werden die Attribute festgelegt. In einem weiteren Arbeitsschritt können sodann Operationen wie das Füllen von geschlossenen Flächen mit Farben, Spiegelung, Drehung (Scherung), Rotation und Zooming (X-Y-Koordinaten gleichzeitig oder getrennt) durchgeführt werden. Bei vielen der am Markt befindlichen Graphiksysteme können mehrere Elemente zu einem → Segment zusammengefaßt werden und so als geschlossene Einheit nochmals Operationen wie Duplizieren, Verschieben,

Austausch von Schriftsätzen, Spiegeln etc. unterworfen werden. Eine vollständige F. setzt sich letztendlich aus einer Summe von Segmenten zusammen. Die Verwaltung der → Gerätekoordinaten unter Berücksichtigung von → Window und → Viewport wird üblicherweise von dem jeweiligen Graphiksystem übernommen und bleibt dem → Bediener verborgen.

Die Aufbereitung der so erzeugten Daten zur graphischen Ausgabe erfolgt durch einen → Graphikprozessor. Bei dieser Aufbereitung muß zwischen vektor- und pixelorientierter Darstellung unterschieden werden. Soll das fertige Bild z. B. auf einem → Farbmonitor oder einem → Ink-Jet-Plotter ausgegeben werden, so setzt der Graphikprozessor die Koordinatenvektoren (in Verbindung mit den Attributen handelt es sich meist um Matrizen) in eine Bildpunktrepräsentation um. Bei der Ausgabe von → Vektorgraphik (z. B. traditioneller Linienplotter) errechnet der Graphikprozessor die Schrittfolgen der verschiedenfarbigen Zeichenstifte.

Eine weitere Aufgabe des Prozessors ist die Beseitigung von Bilddefekten (z. B. Treppeneffekt), die sich bei der Wiedergabe von Vektorgraphik auf Rasterbildschirmen ergeben. Bei Schwarzweißmonitoren können solche Defekte u. a. durch eine Modellierung der → Strahlablenkung kompensiert werden, bei Farbmonitoren sind hier jedoch durch den konstruktionsbedingten minimalen Bildpunktabstand technische Grenzen gesetzt. Der → Prozessor hat dafür die Möglichkeit, Stufenfehler in F. durch geeignete Farbwertverteilung zu reduzieren. Darüber hinaus übernimmt der Graphikprozessor eine Reihe von einfachen Routinearbeiten wie das Bearbeiten von Füllflächen und die dem Ausgabegerät angepaßte Farbmischung. Zu diesem Zweck arbeiten nahezu alle heute verwendeten Graphikprozessoren unabhängig von der CPU des auftraggebenden Rechners und verfügen über einen oder mehrere eigene → Bildwiederholspeicher.

Zum Anlegen von umfangreichen F.-Bibliotheken wird i. d. R. auf die ursprünglichen, nicht vom Graphikprozessor aufbereiteten Daten zurückgegriffen. Dies hat zum einen den Vorteil, daß die gespeicherten Daten auch weiterhin mit dem verfügbaren Graphiksystem editierbar sind, zum anderen wird i. allg. nur ein Bruchteil des Speicherbedarfs von aufbereiteten Pixeldarstellungen benötigt. Lediglich in speziellen Anwendungen, bei denen besonderer Wert auf extrem schnelle Wiedergabe der abgespeicherten F. gelegt wird und darüber hinaus ausreichend Speicherplatz zur Verfügung steht, werden die Ausgabedaten des Graphikprozessors direkt in einer Bibliothek abgespeichert.

*Encarnação/Redmer*

**Farbmodell** ⟨colour model⟩. Prinzip, den Raum der für den normalsichtigen Menschen sichtbaren Farben zu ordnen. Da dies auf verschiedene Weisen möglich ist, entstanden verschiedene F., die ihre jeweiligen anwendungsspezifischen Vorzüge haben.

In der Norm-Terminologie bezeichnet Farbe die rein subjektive (!) Qualität der Farbempfindung. DIN 5033 (Teil 1): „Farbe ist diejenige Gesichtsempfindung eines dem Auge strukturlos erscheinenden Teiles des Gesichtsfeldes, durch die sich dieser Teil bei einäugiger Beobachtung mit unbewegtem Auge von einem gleichzeitig gesehenen, ebenfalls strukturlosen angrenzenden Bezirk allein unterscheiden kann."

Ein Selbstleuchter (→ Lichtquelle) oder Nichtselbstleuchter kann elektromagnetische Strahlung emittieren, die beim Auftreffen auf das Auge ein Farbreiz sein kann (falls sichtbar), der wiederum eine Farbempfindung auslöst. Verschiedene Farbreize können durchaus gleiche Farbempfindungen auslösen, dann spricht man von metameren Farben.

Es gelingt, alle Klassen zueinander metamerer Farbreize – die Farben schlechthin – in einem dreidimensionalen Raum, dem Farbraum, zu ordnen. Dieser Farbraum kann in gewisser Hinsicht mit einem dreidimensionalen Vektorraum verglichen werden. So bezeichnet man einen Punkt im Farbraum als Farbvalenz, seine drei Koordinaten bezüglich der Basis als seine Farbwerte. Die Basis als Vektorentripel heißt ein System von Primärvalenzen. Der Vektoraddition entspricht die additive Farbmischung – dies ist die Farbmischung, wie sie beim Mischen von verschiedenen Lichtarten beobachtet werden kann. (Die subtraktive Farbmischung – Mischen von Pigmenten – ist farbmetrisch und physikalisch viel komplizierter zu beschreiben; auf sie kann hier nicht weiter eingegangen werden.)

Eine Vektorsubtraktion existiert als Farbentmischung in der Realität nicht, ebenso gibt es keine negativen Farbwerte. Man kann mit denselben nur rechnen innerhalb des Farbraums.

Einige F. werden unterschieden nach dem Tripel der verwendeten Primärvalenzen. So gibt es das

☐ *RGB-Modell.* Die Primärvalenzen sind hier Rot, Grün und Blau. Dieses sind die Primärvalenzen der in der Fernsehtechnik und der graphischen → Datenverarbeitung am häufigsten gebrauchten Monitore. Darum ist dieses → Modell in der graphischen Datenverarbeitung sehr verbreitet. Alle von einem solchen → Monitor darstellbaren Farben sind als Farbvalenzen mit RGB-Farbwerten spezifizierbar.

Bei höheren Ansprüchen muß sorgfältig unterschieden werden, welche Rot-, Grün- und Blau-Phosphore für das jeweilige F. zur Anwendung kommen. Eventuell muß die Primärvalenz gewechselt werden. Dies entspricht einer normalen linearen Transformation aller Farbvalenzen im Farbraum – einer Hauptachsentransformation im Vektorraum.

☐ *YMC-Modell.* Die Primärvalenzen sind hier Gelb (Yellow), Purpur (Magenta) und Blaugrün (Cyan). Dieses Modell wird häufig bei Hardcopygeräten (Tintenstrahlplottern) eingesetzt.

☐ *XYZ-Modell.* Die Primärvalenzen sind hier genormt (CIE 1931, DIN 5033) und virtuell, d. h.

nicht sichtbar. Sie sind so gewählt, daß es möglich ist, den ganzen Farbraum nur mit positiven Farbwerten abzudecken.

Andere F. gehen von einer Trennung der Farbempfindung in andere Komponenten aus. Sie arbeiten mit den Komponenten Farbton, Sättigung und → Helligkeit.

Läßt man im Farbraum die Komponente der Helligkeit via Projektion weg, kommt man zu zweidimensionalen Farbart-(chromaticity)Diagrammen. Das wichtigste ist das CIE-1931-Chromaticity-Diagramm nach DIN 5033.

Unter der Sättigung (saturation) einer Farbe kann man intuitiv ihre „Reinheit" verstehen. Spektrale Farben besitzen die höchste Sättigung, die mit zunehmendem Grauanteil sinkt. Graue (unbunte) Farben besitzen keine Farbsättigung.

Unterscheiden sich Farben nur durch Sättigung und Helligkeit, gehören sie zum gleichen Farbton. F., die dies berücksichtigen, sind das
– HLS-Modell. Hier wird die Farbe nach Farbton (hue), Helligkeit (lightness) und Sättigung (saturation) spezifiziert.
– Yxy- und Yuv-Modell nach DIN 5033.

Weitere Farbsysteme nehmen auf die subjektive Gleichabständigkeit der Farben im zu entwerfenden Farbraum Rücksicht. Für diese Farbwerte sind keine linearen Transformationen aus dem normierten XYZ-Farbraum mehr angebbar. Diese Farbräume berücksichtigen ferner eine umgangssprachliche Bezeichnung der einzelnen Farbvalenzen. Dazu zählen das
– CNS-Modell. Dieses Color-Naming-System ist eigentlich nur ein Farbbezeichnungssystem.
– Die Farbenkarte nach DIN 6164.

Spezielle F. sind physiologisch orientiert. So das NCS-Modell. Das Natural-Color-System ist Schwedische → Norm SS 910191. Es entspricht der Farbenlehre nach *E. Hering*, der von vier empfindungsgemäßen Grundfarben ausging. Diese sind Gelb, Blau, Grün und Rot, die von den meisten Menschen als die Grundfarben schlechthin angesehen werden. Das NCS-Modell ist für die → Farbselektion durch den Menschen, z.B. in der → Maltechnik, sicher eines der geeignetsten F.
*Encarnação/Hofmann*

Literatur: *MacAdam*: Color measurement – theme and variations. Berlin–Heidelberg–New York 1981. – *Agoston*: Color theory and its application in art and design. Berlin–Heidelberg–New York 1979. – *Lang*: Farbmetrik und Farbfernsehen. München–Wien 1979.

**Farbmonitor** ⟨*color monitor*⟩. Gerät zur Darstellung von Information in Farbe. Mittels einer geeigneten Elektronik wird ein elektrisches Eingangssignal (ausgehend von z.B. einem Computer) in Steuersignale für einen → Farbbildschirm umgewandelt und dort angezeigt. Qualitätsmerkmale sind u.a. die → Auflösung (Anzahl der Bildpunkte in horizontaler und vertikaler Richtung), die mögliche Bandbreite und die Konvergenz. *Encarnação/Stärk*

**Farbselektion** ⟨*colour selection*⟩. Allgemein die Auswahl von Farbe. Speziell versteht man darunter:
– Definition von Farben für ein Bildelement (→ Pixel). In einem → Bildwiederholspeicher sind die Farbwerte für ein Pixel entweder direkt (direkte F.) als RGB-Werte (→ Farbmodell) oder als Farbindex als Zeiger in eine → Farbtabelle (indirekte oder indizierte F.) abgespeichert.
– Auswahl von Farben durch einen Benutzer mittels eines Farbmodells. Dies wird insbesondere in der → Maltechnik benötigt. *Encarnação/Hofmann*

**Farbtabelle** ⟨*colour table*⟩. Die F. enthält Einträge als Farbcodierungen nach dem RGB-Farbmodell (RGB: Rot, Grün, Blau). Sie setzt die → Codierung der → Pixel im → Bildwiederholspeicher in Farbwerte zur Ausgabe auf dem → Rasterbildschirm um.

Diese indirekte Methode der Farbdefinition über eine Tabelle hat eine Reihe von Vorteilen:
– Dynamische Färbung von → graphischen Objekten. Objekte, die in einer bestimmten Farbe dargestellt werden, können dynamisch durch Änderung von Einträgen in der Farbtabelle auf effiziente Art manipuliert werden.
– Reduzierung der Größe des Bildwiederholspeichers unter Beibehaltung der Farbenvielfalt. Dies ist möglich, da in einer Anwendung meist nur eine begrenzte Anzahl, aber dafür sehr differenzierte Farben verwendet werden. Die Anzahl der gleichzeitig darstellbaren Farben n wird von der Tiefe des Bildwiederholspeichers bestimmt, die Anzahl der insgesamt verfügbaren Farben m von der Größe der Einträge in der Farbtabelle. Man spricht in diesem Fall von einer Farbpalette von n aus m Farben.
– Realisierung von Filterfunktionen für Bildverarbeitungsfunktionen.

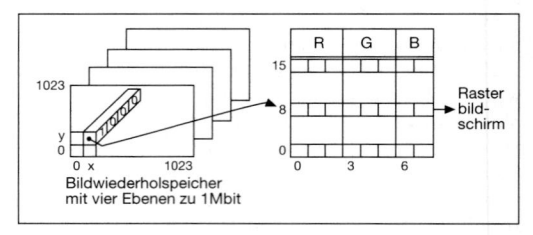

*Farbtabelle: Beispiel einer Konfiguration eines Bildwiederholspeichers mit einer F. mit einer Farbpalette von 16 aus 64 möglichen*

*Encarnação/Astheimer*

**Fast-Ethernet** ⟨*Fast Ethernet*⟩. Ein Vorschlag des → IEEE (IEEE 802.3 100Base-T) für ein Hochgeschwindigkeits-Ethernet mit einer Übertragungsrate von 100 Mbit/s. Da hier das → CSMA/CD-Verfahren beibehalten werden soll, können nur geringe Entfernungen überbrückt werden. *Jakobs/Spaniol*

**FCS** ⟨*FCS (Frame Check Sequence)*⟩ → Blockprüfung

**FDDI** ⟨*FDDI (Fiber Distributed Data Interface)*⟩. Der FDDI-Standard (→ ISO-Standard 9314) spezifiziert ein paketvermittelndes (→ Paketvermittlung) Hochgeschwindigkeits-Netzwerk auf der Basis von Lichtwellenleitern mit einer Datenrate von 100 Mbit/s. Als → Übertragungsmedium dienen zwei optische Ringe mit gegenläufig gerichteter Übertragung. Diese Auslegung des Mediums liefert zum einen die für FDDI gewünschte Fehlertoleranz, da im Fall eines Stationsausfalls im Ring oder eines Kabelbruchs entweder der sekundäre Ring allein oder eine Kombination beider Ringe genutzt werden kann. Zum anderen kann der sekundäre Ring auch als zusätzliches Übertragungsmedium verwendet werden.

Die maximale Ausdehnung eines FDDI-Ringes beträgt etwa 100 km, wobei bis zu 1000 Stationen anschließbar sind. Die physikalische Verlegung der Leitungen erfolgt – ebenfalls aus Sicherheitsgründen – üblicherweise sternartig über einen zentral gelegenen Konzentrator. Auf diese Weise kann jede Station im Fall ihres Ausfalls zentral vom Ring genommen werden. Zusätzlich können auch in den Stationen selbst solche „Bypass"-Schaltungen vorgenommen werden. Auf physikalischer Ebene (→ Bitübertragungsebene) wird ein Non-Return-To-Zero(NRTZ)-Code eingesetzt, bei dem 4-bit-Daten durch 5 bit auf der Leitung codiert werden (4B/5B-Code). Auf diese Weise kann mit geringem Overhead eine Selbstsynchronisierung der Stationen anhand des Bitstroms auf dem Ring durchgeführt werden (es wird garantiert, daß höchstens drei aufeinanderfolgende Bits ohne Spannungswechsel übertragen werden). Die verbleibenden 16 ungenutzten Blöcke können zudem für Steuerungszwecke verwendet werden.

Der Medienzugang (Sicherungsschicht) wird über ein Multiple-Token-Protokoll (→ Token) realisiert, damit es bei der hohen Taktrate und der relativ großen Latenzzeit nicht zu unnötigen Leerzeiten kommt: Bei 100 km Ringausdehnung können in einer Ringumlaufzeit mehr als 8000 Byte auf den Ring gegeben werden. Dies motiviert die gleichzeitige Übertragung mehrerer Nachrichten auf dem Ring, die durch die Generierung eines freien Token direkt nach dem Absenden einer Nachricht in den Stationen ermöglicht wird. Im Gegensatz zu Single-Token- oder Single-Frame-Ringen (→ Token-Ring) können also zu einer Zeit mehrere belegte Token (jeweils gefolgt von Daten) sowie maximal ein freies Token in einem Nachrichtenzug unterwegs sein. Die Verweildauer des Token (Token Holding Time, THT) an einzelnen Stationen und damit die Dauer der Sendeberechtigung einer Station wird über ein komplexes System von Timern realisiert, das auch die Übertragung zeitkritischer (synchroner und isochroner) Informationen ermöglicht. Ferner werden stationsintern vier Prioritäten über → Warteschlangen unterstützt.

Nach anfänglichen Startschwierigkeiten hat sich FDDI als Hochgeschwindigkeitslösung zur Vernetzung von Firmen- und insbesondere Hochschulnetzwerken am Markt etabliert und wird erst in jüngster Zeit zunehmend durch die explosionsartige Verbreitung von → ATM-Netzen verdrängt. *Fasbender/Spaniol*

Literatur: *Halsall, F.*: Data communications, computer networks and open systems. Addison-Wesley, 1992. – ISO 9314-1 bis 9314-3: Fiber distributed data interface (PHY, MAC und PMD). 1989–1990.

**FDMA** ⟨*FDMA (Frequency Division Multiple Access)*⟩. → Netzzugangsverfahren, bei dem davon ausgegangen wird, daß N Benutzer miteinander kommunizieren wollen, wobei jeder → Benutzer jederzeit Zugang auf das gemeinsame → Übertragungsmedium haben soll. FDMA teilt hierzu den für die Übertragung gegebenen Frequenzbereich des Übertragungsmediums in N i. allg. gleich große „Frequenzbänder" auf (Bild 1).

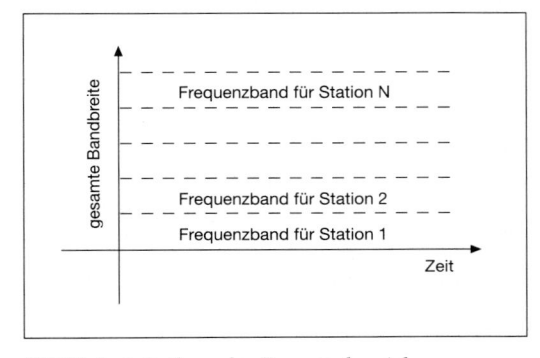

*FDMA 1: Aufteilung des Frequenzbereichs*

Um ein Überlappen und damit eine gegenseitige Störung von Signalen auf benachbarten Frequenzbändern zu vermeiden, werden Guard Bands (Pufferzonen) zwischen den analog oder digital genutzten Frequenzbändern eingeführt. Jedem Teilnehmer wird nun genau eines dieser Frequenzbänder zugewiesen (Bild 2).

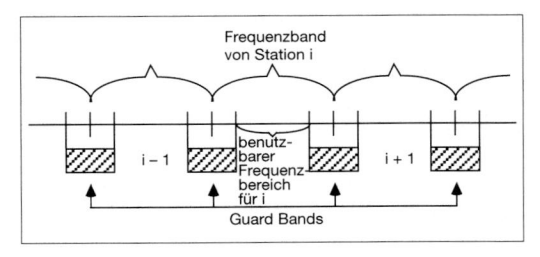

*FDMA 2: Guard Bands*

Bei einer relativ kleinen und konstanten Anzahl von Benutzern ist FDMA ein einfach zu implementierendes, effizientes Verfahren. Daher ist FDMA auch das meist benutzte Verfahren zur Übertragung von → Sprache (Telephon, Radio) und Fernsehen. Ein häufiger

Benutzerwechsel führt allerdings zu erheblichem Mehraufwand. Um die Zahl der Nutzer, die quasi-gleichzeitig übertragen können, weiter zu erhöhen, kann FDMA mit → TDMA kombiniert werden (z. B. → GSM).

*Quernheim/Spaniol*

**FEC** ⟨*FEC (Forward Error Correction)*⟩. Verfahren zur Fehlersicherung bei der → Datenübertragung auf der Basis fehlerkorrigierender Kanalcodes (→ Kanalcodierung, vgl. → LLC, Logical Link Control); ein Rückkanal wird nicht benötigt. Statt b Informationsbits werden a Bits übertragen, wobei a > b gilt; aufgrund der redundanten Information der Länge a − b können Übertragungsfehler in gewissem Umfang korrigiert werden. Der Quotient b/a heißt Coderate des FEC-Verfahrens, gebräuchlich sind u. a. 1/2-, 3/4- und 7/8-Codes. Für die praktische Anwendung müssen nach Definition geeigneter Codes schnelle Decodieralgorithmen zur Verfügung stehen. Mit der Anwendung eines FEC-Verfahrens kann die Fehlerrate einer Übertragungsstrecke erheblich verringert werden.

Man unterscheidet zwei Klassen von FEC-Verfahren: Block- und → Faltungscodes. Letztere werden auch als Konvolutionscodes oder rekurrente Codes bezeichnet. Bei Blockcodes wird die zu übertragende Information in Blöcke unterteilt, und jeder Block wird um eine aus seinen Bits berechnete Prüffolge ergänzt (→ Blockprüfung), während beim Faltungscode die redundante Information fortlaufend aus aufeinanderfolgenden Bits berechnet wird (→ Informationstheorie).

*Quernheim/Spaniol*

Literatur: *Heise, W.; Quattrocchi, P.*: Informations- und Codierungstheorie. 2. Aufl. Springer, Berlin 1989.

**Feed-back Control** ⟨*feed-back control*⟩. Regelung, ein Vorgang, bei dem die zu regelnde Größe fortlaufend erfaßt, mit der Führungsgröße verglichen und im Sinne einer Angleichung an die Führungsgröße beeinflußt wird.

*Strohrmann*

**Feed-forward Control** ⟨*feed-forward control*⟩. Steuerung, ein Vorgang, bei dem eine oder mehrere Größen als Eingangsgrößen andere Größen als Ausgangsgrößen aufgrund der dem System eigentümlichen Gesetzmäßigkeiten beeinflussen.

*Strohrmann*

**Fehler** ⟨*error*⟩. **1.** [Statistik] In der → Statistik versteht man unter F. die Abweichung eines gemessenen vom wahren oder erwarteten Wert.

Man unterscheidet zwischen zufälligen und systematischen F. Zufällige F. entstehen durch Zufallsschwankungen, z. B. des untersuchten Materials, systematische F. z. B. durch falsch eingestellte Meßapparatur.

Wenn die Meßwerte x einer → Normalverteilung mit → Erwartungswert $\mu$ und Streuung $\sigma^2$ genügen, dann gibt

$$\frac{1}{\sqrt{2\pi}\sigma}\int_a^b \exp\left(-\frac{1}{2}\left(\frac{x-\mu}{\sigma}\right)^2\right)dx = \int_a^b f(x)dx$$

die → Wahrscheinlichkeit an, daß $a \leq x \leq b$.

$$F(x) = \int_{-x}^{x} f(t)dt$$

heißt *Gauß*-F.-Funktion (error function erf (x)).

In der Testtheorie wird für einen Parameter der Gesamtheit auf Grund einer → Stichprobe
– eine Punktschätzung,
– eine Intervallschätzung

angegeben. Letztere ist ein Vertrauensintervall, innerhalb dessen der Parameter der Gesamtheit mit einer bestimmten Wahrscheinlichkeit liegt. Man unterscheidet nach *Neyman* und (E. S.) *Pearson* F. erster und zweiter Art. Falls auf Grund eines statistischen Tests eine Hypothese $H_0$ zurückgewiesen wird, obgleich diese Hypothese richtig ist, so nennt man den begangenen F. einen F. erster Art. Die Wahrscheinlichkeit, mit der ein solcher F. auftritt, kann durch geeignete Wahl von Annahme- bzw. Rückweisebereichen festgelegt werden. Falls dagegen eine Hypothese $H_1$ angenommen wird, obgleich sie falsch ist, so liegt ein F. zweiter Art vor.

*Schneeberger*

**2.** [Rechensysteme] → Rechensysteme sind komplexe, offene, dynamische technische Systeme mit Fähigkeiten zur Speicherung und Verarbeitung von Information, die vielfältig genutzt werden können und vielfältige Mängel haben.

Sei S ein Rechensystem. Aussagen über Fehler von S sind bewertende Aussagen über Qualitätsmängel der Eigenschaften von S und der Möglichkeiten, diese zu nutzen. Aussagen über Fehler von S ergeben sich aus Vergleichen, für die einerseits eine Basis, bzgl. der die Bewertungen erfolgen, und andererseits Kenntnisse über S erforderlich sind. Die Basis ist die Zusammenfassung der Eigenschaften, die das System haben soll – Soll-Eigenschaften von S genannt. Kenntnisse über S liefern die Eigenschaften, die das System tatsächlich besitzt – Ist-Eigenschaften von S genannt. Bei gegebenen Soll- und Ist-Eigenschaften sind Nichtübereinstimmungen zwischen diesen Fehler. Die Nichtübereinstimmungen sind Fehler des Systems, wenn die Soll-Eigenschaften festgelegt und unbestritten sind.

Die Aussage „S ist fehlerhaft" erhält ihre Bedeutung relativ zu der benutzten Basis, nämlich „S besitzt gewisse Soll-Eigenschaften nicht" oder „S besitzt gewisse Eigenschaften, die nicht Soll-Eigenschaften sind". Fehler wird als Sammelbegriff für fehlerhafte Zustände von S, für fehlerhaftes Verhalten von S bei seiner Nutzung oder für die Ursachen fehlerhafter Zustände bzw. fehlerhaften Verhaltens von S benutzt. Präzise Aussagen über Fehler von S setzen präzise Festlegungen der Eigenschaften von S voraus. Sie erfordern, da S ein dynamisches System ist, Bezugnahmen auf die Zeit, für die sie gelten. Sie erfordern zudem wegen der Vielfalt möglicher Aspekte Klassifikationen der Eigenschaften des Systems, auf die sie sich beziehen.

In der Lebenszeit des Systems sei $t_0 \in \mathbb{R}_+$ der Zeitpunkt, zu dem S realisiert ist und seinen Benutzern zur Verfügung gestellt wird. Den Charakteristika von → Systemen entsprechend, ist S aus Komponenten, und zwar Hardware- und Software-Komponenten, zusammengesetzt. Alle Eigenschaften von S zur Zeit $t_0$ wurden während der Konstruktion des Systems vor $t_0$ festgelegt. Dieser Konstruktionsprozeß wurde von Anforderungsspezifikationen ausgehend systematisch und zielgerichtet durchgeführt. Er endet zur Zeit $t_0$ mit der Festlegung der Eigenschaften $SE(t_0)$, von denen zugesichert wird, daß das System sie haben soll. $SE(t_0)$ ist die Gesamtheit der Soll-Eigenschaften von S zur Zeit $t_0$.

Sei $IE(t_0)$ die Gesamtheit der Eigenschaften, die das System zur Zeit $t_0$ tatsächlich besitzt, also die Menge der Ist-Eigenschaften von S in $t_0$. Mit $SE(t_0)$ und $IE(t_0)$ sind Fehleraussagen über S zur Zeit $t_0$ möglich. Bei unbestrittenen Soll-Eigenschaften $SE(t_0)$ sind alle Nichtübereinstimmungen zwischen $SE(t_0)$ und $IE(t_0)$ Fehler von S zur Zeit $t_0$. Sei $FZ(t_0)$ die Menge dieser Fehler. Die Fehler gemäß $FZ(t_0)$ sind unabhängig davon, ob und wie das System genutzt wird. Sie sind der statischen, auf den Zeitpunkt $t_0$ fixierten Sicht, die ihnen zugrunde liegt, entsprechend → Fehlerzustände. Sie sind der Lebensphase von S, während der sie entstanden sind, entsprechend → Konstruktionsfehler. Wenn man die Phasen des Konstruktionsprozesses differenzierter betrachtet, sind sie → Entwurfsfehler, → Implementierungsfehler oder Herstellungsfehler.

Konstruktionsfehler von S zur Zeit $t_0$ erhalten ihre Bedeutung daraus, daß sie die Nutzungsmöglichkeiten von S nach $t_0$ mitbestimmen. Diese Einordnung in die Nutzungsmöglichkeiten führt dazu, daß Konstruktionsfehler schwerwiegend oder unwesentlich sein können. Die Gewichtung ergibt sich daraus, daß für die Nutzung nicht die Eigenschaften des Systems als solche, sondern die Auswirkungen dieser Eigenschaften auf das Verhalten von S bei seiner Nutzung wesentlich sind. Für die Nutzung sind demnach Fehler im Verhalten, also → Fehlverhalten von S, von primärem Interesse.

Das Rechensystem S ist den charakteristischen Eigenschaften von Systemen entsprechend aus Komponenten zusammengesetzt und eine Einheit. Es ist so in eine Umgebung eingeordnet, daß Wechselwirkungen zwischen dem System und seiner Umgebung möglich und für die Nutzung von S notwendig sind. S bietet seiner Umgebung seine Schnittstelleneigenschaften zur Nutzung seiner Speicher- und Verarbeitungsfähigkeiten an. Zudem stellt S Anforderungen an seine Umgebung, die als Voraussetzungen für die Nutzung erfüllt werden müssen.

Die Schnittstelleneigenschaften von S zur Zeit $t_0$ sind Teile der Eigenschaften von S zur Zeit $t_0$ und Abstraktionen dieser Eigenschaften. Sie ergeben sich aus der Zweckbestimmung von S, aus den Eigenschaften der Komponenten und aus den Gesetzmäßigkeiten der Komposition von S als Einheit. Dies gilt für Soll- und Ist-Eigenschaften gleichermaßen. Seien $NSE(t_0)$ die Soll-Eigenschaften von S als Einheit zur Zeit $t_0$. Von diesen wird zugesichert, daß sie als Schnittstelleneigenschaften von S zur Verfügung stehen. Sie sind die Grundlage für Nutzungen des Systems nach $t_0$. Da S genutzt wird, indem von der Umgebung Aufträge an das System erteilt werden, die von S ausgeführt werden sollen, sind die Elemente von $NSE(t_0)$ Spezifikationen für Aufträge an S und Spezifikationen für das Verhalten und die Reaktionen von S bei Ausführung dieser Aufträge. Seien $NIE(t_0)$ die Ist-Eigenschaften von S als Einheit zur Zeit $t_0$. Die Elemente von $NIE(t_0)$ sind die Schnittstelleneigenschaften, die das System tatsächlich besitzt, also das Verhalten und die Reaktionen, die S bei Ausführungen von Aufträgen zeigt. Sie sind für die Umgebung des Systems beobachtbar oder aus Beobachtungen ableitbar. Bei gegebenen Soll- und Ist-Eigenschaften und bei unbestrittenen Soll-Eigenschaften sind alle Nichtübereinstimmungen zwischen $NSE(t_0)$ und $NIE(t_0)$ → Fehlverhalten des Systems S zur Zeit $t_0$. (Vergleiche zwischen $NSE(t_0)$ und $NIE(t_0)$ mit dem gemeinsamen Bezugszeitpunkt $t_0$ ignorieren die Ausführungsdauer von Aufträgen; dies ist im folgenden noch zu rechtfertigen.)

Wenn auf der Grundlage von $NSE(t_0)$ und $NIE(t_0)$ Fehlverhalten von S festgestellt wird, dann interessieren die entsprechenden → Fehlerursachen. → Konstruktionsfehler können Fehlverhalten verursachen. Zur Klärung der Zusammenhänge zwischen Fehlverhalten von S und seinen Ursachen sind jedoch zusätzlich die Wechselwirkungen zwischen dem System und seiner Umgebung sowie gewisse Eigenschaften der Hardware-Komponenten von S einzubeziehen.

Das System stellt Anforderungen an die technischen Bauteile, aus denen seine Hardware-Komponenten bestehen, und an seine Umgebung. Diese Anforderungen sind Voraussetzungen für die Soll-Eigenschaften $NSE(t_0)$. Sie müssen erfüllt werden, wenn S das mit $NSE(t_0)$ spezifizierte Verhalten haben soll. Die Bauteile der Hardware-Komponenten können mit Mängeln behaftet sein, die sich aus Materialmängeln, durch Alterung oder durch Verschleiß ergeben. Diese Mängel können Fehlverhalten, also Nichtübereinstimmungen zwischen dem Soll- und dem Ist-Verhalten, der entsprechenden Bauteile verursachen. Mit diesem Fehlverhalten sind die Vorbedingungen für die Funktionsfähigkeit von S nicht (mehr) erfüllt; es sind innere → Störungen von S.

Die Anforderungen, die das System an seine Umgebung stellt, lassen sich in nutzungsorientierte und in nutzungsunabhängige klassifizieren. Die nutzungsorientierten Anforderungen legen die Voraussetzungen fest, welche die Umgebung für die Betriebsbereitschaft von S erfüllen muß. Sie legen zudem das Verhalten der

Umgebung bei der Erteilung von Aufträgen an S fest. Nutzungsunabhängig ist gefordert, daß die →Integrität von S durch Einwirkungen der Umgebung nicht gefährdet werden darf. Die Anforderungen, die das System an seine Umgebung stellt, legen das Soll-Verhalten der Umgebung für Wechselwirkungen mit S fest. Nichtübereinstimmungen zwischen dem Soll- und dem Ist-Verhalten der Umgebung, die auf S einwirken, sind äußere →Störungen von S. Den Anforderungen, die das System an seine Umgebung stellt, entsprechend, lassen sich äußere Störungen klassifizieren. Zu den nutzungsunabhängigen Störungen gehören Einwirkungen auf S mit physikalischen oder chemischen Mitteln, welche die physische Integrität von S oder die in S gespeicherten Nachrichten zerstören. Hierzu gehören insbesondere Störungen durch →Sabotage, also Einwirkungen, welche auf die Zerstörung des Systems abzielen. Zu den nutzungsorientierten Störungen gehören Störungen der Stromversorgung und →Bedienungsfehler. Zu diesen Störungen gehört insbesondere auch Fehlverhalten der Umgebung bei der Erteilung von Aufträgen an das System.

Sei $FS(t_0)$ die Menge der inneren und äußeren Störungen von S zur Zeit $t_0$ (für den Zeitbezug gilt das vorstehend Gesagte entsprechend). $FS(t_0)$ erfaßt alle Nichtübereinstimmungen der technischen Bauteile und der Umgebung von S mit ihrem Soll-Verhalten. Mit den Soll- und den Ist-Eigenschaften von S gemäß $NSE(t_0)$ und $NIE(t_0)$ ergibt sich für den Zusammenhang zwischen Fehlverhalten von S zur Zeit $t_0$, den Fehlerzuständen und den Störungen:
– Wenn Fehlerzustände gemäß $FZ(t_0)$ oder Störungen gemäß $FS(t_0)$ vorliegen, dann ist Fehlverhalten von S zur Zeit $t_0$ möglich, aber nicht notwendig.
– Wenn Fehlverhalten von S zur Zeit $t_0$ vorliegt, dann liegen Fehlerzustände gemäß $FZ(t_0)$ oder Störungen gemäß $FS(t_0)$ vor.
Beide Aussagen zusammenfassend gilt also: Fehlerzustände gemäß $FZ(t_0)$ und Störungen gemäß $FS(t_0)$ sind notwendige, aber nicht hinreichende Voraussetzungen für Fehlverhalten von S zur Zeit $t_0$.

Obwohl das bisher Erklärte noch wesentliche Aspekte von Fehlern des Systems S unberücksichtigt läßt, sind daraus Folgerungen ableitbar, die generell gelten. Die beiden Aussagen über Zusammenhänge zwischen Fehlverhalten, Fehlerzuständen und Störungen liefern Hinweise darauf, wie man Fehlverhalten von S vermeiden kann. Aus der zweiten Aussage folgt, daß Fehlverhalten von S vermieden wird, indem Fehlerzustände und Störungen vermieden werden. Dementsprechend sind Maßnahmen der →Fehlervermeidung bei der Konstruktion eines Systems und bei seiner Nutzung anzuwenden.

Aus der ersten Aussage folgt, daß man Systeme, für die man Fehlerzustände und Störungen nicht ausschließen kann (was bei komplexen technischen Systemen durchweg der Fall ist), so konstruieren soll, daß unvermeidbare Fehlerzustände und Störungen kein Fehlverhalten des Systems verursachen. Dementsprechend sind bei der Konstruktion von Systemen Maßnahmen der →Fehlertoleranz anzuwenden.

Aus der zweiten Aussage folgt, daß man bei vorliegendem Fehlverhalten des Systems auf Fehlerzustände oder Störungen, die das Fehlverhalten verursachen, schließen kann. Die Aussage gibt jedoch keinen Hinweis darauf, welche Fehlerzustände oder Störungen das Fehlverhalten verursachen. Zur Klärung dieser Zusammenhänge müssen die Eigenschaften der Komponenten und die Gesetzmäßigkeiten der Komposition des Systems bekannt sein. Hierzu sind Maßnahmen der →Fehlererkennung und der →Fehlerlokalisierung erforderlich.

Schließlich wird hier deutlich, daß Fehleraussagen über das System S relative Bedeutungen haben. Wenn für ein System zur Zeit $t_0$ Fehlerzustände und Störungen ausgeschlossen sind, dann liegt in $t_0$ kein Fehlverhalten von S vor; die Soll- und Ist-Eigenschaften von S gemäß $NSE(t_0)$ und $NIE(t_0)$ stimmen also überein. Das schließt nicht aus, daß die mit $NSE(t_0)$ spezifizierten Eigenschaften fehlerhaft sind. Wenn das der Fall ist, entspricht das (fehlerfreie) Verhalten des Systems nicht den Nutzungsanforderungen; es liegen →Spezifikationsfehler der Nutzungsanforderungen vor.

Alle bisherigen Erklärungen zu Fehlern berücksichtigen nur unzulänglich, daß S ein dynamisches System ist, was bedeutet, daß die Eigenschaften von S und die Eigenschaften der Umgebung von S mit der Zeit variieren. Zur Erklärung des Einflusses dieser Dynamik auf Fehler von S sei $t_1 \in \mathbb{R}_+$ mit $t_1 \geq t_0$; das für S in $t_0$ Gesagte gilt entsprechend für S zur Zeit $t_1$. Seien also $SE(t_1)$ und $IE(t_1)$ die Soll- und Ist-Eigenschaften von S zur Zeit $t_1$. Mit den Fehlerzuständen $FZ(t_1)$ von S in $t_1$ sind die Elemente von $FZ(t_1)$ jetzt Fehlerzustände, die während der Konstruktion von S vor $t_0$ oder während des Betriebs von S in $[t_0, t_1)$ entstanden sind. Weiter seien $NSE(t_1)$ und $NIE(t_1)$ die äußeren Soll- und Ist-Eigenschaften von S zur Zeit $t_1$, mit denen Aussagen über Fehlverhalten von S bzgl. $t_1$ möglich sind. Das Verhalten von S in dem mit $t_1$ beginnenden Zeitintervall ergibt sich aus den Ist-Eigenschaften $IE(t_1)$ und den Einwirkungen der Umgebung auf S in diesem Zeitintervall.

Sei zunächst die Menge der Fehlerzustände $FZ(t_1)$ leer. Zudem seien innere und äußere Störungen von S im betrachteten Zeitintervall ausgeschlossen. Dann sind als Einwirkungen der Umgebung auf S allein Aufträge an S, welche den Spezifikationen gemäß $NSE(t_1)$ entsprechen, möglich. In $t_1$ werde ein solcher Auftrag A an S erteilt. A sei nach endlicher Zeit, nämlich in $t_2 \in \mathbb{R}_+$ mit $t_2 \geq t_1$, ausgeführt, und weitere Aufträge an S in $[t_1, t_2)$ seien ausgeschlossen. Unter den angegebenen (idealisierten) Voraussetzungen wird A fehlerfrei ausgeführt. Für S ergeben sich mit dem Abschluß der Ausführung von A die Ist-Eigenschaften $IE(t_2)$ und die äußeren Ist-Eigenschaften $NIE(t_2)$. Dann sind für S zur Zeit $t_2$ zwei Fälle zu unterscheiden.

Im ersten Fall gilt $NIE(t_2) = NIE(t_1)$; zudem kann $IE(t_2) = IE(t_1)$ gelten. Wenn diese beiden Bedingungen erfüllt sind, dann ist die Ausführung von A für S vollständig nachwirkungsfrei. Wegen der Voraussetzungen gelten dann $NSE(t_2) = NSE(t_1)$ und $SE(t_2) = SE(t_1)$. Wenn $NIE(t_2) = NIE(t_1)$ und $IE(t_2) \neq IE(t_1)$ gelten, dann ist die Ausführung von A bzgl. der Schnittstelleneigenschaften von S nachwirkungsfrei. Wegen der Voraussetzungen gelten dann $NSE(t_2) = NSE(t_1)$, $SE(t_2) = IE(t_2)$, und die Ist-Eigenschaften gemäß $IE(t_2)$ sind bzgl. der Schnittstelleneigenschaften von S äquivalent mit den Ist-Eigenschaften gemäß $IE(t_1)$. Die Gegebenheiten dieses Falles mit den angegebenen Differenzierungen rechtfertigen Aussagen über Eigenschaften von S, die von der Dynamik abstrahieren. Von Zeitpunkten im Inneren von Zeitintervallen abgesehen – hier das Intervall $[t_1, t_2]$ –, bleiben die Eigenschaften von S unverändert.

Im zweiten Fall gilt $NIE(t_2) \neq NIE(t_1)$. Wenn dies gilt, hat die Ausführung von A Nachwirkungen für S. Die äußeren Ist-Eigenschaften von S werden durch die Ausführung von A verändert, und wegen der Voraussetzungen gilt auch für die äußeren Soll-Eigenschaften des Systems $NSE(t_2) \neq NSE(t_1)$. Dieser Fall entspricht also einer fehlerfreien Weiterentwicklung der Schnittstelleneigenschaften von S durch Nutzung des Systems; für die Soll- und Ist-Eigenschaften von S gilt $SE(t_2) = IE(t_2)$.

Das Verhalten des Systems in dem mit $t_1$ beginnenden Zeitintervall ohne die idealisierten Voraussetzungen ist analog zum Verhalten bei der Ausführung des Auftrags A zu analysieren. Dieses Verhalten ergibt sich aus den Ist-Eigenschaften $IE(t_1)$ und den Einwirkungen der Umgebung auf S in diesem Zeitintervall. Dabei sind jedoch Fehlerzustände gemäß $FZ(t_1)$ sowie äußere und innere Störungen von S zu berücksichtigen. Bei dieser Analyse sind insbesondere zwei Aspekte wesentlich, nämlich Aussagen über die Dauerhaftigkeit der Fehlerzustände und des Fehlverhaltens von S sowie die Möglichkeiten für Folgefehler von S.

Zur Erklärung der Dauerhaftigkeit werden Fehlerzustände und Fehlverhalten von S als Fehler von S bezeichnet. Sei $f(t)$ ein Fehler von S, der zur Zeit $t \in \mathbb{R}_+$ vorliege. $f(t)$ ist ein → permanenter Fehler von S, wenn ohne explizite Maßnahmen zur Fehlerkorrektur in $[t, t')$ gilt: $f(t)$ ist Fehler von S zur Zeit $t' \in \mathbb{R}_+$ für alle $t' \geq t$. $f(t)$ ist ein → transienter Fehler von S, wenn es $t' \in \mathbb{R}_+$ mit $t' > t$ so gibt, daß $f(t)$ ohne explizite Maßnahmen der Fehlerkorrektur kein Fehler von S zur Zeit $t'$ ist.

Dieser Klassifikation nach der Dauerhaftigkeit entsprechend, sind also transiente und permanente Fehlerzustände von S sowie transientes und permanentes Fehlverhalten von S zu unterscheiden. Die Unterscheidung zwischen transienten und permanenten Fehlerzuständen von S ist insbesondere für Maßnahmen der → Fehlererkennung wesentlich. Es ist schwierig, transiente Fehlerzustände zu erkennen.

Die Unterscheidung zwischen transientem und permanentem Fehlverhalten von S ist insbesondere im Zusammenhang mit äußeren Störungen von S wesentlich. Dazu sei s eine äußere Störung von S, die von $t_1$ an auf S einwirke. Die Dauer der Einwirkung von s auf S sei auf das Zeitintervall $[t_1, t_2)$ mit $t_2 \in \mathbb{R}_+$ und $t_2 \geq t_1$ beschränkt. Dann kann s Fehlerzustände und Fehlverhalten von S verursachen, die transient oder permanent sind. Wenn s permanentes Fehlverhalten von S verursacht, dann verursacht s auch permanente Fehlerzustände von S; wenn s transientes Fehlverhalten von S verursacht, dann kann s transiente oder permanente Fehlerzustände von S verursachen. Wenn s transientes Fehlverhalten von S verursacht, für das es $t \in \mathbb{R}_+$ mit $t > t_1$ so gibt, daß dieses Fehlverhalten von S von t an nicht mehr vorliegt, dann ist die Störung s bzgl. der Schnittstelleneigenschaften von S von t an nachwirkungsfrei. Wenn s zudem transiente Fehlerzustände verursacht, die von t an nicht mehr vorliegen, dann ist die Störung s für das System von t an vollständig nachwirkungsfrei.

Für die Erklärung von → Folgefehlern werden wieder Fehlerzustände und Fehlverhalten als Fehler von S bezeichnet. Fehler von S zur Zeit $t_1$ können Fehler von S zur Zeit $t_2 \in \mathbb{R}_+$ mit $t_2 > t_1$ verursachen; dies sind dann Folgefehler. Dazu ist darauf hinzuweisen, daß Fehlerzustände Folgefehlerzustände von S und Fehlverhalten von S äußere Störungen von S verursachen können; äußere Störungen von S können ihrerseits Fehlerzustände von S verursachen. Die Möglichkeiten für Folgefehler von S stehen in engem Zusammenhang mit den Gesetzmäßigkeiten der Komposition des Systems; sie sind wesentlich für Maßnahmen der Fehlererkennung und der → Fehlerlokalisierung.

Alle bisherigen Erklärungen zu Fehlern berücksichtigen, daß S einerseits eine Einheit und andererseits aus Komponenten zusammengesetzt ist. Auf dieser Grundlage ist zwischen den Eigenschaften von S und den Schnittstelleneigenschaften von S unterschieden. Aussagen über Fehlverhalten von S, die sich auf die Schnittstelleneigenschaften des Systems als Einheit beziehen, können für alle Schnittstelleneigenschaften oder für einen Teil von ihnen gelten. Permanentes Fehlverhalten von S, das für alle Schnittstelleneigenschaften so gilt, daß S nicht mehr genutzt werden kann, ist ein → Ausfall des Systems. Wenn Fehlverhalten von S, jedoch kein Ausfall von S vorliegt, ist es zweckmäßig, Fehlverhalten nicht auf S, sondern auf die Schnittstelleneigenschaften von S, für die Fehlverhalten vorliegt, zu beziehen. Den Charakteristika von Systemen entsprechend, haben Komponenten eines Systems äußere und innere Eigenschaften; → Subsysteme haben die Eigenschaften von Systemen. Damit gelten die Fehlerbegriffe und Fehleraussagen über S entsprechend für Komponenten von Systemen und für Subsysteme.

Alle bisherigen Erklärungen zu Fehlern beziehen sich auf die Gesamtheit der Eigenschaften eines Rechensystems S und auf die für Nutzungen wesentlichen Schnittstelleneigenschaften von S. In den vielfältigen Anwendungsgebieten, für die Rechensysteme eingesetzt werden, werden unterschiedliche Anforderungen an S gestellt. Dabei ergibt sich einerseits, daß für die einzelnen Anwendungsgebiete spezifische Teile der Schnittstelleneigenschaften von S benötigt werden; andererseits werden an diese Schnittstelleneigenschaften und damit an S unterschiedliche Qualitätsanforderungen gestellt.

Für alle diese Anforderungen sind Soll-Eigenschaften von S festzulegen und Ist-Eigenschaften von S festzustellen, so daß damit Fehleraussagen über S möglich werden, die sich auf die spezifischen Anforderungen beziehen. Hierfür sind die eingeführten Fehlerbegriffe und Fehleraussagen anwendbar und anzuwenden. Für die verschiedenen Klassen von Qualitätsanforderungen erhalten damit Fehler unterschiedliche Bedeutungen, für die häufig spezielle Begriffe benutzt werden. Darüber hinaus sind bei der Konstruktion eines Systems Konzepte und Maßnahmen anzuwenden, die den jeweiligen Qualitätsanforderungen entsprechen und für die jeweiligen Klassen unterschiedlich sein können. Von diesen Qualitätsanforderungsklassen sind insbesondere die der Zuverlässigkeit und die der Rechtssicherheit hervorzuheben.

Forderungen nach →Zuverlässigkeit eines Rechensystems S sind unmittelbar auf die Fähigkeiten von S zur Speicherung und zur Verarbeitung von Information ausgerichtet. Gefordert wird, daß die zur Nutzung dieser Fähigkeiten von S ausgeführten Operationen fehlerfrei, d. h. ihrer spezifizierten →Funktionalität entsprechend, ausgeführt werden. Aus diesen Forderungen ergibt sich, daß die äußeren Soll- und Ist-Eigenschaften durch die Spezifikationen der entsprechenden Funktionen bzw. durch Eingabe-Ausgabe-Zuordnungen der entsprechenden Berechnungen festzulegen sind. Entsprechendes gilt für die Gesamtheit der Eigenschaften von S, von denen jeweils ihr Beitrag zur Funktionalität wesentlich ist. Auf dieser Grundlage lassen sich Fehleraussagen über S bzgl. seiner Funktionalität und damit Aussagen über die Zuverlässigkeit von S ableiten. Für diese Aussagen über die Zuverlässigkeit von S ist es wesentlich, zwei Alternativen zu unterscheiden, nämlich den Fall, in dem eine Berechnung fehlerfrei ausgeführt wird, und den Fall, in dem eine Berechnung fehlerhaft ausgeführt wird. Im ersten Fall ist S „intakt", im zweiten Fall ist S „defekt". Diese beiden Zustände können für das System als Einheit und für die Komponenten von S definiert werden, so daß sich deren dynamisches Verhalten durch Zustandsfunktionen $(Z(t) \mid t \in \mathbb{R}_+)$ mit $Z(t) \in \{\text{defekt, intakt}\}$ oder nach der Zuordnung defekt $\to 0$ und intakt $\to 1$ mit $Z(t) \in \{0, 1\}$ für alle $t \in \mathbb{R}_+$ beschreiben lassen. Auf dieser Grundlage werden →Zuverlässigkeitskenngrößen definiert sowie Verfahren und Maßnahmen zur Steigerung der Zuverlässigkeit von Systemen abgeleitet und bzgl. ihrer Wirksamkeit analysiert.

Forderungen nach Rechtssicherheit eines Rechensystems S sind auf die Vermeidung von speziellen Gefährdungen der Umgebung durch Fehlverhalten des Systems ausgerichtet. Rechtssicherheit bezieht sich auf Gefährdungen der Rechte, die →Subjekte der Umgebung von S an →Objekten von S haben können. Auch diese Sicherheitsanforderungen stehen in engem Zusammenhang mit Forderungen nach Zuverlässigkeit von S. Zu diesen kommen jedoch weitere Anforderungen hinzu, die in einem Rechtesystem zusammengefaßt für jedes Subjekt a und für jedes Objekt x von S die Rechte $R(a, x)$, die a an x hat, festgelegt werden. Sie entsprechen einerseits Ansprüchen von Subjekten an Objekten von S, die zu gewährleisten sind, und andererseits Anforderungen nach Schutz der Objekte von S gegen unberechtigte Benutzungen und damit Vertraulichkeitsanforderungen für die Objekte von S.

Mit einem Rechtesystem werden die äußeren Soll-Eigenschaften von S festgelegt. Die äußeren Ist-Eigenschaften von S beschreiben entsprechend, welche Subjekte welche Objekte nutzen und nutzen können. Fehlverhalten von S sind Verstöße gegen die Festlegungen des Rechtesystems; entsprechendes gilt für die Gesamtheit der Eigenschaften von S. Da sich Rechtssicherheitsanforderungen wesentlich auf Subjekte beziehen, ist es notwendig, zwischen berechtigten Benutzern von S und (unberechtigten) Angreifern der Umgebung von S zu unterscheiden. Versuche von Angreifern zur Benutzung von S sind →Angriffe auf S. Diese Angriffe sind zu vermeiden oder, falls dies nicht möglich ist, so abzuwehren, daß sie dem Rechtesystem entsprechend unwirksam bleiben.

Die beiden Klassen von Qualitätsanforderungen, nämlich Anforderungen an die Zuverlässigkeit und Anforderungen an die Rechtssicherheit eines Rechensystems S, verdeutlichen die Bedeutungen, die Fehlverhalten von S haben kann. Sie zeigen einerseits, daß es zweckmäßig ist, gemeinsame Fehlerbegriffe zu benutzen; sie zeigen andererseits, daß spezifische Anforderungen zu spezifischen Fehlerbegriffen und Fehleraussagen führen. Dem entspricht, daß jeweils spezifische Konzepte, Verfahren und Maßnahmen zur Qualitätssteigerung eines Systems anzuwenden sind. Schließlich verdeutlichen sie, daß präzise Aussagen über Fehler eines Systems präzise Festlegungen der Eigenschaften des Systems voraussetzen und daß hohe Qualität eines Systems allein auf dieser Grundlage erreichbar ist.

*P. P. Spies*

**Fehler 1. Art** ⟨*error of the first type*⟩. F. 1. Art im Zusammenhang mit einem →Rechensystem S können auftreten, wenn Eigenschaften von S mit →Tests überprüft werden. Sei E eine Eigenschaft bzgl. S, die überprüft werden soll. Ein →Absoluttest oder ein →Relativtest zur Prüfung von E liefere das Ergebnis E'; dann ist E' die Grundlage für Schlußfolgerungen über E. Wenn aus E' geschlossen und entschieden wird, daß S die Eigenschaft E nicht besitzt, obwohl S die Eigenschaft E besitzt, dann liegt mit dieser Entscheidung ein F. 1. Art vor. Wenn aus E' geschlossen und entschieden wird, daß S die Eigenschaft E besitzt, obwohl S die Eigenschaft E nicht besitzt, dann liegt mit dieser Entscheidung ein →Fehler 2. Art vor.

F. 1. Art können insbesondere in Verfahren zur →Fehlererkennung für S auftreten, in denen zu prüfen ist, ob die Soll- und Ist-Eigenschaften von S miteinander übereinstimmen. Bei der Überprüfung, ob eine Ist-Eigenschaft E von S mit der entsprechenden Soll-Eigenschaft übereinstimmt, liegt ein F. 1. Art immer dann vor, wenn mit dem Ergebnis E' eines Tests entschieden wird, daß E nicht mit der entsprechenden Soll-Eigenschaft übereinstimmt, obwohl dies der Fall ist. Die Entscheidung, daß E nicht mit der entsprechenden Soll-Eigenschaft übereinstimmt, entspricht dann der Feststellung, daß ein →Fehler vorliegt. Wenn ein Fehler von S erkannt wird, der nicht toleriert werden kann, sollte der Umgebung von S eine entsprechende Fehlermeldung geliefert werden. In der betrachteten Situation liegt dann mit der Fehlermeldung ein F. 1. Art vor. Für Benutzer in der Umgebung von S bedeutet die Fehlermeldung, daß ein Auftrag, den sie an S erteilt haben, nicht erfolgreich ausgeführt werden konnte. Sie werden versuchen, den Auftrag erfolgreich ausführen zu lassen; das erfordert Mehraufwand für die Benutzer.

*P. P. Spies*

**Fehler 2. Art** ⟨*error of the second type*⟩. F. 2. Art im Zusammenhang mit einem →Rechensystem S können auftreten, wenn Eigenschaften von S mit →Tests überprüft werden. Sei E eine Eigenschaft bzgl. S, die überprüft werden soll. Ein →Absoluttest oder ein →Relativtest zur Prüfung von E liefere das Ergebnis E'. Dann ist E' die Grundlage für Schlußfolgerungen über E. Wenn aus E' geschlossen und entschieden wird, daß S die Eigenschaft E besitzt, obwohl S die Eigenschaft E nicht besitzt, dann liegt mit dieser Entscheidung ein F. 2. Art vor. Wenn aus E' geschlossen und entschieden wird, daß S die Eigenschaft E nicht besitzt, obwohl S die Eigenschaft E besitzt, dann liegt mit dieser Entscheidung ein →Fehler 1. Art vor.

F. 2. Art können insbesondere in Verfahren zur →Fehlererkennung für S auftreten, in denen zu prüfen ist, ob die Soll- und Ist-Eigenschaften von S miteinander übereinstimmen. Bei der Überprüfung, ob eine Ist-Eigenschaft E von S mit der entsprechenden Soll-Eigenschaft übereinstimmt, liegt ein F. 2. Art immer dann vor, wenn mit dem Ergebnis E' eines Tests entschieden wird, daß E mit der entsprechenden Soll-Eigenschaft übereinstimmt, obwohl dies nicht der Fall ist. Die Entscheidung, daß E nicht mit der entsprechenden Soll-Eigenschaft übereinstimmt, entspricht dann der Feststellung, daß ein →Fehler vorliegt. Wenn ein Fehler von S erkannt wird, der nicht toleriert werden kann, sollte der Umgebung von S eine entsprechende Fehlermeldung geliefert werden. In der betrachteten Situation eines F. 2. Art bedeutet dies, daß Benutzer in der Umgebung von S keine Fehlermeldung erhalten. Sie schließen daraus, daß ein Auftrag, den sie an S erteilt haben, erfolgreich ausgeführt wurde, obwohl bei seiner Ausführung Fehler aufgetreten sind. Benutzer können daraus den Schluß ziehen, daß die Ergebnisse der Auftragsausführung fehlerfrei seien, was schwerwiegende Konsequenzen haben kann.

*P. P. Spies*

**Fehler, permanenter** ⟨*permanent fault*⟩. Ein →Fehler f eines →Rechensystems S, der zur Zeit $t \in \mathbb{R}_+$ vorliegt, ist ein p. F. von S, wenn für alle $t' \in \mathbb{R}_+$ mit $t' \geq t$ gilt, daß f auch Fehler von S zur Zeit $t'$ ist, wenn im Zeitintervall $[t, t')$ keine explizite →Fehlerkorrektur für f erfolgt ist. Dabei ist Fehler als Sammelbegriff für →Fehlerzustand von S oder →Fehlverhalten von S benutzt.

*P. P. Spies*

**Fehler, transienter** ⟨*transient fault*⟩. Ein →Fehler f eines →Rechensystems S, der zur Zeit $t \in \mathbb{R}_+$ vorliegt, ist ein t. F. von S, wenn es $t' \in \mathbb{R}_+$ mit $t' > t$ so gibt, daß im Zeitintervall $[t, t')$ keine explizite →Fehlerkorrektur für f erfolgt ist und f nicht mehr Fehler von S zur Zeit $t'$ ist. Dabei ist Fehler als Sammelbegriff für →Fehlerzustand von S oder →Fehlverhalten von S benutzt.

*P. P. Spies*

**Fehlerbehandlung** ⟨*error processing*⟩. F. im Zusammenhang mit einem →fehlertoleranten Rechensystem S faßt die Maßnahmen zusammen, die von S nach dem Auftreten eines →Fehlers und nach einer entsprechenden →Fehlerdiagnose zum Tolerieren des Fehlers durchgeführt werden. Mit den Maßnahmen werden in Abhängigkeit von den jeweils angewandten Verfahren und von der zur Verfügung stehenden →Redundanz abgestufte Ziele verfolgt, die von der vollständigen Behebung des entstandenen →Schadens und dem Versuch, die beabsichtigten Ereignisse zu erreichen, bis zur Überführung von S in einen konsistenten Zustand mit schwachen Konsistenzbedingungen reichen können. Mit Orientierung an dem Zeitpunkt und dem Zustand von S, auf welche die Maßnahmen der F. vorrangig Bezug nehmen, unterscheidet man Vorwärts- und Rückwärtsfehlerbehandlung. Mit →Vorwärtsfehlerbehandlung wird versucht, vom jeweils erreichten (fehlerhaften) Zustand ausgehend, die Ausführung des Auftrags, bei der ein Fehler aufgetreten ist und erkannt wurde, weiterzuführen. Dazu müssen die Fehler, auf die reagiert werden soll, spezifiziert sein und entsprechende Operationen für die Reaktionen im Fehlerfall definiert sein. →Rückwärtsfehlerbehandlung geht davon aus, daß vorbeugend, also vor dem Auftreten und der Erkennung von Fehlern, gespeicherte →Rücksetzzustände zur Verfügung stehen, so daß →Fehlerbehebung durch Rücksetzen von Komponenten und Subsystemen in diese Zustände in die Maßnahmen der F. einbezogen werden kann. Dazu ist erforderlich, daß Rücksetzzustände systematisch und zuverlässig gespeichert und →Rücksetzlinien festgelegt werden.

Weitere Maßnahmen zur F. sind → Fehlerkorrekturen und → Fehlerkompensation. *P. P. Spies*

**Fehlerbehebung** ⟨*error recovery*⟩. F. im Zusammenhang mit einem → fehlertoleranten Rechensystem S faßt Maßnahmen im Rahmen von → Fehlertoleranz-Verfahren zusammen, mit denen Komponenten oder Subsysteme von S in einen fehlerfreien Zustand überführt werden. Mit Orientierung an dem Zustand von S, auf welche die Maßnahmen der F. Bezug nehmen, unterscheidet man zwischen Vorwärts-F. und Rückwärts-F. analog zu → Vorwärtsfehlerbehandlung und → Rückwärtsfehlerbehandlung. *P. P. Spies*

**Fehlerdiagnose** ⟨*fault diagnosis*⟩. F. im Zusammenhang mit → Rechensystemen wird als Sammelbegriff für Maßnahmen der → Fehlererkennung und Maßnahmen der → Fehlerlokalisierung benutzt. Diese Maßnahmen variieren in Abhängigkeit von den Zielen, die mit ihnen verfolgt werden, sowie in Abhängigkeit von den Verfahren und Mitteln, die angewandt werden. Mit ihnen variieren auch die Bedeutungen der Begriffe. Während der Konstruktionsphase eines Systems dominieren Verfahren und Maßnahmen der F. durch logisches Schließen auf der Grundlage von Axiomen und bekannten Gesetzmäßigkeiten. Während der Betriebsphase eines Systems dominieren Verfahren und Maßnahmen, welche die Nutzung des Systems für F. einbeziehen oder das System Diagnosen seiner Fehler selbst durchführen lassen. F.-Maßnahmen eines Systems für seine → Fehler sind insbesondere notwendig für fehlertolerante Systeme. *P. P. Spies*

**Fehlererkennung** ⟨*error/failure detection*⟩. **1.** F. im Zusammenhang mit → Rechensystemen faßt Maßnahmen zur Klärung, ob und welche → Fehler eines Systems vorliegen, sowie Maßnahmen zur Klärung der Zusammenhänge zwischen Fehlern eines Systems und ihren Ursachen zusammen. Die bei F. notwendige Klärung der Zuordnungen zwischen Fehlern und Komponenten eines Systems nennt man → Fehlerlokalisierung. F. und Fehlerlokalisierung werden mit dem Begriff → Fehlerdiagnose zusammengefaßt. Maßnahmen der F. variieren in Abhängigkeit von den Zielen, die mit ihnen verfolgt werden. Dabei kommt zum Tragen, daß Fehler als Sammelbegriff benutzt wird. Sie variieren zudem in Abhängigkeit von den Verfahren und Mitteln, die zur F. angewandt werden.

F. kann durch logisches Schließen auf der Grundlage von Axiomen und bekannten Gesetzmäßigkeiten erfolgen. Entsprechende Verfahren sind insbesondere bei Systemkonstruktionen anzuwenden; sie sind primär Verfahren zur → Fehlervermeidung zuzuordnen.

F. für ein Rechensystem S während seiner Betriebsphase erfolgt ebenfalls durch logisches Schließen. Als Grundlage hierfür sind jedoch neben Axiomen und bekannten Gesetzmäßigkeiten auch *Beobachtungen* des Verhaltens von S erforderlich. Entsprechende Verfahren können von Benutzern in der Umgebung von S durchgeführt werden. Sie lassen sich jedoch auch von S während seiner Nutzung durchführen. Dies ist insbesondere notwendig, wenn S ein fehlertolerantes System ist. Unabhängig davon, ob Maßnahmen der F. für S von Benutzern in der Umgebung des Systems unter Einbeziehung von S oder vollständig vom System durchgeführt werden, sind Verfahren erforderlich, welche die Eigenschaften von S und die Gesetzmäßigkeiten der Komposition des Systems durch → Tests und Auswertungen der entsprechenden Testergebnisse zielgerichtet und systematisch analysieren. Die Möglichkeiten, die hierzu bestehen, sind wesentlich bereits bei der Konstruktion von S festgelegt worden.

Zur Erklärung der wesentlichen Aspekte von Verfahren zur F. für das System S während seiner Betriebsphase ist zunächst darauf hinzuweisen, daß Fehler ein Sammelbegriff für → Fehlerzustände, → Fehlverhalten und → Fehlerursachen ist. Diesen Differenzierungen ist bei der F. Rechnung zu tragen. Weiter sei SS ein Subsystem von S. Die Soll- und Ist-Eigenschaften von SS werden mit SE bzw. IE, die äußeren Soll- und Ist-Eigenschaften mit NSE bzw. NIE bezeichnet. Zur Vereinfachung wird vorausgesetzt, daß die statische Sicht von SS gerechtfertigt ist.

Die äußeren Eigenschaften von SS sind wesentlich für die Nutzung des Subsystems durch seine Umgebung. Die Umgebung ist entsprechend auf die Erkennung von Fehlverhalten des Subsystems angewiesen. Die Umgebung nutzt SS, indem sie auf der Grundlage der äußeren Soll-Eigenschaften gemäß NSE Aufträge an SS erteilt. Sei A ein entsprechender Auftrag. Dann ist zu klären, ob Fehlverhalten von SS bei der Ausführung von A auftritt. Sei NSE(A) bzw. NIE(A) das Soll- bzw. Ist-Verhalten von SS bei Ausführung von A. Zur Erkennung von Fehlverhalten des Subsystems bei Ausführung von A kann die Umgebung SS beobachten. Mit dem Abschluß der Ausführung von A ist NIE(A) entsprechend bekannt. Es bleibt zu klären, ob NIE(A) mit NSE(A) übereinstimmt. Dabei ist davon auszugehen, daß die Spezifikation NSE(A) höchstens in Ausnahmefällen einen unmittelbaren Vergleich mit NIE(A) erlaubt. Die Umgebung muß i. d. R. Tests zur Klärung der Übereinstimmung zwischen NIE(A) und NSE(A) durchführen. Für diese Tests gibt es mehrere Möglichkeiten, zu denen insbesondere Konsistenztests und Tests mit alternativen Subsystemen gehören.

Grundlage eines Konsistenztests für NIE(A) ist ein Konsistenzprädikat für die Soll-Eigenschaften NSE von SS. Ist K ein solches Konsistenzprädikat, so gilt: Wenn K angewandt auf A und NIE(A) wahr ist, dann ist NIE(A) konsistent mit NSE(A). Ein Konsistenztest für NIE(A) mit K liefert der Umgebung eine Grundlage zur Erkennung von Fehlverhalten des Subsystems. Wenn K angewandt auf A und NIE(A) falsch ist, kann auf Fehlverhalten von SS bei Ausführung von A geschlossen werden. Wenn das der Fall ist, dann gilt für die Umgebung, daß Fehlverhalten von SS bei Ausführung von A erkannt ist. Konsistenzprädikate können mehr oder weniger scharf sein. Entsprechend sind die Schlußfolgerungen, die aus Konsistenztests gezogen werden können, mehr oder weniger wahr. Konsistenztests auf der Grundlage a priori gegebener Konsistenzprädikate für Soll-Eigenschaften sind → Absoluttests.

Eine weitere Möglichkeit zur Klärung der Übereinstimmung zwischen NIE(A) und NSE(A) besteht für die Umgebung von SS darin, den Auftrag A zusätzlich von alternativen Subsystemen, also von Subsystemen, deren äußere Soll-Eigenschaften ebenfalls NSE sind, ausführen zu lassen. Es sollen $n \in \mathbb{N}$ solcher Subsysteme zur Verfügung stehen, und ihre Ist-Verhalten bei den Ausführungen von A seien $NIE_i(A)$ für $i \in \{1, ..., n\}$. Dann liefern die NIE(A) und $NIE_i(A)$ der Umgebung eine Grundlage zur Erkennung von Fehlverhalten des Subsystems SS. Wenn eine Mehrheit der $n+1$ Subsysteme übereinstimmendes Ist-Verhalten bei Ausführung von A zeigt und SS nicht zu dieser Mehrheit gehört, dann kann auf Fehlverhalten von SS bei Ausführung von A geschlossen werden. Wenn das der Fall ist, dann gilt für die Umgebung, daß Fehlverhalten von SS bei Ausführung von A erkannt ist. Die Übereinstimmung zwischen NSE(A) und NIE(A) wird hier also durch eine *Mehrheitsentscheidung* relativ zu den Ist-Verhalten der Subsysteme getestet; der Test der Umgebung ist entsprechend ein → Relativtest.

Die Tests der Umgebung von SS können für die Umgebung dazu führen, daß auf Fehlverhalten von SS bei Ausführung des Auftrags geschlossen wird oder nicht. Dies führt auf zwei Fehlerbegriffe, die für die Bewertung von Fehlern bei Rechensystemen von grundlegender Bedeutung sind. Wenn die Umgebung von SS auf der Grundlage der Tests auf Fehlverhalten von SS schließt, obwohl kein Fehlverhalten von SS vorliegt, dann ist dies ein → Fehler 1. Art. Wenn die Umgebung von SS schließt, daß kein Fehlverhalten von SS vorliegt, obwohl dies der Fall ist, dann ist dies ein → Fehler 2. Art. Diese beiden Fehlerarten sind demnach Aussagen über das Subsystem und das zur F. benutzte Verfahren.

Sei jetzt Fehlverhalten von SS bei Ausführung eines Auftrags A von der Umgebung des Subsystems erkannt. Fehlverhalten von SS kann durch → Störungen von SS und durch Fehlerzustände von SS verursacht werden. Störungen von SS können als äußere Störungen von der Umgebung von SS verursacht werden. Wenn diese äußeren Störungen von SS ausgeschlossen sind, dann ist das erkannte Fehlverhalten dem Subsystem SS zugeordnet. Dann ist die mit F. eng zusammenhängende Aufgabe der Fehlerlokalisierung relativ zu SS gelöst: Das erkannte Fehlverhalten betrifft das Subsystem SS. Diese Fehlerlokalisierung kann für die Umgebung von SS ausreichend genau sein. Das ist insbesondere dann der Fall, wenn die Ursachen für das Fehlverhalten von SS nicht geklärt werden müssen und die Umgebung anstelle von SS alternative Subsysteme benutzen kann. Es bleibt zu klären, wie Fehlerursachen und Fehlerzustände erkannt werden können; zudem bleibt zu klären, welche Konsequenzen die Umgebung von SS aus dem erkannten Fehlverhalten von SS ziehen soll.

Zur Erklärung der Konsequenzen, welche die Umgebung von SS aus dem erkannten Fehlverhalten ziehen soll, wird angenommen, daß die Umgebung von SS aus Komponenten des Systems S besteht. Der Auftrag A der Umgebung von SS sei Teil der Ausführung eines Auftrags $A_0$ der Umgebung von S an das System. Dann sind zwei Möglichkeiten für Konsequenzen der Umgebung wesentlich. Eine davon besteht darin, daß die Umgebung von SS versucht, das erkannte Fehlverhalten von SS unter der Schnittstelle von S nach außen zu verbergen. Wenn das der Fall ist, hat S die charakteristischen Eigenschaften eines fehlertoleranten Systems. Wenn S das Fehlverhalten von SS nicht tolerieren kann, dann kann der Auftrag $A_0$ an S, zu dem der Auftrag A an SS gehört, nicht erfolgreich ausgeführt werden. Dann sollte die Umgebung von SS der Umgebung von S eine Fehlermeldung liefern, die besagt, daß (nichttolerierbares) Fehlverhalten von SS bei Ausführung des Auftrags $A_0$ aufgetreten ist. Diese Fehlermeldung an die Umgebung von S sollte mit den äußeren Soll-Eigenschaften von S spezifiziert sein. Wenn das der Fall ist, dann tritt in der betrachteten Situation bei Ausführung des Auftrags $A_0$ durch S kein Fehlverhalten von S auf; Benutzer von S können die Fehlermeldung für weitere Maßnahmen auswerten.

Bei der betrachteten Fehlermeldung von S an seine Umgebung, die aussagt, daß Fehlverhalten von SS bekannt wurde, können Fehler 1. Art und Fehler 2. Art auftreten. Die Bedeutung dieser beiden Fehlerarten wird hier deutlich: Bei einem Fehler 1. Art erhält die Umgebung von S eine Fehlermeldung, die fehlerhaft ist; die Umgebung kann daraus weitere Maßnahmen ableiten. Bei einem Fehler 2. Art erhält die Umgebung von S keine Fehlermeldung für die Ausführung von $A_0$. Die Umgebung kann daraus schließen, daß bei der Ausführung von $A_0$ kein Fehler aufgetreten ist; das ist jedoch falsch. Fehler 2. Art können also besonders schwerwiegend sein.

Wenn die angegebenen Tests der Umgebung von SS dazu führen, daß Fehlverhalten von SS erkannt wird, dann sind zur Erkennung der entsprechenden Fehlerursachen systematische Analysen der Möglichkeiten erforderlich. Mögliche Ursachen für Fehlverhalten von SS sind Störungen von SS und Fehlerzustände von SS. Für diese Analysen sind Maßnahmen bzgl. äußerer Störungen einerseits sowie Maßnahmen bzgl. innerer Störungen andererseits zu unterscheiden. Die Möglichkeiten für alle diese Maßnahmen ergeben sich wesentlich aus Eigenschaften des Systems S, die bereits bei dessen Konstruktion festgelegt werden.

Äußere Störungen von SS werden durch die Umgebung von SS verursacht. Mit der Einordnung von SS in das System werden die Möglichkeiten für Kontrollen über äußere Störungen und damit die Möglichkeiten,

257

äußere Störungen als Ursachen für Fehlverhalten von SS auszuschließen, festgelegt. Wenn äußere Störungen als Ursachen für Fehlverhalten von SS nicht ausgeschlossen werden können, dann kann das erkannte Fehlverhalten von SS → Folgefehler dieser Störungen sein. Die weiteren Maßnahmen zur Erkennung von Fehlerursachen ergeben sich aus den Möglichkeiten, die Gesetzmäßigkeiten des Zusammenwirkens zwischen der Umgebung von SS und dem Subsystem zu analysieren. Für alle diese Analysen kann das Subsystem als Einheit oder als Black Box behandelt werden; die entsprechenden Tests sind → Black-Box-Tests.

Wenn äußere Störungen als Ursachen für das erkannte Fehlverhalten von SS ausgeschlossen sind, dann bleiben Fehlerzustände von SS oder innere Störungen von SS als mögliche Fehlerursachen. Für die weiteren Analysen müssen die Komponenten, aus denen SS zusammengesetzt ist, und die Gesetzmäßigkeiten der Komposition von SS ausgewertet werden. Das Subsystem kann nicht weiter allein als Einheit behandelt werden; SS ist als Glass-Box bzgl. seiner inneren Eigenschaften zu analysieren. Die Kenntnisse über die Komponenten und die Kompositionsgesetze von SS bestimmen die weiteren Schritte der Analyseverfahren und -maßnahmen; entsprechende Tests der Umgebung von SS sind → Glass-Box-Tests.

Für die systematische Durchführung weiterer Analysen sind die echten Subsysteme von SS auszuwählen; deren Eigenschaften und deren Beiträge zu den Eigenschaften von SS sind zu untersuchen. Dabei treten diese Subsysteme von SS bzgl. SS an die Stelle von SS bzgl. S. Diese Vorgehensweise ist fortzusetzen bis dem jeweils verfolgten Ziel entsprechend hinreichend kleine Subsysteme und Komponenten von S analysiert sind.

Das angegebene Verfahren liefert Subsysteme und Komponenten von S, für die Fehlverhalten eines Subsystems oder einer Komponente erkannt ist. Wenn Fehlverhalten erkannt ist, dann ist mit der entsprechenden Zuordnung auch die Aufgabe der Fehlerlokalisierung gelöst. Wenn X ein Subsystem oder eine Komponente mit erkanntem Fehlverhalten und dieses nicht Folgefehler ist, dann ist das Fehlverhalten von X Fehlerursache für Fehlerzustände des Subsystems, dem X angehört.

Diese Zusammenhänge verdeutlichen, daß die Möglichkeiten zur F. für ein System wesentlich bereits bei der Konstruktion des Systems festgelegt werden. Sie verdeutlichen zudem die Bedeutung von Maßnahmen der Fehlervermeidung bei Systemkonstruktionen.

*P. P. Spies*

2. Erkennen von funktionellen Auswirkungen, die zu vorübergehendem oder dauerndem fehlerhaften Verhalten von Leitsystemen führen. Im Echtzeitbetrieb arbeitende Leitsysteme müssen einen hohen Grad von Funktionsfähigkeit haben, und es ist unbedingt erforderlich, fehlerhaftes Arbeiten im On-line-Betrieb so rechtzeitig zu erkennen, daß Maßnahmen eingeleitet werden können, den Betrieb in einem bestimmungsgemäßen Zustand zu halten.

Fehlerhaftes Arbeiten kann mit Hard- oder Software-Maßnahmen erkannt werden. Hardwaremäßig realisierbare Fehlererkennungsmöglichkeiten sind z. B. die Überwachung des Taktgenerators des Prozessors, Paritätskontrollen der Speicher, der Prozeß- und Standard-Ein-/Ausgabegeräte oder die Erkennung nicht interpretierbarer Befehle. Softwaremäßig realisierbar sind die Überwachung des Zeitgebers mittels Watchdog, das Einlesen von Konstantspannungen, die hinter dem Analog-Digital-Umsetzer invertierte Binärmuster haben, oder die Rückkopplung von Rechnerausgängen auf Eingänge und der Vergleich von ausgegebenen und wieder eingelesenen Prüfsignalen.

Ein sehr schnelles Erkennen von Fehlern ist bei Doppelrechnersystemen möglich, besonders, wenn sie im Synchronbetrieb arbeiten: Eine Vergleichereinheit kann dann Bit für Bit die Ausgangssignale beider Einheiten überprüfen und innerhalb weniger Mikrosekunden fehlerhaftes Arbeiten feststellen und Gegenmaßnahmen einleiten (→ Fehlerortung). *Strohrmann*

Literatur: VDI/VDE 3553: Erkennung und Ortung von Hardware- und Softwarefehlern in Prozeßrechnersystemen. Ausg. Mai 1977. *P. P. Spies*

**Fehlerkompensation** ⟨error compensation⟩. Faßt Maßnahmen im Rahmen von → Fehlertoleranz-Verfahren mit → statischer Redundanz zusammen, mit denen aus redundanten, evtl. fehlerhaften Zwischenergebnissen fehlerfreie Endergebnisse berechnet werden. Eine Decodierung mit → Fehlerkorrektur auf der Grundlage eines fehlerkorrigierenden Codes und die Auswahl eines Ergebnisses auf der Grundlage einer Mehrheitsentscheidung sind typische Beispiele für F.

*P. P. Spies*

**Fehlerkorrektur** ⟨error correction⟩. F. im Zusammenhang mit → Rechensystemen wird für vielfältige Maßnahmen zur Beseitigung von Fehlern benutzt; dabei variieren die Bedeutungen des Begriffs mit den jeweiligen Kontexten und Maßnahmen. Für ein fehlertolerantes System ist F. eine Maßnahme der → Fehlerkompensation, mit der aus redundanten fehlerhaften Zwischenergebnissen das fehlerfreie Endergebnis berechnet wird. Für ein Rechensystem S, das eine Komponente K mit → permanentem Fehler enthält, ist F. der Übergang von S zu dem System S′, das sich aus S ergibt, indem K durch die Komponente K′, die fehlerfrei und bzgl. der Soll-Eigenschaften mit K äquivalent ist, ersetzt wird. Wenn K ein Programm mit einem → Programmierfehler ist, dann ist F. für K die Beseitigung des Programmierfehlers. *P. P. Spies*

**Fehlerkorrekturverfahren** ⟨error correction method⟩ → Fehlersicherung

**Fehlerlokalisierung** ⟨fault localisation⟩. F. im Zusammenhang mit einem → Rechensystem S bedeutet die

Zuordnung von Fehlern von S zu Komponenten oder Subsystemen von S. Dabei ist Fehler von S als Sammelbegriff für → Fehlverhalten und → Fehlerzustände von S benutzt. F. und → Fehlererkennung werden mit dem Begriff → Fehlerdiagnose zusammengefaßt.

P. P. Spies

**Fehleroffenbarung** ⟨error revelation⟩ → Fehlererkennung

**Fehlerortung** ⟨failure locating⟩. Lokalisieren von funktionellen Auswirkungen, die zu vorübergehendem oder dauerndem fehlerhaften Verhalten von Leitsystemen führen. Moderne Systeme haben Prüfroutinen, mit denen sie ein Großteil der Hardware-Fehler finden. Das geschieht hardwaremäßig im Mikrosekundenbereich, z. B. durch Überwachung von Takt- oder Quittierungszeiten, des Ausfalls angeschlossener Geräte sowie durch Paritätskontrolle. Mit Software-Routinen lassen sich → Speicher, → Busse, → Prozessoren oder → Peripheriegeräte prüfen. Dies kann teilweise im On-line-Betrieb geschehen, für aufwendige Überprüfungen muß das System vom Prozeß getrennt werden. Zur Ortung der oft sehr schwer erkennbaren transienten Fehler müssen auf das Erscheinungsbild des Fehlers angepaßte Software-Routinen in das Programm eingefügt werden. Bei Verdacht auf einen transienten Hardware-Fehler ist es oft am einfachsten, durch Auswechseln wenigstens die fehlerhafte Komponente zu lokalisieren (→ Fehlererkennung).

Strohrmann

Literatur: VDI/VDE 3553: Erkennung und Ortung von Hardware- und Softwarefehlern in Prozeßrechnersystemen. Ausg. Mai 1977.

**Fehlersicherung** ⟨error control⟩. Um Übertragungsfehler auf Protokollebene (→ Protokoll) zu beheben, können zwei unterschiedliche Klassen von Verfahren eingesetzt werden. Zum einen sind dies Verfahren der Forward Error Correction (→ FEC), zum anderen solche des Automatic Repeat Request (→ ARQ).

Jakobs/Spaniol

**Fehlertoleranz** ⟨fault tolerance⟩. Eigenschaft einer → Rechenanlage, auch beim Auftreten einer beschränkten Anzahl von Hardware- oder Software-Fehlern weiterhin das gewünschte Verhalten, wenn auch ggf. bei verminderter Arbeitsgeschwindigkeit, zu zeigen. Man unterscheidet F. nach ihrer Auswirkung auf die Systemleistung beim Eintreten von Fehlern:
– *Statische oder maskierende F.* liegt vor, wenn tolerierbare Fehler die Systemleistung nicht reduzieren.
– *Dynamische F.* erfordert bei tolerierbaren Fehlern eine Adaptionszeit, während der sich das System rekonfiguriert und keine Leistung erbringt, danach wird jedoch wieder die ursprüngliche Leistung erreicht.
– Von *partieller F.* spricht man, wenn bei tolerierbaren Fehlern nach der Adaptionszeit nur noch verminderte Leistung geboten wird. Dieses Verhalten wird auch als „fail soft" oder „graceful degradation" (sanfte Leistungsminderung) bezeichnet.

F. gegenüber Hardware-Fehlern wird durch verschiedenste Formen der Redundanz erzielt:
– Hardware-Redundanz,
– Software-Redundanz,
– Zeitredundanz.

*Hardware-Redundanz* läßt sich auf verschiedenen Systemebenen implementieren. Auf der Schaltelement- und Gatterebene können die Einzelelemente beispielsweise durch eine Quartettschaltung ersetzt werden. Auf der Ebene ganzer Teilwerke können drei Gruppen von Verfahren unterschieden werden: statische, dynamische und Hybridredundanz. *Statische Hardware-Redundanz* beruht auf der Vervielfachung von Elementen und einer automatischen Erkennung und Beseitigung von Fehlern bis zu einer gegebenen Maximalzahl ohne Leistungsunterbrechung oder -minderung des Gesamtsystems mit Hilfe einer geeigneten Hardware-Einheit. Typisch sind die TMR bzw. NMR-Verfahren (Triple bzw. $n$-fold Modular Redundancy), wobei der zu bearbeitende Datenstrom verdreifacht bzw. ver-n-facht und in drei bzw. n unabhängigen Einheiten verarbeitet wird, deren Ergebnisse durch einen Hardware-Vergleicher (voter) geleitet werden. Dieser Vergleicher bildet das Ergebnis für das Gesamtsystem als Mehrheitsentscheid über den Ergebnissen der einzelnen Einheiten. Das Bild zeigt die NMR-Schaltung und den erzielten Zuverlässigkeitswert $R_{NMR}$, dessen Güte entscheidend davon abhängt, daß der Voter eine hohe Zuverlässigkeit $R_V$ besitzt.

*Dynamische Hardware-Redundanz* wird durch Umschalten auf Ersatzelemente (spares) im Fehlerfall erreicht. Man unterscheidet zwischen Verfahren mit inaktiven Ersatzelementen (stand-by) und Systemen mit Eigenredundanz (z. B. Multiprozessorsysteme), bei denen im Fehlerfall aus n aktiven Modulen der defekte Modul isoliert und die restlichen n−1 Moduln die Funktion mit verminderter Leistung fortführen (fail-soft). Beide Verfahren beruhen darauf, daß Fehler in den zu ersetzenden Elementen erkannt werden (Fehlerdiagnose) und ein fehlerfreier Wiederanlauf (recovery) ermöglicht wird. Hierzu werden i. allg. Selbsttestverfahren in → Hardware oder → Software eingesetzt (Verdopplung von Elementen und Komparator, Prüfcodes, Überwachung von Statussignalen). Die durch dynamische Hardware-Redundanz erzielbare Zuverlässigkeit des Gesamtsystems ist weitgehend davon abhängig, welcher Anteil potentieller Fehler durch das Selbsttestverfahren erkannt wird (Coverage-Faktor).

*Hybridredundanz* stellt eine Mischung aus statischer und dynamischer Redundanz her. Ist etwa beim TMR-System ein Element ausgefallen, so ist die Zuverlässigkeit der Restschaltung niedriger als die eines einfachen Systems. Man sieht daher zusätzliche Ersatzelemente vor, die beim Ausfall durch Umschalten das defekte TMR-Element ersetzen können.

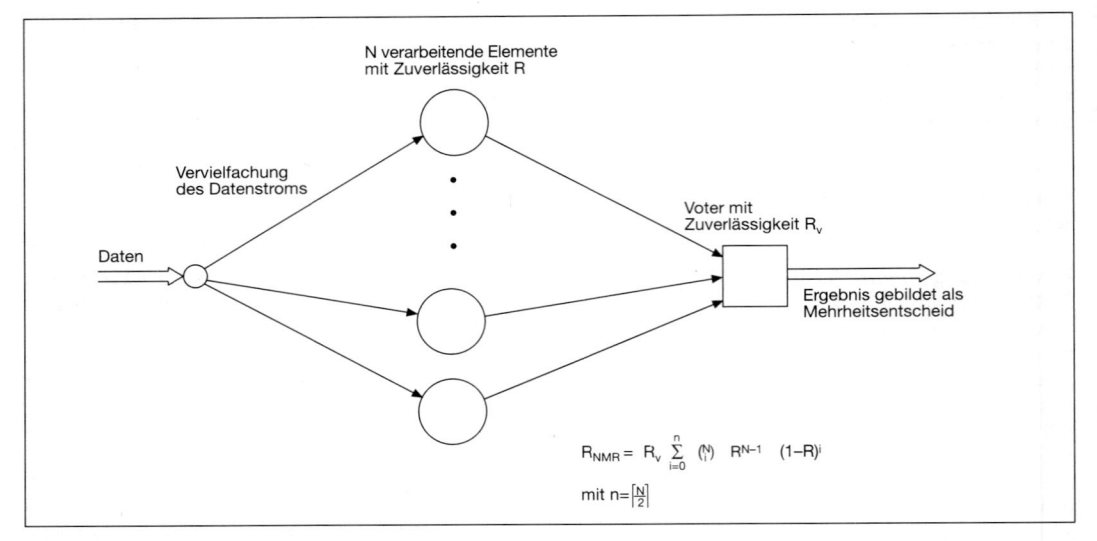

*Fehlertoleranz: Darstellung der statischen Hardware-Redundanz bei NMR-Verfahren*

$$R_{NMR} = R_v \sum_{i=0}^{n} \binom{N}{i} R^{N-1} (1-R)^i$$

mit $n = \lfloor \frac{N}{2} \rfloor$

Als *Software-Redundanz* bezeichnet man alle zusätzlichen Programme bzw. Programmteile, die in einem Rechner mit fehlerfreier Hardware nicht benötigt würden. Hauptformen der Software-Redundanz sind das mehrfache Speichern kritischer Programme und Daten, Test- und Diagnoseprogramme sowie F.-Eigenschaften des → Betriebssystems (Überwachung, Fehlermeldungen, Wiederaufsetzen). Unter *Zeitredundanz* werden alle Verfahren zusammengefaßt, die auf Wiederholung von Berechnungen und Vergleich der Ergebnisse beruhen.

F. gegenüber Software-Fehlern ist wesentlich aufwendiger und daher weniger verbreitet. Bekannt wurden vor allem das Recovery-Block-Konzept sowie das N-Version-Programming.

Das *Recovery-Block-Konzept* beruht auf der Bereitstellung eines Akzeptanztests in Form eines Programms, das die Ergebnisse des zu prüfenden Moduls auf Plausibilität überprüft. Verwirft der Akzeptanztest die Ergebnisse des Moduls, wird eine erneute Berechnung durch einen alternativen zweiten Modul durchgeführt, dessen Ergebnisse erneut dem Akzeptanztest unterworfen werden usw. Liefert keiner der bereitgestellten Moduln ein akzeptables Ergebnis, wird eine Fehlermeldung ausgegeben.

Bei *N-Version-Programming* erhalten N verschiedene Programmierer die gleiche Aufgabenspezifikation und erstellen unabhängig voneinander entsprechende Programme. Die Programmergebnisse werden wie beim TMR-Verfahren einer Mehrheitslogik zugeführt, die aus den N Programmversionen genau ein Ergebnis erzeugt. Aufwendigere Varianten dieses Verfahrens erweitern das Konzept durch Verwendung k verschiedener → Programmiersprachen und Berechnung auf l verschiedenen Rechenanlagen (s. auch → Rechensystem, fehlertolerantes). *Bode*

**Fehlertoleranzmaßnahmen** 〈*fault-tolerance measures*〉 → Rechensystem, fehlertolerantes

**Fehlertoleranzmaßnahmen, vorbeugende** 〈*preventive fault-tolerance measures*〉 → Rechensystem, fehlertolerantes

**Fehlerursache** 〈*cause of an error*〉. Der Begriff F. hat im Zusammenhang mit einem → Rechensystem S primär eine pragmatische, auf Eigenschaften der Komponenten von S und auf die Gesetzmäßigkeiten der Komposition von S sowie auf Einwirkung der Umgebung von S ausgerichtete Bedeutung. → Störungen von S und Fehler von S, welche den Fehler f von S ursächlich bewirken, sind F. für f. Dabei ist Fehler von S als Sammelbegriff für → Fehlverhalten und → Fehlerzustände von S benutzt.

Allgemeiner und insbesondere im Zusammenhang mit Konstruktionen oder Korrekturen von Komponenten eines Rechensystems sind Aktionen, Ereignisse und Informationen oder auch menschliche Denk- und Handlungsweisen, die zu Fehlern geführt haben oder zu Fehlern führen, F. *P. P. Spies*

**Fehlervermeidung** 〈*fault avoidance*〉. Maßnahmen der F. im Zusammenhang mit einem → Rechensystem S zielen darauf ab, potentielle Ursachen für Fehler von S auszuschließen. Sie sollten sowohl während der Konstruktionsphase für S als auch während der Betriebsphase angewandt werden.

Während der Betriebsphase von S können Fehler von S durch → Störungen und durch → Fehlerzustände von S verursacht werden. Störungen von S zerfallen in äußere und innere. Äußere Störungen von S sind → Fehlverhalten der Umgebung, die auf S einwirken. Sie sind zu vermeiden, indem die Umgebung von S die Anforderungen, die das System an sie stellt, strikt erfüllt. Dies gilt für die nutzungsunabhängigen Anforderungen und für die nutzungsorientierten Anforderungen gleichermaßen. Innere Störungen von S sind Fehlverhalten der technischen Bauteile der Hardware-Komponenten von S, die auf das System einwirken. Sie sind durch Maßnahmen der → Perfektionierung bei der Konstruktion der technischen Bauteile sowie durch systematische Kontrollen und vorbeugende Wartung der Hardware-Komponenten von S zu vermeiden. Fehlerzustände von S sind → Konstruktionsfehler von S oder → Folgefehler von Störungen oder Fehlerzuständen von S.

Maßnahmen der F. sind demnach insbesondere während der Konstruktionsphase für S anzuwenden, was bedeutet, daß versucht werden muß, durch Systematisierung des gesamten Konstruktionsprozesses und durch Perfektionierung der Maßnahmen in allen Phasen des Prozesses einen möglichst hohen Grad an Fehlerfreiheit zu erreichen. Die Aufgabenstellungen und Ziele der einzelnen Phasen erfordern unterschiedliche Tätigkeiten und den Einsatz verschiedenartiger Mittel. Die Auswahl geeigneter Mittel und ihr systematischer Einsatz zur Erreichung des angegebenen Ziels sind Maßnahmen der F. Eine wesentliche Aufgabe, die während der Konstruktionsphase zu lösen ist, besteht darin, von Anforderungsspezifikationen, die in der Regel nicht formalisiert sind, ausgehend die Komponenten des Systems festzulegen, die äußeren Soll-Eigenschaften des Systems, der Subsysteme und der Komponenten sowie die Gesetzmäßigkeiten der Komposition des Systems präzise zu formulieren und schließlich das gesamte System mit Hardware und Software zu implementieren. Zur Systematisierung und Perfektionierung dieses Prozesses müssen iterierte Folgen von Konkretisierungs- und Abstraktionsschritten mit entsprechenden Konzepten für die einzelnen Abstraktionsebenen durchgeführt werden. Mit diesen sind einerseits nichtoperative Spezifikationen festzulegen und zu verfeinern sowie Datenstrukturen und Algorithmen zu definieren und andererseits die Nachweise dafür zu führen, daß die Datenstrukturen und Algorithmen den nichtoperativen Spezifikationen und die Konkretisierungen den Abstraktionen entsprechen. In den Iterationen sollen die Formulierungen präzisiert werden, bis schließlich formalisierte Festlegungen erreicht sind. Mit diesen können die geforderten Nachweise durch exakte Beweise geführt werden.

Als *rigorose Verfahren* und Maßnahmen der F. sind demnach in der Entwurfs- und Implementierungsphase des Konstruktionsprozesses für S möglichst weitgehend formale Spezifikationen und Verifikation anzuwenden. Dabei ist wesentlich, daß durch → Verifikation im Rahmen der Voraussetzungen allgemeingültige Aussagen über Eigenschaften von Komponenten des Systems durch logische Schlüsse abgeleitet werden. Dazu sind Formalisierungen erforderlich, so daß formale Spezifikationen und Verifikation einander bedingen und ergänzen. Das Ergebnis der Verifikation einer Komponente ist deren → Korrektheit, was bedeutet, daß die Komponente die bewiesenen Eigenschaften (unbestreitbar) besitzt. Die Komponente kann mit diesen Eigenschaften also für die Konstruktion weiterer Komponenten benutzt werden. Bei systematischer Anwendung dieser Vorgehensweise ist Verifikation integraler Bestandteil des Entwurfs- und Implementierungsprozesses für S.

Während formale Spezifikation und Verifikation im angegebenen Rahmen allgemeingültige Aussagen über die Eigenschaften von Komponenten und Subsystemen liefern, lassen sich durch *experimentelle Maßnahmen* und *Beobachtungen* einzelne Eigenschaften eines Systems überprüfen. Entsprechende Verfahren und Maßnahmen werden unter dem Begriff → Validierung zusammengefaßt; zu diesen gehören insbesondere → Simulationen und → Tests. Validierungsverfahren sind auch dann anwendbar, wenn die Eigenschaften eines Systems unvollständig spezifiziert sind. Sie sind deshalb insbesondere dann nützlich, wenn die Soll-Eigenschaften eines zu konstruierenden Systems noch zu klären sind. Zur Verbesserung der Aussagefähigkeit von Validierungen sind i. allg. viele *Experimente* nötig. Insbesondere ist erforderlich, daß die Vorbereitungen für die Experimente, ihre Durchführungen und die Auswertungen ihrer Ergebnisse systematisch und auf geeigneten theoretisch fundierten Verfahren basierend erfolgen. Hierfür ist häufig der Übergang zu stochastischen Experimenten geboten, so daß statistische Testverfahren angewandt werden können und anzuwenden sind. Auch mit diesen Verfahren bleiben Validierungen experimentelle Prüfmaßnahmen, die zur Vermeidung von Konstruktionsfehlern beitragen können, i. allg. aber unzulänglich sind. Sie sollten deshalb auf die Fälle beschränkt bleiben, für die rigorose Maßnahmen nicht anwendbar sind.

Maßnahmen der F. während des Konstruktionsprozesses für S sind aufwendig; dies gilt für die rigorosen Maßnahmen und für die partiell wirksamen gleichermaßen. Dieser hohe Aufwand wird jedoch dadurch aufgewogen, daß mit der Vermeidung von Konstruktionsfehlern auch vielfältige Folgefehler während der Betriebsphase des Systems vermieden werden. Darüber hinaus sind Maßnahmen der F. und Perfektionierung keine Alternative zu → Fehlertoleranz. Sie sind vielmehr die Voraussetzung dafür, daß Maßnahmen der Fehlertoleranz während der Betriebsphase von S effizient anwendbar sind.     *P. P. Spies*

**Fehlerzustand** ⟨*faulty state*⟩. F. eines → Rechensystems S ist jede Nichtübereinstimmung zwischen den (unbestrittenen) Soll- und den Ist-Eigenschaften von S.

Der Begriff entspricht einer statischen Sicht von S, also einem Schnappschuß von dem wesentlich dynamischen System S. Die Aussage eines F. muß entsprechend jeweils eingeordnet und begründet werden. Für S als Einheit sind die äußeren Eigenschaften, die S seiner Umgebung zur Nutzung seiner Speicher- und Verarbeitungsfähigkeiten anbietet, sowie das Verhalten von S bei seiner Nutzung von primärem Interesse. Nichtübereinstimmungen zwischen den äußeren Soll- und Ist-Eigenschaften sind → Fehlverhalten von S. Sie entsprechen der dynamischen Sicht des Systems. Wegen der Bedeutung der äußeren Eigenschaften für die Nutzung von S, werden F. von S häufig mit den äußeren Eigenschaften des Systems in Beziehung gesetzt. F. von S können neben → Störungen Fehlverhalten von S verursachen; sie sind dann → Fehlerursachen für Fehlverhalten von S. Den Charakteristika von → Systemen entsprechend, gilt das für S Gesagte entsprechend für Komponenten und Subsysteme von S, so daß der Begriff F. auch auf diese anwendbar ist. In Fällen, in denen differenziertere Fehlerbegriffe nicht notwendig oder nicht zweckmäßig sind, benutzt man Fehler als Sammelbegriff für F., Fehlverhalten oder Fehlerursachen.

F. eines Rechensystems S lassen sich wie Fehler allgemein nach ihrer Dauerhaftigkeit, nach der Lebensphase von S, in der sie entstanden sind, nach den Komponenten von S, deren Eigenschaften sie betreffen, oder nach den Arten von Anforderungen, die an S gestellt werden, klassifizieren. Die Klassifikation nach ihrer Dauerhaftigkeit führt zu → transienten Fehlern oder zu → permanenten Fehlern. Die Klassifikation nach Lebensphasen von S führt zu → Konstruktionsfehlern oder zu → Betriebsfehlern. Die Klassifikation nach Komponenten von S führt zu Hardware- oder zu Software-Fehlern und über diese zu Fehlern einzelner Komponenten. Von den Arten der Anforderungen, die an S gestellt werden, sind insbesondere die an die Zuverlässigkeit und an die Rechtssicherheit des Systems gestellten zu nennen. Wenn S ein Programm p als Komponente enthält, das die Funktion $\pi: E \to A$ berechnen soll, das aber wegen eines → Programmierfehlers für die Eingabe $e \in E$ stets die Ausgabe $a \in A$ mit $a \neq \pi(e)$ berechnet, dann liegt mit p ein F. von S vor, der die → Zuverlässigkeit von S beeinträchtigt. Wenn das Rechtesystem von S festlegt, daß für das Programm p allein das → Subjekt s berechtigter Benutzer ist, die → Zugriffsliste von p aber Ausführungen von p durch ein Subjekt $s' \neq s$ zuläßt, dann liegt mit p ein F. von S vor, der die Rechtssicherheit von S beeinträchtigt.

*P. P. Spies*

**Fehlverhalten** ⟨*faulty behaviour*⟩. F. eines → Rechensystems S ist jede Nichtübereinstimmung zwischen den (unbestrittenen) äußeren Soll-Eigenschaften und den äußeren Ist-Eigenschaften von S. Der Begriff entspricht der Sicht auf ein dynamisches System als Einheit. Er bezieht sich auf die Schnittstelleneigenschaften, die S seiner Umgebung zur Nutzung seiner Speicher- und Verarbeitungsfähigkeiten zur Verfügung stellt. Da S genutzt wird, indem von der Umgebung Aufträge erteilt werden, die von S ausgeführt werden sollen, sind die äußeren Soll-Eigenschaften Spezifikationen für Aufträge an S und Spezifikationen für das Verhalten und die Reaktionen von S bei Ausführung dieser Aufträge. F. von S liegt demnach vor, wenn das tatsächliche Verhalten und die tatsächlichen Reaktionen von S nicht mit den spezifizierten übereinstimmen.

Neben F. kann es → Fehlerzustände von S als Nichtübereinstimmungen zwischen den Soll- und den Ist-Eigenschaften von S geben. Wenn differenzierendere Fehlerbegriffe nicht notwendig oder nicht zweckmäßig sind, benutzt man Fehler von S als Sammelbegriff für F. von S und Fehlerzustände von S.

Weil die Schnittstelleneigenschaften von S für die Nutzung der Fähigkeiten des Systems durch seine Umgebung von primärem Interesse sind, erhalten Fehlerzustände von S ihre wesentliche Bedeutung aus dem Zusammenhang, indem sie mit F. von S stehen. Fehlerzustände von S können → Fehlerursachen für F. von S sein. Genauer gilt: Fehlerzustände und → Störungen von S sind notwendige, aber nicht hinreichende Voraussetzungen für F. von S. Aus diesem Zusammenhang ergeben sich Hinweise auf Maßnahmen der → Fehlervermeidung und Maßnahmen der → Fehlertoleranz, die anzuwenden sind, wenn F von S ausgeschlossen werden soll.

F. eines Rechensystems S lassen sich nach ihrer Dauerhaftigkeit, nach der Lebensphase von S, in der sie auftreten, nach den Komponenten von S, deren Eigenschaften sie betreffen, oder nach den Arten der Anforderungen, die an S gestellt werden, klassifizieren. Die Klassifikation nach ihrer Dauerhaftigkeit führt zu transientem F. (→ transiente Fehler) oder zu permanentem F. (→ permanente Fehler). Gemäß der Lebensphase von S, in der F. von S auftreten, sind sie → Betriebsfehler. Die Klassifikation von F. nach Komponenten von S orientiert sich an den Beiträgen, die Komponenten zu den Schnittstelleneigenschaften von S leisten, und an den äußeren Eigenschaften der Komponenten, für die F. vorliegt. Von den Arten der Anforderungen, die an S gestellt werden, sind insbesondere die an die Zuverlässigkeit und die Rechtssicherheit des Systems gestellten zu nennen. Wenn S an seiner Schnittstelle nach außen ein Programm anbietet, das falsche Ergebnisse liefert, dann liegt bei entsprechenden Aufträgen F. von S vor, das die → Zuverlässigkeit von S beeinträchtigt. Wenn S an seiner Schnittstelle nach außen einen Dienst zur → Identifikation und zur → Authentifikation berechtigter Benutzer anbietet, der die Maskerade eines Angreifers fehlerhaft nicht erkennt, dann liegt F. von S vor, das die Rechtssicherheit von S beeinträchtigt.

*P. P. Spies*

**Feld, systolisches** ⟨*systolic array*⟩. Hochparallele, reguläre Anordnung vernetzter einfacher Rechenwerke auf höchstintegrierten Halbleiterbausteinen (→ VLSI).

S. F. sind festverdrahtete Spezialrechner, die für genau eine oder eine beschränkte Klasse von Anwendungen eine höhere Rechenleistung als Universalrechner anbieten. Anders als beim frei programmierbaren Universalrechner mit großer Anwendungsbreite, aber beschränkter Leistungsfähigkeit wird hier versucht, rechenzeitaufwendige → Algorithmen auf großen Datenmengen direkt in eine hochparallele → Hardware abzubilden.

S. F. bestehen aus Mengen miteinander verbundener Rechenwerk-Zellen, die einfache → Operationen auszuführen gestatten. Die Verbindungsstruktur ist meist regulär: zweidimensionale Felder, Bäume, Ringe. Die im s. F. zu bearbeitenden → Datenströme werden über die Ränder des Feldes eingegeben. Die Anordnung und die Verbindung der Rechenwerk-Zellen sind so zu wählen, daß jedes Datum in jeder zu durchlaufenden Zelle auch wirklich verarbeitet wird.

Die Speicherung der Ergebnisse erfolgt erst wieder nach Verlassen des Feldes im externen → Speicher. Dieser externe Speicher verhält sich wie das „Herz" des s. F., das die Daten durch die Rechenwerk-Zellen pumpt. Geeignet für s. F. sind allerdings nur Algorithmen, bei denen die Anzahl der Rechenschritte deutlich größer ist als die Anzahl der Ein-/Ausgabe-Operationen.

Die Entwicklung der s. F. ist eng mit dem Fortschritt der Halbleitertechnologie und immer höheren Integrationsdichten verknüpft. Auf höchstintegrierten Bausteinen mit $10^6$ und mehr Transistorfunktionen lassen sich relativ kostengünstig größere Felder (einige hundert bis tausend) einfacher Rechenwerke unterbringen. Da die → Kommunikation nur an den Rändern der Felder erfolgt, ist die beschränkte Anzahl von externen Anschlüssen an Halbleiterbausteinen erträglich. Durch die relativ geringe Komplexität der Rechenwerk-Zellen sowie die Regularität der Zellen und der Verbindungen ist der Entwurfsaufwand gering und VLSI-gerecht.

Das Bild zeigt das klassische Beispiel für systolische Felder: die Multiplikation von Bandmatrizen A und B der Bandbreite l=4 entlang ihrer Hauptdiagonalen. Die Ergebnismatrix C hat also eine Bandbreite von 7. Die Berechnung erfolgt durch ein s. F. von 16 Rechenwerk-Zellen, die jeweils eine Multiplikation und eine Addition ausführen. Das s. F. kann die Matrixmultiplikation für Bandmatrizen mit Dimensionen n×n für beliebige n in 3n+1 Schritten ausführen. Für einen konventionellen Rechner mit einem Rechenwerk würde der Aufwand an Rechenzeit für diese Aufgabe im Bereich von $O(n^3)$ liegen, während er für das angegebene Feld für große l (und entsprechend mehr Zellen) nur $O(4n)$ beträgt. Der Geschwindigkeitsgewinn liegt also in der Größenordnung von $O(n^2)$.  *Bode*

Literatur: *Zehendner, E.*: Entwurf systolischer Systeme. Leipzig 1996.

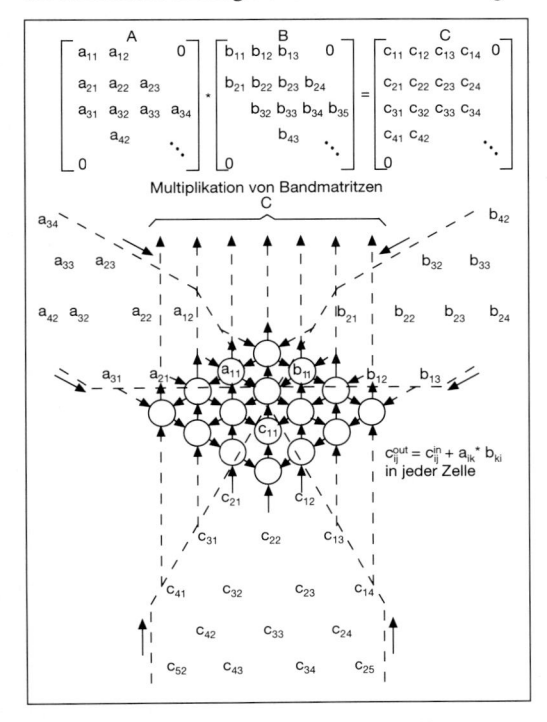

*Feld, systolisches: S. F. für die Multiplikation von Bandmatrizen*

**Feldbus** ⟨field bus⟩. Digitales serielles Übertragungssystem für die Prozeßsteuerung und -überwachung in der automatisierten Fertigung. Dieser spezielle Bereich der Fertigung wird in der Literatur auch häufig als Feld bezeichnet. Die Feldumgebung stellt hohe Ansprüche an ein Kommunikationssystem, weswegen der Einsatz von üblichen lokalen Netzen (→ LAN) hier nicht in Betracht gezogen werden kann. Insbesondere die Tatsache, daß oft eine große Anzahl einfacher Sensoren und Aktoren (z. B. Temperaturfühler, Servoantriebe und Regler) angeschlossen werden, diese in regelmäßigen Zeitabständen abgefragt werden müssen und Reaktionszeiten von ca. 10 ms verlangt werden, schließt die Verwendung von Netzwerkarchitekturen, die alle Ebenen des → OSI-Referenzmodells vorsehen, aus. Feldbussysteme beschränken sich daher auf die Ebenen 1, 2 und 7 der Sieben-Ebenen-Architektur.

Die heute noch in diesem Bereich verwendete analoge Datenübertragung entspricht nicht mehr den hohen Anforderungen, die an ein flexibles, kostengünstiges Kommunikationssystem für die Automatisierung gestellt werden. Von nationalen und internationalen Standardisierungsgremien wie → DIN, → IEEE, ISA (Instrument Society of America) und → IEC wurden die Anforderungen an Feldkommunikationssysteme festgelegt und Normen erarbeitet. Die bekanntesten standardisierten Systeme sind → PROFIBUS, → CAN-Bus, → PDV-Bus und → FIP.

Als → Topologie für Feldbussysteme werden in der Regel der → Bus oder Bushierarchien gewählt, da hiermit eine einfache Ankopplung von Stationen möglich ist. Um die Installationskosten niedrig zu halten, werden verdrillte Kabel oder Koaxialkabel vorgeschlagen, aber auch Glasfaserkabel werden wegen ihrer Robustheit gegenüber elektromagnetischen Störungen optional vorgesehen. Medienlängen von bis zu mehreren Kilometern sollen unterstützt werden. Datenraten werden nicht eindeutig vorgeschrieben, bewegen sich aber bei existierenden Implementierungen zwischen 0,375 kbit/s und 4 Mbit/s.

Alle Dienste auf MAC- (Medienzugriffskontrolle) und LLC-Ebene (→ LLC, Logical Link Control) sind grundsätzlich → verbindungslos, um Zeitverzögerungen durch den Auf- und Abbau von Verbindungen zu vermeiden. Im folgenden werden einige dieser → Dienste und → Protokolle vorgestellt.

□ *MAC-Ebene.* Der Einsatz der Punkt-zu-Punkt-Verbindungen bringt den Nachteil mit sich, daß der Medienzugriff auf das gemeinsame → Übertragungsmedium geregelt werden muß. Dies kann in dieser Umgebung, in der oft zur Zeit der → Konfiguration des Systems bekannt ist, welche Abfragen wann zu erfolgen haben, durch eine zentrale Überwachungsstation erfolgen (→ FIP). Um die Funktionalität des Gesamtsystems auch beim Ausfall einer zentralen Bussteuerung zu gewährleisten, können die Funktionen der Bussteuerung häufig auch von anderen Stationen übernommen werden. Ein weiterer Schritt zur Flexibilisierung des Kommunikationssystems ist die Möglichkeit, die Buskontrolle von einer primären Station (in der Literatur als Master-Station bezeichnet) an eine sekundäre Station weiterzugeben (→ PDV-Bus). Die dritte und flexibelste Möglichkeit ist die Aufteilung des Übertragungsmediums zwischen mehreren gleichberechtigten Master-Stationen. In diesem Fall wird die Zugangsberechtigung durch Token-Passing geregelt (→ Token-Bus), das durch Zeitschranken eine obere Zugriffsverzögerung für jede Station gewährleisten kann. Insbesondere der PROFIBUS verwendet dieses Verfahren.

□ *LLC-Ebene.* Typische Dienste auf Logical-Link-Control-Ebene sind:
– SDN (Send Data with No acknowledge), der nach der Nachrichtenübertragung keine Quittung der Empfängerstation verlangt und sich somit für Broadcast-Übertragungen eignet.
– SDA (Send Data with Acknowledge), der eine Quittung für die übertragenen Daten vom Empfänger verlangt.
– RDR (Receive Data with Reply), der Daten von der Partnerstation anfordert.
– SRD (Send and Receive Data), der Daten in beide Richtungen befördert.

Einige Feldbussysteme verwenden darüber hinaus zyklische Dienste, welche die Reihumabfrage von z. B. Sensoren ermöglichen. Zu nennen ist hier insbesondere der PROFIBUS, der sowohl einen zyklischen RDR (CRDR) als auch einen zyklischen SRD-Dienst (CSRD) anbietet. Diese Dienste sind für den synchro-

nen Teil der Datenübertragung, der hauptsächlich dem Polling dient, entwickelt worden, da die zu übertragenden Daten in speziellen Speicherplätzen auf LLC-Ebene abgelegt und aktualisiert werden, so daß keine zusätzliche Verzögerung entsteht.

□ *Anwendungsebene.* Die Dienste der Anwendungsebene beziehen sich häufig nur auf Variablenzugriff und Variablenmanagement (ISA). Einige Feldbussysteme verwenden auch Teilmengen der → MMS-Dienste neben ihren eigenen. *Hermanns/Spaniol*

Literatur: Feldbusse im Maschinen- und Anlagenbau. VDMA, Frankfurt/Main 1991.

**Feldrechner** ⟨*array processor*⟩. → Parallelrechner mit → Nebenläufigkeit von n taktsynchron arbeitenden Rechenwerken, die jeweils denselben → Befehl, aber auf verschiedenen → Daten, ausführen. Das Feld von Rechenwerken wird also von genau einem zentralen → Leitwerk gesteuert, das einen gemeinsamen Befehlsstrom interpretiert. Einzige Freiheitsgrade der Rechenwerke sind die Adreßmodifikation beim Zugriff auf die → Operanden und – gesteuert über ein Aktivitätsregister – die Inaktivierung bei der Ausführung einzelner Befehle. Die Rechenwerke sind i. d. R. in einem zweidimensionalen Feld angeordnet mit Verbindungen zu den jeweiligen Nachbarn in den vier Himmelsrichtungen. Um den schnellen Zugriff auf Daten zu ermöglichen, sind die einzelnen Rechenwerke des F. mit eigenen → Speichern ausgestattet (Bild).

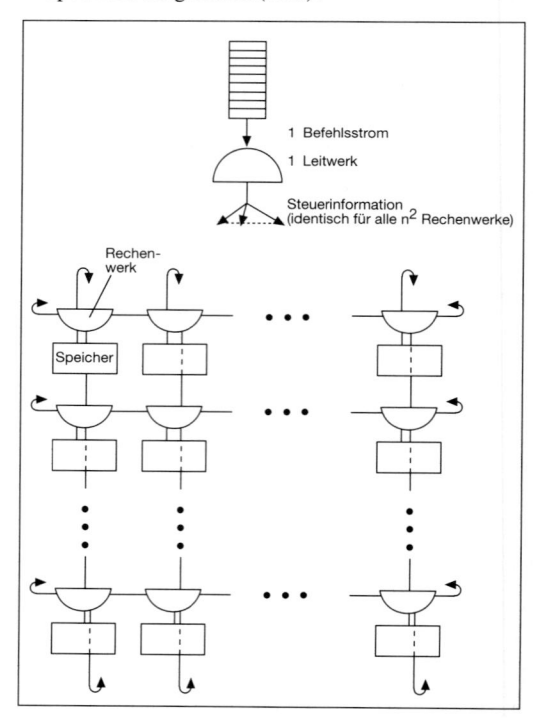

*Feldrechner: Struktur eines F.*

F. sind besonders geeignet für die Verarbeitung feldartiger Daten (Vektoren, Matrizen). Probleme ergeben sich durch die notwendige Verteilung der Daten auf die Rechenwerke sowie die Anpassung der Dimension der zu verarbeitenden Daten auf die Rechenwerke des F. Für die Verarbeitung von Skalardaten sind F. i. allg. ungeeignet. Sie werden daher i. allg. als Spezialrechner im Verbund mit konventionellen Universalrechnern eingesetzt. Mit der Entwicklung zur Standardisierung der → Rechnerarchitekturen verlieren die F. an Bedeutung. *Bode*

**FEM** ⟨*FEM (Finite Element Method)*⟩ → Finite-Elemente-Methode

**Fenster** ⟨*window*⟩ → Überlastkontrolle; → Window; → Fenstertechnik

**Fenstertechnik** ⟨*window technique*⟩. Der Gebrauch von Fenstern (windows) auf einem → Bildschirm wird häufig mit der Arbeit an einem gewöhnlichen Büroschreibtisch verglichen (Schreibtisch-Metapher). Verschiedene Dokumente werden auf dem Schreibtisch neu geordnet, zeitweise zur Seite gelegt oder vom Schreibtisch ganz entfernt. Für einen Nutzer, der an einem Rechner arbeiten muß, ist es sinnvoll, wenn er dort nach der gleichen Methode vorgehen kann.

Die F. basiert auf Fensterverwaltungssystemen, die es ermöglichen, Fenster zu erzeugen, anzuzeigen, zu verarbeiten und zu verwalten. Unter einem Fenster versteht man dabei einen rechteckigen, zum Rand parallelen Bereich des Bildschirms (Bild 1). Fenster können auf dem Bildschirm verschoben, vergrößert oder verkleinert und an das obere oder untere Ende eines Fensterstapels verschoben werden. Selbst überlappende Fenster sind häufig realisierbar.

Ein Fensterverwaltungssystem besteht im Prinzip aus zwei Teilen.:
– Der Benutzer kommuniziert mit dem Fenstermanager (window manager), wenn er Fenster auf dem Bildschirm erzeugt, öffnet, verschiebt usw.
– Das eigentliche Fenstersystem (window system) realisiert diese Funktionen und ist dem Fenstermanager untergeordnet. Ein bestimmtes Fenstersystem kann sich durchaus über verschiedene Fenstermanager dem Benutzer unterschiedlich präsentieren.

Der Fenstermanager ist für das Fenstersystem das, was ein Kommandointerpreter für einen → Betriebssystemkern ist. Der Fenstermanager nutzt, genauso wie andere Anwendungsprogramme auch, die Funktionen des Fenstersystems, um seine Aufgaben zu erfüllen. Dazu gehören u. a.
– das Erzeugen, Öffnen und Schließen von Fenstern,
– das Stapeln von Fenstern und Hervorholen von Fenstern aus dem Stapel,
– das Verwandeln von Fenstern in → Icons, d. h. in kleine Fenster mit geringem Platzbedarf auf dem Bildschirm,
– der Start sowie das Beenden von Anwendungen.

Das Fenstersystem arbeitet in einigen Systemen wie im X-Window-System als → Server, der seine Dienste allen Clients (den Anwendungen) zur Verfügung stellt (Bild 2). Eine derartige → Server-Client-Struktur gestattet einen sehr flexiblen Umgang mit dem Fenstersystem. In anderen Systemen wie → MS-Windows besteht eine engere Kopplung zwischen Fenstersystem und Fenstermanager; beide sind hier praktisch Bestandteil des → Betriebssystems.

Die konsequente Trennung mittels einer eindeutigen → Schnittstelle zwischen einem Fenstersystem und seinen Anwendungen ermöglicht es, Server und Client mittels Interprozeßkommunikation auf unterschiedlichen Computersystemen in einem → Netz arbeiten zu lassen. Damit läßt sich eine erforderliche → Hardware-Leistung gezielt einer bestimmten Anwendung im Netz zuordnen. Problematisch erweist sich hierbei jedoch die Minimierung der Kommunikationszeit zwischen Client und Server.

Fensterverwaltungssysteme, die nicht nach dem Server-Client-Modell aufgebaut sind oder die zwischen dem Fenstersystem und seinen Clients keine Interpro-

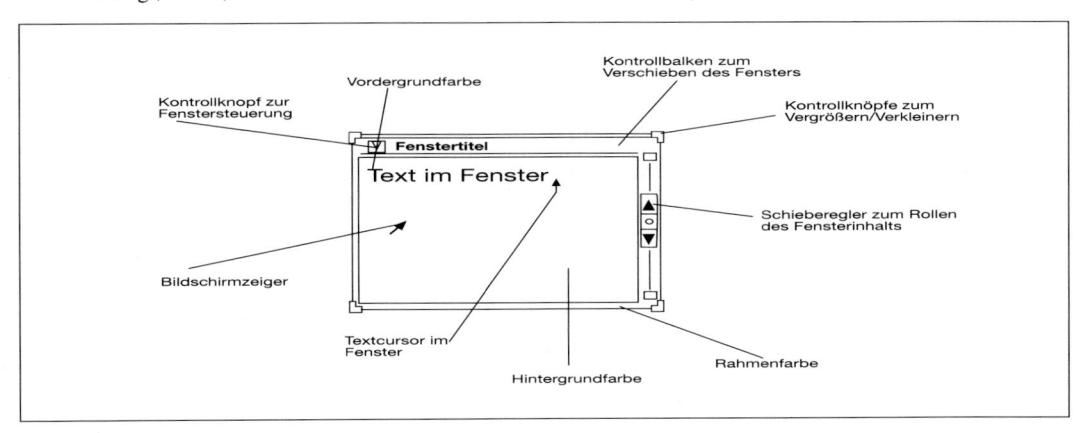

*Fenstertechnik 1: Bestandteile eines Fensters (System Open Windows der Fa. Sun Microsystems)*

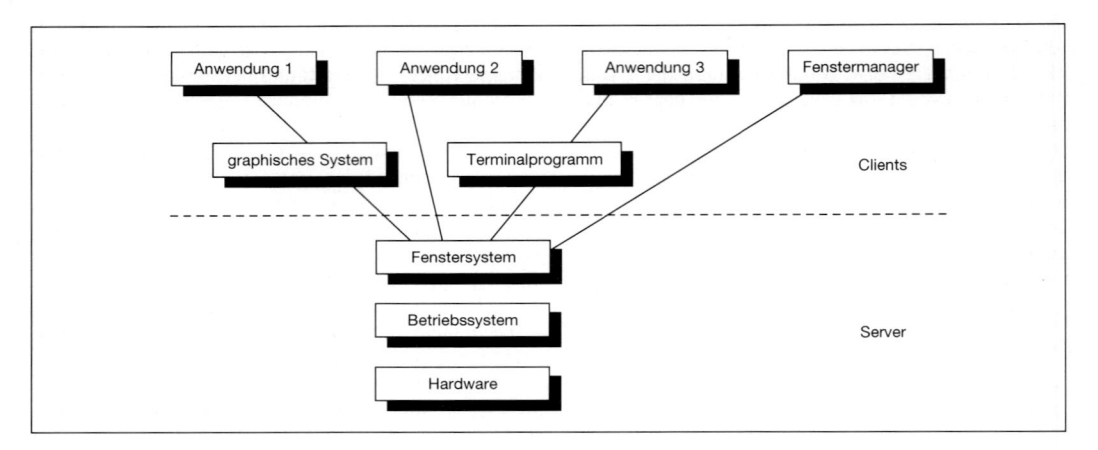

*Fenstertechnik 2: Beziehungen zwischen Fenstersystem, Betriebssystem und Anwendungen bei einer Server-Client-Struktur*

zeßkommunikation realisieren, benötigen weniger graphische Leistung der Hardware und kommen häufig auch mit erheblich weniger → Arbeitsspeicher aus.

Die meisten Fenstersysteme beinhalten üblicherweise nur elementare 2D-Graphikfunktionen, während komfortable graphische Systeme wie → GKS oder → PHIGS als Anwendungsprogramme auf dem Fenstersystem aufgebaut sind.

Im üblichen Sprachgebrauch verwendet man meist nur den Begriff des Fenstersystems und meint damit das Fensterverwaltungssystem, wenn nicht ausdrücklich zwischen Fenstersystem und Fenstermanager unterschieden wird.

Wichtige Funktionen eines Fenstersystems sind die Eingabe- und Ausgabeverarbeitung. Sie beeinflussen wesentlich die Leistungsfähigkeit des gesamten Fenstersystems.

– Die *Ausgabeverwaltung* steuert die unterschiedlichen Anwendungsfenster auf dem Bildschirm. Die Fähigkeiten der unterschiedlichen Fenstersysteme unterscheiden sich dabei z.T. sehr stark voneinander. Der Hauptunterschied besteht darin, wie verdeckte Fenster bzw. Fensterausschnitte nach dem Aufdecken auf dem Bildschirm angezeigt werden.

– Die *Eingabeverwaltung* muß Ereignisse, die von verschiedenen Eingabegeräten (Tastatur, Maus u. a.) generiert werden, verarbeiten und diese den zutreffenden Anwendungsprogrammen (Clients) zuleiten. Alle Ereignisse, die eintreffen, werden vom Fenstersystem in eine globale Warteschlange abgelegt. Die Verteilung der Ereignisse auf die Anwendungen erfolgt über einen Dispatcher im Fensterverwalter (Bild 3). Jede Anwendung besitzt → Callback-Funktionen, die durch Eingabeereignisse über den Dispatcher aktiviert werden können und die überprüfen, ob zu dem eingetroffenen Ereignis eine → Operation

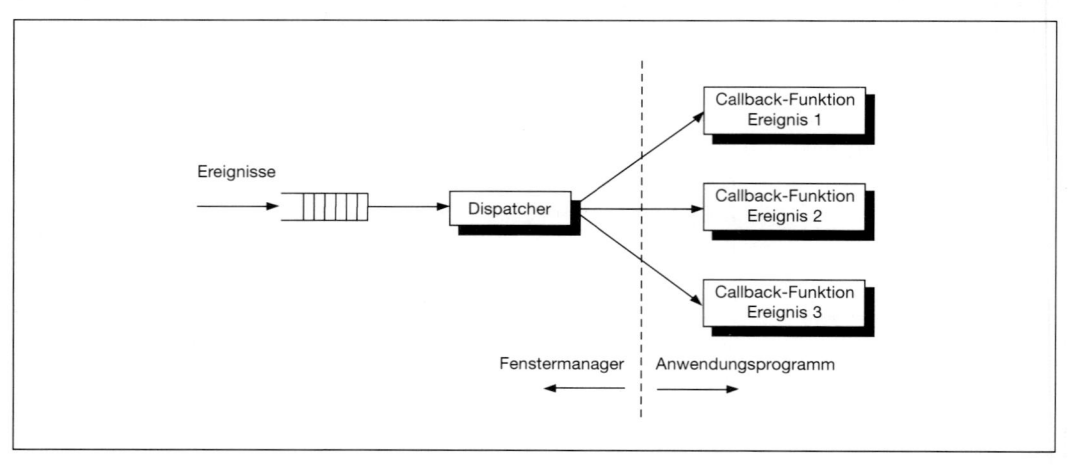

*Fenstertechnik 3: Struktur der Eingabeverwaltung eines Fenstersystems*

definiert ist. Ist dies der Fall, wird diese Operation ausgeführt.

Rechneranwendungen, die die F. verwenden, sind i. d. R. schwierig zu programmieren und besitzen meist eine komplizierte innere Struktur. Moderne Betriebs- und Fenstersysteme unterstützen diese Programmierung deshalb durch spezielle softwaretechnische Werkzeuge (Klassenbibliotheken, Ressourceneditoren u. a.). *Langmann*

Literatur: *Langmann, R.*: Graphische Benutzerschnittstellen. Düsseldorf 1994.

**Fernschreiber** ⟨*telex*⟩ → Telex

**Fernsehempfänger, analoger** ⟨*analogue television set*⟩. Die vereinfachte Struktur eines F. ist im Bild dargestellt. Zunächst sind die Eingangssignale verschiedener Übertragungskanäle in die Basisbanddarstellung zu bringen. Das Luminanzsignal ist hier nicht mehr auf einen Träger moduliert. Nach Decodierung des Übertragungsstandards der Fernsehübertragung liegt ein Komponentensignal YUV aus Luminanz und Farbdifferenzsignalen sowie das Ton- und Synchronisationssignal vor (→ Fernsehsystem). Das Bildsignal kann noch von Flimmern, Flackern und anderen Störungen befreit werden. Nach Matrizierung in ein RGB-Komponentensignal erfolgt die Ansteuerung des Displays durch eine geeignete Stufe.

Im Bild sind als Tuner-Block die Funktionen des Tuners, einer Zwischenfrequenz-Stufe (ZF) und des Videodemodulators zusammengefaßt. Der Tuner mischt den gewünschten Empfangskanal auf die Zwischenfrequenz herab. Die Unterdrückung der unmittelbaren Nachbarkanäle (Nahselektion) erfolgt im fest eingestellten ZF-Filter, meist einem Oberflächenwellenfilter (OFW). Diese Filterung ist insbesondere bei Kabelempfang kritisch, da Nachbarkanäle hier belegt sind.

Nach einer Verstärkung des ZF-Signals erfolgt im Videodemodulator die Abbildung ins Basisband z. B. mittels Synchrondemodulation bei Restseitenbandmodulation der Luminanz (Standards B, G, I, M, ...). Danach sind beim FBAS-Signal nur noch Farbdifferenzsignale und Ton getragert, beim MAC-Signal sind noch alle Komponenten im Zeitmultiplex verschachtelt. Der Videodemodulator erzeugt weiterhin Steuersignale zur Regelung von Frequenz (Automatic Frequency Control, AFC) und Verstärkung (Automatic Gain Control, AGC) in Tuner und ZF-Verstärker.

Der Kabeltuner muß in Europa zusätzlich zu den bisherigen Kanälen die Kabel-Sonderkanäle S2 bis S20 im VHF-Bereich empfangen können. Der Satellitentuner muß FM-modulierte Empfangssignale im GHz-Bereich verarbeiten. Über die SCART-Buchse können Basisbandsignale z. B. vom Videorecorder direkt eingespeist werden.

Die folgenden Decoderstufen separieren die bei PALplus, PAL, NTSC und SECAM im Frequenzmultiplex und bei D2MAC und MUSE im Zeitmultiplex übertragenen Luminanz- und Chrominanzsignale YUV. Für PAL, NTSC und SECAM werden heute analoge Multistandarddecoder eingesetzt. Diese erkennen automatisch den Farbsignalstandard, benötigen keinen Abgleich mehr und besitzen nur wenige externe Bauelemente. Digitale Multistandarddecoder werden in Personal-Computer-Umgebung eingesetzt. Die Decodierung der Zeitmultiplex-Signale (MAC) erfolgt digital.

Im Block „Synchronisation" werden die Pulse für die vertikale und horizontale Synchronisation aus dem Empfangssendesignal extrahiert. Diese werden beim

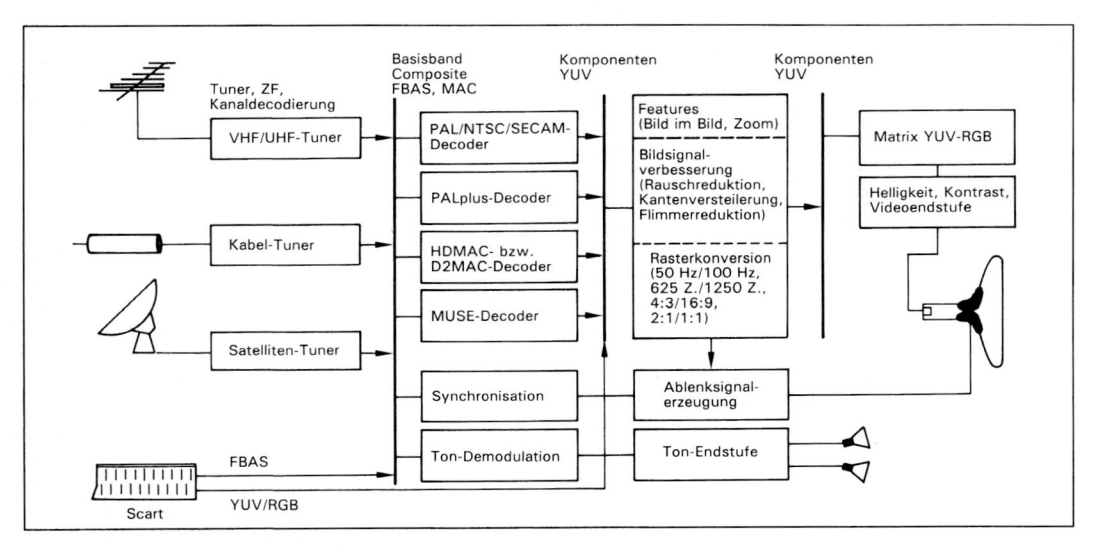

*Fernsehempfänger, analoger: Grobstruktur*

FBAS-Signal mit besonders hoher Amplitude (Fernsehsystem) und bei MAC-Signalen digital codiert übertragen. Das Bildraster wird in der Stufe Ablenksignalerzeugung auch bei Fehlen von Synchronpulsen kontinuierlich generiert. Zur Störunterdrückung beim Phasenvergleich werden Synchronpulse nur in der Nähe der erwarteten Position akzeptiert. Zeilen- und Bildfrequenz des Display-Rasters können bei einer Rasterkonversion vom Empfangssignal abweichen.

Auf YUV-Komponentenebene können nun je nach Empfängerkonzept Verfahren der Bildsignalverbesserung eingesetzt werden. Zu IDTV (Improved Definition Television) zählen Verfahren ohne Beteiligung des Senders. Beispiele sind die Reduktion von Rauschen (Schnee) oder Echos (Geisterbilder), Kantenversteilerung (Schärfeanhebung) oder Flimmerbefreiung. Für die Kantenversteilerung von Luminanz und Chrominanz vertikal verlaufender Kanten existieren auch analoge integrierte Schaltungen. Die anderen Algorithmen werden meist digital realisiert.

Hierbei wird auch das Bildraster modifiziert. Zur Beseitigung des Großflächenflimmerns und Kantenflackerns wird die Bildfrequenz von 50 auf 100 Hz erhöht. Für die Berechnung der neuen Teilbilder können beide benachbarten Originalbilder herangezogen werden. Zur Beseitigung des Kantenflackerns ist alternativ auch der Wechsel von Interlace 625 Z./2 : 1 auf progressive Darstellung 625 Z./1 : 1 oder auf hochzeilige Darstellung mit 1 250 Zeilen möglich.

Bei Empfang von 4 : 3-Signalen in 16 : 9-Empfängern ist eine horizontale Dezimation oder zumindest Pufferung des Bildsignals erforderlich.

Funktionelle Ergänzungen sind Zoom und Bild-im-Bild. Beim Zoom wird der Bildinhalt gedehnt dargestellt. Beim Bild-im-Bild-Modus wird das Signal einer zweiten Quelle (zweiter Tuner oder SCART) auf ca. $1/9$ der Fläche verkleinert und eingeblendet. Es können auch mehrere kleine Bilder gleichzeitig dargestellt werden. Hierbei wird oft der zweite Tuner periodisch zwischen den benötigten Kanälen umgeschaltet, so daß jedes kleine Bild nur entsprechend seltener aktualisiert wird.

Kostenintensivstes Bauelement zur Bildsignalverbesserung ist meist der Bildspeicher. Man ist daher bemüht, diesen für möglichst viele Algorithmen gleichzeitig zu nutzen. Dies führt oft auf die Forderung nach speziellen Bildspeicherarchitekturen, z. B. mit mehreren Ausgängen verschiedener Taktrate. Aufgrund des Bildspeichers erfolgt die Signalverarbeitung dieser Stufen auch im a. F. digital.

Die Ansteuerung des Displays sollte die Arbeitspunkte des Displays (Schwarzpunkt, Weißpunkt) automatisch einstellen und darüber hinaus die Variation von Farbsättigung, Kontrast und Helligkeit ermöglichen. Für die Steuerung der integrierten Schaltungen eines a. F. hat sich der $I^2C$-Bus durchgesetzt. Dies ist ein serieller Zweidrahtbus. *Grigat*

Literatur: *Mäusl, R.*: Fernsehtechnik. Hüthig 1991. – *Wendland, B.* und *H. Schröder*: Fernsehtechnik. Hüthig 1991.

**Fernsehen, digitales** ⟨*digital video*⟩. Umfaßt u. a. die Quellencodierung (speziell MPEG) der Bild-, Ton- und Datensignale, die Kanalcodierung und die Technik zur Verbreitung einschließlich des Rückkanals vom Zuschauer zum Programmanbieter, die Datenverschlüsselung z. B. für kostenpflichtige Dienste (Pay TV, Pay per View, Pay per Channel) sowie die Gestaltung von Nutzeroberflächen des Endgeräts. Der Begriff d. F. umfaßt dagegen üblicherweise nicht die digitale Schaltungstechnik im Empfänger oder im Produktionsstudio. Das d. F. wird z. Z. in Form des „Digital Video Broadcasting" (DVB) bzw. „Digital TeleVision Broadcasting" (DTVB) nahezu weltweit eingeführt. Die Übertragung erfolgt fast fehlerfrei (Quasi Error Free (QEF)) in Datencontainern mit ca. 40 Mbit/s (Satellit, Kabel) bzw. ca. 20 Mbit/s (terrestrisch). DVB ermöglicht durch Bilddatenkompression die Vervielfachung der Zahl der Fernsehprogramme, die in einem Übertragungskanal bzw. Datencontainer übertragen werden können. Heutige Fernsehqualität erfordert bei MPEG-2-Codierung ca. 4 bis 6 Mbit/s. DVB umfaßt darüber hinaus im Rahmen der verfügbaren Kanalkapazität die Übertragung von Hörfunkprogrammen, von Datenrundfunk sowie die flexible Wahl von Bild- und Tonqualität einschließlich HDTV. Weiterhin besitzt DVB die typischen Merkmale digitaler Technik wie die einfache Übertragung über Telekommunikationsleitungen als Dienst unter vielen sowie die mögliche Integration in die Welt der Personal Computer. *Grigat*

Literatur: *Reimers, U.* (Hrsg.): Digitale Fernsehtechnik. Springer, Berlin 1995.

**Fernsehen, hochauflösendes** ⟨*high definition television*⟩ → HDTV

**Fernsehen, interaktives** ⟨*interactive video*⟩. Unter dem Oberbegriff MPEG-4 wird die Kombination der bisher getrennten Anwendungsgebiete → Interaktivität am Computer, Fernsehen und Bildtelekommunikation angestrebt. Das Spektrum der Interaktivität erstreckt sich von der gezielten Auswählen des Startzeitpunkts von TV-Übertragungen (interaktives → Video-on-Demand) über die gezielte Auswahl von Film-, Bild- und Datenmaterial aus einem großen Katalog von Sachinformation (elektronische Bibliothek, → Datenbanken), aktueller Information (elektronischer Kiosk) und Unterhaltung (elektronische Videothek) sowie den interaktiven Eingriff in das Handlungsgeschehen (Spiele mit örtlich u. U. weit verteilten Teilnehmern) bis hin zur interaktiven Steuerung und Bestellung von Dienstleistung (Homeshopping, Homebanking, Homebooking). Wichtige Kriterien sind hierbei u. a. die initialen, periodischen und nutzungsabhängigen Kosten für den Endkunden, die Bandbreite der verfügbaren Leitungen und → Server sowie die Geschwindigkeit, Darstellungsqualität und Ergonomie der → Endgeräte. Als wesentliche erforderliche Neuerungen werden u. a. Beschreibungssprachen für die darzustellenden Aktionen und Inhalte in Kombination mit leistungsfähiger Computergraphik im Endgerät angesehen. *Grigat*

**Fernsehsystem** ⟨*television system*⟩. Die Definition eines F. umfaßt die Bildfeldzerlegung und Codierung farbiger Bildvorlagen für die Verarbeitung und Übertragung. Hierzu muß die Bildvorlage durch einen Bildaufnehmer abgetastet und das Signal geeignet gefiltert werden. Für die Übertragung ist die Information dann je nach Übertragungsstandard zu codieren. Die Übertragung des Fernsehsignals erfolgt seriell über Satellit, Kabel oder VHF/UHF-Antenne (terrestrisch).

Im analogen F. wird die Bildszene (Bild 1) zeitlich in Teilbilder, und diese werden wiederum vertikal örtlich in Zeilen zerlegt. Jeweils zwei aufeinander folgende Teilbilder bilden ein Vollbild, wobei das erste Teilbild die ungeradzahligen Zeilen und das zweite Teilbild die geradzahligen Zeilen des Vollbilds enthält. Dieses Abtastmuster heißt Zeilensprungverfahren, Interlace oder vertikal-zeitliche Offset-Abtastung.

In horizontaler Ortsrichtung x bleibt das analoge Bildsignal kontinuierlich. Die horizontale Ortsauflösung wird durch das Verhältnis von Übertragungsbandbreite und Zeilenfrequenz bestimmt. Ein CCD-Bildaufnehmer diskretisiert zwar auch in Zeilenrichtung, das Ausgangssignal des Sensors ist jedoch wieder kontinuierlich.

Die Bildübertragung erfolgt Zeile für Zeile von oben nach unten in jedem Teilbild. Der Empfänger stellt das Signal ebenso Zeile für Zeile völlig synchron zum Sender dar. Dies ist möglich durch die Übertragung von Horizontal- und Vertikal-Synchronpulsen (Bild 2). Für die Darstellung mittels Elektronenstrahlröhre enthält das Teilbild neben den sichtbaren (aktiven) Zeilenabschnitten mit Bildinhalt noch horizontale und vertikale Austastlücken für den nicht sichtbaren Strahlrücklauf. Das Gesamtsignal wird auch als BAS-Signal (Bild, Austastlücke, Sync) bezeichnet.

Die Vor- und Nachtrabanten des Vertikalsyncs besitzen für moderne Ablenkschaltungen keine Bedeutung mehr. In den letzten Zeilen der vertikalen Austastlücke werden Testsignale und Videotext übertragen. Zur Einstellung der Interlace-Rasterlage beginnt das zweite Teilbild in der Mitte der Zeile 313.

Es existieren verschiedene Übertragungsstandards, die sich in Bildfrequenz, Zeilenzahl und Bandbreiten unterscheiden. Einige exemplarische Standards sind in der Tabelle dargestellt. Während in USA und Japan (Standard M) aufgrund der geringeren Zeilenzahl die Zeilenstruktur eher sichtbar wird, stört bei den anderen Standards bei hellen weißen Bildinhalten das Großflächenflimmern mit 50 Hz. Im einen Fall strebt man daher im Empfänger eine Bilddarstellung mit doppelter Zeilenzahl pro Teilbild (progressive Darstellung, 525 Z., 1:1), im anderen Fall eine Verdoppelung der Teilbildfrequenz auf 100 Hz an.

In Deutschland besitzen die VHF-Kanäle 7 MHz und die UHF-Kanäle 8 MHz Bandbreite. In den USA ist die Bandbreite mit 6 MHz am kleinsten. Das Bild wird stets in Restseitenband-Amplitudenmodulation (C3F) moduliert. Außer bei Standard L tasten Störpulse das Bild dunkel, da den großen Amplituden Schwarz bzw. Synchronsignal zugeordnet ist. Der Ton wird oberhalb des Bildspektrums in Frequenzmodulation (F3E) übertragen. Eine Ausnahme bildet Standard L mit Amplitudenmodulation (A3E) des Tons.

Im zukünftigen digitalen F. wird die Bildinformation dreidimensional (vertikal, horizontal und zeitlich) diskretisiert. Zur Übertragung und Speicherung wird die Bild- und Toninformation mit digitalen Datenreduktionsverfahren (z. B. MPEG-2) komprimiert. Ein wichtiges digitales F. entsteht im europäischen „Digital Video Broadcasting"-Projekt (DVB), auch „Digital TeleVision Broadcasting" (DTVB) genannt.

Für eine Farbübertragung werden drei spektral verschiedene Größen für Rot R, Grün G und Blau B benötigt. Jeder in der Natur relevante Farbeindruck läßt sich nämlich für das menschliche Auge durch die Summe von drei geeigneten Lichtreizen erzeugen (*Young, Helmholtz*). Diese Summe braucht dabei physikalisch nicht dieselbe Spektralverteilung wie das Ori-

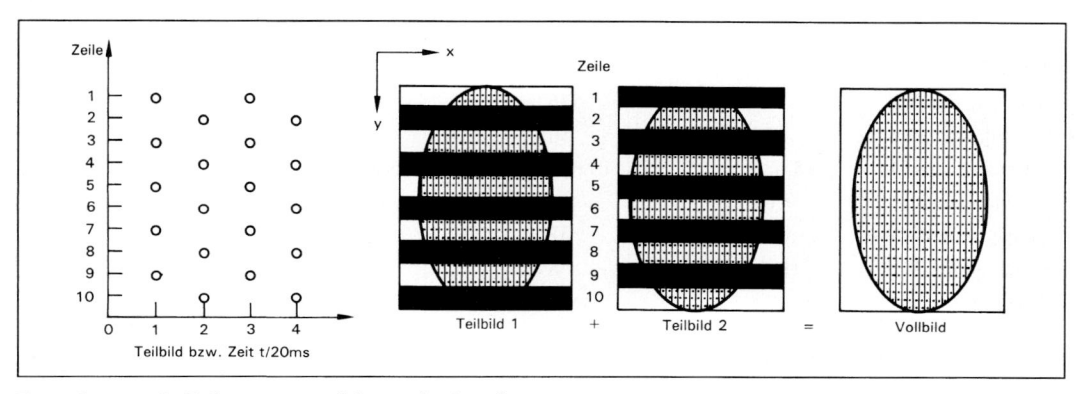

*Fernsehsystem 1: Zeilensprungverfahren oder Interface*

Fernsehsystem

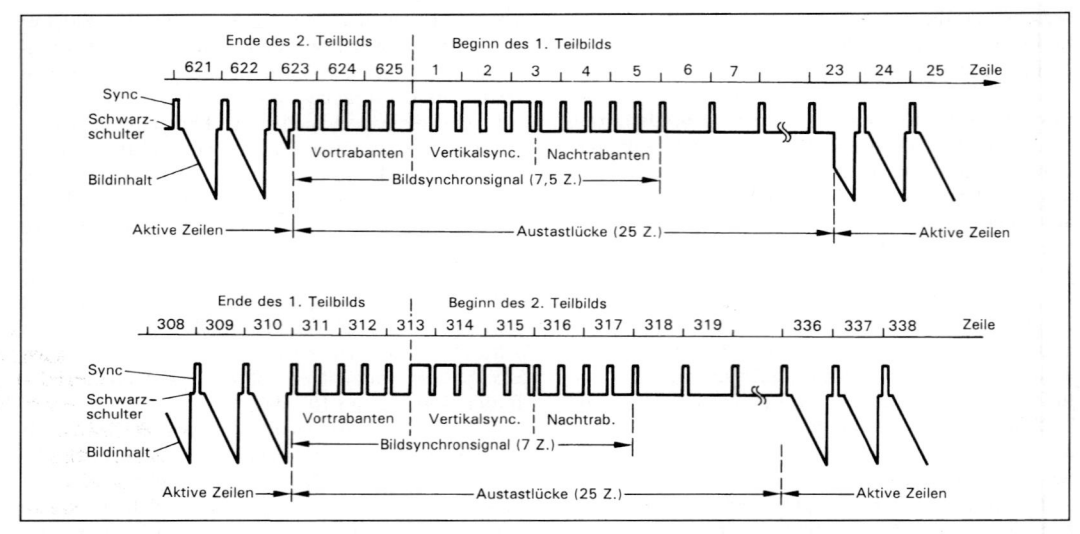

*Fernsehsystem 2: BAS-Fernsehsignal mit Bildinhalt B, vertikalen und horizontalen Austastlücken A und Synchronpulsen S*

ginal besitzen und kann trotzdem denselben Farbeindruck erzeugen (metamere Farbreize). Farbwahrnehmung ist eine subjektive Empfindung.

In der Farbmetrik werden Farbreize durch Vektoren (Farbvalenzen $\underline{F}$) als Linearkombination von Einheitsvektoren (Primärvalenzen $\underline{R}$, $\underline{G}$, $\underline{B}$) dargestellt $\underline{F} = R\underline{R} + G\underline{G} + B\underline{B}$. Die Koeffizienten R, G, B bilden die zu übertragende Information in Form elektrischer Signale $U_R$, $U_G$ und $U_B$. Die Primärvalenzen können z. B. für den Farbeindruck der einzelnen Bildschirmphosphore stehen. In dem durch die Primärvalenzen aufgespannten dreidimensionalen Farbraum entspricht jeder Farbempfindung genau ein Ort (Farbort). Aufgrund geeigneter Skalierung der Primärvalenzen ergeben sich für R = G = B unbunte Farben (Grautöne).

Bei einem Schwarz-Weiß-F. wird die Leuchtdichte (Luminanz) Y übertragen. Diese errechnet sich aus den Farbwerten R, G, B des Farbfernsehsystems zu Y = 0,30R + 0,59G + 0,11B. Die Faktoren ergeben sich aufgrund der spektral verschiedenen Empfindlichkeit des Auges für die Primärvalenzen $\underline{R}$, $\underline{G}$, $\underline{B}$. Die Luminanz enthält keine Farbinformation.

Für eine zum Schwarz-Weiß-System kompatible Farbübertragung ist Y unverändert beizubehalten und

*Fernsehsystem. Tabelle: Die Übertragungsstandards für Schwarzweiß-Fernsehen legen das Bildraster, die Kanalstruktur und die Modulationsarten fest. C3F ist Restseitenband-AM, F3E Frequenzmodulation und A3E Amplitudenmodulation*

| Standard | B.G | I | L | M |
|---|---|---|---|---|
| eingesetzt in | Deutschland | Groß-Brit. | Frankreich | USA, Japan |
| Zeilen/Vollbild | 625 | 625 | 625 | 525 |
| Aktive Zeilen/VB | 576 | 576 | 576 | 487 |
| Halbbildfrequenz/Hz | 50 | 50 | 50 | 60 |
| Zeilenfrequenz/Hz | 15 625 | 15 625 | 15 625 | 15 750 |
| Zeilendauer/µs | 64 | 64 | 64 | 63,5 |
| Aktive Zeilend./µs | 52 | 52 | 52 | 52,7 |
| Kanalbandbr./MHz | 7 (B)/8 (G) | 8 | 8 | 6 |
| Bild/Ton-Trägerabstand/MHz | 5,5/5,74 | 6 | 6,5 | 4,5 |
| Modulationsart Bild | C3F neg. | C3F neg. | C3F pos. | C3F neg. |
| Modulationsart Ton | F3E | F3E | A3E | F3E |

um eine Farbinformation derart zu ergänzen, daß diese für unbunte Signale (R = G = B = Y) verschwindet. Man verwendet hierzu die Farbdifferenzen (Chrominanz) R–Y und B–Y. Die Chrominanz kann gegenüber der Luminanz in der Bandbreite um mindestens Faktor 2 reduziert werden (4:2:2-System), da der Gesichtssinn eine reduzierte örtliche Farbauflösung besitzt. Die Systeme R, G, B und Y (R–Y), (B–Y) lassen sich ineinander umrechnen mittels

$Y = 0{,}3R + 0{,}59G + 0{,}11B;$
$R - Y = 0{,}7R - 0{,}59G - 0{,}11B;$
$B - Y = -0{,}3R - 0{,}59G + 0{,}89B.$

Für die Übertragung werden die Farbdifferenzen je nach Übertragungsverfahren skaliert und mit U, V (PAL), I, Q (NTSC), $D_R$, $D_B$ (SECAM) oder $C_R$, $C_B$ (digitale Studionorm) bezeichnet. Es gilt z. B. $U = 0{,}493$ (B–Y), $V = 0{,}877$ (R–Y), $I = -0{,}27$ (B–Y) $+ 0{,}74$ (R–Y), $Q = 0{,}41$ (B–Y) $+ 0{,}48$ (R–Y), $D_R = 1{,}9$ (R–Y), $D_B = 1{,}5$ (B–Y).

Zur seriellen Übertragung über einen gemeinsamen Kanal müssen die drei zugehörigen Signale $U_Y$, $U_{R-Y}$, $U_{B-Y}$ noch kombiniert werden. Dies kann zeitlich geschachtelt (Zeitmultiplex) oder im Frequenzbereich überlagert (Frequenzmultiplex) geschehen. Nur bei Zeitmultiplex ist eine exakte Trennung der Signale im Empfänger möglich. D2MAC verwendet z. B. Zeitmultiplex. Luminanz und Chrominanz jeder Zeile werden nacheinander während dieser Zeile übertragen. Hierzu ist allerdings eine zeitliche Kompression erforderlich, welche die Signalbandbreite erhöht.

Die heutigen Übertragungsverfahren PAL, NTSC und SECAM verwenden Frequenzmultiplex. Bei ihnen erfolgt daher im Empfänger ein Übersprechen der Luminanzinformation in die Chrominanz (Cross-Colour) und umgekehrt (Cross-Luminanz). Diese Frequenzmultiplex-Signale werden auch als FBAS (Farbe, Bildinhalt, Austastlücke, Synchronsignal) oder CVBS (Colour, Video, Blanking, Sync) bezeichnet.

Als Übertragungsstandards in Deutschland sollen zukünftig PAL, PALplus und DVB eingesetzt werden.

Für verbesserte Bildqualität zukünftiger F. werden optimierte Abtastmuster untersucht. Allgemein wird die Bildszene zur Abtastung auf die lichtempfindliche Schicht des Bildaufnehmers (target) projiziert. Dort bildet die Leuchtdichte Y(x,y,t) formal eine Funktion der horizontalen und vertikalen Ortskoordinaten x und y und der Zeit t. Durch Abtastung wird diese Funktion in Bildpunkte (Pixel) zerlegt. Diese Bildpunkte werden nacheinander übertragen und bilden das serielle Bildsignal. Die Dichte der Abtastpunkte und deren Gittermuster bestimmen das maximale örtliche und zeitliche Auflösungsvermögen und damit die feinste übertragbare Bildstruktur bzw. die schnellste übertragbare Bewegung (maximale Orts- und Zeitfrequenz, Abtasttheorem). Der Bandbreitebedarf des Übertragungskanals ist dabei der Dichte der Abtastpunkte proportional.

Dichte und Gittermuster der Abtastpunkte werden optimal der Physiologie des menschlichen Gesichtssinns angepaßt. Die Kriterien sind örtliches und zeitliches Auflösungsvermögen des Auges, das subjektive Empfinden von Bildschärfe und Flimmerfreiheit sowie generell die subjektive Originaltreue der Display-Szene. Den theoretischen Hintergrund liefern die Wahrnehmungsphysiologie und Nachrichtentechnik, insbesondere die Theorie mehrdimensionaler Signale.

Für hochauflösende Bildübertragungsverfahren, digitale Bildübertragung und digitale Bildspeicherung wurden adaptive Abtastmuster entwickelt. Zur Reduktion der Übertragungsbandbreite wird das Abtastmuster dem tatsächlichen Bildinhalt z. B. in zwei Alternativen in jedem Bild angepaßt. *Grigat*

Literatur: *Wendland, B.* und *H. Schröder*: Fernsehtechnik. Heidelberg 1991. – *Reimers, U.* (Hrsg.): Digitale Fernsehtechnik. Berlin – Heidelberg 1995. – *Ohm, J.-R.*: Digitale Bildcodierung. Berlin – Heidelberg 1995.

**Festplatte** ⟨*hard disk drive*⟩ → Magnetplattenlaufwerk

**Festprogrammrechner** ⟨*fixed-program computer*⟩. → Digitalrechner, bei dem sich das gespeicherte → Programm in einem → Festspeicher befindet. Dies bedeutet, daß das Programm i. d. R. nur noch durch Austauschen des → Speichers geändert werden kann. F. werden oft zu Steuerungszwecken eingesetzt. Während früher für jede Anwendung eine eigene Schaltung entwickelt werden mußte, kann heute ein in großer Serie gefertigter Mikrorechner für verschiedene Anwendungen eingesetzt werden, indem der → Prozessor durch einen speziell programmierten Festspeicher ergänzt wird, der ein für die Anwendung geschriebenes Programm enthält. Für die Speicherung von Zwischenergebnissen benötigen F. des weiteren einen gewöhnlichen Datenspeicher, in dem auch geschrieben werden kann (RAM). Bei Mikrorechnern (Controller) sind Festspeicher und RAM oft auf einem Halbleiterbaustein zusammen mit dem Prozessor realisiert. *Bode/Schneider*

**Festpunktarithmetik** ⟨*fixed-point arithmetic*⟩. In → Digitalrechnern eine Realisierung der arithmetischen Operationen, bei der die Stellung des *Basispunktes* (z. B. des Dezimalpunktes) nicht automatisch berücksichtigt wird. Der Programmierer muß dafür sorgen, daß bei Addition und Subtraktion die Stellung des Basispunktes bei beiden → Operanden übereinstimmt, und bei Multiplikation und Division die Stellung des Basispunktes im Resultatwert in Abhängigkeit von der in den Operanden bestimmen. Multiplikations- und Divisionsbefehle für F. in Datenverarbeitungssystemen sind oft so realisiert, als stünde der Basispunkt vor der höchsten bzw. hinter der niedrigsten Stelle. Die Bedeutung der F. liegt darin, daß ihre Operationen üblicherweise schneller sind als die der → Gleitpunktarithmetik.

*Beispiele* zur dezimalen F.
a) $1\,024 + 3.2 = 1\,027.2$   $\quad\begin{array}{r}10\,240\\+\quad 32\\\hline 10\,272\end{array}$

Das Beispiel unterstellt eine Realisierung mit dem Basispunkt hinter der letzten Stelle. Um den zweiten Operanden darzustellen, hat der Programmierer eine Darstellung gewählt, bei der jeder Zahlenwert durch Multiplikation mit $10^1$ aus der gespeicherten (niedergeschriebenen) Form wiedergewonnen wird.

b) $1\,024 / 3.2 = 320$   $\quad\begin{array}{r}1\,024\quad\text{(gedacht: }\cdot 10^0\text{)}\\/\quad 32\quad\text{(gedacht: }\cdot 10^{-1}\text{)}\\\hline 32\end{array}$

Aus den bei beiden Operanden gedachten Skalenfaktoren erhält der Programmierer durch Subtraktion (bei Multiplikation durch Addition), daß der gespeicherte Resultatwert noch mit $10^1$ zu multiplizieren ist. *Bode/Schneider*

**Festpunktdarstellung** ⟨*fixed-point*⟩. Eine Zahlendarstellung in → Digitalrechnern, bei der alle Zahlen in ganzzahliger (oder gebrochener) Form dargestellt werden. Der Programmierer kann den Basispunkt (z. B. Dezimalpunkt) zwischen einem beliebigen Stellenpaar annehmen, muß aber selbst dafür Sorge tragen, daß die Stellung des Punktes bei den arithmetischen Operationen korrekt berücksichtigt wird (→ Festpunktarithmetik). Bei Eingabe-/Ausgabeprozeduren mit formatierter, d. h. stellenmäßig vorgegebener, Zahlendarstellung auf dem Trägermedium wird oft ähnlich vorgegangen, indem auf dem Trägermedium der Dezimalpunkt weggelassen und an einer bestimmten Stelle angenommen wird. *Bode/Schneider*

**Festspeicher** ⟨*read only memory*⟩. → Speicher in → Rechenanlagen, deren Inhalt fest ist, d. h. nur gelesen, nicht aber durch Schreiben geändert werden kann (ROM, Read Only Memory). Im Gegensatz zum → ROM-Speicher, bei dem der Hersteller beim Fabrikationsprozeß den Speicherinhalt endgültig festlegt, sind PROM-Speicher (Programmable Read Only Memory) durch den Benutzer mit Hilfe spezieller Geräte genau einmal programmierbar (bei Halbleiterspeichern z. B. durch Durchtrennen dünner Leiterbahnen mittels Anlegen einer entsprechenden Programmierspannung). EPROM bzw. EEPROM-Speicher (Erasable bzw. Electrically Erasable PROM) gestalten den Prozeß des Programmierens reversibel. Sie sind daher das Bindeglied zwischen F. (ROM) und → Direktzugriffsspeicher (RAM). Die → Zugriffszeit für das Schreiben vom PROMs und EEPROMs ist allerdings deutlich höher als die Zugriffszeit für das Lesen.

Wesentliche Eigenschaft von F. ist, daß sie durch Abschalten der Spannung ihre Information nicht verlieren (im Gegensatz zu Halbleiter-Direktzugriffsspeichern). F. werden daher als Mikroprogrammspeicher,

Hauptspeicher für Teile der Systemsoftware (Bootstrapping, Betriebssystem) sowie für die Abspeicherung von Programmen für Steuerungsaufgaben (vorwiegend in Mikrorechnersystemen) eingesetzt. *Bode*

**FIFO** ⟨*FIFO (First In First Out)*⟩. Bezeichnet eine → Warteschlange, aus der das am längsten wartende Element als nächstes bearbeitet wird. Sie wird eingesetzt, um Teilsysteme beim Datenaustausch zu entkoppeln. Meist wird unter dem Begriff „FIFO" die Hardware-Realisierung einer solchen Warteschlange verstanden.

Bei der Realisierung in Software wird i. d. R. ein Ringpuffer verwendet (Bild). Hierbei stehen eine Reihe von Speicherzellen zur Verfügung, die der Reihe nach beschrieben und gelesen werden. Dabei muß beachtet werden, daß nur gültige Daten gelesen und nur bereits gelesene Daten überschrieben werden (s. auch → Speichermanagement).

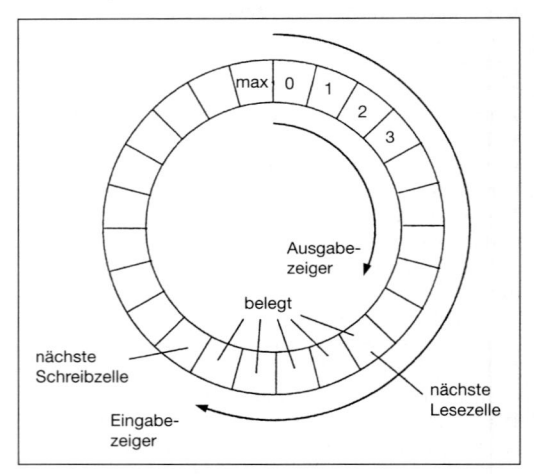

*FIFO: Ausführung als Ringpuffer*   *Petters*

**FIFO-Anomalie** ⟨*FIFO (First In First Out) anomaly*⟩ → Speichermanagement

**File-Transfer (Dateiübertragung)** ⟨*file transfer*⟩ → FTAM, → FTP

**Filter** ⟨*filter*⟩. Im Rahmen digitaler Bürotechnologie Funktion zur → Codewandlung. Wenn keine direkte Abbildbarkeit der verwendeten → Codes aufeinander gegeben ist, kann ein F. Informationsverlust bewirken oder Unterstützung durch menschliche Benutzer zur Angabe zusätzlicher Informationen erfordern. Beispiel: Bei der Abbildung von → ASCII auf den den Fernschreibern zugrundeliegenden Code müssen Großbuchstaben in Kleinbuchstaben und eine Reihe von Sonderzeichen (z. B. %) in Ersatzdarstellungen (z. B. o/o) umgewandelt werden. *Schindler/Bormann*

**Finite-Elemente-Methode** ⟨*FEM (Finite Element Method)*⟩.
Die Methode der Finiten Elemente ist ein universelles Verfahren zur → Diskretisierung von Differentialgleichungen und Integralgleichungen. Das Problemgebiet wird dabei in kleine Teilgebiete, die sog. Elemente, aufgeteilt. In 2D finden meist drei- und viereckige Elemente, im 3D-Fall Quader, Tetraeder, Parallelepide etc. Verwendung. Zugeordnet sind (meist an die Eckpunkte, aber u. U. auch an die Kanten und das Elementinnere) Punkte, die die Werte oder z. B. Ableitungen (Freiheitsgrade) der Unbekanntenfunktionen der betrachteten Differentialgleichung an der jeweiligen Stelle tragen. Sie bilden ein → Gitter oder Netz. Neben uniformen regulären Gittern lassen sich auch irreguläre Gitterstrukturen verwenden und lokale → Verfeinerungs-Methoden einsetzen.

Durch Integration über die Elemente wird die kontinuierliche Differentialgleichung in ein → Gleichungssystem umgewandelt, dessen Lösung eine Näherung der Werte der Unbekanntenfunktionen an der jeweiligen Stelle ergibt. Auf Grund der Lokalität der Elemente können die Freiheitsgrade eines Elements immer nur mit sich selber und mit den Freiheitsgraden der benachbarten Elemente in Beziehung stehen. Die entstehenden Matrizen sind deswegen dünn besiedelt, was ein großer Vorteil in bezug auf Speicherplatz und Rechenzeit ist. Trotzdem sind klassische Lösungsverfahren wie die *Gauß*-Elimination oder das Gesamt- oder Einzelschrittverfahren aufwendig, so daß die Verwendung von → Mehrgitterverfahren sowie der Einsatz von Parallelcomputern insbesondere bei feinen Gittern und im 3D-Fall geboten sind.

Im Ingenieurbereich wird die FEM. insbesondere bei der Struktur- und Festigkeitsanalyse (Statik und Dynamik von Bauwerken oder Maschinenteilen, Elastizitätstheorie), aber auch bei der Wärmeübertragung, der Magnetfeldanalyse, der Bauteiloptimierung oder in der Strömungsmechanik eingesetzt. Finite-Element-Softwarepakete stellen dabei je nach Aufgabenstellung verschiedene Typen von Finiten Elementen zur Verfügung. *Griebel*

Literatur: *Brebbia, C.*: Finite element systems. Springer, Berlin–Heidelberg 1982. – *Schwarz, H. A.*: Methode der Finiten Elemente. Teubner Studienbücher (LAMM). 1995. – *Strang, G.* and *G. J. Fix*: An analysis of the finite element method. Prentice Hall, Englewood Cliffs, NJ 1973.

**Finite-State-Maschine** ⟨*finite state machine*⟩ → Automatentheorie

**Finite-Volumen-Methode** ⟨*finite volume method*⟩.
Ein zur → Finite-Elemente-Methode ähnliches Diskretisierungsverfahren, das hauptsächlich bei der numerischen Strömungssimulation (→ CFD) eingesetzt wird, da es den Vorteil der Konservativität (Erhaltung z. B. von Masse) besitzt. Das Strömungsgebiet wird in eine endliche Zahl von sog. Kontrollvolumen unterteilt, die, wie die Finiten Elemente, ein Gitter oder Netz bilden. Die kontinuierlichen Strömungsgleichungen werden nun über jedem Kontrollvolumen integriert und mit Hilfe des Theorems von *Gauß* in eine Integralgleichung transformiert. Nach Diskretisierung der Flüsse ergibt sich schließlich ein dünn besiedeltes Gleichungssystem. Die Unbekannten sind hierbei häufig den Zentren der Kontrollvolumen zugeordnet. *Griebel*

**FIP** ⟨*FIP (Factory Instrumentation Protocol)*⟩. Der FIP-Bus ist ein von französischen Firmen und wissenschaftlichen Instituten entwickelter → Feldbus.

FIP-Bussysteme unterstützen Übertragungsraten bis zu 5 Mbit/s mit Manchester-Codierung (→ Manchester-Code). Der Medienzugriff wird zentral von einem Bus-Arbitrator gesteuert. Hierbei werden zwei Phasen unterschieden, die sich der Verkehrsstruktur der automatisierten Fertigungsumgebung anpassen. Die regelmäßige Abfrage von Geräten oder Prozessen wird in der synchronen Phase durchgeführt, der sich jeweils eine asynchrone Phase für die Übertragung nichtperiodischer Nachrichten anschließt. In der synchronen Phase initiiert der Bus-Arbitrator die Datenübertragung für die einzelnen Anwendungen, indem er den entsprechenden Identifier (Bezeichner) sendet. Mit der Antwort kann die Station Sendewünsche für die asynchrone Phase bekanntgeben. *Hermanns/Spaniol*

**Firmennetzwerk** ⟨*corporate network*⟩. Firmenweite Integration von bisher isolierten, typischerweise heterogenen und für die jeweiligen Einsatzgebiete (also z. B. Vertrieb, Verwaltung oder Entwicklung) optimierten → Netzwerken. Diese Integration ermöglicht eine problemlose → Kommunikation zwischen den Benutzern der einzelnen Teilnetze. *Jakobs/Spaniol*

**Firmware** ⟨*firmware*⟩. Summe aller Mikroprogramme zu einer gegebenen → Rechenanlage. Die F. schließt die Lücke zwischen → Hardware und → Software. Im Zusammenhang mit Mikrorechnersystemen wird der Begriff F. oft mißverständlich für alle Programme, die in → Festspeichern abgelegt sind (also für den Benutzer nicht änderbar), verwendet. In diesem Fall kann es sich also auch um Programme in Maschinensprache handeln. *Bode*

**First Fit** ⟨*first fit*⟩ → Speichermanagement

**First Fit, rotierendes** ⟨*rotating first fit*⟩ → Speichermanagement

**First In First Out (FIFO)** ⟨*first in first out*⟩ → Speichermanagement; → FIFO

**FIS** ⟨*EIS (Executive Information System)*⟩ → Führungsinformationssystem

**Fixpunkt** ⟨*fixed point*⟩. Ein F. einer Funktion f ist ein Element, welches bei Anwendung von f auf sich selbst abgebildet wird, d. h. ein Element x mit $f(x)=x$. In der → denotationellen Semantik von Programmiersprachen wird die Semantik von Schleifen und von rekursiv definierten Funktionen durch Fixpunktbildung angegeben (Fixpunktsemantik). Die Fixpunktsätze von *Knaster-Tarski* und *Kleene* bilden die mathematische Grundlage für diese Semantik:

Der Fixpunktsatz von *Knaster-Tarski* besagt, daß jede monotone Funktion auf einer → cpo einen kleinsten F. besitzt. Dabei heißt eine Funktion f: $(A, \subseteq_A) \to (B, \subseteq_B)$ monoton, wenn für alle x, y in A aus $x \subseteq_A y$ folgt, daß $f(x) \subseteq_B f(y)$.

Im Fixpunktsatz von *Kleene* wird ein Verfahren angegeben, mit dem sich für jede stetige Funktion auf einer → cpo der kleinste F. ermitteln läßt: Ist D eine ω-cpo mit kleinstem Element ⊥, und f: D → D eine ω-stetige Funktion (d. h., f ist monoton, und für jede ω-Kette K in D gilt: $f(\sup K) = \sup f(K)$), dann existiert der kleinste Fixpunkt μf von f und ist gegeben durch $\mu f = \sup \{f^i(\bot): i \in \mathbb{N}\}$. Hierbei steht $f^i$ für die i-fache Komposition von f, d. h., $f^0$ ist die Identität und $f^{i+1} = f \circ f^i$.

*Beispiel*

Wir betrachten eine rekursive Definition der Fakultätsfunktion in der Programmiersprache Modula 2.

```
PROCEDURE Fak(n: CARDINAL): CARDINAL;
BEGIN
    IF n=0 THEN RETURN 1
    ELSE RETURN n* Fak(n-1)
    END
    END Fak
```

Dieser rekursiven Funktionsdefinition kann nun auf folgende Art und Weise eine Funktion auf den natürlichen Zahlen zugeordnet werden: Als semantischer Bereich wird die → cpo der Funktionen von $\mathbb{N}$ nach $\mathbb{N} \cup \{\bot\}$ mit der Ordnung $f \subseteq g$ genau dann, wenn für alle $n \in \mathbb{N}$ gilt: $f(n) = \bot$ oder $f(n) = g(n)$ zugrunde gelegt. Das kleinste Element dieses Bereiches ist die total undefinierte Funktion $\Omega$ mit $\Omega(x) = \bot$ für alle $x \in \mathbb{N}$.

Diese Funktionsdeklaration definiert ein ω-stetiges → Funktional

$\Phi_{Fak}: (\mathbb{N} \to \mathbb{N} \cup \{\bot\}) \to (\mathbb{N} \to \mathbb{N} \cup \{\bot\})$,

gegeben durch

$$\Phi_{Fak}(f)(n) = \begin{cases} 1, & \text{falls } n = 0 \\ n * f(n-1), & \text{falls } n > 0 \text{ und } f(n-1) \neq \bot \\ \bot, & \text{falls } n > 0 \text{ und } f(n-1) = \bot. \end{cases}$$

Die Semantik der Funktionsdeklaration wird nun definiert als der kleinste Fixpunkt $\mu\Phi_{Fak}$ des Funktionals $\Phi_{Fak}$. Nach dem Fixpunktsatz von *Kleene* ist dieser gegeben durch

$$\mu\Phi_{Fak} = \sup\{\Phi_{Fak}^{\ i}(\Omega): i \in N\},$$

und es läßt sich daraus durch vollständige Induktion nachweisen, daß für alle $n \in \mathbb{N}$ gilt

$\mu\Phi_{Fak}(n) = n!$ *Nickl/Wirsing*

Literatur: *Kleene, S. C.*: Introduction to metamathematics. North-Holland, 1952. – *Tarski, A.*: A lattice theoretical fixpoint theorem and its applications. Pacific J. of Mathematics 5 (1955) pp. 285–309. – *Fehr, E.*: Semantik von Programmiersprachen. Springer, Berlin 1989.

**Flachbettplotter** ⟨*flat bed plotter*⟩ → Plotter

**Flächendarstellung** ⟨*surface representation*⟩. Viele Anwendungen der graphischen → Datenverarbeitung haben krummlinig begrenzte Objekte zum Gegenstand. Das Spektrum der Anwendungen reicht dabei von der Abtastung eines bereits existierenden → Objektes und seiner möglichst exakten Rekonstruktion im Graphiksystem über die Darstellung vollständig analytisch definierter Objekte bis zum interaktiven Entwurf völlig freier Formen.

Flächen lassen sich in einer der folgenden Formen definieren:
– implizite Form $f(x, y, z) = 0$,
– explizite Form $z = f(x, y)$,
– Parameterdarstellung $x = x(u, v)$, $y = y(u, v)$, $z = z(u, v)$.

Im Bereich der graphischen Datenverarbeitung wird meistens die Parameterdarstellung gewählt.

Die in der graphischen Datenverarbeitung verwendeten Flächen lassen sich in drei Gruppen einteilen:

☐ Analytisch gegebene Flächen wie Kugelflächen und Paraboloide, deren Parameterlinien Kegelschnitte sind. Sie lassen sich als Spezialfälle der allgemeinen rationalen kubischen Funktionen darstellen. Ihre Anwendungsgebiete sind v. a. Maschinenbau und Architektur.

☐ Kurven und Flächen, die durch Interpolation zwischen vorgegebenen Stützstellen oder Kurven entstehen. Diese Art von Kurven und Flächen treten bei der graphischen Darstellung von Meßergebnissen auf (Splines). Wichtige Anwendungen sind experimentelle Optimierungsverfahren im Schiffbau, Flugzeugbau, Turbinenbau etc.

☐ Kurven und Flächen, die durch Approximation entstehen. Diese Darstellungen werden beim interaktiven Entwurf von Formen, die v. a. auch ästhetischen Gesichtspunkten genügen müssen, eingesetzt. Die meisten angewandten Verfahren beruhen auf der *Bézier*-Approximation.

Die letzten beiden Gruppen werden häufig auch unter dem Begriff → *Freiformflächen* zusammengefaßt. *Encarnação/Loseries/Büchler*

Literatur: *Encarnação, J. L.* und *W. Straßer*: Computer Graphics – Gerätetechnik, Programmierung und Anwendung graphischer Systeme. München 1986.

**Flächenmodell** ⟨*surface model*⟩. Bei F. wird die Oberfläche von → Objekten gespeichert und verarbeitet. Hauptvorteil dieser Darstellungsform sind ihre Allgemeinheit und die algorithmische Ableitbarkeit aus anderen Darstellungen. Die flächenorientierte Darstellung kann auf zweierlei Weise erfolgen:

☐ *Darstellung durch ebene Flächen.* Die polygonale Darstellung hat den Vorteil einer einfachen Mathematik. Nachteilig ist, daß gekrümmte Oberflächen durch eine i. allg. große Anzahl von Polygonen approximiert werden müssen. Dies bläht die Datenmenge auf und verlangsamt die Systeme erheblich. Außerdem tritt bei dieser Darstellungsform häufig eine nur ungenügende Kantenglattheit auf, da die maximale Anzahl von Polygonen aus Zeit- und Kapazitätsgründen stark begrenzt ist und damit nur eine ungenaue Approximation ermöglicht.

☐ *Darstellung durch gekrümmte Flächen.* Diese Darstellung approximiert gekrümmte Oberflächen durch Flächen höherer Ordnung. Dies erlaubt eine wesentlich kompaktere Darstellung und verbessert die → Modellierung der Oberflächen. Andererseits ist die verwendete Mathematik um vieles komplexer.

*Encarnação/Loseries/Büchler*

**Flag** *(flag/status bit).* In der → Datenverarbeitung eine häufig nur ein → Bit umfassende → Information in einem → Zeichen oder → Wort zur Markierung eines bestimmten Sachverhaltes. Beispiele sind die Markierung des Endes einer längeren Information und das Auftreten einer bestimmten Bedingung bei der Ausführung einer → Operation (z. B. Ergebnis einer arithmetischen Operation ist negativ). F. werden auch zur Markierung von Fehlersituationen benutzt, beispielsweise bei fehlerhafter Übertragung von Daten zwischen → Peripheriegerät und → Zentraleinheit oder beim Überschreiten des zulässigen Zahlenbereiches im Rahmen arithmetischer Operationen.

F. werden auch von einigen (wenig komfortablen) → Compilern und Assemblern benutzt, um im Programmprotokoll fehlerhafte Stellen zu markieren.

*Bode/Schneider*

**Fließbild** *(flow chart).* Im Bereich der kontinuierlichen → Prozesse (Fließprozesse) spielen F. als → Bildobjekte eine wichtige Rolle. Sie besitzen den Vorteil, daß die Prozeßstruktur und der Prozeßzustand zusammen dargestellt werden. Die Zuordnung von Bedien- und Anzeigeelementen zum Prozeß erfolgt durch eine geeignete Anordnung in einer abstrahierten, graphisch dargestellten Prozeßstruktur. Dies erlaubt eine direkte Anwahl und Betätigung von Bedienelementen bei klar erkennbarer Zuordnung zur Prozeßstruktur. Ebenso ist die Strukturierung und → Codierung der Informationsdarstellung direkt auf die Prozeßfunktionen zu beziehen. Nachteilig bei dieser Technik ist, daß umfangreichere technische Prozesse nicht auf einem → Bildschirm dargestellt werden können. Abhilfe schafft hier zwar teilweise eine → Multiscreen-Technik, die aber einen erheblichen Aufwand bedeutet.

*Langmann*

**Fließbilddarstellung** *(process display).* Darstellungsform für die Prozeßführung über Bildschirme, in der sich mit vorprogrammierten Bildelementen die notwendigen Informationen und Eingriffsmöglichkeiten sowie deren Ort, Form und Farbe anlagenspezifisch in → Videobildern kombinieren lassen.

Die anlagenspezifische F. wird oft hierarchisch aufgebaut. Eingriffsmöglichkeiten bieten v. a. die unteren Hierarchieebenen, die Ausschnitte aus dem Gesamtbild darstellen. Der Übergang zu anderen Ausschnitten kann durch Bildanwahl, durch Blättern oder durch Rollen geschehen. Beim Blättern erscheint Seite um Seite, beim Rollen läßt sich der Ausschnitt über das Gesamtbild horizontal und vertikal verschieben. Die anlagenspezifische Darstellung bringt besonders bei Chargenprozessen Vorteile. Das Bild (s. Seite 276) zeigt das Fließbild eines Verfahrensabschnittes mit eingeblendeten aktuellen Informationen über die zugehörigen Meß-, Steuer- und Regelkreise sowie die erforderlichen Eingriffsmöglichkeiten (→ Informationsdarstellung auf Bildschirmen).

*Strohrmann*

**Flimmern** *(flicker).* Bei der Darstellung von synthetisch erzeugten Bildern soll auf dem → Rasterbildschirm ein flimmerfreies Bild entstehen. Die Grenzfrequenzen, d. h. die Anzahl der Bilder pro Zeiteinheit, die dem menschlichen Auge präsentiert werden müssen, um störende Effekte zu vermeiden, sind für alle Bedingungen nicht gleich. Auch sind generell keine einfachen Maßzahlen angebbar, vielmehr sind die Grenzfrequenzen eine Funktion der Betrachtungsbedingungen und des Bildinhaltes.

Für übliche Betrachtungsbedingungen sind als Grenzfrequenzen der Bewegungsauflösung ca. 16 Hz und als Flimmergrenze ca. 60 Hz anzusetzen. Dieser große Unterschied hat dazu geführt, daß man in den meisten technischen Systemen zur Bewegtbildpräsentation (Film, Fernsehen) jedes Einzelbild zweimal dem menschlichen Auge präsentiert. Beim Normalfilm sind es 24 Einzelbilder, wobei mittels einer Zwischenblende jedes Bild doppelt gezeigt wird, so daß eine Bildfrequenz von 48 Hz erzielt wird. Beim Fernsehen überträgt man 50 Halbbilder im Interlace-Verfahren (→ Interlacing, Zeilensprungverfahren), um damit 25 Einzelbilder mit einer Bildfrequenz von 50 Bildern pro Sekunde zu präsentieren. Dazu ist ein exakter Zeitablauf entsprechend der Fernsehnorm oder der Videobandbreite bzw. Zeilen- und Bildfrequenz des eingesetzten → Monitors einzuhalten. Als Grundlage für dieses Verfahren dient die Annahme, daß der Bildinhalt benachbarter Zeilen kaum Unterschiede aufweist. Bei synthetisch generierten Bildern ist diese Voraussetzung aber nicht immer erfüllt, was sich dann störend als F. bemerkbar macht. Typische Beispiele dafür sind waagrechte Linien oder Flächenbegrenzungen.

*Encarnação/E. Klement*

**Flip-Flop** *(flip-flop).* Spezielle Schaltung mit zwei stabilen Zuständen, geeignet zur Speicherung von einem

Flip-Flop

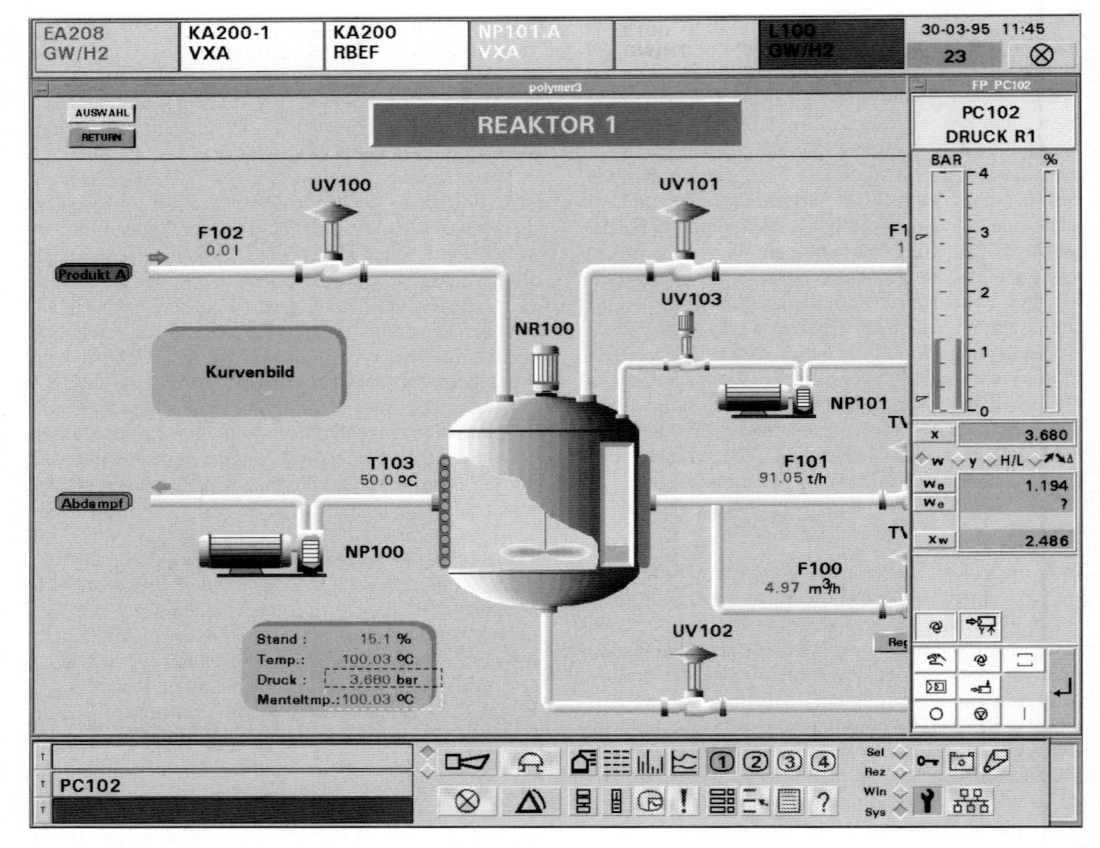

*Fließbilddarstellung: Gruppenbild in F. Zum Führen der Druckregelung PC 102 im Rührkesselreaktor hat sich der Apparatefahrer das zugehörige Leitfeld (rechts im Bild) eingeblendet. Über Rollkugel, Maus oder – beim Vorhandensein eines sensitiven Flachdisplays – durch Fingerberührung lassen sich Soll- und Grenzwerte einstellen sowie Betriebsarten wechseln, und auch von Hand kann der Regelkreis geführt werden. (Quelle: Hartmann & Braun)*

→ Bit. Ein Zustandswechsel wird durch → Signale auf mindestens einem Eingang ausgelöst, die das F.-F. beispielsweise setzen, rücksetzen oder invertieren. Bei getakteten F.-F. kann sich der Zustand nur während eines Taktimpulses ändern. F.-F. eignen sich zum Aufbau von → Registern. *Breitling/K. Spies*

**Flooding** 〈*flooding*〉. Ein schnelles, sicheres, jedoch ausgesprochen bandbreitenintensives → Routing-Verfahren. Ein ankommendes → Paket wird über alle Ausgangskanäle weitergeleitet, bis auf den einen Kanal, über den es empfangen wurde. Dadurch werden viele identische Pakete gesendet. Es müssen auch Maßnahmen zur Vermeidung von ewig zirkulierenden Paketen getroffen werden. Zu diesem Zweck kann in jeden Paketkopf ein Time-to-live-Feld (TTL) eingefügt werden, welches angibt, wie lange, in Hops (Anzahl der Zwischenknoten) oder in Sekunden, ein Paket im Netz bleiben darf, bevor es entfernt werden muß. Das Verfahren weist allerdings auch eine Reihe von Vorteilen auf:

– Ein Paket wird über jede mögliche Verbindung zwischen Sender und Empfänger geroutet, also insbesondere auch über die kürzeste. Die bei anderen Verfahren erforderliche Berechnung dieser kürzesten Strecke entfällt.
– Durch die hohe → Redundanz des Verfahrens ist die Wahrscheinlichkeit, daß eine Nachricht völlig verloren geht, wesentlich geringer als bei anderen Routing-Strategien.
– Die Notwendigkeit, Routing-Tabellen zu verwalten, entfällt.
– Die → Implementierung ist extrem einfach.

Die genannten Eigenschaften prädestinieren das F. für Anwendungen, in denen eine schnelle und sichere Übertragung entscheidend ist.

Eine Variante des F. ist das *Random Routing*. Hierbei sendet jeder Knoten ein eintreffendes Paket über mehrere zufällig gewählte (aber nicht alle) Ausgangskanäle weiter. In einem geeignet vermaschten Netz wird ein so geroutetes Paket immer sein Ziel erreichen, wenn auch die mittlere Übertragungszeit deutlich über der des F. liegt. Dieses Verfahren verringert andererseits deutlich die Anzahl der unnötig duplizierten Pakete und die Gefahr der Überlastung einzelner Knoten oder Strecken.

Eine bekannte Realisierung des Random Routing ist das *Hot-Potato-Verfahren*. Ein Knoten versucht, ein eintreffendes Paket möglichst schnell weiterzuleiten. Er gibt das Paket über denjenigen Ausgangskanal weiter, über den es am schnellsten abgesendet werden kann (also über den Kanal mit der derzeit kürzesten Warteschlange).

Eine weitere Variante des Random Routing ist das *Selective Flooding*. Hierbei verfügt ein Knoten über Informationen, in welche ungefähre Richtung ein Paket mit einer bestimmten Zieladresse weiterzuleiten ist. Die Ausgangskanäle werden nicht zufällig, sondern aufgrund dieses ungefähren Wissens ausgewählt.

*Jakobs/Spaniol*

Literatur: *Halsall, F.*: Data communications, computer networks and open systems. 3rd Edn. Addison-Wesley, 1992.

**Floor Control** ⟨*floor control*⟩. Die Interaktionsmedien zum Austausch von Informationen zwischen den Teilnehmern einer Telekonferenz (z. B. Sprachkanal, Whiteboard) subsumiert man unter dem Begriff „Conference Floor", die Steuerung des Zugriffs auf diesen (z. B. Rederechtvergabe) als F. C. Diese Steuerung wird vom → Konferenzmanagement realisiert.

In einer Telekonferenz wird oftmals die Zahl der gleichzeitig auf ein Interaktionsmedium zugreifenden (z. B. sprechenden oder mit einer kooperierenden Anwendung interagierenden) Teilnehmer begrenzt. Diese Einschränkung kann technisch begründet sein (z. B. Synchronisation in einer verteilten, kooperativen Anwendung, begrenzte verfügbare Bandbreite) oder organisatorisch (z. B. bessere Sprachverständlichkeit durch Vermeidung mehrerer gleichzeitiger Sprecher, formale Anforderungen an die Art der Durchführung der Telekonferenz). Die Aufgabe der F. C. ist es, diese Einschränkungen technisch umzusetzen. F. C. wird i. allg. implementiert durch Vergabe eines Schreibrechts (unabhängig für jede Anwendung oder gemeinsam für alle Anwendungen) und des Rederechts an jeweils genau einen Teilnehmer. Schreib- und Rederecht können aneinander gekoppelt sein. Die Vergabe kann automatisch erfolgen (Rednerliste), zentral durch den Konferenzleiter, dezentral unter den Teilnehmern durch Anfrage und Weitergabe usw. Die Art der F. C. wird in der → Konferenzpolitik festgelegt. F. C. kann auch auf nichttechnischer (informeller) Ebene erfolgen, entweder durch explizite Absprachen zwischen den Teilnehmern einer Telekonferenz oder durch Übernahme der in ihrem Kulturkreis gültigen Gepflogenheiten für Konferenzen. *Schindler/Ott*

**Floppy Disk** ⟨*floppy disk*⟩ → Diskette

**Fluß in Netzwerken** ⟨*network flow*⟩. Wir stellen ein Netzwerk (z. B. das Straßennetz einer Stadt) durch einen gerichteten bewerteten Graphen G (V, E, d) dar. $d_{ij}$ soll die Kapazität (Durchlaßkapazität, z. B. Fahrzeuge/Std.) der Kante von i nach j sein. Dann fragen wir, ob und wie f Fahrzeuge stündlich von einem Punkt Q (Quelle) nach einem Punkt S (Senke) gelangen können. Jede Lösung der Aufgabe nennen wir einen Fluß der Stärke f von Q nach S. Eine Lösung besteht in der Angabe, von wieviel Fahrzeugen $f_{ij}$ jede Kante (i, j) benutzt wird. Dabei müssen folgende Bedingungen eingehalten werden:

– Jede Kante darf höchstens mit ihrer Durchlaßkapazität belastet werden:

$$f_{ij} \leq d_{ij}. \tag{1}$$

– Negative Belastungen sind nicht zugelassen:

$$0 \leq f_{ij}. \tag{2}$$

– In allen Knoten k, mit Ausnahme von Quelle und Senke, fahren alle Fahrzeuge, die ankommen, auch wieder ab:

$$\sum_i f_{ik} = \sum_j f_{kj}. \tag{3}$$

– In der Quelle fahren f Fahrzeuge mehr ab als ankommen:

$$\sum_i f_{iq} + f = \sum_j f_{qj}. \tag{4}$$

– In der Senke kommen f Fahrzeuge mehr an als abfahren:

$$\sum_i f_{iq} = \sum_j f_{qj} + f. \tag{5}$$

Abstrakt heißt jede Funktion F: E → $\bar{R}$+, die (1) bis (5) erfüllt, ein Fluß der Stärke f von Q nach S. Die Frage nach einem Fluß mit maximaler Stärke f von Q nach S beantwortet das → Schnitt-Fluß-Theorem von *Ford-Fulkerson*. *Knödel*

Literatur: *Ahuja, R.* et al.: Network flows. Prentice Hall, New York 1993.

**Fluß, optischer** ⟨*optical flow*⟩. Zweidimensionales Feld von Geschwindigkeitsvektoren im Bild einer → Szene mit Bewegung. Jeder Vektor zeigt die momentane Verschiebungsgeschwindigkeit eines Bildelements in der Bildebene an. Die Berechnung von o. F. aus einer Bildfolge wird als wichtiges Teilproblem beim → Bildverstehen angesehen. Aus dem Flußfeld können Informationen über den dreidimensionalen Verlauf der sichtbaren Oberflächen und über die Bewegungen von Betrachter und Szenenobjekten gewonnen werden. *Neumann*

**Flußkontrolle** ⟨*flow control*⟩. Bei der Datenübertragung kann das Problem auftreten, daß die einzelnen Teilnehmer im → Netzwerk unterschiedlich schnell

Daten oder Datenpakete absenden bzw. empfangen können. Um diese Unterschiede auszugleichen, muß ein → Protokoll implementiert werden, das auch langsameren Datenendgeräten erlaubt, ohne Überlastung erfolgreich → Nachrichten von schnelleren Stationen zu empfangen. Eine einfache Form einer dynamischen F. liefert das Start-Stop- oder X-on- bzw. X-off-Verfahren. Der Empfänger gibt mit start- bzw. stop-Kommandos dem Sender die Sendeerlaubnis bzw. entzieht sie ihm. Das stop-Kommando wird gesendet, wenn zuviele Daten zu schnell beim Empfänger ankommen. Das start-Kommando wird gesendet, wenn zu große Verzögerungszeiten bei der Übertragung auftreten.

*Jakobs/Spaniol*

**FMG** ⟨*FMG (Full Multigrid)*⟩. Eine besonders effiziente Variante von →Mehrgitterverfahren. Im Gegensatz zu üblichen Mehrgitterverfahren handelt es sich dabei nicht um ein iteratives, sondern um ein „approximatives direktes" Verfahren. Sei u die exakte Lösung eines kontinuierlichen Problems (z. B. einer elliptischen partiellen Differentialgleichung) und $u_h$ die exakte Lösung der zugehörigen diskretisierten Aufgabe auf einem Gitter der Schrittweite h. Die Differenz $||u_h - u||$, gemessen in irgendeiner → Norm, ist der nicht vermeidbare Approximationsfehler. Das FMG-Verfahren berechnet eine Näherung $u_h^*$ für u mit einer → Genauigkeit in der Größenordnung dieses Fehlers.
$||u_h^* - u|| = ||u_h - u||$.
Der gesamte Rechenaufwand ist dabei proportional zur Zahl der Gitterpunkte auf dem gewählten Gitter.

Die Idee des Verfahrens ist einfach, sein Ablauf auf vier Gittern ist schematisch im Bild dargestellt: Man startet auf einem möglichst groben Gitter und berechnet dort eine erste grobe Näherung für die gewünschte Lösung u (Gitter Nr. 1). Diese wird auf das nächstfeinere Gitter (Gitter Nr. 2) interpoliert (FMG-Interpolation) und dient dort als Startnäherung für einen Mehrgitter-Iterationsschritt. Auf diese Weise fährt man fort, bis das feinste Gitter erreicht ist.

Formal läßt sich diese Vorgehensweise auch mit jedem anderen iterativen Lösungsverfahren (z. B. Relaxationsverfahren wie die sequentielle/parallele Relaxation) verbinden. Man würde dann die Mehrgiteriterationen entsprechend durch Iterationsschritte dieses Verfahrens ersetzen. Diese Methode ist unter dem Begriff „nested iteration" bekannt. Ein fundamentaler Unterschied gegenüber der Verwendung von Mehrgitterverfahren besteht allerdings darin, daß die Konvergenzgeschwindigkeit klassischer Iterationsverfahren nicht unabhängig von der Feinheit des jeweiligen Diskretisierungsgitters ist: Während die Zahl der Iterationen von klassischen Iterationsverfahren mit wachsender Feinheit der Zwischengitter stark erhöht werden muß, reichen in Verbindung mit Mehrgitterverfahren i. allg. ein bis zwei Iterationsschritte auf jedem Zwischengitter. Hier liegt der Grund dafür, daß die Idee der „nested iteration" nur in Verbindung mit Mehrgitterverfahren optimale Effizienz garantiert. *Stüben/Trottenberg*

**Föderation** ⟨*federation*⟩. Managementkonzept für die Kooperation selbständiger → Domänen. Ziel ist eine kontrollierte Zusammenarbeit zwischen den → Objekten von Domains, wobei jede Domain bestimmen kann, welche Informationen und → Dienste die andere Seite nutzen darf. Art und Umfang der Zusammenarbeit werden in einem Vertrag, dem Federation Contract, festgehalten. Bestehen zwischen zwei Domains technologische Grenzen, werden z. B. unterschiedliche Transportdienste benutzt, so muß ein → Gateway zwischengeschaltet werden.

Im Bereich der Informatik hat der Begriff F. seinen Ursprung bei den sog. Multi-Datenbanksystemen, die im Vergleich zu verteilten Datenbanksystemen kein globales Datenschema besitzen. *Meyer/Spaniol*

Literatur: *Lang, S.; Lockemann, P.*: Datenbankeinsatz. Springer, Berlin 1995.

**Fokussiersystem** ⟨*focussing system*⟩. Magnetisches oder elektrostatisches elektronenoptisches → System zur Elektronenfokussierung in einer Kathodenstrahlröhre. Es wirkt auf die aus der Kathode der Röhre austretenden Elektronen wie ein Linsensystem und bündelt die Elektronen zu einem feinen Elektronenstrahl.

*Encarnação/Stärk*

Literatur: *Encarnação, J. L.* und *W. Straßer*: Computer Graphics – Gerätetechnik, Programmierung und Anwendung graphischer Systeme. München–Wien 1986.

**Folgefehler** ⟨*induced error*⟩. F. eines → Rechensystems S sind Fehler von S, welche durch → Störungen von S oder andere Fehler verursacht werden. Dabei ist Fehler von S als Sammelbegriff für → Fehlerzustände von S und → Fehlverhalten von S benutzt. *P. P. Spies*

**Font** ⟨*font*⟩. Mit F. (→ Schriftsatz) bezeichnet man einen Satz von → Zeichen, bestehend aus Großbuchstaben, Kleinbuchstaben und Sonderzeichen, die in ihrem Aussehen aufeinander abgestimmt sind. Ein F. ist

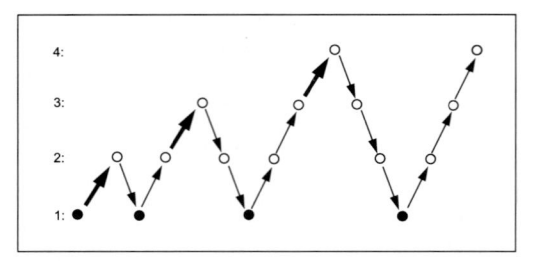

*FMG: Schematische Darstellung des Ablaufs eines FMG-Verfahrens bei vier Gittern. Auf jedem Gitter wird ein Mehrgitter-Iterationsschritt, hier ein V-Cycle, durchgeführt*

charakterisiert durch Gemeinsamkeiten im Aussehen der einzelnen Zeichen (z. B. Times, Roman, Helvetica). *Encarnação/Lutz*

**Foreground-/Background-Betrieb** ⟨*foreground/background mode*⟩. Betriebsformen bei klassischen Prozeßrechner-Betriebssystemen.

Im F.-B. werden alle Realzeit-Tasks (Realzeit-Rechenprozesse) bearbeitet. Dabei erfolgt die Unterbrechungsverwaltung und das Scheduling der Realzeit-Tasks meist prioritätsgesteuert.

Im B.-B. wird die von den Foreground-Tasks nicht genutzte Zeit für zeitunkritische Aufgaben wie Optimierungsrechnungen, die Erarbeitung von Betriebsstatistiken oder für Programmentwicklungen verwendet.

In modernen → Realzeitbetriebssystemen sind diese Begriffe nicht mehr gebräuchlich. Dasselbe Verfahren wird jedoch weiterhin eingesetzt, z. B. bei Mikrokernel-basierten Systemen, wenn auf dem Mikrokernel neben der → UNIX-Schicht ein Realzeitbetriebssystem aufgesetzt ist, das für die Prozessorzuteilung immer Priorität hat. *Färber*

**Formant** ⟨*formant*⟩. Bezeichnung für die Resonanzfrequenzen des Vokaltraktes bzw. die Maxima im Frequenzspektrum eines Sprachsignals.

Ein F. ist anschaulich zu interpretieren als ein Maximum im Frequenzspektrum des Sprachsignals; sinnvollerweise werden F. nur für stimmhafte Laute definiert. Sie werden durch Frequenz, Amplitude und Bandbreite charakterisiert. Die ersten zwei bis vier F. sind wichtige Merkmale für die → Klassifikation von Vokalen.

F. können automatisch aus dem Modellspektrum gewonnen werden, das man aus den Koeffizienten der linearen Vorhersage durch diskrete *Fourier*-Transformation berechnet. Die relativen Maxima des Modellspektrums werden als F.-Frequenzen verwendet. Eine weitere Möglichkeit besteht darin, den Vokaltrakt mit der Methode der linearen Vorhersage durch ein lineares System ohne Nullstellen zu modellieren und die F.-Frequenzen aus den Polen dieses Systems zu berechnen.

F. in gesprochener Sprache sind nicht konstant, sondern ändern ihre Eigenschaften mit der Zeit, wobei die Art der Änderung vom lautlichen Kontext abhängt. Die F.-Frequenz muß zeitlich verfolgt werden (formant tracking), um eine fehlerhafte Bestimmung der F.-Frequenzen möglichst zu vermeiden. *Niemann*

Literatur: Parsons, T.: Voice and speech processing. New York 1986.

**Formbeschreibung** ⟨*form description*⟩. Computerinterne Beschreibung der (meist dreidimensionalen) Form eines Gegenstands oder einer Klasse von Gegenständen. F. werden beim → Bildverstehen zur → Objekterkennung verwendet oder als Ergebnis einer → Szenen-Rekonstruktion erzeugt. Man unterscheidet volumen-, oberflächen- oder merkmalsbasierte F.

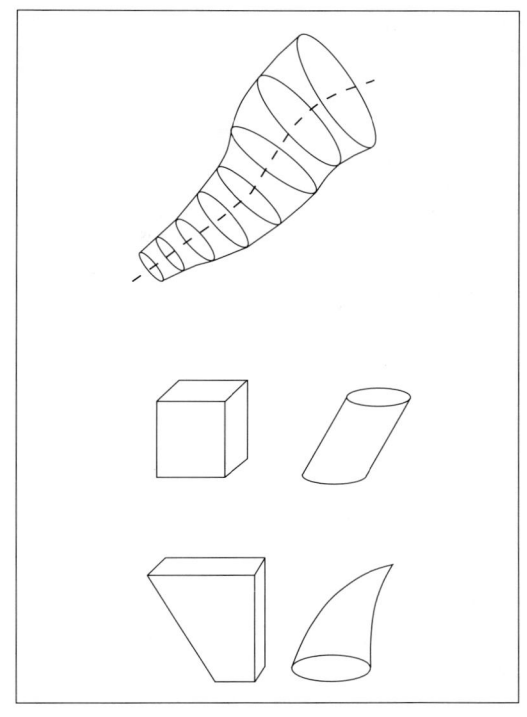

*Formbeschreibung: Volumenbasierte F. durch einen generalisierten Zylinder*

(Bild). F. sind auch die zentrale → Datenstruktur in → CAD. *Neumann*

**Fortran** ⟨*Fortran*⟩ → Programmiersprache, imperative

**FPLMTS** ⟨*FPLMTS (Future Public Land Mobile Telecommunication Systems)*⟩. Wird von der → ITU als Nachfolger der digitalen zweiten Generation mobiler Kommunikationssysteme standardisiert. In Europa wird ein entsprechendes System unter der Bezeichnung → UMTS (Universal Mobile Telecommunications System) durch → ETSI spezifiziert. *Hoff/Spaniol*

**Frage-Antwort-System** ⟨*question-answer system*⟩. Besondere Ausprägung eines → natürlichsprachlichen Systems, bei der das → System auf Fragen eines menschlichen Benutzers in natürlicher → Sprache antworten kann. Im Gegensatz zu Dialogsystemen werten F.-A.-S. nur die jeweiligen Fragen aus und speichern keinen oder nur begrenzten Dialogkontext.

Ein typisches F.-A.-S. besteht aus drei Teilen:
– einer Analysekomponente, mit der die Frage in eine inhaltsbezogene interne Repräsentation überführt wird;
– einer → Wissensbasis, mit der die Frage ausgewertet wird;
– einer Generierungskomponente, die eine natürlichsprachliche Antwort erzeugt.

In F.-A.-S. der → Künstlichen Intelligenz (KI) spielen die Gestaltung der Wissensbasis und die Verwendung von Deduktionsverfahren zur Auswertung einer Frage eine zentrale Rolle. *Neumann*

**Fragmentierung** ⟨*fragmentation*⟩. Die F. einer → Datenbank bezeichnet die Verteilung von zusammengehörigen → Daten über mehrere Speichermedien bzw. Rechner. Dies ist sinnvoll, wenn die Fragmente größtenteils unabhängig voneinander genutzt werden. Im Kontext relationaler Datenbanken bezeichnet horizontale F. die Verteilung der Zeilen und vertikale F. die Verteilung der Spalten (→ Index, → Cluster, → Replikation). *Schmidt/Schröder*

**Fragmentierung, externe** ⟨*external fragmentation*⟩
→ Speichermanagement

**Fragmentierung, interne** ⟨*internal fragmentation*⟩
→ Speichermanagement

**Fraktal** ⟨*fractal*⟩. Eine im n-dimensionalen metrischen Raum definierte Menge, deren *Hausdorff*-Dimension immer größer als ihre topologische Dimension ist. Die topologische Dimension entspricht der Anzahl der für die Parameterdarstellung der Kurve benötigten Variablen und kann nur ganzzahlige Werte annehmen. Die *Hausdorff*-Dimension D (auch fraktale Dimension genannt) dagegen kann beliebige positive reelle Werte annehmen. Intuitiv kann D als Maßzahl für die „Komplexität" bzw. „Rauheit" der Kurve aufgefaßt werden. Ein F. der Dimension D = 1 125 scheint „einfacher" und „glatter" zu sein als ein F. der Dimension D = 1 837.

Es wird zwischen deterministischen und stochastischen F. unterschieden. Die deterministischen weisen eine sehr reguläre Struktur auf (Bild), bei den stochastischen wird der Generierungsprozeß durch „zufällige Schwankungen" mitbestimmt. Die interessanteste Eigenschaft aller F. ist ihre Vergrößerungsinvarianz, d. h., daß sie in allen Vergrößerungsstufen stets die gleiche Struktur aufweisen. Diese „Selbstähnlichkeit", die auch in der Natur häufig vorkommt (Pflanzen, Küstenlinien, Berge, Wolken etc.), macht stochastische F. für die → Modellierung von Naturvorgängen sowie die künstliche Generierung von komplexen Naturszenen besonders gut geeignet.

Die F. werden i. d. R. sehr einfach definiert und durch kleine Datenmengen beschrieben. Allerdings muß die Definitionsvorschrift sehr oft iterativ auf die anfallenden → Daten angewandt werden, was einen enormen Rechenaufwand bedeutet. Das erklärt, warum die bereits 1875–1925 entdeckten und beschriebenen F. erst durch die modernen Computeranlagen visualisiert und populär wurden. *Encarnação/Sakas*

Literatur: *Hilfer, R.*: Renomierungsansätze in der Theorie ungeordneter Systeme. Frankfurt 1986. – *Mandelbrot, B. B.*: The fractal geometry of nature. New York 1982. – *Peitgen, H. O.* and *P. H. Richter*: The beauty of fractals. Wien–New York 1986.

**Frame Relay** ⟨*frame relay*⟩. Netztechnologie, die speziell für Datenübertragungen mit hohen Anforderungen an Übertragungskapazität und Übertragungsgeschwindigkeit entwickelt wurde. F. R. wird i. d. R. als Weitverkehrs-→ Backbone-Netz zur Kopplung lokaler Netze (→ LAN) verwendet und von vielen Netzbetreibern als Basisdienst zur Bildung sog. Corporate Networks angeboten. Eine andere Netztechnologie mit vergleichbarem Einsatzgebiet, aber einem anderen Dienstkonzept, ist → SMDS.

Der Anschluß an ein F. R.-Netz erfolgt i. allg. über einen → Router mit F. R.-Schnittstelle (sog. User Network Interface, UNI) und nicht direkt an Endgeräte (z. B. Drucker oder Computer).

F. R. realisiert einen verbindungsorientierten Punkt-zu-Punkt-Datenübertragungsdienst auf dem Niveau der → Sicherungsebene des → OSI-Referenzmodells. Dazu werden permanente virtuelle Verbindungen (PVC, Permanent Virtual Circuit) zwischen bestimmten Endpunkten eines F. R.-Netzes geschaltet. PVC werden vom Netzbetreiber fest konfiguriert und können nicht von den F. R.-Endgeräten dynamisch auf- und abgebaut werden. Auf diesen Verbindungen können gemäß einer Variante des → HDLC-→ LAPD-Protokolls Daten-Frames variabler Größe übertragen werden. Die maximale Frame-Größe ist noch nicht genormt und damit abhängig von der jeweiligen Implementierung des F. R.-Netzbetreibers. Sie liegt jedoch oberhalb der Frame-Größe lokaler Netze, wie etwa 1500 Oktetten bei → Ethernet. In der → Bitübertragungsebene verwendet F. R. standardmäßig → ISDN-Technologie. Die Datenübertragungsraten liegen damit im Bereich der ISDN-Basis- und -Primäranschlüsse (also bei 64 kbit/s bzw. 2048 kbit/s).

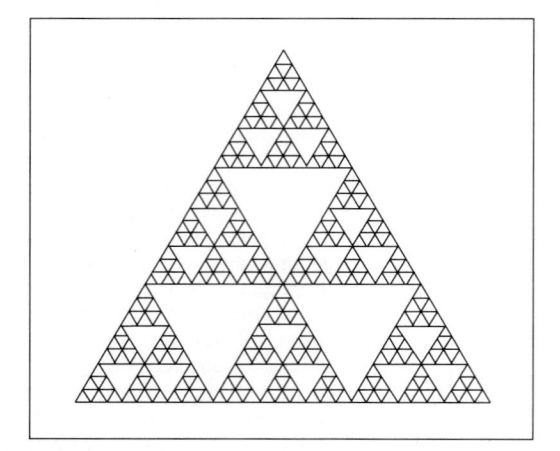

*Fraktal:* Sierpinski-Dreieck, ein Beispiel eines deterministischen F., das die Eigenschaft der Selbstähnlichkeit demonstriert

Um gute Leistungseigenschaften zu günstigen Kosten zu erreichen, ist die Funktionalität des F. R.-Dienstes äußerst gering (→ X.25). Sie beschränkt sich auf die Frame-Erzeugung und -Erkennung, das Multiplexen und Demultiplexen (→ Multiplexverfahren) mehrerer logischer Verbindungen auf einem PVC, die Erkennung von Netzwerk- und Protokollfehlern sowie eine rudimentäre → Flußkontrolle. Auf den Nutzdaten der Frames wird keine Fehlersicherung vorgenommen. Diese Aufgabe müssen höhere Protokollebenen oder die kommunizierenden Anwendungen übernehmen. Weiterhin werden keine Garantien bezüglich Übertragungszeitschwankungen (→ Jitter) von Frames gegeben. Damit ist F. R. für die Übertragung von Sprache oder Video nicht oder nur eingeschränkt geeignet.

F. R. ist in den ITU-T-Normen I.233 (Dienstspezifikation), Q.922, Anhang A (Kernfunktionalitäten), und Q.933 (Zugriffssignalisierung) standardisiert.

*Hermanns/Spaniol*

Literatur: *Black, U.*: Emerging communications technologies. Prentice Hall, 1994.

**Fregesches Kompositionsprinzip (kurz: Frege-Prinzip)** ⟨*Frege's composition principle*⟩. Auf den Begründer der Prädikatenlogik, G. Frege (1846–1925), zurückgehendes Prinzip zur Konstruktion von Beschreibungsformalismen, das besagt, daß die Bedeutung eines zusammengesetzten Ausdrucks sich (unabhängig von dem Verwendungszusammenhang) allein aus den Bedeutungen der Komponenten und dem Operator der Zusammensetzung ergeben soll. Dieses Prinzip spielt eine sehr große Rolle in der Informatik, führt aber bei der Beschreibung komplexer Phänomene (z. B. der natürlichen Sprache) zu Problemen. *Brauer*

**Frei-Liste** ⟨*free-list*⟩ → Speichermanagement

**Freiformfläche** ⟨*free form surface*⟩. Für viele Anwendungen im Automobil-, Schiff- und Flugzeugbau stehen analytisch gegebene Kurven und Flächen nicht zur Verfügung oder sind für die gestellten Aufgaben ungeeignet. Statt dessen müssen die gewünschten Objekte stückweise aus kleinen, einfacheren Teilen (Pflaster), die im Rechner leicht manipulierbar sind, zusammengesetzt werden. Ein besonderes Problem stellen dabei die Stetigkeitsbedingungen an den Übergängen der Pflaster dar. Sind Pflaster nicht als Funktion zweier Variablen analytisch gegeben, so müssen sie auf einfacheren → Daten, d. h. aus Punkten und Tangentenvektoren (Konstanten) oder Kurven (Funktionen einer Variablen), aufgebaut werden. Folgende drei Möglichkeiten sind üblich:

☐ *Definition durch Kartesisches Produkt* (Tensorprodukt). Werden mit P(u, v) die Daten zur Definition und mit Q(u, v) die Punkte des berechneten Pflasters bezeichnet, so ist die Kartesische Fläche folgendermaßen definiert:

$$Q(u, v) = \sum_{i=0}^{m} \sum_{j=0}^{n} U_{i,m}(u) * P(u_i, v_j) * V_{j,n}(v),$$

wobei $P(u_i, v_j)$ die $(m+1)(n+1)$ Bestimmungsgrößen (d. h. die Eingabedaten) des Pflasters und $U_{i,m}(u)$ und $V_{j,n}(v)$ Interpolations- oder Approximationsfunktionen sind.

☐ *Definition durch eine Kurvenfamilie* (Lofting). Bei diesem Verfahren sind u- oder v-Kurven die Bestimmungsgrößen des Pflasters. Die Punkte Q(u, v) werden durch Interpolation dieser Kurven berechnet:

$$Q(u, v) = \sum_{i=0}^{m} P(u_i, v_j) * U_{i,m}(u)$$

oder

$$Q(u, v) = \sum_{j=0}^{n} P(u, v_j) * V_{i,n}(v).$$

☐ *Definition durch zwei Kurvenfamilien* (Coons-Fläche). Bei dieser Methode sind u- und v-Kurven die Bestimmungsgrößen des Pflasters. Sie können, abgesehen von der Einschränkung

$$P(u_i, v) \mid v = v_j = P(u, v_j) \mid u = u_i \mid ,$$

wie beim Lofting beliebig gewählt werden. Die Punkte Q(u, v) des Pflasters werden durch Interpolation der beiden Kurvenfamilien berechnet.

$$Q(u, v) = \sum_{i=0}^{m} P(u_{i,v}) * U_{i,m}(u),$$
$$+ \sum_{j=0}^{n} P(u, v_j) * V_{j,n}(v),$$
$$- \sum_{j=0}^{m} \sum_{j=0}^{n} U_{i,m}(u) * P(u_i, v_j) * V_{j,n}(v).$$

Die Definitionen durch Kartesisches Produkt und Lofting sind Spezialfälle der Definition durch zwei Kurvenfamilien. Es ist z. B. möglich, aus den Kontrollpunkten des Kartesischen Produktes zwei Kurvenfamilien zu bilden. *Encarnação/Loseries/Büchler*

Literatur: *Encarnação, J. L.* und *W. Straßer*: Computer Graphics – Gerätetechnik, Programmierung und Anwendung graphischer Systeme. München 1986.

**Freiheitsgrad** ⟨*degree of freedom*⟩. Die Anzahl der F. v einer Stichprobenfunktion ist definiert als die Zahl der Variablen, die frei variieren können, oder die Zahl der unabhängigen Variablen.

So können im Falle

$$(x_1 - \bar{x})^2 + (x_2 - \bar{x})^2 + \ldots + (x_n - \bar{x})^2 = c,$$

wobei c eine Konstante und $\bar{x}$ gegeben ist, als

$$\bar{x} = \bar{x}\frac{1}{n} \sum x_i, \quad \text{nur } n-1 \text{ Werte } x_i, \text{ sagen wir}$$

$x_1, \ldots, x_{n-1}$, frei gewählt werden; der letzte Wert, das $x_n$, ergibt sich automatisch.

Folglich hat die $\chi^2$ verteilte Stichprobenfunktion

$$\sum_{i=1}^{n} (x_i - \bar{x})^2/\sigma^2$$

$\nu = n-1$ F. In Verallgemeinerung gehört zu einer *Fisher*-verteilten Stichprobenfunktion ein Paar $(\nu_1, \nu_2)$ von F.; $\nu_1$ bezieht sich dabei auf den ($\chi^2$-verteilten) Zähler, $\nu_2$ auf den ($\chi^2$-verteilten) Nenner (Chi-Quadrat, F-Verteilung). *Schneeberger*

**Fremdschlüssel** ⟨foreign key⟩ → Schlüssel

**Frequenz** ⟨frequency⟩ → Welle, elektromagnetische

**Frequenz-Domänen-Verfahren** ⟨frequency domain method⟩. Das F.-D.-V. oder die Optische Frequenz-Domänen-Speicherung ist eine Technik im Stadium der Erforschung, die ein Potential von bis zu 15,5 Mrd. Zeichen pro cm$^2$ (100 Mrd. Zeichen pro Quadratzoll) bieten kann. Das wäre die höchste je erreichte → Dichte mit einem Speichermedium, das Schreiben, Lesen und Löschen zuläßt.

Bei den seit Jahren laufenden Experimenten wurden zunächst die → Signale nach mehrfachem Lesen wieder zerstört. Im Jahre 1986 wurden photongeschaltete Moleküle oder Ionen entdeckt, die Lesen ohne gleichzeitiges Löschen ermöglichen, und zwar anorganische (Alkalifluorid-Kristalle, die Ionen Seltener Erden enthalten) und organische Stoffe (Carbazolmoleküle, eingebaut in eine Glasmatrix aus Borsäure). Die neuen Stoffe wurden – in einem Trägermaterial gleichmäßig verteilt – auf etwa $-270\,°C$ gekühlt. Dann wurde ein roter Laserstrahl als Lese-/Schreibstrahl auf einen etwa 1 mm dicken und 50 µm breiten Fleck gerichtet, der eine kleine Gruppe für seine spezifische Farbe sensitiver Moleküle erregte. Ein auf den gleichen Fleck gerichteter grüner Laserstrahl lieferte genügend Energie, um eine schnelle chemische Veränderung der erregten Moleküle zu bewirken, die als *Bleichen* (bleaching) bezeichnet wird. Danach wurde die Farbe des Lese-/Schreibstrahles nicht mehr absorbiert. Ein Bit war geschrieben.

Ohne auf einen anderen Fleck zu wechseln, wiederholte man den Vorgang mit geringfügig vom ursprünglichen Rot abweichender Farbe. Es reagierte eine andere Molekülgruppe. Ein zweites Bit war geschrieben. Die Information war mit dem roten Strahl ohne erkennbare Abschwächung lesbar. Zum Löschen verwendete man einen blauen Strahl.

Dieser Nachweis photongeschalteter Substanzen stellt einen wichtigen Schritt zu einer möglichen neuen Speicherdimension dar. Bis zur technischen Realisierung wird sicher noch viel Zeit vergehen. Die Experimente fanden im Almaden-Forschungszentrum, San José, CA (USA), der IBM statt. *Voss*

**Frequenzaufteilungs-Mehrfachzugriff** ⟨frequency division multiple access⟩ → FDMA

**Frequenzbereiche** ⟨frequency band⟩. Zusammenhängende Teile des elektromagnetischen Spektrums werden frequenzmäßig, soweit sie die → Funktechnik betreffen, entsprechend ihres Ausbreitungsverhaltens formal in Bereiche eingeteilt. Sowohl nach internationaler Vereinbarung (CCIR) als auch nach deutscher → Norm (→ DIN) erfolgt die Einteilung des Frequenzumfangs 0,3 Hz bis 3 THz (Terahertz) in 13 Bereichen mit den Kennziffern 0 bis 12.

Frequenz f (Hz), Wellenlänge $\lambda$ [m] und Ausbreitungsgeschwindigkeit c (m/s) der elektromagnetischen Wellen stehen in fester Beziehung zueinander entsprechend der Gleichung

$$c = \lambda \cdot f.$$

Die Ausbreitung der elektromagnetischen Wellen im Vakuum erfolgt mit der Lichtgeschwindigkeit $c_0 = 299\,792\,458$ m/s ($\approx 300\,000$ km/s).

Beim Übertritt einer Welle von einem Medium in ein Medium mit anderer Ausbreitungsgeschwindigkeit ändert sich die Wellenlänge, nicht dagegen die Frequenz. Angaben über Wellenlängen verlangen daher Aussagen über die Ausbreitungsgeschwindigkeit der Welle.

Die durch internationale Vereinbarung (CCIR) empfohlene und von der Deutschen Telekom wie von der deutschen → Normung festgelegte Frequenzeinteilung nebst Wellenlängenbenennungen (DIN 40015, Ausgabe 1985) sind in der Tabelle zusammengefaßt.

Sowohl die neuerliche Anwendung extrem tiefer als auch extrem hoher Frequenzen in der Funktechnik hat es erforderlich gemacht, die Bereichsskala zur gegenwärtigen Form – Kennziffer 0 bis 12 – auszuweiten. Während die unter den Ziffern 0 bis 3 ohne Wellenlängenbenennung quasi zusammengefaßten ELF (Extremly Low Frequencies) und ILF (Infra Low Frequencies) in Verbindung mit der Unterwasserkommunikation zu sehen sind, spiegelt die Ausweitung der Frequenzbereiche ins Gebiet höchster Frequenzen, über EHF (Extremly High Frequencies) hinausgehend, die wachsende Bedeutung der Millimeterwellenanwendungen wider. Eckfrequenzen dieses Bereichs stoßen an das Infrarotspektrum an (Infrarote Strahlung IR von 300 GHz bis 400 THz; $\lambda = 1$ mm bis 0,75 µm; genauere Unterteilung s. DIN 5031, Teil 7). Vorgesehen ist, den Millimeterwellenbereich bis 3 THz ($\lambda = 0,1$ mm) funktechnisch zu erschließen. Die zunehmende Bedeutung der Millimeterwelle für eine Reihe von militärischen und zivilen Anwendungen hat entgegen früherer Bereichseinteilung zu einer Unterscheidung zwischen Mikrowellen 3 bis 30 GHz und Millimeterwellen 30 bis 300 GHz geführt. Die im Spektrum darüber liegen-

*Frequenzbereiche. F. (nach DIN 40015)*

| Bereichs-ziffer N | Kurz-bezeichnung | Frequenzbereich ausschließlich untere Grenze einschließlich obere Grenze | Wellen-längen-benennung | Wellenlänge $\lambda$ | | |
|---|---|---|---|---|---|---|
| 12 | – | 300 GHz bis 3000 GHz oder 3 THz | Mikrometer-wellen | 1 mm | bis | 0,1 mm |
| 11 | EHF (Extremely High Frequencies) | 30 GHz bis 300 GHz | Millimeter-wellen | 1 cm | bis | 0,1 cm |
| 10 | SHF (Super High Frequencies) | 3 GHz bis 30 GHz | Zentimeter-wellen (Mikrowellen) | 10 cm | bis | 1 cm |
| 9 | UHF (Ultra High Frequencies) | 300 MHz bis 3000 MHz | Dezimeter-wellen (Ultra-kurzwellen) | 1 m | bis | 0,1 m |
| 8 | VHF (Very High Frequencies) | 30 MHz bis 300 MHz | Meterwellen (Ultrakurz-wellen) | 10 m | bis | 1 m |
| 7 | HF (High Frequen-cies) | 3 MHz bis 30 MHz | Dekameter-wellen (Kurzwellen) | 100 m | bis | 10 m |
| 6 | MF (Medium Frequencies) | 300 kHz bis 3000 kHz | Hektometer-wellen (Mittel-wellen) | 1 km | bis | 0,1 km |
| 5 | LF (Low Frequen-cies) | 30 kHz bis 300 kHz | Kilometer-wellen (Langwellen) | 10 km | bis | 1 km |
| 4 | VLF (Very Low Frequencies) | 3 kHz bis 30 kHz | Myriameter-wellen (Längstwellen) | 100 km | bis | 10 km |
| 3 | ILF (Infra Low Frequencies) | 300 Hz bis 3000 Hz | keine besondere Benennung | 1 000 km | bis | 100 km |
| 2 | ELF (Extremely Low Frequencies) | 30 Hz bis 300 Hz | keine besondere Benennung | 10 000 km | bis | 1 000 km |
| 1 | ELF (Extremely Low Frequencies) | 3 Hz bis 30 Hz | keine besondere Benennung | 100 000 km | bis | 10 000 km |
| 0 | ELF (Extremely Low Frequencies) | 0,3 Hz bis 3 Hz | keine besondere Benennung | 1 000 000 km | bis | 100 000 km |

In Deutschland wird der F. von 300 kHz bis 1606,5 kHz als Mittelwellenbereich und der F. 1606,5 kHz bis 3000 kHz als Grenz-wellenbereich bezeichnet.

Die Bezeichnung Hochfrequenz (HF) ist in der Tabelle auf die Bereichsziffer 7 begrenzt; sie wird aber auch im deutschen Sprachgebrauch verallgemeinernd im Sinne des englischen Ausdruckes „Radio Frequency" (RF) benutzt. Unter der Bezeichnung „Radio Frequency" versteht man den gesamten Bereich der elektromagnetischen Wellen, der für die drahtlose Nachrichtenübermittlung verwendbar ist.

den, bislang nicht erschlossenen Funkfrequenzen 300 GHz bis 3 THz werden dem Bereich Mikrometerwellen zugeordnet. *Kümmritz*

Literatur: CCIR, Band 13, Empfehlung 431-4. – DIN 40015: Frequenzbereiche (1985). – DIN 40005: Nennfrequenzen von $16^{2}/_{3}$ Hz bis 10 kHz. – DIN 5031, Teil 7 und 8: Strahlungsphysik im optischen Bereich und Lichttechnik. – Vollzugsordnung für den Funkdienst (VO Funk, DBP), Genf 1982.

**Frequenzmodulation** ⟨*frequency modulation*⟩ → Modulation

**Frequenzmultiplexverfahren** ⟨*frequency multiplexing*⟩ → Multiplexverfahren

**Frequenzumtastung** ⟨*frequency shift keying*⟩ → Modulation

**FSK** ⟨*FSK (Frequency Shift Keying)*⟩ → Modulation

**FTAM** ⟨*FTAM (File Transfer, Access and Management)*⟩. → OSI-Dienst für die Dateiübertragung und somit ein Dienst der → Anwendungsebene. Benötigt eine lokale Anwendung eine Datei, die auf einem entfernten Rechner liegt, so beginnt der (lokale) FTAM-Initiator einen Dialog mit der entfernten Partnerinstanz, dem FTAM-Responder. FTAM folgt also dem Client-Server-Paradigma (→ Client-Server-Modell) mit dem Initiator als Client des Responders.

Der Responder hält die angeforderte Datei in seinem realen Dateispeicher. Da alle FTAM-Operationen auf einem virtuellen Dateispeicher definiert sind, muß der Responder die entsprechenden Abbildungen vom virtuellen auf den realen Dateispeicher vornehmen (Bild 1).

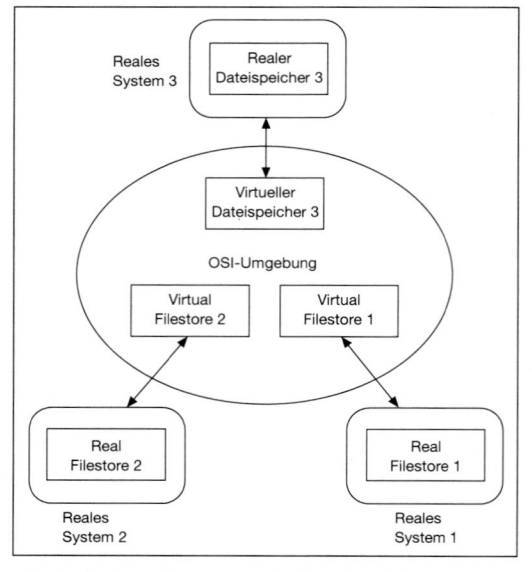

*FTAM 1: Virtueller und realer Dateispeicher*

Der FTAM-Dienst ermöglicht es dem Benutzer, Aktionen auf diesem virtuellen Dateispeicher auszuführen. Er stellt Mechanismen bereit, die es erlauben,
– zwischen Initiator und Responder Informationen über ihre jeweilige Identität auszutauschen,
– die gewünschte Datei zu identifizieren,
– einzelne Teile einer Datei zu lokalisieren und/oder zu modifizieren,
– erforderliche Dateimanagementaktionen durchzuführen,
– die Datei oder Teile davon zu übertragen.

Die entsprechenden Mechanismen für die Abbildung des virtuellen auf den realen Dateispeicher müssen lokal in jedem Rechner realisiert werden; sie sind nicht Bestandteil der FTAM-Spezifikation.

Nachdem der Dateispeicher im ursprünglichen Standard lediglich Dateien enthalten konnte, wurde in späteren Erweiterungen das Konzept des FTAM-Objekts eingeführt. Ein solches Objekt kann eine Datei sein, aber auch ein Verzeichnis oder eine Referenz. Hierdurch wird der virtuelle Dateispeicher seinem realen Gegenstück besser angeglichen.

→ Objekte vom Typ Datei haben bestimmte Eigenschaften, die durch Werte von Datei-Attributen beschrieben werden. Eine Datei kann, muß aber keine Daten enthalten. Sind Daten vorhanden, so werden sie durch eine Datenstruktur beschrieben, die ihrerseits durch Datei-Attribute identifiziert wird. Eine Datei kann somit für alle Benutzer identisch charakterisiert werden durch
– einen Dateinamen, der eindeutig eine Datei identifiziert;
– Managementeigenschaften, wozu z.B. die Zugriffsrechte, die Kostenstelle oder die Dateigröße gehören;
– Struktureigenschaften, die den logischen Aufbau der Daten beschreiben;
– Benutzerdaten, die den Inhalt der Datei darstellen.

Eine Datei besteht aus einer Anzahl geordneter Data Units (DU, Dateneinheiten). Die Ordnung zwischen den einzelnen DU kann prinzipiell jede Form annehmen, sequentiell, hierarchisch, relational oder netzwerkförmig. Ein Knoten in der Dateizugriffsstruktur besteht aus einem Identifikator, keiner oder einer DU und einem Teilbaum, dessen Wurzel dieser Knoten bildet. Ein solches Konstrukt wird als File Access Data Unit (FADU, Dateneinheit für den Dateizugriff) bezeichnet. Operationen werden in FTAM immer auf FADU ausgeführt. Die Dateizugriffsstruktur legt fest, auf welche Teile einer Datei unabhängig voneinander zugegriffen werden kann. Typische Beispiele sind:
– *unstrukturiert*: Diese Struktur besteht lediglich aus einer Wurzel-DU;
– *flach*: Alle DU befinden sich hierbei auf einer Hierarchiestufe unterhalb der Wurzel, mit der jedoch keine DU assoziiert ist;
– *hierarchisch*: Die Knoten können sich auf mehreren Hierarchiestufen befinden.

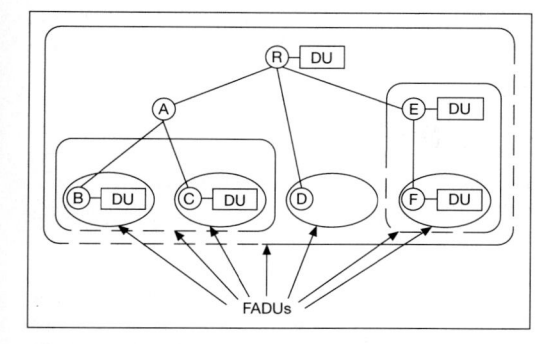

*FTAM 2: FTAM-Dateizugriffsstruktur*

FTAM legt derzeit eine hierarchische File Access Structure (Dateizugriffsstruktur) fest, also eine Baumstruktur (Bild 2).

Nach Abschluß der Kontrolloperationen wird das Bulk Data Transfer Protocol für die eigentliche Datenübertragung verwendet. Hierzu gehört auch die Verwaltung von Synchronisationspunkten (→ Steuerungsebene). *Jakobs/Spaniol*

Literatur: *Dickson, G.; Lloyd, A.*: Open systems interconnection. Prentice Hall, 1992.

**FTP** ⟨*FTP (File Transfer Protocol)*⟩. Wird im → Internet zur Übertragung von Dateien verwendet; FTP ist somit das Äquivalent zum → FTAM-Dienst von → OSI. Seine Funktionalität ist allerdings wesentlich geringer als die vom FTAM.

FTP basiert auf dem Client-Server-Prinzip (→ Client-Server-Modell, s. Bild). Ein FTP-Client kann gleichzeitig mehreren Benutzern den Zugriff auf entfernte FTP-Server ermöglichen. Der Server greift seinerseits zur Ausführung der gewünschten Operationen auf das lokale Dateisystem seines Hosts zu. Auf dem Dateisystem des Servers sind Operationen wie Lesen, Schreiben oder Löschen erlaubt.

FTP unterstützt verschiedene Datentypen (u. a. 8-bit binär, → ASCII, → EBCDIC) sowie drei Dateistrukturen (unstrukturiert, strukturiert und wahlfreier Zugriff).

Unstrukturierte Dateien werden als transparenter Bitstrom übertragen und können Daten beliebigen Typs enthalten. Strukturierte Dateien bestehen aus Records fester Länge. Eine solche Datei wird in Blöcken fester Länge übertragen. Dateien mit wahlfreiem Zugriff bestehen aus Records variabler Länge. Sie werden entsprechend in unterschiedlich langen Blöcken übertragen, wobei jeder Block einen Kopf enthält, in dem Informationen zu Länge und Typ des Record und seiner relativen Position in der Datei enthalten sind.

*Jakobs/Spaniol*

Literatur: *Comer, D. E.*: Internetworking with TCP/IP. Vol. 1: Principles, protocols and architecture. 2nd Edn. Prentice Hall, 1991.

**Führungsinformationssystem (FIS)** ⟨*EIS (Executive Information System)*⟩. Anwendungssystem zur Versorgung der Entscheidungsträger mit führungsrelevanten Informationen. F. sind bisher nur auf die Unterstützung der oberen Führungsebenen ausgerichtet.

Sie handhaben sowohl „harte" Informationen aus dem → operativen Informationssystem sowie aus dem strategischen Planungs- und Entscheidungssystem (z. B. Umsatzzahlen) als auch „weiche", unscharfe Informationen (z. B. Produktimage). Im Unterschied zu → Berichts- und Kontrollsystemen sind F. interaktive Systeme; die Initiative zur Informationsbeschaffung und -übermittlung liegt beim Entscheidungsträger. F. benötigen daher bedienungsfreundliche Nutzeroberflächen, die für eine multimediale → Präsentation von → Dokumenten geeignet sind. Zu den wichtigsten Funktionen eines F. gehören:

– Exception Reporting: Berichterstattung über betriebliche Zustände anhand von verdichteten und gefilterten Daten, z. B. Kennzahlen, einschließlich Plan-Ist-Vergleichen und Schwellenwertüberschreitungen.

– Drill-Down: Tiefenanalyse ausgewählter Kennzahlen durch Disaggregation und Selektion bis auf die Ebene des einzelnen Geschäftsvorgangs.

– Datenanalysen, z. B. Untersuchung von Zeitreihen zur Erkennung von Trends.

– News: Beschaffung weicher oder harter Informationen aus unternehmensinternen und unternehmensexternen Quellen. Interne Quellen sind z. B. Recherche- und Informationsdienste, externe Quellen sind z. B. Online-Datenbanken.

– Unterstützung der Kommunikation über Electronic Mail (→ E-Mail) oder durch Systeme zur Dokumentenbearbeitung, -verwaltung und -weiterleitung.

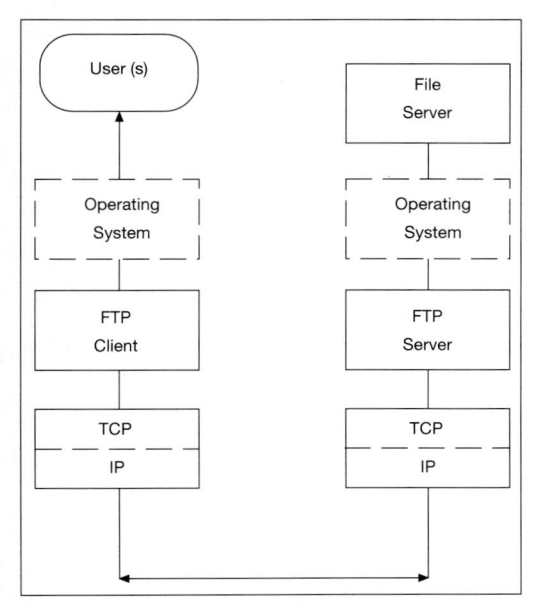

*FTP: Client-Server-Kommunikation*

F. sind auf die unmittelbare Nutzung durch Entscheidungsträger ohne Zwischenschaltung von Assistenten in Stabsabteilungen ausgerichtet. Wenngleich die Nutzung unmittelbar durch Entscheidungsträger nicht immer realitätsnah erscheint, ist sie doch unabdingbar bei der zukünftigen Erweiterung von F. um Funktionen zur Unterstützung von Problemlösungsprozessen durch Gruppen von Entscheidungsträgern.

*Ferstl*

Literatur: *Chamoni, P.* u. a.: Management-Support-Systeme. Berlin-Heidelberg-New York 1996. – *Turban, E.*: Decision support and expert systems. Englewood Cliffs, NJ 1995. – *Watson H. J.* et al. (Eds.): Executive information systems. New York 1992.

**Function-Point-Methode** *(function point method)*. Eine von der Firma IBM entwickelte Methode zur Schätzung des Personenaufwands für → Informatikprojekte. Diese Methode und einige darauf aufbauende Erweiterungen ermöglichen eine → Aufwandschätzung allein basierend auf den Ergebnissen der Definitionsphase, d. h., sie sind unabhängig vom jeweiligen technischen Entwurf und damit von der Anzahl der zu schreibenden Instruktionen. Für diese Methode wird das zu entwickelnde System in globale Funktionseinheiten aufgeteilt und diese gezählt. Dazu rechnen Dateneingaben (Bildschirmmasken), Datenausgaben (Bildschirmmasken, Listen), Datenbestände (Dateien, Datenbanken), Referenzdaten (Tabellen) und Abfragen. Diese werden in drei Schwierigkeitsklassen aufgeteilt und mit Punkten bewertet, die den relativen Einfluß dieser Teilaspekte auf die Systementwicklung ausdrücken. In einem zweiten Schritt wird die so erhaltene Grobschätzung für die Funktionspunkte (function points) anhand von Einflußfaktoren angepaßt. Aus den so errechneten Punkten werden anhand empirischer Daten die benötigten Personenmonate ermittelt. Während die Schätzung der Funktionspunkte bei gleicher Systemstruktur zu gleichen Ergebnissen führen muß, muß bei der Zuordnung von Funktionspunkten zu Personenmonaten die jeweilige Arbeitsumgebung (Erfahrung des Teams, Werkzeugeinsatz) berücksichtigt werden.

*Endres*

Literatur: *Noth, T.* und *M. Kretzschmar*: Aufwandschätzung von DV-Projekten. Heidelberg 1984.

**Funkdienste, bewegliche** *(mobile radio service)*
→ Funknetze, mobile

**Funkempfänger** *(radio receiver)*. Der Empfänger, mit der Antenne über eine Koppelschaltung verbunden, bildet das Zentrum der Funkempfangsanlage. Er übernimmt die in der Antenne induzierte HF-Spannung, selektiert und verstärkt sie. Gleichzeitig formt er die (verstärkten) Signale in eine der Auswertung dienlichen Form um. Unterschieden werden die Empfänger u. a. nach dem aufnehmbaren Frequenzbereich, nach der verarbeitbaren Modulationsart und nach betrieblicher Anwendung.

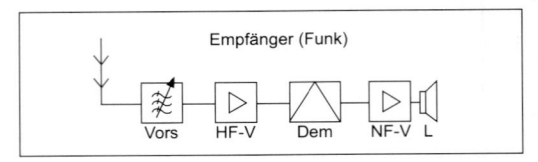

*Funkempfänger 1: Geradeausempfänger*

Vors Vorselektion (Filter), HF-V HF-Verstärker, Dem Demodulator, NF-V NF-Verstärker, L Lautsprecher

☐ *Geradeaus- und Überlagerungsempfänger.* Alle analog arbeitenden Empfänger lassen sich auf die zwei Grundtypen Geradeausempfänger und Überlagerungsempfänger (Superhet) zurückführen. Während der Geradeausempfänger (Audion) die empfangenen Signale auf direktem Wege – Selektion, HF-Verstärkung, → Demodulation, NF-Verstärkung – unter Beibehaltung der Empfangsfrequenz verarbeitet (Bild 1), wird die Signalverarbeitung beim Superhet zwecks Verbesserung der Empfängereigenschaften in einer anderen Frequenzebene vorgenommen. Durch Überlagerung mit einer empfängereigenen Oszillatorfrequenz $f_o$ wird die Eingangsfrequenz $f_e$ heruntergemischt mit dem Ergebnis, daß eine Zwischenfrequenz $f_z$ entsteht (Bild 2). Es gilt $f_z = f_o - f_e =$ konst, da $f_z$ für alle $f_e$ durch Nachstellen der $f_o$ gleich bleibt. $f_z$ wird in fest abgestimmten ZF-Verstärkern weiter verstärkt. Letztere besorgen darüber hinaus aufgrund ihrer hohen Selektivität die Ausblendung frequenzbenachbarter Sender (Nahselektion).

Mehrstufigkeit erhöht bei beiden Typen die Empfängerqualität. Wegen Gleichlaufschwierigkeiten bei der Empfängerabstimmung ist es jedoch unüblich, den Geradeausempfänger höher als zweikreisig aufzubauen. Mehrkreisige Superhets, insbesondere für kommer-

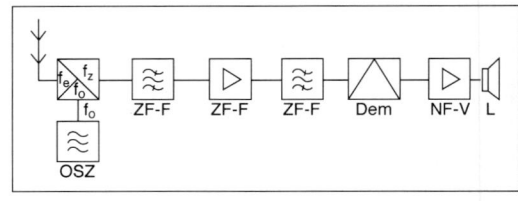

*Funkempfänger 2: Überlagerungsempfänger (Superhet)*

O Oszillator, $f_o$ Oszillatorfrequenz, $f_e$ Empfangsfrequenz, $f_z$ Zwischenfrequenz, ZF-F ZF-Filter, ZF-V ZF-Verstärker

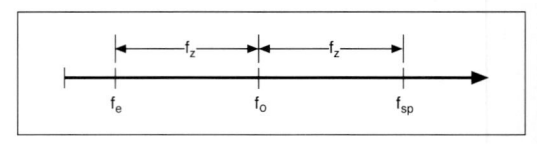

*Funkempfänger 3: Frequenzen beim Überlagerungsempfänger (Superhet)*

$f_{sp}$ Spiegelfrequenz

zielle und Radaranwendungen, sind hingegen die Regel. Die Aussonderung der störenden Spiegelfrequenz $f_{sp} = f_e + 2f_z$ wird dabei vom Eingangskreis (Vorselektion) besorgt (Bild 3).

☐ *Impulsverarbeitende Empfänger.* Radarempfänger und Pulsmodulationsempfänger werden frequenzmäßig wegen der für die Impulsverarbeitung notwendigen großen Bandbreite v. a. im Mikrowellengebiet betrieben. Die für diesen Frequenzbereich spezifische Aufbautechnik bestimmt die Empfängerkonfiguration (Wellenleiter, Wanderfeldröhren, parametrische Verstärker usw.). Wichtig für die einwandfreie Impulsverarbeitung ist das Einschwingverhalten der Empfängerkreise bzw. Kreiselemente. Moderne Radarempfänger besitzen zur Vermeidung von Übersteuerungen eine zeitabhängige Regelung STC (Sensivity Time Control), die die Verstärkung vor Abgabe des Sendeimpulses sprunghaft herabsetzt.

☐ *Millimeterwellenempfänger* entsprechen im Aufbau dem Standard-Doppelsuper. Unterschiedlich gegenüber diesem ist lediglich die Eingangsstufe gestaltet, die mangels nicht verfügbarer HF-Verstärker ($f_e > 30$ GHz) nur Selektionsmittel (→ Filter) und – fallweise – Dämpfungsglieder enthält. Häufig wird das Eingangssignal dem Mischer auch direkt zugeführt. Die zur ZF-Bildung ($f_z = 20 \ldots 1000$ MHz) notwendige Vergleichsfrequenz wird im Local Oscillator (LO) erzeugt.

Stark unterschiedlich gegenüber den frequenzniederen Empfängern ist jedoch die Realisierung der Schaltung von Millimeterwellenempfängern. Die für diesen Bereich charakteristische Miniaturbauweise, teils Dickschicht-, teils Dünnfilmsubstrate, die Anwendung planarer Technik für Bausteine und Leiterzüge sowie die massive, vielfach gefräste Komponenten ergeben das typische Bild des Millimeterwellenempfängers (Bild 4).

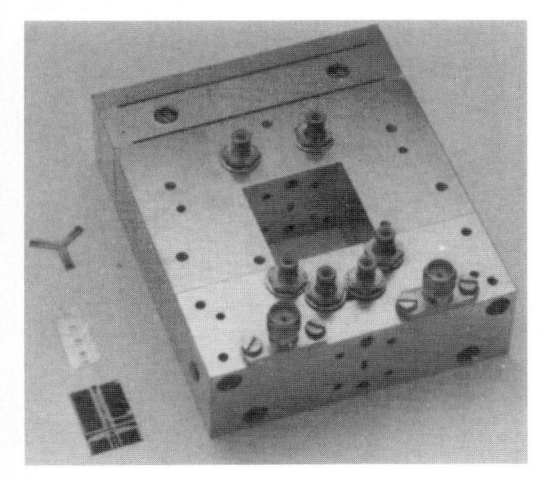

*Funkempfänger 4: Zwei-Kanal-Empfängerbaustein, 60 GHz (60 mm×75 mm×20 mm) mit Mischer-Schalter-Substrat (links unten), Filtersubstrat (links Mitte), Polarisationsumschalter (links oben)*

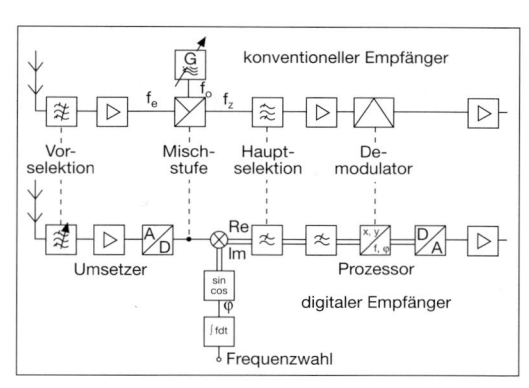

*Funkempfänger 5: Gegenüberstellung konventioneller und digitaler Empfänger*

☐ *Digitaler Empfänger.* Digitale Systemlösungen bieten den Vorteil der Integrierbarkeit, Programmierbarkeit und Stabilität. Fortschritte in der Halbleitertechnologie (Hoch- und Höchstintegration) ermöglichen die Nutzung dieser Vorteile auch beim Aufbau von Funkgeräten. Der digitale Empfänger macht Gebrauch davon, indem er im Vergleich zum konventionellen (analog arbeitenden) Empfänger die Signalverarbeitung von der Mischung bis zur Demodulation in digitaler Form vornimmt (Bild 5).

Hierfür wird z. B. ein → Prozessor – festverdrahtetes Rechenwerk – herangezogen, der sowohl Mischung als auch Hauptselektion und ggf. Demodulation der (digitalisierten) Signale besorgt. In der Pipeline-Anordnung des Prozessors – gleichzeitig arbeitende, hintereinandergeschaltete Verarbeitungsstufen – findet sich die Struktur des Überlagerungsempfängers wieder. Jede Stufe besteht aus mehreren Rechenwerken mit zugehöriger Steuerung und → Speichern. Da alle gemeinsam in Chipform realisierbar sind, wird der digitale Empfänger der Zukunft stark miniaturisiert sein. Extrem kleine Ausführungen sind vorgesehen. Jedoch gilt als obere Grenze der Systembandbreite derzeit nur 10 MHz. Fortschritte in der Halbleitertechnologie (Höchstintegration) werden diese Grenze nach oben erweitern. *Kümmritz*

Literatur: *Fink, D. G.*: Electronics engineers handbook. New York 1979. – *Küpfmüller, K.*: Die Systemtheorie der elektrischen Nachrichtentechnik. Stuttgart 1974. – *Meinke, H.; Gundlach, F. W.*: Taschenbuch der Hochfrequenztechnik. Springer, Berlin 1986. – *Philippow, E.*: Taschenbuch Elektrotechnik. Berlin 1985. – *Pitsch, H.*: Lehrbuch der Funkempfangstechnik. Bd. I, II. Leipzig 1958, 1960. – *Rabiner, L. R.; Gold, B.*: Theory and application of digital signal processing. New Jersey 1975. – TELEFUNKEN-Laborbuch Bd. 3. Ulm 1964.

**Funknetze, mobile** ⟨*mobile radio networks*⟩. Kommunikationssysteme (→ Netzwerk), welche potentiell bewegliche Stationen beinhalten. Unterstützte Mobilität und von einem m. F. überdecktes Gebiet sind systemabhängig, z. B. landesweit bei einem zellularen m. F. und wenige hundert Meter bei einem lokalen m. F.

# Funknetze, mobile

M. F. lassen sich grob unterteilen in mobile Satellitennetze, öffentliche zellulare Netze, Funkrufsysteme, Bündelfunknetze, drahtlose Telekommunikationssysteme und drahtlose LAN.

☐ *Mobile Satellitennetze.* Diese Netze eignen sich gut zur Versorgung von Gebieten, die keine terrestrische Kommunikationsinfrastruktur haben, und wurden daher in der Vergangenheit schwerpunktmäßig im See- und Flugfunk eingesetzt. Dienste eines Satelliten-m. F. sind (analog zu den meisten anderen m. F.-Typen) unter anderem Sprach-, Daten-, Kurznachrichtendienste, Telefax und Funkruf (→ Funkruf, Paging). Die generelle Struktur eines Satellitennetzes ist in Bild 1 skizziert.

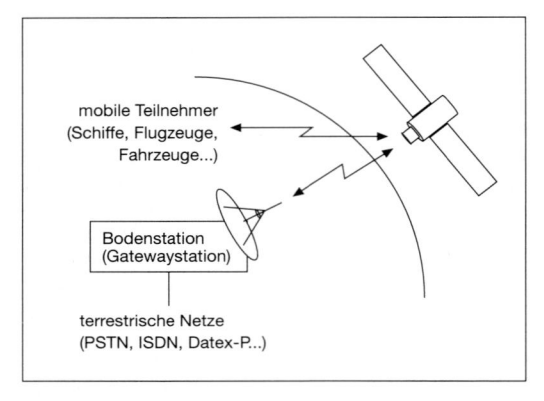

*Funknetze, mobile 1: Struktur eines mobilen Satellitennetzes*

Zur mobilen → Satellitenkommunikation sind unter anderem die in der Tabelle angegebenen Frequenzbänder vorgesehen.

*Funknetze, mobile. Tabelle: Frequenzen zur mobilen Satellitenkommunikation*

| Name | Frequenz (Uplink/ Downlink) | Kommunikationsrichtung |
|---|---|---|
| L-Band | 1,5/1,6 GHz | Mobilstation-Satellit |
| S-Band | 2,5/2,6 GHz | Mobilstation-Satellit |
| C-Band | 4/6 GHz | Satellit-Gatewaystation |
| Ku-Band | 12/14 GHz | Satellit-Gatewaystation |
| Ka-Band | 20/30 GHz | Satellit-Gatewaystation |

Die betrieblichen Anforderungen, die technischen Eigenschaften und die vertraglichen Regelungen eines mobilen Satellitennetzes, das Satelliten in geostationärer Umlaufbahn nutzt, sind Gegenstand des INMARSAT-Abkommens der 1979 gegründeten International Maritim Satellite Organisation, deren ursprüngliche Zielsetzung im Seefunk lag. INMARSAT-A wurde 1979 in Betrieb genommen und bietet Telephon-, Telex-, Telefax- und Datenübertragung. Wesentlicher Nachteil dieses Systems sind die großen Sende- und Empfangsantennen mit einem Durchmesser von 1,25 m. INMARSAT-C wurde 1991 eingeführt und bietet unter anderem Sprach- und Datenübertragung mit 64 kbit/s und einen → X.25-Modus (→ Datex-P). Ein INMARSAT-C-Endgerät hat Aktenkofferformat, wiegt einige Kilogramm, und die Antenne hat nur noch einen Durchmesser von 10 bis 15 cm. Weitere Erweiterungen sind geplant, z. B. INMARSAT-P, das Hand-held-Endgeräte unterstützen soll.

Ein Beispiel eines Systems mit erdnahen Satelliten (Low Earth Orbit, LEO) ist Iridium, welches mit 66 Satelliten, die in 765 km Höhe die Erde umkreisen, ein erdumspannendes digitales m. F. zur Unterstützung einer weltweiten persönlichen mobilen Kommunikation bilden soll. Die Satelliten kommunizieren direkt miteinander und ermöglichen so die Herstellung einer Verbindung ohne eine terrestrische Infrastruktur.

☐ *Funkrufsysteme.* In Funkrufsystemen (Paging) erfolgt eine Einweg-Kommunikation zum mobilen Teilnehmer zur Übermittlung kurzer Nachrichten. Die abgeschickte Sendung kann prinzipiell von allen integrierten Stationen empfangen werden (→ Rundsprucheigenschaft, Broadcast). Sendungen, welche nur für spezielle Empfänger bestimmt sind, können durch eine spezielle Codierung geschützt werden.

☐ *Öffentliche zellulare Netze.* Ein öffentliches zellulares m. F. ist ein Teil des öffentlichen Fernsprechnetzes, der den Anschluß mobiler Teilnehmer ermöglicht. Es besitzt die gleichen Funktionen, die auch das Fernsprechnetz zur Verfügung stellt. Neben der Sprachübertragung bieten zellulare Netze u. a. meist auch Fax- und Datenübertragung sowie Dienste zur Übermittlung von Kurznachrichten an. Alle Teilnehmer des nationalen und internationalen Fernsprechnetzes sind von der mobilen Station aus erreichbar und können umgekehrt diese anwählen.

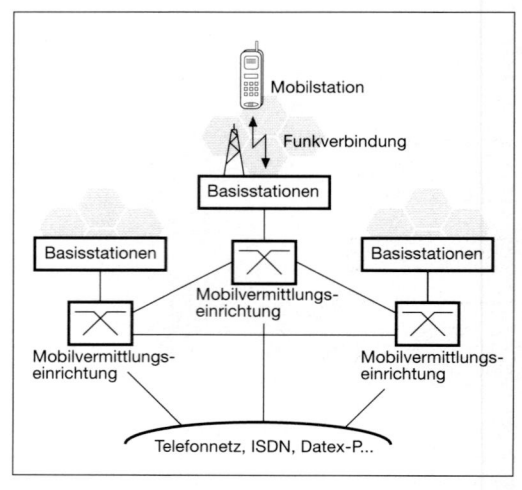

*Funknetze, mobile 2: Architektur eines zellularen m. F.*

Die mobilen Stationen kommunizieren hierzu über stationäre Basisstationen, die mit einem Vermittlungsnetz verbunden sind, von dem auch ein Zugang zu anderen Kommunikationsnetzen besteht (z. B. → ISDN, → Datex-P). Zwischen mobilem Teilnehmer und Basisstation wird eine Funkverbindung aufgebaut, über die das Gespräch zum und vom mobilen Teilnehmer übertragen wird (Bild 2).

Die Basisstationen bilden gemäß der Sendereichweite und der Struktur der verwendeten Antennen eine sogenannte Zelle (Bild 3). Ein mobiler Teilnehmer kommuniziert mit der Basisstation, in deren Zelle er sich befindet. In zellularen Systemen, die nach einem Frequenzmultiplexverfahren arbeiten, wird einer Zelle ein Frequenzbündel zugewiesen, welches – um Interferenzen zu vermeiden – gemäß der zellulären Flächenaufteilung erst in einem gewissen räumlichen Abstand wiederverwendet werden darf. Die Kanäle eines solchen Frequenzbündels können zusätzlich mit einem Zeitmultiplexverfahren in die eigentlichen Übertragungskanäle aufgeteilt werden. Ein Funkteilnehmer ist nicht auf einen bestimmten Kanal festgelegt, ihm wird von der Basisstation beim Aufbau der Kommunikationsbeziehung ein Kanal für die Verbindung zugewiesen. Da prinzipiell andere Teilnehmer den Datenverkehr abhören könnten, werden die übertragenen Daten meist verschlüsselt.

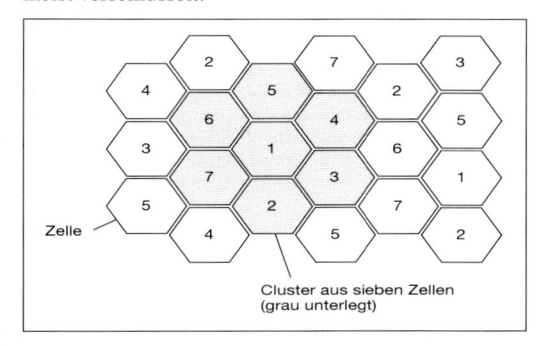

*Funknetze, mobile 3: Zellulares System mit sieben Zellen pro Cluster. Die Ziffern 1 bis 7 bezeichnen verschiedene Frequenzbündel*

Bewegt sich ein Teilnehmer während der Kommunikation von einer Zelle in eine andere, so wird ihm in der neu betretenen Zelle von der betreffenden Basisstation ein neuer Funkkanal zugewiesen, und in der alten Zelle wird der Kanal wieder freigegeben. Dieser Prozeß der Übergabe einer Verbindung an eine andere Zelle, → Handover genannt, geschieht i. d. R. ohne daß der Teilnehmer etwas von dem Kanalwechsel spürt.

Damit ein Teilnehmer in einem m. F. unter einer einheitlichen Rufnummer unabhängig von seinem aktuellen Aufenthaltsort erreichbar ist, verwalten m. F. Daten über die Position eines jeden eingeschalteten Endgeräts, welches bereit ist, Anrufe entgegenzunehmen. Bei einem eingehenden Anruf werden die Daten zur Teilnehmerlokalisierung abgefragt, und es kann eine Verbindung zum aktuellen Aufenthaltsort geschaltet werden. In den Zellen, die mit diesem Ort assoziiert sind, wird der Teilnehmer dann ausgerufen, und die Verbindung kann – wenn der Teilnehmer sich meldet – vollständig aufgebaut werden.

Die Entwicklung der flächendeckenden zellularen Weitverkehrsnetze begann in Deutschland 1958 mit dem A-Netz mit am Ende ca. 10 000 Teilnehmern, gefolgt 1972 vom B-Netz, das eine Teilnehmerzahl von ca. 26 000 erreichte. Die Gespräche wurden handvermittelt (A-Netz) bzw. der Anrufer mußte wissen, in welchem Bereich sich der Anzurufende aufhielt und eine entsprechende Vorwahl wählen (B-Netz).

Das C-Netz ist in Deutschland seit Mai 1986 in Betrieb und hatte 1995 ca. 800 000 Teilnehmer. Das C-Netz unterstützte erstmals ein sog. Roaming, d. h., das Netz verwaltet den Aufenthaltsort des Teilnehmers, der damit ortsunabhängig unter einer einzigen Rufnummer erreichbar ist. In den USA wurde das System AMPS (Advanced Mobile Phone Service) 1983 eingeführt. Gegenwärtig hat dieses Netz ungefähr 20 Mio. Teilnehmer. Es arbeitet auf den Frequenzen 824 bis 849 MHz und 869 bis 894 MHz. Sowohl das C-Netz als auch AMPS arbeitet mit analoger Übertragungstechnik. Solche Systeme bilden die erste Generation von zellularen Weitverkehrs-m. F.

In der zweiten Generation, in Europa 1990 mit dem Standard → GSM (Global System for Mobile Communications) festgelegt, erfolgt die Kommunikation mit der Mobilstation ausschließlich digital; auch die Sprache wird in digitale Form umgewandelt. In Deutschland sind drei GSM-Netze (D1, D2 und E-plus) in Betrieb. In den USA wurde von der EIA (Electronic Industries Association) und der TIA (Telecommunication Industry Association) 1992 der IS-54-Standard herausgegeben. Wie GSM basiert dieses System auf einem kombinierten Frequenz- (→ FDMA) und Zeitmultiplexverfahren (→ TDMA). 1993 wurde der IS-95-Standard von der TIA herausgegeben, welcher im Gegensatz zu IS-54 auf einer Codemultiplextechnik (→ CDMA) basiert. Diese Technologie ist – verglichen mit der Zeitmultiplextechnik – etwas aufwendiger, jedoch wächst die nutzbare Systemkapazität. Die Übertragung ist weniger störanfällig, und die zu verwendende Sendeleistung ist verglichen mit anderen Systemen geringer.

Parallel zu diesen Entwicklungen zellularer Netze gibt es Systeme, die ausschließlich für eine paketorientierte Datenkommunikation ausgerichtet sind, z. B. → MODACOM.

□ *Bündelfunknetze.* Der → Bündelfunk hat sich aus dem Betriebsfunk entwickelt. 1988 wurde von → ETSI mit der Arbeit an einem paneuropäischen digitalen Bündelfunknetz begonnen, welches seit 1991 unter der Bezeichnung Trans European Trunked Radio System (→ TETRA) standardisiert wird.

Ein Beispiel eines Bündelfunksystems ist das 1990 von der Deutschen Telekom eingeführte Chekker-

System, welches in den Frequenzbereichen 410 bis 418 MHz und 420 bis 428 MHz arbeitet. In einer Zelle stehen 20 Funkkanäle zur Verfügung, wobei auf einem Kanal mehrere Teilnehmer bedient werden können. Es werden verschiedene Rufarten unterstützt, z. B. Normalruf, Konferenzruf und Rufumleitung. Die maximale Gesprächsdauer beträgt 60 s. Chekker unterstützt Roaming und erlaubt daher im Versorgungsgebiet eine einheitliche Erreichbarkeit.

☐ *Drahtlose Telekommunikationssysteme.* Das Ziel dieser Systeme ist es, dem Benutzer eine im Vergleich zu den zellularen Weitverkehrsnetzen eingeschränkte Mobilität zu ermöglichen (z. B. innerhalb einer Büroetage). Im wesentlichen soll dem Nutzer ein qualitativ hochwertiger Sprachdienst angeboten werden.

In Europa wurde 1983 der CT1-Standard (Cordless Telephone) von dem Standardisierungsgremium → CEPT herausgegeben. Das CT1-System arbeitet im Bereich 914 bis 915 MHz und 959 bis 960 MHz mit 40 Duplexkanälen. Der erweiterte CT1+-Standard umfaßt einen etwas anderen Frequenzbereich mit doppelt so vielen Kanälen. In Europa arbeiten ungefähr 2 Mio. Geräte nach diesem Standard. 1985 entschied CEPT, ein digitales Nachfolgesystem zu standardisieren (CT2), um ein europaweit einheitliches System zu realisieren. Ein System nach dem CT2-Standard arbeitet im Frequenzbereich von 864 bis 868 MHz. Dieser sollte mit einem attraktiven neuen Dienst, dem Telepoint-Dienst, kombiniert werden, der in bestimmten Kommunikationsinseln den mobilen Zugang zum öffentlichen Telephonnetz ermöglicht. Basierend auf dem CT2-Standard, ging 1988 ein Telepoint-Dienst in Großbritannien in Betrieb. Dieser Dienst hat sich in Europa jedoch nie durchgesetzt, da die parallele Entwicklung der digitalen Weitverkehrsnetze einer Durchsetzung dieses Dienstes zuwiderlief.

1988 wurde – von CEPT initiiert und später von → ETSI fortgesetzt – der Entwurf eines neuen Standards eines digitalen schnurlosen Telekommunikationssystems in einem anderen Frequenzbereich (1880 bis 1900 MHz) begonnen. Dieser seit 1992 vorliegende Standard heißt → DECT (Digital Enhanced Cordless Telecommunication) und arbeitet mit einer Bruttodatenrate von 1152 kbit/s und einer 32 kbit/s-Sprachübertragung bei 12 Zeitmultiplexkanälen auf 10 Trägerfrequenzen. Für die Datenübertragung können, entgegen dem CT2-Standard, mehrere solcher Kanäle für eine Verbindung zusammengeschaltet werden.

In den USA arbeitet das heute noch verfügbare analoge schnurlose Telefon seit 1984 im Frequenzbereich 46,6 bis 47 MHz (Basisstation) und 49,6 bis 50 MHz (mobiles Endgerät). Parallel zu den analogen Systemen existieren in den USA zwei digitale Systeme, eines im ISM-Band (Industrieal, Scientific, Medical) und eines im Bereich 902 bis 928 MHz). Standardisiert wird z. Z. das System PACS (Personal Access Communication Services) im Frequenzbereich 1850 bis 1910 MHz und 1930 bis 1990 MHz.

☐ *Drahtlose LAN.* Im Bereich der lokalen Netze (→ LAN) begann in den 80er Jahren die Entwicklung der drahtlosen LAN (Wireless LAN, → WLAN). Das prinzipielle Ziel eines WLAN ist es, die letzten Meter der (kostenintensiven) Verkabelung durch eine Funkübertragung zu ersetzen, die eine ausreichende Bandbreite (> 1 Mbit/s) zur Verfügung stellt. Neben konventionellen LAN-Anwendungen gewinnen durch WLAN einfach zu realisierende ad-hoc-Netzwerke, deren Installation z. B. auf Konferenzen oder Messen notwendig ist, an Bedeutung.

1991 wurde die IEEE-Gruppe 802.11 gegründet, um die WLAN-Entwicklungen zu harmonisieren. In Europa wurde 1991 durch → ETSI mit der Standardisierung des sog. HIPERLAN-Netzes (HIgh PERformance LAN) begonnen. Dieser Standard ist 1996 veröffentlicht worden. Das System arbeitet in einem Frequenzbereich 5100 bis 5300 MHz und weiteren 200 MHz nahe 17 GHz. Es stellt eine Kapazität von 20 Mbit/s zur Verfügung.

Die Übergänge zwischen den einzelnen Systemklassen erfolgen fließend, und die aktuelle Systementwicklung strebt die Vereinheitlichung der bisher von heterogenen m. F. angebotenen Dienste in ein universelles mobiles Telekommunikationssystem (→ UMTS, Universal Mobile Telecommunications System) an.

*Hoff/Spaniol*

Literatur: *Padgett, J. E.; Günther, C. G.; Hattori, T.*: Overview of wireless personal communications. IEEE Communications Mag. (1995). – *Li, V. O. K.; Qiu, X.*: Personal communication systems (PCS). Proc. IEEE, 1995. – *Spaniol, O.* et al.: Impacts of mobility on telecommunication and data communication networks. IEEE Personal Communications. 1995. – *Otto, D.; Schuster, S.*: Iridium – eine Vision wird Wirklichkeit. Telcom Rep. 18 (1995) H. 2. – *Eberhardt, R.; Franz, W.*: Mobilfunknetze. Vieweg, 1993.

**Funkruf** ⟨*paging*⟩. Übertragung von → Signalen bzw. kurzen → Nachrichten an ein mobiles Endgerät. Die Nachrichten werden – je nach System – akustisch, numerisch oder alphanumerisch ausgegeben, z. B. eine Telefonnummer, mit der um Rückruf gebeten wird. Um die Endgeräte in Paging-Systemen preiswert anbieten zu können und sie so klein zu halten, daß sie ohne Probleme jederzeit (z. B. an der Kleidung) mitgeführt werden können, können sie nur empfangen, jedoch nicht senden. Beispiele für Paging-Systeme sind
– Eurosignal (eingeführt 1974) ist in Deutschland flächendeckend verfügbar und unterstützt nur die Rufklasse „Nur-Ton".
– Cityruf (eingeführt 1989) bietet die Rufklassen „Nur-Ton", „numerische Zeichen" (15 Ziffern) und „alphanumerische Zeichen" (80 Zeichen) sowie Rufarten wie Einzelruf und Gruppenruf.
– ERMES (European Radio Messaging System) wird seit 1989 von → ETSI als paneuropäischer Paging-Dienst standardisiert. Basisdienste sind unter anderem verschiedene Rufklassen und -arten (mit im Vergleich zum Cityruf höherer Leistungsfähigkeit) und eine transparente Datenübertragung. Weitere Dienste sind z. B.

Rufumleitung und Rufwiederholung. ERMES unterstützt *Roaming*, d. h., die Rufzone, in welcher der Teilnehmer sich aktuell aufhält, wird vom Netz automatisch erkannt, und nur dort wird der Ruf ausgestrahlt.

Paging-Dienste werden auch in zellularen → mobilen Funknetzen wie → GSM angeboten. *Hoff/Spaniol*
Literatur: *Eberhardt, R.; Franz, W.*: Mobilfunknetze. Vieweg, 1993.

**Funktechnik** ⟨radio engineering⟩. Die Nutzung elektromagnetischer Strahlung zur drahtlosen Übermittlung von Signalen definiert den Begriff F. Basiselemente der F. sind Sender und Empfänger einschließlich der für beide benötigten Antennen. Dank des Ausbreitungsverhaltens der elektromagnetischen Wellen können Funkverbindungen beliebig (ortsunabhängig) und über große Entfernungen hergestellt werden. Kurzwellenverbindungen überbrücken weltweite Entfernungen.

Die nur in Deutschland gebräuchliche Vorsilbe „Funk" leitet sich aus den ersten Versuchen, elektromagnetische Strahlung mittels Funken zu erzeugen, ab (Knallfunken- und Löschfunksender; *Marconi, Slaby, Graf Arco, Braun*). Über Maschinensender, Röhren und Halbleiter hat sich die F. zum heutigen Stand entwickelt.

Die von ihr benutzten Frequenzen reichen von wenigen kHz bis (gegenwärtig) zu etwa 200 GHz (→ Frequenzbereiche). Abhängig von der Frequenz ist das Ausbreitungsverhalten der Funkwellen (Wellenausbreitung). Dieses bestimmt sowohl die Reichweite der Millimeterwelle – generell optische Sicht – als auch die weltweite Ausbreitung der Kurzwelle. Gegenüber der Leistungsdämpfung in Kabeln ist die fortschreitende Funkwelle wenig gedämpft; die Empfangsleistung nimmt mit dem Quadrat der Entfernung vom Sender ab

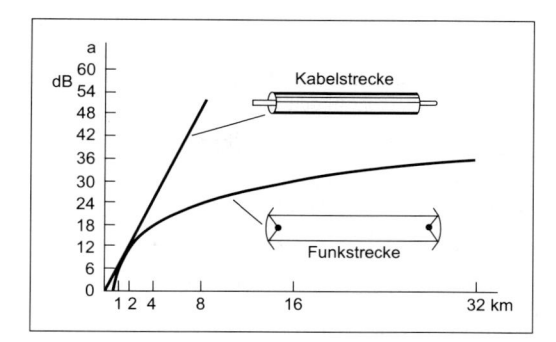

*Funktechnik: Dämpfungsmaß a einer Funkstrecke in Abhängigkeit von der Länge l im Vergleich mit einer Kabelstrecke*

(Bild). Förderlich für die Reichweite sind Verstärkung der Sendeleistung, Erhöhung des Antennengewinns und Anhebung der Empfängerempfindlichkeit bei gleichzeitiger Herabsetzung des Eigenrauschens.

Wesentliches Problem für die F. bleibt der Mangel an verfügbaren Frequenzen. Man versucht dem durch Frequenz-Mehrfachbelegung und Ausweitung des nutzbaren Frequenzbereichs nach höchsten Frequenzen hin abzuhelfen. *Kümmritz*
Literatur: *Bergmann, K.*: Lehrbuch der Fernmeldetechnik. Berlin 1978. – *Meinke, H.; Gundlach, F. W.*: Taschenbuch der Hochfrequenztechnik. Springer, Berlin 1986. – *Philippow, E.*: Taschenbuch Elektrotechnik. Bd. 4. Berlin 1985.

**Funktion, berechenbare** ⟨computable function⟩. Eine k-stellige Funktion in den natürlichen Zahlen von $N^k \to N$ heißt berechenbar, wenn es einen effektiven Algorithmus gibt, der für beliebige Eingaben in endli-

*Funktechnik. Tabelle: Frequenzbereiche der Funkdienste*

| Frequenzbereiche (Europa) | | | Funkdienste |
|---|---|---|---|
| 10 | ... 150 | kHz | Längst- und Langwellen-Telegraphiebereich |
| 150 | ... 350 | kHz | Langwellen-Hör-Rundfunkbereich |
| 510 | ... 1605 | kHz | Mittelwellen-Hör-Rundfunkbereich |
| etwa 3 | ... 30 | MHz*) | Kurzwellen-Hör-Rundfunkbereich |
| 41 | ... 68 | MHZ | Fernseh-Rundfunkbereich I (Kanal 1 ... 4) |
| 68 | ... 87,5 | MHz*) | Bewegliche Funkdienste |
| 87,5 | ... 104 | MHz | UKW-Hör-Rundfunkbereich (Bereich II) |
| 146 | ... 174 | MHz*) | Bewegliche Funkdienste |
| 174 | ... 230 | MHz | Fernseh-Rundfunkbereich III (Kanal 5 ... 12) |
| 440 | ... 470 | MHz*) | Bewegliche Funkdienste |
| 470 | ... 790 | MHz | Fernseh-Rundfunkbereiche IV und V (Kanal 21 ... 60) |
| 0,79 | ... 19,7 | GHz*) | Richtfunk und Mobilfunk |
| 0,96 | ... 17,7 | GHz*) | Radar, Navigation |
| 3,4 | ... 21,2 | GHz*) | Nachrichtensatelliten |
| 11,7 | ... 12,5 | GHz | Fernsehsatelliten-Rundfunk |

*) nur in bestimmten Teilbändern des angegebenen Bereichs

cher Zeit das entsprechende Ergebnis berechnet. Dies ist keine formale Definition. Viele Mathematiker haben daher versucht, formale Beschreibungsformen für Berechenbarkeit zu finden. Es stellte sich heraus, daß alle Definitionen äquivalent sind. Deshalb wird allgemein die → Churchsche These akzeptiert, d. h., daß alle diese Definitionen genau die intuitiv b. F. erfassen. Die gängigsten Berechenbarkeitsbegriffe sind
– ungetypter → Lambda-Kalkül (*Church* 1936),
– → Turing-Maschinen (*Turing* 1936),
– → partiell-rekursive Funktionen (*Gödel* und *Kleene* 1936).
– Symbolmanipulationssysteme (Textersetzung): *Post*sche Korrespondenzsysteme (*Post* 1943) und *Markoff*-Systeme (*Markoff* 1951),
– idealisierte Registermaschinen (URM) (*Sheperdson, Sturgis* 1963).
Die ersten drei Ansätze sind dabei parallel Anfang der 30er Jahre entstanden. *Reus/Wirsing*

Literatur: *Cutland, N. J.*: Computability. Cambridge University Press, 1980.

**Funktion, charakteristische** ⟨characteristic function⟩. Sie taucht in der → Statistik und Mathematik auf. Sei $F(x)$ eine → Wahrscheinlichkeitsverteilungs-Funktion.
Dann heißt

$$\Phi(t) = \int_{-\infty}^{\infty} e^{itx}\, dF(x)$$

die zugehörige c. F.; $\Phi(t)$ ist eine momenterzeugende F. Es gilt

$$\Phi(t) = \sum_{r=0}^{\infty} \mu'_r \cdot \frac{(it)^r}{r!},$$

wobei $\mu'_r$ das r-te Moment (also $E(X^r)$ von $F(x)$) um den Nullpunkt ist.

Durch eine c. F. $\Phi(t)$ ist eindeutig eine Verteilungsfunktion $F(x)$ über folgende Formel gegeben:

$$F(x) - F(0) = \frac{1}{2\pi} \int_{-\infty}^{\infty} \Phi(t) \cdot \frac{1-e^{-ixt}}{it}\, dt.$$

Der Begriff der c. F. ist verallgemeinerbar auf mehrdimensionale Verteilungsfunktionen. Von großer Bedeutung ist der folgende Satz: Die c. F. der Summe zweier unabhängiger Zufallsvariablen ist gleich dem Produkt ihrer c. F. *Schneeberger*

**Funktion, rekursive** ⟨recursive function⟩. Der Begriff der r. F. ist eine von vielen gleichwertigen Formalisierungen des Begriffs der → Berechenbarkeit von Funktionen. Im folgenden werden die Begriffe primitivrekursive, partiell µ-rekursive (oder wie häufig abkürzend verwendet: rekursive) und total µ-rekursive Funktion definiert, indem jeweils Bildungsregeln angegeben werden, mit deren Hilfe aus wenigen einfachen Grundfunktionen alle Funktionen dieser Typen konstruiert werden können. Es werden nur Funktionen von n-Tupeln natürlicher Zahlen in die natürlichen Zahlen betrachtet. Die Grundfunktionen sind:
– Die Nachfolgerfunktion S, die $x$ auf $x+1$ abbildet: $S(x) = x+1$.
– Die Nullfunktion N, die jede Zahl auf 0 abbildet: $N(0) = 0$.
– Für jede natürliche Zahl $m \neq 0$ und $i = 1, 2, \ldots, m$ die Projektionsfunktion $P^i_m$, die jedes m-Tupel auf seine i-te Komponente abbildet:
$P^i_m(x_1, \ldots, x_m) = x_i$.

Die Grundbildungsregel ist die Bildung einer n-stelligen Funktion h durch Einsetzung n-stelliger Funktionen $f_1, \ldots, f_k$ in eine k-stellige Funktion g, so daß gilt:
$h(x_1, \ldots x_n) =$
$g(f_1(x_1, \ldots, x_n), f_2(x_1, \ldots, x_n), \ldots, f_k(x_1, \ldots, x_n))$.

Die Klasse der primitiv-r. F. ist die kleinste Klasse von Funktionen, die die vorstehenden Grundfunktionen $S, N, P^i_m$ enthält und abgeschlossen ist gegenüber der Bildung neuer Funktionen mittels der vorgenannten Einsetzungsregel und folgender Regel:
Ist f eine m-stellige und g eine (m+2)-stellige Funktion, so ist die durch primitive → Rekursion aus f und g erzeugte Funktion h bestimmt durch
$h(0, x_1, \ldots, x_m) = f(x_1, \ldots, x_m)$,
$h(x+1, x_1, \ldots x_m) = g(x, h(x, x_1, \ldots, x_m), x_1, \ldots, x_m)$.
Jede primitiv-r. F. ist total (d. h. für alle möglichen Argumente definiert). Alle üblichen arithmetischen Funktionen sind primitiv-rekursiv: Addition, Subtraktion, Multiplikation, Division, Potenzierung, Absolutbetrag, Minimum, Maximum etc., aber auch die Funktion, die zu jedem n die n-te Primzahl bestimmt.

Offenbar läßt sich die Regel der primitiven Rekursion mit Hilfe einer for-Anweisung programmieren: Um den Wert $h(y, x_1, \ldots, x_m)$ zu bestimmen, muß man für $x = 0$ die erste Zeile und für $x = 1$ bis $x = y$ immer wieder die zweite Zeile der Regel anwenden.

Weitere Bildungsregeln werden mit dem folgenden µ-Operator formuliert: Sei f eine (m+1)-stellige Funktion, die auch partiell sein darf. Dann ist $h = \mu f$ eine m-stellige Funktion mit $h(x_1, \ldots, x_m) = \min \{x \mid f(y, x_1, \ldots x_m)$ ist definiert für $y = 0, 1, \ldots, x$ und $f(x, x_1, \ldots, x_m) = 0\}$.

Man spricht von einer Anwendung des µ-Operators im Normalfall, wenn f und µf beide überall definiert sind.

Offensichtlich läßt sich der µ-Operator mit einer while-Anweisung programmieren.

Die Klasse der partiellen (bzw. der totalen) µ-r. F. ist die kleinste Klasse von Funktionen, die die Grundfunktionen $S, N, P^i_m$ enthält und abgeschlossen ist gegenüber der Bildung neuer Funktionen mittels Einsetzung, primitiver Rekursion und der Anwendung des µ-Operators in beliebiger Weise (bzw. im Normalfall).

Es gibt totale Funktionen, die nicht primitiv-rekursiv sind. Das bekannteste Beispiel ist die zweistellige

*Ackermann*sche Funktion A, die durch folgende Rekursionsgleichungen definiert ist:
$A(0, y) = y + 1$,
$A(x+1, 0) = A(x, 1)$,
$A(x+1, y+1) = A(x, A(x+1, y))$. *Brauer*

Literatur: *Stetter, F.*: Grundbegriffe der theoretischen Informatik. Berlin 1988.

**Funktion, submodulare** ⟨*submodular function*⟩. Ist S eine endliche Menge und P(S) die Menge aller Teilmengen von S, so heißt eine reellwertige Funktion $f: P(S) \to R$ *submodular*, falls für je zwei Mengen X und Y aus S die Ungleichung

$$f(X \cap Y) + f(X \cup Y) \leq f(X) + f(Y)$$

gilt. Gilt für je zwei Mengen X und Y die umgekehrte Relation

$$f(X \cap Y) + f(X \cup Y) \geq f(X) + f(Y)$$

so heißt f *supermodular* und schließlich *modular*, falls f submodular und supermodular ist.

S. F. können als diskretes Analogon der konvexen Funktionen aufgefaßt werden. Sie spielen in der „diskreten" Mathematik eine besonders wichtige Rolle.
*Beispiele* von s. F.
– die Rangfunktionen eines Matroids (insbesondere also die Rangfunktion einer reellen Matrix als Funktion ausgewählter Spaltenmenge),
– die Funktion f(X), die jeder Knotenmenge $X \subset V(G)$ eines angegebenen Graphen G die Anzahl der Wege zuordnet, die die Knotenmenge X mit ihrem Komplement V(G)\X verbindet,
– die Funktion f, die in einem bipartiten Graphen mit Knotenmengen (U, V) einer Teilmenge $X \subset U$ die Anzahl der Nachbarknoten zuordnet.
*Beispiel* einer supermodularen Funktion

Sind $A_1, \ldots, A_n$ zufällige Ergebnisse und ist $X = \{A_{i1}, \ldots, A_{ik}\}$ eine Teilmenge aller zufälligen Ereignisse $S = \{A_1, \ldots, A_n\}$, so ist die Funktion $f(X) = \text{Prob}(A_{i1}, \ldots, A_{ik})$, die X die Wahrscheinlichkeit zuordnet, daß alle Ereignisse der Menge X eintreten, supermodular. *Bachem*

**Funktional** ⟨*functional*⟩. Funktion, die eine Funktion als Eingabewert verlangt (und evtl. auch eine Funktion als Resultat liefert). Im getypten → Lambda-Kalkül hat ein F. den Typ $(\sigma_1 \to \tau_1) \to \tau$ für beliebige Typen $\sigma_1, \tau_1$ und $\tau$. Bei der Interpretation von rekursiv definierten Funktionen $f = e[f]$ vom Typ $\sigma \to \tau$ spielt das Funktional $\Phi: (\sigma \to \tau) \to (\sigma \to \tau)$, definiert durch $\Phi(f) = e[f]$, eine besondere Rolle. Der → Fixpunkt von $\Phi$ beschreibt die Semantik von f. F. vom Typ $(N \to N) \to N$, wobei N die natürlichen Zahlen bezeichnet, werden in der Rekursionstheorie behandelt. *Reus/Wirsing*

**funktionale Eigenschaften einer Berechnung** ⟨*functional characteristics of a computation*⟩ → Rechensystem

**Funktionalität** ⟨*functionality*⟩. F. eines → Rechensystems S faßt die Gesamtheit der funktionalen Eigenschaften der Speicher- und Verarbeitungsfähigkeiten, die S seinen Benutzern für die Ausführung von Aufträgen zur Verfügung stellt, zusammen. Die funktionalen Eigenschaften entsprechen primär den Zuordnungen zwischen Eingaben und Ausgaben. Mit den Speicherfähigkeiten von S entsprechen sie Zuordnungen zwischen Eingaben und Zuständen von S einerseits sowie Zuständen von S und Ausgaben andererseits. Diese Zuordnungen lassen sich durch Relationen beschreiben. Häufig sind diese Relationen Abbildungen (Funktionen). Die Relationen und Funktionen beschreiben die Wirkung der entsprechenden → Berechnungen. Die F. von S ist die Grundlage für die Nutzung des Systems. Aus ihr ergibt sich, für welche Anwendungsbereiche S eingesetzt werden kann und welcher Aufwand für Problemlösungen mit S erforderlich ist. Dementsprechend werden Anforderungen an den F.-Vorrat, den S anbietet, und an die Qualität der Funktionen, die S anbietet, gestellt. Qualitätsanforderungen, die an S gestellt werden, beziehen sich unmittelbar oder mittelbar auf die F. von S.

Eine wesentliche Qualitätsanforderung, die sich unmittelbar auf die F. von S bezieht, ist die Forderung nach hoher Zuverlässigkeit. Dazu ist analog zu anderen Eigenschaften zwischen der Soll- und Ist-F. von S zu unterscheiden. Unter der Annahme, daß die Soll-F. von S unbestritten ist, ist die Forderung nach hoher Zuverlässigkeit von S gleichbedeutend mit der Forderung, daß die Ist- und Soll-F. von S übereinstimmen. Eine wesentliche Qualitätsanforderung, die sich mittelbar auf die F. von S bezieht, ist die Forderung nach hoher Rechtssicherheit. Diese Forderung ist primär darauf ausgerichtet, daß Rechte von → Subjekten der Umgebung an → Objekten von S, die durch ein Rechtesystem festgelegt sind, gewährleistet werden. Dabei ist die F. der Objekte (Komponenten) Grundlage für die Festlegungen der Rechte, so daß Rechtssicherheit ohne hohe Zuverlässigkeit nicht erreichbar ist.

Aussagen über die F. und über die Zuverlässigkeit von S müssen sich jeweils auf die definierenden Relationen und auf die Operationen, mit denen diese realisiert sind, beziehen. Dabei gilt nach den Charakteristika eines → Systems das für S Gesagte für Komponenten und Subsysteme von S entsprechend. Zur Erklärung sei K eine Komponente von S. Die Soll-F. von K sei durch die Abbildung $\varphi: E \to A$ definiert, wobei vorausgesetzt wird, daß $\varphi$ linkstotal ist; K sei unter Anwendung von Maßnahmen zur → Perfektionierung konstruiert. Dann ergibt sich die Ist-F. von K aus den Eigenschaften, die bei der Konstruktion festgelegt wurden, und aus dem Verhalten von K bei der Ausführung von Aufträgen. Zu diesem tragen auch die Komponenten bei, welche für Ausführungen von Aufträgen an K benutzt werden. Zur Beschreibung dieser Zusammenhänge ist es zweckmäßig, wahrscheinlichkeitstheoretische Modelle zu verwenden. Unter der Annahme, daß die statische Sicht von K gerechtfertigt ist, seien X und Y stochastische Variablen mit Werten aus E bzw. A. Mit dem W-Maß P sei das Eingabe-Ausgabe-Verhalten von K, das die Ist-F. bestimmt, durch eine Familie von Verteilungen $(P\{Y=a \mid X=e\} \mid e \in E, a \in A)$ beschrieben. Die Ausführung eines Auftrags an K mit der Eingabe $X=e$, $e \in E$, liefert also die Ausgabe $Y=a$, $a \in A$, mit der Wahrscheinlichkeit $P\{Y=a \mid X=e\}$.

Hiermit lassen sich Aussagen über die Zuverlässigkeit von K ableiten. Für die → Verfügbarkeit von K ergibt sich zunächst bei vorgegebener Eingabe $e \in E$: K ist intakt bei Ausführung eines Auftrags mit e genau dann, wenn K das durch φ vorgeschriebene Ergebnis liefert. Ist also A(e) die Verfügbarkeit für diesen Fall, so gilt $A(e) = P\{Y = \varphi(e) \mid X = e\}$. Für die Nutzung von K ist das Verhalten für beliebige Eingaben $e \in E$ wesentlich; zur Berechnung der Verfügbarkeit in diesem Fall muß das Verhalten der Umgebung von K bei der Erteilung von Aufträgen erfaßt werden. Mit einer entsprechenden Eingabeverteilung $P_X = (P\{X=e \mid e \in E\})$ ergibt sich für die Verfügbarkeit

$$A(P_X) = \sum_{e \in E} A(e) P\{X = e\}.$$

Unter Bezugnahme auf die vorgegebene Eingabeverteilung ist $A(P_X)$ die Wahrscheinlichkeit dafür, daß K bei jeder Eingabe $e \in E$, die gemäß $P_X$ ausgewählt wird, die durch φ vorgeschriebene Ausgabe liefert.

Für Aussagen, die sich auf die F. des Systems S beziehen, oder für Aussagen bzgl. anderer → Zuverlässigkeitskenngrößen sind die Zusammenhänge zwischen der Soll- und Ist-F. analog zu der für die Komponente K angegebenen Vorgehensweise zu erfassen. Entsprechende Analysen der Zuverlässigkeit von S erfordern jedoch komplexere Modelle. *P. P. Spies*

**Funktionalität eines Dienstes** ⟨*functionality of a service*⟩ → Rechensystem

**Funktionsmodell** ⟨*functional model, process model*⟩. → Modell, das die aktiven Elemente des Gegenstandsbereichs beschreibt: die Anwendungsfunktionen, ihre Ein- und Ausgaben, Verarbeitungsvorschriften, die dabei bearbeiteten Masken und Listen.

Diese werden in Form von Funktionsbeschreibungen zusammengefaßt. Die Funktionen werden in der Regel hierarchisch untergliedert. Für die Funktionen höherer und niederer Hierarchie-Ebenen sind Begriffe wie Funktionskomplex, Hauptfunktion bzw. Elementarfunktion gebräuchlich. Für die Darstellung der einzelnen Funktionen werden Gliederungsschemata (z. B. Eingabe/Verarbeitung/Ausgabe), Pseudo-Codes, Entscheidungstabellen oder (strukturierte) natürliche Sprache verwendet. *Hesse*

Literatur: *Hesse, W. G.* u. a.: Terminologie der Softwaretechnik – Ein Begriffssystem für die Analyse und Modellierung von Anwendungssystemen. Teil 2: Tätigkeits- und ergebnisbezogene Elemente. Informatik-Spektrum (1994) S. 96–105.

**Funktionssicherheit** ⟨*safety of functionality*⟩ → Sicherheit von Rechensystemen

**Funktionssymbol** ⟨*function symbol*⟩. Name für eine typische Operation (Funktion) einer → Rechenstruktur. F. sind zentraler Bestandteil von → Signaturen. *Hennicker/Wirsing*

**Funktionstastatur** ⟨*user function keyboard*⟩. Tastatur mit fester Zuordnung einer Funktion zu einer bestimmten Taste (Bild). Jedem der von der Tastatur zu bedienenden acht Regelkreise ist ein eigener Tasterblock zugeordnet. Links sieht man Tasten für die Betriebsarten Hand (MAN), Regler (AUT) und Rechner (COM). Daneben sind Tasten angeordnet für schnelles und für langsames Betätigen des Stellgerätes in beide Richtungen. Mit dem rechten Block lassen sich die Soll-Werte für die acht Kreise vorgeben. Dazu ist zusätzlich eine von den Tasten 1 bis 8 zu betätigen.

*Funktiontastatur: Beispiel (Quelle: Faxboro Eckardt)*

F., besonders wenn sie auf einer Pultfläche verschiebbar angeordnet sind, bieten eine größere Flexibilität in der Position des Bedieners als die Lichtgriffelbedienung: Eine Sitzhaltung ist zur gelegentlichen Bedienung nicht erforderlich. Mit in den letzten Jahren stark gewachsener → Funktionalität der Prozeßleitsysteme ist auch bei der Prozeßführung hohe Flexibilität gefordert, die die den Funktionen starr zugeordneten F. meist weniger gut als die den Aufgaben leicht anpaßbaren virtuellen Tastaturen erfüllen können (→ Lichtgriffelbedienung; → Tastenfeld, virtuelles). *Strohrmann*

**Funktionstaste** ⟨*function key*⟩. Eine jener Tasten der Tastatur eines → Terminals, die über die Normtastatur hinausgehen, deren Betätigung also nicht die Eingabe eines vordefinierten → Schriftzeichens oder → Steuerzeichens bewirkt, sondern deren Bedeutung durch das Anwendungsprogramm (z. B. einen → Editor) festgelegt wird. *Schindler/Bormann*

**Fuzzy-Logik** ⟨*fuzzy logic*⟩. Vom Konzept der → Fuzzy-Mengen ausgehend, läßt sich die klassische → Aussagenlogik zu einer unscharfen (fuzzy) Logik verallgemeinern, indem Aussagen (wie „F. ist kahlköpfig") als unscharfe Elementbeziehungen aufgefaßt werden. Eine Aussage kann also nicht nur zwei Wahrheitswerte (0 und 1) annehmen, sondern alle Werte im Intervall [0, 1]. Für die Verallgemeinerung logischer Operatoren (über „und", „oder" und die Negation hinaus) gibt es verschiedene Möglichkeiten, je nachdem, welche Aussagen logischer Äquivalenzen man in die F.-L. übertragen möchte (alle Äquivalenzen lassen sich nicht gemeinsam übertragen). Wenn wir z. B. die Äquivalenz von a $\rightarrow$ b mit $\neg$a $\vee$ b erhalten wollen, müssen wir den Fuzzy-Wahrheitswert von a $\rightarrow$ b gleich dem von b setzen, wenn dieser kleiner als der von $a$ ist, andernfalls erhält a $\rightarrow$ b den Wert 1. Man erhält so insbesondere eine Reihe verschiedener Implikationsbegriffe (*Zadeh*s Definition der Implikation z. B. entspricht der Äquivalenz von $\neg$a $\vee$ (a $\wedge$ b) mit a $\rightarrow$ b) und muß bei Anwendungen deshalb genau darauf achten, welche Variante der F.-L. am besten geeignet ist.

Eine Erweiterung zur Fuzzy-Prädikatenlogik erhält man dadurch, daß man den Allquantor durch den Infimum- und den Existenzquantor durch den Supremum-Operator modelliert und das Erfülltsein eines Prädikats auf eine „fuzzifizierte" Elementbeziehung der entsprechenden Relation zurückführt. *Brauer*

Literatur: *Gottwald, S.*: Fuzzy sets and fuzzy logic. Vieweg, Wiesbaden 1993. – *Kruse, R. G.; Klawonn, F.*: Fuzzy-Systeme. 2. Aufl. Teubner, Stuttgart 1995.

**Fuzzy-Menge** ⟨*fuzzy set*⟩. Das Konzept der F.-M. (d. h. unscharfen Mengen) wurde 1964 von *L. A. Zadeh* eingeführt, um unscharfe Aussagen wie „F. ist kahlköpfig", „Dies Haus ist groß" u. ä. als unscharfe Zugehörigkeit zu Mengen (der Kahlköpfigen, der großen Häuser) zu definieren. Als charakteristische Funktion $\mu_c$ einer F.-M. wird deshalb eine Abbildung in das Intervall [0, 1] der reellen Zahlen gewählt; $\mu_c(a) = 0{,}1$ ist dann interpretierbar als sehr schwache Zugehörigkeit von a zur betreffenden Menge. Die Operationen der klassischen Mengenlehre lassen sich auf vielfältige Weise auf F.-M. übertragen; meist wird *Zadeh*s Vorschlag verwendet: Die Komplementmenge wird durch $1-\mu_c$ charakterisiert, die Vereinigung durch die punktweise Maximumbildung $\mu_{A \cup B}(x) = \max\{\mu_A(x), \mu_B(x)\}$, der Durchschnitt durch die Minimumfunktion. Darauf aufbauend lassen sich viele weitere mengentheoretische Begriffe verallgemeinern.

Bei der Anwendung der Theorie der F.-M. zur Formalisierung unscharfer Beschreibungen (wie sie in natürlicher Sprache i. allg. gegeben werden, auch von Experten in ihrer Fachsprache) ist darauf zu achten, mit welcher Art von Zugehörigkeitsfunktionen (offenbar gibt es sehr viele Möglichkeiten dafür) gearbeitet werden soll und ob die vorstehend erwähnten oder andere Verallgemeinerungen der Mengenoperatoren zu verwenden sind. Zur Formalisierung natürlichsprachlicher Aussagen mittels F.-M. sind zusätzliche Operatoren nützlich, z. B. solche, die das Konzept der linguistischen Hecken übersetzen (der Qualifizierung von Eigenschaften durch Zusätze wie sehr, wenig, kaum, ziemlich); z. B. repräsentiert *Zadeh* die linguistische Hecke „sehr" durch die Quadratbildung, d. h., ist $\mu_g$ die F.-M. aller großen Objekte, so ist $\mu_g^2$ die F.-M. aller sehr großen Objekte. *Brauer*

Literatur: *Kruse, K.; Gebhardt, J.; Klawonn, F.*: Fuzzy-Systeme, 2. Aufl. Teubner, Stuttgart 1995. – *Driankow, D.; Hellendorn, H.; Reinfrank, J.*: An introduction to fuzzy control. Springer, Berlin 1992.

**Fuzzy-Regelung** ⟨*fuzzy control*⟩. Zur Realisierung von Regelungsverfahren bei Aufgaben, für die keine praktikable (d. h. ausreichend genaue und mit vertretbarem Aufwand implementierbare) $\rightarrow$ mathematische Modellierung vorliegt oder schnell entwickelbar ist, werden in zunehmendem Maße Kombinationen von $\rightarrow$ Heuristiken (entwickelt von menschlichen Experten) und von naturanalogen (d. h. neuronalen, evolutionären) oder induktiven Lernverfahren eingesetzt, wobei insbesondere die $\rightarrow$ Fuzzy-Logik als Methode der Repräsentation der Heuristiken dient. Berühmte Beispiele für Anwendungen von Fuzzy-Reglern sind die Untergrundbahn der japanischen Stadt Sendai, Videokameras und Staubsauger. Ein Fuzzy-Regler besteht i. allg. aus
– einer Regelbasis, die Fuzzy-Regeln der Form „Wenn der momentane Fehler im Bereich B liegt und seine Änderungen im Bereich A, dann ist die Regelgröße soundso zu ändern";
– einem Fuzzifizierungsmodul, der die momentan gemessen scharfen numerischen Werte des Fehlers und seine Änderung in unscharfe Fuzzy-Aussagen umwandelt, die mit den Regelprämissen verglichen werden können;
– einem Entscheidungsmodul, der im wesentlichen ein (simples) Deduktionssystem für Fuzzy-Logik ist;
– einem Defuzzifizierungsmodul, der aus den Fuzzy-Aussagen, die das Entscheidungsmodul liefert, scharfe Werte für die Änderung der Regelgröße erzeugt.

Für einen erfolgreichen Einsatz der Methode der F.-R. ist es wichtig, daß der Aufbau der Regelbasis sehr sorgfältig erfolgt, wobei Wissensakquisitionstechniken der $\rightarrow$ Künstlichen Intelligenz verwendet werden sollten. Außerdem ist es meist sehr nützlich davon auszugehen, daß sich der zu regelnde Prozeß und seine Umwelt im Laufe des Einsatzes des Reglers ändern, so daß Lernverfahren zur Adaption der Regeln eingebaut werden sollten. *Brauer*

Literatur: *Hecht, A.; Hellendorn, H.* u. a.: Adaptions- und Akquisitionstechniken für Fuzzy-Systeme, Teile I, II. Informatik-Spektrum 17 (1994) S. 87–95, S. 164–170.

# G

**G.711** ⟨*G.711*⟩. Empfehlung der →ITU-T zur →Codierung von Telephoniesignalen mit einer Bandbreite von ca. 300 bis 3400 Hz, die in digitalen Übertragungssystemen und im →ISDN verwendet wird (Pulscodemodulation, PCM, →Sprachcodierung). G.711 arbeitet mit einer Abtastrate von 8 kHz und einer von zwei unterschiedlichen, angenähert logarithmischen →Quantisierungen, dem in Nordamerika üblichen µ-law und dem international verbreiteten A-law, die jeweils 8 Bits pro Abtastung liefern; es ergibt sich eine →Bitrate von 64 kbit/s. *Schindler/Bormann*

**G.722** ⟨*G.722*⟩. Empfehlung der →ITU-T zur →Codierung von Telephoniesignalen mit einer Bandbreite von ca. 50 bis 7000 Hz, die in höherwertigen →Desktop-Multimediakonferenzsystemen und manchen ISDN-Telephonen verwendet wird. G.722 arbeitet mit einer Abtastrate von 16 kHz; das Signal wird in zwei Bänder mit je 8 kHz Bandbreite zerlegt, die beide mit →ADPCM codiert werden (Subband-ADPCM). Das untere Band wird mit 4 bis 6 Bits, das obere mit 2 Bits pro Abtastung codiert; es ergeben sich Bitraten von 48, 56 oder 64 kbit/s. *Schindler/Bormann*

**G.723.1** ⟨*G.723.1*⟩. Empfehlung der →ITU-T zur →Sprachcodierung, die in höherwertigen →Desktop-Multimediakonferenzsystemen verwendet wird. G.723.1 arbeitet mit einer Abtastrate von 8 kHz, einer Blockgröße von 30 ms (Codierverzögerung 37,5 ms) und entweder einer Version von →CELP (ACELP, ca. 5,3 kbit/s) oder einem mit Multipuls-Maximum-Likelihood-Quantisierung codierten Anregungssignal (MP-MLQ; 6,3 kbit/s). *Schindler/Bormann*

**G.728** ⟨*G.728*⟩. Empfehlung der →ITU-T zur →Sprachcodierung, die in höherwertigen →Desktop-Multimediakonferenzsystemen verwendet wird. G.728 arbeitet mit einer Abtastrate von 8 kHz und einer auf niedrige Codierverzögerung optimierten Version von →CELP, LD-CELP. Dazu wird insbesondere die Blockgröße auf fünf Abtastwerte (0,625 ms) reduziert, für die ein 10-Bit-Index in das Codebuch übertragen wird; vier solche Blöcke werden in einen Rahmen von 5 Bytes (2,5 ms) zusammengefaßt. Es ergibt sich eine Bitrate von 16 kbit/s. *Schindler/Bormann*

**Gantt-Diagramm** ⟨*Gantt chart*⟩. In einem G.-D. wird die Belegung von einzelnen Betriebsmitteln graphisch über der Zeit dargestellt. Dabei werden in die Diagramme nicht nur die Zeiträume eingetragen, zu denen

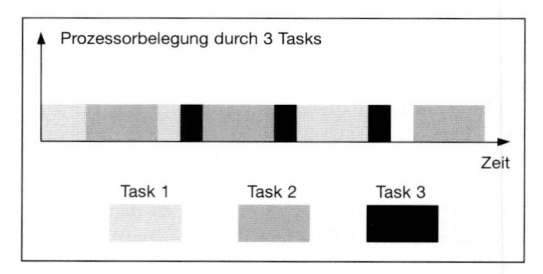

*Gantt-Diagramm 1: G.-D. für Prozessorzuteilung*

| AKTIVITÄT | 1995 J | F | M | A | M | J | J | A | S | O | N | 1995 D | 1996 J | F | M |
|---|---|---|---|---|---|---|---|---|---|---|---|---|---|---|---|
| Anforderungen | ←——→ | | | | | | | | | | | | | | |
| Testplan | | ←→ | | | | | | | | | | | | | |
| Design | | | | ←————→ | | | | | | | | | | | |
| Code | | | | | | | | ←————→ | | | | | | | |
| Test Treiber | | | | ←——→ | | | | | | | | | | | |
| Test Daten | | | | | | | | | | ←→ | | | | | |
| Produkt Test | | | | | | | | | | | | ←————————→ | | | |
| Dokumentation | | | | | | | | | | | ←——————————→ | | | | |

*Gantt-Diagramm 2: G.-D. für Software-Projekt-Plan*

das Betriebsmittel benutzt wird, sondern es wird auch vermerkt, durch welche Instanz dies geschieht.

Ein konkretes Beispiel ist die Prozessorzuteilung (Ressource-Prozessor) an die einzelnen Tasks (Instanzen) in einem → Realzeitbetriebssystem. Man kann damit die Vorgänge, die durch das Scheduling der einzelnen Tasks im Betriebssystemkern stattfinden, visualisieren oder bei einfacheren Task-Konstellationen für unterschiedliche Scheduling-Strategien per Hand nachvollziehen. Aus dem Diagramm läßt sich ablesen, zu welchem Zeitpunkt welche Task den Rechnerkern beansprucht hat und wann sich im Realzeitsystem ein Taskwechsel vollzogen hat (Bild 1).

G.-D. finden ihren Einsatz auch bei der → Maschinenbelegungsplanung sowie im Umfeld von Projektmanagement bzw. → Projektplanung. Hier werden sie benutzt, um Projektpläne aufzustellen; in G.-D. in Kalenderform werden dabei Projektaktivitäten durch Linien dargestellt (Bild 2). *Pfefferl*

Literatur: *Boehm, B.*: Software engineering economics. Hempstead 1981.

**Gateway (Übergangseinheit)** *(gateway)*. Die prinzipielle Aufgabe eines G. liegt in der Kopplung von zwei (oder mehreren) heterogenen → Netzwerken. Die → Protokolle der zu koppelnden Teilnetze sind (im Unterschied zu → Brücken (bridges) oder → Routern) bis hinauf zur → Anwendungsebene verschieden. In diesem Fall ist eine Abbildung der Protokolle auf bzw. oberhalb der Anwendungsebene erforderlich. Eine solche Abbildung muß für alle diejenigen → Dienste durchgeführt werden, die in beiden Netzen angeboten werden sollen. Dieser Fall tritt z. B. dann ein, wenn eine elektronische Mitteilung (→ Post, elektronische (Electronic Mail); → MHS) aus einem → OSI-basierten Netz in ein Netz geschickt werden soll, in dem → SMTP verwendet wird. Vergleichbare Probleme treten natürlich auch bei anderen Diensten auf, etwa zwischen → FTAM und → FTP. Das wesentliche Problem hierbei ist, daß im Regelfall nur die Funktionalität des „schwächeren" der beiden Dienste in beiden Netzen zur Verfügung steht. Das G. dient also quasi als „Dolmetscher" zwischen beiden Netzwerken (Bild).

Wesentliche Forderung ist hierbei, daß sich die gekoppelten Netze aus Benutzersicht wie ein einziges großes Netz verhalten, d. h., daß sich durch die Kopplung keine Einbußen in der → Funktionalität ergeben dürfen (eine Bedingung, die leider nicht immer erfüllt ist). Die Kopplung ist damit für den Benutzer transparent. Diese Forderung gilt auch dann, wenn der Kommunikationsweg mehrere Netzwerke und G. einschließt. *Jakobs/Spaniol*

Literatur: *Spaniol, O.; Jakobs, K.*: Rechnerkommunikation – OSI-Referenzmodell, Dienste und Protokolle. VDI-Verlag, 1993. – *Halsall, F.*: Data communications, computer networks and open systems; 3rd Edn. Addison-Wesley, 1992.

**Gatter** *(gate)*. Kleinstes logisches Schaltelement (→ Verknüpfungsglied) zur Verarbeitung binärer Signale. Beispiel: Ein NAND-G. liefert als Resultat die Negation der logischen „und"-Verknüpfung der Eingabesignale. Weitere G. sind AND-, OR-, NOT- und NOR-G. G. sind die logischen Bausteine für alle komplexen binären → Schaltwerke. *Breitling/K. Spies*

**Gebietszerlegungsverfahren** *(domain decomposition method)*. Unter G. versteht man eine Klasse von Methoden zur numerischen Lösung partieller Differentialgleichungen, bei denen das Rechengebiet in Teilgebiete aufgeteilt wird und die Lösung durch Kombination der Lösung von Hilfsproblemen auf den Teilgebieten gewonnen wird. In vielen Fällen arbeitet man nicht mit der kontinuierlichen, sondern mit der diskretisierten Form der Differentialgleichung.

Die G. haben in letzter Zeit einige Bedeutung aufgrund ihres Parallelisierungspotentials erlangt, da die

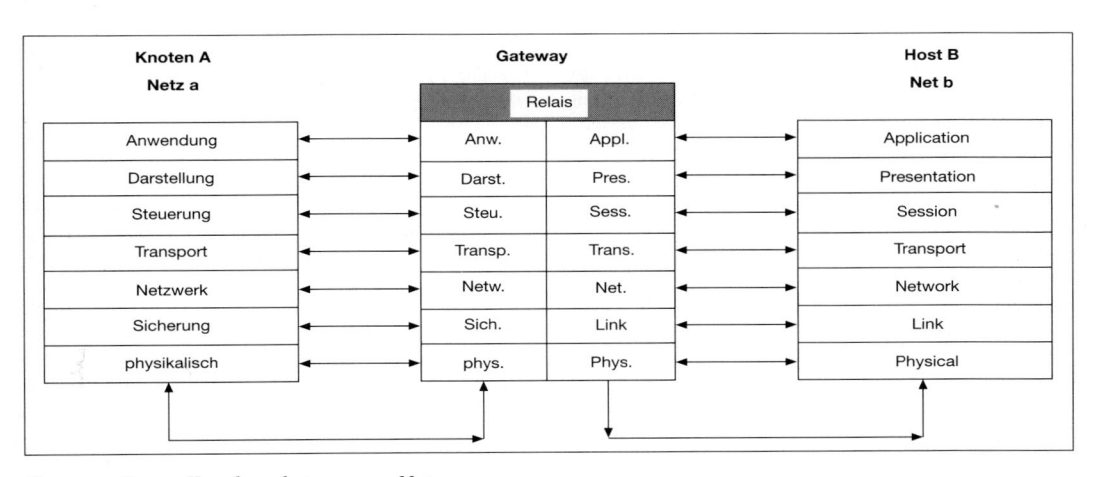

| Knoten A<br>Netz a | Gateway | | Host B<br>Net b |
|---|---|---|---|
| | Relais | | |
| Anwendung | Anw. | Appl. | Application |
| Darstellung | Darst. | Pres. | Presentation |
| Steuerung | Steu. | Sess. | Session |
| Transport | Transp. | Trans. | Transport |
| Netzwerk | Netw. | Net. | Network |
| Sicherung | Sich. | Link | Link |
| physikalisch | phys. | Phys. | Physical |

*Gateway: G. zur Kopplung heterogener Netze*

Hilfsprobleme auf den Teilgebieten (teilweise) unabhängig voneinander gelöst werden können. Im Unterschied zur Datenverteilung (data partitioning) ist die Gebietszerlegung hier Teil des mathematischen Verfahrens, wohingegen die Datenverteilung eine Möglichkeit der Parallelisierung eines sequentiellen Verfahrens darstellt.

Generell unterscheidet man überlappende und nichtüberlappende G., je nachdem, ob sich die Teilgebiete überlappen oder nicht. Die Konvergenztheorie ist für elliptische partielle Differentialgleichungen am weitesten fortgeschritten. Wie bei den Mehrgitterverfahren benötigt man für gute Konvergenzeigenschaften die Lösung eines zusätzlichen Grobgitterproblems.

Bei den überlappenden G. erhält man eine optimale, von der Gitterfeinheit und Prozessorzahl unabhängige Konvergenzrate, wenn die Überlappung groß genug und unabhängig von dem Diskretisierungsparameter ist sowie ein zusätzliches Grobgitterproblem gelöst wird. Dabei wird angenommen, daß die Teilgebietsprobleme exakt gelöst werden, was aber in der Praxis nicht notwendig ist.

Bei den nichtüberlappenden G. wird das Gesamtproblem reduziert auf ein Gleichungssystem für die Unbekannten auf den Teilgebietsrändern. Dieses hat zwar eine kleinere Dimension und verbesserte Kondition, kann aber i. allg. auch nur iterativ gelöst werden. Dazu werden speziell vorkonditionierte CG-Verfahren verwendet. Für elliptische partielle Differentialgleichungen kann man hier auch fast optimale Konvergenz zeigen (wieder bei Verwendung eines zusätzlichen Grobgitterproblems).

Die G. sind besonders für die Implementierung auf Parallelrechnern geeignet, da sie mit einer vergleichsweise geringeren Zahl von Nachrichten (z. B. gegenüber parallelen Mehrgitterverfahren) auskommen und trotzdem sehr gute Konvergenzeigenschaften besitzen. *Bastian*

Literatur: *Chan, T. F.* and *T. P. Mathew*: Domain decomposition algorithms. Acta Numerica 1994.

**Gebrauchsmuster** ⟨*utility model*⟩. Das G. ist ein dem →Patent verwandtes technisches Schutzrecht. Durch ein G. werden Erfindungen mit Ausnahme von Verfahren auf Grund des G.-Gesetzes gegen Nachahmung geschützt. Die maximale Laufzeit des G. ist mit zehn Jahren kürzer als beim Patent mit maximal 20 Jahren. Eine Prüfung auf Neuheit und auf einen erfinderischen Schritt erfolgt im Eintragungsverfahren bei G. im Gegensatz zu Patenten nicht. G.-Anmeldungen müssen beim Deutschen Patentamt in D-80297 München, Zweibrückenstr. 12, schriftlich eingereicht werden.

Entdeckungen, wissenschaftliche Theorien, Pläne, Regeln und Verfahren für gedankliche Tätigkeiten, für Spiele oder für geschäftliche Tätigkeiten sowie Computerprogramme sind durch G. nicht schützbar. Offenkundige Vorbenutzungshandlungen sind nur dann als Stand der Technik von Bedeutung, wenn sie im Inland erfolgt sind. Für die Beurteilung der Neuheit eines G. bleiben Beschreibungen oder Benutzungshandlungen innerhalb von sechs Monaten vor dem Anmeldetag des G. außer Betracht, sofern sie auf der Ausarbeitung des Anmelders oder seines Rechtsvorgängers beruhen. Somit gilt die früher auch bei Patentanmeldungen vorgesehene sechsmonatige Neuheitsschonfrist bei G. immer noch. Gegen ein eingetragenes G. können Dritte im Löschungsverfahren vorgehen. *Cohausz*

Literatur: *Benkard, G.*: Patentgesetz (Kommentar auch zum Gebrauchsmustergesetz). 8. Aufl. 1988. – *Bühring, M.*: Gebrauchsmustergesetz (Komment.). 3. Aufl. 1989. – Gesetz zur Stärkung des Schutzes des geistigen Eigentums und zur Bekämpfung der Produktpiraterie vom 7. März 1990.

**Gegentaktstörung** ⟨*differential mode voltage*⟩. Störsignal, das mit der Nutzspannung in Reihe geschaltet auf die Eingänge eines Gerätes einwirkt. Der Einfluß von G. läßt sich durch Abschirmen und Verdrillen der Leitungen unterdrücken (→Gleichtaktstörung).

*Strohrmann*

Literatur: VDI/VDE 3551: Empfehlungen zur Störsicherheit der Signalübertragung beim Einsatz von Prozeßrechnern. Ausg. Okt. 1976.

**Geheimnisprinzip** ⟨*information hiding*⟩. Von *D. Parnas* Anfang der 70er Jahre erstmals vorgeschlagenes Prinzip für die Spezifikation und systematische Entwicklung von Software-Bausteinen. Danach besteht die Spezifikation aus zwei Teilen: einem öffentlichen, auch anderen Entwicklern zugänglichen (public part) und einem privaten, dem Baustein-Entwickler vorbehaltenen Teil (private part). Der öffentliche Teil sorgt für stabile Schnittstellen und erleichtert damit die Parallelarbeit mehrerer Entwickler. Der einzelne Entwickler ist an die, im öffentlichen Teil der Spezifikation bekanntgegebene Schnittstelle seines Bausteins gebunden, in der Gestaltung des privaten Teils jedoch weitgehend frei. Andere Entwickler werden nicht durch das Wissen von internen Details belastet, die für sie nicht relevant sind. *Hesse*

Literatur: *Parnas, D. L.*: A technique for software module specification with examples. Comm. of the ACM 15.5 (1972) pp. 330–336.

**Genauigkeit** ⟨*numerical precision*⟩. Werden analoge Daten in digitale Werte umgesetzt, so bestimmt die Anzahl der Stellen, die zur digitalen Zahlendarstellung verwendet werden, die G. Während das analoge Eingabesignal theoretisch unendlich fein gestuft ist, stehen für die digitale Wiedergabe nur endlich viele Stufen zur Verfügung. Der entstehende *Quantisierungsfehler* beträgt nicht mehr als die Hälfte der letzten Stelle, bei der Verwendung von sechs Binärstellen beispielsweise 1,6%, bei der von 8 Binärstellen 0,4%. Man sagt auch, die *Auflösung* des Umsetzers sei ±1,6%.

Im Zusammenhang mit den Rechenoperationen eines →Digitalrechners bezeichnet die G. die Anzahl der

Stellen, die trotz der unvermeidlichen Rundungsfehler mit dem exakten Ergebnis übereinstimmen. Für die einzelne Rechenoperation sollte dies ebenfalls nicht mehr als die Hälfte der letzten Stelle sein; ein wesentlich größerer Rundungsfehler, also eine geringere G., ergibt sich bei Operationsfolgen, wie sie bereits zur Bestimmung einfacher Funktionen erforderlich sind.

*Bode/Schneider*

**Generalisierung** ⟨*generalization*⟩. Bildung einer Obermenge (→ Supertyp) durch Zusammenfassung gemeinsamer Eigenschaften (→ Attribute) beliebig vieler Untermengen (→ Subtypen). Beispiel: Die gemeinsamen Eigenschaften (Attribute) Name und Alter der Elemente der Mengen (Typen) Arbeitgeber und Arbeitnehmer können in einer Menge (→ Typ) Person generalisiert werden (→ Spezialisierung).

*Schmidt/Schröder*

**Generation von Rechnersystemen** ⟨*generation*⟩. Unterscheidung von → Rechenanlagen nach Technologie der Rechnerbausteine, Systemarchitektur und verwendeten → Programmiersprachen. Man spricht heute von fünf Rechnergenerationen, die historisch jeweils einen Zeitraum von etwas mehr als zehn Jahren überdecken und einander dabei jeweils etwas überlappen.

☐ *Rechner der ersten G.* (bis 1953) waren zunächst mit elektromechanischen Relais, später mit Vakuumröhren aufgebaut. Wegen der enormen Hardware-Kosten arbeiteten die Rechenwerke teils bitseriell. Die → Programmierung erfolgte in → binär codierter → Maschinensprache.

☐ *Rechner der zweiten G.* (bis 1963) arbeiteten mit Transistoren und hatten als → Speicher zunächst magnetische Trommel- und Bandspeicher, später auch Ferritkernspeicher. Die Programmierung erfolgte zunächst in Assemblersprache, ab Ende der 50er Jahre in höheren Programmiersprachen wie FORTRAN, COBOL, ALGOL. Die ersten Rechner mit Parallelitätseigenschaften wurden entwickelt: Pipeline-Organisationen und autonome Ein-/Ausgabeprozessoren.

☐ Rechner der dritten G. (bis 1975) benutzten als Bausteine Halbleiterelemente niedriger und mittlerer Integration (SSI, MSI für Small bzw. Medium Scale Integration mit bis zu einigen Hundert Transistorfunktionen pro Baustein) für die verarbeitenden Werke sowie Ferritkernspeicher, später zunehmend Halbleiterspeicher als Hauptspeicher. Als Höchstleistungssysteme wurden → Parallelrechner entwickelt, vor allem Pipeline-Rechner, aber auch erste → Feldrechner und → Multiprozessoren. Die Programmierung erfolgte nunmehr verstärkt in höheren Programmiersprachen. Der früher meist vorliegende Batch-Betrieb (serielle Nutzung der Rechenanlage durch verschiedene Benutzer) wird durch → Betriebssysteme für → Time-sharing (quasi-gleichzeitige Verwendung der Rechenanlage durch Programme mehrerer Benutzer) abgelöst. Voraussetzung hierfür ist die Anwendung der Technik des virtuellen Speichers.

☐ *Rechner der vierten G.* (bis heute) arbeiten mit hoch- und höchstintegrierten → Halbleiterbausteinen für Prozessoren und Speicher (LSI, VLSI – Large bzw. Very Large Scale Integration, einige Tausend bis Millionen Transistorfunktionen pro Baustein). Die Systemarchitekturen sind durch verschiedenste Formen des feinkörnigen, i. allg. für den Anwendungsprogrammierer transparenten, zusätzlich auch des grobkörnigen Parallelismus gekennzeichnet. Zusätzlich zu höheren Programmiersprachen und Betriebssystemen werden Entwicklungswerkzeuge angeboten, die auch die Programmierung verteilter Anwendungen unterstützen.

☐ *Von Rechnern der fünften G.* spricht man v. a. im Zusammenhang mit einem gleichnamigen nationalen Forschungsprojekt in Japan. Ziel dieser bisher nicht kommerziell verfügbaren Rechner ist die wissensbasierte Datenverarbeitung (→ Künstliche Intelligenz) mit logischen und funktionalen Programmiersprachen wie PROLOG, LISP. Während die → Zentraleinheiten aus parallelen Strukturen höchstintegrierter Bausteine bestehen, werden gegenüber den Rechnern der vierten G. vornehmlich die → Eingabe-/Ausgabegeräte in Richtung auf audiovisuelle Medien verändert. *Bode*

**generiere und teste** ⟨*generate and test*⟩. Problemlösungstechnik der → Künstlichen Intelligenz (KI). Ein Problem wird gelöst, indem mögliche Lösungskandidaten versuchsweise generiert und in einem zweiten Schritt verifiziert oder falsifiziert werden. Generieren und Testen ist dann von Vorteil, wenn der Lösungsraum nicht zu groß ist und effektive Verifikationsmöglichkeiten existieren. Beispiel: → Objekterkennung für industrielle Anwendungen. Bei einer eingeschränkten Zahl möglicher Objekte kann ein unbekanntes → Objekt durch Generieren und Testen aller Objektkandidaten ermittelt werden. *Neumann*

**Genomsequenzierung** ⟨*genome sequencing*⟩. Das Unterfangen, ganze Genome zu sequenzieren, etwa das des Bakteriums *E. coli*, der Nematode *C. elegans* oder das menschliche Genom, führten zu einer Beschleunigung in der Entwicklung von experimentellen Verfahren der DNA-Kartierung und -Sequenzierung wie auch zu einer Vielzahl algorithmischer Probleme in diesen beiden Bereichen. Zur Zeit läßt sich die Sequenz eines DNA-Fragments von bis zu maximal ca. 1000 Basen in einem Arbeitsgang bestimmen. Sequenzierungs- und Kartierungsverfahren versuchen, entweder neue experimentelle Sequenzierungsansätze zu finden, welche diese Beschränkung überwinden, oder sie versuchen, die Sequenz großer Bereiche aus diesen kleineren zusammenzusetzen.

Das geläufigste Problem, das sich in diesem Zusammenhang ergibt, ist das sog. *Fragment Assembly*. Die Daten hierzu stammen aus der Sequenzierungsmethode des *Shotgun Sequencing* und sind zufällige, einander überlappende Fragmente eines langen DNA-Abschnittes. Von diesen Fragmenten kennt man typischerweise ca.

500 Basen lange Sequenzen. Unter der Annahme, daß die Fragmente den Großteil des gegebenen DNA-Abschnittes abdecken, versucht man, dessen Sequenz aus den Fragmenten zu rekonstruieren. Formal wird das Problem oft als Shortest-Common-Superstring-Problem modelliert. Es werden auch andere Sequenzierungsparadigmen vorgeschlagen, so etwa *Sequencing by Hybridization*. Hierbei erhält man aus dem Experiment Kenntnis aller in einer Sequenz enthaltenen k Zeichen langen Abschnitte. Es gilt, aus diesen Daten die Grundsequenz zu rekonstruieren. Obwohl eine Lösung sich effizient berechnen läßt, hat die Methode sich aufgrund großer experimenteller Probleme bislang nicht durchgesetzt.

Um die Sequenz noch größerer DNA-Bereiche zu bestimmen, muß die relative Position von Teilen, die etwa mit Shotgun Sequencing und Fragment Assembly sequenziert werden können, zueinander bestimmt werden. Die einzelnen Teile heißen *Klone*. Die Aufgabe, diese anzuordnen, bezeichnet man als *Kartierung*, wobei es verschiedene Begriffe in Abhängigkeit von der Größenordnung der DNA-Abschnitte gibt. Die Information, welche man experimentell bestimmt, ist i. allg. entweder, daß zwei Klone überlappen, oder auf welchen Klonen ein gewisses Muster (Probe, Sonde) vorkommt. Kartierungsexperimente lassen sich mit Hilfe von Intervallgraphen darstellen. Die Klone sind die Intervalle und die zugrundeliegende DNA die Zahlenachse. Bestimmt man experimentell die Überlappungen zwischen Klonen, so wäre idealerweise der resultierende Graph ein Intervallgraph. Liegen die Daten in Form einer Matrix vor, die angibt, welche Sonde auf welchem Klon zu finden ist, so würde diese Matrix idealerweise angeben, welche Knoten des Graphen welche Clique bilden. Allerdings sind die experimentellen Daten im seltensten Falle so perfekt, daß die klassischen Linearzeitalgorithmen auf Intervallgraphen Anwendung fänden.

Auch die Verarbeitung der gewonnenen Sequenzdaten stellt eine Herausforderung dar. Biologie und Informatik treffen sich in der Aufgabe der Funktionsvorhersage für genetische Sequenzen. Die Anforderungen an biologische Datenbanken sind durch die Eigenart der Abfragen auf biologischen Daten auch ein eigenes Forschungsgebiet geworden. *Vingron*

Literatur: *Judson, H. F.*: A history of the science and technology behind gene mapping and sequencing. In: *Kevles, D. J.* and *L. Hood* (Eds.): The code of codes: Scientific and social issues in the human genom project. Cambridge, MA 1992, pp. 37–80. – *Lander, E. S.* and *R. Langridge; D. M. Saccocio*: Mapping and interpreting biological information. Communications of the ACM 34 (1991) pp. 33–39.

**geometrisch verteilt** ⟨*geometrically distributed*⟩ → Erneuerungsprozeß

**Gerätebereich** ⟨*workstation viewport*⟩. Bereich, der durch die Menge adressierbarer Punkte eines graphischen Ein-/Ausgabegeräts festgelegt ist.
*Encarnação/Zuppa*

**Gerätefenster** ⟨*workstation window*⟩. Teil der Transformationsbeschreibung eines graphischen Systems. Die Transformationen in einem graphischen → System können wie folgt beschrieben werden: Die Plazierung der in verschiedenen Anwenderkoordinatensystemen erzeugten Darstellungselemente auf einer normierten Darstellungsfläche und die Abbildung dieser normierten auf die realen Gerätedarstellungsflächen verschiedener graphischer Arbeitsplätze mit unterschiedlichen Gerätekoordinatensystemen wird vom → GKS verwaltet. Den Weg vom Anwendungsprogramm über die Abbildungstransformation auf die Darstellungsfläche eines Gerätes, den ein Darstellungselement bei der Ausgabe durchlaufen muß, bezeichnet man als Darstellungsreihe (viewing pipeline). Das Anwendungsprogramm kann diese Darstellungsreihe über die Parameter von Transformationsfunktionen kontrollieren.

G. definieren eine rechteckige Fläche im zweidimensionalen normalisierten Gerätekoordinatensystem. Zusammen mit dem Gerätedarstellungsfeld in Gerätekoordinaten definiert das G. die → Gerätetransformation.

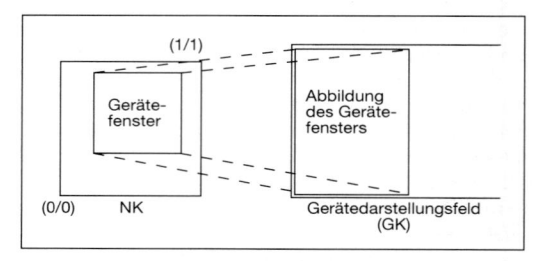

*Gerätefenster: Transformationsbeschreibung*

Dabei werden die normierten graphischen Objekte, die im G. dargestellt sind, in das Gerätedarstellungsfeld transformiert. Die Gerätetransformation kann die Objekte je nach graphischem System verzerrt oder unverzerrt skalieren. Bei GKS erfolgt eine unverzerrte Transformation in den größtmöglichen Ausschnitt des Gerätedarstellungsfelds. *Encarnação/Poller*

**Gerätekoordinaten** ⟨*device coordinates*⟩. Beschreiben die Darstellungsfläche und/oder die Eingabefläche auf einem konkreten Arbeitsplatz. Da konkrete Flächen stets begrenzt sind, ist auch der Gerätekoordinatenraum begrenzt. G. werden vornehmlich in Metern gemessen. Sie werden vorwiegend dann gebraucht, wenn es um maßstabsgetreues Zeichnen geht. Geräte wie Projektoren, denen sich keine eindeutige Größe der Darstellungsfläche zuordnen läßt, können eine andere Einheit benutzen (→ Weltkoordinaten). *Encarnação/Poller*

**Gerätekoordinaten, normalisierte** ⟨*normalized device coordinates*⟩. Die n. G. sind konzeptionell unbegrenzt, obwohl nur das Einheitsquadrat [0,1], [0,1] oder

Teile davon auf eine konkrete Darstellungsfläche eines Arbeitsplatzes abgebildet werden können. Jedoch können durch Segmentmanipulation Bildteile außerhalb des Einheitsquadrates in das Innere zurückgeholt und damit sichtbar gemacht werden (→ Weltkoordinaten).

*Encarnação/Poller*

**Geräteschnittstelle** *(device interface)*. Die Verbindung zu den graphischen Ein- und Ausgabegeräten in graphischen Systemen erfolgt über G. Neben der Anwendung von firmenspezifischen G., wie GEM-VDI von Digital Research, GDI von Microsoft und BGI von Borland für die → Implementierung verbreiteter graphischer PC-Bedienoberflächen, richten sich die Bemühungen der Hersteller graphischer Geräte auf die Nutzung des →ISO-Standards → CGI als G.

Mit CGI wird das Prinzip eines virtuellen graphischen Geräte-Interfaces verwirklicht (Bild). Unterschiedliche Geräte können über eine gerätespezifische CGI-Codebindung in die jeweils gewählte CGI-Sprachbindung einbezogen werden. Der Einsatz von CGI wird auch dadurch unterstützt, daß
– hochintegrierte Graphikprozessoren CGI als → Schnittstelle bereits auf → Firmware-Niveau berücksichtigen,
– Pixelbilder in CGI über effektive Rasteroperationen schnell modifiziert werden und
– eine Kompatibilität zur → Archivierungsschnittstelle → CGM besteht.

Neben den Bemühungen zur Standardisierung einer graphischen G. ermöglichen leistungsfähige → Graphikprozessoren auf der Geräteebene die Schaffung von Schnittstellen mit dem Leistungsumfang kompletter Graphikpakete. Auch wenn sich die innere Struktur der verschiedenen Graphikprozessoren wesentlich voneinander unterscheidet, lassen sich doch folgende Gemeinsamkeiten erkennen:
– Integration von einer oder mehreren CPUs sowie Controllerbaugruppen auf einem Chip,
– Hardware- und Firmware-Unterstützung für schnelle Graphikfunktionen,
– eigenständige Bearbeitung komplexer Graphikfunktionen oder ganzer Graphikprogramme,
– einfaches und transparentes Hostinterface.

Die Graphikkonzepte auf der Geräteebene bieten eine leistungsfähige Alternative zu etablierten Standards für die Realisierung anwendungsspezifischer Graphikfunktionen und entwickeln sich aufgrund ihrer Offenheit zunehmend zu graphischen De-facto-Standards.

*Langmann*

**Gerätesteuerungsprogramm** *(device control)*
→ Gerätetreiber

**Gerätetransformation** *(workstation transformation)*. Um → graphische Objekte auf der Darstellungsfläche eines Ausgabegerätes ausgeben zu können, müssen die Koordinaten dieser Objekte über eine Transformation in das Koordinatensystem des Ausgabegerätes umgerechnet werden. Häufig sind die Abmessungen der geometrischen Objekte oder des Bildes in einem Koordinatensystem definiert, das für eine bestimmte Anwendung am geeignetsten ist (z. B. in Metern). Für die Darstellung dieser Objekte auf einem → Bildschirm, in dem Punkte über zwei ganze Zahlen adressiert werden (typischerweise im Bereich von 0 bis 1 023) muß eine Transformation vom Koordinatensystem der graphischen Objekte in das Koordinatensystem des Bildschirms stattfinden.

Das Koordinatensystem, in dem das Bild definiert wurde, bezeichnet man als Weltkoordinatensystem. Dies entspricht der Sichtweise der Objekte vom Anwendungsprogramm aus. Das Koordinatensystem, das die adressierbaren Punkte auf der Darstellungsfläche des Ausgabegerätes definiert, bezeichnet man als Gerätekoordinatensystem. Das Gerätekoordinatensystem ist jeweils abhängig vom physikalischen Ausgabegerät.

Die G. übernimmt die Abbildung von einem bestimmten Ausschnitt im Weltkoordinatensystem (Fenster oder auch → Window genannt) auf einen Bereich auf der Dar-

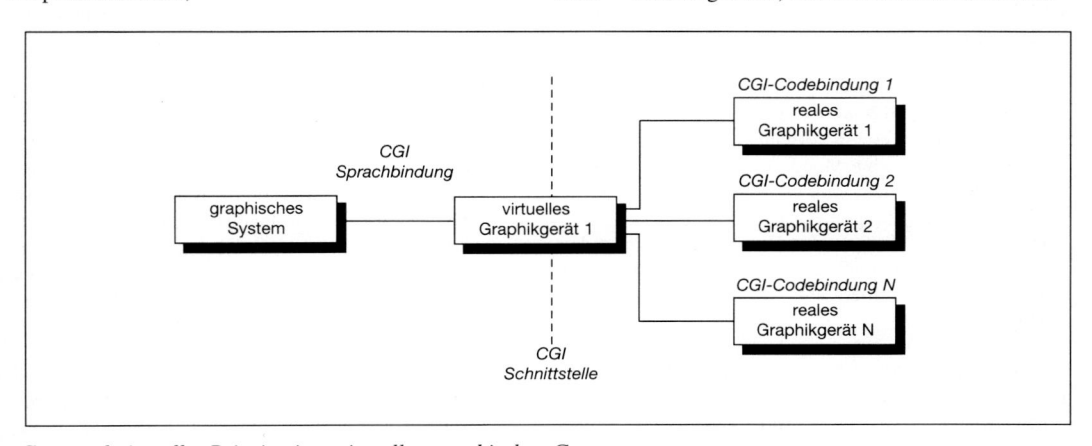

*Geräteschnittstelle: Prinzip einer virtuellen graphischen G.*

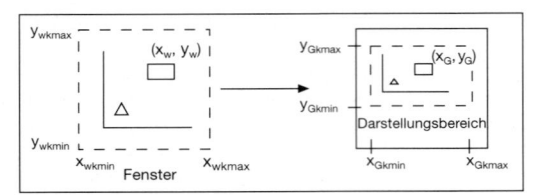

*Gerätetransformation: G. von Welt- in Gerätekoordinaten*

stellungsfläche des Ausgabegerätes (→ Darstellungsbereich oder → Viewport genannt) (Bild).

Das Fenster wird benutzt, um anzuzeigen, was innerhalb des Weltkoordinatensystems angegeben werden soll, und der Darstellungsbereich gibt an, an welcher Stelle auf der Darstellungsfläche der Inhalt des Fensters zur Anzeige gebracht wird.  *Encarnação/Zuppa*

**Gerätetreiber** ⟨*device driver*⟩. Element des Ein-/Ausgabesystems eines Rechners. Die gesamte Gerätesteuerung ist von dem zu betreibenden Gerätetyp abhängig. Für jede Geräteklasse wird daher ein Programm vom → Betriebssystem zur Verfügung gestellt, das die Steuerung aller Geräte dieser Klasse übernimmt. Zusätzlich werden die Ausgabedaten auf eine einheitliche, für alle Geräteklassen gleiche Ein-/Ausgabe-Schnittstelle abgebildet. Man bezeichnet dieses Programm als G. des betreffenden Gerätes.

Der G. hat verschiedene Hauptaufgaben. Er dient dazu, dem Betriebssystem die Geräteeigenschaften zu definieren und die Initialisierung des Gerätes beim Systemstart und nach einem Spannungsausfall anzumelden. Als weitere Aufgabe müssen die Ein-/Ausgabe-Aufträge in gerätespezifische Steuerinformationen übersetzt werden. Auch die Aktivierung des Gerätes, die Reaktion auf Unterbrechungen (Interrupts) und die Meldung von Gerätefehlern wird vom G. bearbeitet. Als letzte Hauptaufgabe übergibt der G. → Daten und Statusinformationen vom Gerät an den Benutzer.

Die → Kommunikation zwischen Betriebssystem und G. geschieht über eine gemeinsame → Datenstruktur. Diese Datenstruktur beschreibt dem Betriebssystem die Spezifikationen und Funktionen jedes Gerätes. Sie wird im wesentlichen von den vorhandenen G. manipuliert. Ein G. läßt sich in eine Menge von Unterprogrammen zerlegen. Im einzelnen müssen diese Unterprogramme die folgenden Leistungen erbringen:
– Initialisierung: Setzen der Hardware-Register des Gerätes und Eintrag in eine gemeinsame Datenstruktur beim Laden des Treibers und nach einem Spannungsausfall.
– Ein-/Ausgabe-Vorbereitung: Formatierung der Daten, Belegung von Systempuffern, Resident-Halten von Seiten im → Hauptspeicher usw.
– Ein-/Ausgabe-Start: Belegen der Geräteregister und Eintrag der notwendigen Werte zum eigentlichen Gerätestart in einer gemeinsamen Datenstruktur; Beenden des Ein-/Ausgabe-Vorgangs.
– Interrupt-Behandlung: Setzen der Geräteregister für Wiederholung der Ein-/Ausgabe; Fehlerkorrektur; Fehlerstatusübergabe.
– Fehler-Protokoll: Eintragen der Geräteregister und anderer → Information in einem Fehlerpuffer.
– Ein-/Ausgabe-Abbruch: Setzen der Geräteregister auf Ein-/Ausgabe-Abbruch.

In speziellen Tabellen sind Informationen über das Gerät und den G. selbst enthalten. Üblicherweise werden die Entscheidungen, wann und welche Funktion auszuführen ist, nicht vom G. selbst, sondern vom Betriebssystem oder einem Anwendungsprogramm getroffen. Dabei wird dann die entsprechende G.-Routine ausgewählt und direkt angestoßen.

*Encarnação/Ziegler*

**Geräteunabhängigkeit** ⟨*device independence*⟩. Bezeichnet die Eigenschaft graphischer Kernsysteme, unabhängig von konkreten Ausgabe- oder Eingabegeräten zu sein. Derartige Systeme stellen ihre Fähigkeiten unabhängig von den verwendeten graphischen Geräten bereit. Ein Anwendungsprogramm kann sich derselben Funktionen bedienen, gleichgültig ob die Ausgabe auf einem → Plotter, → Farbbildschirm oder Laserdrucker erfolgen soll. → GKS bietet dazu das Konzept der graphischen Arbeitsplätze: Physikalische → Eingabe- und Ausgabegeräte werden einem logischen Arbeitsplatz zugeordnet. Die Funktionen der Anwenderschnittstelle werden durch das GKS auf die Fähigkeiten der verschiedenen graphischen Arbeitsplätze abgebildet. Die Umsetzung der geräteunabhängigen Form in eine Form, die den Bedürfnissen der einzelnen Eingabe- und Ausgabegeräte angepaßt ist, wird durch → Gerätetreiber realisiert.

*Encarnação/Ungerer*

**Gesellschaft für Informatik e. V** (GI) ⟨*The German Informatics Society*⟩. Die GI wurde 1969 in Bonn mit dem Ziel gegründet, die Informatik zu fördern. Die 20 000 Mitglieder der GI kommen aus der Forschung, Lehre, Ausbildung, Dienstleistung, Industrie und aus der Studentenschaft.

Träger der wissenschaftlichen Arbeit innerhalb der GI sind die ungefähr 200 Fachausschüsse und -gruppen, die in neun Fachbereichen zusammengeschlossen sind. Diese heißen: Grundlagen der Informatik, Künstliche Intelligenz, Softwaretechnologie und Informationssysteme, Technische Informatik und Technische Nutzung der Informatik, Wirtschaftsinformatik, Informatik in Recht und öffentlicher Verwaltung, Ausbildung und Beruf, Informatik und Gesellschaft.

Regionalgruppen fördern den Erfahrungsaustausch und Wissenstransfer der in der Informatik Tätigen innerhalb einer Region. Beiräte kümmern sich um die Angelegenheiten einzelner Berufsgruppen in der Informatik.

Die Deutsche Informatik-Akademie GmbH (DIA) in Bonn, initiiert und mehrheitlich getragen von der GI, bietet bundesweit ein anspruchsvolles Weiterbildungsprogramm in Informatik an.

Die GI ist zusammen mit den Universitäten Frankfurt/Main, Kaiserslautern, Karlsruhe, Stuttgart, der TH Darmstadt sowie der Universität des Saarlandes Träger des vom Saarland und von Rheinland-Pfalz geförderten „Internationalen Begegnungs- und Forschungszentrums für Informatik (IBFI)" in Schloß Dagstuhl, Wadern-Dagstuhl.

Die GI und das →GMD-Forschungszentrum Informationstechnik sind die Träger des vom Bundesministerium für Bildung, Wissenschaft, Forschung und Technologie geförderten und von der Ständigen Konferenz der Kultusminister der Länder in der Bundesrepublik Deutschland (KMK) anerkannten Bundeswettbewerbs Informatik.

Die GI ist zusammen mit dem Bund, den Bundesländern und anderen Fachgesellschaften Gesellschafter des Fachinformationszentrums Karlsruhe.

Die GI hat einen Sitz im Stiftungsrat der Stiftung Werner-von-Siemens-Ring, ist Mitglied im Deutschen Verband Technisch-Wissenschaftlicher Vereine (DVT), dem Council of European Professional Informatics Societies (CEPIS) und der International Federation for Information Processing (IFIP).

Für hervorragende wissenschaftliche Leistungen verleiht die GI die „Konrad-Zuse-Medaille für Informatik".

Organ der GI ist die wissenschaftliche Zeitschrift „Informatik-Spektrum". *Rampacher*

**Gesetz der großen Zahlen** ⟨law of great numbers⟩. Es gibt verschiedene G. d. g. Z., aber alle besitzen eine gemeinsame Grundidee: Läßt man den Umfang einer →Stichprobe gegen Unendlich wachsen oder zumindest sehr groß werden, so werden gute Schätzungen aus der Stichprobe für Werte der Gesamtheit immer dichter bei dem wahren Wert liegen. Das wahrscheinlich einfachste Beispiel hierzu ist *Bernoulli*'s Theorem. Ausgehend von einer anderen Fragestellung, legen solche Gesetze die Bedingungen fest, unter denen Zufallsvariablen mit bestimmter Wahrscheinlichkeit gegen feste Werte konvergieren, wenn bestimmte Parameter (üblicherweise eine Stichprobengröße) gegen Unendlich gehen. Strenge Gesetze nennt man solche, die z. B. zeigen, daß die Variable x gegen einen festen Wert μ geht mit der Wahrscheinlichkeit 1. Schwache Gesetze behandeln die Bedingungen, unter denen die Wahrscheinlichkeit, daß $|x-\mu|$ größer als ein vorgegebenes ε ist, gegen Null geht. *Schneeberger*

**GI** ⟨*The German Informatics Society*⟩ → Gesellschaft für Informatik e. V. (GI)

**GIS** ⟨*GIS (Geographical Information System)*⟩ → Informationssystem, geographisches

**Gitter** ⟨grid⟩. Die →Diskretisierung partieller Differentialgleichungen erfordert die Unterteilung des Grundgebietes $\Omega \subset \Re^d$, d = 1, 2, 3, in kleinere, einfache geometrische Objekte, genannt *Elemente*. Je nach Dimension d sind dies Liniensegmente, Dreiecke, Vierecke, Tetraeder, Hexaeder usw. Man kann sich die Elemente hierarchisch aus niederdimensionaleren Elementen aufgebaut denken. So hat etwa ein Tetraeder vier Dreiecke als Seitenflächen, diese haben wiederum Geradenstücke als Seiten und Geradenstücke werden durch zwei Punkte definiert.

Unter einem *zulässigen* G. versteht man eines, das das Grundgebiet $\Omega$ vollständig ausfüllt und bei dem der Durchschnitt zweier beliebiger, verschiedener Elemente entweder leer oder ein niederdimensionaleres Element ist (z. B. bei einem Dreiecksgitter darf der Schnitt zweier Elemente entweder leer, ein Punkt oder eine Kante sein). *Bastian*

**Gitter, blockstrukturiertes** ⟨block-structured grid⟩. Hierunter versteht man Gitter, die aus aneinandergrenzenden oder überlappenden strukturierten Gittern zusammengesetzt sind. Man hofft hier, die Vorteile von strukturierten Gittern (effiziente Implementierung und Lösungsverfahren) und unstrukturierten Gittern (Approximation komplexberandeter Gebiete, lokale Verfeinerung) kombinieren zu können. *Bastian*

**Gitter, dünnes** ⟨sparse grid⟩. D. G. – auch hyperbolische Kreuzungspunkte genannt – wurden von *Smolyak* 1963 erstmals zur numerischen Integration und Interpolation mehrdimensionaler Funktionen verwendet. Diese stehen im Gegensatz zum vollen regulären Gitter, bei dem in strukturierter Weise Punkte weggelassen sind. Ein d. G. besitzt nur $O(h^{-1}(\log_2(h^{-1}))^{d-1})$ Punkte, wohingegen das zugehörige volle Gitter $O(h^{-d})$ Punkte besitzt. Hier bezeichnet $h^{-1}$ die Zahl der Gittermaschen des vollen regulären Gitters in einer Richtung, und d bezeichnet die Dimensionalität (Bild 1).

Punktweise sowie bezüglich der $L^2$-Norm und der $L_\infty$-Norm ist die Genauigkeit der Approximation einer Funktion dabei von der Ordnung $O(h^2(\log_2(h^{-1}))^{d-1})$ und somit fast so gut wie die Genauigkeit $O(h^2)$, die bei der Verwendung des vollen Gitters resultiert. In bezug auf die $H_1$-Norm ist die Genauigkeit sogar von der gleichen Ordnung, nämlich $O(h)$. Voraussetzung ist jedoch eine gewisse Glattheit der darzustellenden Funktion. Es muß

$$\left| \frac{\partial^{2d}}{\partial x_1^2 ... \partial x_d^2} \right| \leq c$$

gelten. Für nicht glatte Funktionen kann man adaptive Verfeinerungstechniken einsetzen und so die o. e. Glattheitsvoraussetzung umgehen.

Insbesondere im höherdimensionalen Fall ergeben sich bei Verwendung von (adaptiven) d. G. bei der Darstellung diskreter Funktionen, bei der numerischen

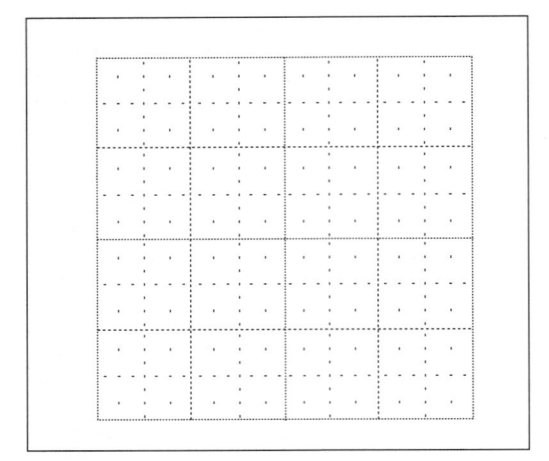

*Gitter, dünnes 1: d. G. im 2D-Fall, $h^{-1} = 128$*

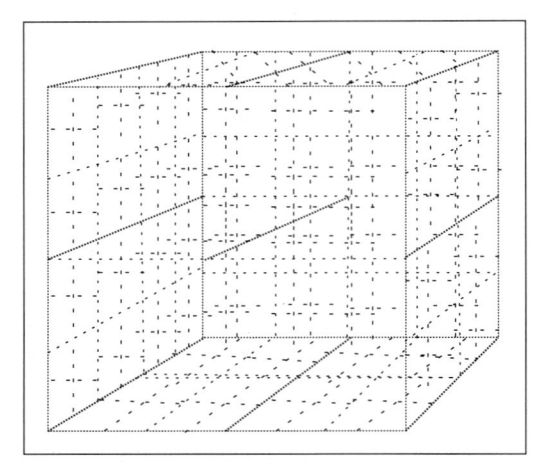

*Gitter, dünnes 2: d. G. im 3D-Fall, $h^{-1} = 32$*

Integration und bei der Diskretisierung und Lösung von partiellen Differential- und Integralgleichungen entscheidende Vorteile in bezug auf Speicherplatz und Rechenzeit. *Griebel*

Literatur: *Smolyak, S. A.*: Quadrature and interpolation formulars for tensor products of certain classes of functions. Dokl. Akad. Nauk SSSR 4 (1963) pp. 240–243.

**Gitter, strukturiertes** ⟨*structured grid*⟩. Die Punkte des Gitters können durch ein d-Tupel (d Dimension des Grundgebietes) indiziert werden, d. h., es gibt eine Abbildung $(i_1, \ldots, i_d) \rightarrow P(i_1, \ldots, i_d)$ der Indizes auf die Gitterpunkte, so daß die Nachbarn des Gitterpunktes $P(i_1, \ldots, i_d)$ durch einfache Indexmanipulationen berechnet werden können. S. G. vereinfachen die zur Darstellung eines Gitters im Rechner notwendigen Datenstrukturen (Felder) erheblich, da z. B. die Zahl der Nachbarn eines Punktes nicht variabel ist und keine expliziten Verweise auf die Nachbarn gespeichert werden müssen. Außerdem führt die → Diskretisierung auf Matrizen mit Bandstruktur, für die geeignete Algorithmen zur Verfügung stehen. Im Fall der Parallelverarbeitung vereinfacht sich auch das Problem der → Gitterpartitionierung erheblich. *Bastian*

**Gitter, unstrukturiertes** ⟨*unstructured grid*⟩. Zulässiges → Gitter, bei dem keine Indizierung der Gitterpunkte möglich ist, so daß aus dem Index leicht die Nachbarn eines Gitterpunktes berechnet werden können. Die zur Darstellung im Rechner notwendigen Datenstrukturen sind komplizierter als bei → strukturierten Gittern und bestehen üblicherweise aus Listenstrukturen. Die bei der → Diskretisierung entstehenden Matrizen haben i. allg. keine Bandstruktur mehr. *Bastian*

**Gitterkonstante** ⟨*grid line distance*⟩. Die G. oder auch Rasterkonstante gibt den Abstand zweier Gitterlinien oder die Länge eines Rasters in Ordinaten- bzw. Abszissenrichtung an. Besondere Bedeutung kommt ihr in der graphischen → Datenverarbeitung und als Äquidistante in der numerischen Mathematik zu.

Bei der Wahl der G. für ein Rasterbild (Referenzbild) stehen zwei Aspekte konträr gegenüber. Ein Referenzbild hat höhere → Auflösung, je kleiner die G. ist, jedoch steigen der Speicherplatzbedarf für das Referenzbild und die Zeit für den Aufbau des Bildes umgekehrt proportional an. Die G. ist somit auch eine geräteabhängige Größe.

Bei einer → Dot-Maschine beispielsweise soll eine Gerade dargestellt werden. Bei zu großer G. erscheint die Gerade an den Rändern ausgefranst; je kleiner die G. gewählt wird, desto glatter werden die Ränder (→ Aliasing).

Die Geräteabhängigkeit zeigt sich direkt in den Spezifikationsdaten eines Bildschirms, z. B. 512×512 Pixel (dots) für die Bildschirmfläche.

*Encarnação/Loseries*

**Gitterpartitionierung** ⟨*grid partitioning*⟩. Prinzip der → Parallelisierung numerischer Verfahren, die auf Gitterstrukturen ablaufen. Sollen Gitteralgorithmen (→ Gitterstruktur, numerische Verfahren auf) auf einem → Multiprozessor ausgeführt werden, dann ist es naheliegend, das Gesamtgitter so auf die Prozessoren aufzuteilen, daß auf jeden → Prozessor etwa die gleiche Arbeitslast entfällt (Bild).

Je nach dem verwendetem → Algorithmus brauchen Informationen zwischen den einzelnen Prozessoren nur von Zeit zu Zeit und nur längs der inneren Teilgitterränder (Bild, fett gekennzeichnete Linien) ausgetauscht zu werden. Der Kommunikations-Overhead bleibt auf diese Weise begrenzt.

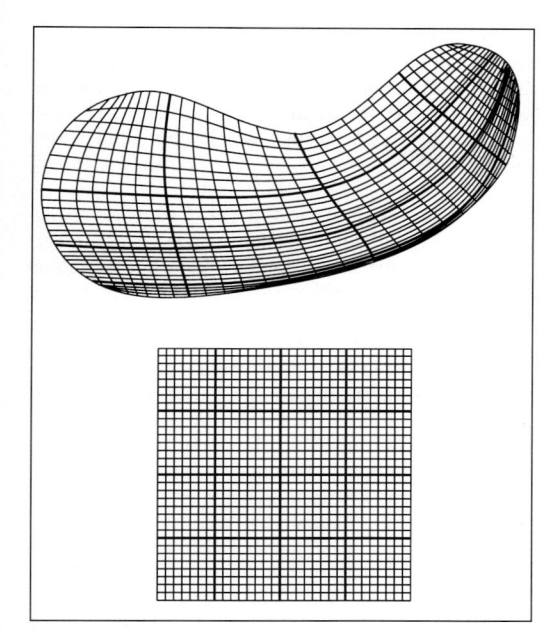

*Gitterpartitionierung: Beispiele für die Ausführung von G.*                    Stüben/Trottenberg

**Gitterstruktur, numerische Verfahren auf** ⟨*numerical methods on grids*⟩. → Gitter stellen eine sehr wichtige numerische → Datenstruktur dar. Viele numerische Verfahren laufen auf G. ab. Insbesondere führen die Aufgaben, die heute im Rahmen der numerischen → Simulation, des → wissenschaftlichen Rechnens (scientific computing) und z. B. der Computer-Physik behandelt werden, auf ein-, zwei-, drei- oder höherdimensionale G. Sie ergeben sich insbesondere bei der → Diskretisierung von gewöhnlichen und partiellen → Differentialgleichungen oder auch direkt in Verbindung mit diskreten mathematischen → Modellen. In den Gitterpunkten sind jeweils eine oder mehrere charakteristische Größen zu berechnen (in strömungsmechanischen Modellen z. B. Druck- und Geschwindigkeitskomponenten). Dabei wird man das Gitter um so feiner wählen, je höher die Genauigkeitsanforderungen sind. Auf Superrechnern werden heute durchaus Gitter mit Millionen von Gitterpunkten behandelt.

Man unterscheidet reguläre (Bild 1) und irreguläre (Bild 2) G., solche, die a priori festgelegt sind (statische G.), und solche, die während der Anwendung des numerischen Verfahrens erzeugt oder modifiziert werden (dynamische G.). Eine typische Situation, bei der die G. erst während der numerischen Simulation festgelegt wird, entsteht z. B., wenn eine Überschallströmung mit einem Verdichtungsstoß (Schock) berechnet werden soll. In der Nähe des Schocks möchte man dann ein besonders feines Gitter verwenden (→ Verfeinerung, lokale). Da die Position des Schocks jedoch a priori nicht bekannt ist, sondern sich erst bei der Berechnung

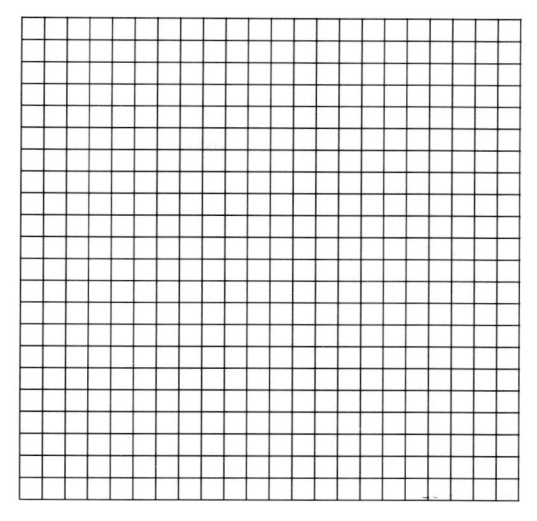

*Gitterstruktur 1: Darstellung regulärer G.*

näherungsweise ergibt, wählt man hier eine dynamische, adaptive Vorgehensweise.

Die drei wichtigsten Diskretisierungsarten im Zusammenhang mit partiellen Differentialgleichungen sind die Methode der finiten Differenzen, die Methode der finiten Elemente und die Methode der finiten Volumina. Bei den finiten Differenzen sind bis heute eher reguläre, bei den finiten Elementen eher irreguläre G. vorherrschend. Im Fall finiter Volumina bemüht man sich um die Verwendung logisch rechteckiger bzw. kubischer Gitter (Bild 3), die man der geometrischen Konfiguration (insbesondere der Berandung) anpassen kann. Logisch einfache (rechteckige, kubische o. ä.) Gitter stellen besonders leicht handhabbare Daten-

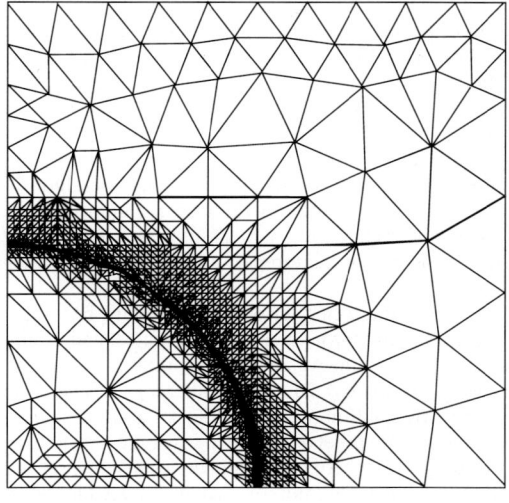

*Gitterstruktur 2: Darstellung irregulärer G.*

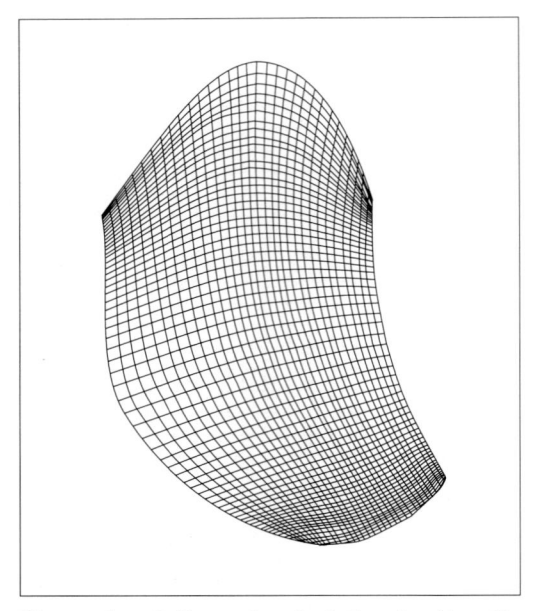

*Gitterstruktur 3: Verwendung logisch rechteckiger G.*

strukturen dar, die sich unmittelbar für die Bearbeitung durch (→ MIMD-) → Parallelrechner eignen (→ Gitterpartitionierung).

In sehr vielen Fällen sind die auf den Gittern gegebenen Relationen von lokalem Charakter, d. h., die Gleichungen verknüpfen nur einige wenige räumlich benachbarte Gitterpunkte miteinander. Dies gilt insbesondere für die bei diskretisierten Differentialgleichungen auftretenden Gitter, da die dort vorkommenden Ableitungen lokale Operationen sind. Hat man es mit lokalen Relationen auf G. zu tun, dann ist es zweckmäßig, die G. auch als Basis für numerische Algorithmen zu benutzen und nicht auf Vektoren und Matrizen überzugehen. Bei der Formulierung mit Vektoren und Matrizen geht der lokale Charakter der Gitteroperationen leicht verloren. Der Aufbau der → Algorithmen sieht dann so aus, daß auf den G. Gitterfunktionen gegeben sind, auf diese Gitterfunktionen Gitteroperationen angewendet werden und sich die Gitteralgorithmen aus solchen Gitteroperationen zusammensetzen. Dabei entsprechen die Gitterfunktionen im Vektor/Matrixkalkül den Vektoren und die Gitteroperationen den Matrizen.

Bei der gitterorientierten Formulierung der Algorithmen kommt ihr lokaler Charakter in besonders einfacher Weise zum Ausdruck (Lokalität von numerischen Algorithmen). Diese Formulierung ist daher auch für die Behandlung auf (MIMD-) Parallelrechnern besonders geeignet (→ Gitterpartitionierung). Eine Klasse besonders effizienter numerischer Verfahren auf G. stellen die → Mehrgitterverfahren dar. Sie laufen auf einer Sequenz feinerer und gröberer Gitter ab. Während sich klassische iterative Gitterverfahren meist ausschließlich aus lokalen Operationen auf dem feinsten Gitter zusammensetzen, sind Mehrgitterverfahren in einem komplexeren Sinne lokale Verfahren: Die Lokalität bezieht sich hier auf den jeweils betrachteten Gitterlevel.
*Stüben/Trottenberg*

**Gittertransferoperationen** ⟨*grid transfer operations*⟩. Spezielle Komponenten von → Mehrgitterverfahren (Mehrgitterkomponenten). Derartige Verfahren benutzen zur numerischen Lösung insbesondere partieller → Differentialgleichungen mehrere Diskretisierungsgitter unterschiedlicher Feinheit. Unter dem Oberbegriff G. werden sämtliche Operationen zusammengefaßt, die zum Informationsaustausch zwischen den verschiedenen Gittern dienen. Im einzelnen sind dies
– der Residuen-Transfer von feineren zu gröberen Gittern (Restriktion),
– der Transfer von Korrekturen von gröberen zu feineren Gittern (Interpolation oder Prolongation),
– der Transfer von auf groben Gittern berechneten Lösungsapproximationen auf feinere Gitter bei der FMG-Variante von Mehrgitterverfahren (→ FMG).
*Stüben/Trottenberg*

**GKS-3D** ⟨*GKS-3D*⟩. Nach der International Standard Organization (→ ISO): Information Processing Systems – Computer Graphics – Graphical Kernel System for Three Dimensions (GKS-3D) Functional Description, ISO/TC97/SC21 N853 DIS 8805.

Zur Unterstützung von dreidimensionaler Graphik und zur Handhabung von dreidimensionalen graphischen Arbeitsplätzen ist ein zweidimensionales graphisches System wie → GKS nur bedingt geeignet. Aus diesem Grunde wurde das zweidimensionale GKS auf ein dreidimensionales System erweitert, das GKS-3D.

GKS-3D beinhaltet nur die folgenden zusätzlichen dreidimensionalen Darstellungselemente:
– Polyline-3D: beschrieben durch eine dreidimensionale Punktmenge von aufeinanderfolgenden Punkten, bei denen je zwei aufeinanderfolgende Punkte mit einer Geraden verbunden sind.
– Polymarker-3D: beschrieben durch eine dreidimensionale Punktmenge von aufeinanderfolgenden Punkten, die mit bestimmten → Zeichen markiert werden.
– Fill-Area-3D ist das dreidimensionale Gegenstück zum Fill-Area. Im dreidimensionalen Raum wird in einer → Ebene ein geschlossener Polygonzug definiert, und dieser kann einheitlich, mit Farbe, Muster oder Schraffur ausgefüllt sein oder nur durch die Kanten beschrieben werden.
– Das Darstellungselement Text-3D definiert im dreidimensionalen Raum einen → Text, der in einer Ebene liegt und äquivalent zum Text in GKS durch Startpunkt und Text definiert wird.
– Das Cell-Array-3D ist die dreidimensionale Erweiterung des Cell Array von GKS in einer Ebene im dreidimensionalen Raum.

Polyline-3D und Polymarker-3D sind Darstellungselemente, die frei im dreidimensionalen Raum liegen. Text-3D, Fill-Area-3D und Cell-Array-3D liegen in einer Ebene im dreidimensionalen Raum.

Die verallgemeinerten Darstellungselemente 3D sind wie die verallgemeinerten Darstellungselemente in GKS von der → Implementierung abhängig und unterliegen der Registrierung. Das bedeutet, sie werden nicht im Standard festgelegt, sondern in einem separaten → Prozeß der sog. Registrierung.

Zusätzlich zur Darstellung von konkaven Flächen ist in GKS-3D die → Funktionalität der Fill-Area-Sets und Fill-Area-Sets-3D eingeführt worden. Diese komplexen Darstellungselemente werden aus Fill-Areas zusammengesetzt und sind eigentlich keine neuen Elemente; sie erfüllen somit die Forderung der ISO nach → Integrität von GKS-3D.

Der größte Unterschied zwischen GKS und GKS-3D liegt im Bereich der Koordinatensysteme und Koordinatentransformationen. In GKS-3D ist eine dritte Dimension, die Z-Koordinate enthalten.

Zur Einbettung der ursprünglichen GKS-Funktionen wird jede GKS-Funktion als Sonderfall der GKS-3D-Funktion betrachtet. Sie wird sofort beim Aufruf um die dritte Dimension erweitert.

Zusätzlich ist in GKS-3D die Funktionalität der Projektionen und Ansichten, das Viewing, eingeführt worden. Diese Funktionalität dient im Graphikprogramm dazu, die unterschiedlichen Ansichten und Projektionen zu realisieren. Dabei werden die Projektionen (parallele oder perspektivische Projektion), der Betrachtungspunkt, die Frontplane und die Backplane explizit gesetzt. Dem Benutzer stehen dazu Utility-Funktionen zur Verfügung.

In GKS-3D wird außerdem grundsätzlich die Möglichkeit von verdeckten Linien und Flächen zur Verfügung gestellt.

Bei der Eingabefunktionalität unterscheidet sich GKS-3D von GKS nur dort, wo es um Koordinateneingabe geht. Es bietet also zusätzlich die beiden Eingabeklassen Locator 3 und → Stroke 3 an. Da natürlich beide Klassen genau wie ihre zweidimensionalen Pendants gehandhabt werden, gibt es zu jeder GKS-Funktion, die zur Kontrolle von Locator und Stroke notwendig ist, eine entsprechende GKS-3D-Funktion.

Zur permanenten Speicherung von Bildern werden in GKS-3D wie beim GKS die → Bilddateien verwendet. Dazu stehen dem Benutzer ausführliche Ergänzungen zu CGM (Computer Graphics Metafile), ISO TC97/SC21/IS 8632 zur Verfügung.

*Langmann/Poller*

**GKS (Graphisches Kernsystem)** ⟨*GKS (Graphical Kernel System)*⟩. Genormtes graphisches Kernsystem (DIN 66252, ISO/DIS 7942), das Basisfunktionen zum Erzeugen und Manipulieren von graphischer Ausgabe zur Verfügung stellt. Diese Funktionen sind weder spezifisch für Anwendungen noch von den Geräten abhängig, da eine Anwenderschnittstelle definiert wurde und Geräte über sog. Arbeitsplätze abstrahiert werden. Über die Anwenderschnittstelle greift ein Anwendungsprogramm auf die GKS-Funktion zu. Über die Arbeitsplatzschnittstelle sind graphische → Ein-/Ausgabegeräte mit GKS verbunden.

☐ *Konzept des graphischen Arbeitsplatzes.* GKS basiert auf dem Konzept des abstrakten graphischen Arbeitsplatzes (Workstation). Jeder Arbeitsplatz ist einer der sechs folgenden Kategorien zugeordnet: Ausgabearbeitsplatz, Eingabearbeitsplatz, Ausgabe-/Eingabe-Arbeitsplatz, arbeitsplatzunabhängiger → Segmentspeicher (Workstation Independent Segment Storage, WISS), GKS-Bilddatei-Ausgabe oder GKS-Bilddatei-Eingabe. Alle Arbeitsplätze einer Kategorie werden nach dem gleichen Prinzip angesprochen. Da zwischen zwei Arbeitsplätzen aber physikalische Unterschiede bestehen können, werden diese über → Software mit Hilfe der → Gerätetreiber ausgeglichen.

☐ *Funktionen des GKS.* Da man nicht in jeder Anwendung alle in der → Norm festgelegten Funktionen benötigt, werden verschiedene Leistungsstufen (Level) definiert. Es handelt sich dabei um drei Leistungsstufen für Ausgabe und Eingabe (Tabelle).

☐ *Graphische Ausgabe.* In der Norm sind sechs Ausgabeprimitive definiert (Bild). Diese heißen in Englisch/Deutsch:
– Polyline/Polygon (→ Linienzug, der durch Punkte definiert ist),
– Polymarker/Polymarke (zentrierte Symbole),
– Text/Text (Zeichenfolgen),
– Fill Area/Füllgebiet (geschlossener Polygonzug),
– Cell Array/Zellmatrix (Matrix von → Pixeln mit individuellen Farben) und
– Generalized Drawing Primitive (GDP)/Verallgemeinertes Darstellungselement (VDEL), d. h. beliebige geometrische Figuren wie Kreisbogen oder Ellipse.

Zur Strukturierung von Bildern wurden die → Segmente definiert. Ein Segment ist eine Folge von Ausgabeprimitiven, die mit Pickerkennzeichnungen (für die Eingabe) versehen sind. Jedes Segment hat eine eindeutige Identifizierung, den Segmentnamen, und

*GKS. Tabelle: Leistungsstufen für Ausgabe und Eingabe*

| Level | a | b | c |
|---|---|---|---|
| 0 | minimale Ausgabe, keine Eingabe | synchrone Eingabe, Request | asynchrone Eingabe, Sample und Event |
| 1 | vollständige Ausgabe mit Basissegmentierung | synchrones Picken | asynchrones Picken |
| 2 | arbeitsplatzunabhängiger Segmentspeicher | | |

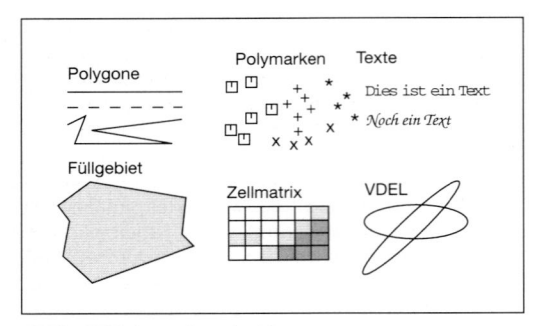

*GKS: GKS-Ausgabeprimitive*

wird an allen zum Erzeugungszeitpunkt aktiven Arbeitsplätzen gespeichert. Nachdem das Segment geschlossen ist, kann es nur noch mit Hilfe der → Segmentattribute manipuliert werden. Sie umfassen Transformationen, → Sichtbarkeit, → Hervorheben, Priorität und Ansprechbarkeit. Einzelne Ausgabeprimitive innerhalb des Segments können nicht mehr modifiziert werden. In Anwendungsprogrammen werden die Bilder in einem der Anwendung entsprechenden sog. Weltkoordinatensystem erstellt.

☐ *Graphische Eingabe.* Eingabegeräte werden entsprechend dem Arbeitsplatzkonzept jeweils logisch einem Ausgabegerät zugeordnet. Ein logisches → Eingabegerät wird durch die Arbeitsplatzkennzeichnung, eine Eingabeklasse und eine Gerätenummer gekennzeichnet. Sechs Eingabeklassen sind in GKS definiert:
– → Lokalisierer (liefert die Weltkoordinaten eines Punktes und die Nummer der Normalisierungstransformation),
– → Strichgeber (liefert eine Folge von Punkten und die Nummer der Normalisierungstransformation),
– → Wertgeber (liefert einen numerischen Wert),
– → Picker (liefert die Bezeichnung eines durch den → Bediener identifizierten Segments, seinen → Namen und den Status),
– Auswähler (liefert eine aus n Möglichkeiten),
– → Text (liefert eine Zeichenfolge).

Jedes logische Eingabegerät kann in den drei Betriebszuständen Request (Anforderung), Sample (Abfrage) oder Event (Ereignis) aktiv sein. Im Request-Modus wartet das Anwendungsprogramm, bis der Bediener die Eingabe vorgenommen hat. Im Sample-Modus wird der jeweils aktuelle Wert des Eingabegerätes erfaßt, ohne daß eine explizite Benutzerbestätigung (→ Trigger) notwendig ist. Im Event-Modus können asynchrone Benutzereingaben gemacht werden. Die logischen Eingabewerte werden in der Eingabewarteschlange eingetragen. *Langmann/Ziegler*

Literatur: DIN 66252: Informationsbearbeitung – Das Graphische Kernsystem (GKS), Funktionale Beschreibung. 1985. – *Encarnação, J. L.*: Graphische Datenverarbeitung mit GKS. München 1987. – *Enderle, G.* and *K. Kansy, G. Pfaff*: Computer graphics programming, GKS the graphics standard. Berlin–Heidelberg–New York–Tokyo 1984. – ISO 8651/1: Information processing systems – computer graphics – Graphical Kernel System (GKS) Language Bindings; Part 1: FORTRAN. – ISO 8651/2: Information processing systems – computer graphics – Graphical Kernel System (GKS) Language Bindings; Part 2: Pascal. – ISO 8651/3: Information processing systems – computer graphics – Graphical Kernel System (GKS) Language Bindings; Part 1: Ada.

**GKSM (GKS-Metafile)** ⟨*GKSM (GKS Metafile)*⟩. Das graphische Kernsystem → GKS enthält Funktionen zum Beschreiben und Wiedereinlesen einer → Bilddatei, die GKS-Bilddatei (GKSB) oder GKS-Metafile (GKSM) genannt wird. Die GKS-Funktionen zum Beschreiben und Wiedereinlesen der GKS-Bilddatei sind Teil der GKS-Norm. Das Format der Bilddatei ist in einem Anhang zum GKS-Dokument beschrieben, dieser Anhang ist jedoch nicht Teil der → Norm.

Das Anwendungsprogramm kann eigene → Daten durch die Funktion *Schreibe Satz in die Bilddatei* auf ein GKSM schreiben. Diese Daten können von beliebigem Inhalt sein, z. B. nichtgraphische Daten zur Erläuterung des GKSM-Inhaltes oder anwendungsspezifische graphische Strukturdaten der GKSM-Graphik.

Beim Einlesen von Datensätzen vom GKSM können sie entweder an das Anwendungsprogramm übergeben und dort verarbeitet werden (z. B. Benutzerdaten), sie können übergangen und ignoriert werden, oder sie können an das GKS zur Interpretation zurückgegeben werden. *Langmann/Lux*

Literatur: DIN 66252: Graphisches Kernsystem (GKS). 1983.

**Glasfaser** ⟨*fiber*⟩ Lichtwellenleiter, → Übertragungsmedium

**Glasfaserkoppler** ⟨*fiber coupler*⟩. G. führen optische → Signale zusammen, teilen sie auf, multiplexen oder demultiplexen verschiedene Wellenlängen (Wavelength Division Multiplexer (WDM)). Man unterscheidet zwei Typen von Verzweigerkomponenten: Koppler mit wellenlängenunabhängigem Verhalten und mit wellenlängenselektiver Verzweigung.

Die einfachste Form eines Kopplers ist ein $2\times 2$-Richtkoppler; er verfügt über zwei Eingänge und zwei Ausgänge. Das in den einen Eingang eintretende Licht wird in einer Richtung (hier von links nach rechts) entsprechend dem Koppelverhältnis auf einen oder beide Ausgänge aufgeteilt. Je nach Länge der Koppelzone oszilliert die optische Leistung zwischen beiden Lichtwellenleitern. Die Koppellänge L ist die minimale Länge, nach der die gesamte Lichtleistung des ersten Wellenleiters in den zweiten übergekoppelt ist.

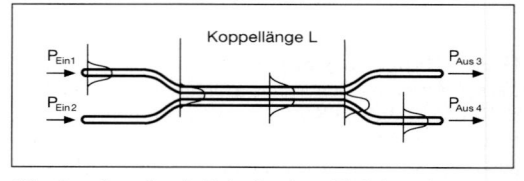

*Glasfaserkoppler 1: Prinzip eines Richtkopplers*

Ein Richtkoppler nach Bild 1, bei dem das Signal in den Eingang 1 eingespeist wird, ist durch folgende Größen charakterisiert:
Einfügeverlust $A_{ver}$ (inkl. Zusatzverluste) in dB

$$A_{ver} = 10 \cdot \lg \frac{P_{ein1}}{P_{aus3} + P_{aus4}} \text{ mit } P_{ein2} = 0,$$

Kopplungsverhältnis k in Prozent

$$k = 100 \cdot \frac{P_{aus4}}{P_{aus3} + P_{aus4}} \; [\%]$$

oder in dB

$$A_k = 10 \cdot \lg \frac{P_{aus3} + P_{aus4}}{P_{aus4}},$$

Richtdämpfung (directivity) oder Isolation $A_r$ in dB

$$A_r = 10 \cdot \lg \frac{P_{ein1}}{P_{ein2}}.$$

Die Anforderungen an Richtkoppler sind geringe Einfügeverluste, Stabilität des Koppelverhältnisses, hohe Richtdämpfung sowie für spezielle Anwendungen die Erhaltung des Polarisationszustands.

G. werden als Schleifkoppler oder Schmelzkoppler hergestellt. Bei der ersten Methode werden die beiden Einmodenfasern in eine leicht konvex gekrümmte Form eingelegt und bis in die Nähe der Kerne abgeschliffen (Bild 2), bis das gewünschte Koppelverhalten erreicht ist. Das optische Feld der einen Faser reicht bis zum Kern der zweiten Faser und wird in diese vollständig übergekoppelt, falls die Koppelstrecke genügend lang ist und es sich um zwei gleiche Fasern handelt (symmetrischer Koppler).

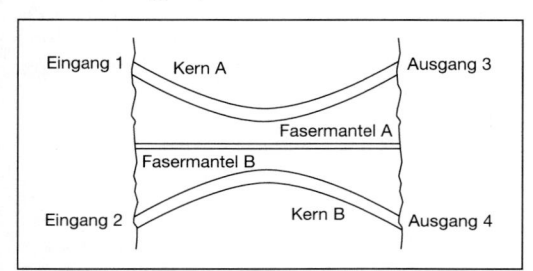

*Glasfaserkoppler 2: Prinzip des Schleifkopplers*

Schmelzkoppler (Bild 3) werden mit Hilfe thermischer Spleißgeräte hergestellt. Zwei parallel liegende Fasern, die bis auf den Mantel freigelegt sind, werden miteinander verschmolzen und auseinandergezogen, so daß eine Zone entsteht, in der wegen des kleinen Kerndurchmessers die Lichtführung hauptsächlich durch den Fasermantel bewirkt wird. Die Herstellungsverfahren für Schmelzkoppler sind weit entwickelt und werden im industriellen Maßstab eingesetzt.

Durch Kaskadierung mehrerer Koppler kann die Eingangsleistung auf viele Ausgänge verteilt werden, was in optischen Verteilsystemen zum Einsatz kommt.

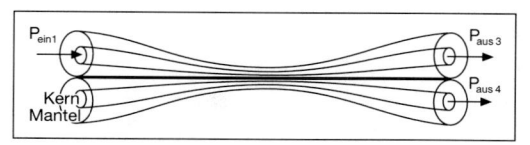

*Glasfaserkoppler 3: Schmelzkoppler*

G. werden auch als WDM eingesetzt, da diese wellenlängenabhängig ist. WDM kombinieren oder trennen Signale mit verschiedenen Wellenlängen (z.B. im zweiten (1280 bis 1320 nm) und dritten (1520 bis 1560 nm) optischen Fenster oder für den → optischen Verstärker zum Einkoppeln des Pumplichts in die Erbium-dotierte Faser). Beim Multiplexen werden zwei oder mehr Eingänge und ein Ausgang, beim Demultiplexen ein Eingang und zwei oder mehr Ausgänge benutzt (Bild 4). *Krauser*

Literatur: *Joly, B.*: Elektrisches Nachrichtenwesen. Alcatel (1994) 1, S. 52–59. – *Eberlein, D.* u. a.: Nachrichtentech., Elektron. Berlin 42 (1992) 5, S. 188 ff.

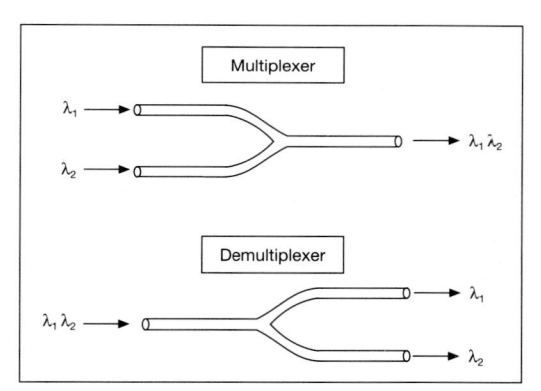

*Glasfaserkoppler 4: WDM-Koppler als Multiplexer und Demultiplexer*

**Glasfaserlichtwellenleiter, polarisationserhaltender** ⟨*polarization maintaining fiber*⟩. In p. G. bleibt aufgrund ihres doppelbrechenden Verhaltens der Polarisationszustand des Lichtes über größere Entfernungen konstant.

In einer perfekt zylindersymmetrischen → Monomodefaser breiten sich die beiden orthogonalen Polarisationszustände TE (transversal elektrisch) und TM (transversal magnetisch) mit gleicher Geschwindigkeit aus (Bild 1). Durch geringfügige Abweichungen des Kernes von der Zylindersymmetrie bei realen Fasern entsteht eine ungewollte Doppelbrechung, die dazu führt, daß der eingestrahlte Polarisationszustand sich entlang der Faser ändert, da die beiden orthogonalen Komponenten sich unterschiedlich schnell fortpflanzen.

Für herkömmliche optische Übertragungssysteme ist die Polarisation in der Glasfaser ohne Bedeutung: Für

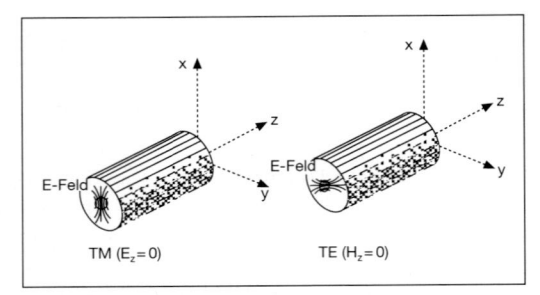

*Glasfaserlichtwellenleiter, polarisationserhaltender 1: TE- und TM-Polarisation in einer Glasfaser*

einige Anwendungen aber z. B. bei integriert-optischen Bauelementen, kann es erforderlich sein, daß das Licht mit einer definierten Polarisationsrichtung eingekoppelt wird. Diese Forderung erfüllen polarisationserhaltende Monomodefasern. Dazu wird bei der Faserherstellung kontrolliert eine Doppelbrechung erzeugt, z. B. durch einen elliptisch geformten Kern (Bild 2 a) oder Einbau von Materialien mit sehr unterschiedlichem thermischen Ausdehnungskoeffizienten. Fasern mit elliptischen Kernen haben relativ hohe Dämpfungswerte, da die Spannungsdoppelbrechung direkt im Kern erzeugt wird. Bei Fasern, die einen elliptisch ummantelten Kern aufweisen (Bild 2 b), bei PANDA (Polarization-maintaining AND Absorption reducing) (Bild 2 d) – und Bow-Tie-Fasern (Bild 2 c) liegt der spannungserzeugende Bereich in einigem Abstand vom Kern.

Fällt die Polarisationsrichtung des eingestrahlten Lichtes mit der „schnellen" oder „langsamen" Achse der Faser zusammen, bleibt sie über große Strecken erhalten. Wird unpolarisierte Strahlung eingekoppelt, so wird nur die mit der schnellen oder langsamen Achse zusammenfallende Polarisationsrichtung geführt. Typische Werte für das Auslöschungsverhältnis liegen bei 30 dB für 1 km Länge. Bei 1 550 nm wird für PANDA- und Bow-Tie-Fasern eine → Dämpfung von weniger als 0,3 dB/km erreicht.

Außer in der → Nachrichtentechnik werden p. G. vor allem in der Sensortechnik eingesetzt. *Krauser*

Literatur: *Grau; Freude*: Optische Nachrichtentechnik. Springer, Berlin–Heidelberg 1991. – *Hultzsch*: Optische Telekommunikationssysteme. Damm, Gelsenkirchen 1996.

**Glasfasermoden** *(fiber mode)*. G. sind die in → Multimode- oder → Monomodefasern auftretenden verschiedenen optischen Wellenformen. Sie werden im Faserkern geführt oder breiten sich außerhalb des Kernes als Verlustwellen aus.

Die Ausbreitung des Lichtes in einer Glasfaser wird mit den *Maxwell*schen Gleichungen beschrieben. Durch Lösen der skalaren Wellengleichung erhält man die in einem zylindrischen Wellenleiter möglichen Verteilungen des elektromagnetischen Feldes (Moden). Aus den sich ergebenden Eigenwerten wird der Strukturparameter (Strukturkonstante, normalisierte Frequenz, V-Parameter) definiert:

$$V = \frac{2 \cdot \pi}{\lambda} \cdot a \cdot A_N,$$

$A_N$ numerische Apertur, $A_N = n_o \sin \alpha$; $n_o$ Brechzahl des Mediums, das die Fasereintrittsfläche umgibt, $\alpha$ Akzeptanzwinkel; a Kernradius, $\lambda$ Wellenlänge.

Der Akzeptanzwinkel $\alpha$ (Bild 1) gibt an, unter welchem maximalen Winkel das Licht auf die Eintrittsfläche treffen darf, damit die Wellen gerade noch im Wellenleiterkern geführt werden. Mit Hilfe des V-Parameters läßt sich die Gesamtzahl N der ausbreitungsfähigen Moden bestimmen:

$$N = V^2 \cdot \sqrt{\frac{g}{g+2}}$$

mit g Profilexponent.

Verlustwellen werden mehr oder weniger stark gedämpft und sind für die Signalübertragung unerwünscht, während die Kernwellen in einer idealen Faser (Absorption und Streuung → 0) ungedämpft übertragen werden (Bild 1). Die Kernwellen existieren als Meridionalstrahlen und schiefe Strahlen. Meridionalstrahlen breiten sich in einer Ebene aus, die die Faserachse enthält, schiefe Strahlen verlaufen windschief in Stufenfasern, in Gradientenfasern auf gekrümmten Bahnen, ohne die Faserachse zu schneiden. In Gradientenfasern können Helixstrahlen auftreten, die Schraubenbahnen um die Faserachse vollführen.

Die Verlustmoden werden entweder abgestrahlt (Strahlungsmoden) oder im Fasermantel geführt (Mantelmoden). Durch Einsatz eines Mantelmodenfilters können Mantelmoden eliminiert werden.

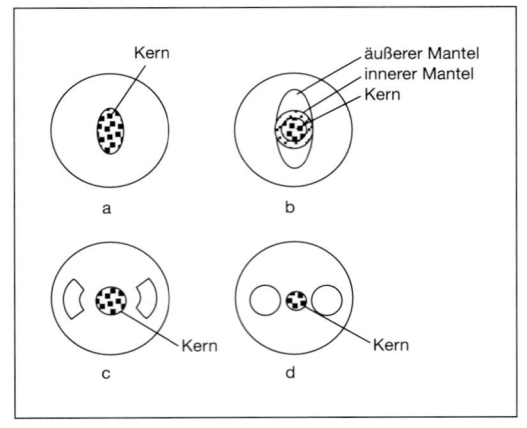

*Glasfaserlichtwellenleiter, polarisationserhaltender 2: Erzeugung der Doppelbrechung.*

*a. durch elliptisch geformten Kern, b. durch elliptischen Mantel, c. Bow-Tie-Faser (Querschnitt), d. PANDA-Faser (Querschnitt)*

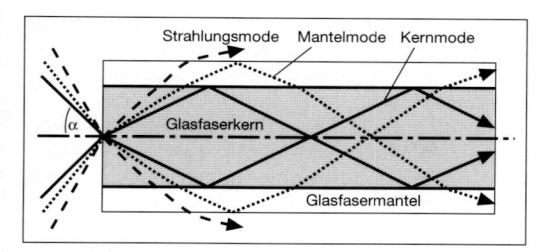

*Glasfasermoden 1: Kernwellen und Verlustwellen in einer Stufenfaser*

Die auftretenden Kernmoden werden durch Modenkennzahlen charakterisiert: $LP_{nm}$, wobei LP linear polarisiert, n die azimutale Modenkennzahl und m die radiale Modenkennzahl bedeuten.

Die azimutale Modenkennzahl gibt die halbe Anzahl der Lichtpunkte je konzentrischen Kreis an (n = 0, 1, 2, 3, ...), wobei n = 0 bedeutet, daß der Ring nicht unterteilt ist.

Die radiale Modenkennzahl gibt die Anzahl der konzentrischen Ringe an (m = 1, 2, 3, ...) (Bild 2). Der Grundmodus hat danach die Bezeichnung $LP_{01}$ und besitzt näherungsweise eine gaußförmige Feldverteilung (→ Monomodefaser). Breitet sich kohärentes Licht in einer → Multimodefaser aus, treten Interferenzen zwischen den einzelnen ausbreitungsfähigen Moden auf, wodurch an Verbindungsstellen zwischen zwei Lichtwellenleitern Intensitätsschwankungen auftreten können, die als Modenrauschen bezeichnet werden.

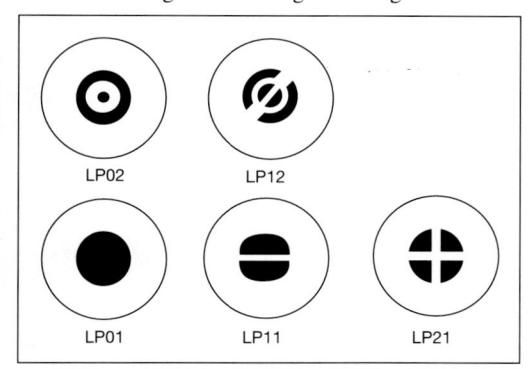

*Glasfasermoden 2: Schematische Darstellung der ersten $LP_{nm}$-Moden in Glasfasern*

Das im Querschnitt einer M. auftretende Modenbild ändert sich ständig durch äußere Einflüsse, wie z.B. mechanische Einflüsse oder Temperaturänderungen, die zu Phasenänderungen führen. Im Mittel bleibt die Intensität im Wellenleiter konstant. An nicht idealen Lichtwellenleiterverbindungen wird das Modenbild des ersten Lichtwellenleiters nicht vollständig in den zweiten übergekoppelt. Die lokale Änderung des Interferenzbildes verursacht eine Intensitätsänderung in dem auf die Stoßstelle folgenden Lichtwellenleiter. Der Empfänger registriert trotz konstanter Sendeleistung ein verrauschtes Signal. *Krauser*

Literatur: *Geckeler*: Lichtwellenleiter für die optische Nachrichtenübertragung. Springer, Berlin 1987

**Glasfasersteckverbindung** ⟨*fiber connector*⟩. Eine G. ist im Gegensatz zum Spleiß eine lösbare, wieder zu verwendende Koppelkomponente. Die Stirnflächen zweier Glasfaserenden werden so zueinander justiert, daß eine maximale Überkopplung der optischen Leistung gewährleistet ist. Sie werden besonders am Anfang und am Ende einer optischen Übertragungsstrecke sowie in der optischen Meßtechnik eingesetzt.

Man unterscheidet zwischen direkter Kopplung, wobei die Faserenden möglichst nahe aneinandergebracht werden, und indirekter Kopplung, bei der die aus der einen Faser austretende Strahlung über ein mikrooptisches System in die andere Faser eingekoppelt wird. Bei der direkten Kopplung haben die Faserendflächen entweder einen Abstand von einigen Mikrometern oder berühren einander, wodurch keine Verluste durch Reflexion auftreten, im anderen Fall kann die

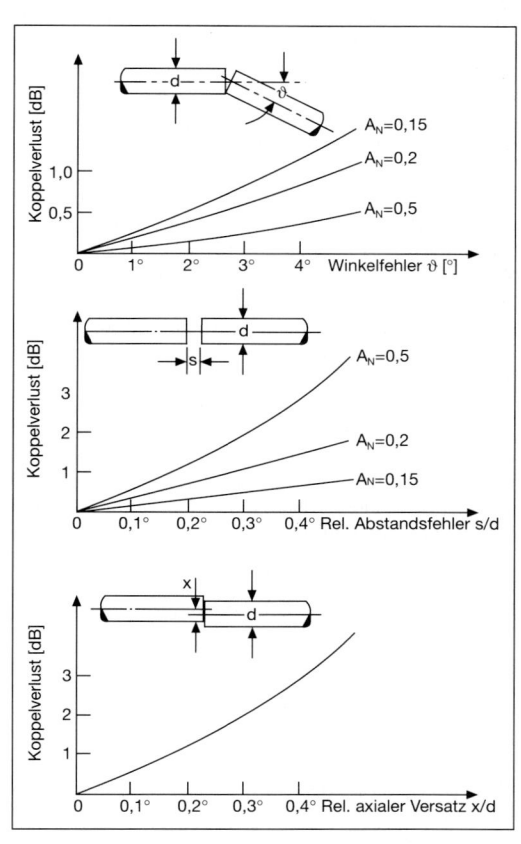

*Glasfasersteckverbindung 1: Einflußgrößen auf die Dämpfung einer optischen Steckverbindung*

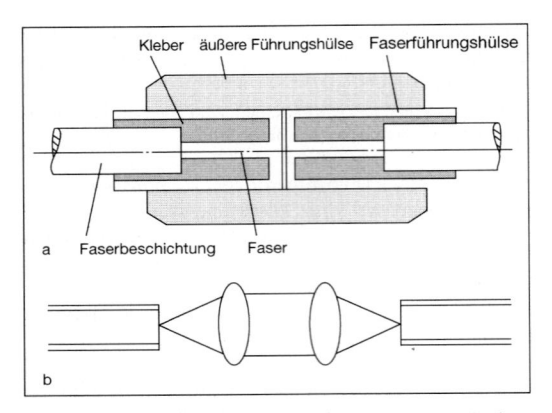

*Glasfasersteckverbindung 2: Prinzip einer optischen Steckverbindung*

Reflexion in die Faser durch Schrägschliff der Endflächen minimiert werden.

An die Steckverbindung, die ein rein mechanisches Zentrierelement darstellt, werden folgende Anforderungen gestellt: niedrige und nach häufigem Verbinden und Lösen reproduzierbare Dämpfung, einfache Montage und Handhabung, hohe Rückflußdämpfung, hohe mechanische Belastbarkeit, geringe Kosten. Die Zusatzdämpfungen an Steckverbindungen können durch unterschiedliche Eigenschaften (z. B. geometrische Abmessungen, verschiedene Brechzahlprofile) der zu verbindenden Fasern, durch unzureichende Justierung im mechanischen Aufbau der Faserenden, sowie durch Reflexions- und Streuverluste auftreten. Im mechanischen Aufbau sind folgende Fehler möglich: Winkel-, Abstandsfehler und radialer Versatz der Fasermittelachsen. Die einzelnen Dämpfungsbeiträge sind in Bild 1 dargestellt. Die erforderliche Genauigkeit der Faserzentrierung liegt für → Multimodefasern mit 50 µm Kerndurchmesser bei einigen Mikrometern, für → Monomodefasern bei weniger als 1 µm (Bild 2).

Für Monomodefasern wird derzeit in Deutschland häufig der LSA (Lichtwellenleiter-Steckverbinder Version A) nach DIN 47 256 eingesetzt. Nachteilig ist, daß er nicht direkt montierbar ist, da die Faser mit Spezialgeräten optimal zentriert werden muß. Daher werden die LSA-Stecker als Pigtail (Stecker an einem Faserende montiert) geliefert, dessen offenes Ende durch Spleißen mit der Übertragungsfaser verbunden werden kann.

Für den Teilnehmeranschlußbereich ist eine große Anzahl von Steckverbindungen erforderlich. Daher müssen kostengünstige Lösungen für die optische Verbindungstechnik gefunden werden (< 50 DM pro Faser, mittlere Einfügedämpfung 0,25 dB).   *Krauser*

Literatur: *Hultzsch*: Optische Telekommunikationssysteme. Damm, Gelsenkirchen 1996.

**Glasfaserverzweiger** ⟨*fiber splitter*⟩. G. verteilen möglichst verlustarm optische Leistung von einer ankommenden Faser auf zwei oder mehr abgehende Fasern oder in umgekehrter Richtung. Sie werden z. B. in optischen Kommunikationsnetzen und Datenbussystemen eingesetzt.

Man unterscheidet zwischen T-Kopplern und Mehrfachverzweigern (→ Sternkoppler). Ein T-Koppler kann nach folgenden Prinzipien aufgebaut sein: Stirnflächen-, Oberflächen- und Strahlteilerkoppler.

Beim Stirnflächenkoppler nach dem Versatzprinzip (Bild 1) wird durch Überlappung der Kernquerschnittsflächen der Fasern 2 und 3 mit der Faser 1 der Grad der Aufteilung der optischen Leistung festgelegt. Stirnflächenkoppler werden i. d. R. mit Stufenindexfasern aus Gründen der modenunabhängigen Kopplung realisiert. Die Verluste liegen um 1 dB.

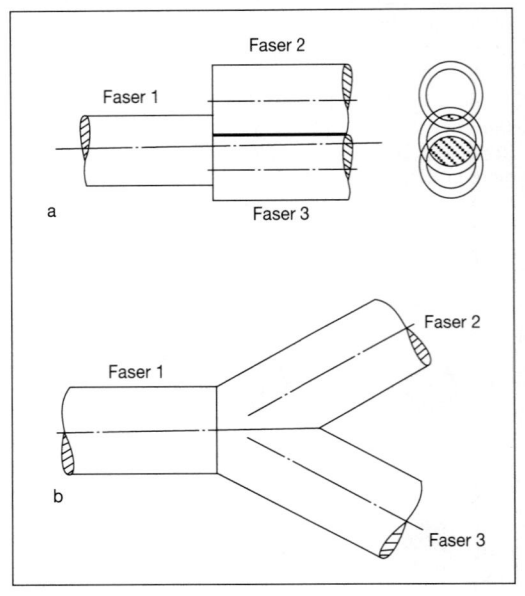

Beim Gabelkoppler werden zwei Fasern auf einer Länge von einigen cm unter kleinem Winkel zur Faserachse (1° bis 3°) angeschliffen und miteinander sowie mit einer ungestörten Faser verklebt (Bild 1). Es werden Dämpfungswerte von 0,5 dB erreicht.

Oberflächenkoppler (Glasfaserkoppler) können nach dem Kernverschmelzungs-, dem Taper- oder Kernanschliffsprinzip hergestellt werden.

Beim Strahlteilerkoppler wird ein Miniaturstrahlteilerwürfel verwendet, wobei durch eine dielektrische Zwischenschicht die Aufteilung der optischen Leistung vorgenommen wird. Die Glasfasern werden direkt an den Würfel angebracht (Bild 2).

Es können aber auch zwei Fasern unter 45° angeschliffen, mit einer Teilerschicht versehen und wieder

*Glasfaserverzweiger 1: Stirnflächenkoppler nach dem Versatzprinzip (a) und nach dem Gabelprinzip (b)*

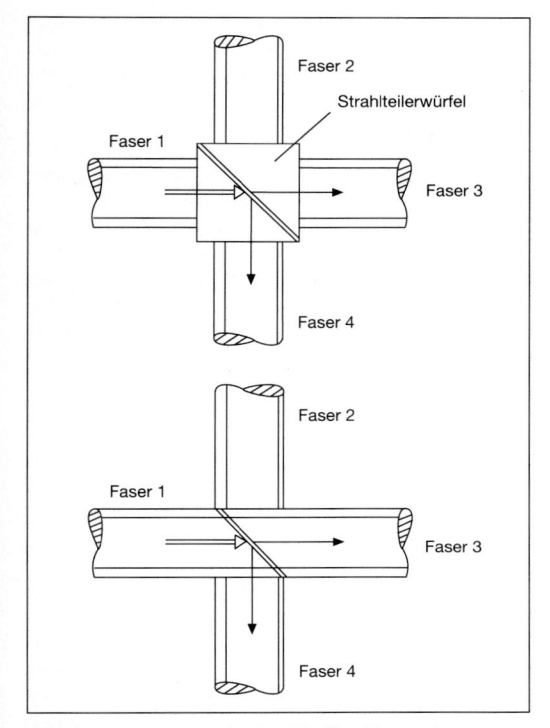

*Glasfaserverzweiger 2: Strahlteiler-Verzweiger.*

zusammengekittet werden (Bild 2). Die Fasern 2 und 4 stoßen senkrecht auf die zusammengefügten Lichtwellenleiter und sammeln so die an der Zwischenschicht reflektierte Leistung. Die Verluste werden mit 0,5 dB angegeben.

Auch mit Gradientenlinsen lassen sich optische Verzweiger aufbauen (Bild 3). Durch die Abbildungseigenschaften der Gradientenlinse wird das Licht von der Faser 1 zum Teil in die Faser 4 eingekoppelt bzw. an

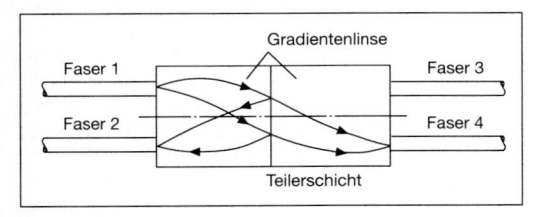

*Glasfaserverzweiger 3: Gradientenlinsen-Verzweiger*

der Teilerschicht reflektiert und zur Faser 2 geführt. Auch hier liegen die Verluste bei 0,5 dB. *Krauser*
Literatur: *Wrobel*: Optische Übertragungstechnik in industrieller Praxis. Hüthig, Heidelberg 1994.

**Glass-Box-Sicht eines Systems** ⟨*glass-box view of a system*⟩ → System

**Glass-Box-Test** ⟨*glass-box test*⟩. G.-B.-T. im Zusammenhang mit einem → Rechensystem S sind → Tests zur Überprüfung der äußeren Eigenschaften des Systems, bei denen S als Glass-Box mit entsprechenden Kenntnissen über die inneren Eigenschaften des Systems angesehen wird. Sie werden insbesondere in Verfahren zur → Fehlererkennung für S angewandt. Wegen der Einbeziehung innerer Eigenschaften von S sind G.-B.-T. für S in ihrer Aussagefähigkeit → Black-Box-Tests für S überlegen. Zur Nutzung dieser Aussagefähigkeit sind jedoch die Gesetzmäßigkeiten der Komposition des Systems systematisch auszuwerten.
*P. P. Spies*

**Glätten** ⟨*smoothing*⟩. Standardoperation der Bildvorverarbeitung zum Beseitigen von hochfrequenten Störungen (→ Rauschen). Bei „Mittelung" wird jedes → Pixel durch den Mittelwert seiner örtlichen (bei Bildfolgen auch zeitlichen) Umgebung ersetzt. Weitere Glättungsverfahren sind Medianfiltern, bimodales Mitteln, Tiefpaßfilterung. Örtliche Glättung führt i. allg. zum Verwaschen scharfer Konturen. Eine genaue Analyse von Glättungsoperationen erfolgt in der Filtertheorie. *Neumann*

**Gleichtaktstörung** ⟨*common mode voltage*⟩. Störsignal, das mit gleicher Phase und gleicher Amplitude auf beide Eingänge eines Gerätes einwirkt. Der Einfluß von G. läßt sich mit Differenzverstärkern weitgehend unterdrücken (→ Gegentaktstörung). *Strohrmann*
Literatur: VDI/VDE 3551: Empfehlungen zur Störsicherheit der Signalübertragung beim Einsatz von Prozeßrechnern. Ausg. Okt. 1976.

**Gleichungslöser** ⟨*solver*⟩. Ein analoges Rechensystem (→ Analogrechner), das geeignet ist, lineare Gleichungssysteme zu lösen oder die Nullstellen von Polynomen zu bestimmen oder beides. *Bode/Schneider*

**Gleichungssystem, lineares** ⟨*linear system of equations*⟩. Ein l. G. besitzt die Gestalt

$$\sum_{\nu=1}^{n} a_{\mu\nu} x_\nu = b_\mu \quad (\mu = 1, 2, ..., m) \qquad (1)$$

mit der *Koeffizientenmatrix* $A = (a_{\mu\nu})$, den *Unbekannten* $x_1, x_2, ..., x_n$ und den *rechten Seiten* $b_1, b_2, ..., b_m$. Sind alle $b_\mu$ gleich Null, so heißt das Gleichungssystem *homogen*, andernfalls *inhomogen*.

Bei der Diskussion der Lösbarkeit spielt der Rang der erweiterten Matrix

$$(A, b) := \begin{pmatrix} a_{11} & a_{12} & \cdots & a_{1n} & b_1 \\ a_{21} & a_{22} & \cdots & a_{2n} & b_2 \\ \vdots & \vdots & & \vdots & \vdots \\ a_{m1} & a_{m2} & \cdots & a_{mn} & b_m \end{pmatrix}$$

eine Rolle. Das System (1) besitzt
– mindestens eine Lösung, dann und nur dann, wenn Rang $A$ = Rang $(A, \mathbf{b})$,

– höchstens eine Lösung, dann und nur dann, wenn Rang A = n,
– genau eine Lösung, dann und nur dann, wenn Rang A = Rang (A, **b**) = n
gilt; es ist insbesondere dann eindeutig lösbar, wenn m = n und det A ≠ 0 ist.

Die allgemeine Lösung $\mathbf{x} = (x_1, x_2, \ldots, x_n)$ von Gl. (1) läßt sich darstellen als $\mathbf{x} = \mathbf{x}^0 + \mathbf{y}$, wobei $\mathbf{x}^0$ eine spezielle Lösung von Gl. (1) und **y** die allgemeine Lösung des aus Gl. (1) durch Nullsetzen der rechten Seiten entstehenden homogenen Systems bezeichnet. Die Menge aller Lösungen **x** bildet einen affinen Raum.

Für die Darstellung von Lösungen wird die *Cramer*-Regel eingesetzt; für die numerische Berechnung von Lösungen seien genannt: Austauschverfahren, *Crout*-Verfahren, *Cholesky*-Verfahren, *Gauß*-Eliminationsverfahren, Gesamt- und Einzelschrittverfahren.

*Schmeißer*

Literatur: *Brieskorn, E.*: Lineare Algebra und analytische Geometrie, Bd. I. Braunschweig 1983. – *Fischer, G.*: Lineare Algebra. Braunschweig 1975. – *Gröbner, W.*: Matrizenrechnung. Mannheim 1966. – *Heinhold, J.* u. *B. Riedmüller*: Lineare Algebra und Analytische Geometrie, Teil 1 (2. Aufl.). München 1975. – *Kochendörfer, R.*: Determinanten und Matrizen. Leipzig 1963. – *Kowalsky, H.-J.*: Lineare Algebra (2. Aufl.). Berlin 1965.

**Gleichverteilung** ⟨*uniform distribution*⟩. Man spricht von einer diskreten G., wenn eine Zufallsvariable jeden der n Werte $x_1, x_2, \ldots, x_n$ mit der gleichen → Wahrscheinlichkeit 1/n annimmt.

Beispiel: Die Zufallsvariable „Augenzahl beim Würfeln mit einem fairen Würfel" ist diskret gleichverteilt, da jede Augenzahl i (i = 1, ..., 6) mit Wahrscheinlichkeit 1/6 auftreten kann.

Eine Verteilung mit der Wahrscheinlichkeitsdichte

$$f(x) = \begin{cases} \dfrac{1}{b-a} & a \leq x \leq b \\ 0 & \text{sonst} \end{cases}$$

heißt stetige G. (oder Rechteckverteilung) im Intervall a bis b. Die stetige G. liegt zugrunde bei der Erzeugung von → Zufallszahlen. *Schneeberger*

**Gleitpunktarithmetik** ⟨*floating-point arithmetic*⟩. In → Digitalrechnern eine Realisierung der arithmetischen Operationen, bei der die Stellung des *Basispunktes* (z. B. des Dezimalpunktes) automatisch berücksichtigt wird. Bei Addition und Subtraktion wird die Stellung des Basispunktes in beiden → Operanden vor Ausführung der Operation in Übereinstimmung gebracht. Bei Multiplikation und Division wird die Stellung des Basispunktes im Resultatwert automatisch ermittelt.

Oft ist die G. mit einer *Gleitpunktdarstellung* der Zahlen verbunden, bei der der Maßstabsfaktor zur Festlegung der Position des Basispunktes mitgeführt wird. Die Gleitpunktzahl besteht dann aus einer Mantisse m und einem Skalenfaktor s, und ihr Zahlenwert ergibt sich als $m \cdot B^s$, wobei B die Basis ist. Bei Verwendung von Dezimalzahlen ist B = 10, bei Dualzahlen sind B = 2, B = 8 und B = 16 gebräuchlich. Die Gleitpunktdarstellung ist beispielsweise dann eindeutig, wenn für Zahlen ≠ 0 die Bedingung $B^{-1} \leq m < 1$ vorgeschrieben wird.

Sind zwei Gleitpunktzahlen zu addieren oder zu subtrahieren, so wird der kleinere Skalenfaktor dem größeren angepaßt; damit der Zahlenwert erhalten bleibt, wird die zugehörige Mantisse um entsprechend viele Stellen nach rechts geschoben. Dann werden die Mantissen addiert bzw. subtrahiert und ggf. das Resultat wieder normiert, d. h. seine Mantisse wieder in den angegebenen Bereich gebracht. Betrachten wir als dezimales Beispiel die Addition 97 + 6:

| Darstellung: | 0.97 | Skalenfaktor: | 2 |
|---|---|---|---|
| + | 0.60 | | 1 |
| Anpassung | 0.97 | | 2 |
| + | 0.06 | | 2 |
| Addition: | 1.03 | | 2 |
| Normierung: | 0.103 | | 3 |

Wenn die Anzahl der verfügbaren Stellen nicht ausreicht, gehen bei der Normierung die letzten Stellen verloren. Bei der Multiplikation ergibt sich das Resultat durch Multiplikation der Mantissen und Addition der Skalenfaktoren, bei der Division durch Division der Mantissen und Subtraktion der Skalenfaktoren. In beiden Fällen muß das Resultat ggf. normiert werden.

Die Operationen der G. sind zwar langsamer als die der → Festpunktarithmetik, erfordern aber wegen ihrer automatischen Anpassung nicht, daß sich der Programmierer bereits beim Erstellen des → Programmes über die Größe der Zahlenwerte im klaren sein muß. Ferner ist durch die Verwendung des Skalenfaktors der Zahlenbereich erweitert, d. h., daß sehr große Zahlen ebenso dargestellt werden können wie sehr kleine.

*Bode/Schneider*

**GMD – Forschungszentrum Informationstechnik** ⟨*German National Research Center for Information Technology*⟩. Großforschungseinrichtung für Informations- und Kommunikationstechnik. Gesellschafter sind der Bund sowie Nordrhein-Westfalen und Hessen. Hauptsitz der Gesellschaft ist Sankt Augustin. Weitere Betriebsteile befinden sich in Berlin und Darmstadt. In Tokyo unterhält die GMD ein Verbindungsbüro. Die GMD ist Mitglied der Hermann-von-Helmholtz-Gemeinschaft Deutscher Forschungszentren (HGF).

Die GMD führt anwendungsorientierte Projekte und begleitende Grundlagenforschung in einem breiten Spektrum der Informationstechnik durch:
– digitale Video- und Fernsehtechnik, virtuelle Studios,
– Information-Highways, Anwendungen der Telekommunikation,
– offene Netze,

– Sicherheit,
– intelligente Systeme,
– Computersimulation in naturwissenschaftlich-technischen Anwendungen,
– multimediale Publikationssysteme und Datenbanken.

Die Projekte der GMD sind in vier Forschungsschwerpunkten zusammengefaßt:

☐ *Entwurfsverfahren.* Entwicklung von Verfahren, um bisher getrennte Teildisziplinen wie Hardware-Schaltungsentwurf und Software-Technik zu einem ganzheitlichen, weitestgehend automatisierten Entwurf zusammenzuführen. Framework Technology. Praktische Realisierungen und Anwendungen in innovativen Bereichen wie der Robotertechnik als Echtzeitsysteme mit Hilfe der Fuzzy-Technik, → Neuronaler Netze, evolutionärer → Algorithmen oder Methoden der → Künstlichen Intelligenz. Wissensbasierte Produktionsplanungssysteme.

☐ *Kommunikations- und Kooperationssysteme.* Informationstechnische Unterstützung von Planungs- und Entscheidungsprozessen in verteilten Organisationen. Architektur, Management und Betrieb sicherer Kommunikations- und Kooperationssysteme für Wirtschaft und öffentliche Einrichtungen. Pilotinstallation und -erprobung innovativer Teledienste. Entwicklung leistungsfähiger Protokolle für multimediale Breitbandkommunikation.

☐ *Intelligente multimediale Systeme.* Entwicklung multimedialer Datenbanksysteme, die Bilder, Filme und Ton effizient verwalten. Erzeugung komplexer → Visualisierung und → Simulationen mit gekoppelten Parallel- und speziellen Graphikrechnern. Integration realer Videobilder und synthetischer Graphiken in Echtzeit und deren dynamische Anpassung. Entwicklung von Mensch-Maschine-Schnittstellen zur natürlichen Interaktion mit technischen Systemen. Multimediale Trainingssysteme.

☐ *Wissenschaftliches Rechnen.* Computersimulation und Methodenentwicklung. Schwerpunkte: parallele, numerische Algorithmen für partielle Differentialgleichungen und Anwendungen in Meteorologie, Strömungsmechanik, Chemie; diskrete und graphentheoretische Algorithmen für Aufgaben in der molekularen → Bioinformatik. Entwicklung von Programmierwerkzeugen und → Benutzerschnittstellen für parallele Systeme. Betrieb und Evaluierung von → Parallelrechnern. → Portierung industrieller Anwendungs-Software.

Acht Institute arbeiten themenübergreifend in diesen Forschungsschwerpunkten zusammen:
– Institut für Algorithmen und Wissenschaftliches Rechnen (SCAI),
– Institut für Telekooperationstechnik (TKT),
– Institut für Angewandte Informationstechnik (FIT),
– Institut für Integrierte Publikations- und Informationssysteme (IPSI),
– Institut für Systementwurfstechnik (SET),
– Institut für Rechnerarchitektur und Softwaretechnik (FIRST),
– Institut für Offene Kommunikationssysteme (FOKUS),
– Institut für Medienkommunikation (IMK).

*Krückeberg*

## GMDS – Deutsche Gesellschaft für Medizinische Informatik, Biometrie und Epidemiologie

⟨*German Society for Medical Informatics, Biometry and Epidemiology*⟩. Unabhängige wissenschaftlich-medizinische Fachgesellschaft. Sie ist ein eingetragener, gemeinnütziger Verein mit Sitz in Köln. Sie hat die Aufgabe, die Medizinische Informatik einschließlich der Medizinischen Dokumentation, die Medizinische Biometrie sowie die Epidemiologie in Theorie und Anwendung, in Forschung und Lehre zu fördern.

Die GMDS erfüllt diese Aufgaben durch fachliche Fortbildung der Mitglieder, Anregung und Förderung von Forschungsarbeiten und Verbreitung von Forschungsergebnissen.

Die GMDS verleiht wissenschaftliche Preise zur Förderung von Wissenschaft und Forschung, insbesondere aber auch des wissenschaftlichen Nachwuchses: den *Paul-Martini*-Preis und die *Johann-Peter-Süßmilch*-Medaille und den Förderpreis für Studierende.

Die GMDS vergibt als besondere Qualifikationsnachweise, zusammen mit anderen wissenschaftlichen Fachgesellschaften, die Zertifikate „Medizinischer Informatiker", „Biometrie in der Medizin" und „Epidemiologie".

Sie wirkt mit bei der Weiterentwicklung des Fachgebietes, z. B. bei Planungen der Öffentlichen Hand, in Fragen der Standardisierung und Normung sowie in Ausbildungs-, Fortbildungs- und Weiterbildungsfragen.

Die Anfänge der GMDS gehen auf das Jahr 1951 zurück. Als Gesellschaft konstituierte sie sich im Jahre 1955. Sie ist die älteste Fachgesellschaft in Europa auf dem Gebiet der Medizinischen Dokumentation, Informatik und Statistik. Sie ist hervorgegangen aus dem Arbeitsausschuß „Medizin" der Deutschen Gesellschaft für Dokumentation.

Die GMDS ist als Träger an der Akademie Medizinische Informatik in Heidelberg beteiligt und bietet damit seit 1992 ein konkretes Fortbildungsangebot für ihre Mitglieder.

Die GMDS kooperiert mit der → Gesellschaft für Informatik e. V. (GI) und arbeitet ferner mit der Internationalen Biometrischen Gesellschaft und der Deutschen Gesellschaft für Sozialmedizin und Prävention (DGSMP) im Rahmen der Deutschen Arbeitsgemeinschaft für Epidemiologie eng zusammen. Die GMDS ist in der
– European Federation of Health/Medical Informatics (EFMI) für den europäischen Raum und der
– International Medical Informatics Association (IMIA), der weltweiten Dachorganisation der Medizinischen Informatik,
vertreten.

*Krückeberg*

**Go-Back-N** ⟨*Go-Back-N*⟩ → ARQ

**GOSIP** ⟨*GOSIP (Government OSI Profile)*⟩. Im Rahmen von → OSI ist inzwischen eine fast unüberschaubare Zahl von → Diensten und → Protokollen spezifiziert worden. Für jede → Ebene existieren mindestens zwei verschiedene Protokolle, darüber hinaus wird bei einigen Protokollen zwischen unterschiedlichen Klassen (→ Transportebene) oder Subsets (→ Steuerungsebene) unterschieden. Weiterhin sind in den Protokollen aller Ebenen verschiedene Optionen möglich. Die textuellen Beschreibungen der Standards sind nicht immer eindeutig, wodurch die Gefahr unterschiedlicher, zueinander nicht kompatibler → Implementierungen entsteht.

Um einen Weg aus diesem Dilemma zu finden, wurden von öffentlicher wie auch kommerzieller Seite funktionale Standards und Standardprofile definiert. Hierdurch soll das Wirrwarr der Klassen und Optionen zumindest gemindert werden.

In einem funktionalen Standard sind diejenigen Protokollparameter festgelegt, die im Standard nicht oder nicht eindeutig spezifiziert wurden. Dies können z.B. die Länge eines Parameterfeldes oder auch die zu implementierenden Optionen sein. Ein vollständiger Stack funktionaler Standards wird als Profil bezeichnet. In einem Profil wird festgelegt, welche Protokolle bzw. Protokollklassen in welcher Kombination unterstützt werden.

Unter anderem wurden in den USA und in Großbritannien je ein G. definiert. Das Bild zeigt das britische G.

| Document Interchange ODA Government Document Application Profile (GDAP) | | | Data Interchange EDI EDIFACT | |
|---|---|---|---|---|
| File Transfer FTAM | Directory X.500 | Terminal VT | MHS X.400 (88) | MHS X.400 (84) |
| ACSE | ACSE, ROSE | ACSE | ACSE, RTSE, ROSE | RTS |
| Connection oriented presentation protocol ISO 8823 | | | | ISO 8823 1984 mode |
| Connection oriented session protocol ISO 8327 | | | | |
| Connection oriented transport protocol ISO 8073, classes 0, 2, 4 | | | | |
| CLNS ISO 8473 | CONS X.25 | | CONS X.25 | |
| LLC 1 ISO 8802.2 | LLC 2 ISO 8802.2 | | X.25 LAPB | |
| MAC + PHY ISO 8802.3/5 | MAC + PHY ISO 8802.3/5 | | X.21, X.21bis | |
| LAN | LAN | | X.25 WAN | |

*GOSIP: Das britische GOSIP* — Jakobs/Spaniol

Literatur: *Spaniol, O.; Jakobs, K.*: Rechnerkommunikation – OSI-Referenzmodell, Dienste und Protokolle. VDI-Verlag, 1993.

**GPS** ⟨*GPS (Global Positioning System)*⟩. Das Weltraumsegment des amerikanischen militärischen Satellitennavigationssystems GPS besteht aus 21 Basis- und 3 Ersatzsatelliten, die auf 6 (fast) kreisförmigen Bahnen in 20 000 km Höhe die Erde umkreisen. Bei einer Umlaufzeit von 12 h ist sichergestellt, daß von jedem Punkt der Erdoberfläche stets mindestens 4 Satelliten erfaßt werden können. GPS ermöglicht so eine Positionsbestimmung („Selbstortung") an jedem Punkt der Erde.

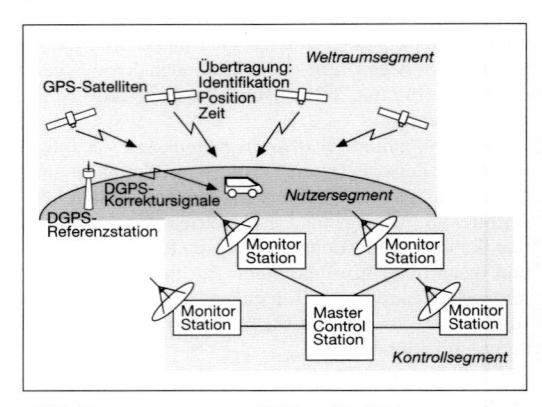

*GPS: Komponenten von GPS und DGPS*

Die GPS-Satelliten werden von 4 auf der Erde verteilten Monitorstationen und einer Master Control Station (dem sog. Kontrollsegment, s. Bild) überwacht. Vom Kontrollsegment werden dabei mehrmals täglich für jeden Satelliten u.a. die Flugbahndaten berechnet und an den Satelliten übermittelt.

Jeder GPS-Satellit sendet permanent Signale auf zwei Frequenzen (L1 = 1575,42 MHz und L2 = 1227,6 MHz) und überträgt dabei Informationen bzgl. seiner Identifikation, Position und Zeit. Das Trägersignal wird nach Maßgabe einer pseudozufälligen Sequenz der Werte +1 und −1 (Pseudo Random Noise, PRN) phasenmoduliert (→ Modulation, → CDMA, → Zufallszahlengenerator). Voraussetzung zur Demodulation im Empfänger ist die Kenntnis des benutzten Codes, und hier liegt auch das Problem der allgemeinen Nutzung von GPS: Das GPS-System verwendet zur Modulation zwei verschiedene Codes, den C/A-Code (C/A Course Aquisition) und den Y-Code (die Umstellung vom P-Code, P für Precision, auf den Y-Code erfolgte Januar 1994). Der C/A-Code ist allen, der Y-Code jedoch nur autorisierten Nutzern bekannt. Der Code C/A wird ausschließlich auf dem Träger L1 übertragen, der Y-Code auf beiden Trägern L1 und L2. Um eine mißbräuchliche Anwendung der Genauigkeit des C/A-Codes auszuschließen, werden durch die Master Control Station systematisch Zeit- und Positionsfehler erzeugt, welche die Genauigkeit der Standortberechnung mit dem C/A-Code auf etwa 100 bis 200 m reduzieren. Es ist jedoch damit zu rechnen, daß in naher Zukunft – aufgrund der steigenden kommerziellen Nutzung von GPS – diese künstliche Verschlechterung der Positionsbestimmung entfernt wird.

Die von einem GPS-Satelliten ausgestrahlten → Nachrichten werden vom GPS-Empfänger ausgewertet, und die Signallaufzeit, je nach Empfängertyp auch die Phasenverschiebung des Trägersignals, wird durch Korrelation des empfangenen Codes zum im Empfänger generierten Code gemessen. Hieraus berechnet man die Distanz r zu einem einzelnen Satelliten. Bedingt durch die Abweichungen zwischen der GPS-Systemzeit und der Zeit im GPS-Empfänger (verursacht durch die niedrigere Genauigkeit der → Synchronisation des aus Kostengründen verwendeten Quarz-Oszillators im Empfänger) ist diese Distanz jedoch fehlerbehaftet. Man spricht in diesem Zusammenhang von einer Pseudo-Distanz.

Prinzipiell weiß der GPS-Empfänger bei Auswertung eines einzelnen Satelliten nur, daß er sich irgendwo auf der Oberfläche einer Kugel mit Radius r um den Satelliten befindet. Für drei Satelliten, sprich drei Kugeln, gibt es zwei Schnittpunkte, von denen einer aus Plausibilitätsgründen ausscheidet. Der andere Schnittpunkt ist die eigene (durch den Uhrenfehler noch verfälschte) Position. Durch die Auswertung der Daten eines vierten Satelliten kann dann auch der Uhrenfehler ausgeglichen werden.

Durch Differential GPS (DGPS) kann – speziell bei sich bewegenden Objekten – die Ungenauigkeit der Standortbestimmung mit Hilfe terrestrischer Referenzstationen, deren Position exakt vermessen ist und die Korrektursignale aussenden (beispielsweise über das Radio Data System (→ RDS), deutlich reduziert werden.

Neben der Luft- und Schiffahrt findet GPS verstärkt Einsatz in der Verkehrstelematik (Road Transport Informatics, → RTI), z. B. im Flottenmanagement und in der Zielführung, sowie für die Uhrensynchronisation in verteilten Systemen. *Hoff/Spaniol*

Literatur: *Mansfeld, W.*: Funkortungs- und Navigationsanlagen. Hüthig, 1994. – Konkurrenz für den Polarstern. Funkschau (1992) H. 5. – *Bauer, M.*: Vermessung und Ortung mit Satelliten: die Satellitensysteme Transit und Navstar-GPS. Wichmann, 1989.

**Gradientenfaser** ⟨*gradient-index fiber*⟩ Lichtwellenleiter, → Übertragungsmedium

**Grammatik** ⟨*grammar*⟩. Unter einer G. versteht man in der theoretischen → Informatik i. allg. eine → Phrasenstrukturgrammatik oder eine Verallgemeinerung davon, obwohl in der Linguistik (speziell der Computerlinguistik) und in der Theorie der → Künstlichen Intelligenz, aber auch in den angrenzenden Gebieten der theoretischen Informatik, andere Grammatikformalismen betrachtet werden. Stets ist jedoch mit G. ein Formalismus gemeint, mit dem man mittels endlich vieler Regeln die Struktur (→ Syntax) aller korrekten Sätze einer → Sprache angeben kann; um das Ziel des Erzeugens zu betonen, wird auch die Bezeichnung „generative G." verwendet. *Brauer*

Literatur: *Bucher, W.; Maurer, H.*: Theoretische Grundlagen der Programmiersprachen. Mannheim 1984. – *Salomaa, A.*: Formale Sprachen. Berlin 1978.

**Grammatik, attributierte** ⟨*attribute grammar*⟩ → Attributgrammatik

**Grammatik, kontextfreie** ⟨*context-free grammar*⟩. Eine → Grammatik $G=(T, N, P, Z)$ heißt kontextfrei, wenn alle ihre Produktionen die Form $A::=t$ haben, wobei $A \in N$, $t \in (T \cup N)^*$. *Brauer*

**Grammatik, reguläre** ⟨*regular grammar*⟩. Sei $G=(T, N, P, Z)$ eine → Grammatik. Diese Grammatik heißt regulär, falls alle Produktionen in P von der Form $A::=\chi X$, $A::=\chi$, oder $Z::=\varepsilon$ für $A$. $X \in N$, $\chi \in T$, sind. Dabei ist $\varepsilon$ das leere → Wort. *Brauer*

**Granularität** ⟨*granularity*⟩. **1.** Unter der G. eines parallelen Programmes versteht man das Verhältnis von mittlerer Zeit zwischen zwei Synchronisationspunkten zu mittlerer Zeit, die zum Austausch einer Nachricht benötigt wird. Die G. ist auch vom verwendeten Parallelrechner abhängig, je nach Rechenleistung des Einzelprozessors und Kommunikationsleistung (Setup-Zeit und Übertragungsrate). Die G. bestimmt, auf welcher Rechnerarchitektur ein paralleles Programm mit hoher → Effizienz umgesetzt werden kann. Bei grober G., d. h. langer Rechenzeit zwischen zwei Kommunikationen, können z. B. Cluster aus Workstations effizient eingesetzt werden. Bei feiner G., d. h. kurzen Rechenzeiten zwischen zwei Kommunikationen, ist ein Parallelrechner mit hoher Kommunikationsleistung erforderlich.
*Bastian*

**2.** (auch Körnigkeit, Korngröße) ⟨*granularity, grainsize*⟩. Maß für die Rechenarbeit (amount of computation), die als kleinste Einheit unabhängig von (und parallel zu) anderen Einheiten verarbeitet werden kann. Bei → Parallelrechnern kann diese Rechenarbeit von einem Prozessor geleistet werden, bevor wieder Kommunikation mit anderen Prozessoren oder deren Speicher erforderlich ist. Das Bild zeigt den Parallelitätsgrad bei fein-, mittel- oder grob-granularer Verteilung sowie den dazu benötigten Kommunikationsaufwand qualitativ. Bei feingranularer (finegrain) Verteilung ist ein hoher Parallelitätsgrad möglich, es entsteht aber ein erheblicher Kommunikationsaufwand. In der Regel ist dazu nur ein Parallelrechner mit gemeinsamem Speicher oder mit sehr hoher Kommunikationsbandbreite und hohem Vermaschungsgrad (z. B. nach dem Virtual-Shared-Memory-Konzept) geeignet oder eine → Multi-

# Granularität

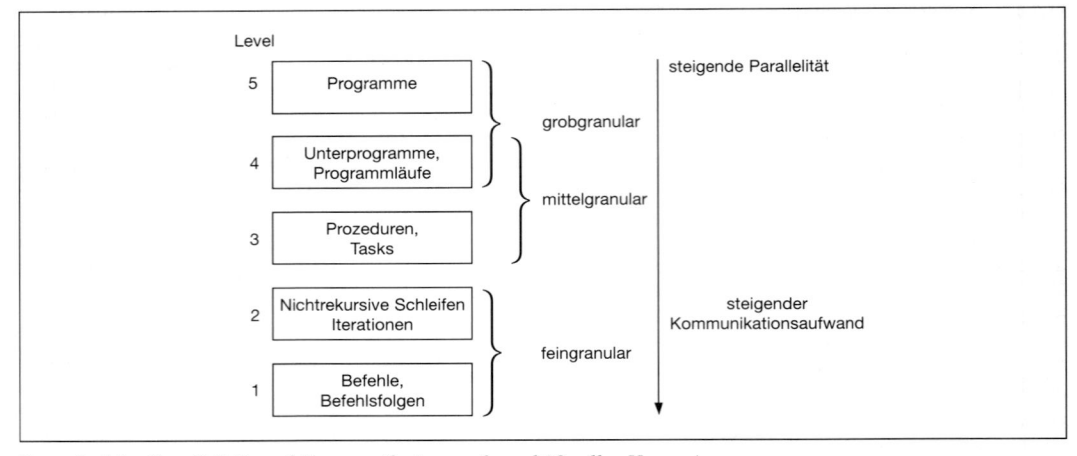

*Granularität: Parallelität und Kommunikationsaufwand (Quelle: Hwang)*

threading-Architektur, welche die Auswirkungen von Zugriffslatenzzeiten minimiert (latency hiding).

Bei grobgranularer (coarse grain) Verteilung ist eine Parallelverarbeitung auch mit MIMD-Rechnern und mit mittleren Kommunikationsbandbreiten effizient möglich. *Färber*

Literatur: *Hwang, K.*: Advanced computer architecture. Maidenhead, Berkshire 1993.

3. → Rechtssicherheitspolitik

**Graph** ⟨*graph*⟩. Ein (gerichteter) G. ist eine mathematische Struktur G = (V, E), bestehend aus einer Menge V von Knoten und einer Relation E ⊆ V×V, die als Menge von Kanten aufgefaßt wird. Jede Kante ist bestimmt durch ihre zwei Endpunkte (v, w) ∈ E; hierbei wird der Knoten v als Anfangs- und der Knoten w als Endpunkt bezeichnet. Beispiel: Der G. wird durch das Paar ({1,2,3,4}, {(1,4), (4,3), (3,1)}) beschrieben. Ist die Relation E symmetrisch, so spricht man von einem ungerichteten G.

Ein zyklenfreier G. ist durch eine Relation E gekennzeichnet, deren transitive Hülle E* irreflexiv ist; der dargestellte G. besitzt den Zyklus (1,4), (4,3), (3,1). Ein Wurzelgraph enthält einen Knoten w (die Wurzel des G.), von dem aus jeder übrige Knoten des G. erreichbar ist, d. h., für alle n ∈ V gilt (v, n) ∈ E*. Ein Baum ist ein azyklischer Wurzelgraph, bei dem die Relation E linkseindeutig ist, d. h., aus (v, u) ∈ E und (w, u) ∈ E folgt v = w. *Mück/Wirsing*

Literatur: *Narsingh Deo*: Graph theory with applications to engineering and computer science. Prentice Hall, 1974.

**Graph, perfekter** ⟨*perfect graph*⟩. Ein Graph G, dessen chromatische Zahl (→ Färbungsproblem) gleich der maximalen Kardinalität einer Knotenmenge C ist, die paarweise miteinander verbundene Knoten von G enthält. Ein → Graph, bei welchem für jeden induzierten Untergraphen H die maximale Mächtigkeit einer unabhängigen Knotenmenge gleich der minimalen Anzahl von paarweise miteinander verbundenen Knotenmengen (Cliquen) in einer Zerlegung von H ist.

Die P.-G.-Vermutung wurde 1970 von *Lovász* bewiesen und zeigt, daß in p. G. die maximale Mächtigkeit einer Clique gleich der chromatischen Zahl für jeden induzierten Untergraphen gilt. Die Strenge-P.-G.-Vermutung besagt, daß ein Graph G genau dann perfekt ist, wenn weder G noch sein Komplement $G^c$ einen Kreis ungerader Länge als induzierten Untergraphen enthalten. Die Vermutung wurde 1963 von *Berge* aufgestellt und ist bis heute noch nicht bewiesen.

Sind die Zeilen der Matrix A Inzidenzvektoren von Knotenmengen C, die paarweise miteinander verbundene Knoten eines perfekten Graphen G bezeichnet, so besitzt das lineare Programmierungsproblem min {cx | Ax ≤ 1} stets eine ganzzahlige Optimallösung. Solche Matrizen A heißen *perfekt* und sind Verallgemeinerungen der total unimodularen Matrizen (→ Dualität).

Beispiele von p. G. sind die Komparabilitätsgraphen (die Kanten von G können transitiv und antisymmetrisch orientiert werden), die triangulierten Graphen (jeder Kreis der Länge k > 3 besitzt eine Kante, die zwei nicht benachbarte Knoten des Kreises verbindet) und die Intervallgraphen (die Knoten von G entsprechen

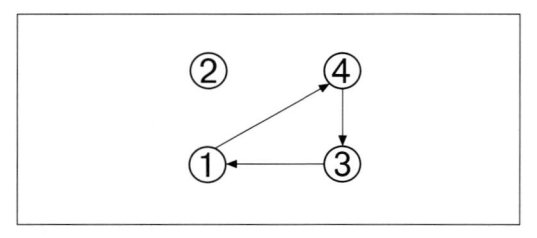

*Graph: G. mit dem Zyklus (1, 4), (4, 3), (3, 1)*

n Intervallen $I_1, \ldots, I_n$, und zwei Knoten sind miteinander verbunden, wenn die zugehörigen Intervalle einen nichtleeren Schnitt besitzen).  *Bachem*

**Graphgrammatik** ⟨*graph grammar*⟩. Ein Formalismus zur Beschreibung struktureller Transformationen von → Graphen und zur Erzeugung von Mengen von Graphen, der den gewöhnlichen → Grammatiken zur Veränderung von Zeichenfolgen nachgebildet ist. Anders als beim Fall der Zeichenfolgen, hat eine Ersetzungsregel hier nicht nur eine linke und eine rechte Seite, sondern drei Komponenten: Die linke Seite gibt die in einem Graphen zu ersetzende Teilstruktur an, die rechte Seite stellt den neu einzusetzenden Graphen dar, und die dritte Komponente legt fest, wie der nach Herausnahme der Teilstruktur verbleibende Rest des Graphen mit dem einzufügenden Graphen zu verbinden ist.  *Brauer*

Literatur: Habel, A.: Hyperedge replacement: Grammars and languages. LNCS Vol. 643. Springer, Berlin 1992.

**Graphik in Dokumenten** ⟨*document graphics*⟩. G. ist ein aktuelles Thema in der graphischen → Datenverarbeitung mit dem Ziel der maschinellen Bearbeitung von → Dokumenten, die Texte und Abbildungen aller Art (Graphik) enthalten. Anwendungsgebiete sind die Satz- und Druckindustrie, die elektronische Bürokommunikation, → Datenbanken.

Aufgrund ihrer Beteiligung an der herkömmlichen Dokumentenverarbeitung sind Spezialisten aus folgenden Gebieten involviert: graphisches Gewerbe, Druckgewerbe, Satz- und Fontherstellung, Entwicklung von Graphiksystemen, Anwendung und Entwicklung von Textverarbeitungssystemen. Sie haben gemeinsam Probleme in den verschiedensten Bereichen zu lösen:
– Teile eines Dokuments sind auf verschiedenen Ebenen zu identifizieren, die zwischen → Text und → Graphik unterscheiden, die Hierarchie von Kapiteln, Unterkapiteln und Absätzen beschreiben, einzelne Bildteile und ihre Verknüpfung verwenden oder für die Gliederung des Dokuments nach Seiten, Seitenpaaren, Randbemerkungen, Fußnoten u. ä. vorgesehen sind. Für die identifizierbaren Teile eines Dokuments sind die möglichen Arten der Manipulation festzulegen.
– Einzeln identifizierbare Teile eines Dokuments sind nach ihrer logischen → Struktur zu verknüpfen und zu synchronisieren, so daß etwa Textteile die richtige Reihenfolge einnehmen oder Abbildungen einem Textteil zugeordnet werden.
– Ein Dokument kann in verschiedenen Stadien der Manipulierbarkeit vorliegen, der sog. „Revisable Form", in der seine logische Struktur und Regeln für das → Layout festgelegt und veränderbar sind, oder der „Final Form", die bereits den endgültigen, auf ein bestimmtes Layout zugeschnittenen Umbruch enthält. Eine weitere Stufe der Umsetzung ist zur → Ausgabe des Dokuments auf einem bestimmten Ausgabemedium notwendig.

Beide Formen eignen sich unterschiedlich gut für Veränderungen kleineren oder größeren Ausmaßes am Inhalt des Dokuments, die Übertragung von Dokumenten in Netzen, den Transport auf fremde Systeme oder andere Ausgabegeräte, die Anpassung des Layout an Herausgeberwünsche oder Geräteumgebungen.

Zur Generierung der Final Form aus der Revisable Form sind Formatierer nötig, die mit Hilfe der Layout-Struktur die logische Struktur des Dokuments bearbeiten. Sie führen insbesondere den Zeilen- und Seitenumbruch, die Anordnung von Abbildungen auf den Seiten, die Positionierung von Fußnoten u. ä. durch.

Die Umsetzung für einzelne Geräte erfolgt heute bereits häufig durch Seitenbeschreibungssprachen, die mehr oder weniger geräteabhängig die direkten Ausgabeanweisungen für einzelne Seiten und Seitenfolgen enthalten. Das bekannteste Beispiel ist → PostScript (Reg. of Adobe Systems Inc.), eine stackorientierte → Programmiersprache für die Ausgabe von Dokumenten auf Rastergeräten, die eine Vielzahl von Fonts namhafter Hersteller zur Verfügung stellt; weitere Seitenbeschreibungssprachen verschiedener Hersteller sind Impress, Interpress, DDL oder die in der Normung befindliche SPDL (Standard Page Description Language).

Derzeitige Anwendungsprogramme, die mit integrierten Dokumenten arbeiten, entstammen meist dem Bereich des → Desktop Publishing. Sie verwenden i. allg. Texte, Graphiken und (Raster)bilder, die mit den jeweils angepaßten Spezialsystemen erstellt wurden, und fügen diese unter Verwendung eines bequem modifizierbaren Layout zusammen.

Die Systeme → ODA und → SGML integrieren Graphik in Textdokumente durch eingebettete Bilddateien (→ CGM), die einer Final Form näher kommen als der Revisable Form eines Dokuments.

*Langmann/Schaub*

**Graphik, objektorientierte** ⟨*object-oriented graphics*⟩. Die o. G. wird als der direkte und natürliche Weg zur Beschreibung → graphischer Objekte intensiv diskutiert; dies führte zu einer Reihe von Vorschlägen für entsprechende Systeme. Von der Anwendung objektorientierter Methoden verspricht man sich wesentliche Vorteile bei graphischen Systemen:
– Die → *Funktionalität* eines Anwendungsprogrammes liegt beim Entwickler einer graphischen → Benutzerschnittstelle in Form eines mentalen Modells der Anwendung vor. Für die Realisierung der Benutzerschnittstelle muß dieses mentale Modell in Begriffe der Schnittstelle transformiert und implementiert werden. Das objektorientierte Paradigma bietet dazu einen natürlichen und der Denkweise des Menschen angepaßten Weg. Die vielleicht wichtigste Eigenschaft ist dabei, daß die → graphischen Datenstrukturen direkt mit Namen angesprochen werden können.
– Die *objektorientierte Sicht* schafft dezentrale Modelle. Jedes graphische Objekt ist der Besitzer seiner eigene Daten wie der → graphischen Attribute und der

Transformationen. Der Zugriff auf diese Daten erfolgt unmittelbar über die Objektidentifikation und nicht über umständliche Zugriffsmechanismen wie in traditionellen graphischen Systemen.
– *Mehrfachreferenzen* auf ein Objekt gehören zum Grundinventar einer o. G. Damit lassen sich z. B. vordefinierte geometrische Muster in komplexen Graphiken mehrfach einsetzen.
– Der *schichtenorientierte Aufbau* graphischer Systeme, die das Subroutinenprinzip nutzen, führt dazu, daß der innenliegende Kern immer gerufen wird und niemals selbst aktiv werden kann. Bei einer o. G. können sich Anwendungsprogramme und → graphisches Kernsystem gegenseitig aufrufen. Benutzereingaben lassen sich damit unmittelbarer und realitätsbezogener programmieren. Zentralisierte Dialogcontroller o. ä. zur Analyse von Benutzereingaben und Verteilung entsprechender Subroutinenaufrufe sind nicht mehr erforderlich. *Langmann*
Literatur: *Wißkirchen, P.*: Object-oriented graphics. New York–Berlin 1990.

**Graphikprozessor** ⟨*graphics processor*⟩. Der Begriff G. beschreibt zunächst allgemein diejenige Komponente (Hardware und/oder Software) eines Rastergraphiksystems, die die mittels eines Ausgabeprozessors auf dem → Monitor darzustellenden Bilder und Graphiken erzeugt und im → Bildwiederholspeicher (BWS) ablegt. Die Realisierung dieses G. sowie die Komplexität und die Menge der von ihm angebotenen speziellen Graphikfunktionen variieren sehr stark und hängen vom jeweilig betrachteten Graphiksystem ab.

Im einfachsten Fall zerlegt die System-CPU, die die graphische Anwendung bearbeitet, die von ihr generierten Ausgabeprimitive (z. B. Linien, Kreise, Rechtecke, Flächen, → Texte) mittels Raster-Scan-Algorithmen in einzelne Bildpunkte und trägt diese in den Bildwiederholspeicher ein.

Leistungsstärkere Graphiksysteme enthalten spezielle Raster-Hardware in Form hochintegrierter Schaltungen, die die Zeichenalgorithmen selbständig durchführen können. Diese speziellen Bausteine werden *Drawing-Controller* genannt. Da der Drawing-Controller oftmals zusammen mit dem → Ausgabeprozessor auf einem Baustein integriert ist, wird häufig auch einfach vom G. als beide Teile umfassenden Ausdruck gesprochen.

Der Drawing-Controller nimmt die graphischen → Daten (→ Primitive) von der System-CPU mit entsprechenden Befehlen entgegen, zerlegt sie in einzelne Bildpunkte (→ Pixel) und trägt sie in den Bildwiederholspeicher ein. Die Algorithmen, nach denen die Primitive gerastert werden, sind bei allen Graphik-Controllern fest im Mikrocode abgelegt oder in der → Hardware fixiert. Entsprechend des Umfangs des Mikrocode bzw. der Hardware, unterstützen die einzelnen Drawing-Controller verschieden mächtige Graphikbefehlssätze.

Waren bei den ersten Controllern nur Befehle zum Zeichnen von Punkten, einzelnen geraden Linien, Rechtecken, Kreisbögen und Buchstaben (Text-Pattern) implementiert, weisen Drawing-Controller neuerer Graphik-Chips auch Kommandos zur Ausgabe von Linienzügen (Polyline), geschlossener Linienzüge (Polygon), Kreisen und Ellipsen und zum Füllen von Flächen auf.

Mit der Weiterentwicklung der Graphik-Controller erhöhte sich jedoch nicht nur die Anzahl der zu verarbeitenden Primitive. Vielmehr vereinfachte sich auch deren Handhabung, was zur Entlastung der System-CPU führte. Kennzeichnend hierfür ist beispielsweise, daß neuere Drawing-Controller bzw. -Prozessoren dem Benutzer ein von der Organisation des Bildwiederholspeichers unabhängiges Bildschirm-Koordinatensystem mit frei wählbarem Ursprung zur Verfügung stellen. Die bei der Positionierung der Primitive notwendige Umwandlung der X-Y-Koordinaten in physikalische Speicheradressen übernimmt der Drawing-Controller. Die System-CPU wird dadurch von der Berechnung der BWS-Adressen entlastet.

Auch die Behandlung der den Primitiven zugeordneten → Attribute wie Farbe und Erscheinungsform wird von den Graphik-Controllern neuerer Generation vereinfacht. Die Farbe und die Erscheinungsform (z. B. Linientyp) wird einmal für alle folgenden Primitive definiert, während bei älteren Controllern die gewünschte Repräsentation für jedes auszugebende Primitive abhängig von der Organisation des Bildwiederholspeichers (z. B. Anzahl der Bitebenen) in internen Registern bitweise aufgebaut werden muß. Zusätzlich können viele Drawing-Controller bereits Flächen mit Farbmustern füllen.

Eine andere wichtige Funktion ist das Klippen (→ Clipping). Klippen bedeutet, geometrische Figuren und Texte nur in einem genau spezifizierten Bildbereich darzustellen. Alle Teile, die diesen Bereich überlappen oder außerhalb dieses liegen, dürfen nicht in den BWS eingetragen werden. Nahezu alle Graphik-Controller unterstützen Klippen, indem sie die beim Raster-Scan-Prozeß errechneten Pixel nur dann einschreiben, wenn sie innerhalb des zuvor definierten achsenparallelen Klipprechtecks liegen. Dadurch können auf dem → Bildschirm sog. Fenster verschiedenen Inhalts erzeugt werden.

Aufgrund der stetig gestiegenen Integrationsdichte komplexer VLSI-Schaltungen wurde die → Funktionalität der G. ständig gesteigert. So beschreibt der Ausdruck G. nicht mehr nur die bereits erwähnten Komponenten → Zeichen- und Ausgabeprozessor, sondern eine Maschine, die sowohl allgemeine programmierbare Aufgaben als auch graphikspezifische Funktionen sehr effizient ausführen kann. Ein G. vereinigt somit die Funktionen Drawing-Controller, Ausgabeprozessor und System-CPU auf einem Baustein. Im Gegensatz zu den vorher behandelten Graphik-Controllern bildet solch ein neuer G. zusammen mit dem Bildwiederholspeicher und einem Programmspeicher bereits ein eigenständiges Graphiksystem, auf dem vollständige Graphikprogramme implementiert werden können.

Der Unterschied und zugleich große Vorteil eines solchen G. besteht im Gegensatz zu den bereits erläuterten Graphik-Controllern in der außerordentlichen Flexibilität, mit der graphische Funktionen ausgeführt werden können. Der G. übernimmt zwar auch die Aufgabe der bisher beschriebenen Drawing-Controller, bearbeitet jedoch keine im Mikrocode fixierten Graphikbefehle, mit denen direkt komplexe Figuren gezeichnet oder gefüllt werden könnten. Vielmehr führt er im Programmspeicher vom Benutzer definierte Befehlssequenzen aus, die den gewünschten graphischen → Algorithmus repräsentieren. Ihm stehen dafür elementare → Befehle zur Verfügung, die sehr effiziente und flexible inkrementelle Zeichen- u. Füllalgorithmen ermöglichen. Der Programmierer kann somit nicht nur beliebig viele Drawing-Algorithmen implementieren, sondern auch deren Arbeitsweise (z. B. → Genauigkeit) seinen speziellen Anforderungen anpassen.

*Encarnação/Haaker*

**Graphiksprache** ⟨*graphics language*⟩. → Sprache zur maschinenlesbaren Beschreibung von Abbildungen. Sie wird für die automatische Erstellung von Zeichnungen und anderen Arten von Bildern mit Hilfe eines Graphiksystems verwendet.

G. verschiedener Abstraktionsniveaus unterscheiden sich durch die Komplexität der verwendeten graphischen → Objekte, ihrer → Attribute und der darauf zulässigen → Operationen.

Bei einem Teil der G. sind → Syntax und → Semantik gemeinsam definiert. Das gilt v. a. für solche Sprachen, die direkt zur Ansteuerung graphischer Aus- und Eingabegeräte verwendet werden und vom jeweiligen Gerätehersteller entwickelt wurden. Ältere Gerätesteuerungen bieten nur einfache graphische Objekte an, wogegen in modernen Seitenbeschreibungssprachen wie PostScript auch sehr komplexe Objekte verwendbar sind.

Moderne, v. a. genormte G. sind vielfach primär in ihrer → Funktionalität (Semantik) beschrieben. Die zugehörige Syntax wird erst durch die Einbettung der Semantik in die Umgebung einer → Programmiersprache festgelegt (language binding). Die Graphiksysteme → GKS und → PHIGS, deren Einbettung in Programmiersprachen i. allg. als Unterprogrammpaket erfolgt, sowie → CGM und → CGI, die Schnittstellenbeschreibungen für Dateien und Geräte, bilden solche G.

Daneben gibt es auch Programmiersprachen, die selbst graphische Funktionalität umfassen, z. B. → LOGO. *Encarnação/Schaub*

**Graphikstation** ⟨*graphics workstation*⟩. Gerät zur graphischen Darstellung (Ausgabe) der Ergebnisse eines Berechnungsvorgangs oder zur Erfassung von Kontroll- und Steuerinformationen (Eingabe). Eine G. kann als Oberbegriff dienen für eine Vielzahl unterschiedlicher Geräteklassen, die entweder nur die Ausgabe (Display, → Plotter, Printer) bzw. nur die Eingabe (Tastatur, → Digitalisierer) ermöglichen oder für den interaktiven Einsatz mehrere dieser spezialisierten Geräte zu einem → System kombinieren.

Als mögliche Klassen von G. kann unterschieden werden zwischen:
– Plotsystemen in Form von Plottern und Printern zur langfristigen, dauernden Darstellung graphischer Ausgaben auf einem wechselbaren Trägermedium (Papier, Photomaterial).
– Displays zur Ausgabe graphischer Darstellungen, die löschbar sind, z. B. Kathodenstrahlröhren, LCD- und Plasma-Bildschirme. Sie bestehen meist in enger lokaler und elektrischer Kopplung oder Integration zum graphischen Verarbeitungssystem.
– Terminals, die aus einer Display-Einheit und zugeordneten Eingabegeräten bestehen. Sie verfügen meist über Kommunikationsschnittstellen, die ein Betreiben entfernt vom Rechnersystem gestatten.
– → Workstations (auch „graphischer Arbeitsplatz" genannt) besitzen einen lokalen → Prozessor zur Verarbeitung graphischer und nichtgraphischer → Daten, ein zu Interaktionen fähiges Ausgabesystem (Display), Eingabegeräte und einen integrierten Zugang zu lokalen Netzwerken. Sie sind frei programmierbar (→ Betriebssystem, → Programmiersprache) und unterscheiden sich von einer allgemein eingesetzten Datenverarbeitungsanlage durch eine hohe Integration der Graphikfähigkeiten in allen Arbeitsabläufen und der Nutzung durch nur einen oder wenige → Benutzer gleichzeitig.

Die Übergänge zwischen den → Klassen sind fließend, auch sind noch weitere Unterscheidungen vorhanden, für die keine klare Abgrenzung angebbar ist (z. B. „dumme" und „intelligente" Terminals).

*Encarnação/Mehl*

**Grautongraphik** ⟨*grey level graphics*⟩. Kommt aus den Bereichen der Photographie und der Videotechnik, obwohl man fälschlich von Schwarzweißphotos und Schwarzweißfernsehen spricht. Kennzeichen der G. ist das Vorhandensein von mehr als zwei verschiedenen Helligkeitswerten, auch → Grauwerte genannt.

Bei der Verarbeitung von G. mit digitalen Systemen muß die Menge der kontinuierlichen Grauwerte, die in der Realität vorkommt und die z. B. in der Photographie darstellbar ist, auf einen festen Wert diskretisiert und begrenzt werden. Übliche Systeme arbeiten mit 256 Graustufen, so daß die Helligkeitsinformation jedes Bildpunktes in einem 8-bit-Datenwort codiert werden kann. Bei der Digitalisierung von Grautonbildern wird die Vorlage in Bildpunkte (→ Pixel) aufgeteilt (Rasterung). Jedem dieser Pixel wird dann eine der vorgegebenen Graustufen zugeordnet (→ Quantisierung). Farben werden in der Photographie durch subtraktive, in der Videotechnik durch additive Mischung der drei Grundfarben Rot, Grün und Blau erzeugt. Bei farbigen Vorlagen werden die Rot-, Grün-, Blauanteile (Farbauszüge) getrennt digitalisiert. Bei der Quantisierung mit acht Bits pro Farbe können dann $(3 \cdot 2)^8$, das sind ungefähr 16,7 Mio. Farbtöne, unterschieden werden.

Im Bereich der generativen Graphik gehen die Bestrebungen dahin, eine möglichst genaue Abbildung der Natur zu erzielen. Dies bedeutet, daß auch durchsichtige Körper, spiegelnde Flächen, → Schatten und Oberflächenstrukturen exakt dargestellt werden müssen. Die Ansätze hierzu, z. B. das Verfahren des → Ray-Tracing, kommen aus der Geometrie und der Optik. Es wird hier mit verschiedenen Beleuchtungs- und Schattierungsmodellen, außerdem mit → Texturen, die die Oberflächenstruktur von Körpern beschreiben, gearbeitet.

Ein Problem der Darstellung von Graphik auf Rastersichtgeräten ist das Auftreten von Bildfehlern (→ Aliasing) durch Unterabtastung. Dünne Linien, die nicht waagerecht, senkrecht oder im 45°-Winkel hierzu verlaufen, erscheinen in ihrer → Intensität zwangsweise ungleichmäßig, da sie als „Treppen" mit unterschiedlicher Stufenhöhe und -tiefe dargestellt werden. Dieses Problem kann gemildert werden, indem man Bildpunkte mit geringerer → Helligkeit zwischen die hellen Stufen, die die Linie bilden, plaziert. Dies bewirkt ein optisches Verschleifen der Kanten und führt zu einem gleichmäßigeren Eindruck. Systemtheoretisch handelt es sich bei dieser Anti-Aliasing genannten Technik um eine Tiefpaßfilterung. Eine Kombination von G. und → Binärgraphik ist die → Halbtongraphik. Sie befaßt sich mit dem Problem, Grautöne darzustellen, wenn nur zwei Intensitätswerte zur Verfügung stehen.

*Encarnação/Ackermann*

**Grauwert** ⟨*grey value*⟩. Helligkeitswert oder → Intensität eines → Pixels in Grauwertbildern. G. werden meist mit 8 bit codiert (0 = dunkel, 255 = hell). Bei einem Schwarzweiß- oder → Binärbild werden nur zwei G. unterschieden. *Neumann*

**Grauwertbild** ⟨*grey-value image*⟩. Digitalbild, dessen → Pixel mehrstufige → Grauwerte annehmen können, meist im Gegensatz zu → Binärbild. Ein G. kann z. B. durch Rastern und Quanteln eines monochromen TV-Kamerasignals gewonnen werden. G. sind typische Ausgangsdaten für Probleme des → Bildverstehens. *Neumann*

**Greedy-Heuristik** ⟨*Greedy heuristic*⟩. Heuristisches Prinzip zur approximativen Lösung kombinatorischer Optimierungsprobleme, welches in jedem Schritt die lokal beste Verbesserung wählt. Ist $S = \{1, \ldots, n\}$, $c \in \mathbb{R}^n$ und I ein System von Teilmengen von S mit der Eigenschaft (1) $\emptyset \in I$ und (2) $\mathbb{R} \subset T \in I \Rightarrow \mathbb{R} \in I$ (I heißt dann *Unabhängigkeitssystem*), so ist die G.-H.

zur Lösung von

$$\min\left\{\sum_{i \in T} c_i \mid T \subset S\right\}$$

durch die folgende Prozedur definiert:
– Numeriere die Gewichte $c_i$ neu, so daß $c_1 \geq c_2 \geq c_3 \geq \ldots \geq c_n$ gilt.
– Setze $K = \emptyset$.
– FOR i = 1 TO n DO IF $K \cup \{i\} \subset S$ THEN $K := K \cup \{i\}$
END.

Die G.-H. erlaubt oft die Angabe einer Gütegarantie. Der relative Fehler der G.-H. ist z. B. beim → Rucksackproblem höchstens 1/2 und beim → Packungsproblem (Bin-Packing) höchstens 7/10. Die G.-H. liefert genau dann stets die Optimallösung, wenn das Unabhängigkeitssystem ein Matroid (→ Matroidtheorie) ist.

Die G.-H. wird oft zusammen mit einer k-fachen Austauschheuristik zur Bestimmung von unteren Schranken in einem → Branch-and-Bound-Verfahren verwendet. *Bachem*

**Grenzwertsatz, zentraler** ⟨*central limit theorem*⟩. Der z. G. darf als eine der wichtigsten Aussagen der Wahrscheinlichkeitstheorie gelten. Er ist von großer Bedeutung im Hinblick auf praktische Anwendungen, weil er sehr oft die Rechtfertigung erbringt, Zufallserscheinungen, die sich aus der Überlagerung einer Vielzahl zufälliger Einzeleffekte ergeben, durch die Normalverteilung zu erfassen. Sei $X_k$ k = 1, 2, ... eine Folge von unabhängigen (→ Unabhängigkeit) Zufallsvariablen mit Erwartungswerten $\mu_k$ und → Varianzen $\sigma_k^2$. Sei

$$Z_n = \frac{\sum_{k=1}^n X_k - \sum_{k=1}^n \mu_k}{\sqrt{\sum_{k=1}^n \sigma_k^2}}.$$

Dann gilt: $w(Z_n \leq x) \to \Phi(x)$ für $n \to \infty$ gleichmäßig in x (wobei $\Phi(x)$ die → Verteilungs-Funktion der standardisierten → Normalverteilung ist) unter sehr schwachen Voraussetzungen wie die *Lindeberg*sche Bedingung oder die *Ljapunov*sche Bedingung. Der z. G. gilt immer für den Fall, daß die $X_k$ identisch verteilt sind mit Erwartungswert $\mu$ und Varianz $\sigma^2$.

Im Spezialfall, daß die Zufallsvariablen $X_k$ zweipunktig verteilt sind mit $w(X_k = 0) = p$ und $x(X_k = 1) = 1 - p$, ergibt sich der Satz von *de Moivre-Laplace*. *Schneeberger*

**Grobgitterkorrektur** ⟨*coarse grid correction*⟩. Der Teil eines Mehrgitterverfahrens, in dem auf feinen Gittern (Maschenweite h) vorhandene numerische Approximationen dadurch verbessert werden, daß auf einem gröberen Gitter (Maschenweite H) Korrekturen berechnet werden. Dabei haben sowohl die Gittervergröberungsstrategie, die Gittertransferoperatoren ($I_H^h$ und $I_h^H$, → Mehrgitterverfahren auf Gitterstrukturen) als auch die durch $L_H$ charakterisierte → Diskretisierung auf dem groben Gitter wesentlichen Einfluß auf die Güte der G.

Besonders kritisch kann dabei die Wahl von $L_H$ sein. Ist die zu lösende Aufgabe z. B. eine partielle → Differentialgleichung, so ergibt sich eine mögliche Wahl in naheliegender Weise: $L_H$ wird auf dem groben Gitter analog zu $L_h$ auf dem feinen Gitter konstruiert. Eine andere wichtige Wahl basiert auf dem *Galerkin*-Prinzip (der Name leitet sich daraus ab, daß sich diese Wahl bei Diskretisierungen mit Finite-Elemente-Verfahren in ganz natürlicher Weise ergibt). In diesem Fall wird $L_H$ in direkter Abhängigkeit von $L_h$ und den Transferoperatoren durch Multiplikation gebildet:

$$L_H = I_h^H L_h I_H^h.$$

Dieser spezielle Operator $L_H$ hat eine besondere Bedeutung, da er gewisse Optimalitätseigenschaften besitzt. Weil er darüber hinaus durch einen rein „algebraischen" Prozeß (Matrizenmultiplikation) definiert ist, ist er besonders geeignet für Fälle, in denen die direkte Herleitung einer Differenzenformel auf dem groben Gitter zu kompliziert ist. Besonders häufig wird dieser Operator in Black-Box-Mehrgitterprogrammen verwendet, z. B. in algebraischen Mehrgitterprogrammen (→ AMG). *Stüben/Trottenberg*

**größter gemeinsamer Teiler** ⟨*greatest common divisor*⟩ → Teiler, größter gemeinsamer

**Groupware-System** ⟨*groupware system*⟩. Auch Workgroup-Computing-System genannt. → Betriebliches Anwendungssystem, welches die Kommunikation der Mitglieder einer Gruppe von Personen bei der kooperativen Durchführung nichtautomatisierter, häufig schlecht strukturierbarer Aufgaben unterstützt. Die computergestützte Gruppenarbeit nutzt Netzwerkarchitekturen und Kommunikationssysteme.

Die Bezeichnung G.-S. umfaßt als Sammelbegriff sämtliche Anwendungssysteme zur Unterstützung der Gruppenarbeit. In Abgrenzung zu → Workflow-Managementsystemen werden eher kooperativ durchzuführende Teilaufgaben betrachtet, die nicht einer einzelnen Person zuordenbar sind.

G.-S. werden häufig nach Raum und Zeit klassifiziert (Tabelle). Ein weiteres Klassifikationsschema differenziert nach anwendungsorientierten Funktionsklassen und ermöglicht beispielsweise die Unterscheidung in Nachrichtensysteme, Mehrbenutzereditoren, elektronische Sitzungsräume, Rechnerkonferenzen, intelligente Agenten und Koordinierungssysteme. Weitere Kriterien zur Klassifizierung sind die Größe der Gruppe und die Art der Gruppenkommunikation.

Der Begriff Groupware ist von Computer Supported Cooperative Work (CSCW) abzugrenzen. Während mit CSCW das Arbeitsgebiet und die dazugehörigen Forschungsfelder bezeichnet werden, versteht man unter Groupware eine zugeordnete Systemlösung.

*Amberg*

Literatur: *Borghoff, U. M.* u. *J. H. Schlichter*: Rechnergestützte Gruppenarbeit – Eine Einführung in verteilte Anwendungen. Berlin-Heidelberg-New York 1995.

**Grundbildung, informationstechnische** ⟨*fundamentals in informatics*⟩. Informationstechnische Grundbildung (IG) bezeichnet die politische Forderung nach Basiskenntnissen in der Informationsverarbeitung für den gesamten Geburtsjahrgang.

Sie verlangt den Abbau von Berührungsängsten und die Kenntnis grundlegender Vorstellungen über Möglichkeiten und Grenzen der Computeranwendung für jeden Schüler einer allgemeinbildenden Schule (computer literacy). Sie wird i. allg. in der Altersstufe einer Klasse 8 für etwa 13jährige Schüler in allen Schulformen angesiedelt. Das geschieht nach dem sog. Blockmodell für einen Stundenanteil weniger Fächer (vor allem Mathematik), nach dem Verteilungsmodell für Anteile mehrerer Fächer, darunter Deutsch, Mathematik, Physik, Arbeitslehre.

I. G. soll keinesfalls verfrühen durch Begriffe theoretischer Informatik und auch nicht durch das systematische Erlernen einer → Programmiersprache. Damit ergibt sich eine Vorstufe eines Informatikunterrichts, die an wenigen schülernahen Problemen die Art und Weise automatischer → Datenverarbeitung in ihrer Entlastungsfunktion zeigen soll. Beispiele solcher Probleme sind

– Organisation eines Sportfestes mit Hilfe von Datenverarbeitung,
– Nutzung vereinfachter Graphik (Turtle, Igel),
– Verwaltung einer Klassenkasse,
– Übernahme einfacher Ordnungsfunktionen, etwa durch Dateiverwaltung in einer Schallplattensammlung.

*Groupware-System. Tabelle: Klassifikation nach Raum und Zeit unter Angabe einiger Beispielsysteme*

| Groupware-Systeme | Gleiche Zeit (synchron) | Verschiedene Zeit (asynchron) |
| --- | --- | --- |
| Gleicher Ort | Sitzungsunterstützungssystem<br>Entscheidungsunterstützungssystem | Terminmanagement-Software<br>Mehrautorensystem |
| Verschiedener Ort | Audio- und Videokonferenzsystem<br>Mehrautorensystem | Elektronisches Postsystem (E-Mail)<br>Vorgangsbearbeitungssystem |

Das kann mit Hilfe fertiger → Software (dbase, multiframe usw.) geschehen oder auch durch geleitetes lokales → Programmieren innerhalb größerer Programmrahmen, die nur an einigen Stellen Gelegenheit zu vorsichtiger Erweiterung geben. Auch das Steuern von Robotern in einfachen Fällen kann hier genutzt werden, sei es in einer vorbereiteten → Simulation am → Bildschirm (Hamster-Modell), sei es mit LEGO- oder Fischer-Technik-Elementen und passenden Interfaces (→ Schnittstelle). *Klingen*

**Grundgesamtheit** *(population)*. Eine Menge von Einheiten, die alle die gleichen wohldefinierten Eigenschaften haben, nennt man G. Aus einer G. wird eine → Stichprobe entnommen zur Schätzung eines unbekannten Merkmals. *Schneeberger*

**Gruppenkommunikation** *(group communication)*. Kommunikation zwischen mehr als zwei Partnern wird i. allg. als Gruppenkommunikation bezeichnet (→ Multicast beschreibt eine ähnliche Eigenschaft, bezieht sich jedoch auf die → Funktionalität der → Vermittlungs- bzw. → Transportebene). Insbesondere im Bereich der Electronic Mail (→ Post, elektronische; → X.400) ist die Möglichkeit sehr vorteilhaft, eine Nachricht gleichzeitig an verschiedene Adressaten zu schicken. Es existieren hier einige Mechanismen, die Gruppenkommunikation unterstützen. Hierzu gehört u. a. die Möglichkeit, mehrere Adressaten einer Nachricht explizit anzugeben. Die meisten → User Agents bieten die Möglichkeit, private → Verteilerlisten (Distribution Lists, DL) anzulegen. Zentrale Verteilerlisten werden von vielen Electronic-Mail-Systemen angeboten. Eine solche Liste wird ebenso adressiert wie ein „normaler" Empfänger; die Nachrichten werden von der DL expandiert, d. h. von dort aus an die endgültigen Adressaten verschickt.

Ein anderes Verfahren, das sich bei der → ISO in der Standardisierung befindet, ist das sog. Asynchronous Computer Conferencing (AGC) und das unterliegende Informationsmodell der Asynchronous Group Communication (ACC). AGC beschreibt einen „Blackboard"-ähnlichen Dienst, wie er in ähnlicher Form auch von den Newsgroups des → Internet erbracht wird. Es ist hiermit möglich, Nachrichten an eine zentrale Instanz (das Blackboard) zu schicken, die dort von allen anderen Gruppenmitgliedern gelesen werden können. Auf diese Weise lassen sich Blackboards zu unterschiedlichen Themen erstellen.

Es werden Mechanismen zum Beitreten bzw. Verlassen einzelner Gruppen angeboten usw. AGC ist Teil der Serie der X.400-Empfehlungen. *Jakobs/Spaniol*
Literatur: *Palme, J.:* Electronic mail. Artech House Publ., 1995.

**GSM** *(GSM (Global System for Mobile Communications))*. Europäischer Standard des → ETSI für digitale zellulare Mobilfunknetze (→ Funknetz, mobiles). Der aktuelle Ausbau von Netzen nach dem GSM-Standard erlaubt eine europaweite und weitestgehend flächendeckende digitale Kommunikation mit mobilen Endgeräten. Als Nachfolger der ersten Generation analoger zellularer Mobilfunknetze bezeichnet man digitale Mobilfunknetze (wie GSM) als Netze der zweiten Generation.

GSM-Netze nutzen entweder Frequenzbänder im 900-MHz-Bereich (GSM900) oder im 1800-MHz-Bereich (DCS1800, Abk. für Digital Cellular System). Netze vom Typ GSM900 wurden zuerst standardisiert und in Betrieb genommen (z. B. D1 und D2 in Deutschland). Dieser ursprüngliche Standard wurde 1990 bis 1991 für das 1800-MHz-Band adaptiert. Netze vom Typ DCS1800 sind seit 1993 in Betrieb (E-plus in Deutschland). DCS1800 wurde entworfen, um höhere Teilnehmerdichten (etwa in Großstädten) zu versorgen, kleinere und leichtere Endgeräte mit geringeren Sendeleistungen zu ermöglichen und ein höheres Maß an Dienstflexibilität zu erreichen. Hierzu steht DCS1800 eine Bandbreite von $2\times 75$ MHz zur Verfügung, während GSM900 auf $2\times 25$ MHz operiert.

□ *Netzelemente von GSM.* Die Kommunikation zwischen den Komponenten des GSM-Netzes (Bild 1) geschieht durch hierarchisch strukturierte Kommunikationsprotokolle (Bild 2). Der Entwurf von GSM wurde dabei konzeptionell von → ISDN beeinflußt.

Wird eine Mobilstation eingeschaltet, so muß sie sich zunächst orientieren („wo bin ich und was darf ich?") und eine „geeignete" Zelle (d. h. eine Zelle mit möglichst günstigen Empfangsbedingungen) im Netz suchen. Damit ein Anruf zur Mobilstation vermittelt werden kann, muß das Netz wissen, wo die Station erreichbar ist. Dazu läßt die Station ihren Aufenthaltsort im Netz registrieren. Die Verwaltung des Aufenthaltsortes ist – neben Datenschutzmaßnahmen – zentrale Aufgabe des Mobility Managements. Beteiligt sind dabei das Mobile Switching Center (MSC) mit assoziierter Datenbank, dem Visitor Location Register (VLR), und eine zentrale, netzwerkweit bekannte Datenbank, das Home Location Register (HLR). Die Kommunikation zwischen diesen Netzelementen geschieht über das → Signalisierungssystem Nr. 7. Ein MSC ist für die Verwaltung einer bestimmten Zahl von Basisstationen zuständig, die wiederum jeweils eine gewisse Anzahl von Zellen steuern. Die Zellen, die hiermit einem MSC zugeordnet sind, werden in sog. Lokalisierungsgebiete aufgeteilt. Nach dem Einschalten wird die Mobilstation im VLR des MSC, zu dessen Lokalisierungsgebiet die gewählte Zelle gehört, und im HLR registriert. Das HLR enthält für jeden Teilnehmer einen Eintrag, in dem unter anderem auch der aktuelle Aufenthaltsort (d. h. das VLR, in dessen assoziiertem Lokalisierungsgebiet sich die Mobilstation momentan aufhält) verzeichnet ist. Bewegt sich nun die Mobilstation, so kann es vorkommen, daß sie aus dem Lokalisierungsgebiet, in dem sie aktuell registriert ist, herausbewegt. In diesem Fall veranlaßt sie einen sog. Location-Update, der dafür sorgt, daß die Datenbank-

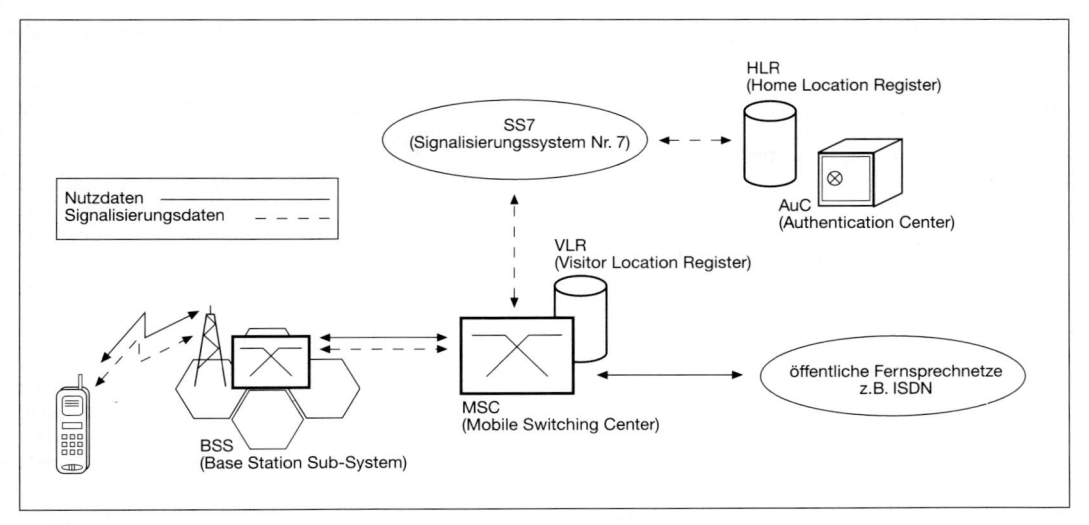

# GSM

*GSM 1: Wesentliche Komponenten des GSM*

einträge in VLR und HLR auf den neuen Stand gebracht werden.

Bei einem eingehenden Anruf wird das HLR nach dem Aufenthaltsort der Zielstation gefragt, und mit der zurückgelieferten Information kann die Verbindung zum Ziel-MSC durchgeschaltet werden (eine der Aufgaben des Communication Managements). Dieser MSC veranlaßt dann, daß in allen Zellen der ihm zugeordneten Basisstationen eine Nachricht an den gerufenen Teilnehmer geschickt wird (Paging). Wenn der gerufene Teilnehmer sich über die Zelle, in der er sich gerade aufhält, meldet, kann der Anruf vom MSC weiter durchgestellt werden. Das Base Station Subsystem (BSS) ist dann zuständig für die Verwaltung und Vergabe der Funkkanäle (durch das Radio Resource Management) und damit für die direkte Kommunikation mit der Mobilstation. Ist durch funktechnische Störungen die Verbindung zum Teilnehmer gestört, z. B. wenn der Teilnehmer aus dem Einzugsgebiet der aktuell ihn versorgenden Zelle in eine neue Zelle wechselt, so wird

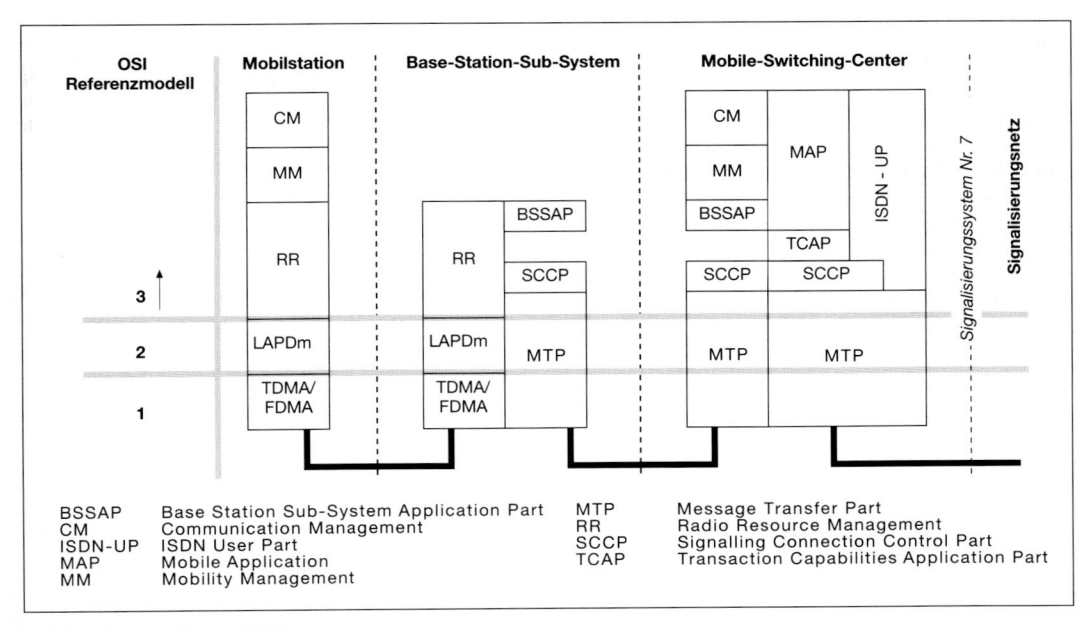

BSSAP — Base Station Sub-System Application Part
CM — Communication Management
ISDN-UP — ISDN User Part
MAP — Mobile Application
MM — Mobility Management
MTP — Message Transfer Part
RR — Radio Resource Management
SCCP — Signalling Connection Control Part
TCAP — Transaction Capabilities Application Part

*GSM 2: Protokolle im GSM*

vom BSS ein →Handover durchgeführt, um die Ende-zu-Ende-Verbindung aufrechtzuerhalten.

Der zeitlich parallele Zugriff der in einer Zelle befindlichen Mobilstationen auf den Funkkanal wird vom BSS durch ein kombiniertes →FDMA/→TDMA gesteuert. Die Dienste der Schicht 1 werden durch Verkehrs- und Signalisierungskanäle zur Verfügung gestellt. Der Zugriff wird durch das Linkprotokoll LAPDm (vom ISDN-Protokoll →LAPD speziell für das Mobilfunknetz adaptiert) gesteuert.

Generell dient diese Signalisierung nur dem Ziel, eine Kommunikationsverbindung von und zu einem Mobilteilnehmer zu schalten und diese für die Dauer des Datenaustauschs aufrechtzuerhalten.

□ *Dienste des GSM*. Obwohl im wesentlichen zur Sprachübertragung gedacht, sind Datendienste frühzeitig im GSM-Standard vorgesehen worden. Mit der Einführung dieser Datendienste durch die Netzbetreibergesellschaften rücken verstärkt →Telematikdienste von GSM, die über Telefax hinausgehen, in den Blickpunkt. Während die Sprachübertragung mit 13 kbit/s geschieht, werden Daten im GSM mit 12 kbit/s auf der Luftschnittstelle übertragen. Für die Ende-zu-Ende-Verbindung sieht GSM leitungsvermittelte Datendienste mit bis zu 9,6 kbit/s vor, die in zwei Modi betrieben werden können:

– Im transparenten Modus erhält man eine Ende-zu-Ende-Verbindung, die – bis auf fehlerkorrigierende Codes auf der Luftschnittstelle – keine zusätzliche Sicherung gegen Datenverlust vorsieht. Die Verzögerung, mit der ein gesendetes Bit den Empfänger schließlich erreicht, ist hierdurch zwar im wesentlichen konstant, jedoch ist die Bitfehlerrate mit ca. $10^{-3}$ bei 9,6 kbit/s und ca. $10^{-5}$ bei 4,8 kbit/s recht hoch.

– Im nichttransparenten Modus werden die Daten zwischen Mobilstation und GSM-Netz paketorientiert mit einem →HDLC-ähnlichen Protokoll, dem Radio Link Protocol, übertragen. Hierdurch kann die Bitfehlerrate auf etwa $10^{-8}$ gesenkt werden. Wie im transparenten Modus ist eine maximale Kapazität von 9,6 kbit/s möglich, allerdings muß mit Schwankungen der Verzögerungszeiten durch Paketwiederholungen gerechnet werden.

Als erweiterten Paging-(→Funkruf-)Dienst bietet GSM zusätzlich die Übertragung kurzer Nachrichten mit dem Short Message Service (SMS) an. Dieser Dienst erlaubt die Übertragung von Kurznachrichten zwischen Mobilstationen und einem sog. Short-Message-Service-Center (SM-SC). Das SM-SC ist dabei nicht als Teil von GSM spezifiziert, erst ein spezieller MSC, das SMS-Gateway, stellt die erforderliche Verbindung zum GSM her. Zur weiteren Vermittlung der Kurznachrichten werden die zum Mobility Management genutzten Protokolle in natürlicher Weise wiederverwendet. Spezielle Protokolle sorgen dann für die Übertragung einer Kurznachricht vom MSC/VLR zur Mobilstation (und umgekehrt). Da die Übertragung einer Kurznachricht über die Signalisierungskanäle von GSM geleitet wird, ist die Größe einer Einzelnachricht auf 140 Byte beschränkt, auf der Luftschnittstelle steht für Kurznachrichten nur eine Kapazität von maximal 80 Byte/s auf den logischen Kanälen zur Verfügung.

Zusätzlich spezifiziert GSM auch einen Broadcast-Dienst, der dem Short Message Service zugeordnet ist. Hiermit können in einer Zelle periodisch Kurznachrichten mit einer Rate von 40 Byte/s, z.B. Verkehrs-, Reise- und Zielführungsinformationen, an alle Teilnehmer übertragen werden (→RTI, →TMC).

GSM hat sich in Europa (und nicht nur dort) als der grundlegende Standard der zellularen Mobilkommunikation etabliert. Von Interesse ist neben der Integration schnurloser Telekommunikationssysteme in GSM (→DECT) die Migration von GSM zu den geplanten Mobilfunknetzen der dritten Generation (→UMTS).

*Hoff/Spaniol*

Literatur: *Mouly, M.; Pautet, M.-B.*: The GSM system for mobile communications. Eigenverlag 1992. – *Rahnema, M.*: Overview of the GSM system and protocol architecture. IEEE Communications Mag. (1993). – *Mouly, M.; Pautet, M.-B.*: Current evolution of the GSM systems. IEEE Personal Communications Mag. (1995).

**Guardband** ⟨*guard band*⟩ → Sicherheitsabstand

**Gummibandtechnik** ⟨*rubber band technique*⟩ → Dehnlinientechnik

# H

**H.261** ⟨*H.261*⟩. Empfehlung der → ITU-T zur → Codierung von Videosignalen, die in ISDN- und Internet-Videokonferenzsystemen verwendet wird. H.261 benutzt für die Codierung einzelner Bilder ähnliche → Algorithmen wie → JPEG. Die → Redundanz zwischen aufeinanderfolgenden Bildern wird ausgenutzt, indem für geeignete Blöcke nur Differenzsignale oder Bewegungsvektoren (→ Motion Compensation) übertragen werden. *Schindler/Bormann*

**H.263** ⟨*H.263*⟩. Entwurf der → ITU-T (International Telecommunication Union) mit dem Titel „Video coding for low bitrate communication", eine aussichtsreiche Variante für MPEG-4. H.263 basiert auf H.261 und reduziert sowohl zeitliche als auch örtliche → Redundanz und → Irrelevanz. → Bildformate sind Sub-QCIF, QCIF, CIF, 4CIF und 16CIF. Die Bewegungsschätzung erfolgt auf halben Pixelabstand genau. Es können die folgenden vier optionalen → Algorithmen zusätzlich eingeschlossen werden.
– *Uneingeschränkte Bewegungsvektoren* dürfen auch auf → Pixel außerhalb des Bilds zeigen, wobei Randpixel zur Prädiktion verwendet werden. Dies ist vorteilhaft bei kleinen Bildern.
– *Syntaxbasierte arithmetische Codierung* kann an Stelle der variablen Längencodierung VLC eingesetzt werden und reduziert die Bitrate bei gleichem → SNR.
– *Overlapped Block Motion Compensation* (OBMC) verwendet vier 8×8-Blöcke anstatt eines 16×16-Blocks für die Luminanz in P-Bildern. Hierdurch wird die Qualität bei leicht erhöhter Datenrate subjektiv verbessert, und insbesondere die Blockgrenzenstörungen werden reduziert.
– *PB-Frames* erhöhen deutlich die Bildrate bei leicht erhöhter Datenrate, indem ein P-Bild und das vorhergehende B-Bild gemeinsam codiert werden. Das P-Bild wird mittels Vorwärtsprädiktion aus dem letzten P- oder I-Bild errechnet, das B-Bild wird mittels bidirektionaler Prädiktion aus dem letzten P-Bild und dem gerade decodierten P-Bild berechnet.
Die → Syntax kennt vier Schichten: Bild (picture), Blockgruppe (Group of Block (GOB)), Makroblock und Block. Ein Block besitzt 8×8 Luminanzpunkte. Ein Makroblock enthält 16×16 Luminanzpunkte, also vier Blöcke. Für jeden Makroblock kann ein Bewegungsvektor ermittelt und übertragen werden. Jede GOB enthält eine Zeile aus Makroblöcken bei Sub-QCIF, QCIF und CIF sowie zwei Zeilen aus Makroblöcken bei 4CIF und vier Zeilen bei 16CIF. Ein Bild enthält 6 (Sub-QCIF), 9 (QCIF), 18 (CIF, 4CIF) oder 36 (16CIF) Blockgruppen. *Grigat*
Literatur: ITU-T Draft H.263, Juli 1995.

**H.320** ⟨*H.320*⟩. Empfehlung „Narrow-band ISDN visual telephone systems and terminal equipment" der → ITU-T (International Telecommunication Union) von 1993, vormals CCITT (Comité Consultatif International Télégraphique et Téléphonique) für audiovisuelle Terminals. Die Empfehlung steht u. a. in Beziehung zu den weiteren Empfehlungen der ITU-T → H.261 „Video codec for audiovisual services at p×64 kbits/s", → H.263 „Video coding for low bitrate communication" und H.324 (1995) „Terminal for low bitrate multimedia communication". *Grigat*

**H-Serie** ⟨*H-series*⟩. Sammelbezeichnung für Empfehlungen der International Telecommunication Union (→ ITU, vormals → CCITT), welche die Kennung H.nnn tragen (z. B. H.100: Visual Telephone Systems). In der H-Serie werden Normen im Bereich der Bild-Telephonie und der digitalen Codierung von Videosignalen veröffentlicht. Die offizielle Bezeichnung der H-Serie lautet: „Line transmission of non-telephone signals".
Ein bekannter Vertreter der H-Serie ist die H.261-Norm für die Codierung und Übertragung von Videobildern in → ISDN-Netzen. *Hermanns/Spaniol*

**Halbaddierglied** ⟨*half-adder*⟩. Ein Schaltnetz, das zu zwei binären Eingangssignalen A und B die Summe S und den Übertrag C (carry) liefert:

| A | B | S | C |
|---|---|---|---|
| 0 | 0 | 0 | 0 |
| 0 | 1 | 1 | 0 |
| 1 | 0 | 1 | 0 |
| 1 | 1 | 0 | 1 |

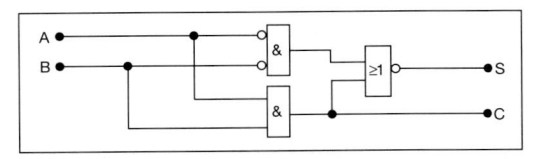

*Halbaddierglied 1: Blockschaltung des Halbaddierers*

Bild 1 zeigt die Schaltung gemäß den Funktionen

$S = A \wedge \overline{B} \vee \overline{A} \wedge B = A \wedge B \vee \overline{A} \wedge \overline{B}$
$C = A \wedge B$.

Aus zwei Halbaddierern kann ein → Addierglied zusammengesetzt werden, woher auch der Name stammt (Bild 2).

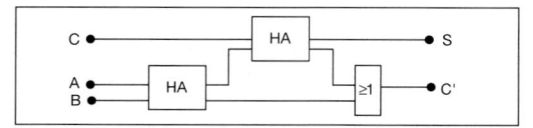

*Halbaddierglied 2: Aus zwei Halbaddierern zusammengesetztes Addierglied*     *Bode*

**halbduplex** ⟨half duplex⟩. Wechselbetrieb bei der Datenübertragung (→ simplex, → vollduplex). Im H.-Betrieb dürfen Daten immer nur abwechselnd in der einen oder in der anderen Richtung zwischen zwei Stationen übertragen werden. Eine Station muß also jeweils zwischen Senden und Empfangen umschalten.     *Quernheim/Spaniol*

**Halbleiterbauelement** ⟨semiconductor device⟩. Festkörperbauelement, dessen charakteristische Eigenschaften auf typischen Merkmalen von Halbleitermaterialien (sog. Halbleitereffekte) beruhen. Dazu zählen vor allem Effekte, die auf der Wechselwirkung von Ladungsträgern mit den Atomen des Halbleitermaterials, mit anderen Teilchen (Photonen, Phononen) und unter sich selbst bei Anwesenheit elektromagnetischer Felder und anderer Bewegungsursachen (z. B. Temperaturgradienten) beruhen. Solche Effekte treten sowohl im Halbleitervolumen, vor allem aber an Grenzflächen (pn-Übergang, Metall-Halbleiter-Übergang, Isolator-Phasengrenze, MIS-Übergänge u. a.) auf.

Zu den wichtigsten H. zählen Halbleiterdioden, Transistoren, Thyristoren, Halbleiter-Leistungsbauelemente, integrierte Schaltungen, viele Sensorbauelemente sowie die meisten optoelektronischen Bauelemente.

H. bilden seit langem die wichtigsten Bauelemente der Elektronik. Mit integrierten Schaltungen kann heute nahezu jedes informationstechnische System realisiert werden.     *Paul*

**Halbleiterschutzgesetz** ⟨semiconductor protection law⟩. Durch das H. wird die geometrische Struktur – Topographie – eines Halbleitererzeugnisses – Mikrochip – geschützt. Schutzgegenstand können im Gegensatz zur entsprechenden Regelung in den USA nicht nur der Halbleiterchip als solcher, sondern z. B. auch die → Masken oder das Layout zu dessen Entwicklung sein.

Das neue Schutzrecht kann für die Bundesrepublik Deutschland von EU-Staatsangehörigen erlangt werden, die eine Niederlassung im EU-Bereich haben. Es stellt damit einen Investitionsschutz für eine im Bereich der EU erbrachte Leistung dar.

Im Unterschied zu technischen Schutzrechten, wie → Patent oder → Gebrauchsmuster, wird ausschließlich die geometrische Gestaltung des Mikrochips geschützt und nicht seine technische Funktion oder sein technologischer Aufbau. Voraussetzung für den Schutz einer Topographie ist nach § 1, Abs. 1, S. 1, daß diese „Eigenart" aufweist. Hierbei ist nach § 1, Abs. 2 vorausgesetzt, daß die Topographie selbst das Ergebnis geistiger Arbeit ist und nicht die reine Nachbildung einer fremden Topographie. Darüber hinaus beinhaltet der Begriff „Eigenart", daß die Topographie nicht alltäglich sein darf, d. h. nicht nur dem in der Halbleiterindustrie üblichen Standard entspricht.

„Neuheit" im patentrechtlichen Sinne ist dagegen für die Topographie nicht Schutzvoraussetzung. Die unabhängige Schöpfung einer bereits existierenden Topographie oder vor allem die Weiterentwicklung eines Halbleitererzeugnisses auf der Grundlage der Analyse einer geschützten Topographie – sog. *reverse engineering* – wird für zulässig angesehen. Auch verlangt die Schutzfähigkeit nicht eine persönliche geistige Schöpfung oder eine das Können eines Durchschnittsfachmanns übersteigende Maßnahme entsprechend den Vorschriften des Urheberrechtsgesetzes *Werkshöhe* bzw. des Patentgesetzes *erfinderische Tätigkeit*. Da es sich um ein reines Registerrecht handelt, erfolgt durch das → Deutsche Patentamt keine Prüfung der Anmeldung hinsichtlich des Vorhandenseins einer Eigenart oder der Richtigkeit der vorgebrachten Tatsachen.

Mit der Anmeldung beim Deutschen Patentamt sind ein Eintragungsantrag einzureichen, der die Daten zur Identifizierung des Anmelders und die Bezeichnung der Topographie enthalten muß, sowie Unterlagen zur Identifizierung bzw. Veranschaulichung der Topographie. Bei den Unterlagen ist in erster Linie an Zeichnungen bzw. Fotografien der zu schützenden Topographie gedacht, z. B. Layouts, Masken/Teilmasken oder andere Abbildungen von Schichten des Mikrochips. Zur Ergänzung können Datenträger oder Ausdrucke davon oder der Chip selbst sowie seine Funktionsbeschreibung zur erläuternden Darstellung mit eingereicht werden.     *Cohausz*

Literatur: Jahresber. d. Deutschen Patentamtes. Hrsg.: Referat für Presse- und Öffentlichkeitsarbeit des Deutschen Patentamtes.

**Halbtongraphik** ⟨half tone graphics⟩. Beschreibt Verfahren zur Überführung eines Grautonbildes in ein → Binärbild. Der subjektive Eindruck kontinuierlicher Grauwerte wird durch verfahrensspezifische Verteilung von Schwarz- und Weißwerten auf Ausgabegeräten mit entsprechend hoher → Auflösung (→ Laserplotter; → Display, monochromes) erzielt.

Digitale Halbtontechniken verdrängen in zunehmendem Maße die traditionellen photographischen Verfahren. Dies ist nicht zuletzt die Folge der rapiden Verbreitung von digitalen Geräten zur Weiterverarbeitung von Bildinformationen. Die Übertragung von digitalen Bildern ist schneller und benötigt eine geringere Bandbreite als eine vergleichbare analoge Bildübertragung. Im Gegensatz zum klassischen Zeitungsdruck, wo eine → Simulation des Grauwertes durch → Modulation der einzelnen Punktdurchmesser erreicht wurde, setzt sich ein Bild in der graphischen → Datenverarbeitung aus vielen gleichgroßen Rastern (pattern) zusammen.

Zur Abbildung von Grautönen auf Rastergraphiken wurden verschiedene Ansätze entwickelt und in die Praxis umgesetzt. Den meisten Verfahren gemeinsam ist das Zusammenfassen mehrerer → Pixel zu einem → Raster. Mit einem rechteckigen Format aus $n \times m$ Pixeln lassen sich $n \times m + 1$ verschiedene Helligkeitswerte erzielen. Den einfachsten Sonderfall eines solchen Rasterbildes stellt das Format mit $n = m = 1$ dar, d. h., ein Raster entspricht genau einem Pixel, und es sind nur zwei Helligkeitswerte (Schwarz und Weiß) möglich. Um zu entscheiden, welcher dieser beiden Werte bei der Ausgabe des Bildes zu setzen ist, wird beim → Abtasten (→ Scanning) des Originalbildes jeder gemessene → Grauwert mit einem Schwellenwert verglichen. Beim „einfachen Schwellenverfahren" ist dieser Vergleichswert eine Konstante, die üblicherweise im mittleren Grauwertbereich einer vorgegebenen Grauwertfunktion liegt. Dieses Verfahren liefert sehr „harte" Bilder; viele Einzelheiten gehen bei der Übertragung verloren. Mit einer Vergrößerung der Rastermatrizen erhöht sich die Grauwertauflösung der Abbildung bei gleichzeitiger Verringerung der Rasterauflösung des Gesamtbildes. Die Folge sind zunehmend weichere Darstellungen. Ein in der Praxis häufig angewendetes Format sind $8 \times 8$ Raster mit 257 Helligkeitsstufen. Dabei wird in den seltensten Fällen der integrale Mittelwert für ein ganzes Raster gemessen und durch ein vordefiniertes Raster in der Abbildung ersetzt.

Es haben sich vielmehr die sog. Dither-Verfahren durchgesetzt. Die einzelnen Raster werden mit Koeffizientenmatrizen belegt, wobei jedem Pixel genau ein Vergleichswert zugeordnet ist. Dadurch kann, wie beim einfachen Schwellenverfahren, das Gesamtbild pixelweise abgetastet werden, mit dem Unterschied, daß die Koeffizienten zur Berechnung eines variablen Schwellenwertes herangezogen werden. Grauwertverfälschungen, die durch das → Abtastverfahren und das verwendete Ausgabegerät entstehen, können bei diesem Vorgang durch eine Intensitätssteigerungskurve kompensiert werden. Zur Belegung der Matrizen mit vordefinierten Referenzwerten wurden verschiedene Muster vorgeschlagen; die gebräuchlichsten sind bekannt unter den Bezeichnungen geordnetes Dither (hier wird besonderes Augenmerk auf die gleichmäßige Verteilung von Hell und Dunkel innerhalb eines Rasters gelegt), Magic Square, simulierter optischer Schirm (hier sind die steigenden Koeffizienten in Doppelspiralen mit verschiedenen Modifikationen angeordnet, um möglichst symmetrische Raster zu erzielen) und Ring Pattern. Die Beurteilung der einzelnen Muster hängt sehr stark von dem verwendeten Ausgabegerät (→ Bildschirmsichtgerät, Tintenstrahlplotter etc.) ab. So läßt sich Tinte auf Papier oder Folie nicht so scharf abgrenzen wie die Pixel auf einem → Bildschirm, andererseits zeigen bestimmte Muster bei zu starker Fokussierung Moiré-Effekte. Bei größeren Flächen mit konstanter → Helligkeit entstehen häufig unerwünschte Texturen, da die einzelnen Halbtoneinheiten bei digitalen Verfahren, im Gegensatz zu photographischen Verfahren, asymmetrisch sind. Um dem entgegenzuwirken, werden die Koeffizientenmatrizen gelegentlich auch mit Zufallswerten belegt. Texturen können so vermieden werden, jedoch zeigen die resultierenden Abbildungen viel → Rauschen und geringere Auflösung.

Eine weitere Alternative stellt das Fehlerverteilungsverfahren dar. Bei diesem Verfahren werden keine Raster, sondern die einzelnen Pixel betrachtet. Beim Setzen eines Pixel zu Schwarz oder Weiß wird gegenüber dem gemessenen Grauwert ein Fehler zwischen 0 und 50% begangen. Dieser Fehler wird nach einem zuvor definierten Muster auf die in beiden Abtastrichtungen folgenden Bildpunkte verteilt und von den dortigen Schwellenwerten abgezogen. Dieses Verfahren liefert recht gute Ergebnisse, jedoch zeigen sich hier bei Flächen mit kontinuierlicher Grauwertänderung charakteristische Texturen. Nahezu alle Halbtonverfahren können durch Überlagerung von drei bzw. vier farbgefilterten Grautonbildern auch für Farbreproduktionen verwendet werden. *Encarnação/Redmer*

**Halteproblem** ⟨halting problem⟩.
☐ Das *allgemeine* H. besteht darin, einen Algorithmus anzugeben, der bei Eingabe (der formalen Beschreibung) einer → Maschine M und einer → Konfiguration k feststellt, ob es eine terminierende Berechnung von M beginnend in k gibt. Ein zentrales Ergebnis der Berechenbarkeitstheorie besagt, daß das H. für → *Turing*-Maschinen unentscheidbar ist; gemäß der → *Church*schen-These besagt dies, daß es nicht möglich ist, ein Programm zu schreiben, das beliebige Programme auf ihre → Terminierung überprüft.

Der Beweis der Unentscheidbarkeit des H. benutzt Diagonalisierung; seine Grundidee (für deterministische *Turing*-Maschinen): Wir können Beschreibungen von *Turing*-Maschinen und ihren Konfigurationen im Alphabet der *Turing*-Maschinen codieren. Angenommen, $\Phi$ wäre eine *Turing*-Maschine, die bei Eingabe (der Beschreibung) einer *Turing*-Maschine M und einer Konfiguration k das Ergebnis „ja" ausgibt, wenn M ausgehend von der Konfiguration k terminiert, und sonst das Ergebnis „nein". Dann könnte man die *Turing*-Maschine $\Psi$ konstruieren, die bei Eingabe von M das Ergebnis „ja" ausgibt, falls $\Phi$, angewandt auf (M, M), das Ergebnis „nein" ausgibt, und sonst in eine Endlosschleife übergeht. (M wird dabei einmal als Beschreibung einer *Turing*-Maschine und einmal als Beschreibung einer Konfiguration interpretiert.) Man erhält dann folgende Beweiskette:

Ψ gibt bei Eingabe von Ψ das Ergebnis „ja" aus gdw. Φ gibt bei Eingabe von (Ψ, Ψ) das Ergebnis „nein" aus
gdw. Ψ terminiert nicht bei Eingabe von Ψ.
Damit ist ein Widerspruch erreicht, d. h., es kann keine *Turing*-Maschine Φ wie angenommen geben.

☐ Das *spezielle* H. besteht darin, für eine a priori gegebene Maschine M einen Algorithmus anzugeben, der bei Eingabe einer Konfiguration k feststellt, ob es eine terminierende Berechnung von M beginnend in k gibt. Aus der Existenz einer universellen *Turing*-Maschine und der Unentscheidbarkeit des allgemeinen H. folgt, daß es *Turing*-Maschinen gibt, für die das spezielle H. unentscheidbar ist. *Merz/Wirsing*

Literatur: *Turing, A. M.*: On computable numbers, with an application to the Entscheidungsproblem. Proc. London Mathematical Society 42 (1936) 2, pp. 230–265.

**Handover (Kanalübergabe)** ⟨*handover*⟩. Unter H. versteht man in einem mobilen Funknetz einen Wechsel des Kanals (d. h. der Frequenz und/oder des → TDMA-Slots), auf dem die Kommunikation mit der Funkfeststation stattfindet. Ein Kanalwechsel kann innerhalb des Versorgungsgebiets einer Funkfeststation (z. B. durch plötzlich aufgetretene Interferenzen) oder zwischen Funkfeststationen stattfinden. Letzteres ist der Fall, wenn sich die Mobilstation aus dem aktuellen Versorgungsgebiet in das einer anderen Funkfeststation bewegt. Hierdurch wird eine Mobilität während der Kommunikation auch über Zellgrenzen hinaus gewährleistet. Die Mechanismen, mit denen ein H. realisiert wird, sind systemabhängig: Während in → DECT ein H. von der Mobilstation initiiert und durchgeführt wird, sind für die Bearbeitung eines H. in → GSM die Funkfeststationen zuständig. *Hoff/Spaniol*

**Hardware** ⟨*hardware*⟩. Unter H. versteht man bei → Rechensystemen (im Sinne von DIN 44 300) die Gesamtheit der technischen Komponenten, aus denen sie aufgebaut sind. H.-Einrichtungen sind neben den → Zentraleinheiten (→ Leitwerke, → Rechenwerke und → Hauptspeicher) die peripheren Geräte (→ Ein-/Ausgabegeräte, periphere Speicher), Datenübertragungseinrichtungen, Gerätesteuerung und Bedienungseinrichtungen. Der Begriff „Mixed H." steht für die Kombination von Komponenten mehrerer Hersteller innerhalb eines Rechnersystems. Ziel einer solchen Kombination ist die Kosteneinsparung. Als → Software bezeichnet man alle → Programme, als → Firmware alle Mikroprogramme zur H. einer Rechenanlage.
*Bode/Schneider*

**Hardware-Konfiguration** ⟨*hardware configuration*⟩ → Rechensystem

**Hardware-Konfiguration, Speicher der** ⟨*storage devices of the hardware configuration*⟩ → Speichermanagement

**Hashing** ⟨*hashing*⟩ → Streuspeicherung

**Hatley-Pirbhai-Entwicklungsmethode** ⟨*Hatley-Pirbhai development method*⟩. Methode zum → Realzeitsystementwurf, basierend auf der → strukturierten Analyse (SA) von *DeMarco* (→ Realzeitsystementwicklung).

Die von *Hatley/Pirbhai* definierten Real-Time Extensions (SA/RT) erlauben neben der Darstellung der aus der strukturierten Analyse bekannten Datenflußdiagramme (DFD) zusätzlich die Modellierung des Kontrollflusses durch Kontrollflußdiagramme (CFD). Hierfür werden neben der Symbolik von *DeMarco* zwei zusätzliche Symbole zur graphischen Repräsentierung zur Verfügung gestellt. Zur Darstellung der Kontrollflüsse (Ereignisse/events) werden gerichtete, gestrichelte Kanten, und zur Darstellung der Kontrollspezifikationen (CSpecs) wird ein vertikaler Balken verwendet (Bild 1).

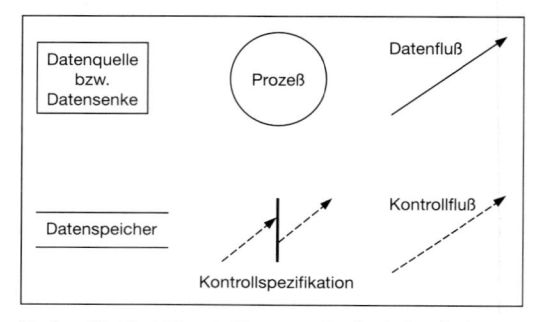

*Hatley-Pirbhai-Entwicklungsmethode 1: Symbole*

Zu Beginn wird analog zu SA ein Kontext-Datenflußdiagramm des Systems entworfen, und dieses wird dann schrittweise verfeinert. Hierbei ist zu beachten, daß immer nur ein Prozeß in Unterprozesse aufgeteilt und durch ein eigenes Diagramm dargestellt werden sollte. Des weiteren müssen allen Informations- bzw. Datenflüssen bedeutungsvolle Namen zugewiesen werden, und mit jedem Verfeinerungsschritt muß die Anzahl der Ein- bzw. Ausgänge je Prozeß mit der Anzahl der Ein- und Ausgänge des entsprechenden Graphen übereinstimmen (balancing). Die Verfeinerung der DFD wird solange fortgesetzt, bis sich in jedem Prozeß eine einfache Funktion des Systemmodells widerspiegelt, die letztendlich durch eine einfache Prozeßspezifikation (PSpec) beschrieben werden kann.

Parallel zu den DFD kann das Kontrollflußmodell des Systems entworfen werden. DFD und CFD derselben Verfeinerungsebene enthalten dieselben Prozesse. In den CFD werden aber keine Datenflüsse, sondern nur die Kontrollflüsse (events) zwischen den Prozessen bzw. zwischen den Prozessen und der Umgebung dargestellt. Jedes Kontrollflußdiagramm enthält einen oder mehrere Verweise auf die zugehörige Kontrollspezifikation (CSpec) (Bild 2).

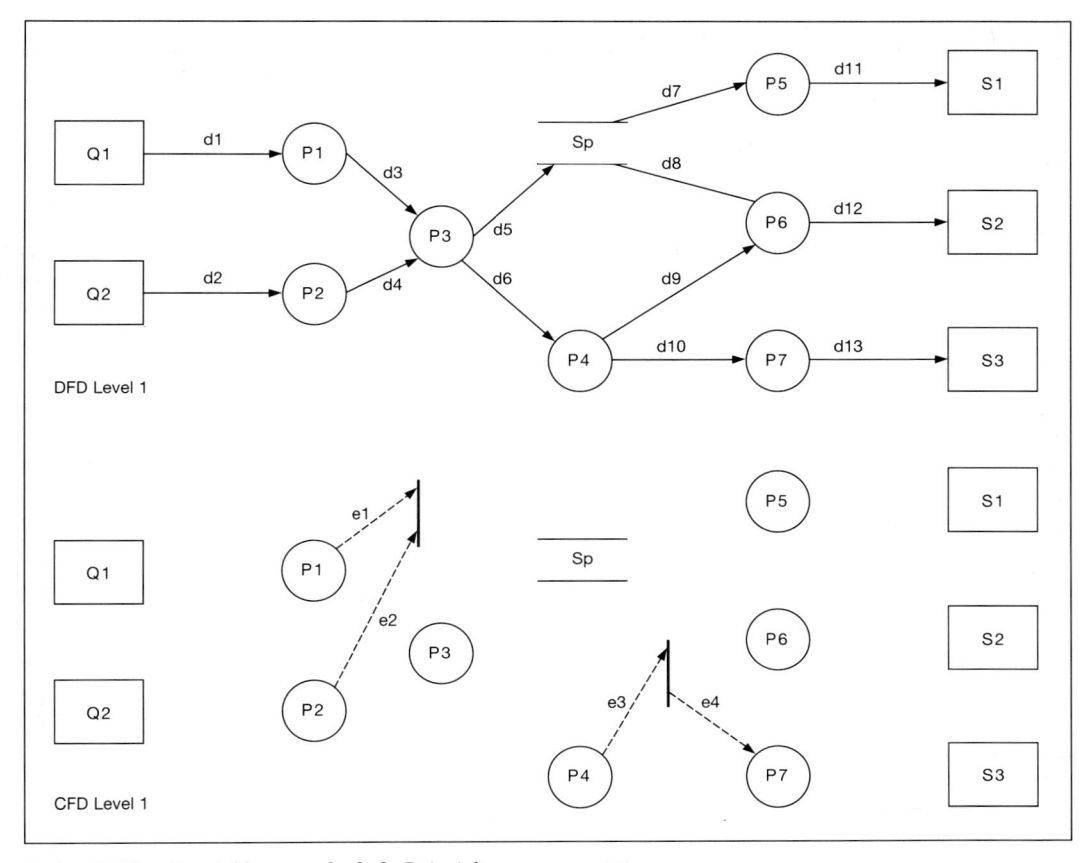

*Hatley-Pirbhai-Entwicklungsmethode 2: Beispiel*

Die CSpec beschreibt das Verhalten des Systems. Hierfür werden zwei unterschiedliche Beschreibungsformen, das Zustandsübergangs-Diagramm (STD) oder die Prozeßaktivierungs-Tabelle (PAT) verwendet. Die CSpec setzt die von den einzelnen Prozessen erzeugten Datenbedingungen und die Ereignisse der Umgebung in sog. Prozeßaktivierungssignale um, d. h., die CSpec kann, abhängig von den Eingangsereignissen, einzelne Prozesse starten, anhalten, zurücksetzen und weiterlaufen lassen. Die CSpec beschreibt dagegen nicht die Funktionalität der Prozesse, dies wird in den einzelnen PSpecs durchgeführt.

Prozeßspezifikationen (PSpecs) können in jeder aussagekräftigen Form geschrieben werden. Verwendet werden Beschreibungen in Prosa, Pseudo-Programmiersprachen, Signalverläufe usw. Auch die Systemmodellierung nach *Hatley* und *Pirbhai* schreibt die Pflege eines Datenverzeichnisses (data dictionary) vor. Dieses Verzeichnis beschreibt jeden Daten- und Kontrollfluß durch seinen Namen, wo er definiert und benützt wird, seine Einschränkungen z. B. in der Amplitude oder der Erzeugungsrate und aus welchen anderen Datenflüssen er zusammengesetzt wird.

Eine verwandte Methode zur Spezifikation von Realzeitsystemen ist die → *Ward-Mellor*-Entwicklungsmethode. *Kolloch*

Literatur: *Hatley; Pirbhai*: Strategies for real-time system specification. Dorset House 1987. – *DeMarco, T.*: Structured analysis and system specification. Prentice Hall, 1979. – *Pressman, R. S.*: Software engineering, A practitioner's approach. Maidenhead, Berkshire 1992.

**Hauptspeicher** ⟨*main memory*⟩. → Speicher in einer digitalen → Rechenanlage, mit dem der → Prozessor (Leitwerk und Rechenwerk) unmittelbar zusammenarbeitet. Der H. beinhaltet jeweils zumindest den aktuellen Ausschnitt von den in Ausführung befindlichen → Programmen und zugehörigen → Daten. Wegen der großen Leistungsunterschiede zwischen Prozessor und H. haben moderne Rechner meist mehrstufige → Cachespeicher zur Quasibeschleunigung des H. H. sind heute meist → Direktzugriffsspeicher in Halbleitertechnologie mit einer Kapazität von einigen MBytes (bei PC) bis einigen GBytes bei Großrechnern und → Zugriffszeiten von 20 bis 100 ns. *Bode*

**Hauptverkehrsstunde** ⟨busy hour⟩. Mit H. wird in einem Kommunikationssystem die 60minütige Periode am Tag mit dem höchsten Verkehrsaufkommen bezeichnet. *Quernheim/Spaniol*

**HDB-Code** ⟨HDB (High Density Bipolar) code⟩. Variante des → AMI-Code, welche die Übertragung langer „0"-Folgen (kein Impuls) vermeidet, indem jeweils nach einer festen Anzahl n von „0"en, z.B. n=3 bei HDB-3, ein Paar von Codeelementen „+1", „−1" (und somit ein Flankenwechsel) eingefügt wird. Wie beim Bitstuffing (→ HDLC) kann der Empfänger die eingefügten Codeelemente identifizieren und wieder entfernen. Der HDB-C. wird in → SDH-Verbindungen eingesetzt. *Quernheim/Spaniol*

**HDLC** ⟨HDLC (High-level Data Link Control)⟩. Protokoll der → Sicherungsebene (→ OSI-Referenzmodell). Eine → Nachricht wird ab einer bestimmten Länge fortlaufend in Blöcke unterteilt, die einzeln über einen Kanal zum nächsten Netzknoten geschickt werden. Bei HDLC werden diese → Pakete Frames (Rahmen) genannt.

| Flag<br>8 bit | Addr.<br>8 bit | Control<br>8/<br>16 bit | Information<br>n bit | FCS<br>16 bit | Flag<br>8 bit |
|---|---|---|---|---|---|

*HDLC: HDLC-Rahmenformat*

Zu den Aufgaben von HDLC gehören Fehlerkontrolle, → Flußkontrolle, Kontrolle der Paketreihenfolge (sequencing). Ein Rahmen wird mit sechs „1"en abgegrenzt. Damit diese Erkennung eindeutig ist, wird eine Folge von fünf und mehr „1"en, die nicht zu einer → Flag gehören, nach fünf „1"en von einer „0" unterbrochen, bevor der Bitstrom übertragen wird. Beim Empfang werden diese „0"en dann wieder entfernt (Bitstuffing). *Jakobs/Spaniol*

**HDTV** ⟨HDTV (High Definition Television)⟩. Dies bedeutet Fernsehen hoher Detailtreue und stellt die Weiterentwicklung des Fernsehsystems in Richtung Kinoqualität dar. Gemeint ist hier das Kinoerlebnis, das Gefühl in der Bildszene zu sitzen. Dieses wird erreicht durch ein wesentlich vergrößertes, das Gesichtsfeld füllendes Display. Als Kameraeinstellung überwiegt nicht mehr die Detaildarstellung in Großaufnahme, sondern die Totale. Hierdurch wird dem Zuschauer ein bisher vom → Fernsehsystem nicht erreichter Überblick über die Szene gegeben.

Wesentliches technisches Merkmal ist eine deutlich erhöhte Bildpunktzahl pro Bild. Die Kanalbandbreite wird jedoch nur geringfügig erhöht. Schlüsselprobleme für HDTV sind daher hochauflösende Bildaufnehmer (>1 Mio. → Pixel), die hochgradige Bilddatenkompression um mindestens Faktor 100 für digitale Übertragung und Speicherung sowie große, flache Displays mit Diagonalen über 1,5 m. Diese Probleme sind bisher nur in Ansätzen gelöst. Der Wert der HDTV-Geräte wird wesentlich durch ihre zahlreichen komplexen Mikroelektronik-Bauelemente einschließlich Display bestimmt sein.

Die HDTV-Geräte sollen ein kinoähnliches Bildseitenverhältnis 16:9 gegenüber 4:3 heute, doppelte Auflösung in vertikaler und horizontaler Richtung, keine sichtbare Zeilenstruktur, keine Flimmer-, Flacker- oder Bewegungsstörungen, kein Übersprechen zwischen Luminanz und Chrominanz (Cross-Effekte zwischen Helligkeits- und Farbinformation) und mehrkanaligen Ton besitzen. Kein Qualitätsmerkmal darf hinter heutigen Empfängern zurückbleiben.

Die Rundfunkanstalten erwarten von HDTV einen für 35-mm-Film und Fernsehen gemeinsamen weltweiten Produktionsstandard. Hierzu wäre ein weltweiter HDTV-Standard hilfreich, dessen Definition jedoch durch die verschiedenen Teilbildfrequenzen (50 Hz Europa und 60 Hz USA, Japan) erschwert wird.

Vorstufen zu HDTV sind IDTV (Improved Definition TV) und EDTV (Extended Definition TV). IDTV enthält Maßnahmen zur Qualitätsverbesserung nur im Empfänger. Dies sind z.B. Bildspeicher zur Reduktion des Großflächenflimmerns durch 100 Hz Teilbildfrequenz, zur Rauschreduktion, Versteilerung vertikaler Kanten oder zur Kantenflackerreduktion. Weitere Betriebsmodi sind Bild im Bild oder Zoom.

Bei EDTV werden Maßnahmen der Qualitätsverbesserung in Sender und Empfänger ergriffen. Beim Sender können Kameras ohne Zeilensprung (625 Z., 1:1) oder mit doppelter Zeilenzahl (1 250 Z., 2:1) eingesetzt werden. In Verbindung mit mehrdimensionalen Filtertechniken lassen sich Bildstörungen (Alias, Cross-Effekte, Fernsehsystem) deutlich reduzieren. Ein weiteres Merkmal wird bereits das Bildformat 16:9 sein. Wichtige EDTV-Systeme sind PALplus und D2MAC.

Wesentlich für ein HDTV-System ist der zugehörige Übertragungsstandard. In Japan wurde seit 1970 das MUSE-System entwickelt. Alle Komponenten für Studio und Heimempfang sind lieferbar. Das europäische System HDMAC wurde mit allen Komponenten anläßlich der Olympiade 1992 erstmalig in großem Rahmen eingesetzt. Seine Entwicklung und Markteinführung wurde dann jedoch zugunsten des digitalen Fernsehens zurückgestellt. Während MUSE und HDMAC Analogsignale übertragen, werden zukünftig eingeführte Systeme digitale Signale verwenden.

Die Datenkompression von HDMAC und MUSE erfolgt durch einen Austausch von Orts- und Zeitauflösung. Hierbei wird ausgenutzt, daß das Auge bei bewegten Bildinhalten weniger Details wahrnehmen kann, als bei ruhenden Bildinhalten. Es wird entweder feine Struktur oder Bewegung erkannt, nicht jedoch beides gleichzeitig. Bei bewegtem Bildinhalt braucht daher nur die reduzierte herkömmliche Bildpunktzahl übertragen zu werden (1-TB-Mode). Bei ruhendem

*HDTV. Tabelle: HDTV-Übertragungsverfahren MUSE; c/h bedeutet Schwingungen (cycles c) pro Bildhöhe h*

| System | MUSE |
| --- | --- |
| Signalverarbeitung | digital |
| Übertragung | analog |
| Zeilenzahl | 1 125 |
| Bandbreite/MHz | 8,1 |
| Kompressionsfaktoren | Zeitkompr. |
| Luminanz | 1 |
| Chrominanz | 4 |
| Übertragung | Zeitmultiplex |
| Bewegungsmode 1: Schnelle Bewegung, 1-TB-Mode | |
| Auflösungsgr. vert./hor. | 258/157 c/h |
| Bewegungsmode 2: Ruhe, 4-TB-Mode, < 0,2 px/40 ms | |
| Auflösungsgr. vert./hor. | 516/314 c/h |

Bildinhalt wird dagegen bei gleicher Kanalbandbreite die vierfache Bildpunktzahl für ein Display-Teilbild dargestellt. Zur Übertragung muß diese Information auf vier Übertragungs-Teilbilder verteilt werden (4-TB-Mode). Hierdurch sinkt die Zeitauflösung auf $^1/_4$, die Ortsauflösung steigt um Faktor 4. Bei HDMAC existiert noch ein Zwischenmode (2-TB-Mode) für mittlere Geschwindigkeiten. Zukünftige HDTV-Verfahren werden voraussichtlich Spezialfälle digitaler Fernsehsysteme, wie DVB, darstellen. *Grigat*
Literatur: *Boie, W.*: TV-Systeme mit erhöhter Bildqualität. Fernseh- und Kinotechnik (1991) 12, (1992) 1, 2.

**Helligkeit** ⟨*brightness*⟩. Im allgemeinen „die Stärke einer Lichtempfindung, wie sie mit jeder Farbempfindung stets unlösbar verbunden ist" (DIN 5033); somit ist die H. ein untrennbarer Bestandteil der Farbe. Da es sich um eine subjektive Empfindung handelt, ist nur die Definition einer eindeutigen, beobachterunabhängigen, physikalisch meßbaren Größe als Absolutwert für die H. möglich. Das hängt damit zusammen, daß das menschliche Auge einen Lichtreiz in Abhängigkeit von der Umgebung bewertet (Helladaption) und für verschiedene Farben unterschiedliche Empfindlichkeit aufweist. Deshalb stützen sich Aussagen über die H. auf vordefinierten, konstanten Bedingungen und einen fiktiven „photometrischen Normalbeobachter" (DIN 5033).

Als Maß für den H.-Eindruck wird die Leuchtdichte L benutzt. Sie ist definiert als das Integral $L = C \int \varphi(\lambda) V(\lambda) d\lambda$, wobei C Konstante, $\varphi(\lambda)$ spektrale Zusammensetzung des Farbreizes, $V(\lambda)$ die von der internationalen Beleuchtungskommission (CIE) festgelegte relative spektrale Empfindlichkeit des Normalbeobachters für Tagessehen. *Encarnação/Sakas*

Literatur: DIN 5031: Strahlungsphysik im optischen Bereich und Lichttechnik (1982). – DIN 5033: Farbmessung (1979). – *Lang, H.*: Farbmetrik und Farbfernsehen. München–Wien 1978.

**Herbrand-Universum** ⟨*Herbrand universe*⟩. Spezieller Diskursbereich für die Interpretation prädikatenlogischer Formeln. Eine prädikatenlogische Formel wird interpretiert, indem den Symbolen der Formel → Objekte einer Diskurswelt (eines „Universums") zugeordnet werden. Das H.-U. ist eine fiktive Diskurswelt, die alle Grundterme der Formeln als Objekte enthält. Jedes Konstanten-Symbol wird sich selbst zugeordnet. Jedes Funktionssymbol f wird einer Abbildung im H.-U. zugeordnet, die die Argumente t1 bis tn auf einen Grundterm f(t1, ..., tn) abbildet. Jedes Prädikatssymbol P wird einer Relation zugeordnet, die alle Grundterm-Tupel enthält, für die P wahr ist.

Für viele Untersuchungen kann man sich bei der Interpretation von Formeln auf das H.-U. beschränken. Insbesondere sind Formeln erfüllbar, wenn sie von wenigstens einer *Herbrand*-Interpretation erfüllt werden, und falsifizierbar, wenn sie von wenigstens einer *Herbrand*-Interpretation falsifiziert werden. *J. Herbrand*, ein französischer Philosoph, hat diese Überlegungen 1930 (nicht als erster) veröffentlicht.

*Neumann*

**Hervorheben** ⟨*highlighting*⟩. In der elektronischen → Datenverarbeitung wird mit der Funktion *H.* eine geräteunabhängige Beschreibung zur Verfügung gestellt, ein → Objekt durch Ändern seiner Sichtbarkeitsattribute besonders zu betonen (eine Verallgemeinerung des Blinkens). Das H. kann z. B. dazu verwendet werden, die Aufmerksamkeit eines → Bedieners auf einen bestimmten Teil (Ausschnitt) des → Bildschirms zu ziehen.

Beim Graphischen Kernsystem (→ GKS) können nur Segmente hervorgehoben werden.

*Encarnação/Alheit/Haag*

**Heuristik** ⟨*heuristics*⟩. Daumenregel, geschätzter oder vermuteter Zusammenhang, empfohlene Verfahrensweise. Abgeleitet aus dem Griechischen (heuriskein = ich finde): etwas, was zum Finden beiträgt. H. dienen in der → Künstlichen Intelligenz (KI) meist zur Steuerung und Einschränkung von Suchverfahren. Eine H. zur Zugauswahl im Computer-Schach könnte z.B. lauten: „Exploriere nur Züge, die nicht unmittelbar zu Verlustsituationen führen." Dadurch wird der Aufwand einer erschöpfenden Suche vermieden. H. können fehlbar sein, wie das Beispiel verdeutlicht: Vorteilhafte Zugfolgen, die mit einem Opfer beginnen, werden nicht gefunden.                                                   *Neumann*

**Hidden-Line/Surface-Elimination** ⟨*hidden line/surface removal*⟩ → Elimination verdeckter Linien/Flächen

**Hidden-Markoff-Modell** ⟨*HMM (Hidden Markov Model)*⟩. **1.** Variante der klassischen Markoff-Kette, die zur Interpretation und Klassifikation biologischer Daten eingesetzt wird.

H.-M.-M. werden v. a. in der phonetischen Sprachanalyse und der → molekularen Bioinformatik – dort zur Interpretation von biologischen Sequenzdaten (→ Alignment biologischer Sequenzen) – eingesetzt.
*Lengauer*

Literatur: *Rabiner, L. R.*: A tutorial on hidden Markov models and selected applications in speech recognition. Proc. IEEE 77 (1989) 2, pp. 257–286. – *Krogh, A.; M. Brown et al.*: Hidden Markov models in computational biology: Application to protein modeling. J. of Molecular Biology 235 (1994) pp. 1501–1531.

**2.** Ein spezieller stochastischer Automat, der in der Spracherkennung als Wortmodell verwendet wird und die effiziente Berechnung der Wahrscheinlichkeit des Wortmodells unter der Bedingung einer gegebenen Beobachtung erlaubt.

Ein (diskretes) HMM generiert zur diskreten Zeit $t_n$ zufällig ein nicht beobachtbares Zustandssymbol $s_n = S_i \in S = \{S_1, ..., S_I\}$ aus einer endlichen Menge S von Zustandssymbolen $S_i$ und im Zustand $S_i$ eine beobachtbare Ausgabe $o_i = O_l \in O = \{O_1, ..., O_L\}$ aus einer endlichen Menge O von Ausgabesymbolen $O_l$. Damit werden, beginnend zur Zeit $t_1$, eine Zustandsfolge s und eine Beobachtungsfolge o der Länge T generiert.

Ein diskretes HMM ist definiert durch den Vektor π der Anfangswahrscheinlichkeiten, die Matrix B der Zustandsübergangswahrscheinlichkeiten und die Matrix B der Ausgabewahrscheinlichkeiten gemäß

$$HMM = \begin{cases} \pi = [\pi_i] = P(s_1 = S_i), \\ A = [a_{ij}], a_{ij} = P(s_{n+1} = S_j | s_n = S_i), \\ B = [b_{il}], b_{il} = P(o_i = O_l | s_n = S_i), \\ i, j = 1, ..., I; \; l = 1, ..., L. \end{cases}$$

Für Zwecke der Spracherkennung wird zu jedem zu erkennenden Wort ein HMM als Wortmodell definiert.

Das erste Grundproblem besteht darin, für eine gegebene Beobachtungsfolge o und ein HMM mit gegebenen Parametern die Wahrscheinlichkeit P(o|HMM), mit der diese Beobachtung von dem gegebenen HMM generiert wurde, zu berechnen. Dieses ist mit dem sog. „Vorwärts-rückwärts(forward-backward)-Algorithmus" möglich. Damit wird das Erkennungsproblem auf der Basis des → *Bayes*-Klassifikators gelöst.

Das zweite Grundproblem besteht darin, die optimalen Parameter des HMM aus einer Stichprobe von Beobachtungen zu schätzen. Dieses ist mit dem *Viterbi*- oder *Baum-Welch*-Algorithmus möglich. Damit wird das Lern- oder Trainingsproblem gelöst.

Das dritte Grundproblem besteht darin, zu einem gegebenen HMM und gegebener Beobachtung die wahrscheinlichste Zustandsfolge zu berechnen. Dieses ist mit dem *Viterbi*-Algorithmus möglich.    *Niemann*

Literatur: *Rabiner, L. R.*: Mathematical foundations of hidden Markov models. In: *Niemann, H.* and *M. Lang, G. Sagerer* (Eds.): Recent advances in speech understanding and dialogue systems. NATO ASI Series F46. Berlin-Heidelberg 1988. – *Schukat-Talamazzini, E. G.*: Automatische Spracherkennung. Wiesbaden 1995.

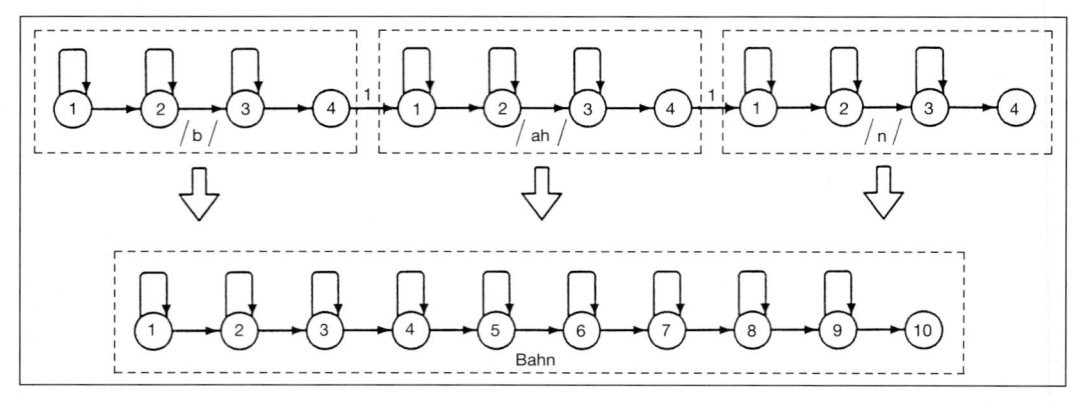

*Hidden-Markoff-Modell: Beispiel für ein HMM-Wortmodell des Wortes „Bahn" (unten), das aus Lautmodellen (oben) automatisch generiert wird*

**Hierarchie von Speichern** ⟨*hierarchy of storage levels*⟩ → Speichermanagement

**Highlighting** ⟨*highlighting*⟩ → Hervorheben

**Hintergrundspeicher (HS)** ⟨*peripheral memory/background storage*⟩. In einem digitalen Rechensystem diejenigen → Speicher, die zusätzlich zum → Arbeitsspeicher vorhanden sind. HS werden üblicherweise den peripheren Geräten zugeordnet; der Datentransport zwischen Arbeitsspeicher und HS wird wie der zwischen Arbeitsspeicher und → Ein-/Ausgabegeräten behandelt. HS können größere Datenmengen aufnehmen als der Arbeitsspeicher, und die Kosten pro → Zeichen sind niedriger. Die → Zugriffszeit auf → Informationen ist jedoch deutlich länger als beim Arbeitsspeicher. Als HS werden vorwiegend → Magnetplatten, → Disketten und → Magnetbänder verwendet, früher auch Magnettrommeln. Neue, v. a. optische Verfahren haben sich hauptsächlich als periphere → Festspeicher etabliert (CD-ROM, WORM) (s. auch → Speichermanagement). *Bode*

**Hintergrundspeicherebene** ⟨*background storage level*⟩ → Speichermanagement

**Hintergrundspeichermanagement** ⟨*secondary storage management*⟩ → Betriebssystem

**Hintergrundspeicherverwaltung** ⟨*background storage management*⟩ → Speichermanagement

**Hoare-Logik** ⟨*Hoare's logic*⟩. Erlaubt es, partielle Korrektheitsaussagen für while-Programme zu formulieren und zu beweisen. Formeln der H.-L. sind Tripel der Form {p} S {q}, wobei die → Vorbedingung p und die → Nachbedingung q prädikatenlogische Formeln sind und S ein while-Programm ist. Die Formel {p} S {q} ist wahr, wenn nach jeder terminierenden Ausführung von S das Prädikat q erfüllt ist, sofern vor der Ausführung p galt. Diese Definition verlangt somit nicht, daß S terminiert; dies ist der wesentliche Unterschied zwischen H.-L. und → WP-Kalkül. Die H.-L. wurde von *Hoare* für eine einfache Sprache von while-Programmen definiert; typische Beweisregeln sind:

$\{p[t/x]\}\, x := t\, \{p\}$ (Zuweisung),

$\dfrac{\{p\}\, S_1\, \{q\}\ \{q\}\, S_2\, \{r\}}{\{p\}\, S_1;\, S_2\, \{r\}}$ (Hintereinanderausführung),

$\dfrac{\{p \wedge b\}\, S_1\, \{q\}\ \{p \wedge \neg b\}\, S_2\, \{q\}}{\{p\}\ \text{if then}\ S_1\ \text{else}\ S_2\ \text{fi}\, \{q\}}$ (bedingte Anweisung),

$\dfrac{\{p \wedge b\}\, S\, \{p\}}{\{p\}\ \text{while}\ b\ \text{do}\ S\ \text{od}\ \{p \wedge \neg b\}}$ (while – Schleife),

$\dfrac{p \to p'\ \{p'\}\, S\, \{q'\}\ q' \to q}{\{p\}\, S\, \{q\}}$ (Folgerung).

Diese Regeln sind korrekt und – unter gewissen Annahmen bezüglich der Expressivität der zugrunde liegenden Prädikatenlogik – für eine einfache Sprache von while-Programmen relativ vollständig.
*Merz/Wirsing*

Literatur: *Hoare, C. A. R.*: An axiomatic basis of computer programming. Communications of the ACM (1969) pp. 576–583. – *Apt, K. R.*: Ten years of Hoare's logic: A survey. ACM Transactions on Programming Languages and Systems 3 (1981) pp. 431–483. – *Apt, K.; Olderog, E.*: Programmverifikation: sequentielle, parallele und verteilte Programme. Springer, Berlin 1994. – *Best, E.*: Semantik: Theorie sequentieller und paralleler Programmierung. Vieweg, Braunschweig 1995.

**Hochleistungsrechnen** ⟨*high performance computing*⟩ → Rechnen, wissenschaftliches; → Simulation, numerische

**Hollerith** ⟨*Hollerith*⟩. Ein früher weit verbreitetes System zur → Codierung alphanumerischer Information auf → Lochkarten. Diese Karten wurden erstmals 1890 im Rahmen der Volkszählung in den USA eingesetzt und nach *H. Hollerith*, ihrem Erfinder, benannt.
*Bode/Schneider*

**Hologramm** ⟨*hologram*⟩ → Holographie

**Holographie** ⟨*holography*⟩ (von *griech.* holos = insgesamt, vollständig und *griech.* graphein = schreiben). Eine auf Untersuchungen von *D. Gabor* (1947, Nobelpreis für Physik 1971) zurückgehende photographische Technik, bei der neben der Lichtamplitude auch die Phase der Lichtwellen aufgezeichnet wird.

Dadurch sieht der Betrachter ein dreidimensionales Bild des Motivs, das bei Veränderung des Betrachterstandpunkts auch unter einem entsprechend veränderten Blickwinkel erscheint.

Zur Erzeugung eines *Hologramms* wird monochromatisches, kohärentes Licht benötigt, wie es ein Laserstrahl liefert; die Kohärenz ist wichtig, um eine definierte Referenzphase zu erhalten. Man spaltet den Strahl in zwei Teile auf, den Objektstrahl zur Beleuchtung des Motivs und den Referenzstrahl, der direkt auf die Photoplatte gelenkt wird. Durch die Überlagerung des vom Objekt reflektierten Lichts mit dem Referenzstrahl entsteht ein Interferenzmuster auf der Photoplatte, das die vollständige Bildinformation enthält; eine Fokussierungslinse wie bei der konventionellen Photographie entfällt. Die Tiefeninformation ist in der Phase enthalten, da diese (bei vorgegebener Referenzphase) die Entfernung von der → Lichtquelle angibt.

Die entstehenden Interferenzmuster sind scheinbar gestaltlos. Erst bei der Beleuchtung (Reflexionsholographie) oder Durchleuchtung (Transmissionsholographie) mit gleichem, kohärentem Laserlicht tritt das dreidimensional wirkende Bild hervor. Bei Verwendung langwelligeren Lichts erscheint das Bild vergrößert, bei kurzwelligerem Licht hingegen verkleinert.

Neuere Methoden erlauben die Rekonstruktion des Bildes mit nichtkohärentem, weißem Licht; die Voraussetzung dafür ist jedoch eine Reduktion des Gehalts an dreidimensionaler Information. Eingesetzt werden derartige Hologramme beispielsweise, um möglichst schwer fälschbare Ausweise oder Kreditkarten herzustellen.

Auch in Bruchstücken eines Hologramms ist die gesamte Bildinformation enthalten. Bei der Betrachtung eines Teilhologramms verkleinert sich lediglich das Beobachterfenster, und das Bild wird kontrastschwächer.

In der → Datenverarbeitung verspricht man sich von der H. zweierlei: Zum einen sind sehr schnelle und große → Speicher möglich (z. B. ein 1 000 Seiten starkes Buch in einem einzigen KBr-Kristall beim Holdor(holographic data storage)-Verfahren). Zum anderen kann damit eine echt dreidimensionale Ausgabe erzeugt werden mit einer räumlichen → Auflösung, die alle anderen Techniken zur dreidimensionalen Darstellung übertrifft.

Einige Probleme verhinderten allerdings bis jetzt den Einsatz graphischer Ausgabegeräte auf holographischer Basis. Wichtigster Grund ist neben den Kosten der Rechenzeitaufwand bei der Erzeugung eines Hologramms: Für einen → Bildschirm mit einer Auflösung von $x \times y$ sind anstelle von $x \times y$ Pixeln bei konventioneller Darstellung $x \times y \times z$ Bildpunkte bei einem Hologramm zu berechnen, wenn $z$ die gewünschte Tiefe angibt.

Vereinfachungen sind allerdings möglich für „weit entfernte" Objekte. Da diese praktisch invariant sind gegenüber Änderungen des Beobachterstandpunkts, werden sie vom Betrachter nicht mehr als echt dreidimensional wahrgenommen und können daher durch gewöhnliche Abbildungen ersetzt werden. Beispielsweise braucht ein weit im Hintergrund liegender Teil einer Landschaft nicht dreidimensional modelliert zu werden, sondern kann durch ein zweidimensionales Bild in einer einzigen Ebene ersetzt werden. Welche Objekte als „weit entfernt" gelten, hängt neben der noch in Kauf genommenen Toleranz bei der Wiedergabetreue hauptsächlich von der Geometrie der Szenerie ab, d. h. dem Abstand des Objekts vom Beobachter sowie der durch den → Bildausschnitt vorgegebenen maximalen Parallaxe.

Bewegtbilder, also Sequenzen von Hologrammen, sind derzeit noch weit jenseits des Machbaren, da sich der Aufwand zur Berechnung dabei nochmals drastisch erhöht. *Encarnação/Baumann*

**Holographie-Speicher** ⟨*holographic memory*⟩. H.-S. sind optische Einheiten, deren → Speicherfähigkeit auf den Eigenschaften von Hologrammen beruht. Die Technik der Holographie wurde in den 70er Jahren intensiv erforscht, als man nach Materialien und Verfahren zu suchen begann, um mit einem Laserstrahl adressierte Informationen zu speichern. Bisher sind weder Serienprodukte angekündigt worden, die Eigenschaften von Hologrammen für die Realisierung von Massenspeichern nutzen, noch sind aussichtsreiche Prototypen bekannt.

Der Grundgedanke bei dieser Technik: Man will die Überlagerung von mehreren optischen Informationen auf der Fläche eines Hologramms auch für die Aufzeichnung digitaler Daten verwenden. Jedes Bit wird dargestellt als ein Interferenzmuster, das von zwei Quellen für kohärentes Licht gebildet – geschrieben – wird. Man verwendet für das Lesen ebenfalls kohärentes Licht und Photodioden oder vergleichbare Wandler, um aus optischen Signalen (hell/dunkel) elektrische Impulse zu gewinnen.

Mit Flächenhologrammen wären – theoretisch – bis zu etwa 1 Million Bits pro $mm^2$ erreichbar. Wenn es gelingt, Volumenhologramme in dickeren Schichten zu realisieren und für unterschiedliche Schichttiefe unterschiedliche Lichtwellenlängen zu verwenden, gelten auch 1 Milliarde Bits je $mm^3$ als denkbar.

Hologramme lassen sich auch in sog. „photorefraktiven" Kristallen (z. B. Bariumtitanat oder Lithiumniobat) durch Ladungsverschiebung speichern. Dazu wird die photonische Interferenzverteilung der Hologramme detektiert. Dieses geschieht durch das Mischen eines Referenzstrahles mit dem am aufzunehmenden Objekt gestreuten Objektstrahl, nachdem beide aufgefächert und linear überlagert wurden. Referenz- und Objektstrahl stammen aus einer einzigen, kohärent strahlenden Lichtquelle (meistens ein → Laser) und sind daher phasenkohärent.

In dem photorefraktiven Kristall wird das Abbild als Volumen-Hologramm gespeichert. Durch Veränderung des Winkels, mit dem der Referenzstrahlfächer auf die holographische Ebene trifft, kann die interferenzfreie Speicherung einer ganzen Reihe von Volumenhologrammen in einem Kristall durchgeführt werden. In einem Kubikzentimeter eines Kristalls lassen sich mehrere tausend Hologramme abspeichern.

Das Auslesen der Informationen erfolgt durch kohärentes Scannen der einzelnen Schichten des Kristalls mit einem zum Referenzstrahl antiparallelen Strahlfächer. Das Objekt wird in der Ausgabeebene durch die Interferenzverteilung rekonstruiert.

Die H.-S. befinden sich z. Z. noch in der Entwicklungsphase, marktreife Produkte für den Einsatz als Datenspeicher existieren noch nicht. Neben der Beherrschung der Technologie ist v. a. das Problem des Medienbruches zwischen der elektronischen und der optischen Welt relevant. Die Steuerung, Verwaltung und Übertragung solcher Datenmengen wird erst mit Computern möglich sein, die ebenfalls auf optischer Technologie basieren. Deren Serienreife wird erst für das nächste Jahrzehnt erwartet, daher bleiben die Anwendungen von H.-S. in naher Zukunft auf einige wenige Spezialgebiete beschränkt. *Pott/Voss*

Literatur: *Schempp, W.*: Quantensprung, Holographische Grundkomponenten optischer Neurocomputer. iX (1991) Nr. 9. – *Soell, W.* und *H. Kirchner*: Digitale Speicher. Würzburg 1987.

**Horn-Klausel** ⟨*Horn clause*⟩. → Klausel, die höchstens ein nichtnegiertes Literal enthält. Klauseln dieser Form entstehen, wenn man Implikationen
P1 ∧ P2 ∧ ... ∧ Pn → K
in die Klauselform bringt:
¬P1 ∨ ¬P2 ∨ ... ∨ ¬Pn ∨ K.

Das Atom K heißt Kopf, die Atome P1 bis Pn heißen Rumpf der H.-K. H.-K. bilden eine wichtige Grundlage für logische → Programme (→ PROLOG). Ein logisches Programm besteht aus Fakten (H.-K. ohne Rumpf), Regeln (H.-K. mit Kopf) und Zielen (H.-K. ohne Kopf). Ein Ziel ist logisch wie eine negierte Behauptung formuliert. Ein Beweis der Behauptung kann als Widerspruchsbeweis durch das → Resolutionsverfahren erfolgen. Resolution von H.-K. kann mit einer wesentlich einfacheren Kontrollstruktur als allgemeine Resolution durchgeführt werden. *Neumann*

**Horn-Logik** ⟨*Horn logic*⟩. Einschränkung der → Prädikatenlogik erster Stufe auf die Verwendung von *Horn*-Klauseln. *Brauer*

**Host-Rechner** ⟨*host computer*⟩. Rechner (Computer), auf dem → Dienste für andere Komponenten eines Systems ausgeführt werden. Diese anderen Komponenten können ihrerseits vollständige Rechnersysteme oder Komponenten ihrer → Hardware und → Software sein.

H.-R. für einen Spezialcomputer ist üblicherweise ein Universalrechner mit Standardbetriebssystem, z. B. ein → Arbeitsplatzrechner mit UNIX, der die Standardbetriebssystemdienste für den Benutzer erbringt. Der angeschlossene Spezialrechner besitzt i. allg. besondere Fähigkeiten für spezielle Anwendungen, z. B. hohe Rechenleistung im Sinne eines → Feldrechners, eines → systolischen Feldes oder eines Feldes von digitalen → Signalprozessoren, er verfügt aber über kein vollständiges → Betriebssystem.

Bei virtuellen → Maschinen (→ Emulator) ist der H.-R. diejenige Hardware, auf der die virtuelle Maschine zur Ausführung kommt. *Bode*

**Hot Potato Routing** ⟨*hot potato routing*⟩ → Routing

**Hough-Transformation** ⟨*Hough transform*⟩. Verfahren zur Entdeckung einfacher Kurvenformen (Geraden, Kreise, Ellipsen) in Digitalbildern. Den Kurven wird dabei ein Zählerfeld zugeordnet, von dem jede Zelle einer möglichen Ausprägung einer Kurve im Bild entspricht. Kurvenpunkte des Bildes erhöhen jeweils die Zählerzellen der durch sie gestützten Kurven. Lokale Maxima im Zählerfeld zeigen gefundene Kurven an. Das Verfahren ist vorteilhaft, wenn Kurvenverläufe gestört oder lückenhaft sind. *Neumann*

Literatur: *Ballard, D. H.; Brown, C. M.*: Computer vision. London 1982, pp. 123 ff. – *Duda, R. O.; Hart, P. E.*: Use of the Hough transformation to detect lines and curves in pictures. Comm. ACM 15 (1972) 1, pp. 11 – 15.

**HS (Hintergrundspeicher)** ⟨*background storage*⟩ → Speichermanagement

**HS-Realisierung** ⟨*representation in background storage*⟩ → Speichermanagement

**HS-Realisierung, partielle** ⟨*partial representation in background storage*⟩ → Speichermanagement

**HS-Realisierung, seitenbasierte** ⟨*page-based representation in background storage*⟩ → Speichermanagement

**HS-Realisierung, vollständige** ⟨*complete representation in background storage*⟩ → Speichermanagement

**HS-Verwaltung** ⟨*background storage management*⟩ → Speichermanagement

**HS-Verwaltung, kachelorientierte** ⟨*page-based management of background storage*⟩ → Speichermanagement

**HTML** ⟨*HTML (Hypertext Markup Language)*⟩. Speziell für das World Wide Web (→ WWW) konzipiertes → Dokumentaustauschformat auf der Grundlage von → SGML. HTML bietet das erforderliche Regelwerk zur Strukturierung von WWW-Dokumenten und stellt damit eine spezielle → Dokumentklasse dar.
*Schindler/Bormann*

**Huffman-Codierung** ⟨*Huffman coding*⟩. Systematisches Verfahren zur Entropiecodierung, d. h. zur Erzeugung eines → Code mit Codeworten variabler Länge (Variable Length Coding (VLC)), speziell eines Präfixcode. Ein Präfixcode ist so aufgebaut, daß niemals ein Codewort gleichzeitig der Anfang (Präfix) eines anderen, längeren Codeworts sein kann. Betragen sämtliche Auftrittswahrscheinlichkeiten des Alphabets Potenzen von 1/2, so ist die mittlere Codelänge des H.-C. gleich der → Entropie und damit minimal. Sind die Auftrittswahrscheinlichkeiten nicht unabhängig, d. h. die Ereignisse nicht dekorreliert, dann kann die mittlere Wortlänge pro Zeichen durch gemeinsame Codierung mehrerer → Zeichen verringert werden. Die Länge der erforderlichen Code-Tabellen wächst jedoch exponentiell mit der Zeichenzahl pro Codewort.

Bei der H.-C. werden die Zeichen i nach Auftrittswahrscheinlichkeit p(i) sortiert und von kleinen zu großen Werten von p(i) hin paarweise kombiniert. An den Linien des folgenden Beispiels sind die Summen der → Wahrscheinlichkeiten und die den Pfaden zugeordneten → Bits aufgeführt. Der resultierende Code ist rechts dargestellt.

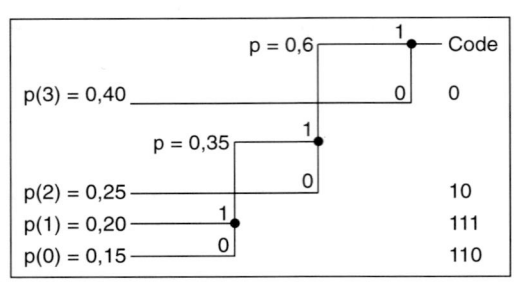

| | | | Code |
|---|---|---|---|
| p(3) = 0,40 | p = 0,6 | 1, 0 | 0 |
| p(2) = 0,25 | p = 0,35 | 1, 0 | 10 |
| p(1) = 0,20 | | 1 | 111 |
| p(0) = 0,15 | | 0 | 110 |

Huffman-*Codierung: Beispiel*
Entropie E = 1,90 bit/Pixel,
mittlere Codelänge L = 1,95 bit/Pixel,
Redundanz R = L − E = 0,05 bit/Pixel

*Grigat*

Literatur: *Ohm, J.-R.*: Digitale Bildcodierung. Springer, Berlin 1995.

**Hybridrechner** ⟨*hybrid computer*⟩. Rechner, der teilweise aus analogen, teilweise aus digitalen Komponenten aufgebaut ist (→ Analogrechner; → Digitalrechner). *Bode*

**Hypercube** ⟨*hypercube*⟩. Spezielle Struktur des Verbindungsnetzwerkes zur Kommunikation in → Parallelrechnern. Dabei ist jeder Prozessor P mit allen Prozessoren Q direkt verbunden, deren Identifikationsnummer in Binärdarstellung sich von der von P in genau einem Bit unterscheidet. Damit alle Binärdarstellungen von Identifikationsnummern existieren, besteht ein H. üblicherweise aus $2^d$-Prozessoren, d heißt dabei „Dimension" des H. Die H.-Struktur besitzt eine Reihe von Vorteilen:
– Bei relativ geringer Zahl von Verbindungen pro Prozessor (d Stück) ergibt sich ein geringer „Durchmesser" des Gesamtsystems: Jeder Prozessor kann jeden anderen in maximal d Schritten erreichen.
– Andere, häufig benötigte Strukturen wie Ringe, Felder, Tori (auch in höheren Dimensionen) lassen sich leicht in die H.-Struktur einbetten.
– Es existieren einfache Routingalgorithmen. Bei lokaler Überlast können leicht alternative Wege gewählt werden.
Als Nachteil steht dem die nicht konstante lokale Verbindungskomplexität gegenüber: Mit wachsender Prozessorzahl benötigt jeder einzelne Prozessor eine steigende Zahl von Verbindungen. Die physikalische Realisierung der Verbindungen bereitet mit größerer Prozessorzahl Schwierigkeiten. *Bastian*

**Hyperexponentialverteilung** ⟨*hyperexponential distribution*⟩. Die H. mit k Phasen ist mathematisch durch

$$F_x(x) = 1 - \sum_{i=1}^{k} p_i \exp(-\mu_i x) \text{ für } x \geq 0 \text{ mit}$$

$$\sum_{i=1}^{k} p_i = 1 \text{ und } p_i \geq 0 \text{ definiert.}$$

→ Erwartungswert E(X) und → Varianz Var(X) ergeben sich als

$$E(X) = \sum_{i=1}^{k} \frac{p_i}{\mu_i} \text{ und}$$

$$Var(X) = \sum_{i=1}^{k} \frac{2p_i}{\mu_i^2} - (E(X))^2.$$

Die H. beschreibt die Verteilung einer Zufallsvariablen, die mit Wahrscheinlichkeit $p_i$ einer → Exponentialverteilung mit Parameter $\mu_i$ genügt. Eine Anwendung findet die H. in der Beschreibung von → Bedienzeitverteilungen für Wartesysteme, deren Variationskoeffizient in der Bedienung (Standardabweichung relativ zum Erwartungswert) größer als 1, also größer als derjenige der Exponentialverteilung, ist. *Fasbender/Spaniol*

**Hypermedia** ⟨*hypermedia*⟩. H. und → Hypertext sind Ausprägungen einer Organisationsform, bei der die → Daten in einem → Netzwerk von Knoten gespeichert sind, die mit Zeigern verknüpft sind. Im engeren Sinne werden damit rechnergestützte Organisationsformen bezeichnet, bei denen sowohl die → Navigation des → Benutzers durch das Informationsangebot als auch die Modifikation des letzteren vom Rechner unterstützt wird. Neben dem schnelleren und bequemeren Zugriff auf Knoten gewinnt der Benutzer durch den Rechner eine hohe Flexibilität. Bei H. können die Knoten neben Texten auch Graphik, Animationen, Bilder, Sprach- bzw. Tonelemente und komplette Anwendungsprogramme beinhalten. Der Benutzer navigiert in H. durch Auswahl von Zeigern, um so von einem Knoten in einen anderen zu gelangen. Dadurch, daß der Benutzer Knoten und Zeiger erzeugt oder verändert, baut er eine seinen Bedürfnissen entsprechende Organisationsform auf. H. und auch Hypertext sind vielversprechende Organisationsformen für das Verfassen von Bildschirmdokumenten, für das Speichern und Zugreifen auf komplexe → Datenstrukturen und für den Entwurf graphischer → Benutzerschnittstellen. *Langmann*

**HyperODA** ⟨*HyperODA*⟩. Erweiterung der → Bürodokumentarchitektur um zeitbasierte Medien wie Audio und Video als Inhaltsinformationen von → Dokumenten und um Hypertext-Funktionalität (→ Hypertext).
*Schindler/Bormann*

**Hypertext** ⟨*hypertext*⟩. Erweiterung des Dokumentbegriffs (→ Dokument) auf ein Netz von Dokumenten bzw. Dokumentteilen, die über (eine Vielzahl von) Verweise(n) miteinander verbunden sind. H. werden typischerweise in geeigneten interaktiven Systemen mit einer speziellen → Schnittstelle zum Nachverfolgen und ggf. auch Neueinrichten von Verweisen bereitgestellt. Wichtige internationale Vereinbarungen in diesem Bereich sind → HyTime bzw. → HTML als Auszeichnungssprachen für spezielle Kategorien von H.-Dokumenten auf der Basis von → SGML.

*Schindler/Bormann*

**HyTime** ⟨*HyTime*⟩. Abk. für Hypermedia and Time-based Language (ISO/IEC 10744). Anwendung von → SGML für die Auszeichnung von → Dokumenten, die Bestandteil von Hypertext-Strukturen (→ Hypertext) sind bzw. auch zeitbasierte Medien wie Audio und Video als Inhaltsinformationen enthalten können.

*Schindler/Bormann*

# I

**IBC** ⟨*IBC (Integrated Broadband Communication)*⟩. Die Verschmelzung der noch weitgehend getrennten Bereiche der Telekommunikation, Informationstechnik und Kabelfernsehen führt zum Konzept der IBC (→ RACE, → ACTS). *Jakobs/Spaniol*

**Icon** ⟨*icon*⟩. Bestandteil einer → Benutzerschnittstelle, bei der ein → Objekt oder eine → Operation auf einem → Sichtgerät durch den Icon graphisch visualisiert wird. Durch Positionierung des Zeigegeräts (z. B. der → Maus) auf den Icon (und evtl. Drücken eines Knopfes oder einer Taste) kann das Objekt oder die Operation aktiviert werden. Wenig gebräuchliche deutsche Bezeichnung: Piktogramm. *Schindler/Bormann*

**ICR** ⟨*ICR (Image Character Recognition)*⟩. Korrekterer Begriff für OCR (Optical Character Recognition), optische Zeichenerkennung. *Schindler/Bormann*

**Identifikation** ⟨*identification*⟩. I. im Zusammenhang mit einem → rechtssicheren Rechensystem faßt Maßnahmen zusammen, mit denen die *Identität* von → Subjekten und von → Objekten des Systems überprüft wird. Maßnahmen zur I. bestehen durchweg darin, daß Bezeichner als Identifikatoren präsentiert und darauf geprüft werden, ob diese in festgelegten Kontexten des Systems eindeutig definiert sind. Identitätsprüfungen werden häufig in Kombination mit Authentizitätsprüfungen für Subjekte und Objekte durchgeführt.
*P. P. Spies*

**Identifikator, fälschungssicherer** ⟨*unforgeable identificator*⟩ → Zugriffskontrollsystem

**Identifizierbarkeit** ⟨*detectability*⟩. In der graphischen → Datenverarbeitung ist die I. die Eigenschaft eines graphischen Objekts, mittels einer Eingabe- oder Suchoperation aus einer Menge gleichartiger Elemente eindeutig selektiert werden zu können.

Das Graphische Kernsystem (→ GKS) beinhaltet die I. von Segmenten im Zusammenhang mit der Pick-Eingabe (→ Picker) in Abhängigkeit der Segmentattribute → Sichtbarkeit (visibility), Ansprechbarkeit (detectability) und Segmentpriorität (segment priority).
*Encarnação/Selzer*

**Identifizieren** ⟨*pick*⟩ → Identifizierbarkeit

**Identität** ⟨*identity*⟩ → Identifikation

**Identitätskarte** ⟨*identity card*⟩ → Authentifikation

**Identitätsprüfung** ⟨*identification*⟩ → Identifikation

**IDL** ⟨*IDL (Interface Definition Language)*⟩. Schnittstellenbeschreibungssprache, die einer programmiersprachenunabhängigen → Spezifikation von → Operationen und verschiedenen → Attributen dient. Die Sprachunabhängigkeit wird dadurch unterstützt, daß Abbildungen von der IDL auf die → Programmiersprachen vorgenommen werden. Gemäß der verschiedenen Architekturen wie → CORBA, ANSAware oder → DCE kommen unterschiedliche Ausführungen der IDL zum Einsatz. *Popien/Spaniol*

**Idle Task** ⟨*idle task*⟩. Task niedrigster Priorität und erhält vom Scheduler daher den → Prozessor nur dann zugeteilt, wenn keine andere Task rechenbereit ist. Sie besteht in der Regel aus einer leeren Schleife. Diese Schleife muß nicht unbedingt als Task ausgeprägt sein; sie kann z. B. auch Teil des Schedulers sein („idle loop").

Zur Energieeinsparung wird bei Notebooks und → eingebetteten Systemen häufig in der I. T. die Taktrate des Prozessors erniedrigt oder der Prozessor angehalten (Maschinen-Befehl „HALT").

Statt der I. T. können auch in den sonst ungenutzten Prozessorzeiten Diagnosefunktionen ausgeführt werden. *Petters*

**IDN (Integriertes Datennetz)** ⟨*IDN (Integrated Data Network)*⟩. Bezeichnung der Deutschen Telekom für ihr seit 1974 aufgebautes integriertes Text- und Datennetz, das die Dienste → Telex, → Datex-P, → Datex-L und → Direktrufnetz zusammenfaßt.
*Quernheim/Spaniol*

**IEC** ⟨*IEC (International Electrotechnical Commission)*⟩. Die bereits 1906 gegründete IEC (Internationale Elektrotechnische Kommission) sieht ihre Aufgabe darin, die internationale Zusammenarbeit in allen Fragen der Standardisierung in den Gebieten Elektrotechnik und Elektronik zu fördern. Die IEC arbeitet insbesondere eng mit der → ISO zusammen. Eine der wichtigsten Kooperationen ist im Bereich der → offenen Systeme (→ OSI; → Normung, internationale).
*Jakobs/Spaniol*

**IEEE** ⟨*IEEE (Institute of Electrical and Electronics Engineers)*⟩. Eine amerikanische Organisation, die etwa dem deutschen VDE vergleichbar ist. Im Bereich der → Datenübertragung ist das IEEE durch Schnittstellenbeschreibungen (IEEE 488) sowie v. a. durch die Aktivitäten auf dem Gebiet der lokalen Netze (→ LAN) hervorgetreten. Hier wurden von der Kommission 802 grundlegende Arbeiten geleistet (→ Ethernet, → Token-Bus, → Token-Ring).  *Jakobs/Spaniol*

**IETF** ⟨*IETF (Internet Engineering Task Force)*⟩. Standardisierungsorganisation des → Internet. Die IETF ist eine offene Gemeinschaft von Entwicklern, Betreibern, Herstellern und Forschern, die sich mit der Fortschreibung der Architektur und dem reibungslosen Betrieb des Internet beschäftigen. Die IETF ist der Hauptakteur bei der Entwicklung neuer Internet-Standards.

Die technische Arbeit der IETF wird in Arbeitsgruppen (Working Groups) durchgeführt, die nach Themen in verschiedene Bereiche (Areas) organisiert sind (z. B. Routing, Netzmanagement, Sicherheit). Bereiche werden von einem Area Director koordiniert. Jede Gruppe wird auf eine Anzahl klar definierter Aufgaben angesetzt, die innerhalb einer definierten Zeit zu lösen sind; danach wird die Arbeitsgruppe i. allg. aufgelöst. Die Mitgliedschaft in der IETF ergibt sich ausschließlich aus der individuellen Teilnahme an der Arbeit in der IETF und ihren Arbeitsgruppen; nur Experten können teilnehmen, nicht Organisationen. Sitzungen der IETF finden dreimal im Jahr statt und können persönlich oder über Internet-Multimediakonferenzen besucht werden. Die Teilnahme an der Arbeit der Gruppen ist meist aber auch schon allein durch → E-Mail möglich. Einen wesentlichen Anteil am Erfolg der IETF hat die freie Verfügbarkeit ihrer Standards als → RFCs.
 *Schindler/Bormann*

**IFIP** ⟨*IFIP (International Federation for Information Processing)*⟩. Multinationale Vereinigung von Fachgesellschaften und Organisationen, die sich mit der Informationsverarbeitung befassen. Für jedes Land kann nur eine Organisation in der IFIP Repräsentant sein. Darüber hinaus kann eine organisierte regionale Gruppe von Entwicklungsländern in der IFIP als Mitglied aufgenommen werden. Fast 50 Mitgliedsorganisationen der IFIP vertreten in dieser Weise knapp 60 Länder. Die Ziele der IFIP sind:
– Förderung der internationalen Kooperation,
– Anregung der Forschung, Entwicklung und Nutzung der Informationsverarbeitung,
– Verbreitung und Austausch von Informationen über die Informationsverarbeitung,
– Unterstützung der Ausbildung in der Informationsverarbeitung.

Die IFIP wird gelenkt durch eine General Assembly, der je ein Vertreter jeder Mitgliedsorganisation angehört. Die IFIP veranstaltet regelmäßig internationale Fachtagungen und insbesondere alle zwei Jahre einen großen IFIP-Weltkongreß. Die → Gesellschaft für Informatik e. V. (GI) ist deutscher Repräsentant in der IFIP. Die fachliche Arbeit leistet die IFIP in Technical Committees (TC), die, soweit aktiv, heißen: Software: Theory and Practise (TC2), Education (TC3), Computer Applications in Technology (TC5), Communication Systems (TC6), System Modelling and Optimization (TC7), Information Systems (TC8), Relationship between Computers and Society (TC9), Computer Systems Technology (TC10), Security and Protection in Information Processing Systems (TC11), Artificial Intelligence (TC12), Human-Computer Interaction (TC13) and Foundations of Computer Science (TC14).

Die TC sind in Working Groups (WG) gegliedert. Sowohl TC als auch WG veranstalten eigene internationale Tagungen und erarbeiten Stellungnahmen, Handbücher, Übersichtsdarstellungen usw. Details zur IFIP findet man im → WWW unter http://www.ifip.or.at oder anonymous ftp:ftp.ifip.or.at.  *Brauer*

**IGES** ⟨*IGES ( Initial Graphics Exchange Specification)*⟩. IGES wurde mit der Zielsetzung entwickelt, einen universellen Datenaustausch zwischen unterschiedlichen → CAD-Systemen zu ermöglichen. Dabei orientierte man sich an CAD/CAM-Systemen, die Mitte der 70er Jahre vorwiegend in den USA konzipiert und eingesetzt wurden. IGES Version 1.0 wurde 1980 erstmals vorgestellt und 1981 als ANSI-Standard Y14.26M genormt. Das Überarbeiten dieser Norm führte 1983 zur Veröffentlichung der IGES-Version 2.0, die die Grundlage für die meisten gegenwärtig angebotenen IGES-Prozessoren bildet und daher hier näher beschrieben wird.

IGES wird von vielen CAD-Systemherstellern als mehr oder weniger vollständige → Implementierung einer Austauschschnittstelle angeboten. Da es besonders die zeichnungsorientierten CAD-Systeme unterstützt, wird es de facto häufig als Interimsstandard für diesen Bereich eingesetzt, auch in Deutschland.

Beim Modellaustausch mit IGES wird eine spezielle IGES-Datei (IGES file) erzeugt. Um eine höchstmögliche Unabhängigkeit von den am Austausch beteiligten Rechnersystemen zu gewährleisten, wurden für das physikalische Dateiformat folgende Randbedingungen vereinbart: sequentielle Datei, 80 → Zeichen je Datensatz (Lochkartenformat) und ASCII-Zeichensatz. Das Verwenden des ASCII-Zeichensatzes führt zwar zu einer lesbaren, systemunabhängigen Form, ist aber gleichzeitig mit einem hohen Speicherplatzbedarf verbunden. Alternativ wurde deshalb in IGES auch ein Binärformat definiert, das in der Praxis allerdings nicht verwendet wird.

Eine IGES-Datei ist logisch in fünf getrennte Sektionen (sections) eingeteilt, die unterschiedliche Aufgaben haben. Die *Start Section* erlaubt die Angabe eines lesbaren Kommentars für den Empfänger der IGES-Datei. Die *Global Section* enthält Informationen, die den Präprozessor beschreiben und somit dem Postprozessor die korrekte Interpretation der IGES-Datei ermöglicht. Die *Directory Entry Section* (De-Sektion) umfaßt ein → Verzeichnis aller Elemente, die in einer IGES-Datei enthalten sind. Dazu sind für jedes Element zwei Datensätze (records) für elementunabhängige → Daten im Festformat vorgegeben. Die *Parameter Data Section* (Pd-Sektion) enthält die elementspezifischen Parameter zu jedem Element der Datei. Aufbau und Inhalt der einzelnen Datensätze sind von Element zu Element verschieden und im Freiformat beschrieben. Die *Terminate Section* markiert das Ende einer IGES-Datei und enthält zu Kontrollzwecken die Anzahl der Records je Sektion.

Die grundlegende Informationseinheit in IGES ist das Entity (Element). In IGES werden alle produktdefinierenden Daten in Form einer → Liste von Entities definiert, die logisch miteinander verknüpft sein können. Sämtliche Entities werden auf die Directory Entry Section und die Parameter Data Section abgebildet.

*Encarnação/Ungerer*

Literatur: Initial Graphics Exchange Specification (IGES), Version 2.0. National Bureau of Standards 1983.

**Implementierung** ⟨*implementation*⟩. Im engeren Sinn versteht man darunter die → Codierung eines Programmentwurfs in einer konkreten → Programmiersprache. In der Praxis verwischen häufig die Grenzen zum Entwurf. Die I. umfaßt einen großen Teil der Software-Entwicklungsarbeit und wird bei umfangreicheren Systemen meist von einer größeren Gruppe von Programmentwicklern durchgeführt, wobei ausgehend von einer Anforderungsspezifikation (→ Spezifikation) auf immer konkretere Beschreibungsebenen bis hin zum lauffähigen Programm übergegangen wird. Häufig bezeichnet man den Übergang von einer abstrakten zu einer konkreteren Entwicklungsstufe oder auch den gesamten Entwicklungsprozeß als I. Die Qualität der I. ist von größter Bedeutung für die Qualität und Zuverlässigkeit eines Software-Systems. Hier spielen die Grundsätze der modularen und strukturierten Programmierung eine große Rolle, wobei die verwendete Programmiersprache die Wahl der Methoden beeinflußt (s. auch → Systemimplementierung).

*Beispiel*
Schrittweise I. der ganzzahligen Quadratwurzel sqrt(x) einer natürlichen Zahl x.
Anforderungsspezifikation:

$$\forall x: nat. sqrt(x)^2 \leq x < (sqrt(x)+1)^2$$

Entwurfsspezifikation:

sqrt(0) = 0,

$$\forall x: nat. x > 0 \land x < (sqrt(x-1)+1)^2 \Rightarrow sqrt(x) = sqrt(x-1)$$

$$\forall x: nat. x > 0 \land x \geq (sqrt(x-1)+1)^2 \Rightarrow sqrt(x) = sqrt(x-1)+1$$

Modula-2-Programm:
```
PROCEDURE sqrt (x:CARDINAL):CARDINAL;
  VAR y: CARDINAL;
BEGIN
  IF x=0 THEN RETURN 0
  ELSE
    y:=sqrt(x-1)+1;
    IF x<y*y THEN RETURN y-1
    ELSE RETURN y
    END
  END
END sqrt;
```

Im wesentlichen können zwei Arten der I. unterschieden werden:

☐ *Übersetzung.* Hier wird eine Beschreibung von einem Formalismus in einen anderen Beschreibungsformalismus übersetzt, z. B. eine Spezifikation in ein ausführbares Programm einer Programmiersprache (vgl. den Übergang von der Entwurfsspezifikation in ein Modula-2-Programm). Werden Programme nach bestimmten Übersetzungsregeln automatisch erzeugt, so spricht man auch von Programmsynthese.

☐ → *Verfeinerung.* Die durch eine Spezifikation beschriebenen Eigenschaften eines Systems werden detailliert und präzisiert. Insbesondere erfolgen Entwurfsentscheidungen wie die Wahl der konkreten Repräsentation von abstrakt beschriebenen Datentypen und die Wahl spezieller Algorithmen für die abstrakt spezifizierten Funktionen (vgl. den Übergang von der Anforderungsspezifikation zur Entwurfsspezifikation). Da bei der Verfeinerung derselbe formale Rahmen nicht verlassen wird, können zum Korrektheitsbeweis logische Kalküle verwendet werden. *Hennicker/Wirsing*

**Implementierung von Programmiersprachen** ⟨*implementation of programming languages*⟩ → Programmiersprachen-Implementierung

**Implementierungsfehler** ⟨*implementation fault*⟩. I. eines → Rechensystems S sind Fehler, also Nichtübereinstimmungen zwischen den (unbestrittenen) Soll- und den Ist-Eigenschaften von S, die während des Implementierungsprozesses des Systems entstehen. Die Klassifikation für diesen Fehlerbegriff orientiert sich an der Lebenszeit von S, die vergröbernd aus einer Konstruktionsphase und einer Betriebsphase besteht. Der Einordnung der Implementierungsphase entsprechend, sind I. spezifische → Konstruktionsfehler. In der Phasenfolge des Konstruktionsprozesses folgt der Implementierungsprozeß dem Entwurfsprozeß von S, in dem die Komponenten von S, die Schnittstelleneigenschaften der Komponenten und die Wechselwirkungen zwischen diesen festgelegt werden. Auf dieser Grundlage besteht die Aufgabe des Implementierungsprozesses darin, die inneren und operativen Eigenschaften der Komponenten festzulegen und zu realisieren. Dazu gehören die Festlegungen der abstrakten Datenstrukturen und Algorithmen der Komponenten sowie deren Konkretisierung in Hardware oder in Software. Diesen Aufgaben entsprechend, sind Spezifikationsfehler für die Datenstrukturen und Algorithmen der

Komponenten sowie Fehler bei den entsprechenden Konkretisierungen, zu denen für Software-Komponenten auch die → Programmierfehler gehören, typische I. Da die Ergebnisse des Implementierungsprozesses in der Phasenfolge des Konstruktionsprozesses die Grundlage für den Herstellungsprozeß liefern, sind Herstellungsfehler häufig → Folgefehler von I. *P. P. Spies*

**IMT-2000** ⟨*IMT-2000 (International Mobile Telecommunications 2000)*⟩. Neue Bezeichnung für Future Public Land Telecommunications Systems, → FPLMTS. *Hoff/Spaniol*

**IN (Intelligentes Netz)** ⟨*IN (Intelligent Network)*⟩. Mit dem Konzept des IN soll eine Flexibilisierung des immer komplexer werdenden Dienstangebots von Telekommunikationsnetzen erreicht werden. Beispiele für IN-Dienste sind Freephone (Service 800), Bundeseinheitliche Rufnummer (Service 180) und Virtuelle Private Netze (VPN). Als → Dienst geplant ist Universal Personal Telecommunications (→ UPT). IN-Konzepte werden auch in künftigen → mobilen Funknetzen eingesetzt (Universal Mobile Telecommunications System, → UMTS). IN werden von der → ITU in der Q-Empfehlungsreihe standardisiert.

Das Grundprinzip des IN ist die funktionale Trennung der Vermittlungsfunktionen von den Dienstfunktionen. Hierzu spezifiziert das IN einen Satz von hierarchisch angeordneten Netzelementen (Bild): Auf der Kommunikationsebene realisiert ein Service Switching Point (SSP) den Zugang vom Kommunikationsnetz zum IN. Ressourcen, die in Vermittlungseinrichtungen normalerweise nicht verfügbar sind, werden durch ein Intelligent Peripheral (IP) bereitgestellt. Auf der Steuerungsebene verarbeitet der Service Control Point (SCP) dienstspezifische Daten (ggf. im Service Data Point (SDP) gespeichert) und generiert Steuerungsinformationen für den SSP. Auf der Managementebene werden über den Service Management Point (SMP) Dienste betrieben. Die Kommunikation zwischen SSP, SCP und SDP erfolgt über das → Signalisierungssystem Nr. 7.

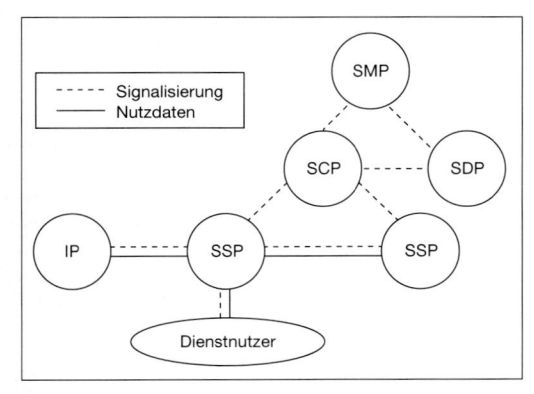

*IN: Vereinfachte IN-Architektur*

Der Zugriff vom SMP auf die Netzelemente des IN geschieht über die q3-Schnittstelle des → TMN (Telecommunications Management Network). *Hoff/Spaniol*

Literatur: *Garrahan, J.; Russo, P. A.* et al.: Intelligent network overview. IEEE Communications Mag. (1993).

**Index** ⟨*index*⟩. Ein Datenbank-I. ist eine Zugriffsstruktur (→ Zugriffspfad), die einen effizienten Zugriff auf einen Datenbestand ermöglicht. Wenn z. B. auf eine Relation von Personen wechselweise nach dem Namen und nach dem Alter sortiert zugegriffen werden soll, wird für beide Zugriffsarten ein I. angelegt. In diesem I. stehen Verweise auf die Tupel der Relation, sortiert nach dem jeweiligen → Attribut. Ein I. kann effizient als → B-Baum implementiert werden (→ Schlüssel). *Schmidt/Schröder*

Literatur: *Date, C. J.*: An introduction to database systems. Vol. 1. Wokingham, Berks. 1990. – *Ullmann, J. D.*: Database and knowledge-base systems. Vol. 1. Rockville, MA 1988.

**Indexregister** ⟨*index register*⟩. Der Inhalt von I. in einem → Digitalrechner wird meist benutzt, um die Operandenadresse in → Befehlen zu verändern, nachdem der Befehl aus dem → Speicher gelesen wurde und bevor der Befehl ausgeführt wird. Die modifizierte → Adresse ist dann die effektive Operandenadresse. Wenn mehrere I. zur Verfügung stehen, muß im Adreßteil des Befehls angegeben werden, welches I. zur Adreßmodifikation verwendet werden soll.

I. gestatten, die Operandenadressen eines → Programms während dessen Ausführung zu verändern. Wenn eine → Operation auf einer Folge von → Daten (Tabelle, Liste) fortlaufend ausgeführt werden soll, ist es dann nicht notwendig, den Adreßteil des entsprechenden Befehls, sondern nur den Inhalt des I. zu ändern. Diese Technik ist erforderlich, um ein Programm ablaufinvariant zu schreiben.

Zur Realisierung der Adreßfortschaltung über ein I. gibt es verschiedene Techniken. Eine Möglichkeit ist, als Adreßteil im betreffenden Befehl die Anfangsadresse des Speicherbereichs anzugeben, der die benötigten Daten enthält, und im I. die Distanz vom Bereichsanfang zum gerade aktuellen Speicherplatz. Durch die Adreßmodifikation wird die Summe aus beiden Anteilen gebildet. Wird vor dem nächsten Durchlauf durch das Programmstück der Inhalt des I. erhöht, so ergibt sich danach als effektive Adresse die des nächsten → Operanden im Speicherbereich.

I. können als eigene → Register im → Leitwerk, als fest vorgegebene Plätze im → Arbeitsspeicher oder als frei wählbare Plätze im Arbeitsspeicher realisiert sein. Eigene Register im Leitwerk haben den Vorteil, daß sie u. U. in einer schnelleren Technik ausgeführt werden können als der größere Arbeitsspeicher. Diese Vorgehensweise war in den ersten Rechnergenerationen allgemein üblich, und man findet sie derzeit wieder bei → CISC-Mikroprozessoren. Sowohl bei dieser Lösung als auch bei fest vorgegebenen Plätzen im Arbeitsspeicher ist es ein Nachteil, daß der Inhalt aller I. beim Prozeßwechsel (→ Betriebssystem) in einen anderen Speicherbereich gerettet werden muß, da der andere Prozeß den Inhalt der I. verändert. Dieser Nachteil fällt weg, wenn als I. frei wählbare Plätze des Arbeitsspeichers verwendet werden können.

In diesem Fall werden die I. innerhalb des gewählten Bereiches, bei 0 beginnend, adressiert; jeder Prozeß benötigt dann jedoch die Adresse des Bereichsanfangs, die sich in einem *Indexbasisregister* befindet und bei Prozeßwechsel gerettet werden muß. (Der Umspeicheraufwand sinkt also auf eine Adresse.) Es wäre naheliegend, statt der Neuadressierung mit I.-Adressen unmittelbar die Adressen des jeweiligen Arbeitsspeicherbereiches zu verwenden. Da meist jedoch nur wenige I. benötigt werden, genügt aber eine kleinere Adresse, was wiederum zu einer Verkürzung der (internen) Befehlslänge führt. Zur Adressierung von 8, 16 oder auch 256 I. sind nur 3, 4 bzw. 8 Binärstellen erforderlich, während die Arbeitsspeicheradressen oft bis zu 64 Binärstellen umfassen. I. können auch vom Programm als *Zähler* verwandt werden. Diesem Umstand tragen viele Digitalrechner dadurch Rechnung, daß sie über einen Befehl verfügen, der den I.-Inhalt um 1 erhöht oder erniedrigt. Die Erniedrigung wird oft mit einem sich unmittelbar anschließenden Test gekoppelt, ob der I.-Inhalt nun zu Null geworden ist. In Verbindung mit der Adreßmodifikation kann ein solcher Befehl dazu verwendet werden, einen Datenbereich in rückläufiger Reihenfolge zu verarbeiten, wobei am Anfang die Anzahl der Daten in das I. gespeichert werden muß.

Befehle, die bei jedem Zugriff einen I.-Inhalt erhöhen oder erniedrigen, werden zur Realisierung von → Kellerspeichern benutzt.

In RISC-Architekturen wird die gesamte Adreßrechnung durch explizite Arithmetik und über Universalregister bzw. universelle Speicherplätze realisiert. Explizite I. existieren daher in dieser Klasse von Architekturen nicht. Die explizite Realisierung der Adreßrechnung hat den Vorteil, daß diese in den Prozeß der Optimierung bei der Programmübersetzung integriert werden kann und damit trotz geringerem Hardware-Aufwand für das Leitwerk und größerem Programmcode zu insgesamt kürzerer Laufzeit führt.

*Bode/Schneider*

**Individual-Software** ⟨*individual software*⟩. Anwendungs-Software (→ Anwendungssystem, betriebliches), die auf der Grundlage der Anforderungen eines einzelnen Auftraggebers und für spezielle Anwendungszwecke entwickelt wird (Erstellungsart Auftragsfertigung). Wird in Abgrenzung zur Kategorie → Standard-Software verwendet.

Die Entwicklung von I.-S. kann als Eigenentwicklung durch das Unternehmen oder als Fremdentwicklung durch einen Software-Hersteller erfolgen. Die Entscheidung wird von technischen und wirtschaftlichen Faktoren bestimmt. Zentrale Einflußfaktoren sind Zeit-, Kosten- und Qualitätsaspekte. Notwendige Voraussetzung für die Entwicklung von I.-S. ist die Verfügbarkeit von Software-Entwicklungskapazitäten und -Knowhow sowie einer geeigneten → Software-Produktionsumgebung im Unternehmen. Die Entwicklung von I.-S. ist insbesondere notwendig, wenn
– eine Nachfrage von mehreren Anwendern nicht besteht oder nicht erkennbar ist, z. B. bei der Automatisierung von hochgradig unternehmensspezifischen Aufgaben (→ Automatisierung betrieblicher Aufgaben),
– Standard-Software nicht verfügbar ist, bewußt nicht eingesetzt werden soll oder der Anpassungsaufwand zu groß ist,
– eine vollständige Kontrolle über die Software gewünscht wird, z. B. bei unternehmensspezifischen Anforderungen und Rahmenbedingungen.

Der Übergang zwischen I.-S. und Standard-Software ist fließend. Die Verwendung höherer Systemplattformen und Basismaschinen sowie von Standard-Software-Komponenten (ComponentWare) führt zu einer Produktivitätssteigerung bei der Entwicklung von I.-S. (→ Software-Engineering). Die wiederholte Erweiterung und Wiederverwendung von Komponenten einer I.-S. stellt einen in der Vergangenheit häufig gewählten Entwicklungsweg hin zu Standard-Software dar. Die ungeplante Wiederverwendung von Software ist jedoch problematisch (→ Anwendungssystem). *Amberg*

**Induktionssystem** ⟨*induction system*⟩. Vollständige Induktion ist eine grundlegende Beweistechnik für Eigenschaften von rekursiv definierten Funktionen. Ein I. führt automatische Beweise mit Hilfe der vollständigen Induktion durch. Induktionsaxiome sind i. allg. nicht in der → Prädikatenlogik erster Stufe formulierbar. Man kann jedoch herkömmliche Beweiser durch zusätzliche Repräsentationstechniken, Schlußregeln und Strategien in die Lage versetzen, Induktionsbeweise durchzuführen.

Ein wichtiger Anwendungsbereich für I. sind die natürlichen Zahlen und ihre Eigenschaften. Ein Induktionsbeweis, der eine Eigenschaft E für alle natürlichen Zahlen nachweist, verläuft nach folgendem Schema:
– Beweise die Eigenschaft für die Zahl 0.
– Nimm an, die Eigenschaft gelte für eine Zahl $n > 0$. Beweise, daß sie auch für den Nachfolger von n gilt.

Heutige I. enthalten i. d. R. auch Eingriffsmöglichkeiten für den Benutzer zur interaktiven Steuerung der Beweissuche. Eines der leistungsfähigsten Systeme wurde von *Boyer* und *Moore* entwickelt. Zu seinen bemerkenswerten Leistungen gehört die → Verifikation des Mikrocomputers 8501. *Neumann*

Literatur: *Hutter, D.*: Vollständige Induktion. In: *Bläsius, K. H.; Burchert, H.-J.* (Hrsg.): Deduktionssysteme. München 1987, S. 153–172.

**Inferenzkomponente** ⟨*inference component*⟩. Bestandteil eines → Expertensystems. Die I. wählt

Regeln aus einer Regelbasis aus und bringt sie im Zusammenhang mit einer Faktenbasis zur Anwendung. Dabei entstehen i. allg. neue Fakten. Die Auswahl einer Regel erfolgt durch Vergleich der Regeln mit der Faktenbasis. Regeln haben i. d. R. das Format

⟨Antezedenzteil⟩ → ⟨Konsequenzteil⟩
oder einfach
WENN ...　　　　DANN ...

Regeln, die auf die aktuelle Faktenbasis anwendbar sind, bilden die → Konfliktmenge. Die I. wählt daraus eine Regel (→ Konfliktauflösung) und bringt sie zur Anwendung. Die I. eines Expertensystems ist i. allg. anwendungsunabhängig und Bestandteil einer → Expertensystem-Shell. *Neumann*

**Inferenzmaschine** ⟨inference machine⟩. → Rechenanlage, deren Internstruktur auf dem Prozeß der Inferenz in logischen Programmiersprachen zugeschnitten ist. Für die *Inferenz*, also das logische Schließen bei der Programmausführung, sind die Operationen → Unifikation und → Rücksetzen (Backtracking) erforderlich. Die Unifikation erfordert schnelles Suchen von Klauseln, Holen von Argumenten zu Prädikaten und Überprüfen auf Gleichheit der Argumente. I. nutzen hierfür schnelle Speicher mit effizienten Such- und Vergleichsmechanismen, z. B. → Assoziativspeicher. Das Backtracking entsteht durch die Notwendigkeit, beim Fehlschlagen einer gewählten aus einer Reihe alternativer → Klauseln zu einem Zielprädikat eine neue Klausel auszuwählen und dabei die Werte aller Variablen auf den Startzustand zurückzusetzen. Für die Zwischenspeicherung der benötigten Variablenwerte und eine Verwaltung der Programmhistorie stellen I. große, kellerartig organisierte Speicher und spezielle Verwaltungsregister zur Verfügung. *Bode*

**Infix-Notation** ⟨infix notation⟩. Schreibweise, bei der ein zweistelliger Operator *zwischen* seinen → Operanden notiert wird. Im Gegensatz zur Präfix- und Postfix-Notation, bei denen der Operator *vor* bzw. *nach* seinen Operanden notiert wird, sind bei der I.-N. unter Umständen Klammern oder Prioritäten zur eindeutigen Auswertung eines Ausdrucks notwendig. Beispiel: Der Infix-Ausdruck $x+y\cdot z$ wird als $x+(y\cdot z)$ ausgewertet. In Präfix-Notation wird er als $+x\cdot yz$, in Postfix-Notation als $xyz\cdot+$ geschrieben. *Breitling/K. Spies*

**Infobahn** ⟨information superhighway⟩ → Information Superhighway

**Informatik** ⟨computer science, computing science⟩. Wissenschaft, Technik und Anwendung der maschinellen Informationsverarbeitung. Die I. behandelt den Aufbau, die Funktionsweise und die zugrundeliegenden Prinzipien für die Nutzung informationsverarbeitender Systeme sowie deren → Hardware und → Software, aber auch die Maßnahmen, die zur Entwicklung von → Programmen und für die Organisation einer anwendungsorientierten Nutzung von Computern erforderlich sind. *Breitling/K. Spies*

**Informatik-Berufsbild** ⟨computing profession⟩. Bezeichnung für die fachliche Berufsstruktur, in der sich alle mit der Informatik in haupt- oder nebenberuflicher Form ausgeübten Erwerbstätigkeiten zusammenfassen lassen. Das I.-B. ist noch teilweise im Entstehen begriffen und ist auch noch nicht in allen Aspekten klar umrissen. Entsprechendes gilt für die Berufsbezeichnung Informatiker. Synonyme, die auch auf die historischen Wurzeln verweisen, sind Datenverarbeiter (DV-Fachleute) oder Computer-Spezialisten.

Wie in anderen Berufsgruppen gibt es angelernte Tätigkeiten (Datentypistin, Operateur), Lehrberufe (DV-Techniker, DV-Kaufmann) und durch akademische Ausbildung (Diplom-Studium, Promotion) erworbene Qualifikationen. Eine Besonderheit des I.-B. ist die Unterscheidung zwischen Kernberufen, Mischberufen und Randberufen. Nur die Kernberufe beziehen ihre fachliche Qualifikation primär aus der Informatik. Mischberufe setzen Informatik-Kenntnisse als wesentlichen Anteil ihrer beruflichen Leistung ein, betrachten sich aber eher als einer anderen Berufsgruppe zugehörig (Ingenieur, Kaufmann, Mathematiker). Randberufe benötigen nur oberflächliche Informatik-Kenntnisse und setzen diese auch nur gelegentlich ein.

Bei den Informatik-Kernberufen hat sich eine Spezialisierung herausgebildet, die mit folgenden Berufsbezeichnungen belegt wurde: → Systemanalytiker, → Anwendungsprogrammierer, → Systemprogrammierer, → Datenbankadministrator und → Netzadministrator. Während diese Aufteilung sich nach den technischen Inhalten der Tätigkeit richtet, gibt es wie auch anderswo die Unterscheidung zwischen den ausführenden (operativen) Tätigkeiten und den koordinierenden Führungstätigkeiten (Management). Zu der letzteren Gruppe gehören Berufsbezeichnungen wie Rechenzentrumsleiter, Leiter Organisation und Datenverarbeitung oder Leiter Informatik (früher EDV-Leiter). Bei diesen Tätigkeiten spielen auch nichtfachliche Qualifikationen (z. B. Kontaktfähigkeit, Durchsetzungsvermögen) eine große Rolle. *Endres*
Literatur: *Dostal, W.*: Berufsbilder in der Informatik. Informatik-Spektrum 18 (1995) S. 152–161.

**Informatikprojekt** ⟨system development project⟩. Projekt, dessen Ziel und Gegenstand darin besteht, ein Informatiksystem entweder neu zu entwickeln, anzupassen, einzuführen oder zu bewerten. Wegen der zentralen Bedeutung der Software-Entwicklung steht I. oft als Synonym für Software-Entwicklungsprojekt. Von Projekten spricht man bei zeitlich begrenzten Aktivitäten, die zu einem klar erkennbaren oder definierten Ergebnis führen. Andere Aktivitäten, die eine lang andauernde, relativ gleichmäßig verlaufende Dienstleistung darstellen wie Systembetrieb, Kundenberatung oder Produktvertrieb, werden selten in Form von Projekten organisiert.

Projekte können durchgeführt werden für Aufgaben, die sich aus der eigenen fachlichen Verantwortung ergeben oder für Aufgaben, die eine andere Abteilung oder andere Firma stellt. Es gibt dann einen (oder auch mehrere) Projekt- oder Auftragsgeber und einen (oder mehrere) Projekt- bzw. Auftragnehmer. Entsprechend unterschiedlich ist die Finanzierung von Projekten geregelt. Die Kosten können durch eigene Budgetmittel abgedeckt sein, sie können von einen oder mehreren Auftraggebern übernommen werden, oder das Projekt wird durch die Aufnahme von Darlehen vorfinanziert. Ein Projekt muß in der Regel auf einer Kosten-/Nutzenbasis (Rentabilitätsanalyse) gerechtfertigt werden. In der Planungsphase konkurriert es mit anderen Projektvorschlägen um die Priorität der Betriebsmittel. Ein Projekt beginnt mit der ersten Zuordnung von Betriebsmitteln und endet mit dem Verbrauch (geplantes Projektende) oder Entzug der zugeordneten Mittel (Projektabbruch). Die wichtigsten Strukturierungsaspekte eines Projekts sind die (statische) → Projektorganisation und das (dynamische) → Vorgehensmodell.

*Endres*

**Informatikunterricht** ⟨teaching informatics⟩. Seit Beginn der 80er Jahre selbständiger Unterricht im Fach Informatik im Oberstufenbereich der allgemeinbildenden Schulen (Gymnasien). Er grenzt sich gegenüber dem Unterricht in → Datenverarbeitung an berufsbildenden Schulen ebenso ab wie gegenüber dem Unterricht in → Mikroelektronik an technischen Schulen.

Die allgemeinbildende Schule will damit der Bedeutung gerecht werden, welche die Auswirkungen von Computeranwendungen auf Gesellschaft und Individuum für Gegenwart und Zukunft besitzen. Damit soll sowohl einer kritiklosen Technologiegläubigkeit einerseits wie einer Haltung von Maschinenstürmerei andererseits bei der Jugend vorgebeugt und entgegengewirkt werden. Denn die zukünftige Gesellschaft benötigt Bürger, die auf der Basis fundierter Kenntnisse die Möglichkeiten und Grenzen des Einsatzes informationsverarbeitender Systeme kennen und zu selbständigem Urteil und daraus resultierendem Handeln befähigt sind.

Das Fach Informatik wird im mathematisch-naturwissenschaftlich-technischen Aufgabenfeld i. allg. als dreijähriger Grundkurs mit drei Wochenstunden in der Oberstufe des Gymnasiums angesiedelt. (In einigen Fällen wird auch die curriculare Ausfüllung von sechsstündigen Leistungskursen angegangen.) Innerhalb dieses Aufgabenfeldes vertritt es – von seltenen Ausnahmefällen abgesehen – als einziges Fach der Ingenieurwissenschaften den technischen Bereich.

Im Gegensatz zu ausländischen Bildungssystemen hat in Deutschland die pädagogische Tradition nach W. *von Humboldt* für eine scharfe Trennung von Bildung und Ausbildung gesorgt und deshalb den technischen Bereich an allgemeinbildenden Schulen sonst nicht aufkommen lassen. Das Fach Informatik macht deshalb hier eine Ausnahme, weil viele Inhalte universell einsetzbar sind und die Methoden eine Grundlagenwissenschaft verraten. Außerdem ist hinreichende Elementarisierbarkeit als Voraussetzung für die Lehre im Sekundarbereich II durchaus gegeben, wobei allerdings Inhalte der Wissenschaft Informatik ohne weiteres übertragen werden dürfen. In den Ordnungen der Oberstufe zur Bindung der Neigungsdifferenzierung auf eine hinreichend breite Allgemeinbildung kann Informatik i. allg. die zweite Naturwissenschaft substituieren. Diese Regelung ist teilweise sachfremd und führt u. a. dazu, daß der Anfangszulauf so groß ist, daß personelle Probleme hinsichtlich des Lehrerbedarfs sowie Ausstattungsprobleme hinsichtlich des Gerätebedarfs auftreten, andererseits aber die Dauerbelegung nach Erfüllung der Pflichtauflagen zu wünschen übrig läßt. Im Fach Informatik kann in den meisten Bundesländern auch das schriftliche bzw. mündliche Abitur (3. oder 4. Abiturfach) abgelegt werden.

Im Mittelpunkt des Curriculum stehen algorithmische Methoden, die überwiegend an nichtnumerischen Beispielen (Suchen, Sortieren, Graphen etc.) im entwickelnden Unterricht behandelt werden. Dabei wird zur Beschreibung der → Algorithmen eine Schulsprache verwendet, ohne daß deren systematischer Aufbau ein primäres Lernziel darstellt. Eine Normierung auf eine einzige Schulsprache ist nicht erfolgt und auch nicht beabsichtigt. Besonderer Wert wird auf die begriffliche Durchdringung der Kontrollstrukturen und ihrer Wirkung bei der Problemlösung gelegt.

Die Schulen haben mit der Einführung des Faches Informatik Computeranlagen mit zehn bis 15 Arbeitsplätzen, meistens mit autonomen Kleinrechnern, ferner mit vernetzten Systemen oder Zentralrechner mit virtuellem → Betriebssystem, eingerichtet, die für freien Übungsbetrieb am Nachmittag ebenfalls zugänglich sein müssen. Die Kosten dafür werden i. allg. von den Städten übernommen.

Ein großes Problem stellt die Lehrerausbildung für das Fach Informatik dar, das nur durch Weiterbildung von schon im Beruf stehenden Lehrern gelöst werden kann, die zu längeren Lehrgängen beurlaubt werden müssen. Dazu melden sich in erster Linie Mathematiklehrer.

Pädagogen hoffen, daß das Fach Informatik über die begrenzte Menge von Jugendlichen, die sich für Mathematik oder Naturwissenschaften engagieren, einen weiteren Kreis von jungen Menschen erschließt, die sich analytisch-konstruktiven Methoden im operativen Umgang mit ihnen öffnen; im Interesse konkurrierender Bildungsgüter und bei realistischer Einschätzung der Begabungsvoraussetzungen kann dabei nicht an den gesamten Geburtsjahrgang gedacht werden, so daß das Fach aus gutem Grund als Wahlfach und nicht als Pflichtfach auftritt. Fehlerwartungen von Eltern beziehen sich auf frühe Motivationen für aussichtsreiche Arbeitsplätze für ihre Kinder: Die Gefahr pädagogischer Verfrühung ist zu Beginn der Sekundarstufe I nahe. Fehlerwartungen von Schülern zeigen sich in der Meinung, die → Codierung einfacher Sachverhalte durch eine → Programmiersprache mit einigen Dutzend Schlüsselwörtern für den Kern der Bemühung zu halten: Der Lehrer wird immer wieder auf die begriffliche Durchdringung und ihre Verbalisierung dringen müssen.

Der fächerübergreifende Einsatz des Computers in der Schule verschafft dem Fach Informatik für die Zukunft die Chance einer Zentralstellung an allgemeinbildenden Einrichtungen. *Klingen*

Literatur: *Klingen, L. H.; Otto, A.*: Computereinsatz im Unterricht – der pädagogische Hintergrund. Stuttgart 1986.

**Information** ⟨*information*⟩. **1.** Ein in der → Datenverarbeitung nicht einheitlich benutzter Begriff. Oft werden die Begriffe I. und → Daten gleichbedeutend verwendet. DIN 44 300 versteht jedoch unter Daten solche Zeichen bzw. Zeichenkombinationen, die aufgrund bekannter oder unterstellter Abmachungen I. darstellen. In der → Informationstheorie wiederum hat der Begriff I. keinen Bezug zur Bedeutung oder Verwendungsfähigkeit einer → Nachricht oder Beobachtung.

**2.** Das Wort I. taucht häufig in der → Statistik in seiner ursprünglichen Bedeutung auf. Speziell in der Schätztheorie: Sei ein Parameter θ aus einer → Stichprobe von n unabhängigen Beobachtungen, die zufällig aus einer Gesamtheit mit Dichte f(x, θ) entnommen wurden, zu schätzen. Dann ist die I., die dieser Parameter vermittelt, definiert als

$$I(\theta) = n\, E \left( \frac{\partial \log f}{\partial \theta} \right)^2$$

$$= n \int_{-\infty}^{\infty} \left( \frac{\partial \log f(x,\theta)}{\partial \theta} \right)^2 f(x,\theta)\, dx.$$

Man spricht von der *Fisher*schen I.

Unter bestimmten Regularitätsbedingungen stellt $1/I(\theta)$ eine untere Grenze dar für die → Varianz aller erwartungstreuen Schätzungen von θ. Man sieht: Je geringer die I. (I(θ) klein), desto größer ist die Varianz einer Schätzung für θ. *Schneeberger*

**Information Superhighway (Infobahn, Datenautobahn)** ⟨*information superhighway*⟩. Ein Modebegriff, für den es keine einheitliche Definition gibt. Je nach Betrachter ist der I. S. entweder das → Internet, ganz allgemein ein Glasfasernetz (→ Übertragungsmedium) oder irgendein zukünftiges Hochgeschwindigkeitsnetz (→ ISDN). *Jakobs/Spaniol*

**Informations- und Kommunikationssystem** ⟨*information and communication system*⟩. Unter einem betrieblichen I.- u. K. (IKS) wird das gesamte „Mensch-Aufgabe-Technik-System" einer Organisation verstanden, das mit Aufgaben der Information und Kommunikation befaßt ist.

Der Mensch wird hier als die Systemkomponente aufgefaßt, die die Aufgabe und die Technik des IKS beeinflußt bzw. von der Aufgabe und der Technik des IKS beeinflußt wird, z. B. als Gestalter oder Benutzer.

Die Aufgabe als Systemkomponente des IKS repräsentiert dessen Zweck, nämlich die Gesamtheit der zu erbringenden Leistungen einer Organisation. Um gegebene Aufgaben zu erfüllen, läßt sich – je nach dem Grad ihrer Formalisierbarkeit – Informations- und Kommunikationstechnik mehr oder weniger stark einsetzen. *Hesse*

Literatur: *Hesse, W.; Barkow, G.* u. a..: Terminologie der Softwaretechnik – Ein Begriffssystem für die Analyse und Modellierung von Anwendungssystemen. Teil 1: Begriffssystematik und Grundbegriffe. Informatik-Spektrum (1994) S. 39–47.

**Informationsdarstellung auf Bildschirmen** ⟨*information display on screens*⟩. Darstellung von zur Führung eines Prozesses momentan wichtigen, meist hierarchisch strukturierten Informationen in – i. allg. farbigen – Videobildern. Das Prozeßgeschehen läßt sich sowohl in vorgestalteter Form (→ Darstellung, vorgestaltet in Videobild) als auch in Fließbildform (→ Fließbilddarstellung) darstellen. Hierarchisch strukturiert können für beide Formen Anlagen-, Bereichs-, Gruppen- und Kreisbilder vorgesehen sein. Aktiv läßt sich auf den Prozeß nur von den unteren Hierarchieebenen über Leitfelder einwirken. In oder neben den Leitfeldern stehen ausführliche aktuelle Informationen über den jeweils angewählten, kleineren Prozeßabschnitt. Um bei der Führung dieser Prozeßabschnitte nicht den Überblick über den Gesamtprozeß zu verlieren, ist im oberen Teil der Videobilder meist eine Bereichsübersicht oder ein Meldefeld angeordnet. Da auch der Dialog mit dem Prozeß vom Bildschirm gestützt oder mittels virtueller Tasten gar über ihn geführt wird, ist ent-

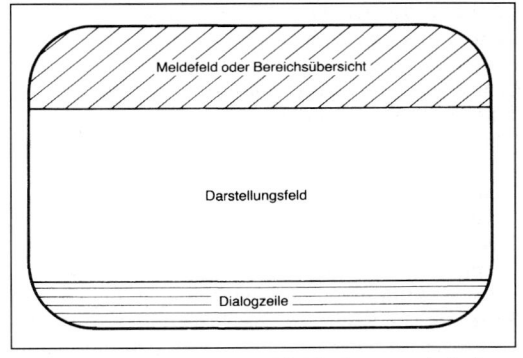

*Informationsdarstellung auf Bildschirmen: Aufteilung von Videobildern auf Bildschirmen. In der Dialogzeile werden Eingabedaten dargestellt, um sie vor der Übernahme in das Prozeßleitsystem noch einmal überprüfen zu können.*

sprechender Platz für Dialogzeilen vorgesehen, und die Videobilder sind meist in Meldefeld oder Bereichsübersicht, Darstellungsfeld und Dialogzeile (Bild) gegliedert.

Neben der eigentlichen Führung des Prozesses kann über den gleichen oder über einen parallelen Bildschirmarbeitsplatz auch das Prozeßleitsystem konfiguriert werden. Geschieht dies on-line, so bleibt auf dem Bildschirm die Bereichsübersicht oder das Meldefeld eingeblendet, um bei Grenzwertüberschreitungen oder anderen Meldungen rechtzeitig zum Bedienungsdialog zurückschalten und der → Störung entgegenwirken zu können (→ Videobild). *Strohrmann*

**Informationsgewinnung** *(information retrieval)*. Prozeß, in dem aus einem Datenbestand die zur Lösung eines Problems relevanten Informationen herausgefiltert werden. Je nach Struktur und Speicherungsart des Datenbestandes, z. B. als → Texte oder → Multimedia-Daten, können dabei unterschiedliche Filtermethoden zum Einsatz gelangen. Strukturorientierte → Anfragen (z. B. in → SQL) sind deterministisch, d. h., sie errechnen für jedes Datum einen Wahrheitswert „wahr" oder „falsch" (das Datum erfüllt die Anfrage oder nicht). Inhaltsorientierte Anfragen, z. B. → Volltextrecherchen, sind statistisch, d. h., sie errechnen für jedes Datum einen Wahrscheinlichkeitswert (das Datum paßt zu x Prozent auf die Anfrage; → Anfrage, → Anfrageverarbeitung, → Informationssystem, → Agent).

*Schmidt/Schröder*

**Informationsmanagement** *(information management)*. Aufgabenbereich bzw. Organisationseinheit innerhalb eines Unternehmens mit den Aufgaben
– Unterstützung der Unternehmensleitung bei der Gestaltung des → betrieblichen Informationssystems (IS),
– Lenkung des Betriebs der informations- und kommunikationstechnischen Infrastruktur und
– Lenkung des Betriebs integrierter Anwendungssysteme in Zusammenarbeit mit Fachabteilungen.

Das Informationssystem umfaßt das betriebliche Lenkungssystem und die informationsverarbeitenden Teile des betrieblichen Leistungssystems. Die Gestaltung des Informationssystems besteht aus den Teilaufgaben
– Informationssystemplanung,
– Gestaltung der Anwendungssysteme und
– Gestaltung der informations- und kommunikationstechnischen Infrastruktur.

Die → Informationssystemplanung erstellt einen Generalbebauungsplan für das betriebliche Informationssystem, bestehend aus einem Geschäftsprozeßmodell, einem daraus abgeleiteten Plan der Anwendungssysteme und einem Plan der informations- und kommunikationstechnischen Infrastruktur. Dieser Generalbebauungsplan ist in Zusammenarbeit aller betrieblichen Bereiche, i. d. R. unter Federführung des I., zu

erstellen und von der Unternehmensleitung als strategischer Plan für das Informationssystem festzuschreiben. Auf der Grundlage dieses Plans organisiert das I. die Entwicklung bzw. Beschaffung und Einführung von Anwendungssystemen sowie die Beschaffung und Einführung der informations- und kommunikationstechnischen Infrastruktur. Diese Aufgabenstellungen sind durch folgende Entwicklungstrends gekennzeichnet.
– Der wichtigste Trend ist der Einsatz integrierter Anwendungssysteme für das gesamte operative → Informationssystem einschließlich der Integration von → Führungsinformationssystemen und → Entscheidungsunterstützungssystemen. Dieser Trend erfordert ganzheitliche Lösungen bei der Informationssystemplanung. Früher angestrebte inselförmige Lösungen, die später zu einem Gesamtsystem zusammengefaßt werden sollten, eignen sich hierfür nicht.
– Die technischen Trends bei Computern und Kommunikationssystemen führen zu verteilten Anwendungssystemen mit Datenbank-, Applikations- und Präsentations-Server. Dabei wird z. B. die Aufgabe der Datenhaltung von mehreren, ggf. räumlich weit entfernten, verteilten Datenbank-Servern übernommen. Die in einem derartigen Computer-Verbundsystem beteiligten Komponenten kommen häufig von unterschiedlichen Herstellern. Die früher genutzten zentralen Plattformen mit Hardware-/Software-Komponenten aus der Hand genau eines Herstellers scheiden zunehmend aus Kapazitäts-, Performance-, Flexibilitäts- und Kompatibilitätsgründen aus.
– Die kommunikationstechnische Infrastruktur wird vermehrt für die Datenkommunikation und gleichzeitig für die Sprachkommunikation eingesetzt. Die integral verfügbare informationstechnische Infrastruktur wird dabei z. B. für die Archivierung der Kommunikationssitzungen verwendet. Rechner-Rechner-Kommunikation und gleichzeitig → Videokonferenzen unter Nutzung eines Kommunikationssystems sind inzwischen üblich. Bei der Planung der Infrastruktur sind die Anforderungen beider Bereiche zu berücksichtigen.

Für den Betrieb der informations- und kommunikationstechnischen Infrastruktur und für den Betrieb integrierter Anwendungssysteme folgt aus den genannten Entwicklungstrends ein Einsatzprofil mit hohen Anforderungen an das I. Die Anforderungen werden anhand folgender Merkmale deutlich:
– Zeitliche Verfügbarkeit. Von der Infrastruktur und von integrierten Anwendungssystemen wird vermehrt eine 7×24-h-Non-stop-Verfügbarkeit gefordert. Wegen notwendiger Wartungsarbeiten und unvermeidlicher Störungen ist daher der Einsatz redundanter Systeme erforderlich, auf die im Bedarfsfall ohne Zeitverzug umgeschaltet werden kann.
– Örtliche Verteilung. In Unternehmen mit mehreren Standorten ist die Einführung integrierter Anwendungssysteme mit einer örtlichen Dezentralisierung der Infrastruktur verbunden. Weitere Anforderungen bezüg-

lich der örtlichen Dezentralisierung kommen aus neuen Arbeitsgestaltungskonzepten wie Telearbeit.
– Die Kommunikation zwischen Anwendungssystemen verschiedener Unternehmen z. B. mit Hilfe von → EDI (Electronic Data Interchange), aber noch mehr die Öffnung des Kommunikationssystems eines Unternehmens hin zu den Konsumenten im Rahmen elektronischer Märkte, erfordert Sicherheitseinrichtungen, um unberechtigten Zugang und insbesondere Schäden zu vermeiden. *Ferstl*

**Informationsplanung, strategische** ⟨strategic information planning⟩. Arbeitsschritt, der nach der Methode Information Engineering von *J. Martin* am Anfang einer Systementwicklung steht und der die übergreifende Planung von Projekten und Aktivitäten zum Inhalt hat, die die Informationsinfrastruktur eines Unternehmens sowie dessen Informationsaustausch mit dem Umfeld betreffen. *Hesse*

**Informationssystem** ⟨information system⟩. Verwaltet mit Hilfe einer oder mehrerer → Datenbanken Informationen. Es stellt anwendungsbezogene und benutzergerechte Möglichkeiten zur Informationsgewinnung und -verwaltung zur Verfügung. Die Informationen werden dem Benutzer in geeigneter Form präsentiert, z. B. in Berichten oder über graphische Benutzerschnittstellen (→ Multimedia-Informationssystem, → Managementinformationssystem, → Informationssystem, geographisches). *Schmidt/Schröder*

**Informationssystem, betriebliches** ⟨business information system⟩. Informationsverarbeitendes Teilsystem eines → betrieblichen Systems. Die primäre Aufgabe des b. I. besteht in der Planung, Steuerung und Kontrolle der betrieblichen Prozesse einschließlich der Interaktionen mit der Umwelt.

Analog zum Nervensystem eines Lebewesens kann das b. I. als das Nervensystem eines betrieblichen Systems verstanden werden; all seine Aktivitäten werden von dort gelenkt. Darüber hinaus erzeugt das b. I. betriebliche Leistungen, sofern diese aus Informationen bestehen. B. I. umfassen sowohl die menschliche als auch die maschinelle Informationsverarbeitung eines betrieblichen Systems. Maschinelle rechnerbasierte Informations(verarbeitungs)systeme werden im vorliegenden Kontext als → betriebliche Anwendungssysteme bezeichnet. B. I. sind außerdem von Informationssystemen im Sinne datenbankgestützter Information-Retrieval-Systeme zu unterscheiden.

Um Freiheitsgrade alternativer Realisierungsformen aufdecken und nutzen zu können, wird bei der Analyse und Gestaltung b. I. zwischen einer Aufgaben- und einer Aufgabenträgerebene unterschieden. Die Aufgabenebene enthält Informationsverarbeitungsaufgaben, die untereinander durch Informationsbeziehungen verknüpft sind. Die Aufgabenträgerebene umfaßt die Aufgabenträger Mensch und Maschine (Rechnersysteme) zur Durchführung der Informationsverarbeitungsaufgaben sowie Kommunikationssysteme für die → Kommunikation zwischen Menschen, zwischen Maschinen sowie zwischen Menschen und Maschinen. Die Zuordnung von Aufgabenträgern zu Aufgaben bestimmt deren Automatisierungsgrad und -form (→ Automatisierung betrieblicher Aufgaben).

Das b. I. gliedert sich in Teil-Informationssysteme, die wiederum nach ihren Aufgabenschwerpunkten typisiert werden können. Beispiele für solche Kategorien von Teil-Informationssystemen sind → operative Informationssysteme, Steuerungssysteme, Kontrollsysteme und Planungssysteme. → Architektur betrieblicher Informationssysteme, → Integration betrieblicher Informationssysteme, → Modellierung betrieblicher Informationssysteme. *Sinz*
Literatur: *Ferstl, O. K.* u. *E. J. Sinz*: Grundlagen der Wirtschaftsinformatik. 2. Aufl. München – Wien 1994.

**Informationssystem, geographisches** ⟨geographical information system⟩. Verwaltet geographische Daten, d. h. insbesondere räumliche Daten und evtl. Satellitenbilder, die untereinander in vielfältigen Beziehungen stehen können. Beispielsweise muß ein g. I. Fragen wie „Welche Länder grenzen an Deutschland?", „Welche Städte liegen in Franken?" oder „Wie lang ist Großbritanniens Küstenlinie?" geeignet beantworten können. Es können auch zeitabhängige Fragen, z. B. „Wie hoch ist die Luftverschmutzung um 6 Uhr morgens über Frankfurt in 100 Metern Höhe?", eine Rolle spielen. Die Speicherung dieser Beziehungen und der komplexen Datenstrukturen sowie die Auswertung der Anfragen gegen diese Daten stellt hohe Anforderungen an die Modellierungsmächtigkeit der Datenbanken, mit denen das g. I. arbeitet. Neben der Selektion von Daten ist die → Navigation in den Datenbeständen eine zentrale Aufgabe, die geeignet zu unterstützen ist (→ Nicht-Standarddatenbank). *Schmidt/Schröder*

**Informationssystem, mobiles** ⟨mobile information system⟩. Wesentliche Anwendungsgebiete von m. I., d. h. Systemen zur Informationsversorgung mobiler Nutzer, liegen (neben Bereichen des Mobile Computing) in elektronischen Verkehrsmanagement-, Verkehrs- und Reiseinformationssystemen (→ RTI). Mobile Informationssysteme können grob in zwei Klassen eingeteilt werden:
– *Broadcast-Systeme* verteilen periodisch die gesamte verfügbare Information, und die mobilen Teilnehmer müssen die für sie relevanten (z. B. ihre momentane Position betreffenden) Informationen herausfiltern (→ GPS, → RDS, → SRC, → TMC).
– *Individuelle Informationssysteme* enthalten eine Zentrale, an welche eine Mobilstation Anfragen stellt. Die Zentrale kontrolliert dann die Informations-

beschaffung und -übermittlung (→ GSM, → MODACOM, → SRC). *Hoff/Spaniol*
Literatur: *Walker, J.*: Mobile information systems. Artech House Publ., 1990.

**Informationssystem, operatives** ⟨*operative information system*⟩. Teilsystem eines betrieblichen Lenkungssystems für die unmittelbare Planung, Steuerung und Kontrolle des betrieblichen Leistungssystems. Es wickelt die laufenden Geschäftsvorfälle ab (z. B. Auftragsbearbeitung, Zahlungsverkehr).

Ein Betrieb wird hier als ein zweistufiges Regelungssystem mit dem übergeordneten Regler strategisches Planungs- und Entscheidungssystem, dem untergeordneten Regler o. I. und der Regelstrecke betriebliches Leistungssystem betrachtet. Die beiden Regler sind durch ein → Berichts- und Kontrollsystem verbunden. Die Aufgaben eines o. I. werden sektoral z. B. in die Bereiche Forschung und Entwicklung, Vertrieb, Beschaffung, Produktion, Kundendienst, Finanzen, Verwaltung differenziert. Prozessual wird zwischen dem Geschäftsprozeß Auftragsabwicklung als einem Hauptprozeß und einer Reihe von Serviceprozessen wie Produktentwicklung, Vorprodukte- und Anlagenbereitstellung und Finanzmittelbereitstellung unterschieden. Das zentrale Teilsystem des o. I. eines Produktionsbetriebs ist das → Produktionsplanungs- und -steuerungssystem. Für den Austausch von Dokumenten mit anderen Geschäftspartnern verwenden o. I. unter anderem den Ansatz des → EDI (Electronic Data Interchange).

Ein o. I. ist in der Regel in hohem Maße teilautomatisierbar. Es werden integrierte Anwendungssysteme benötigt, die ohne Medienbruch und unter Berücksichtigung von Anforderungen an die Daten- und Funktionskonsistenz sowie unter Vermeidung von → Redundanz die Abwicklung betrieblicher Prozesse unterstützen. Während herkömmliche integrierte Anwendungssysteme eher gemäß der sektoralen Gliederung der Aufgaben strukturiert sind, findet in der nächsten Generation integrierter Anwendungssysteme die prozessuale Gliederung stärkere Beachtung. Sie werden als Workflow-Systeme gestaltet. *Ferstl*
Literatur: *Ferstl, O. K.* u. *E. J. Sinz*: Grundlagen der Wirtschaftsinformatik. 2. Aufl. München-Wien 1994.

**Informationssystemplanung** ⟨*information system planning*⟩. Verfahren zur Gestaltung des → betrieblichen Informationssystems. Das betriebliche Informationssystem umfaßt das betriebliche Lenkungssystem und die informationsverarbeitenden Teile des betrieblichen Leistungssystems.

Wichtigstes Ergebnis der I. ist ein Plan der Architektur der Informationssysteme mit folgenden Teilplänen:
– Geschäftsprozeßmodell des Betriebs, aus dem die Aufgabenstellung des betrieblichen Informationssystems hervorgeht.
– Plan der Anwendungssysteme eines Betriebs. Sie bilden den zu automatisierenden Anteil am betrieblichen Informationssystem.
– Plan der informations- und kommunikationstechnischen Infrastruktur für die Anwendungssysteme.

Der verbleibende nicht automatisierte, personengestützte Anteil des betrieblichen Informationssystems wird in der I. in der Regel nur im Teilplan behandelt und in der Organisationsplanung weiter detailliert. Neben dem ergebnisorientierten Architekturplan erstellt die I. Vorgehenspläne zur Entwicklung und Umsetzung der Teilpläne. Voraussetzung für die I. ist ein Unternehmensplan, in dem die Unternehmensziele und -strategien bis auf die Detailebene der Geschäftsfelder festgehalten sind. Für die I. ist dabei die Kommunikationsstrategie des Betriebs für seine Kontakte mit der Umwelt von zunehmender Bedeutung. Es werden schnelle, flexible und wirtschaftliche Kommunikationsformen unter Nutzung der jeweils technisch aktuellen Kommunikationsinfrastruktur gefordert, z. B. → EDI (Electronic Data Interchange). Die Durchführung des I. ist Aufgabe des → Informationsmanagements, das die Planergebnisse der Unternehmensleitung zur Entscheidung vorlegt. Bei der Durchführung einer I. entstehen Probleme einerseits durch den Umfang der Aufgabenstellung, v. a. aber durch die rasche Änderung der Randbedingungen, die eine ständige Planaktualisierung erfordert. *Ferstl*

**Informationstechnik** ⟨*information technology*⟩. Abk.: IT. Zur IT zählen die Techniken (auf elektronischer Basis), die → Informationen verarbeiten, speichern und weiterleiten. Dazu gehören die Computertechnik ebenso wie die → analoge, → digitale und optische → Nachrichtentechnik sowie die → Mikroelektronik. Damit besteht eine beträchtliche Überschneidung mit Gebieten der → Informatik. *Broy*

**Informationstheorie** ⟨*information theory*⟩. Ein Zweig der statistischen Kommunikationstheorie, der den Informationsgehalt von → Nachrichten oder physikalischen Beobachtungen und den Zusammenhang zwischen Informationsgehalt und der Übertragung dieser Information von einem Ort zum anderen untersucht. Der Begriff *Information*, wie er in der I. gebraucht wird, hat keinen Bezug zur Bedeutung, Verwendungsfähigkeit oder Richtigkeit einer Nachricht oder Beobachtung, sondern bezieht sich darauf, in welchem Maße diese Nachricht oder Beobachtung zufällig oder unerwartet ist. Da die Zufälligkeit mathematisch durch Wahrscheinlichkeiten ausgedrückt werden kann, ist die I. auch als Zweig der Wahrscheinlichkeitstheorie ansehbar, und viele ihrer Ergebnisse haben unabhängig von der Anwendung in der Kommunikationstheorie eine mathematische Bedeutung.

Nachdem die I. zahlreiche gewöhnlich fruchtlose Versuche überstanden hatte, sie auf den Gesamtbereich menschlicher Existenz anzuwenden, ist sie zu den

ursprünglichen Fragestellungen zurückgekehrt. Diese lassen sich in drei Bereiche gliedern, die – soweit es die analytischen Methoden betrifft – fast unabhängig voneinander sind, aber zusammen eine vollständige Beschreibung des Kommunikationsproblems bilden. Diese Bereiche betreffen:
☐ Den Informationsgehalt der Nachrichten oder Beobachtungen, die Senderate einer Informationsquelle und die Beziehung zwischen dieser und der Genauigkeit, mit der die Nachricht am anderen Ende eines Übertragungsweges rekonstruiert werden kann (rate-distortion theory).
☐ Die Geschwindigkeit, mit der ein Übertragungsmedium (Kanal) ohne Fehler oder mit einer vorgegebenen Fehlerrate Nachrichten übermitteln kann (Kanalkapazität).
☐ Die Konstruktion und Analyse von Codierungsverfahren, die geeignet sind, die Fehler im Kanal zu beherrschen (Codierungstheorie).

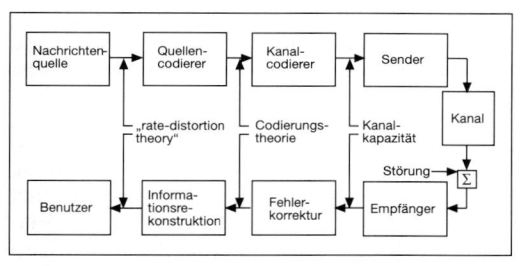

*Informationstheorie: Beziehung der drei Hauptgebiete der I. zum Nachrichtenübertragungssystem*

Die Beziehung zwischen diesen Gebieten und dem gesamten Nachrichtenübertragungssystem wird durch das Bild dargestellt. Offensichtlich sind alle drei Bereiche notwendig, um das Übertragungsproblem vollständig zu verstehen. *Bode/Schneider*

Literatur: *Berger, T.*: Rate distortion theory. Englewood Cliffs 1971. – *Duske, J.; H. Jürgensen*: Codierungstheorie. Mannheim 1977. – *Henze, E.* und *H. H. Homuth*: Einführung in die Codierungstheorie. Braunschweig 1974. – *Meyer-Eppler, W.*: Grundlagen und Anwendungen der Informationstheorie. Berlin 1969. – *Peterson, W. W.*: Prüfbare und korrigierbare Codes. München 1967. – *Shannon, C. E.*: Prediction and entropy of printed English. Bell System Techn. J. (1951). – *Shannon, C. E.* und *W. Weaver*: Mathematische Grundlagen der Informationstheorie. München 1976. – *Viterbi A. J.*: Error bounds for convolutional codes and an asymptotically optimum decoding algorithm. IEEE Trans. on Information Theory IT-13 (1967). – *Young, J. F*: Einführung in die Informationstheorie. München 1975. – *Muroga, S.*: On the capacity of a discrete channel. J. Phys. Soc. Japan 8 (1953).

**Informationsverarbeitung** ⟨*information processing*⟩
→ Rechensystem

**Informationsvisualisierung** ⟨*information visualization*⟩. → Visualisierung von → Daten, die durch → Anwendungsprogramme erzeugt und verarbeitet werden. Solche Daten können z. B. meßtechnische Massendaten sein oder auch Einzeldaten, die Prozesse oder technische Systeme beschreiben. Häufig wird die entsprechende I. den Anwendungsprogrammen zugeordnet und auch dort realisiert. In Verbindung mit graphischen → Benutzerschnittstellen tritt dann jedoch das Problem einer nichtkonsistenten I. auf, die z. T. soweit geht, daß für die Benutzerschnittstelle und für die Datenvisualisierung unterschiedliche graphische Basissysteme verwendet werden. Zusätzlicher Aufwand für die Erstellung und Pflege solcher Systeme sind das Ergebnis.

In konsequenter Ausrichtung auf eine ingenieurmäßige Entwicklung des Software-Systems Benutzerschnittstelle mit den Komponenten, entsprechend dem → *Seeheim*-Modell, artikuliert sich zunehmend das Verständnis, daß die Module zur I., soweit sie die unmittelbare → Präsentation beinhalten (z. T. auch darüber hinaus), der Benutzerschnittstelle zugerechnet werden können. Hinzu kommt ein weiterer Aspekt: Die Loslösung von der bisher üblichen signalorientierten Bedienung und Beobachtung von technischen Geräten, Maschinen und Anlagen und die Hinwendung zur informationsorientierten Bedienung und Beobachtung von Prozessen verlangt eine z. T. komplexe Interaktion über bzw. mit den visualisierten Daten, die damit in den Kontext der Benutzerschnittstelle eingebettet werden. *Langmann*

**Initialisierung** ⟨*initialization*⟩. **1.** Maßnahmen, die ein → Programm zu Beginn der Ausführung in einen definierten Anfangszustand versetzen. Dies wird üblicherweise erreicht durch die Zuweisung von Initialwerten an Variable oder die Ausführung von Startprozeduren. *Breitling/K. Spies*
**2.** Gesamtheit der Maßnahmen, um ein Software-Projekt formell ins Leben zu rufen. Dazu gehören: Projektleiter benennen, Budget bereitstellen, einen Projektauftrag (zwischen Auftraggeber und Auftragnehmer) vereinbaren und Kommunikation regeln. *Hesse*

Literatur: *Hesse, W.; Keutgen, H.* u. a.: Ein Begriffssystem für die Softwaretechnik. Informatik-Spektrum (1984) S. 200–213. – *Hesse, W.; Barkow, G.* u. a.: Terminologie der Softwaretechnik – Ein Begriffssystem für die Analyse und Modellierung von Anwendungssystemen. Teil 2: Tätigkeits- und ergebnisbezogene Elemente. Informatik-Spektrum (1994) S. 96–105.

**Initiierungsereignis** ⟨*event of initiation*⟩ → Berechnungskoordinierung

**Ink-Jet-Plotter** ⟨*ink jet plotter*⟩. Graphisches Ausgabegerät, mit dem durch gezieltes Spritzen von Tintentröpfchen auf Papier graphische Darstellungen angefertigt werden können. Im Gegensatz zu herkömmlichen Zeichenmaschinen (Tischplotter, Trommelplotter), die zu den Vektorausgabegeräten zählen, gehört der I.-J.-P. zu der Klasse der Rasterausgabegeräte. Seine Funktionsweise ist eher mit der des Tintenstrahldruckers als mit der eines → Plotters zu beschreiben, da durch das Tintenspritzverfahren eine Linie nur aus einzelnen Punkten zusammengesetzt werden kann. Das darzustellende Punktmuster wird zeilenweise auf das Papier gespritzt. Hierbei wird der Spritzkopf zyklisch über die gesamte Papierbreite bewegt und das Papier rechtwinklig dazu über eine Trommel unter dem Kopf transportiert.

Der mechanische Aufbau des I.-J.-P. entspricht daher im wesentlichen dem eines Trommelplotters. Der I.-J.-P. stellt somit für alle Anwendungen, die größere Formate zur Ausgabe von Dokumenten und Farbgraphiken erfordern, eine Ergänzung zum Tintenstrahldrucker dar. *Encarnação/Gutheil*

**Innere-Punkt-Methode** ⟨interpoint method⟩. Verfahren zur Lösung von Problemen der → linearen Programmierung. Die Grundversion der I.-P.-M. ist ein Verfahren zur Entscheidung, ob ein lineares System der Form

$$Ax = 0, \ ex = 1, \ x \geq 0, \ cx \leq 0$$

eine Lösung besitzt (e := (1, ..., 1)). Ähnlich wie beim → Simplexverfahren kann auch hier jedes lineare System (bzw. jedes lineare Optimierungsproblem) auf diese spezielle Form transformiert bzw. reduziert werden. Der *Karmarkar*-Algorithmus löst dieses Problem durch Minimierung der linearen Zielfunktion cx über den Schnitt des Simplex $\varepsilon := \{x \mid ex = 1, x \geq 0\}$ mit dem linearen Raum $\Omega := \{x \mid Ax = 0\}$. Er startet in der Iteration k mit einer projektiven Transformation $T_k$, welche das Simplex $\varepsilon$ auf sich selbst, $\Omega$ auf einen anderen linearen Raum $\Omega'$ und den aktuellen Iterationsvektor $x_k$ auf den Mittelpunkt m := 1/n 1 des Simplex $\varepsilon$ abbildet. Vom Mittelpunkt m des Simplex wird nun wie in einem → Abstiegsverfahren eine zulässige Richtung und eine Schrittweite festgelegt (durch Minimierung der transformierten Zielfunktion über die dem Simplex eingeschriebene Kugel). Der so bestimmte neue Punkt $y_k + 1$ wird zurücktransformiert, um den nächsten Iterationspunkt $x_k + 1 \in P$ zu erhalten.

Das Verfahren wurde 1985 von *N. Karmarkar* veröffentlicht. Es ist wie der → *Kachian*-Algorithmus ein Verfahren mit polynomialem Laufzeitverhalten, jedoch numerisch weitaus stabiler.

In der Praxis hat sich gezeigt, daß der *Karmarkar*-Algorithmus ebenso effizient ist wie der Simplex-Algorithmus.

In den letzten Jahren ist eine Vielzahl von neuen Ideen zum *Karmarkar*-Algorithmus entwickelt worden. *Bachem*

Literatur: Todd, M.: A low-complexity interior-point algorithm for linear programming. SIAM Journal on Optimization (1992) 2, pp. 198–209. – Todd, M.: Combining phase I and phase II in a potential reduction algorithm for linear programming. Mathematical Programming (1993) 59, pp. 133–150. – Mizuno, S. and M. Todd, Y. Ye: On adaptive-step primal-dual interior-point algorithms for linear programming. Mathematics of Operations Research (1993) 18, pp. 964–981.

**Input-Output-Analyse** ⟨input-output analysis⟩. In der Input-Output-Rechnung wird die gegenseitige Verflechtung von Waren- und Dienstleistungsströmen der Wirtschaft eines Landes sektorenweise in Matrizenform dargestellt. *Schneeberger*

**Inspektion** ⟨inspection⟩. Eine Form der analytischen → Qualitätssicherung, bei der Zwischen- oder Endprodukte von anderen Personen als dem Autor meist manuell überprüft werden. I. sind eine besonders effektive Qualitätssicherungsmaßnahme für die frühen Phasen eines Projekts. Man unterscheidet einerseits nach dem Gegenstand, also dem Entwicklungsprodukt, das inspiziert wird, andererseits nach dem Detaillierungsgrad. I. können sich beziehen auf das Pflichtenheft (Bedarfsanalyse), auf die Spezifikation (Entwurfsinspektion), auf den Quellcode einzelner Module (Code-Inspektion), auf Testdaten oder auf Benutzer-Handbücher, Fehlernachrichten, Dialoge usw. Je nach Detaillierungsgrad spricht man von Reviews, Audits oder Walkthroughs.

Für jede Stufe der I. sind andere Mitwirkende erforderlich. Bei den für Nutzer relevanten Dokumenten und Aspekten können Endnutzer mit herangezogen werden, bei der Entwurfs- und Code-I. muß auf andere Entwickler zurückgegriffen werden. Eine typische I. beginnt damit, daß 3 bis 4 Inspekteuren die relevanten Dokumente und Unterlagen vom Autor zur Verfügung gestellt werden. Der Inspekteur versucht, basierend auf den entsprechenden Vorgaben, den jeweiligen Entwicklungsschritt nachzuvollziehen. Er sammelt dabei Fragen und Kommentare. Nach Beendigung der Einzeluntersuchungen wird eine gemeinsame Sitzung zwischen Autor und Inspekteuren anberaumt, in der diese, von einem Moderator geleitet, alle Fragen und Kommentare durchgehen. Es wird gemeinsam festgelegt, in welchen Fällen Korrekturen oder Ergänzungen der inspizierten Unterlagen erforderlich sind. Der Moderator dokumentiert die Entscheidungen. Das → Projektmanagement sorgt dafür, daß die Nacharbeit vollzogen wird. I. sind deshalb gegenüber Maßnahmen, die der Autor allein durchführt so erfolgreich, weil dabei auch die Fälle aufgedeckt werden, in denen der Autor das zu lösende Problem falsch verstanden hat. Der Zeitaufwand für I. muß für alle Beteiligten explizit geplant werden. I. haben den Nebeneffekt, daß sie den Lernprozeß in einer Organisation sehr stark beschleunigen. *Endres*

**Instantiieren** ⟨instantiation⟩ (auch Instanziieren). Erzeugen einer computerinternen → Datenstruktur zur Repräsentation eines → Objekts auf der Basis einer generischen Beschreibung. Das I. von Objekten erfolgt in der → Künstlichen Intelligenz (KI) meist mit Hilfe eines Formalismus zur → Wissensrepräsentation. Das repräsentierte Wissen umfaßt Beschreibungen von Objektklassen und Konzepten. Daraus werden beim I. die Beschreibungen konkreter Objekte erzeugt.

Die Eigenschaften der generischen Beschreibung werden i. allg. auf das konkrete Objekt (die „Instanz") übertragen. → Instanzen werden beispielsweise zum Aufbau einer konkreten Szenenbeschreibung beim → Bildverstehen oder zur Bedeutungsrepräsentation eines konkreten Satzes beim → Sprachverstehen instantiiert. *Neumann*

**Instanz** ⟨*entity/instance*⟩. **1.** → ISO definiert eine (N)-Instanz als „ein aktives Element innerhalb einer → Ebene (N)". Dies können eine Software-Instanz (z. B. ein Dämon (→ Dämonprozedur) zum Empfang von → Paketen auf Vermittlungsebene) oder eine Hardware-Instanz (z. B. ein Signalprozessor oder I/O-Chip) sein. (N)-Instanzen auf verschiedenen Systemen werden als Partnerinstanzen bezeichnet; sie kommunizieren über das (N)-Protokoll (→ Protokoll).
*Fasbender/Spaniol*
**2.** Ein → Objekt ist eine I. einer → Klasse, wenn das Objekt die Beschreibung dieser Klasse erfüllt (Programmiersprachensicht) bzw. der Klassenextension angehört (→ Datenbanksicht). *Schmidt/Schröder*
**3.** eines → Programmschemas

**Instanzierung** ⟨*instantiation*⟩ → Instantiieren

**Instruktionsanordnung** ⟨*instruction scheduling*⟩. Moderne → Prozessoren, insbesondere die vom RISC-Typ, sind meistens in der Lage, mehrere Instruktionen (Maschinenbefehle) parallel zueinander zu verarbeiten. Enthält der Prozessor ein Befehlsfließband (instruction pipeline), so können mehrere im Befehlsstrom aufeinanderfolgende → Befehle in verschiedenen Phasen der Verarbeitung sein. Bietet er mehrere funktionale Einheiten an, so können von diesen mehrere Befehle parallel zueinander verarbeitet werden.

Nicht jede parallele Verarbeitung von Befehlen eines Befehlsstroms ist möglich. Zum einen enthält der Befehlsstrom, wie er von der → Codeselektion erzeugt wurde, Abhängigkeiten zwischen Befehlen. Ein Befehl etwa berechnet einen Wert, und ein anderer benutzt ihn. Eine parallele Ausführung solcher Befehle ergäbe i. allg. falsche Ergebnisse. Zum anderen kann die parallele Ausführung von Befehlen zu Kollisionen auf → Ressourcen der → Hardware führen, wenn etwa gleichzeitig von zwei Befehlen der → Bus zwischen → Prozessor und → Speicher benutzt werden müßte.

Die I. versucht, unter Beachtung der Abhängigkeiten zwischen den Befehlen des Maschinenprogramms eine Umordnung des Befehlsstroms vorzunehmen, welche durch Ausnutzung der Parallelverarbeitungsmöglichkeiten eine möglichst kurze Ausführungszeit erreicht. Dieses Problem ist verwandt mit dem Problem, eine vorgegebene Menge von Aufgaben auf einer vorgegebenen Menge von Ressourcen, z. B. Maschinen oder Fließbändern, einzuplanen (Scheduling).

Da das Problem, kürzeste Ausführungszeiten zu erreichen, → NP-hart ist, werden heuristische Verfahren zur Lösung eingesetzt. *Wilhelm*

**Intakt-Phase** ⟨*intact phase*⟩ → Zuverlässigkeit von Rechensystemen

**Intakt-Wahrscheinlichkeit** ⟨*availability*⟩. Die I.-W. eines → Systems ist die Wahrscheinlichkeit dafür, daß das System zu einem betrachteten Zeitpunkt intakt ist; sie ist gleichbedeutend mit der → Verfügbarkeit eines Systems in diesem Zeitpunkt. Die stationäre I.-W. ist für → Zweiphasensysteme definiert, nämlich als I.-W. des stationären Systems; sie ist gleichbedeutend mit der stationären Verfügbarkeit. *P. P. Spies*

**Intakt-Zustand** ⟨*intact state*⟩ → Zuverlässigkeit von Rechensystemen

**Integration** ⟨*integration*⟩. Die Berechnung eines Integrals

$$\int_a^x f(x)\,dx.$$

*Eine mögliche Lösung* dieses Problems besteht bei stetigem f darin, eine Stammfunktion F von f anzugeben, womit

$$F(x) - F(a) = \int_a^x f(t)\,dt$$

für alle x des Definitionsbereichs von f gilt. Bei der Suche nach einer solchen Funktion sind die folgenden drei Methoden von besonderem Interesse:

☐ *Partielle I.* Sind f und g stetig differenzierbare Funktionen, so gilt

$$\int_a^x f(t)\,g'(t)\,dt = f(t)\,g(t)\Big|_a^x - \int_a^x f'(t)\,g(t)\,dt$$

$$= f(x)\,g(x) - f(a)\,g(a) - \int_a^x f'(t)\,g(t)\,dt.$$

☐ *Substitution.* Ist f stetig auf dem Intervall [a, b] und ξ eine stetig differenzierbare, streng monotone Abbildung, deren Bildbereich das Intervall [a, b] enthält, so gilt

$$\int_a^x f(t)\,dt = \int_{\xi^{-1}(a)}^{\xi^{-1}(x)} f(\xi(u))\,\xi'(u)\,du, \quad x \in [a,b],$$

wobei $\xi^{-1}$ die Umkehrabbildung von ξ bezeichnet.

☐ *Partialbruchzerlegung der rationalen Funktionen.* Jede beliebige rationale Funktion mit reellen Koeffizienten läßt sich in eine Summe von rationalen Funktionen der Gestalt

$$\frac{Ax+B}{(Cx^2+Dx+E)^k}$$

zerlegen, wobei k eine natürliche Zahl ist und einige der Koeffizienten A, B, C, D, E auch Null sein können. Nun werden schrittweise folgende Formeln benutzt:

$$\int_a^x \frac{At+B}{(Ct^2+Dt+E)^k} dt =$$

$$-\frac{A}{2(k-1)C} \cdot \frac{1}{(Ct^2+Dt+E)^{k-1}} \Big|_a^x +$$

$$+ \left(B - \frac{AD}{C}\right) \int_a^x \frac{dt}{(Ct^2+Dt+E)^k},$$

$$\int_a^x \frac{dt}{(Ct^2+Dt+E)^k} =$$

$$\frac{1}{(k-1)(4CE-D^2)} \cdot \frac{2Ct+D}{(Ct^2+Dt+E)^{k-1}} \Big|_a^x +$$

$$+ \frac{2(2k-3)C}{(k-1)(4CE-D^2)} \int_a^x \frac{dt}{(Ct^2+Dt+E)^{k-1}}$$

für $D^2 \neq 4CE$,

$$= 2 \frac{(4C)^{k-1}}{2k-1} \cdot \frac{1}{(2Ct+D)^{2k-1}} \Big|_a^x \quad \text{für } D^2 \neq 4CE,$$

bis man zum Integral

$$\int_a^x \frac{dt}{Ct^2+Dt+E}$$

gelangt, für dessen Integrand $(Cx^2+Dx+E)^{-1}$ die Stammfunktion

$$\frac{2}{\sqrt{4CE-D^2}} \arctan\left(\frac{2Cx+D}{\sqrt{4CE-D^2}}\right),$$

falls $D2 -4CE > 0$,

$$-\frac{2}{2Cx+D} \text{ falls } D^2 = 4CE,$$

$$\frac{1}{\sqrt{D^2-4CE}} \ln \left| \frac{2Cx+D-\sqrt{D^2-4CE}}{2Cx+D+\sqrt{D^2-4CE}} \right|,$$

falls $D^2-4CE>0$
existiert.

Bezeichnet P(x) ein beliebiges Polynom und R(x) bzw. R(x, y) eine beliebige rationale Funktion in x bzw. x und y, so läßt sich z. B. für alle Funktionen f(x) der Gestalt

$$R\left(x\left(\frac{Ax+B}{Cx+D}\right)^{1/k}\right) \quad \text{(k natürliche Zahl),}$$

$$R\left(x, \sqrt{Ax^2+Bx+C}\right),$$

$R(e^x)$, $R(\sin x, \cos x)$, $R(\sinh x, \cosh x)$,

$P(x)e^{Ax} \sin(Bx+C)$, $P(x)e^{Ax} \cos(Bx+C)$,
$P(x) \sinh(Bx+C)$ und $P(x) \cosh(Bx+C)$

mit Hilfe der drei genannten Integrationsmethoden eine Stammfunktion angeben. Diesem Vorgehen werden dadurch Grenzen gesetzt, daß die Stammfunktionen einer elementaren Funktion häufig keine elementaren Funktionen sind. Dann versucht man, den Wert des (bestimmten) Integrals direkt ohne Rückgriff auf eine Stammfunktion zu bestimmen. Eine Möglichkeit dazu, die besonders bei uneigentlichen Integralen von Interesse ist, liefert manchmal der folgende → Kalkül.
*Residuenkalkül der Funktionentheorie.* Damit lassen sich z. B. Integrale der folgenden Gestalt berechnen:

$$\int_0^\infty R(x) \ln x \, dx$$

(R(x) rationale Funktion mit $\lim_{x \to +\infty} x R(x) = 0$),

$$\int_0^\infty \frac{R(x)}{x^\alpha} dx$$

($0<\alpha<1$, R(x) rationale Funktion mit $\lim_{x \to +\infty} x R(x) = 0$

und

$$\int_{-\infty}^\infty f(x) e^{ix} dx,$$

wobei f bis auf endliche viele Pole in der oberen Halbebene holomorph sei und dort

$$\lim_{|z| \to \infty} |f(z)| = 0$$

gelte.
Führt auch der Residuenkalkül nicht zum Ziel, so bleiben häufig nur noch numerische Methoden.

*Schmeißer*

Literatur: *Cartan, H.*: Elementare Theorie der analytischen Funktionen einer oder mehrerer komplexen Veränderlichen. Mannheim 1966. – *Gradshteyn, I. S.* and *I. M. Ryzhik*: Tables of integrals, series, and products. New York 1980. – *Gröbner, W.*, u. *N. Hofreiter*: Integraltafeln. Bd. I: Unbestimmte Integrale. Bd. II: Bestimmte Integrale. Wien 1949 u. 1950. – *Heuser, H.*: Lehrb. Analysis. T. 1. 4. Aufl. Stuttgart 1986. – *von Mangoldt, H.* u. *K. Knopp*: Einführung in die höhere Mathematik. Bd. III. 14. Aufl. Stuttgart 1978. – *Ostrowski, A.*: Vorlesungen über Differential- und Integralrechnung. Bd. III. Basel 1962. – *Prudnikov, A. P.* and *A. Brychkov, O. I. Marichev*: Integrals and series. 2 Vol. New York 1986.

## Integration betrieblicher Informationssysteme

⟨integration of business information systems⟩. Bedeutet das Zusammenführen von Teil-Informationssystemen zu einem im Ganzen wirksamen Informationssystem. Ausgangspunkt der Integration können isolierte Teil-Informationssysteme oder ein (postuliertes) Gesamt-Informationssystem sein, welches in zusammenwirkende Teil-Informationssysteme strukturiert werden soll.

Die mit der Integration verfolgten Gestaltungsziele nehmen auf Struktur- und Verhaltensmerkmale von → betrieblichen Informationssystemen Bezug:

☐ Strukturorientierte Integrationsziele beziehen sich auf die → Redundanz von Systemkomponenten (Datenredundanz, Funktionsredundanz) sowie auf die Verknüpfung (Kommunikationsstruktur) zwischen den Systemkomponenten.

☐ Verhaltensorientierte Integrationsziele beziehen sich auf die (globale) Konsistenz sowie die (globale) Aufgabenerfüllung des betrieblichen Informationssystems.

Die Integration von Teil-Informationssystemen kann auf der Basis unterschiedlicher Integrationsformen erfolgen:
– Die historisch älteste Integrationsform ist die datenflußorientierte Funktionsintegration, bei der Teil-Informationssysteme auf vorgegebenen Kommunikationskanälen Datenflüsse austauschen. Diese Integrationsform zielt insbesondere auf die Gestaltung der Kommunikationsstruktur.
– Mit der Verfügbarkeit von mehrbenutzerfähigen Datenbanksystemen wurde die Datenintegration ermöglicht, bei der die einzelnen Teil-Informationssysteme auf einer gemeinsamen Datenbasis operieren. Die Teil-Informationssysteme sind somit über einen gemeinsamen Speicher eng gekoppelt. Datenintegration zielt insbesondere auf die Kontrolle der Datenredundanz sowie der Datenkonsistenz.
– Mit zunehmender Verbreitung objektorientierter Systemplattformen nimmt die Bedeutung der Objektintegration zu. Diese beruht auf → Objekten bzw. Objektklassen, welche einen lokalen Speicher und zugehörige → Operatoren kapseln und gezielt durch → Nachrichten interagieren. Die Objekte sind somit lose gekoppelt. Objektintegration erlaubt eine Kontrolle aller genannten Integrationsziele.

Werden Teil-Informationssysteme entlang der betrieblichen Wertschöpfung integriert, so spricht man von horizontaler Integration. Bei der vertikalen Integration werden Teil-Informationssysteme unterschiedlicher Planungs-, Steuerungs- und Kontrollebenen integriert. Hinsichtlich der Integrationsreichweite kann zwischen innerbetrieblicher und zwischenbetrieblicher Integration unterschieden werden. *Sinz*

Literatur: *Ferstl, O. K.* u. *E. J. Sinz*: Grundlagen der Wirtschaftsinformatik. 2. Aufl. München 1994. – *Mertens, P.*: Integrierte Informationsverarbeitung 1. Administrations- und Dispositionssysteme in der Industrie. 9. Aufl. Wiesbaden 1993.

**Integrität** ⟨integrity⟩. Die I. eines → Rechensystems S ist die Unversehrtheit der Gesamtheit der Eigenschaften von S. Da S aus Hardware- und aus Software-Komponenten besteht, kann man zwischen der physischen I. von S und der I. der in S gespeicherten Nachrichten sowie für diese zwischen Programmen und Daten unterscheiden. Den Charakteristika von → Systemen entsprechend, ist I. auch für Komponenten von S erklärt. Zerstörungen der I. von S verursachen → Fehlerzustände von S, die ihrerseits Fehler von S, also → Fehlerzustände und → Fehlverhalten von S, verursachen können. *P. P. Spies*

**Integrität, referentielle** ⟨referential integrity⟩. Die r. I. im relationalen Modell verlangt, daß zu jedem Fremdschlüssel in einer Relation ein entsprechendes Tupel in einer anderen Relation existieren muß, das diesen Fremdschlüssel als Primärschlüssel besitzt (→ Integritätsbedingung). *Schmidt/Schröder*

**Integritätsbedingung** ⟨integrity constraint⟩. Prädikate über Datenbeständen. Sind diese Prädikate erfüllt, sind die Daten konsistent. → Datenmodelle enthalten implizite I., z. B. das Relationsmodell die → referentielle Integrität und die → Schlüsselintegrität. Außerdem können benutzerdefinierte I. angegeben werden, z. B., daß ein Angestellter nur bei maximal einer Firma angestellt sein darf oder ein Angestellter nicht ein höheres Gehalt als sein Vorgesetzter beziehen darf. Temporär dürfen innerhalb einer → Transaktion die Integritätsbedingungen verletzt sein. *Schmidt/Schröder*

Literatur: *Gray, J.* and *A. Reuter*: Transaction processing: Concepts and techniques. Hove, East Sussex 1993. – *Lockemann, P. C.* und *J. W. Schmidt* (Hrsg.): Datenbankhandbuch. Berlin–Heidelberg–New York 1987. – *Ullmann, J. D.*: Database and knowledge-base systems. Vol. 1. 1988.

**Intensität** ⟨intensity⟩. Der intuitive Begriff der Farb- oder Lichtintensität ist kein normgerechter Ausdruck. Statt dessen kann man folgende verwandte Größen definieren:

☐ *In der Farblehre* (→ Farbmodell) entspricht die Farbintensität den Größen Sättigung und → Helligkeit. Zwischen zwei Farben des gleichen Farbtons wird diejenige als die intensivere bezeichnet, die gesättigter und heller ist.

☐ *In der optischen Strahlungsphysik* werden folgende energetische Größen definiert:
– Strahlungsstärke (oder Lichtstärke) ist der Quotient aus der von einer Strahlungsquelle in einer Richtung ausgehenden Strahlungsleistung und dem durchstrahlten Raumwinkel (SI-Einheit W/sr).
– Bestrahlungsstärke (oder Beleuchtungsstärke) ist der Quotient aus der auf eine Fläche auftreffenden Strahlungsleistung und dieser Fläche (SI-Einheit $W/m^2$).
– Photonenstrahlstärke ist der Quotient aus dem von einer Strahlungsquelle ausgehenden Photonenstrom und dem durchstrahlten Raumwinkel (SI-Einheit $1/s \cdot sr$).
– Photonenbestrahlungsstärke ist der Quotient aus dem auf eine Fläche auftreffenden Photonenstrom und dieser Fläche (SI-Einheit $1/s \cdot m^2$). *Encarnação/Sakas*

Literatur: DIN 5031: Strahlungsphysik im optischen Bereich und Lichttechnik (1982). – DIN 5033: Farbmessung (1979). – *Lang, H.*: Farbmetrik und Farbfernsehen. München–Wien 1978. – *Kohlrausch, F.*: Praktische Physik. Stuttgart 1985.

**Interaktion** ⟨interaction⟩. Kommunikationsform zweier oder mehrerer Kommunikationsträger, bei der die Träger abwechselnd Sender- und Empfängerfunktion übernehmen. Dabei ist der Fall von besonderem Interesse, in dem ein Mensch und ein Computer beteiligt sind (Mensch-Maschine-I.).

Die interaktive Verarbeitung hat die Stapelverarbeitung vor allem dort weitgehend verdrängt, wo ein hoher Aktualitätsgrad der Daten, eine ereignisbezogene Aufgabenerfüllung und die Beschleunigung von Abläufen verlangt wird.

*Hesse*

**Interaktion zwischen System und Umgebung** ⟨*interaction of system and environment*⟩ → System

**Interaktionsdiagramm** ⟨*interaction diagram*⟩. Graphisches Hilfsmittel zur Beschreibung des Ereignisflusses in objektorientierten Programmiersprachen (→ Programmierung, objektorientierte), d. h., I. beschreiben die Interaktion von → Objekten durch Nachrichtenaustausch. Sie werden insbesondere in der objektorientierten → Systemanalyse eingesetzt, um die Interaktion der einzelnen Objekte programmiersprachenunabhängig darzustellen. Ein einzelnes I. beschreibt dabei den Ereignisfluß eines Teilablaufs im Gesamtsystem.

In der obersten Zeile des Bildes werden die Objekte angegeben, die in den dargestellten Teilablauf involviert sind. Links neben der Systemgrenze steht die informelle Beschreibung des Teilablaufs. Im zeitlichen Ablauf, den man sich entlang der vertikalen Achse des Diagramms (von oben nach unten) vorstellen muß, werden nun, dargestellt durch Pfeile und Namen, die → Nachrichten abgebildet, die zwischen den Objekten ausgetauscht werden. Das Diagramm ist etwa wie folgt zu lesen: „Der Benutzer des Systems (dargestellt durch die Systemgrenze) schickt eine Nachricht „start" an das Objekt „Administrator". Daraufhin schickt „Administrator" zuerst eine Nachricht „finde_name" und dann eine Nachricht „finde_adresse" an das Objekt „Kunde". Anschließend schickt „Administrator" die Nachricht „drucke" an den „Drucker" ".

*Mück/Wirsing*

Literatur: *Jacobson, I. et al.*: Object-oriented software engineering: A use case driven approach. Addison-Wesley, 1992.

**Interaktivität** ⟨*interactivity*⟩. Bidirektionaler Austausch von → Daten zwischen Benutzer und Datenverarbeitungsanlage in Form von Ein- und Ausgaben. Ausgaben werden von einem → Programm ausgelöst und erscheinen meist als Bilder und → Text auf dem → Bildschirm. Eingaben werden von einem → Benutzer durch Bedienung von verschiedenartigen → Eingabegeräten ausgeführt. Unter I. versteht man nicht nur alternierende Sequenzen von Ein- und Ausgabe in Form von Dialogen, sondern auch parallele Aktivitäten von Benutzer und Programm. Eingaben können sich direkt auf dargestellte → Information beziehen wie der → Picker.

Interaktive Eingaben werden meist begleitet von → Rückkopplungen des Programms. In diesem Fall der I. sind Ein- und Ausgaben eng miteinander gekoppelt. Der Benutzer kann den Programmablauf durch Bedienung der Eingabegeräte beeinflussen und steuern. Parallele Aktivitäten müssen synchronisiert werden. Zum einen muß das Programm vom Benutzer die notwendigen Informationen zur Verfügung gestellt bekommen, die es zum weiteren Ablauf benötigt. Zum anderen erwartet der Benutzer vom Programm die Übermittlung der gewünschten Daten. Während das Programm in vordefinierter Weise reagiert, kann der Benutzer Interaktionen individuell gestalten. Das Programm sollte die Benutzerabsichten korrekt interpretieren und in gewünschter Weise reagieren. Zu diesem Zweck bemüht sich die → Software-Ergonomie mit den psychischen und physischen Aspekten der Mensch-Maschine-Interaktion.

Zur Beschreibung von I. benötigt man eine Eingabesprache, eine Ausgabesprache und ein Kommunikationsprotokoll mit Prompt, Rückkopplung und Ablaufregeln.

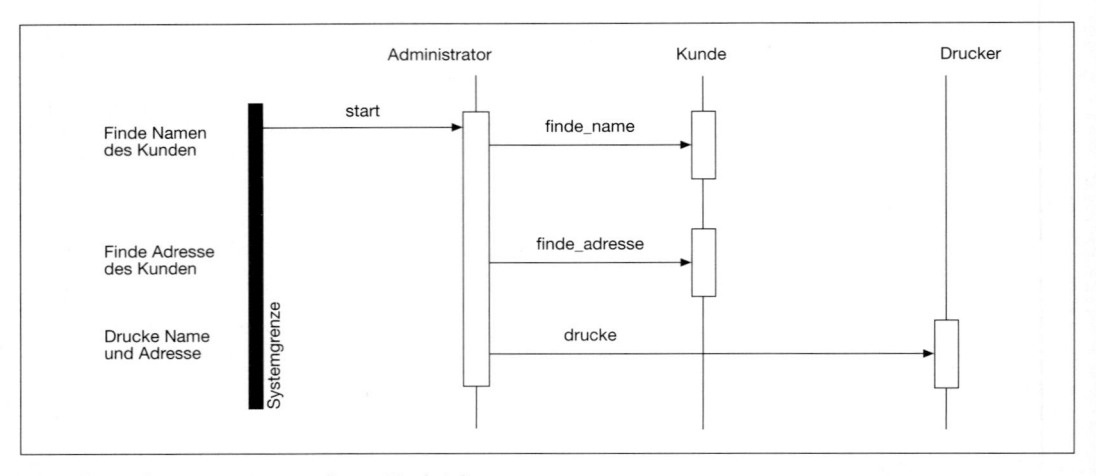

*Interaktionsdiagramm: Austausch von Nachrichten*

Zur Beschreibung der Mensch-Rechner-Interaktion zieht *Foley* ein Schichtenmodell heran, das I. auf vier verschiedenen Abstraktionsebenen beschreibt:

☐ *Konzeptuelle Ebene.* Die generellen Aufgaben, die mit dem → System durchgeführt werden können, und die Basiskonzepte, die der Benutzer verstanden haben muß, um das System zu benutzen, werden im konzeptionellen → Modell beschrieben. Es werden die Objekttypen, Beziehungen zwischen Objekten, Objektattribute und Funktionen für → Objekte, Relationen und → Attribute festgelegt.

☐ *Semantische Ebene.* Sie beinhaltet die vollständige → Spezifikation der Bedeutung aller zwischen Benutzer und Rechner zu übertragenden Einheiten unter Einbeziehung aller Fehlerbedingungen. Eingabeseitig werden die Funktionen, die sich auf Objekte, Beziehungen zwischen Objekten und Objektattribute beziehen, festgelegt. Ausgabeseitig wird die Auswahl der Information, die dargestellt wird, getroffen.

☐ *Syntaktische Ebene.* Sie beschreibt die vollständige Spezifikation der Gestalt aller zwischen Benutzer und Rechner zu übertragenden Einheiten. Die Kommandos und deren Parameter sowie Position und Art der Informationsdarstellung werden festgelegt. Neben dem syntaktischen Aufbau der Ein- und Ausgabe wird auch der Ablauf der Interaktionseinheiten definiert.

☐ *Lexikalische Ebene.* → Struktur und Form der atomaren Interaktionseinheiten werden festgelegt. Dies geschieht durch Anbindung von Hardware-Eigenschaften an die Basiselemente der Ein-/Ausgabe.

Zur Ausführung von Interaktionsaufgaben steht eine Vielzahl von Interaktionstechniken zur Verfügung. Man unterscheidet die Klassen

– Menü-Auswahl,
– Ausfüllen von Masken (Formularen),
– Dialogsprachen (Kommandosprachen),
– graphische Interaktionstechniken,
– natürliche → Sprache,
– direkte Manipulation. *Encarnação/Hübner*

Literatur: *Guedj (Ed.)*: Methodology of interaction. Amsterdam 1979. – *Foley, J. D.* and *A. van Dam*: Fundamentals of interactive computer graphics. Amsterdam 1984. – *Shneiderman*: Designing the user interface: Strategies for effective human-computer interaction. Amsterdam 1987.

**Interface-Generator** ⟨*interface generator*⟩. Generisches Werkzeug zur Entwicklung graphischer → Benutzerschnittstellen. Besonderes Merkmal eines I.-G. ist die Verfügbarkeit von graphisch-interaktiven → Editoren, mit denen die Parameter vorgefertigter Benutzerschnittstellen-Elemente (Steuerknöpfe, Menüs, Listboxen usw.) verändert werden können. Mit dieser generischen Methode kann eine graphische Benutzerschnittstelle zumindest in ihrer → Präsentation schnell und ohne Programmcode erzeugt werden. Ein automatischer Codegenerator erzeugt aus der mit Hilfe eines Editors erstellten Benutzerschnittstelle entweder ein Programmcodeskelett für den logischen Ablauf sowie den Code einer Ressourcensprache (→ Ressource) für das Aussehen der Benutzerschnittstelle oder nur reinen Programmcode. Die erste Alternative ist zwar vom System her aufwendiger, gestattet es aber später, das Aussehen der Benutzerschnittstelle ohne Eingriffe in den Programmiercode zu korrigieren.

Ein weiteres Merkmal von I.-G. sind die in letzter Zeit verstärkten Portierungsbemühungen (→ Portierung) für diese Benutzerschnittstellen-Werkzeuge. Die unterschiedlichen Graphik- und Fenstersysteme erzwingen ein solches Vorgehen, insbesondere bei höherentwickelten I.-G., um den hohen Entwicklungsaufwand für diese Werkzeuge später durch einen breiten Einsatz amortisieren zu können. *Langmann*

**Interlacing** ⟨*interlacing*⟩. I. – auch Zeilensprungverfahren genannt – ist das Schreiben von zwei Halbbildern auf einem Videomonitor. Auf ihm wird durch zeilenweises Schreiben von Bildpunkten ein Bild dargestellt. Die meisten Systeme arbeiten im Noninterlacing-Verfahren, d. h., das Bild wird → Zeile für Zeile, beginnend mit der oberen Zeile auf dem → Bildschirm dargestellt, so daß bei genügend schneller Wiederholung ein stehendes, flimmerfreies Bild entsteht. Im I. werden zur Reduzierung der erforderlichen Bandbreiten zwei Bilder mit halbierter Vertikalauflösung nacheinander und kammartig ineinander greifend auf den Bildschirm geschrieben. Die Frequenz, mit der das Bild dargestellt wird, kann auf diese Weise halbiert werden. Dieses Verfahren arbeitet unter der Annahme, daß der Bildinhalt benachbarter Zeilen kaum Unterschiede aufweist, zufriedenstellend (Fernsehen). Bei synthetisch erzeugten Bildern in graphischen Systemen ist diese Voraussetzung oft nicht erfüllt, was sich störend als → Flimmern bemerkbar macht. *Encarnação/Stärk*

Literatur: *Encarnação, J. L.* und *W. Straßer*: Computer Graphics – Gerätetechnik, Programmierung und Anwendung graphischer Systeme. München–Wien 1986.

**Internationales Begegnungs- und Forschungszentrum für Informatik** ⟨*International Conference and Research Center for Computer Science*⟩. Es steht als zentrale wissenschaftliche Begegnungs- und Forschungsstätte der → Informatik im Dienste der weltweiten wissenschaftlichen Diskussion, des Austausches aktueller Forschungsergebnisse, der Erschließung neuer Forschungs- und Anwendungsfelder der Informatik sowie der Pflege des wissenschaftlichen Nachwuchses. Der Wissenstransfer zwischen Wissenschaft und Wirtschaft sowie intensive Fortbildungsveranstaltungen im Bereich der Informatik gehören ebenso zu den Aufgaben des Zentrums wie die Förderung der Bewußtseinsbildung über die Bedeutung und Wirkung der Informatik als eine in nahezu alle Bereiche der Wissenschaft, Wirtschaft, Technik und Politik hineinreichende wissenschaftliche Disziplin. Sitz ist Schloß Dagstuhl.

*Krückeberg*

**Internet** ⟨*Internet*⟩. Sammelbegriff für eine große Zahl einzelner Netzwerke, deren gemeinsames Kennzeichen die Verwendung von →TCP/IP-Protokollen ist. Die einzelnen Subnetze sind durch →Router verbunden und haben einen gemeinsamen Namens- und Adreßraum. Die Nutzung des I. ist weder geographisch noch auf bestimmte Organisationen beschränkt. Die Zahl der angeschlossenen Rechner liegt weltweit über 17 Millionen, mit exponentiell steigender Tendenz. Die Anzahl der Benutzer ist nicht exakt zu ermitteln, Schätzungen belaufen sich auf 40 bis 70 Millionen. Die wichtigsten über das I. angebotenen →Dienste sind Dateitransfer (→FTP), →Telnet und →elektronische Post (Electronic Mail) (→SMTP, →MIME) sowie die Informationsdienste Gopher, World Wide Web (→WWW) und Wide Area Information Service (WAIS). *Jakobs/Spaniol*

Literatur: *Comer, D. E.*: Internetworking with TCP/IP. Vol. 1: Principles, protocols and architecture. 2nd Edn. Prentice Hall, 1991.

**Internet Protocol** ⟨*Internet protocol*⟩ → IP

**Interpretation** ⟨*interpretation*⟩. Ordnet einem Ausdruck einer gegebenen Sprache eine eindeutige Bedeutung (→Semantik) zu. Enthält ein Ausdruck →Variablen, so variiert die I. des Ausdrucks in Abhängigkeit von der den Variablen zugeordneten Bedeutung. Mathematisch gesehen ist eine I. eine Funktion I: $A \to (Env \to Sem)$, wobei A eine Menge von Ausdrücken, Sem ein →semantischer Bereich der zulässigen Bedeutungen und Env die Menge der Belegungen der Variablen mit Werten aus Sem ist. Die Interpretation I ordnet jedem Ausdruck a aus A und jeder Variablenbelegung v eine Bedeutung $I(a)(v)$ aus Sem zu. Offensichtlich ist die I. von Ausdrücken, die keine Variablen enthalten, unabhängig von einer Variablenbelegung. Die I. eines solchen Ausdrucks a wird auch kurz mit $I(a)$ bezeichnet. Wichtige Beispiele sind die I. von Programmen einer →Programmiersprache und die I. von →Termen.

*Beispiel*
Sei $\Sigma = (S, F)$ eine →Signatur, $X = (X_s)_{s \in S}$ eine Familie von Variablenmengen $X_s$ und A eine $\Sigma$-Algebra. Eine Belegung der Variablen aus X mit Werten in A ist eine Familie $\alpha = (\alpha_s: X_s \to A_s)_{s \in S}$ von Funktionen $\alpha_S: X_S \to A_S$. Sei Env die Menge aller Belegungen von X in A. Die Interpretation von Termen aus der →Term-Algebra $T(\Sigma, X)$ in A ist gegeben durch eine Familie $I = (I_s: T(\Sigma, X)_s \to (Env \to A_s))_{s \in S}$ von Funktionen, die folgendermaßen definiert sind:

(1) $I_s(f)(\alpha) =_{def} f^A$ falls $f: \to s$ ein nullstelliges Funktionssymbol aus F ist,
(2) $I_s(x)(\alpha) =_{def} \alpha_s(x)$ falls x eine Variable aus $X_s$ ist,
(3) $I_s(f(t_1, \ldots, t_n))(\alpha) =_{def} f^A(I_{s1}(t_1)(\alpha), \ldots, I_{sn}(t_n)(\alpha))$ falls $f: s_1, \ldots, s_n \to s$ ein n-stelliges Funktionssymbol aus F mit $n > 0$ ist.

*Hennicker/Wirsing*

**Interpretation, abstrakte** ⟨*abstract interpretation*⟩. Technik aus dem Bereich des Übersetzerbaus (→Übersetzer), die es ermöglicht, durch die Berechnung der Bedeutung eines →Programms in einer Nicht-Standard-Semantik Rückschlüsse auf die Bedeutung des Programms in der Standard-Semantik zu ziehen. Eine solche Vorgehensweise ist notwendig, da die semantischen Funktionen in der Standard-Semantik meist nicht berechenbar (→Berechenbarkeit) sind. Kennt man aber den Zusammenhang der Nicht-Standard-Semantik N mit der Standard-Semantik S, so kann man durch die Berechnung der Bedeutung eines Programms in der Nicht-Standard-Semantik N (mit einfacheren →semantischen Bereichen und einfacheren, berechenbaren semantischen Funktionen) Information über die Bedeutung des Programms in der Standard-Semantik S gewinnen. Der Zusammenhang zwischen den zwei Semantiken wird dabei durch eine Abstraktionsrelation $\delta$ beschrieben.

Formal ist eine a. I. wie folgt definiert: Sei L eine →Sprache mit einer →Signatur $\Sigma$ und einer Standard-Semantik S. Eine a. I. zu $(\Sigma, S)$ ist ein Paar $(N, \delta)$, wobei N eine Nicht-Standard-Semantik für L und $\delta$ eine Relation zwischen S und N ist. Die Relation $\delta$ heißt auch Abstraktionsrelation.

*Beispiel*
Die Sprache L sei gegeben durch die Menge aller Terme, die sich über der Menge der ganzen Zahlen Z mit den zweistelligen Funktionssymbolen add und `mult` bilden lassen, sowie durch eine Standard-Semantik $S: L \to Z$, definiert durch

`S(zero) := 0,` $S(succ(u)) := S(u) + 1,$
`S(pred(u)) :=` $S(u) - 1,$
`S(add(u,v)) :=` $S(u) + S(v),$
`S(mult(u,v)) :=` $S(u) * S(v).$

Ist man anstelle des konkreten (natürlichzahligen) Wertes eines Terms lediglich an seinem Vorzeichen interessiert, so kann man eine a. I. $(N, \delta)$ angeben, deren Nicht-Standard-Semantik $N: L \to \{p, n, k, ?\}$ jedem Term ein Vorzeichen zuordnet, wobei p für ein positives Vorzeichen, n für ein negatives Vorzeichen und k für kein Vorzeichen steht. Die Nicht-Standard-Semantik kann nicht für jeden Term das Vorzeichen bestimmen, deshalb steht ? für ein unbekanntes Vorzeichen. N läßt sich nun wie folgt angeben:

$$N(u) := \begin{cases} p, \text{ falls } u \in Z \text{ und } u > 0 \\ n, \text{ falls } u \in Z \text{ und } z < 0 \\ k, \text{ falls } u \in Z \text{ und } u = 0, \\ v \mp w, \text{ falls } u \equiv v + w \\ v \bar{*} w, \text{ falls } u \equiv v * w \end{cases}$$

wobei $\equiv$ für die syntaktische Gleichheit auf Termen steht und $\mp$ und $\bar{*}$ die bekannten Vorzeichenregeln sind, die sich durch folgende Wertetabellen darstellen lassen.

Die Abstraktionsrelation $\delta$ zwischen ganzen Zahlen und der Menge $\{p, n, k, ?\}$ läßt sich wie folgt angeben:

| ⊼ | p | n | k | ? |
|---|---|---|---|---|
| p | p | ? | p | ? |
| n | ? | n | n | ? |
| k | p | n | k | ? |
| ? | ? | ? | ? | ? |

| ⊼ | p | n | k | ? |
|---|---|---|---|---|
| p | p | n | k | ? |
| n | n | p | k | ? |
| k | k | k | k | k |
| ? | ? | ? | k | ? |

*Interpretation, abstrakte: Wertetabellen für Vorzeichenregeln*

$z\ \delta\ v\ gdw.\ v = p \wedge z > 0 \vee$
$\qquad v = n \wedge z < 0 \vee$
$\qquad v = k \wedge z = 0 \vee v = ?.$

Es ist leicht zu sehen, daß nun für alle Terme t gilt: S(t) δ N(t), d.h., N ist eine Abstraktion von S auf den Vorzeichen. *Mück/Wirsing*

Literatur: *Wilhelm, R.; Maurer, D.*: Übersetzerbau – Theorie, Konstruktion, Generierung. Springer, Berlin 1992.

**Interpretierer** ⟨*interpreter*⟩ → Übersetzer

**Interrupt** ⟨*interrupt*⟩ → Unterbrechung

**Interrupt-Service-Routine** ⟨*interrupt service routine*⟩. Routine zur Bearbeitung einer → Unterbrechung. Bei Eintreffen einer Unterbrechungsanforderung wird der normale Programmablauf verlassen und die ISR verzweigt. ISR haben im Regelfall höhere Prioritäten als normale Rechenprozesse und sind nur durch andere ISR unterbrechbar, die noch höhere Priorität haben (→ Unterbrechungswerk, → Unterbrechungssperre). *Quade*

**Intranet** ⟨*intranet*⟩. Netz gleichartiger oder verschiedenartiger Rechner, die von einer juristischen Person betrieben werden. Die Gründe für die Vernetzung der Rechner können wie beim allgemeinen → Rechnernetz verschieden sein. Man unterscheidet Lastverbund, Funktionsverbund, Betriebsmittelverbund und Informationsverbund. Bei allen Verbundarten des I. steht die Vertraulichkeit der → Information innerhalb der Mitglieder der juristischen Person im Vordergrund im Gegensatz zum → Internet, bei der es die Weitergabe von Informationen an Externe ist. *Bode*

**IP** ⟨*IP (Internet Protocol)*⟩. Ein → Protokoll dieses Namens findet man sowohl in der → OSI-Welt als auch im → Internet. Die beiden Protokolle haben im wesentlichen die gleiche → Funktionalität. In der OSI-Terminologie erbringen beide einen verbindungslosen Netzwerkdienst (Netzwerkebene, → Datagrammdienst).
*Jakobs/Spaniol*

Literatur: *Comer, D. E.*: Internetworking with TCP/IP. Vol. 1: Principles, protocols and architecture. 2nd Edn. Prentice Hall, 1991. – *Nussbaumer, H.*: Computer communication systems. Vol. 2: Principles, design, protocols. John Wiley, 1990.

**IPC** ⟨*IPC (Inter-Process Communication)*⟩. Kommunikation zwischen zwei oder mehreren Rechenprozessen. *Thielen*

**IPMS** ⟨*IPMS (Interpersonal Messaging Service)*⟩. Bestandteil der → X.400-Empfehlungsserie der → ITU. *Jakobs/Spaniol*

**Irrelevanz** ⟨*irrelevance*⟩. Bezeichnet die für die subjektive Bildqualität nicht maßgeblichen Signalanteile. Bisher existieren keine allgemein akzeptierten → Algorithmen zur → Berechnung der Bildqualität von Bildfolgen, so daß man nach wie vor auf eine subjektive Bewertung durch Probanden angewiesen ist. Die I. wird beeinflußt u. a. durch begrenztes kombiniert örtlich-zeitliches Auflösungsvermögen des menschlichen Gesichtssinns, die Wahrnehmungseigenschaften von Helligkeit und Farbe, die Wahrnehmung von Strukturen, → Texturen, Tiefe und Bewegung sowie durch die Maskierungseigenschaften des Gesichtssinns. Bei der Beschreibung der Eigenschaften visueller Wahrnehmung werden neben der Anwendung der linearen Signaltheorie in drei (x, y, t) und fünf Dimensionen (Ort x, y, z, Zeit t, Wellenlänge λ) in letzter Zeit zunehmend nichtlineare → Modelle entwickelt. *Grigat*

Literatur: *Hauske, G.*: Systemtheorie der visuellen Wahrnehmung. Teubner, Stuttgart 1994.

**Isabelle** ⟨*Isabelle*⟩. Generischer → Theorembeweiser, d.h., verschiedene (Objekt-)Logiken können in I. codiert werden, z. B. konstruktive und klassische Logik erster Stufe bzw. höherer Stufe, Mengenlehre, → LCF, → *Martin-Löf*-Typtheorie und andere. I. wurde Anfang 1986 in Edinburgh von *L. Paulson* als Nachfolgesystem von LCF entwickelt und ist in → SML implementiert. Im Gegensatz zu LCF besitzt I. Metavariablen, denen durch → Unifikation ein Wert zugewiesen werden kann. Die Metalogik von I. ist ein Fragment der intuitionistischen Logik höherer Stufe mit Implikation ⇒, universeller Quantifikation ∧ und Gleichheit (≡) auf den Termen des getypten → Lambda-Kalküls. Unifikation muß dementsprechend höherer Ordnung sein.

Objektlogiken werden eingeführt durch Definition neuer Typen, Konstanten und Regeln (Axiome). So hat z. B. die Konjunktion einer Objektlogik ∧ den Typ form → form → form, wobei form ein neu eingeführter Typ für die Formeln der Objektlogik ist. Ferner definiert man entsprechende Regeln für ∧, z. B. die ∧-Einführungsregel

$[[X; Y]] \Rightarrow X \wedge Y.$

Es handelt sich hier um eine Metaformel, nämlich eine Schlußregel der Objektlogik, die besagt, daß X∧Y gilt, falls X und Y gelten. Diese Regeln können auch auf der linken Seite geschachtelt auftreten, um Eliminationsregeln wie die Induktionsregel zu formulieren. I. besitzt einen reichhaltigen Schatz an Taktiken und Tacticals (Beweiser). Die Darstellung von Regeln ist bidirektional, was Vorwärts- und Rückwärtsschließen gleichermaßen erlaubt. I. verwendet keine Beweisterme, deshalb kann aus Beweisen kein algorithmischer Gehalt extrahiert werden. *Reus/Wirsing*

Literatur: *Paulson, L. C.*: Isabelle: A generic theorem prover. LNCS 828, Springer, Berlin 1994.

## ISDN (Diensteintegrierendes digitales Fernmeldenetz) ⟨*ISDN (Integrated Services Digital Network)*⟩.

Eine von der → ITU koordinierte Entwicklung, die im Endeffekt zu einer weltweiten Umgestaltung nicht nur des Telephonsystems, sondern der gesamten Kommunikation führen wird. Der damit einhergehende Aufwand für die privaten und öffentlichen Telephongesellschaften wird in Kauf genommen, da man sich aus der Integration verschiedener → Dienste und → Netze (Sprache, Daten, → Telematikdienste, Bildübertragung usw.) auf längere Sicht eine höhere Wirtschaftlichkeit erhofft. Die Digitalisierung des Fernsprechnetzes verspricht darüber hinaus eine höhere Qualität und größere Leistungsfähigkeit (z. B. wird ein schnellerer Verbindungsaufbau möglich) und ist unter Nutzung der bereits vorhandenen Verkabelung durchführbar.

Die Integration von Technik und Diensten führt zu einheitlichen → Schnittstellen. Verschiedene Kommunikationsarten können über eine Verbindung ablaufen.

Für die Beschreibung des ISDN sind von der ITU mehrere Bezugspunkte festgelegt worden, die mit den Buchstaben R, S, T, U und V bezeichnet werden. Für jeden dieser Bezugspunkte muß eine entsprechende Schnittstelle vereinbart werden.

Ein digitales, ISDN-taugliches Endgerät T1 wird über eine S-Schnittstelle in 4-Draht-Technik mit dem vom Netzbetreiber eingerichteten Netzabschluß NT1 verbunden. Für größere Firmen gibt es eine Möglichkeit zum Einsatz einer → digitalen Nebenstellenanlage NT2, welche NT1 über eine T-Schnittstelle vorgeschaltet wird. Die Verbindung zwischen Netzabschluß und digitaler Ortsvermittlungsstelle (DIVO) verläuft über eine U-Schnittstelle in 2-Draht-Technik. Genaugenommen verbindet die U-Schnittstelle den Netzabschluß NT1 mit der Leitungsendeinrichtung LT.

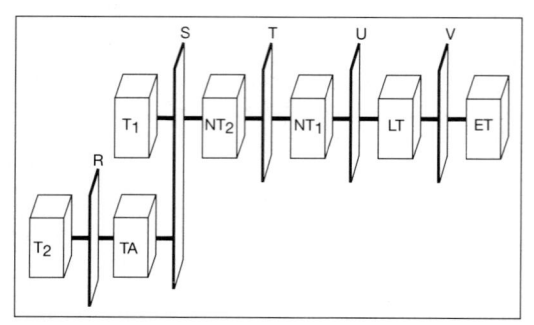

*ISDN 1: Bezugspunkte beim ISDN-Teilnehmeranschluß*

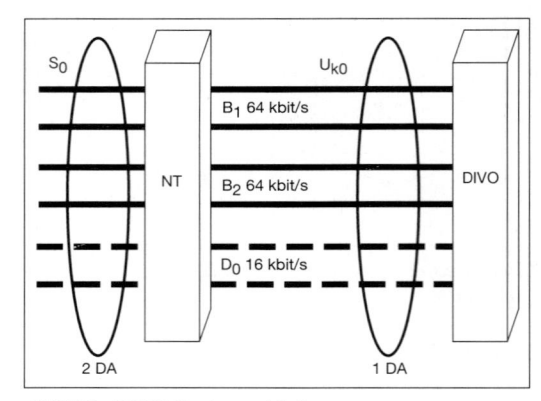

*ISDN 2: ISDN-Basisanschluß*

Diese tritt ihrerseits über eine V-Schnittstelle mit dem Vermittlungsabschluß ET der DIVO in Kontakt.

Über einen Terminal-Adapter TA ist es darüber hinaus möglich, ein nicht ISDN-taugliches Endgerät T2 an die S-Schnittstelle anzupassen.

Ein ISDN-→ Basisanschluß umfaßt zwei → B-Kanäle und einen → D-Kanal. Ein B-Kanal überträgt 64 kbit/s und eignet sich damit als digitaler PCM-Kanal für Sprache oder Daten. Das Fernsprechen mit heute üblicher Qualität basiert auf einer Übertragung der Frequenzen zwischen 300 Hz und 3,4 kHz. Nach dem Abtasttheorem der Nachrichtentechnik muß bei der → Digitalisierung der doppelte Wert der oberen Grenzfrequenz als Abtastrate gewählt werden, um die Signale wieder eindeutig in ihre analoge Form umsetzen zu können. Der Einfachheit halber sei hier eine Abtastrate von 8000 Hz vorausgesetzt.

1969 wurde die Anzahl der Quantisierungsintervalle auf $2^8 = 256$ erweitert. Daraus resultieren die 64 kbit/s, welche für 8-bit-PCM erforderlich sind.

Der D-Kanal des Basisanschlusses hat eine Übertragungsrate von 16 kbit/s und soll vornehmlich als separater Signalisierungskanal dienen (Outband-→ Signalisierung). Insgesamt ergibt sich somit eine Nettoübertragungsrate von 144 kbit/s, welche sich durch zusätzliche 48 kbit/s für Synchronisations- und Steuerzwecke auf 192 kbit/s (für jede Richtung) summiert.

Der ISDN-Basisanschluß sieht auf der Teilnehmerleitung die $S_0$-Schnittstelle vor. Auf der Teilnehmerseite wird nur eine geringe zu überbrückende Entfernung vorausgesetzt, weshalb ein eher einfaches Übertragungsverfahren zum Einsatz kommt. Es sind drei mögliche Konfigurationen vorgesehen. Standardmäßig können bis zu acht Endgeräte (davon allerdings maximal sechs gleichartige) über einen Bus angeschlossen werden. Es können zwei dieser Geräte gleichzeitig kommunizieren. Reicht die damit verbundene Beschränkung der realen Buslänge auf ≤150 m nicht aus, so besteht die Alternative des entfernten Busses, bei dem die Endgeräte zwar lediglich in einer Entfernung von 25 bis 50 m zueinander angeordnet sein dürfen, die Entfernung zum Netzabschluß jedoch durchaus bis zu 500 m betragen darf. Die dritte Möglichkeit einer Punkt-zu-Punkt-Verbindung zwischen genau einem Endgerät und dem Netzabschluß ermöglicht sogar Leitungslängen von 600 bis 1000 m. Zur Übertragung wird ein modifizierter → AMI-Code eingesetzt.

Alle Endeinrichtungen einer Buskonfiguration arbeiten Bit-synchron. Sie erhalten den Takt durch ein Signal des NT. Der konkurrierende Vielfachzugriff der Endgeräte am Bus auf den D-Kanal verläuft dezentral durch Kollisionserkennung und -auflösung ähnlich → CSMA/CD. Durch das in der → Sicherungsebene eingesetzte → LAPD-Protokoll ist sichergestellt, daß Nachrichten verschiedener TE verschiedenen Inhalt haben, da die Adresse eines Senders jeder Nachricht mitgegeben wird.

Das LAPD-Protokoll (Link Access Procedure on D-channel) ist eine Variante des → HDLC-Protokolls, welche den speziellen Anforderungen des D-Kanals besser angepaßt ist. Der Aufbau des HDLC-Rahmens wurde in seinen Grundzügen übernommen. Das Adreßfeld wurde jedoch um ein Oktett erweitert. LAPD unterstützt zwei Betriebsarten: unquittierte und quittierte Informationsübertragung.

Auf der Teilnehmeranschlußleitung wird die Leitungsschnittstelle → $U_{k0}$ verwendet. Der Index k steht für Kupfer, die Null kennzeichnet, daß es sich um den Basisanschluß handelt. Die bereits installierten Kupferdoppeladern des analogen Fernsprechnetzes werden bei ISDN weiterhin genutzt. Die Übertragung erfolgt zwangsläufig für beide Richtungen über dasselbe Adernpaar. Dies kann prinzipiell entweder abwechselnd im Zeitgetrenntlageverfahren oder aber gleichzeitig im → Zeitgleichlageverfahren realisiert werden.

Das *Zeitgetrenntlageverfahren*, auch bekannt unter dem Namen → Ping-Pong-Verfahren, überträgt die beiden Datenströme zeitlich komprimiert und abwechselnd in Form von Datenpaketen. Zum Einsatz kommt es z. B. bei der national spezialisierten → $U_{P0}$-Schnittstelle, welche bei Nebenstellenanlagen breite Anwendung finden soll. Dort umfaßt ein Datenpaket jeweils zwei Oktette der beiden B-Kanäle sowie weitere vier Bits des D-Kanals. Ein vom Netzabschluß NT ausgehendes Datenpaket erreicht nach der Signallaufzeit TS auf der Anschlußleitung ASL die Leitungsendeinrichtung LT des Vermittlungsabschlusses ET. Das von dort zurückgesendete → Paket beginnt erst nach dem kompletten Empfang des ersten Pakets. Zusätzlich ist eine Schutzzeit vorgesehen, die die Antwort weiter verzögert. Das Verfahren erfordert also eine wesentlich höhere Übertragungsrate, als insgesamt als Nutzdatenrate zur Verfügung steht. Die Anforderungen an die Übertragungsgeschwindigkeit wachsen mit steigender Reichweite, da die Signallaufzeit zunimmt.

Die $U_{k0}$-Schnittstelle des Basisanschlusses greift auf das *Zeitgleichlageverfahren* zurück. Im Gegensatz zum Zeitgetrenntlageverfahren ist hier die Übertragungsgeschwindigkeit von der Reichweite unabhängig. Die Übertragung kann kontinuierlich erfolgen. An Gabelpunkten und Stoßpunkten der Übertragungsleitung kommt es zu einer Reflektion der Signale. Als Folge davon empfängt eine sendende Station Echos ihrer eigenen Botschaft. Derartig reflektierte Signale müssen durch ein aufwendiges Echokompensationsverfahren herausgefiltert werden, damit sie den Empfang von Nachrichten einer anderen Station nicht stören können. Das reflektierte Signal wird im gesamten Zeitablauf nachgebildet und von dem empfangenen Signal subtrahiert, bevor dieses ausgewertet wird (adaptiver Echokompensator; → Echokompensation). Ein besonderer Leitungscode (→ Leitungscodierung), der 4B/3T-Code, erleichtert das Verfahren. Die Abbildung von vier Bits auf drei ternäre Signale verringert die Schrittgeschwindigkeit und wirkt sich damit günstig aus auf die mit steigender Frequenz zunehmende Betriebsdämpfung sowie die abnehmende Nebensprechdämpfung. Die Übertragungsrate von 160 kbit/s kann auf diese Weise durch eine Symbolrate von 120 kBaud erreicht werden. Die Redundanz, die bei der Umcodierung der $2^4 = 16$ binären Werte auf $3^3 = 27$ ternäre Werte entsteht, setzt man darüber hinaus zur → Fehlererkennung ein.

Der speziell im Kontext der $U_{k0}$-Schnittstelle eingesetzte 4B/3T-Code ist unter der Bezeichnung MMS43-Code (Modified Monitored Sum) bekannt.

Ein → Primärmultiplexanschluß stellt 30 B-Kanäle und einen 64-kbit/s-D-Kanal bereit. Zusammen mit einem Rahmenkenn- bzw. Meldewort werden von den Kanälen jeweils 8 bit in einem Rahmen zusammengefaßt und im Zeitmultiplex übertragen. Bei einer Rahmenlänge von $8 \cdot 32 = 256$ bit wird somit eine Gesamtrate von 2048 kbit/s benötigt, um 30 PCM-Kanäle zu realisieren. Entsprechende Schnittstellen S2PM und U2PM sind von der → ITU vorgegeben.

Amerikanische und japanische Primärmultiplexanschlüsse arbeiten demgegenüber mit nur 23 B-Kanälen und einem D-Kanal. Die Übertragungsgeschwindigkeit beträgt hier 1544 kbit/s.

Die bisher besprochenen Konzepte realisieren im wesentlichen die Übertragung eines Bitstroms im Sinne der → Bitübertragungsebene des → OSI-Referenzmodells. Für den D-Kanal sind darüber hinaus weitere

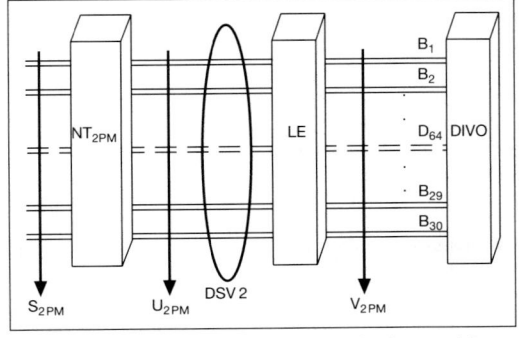

*ISDN 3: Kanalstruktur des Primärmultiplexanschlusses*

Festlegungen getroffen worden, welche die → Funktionalitäten der → Sicherungsebene und der → Vermittlungsebene abdecken.  *Jakobs/Quernheim/Spaniol*
Literatur: *Bocker, P.*: ISDN – Das diensteintegrierende digitale Nachrichtennetz. Springer, Berlin 1990. – *Martin, H.-E.*: Kommunikation mit ISDN. Markt & Technik, 1990.

**ISO** ⟨*ISO (International Organization for Standardization)*⟩. „ISO" ist hier keine Abkürzung, sondern der griechische Begriff für „gleich". ISO ist die weltweite Dachorganisation der jeweiligen nationalen Standardisierungsgremien. Die internationale Normenorganisation wurde 1947 gegründet und umfaßt heute über einhundert nationale Organisationen (eine pro Mitgliedsland, z. B. → DIN für Deutschland). Die eigentliche technische Arbeit wird in über 2700 Unter-Komitees und Arbeitsgruppen durchgeführt, die in über 200 Bereiche unterteilt sind. Die Standardisierungsaktivitäten von ISO erstrecken sich auf alle Bereiche. Da ISO allerdings keine staatliche Organisation ist, sind die verschiedenen Standards nicht rechtlich bindend (s. auch → Normung, internationale).

ISO arbeitet eng mit der → IEC und → ITU zusammen. Besonders eng ist hierbei die Kooperation mit der IEC auf dem Gebiet der Informationstechnik, das vom gemeinsamen Technical Committee 1 bearbeitet wird. Das Sekretariat der ISO befindet sich in Genf.
*Jakobs/Spaniol*

**isochron** ⟨*isochronous*⟩. I. heißen Prozesse, die zur gleichen Zeit ablaufen. In der Datenkommunikation wird ein digitales → Signal, dessen Signalelemente wie bei der Sprach- oder Videoübertragung in zeitlich konstanten Abständen auftreten, als isochrones Signal bezeichnet.  *Quernheim/Spaniol*

**Isolation** ⟨*isolation*⟩. Parallel ablaufende → Transaktionen sind unabhängig voneinander, d. h., das Datenbanksystem sichert zu, daß die Transaktionen keinen Zwischenzustand sehen (→ ACID-Eigenschaften).
*Schmidt/Schröder*

**ISR** ⟨*ISR (Interrupt Service Routine)*⟩ → Interrupt-Service-Routine

**IT** ⟨*IT (Information Technology)*⟩ → Informationstechnik

**Iteration** ⟨*iteration*⟩. Ein Konstrukt, das es erlaubt, Elemente eines (durch einen → Massendatentyp beschriebenen) Datenbestands einmal zu besuchen und auf diesen Elementen → Operationen auszuführen.
*Schmidt/Schröder*

**Iterationsverfahren** ⟨*iterative method*⟩. Generell eine Methode, bei der die Lösung eines Problems ausgehend von einem beliebigen Startwert durch iterative schrittweise Verbesserung immer genauer angenähert wird. Unter anderem spielen I. bei der Lösung → linearer Gleichungssysteme eine wichtige Rolle. Das Einzel- und das Gesamtschrittverfahren sowie Mehrgittermethoden sind Beispiele für I. Hier benötigen I. im Gegensatz zu direkten Lösungsverfahren (*Gauß*-Elimination) keinen zusätzlichen Speicherplatz.

Zur Lösung nichtlinearer → Gleichungssysteme werden generell I. wie das *Newton*-Verfahren oder das *Picard*-I. verwendet.  *Griebel*

**ITG (Informationstechnische Gesellschaft im VDE)** ⟨*Information Technology Society within VDE*⟩. Die ITG (Sitz: Frankfurt/M), ehemals NTG (Nachrichtentechnische Gesellschaft), bezweckt die Förderung der wissenschaftlichen und technischen Weiterentwicklung der Informationstechnik, die Förderung der Fortbildung in Form von Fachtagungen, Diskussionsrunden sowie durch Publikationen und verbandseigene Zeitschriften, darüber hinaus die Herstellung und Pflege des Kontaktes mit wissenschaftlichen Gesellschaften des In- und Auslandes. Die ITG gehört organisatorisch zum → VDE Verband Deutscher Elektrotechniker. Die fachliche Arbeit der ITG erfolgt in Fachbereichen mit über 100 Fachgremien.  *Krückeberg*

**ITU** ⟨*ITU (International Telecommunication Union)*⟩. Die ITU (früher: → CCITT) ist eine Agentur der Vereinten Nationen. Über ITU koordinieren Vertreter des öffentlichen und privaten Sektors den Aufbau und Betrieb von Telekommunikationsnetzen. Diese beinhaltet im wesentlichen Aufgaben der Standardisierung, der Vergabe von Frequenzbereichen sowie der Angleichung und Harmonisierung von nationalen Reglementierungen.

Die ITU gliedert sich in drei große Unterbereiche, von denen die ITU-T (Telecommunication Standardization Sector) für den Entwurf und die Verabschiedung von sog. Empfehlungen zuständig ist, die praktisch alle Bereiche der Telekommunikation erfassen. Die Arbeit der ITU-T wird in sog. Study Groups geleistet; zur Zeit sind 15 solcher Gruppen aktiv. Das Sekretariat der ITU befindet sich in Genf.  *Jakobs/Spaniol*

**ITU-T** ⟨*ITU-T*⟩. Sektor für Telekommunikationsstandardisierung der → ITU, Nachfolgeorganisation des → CCITT.  *Schindler/Bormann*

**IVHS** ⟨*IVHS (Intelligent Vehicle Highway Systems)*⟩. Unter dem Begriff IVHS werden in den USA Telematikanwendungen und -systeme (→ Telematikdienste) zusammengefaßt, die auf den Straßenverkehr einwirken. In Europa werden analoge Systeme unter der Bezeichnung Road Transport Informatics (→ RTI) entwickelt.  *Hoff/Spaniol*

**IWU** ⟨*IWU (Interworking Unit)*⟩. Ein generischer Begriff für Netzknoten, die zwei oder mehrere Netze miteinander verbinden (→ Brücke, → Router, → Gateway).  *Jakobs/Spaniol*

# J

**Java** ⟨*Java*⟩. Moderne → objektorientierte Programmiersprache, die insbesondere für eine plattformunabhängige Verwendung im → Internet konzipiert wurde.
*Breitling/K. Spies*

**JBIG** ⟨*JBIG*⟩. Ursprünglich der Name der „Joint Bilevel Image Expert Group" der → ISO und des → CCITT, steht JBIG jetzt international für die Norm ISO/IEC 11 544 bzw. ITU-T T.82, die eine verlustlose, gut komprimierende → Codierung für Faksimile-Bilder (binäre Pixel, aber auch anwendbar auf Gray-codierte, in mehrere Bit-Ebenen aufgeteilte Bilder) festlegt.
*Schindler/Bormann*

**Jitter** ⟨*jitter*⟩. 1. Schwankungen in der Übertragungsverzögerung aufeinanderfolgender → Pakete. Solche Schwankungen spielen zwar bei einer → Datenübertragung (→ FTAM, → FTP) keine Rolle, bei einer Videoübertragung (→ Videokonferenz) kann jedoch ein zu hoher J. zu Qualitätseinbußen führen, da dann ein kontinuierlicher → Datenfluß nicht mehr gewährleistet ist.
2. Phasenschwankungen von Signalfrequenzen.
*Jakobs/Spaniol*

**Joint Editing** ⟨*joint editing*⟩. Unter J. E. versteht man den Prozeß des synchronen, kooperativen Bearbeitens eines im Rechner vorliegenden → Dokumentes durch mindestens zwei Benutzer (→ Anwendungskooperation). J. E. gestattet im Gegensatz zu → Telepointern oder → Whiteboards eine Veränderung des Dokumentinhalts (z. B. einer Grafik), nicht nur Zeigen auf oder Markierungen an dessen Darstellung auf dem Bildschirm.
Zur Realisierung von J. E. muß entweder das Anwendungssystem von sich aus mehrere Benutzer unterstützen (→ Mehrbenutzeranwendung), oder eine → Einbenutzeranwendung muß durch Zusatzmodule zur gleichzeitigen Nutzung durch mehrere Benutzer erweitert werden (→ Application Sharing).
*Schindler/Ott*

**Joystick** ⟨*joystick*⟩. Steuerknüppel zur graphischen Eingabe von relativen Koordinaten. Wird hauptsächlich bei Homecomputern und Videospielen verwendet.
Der J. besteht aus einem senkrecht stehenden Hebel, der am unteren Ende kardanisch gelagert ist und von Federn in der Mitten-Ruhestellung gehalten wird. Sein oberes Ende läßt sich nach links, rechts, vorne und hinten (auf dem → Bildschirm oben und unten) bewegen. Auch Zwischenwerte wie links-vorne lassen sich eingeben. Damit läßt sich durch eine J.-Bewegung jede der acht die aktuelle Cursor-Position umgebenden Bildschirmpositionen erreichen.
*Encarnação/Noll*

**JPEG** ⟨*JPEG*⟩. Ursprünglich der Name der „Joint Picture Expert Group" der → ISO und des → CCITT, steht JPEG jetzt international für die Norm ISO/IEC 10918-1 bzw. ITU-T T.81, die eine → Codierung für Farbbilder mit erheblichen Möglichkeiten zur Datenreduktion festlegt. Das Bild wird dazu zunächst in das → Farbmodell YUV umgewandelt, die Farbinformation um den Faktor 4 dezimiert, alle entstandenen Raster in Blöcke der Größe 8×8 Pixel aufgeteilt und diese dann mit → DCT transformiert. Die entstehenden Matrizen werden einer für verschiedene Qualitätsanforderungen unterschiedlich groben → Quantisierung unterzogen und schließlich kompakt codiert.
*Schindler/Bormann*

**JTM** ⟨*JTM (Job Transfer, Access and Manipulation)*⟩. → OSI-Äquivalent des → RJE-Dienstes (Remote Job Entry) und somit ein → Dienst der → Anwendungsebene. Es erlaubt einem Benutzer, einen Job auf einem entfernten Rechner bearbeiten zu lassen. Sowohl die Art des Jobs – es kann sich um ein Programm handeln, aber auch um einen Brief – als auch die gewünschte Art der Bearbeitung – das Programm soll ausgeführt, der Brief gedruckt werden – sind für den JTM-Dienst transparent. Zur Unterscheidung vom „klassischen" Job, der auf einem einzelnen Rechner abläuft, verwendet JTM den Begriff des OSI-Jobs.
Das Bild stellt das allgemeine Modell des JTM-Dienstes dar. Ähnlich wie bei → FTAM wird von JTM lediglich eine Umgebung bereitgestellt, die es ermöglicht, Beschreibungen von OSI-Jobs zwischen offenen Systemen auszutauschen.
Die Beschreibung des auszuführenden Jobs wird in einer Work Specification (WS) beschrieben, in der u. a. der zu erledigende Job und die Zielsysteme, auf denen

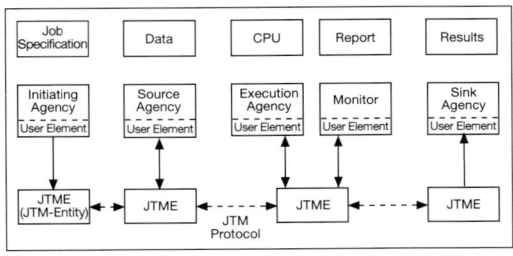

*JTM: Allgemeines Modell des JTM-Dienstes*

er ausgeführt werden soll, eindeutig spezifiziert werden. Die WS enthält auch den Namen des Benutzers und ein Kennwort sowie die gewünschte Priorität des Jobs.

Die Ausführung des OSI-Jobs obliegt dem (bzw. den) entfernten Rechner(n), es werden also deren lokale Betriebsmittel (CPU, Hauptspeicher, Plattenplatz etc.) benutzt. Die für die Bearbeitung des OSI-Jobs benötigten Steuerkommandos werden in JTM nicht festgelegt, es gibt also keine einheitliche, standardisierte Job Control Language (JCL). Die Jobsteuerung muß gemäß den Konventionen des entfernten Systems angegeben werden.

In der JTM-Terminologie wird die Beschreibung eines Jobs von einer Initiating Agency an den JTM-Diensterbringer übergeben. Eine solche Initiating Agency ist typischer- aber nicht notwendigerweise ein menschlicher Benutzer. Die zu diesem Job gehörenden Daten werden von der Source Agency bereitgestellt. Initiating Agency und Source Agency müssen nicht notwendigerweise im selben Endsystem angesiedelt sein.

Die eigentliche Bearbeitung des Jobs ist Aufgabe der entfernten Execution Agency, die Ausführung kann von einem Job Monitor überwacht werden. Es ist durchaus möglich, daß ein Job in mehrere Subjobs aufgeteilt wird, die dann ihrerseits an ein weiteres System zur Bearbeitung übergeben werden können. Informationen über den Fortschritt der Bearbeitung werden in Form von Reports verschickt. Die Ergebnisse der Bearbeitung werden der Sink Agency übermittelt.

Um einen korrekten Ablauf des JTM-Dienstes auch bei Auftreten von Kommunikationsfehlern zu gewährleisten, eine Beeinflussung durch andere Aktivitäten auszuschließen und eine Strukturierung eines OSI-Jobs in eine oder mehrere atomare Aktionen zu ermöglichen, benutzt JTM Dienste, die ihm vom →CCR-Dienstelement (Commitment, Concurrency and Recovery) zur Verfügung gestellt werden. *Jakobs/Spaniol*

Literatur: *Spaniol, O.; Jakobs, K.*: Rechnerkommunikation – OSI-Referenzmodell, Dienste und Protokolle. VDI-Verlag, 1993. – *Halsall, F.*: Data communications, computer networks and open systems. 3rd Edn. Addision-Wesley, 1992.

# K

**Kabel, verdrilltes** ⟨*twisted pair*⟩ → Übertragungsmedium

**Kachel** ⟨*page frame*⟩ → Speichermanagement

**Kacheladreßraum** ⟨*page frame address space*⟩ → Speichermanagement

**Kachian-Algorithmus** ⟨*Kachiyan algorithm*⟩. Verfahren zur Lösung von Problemen der → *linearen Programmierung*. Ursprünglich wurde das Verfahren nur zum Konsistenztest eines linearen Systems $Ax \leq b$ entwickelt. In dieser Form startet das Verfahren mit $k=0$ und einem Ellipsoid $E_k$, welches die zulässige Menge $Ax \leq b$ umfaßt. Genügt der Mittelpunkt $x_k$ des aktuellen Ellipsoids dem linearen System $Ax \leq b$, so stoppt der → Algorithmus. Andernfalls gibt es einen von $x_k$ verletzten Halbraum $\{x \mid A_i x \leq b_i\}$. Der Schnitt des Ellipsoids $E_k$ mit der Hyperebene $A_i x = b_i$ und dem Tangentialpunkt, den diese Hyperebene bei Parallelverschiebung mit dem Ellipsoid bildet, definiert eindeutig ein neues Ellipsoid $E_{k+1}$ minimalen Volumens, welches die zulässige Menge weiterhin umfaßt.

*Kachian* konnte 1979 mit Hilfe dieses Verfahrens erstmals nachweisen, daß Algorithmen mit polynomialem Laufzeitverhalten zur Lösung linearer Programmierungsprobleme existieren und damit die lineare Programmierung zur Klasse der polynomial lösbaren Probleme gehört.

Der K.-A. ist eine Synthese von früheren Verfahren von *Shor*, *Judin* und *Nemirovskii* und läßt sich numerisch als Rang-1-Update-Verfahren (→ Programmierung, nichtlineare) einordnen. Die Konvergenz des Verfahrens beruht auf der schnellen Schrumpfung der Volumen der Ellipsoide, bewirkt aber auch ein schnelles Anwachsen des größten und Abnehmen des kleinsten Eigenwertes der das Ellipsoid definierenden Matrix. Die dadurch hervorgerufene numerische Instabilität des Verfahrens ist bis heute noch nicht überwunden, weshalb das Verfahren in der Praxis nicht zum Einsatz kommt.

Der K.-A. wurde insbesondere für komplexitätstheoretische Untersuchungen in der kombinatorischen Optimierung weiterentwickelt und wird heute meist als die *Ellipsoidmethode* bezeichnet. *Bachem*

Literatur: *Grätschel, M.; L. Louvisz* und *A. Schrijver*: Geometric algorithms and combinatorial optimization. Heidelberg 1993.

**Kalkül** ⟨*calculus*⟩. Verfahren, mit dem man im Rahmen einer formalisierten Sprache Ausdrücke von bestimmter Form aus anderen Ausdrücken sukzessive konstruieren kann. K. spielen v. a. in der → formalen Logik eine große Rolle, aber auch in der Mathematik (z. B. Differentialkalkül). *Brauer*

**Kalkül der Konstruktionen** ⟨*calculus of constructions*⟩. Eine um 1985 von *Huet* und *Coquand* entwickelte → Typtheorie, welche die → *Martin-Löf*-Typtheorie abhängiger Typen um die imprädikative Stärke von → System F erweitert, also eine Synthese aus beiden Systemen darstellt. Erweitert man den K. d. K. um Universen (Extended Calculus of Constructions, ECC, von *Luo*, der auch prädikative Summen enthält) und induktive Typdefinitionen, so erhält man tatsächlich ein System, das sowohl die volle *Martin-Löf*-Typtheorie als auch das System F enthält (UTT, Unified Type Theory).

*Coquand* bewies, daß der K. d. K. stark normalisierend, also logisch konsistent, ist. Die mittels *Curry-Howard*-Korrespondenz (→ Typtheorie) erhältliche Logik entspricht intuitionistischer Prädikatenlogik höherer Stufe. K. d. K. besitzt eine Implementierung im → Lego-System. *Reus/Wirsing*

Literatur: *Coquand, Th.; Huet, G.*: The calculus of constructions. In: Information and Computation 76 (1988). – Die Erweiterung ECC mit ausführlicher Behandlung von imprädikativer Typtheorie präsentiert *Luo; Z.*: Computation and reasoning – a type theory for computer science. Oxford University Press, 1994. – Eine Einführung enthält auch *Streicher, T.*: Semantics of type theory, correctness, completeness and independence results. Birkhäuser 1991, wo u. a. auch ein kategorieller Modellbegriff für den K. d. K. definiert wird.

**Kalman-Filter** ⟨*Kalman filter*⟩. Lineares dynamisches System zur optimalen rekursiven Schätzung eines Zustandsvektors aus gestörten Messungen.

K.-F. sind geeignet, einen Zustandsvektor aus einer Folge von verrauschten Messungen zu ermitteln. Dabei wird eine optimale Schätzung berechnet, die einen definierten Schätzfehler minimiert. Mit einem K.-F. kann eine Filterung, d. h. Schätzung des aktuellen Zustandsvektors aus allen zurückliegenden Meßwerten, eine Vorhersage, d. h. Schätzung des Zustandsvektors in der Zukunft, und eine Glättung, d. h. Schätzung eines Zustandsvektors in der Vergangenheit, durchgeführt werden. Sowohl der Zustandsvektor als auch die Beobachtung werden durch lineare Systeme mit überlagerten Störungen modelliert. Die Formulierung ist sowohl in kontinuierlicher als auch in diskreter Zeit möglich. Auch Erweiterungen für nichtlineare Systeme liegen vor.

K.-F. werden immer dann eingesetzt, wenn man eine genaue Beschreibung des Systemübergangs und der Beobachtung hat, diese aber in der Umwelt bzw. Realität durch Rauschen gestört sind und man lediglich die Meßwerte der Beobachtung vorliegen hat, um auf den Systemzustand zu schließen. Im → Bildverstehen werden K.-F. vor allem bei der Objektverfolgung eingesetzt. Für das Objekt und dessen Bewegung wird ein Modell aufgestellt, z. B. für Straßenverkehrsszenen, bestehend aus einem Drahtgittermodell des Fahrzeugs, erweitert um ein dynamisches System für die lineare Bewegung oder die stationäre Kreisfahrt. *Niemann*

Literatur: Bozic, S. M.: Digital and Kalman filtering. London 1979. – Gelb, A. (Ed.): Applied optimal estimation. Cambridge, MA 1979.

**Kamera** ⟨camera⟩. Der K.-Begriff wird in der graphischen → Datenverarbeitung bzw. der → Animation und der → Perspektive synonym zu den Begriffen Betrachter, Beobachter oder Auge verwendet.

Ein Beobachter V ist definierbar als 4-Tupel
$V = (E, D, \omega, U)$,
wobei
– $E \in R^3$ der Punkt ist, wo die Kamera (das Auge des Beobachters) plaziert ist,
– $D \in R^3$ der Vektor ist, der die Blickrichtung angibt,
– $\omega \in R$ der Blickwinkel ist,
– $U \in R^3$ der auf der Blickrichtung senkrecht stehende Aufwärtsvektor der Kamera ist.

In einem dreidimensionalen kartesischen Koordinatensystem heißt ein Beobachter normalisiert, falls E im Ursprung des Koordinatensystems liegt, D gleich der Richtung der positiven z-Achse ist und U gleich der Richtung der positiven y-Achse ist.
*Encarnação/Hofmann*

**Kamerabewegung** ⟨camera transformation⟩. Begriff aus der → Animation. In einer → Szene existiert immer ein Beobachter oder eine Kamera.

Da ein Beobachter V als 4-Tupel definiert ist,
$V = (E, D, \omega, U)$,
sind K. immer Änderungen der Komponenten des Beobachters.

Im einzelnen sind zu unterscheiden:
– Änderungen des Blickwinkels $\Delta\omega$. Diese Änderung führt zu einer → Skalierung der Bildebene. Dies ist das Zooming, vergleichbar mit einer Änderung der Brennweite bei einem photographischen Objektiv.
– Änderung des Aufwärtsvektors $\Delta U$. Diese Änderung hat eine Rotation der Bildebene zur Folge.
– Änderungen des Standorts (Augpunkts) $\Delta E$ oder der Blickrichtung $\Delta D$.

Während die ersten beiden Fälle lediglich lineare Transformationen der Bildebene auf sich selbst sind, ist der dritte Fall eine echte Änderung der → Perspektive.

Im Kontext der Animation stellt sich das Problem einer „guten" K. im Sinne einer Kameraführung wie im klassischen Film. Hier sind algorithmische Lösungen nur für Randprobleme verwertbar (z. B. für eine ruckfreie, stetige Bewegung der Kamera), und es muß auf traditionelle Ansätze der Filmkunst zurückgegriffen werden.

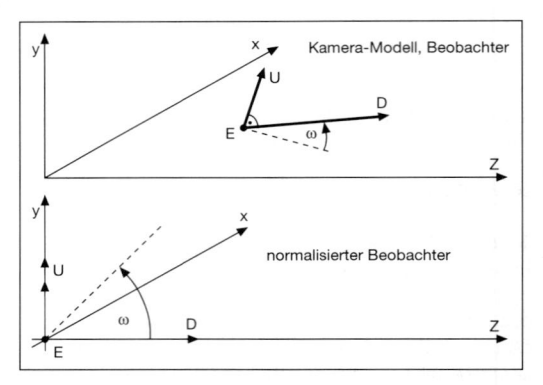

*Kamerabewegung: Beobachter mit rotierter Bildebene (oben) und normalisierter Beobachter*

*Encarnação/Hofmann*

**Kanal** ⟨channel⟩. Funktionseinheit, die eine physikalische oder logische Kommunikationsverbindung für den Transport von → Nachrichten oder → Signalen ermöglicht (→ Kanalwerk). *Breitling/K. Spies*

**Kanalcodierung** ⟨channel coding⟩. → Codierung der zu übertragenden → Daten in Codewörter, die den Übertragungseigenschaften des Nachrichtenkanals angepaßt sind, i. allg. mit dem Ziel, die Wörter gegen Übertragungsfehler zu sichern. Dazu werden fehlererkennende oder aber fehlerkorrigierende Codes verwandt. Wird z. B. ein einziges Codewortbit bei der Übertragung „gekippt", kann dies vom Empfänger durch ein Paritätsbit (Code der *Hamming*-Distanz 2) erkannt und mit einem Code der *Hamming*-Distanz $\geq 3$ sogar korrigiert werden. *Quernheim/Spaniol*

Literatur: NTG-Empfehlung 0104 (1982): Codierung. Grundbegriffe. ntz 35 (1982) S. 59–66.

**Kanalwerk** ⟨channel, peripheral control unit⟩. Die Anpassung der Kommunikationsart von → Peripheriegeräten an die interne Kommunikationsart der → Zentraleinheit, insbesondere der → Busse zwischen → Prozessor und → Hauptspeicher, erfolgt über K. bzw. Kanäle. Je nach Art des Peripheriegeräts sind dies einfache oder komplexe Steuereinheiten, welche die folgenden Aufgaben übernehmen: → Synchronisation der Arbeitsweise des Peripheriegeräts mit der Zentraleinheit, Umwandlung von serieller auf parallele → Datenübertragung, Umwandlung unterschiedlicher Datendarstellungen bzw. Busprotokolle, Steuerung von Einzelwort- bzw. Blockübertragung mit fester oder variabler Länge usw.

K. können auch mehrere Peripheriegeräte steuern. Werden deren Funktionen im Zeitmultiplexbetrieb behandelt, spricht man von Multiplexkanälen. Als Sektorkanäle bezeichnet man Steuerwerke, die zwar mehreren Peripheriegeräten zugeordnet sind, wegen der hohen Geschwindigkeitsanforderung dieser aber jeweils nur eines bedienen können.

K. werden i. allg. über spezielle Belegungen von → Registern gesteuert, deren Werte von der Zentraleinheit modifizierbar sind. Bei komplexeren K. kann die steuernde Funktion durch eigenständige Prozessoren mit speziellem Befehlssatz erfolgen. Man spricht dann meist von Ein-/Ausgabeprozessoren, die durch Ein-/Ausgabeprogramme gesteuert werden. *Bode*

**Kantenfinden** ⟨*edge finding*⟩. Detektion von orientierten → Grauwert-Diskontinuitäten in Digitalbildern. Kanten können Objektgrenzen, Oberflächenmarkierungen, Schattengrenzen u. a. darstellen. K. ist deshalb eine grundlegende → Operation beim → Bildverstehen. Als Maß für die Kantenstärke wird vielfach der Gradient der Bildfunktion verwendet. Linien mit maximalen Gradienten stellen mögliche Kantenverläufe dar. Der Gradient kann in Digitalbildern durch einfache lokale Operatoren berechnet werden. Die folgenden Zahlenfelder charakterisieren den *Sobel*-Operator:

$$\begin{array}{rrr} -1 & 0 & 1 \\ -2 & 0 & 2 \\ -1 & 0 & 1 \end{array} \qquad \begin{array}{rrr} 1 & 2 & 1 \\ 0 & 0 & 0 \\ -1 & -2 & -1 \end{array}$$

Die Grauwerte werden den Zahlenfeldern entsprechend gewichtet aufsummiert. Der linke Operator ergibt die Horizontalkomponente, der rechte Operator ergibt die Vertikalkomponente des Gradienten. Durch Variation der Feldgröße können Kanten in verschiedenen Auflösungen gefunden werden. *Neumann*

**Karmarkar-Algorithmus** ⟨*Karmarkar algorithm*⟩ → Innere-Punkt-Methode

**Keller** ⟨*pushdown stack*⟩. Spezielle → Datenstruktur, mit der die Datenelemente eines festgelegten → Datentyps als Stapel gemäß dem LIFO-(Last-In-First-Out-) Prinzip angeordnet sind. Hierbei kann ein Element nur oben auf den Stapel gelegt oder nur oben vom Stapel entnommen werden. Diese beiden Standardoperationen werden üblicherweise mit *push* (Hinzufügen) und *pop* (Entnehmen) bezeichnet (→ Kellerspeicher).
*Breitling/K. Spies*

**Kellerautomat** ⟨*pushdown automaton*⟩. Automat mit einem nach dem LIFO-Prinzip organisierten, linearen, potentiell unendlichen → Speicher (→ Kellerspeicher). Der Speicher ist also als eine lineare Folge von Zellen auffaßbar, in der jeweils ein → Zeichen gespeichert werden kann; der Zugriff erfolgt nur von einer Seite (etwa von links). Nur das äußerste linke Zeichen kann gelesen oder entfernt werden; nur am äußersten linken Ende der gespeicherten Zeichenfolge können Zeichen hinzugefügt werden. Dabei wird in der Theorie stets angenommen, daß an diesem Ende immer eine weitere freie Zelle vorhanden ist; in der Praxis kann es recht schwierig sein, diese Erweiterbarkeit stets zu garantieren. In der Regel werden K. mit nur einem Eingabeband und ohne Ausgabebänder (d. h. Einband-Einweg-Kellerakzeptoren) betrachtet; nur solche werden im folgenden beschrieben.

Formal wird ein deterministischer K. dargestellt als ein Siebentupel $(Z, X, Y, f, z_o, F, y_o)$, wobei Z die Menge der Zustände des Steuerwerks, X das Alphabet der Eingabezeichen, Y das Alphabet der Kellerzeichen (im Keller speicherbaren Zeichen), $z_o$ den Anfangszustand, F die Menge der Endzustände, $y_o$ das Kellerbodenzeichen und $f: Z \times \hat{X} \times Y \to Z \times \hat{Y}$ die (nur partiell definierte) Zustandsübergangs- und Kellerinhaltsänderungsfunktion bezeichnet; dabei ist $\hat{X} = X \cup \{\Lambda\}$, wobei $\Lambda$ das leere → Wort ist.

Ein K. (Bild) arbeitet wie folgt: Wird ihm ein → Wort auf dem Eingabeband vorgelegt, so liest er es zeichenweise von links nach rechts, wobei er im Zustand $z_o$ beginnt und jeweils in jedem Zustand gleichzeitig auch das obere (linke) Kellerzeichen liest und löscht. Dabei ist auch erlaubt, daß er auf dem Eingabeband nichts (d. h. nur $\Lambda$) liest und also den Lesekopf nicht bewegt ($f(z, \Lambda, y)$). In diesem Fall darf natürlich im gleichen Zustand (z) und bei gleichem obersten Kellerzeichen (y) nicht erlaubt sein, daß der Automat ein Zeichen der Eingabe liest ($f(x, \chi, y)$ nicht definiert für $x \neq \Lambda$). Abhängig vom jeweiligen Zustand und den gelesenen zwei Zeichen, geht der Automat in einen anderen (oder denselben) Zustand über und schreibt einzelne oder mehrere Zeichen in den Keller. Wird kein Zeichen (d. h. $\Lambda$) geschrieben, so bedeutet das das Löschen des obersten Kellerzeichens.

Erreicht der K. nach dem Lesen des letzten Eingabezeichens einen Endzustand (evtl. nach mehreren $\Lambda$-Lese-Schritten), so ist das Wort auf dem Eingabeband akzeptiert.

Die Menge der von einem K. akzeptierten Worte ist eine deterministische kontextfreie Sprache.

*Beispiele*

☐ Die Menge aller → Palindrome ungerader Länge mit dem Trennzeichen # in der Mitte, d. h. der Worte w # w̃,

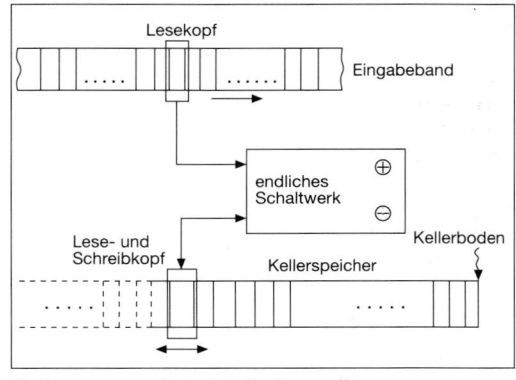

*Kellerautomat: Prinzipielle Darstellung*

wobei w̃ die Spiegelung des Wortes w ist (d. h. liest man w̃ rückwärts, so erhält man w): Der K. speichert jedes Zeichen von w in den Keller; nachdem er # gelesen hat, vergleicht er jeweils das oberste Kellerzeichen mit dem aktuellen Eingabezeichen. Bei Übereinstimmung beider Zeichen wird das oberste Kellerzeichen gelöscht und mit dem Lesen fortgefahren, anderenfalls war die Eingabe falsch. Wenn am Schluß der Eingabe der Keller leer ist, war die Eingabe ein Palindrom.

Nicht jede →kontextfreie Sprache kann von einem deterministischen K. akzeptiert werden (z. B. nicht die Menge der Palindrome ww̃ – dazu braucht man nichtdeterministische K., bei denen statt der Funktion f eine Relation erlaubt ist – solch ein K. rät also jeweils, welche der möglichen Aktionen er ausführen muß (im Fall der Palindrome ww̃ muß er raten, ab wann er die Eingabe nicht mehr im Keller speichert, sondern mit dem Keller vergleicht).

☐ Die Menge aller vollständig geklammerten arithmetischen Ausdrücke in den vier Grundrechenarten über einer endlichen Menge von Variablen: Mit Hilfe des Kellers prüft der K. die Klammerstruktur, indem öffnende Klammern in den Keller geschrieben werden und beim Lesen einer schließenden Klammer eine öffnende Klammer vom Keller gelöscht wird. Ist der Keller am Schluß der Eingabe leer, war die Klammerung richtig, bleiben Klammern in der Eingabe oder im Keller übrig, war der →Ausdruck fehlerhaft. Die restlichen Prüfungen (ob jeder der arithmetischen Operatoren +, *, –, : einen linken und rechten Operanden besitzt, ob vor und hinter jeder Variablen stets nur eine Klammer oder ein Operator steht etc.) kann das Steuerwerk ohne Verwendung des Kellers (d. h. als endlicher Automat aufgefaßt) prüfen. *Brauer*

Literatur: *Berstel, J.*: Transductions and context-free languages. Stuttgart 1979. – *Bucher, W.; Maurer, H.*: Theoretische Grundlagen der Programmiersprachen – Automaten und Sprachen. Mannheim 1984. – *Stetter, F.*: Grundbegriffe der theoretischen Informatik. Berlin 1988.

**Kellermaschine** ⟨stack architecture⟩. →Rechenanlage, deren Rechenwerk die zu verarbeitenden →Operanden auf einer kellerartig organisierten Speicherstruktur implizit anstelle explizit adressierter →Register oder →Speicher voraussetzt. Bei unären →Operationen wird das oberste Kellerelement als Operand verwendet und das Ergebnis wieder als oberstes Element auf dem →*Keller* abgelegt. Bei →binären Operationen werden die beiden obersten Kellerelemente als Operanden verwendet usw. Der Maschinenbefehlssatz von K. benötigt wegen der impliziten Adressierung der Operanden und des Ergebnisses durch den Kellerzeiger keine Adreßangaben als Argumente. Man spricht daher von Nulladreßbefehlen, deren wesentlicher Vorteil das kompakte Maschinenbefehlsformat darstellt. Das Kellerkonzept kann neben dem Zugriff auf Operanden von Befehlen auf die Bearbeitung arithmetischer Ausdrücke, den Aufruf von Prozeduren und Funktionen sowie das Block- und Prozeßkonzept höherer →Programmiersprachen erweitert werden. Die Verwaltung solcher Kellerstrukturen erfordert jedoch nicht unerheblichen Verzeigerungsaufwand.

Die logische Kellerstruktur wird physisch auf kellerartig organisierte Register und →Hauptspeicher abgebildet. Wegen des schnellen Zugriffs sorgt man dafür, daß die obersten Elemente des Kellers in Registern, die restlichen Teile des Kellers im Hauptspeicher abgelegt werden. Dieses in einigen sprachorientierten Rechnern angewandte Konzept erfordert beim Pulsieren des Kellers jedoch zusätzliche Umspeicherungsoperationen, die ggf. zu längeren Ausführungszeiten im Vergleich zu konventionellen Registermaschinen führen (→Kellerspeicher). *Bode*

**Kellersegment** ⟨stack segment⟩ →Speichermanagement

**Kellerspeicher** ⟨stack⟩. Speicherbereich in einer →Rechenanlage, der nach dem *LIFO-Prinzip* (Last In First Out) organisiert ist. Einzuspeichernde Information wird jeweils auf das oberste Element des Kellers geschrieben, auszulesende Information wird jeweils dem obersten Element des Kellers entnommen. Der Keller wird durch den sog. Kellerzeiger verwaltet, der auf das jeweils oberste Element des Kellers zeigt. Der oder die Kellerzeiger werden als spezielle Register oder Speicherstellen der Kellermaschine realisiert. Das Inkrementieren oder Dekrementieren des Kellerzeigers erfolgt automatisch durch →Hardware oder →Firmware bei der Ausführung von Kellerbefehlen, muß also nicht explizit durch das Programm erfolgen. Der Zugriff auf Information im Keller ist also ohne Adreßargument möglich, da eine implizite Adressierung durch den Kellerzeiger existiert. Diese Eigenschaft hat man in Kellerprozessoren benutzt, um sehr kompakte Maschinenbefehlsformate zu implementieren. K. können zur Verwaltung der Steuerinformation bei geschachtelten Strukturen (Unterprogrammaufrufe, Blockstruktur in höheren Programmiersprachen) sowie zur Bearbeitung von Klammerstrukturen und zur Berücksichtigung des Operatorenvorranges in zusammengesetzten arithmetischen Ausdrücken verwendet werden. *Bode*

**Kellerstrategie** ⟨stack strategy⟩ →Speichermanagement

**Kern** ⟨kernel⟩ →Betriebssystem

**Kern, Entlastung des** ⟨discharge of the kernel⟩ →Betriebssystem, prozeßorientiertes

**Kerndienst** ⟨kernel service⟩ →Betriebssystem

**Kerndienstaufruf** ⟨kernel service call⟩ →Betriebssystem

**Kerndienste zur Nachrichtenkommunikation** ⟨*kernel services for message communication*⟩
→ Betriebssystem, prozeßorientiertes

**Kernprogramm** ⟨*kernel program*⟩. Verfahren zur Ermittlung der Arbeitsgeschwindigkeit von → Rechenanlagen auf der Basis der Auswertung von Hardware-Maßen und Parametern. Ein K. wird als Maschinenbefehlsprogramm erstellt und für einen oder mehrere Datensätze eine Befehlsauszählung für eine hypothetische Ausführung durchgeführt. Auf der Basis der bekannten Befehlsausführungszeiten wird dann eine Gesamtausführungszeit für das K. und die → Daten errechnet.

Die Methode hat den Vorteil, daß für die Bewertung die Rechenanlage nicht vorhanden sein muß, Voraussetzung ist lediglich die Kenntnis des Maschinenbefehlssatzes und der Befehlsausführungszeiten. Für Rechner mit Parallelitätseigenschaften (→ Nebenläufigkeit und Pipelining) sind solche Berechnungen jedoch sehr schwierig, da die Befehlsausführungszeiten kontextabhängig sind. Ferner ist die Rechnerbewertung durch K. sehr aufwendig. *Bode*

**Kernsegment** ⟨*kernel segment*⟩ → Speichermanagement

**Kernspeicher** ⟨*magnetic core*⟩. Ein Speichermedium, in dem jede Binärstelle durch die Magnetisierungsrichtung eines Ferritkernringes dargestellt wird. Das Ferritmaterial hat eine fast rechteckige Hystereseschleife (Bild 1), und der magnetische Fluß B verbleibt in einem der beiden stabilen Zustände A oder A', wenn kein Strom durch die durch den Ring gefädelten Leitungen fließt. Um eine binäre 1 in den Kern zu speichern, muß die *Schreibleitung* von einem Strom durchflossen werden, der das magnetische Feld $H_m$ erzeugt. Nach Abschalten dieses Stromes verbleibt der Kern im Zustand A. Analog kann eine binäre 0 durch einen Strom eingeschrieben werden, der das Feld $-H_m$ anlegt, so daß der Kern anschließend im Zustand A' verbleibt.

Soll der Kern gelesen werden, so ist dies nur dadurch möglich, daß über die Schreibleitung eine binäre 0 eingeschrieben wird. Ändert dabei der Kern seinen Magnetisierungszustand von A nach A', so wird in einer ebenfalls durch den Kern gefädelten *Leseleitung* eine Spannung induziert. War der Kern zuvor bereits im Zustand A', so fehlt diese. Die auf der Leseleitung induzierte Spannung zeigt also an, ob in dem Kern eine binäre 1 oder 0 gespeichert war. Da beim Lesen die gespeicherte Information zerstört wird, sprechen wir von zerstörendem Lesen, das durch anschließendes Zurückschreiben wieder korrigiert werden muß. Lag eine 0 vor, so wird durch einen umgekehrten Strom auf einer weiteren Leitung, der *Inhibit-Leitung*, das Zurückschreiben verhindert.

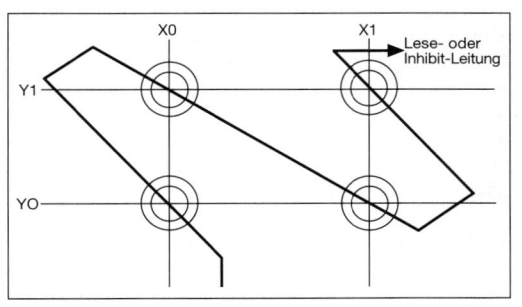

*Kernspeicher 2: Ansteuerung nach dem Koinzidenzprinzip in einer zweidimensionalen Matrix*

Um die Anzahl der für den Lese- und den Schreibvorgang benötigten Verstärker möglichst klein zu halten, werden die Ferritkerne in Form einer Matrix angeordnet. Die Anwahl eines einzelnen Kernes erfolgt dann nach dem *Koinzidenzprinzip*, das allen Matrixspeichern gemeinsam ist. Dieses setzt voraus, daß die Hystereseschleife der rechteckigen Form so weit angenähert ist, daß zwar das Feld $H_m$, nicht aber das Feld $0,5 H_m$ den Kern umschalten kann. Soll in Bild 2 in den linken oberen Kern (X0, Y1) eine 1 geschrieben werden, so werden die beiden Schreibleitungen, die *Spaltenleitung* X0 und die *Zeilenleitung* Y1, mit Strömen gespeist, die jeweils die Feldstärke $0,5 H_m$ erzeugen. Am Schnittpunkt beider Leitungen, also am auszuwählenden Kern, entsteht dann die Feldstärke $H_m$; der Kern geht in den Zustand C und nach Abschalten in den Zustand A über. In den übrigen Kernen der Spalte X0 und der Zeile Y1 ergibt sich jedoch nur die Feldstärke $0,5 H_m$, so daß diese – falls sie sich im Zustand A' befanden – in den Zustand B' übergehen und nach Abschalten des Stromes nach A' zurückfallen. Alle Kerne außerhalb dieser Zeile und Spalte werden überhaupt nicht beeinflußt. Selbstverständlich entstehen auch durch die geringfügigen Änderungen von A' nach B' und zurück Störspannungen in der Leseleitung, die sich bei großen Matrizen summieren, aber durch die Leseverstärker abgefangen werden können.

Als Material wurden für Magnetkernspeicher meist Mangan-Magnesium-Ferrite oder Lithium-Nickel-Ferrite eingesetzt. Der Außendurchmesser liegt dabei deut-

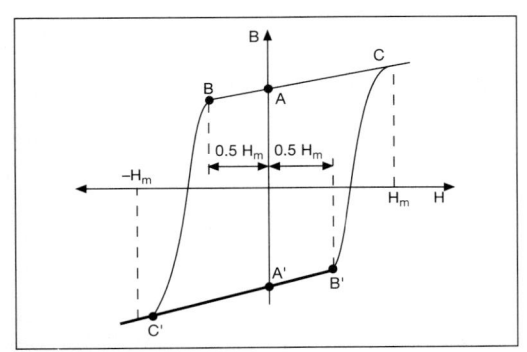

*Kernspeicher 1: Hystereseschleife eines Magnetkerns*

lich unter einem Millimeter, obwohl vier Leitungen durch den Kern gefädelt werden müssen. Die Zykluszeit, die von der Kerngröße abhängt, liegt dabei knapp unter einer Mikrosekunde. Die Herstellungsschwierigkeiten für die Herstellung von Speichern mit deutlich niedrigeren Zykluszeiten, wie sie etwa von seiten der Prozessoren in Halbleitertechnik benötigt werden, haben wesentlich zur Ablösung des K. in heutigen Rechenanlagen durch Halbleiterspeicher beigetragen. Das Prinzip der matrixförmigen Anordnung der Binärstellen und das Koinzidenzprinzip als Ansteuerungsmethode sind jedoch erhalten geblieben.

*Bode/Schneider*

**Kernsystem, graphisches** *(graphical kernel system).* Liefert eine funktionale → Schnittstelle zwischen einem Anwendungsprogramm und einer Anordnung → graphischer Eingabe- und Ausgabegeräte. Die funktionale Schnittstelle enthält Grundfunktionen für die interaktive und passive → Graphik auf einer breiten Vielfalt graphischer Geräte.

Die Schnittstelle hat eine so hohe Stufe der Abstraktion, daß → Hardware-Eigentümlichkeiten vom Anwendungsprogramm ferngehalten werden. Als ein Ergebnis entsteht eine übersichtliche Schnittstelle mit einheitlichen Darstellungselementen und Eingabeklassen. Im Kernsystem können → Segmentspeicher enthalten sein.

Das bekannteste Beispiel für ein g. K. ist das → GKS. Zielsetzung des g. K. ist die Bereitstellung einer einheitlichen Schnittstelle zwischen Anwendung und graphischem System sowie die Bereitstellung eines anwendungsunabhängigen Funktionssatzes für die graphische → Datenverarbeitung.

Das g. K. stellt Funktionen zur
– Erstellung graphischer Darstellungen,
– Speicherung und Manipulation graphischer Information,
– Dialogsteuerung und Bedienereingabe
unabhängig von einer bestimmten Anwendung zur Verfügung.

Das Kernsystem soll Hersteller graphischer Geräte bei der Auswahl sinnvoller Kombinationen graphischer Fähigkeiten und Funktionen unterstützen.

Ein Kernsystem soll nun nicht sämtliche Geräte und Anwendungen unterstützen, sondern das Ziel ist es, eine Teilmenge so zu definieren, von der bekannt ist, daß sie den größten Teil der Anwendungen und die wichtigsten Geräte mit einer guten Leistung unterstützt.

Nach der Definition der Kernsysteme können alle Standardisierungsvorhaben in der graphischen Datenverarbeitung wie
– → GKS
– → GKS-3D
– → PHIGS
– → CGI
– → CGM
als Kernsysteme betrachtet werden.

Alle unterstützen eine Großzahl von Geräten und Anwendungen, indem sie einheitliche Darstellungselemente und Eingabeklassen zur Verfügung stellen, über die kommuniziert werden kann.

Wichtig für die Akzeptanz eines Kernsystems ist nicht nur die leichte Verständlichkeit und die Abdeckung eines möglichst großen Bereichs, sondern auch das Einpassen des Kernsystems in eine → Umgebung von anderen Kernsystemen, die es unterstützen oder erweitern.

*Langmann/Poller*

**KI** *(artificial intelligence)* → Künstliche Intelligenz

**KIT (Kern-Software für intelligente Terminals)** *(kernel software for intelligent terminals).* Intendiert als Nachfolger des im → Bildschirmtext verwendeten Datenformats → CEPT T/CD 6-1; ermöglicht eine stärkere Einbeziehung des → PC in die Übertragung multimedialer Daten und damit die Verwendung von im PC-Bereich üblichen Bedienelementen in der Oberfläche sowie von Audioinformationen und hochauflösenden Bildern. Basiert auf VEMMI (Videotex Enhanced Man-Machine Interface), festgelegt in ITU-T T.107 und ETSI 300 382.

*Schindler/Bormann*

**KIV** *(KIV (Karlsruhe Interactive Verifier)).* Unterstützungssystem zur → Spezifikation, Konstruktion und → Verifikation großer sequentieller Software-Systeme. Ziel des KIV-Ansatzes ist die Bereitstellung eines industriell einsetzbaren Verifikationssystems. Hauptansatzpunkte sind hierbei die enorme Komplexität des Deduktionsproblems in der Verifikation, die Handhabbarkeit der Verifikationsmethoden und deren Skalierbarkeit für große Anwendungen.

Der KIV-Ansatz zum Entwurf und zur Verifikation großer sequentieller Software-Systeme basiert auf strukturierten algebraischen Spezifikationen und der → schrittweisen Verfeinerung dieser Spezifikationen durch implementierungsnähere Spezifikationen oder durch Programm-Module. Der Ansatz unterstützt den gesamten Software-Entwicklungsprozeß von der formalen Spezifikation der Anforderungen bis zum verifizierten ausführbaren → Programm.

Der KIV-Ansatz wird durch die folgenden drei Konzepte charakterisiert:

☐ *Komponierbarkeit verifizierter modularer Systeme.* KIV unterstützt einen modularen Beweisansatz, der die Komponierbarkeit der Korrektheitsbeweise einzelner Module sowie die separate Verifikation voneinander unabhängiger Software-Module unterstützt. Die Korrektheit des Gesamtsystems folgt aus der Korrektheit der einzelnen Module. Der Beweisaufwand für korrekte Systeme ist dabei linear in der Anzahl ihrer Module.
☐ *Integrierte automatische und interaktive Beweiskomponente.* KIV basiert auf dem Paradigma des taktischen Theorembeweisens und unterstützt einen integrierten Beweisansatz aus automatischem Beweisen

und der interaktiven Beweisführung durch einen Experten. Im KIV-System wurde eine Beweisstrategie implementiert, die auf der symbolischen Ausführung von Programmen und Induktionsprinzipien basiert und eine große Anzahl von Beweisschritten (80% bis 95%) automatisch findet und durchführt.

☐ *Evolutionäres Verifikationsmodell.* Die KIV-Vorgehensweise unterstützt eine enge Kopplung von Fehlerkorrektur und Verifikation. Der KIV-Ansatz basiert auf einem Korrektheitsmanagementsystem und einer Beweisstrategie zur automatischen Wiederverwendung von Beweisen. Er unterstützt so die Wiederherstellung von ungültig gewordenen Beweisen nach einer Fehlerkorrektur in Spezifikationen oder Programmen.

Das KIV-System erlaubt die Spezifikation sequentieller Systeme im Stile → abstrakter Datentypen und basiert auf strukturierten algebraischen Spezifikationen mit loser Semantik über einer → Logik erster Stufe. Zur → Implementierung dieser Spezifikationen werden modulare Programme einer *Pascal*-artigen imperativen Programmiersprache verwendet. Der Verfeinerungsbegriff für Spezifikationen ist die Konstruktorimplementierung. Die Korrektheit von Modulen wird durch Formeln der dynamischen Logik (→ Logik, algorithmische) ausgedrückt. KIV unterstützt eine funktionale Programmiersprache als Metasprache zur Modellierung von logischen Systemen und zur Realisierung verschiedenster Taktiken und Strategien zur Beweisgenerierung. Unter anderem wurden damit die Programmentwicklungsmethode nach *Gries* sowie der *Hoare*sche Kalkül realisiert.

KIV wurde in der Lehre erfolgreich für praktische Kurse zur formalen Entwicklung und Verifikation von Programmen sowie zur Bearbeitung von größeren Fallstudien zur Entwicklung und Verifikation von Software-Systemen eingesetzt. Beispielsweise wurden große Fallstudien aus den Bereichen Kerntechnik und Hörfunk bearbeitet. Die durchschnittliche Produktivitätsrate, die mit dem KIV-System derzeit erreicht werden kann, beträgt zwischen 1000 und 2000 Zeilen verifizierten Programmtextes pro Personenjahr.

*Gastinger/Wirsing*

Literatur: *Heisel, M.; Reif, W.; Stephan, W.*: Formal software development in the KIV system. In: Automating software design. Lowry, McCartney (Eds.). AAAI Press, 1991. – *Reif, W.*: Verification of large software systems. Conference on Foundations of Software Technology and Theoretical Computer Science, New Delhi, India. Shyamasundar (Ed.). Springer LNCS 1992. – *Reif, W.*: The KIV-approach to software verification. In: Broy, Jähnichen (Eds.): Correct software by formal methods. Springer LNCS 1995.

**Klartext** ⟨*plain text*⟩ → Verfahren, kryptographische

**Klartextcodierung** ⟨*plain text coding*⟩. → Codierung graphischer → Daten, die leicht zu lesen und zu editieren ist. K. wird bei → Bilddateien (→ Metafiles) und graphischen Archiven verwendet (Bilddateien, Metafiles, Archiv, → CGM, → GKSM).

Bei der K. werden graphische Funktionen und Zahlen durch die ihrem Namen bzw. Wert entsprechende Zeichenkette dargestellt. Kommentare sind an fast beliebiger Stelle erlaubt. Meist ist die Codierung über eine bestimmte → Syntax definiert, da die K. auch vom Rechner problemlos verarbeitbar sein muß.

*Encarnação/Noll*

**Klasse** ⟨*class*⟩. Eine K. beschreibt in objektorientierten → Datenmodellen die gemeinsamen Eigenschaften von den der K. zugehörigen → Objekten. Beispiel: Die K. Person beschreibt alle Eigenschaften von Personen. Ein Objekt einer K. wird auch → Instanz dieser K. genannt. K. können in Vererbungsbeziehungen stehen. In Datenbanken umfaßt die Extension einer K. alle existierenden Objekte dieser K. (und die aller ihrer Subklassen) (→ Objekt, → Subtyp, → Supertyp).

*Schmidt/Schröder*

**Klassenbibliothek** ⟨*class library, object management system*⟩. Globales, d. h. in allen Projektphasen einsetzbares Werkzeug für die Software-Entwicklung mit Techniken der → Objektorientierung. Es dient zur Aufnahme, Speicherung und Verwaltung aller Klassendefinitionen eines → objektorientierten Entwurfs und stellt diese für die Weiterentwicklung und mögliche Wiederverwendung in anderen Projekten zur Verfügung.

*Hesse*

**Klassifikation** ⟨*classification*⟩. Einordnung von Beobachtungen in → Klassen, so daß Beobachtungen mit ähnlichen Eigenschaften der gleichen Klasse angehören.

Die automatische K. von Beobachtungen oder → Mustern, z. B. von gesprochenen Wörtern, → Schriftzeichen oder Meßwerten eines Multispektralscanners, basiert auf der Extraktion charakteristischer → Merkmale. Solche Merkmale können als Werte reelle Zahlen haben oder Symbole aus einer endlichen Menge von terminalen Symbolen. Die ermittelten Merkmalvektoren oder Symbolketten werden mit numerischen oder nichtnumerischen Verfahren klassifiziert, d. h einer von endlich vielen Klassen zugeordnet oder, falls keine genügend zuverlässige Entscheidung möglich ist, als nichtklassifizierbar zurückgewiesen.

Das Prinzip der K. von Merkmalvektoren beruht auf einer Zerlegung des Merkmalsraumes in Teilräume, die den einzelnen Klassen zugeordnet werden. Dieses ist mit Methoden der statistischen Entscheidungstheorie (→ *Bayes*-Klassifikator), der Regressionsanalyse, der nichtparametrischen Statistik, der Berechnung von heuristischen Abstandsmaßen und mit → Neuronalen Netzen möglich. Die K. von Symbolketten erfolgt über Abstandsmaße für Symbole oder über formale Grammatiken. Je Klasse wird eine formale → Grammatik definiert und entschieden, ob eine Symbolkette Element der von der Grammatik generierten formalen → Sprache ist. Probleme bei der K. sind die Ermittlung geeigneter Merkmale und die Generalisierung von einer Lernstichprobe auf neue Beobachtungen.

*Niemann*

Literatur: *Duda, R. O.* and *P. E. Hart*: Pattern classification and scene analysis. New York 1972. – *Niemann, H.*: Klassifikation von Mustern. Berlin-Heidelberg-New York 1983.

**Klausel** ⟨*clause*⟩. Disjunktiver Teilausdruck einer in konjunktiver Normalform notierten prädikatenlogischen Formel. Jede Formel der → Prädikatenlogik erster Stufe läßt sich durch eine Reihe von Transformationen in die konjunktive Normalform und damit in Klauselform bringen. Die wichtigsten Schritte sind:
– Überführen in eine äquivalente Pränexform, in der alle Quantoren nach außen gezogen sind;
– Eliminieren von existentiell quantifizierten Variablen durch → Skolemisieren;
– Fortlassen der Allquantoren (alle freien Variablen sind allquantifiziert);
– Hereinziehen von Negationen unmittelbar vor Prädikatsymbole;
– Umordnen der disjunktiven und konjunktiven Terme.

Eine K. besteht aus disjunktiv verbundenen Literalen. Ein Literal ist ein negiertes oder nichtnegiertes Atom (Prädikat über beliebigen Argumenten).
*Neumann*

**Kleene-Algebra** ⟨*Kleene algebra*⟩. Eine algebraische Struktur, die isomorph ist zur Algebra der regulären Teilmengen eines freien → Monoids über einem endlichen Alphabet mit den Operationen der Vereinigung, des Produkts und der Untermonoidbildung (auch Sternoperation oder *Kleene*sche Hüllenbildung genannt).
*Brauer*

**Klient** ⟨*client*⟩ → Client-Server-Modell

**Klippen** ⟨*clipping*⟩ → Clipping

**Koaxialkabel** ⟨*coaxial cable*⟩ → Übertragungsmedium, → Datenübertragung

**Kognition** ⟨*cognition*⟩. Der Begriff der K. hat sich in der Informatik eingebürgert als Zusammenfassung von geistigen, psychologischen Leistungen (vornehmlich beim Menschen), die in Deutschland früher mit Wahrnehmung und Erkenntnis umschrieben wurden. Es geht also um die Verarbeitung von Sinneseindrücken bis hin zum Verstehen und Äußern von sprachlichen Ausdrücken, um Lernen und Gedächtnis, um Denken und Problemlösen.

Das Thema K. ist für die Entwicklung der Mensch-Maschine-Kommunikation von großer Bedeutung. Vor allem aber werden Erkenntnisse über K. für die Entwicklung von künstlichen Systemen (Robotern, → Multi-Agenten-Systemen, adaptiven oder lernenden Systemen zur Unterstützung menschlicher Tätigkeiten aller Art) verwendet. Aus der Zusammenarbeit von Informatikern, Psychologen, Sprachwissenschaftlern und Philosophen hat sich eine eigene Disziplin zur Erforschung der K. und der Nutzbarmachung ihrer Erkenntnisse entwickelt, die Kognitionswissenschaft.
*Brauer*

Literatur: *Görz, G.* (Hrsg.): Einführung in die Künstliche Intelligenz. Addison-Wesley, Bonn 1993. – Wörterbuch der Kognitionswissenschaft. Klett-Cotta, Stuttgart 1996.

**Kombinatorik** ⟨*combinatorics*⟩. K. beschäftigt sich mit der Bestimmung von Anzahlen. Verwendet wird eine Vielzahl von Methoden: Die elementaren Methoden erfordern keine Vorkenntnisse, oft aber sehr subtile Überlegungen (z. B. Rekursion). Die erzeugenden Funktionen benützen mächtige Hilfsmittel aus der Analysis. Die Zähltheorie von *Polya* arbeitet mit Definitionen und Sätzen aus der Gruppentheorie. Die Geometrie der Zahlen macht sich geometrische Überlegungen zu Nutze. Siebverfahren benötigen Vertrautheit mit Algebra und Mengenlehre, auch die *Ramsey*-Theorie kann hier genannt werden.

Elementare Methoden: Die Anzahl der Permutationen von n Elementen (= Anzahl der verschiedenen Anordnungen von n Gegenständen) ist n!. Ein Paket mit 32 Skatkarten kann z. B. auf $32! = 2{,}63 \cdot 10^{35}$ verschiedene Arten gemischt werden. Die Anzahl der Kombinationen von n Elementen zu k-ten Klasse (= Anzahl der Möglichkeiten aus n verschiedenen Elementen k auszuwählen, und zwar ohne Rücksicht auf die Reihenfolge), ist $\binom{n}{k}$. Aus einem Paket von 32 Skatkarten können z. B. die 10 Karten eines Spielers auf 64 500 000 verschiedene Arten ausgewählt werden.

Weniger bekannt sind die Zahlen von *Stirling* S(n,k). (S(n,k) ist Anzahl der Zerlegungen von n Elementen in k nicht leere Klassen).

$$S(n,k) = \frac{1}{k!} \sum_{j=i}^{k} (-1)^{k-j} \binom{k}{j} j^n.$$

Die Zahlen von *Bell* B(n) geben die Anzahl der Zerlegungen von n Elementen in beliebig viele nicht leere Klassen an.

$$B(n) = \frac{1}{e} \sum_{R=0}^{\infty} \frac{k^n}{n!}.$$

Die Zahlen von *Catalan* C(n) liefern die Anzahl der binären geplätteten Wurzelbäume mit n Knoten, oder, was das Gleiche ist, die Anzahl der Möglichkeiten, n Operanden auf verschiedene Weisen in Klammern zu setzen. Herleitung der *Catalan*-Zahlen C(n) mit Rekursion: Wir beachten, daß die Wurzel eines Baumes einen linken und einen rechten Teilbaum definiert. Beide Teilbäume zusammen haben n−1 Knoten, jeder Teilbaum hat eine positive Anzahl von Knoten. Das liefert

$$C(n) = \sum_{R=1}^{n-1} C(k)\ C(n-k).$$

Die ersten *Catalan*-Zahlen lauten C(1) = 1, C(2) = 1, C(3) = 2. Für C(4) liefert obige Rekursionsformel C(4) = C(1)C(3) + C(2)C(2) + C(3)C(1) = 5.
*Knödel*

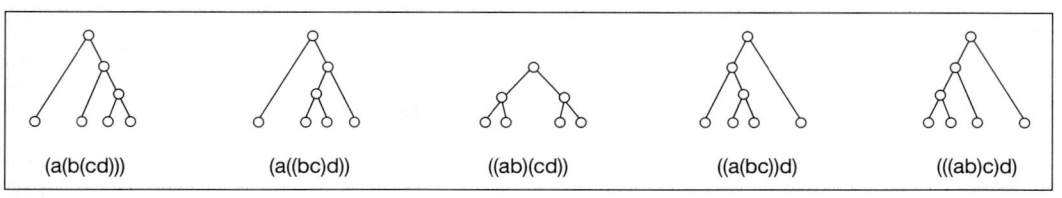

*Kombinatorik: Klammersysteme und zugehörige Wurzelbäume. Die vierte Catalan-Zahl C(4) ist 5.*

Literatur: *Aigner, M.*: Kombinatorik. Springer, Berlin 1975. – *Comtet, L.*: Advanced combinatorics. Reidel, Boston 1974. – *Jacobs, K.*: Einführung in die Kombinatorik. de Gruyter, Berlin 1983.

**Kommandosprache** ⟨command language⟩ → Betriebssystem

**Kommandosprache, graphische** ⟨graphical command language⟩. Umfaßt alle Funktionen, die notwendig sind, um ein Bild, das aus Linien und → Zeichen besteht, zu beschreiben (→ Bildbeschreibung).

*Encarnação/Felger*

**Kommunikation** ⟨communication⟩. Dient zum Austausch von Information zwischen mindestens zwei Kommunikationspartnern. Im Bereich der Informatik spielt K. eine wichtige Rolle u. a. in → Betriebssystemen (Prozeßkommunikation), in → Rechnernetzen und in der Programmierung verteilter Systeme.

Man unterscheidet zwischen Massenkommunikation (unidirektionale K., Broadcast-K.), bei der Informationen von einer Quelle an mehrere Empfänger verteilt werden, und Individualkommunikation (bidirektionale K., Punkt-zu-Punkt-K.) zum Austausch von Informationen zwischen zwei Kommunikationspartnern.

→ Prozesse mit Zugriff auf einen gemeinsamen Speicherbereich können über gemeinsame → Variablen kommunizieren, während in allen übrigen Fällen K. durch Nachrichtenaustausch stattfindet. Beim Austausch von → Nachrichten unterscheidet man zwischen synchroner und asynchroner K., je nachdem, ob die K.-Aktion eine gemeinsame Aktion von Sender und Empfänger ist. Synchrone K. erfordert Warten, bis beide Partner kommunikationsbereit sind, asynchrone K. das Puffern von Nachrichten zwischen Senden und Empfang. Da asynchrone K. durch synchrone K. und einen Pufferprozeß implementiert werden kann, basieren die meisten Programmiersprachen, die K.-Primitive vorsehen (etwa ADA oder → Occam bzw. → CSP), auf synchroner K. Dagegen beruhen Actor-Sprachen und das Programmierkonzept Linda ausschließlich auf asynchroner K.; eine → Synchronisation von Sender und Empfänger kann in diesem Fall durch K.-Protokolle (→ Protokoll) realisiert werden.

Je nach der Zuverlässigkeit des → Übertragungsmediums, über das die K. stattfindet, müssen Techniken der → Fehlererkennung und → Fehlerkorrektur eingesetzt werden. Standardisierte → Übertragungsprotokolle bilden die Voraussetzung für offene K. zwischen verschiedenartigen Rechner- und Betriebssystemen. Bei erhöhten Anforderungen an die Vertraulichkeit und Unverfälschtheit der übertragenen Information sind Mechanismen der → Authentifizierung und Verschlüsselung relevant für K.-Systeme.

*Merz/Wirsing*

Literatur: *Agha, G.*: Actors: A model of concurrent computation in distributed systems. MIT Press, Cambridge, MA 1986. – *Gelernter, D.*: Generative communication in Linda. ACM Trans. Prog. Lang. and Syst. 7(1) (1985) pp. 80–112. – *Hoare, C. A. R.*: Communicating sequential processes. Prentice Hall, 1985. – US Dep. of Defense: The Ada programming language. Washington, DC 1983.

**Kommunikation in Parallelrechnern** ⟨communication in parallel computers⟩. Bei der K. i. P. ist eine Reihe von Aspekten zu berücksichtigen:

☐ Die *Kommunikationsleistung* eines Parallelrechners setzt sich aus der Setup-Zeit und der Übertragungsrate zusammen. Die Setup-Zeit ist die Zeit, die benötigt wird, um die kleinste mögliche Informationseinheit (z. B. ein → Byte) von einem Rechner zu einem anderen zu übertragen. Die Übertragungsrate ist die Anzahl von Bytes, die pro Zeiteinheit übertragen werden kann (meist bei langen Nachrichten gemessen). Die Setup-Zeiten unterscheiden sich sehr stark von Rechner zu Rechner, dabei ist insbesondere auch die Wahl des Kommunikationsprotokolls entscheidend.

☐ Das *Verbindungsnetzwerk* eines Parallelrechners bestimmt, wieviele Nachrichten gleichzeitig zwischen verschiedenen Rechnern übertragen werden können, ohne einander zu behindern, und über wieviele Zwischenrechner eine Nachricht übertragen werden muß. Den einen Extremfall stellt das vollständige Verbindungsnetzwerk dar (jeder Prozessor ist mit jedem anderen direkt verbunden), den anderen das Bussystem (zu einer Zeit ist genau eine Nachricht unterwegs). Häufig benutzte Konfigurationen sind Ringe, Felder, Tori, Bäume und der → Hypercube. Unter dem „Durchmesser" eines Verbindungsnetzwerkes versteht man die maximale Entfernung zwischen zwei Rechnern im Netzwerk. Unter der „lokalen Verbindungskomplexität" versteht man die Zahl der Kommunikationsanschlüsse, die pro Prozessor notwendig sind.

☐ Das *Kommunikationsprotokoll* nimmt auch Einfluß auf die Kommunikationsleistung eines Parallelrechners. Grob unterscheidet man zwischen blockierender und nichtblockierender Kommunikation. Bei der blockierenden Kommunikation werden der sendende und der

empfangende Prozeß solange blockiert, bis die Datenübertragung abgeschlossen ist. Bei nichtblockierender Kommunikation können der sendende bzw. der empfangende Prozeß weiterlaufen und müssen dann zu gegebener Zeit nachfragen, ob die Kommunikation erfolgreich abgeschlossen wurde. Variationen dieser Definitionen sind möglich, je nachdem, ob z. B. Pufferung der Nachrichten im System möglich ist oder nicht. Bei manchen Systemen muß eine Kommunikation zwischen zwei Prozessoren vorher angekündigt werden („virtual channels"), bei anderen nicht.
*Bastian*

**Kommunikation, offene** ⟨*open communication*⟩
→ OSI-Referenzmodell, → Kommunikationstechnik

**Kommunikationsprimitive** ⟨*communication primitives*⟩ → Betriebssystem, prozeßorientiertes

**Kommunikationssteuerungsebene** ⟨*session layer*⟩
→ Steuerungsebene

**Kommunikationstechnik** ⟨*communication technology*⟩. Um einen sinnvollen Nachrichtenaustausch zwischen zwei (oder mehreren) Partnern zu ermöglichen, ist neben der reinen Übertragung von → Nachrichten (→ Nachrichtentechnik) ein Regelwerk erforderlich, das die für eine sinnvolle → Kommunikation einzuhaltenden Konventionen (→ Protokoll) festlegt. Aufgabe der K. ist es, diese Konventionen zu spezifizieren.

Die unterschiedlichen Aufgabenfelder der K. auf der einen und der Nachrichtentechnik auf der anderen Seite lassen sich am folgenden Beispiel verdeutlichen: Wenn das englische Wort „eagle" (Adler) korrekt auf akustischem Wege übertragen wird, so wird es vom deutschsprachigen Empfänger als *Igel* – und damit falsch – interpretiert, wenn nicht vorher vereinbart wurde, daß der Datenaustausch in englischer Sprache vorgenommen wird.

Das bedeutet verallgemeinert, daß beiden Partnern gewisse Regeln, die dem Datenaustausch zugrunde liegen sollen, explizit oder implizit bekannt sein müssen. In dem Beispiel wäre die zu verwendende Sprache eine solche Regel.

Die K. nutzt also die von der Nachrichtentechnik zur Verfügung gestellten Datenkanäle und legt darauf aufbauend die Regeln (Protokolle) für eine sinnvolle Kommunikation fest.

Protokolle spezifizieren die unterschiedlichsten Funktionsbereiche, von der Festlegung der zu verwendenden → Codierung (→ Code) und dem Modulationsverfahren (→ Modulation) über Adreßstruktur (→ Name), → Flußkontrolle und Routing-Verfahren (→ Routing) bis hin zur Spezifikation eines virtuellen Dateiformats (→ FTAM) oder dem Austauschformat von elektronischen Briefen (→ Post, elektronische; Electronic Mail; → MHS). Um diese unterschiedlichen z. T. voneinander unabhängigen Aufgaben strukturiert und damit überschaubar realisieren zu können, wird

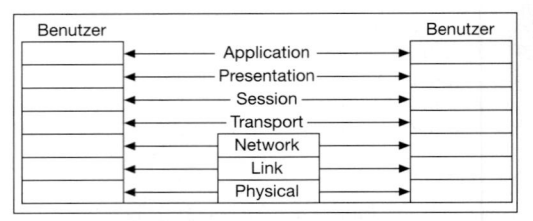

*Kommunikationstechnik: Realisierung der Protokolle*

die Gesamtheit der Protokolle i. allg. in einer hierarchischen Form realisiert. Aktuelles Stichwort hierzu ist das → OSI-Referenzmodell (Bild). Die Gesamtfunktionalität wird hier in sieben Schichten mit jeweils wohldefinierten Funktionen aufgeteilt.

Weitere Aufgabengebiete der K. sind die Leistungsbewertung von Protokollen und Kommunikationssystemen (→ Diffusionsapproximation, → Warteschlangennetz), das Anpassen von bekannten Protokollen an neue → Dienste bzw. das Design und die Spezifikation adäquater neuer Protokolle sowie die Optimierung des Zusammenwirkens einzelner Protokolle.

Die K. beeinflußt den Menschen, mehr oder weniger unbemerkt, in immer weiteren Lebensbereichen in den unterschiedlichsten Ausprägungen. Von praktisch jedem Bank-, Post- oder Fahrkartenschalter, von jedem Reisebüro besteht zumindest eine Verbindung zu einem zentralen Großrechner. Es gibt spezielle Netzwerke in den unterschiedlichsten Bereichen: SWIFT wird im Bankbereich benutzt, START verbindet Reisebüros und Fluggesellschaften. Im Wissenschaftsbereich sind in Deutschland viele Hochschulen und Forschungsinstitute über das → Deutsche Forschungsnetz (DFN) miteinander verbunden, amerikanische Vorbilder dafür sind das → ARPA-Net und das CS-Net. In der Büroumgebung werden die einzelnen Arbeitsplätze immer häufiger durch lokale Netze (→ LAN) gekoppelt, und auch in der Fertigung spielen Netze eine entscheidende Rolle. Es gibt eigene Netze im Polizei- und Verwaltungsbereich, und jedem Haushalt stehen Netzwerke offen (→ DATEX-P, → Ethernet, → ISDN, → MHS, → Netzwerkmanagement, → Übertragungsmedium).
*Spaniol*

Literatur: *Jakobs, K.; Spaniol, O.*: Rechnerkommunikation – OSI-Referenzmodell, Dienste und Protokolle. VDI-Verlag, Düsseldorf 1993. – *Halsall, F.*: Data communications, computer networks and open systems. 3rd Edn. Addison-Wesley, 1992. – *Tanenbaum, A. S.*: Computer networks. Prentice Hall, 1996.

**Kommutativität des Modelldiagramms** ⟨*commutative diagram of a model*⟩ → Modellsystem

**Kompaktifizierung** ⟨*compaction*⟩. Verfahren, das ursprünglich zur Reduktion der Laufzeit von Mikroprogrammen bei Rechnern mit horizontalem Mikroinstruktionsformat entwickelt wurde. Ausgangspunkt ist die Eigenschaft horizontaler Mikroinstruktionen, die gleichzeitige Ausführung von Mikrooperationen zu spezifizieren. Jeder als Mikroprogramm auf einem Rechner zu realisierende → Algorithmus setzt die Ausführung einer Menge von Mikrooperationen (elementare Operationen des Rechners) voraus. Diese Mikrooperationen können entweder streng nacheinander in getrennten Mikroinstruktionen angeordnet werden, was zu langen Mikroprogrammen führt, oder in geeigneter Weise parallel in einer geringeren Anzahl von Mikroinstruktionen. Durch die → Parallelisierung oder Zusammenfassung der Mikrooperationen in Mikroinstruktionen darf die → Semantik des Algorithmus jedoch nicht verändert werden, d. h., Datenabhängigkeiten müssen berücksichtigt werden. Ferner muß auf die beschränkten Ressourcen des Rechners Bezug genommen werden (in Rechnern mit genau einem Rechenwerk kann z. B. in einem Takt nur genau eine → Operation ausgeführt werden).

Verfahren zum Auffinden der optimalen Lösung, d. h. das zum Algorithmus semantisch äquivalente Mikroprogramm mit der minimalen Anzahl von Mikroinstruktionen, erfordern exponentiellen Aufwand. Es läßt sich jedoch zeigen, daß gute Lösungen schon mit quadratischem Aufwand realisierbar sind. Lokale K. betrachtet nur streng sequentielle Programmabschnitte, globale K. parallelisiert auch in verzweigten Strukturen.

Die ursprünglich für die Optimierung von Mikroprogrammen entwickelten Verfahren werden inzwischen auch in der Optimierungsphase von Compilern für superskalare und VLIW-Prozessoren eingesetzt.
*Bode*

Literatur: *Bode, A.*: Mikroarchitektur und Mikroprogrammierung: Formale Beschreibung und Optimierung. Informatik-Fachber. (1984) Nr. 82.

**Kompatibilität** ⟨*compatibility*⟩. Eigenschaft von → Rechenanlagen, die besagt, daß → Programme einer Rechenanlage in → Maschinensprache ohne Modifikation auf einer anderen Rechenanlage ausführungsfähig sind. Unter *Quellcode-K.* von Rechenanlagen versteht man, daß Programme, die in einer (höheren) → Programmiersprache formuliert wurden und nach Übersetzung auf einer Rechenanlage ausführungsfähig sind, nach Übersetzung auf einer anderen Rechenanlage ebenfalls ohne zusätzliche Modifikation ausführbar sind. Voraussetzung für die Übertragbarkeit von Programmen bei dieser Art von K. ist also der Zugriff auf die Quellversion des Programms, die insbesondere bei kommerziellen Programmen i. allg. nicht gegeben ist.

Unter K. im engeren Sinne versteht man i. allg. die *Objektcode-K.* von Rechenanlagen. Diese ist dann gegeben, wenn ein bereits in Maschinensprache übersetztes Programm von einer Rechenanlage ohne weitere Modifikation auch auf einer anderen Rechenanlage ausführbar ist. Die K. im engeren Sinne wird insbesondere innerhalb von Rechnerfamilien (→ Familienkonzept) angestrebt. Ein Rechnerhersteller bietet innerhalb einer Rechnerfamilie verschiedene Modelle unterschiedlicher Preise und Leistungsfähigkeit an. Die vom Benutzer für ein bestimmtes Modell verausgabten Kosten für Programme sollen beim Wechsel auf ein anderes Modell der Familie nicht verlorengehen (Investitionsschutz).

Die K. hat infolge der technologisch bedingten relativen Verteuerung der → Software gegenüber der → Hardware von Rechnern immer größere Wichtigkeit erlangt. Meist ist jedoch nur die sog. *Aufwärts-K.* gegeben: Leistungsfähigere Modelle einer Rechnerfamilie sind kompatibel zu schwächeren Modellen, aber nicht umgekehrt, da sie zusätzliche Maschinenbefehle umfassen. Auch die *Seitwärts-K.* ist weit verbreitet: Rechner verschiedener Hersteller sind zueinander kompatibel.
*Bode*

**Kompilierer** ⟨*compiler*⟩ → Compiler, → Übersetzer

**Komplementaritätsproblem** ⟨*complementarity problem*⟩. Eine Verallgemeinerung der → quadratischen Programmierung, die neben Bimatrix-Spielen auch einige Probleme aus den Ingenieurwissenschaften umfaßt. Ein lineares K. ist die Aufgabe, eine Lösung des Systems

$$b = Ax + y \quad xy = 0 \quad x \geq 0, y \geq 0$$

zu bestimmen. Im Fall einer positiv definierten Matrix A kann dieses System auch als die → *Kuhn-Tucker*-Bedingungen eines konvexen quadratischen Optimierungsproblems interpretiert werden. Zur Lösung werden iterative *Pivot*-Verfahren (*Lemke*-Algorithmus) angewendet.
*Bachem*

**Komplexitätsmaß** ⟨*complexity metric*⟩. Ein Software-Maß, das Auskunft geben soll darüber, ob ein gegebenes Modul leicht oder schwer zu verstehen bzw. zu verändern ist. Das K. soll eine Aussage über die Fehleranfälligkeit ermöglichen sowie einen Hinweis geben für den Entwicklungsaufwand im Falle von Änderungen. Im Gegensatz zur Algorithmik steht hier nicht das Laufzeitverhalten oder der Speicherplatzbedarf im Vordergrund der Betrachtung. Wie im Zusammenhang mit der → Aufwandschätzung dargestellt, sind Größe des Programms (in Anzahl der Programmzeilen) oder Funktionspunkte zwei Grundmaße für die Aufwandschätzung bei Neuentwicklungen. Programme gleicher Größe können sich durch eine Vielzahl von Kriterien unterscheiden. Die zwei markantesten sind die Anzahl der Operatoren und Operanden und die Anzahl der verschiedenen Verzweigungen und Schleifen. Ersteres mißt das Maß von *Halstead*, letzteres das Maß von *McCabe*. Beides sind diejenigen Maße, die heute von allen Meßwerkzeugen für jede mögliche Programmiersprache angeboten werden. Auf diesen Maßen aufbauend gibt es eine Vielzahl von Vorschlägen zur Verbesserung und Präzisierung. Vor allem das neue Paradigma der Objektorientierung führte zu einer Vielzahl neuer Vorschläge, wie man in diesem Fall die Komplexität eines Programms in Zahlen ausdrücken kann.
*Endres*

**Komplexitätstheorie** ⟨*complexity theory*⟩. Mitte der 60er Jahre entstanden, ist die K. eines der wichtigsten Teilgebiete der theoretischen → Informatik. Sie befaßt sich einerseits mit einer allgemeinen Theorie der Maße für die Komplexität (Zeit- oder Platzaufwand), der Berechnung von → rekursiven Funktionen, der Ausführung von → Algorithmen, der formalen Beschreibung von (i. allg. unendlichen) → formalen Sprachen (durch → Grammatiken oder Automaten) und andererseits mit der Entwicklung spezieller Algorithmen und Beschreibungstechniken mit möglichst geringer Komplexität für konkrete Probleme.

Die beiden wichtigsten Komplexitätsmaße sind Zeit- und Speicherplatzbedarf, wobei für die Durchführung von Berechnungen, die Ausführung von Algorithmen, jeweils ein bestimmtes Maschinenmodell zugrunde gelegt wird. Meistens nimmt man das der → *Turing*-Maschine, wobei jedoch eine Reihe von Varianten, insbesondere solche mit mehreren Arbeitsbändern, betrachtet wird. Komplizierte, realen Computern ähnliche Maschinenmodelle, die z. B. mit einer beliebig großen, aber jeweils festen Zahl von Registern zur Speicherung beliebig großer natürlicher Zahlen arbeiten, in denen jeweils 1 addiert oder subtrahiert oder auf 0 getestet werden kann (die sog. Registermaschinen), lassen sich auf *Turing*-Maschinen ohne wesentlichen Zeitverlust simulieren (d. h., die Anzahl der Schritte, die die *Turing*-Maschine für eine beliebige Rechnung benötigt, ist ein Polynom in der Anzahl der Schritte, die die Registermaschine für die entsprechende Rechnung braucht).

Manchmal, insbesondere in der algebraischen K., beschränkt man sich auch darauf, nur die Zahl der arithmetischen Grundoperationen, die im Laufe der Rechnung angewendet werden, als Komplexitätsmaß zu betrachten.

Als Maß der Beschreibungskomplexität von Sprachen wählt man meist die Anzahl der → Zeichen in ihrer Beschreibung (durch eine Grammatik, einen Automaten oder ein Programm für irgendeine Maschine).

Die Komplexität von → *Boole*schen Funktionen mißt man auch mittels der Größe der sie repräsentierenden Schaltkreise.

In der allgemeinen K. untersucht man u. a. folgende Fragen:
– Wie lassen sich Komplexitätsmaße axiomatisch charakterisieren?
– Wie aufwendig (gemessen mit verschiedenen Maßen) ist die → Simulation einer Maschine auf einer anderen?
– Wie hängen Zeit- und Platzbedarf für die Lösung eines Problems zusammen?
– Wie hängt die Komplexität von nichtdeterministischen Verfahren mit der Komplexität von deterministischen Verfahren (zur Lösung der gleichen Probleme) zusammen? (Hierher gehört u. a. die sehr interessante Frage nach → NP-vollständigen Problemen.)
– Welches ist der schnellste, platzsparendste, am kompaktesten aufzuschreibende Algorithmus zur Lösung eines Problems? Diese Frage ist z. B. im Hinblick auf die Zeitkomplexität für das Problem, ob ein gegebenes → Wort in einer gegebenen kontextfreien → Sprache liegt, noch offen; gleiches gilt natürlich bzgl. der Zeitkomplexität auch für alle NP-vollständigen Probleme.
– Wie groß ist die Komplexität eines Verfahrens mindestens oder im Mittel oder maximal?
– Gegeben eine Familie von einstelligen Funktionen (z. B. Polynomen, Exponentialfunktionen). Lassen sich die Probleme, die Lösungsverfahren besitzen, deren Komplexität durch Funktionen der Familie nach oben abgeschätzt werden kann, einheitlich durch andere Eigenschaften charakterisieren? Das führt zur Untersuchung von sog. Komplexitätsklassen. *Brauer*

Literatur: *Hopcroft, J. E.; Ullman, J. D.*: Introduction to automata theory, languages and computation. Reading, MA 1979. – *Paul, W. J.*: Komplexitätstheorie. Stuttgart 1978. – *Stetter, F.*: Grundbegriffe der theoretischen Informatik. Berlin 1988.

**Komponente eines Systems** ⟨*component of a system*⟩ → System

**Komponente, wiederverwendbare** ⟨*reusable component*⟩. Besteht mindestens aus zwei Teilen: einem ausführbaren Programm und einer Repräsentation, die von allen zur Verwendung der Komponente unerheblichen, nur für die → Implementierung relevanten Einzelheiten abstrahiert. Im einfachsten Fall wird eine Komponente durch die Angabe von geeigneten Schlüsselwörtern repräsentiert oder – wie in modularen → Programmiersprachen – durch eine → Schnittstelle, die Namen der exportierten → Datentypen und → Operationen zusammen mit ihren → Funktionalitäten auflistet. In der → objektorientierten Programmierung geschieht dies etwa durch das „Klasseninterface" oder durch die Angabe einer „abstrakten" Klasse, deren Methoden erst in einer „Erbenklasse" implementiert werden. Im allgemeinen ist es wünschenswert, daß eine Komponente durch eine vollständige Beschreibung aller für die korrekte Wiederverwendung benötigten Informationen, insbesondere des Programmverhaltens, repräsentiert wird. Geeignet hierzu sind formale → Spezifikationen, möglicherweise kombiniert mit informellen Beschreibungen, etwa von Anforderungen an die benötigte Umgebung usw. Beispielsweise werden in → Larch Programme durch Schnittstellenspezifikationen, die die → Vor- und → Nachbedingungen der exportierten Operationen angeben, beschrieben. Ähnlich werden in der objektorientierten Sprache Eiffel die Zusicherungen der Methoden einer Klasse zur Klassendokumentation verwendet.

Der Begriff der w. K. läßt sich in zwei Richtungen verallgemeinern: Einerseits kann eine Komponente mehrere Implementierungen derselben Spezifikation enthalten (z. B. mit verschiedenen Zeit- und Platzkomplexitäten), andererseits Beschreibungen auf verschiedenen Abstraktionsebenen umfassen, die eine schrittweise Auswahl einer geeigneten Implementierung erlauben. Beim Entwurf w. K. ist auf einen hohen Grad an Allgemeinheit zu achten, wobei jedoch immer berücksichtigt werden muß, daß zuviel Allgemeinheit den Nutzen der Wiederverwendung beeinträchtigen kann. *Hennicker/Wirsing*

Literatur: *Wirsing, M.*: Algebraic description of reusable software components. In: *E. Milgrom, P. Wodon* (Eds.): Proc. COMPEURO '88. IEEE Computer Society, Vol. 834. Computer Society Press, 1988, pp. 300–312.

**Komponentenanalyse** ⟨*component analysis*⟩. Erfassen einzelner Bildkomponenten eines → Binärbildes. Bei Anwendungen der Binärbildanalyse kommt es vielfach darauf an, die im Bild sichtbaren Komponenten einzeln zu beschreiben, z. B. für eine nachfolgende → Objekterkennung. „Komponente" bezeichnet einen maximal zusammenhängenden Bildbereich, „Zusammenhang" eine Verbindung gemäß einer Nachbarschaftsdefinition. Am häufigsten wird die 4- oder die 8-Nachbarschaft im Rechteckraster verwendet.

```
        N                    N   N   N

  N     X    N           N   X   N

        N                    N   N   N

  4-Nachbarn                 8-Nachbarn
```

Alternativen sind die unsymmetrische 6-Nachbarschaft im Rechteckraster oder die symmetrische 6-Nachbarschaft im Hexagonalraster:

```
                               N
    N   N                   N     N
                               X
  N  X  N                   N     N
                               N
    N   N
```

Für die K. gibt es einfache zeilensequentielle → Algorithmen. Die → Ausgabe besteht aus einer Liste der gefundenen Komponenten, jeweils beschrieben durch einfache Merkmale wie Lage des Schwerpunktes, Fläche, Umfang, Hauptachsenrichtung und Flächenträgheitsmomente. *Neumann*

**Komponentenformat** ⟨*component image format*⟩. Der Farbeindruck ist subjektiv. Seine physikalische Ursache ist die spektrale Intensitätsverteilung auf der Retina des Auges. Die Beschreibung von Farbeindrücken als Resultat der vektoriellen Mischung von Lichtquellen ist Gegenstand der Farbmetrik. Visuelle Farbeindrücke $F$ lassen sich durch additive Mischung von maximal drei geeigneten Lichtquellen (z. B. Bildröhrenphosphoren $R_E, G_E, B_E$) erzeugen und damit als Vektor $F = R_e\, R_E + G_e\, G_E + B_e\, B_E$ eines dreidimensionalen Farbraums beschreiben. Die Wichtungskoeffizienten $R_e, G_e, B_e$ sind die Farbkomponenten des Komponentenformats. Im Fall der Bildröhre sind die Steuersignale $R_e, G_e, B_e$ positiv, was den Raum der erzielbaren Farbeindrücke eingrenzt. Jeder farbmetrische Farbeindruck läßt sich physikalisch meist durch unterschiedliche Intensitätsverteilungen als Funktion der Wellenlänge erzeugen (metamere Farbreize).

Die Umrechnung zwischen Systemen verschiedener Lichtquellentripel ist Gegenstand der Farbmetrik. Wichtig sind z. B. die europäischen EBU-Phosphore $R_E, G_E, B_E$ für Rot, Grün und Blau und die US-amerikanischen FCC-Phosphore $R_F, G_F, B_F$ ebenfalls für Rot, Grün und Blau. Als Bezugssystem werden die virtuellen Normprimärvalenzen $X_V, Y_V, Z_V$ verwendet, in denen sich sogar die Spektralfarben mit positiven Koeffizienten darstellen lassen. Der Vektor $Y_V$ zeigt dabei per Definition in Richtung der Leuchtdichte und damit des subjektiven Helligkeitseindrucks. Die Umrechnung zwischen den Basisvektoren erfolgt mittels Matrixmultiplikation. Insbesondere ergibt sich die wichtige Beziehung der Leuchtdichte $Y_v = 0{,}299\, R_f + 0{,}587\, G_f + 0{,}114\, B_f$ aus der Umrechnung der Koeffizienten des FCC-Systems ins System $X_V, Y_V, Z_V$. Die Leuchtdichte ist also nicht die direkte, sondern eine nach Augenempfindlichkeit gewichtete Summe der Signale $R_f, G_f, B_f$.

Ein monochromes → Signal verwendet nur $Y_v$, ein hierzu aufwärtskompatibles Farbsignal benötigt zusätzlich zwei weitere Signale, die bei monochromen Bildinhalten verschwinden. Diese Forderung erfüllen z. B. die Farbdifferenzsignale $BMY = (B_f - Y_v)$ und $RMY = (R_f - Y_v)$. Für die Signalverarbeitung und -übertragung werden noch Signaloffsets und Skalierungsfaktoren sowie (bei NTSC) Linearkombinationen der Signale definiert. Die resultierenden Farbdifferenzsignale lauten bei PAL U, V, bei NTSC I, Q, bei SECAM $D_B, D_R$ und beim digitalen Studiostandard ITU-R BT.601 $C_B, C_R$.

Die Farbdifferenzsignale werden meist noch in der Bandbreite bzw. in der örtlichen Abtastfrequenz reduziert, da der menschliche Gesichtssinn für Farbinformationen eine geringere Ortsauflösung besitzt als für Leuchtdichtesignale. Dementsprechend besitzen die analogen Farbdifferenzsignale relativ zu Y im 4:4:4-Format dieselbe, im 4:2:2-Format die halbe und im 4:1:1-Format ein Viertel der Bandbreite. Im digitalen Fernsehsystem wird im 4:2:2-Format pro zwei Luminanzwerten in jeder Zeile ein Paar $C_B/C_R$ übertragen (digitaler Studiostandard ITU-R BT.601) und im 4:2:0-Format für zwei Zeilen und zwei Luminanzwerte pro Zeile gemeinsam ein Paar $C_B/C_R$.

Werden die drei Signale des K. per Frequenzmultiplex wie bei PAL, NTSC und SECAM zu einem Signal kombiniert, so spricht man im Gegensatz zum K. von einem Composite-Signal FBAS (Farbe, Bild, Austastsignal, Synchronsignal) bzw. CVBS (Color, Video, Blanking, Synchronisation). *Grigat*

**Komposition** ⟨*composition*⟩. Zusammensetzen einzelner Teile eines Entwurfs oder eines Systems. Weitere

Verwendungen dieses Begriffs sind Funktions-K. in der → funktionalen Programmierung oder K. von → Klassen durch → Assoziation (→ objektorientierter Entwurf). Bei der Entwicklung größerer Software-Systeme werden in der Entwurfsphase i. allg. mehrere → Spezifikationen und in der Realisierungsphase mehrere → Module über wohldefinierte → Schnittstellen zu einem Gesamtsystem zusammengesetzt. Dabei ist wichtig, daß die Korrektheit der einzelnen Teile die Korrektheit des zusammengesetzten Systems garantiert. Diese Art der K., manchmal „horizontale" K. genannt, unterscheidet sich von dem Zusammensetzen einzelner Entwicklungsschritte, die bei der systematischen Programmentwicklung ausgehend von einer abstrakten Spezifikation bis hin zu einem lauffähigen Programm auftreten. In diesem Fall spricht man auch von „vertikaler" K., wobei ebenfalls gewährleistet sein muß, daß aus der Korrektheit der einzelnen Entwicklungsschritte die Korrektheit der gesamten Programmentwicklung folgt.
*Hennicker/Wirsing*

**Kompositionalität** ⟨*compositionality*⟩. Man spricht von K., wenn das Verhalten eines Gesamtsystems durch das Verhalten seiner einzelnen Komponenten bestimmt ist. K. ist eine wichtige Anforderung an modulare Spezifikations- und Programmiersprachen. Definitionen im Stil der → denotationellen Semantik von Programmiersprachen sind typischerweise kompositional.
*Hennicker/Wirsing*

**Konferenzmanagement** ⟨*conference control*⟩. K. (Konferenzsteuerung, Konferenzverwaltung) umfaßt alle administrativen Funktionen, die für die Durchführung einer Telekonferenz erforderlich sind.
Zum K. zählen folgende Funktionsbereiche:
☐ *Vorbereitung und Reservierung*. Umfaßt Funktionen wie die Festlegung der Zeit einer Konferenz, der zugelassenen Teilnehmer, der Tagesordnung usw.; ggf. auch Reservierung von Ressourcen wie Kommunikationsleitungen und → MCU.
☐ *Initiieren und Beenden einer Konferenz*. Telekonferenzen können benutzerinitiiert gestartet oder terminiert werden (durch Eintritt des ersten bzw. Verlassen des letzten Benutzers oder durch einen Konferenzleiter). Sie können in Verbindung mit Reservierungen auch zu einer bestimmten Zeit automatisch gestartet bzw. beendet werden.
☐ *Teilnehmerverwaltung*. Personen können einer Telekonferenz von sich aus beitreten und diese wieder verlassen sowie zwischen Konferenzen wechseln; sie können auch eingeladen oder ausgeschlossen werden. Der Aufbau einer Kommunikationsverbindung zum Teilnehmer erfolgt entweder durch den Teilnehmer (dial-in) oder durch eine MCU (dial-out). Sind beliebige Teilnehmer zugelassen, spricht man von einer offenen (open, meet-me) Konferenz, anderenfalls von einer geschlossenen (closed) Konferenz.

☐ *Floor Control*. Um formelle Telekonferenzen durchführen zu können (z. B. um in größeren Gruppen zusammenzuarbeiten), kann optional → Floor Control eingesetzt werden. Dann wird das Rederecht in der Telekonferenz, ggf. auch das Schreibrecht, für die Anwendungssysteme vom Konferenzmanagement verwaltet.
☐ *Konferenzleitung*. Eine Telekonferenz wird entweder von einem Konferenzleiter (chairman, conductor) moderiert (conducted conference) oder verläuft unmoderiert (non-conducted conference). In einer moderierten Konferenz besitzt der Konferenzleiter Vorrechte gegenüber den anderen Teilnehmern; er kann z. B. entscheiden, ob Teilnehmer eingeladen oder ausgeschlossen werden und wer wann und wie lange das Rederecht erhält.
Wie diese Funktionen im einzelnen angewendet werden, wird durch die → Konferenzpolitik festgelegt. Ein K.-System sollte i. allg. verschiedene Konferenzpolitiken unterstützen, um den unterschiedlichen Anforderungen verschiedener Benutzergruppen und Konferenzsituationen Rechnung tragen zu können.
*Schindler/Ott*

**Konferenzpolitik** ⟨*conference policy*⟩. Die K. definiert die Art der Konferenz, die mit einem → Desktop-Multimediakonferenzsystem durchgeführt werden soll. Sie beschreibt, welche Personen an einer Telekonferenz teilnehmen dürfen, ob (und wie) der Zugang zu dieser überwacht wird, ob die Telekonferenz moderiert ist oder nicht, welche Befugnisse die einzelnen Teilnehmer haben, nach welchen Regeln die Rederechtvergabe (→ Floor Control) erfolgt usw.
*Schindler/Ott*

**Konferenzsteuerung** ⟨*conference control*⟩ → Konferenzmanagement

**Konfidenzfaktor** ⟨*confidence factor*⟩. Zahlenwert, der die Sicherheit einer Aussage oder Schlußregel charakterisiert. K. werden häufig in → Systemen der → Künstlichen Intelligenz (KI), insbesondere in Expertensystemen, zur → Modellierung von unpräzisem oder unzuverlässigem Wissen verwendet. Es gibt verschiedene Formalismen zur Verarbeitung von K., z. B. die Theorie unscharfer Mengen (fuzzy set), die Evidenztheorie von *Dempster-Shafer* oder Verfahren, die sich an Wahrscheinlichkeitstheorien orientieren. K. werden auch als Grenzwerte eines Konfidenzintervalls (A, B) benutzt. A beschreibt positive, 1-B beschreibt negative Evidenz für eine Aussage. Dadurch kann fehlende → Information (z. B. A = 0, B = 1) von widersprüchlicher Information (z. B. A = 1, B = 0) unterschieden werden.
*Neumann*

**Konfidenzintervall** ⟨*confidence interval*⟩ (auch Vertrauensintervall). Wird der Parameter θ einer → Verteilung durch die Stichprobengröße t erwartungstreu geschätzt (Punktschätzung), so ist t um θ verteilt. Ein K. gibt Grenzen an, innerhalb der der unbekannte Parameter θ bei einer vorgegebenen Sicherheitswahrscheinlichkeit liegt (Intervallschätzung). Üblich ist die Sicherheitswahrscheinlichkeit 95% bzw. 99,7% (2σ- bzw. 3σ-Grenzen der Normalverteilung).

Sind z. B.

$$\bar{x} = \frac{1}{n} \cdot \sum x_i \,; \quad s^2 = \frac{1}{n-1} \cdot \sum (x_i - \bar{x})^2$$

Stichprobenmittel und -streuung aus einer mit Erwartungswert μ und Streuung σ² normalverteilten Gesamtheit, so ergibt sich für das 95%-K. von μ bei einer → Stichprobe vom Umfang

$$n = 10: \bar{x} \pm 2{,}26 \frac{s}{\sqrt{n}}.$$

*Schneeberger*

**Konfiguration** ⟨configuration⟩. **1.** Als K. einer Datenverarbeitungsanlage bezeichnet man eine bestimmte Zusammenstellung von Geräten (→ Hardware) und/oder Programmen (→ Software). Die K. bestimmt Funktionsumfang und Leistungsfähigkeit der Anlage.
**2.** In der Theorie der Automaten und → Berechenbarkeit bezeichnet man als K. die Angabe aller charakteristischen Größen, die das weitere Verhalten eines Automaten bzw. einer abstrakten → Maschine beeinflussen. Bei einem endlichen Automaten sind dies der gegenwärtige Zustand und das noch zu verarbeitende Eingabewort, bei einem → Kellerautomaten außerdem der gegenwärtige Kellerinhalt. Die K. einer → Turing-Maschine wird durch den momentanen Zustand, den Bandinhalt sowie die Position des Schreib-Lesekopfes über dem Band beschrieben, die K. einer Random-Access-Maschine durch Angabe ihrer Speicher- und Registerinhalte. Die K. eines → *Petri*-Netzes gibt die augenblickliche Markierung der Stellen an.

*Merz/Wirsing*

**Konfiguration, technische** ⟨technical configuration⟩ → Rechensystem

**Konfigurationsmanagement** ⟨configuration management⟩. Koordiniert parallel zur Durchführung eines Software-Entwicklungsprojekts die konsistente und vollständige Zusammenführung und Verwendung von Entwicklungsobjekten aus unterschiedlichen Projektstufen und Teilprojekten.

Hierzu sind Konfigurationsbeschreibungen der Entwicklungsobjekte zu verwalten, Änderungen an Konfigurationen zu kontrollieren und die → Integrität und Nachvollziehbarkeit von → Konfigurationen zu prüfen. Eine Konfiguration beschreibt die zweckgerichtete Zusammenführung von einzelnen Entwicklungsobjekten, die gemeinsam die spezifische Version eines kompletten → Software-Systems bilden.

K. stellt eine projektbegleitende Maßnahme dar (→ Software-Engineering). ANSI/IEEE fassen im „Guide to Software Configuration Management" unter dem Begriff K. folgende Aktivitäten zusammen:
– Konfigurationsidentifikation: Die Identifizierung und Festlegung der funktionalen und physischen Eigenschaften von Konfigurationsobjekten (Software-, Hardware-, Anwendungssystemkomponenten).
– Konfigurationskontrolle: Die Kontrolle und Genehmigung von Änderungen an Konfigurationsobjekten.
– Konfigurationsbuchführung: Die Dokumentation und Informationsbereitstellung der Zusammensetzung, des Status und der Änderung von Konfigurationsobjekten.
– Konfigurationsprüfung: Die Prüfung auf Vollständigkeit und Korrektheit von Konfigurationen und Konfigurationsobjekten.

Werkzeuge für das K. sind essentielle Bestandteile einer → Software-Produktionsumgebung (SPU). Zur Unterstützung der Koordinationsaufgabe verwalten einige Werkzeuge neben Konfigurationsbeschreibungen auch die Spezifikationen der Entwicklungsobjekte. Ein Versionsmanagement verwaltet die Versionen einer Software-Spezifikation, stellt einem Entwickler die jeweils gewünschte Version zur Verfügung und kontrolliert das gleichzeitige Überarbeiten einer Version durch mehrere Entwickler. *Amberg*

Literatur: *Herper, H.*: CASE-integriertes Software-Konfigurationsmanagement. Bergisch Gladbach–Köln 1994. – American National Standard Institute (Ed.): ANSI/IEEE Std. 1042-1987: Guide to software configuration management. New York 1987.

**Konfigurationsverwaltung** ⟨configuration management⟩. Menge von Aufgaben und Techniken zur Verwaltung mehrerer nebeneinander existierender Konfigurationen eines Software-Systems, die auf verschiedenen Versionen und Varianten des Systems bzw. seiner Bestandteile basieren und z. B. für unterschiedliche Nutzergruppen oder Systemplattformen benötigt werden. *Hesse*

**Konfliktauflösung** ⟨conflict resolution⟩. Verfahren zur Auswahl einer Regel aus der → Konfliktmenge im Auswahl-Anwendungszyklus eines → Expertensystems. Die wichtigsten Auswahlkriterien sind Speicherfolge, Spezifität, Alter der betroffenen Fakten und Vermeiden von Regelwiederholungen. Die K. gehört zu den Aufgaben einer → Inferenzkomponente. *Neumann*

**Konfliktmenge** ⟨conflict set⟩. Menge anwendbarer Regeln im Auswahl-Anwendungszyklus eines → Expertensystems. Durch → Konfliktauflösung wird eine Regel aus der K. ausgesucht und nachfolgend zur Anwendung gebracht. Das Berechnen der K. muß durch die → Inferenzkomponente des Expertensystems für jeden Zyklus durchgeführt werden. Inkrementelle Berechnungsverfahren können wesentlich zur Effektivität des Gesamtsystems beitragen. *Neumann*

**konfluent** ⟨*confluent*⟩ → Church-Rosser-Eigenschaft

**Konjunktion** ⟨*And*⟩. Eine mehrstellige *Boole*sche Verknüpfung, die die Eigenschaft hat, daß der Funktionswert genau dann eine binäre 1 ist, wenn alle Parameter den Wert 1 annehmen. Die Funktion wird auch UND-*Funktion* genannt. In der Formelsprache der → *Boole*schen Algebra wird die Funktion als

$$F = X_1 \wedge X_2 \wedge \ldots \wedge X_n$$

geschrieben.

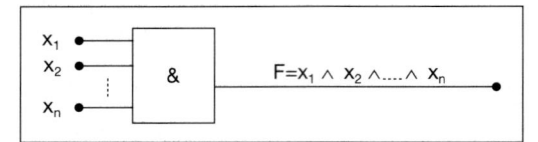

*Konjunktion: Schaltsymbol*  *Bode*

**Konkatenation** ⟨*concatenation*⟩. Operation, bei der eine Sequenz durch das Aneinanderhängen zweier Sequenzen gebildet wird. Beispiel: Die K. der beiden Sequenzen LÖWEN und ZAHN liefert LÖWENZAHN. *Breitling/K. Spies*

**Konnektionsgraph** ⟨*connection graph*⟩ (auch Klauselgraph). Repräsentationsform für das → Resolutionsverfahren zum automatischen Beweisen im Prädikatenkalkül. Ein K. besteht aus logischen Klauseln: Literale der Klauseln sind mit einer Kante verbunden, wenn sie eine Resolution der zugehörigen Klauseln ermöglichen. Der K. wird zum Nachweis der Unerfüllbarkeit der Klauselmenge wie folgt abgearbeitet:
– Eine Kante wird ausgewählt, eine neue → Klausel (die Resolvente) wird erzeugt.
– Die neue Klausel wird in den K. eingefügt. Neue Kanten ergeben sich durch Vererbung der mit den Elternklauseln verbundenen Kanten.
– Falls die leere Klausel erzeugt wird, ist die Klauselmenge unerfüllbar. Falls keine Kante mehr abzuarbeiten ist, ist sie erfüllbar. *Neumann*
Literatur: *Bläsius, K. H.; Bückert, H.-J.* (Hrsg.): Deduktionssysteme. München 1987.

**Konsistenz** ⟨*consistency, consistence*⟩. **1.** Eines der wichtigen Probleme bei der Entwicklung von komplexen → Mensch-Maschine-Systemen sowie der entsprechenden graphischen → Benutzerschnittstellen ist die Einhaltung der K. in Struktur und Erscheinung. Man meint damit eine einheitliche, leicht durchschaubare und nachvollziehbare innere Software-Struktur mit definierten Schnittstellen sowie eine sich gegenüber dem → Benutzer als übersichtlich und homogen zeigende → Bedienoberfläche des Systems, bei dem gleiche Bedienhandlungen auch immer die gleichen Wirkungen nach sich ziehen.
Die geforderte K. bei graphischen Benutzerschnittstellen verlangt nach einer werkzeugunterstützten → Software-Entwicklung sowie nach Benutzerschnittstellen, bei denen Anwendung und Benutzerschnittstelle möglichst vollständig voneinander getrennt sind, damit die → Präsentation der Benutzerschnittstelle völlig unabhängig von der Anwendung konsistent gegenüber dem Benutzer gestaltet werden kann. Eine dafür geeignete Struktur für Benutzerschnittstellen ist z. B. das → *Seeheim*-Modell. *Langmann*

**2.** Eine Formelmenge $\Theta$ (→ Prädikatenlogik) heißt konsistent, wenn für keine Formel $\phi$ gilt: $\Theta \vdash \phi \wedge \neg \phi$, d. h., wenn aus $\Theta$ keine widersprüchlichen Formeln abgeleitet werden können. Wäre dies der Fall, so wäre die Menge der logischen Folgerungen Cons($\Theta$) von $\Theta$ gleich der Menge aller Formeln WFF, denn mit dem Axiomenschema „ex falso quodlibet" $\alpha \wedge \neg \alpha \supset \beta$ kann jedes $\beta$ abgeleitet werden. Somit ist aus einer inkonsistenten → Theorie alles ableitbar, d. h., eine inkonsistente Theorie besitzt keinerlei Informationswert. Ein wichtiger Satz besagt, daß in der → Prädikatenlogik erster Stufe eine Menge von Formeln genau dann konsistent ist, wenn sie erfüllbar ist, d. h. wenn sie ein Modell hat. Man beachte, daß K. ein syntaktischer Begriff ist, Erfüllbarkeit dagegen nicht. *Reus/Wirsing*

**3.** Erfüllung aller → Integritätsbedingungen. Die Änderungen einer → Transaktion verletzen in ihrer Gesamtheit keine Integritätsbedingungen. Beispiel: Wenn in einem relationalen Datenbanksystem zwei Tupel eingefügt werden, die sich gegenseitig über Fremdschlüssel referenzieren, müssen diese beiden Tupel gemeinsam in einer Transaktion eingefügt werden. Das Einfügen nur eines Tupels würde die Fremdschlüsselintegrität verletzen. Während der Ausführung der Transaktion ist diese Integrität aber kurzfristig verletzt, was zulässig ist (→ ACID-Eigenschaften). *Schmidt/Schröder*

**4.** Ein statistischer Schätzer wird dann als konsistent bezeichnet, wenn er bei Verwendung der Gesamtheit für die Berechnung des Schätzwertes unverzerrte Schätzwerte für die Parameter der Gesamtheit liefert. Das bedeutet, daß mit einer Zunahme des Stichprobenumfangs n gegen Unendlich (oder gegen den Umfang der Gesamtheit) gilt:

$$\lim_{n \to \infty} P\{|t - \theta| > \varepsilon\} \to 0 \,.$$

Die → Wahrscheinlichkeit, daß sich der Schätzwert t von dem wahren Wert der Gesamtheit $\theta$ um mehr den Betrag des Fehlers $\varepsilon$ unterscheidet, geht also gegen Null. Kann man keinen unverzerrten Schätzwert finden (d. h. der Erwartungswert von t ist gleich $\theta$ für endliches n), so fordert man i. allg. von einem statistischen Schätzer zumindest K. *Schneeberger*

**5.** → Rechtssicherheitspolitik

**Konstruktionsfehler** ⟨*construction fault*⟩. K. eines → Rechensystems S sind Fehler, also Nichtübereinstimmungen zwischen den (unbestrittenen) Soll- und den Ist-Eigenschaften von S, die während des Konstruktionsprozesses des Systems entstehen. Die Klassifikation für diesen Fehlerbegriff orientiert sich an der Lebenszeit von S, die vergröbernd aus einer Konstruktionsphase und einer Betriebsphase besteht. Demnach werden K. und →Betriebsfehler unterschieden. K. von S sind unabhängig davon, ob und wie das System genutzt wird; sie können →Fehlerzustände und →Fehlverhalten während der Betriebsphase von S verursachen. K. von S können bezogen auf die Komponenten von S, deren Eigenschaften sie betreffen, Hardware-Fehler oder Software-Fehler sein. Wenn man die Phasen des Konstruktionsprozesses von S differenzierter betrachtet, können K. →Entwurfsfehler oder →Implementierungsfehler oder Herstellungsfehler sein.

*P. P. Spies*

**Konstruktionsmodell** ⟨design model⟩ →Modellsystem

**Konstruktoren** ⟨constructors⟩ →Datenstruktur

**Kontextmechanismus** ⟨context mechanism⟩. Organisationsform von Datenbanken in →Systemen der →Künstlichen Intelligenz (KI). Ein Kontext ist hier ein „Schnappschuß" einer Datenbasis zu einem bestimmten Zeitpunkt während eines Problemlösungsprozesses. Er umfaßt alle →Daten, Variablenbindungen etc., die zu diesem Zeitpunkt gültig sind. Veränderungen der Datenbasis führen zu neuen Kontexten. Ein K. erlaubt dem Programmierer, Kontexte zu definieren, abzuspeichern und wieder zu restaurieren. Durch Verfolgen von Alternativen, z. B. bei einer Suche, entstehen Verzweigungen und Kontextbäume.

Kontexte eignen sich besonders gut zum hypothetischen Schließen, z. B. zum Verfolgen von Alternativen in Planungsproblemen. Jeder Kontext stellt sich dem Programmierer wie eine vollständige Datenbasis dar. Intern werden jedoch meist nur die Unterschiede eines Kontextes gegenüber seinem Vorgänger gespeichert, so daß das Datenvolumen nicht exzessiv wächst.

*Neumann*

**Kontrolle der Rechte an Objekten** ⟨controlling the rights to use objects⟩ →Zugriffskontrollsystem

**Kontrolle der Rechte von Subjekten** ⟨controlling the rights of subjects⟩ →Zugriffskontrollsystem

**Kontrolleinheit** ⟨controller (unit)⟩ (auch Steuereinheit oder Controller). Funktionselemente innerhalb von Datenverarbeitungssystemen, die zur Anbindung von Ein-/Ausgabeeinheiten (→Terminals, Tastaturen, →Drucker etc.), Speichereinheiten und Kommunikationseinrichtungen (→Netzwerke, Telephonnetz etc.) dienen. Sie stellen ein Bindeglied zwischen der genormten oder herstellerspezifischen Systemschnittstelle und der heute größtenteils genormten Geräteschnittstelle dar.

Bei den K. von Speichereinheiten sind grundsätzlich zwei Typen zu unterscheiden: K., die sowohl die mechanischen als auch nichtmechanischen Abläufe innerhalb der Speichereinheiten über Schnittstellensignale steuern, und solche, die über logische Befehle mit diesen kommunizieren. Im letzten Fall sind an die K. Geräte angeschlossen, die über eine eigene Intelligenz (→Mikroprozessor, Mikroprogramm) verfügen und somit ihre Abläufe selbständig ausführen und kontrollieren können.

Die K. im ursprünglichen Sinn steuert und überwacht sämtliche Gerätefunktionen, die Ein- und Ausgabe der Daten und überprüft deren →Korrektheit durch Redundanzinformationen. Die angeschlossenen Geräte werden über Auswahlleitungen selektiert (drive select), über Steuerleitungen werden die einzelnen Funktionen gesteuert. Die Informationsübertragung erfolgt über Datenleitungen. Zu den wesentlichen Aufgaben dieser K. gehören:
– Aufbereitung und →Codierung der Ausgangsdaten sowie Erzeugung der →Redundanz (hier: zusätzliche, den Informationen zum Zwecke der Analyse systematisch beigegebene Signale wie Paritäts- oder CRC (Cyclic Redundancy Check)-Zeichen) beim Schreiben auf das Speichermedium,
– →Decodierung der Eingangsdaten und deren Überprüfung anhand der beigefügten Redundanz,
– Analysieren und Aufzeichnen von korrigierbaren und nicht korrigierbaren, ständig oder unregelmäßig auftretenden Fehlern der angeschlossenen Geräte und deren nach Prioritäten gesteuerte Weitergabe an den Rechner,
– Weitergabe von Statusinformationen der angeschlossenen Geräte an den Rechner (bereit/nicht bereit, Stromversorgung ein-/ausgeschaltet usw.),
– Unterstützung der Gerätediagnose durch den Servicetechniker, z. T. auch Ferndiagnose über öffentliche Netze. Dazu sind in den K. häufig Anschlüsse für Diagnosegeräte und Fernübertragungseinrichtungen (Modems) eingebaut.

Zur Verbesserung des Datendurchsatzes und Antwortzeitverhaltens werden K. zunehmend mit →Pufferspeichern (buffer) ausgestattet. Diese dienen zur Anpassung der unterschiedlichen Geschwindigkeiten und Übertragungsraten von Rechner- und Geräteschnittstelle. Der Datendurchsatz von Rechnerschnittstellen liegt heute bei über 100 MByte/s, während die Aufzeichnungsraten der Speichereinheiten typischerweise im Bereich von 0,5 bis 10 MByte/s liegen. Dynamische Pufferspeicher (cache), die oft auf der Speichereinheit selbst integriert sind, dienen beim Schreiben und Lesen von Informationen dazu, die relativ langen →Zugriffszeiten von Speichergeräten zu optimieren, den Verschleiß zu verringern und dadurch die →Datensicherheit zu erhöhen. So dient der Cache z. B. bei →Magnetbandeinheiten dazu, eine Kette von Informationen in einer einzigen →Operation auf das Band zu schreiben, um die Anzahl der Start- und Stoppvor-

## Kontrolleinheit

gänge und damit den Verschleiß des Bandes zu verringern. Umgekehrt schreibt die Speichereinheit eine größere Menge an Informationen in den Pufferspeicher, die der Rechner in programmbedingten Mengen zu verschiedenen Zeiten abruft. Ein dynamischer Lesepuffer (read-ahead cache) für → Magnetplattenlaufwerke hält Daten, auf die der Rechner mit hoher Wahrscheinlichkeit in kurzer Folge mehrfach zugreifen wird, nach bestimmten Gesetzmäßigkeiten fest. Der Zugriff auf den Pufferspeicher ist für den Rechner um ein Vielfaches schneller als auf die Speichereinheit. Die begrenzte Kapazität des Pufferspeichers wird dadurch sinnvoll genutzt, daß immer diejenigen Daten, auf die über den längsten Zeitraum nicht zugegriffen wurde, von aktuellen Informationen überlagert werden (LRU(Least Recently Used)-Verfahren). Da bei Stromausfall oder -unterbrechung die Informationen im flüchtigen Pufferspeicher verloren gehen, muß dieser mit einer Batterie gegen Datenverlust abgesichert werden.

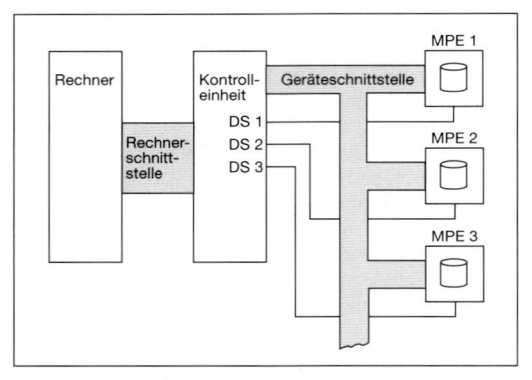

*Kontrolleinheit 1: K. zur Steuerung gleichartiger Speichereinheiten*

DS1...DS3 Geräteauswahl-Leitungen (Drive-Select), MPE1...MPE3 Magnetplatteneinheiten

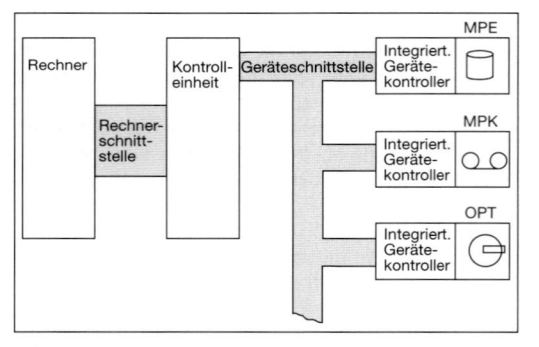

*Kontrolleinheit 2: K. zur Steuerung unterschiedlicher Speichereinheiten*

MPE Magnetplatteneinheit, MBK Magnetbandkassetteneinheit, OPT optische Speichereinheit

Eine weitere Funktion der K. besteht in der → Datenkompression, dem Verdichten von zu speichernden Informationen zur besseren Ausnutzung der zur Verfügung stehenden Speicherkapazität. Dieses geschieht nach bestimmten Verfahren, bei denen häufig vorkommende Zeichenketten durch kürzere Informationen ersetzt werden. Hierbei entstehen besondere Anforderungen an die Synchronisation der Übertragungsraten, die mit dem Grad der Komprimierung schwanken, und an die Verwaltung der Pufferspeicher. Eine größere Bedeutung hat die Datenkomprimierung bei den → Magnetband-Kassetteneinheiten erlangt, die dadurch ihre Kapazitäten um das Zwei- bis Fünffache steigern können.

Im Laufe der Entwicklungen wurden auf die K. immer mehr Funktionen verlagert, um die eigentlichen Rechner von der Verwaltung und Steuerung der Speichereinheiten und → Ein-/Ausgabegeräte zu entlasten. Diese Funktionen sind heute vielfach in die Endgeräte selbst integriert, diese übernehmen somit ihre eigene Steuerung, Datenaufbereitung (Codierung) und Komprimierung sowie die Fehleranalyse und -behebung. Die K. selbst kommuniziert über logische → Befehle mit den angeschlossenen Einheiten und ist hauptsächlich für das Multiplexen der Datenkanäle, die Prioritätensteuerung und Überwachung der angeschlossenen Einheiten sowie das Weiterleiten von Status- und Fehlermeldungen an den Rechner zuständig.

Durch die einheitliche genormte Struktur der Befehle und des Übertragungsformates kann ein solcher Controller meist mehrere, auch unterschiedliche Typen von Geräten bedienen, wodurch die Vielfalt der K. innerhalb eines Rechnersystems stark reduziert wird. Als Beispiel seien hier die seit Mitte der 80er Jahre etablierten SCSI(Small Computer System Interface)-Controller genannt, an die bis zu sieben, bei der neuesten Ausführung bis zu 15 Speichergeräte (Magnetband-, Kassetten-, Magnetplatten- und optische Laufwerke) oder Ein-/Ausgabegeräte (Drucker, Scanner) mit entsprechender SCSI-Schnittstelle angeschlossen werden können. Die SCSI-Schnittstelle besteht aus den Datenleitungen sowie einigen Steuer- und Handshake-Signalen. Die Auswahl eines Geräts, die Übermittlung von Befehlen sowie die Datenübertragung erfolgen nach festen Regeln in Form von Phasenprotokollen. Dabei wird der Datenbus in den einzelnen Phasen dazu benutzt, Befehle, Statusmeldungen und die eigentlichen Daten zu übermitteln. Der SCSI-Chip auf dem Gerät setzt die übermittelten Befehle zur individuellen Ansteuerung der Laufwerksfunktionen um, die dann von dem geräteeigenen Mikroprozessor ausgeführt und überwacht werden. *Pott*

**Kontrolleur, Objekt mit** ⟨*object including a controller*⟩ → Zugriffskontrollsystem

**Kontrollfluß** ⟨*control flow*⟩. Das Überwechseln von Anweisung zu Anweisung während der Ausführung eines Programms (aus *Broy, M.*: Informatik, eine grundlegende Einführung, Teil I. Springer 1992.). Der K. kann graphisch durch → Kontrollflußdiagramme dargestellt werden. *Nickl/Wirsing*

**Kontrollflußdiagramm** ⟨*control flow diagram*⟩. Ein Diagramm, das die Menge aller möglichen Reihenfolgen beschreibt, in der Anweisungen während eines System- oder Programmlaufs ausgeführt werden können (nach → IEEE).

K. lassen sich unterteilen in die klassischen, unstrukturierten K. und in die der strukturierten Programmierung entstammenden strukturierten K. Ein unstrukturiertes K. ist ein gerichteter → Graph, dessen Knoten Aktionen oder Tests repräsentieren und dessen Kanten den Kontrollfluß darstellen. Dabei werden Aktionen durch Rechtecke und Tests durch Rauten dargestellt. Aus jedem Rechteck führt genau eine Kante heraus, und aus jeder Raute führen zwei Kanten, die mit „true" und „false" markiert sind.

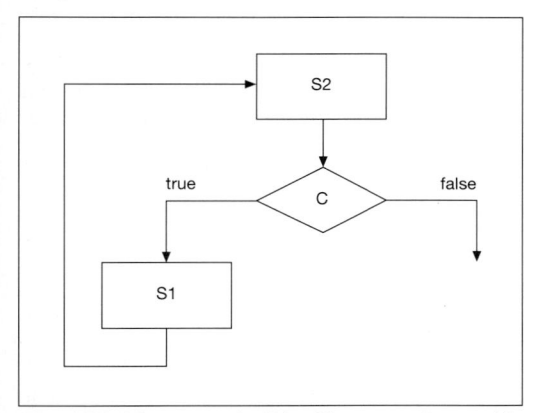

*Kontrollflußdiagramm 1: Ablaufdiagramm der n + 1/2-Schleife (aus Broy, M.: Informatik, eine grundlegende Einführung, Teil I. Springer 1992, S. 197, Abb. 7.2)*

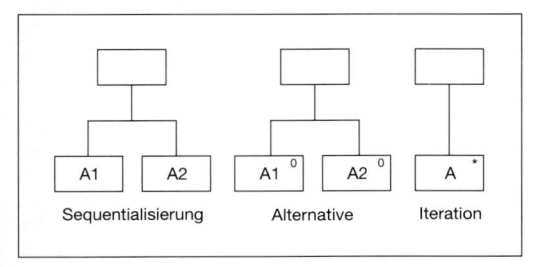

*Kontrollflußdiagramm 2: Die Notation der Jackson-Bäume*

In strukturierten K. sind die Aktionen entweder primitiv oder zusammengesetzt. Zusammengesetzte Aktionen werden aus anderen Aktionen aufgebaut durch Sequentialisierung, Alternieren oder Iteration. Beispiele für strukturierte K. sind *Nassi-Shneiderman*-Diagramme und *Jackson*-Bäume. *Nickl/Wirsing*

Literatur: *Chapin, N.*: Flowcharting with the ANSI standard: A tutorial. ACM Computing Surveys 2 (1970) pp. 119–146. – *Jackson, M.*: Principles of program design. Academic Press, Orlando, FL 1975. – *Nassi, I.; Shneiderman, B.*: Flowchart techniques for structured programming. ACM Sigplan Notes 8 (1973) pp. 12–26.

**Kontrollfunktion** ⟨*control function*⟩. K. kommen insbesondere bei interaktiven Dialogen zur Steuerung und Überwachung der Mensch-Maschine-Schnittstelle zum Einsatz. → Interaktivität bedingt, daß ein Wechselspiel in der → Kommunikation zwischen Mensch und Maschine stattfindet, welches im Sinne eines fehlerfreien Ablaufs einer permanenten Kontrolle unterliegen muß.

Analog zur Betriebssystemebene, wo Kontrollprogramme (Routineprogramme) damit befaßt sind, die Operationen des Prozessors und Aufträge zu koordinieren, stellen K. im interaktiv graphischen Bereich ein Bindeglied zwischen der Anwendungsprogrammierung und den graphischen Ein- und Ausgabeeinheiten dar. Dabei greifen K. auf sog. Look-up-Tables zurück, um die momentanen Zustände z. B. eines Graphikprozessors oder eines graphischen Software-Moduls zu überwachen. Mit K. lassen sich die → Register eines Bildprozessors abfragen oder graphische Arbeitsplätze (Sitzungen) öffnen, aktualisieren und schließen. Weitere typische Vertreter von K. sind Funktionen zur Visualisierung von Nachrichten auf einem vordefinierten Ausgabefeld sowie Lösch-, Warte-, Rücksetz- und Fluchtfunktionen zur Steuerung von kompletten Bilddateien oder Arbeitseinheiten des Dialogs. Verifiziert werden K. i. allg. in Form einer Kommandosprache, welche als Spracherweiterung in eine der gängigen Programmiersprachen (→ FORTRAN, → Pascal etc.) eingebettet wird. *Encarnação/Redmer*

**Kontrollmaßnahmen** ⟨*control measures*⟩ → Zugriffskontrollsystem

**Kontrollobjekt** ⟨*controlling object*⟩ → Zugriffskontrollsystem

**Kontrollobjekt, fälschungssicheres** ⟨*unforgeable control object*⟩ → Zugriffskontrollsystem

**Konvergenzrate** ⟨*rate of convergency*⟩. Maß zur Bestimmung der Konvergenzgeschwindigkeit einer Zahlenfolge. Ist $\{r_n | n = 1, \ldots, \infty\}$ eine Zahlenfolge, die gegen einen Grenzwert r konvergiert, so heißt das Supremum k aller nichtnegativen Zahlen p mit

$$\lim_{n \to x} \frac{|r_{n+1} - r|}{|r_n - r|^p} = c < \infty$$

die Konvergenzordnung der Zahlenfolge. Ist $p = 1$ und $0 \leq c < 1$, so konvergiert die Zahlenfolge linear mit der Konvergenzrate k. Im Grenzfall $c = 0$ spricht man von superlinearer Konvergenz. Eine Folge, die linear mit der Konvergenzrate k gegen den Grenzwert r strebt, konvergiert schließlich mindestens so schnell wie die geometrische Folge $c \cdot n^k$ für eine geeignete Konstante c. *Bachem*

**Koordinaten, absolute** ⟨*absolute coordinates*⟩
→ Objektraum

**Koordinaten, relative** ⟨*relative coordinates*⟩
→ Objektraum

**Koordinierung von Berechnungen** ⟨*coordination of computations*⟩ → Berechnungskoordinierung

**Koordinierungsaufgabe** ⟨*coordination problem*⟩
→ Berechnungskoordinierung

**Koordinierungsmechanismus** ⟨*mechanism to coordinate computations*⟩ → Berechnungskoordinierung

**Koordinierungsmechanismus, fairer** ⟨*fair mechanism to coordinate computations*⟩ → Berechnungskoordinierung

**Koordinierungsmechanismus mit aktivem Warten** ⟨*busy waiting mechanism to coordinate computations*⟩ → Berechnungskoordinierung

**Koordinierungsmechanismus mit passivem Warten** ⟨*passive waiting mechanism to coordinate computations*⟩ → Berechnungskoordinierung

**Koordinierungsobjekt** ⟨*object to coordinate computations*⟩ → Berechnungskoordinierung

**Koppelfeld** ⟨*switching fabric*⟩. Verbindet flexibel über eine Schaltmatrix ankommende und abgehende Leitungen in einer Vermittlungsstelle (→ ATM).
*Quernheim/Spaniol*

**Korrektheit** ⟨*correctness*⟩. **1.** In der Informatik wird zwischen partieller und totaler K. (partial and total correctness) von Programmen unterschieden. Unter partieller K. eines Programms (bezüglich seiner Anforderungs-→ Spezifikation) versteht man, daß die Ergebnisse, die ein Programm auf eine beliebige Eingabe hin berechnet, richtig (korrekt) sind, d. h., daß ein Programm keine falschen Ergebnisse liefert. In der Anforderungsspezifikation zu dem Programm muß dabei festgelegt werden, was korrekte Ergebnisse sind. Ein Programm heißt total korrekt, wenn es partiell korrekt ist und auf alle Eingaben anhält. Zum Beweis der partiellen/totalen K. in → imperativen Programmiersprachen wird der *Hoare*-Kalkül (→ *Hoare*-Logik) verwendet. Für → funktionale Programmiersprachen hingegen verwendet man Methoden der → denotationellen Semantik (Fixpunktinduktion). *Mück/Wirsing*

Literatur: *Loeckx, J.; Sieber, K.*: The foundations of program verification. Teubner, Stuttgart 1987.

**2.** K. im Zusammenhang mit Komponenten oder Subsystemen eines → Rechensystems bedeutet, daß ihre Soll-Eigenschaften durch → Verifikation nachgewiesen sind. *P. P. Spies*

**Korrelation** ⟨*correlation*⟩. Die K. mißt die Abhängigkeit zweier oder mehrerer Variablen.
Im Fall zweier metrischer Merkmale x, y ist das Maß für diesen Zusammenhang der K.-Koeffizient von *Pearson*

$$r = \frac{\sum_{i=1}^{n}(x_i - \bar{x})(y_i - \bar{y})}{\sqrt{\sum(x_i - \bar{x})^2}\sqrt{\sum(y_i - \bar{y})^2}},$$

r kann Werte im Intervall $-1 \leq r \leq 1$ annehmen.
Im Fall $r = +1(-1)$ nennen wir x und y stark positiv (negativ) korreliert, im Fall $r = 0$ unkorreliert. Wenn x und y unabhängig sind, folgt daraus ihre Unkorreliertheit. Die Umkehrung ist nur richtig im Fall der zweidimensionalen → Normalverteilung.

Für nichtmetrische, aber geordnete Daten existiert ein Rang-K.-Koeffizient.

Den partiellen K.-Koeffizienten bei mehr als zwei Variablen erhält man, wenn man alle Variablen bis auf zwei festhält und mit diesen den *Pearson*-K.-Koeffizienten bildet.

Der multiple K.-Koeffizient ist der Quotient

$$\frac{\sum_{i=1}^{n}(\hat{y}_i - \bar{y})^2}{\sum(y_i - \bar{y})^2},$$

hierbei ist

$$\bar{y} = \frac{1}{n}\sum_{i=1}^{n}\hat{y}_i \ ; \quad \hat{y}_i = b_0 + b_1 x_{1i} + \ldots + b_p x_{pi}$$

die Regressionsschätzung $\hat{y}$ von y an der Stelle $(x_{1i}, \ldots, x_{pi})$. *Schneeberger*

**Kosten-Nutzen-Analyse** ⟨*cost/benefit analysis*⟩. Untersuchung mit dem Ziel, eine Empfehlung zu erarbeiten, ob der zu erwartende Nutzen die Realisierung eines Anwendungssystems bei den zu erwartenden Kosten rechtfertigt. *Hesse*

Literatur: *Hesse, W.; Barkow, G.* u.a.: Terminologie der Softwaretechnik – Ein Begriffssystem für die Analyse und Modellierung von Anwendungssystemen, Teil 2: Tätigkeits- und ergebnisbezogene Elemente. Informatik-Spektrum (1994) S. 96–105.

**Kovarianz** ⟨*covariance*⟩. Als Verallgemeinerung der → Varianz ist die K. zweier Variablen x und y definiert als der Erwartungswert von $(x - E(x))(y - E(y))$ mit $E(x)$ und $E(y)$ als den Erwartungswerten von x und y. Unverzerrter Schätzwert für die K. aus einer → Stichprobe vom Umfang n ist

$$\frac{1}{n-1}\sum_{i=1}^{n}(x_i - \bar{x})(y_i - \bar{y}),$$

wobei $\bar{x}$ bzw. $\bar{y}$ die arithmetischen Mittel der Stichprobe sind. *Schneeberger*

**Kreuzschienenverteiler** ⟨crossbar switch⟩. Verbindungsstruktur in → Rechenanlagen mit parallel arbeitenden Teilwerken wie → Prozessoren, Eingabe-/Ausgabegeräten und Speichermodulen. Der K. erlaubt eine vollständige Verbindungsstruktur und hohen Parallelitätsgrad durch eine Anordnung von schaltbaren Verbindungen (Bild). K. ergeben einen hohen Aufwand an schaltbaren Verbindungen: im Beispiel n×m Schalter. Sie werden daher in → Parallelrechnern mit beschränkter Anzahl von Werken eingesetzt; für Systeme mit hohem Parallelitätsgrad müssen einfachere Verbindungsstrukturen verwendet werden.

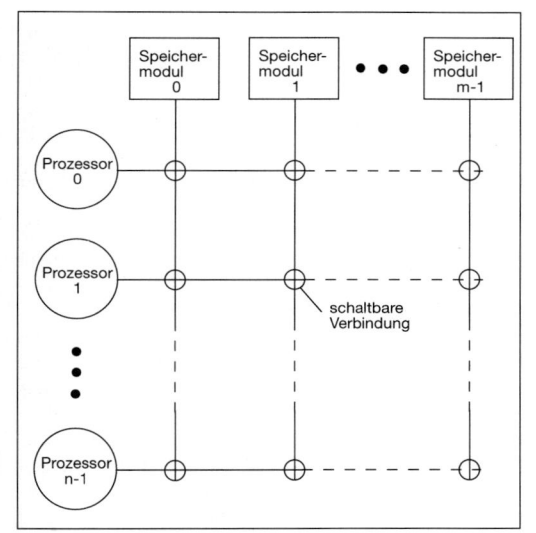

*Kreuzschienenverteiler: K., der n Prozessoren mit m Speichermoduln zu verbinden gestattet*     Bode

**Kristallin-Amorph-Verfahren** ⟨phase change technology⟩. Eine Technik, die es erlaubt, auf optischen Speicherplatten (optical disc) Informationen zu schreiben und zu löschen. Nach dem Löschen ist erneutes Beschreiben möglich.
– *Schreiben*: Ein scharf gebündelter Laserstrahl bestimmter Energie erzeugt durch Erhitzung in der stark reflektierenden kristallinen Speicherschicht einer optischen Platte kleine Flächen (pits), in denen das Material in den schwach reflektierenden amorphen Zustand übergegangen ist.
– *Lesen*: Ein relativ schwacher Laserstrahl bewirkt keine Veränderung, sondern dient nur der Auswertung des Wechsels von starker zu schwacher Reflexion.
– *Löschen*: Ein Laserstrahl von niedrigerer Energie als beim Schreiben – stärker als beim Lesen und diffuser als der Schreibstrahl – erwärmt die amorphen Pits auf eine bestimmte Temperatur unterhalb der Schreibtemperatur, bei der das Material wieder in den kristallinen Zustand übergeht.

Speicherschichtmaterialien mit geeigneten Eigenschaften sind z. B. Verbindungen und Legierungen aus Tellur, Germanium, Arsen und Selen. Das Verfahren ähnelt dem Einbrennverfahren.

Der Prozeß läuft schneller als bisherige magnetooptische Prozesse. Deswegen – und wegen der offenbar niedrigen Herstellkosten für → Datenträger – räumen Beobachter dem Verfahren gute Chancen ein. Ziel der Forschungs- und Entwicklungsarbeiten sind Speicherschichtmaterialien, die in für die Praxis voll ausreichender Häufigkeit vom kristallinen in den amorphen Zustand – und umgekehrt – übergehen können, ohne daß Materialermüdung zu nichteindeutigen → Signalen führt.     *Voss*

**Kryptographie** ⟨cryptography⟩. Im traditionellen Sinne die Lehre von den Geheimschriften und ihrem Gebrauch; innerhalb der Informatik eine Disziplin, die sich mit der Konstruktion und Bewertung von Verschlüsselungsverfahren zum Schutz von → Daten vor unbefugtem Zugriff befaßt. Nicht gemeint sind Verfahren zur Sicherung der → Datenübertragung vor zufälligen oder systematischen Störungen, die durch die physikalisch-technische Beschaffenheit des Übertragungskanals bedingt sind; damit befaßt sich die → Codierungstheorie.

Die Methode der K. besteht darin, die zu schützenden Daten zu chiffrieren (verschlüsseln), d. h. mit Hilfe einer injektiven Abbildung (Chiffre genannt) in für Unbefugte unverständliche Daten zu transformieren und den zur Verwendung der Daten Befugten so ausreichende Informationen über die Chiffrierung zur Verfügung zu stellen, daß er die chiffrierten Daten dechiffrieren (entschlüsseln) kann. Meist verwendet man eine reichhaltige Familie von Chiffren und identifiziert diese mit Hilfe sog. Schlüssel. Ein Tupel aus Chiffre, Schlüssel und Dechiffrierverfahren wird → Kryptosystem genannt.

Beim Entwurf von Kryptosystemen kommt es v. a. darauf an, den Aufwand an Rechenzeit und Speicherplatz (die sog. Kryptokomplexität) möglichst groß zu machen, den ein Unbefugter benötigt, der aus den chiffrierten Daten die Originaldaten zurückgewinnen will, ohne → Schlüssel und Dechiffrierverfahren zu kennen. Für die Entwicklung von Kryptosystemen spielen also Fragen der Wahrscheinlichkeit und der Komplexität eine entscheidende Rolle. Wesentliche Fortschritte sind erst in der letzten Zeit im Rahmen komplexitätstheoretischer Untersuchungen erzielt worden.     *Brauer*

Literatur: *Bauer, F. L.*: Entzifferte Geheimnisse. Springer, Berlin 1997. – *Horster, P.*: Kryptologie. Mannheim 1985. – *Ryska, N.; Herda, S.*: Kryptographische Verfahren in der Datenverarbeitung. Informatik-Fachberichte Bd. 24. Berlin 1980.

**Kryptosystem** ⟨cryptosystem⟩ → Verfahren, kryptographische; → Kryptographie

**Kryptosystem, asymmetrisches** ⟨asymmetrical cryptosystem⟩. Kryptographisches System, für das versucht wird, hohe Sicherheit auf der Grundlage der Komplexitätstheorie unter Verwendung von →Einwegfunktionen zu erreichen. Es verwendet allbekannte und geheime Schlüssel, wobei die geheimen Schlüssel, im Gegensatz zu den →symmetrischen Kryptosystemen, für Sender und Empfänger privat sind. A. K. werden entsprechend auch als *Zweischlüssel-Kryptosysteme*, als Kryptosysteme mit *allbekannten Schlüsseln* oder als *Public-Key-Kryptosysteme* bezeichnet.

Für die Konstruktion eines a. K. seien M die Menge der Nachrichten und X die Menge der →Subjekte, die das System benutzen wollen. Dann wählt jedes $x \in X$ nach einem festgelegten Verfahren einen *Codierungsschlüssel* $c_x$ und einen entsprechenden *Decodierungsschlüssel* $d_x$. Seien $CK \triangleq \{c_x | x \in X\}$ und $DK \triangleq \{d_x | x \in X\}$. Jedes $x \in X$ gibt seinen Codierungsschlüssel bekannt; CK ist damit die Menge der *allbekannten Schlüssel* des Systems. Jedes $x \in X$ hält seinen Decodierungsschlüssel geheim; DK ist damit die Menge der *privaten*, geheimen *Schlüssel* des Systems. Damit, daß ein Schlüssel bekannt ist, ist auch die entsprechende Codierungsfunktion bekannt. Die Kenntnis der einer Codierungsfunktion zugeordneten Decodierungsfunktion setzt voraus, daß der entsprechende Decodierungsschlüssel bekannt ist. Demnach kennt jedes $x \in X$ alle Codierungsfunktionen des Systems; von den Decodierungsfunktionen ist jedoch allein die eigene bekannt. Seien $C_x$ die Codierungsfunktion und $D_x$ die Decodierungsfunktion zu $c_x$ bzw. $d_x$ für $x \in X$; weiter sei $C \triangleq (C_x | x \in X)$. Dann ist $S = (M, CK, C)$ der allbekannte Teil des Kryptosystems, den alle $x \in X$ und natürlich auch Eindringlinge kennen.

Zur Anwendung des Systems wird die Übertragung einer Nachricht $m \in M$ in Klartext vom Sender x zum Empfänger y mit $x, y \in X$ betrachtet. x verschlüsselt m mit dem Codierungsschlüssel von y; x berechnet also mit $n \triangleq C_y(m)$ die Nachricht n in Kryptotext und überträgt n. y empfängt n und decodiert mit seinem privaten Decodierungsschlüssel; y berechnet also $D_y(n) = D_y(C_y(m)) = m$, und damit liegt die Nachricht in Klartext bei y vor.

Die Zuordnungen zwischen den Codierungs- und Decodierungsschlüsseln, von denen die Sicherheit eines Systems bestimmt wird, sowie die sich daraus ergebenden Codierungs- und Decodierungsfunktionen werden nach unterschiedlichen Verfahren festgelegt. Häufig werden a. K. benutzt, die nach dem RSA-Verfahren (RSA nach *R. Rivest, A. Shamir* und *L. Adleman*) konstruiert sind; das Verfahren wurde 1978 entwickelt und ist weit verbreitet. Seine Grundlage ist die Tatsache, daß große Primzahlen mit geringem Aufwand berechnet und multipliziert werden, natürliche Zahlen aber nur mit sehr hohem Aufwand faktorisiert werden können. Das liefert die →Einwegfunktion $f(p, q)$ mit Primzahlen p und q des Verfahrens.

Seien p und q zwei große Primzahlen. Weiter seien $r \in p \cdot q$ und $\phi(r)$ die *Euler*sche Funktion von r, also $\phi(r) = (p-1) \cdot (q-1)$. Auf dieser Grundlage und mit der Menge X der Subjekte wird ein RSA-System wie folgt konstruiert: sei $x \in X$;
– x wählt den Decodierungsschlüssel $d_x$ so, daß $d_x$ und $\phi(r)$ relativ prim sind;
– mit $d_x$ bestimmt x den Codierungsschlüssel $c_x$ so, daß $c_x$ multiplikative Inverse zu $d_x$ modulo $\phi(r)$ ist, also $c_x \cdot d_x \equiv 1 \; (\phi(r))$ gilt.

Damit sind die Menge CK der allbekannten Schlüssel und die Menge DK der privaten geheimen Schlüssel des Systems bestimmt. Als Nachrichtenmenge wird $M = \{0, 1, \ldots, r-1\}$ festgelegt; die Codierungs- bzw. die Decodierungsfunktionen sind die Exponentiationen modulo r mit den entsprechenden Schlüsseln.

Sei $S = (M, CK, C)$ der allbekannte Teil dieses Kryptosystems. Eine Übertragung der Nachricht $m \in M$ in Klartext von x zu y mit $x, y \in X$ wird dann in folgenden Schritten durchgeführt: x berechnet mit dem allbekannten Schlüssel $c_y$ des Empfängers $n \triangleq m^{c_y}(r)$ und überträgt n; y berechnet mit $d_y$, also mit dem y-privaten Decodierungsschlüssel $n^{d_y} \equiv (m^{c_y})^{d_y} \equiv m(r)$, und damit liegt die Nachricht in Klartext bei y vor.

Die Sicherheit eines RSA-Kryptosystems mit dem Modul r und der Menge CK der allbekannten Schlüssel ergibt sich daraus, daß der einem $c_x \in CK$ zugeordnete Decodierungsschlüssel $d_x$ praktisch nicht berechenbar ist. Dazu müssen r und – für $r = p \cdot q$ – auch die Primzahlen p und q groß sein. Für den Modul r sind Zahlen, deren Binärdarstellungen die Länge 512 (oder mehr) haben, geeignet. Die beiden Primzahlen sollen etwa gleiche Längen, also in Binärdarstellung die Längen 256 (oder mehr), haben. Diese notwendigen langen Zahlen haben Sicherheit des Kryptosystems zur Folge; sie erfordern jedoch auch hohen Codierungs- und Decodierungsaufwand.

Das angegebene RSA-Kryptosystem kann zur →Authentifikation benutzt werden. Dazu seien $x, y \in X$. Zur Authentifikation von x durch y sendet y an x eine von y ausgewählte, für x geheime Nachricht. Sei $m \in M$ diese Nachricht in Klartext. y sendet die Nachricht als mit $c_x$ verschlüsselten Kryptotext an x und fordert x auf, die Nachricht in Klartext zurückzusenden. y sendet also $n \triangleq m^{c_x}(r)$; x berechnet $n^{d_x} \equiv (m^{d_x})^{c_x} \equiv m(r)$. Da allein x über $d_x$ verfügt, wird x durch m authentifiziert.

Das angegebene RSA-Kryptosystem kann auch für digitale *Signaturen* benutzt werden. Digitale Signaturen dienen – analog zu Unterschriften – dazu, die Authentizität des Senders einer Nachricht oder eines Dokuments fälschungssicher zu überprüfen. Ein Sender $x \in X$ signiert eine Nachricht in Klartext $m \in M$ durch Codierung mit dem x-privaten Decodierungsschlüssel $d_x$, also durch Berechnung von $n \triangleq m^{d_x}(r)$: n ist die von x signierte Nachricht. Die Authentizität des Senders x wird durch Decodierung von n mit dem allbekannten Codierungsschlüssel $c_x$ geprüft, also durch Berechnung von $n^{c_x}(r)$; dabei gilt $n^{c_x} \equiv (m^{d_x})^{c_x} \equiv m(r)$. Es ergibt sich also die Nachricht m im Klartext, und weil allein x den Schlüssel $d_x$ kennt, hat x die Nachricht signiert. *P. P. Spies*

**Kryptosystem mit allbekannten Schlüsseln** ⟨*cryptosystem using public keys*⟩ → Kryptosystem, asymmetrisches

**Kryptosystem mit geheimen Schlüsseln** ⟨*cryptosystem using secret keys*⟩ → Kryptosystem, symmetrisches

**Kryptosystem, symmetrisches** ⟨*symmetrical cryptosystem*⟩. Kryptographisches System, für das versucht wird, hohe Sicherheit auf der Grundlage der Wahrscheinlichkeits- und Informationstheorie zu erreichen. Es verwendet für Nachrichtenkommunikation zwischen zwei Sender-Empfänger-Partnern im Gegensatz zu den → asymmetrischen Kryptosystemen einen gemeinsamen geheimen Schlüssel. S. K. werden entsprechend auch als *Einschlüssel-Kryptosysteme*, als Kryptosysteme mit *geheimen Schlüsseln* oder als *Private-Key-Kryptosysteme* bezeichnet.

Ein s. K. wird konstruiert, indem die Menge M der Nachrichten und die Menge K der Schlüssel des Systems festgelegt werden. Für jedes $k \in K$ wird die Codierungsfunktion $C_k$ zum Schlüssel k, $C_k : M \to M$, definiert, und mit $C_k$ ist die Umkehrfunktion von $C_k$ die Decodierungsfunktion $D_k$ zum Schlüssel k, $D_k : M \to M$, so daß also $D_k(C_k(m)) = m$ für alle $m \in M$ gilt. Mit $C = (C_k \mid k \in K)$ ergibt sich das Kryptosystem $S = (M, K, C)$. Für Anwendungen des Systems S wird folgendes festgelegt: Wenn x und y zwei Sender-Empfänger-Partner sind, die Nachrichten unter Verwendung von S kommunizieren wollen, dann ist hierfür ein *gemeinsamer geheimer Schlüssel* $k \in K$ zu verwenden. k ist so auszuwählen, daß der Schlüssel sowohl x als auch y bekannt ist und gegenüber Dritten, insbesondere gegenüber Eindringlingen, geheim bleibt. Wenn x Sender und y Empfänger einer Nachricht $m \in M$ in *Klartext* ist, dann codiert x die Nachricht mit der k zugeordneten Codierungsfunktion $C_k$ durch Berechnung von $n \triangleq C_k(m)$. x sendet die Nachricht n in *Kryptotext* an y, und der Empfänger decodiert n mit der k zugeordneten Decodierungsfunktion $D_k$. y berechnet also $D_k(n) = D_k(C_k(m)) = m$ und erhält damit die Nachricht in Klartext. Entsprechendes gilt, wenn y Sender und x Empfänger ist.

S. K. werden seit langer Zeit in zahlreichen Varianten konstruiert und vielfältig eingesetzt; es sind die klassischen Kryptosysteme. Die Sicherheit des Kryptosystems $S = (M, K, C)$ basiert wesentlich darauf, daß Sender-Empfänger-Partner einen gemeinsamen Schlüssel $k \in K$ kennen und benutzen, während k gegenüber Dritten geheim bleibt: Es muß bei Nachrichtenkommunikation unter Verwendung von k praktisch unmöglich sein, daß Eindringlinge den Schlüssel k aus vorliegenden Kryptotexten oder aus vorliegenden Klartext-Kryptotextpaaren berechnen. Die wesentliche Schwäche des Kryptosystems ergibt sich daraus, daß Sender-Empfänger-Partner den geheimen Schlüssel k gemeinsam kennen müssen: k muß seinerseits ohne Gefährdung der Geheimhaltung kommuniziert werden. Dazu ist ein *sicherer Schlüsselkanal* zur Kommunikation von k zwischen den Partnern erforderlich. Hier liegt der wesentliche Unterschied zu den → asymmetrischen Kryptosystemen, die ebenfalls geheime Schlüssel benötigen; das sind jedoch private geheime Schlüssel.

Als s. K. werden häufig *DES-Systeme* benutzt (DES Data Encryption Standard). DES wurde 1977 vom National Bureau of Standards zum US-Verschlüsselungsstandard erklärt. DES ist ein binärer Blockcode mit der Blocklänge 64. Ein Block besteht aus 56 Informations- und acht Paritäts-Bits. Die Blöcke werden für Klartext und für Kryptotext benutzt. DES verwendet binäre Schlüssel der Länge 64, die entsprechend in 56 Informations- und acht Paritäts-Bits aufgeteilt sind; die Schlüsselmenge hat also die Mächtigkeit $2^{56}$. Codierungen und Decodierungen erfolgen als Kombination von Permutationen, Substitutionen und Additionen modulo 2. Zudem gibt es für DES-Kryptosysteme mehrere Betriebsarten.

DES-Systeme sind vielfältig im Einsatz. Die Sicherheit der Systeme ist gründlich untersucht; dabei wurden insbesondere schwache Schlüssel festgestellt. Seit der Einführung von DES wird der kleine Schlüsselraum kritisiert. Dementsprechend wurden Systeme mit größeren Schlüsselräumen entwickelt und zur Standardisierung vorgeschlagen. *P. P. Spies*

**Kryptotext** ⟨*ciphertext*⟩ → Verfahren, kryptographische

**Künstliche Intelligenz (KI)** ⟨*artificial intelligence*⟩. Bezeichnung für ein Teilgebiet der Informatik, bei dem es um das Verstehen menschlicher Intelligenz sowie um Computerprogramme zur → Implementierung intelligenter Problemlösungen geht. Zur KI gehören Anwendungsbereiche wie Verstehen natürlicher → Sprache, Auswerten von → Bildverstehen, Planen von Roboterhandlungen, → Problemlösen mit Expertenwissen, logische Deduktionen und Lernen. Die KI entwickelt hierfür informationsverarbeitende Theorien. Das bedeutet: KI-Theorien können auf einem Computer implementiert und zur Anwendung gebracht werden.

Die KI umfaßt sowohl grundlegende, allgemeingültige Methoden als auch anwendungsspezifische Methoden. Zu den grundlegenden Methoden gehören Suche und → Wissensverarbeitung. Suche dient dazu, eine Lösung aus einer großen Zahl von Alternativen durch schrittweises Vorgehen zu ermitteln (→ Suchgraph). Zum Beispiel kann man beim Schachspiel einen guten Zug durch schrittweises Erkunden möglicher Zugfolgen bestimmen. Im allgemeinen ist es nicht möglich, alle Alternativen zu prüfen. In der KI werden zur Steuerung der Suche → Heuristiken verwendet, die zum Auffinden einer Lösung beitragen.

Wissen gilt als die wichtigste Komponente zum Lösen komplexer Aufgaben. Die systematische Repräsentation und Verarbeitung von Wissen aller Art, auch von informellem Alltagswissen, gehört zu den zentralen Themen der KI (→ Wissensrepräsentation). In verschiedenen Anwendungsbereichen der KI, z. B. beim → Sprachverstehen und bei der maschinellen Sprachübersetzung, hängt die Qualität der Lösung entscheidend vom verfügbaren Wissen ab. Um beispielsweise den Satz

„Er wachte mit einem schweren Kater auf"

hinsichtlich der Mehrdeutigkeit von „Kater" richtig zu verstehen (und ggf. zu übersetzen), muß Wissen über Schlafgewohnheiten, Folgen von Alkoholkonsum etc. herangezogen werden.

In der KI werden drei Beschreibungsebenen für informationsverarbeitende Systeme unterschieden. Auf der Wissensebene wird das Verhalten von Systemen durch → Spezifikation des dafür erforderlichen Wissens beschrieben. Diese umfaßt Eingabe, Zwischenergebnisse und → Ausgabe von Wissen sowie eine Verarbeitungstheorie. Auf dieser → Ebene vermittelt die KI Theorien und beschreibt konzeptuelle Zusammenhänge. Für die KI-Forschung hat die Wissensebene eine Leitfunktion.

Eine Verarbeitungstheorie kann i. allg. durch verschiedene Repräsentationen und → Algorithmen realisiert werden. Sie kennzeichnen das Systemverhalten auf der Repräsentationsebene. Experimentelle KI-Systeme werden vielfach auf dieser Ebene beschrieben, wenn keine klare Verarbeitungstheorie bekannt ist.

Die niedrigste Ebene, auf der Systemverhalten beschrieben werden kann, ist die Implementationsebene. Hier geht es um die → Hardware, auf der informationsverarbeitende Prozesse ablaufen. KI umfaßt die für diese Ebene spezifischen Fragestellungen, z. B. spezielle Rechnerstrukturen.

Das Forschungsgebiet KI entstand um 1950, etwa gleichzeitig mit der → Verfügbarkeit von → Digitalrechnern. Erste Ansätze zur „Mechanisierung des Denkens" finden sich allerdings bereits viel früher, z. B. bei *Leibniz, Boole* und *Babbage*. Zu den modernen Pionieren der KI gehört der englische Mathematiker A. *Turing*. Auf ihn geht ein als *„Turing*-Test" bekannter Vorschlag zur Definition maschineller Intelligenz zurück: Einem → Rechner kann dann Intelligenz zugesprochen werden, wenn ihn eine Testperson in einem „Gespräch" über Tastatur und Bildschirm nicht von einem Menschen unterscheiden kann. Der *Turing*-Test kann nur als ein beschränkter Gradmesser für intelligente Fähigkeiten angesehen werden, weil Wahrnehmung und Agieren ausgeklammert sind. Allgemein akzeptierte quantitative Kriterien für maschinelle Intelligenz konnten bisher nicht gefunden werden.

Die Bezeichnung Künstliche Intelligenz (artificial intelligence) geht auf *J. McCarthy* zurück, der 1957 zu einer ersten KI-Arbeitstagung in Dartmouth (USA) einlud. Zu dieser Zeit begannen auch einige größere KI-Projekte, darunter der Problemlöser GPS (General Problem Solver) von *Newell, Shaw* und *Simon*; das System STRIPS, das *Fikes* und *Nilsson* für das Problemlösen in der Robotik entwickelten, Programme zum Schach- und Damespiel sowie Projekte zur maschinellen Sprachübersetzung. Ein wesentliches Ergebnis dieser ersten Bemühungen war die Erkenntnis, daß intelligente Leistungen vielfach umfangreiches Wissen über den jeweiligen Anwendungsbereich erfordern.

Seit Mitte der 70er Jahre ist die KI ein blühendes Forschungsgebiet mit Forschungsgruppen an vielen Universitäten und zunehmend auch Industrielabors. Zu Beginn der 80er Jahre machten erste kommerzielle KI-Anwendungen von sich reden, namentlich das → Expertensystem XCON (früher R1), das sich als nützliches Werkzeug für die Konfigurierung von Computer-Anlagen erweist. Auch in den Anwendungsgebieten Sprachverstehen und Bildverstehen werden KI-Systeme als kommerzielle Produkte angeboten, wenn auch meist für eingeschränkte → Domänen, z. B. als natürlichsprachliche Zugangssysteme für → Datenbanken.

Die zukünftigen Möglichkeiten der KI sind noch umstritten. KI-Experten sind sich allerdings einig, daß KI-Systeme nicht bei den Fähigkeiten des menschlichen Geistes stehenbleiben werden. *Neumann*

**Künstliche Intelligenz, verteilte** ⟨*distributed artificial intelligence*⟩. Neuer Zweig der → Künstlichen Intelligenz (KI), in dem es um die Untersuchung und den Entwurf von Systemen geht, die aus interagierenden individuellen Systemen (häufig Agenten oder Akteure genannt) bestehen und oft als → Multi-Agenten-Systeme oder allgemeiner als Gesellschaften bezeichnet werden, wobei von dem Agenten eine gewisse Art intelligenten Verhaltens angenommen bzw. gefordert wird. Zusätzlich zu den traditionellen Fragestellungen der KI geht es bei der v. KI um die Wissensverarbeitungstechniken, die zur Koordination und Kooperation in Systemen der v. KI nötig oder nützlich sind, sowie um die Fragen ihrer Realisierung in technischen oder in Mensch-Maschine-Systemen und ihre Anwendung auf Probleme der Praxis. Wichtige Forschungsthemen betreffen Organisationsformen und Architekturen, Kommunikationsmechanismen, Verhandlungsführungsmodelle, Kooperationsformen, verteilte Planungsverfahren und Lernen. *Brauer*
Literatur: *Müller, H. J.* (Hrsg.): Verteilte Künstliche Intelligenz. Mannheim 1993.

**Kürzeste-Wege-Problem** ⟨*shortest path problem*⟩. Aufgabe, in einem Netzwerk (→ Netzwerkfluß) einen kürzesten Weg von einem Startknoten s zu einem Endknoten t zu bestimmen. Sind $c_{ij}$ die positiven Entfernungen von Knoten i zu Knoten j ($c_{ij} = \infty$, falls es keine Kante von i nach j gibt) und bezeichnet $u_j$ die Länge eines kürzesten Weges von s nach j, so bestimmen die *Bellman*schen Gleichungen

$$u_1 = 0$$
$$u_j = \min_{k \neq j} \{u_k + c_{kj}\} \quad (j = 2, 3, ..., m)$$

die Länge eines kürzesten Weges von s nach t. Die Methode von *Dijkstra* berechnet in o(m log(log n))-Schritten [m Kantenanzahl, n Knotenanzahl] einen kürzesten Weg, der Algorithmus von *Bellman-Ford* arbeitet auch in Netzwerken mit negativen Kantenlängen. *Beispiele* für K.-W.-P.

– Ist $P_{ij}$ die Wahrscheinlichkeit, daß in einem Kommunikationsnetzwerk die Knotenverbindung von i nach j intakt ist, so ist die Wahrscheinlichkeit, daß eine Verbindung in einem gegebenen Kommunikationsweg von s nach t zustande kommt, das Produkt aller Verbindungswahrscheinlichkeiten $P_{ij}$ auf diesem Weg. Die Aufgabe, den sichersten Weg von s nach t in einem solchen Kommunikationsnetzwerk zu bestimmen, ist deshalb die Aufgabe, den kürzesten Weg von s nach t in diesem Netzwerk zu bestimmen, wobei die Wahrscheinlichkeiten $P_{ij}$ durch die „Länge" $c_{ij} = -\log(P_{ij})$ ersetzt werden.

– Die Bestimmung des frühesten Zeitpunktes der Beendigung eines Projekts in einem Netzplan (→ Netzplantechnik) ist ein K.-W.-P. *Bachem*

**Kuhn-Tucker-Bedingung** ⟨*Kuhn-Tucker condition*⟩. Notwendige Bedingung (erster Ordnung) für die Optimalität eines Vektors x* bezüglich des nichtlinearen Programmierungsproblems:

$$\min f(x)$$
$$\text{unter } \begin{cases} h(x) = 0 \\ g(x) \leq 0 \end{cases} \quad \text{(NLP)}$$

Die K.-T.-B. ist eine Erweiterung der *Langrange*-Multiplikatorenmethode für Systeme, die Gleichungen und Ungleichungen enthalten, und ermöglicht wie diese die Bestimmung des Optimanden.

Sind die Funktionen $f: \mathbb{R}^n \to \mathbb{R}$, $g: \mathbb{R}^n \to \mathbb{R}^p$ und $h: \mathbb{R}^n \to \mathbb{R}^m$ stetig differenzierbar, so heißt ein Vektor $x^* \in \mathbb{R}^n$, der die Nebenbedingungen $h(x^*) = 0$ und $g(x^*) \leq 0$ erfüllt, *regulär*, wenn alle Gradientenvektoren $\nabla h_i(x^*)$ (i = 1, ..., m) und $\nabla g_j(x^*)$ (j ∈ J) linear unabhängig sind. Hierbei bezeichnet J die Menge aller der Ungleichungen des Systems $g(x^*) \leq 0$, die mit Gleichheit erfüllt werden. Es gelten dann die

K.-T.-B.: Ist x* regulär und (lokaler) Minimand des Problems (NLP), so gibt es einen Vektor $\Lambda \in \mathbb{R}^m$ und $\mu \in \mathbb{R}^p$, $\mu \geq 0$ mit

$$\nabla f(x^*) + \Lambda \nabla h(x^*) + \mu \nabla g(x^*) = 0$$
$$\mu \cdot g(x^*) = 0.$$

*Bachem*

**Kunde** ⟨*client*⟩. Dienstnutzer, der in einem verteilten System (→ Client-Server-Modell) den von einem Diensterbringer (→ Server) bereitgestellten → Dienst abfragt. Der K. initiiert die Interaktion durch Formulierung einer Anfrage an den Server und wartet danach auf das Ergebnis der Bearbeitung. Beispiele sind das Starten eines Druckjobs in einem lokalen Netz (→ LAN) oder das Ansprechen eines Servers im World Wide Web (→ WWW). *Fasbender/Spaniol*

**Kupferdoppelader** ⟨*twisted pair*⟩ → Übertragungsmedium

**Kurvendarstellung** ⟨*trajectory/curve representation*⟩. Planare Kurven lassen sich in einer der folgenden Formen definieren:
– implizite Form $f(x, y) = 0$,
– explizite Form $y = f(x)$,
– Parameterdarstellung $x = x(t)$, $y = y(t)$.

Im Bereich der graphischen → Datenverarbeitung wird meist die Parameterdarstellung verwendet. In Abhängigkeit vom gewählten Parameter t besitzt eine Kurve unterschiedliche Parameterdarstellungen. Ein Kreis kann z. B. durch folgende Parameterdarstellungen definiert werden:

– $x = \cos t$, $y = \sin t$,
– $x = (1 - u^2)/(1 + u^2)$, $y = 2u/(1 + u^2)$

Bei komplizierten Kurvenverläufen ist es i. allg. nicht möglich, die Kurve durch eine Funktion darzustellen. Man unterteilt deshalb die Kurve in mehrere Abschnitte (Segmente), die jeweils getrennt durch Funktionen approximiert werden. Diese Vorgehensweise führt an den Schnittstellen zwischen den einzelnen Kurvenstücken zu Problemen, wenn ein kontinuierlicher Übergang zwischen zwei Kurvenstücken benötigt wird. Mit Hilfe von → *Bézier*-Kurven bzw. → B-Splines kann dieses Problem gelöst werden.

*Encarnação/Loseries/Büchler*

**λ-Kalkül** ⟨*λ-calculus*⟩ → Lambda-Kalkül

**Ladungskopplungsspeicher** ⟨*charge-coupled device storage*⟩. L., auch ladungsgekoppelte Speicher genannt, sind Speichereinheiten, die nach dem Prinzip einer Ladungsverschiebung zwischen dicht gepackten Kondensatoren auf einem Halbleiterchip arbeiten. Diese Technik ist häufig in der → Bildverarbeitung eingesetzt (Video- und Infrarotkameras, → Scanner), außerdem in der Meßtechnik und auf anderen Gebieten für Filter und Verzögerungsleitungen. Der Einsatz als → Massenspeicher in der Datenverarbeitung, in der Hierarchie oberhalb der Magnetplattenspeicher (→ Speichertechnologien), wurde nach Versuchen mit Prototypen aufgegeben. Neben technischen Gründen sind wirtschaftliche maßgebend: die günstige Entwicklung des Preis-Leistungsverhältnisses bei den konkurrierenden Halbleiterspeichern und Magnetplattenspeichern.

Grundtechnologie: In einer durchgehenden Zone (Verarmungsraumladungszone) werden durch Spannungsänderungen an darüberliegenden Elektroden elektrische Ladungen – Ladungspakete – verschoben. Die Elektroden können im Abstand von wenigen Mikrometern plaziert sein. Besondere Vorteile dieser Technik:
– Einfachheit, lediglich Kondensatorketten statt aufwendiger Schaltungen zur Bit-Darstellung wie bei anderen → Direktzugriffsspeichern auf Halbleiterbasis, leicht in Serie zu fertigen.
– Möglichkeit der taktgebundenen Verarbeitung auch analoger Werte, wobei unterschiedliche Spannung durch unterschiedliche Ladungspakete repräsentiert wird. Dadurch können z. B. Scanner, bei denen jeder

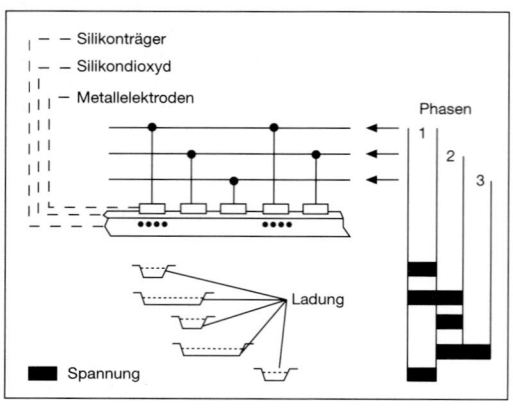

*Ladungskopplungsspeicher: Beispiel einer Dreiphasenlösung*

Speicherstelle eines Kopplungsspeichers eine Photodiode zugeordnet ist, auch Graustufen aufnehmen und weitergeben.

Bei Spannungsunterbrechung geht der Inhalt von L. verloren (wie bei Halbleiterspeichern). Außerdem sind die als Träger der Information dienenden Ladungspakete empfindlich gegen Alphastrahlung. Auch diese Gründe stehen dem Einsatz als Massenspeicher entgegen. *Voss*

**Lagerhaltungsproblem** ⟨*stock keeping problem*⟩. Aufgabe, den Zeitpunkt und die Menge der zu bestellenden Größen so zu bestimmen, daß die Lagerhaltungskosten über den betrachteten Planungszeitraum minimal sind. Ist der Lagerhalter selbst der Produzent der gelagerten Güter, so entspricht dem Bestellen dem Auflegen einer Produktionsserie. Zu den Lagerhaltungskosten rechnet man sowohl die eigentlichen Kosten der Lagerung als auch die Kosten einer eventuell unbefriedigten Nachfrage (Fehlmengenkosten).

Im *klassischen Losgrößenmodell* wird die Nachfrage nach dem Lagergut als konstant angenommen, und es werden keine Fehlmengenkosten zugelassen. Die Losgrößenformel

$Q^* = \sqrt{2rK/h}$

zeigt dann, wie sich die optimale Menge $Q^*$ der zu bestellenden Größen aus der Nachfrage r, den Bestellkosten K und den Lagerkosten h berechnet. Für die optimale Periodenlänge $T^*$ ergibt sich

$T^* = Q^*/r$.

Komplexere Modelle verwenden Verfahren der dynamischen Programmierung (→ Optimierung, dynamische) sowie der → stochastischen Programmierung. *Bachem*

**Lagrange-Relaxation** ⟨*Lagrange relaxation*⟩. Methode zur Bestimmung von oberen (im Falle der Maximierung) bzw. unteren (im Fall der Minimierung) Schranken für den Zielfunktionswert eines kombinatorischen Optimierungsproblems (meist im Zusammenhang mit einem → Branch-and-Bound-Verfahren).

Ist z. B. min $\{cx \mid Ax = b, Dx \leq e, x \geq 0, x$ ganzzahlig$\}$ eine Modellierung eines kombinatorischen Optimierungsproblems, wobei die Aufteilung des linearen Systems so vorgenommen wurde, daß die L.-R.

$f(u) := \min cx + u(Ax - b)$

$Dx \leq e$

$x \geq 0$ und ganzzahlig

effizient gelöst werden kann, so sucht man nun meist mit Hilfe der → Subgradientenverfahren nach einem Vektor u*, welcher f maximiert, d. h.

$f(u^*) = \max \{f(u) | u \in \mathbb{R}^n\}$.

*Bachem*

**Lambda-Kalkül** ⟨*lambda-calculus*⟩. Von A. Church (1903–1995) Anfang der 30er Jahre entwickelter Formalismus, um den Begriff der → berechenbaren Funktionen zu präzisieren. Der L.-K. ist die Grundlage aller funktionalen Sprachen (z. B. LISP, → SML). Grundprinzipien sind die Abstraktion (entspricht einer Funktionsdefinition) und Applikation (entspricht einem Funktionsaufruf). Man unterscheidet den ungetypten und den getypten L.-K. Hier gibt es zudem noch zahlreiche Varianten.

□ *Ungetypter Lambda-Kalkül* (untyped λ-calculus). Die Syntax des ungetypten L.-K. ist sehr einfach. Die Menge der λ-Terme ist beschrieben durch folgende → Grammatik:

$M ::= x | M\,M | \lambda x.M$,

wobei das λ dem Kalkül den Namen gab. Der Buchstabe x bezeichnet ein Element aus einer aufzählbaren Menge V von Variablen, M M bezeichnet die Applikation, λx. M die Abstraktion. Da durch die Abstraktion die Variable x gebunden wird (gebundene Variable), betrachtet man → Terme, die durch korrekte (konsistente) Umbenennung der gebundenen Variablen ineinander überführbar sind, als gleich (α-Konversion, α-Regel), z. B. λx. x = λy. y.

Die Menge der Lambda-Terme wird oft mit Λ abgekürzt.

Um zu „Berechnungen" zu gelangen, wird auf den Termen eine Reduktionsrelation $\to_\beta$ definiert mit der zentralen Regel

(β) $(\lambda x.M)\,N \to_\beta M[N/x]$.

Diese β-Regel besagt, daß man die Anwendung einer Funktionsdefinition dadurch auswertet, daß man im Rumpf M der Funktion alle Vorkommen des Parameters x durch das Argument N substituiert (→ Substitution). Weitere Regeln benötigt man noch, um diese Reduktion an beliebigen Stellen innerhalb von Termen zu gestatten, z. B.

$$\frac{M \to_\beta N}{M\,P \to_\beta N\,P},$$

sowie Identität und Transitivität der Reduktionsrelation. Dies ergibt ein formales Ableitungssystem. Wenn $M \to_\beta N$, dann sagt man: M reduziert zu N. Eine wichtige Eigenschaft des L.-K. ist, daß eine $\to_\beta$ (kurz β-) → Normalform, sofern sie existiert, eindeutig bestimmt ist (→ *Church-Rosser*-Eigenschaft). Reduktionen terminieren allerdings nicht immer; für einen Term kann es unendliche Reduktionssequenzen geben, für den Term $\Omega = (\lambda x.\,x\,x)(\lambda x.\,x\,x)$ gibt es gar nur unendliche Reduktionen, denn $\Omega \to_\beta \Omega \to_\beta \ldots$

Gleichheit kann mittels der Reduktionsrelation definiert werden: $M_1$ und $M_2$ heißen gleich, wenn sie die gleiche Normalform besitzen. Um für Funktionen einen akzeptablen Gleichheitsbegriff zu erhalten, erweitert man den Kalkül um die sogenannte η-Regel:

λx. M x → M, falls x nicht frei in M vorkommt.

Nach *Curry* ist die Gleichheit im derart erweiterten L.-K. extensional, d. h., es gilt M x = N x ⇒ M = N, wobei x wieder nicht frei in M und N vorkommen darf. Den resultierenden Reduktionsbegriff bezeichnet man $\to_{\beta\eta}$ und spricht vom βη-Kalkül (βη-Normalformen usw.).

Im ungetypten L.-K. können natürliche Zahlen, *Boole*sche Werte, auch Paare etc. codiert werden. So kann die Zahl 0 etwa als λx. x, die Zahl 1 als λx. λf. f(x), die 2 als λx. λf. f(f(x)) dargestellt werden usw. Es gibt noch andere Darstellungsformen, aber diese eignet sich besonders gut zur Iteration, denn n z f stellt die n-fache Anwendung von f auf z dar. Auch der Fixpunktoperator kann definiert werden: Y = λf. (λx. f x x)(λx. f x x), so daß Y M $\to_\beta$ M(Y M). Damit können insbesondere auch alle primitiv-rekursiven Funktionen programmiert werden, so etwa + und *. Es ist allerdings nicht ganz so einfach, die Subtraktion zu definieren. (Dies war *Kleene*s erste wissenschaftliche Arbeit 1932.) Die sog. → *Church*sche These besagt, daß im L.-K. alle intuitiv → berechenbaren Funktionen ausgedrückt werden können. Alle anderen bekannten Berechnungsbegriffe stimmen mit dem L.-K. überein.

Lange Zeit war kein (denotationelles) Modell für den ungetypten L.-K. bekannt. *D. S. Scott* entdeckte 1969 – eigentlich gegen seine Erwartungen – ein Modell, in dem er ein Objekt (Bereich) fand, das dem Isomorphismus $D \cong D \to D$ genügt; er ist damit der Begründer der Bereichstheorie.

□ *Getypter Lambda-Kalkül* (typed λ-calculus). Der getypte L.-K. liegt den typisierten funktionalen Sprachen wie → SML näher. Der getypte L.-K. verwendet eine Typstruktur, die auf Grundtypen basiert, wie etwa natürliche Zahlen (N) und *Boole*sche Werte (B): Jeder Grunddatentyp ist ein Typ, und wenn σ und τ Typen sind, dann ist auch σ → τ ein (Funktions-)Typ. Applikation und Abstraktion sind nun getypt, deshalb ist keine Selbstapplikation der Form x x wie bei Y oder Ω mehr möglich. Konsequenterweise terminieren im getypten L.-K. alle Reduktionen.

Variablen werden mit Typen versehen, z. B. ist $x^\sigma$ eine Variable vom Typ σ aus $V^\sigma$. Terme werden ebenfalls jeweils einem Typ zugeordnet; die Menge der Lambda-Terme vom Typ σ schreibt man kurz $\Lambda^\sigma$. Grundfunktionen sind mit ihrer Typisierung gegeben, z. B. die Nachfolgerfunktion succ: N → N. Weitere Terme sind $x^\sigma \in \Lambda^\sigma$ für $x^\sigma \in V^\sigma$, $\lambda x^\sigma.\,M \in \Lambda^{\sigma \to \tau}$, falls $M \in \Lambda^\tau$, und wenn $M \in \Lambda^{\sigma \to \tau}$ und $N \in \Lambda^\sigma$, dann ist M N in $\Lambda^\tau$ (deshalb ist auch keine Selbstapplikation mehr möglich). Dies kann in einem geeigneten → Typsystem beschrieben werden, und → Typinferenz ist möglich. Will man den L.-K. als Programmiersprache verstehen, so gibt man noch einen getypten Fixpunktoperator $\text{fix}_{\sigma,\tau}: ((\sigma \to \tau) \to (\sigma \to \tau)) \to (\sigma \to \tau)$ hinzu.

Die Modelle des getypten L.-K. sind einfacher als die des ungetypten. Den verschiedenen Typen muß jeweils eine Bedeutung zugewiesen werden. Dazu verwendet man → Bereiche. Eine abstraktere, sehr elegante Semantik liefern kartesisch abgeschlossene Kategorien.

☐ *Call-by-Name- und Call-by-Value-Lambda-Kalkül.* Der vorgestellte L.-K. beschreibt eine funktionale Sprache mit Call-by-Name-Auswertungsstrategie. Für Semantik von Programmiersprachen ist eine Call-by-Value-Strategie interessanter. Dementsprechend existiert auch ein Call-by-Value-L.-K. Es sei hier nur der ungetypte Fall behandelt.

Man unterscheidet zwischen Values (V) – das sind variablenfreie Terme aus Grunddatentypen, λ-Abstraktionen und Variablen – und beliebigen Termen (M). Auswertungskontexte (evaluation context) (E) sind dann beschrieben durch

E ::= [] | E M | V E.

Ein Auswertungskontext ist also ein Term mit einer speziellen Variablen („Loch") [], welche diejenige Position beschreibt, an der gemäß der Call-by-Value-Strategie als nächstes ausgewertet werden muß.

Wenn das Argument einer Abstraktion ein Value ist, darf gemäß Call-by-Value immer eine β-Reduktion stattfinden – allerdings immer nur in einem Auswertungskontext, da ja dort die Auswertung per Definition von Call-by-Value fortschreiten muß. Man erhält somit folgende eingeschränkte β-Regel, wobei E[s] denjenigen Term bezeichnet, der aus E durch Substitution von [] durch s hervorgeht.

($\beta_V$) E[(λx.t) V] $\to_{cbv}$ E[t[V/x]].

Diese Regel ($\beta_V$) ersetzt die allgemeine β-Regel des Call-by-Name-Kalküls.

*Beispiele*
Seien s, t λ-Terme.
–     E[(λx. t)(λx. x)]
Hier kann reduziert werden mittels $\beta_V$, egal wie t aussieht.
–     E[(λx. (t s) x)((λx. x)(λx. x))]
Hier kann nicht sofort reduziert werden. Sei E' = E[(λx. (t s) x) []], dann kann der ursprüngliche Term dargestellt werden als E'[(λx. x)(λx. x)], und $\beta_V$ kann auf (λx. x)(λx. x) angewandt werden.

Weitere Varianten erweitern den L.-K. um Kontrolloperatoren (→ Continuation).

☐ *Variablenfreier L.-K. mit Kombinatoren.* Der L.-K. kann auch variablenfrei mit Hilfe von sog. Kombinatoren (**s** und **k**) ausgedrückt werden mit folgenden Reduktionsregeln:

k x y → x    s x y z → x z(y z);

wobei x, y, z hier Platzhalter für Kombinatorterme sind. λ-Terme können in variablenfreie Kombinatorterme überführt werden. Dies ist auch für den getypten Lambda-Kalkül möglich und bei der Implementierung von Bedeutung. Außerdem stellen die Kombinatoren wieder einen Zusammenhang zur Logik dar; sie repräsentieren nämlich unter dem Proposition-as-Types-Paradigma (→ Typtheorie) die Axiome der Kombinatorlogik.

*Reus/Wirsing*

Literatur: Die Lambda-Bibel ist *Barendregt, H.*: The Lambda calculus, its syntax and semantics. 2. Edn. North-Holland, 1984. – Als Lehrbuch ist *Hindley, J. R.; Seldin, J. P.*: Introduction to combinators and λ-calculus. Cambridge University Press, 1986 zu empfehlen oder auch *Mitchell, J. C.*: Foundations of programming languages. MIT Press, 1996.

**Lambda-Kalkül, polymorpher** ⟨*polymorphic lambda calculus, second-order lambda calculus*⟩ → System F

**LAN** ⟨*LAN (Local Area Networks)*⟩. Lokale Netze werden zur Abwicklung von Kommunikationsaufgaben im lokalen Bereich eingesetzt, wobei Übertragungsmedien wie verdrillte Kupferleitungen, Koaxialkabel oder Glasfaser jeweils exklusiv von einem der angeschlossenen Systeme genutzt werden. LAN werden i. d. R. als Inhouse-Systeme (z. B. in Unternehmen, Universitäten, Kliniken usw.) oder innerhalb privater Grundstücke (z. B. Campus einer Universität, Fabrikgelände) verwendet. Einige der wesentlichen Eigenschaften von lokalen Netzen sind unter IEEE 802 normiert und von der → ISO in der 8802-Serie übernommen worden:
– Sie sind geographisch begrenzt (auf etwa 10 km, wobei jedoch der Übergang zum Metropolitan Area Network (→ MAN) fließend ist).
– Sie ermöglichen die → Kommunikation zwischen unabhängig voneinander arbeitenden Komponenten unterschiedlichen Typs.
– Sie weisen hohe Übertragungsraten im Megabit-Bereich auf.
– Sie haben eine relativ niedrige Fehlerrate (i. allg. kleiner als $10^{-9}$).
– Sie ermöglichen eine bitserielle Übertragung pro Verbindung (dies ist eine Abgrenzung gegen die Rechnerbusse).
– Sie werden vom Unternehmen betrieben, welches auch das Netz nutzt (Abgrenzung gegenüber Weitverkehrsnetzen (WAN), die von Telekommunikationsunternehmen wie der Deutschen Telekom betrieben werden).

Lokale Netze liegen somit von ihrer Übertragungsleistung und ihrer maximalen Entfernung zwischen zwei Stationen zwischen Rechnerbussen und Weitverkehrsnetzen. Im Gegensatz zu Weitverkehrsnetzen verwenden lokale Netze üblicherweise relativ einfache → Topologien wie → Bus, → Ring und → Stern. Die wohl bekanntesten lokalen Netze sind → Ethernet und → Token-Ring. Für den Einsatz von lokalen Netzen gibt es verschiedene Gründe:

– Rechner werden billiger, leistungsfähiger, kleiner, zahlreicher und spezialisierter.
– Peripherie wie → Laserdrucker oder Scanner sowie die von Unternehmen genutzte → Software oder → Datenbanken werden aus Kostengründen zentral gehalten, aber verteilt genutzt.
– Neue Anwendungen wie → elektronische Post oder das World Wide Web (→ WWW) werden immer wichtiger. Der allgemeine Kommunikationsbedarf wächst stetig. *Fasbender/Spaniol*

Literatur: *Tanenbaum, A. S.*: Computer networks. Prentice Hall, 1993.

**LAPB** ⟨*LAPB (Link Access Procedure Balanced)*⟩. Variante des → HDLC-Protokolls. Die kommunizierenden Stationen sind hierbei gleichberechtigt. Die sendende Leitstation regelt die Übertragung, sendet Informationen und fordert deren Quittierung von der Empfangsstation. Diese Aufgabenbereiche kehren sich bei entgegengesetzter Übertragung um. LAPB ist Teil der → X.25-Empfehlung. *Jakobs/Spaniol*

**LAPD** ⟨*LAPD (Link Access Procedure on D-channel)*⟩. Variante des → HDLC-Protokolls, welche den speziellen Anforderungen des D-Kanals geeignet angepaßt wurde. Der Aufbau des HDLC-Rahmens wurde in seinen Grundzügen übernommen, das Adreßfeld jedoch um ein Oktett erweitert. LAPD unterstützt zwei Betriebsarten: unquittierte und quittierte Informationsübertragung (→ ISDN). *Jakobs/Spaniol*

**Larch** ⟨*Larch*⟩. Familie von Spezifikationssprachen, die seit 1980 in den USA entwickelt wurde. Jede L.-Spezifikation beinhaltet Komponenten aus zwei verschiedenen Sprachen: einer Schnittstellensprache (interface language), die auf eine spezielle Programmiersprache zugeschnitten ist, und einer Programmiersprachen-unabhängigen, gemeinsamen Spezifikationssprache, genannt LSL (Larch Shared Language).

Wichtige Vertreter von Schnittstellensprachen sind LCL für C und LM3 für Modula-3, jedoch existieren solche Sprachen auch für Ada, CLU, C++, ML und Smalltalk. Schnittstellenspezifikationen sind formale Spezifikationen der Schnittstellen zwischen Programmkomponenten, die die nötigen Informationen liefern, um eine Komponente zu verwenden oder zu implementieren. Wesentliches Element einer Schnittstellenspezifikation ist die axiomatische Beschreibung der → Vor- und → Nachbedingungen, die in den Zuständen vor und nach Ausführung der exportierten → Operationen gelten. Dazu können Operatoren und → Sorten verwendet werden, die in → Spezifikationen der gemeinsamen Sprache LSL definiert werden. LSL ist eine algebraische Spezifikationssprache, mit deren Hilfe den verwendeten Symbolen eine → Semantik zugeordnet wird.

*Beispiel*
Eine LSL-Spezifikation für Tabellen:
```
Table: trait
  includes Integer
  introduces
    new: → Tab
    add: Tab, Index, Value → Tab
    _ ∈ _ : Index, Tab → Bool
    lookup: Tab, Index → Value
    size: Tab → Int
  asserts ∀ i, i1: Index, v: Value, t: Tab
    ¬ (i ∈ new);
    i ∈ add(t, i1, v) == (i = i1 ∨ i ∈ t);
    lookup(add(t, i, v), i1) == if i = i1
      then v else lookup(t, i1);
    size(new) == 0;
    size(add(t, i, v)) == if i ∈ t then
      size(t) else size(t) +1
```

Diese LSL-Spezifikation wird in der folgenden LCL-Schnittstellenspezifikation für Tabellen verwendet. Dabei werden Vor- und Nachbedingungen von Prozeduren durch requires- bzw. ensures-Klauseln beschrieben, wobei die Operatoren ^ und ' den Wert einer Variablen vor bzw. nach Ausführung der Prozedur bezeichnen. Die modifies-Klausel gibt die Variablen an, deren Zustände von einer Prozedur verändert werden können.

```
mutable type table;
uses Table (table for Tab, char for
Index, char for Value, int for Int);
constant int maxTabSize;
table table_create(void) {
  ensures result' = new ∧ fresh(result);
}
bool table_add(table t, char i, char c) {
  modifies t;
  ensures result = (size(t^) < maxTab
    Size ∨ i ∈ t^)
    ∧ (if result then t' = add(t^, i, c)
      else t' = t^);
}
char table_read(table t, char i) {
  requires i ∈ t^;
  ensures result = lookup(t^, i);
}
```
*Hennicker/Wirsing*

Literatur: *Guttag, J. V.; Horning, J. J.*: Larch: Languages and tools for formal specification. Texts and monographs in computer science. Springer, 1993.

**Large-Scale-Optimierung** ⟨*large scale optimization*⟩. Spezielles numerisches Verfahren zur Lösung großer Optimierungsprobleme. Die in der Praxis häufig vorkommenden großen Dimensionen, v. a. in der → linearen Programmierung, erfordern meist spezielle Speicherdekompositions- und -iterationstechniken bei den einzelnen Verfahren, insbesondere zur Ausnutzung dünn besetzter Matrizen. *Bachem*

**Laser-Vision-Bildplatte** ⟨*laser vision disk*⟩. Optische Speicherplatte (optical disc), auf der Bild- und Toninformationen für die Wiedergabe über reine Abspielgeräte nach einem analogen Verfahren gespeichert sind. Andere Bezeichnungen: Video Langspielplatte (VLP) oder Bildplatte.

Die Medien dienen in Verbindung mit Abspielgeräten zu relativ niedrigem Preis ähnlichen Zwecken wie die mit → Magnetbandkassetten arbeitenden Videorecorder, mit der Einschränkung, daß der Benutzer nicht aufzeichnen kann. Die Aufnahmekapazität ist bei reinem Abspielen *(Longplay)* höher als beim *Aktivplay* für eher professionellen Einsatz. Aktivplay bietet Standbild, Zeitlupe, Vor- und Rücklauf ohne Synchronisationsprobleme. Teurere Bildplattenspieler mit präziserem Antrieb und EDV-Schnittstellen erlauben schnellen Zugriff auf bestimmte Filmabschnitte oder Bilder.

Anwendung: Außer Unterhaltung auch Schulung, Bildung, Training.

Die Aufzeichnung zur gleichzeitigen Darstellung von Bild und Ton basiert nicht auf der binären Verschlüsselung, bei der gleichförmige winzige Flächen (Pits) logisch 0 oder 1 darstellen – wie auch bei der digitalen Schallplatte (→ Compact Disc). Man arbeitet vielmehr mit einer Art von → Pulscodemodulation (Pulse Code Modulation, PCM). Auf der Platte befinden sich innerhalb der eingeprägten spiralförmigen Spur Pits (Bild) als winzige Vertiefungen, die alle etwa 0,4 µm breit und 0,1 µm tief sind, deren Abstand und Länge dagegen je nach Informationsinhalt unterschiedlich sind. Daraus leitet das Wiedergabegerät durch Abtasten der Spur mit einem Laserstrahl (→ Einbrennverfahren) je ein analoges, frequenzmoduliertes Signal für die Bild- und die Tonwiedergabe ab.

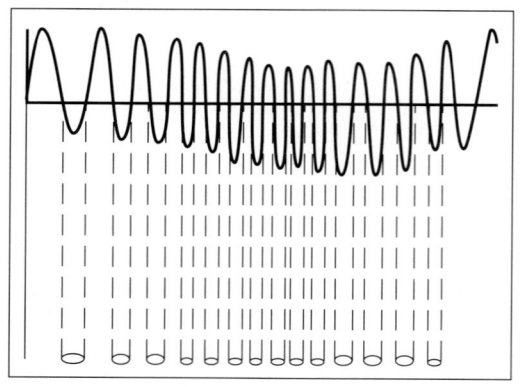

*Laser-Vision-Bildplatte: Pits unterschiedlicher Länge auf einer Bildplatte zur Darstellung analoger Signale*

L.-V.-B. werden nach einem Preßverfahren vervielfältigt. Dabei werden die winzigen Vertiefungen (Pits) mit Hilfe einer Matrize in Acrylglasscheiben geprägt. Die informationstragende Fläche wird mit Aluminium bedampft, um die Reflexion zu verbessern. Man versieht die etwa 1,2 mm starken Platten mit einer Schutzschicht und klebt jeweils zwei Platten mit den Rückseiten zu einer Einheit zusammen, deren Vorder- und Rückseite abspielbar sind. *Voss*

**Laserdrucker** ⟨*laser printer*⟩. **1.** Elektrophotographischer Drucker für → Rasterbildinformationen, bei dem ein Laser als Schreibelement benutzt wird. Übliche → Auflösungen sind 300 bis 600 Bildelemente (→ Pixel) pro Zoll (25,4 mm).

**2.** Oft auch als allgemeiner Begriff für hochauflösende elektrophotographische Drucker im Bürobereich verwendet. *Schindler/Bormann*

**Laserplotter, elektrostatischer** ⟨*electrostatic laser plotter*⟩ → Drucker

**Lastausgleich** ⟨*load balancing*⟩ → Lastverteilung

**Lastverteilung** ⟨*load distribution*⟩. Für die Allokation der Menge der vorhandenen Rechenprozesse auf die zur Verfügung stehenden gekoppelten Prozessoren innerhalb eines Mehrrechnersystems sind prinzipiell zwei Methoden der L. zu unterscheiden:

Bei der *statischen L.* werden noch vor der Laufzeit alle Tasks fest bestimmten Prozessoren (Rechnerkernen) zugeordnet. Vorteil dieses Verfahrens ist die Möglichkeit, bei Kenntnis der Prozeßabhängigkeiten, der Task-Kommunikation und der Zugriff auf bestimmte Peripherieeinheiten, eine optimale Allokation der Prozesse finden zu können. Nachteil dieses Verfahrens ist, bei Auftreten von unvorhergesehenen Ereignissen nicht auf eine eintretende Überlast reagieren zu können.

Bei der *dynamischen L.* kann sich zur Laufzeit des Systems die Verteilung der einzelnen Prozesse abhängig vom momentanen Systemzustand ändern. Diese Variante bietet die Möglichkeit, auch auf nicht einplanbare Ereignisse zur Laufzeit zu reagieren und die Allokation der Prozesse durch Migration (Task-Migration) der momentanen Rechnerlast der einzelnen Knoten anzupassen (Lastausgleich). Eine mögliche Überlastsituation (→ Überlastverhalten) kann so, bei rechtzeitiger Detektion, vermieden werden. *Kolloch*

Literatur: *Triller, M.*: Verbesserung des Echtzeitverhaltens von Mehrrechnersystemen durch Prozeßmigration. VDI-Fortschrittsber. R. 10, Nr. 279. Düsseldorf 1994.

**Latenzzeit** ⟨*latency*⟩. Nach DIN 44 300 die Zeitspanne zwischen dem Zeitpunkt, zu dem ein Auftrag, bestimmte Daten abzugeben oder anzunehmen, als erteilt gilt, und dem Zeitpunkt, zu dem die Abgabe bzw. Annahme dieser Daten beginnt. Bei rotierenden Speichermedien wie → Magnetplattenlaufwerken versteht man unter der L. die Zeit vom Positionieren des Lese-Schreibkopfes, bis sich der Beginn des gewünschten Sektors unter dem Kopf befindet.

Im Zusammenhang mit →Realzeitsystemen findet man die Begriffe Interrupt-L. und Kern-L. Interrupt-L. bezeichnet die Zeitspanne, um die die Ausführung einer →Interrupt-Service-Routine gegenüber der Unterbrechungsanforderung verzögert wird. Sie setzt sich zusammen aus Signallaufzeiten, der durch →Unterbrechungssperren verursachten Verzögerung (z. B. Bearbeitung von Interruptroutinen höherer Priorität) und der Zeit, die zur Beendigung des gerade bearbeiteten Maschinenbefehls (→Befehl) benötigt wird.

Die Zeitspanne, um die die Bearbeitung eines Systemaufrufs (Auftrag an das Betriebssystem) verzögert wird, nennt man Kern-L. Eine derartige Verzögerung tritt bei unterbrechbaren Betriebssystem(kern)en auf, wenn die Bearbeitung eines Auftrags unter exklusivem Zugriff auf wichtige Datenstrukturen unterbrochen wurde und der nächste Systemaufruf (einer anderen Task) ebenfalls Zugriff auf diese Datenstrukturen benötigt. Die Bearbeitung des zweiten Aufrufs muß in diesem Fall zurückgestellt werden, bis die Daten im Rahmen der Bearbeitung des ersten Aufrufs wieder freigegeben worden sind (→Ausschluß, gegenseitiger; →Berechnungskoordinierung).   *Fischer*

Literatur: *Laplante, P.*: Real-time systems design and analysis. An Engineer's Handbook. IEEE 1992.

**Latin 1** ⟨*Latin 1*⟩. Bezeichnung für die erste der Normen aus der ISO-8859-Serie, einer von der →ISO standardisierten Menge von →Schriftzeichensätzen, die in einer →8-bit-Umgebung angewendet werden und die die in einem Wirtschaftsraum verwendeten →Schriftzeichen umfassen, ohne dabei auf eigenständige →diakritische Zeichen zurückgreifen zu müssen. L. 1 deckt dabei den EG-Sprachraum weitgehend ab und ist daher für Deutschland besonders wichtig (Bild).

*Latin 1: ISO 8859-1*

*Schindler/Bormann*

**Lauflängencodierung** ⟨*run length coding*⟩. Verfahren zur Kompression von Bildern, d.h., es wird versucht, die zur Darstellung eines Bildes notwendige Informationsmenge zu reduzieren. Hierzu sei angenommen, daß das Bild aus einer Bildpunktmenge $P_{11} \ldots P_{mn}$, die zeilen- und spaltenweise in Form einer Matrix angeordnet sind, aufgebaut ist. Die einzelnen Bildpunkte $P_{ij}$ stellen hierbei entweder Werte $g$ aus einer Grauwertmenge $G$ dar oder aber repräsentieren Indexwerte $i$ einer Indexmenge $I$, die in eine →Farbtabelle (color lookup table) zeigen.

Häufig wird man in Bildern die Beobachtung machen, daß mehrere hintereinander liegende $P_{ij}$ durch den gleichen Wert $g$ beschrieben werden, d. h., in dem Bild können mehr oder weniger lange Ketten mit dem gleichen Wert $g$ auftreten. Statt nun die $P_{11} \ldots P_{nm}$ sequentiell abzuspeichern, kann es oftmals günstiger sein, das Bild in Form von Zahlenpaaren

(l1, gi), (l2, gj),...

abzuspeichern, wobei l die Länge einer Kette angibt und g den dazugehörigen →Grauwert.

Es ist unmittelbar einsichtig, daß der Grad der Kompression sehr stark vom Inhalt des Bildes abhängig ist. Enthält z. B. ein Bild sehr viele feingliedrige Details, so ergeben sich nur sehr kurze Ketten, was sogar zu einem größeren Speicherbedarf als beim Originalbild führen kann. Deshalb wird die L. nur bei Bildern, die großflächige Details und damit lange Ketten aufweisen (z. B. Strichzeichnungen), erfolgreich einsetzbar sein.   *Encarnação/Bittner*

**Laufzeit** ⟨*run time*⟩. Bei →Rechensystemen bezeichnet L. den Zeitraum der Aktivität des Systems oder der Bearbeitung eines Rechenprozesses. Die Redewendung „zur L." („at run time") charakterisiert demnach Aufgaben, die abhängig vom Systemzustand (dynamisch) vom →Laufzeitsystem durchzuführen sind, z. B. Allokation von Speicher oder Belegen benötigter Betriebsmittel. Im Gegensatz hierzu stehen Aufgaben, die vorab z. B. beim Übersetzen, Binden oder Laden eines Programms durchgeführt werden.

Bei →Algorithmen oder abstrakten Automaten wird L. jedoch vergleichbar zu den bei Rechensystemen verwendeten Begriffen Bedienzeit oder Bearbeitungszeit gebraucht.   *Fischer*

**Laufzeitmodul** ⟨*runtime module*⟩. Spezielles →Programm, das zum Ablauf projektierter →Datenstrukturen, →Dateien oder Anwendungen benötigt wird. Bei modernen graphischen →Benutzerschnittstellen, die ein →UIMS nutzen, verarbeitet der L. die formale Beschreibung des statischen →Layout der Benutzerschnittstelle sowie die Beschreibung des dynamischen Verhaltens und realisiert damit die eigentlichen Schnittstellenfunktionen des Systems gegenüber dem Menschen. Die Struktur des L. orientiert sich bei den bekannten UIMS praktisch ausnahmslos am → *Seeheim*-Modell. *Langmann*

**Laufzeitsystem** ⟨*runtime system*⟩. Vorgefertigte Programmbibliothek, die zu Anwendungsprogrammen gebunden wird und für die Anwendungsprogramme → Dienste auf einem bestimmten Sektor erbringt. Im Kontext von → Datenbanken finden sich L., die als → Datenbankklient die Verbindung zu einem → Datenbankserver herstellen. Mitunter findet sich sogar die → Funktionalität der gesamten Datenbank in dem L. (→ Bindung, → Anwendungsprogrammierschnittstelle). *Schmidt/Schröder*

**Layout** ⟨*layout*⟩. **1.** Geometrische Definition einer planaren → Struktur. Bei einer Platine beschreibt das L. die Verbindungen zwischen den einzelnen Bauelementen und die örtliche Anordnung der Leiterbahnen. Das L. eines integrierten Bausteins beschreibt außerdem die Anordnung und den Aufbau des Schaltkreises und bestimmt somit dessen Funktion. *Encarnação/Stärk*

**2.** Bezeichnung für die typographische Gestaltung eines → Dokuments. Im Rahmen der → Bürodokumentarchitektur Kurzbezeichnung für den Formatiervorgang (l. process) eines → Dokuments oder für das Ergebnis eines Formatiervorgangs. *Schindler/Bormann*

**LCF** ⟨*LCF, Logic of Computable Functions*⟩. Von R. Milner entwickelte → Implementierung der *Scott*schen Logik (erste Stufe) für → semantische Bereiche. LCF dient als Beweiser vornehmlich zur → Verifikation rekursiver Programme. 1972 entstand die erste Version (Stanford LCF), 1979 erfolgte ein Redesign (Edinburgh LCF) in → SML. (Standard) ML ist die Metasprache, die eigens für die Programmierung von LCF entwickelt wurde. LCF basiert auf einer Objektlogik (P Pλ) für rekursive Bereiche, die einen Sequenzenkalkül für klassische Logik erster Stufe umfaßt. Formeln entsprechen einem Datentyp in dieser Metasprache. Theoreme bilden einen abstrakten Typ, dessen Konstruktoren nur aus Funktionen bestehen, die Ableitungsregeln der zugrundeliegenden Logik entsprechen.

Ebenso sind auch Taktiken beschreibbar. Ein Beweis eines Goals kann mit Hilfe einer Taktik erstellt werden, indem man die Taktik auf das Goal anwendet; falls das Ergebnis eine leere Goal-Liste liefert, ist der erhaltene Beweis komplett. Auf der Ebene der Metasprache kann der Benutzer auch Funktionen programmieren, die selbst wieder Taktiken erzeugen (tacticals).

LCF ist ein „Urvater" vieler anderer Beweissysteme. Cambridge LCF ist eine Erweiterung von LCF (*Paulson* 1987). Ein weiterer Abkömmling ist HOL, das v. a. zur Verifikation von Schaltkreisen verwendet wird. Auch → Nuprl und → Isabelle bauen auf LCF-Ideen auf. *Reus/Wirsing*

Literatur: *Paulson, L. C.*: Logic and computation. Cambridge University Press, 1987.

**Lebendigkeit** ⟨*liveness*⟩. **1.** Ein (paralleles) Programm ist lebendig, wenn es zu jedem Zeitpunkt mindestens eine Aktion ausführen kann; synonym ist der Begriff verklemmungsfrei (→ Verklemmung).

**2.** Ein → Petri-Netz heißt lebendig, wenn es von jeder erreichbaren Markierung aus einen Ablauf des *Petri*-Netzes gibt, in dem jede Transition unendlich oft schaltet.

**3.** Eine Lebendigkeitseigenschaft besagt anschaulich, daß eine Bedingung oder ein Ereignis irgendwann einmal bzw. immer wieder eintrifft. Typische Beispiele für Lebendigkeitseigenschaften sind die → Terminierung oder → Fairneß. Formal ist eine Menge M unendlicher Zustandsfolgen eine Lebendigkeitseigenschaft, wenn jede endliche Zustandsfolge Präfix einer Zustandsfolge in M ist. Jede Lebendigkeitseigenschaft ist somit eine dichte Menge in der Topologie der unendlichen Zustandsfolgen. Es läßt sich beweisen, daß jede beliebige Menge von Zustandsfolgen als Durchschnitt einer Sicherheitseigenschaft (→ Sicherheit) und einer Lebendigkeitseigenschaft dargestellt werden kann.

*Merz/Wirsing*

Literatur: *Alpern, B.; Schneider, F. B.*: Recognizing safety and liveness. Distributed Computing 2 (1987) pp. 117–126. – *Reisig, W.*: Petrinetze – eine Einführung. 2. Aufl. Springer, 1991 (Studienreihe Informatik).

**Lebenszeit** ⟨*time to failure*⟩. Primäre → Zuverlässigkeitskenngröße für → Einphasensysteme. Ist S ein Einphasensystem mit der Lebenszeit L, so ist S im Zeitintervall [0, L)⊂ℝ$_+$ intakt, wird dann defekt und bleibt defekt; mit Ablauf der L. findet also ein → Ausfall von S statt. L ist eine stochastische Variable mit Werten aus ℝ$_+$; ihre charakteristischen Eigenschaften sind also durch eine Verteilung festgelegt. Wenn die Verteilung der Lebenszeit L bekannt ist, dann kann man aus ihr weitere lebenszeitorientierte Zuverlässigkeitskenngrößen, insbesondere die → Überlebenswahrscheinlichkeit, ableiten. Die Zuordnung der L. zu Einphasensystemen ist zweckmäßig für die Analyse von L.-Eigenschaften, insbesondere für die Analyse der Gesetzmäßigkeiten der Zusammenhänge zwischen der L. eines zusammengesetzten → Systems und den L. seiner Komponenten. Wenn diese Zusammenhänge geklärt sind, kann man auf ihrer Grundlage → Erneuerungssysteme oder → Zweiphasensysteme konstruieren.

Sei L die L. eines Systems S. Die Verteilung von L sei mit dem W-Maß P durch die Verteilungsfunktion F gegeben, so daß also $F(x) = P\{L \leq x\}$ für alle $x \in \mathbb{R}_+$ gilt. Mit der Verteilung kann man den Erwartungswert $E[L]$, die Varianz $VAR[L]$ und weitere Momente von L berechnen, die partielle Aussagen über die L. liefern. Mit der Verteilungsfunktion F und L ist die Ausfallrate $\alpha(x)$ von S zur Zeit $x \in \mathbb{R}_+$ durch

$$a(x) = \frac{1}{1-F(x)} \frac{dF(x)}{dx}$$

definiert. Ist $\alpha(x)$ die Ausfallrate

von S zur Zeit x, so bedeutet dies: Unter der Bedingung L>x fällt S mit der Wahrscheinlichkeit h · $\alpha(x) + o(h)$ im Zeitintervall der Länge h $\in \mathbb{R}_+$ nach x aus. Wenn die Ausfallrate $\alpha(x)$ von S für alle x $\in \mathbb{R}_+$ bekannt ist, dann kann man mit ihr die Verteilungsfunktion F der Lebenszeit L berechnen. Es gilt

$$F(x) = 1 - e^{-\int_0^x a(t)dt} \quad \text{für alle } x \in \mathbb{R}_x.$$

Die Ausfallrate eines Systems ist also zur Definition der Verteilung der L. eines Systems geeignet.

Häufig wird für die L. eines Systems eine → Exponentialverteilung benutzt. Ist die Lebenszeit L des Systems S mit dem Parameter $\lambda$ exponentiell verteilt, so ist die Verteilungsfunktion F von L: $F(x) = 1 - e^{-\lambda x}$ für alle x $\in \mathbb{R}_+$. Dann sind der Erwartungswert $E[L] = \lambda^{-1}$, die Varianz $VAR[L] = \lambda^{-2}$ und die Ausfallrate von S $\alpha(x) = \lambda$ für alle x $\in \mathbb{R}_+$, was bedeutet, daß S nicht „altert". Daraus ergibt sich, daß exponentiell verteilte L. für Systeme nur unter entsprechenden Voraussetzungen, wenn also die Annahme konstanter Ausfallraten gerechtfertigt ist, realistisch sind. Wenn das nicht der Fall ist, dann sind andere Verteilungsfamilien zu benutzen, zu denen insbesondere die *Erlang*-Verteilungen, die *Weibull*-Verteilungen und gemischte Verteilungen gehören.

Wenn ein Einphasensystem S aus Komponenten zusammengesetzt ist, dann interessiert der Zusammenhang zwischen der L. von S und den L. seiner Komponenten. Von den zusammengesetzten Systemen sind die mit statischer oder mit dynamischer Redundanz von Interesse.

Zu den Systemen mit → statischer Redundanz gehören die → m-aus-n-Systeme. Mit m, n $\in \mathbb{N}$ und $1 \leq m \leq n$ sei S ein $\binom{n}{m}$-System mit der Lebenszeit $L_{(m)}$. Die Lebenszeiten $L_1, \ldots, L_n$ der Komponenten von S seien unabhängig und identisch mit der Verteilungsfunktion H verteilt. Dann ist für alle m $\in \{1, \ldots, n\}$ die Lebenszeit $L_{(m)}$ die $(n-m+1)$-te *Ordnungsgröße* der $L_1, \ldots, L_n$. Mit dem W-Maß P gilt für die Verteilungsfunktion von $L_{(m)}$

$$P\{L_{(m)} \leq x\} = \sum_{k=0}^{m-1} \binom{n}{k} H^{n-k}(x)(1-H(x))^k$$

für alle x $\in \mathbb{R}_+$. Für m=1 erhält man das → Seriensystem $S_\wedge(n)$ mit n Komponenten, das ohne → Redundanz ist. Für seine L. gilt
$L = \min\{L_1, \ldots, L_n\}$,
und die Verteilungsfunktion von L ist $P\{L \leq x\} = 1 - (1-H(x))^n$ für alle x $\in \mathbb{R}_+$. Für m=n erhält man das → Parallelsystem $S_\vee(n)$ mit n Komponenten und mit → statischer Redundanz. Für seine L. gilt
$L = \max\{L_1, \ldots, L_n\}$,
und die Verteilungsfunktion von L ist $P\{L \leq x\} = H^n(x)$ für alle x $\in \mathbb{R}_+$.

Zu den Systemen mit → dynamischer Redundanz gehören die Systeme mit Reservekomponenten, für die eine Komponente, die defekt wird, unmittelbar durch eine intakte ersetzt wird. Mit n $\in \mathbb{N}$ sei D(1, n) das Einphasensystem mit n Komponenten, das dadurch entsteht, daß die erste Komponente zur Zeit t = 0 eingesetzt und die i-te Komponente, i $\in \{1, \ldots, n\}$, durch die i + 1-te Komponente ersetzt wird, sobald sie defekt wird. Das System D(1, n) entspricht einem Erneuerungssystem mit n Komponenten. Die Komponenten sind zunächst intakt und bleiben intakt, wenn sie nicht eingesetzt sind. Wenn die i-te Komponente zur Zeit t $\in \mathbb{R}+$ eingesetzt wird, dann wird sie zur Zeit t + Li mit der Lebensdauer Li defekt. Die L. des Systems D(1, n) läßt sich mit den für → Erneuerungsprozesse anzuwendenden Techniken berechnen. Mit den Lebenszeiten $L_1, \ldots, L_n$ der Komponenten ergibt sich für die Lebenszeit L von D(1, n):

$$L = \sum_{i=1}^n L_i.$$

Wenn die Lebensdauern der Komponenten unabhängig und identisch verteilt sind, dann ist die Verteilungsfunktion von L die n-fache Faltung der Verteilungsfunktion der Komponentenlebensdauer.

Bei gleichen Verteilungen der Lebensdauern und -zeiten der Komponenten kann man die angegebenen Einphasensysteme mit n Komponenten bzgl. ihrer L. miteinander vergleichen. Man erhält
$L_{S_\wedge(n)} \leq L_{S_\vee(n)} \leq L_{D(1,n)}$
für die L. des Seriensystems $S_\wedge(n)$, des Parallelsystems $S_\vee(n)$ und des endlichen Erneuerungssystems D(1, n). Unter den gegebenen Voraussetzungen ergibt sich insbesondere, daß dynamische Redundanz bzgl. der L. wirksamer ist als statische Redundanz.

*P. P. Spies*

**Leftmost-Innermost-Berechnungsregel** ⟨*leftmost-innermost computation rule*⟩ → Berechnungsregel

**Leftmost-Outermost-Berechnungsregel** ⟨*leftmost-outermost computation rule*⟩ → Berechnungsregel

**Lego** ⟨*Lego*⟩. Das L.-System bietet → Implementierungen verschiedener Typtheorien, z. B. des → Kalküls der Konstruktionen, erweitert um induktive Typdefinitionen, oder eines generischen Systems (→ Isabelle) zur Codierung von Logiken (logical framework). Es verfügt über einen Type Checker, mit dem → Terme ausgewertet (normalisiert) werden. Zusätzlich wird auch Unterstützung bei der Konstruktion von Termen eines gegebenen Typs angeboten. Mittels des Propositions-as-Types-Paradigmas (→ Typtheorie) kann dies zur Beweisunterstützung genutzt werden. Das → Type Checking dient als Proof Checking, man spricht auch von einem Proof Checker.

Lego ist ein → Beweisassistent, da es nur sehr einfache Taktiken besitzt, die den logischen Schlüssen entsprechen. Jeder einzelne Beweisschritt muß vom Benutzer explizit durchgeführt werden. Zentrale Bedeutung kommt dabei dem refine-Kommando zu, das einem Resolutionsschritt entspricht. Da in L. λ-Terme (→ Lambda-Kalkül) beliebiger Stufe formulierbar sind, muß → Unifikation höherer Ordnung verwendet werden. Beweisterme können natürlich auch frei programmiert werden.

L. wurde Ende der 80er von *R. Pollack* (Edinburgh) in → SML implementiert und befindet sich in ständiger Weiterentwicklung. Wegen seines starken Typsystems ist es vielfach anwendbar, allerdings besitzt es nur eine einfache → ASCII-Oberfläche und wenig Komfort.

*Reus/Wirsing*

Literatur: Die einzig gut dokumentierte Systembeschreibung findet sich (momentan) in dem etwas unzugänglichen Technischen Bericht *Luo, Z.; Pollack, R.*: LEGO Proof development system: User's manual. LFCS Technical Report ECS-LFCS-92-211. Universität Edinburgh. Da Lego eine sehr einfache Syntax besitzt, hilft evtl. auch die Lektüre zum → Kalkül der Konstruktionen weiter.

**Leistungsabfall, sanfter** ⟨*graceful degradation*⟩. Systeme mit s. L. (gracefully degrading systems) sind fehlertolerante Systeme, für die Defekte von Komponenten nicht notwendig zum → Ausfall, aber zur Verminderung der sonstigen Leistung führen. Leistungsverminderungen können darin bestehen, daß nur noch ein eingeschränktes Diensteangebot für Aufträge zur Verfügung steht. Sie können darin bestehen, daß die Antwortzeiten für Aufträge länger werden. S. L. ist insbesondere für Systeme, die zur Ausführung von Aufträgen mit unterschiedlichen Dringlichkeiten eingesetzt werden, wichtig; das ist häufig für Echtzeitsysteme mit Terminen für Ergebnisse von Auftragsausführungen der Fall. Wenn bei einem entsprechenden System Komponenten defekt werden, dann werden Reservekomponenten, die sonst für die Ausführung von weniger dringlichen Aufträgen eingesetzt sein können, zur Gewährleistung der Zuverlässigkeit bei der Ausführung der dringlicheren Aufträge eingesetzt. Zur Bewertung des Verhaltens von Systemen mit s. L. sind Kenngrößen notwendig, welche die Zuverlässigkeit und die sonstige Leistung der Systeme kombiniert erfassen; → Performability ist eine Kenngröße dieser Art.  *P. P. Spies*

**Leistungsanalyse** ⟨*performance analysis*⟩. Rechnersysteme bestanden am Anfang ihrer Entwicklung aus nur wenigen Komponenten wie Zentralprozessor (CPU), → Speicher und → Ein-/Ausgabegeräten; sie standen ausschließlich einem Benutzer gleichzeitig zur Verfügung. Als Leistungsmaß wurde hauptsächlich die Rechengeschwindigkeit verwendet. Heutige Rechnersysteme bestehen aus mehreren, unter Umständen räumlich weit verteilten Komponenten, die vielfach unabhängig voneinander arbeiten. Wenn sie mehrere Prozessoren besitzen, können sie mehrere Jobs (Aufträge, die von den Prozessoren zu bearbeiten sind) zeitlich parallel bearbeiten. Bedingt durch neuere → Betriebssysteme, werden oft je → Prozessor mehrere Jobs quasi zeitparallel bearbeitet (Time-sharing). Die Bearbeitung eines Jobs kann in einem Rechnersystem von verschiedenen Prozessoren Bearbeitung erfordern (z. B. bei Kommunikationssystemen). Wegen der variablen Gesamtzahl der Jobs und deren dem Benutzer meist verborgenen Anforderungen sowie den unterschiedlichen Abhängigkeiten der Prozessoren untereinander müssen zur L. neue Leistungsmaße definiert werden. Diese dürfen nicht mehr nur von der Rechnerleistung eines Rechners abhängen, sondern müssen auch das Zusammenspiel einzelner Systemkomponenten berücksichtigen.

Gängige Leistungsmaße (Metriken) sind Größen wie → Durchsatz, → Antwortzeit, → Wartezeit oder → Auslastung des Systems, im besten Fall berechenbar als Wahrscheinlichkeitsverteilungen für diese Größen. Diese Ergebnisse können dann als Grundlage der zukünftigen Planung, der Entwicklung und des Vergleichs von Rechnersystemen verwendet werden.

Zur L. werden im wesentlichen zwei grundlegende Verfahren verwendet. Sollen existierende Rechnersysteme bewertet werden, können – falls Software- oder Hardware-Monitore (→ Monitor) zur Verfügung stehen – einige Grundmetriken gemessen werden. Aus den gemessenen Daten können dann mit geeigneten Verfahren (z. B. → operationeller Analyse) weitere interessierende Leistungsmaße abgeleitet werden. Stehen keine Meßmonitore zur Verfügung oder ist das zu untersuchende Rechnersystem noch nicht realisiert, also erst in der Entwurfs- oder Planungsphase, können Modellbildungen eine L. ermöglichen. Die Systeme werden dabei z. B. als Warteschlangenmodelle (→ Warteschlangennetz) oder → *Petri*-Netze dargestellt, die je nach Komplexität mittels Rechnersimulationen oder mathematisch-stochastischen Methoden analysiert werden. Die mathematischen Methoden können entweder exakte oder approximative L. des Modells liefern. Ein exaktes Analyseverfahren für Wartenetze ist z. B. die → Mittelwertanalyse, die jedoch nur für wenige Typen von Warteschlangenmodellen einsetzbar ist. Sind die dort zu treffenden Annahmen nicht erfüllt, können oft Heuristiken oder Approximationsverfahren verwendet werden.  *Fasbender/Spaniol*

Literatur: *Mitrani, I.*: Modelling of computer and communication systems. Cambridge Univ. Press, Cambridge 1987. – *Bolch, G.*: Leistungsbewertung von Rechnersystemen. Teubner, 1989. – *Jain, R.*: The art of computer systems performance analysis: Techniques for experimental design, measurement, simulation, and modeling. John Wiley, 1991.

**Leistungsengpaß** ⟨*performance bottleneck*⟩ → Betriebssystem, prozedurorientiertes

**Leistungsmessung, rechnerunterstützte** ⟨*computer aided tests*⟩. Wird in der Schule durch vom Lehrer konstruierte informelle Tests ausgeführt, die anschließend mit Hilfe des Rechners einer objektiven Analyse und Auswertung bis zur Zensur unterzogen werden.

Traditionelle Leistungsbeurteilung in der Schule durch Klassenarbeiten, Klausuren und mündliche Prüfungen wird ergänzt durch informelle Tests. Diese Tests verlangen vom Lehrer erheblichen Konstruktionsaufwand und umfangreiche Vorfertigung; deshalb ist es wünschenswert, daß Analyse und Auswertung maschinell übernommen werden.

Das Verfahren erfolgt nach dem Vorbild standardisierter Leistungstests und psychologischer Gruppentests. Wenn die Bearbeitung der Aufgabenblätter (i. allg. ca. 40 „Items" mit ca. fünf vorgegebenen Auswahlantworten) auf Strichmarkierungskarten erfolgt, kann das Resultat über einen Kartenleser in den Rechner eingelesen werden. Wenn pro Proband ein → Terminal vorhanden ist, kann die Bearbeitung auch unmittelbar am → Bildschirm erfolgen.

In der Analyse werden pro Item der Schwierigkeitsgrad und die Trennschärfe relativ zur untersuchten Schülergruppe berechnet und Items mit extremen Kenngrößen (Schwierigkeitsgrad > 80 oder < 20; negative Trennschärfen) eliminiert. Ferner wird die Häufigkeit der Wahl der Distraktoren untersucht. Für die Summe der verbleibenden richtig gelösten Items wird eine automatische Zensurenzuordnung vorgenommen; ferner werden Standardmeßfehler und Zuverlässigkeit des Tests berechnet und eine Zensurenliste und Frequenzliste ausgegeben.

Arithmetisierte Leistungsmessung besitzt Validitätsgrenzen, die es verbieten, sie ausschließlich einzusetzen. *Klingen*

**Leitsystem** ⟨control system⟩. System aus leittechnischen Komponenten zur Automatisierung und → Datenverarbeitung sowie zum Führen technischer Prozesse. Bei verfahrenstechnischen Prozessen Synonym für Prozeßleitsystem. *Strohrmann*

**Leittechnik** ⟨control technology⟩. Bezeichnet meist alle technischen Mittel, die erforderlich sind, um einen technischen Prozeß im vom Menschen gewünschten Sinne zu führen bzw. ablaufen zu lassen. Leittechnische Systeme sind ein wesentlicher Bestandteil moderner Automatisierungssysteme. Der Begriff wird abhängig vom Typ des technischen Prozesses mit z. T. unterschiedlichen Inhalten belegt. Betrachtet man kontinuierliche Prozesse (z. B. die Erzeugung von Energie oder von chemischen Stoffen), so spricht man von Prozeßleittechnik, während man im Anwendungsfeld von diskontinuierlichen Prozessen (z. B. Teilefertigung oder Montage) meist den Begriff Fertigungsleittechnik verwendet.

Die L. entwickelte sich ursprünglich ab etwa 1980 basierend auf der Automatisierung verfahrenstechnischer Prozesse. Dabei wurde der Begriff Prozeßleittechnik für die Verbindung der klassischen Meß-, Steuer- und Regelungstechnik (MSR-Technik) mit der modernen Informationstechnik geprägt. Die L. berücksichtigt die Tatsache, daß die Informationstechnik zu einem bedeutenden Mittel der Meß- und Automatisierungstechnik geworden ist. Die heutigen hohen Anforderungen an Flexibilität, Produktivität, Sicherheit und Umweltschutz beim Betreiben von industriellen Prozessen und Anlagen können nur unter Einsatz einer informationsorientierten L. realisiert werden. Dabei wird der Mensch als kompetenter Prozeßbediener und Prozeßführer in den Gesamtprozeß integriert und es werden ihm Leitfunktionen an der Schnittstelle zum Automatisierungssystem und zum Prozeß übertragen.

Die Einordnung der L. in den Gesamtkomplex einer automatisierten Produktion erfolgt über das Ebenenmodell der Automatisierung (Bild 1). In den einzelnen Ebenen werden folgende Funktionen realisiert:

☐ *Unternehmensleitebene.* Unternehmensplanung im Sinne der Investitions-, Personal- und Finanzplanung (dispositive Funktion);

☐ *Produktionsleitebene.* Auftragsabwicklung, Auftragsverwaltung, Rohstoff- und Bestandsdisposition, Produktionsgrobplanung;

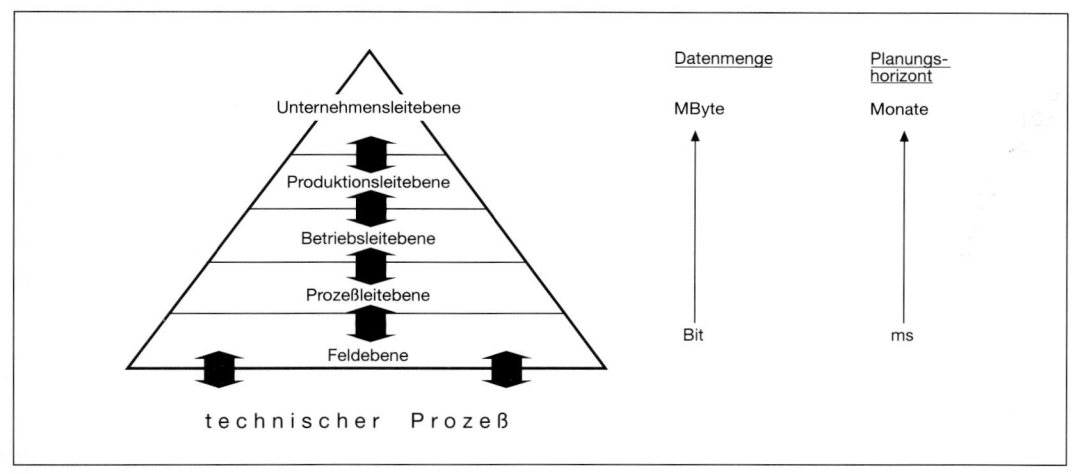

*Leittechnik 1: Ebenenmodell für die Automatisierung einer Fließgutproduktion*

☐ *Betriebsleitebene.* Generierung der Feinplanung aus den Vorgaben der Grobplanung, Disposition von Personal, Einsatzstoffen, Maschinen und Geräten, Qualitätssicherung;
☐ *Prozeßleitebene.* Regeln, Steuern, Sichern, Bedienen, Anzeigen und Überwachen (operative Funktionen);
☐ *Feldebene.* Messen, Signalisieren mit Sensoren, Stellen, Beeinflussen mit Aktoren.

In der Fertigungsindustrie verlagert man die Regel- und Steuerungsfunktionen aus der Prozeßleitebene oft in eine weitere, separate Steuerebene, die sich zwischen der Prozeßleit- und Feldebene befindet.

Im Ebenenmodell vollzieht sich sowohl ein vertikaler als auch ein horizontaler Informationsfluß, dessen Umfang und Zeitbedingungen von der jeweiligen Ebene abhängt (Bild 1). Dies hat Konsequenzen für die gerätetechnische Ausstattung und bedeutet konkret, daß eine Echtzeit-Datenverarbeitung auf die unteren Ebenen beschränkt ist.

Wichtigste Komponente der L. ist das Leitsystem, wobei man bei der entsprechenden Gerätetechnik meist zwischen einem Prozeßleitsystem und einem Fertigungsleitsystem differenziert:
☐ *Prozeßleitsystem* (process control system). Derzeitige Prozeßleitsysteme (PLS) decken im Ebenenmodell bis auf Sicherheitsschaltungen alle Funktionen der Prozeßleitebene ab und ragen mit bestimmten Funktionen, wie etwa zur Qualitätssicherung oder zur Rezeptverarbeitung, in die Betriebsleitebene hinein (Bild 2). Die drei Komponenten ABK (Anzeige- und Bedienkomponente), PNK (prozeßnahe Komponente) und EWS (Engineering-Workstation) arbeiten über einen geschlossenen, herstellerspezifischen Echtzeit-Systembus zusammen. Für den Datenaustausch mit der Betriebsleitebene existieren ein zweiter, offener Standardbus. Die Sensoren und Aktoren der Feldebene sind parallel über analoge Signalarten (z. B. 4 bis 20 mA) angeschlossen. Gegenwärtig lassen sich bei PLS zwei wesentliche Entwicklungstrends erkennen:
– Der herkömmliche parallele Anschluß für die Sensoren und Aktoren der Feldebene wird ersetzt durch Ankopplungspunkte für → Feldbusse. Die Grundlage dazu bilden Feldbuskonzepte, die eine kombinierte Hilfsenergie- und Informationsübertragung in geschützter Ausführung ermöglichen.
– Der geschlossene Systembus wird zunehmend offengelegt bzw. es wird bereits hier ein offenes oder standardisiertes serielles oder paralleles Bussystem eingesetzt. Dieser Trend zeichnet sich insbesondere bei kleinen und mittleren PLS ab.

Die Funktionalität eines PLS kann in Basisfunktionen und höhere Funktionen eingeteilt werden. Zu den Basisfunktionen gehören Regeln und Steuern, Bedienen und Anzeigen, Melden und Überwachen sowie Protokollieren und Aufzeichnen (Trendanzeige). Die höheren Funktionen erfordern einen deutlich höheren Planungsaufwand und verarbeiten viele Einzelinformationen. Dazu gehören z. B. Funktionen zur dynamischen Modellierung und Simulation oder die Prozeßoptimierung mit Hilfe von → Expertensystemen.
☐ *Fertigungsleitsystem* (manufacturing control system). Fertigungsleitsysteme (FLS) oder auch Montageleitsysteme werden meist im Umfeld der CIM-Hierarchie (→ CIM) eines Unternehmens betrachtet. Die CIM-Hierarchie wird dabei als anwendungsspezifisches Ebenenmodell für die Automatisierung von Fertigungs- bzw. Montageprozessen (diskontinuierliche Prozesse) verstanden (Bild 3). Die wichtigsten Unterschiede eines FLS gegenüber einem PLS resultieren aus der unterschiedlichen Einordnung innerhalb des Ebenenmodells. Ein FLS realisiert neben den typischen Aufgaben der Prozeßleitebene wie dem Anzeigen und Bedienen bereits einen Großteil typischer Aufgaben der Betriebsleitebene. Spezifische Aufgaben zur Regelung und Steuerung werden hingegen nach weiter unten verlagert. Ein FLS

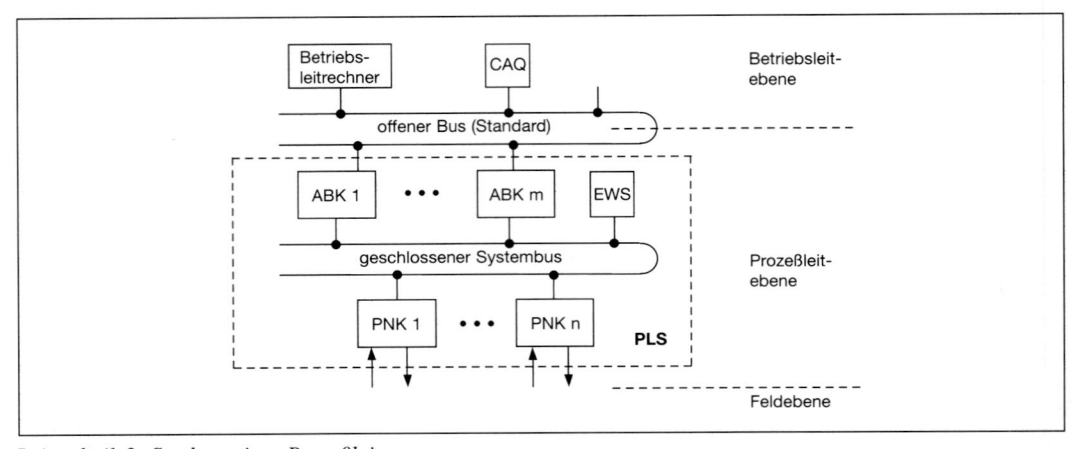

*Leittechnik 2: Struktur eines Prozeßleitsystems*

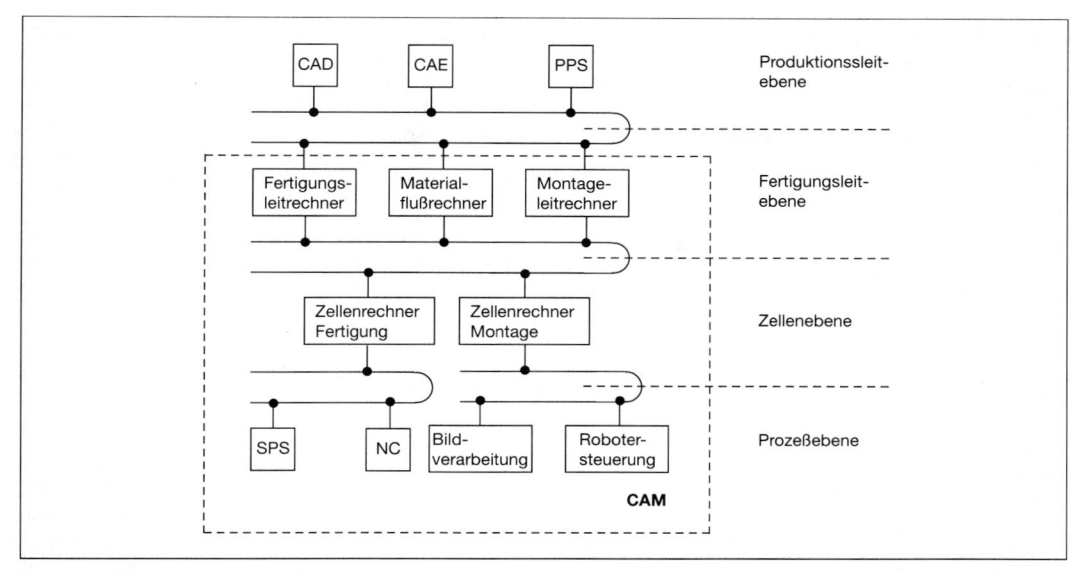

*Leittechnik 3: CIM-Hierarchie im Unternehmen*

CIM Computer Integrated Manufacturing,
CAD Computer Aided Design
CAE Computer Aided Engineering
CAM Computer Aided Manufacturing
PPS Produktionsplanungssystem
SPS Speicherprogrammierbare Steuerungen
NC Numerical Control (Steuerungen für Werkzeugmaschinen)

soll zumindest folgende Aufgaben erfüllen:
– Prozeßführung, -überwachung und -kontrolle,
– Feinplanung, Verteilung und Koordination,
– Grunddaten- und Fertigungsauftragsverwaltung,
– Betriebsdaten- und Maschinendatenerfassung und -verarbeitung,
– Statistik, Auswertung und Archivierung.

Die Zielsetzung besteht darin, auch weitere Funktionen wie die Qualitätssicherung, Materialflußsteuerung und Instanthaltung in ein FLS zu integrieren.

Schwerpunkte weiterer Entwicklungen bei FLS sind die Verbesserung ihrer Flexibilität, eine eindeutige funktionale Abgrenzung zu den Produktionsplanungssystemen (PPS) der Produktionsleitebene und der Einsatz offener bzw. genormter Schnittstellen zum Fertigungsprozeß.

Angestrebt wird ein integriertes und intelligentes Leitsystem, das die Fertigung nach beliebigen, vom Benutzer frei wählbaren Zielvorgaben steuert und durch die Fähigkeiten des Selbstlernens in Verbindung mit einer Auswertung von schon umgesetzten Planungen immer weiter verbessert. *Langmann*

Literatur: *Polke, M.*: Prozeßleittechnik. München–Wien 1992. – *Litz, L. u. a.*: Künftige Entwicklung der Prozeßleittechnik. atp 36 (1994) 6, S. 16–27. – *Bartenschlager, H.-P. u. a.*: Anforderungen an ein Leitsystem für die Fabrik von morgen. Arbeitspapier der FG 4.2.2 der GI. Heinz Nixdorf Institut, Universität-GH Paderborn, 01.07.1994.

**Leitung** ⟨trunk⟩ → Übertragungsmedium

**Leitungscodierung** ⟨channel coding⟩. Der Leitungscode paßt Digitalsignale (→ Übertragung, digitale) zur Übertragung über eine Leitung an. Abhängig von der Anwendung steht die Vermeidung langer Nullfolgen (durch Einfügen von „1"en zur Erleichterung der → Synchronisation zwischen Sender und Empfänger oder die Verwendung selbsttaktender, d. h. den Takt übertragender → Codes) oder die spektrale Formung im Mittelpunkt. Die L. ist dabei der → Kanalcodierung nachgeschaltet. *Beispiele* einiger Leitungscodes:
– NRZ-Code (Non Return to Zero): Der Leitungscode entspricht dem Binärsignal, gegeben durch die Zustände „0" und „1".
– RZ-Code (Return to Zero): Der Zustand „1" wird nur für die erste Hälfte der Dauer einer „1" des ursprünglichen Binärsignals gehalten. Dieser Code ist somit selbsttaktend außer im Fall langer „0"-Folgen.
– → AMI-Code: Jede zweite „1" des Binärsignals wird als „–1" dargestellt. Der AMI-Code hat also drei Zustände und wird daher auch als Pseudoternärcode bezeichnet. Er ist selbsttaktend außer im Fall langer „0"-Folgen und wird z. B. im → ISDN benutzt.
– → Manchester-Code: Bei diesem Code erfolgt eine Zustandsänderung von „0" nach „1" für eine binäre „1" bzw. von „1" auf „0" für eine binäre „0" jeweils in der Mitte der Dauer des ursprünglichen Binärsignals. Durch dieses Verfahren wird die Synchronisation zwischen Sender und Empfänger gewährleistet, da für jede binäre „0" oder „1" ein Zustandswechsel und damit

eine Task-Übertragung erfolgt, der Manchester-Code ist daher ein selbsttaktender Code. Er wird im → Ethernet verwendet. *Quernheim/Spaniol*
Literatur: *Kahl, P.* (Hrsg.): Digitale Übertragungstechnik. R. v. Dekkers Verlag G. Schenk, Heidelberg 1992.

**Leitungsvermittlung** ⟨*circuit switching*⟩. Bezeichnet eine spezielle Form des Vermittlungsvorgangs zur Herstellung einer Datenverbindung zwischen Datenendsystemen (Endsystemen). Diese sind dabei während der gesamten Verbindungsdauer miteinander verbunden, die → Leitung ist durchgeschaltet und wird nach ihrem Aufbau ausschließlich für diese Verbindung in Analogie zur konventionellen Telephonverbindung genutzt.
Vorteile der L. sind:
– keine Leitungsüberlastung nach Verbindungsaufbau,
– konstante → Signallaufzeit zwischen Quelle und Ziel,
– garantierter Datendurchsatz.
Nachteile der Leitungsvermittlung sind:
– schlechte Nutzung der Leitungskapazität besonders bei schwankendem Lastaufkommen auf einzelnen Verbindungen,
– Auf- und Abbauzeiten, dadurch ineffiziente Nutzung v. a. bei kurzen Standzeiten der Verbindung,
– das Netz kann durch eine größere Zahl geschalteter – aber nur schwach ausgelasteter – Verbindungen möglicherweise keine Verbindung mehr aufbauen, obwohl die gesamte Leitungskapazität nur geringfügig in Anspruch genommen wird.

L. wird vorzugsweise eingesetzt, wenn Leitungskosten im Vergleich zur Rechnerleistung kostengünstig sind, wenn Verbindungen relativ gleichmäßig ausgelastet werden (z. B. bei Sprachverbindungen) bzw. wenn besonderer Wert auf konstante kurze Antwortzeiten gelegt wird. Sind diese Bedingungen nicht gegeben, dann ist → Paketvermittlung eine zweckmäßige Alternative. *Quernheim/Spaniol*
Literatur: *DIN 44 302: Informationsverarbeitung; Datenübertragung, Datenübermittlung; Begriffe (1987).* – *W. Chou* (Ed.): Computer Communications. Vol. II: Systems and applications. Prentice Hall, 1985. – *Görgen, K.* u. a.: Grundlagen der Kommunikationstechnologie. Springer, Berlin 1985.

**Leitwerk** ⟨*control unit*⟩. Funktionseinheit von → Rechenanlagen, die die Steuerung aller Werke auf der Basis schrittweiser Interpretation von → Programmen durchführt. Im klassischen Universalrechner bearbeitet das L. jeweils einen Maschinenbefehl des in Ausführung befindlichen Programms. Dieser wird durch die im Befehlszähler stehende Hauptspeicheradresse identifiziert. Der Maschinenbefehl wird im L. decodiert, so daß die für die Ausführung in der → Hardware benötigten Steuersignale zeitgerecht auf die Steuerleitungen gelegt werden. Gegebenenfalls werden dabei auch Rückmeldungssignale aus den gesteuerten Werken berücksichtigt. Die schrittweise Verarbeitung der Maschinenbefehle erfolgt durch ein mikro-

programmiertes oder fest verdrahtetes L. (→ Mikroprogrammierung). Im letzteren Fall werden die Steuersignale durch ein meist optimiertes komplexes, sequentielles, kombinatorisches Schaltnetz erzeugt. Diese Lösung ist schneller, jedoch v. a. bei komplexen Befehlssätzen aufwendiger als die → Mikroprogrammierung. Entsprechend sind die → CISC-Architekturen meist mit mikroprogrammierten L. realisiert. Aus Leistungsgründen sind die L. von RISC-Architekturen sowie einige der leistungsfähigsten Modelle der Systemfamilien von CISC-Architekturen festverdrahtet. *Bode*

**Lemmatisierung** ⟨*lemmatization*⟩ → Analyse, morphologische

**Lernen, maschinelles** ⟨*machine learning*⟩. Gegenstände des m. L. sind die Untersuchung und die Modellierung von Lernprozessen auf dem Rechner. Lernprozesse umfassen den Erwerb von Wissen, die Entwicklung von motorischen und kognitiven Fähigkeiten, die effektive Einbeziehung von neuem Wissen in bereits vorhandenes Wissen und die Entdeckung neuer Fakten und Theorien durch Beobachtung und Erfahrung.

Das m. L. gehört zu den klassischen Teilgebieten der → Künstlichen Intelligenz (KI). Bis zur Etablierung als eigenständiges Wissenschaftsgebiet orientierten sich die Schwerpunkte der Forschung zum m. L. an den Entwicklungen der KI insgesamt. Die ersten Untersuchungen beschäftigten sich mit selbstorganisierenden Systemen und führten wegen der Grenzen der zur Verfügung stehenden Rechner zur Konstruktion spezieller Hardware-Systeme wie dem *Perceptron* von *Rosenblatt* und dem *Pandemonium* von *Selfridge*. Die aktuellen Entwicklungen auf dem Gebiet der → Neuronalen Netze gehen unmittelbar auf diese Arbeiten zurück. Wichtige Impulse für das m. L. ergaben sich aus dem Zusammenkommen von empirischen Entwicklungen und lerntheoretischen Untersuchungen. Dadurch ist es möglich, Lernverfahren und Lernprobleme vergleichend zu untersuchen.

Lernverfahren werden als leistungsverbessernde Komponenten komplexer Wissensverarbeitungssysteme eingesetzt. Ihre Aufgabe besteht darin, die von der Umgebung bereitgestellten Eingabedaten so zu verändern, d. h. zu generalisieren, spezialisieren, ergänzen oder zu korrigieren, daß sie in Form von Wissen zur Aufgabenlösung benutzt werden können. Der Unterschied im Grad der Allgemeinheit zwischen Eingabedaten und dem zur effektiven Aufgabenlösung benötigten Wissen legt die Lernstrategie, d. h. Art und Umfang der von einem Lernverfahren auszuführenden Schlußfolgerungen, fest. Das Spektrum reicht dabei von der Speicherung bestimmter Eingabedaten bis zu allgemeinen induktiven Schlüssen.

Die umfangreichsten empirischen und lerntheoretischen Untersuchungen wurden zum *induktiven Lernen aus Beispielen* durchgeführt, einer Form des *überwachten Lernens*, das auch *Begriffslernen* genannt wird. (Eine weitere Form des überwachten Lernens ist das *Lernen durch Analogiebildung*.) Ein Begriff ist eine Klassifizierungsregel, die eine Menge von Objekten in Beispiele (positive Beispiele) und Gegenbeispiele (negative Beispiele) für diesen Begriff zerlegt. Eine Klassifizierungsregel heißt konsistent mit einer vorliegenden Beispielmenge, wenn sie auf alle Beispiele und keins der Gegenbeispiele zutrifft.

Aufgabe von Begriffslernverfahren ist die Konstruktion von konsistenten Klassifizierungsregeln, wobei der Lernprozeß in der Generalisierung und im Vergleich von Beschreibungen der Beispiele und Gegenbeispiele besteht. Die Art der Beschreibungen für die Elemente der Beispielmenge und die Klassifizierungsregeln bestimmen wesentlich die Lernausrichtung eines Begriffslernverfahrens.

Folgende Generalisierungsregeln werden einzeln oder partiell kombiniert benutzt: das Weglassen von Teilen der Beschreibung, die Umwandlung von Konstanten in Variablen oder die Ersetzung von Variablen durch andere, die Einführung von Oberbegriffen entsprechend einer vorgegebenen Hierarchie und die Bestimmung von Wertebereichen für Attribut- und Variablenbelegungen.

Häufig werden die zu klassifizierenden Objekte durch Merkmalsvektoren beschrieben, deren Komponenten bestimmte Werte annehmen können. Reale Objekte sind i. allg. strukturiert, d. h., sie bestehen aus einer Menge von Elementarobjekten, die in bestimmten Beziehungen zueinander stehen. Grundlage für die Beschreibung strukturierter Objekte sind die → Prädikatenlogik und die Graphentheorie. Prädikatenlogische Formalismen werden verwendet, wenn das Lernen auf der Nutzung von Hintergrundwissen basiert. Sie sind die Grundlage für das induktive logische Programmieren, das auch in engem Bezug zum erklärungs- und fallbasierten Lernen steht. Bei der Verwendung graphentheoretischer Beschreibungen können beim Vergleich von Elementen der Beispielmenge mit aktuellen Klassifizierungsregeln Methoden benutzt werden, die beim Nachweis der Isomorphie von → Graphen erfolgreich eingesetzt werden. Diese Methoden finden auch beim Lernen durch Analogiebildung Anwendung.

Sowohl für attributive als auch für strukturelle Beschreibungen der Objekte werden zur Darstellung der Klassifizierungsregeln häufig Entscheidungsbäume verwendet. Entscheidungsbaumverfahren liefern diskriminierende Beschreibungen, die aus disjunktiv verknüpften Komponenten bestehen können. Die Konstruktion von Entscheidungsbäumen erfolgt i. allg. nach der Teile-und-Herrsche-Methode von der Wurzel zu den Endknoten. Verschiedene Methoden werden zur Auswahl der Attribute benutzt, die als nächste Tests in den Entscheidungsbaum eingebaut werden. Bei strukturellen Beschreibungen müssen diese Attribute zunächst aus der aktuellen Objektmenge in Form von Teilstrukturen bestimmt werden. Die Beschränkung auf z. B. möglichst kleine Entscheidungsbäume bildet eine Lernpräferenz, die eine weitere Form der Lernausrichtung darstellt.

Für attributive Objektbeschreibungen wurden exemplarbasierte Lernverfahren als Alternative zu generalisierenden Lernverfahren entwickelt. Die Klassifizierungsregeln liegen hier in Form eines Ähnlichkeitsmaßes und einer Prozedur zur Bestimmung der Klassenzugehörigkeiten vor. Lernverfahren dieser Art haben sich bei praktischen Problemen als sehr erfolgreich erwiesen (→ Lernverfahren, maschinelles).

Erfolgt die Darstellung von Beschreibungen der Objekte und der Klassen in einer Beschreibungssprache, wird das Begriffslernen häufig als Suchproblem formuliert. Auf der Grundlage der gewählten Sprache ist eine definierte Menge von Beschreibungen möglich, die meistens bezüglich einer Allgemeinheitsrelation, z. B. durch eine Lernpräferenz, quasihalbgeordnet ist. Die kleinsten Elemente der Quasihalbordnung sind die speziellsten Beschreibungen, die größten Elemente sind die allgemeinsten Beschreibungen. Die verschiedenen Begriffslernverfahren machen von dieser Struktur über der Menge der Beschreibungen mehr oder weniger explizit Gebrauch. Das bekannteste Verfahren in diesem Zusammenhang ist die Versionenraummethode von *Mitchell*, die auf einer bidirektionalen Suche basiert, bei der sowohl Generalisierungs- als auch Spezialisierungsoperatoren verwendet werden. Bei diesem Verfahren ist das Überprüfen bereits betrachteter Objekte bei einer Modifikation der aktuellen Klassifizierungsregel nicht nötig.

Neben den klassischen Suchverfahren wie Tiefen- und Breitensuche werden zur Durchmusterung von Beschreibungsräumen auch Suchstrategien verwendet, die Evolutionsprozesse biologischer Systeme nachahmen (→ Algorithmus, genetischer). Mit Hilfe von genetischen Operatoren werden aus Objektbeschreibungen neue Beschreibungen erzeugt und bezüglich eines vorgegebenen Funktionals bewertet. Eine solche Bewertung kann sich, ähnlich wie bei Entscheidungsbäumen, auf die Länge der Beschreibung beziehen. Klassische genetische Operatoren setzen eine einfache Repräsentation der Individuen in Form binärer Zeichenketten voraus. Die Anwendung solcher Suchstrategien auf strukturierte Objekte hängt daher wesentlich von der Möglichkeit einer Repräsentationstransformation ab.

Begriffslernen steht in enger Beziehung zum Wissenserwerb für → Expertensysteme. Da solche Systeme häufig regelbasiert sind, wurde in diesem Zusammenhang die Bezeichnung *Regellernen* eingeführt. In vielen Fällen haben Regeln die Gestalt von Produktionsregeln, so daß das Regellernen in der Generalisierung oder Spezialisierung der linken Seiten der Produktionsregeln besteht. Dies kann mit den bereits skizzierten Begriffslernverfahren realisiert werden. Wird als Repräsentationsformalismus die → *Horn*-Logik verwendet, so steht mit der bereits erwähnten induktiven logischen

Programmierung ein ausdrucksmächtiger und theoretisch fundierter Apparat zur Verfügung.

Beim Begriffslernen sind Beispiele und Gegenbeispiele eines zu erlernenden Begriffs vorgegeben. Fehlen diese Zuordnungen, so besteht die Lernaufgabe in der Identifikation relevanter Begriffe. Eine solche Begriffsbildung wird auch als *unüberwachtes Lernen* bezeichnet. Begriffsbildungsverfahren basieren auf Ähnlichkeitsmaßen zwischen Objektbeschreibungen, wodurch sich enge Beziehungen zu Cluster-Verfahren ergeben.

Begriffsbildung auf der Grundlage Neuronaler Netze wird durch spezielle Netzarchitekturen, den sog. *Kohonen-Karten*, realisiert. Die Anwendung solcher Verfahren ist insbesondere dann sinnvoll, wenn große Datenmengen vorliegen, von denen die relevanten Attribute und begrifflichen Zusammenhänge nicht bekannt sind (→ Lernverfahren, maschinelles). Bei solchen Anwendungen werden auch → Hidden-Markoff-Modelle verwendet, bei denen die Zustandsübergangswahrscheinlichkeiten aus den Eingabedaten erlernt werden.

Die Bedeutung von lerntheoretischen Untersuchungen für die Anwendung von Lernverfahren auf praktische Probleme hat sich mit der Einführung des *wahrscheinlich annähernd korrekten Lernens* (*Probably Approximately Correct* (*PAC*) *Learning*) durch *Valiant* stark erhöht. Auf der Grundlage von *Valiants* Ansatz ist es u.a. möglich, Beziehungen zwischen der Lernausrichtung und der notwendigen Mächtigkeit von Beispielmengen anzugeben. Eine wesentliche Rolle dabei spielt die statistische Verteilung der Elemente der Beispielmenge. Weiterhin können die Komplexität verschiedener Klassen von Lernproblemen bestimmt und Eigenschaften von Lernverfahren verglichen werden.

*Selbig*

Literatur: *Holte, R.*: Artificial intelligence approaches to concept learning. In: *Aleksander, I.* (Ed.): Advanced digital information systems. Englewood Cliffs 1985, pp. 309–498. – *Michalski, R. S.* and *J. G. Carbonell, T. M. Mitchell* (Eds.): Machine learning: An artificial intelligence approach. Vol. 1. San Mateo, CA 1983. – *Muggleton, S.* and *L. De Raedt*: Inductive logic programming: Theory and methods. J. of Logic Programming 19/20 (1994) pp. 629–679. – *Schlimmer, J. C.* and *P. Langley*: Machine learning. In: *Shapiro, S. C.* (Ed.): Encyclopedia of artificial intelligence. 2. Edn. Vol. 1. New York (1993) pp. 785–801. – *Valiant, L. G.*: A theory of the learnable. Communications of the ACM 27 (1984) pp. 1134–1142.

**Lernforschung, rechnerunterstützte** ⟨*computer aided research of learning processes*⟩. Empirische L. im Bereich der pädagogischen Psychologie kann durch detaillierte Protokolle von Lernvorgängen unterstützt werden, wie sie durch Rechner erstellt werden, wenn Schüler auf ein programmiertes Lehrangebot über eine Eingabetastatur reagieren.

Die pädagogische Forschung hat den Mikrobereich des menschlichen Lernens bisher nur in geringem Maße untersuchen können (vgl. dazu die klassischen Arbeiten von *Piaget* zur Bildung des Substanzbegriffes und des Zahlbegriffes). Wenn Lernen im *behaviouristischen* Sinn als Verhaltensänderung definiert wird, kommt es darauf an, solche Änderungen nach einem objektivierten und reproduzierbaren Unterricht zuverlässig zu erfassen.

Mit Rechnerunterstützung sind ein Lehrangebot über ein audiovisuelles → System (Diaprojektion, Tonfilm, Computerterminal) und eine Beantwortung von Multiple-Choice-Fragen so möglich, daß das Rechnerprotokoll die „neuralgischen" Punkte des Lernprozesses verrät. Parameter wie Lehrgeschwindigkeit, Zahl der Beispiele und Gegenbeispiele, Dauer der Übung, → Varianz des Aufgabenmaterials lassen sich ändern; die Konsequenzen können bei erneutem Einsatz in Parallelklassen studiert werden, so daß ein Optimierungsprozeß erwartet werden kann.

Weitere Unterstützung pädagogischer Forschung durch Computer ergibt sich durch Nutzung vorhandener Software der beschreibenden und induktiven Statistik, v.a. im nichtmetrischen Bereich (Rangstatistik).

*Klingen*

**Lernprogramme** ⟨*learning programs*⟩. Computerprogramme, welche im Sinne des programmierten Lernens Lernende ohne Lehrer Lernprozesse durchlaufen lassen, wobei der Computer die Rolle einer Lernmaschine übernimmt.

In der Regel folgen L. der von *Skinner* u.a. eingeführten Art des programmierten Lernens: Ein Lehrstoff wird in kleine Einheiten aufgeteilt, die über den → Bildschirm mitgeteilt werden. Im unmittelbaren Anschluß wird das Verständnis des Lernenden über *Multiple-Choice*-Fragen kontrolliert. Bei richtiger Antwort wird fortgeschritten, bei falscher Antwort wird im einfachsten Fall die Lerneinheit erneut dargeboten (→ Programmierung, lineare).

Sogenannte verzweigte Programme können bei mehrfach falschen Antworten weiter zurückgreifend wiederholen oder besondere Übungsstücke einschieben, die rascher Lernende nicht benötigen. Im Vergleich zur Lernmaschine wird der Vorgriff auf das Antwortmaterial verhindert; außerdem hat sich die Lernmaschine aus ökonomischen Gründen nicht durchsetzen können, während der Computer für viele andere Zwecke in der Schule ebenfalls eingesetzt werden kann. Die Computerprogrammierung wird das Problem der Anerkennung synonymer Antworten bewältigen, wenn nicht zu hohe Erwartungen daran geknüpft werden. Ein eigentlich intelligentes Verhalten als Reaktion auf die Antwort des Lernenden würde nicht nur die Antizipation aller denkbaren Fälle solcher Antworten durch den Programmierer verlangen, sondern ein → Expertensystem als → Wissensbasis im Hintergrund, was für heutige Lernsysteme noch nicht gegeben ist.

Für die Konstruktion von L. werden Autorensysteme als Software-Paket angeboten, welche dem Lehrer die Hauptarbeit des Rahmens und der Menü-Führung für das L. abnehmen. Solche lehrererstellten L. haben den

Vorteil, daß der Lehrer seine eigenen Präferenzen für sein Curriculum wahren kann und nicht auf Standardprogramme ausweichen muß.

Der Vorteil von L. besteht in der Individualisierung des Lernprozesses. Das gilt hinsichtlich der freien Wahl der Lehr- bzw. Lerngeschwindigkeit und auch hinsichtlich der von dritter Seite unbeobachteten Erfolgskontrolle. Der Nachteil von L. besteht in der dem Frontalunterricht vergleichbaren Verlaufsform und in der Vernachlässigung des sozialen Lernens. Aus der Reaktion von Mitschülern bezieht jeder Lernende auch für sich selbst Anregungen, sei es von richtigen, sei es von falschen Fragen oder Antworten. Außerdem müssen besonders allgemeinbildende Schulen über die schulpflichtige Zeit über das soziale Lernen Erziehungsziele verfolgen, die L. nicht bewältigen können.

L. haben besonders in der tertiären Ausbildungsphase Zukunft. Wenn auf speziellen Sektoren spezifischer Unterricht für kleinere Anzahlen von Lernenden auf überwiegend memorialer Basis notwendig wird (z. B. Lernen von Handhabungen bestimmter Maschinen durch Spezialisten), wenn zu wenig Ausbilder vorhanden sind und für gedruckte Gebrauchsanweisungen Markt oder Aufmerksamkeit fehlen, können L. einspringen. *Klingen*

**Lernverfahren, maschinelles** ⟨*machine learning*⟩. Automatische Methoden zum Entdecken von Regularitäten in großen Datenmengen. Im Gegensatz zu vielen statistischen Verfahren können sie auch dann eingesetzt werden, wenn Angaben über statistische Verteilungen der Eingabedaten fehlen. In der → Bioinformatik dienen solche Verfahren zur Analyse von unstrukturierten molekularbiologischen Daten.

Molekularbiologische Daten werden in einer Vielzahl von Datenbanken gespeichert (→ Datenbank, biologische). In vielen Fällen handelt es sich dabei um unstrukturierte Daten, deren begriffliche Zusammenhänge nicht bekannt sind. Zum Aufdecken dieser Zusammenhänge können Begriffslern- und Begriffsbildungsverfahren beitragen (→ Lernen, maschinelles). Lerntheoretische Untersuchungen haben gezeigt, daß die Ergebnisse von Lernverfahren nur dann als annähernd korrekt betrachtet werden können, wenn den Eingabedaten eine (unbekannte aber) bestimmte Verteilung zugrunde liegt. Bisher konnte nicht gezeigt werden, ob die in den Datenbanken enthaltenen Fehler zu einer Verletzung dieser Forderung führen können und daher eine Kalibrierung an den Eingabedaten nicht gerechtfertigt ist.

Dessen ungeachtet werden Lernverfahren beim Wirkstoffentwurf und bei der Proteinstrukturvorhersage eingesetzt. Bei beiden Problemen werden aus experimentiell gewonnenen Daten positive und negative Beispiele als Eingabedaten für Begriffslernverfahren ausgewählt.

Beim Wirkstoffentwurf werden die induktive logische Programmierung (→ Lernen, maschinelles) und → Neuronale Netze verwendet. Hier kommt es darauf an, Zusammenhänge zwischen den chemischen Eigenschaften von Substituenten an einem Pharmakophor und der biologischen Aktivität der Moleküle zu erkennen. Die Kenntnis dieses Zusammenhangs ist Voraussetzung für die Entwicklung von neuen Wirkstoffen mit spezifischen Eigenschaften. Zwei Probleme gehören zu den Schwerpunkten der Forschung bei dieser Anwendung. Zum einen ist nicht klar, welche der möglichen physio-chemischen Eigenschaften (Polarität, Größe, Partner für molekulare Wechselwirkungen usw.) zur Beschreibung verwendet werden sollten. Bisherige Untersuchungen auf der Grundlage Neuronaler Netze haben keine signifikanten Verbesserungen gegenüber den klassischen Verfahren geliefert, die auf Methoden der nichtlinearen Regression basieren. Zum anderen ist die Einteilung in positive und negative Beispiele nicht trivial, da die biologische Aktivität auf einer kontinuierlichen Skala gemessen wird. Im Gegensatz zu attributiven Beschreibungen, die bei Neuronalen Netzen verwendet werden, ermöglichen strukturelle Beschreibungen in Form von prädikatenlogischen Ausdrücken die Berücksichtigung von stereochemischen Aspekten der Rezeptor-Ligand-Wechselwirkungen (→ Docking, molekulares).

Bei zwei Teilproblemen der Proteinstrukturvorhersage (→ Strukturvorhersage, biomolekulare) werden Begriffslernverfahren eingesetzt, nämlich bei der Sekundärstrukturvorhersage und bei der Vorhersage der Sekundärstrukturpackung. Neben den beim Wirkstoffentwurf bereits erwähnten Methoden werden dabei auch → Hidden-Markoff-Modelle und exemplarbasierte (Nächste-Nachbar-)Verfahren eingesetzt (→ Lernen, maschinelles). Das Prinzip bei der Sekundärstrukturvorhersage besteht darin, aus den in den Datenbanken enthaltenen Informationen positive und negative Beispiele für lokale Sequenz-Struktur-Zusammenhänge auszuwählen und als Eingabedaten für Begriffslernverfahren zu verwenden, um die physio-chemischen Ursachen für die beobachteten Zusammenhänge zu entdecken. Schwerpunkt der Untersuchungen ist auch hier das Finden einer geeigneten Repräsentation für die Eingabedaten.

Durch die Anwendung von Nächste-Nachbar-Verfahren wurde gezeigt, daß der Fortschritt bei der Sekundärstrukturvorhersage weniger auf die Verwendung Neuronaler Netze als vielmehr auf die Einbeziehung von Informationen aus multiplen Sequenz-Alignments (→ Alignment biologischer Sequenzen) zurückzuführen ist.

Bei der Vorhersage der Sekundärstrukturpackung ist es nötig, komplexere räumliche Zusammenhänge zu berücksichtigen. Aus diesem Grund wurden prädikatenlogische Beschreibungen und die induktive logische Programmierung verwendet, um Regeln für solche Zusammenhänge aus den Proteinen abzuleiten, deren Raumstrukturen bekannt sind. Da dabei berechnungstheoretisch komplexe Probleme auftreten, wird auch versucht, mit Methoden der Graphentheorie Regularitäten auf dem Niveau der Sekundärstrukturtopologie zu entdecken. *Selbig*

Literatur: *King, R. D.; D. A. Clark et al.*: Inductive logic programming used to discover topological constraints in protein structures. In: *Altman R.; D. Brutlag* et al. (Eds.): ISMB-94 Proceedings Second International Conference on Intelligent Systems for Molecular Biology. Menlo Park, CA 1994, pp. 219–226. – *Sternberg, M. J. E.; R. D. King et al.*: Application of machine learning to structural molecular biology. Phil. Trans. R. Soc. Lond. B 344 (1994) pp. 365–371. – *Yi, T.-M.* and *E. S. Lander*: Protein secondary structure prediction using nearest-neighbor methods. J. of Molecular Biology 232 (1993) pp. 1117–1129.

**LF** ⟨*LF (Line Feed)*⟩. Zeilenvorschub; → Steuerzeichen, das die Schreibposition (→ Cursor) auf die nächste Zeile verschiebt.

Eine Taste mit der Bedeutung und Aufschrift LF befindet sich häufig auch auf der Tastatur eines → Terminals. *Schindler/Bormann*

**Lichtgriffel** ⟨*light pen*⟩. Dient bei der graphischen Eingabe als Zeigergerät zur Identifizierung von graphischen Darstellungselementen auf dem → Bildschirm (pick). Durch Benutzung von Tracking (Nachführen eines Cursors) kann der L. auch zur Positionseingabe verwendet werden.

Der L. besteht aus den beiden Hauptelementen Photozelle und optisches → System, mit dem alles Licht aus dem Sichtfeld des Stifts gebündelt wird. Der Ausgang aus der Photozelle wird verstärkt und in einem Flip-Flop gespeichert. Dieses Flip-Flop wird vom Rechner abgefragt.

Positioniert man den L. auf dem Bildschirm, dann erzeugt der L. über sein Flip-Flop einen Interrupt, wenn der Rechner auf diese Bildschirmposition schreibt. Dadurch kann der Rechner feststellen, welches graphische Darstellungselement gerade ausgegeben wurde, und dieses ist damit über den L. identifiziert.

*Encarnação/Noll*

**Lichtgriffelbedienung** ⟨*light pen operation*⟩. Betätigen virtueller Anwahl-, Tasten- oder Leitfelder eines Bildschirmes mit einem Lichtgriffel, um sich Informationen ausgeben zu lassen oder Stell- und Schaltglieder zu verstellen. Die L. beansprucht wegen ihrer Sinnfälligkeit den Bediener kognitiv geringer als bei Bedienung mit einer Funktionstastatur, verlangt aber eine bestimmte Position des Bedieners zum Bildschirm, i. allg. eine Sitzhaltung. *Strohrmann*

**Lichtquelle** ⟨*light source*⟩. In der Computergraphik wird je nach Anwendung gerichtetes und ungerichtetes Licht verwendet. Ungerichtetes Licht wird auch als → Umgebungslicht bezeichnet. Gerichtetes Licht erfordert die explizite → Spezifikation der L. Man kann zwischen Punkt-L. und flächig oder räumlich ausgedehnten L. unterscheiden.

Positioniert man eine L. unendlich weit von der zu beleuchtenden → Szene entfernt, fallen die Lichtstrahlen parallel und mit konstanter → Intensität (wie Sonnenlicht) ein. L. in endlichem Abstand senden divergierende Lichtstrahlen aus. Deren Intensität wird je nach Grad des geforderten → Realismus in der Darstellung als konstant oder mit wachsender Entfernung von der L. als linear oder quadratisch abnehmend angenommen. Punkt-L. erzeugen scharf begrenzte Kernschatten. Flächig oder räumlich ausgedehnte L. erzeugen Kernschatten, der von Halbschatten umgeben ist. Üblicherweise werden ausgedehnte L. mit einer Menge von Punkt-L. approximiert. *Encarnação/Joseph*

**LIFO-Prinzip** ⟨*LIFO (Last In First Out) principle*⟩ → Kellerspeicher

**Likelihood** ⟨*likelihood*⟩. Bezeichnet man mit $P(x, \Theta)$ eine → Wahrscheinlichkeits-Funktion, die von einem oder mehreren unter $\Theta$ zusammengefaßten Parametern abhängt, so ist bei gegebenen → Stichproben-Werten $x_i$ ($i = 1, \ldots, n$) die L.-Funktion definiert zu

$$L(x, \Theta) = \prod_{i=1}^{n} P(x_i, \Theta).$$

Bei der Maximum-L.-Methode (ML-Methode) werden nun die zu schätzenden Parameter $\Theta$ so gewählt, daß L (oder zur besseren Berechnung oft auch $\log(L)$) ein Maximum annimmt. Im allgemeinen sind ML-Schätzer konsistent und effizient, ebenso suffizient, sofern ein suffizienter Schätzer existiert. ML-Schätzer sind bei sehr großen Stichprobenumfängen approximativ normalverteilt. *Schneeberger*

**Lindenmayer-System** ⟨*Lindenmayer system*⟩. Ein von dem Biologen *A. Lindenmayer* 1968 vorgeschlagener (und seither vielfältig weiterentwickelter und detailliert untersuchter) Formalismus zur Beschreibung des Wachstums gewisser gefaserter biologischer Organismen, der in der Theorie → formaler Sprachen beträchtliches Interesse gefunden hat.

Anders als bei einem → Semi-Thue-System werden hier die Regeln nicht nacheinander angewendet, sondern so viele wie möglich gleichzeitig; ferner schränkt man i. allg. den Typ der Regeln ein. Der einfachste Typ von L.-S., ein OL-System, ist ein Tripel $S = (X, F, w_o)$, wobei X ein Alphabet, $w_o$ ein → Wort über X und F eine endliche Menge von Regeln der Form $x \to v$ ist, wobei genau alle Elemente x von X als linke Seiten auftreten müssen (mehrfaches Auftreten ist erlaubt) und die rechten Seiten v beliebige Worte über X sein dürfen. Ein Schritt der Erzeugung eines neuen Wortes aus einem vorliegenden Wort $w = x_1 x_2 \ldots x_k$ (mit $x_i$ aus X) besteht in der simultanen Anwendung von je einer Regel $x_i \to v_i$ auf w, was das neue Wort $v_1 v_2 \ldots v_k$ ergibt. Die von S erzeugte → Sprache ist die Menge aller Worte, die durch sukzessives Durchführen solcher paralleler Ersetzungsschritte aus dem Startwort $w_o$ erzeugt werden können.

Von L.-S. erzeugte Sprachen haben andere Eigenschaften als die von → Phrasenstrukturgrammatiken erzeugten. So ist z. B. die Familie der von OL-Systemen erzeugten Sprachen eine sog. Anti-AFL, d. h., sie ist unter keiner der in der Definition einer → abstrakten Sprachfamilie vorkommenden → Operationen abgeschlossen. *Brauer*

Literatur: *Bucher, W.; Maurer, H.*: Theoretische Grundlagen der Programmiersprachen. Mannheim 1984. – *Salomaa, A.*: Formale Sprachen. Berlin 1978. – *Rozenberg, G.; Salomaa, A.*: The mathematical theory of L systems. New York 1980.

**Liniendetektion** ⟨*line detection*⟩. Automatische Berechnung von geraden oder gekrümmten Konturlinien in Bildern zum Zwecke der → Bildsegmentierung.

Ein Bild wird optional zunächst durch lineare Filterung oder morphologische Operationen geglättet, um Störungen zu reduzieren. Danach werden Kantenelemente durch einen Kantendetektor, der Stärke und u. U. Richtung von Grauwert- oder Farbänderungen im Bild mißt, berechnet. Bei der Linienextraktion werden unter den Konturelementen durch eine Schwellwertoperation diejenigen ausgewählt, deren Stärke genügend hoch ist, so daß sie mit hoher Wahrscheinlichkeit auf einer Kontur liegen. Die ausgewählten Konturelemente werden zu längeren Linien gruppiert, wofür Suchverfahren auf der Basis der dynamischen Programmierung, die *Hough*-Transformation, Hystereseschwellwertverfahren oder andere → Heuristiken eingesetzt werden. Optional kann dabei eine Verdünnung der Konturelemente sowie eine Schließung kleiner Lücken, insbesondere zwischen kollinearen geraden Linien, erfolgen.

Das ideale Ziel besteht darin, solche Konturlinien zu finden, die auch vom erfahrenen menschlichen Beobachter als sinnvolle Grenzen zwischen Objekten oder Objektteilen wahrgenommen werden. Erfahrungsgemäß ist dieses bestenfalls näherungsweise erreichbar. *Niemann*

Literatur: *Jain, A. K.*: Fundamentals of digital image processing. Englewood Cliffs, NJ 1989.

**Liniengeber** ⟨*stroke*⟩. In der graphischen → Datenverarbeitung wird mit dem Begriff L. eine Eingabeklasse bezeichnet, der alle → funktionalen Eingabegeräte angehören, die eine Folge von Punkten als → Eingabewert liefern. Eine Folge von Punkten kann z. B. durch Positionierungen innerhalb des Displays oder einer Tablettfläche erzeugt werden.

Beim Graphischen Kernsystem (→ GKS) liefert ein Gerät der Eingabeklasse L. eine Folge von Punkten in → Weltkoordinaten und die Nummer der zugehörigen Normalisierungstransformation. *Encarnação/Alheit/Haag*

**Linienzug** ⟨*polyline*⟩. Im → GKS bezeichnet L. ein Darstellungselement, das definiert ist durch eine Anzahl von Punkten und den → Weltkoordinaten dieser Punkte, und zwar als eine Folge verbundener Strecken, die mit dem ersten Punkt beginnen und mit dem letzten Punkt enden. Soll ein L. aus n Strecken bestehen, müssen n + 1 Punkte vorgegeben werden.

*Encarnação/Lutz*

**Link State Routing (Wegewahl, basierend auf dem Verbindungszustand)** ⟨*link state routing*⟩. Ein dynamisches, verteiltes Routing-Verfahren (→ Routing, dynamisches). Die meisten heutigen → Netzwerke arbeiten nach diesem Verfahren. Der Algorithmus arbeitet folgendermaßen:

– Jeder Knoten muß sich seinen Nachbarn „vorstellen" und deren → Adressen lernen. In einem lokalen Netz (→ LAN), in dem jede Station den gesamten Datenverkehr auf dem Netz mithören kann, wird in regelmäßigen Abständen ein spezielles → Paket gesendet, in dem sich ein Knoten identifiziert. Dieses Paket wird an eine spezielle Gruppenadresse gesendet, über die alle → Router erreicht werden können. In einem Punkt-zu-Punkt-Netz wird es über jede Ausgangsstrecke an den jeweiligen Nachbarn geschickt.

– Jeder Knoten konstruiert ein Link State Packet (LSP). Ein solches LSP enthält die Adressen aller Nachbarn und die Kosten der jeweiligen Verbindungsstrecken. LSP werden verschickt, wenn ein Knoten Topologieänderungen in seiner Nachbarschaft entdeckt hat (Kosten einer Verbindung haben sich geändert, es gibt einen neuen Nachbarn usw.)

– Das LSP wird an jeden anderen Knoten geschickt. Jeder Knoten speichert das jeweils aktuelle LSP jedes anderen Knotens. Um garantieren zu können, daß LSP auch wirklich alle Knoten erreichen, kann hierfür ein modifiziertes → Flooding-Verfahren verwendet werden. Jeder Knoten hat eine Kopie der jeweils letzten LSP aller anderen Knoten. Er kann daher feststellen, ob er ein neu eintreffendes LSP bereits einmal empfangen hat. Wenn ja, wird es nicht mehr weiter versendet. Hat er dieses LSP noch nicht empfangen, so wird es entsprechend der Flooding-Strategie weitergeleitet.

– Durch die LSP kennt jeder Knoten die gesamte → Topologie des Netzwerks. Darauf basierend, kann er die Routen zu jedem anderen Knoten z. B. über den *Dijkstras*-Algorithmus berechnen. Dieser → Algorithmus setzt voraus, daß ein Knoten über → Datenbanken verfügt, in denen die jeweils aktuellen LSP, die optimalen Routen zu einer Menge von Knoten (PATH) und die Routen zu allen anderen Knoten enthalten sind, von denen nicht bekannt ist, ob sie wirklich optimal sind (TENT).

Für den Algorithmus trägt sich ein Knoten selbst als Wurzel eines Baumes ein. Für jeden Knoten X aus PATH wird das LSP untersucht. Zu den Kosten der Route zu X werden die Kosten von X zu jedem Nachbarn Y addiert. Wenn in PATH oder in TENT bereits eine bessere, „billigere" Route zu Y existiert, passiert nichts. Andernfalls wird die neue Route in TENT eingetragen. Aus TENT wird diejenige Route mit den minimalen Kosten zu jedem Zielknoten in PATH eingetragen. Der Algorithmus terminiert, wenn TENT leer ist. *Jakobs/Spaniol*

Literatur: *Halsall, F.*: Data communications, computer networks and open systems. 3rd Edn. Addison-Wesley, 1992.

**Linux** ⟨*Linux*⟩ → UNIX

**LISP** ⟨*LISP*⟩ → Programmiersprache, funktionale

**Liste** ⟨*(linear) list*⟩. Spezielle → Datenstruktur, die die Datenelemente eines → Datentyps als endliche Sequenz anordnet. Übliche Operationen über L. sind die Bestimmung des ersten oder letzten Elements, des zugehörigen Restes und der Länge einer L. sowie die → Konkatenation zweier L. *Breitling/K. Spies*

**Literal** ⟨*literal*⟩ → Klausel

**Lizenz** ⟨*licence*⟩. Durch eine L. gibt der Inhaber eines Rechtes einem anderen die Erlaubnis, sein Recht gegen eine L.-Gebühr oder kostenlos zu nutzen. Grundlage von L.-Verträgen sind entweder gewerbliche Schutzrechte wie → Patent, → Gebrauchsmuster, Geschmacksmuster, Marke, Rechte am Know-how oder → Urheberrecht. Der Inhaber des Rechts kann eine ausschließliche L. an einen einzigen L.-Nehmer vergeben, so daß allein diesem L.-Nehmer das Recht zusteht. Alternativ kann der L.-Geber aber auch einfache L. an mehrere L.-Nehmer vergeben. Unter-L. kann nur der Nehmer einer ausschließlichen L. vergeben, soweit nicht eine andere Regelung vertraglich vereinbart ist. L. sind in § 15 Patentgesetz, § 22 Gebrauchsmustergesetz, § 3 Geschmacksmustergesetz, § 30 MarkenG und § 31 Urhebergesetz in verhältnismäßig pauschaler Weise geregelt. L.-Verträge unterliegen der Schriftform (§ 34 GWB).

Ein L.-Vertrag kann nach dem Recht der Bundesrepublik Deutschland dem L.-Nehmer Beschränkungen hinsichtlich Art, Umfang, Menge, Gebiet oder Zeit der Ausübung eines Schutzrechts auferlegen. Werden aber Beschränkungen auferlegt, die über den Inhalt des Schutzrechts hinausgehen, so verstößt der L.-Vertrag gegen das Kartellrecht (§ 20 Gesetz gegen Wettbewerbsbeschränkungen, GWB). So ist es unzulässig, L.-Gebühren über die Laufzeit oder den territorialen Geltungsbereich des Schutzrechts hinaus zu vereinbaren. L.-Verträge sind der Kartellbehörde zur Prüfung vorzulegen, wenn die Möglichkeit besteht, daß sie gegen das Kartellrecht verstoßen. Neben § 20 GWB ist auch das europäische Kartellrecht zu beachten. Nach der Gruppenfreistellungsverordnung gem. Art. 85 EWGV sind nur bestimmte Arten von L.-Verträgen und deren Zusatzvereinbarungen von den Verboten des Art. 85 EWGV freigestellt. Beispielsweise ist es in gewissem Umfang zulässig, die L. auf bestimmte Anwendungsbereiche oder territorial zu beschränken.

Nach § 24 Patentgesetz kann von dem Inhaber eines Patents oder Gebrauchsmusters eine Zwangs-L. gefordert werden, wenn dies im öffentlichen Interesse liegt. *Cohausz*

Literatur: *Lindstaedt, W.*: Muster für Patentlizenzverträge. 3. Aufl. Heidelberg. – *Stumpf, H; Hesse, H.*: Der Lizenzvertrag. Heidelberg 1984. – *v. Gamm, O.*: Kartellrecht (Kommentar). 2. Aufl. 1990.

**LLC** ⟨*LLC (Logical Link Control)*⟩. Teilebene der → Sicherungsebene (Ebene 2) des → OSI-Referenzmodells für die Datenkommunikation. Ihre Aufgaben sind die → Fehlersicherung und die → Flußkontrolle bei der Punkt-zu-Punkt-Übertragung. Da die physikalische Übertragung von Bits fehleranfällig ist, müssen zusätzliche Sicherungsmaßnahmen getroffen werden. Die zur Sendung ansehenden Bitfolgen werden in Rahmen (frames) unterteilt, die durch spezielle Muster (→ Flag) eindeutig abgegrenzt werden. Zur → Fehlererkennung (und ggf. -korrektur) erhält jeder Rahmen eine Prüffolge (→ Blockprüfung) mit aus den Nutzdaten des Rahmens berechneter redundanter Information sowie eine fortlaufende Nummer. Die Rahmen werden sequentiell gesendet. Ein wichtiges Protokoll für die LLC ist → HDLC.

Drei Hauptklassen von LLC-Verfahren können unterschieden werden:

☐ → *ARQ* (Automatic Repeat Request): Der Empfänger stellt Übertragungsfehler anhand der Prüffolgen fest, quittiert korrekte Blöcke und veranlaßt eine erneute Übertragung fehlerhafter Blöcke. ARQ-Verfahren bieten hohe Übertragungssicherheit und erfordern nur relativ einfache Codier-/Decodiereinrichtungen, benötigen aber i. allg. einen Rückkanal.

☐ → *FEC* (Forward Error Correction): Der Empfänger quittiert nicht, er versucht statt dessen, Übertragungsfehler mit Hilfe der Prüffolge zu korrigieren. FEC-Verfahren benötigen keinen Rückkanal und gewährleisten einen konstanten → Durchsatz, andererseits sind aufwendige Codier-/Decodiereinrichtungen und ein großer Overhead für die redundanten Prüffolgen notwendig. Außerdem kann bei stark fehlerbehafteter Übertragung der FEC-Decodierversuch ein fehlerhaftes Ergebnis liefern.

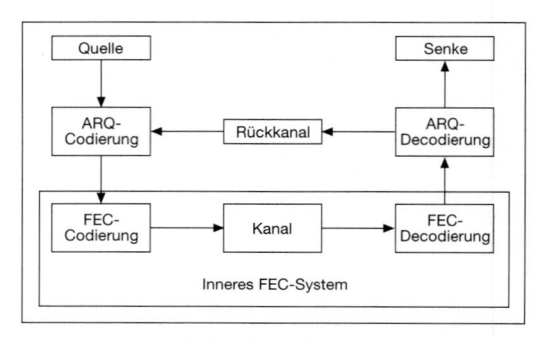

*LLC: Hybrides ARQ/FEC-Verfahren*

□ *Hybride Verfahren*: Kombination von FEC und ARQ. Ein FEC-Verfahren korrigiert den überwiegenden Teil der Übertragungsfehler, Restfehler werden durch ARQ eliminiert. *Quernheim/Spaniol*

**LL(k)-Grammatik** ⟨*LL(k) grammar*⟩. Eine → kontextfreie Grammatik, bei der in jedem Schritt der Erzeugung eines → Wortes durch Ersetzen des jeweils linkesten Nichtterminalzeichens aufgrund von nur k weiteren → Zeichen des Wortes eindeutig entschieden werden kann, welche Regel als nächstes anzuwenden ist. Für durch LL(k)-G. erzeugbare → Sprachen (sog. LL(k)-Sprachen) lassen sich mit Hilfe der Methode des rekursiven Abstiegs recht leicht Syntaxanalysatoren konstruieren (die jedoch für k>1 sehr viel Speicherplatz benötigen; → Compiler). *Brauer*

Literatur: *Salomaa, A.*: Formale Sprachen. Berlin 1978. – *Stetter, F.*: Grundbegriffe der theoretischen Informatik. Berlin 1988.

**Lochkarte** ⟨*punched card*⟩. Eine Karte aus einem rechteckigen Spezialkarton, die zur Speicherung von Informationen mit einem Muster aus Löchern oder Kerben in festgelegten Lochpositionen versehen wird. Je nach Anordnung der Lochpositionen unterscheidet man die Rand-L., die Lochstreifenkarte und die bis ca. 1980 als Ein-/Ausgabemedium weit verbreitete Maschinen-L.

□ Bei der *Rand-L.* befinden sich die Lochpositionen längs der vier Kanten. Die Positionen sind vorgelocht, und die Informationsspeicherung geschieht dadurch, daß einige dieser Löcher zu Kerben gemacht werden. Die Rand-L. fand bei manuell geführten Dateien Anwendung: Sollen aus einem Stapel die Karten mit einer bestimmten Information herausgesucht werden, so fährt man mit einer Sortiernadel an der entsprechenden Lochposition durch die Lochungen des gesamten Stapels und hebt ihn an. Die gesuchten Karten fallen wegen der Kerbung heraus.

□ Die *Lochstreifenkarte* ist eine L., auf der sich die Lochpositionen in lochstreifenähnlicher Form entlang einer Kante befinden. Meist wird auch ein Lochstreifencode zur Informationsdarstellung benutzt. Gegenüber dem Lochstreifen hat die Lochstreifenkarte den Vorteil der handlicheren Unterbringung in Form einer Kartei und des zusätzlichen Raumes für Eintragungen in Klarschrift. Gegenüber der Maschinenlochkarte ist wie beim Lochstreifen die prinzipiell nicht beschränkte Länge günstig. Lochstreifenkarten wurden z.B. in der Oberbekleidungsbranche zur Artikelkennzeichnung benutzt. Für diese Zwecke wurde auch das *Lochticket* (*Lochschriftetikett*) eingesetzt.

□ Im Rahmen der automatischen → Datenverarbeitung bezieht sich die Bezeichnung L. im allgemeinen auf die *Maschinen-L.*, bei der die Lochpositionen in der Regel in 80 Spalten zu je 12 Zeilen angeordnet sind und bei der jede Spalte zur Darstellung eines Zeichens benutzt wird. Das Format von 82,5×187,3 mm geht bereits auf *H. Hollerith* zurück (→ Digitalrechner). Die linke obere Ecke ist abgeschnitten, damit verkehrt liegende Karten innerhalb eines Stapels leicht erkannt werden können (Bild 1).

Auch die früher am häufigsten verwendete Darstellung der Zeichen auf der L. (DIN 66204), also der Lochkartencode (→ Code) geht auf *Hollerith* zurück. Die unteren 10 der 12 Zeilen bilden den *Ziffernbereich*: Jede Ziffer wird durch ein Loch in der entsprechenden Zeile dargestellt. Für die Buchstaben werden Kombinationen von zwei Löchern verwendet, und zwar eine

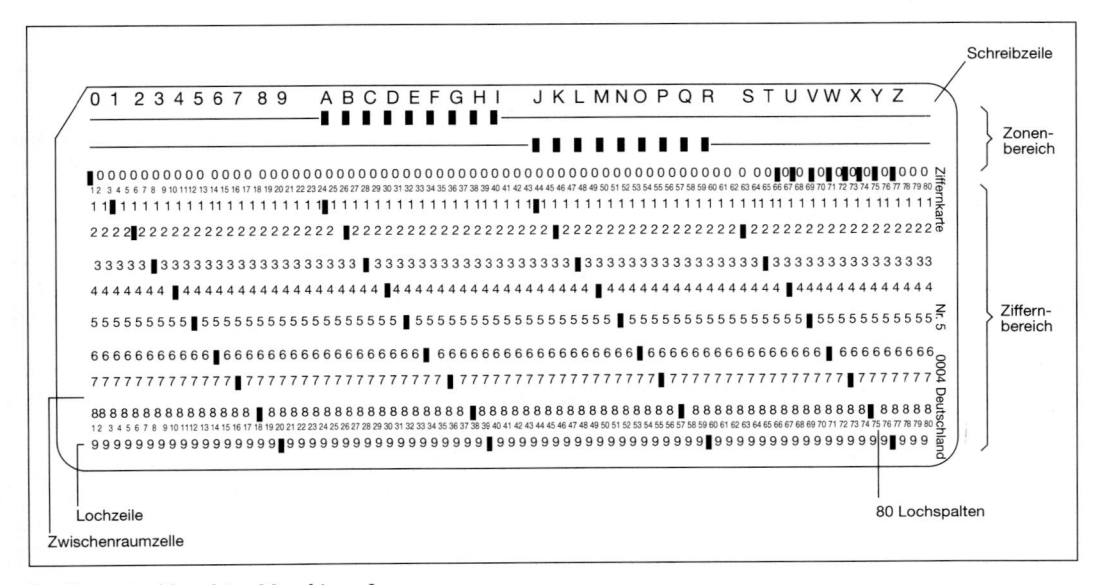

*Lochkarte 1: 80spaltige Maschinen-L.*

*Lochkarte 2: Als Beleg gestaltete L. (Lagerbestandskarte)*

Lochung im Bereich 1 bis 9 und eine in der Nullzeile oder der 11. bzw. 12. Zeile. Diese drei Zeilen werden daher auch als *Zonenbereich* bezeichnet. Für die Sonderzeichen sind meist Drei-Loch-Kombinationen vorgesehen.

An der Oberkante der L. befindet sich eine Schreibzeile, in der die gelochte Information in Klarschrift wiedergegeben werden kann. Soll die L. gleichzeitig als Beleg oder Karteikarte Verwendung finden, so wird sie mit einem Formularaufdruck versehen, der jeweils mehrere Spalten zu einem Feld zusammenfaßt und mit erläuterndem Text versieht (Bild 2).

Das Speichern von Informationen in einer L. geschieht entweder manuell mit einem Kartenlocher (Locher) oder automatisch mit einem L.-Doppler oder mit einem an die Datenverarbeitungsanlage angeschlossenen L.-Stanzer. Ein L.-Leser erlaubt es, die in den Lochkarten gespeicherte Information zu lesen und in ein Datenverarbeitungssystem zu übertragen. In der L.-Technik wurden ferner Lochkartenmischer, Sortiermaschinen und Tabelliermaschinen verwendet.

Zur Herstellung von L. wurden Kartenlocher und Speicherlocher mit Tastaturen bzw. an den Rechner angeschlossene Kartenstanzer verwendet. Für die Eingabe in den Rechner gab es Lochkartenleser für die mechanische oder optische Abtastung. Für die mechanische Verarbeitung von Kartenstapeln waren ferner Sortiermaschinen und Lochkartenmischer verbreitet.

Die *Tabelliermaschine* hat früher in der L.-Technik eine große Rolle gespielt, ihre Bedeutung inzwischen aber verloren. Sie diente im wesentlichen zum zählenden Auswerten von L.-Stapeln und zur tabellarischen Darstellung der Ergebnisse. Rechenoperationen spielen eine untergeordnete Rolle. Ihre Aufgaben werden heute von Datenverarbeitungsanlagen wahrgenommen, wobei die Informationen nicht mehr auf L., sondern auf magnetischen Speichern (→ Magnetbändern, → Magnetplatten) vorliegen.

*Bode/Schneider*

**Lochstreifen** *(punched tape/perforated tape)*. Ein aus einem leicht pergamentierten Papier bestehender → Datenträger, in dem die → Daten durch Lochung gespeichert werden. Für besondere Anwendungen werden auch Kunststoffstreifen und Streifen aus Metallfolie verwandt. Die einzelnen Zeichen (Ziffern, Buchstaben, Sonderzeichen) werden quer zur Streifenrichtung dargestellt, wobei je nach verwendetem Code 5, 7 oder 8 Lochpositionen zur Verfügung stehen (*Spuren*).

Als Eingabemedium bei Datenverarbeitungsanlagen wurden vor allem der 7- und 8-Spurstreifen und der → 7-bit-Code CCIT Nr. 5 (DIN 66003) verwandt, der 128 übertragbare Zeichen umfaßt, darunter 94 Druckzeichen. Der L. hat früher in der Datenerfassung eine sehr große Rolle gespielt, weil durch Kombination von Schreibmaschine und L.-Stanzer, wie sie die Fernschreibmaschinen erlauben, die gleichzeitige Erfassung von Daten (z. B. Geschäftsvorgängen) auf einem Formular und dem L. möglich war; dadurch war die Übereinstimmung des maschinenlesbaren Datenträgers mit dem Urbeleg sichergestellt. Diese Aufgaben sind heute von Erfassungsgeräten mit magnetischen Speichermöglichkeiten, wie → Magnetband oder → Magnetplatte übernommen (Datenerfassung).

Ein anderes wichtiges Anwendungsgebiet des L. ist die numerische Steuerung von Werkzeugmaschinen. Dabei werden Werkzeugauswahl, Positionierung und Tätigkeit der Maschine durch entsprechende Lochungen im L. gesteuert. Dieser wird von einer Datenverarbeitungsanlage aufgrund eines in einer geeigneten problemorientierten → Programmiersprache abgefaßten → Programmes erzeugt.

*L.-Abtaster* (*Lochstreifenleser*) dienen dem Umsetzen der auf dem L. gespeicherten Information in elektrische Impulse und sind daher als Eingabegeräte bei Datenverarbeitungsanlagen geeignet. Die Herstellung erfolgt mit *L.-Stanzern*.

*Bode/Schneider*

**Logik** ⟨*logic*⟩. Kurzbezeichnung für alle logischen Schaltungen in einem Gerät oder System. Wesentliche Aspekte der L. sind:

☐ Die *L.- oder Schaltungsfunktion* als Logikverknüpfung binärer Variablen. Sie kann kombinatorisch oder sequentiell (oder beides) sein. Schaltfunktionen werden durch Logikgleichungen (*Boole*sche Gleichungen) oder mit Wahrheitstabellen, Automaten- bzw. Zustandstabellen beschrieben. Technisch werden Schaltfunktionen durch digitale Schaltungen (mit Gattern und Flip-Flops) realisiert.

☐ Der *Logikplan* als Plan mit symbolischer Darstellung aller Logikgatter durch (symbolische) Schaltzeichen und ihrer Verbindungsleitungen.

☐ Der *Logikentwurf*, d. h. die Realisierung von Logikfunktionen durch Logikgatter (bzw. gleichwertige Schaltelemente wie Transfer-Gates) oder die Programmierung universeller Funktionsblöcke (PLA, ROM, PAL). Der Entwurf schließt dabei die Logikminimierung (z. B. durch *Karnaugh*-Diagramme, das *Quine-Mc-Cluskey*-Verfahren u. a.) ein.

☐ Die *Logiksimulation* als Simulation binärer digitaler Funktionseinheiten zur Prüfung der Logikfunktion durch Eingabe einer binären Eingangsbelegung (das sog. Testmuster). Je nach Modellierung der digitalen Schaltung durch Standardgatter (AND, NOR, XOR, FF u. a.) oder auf Transistorebene mit Schaltern spricht man von Simulation auf Gatterebene oder Switch-level-Simulation. Die Logiksimulation erfolgt mit Logiksimulationsprogrammen. *Paul*

**Logik, algorithmische** ⟨*algorithmic logic*⟩. Erweiterung der klassischen Logik, bei der Programme als Modaloperatoren aufgefaßt werden. Ist P ein Programm und α ein Prädikat (→ Nachbedingung), so gilt die Formel Pα in einem Zustand s, wenn das Programm P, beginnend im Zustand s, terminiert, und danach α erfüllt ist. Damit können Korrektheitsaussagen für Pro-

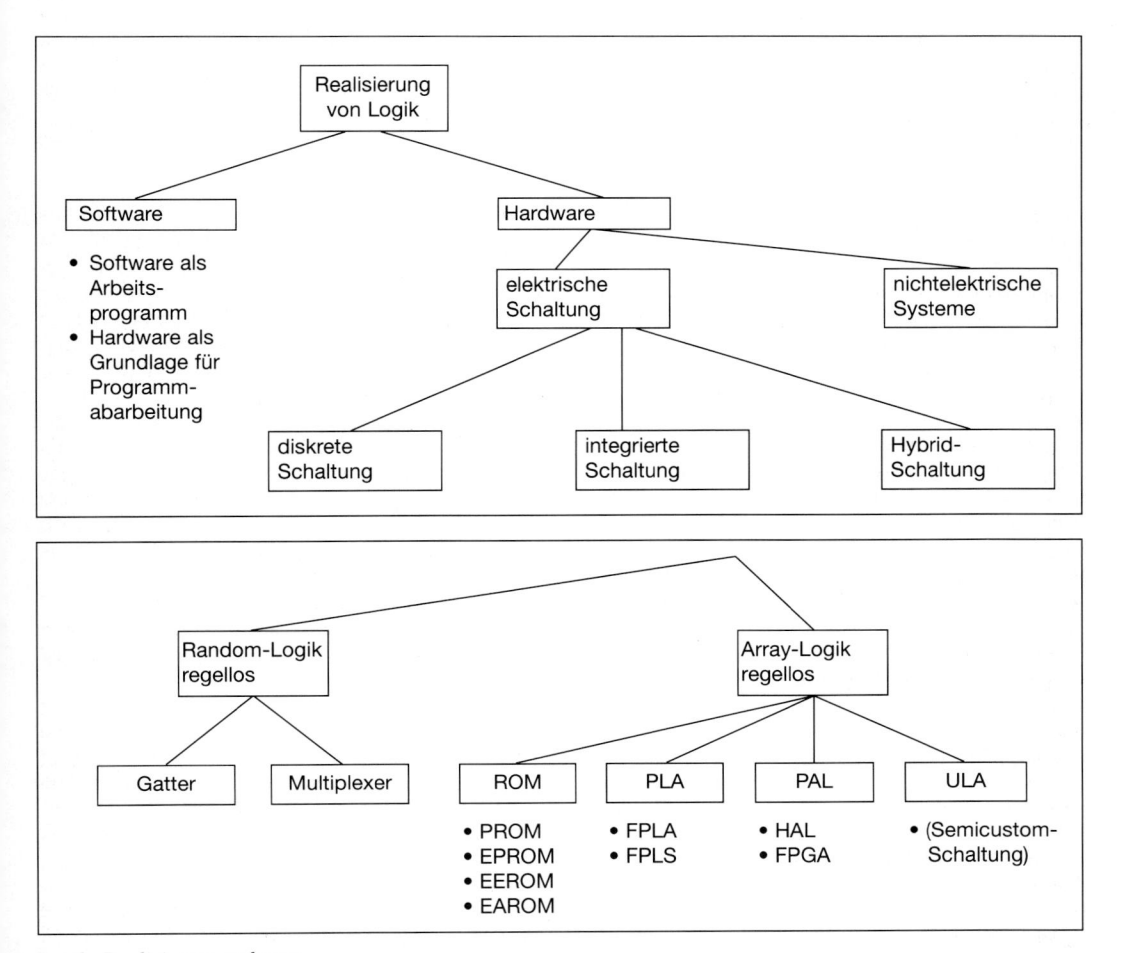

*Logik: Realisierungsschema*

gramme (→ Korrektheit) formuliert und bewiesen werden. Verschiedene Klassen von Programmen wie deterministische, nichtdeterministische oder nebenläufige Programme definieren entsprechende a. L. Dies kann auch zur Definition von Datenstrukturen verwendet werden; so ist die Formel

(begin y:=0; while x ≠ y do y:=y+1 od ent) true

genau in den Zuständen erfüllt, in denen x eine natürliche Zahl ist.

Einen ähnlichen Ansatz wie die a. L. verfolgt die *dynamische Logik*, bei der Programme ebenfalls als Modaloperatoren aufgefaßt werden. Der Formel Pα der a. L. entspricht in der dynamischen Logik die Formel $\langle P \rangle \alpha$; die dazu duale Formel $[P]\alpha$ drückt die partielle Korrektheit von P zur Nachbedingung α aus. Unterschiede bestehen hinsichtlich weiterer in diesen Logiken definierten Operatoren und damit ihrer Ausdrucksmächtigkeit. Die → Hoare-Logik kann als Teilsprache sowohl der algorithmischen als auch der dynamischen Logik aufgefaßt werden. *Merz/Wirsing*

Literatur: Einen Überblick über verschiedene Logiken und zugehörige Beweissysteme gibt *Mirkowska, G.; Salwicki, A.*: Algorithmic logic. Dordrecht: Reidel und Warschau: PWN – Polish Scientific Publishers 1987. – *Harel, D.*: Dynamic logic. In: *D. Gabbay, F. Guenthner* (Eds.): Handbook of philosophical logic, Vol. II. Reidel, Dordrecht 1984, pp. 497–604.

**Logik-Bausteine** ⟨logic elements⟩. Unabhängige Schaltelemente zur Verarbeitung binärer Impulse wie AND-, OR-, NOT-Gatter oder
bei zusätzlicher Verwendung eines jeweils inversen Ausgangs NAND-, NOR-Gatter oder
durch Kombination einzelner Bausteine erzeugte Kombi-Gatter oder
als Speicherelemente für einzelne Bits oder Bytes dienende Flip-Flops bzw. Schieberegister.

Zweckmäßig steht eine größere Anzahl von solchen Elementen zur Verfügung und läßt sich auf einem Steckbrett (→ Kreuzschienenverteiler) bequem zusammenschalten und mit einer zentralen Spannungsquelle verbinden. Für die Impulsgebung wird dann noch ein Multivibrator gebraucht; der Zustand eines Flip-Flops bzw. der Zustand am positiven Ausgang eines Gatters wird durch eine optische Anzeige verdeutlicht.

Mit solchen L.-B. lassen sich logische Probleme folgender Art lösen: Der junge Ehemann gibt seiner Frau folgende Vorschriften, die alle gleichzeitig erfüllt sein müssen:
– Zu jeder Mahlzeit mußt Du Eiscreme reichen, wenn es kein Brot gibt.
– Wenn Du Brot und Eiscreme zur gleichen Mahlzeit gibst, darfst Du keine sauren Gurken servieren.
– Wenn aber saure Gurken gereicht werden oder Brot nicht gereicht wird, dann darf es auch keine Eiscreme geben.

Dabei stellen die drei Sätze insgesamt eine logische → Konjunktion dar, die durch ein AND-Gatter realisiert wird. Jeder einzelne Satz ist eine Wenn-dann-Beziehung $p \rightarrow q$, die logisch gleichwertig ist mit der → Disjunktion $\bar{p} \vee q$ und deshalb durch ein OR-Gatter dargestellt werden kann. Die systematische Belegung der drei Eingänge mit allen Permutationen erfolgt am einfachsten mit einem dreistelligen Dualzähler.

Neben Kettenschlüssen lassen sich z.B. auch logische Gesetze wie das Gesetz von *de Morgan* durch vollständiges Abfahren der denkbaren Wahrheitsbelegungen als Tautologie beweisen. Auf diese Weise lassen sich alle Umformungen der *Boole*schen Algebra (→ Aussagenlogik) sowie Normalformen, *Quine*sche Minimalformen usw. mit Äquivalenzprüfungen durchgehen. L. B. lassen sich auch mit → Software (z.B. LOCAD) am Bildschirm simulieren.

Für den → Informatikunterricht besonders lehrreich ist der Übergang von solchen logischen Kettenschlüssen zu Rechenwerken, dem Halbaddierer, Volladdierer und Multiplizierwerk, schließlich zu einem begrenzten → Taschenrechner im Zahlenraum nicht zu langer → Dualzahlen und sogar zu kleinen numerischen Algorithmen, ohne daß neue elektronische Bausteine eingeführt zu werden brauchen. Ebenso lassen sich Logikschaltungen in der Technik zur Steuerung und Regelung von Prozessen bequem und lehrreich realisieren.

*Klingen*

**Logik, formale** ⟨formal logic⟩. Die formale oder mathematische → Logik ist ein für die Informatik sehr wichtiges Teilgebiet der Mathematik; sie wird angewendet sowohl für die Konstruktion der → Hardware von Rechenanlagen als auch für die Beschreibung der → Semantik von → Programmiersprachen, für die Entwicklung korrekter → Programme sowie für die Repräsentation von Wissen.

Die f. L. stellt Formalismen zur Notation von Aussagen und zum formalen (kalkülmäßigen) Rechnen mit diesen Aussagen zur Verfügung. An den Aussagen interessiert dabei nur, wie sie zusammengesetzt sind und welchen Wahrheitswert (aus einer endlichen, meist zweielementigen Menge von Wahrheitswerten) sie haben. Das Rechnen besteht darin, Aussagen aus anderen zu konstruieren und den Wahrheitswert von Aussagen (direkt durch Analyse der Aussage oder indirekt durch Schlußfolgerungen mit Hilfe von anderen Aussagen) zu bestimmen.

Die zu behandelnden Aussagen werden in der Logik als Worte einer → formalen Sprache dargestellt und logische Formeln genannt. Diese Sprache ist aufgebaut aus konstanten Grundzeichen für die Wahrheitswerte (z.B. T und F für „wahr" und „falsch"), für die logischen Operatoren (zur Konstruktion von Aussagen aus anderen Aussagen) sowie für die Strukturierung von Formeln (d.h. verschiedene Klammern) und aus Zeichen, mit denen die Objekte, über die etwas ausgesagt werden soll, sowie eventuell gewisse Eigenschaften repräsentiert werden können.

Je nach Wahl der formalen Sprachen erhält man verschiedene Logiken. In der Logik wird daher auch untersucht, wie solche verschiedenen Logiken miteinander zusammenhängen, ob es Klassen von mehr oder weniger äquivalenten Logiken gibt etc.

Ein wesentliches Unterscheidungsmerkmal für Logiken ist die Art und Weise, wie Formeln Wahrheitswerte zugeordnet werden. Drei für die Informatik sehr wichtige Logiken sind:
☐ die → *Aussagenlogik*, die nur Aussagen behandelt, die aus elementaren Aussagen (die entweder wahr oder falsch sein können) mit Hilfe einfacher Operatoren zusammengesetzt sind;
☐ die → *Prädikatenlogik*, bei der Individuen (die i. allg. durch komplizierte Terme beschrieben werden können) Eigenschaften (Prädikate) zugesprochen werden und generalisierende („für alle") sowie existentielle („es existiert ein") Aussagen über sie gemacht werden können;
☐ die → *temporale Logik*, bei der auch Aussagen über Zustände von Objekten zu verschiedenen Zeitpunkten gemacht werden können.

Wichtig für das Arbeiten mit der f. L. ist, daß die Formeln der Logik von sich aus keine Bedeutung haben und daß die Kalküle der Logik (die formalen Schlußfolgerungs-, Beweis- oder Herleitungsverfahren) darauf beruhen, daß sie unabhängig von verschiedenen Interpretationen dieser Formeln als rein formale Umformungen von Zeichenreihen verwendet werden können. Obwohl eine logische Formel je nach Interpretation ganz verschiedene Bedeutungen haben kann, ist der Zusammenhang zwischen → Syntax (Struktur/Form) und Semantik (Bedeutung/Inhalt) nicht willkürlich, sondern durch für die jeweilige Art der Logik typische Gesetzmäßigkeiten eingeschränkt. *Brauer*

Literatur: *Bergmann, E.; Noll, H.*: Mathematische Logik mit Informatik-Anwendungen. Berlin 1977. – *Schöning, U.*: Logik für Informatiker. 2. Aufl. Mannheim 1989.

**Logik, lineare** ⟨*linear logic*⟩. Eine von *J.-Y. Girard* durchgeführte Verfeinerung der klassischen → Logik. Sie betrachtet den Prozeß der Ableitung von Aussagen aus gegebenen Aussagen als einen Berechnungsprozeß, bei dem → Ereignisse zu Zustandsänderungen führen und dabei → Ressourcen verbrauchen (z. B. kann man Voraussetzungen, die für einen logischen Schluß verwendet wurden, als verbraucht ansehen). *Brauer*

Literatur: *Girard, J.-Y.*: Linear logic: A survey. In: *Bauer, F. L. et al.* (Eds.): Logic and algebra of specification. Springer, Berlin 1991.

**Logik, nichtmonotone** ⟨*nonmonotonic logic*⟩. Logischer → Kalkül zur → Modellierung von nichtmonotonem Schließen. In klassischer (monotoner) → Logik können Schlußfolgerungen durch Zufügen von Prämissen niemals falsch werden. Der Umgang mit Alltagswissen erfordert es jedoch häufig, vorläufige Schlüsse zu ziehen und bei Bekanntwerden zusätzlicher Informationen wieder zurückzunehmen. Dies wird am folgenden Beispiel illustriert:
*Prämisse 1*: Fiete ist ein Vogel. Vögel können fliegen.
*Schlußfolgerung 1*: Fiete kann fliegen.
*Prämisse 2*: Fiete ist ein Pinguin. Pinguine können nicht fliegen.
*Schlußfolgerung 2*: Fiete kann nicht fliegen.
Schlußfolgerung 1 muß zurückgenommen werden.

Eine Formalisierung von nichtmonotonem Schließen hat das Ziel, menschliches Schließen in → Systemen der → Künstlichen Intelligenz zu modellieren und Grundlagen für die Verwaltung veränderlichen Wissens in → Wissensbasen zu schaffen. Wichtige Ansätze sind Modal-L., Autoepistemische L., Default-L. und Umschreibung (circumscription). *Neumann*

Literatur: *Genesereth, M. R.; Nilsson, N. J.*: Logical foundations of artificial intelligence. London 1987.

**Logik, temporale** ⟨*temporal logic*⟩. Erweiterung der mathematischen Logik um Aussagen, deren Wahrheitswert zu verschiedenen Zeitpunkten unterschiedlich sein kann. Formal ist sie ein Zweig der modalen Logik, bei der die Erreichbarkeitsrelation als zeitliche Abfolge und entsprechend die Modaloperatoren als Zeitbezüge interpretiert werden. Typisch sind einstellige Operatoren wie „always" (meist mit ☐ oder G bezeichnet), „eventually" (◊ oder F) und „next" (o bzw. X) oder zweistellige Operatoren wie atnext und until. Diese Operatoren sind nicht unabhängig, so sind ☐ und ◊ duale Operatoren, ☐ wird als reflexiv transitive Hülle von o interpretiert, und häufig sind die einstelligen Operatoren aus den zweistelligen definierbar. In der Informatik wird die t. L. hauptsächlich zur Beschreibung und Verifikation (meist nebenläufiger) Programme angewandt; weitere Anwendungsgebiete liegen in der → Künstlichen Intelligenz, etwa zur Wissensrepräsentation oder bei temporalen Datenbanken.

*Beispiel*
Die Spezifikation eines einfachen Programms zur Leser-Schreiber-Synchronisation könnte etwa folgende Formeln enthalten:
– „Zu keinem Zeitpunkt dürfen ein Leser und ein Schreiber gleichzeitig aktiv sein."
– $(\neg \exists \, r \in \text{Readers}, w \in \text{Writes}: \text{Active}(r) \wedge \text{Active}(\wedge)$.
– „Schreiber sollen in der Reihenfolge ihrer Anmeldung bedient werden."
$\forall \, w_1, w_2 \in \text{Writers}:$
  $(\text{Request}(w_1) \text{ before } \text{Request}(w_2))$
  $\rightarrow (\text{Active}(w_1) \text{ before } \text{Active}(w_2))$
– „Falls alle Schreibzugriffe terminieren, soll jeder Lesewunsch irgendwann befriedigt werden."
  $(\forall \, w \in \text{Writers}: \Box \Diamond \neg \text{Active}(w))$
  $\rightarrow \forall \, r \in \text{Readers}: \Box(\text{Request}(r) \rightarrow \Diamond \text{Active}(r))$

Je nach der Struktur des zugrunde liegenden Zeitmodells unterscheidet man Punkt- oder Intervallogiken, diskrete oder dichte, lineare, verzweigte oder partiell geordnete Strukturen. T. L. zur Programmspezifikation basieren meist auf diskreten Punktstrukturen, die den Zustandsfolgen eines Programmablaufs (lineare t. L.) bzw. dem Zustandsgraph eines Programms (verzweigte t. L.) entsprechen. Zur adäquaten Modellierung der Prozeßstruktur nebenläufiger Programme werden gelegentlich partielle statt linearer Ordnungen bevorzugt.

Industrielle Bedeutung hat die automatische Verifikation zustandsendlicher Programme gegenüber temporallogischen Spezifikationen gewonnen (→ Model Checking), die aus Effizienzgründen gewöhnlich in verzweigten t. L. wie CTL (Computation Tree Logic) formuliert werden. *Merz/Wirsing*

Literatur: *Emerson, E. A.*: Temporal and modal logic. In: *J. v. Leeuwen* (Ed.): Handbook of theoretical computer science, Vol. B. Elsevier Sci. Publ., 1994, pp. 997–1072. – *Gabbay, D.; Hodkinson, I.; Reynolds, M.*: Temporal logic – mathematical foundations and computational aspects, Vol. 1. Clarendon Press, Oxford 1994. – *Kröger, F.*: Temporal logic of programs. EATCS Monographs on theoretical computer science 8. Springer, Berlin 1987. – *Manna, Z.; Pnueli, A.*: The temporal logic of reactive and concurrent systems. Vol. 1: Specification. Springer, New York 1992.

**Logik, unscharfe** ⟨*fuzzy logic*⟩ → Fuzzy-Logik

**LOGO** ⟨*LOGO*⟩. → Programmiersprache, die Konzepte aus LISP übernommen hat und besonders als Anfängersprache für jüngere Jugendliche dienen soll.

Die Basiselemente von L. sind Prozeduren bzw. Funktionen, die in anderen Prozeduren wieder aufgerufen werden können und entweder dem Standard angehören oder vom Anwender definiert werden, wodurch L. erweiterbar ist. Dabei werden insbesondere → Rekursionen häufig und konsequent verwendet. Grundlegende → Daten und *Datenstrukturen* sind
– Zahlen als Zeichenfolgen, die nur Ziffern und übliche Sonderzeichen enthalten,
– Wörter als Zeichenfolgen, die mit Anführungsstrichen beginnen und einem Leerzeichen enden,
– Listen als geordnete Folgen von Objekten in eckigen Klammern. Dabei können Listen andere Listen enthalten:
[[Hans Otto] [Karl Heinz] [Leo]].

Vordefiniert sind in L. neben arithmetischen Funktionen besonders Funktionen zur Listenverarbeitung.
*Beispiel:*
FIRST (Hans Otto) = Hans;
BUTFIRST (Hans Otto) = (Otto).
(Bei der zweiten Prozedur wird die Liste ohne ihr erstes Element geliefert.)

Neben Funktionen gibt es Prozeduren, die kein Ergebnis liefern, aber eine Aktion ausführen, z. B. eine → Ausgabe.

Zu L. gehört die Turtle-Graphik, über die besonders Kinder die Anfänge des Programmierens lernen sollen. Durch programmierte Bewegungen eines Schildkrötensymbols (Pfeil) auf dem → Bildschirm werden vielfältige geometrische Figuren erzeugt. Dabei steht der Pfeil auf einer bestimmten (abfragbaren) Position und weist in eine aktuelle Richtung. Über die Prozeduren FORWARD, BACKWARD, RIGHT, LEFT mit entsprechenden Längen- und Winkelparametern kann der Pfeil bewegt werden und hinterläßt einen geraden Strich auf dem Bildschirm. Durch die Prozeduren PEN UP kann das Zeichnen unterbrochen bzw. durch PEN DOWN fortgesetzt werden.

*Beispiel* (mit deutschen Prozedurnamen)

| PR WINDMUEHLE | PR DREIECK |
|---|---|
| DREIECK | VORWAERTS 60 |
| RECHTS 120 | RECHTS 120 |
| DREIECK | VORWAERTS 60 |
| RECHTS 120 | RECHTS 120 |
| DREIECK | VORWAERTS 60 |
| RECHTS 120 | RECHTS 120 |
| ENDE | ENDE |

*Klingen*

Literatur: *Menzel, K.*: LOGO in 100 Beispielen. Stuttgart 1985.

**lokale Wirkung eines Dienstes** ⟨*local effects of a service*⟩ → Rechensystem

**Lokalisierer** ⟨*locator*⟩. In der graphischen → Datenverarbeitung wird damit eine Eingabeklasse bezeichnet, der alle → funktionalen Eingabegeräte angehören, die einen Koordinatenpunkt liefern. So ein Eingabewert wird durch die Positionierung eines geeigneten physischen Gerätes erzeugt (z. B. die Bewegung eines Fadenkreuzes auf dem Display durch einen → Joystick oder durch die Positionierung eines Stiftes auf einer Tablettfläche).

Beim Graphischen Kernsystem (→ GKS) erzeugt ein Gerät der Eingabeklasse L. einen Punkt in → Weltkoordinaten und die Nummer der zugehörigen Normalisierungstransformation. *Encarnação/Alheit/Haag*

**Lokalität des Zugriffsverhaltens** ⟨*locality rule of the access behaviour*⟩ → Speichermanagement

**LOTOS** ⟨*LOTOS (Language of Temporal Ordering Specification)*⟩. Formale Spezifikationssprache, die in erster Linie für die → Spezifikation von → Protokollen entworfen wurde. L. wird von der → ISO seit 1981 entwickelt. Ein System wird in L. im wesentlichen durch die Ereignisse, die von außen sichtbar sind, und ihre Beziehungen zueinander beschrieben. L. basiert auf den Arbeiten über abstrakte Datentypen und über CCS (Calculus of Communicating Systems). Die abstrakten Datentypen wurden von der algebraischen Spezifikationssprache ACT ONE übernommen und modifiziert. ACT ONE wurde an der Technischen Universität Berlin entwickelt. Die Prozeßalgebra wurde zuerst mit der Sprache CCS von *R. Milner* an der Universität von Edinburgh eingeführt.

Neben CCS wurden für L. auch Elemente von CSP (Communicating Sequential Processes) übernommen. L. wird üblicherweise aufgeteilt in das Basic-L. und das Extended-L. Basic-L. umfaßt die Beschreibung des dynamischen Verhaltens von Prozessen und verschiedene Operatoren zur Verknüpfung von → Prozessen. Durch Hinzunahme der → Syntax für Definition, Deklaration und Gebrauch von Daten ergibt sich das Extended-L. (→ Estelle; → SDL; → Spezifikationstechniken, formale). *Hoff/Spaniol*

Literatur: *ISO/IS 8807*: LOTOS: Language for the temporal ordering specification of observational behavior. 1987. – *Hogrefe, D.*: Estelle, LOTOS und SDL – Standard-Spezifikationssprachen für verteilte Systeme. Springer, Berlin 1989.

**LP** ⟨*LP (Larch Prover)*⟩. Beweisunterstützungssystem zur Analyse von → Spezifikationen der Spezifikationssprache LSL (Larch Shared Language) der Sprachenfamilie → Larch. *Hennicker/Wirsing*

**LR(k)-Grammatik** ⟨*LR(k) grammar*⟩. Eine → kontextfreie Grammatik, bei der für jedes → Wort der erzeugten → Sprache auf folgende Weise eindeutig genau eine erzeugende Folge von Ersetzungen mittels Regeln der Grammatik gefunden werden kann: Man beginne mit dem zu betrachtenden Wort und versuche, indem man das Wort von links nach rechts abarbeitet, diejenige Regel zu finden, die angewandt wurde, als das äußerste rechte Nichtterminal des in der Erzeugungsfolge vorangehenden Wortes ersetzt wurde und das betrachtete Wort entstand. Dabei dürfen über den bereits abgearbeiteten Teil des betrachteten Wortes hinaus k weitere → Zeichen des Wortes zur Entscheidung herangezogen werden. LR(k)-G. (und Varianten davon) spielen im Compilerbau eine sehr wichtige Rolle. Für jede von einem deterministischen → Kellerautomaten akzeptierbare Sprache gibt es eine sie erzeugende LR(k)-G. (sogar schon mit k=1). *Brauer*

Literatur: *Salomaa, A.*: Formale Sprachen. Berlin 1978. – *Stetter, F.*: Grundbegriffe der theoretischen Informatik. Berlin 1988.

**LRU** ⟨*LRU (Least Recently Used)*⟩ → Speichermanagement

# M

**m-aus-n-Systeme** ⟨*m from n systems*⟩. Eine Klasse von zusammengesetzten → Modellsystemen, die in vielen Anwendungsbereichen zur Beschreibung und zur Analyse der → Zuverlässigkeit von Systemen nützlich sind. Seien m, n ∈ ℕ, $1 \leq m \leq n$ und S ein System aus n Komponenten. S ist ein m-aus-n-S., geschrieben $\binom{n}{m}$-System, wenn gilt: S ist genau dann intakt, wenn wenigstens m seiner Komponenten intakt sind. Bei fester Komponentenanzahl n ergeben sich mit den für m zugelassenen Werten Systeme mit unterschiedlichen Zuverlässigkeitscharakteristika. Die angegebene Definition legt im wesentlichen die Systemfunktionen für $\binom{n}{m}$-Systeme fest. Zur Berechnung von → Zuverlässigkeitskenngrößen sind zusätzliche Kenntnisse über die stochastischen Eigenschaften der Komponenten erforderlich. Wenn S ein → Einphasensystem und ein $\binom{n}{m}$-System ist, dann ist zur Berechnung der → Lebenszeit von S die gemeinsame Verteilung der Lebenszeiten der Komponenten erforderlich. Wenn S ein → Zweiphasensystem und ein $\binom{n}{m}$-System ist, dann sind zur Berechnung der → Verfügbarkeit von S zur Zeit t oder der stationären Verfügbarkeit von S die entsprechenden gemeinsamen Verteilungen der Komponenten erforderlich.

Mit n ∈ ℕ sei $S_\wedge(n)$ ein $\binom{n}{n}$-System. $S_\wedge(n)$ ist definitionsgemäß genau dann intakt, wenn seine n Komponenten intakt sind. $S_\wedge(n)$ ist bzgl. seines Zustands „intakt" Serienkombination seiner Komponenten; man nennt $S_\wedge(n)$ → Seriensystem mit n Komponenten. Das Seriensystem $S_\wedge(n)$ ist ein Musterbeispiel für ein System ohne → Redundanz. Die Systemfunktion von $S_\wedge(n)$ ist $\xi(z_1, \ldots, z_n) = z_1 \ldots z_n$ für alle $(z_1, \ldots, z_n) \in \mathbb{B}^n$. Zur Berechnung der stationären Verfügbarkeit $A(S_\wedge(n))$ muß die gemeinsame stationäre Verteilung der Zustandsvariablen $Z_1, \ldots, Z_n$ der n Komponenten bekannt sein. Wenn sie mit dem W-Maß P gegeben ist, dann gilt
$A(S_\wedge(n)) = P\{Z_1 = 1, \ldots, Z_n = 1\}$.

Wenn die Zustandsvariablen der Komponenten unabhängig sind, dann ist $A_i = P\{Z_i = 1\}$ für $i \in \{1, \ldots, n\}$ die stationäre Verfügbarkeit der i-ten Komponente, und es gilt

$$A\left(S_\wedge(n)\right) = \prod_{i=1}^{n} A_i.$$

Mit n ∈ ℕ sei $S_\vee(n)$ ein $\binom{n}{1}$-System. $S_\vee(n)$ ist definitionsgemäß genau dann intakt, wenn wenigstens eine seiner Komponenten intakt ist. $S_\vee(n)$ ist bzgl. des Zustands „intakt" Parallelkombination seiner Komponenten; man nennt $S_\vee(n)$ → Parallelsystem mit n Komponenten. Das Parallelsystem $S_\vee(n)$ ist ein Musterbeispiel für ein System mit → statischer Redundanz. Es toleriert, daß bis zu $n-1$ seiner Komponenten defekt werden. Für die Systemfunktion von $S_\vee(n)$ gilt $\xi(z_1, \ldots, z_n) = \bar{z}_1 \ldots \bar{z}_n$ für alle $(z_1, \ldots, z_n) \in \mathbb{B}^n$ mit − als Zeichen für das Komplement. Zur Berechnung der stationären Verfügbarkeit $A(S_\vee(n))$ muß die gemeinsame stationäre Verteilung der Zustandsvariablen $Z_1, \ldots, Z_n$ der n Komponenten bekannt sein. Wenn sie mit dem W-Maß P gegeben ist, dann gilt
$A(S_\vee(n)) = 1 - P\{Z_1 = 0, \ldots, Z_n = 0\}$.

Wenn die Zustandsvariablen der Komponenten unabhängig sind, dann ist $A_i = P\{Z_i = 1\}$ für $i \in \{1, \ldots, n\}$ die stationäre Verfügbarkeit der i-ten Komponente, und es gilt

$$A\left(S_\vee(n)\right) = 1 - \prod_{i=1}^{n} (1 - A_i).$$

Wenn man das Seriensystem $S_\wedge(n)$ und das Parallelsystem $S_\vee(n)$ für den Fall unabhängiger und mit für beide Systeme gleich verteilten Zustandsvariablen der Komponenten bzgl. der stationären Verfügbarkeiten miteinander vergleicht, dann gilt
$A(S_\wedge(n)) \leq A_k \leq A(S_\vee(n))$
für jedes $k \in \{1, \ldots, n\}$. Dabei gelten die Gleichheiten nicht, wenn $0 < A_i < 1$ für alle $i \in \{1, \ldots, n\}$ gilt. Die Verfügbarkeit des Seriensystems ist dann also kleiner als die jeder Komponente und die Verfügbarkeit des Parallelsystems größer als die jeder Komponente. Die $\binom{n}{m}$-Systeme mit $n > 2$ und $1 < m < n$ sind Systeme mit statischer Redundanz, die mit m variiert. Typische Beispiele hierfür sind die → TMR-Systeme. P. P. Spies

**MAC** ⟨*MAC (Medium Access Control)*⟩ → Medienzugangskontrolle

**Magnetband** ⟨*magnetic tape*⟩ (auch Magnetbandrolle). → Datenträger zur sequentiellen Aufzeichnung von Informationen nach dem Prinzip der magnetischen Speichertechnologie. Die in der EDV gebräuchlichen M. haben eine Breite von 0,5 Zoll und sind auf Kunststoffspulen von 7, 8,5 oder 10,5 Zoll Durchmesser gewickelt. Die Standardlängen des Bandes betragen 183, 366, 732 und 1 100 m.

Auf einem Trägermaterial, meist Polyester, befindet sich einseitig eine dünne Schicht magnetisierbaren Materials feinster Körnung (Eisen(III)-Oxid), welches mit einem organischen Bindemittel versetzt ist. Während des Produktionsprozesses wird das Trägermaterial in breiten Bahnen beschichtet, auf Defekte in der Beschichtung, die zu Datenfehlern führen können, geprüft und anschließend in die 0,5 Zoll breiten Bänder geschnitten. Zur Erkennung des (logischen) Bandanfangs und -endes werden schmale reflektierende Folienmarken auf das Band geklebt, die von der M.-Einheit durch optische Sensoren erkannt werden. Durch die Verwendung von organischen Materialien sind die M. in hohem Maße abhängig von Temperatur und Luftfeuchte. Archivierte M. müssen in regelmäßigen Zeitabständen umgespult werden, um die auftretenden Kräfte im Wickel, die zu dauerndem Datenverlust führen können, abzubauen.

Die nahezu beliebig oft beschreib- und wieder löschbaren M. haben in der Vergangenheit eine große Rolle in der Datenverarbeitung gespielt. Wegen ihrer Auswechselbarkeit, Transportierbarkeit und v. a. des einheitlichen physikalischen und logischen Aufschriebformats wegen waren sie die bevorzugten Datenträger für Archivierung, → Datensicherung und Datenaustausch zwischen verschiedenen Rechnern. Ihre Bedeutung hat erst in den letzten Jahren durch die Entwicklung preiswerterer, kleinerer und schnellerer Geräte und Medien an Bedeutung verloren (z. B. → M.-Kassette), jedoch existieren weltweit noch große Datenbestände auf einigen 100 Millionen M. *Pott*

**Magnetband-Kassetteneinheit** *⟨magnetic tape cartridge drive⟩*. Wie die → Magnetbandeinheiten gehören die M.-K. zu den Sekundärspeichern innerhalb der Speicherhierarchie von Computersystemen. Ihre Einsatzgebiete sind entsprechend die → Datensicherung, -auslagerung und -archivierung sowie der Datenaustausch.

Die Technologie der M.-K. wurde später als die der Magnetbandeinheiten entwickelt. Seit den 70er Jahren wurde eine Vielzahl unterschiedlicher Typen mit wechselnden Markterfolgen zur Serienreife gebracht. Im folgenden die wichtigsten Gerätetypen:

□ *Halbzoll-M.-K.:* von IBM entwickeltes und 1973 vorgestelltes Speichersystem, welches auf den 1/2″-Cartridges die Daten mittels eines Schreib-/Lesekopfes in Dünnfilm-Technologie mit 18, später mit 36 parallelen Spuren aufzeichnet. Das Band wird nach dem Einlegen der Cartridge automatisch auf die Aufnahmespule im Gerät gewickelt und während des Transports durch einen erzeugten Überdruck berührungslos um die Bandführungen geführt, nur am Kopf liegt das Band auf. Bedingt durch den Parallelaufschrieb, die hohe Bitdichte und Geschwindigkeit des Bandes ergeben sich Datenraten von 3 MByte/s, die nur von Rechnern höherer Leistungsklassen bereitgestellt werden können (→ Mainframe- und Mehrprozessor-Rechner). Neueste Entwicklungen auf der Basis dieser Kassette speichern auf 128 Spuren bis zu 10 GByte mit Aufzeichnungsraten von 9 MByte/s. Aufgrund der aufwendigen Technik sind diese Laufwerke relativ teuer. In Verbindung mit robotergesteuerten Zuführmechanismen lassen sich Großarchive mit mehreren 10000 Kassetten und Kapazitäten im Terabyte-Bereich realisieren.

Ein Halbzollband wird auch in den sog. DLT(Digital Linear Tape)-Kassetten und -Laufwerken der Quantum Corp. verwendet. Hier werden die Informationen wie bei der IBM-Technik parallel zur Bandrichtung im Serpentinenverfahren aufgezeichnet. In Vorwärts- wie Rückwärtsrichtung werden mehrere Spuren gleichzeitig beschrieben, am Bandanfang wird der Schreib-/Lesekopf dann auf eine neue Spurebene positioniert. Die neueste Generation dieser Technologie kann auf einer einzigen Kassette unkomprimiert bis zu 35 GByte, komprimiert sogar bis zu 70 GByte, unterbringen. Das Beschreiben einer einzigen Kassette dauert trotz der hohen Aufzeichnungsgeschwindigkeit von 5 MByte/s nahezu zwei Stunden.

□ *Data-Cartridge-M.-K.:* Die Data-Cartridge- und Mini-Data-Cartridge-Laufwerke benutzen speziell für den Computereinsatz entwickelte Kassettentypen mit einem 1/4″ (6,3 mm) breiten Band. Der Gerätemotor treibt über ein Reibrad einen in der Kassette befindlichen Riemen an, der seinerseits die Bandwickel antreibt. Der Riemen sorgt dabei für eine gleichmäßige mechanische Bandspannung. Der Aufschrieb erfolgt im sog. Serpentinenverfahren, wobei jeweils in Vorwärts- und Rückwärtsrichtung eine Spur sequentiell aufgezeichnet bzw. gelesen wird. Am Bandende wird auf einen anderen Kopf umgeschaltet, am Bandanfang wird die gesamte Kopfeinheit um eine bestimmte Strecke herauf- oder heruntergefahren. Auf diese Weise werden bis zu 30 Spuren aufgezeichnet, mit Hilfe von Servospuren und Nachführmechanismen bei der neuesten Generation bis zu 144 Spuren.

Die Mini-Data-Cartridge ist eine verkleinerte Ausgabe der Data-Cartridge und speichert etwa 25% der Data-Cartridge. Die Data-Cartridge-Laufwerke haben sich seit Anfang der 80er Jahre im Bereich kleiner bis mittlerer Computersysteme und die Mini-Data-Cartridge-Laufwerke („Floppy Streamer") bei den Personal Computern etabliert. Sie stellen heute die stückzahlmäßig stärkste Variante der M.-K. dar.

□ *Data-Cassette-M.-K.:* Die Data- oder Philips-Cassette-Laufwerke basieren auf der aus dem Audiobereich bekannten MusiCassette. Durch Serpentinenaufschrieb werden Kapazitäten bis zu 600 MByte pro Kassette erreicht. Obwohl die Geräte sehr kompakt und kostengünstig sind, haben sie keinen nennenswerten Marktanteil erreicht und sind heute vom Markt verschwunden.

□ *4-mm-DAT-M.-K.:* Die jüngsten Entwicklungen bei den M.-K. basieren wiederum auf einer aus dem Audio-/Videobereich stammenden Technologie. Das Digital Audio Tape (DAT) wurde Mitte der 80er Jahre als Pendant zu den → Compact Disks entwickelt, hat sich aber im Konsumbereich nicht durchsetzen können. Die daraus entwickelten DAT-M.-K. verwenden ebenfalls die Helical-Scan-Aufzeichnungstechnik, mit der auf einer Kassette von der Größe einer doppelten Streichholzschachtel bis zu 4 GByte, seit 1997 bis zu 12 GByte aufgezeichnet werden können. Diese Geräte können sehr kompakt gebaut werden (3,5″-Formfaktor) und sind daher für → Arbeitsplatzcomputer geeignet.

☐ *8-mm-M.-K.*: Dieser Typ der M.-K. basiert auf der Technologie der Video-8-Recorder und wurde erstmals 1987 von der amerikanischen Firma Exabyte vorgestellt. Das sog. Helical-Scan-Verfahren arbeitet mit einer Schrägspuraufzeichnung mittels eines schräggestellten rotierenden Kopfes und einer in einer geschlossenen Regelschleife (closed loop servo) exakt kontrollierten langsamen Bandgeschwindigkeit. Das Band umschlingt dabei die Kopftrommel etwa um 270°. Durch sich überlappende Datenspuren wird eine extrem hohe Spurdichte erreicht, die zusammen mit der hohen Bitdichte zu Kapazitäten von 20 GByte pro Kassette führen. Die leichten Kassetten lassen sich ideal in kompakten Zuführsystemen („Jukeboxen") einsetzen, wodurch sich diese Technik überall dort etabliert hat, wo große Festplattenkapazitäten bedienerlos gesichert werden müssen. In den 8-mm-M.-K. wird speziell entwickeltes Bandmaterial verwendet, herkömmliche Video-8-Kassetten führen zu großen Fehlerraten bis hin zur Zerstörung der Kopftrommel.

☐ *19-mm-M.-K.*: Diese Technologie nutzt das Helical-Scan-Verfahren auf der Basis der 19-mm-VHS-Kassette. Auf verschieden großen Kassetten lassen sich bis zu 165 GByte im DD-2-Format speichern. Eine Besonderheit stellt dabei die schnelle Suchgeschwindigkeit von 800 MByte/s dar.

Auf dem Markt bzw. in Entwicklung ist noch eine Reihe weiterer M.-K., die mit unterschiedlichen Aufzeichnungsverfahren arbeiten.

Da die M.-K. aufgrund ihrer relativ langen Zugriffszeiten im Sekunden- bis Minutenbereich zu den Sekundärspeichern zählen, ist ihr Haupteinsatzgebiet die Datensicherung von Magnetplatten, die Datenverteilung sowie die Archivierung. Durch ihr günstiges Preis-Leistungsverhältnis und die bei weitem geringsten Kosten pro Kapazität (→ Medienkosten) werden sie auch zukünftig eine große Rolle in der Informationsverarbeitung haben und nur in Teilbereichen durch z. B. optische Medien verdrängt werden. *Pott*

**Magnetbandeinheit** ⟨*magnetic tape unit*⟩. Komponenten von → Rechenanlagen, die von einer → Kontrolleinheit gesteuert, → Signale zur Speicherung von → Informationen auf → Magnetbänder schreiben bzw. von ihnen lesen. Sie gehören in die Klasse der → magnetomotorischen Speicher, in der Speicherhierarchie heutiger Computersysteme werden sie zu den Sekundärspeichern gezählt. Sie dienen in erster Linie dem Datenaustausch, der → Datensicherung und der Archivierung von Informationen. M. arbeiten im sog. Parallelaufschriebverfahren. Das Magnetband wird an einer Kopfeinheit vorbeigeführt, die für Schreiben und Lesen je neun parallele Köpfe besitzt, ein Byte (= 8 bit) plus dem dazugehörigen Paritäts-Bit für die Fehler-

erkennung werden jeweils gleichzeitig geschrieben bzw. gelesen. Die Aufzeichnungsdichte hängt von der Art der Datencodierung ab. Sie liegt bei den heutigen Geräten zwischen 800 Bits pro Zoll (bpi) im veralteten NRZI-Modus, 1 600/3 200 bpi beim Phase-Change (PE)/Double-Density-PE-Verfahren und 6 250 bpi beim GCR-Gruppencodierverfahren. Durch den Parallelaufschrieb gelten die gleichen Werte auch für die Angabe „Bytes pro Zoll". Die Informationen werden blockweise aufgezeichnet, zwischen zwei Blöcken befindet sich eine Blocklücke von 0,3 bis 0,6 Zoll Länge. Abhängig vom Aufzeichnungsverfahren und der verwendeten Blocklänge, beträgt die Kapazität eines 2 400-Fuß-Bandes (732 m) zwischen 32 MByte im PE- und 140 MByte im GCR-Modus.

Man unterscheidet zwei grundsätzliche Typen von M.: die Start/Stopp- sowie die Streamer-Laufwerke (stream, gleichmäßig strömen). Bedingt durch die anfangs langsamen Übertragungsraten der Computersysteme sowie die fehlenden Zwischenspeicher, waren die *Start/Stopp-Geräte* so konstruiert, daß sie nach dem Schreiben bzw. Lesen eines Blockes in der kurzen Blocklücke anhalten und wieder auf Soll-Geschwindigkeit hochfahren konnten. Mit zunehmender Leistungsfähigkeit und Schnelligkeit der M. wuchsen die Anforderungen an die Mechanik enorm. Bandpufferung durch Vakuumkammern oder aufwendig geführte Spannarme waren notwendig, um die durch den Schrittmotor (Capstan) gesteuerten Start/Stopp-Vorgänge von der trägeren Bewegung der Spulmotoren zu entkoppeln. Die heutigen Start/Stopp-Geräte zeichnen mit einer Band-zu-Kopf-Geschwindigkeit von 200 Zoll pro Sekunde (ips) entsprechend 5 m/s auf, der Capstan stoppt und beschleunigt dabei das Band auf einer Strecke von etwa 7,5 mm.

Die *Streamer-Laufwerke* verzichten auf die Eigenschaft, innerhalb einer Blocklücke zu stoppen und wieder zu starten. Sie sind auf eine der Bandgeschwindigkeit entsprechende Datentransferrate ausgelegt, die sie „streamen", d. h. stetig vorwärts laufen, läßt. Zur Unterstützung dieses Betriebs sind die Streamer-Laufwerke meistens mit großen Zwischenspeichern (Buffer, Cache) ausgerüstet. Muß trotzdem ein Start/Stopp-Vorgang durchgeführt werden, bremst das Gerät das Band langsam ab und positioniert in die letzte Blocklücke zurück. Die geringeren Anforderungen an die Mechanik erlauben eine kompaktere, sehr viel kostengünstigere Bauweise als bei den Start/Stopp-Geräten. Die heutige, wahrscheinlich letzte Generation der M., unterstützt sowohl das PE- als auch das GCR-Format, besitzt eine automatische Bandeinfädelung und wird als kompaktes Tischgerät angeboten. *Pott*

**Magnetbandkassette** ⟨*magnetic tape cartridge*⟩. M. bestehen aus einem Gehäuse, in dem sich eine oder zwei Spulen befinden, die das → Magnetband aufnehmen. Das Band wird durch einen externen Antrieb entweder auf eine im Laufwerk befindliche Aufnahme-

*Magnetbandkassette.* Tabelle: Übersicht über die wichtigsten Kenndaten der einzelnen Typen.

| Typ | Anz. Spulen | Bandbreite in mm | Bandlänge in m | Bitdichten in bit/inch | Spurdichten in tpi | Kapazitäten in MByte |
|---|---|---|---|---|---|---|
| 3490-Kassette | 1 | 12,7 (1/2″) | ca. 200 | 38 000 | 36/72 | 200 ... 800 |
| 3590-Kassette | 1 | 12,7 (1/2″) | ca. 400 | 66 000 | 256 | 10 000 |
| DLT-Kassette | 1 | 12,7 (1/2″) | 365 ... 550 | bis 82 000 | bis 416 | bis 35 000 |
| Data Cartridge | 2 | 6,35 (1/4″) | 180 ... 360 | bis 68 000 | bis 576 | bis 13 000 |
| Mini Data Cartr. | 2 | 6,35 (1/4″) | 62 ... 94 | bis 50 000 | bis 224 | bis 4 000 |
| 4-mm-DAT-Kass. | 2 | 4 | 60 ... 125 | 61 000 ... 122 000 | 1 869 ... 2793 | 2 000 ... 12 000 |
| 8-mm-Kassette | 2 | 8 | 160 | 43 000 | 1 638 | bis 20 000 |

3490 und 3590 sind Produktbezeichnungen IBM,
DLT Digital Linear Tape, Produktbezeichnung der Quantum Corp.

spule oder innerhalb der M. auf die zweite Spule gewickelt. Im Datenverarbeitungsbereich werden sowohl speziell für diese Zwecke entwickelte M. (½″-IBM-Kassette, ¼″-QIC-Cartridge) als auch aus der Unterhaltungselektronik abgeleitete M. wie die Philips/Data-Cassette, das 8-mm-Videotape oder die 4-mm-DAT-Cassette benutzt. Durch die unterschiedlichen Aufzeichnungstechnologien ergeben sich momentan Speicherkapazitäten von einigen 100 MByte (IBM-Kassette, QIC-Cartridge) bis zu mehreren GByte pro Cassette (DAT, 8 mm) (Tabelle).

M. sind im Gegensatz zu Magnetbandrollen für die automatische Montage in Wechselmagazinen und robotergesteuerten Bandbibliotheken geeignet. Aufgrund der Kapazitäts- und Handhabungsvorteile verdrängen M. die Bandrollen in weiten Bereichen. *Pott*

**Magnetblasenspeicher** ⟨magnetic bubble memory⟩. M. benutzen zur Darstellung von Informationen zylindrische magnetische Bereiche, die sich in dünnen ferromagnetischen Schichten bilden und bewegen lassen. Anfangs galt diese Technologie als aussichtsreiches Verfahren, um in der Speicherhierarchie von Datenverarbeitungsanlagen zwischen den Magnetplattenspeichern und dem → Arbeitsspeicher im Rechner eine Lücke zu schließen. Die Entwicklung zur Serienreife in den 70er Jahren fiel zeitlich mit entscheidenden Verbesserungen des Preis-Leistungsverhältnisses bei Halbleiterspeichern und Magnetplattenspeichern zusammen. Wegen ihres verhältnismäßig hohen Preises setzte man M. nur für Spezialanwendungen ein, z.B. Werkzeugmaschinensteuerungen, Vermittlungssysteme.

**Grundtechnologie:** Beim Anlegen eines starken externen Magnetfeldes schrumpfen in bestimmten ferromagnetischen Schichten (z.B. Gadolinium-Kobalt) bestehende magnetische Domänen zu kleinen zylindrischen Bereichen mit 1 bis 5 μm Durchmesser. Sie las-

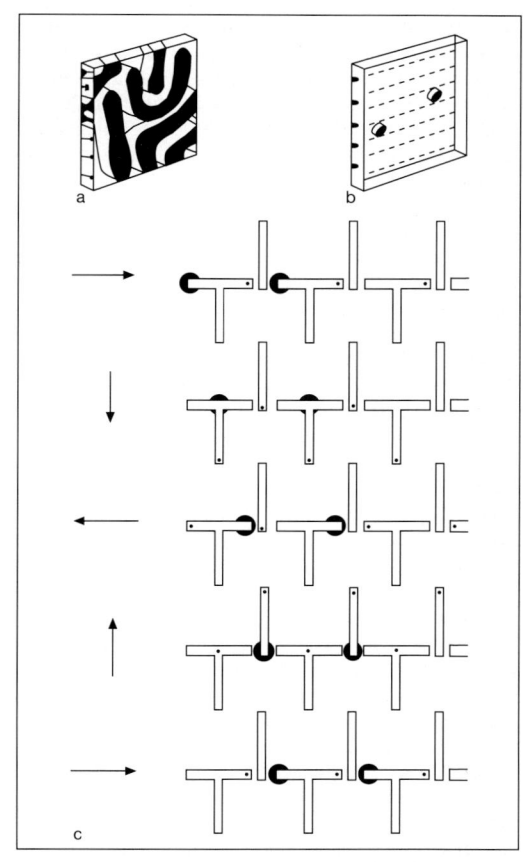

*Magnetblasenspeicher: Magnetblasen. a. Originalzustand, b. Zustand nach Anlegen eines starken äußeren Magnetfeldes, c. einfachstes Prinzip der Bewegung in Bahnen durch ein rotierendes äußeres Magnetfeld*

sen sich in Bahnen, die durch auf den Träger der Schicht (meist) aufgedampfte Muster vorgegeben sind, leicht durch ein äußeres rotierendes Magnetfeld bewegen.

Im Gegensatz zu Magnetplattenspeichern steht der Träger, und die → Signale wandern im Träger. Ohne jegliche Mechanik findet eine Relativbewegung der Signale zu den Detektoren statt, die normalerweise das Vorhandensein einer Blase als logische 1 werten (Bild).

M. werden wie Halbleiter – mit ähnlichen Verfahren – in Serien hergestellt. Sie zählen zu den nichtflüchtigen (non volatile) Speichern wie → Magnetplatten und → Magnetbänder, die ihre Informationen auch ohne Spannung oder Energiezufuhr bewahren. *Voss*

Literatur: *Jouve, H.*: Magnetic bubbles. New York 1986. – *Schultze, A.*: Technologie und Einsatz von Magnetblasenspeichern. München 1981.

**Magnetplatte** ⟨*magnetic disk*⟩. → Datenträger in M.-Laufwerken, auf denen die → Signale in Form sehr kleiner magnetischer Felder aufgezeichnet werden. Üblicherweise ist auf einer oder beiden Seiten einer runden Scheibe aus einem nicht magnetisierbaren Stoff eine dünne Schicht aus magnetisierbarem Material aufgebracht. Häufigste Materialien sind für die Platte Aluminium und für die Beschichtung winzige Teilchen aus Eisenoxid, Chromdioxid – seltener Eisen – in einem organischen Bindemittel.

Es ist Voraussetzung für die Funktion, daß die Speicherschicht hartmagnetische Eigenschaften (eine hohe Remanenz) besitzt: Die durch den Schreib-/Lesekopf im M.-Laufwerk als Signale erzeugten kleinen Felder mit unterschiedlicher Magnetisierungsrichtung, auch Bitzellen genannt, müssen über lange Zeiträume für ein eindeutiges Nutzsignal eine hohe Stärke bewahren.

Weitere Voraussetzungen: eine bestimmte Koerzitivkraft, die Eigenschaft, bei einem entgegengesetzten äußeren magnetischen Feld die vorhandene Magnetisierungsrichtung beizubehalten. „Bestimmte Koerzitivkraft" heißt, ab einer bestimmten Stärke muß ein entgegengesetztes Magnetfeld die Koerzitivkraft aufheben und die Magnetisierungsrichtung ändern. Auf diese Weise werden Signalmuster geändert, wird geschrieben. Beim Schreiben soll die Magnetisierungsrichtung vom *Sättigungszustand* – der höchstmöglichen Remanenz des Materials – in der einen Richtung in den Sättigungszustand in der anderen Richtung übergehen. Sättigungsmagnetisierung und Remanenz des Materials sollten sich möglichst wenig voneinander unterscheiden (gilt allgemein für magnetische Aufzeichnung → binärer Informationen). Das Verhalten unterschiedlicher Materialien wird graphisch als Hystereseschleife (Bild) dargestellt. Sie sollte dem Ideal des Rechtecks weitgehend angenähert sein. Unter → M.-Laufwerk ist beschrieben, wie die Platte mit einer Beschichtung aus magnetisch remanentem Material und der Schreib-/Lesekopf mit einem Magnetkern ohne Remanenz beim Lesen und Schreiben von Informationen zusammenwirken.

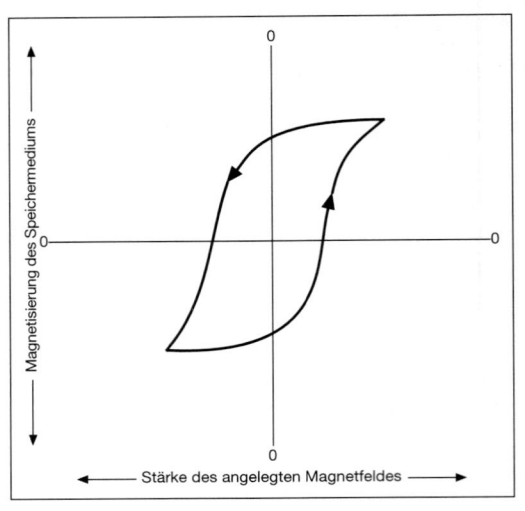

*Magnetplatte: Hystereseschleife*

Gängige Durchmesser bei M. werden meist in Zoll (1 Zoll = 2,54 cm) angegeben: $3^1/_2''$, $5^1/_4''$, $8''$, $9''$ und $14''$. In den letzten Jahren wurden M. mit 2,5" und 1,8" Durchmesser entwickelt, die den Bau kleiner und leichter → M.-Laufwerke für tragbare Computersysteme zulassen. In der Regel werden mehrere M. auf einer Achse zu Magnetplattenstapel montiert. Eine Sonderform bilden M. in Kunststoffhüllen (ähnlich Disketten), die als wechselbare Datenträger eine M. enthalten und in entsprechenden Wechselplattenlaufwerken verarbeitet werden.

Homogenität der Beschichtung einer Plattenoberfläche mit geeignetem Material ist ein entscheidender Beitrag zu leistungsfähigeren M.-Speichern mit höherer Datendichte.

Die Beschichtung mit magnetisierbaren Partikeln im organischen Bindemittel wurde ständig verbessert, um durch Oberflächenbehandlung zu erreichen:
– Schichthöhe vom Mittelpunkt zum Rand der Platte ansteigend, weil der Schreib-/Lesekopf mit zunehmendem Abstand vom Zentrum höher fliegt (ideales Verhältnis Flughöhe/Schichtdicke = 1 : 1);
– Oberfläche rauh genug, damit ein tragfähiger Luftstrom – angepaßt an die aerodynamischen Eigenschaften des Schreib-/Lesekopfes – entsteht, andererseits nicht zu rauh, damit der Kopf nicht zu hoch fliegt.

Die magnetischen Eigenschaften werden durch Ausrichtung der Magnetpartikel in tangentialer Richtung durch starke Magnetfelder – vor dem Aushärten des Bindemittels – verbessert. Trotzdem ist innerhalb einiger Spuren auf einer Platte manchmal die Partikelkonzentration niedrig. Es treten schwache Nutzsignale auf.

Bei einer Oberflächenprüfung werden die Schwachstellen erkannt und ihre Lage – relativ zum Anfang der Spur – in durch die Schreibprogramme auswertbarer Form festgehalten. Diese Stellen werden nicht zur Spei-

cherung benutzt. Man weicht deswegen aber nicht auf Reservespuren aus, die für den Fall von Spurdefekten vorgesehen sind. Von jüngeren, aufwendigeren Beschichtungsverfahren wird eine Homogenität erwartet, die auch bei wesentlich höherer Aufzeichnungsdichte weniger Korrekturen verlangt:
– naßchemisch erzeugte Filme (z. B. mit Nickel/Kobaltlegierungen, polykristallin),
– Sputtern, ein Kathodenzerstäubungsverfahren (z. B. mit einer Kobalt/Chromlegierung),
– Bedampfen (z. B. mit Kobalt/Samarium).

Neben Kobalt/Chromlegierungen eignet sich Bariumferrit für *vertikale Aufzeichnung*, bei der (bisher überwiegend im Laborversuch) die Magnetfelder parallel zur Achse ausgerichtet sind und dichter gepackt sein können.

Diese als Dünnfilmmedia bezeichneten M. haben eine Beschichtung, deren Kristallite eine einheitliche Magnetisierungsrichtung aufweisen. Die nur noch etwa 50 bis 100 nm dicke Schicht (z. B. Kobaltlegierung) mit einem 20 bis 40 µm starken Schutzüberzug aus Kohlenstoff hat eine extrem glatte Oberfläche, die Flughöhen der Schreib-/Leseköpfe von weniger als 250 nm zuläßt.

Die Speicherdichten der M. haben sich seit ihrer Erfindung kontinuierlich entwickelt, eine Verdopplung der Speicherkapazität wird etwa alle 15 bis 20 Monate erreicht. Durch Bitdichten von 140 000 bit pro Zoll (bpi) und Spurdichten von 8 000 Spuren pro Zoll (tpi) werden 1997 Flächenbitdichten von über 1 000 Megabit pro Quadratzoll (entsprechend 1 500 000 bit/mm$^2$) erzielt. Neue Entwicklungen im Bereich der Kopf- und Mediatechnologie lassen Werte von etwa 5 Gigabit/Quadratzoll im Jahr 2000 erwarten. Mit dieser Bitdichte lassen sich in einem heute üblichen 3,5"-Laufwerk ca. 35 GByte Speicherkapazität unterbringen.

*Pott/Voss*

Literatur: *Diebold*: Markt- und Anwenderstudium: Massenspeicher für Daten-, Text- und Bildspeicherung. Frankfurt/M. 1988.

**Magnetplattenlaufwerk** *(magnetic disk drive)*. Einheit innerhalb eines Speichersystems, das nach dem Prinzip der magnetomotorischen → Speicher (Bild 1) arbeitet. Unter den Massenspeichern, auf die moderne Informationssysteme zugreifen, nehmen sie nach Anschaffungswert weltweit die erste Stelle ein, mit großem Abstand vor Magnetbandeinheiten.

M. wurden bereits in den 50er Jahren entwickelt. IBM stellte 1956 das erste Magnetplatten-Speichersystem namens RAMAC (Random Access Method of Accounting and Control) vor. Auf 50 mit Eisenoxid beschichteten Platten mit jeweils 24" (61 cm) Durchmesser konnten 5 Mio. Zeichen gespeichert werden. Das Revolutionäre an dieser Art der Datenspeicherung war der wahlfreie, schnelle Zugriff auf beliebige Informationen. Die Weiterentwicklung dieser Technologie führte in den 60er und 70er Jahren zu Wechselplattenlaufwerken mit Kapazitäten von bis zu einigen hundert Megabyte. Als 1973 wiederum von IBM die Winchester-Technologie zur Marktreife gebracht wurde, begann die Ära der Festplattenlaufwerke. Mit immer kleiner werdenden Bauformen, größeren Kapazitäten und Datendurchsätzen und höheren Zuverlässigkeiten sind sie heute Bestandteil nahezu aller Rechnerklassen. Die Magnetplattenindustrie, im wesentlichen in den USA, Japan, Korea und Singapur angesiedelt, produzierte 1996 etwa 110 Mio. Laufwerke, 1997 ca. 130 Mio. Dabei werden pro Jahr Umsätze von über 45 Mrd. DM erzielt.

Magnetplattenspeicher sind universell für die Aufzeichnung codierter und nichtcodierter Informationen einsetzbar. Sie eignen sich für Anwendungen, bei denen wahlfrei und direkt auf Informationen zugegriffen wird (random access), und Anwendungen, bei denen Informationen in der Reihenfolge ihrer Aufzeichnung (sequentiell) verarbeitet werden. Ein besonderer Vorzug ist die Möglichkeit, auf einfache Art Informationen zu schreiben, zu löschen und zu überschreiben.

☐ *Funktionsprinzip.* → Datenträger ist eine mit einer magnetisierbaren Schicht versehene, an einer drehbar gelagerten Achse befestigte Platte, die Magnetplatte. Der Schreib-/Lesekopf ist ein Elektromagnet über der Platte mit einem in etwa ringförmigen Kern, dessen Spalt – und damit die Magnetpole – gegenüber dem Datenträger liegen.

☐ *Schreiben.* Kurze, durch die Spule des Elektromagneten fließende Stromimpulse erzeugen zwischen den Polen ein magnetisches Feld, das auch in die magnetisierbare Schicht der rotierenden Platte austritt und dort auf begrenzter Fläche ein bleibendes Feld erzeugt, das im rechten Winkel zur Achse liegt. Man kann diese Fläche mit einem Stabmagneten vergleichen. Abhängig

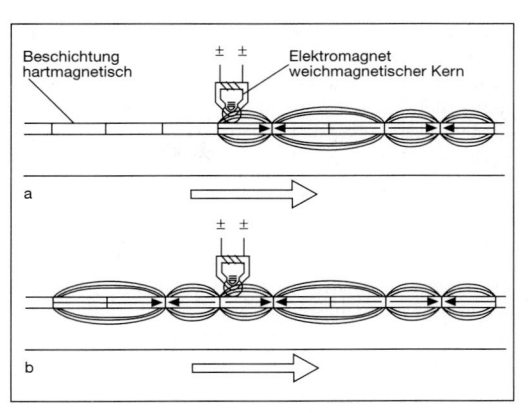

*Magnetplattenlaufwerk 1: Funktionsprinzip magnetomotorischer Speicher. a. Schreiben: Stromfluß in der Spule des Elektromagneten erzeugt permanente Magnetfelder in der magnetisierbaren Schicht, b. Lesen: In der magnetisierten Schicht vorhandene Felder induzieren Stromfluß in der Spule des Elektromagneten*

von der Richtung des Stromimpulses ist er unterschiedlich gepolt.

☐ *Lesen*. Die beim Schreiben entstandenen Magnetfelder induzieren in von ihrer Polung abhängigen Richtungen elektrische Spannungsimpulse in der Spule des Elektromagneten. Zur Identifizierung der Informationen dienen meistens die Flußwechsel zwischen hintereinanderliegenden magnetischen Flächen (z. B. Flußwechsel während der Taktzeit = logisch 1, kein Flußwechsel = logisch 0). Die der Signaldarstellung dienenden Magnetfelder sind in Form von konzentrischen Kreisen, den *Spuren*, auf der Platte angeordnet. Spuren werden heute meistens mit Hilfe eines geregelten Linearmotors angesteuert (Bild 2).

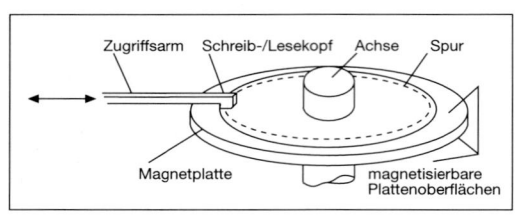

*Magnetplattenlaufwerk 2: Funktionsprinzip des Magnetplattenspeichers*

☐ *Funktionsweise*. Eine bestimmte Plattenoberfläche eines Magnetplattenstapels wird vom Hersteller einmalig mit speziellen Servospuren (einem Pulsraster) beschrieben. Der Servokopf am Zugriffskamm leitet von diesen Spuren ab, wo der Kamm steht und gibt diese Information an eine elektronische Steuerung weiter. Beim Suchen (Bild 3) ändert die Steuerung den Stromfluß in einer in einem Permanentmagneten befindlichen Tauchspule und variiert so die Stärke eines dem Feld des Permanentmagneten entgegengesetzten Feldes. Dementsprechend wird die Tauchspule solange vorwärts oder rückwärts bewegt, bis der starr mit ihr verbundene Kamm – genauer: die an ihm befestigten Schreib-/Leseköpfe – die vorgegebene Position erreichen. Dort wird der Zugriffskamm durch ständige Regelung zuverlässig gehalten. Es liest oder schreibt außer dem ständig aktiven Servokopf nur ein weiterer Kopf Daten nach einem von der Servoplatte abgeleiteten Taktsignal. Dadurch werden Drehzahlschwankungen ausgeglichen und die → Signale exakt abgegrenzt.

☐ *Ausführungen*
– fest eingebaute oder auswechselbare → Magnetplatten oder Magnetplattenstapel.
– Antrieb für Plattenumdrehung: Elektromotor.

☐ *Zugriffsmechanismus*:
– feststehende Schreib-/Leseköpfe über jeder Spur (weniger gebräuchlich),
– bewegliche Schreib-/Leseköpfe, meist als Zugriffskamm ausgebildet, Parallelführung in radialer Richtung oder am Schwenkarm (Rotationszugriffsmechanismus),
– Antrieb für Kopfpositionierung; außer dem geregelten Linearmotor auch Mechanik mit fest vorgegebenen Spurpositionen (Zahnkreuz, Zahnstange u. dgl., Hydraulik).

Bei Hochleistungsspeichern schweben die Schreib-/Leseköpfe über der rotierenden Platte. Die Laufwerkachsen stehen senkrecht oder liegen horizontal und sind einseitig oder beidseitig gelagert. In die zugehörigen Plattenstapel greifen ein oder mehrere (einzeln adressierbare) Zugriffskämme. Eine Einheit kann ein oder mehrere Laufwerke enthalten, und oft sind mehrere Einheiten zu einem „Laufwerkstrang" zusammengeschraubt, dessen Kopfeinheit zusätzlich Kontrolleinheitenelemente enthält.

☐ *Kapazitäten*. Die Kapazität eines M. hängt von seiner Größe ab, d. h. vom Durchmesser und der Anzahl der Magnetplatten im Plattenstapel. Der Durchmesser der Magnetplatten ist genormt und wird als Maßzahl (in Zoll, inch) für den sog. Einbauformfaktor herangezogen. In der folgenden Tabelle sind die im Jahre 1996 erhältlichen Kapazitäten und die voraussichtlichen Werte für 1998 in den einzelnen Baugrößen aufgelistet:

| Formfaktor | Kapazität 1996 | Kapazität 1998 |
| --- | --- | --- |
| 8″, 9″, 14″ | 3 ... 5 GByte | nicht mehr üblich |
| 5,25″ | 9 GByte | 23 GByte |
| 3,5″ | 9 GByte | 18 GByte |
| 2,5″ | 1,6 GByte | 3 ... 5 GByte |
| 1,8″ | 500 MByte | 1,5 GByte |

☐ *Adressierung*. M. werden innerhalb eines Speichersystems von einer → Kontrolleinheit gesteuert, an die häufig mehrere Laufwerke oder Laufwerkstränge angeschlossen sind.

Als physikalische Adreßangaben stellt der Rechner zur Verfügung:
– Steuereinheit, Zugriffsmechanismus;
– Suchposition, auch „Zylinder" als Bezeichnung für die Summe aller Spuren, die in jeweils einer von z. B.

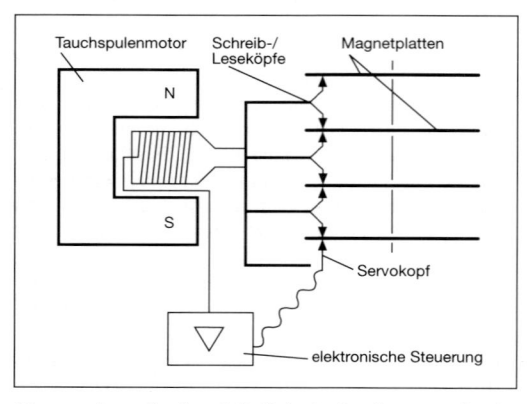

*Magnetplattenlaufwerk 3: Prinzip des Servomechanismus für die Suchbewegung*

2226 möglichen Positionen gleichzeitig unter den Schreib-/Leseköpfen liegen;
– Spur (aktiv wird nur der Kopf, der zur in der Adresse definierten Spur eines Zylinders gehört);
– Sektor – bestimmter Abstand vom Spuranfang, auf dem Datenträger vorgezeichnet.

Aktivierung des Kopfes meist im Sektor vor dem Zielsektor. Die Zahl der zu übertragenden Zeichen ist im Programm definiert und wird vom Speichersystem eingehalten. Bezeichnung für eine solche Informationskette: Satz oder Block; muß für jede Datei definiert sein.

Adressierbare Informationsmengen, die auch geschlossen übertragen werden können, sind bei Laufwerken für variable Satzlänge der Zylinder ein oder mehrere Spuren oder ein physischer Satz aus vom Benutzer definierter beliebiger Anzahl Zeichen. Daneben gibt es, v. a. bei mittleren Datenverarbeitungsanlagen, Magnetplattensysteme mit fester Blockung, bei denen z. B. physische Sätze von 512 Zeichen oder Vielfache davon übertragen werden. Das führt zu vereinfachter Steuerung mit einfacheren Kontrolleinheiten.

☐ *Redundanz.* Steigende Aufzeichnungsdichte und immer höhere Signalfrequenz führen bei M. zu einer Verschiebung des Signal-zu-Rauschen-Verhältnisses, das von Anfang an eine Rolle spielte. Es treten also nicht eindeutige oder fehlerhafte Signale auf. Deswegen werden normalerweise der kleinsten übertragbaren Informationsmenge (physischer Satz) systematisch zusätzliche Signale (Redundanz – Größenordnung 100 bis 300 Zeichen) beigegeben, um auftretende Fehler mit entsprechenden Routinen der Mikroprogramme in den Kontrolleinheiten zu beheben. Nicht korrigierbare Fehler werden erkannt, dem Rechner angezeigt und führen üblicherweise zur Programmunterbrechung.

☐ *Verbindung.* Kupferkabel, Glasfaserkabel später denkbar.

☐ *Leistung.* Moderne M. benötigen die Verbindungen zu Kontrolleinheit und Rechner nur noch, solange sie Steuerungsinstruktionen empfangen und Daten übertragen, nicht mehr während der gesamten Operation. Ihre Leistung hängt von der Geschwindigkeit ab, mit der folgende Funktionen ausgeführt werden:
– Suchen: den definierten Zylinder mit dem Zugriffskamm je nach Weglänge bei Hochleistungseinheiten in Zeiten zwischen etwa 1,5 und 23 ms ansteuern.
– den Sektor aufsuchen (durchschnittlich etwa eine halbe Plattenumdrehung, bei 4200 min$^{-1}$ z. B. etwa 7,1 ms).
– Übertragen, bei 4,2 Mio. Zeichen/s für z. B. einen physischen Satz von 4000 Zeichen 1,1 ms, für eine volle Spur von ca. 56700 Zeichen 14,1 ms und für einen vollen Zylinder, 850000 Zeichen, 202 ms.

Die nutzbaren Zeichen, die im Rechner ankommen, sind natürlich um die →Redundanz zu vermindern. Deswegen liegt die nutzbare (systemeffektive) Datenrate an einer Schnittstelle des Speichersystems mit beliebig vielen überlappt arbeitenden Einheiten zum Rechner immer unter der Übertragungsgeschwindigkeit der Laufwerke. Die Übertragungsgeschwindigkeit ist ein technisches Maß: die Zahl der Bits oder Zeichen, die pro Zeiteinheit unter einem Schreib-/Lesekopf hindurchlaufen (Angabe meist in Zeichen [Bytes] pro Sekunde).

In der Vergangenheit waren Wartezeiten in besonderem Maße auf hochbelastete Datenpfade zurückzuführen. Wenn der Datenpfad beim Erreichen eines Zielsektors von einem anderen Laufwerk im gleichen Speichersystem belegt ist, vergeht eine volle Umdrehung, bis die Übertragung wieder versucht werden kann. Heute führen in der höchsten Leistungsklasse bis zu vier alternative Datenpfade zu einem Zugriffsmechanismus, und die Wahrscheinlichkeit einer zusätzlichen Umdrehung wird sehr gering.

☐ *Technische Besonderheiten, Entwicklungstrend.* Die Weiterentwicklung bei M. hat höhere Kapazität, Leistung und Zuverlässigkeit zum Ziel. Bei gleicher Umdrehungsgeschwindigkeit führt höhere Signaldichte innerhalb der Spur automatisch zu höherer Übertragungsleistung (→ Winchester-Festplatte, Magnetplatten).

Verbesserte Suchzeiten sind v. a. auf leichtere Materialien für den servogesteuerten Zugriffsmechanismus zurückzuführen.

Einige Hersteller sind darum bemüht, die Aufzeichnungsdichte durch andersartige Schreib-/Leseköpfe und Plattenbeschichtungen für parallel zur Antriebsachse ausgerichtete (vertikale) Magnetfelder zu steigern. Die Entwicklungsmöglichkeiten der (üblichen) horizontalen Aufzeichnung sind bei weitem nicht ausgeschöpft.

Zunehmende Präzision der Schreib-/Leseköpfe und Platten lassen schnell zunehmende Aufzeichnungsdichte und damit Leistung der Magnetplattenspeicher erwarten. Die Kosten für das gespeicherte Zeichen werden weiter sinken. Gegenwärtig ist keine Technologie erkennbar, die Magnetplattenspeicher kurzfristig ablösen könnte.
*Pott/Voss*

**Magnetplattenspeicher** ⟨*magnetic disk storage*⟩ → Magnetschichtspeicher

**Magnetschichtspeicher** ⟨*magnetic storage*⟩. In Datenverarbeitungssystemen werden weit mehr → Daten und → Programme benötigt als der → Hauptspeicher faßt (→ Digitalrechner). Werden Daten oder Programmteile vorübergehend (dieser Zeitraum kann von Millisekunden bis zu Jahren reichen) nicht bearbeitet, so lagert man sie auf periphere Speicher aus. Neben dem kurzfristigen Aspekt, den Hauptspeicher für andere Arbeiten frei zu machen, spielt die Möglichkeit der → Datensicherung eine Rolle, wenn der → Datenträger aus dem System entfernt und in Spezialschränken oder -räumen gelagert werden kann.

Als periphere Speichermedien verwendet man heute vorwiegend Magnetschichten, in denen die Information durch Magnetisierungsänderungen festgehalten wird. Diese Magnetschichten sind auf einem Trägermedium aufgebracht, nach dessen Form wir Magnetbandspeicher und Magnetplattenspeicher, früher auch Magnettrommelspeicher, unterscheiden.

Gemeinsam ist den M., daß zum Schreiben oder Lesen der Information eine Relativbewegung zwischen der Schreib-/Lesevorrichtung (Magnetkopf) und der magnetisierten Schicht erforderlich ist und diese in erster Linie durch Bewegung des Trägermediums realisiert wird.

☐ Beim *Magnetbandspeicher* ist die Magnetschicht auf einer bandförmigen Kunststoffolie aufgebracht. Als Standardgröße haben sich eine Länge von 730 m (= 2400 Zoll) und eine Breite von 12,7 mm (= 1/2 Zoll) durchgesetzt (DIN 66010). Bei der Verwendung von Kassetten treten auch kleinere, nur 3,81 mm breite Bänder auf (DIN 66211). Die Dicke der Bänder liegt in der Größenordnung von 50 µm, wovon weniger als 15 µ auf die Magnetschicht entfallen.

Das → Magnetband wird auf einer Spule aufbewahrt und beim Lesen oder Schreiben von einer Spule zur anderen transportiert, wobei es die Magnetköpfe passiert (Bild 1). Deren Anzahl stimmt mit der Anzahl der Spuren überein, die nebeneinander in Längsrichtung des Bandes verlaufen. Üblich sind neun Spuren, etwas seltener sieben. Aus dieser Anordnung ergibt sich eine seriell-parallele Speicherung: Die Binärstellen eines alphanumerischen Zeichens (Byte) werden senkrecht zur Laufrichtung des Bandes in den verschiedenen Spuren aufgezeichnet (Sprosse) und an der Lese-/Schreibstation parallel verarbeitet, während die einzelnen → Zeichen in Laufrichtung aufeinander folgen und so der Verarbeitung seriell zugeführt werden.

Das Band wird immer nur zum Lesen oder Schreiben einer bestimmten Informationsmenge gestartet und nach deren Bearbeitung wieder gestoppt. Dies hat zwei Konsequenzen:
– Wegen des notwendigen Brems- bzw. Anfahrweges müssen je zwei Speicherbereiche (Blöcke) auf dem Magnetband durch einen Blockzwischenraum getrennt sein. Um diesen klein zu halten, muß mit kleinen Start- und Stoppzeiten an der Lese-/Schreibstation gearbeitet werden.
– Diese sind von den relativ trägen Spulen nicht zu erreichen, so daß man beide Bewegungen durch Bandpufferschleifen voneinander trennt. Die Spulenbewegung wird über Lichtschranken von der Schleifengröße gesteuert: Wenn die Schleife die untere Schranke erreicht, wird aufgewickelt, wenn sie die obere nicht mehr erreicht, wird abgewickelt.

Alle Zeichen eines Blockes werden zeitlich zusammenhängend geschrieben bzw. gelesen und stehen daher auch räumlich zusammenhängend auf dem Band. Die Speicherdichte innerhalb eines Blockes beträgt bis zu 640 Zeichen/cm (= 1600 Zeichen/Zoll). Bei einer Bandgeschwindigkeit von 2 bis 5 m/s führt dies zu einer Schreib- bzw. Lesegeschwindigkeit (Transfergeschwindigkeit) von bis zu 300 000 Z/s. Diese Geschwindigkeit wirkt sich jedoch erst aus, wenn der zu bearbeitende Block gefunden ist. Bis dahin kann – je nach Position des Blockes auf dem Band – u. U. mehr als eine Minute vergehen. Magnetbänder eignen sich daher vorwiegend zur Speicherung von Informationen, die nur in der gespeicherten Reihenfolge verarbeitet werden.

Die Blocklänge ist variabel und kann so auch der logischen Struktur der zu speichernden Information angepaßt werden. Von der Blocklänge, der Größe der Blockzwischenräume (bis zu 20 mm), der sich hieraus ergebenden Blockanzahl und der Zeichendichte hängt die Bandkapazität ab. Sie liegt bei 5 bis 20 M-Byte. Sie nimmt die größeren Werte an, wenn man längere Blöcke verwendet und somit weniger Blockzwischenräume benötigt. Die Blockgröße ist dadurch begrenzt, daß beim Transfer von Informationen ein Pufferbereich im Hauptspeicher des Rechensystems zur Verfügung stehen muß, der die Informationen beim Lesen aufnimmt bzw. beim Schreiben abgibt.

☐ Beim *Magnettrommelspeicher* ist die speicherfähige Magnetschicht auf der Oberfläche eines mit konstanter Geschwindigkeit rotierenden Zylinders aufgebracht (Bild 2). Die Trommeloberfläche ist in Spuren eingeteilt; jeder Spur ist ein Magnetkopf zugeordnet. Die Informationen sind bitseriell längs der Spuren gespeichert, so daß stets mit einem Kopf gelesen oder geschrieben wird. Die Spuren können in Sektoren gleicher Länge unterteilt sein.

Der Zugriff zu den Informationen auf einer Magnettrommel kann als quasi-wahlfrei bezeichnet werden. Die Auswahl der gewünschten Spur erfolgt durch elektronische Ansteuerung des entsprechenden Magnetkopfes und ist somit unabhängig von der zuvor bearbeiteten Spur. Innerhalb einer Spur muß jedoch

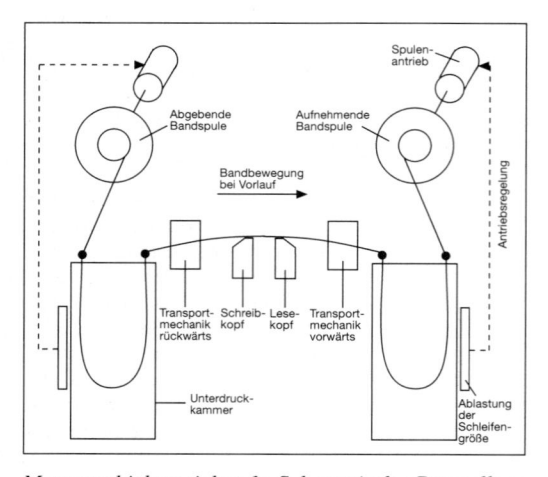

*Magnetschichtspeicher 1: Schematische Darstellung eines Magnetbandgerätes*

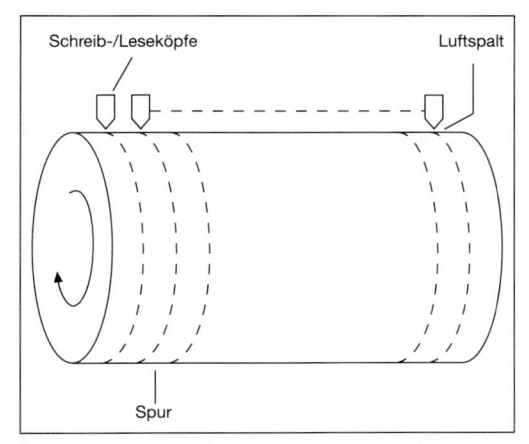

*Magnetschichtspeicher 2: Schema einer Magnettrommel*

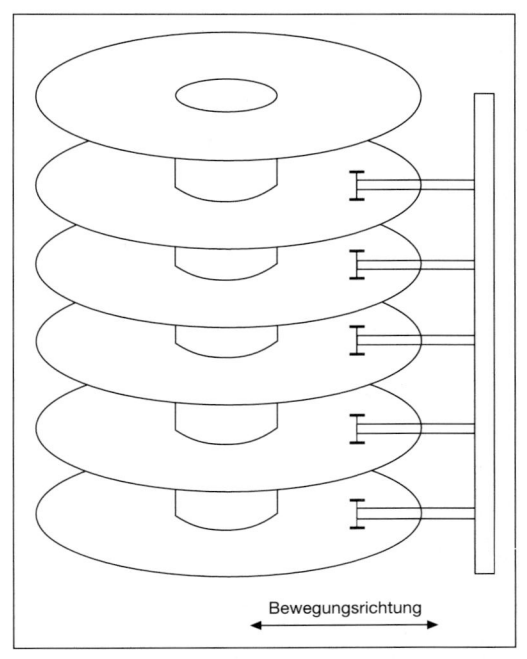

*Magnetschichtspeicher 3: Schema eines Magnetplattenspeichers mit zehn nutzbaren Plattenflächen*

gewartet werden, bis der gesuchte Sektor durch die Trommeldrehung unter den Kopf gelangt. Zur Kontrolle des zweiten Schrittes werden Taktspuren verwendet, deren Impulse an den Sektoranfängen einen Zähler fortschalten, der von einem Spuranfangsimpuls auf Null gesetzt wird. Der Anfang des gesuchten Sektors befindet sich unter dem Kopf, wenn der Zähler mit der Sektoradresse übereinstimmt.

Zugriffszeit und Transferrate hängen wesentlich von der Drehzahl der Trommel ab. Sie liegt üblicherweise zwischen 25 und 300 $s^{-1}$. Da im Mittel eine halbe Umdrehung auf den gewünschten Sektor gewartet werden muß, ergibt sich eine mittlere Zugriffszeit von 20 bis 1,7 ms. Bei der Transferrate spielt die Bitdichte noch eine Rolle. Typische Werte hierfür sind 20 bis 60 bit/s. Die Anzahl der Spuren und die Speicherkapazität schwanken sehr stark. Es gibt Trommeln mit bis zu 1 500 Spuren und einem Fassungsvermögen zwischen $10^5$ und $10^{10}$ bit.

□ Bei *Magnetplattenspeichern* wird die Oberfläche mit konstanter Geschwindigkeit rotierender Scheiben zum Auftragen der Magnetschicht verwendet. Der Fall einer einzelnen Platte spielt bei der Diskette bzw. Festplatteneinheit von → PCs und → Arbeitsplatzrechnern eine Rolle. Im übrigen werden Plattenstapel verwendet, bei denen sich mehrere Scheiben um eine gemeinsame Achse drehen, über die sie fest miteinander verbunden sind. Der Plattenstapel kann fest in dem Gerät montiert (Festplattenspeicher) oder auswechselbar (Wechselplattenspeicher) sein. Ein typischer Wert für die Zahl der Scheiben in einem Plattenstapel ist sechs (Bild 3). Die oberste und die unterste Plattenoberfläche eines Stapels dienen als Schutzflächen, die anderen zehn der Informationsspeicherung. Allgemein ist heute jeder Plattenseite ein eigener Magnetkopf zum Lesen und Schreiben zugeordnet. (Bei Verwendung nur eines Magnetkopfes für den gesamten Stapel kommt dessen Positionierungszeit parallel der Rotationsachse zur Zugriffszeit hinzu.)

Jede Plattenseite ist in konzentrische Spuren und diese wiederum in Sektoren unterteilt. Die Zugriffszeit zu einem bestimmten Sektor setzt sich demnach aus der Positionierung des Magnetkopfes auf die gewünschte Spur und der Wartezeit auf den Sektor zusammen. Da die Drehzahlen bei 2 400 $min^{-1}$ liegen, überwiegt die Positionierungszeit. Deren Werte liegen bei 30 bis 75 ms. Die Verkürzung der Zugriffszeit erreicht man, wenn man jeder Spur einen Magnetkopf zuordnet (Festkopfplatte). Die Zugriffszeit entspricht dann der bei Magnettrommeln.

Da die Positionierung der entscheidende Faktor bei der Zugriffszeit ist, andererseits aber bei der Positionierung eines Magnetkopfes auf eine bestimmte Spur alle anderen Magnetköpfe wegen ihrer kammartigen, festen Verbindung untereinander (Kammzugriff) auf die entsprechende Spur der anderen Plattenseiten eingestellt sind, ordnet man zusammengehörige Daten auf den übereinanderliegenden Spuren verschiedener Plattenseiten an, so daß sie ohne Neupositionierung des Zugriffskammes gelesen oder geschrieben werden können. Diese Spuren bilden räumlich einen Zylinder. Die Auswahl einer bestimmten Spur erfolgt also so, daß zuerst der Zylinder und erst innerhalb des Zylinders die Plattenseite bestimmt wird und nicht umgekehrt.

Die Kapazität von Plattenstapeln schwankt in weiten Grenzen (5 bis 200 MByte) und hängt von der Zahl der

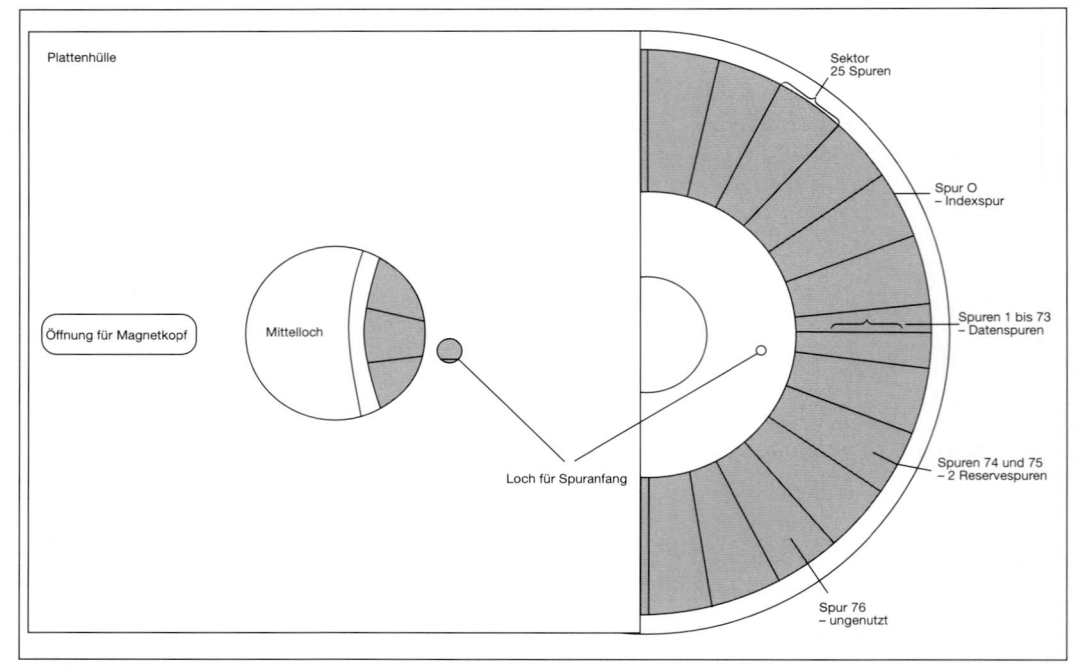

*Magnetschichtspeicher 4: Diskette (im Gegensatz zur Darstellung der Abbildung verbleibt die Platte auch während des Betriebs in der Hülle)*

Platten im Stapel ebenso ab wie von der Zahl der Spuren (200 bis 800 pro Plattenseite) und der Zahl der Zeichen pro Spur (bis über 10 000). Wegen der festen Einteilung der Spuren in Sektoren müssen die inneren Spuren enger beschriftet werden als die äußeren. 100 000 bit/cm$^2$ und Spurabstände von unter 0,15 mm sind möglich.

Eine Sonderform des Plattenspeichers, die insbesondere bei Kleinstrechnern (PCs) eine Rolle spielt, ist die *Diskette* (Floppy Disc). Dabei handelt es sich um eine einzelne Platte aus leichtem, biegsamem Trägermaterial, die auch während des Betriebes in der verschweißten Hülle verbleibt (Bild 4). Ein Schlitz in der Plattenhülle erlaubt dem Magnetkopf den Zugriff zu allen Spuren. Der Spuranfang ist durch ein Loch in der Platte gekennzeichnet, das optisch abgetastet wird. Die Kapazität pro Plattenfläche liegt bei 200 bis 400 KByte (1 KByte = 1 000 Byte), die durchschnittliche Zugriffszeit im Sekundenbereich.

Bild 5 zeigt den grundsätzlichen Aufbau des Schreib-/Lesekopfes eines M. Beim Schreiben durchfließt ein informationsabhängiger Strom die Schreib-/Lesewicklungen und magnetisiert so das Kopfmaterial (Ferrite). Die Magnetisierung der Schicht erfolgt durch das Streufeld am Kopfspalt. Beim Lesevorgang induziert das (schwache) Magnetfeld, das aus der Schicht austritt, in der Wicklung ein Lesesignal, das dann verstärkt wird.

Beim Schreiben und Lesen benötigt man einen möglichst engen Kontakt zwischen Kopf und Magnetschicht, weil bei geringerem Abstand eine höhere Bitdichte möglich ist. Ein unmittelbarer Kontakt kommt aber nur dann in Frage, wenn die Abnutzung der Köpfe und der Magnetschicht aufgrund der Betriebsart dann noch in vertretbaren Grenzen bleibt. Dies ist beim Magnetband der Fall, nicht aber bei den ständig rotierenden Magnetplatten und Trommeln.

Der Abstand zwischen Magnetkopf und Magnetschicht beträgt dort nur wenige μm. Bei Trommeln wurde früher ein Abstand von mehr als 10 μm mechanisch eingehalten. In den Fällen, wo ein genügend exakter Lauf nicht gewährleistet werden kann, wie bei Wechselplatten, oder ein noch geringerer Abstand erforderlich ist, kann dies nur durch ein Luftkissen erreicht werden. Dieses Luftkissen kann sowohl aus Düsen als auch durch die Drehbewegung des Trägermediums erzeugt werden.

Bei der Diskette kennt man sowohl den Fall des Betriebes im Kontakt als auch mit dem Luftkissen. Aufgrund der Flexibilität des Trägermediums ist es in diesem Fall nicht erforderlich, daß der Kopf ständig auf der Magnetschicht schleift. Diese kann vielmehr zu Lese-/Schreibvorgängen aerodynamisch angezogen werden.

*Schreibverfahren*: Die Speicherung der Information erfolgt durch Magnetisierungsänderung. Die Darstel-

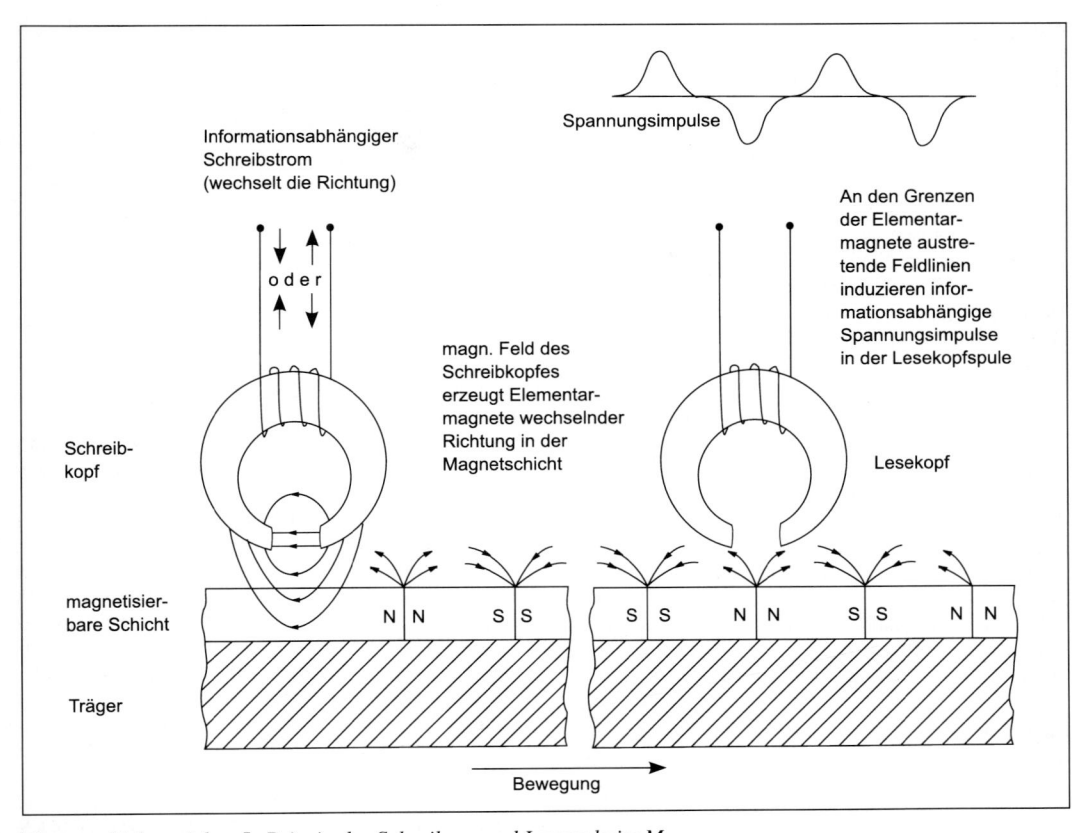

*Magnetschichtspeicher 5: Prinzip des Schreibens und Lesens beim M.*

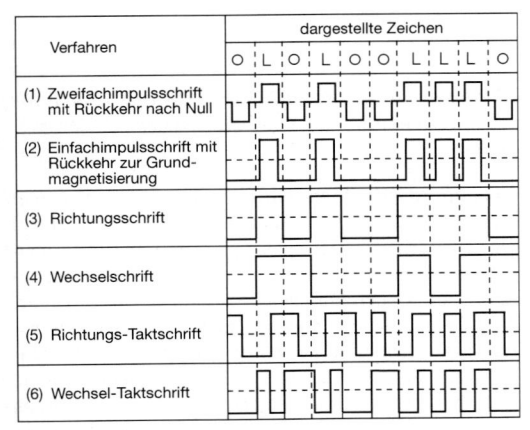

*Magnetschichtspeicher 6: Schreibverfahren bei M. (DIN 66010)*

lung der beiden Binärwerte 0 und L ist auf verschiedene Weise möglich (Bild 6). Der einer Binärstelle zugeordnete Teil einer Spur heißt Spurenelement.

*Bode/Schneider*

Literatur: *Proebster, W. E.*: Peripherie von Informationssystemen. Berlin 1987.

**Magnettrommelspeicher** ⟨*magnetic drum*⟩. Früheste Form eines magnetomotorischen Speichers. Sie dienten in früheren Großrechenanlagen als schneller Pufferspeicher mit wahlfreiem Zugriff, sind jedoch dort wie in anderen Anwendungen inzwischen durch Halbleiter- und Magnetplattenspeicher verdrängt worden. Die speicherfähige Magnetschicht ist beim M. auf einem mit einer konstanten Geschwindigkeit rotierenden Zylinder aufgebracht. Die Trommeloberfläche ist in Spuren eingeteilt, jeder Spur ist dabei ein Magnetkopf zugeordnet. Die Informationen sind bitseriell längs der Spuren gespeichert, so daß stets mit einem Kopf geschrieben oder gelesen wird.

Der Zugriff zu den Informationen kann als quasiwahlfrei bezeichnet werden. Die Auswahl der gewünschten Spur erfolgt durch elektronische Ansteuerung des entsprechenden Magnetkopfes und ist somit unabhängig von der zuvor bearbeiteten Spur. Innerhalb einer Spur muß jedoch gewartet werden, bis der gesuchte Sektor durch die Trommeldrehung unter den Kopf gelangt. Zur Kontrolle des zweiten Schrittes werden Taktspuren verwendet, deren Impulse an den Sektoranfängen einen Zähler fortschalten, der von einem Spuranfangsimpuls auf Null gesetzt wird. Der Anfang des gesuchten Sektors befindet sich unter dem Kopf, wenn der Zähler mit der Sektoradresse übereinstimmt.

Zugriffszeit und Transferrate hängen wesentlich von der Drehzahl der Trommel ab. Sie liegt üblicherweise bei 25 bis 300 s$^{-1}$. Da im Mittel eine halbe Umdrehung auf den gewünschten Sektor gewartet werden muß, ergibt sich eine mittlere Zugriffszeit von 20 bis 1,7 ms. M. sind mit bis zu 1 500 Spuren versehen, die Gesamtkapazität liegt zwischen 0,5 und 12 Mio. Zeichen (s. auch → Magnetschichtspeicher). *Pott*

Literatur: *Müller, P.*: Lexikon der Datenverarbeitung. 1986.

**Mailbox (elektronischer Briefkasten)** ⟨*mailbox*⟩. Praktisch alle Electronic-Mail-Systeme (→ X.400, → SMTP) bieten ihren Benutzern persönliche M. an. Hierin können eingehende und evtl. auch zu versendende Nachrichten gespeichert werden. Jede M. verfügt über eine eindeutige → Adresse.

Physikalisch ist eine M. nicht viel anderes als ein privater Bereich auf einer Festplatte, auf dem die → Nachrichten gehalten werden, und die zugehörige Verwaltungs-Software. *Jakobs/Spaniol*

Literatur: *Palme, J.*: Electronic mail. Artech House Publ., 1995.

**Mainframe** ⟨*mainframe*⟩. Der Begriff M. hat sich in den 70er und 80er Jahren eingebürgert, um Standarduniversalrechner zu bezeichnen und sie gegen Spezialrechner abzugrenzen. Standarduniversalrechner waren zu jener Zeit vorwiegend Großrechnerfamilien, die sich bezüglich Maschinenbefehlsvorrat, Eigenschaften der System-Software und Ausstattung mit → Peripheriegeräten deutlich von Mikrorechnern, → PCs, → Arbeitsplatzrechnern und → Spezialrechnern unterschieden. Mit Wachsen des Funktionsumfangs und der Leistungsfähigkeit von → Mikroprozessoren in den 90er Jahren sind diese Unterschiede weitgehend verschwunden. Als M. bezeichnet man heute solche Computersysteme, deren Befehlssatz zu früheren Großrechnersystemen kompatibel (→ Kompatibilität) ist, die auf Mehrbenutzerbetrieb orientiert sind und über umfangreiche Peripheriefunktionen verfügen. *Bode*

**Makro** ⟨*macro*⟩. Zusammenfassung einer Folge von Ausführungsschritten. M. werden häufig in der Funktion von Abkürzungen dazu verwendet, in Programmen mehrfach vorkommende Anweisungsfolgen durch den Bezeichner des M. zu ersetzen. Vor der Übersetzung des Programms werden M. durch entsprechende Programme automatisch expandiert. Gegebenenfalls stehen komplexere Konstrukte zur Parametrisierung der M. und zur Formulierung von Fallunterscheidungen und Iterationen bereit. Auch → Anwendungsprogramme können die Definition von M. unterstützen. So lassen sich z. B. in Textverarbeitungssystemen Folgen von Formatieranweisungen definiert und wiederholt verwenden. *Breitling/K. Spies*

**Maltechnik** ⟨*painting technique*⟩. Verfahren, Rasterbilder (→ Rastergraphik) direkt interaktiv mittels geeigneter Programme (paint boxes) zu erzeugen. Dabei werden diese Bilder nicht über die Definition dreidimensionaler Objekte (→ Modelldaten, → Szene) und perspektivische Transformation (→ Perspektive, → Ray-Tracing) gewonnen, sondern direkt im → Bildraum zweidimensional *gemalt*.

Die M.-Software unterstützt traditionelle Maltechniken, indem der Effekt traditioneller Werkzeuge (Pinsel, Stifte, Airbrush) simuliert wird.

In der Computeranimation (→ Animation) wird die M. zur Nachbearbeitung von Einzelbildern in Filmsequenzen verwendet (→ Story, → Animationssystem). *Encarnação/Hofmann*

**MAN** ⟨*MAN (Metropolitan Area Network)*⟩. Versorgt den Bereich einer größeren Organisation (Universität, Großniederlassung) oder einer Stadtregion mit einer Kommunikationsinfrastruktur, überdeckt also eine weit größere geographische Distanz, als dies für ein lokales Netz möglich ist. MAN sind hauptsächlich auf die Verbindung lokaler Netzinseln (→ LAN) innerhalb einer Organisation oder auch innerhalb einer Stadt ausgerichtet. Dies erfordert relativ hohe Gesamtübertragungskapazitäten im Bereich von 100 Mbps oder mehr sowie spezielle Netztopologien und Übertragungsprotokolle. → IEEE hat mit dem Distributed Queue Dual Bus (→ DQDB, IEEE 802.6) einen Standard für MAN herausgebracht. *Fasbender/Spaniol*

**Management für virtuelle Speicher** ⟨*management of virtual storage*⟩ → Speichermanagement

**Managementaufgaben des Betriebssystems** ⟨*management tasks of an operating system*⟩ → Betriebssystem

**Managementinformationssystem** ⟨*management information system*⟩. Bietet dem Entscheider in einem Unternehmen alle entscheidungsrelevanten Unternehmensdaten mit Navigationshilfen und → Berichtsgeneratoren an. Dabei müssen aus dem im gesamten Unternehmen anfallenden Datenbestand die entscheidungsrelevanten Daten herausgefiltert, aufbereitet und präsentiert werden, so daß ein Überblick über schnelle Entscheidungen gewahrt bleibt, aber keine wichtigen Details verlorengehen. Ein M. muß den Informationsgewinnungsprozeß flexibel gestalten, um neue Informationsbedürfnisse des Entscheiders zu unterstützen. *Schmidt/Schröder*

**Manchester-Code** ⟨*Manchester code*⟩. Bei der digitalen → Datenübertragung werden → Nachrichten als einzelne Bits, welche die Werte „0" oder „1" annehmen

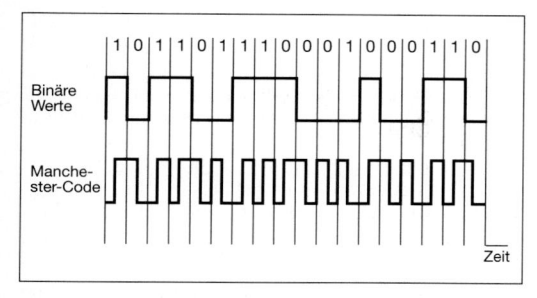

*Manchester-Code: Signalverlauf für einen vorgegebenen Bitstrom*

können, übermittelt. Bei einem binären Leitungscode werden die zwei logischen Werte (Bits) „0" und „1" durch unterschiedliche Spannungswerte $V_0$ und $V_1$ (z. B. 0 V und 5 V) dargestellt. Beim M.-C. werden zwei charakteristische Einheiten pro zu übertragendem Bit benötigt:
– Der logische Wert „1" entspricht der Spannungsfolge $V_0, V_1$.
– Der logische Wert „0" entspricht der Spannungsfolge $V_1, V_0$.

Beim differentiellen M.-C. (→ Token-Ring) werden die gleichen Spannungsfolgen verwendet, aber für das jeweils zu übertragende Bit in Abhängigkeit vom zuletzt übertragenen Bit ausgewählt.

Die Tatsache, daß es in jeder Bitmitte zu einem Flankenwechsel kommt (Bild), ist von großer praktischer Bedeutung.
Vorteile:
– Der Sendetakt kann vom Empfänger direkt aus dem Leitungscode zurückgewonnen werden, so daß keine separate Taktleitung für die → Synchronisation nötig ist.
– Eine Verwechslung von „0" mit „keine Übertragung" ist ausgeschlossen.
– Eine gezielte Codeverletzung durch Auslassen eines Flankenwechsels in Bitmitte kann wie beim Token-Ring für Steuerungszwecke verwendet werden.
Nachteil:
– Schlechter Wirkungsgrad; pro Bit müssen zwei charakteristische Einheiten übertragen werden, so daß die theoretische Übertragungskapazität nur zur Hälfte genutzt wird. *Quernheim/Spaniol*

**Manipulation, direkte** ⟨*direct manipulation*⟩. Mit dem Einsatz graphischer → Benutzerschnittstellen und dem Mauszeiger haben Interaktionstechniken unter dem Begriff d. M. an Bedeutung gewonnen. D. M. beruht auf dem Prinzip, daß die einzelnen Funktionen bzw. Funktionskomplexe einer Anwendung auf dem → Bildschirm nicht nur beschrieben werden können, sondern als → Objekte sichtbar sind. Auf diese Objekte kann ein → Benutzer direkt zeigen und zugreifen sowie sie möglichst in Analogie zu ihren realen Entsprechungen im Arbeitsumfeld verändern und bearbeiten. Mit dem Prinzip der d. M. wurde erstmals ein werkzeugartiger Umgang mit dem Computer ermöglicht. Man spricht deshalb auch vom Übergang von der Dialog- zur Werkzeugmetapher. Typische Eigenschaften von Systemen, die auf der d. M. basieren, sind:
– permanente Sichtbarkeit der Anwendungsobjekte am Bildschirm,
– das Arbeitsergebnis wird schrittweise mit einfachen, inkrementellen und effizient durchzuführenden → Operationen erreicht,
– einfache → Syntax für die durchzuführenden Operationen mit unmittelbarer Ergebnisrückmeldung nach jedem Einzelschritt.

Die d. M. bildet die Grundlage zur Schaffung objektorientierter Benutzerschnittstellen. Dabei spielt es letztlich keine Rolle, mit welchem Eingabegerät der Benutzer auf die gewünschten Objekte zeigt (→ Maus, → Lichtgriffel oder mittels Tastaturtasten positionierbare Zeiger), entscheidend ist, daß er mit Objekten hantiert.

Direkt manipulierbare Benutzerschnittstellen konnten erst mit dem kostengünstigen Aufkommen graphischer Systeme Eingang in die Praxis finden. Es ist zu erwarten, daß diese Interaktionstechnik in den nächsten Jahren in Verbindung mit → Multimedia und künstlicher Realität eine wachsende Rolle spielen wird.

*Langmann*

**Manipulationsfunktion** ⟨*manipulation function*⟩. → Translation, Rotation, Zooming, Windowing, → Skalierung und Spiegeln sind die üblichen Funktionen zur graphischen Manipulation mittels graphischer Peripheriegeräte. Dazu kommen andere Änderungsfunktionen, die auch am graphischen → Objekt realisiert werden können wie Gruppieren, Vereinzeln, Attributzuweisung und -änderung. Übergeordnet gibt es noch solche Funktionen, die die Veränderbarkeit des graphischen Objektes einschränken, d. h. wenn eine bestimmte graphische Manipulation durchgeführt wurde, darf diese nicht mehr geändert werden. Dadurch entstehen Entwurfsregeln, die einzuhalten sind.

*G. Spur* und *F.-L. Krause* unterscheiden zwischen zwei Gruppen von Geometrie-Änderungsaufgaben:
– Die topologieerhaltenden Manipulationen ermöglichen Änderungen, die die Bauteilabmessungen betreffen, wobei keine geometrischen Elemente aus dem Bauteil entfernt oder hinzugefügt werden. Beispiel dafür ist die Änderung des Radius einer Verrundung.
– Die topologieändernden Manipulationen ermöglichen dagegen das Hinzufügen oder Löschen von Elementen (Konturen, Flächen) in rechnerintern abgebildeten Bauteilgeometrien. Beispiel dafür ist das Anlegen einer Verrundung an einer Bauteilkante.

Eine andere Art der Bildmanipulation wird durch die Rastermanipulation (Pixelmanipulation) realisiert. An einem → Bildschirm werden z. B. über Scanner eingegebene Fotos oder Zeichnungen mit Realbildern einer Videokamera montiert und retuschiert.

*Encarnação/Messina*

Literatur: *Encarnação, J. L.* und *W. Straßer*: Computer Graphics – Gerätetechnik, Programmierung und Anwendung graphischer Systeme. München–Wien 1986. – *Spur, G.* und *F.-L. Krause*: CAD-Technik. Lehr- und Arbeitsbuch für die Rechnerunterstützung in Konstruktion und Arbeitsplanung. München 1984.

**MAP** ⟨*MAP (Manufacturing Automation Protocol)*⟩. Einer der bekanntesten Vertreter eines Standard-Profils (→ GOSIP, → TOP). Es wurde in den 80er Jahren von General Motors entwickelt und wird heute von Benutzervereinigungen weiterentwickelt. MAP ist für den Einsatz in Fertigungsumgebungen konzipiert. Spezifisch für solche Umgebungen ist der Manufacturing Messaging Service (→ MMS). Dieser → Dienst unterstützt speziell die → Kommunikation innerhalb einzelner Produktionszellen in einer automatisierten Fabrik. In einer solchen Zelle kommuniziert ein „intelligenter" Controller mit den Produktionsgeräten seiner Zelle.

In den → Ebenen 6 und 5 werden die jeweilige verbindungsorientierten → OSI-Dienste angeboten. Auf → Transportebene wird Klasse 4 des Transportprotokolls unterstützt. Diese Klasse ist aufgrund des unterliegenden verbindungslosen Protokolls der → Vermittlungsebene erforderlich (Bild).

| File Transfer<br>FTAM | Messaging<br>MMS | Directory<br>X.500 |
|---|---|---|
| ACSE | ACSE | ACSE, ROSE |
| Connection oriented presentation protocol<br>ISO 8823 ||| 
| Connection oriented session protocol<br>ISO 8327 |||
| Connection oriented transport protocol<br>ISO 8073, class 4 |||
| Connectionless network protocol<br>ISO 8473 |||
| LLC 1<br>ISO 8802.2 |||
| MAC + PHY<br>ISO 8802.4/3 |||

MAP: Architektur

In einer Produktionsumgebung sind Ausfallsicherheit und garantierte Reaktionszeiten (z. B. auf eine Alarmmeldung) wesentliche Randbedingungen für ein Kommunikationssystem. In MAP wurde daher ursprünglich nur der → Token-Bus verwendet, der in diesen beiden Beziehungen die Vorteile von → Ethernet (ausfallsicher durch passive Ankopplung von Stationen) und des → Token-Rings (garantierte Antwortzeiten) in sich vereint. Inzwischen ist allerdings auch Ethernet als unterliegendes lokales Netz (→ LAN) zugelassen.

*Jakobs/Spaniol*

Literatur: *Spaniol, O.; Jakobs, K.*: Rechnerkommunikation – OSI-Referenzmodell, Dienste und Protokolle. VDI-Verlag, 1993. – *Dickson, G.; Lloyd, A.*: Open systems interconnection. Prentice Hall, 1992.

**Markierungsrelaxation** ⟨*relaxation labelling*⟩. Verfahren zur konsistenten Interpretation von → Objekten durch sukzessive Anpassung der Markierungen an Nebenbedingungen; beim → Bildverstehen beispielsweise verwendet zur konsistenten Deutung von Bildbereichen unter Berücksichtigung von einstelligen und mehrstelligen Nebenbedingungen. Bei diskreter M. spezifizieren die Nebenbedingungen, welche Markierungen einer endlichen Menge miteinander verträglich sind. Probabilistische M. liegt vor, wenn der Grad des Zutreffens einer Markierung mit einer „Wahrscheinlichkeit" gewichtet wird. Die Initialgewichtung wird durch den Relaxationsprozeß mit Hilfe von Kompatibilitätsbeziehungen solange modifiziert, bis die Gewichte eine möglichst eindeutige Markierung ausweisen.

Es gibt zahlreiche Varianten und Lösungsverfahren mit unterschiedlichen Konvergenzeigenschaften. Von besonderer Bedeutung sind parallele Verfahren, bei denen die Lösung durch ein → Netzwerk lokaler → Prozessoren ermittelt wird.

*Neumann*

Literatur: *Hinton, G. E.*: Relaxation and its role in vision. Ph. D. Diss. Univ. of Edinburgh 1979 – *Rosenfeld, A.; Hummel, R. A.; Zucker, S. W.*: Scene labelling by relaxation operations. IEEE Trans. SMC 6. 1976. pp. 420 ff.

**Markoff-Algorithmus** ⟨*Markoff algorithm*⟩. Der Begriff M.-A. wurde 1951 von *A. A. Markoff* veröffentlicht und ist eine Präzisierung des Begriffs „allgemeines Verfahren" in Algebra und → Logik, bei dem nicht mit Darstellungen von Zahlen gerechnet, sondern bei dem Zeichenreihen verändert werden (durch Ersetzen von Teilzeichenreihen durch andere Zeichenreihen).

Ein M.-A. ist im wesentlichen ein durch Zusatzregeln deterministisch gemachtes → Semi-Thue-System.

Sei X ein Alphabet. Ein *Markoff*-Algorithmus A über X ist eine endliche geordnete Folge $R_1, R_2, \ldots, R_n$ von sog. *Markoff*-Regeln der Form U → V oder U → •V.

A wird wie folgt auf ein Wort w über X angewendet: Man suche die erste Regel $R_i$, deren linke Seite $U_i$ in w vorkommt, und ersetze das äußerste linke Vorkommen von $U_i$ in w durch $V_i$. Falls die Regel die Form $U_i \to •V_i$ hatte, ist die Anwendung von A erfolgreich beendet, andernfalls wird A auf das nun entstandene Wort angewendet. Gab es keine anwendbare Regel $R_i$, so bricht A ab.

Man sieht leicht, daß jeder M.-A. in ein Programm für eine → *Turing*-Maschine übersetzt werden kann und umgekehrt.

*Beispiel*
Sei $X=\{x_1, \ldots, x_n\}$ und # ein nicht in X enthaltenes →Zeichen sowie Λ die Bezeichnung für das leere Wort (→ Monoid). Dann formt der folgende → Algorithmus jedes Wort w#w' mit w, w' aus X* um in w':
$x_1\# \to \#$
$x_2\# \to \#$
.
.
.
$x_n\# \to \#$
$x\# \to \bullet\Lambda$ *Brauer*

Literatur: *Brauer, W.; Indermark, K.*: Algorithmen, rekursive Funktionen und formale Sprachen. Mannheim 1968. – *Loeckx, J.*: Algorithmentheorie. Berlin 1976.

**Markoff-Kette** ⟨*Marcov chain*⟩. Eine Folge von Ereignissen wird als M.-K. bezeichnet, wenn das Auftreten von Ereignis Z(k) zum Zeitpunkt k statistisch nur von den Ereignissen Z(k−i), Z(k−i+1), ..., Z(k−1) zu dem Zeitpunkt k−i, k−i+1, ..., k−1 abhängt. Hierbei gibt i die Ordnung der betrachteten M.-K. an. Im weiteren werden M.-K. 1. Ordnung (i=1) betrachtet, bei der Z(k) nur von Z(k−1) abhängt. Die beschriebenen Methoden lassen sich auf M.-K. höherer Ordnung übertragen. Häufig werden die Z(k) auch als Zustände eines physikalischen Systems bezeichnet, wobei die Transitionen zwischen den Zuständen bestimmten (bedingten) Wahrscheinlichkeiten unterliegen. Für eine M.-K. 1. Ordnung hängt die Wahrscheinlichkeit dafür, daß sich das System zum „Zeitpunkt" k im Zustand Z(k) befindet, nur davon ab, in welchem Zustand sich das System zum „Zeitpunkt" k−1 befand. Die Summe der Wahrscheinlichkeiten der von einem Zustand abgehenden Transitionen muß 1 ergeben.

Als Beispiel sei eine M.-K. mit drei Zuständen gewählt. Die Übergangswahrscheinlichkeiten lassen sich in eine Übergangsmatrix eintragen. Hierbei müssen die Summen der Zeilen gleich 1 sein. Ist die Übergangsmatrix unabhängig von k, sind also die Koeffizienten konstant, so ist die betrachtete M.-K. homogen. Durch Grenzübergänge lassen sich die Auftrittswahrscheinlichkeiten der einzelnen Ereignisse berechnen.

Sind auch die Ereigniswahrscheinlichkeiten unabhängig vom Zeitpunkt k, so ist die M.-K. stationär. Für die Ereigniswahrscheinlichkeiten einer stationären homogenen M.-K. 1. Ordnung gilt mit zwei Symbolen A und B:

$$P(A) = P(A) * P(A|A) + P(B) * P(A|B),$$
$$P(B) = P(B) * P(B|B) + P(A) * P(B|A).$$

*Petters*

Literatur: *Kleinrock, L.*: Queueing systems. Vol. 1: Theory. New York 1975. – *Gnedenko, B. W.*: Lehrbuch der Wahrscheinlichkeitsrechnung. Thun Frankfurt/M. 1987.

**Markup** ⟨*markup*⟩. Insbesondere im Rahmen von → SGML englische Bezeichnung für → Auszeichnung. *Schindler/Bormann*

**Martin-Löf-Typtheorie (MLTT)** ⟨*Martin-Löf type theory*⟩. Von *P. Martin-Löf* Anfang der 70er Jahre zur

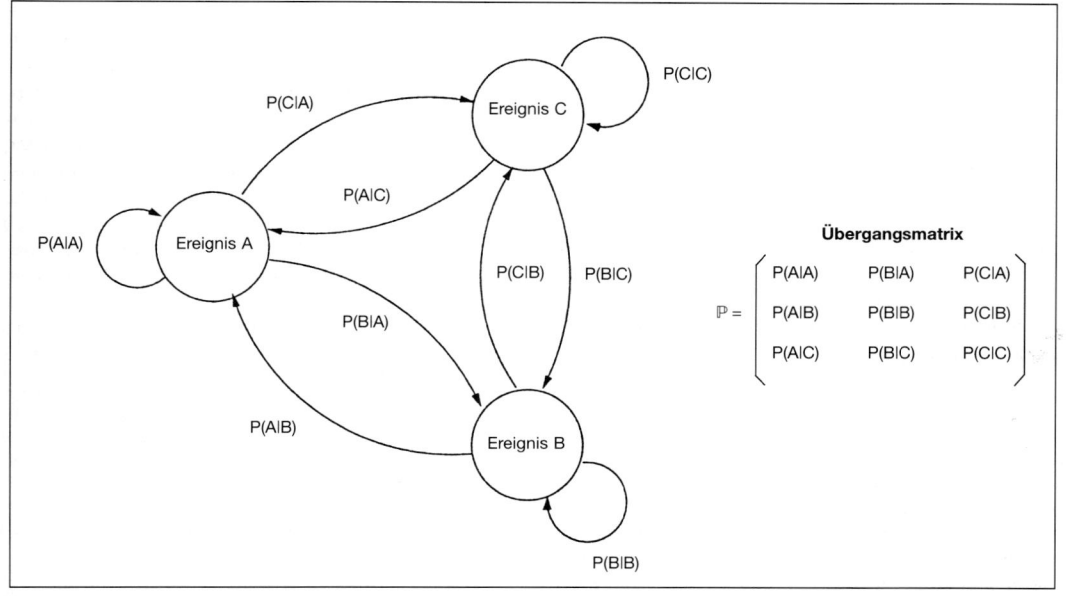

*Markoff-Kette: Allgemeingültige M.-K. 1. Ordnung mit drei Zuständen bzw. Ereignissen und entsprechender Übergangsmatrix*

Formalisierung konstruktiver Mathematik entwickelte → Typtheorie, z. B. zur Formalisierung von Kategorientheorie. Ursprünglich enthielt MLTT einen Typ aller Typen, doch dies führt zur logischen Inkonsistenz. *Martin-Löf* wandte sich danach nur noch prädikativen Typtheorien zu. In MLTT existiert deshalb nur eine kumulative Hierarchie prädikativer Universen $U_1 \subseteq U_2 \subseteq \ldots$, so daß $U_1 \in U_2 \in \ldots$ Die üblichen abhängigen Produkte und Summen werden mit Hilfe der Universen wie folgt getypt:

$$\frac{\Gamma \vdash A \in U_n \quad \Gamma, x : A \vdash B \in U_n}{\Gamma \vdash \Pi \, x : A. B \in U_n}.$$

Ist $A = U_m$, so gilt wegen $U_m \in U_{m+1}$, daß das Produkt in $U_{n+1}$ liegt. $U_1$ nennt man auch Set.

Zu MLTT können induktive Datentypen hinzugefügt werden, ohne die Normalisierbarkeit zu gefährden. Es gibt zwei Varianten von MLTT: intensionale und extensionale. In intensionaler MLTT reflektieren Gleichheitstypen die definitorische Gleichheit, bestimmt durch Definitionen (Makros) auf Benutzerebene, und Type Checking ist entscheidbar. In extensionaler Typtheorie reflektieren Identitätstypen die Urteilsgleichheit (judgmental equality), d. h. die in den Regeln der Typtheorie formulierte Gleichheit zwischen den eingebauten Konstrukten (z. B. den λ-Termen), und damit ist Typkorrektheit unentscheidbar.

*Reus/Wirsing*

Literatur: *Martin-Löf, P.*: Intuitionistic type theory. Bibliopolis, Napoli 1984. Ein einführendes Buch ist *Nordström, B.; Petersson, K.; Smith, J. M.*: Programming in Martin Löf's type theory. Oxford Univ. Press, 1990.

**Maschine** ⟨*machine*⟩. **1.** Eine *abstrakte M.* ist ein mathematisches → Modell zur Formalisierung des Algorithmenbegriffs und besteht i. allg. aus Komponenten zur Ein- und Ausgabe, zur Speicherung von Programmen und Daten sowie der Steuer- und Verarbeitungseinheit. Nach *Scott* kann eine M. beschrieben werden als ein Tupel M = (S, I, O, Op, Test, In, Out) mit einer Zustandsmenge S, Mengen I und O von Ein- und Ausgabedaten, einer Menge Op von (totalen) Funktionen f: S → S, einer Menge Test von (totalen) Testfunktionen g: S → {0,1} sowie den Ein- und Ausgabefunktionen In: I → S und Out: S → O. Als Spezialfälle dieser generischen M.-Definition erhält man die Definitionen verschiedener Automatenmodelle wie endliche Automaten, → Kellerautomaten, linear beschränkte Automaten, → Turing- und Register-M. (RAM, Abstraktion der *von-Neumann*-Rechnerarchitektur) sowie von → Transduktoren wie → *Moore*- und → *Mealy*-Automaten.

Während sich die Theorie der → Berechenbarkeit für die Mächtigkeit verschiedener Maschinenmodelle (d. h. die Menge der durch eine gegebene → Klasse von M. berechenbaren Funktionen) interessiert und dabei i. allg. keine Schranke für den verfügbaren Speicherplatz oder die Anzahl der Berechnungsschritte vorsieht, studiert die → Komplexitätstheorie Varianten insbesondere von *Turing-* und Register-M., um Klassen innerhalb gewisser Zeit- und Platzbeschränkungen berechenbarer Funktionen zu definieren. Dabei wurden auch M.-Modelle für die Formalisierungen paralleler Berechnungen mit Hilfe mehrerer → Prozessoren vorgeschlagen. M.-Modelle wie das SIMDAG (Single Instruction, Multiple Data Aggregate) oder die APM (Array Processing Machine) orientieren sich an Architekturen von → Vektorrechnern. → VLSI-Modelle und verschiedene Varianten der PRAM, bei der alle Prozessoren Zugriff in konstanter Zeit auf einen gemeinsamen Speicher haben, sind abstrakte M. für universelle parallele Rechner.

**2.** *Interpretative M.* werden bei der → Implementierung von Programmiersprachen verwendet, um eine leichtere Portierbarkeit zwischen verschiedenen Rechner- und → Betriebssystemen zu erzielen. Sie stellen eine Menge von Grundoperationen bereit, die als Zwischenschicht zwischen der realen M.-Sprache der jeweiligen Ziel-M. und der zu implementierenden Programmiersprache dienen. Die Übersetzung in die Sprache der interpretativen M. muß bei dieser Technik nicht der jeweiligen Zielarchitektur angepaßt werden. Durch eine der jeweiligen Programmiersprache angepaßte Wahl der Grundoperationen können die Effizienzverluste gegenüber einer direkten Übersetzung minimiert werden. Bekannte Beispiele für interpretative M. sind die SECD-M. und die CAM (Categorical Abstract Machine) für den → Lambda-Kalkül und funktionale Programmiersprachen wie LISP und → SML, die WAM (Warren Abstract Machine) für → PROLOG, der p-Code für → Pascal und die Java Virtual Machine. Gelegentlich wurde auch versucht, interpretative M. direkt in → Hardware zu implementieren (LISP-M.).

**3.** *Virtuelle M.* werden von manchen Mehrprogrammsystemen bereitgestellt und simulieren den (virtuellen) Adreßraum und die Umgebung (Register, Statusworte, Ein-/Ausgabegeräte) einer ganzen Rechenanlage. Die Technik der virtuellen M. erlaubt die Verwendung von Programmen auf → Rechensystemen unterschiedlicher Konfiguration, etwa bei Hardware- oder Betriebssystemumstellungen, bei größtmöglicher Betriebssicherheit.

*Merz/Wirsing*

Literatur: *Scott, D.*: Some definitional suggestions for automata theory. J. Comp. Syst. Sci. 1 (1967) pp. 187–212. – *van Emde; Boas, P.*: Machine models and simulations. In: *J. van Leeuwen* (Ed.): Handbook of theoretical computer science, Vol. A. Elsevier/MIT Press, 1990. – *Karp, R. M.; Ramachandran, V.*: Parallel algorithms for shared memory machines. In: *J. van Leeuwen* (Ed.): Handbook of theoretical computer science, Vol. A. Elsevier/MIT Press, 1990.

**Maschine, rechenfähige** ⟨*computing machine*⟩
→ Rechensystem, → Betriebssystem

**Maschinenbefehl** ⟨*machine instruction*⟩ → Maschinensprache

**Maschinenbefehlssatz** ⟨*machine instruction set*⟩. Menge der für einen → Prozessor zur Verfügung stehenden, unmittelbar ausführbaren Instruktionen.

*Breitling/K. Spies*

**Maschinenbelegungsplanung** ⟨*machine scheduling*⟩. Aufgabe, n Aufträge $A_1, \ldots, A_n$, die auf m Maschinen $M_1, \ldots, M_m$ mit Bearbeitungszeiten $t_1, \ldots, t_m$ in einer teilweise vorgegebenen Reihenfolge abgearbeitet werden sollen, so den einzelnen Maschinen zuzuordnen, daß die gesamte Bearbeitungszeit minimal wird. Die M. ist ein Teilgebiet der Reihenfolgeplanung. *Bachem*

**Maschinencode** ⟨*machine code*⟩ → Maschinensprache

**Maschinensprache** ⟨*machine language, assembler*⟩. Als M., maschinenorientierte Sprache oder Assembler versteht man die Menge der Programme, die ein Computer ohne weitere Übersetzung ausführen kann. Programme in M. werden vom Computer generiert, mit anderen übersetzten Programmteilen in M. gebunden und durch den Lader in den → Hauptspeicher des Rechners geladen. Nach der → Initialisierung des Programms durch Adressierung im Befehlszähler wird entsprechend der Vorschrift des Maschinenbefehlszyklus schrittweise ein Maschinenbefehl nach dem anderen ausgeführt. Jeder Maschinenbefehl muß dabei gemäß der Definition des → Befehlsvorrates des → Prozessors codiert sein und Informationen wie Operationscode, Adreßinformation, Direktoperanden und sonstige Steuerinformation enthalten.

Um binär codierte Maschinenbefehle für den Menschen lesbarer zu machen, werden die Felder des Maschinenbefehlsformates oft auch mnemotechnisch verschlüsselt dargestellt. Die 1:1-Übersetzung der mnemotechnischen Verschlüsselung in eine → binäre → Codierung erfolgt durch einen Assembler. Der Begriff Assembler wird also sowohl für die M. als auch für den → Übersetzer verwendet. Zur weiteren Erleichterung der Formulierung von Programmen erlauben Assembler i. allg. auch die Definition von Makros, welche die Definition einer Folge von Maschinenbefehlen durch eine einzige mnemotechnische Verschlüsselung ermöglichen. Man spricht dann auch von Makro-Assembler. Die Nutzung maschinenorientierter Programmiersprachen für die Formulierung von Anwendungsprogrammen war Stand der Technik, bevor Compiler für höhere Programmiersprachen entwickelt wurden. Heute wird sie nur noch dort verwendet, wo höchste Rechenleistung und kompakteste Codierung notwendig sind, was durch den direkten Zugriff der M. auf die → Hardware ermöglicht wird. Programme in maschinenorientierter Sprache sind schwer verständlich, fehleranfällig und zeitaufwendig. Ihre Bedeutung geht daher zurück. *Bode*

**Maschinenvisualisierung** ⟨*visualization of machines*⟩. Der Begriff wird meist im Bereich der Fertigungstechnik als Analogie, aber auch zur Abgrenzung gegenüber dem Begriff → Prozeßvisualisierung verwendet. Abgrenzende Merkmale sind z. B. die unterschiedliche Verwendung der → Fenstertechnik (die Prozeßvisualisierung nutzt konsequent die Fenstertechnik mit auch überlappenden Fenstern; in der M. werden i. d. R. nebeneinander angeordnete Fenster auf dem → Bildschirm genutzt) oder die unterschiedliche Anzahl der zu visualisierenden → Prozeßvariablen (in der Prozeßvisualisierung bis zu mehreren 1 000, in der M. sehr viel weniger (< 50 bis 100 Prozeßvariable). *Langmann*

**Maske** ⟨*mask*⟩. **1.** Unter einer M. versteht man eine Bit- oder Zeichenfolge, die dazu dient, aus → Daten bestimmte Anteile (Datenfelder) auszublenden. Die Länge der Datenfelder muß mit der Länge der auf sie anwendbaren M. übereinstimmen. M. und Datenfeld werden durch einen entsprechenden Maschinenbefehl konjunktiv verknüpft (→ Konjunktion), so daß die interessierenden Teile stehen bleiben und die anderen gelöscht werden.

Während in → Programmen M. verwandt werden, um bestimmte Komponenten zur weiteren Verarbeitung zu isolieren, können sie in der → Hardware einer Datenverarbeitungsanlage zum Auslösen oder Verhindern bestimmter Funktionen dienen. Ein Beispiel sind die Unterbrechungen des laufenden Programms durch Fertig- oder Fehlermeldungen von peripheren Geräten. Durch Setzen oder Löschen einzelner Binärstellen kann der Programmierer bestimmen, welche dieser Meldungen zu Programmunterbrechungen führen und welche zurückgestellt werden. Diese können dann vom Programm zu einem für dessen Ablauf günstigeren Zeitpunkt abgefragt werden, wobei wiederum eine M. die interessierenden Meldungen festlegt.

Für Anwendungsprogrammierer sind noch die *Druckmasken* von Bedeutung. Mit diesen wird die Form des Druckbildes bestimmt. Beispielsweise legt die Druckmaske fest, an welchen Stellen des Druckbildes das Vorzeichen oder der Dezimalpunkt (das Komma) erscheint und wo Zwischenräume einzufügen sind. Möglichkeiten und Schreibweise der Druckmaske sind von → Programmiersprache zu Programmiersprache verschieden. *Bode/Schneider*

**2.** Element der Gestaltung der → Benutzungsschnittstelle. Dabei wird der Bildschirm in Bereiche aufgeteilt, deren Inhalt teilweise vom System vorgegeben, teilweise vom Benutzer auszufüllen ist. Als zweckmäßig hat sich die Untergliederung einer M. in einen Kennzeichnungsbereich, Arbeitsbereich, Steuerungsbereich und Meldungsbereich erwiesen. *Hesse*

Literatur: *Hesse, W.; Barkow, G.* u. a.: Terminologie der Softwaretechnik – Ein Begriffssystem für die Analyse und Modellierung von Anwendungssystemen. Teil 2: Tätigkeits- und ergebnisbezogene Elemente. Informatik-Spektrum (1994) S. 96–105.

**Maskengenerator** ⟨*form generator*⟩. → Programm, das automatisch aus einem → Datenbankschema oder einer anderen Datenstrukturbeschreibung (→ Metadaten) eine → Benutzerschnittstelle erzeugt, mit der Daten(strukturen) angezeigt und bearbeitet werden können. Da M. meist keine kontextsensitiven Elemente berücksichtigt (z. B. Bildschirmlayout, Hilfestellungen, Standardabläufe, Fehler und Verletzungen von → Integritätsbedingungen), können ihre Ergebnisse nur der Startpunkt für eine anwendungsbezogene Entwicklung der Benutzerschnittstelle sein (→ Berichtsgenerator, → Vier-GL). *Schmidt/Schröder*

**Massendaten** ⟨bulk data⟩. Daten gleichen Typs, die in nicht von vornherein beschränkter Anzahl anfallen, d. h. die im Prinzip beliebig wachsen können. Sie werden durch → Massendatentypen beschrieben (→ Datenbank, → Datenmodell). *Schmidt/Schröder*

**Massendatentyp** ⟨bulk data type⟩. Beschreibt eine Art von → Massendaten und deren Eigenschaften, z. B. die anwendbaren → Operationen, die Art der Speicherung oder die Ordnungsrelation auf den Elementen. Wichtige Operationen auf Massendaten sind das Einfügen und Löschen von Elementen, das Suchen nach Elementen und das Iterieren über den Datenbestand (→ Iteration, → Datenbankschema, → Datenmodell).
*Schmidt/Schröder*

**Massenspeicher** ⟨mass storage⟩. Einheiten innerhalb von → Speichersystemen, die hohe Speicherkapazität bieten. Im engen Sinne wird diese Bezeichnung angewendet auf → Speicher, die es erlauben, innerhalb von Informationsverarbeitungssystemen große Datenmengen ökonomisch bei angemessener → Zugriffszeit aufzunehmen. Dabei sind magnetomotorische Speicher und → optische Speicher von Bedeutung (→ Speichertechnologien).

Die als → Arbeitsspeicher der Rechner (Primärspeicher) heute üblichen Halbleiterspeicher (früher Magnetkernspeicher) zählen auch bei hoher Kapazität nicht zu den M. Nur äußere, an Rechner angeschlossene (externe, sekundäre) Speicher fallen unter diesen Begriff.

Der Ausdruck M. bzw. Massenspeichersystem wird gelegentlich von Herstellern als Produktbezeichnung für Anlagen verwendet, die unter Programmsteuerung → Magnetbandkassetten automatisch gezielt aus Regalen entnehmen, in Schreib-/Leseeinrichtungen einführen, entnehmen und wieder zurückbringen können. *Voss*

**Massiv Parallele Systeme (MPS)** ⟨MPS (Massive Parallel Systems)⟩. Informationsverarbeitende Systeme werden zunehmend arbeitsteilig organisiert (z. B. → Parallelrechner), so daß → Prozesse teilweise parallel ablaufen können. Eine solche Parallelität informationsverarbeitender Systeme läßt sich auf „sehr viele" Prozesse ausdehnen ($10^5$ oder mehr). Man spricht dann von *Massiver Parallelität* oder MPS. Aussagekräftiger – statt einer quantitativen Charakterisierung – ist jedoch eine qualitative Charakterisierung: *Massiv* ist Parallelität dann, wenn das System und der Prozeßablauf im System hauptsächlich durch die Verteiltheit der Daten und Prozesse geprägt ist und nicht so sehr durch die algorithmische Struktur. Die Verteiltheit drückt sich dabei aus durch
– die Verbindungsstruktur,
– die Kommunikationsprozesse und
– die Organisation der Arbeitsverteilung.

Beispiele für MPS sind → Neuronale Netze und konnektionistische Computersysteme. *Krückeberg*

**Maßnahmen, experimentelle** ⟨experimental procedures⟩ → Fehlervermeidung

**Maßnahmen, rigorose** ⟨rigorous procedures⟩ → Verifikation

**Maßwertprozeß** ⟨measure process⟩. Der M. (auch Meßwertprozeß genannt) wird als ein Bestandteil des Modells für → funktionale Eingabegeräte definiert. Immer wenn sich ein Gerät in einer → Interaktion befindet, existiert ein zugehöriger M. In allen anderen Fällen ist dieser Prozeß nicht vorhanden.

Wenn ein M. erzeugt wird, wird sein aktueller Zustand auf einen evtl. vorhandenen Anfangswert gesetzt. Anschließend wird eine → Aufforderung erzeugt, um dem → Bediener des Eingabegerätes den Beginn der Eingabe anzuzeigen. Damit ist die Erzeugung des M. abgeschlossen und der Prozeß aktiv.

Während der M. aktiv ist, wird, falls ein → Echo verlangt wurde, eine → Ausgabe erzeugt, die den aktuellen Zustand des Prozesses dem Bediener des Gerätes übermittelt.

Der M. ist beendet, wenn eine Abfrage-, Anforderungs- oder Ereigniseingabe abgeschlossen ist.
*Encarnação/Alheit/Haag*

**Matching-Problem** ⟨matching problem⟩. Ein Matching M in einem → Graphen G ist eine Teilmenge der Kanten von G, die keinen Knoten gemeinsam haben. Das *Kardinalitäts-M.-P.* ist die Bestimmung eines Matching mit maximaler Kantenanzahl. Besitzen die Kanten des Graphen Gewichte $w_{ij}$, so ist das *gewichtete M.-P.* die Aufgabe, ein Matching zu bestimmen, dessen Summe der Kantengewichte maximal ist. Ein Matching, welches alle Kanten eines Graphen überdeckt, heißt *perfektes Matching*.

M.-P. in vollständigen bipartiten Graphen heißen *Zuordnungsprobleme* (n Jobs $J_1, ..., J_n$ sind auf n Prozessoren $P_1, ..., P_n$ zu verteilen, so daß bei einer Verweilzeit von $w_{ij}$ für den i-ten Job auf den j-ten Prozessor die Gesamtverweilzeit minimiert wird).

Matching-Algorithmen besitzen polynomiales Laufzeitverhalten und sind mit Hilfe → primal-dualer Verfahren sehr effizient implementierbar. Sie können heute auch für sehr große Graphen in kurzer Zeit gelöst wer-

**Matroidtheorie** ⟨*matroid theory*⟩. Eine von *Whitney* (1935) und *van der Waerden* (1937) begründete Theorie der linearen Unabhängigkeit, die eine für die kombinatorische Optimierung äußerst nützliche Struktur diskreter Mengen definiert.

Ein System I von Teilmengen einer endlichen Menge S mit der Eigenschaft

$$\emptyset \in I \text{ und} \tag{1}$$
$$R \subset T \in I \Rightarrow R \in I \tag{2}$$

heißt *Unabhängigkeitssystem*. Erfüllt das Unabhängigkeitssystem zusätzlich
Für $R, T \in I$ mit $|R| = |T| + 1$ gibt es ein $x \in T \setminus R$ mit $R \cup \{x\} \in I$,
so heißt I *Matroid*. Matroide sind genau die Unabhängigkeitssysteme, für die die →*Greedy*-Heuristik stets die optimale Lösung liefert, und genau die Unabhängigkeitssysteme, für die ein Alternativsatz vom *Farkas-Lemma-Typ* (→ Dualität) Gültigkeit besitzt.

Ist $L = \{x \in \mathbb{R}^n \mid Ax = 0\}$ ein linearer Raum, so bildet das Mengensystem aller linear unabhängigen Spalten der Matrix A ein Matroid. Alle Matroide, die so dargestellt werden können, heißen über $\mathbb{R}^n$ *repräsentierbar*. Die Menge aller Kreise eines → Graphen bilden Matroide, die über Körper der Charakteristik 2 repräsentierbar sind. *Bachem*

**Maus** ⟨*mouse*⟩. → Graphisches Eingabegerät, das die Eingabe von Lageinformation in der → Ebene in den → Digitalrechner ermöglicht. Hierzu wird die M. mit der Hand bewegt. Zur Kontrolle wird i. allg. die Lage der M. auf dem → Bildschirm eines Bildschirmausgabegerätes angezeigt.

Die M. besteht im wesentlichen aus einer Hohlkugel, in der sich zwei Räder befinden, deren Achsen zueinander orthogonal sind. Jedes Rad ist mit einem Impulsgeber verbunden, der während der Radbewegung Impulse erzeugt, die dem Digitalrechner über ein flexibles Kabel zugeleitet werden. Beim Bewegen auf einer Unterlage dreht sich die Hohlkugel; ihre Drehbewegung treibt je nach Bewegungsrichtung der M. die Räder unterschiedlich schnell an. Es werden so orthogonale Bewegungsrichtungen in den Umdrehungslauf der Räder abgebildet.

Aus den beiden von den Rädern erzeugten Impulsfolgen rekonstruiert der Digitalrechner die Lageinformation. Hierbei kann eine Bewegung der M. im von der Ebene abgehobenen Zustand nicht berücksichtigt werden.

Auf dem Gehäuse der M., das die genannte Hohlkugel enthält, befinden sich i. allg. mehrere Tasten, mit denen Sonderfunktionen des Digitalrechners aktiviert werden können. Da das Gehäuse und das daran angeschlossene Kabel an eine M. erinnern, erhielt dieses Eingabegerät den Namen „Maus".

*Encarnação/Güll*

**Maxwellsche Theorie** ⟨*Maxwell theory*⟩. Von *J. C. Maxwell* aufgestellte Theorie der Elektrodynamik. Die M. T. fußt auf den folgenden Formeln, die fast sämtliche elektromagnetische Erscheinungen beschreiben:

**1.** Das Oberflächenintegral über die dielektrische Verschiebungsdichte D ist gleich der elektrischen Ladung Q:

$$Q = \int_O D \, dA = \int_K \rho \, dV.$$

Dabei ist O eine die Ladung umhüllende Fläche, dA das gerichtete Oberflächenelement, $\rho$ ist die Ladungsdichte, dV das Volumenelement des von O umschlossenen Volumens K.

**2.** Das *Ampèresche Verkettungsgesetz* oder auch *Durchflutungsgesetz*:

$$\oint_K H \, ds = I + \frac{d}{dt} \int_F D \, dA.$$

Dabei ist H die magnetische Feldstärke, ds das Linienelement der Randkurve K der Fläche F, I der Leitungsstrom durch F. Der Leitungsstrom ist mit der zeitlichen Änderung der Gesamtladung verknüpft:

$$I = -\frac{dQ}{dt} = -\frac{d}{dt} \int_O D \, dA = \int G \, dA.$$

G ist dabei die Stromdichte.

**3.** Der gesamte magnetische Fluß B durch die geschlossene Oberfläche O verschwindet:

$$\int_O B \, dA = 0$$

**4.** Den Zusammenhang zwischen der elektrischen Feldstärke E und der zeitlichen Änderung des Induktionsflusses B gibt das *Faradaysche Induktionsgesetz*:

$$\oint_K E \, ds = -\frac{d}{dt} \int_F B \, dA.$$

Die obigen Integralgleichungen lassen sich mit Hilfe der Integralsätze von *Gauß* und *Stokes* in folgende Differentialform überführen, in der sie in der Physik auch meist gebräuchlich und als *Maxwellsche Gleichungen* bekannt sind (die beteiligten Körper seien als ruhend vorausgesetzt):

1. $\text{div} \, D = \rho$,
2. $\text{rot} \, H = G + \dfrac{\delta D}{\delta t}$
3. $\text{div} \, B = 0$,
4. $\text{rot} \, E = -\dfrac{\delta B}{\delta t}$.

Die M. T. wurde später durch die spezielle Relativitätstheorie *A. Einsteins* erweitert. *Grauschopf*

**MBONE** ⟨*MBONE (Multicast Backbone)*⟩. Experimentelles Overlay-Netzwerk im → Internet. Das bedeutet: Es umfaßt einige, aber nicht alle Knoten des Internet. Im MBONE sind → Multicast-Datenübertragungen unter Ausnutzung von Multicast-Erweiterungen des → IP-Protokolls möglich. Multicast-→ Datagramme werden mit einer logischen Gruppenadresse im Zieladreßfeld abgesendet und an alle Netzknoten, die Mitglieder der durch diese Adresse identifizierten Gruppe sind, ausgeliefert.

Das MBONE wird hauptsächlich für die Übertragung von Life-Ereignissen wie Konferenzen oder Weltraummissionen der NASA im Internet verwendet. Dazu werden die zugehörigen Videoaufnahmen als multimediale Multicast-Datenströme (Sprache, Video und Graphik) gesendet. *Hermanns/Spaniol*

**MBS** ⟨*MBS (Mobile Broadband System)*⟩. Soll den mobilen Zugriff auf Dienste des Breitband-ISDN (→ B-ISDN) ermöglichen, um z. B. mobile Multimedia-Anwendungen mit hohem Bandbreitenbedarf zu unterstützen. Im Gegensatz zu Netzen, die B-ISDN lediglich als Hochgeschwindigkeits-Backbone-Netz nutzen (→ UMTS), soll das Konzept MBS weitestgehend kompatibel zu B-ISDN (und damit auch zu → ATM) gestaltet werden (z. B. ATM-konforme Aushandlung der Dienstqualität). Um hohe Datenraten von mehr als 30 Mbit/s auf der Luftschnittstelle zu erzielen, soll MBS im 60-GHz-Frequenzband operieren; es wird daher im wesentlichen nur in kleinen Kommunikationsinseln (z. B. innerhalb von Gebäuden) angeboten werden können. *Hoff/Spaniol*
Literatur: *Fernandes, F.*: Developing a system concept and technologies for mobile broadband communications. IEEE Personal Communications. 1995.

**MCU** ⟨*MCU (Multipoint Control Unit)*⟩. Eine MCU ermöglicht das sternförmige Zusammenschalten mehrerer → Desktop-Multimediakonferenzsysteme oder Bildtelephone zu einer → Videokonferenz. Sie stellt Funktionen zur Auswahl der bei den einzelnen Teilnehmern wiederzugebenden Audio- und Videoinformationen bereit.

MCU wurden zunächst für die Kommunikation mittels ISDN beschrieben. Mit der zunehmenden Verfügbarkeit von Standards für Bildtelephon für andere Netze (→ PSTN, → LAN, → ATM) werden auch MCU für diese Netze bereitgestellt. MCU können dann auch als Vermittler (gateways) zwischen verschiedenen Netzen eingesetzt werden.

Eine MCU besitzt eine Reihe von Kommunikationsschnittstellen, über die sich die einzelnen Teilnehmergeräte mit ihr verbinden. Falls die Zahl der Kommunikationsschnittstellen einer MCU für eine Konferenz nicht ausreicht, können mehrere MCU kaskadiert werden.

Der von einem Endgerät ankommende multimediale Informationsstrom (→ Multimediakommunikation) wird von einem Demultiplexer in je einen Audio-, Video-, Daten- und Steuerinformationsstrom aufgeteilt. Diese werden den jeweiligen Bearbeitungsmodulen (audio, video, data processor units) übergeben.

Eine MCU erlaubt das Durchschalten des Audiosignals eines Teilnehmers zu allen anderen und das Mischen der Audiosignale einiger oder aller Teilnehmer. Sie kann verschiedene Audiokodierungen ineinander konvertieren.

In der Regel wird zu den anderen Teilnehmern das Videosignal nur eines Teilnehmers durchgeschaltet, jedoch ist auch räumliches Kombinieren einiger/aller Videosignale möglich. Die Behandlung der eingehenden Dateninformationen hängt von der Art (dem Inhalt) des Informationsstroms ab. Die Daten werden entweder an alle Teilnehmer weitergeleitet (→ Rundspracheigenschaft (Broadcast)) oder von der MCU interpretiert, ggf. bearbeitet und selektiv weitergeleitet (→ Routing). Im letzten Fall kommen die Empfehlungen der T.120-Serie der ITU-T zur Anwendung; dann nimmt die MCU auch die Funktionalität des → Konferenzmanagements wahr.

Für jedes Endgerät werden die (teilnehmerspezifischen) Ausgaben der einzelnen Bearbeitungsmodule jeweils von einem Multiplexer zusammengefaßt, der resultierende Datenstrom wird anschließend zum jeweiligen Kommunikationspartner versandt.

Die Systemsteuerungseinheit der MCU steuert den Auf- und Abbau sowie die Konfiguration der Kommunikationsverbindungen zu den Teilnehmergeräten, z. B. Zahl der B-Kanäle, Aufteilung der Bandbreite zwischen Audio-, Video-, Daten- und Steuerinformationen, Wahl der Audio- und Videokodierungen, Verwendung eines Datenkanals oder nicht usw. *Schindler/Ott*

**Mealy-Automat** ⟨*Mealy automaton*⟩. Endlicher Automat mit einem Eingabe- und einem Ausgabeband, bei dem die → Ausgabe (anders als beim sonst gleichen → *Moore*-Automaten) vom Zustand und von der Eingabe abhängt. Ein M.-A. wird formal dargestellt als Quintupel $A = (Z, X, Y, f, g)$, wobei Z, X, Y die endlichen Mengen der Zustände, der Eingabe- und der Ausgabezeichen sowie f und g die folgenden Abbildungen sind:

f: $Z \times X \to Z$ ist die Zustandsübergangsabbildung; $z' = f(z, x)$ bedeutet, daß A durch die Eingabe von x aus dem Zustand z in den Zustand $z'$ übergeht.

g: $Z \times X \to Y$ ist die Ausgabeabbildung; $g(z, x)$ ist das durch Eingabe von x im Zustand z erzeugte Ausgabezeichen.

Ein M.-A. wird i. allg. angegeben durch Tabellen für f und g oder durch einen Zustandsgraphen, an dessen Pfeilen die Paare Eingabe/Ausgabe stehen.
*Beispiel* (Bild))
$A_0 = (\{z, z'\}, \{0, 1\}, \{0, 1\}, f, g)$ mit
$\quad f(z, 1) = f(z, 0) = f(z', 1) = z', f(z', 0) = 0,$
$\quad g(z, 1) = g(z, 0) = g(z', 0) = 0, g(z', 1) = 1.$

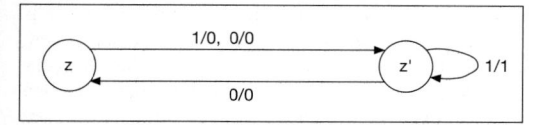

Mealy-*Automat: Zustandsgraph für* $A_0$

Obwohl $A_0$ einfach ist, gibt es keine natürlichen Zahlen p, q so, daß allein aus der Kenntnis der letzten p+1 Eingaben und der letzten q Ausgaben die (q+1)te Ausgabe eindeutig bestimmt werden kann.

Jeder Zustand z eines *Mealy*-Automaten A bestimmt auf folgende Weise eine → Automatenabbildung $g_z$ zwischen den freien Monoiden X* und Y*. Es ist $g_z(\Lambda)=\Lambda$ und $g_z(x)=g(z,x)$ für jedes x aus X. Ist ferner z' der Zustand, in den A übergeht, wenn im Zustand z beginnend das → Wort w aus X* eingegeben wird, so ist $g_z(wx)$ für x aus X induktiv definiert durch $g_z(w) g(z', x)$, d. h., $g_z(wx)$ erhält man aus $g_z(w)$ durch Anfügen der in Zustand z' bei Eingabe von x produzierten Ausgabe.

Zu einer Abbildung h: X* → Y* kann genau dann ein *Mealy*-Automat A und ein Zustand z von A so gefunden werden, daß h = $g_z$ ist, wenn folgende Bedingungen erfüllt sind:
(1) h ist längentreu, d. h. |h(w)| = |w|.
(2) Zu jedem u aus X* existiert eine Abbildung $h_u$: X* → Y*, so daß für alle v aus X* gilt: h(uv) = h(u) $h_u$(v).
(3) Die Menge der in (2) geforderten Abbildungen ist endlich. *Brauer*

Literatur: *Brauer, W.*: Automatentheorie. Stuttgart 1984.

**Medienkosten** ⟨*media costs*⟩. Unter M. in der Datenverarbeitung versteht man die Herstellungs- bzw. Anschaffungskosten für → Massenspeicher und → Datenträger. Sie sind Bestandteil der Verfahrenskosten von → Informationssystemen und sind bei der Ermittlung der Unterhaltskosten (cost of ownership) zu berücksichtigen. Die M. der in den Datenverarbeitungssystemen fest eingebauten Speichereinheiten wie → Magnetplatten sind dabei anders zu bewerten wie die von auswechselbaren Datenträgern wie → Disketten, → Magnetbändern oder → -kassetten und optischen Speichermedien, bei denen die Anschaffungs- und Unterhaltskosten der Speichereinheit getrennt von denen der benötigten Medien zu berechnen sind.

Generell haben die rasante Entwicklung auf dem Gebiet der Datenspeichertechnologien und der Trend zu immer kleineren Speichereinheiten die M. drastisch sinken lassen. Ein Megabyte Festplattenkapazität kostete beispielsweise Mitte der 70er Jahre einige 100 DM, im Jahre 1988 noch etwa 40 DM und heute weniger als 1 DM. Andererseits sind die Anforderungen an die Speicherkapazität durch die heutigen Anwendungen (Grafik, Audio- und Videodaten) ebenso stark gestiegen, so daß die M. von vergleichbaren EDV-Anlagen (z. B. EDV-Ausstattung eines Unternehmens mit 100 Mitarbeitern zur Lohnabrechnung, Fakturierung und Lagerhaltung, vor 20 Jahren und heute) heute nur etwa um den Faktor 5 bis 10 kostengünstiger sein dürften.

Anhaltswerte für die M. pro Megabyte Speicherkapazität einiger gebräuchlicher Speichermedien:

| | |
|---|---|
| Magnetwechselplatte: | ab 0,30 DM/MByte |
| Diskette: | ab 0,50 DM/MByte |
| 1/2″-Magnetbandkassette: | ab 0,02 DM/MByte |
| 1/4″-Magnetbandkassette: | ab 0,02 DM/MByte |
| 8-mm-Magnetbandkassette: | ab 0,005 DM/MByte |
| 4-mm-DAT-Kassette: | ab 0,01 DM/MByte |
| optische Speicherplatte (12″ WORM): | ab 0,10 DM/MByte |
| optische Speicherplatte (5,25″ ROD): | ab 0,08 DM/MByte |

Bei der Ermittlung der Verfahrenskosten müssen zu diesen M. die Anschaffungskosten für die entsprechenden Speicherlaufwerke und eventuell die der automatischen Zuführsysteme hinzugerechnet werden. Betrachtet man ein optisches Wechselmagazin („Jukebox") mit einer Gesamtkapazität von 40 GByte, so ergeben sich Gesamtkosten von etwa 0,30 bis 0,40 DM/MByte. Für ein Wechslersystem mit 8-mm-Magnetbandkassetten mit einer Kapazität von 1 Terabyte muß mit M. von etwa 0,05 DM/MByte gerechnet werden. Weitere Kriterien bei der Kalkulation der M. sind der Raumbedarf, Personal, Wartungskosten etc.

Für Anwender von → Personal Computern mit niedrigem Kapazitätsbedarf ist z. B. das → Diskettenlaufwerk mit einigen Datenträgern trotz der hohen relativen M. oft die günstigste Lösung wegen der niedrigen absoluten Kosten, während für Archivierungen großer Datenbestände, wie sie z. B. bei Versicherungen oder Kreditunternehmen anfallen, Kassetten- oder optische Speicher mit automatischen Zuführsystemen wegen der hohen Kapazitäten und der niedrigen relativen M. sinnvoll sind. Technische Aspekte (löschbarer/wiederverwendbarer Datenträger, direkter Zugriff, Datendurchsatz usw.) sind weitere Kriterien bei Verfahrensentscheidungen.

Die M. werden entsprechend der Weiterentwicklung der Speichertechnologien ständig weiter zurückgehen. Durch den wachsenden Speicherbedarf neuer Anwendungen, v. a. aus dem Bereich der digitalen Video- und Telekommunikationsapplikationen, werden zwar die relativen Kosten (Kosten pro Megabyte) noch weiter drastisch sinken, die absoluten M., also die Kosten pro Speichermedium, aber eher stagnieren. *Pott*

**Medienzugangskontrolle** ⟨*MAC (Medium Access Control)*⟩. Teilebene der → Sicherungsebene (Ebene 2) des → OSI-Referenzmodells für die Datenkommunikation in Netzen mit mehreren Stationen, die um den Zugriff auf ein gemeinsames Übertragungsmedium konkurrieren (→ LAN, → Funknetz). → Netzzugangsverfahren regeln den Zugriff der Benutzer.

*Quernheim/Spaniol*

**Mehrbenutzer-Rechensystem** ⟨*multi-user computing system*⟩. Ein → Rechensystem, das mehrere berechtigte Benutzer unterscheidet und diesen gemeinsam zur Nutzung zur Verfügung steht, ist ein M.-R. oder ein *Mehrbenutzersystem*. Das → Betriebssystem, mit dem ein Mehrbenutzersystem seine nutzbaren Speicher- und Rechenfähigkeiten erhält, führt die notwendigen Zugangskontrollen durch und legt fest, ob das System jeweils von höchstens einem oder gleichzeitig von mehreren berechtigten Benutzern genutzt werden kann.

Ein berechtigter Benutzer, der nach erfolgreicher Zugangskontrolle Zugang zum System hat, erhält einen → Prozeß mit dem Interpretierer der Kommandosprache sowie mit Diensten zur Eingabe von Kommandos und zur Ausgabe berechneter Ergebnisse. Er erhält damit seine Benutzermaschine als Teil des Systems, zu dem er Zugang hat. Die weiteren Nutzungsmöglichkeiten ergeben sich aus den vom Betriebssystem angebotenen Diensten und aus der Ausdrucksfähigkeit der Kommandosprache; mit ihr kann eine Benutzermaschine als → sequentielles Rechensystem oder als → paralleles Rechensystem zur Verfügung gestellt werden.

Die Festlegung, ob ein Mehrbenutzersystem jeweils von höchstens einem oder gleichzeitig von mehreren berechtigten Benutzern genutzt werden kann, erfolgt durch das Auftragsmanagement des Betriebssystems dadurch, daß jeweils höchstens eine oder gleichzeitig mehrere Benutzermaschinen zur Verfügung gestellt werden. In dem Fall mit jeweils höchstens einer Benutzermaschine ergibt sich ein von seinen verschiedenen berechtigten Benutzern sequentiell nutzbares System: Das → Verhalten des Systems entspricht einer Serienkombination von Einbenutzersystemen; in jeder der aufeinanderfolgenden Phasen ist das Verhalten des Systems das eines sequentiellen oder parallelen Rechensystems des jeweiligen Benutzers. Wenn jedes der Benutzersysteme sequentiell ist, ergibt sich insgesamt ein sequentielles Rechensystem.

In dem Fall, in dem gleichzeitig mehrere Benutzermaschinen zur Verfügung gestellt werden, ergibt sich ein von seinen verschiedenen berechtigten Benutzern parallel nutzbares System, also ein aus der Sicht seiner Benutzer paralleles Rechensystem. Durch die Koexistenz mehrerer Benutzermaschinen ergeben sich für das Rechensystem vielfältige Nutzungs- und Verhaltensalternativen, die sich durch Abhängigkeiten zwischen den Benutzermaschinen unterscheiden. Eine dieser Alternativen, die häufig auftritt, liegt dann vor, wenn die koexistierenden Benutzermaschinen funktional unabhängig sind: Das Verhalten des Systems entspricht bzgl. der funktionalen Eigenschaften seiner → Berechnungen dem einer Parallelkombination von unabhängigen → Einbenutzer-Rechensystemen; die Koexistenz mehrerer Benutzermaschinen hat für die einzelnen Benutzer höchstens Verlängerungen der → Ausführungszeiten für ihre Aufträge zur Folge.

Weitere Alternativen liegen dann vor, wenn die koexistierenden Benutzermaschinen funktional und temporal abhängig sind. Dabei sind implizite und explizite Abhängigkeiten möglich, die sich daraus ergeben, daß die einzelnen Benutzermaschinen für ihre Berechnungen Dienste derselben Datenobjekte oder derselben → Prozesse einsetzen. Diese Abhängigkeiten zwischen Benutzermaschinen können toleriert oder gezielt genutzt werden. In jedem Fall sind die Berechnungen der koexistierenden Benutzermaschinen zu koordinieren; das Betriebssystem muß diese Koordinierungsaufgabe lösen. Durch gezielte Abhängigkeiten zwischen Benutzermaschinen ergibt sich insbesondere, daß Benutzer kooperieren können: Mehrere Benutzer können als Team das Rechensystem als Hilfsmittel für *kooperative Problemlösungen* nutzen. *P. P. Spies*

**Mehrbenutzeranwendung** ⟨*multi user application*⟩. M. sind darauf ausgelegt, von mehreren Benutzern gleichzeitig kooperativ bedient zu werden. Sie werden daher auch als kooperationsbewußte (cooperation-aware) Anwendungen bezeichnet. M. finden im Bürobereich erst langsam seit Mitte der 90er Jahre Verbreitung.

M. stellen spezielle Funktionen zur Unterstützung der Gruppenarbeit bereit. M. werden als ergänzende Hilfsmittel in → Videokonferenzen oder in (mit Rechnern ausgestatteten) Konferenzräumen (electronic meeting room) für die Durchführung bestimmter Aufgaben entwickelt. Zu M. zählen u. a. → Whiteboards, → Telepointer, Brainstorming-Werkzeuge, verteilte Editoren für Text, Grafik usw. (→ Anwendungskooperation). *Schindler/Ott*

**Mehrbenutzersystem** ⟨*multi-user system*⟩ → Mehrbenutzer-Rechensystem

**Mehrgitter, algebraisches** ⟨*algebraic multigrid*⟩ → AMG

**Mehrgitterkomponenten** ⟨*multigrid components*⟩. Algorithmische Bestandteile von → Mehrgitterverfahren. Mehrgitterverfahren liefern hocheffiziente numerische Algorithmen (hauptsächlich) zur Lösung partieller → Differentialgleichungen, die aber – verglichen mit klassischen → Algorithmen – von einer relativ komplexen Struktur sind. Sie bestehen aus einer Reihe von Komponenten, die – in Abhängigkeit von gewissen Eigenschaften der zu lösenden Probleme – aufeinander abgestimmt sein müssen, wenn man größtmögliche Effizienz gewährleisten will. Im einzelnen sind dies:
– die Gitter-Vergröberungsstrategie und die Differenzenapproximationen auf den unterschiedlichen Gittern (→ Grobgitterkorrektur),
– die → Gittertransferoperationen,
– die Glättungsprozesse auf den unterschiedlichen Gittern (sequentielle/parallele Relaxation) und die Anzahlen von Glättungsschritten vor bzw. nach Grobgitterkorrekturschritten,
– der → Cycle-Typ. *Stüben/Trottenberg*

**Mehrgitterverfahren auf Gitterstrukturen** ⟨*multigrid method*⟩. → Klasse von hocheffizienten numerischen Verfahren, insbesondere zur Lösung partieller → Differentialgleichungen (→ Multi-Level-Verfahren). Der Bedarf nach solchen Verfahren ergibt sich aus den enormen Rechenanforderungen bei vielen Anwendungen.

Zur numerischen Lösung partieller Differentialgleichungen werden diese auf → Gittern etwa mittels → Differenzenverfahren diskretisiert. Dies führt auf Gleichungssysteme, deren Dimension durch die Zahl der Gitterpunkte festgelegt ist. Zur Erreichung einer hinreichenden Approximationsgüte muß das Gitter i. allg. sehr fein und damit das Gleichungssystem sehr groß sein. In der Praxis sind Probleme mit vielen Hunderttausend oder sogar vielen Millionen Unbekannten keine Seltenheit. Eine Lösung von Gleichungssystemen einer derartigen Größenordnung mit klassischen Eliminationsverfahren wie dem → *Gauß*-Eliminationsverfahren scheidet – selbst bei größten Rechnern – sowohl aus Speicherplatz- als auch aus Rechenzeitgründen aus. Klassische iterative Verfahren wie das Einzelschrittverfahren kommen zwar mit minimalem Speicherplatz aus, benötigen aber i. d. R. ebenso eine unvertretbar hohe Rechenzeit: Sie konvergieren extrem langsam, und die Konvergenz wird um so langsamer, je feiner das Diskretisierungsgitter gewählt ist.

Mit den M. wurde erstmalig eine Methodik eingeführt, die nicht nur sehr allgemein einsetzbar ist, sondern die darüber hinaus auch auf „optimale" → Algorithmen führt. In der einfachsten Form handelt es sich dabei um unabhängig von der Gitterfeinheit sehr schnell konvergierende iterative Algorithmen. Der Gesamtrechenaufwand zur Lösung einer diskretisierten (elliptischen) partiellen Differentialgleichung bis auf eine fest vorgegebene → Genauigkeit ist nur proportional zur Anzahl der Gitterpunkte (mit einer relativ kleinen Proportionalitätskonstanten). Diese Effizienz kann noch weiter gesteigert werden, wenn man iterative Mehrgitteralgorithmen mit der Idee der „nested iteration" (→ FMG) verbindet.

Ein Grund für die Effizienz von M. besteht darin, daß – anders als bei klassischen Verfahren – die Herkunft der zu lösenden Gleichungssysteme (→ Diskretisierung partieller Differentialgleichungen) ausgenutzt wird. Dies geschieht dadurch, daß neben den auf einem gegebenen Gitter eigentlich zu lösenden Differenzengleichungen eine Sequenz von gröberen Gittern und entsprechenden Diskretisierungen benutzt wird. Die (wesentlich schneller durchführbaren) Berechnungen auf gröberen Gittern werden – rekursiv – zur Korrektur von Approximationen auf feineren Gittern herangezogen. Dieses Konzept – Korrektur von Approximationen auf einem Gitter durch Benutzung von Berechnungen auf gröberen Gittern – setzt allerdings entscheidend voraus, daß vor einer solchen Korrektur geeignete „Glättungsschritte" durchgeführt werden. Dies ist erforderlich, damit die Korrekturgrößen auf dem gröberen Gitter überhaupt sinnvoll repräsentierbar sind. Diese Kombination von Glättungs- mit Grobgitterkorrekturschritten bildet das Grundprinzip, das allen M. zugrunde liegt.

Die Effizienz eines M. hängt unter anderem ganz wesentlich von der Güte der Glättungsschritte ab. Es gibt eine Vielzahl möglicher Glättungsverfahren, die gebräuchlichsten gehören zur Klasse der Relaxationsverfahren (sequentielle/parallele Relaxation). Diese Verfahren sind zwar selbst auch (sehr einfache) Lösungsverfahren und könnten theoretisch zur iterativen Lösung von Differenzengleichungen benutzt werden. Sie sind für diesen Zweck i. d. R. aber viel zu ineffizient. Im Gegensatz dazu sind die Glättungseigenschaften von Relaxationsverfahren hervorragend: bereits sehr wenige (typischerweise höchstens drei) Iterationen eines geeigneten Relaxationsverfahrens reichen aus, um einen für M. ausreichenden Glättungseffekt zu erzielen. Dazu muß das Relaxationsverfahren allerdings auf gewisse Charakteristika des zu lösenden Problems abgestimmt sein. Zur Optimierung der Glättungseigenschaften von Relaxationsverfahren für konkrete Anwendungen können z. B. einfache *Fourier*-analytische Methoden benutzt werden.

Formaler Aufbau eines (iterativen) M.: Es sei $L_h u_h = f_h$ ein Gleichungssystem, welches durch Diskretisierung einer (linearen) elliptischen partiellen Differentialgleichung $L u = f$ auf einem Gitter der Maschenweite h entstanden ist. Die Lösung $u_h$ und die rechte Seite $f_h$ werden im folgenden dabei zweckmäßigerweise nicht als Vektoren, sondern als „Gitterfunktionen" gedeutet, d. h., beide sind diskrete Funktionen, welche nur auf den Knotenpunkten des Gitters definierte Werte besitzen.

Ist nun $u_h^{(1)}$ eine beliebige Approximation der Gitterfunktion $u_h$ und legt man der Einfachheit halber zunächst nur ein einziges gröberes Gitter mit einer Maschenweite H zugrunde (Zweigitterverfahren), so erfolgt die Berechnung einer verbesserten Näherungslösung $u_h^{(2)}$ in drei Teilschritten:

☐ *Glättung vor dem Grobgitterkorrekturschritt.* Berechnung einer Zwischenapproximation $u_h$ durch die Durchführung von einigen wenigen Glättungsschritten (angewendet auf das Gleichungssystem $L_h u_h = f_h$ und beginnend mit $u_h^{(1)}$).

☐ *Grobgitterkorrekturschritt.* Berechnung einer korrigierten Zwischenapproximation der Form
$$\bar{u}_h = u_h + I_H^h v_H$$
mit einer noch zu bestimmenden Gitterfunktion $v_H$, die nur auf den Knotenpunkten des gröberen Gitters definiert ist. Deren Interpolation auf das feinere Gitter ist hier mit $I_H^h v_H$ bezeichnet. Die explizite Berechnung von $v_H$ geschieht durch die approximative Lösung einer „Grobgitterkorrektur-Gleichung" der Form
$$L_H v_H = I_h^H (f_h - L_h u_h).$$
Um die rechte Seite dieser Gleichungen zu erhalten, wird zunächst das „Residuum" (oder der „Defekt") $f_h - L_h u_h$ der Feingittergleichung bezüglich der Appro-

ximation $u_h$ in jedem Punkt des feinen Gitters berechnet. Anschließend wird das Residuum mit Hilfe einer geeigneten Restriktionsvorschrift (Mittelungsprozeß) – hier kurz mit $I_h^H$ bezeichnet – in eine Grobgitterfunktion überführt. $L_H$ steht für eine Diskretisierung auf dem gröberen Gitter (→ Grobgitterkorrektur).

☐ *Glättung nach dem Grobgitterkorrekturschritt.* Berechnung der endgültigen neuen Approximation $u_h^{(2)}$ durch die Durchführung von einigen Glättungsschritten (angewendet auf das Gleichungssystem $L_h u_h = f_h$ und beginnend mit $u_h$).

Bei geeigneter, an die zugrundeliegende Problemklasse angepaßter Wahl der obigen Verfahrenskomponenten (Glättungsverfahren, gröberes Gitter, Interpolation, Restriktion, Diskretisierung auf dem gröberen Gitter) konvergiert eine Iteration dieses Prozesses sehr schnell gegen die Lösung $u_h$ der gegebenen Gleichung $L_h u_h = f_h$, vorausgesetzt, man löst die Grobgitterkorrektur-Gleichung mit hinreichender Genauigkeit.

In der Praxis wendet man dazu die beschriebene Idee des Zweigitterverfahrens auch zur Lösung der Grobgitterkorrektur-Gleichung an. Durch eine rekursive Ausdehnung dieser Idee auf eine ganze Hierarchie von gröberen Gittern (bei der am weitesten verbreiteten Vorgehensweise werden dazu die Maschenweiten der Gitter solange verdoppelt, bis man ein technisch gerade noch sinnvolles gröbstes Gitter erreicht) erhält man schließlich ein effizientes M. Bei der genauen Festlegung der → Rekursion hat man noch Freiheiten (→ Cycle-Typ). Das gröbste Gitter der Hierarchie muß so grob sein, daß der Rechenzeitaufwand zur Lösung der zugehörigen Grobgitterkorrektur-Gleichung mit einem klassischen Lösungsverfahren (im Vergleich zum restlichen Aufwand des Verfahrens) nicht mehr ins Gewicht fällt.

Die den M. zugrundeliegende Idee ist nicht auf lineare Differentialgleichungen beschränkt: Es gibt eine Verallgemeinerung des Ansatzes, das sog. FAS-Schema (full approximation storage), welches auch zur Lösung nichtlinearer Aufgaben geeignet ist.

*Stüben/Trottenberg*

**Mehrheitsentscheidung** ⟨*majority voting*⟩ → TMR-Systeme, → Relativtest

**Mehrprogrammbetrieb** ⟨*multiprogramming*⟩. Betrieb eines → Rechensystems, bei dem eine → Zentraleinheit mehrere Aufgaben (→ Programme) abwechselnd, d. h. zeitlich verzahnt, bearbeitet. Den Anstoß zur Entwicklung des M. gab der Geschwindigkeitsunterschied zwischen zentralem → Prozessor und → Peripheriegeräten. Benötigt die gerade vom Prozessor bearbeitete Aufgabe einen Datentransfer von oder zu einem peripheren Gerät, so kann diese Aufgabe für einen im Vergleich zur Geschwindigkeit der Zentraleinheit sehr langen Zeitraum nicht fortgeführt werden. Während dieser Zeit können andere, im → Hauptspeicher befindliche Programme fortgesetzt oder begonnen werden. Der M. vermeidet so weitgehend den Verlust der Prozessorzeit. Die organisatorischen Aufgaben im Zusammenhang mit dem ständigen Aufgabenwechsel übernimmt das → Betriebssystem. Für die Zuteilung des Prozessors an eine der wartenden Aufgaben existieren verschiedene Strategien. So kann
– jeder Aufgabe eine Priorität zugeordnet sein und jeweils die mit der höchsten Priorität ausgewählt werden,
– die am längsten wartende Aufgabe an die Reihe kommen,
– die Aufgabe mit der kürzesten noch ausstehenden Rechenzeit bevorzugt werden u. a.

Bei *Teilnehmerrechensystemen* ergibt sich ein anderes Argument für den M. Da hier eine größere Anzahl von → Benutzern die Reaktion auf die einzelnen Eingaben erwartet, hat sich das Zeitscheibenverfahren bewährt, bei dem jeder Aufgabe der Prozessor für ein bestimmtes Zeitintervall zur Verfügung gestellt und dann wieder entzogen wird. Auf diese Weise kommen alle Aufgaben gleichmäßig voran. Handelt es sich bei einigen der Benutzer um technische Prozesse, deren Eingaben eine sehr schnelle Reaktion erfordern, so kann das Zeitscheibenverfahren mit einer Prioritätensteuerung kombiniert werden.

Beim Entwurf von Prozeßsteuerungsaufgaben kann der M. dazu benutzt werden, die Kontrolle verschiedener Funktionen des technischen Systems softwaremäßig voneinander zu trennen, obwohl sie hardwaremäßig auf dem gleichen Rechensystem ablaufen: Jeder Funktion wird eine eigene Aufgabe zugeordnet, und diese Aufgaben werden durch ein nur einmal und nicht für jede Anwendung neu zu erstellendes Betriebssystem koordiniert. *Bode/Schneider*

**Mehrprozessormaschine, abstrakte** ⟨*abstract multi-processor machine*⟩ → Betriebssystem, prozeßorientiertes

**Mel-Cepstrum-Koeffizient** ⟨*mel cepstral coefficient*⟩. Ansatz zur parametrischen Repräsentation der Abtastwerte gesprochener Sprache für die → Spracherkennung.

Das Sprachsignal wird vorverarbeitet, z. B. zur Anhebung hoher Frequenzen. Die Abtastwerte werden in überlappende oder nichtüberlappende Datenfenster fester Länge, z. B. 10 ms, zerlegt, durch eine Fensterfunktion wie *Hamming*-Fenster gewichtet und für jedes Datenfenster eine parametrische Repräsentation berechnet, die in Anlehnung an die Eigenschaften des Ohres gewählt wird.

Aus den Abtastwerten in einem Datenfenster wird zunächst das Leistungsspektrum berechnet. Dieses wird durch Dreiecksfilter, die im unteren Frequenzbereich linear, im oberen logarithmisch gestuft sind, in die Mel-Frequenz-Koeffizienten transformiert. Eine Cosinus-Transformation dieser Koeffizienten ergibt dann die M.-C.-K. Sie sind ein Standardmerkmalsatz für die Spracherkennung. *Niemann*

Literatur: *Rabiner, L.* and *B.-H. Juang*: Fundamentals of speech recognition. Englewood Cliffs, NJ 1993. – *Schukat-Talamazzini, E. G.*: Automatische Spracherkennung. Wiesbaden 1995.

**Menge** ⟨*set*⟩ → Datenmodell

**Menge, abzählbare** ⟨*countable set*⟩. Eine Menge heißt „abzählbar", wenn sie sich bijektiv auf die Menge der natürlichen Zahlen abbilden läßt. Die Elemente einer a. M. sind somit numerierbar. Das cartesische Produkt von endlichen vielen a. M. und sogar die Vereinigung von abzählbar vielen a. M. ergeben wieder a. M.

Die Menge aller rationalen Zahlen und selbst die Menge aller algebraischen Zahlen ist abzählbar; die Menge aller reellen Zahlen ist es dagegen nicht. Grob gesprochen kann demnach „unendlich" als Anzahl in verschieden starken Abstufungen auftreten. Dies ist der Ausgangspunkt zur Einführung transfiniter Zahlen. Eine Menge heißt „höchstens abzählbar", wenn sie entweder abzählbar ist oder nur endlich viele Elemente besitzt. Manche Autoren verstehen unter „abzählbar" stets „höchstens abzählbar" und sagen dann „abzählbar unendlich" für „abzählbar" im vorstehend definierten Sinne. *Schmeißer*

Literatur: *Kamke, E.*: Mengenlehre. Berlin 1955. – *Klaua, D.*: Mengenlehre. Berlin 1979.

**Menge, aufzählbare** ⟨*enumerable set*⟩ → Menge, rekursiv aufzählbare

**Menge, entscheidbare** ⟨*decidable set*⟩ → Menge, rekursive

**Menge, erkennbare** ⟨*recognizable set*⟩. Eine Menge U von Worten über einem Alphabet X, d.h. eine Teilmenge des freien Monoids $X^*$, heißt erkennbar, wenn es einen Homomorphismus h von $X^*$ auf ein endliches → Monoid M so gibt, daß $U = h^{-1}(h(U))$ gilt. Das ist gleichbedeutend damit, daß es eine Zerlegung von $X^*$ in endlich viele disjunkte Teilmengen gibt, für die gilt: Sind u und v aus einer solchen Teilmenge und sind w, w' beliebig aus $X^*$, so sind auch wuw' und wvw' in einer solchen Teilmenge enthalten, und es ist U eine Vereinigung solcher Teilmengen. Das kleinste Monoid M, das diese Bedingung erfüllt, heißt syntaktisches Monoid von U.

*Beispiele*
– Sei $M_1 = \{e, a, b\}$ das Monoid, dessen Verknüpfung durch die Gleichungen $a = a^2 = ba$ und $b = b^2 = ab$ bestimmt ist. Ferner sei h der Homomorphismus von $\{0, 1\}^*$ auf $M_1$, der durch $h(0) = a$ und $h(1) = b$ gegeben ist. Dann ist $h^{-1}(a)$ die e. M. aller der Worte aus $X^*$, die mit 0 enden, und $M_1$ ist das syntaktische Monoid dieser Menge.
– Die Teilmenge $U = \{0^i 1^i \mid i = 0, 1, 2, \ldots\}$ von $\{0, 1\}^*$ ist keine e. M., denn gäbe es einen Homomorphismus h von $\{0, 1\}^*$ auf ein endliches Monoid M, so müßten mehrere der unendlich vielen Elemente $0^j$, $j = 1, \ldots n$, aus U durch h auf dasselbe Element abgebildet werden, so daß etwa $h(0^n) = h(0^m)$ mit $n \neq m$ wäre. Dann wäre $h(0^n 1^n) = h(0^m 1^n)$, so daß also mit $0^n 1^n$ auch $0^m 1^n$ als Element von $h^{-1}(h(0^n 1^n))$ in U liegen müßte, was wegen $n \neq m$ nicht sein kann.

Eine Teilmenge von $X^*$ ist genau dann erkennbar, wenn sie von einem → *Rabin-Scott*-Automaten akzeptierbar ist. *Brauer*

Literatur: *Brauer, W.*: Automatentheorie. Stuttgart 1984. – *Eilenberg, S.*: Automata, languages and machines, Vol. A. New York 1974.

**Menge, rekursiv aufzählbare** ⟨*recursively enumerable set*⟩. Eine Menge, die dargestellt ist durch Wörter über einem Alphabet A, heißt rekursiv aufzählbar, wenn sie eine aufzählbare Teilmenge von $A^*$ ist (→ Aufzählbarkeit). *Brauer*

**Menge, rekursive** ⟨*recursive set*⟩. Eine Menge, die dargestellt ist durch Wörter über einem Alphabet A, heißt rekursiv, wenn sie als Teilmenge von $A^*$ entscheidbar ist (→ Entscheidbarkeit). *Brauer*

**Mensch-Maschine-Kommunikation** ⟨*man-machine communications*⟩ → Software-Ergonomie, → Mensch-Prozeß-Kommunikation

**Mensch-Maschine-Schnittstelle** ⟨*man-machine interface*⟩ → Benutzerschnittstelle

**Mensch-Maschine-System (MMS)** ⟨*man-machine system, human-machine system*⟩. Ein M.-M.-S. ist durch das Zusammenwirken eines oder mehrerer Menschen mit einem technischen System gekennzeichnet. Es ist dabei üblich, mit dem Begriff Maschine allgemein technische Systeme aller Art zu bezeichnen. Der Mensch soll zielgerichtet mit der Maschine zusammenarbeiten, damit bestimmte Arbeitsergebnisse von dem Gesamtsystem Mensch-Maschine bestmöglich erreicht werden.

Es gibt ein sehr breites Spektrum der M.-M.-S. wie Pilot-Flugzeug-System, Leitstands-Bediener-Kraftwerk-System oder Mensch-Rechner-System. Das Gemeinsame aller M.-M.-S. besteht in der Wechselwirkung (→ Interaktion) zwischen Mensch und Maschine zur Erfüllung der vorgegebenen Ziele.

Einen Gesamtüberblick über den Aufbau eines M.-M.-S. gibt Bild 1. Der Mensch greift über Bedienelemente (Handrad, Tastatur) in die Maschine ein und handelt aufgrund von Eingabegrößen und Umgebungsinformationen sowie von rückgekoppelten Ergebnisgrößen aus der Maschine. All diese Informationen werden entweder direkt aus der Außenansicht (direkte Einsicht) entnommen, wie bei einem Kraftfahrzeug oder indirekt über Anzeigen vermittelt, d. h. über einen zwischengeschalteten Informationskanal. Als Anzeigen werden z. T. auch heute noch elektro-

# Mensch-Maschine-System

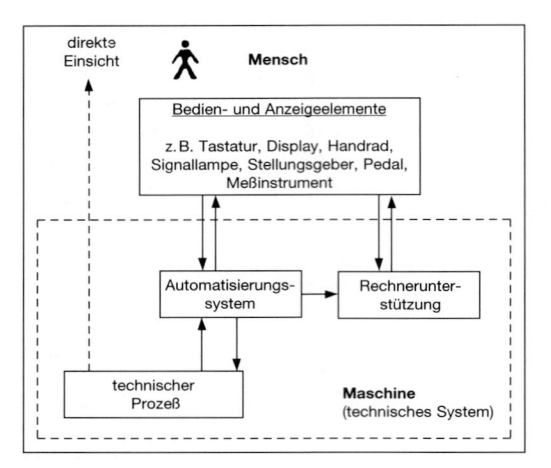

*Mensch-Maschine-System 1: Aufbau und Wirkungsweise*

mechanische Instrumente verwendet, die aber zunehmend durch elektronische graphische Ausgabegeräte (z. B. Farbgraphikbildschirm) ersetzt werden. Anzeigen und Bedienelemente baut man für eine günstige Mensch-Maschine-Interaktion geordnet zusammen, z. B. in Leitwarten.

Häufig bezeichnet man das technische System ohne eine Betrachtung der sonst zugehörigen Automatisierungs- und/oder Unterstützungssysteme als technischen Prozeß. Beim Zusammenwirken des Menschen mit diesem System wird deshalb in neuerer Zeit verstärkt von *Mensch-Prozeß-Systemen* gesprochen. Man abstrahiert damit vom technischen System und meint, daß unabhängig von der konkreten Ausgestaltung das Wesentliche im Zusammenwirken zwischen Mensch und dem von ihm zu steuernden bzw. zu beeinflussenden technischen Prozeß liegt.

Das Gebiet der M.-M.-S. ist ein starkes interdisziplinäres Fachgebiet. Bezogen auf die eingesetzten Methoden befinden sich M.-M.-S. im Überschneidungsbereich von Ergonomie, kognitiven Wissenschaften (→ Kognition), System- und Software-Technik (Bild 2). Damit verbunden sind unterschiedliche Untersuchungs-, Beschreibungs- und Gestaltungsmethoden. Für einige Teilbereiche der M.-M.-S. haben sich deshalb auch eigene Fachdisziplinen etabliert, z. B. die Systemergonomie (Überschneidungsbereich von Ergonomie und Systemtechnik) und die Mensch-Rechner-Interaktion (human-computer interaction).

Die Arbeitstätigkeiten des Menschen im Umgang mit oder in einem M.-M.-S. sind verschiedenartig. Man unterscheidet insbesondere zwischen den beruflichen Rollen als
– Entwurfsingenieur,
– Bediener und
– Benutzer.

Der Entwurfsingenieur benötigt ein sehr gutes technisch-wissenschaftliches Funktionswissen. Er ist an der Gestaltung von Schnittstellen, Rechnerunterstützung und Automatisierungseinrichtungen wesentlich beteiligt und trägt dabei auf seine Weise zur Optimierung der Mensch-Maschine-Wechselwirkung bei.

Der → Bediener verfügt über praktisches Gebrauchswissen für die Interaktion mit dem technischen System und hat die Aufgabe, dieses zu bedienen. Der Bediener führt, leitet oder lenkt das technische System bzw. den technischen Prozeß.

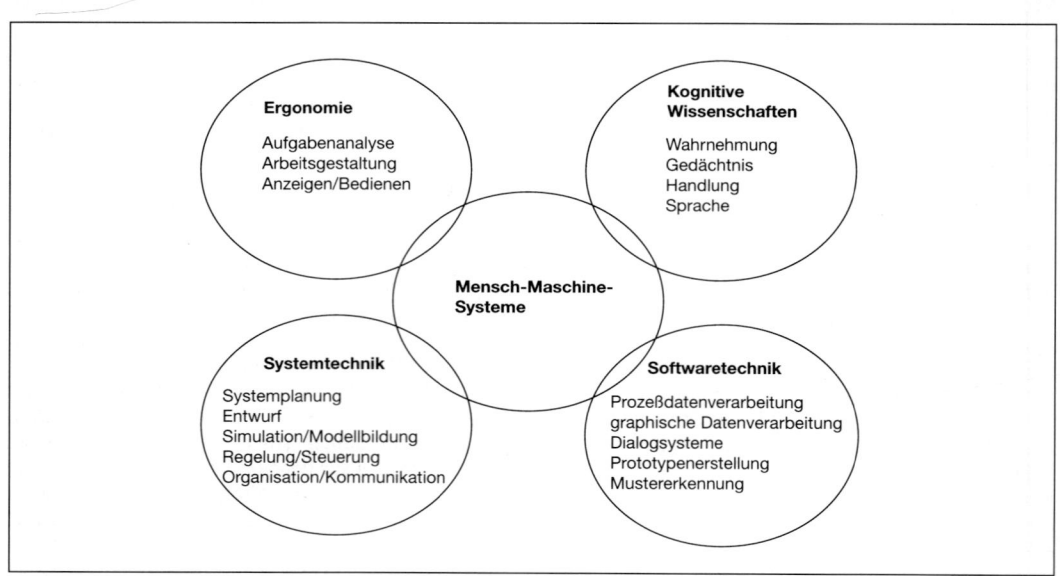

*Mensch-Maschine-System 2: MMS als interdisziplinäres Fachgebiet*

Im Unterschied zur aktiven Rolle des Bedieners steht die Rolle des → Benutzers. Dieser entscheidet mehr oder weniger frei über die Verwendung eines technischen Systems als Werkzeug, Hilfsmittel oder Informationssystem. Die Benutzung kann jederzeit unter Beachtung bestimmter Bedingungen unterbrochen oder beendet werden. Im Bereich der Mensch-Rechner-Interaktion wird häufig zwischen den Begriffen Benutzer und Bediener nicht unterschieden.

M.-M.-S. werden innerhalb der Untersuchungsebenen Analyse, Gestaltung und Bewertung betrachtet:

☐ *Analyse.* Sie stützt sich auf Experimente und Modelle und untersucht die Arbeitstätigkeiten des Menschen, um wesentliche Merkmale der verschiedenartigen Kontroll- und Problemlösungstätigkeiten und ihre Abhängigkeit von unterschiedlichen Einflußvariablen zu erfassen.

☐ *Gestaltung.* Ausgehend von einer Analyse und vorangegangenen Bewertungen ergeben sich Grundlagen zur Gestaltung für die verschiedenartigen Systemkomponenten. Aus der Sicht der Anwendung besitzt diese Untersuchungsebene die größte Bedeutung. Sie bezieht sich auf die Komponenten Anzeigen, Bedienelemente, Sprachein- und -ausgabe, Automatisierungseinrichtungen, Unterstützungssysteme und Trainings- sowie Lernhilfen. Sie soll von einer Zielorientierung und nicht von einer Technikorientierung ausgehen.

☐ *Bewertung.* Eine Bewertung stellt neben der Analyse eine unabdingbare Voraussetzung für eine geeignete Gestaltung dar. Die Bewertung befaßt sich mit einer ganzheitlichen Kritik des M.-M.-S. und ist auf die Arbeitstätigkeiten des Menschen in der Praxis und das gesamte Arbeitsumfeld ausgerichtet. Sie betont das Erfordernis der Humanisierung menschlicher Arbeit in M.-M.-S.

Kennzeichnend für alle drei Untersuchungsebenen sind die Einflußvariablen eines M.-M.-S. (Bild 3).

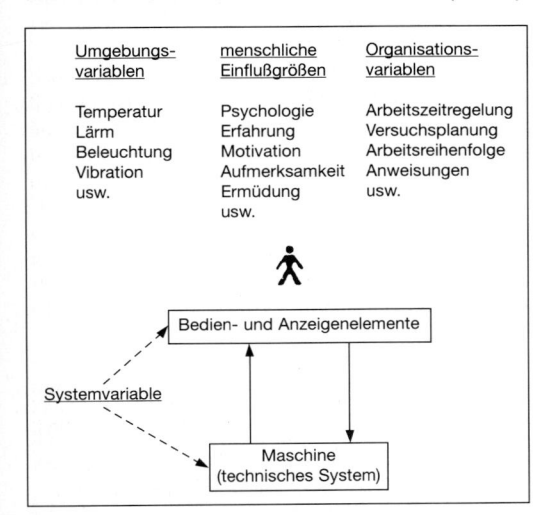

*Mensch-Maschine-System 3: Einflußgrößen*

Neben den Systemvariablen (Komponenten des Systems) sind bei der Analyse, Gestaltung und Bewertung auch die Einflußgrößen des Menschen, Umgebungsvariable und Organisationsvariable zu berücksichtigen. *Langmann*

Literatur: Johannsen, G.: Mensch-Maschine-Systeme. Berlin 1993. – Geiser, G.: Mensch-Maschine-Kommunikation. München 1990. – Charwat, H.-J.: Lexikon der Mensch-Maschine-Kommunikation. München–Wien 1992.

**Mensch-Maschine-System (MMS), betriebliches**
⟨*man-machine system*⟩. Aufgabenträgersystem, bestehend aus Personen und Maschinen, im engeren Sinne Computer, für die gemeinsame Durchführung einer Aufgabe.

Eine von einem MMS durchgeführte Aufgabe wird als teilautomatisiert bezeichnet. Sie ist in Teilaufgaben für jeden der am MMS beteiligten Aufgabenträger und in Interaktionsbeziehungen zwischen diesen zu zerlegen. Bei der Zerlegung wird zwischen folgenden Komponenten einer Aufgabe unterschieden (Bild):

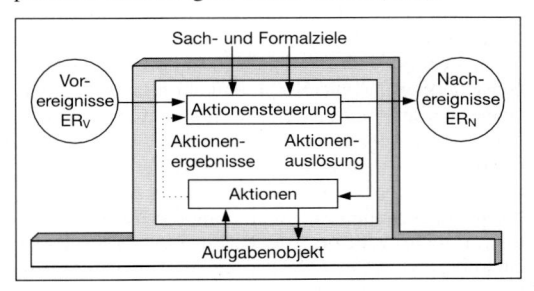

*Mensch-Maschine-System, betriebliches: Struktur einer Aufgabe*

☐ *Aktionen*, d. h. elementare Teilaufgaben, die auf dem Aufgabenobjekt oder Teilen des Aufgabenobjekts operieren.

☐ *Aktionensteuerung* zur Auslösung der Aktionen in einer in bezug auf das Aufgabenziel (Sach- und Formalziel) geeigneten Reihenfolge. Die Durchführung von Aktionen in der vorgegebenen Reihenfolge bewirkt die Erfüllung der Gesamtaufgabe. Aktionen und Aktionensteuerung sind i. d. R. rückgekoppelt. Die Aufteilung der Aufgabenträger erfolgt in der Weise, daß

1. entweder die Teilaufgabe „Aktionen" dem Computer und die Teilaufgabe „Aktionensteuerung" einer Person zugeordnet wird oder

2. genau umgekehrt verfahren wird oder

3. Mischformen aus (1) und (2) verwendet werden. Ein Beispiel für Zuordnung (1) sind menügesteuerte Arbeitsabläufe. Die Zuordnung (2) wird z. B. bei einer Aufgabe „Qualitätsprüfung in der Fertigung" verwendet, bei der eine Person eine Sichtprüfung durchführt, aber die Auswahl und die Reihenfolge der Prüfmerkmale von einem Computer ermittelt werden.

Der Einsatz von MMS bietet Synergiepotentiale wegen der unterschiedlichen Eignungsmerkmale der Aufgabenträger Mensch und Computer. Die komparativen Vorteile von Menschen liegen in ihrer Fähigkeit im Umgang mit unscharfen Informationen, die assoziativ zu verknüpfen sind, und in ihrer Fähigkeit, Aufgabendurchführungen schnell variieren und veränderten Bedingungen anpassen zu können. Computer besitzen genau komplementäre Eignungsmerkmale. Sie werden für die nach präzisen Regeln erfolgende Verarbeitung scharfer Informationen eingesetzt, wobei jede Aufgabendurchführung möglichst unverändert abläuft. Die Gestaltung der Kommunikation zwischen den beiden Aufgabenträgern muß diese unterschiedlichen Eignungsmerkmale und die speziellen Eigenschaften der menschlichen Sinnesorgane berücksichtigen. Die → Kommunikation in Richtung Mensch nutzt z. B. bei der → Präsentation auf dem → Bildschirm die ausgeprägte menschliche Fähigkeit zur → Mustererkennung durch Verwendung von Grafiken oder Bildsequenzen. Die multimediale Kommunikation bezieht weitere Sinnesorgane in die Interaktion zwischen den Aufgabenträgern ein.

Die Zerlegung einer Aufgabe in Aktionen und Aktionensteuerung und die Kommunikation zwischen den beiden beschreibt zunächst die Situation eines MMS, das aus einer Person und einem Computer besteht. Eine Erweiterung der Aufgabenträgerkonfiguration auf mehrere Computer erweitert die auftretenden Kommunikationsformen um die Computer-Computer-Kommunikation. Sie wird z. B. bei → EDI (Electronic Data Interchange) genutzt. Die Erweiterung der Aufgabenträgerkonfiguration auf mehrere Personen führt zusätzlich die Kommunikation zwischen Menschen ein. Diese Kommunikationsform ist anhand der Kriterien „Ort des Kommunikationsteilnehmers" und „Kommunikationszeitpunkt" weiter zu differenzieren. Bei der herkömmlichen Kommunikation befinden sich die Beteiligten am gleichen Ort und Sprechen/Hören läuft gleichzeitig ab. Für die davon abweichenden Fälle wurden Kommunikationseinrichtungen wie Telephon, Voice Mail und Electronic Mail geschaffen. Für die darüber hinausgehende Unterstützung der Kooperation zwischen den Personen eines MMS stehen → Groupware-Systeme zur Verfügung.

Eine besondere Beachtung erfordert in MMS die Klärung der Verantwortung für die durchzuführende Aufgabe. Hierzu werden bei einem MMS, bestehend aus einer Person und einem Computer, die Rollenbeziehungen Mensch–Werkzeug und Partner–Partner unterschieden. Während bei Mensch-Werkzeug-Beziehungen die Verantwortung eindeutig der beteiligten Person zugeordnet werden kann, übernimmt bei Partner-Partner-Beziehungen die beteiligte Person nur die Verantwortung für die von ihr durchgeführte Teilaufgabe. Die Verantwortung für die vom Partner Computer durchgeführte Teilaufgabe muß von der für den Betrieb des Computers verantwortlichen Stelle, in der Regel vom → Informationsmanagement, übernommen werden. Diese Situation tritt insbesondere beim Einsatz integrierter Anwendungssysteme auf. *Ferstl*

Literatur: *Ferstl, O. K.* u. *E. J. Sinz*: Grundlagen der Wirtschaftsinformatik. 2. Aufl. München-Wien 1994.

**Mensch-Prozeß-Kommunikation** ⟨man-process communication⟩. Wechselspiel zwischen Erfassen und Verarbeiten von Informationen aus dem Prozeß und dem Eingriff auf den Prozeß durch den Menschen. Ursprünglich geschah die → Kommunikation signalorientiert, d. h., der den Prozeß Führende mußte sich den Prozeßzustand aus einer großen Zahl dauernd anstehender Meßwerte und Zustandsmeldungen ableiten. In modernen Prozeßleitsystemen bereiten → Digitalrechner die Meßwerte und Zustandsmeldungen zu Informationen über den Prozeßzustand auf und stellen davon auf dem → Bildschirm nur das dar, was für die Kommunikation aktuell ist. Das geschieht zudem noch in für das menschliche Aufnahmevermögen geeigneter Form, z. B. als Graphik oder Semigraphik (→ Informationsdarstellung auf Bildschirmen). Manchmal wird zwischen Mensch-Maschine-Kommunikation und M.-P.-K. unterschieden, um den Unterschied zwischen der signalorientierten und der informationsorientierten Kommunikation herauszuheben. *Strohrmann*

**Mensch-Prozeß-Schnittstelle** ⟨man-process interface⟩. Abhängig von der Art des technischen Prozesses, der durch einen Menschen mittels Automatisierungseinrichtungen gesteuert bzw. geführt und bedient wird, verwendet man häufig unterschiedliche Fachbegriffe für die Bezeichnung der → Benutzerschnittstelle. Bei verfahrenstechnischen Prozessen bezeichnet man die Benutzerschnittstelle zunehmend als M.-P.-S., während man bei fertigungstechnischen Prozessen weit häufiger den Begriff Mensch-Maschine-Schnittstelle verwendet.

Die Verwendung des Begriffs M.-P.-S. (oder auch Mensch-Prozeß-Kommunikation) beruht darauf, daß die verfahrenstechnische Produktion a priori auf die Mitwirkung physikalischer, chemischer u. a. Sensoren angewiesen ist, um die Kenntnisse über die jeweiligen Eigenschaften in Produkten und Prozessen mittels geeigneter Informationsverarbeitung dem Menschen sinngemäß zu vermitteln, während die Automatisierung in fertigungstechnischen Prozessen immer noch weitgehend die Prozeßabläufe letztlich mit des Menschen Sinnen erfaßbar beläßt.

In der Fachliteratur zu → Mensch-Maschine-Systemen unterscheidet man i. d. R. begrifflich nicht zwischen Benutzerschnittstellen für diese oder jene Art von technischen Prozessen, sondern man spricht einheitlich von Mensch-Maschine-Schnittstellen. *Langmann*

Literatur: *Polke, M.*: Prozeßleittechnik. München–Wien 1992. – *Johannsen, G.*: Mensch-Maschine-Systeme. Berlin–Heidelberg 1993.

**Mensch-Prozeß-System** ⟨man-process system⟩
→ Mensch-Maschine-System

**Menütechnik** ⟨menue technique⟩. Wird in der EDV als interaktive → Mensch-Maschine-Schnittstelle eingesetzt. Auf einem → Bildschirmsichtgerät wird eine Liste von Operationen oder Objekten in geordneter Form dargestellt und dem → Bediener eine Möglichkeit zur Selektion über ein physikalisches → Eingabegerät angeboten. Entsprechend der Wahl des Bedieners werden → Daten ausgegeben, Programme aktiviert oder weitere Menüs angeboten. Mit Hilfe der M. lassen sich anwendungsspezifische Dialogsprachen gestalten.

Menü-Selektion ist eine weit verbreitete Methode zur interaktiven Kontrolle von Programmabläufen. Sie ist für den ungeschulten Bediener leicht erlernbar und kann auf einfachsten Bildschirmsichtgeräten mit beliebiger Eingabemöglichkeit durchgeführt werden. In ihrer ursprünglichen Form wurden Menüs durch eine Liste von Schlüsselwörtern verkörpert, welche entweder vertikal (meist linksbündig, gefolgt von einer Kurzbeschreibung) oder horizontal (meist am unteren Rand) zusammen mit Bedienungsanleitungen auf dem → Bildschirm dargestellt wurden. Die in den Anfängen verfügbaren Eingabemöglichkeiten bestanden aus Lichtstift (lightpen) und manueller Texteingabe über eine Tastatur.

Mit der weiten Verbreitung von graphischen Bildschirmgeräten wurde die Graphik zunehmend auch in die M. einbezogen. Einerseits werden in der modernen M. Schlüsselwörter häufig durch graphische Darstellungen ersetzt oder durch instruktive Symbole ergänzt. Andererseits hat sich die Palette der Kommunikationsmedien um die heute verfügbaren graphischen Eingabegeräte (→ Maus, → Joystick, Tablett) erweitert, welche ein direktes Picken von Begriffen erlauben.

Bestandteile eines Menüs sind i. allg. statische und dynamische Texte (Überschrift, Datum, kurze Bedienerinstruktionen, Beschreibung der Funktionstasten etc.), eine Liste mit Optionen, ein variables Feld zur Eingabe einer Selektion oder eines Kommandos und ein Ausgabefeld für aktuelle Mitteilungen an den Bediener. Darüber hinaus finden in zunehmendem Maße Fenstertechniken (Windowing) Verwendung, insbesondere zum zwischenzeitlichen Einblenden von Benutzerhilfen. Moderne Menüanwendungen können aufgrund dieser Erweiterungen als vollwertige Alternative zu graphischen Kommandosprachen angesehen werden.

Der Entwurf einer Menüstruktur sieht folgendermaßen aus: Ausgehend von der Definition eines anwendungsspezifischen Entscheidungsbaumes werden die Knotenpunkte darin mit Kennzeichen (Nummern oder Namen) versehen. Anschließend wird die graphische Gestaltung der erforderlichen Menüs modelliert, das jeweilige Kennzeichen den entsprechenden Menüs zugeordnet und gemeinsam mit den Menü-Bilddaten abgespeichert. Für die Benutzung steht i. d. R. ein Menü-Treiberprogramm zur Verfügung, welches Aufruf, visuelle Darstellung, → Echo, → Rekursion, Fehlerverhalten und Beendigung eines Menüs bearbeitet. Der Aufruf geschieht über ein Kommando (z. B. Prompt) mit dem Menükennzeichen als Eingabeparameter. Die Beendigung eines Menü-Aufrufs (acknowledge) geschieht automatisch durch das Treiberprogramm nach gültiger interaktiver → Benutzereingabe und liefert als Datenausgabe einen Antwortschlüssel, welcher der Benutzereingabe eindeutig zugeordnet ist. Viele Treiberprogramme gestatten zudem den Aufruf eines individuellen Initialisierungs- und Terminierungsprogramms für jedes Menü. Dies ermöglicht den Aufbau von in sich geschlossenen Untersystemen innerhalb einer Menü-Architektur (z. B. zum Zwecke der → Datensicherung bei Verlassen einer bestimmten Umgebung).

In der Mehrzahl der Anwendungen bezieht sich jeweils ein Menü auf ein → Objekt bzw. eine Objektklasse, während die zur Auswahl angebotene Liste von Schlüsselwörtern bzw. graphischen Darstellungen jene Operationen repräsentiert, die ein Bediener auf das betreffende Objekt anwenden kann. Größere Flexibilität wird erreicht, wenn von einem Menü aus sowohl eine → Operation als auch ein Objekt aus einer vorgegebenen Objektklasse wählbar ist. Die daraus resultierende Menge von möglichen Aktionen über der Summe aller verfügbaren Menüs eines Anwendungsprogramms umfaßt die funktionale Fähigkeit dieses Programms. In vielen Anwendungen sind Operationen und Objekte orthogonal, d. h., jede Operation darf auf jedes Objekt angewendet werden. Die Menüdefinition für derartige Anwendungen kann eindimensional erfolgen; generell könnten alle Operationen einer solchen Anwendung in einem einzigen Menü ohne Verzweigung auf weitere Menüs untergebracht werden.

Ist das Angebot jedoch zu umfangreich zur Darstellung auf einem Bildschirm, so war es bisher üblich, Menüs mit Scrolling-Fähigkeiten auszustatten. Softwareergonomische Untersuchungen haben inzwischen ergeben, daß Menüs mit vielen Optionen bei der Mehrzahl der Bediener auf Ablehnung stoßen. Als Alternative werden umfangreiche Menüs heute unter anwendungsorientierten Aspekten in Gruppen aufgeteilt und zu einer hierarchischen Menüstruktur gegliedert. Darüber hinaus werden vielfach in komplexen Menühierarchien gesonderte Kommandos etabliert, welche die gebräuchlichsten Sequenzen von Operationen unter einem → Befehl zusammenfassen. Ein weiterer Trend ist das vertikale und horizontale Springen innerhalb einer Menüstruktur. Hierbei wird zwischen zwei logisch voneinander abweichenden Interpretationen der Menü-Architektur unterschieden:

Methode 1 betrachtet ausgehend von einem Startmenü jedes neu aufgerufene Menü als Unterfunktion des rufenden Menüs. Bei dieser Interpretationsweise muß das ausführende Treiberprogramm die gesamte Aufrufshistorie in einem → Register ablegen und aufwendige Kontrollen hinsichtlich rekursiver Schleifen durchführen. Viele Anwendungsprogramme löschen in sich geschlossene Schleifen unmittelbar aus dem Schieberegister heraus.

Methode 2 betrachtet alle in der Architektur enthaltenen Menüs als grundsätzlich gleichwertig. Dies erspart die aufwendige Verwaltung der Historie einer Sitzung, läßt jedoch keine in sich geschlossenen Bereiche innerhalb eines Menübaumes zu.

Mit der Einführung der → Normung des Graphischen Kernsystems (→ GKS) wurden Grundlagen für ein Dialogzellenkonzept geschaffen. Dieser Standard beinhaltet neue Datentypen (z. B. Menü) und Regeln zur → Syntax, mit der ein Dialogautor seine Zellen definiert. Es wird auch im GKS unterschieden zwischen Menüs, bestehend aus Textstrings oder einer Liste von Bildern, welche über „Picture-Variablen" definiert sind. Die Regeln zur Handhabung dieser Objekte, wie das Belegen von Menüs mit Namen, das Positionieren in → Viewports zur Benutzungszeit oder das Aktivieren mit der Instruktion „Prompt" sind ebenfalls Bestandteile dieses Konzepts. *Encarnação/Redmer*

**Merkmal** *(feature)*. Zur → Klassifikation von → Mustern verwendete reelle Zahlen oder Symbole, die aus dem Muster berechnet werden.

M. sollten „trennscharf" sein, d. h. möglichst genau die zur Trennung von Musterklassen erforderliche Information enthalten. Das Problem der zielgerichteten Konstruktion von M. mit optimalen Eigenschaften für die Klassifikation ist nicht gelöst, daher werden heuristisch und experimentell gefundene M. verwendet. Man unterscheidet lokale und globale M., je nachdem, ob sie auf Teilintervallen des Musters oder auf dem gesamten Muster berechnet werden, M. im Zeit- bzw. Ortsbereich (z. B. Linienkreuzung) und M. im Transformationsbereich (z. B. *Fourier*-Koeffizienten) sowie M., die invariant gegenüber linearen oder nichtlinearen Transformationen des Musters sind.

Beispiele für reellwertige M. sind die Koeffizienten von orthonormalen Reihenentwicklungen (wie *Fourier*- oder *Walsh*-Transformation), die → Mel-Cepstrum-Koeffizienten, die Koeffizienten der → linearen Vorhersage, Momente, fraktale M. und Kennzahlen wie Zahl der Nulldurchgänge einer Funktion f(t) oder Zahl der Schnittpunkte einer Funktion f(x, y) mit vorgegebenen Testlinien. Beispiele für symbolische M. sind Formelemente wie gerade oder kreisförmige Linienelemente in unterschiedlichen Richtungen. *Niemann*

Literatur: *Niemann, H.*: Klassifikation von Mustern. Berlin-Heidelberg 1983.

**Message Passing** *(message passing)*. Programmiertechnik der → Kommunikation zwischen Komponenten paralleler und verteilter → Programme. M. P. oder nachrichtenorientierte Kommunikation zählt zur Klasse der expliziten Kommunikationsarten zwischen parallelen und verteilten → Prozessen, bei denen das → Betriebssystem die Übertragung der → Nachricht überwacht. M. P. wird für die explizite → Parallelisierung von Programmen verwendet und vorwiegend auf → Systemen mit verteilten → Speichern angewendet.

Weit verbreitet sind sog. Kommunikationsbibliotheken für M. P., die als Programmbibliotheken zu konventionell höheren → Programmiersprachen gebunden werden können (Beispiele: PVM, MPI). Diese Bibliotheken bieten Routinen für die Kommunikation und Synchronisation sowie die Verwaltung paralleler Prozesse. M. P. wird auch in explizit parallelen Programmiersprachen, z. B. Occam, verwendet. *Bode*

**Meta-Computing** *(meta-computing)*. Interaktive Nutzung mehrerer paralleler Hochleistungsrechner über Breitband-Kommunikationsnetze in einem Lastverbund mit Arbeitsplatzrechnern. Ziel ist dabei die anforderungsgerechte Bereitstellung nur zeitweilig benötigter Parallelrechnerleistung unabhängig vom jeweiligen Standort der Maschinen. Neben homogenen Parallelrechnertypen wird insbesondere die grobgranulare parallele Nutzung heterogener Supercomputer angestrebt. *Griebel*

**Metabolic Engineering** *(metabolic engineering)*. Die Analyse und Beeinflussung von metabolischen Prozessen in lebenden Organismen ist eine interdisziplinäre Forschungsaufgabe, die heute mit dem Begriff *M. E.* beschrieben wird. Dabei sind auch → Modellierungen und → Simulationen im Rechner eine wesentliche Komponente.

M. E. stellt eine neue Forschungsrichtung im Bereich der Biotechnologie dar. Das allgemeine Ziel ist es, auf den Phänotyp (Erscheinungsbild) von Organismen durch Modifikation des Genotyps (Erbanlagen) Einfluß – etwa im Sinne einer Heilung von Stoffwechselkrankheiten – auszuüben. Eine besondere Rolle spielt dabei die Reparatur genetischer Defekte. Der Metabolismus lebender Zellen ist ein hoch vernetztes System von biochemischen Prozessen, die durch Gene und Prozesse der molekularen Regulation und Kommunikation gesteuert werden. M. E. umfaßt die Möglichkeit, mit Hilfe der Verfahren der Biotechnologie biochemische Reaktionsketten (metabolic pathways) zu modifizieren und langfristig evtl. sogar völlig neu zu gestalten. Dies geschieht über die Hinzunahme von bioaktiven Substanzen oder durch geeigneten Gentransfer.

Neben den praktischen Erfordernissen der Biotechnologie stehen die theoretischen Aspekte der Analyse und Synthese metabolischer Pfade derzeit im Mittelpunkt dieser Forschungsrichtung. Dieser theoretische Teil des M. E. ist ein wesentlicher Teilbereich der → Bioinformatik. So stellt die Sequenzierung der Gene und Proteine heute kein Problem für die Molekulargenetik dar (→ Genomsequenzierung, Informatikprobleme). Die automatische Sequenzierung und DNA-Proteinsynthese sind gängige Methoden der Biotechnologie. Gentransfer ist über Trägersysteme, sog. *Vektoren*

(z. B. Viren oder zyklische DNA-Segmente, sog. *Plasmide*) durchführbar. Die Vielfalt der in diesem Bereich weltweit anfallenden Daten sowie die Komplexität der Fragestellungen macht den Einsatz von Methoden der Informatik erforderlich. Informationssysteme müssen diese Datenbestände verfügbar machen und miteinander verknüpfen (→ Datenbank, biologische). Im Bereich der Gene und der Proteine stehen heute umfangreiche Datenbanksysteme zur Verfügung. Für die metabolischen Pfade gilt dies noch nicht.

Systeme zur Analyse von Daten über metabolische Pfade werden heute noch kaum zur Verfügung gestellt. Solche Systeme sollten dem Benutzer eine interaktive Verarbeitung dieser Datenbestände und Informationen erlauben. Die Grundidee ist, das Informationssystem als Simulationsumgebung zu implementieren, die es dem Molekulargenetiker erlaubt, abstrakte biochemische Umgebungen zu erzeugen und in dieser hypothetischen Welt biochemische Szenarien interaktiv zu simulieren. Solche Systeme würden die Simulation und Unterstützung des Genetic Engineering im Bereich der Biotechnologie sowie eine hypothetische Diskussion der biochemischen Effekte von neuen Wirkstoffen im Bereich des Wirkstoffentwurfs (→ Docking, molekulares) ermöglichen.

Das M. E. wird Auswirkungen bis in gesellschaftliche Bereiche haben, v. a. in der Medizin und im Umweltschutz. Die genetische Diagnose und Therapie stehen heute im Mittelpunkt der Humangenetik. Der Umweltschutz kann profitieren, indem Organismen rekombiniert werden, so daß sie toxische Substanzen durch ihren Stoffwechsel abbauen.

*Hofestädt*

Literatur: Bailey, J.: Toward a science of metabolic engineering. Science 252 (1991) pp. 1668–1674. – Karp, P.: A knowledge base of the chemical compounds of intermediary metabolism. Computer Applications in the Biosciences 8 (1992) 4, pp. 347–357.

**Metadaten** ⟨*meta data*⟩. Beschreiben → Daten bzw. deren Struktur (→ Datenbankschema). Die M. liegen mitunter in demselben → Datenmodell wie die Daten vor und können dann genauso ausgewertet und geändert werden (→ Schemaevolution). Beispielsweise kann eine Relation durch die Namen, Datentypen und weitere Eigenschaften (z. B. Zuordnung zu Schlüsseln, Möglichkeiten von Nullwerten) der → Attribute beschrieben werden; diese Beschreibung kann wiederum in einer Relation abgelegt werden, die ein Attribut für den Namen, eins für den Datentyp usw. enthält (→ Datenwörterbuch). *Schmidt/Schröder*

Literatur: Lockemann, P. C. und J. W. Schmidt (Hrsg.): Datenbankhandbuch. Berlin–Heidelberg–New York 1987.

**Metafile** ⟨*metafile*⟩. Datei zur geräteunabhängigen Speicherung und Übertragung graphischer → Information. Es enthält eine Beschreibung der graphischen Grundelemente und der notwendigen Bildparameter (Transformationen, Farbbeschreibungen etc.), die zur Sichtbarmachung der im M. gespeicherten Bilder notwendig sind.

Die Erzeugung eines M. durch ein graphisches → System geschieht i. allg. durch eine konzeptionelle Gleichbehandlung des M. und graphischer Ausgabegeräte. Der Aufruf von Graphikfunktionen des Systems wird durch einen sog. *Audit Trail* mitprotokolliert und im M. festgehalten. Um den Inhalt des M. darzustellen, werden durch Interpretation der im M. enthaltenen Datensätze die ursprünglich aufgerufenen Graphikfunktionen nachgebildet und an tatsächliche Ausgabegeräte geleitet.

Das Graphische Kernsystem (→ GKS) definiert eine solche → Schnittstelle zur Benutzung von M. und macht einen Vorschlag für ein Dateiformat. Die ISO-Norm Computer Graphics Metafile (→ CGM) beinhaltet die funktionale → Spezifikation der notwendigen graphischen Elemente für statische Bildbeschreibungen und gibt Codierungsverfahren für die Speicherung in Dateien vor. Im Unterschied zum Audit Trail enthalten CGM-Dateien keine Datensätze zur dynamischen Bildänderung oder zur Speicherung von Strukturinformation.

Üblicherweise gibt es in M. die Möglichkeit, neben graphischer Information auch speziell als solche gekennzeichnete anwendungsspezifische Datensätze abzulegen. Die richtige Interpretation dieser Einträge beim Einlesen eines M. ist natürlich nur möglich, wenn es über deren Inhalt eine Übereinkunft zwischen schreibendem und lesendem System gibt.

*Encarnação/Muth*

**Metaregel** ⟨*metarule*⟩. Regel, die die Anwendung von Regeln betrifft. M. stellen eine besondere Form von → Metawissen dar: Sie repräsentieren in Regelform Wissen (Metawissen) über in Regelform vorliegendes Wissen. M. finden hauptsächlich in → Expertensystemen Anwendung. Sie können dort z. B. zur → Konfliktauflösung eingesetzt werden.

Die folgende M. findet sich in MYCIN, einem Expertensystem zur bakteriellen Diagnose und Therapieberatung (hier eingedeutscht):

WENN    (1) DIE INFEKTION EIN MAGENGESCHWÜR IST, UND
(2) ES REGELN GIBT, DIE IM BEDINGUNGSTEIL ENTEROBAKTERIACEEN ERWÄHNEN, UND
(3) ES REGELN GIBT, DIE IM BEDINGUNGSTEIL GRAM-POSITIVE STÄBCHEN ERWÄHNEN,
DANN    LIEGT EVIDENZ (0.4) DAFÜR VOR, DIE REGELN ÜBER ENTEROBAKTERIACEEN VOR DEN REGELN ÜBER GRAMPOSITIVE STÄBCHEN ZUR ANWENDUNG ZU BRINGEN.

Enthält die → Konfliktmenge bei der Bearbeitung eines Diagnoseproblems zu irgendeinem Zeitpunkt beide in der M. angesprochenen Regeltypen und ist auch Bedingung (1) erfüllt, so „feuert" die M. und liefert Evidenz zur Bevorzugung eines der beiden Regeltypen. *Neumann*

**Metawissen** ⟨*metaknowledge*⟩. Wissen über Wissen. Entsprechend *Metametawissen*: Wissen über M. M. ist eine Kategorie zur Gliederung von Wissen in → Wissensbasen. Beispiele von M. sind Wissen über
– Grenzen und Vollständigkeit von Wissen,
– Herkunft und Zuverlässigkeit von Wissen,
– Möglichkeiten des Erwerbs von zusätzlichem Wissen,
– Möglichkeiten der → Wissensverarbeitung.

M. kann für verschiedene Aufgaben der → Künstlichen Intelligenz erforderlich sein. Bei Planungsproblemen spielt M. in Gestalt von Planungsstrategien eine Rolle. Wissen über die Auswahl geeigneter Planungsstrategien ist Metametawissen.

Bei Auskunftssystemen kann es erforderlich sein, auf Fragen zu reagieren, die über die vorhandene Wissensbasis hinausgehen. Dies wird durch M. über den Umfang der Wissensbasis unterstützt.

Bei → Expertensystemen ist M. häufig in Gestalt von → Metaregeln repräsentiert. Metaregeln enthalten Informationen über Regelanwendungen, z. B. über die Reihenfolge, in der Regeln für ein Problem verwendet werden sollen. M. wird meist mit demselben Wissensrepräsentationsformalismus wie anderes Wissen dargestellt. *Neumann*

**Meterobjekt** ⟨*metric object*⟩. Begriff aus der → Prozeßvisualisierung, der Visualisierungselemente bezeichnet, die Meßwerte aus dem technischen Prozeß anzeigen. Verschiedene → Prozeßvisualisierungssysteme (z. B. System XMove) unterscheiden zwischen 1-wertigen und n-wertigen M.:
☐ *1-wertige M.*
– digital: Der Meßwert wird als Digitalwert ausgegeben. Das Format ist wie für jeden Text wählbar.
– symbol: Ausgabe einer Folge von Objekten nach der Größe des Meßwertes. Diese Objekte können einzelne Objekte, aber auch Gruppen bzw. ganze Bilder sein.
– hand: Definition eines beliebigen graphischen Objektes als „hand-meter" und Verknüpfung mit einer dynamischen graphischen Funktion wie *rotate, move, size* und *zoom*. Das Objekt führt dann diese Bewegungsvorschrift nach der Größe des Meßwertes aus.
☐ *n-wertige M.* Ausgabe von n Meßwerten als Tabelle oder als Kurve in horizontaler und vertikaler Darstellung mit den Darstellungsarten Polyline, digital als Textliste, Balkendiagramm oder Tortenstück. *Langmann*

**Methoden, formale** ⟨*formal methods*⟩. F. M. zur Systementwicklung basieren auf mathematisch fundierten Beschreibungstechniken und Vorgehensweisen. Die mathematische Fundierung erlaubt es, Begriffe wie → Konsistenz, Vollständigkeit und → Korrektheit präzise zu definieren, und liefert somit die Voraussetzung für die formale → Verifikation von → Systemen. F. M. können schon in den frühen Phasen der Systementwicklung eingesetzt werden, etwa in der Phase der → Anforderungsdefinition oder des Entwurfs. Dabei kann z. B. überprüft werden, ob eine → Spezifikation implementierbar (→ Implementierung) ist, oder es kann nachgewiesen werden, daß ein Entwurf korrekt bezüglich einer Spezifikation ist (→ Verfeinerung).

Eine f. M. stützt sich auf eine oder mehrere Spezifikationssprachen, für die eine formale mathematische → Semantik definiert ist. Damit lassen sich f. M. von semi-formalen Methoden abgrenzen, deren Beschreibungssprachen auch informelle Bestandteile (wie Prosa) aufweisen können, für die keine formale Semantik existiert. Die → Syntax der Spezifikationssprache einer f. M. kann neben textuellen Konstrukten auch graphische Ausdrucksmittel aufweisen. Ein Beispiel einer formalen graphischen Spezifikationssprache ist die Beschreibung verteilter Systeme durch → *Petri-Netze*.

Die meisten f. M. bieten Werkzeugunterstützung an. Diese kann von reiner Syntaxanalyse über die Möglichkeit von Konsistenzprüfungen bis hin zu Beweiswerkzeugen reichen. Beweiswerkzeuge beruhen üblicherweise auf einem logischen Inferenzsystem, welches korrekt bzgl. der Semantik der Spezifikationssprache ist.

Das Ziel des Einsatzes von f. M. in der Systementwicklung ist die Entwicklung beweisbar korrekter → Software. Korrektheit bezieht sich dabei auf eine Spezifikation, die in einer formalen Spezifikationssprache formuliert sein muß. Korrektheitsbeweise lassen sich unterscheiden in mathematisch rigorose Beweise, die nach Sätzen der Mathematik auf dem Papier geführt werden (und deren Korrektheit daher nicht maschinell überprüft wird), und formalen Beweisen, die mit Werkzeugen geführt werden. Beispiele für Beweiswerkzeuge zum Nachweis der Korrektheit von Programmen bezüglich Spezifikationen sind u. a. die Beweissysteme → KIV, → Lego und → Isabelle.

Eine prominente Forschungsrichtung zur Entwicklung beweisbar korrekter Software ist der Ansatz der transformationellen Programmentwicklung. Dabei wird eine Menge von Transformationsregeln auf Spezifikationen und Programmen vorgegeben, wobei diese Regeln korrekt bezüglich der Semantik der Spezifikations- und Programmiersprache sind. Eine Programmentwicklung besteht dann aus der Anwendung einer Folge von Transformationsregeln auf eine Ausgangsspezifikation. In den Programmentwicklungsmethoden CIP und PROSPECTRA werden z. B. formale Transformationsschritte auf Spezifikationen und Programmen in Interaktion des Benutzers mit einem Transformationssystem ausgeführt. Bei jedem Transformationsschritt wird dabei eine Transformationsregel angewandt, wobei das System Beweisobligationen generiert, die nachgewiesen werden müssen, um die Korrektheit des Transformationsschrittes zu garantieren.

Diese Beweisobligationen müssen aus pragmatischen Gründen nicht unbedingt mit dem System bewiesen werden, sondern können als noch unbewiesen vermerkt werden.

Während sich jede f. M. auf eine Spezifikationssprache stützt, können sich die → semantischen Bereiche dieser Sprachen erheblich unterscheiden. Es gibt f. M., die auf spezielle Anwendungsbereiche zugeschnitten sind, während andere den Anspruch auf größere Allgemeinheit haben. Im folgenden werden einige Beispiele vorgestellt, die sich v. a. zur Spezifikation → abstrakter Datentypen und → sequentieller Systeme sowie zur Spezifikation verteilter Systeme eignen. Anschließend wird kurz auf Methoden eingegangen, in denen sich sowohl abstrakte Datentypen als auch verteilte Systeme spezifizieren lassen.

☐ *F. M. zur Spezifikation abstrakter Datentypen und sequentieller Systeme.* Ein Beispiel einer solchen Methode ist *Hoare*s axiomatische Methode zum Beweis der Korrektheit von Implementierungen abstrakter Datentypen, in der jede Operation des Datentyps durch → Vor- und → Nachbedingungen in der → Prädikatenlogik erster Stufe spezifiziert wird.

Dagegen werden in der Methode der algebraischen Spezifikation abstrakter Datentypen die Operationen spezifiziert durch (bedingte) Gleichungen zwischen → Termen, die aus den Operationen aufgebaut sind. Beispiele von algebraischen Spezifikationssprachen sind die Sprachen → ACT, → OBJ und → SPECTRUM.

In den obigen Methoden werden abstrakte Datentypen durch die Eigenschaften ihrer Operationen spezifiziert, d. h., die obigen Spezifikationsmethoden sind eigenschaftsorientiert. Dagegen werden in den Methoden → VDM und → Z abstrakte Datentypen modellbasiert spezifiziert, d. h., die Datentypen mit ihren Operationen werden aufsetzend auf vorgegebenen mathematischen Strukturen (wie Mengen, Tupeln, Funktionen) abstrakt spezifiziert. VDM und Z eignen sich zur Spezifikation sequentieller Systeme.

☐ *F. M. zur Spezifikation verteilter Systeme.* In *Hoare*s Sprache und Methode → CSP (Communicating Sequential Processes) wird die Semantik von Prozessen modellbasiert (über Folgen von Aktionen) beschrieben, und Beweise über Prozesse werden mit einem algebraischen Gleichungskalkül geführt. *Milner*s Kalkül → CCS (Calculus of Communicating Systems) und der kürzlich von ihm entwickelte → Pi-Kalkül zur Spezifikation mobiler Prozesse beruhen auf einer operationellen Semantik, in der mögliche Zustandsübergänge von Prozessen beschrieben werden.

Eine auf der Prädikatenlogik basierende Spezifikationsmethode für verteilte Systeme ist die → temporale Logik, in der gewünschte Systemeigenschaften mit Hilfe von modalen Operatoren spezifiziert werden.

Die FOCUS-Methode von *Broy* ist eine modellbasierte Spezifikationsmethode für verteilte Systeme auf verschiedenen Abstraktionsstufen, wobei als grundlegende Datenstruktur der Datentyp der Ströme (endliche und unendliche Sequenzen) gewählt wird. Dabei wird ein System zunächst abstrakt durch ein Prädikat auf Strömen von Aktionen (traces) beschrieben. In der Entwurfsphase wird das System modelliert als → Netzwerk kommunizierender → Agenten, die durch Prädikate auf stromverarbeitenden Funktionen spezifiziert werden.

Beispiele von graphischen Formalismen zur Spezifikation von verteilten Systemen sind die Beschreibungstechniken der → *Petri*-Netze und der Statecharts (→ Zustandsübergangsdiagramme).

☐ *F. M. zur Spezifikation abstrakter Datentypen und verteilter Systeme.* In der ISO-Spezifikationssprache → LOTOS wurde die Methode der algebraischen Spezifikation von abstrakten Datentypen kombiniert mit Elementen der Beschreibungstechniken CCS und CSP zur Beschreibung verteilter Systeme. Die RAISE-Methode, eine Weiterentwicklung von VDM, unterstützt in der Sprache → RSL zusätzlich modellorientierte Beschreibungstechniken.

*Astesiano*s Methode Smolcs erlaubt es, Techniken der algebraischen Spezifikation zu kombinieren mit einer operationellen Methode zur Beschreibung verteilter Systeme.

In jüngster Zeit wurden einige formale Spezifikationssprachen zur Beschreibung verteilter objektorientierter Systeme entwickelt, die den algebraischen Ansatz zur Beschreibung abstrakter Datentypen integrieren. Beispiele dafür sind *Meseguer*s Maude und die Spezifikationssprache TROLL. *Nickl/Wirsing*

Literatur: Bauer, F. L.; Wössner, H.: Algorithmische Sprache und Programmentwicklung. 2. Aufl. Springer, Berlin 1984. – Astesiano, E.; Reggio, G.: Algebraic specification of concurrency. In: M. Bidoit, C. Choppy (Eds.): Recent trends in data type specification. Springer Lecture Notes in Computer Sci. 655 (1991) pp. 1–39. – Broy, M.; Jähnichen, S. (Eds.): KORSO: Methods, languages, and tools for the construction of correct software – final report. Springer Lecture Notes in Computer Sci. 1009 (1995). – Partsch, H.: Specification and transformation of programs. Springer, Berlin 1990.

**MFLOPS** ⟨*MFLOPS (Millions of Floating Point Operations per Second)*⟩. Maß für die Arbeitsgeschwindigkeit von → Rechenanlagen. MFLOPS beschreibt die Anzahl der von einer Rechenanlage pro Sekunde ausführbaren Gleitkomma-Maschinenbefehle. Im Gegensatz zur MIPS-Zahl wird hier lediglich die arithmetische Leistung von Rechnern bewertet, das Maß findet daher vornehmlich Anwendung im technisch-naturwissenschaftlichen Bereich.

Die MFLOPS-Zahl wird oft aus dem Kehrwert der Ausführungszeit des kürzesten Gleitkomma-Maschinenbefehls, i. d. R. der Multiplikation, gebildet. In einigen Fällen wird jedoch auch eine mittlere Ausführungszeit aller Gleitkomma-Befehle verwendet.

Eine weitere, ebenfalls verbreitete Methode zur Ermittlung der MFLOPS-Zahl ist es, bei der Ausführung numerischer Programme die mittlere Anzahl ausgeführter Gleitkomma-Befehle pro Sekunde zu ermitteln. Wegen der sehr verschiedenen Methoden zur

Ermittlung können MFLOPS-Angaben für einen Rechner stark differieren.

Existiert auf einem Rechner kein Maschinenbefehl für Gleitkomma-Operationen, so werden die Ausführungszeiten von Unterprogrammen, die solche Operationen simulieren, verwendet. Bei Rechnern mit Parallelitätseigenschaften, insbesondere bei Vektorrechnern, wird die MFLOPS-Zahl im Sinne des theoretischen Maximal-Durchsatzes ermittelt: Kehrwert der Ausführungszeit des Gleitkomma-Befehls multipliziert mit der Anzahl der Stufen der Pipelines und der Anzahl der nebenläufigen Werke (jeweils falls vorhanden). Im Normalbetrieb solcher Rechner erzielbare Durchsätze sind daher meist um eine Größenordnung geringer.

*Bode*

**MHEG** ⟨*MHEG*⟩. Ursprünglich der Name der „Multimedia/Hypermedia Expert Group" der → ISO und des → CCITT; steht jetzt international für Normentwürfe im Bereich der Zusammensetzung und Strukturierung von Objekten verschiedener Medientypen.

*Schindler/Bormann*

**MHS** ⟨*MHS (Message Handling System)*⟩. **1.** vgl. → X.400.

**2.** Ein herstellerspezifisches System für den Austausch von elektronischen → Nachrichten in lokalen Netzen (→ LAN). *Jakobs/Spaniol*

**MIB** ⟨*MIB (Management Information Base)*⟩. In einer → OSI-Umgebung betrachtet das → Netzwerkmanagement die einzelnen an das Netzwerk angeschlossenen Ressourcen als Managementobjekte (Managed Objects, MO). Ein MO ist also die abstrakte Repräsentation einer realen → Hardware, → Software, → Datenstruktur usw. Die MO werden in der MIB gehalten. Die MIB weist in ihrer Struktur große Ähnlichkeiten mit der Directory Information Base (→ X.500) auf.

*Jakobs/Spaniol*

Literatur: *Halsall, F.*: Data communications, computer networks and open systems. 3rd Edn. Addison-Wesley, 1992.

**Mikro-Assembler** ⟨*microassembler*⟩. Einfacher → Übersetzer für Mikroprogramme, der diese aus einer mnemotechnisch verschlüsselten in eine → binäre Form transformiert. Die Verwendung eines M.-A. bietet dem Mikroprogrammierer in einigen Fällen weitere Hilfen: Benutzung symbolischer Adressen, Vereinbarung von Default-Werten, Plausibilitätsprüfungen, Ausschluß bestimmter Steuerkombinationen. M.-A. für → Bitslice-Mikroprozessoren sind meist Meta-Assembler, die für verschiedene Mikroinstruktionsformate nutzbar sind. Sie erfordern neben der Eingabe des Quellmikroprogramms zur Übersetzung auch eine Definitionsangabe der benutzten Sprache und des Formates. *Bode*

**Mikrocode** ⟨*microcode*⟩ → Mikroprogrammierung

**Mikroelektronik** ⟨*microelectronics*⟩. Teilgebiet der Festkörperelektronik (Halbleiterelektronik), das sich mit der Schaltungsintegration, d. h. der innigen, zerstörungslos nicht trennbaren Verbindung einer großen Zahl von stark miniaturisierten Funktionselementen auf Festkörperbasis zu einer funktionalen Einheit – der integrierten Schaltung – befaßt und insbesondere zugehörige Materialien, Herstellungsverfahren, Entwurfs- und Entwicklungsverfahren, Tests sowie die Anwendung einschließt.

Die M. ist ein stark interdisziplinäres Gebiet der modernen Elektronik, entstanden aus dem Zwang zur Miniaturisierung, zur Zuverlässigkeitserhöhung und Senkung der Herstellungskosten elektronischer Schaltungen. Wichtige Bewertungsparameter dafür sind Integrationsgrad, Packungsdichte, Flächenbedarf des Einzelbauelementes, Kosten (Wirtschaftlichkeit) und Zuverlässigkeit. So wächst z. B. die Zuverlässigkeit mit dem Integrationsgrad, weil die Anzahl der (sehr unzuverlässigen) äußeren Anschlüsse einer Schaltung durch die Integration abnimmt. Gleichzeitig sinken die Abmessungen des einzelnen Funktionselementes drastisch, weil nach dem Kostengrundgesetz der M. hauptsächlich die Chipfläche weitgehend unabhängig von ihrem Inhalt den Preis bestimmt. Dies führte z. B. zu einem Umdenken im Schaltungskonzept: Ersatz der sehr flächenaufwendigen Kondensatoren und Widerstände durch flächensparende Transistoren.

Durch diese Kostenrelation und die heute erreichbaren hohen Integrationsgrade von über 5 Millionen Funktionselementen (FE) pro Chip (und mehr) lassen sich komplexe Schaltungskonzepte funktionssicher realisieren wie Mikrorechner, Halbleiterspeicher, aber auch Taschenrechner, Quarz-Armbanduhren, Chip-Scheckkarten u.a.m.

Historisch bildeten sich für die Herstellung von integrierten Schaltungen bestimmte Realisierungstechniken heraus, wie Schichttechnik, Bipolar- und MIS-Techniken. Dabei hält die Miniaturisierungstendenz aus den erwähnten Gründen auch heute noch an und erreicht mit den bestimmenden Abmessungen bereits den Bereich unter 1 μm (Submikrometertechnik). Schaltungsmäßig umfaßt die M. in Form der analogen und digitalen integrierten Schaltungen nahezu alle Bereiche der elektronischen Schaltungstechnik. Begrenzungen gibt es noch durch die abzuführende Wärmeleistung (Leistungshalbleiter-Bauelemente).

Die M. (Bild 1) beschränkt sich hinsichtlich der zu verarbeitenden Signale heute noch vorrangig auf den elektrischen Signalträger und seine Verarbeitung in lokalisierbaren Funktionselementen, ist also noch schaltungsorientiert. Künftige Entwicklungen stellt man sich dagegen funktionsorientiert vor, wobei auch andere physikalische Signalträger einbezogen werden können und Gebiete wie die Optoelektronik, Mikrosystemtechnik, Mikroakustik, Kryoelektronik u. a., also eine Funktionalelektronik, das typische Merkmal der M. werden könnten. Ob und in welchem Umfange es

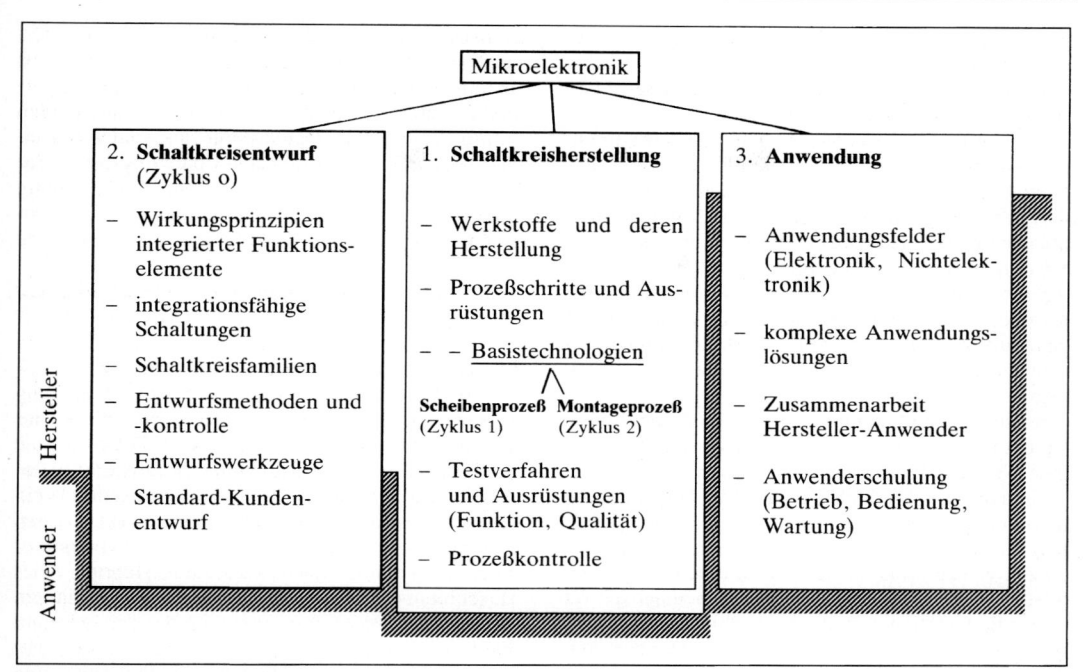

# Mikroelektronik

```
                        Mikroelektronik
        ┌───────────────────┼───────────────────┐
2. Schaltkreisentwurf   1. Schaltkreisherstellung   3. Anwendung
```

**2. Schaltkreisentwurf**
(Zyklus 0)

- Wirkungsprinzipien integrierter Funktionselemente
- integrationsfähige Schaltungen
- Schaltkreisfamilien
- Entwurfsmethoden und -kontrolle
- Entwurfswerkzeuge
- Standard-Kundenentwurf

**1. Schaltkreisherstellung**

- Werkstoffe und deren Herstellung
- Prozeßschritte und Ausrüstungen
- – Basistechnologien

    Scheibenprozeß  Montageprozeß
    (Zyklus 1)     (Zyklus 2)

- Testverfahren und Ausrüstungen (Funktion, Qualität)
- Prozeßkontrolle

**3. Anwendung**

- Anwendungsfelder (Elektronik, Nichtelektronik)
- komplexe Anwendungslösungen
- Zusammenarbeit Hersteller-Anwender
- Anwenderschulung (Betrieb, Bedienung, Wartung)

(Hersteller / Anwender)

*Mikroelektronik 1: Entwicklungslinien*

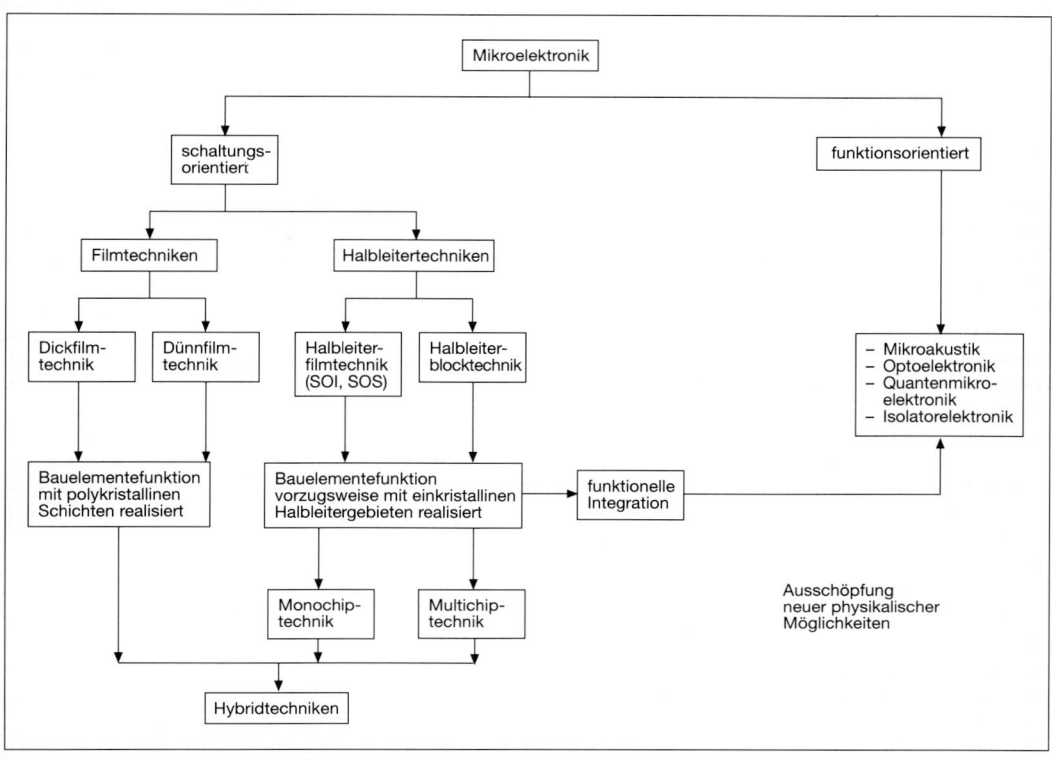

Mikroelektronik
- schaltungsorientiert
  - Filmtechniken
    - Dickfilmtechnik
    - Dünnfilmtechnik
      → Bauelementefunktion mit polykristallinen Schichten realisiert
  - Halbleitertechniken
    - Halbleiterfilmtechnik (SOI, SOS)
    - Halbleiterblocktechnik
      → Bauelementefunktion vorzugsweise mit einkristallinen Halbleitergebieten realisiert
        - Monochiptechnik
        - Multichiptechnik
      → Hybridtechniken
    → funktionelle Integration
- funktionsorientiert
  - Mikroakustik
  - Optoelektronik
  - Quantenmikroelektronik
  - Isolatorelektronik

Ausschöpfung neuer physikalischer Möglichkeiten

*Mikroelektronik 2: Hauptanwendungsgebiete, unterteilt nach typischen Aufgaben bei der Schaltkreisrealisierung und seiner Anwendung* gelingt, auch Bionik und Molekularelektronik einzubeziehen, bleibt abzuwarten.

Die M. ist ein stark interdisziplinäres Gebiet (Bild 2). Ihre Hauptbestandteile sind:
– die Untersuchung, Herstellung und Analyse bestimmter Werkstoffe, mit denen sich bestimmte elektronische Funktionen in Funktionselementen realisieren lassen;
– die Prozeßtechnik, insbesondere die Halbleitertechnologie mit ihren vielfältigen Einzelschritten und deren Verkettung zu Basistechnologien;
– der Entwurf, die Analyse und Prüfung elektronischer Einzelelemente sowie der integrierten Schaltung auf ganz unterschiedlichen Ebenen, z. B. dem Funktionselement, der Schaltung, der Logik, der Systemarchitektur;
– Teststrategien für komplexe Systeme (Chipprüfung);
– die Anwendung integrierter Schaltungen in fast allen Bereichen von Wissenschaft und Technik.

Ein typisches Merkmal der M. ist im Gegensatz zur diskreten Schaltungstechnik, daß eine integrierte Schaltung aus Kostengründen bereits vor ihrer Herstellung in allen Einzelheiten konzipiert, modelliert und simuliert werden muß, damit eine hohe Wahrscheinlichkeit für ihre volle Funktion nach der Herstellung besteht. Spätere Korrekturen sind aus technischen und Kostengründen nicht möglich. Deshalb ist die M. ein Bereich, der sich auf allen Ebenen intensivster Computerunterstützung bedient (Schaltungsentwurf, rechnergestützter Entwurf, CAD). *Paul*

Literatur: *Millman, J.* and *A. Grabel*: Microelectronics. New York 1986. – *Paul, R.*: Mikroelektronik – eine Übersicht. Berlin 1990. – *Weiß, H.* und *K. Horninger*: Integrierte MOS-Schaltungen. Berlin 1986.

**Mikroinstruktion** ⟨microinstruction⟩. Die bei einem Zugriff auf den Mikroprogrammspeicher gelesene Steuerinformation. Die M. besteht aus Adreß- und Steuerteil, ggf. auch aus einem zusätzlichen Direktdatenteil. Der Adreßteil dient der Adreßfortschaltung im Mikroprogramm. Der Steuerteil beinhaltet die Menge von Mikrooperationen, die gleichzeitig gestartet und i. allg. auch innerhalb eines Taktes ausgeführt werden. Bei mehrphasigem Takt ist dabei das Taktintervall in mehrere Teilintervalle unterteilt. Der Direktdatenteil dient der Spezifikation von Konstanten, die aus dem Mikroprogramm in die Werke des Rechners geladen werden wie → Masken, → Flags und Konstanten für das Rechenwerk. *Bode*

**Mikrokernsystem** ⟨microkernel system⟩ → Betriebssystem, prozeßorientiertes

**Mikrokernsystem, prozeßorientiertes** ⟨process-oriented microkernel system⟩ → Betriebssystem, prozeßorientiertes

**Mikrooperation** ⟨microoperation⟩. Elementare, nicht teilbare → Operation eines → Rechners auf Register-Transferebene, die i. allg. innerhalb eines Taktintervalls ausgeführt wird. Die M. liest Informationen aus Speicherstellen (wie → Registern, → Flags, → Speichern), verknüpft diese möglicherweise mit anderen → Informationen und legt das Ergebnis wieder in Speicherstellen ab. Je nach Art der → Codierung der Mikroinstruktion werden eine oder mehrere M. gleichzeitig aus dieser angestoßen und ausgeführt (→ Mikroprogrammierung). *Bode*

**Mikroprogramm** ⟨microprogram⟩ → Mikroprogrammierung

**Mikroprogrammierung** ⟨microprogramming⟩. Strukturierte (programmierte) Form der Generierung der → Signale zur Steuerung von → Rechenanlagen aus Maschinenbefehlen bzw. Kommandos. Die M. ist die Alternative zur festverdrahteten Realisierung des → Leitwerkes, bei der die Steuersignale durch ein sequentielles kombinatorisches Netz direkt aus den Maschinenbefehlen generiert werden (Bild). Im mikroprogrammierten Rechner ist für die Ausführung jedes Maschinenbefehls jeweils ein Mikroprogramm im Mikroprogrammspeicher zuständig, das den → Befehl interpretiert. Jedes Mikroprogramm besteht aus einer Folge von Mikroinstruktionen, die ihrerseits eine Menge gleichzeitig ausführbarer → Mikrooperationen definieren.

Die Interpretation des Maschinenbefehls erfordert zunächst, daß ein zentrales Mikroprogramm den Befehl aus dem → Hauptspeicher in das Instruktionsregister

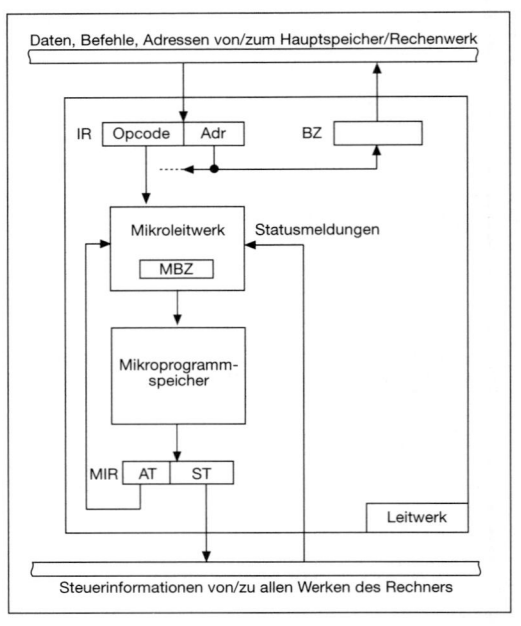

*Mikroprogrammierung: Schematischer Aufbau eines mikroprogrammierten Leitwerkes*

(IR) holt. Dazu benutzt es den Inhalt des Befehlszählers (BZ), der jeweils den nächsten auszuführenden Maschinenbefehl adressiert. Der so geholte Maschinenbefehl wird decodiert, d. h., aus dem Operationscode des Befehls wird die Anfangsadresse des den Befehl ausführenden Mikroprogramms im Mikroprogrammspeicher generiert. Das Mikroprogramm wird schrittweise ausgeführt: Jede Mikroinstruktion wird aus dem Mikroprogrammspeicher geholt und in das Mikroinstruktionsregister (MIR) geschrieben. Dies beinhaltet Steuerinformation zur Ausführung des Maschinenbefehls für jeweils genau einen Taktzyklus im Steuerteil ST und Information zur Generierung der → Adresse der nächsten auszuführenden Mikroinstruktion im Adreßteil AT. Bei der mikroprogrammierten Interpretation des Maschinenbefehls werden je nach Befehlstyp zunächst die nötigen Operanden in das Rechenwerk geholt (ggf. nach Adreßberechnung und Operandenbehandlung) und diese dann durch die arithmetisch-logische Einheit verknüpft.

Am Ende der Interpretation des Maschinenbefehls weist das Mikroprogramm dem Befehlszähler BZ einen neuen Wert zu (die Adresse des nächsten Maschinenbefehls). Dieser ergibt sich normalerweise durch Inkrementieren des laufenden Befehlszählerinhaltes, bei Sprungbefehlen durch Laden der Sprungzieladresse aus dem Instruktionsregister.

Mikroprogramme müssen nicht streng sequentiell sein: synchrone und asynchrone Ereignisse im gesteuerten Rechner (z. B. arithmetischer Überlauf im Rechenwerk, Unterbrechungswunsch durch ein Peripheriegerät) können zu Verzweigungen führen, oft sind auch Schleifen- und Unterprogrammtechnik möglich. Die Generierung der Folgeadresse im Mikroprogrammspeicher erfolgt im Mikroleitwerk, das als → Kern den Mikrobefehlszähler mit der Adresse der nächsten auszuführenden Mikroinstruktion beinhaltet.

Sind Mikroprogramme vom Hersteller festgelegt und der Mikroprogrammspeicher ist ein → Festspeicher, spricht man vom mikroprogrammierten Rechner. In selteneren Fällen sind Mikroprogrammspeicher ladbar, Mikroprogramme auch vom Benutzer erstellbar. Man spricht dann von mikroprogrammierbaren Rechnern.

Neben der klassischen Anwendung der M. für die Implementierung genau eines Maschinenbefehlssatzes auf einem Rechner werden Mikroprogramme auch zu folgenden weiteren Zwecken verwendet:
– Nachbildung fremder Maschinenbefehlssätze (Emulation),
– spezielle Mikroprogramme für Systemdienste wie Selbstdiagnose (Mikrodiagnose),
– effiziente → Codierung ganzer Anwendungsalgorithmen (vertikale Verlagerung).

Gegenüber der festverdrahteten Lösung stellt die M. von → Leitwerken eine gewisse Redundanz dar. Sie ist daher i. d. R. langsamer, hat aber alle Vorteile einer strukturierten Lösung: Orthogonalität, Flexibilität gegen Änderungen und Erweiterungen, Lesbarkeit und geringere Fehleranfälligkeit. Rechner mit komplexen Befehlssätzen (CISC) waren daher meist mikroprogrammiert. Rechner mit reduzierten Befehlssätzen (RISC) haben wegen des Geschwindigkeitsvorteils festverdrahtete Leitwerke. *Bode*

**Mikroprogrammspeicher** ⟨*microprogram memory*⟩ → Mikroprogrammierung

**Mikroprozessor** ⟨*microprocessor*⟩. → Prozessor einer → Rechenanlage oder Steuerung, der unter Verwendung hochintegrierter Halbleitertechnik auf kleinstem Raum realisiert ist. Monolithische M. sind Prozessoren auf genau einem Halbleiterchip. Dagegen bestehen Multichip-M. aus einigen wenigen Bausteinen. Als monolithische Mikrorechner (controller) bezeichnet man M., die neben Leit- und Rechenwerk auf einem Chip noch in beschränktem Umfang Programm- und Datenspeicher (meist getrennt als → Fest- und → Direktzugriffsspeicher) sowie Ein-/Ausgabewerke umfassen. Bitslice-M. sind dagegen nur Teilscheiben der Grundeinheiten von Rechenanlagen wie Rechenwerk, Leitwerk, Unterbrechungswerk etc. M. finden Anwendung von Computerspielen bis zum Supercomputer und werden in vielen Millionen Exemplaren jährlich hergestellt. *Bode*

**Mikrorechner, dedizierter** ⟨*dedicated computer*⟩. Mikrorechner für weitgehend standardisierte Automatisierungs- und Bedienfunktionen. Im Mikrorechner ist ein Funktionsvorrat in → Firmware vorkonfektioniert. Durch Konfigurieren lassen sich aus dem Funktionsvorrat die zur Lösung der Aufgabe erforderlichen Funktionen aktivieren und durch Parametereingabe den Betriebszuständen anpassen. In verteilten Automatisierungssystemen arbeiten d. M. in größerer Zahl miteinander. Sie sind durch Datenwege – vorwiegend → Busse – miteinander verbunden. In letzter Zeit werden – besonders bei den Anzeige- und Bedienkomponenten – die d. M. meist durch Standard-Workstations oder PCs ersetzt. Bei den prozeßnahen Komponenten gibt es erste Schritte, weitverbreitete speicherprogrammierbare Steuerungen neben den dedizierten Komponenten einzusetzen. *Strohrmann*

**MIMD** ⟨*MIMD (Multiple Instruction Multiple Data)*⟩. Darunter versteht man nach dem Klassifikationsschema von *Flynn* einen → Parallelrechner, der gleichzeitig verschiedene Instruktionen auf verschiedenen Datenströmen ausführen kann. Viele der heute verfügbaren Parallelrechner sind vom MIMD-Typ. *Bastian*

**MIME** ⟨*MIME (Multi-purpose Internet Mail Extension)*⟩. Ermöglicht das Versenden von multimedialen Nachrichten (→ Multimedia Mail) über → SMTP im → Internet. Es definiert verschiedene Body Parts innerhalb einer → Nachricht, in denen unterschiedlich codierte Informationen enthalten sein können (z. B.

Grafiken, Video- oder Audio-Informationen). Darüber hinaus unterstützt MIME die Definition von neuen benutzerspezifischen Body Parts. *Jakobs/Spaniol*
Literatur: *Comer, D. E.*: Internetworking with TCP/IP. Vol. 1: Principles, protocols and architecture. 2nd Edn. Prentice Hall, 1991.

**Mini-MAP** ⟨*Mini MAP*⟩. „Abgespeckte" Version von →MAP, in der nur die Ebenen 1, 2 und 7 des →OSI-Referenzmodells implementiert sind. Die Idee hierbei ist, die Bearbeitungszeit von Nachrichten zu reduzieren, eine Aufgabe, die speziell in Fabrikationsumgebungen mit Echtzeitanforderungen von enormer Bedeutung ist (→ MMS). *Jakobs/Spaniol*

**Minimax-Verfahren** ⟨*minimax process*⟩. Suchtechnik zur Bewertung von → Spielgraphen in der → Künstlichen Intelligenz (KI). Die Knoten eines Spielgraphen repräsentieren Spielpositionen, die Kanten mögliche Züge der Spieler. In jeder Ebene eines Spielgraphen ist genau einer der zwei Spieler am Zug. Das Bild zeigt einen Spielgraph, dessen Blätter aus der Sicht von Spieler MAX bewertet sind. MAX soll den höchstbewerteten Zug wählen, MIN den niedrigstbewerteten.

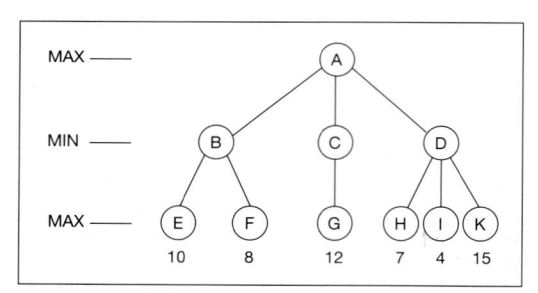

*Minimax-Verfahren: Spielbaum mit bewerteten Blättern*

Damit sich MAX in der Position A entscheiden kann, müssen die Positionsbewertungen an den Blättern des Spielgraphen nach oben propagiert werden. Dies geschieht durch das M.-V. wie folgt:
– Ein MIN-Knoten erhält das Minimum der Bewertungen seiner Nachfolger.
– Ein MAX-Knoten erhält das Maximum der Bewertungen seiner Nachfolger.

In diesem Beispiel ist C der am höchsten bewertete Nachfolger von A. Für das M.-V. gibt es elegante rekursive → Algorithmen. *Neumann*

**MIPS** ⟨*MIPS (Millions of Instructions per Second)*⟩. Maß für die Arbeitsgeschwindigkeit von Rechenanlagen. MIPS beschreibt die Anzahl der auf einer → Rechenanlage pro Sekunde ausführbaren Maschinenbefehle. Die MIPS-Zahl wird nach sehr unterschiedlichen Methoden ermittelt, weswegen die Werte kaum vergleichbar sind. Oft wird die MIPS-Zahl als Kehrwert der Ausführungszeit des kürzesten Maschinenbefehls, i. d. R. ein Register-Register-Befehl, gebildet. Sie spezifiziert dann den theoretisch erzielbaren Maximaldurchsatz. In einigen Fällen wird die MIPS-Zahl jedoch als Kehrwert einer gemittelten Ausführungszeit bestimmt, die durch einen → Mix, → Benchmark oder durch ein synthetisches → Programm ermittelt wurde. Diese Angabe entspricht dann einem anwendungsorientierten Durchsatz. MIPS-Zahlen verschiedener Rechner sind auch deshalb schwer vergleichbar, weil die zugrundeliegenden Maschinenbefehle unterschiedlich mächtige → Operationen ausführen können. Bei Rechnern mit Parallelitätseigenschaften sind die Befehlsausführungszeiten zudem kontextabhängig. *Bode*

**Mischungsverteilung** ⟨*mixture distribution*⟩. Die (endliche oder unendliche) M. ist die gewichtete Summe von Verteilungen aus einer gegebenen parametrischen Familie von Verteilungen einer Zufallsvariablen. Die zugehörige → Dichte ist die M.-Dichte.

Das Standardbeispiel ist die *Gauß*sche Mischungsverteilungsdichte

$$p(c) = \sum_{\kappa=1}^{K} p_\kappa\, N(c; \mu_\kappa, \Sigma_\kappa),\ \sum_\kappa p_\kappa = 1,$$

wobei N die n-dimensionale Normalverteilungsdichte mit Mittelwertsvektor $\mu_k$ und Kovarianzmatrix $\Sigma_k$ ist. Es ist bekannt, daß diese Mischung identifizierbar ist sowie Mischungen einiger weiterer Familien von Dichten. Das bedeutet, wenn p(c) gegeben oder aus einer Stichprobe schätzbar ist, können die Parameter $\{K, \mu_k, \Sigma_k, k=1, \ldots, K\}$ bestimmt werden, z. B. durch Maximum-Likelihood(ML)- oder durch Maximum-a-posteriori(MAP)-Schätzung. Dieses ist die Basis für unüberwachtes Lernen mit entscheidungstheoretischen Verfahren. *Niemann*
Literatur: *Bock, H. H.*: Automatische Klassifikation. Göttingen 1974.

**Mitteilung** ⟨*message*⟩. Insbesondere im Rahmen von → E-Mail eine an (einen oder mehrere) Menschen gerichtete Informationseinheit, die neben einem zu versendenden → Dokument noch Verwaltungsinformationen für den → Dokumentaustausch und evtl. für die lokale Weiterbearbeitung umfaßt. *Schindler/Bormann*

**Mittel-Zweck-Analyse** ⟨*means-ends analysis*⟩. Problemlösungstechnik der → Künstlichen Intelligenz (KI). Ein Problem wird durch schrittweises Anwenden von Operatoren gelöst. Die Operatorauswahl erfolgt zielgerichtet durch Vergleichen des Problemzustands mit dem angestrebten Zielzustand. Ist ein Operator nicht unmittelbar anwendbar, wird ein entsprechendes Teilziel generiert, das die Voraussetzung für die Anwendung des Operators bietet.

M.-Z.-A. wurde im System GPS (General Problem Solver) erstmals ausführlich untersucht. Beispiel:

Transformation einer vorgegebenen mathematischen Formel in eine Zielformel mit Hilfe von Umformungsoperatoren. *Neumann*
Literatur: *Newell, A.; Simon, H. A.*: GPS, a program that simulates human thought. In: *E. A. Feigenbaum, J. Feldmann* (Eds.): Computer and thought. New York 1963.

**Mittelwertanalyse** ⟨*MVA (Mean Value Analysis)*⟩. Mathematisches Verfahren zur → Leistungsanalyse von Rechnersystemen, die mittels → Warteschlangennetzen modelliert werden. Das Verfahren ist beschränkt auf die Bestimmung von → Erwartungswerten interessierender Größen wie → Wartezeit, → Durchsatz oder auch Anzahl der wartenden Aufträge an einer Systemkomponente. Die M. basiert auf zwei grundlegenden Theoremen der Warteschlangentheorie (Ankunftstheorem, *Little*'s Result), die ihre Anwendungsbreite einschränken. Für allgemeinere Modelle muß man Analyseverfahren wie das BCMP-Theorem oder Näherungsverfahren wie die → Diffusionsapproximation einsetzen.
*Fasbender/Spaniol*
Literatur: *Bolch, G.; Akyildiz, I. F.*: Analyse von Rechensystemen. Teubner, 1982. – *King, P. J. B.*: Computer and communication systems performance modelling. Prentice Hall, 1990.

**MIX** ⟨*instruction mix*⟩. Methode zur Bewertung der Arbeitsgeschwindigkeit von → Digitalrechnern, die der Klasse der Auswertung von Hardware-Maßen und Parametern zuzuordnen ist (→ Rechnerbewertung). Der M. gibt eine mittlere Befehlsausführungszeit T an, die sich aus gewichteten tatsächlichen Befehlsausführungszeiten $t_i$ des zu bewertenden Rechners ergibt:

*MIX. Tabelle: Gewichtsfaktoren des MIX nach Gibson (1970)*

| Klasse | Befehlstyp | Gewicht $p_i$ |
|---|---|---|
| 1 | Laden und Speichern | 0,312 |
| 2 | Festpunkt-Additionen und -Subtraktionen | 0,061 |
| 3 | Vergleichsoperationen | 0,038 |
| 4 | Verzweigungen | 0,166 |
| 5 | Gleitpunkt-Additionen und -Subtraktionen | 0,069 |
| 6 | Gleitpunkt-Multiplikationen | 0,038 |
| 7 | Gleitpunkt-Divisionen | 0,015 |
| 8 | Festpunkt-Multiplikationen | 0,006 |
| 9 | Festpunkt-Divisionen | 0,002 |
| 10 | Schiebeoperationen | 0,044 |
| 11 | Logische Operationen | 0,016 |
| 12 | Operationen, die keine Register verwenden | 0,053 |
| 13 | Indizierungen (Adreßrechnung) | 0,180 |

$$T = \sum_{i=1}^{n} p_i t_i$$

Dabei ist $p_i$ die relative Häufigkeit des Auftretens von Befehl i und n die Anzahl der betrachteten unterschiedlichen Maschinenbefehle.

Erste M. wurden schon 1946/47 von *J. von Neumann* vorgeschlagen, dabei wurde jedoch nur die Arithmetik berücksichtigt. Klassisch ist der M. nach *Gibson*, der 13 Befehlsklassen berücksichtigt (Tabelle). Die Arithmetik ist dabei deutlich in den Hintergrund getreten.

Die Gewichte von M. sind jeweils subjektiv; sie werden oft aus Befehlsstatistiken gewonnen. Beim Vergleich mehrerer Rechner ist es zudem meist schwierig, gleichartige Befehle zu finden. *Bode*

**ML** ⟨*ML (Meta-Language)*⟩. Familie von Programmiersprachen mit funktionalen Kontrollstrukturen, strikter Semantik und einem strengen polymorphen → Typsystem. Spätere Entwicklungen führten zu Sprachen mit nichtstrikter Semantik (lazy evaluation). Die Familie ML enthält nunmehr die Sprachen → Standard ML, Lazy ML, CAML, CAML Light sowie verschiedene weitere experimentelle Forschungssprachen. ML wurde ursprünglich als Kommandosprache des Theorembeweisers → LCF entwickelt. Neben der Familie ML und der Kommandosprache von LCF wird auch die Sprache Standard ML oft einfach mit dem Namen ML bezeichnet.

Bislang hat ML einige tausend Benutzer und wird an vielen Universitäten in der Lehre eingesetzt. Der erste Übersetzer für ML wurde 1977 fertiggestellt; heute gibt es gewisse Realisierungen für Erweiterungen und Dialekte von ML. Wenngleich schon eine Anzahl von mittelgroßen Produktionssystemen in ML geschrieben wurde, zeigen bislang Forschungs- und Lehreinrichtungen noch am meisten Interesse für ML. Allerdings wird für die Zukunft erwartet, daß eine verbesserte Version von ML den Status einer allgemein anerkannten Programmiersprache für die Realisierung von Anwendungen erreichen wird. *Gastinger/Wirsing*
Literatur: *Milner, R.; Tofte, M.; Harper, R.*: The definition of standard ML. MIT Press, 1990. – *Ullmann, J. D.*: Elements of ML programming. Prentice Hall, 1994.

**MLIPS** ⟨*MLIPS (Millions of Logical Inferences per Second)*⟩. Maß für die Arbeitsgeschwindigkeit von → Rechenanlagen beim Einsatz logischer → Programmiersprachen. MLIPS beschreibt die Anzahl der auf einer Rechenanlage pro Sekunde ausführbaren Inferenzoperationen. Im Gegensatz zur MIPS-Zahl wird daher nur die Arbeitsleistung in bezug auf spezielle Anwendungen berücksichtigt. Die Ermittlung der MLIPS-Zahl geschieht durch Bildung des Kehrwertes der Ausführungszeit einer Inferenzoperation. Diese wird i. allg. nicht durch genau einen, sondern durch eine Folge von Maschinenbefehlen ausgeführt. Bei parallelen Rechnerstrukturen wird die so ermittelte Zahl noch mit dem Parallelitätsgrad der Maschine multipliziert. Die MLIPS-Zahl liefert daher i. allg. einen theoretisch erreichbaren Maximaldurchsatz. *Bode*

**MLTT** ⟨*Martin-Loef type theory*⟩ → Martin-Löf-Typtheorie

**MLV** ⟨*multi-level method*⟩ → Multi-Level-Verfahren

**MMS** ⟨*MMS (Manufacturing Message Service)*⟩. Speziell für Anwendungen im Bereich der Fabrikautomatisierung wurde der MMS-Dienst spezifiziert. MMS ist integraler Bestandteil der → MAP-Spezifikation (Manufacturing Automation Protocol). Das Bild zeigt die Einbettung von MMS in die → Anwendungsebene des → OSI-Referenzmodells.

| File Transfer FTAM | Messaging MMS | Directory X.500 |
|---|---|---|
| ACSE | ACSE | ROSE |
|  |  | ACSE |

*MMS: Einbettung von MMS in die Anwendungsebene*

Typischerweise besteht eine Fabrikationsumgebung aus einzelnen Produktionszellen. Zu jeder solchen Zelle gehört ein Cell Controller. Dies ist ein Leitrechner, der einerseits für die Kommunikation mit Stationen außerhalb der Zelle zuständig ist, andererseits eine Steuerfunktion für die jeweiligen rechnergesteuerten Maschinen seiner Zelle übernimmt. MMS wurde definiert, um dem Controller eine offene Kommunikation mit diesen Maschinen zu ermöglichen. Dem Kommunikationsablauf liegt auch hier das → Client-Server-Modell zugrunde. MMS spezifiziert nur das Verhalten des → Servers.

Ein wesentlicher Aspekt von MMS ist die Geräteunabhängigkeit. Eine solche Unabhängigkeit ist gerade in der Fabrikautomatisierung, wo eine unüberschaubare Vielfalt von verschiedenen Geräten unterschiedlicher Funktionalität und Komplexität besteht, notwendige Voraussetzung für eine offene Kommunikation. Die realen Eigenschaften eines Geräts werden im MMS durch → Objekte modelliert, deren → Attribute die im MMS-Kontext interessierenden Aspekte repräsentieren. Alle → Operationen finden im MMS auf diesen Objekten statt. Die Abbildung der abstrakten Objekte auf das reale Gerät ist eine lokale Aufgabe. Dieser Ansatz entspricht dem Konzept des virtuellen Dateispeichers in → FTAM.

Ein Virtual Manufacturing Device (VMD) ist das zentrale MMS-Objekt, das die nach außen sichtbaren Eigenschaften eines Geräts modelliert. Ein VMD kann weiter verfeinert werden, indem innerhalb des VMD weitere Objekte definiert werden, welche die interessierenden Eigenschaften des realen Geräts modellieren. Objekte dienen zur vollständigen Beschreibung eines MMS-Gerätemodells und der zugehörigen Dienstabläufe.

Zusätzlich zur allgemeinen MMS-Spezifikation werden sog. Companion Standards definiert. Die Grundidee ist die Einbringung spezifischer Eigenschaften für bestimmte Gerätekategorien, die im eigentlichen MMS-Standard nicht enthalten sind. Dies geschieht ebenfalls durch Verfeinerung existierender Objekte bzw. Definition neuer Objekte oder Dienste.

*Jakobs/Spaniol*

Literatur: *Spaniol, O.; Jakobs, K.*: Rechnerkommunikation – OSI-Referenzmodell, Dienste und Protokolle. VDI-Verlag, 1993.

**MMS** ⟨*man-machine system*⟩ → Mensch-Maschine-System

**MMU** ⟨*MMU (Memory Management Unit)*⟩ → Speichermanagement

**MODACOM** ⟨*MODACOM (Mobile Data Communication)*⟩. Datenorientiertes → mobiles Funknetz, welches → Dienste paketvermittelnder → Netze (z. B. → Datex-P) für mobile Teilnehmer bereitstellt. MODACOM wurde 1992 in Deutschland eingeführt. Das Netz bietet eine bidirektionale, digitale → Datenübertragung im Bereich 417 bis 437 MHz bei einer Datenrate von 9,6 kbit/s für den Nutzer.

Das → Backbone-Netz bildet das paketvermittelnde → Datex-P-Netz. Hierdurch ist auch die Möglichkeit zur Anbindung an beliebige → X.25-Netze gegeben.

*Hoff/Spaniol*

Literatur: *Kautz, T.; Mielke, B.*: Alles über MODACOM. Franzis, 1993.

**Modallogik** ⟨*modal logic*⟩. Logisches System mit den speziellen Modaloperatoren M (Möglichkeit) und L (Notwendigkeit). Ist p eine logische Aussage, dann bedeutet Mp „p ist möglich" und Lp „p ist notwendig". Lp ist gleichbedeutend mit M-p, also „p kann unmöglich falsch sein". M. gehen bereits auf *Aristoteles* zurück. Sie sind heute wegen verschiedener Anwendungen im Bereich der Informatik und → Künstlichen Intelligenz (KI) von Bedeutung, z. B. → Modellierung subjektiver Überzeugungen, nichtmonotones Schließen, temporale → Wissensbasen, Korrektheitsbeweise.

Ein modallogisches System entsteht durch Abschluß der Modaloperatoren bezüglich der üblichen logischen Operatoren (z. B. $\land, \lor, -$) und durch zusätzliche Axiome, z. B. Lp → p. Als wichtige Referenzsysteme gelten die drei Axiomatisierungen T, S4 und S5. *Neumann*

**Model Checking** ⟨*model checking*⟩. Verfahren zur automatischen Verifikation → reaktiver Systeme, i. allg. beschränkt auf Systeme mit endlichem Zustandsraum (neuere Forschung versucht Erweiterung auf zustandsunendliche Systeme). Üblicherweise wird das zu verifizierende System M als → Zustandsübergangsdiagramm beschrieben, während die Spezifikation S entweder als Formel der temporalen Aussagenlogik

(→ Logik, temporale) oder ebenfalls als Zustandsübergangsdiagramm vorliegt. Der M. C.-Algorithmus entscheidet, ob M die Spezifikation S erfüllt; er liefert andernfalls ein Gegenbeispiel, d. h. einen Ablauf von M, der S verletzt. M. C.-Algorithmen der ersten Generation mußten explizit den Zustandsraum von M konstruieren und waren daher nur für verhältnismäßig kleine Zustandsräume einsetzbar (Problem der Zustandsexplosion). Seit Ende der 80er Jahre wurden Techniken zur impliziten Darstellung von Zustandsraum und -übergangsrelation entwickelt (symbolisches M. C.). Besonders erfolgreich sind BDD-basierte Darstellungen, womit Systeme mit $10^{120}$ Zuständen und mehr automatisch verifizierbar sind. Kompositionales M. C. versucht die Modulstruktur komplexer Systeme auszunutzen, indem Anforderungen an das Gesamtsystem in Anforderungen an die Teilsysteme zerlegt werden, deren Zustandsraum einer automatischen Verifikation zugänglich ist. Ferner können große, auch zustandsunendliche Systeme häufig durch Abstraktionsfunktionen verifiziert werden, deren Bild ein zustandsendliches System ist. Dieser Ansatz ist v. a. bei Steuerungsaufgaben und Kommunikationsprotokollen erfolgreich, die meist nur geringe Datenabhängigkeiten aufweisen.

Die Komplexität der M. C.-Algorithmen hängt außer von der Größe von M auch von der Spezifikationssprache ab. Die Logik CTL (eine verzweigte temporale Logik) erlaubt M. C.-Algorithmen, deren Komplexität linear in der Größe des Modells M und der Länge der Spezifikation S ist. Dagegen ist das M. C.-Problem für lineare temporale Logiken und automatenbasierte Spezifikationen exponentiell in der Länge von S.

*Merz/Wirsing*

Literatur: *Clarke, E. M.; Emerson, E. A.; Sistla, A. P.*: Automatic verification of finite-state concurrent systems using temporal logic specifications. ACM Trans. Programming Languages and Systems 8 (1986) 2, pp. 244–263. – *Kurshan, R. P.*: Analysis of discrete event coordination. In: *J. W. de Bakker, W.-P. de Roever, G. Rozenberg* (Eds.): Proc. REX Workshop on stepwise refinement of distributed systems – models, formalisms, correctness. Springer, Berlin 1986 (LNCS 430). – *Quielle, J. P.; Sifakis, J.*: Specification and verification of concurrent systems in CESAR. 5th Int. Symp. in Programming (1981). – *Clarke, E. M.; Grumberg, O.; Long, D.*: Model checking. In: *M. Broy* (Ed.): Deductive program design. NATO-ASI Serie F. Springer, Berlin 1996.

**Modell** ⟨model⟩.

1. In der Informatik behandelt man vor allem mathematische M., d. h. solche, die die Funktion eines → Systems mit Hilfe mathematischer Gleichungen, Graphen oder Algorithmen beschreiben. Im Gegensatz dazu stehen physische M. (d. h. maßstäblich verkleinerte oder vergrößerte Abbilder realer Objekte) oder Denkmodelle (vereinfachte Vorstellung eines komplexen Systems, z. B. Atommodelle). Sofern das Denkmodell eine mathematische Beschreibung beinhaltet, kann es auch als mathematisches M. gelten. Mathematische M. sind besonders wichtig, da sie die → Simulation auf einem Rechner erlauben. Die Aufgabe der Erstellung eines M. wird in der → Modellbildung und → Modellierung behandelt.

In der Praxis arbeitet man oft mit einer Hierarchie von M., d. h., komplexe M. werden durch einfachere ersetzt. In diesem Fall ist es besonders wichtig, die Fehler der verschiedenen M. klar zu trennen. Dazu ein Beispiel: Es sei die Temperaturverteilung in einem Körper zu simulieren. Diese wird in guter Näherung durch die Wärmeleitungsgleichung der mathematischen Physik beschrieben. Als Eingangsgrößen dienen Rand- und Anfangswerte sowie die Wärmeleitfähigkeit des Körpers. Dabei handelt es sich um ein → kontinuierliches Modell. Um die Simulation im Rechner durchführen zu können, muß das kontinuierliche M. durch ein → diskretes Modell ersetzt werden (→ Diskretisierung). Der beobachtete Gesamtfehler setzt sich dann aus dem Modellfehler (Beschreibung der Wirklichkeit durch die Wärmeleitungsgleichung), dem Fehler in den Eingangsdaten und dem Diskretisierungsfehler (Approximation der partiellen Differentialgleichung durch ein lineares Gleichungssystem) zusammen.  *Bastian*

2. Idealisierte, vereinfachte, in gewisser Hinsicht ähnliche Darstellung eines Gegenstands, Systems oder sonstigen Weltausschnitts mit dem Ziel, daran bestimmte Eigenschaften des Vorbilds besser studieren zu können.

*Hesse*

Literatur: *Hesse, W.; Barkow, G.* et al.: Terminologie der Softwaretechnik – Ein Begriffssystem für die Analyse und Modellierung von Anwendungssystemen. Teil 2: Tätigkeits- und ergebnisbezogene Elemente. Informatik-Spektrum (1994) S. 96–105.

3. M. im Sinne der Informatik und der Systemtheorie. Auf dem Gebiet der → formalen Methoden wird der Begriff M. im Sinne der mathematischen → Logik verwendet. Ein M. einer → Spezifikation ist eine Algebra bzw. eine Struktur mit passender → Signatur, die die Axiome der Spezifikation erfüllt (→ Prädikatenlogik; → Datentyp, abstrakter).  *Wirsing*

**Modell, diskretes** ⟨discrete model⟩. Im wissenschaftlichen Rechnen versteht man hierunter ein Modell, dessen Zustandsraum endlichdimensional ist (z. B. Raum der Polynome bis zu einem bestimmten Grad). In anderen Gebieten (z. B. Elektrotechnik, Optimierung) ist ein d. M. ein Modell, in dem die Zustände (bzw. auch Ein- und Ausgangsgrößen) nur Werte aus einer abzählbaren (abzählbar unendlichen) Menge annehmen können.

*Bastian*

**Modell, kontinuierliches** ⟨continuous model⟩. Im wissenschaftlichen Rechnen versteht man hierunter ein Modell, dessen Zustandsraum unendlichdimensional ist (z. B. Raum der stetigen Funktionen über einem Intervall). In anderen Gebieten (z. B. Elektrotechnik, Optimierung) ist ein k. M. ein Modell, in dem die Zustände (bzw. auch Ein- und Ausgangsgrößen) Werte aus einer überabzählbaren Menge (z. B. Intervall der reellen Zahlen) annehmen können.

*Bastian*

**Modellbildung** ⟨*modeling*⟩. Vorgang des Erstellens eines → Modells (→ Modellierung). Wir betrachten hier vor allem mathematische Modelle. Erster Schritt ist dabei das Erstellen eines Modellkonzepts (conceptual model). Hier findet die Abstraktion von der Wirklichkeit statt, und es wird festgelegt, welche Eingangsgrößen für das Modell relevant sind (z. B. wird ein Fluid als inkompressibel betrachtet, oder die Temperatur wird als vom System unbeeinflußbar betrachtet). Das Modellkonzept ist aber noch eine verbale Beschreibung. Im zweiten Schritt wird nun die Abhängigkeit der internen Größen untereinander und von den Eingangsgrößen in mathematischer Form beschrieben. Dabei kommen meist Systeme von Differentialgleichungen und Integralgleichungen oder differentiellalgebraische Systeme zum Einsatz. *Bastian*

**Modelldaten** ⟨*model data*⟩. Unter M. versteht man in der → Animation und der → Perspektive die die Objekte einer → Szene definierenden → Daten.

Die geometrischen Daten von zu visualisierenden Objekten müssen festgelegt und in den Rechner eingegeben werden. Diese Festlegung und Eingabe der Daten von Objekten wird in die Datenerfassung (data acquisition) und die → Modellierung (modeling) unterteilt.

Die *Data Acquisition* ist das Festlegen bzw. die Beschaffung der geometrischen Daten eines Objekts. Dazu kann es notwendig sein, ein Modellierungsvorbild zur Erstellung des computergraphischen Modells oder ein sonstiges → Objekt wie ein in einer Szene vorkommendes (und bereits so in der Realität existierendes) Gebäude zu vermessen, um die exakten geometrischen Daten zu erhalten. Es ist aber auch möglich, Objekte direkt zu digitalisieren, d. h. mit entsprechenden Abtasteinrichtungen zu vermessen. Dies wird dann angewendet, wenn die nachzubildenden Objekte zum einen eine sehr unregelmäßige → Struktur aufweisen, zum anderen aber aufgrund ihrer relativ geringen Größe entsprechend handhabbar sind, d. h. beispielsweise auf ein Digitalisierungstablett passen. Als Beispiele hierfür wäre die Nachbildung innerer Organe für medizinische Lehrfilme oder das → Abtasten von Landkarten für eine Landschaftsmodellierung zu nennen.

Bei der eigentlichen Modellierung geht es um die Umsetzung der gewonnenen geometrischen Daten eines Objekts in eine im Computer speicherbare → Datenstruktur. Diese Datenstrukturen werden allgemein *Object Representations* genannt, die wichtigsten sind die oberflächenorientierte Boundary Representation, die CSG (Constructive Solid Geometry)-Repräsentation und die Repräsentation mittels räumlicher Aufzählung.

Bei der *Boundary Representation* wird das Aussehen eines Objekts im Rechner durch die Speicherung der Objektoberfläche spezifiziert. Diese Objektoberfläche wiederum kann mit planen Polygonen oder mit anderen Flächen, insbesondere auch Freiformflächen wie rationalen Kurven und Flächen (B-Splines, Bézier) u. ä., definiert sein.

Bei der *CSG-Repräsentation* werden Objekte in baumartiger Struktur aus primitiven Objekten aufgebaut. Diese → Primitive sind z. B. Kugel, Quader, Konus und Torus. In dieser baumartigen Struktur sind die Blätter durch die Primitive besetzt, während die Knoten im Baum durch mengentheoretische Operationen (wie Vereinigung, Schnitt, Differenz) oder Positionierungen (wie → Translation, Rotation) gebildet werden. Mit diesen Bäumen sind dann Objekte höherer Komplexität herstellbar, z. B. die Konstruktion einer dem menschlichen Körper ähnlichen Figur.

Bei der *Repräsentation mittels räumlicher Aufzählung* werden die darzustellenden Volumina in kleine Raumeinheiten (Würfel oder Quader) zerlegt; diese Teilvolumina werden abgespeichert: Es ist der der Digitalisierung eines Bildes in → Pixel analoge Vorgang im dreidimensionalen Raum.

Die Modellierung von Objekten erfolgt nun, indem ein darzustellendes Objekt in die entsprechende Objektrepräsentation gebracht wird. Dazu werden spezielle Benutzerschnittstellen des Modellierungssystems eingesetzt, die eine möglichst einfache und bequeme Eingabe der geometrischen Daten des zu modellierenden Objekts gestatten. Eine solche → Benutzerschnittstelle kann z. B. mit einem Digitalisierungstablett realisiert werden, so daß Objekte direkt mit einem Stift geometrisch abgetastet werden können. Mit Dials (Drehpotentiometer zur Eingabe analoger Größen) können Objekte graphisch-interaktiv innerhalb einer Szene positioniert werden. *Encarnação/Hofmann*

**Modelleigenschaft eines Systems** ⟨*quality of a system to be a model*⟩ → Modellsystem

**modellgesteuert** ⟨*model-guided*⟩. Ein Verfahren zur → Interpretation von → Daten ist m., wenn es auf generischem Vorwissen über mögliche oder wahrscheinliche Interpretationen basiert. M. → Objekterkennung liegt beispielsweise vor, wenn ein Bild mit Hilfe der generischen → Formbeschreibung eines → Objekts gezielt auf das Vorhandensein dieses Objekts hin analysiert wird. M. Verfahren sind i. allg. effektiver als *datengetriebene*, weil Vorwissen über mögliche Interpretationen zur Beschränkung des Suchraums verwendet werden kann. *Neumann*

**Modellierung betrieblicher Informationssysteme** ⟨*modeling of business information systems*⟩. Abbildung des informationsverarbeitenden Teilsystems eines → betrieblichen Systems in Form eines formalen oder semi-formalen Modellsystems. Das Modellsystem dient als Grundlage für die Analyse, Gestaltung und Nutzung des betrieblichen Informationssystems sowie für die Entwicklung seiner automatisierten Teilsysteme, der → betrieblichen Anwendungssysteme.

Das Modellsystem zu einem betrieblichen Informationssystem weist i. allg. eine hohe Komplexität auf. Aus diesem Grund wird das Modellsystem in Modellebenen und Sichten strukturiert (→ Informationssystem, betriebliches). Eine Reihe von Modellierungsansätzen unterstützt lediglich die M. einzelner Sichten. Die entstehenden Modellsysteme stellen in diesem Fall nur Teilaspekte eines betrieblichen Informationssystems dar. Die nachträgliche Kombination von Sichten, die mit unterschiedlichen Modellierungsansätzen erstellt wurden, zu einem vollständigen Modellsystem ist i. d. R. problematisch. Umfassende Modellierungsansätze unterstützen dagegen die abgestimmte Modellierung mehrerer Sichten. Die einzelnen Sichten sind dabei formal als Projektionen auf das Meta-Modell des Modellierungsansatzes spezifiziert.

Die M. b. I. war in den letzten Jahrzehnten einem erheblichen Wandel unterworfen. Anhand der nachfolgenden Klassen von Modellierungsansätzen wird die historische Entwicklungslinie aufgezeigt:

☐ Bei der *Funktionsmodellierung* (ab Ende der 60er Jahre) werden die Funktionen eines betrieblichen Informationssystems sukzessive in Teilfunktionen zerlegt. Gleichzeitig werden die Schnittstellen zwischen den Teilfunktionen und zur Umgebung des Informationssystems spezifiziert. Die von den Funktionen bearbeiteten Daten werden als Inputs, Outputs und Speicher von Funktionen betrachtet, jedoch nicht in Form von separaten Datenstrukturen modelliert. Ein Beispiel ist HIPO (Hierarchy of Input-Process-Output).

☐ Die *Datenflußmodellierung* (ab Anfang der 70er Jahre) besitzt auch heute noch eine weite Verbreitung in der Praxis. Beispiele hierfür sind SA (Strukturierte Analyse) und SADT (Structured Analysis and Design Technique). In SA wird ein Informationssystem in Form von Datenflüssen modelliert, die durch Aktivitäten transformiert werden. Aktivitäten und Datenflüsse sind hierarchisch verfeinerbar. Zur Pufferung von Datenflüssen dienen Datenspeicher. Terminatoren dienen der Modellierung von Umweltkontaktstellen.

☐ Die *Datenmodellierung* (ab Mitte der 70er Jahre) konzentriert sich auf die Datenstruktur eines betrieblichen Informationssystems, welche in Form von Datenobjekttypen mit zugeordneten → Attributen sowie in Form von Beziehungen zwischen Datenobjekttypen modelliert wird. Beispiele sind ERM (Entity-Relationship-Modell) und SERM (Strukturiertes Entity-Relationship-Modell).

☐ Bei der *Objektmodellierung* (ab Anfang der 90er Jahre) wird ein betriebliches Informationssystem als Menge von Objekttypen modelliert. Jeder Objekttyp wird durch Attribute, Operatoren (Methoden) und Nachrichtendefinitionen spezifiziert. Beziehungen zwischen Objekttypen beschreiben Interaktionskanäle, Generalisierungsstrukturen und Aggregationsstrukturen zwischen Objekttypen. Ein Beispiel ist OMT (Object Modelling Technique).

☐ Die *Geschäftsprozeßmodellierung* (90er Jahre) beschreibt betriebliche Prozesse, die von diesen Prozessen erbrachten Leistungen sowie die genutzten Ressourcen. Die M.-Reichweite geht damit über das betriebliche Informationssystem hinaus. Letzteres stellt eine Projektion auf die informationsverarbeitenden Teile eines Geschäftsprozeßmodells dar. Ein Beispiel ist SOM (Semantisches Objektmodell).

Zu den einzelnen Modellierungsansätzen werden spezifische Vorgehensweisen für die Durchführung der M. vorgeschlagen. Zur Unterstützung der Erhebung von Analyseergebnissen werden Interviews, Dokumentenanalysen und Fragebögen eingesetzt. Die M. wird durch Werkzeuge unterstützt, die häufig in eine → Software-Produktionsumgebung (SPU) integriert sind.       *Sinz*

Literatur: *Ferstl, O. K.* u. *E. J. Sinz*: Grundlagen der Wirtschaftsinformatik. 2. Aufl. München-Wien 1994. – *Sinz E. J.*: Ansätze zur fachlichen Modellierung betrieblicher Informationssysteme. Entwicklung, aktueller Stand und Trends. In: *Heilmann, H.* ; *L. J. Heinrich* u. *F. Roithmayr* (Hrsg.): Information engineering. München-Wien 1996.

**Modellierung betrieblicher Systeme** ⟨*modeling of business systems*⟩. Bezeichnet die zweckorientierte Abbildung eines abgegrenzten Ausschnitts eines betrieblichen Systems (Diskurswelt) und seiner relevanten Umgebung in ein formales oder semi-formales Modellsystem. Der Modellierungszweck bezieht sich im weitesten Sinne auf die Analyse, Gestaltung und Nutzung betrieblicher Systeme.

Da Diskurswelt und Umgebung reale Systeme wiedergeben, stellt bereits die Systemerfassung eine Modellbildung dar (Bild). Die Systemerfassung und die Durchführung der Modellabbildung f können daher nicht eindeutig voneinander getrennt werden. Die Modellierung ist somit in hohem Maße auf die Fähigkeiten des Modellierers angewiesen.

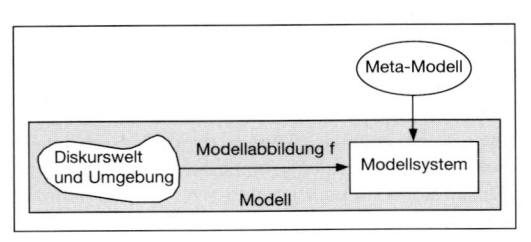

*Modellierung betrieblicher Systeme: Modellbildung*

Der Beschreibungsrahmen für das Modellsystem wird durch das verwendete Meta-Modell vorgegeben. Dieses spezifiziert die verfügbaren Arten von Modellbausteinen und Beziehungen zwischen Modellbausteinen sowie Regeln für die Verwendung von Modellbausteinen und Beziehungen. Wichtige Qualitätsmerkmale von Modellsystemen sind die Konsistenz und Vollständigkeit in bezug auf das Meta-Modell sowie die Struktur- und Verhaltenstreue in bezug auf die abgebildete Diskurswelt und ihre Umgebung. Die erstgenannten Merkmale können anhand des Meta-Modells formal überprüft werden. Letztere werden dadurch erreicht, daß der Modellierer versucht, die mathematischen Eigenschaften homomorpher und isomorpher Abbildungen bestmöglich auf die Modellierung realer Systeme zu übertragen.

Eine wichtige Klasse von Modellen betrieblicher Systeme bilden Geschäftsprozeßmodelle. In Abhängigkeit vom verwendeten Meta-Modell werden dabei die betriebliche Leistungserstellung und -übergabe, die Lenkung der Leistungserstellung, Prozeßabläufe und Ressourcen zur Durchführung von Prozessen (Aufbauorganisation und Anwendungssysteme) erfaßt. *Sinz*

**Modellierung, geometrische** *(geometric modeling)*. Erzeugung der Geometrie eines Produktes. Das dabei entstehende geometrische → Modell selbst muß in einer rechnerverständlichen → Datenstruktur abgelegt werden. Die nichtgeometrischen Aspekte (z. B. Farbe und Material des Produkts) werden in weiteren Schritten in eigenständigen Modellen beschrieben. Die Vereinigung des geometrischen Modells mit den nichtgeometrischen Modellen bildet das Produktmodell des zu realisierenden Produktes.

In Abhängigkeit von dem Produkt und dem gewählten Realisierungsverfahren unterscheidet man zweidimensionale, 2,5-dimensionale bzw. dreidimensionale g. M.

Selbstverständlich ist ein zweidimensionales und auch ein 2,5-dimensionales geometrisches Modell eine idealisierte und unvollständige Beschreibung eines stets dreidimensionalen Produktes. Der menschliche Benutzer des geometrischen Modells muß jedoch mit Hilfe von vereinbarten Regeln eindeutig die gemeinte Produktgeometrie herleiten können.

Die Möglichkeiten in der zweidimensionalen g. M. sind i. allg. relativ einfach. Es können bestimmte Punkte in der Ebene gekennzeichnet werden. Damit können offene oder geschlossene Kurven definiert werden. Diese Kurven sind entweder Polygone, Kreise, Ellipsen oder andere rechnerabhängige Basiskurven. Freiformkurven zur Interpolation und Approximation von gegebenen Kontrollpunkten können ebenfalls Bestandteile von zweidimensionalen geometrischen Modellen sein. Flächen können durch geschlossene Kurven definiert werden.

Die 2,5-dimensionale g. M. ist eine zweidimensionale g. M. in mehreren verschiedenen Schichten. Dabei wird die zweidimensionale Produktgeometrie in einer Schicht durch fest vorgegebene Schnitte des Produktes definiert. Anwendung findet diese Modellierungsart u. a. im Maschinenbau und in der Architektur. Die mit dem geometrischen Modell assoziierte Bemessungsinformation wird i. allg. in einer separaten Schicht abgelegt. Auf diese Art wird im Rechner eine technische Zeichnung des zu realisierenden Produktes erzeugt.

Für die Bereiche Elektrotechnik und Elektronik ist die 2,5-dimensionale g. M. hinreichend, da die Produktgeometrie idealisiert gesehen aus mehreren planaren Schichten besteht. Zusätzlich werden sehr viele planare Symbole zur Darstellung von Geometrie und Nichtgeometrie verwendet.

In der dreidimensionalen g. M. wird die Produktgeometrie als geometrisches Modell aufgebaut. Falls dieses hinreichend vollständig ist, kann es nach entsprechender Aufbereitung an nachfolgende Prozesse wie FEM-Analyse oder maschinell gesteuertes Fräsen weitergegeben werden. Diese Modellierungsart ist somit für diejenigen Anwendungen sinnvoll und gegenüber der 2,5-dimensionalen g. M. vorteilhafter, welche in der Planungs- und Produktionskette Werkzeuge zur maschinellen Weiterverarbeitung des geometrischen Modells besitzen und auf menschliche Interpretation desselben verzichten müssen. Solche Anwendungen kommen z. B. aus dem Bereich des Maschinenbaus und des Karosseriebaus.

Im Bereich der dreidimensionalen g. M. gibt es prinzipiell drei verschiedene Modellierungstechniken.
□ Das *geometrische Modell* wird mit Hilfe der → Topologie (Nachbarschaftsbeziehungen) sukzessiv aufgebaut. Hierbei gibt es drei Abstufungen in der Benutzung der topologischen Beziehungen:
– Die erste Stufe beschreibt ein reines Kantenmodell. Das geometrische Modell speichert lediglich Informationen über die Kanten und ihre Zusammenhänge mit den Eckpunkten und ist somit für die Weiterverarbeitung relativ ungeeignet.
– In der zweiten Stufe werden zusätzlich die Flächen der Produktgeometrie im geometrischen Modell abgespeichert sowie ihre Zusammenhänge mit den Kanten. Mit dieser → Information können in einem nachfolgenden Schritt die Flächen bearbeitet, z. B. gefräst, werden.
– In der dritten Stufe wird die Information, welche Flächen zusammenhängen und einen Körper bilden, ebenfalls abgespeichert. Dadurch wird die Produktgeometrie vollständig beschrieben. Die Frage, ob ein Punkt innerhalb oder außerhalb des Körpers liegt, kann somit eindeutig beantwortet werden. Desweiteren ist die Volumenberechnung des Körpers möglich.

Diese Technik ist ideal geeignet für Polyeder oder polyederähnliche Körper. Die Integration von stark gekrümmten Körpern wie Kugel oder Torus oder gar von Körpern mit Freiformflächen ist mit vielen Problemen behaftet, da oft Ecken oder Kanten in der Topologiehierarchie fehlen.

Die unteren Topologieelemente (z. B. Eckpunkte oder Kanten) müssen nicht immer interaktiv vom Modellierer am → Bildschirm erzeugt werden. Es genügt, wenn sie automatisch intern generiert und im geometrischen Modell abgespeichert werden. Bei der Benutzung des ∂ Line-Sweep-Verfahrens oder des ∂ Plane-Sweep-Verfahrens z. B. müssen die vom Verfahren selbst erzeugten Eckpunkte, Kanten und eventuell Flächen vom Programm selbst explizit in die Topologiehierarchie eingefügt werden.

☐ Diese *Modellierungstechnik* beschreibt das geometrische Modell *mit Hilfe von Primitivkörpern* wie Würfel, Kugel, Zylinderstumpf, Kegelstumpf, Torus oder noch allgemeiner mit Halbräumen, welche im dreidimensionalen Raum positioniert, ausgerichtet und anschließend in einer bestimmten Reihenfolge miteinander vereinigt, geschnitten oder voneinander subtrahiert werden. Hierdurch entsteht ein → Baum, dessen Blätter die Primitivkörper sind, dessen Knoten die Verknüpfungsoperatoren sind und dessen Wurzel den definierten Körper darstellt.

Diese Modellierungstechnik wird auch als Constructive Solid Geometry (CSG) bezeichnet, was konstruktive Körpergeometrie bedeutet. Für einfache quaderähnliche Körper oder Drehkörper ist sie gut geeignet. Die Grenzen liegen in der Beschreibung von Körpern mit Freiformflächen, da hierfür keine Primitivkörper angegeben und ungleichmäßig gekrümmte Flächen durch Halbräume lediglich approximiert werden können.

☐ Diese *Modellierungstechnik* dient zur Beschreibung von Produktmodellen *mit unregelmäßigen Geometrien*. Die dreidimensionalen geometrischen Modelle werden durch die sie begrenzenden Freiformflächen beschrieben. Diese Freiformflächen werden aus Kontrollpunkten oder aus Kontrollkurven mit Hilfe von Wichtungsfunktionen erzeugt. Dabei unterscheidet man zwei verschiedene Aufgabenstellungen.

Zum einen sollen gekrümmte, jedoch nicht wellige Flächen modelliert werden, welche außerdem bei Bedarf möglichst knickfrei oder glatt zu komplexeren Formen aneinanderfügbar sein müssen. Hierbei werden die frei wählbaren Kontrollpunkte oder Kontrollkurven von der → Freiformfläche lediglich approximiert. Die entsprechenden Wichtungsfunktionen bewirken, daß sich die resultierende Fläche an das Kontrollnetz anschmiegt. Zwei wichtige approximierende Freiformflächentypen werden durch die *Bézier*- bzw. B-Spline-Methode erzeugt. Wichtige Anwendungsbereiche dieser Modellierungstechnik sind die Spritzgußfertigung sowie der Karosseriebau.

Die andere Aufgabenstellung besteht darin, Punkte oder Kurven, welche durch Digitalisieren einer Fläche gewonnen wurden oder von Meßinstrumenten mitgeschrieben wurden, in eine die Kontrollgrößen interpolierende Freiformfläche zu integrieren. Zwei wichtige Methoden zur Erzeugung von interpolierenden Freiformflächen wurden von *Lagrange* und *Hermite* entwickelt. Die Anwendungsmöglichkeiten dieser Modellierungstechnik sind sehr vielfältig.

Die → Modellierung von Freiformflächen und die Modellierung mit Hilfe der Topologie erzeugen geometrische Modelle, welche die Körpergeometrie des Produktes durch ihre Grenzelemente beschreiben. Man nennt diese geometrischen Modelle daher auch B-Rep-Modelle (Boundary Representation/Grenzbeschreibungsmodell).

Viele auf dem Markt befindliche → CAD-Systeme sind Hybridsysteme, denn sie benutzen mehrere der beschriebenen Modellierungstechniken. Damit können die unterschiedlichen Vorteile der einzelnen Techniken in einem → System genutzt werden. Dies bedeutet jedoch erheblichen Mehraufwand, da die betreffenden Modellierungstechniken und ihre jeweiligen Datenstrukturen parallel im Programm gehalten werden müssen.
*Encarnação/K. Klement*

**Modellierung, mathematische** ⟨*mathematical modeling*⟩. Unter der m. M. versteht man die Beschreibung realer Prozesse mit mathematischen Mitteln. Dabei ist es von Bedeutung, ob den betrachteten Problemstellungen physikalische Gesetzmäßigkeiten zu Grunde liegen oder ob diese stochastischen Annahmen genügen. Die meisten natürlichen Vorgänge lassen sich diesen Fällen zuordnen, wobei die dafür notwendigen physikalischen und stochastischen Gesetze als solche akzeptiert und in geeigneter Form zusammengesetzt werden müssen. Dabei kommen meist Systeme von Differentialgleichungen und Integralgleichungen oder differentiell-algebraische Systeme zum Einsatz. *Merz*

**Modellierfung, molekulare** ⟨*molecular modeling*⟩. Entwurf von Strukturmodellen von Molekülen unter Zuhilfenahme des Rechners. M. M. gewinnt in vielen Gebieten der Chemie an Bedeutung, insbesondere in der Biochemie und Molekularbiologie.

Die räumlichen Strukturen von Molekülen bergen in den meisten Fällen den Schlüssel für Eigenschaften und Funktion der entsprechenden Substanzen. In den Materialwissenschaften werden die Eigenschaften einer Substanz wie Elastizität, Festigkeit, Leitfähigkeit für Wärme oder elektrischen Strom wesentlich durch die räumliche Struktur des betrachteten Kristalls, Polymers oder amorphen Materials mitbestimmt. In der Biochemie bildet die räumliche Molekülstruktur die Grundlage für Bindungs- und Funktionseigenschaften der betrachteten Substanz.

Die räumliche Struktur von Molekülen experimentell aufzuklären, ist i. allg. ein sehr schwieriges Problem. Bei Kristallen ist der Zugang zur Strukturbestimmung noch am einfachsten, da hier Röntgendiffraktionsmethoden erfolgreich eingesetzt werden können. Aber auch diese Methoden liefern nur eine von verschiedenen möglichen und interessanten Strukturen.

Bei Polymeren und amorphen Festkörpern stößt die Strukturaufklärung mit experimentellen Sonden aufgrund der Unregelmäßigkeit der atomaren Anordnung an Grenzen.

Zur Strukturaufklärung von Biomolekülen werden v. a. Röntgendiffraktionsmethoden und Kernspinresonanzverfahren (NMR) eingesetzt. Diese Verfahren sind aufwendig und nur für einige Biomoleküle einsetzbar. So müssen Biomoleküle, die mit Röntgendiffraktionsmethoden untersucht werden sollen, kristallisiert sein. Dagegen ist die Größe der Moleküle, die mit NMR-Verfahren untersucht werden können, auf einige tausend Atome limitiert.

## Modellierung, molekulare

Aufgrund der Schwierigkeit experimenteller Strukturaufklärung wird der Rechner in steigendem Maße zur Erstellung von (räumlichen) Strukturmodellen von Molekülen eingesetzt. Dabei gibt es im wesentlichen zwei Zugänge:

– Bei der *Simulation* wird versucht, auf der Basis quantenmechanischer Berechnungen zu Kräftemodellen zu kommen, nach denen dann die molekulare Struktur durch Energieminimierungsverfahren oder molekulardynamische Rechnungen durchgeführt werden kann. Dieser Zugang nimmt für sich in Anspruch, soweit als möglich von *first principles* auszugehen. Er ist jedoch rechnerisch ausgesprochen aufwendig und benötigt schon für Systeme mittlerer Größe den Einsatz von Parallelrechnern.

– Die m. M. geht den umgekehrten Weg. Ausgehend von der Erkenntnis, daß die Berechnung komplexer molekularer Strukturen auf der Basis der Naturgesetze bis auf weiteres realistisch kaum durchführbar sein wird, wird ein Modell für die molekulare Struktur auf der Basis von Gesetzmäßigkeiten berechnet, die mit statistischen Methoden oder Methoden des → maschinellen Lernens aus dem Datenbestand bereits aufgeklärter Strukturen abgeleitet werden.

M. M. wird v. a. in molekularbiologischen Anwendungen eingesetzt. Auf ihr fußen die meisten Methoden zur Proteinstrukturvorhersage (→ Strukturvorhersage, biomolekulare) und die an sie knüpfenden Verfahren zum rechnergestützten Wirkstoffentwurf (→ Docking, molekulares). Darüber hinaus findet sie auch Anwendung bei der Strukturaufklärung von organischen Polymeren und anorganischen Festkörpern. *Lengauer*

Literatur: *Taylor, W. R.*: Patterns in protein sequence and structure. Springer Series in Biophysics (1992) Vol. 7. – *Comba, P. and T. W. Hambley*: Molecular modeling of inorganic compounds. Weinheim 1995.

**Modellrechner** ⟨*simulated computers*⟩. → Simulationen eines kleinen maschinensprachlichen Rechners auf dem → Bildschirm eines größeren Rechners zu didaktischen Zwecken, die menügesteuert elementare → Operationen erlauben und in ihrer fortlaufenden Speicherbelegung sichtbar machen.

Die Schule benützt für ihren problemorientierten Unterricht i. allg. elaborierte Schulsprachen, damit die Problemlösungen soweit wie möglich in der Nähe der Umgangssprache formuliert werden können. Um das Funktionieren der → Hardware und die Leistung von → Compilern oder Interpretern verständlicher zu machen, sollen jedoch vorübergehend auch → Maschinensprache bzw. Assemblercode einen Unterrichtsinhalt bilden. Handelsübliche → Mikroprozessoren besitzen eine verwirrende Fülle von → Befehlen und Adressierungsarten und schließen sich deshalb für die Schule aus.

Ein typischer M. führt z. B. 10×10 Speicherzellen, die in Form einer Matrix mit vierstelligen Zahlen abgebildet werden, von denen die beiden letzten Stellen die Adressen 00 bis 99 darstellen. Dann kann die erste → Ziffer einen → Code für zehn Befehle darstellen (vier Grundrechenarten im ganzzahligen Bereich, speichern und holen, ein- und ausgeben, bedingter und unbedingter Sprung). Die zweite Ziffer bleibt für besondere Zwecke reserviert, z. B. für indizierte Adressierung oder für Parameter bei der Ein- und → Ausgabe. Die Speicherzelle 00 stellt den → Akkumulator dar, der jeweils einen Operanden einer binären → Operation enthält; die zweite Speicherzelle ist der → Befehlszähler. Nach dem *von-Neumann*-Prinzip werden im selben → Speicher sowohl Programmcode wie → Daten aufgenommen. Kleinere Programme (z. B. Primzahlen im Bereich 1 bis 128) lassen sich auf diese Weise schrittweise verfolgen. *Klingen*

**Modellsystem** ⟨*model*⟩. → Systeme dienen dazu, komplexe Sachverhalte zu klären und zu verstehen. Sie werden entsprechend für zwei Aufgabenbereiche eingesetzt: Gegebene komplexe Sachverhalte werden als Systeme beschrieben und erklärt; zu schaffende komplexe Sachverhalte werden als Systeme entwickelt und konstruiert. Wenn Systeme flexibel für die Erklärungs- und Entwicklungsaufgaben eingesetzt werden sollen, ist es nützlich, Systeme miteinander zu vergleichen und bei hinreichender Übereinstimmung von einem zu einem anderen, geeigneteren System übergehen zu können. Diese Möglichkeiten ergeben sich mit *M*.

Seien S und M zwei Systeme mit den Eigenschaften $P_S$ und $P_M$; zudem sei k ein Kriterium, das auf beide Systeme anwendbar ist. Das *System M ist Modell des Systems S bzgl. k*, wenn M im wesentlichen, d. h. bzgl. k und von Umbenennungen abgesehen, die gleichen Eigenschaften wie S hat; das ist die *Modelleigenschaft* von M für S bzgl. k. Der Zusammenhang, der zwischen den Systemen S und M dann besteht, wenn M ein Modell von S bzgl. k ist, wird durch ein kommunikatives Diagramm veranschaulicht.

Der Zusammenhang, den das Diagramm veranschaulicht, basiert auf Vergröberungen und Abstraktionen von S (im Diagramm mit $A_k$ bzw. $a_k$ bezeichnet) bzgl. des Kriteriums k. Das Wesentliche dieses Zusammenhangs ist die *Kommunikativität*, die folgendes bedeutet: Eine Frage bzgl. k, die für S gestellt wird, wird – umformuliert für M – mit M adäquat beantwortet. Dieser Zusammenhang begründet einerseits die Nützlichkeit von Modellen; er stellt andererseits die Anforderungen klar, die ein Modell erfüllen muß.

Die Nützlichkeit von Modellen ergibt sich daraus, daß jeweils ein für die gestellte Aufgabe geeignetes System gewählt werden kann. Dabei ergibt sich die Eignung insbesondere daraus, daß die Eigenschaften eines Systems bereits bekannt sind, mit bekannten Verfahren erklärt werden können oder ein System unter Rückgriff auf bekannte Verfahren entwickelt werden kann. Diese Nützlichkeit von Modellen für

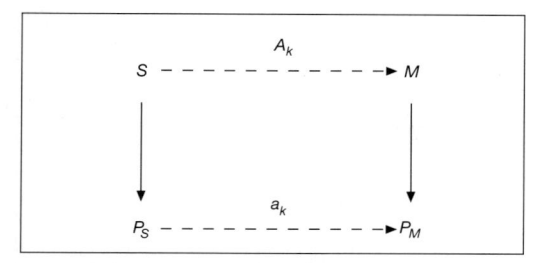

*Modellsystem: Das System M ist Modell des Systems S bzgl. des Kriteriums k*

Erklärungs- und für Entwicklungsaufgaben ergibt sich aus der Rekursivität des allgemeinen Systembegriffs. Den Aufgaben entsprechend, werden *Erklärungsmodelle* bzw. *Entwicklungs-* oder *Konstruktionsmodelle* eingesetzt. Für die beiden Systemarten Wirklichkeits- und Gedankensysteme gilt dabei, daß sowohl reale als auch abstrakte Systeme Modelle von realen oder von abstrakten Systemen sein können. Bei Entwicklungsaufgaben stehen abstrakte Systeme als Modelle für die zu entwickelnden realen Systeme am Anfang.

Der Übergang von einem System S zu einem geeigneteren System M ist dann zulässig, wenn für M bzgl. des Kriteriums k die *Modelleigenschaft* gilt. Die Anforderungen, die an ein Modell gestellt werden, entsprechen dem Stand der Kenntnisse über die Eigenschaften der betrachteten Systeme und der Präzision, mit der diese Eigenschaften erfaßt sind. Beim Einsatz von Modellen für Erklärungs- und Entwicklungsaufgaben ergibt sich, daß die Eigenschaften der Systeme schrittweise präzisiert werden müssen. Die Anforderungen an die Modelleigenschaft werden entsprechend zunehmend schärfer: Die Eigenschaft des Systems M, Modell des Systems S bzgl. k zu sein, muß validiert und soll verifiziert sein. Wenn gegebene Sachverhalte als System erklärt werden, sind → Validierungen durch Beobachtungen und Vergleiche erforderlich. Bei Entwicklungsaufgaben, die von abstrakten Systemen ausgehen, gehören Validierung und → Verifikation zu den Verfeinerungs- und Konkretisierungsschritten der Entwicklungen. *P. P. Spies*

**Modem** ⟨modem⟩. Kunstwort, gebildet aus Modulator und Demodulator.

In einem M. werden die digitalen Signale des Endgeräts zum Senden in analoge Signale umgewandelt, die dann typischerweise über eine Telephonleitung übertragen werden. Beim Empfang wird die umgekehrte Umwandlung von analogen in digitale Signale vorgenommen. *Jakobs/Spaniol*

**Modul** ⟨module⟩. **1.** Es sei R ein Ring und M eine additiv geschriebene *Abel*sche Gruppe. Dann heißt M ein R-M., genauer ein R-*Linksmodul*, wenn je zwei Elementen $\alpha \in R$ und $a \in M$ ein Element $\alpha \cdot a \in M$ zugeordnet ist, so daß für $\alpha, \beta \in R$ und $a, b \in M$ gilt:
$\alpha \cdot (a + b) = \alpha \cdot a + \alpha \cdot b$ (erstes Distributivgesetz),
$(\alpha + \beta) \cdot a = \alpha \cdot a + \beta \cdot a$ (zweites Distributivgesetz),
$\alpha \cdot (\beta \cdot a) = (\alpha \cdot \beta) \cdot a$ (Assoziativgesetz).

Ganz analog definiert man einen R-*Rechtsmodul* mit der Verknüpfung $a \cdot \alpha$ ($a \in M, \alpha \in R$). Der Begriff des M. erweitert offenbar den des Vektorraums. Insbesondere ist jeder Vektorraum ein M. Jedoch besitzt ein R-M. im allgemeinen keine Basis. *Schmeißer*

Literatur: *Kasch, F.*: Ringe und Modulen. Stuttgart 1976. – *Lambeck, J.*: Lectures on rings and modules. London 1966. – *Meyberg, K.*: Algebra. München 1980.

**2.** Klar umrissener, in sich abgeschlossener Teil eines Programmsystems, der eine spezifizierte Teilaufgabe implementiert und damit → Ressourcen zur Verfügung stellt, die andere M. verwenden können. Üblicherweise besteht ein M. aus mindestens zwei Komponenten: einer Exportschnittstelle und einem Rumpf. In der Exportschnittstelle wird die Funktionsweise des M. unabhängig von der → Implementierung angegeben. Der Rumpf enthält die Implementierung, ist aber nach außen nicht verfügbar. Das → Geheimnisprinzip garantiert, daß die Details der Implementierung den Benutzern (und anderen M.) verborgen bleiben und deshalb die Implementierungen leicht ausgetauscht werden können. Eine weitere Komponente ist die Importschnittstelle, die die benötigten Ressourcen anderer M. auflistet. Generische M. enthalten zusätzlich noch einen Parameterteil, der → Schnittstelle und Rumpf gemeinsam ist und mit dessen Hilfe die Entscheidung über Details wie die Größe oder den Typ von Datenobjekten explizit gemacht und solange wie möglich offen gehalten werden. Sprachen, die ein Modulkonzept beinhalten, sind ADA, Modula-2, → SML sowie alle objektorientierten Sprachen mit einem Klassenkonzept.

Die Technik der modularen Software-Entwicklung unterscheidet drei Arten von M.: *Funktionsmodule* stellen eine Menge von Funktionen zur Verfügung, ohne interne Zustandsinformation zu besitzen. *Datenobjektmodule* stellen ein abstraktes Datenobjekt mit seinen charakteristischen → Operationen zur Verfügung. *Abstrakte Datentypmodule* stellen → Datentypen zur Verfügung, mit denen Datenobjekte erzeugt werden können. Ein Beispiel für einen Funktionsmodul ist eine Bibliothek mathematischer Funktionen, für ein Datenobjektmodul eine Datenbank mit zugehörigen Manipulations- und Anfrageoperationen und für einen abstrakten Datentypmodul eine Beschreibung abstrakter Datentypen für Keller. *Wirsing*

Literatur: *Nagl, M.*: Softwaretechnik: Methodisches Programmieren im Großen. Springer, Berlin 1990. – *Sethi, R.*: Programming languages. Addison-Wesley, Reading, MA 1989.

**Modula** ⟨Modula⟩ → Programmiersprache, imperative

**Modularität** ⟨modularity⟩. Gliederung eines Systems in zusammengehörige kooperierende Teileinheiten, die jeweils eine eigenständige → Funktionalität haben und miteinander über klar definierte, möglichst schmale → Schnittstellen gekoppelt sind.  *Bergner*

**Modulation** ⟨*modulation*⟩. Nachrichtensignale, wie sie von einem Mikrophon, einer Fernsehkamera oder einem Fernschreiber kommen, können oft nicht ohne weiteres über Nachrichtenverbindungen übertragen werden, z. B. über Funkstrecken oder Lichtwellenleiter. Auch ist es aus wirtschaftlichen Gründen oft zweckmäßig, teure Nachrichtenverbindungen mit der gleichzeitigen Übertragung mehrerer Nachrichtensignale mehrfach zu nutzen. Diesen Zwecken dient die M. Die primären Nachrichtensignale werden dabei den Eigenschaften des → Übertragungsmediums angepaßt. Das modulierte (sekundäre) → Signal wird auf der Strecke übertragen und am Ende durch → Demodulation in die Form des primären Signals zurückgebildet (Bild 1).

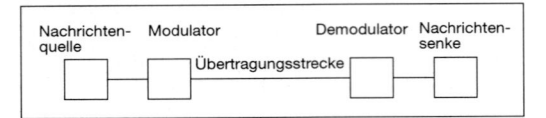

*Modulation 1: Schema einer Nachrichtenübertragung mit M. und Demodulation*

Im einfachsten Fall ist der Modulationsträger eine Sinusschwingung

$$s_0(t) = S_0 \sin \omega_0 t. \qquad (1)$$

M. ist hier die Beeinflussung der Amplitude $S_0$ oder des Phasenwinkels $\omega_0 t$ durch ein Nachrichtensignal. Im strengen Sinne ist $s_0(t)$ danach keine Sinusschwingung mehr. Im allgemeinen ist aber die Trägerfrequenz $f_0 = \omega_0/2\pi$ relativ hoch, also die Beeinflussung durch das Nachrichtensignal relativ langsam, so daß die modulierte Schwingung noch einer Sinusschwingung ähnlich bleibt.

☐ *Amplitudenmodulation.* Als Repräsentant für das primäre Nachrichtensignal möge wieder eine einfache Sinusschwingung dienen,

$$s_1(t) = 1 + m \sin \omega_m t, \qquad (2)$$

an der das Wesentliche des Modulationsvorgangs erkennbar wird. Der Modulator möge das Produkt $s_0(t) \cdot s_1(t)$ bilden:

$$s(t) = s_0(t) \cdot s_1(t) = S_0 (1 + m \sin \omega_m t) \sin \omega_0 t. \qquad (3)$$

Da man

$$S(t) = S_0 (1 + m \sin \omega_m t) \qquad (4)$$

als variable Amplitude auffassen kann, spricht man von Amplitudenmodulation (Bild 2). Der Faktor m heißt Modulationsgrad; er liegt zwischen 0 und 1, so daß negative Werte von $s_1(t)$ vermieden werden.

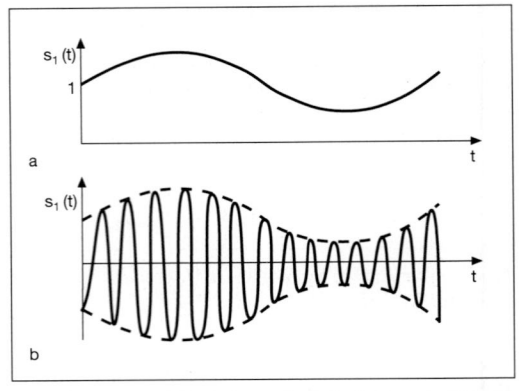

*Modulation 2: a. Modulierende Schwingung $s_1(t)$ nach Gl. (2), b. amplitudenmodulierte Schwingung s(t) nach Gl. (3)*

Durch eine trigonometrische Umformung kann man Gl. (3) in der Form

$$s(t) = S_0 \sin \omega_0 t + \qquad (5)$$
$$S_0 \frac{m}{2} \left[ \cos(\omega_0 - \omega_m) t - \cos(\omega_0 + \omega_m) t \right]$$

schreiben, d. h., man kann die modulierte Schwingung s(t) auch als Summe dreier Schwingungen auffassen:
– die unmodulierte Trägerschwingung mit $\omega_0 = 2\pi f_0$,
– eine Schwingung mit $(\omega_0 - \omega_m) = 2\pi(f_0 - f_m)$,
– eine Schwingung mit $(\omega_0 + \omega_m) = 2\pi(f_0 + f_m)$.
Ersetzt man das modulierende sinusförmige → Signal mit der Frequenz $f_m$ durch ein reales Signal der Bandbreite B, so entstehen entsprechend außer der Trägerschwingung $f_0$ das untere und das obere Seitenband. Das modulierende Band B (Bild 3 a) heißt → Basisband. Man erkennt am Spektrum der modulierten Schwingung (Bild 3 b), daß die Frequenzen im unteren Seitenband in umgekehrter Folge (Kehrlage), im oberen Seitenband in natürlicher Folge (Regellage) entstehen.

Die Amplitudenmodulation wird z. B. bei Mittel- und Langwellen-Rundfunksendern angewandt. Die Trägerfrequenzen liegen hier zwischen 30 kHz und 3 MHz, die Basisbänder reichen von 40 bis 10000 Hz.

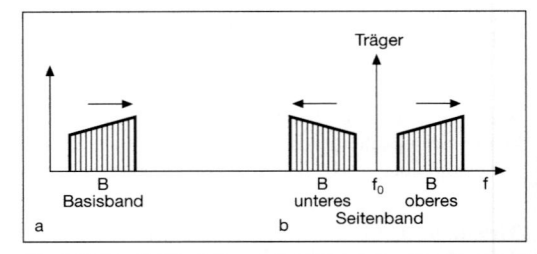

*Modulation 3: Modulierendes Signal der Bandbreite B (a) und moduliertes Signal (b) als Spektren*

Amplitudenmodulierte Signale mit zwei Seitenbändern belegen ein verhältnismäßig breites Frequenzband und haben eine wesentlich größere Amplitude als ein Seitenband allein. Ein Vorteil ist die einfache Demodulation durch Gleichrichtung in den Empfangsgeräten. Jedes der beiden Seitenbänder enthält die vollständige →Nachricht. Die Trägerschwingung und ein Seitenband sind daher für die Nachrichtenübertragung überflüssig. Man kann sie mit Hilfe eines Frequenzfilters unterdrücken; nur ein Seitenband bleibt übrig. Das ergibt die frequenzband- und leistungssparende Einseitenbandmodulation. Das Seitenband erscheint gegenüber dem Basisband nur verschoben oder verschoben und invertiert. Die Bildung eines verschobenen Seitenbands heißt deshalb auch Frequenzumsetzung. Zur Demodulation auf der Empfangsseite ist es notwendig, eine örtlich erzeugte Trägerschwingung der richtigen Frequenz hinzuzufügen. Die Trägerfrequenz heißt in diesem Zusammenhang auch Nullfrequenz, weil ihr im Basisband die Frequenz Null entspricht.

Mit Hilfe gestaffelter Trägerfrequenzen kann man mehrere Nachrichtenkanäle auf der Frequenzskala aneinanderreihen und so ein Kabel oder eine Richtfunkverbindung mehrfach ausnutzen (Trägerfrequenzsysteme).

Eine andere Variante der Amplitudenmodulation ist die Restseitenbandmodulation, die in der Fernsehtechnik angewandt wird. Man überträgt ein volles Seitenband, den Träger und einen Rest vom zweiten Seitenband. Man spart gegenüber der vollen Zweiseitenbandübertragung noch etwa ein Drittel des Frequenzbandes und gewinnt die Möglichkeit, Frequenzen sehr nahe beim Träger (tiefe Frequenzen im Basisband) zu übertragen.

Bei der Quadraturmodulation werden zwei Trägerschwingungen derselben Frequenz, aber mit einem Phasenunterschied von 90°, mit zwei verschiedenen Nachrichten moduliert. Die Quadratmodulation wird beim Fernsehen zur Übertragung von Farbinformationen benutzt.

☐ *Phasenmodulation.* Die Phase der Trägerschwingung $\varphi(t) = \omega_0(t)$, s. Gl. (1), ist im unmodulierten Zustand proportional der Zeit t. In der phasenmodulierten Schwingung

$$\varphi(t) = \omega_0 t + \Delta\varphi(t) \qquad (6)$$

weicht die Phase vom linearen Verlauf ab, die Phasendifferenz $\Delta\varphi(t)$ folgt dem Rhythmus des modulierenden Signals. Als solches möge wieder eine vergleichsweise langsame Sinusschwingung dienen:

$$\Delta\varphi(t) = \Delta\Phi \sin\omega_m t. \qquad (7)$$

Damit ergibt sich die Zeitfunktion der modulierten Schwingung zu

$$s(t) = S_0 \sin(\omega_0 t + \Delta\Phi \sin\omega_m t). \qquad (8)$$

Die Amplitude ist konstant, $\Delta\Phi$ heißt der Phasenhub. Mit Hilfe einer Darstellung mit *Bessel*-Funktionen kann man zeigen, daß das Modulationsspektrum außer den Seitenbändern nach Bild 3 noch Seitenbänder höherer Ordnung enthält. Will man das primäre Signal nach der Demodulation am Ende unverzerrt wiedererhalten, so müssen diese höheren Seitenbänder mitübertragen werden.

☐ *Frequenzmodulation.* Hier ändert sich die Frequenz f der Trägerschwingung im Rhythmus des modulierenden Signals, das wieder als Sinusfunktion angenommen sei:

$$f(t) = f_0 + \Delta F \sin 2\pi f_m t. \qquad (9)$$

f(t) ist die Augenblicksfrequenz, $f_0$ die Frequenz der modulierten Trägerschwingung, $\Delta F$ der Frequenzhub und $f_m$ die Modulationsfrequenz. $\Delta F/f_0$ wird mit Modulationsgrad, $\Delta F/f_m$ mit Modulationsindex bezeichnet. Die Amplitude bleibt unverändert.

Da die Kreisfrequenz die zeitliche Ableitung der Phase ist, ergibt sich die Zeitfunktion der frequenzmodulierten Schwingung zu

$$s(t) = S_0 \sin\left(\omega_0 t - \frac{2\pi \Delta F}{\omega_m} \cos\omega_m t\right). \qquad (10)$$

Man verifiziert dies durch Differentiation der Phase (Klammerausdruck) nach der Zeit und erhält Gl. (9).

Ein Vergleich von Gl. (8) und Gl. (10) zeigt, daß $\Delta F/f_m = \Delta\Phi$ ist (von der konstanten Phasenverschiebung kann abgesehen werden).

Daraus folgt: Setzt man für das modulierende Signal eine beliebige Zeitfunktion ein, d. h. ein ganzes Spektrum von Schwingungen, so kann man Phasenmodulation dadurch in Frequenzmodulation überführen, daß man das modulierende Signal durch ein Frequenzfilter mit dem Dämpfungsgang $a(f) = 1/f_m$ schickt. Das Spektrum zu Gl. (10) ist ähnlich wie bei der Phasenmodulation verbreitert.

Phasen- und Frequenzmodulation erlauben eine besonders einfache Pegelregulierung durch Amplitudenbegrenzung. Die Frequenzmodulation findet hauptsächlich in der Richtfunktechnik und beim UKW-Rundfunk Anwendung.

☐ *M. bei der Telegraphie und der* →*Datenübertragung.* Telegraphie- und Datensignale sind gewöhnlich wertdiskret (digital), z. B. binär (d. h., es gibt nur zwei logische Zustände 0 und 1). Für ein binäres M.-Verfahren bedeutet dies, daß es zwischen zwei diskreten Wellenformen umschalten muß; man spricht in diesem Zusammenhang vom Umtasten. Bei höherwertigen Umtastungen gibt es entsprechend mehr Zustände, etwa drei (ternär), vier (quaternär), acht, 16 oder gar 1 024 Zustände. Bei m Zuständen spricht man von m-ärer Umtastung (m-ary shift keying).

Es gibt aufgrund der drei Wellenparameter einer Sinuswelle (Amplitude, Frequenz, Phase) grundsätzlich drei Möglichkeiten zur Trägerumtastung:
– Amplitudenumtastung (Amplitude Shift Keying, ASK)
– Frequenzumtastung (Frequency Shift Keying, FSK)
– Phasenumtastung (Phase Shift Keying, PSK).

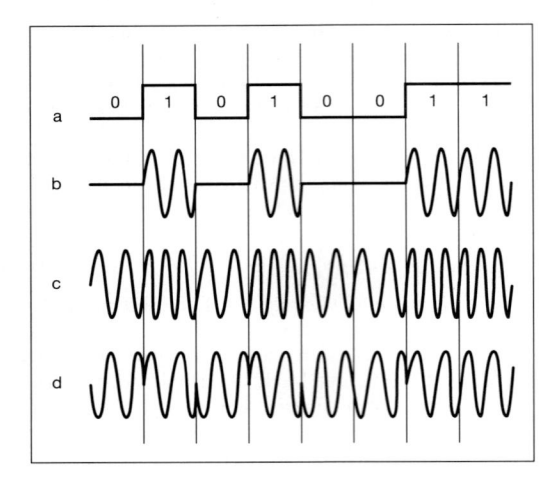

*Modulation 4: a. Bitfolge, b. binäre Amplitudenumtastung, c. binäre Frequenzumtastung, d. binäre Phasenumtastung dieser Folge*

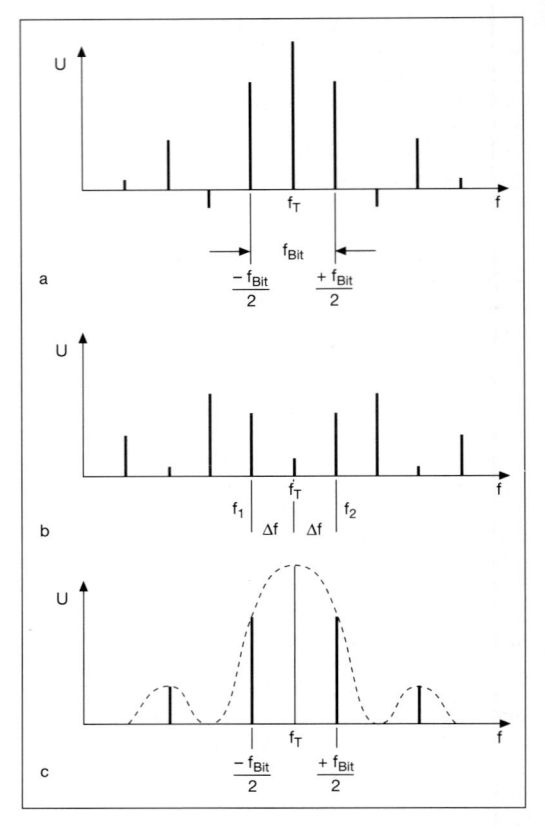

*Modulation 5: Spektren von a. 2-ASK, b. 2-FSK, c. 2-PSK bei Übertragung von 0-1 Schritten*

Daneben gibt es Mischformen.
– *Zur Amplitudenumtastung*: Es wird zwischen m verschiedenen diskreten Amplituden umgetastet, im einfachsten und üblichen Fall (binär, m=2) zwischen den Amplituden 0 und $U_{max}$ (Bild 4b). Die Zeitfunktion der amplitudengetasteten Trägerschwingung lautet

$$U_{ASK}(t) = c(t) \cdot U_{max} \cdot \cos(2\pi f_T t),$$

wobei $U_{max} \cdot \cos(2\pi f_T t)$ die Trägerschwingung und $c(t)$ die m-wertige zu übertragende Codefolge ist. Im binären Fall mit $c(t)=0$ oder $c(t)=1$ wird die Trägerschwingung also einfach ein- und ausgeschaltet, was deshalb auch als On-Off Keying (OOK) bezeichnet wird.

Nimmt man an, daß die zu übertragende Codefolge aus mit konstanter Schrittdauer $T_S$ generierten 0-1-Elementen mit der Dauer $T_{Bit}=1/2\,T_S$ pro Bit und der Bitfrequenz $f_{Bit}=1/T_{Bit}$ besteht, so enthält das amplitudengetastete Signal außer der Trägerfrequenz $f_T$ Oberschwingungen der Frequenzen $f_T+(2n+1)/2\,f_{Bit}$, wobei n eine ganze Zahl ist (auch negativ) (Bild 5a).

Zur Informationsrückgewinnung reicht es jedoch, wenn man nur die Frequenzen $f_T-1/2\,f_{Bit}$ bis $f_T+1/2\,f_{Bit}$ überträgt. Die Mindestbandbreite beträgt also $B=f_{Bit}$. In der Praxis wird zur Verbesserung der Störsicherheit meist ein um den Faktor 1,4 höherer Wert gewählt.

Die → Demodulation eines ASK-Signals erfolgt mit Hilfe eines einhüllenden Demodulators.
– *Zur Frequenzumtastung*: Es wird zwischen m diskreten Frequenzen umgetastet, wobei m=2 üblich ist. Für 2-FSK (Bild 4c) lautet daher die Zeitfunktion

$$U_{FSK}(t) = U_{max} \cdot \cos(2\pi t((f_T - \Delta f) + c(t)\,2\Delta f),$$

wobei für $c(t)=0$

$$U_{FSK}(t) = U_{max} \cdot \cos(2\pi t(f_T - \Delta f))$$

und für $c(t)=1$

$$U_{FSK}(t) = U_{max} \cdot \cos(2\pi t(f_T + \Delta f))$$

gilt.

Das Spektrum ergibt sich aus der Überlagerung zweier amplitudengetasteter Schwingungen der Frequenzen $f_T-\Delta f$ bzw. $f_T+\Delta f$; es enthält also wiederum Oberwellen (Bild 5b). Bei $\Delta f < 1/2\,f_{Bit}$ reicht eine Bandbreite von $1{,}4\,f_{Bit}$.

Die Demodulation erfolgt mit einem Diskriminator, einem Quadraturdemodulator oder einem PLL-Demodulator.
– *Zur Phasenumtastung*: Bei Phasenumtastung wird zwischen m verschiedenen Phasenlagen (bezogen auf eine Referenzphase) getastet, wobei m meist eine Zweierpotenz ist. Es gilt dann

$$U_{PSK}(t) = U_{max} \cdot \cos(2\pi f_T + c(t) \cdot \pi).$$

Für m=2 wird also zwischen den Phasen 0 und $\pi$ umgetastet (denkbar wäre auch zwischen $-\pi/2$ und $\pi/2$

o. ä.), d. h., die Trägerschwingung wird umgepolt (Bild 4d).

Die Demodulation erfolgt kohärent, also durch Vergleich mit der unmodulierten Trägerschwingung, die aus dem Signal z. B. durch Quadrieren in einem Produktdemodulator zurückgewonnen werden kann.

Auch hier schränkt man die Bandbreite der bei Phasensprüngen auftretenden Oberschwingungen (Bild 5c) auf $1{,}4\,f_{Bit}$ ein.

Die Phasenumtastung ist selbst bei hohen Übertragungsraten relativ störsicher. Es gibt mehrere Varianten: Neben 2-PSK sind 4-PSK, 8-PSK usw. gebräuchlich, d. h. $m=2$, $m=4$, $m=8$ etc. Dazu werden die binären Codezeichen in Bitgruppen gleicher Länge zusammengefaßt ($m=4$: Zweiergruppen oder „Dibits", $m=8$: Dreiergruppen oder „Tribits", $m=16$: Vierergruppen oder „Quadbits" usw.) und dann jede mögliche Wertigkeit einer solchen Bitgruppe einer Phase zugeordnet (etwa bei 4-PSK: $00 \cong 45°$, $01 \cong 135°$, $10 \cong 225°$, $11 \cong 315°$). Das 4-PSK-Verfahren ist auch als Quadrature Phase Shift Keying (QPSK) oder Quadraturamplitudenmodulation (QAM) bekannt.

Auf diese Weise läßt sich die Übertragungsrate erhöhen (um das n-fache bei n Gruppenbits); allerdings ist eine höhere Sendeleistung nötig, um das Signal bei gleicher Reichweite über dem Rauschpegel zu halten.

Die bei der Demodulation von m-PSK aus dem Signal gewonnene Referenzphase ist nicht eindeutig bestimmt; statt dessen gibt es zwei mögliche Phasenlagen. Aus dem Signal kann nicht erschlossen werden, ob die Phasenlage 0° oder 180° beträgt. Die Konsequenz ist eine mögliche Vertauschung der Binärelemente 0 und 1. Dies kann dadurch verhindert werden, daß zu Beginn der Sendung ein oder mehrere Synchronisationsbits übertragen werden, die dem Empfänger bekannt sind und aus deren Empfang er auf die wahre Phasenlage schließen kann.

Als weitere Möglichkeit verwendet man häufig die sog. Phasendifferenzcodierung, bei der nicht die Bitfolge, sondern die Differenz aufeinanderfolgender Bits (bzw. Bitgruppen) übertragen wird. Man spricht dann von Differential Phase Shift Keying (DPSK, analog 4-DPSK). Beispielsweise kann bei einer logischen „0" die Trägerphase des vorhergehenden Elements beibehalten und bei einer logischen „1" um 180° verändert werden. Auf der Empfängerseite wird das Digitalsignal dann aus der Phasendifferenz aufeinanderfolgender Schritte gewonnen, unabhängig von der Phasenlage des empfangenen Signals (Tabelle).

Um die Oberwellen, die bei den Phasensprüngen entstehen, zu dämpfen, läßt man bei der kontinuierlichen Phasen-Frequenzumtastung (Continuous Phase Frequency Shift Keying, CPFSK) die Phase zwischen den Abtastzeitpunkten durch Umtastung der Frequenz kontinuierlich laufen (Bild 6). Kombiniert man die CPFSK mit der Phasendifferenzcodierung, so erhält man ein häufig verwendetes Verfahren, das als Minimum Shift Keying (MSK) oder Fast Frequency Shift Keying (FFSK) bekannt ist. Tastet man zudem die Frequenz nicht abrupt um, sondern läßt sie „gezähmt" wandern, so ergibt sich das ebenfalls verbreitete Tamed-Frequency-Modulation(TFM)-Verfahren, welches ein schmales Spektrum bei guter Störsicherheit bietet.

□ *Puls als Modulationsträger.* Unter einem Puls wird eine regelmäßige Folge von Impulsen verstanden. Er kann ähnlich wie eine Sinusschwingung in seiner Amplitude oder Phase oder Frequenz moduliert werden. Nach dem → Abtasttheorem ist ein kontinuierliches Signal vollständig durch seine Werte zu diskreten, äquidistanten Zeitpunkten bestimmt. Bedingung ist ferner, daß die Abtastfrequenz etwas mehr als doppelt so groß ist wie die höchste im Signal enthaltene Frequenz.

– *Pulsamplitudenmodulation.* Der unmodulierte Puls ist dargestellt durch

$$s_0(t) = S_0 \sum_{n=-\infty}^{+\infty} s_i(t - n\,T_0). \tag{11}$$

Darin ist $S_0\,s_i(t)$ der Zeitverlauf eines Einzelimpulses, $S_0$ seine Amplitude, $T_0$ die Pulsperiode. Das modulierende Signal soll wieder eine einfache Sinusschwingung sein. Dann wird der modulierte Puls (Bild 7) dargestellt durch

$$s(t) = S_0 \sum_{n=-\infty}^{+\infty} (1 + m\,\sin\omega_m \cdot n\,T_0)\,s_i(t - n\,T_0). \tag{12}$$

– *Pulsphasen- und Pulsfrequenzmodulation.* Bei diesen Modulationsarten werden die Impulse nach Maß-

*Modulation. Tabelle: Phasendifferenzcodierung einer Bitfolge und deren Decodierung*

| Bitfolge | 1 | 0 | 1 | 0 | 0 | 1 | 1 | 0 |
|---|---|---|---|---|---|---|---|---|
| Phasenwinkel der Trägerschwingung | α | α | α+π | α+π | α+π | α | α+π | α+π |
| bei ΔΦ = 0  bei ΔΦ = π | 0  π | 0  π | π  0 | π  0 | π  0 | 0  π | π  0 | π  0 |
| Differenz aufeinand. flg. Phasenzustände |  | 0 | π | 0 | 0 | π | π | 0 |
| entspr. übertragenem Datensignal |  | 0 | 1 | 0 | 0 | 1 | 1 | 0 |

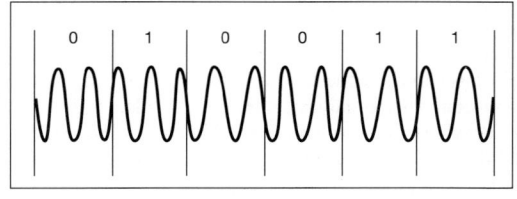

*Modulation 6: Kontinuierliche Phasen-Frequenzumtastung*

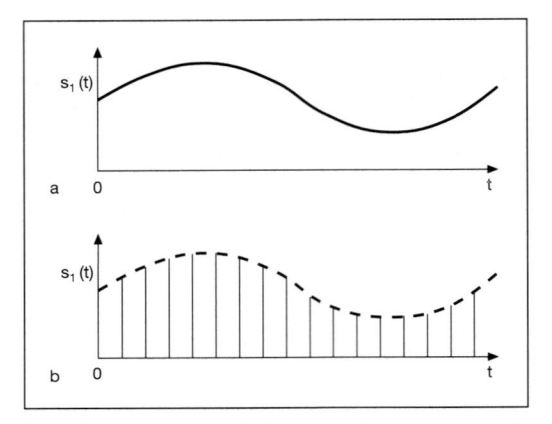

*Modulation 7: a. Modulierende Schwingung $s_1(t)$, b. amplitudenmodulierter Puls $s(t)$ nach Gl. (12)*

gabe der Größe der Abtastproben des modulierenden Signals aus ihrer Ruhelage verschoben, d. h., sie erscheinen zeitlich vor oder nach den festen Zeitrasterpunkten. Die Amplitude des Pulses wird konstant gehalten.

Mit der Pulsphasenmodulation ist die Pulsdauermodulation verwandt. Hier behält jeder Impuls seinen Platz im Zeitraster, nur seine Dauer wird durch die Abtastproben verändert.

– *Pulscodemodulation (PCM)*. Für alle Pulsmodulationsarten ist charakteristisch, daß die Impulsdauer kurz gegen die Pulsperiode ist. Das macht es möglich, in die Zwischenräume noch weitere Pulse mit anderen Nachrichten zu schachteln. Diese Form der Mehrfachausnutzung von Übertragungsleitungen wird in der Zeitmultiplex-Übertragungstechnik angewandt.

Die PCM wird in drei wesentlichen Schritten vollzogen:
– Abtastung der Nachrichtensignale (zeitliche Quantisierung),
– Amplitudenquantisierung der gewonnenen Abtastwerte,
– → Codierung der amplitudenquantisierten Abtastwerte.

Die Abtastung der analogen Zeitfunktion nach dem Abtasttheorem führt zu einer Folge von amplitudenmodulierten Impulsen (Abtastproben). Die Impulse müssen in ihren Amplituden aus Gründen der Weiterverarbeitung, die nur eine endliche Anzahl von Amplituden zuläßt, quantisiert werden. Die hieran anschließende Codierung (A/D-Umsetzung) setzt die amplitudenquantisierten Werte in Dualzahlen um. Angewandt werden verschiedene Codes wie einfacher Binärcode, symmetrischer Binärcode oder *Gray*-Code.

Mit einem andersgearteten → Abtastverfahren arbeitet die Deltamodulation. Die zu übertragende Signalfunktion wird durch eine Treppenkurve approximiert. Anschließend werden zwei aufeinanderfolgende Treppenwerte verglichen und die Differenz mit einem Bit codiert. Ist die Differenz positiv, erfolgt die Codierung als binäre Eins, ist sie negativ, wird eine binäre Null ausgewiesen. Als Ergebnis der Codierung ergibt sich somit eine den Binär-Eins-Zeichen entsprechende Anzahl von Impulsen mit unterschiedlichem zeitlichen Abstand. *Spaniol/Kümmritz/Kersten*

Literatur: *Bacher, W.; Grunow, D.; Schierenbeck, F.*: Datenübertragung. Berlin 1978. – *Bocker, P.*: Datenübertragung. Bd. 1, 2. Springer, Berlin 1978. – *Hölzler, E.; Holzwarth, H.*: Pulstechnik. Springer, Berlin 1975/76. – *Kaden, H.*: Impulse und Schaltvorgänge in der Nachrichtentechnik. München 1957. – *Küpfmüller, K.*: Die Systemtheorie der elektrischen Nachrichtenübertragung. Stuttgart 1974. – *Mäusl, R.*: Digitale Modulationsverfahren. Heidelberg 1985. – *Prokott, E.*: Modulation und Demodulation. Berlin 1978.

**Molecular Computing** ⟨*molecular computing*⟩. Mit diesem Begriff, dessen Bedeutung bis heute nicht fest etabliert ist, bezeichnet man Versuche, informationstechnische Systeme oder ihre Bausteine auf der Basis molekularer Strukturen bzw. Prozesse zu realisieren. So erhofft man sich eine weit größere Dichte von Schalt- und Speicherelementen und damit die Erhöhung der Komplexität der realisierbaren Systeme um mehrere Größenordnungen im Vergleich zu dem, was heute in Halbleitertechnik möglich ist. Ferner zielt man darauf ab, den molekularen Prozessen inhärenten hohen Parallelitätsgrad auszunutzen.

Es wird an unterschiedlichen Zugängen gearbeitet. Zu ihnen gehören die Realisierung von Speicherelementen (insbesondere assoziativen Speichermedien) sowie Schaltern auf der Basis von Proteinen oder organischen bzw. anorganischen Verbindungen. Gegenwärtig ist man noch dabei, einzelne Schalter zu realisieren. Eine realistische Untersuchung des Systemaspektes, der sich durch die Zusammenschaltung vieler Schalter ergibt, liegt heute noch völlig außer Reichweite.

Eine weitere Variante des M. C. verwendet DNA-Synthese-, Selektions- und Replikationsmethoden. Hier werden schon → Algorithmen vorgeschlagen, die insbesondere große Optimierungsprobleme lösen sollen.

Alle Bereiche des M. C. befinden sich heute in einem frühen experimentellen Stadium. Ihr Potential für eine zukünftige praktische Umsetzung zur ökonomischen Realisierung informationsverarbeitender Systeme ist derzeit noch unklar. *Lengauer*

Literatur: *Schneider, M. et al.*: Molecular electronics: From basic principles to preliminary applications. Marcel Dekker 1995. – *Lehn, J.-M.*: Supramolecular chemistry. VCH Weinheim 1995. – *Lipton, R.*: Using DNA to solve NP-complete problems. Science 268 (1995) pp. 542–545.

**Monitor** ⟨*monitor*⟩. **1.** Einrichtung zur Bewertung der Arbeitsgeschwindigkeit von → Rechenanlagen (→ Rechnerbewertung). M. dienen der Messung des Betriebs bestehender Anlagen, wobei versucht wird, den normalen Ablauf so wenig wie möglich durch den

Meßvorgang zu beeinflussen. Man unterscheidet
- Hardware-M.,
- Software/Firmware-M.

*Hardware-M.* sind Geräte – meist kleine autonome Rechner – mit Meßfühlern, die beim zu bewertenden Objektrechner durch physikalische Zuschaltung Ereignisse (Inhalte von → Registern, → Flags, Puffern sowie Belegungen von Datenpfaden) abzugreifen gestatten. Diese Meßdaten werden entweder sofort ausgewertet oder in einem Zwischenspeicher zur späteren Verarbeitung abgelegt.

*Software/Firmware-M.* sind Programme bzw. Mikroprogramme, die zur Betriebssoftware zählen und die Datenaufzeichnung programmtechnisch durchführen. Während Hardware-M. den zu beobachtenden Betrieb nahezu nicht beeinflussen, können Software/Firmware-M. durch ihr eigenes Laufzeitverhalten die Meßergebnisse beeinflussen.

Da M. sehr zuverlässige Aussagen über Verkehrsverhältnisse in Rechenanlagen zulassen, werden sie oft zur statischen oder dynamischen Konfigurationsveränderung eingesetzt.

2. Software-Konzept zur Synchronisation gleichzeitiger Aktivitäten im Rechner. *Bode*

**Monoid** ⟨*monoid*⟩. Algebraische Struktur, bestehend aus einer Menge M und einer (meist multiplikativ geschriebenen) zweistelligen assoziativen Verknüpfung · auf M, für die ein Einselement existiert. D. h. · ist eine Abbildung von M×M in M, die Elementen a, b aus M das Element $a \cdot b$ von M zuordnet, mit $(a \cdot b) \cdot c = a \cdot (b \cdot c)$ für beliebige a, b, c aus M; und es existiert genau ein Element e in M mit $a \cdot e = e \cdot a$ für jedes a aus M.

*Beispiele*
– Die Abbildungen einer festen Menge in sich bilden mit der Hintereinanderausführung von Abbildungen als Verknüpfung ein M., dessen Einselement die identische Abbildung ist.
– Die Menge $N_0$ der nichtnegativen ganzen Zahlen mit 0 als Einselement und + als Verknüpfung.

In der Informatik spielen v. a. endlich erzeugte freie M. eine sehr wichtige Rolle.

Ein Monoid (M, ·) heißt „erzeugt von einer Teilmenge G von M", wenn sich jedes Element von M als Produkt von Elementen aus G erhalten läßt. M heißt „endlich erzeugt", wenn es eine endliche Teilmenge von M gibt, die M erzeugt.

Ein von der Menge X erzeugtes M. (M, ·) heißt „frei (von X) erzeugt", wenn aus $x_1 \cdot x_2 \cdot \ldots \cdot x_k = y_1 \cdot y_2 \cdot \ldots \cdot y_n$ mit $x_i, y_i$ aus X stets $k = n$ und $x_i = y_i$ für $i = 1, \ldots, n$ folgt. Es gibt keine von X verschiedene Teilmenge von M, die (M, ·) frei erzeugt.

Zu jeder Menge X läßt sich auf folgende Weise ein von X frei erzeugtes M. bilden: Sei n eine nichtnegative ganze Zahl. Eine Abbildung w: $\{1, \ldots n\} \to X$ heißt Wort der Länge n über X; man schreibt $w_i$ für $w(i)$ und $w = w_1 w_2 \ldots w_n$ sowie $|w| = n$. Es gibt genau ein Wort der Länge 0, das „leeres Wort" heißt und mit $\Lambda$ (oder $\lambda$ oder $\varepsilon$) bezeichnet wird. Auf der Menge W(X) aller Worte beliebiger endlicher Länge über X bildet die Hintereinanderschreibung zweier Worte eine assoziative Verknüpfung mit dem Einselement $\Lambda$. Mit dieser Verknüpfung bildet W(X) ein freies von X erzeugtes M. Jedes andere von X frei erzeugte M. ist bis auf andere Bezeichnungen für die Verknüpfungen und das Einselement mit diesem M. identisch; es heißt deshalb das von X erzeugte freie M. Es wird meist mit X* bezeichnet und auch M. der Worte über dem Alphabet X genannt. *Brauer*

Literatur: *Lallement, G.*: Semigroups and combinatorial applications. New York 1979.

**Monomodefaser** ⟨*single-mode fiber*⟩. In einer M. (Einmodenfaser) kann sich bis zu einer bestimmten Grenzwellenlänge nur ein Wellentyp (→ Glasfasermoden), der Grundmodus $LP_{01}$, ausbreiten.

Die Monomodebedingung wird mit dem Strukturparameter

$$V = \frac{2\pi \cdot a}{\lambda} A_N \text{ (mit a Kernradius, } A_N = \sqrt{n_k^2 - n_m^2}$$

numerische Apertur, $n_k$ Kernbrechzahl, $n_m$ Mantelbrechzahl, $\lambda$ Wellenlänge) angegeben. Die relative Brechzahldifferenz $\Delta$ beträgt typisch 0,003 (bei → Multimodefasern 0,01 bis 0,02).

Für Stufenprofil gilt $V \leq 2,4$, für Potenzprofil mit dem Profilexponenten g gilt

$$V = V_{STUFEN} \sqrt{\frac{g+2}{g}},$$

z. B. für $g = 2$ gilt $V \leq 3,4$. V sollte größer als 1,5 sein, da andernfalls das optische Feld weit in den Fasermantel reicht und nur wenig optische Leistung im Kern geführt wird (Bild 1). V wird bei gegebener Wellenlänge durch das Produkt aus numerischer Apertur $A_N$ und dem Kernradius a bestimmt. Hierbei ist zu beachten, daß einerseits a nicht zu klein gewählt wird, damit die Ankopplung sich nicht zu aufwendig gestaltet, andererseits darf $A_N$ nicht zu klein sein, da bei kleinen Brechzahldifferenzen zwischen Kern und Mantel das optische Feld nur schwach im Kern geführt wird, so daß z. B. durch Krümmungen Leistung in den Mantel abgestrahlt wird und die Dämpfung der Faserstrecke damit erhöht wird. Für den Wellenlängenbereich $\lambda = 1 \ldots 1,6$ µm haben sich Kernradien von 2,5 bis 5 µm als sinnvoll erwiesen.

Das optische Feld in einer M. läßt sich näherungsweise durch eine *Gauß*-Funktion beschreiben (Bild 2):

$$E = E_o \cdot e^{-\frac{r^2}{w_o^2}}.$$ Darin bezeichnet $w_0$ den Ort, bei dem das optische Feld auf 1/e seines Maximalwertes abgefallen ist. Dies ist als Modenfeldradius (Feldradius, Fleckradius, Spotsize) definiert. Für den Bereich von

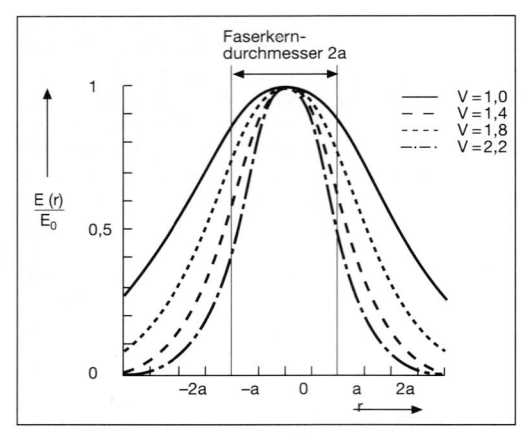

*Monomodefaser 1: Verteilung des elektrischen Feldes des Grundmodus in einer Stufenfaser mit dem Kernradius a in Abhängigkeit vom Ort r mit verschiedenen Strukturkonstanten V als Parameter*

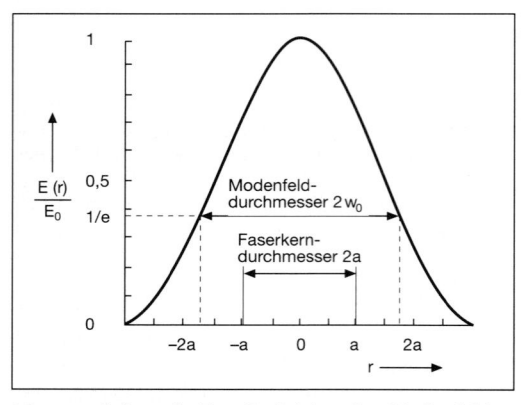

*Monomodefaser 2: Zur Definition des Modenfeldradius*

$1{,}6 < V < 2{,}4$ kann $w_0$ abgeschätzt werden: $w_0 \approx 2{,}6 \cdot \dfrac{a}{V}$

Der Feldradius hat große praktische Bedeutung: Z. B. ist die Übereinstimmung der Feldradien (nicht der Kernradien) zweier Fasern für deren verlustarme Verkopplung maßgebend.

Im Grundmode existieren zwei zueinander senkrecht polarisierte Wellenformen mit gleicher radialer Feldverteilung. In einer ideal rotationssymmetrischen Faser haben beide Polarisationsrichtungen die gleiche Ausbreitungsgeschwindigkeit. Im Realfall haben die Fasern jedoch z. B. leicht elliptische Kerne, was zu kleinen Geschwindigkeitsunterschieden zwischen beiden Polarisationsrichtungen führt. Diese Polarisationsdispersion ist gering, so daß sie weitgehend vernachlässigt werden kann. Außer der Polarisationsdispersion liefern in M. nur die Materialdispersion und die Wellenleiterdispersion einen Beitrag zur Gesamtdispersion (→ Dispersion). Beide Dispersionseffekte addieren sich linear. Mit M. sind extrem hohe Übertragungsbandbreiten (prinzipiell 1000 GHz und mehr bei einer Faserlänge von 1 km) erreichbar. Typische Werte für M. sind in der Tabelle angegeben. *Krauser*

Literatur: *Neumann*: Single-mode fibers. Springer Series in Optical Science, Band 57. Springer, Berlin 1988.

*Monomodefaser. Tabelle: Typische Werte für M.*

| Modenfelddurchmesser | 9 µm ± 1 µm |
| --- | --- |
| | 10 µm ± 1 µm |
| Kerndurchmesser 2a | 8 µm |
| Außendurchmesser | 125 µm ± 3 µm |
| Norm. Brechzahldifferenz $\Delta$ | 0,003 |
| Numerische Apertur | 0,1 |
| Grenzwellenlänge | 1100 nm –1280 nm |
| Dämpfung bei 1,3 µm | <0,4 dB/km |
| bei 1,55 µm | <0,25 dB/km |
| Chromatische Dispersion | |
| bei 1,3 µm | <3,5 ps/(nm·km) |
| bei 1,55 µm | <20 ps/(nm·km) |

**Monte-Carlo-Methode** ⟨*Monte Carlo method*⟩. Die M.-C.-M. ist ein mächtiges und generelles Verfahren zur näherungsweisen Lösung mathematischer und physikalischer Probleme durch eine Simulation unter Verwendung von Zufallsgrößen. Sie geht auf *J. von Neumann* und *S. Ulam* (1949) zurück und ist nach der Hauptstadt von Monaco benannt, die für ihre Spielkasinos berühmt ist.

Dabei wird für das betrachtete determinierte Problem ein stochastisches Modell verwendet, mit dessen Hilfe im Rechner Experimente unter Verwendung von → (Pseudo-)Zufallszahlen ausgeführt werden. Im Prinzip wird also gewürfelt. Die Resultate werden mit Methoden der statistischen Schätztheorie ausgewertet und als genäherte Lösung des betrachteten Problems interpretiert.

Die M.-C.-M. wird insbesondere im mehrdimensionalen Fall erfolgreich zur Berechnung von Integralen sowie der Lösung partieller → Differentialgleichungen und algebraischer Gleichungssysteme herangezogen. Darüber hinaus findet es in der Quantenmechanik und -chemie vielfältige Anwendung (→ Computational Chemistry). *Griebel*

Literatur: *Metropolis, N.* and *S. Ulam*: The Monte Carlo method. J. of the American Statistical Association 44 (1949) 247, pp. 335–341. – *Hammersley, J. M. and D. C. Handscomb* : Monte Carlo methods. Methuen, London 1964. – *Kalos, M. H. and P. A. Whitlock*: Monte Carlo methods. Vol. 1: Basics. New York 1986. – *Niederreiter, H.*: Random number generation and quasi-Monte Carlo methods. CBMS 63. IAM, 1992.

**Monte-Carlo-Simulation** ⟨*Monte Carlo simulation*⟩. Verfahren, die unter Verwendung einer Zufallsstrategie wiederholt aus einer gegebenen Menge von zulässigen Lösungen einen Kandidaten herausgreifen, ihn mit

Hilfe eines Zielkriteriums bewerten und den jeweils besten im Sinne dieses Zielkriteriums zurückhalten.

Die M.-C.-S. wird häufig bei sehr großen Optimierungsproblemen der Praxis angewendet, die aufgrund ihrer Größe oder Komplexität einen deterministischen Zugang nicht erlauben. Als Zufallsstrategien und Zielkriterium kommen zur Anwendung:

□ *Suchstrategien.* Auswahl der Lösungen aufgrund einer gegebenen Wahrscheinlichkeitsverteilung über die Menge der zulässigen Lösungen und Bewertung der Lösungen anhand einer reellwertigen Zielfunktion.

□ *Simulated-Annealing-Strategien.* Auswahl der Lösungen aufgrund einer gegebenen Wahrscheinlichkeitsverteilung über die Menge der zulässigen Lösungen und Bewertung der Lösungen anhand
– einer reellwertigen Zielfunktion und
– einer Annahme bzw. Verwerfwahrscheinlichkeit (Möglichkeit der Akzeptanz einer Lösung mit schlechterem Zielfunktionswert).

□ *Mutationsstrategien* (auch Evolutionsstrategie oder genetische Algorithmen genannt). Auswahl der Lösungen aufgrund einer gegebenen Wahrscheinlichkeitsverteilung über die Menge der zulässigen Lösungen und aufgrund der bisher dabei gemachten Erfahrungen (Möglichkeit der „Rekombination" und „Mutation" von Lösungen). Bewertung der Lösungen anhand einer reellwertigen Zielfunktion mit „Gedächtnis".

*Bachem*

**Moore-Automat** ⟨*Moore automaton*⟩. Endlicher Automat mit einem Eingabe- und einem Ausgabeband, bei dem die →Ausgabe (anders als beim sonst gleichen →*Mealy*-Automaten) nur vom jeweiligen Zustand abhängt. Ein M.-A. wird formal dargestellt als ein Quintupel $A=(Z, X, Y, f, h)$, wobei $Z$, $X$, $Y$ die endlichen Mengen der Zustände, der Eingabe- und der Ausgabezeichen sowie f und h die folgenden Abbildungen sind:

$f: Z \times X \to Z$ ist die Zustandsübergangsabbildung, $z' = f(z, x)$ bedeutet, daß A durch die Eingabe von x aus dem Zustand z in den Zustand z' übergeht.

$h: Z \to Y$ ist die Ausgabeabbildung; $h(z)$ ist die im Zustand z produzierte Ausgabe.

Ein M.-A. wird i. allg. angegeben durch Tabellen für f und h oder durch einen Zustandsgraphen, an dessen Pfeilen nur Eingaben und an dessen Knoten die Ausgaben stehen.

*Beispiel*
$A_0 = (\{z_1, z_2, z_3, z_4\}, \{0, 1\}, \{0, 1\}, f, h)$

Jeder Zustand z eines *Moore*-Automaten A bestimmt auf folgende Weise eine Abbildung $h_z$ zwischen den freien →Monoiden $X^*$ und $Y^*$: Es ist $h_z(\Lambda) = h(z)$ und $h_z(x) = h(f(z, x))$ für jedes x aus X. Ist ferner z' der Zustand, in den A übergeht, wenn beginnend mit z das →Wort w aus $X^*$ eingegeben wird, so ist $h_z(wx)$ für x aus X induktiv definiert durch $h_z(w) h'_z(x)$, d.h., $h_z(wx)$ erhält man aus $h_z(w)$ durch Anfügen der in Zustand z' produzierten Ausgabe.

|     | 0     | 1     | h |
|-----|-------|-------|---|
| $z_1$ | $z_4$ | $z_3$ | 0 |
| $z_2$ | $z_1$ | $z_3$ | 0 |
| $z_3$ | $z_4$ | $z_4$ | 0 |
| $z_4$ | $z_2$ | $z_2$ | 1 |

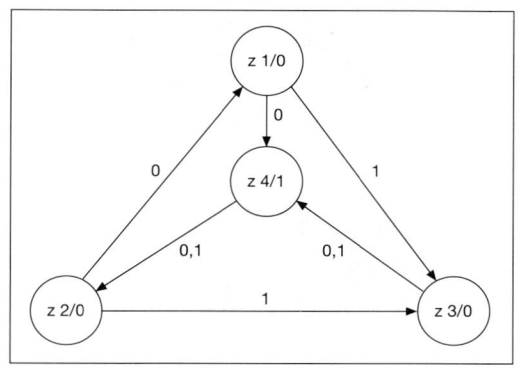

Moore-*Automat: Zustandsgraph für A*

Bei diesem Beispiel des *Moore*-Automaten $A_0$ kann für kein w aus $X^*$ aus einer durch Eingabe von w erzeugten Ausgabefolge auf den Zustand bei Beginn der Eingabe geschlossen werden, d.h., es ist $h_z(w) \neq h_{z'}(w)$ für alle $z \neq z'$ und alle w aus $X^*$.

*Moore*- und *Mealy*-Automaten mit gleichen Eingabe- und gleichen Ausgabemengen sind in folgendem Sinne gleichwertig: Zu jedem *Moore*-Automaten A gibt es einen *Mealy*-Automaten A' so, daß für jeden Zustand z von A ein Zustand z' von A' existiert derart, daß $h_z(w) = h(z) g'_z(w)$ für alle w aus $X^*$ gilt; man braucht dazu nur $g(z, x)$ durch $h(f(z, x))$ zu definieren. Die Umkehrung gilt entsprechend, nur hat ein zu einem *Mealy*-Automaten gleichwertiger M.-A. im allgemeinen mehr Zustände.

*Brauer*

Literatur: Brauer, W.: Automatentheorie. Stuttgart 1984.

**Morphologie** ⟨*morphology*⟩. Beschreibt die Gesetzmäßigkeiten, nach denen Worte einer natürlichen →Sprache geformt werden. Morphologische Informationen beziehen sich meist auf die Stammform eines Wortes (z.B. fass-) und beschreiben seine Flexionen (z.B. fassen, faßt, ...), Derivate (z.B. faßbar) und Komposita (z.B. anfassen). Morphologische Angaben sind i. d. R. Bestandteil eines Lexikons.

Bei natürlichsprachlichen Systemen der →Künstlichen Intelligenz (KI) gehören zur M. auch semantische und phonetische Gesetzmäßigkeiten, die Bedeutungs- bzw. Ausspracheaspekte von Wortformationen beschreiben. Durch eine morphologische Analyse können solche Systeme dann z.B. die Bedeutung von Komposita aus den Bedeutungen der Konstituenten ermitteln.

*Neumann*

**Mosaikzeichen** ⟨*mosaic character*⟩. → Schriftzeichen, das (im einfachsten Fall) aus den Bildelementen (→ Pixel) eines 2×3-Rasters zusammengesetzt ist, die entweder die aktuelle Vordergrundfarbe oder Hintergrundfarbe annehmen können. M. werden insbesondere bei → Bildschirmtext verwendet.

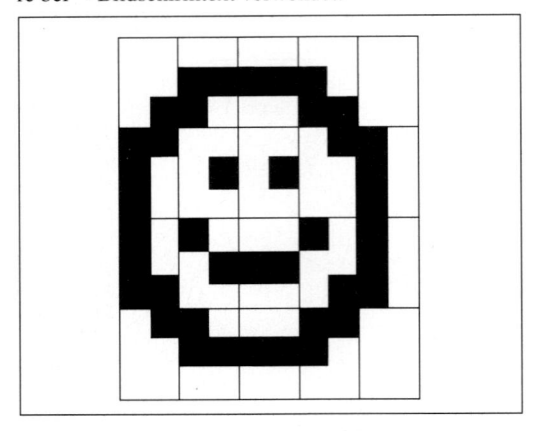

*Mosaikzeichen: Beispiel eines aus 20 M. zusammengesetzten Bildes*

*Schindler/Bormann*

**Motion Compensation** ⟨*motion compensation*⟩. Im Rahmen der Videocodierung Verfahren zur Nutzung der → Redundanz aufeinanderfolgender Bilder, indem für einzelne Bereiche nur die Bewegungsrichtung der in diesem Bereich enthaltenen Bildinformation relativ zum vorangegangenen Bild übertragen wird. M. C. ist eine der Grundlagen für alle modernen Bewegtbildcodierungen wie → MPEG, → H.261 und → H.263.

*Schindler/Bormann*

**MOTIS** ⟨*MOTIS (Message Oriented Text Interchange Standard)*⟩. Analogon der → ISO zum → X.400 der → ITU. Die beiden Spezifikationen sind praktisch identisch. *Jakobs/Spaniol*

**MPEG** ⟨*MPEG*⟩. Ursprünglich der Name der „Motion Picture Expert Group" der → ISO und des → CCITT; steht jetzt für die aus dieser Gruppe hervorgegangenen Normen zur → Codierung von Bewegtbildern einschließlich der dazugehörigen Audiosignale. MPEG-1 (ISO/IEC 11 172) dient zur Speicherung und Übertragung von Bildern mittlerer Qualität („VHS-Qualität") mit bis zu 1,5 Mbit/s; MPEG-2 (ISO/IEC 13 818) deckt sowohl höhere Qualitätsanforderungen als auch niedrigere → Bitraten sowie weitere Quellformate (Zeilensprungverfahren) ab. Beide Werke bestehen aus jeweils mindestens drei Teilen:
– Formate zum Multiplexen von Audio und Video, zur Fehlersicherung und zur Identifizierung;
– die Videocodierung;
– die Audiocodierung.

Dazu kommen weitere Standards für → Tests und → Schnittstellen. Die Video- und Audiocodierungen finden nicht selten auch einzeln Verwendung. MPEG-Video benutzt für die Codierung einzelner Bilder ähnliche → Algorithmen wie → JPEG. Die → Redundanz zwischen aufeinanderfolgenden Bildern wird ausgenutzt, indem für geeignete Blöcke nur Differenzsignale oder Bewegungsvektoren (→ Motion Compensation) übertragen werden. MPEG-Audio arbeitet mit Subband-Codierung und erzielt auf der Grundlage eines psychoakustischen Modells eine erhebliche Datenreduktion bei guter bis sehr guter Qualität („CD-Qualität"). Gegenwärtig finden erste Arbeiten an MPEG-4 statt, einer zukunftsweisenden Codierung für sehr niedrige Bitraten (MPEG-3 sollte HDTV unterstützen und wurde durch die hohe Flexibilität von MPEG-2 überflüssig). *Schindler/Bormann*

**MPS** ⟨*MPS (Massive Parallel Systems)*⟩ → Massiv Parallele Systeme

**MS** ⟨*MS (Message Store)*⟩. Dient einer erhöhten Verfügbarkeit des → X.400-Dienstes und bietet dem Benutzer datenbankähnliche Funktionen insbesondere zur Verwaltung eingegangener → Nachrichten an.

*Jakobs/Spaniol*

**MS-DOS** ⟨*MS-DOS (Microsoft Disk Operating System)*⟩ → Einbenutzer-Rechensystem

**MS-Windows** ⟨*MS-Windows*⟩. MS-W. der Fa. Microsoft stellt entsprechend der PC-Verbreitung für den PC-Anwender das Standard-Fenstersystem dar. Das Fenstersystem (→ Fenstertechnik) ist eine Erweiterung des → Betriebssystems MS-DOS und somit an dieses im Kern gebunden (zumindest bis zur Version 3.x).

Als Folge der Integration von Fenstersystem und Betriebssystem ergibt sich, daß der jeweilige Benutzer nur den von MS-W. bereitgestellten Fenstermanager einsetzen kann. Ein weiterer Nachteil dieses Ansatzes ist, daß bei einer anderen → Hardware stets beide → Software-Systeme, d. h. Fenstersystem und Betriebssystem, gemeinsam portiert werden müssen.

MS-W. wäre in einem Software-Schichtenmodell in einer höheren Ebene als z. B. das → X-Window-System einzugliedern. Im Bereich der Bildschirmausgaben bietet es eine Reihe komplexer Funktionen. In MS-W. erfolgen alle graphischen Ausgaben über die logische Schnittstelle GDI (Graphics Device Interface).

Um die Ausgaben an das richtige Ausgabemedium (→ Bildschirm, → Drucker u. a.) zu leiten, arbeitet das Fenstersystem mit einem speziellen Speicherbereich, dem Displaykontext. Er teilt der → graphischen Schnittstelle die Werte der → graphischen Attribute und die Eigenschaften des Ausgabebereiches mit. Der Displaykontext stellt damit die Verbindung zwischen Anwendung, Treiber und Ausgabegerät dar.

MS-W. bietet dem Benutzer ein logisches Koordinatensystem an. Alle GDI-Funktionen werden aus dem logischen System auf den physikalischen Ausgabebereich transformiert, d. h. in → Pixel übertragen. Damit können die graphischen Funktionen relativ einfach benutzt werden.

Eine Vereinfachung für den Anwendungsprogrammierer ergibt sich auch durch die bereits in das Fenstersystem integrierten, anwendungsunabhängigen Dialogelemente. Zur → Präsentation dieser Elemente in einer graphischen Benutzerschnittstelle genügt es, das Aussehen in Ressourcendateien festzuhalten. Der → Benutzer muß sich allerdings auf die von MS-W. festgelegten Dialogelemente und ihr prinzipielles Aussehen („look and feel") beschränken.

MS-W. verschickt, sobald sich der Bildschirmaufbau verändert hat, an alle davon betroffenen Fenster automatisch eine → Nachricht. Die Anwendung kann damit relativ einfach ein Neuzeichnen aufgedeckter Fensterbereiche organisieren. *Langmann*

**MTA** 〈*MTA (Message Transfer Agent)*〉. Für den Transport von → X.400-Nachrichten zuständig.
*Jakobs/Spaniol*

**MTBF** 〈*MTBF (Mean Time Between Failures)*〉. MTBF wird als → Zuverlässigkeitskenngröße benutzt, und zwar als Kurzbezeichnung für die empirische mittlere Zeit zwischen zwei aufeinanderfolgenden → Fehlverhalten eines → Systems oder für den Erwartungswert der Längen der Erneuerungsintervalle eines durch einen alternierenden → Erneuerungsprozeß beschriebenen → Zweiphasensystems. Dann gelten mit den Längen $X_n$ der Erneuerungsintervalle und den Längen $U_n$ bzw. $V_n$ der Intakt- bzw. Defekt-Phasen $MTBF = E[X_n] = MTTF + MTTR$, → $MTTF = E[U_n]$ und → $MTTR = E[V_n]$. *P. P. Spies*

**MTS** 〈*MTS (Message Transfer System)*〉. Die Gesamtheit aller → MTA (Message Transfer Agents) erbringt den MTS (→ X.400). *Jakobs/Spaniol*

**MTTF** 〈*MTTF (Mean Time to Failure)*〉. MTTF wird als → Zuverlässigkeitskenngröße benutzt, und zwar als Kurzbezeichnung für die empirische mittlere Zeit bis zum → Fehlverhalten eines Systems oder für den Erwartungswert der Längen der Intakt-Phasen eines durch einen alternierenden → Erneuerungsprozeß beschriebenen → Zweiphasensystems. *P. P. Spies*

**MTTFF** 〈*MTTFF (Mean Time To First Failure)*〉. Die mittlere Zeit bis zum ersten → Ausfall ist bei Komponenten ohne Reparatur identisch mit der mittleren Lebensdauer. Sie ergibt sich aus dem Kehrwert der Komponentenausfallrate λ (→ Exponentialverteilung).

$$MTTFF = \frac{1}{\lambda}.$$
*Schrüfer*

**MTTR** 〈*MTTR (Mean Time To Repair)*〉. MTTR wird als → Zuverlässigkeitskenngröße benutzt, und zwar als Kurzbezeichnung für die empirische mittlere Reparaturzeit oder für den Erwartungswert der Längen der Defekt-Phasen eines durch einen alternierenden → Erneuerungsprozeß beschriebenen → Zweiphasensystems. *P. P. Spies*

**Mü-Kalkül** 〈*µ-calculus*〉. Variante → temporaler Logik zur Beschreibung von Eigenschaften von Abläufen nebenläufiger Systeme, z. B. zum Nachweis von Eigenschaften von → Petri-Netzen oder → CCS-Programmen.

Die Formeln des Mü-K. (µ-K.) werden gebildet aus atomaren Formeln wie tt und ff, *Boole*schen Operatoren, modalen Operatoren wie 〈a〉 und [a] und Fixpunktoperatoren für den größten (ν) und den kleinsten (µ) → Fixpunkt. Die Formeln des µ-K. werden in einem markierten → Transitionssystem T bzgl. eines Zustands c interpretiert: 〈a〉Φ gilt in c, falls es einen über a erreichbaren Nachfolgezustand gibt, in dem Φ gilt; [a]Φ gilt in c, falls Φ in allen über a erreichbaren Zuständen gilt.

Der kleinste Fixpunkt wird typischerweise zur Beschreibung von Lebendigkeitseigenschaften (→ Lebendigkeit), der größte Fixpunkt zur Beschreibung von Sicherheitseigenschaften (→ Sicherheit) verwendet. Die Modaloperatoren sowie die Fixpunktoperatoren sind jeweils zueinander dual.

Im folgenden werden einige Beispielformeln des µ-K. angegeben, und ihre Bedeutung wird in einem markierten Transitionssystem mit den Aktionen a und b erklärt:
– Die Formel 〈a〉〈b〉 tt besagt, daß ein Ablauf a b vom aktuellen Zustand aus möglich ist.
– Die Formel [a]ff ist wahr in genau den Zuständen, in denen die Aktion a nicht ausgeführt werden kann.
– Die Formel νZ. [a]ff ∧ [b]Z besagt, daß die Aktion a in keinem Ablauf vom aktuellen Zustand aus auftritt.
– Die Formel µZ. 〈a〉tt ∨ [b]Z besagt, daß in jedem unendlichen Ablauf vom aktuellen Zustand aus die Aktion a irgendwann auftreten muß.

Der modale µ-K. über den atomaren Formeln tt und ff charakterisiert die → Bisimulation für → Prozeßalgebren wie CCS, d. h., zwei Agenten sind genau dann bisimilar, wenn sie dieselben µ-Formeln erfüllen. Ein Axiomensystem für den modalen µ-K. wurde von *D. Kozen* angegeben; seine Vollständigkeit wurde von *I. Walukiewicz* gezeigt. Varianten des µ-K. sind ein Kalkül mit nichtmarkierten modalen Operatoren für nichtmarkierte Zustandsübergangssysteme und der schwache µ-K. zur Abstraktion von τ-Aktionen.
*Lechner/Wirsing*

Literatur: *Kozen, D.*: Results on the propositional µ-calculus. Theoretical Computer Sci. 27 (1983) pp. 333–354. – *Stirling, C.*: An introduction to modal and temporal logics for processes. In: *A. Yonezawa, T. Ito* (Eds.): Concurrency: Theory, language, and architecture. Lecture Notes in Computer Sci. 491 (1991) pp. 2–20. – *Walukiewicz, I.*: On completeness of the μ-calculus. Proc. 8th IEEE Conf. on Logic in Computer Sci. IEEE Press, 1993, pp. 136–146.

**Multi-Agenten-Systeme** ⟨*multi-agent systems*⟩. Die Idee der M.-A.-S. entstand in der → Künstlichen Intelligenz schon in den 70er Jahren und führte damals u. a. zu *Hewitt*s Konzept der Actor-Sprachen (einem der Vorläufer → objektorientierter Programmierung), sie ist aber auch enthalten in den Vorstellungen *C. A. Petri*s (→ *Petri*-Netze). Heutzutage wird die Idee der M.-A.-S. sehr vielfältig in der Informatik eingesetzt, um → Systeme zu modellieren, die aus mehr oder weniger unabhängigen Komponenten aufgebaut sind (Agenten), die miteinander und mit der Umwelt des Systems interagieren, mehr oder weniger lernfähig sind (d. h. Wissen sammeln und daraus Handlungen ableiten können) und gemeinsam Aufgaben erledigen. Solche Systeme können flexibel entwickelt und eingesetzt werden und sich selbst veränderten Bedingungen anpassen, denn die einzelnen Agenten können spezialisiert sein auf gewisse Teilaspekte/Teilaufgaben, können durch andere ersetzt oder um weitere ergänzt werden, und sie können einzeln oder gemeinsam lernen. *Brauer*

Literatur: *Müller J.* (Hrsg.): Verteilte Künstliche Intelligenz – Methoden und Anwendungen. BI, Mannheim 1993.

**Multi-Level-Verfahren (MLV)** ⟨*multi-level method*⟩. Verallgemeinerung der → Mehrgitterverfahren. Letztere sind insbesondere geeignet, auf Gittern diskretisierte partielle → Differentialgleichungen besonders effizient numerisch zu lösen. Der Grundgedanke der Mehrgitterverfahren besteht in der Kombination von Glättungsverfahren (Relaxationsverfahren), mit denen die hochfrequenten Fehlerkomponenten sehr schnell verkleinert werden können, und → Grobgitterkorrekturen, mit denen die niederfrequenten Fehlerkomponenten behandelt werden. Praktisch laufen Mehrgitterverfahren auf einer Sequenz unterschiedlich feiner und grober Gitter ab (→ Cycle-Typ). Die Idee der Mehrgitterverfahren (das Mehrgitterprinzip) ist sehr allgemein anwendbar. Legt man diese Idee auch bei anderen Aufgabenstellungen als diskretisierten partiellen Differentialgleichungen zugrunde, so spricht man – statt von Mehrgitter- (oder Multigrid-)Verfahren – von MLV. Diese verallgemeinerte Bezeichnung ist insbesondere dann zutreffend (und auch notwendig), wenn die betreffende Aufgabenstellung gar nicht auf einer Gitterstruktur basiert.

Einige Verallgemeinerungen innerhalb und außerhalb der Numerik:
– Mehrgitterverfahren für Integralgleichungen,
– → AMG für große lineare Gleichungssysteme mit dünnbesetzten Matrizen,
– Multi-Level Monte Carlo für Spin-Systeme,
– Multi-Resolution für → Mustererkennung,
– Aggregation/Disaggregation in ökonomischen Modellen. *Stüben/Trottenberg*

**Multicast** ⟨*multicast*⟩. Bezeichnet eine 1 : n- (ein Sender, n Empfänger) Kommunikation (→ Gruppenkommunikation), wobei die für M. erforderliche → Funktionalität i. allg. von der → Vermittlungs- bzw. → Transportebene erbracht wird. Es ist somit die allgemeinste Kommunikationsform; Spezialfälle sind → Unicast (1 : 1) und → Rundspruchenigenschaft, Broadcast (1 : alle). M. ist in weiten Bereichen der Datenkommunikation von erheblicher Bedeutung, z. B. zur Unterstützung von Anwendungen des Netzwerkmanagement (Statusreports) oder von Electronic Mail (→ Verteilerlisten). Beim M. müssen insbesondere Adressierungs- und Quittungsprobleme berücksichtigt werden.

Grundsätzlich kann man zwei Strategien unterscheiden, nach denen in einem → Netz n Adressaten aus der Gesamtheit aller Stationen ausgewählt werden können:
– explizite Empfängerliste (Verteilerliste),
– Gruppenadressen.

Bei Angabe einer expliziten Empfängerliste muß der Sender alle potentiellen Empfänger kennen, da die Nachricht gesondert an die Adresse jedes einzelnen gesendet wird. Im Fall einer Gruppenadresse kann sich die Mitgliedschaft in einer Gruppe dynamisch ändern, ohne daß der Sender davon wissen muß. Lediglich die Empfänger, welche der Gruppe angehören, müssen von ihrer Mitgliedschaft wissen. Sie akzeptieren alle Nachrichten, die an diese Gruppenadresse gerichtet sind.

Die Quittungsverwaltung ist im Fall einer M.-Kommunikation wesentlich komplizierter als bei einer einfachen Unicast-Übertragung.

Manche Übertragungsfehler betreffen nur einen oder einen kleinen Teil der Empfänger. Es muß in einem solchen Fall sichergestellt werden, daß die Wiederholungen nicht auch an die Empfänger gesendet werden, welche die Nachricht korrekt empfangen haben.

Die Quittungen der einzelnen Empfänger können zu sehr unterschiedlichen Zeitpunkten eintreffen. In einem solchen Fall muß ein spezieller Mechanismus entscheiden, wann die Übertragung von Paketen zu bestimmten Empfängern als erfolglos eingestuft und eine Wiederholung eingeleitet wird.

M. wird insbesondere von lokalen Netzen (→ LAN, → Ethernet) unterstützt, da hier alle angeschlossenen Stationen automatisch alle Nachrichten empfangen. In vermaschten Netzen (→ Topologie) muß M. durch entsprechende Routing-Verfahren (→ Routing) unterstützt werden. *Jakobs/Spaniol*

Literatur: *Nussbaumer, H.*: Computer communication systems. Vol. 2: Principles, design, protocols. John Wiley, 1990.

**Multimedia** ⟨*multimedia*⟩. Der Begriff wird in Zusammenhang mit einer rechnergestützten Anwendung verwendet, in der die Informationstypen Graphik, Text, Bild, Audio- und Videoinformationen (auch als Medien bezeichnet) miteinander kombiniert werden. Die Vertreter der einzelnen Medien lassen sich dabei wie folgt charakterisieren:

□ *Graphik.* Die Ursprünge der computergenerierten Graphik lassen sich bis in die frühen 50er Jahre zurückverfolgen. Unter den Begriff der Computergraphik fallen alle Konzepte, die aus formalen Beschreibungen, Programmen oder Datenstrukturen Bilder oder Zeichnungen erzeugen. Typische Elemente sind Linien, Flächen und Textelemente. Für ein multimediales System besteht hier die wesentliche Aufgabe in der Verwaltung der bestehenden Möglichkeiten graphischer Systeme.

□ *Text.* Von einem → multimedialen System wird eine Darstellung des Mediums Text erwartet, die weit über die Repräsentation durch einfache Zeichenketten hinausgeht. Unter dem Aspekt der Darstellung können Texte als eine besondere Form der Graphik gesehen werden.

□ *Bild.* Bilder werden in gezeichneter, gemalter, photographierter oder gedruckter Form gespeichert und verbreitet. Ein multimediales System muß die Übernahme dieser physikalischen, analogen Medien in eine digitale Form und deren nachfolgende Bearbeitung ermöglichen. Für den Anwender wichtige Funktionen sind hier Ausschnittbildung, Größen- und Farbveränderung sowie Montage.

□ *Audio.* Die Medien Graphik, Text und Bild kommen ohne Berücksichtigung zeitlicher Konzepte aus. Die Aufnahme und Wiedergabe von Audioinformationen erfordert eine besondere Berücksichtigung der zeitlichen Bedingungen, da ein System, das während eines Aufnahme- oder Wiedergabevorganges alle weiteren Tätigkeiten blockiert, nicht akzeptabel wäre. Als Folge ergibt sich die Forderung nach paralleler Verarbeitung zeitabhängiger Medien. Darüber hinaus erwartet der Anwender für die Arbeit mit dem Medium Audio die Abbildung der → Funktionalität konventioneller Tonbandgeräte, Schnitt- und Mischpulte in die digitale Rechnerwelt.

□ *Video.* Das Medium Video vereinigt wesentliche Struktureigenschaften der Medien Bild und Audio. Video und Audio teilen sowohl die Zeitabhängigkeit als auch den größten Teil der Bearbeitungsoperationen. Die Verwandtschaft zum Medium Bild besteht darin, daß sich eine Videosequenz aus einer Reihe von Bildern zusammensetzt. Durch die Notwendigkeit zur Verarbeitung hoher Bilddatenmengen innerhalb vorgegebener Zeiten stellt das Medium Video besonders hohe Anforderungen an die zugrundeliegende Rechner- und Graphik-Hardware.

□ *Computergenerierte Animation.* Computergenerierte Animation wird häufig als eigenes Medium verstanden, wenn die Einzelbilder der Animationssequenz nicht vorausberechnet und als digitale Standbilder abgelegt, sondern zum Zeitpunkt der Darstellung erst erzeugt werden. Der Benutzer hat hier die Möglichkeit, durch interaktive Veränderung von Parametern die Darstellung wesentlich stärker zu beeinflussen als dies bei Videosequenzen erreichbar ist. Ein weiterer Vorteil der Animation besteht darin, daß der → Algorithmus zur Generierung der Bilder wesentlich geringeren Speicherplatz (< Faktor 100) als die generierten Bilder selbst benötigt.

Für ein multimediales System genügt es nicht, einige der beschriebenen Medien in irgendeiner Form zu unterstützen, sondern es sollte beim Umgang mit den multimedialen Informationen auch folgende Anforderungen erfüllen:

– Je nach Bedarf sollten sich beliebige zeitliche und räumliche Kombinationen aus den verfügbaren Medien zu einem neuen multimedialen Endprodukt zusammenstellen lassen.

– Es sollten → Operationen verfügbar sein, die eine Medienkombination bei der Bearbeitung als ein einzelnes neues Medium erscheinen läßt.

– Die Unabhängigkeit der Bearbeitung einzelner Medienanteile muß erhalten bleiben.

Bei der Realisierung von multimedialen Anwendungen sind v. a. die Probleme der Zeitabhängigkeit, der → Interaktivität und des Umgangs mit dem hohen Datenvolumen zu lösen.

Die Zeitabhängigkeit einer multimedialen Anwendung zeigt sich in ihrer dynamischen Struktur, in der beschrieben ist, in welchem zeitlichen Verhältnis die einzelnen Komponenten wiederzugeben sind. Diese Zeitabhängigkeit erfordert, daß mehrere Medienkomponenten, die zusammen ein multimediales Objekt bilden, synchronisiert werden müssen. Eine gegenwärtig eingesetzte Lösung für die Synchronisierung verwendet eine abstrakte Dimension der Zeit als gemeinsame Zeitachse, auf die sich alle Medien in einer multimedialen Darstellung beziehen.

Eine wichtige Eigenschaft multimedialer Anwendungen sind die Interaktionen des → Benutzers, der damit den Ablauf einer → Präsentation beeinflussen kann. Vom Scrolling eines Textdokumentes über das → Navigieren durch einen → Hypertext bis hin zum Erstellen von Datenbankabfragen und der Steuerung von → Animationen ist eine Vielzahl von Interaktionsformen denkbar. Faßt man eine multimediale Präsentation als einen Ablauf von Präsentationszuständen mit bestimmter Dauer auf, so lassen sich die Interaktionen des Benutzers in drei Kategorien einteilen:

– Skaliraktionen, die weder Ablaufreihenfolge noch Dauer der Präsentation ändern (z. B. Ändern der Fenstergröße, der Lautstärke, der Helligkeit),

– Filmaktionen, die die Präsentationsdauer, nicht jedoch den Ablauf ändern (z. B. Ändern der Ablaufgeschwindigkeit und -richtung, „Pause"-Funktion),

– Entscheidungsaktionen, die den Ablauf der Präsentation ändern (z. B. Hypermedia-Navigation, Steuerung von Animationen und → Simulationen).

Repräsentationen der Datentypen Bild, Audio und Video besitzen ein hohes Datenvolumen und erfordern deshalb einen hohen Speicherbedarf bzw. bei Übertragung über Datennetze eine entsprechende Bandbreite. Für die Übertragung eines Videos mit einer Bildgröße von $352 \times 288$ Pixel und 25 Bilder/s (Standard MPEG-1) bei einer 24-bit-Farbdarstellung erhält man z. B. eine

Datenrate von 60 825 600 bit/s (ohne Ton). Datenraten in dieser Größenordnung sind mit heutiger Technik noch schwer beherrschbar. Man hat deshalb verschiedene standardisierte Kompressionsverfahren entwickelt, die zur Reduzierung der Datenrate angewendet werden. Zu den bekanntesten gehören die von den Standardisierungskomitees JPEG (Joint Picture Expert Group) und MPEG-1 bzw. MPEG-2 (Motion Picture Expert Group) erarbeiteten Verfahren, die gegenwärtig eine Datenkomprimierung von bis zu 1 : 100 erlauben.

M. wird in einer Vielzahl von Einsatzgebieten bereits erfolgreich angewendet. Dazu gehören z. B. Lehr- und Lernsysteme im Bereich Aus- und Weiterbildung, multimediale Produkte im Bereich der Unterhaltung und des Infotainment, Konferenzsysteme und multimediale Informations- und Transaktionssysteme in der Öffentlichkeit (elektronischer Kiosk). Auch für → Benutzerschnittstellen technischer Systeme werden multimediale Ansätze diskutiert und vereinzelt bereits eingesetzt. Zielstellung ist hierbei insbesondere die weitere Verbesserung der Bedienbarkeit komplexer Anlagen und Maschinen (z. B. durch Sprachein- und -ausgaben) sowie die Erhöhung der Prozeßtransparenz durch ergänzende → Visualisierung (z. B. durch Integration einer Videoüberwachung).

Einen besonderen Stellenwert nehmen die Diskussionen in Zusammenhang von M. mit Telekommunikation ein. Die Übertragung von multimedialen Informationen über für jedermann zugängliche Datennetze (z. B. → Internet, T-Online) eröffnet eine völlig neue Dimension einer zukünftigen Nutzung in einer vernetzten Informationsgesellschaft. *Langmann*

Literatur: *Steinmetz, R.*: Multimedia-Technologie: Einführung und Grundlagen. Berlin–Heidelberg 1993. – *Rakow, T. C. u. a.*: Einsatz von objektorientierten Datenbanksystemen für Multimedia-Anwendungen. it+ti 35 (1993) 3, S. 4–17. – *Benez, H.*: Multimedia für die Automatisierungstechnik. atp 37 (1995) 10, S. 79–85.

**Multimedia-Informationssystem** ⟨multimedia information system⟩. Informationssystem, das Multimediadaten verwaltet, z. B. Bilder, Audio- und Videodaten (→ Datenstrom). Zur Bearbeitung und Präsentation der Multimediadaten dienen besondere → Benutzerschnittstellen, z. B. hochauflösende Farbgraphik, Audio- und Videosubsysteme. Die Datenverwaltung wird von Multimediadatenbanken übernommen (→ Nicht-Standarddatenbank). *Schmidt/Schröder*

**Multimedia Mail** ⟨multimedia mail⟩. Eine multimediale → Nachricht zeichnet sich dadurch aus, daß Informationen in unterschiedlichen → Codierungen in einer einzigen Nachricht übertragen werden können. Das bedeutet, daß eine solche Nachricht z. B. einen Textteil, einen Videoclip, eine Graphik und ein Rasterfoto enthalten kann. Die → X.400-Empfehlungen der → ITU unterstützen die Übertragung derartiger Nachrichten ebenso wie → MIME im → Internet. *Jakobs/Spaniol*

Literatur: *Palme, J.*: Electronic mail. Artech House Publ., 1995.

**Multimediadatenbank** ⟨multimedia database⟩. Eine Nicht-Standarddatenbank, die multimediale Daten, also Bilder, Audio- und Videosequenzen, aufnehmen und verwalten kann (→ BLOB, → Datenstrom). *Schmidt/Schröder*

**Multimediakommunikation** ⟨multimedia communication⟩. M. ist eine Form der Telekommunikation, bei der zwischen den Kommunikationspartnern mehrere verschiedene Informationsarten (Audio, Video, Grafik, Text, Animationen, sonstige Informationen) gleichzeitig übertragen werden können.

Durch M. soll der Informationsaustausch zwischen den Kommunikationspartnern angereichert werden. Es wird mehr als nur die Sprache der zwischenmenschlichen Kommunikation übermittelt, um dadurch die Zusammenarbeit besser zu unterstützen, z. B. Telephonieren mit gleichzeitiger Übermittlung eines Telefax oder einer Datei, Ergänzung und teilweise Substitution persönlicher Treffen durch Telekonferenzen, Übermittlung von Sprachanmerkungen, Grafiken usw. in elektronischer Post.

Man unterscheidet zwischen asynchroner und synchroner M. Asynchrone M. basiert auf der Erweiterung der asynchronen Informationsübermittlungsdienste (etwa → elektronische Post) um Mechanismen zur Einbindung verschiedener Informationsarten auf unterscheidbare Weise in eine Nachricht (→ Multimedia-Dokument). Synchrone M. bedeutet die simultane Übermittlung mehrerer Informationsarten innerhalb einer Kommunikationsbeziehung i. d. R. über dasselbe Übertragungsmedium. Sie wird u. a. zum (unidirektionalen, nichtinteraktiven) Abrufen und Wiedergeben multimedialer Informationen (z. B. bei → Video on Demand) über ein Kommunikationsnetz und zum (bidirektionalen, interaktiven) Informationsaustausch (→ Videokonferenzen, → Desktop-Multimediakonferenzsystem) eingesetzt. Synchrone M. wurde in Europa mit der Einführung des ISDN vorangetrieben, mit dessen Hilfe die traditionellen → Telematikdienste mit der → Datenübertragung und der audiovisuellen Kommunikation (→ Bildtelephonie) integriert werden können.

Technisch erfordert synchrone M. entweder die Nutzung mehrerer unabhängiger Telekommunikationsverbindungen für die einzelnen Informationsarten oder das Multiplexen einer Verbindung. Multiplexen kann bitweise (wie im ISDN nach ITU-T H.221), byteweise (wie im → PSTN nach ITU-T H.223) oder paketweise (wie in paketvermittelten Netzen, etwa dem → Internet) geschehen (Bild). Oft ist die zeitliche Beziehung zwischen den vom Sender übertragenen Informationen für die Wiedergabe beim Empfänger von Bedeutung, innerhalb eines Informationsstroms (z. B. zur kontinuierlichen Wiedergabe von Sprache) ebenso wie zwischen verschiedenen Informationsströmen (etwa zwischen Audio und Video zur Erzielung von Lippensynchronisation). Dies wird entweder durch isochrone

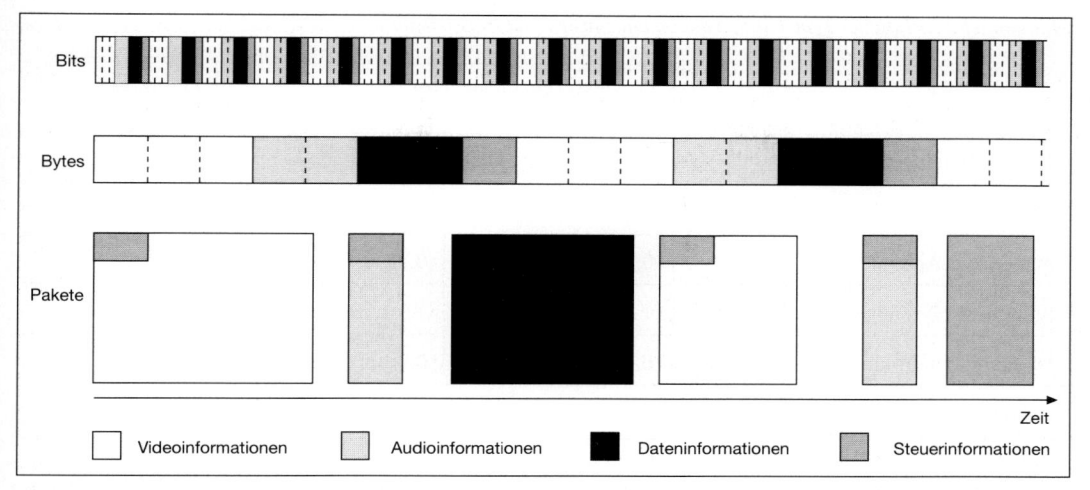

*Multimediakommunikation: Verschiedene Formen des Multiplexing für die Übertragung eines multimedialen Informationsstroms (Video-, Audio-, Daten- und Steuerinformationen im Verhältnis 3 : 2 : 2 : 1)*

Übertragungsmedien (wie ISDN oder PSTN, bei denen der Übertragung ein festes Zeitraster zugrunde liegt) oder durch Zeitstempel und Resynchronisationsmechanismen (in paketvermittelten Netzen) realisiert (Echtzeitkommunikation, → Synchronisation). In den Datenstrom eingebettete Steuerinformationen dienen der Steuerung des Multiplexers (z. B. zur Aufteilung zwischen den verschiedenen Informationsarten) und der Synchronisation von Sender und Empfänger. Bei paketweisem Multiplexing sind ggf. Teile der Steuerinformationen (z. B. Zeitstempel) Bestandteil der Nutzinformationspakete (Bild), um die zeitliche Synchronisation beim Empfänger zu gewährleisten.

*Schindler/Ott*

**Multimodefaser** ⟨*multimode fiber*⟩. In M. sind mehrere Eigenwellen (→ Glasfasermoden) ausbreitungsfähig. Man unterscheidet zwischen Stufen- und Gradientenfaser.

Es kann sich nur eine bestimmte Anzahl von Strahlen, die innerhalb des Akzeptanzwinkels auf die Faserstirnfläche fallen, im Faserkern ausbreiten. Außer der Bedingung der Totalreflexion muß die phasenrichtige (konstruktive) Überlagerung der Wellen gewährleistet sein. Während der Kern einer Stufenfaser über den gesamten Querschnitt die gleiche Brechzahl hat, ist eine Gradientenfaser aus einem Kerngebiet mit einem radiusabhängigen Brechzahlprofil $n_k(r)$ aufgebaut (Bild 1, Bild 2). In der Stufenfaser tritt eine zeitliche Verbreiterung eines Eingangsimpulses auf, da das Licht unterschiedlich lange Wege mit gleicher Geschwindigkeit durchläuft. In einer Gradientenfaser wird durch geeignete Wahl des Brechzahlprofils die Laufzeitdifferenz der Moden weitgehend kompensiert. Der Laufzeitausgleich kommt dadurch zustande, daß achsennahe Moden zwar einen kürzeren Weg als achsenferne zurücklegen, dafür aber das Gebiet mit der größeren Brechzahl durchlaufen und somit eine größere Laufzeit als achsenferne Moden haben (Bild 2).

Für die Anzahl der ausbreitungsfähigen Moden M gilt näherungsweise

$$M \approx \frac{1}{2} V^2 \left( \frac{g}{g+2} \right)$$

mit g Profilexponent und

$$V = \frac{2 \cdot \pi \cdot a}{\lambda} A_N$$

(V Strukturparameter, $\lambda$ Wellenlänge, a Kernradius, $A_N$ numerische Apertur (→ Glasfasermoden)).

Für ein Stufenprofil $g \to \infty$ ergibt sich $M = \frac{1}{2} V^2$; für ein parabolisches Gradientenprofil mit

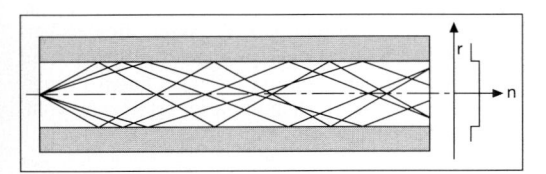

*Multimodefaser 1: Ausbreitung des Lichtes in einer Stufenfaser*

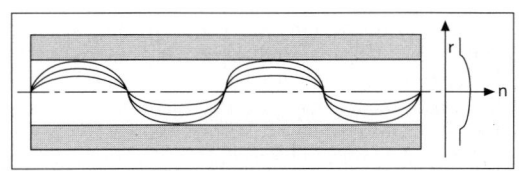

*Multimodefaser 2: Ausbreitung des Lichtes in einer Gradientenfaser*

*Multimodefaser. Tabelle: Typische Werte von Glasfasern und Plastikfasern*

|  | Glasfaser (Gradientenprofil) | | Plastikfaser (Stufenprofil) |
|---|---|---|---|
| Kerndurchmesser 2a in µm | 50 | 62,5 | 980 |
| Manteldurchmesser $d_M$ in µm | 125 | 125 | 1000 |
| numerische Apertur | 0,2 | 0,25 | 0,47 |
| typische Wellenlänge in µm | 1,3 | 1,3 | 0,65 |
| Dämpfung in dB/km | 0,7 | 0,9 | 125 |
| Bandbreite auf 1 km in MHz | 500 ... 1500 | 500 ... 1500 | 5 |

$g = 2$ erhält man $M = \frac{1}{4} V^2$

Eine Gradientenfaser mit parabolischem Brechzahlprofil führt somit bei gleichem Kerndurchmesser und gleichem Akzeptanzwinkel nur halb so viele Moden wie eine Stufenfaser.

Ist der Strukturparameter V eine Stufenfaser größer oder gleich 2,405, ist nur der Grundmode ausbreitungsfähig (Monomodefaser). Die Monomodegrenze für ein Gradientenprofil liegt bei

$$V = V_{STUFEN} \sqrt{\frac{g+2}{g}}.$$

Die Verbindungstechnik und Einkopplung in M. ist wegen des relativ großen Kernradius (typisch $\geq 25$ µm) erheblich einfacher als bei Monomodefasern, so daß kostengünstige Systeme mit M. aufgebaut werden können. Andererseits ist aufgrund der Modendispersion die Übertragungsbandbreite weitaus geringer als bei → Monomodefasern. Mit Stufenfasern können Übertragungsbandbreiten von ca. 30 MHz, bei Gradientenfasern bis zu 10 GHz für eine Faserlänge von jeweils 1 km erreicht werden. Um auch über große Faserlängen die hohe Bandbreite nutzen zu können, ist es erforderlich, den Profilexponenten g und damit das Brechzahlprofil beim Glasfaserherstellungsprozeß sehr genau einzuhalten. Abweichungen von einigen Prozent reduzieren die Bandbreite bereits um den Faktor 10 und mehr.

Außer Quarzglas werden zunehmend Kunststoffe als Material für M. eingesetzt (Plastic Optical Fiber (POF)). Als Kernmaterial dienen Polymethylmethacrylat (PMMA) oder Polystyren (PS), als Mantelmaterial Silikone, fluorierte Polymere oder PMMA. Die Brechzahldifferenz beträgt einige Prozent, wodurch eine große numerische Apertur erreicht wird (bis zu 0,5). In Verbindung mit dem großen Kerndurchmesser von 980 µm wird eine einfache, kostengünstige Anschlußtechnik ermöglicht. Typische Werte für M. sind in der Tabelle angegeben.
*Krauser*
Literatur: *Mahlke, Gössing*: Lichtwellenleiterkabel. Publics MCD Verlag, Erlangen 1995. – *Ziemann, O.*: Grundlagen und Anwendungen optischer Polymerfasern. Der Fernmeldeingenieur (1996) H. 11 u. 12. Verlag Georg Heidecker, Erlangen.

**Multiplexer** ⟨*multiplexer*⟩. Einrichtung, die es ermöglicht, mehrere → Signale (z. B. nacheinander) über einen Einzelkanal zu übertragen. *Strohrmann*

**Multiplexverfahren** ⟨*multiplex operation*⟩. Die für Übertragungsstrecken geforderte bessere Ausnutzung hat zur Entwicklung von M. geführt. Zwei Formen haben sich herausgebildet: Frequenzmultiplex (FDM) und Zeitmultiplex (TDM). Beiden Verfahren gemeinsam ist die Zusammenfassung primärer Signale im Multiplexer, die einkanalige Übertragung des Multiplexsignals und die Rückgewinnung der Primärsignale durch Demultiplexer oder Zeitfilter.

Überlegungen, Übertragungsstrecken wirtschaftlicher zu nutzen, beispielsweise n unabhängige Nachrichtensignale mittels einer einzigen Strecke gleichzeitig übertragen zu können, haben zur Anwendung des M. geführt. Ausgehend vom Raummultiplexverfahren (raumgestaffeltes Übertragungssystem), bei dem n Nachrichten über n räumlich getrennte Leitungen geführt werden, hat die weitere Entwicklung wirtschaftlichere Multiplexlösungen gebracht: Frequenzmultiplex- und Zeitmultiplex-Verfahren. Beiden Verfahren gemeinsam ist die Zusammenfassung der auf der Sendeseite dem Multiplexer zugeführten Primärsignale und die durch Demultiplexer erfolgende Trennung der Signale auf der Empfangsseite (Bild 1).

Übertragen wird ein einziges, zusammengefaßtes Multiplexsignal. Auf diese Weise können gleichzeitig und unabhängig voneinander Fernsprechsignale, Tele-

*Multiplexverfahren 1: Prinzip der Multiplexübertragung*

graphiesignale, Datensignale u. a. übertragen werden. Je nach Staffelung der Primärsignale in frequenz- und zeitmäßiger Hinsicht unterscheidet man zwischen Frequenz- und Zeitmultiplex.

☐ *Frequenzmultiplex* (FDM, Frequency-Division Multiplex). Jedes Nachrichtensignal belegt ein Frequenzband bestimmter Breite, z. B. das Fernsprechsignal ein Band von 300 bis 3400 Hz (→ Basisband). Durch → Modulation mit gestaffelten Trägerfrequenzen werden die Basisbänder der Primärsignale so in höhere Frequenzlagen verschoben, daß sie auf der Frequenzskala nebeneinander zu liegen kommen (Bild 2).

Die Frequenzumsetzung erfolgte i. d. R. durch Amplituden-, nunmehr zunehmend durch Frequenzmodulation. Das im letzten Fall entstehende Frequenzmultiplexsignal wird verstärkt und übertragen. Auf der Empfangsseite werden die einzelnen Signale durch Frequenzfilter voneinander getrennt und durch → Demodulation wieder in die ursprüngliche Frequenzlage gebracht.

Die FDM-Technik wird überwiegend für Trägerfrequenzsysteme (Fernsprechwesen) und für Wechselstromtelegraphie herangezogen. Neuere Dienste wie Sprechfunk und → Datenfunk, hierbei insbesondere der Satellitenfunk – Vielfachzugriff im Frequenzmultiplex → FDMA –, gehen im Grundkonzept von der Multiplextechnik aus. Je nach Anwendungsgebiet erfolgt die Übertragung im Ein- oder Zweiseitenband-Betrieb.

☐ *Zeitmultiplex* (TDM, Time-Division Multiplex). Bei der Aufbereitung des Zeitmultiplexsignals ist zu unterscheiden zwischen der Übertragung binärer und kontinuierlicher Signale. In dem einfachen Fall der Telegraphie werden die binären Signale, zugehörig zu mehreren unabhängigen Nachrichten, in zyklischer Folge verschachtelt und mit hoher Geschwindigkeit (Schrittgeschwindigkeit) über eine einzige Leitung bzw. drahtlose Strecke übertragen. Kontinuierliche Signale wie die → Sprache werden vor der Übertragung durch Abtastung in schnelle Folgen von sehr kurzen Impulsen umgeformt (Pulscodemodulation, PCM) (Bild 3).

Das derart entstandene Zeitmultiplexsignal wird auf der Empfangsseite so in seine Bestandteile zerlegt, daß die Primärsignale ihre Entsprechung in den Empfangs-Ausgangssignalen finden. Das Zeitfilter stellt dabei den Synchronismus zwischen den relevanten Ein- und Ausgangskanälen her.

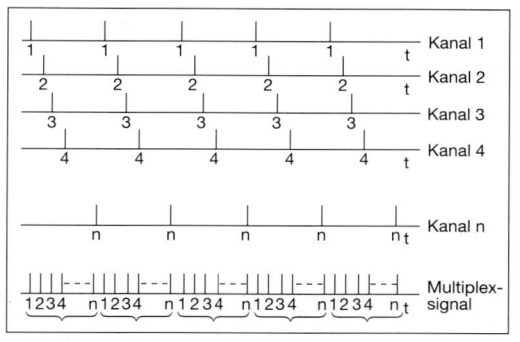

*Multiplexverfahren 3: Bildung eines Zeitmultiplexsignals*

Die zunehmende Bedeutung der digitalen Übertragungstechnik für Nachrichtenverbindungen verstärkt den Trend zum Zeitmultiplex. Integrierte digitale Nachrichtennetze – Fernsprechen, Fernschreiben, → Datenübertragung etc. – gehen bei ihrer Konzeption von der TDM-Technik aus. Für künftige Satelliten-Funkverbindungen verspricht man sich von dem Zeitmultiplexzugriff → TDMA erhebliche wirtschaftliche Vorteile.

*Kümmritz*

Literatur: *AEG-Telefunken, Siemens, SEL*: Vielfachzugriffsverfahren zu Fernmeldesatelliten im Zeitmultiplex. Fördervorhaben des Bundesmin. für Bildung und Wissenschaft, Schlußbericht 1969. – *Glaser, W.*: Mehrkanalübertragung von Signalen. Leipzig 1977. – *Höß, H. u. a.*: Der Codec des Multiplexgeräts PCM 30. Nachrichtentechnische Z. (1976) Nr. 29. – *Kaiser, W.*: Zukünftige Telekommunikation in der Bundesrepublik Deutschland; Ergebnisse der KtK-Beratungen. NTZ (1976) Nr. 29. – *Küpfmüller, K.*: Die Systemtheorie der elektrischen Nachrichtentechnik. Stuttgart 1968. – *Meinke, H.; Gundlach, F. W.*: Taschenbuch der Hochfrequenztechnik. Springer, Berlin 1986. – Neue Entwicklungen auf dem Gebiet der PCM-Technik. Techn. Mitteilungen AEG-Telefunken (1974). – *Ring, F.*: Einführung in die Trägerfrequenztechnik. Goslar 1955. – *Stoll, D.*: Einführung in die Nachrichtentechnik. Berlin 1978.

**Multiprocessing** ⟨*multiprocessing*⟩. Organisationsart der Verarbeitung von → Prozessen auf → Parallelrechnern: Im Gegensatz zum → Mehrprogrammbetrieb (multiprogramming), bei dem auf einem → Prozessor mehrere Prozesse abwechselnd zur Abarbeitung kommen, werden beim M. ein oder mehrere Prozesse durch eine Kooperation von mindestens zwei Prozessoren behandelt. Die Kopplung der Prozesse in einem Multiprozessorsystem kann dabei sowohl über gemeinsame als auch über verteilte → Speicher und entsprechende Programmiermodelle erfolgen. Die deutsche Überset-

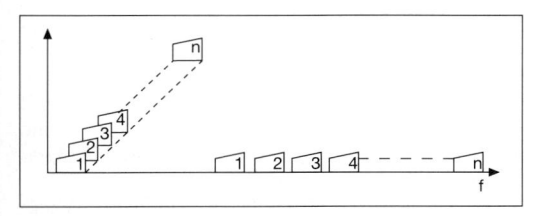

*Multiplexverfahren 2: Bildung eines Frequenzmultiplexsignals*

zung „Mehrfachverarbeitung" ist in der Literatur nur selten zu finden. *Bode/Schneider*

**Multiprozessor** ⟨*multiprocessor*⟩. → Parallelrechner mit mehreren → Prozessoren, die gemeinsam und gleichzeitig eine größere Aufgabe bearbeiten. Jeder der Prozessoren verfügt dabei über ein eigenes unabhängiges → Leitwerk, das in der Lage ist, ein → Programm selbständig zu interpretieren und auf den zugehörigen Rechenwerken auszuführen. Im M. werden also mehrere Befehlsströme und mehrere → Datenströme gleichzeitig bearbeitet. Man unterscheidet M. mit verteiltem, gemeinsamem und virtuell gemeinsamem → Speicher. Beim verteilten Speicher ist jedem Prozessor ein privater Teil des Speichers zugeordnet. Beim gemeinsamen Speicher arbeiten alle Prozessoren auf einen gemeinsamen Speicher, wobei entsprechende Zugriffskonflikte auftreten können. Beim virtuell gemeinsamen Speicher sind die Speicher physikalisch auf die Prozessoren verteilt, die Zugriffe auf entfernte Speicher erfolgen jedoch mittels Hardware- oder Software-Unterstützung in gleicher Weise wie auf lokale Speicher. Die Kommunikation zwischen Prozessoren mit verteiltem Speicher erfolgt i. allg. nach dem Prinzip der Nachrichtenkopplung: Vermittelt über das → Betriebssystem, wird durch das Programm explizit eine → Nachricht versandt. Die Kommunikation zwischen Prozessoren in einem M. mit gemeinsamem oder virtuell gemeinsamem Speicher erfolgt dagegen i. allg. implizit, d. h., Daten können auch ohne Zutun des Betriebssystems über gemeinsam zugreifbare Speicherbereiche ausgetauscht werden. Im englischen Sprachraum wird der Begriff M. oft auch eingeengt nur auf Systeme mit gemeinsamem Speicher bezogen. Im deutschen Sprachraum wird der Begriff i. allg. auch für Systeme mit verteilten Speichern verwendet, deren Prozessoren in räumlicher Nähe untergebracht sind. Lose gekoppelte Systeme, die z. B. über bitserielle Kommunikationskanäle miteinander verbunden sind, werden als Rechnernetze oder Multirechner bezeichnet. Neue, auch parallele Netztechniken lassen die Unterschiede zwischen M. und Rechnernetzen zunehmend verschwinden. *Bode*

**Multiscreen-Technik** ⟨*multiscreen technology*⟩. Nutzung mehrerer funktionell gekoppelter → Bildschirme zur → Prozeßvisualisierung eines komplexen technischen Prozesses bzw. einer größeren Anlage (z. B. Kernkraftwerk). Die M.-T. erfordert für ihre Realisierung eine spezielle Hardware-Technik im zugehörigen → Prozeßvisualisierungssystem. *Langmann*

**Multitasking** ⟨*multitasking*⟩ → Multiprocessing

**Multithreaded Architecture** ⟨*multithreaded architecture*⟩. Prozessorarchitektur, die durch geeignete Maßnahmen der Hardware in der Lage ist, die Maschinenbefehle mehrerer Befehlsströme effizient quasi gleichzeitig auszuführen. Zu jedem Befehlsstrom oder leichtgewichtigen Prozeß (thread) existiert dabei im → Prozessor ein eigener Satz von Allzweckregistern für die Aufnahme von Zwischenergebnissen und sonstiger Verwaltungsinformation. Die quasi gleichzeitige Ausführung geschieht dabei entweder durch Durchmischung der einzelnen → Befehle verschiedener Befehlsströme oder durch die abwechselnde Behandlung sehr kurzer Befehlsfolgen. Das Umschalten von einem Befehlsstrom auf einen anderen erfolgt spätestens, wenn wegen Datenabhängigkeiten, Kontrollflußabhängigkeiten oder Betriebsmittelkonflikten die Ausführung weiterer Befehle eines Befehlsstroms verzögert werden muß. Auf diese Weise kann der beschränkte → Parallelismus des einzelnen Befehlsstroms bei der Nutzung mehrerer Rechenwerke durch ein gemeinsames Steuerwerk überwunden werden und zumindest theoretisch beliebige Parallelitätsgrade auf Einzelbefehlsebene erreicht werden. *Bode*

**Muster** ⟨*pattern*⟩. Im allgemeinen die Gesamtheit der → Objekte, die Gegenstand der → Mustererkennung sind, im speziellen Sensorsignale, d. h. Funktionen, durch die ein aus Sicht einer Anwendung relevanter Ausschnitt der Umwelt repräsentiert wird.

In diesem Sinne ist ein M. eine vektorwertige Funktion

$$f = \begin{pmatrix} f_1(x_1, ..., x_n) \\ ... \\ f_m(x_1, ..., x_n) \end{pmatrix}$$

von mehreren Variablen. Beispielsweise wird gesprochene Sprache durch eine Funktion $f(t)$ repräsentiert, die den Verlauf des Schalldrucks über der Zeit angibt, ein Grauwertbild durch eine Funktion $f(x, y)$, die die Helligkeit im Punkt $x, y$ angibt, oder eine Farbfernsehbildfolge durch drei Funktionen $(f_r(x, y, t), f_g(x, y, t), f_b(x, y, t))$, die die Farbwerte in den Kanälen rot, grün und blau an der Stelle $x, y$ zur Zeit $t$ angeben. Diese Funktionen werden für die weitere digitale Verarbeitung unter Beachtung des Abtasttheorems in endliche, diskrete, ein- oder mehrdimensionale Folgen ganzer Zahlen (Abtastwert) gewandelt. *Niemann*

Literatur: *Niemann, H.*: Klassifikation von Mustern. Berlin-Heidelberg 1983.

**Mustererkennung** ⟨*pattern recognition*⟩. Automatische Transformation eines Sensorsignals in eine symbolische Beschreibung, die möglichst gut zu dem beobachteten → Muster paßt, möglichst verträglich mit maschinenintern gespeichertem a-priori-Wissen ist und möglichst gut die Anforderungen eines Problemkreises bzw. einer Anwendung erfüllt.

Das Fachgebiet ist inzwischen in zahlreiche Spezial- und Anwendungsgebiete gegliedert. Zu diesen gehören z. B. die automatische → Spracherkennung und Dialogführung, das → Bildverstehen, die Verarbeitung von Bildern aus Medizin, Erdfernerkundung, Kriminalistik, Archiven oder Konstruktionsbüros, die (echtzeitfähige) Interpretation von Bildfolgen in der Robotik und Fahrzeugführung oder die Auswertung von Meßwerten zum Zwecke der Qualitätskontrolle.

Zentrale Probleme sind die → Klassifikation von Mustern, d. h. der Übergang vom realen physikalischen Signal zum idealisierten logischen Symbol, die Ermittlung dafür geeigneter → Merkmale, die maschinelle → Wissensakquisition, → -repräsentation und → -verarbeitung, die Beherrschung des geschlossenen Kreises von Sensorik und Aktorik bzw. von Interpretation und Reaktion, die Fusion von Signalen unterschiedlicher Sensoren sowie die theoretische Fassung anwendungsorientierter Probleme zum Zwecke ihrer nachweisbar optimalen Lösung. *Niemann*

Literatur: *Ballard, D. H.* and *C. M. Brown*: Computer vision. Englewoods Cliffs, NJ 1982. – *Niemann, H.*: Pattern analysis and understanding. Berlin-Heidelberg 1990.

**Mustervergleich** *(pattern matching)*. Vergleich und Anpassung zweier Zeichenketten. M. ist ein grundlegender → Prozeß, der in verschiedenen Problemen der → Künstlichen Intelligenz (KI) eine Rolle spielt und durch viele KI-Programmiersprachen unterstützt wird. Typische Anwendungen von M. sind:

1. Datenabruf aus einer → assoziativen Datenbasis. Das Muster stellt eine partielle Datenspezifikation dar. Es werden die → Daten abgerufen, auf die das → Muster „paßt".

2. Mustergesteuerter Prozeduraufruf in → PLANNER-artigen → Programmiersprachen. Das Aufrufmuster wird mit den Parametermustern von Prozeduren verglichen. Bei Übereinstimmung erfolgen Parameterübergabe und Prozeduraktivierung (→ Dämonprozeduren).

3. → Unifizieren beim automatischen Beweisen. Zwei Ausdrücke werden verglichen und ggf. durch geeignete Ersetzungen einander angepaßt.

Je nach Anwendung kann der M. asymmetrisch (1 und 2) oder symmetrisch (3) sein und nach unterschiedlichen Regeln ablaufen. Das folgende Beispiel illustriert assoziativen Datenzugriff in der KI-Programmiersprache FUZZY.

Suchmuster:  (A ?X !Y D ??Z)
Datum:  (A B C D E F)

A bis F sind Konstanten, ?X ist eine wertannehmende Variable, !Y ist eine wertabgebende Variable (hier sei der Wert C), ??Z ist eine wertannehmende Segmentvariable. Der M. ist erfolgreich und bindet B an X sowie (E F) an Z. *Neumann*

# N

**Nachbedingung** ⟨*postcondition*⟩. **1.** Ein Prädikat β ist eine N. bezüglich eines Programms P und einer → Vorbedingung α, wenn nach jeder Ausführung von P, beginnend in einem Zustand, der α erfüllt, das Prädikat β erfüllt ist. Die stärkste N. von P bezüglich α charakterisiert die Menge aller Zustände, die nach der Ausführung von P, ausgehend von einem Zustand, der α erfüllt, erreicht werden können. Vor- und N. bilden die Grundlage für Formalismen zur Programmverifikation wie die → *Hoare*-Logik oder der → WP-Kalkül.
**2.** Die N. einer Funktion oder Prozedur ist ein Prädikat (→ Zusicherung) über ihre Parameter sowie die globalen Variablen des Programms, das bei Beendigung der Funktion bzw. Prozedur erfüllt ist, sofern beim Aufruf die → Vorbedingung der Funktion bzw. Prozedur erfüllt war. In Sprachen wie → VDM oder RAISE (→ RSL) werden Operationen durch Angabe ihrer Vor- und N. spezifiziert. Programmiersprachen wie Eiffel oder Setl erlauben die Angabe einfacher Vor- und N. im Programmcode und – optional – ihre Überprüfung zur Laufzeit. Die N. gibt die Wirkung der Funktion bzw. Prozedur an; der „Kontrakt" zwischen Ersteller und Benutzer einer Funktion bzw. Funktionsbibliothek verlangt die Erfüllung der N. in jedem Ablauf der Funktion, ausgehend von einem Zustand, der die Vorbedingung erfüllt.
**3.** In einem Bedingungs-Ereignisnetz (→ *Petri*-Netz) ist jede Bedingung b, die nach Eintritt eines Ereignisses e erfüllt ist, eine N. von e. In der graphischen Darstellung von *Petri*-Netzen wird dies durch einen Pfeil von e nach b repräsentiert. *Merz/Wirsing*

**Nachricht** ⟨*message*⟩. Eine Folge von inhaltlich zusammengehörenden → Paketen oder → Zeichen (s. auch → Betriebssystem, prozeßorientiertes). *Jakobs/Spaniol*

**Nachrichtenkommunikation** ⟨*message communication*⟩ → Betriebssystem, prozeßorientiertes

**Nachrichtenkommunikation, asynchrone** ⟨*asynchronous message communication*⟩ → Betriebssystem, prozeßorientiertes

**Nachrichtenkommunikation, Kerndienste zur** ⟨*kernel services for message communication*⟩ → Betriebssystem, prozeßorientiertes

**Nachrichtenkommunikation, synchrone** ⟨*synchronous message communication*⟩ → Betriebssystem, prozeßorientiertes

**Nachrichtenkommunikation, unidirektionale** ⟨*unidirectional message communication*⟩ → Betriebssystem, prozeßorientiertes

**Nachrichtenkopf** ⟨*message header*⟩ → Betriebssystem, prozeßorientiertes

**Nachrichtenkörper** ⟨*message body*⟩ → Betriebssystem, prozeßorientiertes

**Nachrichtenpuffer** ⟨*message buffer*⟩ → Betriebssystem, prozeßorientiertes

**Nachrichtentechnik** ⟨*telecommunications engineering*⟩. Beschäftigt sich zum einen mit den Aufgaben der Nachrichtenübertragung (*klassische* N.) und zum anderen mit der Meßbarkeit von Nachrichten bzw. Information (→ Informationstheorie).
Bild 1 zeigt ein allgemeines Blockdiagramm für die Nachrichtenübertragung. Die Informationsquelle erzeugt zu übertragende Nachrichten. Diese werden vom Sender in eine für den Übertragungskanal (Kanal) geeignete Form – das → Signal – umgewandelt (z. B. in elektrische oder optische Impulse, Schallwellen). Über den Übertragungskanal gelangen die Nachrichten dann zum Empfänger, wobei Störungen i. allg. nicht ausgeschlossen werden können. Der Empfänger wandelt – soweit aufgrund der Störungen möglich – die Signale in

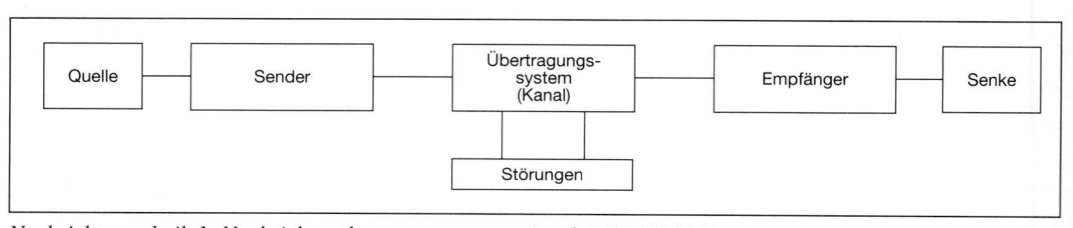

*Nachrichtentechnik 1: Nachrichtenübertragungssystem (nach DIN 40146/1)*

eine für die Nachrichtensenke verständliche Form um. Die Informationstheorie stellt Mittel bereit, mit denen quantitative Aussagen über die Einflüsse der Störungen auf die zu übertragenden Nachrichten gemacht werden können. Sie liefert damit ein Werkzeug für die Bewertung verschiedener Modulations- und Übertragungsverfahren (→ Modulation).

Geschichtliche Entwicklung der N.:

☐ *Telegraphie.* Die erste Erwähnung eines schnellen (d. h. nicht auf Boten basierenden) Nachrichtensystems zur Übertragung bestimmter definierter → Zeichen stammt aus dem Griechenland des 8. vorchristlichen Jahrhunderts; sie beschreibt einen Fackeltelegraphen. Der Dichter *Aischylos* berichtet um 500 v. Chr. in seinem Drama „Agamemnon", daß die Einnahme Trojas nach Mykene durch Feuerzeichen gemeldet wurde. In den folgenden Jahrhunderten findet man Fackeltelegraphenlinien in sehr vielen Kulturkreisen. Das System wurde immer weiter perfektioniert, von den einfachen ja/nein-Mitteilungen des *Agamemnon* bis hin zum System des Griechen *Polybios* (ca. 200 v. Chr.), dessen Serienkode den einzelnen Buchstaben unterschiedliche Zeichen zuordnete (maximal zehn Zeichen/Buchstabe). Dieses System kann als ein erster Vorläufer des Morsealphabets angesehen werden.

Die Qualität der Nachrichtenübermittlung im Europa des Mittelalters erreicht bei weitem nicht den Standard des Altertums. Die politische Zersplitterung Europas in eine große Zahl kleiner und kleinster Herrschaftsbereiche machte die Verwirklichung eines einheitlichen Nachrichtensystems praktisch unmöglich. Erst die Konstruktion eines Fernrohres durch den Holländer *Lippershey* 1608 und durch *Galilei* 1609 eröffnete der optischen Nachrichtenübertragung neue Möglichkeiten. 1793 beschloß der französische Konvent den Bau einer Telegraphenstrecke von Paris nach Lille. Das System beruhte auf einer Idee der Gebrüder *Chappe*. Es bestand aus einem ca. 4 m langen, auf der Spitze eines Mastes montierten „Regulators", an dessen Enden zwei bewegliche „Indikatoren" befestigt waren. Hierdurch konnten 196 verschiedene Zeichen dargestellt werden, 98 wurden tatsächlich benutzt (Bild 2).

1837 wurde von *S. Morse* in den USA das erste Modell seines elektrischen Telegraphensystems vorgeführt. Es entwickelte sich im weiteren zu einem der weltweit wichtigsten Nachrichtensysteme für einen Zeitraum von fast 100 Jahren. Auf der 1844 gebauten Teststrecke von Washington nach Baltimore verwendete *Morse* eine Punkt/Strich-Schrift. Hierbei wurde jedem Zeichen eine Kombination aus Punkten und Strichen zugeordnet (das Zeichen wurde codiert, → Code), wobei Punkte und Striche durch kürzeres bzw. längeres Schließen eines Stromkreises erzeugt wurden (das heute als „Morsealphabet" bekannte Codierungsverfahren geht auf *F. C. Gerkes* aus Hamburg zurück). 1845 bot *Morse* sein damals ca. 1 500 km umfassendes Telegraphennetz der amerikanischen Regierung für 100 000 $ an; dieses Angebot wurde wegen der bezweifelten Rentabilität abgelehnt. Seit diesem Zeitpunkt ist die Nachrichtenübertragung in den USA, im Gegensatz zu praktisch allen europäischen Nationen, in der Hand privater Gesellschaften.

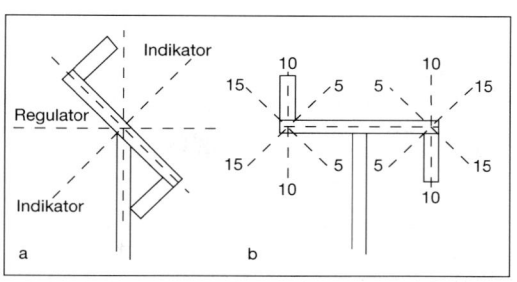

*Nachrichtentechnik 2: Einzelmöglichkeiten des französischen optischen Telegrafen nach Entwürfen von C. Chappe. a. In der Einstellphase (schrägstehender Regulator), b. in der Übertragungsphase (waagrechter oder senkrechter Regulator). Zur genauen Beschreibung der eingestellten Zeichen werden die Einstellpositionen mit Ziffern versehen, wobei man zwischen der Einstellung ⟨Himmel⟩ und ⟨Erde⟩ unterscheidet und jeweils mit dem rechten Indikator beginnt. Für die Einstellung in Beispiel b lautet die Beschreibung dann ⟨10 Erde – 10 Himmel⟩. Die nach links oben zeigende Einstellung des Regulators a verweist auf die Durchgabe eines Telegramms.*

Das deutsche Telegraphennetz geht auf eine Denkschrift des preußischen Artillerieleutnants *W. Siemens* zurück; *Siemens'* Telegraphieapparat wurde 1847 patentiert. 1848 wurde, unter der Leitung von *Siemens*, mit dem Bau eines Staatstelegraphennetzes begonnen, das sich zunächst von Berlin nach Frankfurt/Main und Köln erstreckte.

Eine Telegraphenverbindung zwischen Europa und Nordamerika wurde 1866 aufgenommen, 1869 ging eine Verbindung von London nach Kalkutta (ca. 18 000 km) in Betrieb (Bürofernschreiben, → CCITT, Fernschreiber, Fernschreib-Nebenstellenanlagen, Fernschreibzeichen, Schrittgeschwindigkeit, → Telex).

☐ *Telephonie (Telephonnetz).* Unter Telephonie versteht man die Übertragung des gesprochenen Wortes in Form von elektrischen oder optischen Signalen. Die Entwicklung der Telephonie nahm von Anfang an einen anderen Weg als die der Telegraphie. Während die Telegraphie der Übertragung von alphanumerischen Zeichen zwischen relativ wenigen Stationen über große Entfernungen diente, entwickelten sich die Fernsprechnetze bis Ende des 19. Jahrhunderts als Ortsnetze. Analoge Verstärkerelemente (entsprechend den „digitalen" Telegraphierelais), die für die Überbrückung größerer Entfernungen unverzichtbar sind, standen bis dahin nicht zur Verfügung.

Die technische Problemstellung, Sprache auf elektrischem Weg zu übertragen, formulierte erstmals *C. Bourseul* 1854. Vom experimentellen Ansatz ging *P.*

*Reis* aus, der 1860 einen Apparat vorstellte, mit dem man „... Töne aller Art durch den galvanischen Strom in beliebige Entfernung reproduzieren kann". Bemerkenswert ist, daß dieser erste Apparat bereits über eine Rufeinrichtung verfügte. An eine praktische Anwendung des Apparats wurde jedoch nicht gedacht.

Im Gegensatz dazu wurde das Patent des Amerikaners *G. Bell* aus dem Jahre 1876 trotz der auch in den USA bestehenden Bedenken hinsichtlich der Rentabilität sehr schnell ein kommerzieller Erfolg: Innerhalb von drei Jahren wurden 50 000 Telephone installiert; die heutige American Telephone and Telegraph Company (AT & T) mit über 150 Mio. Anschlüssen entstand aus der damals gegründeten Bell Telephone Company.

Der von *Bell* entwickelte Telephonapparat erfuhr im Lauf der nächsten Jahre einige wesentliche Verbesserungen, insbesondere durch die Verwendung des von *D. E. Hughes* konstruierten Kohlemikrophons (1878). Dieses Mikrophon wurde später u. a. von *Th. A. Edison* und *R. Lüdtge* weiter verbessert, so daß mit der relativ kleinen Signalleistung der Schallschwingungen wesentlich größere elektrische Leistungen gesteuert werden konnten. Das Kohlemikrophon findet auch heute noch in den meisten Telephonen Verwendung (Fernmeldeanlage, Fernsprechapparat, Fernsprechleitung, Fernsprechkonferenz, Fernsprechnetz, Fernsprechtechnik, Fernsprech-Nebenstellenanlagen, Fernsprech-Vermittlungstechnik, → Leitungsvermittlung, → Verkehrstheorie).

□ *Informationstheorie.* Diese ermöglicht es, Grenzen anzugeben, die bei einer Übertragung über gestörte Kanäle auch mit idealen Übertragungsverfahren und bei beliebig großem Aufwand nicht überschritten werden können. In diesem Sinne stellt die → Informationstheorie eine übergeordnete Theorie dar, mit der Übertragungssysteme unabhängig von ihrer technischen Realisierung beschrieben und verglichen werden können. Insbesondere behandelt die Informationstheorie die Frage, ob und mit welchen Übertragungsraten ein Datenaustausch über einen gestörten Kanal möglich ist; die so ermittelte Grenzübertragungsrate wird als „Kanalkapazität" bezeichnet.

Die Informationstheorie geht auf Arbeiten von *C. Shannon* (1948) zurück (→ Modulation, → Multiplexverfahren, Bandpaß, Tiefpaß, → Abtasttheorem).

Mit dem Einsatz immer leistungsfähigerer → Digitalrechner in der Datenübertragung veränderten sich die Problemstellungen innerhalb der N. Während bisher typischerweise analoge Signale (Analogsignal) übertragen wurden (Telephon, Rundfunk und Fernsehen, eine Ausnahme bildet die Telegraphie), tritt jetzt die digitale Übertragung von Nachrichten in den Vordergrund (Satellitenrundfunk).

Als weiteres Resultat kann ein immer stärkeres Verwischen der Grenzen zwischen Nachrichtenverarbeitung, Nachrichtenübertragungstechnik und → Kommunikationstechnik festgestellt werden.

Man kann heute sagen, daß die wesentliche Aufgabe der N. im Bereitstellen möglichst sicherer Kanäle, d. h. Kanäle mit möglichst geringen Störungen, liegen wird. Diese Aufgabe ist insbesondere im Rahmen der nicht kabelgebundenen Kommunikationssysteme (Satellitenkommunikation – hierzu gehört auch das Satellitenfernsehen –; Rundfunktechnik; → Funknetze, mobile) von immenser Bedeutung, da in diesen Bereichen die Übertragungsgüte der Kanäle sehr stark von Umwelteinflüssen (z. B. Gewitter über der → Erdfunkstelle, Geländeerhebungen zwischen zwei Stationen) abhängig und damit Schwankungen unterworfen ist.

Die N. stellt also „lediglich" ein Transportmittel für Daten bereit. Ihr obliegt es nicht, verbindliche Regeln (→ Protokoll) für den Datenaustausch zu formulieren; mit diesem Problemkreis beschäftigt sich die Kommunikationstechnik (→ PCM; → Satellitennetz; → Übertragung, analoge; → Übertragung, asynchrone; → Übertragung, digitale; Übertragung, optische; → Übertragung, parallele; → Übertragung, serielle; → Übertragung, synchrone).  *Spaniol*

Literatur: *Aschoff, V.*: Nachrichtenübertragungstechnik. Springer, Berlin 1968. – *Herter, E.; Röcker, W.*: Nachrichtentechnik – Übertragung und Verarbeitung. München 1976. – *Lüke, H. D.*: Signalübertragung. Springer, Berlin 1979. – *Oberliesen, R.*: Information, Daten und Signale – Geschichte technischer Informationsverarbeitung. Hamburg 1982. – *Steinbuch, K.*: Die informierte Gesellschaft. Stuttgart 1966.

**Nachrichtenvermittlungs-Task** ⟨*message passing task*⟩ → Rechensystem, verteiltes

**Name** ⟨*name*⟩. Innerhalb einer → OSI-Umgebung ist ein N. ein Sprachkonstrukt, das ein → Objekt beschreibt. Hierzu gehören auch → Adressen und Titel. Es wird zwischen verschiedenen Arten von N. unterschieden:

– *Beschreibender Name*: Hierdurch wird eine Gruppe von Objekten identifiziert, indem Aussagen über Eigenschaften dieser Objekte gemacht werden. Ein solcher N. soll dem menschlichen Benutzer die benutzerfreundliche, natürlichsprachige Beschreibung eines Objekts gestatten. Ein beschreibender N. kann vollständig sein. In diesem Fall identifiziert er genau ein Objekt. Ist er unvollständig, so wird durch ihn eine Gruppe von Objekten identifiziert, welche die im N. beschriebenen Eigenschaften gemeinsam haben.

– *Primitiver Name*: Hier ist die Eigenschaft der Benutzerfreundlichkeit nicht erforderlich, auch seine Struktur braucht für den Benutzer nicht ersichtlich zu sein. Sowohl beschreibende als auch primitive N. müssen eindeutig sein. Ein Objekt kann allerdings mehrere N. haben.

– *Generischer Name*: Generische N. können genutzt werden, um Objekte eines bestimmten Typs zu identifizieren, von denen dann ein Objekt ausgewählt wird. Hierin liegt der Unterschied zu einem unvollständigen beschreibenden N., der zwar ebenfalls eine Gruppe von gleichen oder ähnlichen Objekten beschreibt, aber keines auswählt.

→ Adressen und Titel sind ebenfalls Namenstypen:
– *Adresse*: Ein eindeutiger N., der innerhalb der OSI-Umgebung eine Gruppe von Dienstzugangspunkten (→ SAP) identifiziert. Diese SAP liegen alle in demselben offenen System.
– *Titel*: Ein N., der eine → Instanz eindeutig identifiziert. Eine Adresse beschreibt keine Instanz, sondern den Ort, an dem diese Instanz zu finden ist, nämlich oberhalb der durch sie identifizierten SAP. Der Titel identifiziert die Instanz unabhängig davon, über welche SAP sie erreichbar ist. Wird eine Instanz von System A nach System B gebracht, ändert sich zwar ihre Adresse, in die jetzt ihre Lage in System B eingeht, nicht aber ihr Titel.

Die für einen Benutzer wohl interessanteste Verwendung von N. sind die Distinguished Names, die vom → X.500-Dienst angeboten werden und auf eine relativ benutzerfreundliche Weise die Benennung von Kommunikationspartnern erlauben. *Jakobs/Spaniol*

Literatur: Spaniol, O.; Jakobs, K.: Rechnerkommunikation – OSI-Referenzmodell, Dienste und Protokolle. VDI-Verlag, 1993.

**Namensdomäne** ⟨*naming domain*⟩. Eine organisatorische Instanz (Unternehmen, Verwaltungseinheit usw.), die berechtigt ist, innerhalb ihres Verantwortungsbereiches → Namen zu vergeben (→ X.400, → X.500, → Adresse). *Jakobs/Spaniol*

**Nanoprogrammierung** ⟨*nanoprogramming*⟩. Strukturierte Lösung zur → Decodierung von Mikroinstruktionen. In Analogie zur → Mikroprogrammierung, die auf strukturierte Weise die Decodierung der Maschinenbefehle eines Rechners erlaubt, wird die N. als strukturierter Ersatz für Decoder-Hardware bei stark codierten (vertikalen) Mikroinstruktionen verwendet. Jede Mikroinstruktion wird dabei durch ein Nanoprogramm im Nanoprogrammspeicher interpretiert. Die Nanoinstruktion selbst besteht aus Adreß- und Steuerteil. Ersterer dient der Adreßfortschaltung im Nanoprogrammspeicher, wohingegen der Steuerteil die zur Steuerung des Rechners benötigten → Signale anstößt. Die N. ist also eine Stufe der Mikroprogrammierung unterhalb der Mikroprogrammierung. Man nutzt diese zweistufige Technik meist dazu, eine relativ programmierfreundliche Ebene der Mikroprogrammierung, jedoch eine effiziente Ebene der N. in einem Rechner anzubieten. Mit zurückgehender Bedeutung der Mikroprogrammierung sinkt auch die Bedeutung der N.
*Bode*

**Navigation** ⟨*navigation*⟩. Dient zur inhaltlichen Erschließung eines Anwendungsprogramms. Für eine effiziente N. bedient man sich geeigneter N.-Werkzeuge, die die → Benutzer bei der Ermittlung der in einem Anwendungssystem enthaltenen → Funktionalität unterstützen. Diese Werkzeuge erlauben es, die der Anwendung zugrunde liegenden Konzepte zu inspizieren; sie stehen damit den passiven Hilfesystemen nahe.

Meist handelt es sich um spezielle, durch Visualisierungstechniken unterstützte Systeme zur N. durch → Netze, deren Knoten abgeschlossene Informationseinheiten (z. B. Dialogknoten) darstellen.

Einen breiten Einsatz findet die N. in → Hypertext- und → Hypermedia-Systemen zur Informationsnutzung. Neben der üblichen linearen N. von z. B. Bildschirmseite zu Bildschirmseite eines Hypertextes, wird meist auch eine nichtlineare N. von Informationsknoten (z. B. markiertes Wort oder Textstelle) zu Informationsknoten angeboten.

Auch in Computernetzen wird die Art der Informationssuche über nichtlineare N. mittlerweile intensiv genutzt (z. B. Informationsnutzung im World Wide Web (→ WWW), einem auf Hypertext basierenden Informationssystem im → Internet). *Langmann*

**NBS-Kanal** ⟨*no-wait-send channel*⟩ → Betriebssystem, prozeßorientiertes

**NBS-Konzept** ⟨*no-wait-send concept*⟩ → Betriebssystem, prozeßorientiertes

**NBS (Nicht Blockierendes Senden)** ⟨*no-wait-send*⟩ → Betriebssystem, prozeßorientiertes

**NDC** ⟨*NDC (Normalized Device Coordinates)*⟩ → Gerätekoordinaten, normalisierte

**Nebenläufigkeit** ⟨*concurrency*⟩. **1.** Relation, die zwischen Ereignissen, Aktionen oder Prozessen in nichtsequentiellen Systemen vorhanden sein kann. In einem → Petri-Netz können zwei Transitionen nebenläufig (concurrently) schalten, wenn sie beide aktiviert sind und das Schalten jeder einzelnen Transition die Aktivierungsbedingungen für die andere nicht aufhebt. N. ist eine reflexive symmetrische, aber i. allg. nichttransitive Relation; sie ist allgemeiner als Gleichzeitigkeit, Simultaneität oder → Parallelität (denn zwei nebenläufige Aktionen dürfen auch nacheinander stattfinden).
*Brauer*

**2.** Gemeinsame Eigenschaft mindestens zweier Prozesse, die beschreibt, daß die Prozesse innerhalb eines Systems über definierte Zeitbereiche unabhängig (somit in beliebiger Reihenfolge oder auch parallel) voneinander abgewickelt werden können.

Prozesse nutzen während ihres Ablaufs verschiedene Betriebsmittel des Systems und treten damit bei gemeinsamer Nutzung begrenzter Ressourcen, die eine gleichzeitige Nutzung ausschließen (→ Ausschluß), in Konkurrenz zueinander. Zugriffskonflikte können nur durch eine Sequentialisierung bzw. → Synchronisation der Anforderungen gelöst werden. Aufgrund der damit verbundenen Wartebedingungen kann es durch wechselseitiges Warten auf die Freigabe zugeteilter Betriebsmittel zu einer → Verklemmung der Prozesse kommen. Die geordnete Zuteilung begrenzter Ressourcen erfordert somit Strategien, welche die Gesamtfunktion des Systems gewährleisten. *Herbig*

**Nebenstellenanlage, digitale** ⟨*private automated branch exchange*⟩. D. N. (PBX, PABX) sind private Vermittlungseinrichtungen, die den Anschluß verschiedener Endgeräte wie Telephone, → Telefaxe und Rechner an das öffentliche Telephonnetz bzw. → ISDN ermöglichen. Jedes Endgerät wird über eine dedizierte Verbindung an die N. angeschlossen; es ergibt sich somit eine sternförmige → Topologie.

Insbesondere bei → ISDN wird davon ausgegangen, daß d. N. – aber auch lokale Netze (→ LAN) – angeschlossen werden. LAN und PBX sind somit in gewisser Weise Konkurrenten, zumindest für manche Anwendungsbereiche. Daher soll im folgenden ein Vergleich dieser beiden Technologien vorgenommen werden.

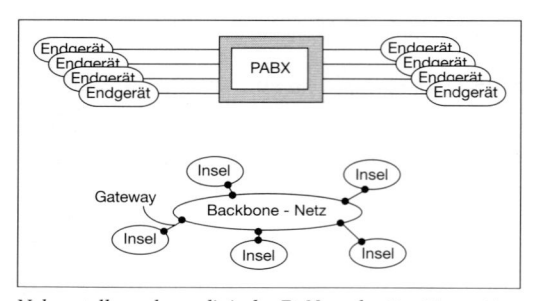

*Nebenstellenanlage, digitale: D. N. und → Backbone-Netz*

Ein Vorteil für das lokale Netz zeichnet sich im Bereich der zur Verfügung stehenden Bandbreite jeder einzelnen Verbindung ab. Den relativ schmalbandigen, exklusiv nutzbaren ISDN-Verbindungen stehen Leistungen im Megabit-Bereich gegenüber. Bei den PABX-Anlagen summiert sich jedoch die Gesamtbandbreite, da mehrere Verbindungen gleichzeitig aufgebaut werden können. Dies führt wiederum zu einem Vorteil gegenüber den LAN.

An PABX-Anlagen können ohne Probleme mehrere tausend Geräte angeschlossen werden. Bei LAN liegt die Anschlußzahl bei einigen hundert. Durch geeignet gewählte Netzstrukturen können diese Beschränkungen jedoch weitgehend umgangen werden.

Ein Hauptaugenmerk bei der Entwicklung des ISDN lag von Beginn an darauf, den Umstieg von der Analogtechnik auf digitale Übertragung zu realisieren. Bezüglich der Eignung für Sprachübertragungen ist daher ein klarer Vorteil der PABX-Anlagen zu verzeichnen.

In PABX-Anlagen wird das gleiche System im internen wie im externen Verkehr verwandt. Der Anschluß an ein WAN ist daher problemloser als bei LAN. Letztere benötigen ein aufwendigeres → Gateway, um eine entsprechende Anpassung durchzuführen.

Bei der Produktverfügbarkeit haben die LAN Vorteile, da ein größeres Produktspektrum zur Verfügung steht. Sie sind gerade für neue Anwendungen wie Bürokommunikation konzipiert worden.

Für LAN müssen i. d. R. neue Kabel verlegt werden. PABX-Anlagen können unter Umständen auf existierende Verkabelungen zurückgreifen. Sollte durch Störanfälligkeit, Kabelwirrwarr oder sonstige Fehler die existierende Telephonanlage nicht den PABX-Anforderungen genügen, so empfehlen PABX-Hersteller eine Neuverkabelung.

Keine Alternative stellen PABX-Anlagen in den Fällen dar, in denen auf eine Rundspruchfähigkeit (→ Multicast, → Rundspruchigenschaft, Broadcast) nicht verzichtet werden kann. Die Rundspruchfähigkeit existiert i. d. R. nur bei LAN.

Die Rundspruchfähigkeit sorgt andererseits jedoch auch dafür, daß LAN leicht abgehört werden können. PABX-Anlagen sind im Bereich der Abhörsicherheit jedoch ebenfalls nicht problemlos, da auch die verwendeten Kupferkabel leicht angezapft werden können.

Bei PABX-Anlagen sind die Einstiegskosten wegen der Zentrale sehr hoch. Kosten bei der Anschaffung von weiteren Anschlüssen eines LAN sind immer gleich. Kostenschübe entstehen allerdings beim Erweitern von LAN durch Repeater usw. Kosten für weitere Anschlüsse bei PABX-Anlagen sind als gering zu bezeichnen.

Die Einstiegskosten bei LAN liegen letztlich also deutlich unter denen einer PABX-Anlage, welche jedoch bei den Ausbaukosten wiederum günstiger abschneidet. *Jakobs/Quernheim/Spaniol*
Literatur: *Martin, H.-E.*: Kommunikation mit ISDN. Markt & Technik, 1990.

**Negation** ⟨*NOT-function*⟩. **1.** Die Negation einer Aussage A, (¬A oder Ā) ist diejenige Aussage, die genau dann wahr ist, wenn A falsch ist.

**2.** Eine einstellige, *Boole*sche Verknüpfung, die die Eigenschaft hat, daß der Funktionswert genau dann eine binäre 1 ist, wenn der Parameter den Wert 0 hat. In der Formelsprache der *Boole*schen Algebra wird die Funktion als

$F = \bar{A}$ oder $F = \neg A$

geschrieben (Bild).

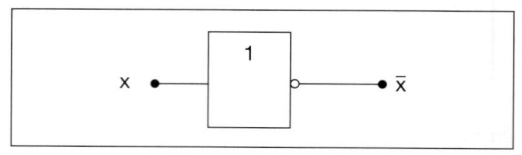

*Negation: Schaltzeichen* *Bode*

**Netz, intelligentes** ⟨*intelligent network*⟩ → IN

**Netz rechenfähiger Maschinen** ⟨*network of computing machines*⟩ → Rechensystem

**Netz, semantisches** ⟨semantic net⟩. Grundlegender Formalismus zur → Wissensrepräsentation in der → Künstlichen Intelligenz (KI). Ein s. N. ist ein gerichteter, markierter → Graph, dessen Knoten und Kanten Bedeutungen zugewiesen sind. Knoten repräsentieren → Objekte (oder Konzepte), Kanten repräsentieren zweistellige Beziehungen. Das Bild zeigt ein s. N., in dem das Konzept „Junggeselle" durch ISA-Beziehungen definiert wird. ISA drückt die Subsumption eines Konzepts durch ein zweites aus.

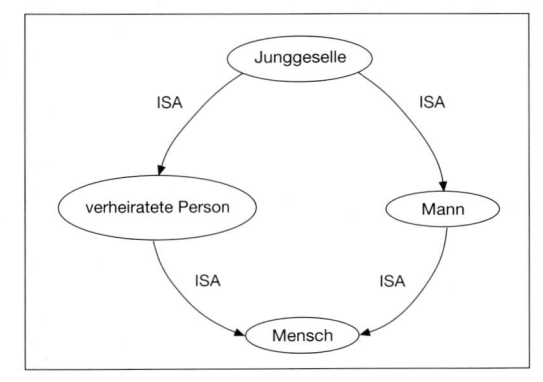

*Netz, semantisches: Definition von „Junggeselle" durch ein s. N.*

Alle mehrstelligen Beziehungen (z. B. A ist „zwischen" B und C) können prinzipiell durch zweistellige Beziehungen und damit in s. N. ausgedrückt werden.

S. N. lassen sich computerintern durch „Objekt-Attribut-Wert"-Tripel repräsentieren. *Neumann*

**Netzadministrator** ⟨network administrator⟩. Informatik-Berufsbild, das bei Betreibern von verteilten Systemen und Rechnernetzen eine Rolle spielt. Der N. entwirft und implementiert die für alle Anwendungen eines Betriebs erforderlichen Datenfernübertragungs- (DFÜ-)Einrichtungen und -dienste. Dazu gehören die Festlegung und Weiterentwicklung der Netzstruktur (Netztopologie), die Auswahl der Übertragungsmedien (Metall, Glasfaser) und -protokolle, die Verteilung von Knotenrechnern und Servern, die Installation von DFÜ- und Netz-Software, die Festlegung und Verwaltung von Zugangskontrollen. *Endres*

**Netzkopplung** ⟨network interconnection⟩. Verbindung verschiedener → Netzwerke zum Zweck der Vergrößerung des Netzes sowie zur Erweiterung der an einer Stelle angebotenen → Dienste und Leistungen. Der Zugang zu Rechnern anderer Netze, zu öffentlich angebotenen Diensten und letztlich auch zu internationalen Diensten wird erst durch die Verbindung von Netzwerken möglich. Die Koppeleinheit zwischen Netzwerken wird je nach ihrer Funktionalität als → Gateway, → Router oder → Brücke bezeichnet. *Hoff/Spaniol*

**Netzmanagement** ⟨network management⟩ → Netzwerkmanagement

**Netzplantechnik** ⟨critical path method⟩. Verfahren zur optimalen Planung und Überwachung von Projekten. Ein Projekt setzt sich dabei aus einzelnen Tätigkeiten (Vorgängen) zusammen, die in einer gegebenen Reihenfolge abzuarbeiten sind. Ein Vorgang heißt *kritisch*, wenn die Verlängerung seiner Dauer eine gleich große Verlängerung der kürzesten Projektdauer bewirkt. Die *Pufferzeit* eines Vorgangs ist die maximale Zeitspanne, um die ein Vorgang hinausgeschoben werden kann, ohne einen vorgegebenen Projektendtermin zu verletzen. Die Terminplanung für ein Projekt umfaßt dann die folgenden für die Projektüberwachung wichtigen Größen:
– kürzeste Projektdauer,
– kritische Vorgänge,
– Anfangs- und Endtermine aller Vorgänge,
– Pufferzeiten aller Vorgänge.

Bekannte Verfahren zur Berechnung dieser Größen sind CPM (Critical Path Method) und PERT (Project Evaluation and Review Technique), die beide der Terminplanung einen gerichteten → Graphen zuordnen, dessen Knoten durch die Vorgänge und dessen Kanten durch die gegebene Bearbeitungsreihenfolge repräsentiert werden. Zur Anwendung gelangen Kürzeste-Wege-Algorithmen (→ Kürzeste-Wege-Problem) und dynamische Optimierungsmethoden (→ Optimierung, dynamische). *Bachem*

**Netzwerk** ⟨network⟩. Gesamtheit aller Knoten und der zwischen ihnen liegenden Verbindungsstrecken eines Kommunikationssystems. Ein N. kann in den unterschiedlichsten → Topologien realisiert werden, vom einfachen → Ring oder → Bus bis zu komplexen vermaschten Strukturen. In der → ISO-Terminologie umfaßt das N. die unteren drei → Ebenen des → OSI-Referenzmodells. DIN 44 302 definiert den Begriff Datennetz als „die Gesamtheit der Einrichtungen, mit denen ausschließlich Datenverbindungen zwischen DEE (Datenendeinrichtungen, Endsystem) hergestellt werden" (s. auch → Netzwerkfluß). *Fasbender/Spaniol*

Literatur: *DIN 44 302*: Datenübertragung, Datenübermittlung – Begriffe. 1987.

**Netzwerk-Controller** ⟨controller⟩. Um die CPU eines Rechners von den reinen Kommunikationsaufgaben zu entlasten, werden N.-C. als „intelligente" Steuereinheiten eingesetzt. Sie sind somit für alle mit dem reinen Datentransport zusammenhängenden Aufgaben zuständig. Typischerweise ist auf einem N.-C. die Software des Transportsystems, also z. B. die Ebenen 1 bis 4 des → OSI-Referenzmodells, implementiert. *Jakobs/Spaniol*

**Netzwerkdatenmodell** ⟨network data model⟩ → Datenmodell

**Netzwerkebene** ⟨network layer⟩ → Vermittlungsebene

**Netzwerkfluß** ⟨network flow⟩. Spezielle → lineare Programmierungs-Probleme zur Bestimmung von optimalen Flüssen in Netzwerken wie Verkehrsnetze (Transport- und Umladeprobleme), Leitungsnetze oder Stromkreise.

Ein *Netzwerk* ist ein gerichteter, zusammenhängender → Graph (je zwei Knoten lassen sich durch eine Kantenfolge miteinander verbinden), in welchem zwei Knoten, die Quelle s und die Senke t, ausgezeichnet sind. Ein Fluß x vom Wert v ist ein Vektor mit Komponenten $x_{ij}$ für jede Kante (i, j) des Netzwerks, der die *Flußerhaltungsregeln*
1. Alles was in Knoten i hineinfließt, fließt auch wieder hinaus. $\sum_j x_{ij} - \sum_j x_{ji} = 0$ für jeden Knoten i außer s und t.
2. Aus der Quelle s und in die Senke t fließen v Einheiten. $\sum_j x_{ij} - \sum_j x_{ji} = -v$ für $i = s$ $\sum_j x_{ij} - \sum_j x_{ji} = v$ für $i = t$ genügt und zusätzlich die Kantenkapazitäten
3. $0 \leq x_{ij} \leq u_{ij}$
beachtet.

Ist W eine Kantenfolge von s nach t, so heißen Kanten in W *vorwärtsgerichtet*, wenn sie von s nach t zeigen, und *rückwärtsgerichtet*, wenn sie von t nach s zeigen. Die Idee aller N.-Algorithmen beruht auf der Konstruktion eines zu einem gegebenen Fluß x *flußverbessernden Weges* W, der auf allen vorwärtsgerichteten Kanten noch Flußeinheiten aufnehmen ($x_{ij} \leq u_{ij}$) und auf allen rückwärtsgerichteten Kanten Flußeinheiten abgeben ($x_{ij} > 0$) kann. Sind alle Daten des Problems ganzzahlig, so kann der Fluß entlang eines flußverbessernden Weges stets um mindestens eine Einheit verbessert werden, und das Verfahren endet nach endlich vielen Schritten mit einer optimalen Lösung genau dann, wenn es keinen flußverbessernden Weg mehr im Netzwerk gibt.

Eine Partition der Knotenmenge V des Netzwerks in Knotenmenge $s \in S$ und $t \in T$ heißt *Schnitt*. Der Wert eines Schnittes ist die Summe aller Kapazitäten $u_{ij}$ auf den Kanten von S nach T. Der Dualitätssatz der linearen Programmierung zeigt, daß der Wert eines maximalen Flusses stets gleich dem Wert eines minimalen Schnittes ist; er wird deshalb auch als *Max-Flow-Min-Cut-Theorem* bezeichnet.

Das Problem, zu einem gegebenen Fluß einen (oder alle) flußverbessernden Weg zu bestimmen, kann durch Schichtung des Netzwerks in Ebenen verschiedener von s erreichbaren Knoten mit Depth-First-Search-Techniken sehr effizient gelöst werden. Solche → Algorithmen benötigen höchstens $O(|V|^3)$-viele Elementarschritte, um einen maximalen Fluß zu bestimmen.

Ist das Netzwerk noch zusätzlich mit Kosten $c_{ij}$ für eine Flußeinheit in der Kante (i, j) ausgestattet, so bezeichnet man das Problem, zu vorgegebenem Flußwert v einen Fluß x mit minimalen Kosten $\sum_{i,j} c_{ij} \cdot x_{ij}$ zu bestimmen, als das *kostenminimale Flußproblem*. Zur Lösung gelangen primale Verfahren (Spezialisierungen des → Simplexverfahrens für Netzwerke unter Ausnutzung der Tatsache, daß Ecklösungen das Netzwerk aufspannenden Bäumen entsprechen), die heute gegenüber → primal-dualen Verfahren wie der *Out-of-Kilter-Algorithmus* in besseren → Implementierungen existieren.

Besonders interessante Spezialisierungen des kostenminimalen Flußproblems sind das → Transportproblem und das *Zuordnungsproblem*. Beim Zuordnungsproblem sollen z. B. n Aufträge auf n Prozessoren aufgeteilt werden. Die Bearbeitungszeit eines Auftrages i auf dem Prozessor j betrage $c_{ij}$ Zeiteinheiten. Das Zuordnungsproblem sucht nun nach einer Aufteilung der Aufträge auf die → Prozessoren mit minimaler Gesamtbearbeitungszeit, das *Engpaß-Zuordnungsproblem* z. B. nach einer Aufteilung, so daß die Bearbeitungszeit des längsten Auftrags minimal wird. Lineare Zuordnungsprobleme können mit einer speziellen Variante des Kürzeste-Wege-Algorithmus von *Dijkstra* sehr effizient gelöst werden.

Das Problem einer Fluggesellschaft, mit einer minimalen Anzahl von Fluggeräten ihrer Flotte die Fluglinien eines gegebenen Flugplanes zu bedienen, ist ein Beispiel für ein kostenminimales Flußproblem mit zusätzlichen unteren Schranken $l_{ij} \leq x_{ij}$ auf den Kanten des Netzwerkes. *Bachem*

**Netzwerkmanagement** ⟨network management⟩. Alle Aktivitäten, die zur Kontrolle und Koordination der sinnvollen → Kommunikation in einem → Netzwerk erforderlich sind. Managementdienste ermöglichen Benutzern und Systemadministratoren die Planung und Organisation von
– Kommunikationsabläufen,
– Reaktionen auf sich ändernde Anforderungen,
– Garantien für ein vorhersagbares Kommunikationsverhalten,
– Schutz von Informationen.

Dazu werden folgende Dienste benötigt:
– die Bereitstellung von Informationen über Systeme und deren Komponenten,
– die Möglichkeit, eine → Dienstgüte auszuhandeln und diese Dienstgüte auch garantieren zu können,
– Sicherheitsmechanismen für den erforderlichen → Datenschutz,
– Rekonfiguration des Systems oder von Systemteilen zur Anpassung an sich ändernde Anforderungen,
– Erstellung von Verkehrs- und Gebührenstatistiken,
– Erkennung, Isolierung und Behebung auftretender Fehler.

Erschwerend dabei ist, daß einerseits die Autonomie der Systeme berücksichtigt werden muß und andererseits die Notwendigkeit ihrer Kooperation zur Unterstützung von Managementoperationen besteht.

→ OSI unterscheidet zwischen drei Managementklassen:

☐ *Systemmanagement.* Es wird durch der → Anwendungsebene zugehörige → Prozesse realisiert. Die fünf verschiedenen funktionalen Gruppen sind:

– *Configuration Management*: Definition, Sammlung, Verwaltung und Gebrauch von Informationen zur Netzwerkkonfiguration. Außerdem gehören → Initialisierung, Laden von Software, Software-Distribution und → Routing zum Konfigurationsmanagement.
– *Fault Management*: Das System muß entfernt auftretende Fehler erkennen können.
– *Accounting Management*.
– *Performance Management*: Das Systemverhalten wird auf der Basis statistischer Daten analysiert. Die so gewonnenen Ergebnisse dienen einer Optimierung des Systems.
– *Security Management*: Hierdurch wird die gewünschte Sicherheitsstrategie (z. B. Zugangskontrolle und → Authentisierung) implementiert.

☐ *Ebenenmanagement*. Das Management einer einzelnen → Ebene bezieht sich auf mehrere Verbindungen dieser Ebene; der Informationsaustausch findet über ein spezielles Managementprotokoll statt. Zu seinen Aufgaben zählen:
– Sammlung von Statistiken und Buchführung,
– Erfassung und Meldung von nicht sofort behebbaren Fehlern,
– Zuteilung und Freigabe von Kommunikationsbetriebsmitteln im Auftrag des Systemmanagements,
– Rekonfiguration.

☐ *Ebenenoperationen*. Diese → Operationen beziehen sich auf die Behandlung einer einzelnen Verbindung dieser Ebene. Der Datenaustausch wird über die üblichen Kommunikationsprotokolle abgewickelt.

Die Managementteile jeder einzelnen Ebene kommunizieren mit dem Anwendungs- bzw. Systemmanagement direkt, also unter Umgehung der üblichen Protokollhierarchie.

Der OSI-Managementdienst betrachtet alle Ressourcen eines Netzwerkes als Managementobjekte (Managed Objects, MO). Ein MO ist also die abstrakte Repräsentation einer realen → Hardware, → Software, → Datenstruktur usw. Es wird definiert durch
– seine → Attribute,
– die Managementoperationen, die darauf angewendet werden können,
– sein Verhalten als Reaktion auf diese Operationen,
– die Benachrichtigungen bzw. Ereignisse, die es generieren kann,
– seine Relationen zu anderen MO.

Die Operationen auf einem MO müssen auf Zugriffe auf die entsprechende reale Ressource abgebildet werden.

Die MO werden in der Management Information Base (→ MIB) gehalten. Die MIB weist in ihrer Struktur große Ähnlichkeiten mit der Directory Information Base (DIB, → X.500) auf. Sie ist ebenfalls hierarchisch aufgebaut, auch hier werden die Eigenschaften über Attribute beschrieben, werden Objekte mit ähnlichen Eigenschaften in Klassen zusammengefaßt, können sich Eigenschaften von Oberklassen nach unten weitervererben.

Der Common Management Information Service (→ CMIS) ermöglicht den Manager- bzw. Agentprozessen, entfernte Managementprozeduren zu starten. Er wird durch Common Management Information Service Elements (CMISE) erbracht (Bild).

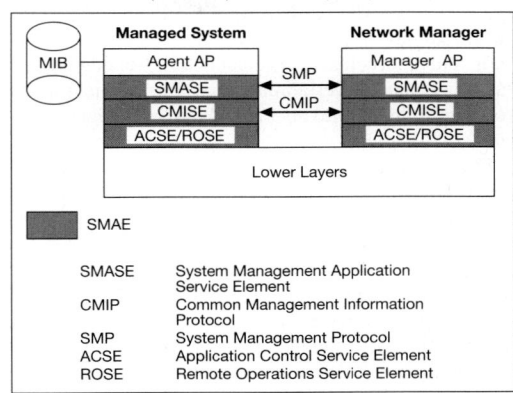

*Netzwerkmanagement: CMISE in der OSI-Architektur*
*Jakobs/Spaniol*

Literatur: *Spaniol, O.; Jakobs, K.*: Rechnerkommunikation – OSI-Referenzmodell, Dienste und Protokolle. VDI-Verlag, 1993. – *Dickson, G.; Lloyd, A.*: Open systems interconnection. Prentice Hall, 1992. – *Halsall, F.*: Data communications, computer networks and open systems. 3rd Edn. Addison-Wesley, 1992. – *Stallings, W.*: SNMP, SNMPv2 and CMIP – the practical guide to network-management standards. Addison-Wesley, 1993.

**Netzzugangsverfahren** ⟨*network access procedure*⟩. Steuert den zeitlichen Zugang der Benutzer zu einem → Netzwerk. Verschiedene Verfahren werden hierfür eingesetzt:

☐ *Polling*. Die am Netzwerk angeschlossenen Benutzer bzw. Stationen werden nacheinander abgefragt. Teilt die abgefragte Station der abfragenden Zentrale mit, daß sie senden möchte, bekommt sie das Senderecht zugeteilt.

☐ *Token-Verfahren*. Das sog. Token, ein spezielles → Signal, wird im Netzwerk zwischen allen Stationen herumgereicht. Eine Station darf genau dann senden, wenn das Token sie erreicht. Polling- und Token-Verfahren sind vor allem bei lokalen Netzwerken (→ LAN) gebräuchlich.

☐ *Random-Verfahren* (zufallsbasierte Verfahren). Diese Verfahren regeln den Zugriff auf einer zufälligen Basis. Hierbei schicken die Stationen, die senden möchten, ihre Sendung auf das Netzwerk. Es kann nun passieren, daß zwei Sendungen kollidieren, d. h. sich auf dem Netzwerk gegenseitig stören. In diesem Fall müssen diese Stationen ihre Sendung erneut abschicken, bis die Übertragung geglückt ist. Die Kollisionen werden z. B. durch das Fehlen einer Bestätigung des Empfängers oder durch Mithören erkannt.

Das erste Verfahren mit zufälligem Zugang auf ein gemeinsames → Übertragungsmedium (→ Rundspruacheigenschaft, Broadcast) war das ALOHA-Verfahren, welches es neben der reinen Form (pure → ALOHA) in verschiedenen Verfeinerungen gibt. Eine Variante von ALOHA ist CSMA (Carrier Sense Multiple Access; „erst hören, nur bei freiem Kanal senden") bzw. → CSMA/CD (CSMA with Collision Detection; „Konfliktentdeckung durch Mithören der eigenen Sendung und Abbruch nach Kollisionen"). Bei den beiden zuletzt genannten Verfahren ist der Zugriff nicht mehr völlig zufällig, es wird aber auch kein Senderecht reserviert (→ Ethernet).

Das Betriebsmittel Kanal kann gemäß → TDMA (Time Division MA), → FDMA (Frequency Division MA) oder → CDMA (Code Division MA) auf mehrere Benutzer aufgeteilt werden (MA Multiple Access).

☐ *Reservation-Verfahren* (Reservierungsverfahren). Bei Reservierungsverfahren werden Senderechte auf Anforderung reserviert bzw. fest zugewiesen (fixed reservation). Ein Senderecht entspricht der Zuweisung eines logischen Kanals, dies ist entsprechend der Aufteilung des physikalischen Kanals ein Zeitraum (TDMA), eine → Frequenz (FDMA) oder ein → Code (CDMA). Die feste Zuweisung von Senderechten ist nur bei Kenntnis der Anzahl der Stationen möglich, die gleichzeitig senden dürfen. Die feste Zuteilung ist dann nachteilig, wenn eine Station ihr Senderecht nicht nutzt. Bei Senderechtvergabe auf Anforderung wird die Reservierung in einem speziell dafür vorgesehenen Bereich durch die sendewillige Station selbst vorgenommen. Diese Reservierungsphasen wechseln sich mit den Sendephasen ab. Man unterscheidet zwischen expliziter und impliziter Reservierung.

Bei der expliziten Reservierung versucht die sendewillige Station während der Reservierungsphase für die folgende Sendephase ein Senderecht (welches sich durchaus auf mehrere Nachrichten gleichzeitig beziehen kann) zu reservieren. Für jede weitere Sendung ist eine erneute Reservierung erforderlich.

Die implizite Reservierung erlaubt die Zuweisung mehrerer (beliebig vieler) Senderechte gleicher zeitlicher Dauer (Slot). Wird von einer Station ein Slot erfolgreich belegt, so darf sie vereinbarungsgemäß jeden weiteren n-ten Slot ebenfalls benutzen; dabei ist n eine systemabhängige „Fenster"-Größe. Erst durch Freigabe, d. h. Nichtnutzung, des implizit reservierten Senderechts wird anderen Stationen der Zugang auf diesen Slot ermöglicht. Das → PODA-Verfahren (Priority Oriented Demand Assignment) für → Satellitenkommunikation ist ein Reservierungsverfahren, das beide Reservierungsarten kombiniert. *Spaniol*

Literatur: *Schwartz, M.*: Telecommunication networks – protocols, modeling and analysis. Amsterdam 1987. – *Tanenbaum, A. S.*: Computer networks. London 1993.

**Neuronales Netz** ⟨*neural network*⟩. Ein dem Verschaltungsmuster kortikaler biologischer Netzwerke nachempfundenes Berechnungsparadigma, das zur → Klassifikation unstrukturierter Daten mit Erfolg eingesetzt wird. Da die → Bioinformatik häufig mit unstrukturierten Daten zu tun hat, werden N. N. auch häufig zur Datenklassifikation in der Bioinformatik eingesetzt.

Der Einsatz neuronaler Feed-forward-Netze hat im Zusammenhang mit der Verwendung multipler Alignments (→ Alignment biologischer Sequenzen) die Vorhersagegenauigkeit von Sekundärstrukturvorhersagen für Proteine auf über 70% angehoben (→ Strukturvorhersage, biomolekulare).

Eine für biomolekulare Probleme besonders interessante Netzarchitektur ist die *Kohonen-Karte*. Dabei handelt es sich um ein Neuronenfeld, das topologische Nachbarschaften in hochdimensionalen Räumen in einen niedrigdimensionalen (i. allg. zweidimensionalen) Raum abbildet. Kohonen-Karten werden z. B. zur Klassifikation großer Mengen niedermolekularer organischer Substanzen eingesetzt, aber auch für Zuweisungen von Proteinsequenzen zu Faltungsklassen.

Weitere Einsatzgebiete von N. N. in der Bioinformatik sind die Erkennung von Bindungsstellen, transmembranen Domänen und anderen Motiven in Proteinen, die Erkennung von Regionen mit verschiedenen Eigenschaften (codierend, Promotor etc.) in DNA-Sequenzen sowie die Interpretation von NMR-Spektren zur Strukturbestimmung von Proteinen. *Lengauer*

Literatur: *Ritter, H.* u. *T. Martinez, K. Schulten*: Neuronale Netze. 2. Aufl. Bonn 1992. – *Rost, B.* u. *C. Sander*: Prediction of protein secondy structure at better than 70% accuracy. J. Molecular Biology 232 (1993) pp. 584–599.

**NF2** ⟨*non-first normal form*⟩. Eine Relation ist NF2, wenn sie mindestens ein → Attribut enthält, das wiederum als Relation strukturiert ist. Dies ist normalerweise im relationalen → Datenmodell ausgeschlossen und widerspricht der ersten → Normalform. *Schmidt/Schröder*

**Nicht-Standarddatenbank** ⟨*non-standard database*⟩ → Datenbank

**Nichtdeterminismus** ⟨*non-determinism*⟩. Ein Programm heißt nichtdeterministisch, wenn die Reihenfolge der Ausführung oder die Wirkung der Elementaroperationen nicht eindeutig bestimmt ist und es daher für eine gegebene Eingabe mehrere → Berechnungen zuläßt. Durch Arbeiten von *E. W. Dijkstra* wurde der N. als grundlegendes Konzept in die Programmierung eingeführt. Durch den N. ist es möglich, bestimmte Entscheidungsschritte in einem Algorithmus oder einem Programm offenzulassen, um sie der Maschine zu überlassen (z. B. das Scheduling bei → parallelen Programmen) oder sie selbst später im Programmentwicklungsprozeß selbst festzulegen. In beiden Fällen soll der N. dazu dienen, eine Überspezifikation zu vermeiden.

In der Programmierung wird der N. durch einen Auswahloperator [] eingeführt: Zur Auswertung von

E₁ [] E₂ wird zunächst eine Auswahl zwischen E₁ und E₂ getroffen und anschließend der so gewonnene Ausdruck ausgewertet. Tritt in einem Programm der gleiche Ausdruck an verschiedenen Stellen auf, so werden die verschiedenen Vorkommnisse des Ausdrucks unabhängig voneinander ausgewertet. Hat ein nichtdeterministischer Ausdruck nicht mehrere mögliche Werte, sondern genau einen Wert, so bezeichnet man ihn als determiniert. (1 [] 2)+(1 [] 2) hat z. B. die Werte 2, 3 und 4 als mögliche Ergebnisse, dagegen ist (2 * x) [] (x+x) determiniert. Beim unbeschränkten N. können mit Hilfe allgemeinerer Auswahloperatoren wie dem schon von *Hilbert* und *Bernays* 1934 in der Logik eingeführten η-Operator oder durch Zuweisungen der Form x := ? unendlich viele mögliche Werte ausgewählt werden. Da in parallelen und verteilten Programmen (→ Programm, paralleles) die Reihenfolge der Ausführung von Operationen in unterschiedlichen Prozessen nicht vorhersehbar ist, können solche Programme auch durch nichtdeterministische Programme modelliert werden.

Sprachen wie → CCS und → CSP besitzen Auswahloperatoren. Die Auswahl bei *Dijkstra*s „Guarded Commands" ist von der Gültigkeit von Bedingungen, sog. Wächtern (guards), abhängig und kann damit durch den Programmkontext bestimmt werden. Man nennt dies externen N. im Gegensatz zum internen N., bei dem die Auswahl frei getroffen werden kann.

Das Studium des N. spielt auch eine große Rolle bei der Beschreibung der → Semantik von Programmiersprachen. Abhängig von der Behandlung der Nichtterminierung unterscheidet man drei leicht unterschiedliche Konzepte: Beim „dämonischen" N. (demonic n.) wird beim Auftreten einer nichtterminierenden Berechnung der gesamte Ausdruck als undefiniert betrachtet; beim „erratischen" N. (erratic n.) ist die Semantik durch die Menge aller möglichen Ergebnisse, ggf. einschließlich „undefiniert", gegeben; beim „engelhaften" N. (angelic n.) gilt ein Ausdruck nur dann als undefiniert, wenn es keine terminierende Berechnung gibt. Alle drei Varianten haben ihre Berechtigung: Die erste Variante dient zur rigorosen → Programmverifikation; engelhafter N. erleichtert eine implementierungsunabhängige Behandlung von Backtracking; erratischer N. eignet sich für die formale Programmentwicklung und als Grundlage für nebenläufige und parallele Programme.

Im Studium von formalen Automaten und → Maschinen wurde der N. von *Rabin* und *Scott* 1959 eingeführt. Dabei ist die nichtdeterministische Variante eines Automatenmodells, die mehrere Nachfolgekonfigurationen zu einer gegebenen Ausgangskonfiguration erlaubt, häufig mächtiger als die deterministische Variante (etwa bei → Kellerautomaten). Selbst wenn die deterministische und die nichtdeterministische Variante in der Ausdrucksmächtigkeit übereinstimmen (wie bei endlichen Automaten oder → Turing-Maschinen), erlaubt die nichtdeterministische Maschine oft eine einfachere Darstellung oder kürzere Abläufe. Das Studium des N. ist daher auch ein zentrales Problem der → Komplexitätstheorie (→ NP-vollständig). *Wirsing*

Literatur: *Bauer, F. L.; Wössner, H.*: Algorithmische Sprache und Programmentwicklung. Springer, Berlin 1984. – *Dijkstra, E. W.*: A discipline of programming. Prentice Hall, Englewood Cliffs, N. J. 1976. – *Hilbert, D.; Bernays, P.*: Grundlagen der Mathematik, Bd. 1. Springer, Berlin 1934 (2. Auflage 1968). – *Rabin, M.; Scott, D.*: Finite automata and their decision problems. IBM J. Res. Develop. 3 (1959) pp. 114 – 125. Nachdruck in: *E. Moore* (Ed.): Sequential machines – selected papers. Addison-Wesley, Reading, MA (1964) pp. 63 – 91.

**nichtlokale Wirkung eines Dienstes** ⟨*non-local effects of a service*⟩ → Rechensystem

**No-Wait-Send** ⟨*no-wait-send*⟩ → Betriebssystem, prozeßorientiertes

**Norm** ⟨*standard*⟩. Das veröffentlichte Ergebnis der → Normungsarbeit (→ Normung, technische; → DIN-Norm; → Normenwerk). *Krieg*

**Norm, technische** ⟨*technical standard*⟩. Das herausgegebene Ergebnis der → Normungsarbeit (→ Normung, technische; → DIN-Norm; → DIN Deutsches Institut für Normung e. V.). *Krieg*

**Normalform** ⟨*normal form*⟩. Im relationalen → Datenmodell sichern N. (erste, zweite usw. oder *Boyce/Codd*-N.; abg. 1NF, 2NF usw., BCNF) von → Datenbankschemata die Abwesenheit bestimmter Anomalien zu. Anomalien sind Inkonsistenzen nach einer Änderung von Daten (→ Änderungsoperation, → Konsistenz). Diese können z. B. bei → Redundanzen oder funktionaler Abhängigkeit auftreten und durch Normalisierung des Datenbankschemas vermieden werden.
*Schmidt/Schröder*

Literatur: *Date, C. J.*: An introduction to database systems. Wokingham, Berks. 1990. – *Lockemann, P. C.* und *J. W. Schmidt* (Hrsg.): Datenbankhandbuch. Berlin–Heidelberg–New York 1987. – *Ullmann, J. D.*: Database and knowledge base systems. Vol. 1. Rockville, MA 1988.

**Normalisierung** ⟨*normalization*⟩. Durch den Prozeß der N. werden → Datenbankschemata (des relationalen → Datenmodells) umstrukturiert, um → Normalformen zu erreichen. *Schmidt/Schröder*

**Normalverteilung** ⟨*normal distribution*⟩. Die wichtigste → Verteilung der → Statistik. Die Verteilungsdichte der normalverteilten Zufallsgröße x lautet

$$f(x) = \frac{1}{\sqrt{2\pi}\sigma} \exp\left\{-\frac{1}{2}\left(\frac{x-\mu}{\sigma}\right)^2\right\}.$$

Viele Variablen in der Praxis sind näherungsweise normalverteilt oder lassen sich durch eine Merkmalstransformation in eine näherungsweise normalverteilte Variable überführen.

Die Verteilung wurde ursprünglich von *Gauß* und *Laplace* eingeführt. *Pearson* gab ihr den Namen N. Die theoretische Bedeutung der N. basiert auf dem zentralen Grenzwertsatz, der besagt, daß die Verteilung einer großen Anzahl von statistischen Schätzern für große n gegen eine N. strebt. Diese Tatsache erlaubt Vertrauensaussagen für die Parameter einer Gesamtheit, die nicht normalverteilt zu sein braucht.

Die Verallgemeinerung der (eindimensionalen) N. ist die p-dimensionale N. mit der Dichte

$$f(x_1,...,x_p) \sim \exp\left\{-\frac{1}{2} \cdot \sum_{i,j=1}^{p} \alpha_{ij}(x_i - \mu_i)(x_j - \mu_j)\right\},$$

wobei die quadratische Form im Exponenten positiv definit ist.  *Schneeberger*

**Normenarten** ⟨types of standards⟩. Technische Normen (→ Normung, technische) können aufgrund der Normungsebene, auf der sie erstellt wurden, des Normungsgrades oder ihres Inhaltes in verschiedene Arten unterteilt werden.

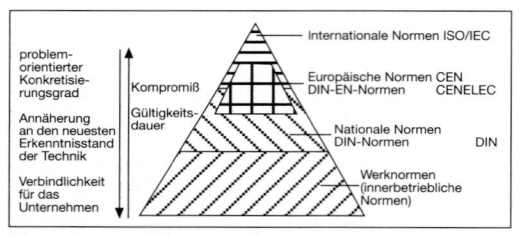

*Normenarten: Normungsebenen*

☐ *Arten von Normen nach der Normungsebene.* Die Normungsebenen (Bild) unterscheiden sich aufgrund des jeweiligen geographischen, politischen oder wirtschaftlichen Umfangs der Teilnahme an der → Normungsarbeit.
– Internationale Norm: Norm, die von einer internationalen Normungsorganisation (z. B. ISO und IEC) (→ Normung, internationale) angenommen wurde und der Öffentlichkeit zugänglich ist.
– Regionale Norm: Norm, die von einer regionalen Normungsorganisation, z. B. CEN/CENELEC/ETSI (→ Normung, regionale) angenommen wurde und der Öffentlichkeit zugänglich ist.
– Nationale Norm: Norm, die von einem nationalen Normeninstitut (z. B. → DIN Deutsches Institut für Normung e. V.) angenommen wurde und der Öffentlichkeit zugänglich ist.
– Andere Normen: Andere normenschaffende Körperschaften dürfen auch Normen erstellen, z. B. Fachbereichsnormen, Branchennormen oder Werknormen (Beispiele hierfür sind die gemeinsamen Werknormen des Arbeitskreises „Normung" im Verband der Chemischen Industrie e. V. (VCI) sowie die Werknormen einzelner Unternehmen).
– Unter Werknormen sind hierbei Normen zu verstehen, die von einem Unternehmen (Betrieb, Werk), einer Behörde oder einer Körperschaft (Verband, Verein) für eigene Bedürfnisse erarbeitet oder angenommen wurden und der Öffentlichkeit nicht oder nur bedingt zugänglich sind.
☐ *Arten von Normen nach dem Grad der Normung.*
– Grundnorm: Norm, die ein weitreichendes Anwendungsgebiet hat und allgemeine Festlegungen von grundlegender Bedeutung enthält.
– Fachnorm: Norm mit Festlegungen für ein bestimmtes Fachgebiet.
– Fachgrundnorm: Grundnorm für ein bestimmtes Fachgebiet.
☐ *Arten von Normen nach dem Inhalt der Norm.* Aufgrund ihres Inhalts kann eine Norm zu mehreren der nachstehend definierten Arten gehören:
– Dienstleistungsnorm: Norm, in der technische Grundlagen für Dienstleistungen festgelegt sind.
– Gebrauchstauglichkeitsnorm: Norm, in der objektiv feststellbare Eigenschaften in bezug auf die Gebrauchstauglichkeit eines Gegenstands festgelegt sind.
– Liefernorm: Norm, in der technische Grundlagen und Bedingungen für Lieferungen festgelegt sind.
– Maßnorm: Norm, in der Maße und Toleranzen von materiellen Gegenständen festgelegt sind.
– Planungsnorm: Norm, in der Planungsgrundsätze und Grundlagen für Entwurf, Berechnung, Aufbau, Ausführung und Funktion von Anlagen, Bauwerken und Erzeugnissen festgelegt sind.
– Prüfnorm: Norm, in der Untersuchungs-, Prüf- und Meßverfahren für technische und wissenschaftliche Zwecke zum Nachweis zugesicherter und/oder erwarteter (geforderter) Eigenschaften von Stoffen und/oder von technischen Erzeugnissen festgelegt sind (→ Normenkonformität).
– Qualitätsnorm: Norm, in der für die Verwendung eines materiellen Gegenstands wesentliche Eigenschaften beschrieben und objektive Beurteilungskriterien festgelegt sind.
– Sicherheitsnorm: Norm, in der Festlegungen zur Abwendung von Gefahren für Menschen, Tiere und Sachen (Anlagen, Bauwerke, Erzeugnisse u. ä.) enthalten sind.
– Stoffnorm: Norm, in der physikalische, chemische und technologische Eigenschaften von Stoffen festgelegt sind.
– Verfahrensnorm: Norm, in der Verfahren zum Herstellen, Behandeln und Handhaben von Erzeugnissen festgelegt sind.
– Verständigungsnorm: Norm, in der zur eindeutigen und rationellen Verständigung terminologische Sachverhalte, Zeichen oder Systeme festgelegt sind.  *Krieg*

Literatur: DIN 820-3: Normungsarbeit; Begriffe. – *Graßmuck, J.*; *Heller, W.*: Inner- und überbetriebliche Normung – Gegensatz oder gegenseitige Ergänzung? DIN-Mitt. 65 (1986) 11, S. 561–565. – DIN EN 45020: Allgemeine Fachausdrücke und deren Definitionen betreffend Normung und damit zusammenhängende Tätigkeiten.

**Normenausschuß** ⟨standards committee⟩. Ein N. im → DIN Deutsches Institut für Normung e. V. ist ein

Arbeitsgremium des DIN, das die Normung (→ Normung, technische; → Normungsarbeit) auf seinem Fach- und Wissensgebiet verantwortlich trägt.

Die fachliche Arbeit im Rahmen der nationalen Normung wird in Arbeitsausschüssen bzw. Komitees, einer Untergliederung eines N., das für die Normungsarbeit auf dem ihm zugewiesenen Teil eines Fachgebiets verantwortlich ist, durchgeführt. Für eine bestimmte Normungsaufgabe ist jeweils nur ein Arbeitsausschuß bzw. ein Komitee zuständig, der (das) zugleich diese Aufgaben auch in den regionalen (CEN/CENELEC) und internationalen Normungsorganisationen (ISO/IEC) wahrnimmt.

In der Regel sind mehrere Arbeitsausschüsse zu einem N. im DIN zusammengefaßt (Bild), der die Normung seines Fachgebiets verantwortlich trägt und als Träger auf der → Norm erscheint.

Die fachliche Arbeit in den einzelnen Gremien des N. wird von ehrenamtlichen Mitarbeitern geleistet, die dabei von hauptamtlichen Bearbeitern (z.B. dem Geschäftsführer) des DIN unterstützt werden.

Die ehrenamtlichen Mitarbeiter sind Fachleute aus den interessierten Kreisen (z.B. Anwender, Behörden, Berufsgenossenschaften, Berufs-, Fach- und Hochschulen, Handel, Handwerkswirtschaft, industrielle Hersteller, Prüfinstitute, Sachversicherer, selbständige Sachverständige, Technische Überwacher, Verbraucher, Wissenschaft). Die ehrenamtlichen Mitarbeiter müssen von den sie entsendenden Stellen für die Arbeit in den Arbeits- und Lenkungsgremien autorisiert und entscheidungsbefugt sein. Bei der Zusammensetzung der Arbeitsausschüsse ist der Grundsatz zu berücksichtigen, daß die interessierten Kreise in einem angemessenen Verhältnis vertreten sind. Für die Planung, Koordinierung, Finanzierung und Grundsatzentscheidungen bildet der N. einen Beirat, der auch Lenkungsausschuß genannt werden kann (Bild).

Der N. setzt sich auch für die Einführung der Deutschen Normen (DIN-Normen) seines Fachgebiets in den davon berührten Lebensbereichen ein und wirkt bei der Bearbeitung von Zertifizierungsaufgaben mit (→ Normenkonformität). *Krieg*

Literatur: DIN 820-1. Normungsarbeit, Grundsätze. – Richtlinie für Normenausschüsse im DIN (1990). – Satzung des DIN Deutsches Institut für Normung e.V. – Alles enthalten in: Normenheft 10: Grundlagen der Normungsarbeit des DIN. 6. Aufl. Berlin 1995.

**Normenkonformität** ⟨conformity with standards⟩. Erfüllt ein Erzeugnis, ein Verfahren oder eine Dienstleistung alle in einer → technischen Norm vorgeschrie-

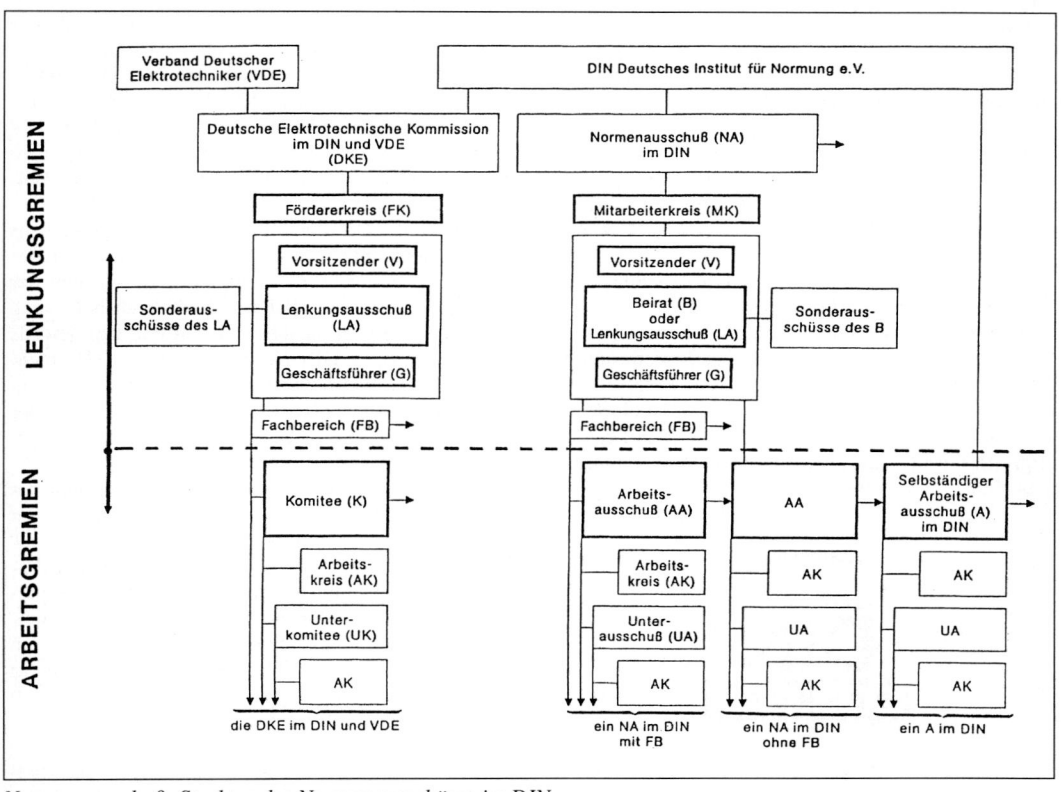

*Normenausschuß: Struktur der Normenausschüsse im DIN*

benen Anforderungen (Festlegungen, die zu erfüllende Kriterien vorgeben), liegt eine Übereinstimmung (Konformität) mit der Norm vor. Die N. kann durch eine eigenverantwortliche Konformitätserklärung, z. B. seitens eines Lieferanten, durch ein von einer Zertifizierungskörperschaft ausgestelltes Konformitätszertifikat oder geschütztes Konformitätszeichen nach außen dokumentiert werden.

Je vielseitiger das Angebot von Gütern wird, desto mehr bedürfen sowohl die nichtgewerblichen Verbraucher als auch die einzelnen Unternehmen (als Anbieter und Abnehmer) eindeutiger Warenkennzeichnungen und Warenbeschreibungen, durch die die Beschaffenheit einer Ware kenntlich gemacht (Warenkenntnis) und eine Vergleichbarkeit innerhalb einer Angebotspalette erreicht werden kann (Marktübersicht, Markttransparenz).

Eine wichtige Informationsquelle zum Erlangen besserer Warenkenntnisse und größerer Markttransparenz sind Aussagen zur N. und Produktinformationen. Für die Aussage der N. bestimmter Erzeugnisse, Verfahren oder Dienstleistungen gibt es in Deutschland folgende Möglichkeiten:

☐ Verwendung des Verbandszeichens DIN oder der DIN-Nummer im Sinne einer Konformitätserklärung sowie des DIN EN-Zeichens im gleichen Sinne für den Bereich europäisch genormter Erzeugnisse und Dienstleistungen.

Unter einer Konformitätserklärung ist hierbei die Feststellung eines Anbieters zu verstehen, der unter seiner alleinigen Verantwortlichkeit behauptet, daß sein Erzeugnis z. B. in Übereinstimmung mit einer bestimmten DIN-Norm ist. Bei Verwendung des Zeichens DIN muß das betreffende Erzeugnis darüber hinaus auch noch den sonstigen berechtigterweise zu stellenden Gebrauchsanforderungen genügen (§ 459 und § 633 BGB).

☐ Verwendung des DIN-Prüf- und Überwachungszeichens (Bild 1) und des VDE-Zeichens (Bild 2) als Konformitätszeichen. Während ersteres i. d. R. keinen Aussageschwerpunkt hat, ist das VDE-Zeichen ein sicherheitstechnisches Konformitätszeichen, speziell für elektrotechnische Erzeugnisse. Grundsätzlich ist ein Konformitätszeichen ein geschütztes Zeichen (Marke), das aufgrund durchgeführter Prüf- und Überwachungsmaßnahmen durch eine anerkannte Prüfstelle anzeigt,

*Normenkonformität 1: DIN-Prüf- und Überwachungszeichen*

*Normenkonformität 2: VDE-Zeichen*

daß hinreichendes Vertrauen gegeben ist, daß das diesbezügliche Erzeugnis in Übereinstimmung mit einer bestimmten DIN-Norm, im Falle des VDE-Zeichens mit einer bestimmten DIN-VDE-Norm (→ DIN-Norm), ist.

☐ Führen eines Konformitätszertifikats, das allerdings nicht zum Führen eines Konformitätszeichens berechtigt, dessen Erteilung aber auf den gleichen Grundlagen basiert.

Konformitätszeichen und Konformitätszertifikate werden gemäß den Regeln eines Zertifizierungssystems von einer Zertifizierungskörperschaft auf der Grundlage eines zuvor nur für das betreffende Produkt (Produktgruppe) festgelegten Zertifizierungsprogramms vergeben. Voraussetzung ist, daß entsprechende Normen existieren, in denen alle wesentlichen Anforderungen an das Produkt (also Gebrauchs- und/oder Sicherheitsanforderungen, Leistungsdaten) und die zugehörigen Prüfverfahren enthalten sind. Das Zertifizierungsprogramm enthält detaillierte, produktspezifische Festlegungen über Art, Umfang und Häufigkeit der Prüfungen, Zahl und Umfang der Proben, Bestimmungen über die Eigen- und Fremdüberwachung, Geltungsdauer usw.

Im Falle des DIN-Prüf- und Überwachungszeichens und des Konformitätszertifikats werden alle Zertifizierungsprogramme in Zusammenarbeit zwischen der DIN CERTCO Gesellschaft für Konformitätsbewertung mbH als Zertifizierungskörperschaft und dem jeweils für die betreffende DIN-Norm zuständigen →Normenausschuß des →DIN Deutsches Institut für Normung e. V. aufgestellt. Träger des VDE-Zeichens ist der →VDE Verband Deutscher Elektrotechniker mit eigener Prüfstelle.

Beide Konformitätszeichen gehören aufgrund der vor der Vergabe durchzuführenden Prüfungen zu der großen Gruppe der Prüfzeichen.

Ein weiteres wichtiges Prüfzeichen ist das GS-Zeichen des Bundesministeriums für Arbeit und Sozialordnung (BMA). Dieses Sicherheitszeichen soll kenntlich machen, daß das betreffende Produkt den durch anerkannte Regeln der Technik (z. B. DIN-Normen) konkretisierten sicherheitstechnischen Anforderungen des Gerätesicherheitsgesetzes entspricht.

Obwohl es in Deutschland derzeit über 200 verschiedene Prüfzeichen (einschließlich Güte- und Baustoffüberwachungszeichen) gibt, decken die unterschiedlichen Kennzeichnungen und Zertifikate doch nicht alle Verbrauchsgüter ab. Darüber hinaus werden z. T. auch direkte Informationen über bestimmte Eigenschaften der Produkte erwartet.

Die Produktinformation (PI) soll deshalb den Verbraucher über die wichtigsten Leistungsmerkmale (Kennzeichnungselemente) eines Produkts in einer für die Erzeugnisgruppe einheitlichen Form informieren. Zuständig für diese Art der Warenbeschreibung ist die Deutsche Gesellschaft für Produktinformation (DGPI), deren Geschäftsführung beim DIN liegt. Die von den Fachausschüssen der DGPI erarbeiteten Produktinformationen werden in den DIN-Mitteilungen (DIN Deutsches Institut für Normung e. V.) angezeigt und in der Reihe „Musterblätter für Produktinformationen" veröffentlicht. Entsprechend dem jeweiligen Musterblatt sollen alle geforderten Angaben über das Produkt in der vorgegebenen Reihenfolge in dem Anbieterkatalog (Prospekt) aufgeführt sein. Neben dem Musterblatt wird, bis auf einige wenige Ausnahmen, ein Teil der festgelegten Produktinformationen auszugsweise auf Anhängern bzw. Aufklebern am Erzeugnis oder an der Verpackung wiedergegeben. Der Aufkleber besitzt einen gelben Grund und schwarze Schrift.

☐ CE-Konformitätszeichen. Mit der Verabschiedung der Entschließung über ein globales Konzept für die Konformitätsbewertung im Jahre 1989 hat der Rat der Europäischen Gemeinschaften den Erlaß einer gemeinsamen Regelung über die Verwendung der CE-Kennzeichnung als Leitgrundsatz gebilligt. Danach dürfen Industrieerzeugnisse erst nach Anbringung der CE-Kennzeichnung in den grenzüberschreitenden Verkehr gebracht werden. Zweck der CE-Kennzeichnung sind die Bescheinigung der Konformität eines Erzeugnisses mit dem in den Richtlinien festgelegten Schutzniveau sowie die Bestätigung, daß das Erzeugnis allen gemäß Gemeinschaftsrecht relevanten Bewertungsverfahren unterzogen worden ist.

Eine Modifizierung der Konformitätsbewertungsverfahren führte zu einem neuen „Beschluß des Rates vom 22. Juli 1993 über die in den technischen Harmonisierungsrichtlinien zu verwendenden Module für die verschiedenen Phasen der Konformitätsbewertungsverfahren und die Regeln für die Anbringung und Verwendung der CE-Konformitätskennzeichnung".

*Krieg*

Literatur: Konformitätsnachweis und Europäischer Binnenmarkt. DIN 1992. – Normenheft 10: Grundlagen der Normungsarbeit des DIN. 6. Aufl. Berlin 1995. – DIN EN 45 020: Allgemeine Fachausdrücke und deren Definitionen betreffend Normung und damit zusammenhängenden Tätigkeiten. – ISO/IEC Guide 16 – 1978: Grundsätze für unabhängige Zertifikationssysteme und diesbezügliche Normen (in englischer Sprache). – ISO/IEC Guide 28 – 1982: Allgemeine Regelungen für ein unabhängiges Produktzertifizierungssystem (Modell) (in englischer Sprache). – ISO/IEC-Leitfaden 36: Erarbeitung von genormten Verfahren zur Prüfung von Gebrauchsmerkmalen von Konsumgütern (SMMP). DIN-Fachbericht 24. Berlin 1989. – ISO/IEC Guide 42 – 1984: Leitsätze zum schrittweisen Entstehen eines internationalen Zertifizierungssystems (in englischer Sprache). – ISO/IEC Guide 44 – 1985: Allgemeine Grundsätze für unabhängige internationale Zertifizierungsprogramme für Produkte im Rahmen von ISO und IEC (in englischer Sprache). – Normung, Zertifizierung, Zulassungsverfahren in Japan. DIN-Normungskunde Bd. 19. Berlin 1984. – Zertifizierung in Europa – Meinungen und Perspektiven, DIN-Manuskriptdruck. Berlin 1989. – DGPI 1001/79: Richtlinien für Produktinformationen in der Bundesrepublik Deutschland. Berlin. – *Volkmann, D.*: Bedeutung von Prüfzeichen für die Produktqualität. DIN-Mitt. 65 (1986) 3, S. 171 – 172. – *Volkmann, D.*: Aktivitäten in der EG auf dem Gebiet der Zertifizierung und Qualitätssicherung. DIN-Mitt. 66 (1987) 9, S. 419 – 421. – *Warner, A.*: Zertifizierungsregister. Berlin 1994. – *Weissinger, R.*: Industrielle Normung in der Volksrepublik China im Rahmen der Modernisierungspolitik 1978 – 1983. DIN-Normungskunde Bd. 24. Berlin 1985. – Verzeichnis der Zertifizierungsstellen in der Bundesrepublik Deutschland. DIN 1995. – Qualitätssicherung, Zertifizierung. Begriffe aus DIN-Normen. Berlin 1994.

**Normenkonformitätsprüfung und Zertifizierung**
⟨*Standards Conformity Testing and Certification*⟩. Im Bereich der Informatik sind → Normen von erheblicher praktischer Bedeutung. Daher ist es wichtig, daß Informatikprodukte hinsichtlich der Erfüllung gewisser Normen überprüft werden: Man spricht von N. oder auch kürzer von Konformitätsprüfung. Solche Konformitätsprüfungen werden derzeit bereits durchgeführt für → Software (z. B. COBOL-Compiler, FORTRAN-Compiler, Graphisches Kernsystem (→ GKS), Kennsätze und Datenanordnung auf Magnetbändern für Datenaustausch, Kommunikationsprotokolle, Anwendungssoftware, IT-Security usw.).

Die Konformitätsprüfung erfolgt durch eigens dafür akkreditierte Prüflaboratorien. Die Akkreditierung erfolgt durch eine Akkreditierungsstelle auf der Grundlage einer sorgfältigen fachlichen Beurteilung des Prüflaboratoriums nach DIN EN 45 001; außerdem muß das Prüflaboratorium organisatorisch und wirtschaftlich hinreichend unabhängig sein. In der Bundesrepublik Deutschland wurde im Frühjahr 1988 für die Akkreditierung von Prüflaboratorien im Bereich Informatik/Informationstechnik eine zentrale Stelle, nämlich die DEKITZ (Deutsche Koordinationsstelle für IT-Normkonformitätsprüfung und -Zertifizierung) beim DIN eingerichtet.

Nach Prüfung durch ein akkreditiertes Prüflaboratorium erstellt dieses für den Auftraggeber einen Prüfbericht über das geprüfte Produkt. Wenn der Prüfbericht die → Normenkonformität bestätigt, kann der Auftraggeber auf Wunsch ein Konformitätszertifikat ausgestellt bekommen. Ausstellende Instanz für solche Zertifikate ist i. d. R. eine dritte Stelle (Zertifizierstelle), so daß ein zusätzliches Maß an Unabhängigkeit erreicht wird. Die Akkreditierung solcher Zertifizierstellen erfolgt ebenfalls durch die DEKITZ auf der Grundlage einer Begutachtung auf Erfüllung der Forderungen der DIN EN 45 011.

Im Hinblick auf einen offenen, grenzüberschreitenden Markt ist es wichtig, daß Wege gefunden werden für eine Anerkennung von Zertifikaten auch in anderen Ländern. Ein solcher Weg wurde für den europäischen Bereich erfolgreich beschritten. Es wurde das ECITC (European Committee for IT&T Testing and Certification) in Brüssel eingerichtet, in welchem je Land zwei Vertreter aus der jeweiligen nationalen Koordinationsstelle für Konformitätsprüfung und -Zertifizierung Mitglied sind (also aus Deutschland → DEKITZ). Aufgabe von ECITC ist es, eine europaweite Anerkennung von Prüfberichten und Zertifikaten (ohne erneute Konformitätsprüfung) zu ermöglichen, d. h. die dafür erforderlichen Voraussetzungen zu schaffen. Zu den Voraussetzungen gehört die Gewährleistung einheitlicher Prüfmethoden, einheitlicher Akkreditierungsgrundsätze usw.

Das Ziel der europaweiten Anerkennung von Zertifikaten ist natürlich nur ein Teilziel, bezogen auf das wichtige, nicht aus den Augen zu verlierende Gesamtziel, eine weltweite gegenseitige Anerkennung von Zertifikaten zu ermöglichen. Über das Verfahren der Konformitätsprüfung und -Zertifizierung ergeben sich erhebliche wirtschaftliche Vorteile für den Anwender, letztlich aber auch für den Hersteller.

Konformitätsprüfungen von Anwendungssoftware werden in Deutschland von den von der DEKITZ akkreditierten und von der Gütegemeinschaft Software (GGS) anerkannten Prüflaboratorien (z. B. die TÜV in Essen, Hamburg, Köln, München, Stuttgart) nach der Norm DIN ISO/IEC 12 119 durchgeführt. Diese Norm hat die bisherige nationale Norm DIN 66 285 abgelöst, stimmt jedoch inhaltlich weitgehend mit dieser überein. Allerdings läßt der Anwendungsbereich der ISO-Norm jetzt auch Prüfungen von Safety-critical-Software zu in Verbindung mit den hierfür geltenden speziellen Anforderungen.

Auf der Basis der von den Prüflaboratorien ausgestellten Prüfberichte erteilt die GGS ein Zertifikat. Die GGS zertifiziert bereits auf der Grundlage der neuen ISO-Norm neben der bisherigen Anwendungssoftware auch Produkte im Bereich IT-Security in Verbindung mit ITSEC/ITSEM, ECMA-205 und anderen Spezifikationen. *Krückeberg*

**Normenwerk** ⟨*body of standards*⟩. Gesamtheit der von einer internationalen, regionalen oder nationalen Normungsorganisation herausgegebenen → technischen Normen.

Die in der ISO (→ Normung, internationale) organisierten Mitgliedskörperschaften (nationale Normungsorganisationen) lassen sich auf Grund des Zustandekommens und der Rechtsverbindlichkeit ihrer Normenwerke in vier Gruppen unterscheiden:

☐ *Länder mit einer zentralen Planwirtschaft*. Die Normung hat dort den Charakter einer Werknormung (Werknorm) in einem Großkonzern. Die Anwendung der Normen ist für jedermann verbindlich. Die Normen erarbeitenden Gremien sind weisungsgebundener Teil der staatlichen Wirtschaftsverwaltung.

☐ *Länder der dritten Welt und Schwellenländer*. Hier ist die Normung eines der Mittel, um die Industrialisierung unter gleichzeitiger Wahrung eines bestimmten Qualitätsniveaus zu forcieren. Die Normeninstitute gehören zur allgemeinen staatlichen Wirtschaftsverwaltung im Rahmen einer teils staatlichen, teils privaten Wirtschaftsordnung. Sie sind i. d. R. mit einer Prüfanstalt, dem Eichamt und Ämtern für die Exportförderung und der Warenkennzeichnung (→ Normenkonformität) gekoppelt. Beispiele hierfür sind die KS-Normen aus Kenia, die NIS-Normen aus Nigeria und die GB-Normen aus der Volksrepublik China.

☐ *Kleinere, seit langem industrialisierte Staaten Westeuropas* (z. B. die Niederlande, Dänemark, Österreich). Sie besitzen in der Regel eigene Normeninstitute, sind jedoch entscheidend auf die Normungsarbeit der internationalen Normungsorganisationen und derjenigen der großen Industrienationen angewiesen. Sie stellen teilweise überhaupt keine eigenen Normen auf oder übernehmen in großem Umfang die Normen Dritter in einem Übernahmeverfahren (DIN-Normen werden z. B. in der Schweiz und in Österreich angewendet). Beispiele sind die ÖNORM aus Österreich, die DS-Normen aus Dänemark und die NEN-Normen aus den Niederlanden.

☐ *Große Industrieländer*. Hier sind die Normungsorganisationen Selbstverwaltungsorgane der Wirtschaft mit einer unterschiedlich festen Anbindung an den Staat. Beispiele sind die → DIN-Normen in Deutschland, die BS-Normen aus Großbritannien und die NF-Normen aus Frankreich. In dieser Gruppe bilden die USA und Kanada wegen der extremen Zersplitterung ihrer Normungsorganisationen Ausnahmen. *Krieg*

Literatur: *Becker, K.*: Normung in Afrika. DIN-Mitt. 61 (1982) 8, S. 458–461. – *Kaiser, T.-C.*: 50 Jahre technische Normung in Argentinien. DIN-Mitt. 65 (1986) 1, S. 46–47. – *Kaiser, T.-C.*: Technische Normung in Korea. DIN-Mitt. 66 (1987) 4, S. 202–205. – Normung, Zertifizierung, Zulassungsverfahren in Japan. DIN-Normungskunde 19 (1984). – Industrielle Normung in der Volksrepublik China im Rahmen der Modernisierungspolitik 1978–1983. DIN-Normungskunde 24 (1985). – *Oberheiden, W.* u. *R. Winckler*: Neue britische Normenpolitik. DIN-Mitt. 62 (1983) 4, S. 201–202. – *Peyton, D. L.*: Normung, Prüfung und Zertifizierung in den Vereinigten Staaten von Amerika – Ein persönlicher Ausblick. DIN-Mitt. 69 (1990) 3, S. 141–143. – *Schulz, K.-P.*: BSI schließt mit britischer Regierung Normenvertrag ab. DIN-Mitt. 62 (1983) 4, S. 202–203. – *Schulz, K.-P.* u. *R. Trotier*: Neue französische Rechtsverordnung über Normung. DIN-Mitt. 63 (1984) 5, S. 255–258. – *Wachter, Th.*: Neue Impulse für die Normungsarbeit in Frankreich. Übersetzung aus Enjeux. Nr. 49. Juli/Aug. 1984, S. 3–6. DIN-Mitt. 63 (1984) 11, S. 610–612.

**Normung** ⟨*standardization*⟩. Einmalige Bestlösung einer wiederkehrenden Aufgabe. Das wesentliche Merkmal jeglicher N. liegt in der von mehreren voneinander unabhängigen Personen (Gemeinschaft) getroffenen und/oder anerkannten Vereinbarung von Festlegungen. Sie beziehen sich auf aktuelle oder zukunftsweisende Probleme und streben die Erzielung eines optimalen Ordnungsgrades in einem gegebenen Zusammenhang an.

Unter Festlegungen sind hierbei in erster Linie Formulierungen im Inhalt eines normativen Dokuments (z. B. technische Normen (→ Normung, technische), aber auch Vorschriften mit rechtlich verbindlichen Festlegungen) in Form von Angaben, Anweisungen, Empfehlungen oder Anforderungen zu verstehen.

Die Anfänge der N. sind eng mit der Entwicklung des menschlichen Zusammenlebens, d. h. mit der ersten Bildung von Gemeinwesen, verbunden. Einheitliche Gebräuche und Zeremonien, Schriftzeichen und Zahlen, Maßeinheiten und Bauregeln sind Normen dieser Zeitspanne.

Die N. in dieser frühen Zeit war dabei im Gegensatz zu heute in weitaus geringerem Maße an normative Dokumente gebunden. Während heute die Benennung → Norm in erster Linie ein aus der Gemeinschaftsarbeit hervorgehendes Dokument bezeichnet, hatte noch im Mittelalter der Begriff Norm im eigentlichen Sinne die Bedeutung von Richtschnur (Verhaltensnormen).

Norm in dem umfassenden Sinn von Verhaltensregel und Vorschrift ist heute nur noch für die Rechtsnorm (Gesetze) üblich. Allerdings ist der ursprüngliche Begriff auch heute noch im allgemeinen Sprachgebrauch in Worten zu finden wie enorm – Herausragen aus dem üblichen – und abnorm – Absinken unter die Norm – oder normal – der Norm entsprechend. *Krieg*

Literatur: *Bub, H.*: Baurecht und Normung. DIN-Mitt. 57 (1978) 10, S. 555–565. – *Kienzle, O.*: Normung und Wissenschaft. VDI-Z 87 (1943) 5/6, S. 65–76. – *Muschalla, R.*: Gedanken zum Thema – Normung zwischen Bindung und Freiheit. DIN-Mitt. 55 (1976) 2, S. 54–162. – *Muschalla, R.*: Zur Vorgeschichte der technischen Normung. Berlin 1992. – *Reihlen, H.*: Normung. In: Grundlagen-HÜTTE. Berlin 1996. – *von Wright, G. H.*: Norm und Handlung – Eine logische Untersuchung. Monographien, Wissenschaftstheorie und Grundlagenforschung, Bd. 10. Königstein/Ts. 1979. – *Wölker, T.*: Entstehung und Entwicklung des Deutschen Normenausschusses 1917 bis 1925. Berlin 1992.

**Normung, graphische** *(graphics standardization).* Zur generellen Vereinheitlichung von graphischen Systemen, um Benutzern und Herstellern einheitliche Kommunikationsschnittstellen anzubieten, dient die → Normung in der graphischen → Datenverarbeitung.

Die International Organization for Standardization (→ ISO) hat dafür eine eigene Untergruppe eingerichtet.

In einer Technischen Arbeitsgruppe der TC97 (TC Technical Committee) „Offene Systeme" ist seit neuestem die Untergruppe SC24 (SC Subcommittee) „Graphische Datenverarbeitung" für die Standardisierung von graphischen → Systemen zuständig. Nachdem die graphische Datenverarbeitung bisher in den verschiedensten Arbeitsgruppen (working groups) ihren Platz hatte, ist damit der zunehmenden Wichtigkeit der graphischen Datenverarbeitung Rechnung getragen worden.

Durch das starke Interesse an der graphischen Datenverarbeitung sind viele Nationen Mitglieder in diesem → Normenausschuß geworden. Die wichtigsten nationalen Normungsinstitute, die sich dort zusammenfinden, sind:

| | |
|---|---|
| ANSI | Vereinigte Staaten |
| BSI | Großbritannien |
| DIN | Deutschland |
| AFNOR | Frankreich |
| NNI | Niederlande |
| ÖNORM | Österreich |
| SNI | Schweiz |
| JSI | Japan |

Diese heterogene Zusammensetzung und die damit vertretenen unterschiedlichen Interessen sorgen für einen großen Ideenaustausch und für eine sehr innovative Entwicklung.

Die einzelnen Mitgliedsländer senden Delegationen zu den regelmäßigen ISO-Meetings. Diese werden von einem Delegationsleiter angeführt. In jeder Rapporteur Group wird jedes Mitglied von einem Sprecher vertreten, der von den technischen Experten unterstützt wird.

Begonnen hatte die Normung in der graphischen Datenverarbeitung in den 70er Jahren mit der Entwicklung von → GKS und der Standardisierung von GKS bei DIN und ISO. Meilensteine der Graphiknormung waren:

| | |
|---|---|
| 1974 | ACM-GSPC gegründet mit dem Ziel einer 3D-→ Norm |
| 1976 | Seillac I: Unterscheidung von graphischem Kern und → Modellierung, DIN – NI 5.9 beginnt mit der Arbeit an GKS |
| 1979 | GKS bei ISO eingereicht |
| 1982 | GKS wird internationaler Normentwurf, ISO beginnt Arbeit an 3D-Norm |
| 1983 | Erster Entwurf von → GKS-3D |
| 1984 | Internationales Review von GKS-3D |
| 1985 | GKS wird internationale Norm (IS), → PHIGS bei ISO eingereicht |
| 1986 | GKS wird deutsche Norm, GKS-3D wird DIS, PHIGS wird DP |
| 1987 | Der GKS Review beginnt |

GKS hat die graphische Normung stark beeinflußt und vorangetrieben. In den letzten Jahren sind weitere Normentwürfe von graphischen Systemen entwickelt worden, die den gesamten Bereich der graphischen Datenverarbeitung abdecken.

GKS-3D ist dabei die 3D-Erweiterung von GKS, PHIGS ist ein anderes konkurrierendes 3D-System, während → CGI die → Schnittstelle von GKS zur Geräteseite definiert und → CGM den standardisierten → Metafile zur Bildspeicherung beschreibt.

Wenn ein Normenvorschlag in der ISO eingebracht wird, so bildet sich zuerst eine Ad-hoc-Gruppe, die die Ziele und mögliche Realisierung definiert, bis ein lesbarer erster Entwurf entsteht, ein sog. *Working Draft*. Dieser Working Draft wird solange überarbeitet, bis soweit Übereinstimmung herrscht, daß er zu einem

*Draft Proposal* (DP) wird. Dazu muß eine Abstimmung der ISO-Mitglieder erfolgen.

Als Draft Proposal kann der Entwurf noch technischen Änderungen unterliegen. Danach wird über den vorliegenden DP abgestimmt. Bei einer Zustimmung wird aus dem Draft Proposal ein *Draft International Standard* (DIS). Wird der DP zurückgewiesen, so wird der DP solange überarbeitet, bis ein zweiter oder dritter oder n-DP vorliegt.

Ist die Abstimmung zum DIS erfolgt, so kann der Normentwurf nur noch editorischen Änderungen unterworfen werden. Anschließend erfolgt die Abstimmung zum Internationalen Standard (IS). Auch hier kann der Entwurf zurückgewiesen werden, und zu einem second DIS werden. Es ist auch möglich, den DIS oder den DP zurückzustufen zu einem DP bzw. Working Draft.

Ist ein graphisches System einmal zu einem graphischen Standard geworden, so liegt der Standard für fünf Jahre fest. Danach muß er wieder überarbeitet werden. Diesen → Prozeß nennt man *Review Cycle*. Dabei sind die Fehler, Unkorrektheiten und Unzulänglichkeiten von Normen zu beseitigen. Diese Arbeit kann auch die Erweiterung und Anpassung des Standards an die inzwischen vollzogene technische Entwicklung beinhalten.

Da GKS 1985 zum internationalen Standard wurde, läuft bereits jetzt die Arbeit zur GKS Review, die in den 90er Jahren abgeschlossen sein soll.

Ein großes Gewicht soll im SC24 die Definition eines Referenzmodells einnehmen, das die Beziehungen der graphischen Standards und Standardentwürfe beschreibt und die Relationen zu den anderen Bereichen der Datenverarbeitung aufzeigt.

*Encarnação/Poller*

**Normung, internationale** *(international standardization)*. Die i. N. (→ Normung, technische) ist ein wesentlicher Bestandteil der weltweiten Harmonisierungsbestrebungen. Internationale Normen bilden die Grundlage für den Abbau nichttarifärer (technischer) Handelshemmnisse (GATT) und erleichtern damit weltweit den Ex- und Import von Waren.

Die Mitgliedschaft in einer internationalen Normungsorganisation steht den anerkannten normenschaffenden Institutionen (Normungsorganisationen) aller Länder offen. Die deutsche „Nationale Normungsorganisation" ist das → DIN Deutsches Institut für Normung e. V.

Zuständig für die i. N. sind die Internationale Normungsorganisation → ISO (International Organization for Standardization) und die Internationale Organisation für elektrotechnische Normung → IEC (International Electrotechnical Commission).

Ungeachtet dessen, daß einzelne nationale Mitgliedsorganisationen in ihren jeweiligen Ländern einen

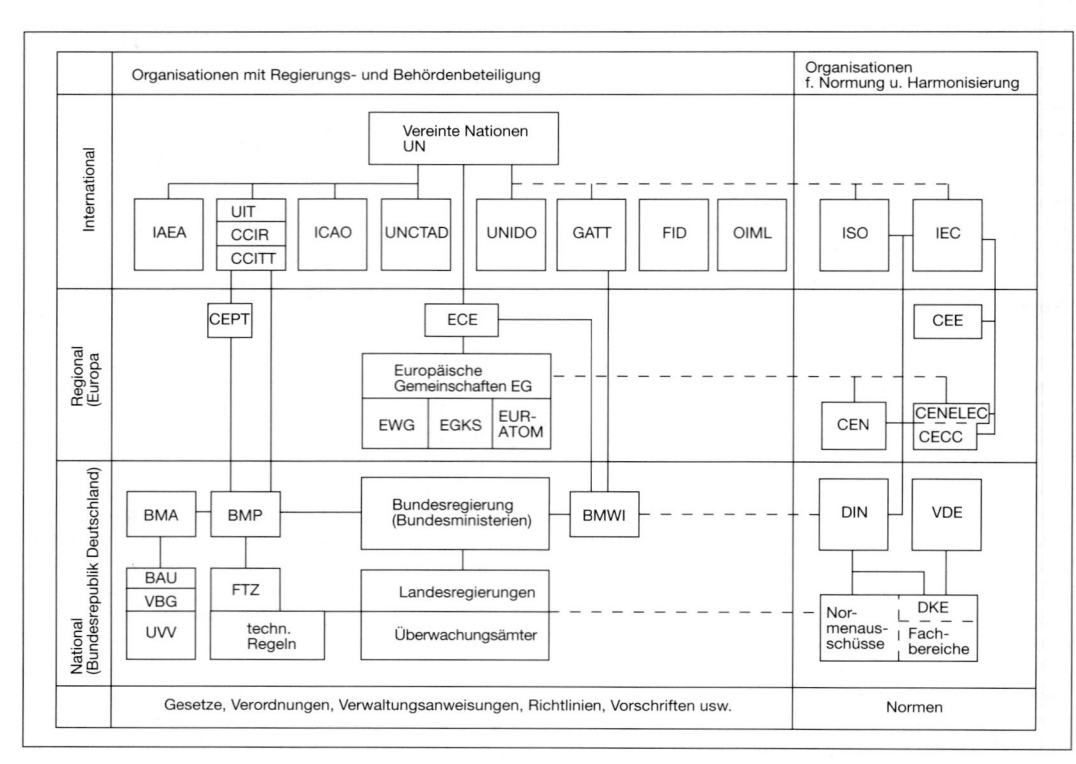

*Normung, internationale 1: Normung im Wirkungskreis*

Behördenstatus bekleiden, sind ISO und IEC privatrechtliche internationale Organisationen mit Sitz in Genf. Zwischen ihnen und internationalen oder europäischen Organisationen mit Regierungs- und Behördenbeteiligung gibt es zahlreiche Querverbindungen und Wechselwirkungen.

Bild 1 zeigt beispielhaft Verflechtungen der Normungsorganisationen untereinander und mit anderen Organisationen.

Neben ISO und IEC erarbeiten und veröffentlichen noch andere weltweite Organisationen Festlegungen zur Klärung wissenschaftlicher und wirtschaftlicher Probleme – also Normen im weitesten Sinne. Zu nennen sind hier u. a. die Internationale Organisation für Gesetzliches Meßwesen OIML (Organisation Internationale de Métrologie Légale), das Internationale Arbeitsamt ILO (International Labour Organization), die Internationale Organisation für Zivile Luftfahrt ICAO (International Civil Aviation Organization) und die Internationale Fernmeldeunion UIT (Union Internationale des Télécommunications), die bereits über 100 Jahre besteht.

Während die IEC bereits im Jahre 1906 gegründet wurde, stammt die ISO in ihrer heutigen Form aus dem Jahr 1946. ISO hatte jedoch einen Vorläufer in der Internationalen Föderation der nationalen Normenausschüsse (ISA, gegründet im Jahre 1928). Die IEC ist gemäß formeller Absprache zwischen ISO und IEC für alle Normungsfragen auf dem Gebiet der Elektrotechnik und Elektronik zuständig, die übrigen Gebiete fallen in den Zuständigkeitsbereich der ISO. Die ISO hat zur Zeit 107 Mitglieder, davon 24 als korrespondierende Mitglieder. Die IEC hat zur Zeit 49 Mitglieder. Beide Normungsorganisationen haben aus einem Land jeweils nur ein Mitglied, das die gesamten Normungsinteressen dieses Landes zu vertreten hat. Die deutsche Beteiligung an der i. N. bei ISO vollzieht sich ausschließlich über das DIN Deutsches Institut für Normung e. V., bei IEC über die DKE im DIN und → VDE. Die ISO ist auf die fachliche Zuarbeit und auf die Finanzierung aus den Mitgliedsländern angewiesen.

Der organisatorische Aufbau von ISO und IEC folgt weitgehend gemeinsamen Prinzipien (Bild 2).

Das höchste entscheidungsbefugte Gremium ist die Versammlung der Mitglieder. Sie trifft grundsätzliche Entscheidungen (z. B. zur Satzung und Wahl der Präsidenten). Daneben gibt es i. d. R. ein zweites, kleineres Lenkungsgremium für die laufende Steuerung der Normungsarbeiten. Diesem stehen beratende Ausschüsse zur Seite, z. B. Ausschüsse zur Planung und Koordinierung der Arbeiten und Ausschüsse im Zusammenhang mit der → Zertifizierung. Das Zentralsekretariat unter der Leitung eines Generalsekretärs hat die Funktion einer Geschäftsstelle für diese allgemeinen Gremien.

Die Facharbeit (→ Normungsarbeit), d. h. das Erarbeiten der Internationalen Normen, wird dezentral in Technischen Komitees (TC) (beim DIN sind es die

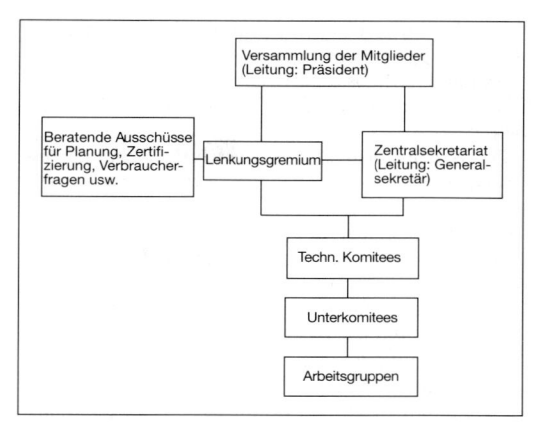

*Normung, internationale 2: Grundsätzlicher organisatorischer Aufbau internationaler Normungsorganisationen*

→ Normenausschüsse) durchgeführt, deren Arbeitsgebiete durch ein für die Koordinierung der Facharbeit zuständiges Gremium geprüft und genehmigt werden. Teilbereiche der Arbeitsgebiete können auf Unterkomitees (SC) (vergleichbar den Arbeitsausschüssen beim DIN), vorbereitende Arbeiten auf Arbeitsgruppen verteilt sein. Zu den Sitzungen der Technischen Komitees und Unterkomitees entsenden die Mitglieder offizielle Delegationen. Neben diesen nehmen auch häufig Vertreter internationaler und europäischer Verbände und Organisationen an den Sitzungen als Beobachter teil.

Die in den Arbeitsgruppen mitarbeitenden Experten werden gewöhnlich von den Mitgliedsländern, d. h. deren Normungsorganisationen, als Personen benannt. Die Sekretariate (Geschäftsstellen) der Technischen Komitees und ihre Unterteilungen werden jeweils durch ein Mitglied und dort von dem jeweils fachlich zuständigen Normenausschuß betreut. Das Zentralsekretariat ist hierbei insbesondere für Koordinierungsfragen und für die Veröffentlichung der Normungsergebnisse zuständig.

Die offiziellen ISO-Sprachen (in diesen Sprachen werden auch die Normen veröffentlicht) sind Englisch, Französisch und Russisch. Die Grundregeln für die Arbeit der internationalen Normenorganisationen ISO und IEC finden sich in ihren Satzungen und ergänzenden Geschäftsordnungen. Daneben gibt es Geschäftsordnungen (Directives) für die Facharbeit. Festlegungen zu allgemein interessierenden Einzelfragen (z. B. Normungstechnik, Zertifizierung, grundlegende Terminologie) werden häufig als Leitfäden (Guides) veröffentlicht.

ISO und IEC arbeiten zunehmend enger zusammen. Für die Informationstechnik haben ISO und IEC ein gemeinsames Technisches Komitee gebildet. Darüber hinaus haben sie die Regeln für ihre Facharbeit vereinheitlicht. Um die Entwicklung auf ein gemeinsames internationales Normeninstitut auch äußerlich kenntlich zu machen, wird die Herausgabe Internationaler

Normen unter einem gemeinsamen Erscheinungsbild und einem einheitlichen Benutzungssystem angestrebt.

Hauptarbeitsziel von ISO und IEC ist die Veröffentlichung Internationaler Normen (ISO- und IEC-Normen).

Der Arbeitsablauf der Facharbeit folgt bei beiden Organisationen einem ähnlichen Schema. Die Arbeit an einer Internationalen → Norm beginnt mit einem entsprechenden Antrag eines Mitgliedes, Technischen Komitees oder einer sonstigen Organisation. Die ersten Textvorschläge (Vorlagen) werden oft in einer Arbeitsgruppe erstellt, die abschließend auf TC- oder SC-Ebene behandelt werden. Findet die Vorlage im Technischen Komitee ausreichende Unterstützung, wird sie an das Zentralsekretariat gegeben und als Internationaler Normentwurf an alle Mitglieder zur Abstimmung verteilt. Bei ausreichender Zustimmung wird der endgültige Text ausgearbeitet und zur Veröffentlichung als Internationale Norm verabschiedet. Die Internationalen Normen der ISO und IEC sind, wie die → Deutschen Normen (→ DIN-Normen), keine Rechtsnormen, d. h., jeder ist frei, sie anzuwenden. Sie stellen gleichzeitig Empfehlungen an die Mitglieder von ISO und IEC dar, ihrerseits entsprechende nationale Normen (→ Normung, nationale, → Normenwerke) herauszugeben. Eine konkrete Verpflichtung der Mitglieder (etwa durch Satzung) besteht jedoch nicht.

Das Präsidium des DIN Deutsches Institut für Normung e. V. hat in einem Beschluß festgehalten, daß eine Internationale Norm, der das DIN zugestimmt hat, vorzugsweise ohne fachliche Überarbeitung in das Deutsche Normenwerk übernommen werden soll.

Für die Übernahme Internationaler Normen der ISO und der IEC sind drei Verfahren festgelegt worden:
– Die *unveränderte Übernahme* läßt den Inhalt der Internationalen Norm vollständig und unverändert sowie im Aufbau formgetreu wieder in der → Deutschen Norm entstehen. Der Inhalt der Internationalen Norm wird ohne Änderungen ins Deutsche übertragen. Im Titelfeld der Norm steht ein Zusatz – identisch mit ISO oder IEC (Nummer mit Ausgabe). Die Nummer der Internationalen Norm darf in die DIN-Norm-Nummer übernommen werden. Die DIN-Normen werden dann als → DIN-ISO- oder → DIN-IEC-Normen gekennzeichnet (Beispiel: Aus ISO 2431 wird DIN ISO 2431).
– Bei der *teilweisen Übernahme* wird eine Deutsche Norm in Anlehnung an die Internationale Norm erarbeitet. Die DIN-Norm-Nummer darf keinen Hinweis auf die Nummer der Internationalen Norm enthalten. Der sachliche Zusammenhang wird in einer Vorbemerkung erwähnt und in den Erläuterungen näher ausgeführt.
– Bei der *modifizierten Übernahme* wird der Inhalt der Internationalen Norm vollständig und im Aufbau formgetreu wiedergegeben, jedoch durch lesbar bleibende Streichungen, Änderungen und Ergänzungen national modifiziert. Die DIN-Norm-Nummer bleibt unverändert, sofern es sich um eine Folgeausgabe handelt. Sonst wird eine neue DIN-Nummer vergeben. Im Titelfeld der Norm steht ein Zusatz ISO ... (Nummer) modifiziert oder IEC ... (Nummer) modifiziert. Diese Methode ist insbesondere dann geeignet, wenn die Änderungen zwar fachlich wichtig, jedoch von geringem Umfang sind. *Krieg*

Literatur: DIN 820-15: Normungsarbeit; Übernahme von Internationalen Normen der ISO und der IEC; Begriffe und Gestaltung. – IEC/ISO Directives for the technical work (1989) (drei Teile). – ISO Constitution and rules of procedure (1985). – IEC Statutes and rules of procedure. – Handbuch der Normung, Bd. 1. Grundlagen der Normungsarbeit. 9. Aufl. Berlin (1993). – *Sturen, O.*: Die Perspektiven der ISO. DIN-Mitt. 61 (1982) 10. – *Sturen, O.*: Die Zusammenarbeit zwischen Industrie und Entwicklungsländern auf dem Gebiet der internationalen Normung. DIN-Mitt. 61 (1982) 1. – *Sturen, O.*: Normen im internationalen Handelsverkehr. International Organization for Standardization (ISO). Genf 1984.

**Normung, nationale** ⟨*national standardization*⟩ → Normung, technische; → DIN Deutsches Institut für Normung e. V.; → Normungsarbeit

**Normung, regionale** ⟨*regional standardization*⟩. Mit der wechselseitigen wirtschaftlichen Verflechtung benachbarter Länder und Ländergruppen wird eine übereinstimmende → Normung (→ Normung, technische) immer wichtiger, weil sonst mitunter gravierende Handelshemmnisse auf vielen Gebieten bestehen bleiben (GATT). Diese Aufgabe, bestehende nationale Normen zu harmonisieren und neue, regional geltende Normen zu entwickeln, übernehmen supranationale, auf Kontinente oder kleinere miteinander verflochtene Wirtschaftsräume beschränkte Normungsorganisationen.

Beispiele hierfür sind folgende, heute bereits in der ganzen Welt bestehende regionale Normungsorganisationen:
– Panamerikanische Normenkommission COPANT (Comisión Panamericana de Normas Técnicas) für Lateinamerika,
– Asiatisches Normenberatungskomitee ASAC (Asian Standards Advisory Committee) für Asien,
– Regionale Afrikanische Normungsorganisation ARSO (African Organization for Standardization) für Afrika,
– Arabische Organisation für Industrieentwicklung und Bergbau ADMO (Arab Industrial Development and Mining Organization) für die arabisch sprechenden Länder,
– Normungsrat des karibischen Gemeinsamen Marktes CARICOM (Caribbean Common Market Standards Council) für die Länder des karibischen Raumes,
– Pazifischer Normenkongreß PASC (Pacific Area Standards Congress) für die Länder des pazifischen Raumes,
– Konsultationsausschuß für Normen und Qualität der ASEAN-Staaten ACCSQ (ASEAN Consultative Com-

mittee for Standards and Quality) als regionale Normenorganisation für Südost-Asien.

Die Mitgliedschaft in einer regionalen Normungsorganisation steht nur dem entsprechenden nationalen Institut jedes Landes aus der betreffenden geographischen, politischen oder wirtschaftlichen Zone offen.

Die für die r. N. in Europa (EG- und EFTA-Staaten) zuständigen, eng miteinander verbundenen Normungsinstitutionen sind das Europäische Komitee für Normung → CEN (Comité Européen de Normalisation) und das Europäische Komitee für elektrotechnische Normung → CENELEC (Comité Européen de Normalisation Electrotechnique). Zwischen ihnen und den nationalen sowie internationalen Normungsorganisationen und Organisationen mit Regierungs- und Behördenbeteiligung bestehen enge wechselseitige Beziehungen (→ Normung, internationale).

Darüber hinaus sind auch zahlreiche Normungsinstitute in Mittel- und Osteuropa inzwischen angegliederte Institute bei CEN/CENELEC. Auf dem Telekommunikationsgebiet ist ETSI, das Europäische Institut für Telekommunikationsnormen, 1987 aus der regelsetzenden Tätigkeit der Europäischen Konferenz der Post- und Fernmeldeverwaltungen hervorgegangen.

CEN/CENELEC sind keine staatlichen Körperschaften. Es sind privatrechtliche und gemeinnützige Vereinigungen mit Sitz in Brüssel. Ihre Gründung geht auf das Jahr 1961 zurück und steht damit (nicht zufällig) in einem zeitlichen Zusammenhang mit der Gründung der Europäischen Wirtschaftsgemeinschaft. CEN/CENELEC haben sich in einer Vereinbarung vom August 1982 zur „Gemeinsamen Europäischen Normungsinstitution" erklärt.

CEN/CENELEC sind zwar von ihrer Mitgliederzahl her wesentlich kleiner als → ISO und → IEC (sie haben jeweils 18 Mitglieder, Bild), ihr organisatorischer Aufbau entspricht aber mit Generalversammlung, Verwaltungsrat, Technischem Büro (dem fachlichen Koordinierungsgremium), Zentralsekretariat und Technischen Komitees (den Normenausschüssen vergleichbar) weitgehend dem der ISO.

Die Arbeitsteilung ist vergleichbar der zwischen IEC und ISO geregelt. So ist CENELEC für die Normungsfragen auf dem Gebiet der Elektrotechnik und Elektronik zuständig, wobei ETSI für die Normung auf bestimmten Gebieten des Telekommunikationssektors verantwortlich zeichnet. Die übrigen Gebiete fallen in den Zuständigkeitsbereich von CEN.

Deutsches Mitglied im CEN ist das DIN Deutsches Institut für Normung e. V., im CENELEC die Deutsche Elektrotechnische Kommission (→ DKE) im → DIN und → VDE. Eine deutsche Beteiligung an der europäischen Normung bei CEN/CENELEC ist also nur über das DIN möglich. Die deutschen Mitglieder von ETSI sind im Technischen Beirat ETSI der DKE versammelt.

Die europäische Normung hat, verglichen mit der internationalen oder der deutschen Normung, eine schwierigere Rolle zu übernehmen.

Auf Beschluß des Rates der Europäischen Gemeinschaften (EU) gehört die Vollendung des Europäischen Binnenmarktes zu den vordringlichsten Zielen der EU. Zu den Vorgaben, die helfen sollen, dieses Ziel zu verwirklichen, gehört auch die Entschließung des Rates über eine neue Konzeption auf dem Gebiet der technischen Harmonisierung und Normung. Der Kern dieser Konzeption besagt, daß die nach § 100 der Römischen Verträge vorgesehene Angleichung der Rechtsvorschriften der einzelnen EG-Staaten, sich bei festzulegenden technischen Sachverhalten auf die grundlegenden Sicherheitsanforderungen (Sicherheitsziele) beschränken soll. Die Konkretisierung, d.h. die Ausfüllung des Rahmens mit detaillierten technischen Festlegungen, soll den freiwilligen Europäischen Normen vorbehalten bleiben, auf die z. B. mittels der Generalklauselmethode (technische Regel) verwiesen werden kann.

Bei diesem Bezug auf technische Normen werden die Europäischen Normen (EN-Normen) von CEN/CENELEC bzw. ETSI herangezogen.

Die Basis der Zusammenarbeit zwischen der EG und CEN/CENELEC bildet eine zwischen CEN/CENELEC und der EG-Kommission getroffene Vereinbarung. Auch die Europäische Freihandelsassoziation (EFTA) hat gleichgeartete Leitsätze für die Zusammenarbeit mit CEN/CENELEC vereinbart.

Das Hauptziel der europäischen → Normungsarbeit, wie es auch in allen Leitsätzen beschrieben wird, ist es, neben dem Erstellen eines umfassenden Europäischen Normenwerkes insbesondere die Harmonisierung der bestehenden nationalen Normen zu forcieren. Hierbei müssen soweit wie möglich Internationale Normen zugrunde gelegt werden, um nicht an den Grenzen der EU neue technische Handelshemmnisse gegenüber Drittländern im Sinne des GATT entstehen zu lassen.

Anders als auf der internationalen Ebene gibt es Europäische Normen nicht als eigenständige Dokumente (mit Ausnahme der „Master Copies" in den Archiven der Zentralsekretariate), sondern lediglich in ihren nationalen Umsetzungen. Die offiziellen Sprachen für veröffentlichte Arbeitsergebnisse von CEN/CENELEC sind Deutsch, Englisch und Französisch. Anders als im Fall der Internationalen Normen verpflichtet die Zustimmung (oder das Überstimmtwerden) zu einer Europäischen Norm das betreffende Mitglied zur unveränderten Übernahme in das nationale → Normenwerk (gewichtete Abstimmung; die qualifizierte Mehrheit entscheidet). Die Übernahme einer Europäischen Norm in das → Deutsche Normenwerk (→ DIN Deutsches Institut für Normung e. V.) geschieht i. d. R. durch Hinzufügen einer nationalen Titelseite zu der deutschen Originalfassung der Europäischen Norm.

Bei dieser unveränderten Übernahme wird in das Nummernfeld der DIN-Norm die EN-Nummer übernommen (→ DIN-EN-Norm). Neben dieser Art der Übernahme besteht in bestimmten Fällen noch die

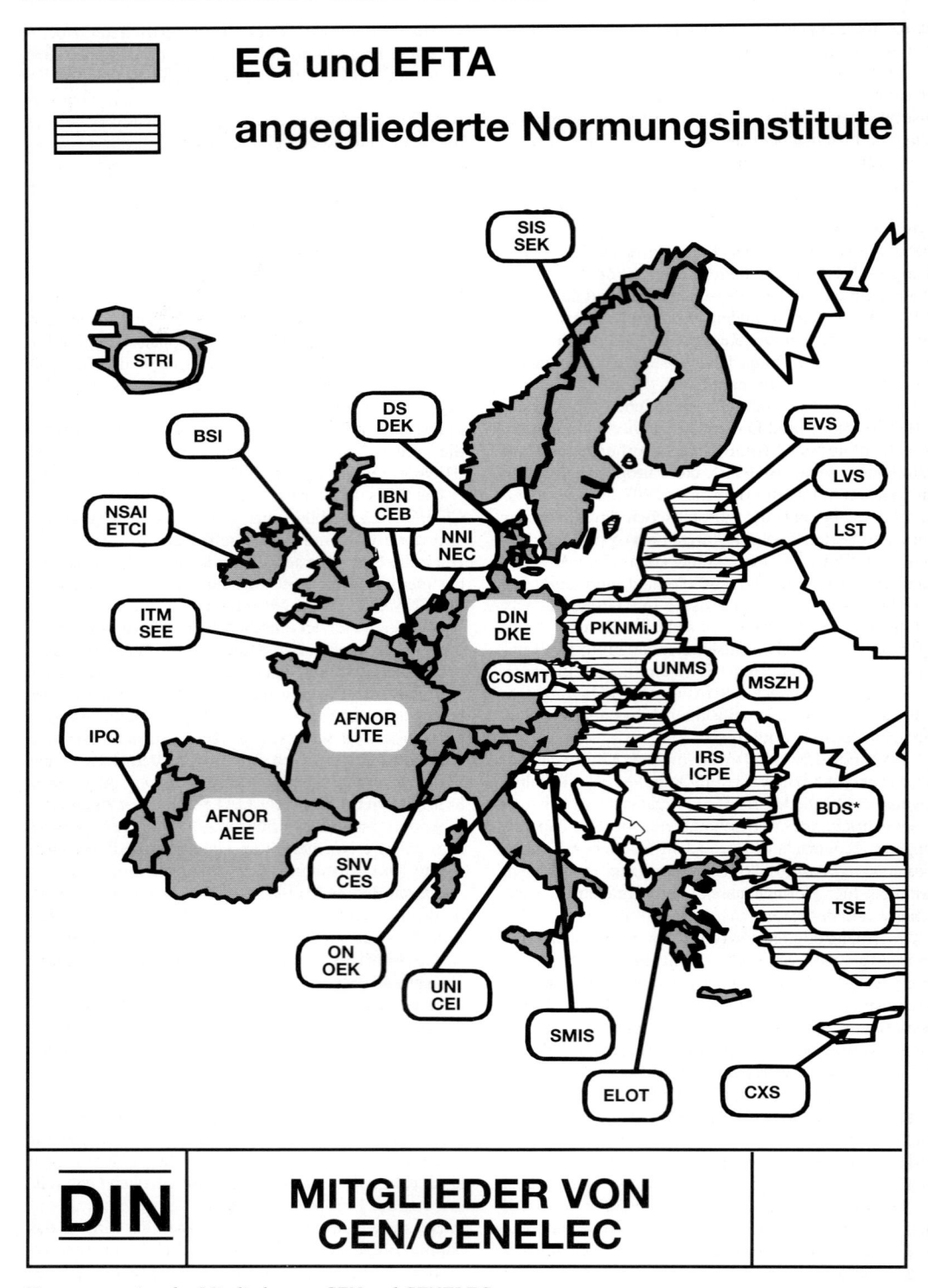

*Normung, regionale: Mitglieder von CEN und CENELEC*

Möglichkeit einer Übernahme des sachlichen Inhalts und der Übernahme durch Anerkennungsnotiz.

Die Übernahmeverpflichtung einer Europäischen Norm bedeutet nicht nur, dieser den Status einer nationalen Norm zu geben, sondern auch etwaige andere entgegenstehende nationale Normen zum gleichen Thema zurückzuziehen.

– Europäische Norm (EN): CEN/CENELEC-Norm, die mit der Verpflichtung verbunden ist, auf nationaler Ebene übernommen zu werden, indem ihr der Status einer nationalen Norm gegeben wird und indem ihr entgegenstehende nationale Normen innerhalb einer bestimmten Frist zurückgezogen werden. Nationale Abweichungen sind nur in Form von A-Abweichungen aufgrund von nationalen Rechts- bzw. Verwaltungsvorschriften möglich, die außerhalb der Zuständigkeit des Mitgliedes liegen; solche A-Abweichungen werden in der Norm selbst aufgeführt.

– Harmonisierungsdokument (HD): CEN/CENELEC-Norm, die mit der Verpflichtung verbunden ist, auf nationaler Ebene übernommen zu werden, zumindest durch öffentliche Ankündigung von HD-Nummer und -Titel, und ihr entgegenstehende nationale Normen zurückzuziehen. Hier sind neben den A-Abweichungen noch B-Abweichungen für eine bestimmte Übergangsfrist aufgrund besonderer technischer Anforderungen möglich.

– Europäische Vornorm (ENV): beabsichtigte CEN/CENELEC-Norm zur vorläufigen Anwendung auf technischen Gebieten mit hohem Innovationsgrad. Die Erarbeitung einer ENV löst keine Stillhalteverpflichtung aus und erfordert nicht die Zurückziehung entgegenstehender nationaler Normen.

– CEN/CENELEC-Bericht (CR): informative Veröffentlichungsart, ähnlich den Technischen Berichten von ISO/IEC.

Um die mit den europäischen Normungsarbeiten angestrebte Harmonisierung nicht zu beeinträchtigen, haben die CEN/CENELEC-Mitglieder eine Stillhaltevereinbarung geschlossen. Diese verpflichtet sie, während einer gegebenen Zeitspanne keine neue oder überarbeitete nationale Norm zu veröffentlichen, die nicht völlig in Einklang mit bestehenden EN-Normen oder HD steht. Darüber hinaus dürfen auch keine sonstigen störenden Maßnahmen ergriffen werden. Die Veröffentlichung eines nationalen Normentwurfs verstößt dabei nicht gegen die Stillhalteverpflichtung.

Da das Ziel, alle technischen Regeln europäisch zu harmonisieren, nur allmählich erreicht werden kann, wurde auf der Grundlage einer entsprechenden Richtlinie des Rates der EU ein EU-Informationsverfahren eingeführt. Sowohl Regelsetzer als auch Regelanwender werden damit über alle neuen Normungsvorhaben, alle Normentwürfe und alle Entwürfe für technische Vorschriften (Rechtsnormenentwürfe) in ihren Nachbarländern informiert. Gleichzeitig können damit Schwerpunkte sichtbar gemacht werden, die ein gemeinsames europäisches Handeln ratsam erscheinen lassen. *Krieg*

Literatur: CEN/CENELEC-Geschäftsordnung. Teil 1: Organisation und Verwaltung. Teil 2: Gemeinsame Regeln für die Normungsarbeit. – DIN 820-13: Normungsarbeit: Übernahme von Europäischen Normen von CEN/CENELEC und ETSI; Begriffe und Gestaltung. – Europäische Normung. Ein Leitfaden des DIN. Berlin, 1996. – Europäisches Recht der Technik. EG-Richtlinien, Bekanntmachungen, Normen. DIN, Berlin 1990. – Entschließung des Europäischen Parlaments vom 8. April 1987 über die technische Harmonisierung und Normung in der Europäischen Gemeinschaft. DIN-Mitt. 66 (1987) 7, S. 338, 339. – Handbuch der Normung. Innerbetriebliche Normungsarbeit. Bd. 1: Grundlagen der Normungsarbeit. 9. Aufl. Berlin 1993. – ISO/IEC Guide 2-1986 (D): Allgemeine Fachausdrücke und deren Definitionen betreffend Normung und damit zusammenhängende Tätigkeiten. – *Mohr, C.*: Das EG-Informationsverfahren. DIN-Mitt. 62 (1983) 6, S. 323–326. – *Mohr, C.*: Vereinbarung EG-Kommission – CEN/CENELEC. DIN-Mitt. 64 (1985) 2, S. 78, 79. – *Mohr, C.*: Europäische Normung im Aufbruch. DIN-Mitt. 64 (1985) 8, S. 395–401. – *Mohr, C.*: Der Gemeinsame Markt braucht Europäische Normen. DIN-Mitt. 66 (1987) 5, S. 231, 232. – *Reihlen, H.*: Auswirkungen des EG-Binnenmarktes auf die technische Regelsetzung. DIN-Mitt. 68 (1989) 9, S. 449–457. – Die europäische Normung und das DIN. DIN, Berlin 1991. – Konformitätsnachweis und Binnenmarkt. DIN, Berlin 1992. – Leitfaden Maschinensicherheit in Europa. DIN, Berlin 1994.

**Normung, technische** *(technical standardization)*. Normung (N.) ist ganz allgemein ein Mittel zur Ordnung und Grundlage für ein sinnvolles Zusammenarbeiten und Zusammenleben. Die t. N. bietet Lösungen für immer wiederkehrende Aufgaben unter Berücksichtigung der neuesten Erkenntnisse aus Wissenschaft und Technik; dies unter Beachtung der wirtschaftlichen Gegebenheiten und vor dem Hintergrund der jeweiligen Wertordnungen und sozialen Tatbestände.

N. ist die planmäßige, durch interessierte Kreise (→ Normenausschuß) gemeinschaftlich durchgeführte Vereinheitlichung von materiellen und immateriellen Gegenständen zum Nutzen der Allgemeinheit. Sie darf nicht zu einem wirtschaftlichen Sondervorteil einzelner führen.

Sie fördert die Rationalisierung, Qualitätssicherung und den Umweltschutz in Wirtschaft, Technik, Wissenschaft und Verwaltung. Sie dient der Sicherheit von Menschen und Sachen sowie der Qualitätsverbesserung in allen Lebensbereichen.

Sie dient außerdem einer sinnvollen Ordnung und der Information auf dem jeweiligen Normungsgebiet.

Die N. wird auf nationaler, regionaler und internationaler Ebene durchgeführt (→ DIN Deutsches Institut für Normung e. V.).

Diese Definition entspricht dem neuesten Stand der N. Sie berücksichtigt die Zuwendung der N. zu immateriellen Gütern wie den Problemen des Umweltschutzes. Eine der ersten Definitionen der N., von *Kienzle*, ist noch ganz auf die Anfänge der N. ausgerichtet, also auf den technisch-industriellen Bereich. Er definierte die N. im Gegensatz dazu: „N. ist das einmalige Lösen einer sich wiederholenden technischen und/oder organisatorischen Aufgabe unter Mitarbeit möglichst aller Beteiligten mit dem Ergebnis einer den jeweiligen Stand der Technik/Organisation auswertenden, zeitlich begrenzten Bestlösung." Diese unterschiedlichen Definitionen zeigen deutlich die Erweiterung der Ziele der N. (N.-Prozeß) im Laufe der Zeit.

Auch die heutige t. N. enthält als wesentlichen Bestandteil starke Elemente des Rationalen. Rationalisierung, als Bestlösung sich wiederholender technischer und/oder organisatorischer Aufgaben, ist nach wie vor das wichtigste Ziel, das durch die N. angestrebt wird. Der Begriff Rationalisierung muß allerdings aus seiner betriebswirtschaftlichen Einengung herausgelöst werden, so daß er als die Optimierung verschiedener Zielwerke, wie Materialeinsatz, Arbeitseinsatz, Energieeinsatz, Sicherheit, Gesundheit und natürliche Umwelt verstanden werden kann. Dieser Rationalisierungsbegriff beinhaltet dabei auch das Ziel der Wirtschaftlichkeit.

Die t. N., die ein Spiegelbild der Geisteshaltung ihrer Zeit ist, tendiert damit immer mehr zu einer ganzheitlichen Erfassung aller Lebensbedingungen und Umstände.

Seitdem der technische Fortschritt auch als Bedrohung empfunden wird, sind technische Normen zu einer Vertrauen schaffenden Grundlage des Gebrauches der Technik geworden. Ihre Festlegungen sollen vor unerwünschten und schädigenden Folgen der Technik schützen. Sicherlich nicht zuletzt aus diesem Grunde haben z. B. die DIN-Normen für den Verbraucherschutz, den Arbeitsschutz, den Unfallschutz, den Datenschutz und den Umweltschutz eine besondere Bedeutung gewonnen.

Die t. N. hat z. B. als nationale (DIN), europäische, internationale N. (CEN/CENELEC, ISO/IEC) oder als Werk-N. (Werknorm) beim methodischen und rationellen Konstruieren in Systemen eine große Bedeutung. Dabei steht die lösungsbeschränkende Zielsetzung der N. in keinem Gegensatz zu der eine Lösungsvielfalt anstrebenden Konstruktionsmethodik, da die N. sich im wesentlichen auf die Festlegung einzelner Elemente, Teillösungen, Werkstoffe, Berechnungsverfahren, Prüfvorschriften u. dgl. konzentriert. Die Lösungsvielfalt und Lösungsoptimierung kann durch eine geschickte Kombination bzw. Synthese bekannter Elemente und Gegebenheiten erreicht werden. Die N. ist also nicht nur eine wichtige Ergänzung, sondern sogar eine Voraussetzung für die bausteinartig vorgehende Methodik.

Weitere wichtige Vorteile der t. N. bzw. N.-Arbeit sind u. a. die Verbesserung der Eignung von Erzeugnissen, Verfahren und Dienstleistungen für ihren geplanten Zweck, die Vermeidung von Handelshemmnissen und die Erleichterung der technischen Zusammenarbeit.

In Deutschland ist die t. N. eine Aufgabe der Selbstverwaltung der an der N. interessierten Kreise unter Einschluß des Staates. Das → DIN Deutsches Institut für Normung e. V. ist hierbei der Runde Tisch, an dem sich Hersteller, Handel, Gewerkschaften, Verbraucher, Wissenschaft, technische Überwachung und Staat, jedermann, der ein Interesse an der N. hat, zusammensetzen, um den Stand der Technik zu ermitteln und in nationalen technischen Normen, hier → DIN-Normen, niederzuschreiben (N.-Arbeit).

Auf Grund ihres Status als Normen, ihrer öffentlichen Erarbeitungsverfahren und Zugänglichkeit sowie ihrer laufenden Anpassung an den sich wandelnden Stand der Technik werden internationale, regionale und nationale Normen als anerkannte Regeln der Technik (technische Regel) angesehen. Rechtlich werden sie häufig als antizipiertes Sachverständigengutachten betrachtet. *Krieg*

Literatur: Handb. Normung. Bd. 1/3. 9. Aufl. Berlin 1993. – *Kienzle, O.*: Normung und Wissenschaft. Z. VDI (1943) 5, S. 68–76. – *Kienzle, O.*: Grenzen der Normung. VDI-Z. 92 (1950) 22, S. 622–627. – Normenheft 10: Grundlagen der Normungsarbeit des DIN. 6. Aufl. Berlin 1995.

**Normungsarbeit** ⟨standards work⟩. Bezeichnung für eine Tätigkeit zur Erstellung von Festlegungen für die allgemeine und wiederkehrende Anwendung, die auf aktuelle oder absehbare Probleme Bezug hat und die Erzielung eines optimalen Ordnungsgrades in einem gegebenen Zusammenhang anstrebt.

Sie besteht im besonderen aus den Vorgängen zur Formulierung, Herausgabe und Anwendung von Normen (in Deutschland DIN-Normen) sowie deren Anpassung an den jeweiligen Stand der technischen Entwicklung. Diese Arbeit (Tätigkeit) für die → Normung wird überbetrieblich von Normungsorganisationen wahrgenommen und auf verschiedenen Normungsebenen abgewickelt (→ Normung, technische; → Normenarten; → Normung, regionale; → Normung, internationale).

Die deutsche „Nationale Normungsorganisation" ist das → DIN Deutsches Institut für Normung e. V.

Im DIN wird die N. von in der Regel zu → Normenausschüssen zusammengefaßten Arbeitsausschüssen durchgeführt. Bei ihrer Arbeit sind die Ausschüsse an die Beschlüsse des Präsidiums des DIN, an die Richtlinie für Normenausschüsse und an die in der Normenreihe DIN 820 festgelegten Grundlagen für die N. gebunden.

Die N. beginnt mit einem Normungsantrag und folgt dann dem nachstehend in groben Zügen beschriebenen Arbeitsablauf (Bild):

– Behandeln eines *Normungsantrages* (er kann von jedermann gestellt werden und soll möglichst einen Normvorschlag enthalten) in dem zuständigen Normenausschuß;

– bei Annahme des Normungsantrags wird der Arbeitstitel des vorgesehenen Normungsvorhabens veröffentlicht (Möglichkeit der Stellungnahme für die Öffentlichkeit) und zu gegebener Zeit eine *Normvorlage* erstellt;

– Beraten bis zum Verabschieden der Normvorlage als Manuskript für den *Normentwurf*;

```
┌─ ─ ─ ─ ─┐ ┐
│Öffentlichkeit│ │ ⟩  NORMUNGSANTRAG
│Stellungnahmen│ │ ╱
└─ ─ ─ ─ ─┘ ┘
              ↓
         NORM-VORLAGE
              ↓
     MANUSKRIPT für NORM-
           ENTWURF
              ↓
         NORM-ENTWURF
┌─ ─ ─ ─ ─┐ ┐       ╱ ┌─ ─ ─ ─ ┐
│Öffentlichkeit│ │ ⟩   ⟨  │ Normenprüfstelle │
│Stellungnahmen│ │ ╱    ╲ │ Stellungnahmen  │
└─ ─ ─ ─ ─┘ ┘       ╲ └─ ─ ─ ─ ┘
┌─ ─ ─ ─ ─┐ ┐
│Schlichtung  │ │ ⟩
│Schiedsverfahren│ │ ╱ MANUSKRIPT für NORM
└─ ─ ─ ─ ─┘ ┘       ╱ ┌─ ─ ─ ─ ┐
                     ⟨  │ Normenprüfstelle │
                      ╲ │ Prüfung         │
                       ╲ └─ ─ ─ ─ ┘
              ↓
         Deutsche Norm
          (DIN-Norm)
```

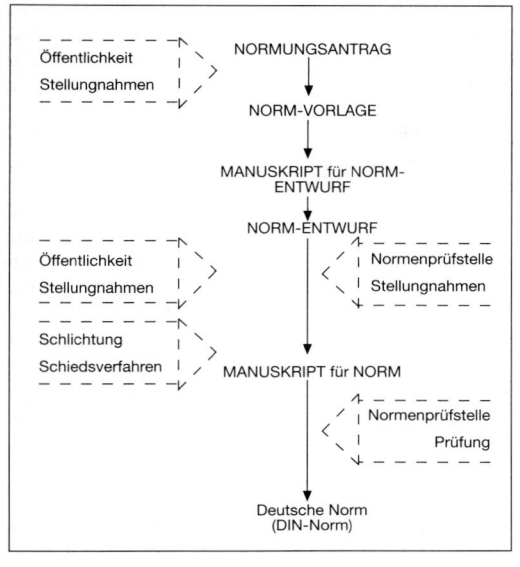

*Normungsarbeit: Werdegang einer DIN-Norm*

– Prüfen des Manuskripts durch die Innere Normenprüfstelle (ob die für die N. geltenden Grundsätze und Regeln berücksichtigt wurden) und Veröffentlichen des *Normentwurfs*;

– Stellungnahmen zum Normentwurf seitens der Öffentlichkeit (jedermann kann Stellung nehmen) und der Normenprüfstelle (Ausschuß des Präsidiums des DIN, das die Einhaltung der Grundsätze und Regeln überwacht, z. B. auf Fristen und Widersprüchlichkeiten achtet);

– Behandeln der zum Normentwurf eingegangenen Stellungnahmen im Arbeitsausschuß (Einsprecher erhalten die Möglichkeit, ihre Stellungnahmen vor dem Ausschuß zu vertreten; im Fall der Ablehnung ihrer Einsprüche sind sie berechtigt, ein Schlichtungs- und ggf. ein Schiedsverfahren zu beantragen);

– Ergeben sich keine wesentlichen Änderungen des Inhalts, kann eine überarbeitete Fassung als endgültige Fassung der → Norm verabschiedet und als *Manuskript für die Norm* eingereicht werden;

– Abschließende Prüfung des Manuskripts durch die Normenprüfstelle und Anfertigung eines Kontrollabzugs;

– Aufnehmen der Norm in das → Deutsche Normenwerk (→ DIN-Norm) durch die Normenprüfstelle und Veröffentlichen der DIN-Norm.

Das Überprüfen bestehender Normen (spätestens nach Ablauf von fünf Jahren) gehört ebenfalls zur N. Entspricht dabei eine Norm nicht mehr dem Stand der Technik (technische Regel) oder den mit ihr im Zusammenhang stehenden anderen Normen, muß sie überarbeitet oder zurückgezogen werden.

Arbeitsablauf und Verfahren der N. folgen demokratischen Prinzipien. Der Inhalt einer Norm soll im Wege gegenseitiger Verständigung mit dem Bemühen festgelegt werden, eine gemeinsame Auffassung (Konsens) zu erreichen – möglichst unter Vermeiden formeller Abstimmungen. *Krieg*

Literatur: Normenheft 10: Grundlagen der Normungsarbeit des DIN. 6. Aufl. Berlin 1995.

**Normungsvorhaben** ⟨*standards projects*⟩. Ein N. ist die in das Arbeitsprogramm z. B. eines → Normenausschusses aufgenommene Aufgabe, die durch → Normung (→ Normung, technische) gelöst werden soll (→ Normungsarbeit). *Krieg*

**NP-hart** ⟨*NP-hard*⟩. Begriff aus der → Komplexitätstheorie. Ein Problem Q ist NP-h., wenn es mindestens so schwer ist wie jedes Problem in NP; d. h., jedes Problem in NP läßt sich in polynomialer Zeit auf Q reduzieren. Die Menge NP umfaßt die Menge aller Probleme, die sich in polynomialer Zeit mit nichtdeterministischen Verfahren lösen lassen. Ein NP-h. Problem heißt → NP-vollständig, wenn es selbst in NP enthalten ist. *Breitling/K. Spies*

**NP-vollständig** ⟨*NP complete*⟩. Ein Problem (genauer: ein Entscheidungsproblem) ist NP-v., wenn es im wesentlichen so schwer zu lösen ist wie das → Erfüllbarkeitsproblem. Dabei bedeutet „im wesentlichen so schwer", daß sich beide Probleme in polynomieller Zeit ineinander transformieren lassen. Ein Problem $P_1$ ist in polynomieller Zeit in ein Problem $P_2$ transformierbar, wenn es eine (deterministisch arbeitende) → *Turing*-Maschine gibt, mit deren Hilfe jede Einzelfragestellung $f_1$ von $P_1$ (formuliert als Ausdruck in einer Spezifikationssprache, d. h. dargestellt als Zeichenfolge über einem Alphabet) in eine (als Zeichenfolge dargestellte) Einzelfragestellung $f_2$ von $P_2$ umgeformt werden kann, so daß $f_1$ und $f_2$ entweder beide mit Ja oder beide mit Nein zu beantworten sind. Dabei ist jedoch einschränkend vorausgesetzt, daß die Anzahl der Schritte (d. h. der Schreib- oder Leseaktionen), die die *Turing*-Maschine jeweils zur Umformung braucht, durch ein Polynom $p(n)$ in der Länge n der $f_1$ darstellenden Zeichenfolge beschränkt ist.

Das Erfüllbarkeitsproblem ist mit folgendem Verfahren nichtdeterministisch in Polynomzeit lösbar (daher die Abkürzung NP): Gegeben sei eine Formel der Länge n in m Variablen. Dann rate man (d. h. wähle nichtdeterministisch) eine Belegung (diese zu schreiben benötigt m Schritte) und prüfe (z. B. mit Hilfe einer *Turing*-Maschine, auf deren Band die Formel und die geratene Belegung stehen), ob die Formel bei dieser Belegung den Wahrheitswert „wahr" erhält. Die Anzahl der Schritte, die die *Turing*-Maschine dafür jeweils braucht, ist durch ein lineares Polynom in den Variablen m und n auch oben beschränkt.

Es ist ein berühmtes offenes Problem (das sog. NP=P-Problem), ob es auch ein deterministisches Verfahren (d. h. einen → Algorithmus bzw. eine deterministische → *Turing*-Maschine) gibt, mit dessen Hilfe das

Erfüllbarkeitsproblem deterministisch in Polynomialzeit gelöst werden kann. Der naive Algorithmus, alle Belegungen der Formel durchzuprobieren, benötigt exponentielle Zeit, da $2^m$ Belegungen geprüft werden müssen.

Nachdem S. A. Cook 1971 den Begriff NP-v. eingeführt und gezeigt hatte, daß jedes nichtdeterministisch in Polynomzeit lösbare Problem sich in polynomieller Zeit in das Erfüllbarkeitsproblem transformieren läßt, ist eine große Zahl von NP-v. Problemen entdeckt worden, dazu gehören z. B. folgende:

☐ *Stundenplanproblem.* Gegeben: Eine Menge von Schulklassen, eine Menge von Unterrichtsfächern und eine Menge von Lehrern sowie für jede Klasse und jeden Lehrer die Zahl der Stunden pro Unterrichtsfach.

Frage: Gibt es einen Stundenplan, der eine Reihe (plausibler) Nebenbedingungen erfüllt: Keine Freistunden für Klassen innerhalb der vorgegebenen Schulzeit für jeden Tag; kein Lehrer unterrichtet gleichzeitig mehrere Klassen etc.

☐ *Problem des Handlungsreisenden.* Gegeben: Ein Handlungsreisender und eine Tabelle von n Städten $S_1$, $S_2$, ... $S_n$ mit Entfernungen zwischen je zwei Städten (wobei es von $S_i$ nach $S_j$ weiter oder kürzer sein kann als von $S_j$ nach $S_i$) sowie eine Zahl r.

Frage: Gibt es eine Rundreise, in der jede Stadt außer dem Ausgangsort genau einmal besucht wird so, daß der Reiseweg nicht länger als r wird.

☐ *Rucksackproblem.* Gegeben: Ein Rucksack mit einem Fassungsvermögen F sowie n Gegenstände unterschiedlicher Größen $g_1, \ldots, g_n$ und unterschiedlichen Wertes $w_1, \ldots, w_n$.

Frage: Hat eine gegebene Füllung des Rucksacks (die das Fassungsvermögen nicht überschreitet) maximalen Wert (unter allen möglichen Füllungen).

☐ *Teilwortproblem.* Gegeben: eine endliche Menge W von Worten über einem Alphabet X und eine natürliche Zahl k.

Frage: Gibt es ein → Wort u der Länge k, das jedes Wort w aus W als Teilwort enthält.

Eine → formale Sprache heißt NP-v., wenn das Problem zu entscheiden, ob ein Wort zur Sprache gehört oder nicht, NP-v. ist. *Brauer*

Literatur: *Garey, M. R.; Johnson, D. S.*: Computers and intractability: A guide to the theory of NP-completeness. San Francisco 1978. – *Stetter, F.*: Grundbegriffe der theoretischen Informatik. Berlin 1988.

**Nullmodem** ⟨*nullmodem*⟩. Über ein N. können zwei DTE (Data Termination Equipment) mit → V.24/RS-232-Schnittstelle kommunizieren, ohne daß ein → Modem benötigt wird. Ein N. besteht aus einem mehradrigen Kabel mit Anschlußsteckern, in dem die Sende- und Empfangsleitungen für Steuer- bzw. Nutzdaten gekreuzt geführt werden. *Quernheim/Spaniol*

**Nullwert** ⟨*zero value*⟩. Kennzeichnet einen bewußt fehlenden Attributwert, z. B. den Geburtsnamen bei einer unverheirateten Person. N. können für ein → Attribut verboten werden, z. B. wenn dieses Attribut Bestandteil des → Schlüssels ist. *Schmidt/Schröder*

**Nuprl** ⟨*Nuprl (New programming logic)*⟩. Beweisassistent für die → *Martin-Löf*-Typtheorie, der wie → Lego das Propositions-as-Types-Paradigma (→ Typtheorie) verwendet. Allerdings werden im Gegensatz zu Lego nicht Beweisterme, sondern → Ableitungen im Sinne des natürlichen Schließens erzeugt. Deswegen kann man in N. auch extensionale Typtheorie betreiben (→ *Martin-Löf*-Typtheorie). Außerdem können in N. aus Beweisen für $\forall x: X. \exists y: Y. P(x, y)$-Aussagen Funktionen extrahiert werden (programs out of proofs). Es eignet sich auch als Metalogik, um verschiedene Objektlogiken zu codieren. Nuprl läuft unter Common LISP und besitzt eine X-Windows-Oberfläche. Unter der Leitung von *R. Constable* (Cornell University) wurde N. seit Mitte der 80er Jahre stets weiterentwickelt. *Reus/Wirsing*

Literatur: *Constable R. L.* et al.: Implementing mathematics with the Nuprl proof development system. Prentice Hall, 1986. – *Constable, R. L.; Howe, D. J.* In: *Oddifreddi, P.* (Ed.): Logic and computer science. Academic Press, 1990.

**NXBM (Nicht Unterbrechbares XBM)** ⟨*non-preemptable serially reusable resource*⟩ → Berechnungskoordinierung

# O

**O/R-Adresse** ⟨*O/R address (Originator/Recipient address)*⟩. Ein Benutzer des → X.400-Dienstes zur elektronischen Nachrichtenübermittlung kann über eine O/R-A. identifiziert werden. *Jakobs/Spaniol*

**O/R-Name** ⟨*O/R name (Originator/Recipient name)*⟩. Entweder eine → O/R-Adresse oder ein → X.500-Name. Jeder Benutzer des → X.400-Dienstes zur elektronischen Nachrichtenübermittlung hat mindestens einen O/R-N. *Jakobs/Spaniol*

**OBDD** ⟨*OBDD (Ordered Binary Decision Diagram)*⟩ → Binary Decision Diagram

**OBJ** ⟨*OBJ*⟩. Algebraische Spezifikationssprache (→ Spezifikation) mit Implementierung. OBJ kann auch als sehr hohe → funktionale Programmiersprache aufgefaßt werden, da OBJ-Spezifikationen mit Hilfe von Termersetzungsregeln interpretiert und ausgeführt werden können. Die Entwicklung von OBJ wurde seit Ende der 70er Jahre auf der Grundlage der initialen Semantik (→ Algebra, initiale) algebraischer Spezifikationen betrieben. Ersten Versionen OBJ0 und OBJT folgten die Weiterentwicklungen OBJ2 (1985) und OBJ3 (1992).

OBJ beinhaltet ein ausdrucksstarkes Modulkonzept, das an die Strukturierungsmechanismen der Spezifikationssprache CLEAR angelehnt ist, und integriert das Konzept der Subsorten, das insbesondere zur Fehlerbehandlung, Beschreibung partieller Funktionen und Festlegung von Vererbungsbeziehungen dient. Wichtigstes Modularisierungskonzept sind parametrisierte Spezifikationen (generische Module). Die Schnittstellenspezifikation eines generischen Moduls kann mit jeder Spezifikation (als aktueller Parameter) instanziiert werden, die die semantischen Anforderungen der Schnittstellenspezifikation (repräsentiert durch eine Theorie) erfüllt.

*Beispiel*
Generischer Modul CONTAINER für endliche Behälter in OBJ. Der Modul basiert auf einer Schnittstellenspezifikation ELEM, die mit jeder Spezifikation, die mindestens eine Sorte enthält, instanziiert werden kann.

```
th ELEM is
    sort Elem.
endth
obj SET [X::ELEM] is
    protecting BOOL.
    sorts Cont.
    op empty: → Cont.
    op add: Elem Cont → Cont.
    op_in_: Elem Cont → Bool.
    op makeempty: Cont → Cont.
    vars E E´: Elem.
    var C: Cont.
    eq: E in empty = false.
    ceq: E in add(E´, C) = if E == E´
        then true else E in C.
    eq: makeempty(C) = empty.
jbo
```
*Hennicker/Wirsing*

**Objekt** ⟨*object*⟩. **1.** Modellierungs- oder programmtechnische Einheit mit
– gekapseltem Zustand, der durch die Belegung der → Attribute des O. gegeben ist,
– Methoden, die die Zustandsübergänge definieren,
– Verhalten, das durch die Ausführung der → Operationen (Methoden) des O. bestimmt wird, und
– eigener Identität (Objektidentifikator), die vom aktuellen Zustand unabhängig ist (→ Objektorientierung).
*Bergner*

**2.** O. im Zusammenhang mit einem rechtssicheren System $\mathcal{R}$ sind die Komponenten und Subsysteme von $\mathcal{R}$, an denen → Subjekte der Umgebung von $\mathcal{R}$ Rechte haben oder haben können. Den Charakteristika von → Systemen entsprechend, besteht $\mathcal{R}$ aus seinen Komponenten: Die Glass-Box-Sicht von $\mathcal{R}$, welche die (strukturierte) Komponentenmenge von $\mathcal{R}$ zeigt, und die Black-Box-Sicht, die $\mathcal{R}$ als abgegrenzte Einheit zeigt, sind duale Sichten des Systems $\mathcal{R}$. Für $\mathcal{R}$ sind die Menge X der O. und die Menge S der Subjekte so zu wählen, daß die Rechte an $\mathcal{R}$ vollständig mit einem Rechtesystem $R = (S, X, (\rho(s, x) | s \in S, x \in X))$ beschrieben werden können. R spezifiziert die Soll-Rechte für $\mathcal{R}$ und ist damit die Grundlage für alle Aussagen über die Rechtssicherheit von $\mathcal{R}$. Mit der Wahl der Menge X der O. wird also ebenso wie mit der Wahl der Menge S der Subjekte von $\mathcal{R}$ insbesondere über die → Granularität möglicher Rechtefestlegungen entschieden. Für die Rechtefestlegungen ist die den O. von $\mathcal{R}$ zugeordnete Information maßgeblich. Dazu ist wesentlich, daß die O. analog zu Systemen abgegrenzte Einheiten mit festgelegten → Schnittstellen und Schnittstellendiensten sowie mit festgelegten wechselseitigen Abhängigkeiten sind. In dem Maß, in dem die O. diese Eigenschaften besitzen, sind sie dazu geeignet, Rechte an $\mathcal{R}$ differenziert festzulegen und durchzusetzen. Aktive O. von $\mathcal{R}$ können Stellvertretersubjekte sein, also Stellvertreter von Subjekten in der Umgebung von $\mathcal{R}$, deren Rechte sie wahrnehmen (→ Rechensystem). *P. P. Spies*

**Objekt, geometrisches** ⟨geometrical object⟩. G. O. sind Punkte, Linien (z. B. Gerade, Strecke und Vektor), Flächen (z. B. Kreis, Rechteck und Dreieck) und Körper (z. B. Kugel, Quader und Pyramide). Dazu zählen ebenfalls Funktionskurven wie Splines, *Bézier*-Kurven und B-Splines sowie dreidimensionale Oberflächen, die über einzelne Flächenteile (sog. Patches) oder über ein kartesisches Produkt zweier Raumkurven definiert sein können.

Jedes dieser → Objekte verfügt über geometrische Eigenschaften, die über Beschreibungsparameter festgelegt werden. Ein Vektor beispielsweise besitzt eine Richtung und eine Länge, eine Fläche besitzt eine Umrandung und einen Flächeninhalt, ein Körper besitzt eine Oberfläche und ein Volumen etc. Die g. O. werden in einem spezifischen Koordinatensystem definiert, d. h., ein Punkt innerhalb des zweidimensionalen Raumes (→ Ebene) wird durch zwei Koordinatenwerte eindeutig bestimmt, ein Punkt innerhalb des dreidimensionalen Raumes benötigt drei Koordinatenwerte.

Auf diese Objekte lassen sich geometrische Manipulationen durchführen, z. B. das Verschieben, Rotieren, Strecken, Projizieren dieser Objekte, die man mathematisch mit Hilfe von Transformationen beschreiben kann. Weitere → Operationen können sein: das Konstruieren von Objekten aus anderen Objekten, z. B. das Erzeugen einer Kurve durch die Bewegung eines Punktes bzw. das Erzeugen einer Raumfläche durch die Bewegung einer Kurve im Raum (Sweep-Technik), oder etwa die Anwendung von Approximations- und Interpolationsverfahren (*Bézier*-, B-Spline-Methoden) für die Gestaltung von Raumflächen.

Zwischen g. O. lassen sich geometrische Beziehungen herstellen, z. B. der Abstand zweier Punkte voneinander oder der Winkel zwischen zwei sich schneidenden Geraden. Diese geometrischen Beziehungen können mit Methoden der analytischen Geometrie beschrieben werden. Die mathematischen Beschreibungsformen der g. O. sind Grundlage für die Verarbeitung von graphischen Objekten innerhalb der graphischen → Datenverarbeitung. *Encarnação/Zuppa*

**Objekt, graphisches** ⟨graphical object⟩. → Bild oder → Teilbild, das als eine zusammengehörige Einheit aufgefaßt wird.

Ein solches → Objekt kann aus weniger komplizierten g. O. zusammengesetzt sein, welche sich wiederum aus weniger komplizierten Objekten zusammensetzen, usw. Schließlich entstehen kleinste als nicht mehr teilbar angesehene Objekte, sog. *graphische* → *Primitive*. Umgekehrt lassen sich mehrere g. O. zu *graphischen Einheiten* zusammenfassen.

Ein g. O. wird als Informationsgrundelement angesehen, das für den Anwender ein Objekt seiner Aktivitäten darstellt. Solche Aktivitäten sind z. B. Anzeigen, Modifizieren, Ersetzen und Löschen. G. O. können in anwendungsbezogene Objekte und Kontrollobjekte unterteilt werden. Letztere unterstützen die Handhabung anwendungsbezogener Objekte. Kontrollobjekte sind z. B. → Cursor, Skalierungen, Rastergitter. *Encarnação/Güll*

**Objekt mit Kontrolleur** ⟨object including a controller⟩ → Zugriffskontrollsystem

**Objektdatenbank** ⟨object database⟩ → Datenbank

**Objektdienste** ⟨services of an object⟩ → Rechensystem

**Objekte als Stellvertretersubjekte** ⟨objects acting as substitute subjects⟩ → Subjekt

**Objekte, Authentizitätsprüfung für** ⟨authentication of objects⟩ → Authentifikation

**Objektegranularität** ⟨object granularity⟩ → Rechtssicherheitspolitik

**Objekterkennung** ⟨object recognition⟩. → Klassifikation oder → Identifikation von → Objekten an Hand von Bilddaten. Wichtige Teilaufgabe von → Bildverstehen. Je nach Komplexität der Situation kommen verschiedene Verfahren in Frage. Für ortsinvariante Erkennung wenig variierender Objektformen (z. B. Druckzeichen) eignet sich ein → Schablonenvergleich. Bei der Verwendung von → Mustererkennung (im engeren Sinn) erfolgt O. durch Klassifizierung an Hand von Merkmalen im Merkmalsraum. Dieses Verfahren wird häufig bei einfachen industriellen Aufgaben verwendet (z. B. Erkennen flacher Objekte auf einem Fließband).

Strukturelle O. dagegen beruht auf dem Vergleich der Bildstruktur mit einem strukturierten Objektmodell (z. B. Relationalmodell). Dieses Verfahren wird für komplexere industrielle Aufgaben (z. B. „Griff-in-die-Kiste") und natürliche → Szenen vorgeschlagen. Die strukturelle Repräsentation soll eine O. auch bei teilweiser Verdeckung, störenden Beleuchtungseffekten und anderen Beeinträchtigungen ermöglichen. *Neumann*

**Objektidentität** ⟨object identity⟩. Abstrakte, d. h. nicht sichtbare und nicht änderbare Eigenschaft eines → Objekts, welche die Identität des Objekts unabhängig von seinem → Zustand, d. h. dem Wert seiner → Attribute, festlegt. Zwei Objekte sind nur identisch, wenn ihre O. gleich ist. Die O. zeichnet ein Objekt gegenüber einem strukturierten Wert aus. Strukturierte Werte werden als gleich betrachtet, wenn alle Werte der Struktur gleich sind. *Schmidt/Schröder*

**Objektmodell** ⟨object model⟩. Rechnerinterne Repräsentation der Eigenschaften eines physikalischen → Objekts, die insbesondere zur → Objekterkennung notwendig sind.

In einfachen Fällen reichen → Merkmale zur Erkennung bzw. → Klassifikation aus. Für die Analyse von

Szenen und das → Bildverstehen werden zweidimensionale → Modelle von Objektansichten oder dreidimensionale Modelle des Objekts verwendet. Strukturelle Modelle approximieren z. B. die Objektkonturen durch Geraden, gekrümmte Linien oder Polygonzüge. Ihre interne Repräsentation erfolgt z. B. in relationalen Strukturen, Listen oder → semantischen Netzen. Die O. werden manuell konstruiert, vorhandenen → CAD-Daten entnommen oder automatisch aus Ansichten bzw. Bildern der Objekte konstruiert. O., die zur Objektverfolgung eingesetzt werden, enthalten zusätzlich Informationen über das Bewegungsverhalten. Dieses kann z. B. durch ein lineares System modelliert werden. Damit wird Objektverfolgung durch ein → Kalman-Filter ermöglicht. Statistische Modelle basieren z. B. auf → Hidden-Markoff-Modellen oder → Mischungsverteilungen. *Niemann*

Literatur: Lowe, D. G.: Fitting parameterized three-dimensional models to images. IEEE Trans. on pattern analysis and machine intelligence (1991) 13, pp. 441–450. – *Jain, A. K.*: Three-dimensional object recognition systems. Amsterdam 1993.

**Objektorientierung** ⟨object orientation⟩. Eine → Sprache heißt objektorientiert, wenn sie zumindest → Objekte, → Klassen und → Vererbung als Sprachelemente zur Verfügung stellt. Sprachen, die lediglich Objekte unterstützen, heißen objektbasiert. Beispiele für objektorientierte Sprachen sind SMALLTALK und → C++, während Ada als objektbasiert bezeichnet werden kann.

Ein objektorientiertes → Programm oder eine objektorientierte → Spezifikation definiert ein System durch Festlegung von Objekten und deren Kommunikationsbeziehungen. Ein Objekt besitzt einen inneren Zustand, der nur durch spezielle Operationen (je nach Sprache als Methoden oder → Nachrichten bezeichnet) des Objekts manipuliert werden kann. Eine Klasse definiert (klassifiziert) eine Menge von Objekten durch Spezifikation von Struktur, Vererbung und Verhalten. Der Mechanismus der Vererbung ermöglicht es, → Attribute und Methoden einer Klasse (der vererbenden Klasse) an eine andere (erbende) Klasse weiterzugeben. Diese erbende Klasse kann die gewonnenen Eigenschaften der vererbenden Klasse erweitern und modifizieren. *Hoff/Spaniol*

Literatur: *Booch, G.*: Object-oriented design with applications. Benjamin/Cummings Publ. 2. Edn. 1994. – *Coad, P.; Yourdon, E.*: Object-oriented analysis. Prentice Hall, 1991.

**Objektraum** ⟨object space⟩. Dreidimensionaler Raum, in dem → Objekte einer → Szene mittels → Modelldaten definiert sein können (→ Objektraumverfahren). *Encarnação/Hofmann*

**Objektraumverfahren** ⟨object space method⟩. In der Computergraphik wird zwischen → Bildraum und → Objektraum unterschieden. Graphische Verfahren, die im Objektraum durchgeführt werden, nennt man O.

Die Aufteilung der Verfahren nach Bildraum und Objektraum wird vorwiegend bei der → Visualisierung von graphischen Objekten vorgenommen, insbesondere bei der Elimination verdeckter Kanten/Flächen.

O. konzentrieren sich auf die Untersuchung der geometrischen Beziehungen der Objekte in der Szene (Objektraum) zueinander, um herauszufinden, welche Teile der Objekte dargestellt werden sollen. Es handelt sich hier um die Untersuchung der gegenseitigen Verdeckung der graphischen Objekte im Objektraum. Dies kann z. B. durch Testen der relevanten Kanten gegen Objektvolumen in der Umgebung oder durch die Berechnung und Analyse der Schnittpunkte zwischen relevanten Kanten auf der Projektionsebene erfolgen.

Wichtige Probleme sind hier z. B. die Ermittlung der relevanten Objekte zum Verdeckungstest, Bestimmung der Visibilität der Punkte und die Reduzierung des Aufwandes durch Bestimmung von Kohärenzbereichen. Dazu wird häufig der maximale x-y-Bereich einer Oberfläche berechnet (Minimax-Test), um den Untersuchungsbereich einzuschränken, ebenso werden die Ebenengleichungen der Oberflächen berechnet, um die relative Lage eines Punktes gegenüber diesen festzustellen, oder Konturlinien eines Objektes ermittelt, um Kohärenzbereiche zu bestimmen.

O. arbeiten mit Objektkoordinaten und können daher mit höchst möglicher Rechengenauigkeit des jeweiligen Rechners durchgeführt werden. Das Ergebnis kann auf beliebigen Ausgabegeräten dargestellt werden; es ist also maschinenunabhängig.

Der Rechenaufwand von O. wächst mit der Anzahl der Objekte in der Szene. *Encarnação/Dai*

**Objektschnittstelle** ⟨interface of an object⟩ → Rechensystem

**Objektspeicher** ⟨object store⟩. Ein persistenter Speicher zum Ablegen von → Objekten. Im Gegensatz zu Standarddatenbanken unterstützen O. das Ablegen von aktiven Komponenten (Programmen, Funktionen, Methoden) und von → Referenzen zwischen Objekten. Ein Objekt darf erst aus dem O. entfernt werden, wenn dieses Objekt nicht mehr zugreifbar ist, d. h. keine transitiv von einem ausgezeichneten Wurzelobjekt ausgehende Referenz auf dieses Objekt existiert. Da Klienten des O. diese Bedingung durch explizites Entfernen von Objekten verletzen könnten, werden Objekte implizit durch eine automatische Freispeicherverwaltung freigegeben, sobald sie nicht mehr erreichbar sind (→ Datenmodell, → Datenbank). *Schmidt/Schröder*

**Objekttyp** ⟨object type⟩ (syn.: Klasse). Zusammenfassung von → Attributen und → Operationen, die auf einer Objektmenge definiert sind. Ein O. nimmt Bezug auf Gegenstände der realen Welt oder auf Begriffe, die als gleichartig betrachtet werden, und beschreibt deren Eigenschaften und Fähigkeiten. *Hesse*

**Occam** ⟨*occam*⟩. Mehrrechner-Programmiersprache, benannt nach dem englischen Philosophen *William of Occam* (ca. 1290–1349).

O. beruht auf den theoretischen Grundlagen der →CSP. Die Sprache wurde von der Firma INMOS im Zusammenhang mit der Entwicklung von Transputern (spezielle Riscprozessoren mit ausgeprägten Kommunikationseigenschaften) 1982 konzipiert, um parallele Algorithmen und deren Implementierung auf einem Mehrprozessorsystem ausdrücken zu können. O. baut auf den drei elementaren „Prozessen" (der Begriff Prozeß entspricht hier der O.-Terminologie) „Zuweisung", „Eingabe" und „Ausgabe" auf. Insbesondere besitzt O. neben den klassischen Sprachformen Möglichkeiten, die Verarbeitungsreihenfolge zu spezifizieren. „Prozesse", die sequentiell ablaufen sollen, werden durch das Schlüsselwort SEQ eingeleitet, PAR leitet parallele „Prozesse" ein und ALT alternative (berechnete oder zufällige Auswahl von Alternativprozessen) „Prozesse". Neben O. und O. 2 gibt es bereits O. 3. *Quade*

Literatur: Steinmetz, R.: OCCAM 2 – Die Programmiersprache für parallele Verarbeitung, 2. Aufl. Heidelberg 1988.

**OCR** ⟨*OCR (Optical Character Recognition)*⟩ → ICR

**ODA** ⟨*ODA (Open Document Architecture)*⟩. Ein von der →ITU standardisiertes Modell für eine Dokumentarchitektur. Hierin werden die logische Struktur (z. B. Überschrift, Kapitel, Unterkapitel) und die Layoutstruktur (z. B. Seite, Rahmen) eines →Dokuments definiert. *Jakobs/Spaniol*

**ODBC** ⟨*ODBC (Open Database Connectivity)*⟩. Eine von der Firma Microsoft definierte →Schnittstelle zum Zugriff auf relationale →Datenbanken.
*Schmidt/Schröder*

**ODBMS** ⟨*ODBMS (Object Database Management System)*⟩. →Datenbankverwaltungssystem, das ein objektorientiertes →Datenmodell realisiert. Noch existiert keine eindeutige Definition (im Sinne eines Standards) des objektorientierten Datenmodells (→DBMS, →ODMG). *Schmidt/Schröder*

**ODIF** ⟨*ODIF (Open Document Interchange Format)*⟩. Ein von der →ITU standardisiertes Austauschformat für →Dokumente (→ODA). ODIF basiert auf →ASN.1. *Jakobs/Spaniol*

**ODMG** ⟨*ODMG (Object Data Management Group)*⟩. Gruppe, die einen Standard für objektorientierte Datenmodelle und -banken entwickelt (→SQL, →CODASYL). *Schmidt/Schröder*

Literatur: Cattell, R. G. G. (Ed.): The object database standard ODMG 93. Hove, East Sussex 1994.

**ODP** ⟨*ODP (Open Distributed Processing)*⟩. Referenzmodell der →ISO, das in Zusammenarbeit mit der internationalen Normierungseinrichtung der Telekommunikationsgesellschaften, der →ITU-T, entwickelt wurde. Es definiert ein grundlegendes Referenzmodell für die objektorientierte verteilte Verarbeitung in →offenen Systemen.

Das ODP-Referenzmodell stellt Konzepte bereit, welche die Verteilung von Anwendungen unterstützen und die Zusammenarbeit sowie Wechselwirkung einzelner Komponenten betrachten. Die Zielsetzung für Forschungsarbeiten zum Entwurf verteilter Systeme besteht darin, verschiedene verteilte Systemtechnologien effizient und kostengünstig in eine Gesamtlösung zu integrieren, die den jeweils gestellten Anforderungen eines Unternehmens genügt.

Das ODP-Referenzmodell besteht aus vier Teilen. Teil 1 vermittelt einen Überblick über die Inhalte der übrigen drei Teile. Dabei gibt es keine verbindlichen Vorgaben, vielmehr soll dieser Teil den Anwendern einen Zugang zu den anderen Teilen erleichtern. Der zweite Teil schafft eine sprachliche Grundlage, d. h., er definiert Sprachmittel zur Beschreibung von verteilten Informationsverarbeitungssystemen. Die in diesem Teil festgelegten Modellierungskonzepte beschränken dabei die Ausdrucksmöglichkeiten bei der Modellbildung, was Gegenstand des dritten Teils ist. Dieser beschreibt die Vorgaben für die Definition dessen, was verteilte Verarbeitung in offenen Systemen qualifiziert. Insbesondere definiert er eine Architektur, mit deren Hilfe beurteilt werden kann, ob ein betrachtetes Systemmodell oder eine Funktion ein offenes System bzw. ein Teil davon ist. Der vierte Teil enthält Formalisierungen der im zweiten Teil definierten grundlegenden Modellierungs- und Spezifikationskonzepte durch Interpretationen der Konzepte in Sprachelementen der standardisierten formalen Sprachen →LOTOS, →Estelle und →SDL sowie →Z. Keine der Sprachen weist dabei alle gewünschten Eigenschaften auf. Eine Kombination unterschiedlicher Sprachen scheint gegenwärtig die zweckmäßigste Lösung der formalen Beschreibung zu sein.

Innerhalb der ODP-Standardisierung gibt es eine Reihe von Funktionen, denen eine besondere Bedeutung zukommt. Die wohl wichtigste dieser Funktionen ist momentan die Trading-Funktion. Ein eigenständiges Arbeitspapier betrachtet diese Funktion näher, so daß die Voraussetzung für eine weitere Standardisierung geschaffen wird. *Popien/Spaniol*

Literatur: Popien, C.; Schürmann, G.; Weiß, K.: Verteilte Verarbeitung in offenen Systemen. Teubner, 1996.

**Off-Screen-Speicher** ⟨*off-screen storage*⟩. Teil des →Bildwiederholspeichers oder des →Arbeitsspeichers eines Rechners, der auf dem →Bildschirm nicht sichtbar ist. Der O.-S.-S. dient bei der →Fenstertechnik zum automatischen Neuzeichnen aufgedeckter Fensterbereiche. Alle Anwendungsprogramme schreiben ihre graphischen Ausgaben grundsätzlich zuerst in nichtsichtbare Fenster im O.-S.-S. Das Fenstersystem kopiert dann selbständig die erforderlichen sichtbaren Bereiche auf den Bildschirm mittels schneller Pixeloperationen (→ Primitive, graphische). Zur Erhöhung der Arbeitsgeschwindigkeit wird dieses Verfahren häufig durch spezielle Graphik-Hardware unterstützt. Besonders günstig läßt sich das Verfahren anwenden, wenn die Graphik-Hardware einen großen Bildwiederholspeicher besitzt, die Anwendungen aber nur auf einem Bildschirm mit geringer Auflösung (z. B. 640×480 → Pixel) arbeiten. *Langmann*

**OID** ⟨*OID (Object Identifier)*⟩. Ein eindeutiger Bezeichner für ein → Objekt; er dient als → Referenz zum Zugriff auf das Objekt. Die OID kann, muß aber nicht, als → Implementierung der → Objektidentität dienen. *Schmidt/Schröder*

**off line** ⟨*off line*⟩. Form des Datenverkehrs mit einem → Digitalrechner, bei dem das periphere Gerät (z. B. Datenerfassungsgerät, Drucker, aber auch technischer Prozeß) nicht ständig hardwaremäßig mit dem Digitalrechner verbunden ist bzw. trotz einer bestehenden Verbindung nicht ständig unter seiner Kontrolle arbeitet. Der Datenverkehr kann über zwischengeschaltete → Datenträger abgewickelt werden. Typische Beispiele sind die Datenerfassung auf → Diskette oder → Magnetbandkassette oder der Betrieb von Spezialdruckern, wo die zu druckenden Daten vom Rechner auf ein → Magnetband geschrieben werden, das dann unabhängig vom Rechenbetrieb abgedruckt wird. Andere Beispiele sind Datenendgeräte mit eigener Verarbeitungskapazität („intelligente Terminals") und Kleinrechner, die zeitweilig ohne Verbindung zum Großrechner arbeiten. Gegenteil: → on line. *Bode/Schneider*

*Oktalzahl. Tabelle: Vergleich von Dezimal-, Oktal- und Dualzahlen*

| dezimal | oktal | dual |
|---|---|---|
| 0 | 0 | 0 |
| 1 | 1 | 1 |
| 2 | 2 | 10 |
| 3 | 3 | 11 |
| 4 | 4 | 100 |
| 5 | 5 | 101 |
| 6 | 6 | 110 |
| 7 | 7 | 111 |
| 8 | 10 | 1000 |
| 9 | 11 | 1001 |
| 10 | 12 | 1010 |
| 11 | 13 | 1011 |
| 12 | 14 | 1100 |
| 13 | 15 | 1101 |
| 14 | 16 | 1110 |
| 15 | 17 | 1111 |
| 16 | 20 | 10000 |

**Oktalzahl** ⟨*octal number*⟩. Unter einer O. versteht man die Darstellung einer Zahl zur Basis 8 (→ Zahlensystem). Die einzelnen Stellen können nur die Werte 0, 1, 2, 3, 4, 5, 6 und 7 annehmen und entsprechen den Potenzen von 8. Die Tabelle gibt einige O. im Vergleich zu den Dezimal- und Dualzahlen an. O. wurden im Zusammenhang mit → Digitalrechnern benutzt, wenn → Dualzahlen (oder andere binäre Informationen) ohne einen Übersetzungsprozeß in das Dezimalsystem kürzer dargestellt werden sollten. Da $8=2^3$ ist, genügt eine Zusammenfassung von je drei Dualstellen zu einer Oktalstelle zur Umwandlung zwischen diesen beiden Darstellungen, z. B. ist $153_8 = 001\ 101\ 011_2$. Durch die Leistungsfähigkeit moderner Halbleiterbausteine hat die O.-Darstellung an Bedeutung verloren. *Bode/Schneider*

**Oktett** ⟨*octet*⟩. Bezeichnung für eine Gruppe von acht Bits (entspricht einem → Byte), die zusammen verarbeitet oder übertragen werden. Der Begriff O. wird insbesondere in → ITU-Normen verwendet. *Quernheim/Spaniol*

**OLTP** ⟨*OLTP (On-Line Transaction Processing)*⟩. Bezeichnet das sofortige Bearbeiten einer → Transaktion, nachdem ihre Bearbeitung von einem Klienten (→ Programm oder → Benutzer) angefordert wurde. Gegensatz dazu ist die Bearbeitung im Stapelbetrieb (batch). *Schmidt/Schröder*
Literatur: *Gray, J.* and *A. Reuter*: Transaction processing: Concepts and techniques. Hove, East Sussex 1993.

**OMA** ⟨*OMA (Object Management Architecture)*⟩. Standard der Object Management Group (→ OMG) für verteilte Plattformen. Er besteht aus vier Teilen:
– Object Request Broker (ORB), der es ermöglicht, transparente Anfragen in einer verteilten Umgebung zu stellen und zu empfangen,
– Object Services, die eine Menge von → Diensten zur Unterstützung von Basisfunktionen (Erzeugen, Löschen von Objekten u. a.) sind,
– Common Facilities, die Dienste u. a. zur Anwendungsunterstützung bereitstellen (z. B. E-Mail-Anschluß) und
– Anwendungsobjekten als spezifische → Objekte für bestimmte Endanwendungen. *Popien/Spaniol*

**Omega-Netz** ⟨*Omega network*⟩. Spezielle Verbindungsstruktur für → Rechenanlagen mit parallelen Teilwerken. Das O.-N. ist eine mehrstufige → Implementierung der einstufigen *Perfect-Shuffle*-Funktion. Diese realisiert eine Permutation (→ Permutationsnetz) für N Ein-/Ausgänge gemäß der Vorschrift

$N\ A(i) = 2i$  für $0 \leq i \leq N/2 - 1$

$N\ A(i) = 2i + 1 - N$  für $N/2 \leq i \leq N - 1$.

Dabei ist i die Nummer des Eingangs, N A(i) die Nummer des Ausgangs in Abhängigkeit von i. Ein N×N-O.-N. umfaßt $\log_2 N$ Stufen. *Bode*

**OMG** ⟨*OMG (Object Management Group)*⟩. Non-Profit-Konsortium von Entwicklern, Verkäufern und Nutzern von → Software, deren Ziel es ist, objektorientierte Technologien bei der Entwicklung verteilter Systeme zu etablieren. Die von der OMG entwickelte Object Management Architecture (→ OMA) soll den Rahmen für objektorientierte Anwendungen bieten und auf standardisierten Schnittstellenspezifikationen basieren. Momentan sind 600 Firmen Mitglied der OMG.
*Meyer/Spaniol*

**On-Board Processing (Verarbeitung durch Bordrechner)** ⟨*on-board processing*⟩. Während früher Nachrichtensatelliten (→ Satellitenkommunikation) die empfangenen → Signale lediglich verstärkten und transparent weitersandten, verfügen heutige Satellitensysteme über Signalverarbeitungskapazität im Satelliten (O.-B. P. Capability) und können somit als intelligente Netzknoten arbeiten. O.-B. P. führt zu einer höheren Effizienz und Flexibilität von → Satellitennetzen.
Von besonderer Bedeutung ist das Satellite Switching, welches die Möglichkeit bietet, eine Anzahl von Spotbeams, die jeweils nur eine geringe Fläche überdecken (Durchmesser etwa 300 km), flexibel über eine Schaltmatrix im Satelliten zu verbinden. Spotbeams führen zu einer höheren Leistungsflußdichte und ermöglichen somit die Verwendung kleinerer Antennen in den Satellitenstationen; außerdem können in mehreren Spotbeams die gleichen Frequenzen genutzt werden, so daß für einen gegebenen Frequenzbereich die Übertragungskapazität im Vergleich zu einem großflächigen Beam vervielfacht werden kann.
*Quernheim/Spaniol*

**on line** ⟨*on line*⟩. Form des Datenverkehrs mit einem → Digitalrechner, bei dem das periphere Gerät (z. B. Bildschirm, Drucker, aber auch technischer Prozeß) hardwaremäßig mit dem Digitalrechner verbunden ist und unter dessen Kontrolle arbeitet. Die zu erfassenden → Daten werden unmittelbar an den Digitalrechner weitergegeben bzw. die auszugebenden von dort empfangen. Gegenteil: → off line.
Ein Sonderfall sind Datenendgeräte mit eigener Verarbeitungskapazität („intelligentes Terminal") und Kleinrechner, die ohne oder mit Unterbrechung des O.-Betriebes dank ihrer eigenen Fähigkeiten für selbständige Off-line-Aufgaben eingesetzt werden können.
*Bode/Schneider*

**Operand** ⟨*operand*⟩. Jede → Operation benötigt ein, zwei oder auch mehrere O., die durch die Operation verknüpft werden sollen. In → Digitalrechnern enthalten die Maschinenbefehle daher neben dem Operationsteil einen O.-Teil, durch den die O. bestimmt werden. Hierfür hat sich die Bezeichnung *Adreßteil* eingebürgert, weil die O. durch ihren Ort im → Speicher oder ein → Register festgelegt sind. Es gibt aber auch → Befehle, die den O. unmittelbar enthalten. Man spricht dann vom *Direktdatenteil*. In Verallgemeinerung dieses Konzeptes versteht man in der Datenverarbeitung unter O. jede Information, die zur Ausführung eines Befehls aus dem Speicher geholt werden muß, in einem Register bereitsteht oder im Befehl selbst angegeben ist.
*Bode/Schneider*

**Operation** ⟨*operation*⟩. Dient zur Auswertung oder Veränderung von → Daten (→ Datenmodell, → Transaktion).
*Schmidt/Schröder*

**Operation, generische** ⟨*generic operation*⟩. Eine g. O. kann auf → Daten verschiedenen → Typs angewendet werden. Beispiel: Die Selektionsoperation im relationalen → Datenmodell wählt aus Relationen, deren Elementdatentypen nicht bei der Definition der → Operation feststehen, einzelne Elemente aus. Somit kann die Selektionsoperation sowohl auf Personenrelationen (Elementdatentyp: Person) als auch auf Firmenrelationen (Elementdatentyp: Firma) angewendet werden.
*Schmidt/Schröder*

**Operationen eines Objekts** ⟨*operations of an object*⟩
→ Rechensystem

**Operations Research** ⟨*operations research*⟩. Mathematische Methoden zur Vorbereitung von Entscheidungen, die optimal im Sinne gewisser Zielsetzungen sind (im engeren Sinne), oder die gelungene Umsetzung und Anwendung mittels mathematischer Verfahren gewonnener Lösungen großer realer Anwendungsprobleme in der betriebswirtschaftlichen oder technischen Praxis (im weiteren Sinne).

Dabei werden reale ökonomische oder technische Probleme durch mathematische Modelle beschrieben – meist mittels Systemen von Gleichungen und Ungleichungen – und mit algorithmischen Verfahren gelöst. Das Ergebnis kann dann als Entscheidungskriterium für die reale Fragestellung herangezogen werden.

Die *mathematische Programmierung* beschäftigt sich mit Verfahren, die aus einer gegebenen Menge S von zulässigen Werten (zulässige Menge) entweder einen Wert (Optimanden) bestimmen, welcher eine gegebene Zielfunktion f maximiert oder minimiert, oder aber feststellen, daß entweder die Menge S keinen zulässigen Wert besitzt (Inkonsistenz) oder die Zielfunktion jede Schranke übersteigt (Unbeschränktheit). Die Aufgabe wird meist in Tableauform

$$\max f(x) \text{ bzw. } \min f(x)$$
$$x \in S \qquad x \in S$$

aufgeschrieben. Je nach Beschaffenheit der zulässigen Menge S bzw. der Zielfunktion f werden verschiedene Optimierungsaufgaben unterschieden.

In der *linearen Optimierung* ist f eine lineare Funktion (z. B. $f(x) = cx$), und die zulässige Menge wird durch ein System von Ungleichungen $Ax \leq b$ (und/oder

Gleichungen) beschrieben. Die Lösungsmenge dieses Ungleichungssystems heißt Polyeder (→ Polyedertheorie).

Je nach Struktur dieses Polyeders unterscheidet man → Transportprobleme und Netzwerkflußprobleme (→ Netzwerkfluß). Lineare Optimierungsaufgaben können heute mit Hilfe kommerzieller Programmcodes, die fast alle auf dem → Simplexverfahren beruhen, mit mehr als 16000 Variablen und beliebig vielen Nebenbedingungen effizient gelöst werden (→ Large-Scale-Optimierung).

Neuere Algorithmen für lineare Optimierungsverfahren, die nicht auf dem Ecken-Suchverfahren des Simplexverfahrens beruhen, sind der → *Kachian*-Algorithmus und der → *Karmarkar*-Algorithmus. Obwohl ihre numerische Effizienz heute noch nicht mit dem Simplexverfahren Schritt halten kann, haben sie ihre theoretische Bedeutung durch den erstmaligen Nachweis ihres polynomialen Laufzeitverhaltens (→ Komplexitätstheorie) erhalten.

Sind alle Variablen eines linearen Programms unteilbare Größen, d.h. sind nur die ganzzahligen Vektoren des Ungleichungssystems $Ax \leq b$ zulässig, so spricht man von einem ganzzahligen Optimierungsproblem (→ Programmierung, ganzzahlige).

Die optimale Lösung einer ganzzahligen Programmierungsaufgabe läßt sich nicht durch Rundung einer Lösung der zugehörigen linearen Optimierungsaufgabe berechnen; die optimalen Lösungen beider Aufgaben sind meist völlig verschieden.

In der → *nichtlinearen Optimierung* werden nichtlineare Funktionen unter nichtlinearen Ungleichungs- und/oder Gleichungsnebenbedingungen optimiert. Zur Anwendung gelangen hier im Fall der Optimierung ohne Nebenbedingungen → Abstiegsverfahren, Methoden der konjugierten Richtungen, Quasi-*Newton*-Verfahren und im allgemeinen Fall mit Nebenbedingungen primale Methoden (Methode der projizierten Gradienten, → Barriere-Verfahren), duale Methoden (→ Schnittebenenverfahren, Penalty-Methoden) und *Lagrange*-Methoden.

Die → *dynamische Optimierung* berechnet eine optimale Steuerung u eines in der Zeit ablaufenden Prozesses und ist Teilgebiet der Kontrolltheorie.

In der *Spieltheorie* werden die Aktivitäten (Strategien) $x_1, x_2, x_3, \ldots, x_n$ des Spielers I und die Aktivitäten (Strategien) $y_1, y_2, y_3, \ldots, y_n$ des Spielers II mittels einer Auszahlungsfunktion $G(X, Y)$ gewichtet, und eine optimale Strategie wird je nach Zielkriterium (z.B. Minimax- oder *Bayes*-Kriterium) berechnet. Zum Teil werden Verfahren der → linearen Programmierung (Zweipersonen-Nullsummenspiel) angewendet.

Neben der mathematischen Programmierung umspannt das O.R. ein weites Gebiet der betriebswirtschaftlichen Planung (Prognose der langfristigen oder kurzfristigen wirtschaftlichen Entwicklung, Finanzplanung, Investitionsplanung, Standortwahl, Marketing, Ersatzprobleme, Lagerhaltung, Layout-Planung, Produktionsreihenfolge, Transportplanung, Routenplanung etc.). *Bachem*

Literatur: *Minoux, M.*: Mathematical programming. New York 1986. – *Neumann, K.*: Operations-Research-Verfahren (3 Bd.). München 1975. – *Papadimitriou, Ch. H.* and *K. Steiglitz*: Combinatorial optimization (algorithms and complexity). Englewood Cliffs, NJ 1982. – *Thomas, L. C.*: Games, theory and applications. New York 1984. – *Dantzig, G. B.*: Lineare Programmierung und Erweiterung. Springer, Berlin 1966. – *Chvatal, V.*: Linear programming. New York 1980. – *Bachem, A.* and *M. Grötschel, B. Korte*: Mathematical programming, the state of the art. Springer, Berlin 1983. – *von Randow, R.*: Integer programming and related areas (a classified bibliography 1978–1981). Springer, Berlin 1982. – *Korte, B.*: Modern applied mathematics (optimization and operations research). Amsterdam 1982.

**Optical Disc** ⟨*optical disk*⟩ → Speicher, optischer

**Optimalitätsbedingungen** ⟨*optimality criterion*⟩. Gleichung (und/oder Ungleichungen), die die optimale Lösung eines Optimierungsproblems charakterisiert.

Beispiele für O. in der → linearen Programmierung sind die Komplementaritätsbedingungen, in der → nichtlinearen Programmierung die → *Kuhn-Tucker*-Bedingungen, in der Theorie der optimalen Steuerungen das *Pontryagin*sche Maximumprinzip und in der Variationsrechnung die *Euler*schen Differentialgleichungen. *Bachem*

**Optimierung** ⟨*optimization*⟩. Theorie, die sich mit Verfahren zur Bestimmung einer optimalen Lösung aus einer Menge von zulässigen Lösungen unter Zuhilfenahme eines Zielkriteriums beschäftigt.

In der O. unterscheidet man je nach Ausgestaltung des Zielkriteriums und der Modellierung der Menge der zulässigen Lösungen die sich zum Teil überschneidenden Gebiete der linearen, ganzzahligen, kombinatorischen, stochastischen, quadratischen, konvexen und nichtlinearen O. sowie die O. unter mehrfacher Zielsetzung, die Theorie der optimalen Steuerungen und die Variationsrechnung.

Ziel der O.-Theorie ist die Charakterisierung einer optimalen Lösung durch notwendige und hinreichende Bedingungen (→ Optimalitätsbedingungen), die Charakterisierung der Menge der zulässigen Lösungen (→ Polyedertheorie) sowie die Konstruktion eines effizienten Lösungsalgorithmus. *Bachem*

**Optimierung, dynamische** ⟨*dynamic optimization*⟩. Verfahren zur Berechnung einer optimalen Steuerung u eines in der Zeit ablaufenden Prozesses. Die d. O. wird oft auch als Teilgebiet der Kontrolltheorie betrachtet.

Die diskrete d. O. betrachtet ein System in einem Planungszeitraum $t_a, t_e$. Der Systemzustand $x_j$ wird durch eine Kontrollvariable $u_j$ an endlich vielen Zeitpunkten j $t_a, t_e$ des Planungszeitraumes verändert.

Viele Lösungsverfahren der d.-O.-Probleme basieren auf dem Optimalitätsprinzip von *Bellman*: Es gibt eine optimale Steuerung $(u_j^*, \ldots, u_n^*)$ eines auf der

Stufe j ($1 \leq j \leq n$) eines n-stufigen Prozesses beginnenden $(n-j+1)$-stufigen Teilprozesses, die nur von dem Wert des Zustandsvektors $x_{j-1}$ zu Beginn der Stufe j und nicht explizit von den vorhergehenden Entscheidungen $u_1, \ldots, u_{j-1}$ des Gesamtprozesses abhängig ist.

In der kontinuierlichen d. O. werden die *Bellman*schen partiellen Differentialgleichungen oder aber das *Pontryagin*sche Maximumprinzip zur Konstruktion einer optimalen Steuerung herangezogen. *Bachem*

**Optimierung, kombinatorische** ⟨*combinatorial optimization*⟩. Die Aufgabe der Optimierung besteht darin, eine Zielfunktion Z unter Einbehaltung der Nebenbedingungen oder Restriktionen R zu einem Extremum zu machen. Einfaches Beispiel: Die Zahl 7 soll so in 2 nicht negative Summanden zerlegt werden, daß das Produkt maximal wird. Nennen wir die Summanden x und y, dann lautet die Zielfunktion $Z = x \cdot y \stackrel{!}{=}$ max. und die Nebenbedingungen sind $x + y = 7$, $x \geq 0$, $y \geq 0$. Jedes Paar (x,y), das die Nebenbedingungen erfüllt, heißt zulässige Lösung. Das eindeutig bestimmbare Paar $x = y = 3{,}5$, das Z zum Maximum macht ($Z = 12{,}25$), heißt optimale Lösung. Verlangt man zusätzlich, daß x und y ganze Zahlen sind, dann gibt es nur die endlich vielen zulässigen Lösungen (0, 7), (1, 6), ..., (7, 0), und das Optimum kann durch systematisches Ausprobieren aller zulässigen Kombinationen von x und y gefunden werden. Man spricht in diesem Fall von k. O. (das Problem besitzt jetzt die beiden optimalen Lösungen (3, 4) und (4, 3) mit $Z = 12$).

Realistische Probleme der k. O. sind das Zuordnungsproblem, das Rucksackproblem, das Transportproblem, das Reihenfolgeproblem. Bei diesen Problemen scheidet systematisches Probieren wegen der großen Anzahl der Möglichkeiten aus. Bei einem Zuordnungsproblem mit z. B. $n = 12$ gibt es $12! = 479\,001\,600$ Möglichkeiten. Die k. O. entwickelt daher Methoden, die bei „einfachen" Problemen, wie beim Zuordnungsproblem, das Optimum mit weniger Schritten als durch systematisches Probieren finden, und die bei „komplizierten" Problemen, wie beim Reihenfolgeproblem, wenigstens eine gute Näherungslösung für das Optimum mit weniger Schritten als bei systematischem Probieren liefern. *Knödel*

Literatur: *Burkard, R. E.*: Methoden der ganzzahligen Optimierung. Springer, Berlin 1972. – *Nemhauser/Wolsey*: Integer and combinatorial optimization. Springer, New York 1988.

**Optimierung, konvexe** ⟨*convex optimization*⟩. Optimierungsprobleme mit konvexer Zielfunktion und einer konvexen zulässigen Menge. In der k. O. ist jedes lokale Optimum (die Zielfunktion weist bei kleinen Veränderungen des Optimanden keine Verbesserungen auf) auch ein globales Optimum. Die k. O. erlaubt eine Dualitätstheorie (*Fenchels* Dualitätssatz, → Dualität). *Bachem*

**Optimierung, parametrische** ⟨*parametric optimization*⟩. Untersuchungen, wie sich die optimale Lösung einer mathematischen Optimierungsaufgabe (→ Optimierung) bei Veränderungen der Eingangsdaten verhält. Bei praktischen Problemen können häufig nicht alle benötigten Daten mit Sicherheit angegeben werden, d. h., es kann Unsicherheit über die Daten der Zielfunktion bzw. der Nebenbedingungen geben. Mit Hilfe der Postoptimierung und der parametrischen Programmierung können die Auswirkungen von kleinen Datenänderungen auf die Optimalität der Lösung untersucht werden. Sie dienen damit auch der Untersuchung der Stabilität der optimalen Lösung einer mathematischen Optimierungsaufgabe. *Bachem*

**Ordnungsgröße** ⟨*order statistics*⟩ → Lebenszeit

**Ortstransparenz** ⟨*location transparency*⟩ → Rechensystem, verteiltes

**Ortsunabhängigkeit** ⟨*location independence*⟩ → Rechensystem, verteiltes

**OSF** ⟨*OSF (Open Software Foundation)*⟩. Non-Profit-Organisation, die 1988 gegründet wurde. Ihre ungefähr 380 Mitglieder sind Hersteller, Endnutzer, Regierungsorganisationen, Verwaltungen sowie Forschungseinrichtungen. Ziel ist die Unterstützung der Mitglieder bei der Entwicklung herstellerunabhängiger, d. h. → offener Systeme.

Die bekanntesten Beiträge der OSF sind eine verteilte Plattform, die Distributed Computing Environment (→ DCE) sowie Motif, ein Werkzeug für die Erstellung graphischer Benutzeroberflächen. Motif setzt auf dem X-Window-System auf. Weiterhin wurde mit der Distributed Management Environment (→ DME) eine integrierte Managementumgebung und mit OSF/1 ein Unix-kompatibles → Betriebssystem entwickelt, das auf dem Mikrokern Mach basiert.

*Meyer/Popien/Spaniol*

**OSF/Motif** ⟨*OSF/Motif*⟩. Eine weit verbreitete → Benutzerschnittstellen-Umgebung von der Open Software Foundation (OSF), die funktionell eng mit dem → X-Window-System verknüpft ist. O. führt die Fenster- und Dialogtechnik zusammen, besitzt eine klar durchschaubare und offengelegte Struktur und ermöglicht eine relativ einfache → Portierung auf verschiedene Hardware-Plattformen.

Die Hauptkomponenten von O. sind der Motif-Window-Manager, der Motif-Toolkit und der UIL-Compiler (Bild). Der Motif-Window-Manager (MWM) ist ein für Motif-Anwendungen optimierter Fensterverwalter und arbeitet als Client des X-Window-Systems. Den wichtigsten Teil für den Programmierer bildet der Motif-Toolkit (MT), der als Programmier-Interface für die Anwendung fungiert und eine Vielzahl von Dialogobjekten zur Verfügung stellt. Diese Dialogobjekte werden als → Widgets bezeichnet. Typische Widgets sind

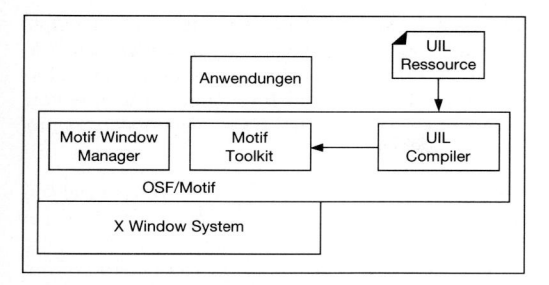

*OSF/Motif: Hauptkomponenten*

Rollbalken (scroll bar), Texteingabefelder oder Steuerknöpfe (push button).

O. trennt konsequent die → Präsentation der Dialogobjekte von ihrer internen Funktion. Die Ressourcensprache UIL (User Interface Language) beschreibt das Aussehen der Dialogobjekte, das mittels des UIL-Compilers in das erforderliche interne Format gebracht wird und durch einen Motif-Ressourcenmanager zur Runtime gelesen und in eine graphische → Präsentation umgesetzt werden kann.

Der Motif-Toolkit ist das Herz von O. Hier finden sich die vorprogrammierten Dialogobjekte, welche die Anwendung vielfältig einsetzen kann. Zum besseren Verständnis der Funktionsweise dieser Komponente dient folgende Analogie:

Betrachtet man die Montage eines Produktes, das aus Einzelteilen besteht, so stellen die Widgets die Basisteile dar. Der Motif-Ressourcenmanager montiert automatisch die Basisteile zu Baugruppen (auf der Basis einer textuellen Beschreibung), die dann in der Anwendung zum Produkt zusammengebaut werden. Der Motif-Toolkit liefert die erforderlichen Basisteile sowie die für den Montageprozeß benötigten Werkzeuge.

Eine wesentliche Grundlage für die effiziente Entwicklung graphischer Benutzerschnittstellen mit O. ist die automatische Kalkulation der Widget-Geometrie in Abhängigkeit von der jeweiligen Fenstergröße auf dem Bildschirm. Dieses Geometriemanagement von O. gewährleistet in Verbindung mit dem unterlagerten X-Window-System, daß eine gegebene Widget-Hierarchie immer geometrisch in das Hauptfenster, also das oberste Fenster der Fensterhierarchie (main window, top-level window), hineinpaßt. Die Realisierung erfolgt über speziell dafür vorgesehene nichtsichtbare Widgets (shell widget), die eine Kopplung zwischen den in einer Hierarchie angeordneten Dialogobjekten (Widget-Hierarchie) und der Fensterhierarchie schaffen.

*Langmann*

Literatur: *Gottheil, K.*: X und Motif. Berlin–Heidelberg 1992.

**OSI** ⟨*OSI (Open Systems Interconnection)*⟩. Eine Sammlung von → ISO-Standards zu Dienstdefinitionen und Protokollspezifikationen, die eine offene, d. h. geräte- und herstellerunabhängige → Kommunikation ermöglichen. Unter dem Sammelbegriff OSI gibt es inzwischen mehrere hundert solcher Standards (z. B. → OSI-Referenzmodell). *Jakobs/Spaniol*

**OSI-Referenzmodell** ⟨*OSI reference model*⟩. Ein von der → ISO entwickeltes abstraktes → Modell, das den Ablauf einer Nachrichtenübertragung in hierarchisch aufeinander aufbauende → Ebenen teilt. Jede dieser Ebenen hat bestimmte Aufgaben zu erfüllen, deren Bearbeitung durch speziell gewählte → Protokolle festgelegt wird. Die Protokolle regeln jeweils den Informationsaustausch zwischen → Instanzen derselben Ebene in verschiedenen Netzknoten oder Endgeräten. Darüber hinaus hat jede Ebene die Möglichkeit, mit der nächsthöheren und der nächstniedrigeren Ebene zu kommunizieren. Der nächsthöheren Ebene werden die eigenen → Dienste (→ Primitiv) angeboten, während die Dienste der nächstniedrigeren Ebene in Anspruch genommen werden.

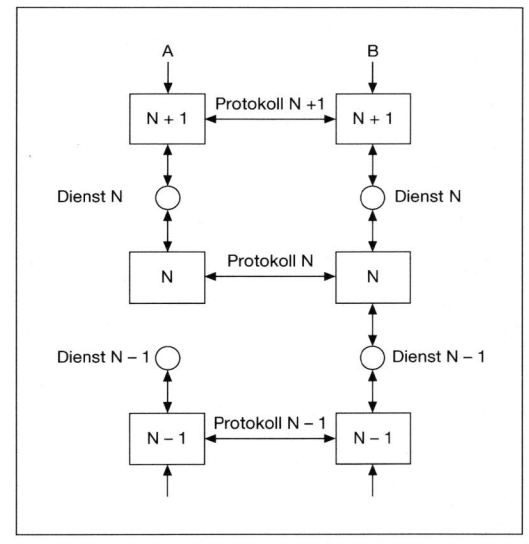

*OSI-Referenzmodell 1: Zusammenspiel der Ebenen*

Beim Entwurf dieses Modells hat man zwei wesentliche Prinzipien verfolgt. Einerseits wollte man möglichst viele Ebenen schaffen, um die einzelnen Aufgaben einfach gestalten zu können. Zum anderen aber sollten nicht mehr Ebenen als unbedingt nötig definiert werden, um die Probleme der Überschaubarkeit und eines zu großen System-Overheads durch viele → Schnittstellen zu begrenzen. Es hat sich gezeigt, daß eine Aufteilung in sieben Schichten diesen Anforderungen am besten gerecht wird. Dabei ist es jedoch auch durchaus möglich, daß einzelne Ebenen selbst noch weiter aufgeteilt (z. B. Ebene 2 bei LAN in Medium Access Control und Logical Link Control) bzw. ausgelassen werden dürfen. Letzteres kann z. B. für bestimmte realzeitkritische Anwendungen wie intelligente Verkehrsleitsysteme (→ RTI) oder Netze in Produktionsumgebungen (→ Feldbus) durchaus sinnvoll sein.

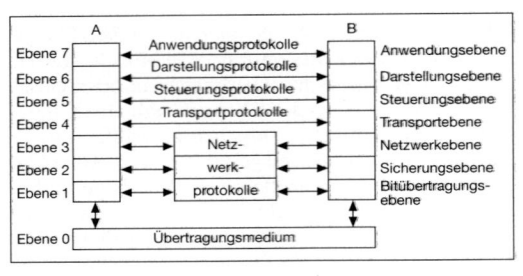

*OSI-Referenzmodell 2: Ebenen und Protokolle*

Die → Bitübertragungsebene (physical layer) hat die Aufgabe, die ihr von höheren Ebenen übermittelten Daten bitweise zwischen benachbarten Stationen zu übertragen. Die → Sicherungsebene (data link layer) muß Fehler der Bitübertragungsebene erkennen und diese beseitigen oder zumindest an höhere Ebenen melden, um eine sichere Systemverbindung zu gewährleisten. Die → Vermittlungsebene (network layer) ist verantwortlich für den Aufbau, den Betrieb und den Abbau einer Netzwerkverbindung (d. h. Quell- zu Ziel-Host). Die Aufgabe der → Transportebene (transport layer) ist es, das gegebene → Netzwerk möglichst optimal auszunutzen. Außerdem werden Übertragungsfehler korrigiert, um der darüberliegenden → Steuerungsebene (session layer) eine gesicherte Ende-zu-Ende-Verbindung unabhängig vom darunterliegenden Netz anzubieten. Diese wiederum sorgt für eine synchronisierte Verbindung zwischen zwei Instanzen der → Darstellungsebene und unterstützt somit einen geordneten Datenaustausch. In der Darstellungsebene (presentation layer) werden die zu übertragenden Daten in eine systemunabhängige Sprache (→ ASN.1) übersetzt und evtl. komprimiert oder verschlüsselt. Die → Anwendungsebene (application layer) schließlich stellt dem Benutzer Prozeduren und Prozesse zur Verfügung, die einen Zugang zu → offenen Systemen ermöglichen.

*Fasbender/Spaniol*

Literatur: *Tanenbaum, A. S.*: Computer networks. Prentice Hall, 1993. – *Halsall, F.*: Data communications, computer networks and open systems. 3rd Edn. Addison-Wesley, 1992.

**Overhead (Verwaltungsmehrbedarf)** ⟨*overhead*⟩. Mit O. werden in der Datenkommunikation alle Informationen bezeichnet, die zusätzlich zu den reinen Nutzdaten übertragen werden. Zum O. zählen Adreßangaben (→ Adresse), Steuerzeichen, → Routing-Informationen, Anfangs- und Endflaggen, Prüfsummen, → Quittungen usw. (→ HDLC). *Quernheim/Spaniol*

**Overloading** ⟨*overloading*⟩. Beim O. wird ein und derselbe Variablenname zur Bezeichnung verschiedener Funktionen benutzt (→ Typisierung, polymorphe). Man spricht auch von der Überladung von Funktionssymbolen. Zum Ausführungszeitpunkt wird aus dem lokalen Kontext heraus entschieden, welche Funktion tatsächlich ausgeführt wird. Abhängig vom → Typ der Argumente kann unterschiedlicher Programmcode ausgeführt werden. Ein Beispiel für eine überladene Funktion ist die Additionsfunktion, die durch zwei Funktionssymbole mit demselben Namen, einer Additionsfunktion auf ganzen Zahlen und einer Additionsfunktion auf Gleitkommazahlen, definiert ist:

+: integer * integer → integer
+: real * real → real

O. ist eine syntaktische Erleichterung für die Programmierung und kann stets durch eine eindeutige Umbenennung der überladenen Funktionen eliminiert werden. Im Gegensatz zum O. steht die → Coercion.

*Gastinger/Wirsing*

Literatur: → Typisierung, polymorphe

**Owicki-Gries-Logik (OGL)** ⟨*Owicki-Gries logic*⟩. Die OGL ist eine Erweiterung der → *Hoare*-Logik für nebenläufige Programme. Das entscheidende Konzept ist der Begriff der Interferenzfreiheit von Teilprogrammen: Bei nebenläufigen Programmen reicht es nicht mehr aus, nur über Vor- und Nachbedingungen bezüglich vollständiger Programme zu argumentieren, sondern es müssen auch → Zusicherungen für Teilprogramme berücksichtigt werden. Die OGL benutzt dazu sog. „proof outlines". Um ein relatives Vollständigkeitsresultat analog zur *Hoare*-Logik zu erhalten, müssen außerdem sog. Hilfsvariablen (auxiliary variables) in Programme und Beweise eingeführt werden.

Die OGL nahm großen Einfluß auf spätere axiomatische Semantiken für nebenläufige Programme wie die → temporale Logik und → Unity. *Merz/Wirsing*

Literatur: *Best, E.*: Semantik – Theorie sequentieller und paralleler Programmierung. Vieweg, Braunschweig 1995. – *Owicki, S.; Gries, D.*: An axiomatic proof technique for parallel programs. Acta Informatica 6 (1976) pp. 319–340.

# P

**PABX** ⟨*PABX (Private Automated Branch Exchange)*⟩
→ Nebenstellenanlage, private

**Packungsproblem** ⟨*packing problem*⟩. Problem, n Gegenstände verschiedener Ausmaße in eine minimale Anzahl von identischen Behältern zu packen. Das eindimensionale P. (auch Bin-Packing-Problem genannt) ist äquivalent zum → Rucksackproblem und wird als Modell für eine Vielzahl von → Operations-Research-Problemen verwendet.

P. sind → NP-vollständig, jedoch gibt es viele gute → Heuristiken, die zum großen Teil garantierte Schranken für die optimale Lösung liefern. *Bachem*

**PAD** ⟨*PAD (Packet Assembly/Disassembly Facility)*⟩. Einrichtung zur Paketisierung bzw. Depaketisierung. Ein PAD ermöglicht für Start/Stop-Datenendeinrichtungen (→ DEE, → Endgerät) - z. B. herkömmliche Terminals - den Zugang zu den → Diensten eines entfernten Rechners über ein paketvermittelndes Netz (→ Paketvermittlung) im zeilenorientierten → Dialog. Die → Schnittstellen zur Realisierung eines PAD sind in den CCITT-Empfehlungen X.3, X.28, X.29 enthalten (→ X-Serie). Die wesentlichen Funktionen, die in diesen Empfehlungen festgelegt werden, sind
☐ X.3. Paketisierungs-/Depaketisierungseinrichtung in einem öffentlichen Datennetz:
– Zusammenstellen von → Zeichen in → Paketen;
– Etablieren und Auflösen von virtuellen → Verbindungen;
– Weiterleiten von Paketen;
– Aussenden von Zeichen für den Start/Stop-Betrieb.
☐ X.28.
– Schnittstelle zwischen DEE/DÜE für eine Start/Stop-Datenendeinrichtung, die eine Paketisierungs-/Depaketisierungseinrichtung eines öffentlichen Datennetzes in demselben Land erreicht;
– Herstellung eines Zugangs vom Start/Stop-Terminal (SST) zum PAD;
– Einleitung der Verbindung und Zeichenaustausch zwischen SST und PAD;
– Austausch von Steuerinformationen (PAD-Befehle oder Dienstsignale);
– Austausch von Benutzerdaten.
☐ X.29. Verfahren für den Austausch von Steuerinformationen und von Benutzerdaten zwischen einer Paket-DEE und einer Paketisierungs-/Depaketisierungseinrichtung. *Fasbender/Jakobs/Spaniol*

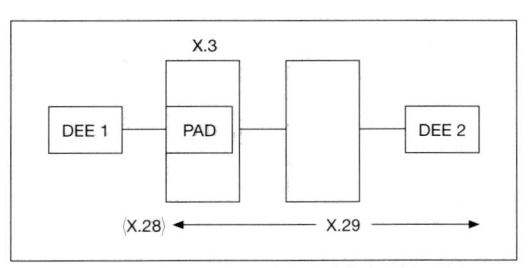

*PAD: Schnittstellen der X.3/X.28/X.29-Protokolle*

Literatur: *Tietz, W.* (Hrsg.): CCITT-Empfehlungen der V-Serie und der X-Serie. Bd. 1: Datenpaketvermittlung – Internationale Standards. 4. Aufl. R.-v.-Decker-Verlag, Heidelberg 1981.

**Paket** ⟨*packet*⟩. → DIN definiert ein Datenpaket als „eine vom Datennetz vorgeschriebene Anzahl von → Zeichen, die als Einheit behandelt wird und Steuerbefehle zur Übermittlung enthält". Sowohl in paketvermittelnden (→ Paketvermittlung) als auch in leitungsvermittelnden (→ Leitungsvermittlung) Netzen werden digitale → Daten in Form von P. übertragen. In der → OSI-Terminologie spricht man insbesondere auf Ebene 3 von P., während z. B. auf Ebene 2 (z. B. → HDLC) Rahmen übertragen werden.
*Quernheim/Spaniol*

Literatur: *DIN 44 302*: Datenübertragung, Datenübermittlung – Begriffe (1987).

**Paketisierung** ⟨*packetizing*⟩ → Paket, → Paketvermittlung, → PAD

**Paketvermittlung** ⟨*packet switching*⟩. Bei der P. werden zu übertragende → Nachrichten unabhängig voneinander nach dem Store-and-Forward-Prinzip vom Sender zum Empfänger geleitet. Bei Bedarf werden sie in kleinere Informationseinheiten (→ Pakete) zerlegt. Jedes Paket enthält Informationen zur Wegewahl im Netz (Empfänger- und Senderadresse) sowie üblicherweise zusätzliche Angaben zum Typ des Pakets und zur Fehlersicherung. Bei der P. ist es im Gegensatz zur → Leitungsvermittlung nicht erforderlich, einer → Verbindung exklusiv einen physikalischen Übertragungskanal zuzuordnen (Bild).

Es werden zwei Varianten unterschieden: die verbindungslose Übertragung (→ verbindungslos, → Datagramm, → Datagrammdienst) und die verbindungsorientierte Übertragung (→ verbindungsorientiert). Klassisches Beispiel für einen paketvermittelnden Dienst ist der IP-Datagrammdienst im → Internet (→ TCP/IP).

Paketvermittlung

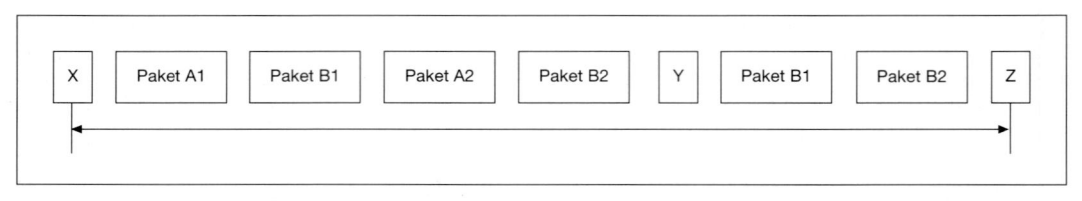

```
┌─────────────────────────────────────────────────────────────────────────────────┐
│  X   Paket A1   Paket B1   Paket A2   Paket B2   Y   Paket B1   Paket B2   Z   │
│  ←─────────────────────────────────────────────────────────────────────────→   │
└─────────────────────────────────────────────────────────────────────────────────┘
```

*Paketvermittlung: Zwischen den Netzknoten X und Y werden zwei Nachrichten A und B transportiert, die aus jeweils zwei Paketen bestehen. Nachricht A ist für den Knoten Y bestimmt, Nachricht B wird von Y zum Zielknoten Z weitergeleitet. Auf der physikalischen Verbindung X–Y werden die einzelnen Pakete der beiden voneinander völlig unabhängigen Nachrichten über zwei logische Kanäle übertragen.*

Verbindungsorientierte P. wird z. B. bei → DATEX-P eingesetzt und dient auch bei → ATM als wichtige Grundlage für den Datentransfer. *Fasbender/Spaniol*

**Paketvermittlungsnetz, öffentliches** ⟨packet switched public data network⟩ → PSPDN

**Palindrom** ⟨palindrome⟩. Eine Sequenz von → Zeichen (→ Wort), die vorwärts und rückwärts gelesen identisch ist (z. B. Reliefpfeiler). *Breitling/K. Spies*

**PAM** ⟨PAM (Pulse Amplitude Modulation)⟩ → Modulation

**Parallel-Outermost-Berechnungsregel** ⟨parallel-outermost computation rule⟩ → Berechnungsregel

**Parallel-Vektor-Computer** ⟨parallel vector computer⟩. → Parallelrechner, dessen → Prozessoren wiederum über eine Vektoreinheit verfügen. Man nutzt hier auf grobgranularer (→ Granularität) Ebene die Nebenläufigkeit und auf feingranularer Ebene das Pipelining (Vektoreinheit). Diese zwei Formen des Parallelismus gleichzeitig zu nutzen, macht die Programmierung allerdings noch schwieriger. *Bastian*

**Parallelbetrieb** ⟨parallel processing⟩. Gleichzeitige Ausführung verschiedener Anweisungen (→ Programme, → Prozesse, → Befehle, Teile von Befehlen) in einem → Parallelrechner. Der P. erlaubt gegenüber dem seriellen Betrieb eine Steigerung der Rechenleistung. Voraussetzung für den P. war die Senkung der Kosten und des Platzbedarfs für Parallelrechner durch die Entwicklung hochintegrierter Halbleiterbausteine als Basismaterial für → Rechenanlagen. Der → Mehrprogrammbetrieb einer Rechenanlage ist nur scheinbar ein P., da der → Prozessor der Anlage nur einmal vorhanden ist und im Zeitmultiplex-Betrieb von den Programmen abwechselnd benutzt wird. *Bode/Schneider*

**Parallelisierung** ⟨parallelization⟩. Erstellung eines parallelen oder verteilten → Programmes zur Lösung einer Aufgabe auf einem → Parallelrechner oder → Rechnernetz. Dabei wird oft davon ausgegangen, daß bereits ein Programm mit sequentieller Lösung für eine sequentielle → Rechnerarchitektur vorliegt.

Die Aufgabe der P. kann grob in zwei Schritte aufgeteilt werden: Entwurf eines parallelen Lösungsalgorithmus und eigentliche Codierung und Austesten des parallelen Programmes. Von besonderer Wichtigkeit ist der Entwurf eines parallelen Lösungsalgorithmus, weil allgemein davon ausgegangen werden kann, daß die einfache Übertragung des sequentiellen → Algorithmus auf ein paralleles System allenfalls eine suboptimale Lösung liefern wird. Beispielsweise ist es bei der numerischen Simulation von elektrischen Schaltungen mit synchronem Takt nicht sinnvoll, bei der P. durch Aufteilung verschiedener Teile der Schaltung mittels Synchronisationsnachrichten einen globalen Takt zu erzwingen, weil diese zu einer zu starken Belastung der Kommunikationspfade führen. Wesentlich erfolgreicher ist die Methode, die synchrone Schaltung asynchron zu simulieren und ggf. Korrekturschritte im nachhinein durchzuführen. Neue parallele Algorithmen führen z. T. dazu, daß auf N parallelen → Prozessoren mehr als N-fache Leistungssteigerung erzielt wird. Man spricht von „superlinearem Speedup".

Die → Codierung des parallelen und verteilten Programms ist i. allg. architekturabhängig. Parallele und verteilte Programme sind daher nur in engen Grenzen zwischen verschiedenen Systemen ohne Modifikation übertragbar. Die häufigsten Programmiermodelle sind die des → Multiprozessors mit gemeinsamem → Speicher und die Nachrichtenkopplung auf Systemen mit verteiltem Speicher (→ Parallelrechner).

Parallele Algorithmen folgen entweder dem Prinzip der Datenparallelität oder der Funktionsparallelität bzw. Mischformen von beiden. Datenparallelität liegt vor, wenn eine große zu bearbeitende Datenmenge zu gleichen Teilen auf die parallelen Komponenten des Systems verteilt wird, dabei jedoch auf allen Komponenten das gleiche Programm ausgeführt wird. Die P. besteht hier also aus der Replikation des Programms und der Verteilung der Daten. Bei Funktionsparallelität werden unterschiedliche Teile (Funktionen) des Programms auf die Komponenten des parallelen Systems verteilt. Die zu verarbeitenden Daten durchlaufen dann diese Komponenten im Sinne einer Fließbandtechnik. Man spricht daher auch gelegentlich von Makro-Pipelining.

Die Tätigkeit der P. kann manuell, interaktiv oder vollautomatisch erfolgen. Die vollautomatische P. ist nur für eine spezielle Klasse von Systemen möglich (Datenparallelität und Beibehaltung des gewählten Algorithmus). Interaktive P.-Werkzeuge erlauben i. allg. die Darstellung der Datenabhängigkeiten in einem existierenden (sequentiellen) Programm, unterstützen bei Datenparallelität die Replikation des Programmcodes und generieren, z. T. auf Basis spezieller Kommandos, die Datenaufteilung und die notwendigen → Befehle für → Kommunikation und → Synchronisation. Für das Finden neuer paralleler Algorithmen wäre es denkbar, Entscheidungsunterstützungssysteme heranzuziehen. Wegen der Komplexität der Aufgabenstellung ist dies allerdings nicht Stand der Technik. *Bode*

**Parallelität** ⟨*parallelity*⟩. Ein Ablauf ist parallel, wenn zu mindestens einem Zeitpunkt mehr als eine elementare Aktion ausgeführt wird. Mit dem Begriff der elementaren Aktion hängt der Begriff der P. damit vom jeweiligen Beschreibungsniveau ab. Zum Beispiel wird der *von-Neumann*-Rechner (→ Digitalrechner) i. allg. als sequentielle → Rechnerarchitektur angesehen, selbst wenn etwa auf der Bitebene des Rechenwerks parallele Verarbeitung vorliegt.

Der Begriff der Quasi-P. drückt aus, daß voneinander unabhängige elementare Aktionen, die parallel zueinander ausgeführt werden könnten, tatsächlich sequentiell (in beliebiger Reihenfolge) ausgeführt werden. Quasi-P. liegt insbesondere beim → Mehrprogrammbetrieb vor.

Im weiteren Sinn wird P. häufig synonym mit dem Oberbegriff der → Nebenläufigkeit gebraucht.

*Merz/Wirsing*

**Parallelitätsgrad** ⟨*degree of parallelism*⟩ → Speichermanagement

**Parallelitätskontrolle** ⟨*concurrency control*⟩. Notwendig, wenn → Prozesse (bzw. → Benutzer) auf einen gemeinsamen Datenbestand zugreifen und dabei Änderungen durchgeführt werden. Das → Datenbankverwaltungssystem synchronisiert durch Sperren die konkurrierenden Zugriffe. Ziel ist, daß jeder Prozeß so abgearbeitet wird, als ob er exklusiv auf den Datenbestand zugreifen würde (→ ACID-Eigenschaften, → Serialisierbarkeit, → Transaktion). *Schmidt/Schröder*

Literatur: *Gray, J.* and *A. Reuter*: Transaction processing: Concepts and techniques. Hove, East Sussex 1993.

**Parallelkombination** ⟨*parallel combination*⟩ → Zuverlässigkeits-Parallelkombination

**Parallelrechner** ⟨*parallel computer*⟩. Rechner, dessen Arbeitsweise auf mindestens einer Verarbeitungsebene durch → Nebenläufigkeit und/oder Pipelining gekennzeichnet ist.

Die Beschreibung von Verarbeitungsvorgängen auf → Rechenanlagen kann auf verschiedenen Abstraktionsebenen erfolgen. Jeder Verarbeitungsschritt auf einer Ebene wird durch eine Menge von Verarbeitungsschritten der unmittelbar nächsten (feineren) Ebene ausgeführt. So setzt etwa die Ausführung von → Programmen die Ausführung einer Menge von → Prozessen voraus. Prozesse werden durch eine Menge von Maschinenbefehlen ausgeführt, Maschinenbefehle durch → Mikroinstruktionen usw. Die Arbeitsweise von Rechenanlagen kann auf jeder dieser Verarbeitungsebenen prinzipiell sequentiell oder parallel organisiert sein. Sequentielle Arbeitsweise liegt dann vor, wenn die auf der Abstraktionsebene definierten Verarbeitungsschritte streng nacheinander ausgeführt werden. Parallele Arbeitsweise bedeutet dagegen, daß auf der Abstraktionsebene eine Gleichzeitigkeit mehrerer Verarbeitungsschritte erlaubt ist. Man unterscheidet dabei zwischen Nebenläufigkeit und Pipelining (→ Pipeline-Rechner). Beim Pipelining werden die einzelnen Arbeitsschritte in Teilschritte zerlegt, die streng synchron in unabhängigen Teilwerken bearbeitet werden (Fließbandprinzip). Mehrere Arbeitsschritte können so gleichzeitig, jedoch gegeneinander versetzt, ausgeführt werden. Bei nebenläufiger Arbeitsweise werden dagegen vollständige Arbeitsschritte gleichzeitig ausgeführt.

Da jede Rechenanlage in Form einer Hierarchie solcher abstrakter Verarbeitungsebenen organisiert ist, müßte eine exakte Beschreibung die Art der Arbeitsweise getrennt für jede Ebene angeben. Der Rechner arbeitet seriell auf Ebene x, parallel auf den Ebenen y und z usw. Es ist jedoch üblich, von P. zu sprechen, wenn eine parallele Arbeitsweise auf mindestens einer der vorhandenen Verarbeitungsebenen (meist oberhalb der Ebene der Maschinenbefehle) vorliegt.

Die Tabelle zeigt eine Einteilung von P. nach Art der Parallelität (Nebenläufigkeit und Pipelining) sowie nach Ebenen der Verarbeitung:

*Parallelrechner. Tabelle: Einteilung von P. nach Ebene und Art der Parallelität*

| Art des Parallelismus<br><br>Betrachtungsebene | Nebenläufigkeit | Pipelining |
|---|---|---|
| Prozessor | Multiprozessor | Rechner mit Makro-Pipelining |
| Rechenwerk | Feldrechner | Rechner mit Befehls-Pipelining |
| Elementare Schaltung | Parallelwortrechner | Rechner mit Phasen-Pipelining |

– Prozessoren,
– Rechenwerke,
– elementare Schaltung.

Die Einteilung von P. in jeweils genau eine der angegebenen Klassen, obwohl Parallelität auf mehreren Ebenen und verschiedener Arten gleichzeitig vorliegen kann, erfolgt i. allg. entsprechend dem höchsten Parallelitätsgrad (Anzahl der nebenläufigen Werke bzw. Stufen der Pipeline). → Multiprozessoren sind Rechner mit mehreren → Leitwerken, die gleichzeitig Prozesse eines Programms interpretieren. Bei Rechnern mit Makro-Pipelining sind die Leitwerke in Serie geschaltet, so daß sie einander überlappend verschiedene Prozesse eines Programms interpretieren. Gesteuert durch genau ein Leitwerk, erlauben → Feldrechner die taktsynchrone Ausführung genau eines Maschinenbefehls auf n Datenpaaren in entsprechenden parallelen Rechenwerken. Rechner mit Befehls-Pipelining steuern durch das zentrale Leitwerk die überlappte Ausführung mehrerer Maschinenbefehle zu einem Prozeß. Parallelwortrechner umfassen im Rechenwerk mehrere identische elementare Schaltungen, die jeweils genau einen Maschinenbefehl gleichzeitig auf den Bitstellen eines Datenwortes auszuführen gestatten. Rechner mit Phasen-Pipelining führen die Teilphasen des Maschinenbefehlszyklus (Befehlsadresse generieren, → Befehl holen, Befehl decodieren, → Operanden holen etc.) gegeneinander überlappend in unabhängigen Teilwerken von Leit- und Rechenwerk aus.

Parallelität der Verarbeitung im Sinne des Parallelwortrechners, des Rechners mit Phasen-Pipelining und des Rechners mit Befehls-Pipelining (superskalare Arbeitsweise) sowie auf der Ebene des Mikroprogrammwerkes ist heute in fast allen Rechnern realisiert. Man spricht in diesen Fällen daher meist nicht von P. Wegen der Tendenz zur Standardisierung geht die Bedeutung von Feldrechnern und Rechnern mit Makro-Pipelining zurück. Multiprozessoren mit gemeinsamen → Speicher finden als → Server, Multiprozessoren mit verteiltem Speicher als → Superrechner zunehmend Verbreitung. Wegen der neuen schnellen Netztechniken (→ ATM, → FDDI etc.) werden zunehmend auch → Rechnernetze als P. eingesetzt. Unkonventionelle P.-Strukturen mit vom *von Neumann*-Modell abweichenden Ausführungsmodellen wie neuronale und systolische Rechner, Datenflußsysteme, sowie Reduktionsmaschinen haben allenfalls für Spezialanwendungen Bedeutung gewonnen.

P. sind nicht nur durch Gleichzeitigkeit in der Verarbeitungsstruktur gekennzeichnet, sie verfügen auch über parallele Speicher und Verbindungen. Parallelität der Speicherstruktur ist erforderlich, da die mehrfach vorhandenen Prozessoren, Rechenwerke etc. auch eine entsprechend höhere Anzahl von Zugriffen auf Daten und Befehle im Speicher erzeugen. Um diese Speicherlast zu befriedigen, werden unterschiedliche Organisationsformen verwendet:
– Einbringen zusätzlicher Stufen in der Speicherhierarchie (lokale und globale → Hauptspeicher, → Cachespeicher, Registerbänke);
– Verteilung des globalen Hauptspeichers auf verschränkte und überlappt adressierte Speichermoduln, die quasi-gleichzeitig zugegriffen werden können;
– Aufteilung des physikalischen Adreßraums in verteilte lokale Moduln mit logisch eingeschränkten überlappten Adreßräumen (lokale Nachbarschaften).

Die Parallelität der Verbindungsstruktur ist erforderlich, um den Zugriff auf die ggf. verteilt gespeicherte Information und die → Kommunikation sowie → Synchronisation zwischen kooperierenden Ausführungsschritten zu ermöglichen. Man unterscheidet zwischen verschiedenen Topologien, Parallelitätsgraden und Protokollen von Verbindungsstrukturen. Die wesentlichen Varianten solcher Verbindungsstrukturen sind:
– vollständige Verbindung,
– schaltbare ein- und mehrstufige Netze,
– hierarchische Bussysteme,
– Mehrfach-Bussysteme,
– Ein-Bussysteme,
– Speicherkopplung.

Die physikalisch vollständige Verbindungsstruktur durch getrennte Punkt-zu-Punkt-Verbindungen wäre vom Standpunkt der Leistungsfähigkeit wünschenswert, ist aber wegen des hohen (quadratischen) Aufwandes meist nicht realisierbar. Alle anderen Lösungen versuchen, mit geringerem Aufwand eine logisch vollständige Verbindungsstruktur bereitzustellen, bei der die Kommunikationszeiten durch Zugriffskonflikte oder mehrschrittige Verfahren möglichst wenig vergrößert werden.

Die Entwicklung von P. wird für zwei Anwendungsbereiche vorgenommen:
– Höchstleistungsrechner,
– Rechner mit höchster Zuverlässigkeit.

Trotz der ständigen Leistungsteigerung durch Verbesserung der Technologie benötigen viele Anwendungen Leistungen, die im Einzelprozessor nicht erreichbar sind. Eine deutliche Leistungssteigerung ist also nur durch Vervielfachung (Parallelisierung) der Strukturen zu erreichen.

Parallele Rechnerstrukturen können jedoch auch im Sinne nützlicher → Redundanz zur Steigerung der → Zuverlässigkeit des Gesamtsystems verwendet werden. Diese → Fehlertoleranz von Rechenanlagen gewinnt in der Datenverarbeitung immer mehr an Bedeutung, da bei vielen Anwendungen Menschenleben bzw. hohe Investitionen von der Zuverlässigkeit der Rechner abhängen. *Bode*

Literatur: *Waldschmidt, K.* (Hrsg.): Parallelrechner, Architekturen – Systeme – Werkzeuge. Stuttgart 1995. – *Giloi, W.*: Rechnerarchitektur. 2. Aufl. Berlin 1993.

**Parallelsysteme** ⟨*parallel systems*⟩. Auf die → Zuverlässigkeit ausgerichtete zusammengesetzte → Systeme, die sich unter speziellen Voraussetzungen durch → Parallelkombinationen ergeben. Ein System S mit n ∈ ℕ Komponenten ist ein P., wenn es genau dann intakt ist, wenn wenigstens eine seiner n Komponenten intakt ist.

Mit den *Boole*schen Zustandsvariablen $z_1, \ldots, z_n \in \mathbb{B}$ der Komponenten ist $\xi(z_1, \ldots, z_n) = \bar{z}_1 \cdots \bar{z}_n$ die Systemfunktion von S. P. sind spezielle → m-aus-n-Systeme, nämlich 1-aus-n-Systeme; sie sind Musterbeispiele für Systeme mit → statischer Redundanz.

Sei $S_v(n)$ ein P. aus n Komponenten. Dann gehört $S_v(n)$ bzgl. seiner Zuverlässigkeitseigenschaften zu den → Einphasensystemen, die sich durch ihre → Lebenszeit charakterisieren lassen. Sind L die Lebenszeit von $S_v(n)$ und $L_1, \ldots, L_n$ die Lebenszeiten seiner Komponenten, so gilt
$L = \max\{L_1, \ldots, L_n\}$.
Sind mit dem W-Maß P $F_1, \ldots, F_n$ die Verteilungsfunktionen der $L_1, \ldots, L_n$, so gilt, falls die $L_1, \ldots, L_n$ unabhängig sind,

$$P\{L \leq x\} = \prod_{i=1}^{n} F_i(x)$$

für alle $x \in \mathbb{R}_+$. *P. P. Spies*

**Parameter** ⟨parameter⟩. Ein (formaler) P. dient zur Bezeichnung einer Veränderlichen, einer Eingabe- oder Kenngröße in der Vereinbarung von Operatoren wie Funktionen und Prozeduren, mathematischen Verfahren, → Moduln, → Spezifikationen usw. Die formalen P. sind frei gewählte Bezeichnungen und werden durch die Vereinbarung gebunden, d. h., sie sind nur innerhalb des Rumpfes des Operators von Belang. Als Folge davon kann man sie, solange dadurch keine Konflikte mit anderen Bezeichnungen auftreten, beliebig auswechseln, ohne die Bedeutung des Operators zu ändern (vgl. die α-Regel im → Lambda-Kalkül).

Bei der Verwendung eines parametrisierten Operators werden die formalen P. durch Ausdrücke der jeweiligen Sprache, die sog. aktuellen P., ersetzt. Die Ersetzungsregeln, etwa Textersetzung (Call by Name) oder Ersetzung nach Interpretation (Call by Value), sind dabei sprachabhängig (→ Aufruf). In typisierten Sprachen muß der → Typ des aktuellen P. mit dem Typ des korrespondierenden formalen P. verträglich sein (→ Typisierung). *Wirsing*

**Parameterübergabe** ⟨parameter passing⟩ → Aufruf

**Parser** ⟨parser⟩ → Analyse, syntaktische

**Partikelmethoden** ⟨particle methods⟩. Numerische Verfahren zur Simulation, bei denen im Gegensatz zu gitterorientierten Diskretisierungsmethoden (→ Finite-Elemente-Methode, → Differenzenverfahren) die Unbekannten und Freiheitsgrade nicht mehr zu festen Punkten gehören, sondern nunmehr einer endlichen Zahl von sich im Raum bewegenden Punkten, den sog. Partikeln, zugeordnet sind. Die zugrundeliegende Problemstellung wird dann in Bewegungsgesetzen und Evolutionsgleichungen für die Partikel formuliert. Im Fall physikalischer Aufgabenstellungen, bei denen der Teilchencharakter des Problems dominierend ist, sind sie kontinuierlichen Formulierungen und anschließender konventioneller Diskretisierung oft überlegen (Astrophysik: Planeten, Sterne, Galaxien; Strömungsmechanik: Vorgänge an der Grenze der Lufthülle der Erde, wo nur wenige Gasatome im Vakuum schweben, Stromtransport in Halbleitern auf mikroskopischer Ebene etc.).

Das Grundprinzip aller P. läßt sich am einfachsten an einem Beispiel erläutern: Auf welchen Bahnen sich Planeten, Sterne und Galaxien bewegen, wird durch die Gravitationskräfte zwischen den einzelnen Körpern bestimmt. Dabei kann für den Fall von nur zwei Körpern die Lösung noch analytisch bestimmt werden, die Wechselwirkung mehrerer Himmelskörper ist i. allg. nur numerisch bestimmbar: Sind die Kräfte zwischen den Körpern zu einem bestimmten Zeitpunkt bekannt, dann läßt sich mit dem 2. *Newton*schen Gesetz die aktuelle Beschleunigung aller Körper ermitteln und damit ihre Positionen zu einem kurz darauf folgenden Zeitpunkt bestimmen. Für die neuen Positionen lassen sich die zwischen den Körpern geltenden Kräfte bestimmen und damit wiederum die Positionen zu einem noch späteren Zeitpunkt usw.

In jedem Zeitschritt besitzt also jeder Körper mit jedem anderen eine gewisse Wechselwirkung, so daß ein Verfahren der Ordnung $O(n^2)$ vorliegt, wobei n die Zahl aller Körper oder Teilchen bezeichne. Der Rechenaufwand ist pro Zeitschritt quadratisch in der Zahl der Teilchen. Für große Zahlen n ist die Rechenzeit unakzeptabel. Durch den Einsatz von hierarchischen Verfahren, bei denen die Wechselwirkungen in Gruppen zusammengefaßt werden (Baumalgorithmen), und im Fall von halbwegs homogen im Raum verteilten Körpern, durch die Verwendung sog. Teilchengittermethoden (analog zu → Mehrgitterverfahren), läßt sich der Rechenaufwand erheblich reduzieren. Anwendungen solcher Methoden finden sich in der Astrophysik bei der Untersuchung von Kollisionen von Galaxien oder der Simulation der Materieausbreitung im Universum.

Werden andere allgemeine Problemstellungen mit einer P. untersucht, dann gelten andere Gesetze für die Wechselwirkungen zwischen den jeweiligen Teilchen oder Partikeln. So versucht beispielsweise die SPH-Methode (Smoothed Particle Hydrodynamics) die Impuls- und Kontinuitätsgesetze der *Navier-Stokes*-Gleichungen für die Simulation von Strömungsvorgängen mit Partikeln umzusetzen. Die dem jeweiligen Problem entsprechenden Gesetze mathematisch zu modellieren und numerisch sauber zu behandeln, kann Schwierigkeiten bereiten. *Griebel*

Literatur: *Hockney, R. W.* and *J. W. Eastwood*: Computer simulation using particles. McGraw-Hill, Maidenhead 1981.

**Partnerinstanz** ⟨peer entity⟩. Beim → OSI-Referenzmodell für die → Kommunikation von → offenen Systemen wird jede der sieben Schichten folgendermaßen eingebettet:

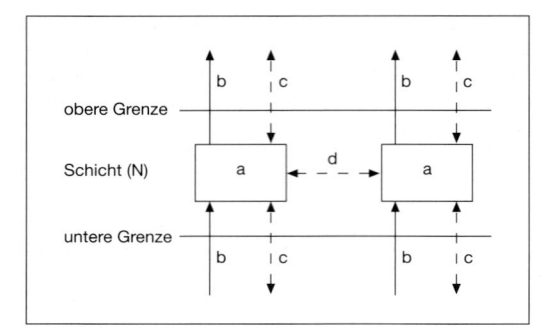

*Partnerinstanz: Logische Einbettung einer Ebene des OSI-Referenzmodells*

In miteinander kommunizierenden Systemen werden Dienstprimitive zwischen funktionalen Einheiten ausgetauscht. Solche Einheiten existieren in jeder → Ebene des OSI-Referenzmodells. Einheiten der gleichen Ebene in verschiedenen Systemen, die miteinander zusammenarbeiten und Informationen austauschen müssen, um eine gewisse Dienstleistung (→ Dienst) zu erbringen, werden Peer Entities oder P. genannt.

Fasbender/Spaniol

**PASCAL** ⟨PASCAL⟩. Eine von *N. Wirth* an der ETH Zürich um 1970 entwickelte → Programmiersprache der ALGOL-Familie, die vornehmlich an Schulen und Universitäten zu Ausbildungszwecken eingesetzt wird. Sie ist besonders reich an Datenstrukturen und fand mit effizienten → Compilern weite Verbreitung.

Elementare Datentypen in P. sind *boolean, integer, real* und *char*. Ferner kann man durch Aufzählung weitere elementare Datentypen definieren:
type tag=(mo, di, mi, do, fr, sa, so) und daraus auch Unterbereiche durch ihre Grenzen aussondern
type arbeitstag=(mo ... fr)
und beides als Indexbereiche für Felder benutzen, welche durch die WITH-Anweisung geordnet abgearbeitet werden. Im übrigen werden Felder ähnlich wie in anderen Programmiersprachen deklariert:
type zeile=array (1 .. 80) of char
type seite=array (1 .. 24) of zeile

Verbundtypen mit unterschiedlichen elementaren Komponenten sind Records:
type datum=record
          tag: 1..31
          monat: 1..12
          jahr: integer
          end
mit dem → Zugriff
z.B. datum.tag.

Dabei lassen sich auch variante Records definieren, die über eine Fallunterscheidung (case) Komponentenlisten unterschiedlicher Art oder unterschiedlicher Länge einrichten. Außerdem kann man Mengen von elementaren → Datentypen mit den → Operationen Vereinigung, Schnitt und Rest sowie *Boole*schen Werten für Inclusion und die Elementbeziehung einrichten sowie Files mit den üblichen vordefinierten Operationen. In den meisten P.-Dialekten gibt es auch den Stringtyp als elementaren Datentyp.

Dynamische Datentypen werden mit Hilfe von Zeigertypen gebildet:
type listenzeiger=liste
type liste=record
            wert: integer
            next: listenzeiger
            end

Mit diesem Konzept kann man Graphen, insbesondere Bäume, gut beschreiben und verwalten.

Im Deklarationsteil eines P.-Programms stehen in streng geordneter Folge Marken (Labels), Konstanten, Variablen, Prozeduren und Funktionen. Alle Verbundanweisungen müssen durch „begin" und „end" geklammert werden. Ein Modulkonzept wie in → ELAN (→ Pakete) fehlt. Turbo-P. besitzt einen besonders raschen Compiler.

*Beispiel* eines P.-Programms, das zugleich die typische Blockstruktur zeigt
FUNCTION bin (n, k: integer): integer;
VAR zaehler, nenner: integer;
FUNCTION fak (n: integer): integer;
VAR i, hilf: integer;
BEGIN (*fak*)
hilf:=1;
FOR i:=1 TO n DO hilf:=hilf*i;
fak:=hilf
END (*fak*)
BEGIN (*bin*)
zaehler:=fak(n);
nenner:=fak(k)*fak(n-k);
bin:=zaehler DIV nenner
END (*bin*) Klingen
Literatur: *Erbs, H.-E.*; *Stolz, O.*: Einführung in die Programmierung mit PASCAL. 2. Aufl. Stuttgart 1984.

**Passwort** ⟨password⟩ → Authentifikation

**Patent** ⟨patent⟩. Durch ein P. wird auf Grund des P.-Gesetzes eine technische → Erfindung gegen Nachahmung geschützt. Die maximale Laufzeit eines P. beträgt 20 Jahre vom Anmeldetag an. Eine beim → Deutschen Patentamt, D-80297 München, Zweibrückenstr, 12, schriftlich angemeldete Erfindung wird nach Stellung eines entsprechenden Antrags auf Neuheit und erfinderische Tätigkeit geprüft. Eine P.-Anmeldung muß einen Antrag auf Erteilung eines P., eine Beschreibung der Erfindung, P.-Ansprüche und ggf. Zeichnungen enthalten. Auch ist eine Anmeldegebühr zu entrichten. Nicht schutzfähig sind Entdeckungen, wissenschaftliche Theorien, Pläne, Regeln und Verfahren für gedankliche oder geschäftliche Tätigkeiten und für Spiele.

Wird nach Stellung des Prüfungsantrags die angemeldete Lehre zum technischen Handeln vom Prüfer des P.-Amts für neu und erfinderisch gehalten, so erfolgt die Erteilung eines P. Nach der P.-Erteilung können Dritte gegen das P. innerhalb von drei Monaten von der Veröffentlichung an schriftlich Einspruch einlegen. Dritte können beim Bundespatentgericht gegen das P. eine Nichtigkeitsklage erheben. *Cohausz*

Literatur: *Benkard, G.* u. a.: Patentgesetz, Gebrauchsmustergesetz (Komment.). 8. Aufl. 1988. – *Fischer, F. B.*: Grundzüge des gewerblichen Rechtsschutzes. 2. Aufl. 1986. – *Schulte, R.*: Patentgesetz (Komment.). 4. Aufl. 1987.

**Patentamt** ⟨*patent office*⟩ → Deutsches Patentamt, → Europäisches Patentamt

**Patentanmeldung, internationale** ⟨*international patent application*⟩. Seit dem 1. Juni 1978 können i. P. nach dem *Patentzusammenarbeitsvertrag (Patent Cooperation Treaty – PCT)* u. a. in deutscher Sprache beim → Deutschen Patentamt und beim → Europäischen Patentamt eingereicht werden. Es können in der i. P. folgende bedeutende Staaten gewählt werden: Albanien, Aserbaidschan, Australien, Bosnien-Herzegovina, Barbados, Belgien, Benin, Brasilien, Bulgarien, Burkina Faso, Volksrepublik China, Dänemark, Deutschland, Elfenbeinküste, Estland, Finnland, Frankreich, Gabun, Georgien, Griechenland, Guinea, Irland, Israel, Italien, Japan, Kamerun, Kanada, Kasachstan, Kenia, Kirgisien, Kongo, Korea Republik (Süd), Korea Demokratische Republik (Nord), Kuba, Lesetho, Lettland, Liberia, Liechtenstein, Litauen, Luxemburg, Madagaskar, Malawi, Mali, Mauretanien, Mazedonien (frühere jugoslawische Republik), Rep. Moldawien, Monaco, Mongolei, Neuseeland, Niederlande, Niger, Norwegen, Österreich, Polen, Portugal, Rumänien, Russische Föderation, Schweden, Schweiz, Senegal, Slowakei, Slowenien, Spanien, Sri Lanka, Sudan, Tadschikistan, Tobago, Togo, Trinidad, Tschad, Tschechien, Türkei, Ukraine, Ungarn, United Kingdom, Uzbekistan, Vereinigte Staaten von Amerika, Vietnam, Weißrußland (Belarus), Zentralafrikanische Republik. Die Staaten des Europäischen Patentübereinkommens können wie ein „Staat" gewählt werden, so daß auf dem PCT-Weg auch ein Europäisches Patent erreichbar ist.

Auf eine i. P. wird kein internationales Patent erteilt, sondern sie stellt die Vorstufe nationaler Erteilungsverfahren dar. Während des Anmeldeverfahrens werden eine internationale Recherche und auf Antrag eine internationale vorläufige Prüfung der Erfindung durchgeführt. Diese Vorarbeiten werden von den einzelnen nationalen Patentämtern und vom Europäischen Patentamt genutzt. Besondere Bedeutung hat die i. P. für die Staaten, in denen die Patentämter nicht auf Neuheit und erfinderische Tätigkeit prüfen. Für den Anmelder bietet das PCT-System dadurch besondere Vorteile, daß es möglich ist, kurz vor Ablauf der Prioritätsfrist in einer einzigen Sprache für eine größere Zahl von Staaten Anmeldungen unter Beanspruchung der Priorität der Ursprungsanmeldung vorzunehmen. Ein weiterer Vorteil ist, daß das PCT-System im Gegensatz zur nationalen oder regionalen Anmeldung einen zusätzlichen Aufschub der Entscheidung ermöglicht, in welchen Staaten der Patentschutz endgültig erlangt werden soll, die entsprechenden Folgekosten für das nationale Erteilungsverfahren also erst später entstehen. *Cohausz*

Literatur: *Hallmann, U.*: PCT-Vertrag über die internationale Zusammenarbeit auf dem Gebiet des Patentwesens (Textausg.). 2. Aufl. 1981. – PCT-Leitfaden für Anmelder (Hrsg.: Deutsches Patentamt). 2. Aufl. 1986. – Taschenb. des gewerblichen Rechtsschutzes. 23. Lieferung. 1991.

**Patentschutz** ⟨*patent protection*⟩. Die in Programmen und Software-Lösungen enthaltenen Erfindungen können patentrechtlich geschützt werden. Die entsprechenden Erfindungen müssen allerdings technischer Natur sein, d. h., es muß ein technisches Problem mit technischen Mitteln gelöst worden sein. Ausgeschlossen sind Programme „als solche", d. h., es wird die im Programm enthaltene Idee geschützt und nicht seine Realisierung mittels eines bestimmten Programmtexts. Ferner sind ausgeschlossen Verfahren für gedankliche und geschäftliche Aktivitäten. Als technisch sieht die deutsche Rechtsprechung Verfahren an, die vom Einsatz beherrschter Naturkräfte abhängen, einen kausal übersehbaren Erfolg erreichen und ohne menschliche Verstandestätigkeit auskommen. Das deutsche und das europäische Patentamt haben in den letzten 10 Jahren einige Tausend Patente auf softwarebezogene Erfindungen erteilt. Dazu gehören vorwiegend technische Anwendungen (Automatisches Bremssystem, Kernreaktorsteuerung), aber auch neuartige Ideen in Systemprogrammen wie Betriebssysteme und Übersetzer. Die US-Patentbehörden behandeln das Technizitätsprinzip weniger restriktiv. Dort wurden auch Patente für mathematische Algorithmen (z. B. in der Kryptologie) erteilt. Ein erteiltes Patent gibt dem Inhaber das alleinige Recht zur gewerblichen Nutzung der Erfindung für 20 Jahre (vom Tage der Einreichung aus gerechnet). *Endres*

Literatur: *Kraßner, R.*: Der Schutz von Computerprogrammen nach deutschem Patentrecht. In: *Lehmann, M.*: Rechtsschutz und Verwertung von Computerprogrammen. Köln 1993. – *Kindermann, M.*: Software-Patentierung. Computer und Recht (1992) 10, S. 577–588, 11, S. 658–666.

**PBM (Parallel Benutzbares Betriebsmittel)** ⟨*sharable resource*⟩ → Berechnungskoordinierung

**PBX** ⟨*PBX (Private Branch Exchange)*⟩ → Nebenstellenanlage

**PC** ⟨*PC (Personal Computer)*⟩. → Arbeitsplatzrechner der unteren Kategorie (bis ca. 10 000,– DM). Der Begriff PC wird häufig identifiziert mit einer bestimmten Modellfamilie von IBM und ihren Nachahmungen (s. auch → Einbenutzer-Rechensystem u. → Personal Computer). *Schindler/Bormann*

**PCM** ⟨*PCM (Pulse Code Modulation)*⟩ → Abtasttheorem, → Modulation

**PCMCIA** ⟨*PCMCIA (Personal Computer Memory Card Intenational Association)*⟩. Empfehlung für leicht auswechselbare Steckkarten, vornehmlich für Laptops, die deren → Funktionalität erhöhen. PCMCIA in der Version 1.0 (1990) wurde für Speicherkarten spezifiziert. Die Version 2.0 (1991) erweitert die Anwendungsgebiete beträchtlich; so werden z. B. → Modems, Faxmodems, → Ethernet-Adapter und → ISDN-Adapter sowie I-Adapter als PCMCIA-Karten angeboten.

PCMCIA-Karten haben eine Fläche von 54 mm×85,6 mm und sind mit einem zweireihigen 68-Pin-Anschluß ausgestattet. Die vier Gehäusetypen unterscheiden sich in der Dicke: Typ I ist 3,3 mm, Typ II 5 mm, Typ III 10,5 mm und Typ IV 13 mm dick. *Quernheim/Spaniol*

**PDN** ⟨*PDN (Public Data Network)*⟩. Ein Datennetz, das einem großen Benutzerkreis zur Verfügung steht. In Deutschland ist z. B. → Datex-P ein solches PDN.
*Jakobs/Spaniol*

**PDU** ⟨*PDU (Protocol Data Unit)*⟩ → Protokolldateneinheit

**PDV-Bus** ⟨*PDV bus*⟩. Das PDV (Prozeß-Daten-Verarbeitung)-Bussystem ist als DIN-Norm 19 241 „Bitserielles Prozeßbus-Schnittstellensystem" von der UK 933.3 des DIN und der VDE (DKE) spezifiziert worden. Die Norm legt funktionelle, elektrische und mechanische Eigenschaften für ein bitserielles Feldbussystem (→ Feldbus) fest, das für Anwendungen in der Automatisierungstechnik bestimmt ist, für die Echtzeitbedingungen einzuhalten sind und elektromagnetische Störfreiheit nicht vorausgesetzt werden kann. Im Vergleich zu anderen Feldbussystemen wie → PROFIBUS ist der PDV-Bus insbesondere für Anwendungen im prozeßnahen Bereich entworfen worden und unterstützt den Anschluß von einfachen Prozeß-Ein-/Ausgabegeräten sowie die Übertragung kurzer Nachrichten. Die Architektur des PDV-Bussystems läßt sich den Ebenen 1, 2 und 7 des → OSI-Referenzmodells zuordnen. Für die physikalische Ebene ist eine Bus- oder Baumtopologie (eine Bushierarchie) mit einer Übertragungsrate von 1 Mbit/s vorgesehen. Die Leitungsart ist nicht festgelegt. Durch spezielle Buskoppler können Nahbereichs- und Fernbereichs-Bussysteme verbunden werden.

Das → Übertragungsprotokoll (→ Medienzugangskontrolle) wird in der Übertragungs-Steuer-Einheit (ÜSE) realisiert. Der Zugang zum gemeinsamen → Übertragungsmedium wird zentral durch eine Leitstation gesteuert. Die Leitstation kann die Zugangskontrolle von sich aus oder auf Anforderung zeitweise an berechtigte Unterstationen abgeben. Um Übertragungsanforderungen zu erkennen, werden zyklische Kurzabfragen durch Globalaufrufe gestartet, die dann von allen Stationen beantwortet werden. Stationen ohne Anforderung senden nur ihre Stationsadresse als Antwort, während Stationen mit Anforderungswünschen diese durch ein Bitmuster in der Antwort spezifizieren. Als Standard-Protokollfunktionen stehen der sendeberechtigten Station Funktionen wie die Normalisierung, die Statusabfrage, Schreiben/Lesen indirekt und direkt zur Verfügung. *Hermanns/Spaniol*

Literatur: *DIN 19241*: Messen Steuern Regeln, Bitserielles Prozeßbus-Schnittstellensystem, Serielle Digitale Schnittstelle (SDS), Teil 1–3 (1985).

**Peano-Arithmetik** ⟨*Peano arithmetic*⟩ → Arithmetik

**Pearl** ⟨*Pearl*⟩. Höhere Realzeitprogrammiersprache (Abk. Process and Experiment Automation Realtime Language). P. ermöglicht die Definition paralleler Programmabläufe. Durch die Aufteilung in einen System- und einen Problemteil sind Programme leicht portierbar. Im Systemteil werden die Gerätekonfiguration des Prozeßrechners und die Anschlüsse des technischen Prozesses beschrieben. Im Problemteil werden die eigentlichen Algorithmen spezifiziert, die über die im Systemteil vereinbarten Namen mit der Umwelt kommunizieren.

Folgende für den Realzeitbetrieb wichtige Sprachelemente sind über den Umfang einer üblichen prozeduralen Sprache hinaus definiert:
– Bitverarbeitung,
– Datentypen für Absolut- und Relativzeiten (Clock, Duration),
– Unterbrechungsroutinen (synchron und asynchron),
– Befehle zur Task-Verwaltung (starten, blockieren, beenden),
– Elemente zur Prozeßsynchronisation (Semaphor, Bolt). *Quade*

**Peer Entity** ⟨*peer entity*⟩ → Partnerinstanz

**Pel** ⟨*Pel (Picture element)*⟩. Bezeichnung für die einzelnen Punkte (Bildelemente) eines Rasterbilds.
*Schindler/Bormann*

**Perfektionierung** ⟨*perfectivation*⟩. P. im Zusammenhang mit der Konstruktion eines → Rechensystems S bedeutet, daß in allen Phasen des Konstruktionsprozesses für S versucht wird, durch systematische → Fehlervermeidung ein möglichst perfektes, d. h. fehlerfreies System zu erreichen. *P. P. Spies*

**Performability** ⟨*performability*⟩. Eine Kenngröße für → Systeme, die Performance als Maß für die Zeit, die ein System für die Ausführung von Berechnungen benötigt, und Reliability als Maß für die Zuverlässigkeit des Systems kombiniert. Zur Konkretisierung sei S ein System, das für die Durchführung einer Berechnung unter der Voraussetzung, daß S und alle Komponenten von S intakt sind, die Zeit $B_1$ benötigt. S sei ein fehlertolerantes System, für das Defekte von Komponenten nicht notwendig zum → Ausfall, aber zur Verminderung der Rechenkapazität und -leistung führen. Für die Durchführung der betrachteten Berechnung durch S, bei der Defekte von Komponenten auftreten können, sei die erforderliche Zeit B. Dann $\frac{B_1}{B}$ ist die P. von S für diesen Fall. Definitionsgemäß gilt $B \geq B_1$, so daß $\frac{B_1}{B} \leq 1$ folgt. P. und andere kombinierte Kenngrößen sind insbesondere für Systeme mit → sanftem Leistungsabfall von Interesse; das betrachtete System S gehört zu diesen. *P. P. Spies*

**Periode** ⟨period⟩. Die P. beschreibt in allgemeiner Form eine zeitlich wiederkehrende Situation, wobei der Zeitabstand zwischen zwei aufeinanderfolgenden Situationen konstant ist.

Konkret wird der Begriff P. in → Realzeitsystemen im Zusammenhang mit → Realzeit-Tasks und → Ereignissen gebraucht. Eine periodische Task $P_i$ ist durch ihre → Worst-Case-Laufzeit $C_i$, die P. $T_i$ und die Startzeit $S_i$ definiert. Eine Instanz einer periodischen Task wird durch das Realzeit-Scheduling zur Zeit $S_i$ gestartet und dann nach der Zeitdauer $T_i$ immer wieder neu aktiviert.

Auch das Auftreten von Ereignissen kann von periodischer Natur sein. Ein Beispiel hierfür ist ein Impulsgeber an einem sich drehenden Rad, der bei jeder Umdrehung einen Interrupt (ISR/IR) im System auslöst; dieser tritt periodisch auf, solange sich das Rad mit konstanter Winkelgeschwindigkeit dreht, andernfalls → aperiodisch. Periodisch kann auch die Erfassung von Daten sein, wenn sie mit einer konstanten → Abtastrate eingelesen werden. *Pfefferl*

**Periodizität** ⟨periodicity⟩ → Periode; → Abtastrate

**Peripheriegerät** ⟨peripheral device⟩. Zusätzliche Geräte, die unter der Kontrolle der → Zentraleinheit eines → Digitalrechners betrieben werden können. Beispiele sind Plattenspeicher, Bandspeicher, Tastaturen, Drucker, Sichtgeräte usw. P. können → on-line oder → off-line betrieben werden. Dies hängt von den Aufgaben, Anforderungen und Kosten ab. Das Gerät wird online betrieben, wenn es unter der Kontrolle der Zentraleinheit läuft und ein unmittelbarer Informationsaustausch mit der Zentraleinheit erfolgt.
*Bode/Schneider*

**Permutationsnetz** ⟨permutation network⟩. Verbindungsstruktur in Rechnersystemen mit parallelen Teilwerken. Jedes Verbindungsnetz stellt eine bijektive Abbildungsfunktion zwischen seinen Ein- und Ausgängen durch schaltbare Verbindungen her. P. realisieren eine Abbildungsfunktion, die eine Permutation ist, d. h. eine bijektive Abbildung aus Elementen einer Menge in Elemente derselben Menge. Die Elemente sind dabei die Ein-/Ausgabeadressen des Verbindungsnetzwerkes. Man unterscheidet je nach Permutation unterschiedliche Verbindungsstrukturen, z. B. → Omega-Netz, → Banyan-Netz, die eine vollständige Verbindung aller angeschlossenen Elemente durch mehrschrittige Verfahren bei geringerem Schaltungsaufwand als der → Kreuzschienenverteiler ermöglichen.
*Bode*

**Persistenz 1.** ⟨persistency⟩. Nachleuchtdauer. Das Phosphor einer Bildröhre gibt Licht beim Auftreffen eines Elektronenstrahls ab. Wird der Elektronenstrahl abgeschaltet, so emittiert das Phosphor mit abnehmender → Intensität weiter Licht. Die Zeitspanne, beginnend mit dem Abschalten des Elektronenstrahls bis zu dem Zeitpunkt, an dem das Phosphor noch 10% des Lichtes abgibt, ist die P.

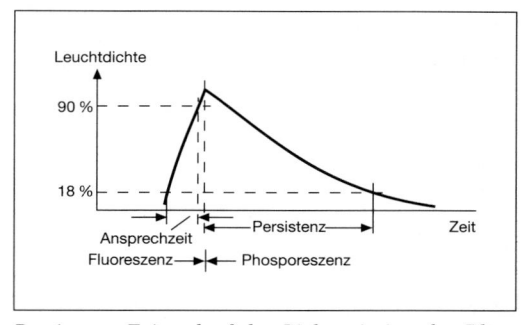

*Persistenz: Zeitverlauf der Lichtemission des Phosphors* Encarnação/Stärk

Literatur: *Encarnação, J. L.* und *W. Straßer*: Computer Graphics – Gerätetechnik, Programmierung und Anwendung graphischer Systeme. München–Wien 1986.

**2.** ⟨persistence⟩. Eigenschaft von → Programmen und → Daten, länger zu existieren als das sie erzeugende bzw. manipulierende Programm. Den Gegensatz bildet *Transienz*: Transiente Programme und Daten existieren höchstens bis zur → Terminierung des sie erzeugenden Programms. *Schmidt/Schröder*

**Personal Computer (PC)** ⟨Personal Computer (PC)⟩. Universalrechner auf Basis eines → Mikroprozessors, der überwiegend auf die Nutzung durch genau eine Person zugeschnitten ist, die diesen für berufliche oder private Zwecke einsetzt (daher der Name). Der PC umfaßt alle notwendigen Komponenten eines unabhängigen Rechners wie → Prozessor, → Speicher, Peripheriespeicher, → Sichtgerät, Tastatur und → Drucker sowie Anschlußmöglichkeiten an → Rechnernetze. Ursprünglich war der PC ein Rechner relativ geringer Leistung. Durch die Leistungssteigerung der Mikroprozessoren sind heute auch PCs in der Lage, Aufgaben zu übernehmen, die früher nur durch Großrechner gelöst werden konnten. Insbesondere die Unterscheidung zum → Arbeitsplatzrechner verschwindet daher zunehmend und reduziert sich auf die Verwendung spezieller → Betriebssysteme wie MS-DOS, WINDOWS NT etc. und die ggf. etwas bescheidenere Ausstattung des Speichers mit bis zu 64 MByte und einfachere Peripherie (s. auch → Einbenutzer-Rechensystem).

Jährlich werden weltweit etwa 100 Mio. PCs produziert und verkauft. Sie sind daher die weitest verbreitete Klasse von Universalrechnern und bestimmen durch das große Marktvolumen die weitere Entwicklung der Rechnertechnik. *Bode*

**Perspektive** ⟨*perspective*⟩. Unter einer P. versteht man zweierlei: zum einen eine perspektivische Ansicht, zum anderen die projektive Abbildung der perspektivischen Transformation.

Die (zentral-)perspektivische Transformation $\tau$ für eine normalisierte → Kamera und eine Bildebene I mit

$$I = \{(x, y, z) \in R^3 \,//\, z = 1\}$$

für Punkte $P(x, y, z > 1) \in R^3$ in einer → Szene $\Sigma$ ist durch

$$\tau = R^3 \to I;\ \tau(P(x, y, z > 1)) = \left[\kappa \frac{x}{z}, \kappa \frac{y}{z}, 1\right]$$

gegeben, wobei der Faktor $\kappa$ von $\omega$ abhängt:

$$\kappa = \tan^{-1}(\omega).$$

Dies folgt aus der einfachen Anwendung des Strahlensatzes.

Allgemeiner muß die P. als die Projektion der Oberfläche der Einheitssphäre um das Auge des Beobachters (Plazierung E der Kamera) auf die Bildebene verstanden werden. Dies ist nicht verzerrungsfrei möglich; verschiedene, aus der Kartographie bekannte Projektionen der Kugeloberfläche auf die Ebene finden auch bei der P. Anwendung.

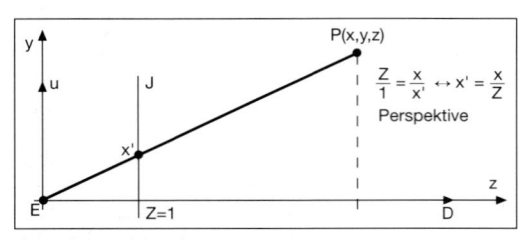

*Perspektive: Schematische Darstellung*

*Encarnação/Hofmann*

**Perzeptron** ⟨*perceptron*⟩. Erstes Modell eines → Neuronalen Netzes (vorgeschlagen 1958 von *F. Rosenblatt*), das nicht nur (wie das *McCulloch-Pitts-Netz*) → endliche Automaten darstellt, sondern auch lernfähig ist, weil die Verbindungen zwischen den (Neuronen simulierenden) Schwellwertelementen mit Gewichten versehen sind (welche die Informations-

übertragung über die Verbindungen beeinflussen); Lernen heißt dann Verändern der Gewichte. *Brauer*
Literatur: *Rojas, R.*: Theorie der Neuronalen Netze. Springer, Berlin 1995.

**Petri-Netz** ⟨*Petri net*⟩. Formale → Modelle für nichtsequentielle Systeme, d. h. für Systeme, die aus logisch oder physikalisch verteilten Komponenten bestehen, von denen jeweils einige in einer festen Abhängigkeitsrelation mit einigen anderen stehen, aber in denen auch gewisse Komponenten unabhängig von anderen sind. Beispiele solcher Systeme sind → Rechnernetze, verteilte → Systeme (von Rechnern, → Datenbanken usw.), Systeme von verschiedenen Verarbeitungs-, Verwaltungs- und Ein-/Ausgabeprozessen, die auf größeren Rechnersystemen (z. T. nebeneinander) ablaufen, Mehrbenutzersysteme (z. B. Reservierungssysteme für Verkehrsmittel, Hotels etc.), Systeme von Regeln zur Durchführung komplexer Aufgaben (wie sie z. T. in → Expertensystemen verwendet werden), Systeme physikalischer oder chemischer Prozesse, die teilweise interagieren, oder Gruppen von Personen, die gemeinsam an einer Aufgabe arbeiten oder die im Wettbewerb um die gemeinsame Nutzung von für sie wichtigen Hilfsmitteln stehen. Insbesondere lassen sich die bekannten veranschaulichenden Darstellungen für Probleme aus dem Bereich der → Betriebssysteme (wie die Probleme des Bankiers, der Leser und Schreiber, der fünf Philosophen) gut mit Hilfe von P.-N. modellieren. Je nach Detaillierungsgrad der gewünschten formalen Darstellung solcher Systeme lassen sich verschiedene Typen von P.-N. verwenden: Kanal-/Instanznetze, Bedingungs-/Ereignisnetze, Stellen-/Transitionsnetze, Prädikat-/Transitionsnetze, gefärbte Netze, Netze mit individuellen Marken etc.

Im folgenden werden die Grundideen der → Modellierung mit Netzen beschrieben: Als Komponenten eines Systems wählt man (jeweils in diskreten Zeitabschnitten) aktive Elemente (→ Prozessoren, Personen bzw. reale oder abstrakte Aktionen, die Ereignisse hervorrufen), die mit gewissen anderen Komponenten in einer festen (kausalen) Abhängigkeitsbeziehung stehen, so daß eine von anderen abhängige Komponente erst mit diesen aktiv werden kann.

Man kann sich die Abhängigkeitsbeziehung wie mittels einer Rohrpostanlage realisiert vorstellen. Jede Komponente sendet bei Beendigung ihrer Aktivität an alle von ihr abhängigen Komponenten Botschaften (die mehr oder weniger kompliziert sein dürfen – das hängt vom jeweiligen Netztyp ab); erst wenn eine Komponente von allen Komponenten, von denen sie abhängt, entsprechende Botschaften erhalten hat, darf sie (für eine endliche Zeitspanne) aktiv werden.

Wir stellen uns vor, daß die Botschaften, die bei einer Komponente ankommen, in lokalen Zwischenspeichern (sozusagen jeweils am Ende der entsprechenden Rohrpostleitung) gelagert werden, bis die Komponente aktiv wird und die dann nicht mehr benötigten Botschaften vernichtet. Komponenten, die nicht in diesem Sinne voneinander abhängig sind, können unabhängig voneinander (nebenläufig) aktiv sein. Solch ein System muß nicht abgeschlossen sein; es kann mit der Umwelt dadurch interagieren, daß es Botschaften austauscht (Signale aufnimmt bzw. versendet).

Mit P.-N. kann man also offene, reaktive Systeme, in denen sequentielle und nebenläufige Prozesse ablaufen, modellieren. Formal läßt sich die Struktur eines P.-N. als bipartiter gerichteter Graph beschreiben, d.h. als Tripel (S, T, F), wobei T die Menge der aktiven Komponenten (Transitionen genannt), S die Menge der lokalen Zwischenspeicher (Stellen genannt) und $F \subseteq S \times T \cup T \times S$ die Relation der Abhängigkeit (Flußrelation genannt) angibt: $(s, t) \varepsilon F$ bzw. $(t, s) \varepsilon F$ bedeutet, daß von s nach t bzw. von t nach s eine gerichtete Verbindung besteht (entlang der Botschaften bewegt werden dürfen).

Benutzt man nur diese Grundstruktur zur Modellierung, so spricht man meist von Kanal-/Instanznetzen: Die Stellen faßt man als Kanäle (Rohrpostleitungen) für den Transport von Informationen (oder Objekten) und die Instanzen als aktive Elemente (z.B. behördliche oder juristische Instanzen) auf.

Das dynamische Verhalten von solchen Systemen wird in P.-N. wie folgt dargestellt: Botschaften werden durch sog. Marken repräsentiert, die auf Stellen des Netzes liegen können. Jede Markierung läßt sich durch eine Abbildung von S in die Menge der Multimengen der zugelassenen Marken darstellen (Multimengen deshalb, weil zugelassen wird, daß mehrere Exemplare ein und derselben Marke auf einer Stelle liegen dürfen). Je nach Netztyp ist die Art der zugelassenen Marken und der Abbildung verschieden. Zusätzlich können auch noch Beschränkungen über die Höchstzahl der Marken, die auf einer Stelle liegen dürfen (d.h. Kapazitäten), angegeben werden. Ferner läßt sich je nach Netztyp (z.B. wiederum durch Abbildungen) festlegen, wieviele Marken welcher Art jeweils bei einer Aktion über eine gerichtete Verbindung bewegt werden.

Aktivitäten der Komponenten eines modellierten Systems bewirken in P.-N.-Modellen des Systems Änderungen der Markierung durch das Schalten von Transitionen. Eine Transition t ist aktiviert, wenn auf allen Stellen s mit $(s, t) \varepsilon F$ mindestens so viele Marken liegen, wie über die Verbindung (s, t) bewegt werden müssen, und wenn auf keiner der Stellen s' mit $(t, s') \varepsilon F$ das durch das Schalten von t bewirkte Senden von Marken die Kapazität überschritten würde. Wenn t aktiviert ist, darf t schalten, es verändert dann die Markierung der benachbarten Stellen.

*Beispiel*
Leser/Schreiber-Problem: Wir betrachten ein System aus zwei zyklischen sequentiellen Teilsystemen $T_1, T_2$, die beide je eine Komponente $Z_1$ bzw. $Z_2$ besitzen, die Zugriff auf einen gemeinsamen → Speicher (z.B. eine → Magnetplatte) hat. Die anderen Komponenten seien jeweils zu zwei Komponenten $V_i$ und $N_i$ (die jeweils $Z_i$ vor- bzw. nachgeschaltet sind) zusammengefaßt (i = 1, 2). In $T_1$ läuft ein zyklischer → Prozeß ab, der immer wieder die Komponente $Z_1$ zum Schreiben aktiviert; in $T_2$ laufen zwei Prozesse ab, die beide immer wieder in beliebiger Reihenfolge die Komponente $Z_2$ zum Lesen aktivieren. Die beiden Prozesse in $T_2$ sollen nicht weiter unterschieden werden, weshalb wir nur zwei Marken der gleichen Sorte verwenden, um den jeweiligen Zustand von $T_2$ anzugeben. Folgende Einschränkungen soll das Gesamtsystem beachten:
– Wenn geschrieben wird, darf nicht gelesen werden.
– Wenn gelesen wird, darf nicht geschrieben werden.
– Sobald die Schreibkomponente $Z_1$ aktiviert ist, darf kein weiterer Lesezugriff erfolgen.

Es dürfen aber beide Prozesse von $T_2$ simultan lesen. Dieses System kann durch folgendes Stellen-/Transitionsnetz modelliert werden; dabei sind Stellen durch Kreise und Transitionen durch Quadrate sowie Marken durch Punkte dargestellt. Die Zahl 2 an einem Pfeil bedeutet, daß hier auf einmal zwei Marken bewegt werden müssen; bei allen anderen Pfeilen jeweils nur eine Marke. Die Stelle p regelt die Priorität des Schreibens vor dem Lesen, die Stelle a den wechselseitigen Anschluß von Lesen und Schreiben (Bild).

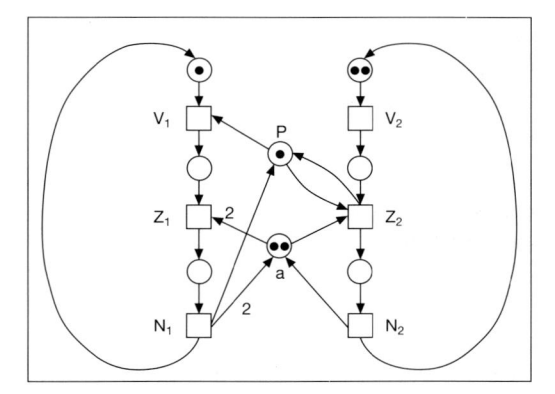

*Petri-Netz: Schematische Darstellung*

*Brauer*

Literatur: *Jessen, E.; Valk, R.*: Rechensysteme. Berlin 1987. – *Reisig, W.*: Petri-Netze – eine Einführung, 2. Aufl. Berlin 1986.

**Petri-Netz, zeitbewertetes** ⟨timed Petri-net⟩. Z. P.-N. dienen zur Beschreibung von Systemen, deren Verhalten zeitabhängig ist. Im Gegensatz zu den gewöhnlichen → *Petri*-Netzen sind Prozesse durch Stellen modelliert. Die Aktivität eines Prozesses wird durch das Vorhandensein einer Marke an der entsprechenden Stelle gekennzeichnet. Ein z. P.-N. ermöglicht die Berücksichtigung der Laufzeit dieser Prozesse. Sie eignen sich z.B. sehr gut, um Scheduling- und Job-Shop-Probleme zu untersuchen. Mit zunehmender Komplexität des zu beschreibenden Systems explodiert allerdings der Zustandsraum.

Grundsätzlich lassen sich zwei Prinzipien unterscheiden: *Petri*-Netze, deren Zeitbewertung mit festen Zeitdauern erfolgt (Timed Petri-Nets, TiPN) und *Petri*-Netze, deren Bewertung durch Zeitintervalle stattfindet (Time Petri-Nets, TPN).

TiPN lassen sich im wesentlichen in zwei Kategorien unterteilen: Sind die Zeitbedingungen mit den Stellen verknüpft, so spricht man von einem P-zeitbewerteten TiPN (P von Place). Sind die Zeitbedingungen hingegen mit den Transitionen verknüpft, so handelt es sich um ein T-zeitbewertetes TiPN.

☐ *P-zeitbewertetes TiPN.* Wenn eine Marke auf die Stelle $P_i$ abgelegt wird, so muß sie mindestens die Zeit $d_i$ auf dieser Stelle verbleiben. Während dieser Zeit ist diese Marke nicht verfügbar. Nach Ablauf dieser Zeit ist die Marke wieder verfügbar. Nur verfügbare Marken können zur Erfüllung von Bedingungen beitragen.

☐ *T-zeitbewertetes TiPN.* Eine Zeitspanne $d_j$, die gegebenenfalls Null sein kann, ist der Transition $T_j$ zugeordnet. Eine Marke kann zwei Zustände haben. Sie kann entweder für das Feuern von $T_j$ reserviert oder frei sein. Nur freie Marken können zur Erfüllung von Bedingungen beitragen.

Je nach zu modellierendem System kann es günstiger sein, ein P-zeitgesteuertes oder ein T-zeitgesteuertes TiPN zu verwenden. Es ist immer möglich, von einem P-zeitgesteuerten auf ein T-zeitgesteuertes TiPN überzugehen und umgekehrt.

Durch Übergang von festen Zeitdauern auf Zeitintervalle kommt man zur Klasse der TPN. Allgemein findet hier eine Bewertung durch ein Zeitfenster statt, innerhalb dessen ein Netzwerkelement bestimmte Eigenschaften hat. Die Möglichkeiten bei der Modellierung mit TPN sind um ein Vielfaches größer als bei festen Zeiten. Dabei kommen insbesondere folgende Netze zur Anwendung:

1. Transitionen wird ein Zeitfenster zugeordnet. Innerhalb dieses Zeitfensters muß die Transition nach ihrer Aktivierung feuern, sofern sie aktiviert bleibt (TPN nach *Merlin*, erstmals 1976).

2. Kanten, die auf eine Transition führen, werden mit einem Gültigkeitsfenster versehen. Nur innerhalb dieser Zeitspanne nach der Markierung einer Vorstelle kann ein Markenfluß erfolgen. Netze nach 1 sind hier als Untermenge enthalten.

3. Stellen erhalten ein Zeitfenster. Ankommende Marken werden erst innerhalb des Zeitfensters gültig und müssen die Stelle bis zum Ablauf des Zeitfensters verlassen haben.

Jede Modellierungsart ist für bestimmte Problemstellungen besonders geeignet. Modell 1 wurde ursprünglich für die Überprüfung von Kommunikationsprotokollen entworfen, Modell 2 bietet Vorteile in der Modellierung verfahrenstechnischer Systeme, und Modell 3 hat speziell Fehlerdiagnosen technischer Prozesse zum Ziel.

Der Begriff „TPN" wird in der Literatur synonym zu „TPN nach *Merlin*" verwendet, da die Modelle 2 und 3 erst deutlich später entwickelt wurden.  *Petters*

**PEX** ⟨*PEX (PHIGS Extension to X)*⟩. Verbindet den 3D-Graphikstandard → PHIGS mit dem → X-Window-System (X). Damit kann die Netzwerkfähigkeit von X auch für die 3D-Graphik genutzt werden.

Eine wichtige Forderung für die Entwicklung von PEX war die Unterstützung praktisch aller für X geeigneten Rechner zur Ausgabe von 3D-Graphiken. Das Problem konzentrierte sich dabei darauf, Möglichkeiten zur differenzierten Verteilung der Graphikfunktionen zwischen dem X-Server und seinen Clients zu schaffen, da die erforderlichen komplexen 3D-Graphikfunktionen von verschiedenen Rechnern unterschiedlich unterstützt werden. Die → Implementierung von PEX erfolgte unter der Leitung des MIT (Massachusetts Institute of Technology) durch ein Firmenkonsortium und wurde 1987 vorgestellt.

Schwerpunkt von PEX (Bild) bildet die Erweiterung des X-Protokolls um einen PEX-spezifischen Protokollteil. Dazu gehören dann jeweils auf der Server- und auf der Clientseite entsprechende Prozesse, die die Verbindung zum → Ein-/Ausgabegerät (PEX-Server-Erweiterung) sowie zum Anwendungsprogramm (PEX-Client-Interface) schaffen. Der PEX-Programmierer findet im PEX-Client-Interface eine C-Sprachschale zur 3D-Graphiknorm PHIGS.

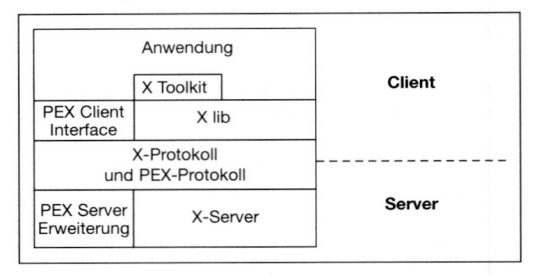

| | | |
|---|---|---|
| | Anwendung | |
| | X Toolkit | **Client** |
| PEX Client Interface | X lib | |
| X-Protokoll und PEX-Protokoll | | |
| PEX Server Erweiterung | X-Server | **Server** |

*PEX: X/PEX-Schichtenmodell*

PEX erweitert das X-Protokoll um neun Ressourcen. Dabei kann es die X-Ressourcen mit verwenden, ohne das Protokoll zu ändern oder zu duplizieren. Die neun Ressourcen entsprechen im wesentlichen solchen, die PHIGS-Programme für 3D-Graphiken benötigen. PEX gestattet es, die graphischen PHIGS-Datenstrukturen als hierarchische Displaylisten im → Server zu speichern (structure mode). Ein Client kann aber auch den → Bildschirm direkt beschreiben, um die Speicherbelastung und Verwaltung im Server zu minimieren (immediate mode).

Das in PHIGS definierte Konzept des zentralen Strukturspeichers darf innerhalb des PEX-Protokolls wahlweise im Client oder im Server implementiert sein. Die Ausgabe graphischer Informationen darf ebenfalls wahlweise vom Client oder vom Server vorgenommen werden. Es ist auch möglich, einen Teil der graphischen Ausgabeinformationen beim Server abzulegen und einen anderen Teil der Kontrolle des Clients zu überlassen.

Die besonderen Vorteile von PEX liegen, genauso wie bei X, in der Offenheit, Transparenz und Netzwerkfähigkeit des Systems, verbunden mit einer relativ breiten Unterstützung durch Workstation-Hersteller.

*Langmann*

Literatur: *Rost, R. J.* u. a.: PEX: A network-transparent 3D graphics system. IEEE Computer Graphics & Applications 9 (1989) 4, pp. 14–26.

**Pfadname** ⟨*path name*⟩ → Speichermanagement

**Pfadname, relativer** ⟨*relative path name*⟩ → Speichermanagement

**Pfadname, vollständiger** ⟨*complete path name*⟩ → Speichermanagement

**Pflichtenheft** ⟨*functional specification*⟩ → Aufgabendefinition

**Phase** ⟨*phase*⟩ → Welle, elektromagnetische

**Phase eines sequentiellen Prozesses** ⟨*phase of a sequential process*⟩ → Berechnungskoordinierung

**Phasenereignis** ⟨*event of a phase*⟩ → Berechnungskoordinierung

**Phaseninitiierungsereignis** ⟨*initiation event of a phase*⟩ → Berechnungskoordinierung

**Phasenmodell** ⟨*phase model*⟩. Das P. geht davon aus, daß sich der gesamte Software-Projektierungs- bzw. -Entwicklungsprozeß in mehrere Phasen einteilen läßt. Diese werden nacheinander so ausgeführt, daß mit einer Phase erst begonnen wird, wenn alle davor liegenden Phasen abgeschlossen sind. Am Ende von Phasen werden „Meilenstein"-Sitzungen abgehalten, in denen über den Entwicklungsstand der betreffenden → Software berichtet und über die nächste Phase entschieden wird. Mangelnde Qualität eines Teilergebnisses in einer Phase hat eine Wiederholung der zugehörigen Schritte zur Folge. Nach erfolgreicher Qualitätsabnahme wird das Ergebnis „eingefroren" und kann dann nur durch eine formale Änderungsanforderung modifiziert werden.

Für die Entwicklung von → Benutzerschnittstellen werden z. B. in den einzelnen Phasen folgende Haupttätigkeiten durchgeführt:

☐ *Voruntersuchungsphase.* Ermittlung der Entwicklungsziele.

☐ *Analysephase.* Hier wird festgelegt, was und wie in der Benutzerschnittstelle darzustellen ist. Für → Mensch-Prozeß-Schnittstellen gehören dazu Dialogmasken, statische und dynamische → Bildobjekte, Darstellungen von → Prozeßvariablen (→ Prozeßvisualisierung), Dialogkontrollstrukturen, Verknüpfungen der → Dialoge mit graphisch-dynamischen Bildobjekten und Anbindung von Prozeßfunktionen an Dialoge.

☐ *Designphase.* In dieser Phase werden Eingabestil und → Layout für Dialogmasken, Namenskonventionen, Verzeichnisstrukturen für → Ressourcen, Programmierschnittstellen usw. festgelegt.

☐ *Realisierungsphase.* Die Festlegungen der Designphase werden mittels Projektier- und/oder Programmierwerkzeugen realisiert.

☐ *Einführungs- bzw. Nutzungsphase.* Diese Phase beinhaltet im wesentlichen Service-, Wartungs- und Pflegetätigkeiten nach der Abnahme der Benutzerschnittstelle im kompletten System.

Obwohl das P. häufig die Basis komplexer → Software-Entwicklungen bildet, besitzt es für Benutzerschnittstellen-Entwicklungen gravierende Nachteile:
– Reale Benutzerschnittstellen-Projekte folgen nicht unbedingt der sequentiellen Abfolge der Phasen.
– Die Benutzerschnittstelle ist erst nützlich anwendbar, wenn sie vollkommen fertiggestellt ist.
– Vom Anwender wird erwartet, daß er in der ersten Phase alle Anforderungen an die Benutzerschnittstelle explizit artikulieren kann.

Eine Alternative zum P. bei der Entwicklung von Benutzerschnittstellen bildet das → Prototyping.

*Langmann*

**Phasenmodulation** ⟨*phase modulation*⟩ → Modulation

**Phasenstruktur** ⟨*phase structure*⟩ → Berechnungskoordinierung

**Phasenterminierungsereignis** ⟨*termination event of a phase*⟩ → Berechnungskoordinierung

**Phasenumtastung** ⟨*phase shift keying*⟩ → Modulation

**Phasenumtastung, binäre** ⟨*binary phase shift keying*⟩ → Modulation

**Phasenumtastung, quadratische** ⟨*quadrature phase shift keying*⟩ → Modulation

**PHIGS** ⟨*PHIGS*⟩. Entsprechend International Standard Organisation (→ ISO): Information Processing Systems – Computer Graphics Programmers Hierarchical Interactive Graphics System (PHIGS).

Der neben → GKS-3D am weitesten verbreitete Standard für ein dreidimensionales Graphiksystem ist PHIGS (Programmers Hierarchical Interactive Graphics System).

Die Ziele von PHIGS sind in der Beschreibung wie folgt festgelegt:

- 2D- und 3D-Graphik,
- hohes Maß an → Interaktivität,
- Realzeit-Bildänderung,
- Bildmodifikation auf elementarer Ebene.

PHIGS ist demnach für Anwendungen gedacht wie CAE (Computer Aided Engineering), → Simulation, Prozeßkontrolle, Datenanalyse, aber weniger für solche mit Forderungen nach hoher Bildqualität oder Wirklichkeitstreue wie etwa Kartographie, → Animation, aber auch → Mustererkennung und → Bildverarbeitung.

Bei der Betrachtung der PHIGS-Funktionalität zeigt sich, daß auf der Ausgabeseite und der Eingabeseite fast die gleichen Darstellungselemente, Attribute und Eingabefunktionen wie in GKS-3D zur Verfügung stehen. PHIGS stellt zusätzlich zu der GKS-3D-Funktionalität den „Annotation Text" und den „Hierarchischen Pick" zur Verfügung.

Trotz dieser Ähnlichkeit in diesen Bereichen unterscheidet sich PHIGS sehr stark von GKS-3D. Vor allem die → Segmentierung, Arbeitsplatzkontrolle, Transformation und Langzeitspeicherung differieren in ihrer → Funktionalität, so daß die beiden graphischen Systeme nicht kompatibel (→ Kompatibilität) sind.

In PHIGS werden alle → Daten in einem ständig existierenden zentralen Datenspeicher, dem „Centralized Structure Store" (CSS), in Strukturen abgelegt. Es gibt keine Darstellungselemente außerhalb von Strukturen. Die Strukturen bestehen aus Strukturelementen, die
- Darstellungselemente,
- Attribute,
- Transformationen,
- anwendungsspezifische Daten,
- Marken,
- Mengen,
- Referenzen

beinhalten können. Die Strukturen können durch die Referenzen zu anderen Strukturen zu Strukturnetzwerken zusammengefaßt werden, die gerichtete azyklische → Graphen darstellen können (Rekursionen sind nicht erlaubt).

PHIGS erlaubt die Editierung der einzelnen Elemente einer Struktur. Dazu kann eine geschlossene Struktur wieder geöffnet werden. Dabei wird ein Element-Pointer auf das Element der Struktur gesetzt. Dieser kann nur durch Befehle direkt oder relativ auf eine Elementposition oder eine zuvor gesetzte Marke positioniert werden. An dieser Stelle können nun Strukturelemente eingefügt, ersetzt oder gelöscht werden.

Zur Langzeitspeicherung von Bildern steht in GKS-3D nur der → Metafile zur Verfügung (→ Bildspeicher). In PHIGS steht zusätzlich zum Metafile eine neue → Ressource zur Speicherung zur Verfügung. Diese Ressource heißt Archiv. Im Archiv werden keine Bilder, sondern Strukturen gespeichert. Wenn das Archiv geöffnet ist, werden automatisch alle Strukturen, die aktiviert werden, im Archiv gespeichert, außerdem können alle Strukturen aus dem CSS explizit im Archiv abgelegt sowie aus dem Archiv in den CSS eingelesen werden.

Durch die Einschränkungen in der Zielsetzung von PHIGS ergab sich die Forderung einer Erweiterung, die auch hochwertige Graphik und Animation unterstützen kann. Durch die Entwicklung von PHIGS+ wurde dieser Forderung Rechnung getragen. PHIGS+ bietet die Möglichkeit von gekrümmten Kurven und Flächen sowie → Schattierung und dem Einsatz von Lichtmodellen. *Langmann/Poller*

Literatur: *Shuey, D.; Douglas, M.* u. a.: PHIGS: A standard, dynamic, interactive graphics interface. IEEE CG & A 1986, pp. 50–57.

**Phonem** ⟨*phonem*⟩ → Sprache; → Sprachsynthese

**Photolithographie** ⟨*photo lithography*⟩. Die in der Halbleitertechnik bewährten Verfahren der P., des Ätzens und des Sputterns wurden nach bis in die 60er Jahre zurückreichenden Entwicklungsarbeiten auch zur Herstellung von Schreib-/Leseköpfen für Magnetplattenspeicher eingesetzt. Ein erstes Serienprodukt mit den *Filmköpfen* kam 1979 auf den Markt (IBM 3370).

Am physikalischen Prozeß der Speicherung mit → Magnetplattenlaufwerken ändern Filmköpfe nichts, aber sie begünstigen hohe lineare Aufzeichnungsdichte bei geringer seitlicher Streuung, was gleichzeitig hohe Spurdichte erlaubt. Das ist eine Folge der im Herstellungsverfahren begründeten höheren Präzision, insbesondere im Bereich der magnetischen Pole. Man konnte dem als ideal geltenden Verhältnis 1 : 1 : 1 zwischen dem Spalt im Magnetkern, der Flughöhe der Köpfe und der Dicke der Magnetschicht wieder näher kommen. Permalloy, eine Nickel-Eisen-Legierung, reagiert bei hohen Frequenzen noch günstiger als das zuvor verwendete Ferritmaterial der Magnetkerne. Während man diese Kerne (→ Winchester-Festplatte) noch feinmechanisch aus einem Block herausarbeitete und die Wicklung unter Mikroskopen manuell aufbrachte, kommt das Verfahren bei Filmköpfen der Charakteristik der Massenfertigung näher. Auf einem Keramiksubstrat werden in rund 150 Arbeitsgängen mehrere hundert Köpfe gleichzeitig Schicht für Schicht aufgebaut. Dabei entstehen – im wesentlichen – nacheinander: eine Hälfte des Magnetkerns, Isolationsschicht für den Kopfspalt, Kupferspule, Isolationsschicht, zweite Hälfte des Magnetkerns. Alle Schichten zusammen sind nur wenige Mikrometer dick. Das Substrat wird in Kopfreihen zersägt. Die Flugkörper werden herausgearbeitet, an deren Ende der eigentliche Schreib-/Lesekopf liegt. Bei einigen Ausführungen sind es zwei Schreib-/Leseköpfe, von denen nach einem Test nur der bessere im Gerät verwendet wird.

Bei neuen → Magnetbandeinheiten trug eine Kombination aus herkömmlicher Ferrit-Technologie mit photolithographischen Verfahren wesentlich dazu bei, während des Lesens und Schreibens mit 2 m/s Bandgeschwindigkeit 972 Flußwechsel pro mm und 18 parallele Datenspuren zu realisieren.

Photolithographische Prozesse für → Datenträger werden noch verhältnismäßig selten eingesetzt. Sie können zu sehr homogenen Spurstrukturen auf den Plattenoberflächen führen und höchste Aufzeichnungsdichte begünstigen.

Im Laborversuch wurden mit Hilfe eines Elektronenstrahls und elektronenempfindlichen Films konzentrische Spuren auf einer mit einer Kobaltlegierung beschichteten Platte aufgezeichnet. Nach einem Ätzprozeß im Anschluß an das Entwickeln des Films blieben voneinander getrennte Spuren mit einer Breite von nur 0,5 µm stehen. Auf diesen Spuren konnte man Bitzellen schreiben und einwandfrei lesen, die nur 0,5 µm × 0,5 µm groß waren. *Voss*

**Phrasenstrukturgrammatik** ⟨*phrase structure grammar*⟩. Der Begriff der P. wurde in den 50er Jahren von *N. Chomsky* im Rahmen seiner linguistischen Theorien entwickelt. P. werden deshalb oft auch *Chomsky-Grammatiken* genannt. Eine P. ist eine → Spezifikation eines Verfahrens, das alle Phrasenstrukturen, d.h. alle Strukturen von Wörtern, Satzteilen oder Sätzen einer bestimmten → Sprache, erzeugen können soll. In der Linguistik spielt die *Chomsky*sche Theorie eine nicht mehr so große Rolle wie in den 60er und 70er Jahren, weil sich natürliche Sprachen mit diesen Grammatiken nur recht unvollständig beschreiben lassen; in der theoretischen → Informatik haben sich seine vier Grammatiktypen als sehr wichtig erwiesen.

Im Grunde sind diese Grammatiken spezielle → Semi-Thue-Systeme, bei denen das Alphabet X aufgeteilt ist in ein Hilfsalphabet (sog. Nichtterminalzeichen) und das eigentliche Alphabet (→ Zeichen, die in den Elementen der Sprache vorkommen, das sog. Terminalalphabet); das Startwort ist ein spezielles Hilfszeichen, das gewöhnlich mit S abgekürzt wird.

Die Grundidee läßt sich an drei bekannten Produktionsregeln aus der →Grammatik der deutschen Sprache veranschaulichen:
– Ein Satz besteht aus einer Nominalphrase, gefolgt von einer Verbalphrase.
– Eine Nominalphrase besteht aus einem Artikel, gefolgt von einem Substantiv.
– Eine Verbalphrase besteht aus einem Verb, gefolgt von einer Nominalphrase.

Führen wir die Abkürzungen S für Satz, N für Nominalphrase, V für Verbalphrase, H für Substantiv (Hauptwort), T für Verb (Tätigkeitswort) und A für Artikel ein, so ist Y = {S, N, V, H, A} unser Hilfsalphabet, und wir haben folgende Regeln:
S → NV,
N → AH,
V → TN.

Sei unser Terminalalphabet die folgende Menge von Worten: der, das, Hund, Kind, beißt. Mit den weiteren (selbstverständlichen) Regeln H → Hund, H → Kind, T → beißt, A → das können wir nun den Satz „Der Hund beißt das Kind" (aber auch eine Reihe weiterer nicht immer sinnvoller Sätze) erzeugen.

Eine P. ist also ein Quadrupel $G = (X_N, X_T, R, S)$, wobei $X_N$ und $X_T$ disjunkte endliche Alphabete sind (Nichtterminal- bzw. Terminalzeichen), S ein Zeichen aus $X_N$ und R eine endliche Menge von Produktionsregeln der Form u → v ist, wobei u und v Worte aus Terminal- und Nichtterminalzeichen sind, aber $V_u$ mindestens ein Nichtterminalzeichen enthalten muß. Es ist also $G' = (X_n \cup X_T, R, S)$ ein Semi-Thue-System. Die von G erzeugte Sprache ist die Menge aller Worte der von G' erzeugten Sprache, die in $X_T^*$ liegen. Offensichtlich kann jede von einem Semi-Thue-System erzeugbare Sprache auch von einer P. erzeugt werden.
□ Grammatiken dieses Typs werden auch *Typ-0-Grammatiken* genannt; die von ihnen erzeugten Sprachen heißen entsprechend auch Typ-0-Sprachen. Durch Einschränkungen an die Form der Regeln ergeben sich drei spezielle Grammatiktypen; die durch sie definierten → abstrakten Sprachfamilien sind für verschiedene Gebiete der theoretischen Informatik und für viele Anwendungen von beträchtlicher Bedeutung.
□ *Typ-1-Grammatiken* oder kontextsensitive Grammatiken haben nur Regeln der Form uAw → uvw mit $v \neq \Lambda$ und A aus $X_N$, d.h., durch sie wird ein Nichtterminalzeichen A durch eine Zeichenfolge v im Kontext (u, w) ersetzt. Wenn die erzeugte Sprache auch das leere → Wort Λ enthalten soll, darf man die Regel S → Λ hinzunehmen; dann aber darf S nie auf der rechten Seite einer Regel der Grammatik auftauchen.

Eine → formale Sprache heißt kontextsensitiv oder vom Typ 1, wenn sie von einer kontextsensitiven Grammatik erzeugt werden kann. Jede kontextsensitive Sprache ist eine entscheidbare Teilmenge des vom Terminalalphabet der Sprache erzeugten freien → Monoids, weil die rechte Seite jeder kontextsensitiven Regel nicht kürzer als die linke Seite ist, so daß bei den sukzessiven Regelanwendungen die erzeugten Zeichenfolgen nie kürzer werden. Kontextsensitive Sprachen sind genau die von linear beschränkten Automaten (→ Automatentheorie) akzeptierbaren formalen Sprachen. Jede Typ-0-Grammatik, die nur nicht verkürzende Regeln (d.h. Regeln u → v, bei denen v nicht kürzer als u ist) besitzt, erzeugt eine kontextsensitive Sprache.
□ *Typ-2-Grammatiken* oder → kontextfreie Grammatiken haben nur Regeln der Form A → v, wobei A ein Nichtterminalzeichen ist. Solche Regeln ersetzen Nichtterminalzeichen unabhängig von den sie umgebenden Zeichen. Eine formale Sprache heißt kontextfrei oder vom Typ 2, wenn es eine kontextfreie Grammatik gibt, die sie erzeugt. Die → kontextfreien Sprachen bilden eine echte Teilfamilie der Familie der kontextsensitiven Sprachen; z.B. ist die Menge $\{a^n b^n c^n \mid n \geq 1\}$ eine kontextsensitive, aber keine kontextfreie Sprache. Eine Grammatik, die diese Menge erzeugt, ist $G = (\{S, A, B\}, \{a, b, c\}, R, S)$, wobei R aus folgenden Regeln besteht:

$S \to abc$, $S \to aAbc$, $Ab \to bA$, $Ac \to Bbcc$, $bB \to Bb$, $aB \to aaA$, $aB \to aa$.

Eine kontextfreie Grammatik heißt „eindeutig", wenn jedes Wort der erzeugten Sprache im wesentlichen nur auf eine Weise erzeugt werden kann, d. h. wenn z. B. die Strategie, jeweils das am weitesten links stehende Nichtterminalzeichen mittels einer Regel zu ersetzen, jeweils auf genau eine Weise zu einem Wort der Sprache führt. Der *Backus-Naur-* (oder *Backus-Normal*)-Form genannte Spezifikationsformalismus für die → Syntax von → Programmiersprachen, der zur Definition von ALGOL 60 eingeführt wurde, ist nichts anderes als der Formalismus der kontextfreien Grammatiken.

□ *Typ-3-Grammatiken* oder reguläre Grammatiken haben nur Regeln der Form $A \to wB$ oder $A \to v$, wobei A und B Nichtterminale sind sowie v und w nur aus Terminalzeichen oder $\Lambda$ bestehen. Sie heißen auch rechtslineare Grammatiken. Zu jeder rechtslinearen gibt es eine äquivalente (die gleiche Sprache erzeugende) linkslineare (d. h. nur Regeln der Form $A \to Bw$ oder $A \to v$ enthaltende) Grammatik. Die regulären Grammatiken erzeugen genau die → regulären Sprachen. Diese bilden eine echte Teilfamilie der Familie der kontextfreien Sprachen, denn die Sprache $\{a^n b^n \mid n \geq 1\}$ ist nicht regulär, wird aber durch folgende kontextfreie Grammatik erzeugt:

$(\{S\}, \{a, b\}, \{S \to aSb, S \to ab\}, S)$.

Die vier genannten Sprachfamilien bilden also eine echte Hierarchie, die sog. → *Chomsky*-Hierarchie.

*Brauer*

Literatur: *Bucher, W.; Maurer, H.*: Theoretische Grundlagen der Programmiersprachen. Mannheim 1984. – *Salomaa, A.*: Formale Sprachen. Berlin 1978. – *Stetter, F.*: Grundbegriffe der theoretischen Informatik. Berlin 1988.

**π-Kalkül** ⟨*π-calculus*⟩ → Pi-Kalkül

**Pi-Kalkül** ⟨*π-calculus*⟩. Der Pi-K. (π-K.) ist eine Sprache zur Beschreibung und Analyse des Verhaltens mobiler Prozesse, d. h. nebenläufiger Systeme, deren Kommunikationsstruktur sich dynamisch ändern kann. Der π-K. wurde Ende der 80er Jahre von *R. Milner* entwickelt. Das dem π-K. zugrundeliegende Berechnungsmodell basiert wie bei → CCS auf → Prozessen oder → Agenten, die nichtdeterministisch Aktionen ausführen und untereinander mittels synchroner → Kommunikation → Nachrichten austauschen. Darüber hinaus können im π-K. auch Kanalnamen gesendet und empfangen werden und damit Verbindungen zwischen den Prozessen verändert, auf- und abgebaut werden.

Der π-K. erweitert die formale Sprache von CCS um Aktionen des Sendens und Empfangens von einem oder mehreren Namen (die Aktion $\bar{y}x$ bezeichnet die Ausgabe des Namens x auf dem Kanal y, der Prozeß $y(x).P$ erwartet eine Eingabe auf dem Kanal y, die dann für x im zugehörigen Prozeß P eingesetzt wird) und des Erzeugens neuer Namen ($vx.P$ – „new x in P" erzeugt einen neuen lokalen Namen x mit Bindungsbereich P) sowie um den Operator ! zur Erzeugung einer beliebigen Anzahl von Kopien eines Prozesses. Bei der Synchronisation zweier paralleler Prozesse $\bar{y}w.P$ und $y(x).Q$ erfolgt ein Zustandsübergang mit der Aktion $\tau$ zu einer parallelen Komposition $P \mid Q[w/x]$ von P mit einem Prozeß $Q[w/x]$, der aus Q durch Ersetzen von x durch den gesendeten Namen w entsteht.

*Beispiel*

Der folgende Ausdruck SYSTEM modelliert die im Bild dargestellte Situation eines Systems aus vier parallelen Prozessen: Im Wagen CAR befindet sich ein mobiles Telephon. Eine Zentrale ist in permanentem Kontakt mit zwei Basisstationen, die sich an verschiedenen Orten befinden. Der Wagen CAR sollte immer in Kontakt mit einer Basisstation sein. Entfernt er sich zu weit von seiner aktuellen Station, wird eine Übergabeprozedur eingeleitet und die Verbindung auf die andere Basisstation umgestellt.

```
SYSTEM =
  (n talk₁, switch₁, give₁, alert₁,
   talk₂, switch₂, give₂, alert₂.
  (CAR(talk₁, switch₁)
  BASE₁ |
  IDLEBASE₂ |
  CENTRE₁)
```

Der Wagen ist mit zwei Kanälen talk und switch parametrisiert. Über den Kanal talk kann er mit der Basisstation sprechen. Über den Kanal switch kann er zwei neue Kanäle empfangen, die er ab diesem Zeitpunkt benutzen muß:

```
CAR(talk, switch) =
  t̄ā̄l̄k̄.CAR(talk, switch) +
  switch(talk´, switch´).
    CAR(talk´, switch´)
```

Eine Basisstation im Zustand BASE kann mehrmals mit CAR sprechen; aber sie kann auch zu jedem Zeitpunkt über den give-Kanal zwei neue Kanäle empfangen, die sie CAR mitteilt und dann selbst in den Wartezustand IDLEBASE übergehen, in dem sie auf das Signal alert wartet, bevor sie wieder aktiv wird.

```
BASEᵢ = talkᵢ.BASEᵢ + giveᵢ(t´, s´).
  s̄w̄ī̄t̄c̄h̄ᵢ t´ s´. IDLEBASEᵢ
IDLEBASEᵢ = alertᵢ.BASEᵢ
```

Die Zentrale hat zwei Zustände CENTRE₁ und CENTRE₂. Im Zustand CENTRE₁ weiß sie, daß CAR in Kontakt mit der ersten Basisstation ist. Sie kann entscheiden (aufgrund hier nicht modellierter Information), eine Übergabeprozedur an die zweite Basisstation einzuleiten. Dazu übermittelt sie die Kanäle talk₂ und switch₂ der ersten Basisstation und aktiviert die zweite Basisstation via alert₂. Die Zentrale geht dann in den Zustand CENTRE₂ über, der symmetrisch definiert wird:

```
CENTRE₁ =
  ḡīv̄ē₁talk₂switch₂.ālērt₂.CENTRE₂
CENTRE₂ =
  ḡīv̄ē₂talk₁switch₁.ālērt₁.CENTRE₁
```

Wie auch für CCS wird die Äquivalenz von Prozessen durch → Bisimulation definiert und durch geeignete Gleichungen axiomatisiert. Eine Variante des π-K. ist der π-K. höherer Ordnung, bei dem auch Prozesse über Kanäle ausgetauscht werden können.

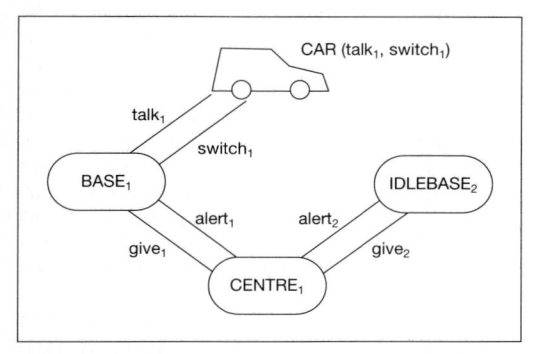

*Pi-Kalkül: System aus vier parallelen Prozessen*

*Lechner/Wirsing*

Literatur: *Milner, R.*: The polyadic π-calculus: A tutorial. In: *F. L. Bauer* and *W. Brauer, H. Schwichtenberg* (Eds.): Logic and algebra of specification. NATO ASI Series, Vol. 94. Springer, Berlin 1993, pp. 203–246.

**Picker** ⟨*pick*⟩. In der graphischen → Datenverarbeitung wird mit dem Begriff P. eine Eingabeklasse bezeichnet, der alle → funktionalen Eingabegeräte angehören, die je einen Eingabewert liefern, welcher der Identifizierung eines → Objektes dient. Das Identifizieren eines Objektes auf dem → Bildschirm kann z. B. durch einen → Lichtgriffel erfolgen.

Beim Graphischen Kernsystem (→ GKS) liefert ein Gerät der Eingabeklasse P. einen Pickstatus, einen Segmentnamen und eine Pickkennzeichnung.

*Encarnação/Alheit/Haag*

**Picoprogrammierung** ⟨*picoprogramming*⟩. **1.** Bei einigen Herstellern Synonym für Nanoprogrammierung.

**2.** Strukturierte Lösung zur → Decodierung stark verschlüsselter (vertikaler) Nanoinstruktionen. Jedes Picoprogramm interpretiert genau eine Nanoinstruktion. Die Picoinstruktion besteht in Analogie zur Mikro- und Nanoinstruktion aus Adreß- und Steuerteil. Die dreistufige Lösung des Steuerteils von Rechnern durch Mikroprogrammierung, Nanoprogrammierung und P. ist i. d. R. wegen der → Redundanz der mehrstufigen Interpretation sehr ineffizient. Sie findet daher nur selten Anwendung. *Bode*

**Pierce-Funktion** ⟨*NOR*⟩. Eine mehrstellige *Boole*sche Verknüpfung, die genau dann als Resultat eine binäre 1 liefert, wenn alle Parameter den Wert 0 haben. Da es sich um die Negation (NOT) der → Disjunktion (OR) handelt, wird diese Funktion meist auch als NOR-Funktion bezeichnet bzw. als Antialternative. In der Formelsprache der *Boole*schen Algebra wird die zweistellige Funktion als

$$F = A \overline{\vee} B = \overline{A \vee B} = \overline{A} \wedge \overline{B}$$

geschrieben.

Eine besondere theoretische Bedeutung erhält die P.-F. dadurch, daß sich zeigen läßt, daß man jede beliebige *Boole*sche Funktion unter ausschließlicher Verwendung der P.-F. realisieren kann.

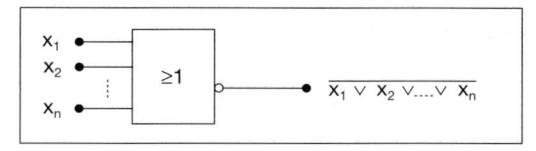

*Pierce-Funktion: Schaltbild für NOR*

*Bode*

**Piggybacking (Huckepack)** ⟨*piggybacking*⟩. Eine Variante zur Übertragung von Empfangsbestätigungen bei → ARQ-Verfahren im Duplex-Betrieb. Beim P. werden die → Quittungen den Datenblöcken der Gegenrichtung hinzugefügt. Hierdurch wird eine Verringerung der zu sendenden Blöcke (Nutzdaten und Quittungen) erreicht. *Jakobs/Spaniol*

**Ping-Pong-Verfahren** ⟨*ping-pong procedure*⟩. Übertragungsverfahren, bei dem auf einem Adernpaar zeitversetzt bidirektional übertragen wird (im Gegensatz zum → Zeitgleichlageverfahren, bei dem auf einem Adernpaar zeitgleich bidirektional übertragen wird). Das Verfahren wird im → ISDN bei hinreichend kurzen Anschlußleitungen eingesetzt (z. B. in Nebenstellennetzen), da es über größere Entfernungen wegen der auftretenden Dämpfung problematisch wird.

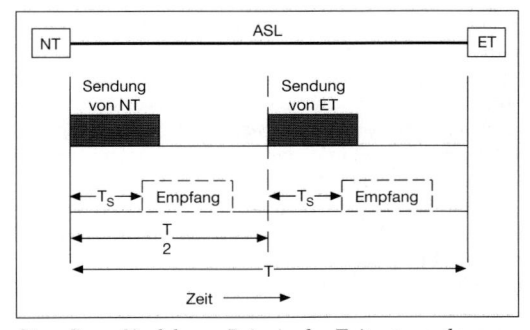

*Ping-Pong-Verfahren: Prinzip des Zeitgetrenntlageverfahrens*

*Jakobs/Spaniol*

**Pipeline-Rechner** ⟨*pipeline computer*⟩. → Parallelrechner, dessen Arbeitsweise auf mindestens einer Verarbeitungsebene (→ Programm, → Prozeß, Maschinenbefehl, → Mikroinstruktion) die Organisationsform *Pipelining* anwendet. Pipelining (Fließbandtechnik) liegt vor, wenn die auf der jeweiligen Verarbeitungsebene definierten → Operationen in Teiloperationen unterteilt sind, die in einer Folge unabhängiger, taktsynchroner und spezialisierter Teilwerke ausgeführt werden. Jede Operation muß zu ihrer vollständigen Ausführung alle Teilwerke sequentiell durchlaufen, jedoch können sich zu einem Zeitpunkt mehrere Operationen zeitlich überlappt in Bearbeitung befinden.

Rechner mit Makro-Pipelining verarbeiten die zu einem → Programm gehörigen Prozesse gegeneinander überlappt durch in Reihe geschaltete → Prozessoren, die sich die Zwischenergebnisse z. B. über gemeinsame → Speicher weitergeben. Rechner mit Befehls-Pipelining verarbeiten die Maschinenbefehle zu einem Prozeß gegeneinander überlappt in Rechenwerken, die durch ein gemeinsames Leitwerk gesteuert werden. Rechner mit Phasen-Pipelining bzw. Mikroinstruktions-Pipelining verarbeiten die Phasen von Maschinenbefehls- bzw. Mikroinstruktionszyklen gegeneinander überlappt auf entsprechend in Serie geschalteten Teilwerken.

Pipeline-Hemmnisse sind Eigenschaften von Verarbeitungsvorschriften oder der ausführenden Werke, die die überlappte Arbeitsweise der Pipeline unterbinden. Man unterscheidet Hemmnisse durch Datenabhängigkeit und Steueranweisungen. Benutzt etwa ein Verarbeitungsschritt n das im Schritt n−1 produzierte Ergebnis, so kann i. allg. die Ausführung von n erst begonnen werden, wenn n−1 vollständig abgeschlossen ist (erzwungene sequentielle Arbeitsweise durch Datenabhängigkeit). Berechnet ferner ein Verarbeitungsschritt m, welcher der möglichen Verarbeitungsschritte x, y oder z als folgender Schritt ausgeführt werden soll, so muß ebenfalls m erst völlig abgeschlossen werden, bevor mit dem nachfolgenden Schritt begonnen werden kann. Diese erzwungene sequentielle Arbeitsweise entsteht durch explizite Steueranweisungen wie Verzweigungen, Sprünge, Proceduraufrufe und -rücksprünge. Die Erkennung und richtige Behandlung von Pipeline-Hemmnissen geschieht in den meisten P. durch das System (durch Teile des Steuerwerkes von Rechnern bzw. durch geeignete Codegenerierung des →Compilers) und muß daher vom Benutzer in seinen Programmen nicht berücksichtigt werden.

Pipelining der Ausführungsphase von Gleitkommabefehlen, Pipelining des Maschinenbefehlszyklus und Befehls-Pipelining in superskalaren Rechnern sind heute Stand der Technik und werden auch bei → Mikroprozessoren eingesetzt. *Bode*

**Pixel** ⟨*pixel*⟩. Kleinstes Bildelement einer digitalisierten Bilddarstellung, wobei jedem Element genau ein →Grauwert bzw. eine Farbe zugeordnet ist. Nur durch eine Zerlegung der gesamten Bildfläche in kleine, nach Spalten und Reihen orientierte Rechtecke (Pixel) wird die digitale Verarbeitung eines Bildes ermöglicht. Hierzu wird die Helligkeits- bzw. Farbverteilung innerhalb der Rechteckfläche zu einem Wert zusammengefaßt. Im einfachsten Fall wird für jedes P. nur 1 bit (hell, dunkel) verwendet und in einem Halbleiterspeicher abgelegt. Die monochrome → Bildverarbeitung benutzt i. allg. eine → Auflösung von 8 bit pro Pixel. Eine Farbverarbeitung benötigt mindestens 24 bit, um eine ausreichende Qualität zu erreichen.

In der graphischen → Datenverarbeitung hat sich die Technologie der Rasterdisplays zur Ausgabe von Graphiken gegenüber den Vektorgeräten durchgesetzt. Damit ist das P. auch hier zur kleinsten Verarbeitungseinheit einer Darstellung geworden. Waren zunächst Fernsehmonitore mit einer Pixelauflösung von ca. 512×512 Punkten ein geeignetes Ausgabegerät, so liegt der heutige Standard hochauflösender Rasterbildschirme bei 1280×1024 Punkten. Der Nachteil dieses Verfahrens liegt darin, daß trotz der hohen Pixelauflösungen die Rasterstruktur – bedingt durch die → Quantisierung des Bildes – besonders an schrägen Kanten oder Linien (Treppeneffekt, → Aliasing) störend in Erscheinung tritt. Da eine weitere Erhöhung der Pixelanzahl nicht mehr ohne weiteres möglich ist, wird durch geeignete Generierungsalgorithmen und Filtermaßnahmen versucht, diese Effekte zu eliminieren.
*Encarnação/Gutheil*

**Pixmap** ⟨*pixmap*⟩. Recheckiger Bereich von Bildpunkten im → Bildwiederholspeicher eines Farbgraphiksystems. *Langmann*

**PLANNER** ⟨*PLANNER*⟩. Historische → Programmiersprache für Probleme der → Künstlichen Intelligenz (KI). P. wurde 1972 am MIT (Cambridge, USA) entwickelt und unter dem Namen MICRO-PLANNER teilimplementiert. In P. wurden programmiersprachliche Konzepte eingeführt, die die Entwicklung nachfolgender KI-Programmiersprachen nachhaltig beeinflußten:
– assoziative Datenbasis,
– → Dämonprozeduren,
– automatisches → Rücksetzen.

Die assoziative Datenbasis von P. hat die Funktion eines Fakten- und Theoremspeichers. Fakten sind wahre Aussagen (Propositionen), Theoreme sind Schlußregeln. Das Schreiben in den → Speicher ist gleichbedeutend mit der Zusicherung einer neuen Aussage (THASSERT). Das Lesen ist gleichbedeutend mit der Aufforderung, den Wahrheitsgehalt einer Aussage zu prüfen bzw. eine partiell spezifizierte Aussage zu komplettieren (THGOAL). Die Theoreme sind in Antezedenz- und Konsequenztheoreme unterteilt. Antezedenztheoreme unterstützen THASSERT durch Generieren zusätzlicher Speichereinträge. Sie werden aktiviert, wenn das Aufrufmuster des Antezedenztheorems auf das zu speichernde Datum paßt. Konsequenztheoreme unterstützen THGOAL durch Generieren von Ableitungsketten, wenn das gesuchte Datum nicht im Speicher steht. Sie werden ähnlich wie Antezedenztheoreme mustergesteuert aktiviert.

Durch assoziativen Datenzugriff und mustergesteuerte Prozeduraufrufe entsteht in P. ein verzweigter Kontrollfluß. P. arbeitet die Verzweigungen mit → Tiefensuche und → automatischem Rücksetzen ab.

MICRO-PLANNER wurde u. a. zum Implementieren des natürlichsprachlichen Systems SHRDLU eingesetzt. In SHRDLU wird mustergesteuerter Prozeduraufruf extensiv zur syntaktischen und semantischen Analyse von Sätzen und zur Planung von Bewegungen einer simulierten Roboterhand in der → Blockswelt genutzt. *Neumann*

Literatur: *Sussmann, G. J.; Winograd, T.; Charniak, E.*: MICRO-PLANNER Reference Manual. AI-Memo 203A, MIT, Cambridge (USA) 1971.

**Planungstechnik** ⟨planning techniques⟩. Die Aufgaben des Planens und Konfigurierens sind zwei wichtige Anwendungen von → Expertensystemen. Planen bedeutet hier das Aufbauen einer Struktur (eines Plans) für die spätere Ausführung von Handlungen, mit denen eine Aufgabe bearbeitet werden soll. Die Aktivität des Konfigurierens (des Zusammenfügens von Einzelteilen zu einem Ganzen) ist ähnlich; deshalb werden für beide Aufgaben auch ähnliche Methoden verwendet. Bei den Methoden zur Erzeugung von Handlungsplänen unterscheidet man i. allg. zwischen klassischem Planen (man nimmt an, daß sich die Situationen, die zu berücksichtigen sind, mittels Techniken der logikbasierten → Wissensrepräsentation darstellen lassen) und nichtklassischem Planen (hier geht es um Anwendungen in sich verändernden Umwelten, bei denen z. T. auch nur unsicheres oder unscharfes Wissen vorliegt). Wesentliche Ingredienzien von P. sind Beschreibungssprachen und Deduktionsverfahren, wobei besonderes Augenmerk darauf gelegt wird, daß nur problemrelevante Dinge (aber möglichst auch alle) berücksichtigt werden, und zwar sowohl bei der Situationsbeschreibung als auch bei der Deduktion der möglichen Auswirkungen von Aktionen. Je nach Anwendungstyp sind deshalb durchaus verschiedene Beschreibungs- und Deduktionstechniken zu verwenden. *Brauer*

Literatur: *Görz, G.* (Hrsg.): Einführung in die Künstliche Intelligenz. Addison-Wesley, Bonn 1993.

**Plasmabildschirm** ⟨plasma display⟩. Alternative zu den herkömmlichen Bildschirmen (*Braun*sche Röhre), konzeptionell das ideale Bildschirmgerät. Alle wichtigen Anforderungen – bis auf die Farbtüchtigkeit – werden von diesem Gerät erfüllt. So ist die Bauform klein und kompakt, die Anzeige punktweise adressierbar, das Bild absolut flimmerfrei, und es tritt keine Röntgenstrahlung auf.

Die Funktion des P. beruht auf dem Prinzip, Gas zwischen zwei Elektroden zum Leuchten anzuregen. Der Aufbau eines P. besteht im wesentlichen aus zwei im geringen Abstand übereinander angeordneten Glasplatten. Der Zwischenraum ist an den Rändern abgedichtet und mit einem Edelgas gefüllt. Auf den Innenseiten der Glasplatten sind parallel über die gesamte Glasfläche Anoden- und Kathodendrähte angebracht. Da die Drähte in horizontaler Richtung auf der einen Glasplatte und in vertikaler Richtung auf der anderen Platte aufgebracht sind und sich nicht berühren, ergibt sich ein → Raster aus Kreuzungspunkten zwischen den Anoden- und Kathodendrähten. Durch Anlegen einer Spannung an ein Anoden-Kathoden-Drahtpaar wird das Gas am Kreuzungspunkt der Drähte gezündet und über das zwischen den Drähten entstandene ionisierte Gas (Plasma) ein Stromkreis gebildet. Ein kurzzeitiger Stromstoß bewirkt somit einen Leuchtpunkt am Kreuzungspunkt. Durch entsprechende zyklische Ansteuerung vieler Kreuzungspunkte entsteht ein Bild nach dem gleichen Bildpunktschema wie beim normalen → Bildschirm. Im Gegensatz zu dem Elektronenstrahl eines herkömmlichen Bildschirmes, der die Bildpunkte nacheinander ansteuert, kann beim P. die gesamte → Zeile auf einmal angesteuert werden, was zu einer erhöhten Bildwiederholfrequenz und einer flimmerfreien Bilddarstellung führt. Die zur Ansteuerung notwendigen relativ hohen Spannungen und der große Stromverbrauch stellen die wesentlichen Einschränkungen dar. Heute gebräuchliche P. erreichen Bildpunktauflösungen von $640 \times 400$ Punkten.

*Encarnação/Gutheil*

**Plattenlaufwerk** ⟨disk drive⟩ → Magnetplattenlaufwerk

**Plattenspeicher** ⟨disk storage⟩ → Speichermanagement; → Magnetschichtspeicher

**Plattform** ⟨platform⟩. Zusammenfassung der für die Ausführung von → Anwendungsprogrammen notwendigen → Hardware (→ Rechner) und/oder → Software (→ Betriebssystem, → Datenbank).

*Breitling/K. Spies*

**Plotter** ⟨plotter⟩. Graphische Ausgabegeräte, die mittels Schritt- oder Servomotorsteuerung einen Zeichenkopf über eine → Zeichenfläche bewegen, Positionen markieren und verbinden und damit Vektoren zeichnen. Vorrichtungen zum automatischen Wechsel von Stiften im Zeichenkopf ermöglichen mehrfarbige Darstellungen. Man unterscheidet hauptsächlich zwischen Tisch- und Trommelplottern.

*Tischplotter* haben eine in beiden Richtungen begrenzte Ausgabefläche. Die Positionierung des Zeichenkopfes geschieht durch Bewegung des Kopfes und der Traverse, während die Zeichenfläche ruht (Bild 1).

*Trommelplotter* verarbeiten im Gegensatz zu Tischplottern auch Endlospapier. Der Zeichenkopf ist auf einer feststehenden Traverse beweglich angeordnet (Bild 2). Die Bewegung in der zweiten Richtung wird durch den Transport des Papiers gewährleistet, wobei

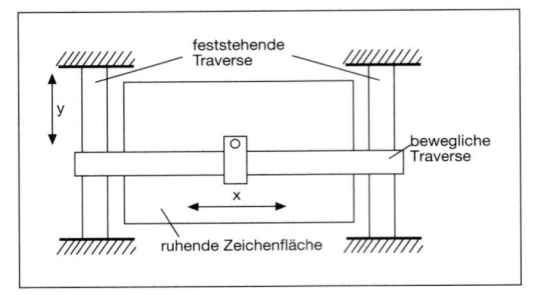

*Plotter 1: Prinzip eines Tischplotters*

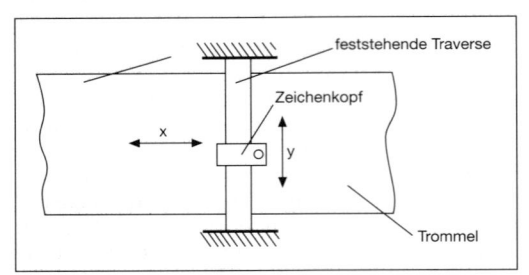

*Plotter 2: Prinzip eines Trommelplotters*

dieser Transport entweder durch perforiertes Papier oder durch Gummirädchen, die gegen kleine Quarzkristalle drücken, geschieht.

*Encarnação/Astheimer*

**PODA** ⟨*PODA (Priority Oriented Demand Assignment)*⟩. → Netzzugangsverfahren, das implizite und explizite Reservierungstechniken miteinander kombiniert. Die Zeitachse wird in Rahmen (frames) unterteilt, diese wiederum in Subframes und die Subframes in Slots. Ein Frame besteht aus einem Reservierungs- und einem Daten-Subframe. Die Vergabe der Slots eines Daten-Subframe kann aufgrund der im Reservierungs-Subframe gemeldeten Reservierungswünsche zentral oder dezentral erfolgen. Die zentrale Organisation ist einfacher zu handhaben und erfordert weniger Aufwand in den beteiligten Stationen, führt aber zu erhöhten Wartezeiten, da die Weitermeldung der von der Zentrale für die einzelnen Stationen reservierten Slots zusätzliche Signallaufzeiten verursacht; diese liegen im Hauptanwendungsgebiet von PODA, der → Satellitenkommunikation (geostationäre Satelliten) im Sekundenbereich. Auch eine Mischung von zentraler (für „einfache") und dezentraler (für „intelligente") Stationen) Organisation ist möglich. Die Frame-Länge liegt fest, die Aufteilung in Daten- und Reservierungs-Subframes bleibt dagegen variabel. Die Länge einer → Nachricht kann ebenfalls variabel sein; sie muß zusammen mit einer Reservierung angegeben werden. Es gibt zwei Protokollvarianten, die sich in den Reservierungstechniken unterscheiden:

– F-PODA (Fixed PODA): Hierbei steht für jeden Benutzer ein eigener Reservierungs-Slot zur Verfügung.
– C-PODA (Contention PODA): Hier werden die Reservierungen auf „Contention"-Basis wie in → ALOHA-Systemen (d. h. eventuell konfliktbehaftet) durchgeführt. Die Slots im Reservierungsteil eines Frame sind für jede Station zugänglich. Falls mehrere Stationen den gleichen Reservierungsslot benutzen, ist keine erfolgreich, der Reservierungsversuch muß später wiederholt werden. C-PODA ist sinnvoll, wenn sehr viele Stationen vorhanden sind und daher der für F-PODA erforderliche Reservierungs-Subframe zu groß würde.

*Quernheim/Spaniol*

**Pointer** ⟨*pointer*⟩ → Zeiger

**Poisson-Prozeß** ⟨*Poisson process*⟩. **1.** Der meistverwendete weil mathematisch am einfachsten handhabbare → Ankunftsprozeß zur → Modellierung des Kundenankunftsverhaltens in realen Systemen (→ Erneuerungsprozeß). Durch den P.-P. kann ein zufälliges Systemankunftsverhalten bei fester mittlerer Kundenankunftsrate modelliert werden (Beispiele: abgehende Rufe aus einem städtischen Telephonnetz, passierende Fahrzeuge an einem Autobahnkreuz). Der P.-P. ist charakterisiert durch exponentiell verteilte Zwischenankunftszeiten. Die Anzahl der in einem vorgegebenen Zeitintervall im System ankommenden Kunden ist *Poisson*-verteilt, wobei sich der Parameter dieser Verteilung aus dem Produkt zwischen der Breite des Intervalls und der Ankunftsrate berechnet.

*Fasbender/Spaniol*

**2.** Sei $(X_t : t \in [0, \infty))$ eine Familie von Zufallsvariablen mit Werten in der Menge $(0, 1, 2, \ldots)$. Diese Familie heißt P.-P. mit Parameter $\lambda > 0$, falls die folgenden drei Bedingungen erfüllt sind:
☐ $X_0 = 0$,
☐ für alle $0 \leq s < t$ ist $X_t - X_s$ *Poisson*-verteilt mit Parameter $\lambda(t-s)$,
☐ für $0 \leq t_1 \leq t_2 \leq \ldots \leq t_n$ ($n \in \mathbb{N}$) sind die Zufallsvariablen $X_{t_2} - X_{t_1}, X_{t_3} - X_{t_2}, \ldots, X_{t_n} - X_{t_{n-1}}$ unabhängig.

P.-P. werden verwendet, um Ereigniseintritte im Laufe der Zeit zu beschreiben, beispielsweise die Anzahl der in einer Telefonzentrale ankommenden Anrufe, die Anzahl der an einer Kreuzung ankommenden Fahrzeuge usw. (→ *Poisson*-Verteilung) → Erneuerungsprozeß.

*Schneeberger*

**3.** → Erneuerungsprozeß

**Poisson-Verteilung** ⟨*Poisson distribution*⟩. Die P.-V. ist eine diskrete Verteilung in den Punkten $x = 0, 1, 2, \ldots$ Eine Zufallsvariable X mit der Wahrscheinlichkeitsfunktion

$$w(X = x) = \frac{e^{-\lambda} \lambda^x}{x!}, \lambda > 0$$

heißt *Poisson*-verteilt.

Der Parameter $\lambda$ ist zugleich Erwartungswert und →Varianz von X.

Die P.-V. entsteht aus der →Binomialverteilung mit n und p beim Grenzübergang $n \to \infty$ und $p \to 0$, wobei $np = \lambda$ konstant bleibt.

Wenn die →Wahrscheinlichkeit, daß ein Ereignis in einem kleinen Zeitintervall dt auftritt, $\lambda \cdot dt + 0(dt^2)$ ist (unabhängig vom Zeitintervall), so folgen die Anzahlen der Ereignisse in gleichen endlichen Intervallen der P.-V. und die Reihe der Ereignisse wird als *Poisson*-Prozeß bezeichnet. Zwei unabhängige Zufallsvariable sind genau dann *Poisson*-verteilt, wenn ihre Summe *Poisson*-verteilt ist.

Für $\lambda \to \infty$ ($\lambda \geq 9$) geht die P.-V. in die Normalverteilung mit Erwartungswert $\lambda$ und Varianz $\lambda$ über (s. auch →Erneuerungsprozeß). *Schneeberger*

**Politik, benutzerbestimmbare** ⟨discretionary policy⟩
→Rechtssicherheitspolitik

**Politik, systembestimmte** ⟨mandatory policy⟩
→Rechtssicherheitspolitik

**Polling** ⟨polling⟩. Im allgemeinen ein Verfahren zur →Synchronisation des Zugriffs mehrerer Geräte auf eine gemeinschaftliche →Ressource. Die angeschlossenen →Endgeräte werden durch eine →Zentraleinheit sequentiell abgefragt. Anwendungsbereiche sind hierbei u. a.
– Abfragen der Endgeräte auf evtl. gewünschte →Kommunikation mit der Zentraleinheit,
– Bearbeitung von Alarmen (→Interrupts),
– Abfragen der Endgeräte nach evtl. Zugriffswünschen auf ein gemeinsames →Übertragungsmedium.

Innerhalb von lokalen Netzen (→LAN) spricht man von P., wenn eine ausgezeichnete Zentraleinheit für den Medienzugang (→Netzzugangsverfahren) verantwortlich ist. Hierbei unterscheidet man zwei Verfahren:
– Roll Call Polling: Die Stationen werden in einer bestimmten Reihenfolge nach Übertragungswünschen befragt.
– Hug Go-ahead Polling: Ein „Poll" wird von einer Station zur nächsten weitergeleitet, falls kein Sendewunsch vorliegt. *Quernheim/Spaniol*

**Polnische Notation** ⟨Polish notation⟩ →Infix-Notation

**Polyedertheorie** ⟨polyedral theory⟩. Theorie der linearen Ungleichungen. Sie beschäftigt sich mit den kombinatorischen Eigenschaften der Ecken, Kanten und Seitenflächen konvexer Polytope (Theorie der konvexen Polytope), der Charakterisierung der Lösungsmenge eines linearen Gleichungssystems (allgemeine P.) und deren Anwendungen in der Kombinatorik (polyedrische Kombinatorik).

Ein Polyeder ist die reelle Lösungsmenge eines linearen Gleichungssystems

$Ax \leq b$.

Die Sätze von *Minkowski* und *Weyl* zeigen, daß jedes Polyeder P auch als die Summe einer konvexen Hülle endlich vieler Vektoren $v_1, \ldots, v_r$ und der konischen Hülle endlich vieler Erzeugenden $e_1, \ldots, e_s$ eines reellen *Euklid*ischen Raumes $R^n$ dargestellt werden kann, d. h.

$P = \text{convex}(v_1, \ldots, v_n) + \text{cone}(e_1, \ldots, e_s)$.

Die Dualitätstheorie charakterisiert mittels Alternativsätzen die Konsistenz eines linearen Ungleichungssystems (d. h. wann ein Polyeder von der leeren Menge verschieden ist, →Dualität).

Ein beschränktes Polyeder heißt konvexes Polytop. Liegt P in einem der Halbräume, welche durch die Hyperebene H definiert werden, so heißt die Schnittmenge F von H und P Seitenfläche von P. Die Dimension dim(F) einer Seitenfläche ist die Dimension der affinen Hülle von F.

Die Seitenflächen eines Polyeders bilden zusammen mit der Mengeninklusion einen Verband SF(P) (Seitenflächenverband). Zu jedem dualen Seitenflächenverband SF(P)* (der Seitenflächenverband mit umgekehrter Mengeninklusion) eines Polytops gibt es einen Polyeder P* (die Polare von P) mit SF(P*) = SF(P)*. Die Polaritätstheorie und die Theorie der Blocking- und Antiblocking-Polyeder beschäftigt sich mit den Beziehungen zwischen den zugehörigen linearen Ungleichungssystemen.

Ist d die Dimension eines Polytopen P (d-Polytop) und bezeichne $f_i(P)$ die Anzahl der i-dimensionalen Seitenflächen von P, ($f_0(P)$ ist also die Anzahl der Ecken und $f_d(P)$ die Anzahl der Facetten von P), so heißt der Vektor $(f_0, f_1, \ldots, f_d)$ f-Vektor von P, und $f(P^d)$ bezeichnet die Menge aller f-Vektoren aller d-Polytope.

Eine vollständige Beschreibung von $f(P^d)$ ist bis heute noch unbekannt, jedoch Gegenstand intensiver Forschung der Theorie konvexer Polytope. Jeder f-Vektor von $f(P^d)$ genügt der *Euler*-Gleichung

$f - f_1 + f_2 - \ldots \pm f_{d-1} = 1 - (-1)^d$,

die für den Spezialfall simplizialer Polytope (jede Facette ist ein Simplex) zu den *Dehn-Sommerville*schen Gleichungen verallgemeinert werden kann:

$$\sum_{j=k}^{d-1}(-1)^j \binom{j+1}{k+1} f_j = (-1)^d f_k \quad \text{für } k = -1, 0, 1, \ldots, d-1.$$

Das Upper-Bound-Theorem, von *Motzkin* als Vermutung aufgestellt und von *McMullen* 1970 bewiesen, zeigt, daß C(n, d) unter allen d-Polytopen mit n Ecken die maximale Anzahl von i-dimensionalen Seitenflächen besitzt (für jedes $i = 0, \ldots, d/2$).

Obwohl eine vollständige Beschreibung von $f(P^d)$ bis heute noch unbekannt ist, kennt man im wesentlichen alle Ungleichungen, die das Polytop aller f-Vektoren simplizialer d-Polytope beschreiben (*McMullen*-Bedingungen).

Die Kanten und Ecken eines jeden Polytops P definieren in natürlicher Weise einen → Graphen G(P). Das *Steinitz*-Theorem zeigt, daß umgekehrt ein beliebiger Graph genau dann Kantengraph eines 3-Polytops ist, wenn G planar und dreifach zusammenhängend ist.

Eine Vielzahl von → Algorithmen der mathematischen Programmierung startet mit einer Ecke $v_0$ eines Polyeders P und iteriert entlang eines (hoffentlich) kürzesten Weges im Kantengraph G(P) bis zur optimalen Ecke $v_r$. Die Anzahl der Kanten eines längsten Weges unter allen kürzesten Verbindungen zwischen je zwei Ecken des Polyeders heißt Diameter von P und ist für solche Algorithmen eine interessante Größe. W. *Hirsch* vermutete, daß der Diameter diam(n,d) aller d-Polytope mit genau n Facetten nicht größer ist als n−d (*Hirsch*-Vermutung). Den Spezialfall der Vermutung diam(d,2d)=d bezeichnet man als d-Step-Vermutung.

In der polyhedrischen Kombinatorik untersucht man spezielle Polytope der → kombinatorischen Optimierung, die meist als konvexe Hülle von Inzidenzvektoren einer kombinatorischen Struktur gegeben sind (Travelling-Salesman-, Matching-, Matroid-, Max-Cut-Polyeder). Die Erkennung (also insbesondere die Berechnung) der Facetten eines zu einem → NP-vollständigen kombinatorischen Problem zugehörigen Polyeders ist selbst NP-vollständig. Die Charakterisierung der Polytope mit nur ganzzahligen Ecken ist eines der fundamentalen Probleme der kombinatorischen Optimierung. Teilresultate führen auf total unimodulare Matrizen, → perfekte Graphen und Total Dual Integrality (→ Dualität). *Bachem*

Literatur: *Bachem, A.* and *M. Grötschel, B. Korte*: Mathematical programming. The state of the art. Springer, Berlin 1983. – *Grünbaum, B.*: Convex polytopes. London 1967. – *Steinitz, E.* und *H. Rademacher*: Vorlesungen über die Theorie der Polyeder. Berlin 1934. – *McMullen, P.* und *G. C. Shephard*: Convex polytopes and the upper bound conjecture. London Math. Soc. Lecture Notes Series, Vol. 3, 1971. – *Schrijver, A.*: Theory of linear and integer programming. New York 1986. – *Ziegler, M.*: Lectures on polytopes. Graduate texts in mathematics 152. New York 1995.

**Polyline** ⟨*polyline*⟩ → Linienzug

**Polymorphie** ⟨*polymorphism*⟩. **1.** Bei polymorphen Funktionen ist die Abbildungsvorschrift ganz oder teilweise unabhängig vom Typ der Argumente. Die identische Abbildung ist z. B. auf jeder Menge wohldefiniert. Die → Konkatenation von zwei Listen funktioniert immer auf dieselbe Weise, ganz egal von welchem Typ die Elemente der Listen sind. Die Komposition von Funktionen verlangt nur, daß der Wertebereich der ersten Funktion gleich dem Definitionsbereich der zweiten Funktion ist. In → Programmiersprachen mit Typpolymorphie (z. B. → ML) und in → objektorientierten Programmiersprachen wird der Tatsache Rechnung getragen, daß in der Praxis viele Funktionen und Prozeduren eines Programmes polymorpher Natur sind.

Polymorphe Typsysteme, wie in ML oder Haskell, verwenden, um P. auszudrücken, (allquantifizierte) Typvariablen in Typausdrücken. So hätte in ML die Identität den Typ $id: \forall \alpha.\alpha \to \alpha$, was anzeigt, daß *id* auf Argumenten eines beliebigen Typs $\alpha$ angewendet werden darf und in diesem Fall ein Ergebnis desselben Typs $\alpha$ zurückgibt. Die Komposition o von Funktionen ist vom Typ $o: \forall \alpha,\beta,\gamma. (\alpha \to \beta)*(\beta \to \gamma) \to (\alpha \to \gamma)$.Listenkonkatenation @ hat den Typ $@: \forall \alpha.[\alpha]*[\alpha] \to [\alpha]$, wenn mit $[\alpha]$ der Typ der Listen mit Elementen vom Typ $\alpha$ bezeichnet wird.

P. einer Funktion oder Prozedur äußert sich dadurch, daß von ihren Parametern nur wenige Eigenschaften verlangt werden, damit die Funktion oder Prozedur „funktioniert". Welche Eigenschaften das sind, kann man an den verwendeten → Operationen erkennen. Eine Funktion f, die durch f(x)=x+1 definiert ist, braucht Eingaben, die Addition mit 1 erlauben. Definiert man Listenkonkatenation @ etwa durch

    @(l1,l2) = if empty(l1)
    then    l2
    else    cons(head(l1),@(tail(l1),l2)),

so sieht man, daß mit den Argumenten l1 und l2 nur Listenoperationen ausgeführt werden, @ also für beliebige Listen l1 und l2 funktioniert. Typberechnungen, die auf der Analyse der Verwendung von Variablen basieren, werden bei der → Typinferenz vorgenommen. Allquantifizierte → Typen werden auch „generisch" genannt. Von ihnen kann man → Instanzen bilden, indem man für die Variablen konkrete Typen einsetzt. Mit einem Aufruf @([1],[2]) verwendet man die [int]*[int] → [int]-Instanz von @.

Parametrische P. kann durch die Verwendung von Typklassen verfeinert werden. Eine Sortierfunktion auf Listen sollte beispielsweise den Typ
sort:$\forall \alpha \in$ ORD. $[\alpha] \to [\alpha]$
besitzen, welcher anzeigt, daß *sort* für beliebige Elementtypen $\alpha$ funktioniert, solange man weiß, bzgl. welcher linearen Ordnung auf $\alpha$ sortiert werden soll. In Haskell geschieht dies durch die Definition von Typklassen und durch die (vom Programmierer definierte) Zuordnung von Typen zu Typklassen. ORD wäre die Klasse der Typen $\alpha$, für die es eine lineare Ordnung $\leq: \alpha * \alpha \to$ bool gibt:
class ORD a where ($\leq$):: a*a → bool.

Durch die Deklaration
instance Ord IntPair
where $(x,y) \leq (u,v) = (x<u \,||\, x=u \,\&\&\, y \leq v)$
wird aus den Paaren ganzer Zahlen ein Typ IntPair der Klasse ORD, bei dem die Ordnung lexikographisch definiert ist. *sort* sortiert auf Listen des Typs *IntPair* dann lexikographisch. Mit Typklassen bekommt man automatisch → Vererbungshierarchien durch Unterklassenbeziehung. Alle linearen Ordnungen $\leq$ haben beispielsweise eine durch $eq(x,y) = (x \leq y \,\&\&\, y \leq x)$ wohldefinierte Gleichheitsfunktion eq, sind also Gleichheitstypen einer → Klasse EQ. Anders gesagt ist ORD eine Unterklasse von EQ. Alle Operationen, die

es auf Werten von EQ -Typen gibt, gibt es auch auf ORD-Typen. Typklassen und zugehörige Vererbungsmechanismen sind essentielle Bestandteile der objektorientierten Programmierung.

Neben der beschriebenen parametrischen P. gibt es auch den Subtyppolymorphismus. Hier werden Teilmengenbeziehungen (z. B. sind die ganzen Zahlen ein Subtyp der rationalen Zahlen) auf Typen ausgenutzt, um Vererbungshierarchien zu bilden. Eine Funktion f : A → B kann logisch und technisch problemlos auch als eine Funktion f : A′ → B′ aufgefaßt werden, falls A′ ein Subtyp von A und B ein Subtyp von B′ ist.

*Ganzinger*

**2.** In einem → objektorientierten Entwurf können mehrere → Klassen, die untereinander in Vererbungsbeziehung stehen, gleichnamige → Operationen mit unterschiedlichen Ausprägungen (→ Implementierungen) enthalten. → Objekte, für die die Operationsauswahl kontextabhängig erfolgt, bezeichnet man als polymorph. P. steht in engem Zusammenhang mit dynamischer Bindung. Dieses Prinzip besagt, daß die zur Ausführung gelangende Ausprägung erst zur Laufzeit – abhängig von dem dann aktuellen Typ des betroffenen Objekts – ausgewählt wird.

*Hesse*

**Pop-up-Menü** ⟨*pop-up menue*⟩. Menü im Rahmen der → Menütechnik, das nur zeitweise auf dem → Bildschirm erscheint und dabei vorher sichtbare Informationen überlagert, um nach der Auswahl wieder zu verschwinden und diese Informationen wieder aufzudecken. Wird häufig in Maus-orientierten → Benutzerschnittstellen verwendet, wo die Menüauswahl mit Hilfe der Position des Zeigers und einem Maus-Knopf geschieht.

*Schindler/Bormann*

**Port** ⟨*port*⟩ → Betriebssystem, prozeßorientiertes

**Portabilität** ⟨*portability*⟩. Maß zur Beschreibung des bei der → Portierung eines → Anwendungsprogramms notwendigen Aufwands.

*Breitling/K. Spies*

**Portierung** ⟨*porting*⟩. Zusammenfassung der Maßnahmen, die erforderlich sind, um ein → Programm zur Ausführung zu bringen.

*Breitling/K. Spies*

**POSIX** ⟨*POSIX (Portable Operating Systems Interfaces)*⟩ → UNIX

**Post, elektronische** ⟨*electronic mail*⟩. Unter e. P. (→ E-Mail) wird der Austausch von personenbezogenen Mitteilungen unter Benutzung von Datennetzen (→ Netzwerk) verstanden. Praktisch alle öffentlichen Dienstanbieter (z. B. die Deutsche Telekom) bieten heute einen derartigen → Dienst an, der i. allg. auf den → X.400-Spezifikationen oder auf den → Protokollen des → Internet basiert (→ SMTP).

Verglichen mit den „herkömmlichen" Medien Brief bzw. Telefon bietet E-Mail eine Reihe von Vorteilen. So können multimediale → Nachrichten ausgetauscht werden (→ Multimedia Mail). Die Nachricht wird in der → Mailbox des Empfängers abgelegt und kann anschließend weiterverarbeitet werden. Verglichen mit der Briefpost bietet E-Mail zudem den Vorteil der wesentlich kürzeren Übertragungszeit. Weiterhin ist es, anders als beim Telefon, nicht erforderlich, daß beide Kommunikationspartner gleichzeitig kommunikationsbereit und -willig sind. Hierdurch kann z. B. im internationalen Verkehr das Problem der unterschiedlichen Zeitzonen umgangen werden.

*Jakobs/Spaniol*

Literatur: *Plattner, B.* et al.: X.400 Message handling systems – standards, interworking and applications. Addison-Wesley, 1991. – *Palme, J.*: Electronic mail. Artech House Publ., 1995.

**Postfix-Notation** ⟨*postfix notation*⟩ → Infix-Notation

**PostScript** ⟨*PostScript*⟩. → Sprache zur geräteunabhängigen Beschreibung von → Text und → Bildern (Seitenbeschreibungssprache). Die 1985 von Adobe erstmals eingeführte Sprache hat sich inzwischen zum Industriestandard weiterentwickelt.

*Breitling/K. Spies*

**POTS** ⟨*POTS (Plain Old Telephone Service)*⟩. Eine etwas humorige Bezeichnung für den analogen „nur-Telephon"-Dienst, im Gegensatz etwa zu → ISDN, über das neben Sprache auch andere Informationsarten wie Faksimile und Daten übertragen werden können.

*Jakobs/Spaniol*

**PPS** ⟨*production planning and control system*⟩ → Produktionsplanungs- und -steuerungssystem

**Prädikatenlogik (erster Stufe)** ⟨*[first-order] predicate logic*⟩. Im Vergleich zur → Aussagenlogik verwendet die P. (Bezeichnungen für) Objekte und Aussagen über diese Objekte. Damit eignet sich die P. besonders zur Beschreibung von (mathematischen) Strukturen (Beispiele → Theorie). Formale Logiken gehen auf *Frege* (1848–1925), die heute gebräuchlichen Notationen auf *Peano* zurück.

□ *Syntax.* Unter einer → Signatur (oder Basis) versteht man ein Paar von Mengen von Symbolen $\Sigma = (F, P)$, wobei F die Funktionssymbole und P die Prädikatensymbole bezeichnet, die zur Verfügung stehen. Sie seien jeweils mit ihrer Stelligkeit gegeben. Häufig betrachtet man nur einsortige Strukturen, mehrsortige können aber analog definiert werden. Gegeben sei eine abzählbare Menge von Variablen V. Die Menge der → Terme über F sei hier kurz mit $T_\Sigma$ bezeichnet und die Menge der wohlgeformten Formeln über $\Sigma$, kurz $WFF_\Sigma$, sei induktiv wie folgt definiert:

(a) tt und ff sind Formeln (wahr und falsch). Jedes konstante, d. h. nullstellige $p \in P$ ist eine Formel.

(b) Sind $t_1, \ldots, t_n \in T_\Sigma$ und $p \in P$ ein n-stelliges Prädikatsymbol ($n \geq 1$), dann ist $p(t_1, \ldots, t_n)$ eine Formel. Betrachtet man P. mit Gleichheit, so ist auch $t_1 = t_2$ eine Formel.
(c) Sind $\phi$ und $\psi$ Formeln, so sind auch $\phi \lor \psi$, $\phi \land \psi$, $\phi \supset \psi$ und $\neg\phi$ Formeln (logische Operatoren „oder", „und", „impliziert", „nicht").
(d) Ist $\phi$ eine Formel und $x \in V$, so sind auch $\forall x\, \phi$ und $\exists x\, \phi$ eine Formel (Quantoren „für alle", „es existiert").
(a) und (b) heißen atomare Formeln. Aussagenvariable entsprechen nullstelligen Radikalensymbolen.

Die Zahl der logischen Operatoren kann noch reduziert werden: Alle logischen Operatoren können in klassischer Logik z.B. mit $\neg, \lor, \exists$ ausgedrückt werden, z.B. $A \land B \equiv \neg(\neg A \lor \neg B)$ und $A \supset B \equiv \neg A \lor B$ und $\forall x\, \phi \equiv \neg \exists x\, \neg \phi$.

□ *Semantik.* Sei $A \neq \emptyset$ eine nichtleere Menge. Ein Tripel $A = (A, F^A, P^A)$ heißt Struktur zu einer Signatur $(F, P)$, wenn $F^A = \{f^A \in A^n \to A \mid f \in F \text{ n-stellig}\}$ und $P^A = \{p^A \preccurlyeq A^n \mid p \in P \text{ n-stellig}\}$. Unter einer Belegung der Variablen versteht man eine Funktion $\beta: V \to A$. Jede Belegung kann auf Termen fortgesetzt werden, d.h. $\hat\beta: T_\Sigma \to A$ mittels $\hat\beta(f(t1, \ldots, tn)) = f^A(\hat\beta(t1), \ldots, \hat\beta(tn))$ und $\hat\beta(x) = \beta(x)$ falls $x \in V$. Nun läßt sich die Auswertungs- oder auch Interpretationsfunktion

$I: (V \to A) \to WFF_\Sigma \to \{0, 1\}$

induktiv definieren. I weist für jede Belegung $\beta$ jeder Formel $\phi$ einen Wahrheitswert zu, in Zeichen $I_\beta(\phi) \in \{0, 1\}$.
(0) $I_\beta(tt) = 1$ und $I_\beta(ff) = 0$.
(a) $I_\beta(p(t_1, \ldots, t_n)) = 1$ gdw. $(\hat\beta(t_1), \ldots, \hat\beta(t_n)) \in p^A$.
(b) $I_\beta(\phi \lor \psi) = 1$ gdw. $I_\beta(\phi) = 1$ oder $I_\beta(\psi) = 1$.
(c) $I_\beta(\neg\phi) = 1$ gdw. $I_\beta(\phi) = 0$.
(d) $I_\beta(t = t') = 1$ gdw. $\hat\beta(t) = \hat\beta(t')$ (für P. mit Gleichheit).
(e) $I_\beta(\exists x\, \phi) = 1$ gdw. eine Belegung $\beta'$ existiert mit $\beta'(y) = \beta(y)$ für alle $y \neq x$ und $I_{\beta'}(\phi) = 1$.

Die Interpretation von $\land, \forall,$ und $\supset$ ergibt sich dann aus der erwähnten Codierung. Man sagt, $\beta$ erfüllt eine Formel $\phi$, wenn $I_\beta(\phi) = 1$. Eine Formel $\phi$ heißt wahr oder gültig (valid) in einer Struktur A, wenn jede Belegung die Formel $\phi$ erfüllt. A heißt dann auch Modell für $\phi$. Eine Formel $\phi$ heißt falsch, wenn keine Belegung $\phi$ erfüllt. Ferner ist eine Struktur A ein Modell für eine Formelmenge $\Psi$, in Zeichen $\models_A \Psi$, wenn sie Modell für jedes $\psi \in \Psi$ ist. Für eine Formel $\phi$ und $\Psi \subseteq WFF_\Sigma$ heißt $\phi$ logische Konsequenz von $\Psi$, in Zeichen $\Psi \models \phi$, genau dann, wenn $\phi$ in jedem Modell von $\Psi$ gilt. Die Menge der logischen Konsequenzen von $\Psi$ bezeichnet man auch mit $Cons(\Psi)$. Man beachte, daß $Cons(\Psi)$ alle Tautologien enthält (Cons ist sogar ein Hüllenoperator). Die Menge aller gültigen Formeln ist i. allg. unentscheidbar.

□ *Ableitungskalkül.* Um einen syntaktisch herleitbaren Begriff für „Gültigkeit" zu bekommen, definiert man einen Ableitungskalkül über der Formelmenge WFF. Die Eigenschaften dieses Kalküls sind idealerweise so bestimmt, daß Ableitung und Gültigkeit übereinstimmen; solch ein Kalkül heißt korrekt und vollständig. Für Prädikatenlogik existieren *Hilbert*typ-Kalküle und *Gentzen*typ- bzw. Sequenzenkalküle (sequent calculus), letztere besitzen wesentlich mehr Regeln und erlauben ein „natürlicheres Ableiten". Beim klassischen *Hilbert*-Kalkül gibt es viele Axiome, aber nur eine Regel, den Modus Ponens

$$\frac{\phi, \phi \supset \psi}{\psi};$$

er erlaubt es, Schlüsse zu ziehen: „Wenn $\Phi$ gilt und $\Phi$ implizit $\Psi$, dann gilt auch $\Psi$". Die Axiome zur $\lor$-Einführung lauten etwa

$$\phi \supset \phi \lor \psi \quad \psi \supset \phi \lor \psi.$$

Der *Hilbert*-Kalkül ist korrekt und vollständig.

Im Sequenzenkalkül LK von *Gentzen* gibt es weitaus mehr Regeln. Eine Sequenz hat die Form $\Gamma \to \Delta$, wobei $\Gamma$ und $\Delta$ Mengen von Formeln sind. Für die $\lor$-Einführung lauten die Regeln z.B.

$$\frac{\Gamma \to \Delta, \phi}{\Gamma \to \Delta, \phi \lor \psi} \quad \frac{\Gamma \to \Delta, \psi}{\Gamma \to \Delta, \phi \lor \psi}.$$

Eine zentrale Rolle nimmt die Schnittregel

$$\frac{\Gamma \to \Delta, \phi \quad \phi, \Pi \to \Lambda}{\Gamma, \Pi \to \Delta, \Lambda}$$

ein. Der *Gentzen*sche Hauptsatz besagt, daß jeder Beweis sich in einen Beweis ohne Verwendung der Schnittregel transformieren läßt. Dies entspricht mittels der *Curry-Howard*-Korrespondenz ($\to$ Typtheorie) der starken Normalisierung der entsprechenden Beweisterme. Nimmt man noch Axiome $\Sigma$ als gültig an, so spricht man von $LK_\Sigma$. Auch der Sequenzenkalkül ist korrekt und vollständig.

Läßt man in Regeln $\Lambda \to \Delta$ für den Sukzedenten $\Delta$ nur einelementige Mengen zu, so erhält man den Kalkül LJ für intuitionistische Logik. Man spricht hier auch vom „natürlichen Schließen".

□ *Varianten.* Neben der P. erster Stufe gibt es eine P. zweiter Stufe, in der auch über Prädikate quantifiziert werden darf. In Logik höherer Stufe darf über Prädikate beliebiger Ordnung quantifiziert werden (also auch über Prädikate auf Prädikaten usw.). Neben der klassischen P. (n-ter Stufe) wird auch häufig die intuitionistische P. (n-ter Stufe) verwendet, in der klassische Tautologien wie $A \lor \neg A$ oder $(\neg\neg A)$ A nicht mehr gelten. In intuitionistischer Logik sind $\lor$ und $\exists$ konstruktiv; dies ist besonders nützlich, wenn man aus Beweisen einer Aussage $\forall x\, \exists y\, \phi$ einen konstruktiven Gehalt, einen Algorithmus, extrahieren will. *Reus/Wirsing*

Literatur: *Richter, M. M.*: Logikkalküle. Teubner, Stuttgart 1978. – *Ebbinghaus, H.-D.; Flum, J.; Thomas, W.*: Einführung in die mathematische Logik. 3. Aufl. BI Wissenschaftsverlag, Mannheim 1992. – Eine sehr kurze übersichtliche Einführung – ausgerichtet auf den $\to$ *Hoare*-Kalkül – findet man z.B. in *Loeckx, J.; Sieber, K.*: The foundations of program verification. Teubner, Stuttgart 1984 (in Teil A).

**Präfix-Notation** ⟨*prefix notation*⟩, auch *Polnische Notation* genannt, → Infix-Notation

**Präsentation** ⟨*presentation*⟩. Als P. bezeichnet man die auf dem → Bildschirm sichtbare Darstellung eines Rechnerprogramms. Insbesondere bei Rechnerprogrammen mit vielen graphischen Ausgaben (z. B. bei graphischen → Benutzerschnittstellen oder → Prozeßvisualisierungssystemen) spielt die P. gegenüber einem → Benutzer sowie auch die innere Struktur der P.-Komponente selbst eine wichtige Rolle. Zur Realisierung eines strukturierten → Software-Entwurfs wird angestrebt, die P. von der internen Datendarstellung (representation) und -verarbeitung konsequent zu trennen. Eine Möglichkeit für graphische Benutzerschnittstellen bietet dazu die Anwendung des → *Seeheim*-Modells.
*Langmann*

**Präsentationsgraphik** ⟨*presentation graphics*⟩. Gebiet, das sich mit Graphiken befaßt, mit dem Zweck, Nachweise oder Ergebnisse präsentieren zu können.
Unter dem Begriff P. versteht man:
– Bilder, die im Bereich der Business-Graphik (business graphics) verwendet werden, z. B. für die Zusammenfassung von großen Datenmengen: Polygon-, Balken-, Tortendiagramme und tabellenähnliche Übersichten;
– Statistiken, einfache Graphiken, Ausgabe über → Drucker, → Plotter;
– auf Dia belichtete Darstellungen, z. B. Landkarten, Geschäftsberichte und Unterlagen für Lehrveranstaltungen;
– Messepräsentationen mit Multivisionsschauen über Monitorwände, die vom Rechner bedient werden.
Diesem Gebiet kommt große Bedeutung zu, da das Kommunikations- und Erklärungsvermögen durch Graphiken gesteigert wird. Graphik wird schon seit längerer Zeit als Kommunikationsmittel angewendet. Häufig faßt eine Graphik eine Menge von Informationen und Abläufen zusammen. Es ist deshalb eine allgemein anerkannte Methode, eine Erklärung mit visuellen Symbolen zu gestalten. Verschiedene Bereiche benutzen Graphiken als Unterstützung der Erklärungskomponenten (z. B. bei der Ausbildung). Beispielsweise werden Sitzungen mit Hilfe von Graphiken besser und schneller durchgeführt.
Verschiedene graphische Hilfsmittel und psychologische Erkennung des Auffassungsvermögens und des Verstehens des Menschen sind erforderlich, um den Menschen mit wenigen Bildsequenzen ein Konzept, eine Struktur, eine Umwandlung, einen Prozeß etc. vermitteln zu können.
Die Qualität der Graphiken ist hier besonders wichtig, da sie direkt dem Endbenutzer dienen. In diesem Zusammenhang wird sowohl auf die → Hardware als auch auf die → Software Wert gelegt. Bildmodifizierung und Bildzusammenstellung sollen erleichtert werden, um auch mehrere Alternativen zur Auswahl anzubieten.
*Encarnação/Messina*
Literatur: IBM Systemhandbook, 11th Edn. (1986). – *Poths, W.* und *R. Löw*: CAD/CAM Entscheidungshilfe für das Management. Heidelberg. – *Purgathofer, W.*: Graphische Datenverarbeitung. Berlin-Heidelberg 1985.

**Pragmatik** ⟨*pragmatics*⟩ → Sprachverstehen

**PRAM** ⟨*PRAM*⟩. Eine parallele Random-Access-Maschine (kurz RAM), die aus einer potentiell unendlichen Folge von → Prozessoren (vom Typ einer RAM) besteht sowie einem globalen → Speicher, auf den alle Prozessoren Zugriff haben. Die PRAM ist das Grundmodell der theoretischen Informatik für → Parallelrechner mit globalem Speicher (d. h. Speicherkopplung der Prozessoren).
*Brauer*
Literatur: *Reischuk, K. R.*: Einführung in die Komplexitätstheorie. Teubner, Stuttgart 1990.

**Presburger-Arithmetik** ⟨*Presburger arithmetic*⟩. → Arithmetik ohne Multiplikation, d. h., die Menge aller Formeln über der Signatur ({0, 1, +}, {<}), die in den natürlichen Zahlen mit Standardinterpretation der Operationen gelten. Dies stellt eine → Theorie dar, da allgemein gezeigt werden kann, daß die in einer Struktur (Interpretation) gültigen Formeln stets eine Theorie sind. Die P.-A. ist vollständig und entscheidbar (→ Entscheidbarkeit), daher auch axiomatisierbar, man wähle als Axiomenmenge einfach die Theorie selbst. Die Entscheidungsfunktion der P.-A. hat doppelt exponentielle nichtdeterministische Zeitkomplexität!
Benannt wurde diese Theorie nach dem Mathematiker *Presburger*, der in seiner Dissertation bei *Tarski* die Entscheidbarkeit (und Vollständigkeit) der *Peano*-Arithmetik beweisen wollte. Er war jedoch nur für obiges Fragment erfolgreich und hat den Doktortitel deswegen nicht erhalten. *Gödels* Unvollständigkeitssätze rechtfertigten erst später (1931) sein Scheitern.
*Reus/Wirsing*

**Primärmultiplexanschluß** ⟨*primary rate access*⟩. Wird hauptsächlich für den Anschluß größerer → Nebenstellenanlagen an das → ISDN verwendet. Er stellt 30 → B-Kanäle zu jeweils 64 bit/s zur Verfügung plus einen Signalisierungskanal (→ D-Kanal), ebenfalls mit einer Übertragungsrate von 64 kbit/s.
*Jakobs/Spaniol*

**Primärschlüssel** ⟨*primary key*⟩ → Schlüssel

**Primitive** ⟨*primitive*⟩. Innerhalb des Protokoll-Stacks (→ Protokoll, → OSI-Referenzmodell) eines Netzwerkknotens kommunizieren → Instanzen zweier übereinander liegender Ebenen durch den Austausch von P. Die P. der einzelnen Ebenen sind in den jeweiligen Dienstbeschreibungen (→ Dienst) der → ISO für die Ebenen festgelegt. Die verwendeten P. können in die

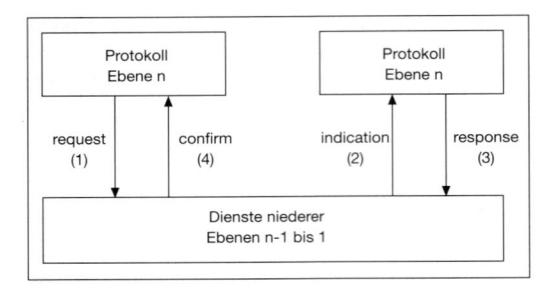

*Primitive: Klassen von Dienstprimitiven*

→ Klassen 1 bis 4 (Bild) aufgeteilt werden, wobei der jeweilige Dienstname;vorangestellt wird. Die Bezeichnung P-ABORT.request bezeichnet z. B. einen außerordentlichen senderseitigen Wunsch, eine Verbindung (in diesem Fall auf → Darstellungsebene) abzubrechen. *Fasbender/Spaniol*

**Primitive, graphische** *(graphic primitives)*. Kleinste unteilbare → graphische Objekte. Zu den wichtigsten g. P., die praktisch in jedem graphischen System vorhanden sind, gehören Punkt, Linie, Polylinie, Rechteck, Polygon, Kreis, Ellipse und Text.

Für die P. gibt es unterschiedliche Notierungen. Die folgenden Beispiele beinhalten dazu typische C-Funktionen für die Pixelebene (alle Positionsangaben erfolgen in → Pixel, bezogen auf den ganzen → Bildschirm):
Lineto (int x, int y)
Zeichnet eine Linie von der aktuellen Position zum angegebenen Punkt. Die aktuelle Position ist danach Punkt (x, y).
Line(int x1, int y1, int x2, int y2)
Zeichnet eine Linie zwischen Punkt (x1, y1) und Punkt (x2, y2).

outtext (char* textstring)
Gibt Text ab der aktuellen Position aus.
outtextxy (int x, int y, char* textstring)
Gibt Text ab der Position (x, y) aus.

Für die Arbeit mit Pixelgraphiken werden spezielle rastergraphische P. genutzt, die → Pixmaps verarbeiten können. Dazu gehören als wichtigste Funktionen das Speichern und Kopieren rechteckiger Bildausschnitte:
getimage (int left, int top, int right, int bottom, void* pixmap)
Speichern eines rechteckigen Bildausschnitts in die als Pixmap übergebene Variable.
putimage (int left, int top, void* pixmap, int op)
Kopiert den Inhalt der Puffervariablen pixmap in einen rechteckigen Bildausschnitt. Der Parameter op steuert die Farbe jedes Pixels im Zielbereich, basierend auf der Farbe des bereits dort vorhandenen Pixels und der des Pixels im Speicher (Quellbereich). Das Bild zeigt verschiedene Ergebnisse dieser → Operation in Abhängigkeit von der Belegung des Parameters op.

Mit den rastergraphischen P. sind vor allem graphische Simulations- und Animationsaufgaben mit wenig Zeitaufwand lösbar.

Zur exakten Darstellung von g. P. auf einem → Rasterbildschirm sind z. T. aufwendige → Algorithmen erforderlich, um die Rasterung des Bildschirms beim Zeichnen von Liniengraphiken möglichst wenig in Erscheinung treten zu lassen. Das bekannteste Verfahren dazu ist der Scan-Conversion-Algorithmus (→ Rasterkonversion), bei dem für eine Linie, deren Anfangs- und Endpunkt nicht mit dem Pixelraster übereinstimmt, die tatsächlich sichtbaren Pixel über die Liniensteigung inkrementell berechnet werden.

*Langmann*

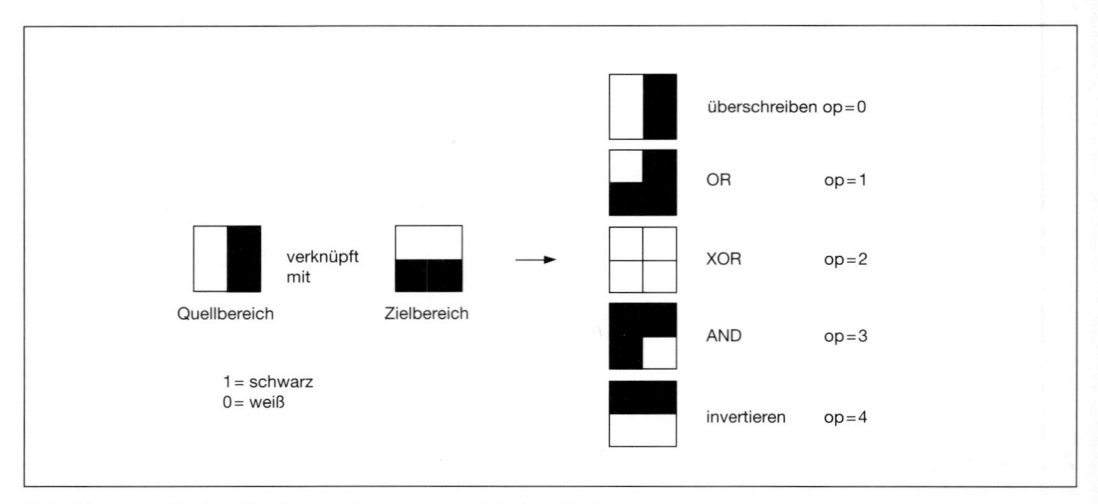

*Primitive, graphische: Ergebnisse der rastergraphischen Funktion* putimage

Literatur: *Foley, J. D.; van Dam, A.* et al.: Computer graphics: Principles and practice 2. Edn. Massachusetts 1990. – *Encarnação, J. L.; Straßer, W.*: Computer graphics. Berlin 1988.

**Primzahl** ⟨*prime number*⟩. Eine natürliche Zahl, die von 1 verschieden ist und außer 1 und sich selbst keine anderen natürlichen Zahlen als Teiler besitzt, heißt P. Die kleinste und gleichzeitig die einzige gerade P. ist 2. Auf sie folgen 3, 5, 7, 11, 13, 17, 19, 23, 29, 31, ... Schon *Euklid* (um 300 v. Chr.) konnte zeigen, daß es unendlich viele P. gibt. *Eratosthenes* (um 246 v. Chr.) gab eine Methode an, um zu einer beliebigen natürlichen Zahl n alle P. aufzufinden, die kleiner oder gleich n sind. Der Fundamentalsatz der elementaren Zahlentheorie besagt, daß jede natürliche Zahl n > 1 eine eindeutige Darstellung

$$n = p_1^{n_1} \, p_2^{n_2} \, ... \, p_k^{n_k}$$

hat mit natürlichen Zahlen k, $n_1$, ..., $n_k$ und P. $p_j$ (j = 1, ..., k) angeordnet als

$$p_1 < p_2 < ... < p_k.$$

Die schon vom Laien erkennbare große Unregelmäßigkeit in der Verteilung der P. war seit jeher eine große Herausforderung für hervorragende Mathematiker und ist auch noch heute Gegenstand mathematischer Forschung. Während sich z. B. leicht beweisen läßt, daß zwei aufeinanderfolgende P. beliebig großen Abstand haben können, weiß man dagegen bis heute noch nicht, ob der für P. größer als 3 kleinstmögliche Abstand 2 unendlich oft auftritt. Paare von P., die den Abstand 2 haben, heißen Zwillinge. Beispiele sind (3,5), (5,7), (11,13), (17,19), (29,31), (41,43), (71,73). Sehr eingehend untersucht wurde das asymptotische Verhalten der Funktion $\pi(x)$, die die Anzahl aller P. angibt, die kleiner oder gleich x sind. *Schmeißer*

Literatur: *Hua, L.-K.*: Additive Primzahltheorie. Leipzig 1959. – *Huxley, M. N.*: The distribution of prime numbers. Oxford 1972. – *Landau, E.*: Primzahlen. 2. Bde. New York 1953. – *Pieper, H.*: Zahlen aus Primzahlen. Basel 1984. – *Prachar, K.*: Primzahlverteilung (Reprint). Berlin 1978. – *Schwarz, W.*: Einführung in die Methoden und Ergebnisse der Primzahltheorie. Mannheim 1969. – *Trost, E.*: Primzahlen. Basel 1953. – *Zagier, D. B.*: Die ersten fünfzig Millionen Primzahlen. Basel 1977.

**Printer** ⟨*printer*⟩ → Drucker, → Plotter

**Prinzip der minimalen Rechte** ⟨*principle of need-to-know*⟩ → Rechtssicherheitspolitik

**Prinzip des offenen Entwurfs** ⟨*principle of open design*⟩ → Rechtssicherheitspolitik

**Prinzipien für Rechtssicherheitspolitiken** ⟨*principles of security policies*⟩ → Rechtssicherheitspolitik

**Prioritätsinversion** ⟨*priority inversion*⟩. In einem → Realzeitsystem, in dem die Task-Zuteilung an den Prozessor präemptiv anhand von Task-Prioritäten erfolgt, sollen anstehende hochprioritäre Aufgaben nach einer möglichst kurzen Wartezeitspanne durch das System bearbeitet werden (→ Scheduler). Diese Zielsetzung kann durch vorhandene kritische Bereiche mit gegenseitigem → Ausschluß, denen Tasks unterschiedlicher Priorität zugeordnet ist, behindert werden.

Hat eine Task niederer Priorität einen kritischen Bereich belegt, wird eine Task höherer Priorität blockiert, wenn sie diesen anfordert. Problematisch wird dies, wenn die blockierende Task niederer Priorität durch rechenbereite Tasks mittlerer Priorität außerhalb des kritischen Bereiches verdrängt werden kann: Indirekt wird damit die Task hoher Priorität durch mittelpriore Tasks (möglicherweise unvorhersagbar lange) verdrängt, und es kann dadurch zur Überschreitung der → Deadline der höherprioren Task kommen.

Als Beispiel seien drei Tasks T1, T2 und T3 gegeben, deren Bearbeitungspriorität entsprechend der angegebenen Indizes in aufsteigender Folge festgelegt ist (T3 hat höchste Priorität). Weiterhin sei angenommen, daß die beiden Tasks T1 und T3 den Zugriff auf ein gemeinsames Datenfeld mittels eines binären Semaphor synchronisieren. Wenn nun T1 das Semaphor angefordert und erhalten hat, wird T3 mit der Anforderung des Semaphors blockiert. Sollte T2 in den Zustand „rechenbereit" gelangen, wird T1 bis zur Fertigstellung von T2 verdrängt. Damit wird die Bearbeitung von T2 trotz niedrigerer Priorität gegenüber T3 vorgezogen.

Zur Vermeidung von P. können die Task-Prioritäten vor dem Start des Systems unter Berücksichtigung der gemeinsam belegten kritischen Bereiche, der maximalen Antwortzeiten und der möglichen Anforderungszeitpunkte angepaßt werden. Neben dieser statischen Vorgehensweise existieren dynamische Strategien (*Rajkumar*), mit deren Hilfe eine mögliche P. zur Laufzeit erkannt und vermieden wird. So ist beispielsweise durch die Vererbung von Prioritäten eine Inversion vermeidbar: Erbt in dem angegebenen Beispiel T1 die Priorität von T3 zum Zeitpunkt der Anforderung des belegten Semaphors, kann T1 nicht mehr durch T2 unterbrochen werden, und die Abarbeitung von T3 beginnt nach der kürzestmöglichen Blockierdauer.

*Herbig*

Literatur: *Rajkumar, R.*: Synchronization in real-time systems. A priority inheritance. Dordrecht 1991.

**Prioritätsverfahren** ⟨*priority technique*⟩. P. dienen der Elimination verdeckter Linien und Flächen.

Die graphischen Objekte (Körper, Linien, Flächen und Punkte) werden nach bestimmten Kriterien sortiert, und jedem → Objekt wird eine Priorität zugeordnet. Bei der Ausgabe werden die Objekte nach ihrer Priorität hintereinander dargestellt. Das zuletzt dargestellte Objekt überschreibt alle vorherigen, die sich im gleichen Bereich der Darstellungsfläche befinden. Somit werden die Teile gelöscht, die verdeckt sind.

Das Hauptmerkmal solcher Verfahren ist, daß den Objekten Priorität zugeordnet wird und die Verarbeitung in der Reihenfolge der Priorität geschieht. Die Methoden unterscheiden sich darin, wie die Prioritätszuordnung und in welcher Weise die Darstellung erfolgt. Diese Verfahren können teilweise im → Objektraum und teilweise im → Bildraum durchgeführt werden. *Encarnação/Dai*

**Private-Key-Kryptosystem** ⟨*private-key cryptosystem*⟩ → Kryptosystem, symmetrisches

**Privilegierungsbereich** ⟨*domain of privileges*⟩ → Betriebssystem

**PRMD** ⟨*PRMD (Private Management Domain)*⟩. In der → X.400-Welt ist eine PRMD eine organisatorische Einheit, ein Teil des → Dienstes, der von einem privaten Betreiber (z. B. einer Firma) betrieben wird (→ ADMD). *Jakobs/Spaniol*

**Problemanalyse** ⟨*problem analysis*⟩ → Analyse, strukturierte/objektorientierte

**Problemlösen** ⟨*problem solving*⟩. Teilgebiet der → Künstlichen Intelligenz (KI), das sich mit Rechnerverfahren zur Lösung von Problemen befaßt, die bei Menschen Intelligenz erfordern. Typische KI-Probleme können nicht durch zielgerichtetes Ausführen von Bearbeitungsschritten gelöst werden, sondern erfordern Suche, Rückziehen vorläufiger Entscheidungen, Erkunden von Alternativen etc. Beispiel: Planen einer Reiseroute von einem Startort zu einem Zielort.

Problemlösungstechniken der KI bestehen im wesentlichen darin,
– ein Problem als Suchproblem zu repräsentieren und
– die Suche effektiv durchzuführen.

Für den ersten Punkt gibt es u. a. die Möglichkeiten:
– Suche im → Zustandsraum,
– → Problemreduktion,
– → Spielgraphen.

Bei der Suche im Zustandsraum versucht man, das Problem von einem Startzustand aus durch Anwendung von Operatoren schrittweise zu transformieren, bis ein Zielzustand erreicht ist. Dies ist gleichbedeutend mit der Suche in einem gerichteten Graph (→ Suchgraph). Beim Problem der Routenplanung besteht der Zustandsraum aus den Orten, durch die eine Route führen kann. Die Operatoren entsprechen Transportmöglichkeiten zwischen Orten.

Problemreduktion beruht darauf, das Problem durch Zerlegen in Teilprobleme lösbar zu machen. Beispielsweise kann es sinnvoll sein, die Reiseroute von A nach B in drei Abschnitte zu zerlegen: Reise von A nach A', Reise (z. B. Flug) von A' nach B', Reise von B' nach B. Teilprobleme sind logische Konjunkte des übergeordneten Problems (UND), dagegen stellen alternative Lösungsmöglichkeiten Disjunkte dar (ODER). Problemreduktion führt deshalb auf Suche in UND-ODER-Graphen.

Spielgraphen reflektieren die formale Struktur von Zwei-Personen-Spielen, z. B. Schach. Die Knoten eines Spielgraphen entsprechen möglichen Spielsituationen oder Zuständen, die Kanten entsprechen Zügen oder Operatoren. Anders als bei der Suche im Zustandsraum ist man hier an Gewinnzügen aus der Sicht eines Spielers interessiert. Die gegnerischen Züge können dabei nicht festgelegt werden, so daß eine Gewinnstrategie sich auf alle Züge des Gegners einstellen muß. Auch hier ergibt sich formal eine Suche in UND-ODER-Graphen.

Ein effektives P. kann häufig nur durch Beschränken des Suchraumes oder durch Wahl einer geschickten Reihenfolge erreicht werden. Dazu ist i. allg. zusätzliches Wissen über den Problembereich erforderlich. So kann die Planung einer Reiseroute durch Wissen über die geographische Lage von Orten (zusätzlich zu den Transportmöglichkeiten) erleichtert werden. Suchregeln, wie „Wähle als nächstes den Ort, der am dichtesten am Ziel ist", nennt man → Heuristiken. Kostenfunktionen stellen einen allgemeinen Formalismus zur Steuerung von Suchvorgängen dar. Der → A\*-Algorithmus ist ein Suchverfahren, das unter bestimmten Bedingungen den kostengünstigsten Pfad zu einer Lösung findet. *Neumann*

**Problemlösung, kooperative** ⟨*cooperative problem solving*⟩ → Mehrbenutzer-Rechensystem

**Problemreduktion** ⟨*problem reduction*⟩. Verfahren zum → Problemlösen in der → Künstlichen Intelligenz (KI), das auf einer Zerlegung eines Problems in Teilprobleme beruht. Durch wiederholte Zerlegung können Teilprobleme entstehen, für die Lösungen unmittelbar bekannt sind. Teilprobleme sind logische Konjunkte des übergeordneten Problems (UND), alternative Lösungsmöglichkeiten sind Disjunkte (ODER). Problemlösen durch P. ist deshalb gleichbedeutend mit der Suche nach einer Lösung in einem UND-ODER-Graph.

Läßt sich ein Problem wiederholt in gleichartige Teilprobleme zerlegen, so ergeben sich besonders elegante Lösungsmöglichkeiten durch → Rekursion. Die Berechnung von $n! = 1 \cdot 2 \cdot 3 \cdot \ldots \cdot n$ durch $n \cdot (n-1)!$ ist ein Beispiel für rekursive P.

Eine Formulierung dieser Lösung in der KI-Programmiersprache LISP sieht wie folgt aus:
```
(DEFUN FAC (N)
   (COND ((EQ N 1) 1)
      (T (TIMES N (FAC (SUB1 N)))))).
```
*Neumann*

**Produktionensystem** ⟨*production system*⟩. In der ursprünglichen Formulierung von *Post* (1943) ein System zum Erzeugen von Zeichenketten mit Hilfe von Ersetzungsregeln („Produktionen"). In der → Künstlichen Intelligenz (KI) wird damit eine → Klasse von Systemarchitekturen bezeichnet, bei der Informationsverarbeitung mit Hilfe von Situation-Aktion-Paaren oder „Regeln" erfolgt.

Ein P. besteht im wesentlichen aus drei Bestandteilen:
- einer → Regelbasis, die die Produktionen enthält;
- einer → Datenbasis, auf die die Produktionen angewandt werden;
- einem Interpreter, der entscheidet, welche Produktion als nächste zur Anwendung kommt.

Produktionen enthalten in ihrem Situationsteil Bedingungen, die sich auf die Datenbasis beziehen. Sind diese Bedingungen zu einem Zeitpunkt erfüllt, ist die Produktion „feuerbereit". Ist mehr als eine Produktion feuerbereit, so entscheidet der Interpreter, welche zur Anwendung kommt. Durch Ausführen des Aktionsteils wird i. allg. die Datenbasis verändert, so daß beim nächsten → Zyklus neue Produktionen anwendbar werden.

Im Gegensatz zu konventionellen → Programmen ist die Abfolge von Verarbeitungsschritten in P. datengetrieben und unterliegt keiner rigiden Kontrollstruktur.

P. haben sich als Systemarchitektur für → Expertensysteme bewährt. *Neumann*

## Produktionsplanungs- und -steuerungssystem (PPS) ⟨production planning and control system⟩.
Teilsystem eines betrieblichen Lenkungssystems, das über die in einem Produktionssystem zu erstellenden Leistungen sowie über die Allokation der verfügbaren Produktionsfaktoren entscheidet.

Ein PPS als Teil des → operativen Informationssystems leitet aus erwarteten oder vorliegenden Kundenaufträgen Fertigungs- und Beschaffungsaufträge ab und steuert deren Durchführung einschließlich der dazu erforderlichen terminlichen, kapazitäts- und mengenmäßigen Koordination der Produktionsfaktoren. Die Aufgabe eines PPS wird hierfür in folgende Teilaufgaben zerlegt:
- Planung des Produktionsprogramms (Art, Zeitpunkt und Menge der zu erstellenden Leistungen: Output),
- Planung des Bedarfs an Produktionsfaktoren (Art, Zeitpunkt und Menge der zu beschaffenden Leistungen: Input),
- Planung, Steuerung und Überwachung des Produktionsablaufs (Throughput).

Die Aufgabenstellung eines PPS ist aufgrund der vielfältigen Interdependenzen zwischen und innerhalb der Teilaufgaben sowie einer Vielzahl von Störgrößen äußerst komplex. Im Prinzip ist eine simultane Lösung der drei Teilaufgaben bei Eintreten jedes lenkungsrelevanten Ereignisses zu ermitteln. In der Praxis werden folgende Lösungsansätze verwendet:
- Gemäß dem Ansatz des Manufacturing Resource Planning (MRP II) werden die drei Teilaufgaben sequentiell in periodischen Zeitabständen gelöst.
- Die Grobplanung und -überwachung erfolgt zentral gemäß dem MRP-II-Ansatz. Zusätzlich erfolgt eine Feinplanung und -überwachung dezentral in Fertigungsleitständen, die abgegrenzte Fertigungsbereiche steuern. Die Fertigungsleitstände übernehmen periodisch die Planungsvorgaben aus dem Zentralsystem und reagieren darüber hinaus auf Ereignisse zwischen diesen Übernahmezeitpunkten. *Ferstl*

Literatur: *Corsten, H.* (Hrsg.): Handbuch Produktionsmanagement. Wiesbaden 1994. – *Ferstl, O. K.* u. *Th. Mannmeusel*: Dezentrale Produktionslenkung. In: CIM Management 11 (1995) 3. – *Zäpfel, G.*: Produktionswirtschaft – Operatives Produktionsmanagement. Berlin 1982. – *Zäpfel, G.*: Taktisches Produktionsmanagement. Berlin 1989. – *Zäpfel, G.*: Strategisches Produktionsmanagement. Berlin 1989.

**Produktionsregeln** ⟨production rules⟩ → Phrasenstrukturgrammatik

**PROFIBUS** ⟨PROFIBUS⟩. Der PROFIBUS (PROcess FIeld BUS) ist eine Feldbusnorm (→ Feldbus) für die Fertigungs- und Prozeßautomatisierung. Die Realisierung und Zuführung zur Normung sowie die Entwicklung von Konformitätsprüfungen und Diagnosegeräten wurden im Rahmen des BMFT-Verbundprojekts „Feldbus" vorangetrieben.

Die wichtigsten technischen Merkmale des P. sind die Übertragung auf verdrillten geschirmten Zweidrahtleitungen mit Datenübertragungsraten zwischen 9,6 und 500 kbit/s (1,5 Mbit/s bei speziellen Konfigurationen). Der P. erreicht eine hohe Effektivität (Verhältnis Gesamt- zu Nutzdaten) bei der Übertragung kurzer → Nachrichten. Der Zugriff auf das gemeinsame → Übertragungsmedium ist dezentral durch einen Token-Passing-Mechanismus geregelt. Um die → Kommunikation mit höheren Netzwerkhierarchien zu erleichtern, wird eine Teilmenge der → MMS-Dienste genutzt und duch aufwandsarme → Codierung realisiert (hier FMS, Fieldbus Message Specification genannt). *Hermanns/Spaniol*

Literatur: *Bender, K.*: PROFIBUS: Der Feldbus für die Automation. 2. Aufl. Hanser, München 1992. – *DIN 19245*: PROFIBUS. Teil 1 u. 2 (1990).

**Programm, nebenläufiges** ⟨concurrent program⟩ → Programm, paralleles

**Programm, nichtdeterministisches** ⟨non-deterministic program⟩ → Nichtdeterminismus

**Programm, paralleles** ⟨parallel program⟩. Beschreibt und steuert die Abarbeitung von → Code, bei dem zu einem Zeitpunkt mehrere Verarbeitungsschritte ausgeführt werden (z. B. durch ein → Multiprozessor-System) bzw. ausgeführt werden können (nebenläufiges Programm). Dies bedingt, daß das zu bearbeitende Problem als Menge von Teilaufgaben (Tasks, Threads) beschrieben werden kann, die von den verschiedenen → Prozessoren bzw. → Prozessen bearbeitet werden. Man unterscheidet synchrone p. P., bei denen alle Verarbeitungseinheiten von einer gemeinsamen Uhr getaktet werden, und asynchrone p. P., deren Verarbeitungseinheiten unabhängig voneinander arbeiten. Beispiele für Modelle synchroner Parallelität sind → SIMD-Maschinen (single instruction, multiple data), → systolische Felder und → Vektorrechner. Asynchrone Parallelität tritt bei Programmen für verteilte Systeme auf, grundlegende Programmierkonstrukte für diese Form von Parallelität (→ Programmierung, parallele) sind in manchen Sprachen (z. B. → ADA, Java) integriert, während sie in anderen Sprachen (z. B. → C) über Laufzeitbibliotheken implementiert werden. Grundproblem bei p. P. ist die Beherrschung von Kooperation und Konkurrenz parallel ablaufender Prozesse, insbesondere durch → Kommunikation und → Synchronisation.

*Merz/Stabl/Wirsing*

Literatur: *Ben-Ari, M.*: Principles of concurrent and distributed programming. Prentice Hall, New York 1990. – *Chandy, K. M.; Misra, J.*: Parallel program design. Addison-Wesley, Reading, MA 1988.

**Programm, sequentielles** ⟨sequential program⟩. Bei s. P. wird zu jedem Zeitpunkt genau eine Anweisung ausgeführt (im Unterschied zu → parallelen Programmen). Die sequentielle Verarbeitung entspricht der Struktur der *von-Neumann*-Architektur von Rechnersystemen mit einem Rechenkern (→ Prozessor) und einem linearen Adreßraum des Hauptspeichers. Bei fortschrittlichen Prozessorarchitekturen (→ Pipeline-Rechner) können jedoch bei der Abarbeitung von s. (Maschinen-)P. mehrere Anweisungen zu einem Zeitpunkt ausgeführt werden, oder es kann die Reihenfolge der Anweisungen verändert werden.

*Merz/Stabl/Wirsing*

**Programm, synthetisches** ⟨synthetic benchmark⟩. Verfahren zur Bestimmung der Arbeitsgeschwindigkeit von → Rechenanlagen auf der Basis von Laufzeitmessungen. Das s. P. ist ein → Programm, das nur zu Meßzwecken erstellt wurde und kein Anwendungsproblem löst. Es ist i. allg. stark parametrisiert und kann so durch einfache Parameteränderungen unterschiedliche Anforderungsprofile simulieren wie Rechenwerk-, Hauptspeicher-, peripherieintensive Programmteile. S. P. werden meist in höheren → Programmiersprachen geschrieben und vor ihrer Ausführung auf dem zu messenden Rechner compiliert. Neben den Eigenschaften der → Hardware wird damit auch die → Software bewertet. S. P. können auch im Rahmen eines → Benchmarks eingesetzt werden.

*Bode*

**Programmbaustein, dedizierter** ⟨dedicated program module⟩. Vorprogrammierter, ausgetesteter Baustein für eine Funktion der Leittechnik, wie Meßwertverarbeitung, Steuerung, Regelung oder Überwachung. Aus Programmbausteinen läßt sich durch Konfigurie-

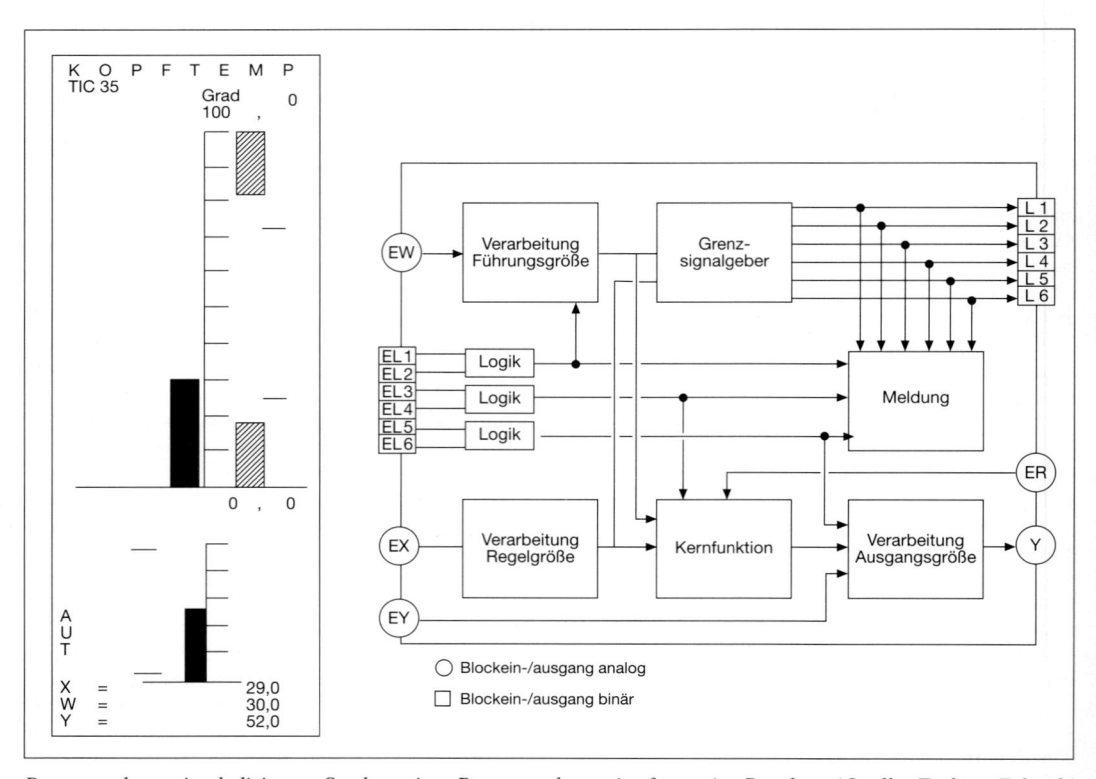

*Programmbaustein, dedizierter: Struktur eines Programmbausteins für stetige Regelung (Quelle: Foxboro Eckardt)*

ren das Anwenderprogramm generieren. D. P. sind in → dezentralen Automatisierungssystemen meist als → Firmware (PROM, EPROM, EEPROM oder Flash-EPROM) vorhanden. Sie arbeiten mit Schreib-Lese-Speichern für Konfigurierdaten, Parameter und Variable zusammen. In vielen Systemen ist auch das Einbinden freiprogrammierbarer Bausteine möglich. Das Bild zeigt die Struktur eines Programmbausteines für stetige Regelung. Der wie für eine Analogregelung dargestellte Signalfluß wird softwaremäßig realisiert. Vorzugeben ist noch, welche Funktionen in den Einzelblöcken durchlaufen werden sollen – für den Block „Verarbeitung Regelgröße" z. B., ob die Regelgröße linearisiert, geglättet oder radiziert werden soll, ob sie auf Grenzwertüberschreitung zu überwachen ist usw.

*Strohrmann*

**Programmentwicklung** ⟨*program development*⟩. Bezeichnet den Prozeß des Entwurfs und der Realisierung von Programmen oder allgemeiner von Software-Systemen. Ziel sind Techniken, die zu korrekten, lesbaren, änderbaren, wiederverwendbaren und effizienten Programmen führen.

Die Erstellung (umfangreicher) Programme ist eine komplexe Aufgabe, zu deren besserer Beherrschung man den → Prozeß der Programmierung in verschiedene Teilaufgaben untergliedert, die u. a. Techniken zur genauen Aufgabenbeschreibung, Aufwandsabschätzungen, → Spezifikation der → Rechenstrukturen, Wahl der → Datentypen und → Algorithmen sowie die exakte Dokumentation des Programms umfassen.

Die wichtigsten Methoden der P. sind strukturierte und objektorientierte Vorgehensweisen. In der Regel wird dabei P. in verschiedenen Phasen durchgeführt, die sich grob in → Anforderungsanalyse, Entwurf, → Implementierung, → Test und Wartung unterteilen lassen. Bei der objektorientierten P. ist außerdem die Wiederverwendung von Standardbausteinen und -komponenten in den P.-Prozeß integriert.

Ein häufig unterschätztes Problem bei der P. ist die hohe Fehlerrate. → Formale Methoden der P. zielen auf eine Qualitätsverbesserung der entstehenden Software-Produkte, insbesondere auf deren → Korrektheit. Dazu werden alle in einer P. vorkommenden Dokumente sowie alle Übergänge zwischen diesen Dokumenten mit einer → formalen Semantik versehen. Wichtige Vertreter formaler Entwicklungsmethoden sind die schrittweise → Verfeinerung, die transformationelle P. (→ Programmtransformation) sowie die deduktive P., bei der eine → Spezifikation so lange schrittweise umgeformt wird, bis eine Form erreicht ist, die in ein Programm übersetzt werden kann. In jedem Schritt wird eine → Implementierung der vorhergehenden Spezifikation konstruiert.

*Stabl/Wirsing*

**Programmieren, interaktives** ⟨*interactive programming*⟩. Problemlösestil, bei dem das Funktionieren von Teillösungen am → Bildschirm ausprobiert und ggf. berichtigt werden kann.

Formalsprachliche Darstellungen von Problemlösungen können syntaktische und logische Fehler enthalten. Wenn Syntaxfehler z. B. in BASIC-Zeilen vorkommen und mit einem BASIC-Interpreter gearbeitet wird, werden sie (oft mit Bezeichnung der Stelle und der Fehlerart) unmittelbar angezeigt und lassen sich sofort durch Neueingabe der Zeile verbessern. Andererseits arbeiten Compiler heute i. allg. so rasch, daß Fehleranzeigen am Schluß eines auf der Schule meist nur kurzen Gesamtprogramms fast ebenso schnell mit → Spezifikation angezeigt werden. Je nach Editorgüte lassen sich die Fehler am Bildschirm so verbessern, daß nur betroffene Stellen neu geschrieben zu werden brauchen.

Die logischen Fehler werden erst durch Testläufe offenkundig, die anschließend angestellt werden. Dafür ist die Abwicklung vieler Eingabesituationen notwendig; dabei erscheint es zweckmäßig, die Gesamtlösung in Bausteine (Prozeduren, Verfeinerungen) zu zerlegen, die selbständig getestet werden können. Wenn logische Fehler auf Anhieb nicht gefunden werden, muß entweder ein Trace erfolgen, der jeden einzelnen Schritt des Computers mit Variablenbelegungen auswirft, oder es müssen an allen bemerkenswerten Programmstellen Kontrollausgaben eingerichtet und studiert werden.

*Beispiel*
Eine Bruchkürzung wird auf folgende Weise vorgenommen:
INT VAR zaehler, nenner;
eingabe von zaehler und nenner; (*hier nicht dargestellt*)
nenner := nenner DIV ggt (zaehler, nenner);
zaehler := zaehler DIV ggt (zaehler, nenner);
ausgabe von zaehler und nenner; (*hier nicht dargestellt*)

Die syntaktische Prüfung wird fehlerlos bestanden. Der Testlauf ergibt falsche Ergebnisse. Schüler denken an die mathematische Definition des Kürzungsvorgangs („Zähler und Nenner durch dieselbe Zahl dividieren") und können den (Seiteneffekt-) Fehler nicht finden.

Eine getrennte Prüfung der ggt-Prozedur beweist, daß sie keinen Fehler enthält. Nun werden Kontrollausgaben eingebaut, und zwar auch in die ggt-Prozedur. Dabei erweist sich, daß beim zweiten Aufruf dieser Prozedur der Parameter „nenner" einen anderen Wert besitzt als beim ersten. Interaktive Verbeserung:
INT VAR teiler := ggt (zaehler, nenner);
nenner := nenner DIV teiler;
zaehler := zaehler DIV teiler.

Derselbe Vorgang wie bei dieser → Mikroprogrammierung wiederholt sich beim interaktiven Umgang mit größeren fertigen Software-Paketen, z. B. einem Simulationspaket. Je umfangreicher das Paket, desto vielfältiger die Optionen und desto größer die Wahrscheinlichkeit, daß ausgefallene Parameterwerte fehlerhafte

Reaktionen zeitigen, die dann im interaktiven Umgang behoben werden können, wenn die Computersprache hinreichende Transparenz besitzt. Allerdings wird vor einem Programmierstil gewarnt, der die Problemlösung ausschließlich am Bildschirm im Versuch-und-Irrtum-Verfahren zustandebringen will. Vorherige Planung auf dem Papier wird mehr empfohlen. *Klingen*

**Programmieren, objektorientiertes** ⟨object-oriented programming⟩. Programmierstil in der → Künstlichen Intelligenz (KI), verwandt mit Aktorsystemen und dem Klassenkonzept der → Programmiersprache SIMULA. Ein Programm wird als ein System aktiver → Objekte implementiert, die physikalischen Objekten und mentalen Konzepten des Problembereichs entsprechen. Jedes Objekt enthält lokales Wissen und spezielle Expertise. Objekte kommunizieren untereinander durch Versenden von → Nachrichten. Ein Objekt ist definiert durch sein Verhalten auf empfangene Nachrichten. Objekte können hierarchisch aus weiteren Objekten aufgebaut sein. Methoden und → Daten können vererbt werden.

Die folgenden Vorteile verbinden sich mit o. P.:
– Objekte und Nachrichtenaustausch unterstützen → Modularität und Erweiterbarkeit des Programms.
– Objekthierarchien ermöglichen gemeinsame Nutzung von Daten und Verarbeitungsmethoden.
– Objektorientierte Sprachen unterstützen parallele Abarbeitung.

Als nachteilig wird die nicht immer intuitive Abbildung von Problemen in die objektorientierte Sichtweise angesehen. *Neumann*

**Programmierfehler** ⟨programming fault⟩. Fehler, also Nichtübereinstimmungen zwischen den (unbestrittenen) Soll- und den Ist-Eigenschaften, die bei der Umsetzung eines abstrakten Programms in ein konkretes entstanden sind. Als solche können sie spezielle → Implementierungsfehler im Konstruktionsprozeß eines Rechensystems sein. *P. P. Spies*

**Programmiersprache** ⟨programming language⟩. (Künstliche) → Sprache zur Formulierung von → Programmen und → Algorithmen. Eine P. wird definiert durch ihre → Syntax, durch die der textuelle Aufbau eines Programms anhand festgelegter Regeln und Zeichenfolgen vorgegeben ist, und ihre → Semantik, mit der die (operationelle) Wirkung eines Programms festgelegt ist.

Höhere P. bieten – im Gegensatz zu maschinennahen P. – Konzepte zur Definition von → Datenstrukturen sowie zur Deklaration von Konstanten und Variablen, zur Ablaufsteuerung durch Fallunterscheidungen und Iterationen sowie zur Modularisierung durch Unterprogramme, → Prozeduren und Funktionen. *Breitling/K. Spies*

**Programmiersprache, funktionale** ⟨functional programming language⟩. F. P. basieren auf dem mathematischen Konzept der Funktion. Die elementaren Module in funktionalen Programmen repräsentieren Funktionen f : A → B, die Eingaben aus A in Ergebnisse aus B überführen. Operationales Grundprinzip ist das der Anwendung von Funktionen auf Argumente; man spricht daher auch von applikativer Programmierung. Die derzeit wichtigsten f. P. sind LISP, Haskell, Miranda, ML und Scheme.

Das folgende ML-Programm zur Konkatenation app von Listen

```
datatype 'a list    = nil | cons of 'a*'a list
fun app(nil,l)      = l
    app(cons(x, l'),l) = cons(x,app(l',l))
```

zeigt einige der Elemente in modernen f. P., nämlich Typpolymorphie, rekursive Termdatentypen zur Repräsentation strukturierter, baumartiger Datenstrukturen, algebraische Gleichungsnotation für Funktionen und Tests durch Termmuster.

Im Beispiel wird zunächst der Typ *list* der Listen über beliebigem Elementtyp *'a* (Typparameter) in einer Weise definiert, daß nichtleere Listen $[x_1, x_2, ..., x_n]$ durch Terme der Form $cons(x_1,cons(x_2, ..., cons (x_n,nil) ...))$ und die leere Liste durch die Konstante *nil* repräsentiert wird. Sodann besagt die erste Gleichung für *app*, daß die → Konkatenation einer leeren Liste mit einer beliebigen Liste *l* letztere als Ergebnis liefert. Die zweite Gleichung behandelt den Fall, daß die erste Liste die Form $cons(x,l')$ hat, also mit einem Element $x$ beginnt und einen Rest $l'$ besitzt. In diesem Fall ist das Ergebnis die Liste, die mit $x$ beginnt und mit dem Ergebnis der Konkatenation des Restes $l'$ mit $l$ endet. Die Rekursion in der Typdefinition für *list* und die in der Definition von *app* verlaufen parallel, eine für funktionale Programme über symbolischen Daten typische Situation. Die Definition von *app* funktioniert für beliebige Elementtypen *'a* der beteiligten Listen. Daher ist *app* eine polymorphe Funktion.

Mit dem λ-Kalkül (*Church* 1936) gibt es seit den 30er Jahren eine mächtige Notation zur Definition und Kombination von Funktionen, die den Kern praktisch aller heutigen f. P. bildet. Der λ-Kalkül (→ Lambda-Kalkül) erlaubt insbesondere die Definition von Funktionen höherer Ordnung, d. h. von Funktionen, die als Argumente Funktionen akzeptieren und/oder als Ergebnis selbst wieder Funktionen liefern. Hier ist, in ML-Notation, eine Funktion *map*, die einstellige Funktionen *f* elementweise auf Listen fortsetzt:

```
fun    map f nil = nil
       map f (cons(x,l'))  = cons(fx,map fl).
```

Bildet man die „partielle Applikation" *map(f)*, so erhält man eine Funktion, die Listen $[x_1, ..., x_n]$ auf Listen $[f(x_1), ..., f(x_n)]$ abbildet.

Im Beisein von Funktionen höherer Ordnung verwischt sich der Unterschied zwischen → Daten und → Programmen. Stukturierte Daten, wie Listen oder Bäume, können in einfacher Weise durch Funktionen höherer Ordnung repräsentiert werden. Funktionen sind

„Bürger erster Klasse" und können insbesondere als Komponenten von Datenstrukturen auftreten. Somit haben alle f. P. strukturierte Datentypen, zusammen mit dynamischen Speicherverwaltungsmechanismen, auf für den Programmierer transparente und sichere Weise fest eingebaut. Durch die Verwendung von Funktionen höherer Ordnung lassen sich Programme besser strukturieren und parametrisieren. Direkt auf bekannten Notationen und Konzepten der Mathematik und der mathematischen Logik aufbauend, haben f. P. eine klar definierte → Semantik. Deswegen eignen sie sich besonders gut zur → Verifikation ihrer Programme. Wegen der Seiteneffektfreiheit können die Argumente von Funktionen auch parallel ausgewertet werden. Um diese implizite Parallelität braucht sich der Programmierer nicht zu kümmern.

Die f. P. lassen sich grob in zwei Klassen einteilen: Programme in LISP oder ML werten, beim Aufruf einer Funktion, zunächst alle Argumente aus, bevor sie diese an die Funktion übergeben. Man spricht hier von „eager evaluation" oder „call-by-value". Andere Sprachen, z. B. Haskell und Miranda, werten Funktionsargumente erst dann und auch nur insoweit aus, wie sie im Funktionsrumpf benötigt werden („lazy evaluation"). Im letzten Fall vereinfacht sich für den Programmierer die Repräsentation von unendlichen Datenstrukturen, wie Ströme. Letztere eignen sich insbesondere auch für die Realisierung von Systemen kommunizierender Prozesse nach dem Datenflußprinzip.

F. P. bieten, neben den beschriebenen Merkmalen, zum Teil auch Typpolymorphie, typsichere Ausnahmebehandlung, parametrische, → abstrakte Datentypen und Typklassen wie in der → objektorientierten Programmierung. Ihr Hauptanwendungsgebiet liegt in der symbolischen Berechnung und nicht so sehr im numerischen Rechnen oder in der Programmierung von → Betriebssystemen oder Datenbanksystemen. Das Verarbeiten symbolischer Daten ist bespielsweise von zentraler Bedeutung für die → Implementierung von Programmiersystemen (→ Übersetzer, → Interpretierer, Optimierer, Verifikationswerkzeuge), für die Computer-Linguistik, für rechnergestütztes Beweisen und für die → Künstliche Intelligenz (KI). *Ganzinger*

**Programmiersprache, imperative** ⟨*imperative programming language*⟩. I. P. leiten sich von der Struktur der *von-Neumann*-Maschine ab. Ihre Grundkonzepte sind der → Speicher für die Programmvariablen, den man durch Zuweisungen inkrementell ändern kann, die Kontrollstrukturen zur Realisierung von rekursiven Berechnungssequenzen und die → Befehle für Ein- und Ausgabe. Wichtige Beispiele imperativer Sprachen sind Fortran, Cobol, ALGOL, PASCAL, Modula, ADA und C sowie die Maschinensprachen der meisten Rechner.

Imperative Programmierung ist → Programmierung mit Zuweisungen. Die Abarbeitung eines imperativen Programms erzeugt eine Folge von Zustandsübergängen, wobei ein Programmzustand durch die augenblicklichen Werte der Variablen gegeben ist. Gesteuert wird der Zustandsübergang durch Kontrollstrukturen (Fallunterscheidungen, Schleifen, Prozeduraufruf). Der Programmspeicher wird über Variablennamen und über Zeiger referenziert. Durch die Verwendung von → Zeigern ist es möglich, graphische, auch zyklische, dynamische Datenstrukturen aufzubauen. Die Verwaltung dieser Strukturen ist dem Programmierer überlassen. Dies bedeutet einen erheblichen Mehraufwand im Vergleich zur funktionalen oder logischen Programmierung. Andererseits erlaubt es, mit dem Speicher effizient umzugehen, insbesondere Teile von Datenstrukturen, die nicht mehr gebraucht werden, inkrementell zu überschreiben, ohne daß dabei die gesamte Struktur kopiert werden muß.

Diesen Effizienzvorteil, der für viele Anwendungen essentiell ist (→ Betriebssysteme; Datenbanksysteme; → Graphik; → Multimedia; → Rechnen, wissenschaftliches), bezahlt man mit einer hohen logischen Komplexität in der Programmierung. Änderungen einer → Datenstruktur wirken sich auf alle → Prozesse aus, die einen Zeiger auf die Struktur besitzen. Man spricht daher von Seiteneffekten, die durch Variablenzuweisungen ausgelöst werden. Die Kontrolle dieser Effekte ist für die Erstellung korrekter Programme wesentlich und schwierig. Die Wartung und Modifikation imperativer Programme ist oft mit hohem Aufwand verbunden, daher teuer. Eine Hilfe in dieser Hinsicht bietet das Konzept der abstrakten Datentypen, das von Sprachen wie Modula-2 oder von objektorientierten Varianten imperativer Sprachen wie C++ unterstützt wird (→ Programmiersprache, objektorientierte). *Ganzinger*

**Programmiersprache, logikbasierte** ⟨*logic programming language*⟩. Bei der logikbasierten, kurz: logischen Programmierung bedeutet Berechnung Deduktion in einem logischen → Kalkül. Ein logischer Kalkül beschreibt, wie man durch Schlußregeln aus bekannten Aussagen oder Annahmen zu abgeleiteten, neuen Aussagen kommt. Man sagt, die neuen Aussagen folgen aus den Annahmen und den Schlußregeln. Die bekannteste l. P. ist PROLOG.

Ein logisches Programm besteht aus Fakten und Schlußregeln. Dies ist ein Beispiel in der Sprache PROLOG, welches Strecken und Fahrzeiten miteinander in Beziehung setzt:
strecke(frankfurt,mannheim,0:41).
strecke(frankfurt,wuerzburg,1:10).
strecke(mannheim,muenchen,2:48).
strecke(wuerzburg,muenchen,2:16).
fahrt(Von,Nach,[],Zeit): − strecke(Von,Nach,Zeit).
fahrt(Von,Nach,[Ueber|Strecke],H:M) :−
strecke(Von,Ueber,H1:M1),
fahrt(Ueber,Nach,Strecke,H2:M2),
H=H1+H2+(M1+M2) div 60,
M=(M1+M2) mod 60.

Das Programm besteht aus vier Fakten über einzelne Streckenabschnitte (Relation *strecke*) und zwei Regeln zur Berechnung von Fahrzeiten und Weg für Fahrten von Anfangsorten *Von* zu Zielen *Nach*. Die erste Regel beschreibt alle direkten Fahrten (dann ist das dritte Argument, die Liste der Zwischenstationen, leer, i. Z. []). Die zweite Regel ist für die Strecken mit Zwischenstationen *Ueber* gedacht. Hier fährt man von *Von* nach *Nach* im ersten Streckenabschnitt über *Ueber*. Die letzten beiden Bedingungen dieser Regel beschreiben die arithmetischen Gleichungen für die Addition von Zeiten der Form H:M. Strukturierte Daten, wie diese Paare aus Stunden- und Minutenangaben, werden durch Terme über Konstruktorsymbolen, wie der zweistellige Konstruktor „:", repräsentiert. Strukturierte Daten als Terme kennt man auch von funktionalen Programmiersprachen. „A :– B" bedeutet „falls B, dann A", ist also Implikation im Sinne der Logik. Bezeichner, die mit Großbuchstaben beginnen, bezeichnen Variablen, die bei jedem Auftreten in einer Regel für denselben festen aber beliebigen Wert stehen.

Wesentlich ist, daß – im Gegensatz zu Funktionen – bei den Argumenten der Relationen *strecke* und *fahrt* keine Datenflußrichtung ausgezeichnet ist. Eingaben für ein logisches Programm sind Anfragen, die das Programm lösen soll. Erst die Anfrage bestimmt die Richtung des Datenflusses. Fragt man beispielsweise
?– fahrt(frankfurt,muenchen,[mannheim],Zeit),
so sind die ersten drei Parameter vorgegeben, also Eingabeparameter, und es ist eine Lösung für den vierten Parameter als Ausgabeparameter gefragt. Wir erhalten
Zeit=3:29
als Lösung. Fragen wir statt dessen
?– fahrt(frankfurt,muenchen,Strecke,3:M),
wird der zweite Parameter Ausgabeparameter und der dritte ist eine Mischung von bekannten (die drei Stunden) und unbekannten Anteilen (die Minuten M). Wir erhalten die zwei Lösungen
Strecke=[mannheim], M=29
und
Strecke=[wuerzburg], M=21.
Im allgemeinen enthalten also Anfragen Variablen, und eine Lösung der Anfrage ist eine Belegung der Variablen mit Werten, so daß sich eine Aussage ergibt, die aus dem Programm mit seinen Fakten und Regeln folgt. Die Variablen in einer Anfrage zeigen dem System an, an welchen Ausgaben der Fragende interessiert ist. Lösungen sind i. allg. nicht eindeutig bestimmt. Die Bidirektionalität der Argumente von Relationen erlaubt es, daß man in vielen Fällen anstelle zweier getrennter Programme für eine Funktion, z. B. $f(X) \equiv X+1$, und ihre Inversen, im Beispiel $f^{-1}(Y) \equiv Y-1$, nur ein einziges logisches Programm, im Beispiel $r(X,Y) \equiv Y = X+1$, erstellen muß, das den relationalen Zusammenhang zwischen den Variablen, den Graph der Funktion, festlegt.

Ein logisches Programmiersystem sucht im durch die gegebenen Regeln aufgespannten Suchraum nach allen Lösungen für eine gegebene Anfrage. Sind Suchräume sehr groß, muß dafür gesorgt werden, daß Sackgassen in der Suche möglichst früh erkannt werden. In PROLOG gibt es eine feste Suchstrategie, auf die sich der Programmierer einzustellen hat. Bei einigen CLP-Systemen wird die Suche flexibler in einer Weise gestaltet, die das Aufzählen von Lösungskandidaten und das Herausfiltern richtiger Lösungen in effizienter Weise verzahnt.

L. P. basieren zumeist auf Fragmenten von mathematischer Logik erster oder höherer Stufe. Als solche sind sie echte Erweiterungen funktionaler Programmiersprachen. In bezug auf die implizite Verwaltung von Speicher für strukturierte Datenstrukturen (Listen, Bäume) bieten sie dieselben Vorteile. Neuere l. P., die CLP-Sprachen (CLP Constraint Logic Programming), bieten eingebaute Lösungs- und Optimierungsverfahren für – unter anderem – ganzzahlige Programmierung, lineare Arithmetik, *Boole*sche Unifikation und endliche Bereiche. In CLP(R) mit eingebauter linearer Arithmetik könnte man beispielsweise die Anfrage
?– fahrt(frankfurt,B,Strecke,H:M), A+H+1 =< 17
stellen, um die Abfahrtsstunde A bei vorgegebener Ankunft vor 17:00 Uhr herauszufinden.

Mit ihrer Kombination von mathematischen Verfahren mit Methoden der formalen Logik sind die CLP-Sprachen zunehmend auch für Anwendungen in den Bereichen Hardware-Entwurf und -Verifikation sowie im → Operations Research interessant. Daneben liegen die klassischen Anwendungen der l. P. in der Computer-Linguistik, in der symbolischen Manipulation von Daten, im Bau rechnergestützter Beweiser, bei den Suchverfahren, bei logischen Datenbanken und → Expertensystemen.

Die l. P. ist nicht beschränkt auf sequentielle Anwendungen. CCP (Concurrent Constraint Programming) erlaubt die Programmierung kommunizierender, evtl. verteilter Prozesse. Kommunikation findet über den Constraint-Speicher statt. Ein Prozeß kann an einer Kommunikationsstelle in seinem Programm weiterrechnen, wenn aus den im Constraint-Speicher von anderen Prozessen abgelegten Aussagen über den Systemzustand eine für das Weiterrechnen benötigte Eigenschaft logisch folgt. Der Prozeß stellt also eine Anfrage an den Speicher, und ist diese lösbar, so darf er mit der Lösung weiterrechnen. Umgekehrt kann er durch Ablage neuer Aussagen im Speicher anderen Prozessen erlauben, gewisse neue Schlußfolgerungen zu ziehen, aufgrund derer diese weiter fortschreiten können. Kommunikation ist hier nicht Senden und Empfangen von konkreten Daten über einen Kanal, sondern das Bewirken und Abfragen von abstrakteren Systembedingungen. Beispiele moderner CCP-Sprachen sind AKL und Oz. *Ganzinger*

**Programmiersprache, maschinenorientierte** 〈*machine oriented programming language*〉. Programmiersprachen, die in ihrer → Syntax und → Semantik Rücksicht auf spezielle Eigenschaften der → Hardware eines Rechners nehmen, werden als maschinenorientiert bezeichnet. Sie stehen daher im Gegensatz zu den maschinenunabhängigen höheren Programmiersprachen, die von der Hardware der ausführenden Rechner abstrahieren und problemorientiert sind. M. P. erlauben die Formulierung von → Programmen mit → Befehlen, die durch sehr einfache Übersetzungsvorgänge in Maschinenbefehle umgesetzt werden können (→ Maschinensprache). *Bode*

**Programmiersprache, objektorientierte** ⟨*object oriented programming language*⟩. Die Grundlage der o. P. (OOP) bilden die Objekte. Ein Objekt ist dabei als die Abstraktion eines realen oder imaginären Gegenstands zu verstehen. Ein Objekt besitzt einen inneren Zustand, der durch seine → Attribute bestimmt wird. Der Objektzustand kann durch die Methoden eines Objekts modifiziert werden. Deren → Implementierung ist nach außen verborgen. Die Methoden werden durch das Versenden von → Nachrichten an das Objekt invokiert. Ein Objekt ist daher auch ein → abstrakter Datentyp. Gleichartige Objekte werden in einer → Klasse zusammengefaßt. Klassen von → Objekten sind daher auch als Klassen von → Typen zu verstehen, wie sie in einigen → Sprachen mit Typpolymorphie vorkommen. Der → Kontrollfluß in einem objektorientierten System spiegelt sich durch die Folge der zwischen den Objekten ausgetauschten Nachrichten wider.

Eine Klasse beschreibt eine Menge von Objekten hinsichtlich ihrer Zustandsstruktur, der Zuordnung von Nachrichten zu den dann auszuführenden Methoden und hinsichtlich ihrer Vererbungseigenschaften. Wird eine Nachricht an ein Objekt verschickt, so wird zunächst die Klasse des Objekts bestimmt. Aus der Beschreibung der gefundenen Klasse ergibt sich dann, welche Methode auf dem Objekt ausgeführt wird.

Technisch gesehen verwaltet ein OOP-System also für jeden Prozedurnamen eine Sprungtabelle von Prozeduradressen, die durch die Klassen indiziert ist. Damit braucht der Progammierer, wenn er eine Prozedur (z. B. *show* zum Anzeigen von Objekten auf dem → Bildschirm) schreiben möchte, keine Fallunterscheidung hinsichtlich des Objekttyps zu erstellen, sondern braucht nur die Nachricht *show* an das jeweilige Objekt zu schicken, woraufhin die Methodensuche automatisch die Variante von *show* aufruft, die in der zugehörigen Klasse spezifiziert ist. In den klassischen Programmiersprachen muß man statt dessen eine Anweisung von der Form
case O.typ of
integer : show_integer(O.wert);
paar   : show(O.first); show(",“); show(O.snd);
…
schreiben. Nicht der verringerte Schreibaufwand macht den Vorteil der OOP aus, sondern die einfachere Modifizierbarkeit. Möchte man in einer klassischen Programmiersprache einen neuen Objekttyp zu einem Programm hinzufügen, müssen alle typabhängigen Fallunterscheidungen im Programm aufgefunden und geeignet erweitert werden. In der OOP definiert man einfach eine neue Klasse einschließlich der zugehörigen spezifischen Methode für *show*. Die Stellen, an denen *show*-Nachrichten an Objekte verschickt werden, müssen nicht geändert werden.

Als wesentlicher Bestandteil der OOP ermöglicht die Vererbung die Weitergabe von Attributen und Methoden an andere Klassen. Eine vererbende Superklasse gibt Attribute und Methoden an eine erbende Subklasse weiter. Die Subklasse kann die Superklasse um weitere Attribute erweitern oder auch Methoden modifizieren. Genauer gesagt müssen nur die Methoden neu geschrieben werden, die von den spezifischen Eigenschaften der Unterklasse abhängen. OOP fördert damit in essentieller Weise die Wiederverwendung von bereits geschriebenem Code und bewirkt, daß der Programmierer sich beim Programmentwurf verstärkt Gedanken über Typzusammenhänge der Art „jedes A ist insbesondere auch ein B" macht. In einem Programm, welches geometrische Figuren manipuliert, wird die Klasse *Figur* Oberklasse der Klasse *Viereck*, und diese wiederum Oberklasse der Klasse *Quadrat* sein, weil eben jedes Quadrat ein Viereck und jedes Viereck eine geometrische Figur ist. Hat man einmal programmiert, wie sich die Fläche eines allgemeinen Vierecks bestimmt, so funktioniert diese Methode insbesondere auch für Quadrate, man kann sie also von der Oberklasse *Viereck* erben. Andererseits gibt es für Quadrate eine besonders einfache Formel für deren Fläche, so daß eine Redefinition der Methode in der Klasse *Quadrat* sinnvoll sein wird. In der Prototypversion des Systems kann man aber vielleicht gut mit der allgemeinen Methode leben, und man bekommt so schneller ein lauffähiges System.

Durch Vererbung wird eine Klassenhierarchie definiert. In Abhängigkeit von der Anzahl der Superklassen einer Klasse spricht man von einfacher oder mehrfacher → Vererbung.

In der OOP unterscheidet man zwischen der statischen und der dynamischen Klasse eines Objektes. Die statische Klasse beschreibt den Typ eines Objektes, den der → Übersetzer herleiten kann. Kann der Typ aller Objekte eines Programmes immer durch → statische Analyse berechnet werden, so spricht man von → statischer Typung. Wird → Polymorphie im Zusammenhang mit Vererbung bei Typklassen essentiell ausgenützt, so kann die statische Typinformation den konkret vorliegenden Typ oft nur bis auf eine Menge möglicher Typen eingrenzen. Daher muß in der OOP in vielen Fällen durch Typprüfungen zur Laufzeit sichergestellt werden, daß die Typkonsistenz gewahrt bleibt. Man spricht in diesem Fall auch vom dynamischen (späten) Binden, wobei ein Name erst dann mit einer Klasse typisiert wird, wenn das so bezeichnete Objekt erzeugt bzw. als Empfänger einer Nachricht in Erscheinung tritt.

Die OOP begann 1970 mit SIMULA-67. Heute wird hauptsächlich mit Smalltalk, C++, Eiffel oder Objective C gearbeitet. Mit Java wurde eine OOP definiert, die für plattformunabhängige Anwendungen im →Internet gedacht ist. *Ganzinger*

**Programmiersprachen-Implementierung** ⟨*programming language implementation*⟩. Damit →Programme einer bestimmten →Programmiersprache L auf einem Rechnertyp ausgeführt werden können, muß diese Programmiersprache auf diesem Rechnertyp verfügbar gemacht – man sagt: implementiert – werden. Dies kann auf verschiedene Weise geschehen. Man teilt die →Implementierungen in interpretierende und übersetzende Verfahren ein.

Wir betrachten eine Programmiersprache L. Ein →Interpreter $I_L$ bekommt als Eingabe ein Programm $p_L$ aus L und eine Eingabefolge e und berechnet daraus eine Ausgabefolge a, falls die Interpretation von $p_L$ nicht auf einen Fehler führt.

Während der Interpreter I seine beiden Argumente, das Programm p und die Eingabefolge e, zur gleichen Zeit bekommt und verarbeitet, wird bei der Übersetzung (→Übersetzer) die Verarbeitung des Programms und der Eingabefolge auf zwei verschiedene Zeiten aufgeteilt. Erst wird das Programm p „vorverarbeitet", d. h. in eine andere →Sprache übersetzt, die effizientere Ausführungen des Programms mit beliebigen Eingaben erlaubt. Dann wird das erzeugte Programm mit der Eingabe e ausgeführt. Man nimmt dabei an, daß der zusätzliche Aufwand für die Vorverarbeitung des Programms sich durch mehrfaches Ausführen amortisiert. *Wilhelm*

**Programmierung** ⟨*programming*⟩. Bezeichnet den Prozeß des Erstellens von Programmen bzw. der Umsetzung von →Algorithmen mit Hilfe von Programmiersprachen. Im Unterschied zum Begriff der →Programmentwicklung, der Analyse- und Designsowie Testphasen umfaßt, bezieht sich der Begriff der P. in der Regel nur auf die eigentliche Codierung (→Codierung, →Software). *Stabl/Wirsing*

**0-1-Programmierung** ⟨*zero-one programming*⟩. Ganzzahlige Programmierungsaufgabe, in welcher alle Variablen nur die Werte 0 oder 1 annehmen dürfen. 0-1-Variable eignen sich v. a. zur Modellierung von Entscheidungen und kommen in praktischen Anwendungen meist zusammen mit kontinuierlichen und ganzzahligen Variablen vor.

Die Lösung allgemeiner ganzzahliger Programmierungsaufgaben ist nur bei sehr geringer Anzahl von Variablen möglich. Für speziell strukturierte Probleme der kombinatorischen Optimierung gibt es jedoch zahlreiche Spezialalgorithmen (→Programmierung, ganzzahlige). *Bachem*

**Programmierung, funktionale** ⟨*functional programming*⟩. Die charakteristische Eigenschaft der f. P. besteht in der referentiellen Transparenz: Der Wert eines Ausdrucks wird nur durch die Werte seiner Teilausdrücke bestimmt; insbesondere ändert die Ersetzung von Teilausdrücken durch Ausdrücke mit demselben Wert nichts am Wert des Gesamtausdrucks. Dieses Prinzip verbietet die Verwendung eines Zustandskonzepts mit Programmvariablen, Zuweisungen und Seiteneffekten wie in der →imperativen Programmierung. Zentrales Mittel der Strukturierung funktionaler Programme ist die Komposition von Funktionen. Dies kann zu größerer Transparenz in der Programmierung und zu leichterem Verständnis und mathematisch einfacherer →Semantik und →Verifikation funktionaler Programme führen. Ähnlich wie die logikbasierte Programmierung (→Programmiersprache, logikbasierte) basiert die reine f. (bzw. applikative) P. auf dem Ideal der deklarativen Programmierung, bei der eine größtmögliche Abstraktion in der Darstellung angestrebt wird. Aus Effizienzgründen wird dieses Prinzip in vielen →funktionalen Programmiersprachen wie LISP oder →SML durchbrochen.

Weitere charakteristische Eigenschaften moderner funktionaler Programmiersprachen sind:
– Verwendung von Funktionen als Werte (first-class functions), was die Übergabe von Funktionen als Parameter an andere (höherstufige) Funktionen einschließt.
– Implizite Speicherverwaltung. Speicher wird nach Bedarf automatisch alloziert. Speicherplatz von unerreichbar gewordenen Objekten wird automatisch dealloziert und steht danach wieder zur Verfügung (Speicherbereinigung, garbage collection).
– Expressive Typsysteme. Funktionen können häufig relativ unabhängig von den Typen der konkreten Eingabeparameter definiert werden. Getypte funktionale Sprachen wie →SML, Gofer oder Haskell erlauben daher (evtl. beschränkt) polymorphe Typen (→Polymorphie), die →Variablen zur Repräsentierung einer Menge konkreter →Typen enthalten.
– Funktionsdefinition durch Muster (patterns) statt Anwendung von Destruktoren in bedingten Ausdrücken.

Die Mächtigkeit der f. P. wurde von *Backus* in seiner *Turing*-Award-Rede hervorgehoben und im funktionalen Programmiersystem FP konkretisiert.

Als Beispiel (in der Sprache →SML) wird hier die Definition der Funktion flat angegeben, die eine Liste von Listen als Argument erwartet und die Liste berechnet, die sich als Konkatenation (in SML durch das Zeichen @ notiert) der Teillisten ergibt. Meldungen des SML-Interpretierers sind kursiv und nach dem Zeichen > dargestellt.

```
fun flat []      = []
  | flat (l::ls  =l @ flat ls;
> val flat=fn: 'a list list  →'a list
flat [[1,2], [3,4], [5,6,7]];
> val it=[1,2,3,4,5,6,7]: int list
```
*Merz/Wirsing*

Literatur: *Backus, J.*: Can programming be liberated from the von Neumann style? Comm. of the ACM 21(8) (1978) pp. 613–641. – *Paulson, L. C.*: ML for the working programmer. Cambridge Univ. Press, 1996. – *Sethi, R.*: Programming languages – concepts and constructs. Addison-Wesley, Reading, MA 1990.

**Programmierung, ganzzahlige** ⟨*integer programming*⟩. Lineares Programmierungsproblem min $\{cx \mid Ax \leq b, x \text{ ganzzahlig}\}$ mit zusätzlichen Ganzzahligkeitsbedingungen. Man unterscheidet die gemischt-g. P. (nur einige der Variablen, z. B. $x_1, \ldots, x_k$, müssen ganzzahlig sein), die → 0-1-Programmierung (alle Variable können nur die Werte 0 oder 1 annehmen) und die kombinatorische Programmierung (alle Variable können nur die Werte 0 oder 1 annehmen, und die Matrix A hat nur Null- und Eins-Einträge, d. h., A ist z. B. die Kanten-Knoten-Inzidenzmatrix eines Graphen G).

G. P.-Probleme gehören zur Klasse der NP-vollständigen Probleme. *Bachem*

**Programmierung, imperative** ⟨*imperative programming*⟩. Programmierung in einer → imperativen Programmiersprache. Das charakteristische Programmiermodell der i. P. beruht auf einer Abstraktion der klassischen *von-Neumann*-Architektur (→ Rechnerarchitektur, → Maschine) und ist gekennzeichnet durch
– Programmvariablen (→ Variable) und Zuweisungen als Abstraktion der frei beschreibbaren Speicherzellen,
– veränderbare Datenstrukturen wie Felder (arrays) und Verbunde (records) als Abstraktion von zusammenhängenden Speicherblöcken,
– Zeigervariablen als Abstraktion von Speicheradressen und
– Kontrollflußanweisungen wie Schleifen, Hintereinanderausführung und bedingte Anweisungen.

Durch den relativ geringen Abstraktionsgrad von der zugrundeliegenden Hardware können imperative Programmiersprachen sehr effizient in Maschinencode übersetzt werden, woraus sich die große praktische Bedeutung der i. P. erklärt. Die mathematische → Semantik und die → Verifikation imperativer Programme (→ Programmverifikation) sind dagegen recht aufwendig. *Merz/Wirsing*
Literatur: *Sethi, R.*: Programming languages – concepts and constructs. Addison-Wesley, Reading, MA 1990.

**Programmierung, lineare** ⟨*linear programming*⟩. Darunter versteht man eine Methode der Unternehmensforschung (→ Operations Research) zur Lösung von Problemen, bei denen eine (lineare) (Ziel-)Funktion zu maximieren oder zu minimieren ist unter linearen Restriktionen der Variablen. Die Standard-Lösungsmethode ist das → Simplexverfahren von *Dantzig*.

Mit Computer-Programmierung ist nur der Name gemeinsam. Praktikable Probleme sind allerdings nur mit Hilfe des Computers lösbar. *Schneeberger*

**Programmierung, nichtlineare** ⟨*non-linear programming*⟩. Mathematisches Programmierungsproblem $\{\max(f(x) \mid g(x) \leq 0, h(x) = 0\}$ mit nichtlinearen Funktionen f, g und h. Man unterscheidet
– die finite Optimierung (die Funktionen f, g und h sind auf Teilmengen eines endlich dimensionalen *Euklid*ischen Raumes E definiert),
– die semiinfinite Optimierung (die Nebenbedingungen sind von der Form $g_i(x) \leq 0$ für alle i einer Teilmenge T der natürlichen Zahlen),
– die konvexe Optimierung (die Funktionen f, g und h sind konvexe Funktionen) und
– die Vektoroptimierung (die Funktion f ist vektorwertig, und das Maximum wird bezüglich einer auf dem Wertebereich von f definierten Ordnung interpretiert).

Zur Lösung von n. P.-Problemen kommen global konvergente, modifizierte *Newton*-Verfahren, konjugierte Gradientenverfahren, Rank-1- und Rank-2-Update-Verfahren (für unrestringierte Probleme) und Gradientenprojektions-, Penalty-, Barriere- und Schnittebenenverfahren (für restringierte Probleme) zur Anwendung. *Bachem*

**Programmierung, objektorientierte** ⟨*object-oriented programming*⟩. Beschäftigt sich mit der Erstellung modularer, wiederverwendbarer und leicht erweiterbarer → Software. Zentrale Techniken der o. P. sind → Datenkapselung und → Vererbung. O. P. beginnt mit der Modellierung des Problembereichs als einer Menge von → Objekten, die sowohl Daten (→ Attribute, Instanzvariablen) als auch Funktionen (Methoden) zur Abfrage und Veränderung des Objektzustands (→ Zustand) umfassen. Objekte gleichartiger Struktur werden meist in → Klassen zusammengefaßt; eine Klasse beschreibt daher die → Schnittstelle ihrer Objekte. Ein Benutzer darf i. d. R. auf ein Objekt nur durch Aufruf seiner Methoden zugreifen. Diese Einschränkung dient zur Erzielung einer möglichst großen Unabhängigkeit von der tatsächlichen → Implementierung des Objekts (→ Geheimnisprinzip) und trägt zur Wiederverwendbarkeit objektorientierter Programme bei.

Die Technik der → Vererbung erlaubt eine Anpassung vorhandener → Funktionalität an geänderte Anforderungen und eine hierarchische Modellierung des Problembereichs, bei der gemeinsame Basisfunktionalitäten verschiedener Klassen durch eine Klasse auf einer höheren Hierarchiestufe beschrieben werden. Insbesondere können abstrakte Klassen eingeführt werden, die gemeinsame Schnittstellen ihrer Subklassen beschreiben und ggf. bereits Methoden implementieren, ohne daß Objekte der abstrakten Klasse erzeugt werden könnten (etwa eine abstrakte Klasse geometrischer Objekte).

Eine noch weitergehende Umsetzung des Prinzips der Wiederverwendung von Software-Komponenten stellen Frameworks und Design Patterns dar, bei denen grundlegende Verhaltensmuster (etwa Client-Server-Systeme) als Bausteine zur Instantiierung bereitgestellt werden. *Merz/Wirsing*

Literatur: *Meyer, B.*: Object-oriented software construction. Prentice Hall, New York 1988. – *Pree, W.*: Design patterns for object-oriented software development. Addison-Wesley, Wokingham 1995. – *Sethi, R.*: Programming languages – concepts and constructs. Addison-Wesley, Reading, MA 1990.

**Programmierung, parallele** ⟨*parallel programming, concurrent programming*⟩. Grundprobleme der p. P. sind die Behandlung von Kooperation und Konkurrenz (potentiell) parallel bearbeiteter Aktivitäten. (Zwei Aktivitäten heißen nebenläufig (concurrent), wenn sich ihre Ausführung möglicherweise zeitlich überlappt; die Begriffe der parallelen und nebenläufigen Programmierung werden aber häufig synonym verwendet.) In der p. P. werden zwei grundsätzlich verschiedene Paradigmen unterschieden:
– In synchron parallelen Systemen wie → systolischen Feldern oder → Vektorrechnern werden alle Verarbeitungseinheiten von einer gemeinsamen Uhr getaktet und führen zu jedem Zeitpunkt gleichzeitig einen Schritt aus.
– In asynchron parallelen Systemen wie verteilten Systemen sind die Verarbeitungsgeschwindigkeiten unterschiedlicher Einheiten voneinander unabhängig. Eine Aufspaltung eines größeren Programms in mehrere nebenläufige → Prozesse (Tasks, Threads) kann auch ohne Vorliegen einer inhärent nebenläufigen Problemstellung aus Gründen der Modularisierung (→ Modul) und damit der Verständlichkeit sinnvoll sein.

Typische Abstraktionskonzepte der p. P., die über die aus der sequentiellen Programmierung bekannten Konzepte hinausgehen, dienen der → Kommunikation und → Synchronisation, die an klassischen Grundproblemen wie dem gegenseitigen Ausschluß, dem Leser-Schreiber- und dem Erzeuger-Verbraucher-Problem studiert werden. Typische → Primitive zur Synchronisation sind die auf *Dijkstra* zurückgehenden Semaphore und das von *Hoare* eingeführte Monitormodell.

*Merz/Wirsing*

Literatur: *Ben-Ari, M.*: Principles of concurrent and distributed programming. Prentice Hall, New York 1990. – *Chandy, K. M.; Misra, J.*: Parallel program design. Addison-Wesley, Reading, MA 1988.

**Programmierung, quadratische** ⟨*quadratic programming*⟩. Nichtlineares Programmierungsproblem der Form

max $xQx + qx$

$Ax \leq b$

mit quadratischer Zielfunktion. Die → *Kuhn-Tucker*-Bedingungen für q. P.-Probleme mit positiv definiter Matrix Q,

$Ax = b$

$Qx + uA - w = -c$

$xw = 0$

$x \geq 0, w \geq 0$,

ergeben ein → Komplementaritätsproblem. Die iterative Näherung der Gleichung $xw = 0$ mittels einer Folge von *Pivot*-Schritten des linearen Systems $Ax = b$, $Qx + uA - w = -c$ ist die Idee des *Lemke*-Algorithmus zur Lösung von q. P.-Problemen.

*Bachem*

**Programmierung, stochastische** ⟨*stochastic programming*⟩. Mathematisches Programmierungsproblem, in welchem die Variablen Zufallsvariable eines Wahrscheinlichkeitsraumes sind. Aufgrund der Komplexität werden meist nur lineare s. P.-Aufgaben betrachtet. Als Zielkriterium wird oft die Maximierung oder Minimierung des Erwartungswertes gewählt.

*Bachem*

**Programmierung, strukturierte** ⟨*structured programming*⟩. Programmiertechnik, die eine systematische Programmentwicklung und das Entwickeln überschaubarer, überprüfbarer und nachvollziehbarer Programmstrukturen zum Ziel hat. Wichtige Empfehlungen betreffen die Benutzung von gut kombinierbaren und isolierbaren Daten- und Kontrollstrukturen sowie das Vermeiden von unkontrollierten oder unstrukturierten Geflechten von Zeigern oder Programmsprüngen.

*Hesse*

**Programmpaket** ⟨*software package*⟩. Vom Systemhersteller für bestimmte Aufgaben fertig programmierte, modular aufgebaute → Software, die der Anwender durch Konfigurierung (→ Konfiguration) und Parametrierung seiner Aufgabenstellung anpassen kann, ohne über Programmierkenntnisse verfügen zu müssen. Eine typische Aufgabe, für welche die P. zur Verfügung stehen, ist die Automatisierung kontinuierlicher und diskontinuierlicher → Prozesse. Besonders für die vielfältigen und oft komplexen Aufgaben rezeptgeführter Ablaufsteuerungen sind P. ein wirkungsvolles Hilfsmittel zur Erstellung der Anwenderprogramme.

P. setzen sich aus Programm-Modulen für die einzelnen Grundfunktionen zusammen. Solche Module gibt es z. B. für Meßwertverarbeitung, Regelung oder Grenzwertmeldung, aber auch für die Steueroperationen von Chargenprozessen wie Inertisieren, Dosieren, Mischen, Heizen oder Entleeren. In der Projektierungsphase wird zunächst die Automatisierungsaufgabe als Kombination von den Programm-Modulen entsprechenden Grundfunktionen dargestellt. Aus diesen Angaben wird dann das P. generiert. Es enthält neben den Modulen noch Listen, in denen Speicherplätze für die Parameter zur Anpassung an die speziellen Prozeßzustände vorhanden sind (Anwenderprogramm).

*Strohrmann*

**Programmschema** ⟨*program scheme*⟩. Ausdruck, der aus den Konstrukten einer Programmiersprache gebildet ist und zusätzlich Schemavariablen enthalten kann, d. h., ein P. repräsentiert eine Familie ähnlicher Programme. P. werden im Zusammenhang mit → Pro-

grammtransformationen verwendet. Meist formalisieren sie die Kontrollstruktur von Programmen, und zwar unabhängig von den auftretenden →Datentypen. Ein Beispiel ist das folgende Schema für einfache while-Programme:
```
var m x:=A;
while B(x) do x:=K(x) od,
```
wobei m eine Schemavariable für ein Tupel von Datentypen bezeichnet, x eine Schemavariable für ein Tupel von Variablen, A eine Schemavariable für Ausdrücke und B(x), K(x) Schemavariablen für Ausdrücke, die möglicherweise x enthalten.

Das folgende Programm zur Berechnung der Fakultät n0! in der Variable a ist eine →Instanz dieses Schemas:
```
var (int, int) (n, a) := (n0, 1);
while n ·Ò 0 do
 (n, a) := (n-1, n * a) od,
```
wobei (int, int) für m, (n, a) für x, (n0, 1) für A, n ⟨⟩ 0 für B(x) und (n−1, n * a) für K(x) eingesetzt wird. Man beachte, daß in den Instanzen von B(x) und K(x) auch x durch die (bzw. geeignete Projektionen der) Instanz (n, a) von x ersetzt wurde. *Wirsing*

Literatur: *Bauer, F. L.; Wössner, M.*: Algorithmische Sprache und Programmentwicklung. Springer, Berlin 1984. – *Partsch, H.*: Specification and transformation of programs. Springer, Berlin 1990.

**Programmschutz** ⟨software protection⟩ → Urheberrecht

**Programmsegmentierung** ⟨segmentation⟩. Wird angewandt, um → Programme in → Digitalrechnern bearbeiten zu können, die größer sind als die für sie zur Verfügung stehenden Speicherbereiche. Segmente sind logisch zusammengehörige Informationsblöcke variabler Größe. Es werden jeweils diejenigen Segmente in den →Hauptspeicher gebracht, die gerade benötigt werden. Sie nehmen dabei den Speicherplatz nicht mehr oder zur Zeit nicht benötigter Segmente ein (*Überlagerung*). Die Verwaltung der Segmentierung erfolgt i. allg. zur →Laufzeit automatisch durch die → Hardware und → Software des Rechners. *Bode*

**Programmsynthese** ⟨program synthesis⟩. Automatisches Erstellen eines Programms, das ein vorgegebenes Problem löst. P. begann mit der Entwicklung von →Compilern (1954), die zunächst als „automatische Programmiersysteme" verstanden wurden. P. umfaßt heute auch Ansätze der → Künstlichen Intelligenz (KI), bei denen wesentliche Teile kreativer Programmiertätigkeit durch automatische Verfahren ersetzt werden.

P. erfordert eine Problemspezifikation und eine Zielsprache. Zur Problemspezifikation kommen →formale Methoden in Betracht (z. B. Spezifikationssprachen), Spezifikation durch Beispiele (z. B. Eingabe-Ausgabe-Verhalten) oder Spezifikation durch informelle Beschreibungen in natürlicher Sprache. Als Zielsprachen werden häufig Programmiersprachen wie LISP oder GPSS verwendet.

In vielen interessanten Fällen existiert kein allgemeiner → Algorithmus zur Konstruktion eines Programms zu einem vorgegebenen Problem. Macht man aber geeignete zusätzliche Annahmen an die Form der → Spezifikation, so lassen sich häufig Lösungsalgorithmen finden, auch wenn diese oft von exponentieller Komplexität sind. Ein Beispiel ist die automatische Konstruktion von →CSP-Programmen aus propositionalen temporallogischen Spezifikationen (→Logik, temporale).

P. ist ein aktives Forschungsgebiet. Man kann folgende Methoden unterscheiden:
– Extraktion von Programmen aus Beweisen, d. h., das Programm entsteht als Nebenprodukt eines Beweises der Lösbarkeit des vorgegebenen Problems;
– → Transformation einer Spezifikation in ein Programm durch eine Folge von Anwendungen geeigneter Transformationsregeln;
– Wissensgestützte P. durch Bereitstellen von Programmierexpertise in einem → Expertensystem;
– Problemlösen durch zielgerichtete Suche mit Hilfe geeigneter Operatoren. *Neumann/Wirsing*

Literatur: *Manna, Z.; Wolper, P.*: Synthesis of communicating processes from temporal logic specifications. ACM Trans. Programming Languages and Systems 6 (1984) pp. 68–93. – *Martin-Löf, P.*: Constructive mathematics and computer programming. 6th Intl. Congress for Logic, Methodology, and Philosophy of Science. North-Holland, Amsterdam 1982, pp. 153–175.

**Programmtransformation** ⟨program transformation⟩. Ziel jeder Programmentwicklung ist es, zu einer gegebenen Problemspezifikation einen korrekten, auf einer Maschine ausführbaren → Algorithmus zu finden, der i. allg. auch noch effizient sein soll. Während die → Programmverifikation Methoden umfaßt, mit denen nachträglich die Korrektheit eines Algorithmus überprüft wird, ist der Grundgedanke der P. die schrittweise Umformung der → Spezifikation in einen Algorithmus, dessen → Verfeinerung und Verbesserung.

Verglichen mit der Programmverifikation ist die P. in erster Linie eine konstruktive Methode. Für beide Methoden gilt gleichermaßen, daß sie den Entwurfs- und Programmierstil positiv beeinflussen – auch wenn sie nicht bis zur letzten Konsequenz angewandt werden. Allein die Absicht, ein zu entwerfendes Programm zu verifizieren, erfordert eine sauber strukturierte Programmentwicklung. Die Kenntnis von Transformationsregeln schärft das Bewußtsein für äquivalente Formulierungen und erlaubt es, Einschränkungen der Ausdrucksmöglichkeiten z. B. durch die Implementierungssprache beim Entwurf zu ignorieren.

P. sind nicht nur auf Programme anwendbar, sondern auf ein großes Spektrum von Ausdrucksformen für Spezifikationen und Algorithmen, beginnend mit eigenschaftsorientierten Spezifikationen und → abstrakten Datentypen über applikative, rekursive Formulierungen (→ Programmiersprache, funktionale) und Algorithmen in höheren Programmiersprachen bis hin zu maschinennahen Programmen.

Grundlegende Transformationsregeln sind für rekursive Formulierungen das Expandieren (fold, Ersetzen des Aufrufs einer Funktion durch ihren Rumpf) und Komprimieren (unfold, Ersetzen eines Ausdrucks durch den Aufruf einer Funktion, deren Rumpf nach Substitution der Parameter mit dem Ausdruck übereinstimmt), die Einbettung (in eine allgemeinere Form) und Methoden der → Entrekursivierung. Für Spezifikationen verwendet man Techniken der Strukturierung, der Anreicherung (durch Einführung neuer Symbole und Axiome) und des Wechsels der Datenstruktur (→ Implementierung).

Das folgende Beispiel zeigt die Transformation einer kaskadenartigen rekursiven Definition der *Fibonacci*-Funktion in repetitive Form (in → SML-ähnlicher Syntax):

```
fib(n:n>0) =
  if n=1 or n=2 then 1
  else fib(n-1)+fib(n-2);
```

Der else-Fall legt die folgende Anreicherung mit einer allgemeinen Linearkombination von fib(m) und fib(m+1) nahe:

```
f(m:m>0, a, b) = a * fib(m)
 +b * fib(m+1),
```

Expandieren von fib(m+1) im Rumpf von f und arithmetische Umformung führt auf

```
if (m+1)=1 or (m+1)=2
  then a * fib(m) +b
  else a * fib(m) +b * fib(m)
   +b * fib(m-1);
```

Für m>0 hat (m+1)=1 keine Lösung; es ergibt sich

```
if m=1
  then a * fib(m) +b
  else
b * fib(m-1) + (a+b) * fib(m);
```

Durch Komprimieren erhält man wegen fib(n)=f(n, 1, 0) die repetitive Form

```
f(m:m>0, a, b) =
if m=1
  then a+b
  else f(m-1, b, a+b);
fib(n:n>0) = f(n, 1, 0).
```

Bekannte Transformationssysteme sind das von *Darlington* und *Burstall* zur Unterstützung von fold/unfold-Transformationen sowie in den letzten Jahren das KIDS-System, mit dem es gelang, sehr effiziente Scheduling-Algorithmen zu konstruieren, die um eine Größenordnung schneller sind als vergleichbare andere. *Zimmermann/Goos/Wirsing*

Literatur: *Bauer, F. L.; Wössner, M.*: Algorithmische Sprache und Programmentwicklung. Springer, Berlin 1984. – *Burstall, R. M.; Darlington, J.*: A transformation system for developing recursive programs. Journal ACM 24 (1977) pp. 44–67. – *Partsch, H.*: Specification and transformation of programs. Springer, Berlin 1990. – *Smith, D. R.*: KIDS – a semi-automatic program development system. IEEE Trans. on Software Eng. 16 (1990) pp. 1024–1043.

**Programmverifikation** ⟨*program verification*⟩. Beweisen der → Korrektheit von Programmen gegenüber ihrer → Spezifikation mit Hilfe mathematisch-logischer Methoden (→ Verifikation). Im Gegensatz zum Testen wird durch P. das korrekte Verhalten eines Programms in allen Zuständen festgestellt. Dies macht die P. sehr aufwendig, so daß eine Maschinenunterstützung durch → Verifikationssysteme bzw. → Theorembeweiser erforderlich ist. Trotzdem ist es wichtig, kritische Teile eines Software-Systems zu verifizieren, da Programmtests nur das Vorhandensein von Fehlern aufdecken, aber (in zustandsunendlichen Systemen) nie deren Abwesenheit zeigen können. Nur ein formaler Beweis kann absolute → Sicherheit für die Korrektheit bieten.

Ausgehend von den grundlegenden Arbeiten von *Floyd* und *Hoare* in den 60er Jahren, wurden verschiedene Techniken der P. entwickelt:

– → *Hoare*-Logiken und die ihnen verwandten Prädikatentransformationsansätze der schwächsten → Vor- und stärksten → Nachbedingung zur Verifikation nichtdeterministischer imperativer Programme. Weiterentwicklungen wie die Methode von *Owicki* und *Gries* eignen sich zur Verifikation nebenläufiger Programme.

– Dynamische Logiken (→ Logik, algorithmische) zur Verifikation imperativer Programme. Sie sind eine Weiterentwicklung der *Hoare*-Logiken, bei der Programme (als Modaloperatoren aufgefaßt) in die Formeln integriert werden.

– → Temporale Logiken zur Verifikation imperativer und nebenläufiger Programme. Hier wird die Ausführung von Programmen über Programmpunkte modelliert.

– Gleichungslogiken zur Verifikation rekursiver Algorithmen und Programme (→ Rekursion) und von Wechseln der Datenstruktur (→ Implementierung).

– → LCF-artige Logiken und → Typtheorie zur Verifikation funktionaler Programme. Korrektheitsbeweise für imperative Programme lassen sich auf dem Umweg über die → denotationelle Semantik der zugrundeliegenden Programmiersprache führen.

– → Dynamische Algebren. Mit dieser Methode wurde u. a. die Korrektheit der WAM (→ Maschine) gezeigt.
*Wirsing*

Literatur: *Apt, K. R.; Olderog, E.-R.*: Programmverifikation. Springer, Berlin 1994. – *J. van Leeuwen* (Ed.). Handbook of theoretical computer science, Vol. B. Elsevier, Amsterdam 1990.

**Projektbibliothek** ⟨*project library*⟩. Globales, d. h. in allen Projektphasen einsetzbares Werkzeug für die → Software-Entwicklung. Es dient zur Aufnahme, Speicherung und Verwaltung aller relevanten Ergebnisse eines → Software-Projekts. Das sind im besonderen die Ergebnisse der Entwicklung (z. B. Anforderungen, Analysen, Spezifikationen, Programme, Testentwürfe und -

ergebnisse von → Software-Bausteinen), der Projektführung (Pläne, Kostenschätzungen, Soll-Ist-Vergleiche, Berichte) und der → Qualitätssicherung (Qualitätsanforderungen, QS-Pläne, Review- und Inspektionsprotokolle). *Hesse*

**Projektierung** ⟨*projecting*⟩. Aufgrund des hohen Aufwandes ist die P. graphischer → Benutzerschnittstellen im Sinne eines ingenieurmäßigen Vorgehens eine notwendige Voraussetzung für eine wirtschaftliche und qualitätsgerechte Benutzerschnittstellen-Entwicklung. Benutzerschnittstellen für Automatisierungssysteme umfassen z. B. nicht selten bis zu 70% des gesamten Quellcode der erforderlichen → Software. Ausgehend von der globalen Forderung nach vollständiger P. – praktisch ohne System- und Programmierkenntnisse –, umfassen die gegenwärtig entwickelten Methoden und Werkzeuge den Bereich von der einfachen Programmierunterstützung bis hin zu graphisch-interaktiven Projektierumgebungen wie → UIMS. Basis der Werkzeuge sind syntaktische und semantische Vorschriften zur formalen, problemangepaßten Beschreibung (→ Spezifikation) der Benutzerschnittstelle. Als Problem erweist sich die optimale Abstimmung zwischen dem richtigen Maß an Einfachheit und funktionaler Mächtigkeit der → Beschreibungsmittel, d. h., die Be-schreibungsmittel müssen aufgabenangemessen und gut erlernbar gestaltet sein. Die bisher eingesetzten Beschreibungsmittel sind deshalb sehr stark werkzeug- bzw. anwendungsbezogen. Eine bestimmte Methodik konnte sich bisher noch nicht durchsetzen. *Langmann*

**Projektmanagement** ⟨*project management*⟩. **1.** Gesamtheit aller Maßnahmen zur zielgerichteten Vorbereitung und Durchführung von Projekten. Dazu gehören insbesondere die → Projektplanung, der Aufbau der → Projektorganisation, die Auswahl, Einweisung und Führung der am Projekt beteiligten Mitarbeiter oder Fremdunternehmen (Subunternehmen), die zweckdienliche Aufteilung der Verantwortlichkeiten und Betriebsmittel zwischen den Beteiligten, die Aufstellung und Auswahl eines → Vorgehensmodells, die Verfolgung und Steuerung des Projektfortschritts sowie die Überwachung und Sicherung der Einhaltung der terminlichen, kostenmäßigen und qualitätsmäßigen Ziele und Vorgaben.

**2.** Die mit der Leitung eines Projekts betraute Person oder Personengruppe. Wünschenswert ist, daß P. als eigenständige professionelle Qualifikation angesehen und weiterentwickelt wird. Bei größeren Projekten sind fast immer eine oder mehrere Personen ausschließlich für diese Aufgabe zuständig (es besteht eine 1:1-Zuordnung). Bei kleineren Projekten kann die P.-Aufgabe von einer Person neben anderen Aufgaben wahrgenommen werden. Oder aber eine Person betreut gleichzeitig mehrere Projekte als Projektleiter, selbst solche, die sich in unterschiedlichen Projektphasen befinden.
*Endres*

Literatur: *Elzer, E.*: Management von Software-Projekten. Braunschweig 1994. – *Moll, K.*: Informatik-Management. Heidelberg 1994.

**Projektoperation** ⟨*project operation*⟩ → Datenmodell

**Projektorganisation** ⟨*project organisation*⟩. Grundsätze und Ausprägungsformen für die personalmäßige Strukturierung eines Projekt-Teams. Die Wahl einer passenden P. ist ein Hilfsmittel für das Projektmanagement, durch optimale Arbeitsaufteilung dafür zu sorgen, daß die Kompetenzen des Teams voll zur Geltung kommen, daß die Verantwortlichkeiten und Rechte jedes Beteiligten klar sind und daß Kommunikationswege den tatsächlichen Bedürfnissen des Projekts angepaßt sind. Obwohl die P. sich dem Fortgang eines Projekts anpassen muß, wird oft von der statischen Ablauforganisation gesprochen, um sie von der dynamischen Ablauforganisation zu unterscheiden, wie sie im Vorgehensmodell zum Ausdruck kommt.

Bei der Wahl der P. ist darauf zu achten, daß ein guter Kompromiß gefunden wird zwischen einander widersprechenden Prinzipien, etwa zwischen Eigenverantwortung und Kontrolle, zwischen Effizienzsteigerung durch Spezialisierung und breiter Einsatzfähigkeit der Mitarbeiter durch Erweiterung des Kompetenzbereichs oder zwischen Stabilität der Arbeitsumgebung und Konzentrierung auf die jeweilige Projektsituation. Diese wird durch zwei Extremformen der P. charakterisiert, nämlich der (strikten) Baumorganisation oder der Matrixorganisation. Bei der Baumorganisation sind alle am Projekt beteiligten Mitarbeiter dem Projektleiter auch personalmäßig unterstellt. Bei der Matrixorganisation verbleibt der größere Teil der Mitarbeiter in der angestammten Personalstruktur und arbeitet einem oder mehreren Projekten zu. *Endres*

**Projektplanung** ⟨*project planning*⟩. Maßnahme innerhalb des → Projektmanagement, die der Vorbereitung eines Projekts dient. Ziel der P. ist es, alle Vorkehrungen dafür zu treffen, daß die noch in der Zukunft liegenden Projektaktivitäten möglichst optimal und den Erwartungen entsprechend ablaufen. Je größer ein Projekt und je stärker es risikobehaftet ist, um so wichtiger ist eine sorgfältige Projektplanung. Umgekehrt darf Projektplanung nicht zum Selbstzweck werden, wenn die auszuführenden Tätigkeiten in keinem Verhältnis zum Planungsaufwand stehen und in längst bekannten Bahnen ablaufen. Gegenstand der P. ist es, Klarheit zu schaffen über den Inhalt der zu lösenden Aufgaben, über die anwendbaren Methoden und Werkzeuge, über die erforderlichen Mittel und Bearbeitungszeiten sowie über bestehende sachliche und zeitliche Abhängigkeiten.

Während die stärker technisch orientierten Fragestellungen nicht als primäre Verantwortung der Projektführung angesehen werden, konzentriert sich die P. in der Regel auf → Aufwandschätzung, die Auswahl eines → Vorgehensmodells, die Festlegung der → Projektorganisation, die Auswahl der Projektmitarbeiter, die Vereinbarung von Meilensteinen und Zwischenergebnissen, die Auswahl der Methoden und Werkzeuge für die Projektverwaltung und die → Qualitätssicherung. Obwohl die Aufwandschätzung gerne als relativ unabhängige Maßnahme betrachtet wird, wo aus klaren Vorgaben eindeutige Ergebnisse folgen, bestehen vielfältige Querbeziehungen zwischen allen Aktivitäten. So besteht ein sehr bekannter Zusammenhang zwischen Kosten (Aufwand), Zeitdauer der Entwicklung und Qualität der Ergebnisse.

Die P. muß einen für das jeweilige Projekt günstigen Kompromiß finden, diesen überzeugend darstellen, mit allen Betroffenen abstimmen und schließlich allen, die für das Projekt Verantwortung übernehmen wollen, klarmachen, welche Verpflichtungen eingefordert werden, sollte das Projekt zur Durchführung kommen. Da sich im Laufe eines Projekts sowohl die Anforderungen an die Ergebnisse als auch die Umstände und technischen Möglichkeiten der Durchführung ändern können, ist es nicht sinnvoll, die P. zu langfristig und zu detailliert vorzunehmen. Der Grundsatz des „just in time" gilt hier auch, d. h., die P. muß sich nach den erforderlichen Vorlaufzeiten richten. Man muß wissen, welches der spätestmögliche Zeitpunkt für eine Entscheidung ist und trifft sie erst dann.

Die P. findet ihren Niederschlag in einem Dokument, das als Projektplan bezeichnet wird. Entsprechend der stufenweisen Vorgehensweise wird der Projektplan am Anfang wenig detailliert sein, was die späten Phasen anbetrifft. Er wird jedoch entsprechend dem Fortgang der Aktivitäten und den Erfordernissen der einzelnen Phasen später um Details ergänzt. Für die maschinelle Fortführung und Überprüfung eines Projektplans bieten sich rechnergestützte → Projektverwaltungssysteme an. Ihr Nutzen hängt natürlich auch sehr von der Größe und Komplexität des Projekts ab. *Endres*

**Projektunterricht** ⟨*teaching of projects*⟩. P. unterscheidet sich von problemorientiertem Unterricht durch die Größe des Problems bzw. die Länge des zur Problemlösung erstellten → Programms (i. allg. > 1000 Zeilen).

Im → Informatikunterricht werden solche Programme in das letzte Jahr des Grundkurses (Jahrgang 13) oder in den Leistungskurs (Jahrgang 11–13) verlagert; außerdem spielt ihre Erstellung im Rahmen einer sog. Projektwoche der Schule eine Rolle. Besondere Schwierigkeiten bereiten in einem P. die Teilung eines Vorhabens in getrennt bearbeitbare Teilprojekte und die eindeutige Vereinbarung der Schnittstellen für jede Gruppe sowie die Leistungsbewertung innerhalb der Gruppen.

Beispiele für Projekte sind
– Wahlhochrechnung auf lokaler Basis,
– Herstellung eines Informationssystems, z. B. über Verkehrsverbindungen,
– Herstellung eines Arbeitsplanes (Job-Scheduling),
– Umstellung der Schülerbücherei auf → Datenverarbeitung,
– Erstellung eines Lernprogramms,
– Fortschreibung von Bevölkerungspyramiden,
– Auswertung eines physikalischen Experiments im On-line-Betrieb,
– Anpassung einfacher volkswirtschaftlicher Modelle an empirische Bedingungen der Vergangenheit usw.

Im allgemeinen wird man an der Schule über solchen Projektunterricht selbsterstellte → Software erhalten, die man bei geeigneter Archivierung und Dokumentation im Fachunterricht hilfsweise einsetzen kann.

*Klingen*

**Projektverwaltungssystem** ⟨*project management system*⟩. Software-System zur Unterstützung des → Projektmanagement. Ein P. erlaubt es, die für die Projektplanung, -steuerung und -abrechnung erforderlichen Daten zu speichern, fortzuschreiben und ggf. graphisch darzustellen. Die Projektdaten können das Projekt als Ganzes beschreiben, aber auch einzelne Aktivitäten und Arbeitspakete. Dabei wird die Konsistenz geprüft zwischen Verantwortlichkeiten, Terminen, geplanten und verbrauchten Betriebsmitteln. Das P. kann ein bestimmtes → Vorgehensmodell unterstützen oder davon unabhängig sein. Zu den graphischen Darstellungen gehören Balkendiagramme und Netzdarstellungen. Bei hinreichenden Daten kann auch der für die Zeitdauer entscheidende kritische Pfad über alle Aktivitäten ermittelt werden. *Endres*

**PROLOG** ⟨*PROLOG*⟩. → Programmiersprache der → Künstlichen Intelligenz (KI) auf der Basis eines logischen → Kalküls. Ein P.-Programm besteht im wesentlichen aus einer → Datenbasis mit Fakten und Regeln sowie einer Anfrage. Fakten werden als logisch wahre Aussagen interpretiert. Regeln sind logische Schlußregeln, die aus Fakten neue Fakten ableiten. Eine Anfrage ist eine zu beweisende Aussage, ein logisches Theorem.

P. enthält einen effizienten → Theorembeweiser, der das → Resolutionsverfahren benutzt. Durch systematisches Verketten von Regeln versucht der Beweiser, die Anfrage aus Fakten abzuleiten. Dabei nehmen vorher ungebundene Variablen konkrete Werte an und werden als Lösungen ausgegeben.

P. gehört zu den deklarativen Programmiersprachen. Der Programmierer kann im Prinzip sein Problem formulieren, ohne den Lösungsweg in allen Einzelheiten zu kennen. In der Praxis ist es jedoch meist erforderlich, die logischen Inferenzen genau vorauszuplanen, um eine effektive Berechnung zu gewährleisten.

P. ist neben LISP und seinen Dialekten die am weitesten verbreitete Programmiersprache der KI.

*Neumann*

**Prompt** ⟨*prompt*⟩ → Aufforderung

**Prosodie** ⟨*prosody*⟩. Zusammenfassende Bezeichnung für die Intonation bei gesprochener → Sprache.

P. umfaßt sog. suprasegmentale Eigenschaften, d. h. Eigenschaften des Sprachsignals, die sich über den Bereich eines phonetischen Segments hinaus erstrecken. Die wichtigsten prosodischen Parameter sind Intensität, Sprachgrundfrequenz, Dauer und Betonung. In sprachverstehenden Systemen gibt P. wichtige Hinweise für die → Worterkennung und die linguistische Analyse (z. B. Ermittlung von Phrasengrenzen oder Satzmodus) einer Äußerung.

Die *Intensität* ist ein relativ leicht zu messender Parameter, der in erster Näherung als Energie des Signals oder des bewichteten Signals in einem kurzen Zeitintervall (etwa 20 ms) definiert werden kann.

Die *Sprachgrundfrequenz* wird sinnvollerweise nur in stimmhaften Abschnitten des Sprachsignals berechnet. Bei ihrer Berechnung sind Fehler i. allg. nicht völlig zu vermeiden.

Die *Dauer* sprachlicher Ereignisse betrifft insbesondere die Dauer von Silben, von stimmhaften und stimmlosen Bereichen sowie die Dauer vokalischer und nichtvokalischer Bereiche in einer Silbe.

Die *Betonung* ist, im Unterschied zu den anderen drei Größen, eine wesentlich subjektiv beurteilte Größe. Als akustisch meßbare Parameter für die Beurteilung der Betonung gelten Grundfrequenz, Intensität, Dauer von Silben und → Formanten in Vokalen. Hier gibt es insbesondere auch von Sprache zu Sprache Unterschiede. *Niemann*

Literatur: *Nöth, E.*: Prosodische Information in der Sprachverarbeitung, Berechnung und Anwendung. Tübingen 1991.

**Protokoll** ⟨*protocol*⟩. Feste Regel für den Austausch von → Daten zwischen kommunizierenden → Instanzen. Die Zusammenschaltung von Rechnern zu einem → Netzwerk erfordert z. B. nicht nur geeignete Datentransportkanäle, sondern auch gemeinsame Kommunikationsprotokolle. *Jakobs/Spaniol*

**Protokolldateneinheit** ⟨*PDU (Protocol Data Unit)*⟩. Gemäß → OSI-Referenzmodell kommunizieren entsprechende → Ebenen in zwei Systemen durch den Austausch von PDU. → ISO definiert eine PDU der Ebene (N) wie folgt: „Eine Dateneinheit, die vom → Protokoll der Ebene (N) festgelegt wird und die aus Kontrollinformationen dieses → Protokolls und gegebenenfalls Benutzerdaten besteht". *Fasbender/Spaniol*

Literatur: *ISO*: Open systems interconnection – Basic reference model (1984).

**Protokollierung der Zugriffe** ⟨*auditing of accesses*⟩ → Zugriffskontrollsystem

**Prototyp** ⟨*prototype*⟩. Funktionsmuster eines Software- oder Hardware-Produkts. Schwerpunkt bei der Erstellung eines P. liegt bei der raschen zeitlichen Erfüllung der wesentlichen Eigenschaften. Mit Hilfe von P. sollen z. B. Auftraggebern bzw. Kunden erste Eindrücke vermittelt werden. Erfahrungen aus der P.-Erstellung fließen in die Entwicklung des endgültigen Produkts ein. Oftmals werden P. mit nur leichten Modifikationen als fertige Produkte angeboten (alpha/beta/gamma-Testversionen). Zur Erstellung von Software-P. werden häufig spezielle P.-Sprachen verwendet (meist interpretierbare Sprachen oder Sprachen, die in einen interpretierbaren Zwischencode übersetzt werden können (Interpretierer). Dadurch sind rasche Änderungen möglich (ohne den ganzen Übersetzungs-/Binde-Zyklus

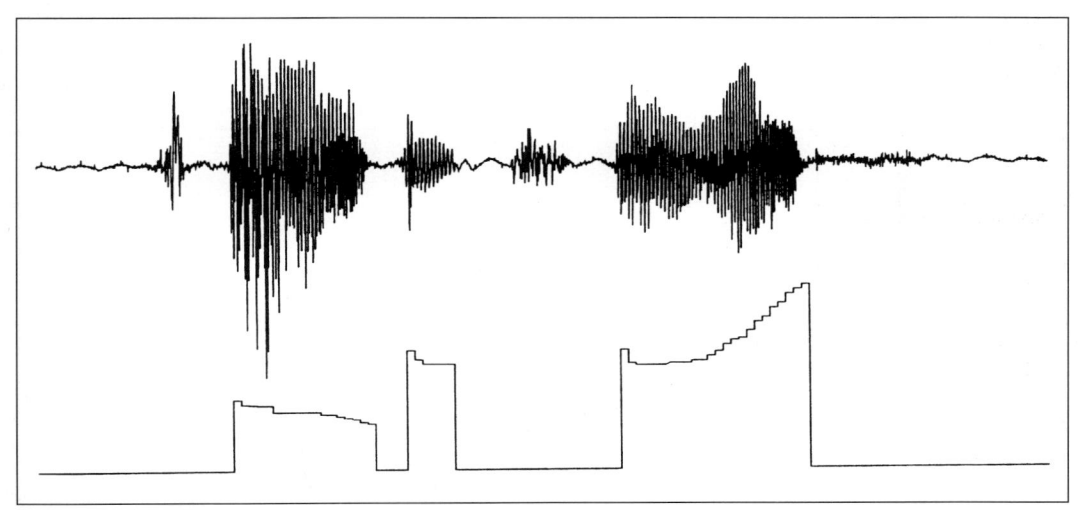

*Prosodie: Zur Äußerung „zwei Uhr zwölf?" (Frageintonation) des Sprachsignals (oben) und der in stimmhaften Bereichen berechnete Verlauf der Grundfrequenz (unten)*

erneut auszuführen), was jedoch oft zu Lasten einer guten Wartbarkeit geht. P.-Sprachen lassen zumeist Strukturierungsmöglichkeiten wie Modulkonzept oder Klassenbildung vermissen.

Als Beispiel für typische P.-Sprachen lassen sich Skriptsprachen wie Perl bzw. TCL/TK oder weitverbreitete Sprachen wie Visual-BASIC anführen.

*Stabl/Wirsing*

**Prototypentwicklung** ⟨*prototyping*⟩. Partielle Implementierung zu dem Zweck, wichtige Entwurfsentscheidungen experimentell zu unterstützen. P. kann nützlich sein in der Definitionsphase, um die Anforderungen an das System auszuloten, indem dem potentiellen Nutzer eine konkrete Ausprägung der möglichen Systemfunktionen vor Augen geführt wird. In der Entwurfsphase dient P. dazu, technische Fragen, die nicht durch eine analytische Untersuchung beantwortet werden können, experimentell zu bewerten. Schließlich kann in der Implementierungsphase P. das Projektrisiko reduzieren, indem die Entwicklungsschritte so definiert werden, daß sich das Endprodukt evolutionär aus einer Folge immer umfassender lauffähiger Prototypen ergibt, die bei jeder Stufe vom Nutzer getestet und bewertet werden.

Die P. erfüllt nur dann ihren Zweck, wenn am Anfang klar ist, welche Fragen beantwortet werden sollen, die Erstellung schneller und kostengünstiger abläuft als die eigentliche Produktentwicklung und nach Fertigstellung eine gezielte Bewertung erfolgt. Sie hat außerdem einen nicht zu unterschätzenden Lerneffekt für das Entwickler-Team, bezieht die Nutzer des Systems stark in die Entwicklung ein und zeigt nach außen, d. h. auch dem Auftraggeber gegenüber, leicht sichtbaren Fortschritt.

Die Gefahren der P. ergeben sich daraus, daß Außenstehende den Unterschied zwischen Prototyp und Produkt nicht erkennen und daher dessen Auslieferung verlangen und daß Entwickler die für die P. zulässigen Methoden und Maßstäbe auf das eigentliche Produkt übertragen. Für die P. stehen oft spezielle Werkzeuge und Sprachen zur Verfügung, die eine besonders schnelle Erstellung von Basisfunktionen oder Benutzungsoberflächen ermöglichen (rapid prototyping).

*Endres*

Literatur: *Budde, R.*; *Kautz, K.* et al.: Prototyping. Heidelberg 1992.

**Prototyping 1.** ⟨*prototyping*⟩ (auch: rapid prototyping). Technik zur schnellen Herstellung komplexer Software auf der Basis eines → Anwendungs- oder Entwurfsmodells. Ein Prototyp weist gegenüber dem erwünschten Endprodukt eine eingeschränkte → Funktionalität auf, ist ausführbar und kann mit (relativ) geringem Aufwand hergestellt, getestet und bewertet werden. An seiner Ausführung lassen sich wesentliche Verhaltens- oder Leistungseigenschaften des Endprodukts vorab erproben.

*Hesse*

Literatur: *Fischer, J.*: Porträt. Humboldt-Spektrum (1995) 1, S. 57, Humboldt-Univ. Berlin. – *Budde, R.*; *Kuhlenkamp, K.* et al.: Approaches to prototyping. Springer, Berlin 1984. – *Hallmann, H.*: Prototyping komplexer Softwaresysteme. Teubner, Stuttgart 1990.

**2.** Vorgehensmodell für die Realisierung von → Benutzerschnittstellen, das im Unterschied zur klassischen → Software-Technologie mit dem → Phasenmodell eine iterative Entwicklung der Benutzerschnittstellen-Software mit inkrementellen Eingriffsmöglichkeiten zuläßt. Ausgangspunkt für das P. sind die folgenden Besonderheiten, die den Entwicklungsprozeß komplexer (und damit immer auch graphischer) Benutzerschnittstellen kennzeichnen:

– Reale Benutzerschnittstellen-Projekte folgen meist nicht einer sequentiellen Abfolge von Entwicklungsphasen (wie im Phasenmodell vorausgesetzt).

– Die Benutzerschnittstelle ist erst nützlich anwendbar, wenn sie vollkommen fertiggestellt ist.

– Vom Anwender wird erwartet, daß er in der ersten Phase alle Anforderungen an die Benutzerschnittstelle explizit artikulieren kann.

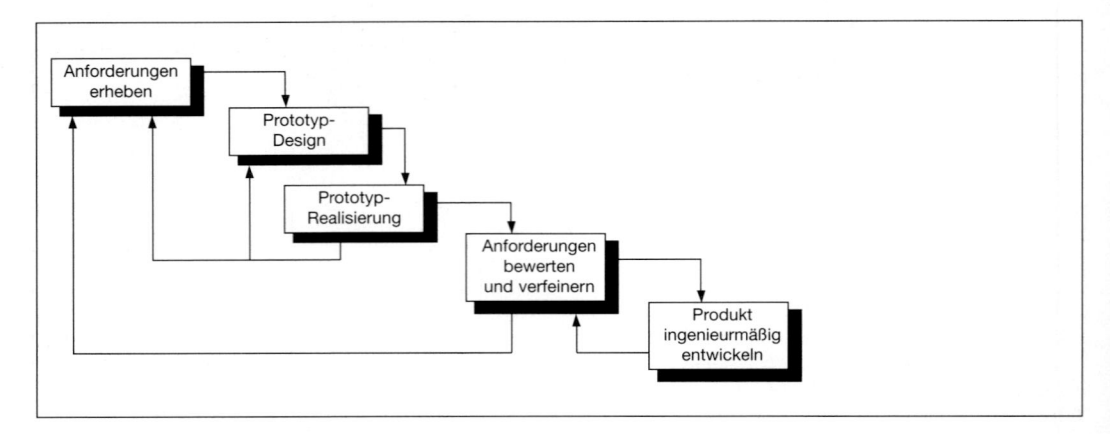

*Prototyping: Schematische Darstellung*

Beim P. wird (Bild) zu Beginn der Entwicklung einer graphischen Benutzerschnittstelle ein Prototyp entworfen, auf dessen Grundlage die Anforderungen diskutiert und präzisiert werden können. Der Prototyp wird solange über einen iterativen Korrekturprozeß optimiert, bis ein von allen Beteiligten akzeptiertes Beispielsystem vorliegt, das die wesentlichen Merkmale der zukünftigen Benutzerschnittstelle aufweist. Als Hilfsmittel für das P. kommen entweder das eigentliche Projektierwerkzeug (falls geeignet) oder andere Werkzeuge wie die visuelle Programmierumgebung Toolbook für den → PC zur Anwendung. Toolbook ermöglicht mit einfachen Mitteln die Erstellung von Bildschirmdarstellungen unter Einbeziehung von Text und Graphik und deren dynamische Verknüpfung über wenige Anweisungen einer einfachen Programmiersprache (OpenScript). Damit kann die zukünftige Benutzerschnittstelle schnell simuliert werden.

Zum P. gibt es verschiedene Auffassungen:
– Im Bereich des klassischen Software-Engineering soll der Prototyp nur als Hilfsmittel zur Diskussion über Anforderungen (als explorativer Prototyp) oder als Grundlage für die Einschätzung der Machbarkeit (als experimenteller Prototyp) genutzt werden.
– Beim Einsatz objektorientierter Technologien wird der Prototyp (als evolutionärer Prototyp) Bestandteil des Zielsystems. Er ist kein Wegwerfmodell mehr und bleibt auch nach Fertigstellung des Produktes als Referenzsystem für Änderungen erhalten.

Abhängig vom eingesetzten Projektierwerkzeug bieten sich für eine Benutzerschnittstellen-Entwicklung beide Varianten an.

Wichtigster Vorteil des P. ist, daß die Lösungen benutzergerechter werden und die Realitätsablösung der Entwickler vermieden wird. Nicht zuletzt schaffen Prototypen auch für das externe Management eine wirkungsvolle Präsentationsgrundlage und erhöhen dessen Projektinteresse. *Langmann*

Literatur: *Raasch, J.*: Systementwicklung mit strukturierten Methoden. München 1992. – *Vorwerk, R.*: Objektorientierte Sprachen als Software-Entwicklungsumgebung. Computer Magazin (1991) 7/8, S. 28–32.

**Prozedur** ⟨*procedure*⟩. Programmiersprachliches Konzept → imperativer Programmiersprachen, mit dem Unterprogramme parametrisiert formuliert werden können. P. werden zur Strukturierung von → Programmen verwendet, indem Teilaufgaben separat beschrieben werden. Mit der Deklaration einer P. werden ihr Bezeichner, die → Schnittstelle (formale Parameter), lokale Variable und der zugehörige Programmtext (Rumpf) definiert. Beim Aufruf einer P. werden die formalen Parameter mit den aktuellen → Daten instantiiert, und der Rumpf wird ausgeführt. *Breitling/K. Spies*

**Prozeß** ⟨*process*⟩. Nach DIN 66201 ist ein P. eine Gesamtheit von aufeinander einwirkenden Vorgängen in einem System, durch die Materie, Energie oder Information umgeformt, transportiert oder gespeichert wird. In der Informatik wird ein P. als eine kausal geordnete Menge von → Ereignissen definiert, wobei ein Ereignis der Ausführung einer Aktion entspricht. Einem sequentiellen P. liegt eine totale Ordnung der Ereignisse zugrunde; dies trifft z. B. auf den Prozeßbegriff in → Betriebssystemen zu, wo ein P. als ein „Programm in Ausführung" verstanden wird. Bei verteilten Systemen können dagegen auch nichtsequentielle P. (parallele P.) auftreten, die durch Ereignisstrukturen (event structures) beschrieben und durch gewisse → *Petri*-Netze (sog. Kausalnetze) dargestellt werden können.

In der Praxis spielen P. eine große Rolle in Betriebssystemen. Im → Mehrprogrammbetrieb können mehrere P. verwaltet werden, wobei zwischen verschiedenen Prozeßzuständen wie initiiert, bereit, aktiv, wartend und terminiert unterschieden wird. Da Prozesse gemeinsame Informationen benötigen oder gemeinsame → Betriebsmittel verwenden können, sind Vorrichtungen zur Prozeßkommunikation und Prozeßsynchronisation notwendig. *Merz/Wirsing*

**Prozeß, eingelagerter** ⟨*process in memory*⟩ → Speichermanagement

**Prozeß, in Task eingeordneter** ⟨*process, embedded in a task*⟩ → Betriebssystem, prozeßorientiertes

**Prozeß, leichtgewichtiger** ⟨*lightweight process*⟩ → Betriebssystem, prozeßorientiertes

**Prozeß, nebenläufiger** ⟨*concurrent process*⟩ → Nebenläufigkeit; → Concurrency

**Prozeß, paralleler** ⟨*concurrent process*⟩ → Nebenläufigkeit; → Concurrency

**Prozeß, schwergewichtiger** ⟨*heavyweight process*⟩ → Betriebssystem, prozeßorientiertes

**Prozeß, sequentieller** ⟨*sequential process*⟩ → Betriebssystem

**Prozeß, stochastischer** ⟨*stochastic process*⟩. Mathematisches Modell eines sich zeitlich verändernden Zufallsprozesses, also eine Menge von zeitabhängigen Zufallsvariablen. Die Anzahl der Jobs in einem → Rechensystem ist z. B. ein s. P. Sie ist abhängig vom Ankunftsverhalten der Aufträge im System (→ Ankunftsprozeß) und dem Bedienverhalten der Rechenkomponenten (→ Bedienzeitverteilung, → Bedienstrategie).

Formal ist ein s. P. eine Familie von Zufallsvariablen $X(t)$ für $t$ aus einem Indexbereich $T$. Für jedes $t$ bildet also $X(t)$ eine Zufallsvariable. Alle diese Zufallsvariablen sind über einem gemeinsamen Wertebereich $S$ definiert. Der Indexbereich $T$ wird oft als

Menge von einzelnen Zeitpunkten interpretiert, $X(t)$ gibt dann den Zustand des Prozesses zum Zeitpunkt t an. Falls T abzählbar ist, handelt es sich um einen zeitdiskret-s. P. Falls T ein Intervall aus dem Bereich der (üblicherweise positiven) reellen Zahlen bildet, spricht man von einem zeitkontinuierlich-s. P. Wenn die Zustandsmenge S diskret ist, wird der s. P. zustandsdiskret genannt.

Ein s. P. ist vollständig durch Angabe von $F_X(x, t) = P(X(t) \leq x)$ für alle t aus T definiert. Für jeden Wert t ist damit eine → Wahrscheinlichkeitsverteilung für $X(t)$ definiert.

Ist der Indexbereich diskret, also endlich oder abzählbar, kann der Prozeß als Folge von Zufallsvariablen beschrieben werden. Mit $x = [x_1, x_2, \ldots]$, $t = [t_1, t_2, \ldots]$ und $X = [X(t_1), X(t_2), \ldots]$ erfolgt die vollständige Charakterisierung des Prozesses in diesem Fall durch Angabe von $F_X(x\ t) = P(X(t_1) \leq x_1, X(t_2) \leq x_2, \ldots)$, wobei $X(t_i)$ mit $X_i$ abgekürzt wird.

Falls für einen stochastischen Prozeß $F_X(x, t+\Delta t) = F_X(x, t)$ gilt, d.h. der Prozeß invariant gegenüber Zeitverschiebungen ist, nennt man ihn stationär. Das Erreichen eines stationären Zustands ist oft eine notwendige Bedingung für die Berechnung von Leistungsgrößen in Systemen, die über s. P. modelliert werden.

Ist das zukünftige Verhalten eines s. P. nur vom aktuellen Zustand abhängig, so heißt der Prozeß *Markoff*-Prozeß bzw. für diskrete Indexmengen → *Markoff*-Kette. Diese beiden besonders einfach zu handhabenden Prozeßklassen sind für die → Leistungsanalyse von Rechensystemen von großer Bedeutung. Eine andere wichtige Klasse von s. P. ist die der → Erneuerungs- oder Zählprozesse. Der wichtigste, weil mathematisch am einfachsten handhabbare Spezialfall eines Zählprozesses ist der → *Poisson*-Prozeß. *Fasbender/Spaniol*

Literatur: *Fahrmeier, L.* u.a.: Stochastische Prozesse. Hanser, 1981. – *Ross, S. M.*: Stochastic processes. John Wiley, 1983.

**Prozeß, verdrängter** ⟨swapped process⟩ → Speichermanagement

**Prozeß-Kern-Abhängigkeiten** ⟨dependencies between processes and operating system kernel⟩ → Betriebssystem, prozeßorientiertes

**Prozeß-Kern-Schnittstelle** ⟨process-to-kernel interface⟩ → Betriebssystem

**Prozeß-Kern-Schnittstelle, nachrichtenorientierte** ⟨message-oriented process-to-kernel interface⟩ → Betriebssystem, prozedurorientiertes

**Prozeß-Kern-Schnittstelle, prozedurale** ⟨procedural process-to-kernel interface⟩ → Betriebssystem, prozedurorientiertes

**Prozeßalgebra** ⟨process algebra⟩. Abstrakte → Programmiersprache zur Beschreibung von nebenläufigen Prozessen. Die wesentlichen P. sind → CCS, das aus → CSP abgeleitete TCSP und ACP. Eine beträchtliche Weiterentwicklung stellt der → Pi-Kalkül von *R. Milner* dar, der auch Datenübertragung und Veränderungen der Systemstruktur zu modellieren gestattet. Die algebraische Theorie der Prozesse ist eine Verfeinerung der → Automatentheorie, denn die möglichen Folgen von Beobachtungen der Aktionen eines Prozeßsystems werden als → Transitionssystem (d.h. einen → *Rabin-Scott*-Automaten, der auch unendlich sein kann) dargestellt; zwei Prozeßsysteme werden als äquivalent betrachtet, wenn sich ihre Transitionssysteme gegenseitig simulieren lassen. *Brauer*

Literatur: *Baeten, J.; Weijland, W.*: Process algebra. Cambridge Univ. Press, Cambridge 1990. – *Milner, R.*: The polyadic π-calculus: A tutorial. In: *Bauer, F. L.; Brauer, W.; Schwichtenberg H.* (Eds.): Logic and algebra of specification. Springer, Berlin 1993, pp. 203–246.

**Prozeßanimation** ⟨process animation⟩. Neben der einfachen → Visualisierung von → Prozeßvariablen in → Mensch-Prozeß-Schnittstellen findet auch die P. eine zunehmende Anwendung. Zielstellung ist dabei die zeitsynchrone und häufig auch realitätsnahe Visualisierung von Prozeßabläufen in Anlagen, Maschinen und Geräten auf dem → Bildschirm des zugehörigen Prozeß- bzw. Steuerungsrechners. Beispiele für die P. sind die Darstellung des Bearbeitungsvorgangs in Werkzeugmaschinen und die Visualisierung von Stoffflüssen (Wasserstand, Säurefluß u. a.) in chemischen Anlagen. Die P. vermittelt dem Bedienpersonal eines komplexen Systems eine größere Transparenz im Sinne einer besseren Einsicht in den technischen Prozeß und dessen dynamisches Geschehen. Damit ergibt sich auch ein größerer Antrieb zur mentalen Integration verschiedener Bildinhalte beim → Bediener. Es erhöhen sich die Sicherheit und Richtigkeit der Bedienhandlungen.

*Langmann*

**Prozesse, kooperierende** ⟨cooperating processes⟩ → Betriebssystem, prozeßorientiertes

**Prozeßerzeugung** ⟨process generation⟩ → Betriebssystem, prozeßorientiertes

**Prozeßführung** ⟨process control⟩. Führung verfahrenstechnischer Prozesse durch Einsatz von selbsttätigen Reglern, von Verknüpfungs- und Ablaufsteuerungen, von dezentralen Automatisierungssystemen und von → Prozeßrechnern. In unterschiedlichen Hierarchiestufen wird damit die P. rationalisiert und das Betriebspersonal von Routineaufgaben entlastet. In der untersten Hierarchieebene liegen Festwertregelungen, Einzel- oder Antriebssteuerungen, in der nächsten Kaskaden-, Verhältnis- und Auswahlregelungen sowie Verknüpfungs- und Ablaufsteuerungen verfahrenstechnischer Teilprozesse (Gruppensteuerungsebene), und schließlich läßt sich mit rezeptgeführten Ablaufsteuerungen und Optimierungsrechnern der Gesamtprozeß führen (Leitsteuerungsebene).

Zur technischen Realisierung dieser Rationalisierungsmöglichkeiten bieten sich unterschiedlich strukturierte Leitsysteme an (Strukturen von Leitsystemen). Sie sind zwar alle grundsätzlich in der Lage, die Anforderungen der Hierarchiestufen zu erfüllen, der Aufwand, sie besonders für die höheren Ebenen aufzurüsten, ist aber sehr unterschiedlich: Die voll parallelen Systeme eignen sich besonders für die Aufgaben der Einzelsteuerungsebene, speicherprogrammierbare Steuerungen und dezentrale Automatisierungssysteme auch für die Gruppensteuerungsebene, während für die Aufgaben der Leitsteuerungsebene i. allg. freiprogrammierbare Prozeßrechner erforderlich sind (→ Struktur, hierarchische). *Strohrmann*

**Prozeßkooperation, stellenlokale** ⟨local process cooperation⟩ → Rechensystem, verteiltes

**Prozeßkooperation, stellenübergreifende** ⟨net-wide process cooperation⟩ → Rechensystem, verteiltes

**Prozeßleitsystem** ⟨process control system⟩ → Automatisierungssystem, dezentrales

**Prozeßmanagement** ⟨process management⟩ → Betriebssystem

**Prozessor** ⟨processor⟩. Zentrale, verarbeitende Einheit von → Digitalrechnern. Der P. umfaßt die steuernde Einheit, das → Leitwerk sowie die informationsverarbeitende(n) Einheit(en), die Rechenwerke. Das Leitwerk adressiert über den → Befehlszähler die Maschinenbefehle und übernimmt diese schrittweise bei der Programmausführung aus dem → Hauptspeicher. In Abhängigkeit des jeweiligen Maschinenbefehls generiert das Leitwerk die Steuersignale für alle Teilwerke des Rechners zur Ausführung des → Befehls. Leitwerke können mikroprogrammiert oder festverdrahtet realisiert sein (→ Mikroprogrammierung).

Das Rechenwerk umfaßt die arithmetisch-logische Einheit, in der die → Daten verknüpft werden, → Register zur Speicherung von Zwischenergebnissen, ggf. weitere transformierende Einheiten wie Zähler, Shifter und Datenpfade zwischen diesen Elementen.

Die hohe Integrationsdichte von Halbleiterbausteinen erlaubt heute meist die Bereitstellung aller logischen Funktionen eines P. auf genau einem → VLSI-Baustein. Man spricht dann vom monolithischen → Mikroprozessor. *Bode*

**Prozessormanagement** ⟨processor management⟩ → Betriebssystem

**Prozeßperipherie** ⟨process peripheries⟩. P. bezeichnet die Schnittstelle zum technischen Prozeß und ist damit für die Ankopplung der Prozeßsignale an das steuern-

de Rechnersystem zuständig. Es existieren vier Arten von P.-Anschlüssen:
– Digitalausgabe;
– Digitaleingabe; Alarmeingänge sind flankenempfindliche Digitaleingänge, die Interrupts auslösen können;
– Analogausgabe;
– Analogeingabe.

Aufgaben der P. sind z. B.:
– Signalanpassung (Pegelanpassung auf der Eingangsseite, Signalverstärkung auf der Ausgangsseite);
– galvanische Entkopplung;
– Analog/Digital-Wandlung bzw. Digital/Analog-Wandlung.

Ein Rechnersystem kann die P. über eine programmgesteuerte Ein-/Ausgabe (Polling) oder über Programmunterbrechungssysteme (Interrupt) bedienen. Außerdem besteht die Möglichkeit, Daten über direkten (Speicher-)Zugriff (→ DMA) zu übertragen. *Färber/Quade*

Literatur: Färber, G.: Prozeßrechentechnik, 3. Aufl. Berlin – Heidelberg 1994.

**Prozeßrechner** ⟨process control computer⟩. → Rechenanlage, die zur Steuerung technischer Prozesse eingesetzt wird (Montageroboter, Energieanlagen). Im Unterschied zu universellen Rechenanlagen (z. B. in → PCs, → Arbeitsplatzrechnern oder Großrechnern in Rechenzentren), steht bei P. die Ausstattung mit Geräten zur Meßwerterfassung (Analog-Digital-Umsetzer) und eine schnelle Reaktion auf asynchrone Ereignisse (Unterbrechungswerk) im Vordergrund. P. werden auch meist mit speziellen → Programmiersprachen programmiert. *Bode*

**Prozeßrechnersystem, verteiltes** ⟨distributed process control system⟩. System, in dem mehrere → Prozeßrechner für beliebige leittechnische Funktionen über Datenwege miteinander verbunden sind. Sie sind so wenig vorkonfektioniert, daß eine weitgehend individuelle Projektierung und Programmierung möglich ist. Im Gegensatz zu → dezentralen Automatisierungssystemen ist sowohl auf der Ebene der Prozeßstationen als auch auf der Ebene der Leitstationen die volle Prozeßrechnerintelligenz vorhanden. Sie läßt sich besonders dann vorteilhaft nutzen, wenn über den in den Automatisierungssystemen meist reichlich vorhandenen Funktionsvorrat hinausgegangen werden muß. Das kann z. B. bei der Integration komplexer, rezeptgeführter Ablaufsteuerungen in das gesamte Automatisierungskonzept der Fall sein, besonders bei der Gestaltung der Videobilder zur Prozeßführung. *Strohrmann*

**Prozeßspeicherfähigkeiten** ⟨memory capability of processes⟩ → Speichermanagement

**Prozeßsynchronisation** ⟨process synchronization⟩ → Berechnungskoordinierung

**Prozeßvariable** ⟨process variable⟩. In → Prozeßvisualisierungssystemen und graphischen → Benutzerschnittstellen bezeichnet man als P. die → Daten eines automatisierten technischen Prozesses, einer Anlage, einer Maschine oder eines Gerätes, die einem → Bediener angezeigt (visualisiert) werden oder die durch den Bediener eingestellt werden können. Die P. stellen damit die Sicht der Benutzerschnittstelle (und damit auch die des Bedieners) auf den technischen Prozeß dar. Gleichzeitig bildet die Summe aller P. das Interface zwischen Benutzerschnittstelle und den Steuerungs- und Automatisierungsprogrammen.

*Langmann*

**Prozeßverwaltung** ⟨process management⟩
→ Betriebssystem

**Prozeßvisualisierung** ⟨process visualization⟩. Vermittelt einem menschlichen Prozeßbediener spezifische Einblicke (Sichten) in Funktionen, Zustände und strukturelle Beziehungen technischer Prozesse sowie in die den Prozeß steuernden Maschinen, Anlagen oder Geräte. Sie unterstützt damit die effiziente Bedien- und Führbarkeit komplexer technischer Prozesse durch den Menschen. Die P. nutzt intensiv die graphische Hardware- und Software-Leistung eines Prozeßrechensystems und ist ein wesentlicher Bestandteil der → Mensch-Maschine-Schnittstelle. Der wesentlichste Unterschied der P. zu den anderen Komponenten einer graphischen Mensch-Maschine-Schnittstelle (z. B. Menüs, Dialogmasken) besteht im erforderlichen Echtzeitverhalten der graphischen Datenverarbeitung. Die vom laufenden Produktionsprozeß geforderten Reaktionszeiten der Operateure sind häufig sehr kurz, und Fehlreaktionen z. B. aufgrund nichtaktueller Bildschirmdarstellungen oder das Nicht-Erfüllen von Zeitforderungen können Gefahren für Menschen und Umwelt in erheblichem Ausmaß bedeuten.

Die Erzeugung eines graphisch-visuellen → Abbildes des technischen Prozesses erfolgt auf der Basis einer definierten Menge von → Prozeßvariablen, die gemeinsam ein Prozeßmodell bilden. Die für dieses Prozeßmodell erforderlichen Prozeßvariablen müssen so gewählt werden, daß sie dem → Bediener übersichtlich und prägnant die erforderlichen Informationen über den technischen Prozeß zukommen lassen. Nach dem Vorliegen eines geeigneten Prozeßmodells und Vorstellungen zu seiner graphischen Präsentation müssen vor allem zwei Aufgaben für eine P. gelöst werden:
– Die konzipierten graphischen Darstellungen sind in konkrete Bilder umzusetzen.
– Die fertigen Bilder sind mit den Prozeßvariablen zur Erzeugung der → Bilddynamik geeignet zu verbinden.

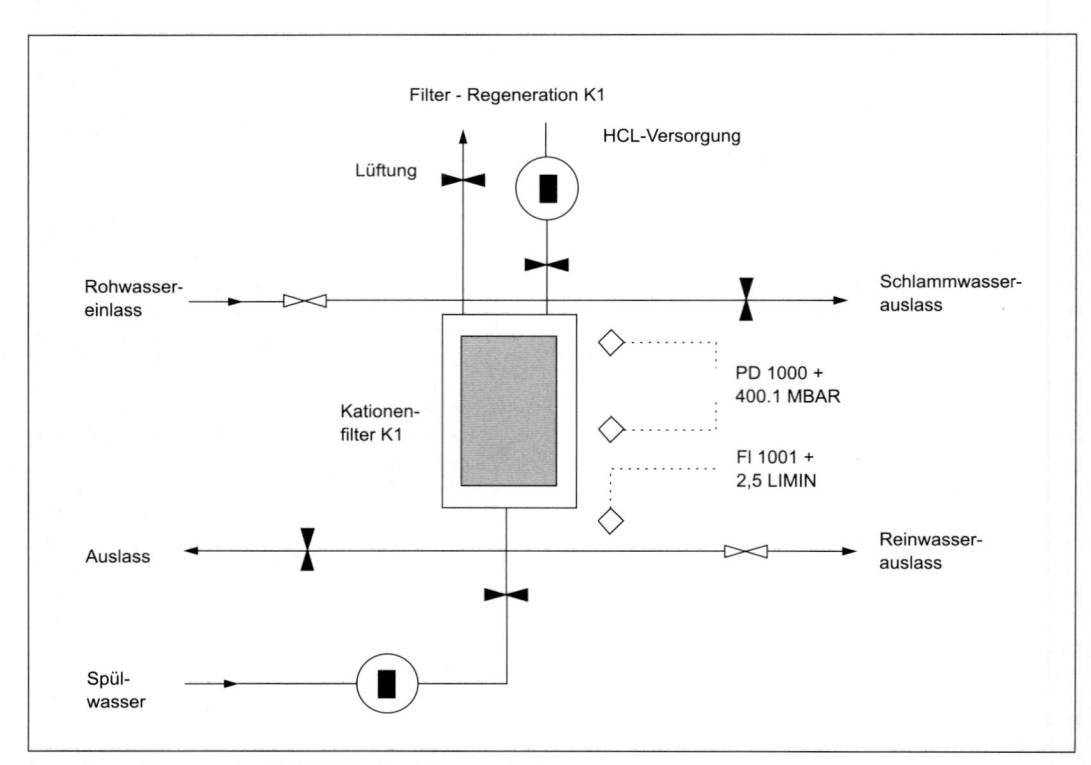

*Prozeßvisualisierung 1: Fließbild der Verfahrenstechnik (Ausschnitt)*

Für die Erstellung von Bildern gibt es in den meisten Anwendungsbereichen zumindest teilweise Vorschriften und Normen (z. B. Bildzeichen für Kraftwerke, Symbole und Schaltzeichen für die Verfahrenstechnik), die neben der möglichst realitätsnahen Darstellung von Gegebenheiten des technischen Prozesses eine wesentliche Rolle spielen. Ein typisches Beispiel für eine P. aus der Verfahrenstechnik zeigt Bild 1. Die Zuordnung von Bedien- und Anzeigeelementen zum Prozeß erfolgt hier durch eine geeignete Anordnung in einer abstrahierten, graphisch dargestellten Prozeßstruktur (→ Fließbild). Dies erlaubt eine direkte Anwahl und Betätigung von Bedienelementen bei erkennbarer Zuordnung zur Prozeßstruktur. Andere Methoden zur Aufstellung der graphischen Darstellungen verwenden die → Blockstrukturtechnik, bei der gleiche Instrumente/Geräte (z. B. Regler) zu Gruppen zusammengefaßt und hierarchisch geordnet werden.

Für die zweite Aufgabe – die Erstellung der Bilddynamik – sind alle die Bilder oder Bildteile bedeutsam, die in regelmäßigen Abständen oder ereignisgesteuert zur Laufzeit der P. in ihrer → Präsentation aktualisiert werden müssen (dynamische oder aktive Bilder). Zu den typischen aktiven Bildern gehören alphanumerische Darstellungen, Bargraphen, Zeigerinstrumente, Trendanzeigen, X-Y-Diagramme für analoge Prozeßgrößen und diskrete Bildobjekte (z. B. → Icons) zur Signalisierung binärer Zustände. Dynamikattribute legen die Details der Visualisierung einer Prozeßvariablen durch ein aktives Bild fest. Übliche Dynamikattribute sind Rotation, Skalierung, Translation, Blinken, Ein- und Ausblenden von Bildern und Farbumschlag.

Wichtigste Aufgabe der Bilddynamisierung ist die Anbindung der Dynamikattribute an die realen Prozeßsignale. Praktisch alle Systeme zur P. gehen davon aus, daß die Prozeßvariablen von einer oder mehreren SPS (Speicherprogrammierbare Steuerung) geliefert werden und daß die Prozeßvariablen geordnet und adressierbar in einem speziellen Modul vorliegen. Häufig erfolgt die Übertragung der Variablen von der SPS zu diesem Modul mit Hilfe von Kanälen (Bild 2). Jeder Prozeßgröße wird eindeutig ein Kanal als Übertragungsweg für die Daten zugeordnet Die Kanäle werden z. B. mit einer eindeutigen 16-bit-Kanalnummer identifiziert. Entsprechend der Unterscheidung von analogen und binären Prozeßvariablen gibt es analoge und binäre Kanäle. Probleme an der Datenschnittstelle zum technischen Prozeß ergeben sich immer dann, wenn die Prozeßvariablen nicht in SPS-Kanälen vorliegen, sondern z. B. als C-Datenstrukturen in einem Anwendungsprozeß. Die Anbindung an die dynamischen Bilder der P. kann dann nur über eine Integration der entsprechenden Programmfunktionen in die P. selbst erfolgen.

Ein weiterer wichtiger Mechanismus für die P. ist die An-/Abmeldung von Prozeßvariablen beim Auf-/Abwählen eines Bildausschnittes. Damit wird der Visualisierungsrechner entlastet, da sich zur Aktualisierung immer nur die Prozeßvariablen im Zugriff der P. befinden, die gerade sichtbar sind.

Die Realisierung einer P. erfolgt heute üblicherweise unter Nutzung eines → Prozeßvisualisierungssystems. Der Entwurfsingenieur muß dabei die P. nur noch mit Hilfe verschiedener Werkzeuge projektieren und benötigt praktisch keine Programmierkenntnisse.

*Langmann*

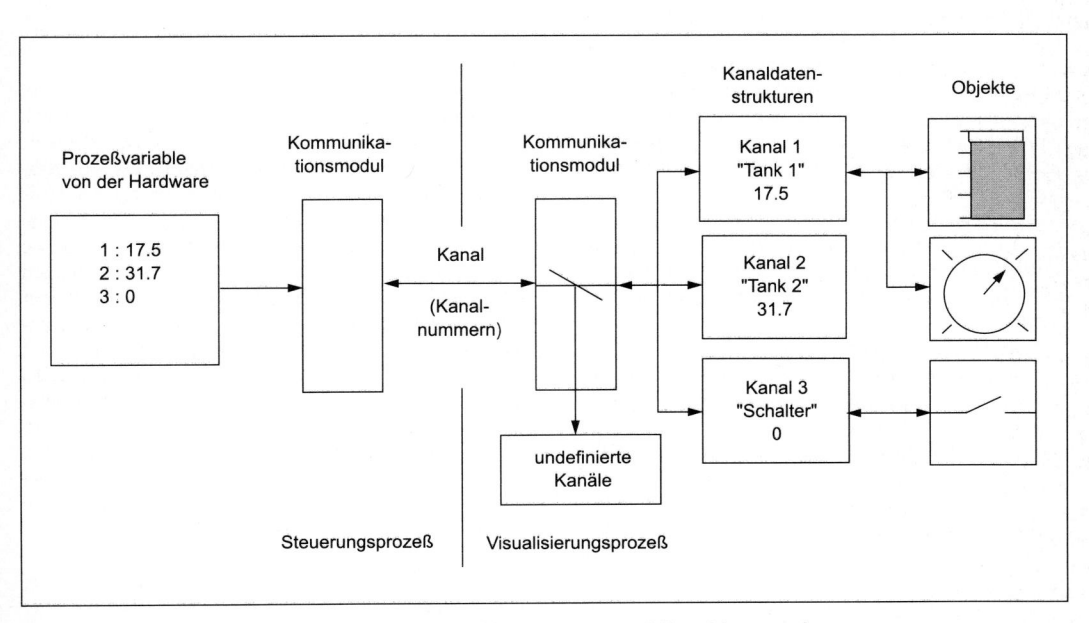

*Prozeßvisualisierung 2: Datenzuordnung mittels Kanalnummer und Kanaldatenstrukturen*

Literatur: *Johannsen, G.*: Mensch-Maschine-Systeme. Berlin–Heidelberg 1993. – *Polke, M.* (Hrsg.): Prozeßleittechnik. München–Wien 1992. – *Langmann, R.*: Graphische Benutzerschnittstellen. Düsseldorf 1994.

**Prozeßvisualisierungssystem** ⟨*process visualization system*⟩. P. haben sich in der →Leittechnik als Standardkomponenten des →Mensch-Maschine-Systems einen festen Platz erobert. Sinkende Kosten für die Graphik-Hardware führen dazu, daß P. auch zunehmend im unteren Leistungsbereich der Automatisierung für die Realisierung graphisch-dynamischer →Bedienoberflächen rechnergesteuerter Maschinen und Geräte eingesetzt werden.

Man kann die P. nach dem durch sie beherrschbaren Funktionsumfang in die beiden Bereiche Bedienen/Beobachten und Leitsysteme einteilen (Bild).

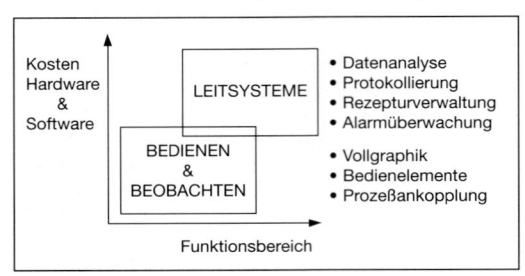

*Prozeßvisualisierungssystem: Leistungsbereiche*

Der Bereich Bedienen/Beobachten umfaßt die grundlegenden Graphik- und Bedienelemente sowie die Ankopplung an den Anwendungsprozeß. Dazu gehören im wesentlichen die Werkzeuge zur Prozeßbilderstellung, Hilfsmittel zur Projektierung der Prozeßbilddynamik sowie die entsprechenden Laufzeitkomponenten.

Im Bereich Leitsysteme werden komplexere Aufgaben wie Alarmverwaltung, Protokollieren, Archivieren, historische Datenanalyse und produktionsspezifische Parametrierungsaufgaben (Rezepturverwaltung) zusätzlich bearbeitet.

Entsprechend den beiden Bereichen lassen sich die P. grob in zwei Leistungsklassen einteilen, die sich hinsichtlich ihres Funktionsumfanges und damit auch hinsichtlich ihrer Kosten im Verhältnis 1:5 bis 1:10 unterscheiden.

Die Systeme der unteren Leistungsklasse eignen sich v. a. für Aufgaben der Maschinen- und Geräteautomatisierung, für die schnell und effizient graphische →Bedienoberflächen mit dynamischer Visualisierung technischer Abläufe entwickelt werden müssen. Die P. sind meist auf einen →ROM ladbar und arbeiten z. T. auch unter Echtzeitbetriebssystemen. Die Verbindung zu den Prozeßdaten erfolgt über spezielle Treiberbausteine für gängige Industrie- und Standardprotokolle. Die meisten Anbieter liefern darüber hinaus Treiber für die bekanntesten SPS sowie entsprechende Verbindungseditoren mit, so daß der Zugriff auf die zu visualisierenden →Prozeßvariablen ohne Programmierung erfolgen kann.

Die P. der oberen Leistungsklasse sind für die Visualisierung komplexer technischer Prozesse in der Anlagenautomatisierung (z. B. Kraftwerke, Chemieanlagen) geeignet und beinhalten umfangreiche Funktionen zur Prozeßführung und -überwachung. Hierzu gehören auch Funktionen zur →Kommunikation in →Netzwerken, die aus mehreren P. bestehen.

Zukünftige Entwicklungen bei den P. werden sich mehr an einer informationsorientierten →Prozeßvisualisierung ausrichten, d. h., statt der graphischen Darstellung einer Vielzahl von einzelnen Prozeßgrößen werden wesentliche Prozeßinformationen zusammengefaßt und graphisch zu neuen, bedienbaren Prozeßsichten verarbeitet. Von dieser Art von P. erwartet man folgenden Anwendernutzen:
– Entlastung des Betriebspersonals von der Monotonie ständiger Einzelsignalbeobachtung und damit eine mögliche Verlagerung der Aufmerksamkeit auf qualitätsbestimmende Prozeßlenkungskriterien,
– Erhöhung der Betriebssicherheit durch frühzeitiges Erfassen sich anbahnender unerwünschter Betriebszustände,
– Verringerung von Fehlern in Störsituationen.

*Langmann*

Literatur: *Langmann, R.*: Graphische Benutzerschnittstellen. Düsseldorf 1994. – *Eul, J.;* u. a.: ACHEMA 94: Prozeßleitsysteme. atp 36 (1994) 11, S. 38–64. – *Zwinge, P.*: Objektorientiertes Programmieren und Visualisieren von Automatisierungssystemen. atp 33 (1991) 9, S. 485–490.

**Prüfsumme** ⟨*checksum*⟩ → Blockprüfung

**Prüfzeichen** ⟨*test mark*⟩ → Normenkonformität

**Pseudo-Zufallszahlengenerator** ⟨*pseudo random number generator*⟩. Algorithmus, der eine Folge von Zahlen erzeugt, die als →Zufallszahlen verwendet werden können (→Zufallszahlengenerator). Da Algorithmen deterministisch sind, ist die Folge bei Kenntnis des Algorithmus eindeutig vorhersagbar; ohne dessen Kenntnis hat es allerdings den Anschein, als würde sie einem Zufallsexperiment entstammen. Anwendungen finden sich in der →Monte-Carlo-Methode und einer Reihe weiterer Simulationsmethoden sowie in der computerisierten Statistik und verwandten Problemen des wissenschaftlichen Rechnens, die einen stochastischen Bestandteil besitzen. Weiterhin werden Pseudozufallszahlen auch beim Testen von VLSI-Schaltungen, in der Kryptographie und bei Computerspielen verwendet.

*Griebel*

Literatur: *Niederreiter, H.*: Random number generation and Quasi-Monte Carlo methods. CBMS 63. IAM, 1992.

**PSK** ⟨*PSK (Phase Shift Keying)*⟩ → Modulation

**PSNR** ⟨*PSNR (Peak Signal to Noise Ratio)*⟩ → SNR

**PSPDN** ⟨*PSPDN (Packet Switched Public Data Network)*⟩. Ein öffentliches Paketvermittlungsnetz (→ Paketvermittlung). In Deutschland ist dies → DATEX-P. *Jakobs/Spaniol*

**PSTN** ⟨*PSTN (Public Switched Telephone Network)*⟩. Öffentliches Telephonnetz. *Jakobs/Spaniol*

**Public-Key-Kryptosystem** ⟨*public-key cryptosystem*⟩ → Kryptosystem, asymmetrisches

**Pufferspeicher** ⟨*buffer memory*⟩. Unter Datenpufferung versteht man die kurzfristige Zwischenspeicherung von → Daten bei einem Übertragungsvorgang. Dabei kommt sowohl die Übertragung zwischen → Eingabe-/Ausgabegerät und → Hauptspeicher als auch zwischen Hauptspeicher und → Prozessor in Frage.

Beim Verkehr mit Eingabe-/Ausgabegeräten dient der Puffer dem Ausgleich unterschiedlicher Geschwindigkeiten und Informationsgrößen: Die einzugebende Information wird byte- oder bitweise solange im Puffer gesammelt, bis dieser gefüllt ist (→ Wort oder Block) und in den Hauptspeicher übernommen wird. Dieser Übernahmevorgang ist nur zu Zeitpunkten möglich, wo keine anderen Funktionseinheiten auf den betreffenden Speicherbereich zugreifen, so daß der Puffer auch eine Synchronisationsaufgabe erfüllt. Entsprechendes gilt für die Ausgabe. Während dieser Puffer i. allg. ein Wort groß und hardwaremäßig vorhanden ist, übt der Hauptspeicherbereich, in den die Information übernommen wird, softwaremäßig die Funktion eines Puffers aus: Ein Datenblock, dessen Größe von der physikalischen Strukturierung der Daten auf dem peripheren Gerät abhängt, wird in diesen Hauptspeicherbereich übertragen, und dann entsprechend der logischen, vom Programm wählbaren Struktur der Daten verarbeitet. Entsprechend werden bei Ausgabeanweisungen im → Programm die Daten solange in dem als Ausgabepuffer bereitgestellten Hauptspeicherbereich gesammelt, bis ein Block vollständig ist und übertragen wird.

Zwischen Hauptspeicher und Prozessor kann ein Puffer zur Geschwindigkeitssteigerung benutzt werden. Bei großen → Speichern ist die → Zugriffszeit nämlich größer als bei kleinen. Um ohne zu hohe Kosten eine kürzere Zugriffszeit zu erreichen, schaltet man vor den Hauptspeicher einen schnelleren Puffer (→ Cachespeicher) und nutzt die Erfahrung aus, daß sich die Zugriffe meist in bestimmten Speicherbereichen häufen: Wird ein Wort aus dem Speicher benötigt, so wird mit ihm der ganze Speicherabschnitt, zu dem es gehört, in den Puffer übertragen (Prinzip des aktuellen Ausschnitts). Wird anschließend ein Wort aus dem gleichen Speicherabschnitt benötigt (was häufig vorkommt), so ist ein schneller Zugriff möglich. Der Geschwindigkeitsgewinn hängt davon ab, wie groß diese Speicherabschnitte sind, wieviele davon gleichzeitig im Puffer untergebracht werden können und wie die Ersetzungsstrategie organisiert ist. *Bode/Schneider*

**Punkt, adressierbarer** ⟨*addressable point*⟩ → Pixel

**Punkt, darstellbarer** ⟨*visible point*⟩ → Pixel

**PVS** ⟨*PVS (Prototype Verification System)*⟩. Am SRI International in Kalifornien entwickeltes → Verifikationssystem, das in seiner jetzigen Form seit 1993 eingesetzt wird. Das PVS bietet eine klassische Logik höherer Stufe mit → rekursiven Funktionen, Records, abhängigen Typen (→ Typtheorie) und Spezifikationen. Beweise werden interaktiv ausgeführt mittels Inferenzmechanismen wie Termersetzung, aussagenlogische Vereinfachungen oder verschiedene Entscheidungsprozeduren wie → Model Checking. → Type Checking liefert Beweisverpflichtungen im Fall abhängiger Typen oder Subtypen. Das System ist in Common LISP implementiert. Es besitzt Pretty Printing Tools und Theoriebibliotheken. In PVS wurden bereits größere Projekte durchgeführt, z. B. die Axiomatisierung einer → Unity-artigen Sprache, die Verifikation eines Prozessors (Collins AAMP5 avionics), bei dem auch einige Fehler entdeckt wurden, und die Verifikation spezieller Algorithmen aus dem Bereich der verteilten Systeme.

*Reus/Wirsing*

Literatur: Zum momentanen Zeitpunkt gibt es nur Konferenzberichte, z.B. *Owre, S.; Rushby, J.* et al.: Formal verification for fault-tolerant architectures. Prolegomena to the Design of PVS. IEEE Trans. Software Eng. Vol. 21, No 2, Febr. 1995. – *Owre, S.; Rashby, J.; Shankar, N.*: A prototype verification system. In: *Kapur, D.* (Ed.): Lecture notes in artificial intelligence 607. Springer, Berlin 1992.

# Q

**QBE** ⟨*QBE (Query By Example)*⟩. QBE dient zur interaktiven Formulierung von → Anfragen an → Datenbanken. Das Anfrageergebnis wird in der Anfrage teilweise beschrieben, normalerweise durch das Ausfüllen von Bildschirmmasken. Die Anfrageauswertungskomponente (query evaluator) inferiert die fehlenden (gesuchten) Werte aus den in der Datenbank gespeicherten Daten. *Schmidt/Schröder*
Literatur: *Date, C. J.*: An introduction to database systems. Vol. 1. Wokingham, Berks. 1990. – *Ullmann, J. D.*: Database and knowledge-base systems. Vol. 1. 1988.

**QoS** ⟨*QoS (Quality of Service)*⟩ → Dienstgüte

**QPSK** ⟨*QPSK (Quadrature Phase Shift Keying)*⟩ → Modulation

**Qualitätseigenschaft** ⟨*quality characteristic*⟩. Eigenschaft, die zur Unterscheidung von Produkten, Bausteinen oder Herstellungsprozessen in qualitativer (subjektiver) oder quantitativer (meßbarer) Hinsicht herangezogen werden kann. Beispiele für Q. von → Software sind → Korrektheit, Zuverlässigkeit, Benutzungs- und Wartungsfreundlichkeit. *Hesse*
Literatur: *Hesse, W.; Keutgen, H.* u.a.: Ein Begriffssystem für die Softwaretechnik. Informatik-Spektrum (1984) S. 200–213.

**Qualitätsmanagement** ⟨*quality management*⟩. Umfaßt nach ISO 9000 Teil 3 und ISO 8402 alle Tätigkeiten der Gesamtführungsaufgabe eines → betrieblichen Systems, welche die Qualitätspolitik, Ziele und Verantwortungen festlegen sowie diese durch Mittel wie Qualitätsplanung, Qualitätslenkung, Qualitätssicherung und Qualitätsverbesserung im Rahmen des Qualitätsmanagementsystems verwirklichen.

Q. ist als Aufgabe dem Lenkungssystem eines betrieblichen Systems zugeordnet. Organisatorisch ist diese Aufgabe auf alle Führungsebenen verteilt. Die Gesamtverantwortung liegt bei der obersten Leitung.

Mit dem Q. werden drei Qualitätsziele verfolgt:
– Erreichen und Aufrechterhalten der festgelegten oder vorausgesetzten Qualität von Produkten und Dienstleistungen,
– Gewinnung des Vertrauens der eigenen Leitung in die Erreichung und Aufrechterhaltung der Qualität,
– Gewinnung des Vertrauens der Auftraggeber in die Erreichung und Aufrechterhaltung der Qualität.

In bezug auf Software-Produkte werden die qualitätsbezogenen Tätigkeiten unter Berücksichtigung des Lebensweges der Software-Erstellung und -nutzung festgelegt. Hierzu gehören qualitätsbezogene Tätigkeiten bei der Vertragsprüfung, der Spezifikation der fachlichen Anforderungen des Auftraggebers, der Planung der Software-Entwicklung, der Planung der Qualitätssicherung, bei Design und → Implementierung, bei Testen und → Validierung sowie bei der Wartung. *Sinz*
Literatur: *ISO 9000 Teil 3*: Qualitätsmanagement- und Qualitätssicherungsnormen. Leitfaden für die Anwendung von ISO 9001 auf die Entwicklung, Lieferung und Wartung von Software. – *ISO 8402*: Qualitätsmanagement und Qualitätssicherung. Begriffe.

**Qualitätsmaß** ⟨*quality metric*⟩. Ein Software-Maß, mit dessen Hilfe ein Qualitätsziel ausgedrückt werden kann und das es erlaubt, die Verfügbarkeit oder den Wartungsaufwand eines Systems zu schätzen. Es empfiehlt sich, Qualitätsziele aus der Sicht des Nutzers zu definieren. Ein solches Ziel ist die Systemverfügbarkeit. Sie wird beschrieben durch die Formel

$$V = T_u/(T_u + D_u).$$

Dabei sind $T_u$ die Zeit zwischen zwei Unterbrechungen und $D_u$ die Dauer einer Unterbrechung. Soll ein System 7 Tage in der Woche und 24 Stunden am Tag mit einer Verfügbarkeit von 99% laufen, heißt dies, daß es $0{,}99 \times 168 = 166$ Stunden pro Woche laufen muß.

Angenommen, die Ausfallzeit von 2 Stunden pro Woche würde mit gleicher Häufigkeit von einem Hardware- und einem Software-Fehler verursacht, für deren Behebung 2 Stunden benötigt werden, ergäbe dies 0,5 Software-Fehler pro Woche oder 26 Fehler pro Jahr. Wird weiter angenommen, daß alle Fehler bei diesem Kunden zuerst entdeckt werden und alle Fehler im ersten Jahr gefunden werden, darf das System 26 Fehler enthalten. In der Entwickler-Perspektive ist es üblich, die Anzahl der Fehler auf die Größe des Software-Systems zu normalisieren. Bei einem System mit 100 000 Programmzeilen ergibt dies als Qualitätsziel für die Entwickler 0,26 Fehler pro 1 000 Programmzeilen nach Auslieferung des Produkts. Wenn pro Fehler 5 000 DM Wartungskosten anfallen, ergäbe dies 130 000 DM Wartungskosten, und zwar nur für diesen einen Kunden. In der Praxis gelten leider einige der obigen Annahmen nicht. Es müssen dafür von dem jeweiligen Software-Entwickler entsprechende empirische Werte ermittelt werden. *Endres*

**Qualitätsprüfung** ⟨*quality check, quality test, analytic quality assurance*⟩. Gesamtheit aller Tätigkeiten des

Prüfens von → Software. Diese können bestehen aus
- dem formalen Nachweis der → Korrektheit mit Hilfe eines mathematisch-logischen → Kalküls,
- der Durchführung und Dokumentation von → Tests,
- der Durchführung und Dokumentation von → Reviews und → Inspektionen. *Hesse*

Literatur: *Hesse, W.; Keutgen, H.* u.a.: Ein Begriffssystem für die Softwaretechnik. Informatik-Spektrum (1984) S. 200–213.

**Qualitätssicherung** ⟨*quality assurance*⟩. **1.** Gesamtheit der Prinzipien, Methoden und Maßnahmen, die im Verlaufe eines Projekts angewandt werden, um die erwartete Qualität des Projektergebnisses zu erreichen. Zur Qualität eines Produktes tragen alle die Eigenschaften bei, die bewirken, daß das Produkt die Erfordernisse und Erwartungen der Nutzer und evtl. der Weiterentwickler erfüllt. Die für die Qualität relevanten Eigenschaften werden als Qualitätskriterien bezeichnet.

Für Software-Produkte gibt die ISO-Norm 9126 insgesamt 21 Kriterien an, die in 6 Gruppen zusammengefaßt sind. Diese lauten Funktionalität, Zuverlässigkeit, Benutzbarkeit, Effizienz, Wartbarkeit und Portabilität. Während einige dieser Kriterien nur qualitativ festgelegt werden können, ist es das Bestreben, möglichst viele Kriterien quantitativ auszudrücken. Das führt dann zu → Software-Metriken und speziell zu → Qualitätsmaßen. Basierend auf Qualitätskriterien oder Qualitätsmaßen, lassen sich die für ein bestimmtes Produkt erforderlichen oder erwünschten Qualitätsziele aufstellen.

Die für ein Projekt geplanten Q.-Maßnahmen finden ihren Niederschlag in einem meist bereits in der Definitionsphase aufgestellten Q.-Plan. Abweichungen von den Qualitätszielen werden vereinfachend als Fehler bezeichnet. Q.-Maßnahmen fallen in die 3 Gruppen konstruktive, analytische und organisatorische Maßnahmen. Zu den konstruktiven Maßnahmen gehören die Anwendung adäquater Methoden und Werkzeuge, die Benutzung hochwertiger Halbfabrikate und anerkannter Architekturkonzepte sowie die konsequente Vorgabe von Zielen und die Fortschreibung der Projektdokumentation. Analytische Maßnahmen umfassen die regelmäßige Prüfung von Zwischen- und Enderegebnissen, die verläßliche Erfassung von Kosten und die Verfolgung von Terminen. Beispiele für organisatorische Maßnahmen sind die Bereitstellung adäquater Mittel und die klare Aufteilung von Verantwortlichkeiten. Konstruktive Maßnahmen dienen der Vermeidung von Fehlern, analytische Maßnahmen zielen auf die schnelle Aufdeckung und sichere Behebung von Fehlern. Je früher Fehler im Entwicklungszyklus entdeckt und behoben werden, desto geringer sind die Kosten der Fehlerbehebung und desto weniger gefährden Fehler den planmäßigen Verlauf des Projekts. Aus diesem Grunde kommt Q.-Maßnahmen in den frühen Phasen eine besondere Bedeutung zu.

**2.** Die mit der Durchführung von Q.-Maßnahmen betraute Gruppe von Mitarbeitern. Es gehört zu den auf Erfahrung basierenden Grundsätzen, eine möglichst weitgehende organisatorische Trennung von Entwicklungs- und Qualitätsverantwortung herbeizuführen. Dadurch wird sichergestellt, daß Qualitätsprobleme dem Projektmanagement im Verlaufe des Projekts bekannt werden und dieses darauf reagieren kann. *Endres*

Literatur: *Trauboth, H.*: Software-Qualitätssicherung. München 1993. – *Wallmüller, E.*: Software-Qualitätssicherung in der Praxis. München 1990.

**Qualitätssteuerung** ⟨*quality control*⟩. Tätigkeit der → Qualitätssicherung, die sich mit der Planung, Überwachung und Auswertung der Q.-Maßnahmen befaßt. Hierzu gehören der Vergleich von Qualitätsprüfergebnissen mit den vorgegebenen Qualitätsanforderungen, die Bestimmung des Erfüllheitsgrades (nicht erfüllt, erfüllt, übererfüllt) einzelner Qualitätsmerkmale sowie die Entscheidung über das Ergebnis der gesamten → Qualitätssicherung. *Hesse*

Literatur: *Hesse, W.; Keutgen, H.* u.a.: Ein Begriffssystem für die Softwaretechnik. Informatik-Spektrum (1984) S. 200–213.

**Quantisierung** ⟨*quantization*⟩. Unterteilung eines (analog oder bereits diskret vorliegenden) Wertebereichs in eine endliche Zahl von Teilwertebereichen. Die entsprechende Abbildung eines Wertes in die Nummer des Teilbereichs ist i. allg. mit Informationsverlust verbunden (Q.-Fehler; Q.-Rauschen; → Modulation). *Schindler/Bormann*

**Quantum Computing** ⟨*quantum computing*⟩. Visionäres Konzept für Informationsverarbeitung, bei dem das Superpositionsprinzip der Quantenmechanik benutzt wird, um hochparallele → Algorithmen durch Änderungen der Quantenzustände von atomaren und molekularen Systemen zu realisieren.

Bisher gibt es nur experimentelle → Validierungen für logische Operationen auf einigen wenigen Bits, wie etwa das Toggeln eines Bits, ein UND-Gatter oder ähnliches. *P. W. Shor* hat einen Entwurf vorgestellt, mit dem man auf der Basis von Q. C. große Zahlen schnell faktorisieren kann. Die Realisierung von Quantenrechnern ist mit noch mehr experimentellen Hürden behaftet als die von DNA-Rechnern (→ Molecular Computing). *Lengauer*

Literatur: *Lloyd, S.*: Quantum-mechanical computers. Scientific American 273 (1995) 4, pp. 44–50. – *Shor, P. W.*: Algorithms for quantum computation: Discrete logarithms and factoring. Proc. of the 35th Annual Symposium on Foundations of Computer Science IEEE Computer Society Press 1994.

**Quasi-Newton-Methode** ⟨*quasi-Newton method*⟩. Spezielles → Abstiegsverfahren zur Lösung nichtlinearer Programmierungs-Aufgaben der Form: minimiere $f(x)$.

Die Idee der Q.-N.-M. ist die Approximation der inversen *Hesse*-Matrix $f''(x^k)$ in der *Newton*-Iteration

$$x^{k+1} = x^k - f''(x^k)^{-1} f'(x^k)$$

durch eine Matrix $S_k$. Die Wahl von $S_k$ bestimmt die jeweilige Methode. Im einfachsten Fall wird $S_k$ in jeder Iteration durch die Inverse der *Hesse*-Matrix von f an der Stelle $x^0$ ersetzt. Die Rang-1-Update-Verfahren korrigieren $S_k$ in jeder Iteration durch Addition einer Matrix vom Rang 1, welche Ableitungs- und Abstiegsinformationen der bisherigen Iterationen enthält. Die *Davidon-Fletcher-Powell*-Methode korrigiert $S_k$ in jedem Schritt durch die Addition von zwei symmetrischen Rang-1-Matrizen, welche nur Informationen der ersten Ableitung von f enthalten, und garantiert Positiv-Definitheit von $S_k$ während des gesamten Verfahrens. → Algorithmen dieser Art heißen auch Rang-2-Update-Verfahren oder Variable-Metrik-Methoden. Für quadratische Zielfunktionen konvergiert $S_k$ gegen die inverse *Hesse*-Matrix von f. Unter geringen Voraussetzungen kann superlineare Konvergenz bewiesen werden. *Bachem*

**Quellencodierung** ⟨*source coding*⟩ → Bildcodierung

**Quittung** ⟨*acknowledgement*⟩. Unter einer Q. versteht man in der elektronischen → Datenverarbeitung eine Anzeige für den → Bediener eines → funktionalen Eingabegerätes, die das Betätigen des Auslösers und die Übernahme des → funktionalen Eingabewertes anzeigt. In welcher Form eine Q. erbracht wird, ist abhängig von der Realisierung des jeweiligen funktionalen Eingabegerätes.

Beim Graphischen Kernsystem (→ GKS) wird die Art der Q. durch den Systemimplementierer festgelegt, oder sie ist durch die Gegebenheiten der physischen Eingabegeräte bestimmt. *Encarnação/Alheit/Haag*

# R

**Rabin-Scott-Automat** ⟨*Rabin-Scott automaton*⟩. Prototyp des erkennenden endlichen Automaten (des → endlichen Akzeptors). Er hat ein Eingabeband und statt des Ausgabebands nur eine Anzeige, die angibt, ob ein → Wort akzeptiert worden ist oder nicht. Ein R.-S.-A. wird formal dargestellt als Quintupel $A = (Z, X, f, z_0, F)$, wobei Z und X die endlichen Mengen der Zustände und der Eingabezeichen sind, $z_0$ der Anfangszustand, F die Menge der Endzustände und $f: Z \times Z \rightarrow Z$ die Zustandsübergangsabbildung ist.

Der R.-S.-A. (Bild) arbeitet wie folgt: Wird ihm ein Wort auf dem Eingabeband vorgelegt, so liest er es zeichenweise von links nach rechts, wobei er in $z_0$ beginnt und jeweils von Zustand z nach Lesen des Zeichens x in den Zustand $f(z, x)$ übergeht. Hat er nach Lesen des letzten Zeichens einen Endzustand erreicht, so wird das Wort akzeptiert, sonst nicht.

Eine Menge W von Worten über einem festen Alphabet X, d. h. eine Teilmenge W eines endlich erzeugten freien → Monoids X*, heißt akzeptierbar, wenn es einen R.-S.-A. mit der Eingabemenge X gibt, der alle Worte aus W – und nur diese – akzeptiert.

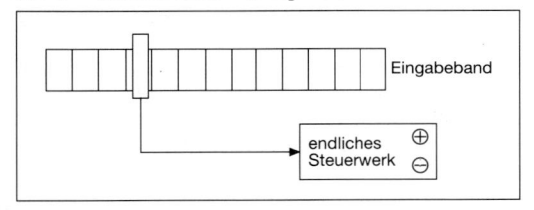

Rabin-Scott-*Automat: Modell eines R.-S.-A.*

Die Menge der akzeptierbaren Teilmengen von X* bildet eine → *Kleene*-Algebra und ist identisch mit der Menge der durch → reguläre Ausdrücke über X darstellbaren Mengen sowie mit der Menge der von rechtslinearen → Grammatiken über X erzeugten → formalen Sprachen. Ferner ist eine Teilmenge U von X* genau dann akzeptierbar, wenn sie eine erkennbare → Menge ist.

Eine wichtige Verallgemeinerung des R.-S.-A. ist der nichtdeterministische R.-S.-A. (NRSA). Er kann mehrere Anfangszustände besitzen. Bei ihm können Zustände spontan (d. h. ohne das Lesen eines Eingabezeichens) in andere Zustände übergehen, und statt der Zustandsübergangsfunktion ist eine Relation erlaubt, die einem Paar (Zustand, Eingabe) mehrere mögliche Nachfolgezustände zuordnet. Ein Wort wird von einem NRSA akzeptiert, wenn es eine Zustandsfolge gibt, die das Wort liest und von einem Anfangs- zu einem Endzustand führt. Das Theorem von *Rabin* und *Scott* besagt, daß zu jedem NRSA ein R.-S.-A. konstruiert werden kann, der die gleiche Menge akzeptiert.

*Brauer*

Literatur: *Brauer, W.*: Automatentheorie. Stuttgart 1984.

**RACE** ⟨*RACE (Research and Technology Development in Advanced Communications Technologies in Europe)*⟩. Ein von der EU-Kommission ins Leben gerufenes und gefördertes Forschungs- und Entwicklungsprogramm auf dem Gebiet der Telekommunikation. Das Programm lief von 1987 bis 1995. Ziel war die europaweite Einführung von → IBC (Integrated Broadband Communications), einer Kommunikationsinfrastruktur, welche die traditionellen Sprach-, Daten- und TV-Dienste integrieren soll. Das Nachfolgeprogramm von RACE ist → ACTS.

*Jakobs/Spaniol*

**Rahmenproblem** ⟨*frame problem*⟩. Grundproblem der → Künstlichen Intelligenz (KI), das beim Nachführen einer → Wissensbasis zu einer sich verändernden Welt auftritt. Häufig können nur die durch Aktionen unmittelbar bewirkten Veränderungen angegeben werden. Zum Nachführen einer Wissensbasis muß man jedoch auch wissen, welche Fakten von einer Aktion nicht betroffen sind. Das R. besteht darin, daß der von einer Veränderung betroffene Weltausschnitt und damit der entsprechende Ausschnitt einer Wissensbasis i. allg. nicht klar eingegrenzt werden kann.

Zur Bewältigung des R. gibt es im wesentlichen zwei Methoden:
– Beschreibung von Aktionen mit Hilfe von zwei Mengen von Bedingungen: Vorbedingungen, die nach Ausführung der Aktion in der Wissensbasis gelöscht werden, und Nachbedingungen, die der Wissensbasis zugefügt werden. Dies erfordert eine genaue Abstimmung der Bedingungsmengen aller Aktionen.
– Explizite Beschreibung der Abhängigkeiten aller Aussagen in einem Abhängigkeitsnetz. Wird eine Aussage ungültig, so können damit die betroffenen Aussagen ermittelt und ggf. modifiziert werden.

*Neumann*

**RAID** ⟨*RAID (Redundant Arrays of Independent Disks)*⟩. Mehrere Platten mit redundanter Datenspeicherung, so daß z. B. der Ausfall einer Platte nicht zum Verlust von Daten oder zu einer Unterbrechung des Betriebs führt (→ Datensicherung).

*Schmidt/Schröder*

**RAID-Speichersystem** ⟨*RAID storage (sub)system*⟩. RAID ist die Abkürzung für Redundant Array of Inexpensive (oder Independent) Disks, also für ein redundant aufgebautes Speichersystem mit billigen (oder unabhängigen) Festplatten. RAID beschreibt Verfahren, wie mit Hilfe von redundanten Daten und Speichermedien ein Schutz gegen Datenverlust erzielt wird, wie er durch Ausfall von motorischen Speichereinheiten entstehen kann. Die Zuverlässigkeit von Speichergeräten, insbesondere von → Magnetplattenlaufwerken, wird zwar ständig erhöht, andererseits ist in großen Speichersystemen mit oft Hunderten von Laufwerken (Spindeln) die Ausfallwahrscheinlichkeit eines Laufwerks und damit die des Datenverlustes sehr groß. Liegt z.B. bei modernen 3,5″-Laufwerken der statistische Wert für die Zeit bis zum Ausfall bei bis zu 800 000 Stunden (→ MTBF, Mean Time Between/Before Failure), ist bei einem Speichersystem mit 100 Spindeln die Wahrscheinlichkeit gegeben, daß innerhalb von 8 000 Stunden (etwa 11 Monate) bei durchgehendem Betrieb ein Laufwerkausfall mit Datenverlust passiert. Die Folgen sind langwierige Rekonstruktionsmaßnahmen bis hin zur Nacherfassung von Daten. Dadurch entstand die Notwendigkeit, Verfahren zu entwickeln, mit denen die → Datensicherheit von großen Speichersystemen erhöht werden kann.

Neben der bereits seit vielen Jahren eingesetzten Spiegelung von Daten auf zusätzliche Laufwerke bekommen die RAID-Verfahren zunehmende Bedeutung. Die theoretischen Grundlagen dazu wurden 1987 von wissenschaftlichen Mitarbeitern der University of California in Berkeley entwickelt und in den Folgejahren von der Industrie in Speicherprodukte umgesetzt.

Die unterschiedlichen RAID-Verfahren sind als sog. RAID-Level 0 bis 6 definiert. Sie stellen keine Rangfolge oder Abstufung bezüglich der Datensicherheit dar.

☐ *RAID-Level 0*: kein eigentliches RAID-Verfahren, verteiltes Ablegen der Daten auf eine Gruppe von Speicherlaufwerken, keine Erzeugung von Redundanzinformationen, daher ist auch keine Erhöhung der Datensicherheit gegeben.

☐ *RAID-Level 1*: entspricht dem Spiegeln von Daten, d.h. gleichzeitiges Ablegen von Daten auf zwei Laufwerken oder Laufwerkgruppen; bei einer Gruppe von mehreren Laufwerken können die Daten über die Laufwerke byte- oder blockweise verteilt abgelegt werden, zum Speichern der Redundanzinformation werden 50% der Gesamtspeicherkapazität benötigt.

☐ *RAID-Level 2*: bitweises Splitten und Speichern der Informationen auf die Laufwerke einer Gruppe, Erzeugung der Redundanzinformation durch einen *Hamming*-Code; das Verfahren benötigt 40% für den redundanten Speicherplatz; der RAID-Level 2 ist nicht in Industrieprodukte umgesetzt worden.

☐ *RAID-Level 3*: byte- oder wortweise Splittung und Speicherung der Daten auf die Laufwerke einer Gruppe, Bildung der Redundanzinformation durch Exklusiv-Oder-Verknüpfung (XOR) der gesplitteten Informationen und Abspeicherung auf eine dedizierte Redundanzplatte; durch das N + 1-Prinzip wird nur ein relativ geringer Prozentsatz (typischerweise 20%) für die Redundanzkapazität benötigt. Im Level 3 sind die Laufwerke einer Gruppe idealerweise spindelsynchronisiert, d.h., daß sich bei allen Laufwerken der gleiche Block unter dem Kopf befindet. Dadurch und durch das parallele Schreiben und Lesen ergibt sich ein hoher Datendurchsatz bei sequentieller Abarbeitung von Informationen.

☐ *RAID-Level 4*: ähnlich dem Level 3, nur blockweise Splittung der Informationen; keine Spindelsynchronisierung notwendig.

☐ *RAID-Level 5*: blockweise Splittung der Informationen, Erzeugung der → Redundanz durch XOR-Verknüpfung, verteiltes Speichern von Daten und Redundanz über alle Laufwerke der Gruppe; kein dediziertes Redundanzlaufwerk, vielmehr enthalten alle Laufwerke sowohl Daten als auch Redundanzinformationen. Auch hier wird je nach Größe der Laufwerkgruppe nur ein geringer Prozentsatz für die Redundanzinformationen benötigt. Der Level 5 hat den Nachteil, daß beim Schreiben von Informationen erst die alten Daten und Redundanzdaten in den Pufferspeicher geladen werden müssen, um aus ihnen und den neuen Daten die neuen Redundanzdaten zu bilden. Beim Lesen kleiner Informationseinheiten, wie sie typischerweise bei Datenbankabfragen anfallen, zeigt der RAID-Level 5 Performance-Vorteile durch die asynchronen Zugriffe auf die Laufwerke, die durch die intelligente Steuerung optimiert werden.

☐ *RAID-Level 6*: enthält zusätzlich zum Level 5 eine weitere Redundanzstufe, d.h., es werden aus den Daten des Level 5 noch einmal durch XOR-Verknüpfung Redundanzinformationen gebildet und abgespeichert, dadurch wird der doppelte Prozentsatz für die Redundanz benötigt.

Sieht man von dem RAID-Level 0 ab, so erlauben alle anderen Levels den Ausfall eines Laufwerks innerhalb einer RAID-Gruppe, ohne daß es zu Datenverlust kommt. Die Daten des ausgefallenen Geräts können mit Hilfe der gespeicherten Redundanzinformation zurückgewonnen werden. Auf die Gruppe kann somit trotz eines defekten Laufwerks schreibend und lesend zugegriffen werden.

Das Splitten der Informationen, das Erzeugen der Redundanzdaten sowie das Wiederherstellen der Daten im Fehlerfall können sowohl in → Hardware als auch in → Software vorgenommen werden. Die preiswerten Software-Lösungen haben den Nachteil, daß sie relativ durchsatzschwach und rechnerbelastend sind. Bei den Hardware-Lösungen wird eine spezielle Kontrolleinheit (RAID-Controller) über einen → Bus vom Rechner mit den zu speichernden Daten versorgt, die nach einem vorgegebenen RAID-Level verarbeitet und auf die an der → Kontrolleinheit angeschlossenen Laufwerke verteilt werden. Das Prinzip der Datensplittung (→ Seg-

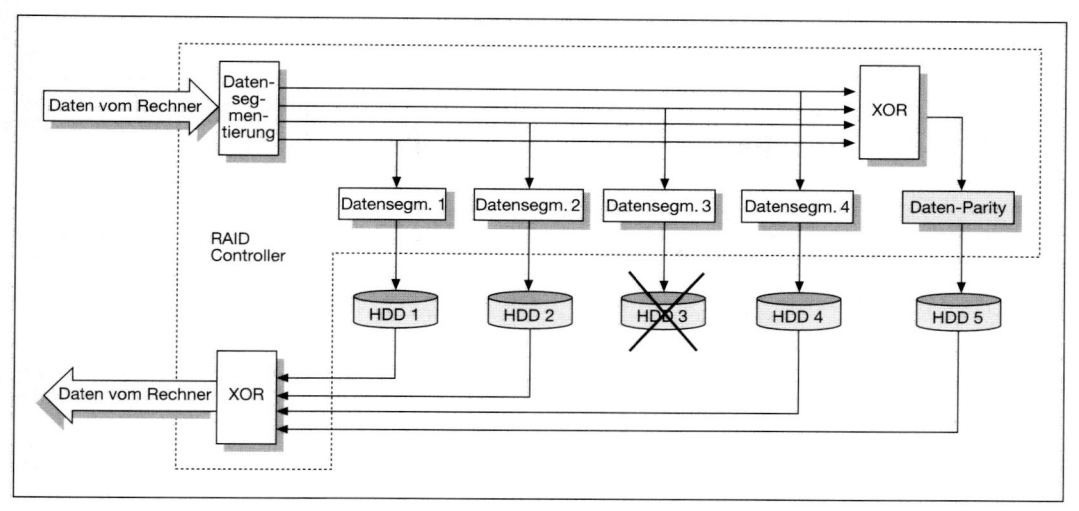

*RAID-Speichersystem: Prinzip der Erzeugung und Speicherung von Redundanzinformationen sowie der Rückgewinnung von Daten bei Laufwerkausfall am Beispiel des RAID-Level 3*

mentierung), der Redundanzbildung (Daten-Parity) durch XOR-Verknüpfung, der Datenspeicherung auf die Festplatten (HDD, Hard Disk Drive) sowie die Datenrückgewinnung im Fehlerfall (Ausfall der HDD 3) ist am Beispiel des RAID-Level 3 im Bild dargestellt.

Bei transaktionsorientierter Datenverarbeitung (Schreiben und Lesen kurzer Aufträge) wird typischerweise der RAID-Level 5 eingesetzt, während zur Verarbeitung großer Datenmengen wie in Bild- oder Videoapplikationen häufig der Level 3 eingesetzt wird. Der Level 1 findet dort Anwendung, wo absolute Datensicherheit vor den Kosten der Speicherlösung steht. Alle anderen definierten Levels haben bislang wenig Bedeutung erlangt. Weiterentwicklungen führten zu Kombinationen der RAID-Levels, die es erlauben, bei jeder Anwendung im optimalen und durchsatzstärksten Level zu speichern.

Typische RAID-Speichersysteme bieten über die erhöhte Datensicherheit hinaus auch noch die Möglichkeit, die wichtigen Hardware-Komponenten wie Netzteile, Kontrolleinheiten und Lüfter redundant und im laufenden Betrieb wechselbar auszulegen. Fällt ein Teil aus, kann die verbliebene Komponente den Betrieb aufrechterhalten. Das defekte Teil kann getauscht werden, ohne daß das System abgeschaltet werden muß.

Speichersysteme, die nach den RAID-Verfahren arbeiten, verdrängen zunehmend die bisherigen Platten- und Spiegelplattensysteme. Durch in den Rechner integrierte RAID-Controller können auch die internen Speichereinheiten durch die RAID-Levels abgesichert werden. Die Bildung von RAID-Speichersystemen beschränkt sich nicht nur auf Festplatten, vielmehr werden auch solche Arrays aus preisgünstigen → Magnetband-Kassetteneinheiten gebildet (tape arrays). Da es sich hierbei um Wechselmedien handelt, muß immer ein kompletter Satz von Kassetten installiert werden, um die erhöhte Datensicherheit zu gewährleisten.

*Pott*

**RAISE** ⟨*RAISE (Rigorous Approach to Industrial Software Engineering)*⟩ → VDM

**RAM** ⟨*RAM (Random Access Memory)*⟩. Halbleiterspeicher mit wahlfreiem Zugriff als Form eines Schreib-Lese-Speichers, bei dem die Speicherzellen matrixförmig angeordnet sind.

Die Bezeichnung RAM ist nicht ganz glücklich, denn es gibt auch andere Speicher (wie den ROM) mit wahlfreiem Zugriff. Vorteilhafter wäre deshalb die Bezeichnung Schreib-Lese-Speicher (RWM) mit wahlfreiem Zugriff.

Der RAM ist ein flüchtiger Speicher, bei dem die Daten nach Abschalten der Betriebsspannung verlorengehen (sofern keine besonderen Maßnahmen getroffen werden). Er besteht u.a. aus vier Teilkomplexen (die nicht alle vollständig vertreten sein müssen) (Bild 1):

☐ *Speichermatrix* aus einzelnen Speicherzellen. Die Zellen sind an die Wort- (WL) und dazu senkrecht verlaufende Bitleitung (BL) angeschlossen. Die Auswahl der Speicherzellen erfolgt durch Aktivierung einer Wort- und Bitleitung (Koinzidenzauswahl s.u.).

☐ *Decodiervorrichtung* zum Decodieren der X- und Y-Adresse. Erzeugung der Auswahlsignale für die Wort- und Bitleitungen.

☐ *Lese- und Schreibverstärker*, u.U. Bustreiber.

☐ *Steuerlogik* zur Realisierung der gewünschten Funktion (Lesen, Schreiben), zur Erkennung der Auswahl dieses Speichers, zur Freigabe oder Sperre seiner Aus-

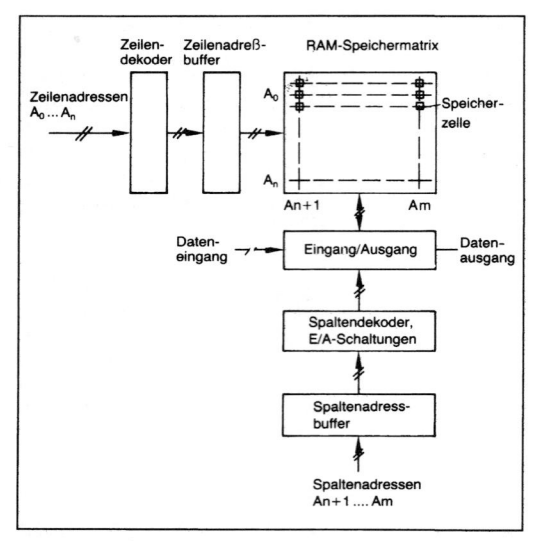

*RAM 1: Prinzipielle Organisation*

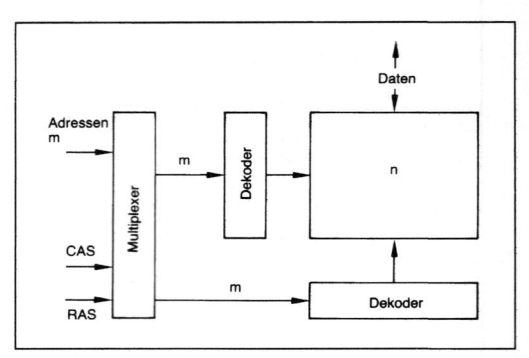

*RAM 2: Prinzip eines bitorganisierten RAM für größere Speicherkapazität n (n = 1 KB ... 4 MB) mit Multiplexer*

n Bitkapazität, m Zahl der Adreßleitungen, k Wortbreite

gänge u. a. m. Zusätzlich angebracht sind oft noch die Anschlüsse CS (Chip Select), CE (Chip Enable), ME (Memory Enable), durch die der ganze Baustein abgeschaltet werden kann. Ein solcher Steuerbefehl ist bei Kapazitätserweiterungen erforderlich, wenn aus mehreren Speichern ein bestimmter ausgewählt werden soll.

Varianten ergeben sich durch
– die Anordnung der Speicherzelle in mehreren Teilmatrizen,
– gemeinsame Eingänge für Zeilen- und Spaltenadressen über Multiplexer (s. u.),
– Dateneingänge und -ausgänge auf jeweils gemeinsamen Anschlüssen.

Der RAM ist vielfach *bitorganisiert*. Dabei kann jede Zelle einzeln angesteuert werden. Für ein Array mit z. B. $n = 8 \times 8$ oder 64 Bit sind dann drei Zeilen (X) ($2^3 = 8$) erforderlich, um eines aus den acht Worten anwählen zu können, und jeweils drei Spalten (Y), um das gewünschte Bit im Wort zu erreichen. Man spricht hier auch von *Koinzidenzauswahl*. Dabei wird nur die Speicherzelle angeschaltet, deren X- und Y-Leitung gleichzeitig aktiviert ist. Die zur Adressierung erforderlichen Signale werden in z-Zeilen und $s = m - z$ Spaltensignale unterteilt. So lassen sich beim bitorganisierten Speicher $2^z$ Zeilenleitungen und $2^s$ Spaltenleitungen einzeln anwählen, wobei in den Kreuzungspunkten jeweils Speicherzellen sitzen. Um den Flächenbedarf klein zu halten, werden quadratische Speichermatrizen bevorzugt ($z = s$).

Daneben gibt es noch die *k-Wort-Organisation* (lineare Auswahl), wobei die Wortbreite k bevorzugt 4 oder 8 Bit beträgt. Hier werden gleichzeitig vier bzw. acht Speicherzellen mit einer Adresse ausgewählt. Dieses Verfahren ist vor allem für kleinere Speicher zweckmäßig. Durch die Adreßcodierung sinkt der

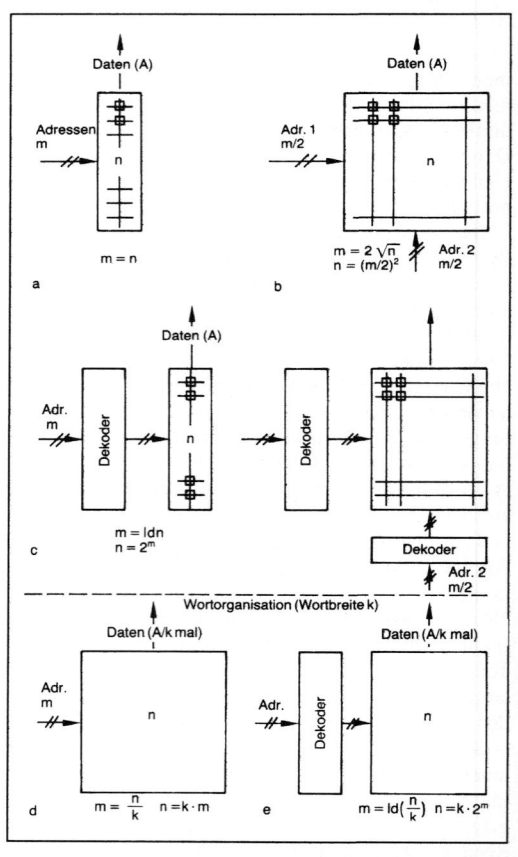

*RAM 3: Bitorganisation (a, b, c) und Wortorganisation (d, e) für steigende Bitkapazitäten.*

a. < 16 bit, b. < 64 bit, c. 64 bit ... 16 kB, d. < 128 bit, e. < 64 kB

Adreßleitungsbedarf bei Bitorganisation auf $m = ld\ n$ (Bild 2). Noch günstiger ist es, die Adressen zusätzlich über einen Demultiplexer (Bild 3) in nieder- und höherwertige Anteile zu trennen und nacheinander anzuwählen, denn diese Methode erfordert nur $1/2\ ld\ n$ Adreßleitungen. Sie wird deshalb für Speicher mit großer Kapazität verwendet.

Die Eigenschaften des RAM hängen sehr stark von der Art der Schaltungstechnik der Speicherzellen sowie der übrigen Peripherieschaltungen ab, v. a. aber davon, ob es sich um einen statischen oder dynamischen RAM handelt:

☐ *Statischer RAM* (SRAM). Die Information bleibt in der Speicherzelle erhalten, solange die Batteriespannung anliegt. Als Speicherzellen dienen Flip-Flop-Schaltungen.

☐ *Dynamischer RAM* (DRAM). Die Information bleibt in der Speicherzelle nur eine begrenzte Zeit erhalten und muß deshalb periodisch aufgefrischt werden. Obwohl sich in diesem Fall die Speicherzellen schaltungstechnisch in Form der Schalterkondensatorzellen stark vereinfachen, ist eine Auffrischung erforderlich. Trotz dieses Nachteils hat sich dieses Prinzip für höchstintegrierte Speicher durchgesetzt. Im Vergleich zum DRAM benötigt der SRAM mehr Chipfläche, ist dafür aber wegen der fehlenden Auffrischschaltung einfacher anzuwenden.

Wichtige Parameter des RAM sind Speicherkapazität, maximale Zugriffszeit, minimale Zykluszeit, Datenrate, Betriebsspannung, Flächenbedarf, Bitkosten u.a.m. (Tabelle). Die Zugriffszeiten von DRAM liegen um einen Faktor 3...5 höher als bei SRAM, die Zykluszeiten um einen Faktor 5...10. RAM werden heute in der Elektronik, besonders aber Datentechnik (Mikrorechner) sehr umfangreich als Arbeitsspeicher eingesetzt. Daneben haben sich einige spezielle Typen herausgebildet:

– *Zweitor-RAM* (Dual Port RAM). Er ist zweckmäßig, wenn z. B. zwei Prozessoren, die unabhängige Vorgänge steuern, auf einen RAM zurückgreifen müssen. Dazu wurde der RAM mit zwei Zugängen entwickelt. Gleichzeitiges Schreiben ist zu vermeiden, was auf verschiedene Art erreicht werden kann.

– *Video RAM* als spezieller Zweitor-RAM. Der erste Ein-/Ausgang wird wie üblich ausgelegt, der zweite hingegen als ROM mit serieller Auslesung, wobei alle Zellen einer Zeile seriell zur Anzeige auf einen Bildschirm ausgelesen werden. Innerhalb eines Speicherzyklus übernimmt ein Schieberegister alle Daten, so daß der Speicher voll für den Lese-Speicher-Zyklus zur Verfügung steht und ebenso für die Videoanzeige.

– *Inhaltsadressierte Speicher* für Datensuchoperationen. Er hat zusätzlich zu den Betriebsarten „Lesen" und „Schreiben" des RAM noch die Betriebsart „Vergleich". Dabei wird das gespeicherte Wort Zelle für Zelle mit einem vorgegebenen Suchwort verglichen und das Ergebnis auf eine Vergleichsleitung am Ausgang gegeben.

– *Nichtflüchtiger Speicher* (NOVRAM), bei dem durch zusätzliche Maßnahmen der Inhalt bei Ausfall der Betriebsspannung erhalten bleibt.

Größere Speicherkapazitäten (z. B. für den Hauptspeicher eines PC) werden mit SIMM (Single Inline Memory Module) realisiert. Das sind Leiterplattenstreifen mit mehreren DRAM und einem Ansteuerschaltkreis. Üblich sind 1, 4, 8 oder 16 MByte. *Paul*

Literatur: Millman, J. und A. Grabel: Microelectronics. New York 1986. – Tietze, U. und Ch. Schenk: Halbleiterschaltungstechnik. Berlin 1985.

**RANDOM** ⟨*random replacement*⟩ → Speichermanagement

**Random-Access-Maschine** ⟨*random-access machine*⟩ → Automatentheorie

**Rapid Prototyping** ⟨*rapid prototyping*⟩ → Prototyping

**RARE** ⟨*RARE*⟩. Abk. für Réseaux Associées pour la Recherche Européenne. 1986 mit dem Ziel gegründet, eine hochwertige Datenkommunikationsinfrastruktur für europäische Forschungseinrichtungen zu schaffen. Seit Okt. 1994 ist → TERENA die Nachfolgeorganisation von RARE und → EARN. *Jakobs/Spaniol*

*RAM. Tabelle: Speicherübersicht*

| Speicherart | Technologie | Kapazität Bit | Zugriffszeit ns |
|---|---|---|---|
| RAM | bipolar | 0,25 ... 4 K | 8 ... 40 |
| SRAM | MOS | 1 K ... 4 M | 10 ... 150 |
| DRAM | MOS | 16 K ... 64 M | 30 ... 180 |
| ROM | bipolar | 0,25 ... 16 K | 10 ... 50 |
| ROM | MOS | 16 K ... 64 M | 40 ... 280 |
| EPROM | MOS | 64 K ... 64 M | 100 ... 200 |

**Raster** ⟨grid, screen⟩. Ein vorgegebenes Muster sich kreuzender Linien, das der digitalen Zerlegung oder der optischen Reproduktion eines Bildes dient. Durch das Linsensystem einer Kamera wird die Vorlage (z. B. ein Photo) auf ein i. d. R. rechteckiges Gitter projiziert, um die auftretenden kontinuierlichen → Grauwerte (oder auch Farbwerte für die Rot-, Grün-, Blau-Kanäle der Farbmonitore) in Punktstrukturen zu zerlegen. Für die Umsetzung in ein digitales Rasterbild registrieren Halbleitersensoren in einer Matrixanordnung die → Helligkeit der einzelnen → Pixel und setzen sie in analoge elektrische Signale um. Diese Signale werden zeilenweise abgetastet und zur weiteren Verwendung digitalisiert. Zwischen der Anzahl von Grauwerten und der Bits pro Darstellung eines Bildpunktes besteht eine direkte Relation. Bei 8 bit pro Darstellung werden 256 verschiedene Graustufen erzeugt. Für Bilder hoher Qualität werden hochauflösende R. von $1024 \times 1024$ Bildpunkten verwendet. *Encarnação/Moissiadis*

Literatur: *Encarnação, J. L.* und *W. Strasser*: Computer Graphics – Gerätetechnik, Programmierung und Anwendung graphischer Systeme. München 1986. – *Newman, W. R.* and *R. F. Sproull*: Principles of interactive computer graphics. New York 1979.

**Rasterbildinformation** ⟨raster graphics information⟩. Art von Inhaltsinformationen eines → Dokuments, die aus Rasterbildern einer gewissen → Auflösung zusammengesetzt sind. Jedes Rasterbild besteht aus einer Folge von Zeilen aus fortlaufenden (nebeneinanderliegenden) Bildelementen (→ Pixel). Wichtige internationale Vereinbarungen für die → Codierung schwarzweißer R. sind die CCITT-Empfehlungen T.4 (Gruppe 3) und T.6 (Gruppe 4), die beide auf den Verfahren der → direkten Codierung, der → eindimensionalen Codierung und der → zweidimensionalen Codierung basieren. Farbige R. können z. B. mit dem ISO/ITU-T-Standard → JPEG, aber auch mit de-facto-Standards wie GIF oder TIFF repräsentiert werden.

*Schindler/Bormann*

**Rasterbildschirm** ⟨raster display⟩. Gerät, das aus einzelnen Bildpunkten (→ Pixel) zusammengesetzte Bilder in einer Ebene dem menschlichen Betrachter visualisiert. Es sind hauptsächlich CRT- (Cathode Ray Tube, Kathodenstrahlröhre), LCD-(Liquid Crystal Display, Flüssigkristallanzeige) und Plasma-Displays (Plasmaanzeige) im Einsatz.

Das *CRT-Display* ähnelt dem Fernsehgerät. Ein Elektronenstrahlsystem schießt in einer Hochvakuumröhre Elektronen auf eine mit Phosphor beschichtete Platte, den → Bildschirm, wobei Licht emittiert wird. Für farbige Darstellungen existieren in dem dafür meistverwendeten Röhrentyp, der Lochmaskenröhre, für die drei Grundfarben Rot, Grün und Blau drei getrennte Elektronenstrahlsysteme. Diese sprechen über eine Lochmaske ihre zugehörigen Phosphorpunkte an, wobei sich die Farbe aus der additiven Mischung der Farbwerte der einzelnen Punkte ergibt. Bei der Lochmaskenröhre sind für die drei Phosphorpunkte Delta- (drei Punkte) oder Inline-Anordnungen (drei Streifen) gebräuchlich. Leistungsmerkmale für CRT-Displays sind die Nachleuchtdauer des Phosphors (→ Persistenz), die Bildwiederholfrequenz, die → Auflösung (Anzahl der Zeilen mal Anzahl der Spalten) und der Pixelabstand. Zur Reduzierung der Video-Bandbreite wird manchmal das Zeilensprungverfahren (→ Interlacing) eingesetzt, bei dem abwechselnd zwei Halbbilder geschrieben werden. Bei diesem Verfahren kann sich ein störendes → Flimmern bemerkbar machen. Es ist nur mit einem geeigneten, länger nachleuchtenden Phosphor sinnvoll.

*LCD und Plasma-Displays* sind im Vergleich zu CRT-Displays mit einer Dicke von wenigen Zentimetern sehr flach und besitzen ein sehr geringes Gewicht. Sie sind prädestiniert für den Einsatz in tragbaren Geräten.

Flüssigkristallanzeigen bestehen aus zwei Glasplatten, auf die transparente, parallele Elektroden aufgebracht sind. Die Glasplatten werden so übereinandergelegt, daß die Elektrodenbahnen orthogonal zueinander stehen. Der verbleibende Zwischenraum wird mit Flüssigkristallen ausgefüllt und versiegelt. Die sich am Kreuzungspunkt zweier Bahnen befindenden Kristalle können durch Anlegen einer Spannung zu einer Zustandsänderung veranlaßt werden, so daß sie das Licht anders reflektieren als vorher. Dadurch wird ein Bildpunkt mit zwei Erscheinungsformen für ein monochromes Bild erzeugt. Nachteile des LCD ist das nicht sehr scharfe und kontrastreiche Bild, der begrenzte Blickwinkel und eine träge Zustandsänderung.

Das Plasma-Display ist ähnlich wie das LCD aufgebaut, nur wird zur Füllung Edelgas verwendet. Durch eine kurze Überspannung zweier sich kreuzender Drähte wird das Gas an dieser Stelle permanent zum Leuchten gebracht, bis es durch den gegenteiligen Vorgang

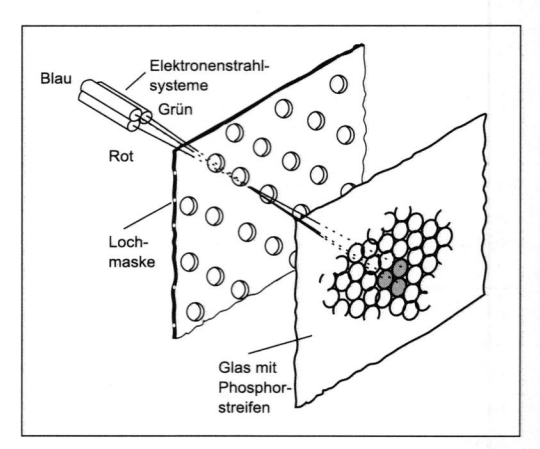

*Rasterbildschirm 1: Lochmaskenröhre mit Delta-Anordnung*

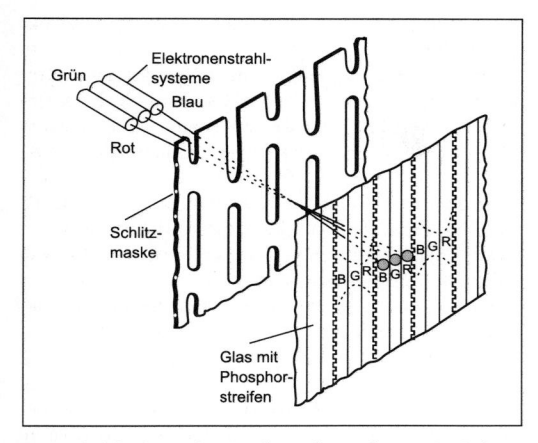

*Rasterbildschirm 2: Lochmaskenröhre mit Inline-Anordnung*

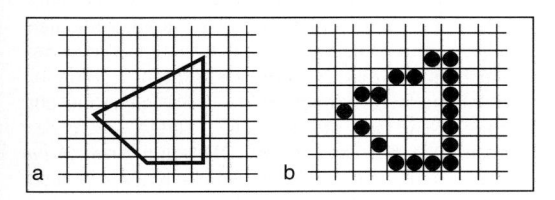

*Rasterbildschirm 3: Vektor- (a) und Rasterdarstellung (b)*

wieder gelöscht wird. Nachteile der Plasmaanzeigen sind eine relativ geringe Auflösung und lange An-/Abschaltzeiten. *Encarnação/Astheimer*

**Rasterdarstellung** ⟨screen presentation⟩. Ausgabe von Bildern auf Rasterbildschirmen. Dazu muß das Bild in geeigneter Weise aufbereitet werden. Durch ein → Raster wird es in → Pixel aufgeteilt, wobei jedes Pixel einen Farbwert erhält. Diese Farbwerte werden in der → Farbtabelle gespeichert. Bei hochqualitativen Systemen benutzt man dafür 8 bit pro Pixel und pro Grundfarbe (Rot, Grün, Blau) und eine → Auflösung von 1 024 × 1 024 Bildpunkten. Aus der Farbtabelle werden die Farbwerte in Elektronenstrahlen umgesetzt und auf den → Bildschirm projiziert, um das digitalisierte Bild so zu reproduzieren. *Encarnação/Moissiadis*

Literatur: *Encarnação, J. L.* und *W. Strasser*: Computer Graphics – Gerätetechnik, Programmierung und Anwendung graphischer Systeme. München 1986. – *Newman, W. R.* and *R. F. Sproull*: Principles of interactive computer graphics. New York 1979.

**Rastergraphik** ⟨grid graphics⟩. Es gibt generell zwei dominierende Klassen in der Computergraphik, die sich hauptsächlich in der Darstellung von Bildern unterscheiden:
– linienzeichnende Systeme (→ Vektorgraphik),
– flächendarstellende Systeme (R.).

Beide Klassen unterscheiden sich nicht nur in ihrer Darstellungsart, sondern auch in der Aufbereitung der darzustellenden Bilder. Ein *Display-File* für einen Videobildschirm enthält nur Informationen über die zu zeichnenden Linien und → Zeichen. Der übrige → Bildschirm bleibt dabei unberührt. Bei Rasterbildschirmen dagegen werden alle Pixels eines Bildschirms mit Informationen über Intensitäten von Farben angesteuert. Genau definiert bedeutet Rasterung, daß der Bildschirm in einer Abfolge von gelenkten Zeilen zusammengesetzt wird, ähnlich wie bei der Fernsehtechnik.

Bei der Aufbereitung von Flächen werden mit Hilfe von → Algorithmen drei Eigenschaften bestimmt:
– Verdeckung: Dabei wird bestimmt, welche → Pixel innerhalb einer Fläche liegen und welche außerhalb.
– → Schattierung: Diese Eigenschaft weist jedem Pixel des Rasterbildes eine → Intensität zu. Somit werden Schatteneffekte erzielt, indem Objekte auf der einen Seite dunkler dargestellt werden als auf der anderen.
– Priorität: Jedem Pixel wird noch eine Prioritätsinformation zugewiesen. Diese → Information ist auch die Entscheidung, ob die darzustellende Fläche von einer anderen überdeckt wird oder nicht.

Der → Befehlsvorrat für Rasterbildschirme ist gegenüber den Vektorbildschirmen erweitert. Dies betrifft vor allem die → Grauwert- bzw. Farbgebung und die Definition gefüllter Flächen und wird gerätetechnisch zusätzlich von Registern unterstützt. Sehr allgemeine und vielseitig nutzbare Funktionen in der R. sind z. B. die sog. Raster-Operationen. Mit ihnen kann ein Pixelblock als Quelle mit dem Inhalt eines anderen Blocks als Ziel logisch oder arithmetisch verknüpft und an dessen Stelle abgespeichert werden.

Es gibt zwei Gründe für den zunehmenden Einsatz der R.: Der erste liegt in der erhöhten Nachfrage nach mehr Bildqualität. Heute erreichen Computergraphiken mit Hilfe von Schattierungs- und Clipping-Algorithmen einen hohen Stand an Realität. Solche Bilder sind sehr schwer auf Vektorbildschirmen abzubilden, weil diese Art von Anzeigegeräten zwei ernsthafte Nachteile aufweist: Sie flimmern bei der Anzeige von komplexen Bildern und können keine wirklichkeitsgetreuen Bilder von gegenständlichen Objekten ausgeben. Diese Rasterbilder werden statt dessen als Raster aus Intensitätsgrößen von Farben generiert und auf einen → Rasterbildschirm gezeichnet. Bildschirme, die sehr intelligent sind und eine große → Auflösung haben, können Videobilder sehr realistisch wiedergeben.

Der zweite Grund ist die Kostensenkung von → Hardware durch die rapide technologische Entwicklung der → Mikroelektronik in den vergangenen zwei Jahrzehnten. Es werden zunehmend komplexere elektrische Funktionen in immer kleiner werdenden Halbleiterbausteinen mit immer höheren Geschwindigkeiten gefertigt. Fallende Preise für immer größere Speicherkapazitäten waren und sind immer noch ausschlaggebend am zunehmenden Interesse an der R.

Das Anwendungsgebiet der R. erstreckt sich über weite Bereiche. R. wird erfolgreich bei Flugsimulatoren und Werbedesign eingesetzt. Eine Stärke der R. liegt im Zeichnen von Linien verschiedener Stärke und bei der Wiedergabe hochqualitativen Textes in verschiedenen Schriftarten. Das macht sie auch beim Drucken von Texten oder Plotten von Zeichnungen einsetzbar. In der → Bildverarbeitung werden rasterkonvertierte Bilder weiterverarbeitet, evtl. mit Falschfarbentechniken behandelt und analysiert – einem hilfreichen Mittel der Datenauswertung in der Radioastronomie.

Eine der Hauptanwendungen der R. liegt im Bereich des technischen Designs. Die realistische Wiedergabe von Maschinenteilen (Explosionszeichnung) ist sehr hilfreich bei ihrem Entwurf. Auch integrierte Schaltungs-Layouts werden auf diese Weise am Computer entworfen. *Encarnação/Moissiadis*

Literatur: *Encarnação, J. L.* und *W. Strasser*: Computer Graphics – Gerätetechnik, Programmierung und Anwendung graphischer Systeme. München–Wien 1986. – *Newman, W. R.* and *R. F. Sproull*: Principles of interactive computer graphics. New York 1979.

**Rasterkonversion** ⟨*scan conversion*⟩. Jedes Bild, das auf einem Rastergerät ausgegeben werden soll, muß in ein Punktraster abgebildet werden. Die meisten Rastergeräte besitzen außer der Fähigkeit, jedem → Pixel Farbe oder → Helligkeit zuordnen zu können, auch in → Hardware oder in → Firmware → Algorithmen zur Rasterung von Darstellungsprimitiven wie Linien, Kreise und → Text oder Algorithmen zum Füllen von Polygonzügen. Die Abbildung der mathematischen Beschreibungen dieser → Primitive auf ein → Raster nennt man R.; die Auswahl der einzelnen Rasterpunkte heißt → Sampling. Die Rasterpunkte auf dem → Ausgabegerät werden in einem rechtwinkeligen diskreten Rasterkoordinatensystem adressiert. Da die → Darstellungsfläche begrenzt ist, werden die Werte der Pixel im → Speicher in einer zweidimensionalen Matrix eingetragen. Die Pixelwerte werden dann von einem sog. Scanning-Prozeß zeilen- oder spaltenweise ausgelesen. Eine → Zeile wird daher auch als Scan-Line bezeichnet.

R.-Algorithmen, die in einem Rastergerät benutzt werden, werden sehr häufig aufgerufen, wenn ein Bild generiert wird. Dies hat zur Folge, daß diese Algorithmen einerseits sehr schnell arbeiten müssen, andererseits trotzdem noch zu ansprechenden Bildern führen sollten. Jede Rasterung ist nur eine Approximation. Die Wahl der Punkte ist nicht eindeutig, so daß es unterschiedliche Methoden gibt, je nachdem wie die Anforderungen an die Qualität der zu erzeugenden Bilder sind.

Es existieren folgende Grundanforderungen an die R.-Algorithmen:
– Linien sollen gerade erscheinen, Kreise und Kurven rund.
– Linien müssen dargestellt werden, auch wenn eine Linie keine adressierbaren Punkte kreuzt. Hier müssen Pixel gewählt werden, die möglichst nah an der Linie liegen, auch wenn dadurch Treppen- oder Buckeleffekte auftreten.
– Anfangs- und Endpunkte einer Linie müssen möglichst exakt dargestellt werden. Insbesondere bei Polygonzügen ist dies zum Anschluß von weiteren Kanten erforderlich, damit die Ecken deutlich zu erkennen sind.
– Die Punktverteilung soll auf der Länge einer Linie nicht variieren, sondern möglichst konstant sein.
– Der Abstand zwischen den ausgewählten Punkten sollte ebenfalls konstant sein.
– Die Verteilung der Punkte soll unabhängig von der Länge und der Richtung einer Linie sein.

Um den Schnelligkeitsanforderungen zu genügen, werden inkrementelle Methoden benutzt, um die Anzahl der Rechenschritte zu reduzieren und insbesondere Multiplikationen und Divisionen einzusparen. Oft wird nur in Ganzzahlarithmetik gearbeitet. Symmetrien werden ausgenutzt, z. B. genügt es, ein Achtel eines Kreises zu berechnen, der Rest ergibt sich dann durch Vertauschen von Indizes der Punktkoordinaten und Umkehrung von Vorzeichen. Auch eine Verteilung auf mehrere Prozessoren kann Zeit sparen.

Bekannte Algorithmen zur R. von Linien sind der symmetrische und der einfache → DDA sowie der Algorithmus von *Bresenham*. DDA und *Bresenham* werden ebenfalls für das Erzeugen von Kreisen benutzt (Kreisgenerator). Bei diesen Algorithmen wird zuerst der Anfangspunkt der Linie im Raster bestimmt. Dann werden Inkremente berechnet, mit denen weitere Punkte auf der Linie berechnet werden. Die Rasterpunkte erhält man nicht durch eine Rundungsoperation, sondern durch die Fehlermitführung und Fehlerminimierung.

Das Füllen von Polygonen benötigt noch weitere Verarbeitungsschritte. Setzt sich ein Bild aus mehreren gefüllten Flächen zusammen, muß die Reihenfolge bzw. die Priorität festgelegt werden. Polygone, die über die Darstellungsfläche hinausragen, müssen geklippt werden, d. h. eventuell auch in kleinere Polygone zerlegt werden. Nachdem die Kanten- und Eckpunkte bestimmt sind, muß berechnet werden, welche Pixel innerhalb eines Polygons liegen. Die meisten Verfahren benutzen dazu eine Liste der Kanten- und Eckpunkte, die auf einer Scan-Line liegen. Das Polygon wird zeilenweise gefüllt. Ein Punkt liegt innerhalb, wenn ein Halbstrahl, der von ihm ausgeht, eine ungerade Schnittanzahl mit den Kanten des Polygons aufweist. Zur Betrachtung der Schnittpunkte dienen die Kanten- und Eckpunkte der Zeile. Nach dieser Methode arbeiten beispielsweise der (YX)-Algorithmus und der Y-X-Algorithmus, die sich im wesentlichen nur durch die Sortierung der Punktliste unterscheiden. Eine andere Methode, die allerdings nur für einfache geschlossene Polygone geeignet ist, zeichnet zuerst die Kanten des Polygons und geht dann von einem im Polygoninneren liegenden Punkt aus und füllt die Umgebung bis hin zu den Rändern.

Bei der R. von Buchstaben werden i. allg. die einzelnen → Zeichen nicht berechnet. Statt dessen wird für jedes Zeichen eine Punktmatrix gespeichert. Das Punktmuster wird dann nur auf die entsprechende Position auf der Darstellungsfläche abgebildet. Bei der Ausgabe von Proportionalschriften wird nicht nur die Punktmatrix selbst gespeichert, sondern auch → Information zum Zeichen, aus der dann z. B. die Breite des Zeichens hervorgeht. Mit diesen Informationen können dann die Buchstaben zur Textausgabe entsprechend aneinandergereiht werden.

Neben der Erzeugung von Strichzeichnungen und jeweils in einer Farbe gefüllten Flächen gibt es noch das Gebiet der R., das sich mit der Herstellung von realitätsnahen Bildern mit Tiefenwirkung beschäftigt. Dazu werden → Schattierungen benutzt. Es wird eine → Lichtquelle in die darzustellende → Szene eingebracht. Je nachdem in welchem Winkel die Lichtstrahlen auf die Oberfläche treffen, wird die Helligkeit bestimmt, mit der die Fläche dargestellt wird. Grundlage ist eine dreidimensionale Beschreibung der Objekte, so daß Raumwinkel und Schnittpunkte berechnet werden können. Um realistischere Bilder zu bekommen, müssen Schlagschatten, Oberflächenbeschaffenheit, → Transparenz, Art und Anzahl von Lichtquellen und andere Faktoren mit in die Berechnung einbezogen werden. Eine Methode ist das → Ray-Tracing. Hier wird das Bild punktweise berechnet. Da auf einem Rastergerät immer nur an den Gitterkoordinaten eine Farbe gesetzt werden kann, wird vom Blickpunkt durch jedes Pixel ein Strahl gelegt und mit der Szene geschnitten. Der erste gefundene Schnittpunkt entscheidet, welche Farbe das Pixel erhält. Bei Transparenz, Spiegelungen etc. müssen weitere Strahlen von diesem Punkt aus untersucht werden.

*Encarnação/Kreiter*

Literatur: *Foley, J. D.* and *A. v. Damm*: Fundamentals of interactive computer graphics. Amsterdam–Bonn 1982. – *Newman, M.* und *R. F. Sproull*: Grundzüge der interaktiven Computergraphik. Hamburg 1986. – *Purgathofer, W.*: Graphische Datenverarbeitung. Berlin–Heidelberg 1985.

**Rauschen** ⟨noise⟩. Nachrichtenübertragungssysteme werden in ihrem Leistungsvermögen u. a. durch statistische Prozesse, das R., begrenzt. Drei Hauptgruppen des R. sind zu unterscheiden: Thermisches R., Schrotrauschen und Empfangsrauschen. Während die ersten beiden gerätespezifisch sind – Folge statistischer Prozesse in Leitern und Halbleitern –, liegt der Ursprung des Empfangsrauschens außerhalb der → Empfangsanlage. Von ihr werden neben dem atmosphärischen R. galaktisches und kosmisches R. erfaßt.

Unregelmäßige (statistische) Strom- und Spannungsschwankungen führen in der → Nachrichtentechnik zu dem aus der Akustik übernommenen Begriff des R. Eine Rauschspannung (Bild 1) wird z. B. in einem Empfänger wahrgenommen, ohne daß ein Nutzsignal vorhanden ist. *W. Schottky* erkannte bereits 1918, daß das R. der Nachrichtenübertragung eine untere Grenze setzt. Er unterschied zwischen thermischem R. und Schrotrauschen.

□ *Thermisches R.* ist Folge der unregelmäßigen thermischen Elektronenbewegung in reellen Leitern und Widerständen. Hierdurch entstehen an denselben nachweisbare Spannungsschwankungen. Nach *Schottky* ist die thermische Rauschleistung proportional kT, quantitativ durch *Johnson* und *Nyquist* durch die Gleichung

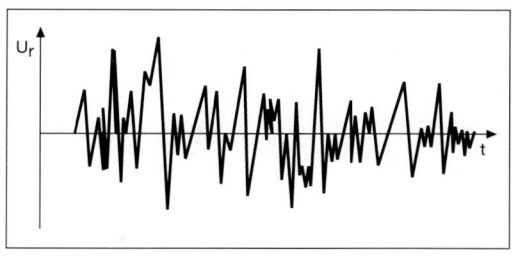

$$U_R^2 = 4kTR\Delta f \qquad (1)$$

*Rauschen 1: Rauschspannung $U_r$ an einem Widerstand als Funktion der Zeit t*

beschrieben (T absolute Temperatur in Kelvin, R Belastungswiderstand, k *Boltzmann*-Konstante und Δf Frequenzbandbreite). In der amerikanischen Literatur wird das thermische Rauschen auch *Johnson* noise genannt.

In einem angepaßten Kreis, in dem die inneren Widerstände von Signalspannungs- und Rauschspannungsquelle gleich dem Belastungswiderstand R sind, liefert die Signalquelle die Leistung

$$P_S = U_S^2 / 4R \qquad (2)$$

und die Rauschquelle die Rauschleistung

$$P_R = U_R^2 / 4R = kT\Delta f, \qquad (3)$$

d. h., die Rauschleistung ist unabhängig vom Widerstand R. Ferner läßt Gl. (3) erkennen, daß die Rauschleistung in gleich breiten Frequenzbändern Δf gleich groß ist,

$$P_R / \Delta f = kT, \qquad (4)$$

und nur von der absoluten Temperatur T abhängt. Dieses R. nennt man „weißes Rauschen" (*Gauss*ian noise), entsprechend der aus der physiologischen Optik bekannten Tatsache der Bildung weißen Lichts aus der gleichmäßigen Mischung aller Spektralfarben.

Eine genauere Betrachtung der spektralen Rauschleistungsdichte zeigt, daß sie bei extrem hohen Frequenzen abfallen muß. Unter Berücksichtigung der quantenhaften Struktur der Energiestrahlung folgt aus dem *Planck*schen Strahlungsgesetz

$$P_R / \Delta f = \frac{hf}{e^{hf/KT} - 1}, \qquad (5)$$

h *Planck*sches Wirkungsquantum (6,63 · 10⁻³⁴ Js; Bild 2).

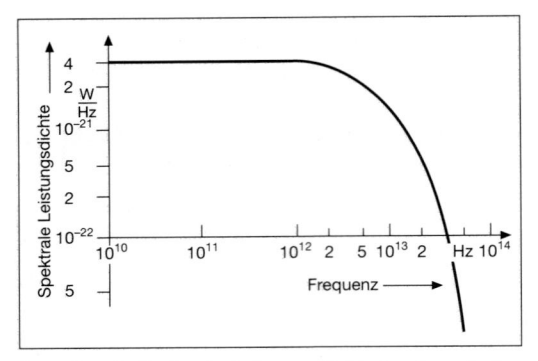

*Rauschen 2: Spektrale Leistungsdichte des thermischen R. in Abhängigkeit von der Frequenz (T = 290 K)*

☐ *Schrotrauschen* (shot noise), ehemals von Verstärkerröhren verursacht (unregelmäßiger Austritt von Elektronen aus der Kathode), wird gegenwärtig überwiegend den Halbleitern zugeschrieben. Es ist die Folge von quantenhaften Strömen in Transistoren und anderen Halbleitern. Wie die des thermischen R. ist die spektrale Leistungsdichte des Schrotrauschens bis zu hohen Frequenzen ebenfalls frequenzunabhängig; sie addiert sich zu der des thermischen R. Dies drückt sich durch Hinzunahme eines Faktors, der Rauschzahl F, in Gl. (3) aus:

$$P_R = F k T_0 \Delta f. \qquad (6)$$

$T_0$ ist hier Bezugstemperatur, z. B. 290 K. Eingeführt ist ferner die fiktive Rauschtemperatur $T_R = F T_0$.

Während normale Funkverbindungen durch Rauschprozesse relativ wenig oder gar nicht gestört werden, gilt es im Fall extrem niedriger Empfangsfeldstärken, etwa im Satellitenfunk, bei Radio- und Radarastronomie, das R. auf extrem niedrige Werte zu drücken. Dies gelingt durch Kühlung der relevanten Verstärkerstufen mit flüssigem Helium oder durch Anwendung des parametrischen Verstärkerprinzips.

☐ *Funk- oder Empfangsrauschen.* Zusätzlich zum gerätespezifischen R. müssen Rauschprozesse auch außerhalb der Funkanlagen ins Kalkül gezogen werden. Sie werden von der Antenne aufgenommen und sind als Funk- oder Empfangsrauschen bekannt. Hierzu gehören
– atmosphärisches R., unterhalb 20 MHz durch Blitzentladungen, oberhalb 1 GHz durch Strahlungen des Sauerstoffs und des Wasserdampfs in der Atmosphäre verursacht;
– galaktisches R., herrührend von strahlenden Radiosternen in der Milchstraße mit Rauschmaxima im Frequenzbereich von 20 MHz bis 2 GHz. Hierzu gehört auch die Rauschstrahlung der Sonne;
– kosmisches R., als Hintergrundstrahlung im Frequenzbereich von 1 bis 10 GHz auftretend (Radio- und Radarastronomie). *Kümmritz*

Literatur: CCIR Report 322-2: Characteristics and applications of atmospheric radio noise data. ITU, Genf 1982. – CCIR Report 670: Worldwide minimum external noise levels, 0,1 Hz to 100 GHz. ITU Genf 1982. – *Hölzler, E.; Thierbach, D.*: Nachrichtenübertragung. Springer, Berlin 1966. – *Hölzler, E.; Holzwarth, H.*: Pulstechnik I. Springer, Berlin 1975. – *Küpfmüller, K.*: Einführung in die theoretische Elektrotechnik. Springer, Berlin 1973. – *Meinke, H.; Gundlach, F. W.*: Taschenbuch der Hochfrequenztechnik. Springer, Berlin 1986. – *Müller, R.*: Rauschen. Springer, Berlin 1979. – DIN 1311, 1320, 1344, 5488.

**Ray Tracing** ⟨ray tracing⟩. Eine der ältesten und immer noch die wirkungsvollste Technik, um „realistisch wirkende" Darstellungen von dreidimensionalen Objekten zu erzeugen.

R. T. beruht auf der → Simulation des optischen Vorgangs der Photographie. Das zugrundeliegende → Modell ist eine einfache Lochkamera. Im R. T. wird das Prinzip des Photographierens umgekehrt. Im strahlenoptischen Modell der Photographie werden die Strahlen von einer → Lichtquelle emittiert, mehrfach gebrochen und reflektiert, bis sie auf die Bildebene auftreffen. Beim R. T. wird – ausgehend von einem → Pixel der Bildebene – ein Strahl solange rückwärts verfolgt, bis der Farbwert des Pixels genügend genau bestimmt ist (Bild 1).

Die Bildebene liegt zwischen Brennpunkt, hier Augpunkt genannt, und → Szene. In der Bildebene liegt die Projektionsfläche, i. allg. der Schirm eines Rastergerätes. Der Farbwert jedes Pixels des Bildschirms wird bestimmt, indem man zunächst eine Gerade als Abstraktion des Lichtstrahls durch Augpunkt und Pixel legt. Diese Gerade wird mit allen Objekten der Szene zum Schnitt gebracht. Die Schnittpunkte werden nach ihrem Abstand vom Augpunkt sortiert. Der Schnittpunkt mit dem geringsten Abstand bestimmt den Körper, der vom Augpunkt aus gesehen wird. Durch Anwendung eines Beleuchtungsmodells kann der Farbwert der sichtbaren Oberfläche berechnet und dem entsprechenden Pixel zugeordnet werden. Existiert kein Schnittpunkt, wird eine Hintergrundfarbe ausgegeben.

Einfache schattierte Bilder kann man mit Hilfe der bekannten Visibilitätsalgorithmen schneller generieren als mit R.-T.-Verfahren, denn diese Algorithmen verwenden Zusammenhangsinformation (coherence). R. T.

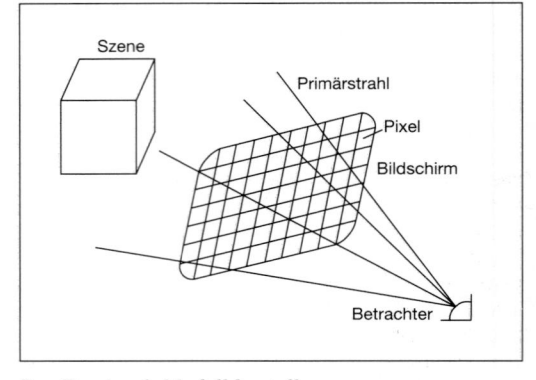

*Ray Tracing 1: Modelldarstellung*

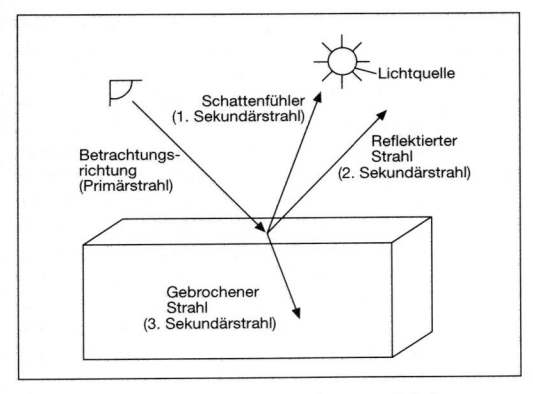

*Ray Tracing 2: Reflexion. Refraktion und Schatten*

dagegen ist eine Point-Sampling-Technik, d. h., jedes Pixel wird völlig unabhängig von seinen Nachbarn berechnet.

Die Überlegenheit des R. T. beruht darauf, daß auch Effekte wie Reflexion und Brechung (→ Transparenz) von Lichtstrahlen sowie Schattenwurf von Objekten simuliert werden können. Dies ist mit den anderen Verfahren nur schwer oder gar nicht möglich, zur Erzielung von Realitätstreue aber unbedingt erforderlich.

Diese Effekte werden dadurch erreicht, daß von der im ersten Schritt (mit dem sog. Primärstrahl) bestimmten sichtbaren Oberfläche weitere Strahlen (Sekundärstrahlen) verfolgt werden. Im Falle von Refraktion und Reflexion ergeben sich die Sekundärstrahlen aus den strahlenoptischen Gesetzen (Bild 2).

Treffen diese auf ein transparentes oder spiegelndes → Objekt, werden wiederum neue Strahlen verfolgt. Dieser → Prozeß wird rekursiv solange fortgesetzt, bis alle Strahlen entweder ein undurchsichtiges Objekt oder den Hintergrund getroffen haben oder die → Intensität des verfolgten Strahls unter einem Schwellwert liegt.

Ob ein Punkt auf der Oberfläche eines Objektes im → Schatten eines anderen liegt, wird dadurch bestimmt, daß vom Schnittpunkt des Primärstrahls ein Sekundärstrahl in Richtung der Lichtquelle verfolgt wird. Schneidet er einen weiteren Körper, so verdeckt dieser Körper die Lichtquelle, und der Endpunkt des Primärstrahls liegt im Schatten.

Der große Nachteil des bisher beschriebenen R.-T.-Verfahrens ist sein immenser Verbrauch an Rechenzeit. 80% der Rechenzeit werden allein für die Schnittberechnung aufgewendet. Deshalb wurden verschiedene Verfahren entwickelt, um die Effizienz im R. T. zu steigern. *Encarnação/Joseph*

Literatur: *Fujimoto, A.* and *T. Tanaka; K. Iwata*: ARTS: Accelerated ray-tracing system. IEEE Computer Graphics & Applications. April 1986, pp. 16–26. – *Glassner, A. S.*: Space subdivision for fast ray-tracing. IEEE Computer Graphics & Applications, October 1984, pp. 15–22. – *Roth, S. D.*: Ray casting for modelling solids. Computer Graphics and Image Processing 18 (1980) pp. 343–349.

**RDA** ⟨RDA (Remote Data Access)⟩. Standard, der den Zugriff auf entfernte Datenbestände beschreibt (→ Datenbankfernzugriff). *Schmidt/Schröder*

**RDBMS** ⟨RDBMS (Relational Database Management System)⟩. → Datenbankverwaltungssystem, das das relationale → Datenmodell realisiert. Je nach Einsatzgebiet kann der Hersteller des RDBMS auch noch Erweiterungen des relationalen Datenmodells vorgenommen haben (→ DBMS). *Schmidt/Schröder*

**RDS** ⟨RDS (Radio Data System)⟩. Im RDS werden mit der Übertragung (d. h. ohne Unterbrechung) der „normalen" Radiosignale des Hörfunks zusätzlich digitale Informationen gesendet. Die auf einen Unterträger mit der Frequenz 57 kHz aufmodulierten Daten werden einfach den Audiosignalen hinzugefügt und über einen konventionellen VHF/FM-Sender ausgestrahlt (Bild). Über eine bereits vorhandene Infrastruktur werden also digitale Informationen quasi „huckepack" verbreitet. Ursprünglich sollten diese Daten nur zur automatischen Sendererkennung und -einpegelung dienen, jedoch wurde bereits sehr früh erkannt, daß speziell auch Verkehrsnachrichten hiermit übertragen werden können. Verkehrsinformationen werden im RDS als spezielle Anwendung, den Traffic Message Channel (→ TMC), gesendet. RDS stellt eine Rohdatenrate von 1187 bit/s zur Verfügung. Die Daten werden synchron in Blöcken von 26 bit, die jeweils zu einer sog. Gruppe von vier Blöcken zusammengefaßt werden, übertragen (synchrone Übertragung). Ein Block besteht aus den eigentlichen Nutzdaten (16 bit) und einem Codewort zur Fehlererkennung und -korrektur (10 bit).

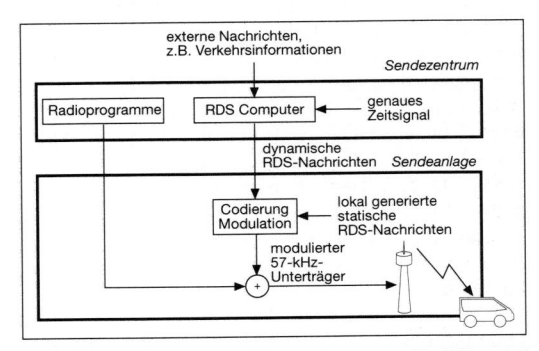

*RDS: Informationsfluß im RDS* *Hoff/Spaniol*

Literatur: *Holy, A.*: Zusatzinformationen zum UKW-Hörfunk. Funkschau (1991) H. 1. – *Walker, J.*: Mobile information systems. Artech House Publ. 1990.

**Reaktionszeit** ⟨reaction time⟩. Insbesondere im Zusammenhang mit reaktiven Systemen und → Prozeßrechnern wird die R. üblicherweise synonym zu → Antwortzeit ⟨response time⟩ verwendet und bezeichnet die Zeit zwischen dem Eintreffen eines → Ereignisses und dem Abschluß seiner Bearbeitung.

Im Gegensatz hierzu definiert DIN 44 300 die R. als die Zeitspanne, die in der → Zentraleinheit eines digitalen Rechensystems zwischen dem Ende des Eintreffens einer Aufgabenstellung und dem Beginn der Bearbeitung vergeht. Im → Mehrprogrammbetrieb ist diese Zeitspanne von Null verschieden, da mehrere Aufgaben (Tasks) um die Zuteilung von Betriebsmitteln konkurrieren. Im → Realzeitbetrieb muß die R. bei der Planung des Systems besonders sorgfältig untersucht werden, damit zeitkritische Aufgaben innerhalb der vorgegebenen Antwortzeit (→ Deadline) bearbeitet werden können. *Fischer*

**Real-Time-Simulation** ⟨*real-time simulation*⟩ → Echtzeitsimulation

**Realismus** ⟨*realism*⟩. In der graphischen → Datenverarbeitung ist der Begriff des R. ein vielschichtiger und nicht streng einheitlich gebrauchter. Man kann mehrere Linien des R. unterscheiden:

☐ Der R. kann verstanden werden als Naturalismus im Sinne einer möglichst naturgetreuen → Simulation von Lichteffekten. Diese sind der Lichteinfall auf die Oberfläche von Objekten oder, falls diese transparent, ihre Durchdringung durch das Licht. Phänomene wie die Spiegelung, Reflexion und Brechung des Lichts werden bei der Technik des → Ray Tracing zu simulieren versucht.

Diese Simulation gelingt beim derzeitigen Stand der Technik nur so gut, wie das → Beleuchtungsmodell arbeitet. Viele optische Phänomene, insbesondere die diffizile Beleuchtung der Objekte untereinander, sind z. Z. noch nicht quantitativ exakt simulierbar.

☐ Der R. des Ausdrucks bei figürlichen Handlungen in der computerunterstützten → Animation. Hier steht die Computeranimation in der Tradition der klassischen Animation, insbesondere des Zeichentrickfilms. Hier wird R. nicht verstanden als naturgetreue Nachbildung eines Vorbilds – hier sind Karikaturen üblich, sogar erwünscht (z. B. Tierfiguren in Walt Disney's „Dschungelbuch"). Hier ist R. vielmehr die Vermittlung realistischer Handlungs- und Ausdrucksformen (Freude, Nachdenklichkeit, Schlaf etc.) der (computer)animierten Figuren.

☐ Der Surrealismus in der Animation unbelebter Gegenstände (Logo-Animation): Hier wird R. verstanden als die Erkennbarkeit (und darum vorbildgetreue Wiedergabe) einzelner Gegenstände, wie Schrift-Logos und Signets von Firmen in der Werbung oder von Fernsehanstalten bei Vorspannen. Diese Einzelheiten können wiederum in physikalisch nicht realisierbaren (darum „surrealistischen") Arrangements und filmischen Sequenzen (z. B. durch den Raum fliegende Schriftzüge) verwendet werden.

☐ Der R. in wissenschaftlich-technischen Darstellungen: Bei der Simulation technischer Anlagen (zu deren Planung) oder sonstigen Anwendungen, z. B. ist in der Medizin ein gewisser Grad an R. vonnöten, damit die computergraphische Darstellung überhaupt für ihren Zweck brauchbar ist. Hier ist R. die Erkennbarkeit der dargestellten Objekte.

Die wissenschaftliche Entwicklung der Techniken zur Erzeugung photorealistischer Bilder ist von solcher Rasanz, daß bei den jährlichen Konferenzen der großen Computergraphik-Organisationen wie ACM-SigGraph (Association for Computing Machinery – Special Interest Group on Computer Graphics) oder Eurographics (The European Association for Computer Graphics) Bilder gezeigt werden, deren Grad an R. oder Komplexität selbst von Fachleuten bislang als nicht realisierbar erachtet worden ist.

In Zusammenhang mit den erweiterten Möglichkeiten zur computergenerierten Bewegung realistischer Bilder stehen auch die Diskussionen zur künstlichen Realität. *Langmann/Hofmann*

**Realität, künstliche** ⟨*artificial reality*⟩ → Realität, virtuelle

**Realität, virtuelle** ⟨*virtual reality*⟩. Unter v. R., auch als künstliche Realität, Artifical Reality, Virtual Environment, → Telepresence oder Cyperspace bezeichnet, versteht man Konzepte der → Interaktivität und der 3D-Darstellungen von Daten mit Hilfe der modernen Computertechnik, bei denen die Herstellung einer unmittelbaren Verbindung der materiellen Welt (menschlicher Körper mit seinen Aktivitäten und sensorischen Fähigkeiten) mit der synthetischen Welt des Computers angestrebt wird. Im Idealfall wird der → Benutzer in das Geschehen der mit dem Computer generierten Szene einbezogen.

Die v. R. ist ein neues Kommunikationsmedium, bei dem nicht der Umgang des Menschen mit dem Computer im Vordergrund steht, sondern die direkte Kommunikation des Menschen mit seinen rechnergenerierten Modellen und Visionen, mit Simulationsergebnissen und mit Ereignissen und Personen an anderen Orten und anderen Zeiten.

Die neue Kommunikationsform läßt sich in drei Ebenen strukturieren:

☐ Eine *Bildebene* erzeugt eine dem menschlichen Betrachtungswinkel mit Tiefenwahrnehmung angepaßte Weitwinkeldarstellung. Für ihre Realisierung werden spezielle Display-Geräte wie Großbildprojektoren, Stereobrillen (shutter glasses) und Datenhelme (head-mounted displays) in Verbindung mit Audio-Geräten eingesetzt. Durch die Einbeziehung von Ton- und Geräuschquellen wird der Benutzer in die Lage versetzt, die virtuelle Umgebung auch akustisch realitätsnah zu erleben.

☐ In einer *Verhaltensebene* ist z. B. das zu steuernde System (Roboter, Fahrzeug o. a.) in Form eines rechnerinternen Modells beschrieben. In dieser Ebene findet die Rechnersimulation der Realität statt. Diese

Ebene ist am weitesten entwickelt. Es gibt hier mittlerweile zahlreiche Software-Pakete für v. R.-Anwendungen (z. B. WorldToolKit, dVISE), mit denen virtuelle Welten geschaffen werden können, ohne daß spezielle Programmierkenntnisse erforderlich sind.

☐ Eine *Interaktionsebene* umfaßt neben motorischen Eingabemöglichkeiten auch Sprach- und Gestikerkennung sowie Berührungsrückkopplung. Die Interaktion erfolgt über sechsdimensionale Eingabegeräte (space mouse, space ball), über Datenhandschuhe (cyber glove) oder komplette Datenanzüge (body suit). Auch andere Geräte – z. B. Heimtrainer, Laufband, Surfbrett – werden zunehmend als Peripheriegeräte nutzbar gemacht, um über bestimmte Bewegungsabläufe in v. R.-Anwendungen zu verfügen.

Dreh- und Angelpunkt der v. R. ist die → Echtzeitvisualisierung von Daten in allen drei Ebenen. Dazu sind ausreichend leistungsfähige Computer erforderlich. Insbesondere die Echtzeit-Bildgenerierung erfordert für die photorealistische Erzeugung von 3D-Bildern inklusive Modellierung von Beleuchtungs- und Oberflächeneffekten eine sehr hohe Rechenleistung. Entsprechend der vorhandenen Rechnerleistung ist die Modellkomplexität der virtuellen Welt deshalb heute meist noch stark eingeschränkt.

V. R.-Technologien werden bereits sehr erfolgeich im Spiele- und Unterhaltungsmarkt eingesetzt. Dieser Sektor hat neben dem militärischen Sektor die Entwicklung der v. R. stark vorangetrieben. Mittlerweile hält diese Technologie zunehmend auch ihren Einzug in industriellen Bereichen. Weltweit wird in Firmen, Universitäten und anderen Forschungseinrichtungen am Einsatz und der Weiterentwicklung dieser Technologie gearbeitet.

Die v. R. erschließt durch die höhere Qualität der Visualisierung und die neuen Formen der Interaktionsmöglichkeiten eine Vielzahl neuer Anwendungsfelder. Die mögliche Anwendungspalette reicht von Planung, Design und Gestaltung über Ausbildungssysteme, Konstruktions- und Automatisierungstechnik, Kunst, Medizin und Tiefseeforschung bis hin zur Raumfahrt.

*Langmann*

Literatur: *Astheimer, P.* u. a.: Die virtuelle Umgebung – Eine neue Epoche in der Mensch-Maschine-Kommunikation. Informatik-Spektrum (1994) 17, S. 357–367. – *Vince, J.*: Virtual reality systems. New York 1995.

**Realzeit-Software** ⟨*real-time software*⟩. Software, die zum Betrieb eines → Realzeitsystems notwendig ist. Bei der R.-S. kann man zwischen System-Software (→ Realzeitbetriebssystem) und Anwendungs-Software unterscheiden. Die Anwendungs-R.-S. nutzt im Regelfall Dienste eines Realzeitbetriebssystems, um innerhalb bestimmter Zeitbedingungen (→ Realzeitbedingung) auf → Ereignisse durch geeignete Ausgaben reagieren zu können. R.-S. ist insbesondere durch ein deterministisches Ablaufverhalten gekennzeichnet. Sie muß normalerweise hohe Zeit- und Zuverlässigkeitsanforderungen erfüllen.

*Kolloch*

**Realzeit-Task** ⟨*real-time task*⟩. Die Funktion einer Task ganz allgemein ist die Abarbeitung einer bestimmten Teilaufgabe in einem Rechensystem (z. B. die Ansteuerung eines Motors oder die Darstellung der graphischen Bedienoberfläche auf dem Monitor). An diesen beiden Beispielen wird auch schon ein wesentlicher Unterschied deutlich: Während die Motorsteuerung eine realzeitkritische Aktivität des Systems darstellt, ist die Bedienoberfläche relativ unkritisch (sofern die Anzeige nicht um Sekunden zu spät erneuert wird).

Jede Task ist zumindest durch einen Namen, den Code und einen lokalen Datenbereich spezifiziert. Für eine R.-T. müssen zusätzliche Attribute, die die zeitlichen Anforderungen beschreiben, definiert werden; dazu gehört insbesondere auch eine Prioritäts- oder Deadline-Angabe. Es kann zwischen periodischen und → aperiodischen R.-T. sowie zwischen solchen mit harten und weichen → Realzeitbedingungen unterschieden werden.

Hinsichtlich der verwendbaren Algorithmen in R.-T. ist der Programmierer eingeschränkt: So sind Konstrukte wie etwa Schleifen, deren Anzahl an maximalen Durchläufen nicht bestimmbar ist, oder rekursive Verfahren hier nicht zulässig, da mit diesen Programmiertechniken die Forderung nach Determinismus nicht gewährleistet werden kann und somit Deadline-Verletzungen nicht auszuschließen sind.

*Pfefferl*

**Realzeit-UNIX** ⟨*real-time UNIX*⟩. Beim R.-U. werden Erweiterungen am System vorgenommen, um auf die Zeitanforderungen in Echtzeitsystemen deterministisch reagieren zu können.

Ein UNIX-Standardkern muß dabei um die folgenden Eigenschaften erweitert werden:

– Benutzerbestimmbare feste Prioritäten. Bei Standard-UNIX wird die Priorität durch den Betriebssystemkern bestimmt.

– Unterbrechbarkeit der Systemaufrufe. Bei Standard-UNIX sind Systemaufrufe nicht unterbrechbar. Bei einem R.-U. sind die Betriebssystemaufrufe bis auf kritische Bereiche unterbrechbar.

– Speicherresidente Prozesse (memory locking). Das Auslagern von Prozessen muß verhindert werden können.

– Zusammenhängende Dateien. Die bei UNIX übliche Zerstückelung von Dateien führt zu nicht kalkulierbaren Dateizugriffen.

– Erweiterung um Zeitaufrufe mit hoher Auflösung.

Es gibt vielfältige Bemühungen, ein R.-U. zu standardisieren. So besitzt das UNIX-System V Release 4 bereits einige Realzeiteigenschaften wie prioritätengesteuerte Prozeßverwaltung und Zeitgeber mit kurzen Intervallen. Harte Realzeitbedingungen sind damit aber nicht einhaltbar. POSIX (Portable Operating System Interface for Computer-Environments) 1003.1b (früher 1003.4) beschreibt eine implementierungsunabhängige Schnittstelle, die die Betriebssysteme für Realzeitprogramme zur Verfügung stellen müssen. POSIX 1003.1b bietet

– Erweiterung der UNIX-Signale (Extended, Queued Signals),
– Funktionen zur synchronen und asynchronen Kommunikation (Message Passing),
– Funktionen zum Anlegen und Nutzen gemeinsamer Speicherbereiche (Shared Memory),
– Abbildung von Dateien direkt in den Adreßraum von Prozessen (File Mapping),
– Funktionen zum Erzeugen, Löschen und Manipulieren von Semaphoren (Semaphores),
– Planen von Prozessen nach Prioritäten (Priority Preemptive Process Scheduling),
– Funktionen zur Manipulation von Zeitgebern, bei denen eine hohe Auflösung eine Rolle spielt (High Resolution Timers),
– Funktionen, um das Auslagern von Prozessen auf die Platte zu verhindern (Memory Locking),
– Erweiterung der Ein-/Ausgabe-Funktionalität um einen garantierten Datenaustausch zwischen Prozessor und Gerät (Synchronous Input/Output). Der Auftrag, Daten zu schreiben, wird beispielsweise sofort (direkt) ausgeführt.
– Prozesse können über den Abschluß einer Ein-/Ausgabe-Operation durch Signale informiert werden (Asynchronous Input and Output).

Realzeiteigenschaften für UNIX-Systeme werden auf zwei Arten erreicht:
– Durch Modifikation eines Standard-UNIX-Kernel. Auf diese Art und Weise können vor allem „weiche" Realzeitbedingungen eingehalten werden.
– Durch einen speziellen Realzeitkern. Dieser Realzeitkern wird durch eine UNIX-kompatible Anwenderschnittstelle erweitert.

Beispiele für R.-Systeme sind LynxOS, Real/IX, SORIX oder QNX. *Quade*

**Realzeitanforderung** ⟨real-time requirement⟩. Zeitliche Rahmenbedingungen, die ein technischer Prozeß an das ihn steuernde bzw. regelnde Rechnersystem stellt, damit der Prozeß schritthaltend bearbeitet (schritthaltende Verarbeitung) werden kann (→ Realzeitbedingung). Die Größenordnungen der R. können um mehrere Zehnerpotenzen differieren (z. B. stellt die Steuerung eines verfahrenstechnischen Prozesses meist R. im Sekundenbereich, während die Steuerung des Zündzeitpunktes in einem Verbrennungsmotor im Mikrosekundenbereich durchgeführt werden muß).

Die Analyse der R., die ein technischer Prozeß stellt, ist der erste Schritt bei der Auslegung von Realzeitsystemen (→ Realzeitsystementwicklung). *Pfefferl*

**Realzeitbedingung** ⟨real-time constraint, timing constraint⟩. Forderung nach der zeitgerechten Bearbeitung von Ereignissen durch eine Rechenanlage. Zeitlich läßt sich ein technischer Prozeß durch die
– Ankunftszeitpunkte für Ereignisse aus dem technischen Prozeß (Abstände zwischen den Ereignissen) und
– durch die maximal zulässige Antwortzeit ($t_{Rmax}$) charakterisieren.

Daraus können unterschiedliche Zeitbedingungen resultieren, z. B.:
– Der Rechner muß vor dem Eintreffen eines neuen Ereignisses reagiert haben.
– Die Reaktion des Rechners muß innerhalb der maximal zulässigen Antwortzeit erfolgen.
– Die Reaktion des Rechners darf nicht vor einem bestimmten Zeitpunkt erfolgen.
– Die Reaktion des Rechners muß zu einem fest vorgegebenen Zeitpunkt erfolgen.

Die maximal zulässige Antwortzeit gibt an, in welchem Zeitraum eine Steuerungsaufgabe abgeschlossen sein muß, um ein optimales Systemverhalten zu erreichen. Dies kann man auch durch die Kosten beschreiben, die im Prozeß entstehen. Das Bild zeigt drei Modellbeispiele für solche Kosten über der erreichten Antwortzeit.

☐ Im Fall 1 entstehen zwar beim Überschreiten der angenommenen maximalen Antwortzeit zusätzliche Kosten (schlechteres Prozeßverhalten), bei weiterer Zunahme der Zeit steigen diese Kosten jedoch nicht erheblich an und nähern sich möglicherweise einem Grenzwert. Man spricht hier von einer weichen R.

☐ Fall 2 zeigt einen linearen Anstieg der Kosten über der Zeit; eine solche Situation ergibt sich in dem gerade genannten Fall, in welchem eine Verlängerung der Rechnerbearbeitungszeit dazu führt, daß eine Maschine nicht voll ausgelastet werden kann. Auch hier handelt es sich um eine weiche R.

☐ Im dritten Fall gibt es prozeßbedingte Zeiten, nach deren Überschreitung außerordentlich hohe Kosten auftreten können. Beispiele sind sehr zeitkritische Regelungsaufgaben (z. B. in Flugzeugen) oder verkettete

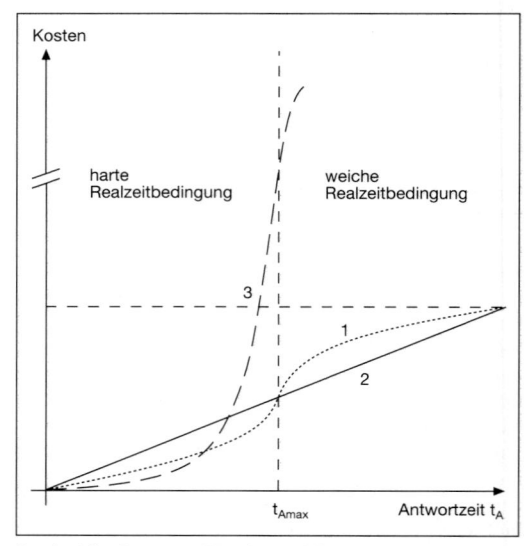

*Realzeitbedingung: Weiche und harte R.*

Fertigungseinrichtungen, bei denen für den Fall, daß der Takt nicht eingehalten werden kann, erhebliche Stillstandszeiten oder gar weitergehende Schäden möglich sind (harte R.). *Färber/Quade*
Literatur: *Färber, G.*: Prozeßrechentechnik. 3. Aufl. Berlin-Heidelberg 1994.

**Realzeitbetrieb** ⟨*real-time processing*⟩. Betrieb eines →Rechensystems, bei dem →Programme zur Verarbeitung anfallender →Daten ständig betriebsbereit sind derart, daß die Verarbeitungsergebnisse innerhalb einer vorgegebenen Zeitspanne verfügbar sind (DIN 44 300). Typische Anwendungen sind die Prozeßsteuerung im technisch-wissenschaftlichen Bereich und beispielsweise die Direktbuchungssysteme (Fluggesellschaften, Banken) im kommerziell-administrativen Bereich. Diese Beispiele machen auch deutlich, daß die vorgegebene Zeitschranke sehr unterschiedlich sein kann: Während sie sich bei den Direktbuchungssystemen im Bereich von Sekunden bewegt, werden bei der Prozeßsteuerung oft sehr viel höhere Anforderungen gestellt, die durchaus im Mikrosekundenbereich liegen können.

Für die rechtzeitige Abwicklung der durch die Eingabedaten ausgelösten Aufträge ist das →Betriebssystem zuständig. Dabei ist zu beachten, daß die Daten je nach Anwendung zu vorherbestimmten Zeitpunkten anfallen können (z.B. zyklisches Ablesen von Meßwerten) oder nach einer zeitlich zufälligen Verteilung (z.B. Buchungen, Alarme in der Prozeßsteuerung). Ferner kann auch die zulässige →Antwortzeit von den Daten abhängig sein.

Neben der Rechtzeitigkeit spielt die Gleichzeitigkeit eine Rolle: Es können Daten in dem Sinne gleichzeitig anfallen, daß die Bearbeitung einer Eingabe noch nicht beendet ist, wenn eine andere anfällt. (Der Fall, daß beide zeitlich gleichzeitig anfallen, ist dadurch mit abgedeckt.) In diesem Fall wird nach Priorität vorgegangen; aber auch die zurückgestellte Aktivität muß rechtzeitig beendet sein. Anfallende Daten, die einer vorrangigen Bearbeitung bedürfen, können eine laufende Aktivität über spezielle Hardware-Mechanismen, die verschiedene Prioritätsstufen erlauben, unterbrechen.

→Realzeitsysteme müssen i.d.R. ständig betriebsbereit sein. Um die erforderliche →Zuverlässigkeit zu erreichen, werden oft Doppelanlagen eingesetzt, so daß bei einem Ausfall der arbeitenden Anlage auf die zweite (Stand-by-Anlage) umgeschaltet werden kann, wobei keinerlei Daten verlorengehen dürfen. Auf jeden Fall müssen mindestens die als besonders störanfällig geltenden Anlagenteile doppelt vorhanden sein. Andere Redundanztechniken in →Hardware und →Software, z.B. redundante →Codes oder N-Versionen-Programmierung, werden ebenfalls eingesetzt.
*Bode/Schneider*

**Realzeitbetriebssystem** ⟨*real-time operating system*⟩. Ein →Betriebssystem, das durch geeignete Mechanismen bzw. Dienste die rechtzeitige Reaktion eines Rechensystems unterstützt bzw. ermöglicht.

Typische Merkmale eines R. sind daher:
– Unterstützung von →Multiprocessing bzw. Multitasking, d.h., mehrere Rechenprozesse werden quasi-parallel abgearbeitet;
– Prozessorzuteilung (Scheduling) entsprechend einer vorher festgelegten Bearbeitungsreihenfolge (statisches Scheduling), in einem strengen Zeitraster (→TDMA), nach (vorab vergebenen) Prioritäten oder (selten) nach →Deadlines;
– Mechanismen zur Synchronisation und Kommunikation wie Semaphore, Bedingungsvariable, Signale und Nachrichten (message queues).

Eine wichtige Eigenschaft ist außerdem die Einhaltung maximaler Antwortzeiten für die Systemaufrufe des R. Um diese Antwortzeiten garantieren zu können und um sie kurz zu halten, werden R. häufig so implementiert, daß Systemaufrufe unterbrochen werden können (→Unterbrechbarkeit). Die entsprechenden Prozeduren des R. müssen dann wiedereintrittsfähig (reentrant) sein, also beispielsweise Zugriffe auf globale Datenstrukturen geeignet serialisiert werden.

Entsprechend der vielfältigen Anwendungsbereiche von →Realzeitsystemen gibt es eine Vielzahl von R. mit teilweise sehr unterschiedlichem Funktionsumfang auf dem Markt. Diese lassen sich jedoch grob in zwei Klassen einordnen:

☐ *R. für →eingebettete Systeme*. Diese „schlanken" R. bestehen in der Regel nur aus dem →Betriebssystemkern und liegen beispielsweise in Form einer Bibliothek von Programmmodulen vor, die zur Anwendung dazugebunden wird. Der Umfang dieser R. beträgt wenige KByte bis hin zu einigen zig KByte Code (Maschinencode). Diese Klasse von R. unterstützt meist keinen virtuellen →Speicher, alle Rechenprozesse und das R. arbeiten in demselben (realen bzw. physikalischen) Adreßraum. Applikation und Betriebssystem werden entweder in einem →Festspeicher (→ROM) abgelegt oder über ein Netzwerk in den Speicher des eingebetteten Systems geladen.

☐ *R. mit umfangreichem Funktionsumfang*. Diese R. bieten üblicherweise einen ähnlichen Funktionsumfang wie Betriebssysteme für Arbeitsplatzrechner und sind auch bezüglich der Codegröße (einige 100 KByte) mit diesen vergleichbar. Neben virtueller Adressierung ermöglichen diese Systeme optionalen Zugriff auf Dateisysteme, die lokal auf einer Festplatte vorliegen oder über ein lokales Netz (→LAN) verfügbar sind. Ein Beispiel hierfür sind die mit Realzeiteigenschaften versehenen Unix-Varianten einiger Hersteller (→Realzeit-Unix). *Fischer*

**Realzeitbildverarbeitung** ⟨*real-time image processing*⟩. Eine in ihrer Verarbeitungsleistung durch die Bildrate festgelegte Erfassung, Speicherung, Analyse und Modifikation von Bildern mit Hilfe eines Computersystems. Es werden häufig sowohl die Bildsynthese wie auch Bildanalyse zur →Bildverarbeitung gezählt.

Im Fall der Bildsynthese wird aus einer z. B. geometrischen Beschreibung der Umgebung in Form eines CAD-Modells ein synthetisches Kamerabild erzeugt, das in einer Realzeitanwendung mit einer Bildrate von 25 Hz (30 Hz bei NTSC) generiert wird (→ Echtzeitanimation). Das Verfahren des → Ray Tracing ist wegen des hohen Rechenaufwands für eine realzeitfähige Verarbeitung ungeeignet. Für eine realzeitfähige Bildsynthese wird z. B. der z-Buffer-Algorithmus verwendet, bei dem die Tiefe der einzelnen Bildelemente (→ Pixel) mit Hilfe einer Projektionsmatrix bestimmt wird. Dieser Algorithmus wird von Spezialhardware unterstützt, welche den Tiefentest (Entfernung entlang der z-Achse) durch spezielle Hardware-Einheiten unterstützt (z. B. Video-Engine).

Die Realzeitbedingung wird bei der → Bildanalyse durch den aufnehmenden Sensor bestimmt. Im Fall einer Videokamera werden die einzelnen Bilder mit einer Bildrate von 25 Hz (30 Hz) geliefert, wodurch die Bilddigitalisierung und -verarbeitung innerhalb von 40 ms (33 ms) erfolgen muß. Als Digitalisierer werden in diesem Fall Echtzeit-Digitalisierer (framegrabber) eingesetzt, die den gesamten Bildinhalt schritthaltend mit den ankommenden Bildern (frames) in ein digitales Raster auflösen und in Form von Bits in einem Bildspeicher ablegen, in dem die weitere Verarbeitung stattfindet. Die darauf folgende Bildanalyse stellt hohe Anforderungen an die Geschwindigkeit und Speicherkapazität des Computersystems.

Das Einsatzgebiet der R. erstreckt sich über folgende Bereiche:

☐ *Falschfarbendarstellung*, bei der mit Hilfe einer Umsetztabelle (lookup-table) den einzelnen Farb-(Grau-)werten andere Farben zugeordnet werden, um in einem bestimmten Farbbereich die Unterschiede besonders deutlich herauszustellen oder unsichtbare Farbbereiche sichtbar zu machen.

☐ *Kontrastverstärkung*, bei der geringe Helligkeitsunterschiede durch Hochpaßfilterung des Bildinhaltes sichtbar gemacht werden.

☐ *Unterdrückung von Störungen* bei der Bildübertragung.

☐ *Bildkompression*, bei der die Bit-Anzahl, die zur Übertragung eines stehenden oder bewegten Bildes erforderlich ist, durch Lauflängen-Codierung von gleichen Bildinhalten oder einmalige Übertragung von unbewegten Bildteilen und Reduktion der für das Auge unsichtbaren Bildinhalte reduziert wird. Hier kommt Spezialhardware in Form von z. B. MEP-Einheiten (Motion Estimation Processor) zum Einsatz, die schritthaltend die sich ändernden Bildinhalte detektiert, damit nur diese übertragen werden müssen.

Die Hochpaßfilterung des Bildinhaltes kann mittels einer Fast-Fourier-Transformation (FFT) vorgenommen werden, im Fall einer R. wird aber häufig ein Faltungskern benutzt, der auf das gesamte Bild angewandt wird, um Helligkeitssprünge zu detektieren. Es werden dabei unterschiedliche Operatoren eingesetzt, die unterschiedliche Genauigkeiten bei steigender Verarbeitungszeit bieten. Beispiele solcher Operatoren sind der *Roberts-*, *Prewitt-*, *Sobel-* und *Canny*-Operator, die unterschiedlich stark auf Bildrauschen reagieren. Die mit der Faltung verbundenen Matrixoperationen werden häufig von Spezialhardware, z. B. Array-Prozessoren, ausgeführt.

Praktische Anwendung findet die R. unter anderem in der Robotik (Navigation, Positionierung von Werkzeugen, Umgebungserkundung und Identifikation von Objekten), in der Medizin (z. B. Computer-Tomographie) sowie in der Satellitentechnik (Auswertung von Satellitenfotos). *Burschka*

Literatur: *Gonzalez; Wintz*: Digital image processing. Massachusetts 1977. – *Müller, P.*: Lexikon der Datenverarbeitung. 10. Aufl. Landsberg 1988. – *Cavigioli; Moosburger*: Verlustbehaftete Kompressionsverfahren für Bild-, Video- und Audiosignale. Elektronik (1992) Nr. 24, S. 32–43.

**realzeitfähig** ⟨real-time capable⟩. Ein System ist r., wenn es – bestehend aus → Realzeitbetriebssystem und Applikation – die zur Steuerung eines dynamischen technischen Prozesses erforderlichen Rahmenbedingungen (→ Realzeitbedingungen) erfüllt. Hierbei ist insbesondere die rechtzeitige Reaktion auf → asynchrone → Anforderungen mehrerer Prozesse von Bedeutung. *Pfefferl*

**Realzeitkern** ⟨real-time kernel, kernel, executive nucleus⟩. → Betriebssystemkern eines → Realzeitbetriebssystems. Häufig bezeichnet R. auch die Klasse der „schlanken" Realzeitbetriebssysteme für → eingebettete Systeme. *Fischer*

Literatur: *Laplante, P.*: Real-time systems design and analysis. An Engineer's Handbook. IEEE 1992.

**Realzeitkommunikationssystem** ⟨real-time communication system⟩. Kommunikationssystem, das ein deterministisches Übertragungsverhalten aufweist (→ Feldbus) und damit → realzeitfähig ist. Der Begriff R. wird meist im Zusammenhang mit örtlich verteilten Systemen verwendet (z. B. Kommunikation über einen Feldbus), weniger für Mechanismen zum realzeitfähigen rechnerinternen Nachrichtenaustausch zwischen Tasks. Große Bedeutung hat das R. bei → Multimedia-Anwendungen.

Als Mediumzugriffsverfahren (MAC) bietet sich beispielsweise ein → TDMA-Verfahren an. Beispiele für Realzeit-Bussysteme sind TTP, MERKUR, MARS, SERCOS, Interbus-S. *Pfefferl*

**Realzeitnachweis** ⟨schedulability analysis⟩. Analytischer Nachweis, daß alle → Antwortzeiten eines → Realzeitsystems mit harten Realzeitbedingungen in jedem Fall (also auch im „worst case") innerhalb der geforderten → Deadlines liegen.

In der Praxis wird häufig mit Hilfe von Simulationen und Laufzeitmessungen eine Abschätzung vorgenommen, wie leistungsfähig ein Realzeitsystem im „worst case" sein muß, um alle Realzeitbedingungen einzuhalten. Zur Erlangung einer gewissen Sicherheit wird dann das System um einen „Sicherheitsfaktor" gegenüber dem geschätzten Wert überdimensioniert.

Durch einen R. kann diese Überdimensionierung wesentlich verringert werden. Für den R. muß von einer möglichst realistischen Worst-Case-Situation der konkreten Automatisierungsaufgabe ausgegangen werden, d. h., es müssen das Lastprofil der Prozeßereignisse für den „worst case" sowie die daraus resultierenden → Worst-Case-Laufzeiten der Rechenprozesse bekannt sein.

Eine notwendige, aber nicht hinreichende Bedingung für die Einhaltung der Realzeitbedingungen ist, daß jeder Rechner des Realzeitsystems die Summenbelastung $\rho_{max}$ durch alle Rechenprozesse im „worst case" bewältigen kann (→ Verarbeitung, schritthaltende), d. h.

$$\forall I; \rho_I = \sum_i \frac{t_{Vi}}{I} \leq 100\%,$$

wobei $t_{Vi}$ die Verarbeitungszeiten sind, die für die im Intervall I zu bearbeitenden Prozeßereignisse i benötigt werden. Weiterhin muß für jedes Prozeßereignis geprüft werden, ob die Antwortzeit des zuständigen Rechenprozesses unter Berücksichtigung aller → Wartezeiten und Verdrängungen durch höherpriore Prozesse innerhalb der geforderten Deadline liegt.

Der genaue Algorithmus für den R. ist spezifisch für die verwendeten Modelle von Lastprofil und Realzeitsystem, somit insbesondere auch von dem verwendeten Scheduling-Verfahren. Bei der Abbildung der Worst-Case-Situation und des verwendeten Realzeitsystems auf das dem Algorithmus zugrundeliegende Modell ist große Sorgfalt geboten. Eventuell nötige Verallgemeinerungen und Abschätzungen müssen dabei immer zur „sicheren Seite" hin erfolgen, aber möglichst realitätsnah sein, damit die modellierte Worst-Case-Situation die reale Situation mit abdeckt, aber nicht zu einer unnötig hohen Überdimensionierung führt.

Komplexere Modelle des Lastprofils (z. B. aperiodische Ereignisse, zeitliche Abhängigkeiten zwischen verschiedenen Ereignissen) und des Realzeitsystems (z. B. → IPC, Wartezeiten bei Zugriff auf Peripheriegeräte, Multiprozessorsysteme) erlauben eine genauere Abbildung der realen Worst-Case-Situation, bedingen aber gleichzeitig auch wesentlich komplexere Analyse-Algorithmen und stark ansteigende Auswertungszeiten. Beispielsweise muß bei → gegenseitigem Ausschluß auch geprüft werden, ob das System verklemmungsfrei ist; bei → asynchroner → Kommunikation muß gewährleistet sein, daß die Nachrichtenpuffer ausreichend groß dimensioniert sind, um einen Nachrichtenverlust zu vermeiden. *Thielen*

Literatur: *Halang; Stoyenko*: Constructing predictable real time systems. Norwell 1991. – *Gresser, K.*: Echtzeitnachweis ereignisgesteuerter Realzeitsysteme. VDI-Fortschrittsber. R. 10, Nr. 268. Düsseldorf 1993.

**Realzeitprogrammiersprache** ⟨*real-time programming language*⟩. R. zeichnen sich gegenüber üblichen Programmiersprachen durch besondere Sprachkonstrukte zur Kennzeichnung des parallelen Task-Ablaufs, der Task-Zustandskontrolle, der Ein-/Ausgabe und einer besonderen Fehlerbehandlung aus. Des weiteren bieten sie die Möglichkeit der Task-Synchronisation durch z. B. Semaphorvariablen (→ Pearl), sog. Monitore (Concurrent Pascal) oder z. B. das Rendezvous-Konzept von ADA.

Zustandswechsel einer Task werden durch zeitliche Bedingungen oder durch Ereignisse des technischen Prozesses ausgelöst. R. ermöglichen es daher, Rechenprozesse auf bestimmte Zeiten oder Ereignisse einzuplanen, zu verzögern oder zu stoppen (Task-Zustandsdiagramm → Realzeitbetriebssystem).

Die zunehmende Komplexität der (sicherheitskritischen) Anwendungen erzwingt eine Unterstützung der Wartbarkeit der → Realzeit-Software. R. stellen für diesen Zweck Konzepte zur strikten Datentypisierung und strengen Modularisierung zur Verfügung. Zur Familie der R. zählen insbesondere ADA, Concurrent Pascal, → Occam, Oberon, Parallel-C, Pearl. *Kolloch*

**Realzeitsignalverarbeitung** ⟨*real-time signal processing*⟩. Algorithmen zur Auswertung von Signalen. Die R.-Algorithmen werden für die Steuerung und Regelung von → reaktiven Systemen (→ Realzeitsystem) eingesetzt. Es werden sowohl analoge als auch digitale Signale meist unter Zuhilfenahme einer Spezial-Hardware (→ DSP) verarbeitet. Dabei kommen teilweise Realzeitalgorithmen zum Einsatz. Sie sind dadurch gekennzeichnet, daß sie zur → Deadline ein verwendbares, aber in der Qualität von der zur Verfügung stehenden Rechenzeit abhängiges Ergebnis liefern. *Quade/Pfefferl*

**Realzeitsystem** ⟨*real-time system*⟩. Informationsverarbeitendes System, das in der Lage ist, die ihm übertragenen Aufgaben unter Einhaltung der vorgegebenen Zeitbedingungen zu bewältigen (also „rechtzeitig"). Das Bild zeigt drei Klassen solcher Systeme, bei denen sich die Zeit-Größenordnungen deutlich unterscheiden:
☐ Ein Rechnersystem zur Wettervorhersage ist dann ein R., wenn es zur Wetterbestimmung deutlich weniger Zeit benötigt als die Vorhersageperiode. Die maximal zulässigen Zeiten liegen im Stundenbereich.
☐ Auskunfts- oder Buchungssysteme sind R., die auf Teilnehmeranfragen im Bereich von Sekunden reagieren müssen.
☐ Ein reaktives System ist direkt mit der von ihm überwachten oder gesteuerten technischen Umgebung verbunden. Es kann durch analoge (z. B. Regler) oder digitale Schaltungen (z. B. festverdrahtete Steuerungen), vor allem aber auch durch ein → realzeitfähiges Rechnersystem realisiert werden, das maximal zulässige Antwortzeiten im Mikro- oder Millisekundenbereich ermöglicht.

```
                        ┌─────────────────┐
                        │  Realzeitsystem │
                        └────────┬────────┘
        ┌────────────────────────┼────────────────────────┐
┌───────┴────────┐      ┌────────┴────────┐      ┌────────┴────────┐
│ z. B. System zur│      │ Auskunfts- oder │      │    Reaktives    │
│ Wettervorhersage│      │ Buchungssystem  │      │     System      │
└────────────────┘      └─────────────────┘      └────────┬────────┘
```

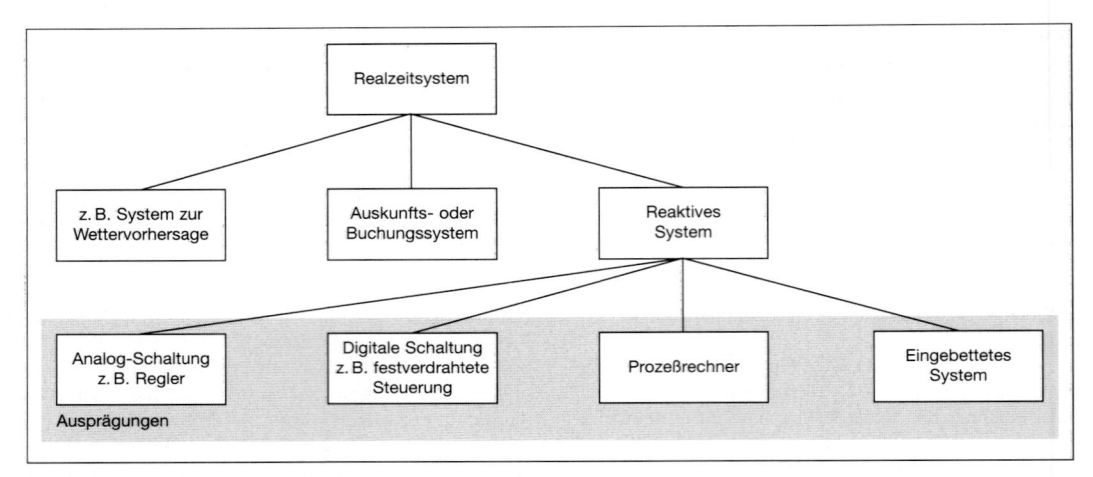

*Realzeitsystem: Klassen von R.*

Im engeren Sinn ist ein R. ein Rechnersystem im → Realzeitbetrieb: Seine Hardware (Ein- oder Multiprozessor, verteiltes System) muß für diesen Betrieb geeignet sein (also z. B. über ein leistungsfähiges Unterbrechungssystem verfügen und Multitasking unterstützen), seine Software muß das → Realzeitverhalten unterstützen, einerseits durch ein → Realzeitbetriebssystem, andererseits durch eine Konstruktion von Anwender-Tasks, die das Realzeitverhalten auch im „worst case" (z. B. bei vielen gleichzeitigen Anforderungen) sicherstellt (→ Realzeitnachweis).

Typische Klassen von R. sind
– Auskunfts- und Buchungssysteme (Zeiten im Sekundenbereich),
– klassische → Prozeßrechner (Zeiten im ms-Bereich),
– verteilte Automatisierungssysteme (z. B. Prozeß-, Fertigungs-, Verkehrs-, Gebäude-, Kraftwerks- oder Netzleitsysteme),
– → eingebettete Systeme, → reaktive Systeme (Zeiten im Mikrosekunden- oder Millisekundenbereich),
– dependable Realtime Systems (z. B. sicherheitsrelevante Anwendungen, → fehlertolerante R.) *Färber*

**Realzeitsystem, deterministisches** ⟨*predictable real-time system*⟩. Ein Realzeitsystem muß die Einhaltung aller → Realzeitbedingungen für den „worst case" garantieren. Der „schlechteste Fall" tritt in der Regel bei einer maximalen Anzahl gleichzeitig zur Bearbeitung anstehender Aufträge auf, wenn diese in Summe eine maximale Rechenzeitanforderung an ein Rechnersystem stellen (→ Überlastverhalten). Der notwendige → Realzeitnachweis muß vor einem Betrieb das korrekte Verhalten des Systems für alle Systemzustände bestätigen. Der Nachweis kann dabei durch einen Testbetrieb, eine → Simulation oder einen analytischen Nachweis erbracht werden. Die Komplexität von Realzeitsystemen erschwert einen vollständigen Test mittels Probebetrieb und Simulation, da dieser für alle möglichen Systemzustände erfolgen muß. Ein analytischer Ansatz bedingt hingegen die Erstellung eines umfassenden System- und Umgebungsmodells, auf dessen Grundlage eine algorithmische Nachweisrechnung in endlicher Zeit möglich ist.

Die Umgebung des Systems kann beispielsweise anhand eines → Ereignisstrommodells und das System selbst durch ein erweitertes Task- und Kommunikationsmodell charakterisiert werden. Gelingt die Modellierung des gesamten Prozesses hinsichtlich aller Anforderungen im „worst case", muß der analytische Realzeitnachweis unter Berücksichtigung aller Einflußgrößen (z. B. → Zeitunschärfe und → Prioritätsinversion) die Einhaltung bestehender harter Realzeitbedingungen bestätigen. Da diese Nachweismethode die Einbeziehung aller Einflußfaktoren und ihrer Wechselwirkungen voraussetzt und ein positiver Nachweis für das reale System verbindlich ist, wird ein derart analysiertes Realzeitsystem als deterministisch bezeichnet.

Die Qualität der Beschreibungs- und Analysenmodelle ist durch den Aufwand zur Durchführung der Analyse, den getroffenen Vereinfachungen und der daraus resultierenden Überdimensionierung des Systems bestimmt. *Herbig*

Literatur: *Gresser, K.*: Echtzeitnachweis ereignisgesteuerter Realzeitsysteme. VDI-Fortschrittsber. R. 10, Nr. 268. Düsseldorf 1993.

**Realzeitsystem, fehlertolerantes** ⟨*fault-tolerant real-time system*⟩. Fehlertolerantes Rechnersystem, das in der Lage ist, sowohl im fehlerfreien Fall als auch während und nach dem Ausfall von Hardware-Komponenten alle Leistungen weiterhin zu erbringen und dabei alle → Realzeitbedingungen einzuhalten. Diese zeitlichen Randbedingungen schließen bestimmte Fehlertoleranzverfahren aus: So sind – insbesondere bei maximal zulässigen → Antwortzeiten im Millisekundenbereich – Verfahren mit dynamisch redundanter

Auftragsausführung und Rückwärtsfehlerbehandlung (backward recovery) nicht möglich, da für die Wiederherstellung konsistenter Zustände und die erneute Ausführung von Programmabschnitten zuviel Zeit benötigt wird (bei Auskunfts- und Buchungssystemen werden solche Verfahren dagegen mit Erfolg eingesetzt).

Nur mit Verfahren der → Vorwärtsfehlerbehandlung und mit statisch redundanter Ausführung kann die Fehlertoleranz durch eine nicht mit zusätzlicher Rechenzeit belastete Fehlermaskierung erreicht werden. Eine typische Konfiguration ist ein 2 v 3-Rechnersystem (Votierung der Ausgangssignale und begleitende Fehlererkennung, → TMR-System), das beim Ausfall eines Subsystems in einen 2 v 2-Betrieb zurückfällt, ohne daß für diese Umschaltung Zeit benötigt wird; ein weiterer Ausfall würde den Betrieb beenden. Systeme mit noch höherer Redundanz (z. B. 5fach redundante Systeme zur Steuerung von Flugzeugen) stellen den → Realzeitbetrieb auch dann sicher, wenn mehr als ein Subsystem ausgefallen ist. *Färber*

**Realzeitsystementwicklung** ⟨*real-time system development*⟩. Die Anforderungen, die ein technischer Prozeß an ein → Realzeitsystem stellt, beeinflussen den Entwicklungszyklus. In der ersten Phase der Entwicklung wird eine Zeitanalyse der durch den Prozeß geforderten Antwortzeiten durchgeführt. In der zweiten Stufe folgt eine Machbarkeitsstudie über die Komplexität der innerhalb der Antwortzeiten auszuführenden Algorithmen. In der Spezifikationsphase werden die komplette Funktionalität, die Interaktionen mit der Umgebung und das Verhalten des zu entwerfenden Systems beschrieben.

In der jetzt folgenden Entwurfsphase (→ Realzeitsystementwurf) wird das zu lösende Problem in parallelablaufende Teilprozesse zerlegt (partitioning). Sequentiell ablaufende Operationen verbleiben in einem Prozeß, um den Kommunikationsaufwand zwischen den Tasks so gering wie möglich zu halten. Anschließend werden die einzelnen Prozesse auf einzelne Prozessorknoten aufgeteilt (allocation) und eine Rechnerkernzuteilungsstrategie entworfen (scheduling). In einem konventionellen Entwicklungszyklus wird nun die Entscheidung gefällt, welche der Prozesse in Software auf Mikroprozessoren und welche der Prozesse in Hardware auf FPGA- oder ASIC-Basis realisiert werden.

Vor der Implementierung der Prozesse in einer → Realzeitprogrammiersprache bzw. Hardware-Synthesesprache (VHDL, Verilog) werden die Mikroprozessor- bzw. Logikbausteintypen ausgewählt (Mapping). Durch eine Performance-Evaluierung der Worst-Case-Rechenzeiten wird sichergestellt, ob die geforderten → Antwortzeiten mit der entworfenen Systemkonfiguration eingehalten werden können (→ Realzeitnachweis). In dieser Phase werden alle Einzelkomponenten für sich getestet (Modultest).

Nach der Integration der Komponenten zum Gesamtsystem wird abschließend anhand der Spezifikation überprüft, ob das entworfene System den gestellten Anforderungen entspricht (Systemtest).

Unterstützung während der einzelnen Entwicklungsphasen bieten z. B. CASE-Werkzeuge (Computer Aided System Engineering Tools). Sie ermöglichen – meist über graphische Benutzerschnittstellen – die schnelle Erstellung der Systemspezifikation. Umfangreiche Test- und Simulationsmöglichkeiten erleichtern das Auffinden von logischen Fehlern: Die Möglichkeit der automatischen Code-Generierung beschleunigt die Entwicklung eines ersten Prototypen. Daneben erleichtern sie den Entwurf der Dokumentation, verwalten die Versionen des Spezifikationscodes und übernehmen das Releasemanagement.

Die automatische Codeerzeugung durch CASE-Tools ermöglicht einen modifizierten Entwicklungszyklus. Ist das Systemverhalten z. B. durch eine Beschreibung über Statecharts vollständig spezifiziert, muß die Entscheidung, welche Prozesse auf Software-Basis und welche auf Hardware-Basis realisiert werden, erst nach der Systembeschreibung gefällt werden (HW/SW-Codesign). Das Tool erzeugt so einerseits Code für den Software-Teil (z. B. C) und andererseits Code zur Synthese des Hardware-Teils (z. B. VHDL).

Eine Vorgehensweise bei der Integration und Validierung des Gesamtsystems ist die schrittweise Auslagerung von Teilprozessen aus der Simulation auf reale Hardware (hardware in the loop). Auf diese Weise können Teilprozesse in ihrer wirklichen Umgebung getestet, und die Kommunikation mit den anderen Systemkomponenten kann überprüft werden.

Für die Entwicklung von mikroprozessorbasierten Systemen wird häufig die In-Circuit-Emulation (ICE) verwendet. Hier wird z. B. ein Prozessor des Gesamtsystems durch eine pinkompatible Steckverbindung und einen hierüber angeschlossenen externen Rechner ersetzt. Auf diesem externen Rechner kann jetzt die Software für den Zielrechner entwickelt und unter realen Bedingungen in der Zielumgebung getestet werden. *Kolloch*

**Realzeitsystementwurf** ⟨*real-time system design*⟩. Unter R. wird die Design-Phase des Systementwicklungszyklus (→ Realzeitsystementwicklung) verstanden. Anwendung finden hier Methoden wie die – strukturierte Analyse oder deren Erweiterungen nach *Ward-Mellor* oder nach *Haltey-Pirbhai* (SA/RT). Neue formale Methoden unterstützen objektorientierte Techniken des Systementwurfs wie ROOM (Real-Time Object-Oriented Modeling). *Kolloch*

**Realzeituhr** ⟨*real-time clock*⟩. Die ordnungsgemäße Funktion eines → Realzeitsystems erfordert die Synchronisation der Rechenprozesse mit dem gesteuerten technischen Prozeß innerhalb vorgegebener Zeitschranken. Für die Durchführung der Systemfunktion müssen Rechenprozesse zu definierten Zeitpunkten gestartet, Zeitdifferenzen gemessen, Zeitüberschreitungen festgestellt und Daten zyklisch ein- und ausgegeben werden. Von besonderer Bedeutung ist auch die Synchronisierung von Uhren in verteilten Realzeitsystemen (→ Zeitsynchronisation).

Diese Aufgaben machen einen Relativzeitgeber erforderlich, der in Software oder Hardware (z. B. Zähler-Baustein mit voreinstellbarem Startwert) realisiert sein kann. In beiden Fällen wird ein periodischer Zeittakt benötigt, der die erforderliche → Unterbrechung auslöst (Software-Timer) oder den Zähltakt bereitstellt (Hardware-Timer). Diese Zeitbasis kann entsprechend der geforderten Zeitauflösung mittels quarzgesteuertem Oszillator erzeugt oder von anderen periodischen Signalquellen wie der Netzspannung (20 ms) sowie Funksignalen (DCF77, GPS) abgeleitet werden.

Für Störmeldungen oder die Erfassung von Ereignissen in verteilten Systemen wird darüber hinaus die Absolutzeit (Weltzeit) benötigt. Diese kann durch einen R.-Schaltkreis bereitgestellt werden, der über Register für Zeit und Datum verfügt. Meist sind diese Bausteine mit einem integrierten Oszillator und einer Batterie versehen, so daß auch im abgeschalteten Zustand des Systems die Uhrenfunktion aufrecht erhalten wird. Bedingt durch die Frequenzdrift des Oszillators ist ein regelmäßiges Nachstellen der Uhr dennoch notwendig (Zeitsynchronisation). Dieses Manko kann mit einer Funkuhr umgangen werden: Sie verfügt über einen Funkempfänger und stellt die von verschiedenen Sendern (DCF77, GPS) ausgestrahlte Zeitinformation bereit. *Herbig*

Literatur: *Färber, G.*: Prozeßrechentechnik. 3. Aufl. Berlin-Heidelberg 1994.

**Realzeitverarbeitung** ⟨real-time processing⟩. → Datenverarbeitung im → Realzeitbetrieb. *Pfefferl*

**Realzeitverhalten** ⟨real-time behavior⟩. Unter R. wird das tatsächliche Verhalten des Gesamtsystems (bestehend aus mechanischen Komponenten, Sensoren/Aktoren und dem Rechner im normalen Betrieb) verstanden. Unterschiede zum projektierten, geplanten Verhalten können auftreten, wenn beispielsweise die Modelle des technischen Prozesses nicht genau genug formuliert wurden, mit diesen aber z. B. die verwendeten Regler ausgelegt wurden. Unterschiede treten auch dann auf, wenn die eingesetzte Sensorik/Aktorik etwas von den angegebenen Genauigkeiten abweicht oder die Leistungsfähigkeit eines Prozeßrechners bzw. dessen Realzeitbetriebssystems falsch eingeschätzt wurde. So kann es dann vorkommen, daß Stellwerte später als erwartet am technischen Prozeß eintreffen und sich dieser in der Zwischenzeit von seinem erwarteten Zustand fortbewegt hat. In Extremsituationen kann dies auch zur Instabilität des technischen Prozesses führen.

*Pfefferl*

**Rechenanlage** ⟨computer⟩. Gerät, das → Informationen aufnehmen kann, mit ihnen vorgeschriebene → Operationen ausführt und die Ergebnisse bereitstellt. Die R. besteht üblicherweise aus Vorrichtungen zur Eingabe, zur Ausgabe, zum Speichern und zur Verarbeitung. Programmierbare R. führen die gewünschten Funktionen mit einem Minimum an menschlicher Überwachung und Eingriffen durch, wenn das → Programm erstellt und gespeichert ist. Nichtprogrammierbare Rechner, z. B. die klassischen Tischrechner und die Taschenrechner, zwingen den Benutzer dazu, jeden einzelnen Arbeitsschritt von Hand auszulösen, und überlassen ihm so die Abarbeitungsreihenfolge. Mit der Verbilligung und Miniaturisierung der Bauelemente gewinnen aber auch in diesem Bereich die programmierbaren Rechner an Boden.

Allgemein kann man R. einteilen in digital und analog arbeitende (→ Digitalrechner; → Analogrechner).

*Bode/Schneider*

**Rechenstruktur** ⟨computation structure⟩. Im einfachsten Fall besteht eine R. aus einer Menge von Werten (Daten) und aus Operationen (Funktionen) zu deren Verknüpfung. Im allgemeinen werden in einer R. mehrere Datenmengen und typische Operationen auf diesen Mengen zusammengefaßt (→ Datentyp). R. genügen dem → Erzeugungsprinzip, nach dem alle Daten einer R. endlich darstellbar sein müssen. In mathematischer Betrachtungsweise sind R. → endlich erzeugte Algebren. *Hennicker/Wirsing*

Literatur: *Bauer, F. L.; Wössner, H.*: Algorithmische Sprache und Programmentwicklung. 2. Aufl. Springer, Berlin 1984.

**Rechensystem** ⟨computing system⟩. Ein offenes, dynamisches, technisches System mit Fähigkeiten zur Speicherung und zur Verarbeitung von Information, die Anwendern als Hilfsmittel zur Lösung entsprechender Aufgaben zur Verfügung gestellt werden und dienen sollen.

Die allgemeinen Eigenschaften eines R. ergeben sich aus der Einordnung in die Systemarten, aus den spezifischen Fähigkeiten und aus der Zweckbestimmung dieser Fähigkeiten. Ein R. ist dazu fähig, Berechnungen auszuführen und damit Informationen zu gewinnen. Es erhält diese Fähigkeit durch die Hardware und die Software, aus der es besteht. Daraus ergeben sich die vielfältigen Eigenschaften und Nutzungsmöglichkeiten, die R. haben können. Zur Software eines R. gehört wesentlich das → Betriebssystem. Es bestimmt die Nutzungsmöglichkeiten des R. und managt die Berechnungen, die es ausführt. Dementsprechend ergeben sich Rechensystemarten aus den charakteristischen Fähigkeiten ihrer Betriebssysteme.

Allgemeine Eigenschaften eines Rechensystems $\Re$ ergeben sich zunächst aus der Einordnung in die Systemarten. Für das offene System $\Re$ gilt, daß seine Umgebung $U(\Re)$ und die $\Re$-$U(\Re)$-Schnittstelle zum Verständnis von $\Re$ gehören. $U(\Re)$ erfaßt die Anwender, die Benutzer, denen die Fähigkeiten von $\Re$ zur Verfügung gestellt werden sollen. Die Schnittstelle, *Benutzungs-*

schnittstelle von ℜ genannt, ist die Basis für Abhängigkeiten zwischen dem System ℜ und seinen Benutzern. Für das dynamische System ℜ gilt, daß sich seine Eigenschaften mit der Zeit ändern können. Die jeweils nutzbaren Eigenschaften ergeben sich aus dem → Verhalten, und auf der Basis der Benutzungsschnittstelle sind → Interaktionen zwischen ℜ und seinen Benutzern möglich. Die Einordnung als technisches System stellt klar, daß ℜ ein reales System, und zwar ein mit technischen Mitteln realisiertes, künstliches System ist. Damit gilt, daß ℜ einerseits ein zweckbestimmtes, mit Soll-Eigenschaften geschaffenes System ist und daß andererseits die Ist-Eigenschaften des Systems von den Techniken, mit denen ℜ realisiert ist, mitbestimmt sind. Das hat die für reale, künstliche Systeme typische Konsequenz, daß Abweichungen zwischen den Soll- und den Ist-Eigenschaften von ℜ möglich sind.

Spezifisch für R. sind ihre Fähigkeiten, *Information* zu speichern und zu verarbeiten. Diese Fähigkeiten der technischen Systeme zum Umgang mit dem Abstraktum Information führen zu den Kombinationen von realen und abstrakten Eigenschaften, die charakteristisch für R. und unverzichtbar für ihr Verständnis sind. Die Fähigkeiten werden dadurch erreicht, daß auf technisch realisierten Nachrichten Operationen ausgeführt werden, die dazu geeignet sind, die den Nachrichten zugeordneten abstrakten Informationen zu verarbeiten und Information zu gewinnen. Diese Fähigkeiten werden zusammengefaßt als *Rechnen* – mit numerischem Rechnen als Spezialfall – bezeichnet: R. sind Maschinen, die selbsttätig, automatisch → Berechnungen ausführen und damit Information gewinnen können.

Die für R. charakteristischen Kombinationen von realen und abstrakten Eigenschaften haben zur Folge, daß für ein Rechensystem ℜ zwei einander ergänzende Sichten zu unterscheiden sind: Ein Schnappschuß von ℜ zeigt einerseits eine technische Konfiguration und andererseits ein hierarchisches Netz von abstrakten, rechenfähigen Maschinen.

Ein Rechensystem ℜ ist mit technischen Mitteln, und zwar mit hardware- und softwaretechnischen Mitteln, realisiert. Zur *technischen Konfiguration* von ℜ gehört entsprechend die *Hardware-Konfiguration*: Das ist die Gesamtheit der hardwaretechnisch realisierten Geräte, die zu ℜ gehören; es sind Prozessoren, Speicher, Eingabegeräte und Ausgabegeräte (zusammenfassend EA-Geräte genannt) einschließlich der Verbindungen zwischen diesen. Die Hardware-Konfiguration kann räumlich zentral und räumlich verteilt sein; wenn sie räumlich verteilt ist, gehören Verbindungen zwischen den Teilen zur Konfiguration. Die Eigenschaften, die mit der Hardware-Konfiguration zur Verfügung stehen, sind die Grundlage aller weiteren Eigenschaften von ℜ. Sie werden benötigt für alle Rechenfähigkeiten, und sie werden benötigt für die *Benutzungsschnittstelle* von ℜ. Die EA-Geräte liefern die hardwaretechnischen Voraussetzungen und Möglichkeiten für Interaktionen zwischen ℜ und seinen Benutzern.

Zur technischen Konfiguration von ℜ gehört weiter die *Software-Konfiguration*: Das ist die Gesamtheit der Programme und Daten einschließlich der Verbindungen zwischen diesen in den Geräten, insbesondere in den Speichern, der Hardware-Konfiguration von ℜ. Mit dieser Software werden die Eigenschaften, die mit der Hardware-Konfiguration zur Verfügung stehen, erweitert und nutzbar. Mit ihnen und der Hardware-Konfiguration wird das Netz der abstrakten, rechenfähigen Maschinen realisiert.

Das hierarchische *Netz rechenfähiger Maschinen*, das einem Schnappschuß von den abstrakten Eigenschaften eines R. entspricht, ergibt sich aus den Charakteristika des Abstraktums Information und dem Ziel, Informationsverarbeitung technisch zu realisieren, mit einer Konstruktion, die von elementaren Systemkomponenten ausgehend schrittweise geeignetere und leistungsfähigere bildet. Der Umgang mit Information erfordert, daß konkreten, technisch realisierten Nachrichten abstrakte Bedeutungen, Information, zugeordnet wird und Informationsverarbeitung auf dieser Grundlage erfolgt. Diesen Anforderungen entsprechend, werden elementare Datenobjekte als Paare gebildet und geeignete Operationen auf diesen festgelegt. Ein *elementares Datenobjekt* ist ein Paar (Repräsentation, Bedeutung), wobei die *Repräsentation* die konkrete Nachricht ist; die Bedeutung ist dieser gedacht zugeordnet. *Informationsverarbeitung* erfolgt, indem die *Operationen* auf den Datenobjekten als *informationstreue Operationen*, also als bedeutungserhaltende oder -gewinnende Operationen, auf den Repräsentationen ausgeführt werden. Typische Operationen auf elementaren Datenobjekten sind das Schreiben bzw. Lesen von Repräsentationen in Speicher bzw. aus Speichern und insbesondere das informationstreue Verknüpfen von Repräsentationen. Wesentlich ist, daß die Operationen auf den Repräsentationen ausgeführt werden. Sie gelten jedoch den zugeordneten Bedeutungen und dienen zur Informationsgewinnung. Dazu müssen die Operationen informationstreu sein. Elementare Datenobjekte mit entsprechenden Operationen werden mit der Hardware-Konfiguration eines R. zur Verfügung gestellt. Von diesen ausgehend, werden geeignetere und leistungsfähigere Objekte mit softwaretechnischen Mitteln gebildet. *Objekte* werden als abgegrenzte Einheiten, die Repräsentationen (Daten) und Operationen (Programme dafür) zusammenfassen, konstruiert mit der Festlegung, daß allein diese Operationen auf den Repräsentationen ausgeführt werden dürfen: Die Operationen werden mit den Schnittstellen der Einheiten, den *Objektschnittstellen*, nach außen zur Verfügung gestellt, und die Repräsentationen werden gekapselt.

Wesentlich ist, daß die Einheiten bis auf ihre Schnittstelle abgegrenzt sind. Das ist erforderlich zur Gewährleistung der Informationstreue. Der Konstruktionsprozeß kann fortgesetzt werden, wobei Rückgriffe auf schon konstruierte Objekte zugelassen sind. Für ein Rechensystem ℜ ergibt sich bei entsprechender Konstruktion mit Objekten und den Verbindungen zwischen diesen eine Glass-Box-Sicht. Ein Schnappschuß von $\Re$ zeigt ein hierarchisches Netz von Objekten. Die Hierarchie entspricht Rückgriffen auf bereits konstruierte bzw. mit der Hardware-Konfiguration zur Verfügung stehende Objekte. Vollständige Teile des Netzes haben die charakteristischen Eigenschaften von R. Mit den Bedeutungen, die den Objekten zugeordnet sind, ergibt sich: Der Schnappschuß zeigt ein hierarchisches Netz von abstrakten, rechenfähigen Maschinen.

Für ein Objekt werden die Operationen der Schnittstelle auch als die *Objektdienste* oder die *Dienste*, die das Objekt anbietet, bezeichnet. Mit den Diensten werden die für die Nutzung des Objekts primär wichtigen funktionalen Eigenschaften festgelegt: die Wirkungen der Ausführungen der entsprechenden Operationen, die mit Funktionen oder Relationen beschrieben und zusammenfassend als *Funktionalität* der Dienste oder des Objekts bezeichnet werden. Zur Funktionalität eines Dienstes eines Objekts gehören insbesondere die für die Schnittstelle geltenden Zuordnungen zwischen Eingaben und Ausgaben. Sie bestimmen die Beiträge zu Berechnungen, also zur Informationsgewinnung, welche der Dienst für die Umgebung des Objekts leisten kann.

Mit den Objekten, die für ein R. konstruiert werden, werden Dienste bereitgestellt, die genutzt werden können. Das hierarchische Netz von Objekten, das für ein R. konstruiert wird, dient insbesondere dazu, die jeweils benötigten Dienste bereitzustellen. Es dient schließlich dazu, die *Benutzungsschnittstelle* des Systems als Zusammenfassung der Dienste einer geeignet gewählten Menge von Objekten festzulegen.

Das bisher zu den Rechenfähigkeiten Erklärte gilt für Schnappschüsse von einem Rechensystem $\Re$; es entspricht einer statischen Sicht und liefert damit lediglich eine Ausgangsbasis zum Verständnis der *Dynamik* und des Verhaltens von $\Re$. Für ein Objekt x von $\Re$ und einen Dienst d, den x anbietet, ist eine *Ausführung* der d entsprechenden Operation, also eine d-Ausführung mit festgelegter Eingabe, ein typischer Beitrag zur Dynamik von $\Re$, mit dem (vereinfacht) das Wesentliche des Übergangs von der statischen zur dynamischen Sicht erklärt werden kann. Wesentlich ist zunächst, daß $\Re$ die Fähigkeit zur Ausführung von Operationen mit den Prozessoren, die zur Hardware-Konfiguration gehören, erhält. Es muß also ein Prozessor für die d-Ausführung eingesetzt werden. Dieser Einsatz ist nur dann möglich, wenn das Objekt x die entsprechenden, technisch begründeten Voraussetzungen erfüllt. Für die d-Ausführung sind demnach komplexe vorbereitende und organisatorische Maßnahmen erforderlich. Weiter ist wesentlich, daß die d-Ausführung Veränderungen von $\Re$ bewirkt, und zwar die Veränderungen, die der für d festgelegten Funktionalität entsprechen; das ist die *Wirkung einer d-Ausführung*. Mit der d-Ausführung wird die gemäß der Schnittstelle von x der Eingabe zugeordnete Ausgabe berechnet; das ist die *an der x-Schnittstelle beobachtbare Wirkung*.

Darüber hinaus kann die d-Ausführung weitere Veränderungen bewirken, und zwar Veränderungen innerer Eigenschaften von x und weitere Veränderungen von $\Re$. Diese können sich von dem Netz der Objekte, dem x angehört, ausgehend dadurch ergeben, daß die d-Ausführung Ausführungen von Diensten weiterer Objekte bewirken kann. Wenn die Veränderungen der d-Ausführung auf das Objekt x beschränkt sind, dann ist d ein *Dienst mit lokaler Wirkung*. Wenn die d-Ausführung Ausführungen von Diensten weiterer Objekte so bewirkt, daß sich auch für diese Veränderungen ergeben können, dann ist d ein *Dienst mit lokaler und mit nichtlokaler Wirkung*. Es ergibt sich, daß die d-Ausführung weitreichende Wirkungen haben kann: Sie kann die Ausführung einer Folge von Diensten auf Objekten und Veränderungen dieser Objekte bewirken. Sie kann Veränderungen der Verbindungen zwischen Objekten bewirken. Sie kann zudem bewirken, daß Objekte aufgelöst und neue Objekte erzeugt werden. Mit der d-Ausführung kann also das Netz der Objekte von $\Re$ verändert werden. Diese Veränderungen sind die Wirkung einer d-Ausführung, und sie entsprechen der Funktionalität des Dienstes d. Sie sind eingetreten, wenn die d-Ausführung abgeschlossen ist.

Die d-Ausführung erfolgt während eines endlichen Zeitintervalls; die Länge dieses Zeitintervalls ist die *Ausführungszeit* von d. Wenn die Ausführung von d zur Zeit t beginnt und $t_d$ die Ausführungszeit ist, kann die Wirkung der d-Ausführung als Übergang von einem Schnappschuß von $\Re$ zur Zeit t zu einem Schnappschuß zur Zeit $t' = t + t_d$ beschrieben werden. Für den Dienst d des Objekts x sind die Wirkungen die *funktionalen* und die Ausführungszeiten die *temporalen* Eigenschaften, die zusammen wesentlich für die Nutzung von d sind. Erweiterungen auf die Dienste, die x anbietet, liefern die funktionalen und temporalen Eigenschaften des Objekts x. Verallgemeinerungen des für das Objekt x von $\Re$ und eine Ausführung des Dienstes d von x Erklärten liefern die charakteristischen Eigenschaften der Dynamik und des *Verhaltens* des Rechensystems $\Re$.

Aus der dynamischen Sicht der Rechenfähigkeiten ergeben sich zwei für das Verständnis von R. wesentliche Konsequenzen:
– Die Eigenschaften, die ein R. hat, können mit den Berechnungen, die das System ausführt, verändert werden, und die Veränderungen der Eigenschaften des Systems sind, von Veränderungen der Hardware-Konfiguration abgesehen, Wirkungen der Berechnungen, die das System ausführt. Die Veränderungen, die mit Berechnungen bewirkt werden können, schließen Veränderungen der Netze von Objekten des Systems und der mit den Objekten angebotenen Dienste ein; sie schließen insbesondere Veränderungen des Diensteangebots der Benutzungsschnittstelle des Systems ein. Die Gestaltungsmöglichkeiten, die sich damit ergeben, begründen die vielfältigen Nutzungsmöglichkeiten von

R. und die Vielfalt der Rechensystemarten, die zu unterscheiden sind.
– Die Nutzungsmöglichkeiten, die ein R. mit seiner Benutzungsschnittstelle anbietet sind Angebote, Berechnungen auszuführen. Berechnungsausführungen sind Einheiten in den beiden Dimensionen Raum und Zeit. Die Dimension Raum entspricht den funktionalen Eigenschaften mit den Objekten als Wirkungsträgern; die Dimension Zeit entspricht den temporalen Eigenschaften mit dem Fortschreiten der Berechnungen. Ausführungen von Berechnungen müssen geplant, vorbereitet, gesteuert und kontrolliert werden, und zwar mit Berechnungen, die das System ausführt. Diese Aufgaben, also das Management für den Systemteil, der Benutzern zur Verfügung steht, übernimmt ein Subsystem, das *Betriebssystem* eines R. Die prägende Rolle, die das Betriebssystem damit für die Nutzungsmöglichkeiten eines R. übernimmt, hat zur Folge, daß R. diesbezüglich nach den Eigenschaften unterschieden werden, die mit ihren Betriebssystemen zur Verfügung gestellt werden.

R. sollen ihre Rechenfähigkeiten Anwendern zur Lösung entsprechender Aufgaben zur Verfügung stellen. Diese Zweckbestimmung stellt klar, daß ein R. primär bzgl. der mit seiner Benutzungsschnittstelle angebotenen Dienste und bzgl. deren Eignung für Lösungen von Aufgaben in der Umgebung des Systems bewertet werden soll. Die Aufgaben, die zu lösen sind, sind Aufgaben der Informationsverarbeitung und -gewinnung, und für den Umgang mit Information sind *Sprachen* erforderlich. Die Zweckbestimmung hebt hervor, daß mit einem R. wesentlich verschiedene Sprachwelten überbrückt werden müssen: Sprachen, die in der Umgebung des Systems verstanden und benutzt werden, also *systemexterne, anwendungsgeeignete Sprachen*, und Sprachen, die für die technischen Geräte des Systems geeignet sind und von diesen verstanden werden, also *systeminterne, hardwaregeeignete Sprachen*. Für die notwendigen Übergänge zwischen diesen systemexternen und systeminternen Sprachen sind Übersetzer und Interpretierer erforderlich, die als Software wesentlich zur technischen Konfiguration eines R. gehören. An der Benutzungsschnittstelle eines R. müssen anwendungsgeeignete Sprachen und Dienste zur Nutzung des Systems angeboten werden. Die notwendigen, schrittweisen Übergänge zwischen diesen und den systeminternen Sprachen sowie die Organisation der Berechnungen, die zur Nutzung des Systems mit den angebotenen Diensten erforderlich sind, bestimmen die Managementaufgaben, die das → Betriebssystem eines R. zu leisten hat. *P. P. Spies*

Literatur: *Hennessy, J. L.; Patterson, D. A.*: Computer organization and design. San Francisco, CA: Morgan Kaufmann 1994.

**Rechensystem, berechnungsdominantes** ⟨*computation-dominated computing system*⟩ → Betriebssystem, prozeßorientiertes

**Rechensystem, BM-zulässiges** ⟨*resource-admissible computing system*⟩ → Berechnungskoordinierung

**Rechensystem, diensteorientiertes** ⟨*service-oriented computing system*⟩ → Rechensystem, verteiltes

**Rechensystem, fehlertolerantes** ⟨*fault-tolerant computing system*⟩. Ein → Rechensystem S ist fehlertolerant, wenn es die Fähigkeit besitzt, für die Ausführung von Aufträgen, welche die Umgebung an S erteilt, Übereinstimmung zwischen seinen äußeren Soll- und Ist-Eigenschaften auch dann zu erreichen, wenn bei der Ausführung der Aufträge → Störungen und Fehler von S auftreten. → Fehlertoleranz in der angegebenen Bedeutung basiert wesentlich darauf, daß S nach den Charakteristika eines → Systems einerseits eine Einheit und andererseits aus Komponenten zusammengesetzt ist. Gefordert ist, daß Störungen und Fehler der Komponenten von S bzgl. der äußeren Eigenschaften des Systems als Einheit unwirksam bleiben. Die äußeren Eigenschaften von S, für die Fehlertoleranz gefordert ist, erfassen das für die Nutzung der Speicher und Verarbeitungsfähigkeiten des Systems Wesentliche. Sie können mit den unterschiedlichen Anwendungsgebieten, für die S eingesetzt wird, variieren; sie erfassen insbesondere die → Funktionalität des Systems. Fehlertoleranz dient primär dazu, daß S seine Soll-Funktionalität erfüllen kann, damit gleichbedeutend, hohe → Zuverlässigkeit erreichen soll. Mit dieser auf die Funktionalität bezogenen Bedeutung wird der Begriff Fehlertoleranz benutzt. Qualitätsanforderungen an S beziehen sich unmittelbar oder mittelbar auf die Funktionalität des Systems. Dementsprechend werden durch Steigerung der Zuverlässigkeit von S auch Verbesserungen des Systems bzgl. weiterer Qualitätsattribute erreicht. Dies gilt insbesondere für die Rechtssicherheit des Systems.

Hohe Zuverlässigkeit von S läßt sich durch aufeinander abgestimmte Maßnahmen der → Fehlervermeidung und der Fehlertoleranz erreichen. Maßnahmen der Fehlervermeidung zielen darauf ab, potentielle Ursachen für Fehler des Systems auszuschließen. Sie sind während der Betriebsphase von S und insbesondere als Teil der → Perfektionierung des Konstruktionsprozesses für S anzuwenden. Maßnahmen der Fehlertoleranz werden während der Betriebsphase von S dann wirksam, wenn bei der Ausführung von Aufträgen durch das System Störungen oder Fehler auftreten. Sie ergänzen also die Maßnahmen der Fehlervermeidung in den Fällen, in denen diese unzulänglich sind. Maßnahmen der Fehlertoleranz sind wesentlich darauf ausgerichtet, auf Störungen und Fehler während der Nutzung von S zu reagieren. Damit diese Reaktionen möglich sind, müssen bereits bevor Störungen und Fehler auftreten *vorbeugende Fehlertoleranzmaßnahmen* getroffen werden. Darüber hinaus müssen wesentliche Randbedingungen für Fehlertoleranz und ein Teil der erforderlichen Maßnahmen bereits während des Konstruktionsprozesses für S festgelegt werden. S ist als fehlertolerantes System zu konstruieren, wenn Fehlertoleranzmaßnahmen effektiv und effizient zum Erreichen hoher Zuverlässigkeit eingesetzt werden sollen. Wenn dies der Fall ist, dann ist das für die Nutzung von S wesentliche Verhalten an der → Schnittstelle zur Umgebung des Systems das Ergebnis der Wirkungen von Störungen und Fehlern einerseits und der Wirkungen der jeweiligen Gegenmaßnahmen andererseits.

Die Konstruktion eines fehlertoleranten Systems erfordert den systematischen Einsatz von Maßnahmen der → Fehlerdiagnose und der → Fehlerbehandlung einschließlich Ersatzleistungen. Dabei ist davon auszugehen, daß es nicht möglich ist, alle Arten von Störungen und Fehlern zu tolerieren. In den Fällen, in denen die zur Verfügung stehenden Maßnahmen nicht ausreichen, die Wirkungen von Störungen und Fehlern gegenüber der Umgebung des Systems zu verbergen, muß versucht werden, Inkonsistenzen der äußeren Eigenschaften des Systems weitestgehend zu verhindern. Dazu ist es erforderlich, die äußeren Soll-Eigenschaften des Systems den Fehler- und den Fehlertoleranzmöglichkeiten entsprechend festzulegen. In diesem Rahmen sind dann die Fehlertoleranzmaßnahmen zu realisieren und einzusetzen.

Zur Erklärung dieser Zusammenhänge sei S ein System mit dem → Subsystem SS; die äußeren Eigenschaften von SS seien Teil der äußeren Eigenschaften von S. Für einen Auftrag A der Umgebung an S und seine Ausführung durch SS werden die Festlegungen der äußeren Eigenschaften sowie die möglichen Fehlertoleranzmaßnahmen und ihr Einsatz erklärt. Dabei wird zur Vereinfachung zunächst vorausgesetzt, daß der Auftrag A von SS sequentiell und ohne Interferenzen mit anderen Aufträgen an S ausgeführt wird.

Zur Erklärung der Bedeutung der Festlegungen der äußeren Soll-Eigenschaften seien NSE(A) diese Eigenschaften von SS für die Ausführung von A. Sind NIE(A) die äußeren Ist-Eigenschaften von SS nach Ausführung von A, dann wird gefordert, daß SS den Auftrag mit dem Ziel NSE(A) = NIE(A) ausführt. Wenn bei der Ausführung von A keine Störungen oder Fehler auftreten oder auftretende Störungen und Fehler gegenüber der Umgebung von SS verborgen werden, dann wird dieses Ziel erreicht. Die vielfältigen Möglichkeiten für Störungen und Fehler haben zur Folge, daß die Ausführung von A auch mit Fehlertoleranzmaßnahmen von SS nicht in allen Fällen die beabsichtigten Ergebnisse liefern kann. Damit auch in diesen Fällen Inkonsistenzen von SS im Gefolge der Ausführung von A möglichst weitgehend verhindert werden können, ist es zweckmäßig, die äußeren Soll-Eigenschaften von SS diesen Möglichkeiten entsprechend zu zerlegen und abgestuft festzulegen.

Dazu wird NSE in primäre und sekundäre Soll-Eigenschaften PNSE und SNSE zerlegt. PNSE(A) spezifiziert das Verhalten von SS bei Ausführung von A einschließlich der beabsichtigten Ergebnisse für den Fall, daß keine Störungen oder Fehler auftreten. PNSE(A) spezifiziert auch das primäre Ziel, das bei Störungen und Fehlern während der Ausführung des Auftrags durch Fehlertoleranzmaßnahmen erreicht werden soll. SNSE(A) spezifiziert das sekundäre Ziel, das bei Störungen und Fehlern während der Ausführung von A durch Fehlertoleranzmaßnahmen dann erreicht werden soll, wenn das primäre Ziel nicht erreichbar ist. Der Zerlegung der Soll-Eigenschaften entspricht eine Zerlegung der Ist-Eigenschaften von SS. Wenn die primären und sekundären äußeren Eigenschaften zusammengefaßt werden, bleibt das Ziel der Ausführung von A weiter NSE(A) = NIE(A). Durch die Zerlegung werden die Möglichkeiten, das Ziel zu erreichen, erweitert. In beiden Fällen, als für PNSE(A) = PNIE(A) und für SNSE(A) = SNIE(A), werden Inkonsistenzen von SS im Gefolge der Ausführung von A verhindert. Auch mit dieser Zerlegung der äußeren Eigenschaften von SS bleibt die Möglichkeit für eine Ausführung von A mit NSE(A) ≠ NIE(A). Zudem ist nicht ausgeschlossen, daß bei Ausführung des Auftrags ein → Ausfall von SS auftritt. In diesen Fällen wird SS im Gefolge der Ausführung von A inkonsistent; das sollte nur bei gravierenden Störungen und Fehlern eintreten. Die Zerlegung der äußeren Soll-Eigenschaften mit zwei Stufen kann verfeinert werden. Wesentlich ist, daß SS für jede Stufe konsistent ist; diese Forderung ist mit den Festlegungen der Soll-Eigenschaften zu erfüllen. Eine Möglichkeit einer zweistufige Zerlegung ergibt sich mit der Alles-oder-nichts-Semantik. Das bedeutet für A, daß die Ausführung des Auftrags durch SS primär die beabsichtigten Ergebnisse liefern und sekundär kein Ergebnis (abgesehen von einer dem sekundären Ziel entsprechenden Fehlermeldung) liefern und ohne Nachwirkungen für SS sein soll.

Auf der Grundlage der Soll-Eigenschaften PNSE(A) und SNSE(A) werden im folgenden Fehlertoleranzmaßnahmen von SS und ihr Einsatz bei Ausführungen des Auftrags A erklärt. Dabei wird davon ausgegangen, daß A ausgeführt wird, indem eine Folge von Teilaufträgen durch Subsysteme von SS ausgeführt wird. Fehlertoleranz erfordert Maßnahmen der Fehlerdiagnose und Maßnahmen der Fehlerbehandlung, die aufeinander abgestimmt sind. Diese Maßnahmen beziehen sich auf die einzelnen Teilaufträge und auf die gesamte Folge der Teilaufträge. SS verfolgt bei der Ausführung von A zunächst das primäre Ziel. Wenn Störungen und Fehler auftreten, wird in Abhängigkeit von diesen und von Fehlertoleranzmaßnahmen entschieden, ob dieses primäre Ziel weiterverfolgt werden kann oder das sekundäre Ziel verfolgt werden soll. Die Vorgehensweise hierbei ist wesentlich von den jeweils angewandten Verfahren abhängig. Im weiteren werden drei Fehlertoleranzverfahren angegeben, nämlich Vorwärtsfehlerbehandlung, statisch redundante Auftragsausführung mit Fehlerkompensation und dynamisch redundante Auftragsausführung mit Rückwärtsfehlerbehandlung. Zu jedem dieser Verfahren gehört ausführungsbegleitende →Fehlererkennung als notwendige Fehlertoleranzmaßnahme.

Verfahren mit →Vorwärtsfehlerbehandlung erfordern ausführungsbegleitende Fehlererkennung und Maßnahmen, mit denen im Fall eines erkannten Fehlers vom erreichten (fehlerhaften) Zustand ausgehend die Ausführung des Auftrags weitergeführt wird. Dabei kann das primäre Ziel weiterverfolgt oder zur Verfolgung des sekundären Ziels übergegangen werden. Als vorbeugende Maßnahmen müssen die Fehler, auf die reagiert werden soll, spezifiziert und die Operationen, die im jeweiligen Fehlerfall ausgeführt werden sollen, definiert sein. Damit lassen sich differenzierte Fehlerbehandlungen erreichen, die jedoch detailliertere Annahmen über alle Störungen und Fehler, auf die reagiert werden soll, voraussetzen: Das Verhalten von SS wird einschließlich einer Menge „erwarteter" Fehler spezifiziert. Für diese Fehler werden Fehlerbehandlungen festgelegt. Wenn ein „erwarteter" Fehler erkannt wird, erfolgt die entsprechende Fehlerbehandlung.

Verfahren mit statisch redundanter Auftragsausführung und →Fehlerkompensation erfordern →statische Redundanz für die Durchführung der Berechnungen mit redundanten Zwischenergebnissen, Fehlererkennung und die Berechnung des fehlerfreien Endergebnisses aus den Zwischenergebnissen. Typische Beispiele für diese Verfahren sind ein symmetrischer Binärkanal mit einem fehlerkorrigierenden Code oder ein →TMR-System, das zur Ausführung eines Teilauftrags A′ von A eingesetzt wird.

Wenn das Subsystem T von SS ein symmetrischer Binärkanal mit Codierer, Decodierer und einem fehlerkorrigierenden Code ist und T für die Ausführung von A′ eingesetzt wird, dann enthält T mit dem Codierer, dem Übertragungskanal und dem Decodierer statische Redundanz. Der Decodierer leistet die Fehlererkennung mit einem →Absoluttest für jedes empfangene Binärwort und die Fehlerkompensation, indem Binärwörter ggf. in Codewörter korrigiert werden. Wenn das Subsystem T von SS ein TMR-System ist, das für die Ausführung von A′ eingesetzt wird, dann enthält T mit dem Verteiler der Eingabe an T, den drei Rechenkomponenten und dem Vergleicher statische Redundanz. Der Vergleicher leistet die Fehlererkennung mit Absoluttests oder mit →Relativtests für Zwischenergebnisse der Rechenkomponenten. Er leistet zudem die Fehlerkompensation, indem aus den Zwischenergebnissen, falls möglich, das fehlerfreie Endergebnis ausgewählt wird.

Der Einsatz eines der Subsysteme T durch SS für die Ausführung des Teilauftrags A′ von A zeigt die charakteristischen Eigenschaften der betrachteten Verfahren. Wenn in einem der Subsysteme T ein Fehler aufgetreten und erkannt ist, dann ist ein →Schaden entstanden, so daß i. allg. als Teil der Fehlerdiagnose das →Schadensgebiet, also die Gesamtheit der fehlerhaften Komponenten, lokalisiert werden müßte. Diese Lokalisierung des Schadensgebiets erfolgt für T nicht; ebenso erfolgt keine →Fehlerbehebung für fehlerhafte Komponenten von T. Die Fehlerkompensation beschränkt sich auf die Berechnung des Endergebnisses aus den Zwischenergebnissen. Diese Vorgehensweise ist angemessen unter den Voraussetzungen, daß die Wirkungen der Ausführung von A′ auf T beschränkt und die Ausführung von A′ ohne Nachwirkungen für T ist. Das Ergebnis, das T für eine Ausführung von A′ liefert, beeinflußt die weitere Vorgehensweise von SS bei der Ausführung von A. Wenn T statt des beabsichtigten Ergebnisses eine Fehlermeldung liefert, dann kann dies für SS zur Folge haben, daß das primäre Ziel der Ausführung von A nicht mehr erreicht werden kann und das sekundäre Ziel verfolgt werden muß. Das ist dann der Fall, wenn SS keine Möglichkeiten zur Ersatzleistung für T bei der Ausführung von A′ zur Verfügung stehen.

Verfahren mit dynamischer redundanter Auftragsausführung und →Rückwärtsfehlerbehandlung erfordern vorbeugende Speicherungen von Rücksetzzuständen, ausführungsbegleitende Fehlererkennung, Fehlerdiagnose mit Lokalisierung des jeweiligen Schadensgebiets, Schadens- und Fehlerbehebung sowie Ersatzleistung mit →Rekonfigurationen auf der Grundlage →dynamischer Redundanz. Die Maßnahmen dieser Verfahren werden an der Ausführung des Teilauftrags A′ durch ein Subsystem U während der Ausführung von A durch SS erklärt. Wenn SS den Auftrag A′ an U erteilt, dann ist unbekannt, ob U den Auftrag fehlerfrei ausführen wird. Wenn U den Auftrag nicht fehlerfrei ausführen kann und daraus nicht zwangsläufig folgen soll, daß U fehlerhaft bleibt und das Ziel, A′ fehlerfrei ausführen zu lassen, aufgegeben wird, dann muß vorbeugend vor der Auftragserteilung an U sichergestellt werden, daß A′ erneut erteilt werden kann und Fehlerbehebung für U möglich ist. Dazu ist vorbeugend der →Rücksetzzustand für den Auftrag A′ und das Subsystem U zu speichern. Dies ist eine Maßnahme, die dynamische Redundanz für den Fehlerfall bereitstellt.

Seien die Rücksetzzustände $z_0(A')$ für A′ und $z_0(U)$ für U von SS gespeichert und der Teilauftrag A′ an U erteilt. Dann führt U den Auftrag mit ausführungsbegleitender Fehlererkennung aus. Wenn dabei Störungen oder Fehler auftreten und erkannt werden, dann ist Schaden entstanden, der darin besteht, daß bereits berechnete Zwischenergebnisse für A′ sowie Komponenten und Subsysteme von U fehlerhaft sein können. Zur Analyse der Situation sind Fehlerdiagnosen erforderlich, die Aussagen über das Schadensgebiet, also über die Komponenten und Subsysteme von U, die fehlerhaft sein können, liefern. Die weiteren Maßnahmen zur Schadens- und Fehlerbehebung sind vom Ergebnis der Fehlerdiagnosen und von den während der Ausführung von A′ durch U vorbeugend getroffenen Maßnahmen abhängig.

Von den Möglichkeiten, die sich ergeben können, werden drei Fälle weiter betrachtet. Der erste Fall liegt vor, wenn das Subsystem U in einen fehlerfreien Zustand überführbar ist. Unter dieser Voraussetzung wird U von SS in einen fehlerfreien Zustand überführt und mit $z_0(U)$ für einen weiteren Versuch zur Ausführung von A' vorbereitet; der Teilauftrag A' wird mit $z_0(A')$ erneut erteilt. Die beiden weiteren Fälle liegen vor, wenn das Subsystem U nicht in einen fehlerfreien Zustand überführbar ist. Dazu wird angenommen, daß für ein Subsystem UU von U ein → permanenter Fehler vorliegt, so daß UU nicht mehr genutzt werden kann; der Rest von U sei in einen fehlerfreien Zustand überführbar. Der zweite Fall liegt vor, wenn ein bzgl. der Soll-Eigenschaften mit UU äquivalentes Subsystem UU' zur Verfügung steht, das als Ersatz für UU benutzt werden kann. Dann ist eine Rekonfiguration von U mit → Ausgliederung des fehlerhaften Subsystems UU und → Eingliederung von UU' erforderlich; das Subsystem UU' wird hierbei als dynamische Redundanz eingesetzt. Das Ergebnis der Rekonfiguration sei das Subsystem U' von SS. Es sei bzgl. der Soll-Eigenschaften äquivalent mit U. Mit U' kann damit erneut versucht werden, den Auftrag A' fehlerfrei ausführen zu lassen. U' wird mit $z_0(U)$ dazu vorbereitet, und A' wird mit $z_0(A')$ erneut erteilt. Der dritte Fall liegt vor, wenn für das fehlerhafte Subsystem UU kein Ersatz zur Verfügung steht. Dann ist im Rahmen der betrachteten Möglichkeiten eine fehlerfreie Ausführung des Teilauftrags A' nicht erreichbar. SS muß das bei der Ausführung von A primär verfolgte Ziel aufgeben und zur Verfolgung des sekundären Ziels übergehen.

Die Vorgehensweise von SS bei der Ausführung des Teilauftrags A' mit den angegebenen Maßnahmen und den angegebenen drei Fällen zeigt die charakteristischen Eigenschaften des betrachteten Fehlertoleranzverfahrens. Die Rücksetzzustände, die vorbeugend gespeichert werden, schaffen die Voraussetzung dafür, daß im Fehlerfall Rückwärtsfehlerbehandlung möglich ist. Die Speicherung der Rücksetzzustände muß den jeweils erwarteten und zu tolerierenden Fehlern entsprechen. Häufig werden die Rücksetzzustände mit den üblichen Hardware-Komponenten gespeichert. Wenn schwerwiegende Fehler – z. B. Fehler der üblichen Hardware-Speicher – toleriert werden sollen, sind für die Rücksetzzustände spezielle Speicher hoher Zuverlässigkeit, → zuverlässige Speicher genannt, zu verwenden.

Von dem Subsystem U (und entsprechend von U'), das für die Ausführung des Teilauftrags A' eingesetzt wird, wird vorausgesetzt, daß die Wirkungen der Ausführung von A' auf U beschränkt sind. Unter dieser Voraussetzung ist die Beschränkung der Fehlerdiagnosen sowie der Schadens- und Fehlerbehebung auf U gerechtfertigt. Die Fehlerdiagnosen erfordern i. allg. detaillierte Analysen der Komponenten und Subsysteme, die sehr aufwendig sein können. Zur Reduktion dieses Aufwands sind Kenntnisse über die Wechselwirkungen zwischen den Komponenten und Vergröberungen nützlich. Zum Schadensgebiet können Komponenten gehören, die nicht notwendig fehlerhaft sind. Im ersten der betrachteten Fälle wird nach einem erkannten Fehler von U und nach der Überführung von U in einen fehlerfreien Zustand erneut versucht, A' fehlerfrei ausführen zu lassen. Dabei wird nicht versucht, → Fehlerursachen zu beseitigen. Diese Vorgehensweise wird häufig zur Tolerierung → transienter Fehler angewandt. Im zweiten der betrachteten Fälle wird nach einem erkannten Fehler und nach einer Rekonfiguration erneut versucht, A' fehlerfrei ausführen zu lassen, wobei im zweiten Versuch das Subsystem UU' als Ersatz für UU eingesetzt ist. Wenn ein → Konstruktionsfehler von UU die Ursache für den erkannten Fehler im ersten Versuch zur Ausführung von A' ist und der Teilauftrag im zweiten Versuch fehlerfrei ausgeführt wird, dann ist mit U' der Konstruktionsfehler von UU toleriert; für UU sind → Fehlerkorrekturen erforderlich.

Im dritten der betrachteten Fälle, in dem die Verfolgung des primären Ziels der Ausführung von A aufgegeben werden muß, können die Rücksetzzustände zur Verfolgung des sekundären Ziels genutzt werden. Das ist insbesondere dann der Fall, wenn das sekundäre Ziel der *Alles-oder-nichts-Semantik* entsprechend festgelegt ist.

Für den Auftrag A war vorausgesetzt, daß er vom Subsystem SS sequentiell und ohne Interferenzen mit anderen Aufträgen an S ausgeführt wird. Diese Voraussetzungen sind wesentlich für die erklärten Fehlertoleranzverfahren. Die Voraussetzungen lassen sich abschwächen; dann werden jedoch komplexere Verfahren notwendig. Wenn Interferenzen für nebenläufig ausgeführte Aufträge zugelassen sind, dann können Fehler bei der Ausführung eines Auftrags Fehler für andere Aufträge verursachen. Es können → Dominoeffekte für Fehler auftreten, die verhindert werden müssen. Zudem werden Abhängigkeiten zwischen den Rücksetzzuständen möglich, die zur Folge haben, daß die Rücksetzzustände fehlerhaft sind. Für Rückwärtsfehlerbehandlungen muß man dann → Rücksetzlinien, nämlich die fehlerfreien Rücksetzzustände für alle Aufträge unter Einbeziehung möglicher Abhängigkeiten zwischen den Rücksetzzuständen, benutzen. Für jede Abschwächung der angegebenen Voraussetzungen muß die Beschränkung der Wirkungsbereiche der Auftragsausführungen sichergestellt werden. Das erfordert entsprechende Verfahren, die bereits bei der Konstruktion eines Systems eingesetzt werden, und geeignete Konzepte, die häufig als → atomare Aktionen bezeichnet werden.

*P. P. Spies*

Literatur: *Echtle, K.*: Fehlertoleranzverfahren. Berlin: Springer 1990.

**Rechensystem, paralleles** ⟨*parallel computing system*⟩. Ein → Rechensystem, das seine nutzbaren Berechnungen als nicht notwendig linear geordnete Menge von Berechnungsschritten ausführt.

Die Bedeutung dieser Eigenschaft ergibt sich einerseits aus den Charakteristika komponierter → Berechnungen und andererseits daraus, daß ein Rechensystem seine von Anwendern nutzbaren Speicher- und Rechenfähigkeiten mit seinem →Betriebssystem erhält. Das Betriebssystem stellt nach erfolgreicher Zugangskontrolle einem berechtigten Benutzer eine Benutzermaschine mit einem Interpretierer der Kommandosprache sowie Diensten zur Eingabe von Kommandos und zur Ausgabe berechneter Ergebnisse zur Verfügung. Die weiteren Nutzungsmöglichkeiten ergeben sich dann aus den vom Betriebssystem angebotenen Diensten und aus der Ausdrucksfähigkeit der Kommandosprache.

Dieser Vorgehensweise entsprechend, sind die Benutzermaschinen die Berechnungsschritte, die zu den nutzbaren Berechnungen seines Systems komponiert werden. Ein p. R. liegt entsprechend dann vor, wenn mehrere Benutzermaschinen gleichzeitig zur Verfügung gestellt werden. Die Berechnungen dieser Benutzermaschinen werden (partiell) gleichzeitig ausgeführt. Wenn die Benutzermaschinen funktional unabhängig sind, verhält sich das System bzgl. der funktionalen Eigenschaften seiner Berechnungen wie die Parallelkombination seiner Benutzermaschinen: Die Koexistenz mehrerer Benutzermaschinen hat für die einzelnen Benutzer keinen Einfluß auf die funktionalen Eigenschaften ihrer Berechnungen; sie hat höchstens Verlängerungen der Ausführungszeiten der Berechnungen zur Folge.

Eine Benutzermaschine kann abhängig von der Ausdrucksfähigkeit ihrer Kommandosprache eine sequentielle oder eine parallele Maschine sein. Die Berechnungsschritte, die dabei zu nutzbaren Berechnungen komponiert werden, sind die Kommandos. Es ergibt sich, daß ein bzgl. seiner Benutzermaschinen p. R. den einzelnen Benutzern mit ihren Benutzermaschinen bzgl. der Kommandos sequentielle oder parallele Systeme zur Verfügung stellen kann. Für eine parallele Benutzermaschine gilt das für koexistierende Benutzermaschinen Gesagte entsprechend. Zur Klärung der Eigenschaften sequentiell und parallel für ein Rechensystem können sich folglich beim Übergang von der Black-Box-Sicht zur Glass-Box-Sicht und zu Verfeinerungen der Glass-Box-Sicht unterschiedliche Charakteristika ergeben. Diese gilt bis zu den Verfeinerungen auf die Hardware-Konfiguration eines Rechensystems; für diese werden die Möglichkeiten für parallele Berechnungen durch die Prozessoren, die zur Verfügung stehen, beschränkt. *P. P. Spies*

**Rechensystem, prozedurorientiertes** ⟨procedure-oriented computing system⟩ →Betriebssystem, prozedurorientiertes

**Rechensystem, prozeßorientiertes** ⟨process-oriented computing system⟩ →Betriebssystem, prozeßorientiertes

**Rechensystem, rechtssicheres** ⟨secure computing system⟩. Die Rechtssicherheit eines →Rechensystems ist ein Maß für die Übereinstimmung zwischen den Rechten, die berechtigte Benutzer an der Information, die das System speichert oder erarbeitet, haben sollen, und den Möglichkeiten zum Zugriff zu dieser Information, die Subjekte in der Umgebung des Systems tatsächlich haben. Rechtssicherheit ist ein Qualitätsattribut im Rahmen der →Sicherheit eines Rechensystems, das in engem Zusammenhang mit dem Qualitätsattribut →Zuverlässigkeit steht. Systeme, die beide Qualitätseigenschaften in hohem Maß besitzen, sind verläßliche Systeme.

Aussagen zur Rechtssicherheit eines Rechensystems erfordern die Abgrenzung des betrachteten Systems relativ zu seiner Umgebung nach den Charakteristika eines →Systems, die Klärung der Eigenschaften, die das System haben soll und hat, sowie die Klärung der Abhängigkeiten und Wechselwirkungen zwischen dem System und seiner Umgebung. Sei $\mathcal{R}$ ein Rechensystem. Dann ist zunächst die Black-Box-Sicht von $\mathcal{R}$ mit der Umgebung $U(\mathcal{R})$ und der →Schnittstelle von $\mathcal{R}$ von Interesse. $\mathcal{R}$ ist dazu fähig, Information zu speichern und zu verarbeiten, und diese Fähigkeiten sind mit den →Berechnungen der Dienste der $\mathcal{R}$-$U(\mathcal{R})$-Schnittstelle nutzbar. Die Funktionalität dieser Berechnungen ist das primär Wesentliche der Eigenschaften von $\mathcal{R}$. Das gilt entsprechend beim Übergang zur Glass-Box-Sicht, mit dem die strukturierte Menge der Komponenten und Subsysteme von $\mathcal{R}$, die →Objekte sind, sichtbar wird. Damit ergibt sich die Basis für Festlegungen von Rechten an $\mathcal{R}$ und für Aussagen zur Rechtssicherheit von $\mathcal{R}$.

Sei $\mathcal{R}$ ein Rechensystem. Von dem dynamischen System $\mathcal{R}$ wird im folgenden ein Schnappschuß betrachtet. Die Rechtssicherheitsbegriffe werden zunächst für diese statische Sicht erklärt. Sei X die Menge der →Objekte, also der Komponenten und Subsysteme von $\mathcal{R}$. Für jedes $x \in X$ sei $D(x)$ die Menge der für x definierten Dienste, so daß gilt: Das Objekt x ist von seiner Umgebung genau dadurch nutzbar, daß d-Berechnungen mit einem $d \in D(x)$ auf x ausgeführt werden. In $U(\mathcal{R})$ sind Personen, Personengruppen und Institutionen, die zu der Menge S der →Subjekte in der Umgebung von $\mathcal{R}$ zusammengefaßt sind. Subjekte $s \in S$ können auf $\mathcal{R}$ zugreifen, $\mathcal{R}$ nutzen und Rechte an $\mathcal{R}$ haben. Ein Rechtesystem R für $\mathcal{R}$ wird durch $R = (S, X, (\rho(s, x) \mid s \in S, x \in X))$ festgelegt. Dabei ist $(\rho(s, x))$ eine linkstotale Abbildung mit $\rho(s, x) \subseteq POT(D(x))$ für alle $s \in S$ und $x \in X$. $\rho(s, x)$ legt die Rechte, die das Subjekt s an dem Objekt x hat, fest. Das Rechtesystem R basiert darauf, daß für $\mathcal{R}$ die Menge S der Subjekte und die Menge X der Objekte festgelegt sind, und insbesondere darauf, daß die $x \in X$ Objekte mit festgelegten Eigenschaften und Schnittstellen gemäß $D(x)$ sind. Die Grundlage der Rechte $\rho(s, x)$ ist die Funktionalität der Dienste $D(x)$ für alle x von $\mathcal{R}$. Dabei ist wesentlich, daß jedes $x \in X$ ein Objekt von $\mathcal{R}$ mit allein durch d-Berechnungen mit $d \in D(x)$ nutzbarer, zugeordneter Information ist. Mit $\rho(s, x)$ gemäß R sind damit die Rechte der Subjekte an der Information, die $\mathcal{R}$ speichert und erarbeitet, relativ zu den Komponenten und Subsystemen, aus denen $\mathcal{R}$ besteht, und relativ zu den (wesentlichen) Eigenschaften, die diese haben, festgelegt. Die mit $\rho(s, x)$ des Rechtesystems R festgelegten Rechte sind positive und negative Rechte. Wenn für $s \in S$ und $x \in X$ mit R festgelegt ist, daß $\rho(s, x) \neq \phi$ gilt, dann sind die $\rho(s, x)$ *positive Rechte* von s an x: Das Subjekt s hat *Anspruch* auf Nutzung des Objekts x mit d-Berechnungen für $d \in D(x)$ und $d \in \rho(s, x)$. Wenn mit R festgelegt ist, daß $\rho(s, x) \neq D(x)$ gilt, dann sind die $D(x) - \rho(s, x)$ *negative Rechte* von s an x: Für das Subjekt s ist die Nutzung des Objekts x mit d-Berechnungen für $d \in D(x) - \rho(s, x)$ unzulässig, und für das Objekt x ist *Schutz* gegen unberechtigte Nutzung festgelegt.

Das Rechtesystem R spezifiziert die Soll-Rechte für das System $\mathcal{R}$ und ist damit die Grundlage für Aussagen zur Rechtssicherheit von $\mathcal{R}$. Weil $\mathcal{R}$ ein Rechensystem ist, dessen Fähigkeiten seinen berechtigten Benutzern zur Verfügung gestellt werden sollen, ergibt sich, daß die Nutzungsmöglichkeiten für $\mathcal{R}$ und das Rechtesystem R aufeinander abgestimmt und einander ergänzend festgelegt werden müssen. Dem ist zunächst damit Rechnung getragen, daß die Funktionalität der Dienste, die $\mathcal{R}$ anbietet, die Basis für R ist. Darüber hinaus ist gefordert, daß die Rechtefestlegungen gemäß R für $\mathcal{R}$ *konsistent*, also mit den Gesetzmäßigkeiten der Dienste von $\mathcal{R}$ verträglich, und *vollständig*, also den berechtigten Ansprüchen der Subjekte auf Nutzung und der Notwendigkeit zum Schutz der Objekte gegen unberechtigte Nutzung entsprechend, sein müssen. Unter der Voraussetzung, daß R die Soll-Rechte an $\mathcal{R}$ unbestritten festlegt, ist gefordert, daß die Ist-Rechte an $\mathcal{R}$ mit R übereinstimmen. In dem Maß, in dem die tatsächliche Nutzung der Objekte von $\mathcal{R}$ durch Subjekte in der Umgebung von $\mathcal{R}$ mit den Festlegungen gemäß R übereinstimmt, ist Rechtssicherheit von $\mathcal{R}$ erreicht. Rechtssicherheit als Qualitätsattribut von $\mathcal{R}$ muß konstruktiv mit zusätzlichen spezifischen Mitteln, Maßnahmen und Verfahren erreicht werden. Obwohl das angegebene Rechtesystem R wegen der statischen Sicht auf $\mathcal{R}$ die Problemstellung, Rechtssicherheit von $\mathcal{R}$ zu erreichen, vereinfacht, lassen sich mit ihm wesentliche Aspekte der gestellten Aufgabe und der Möglichkeiten zu ihrer Lösung erklären.

In den Rechtefestlegungen gemäß R werden die Subjekte durch $s \in S$ und die Objekte durch $x \in X$ identifiziert. Wenn jede Nutzung von $\mathcal{R}$ den Festlegungen von R entsprechen soll, ist also die →Identifikation aller Subjekte der Umgebung, die $\mathcal{R}$ nutzen wollen, und aller Objekte von $\mathcal{R}$ erforderlich. Darüber hinaus basieren die Rechtefestlegungen gemäß R auf den Eigenschaften der Subjekte und Objekte. Grundlage für Übereinstimmung mit Festlegungen gemäß R ist also die →Authentifikation der identifizierten Subjekte und Objekte. Wenn ein Subjekt s einen Auftrag an das Objekt x mit dem Dienst $d \in D(x)$ erteilen will und wenn s und x authentisch sind, dann erfolgt die →Autorisierung von s zur Ausführung von d auf x in Übereinstimmung mit R, wenn $d \in \rho(s, x)$ gilt. Damit sind wesentliche Anforderungen, die $\mathcal{R}$ erfüllen muß, wenn das System sicher sein soll, genannt. Grundlage für Aussagen zur Autorisierung ist die Authentizität der jeweiligen Subjekte und Objekte. Das Objekt x ist authentisch, wenn x die das Objekt definierenden Eigenschaften einschließlich der für x definierten Dienste D(x), die Grundlage der Nutzung von x sind, tatsächlich besitzt. Das bedeutet, daß x mit festgelegten und bekannten Eigenschaften seiner Funktionalität konstruiert sein muß. Hier tritt der enge Zusammenhang zwischen der →Zuverlässigkeit und der Rechtssicherheit zu Tage mit der Konsequenz, daß jeder die Zuverlässigkeit von x mindernde Fehler zugleich die Rechtssicherheit bzgl. x mindert: Ein Objekt x von $\mathcal{R}$, dessen Funktionalität nicht präzise definiert ist oder das nicht zuverlässig ist, hat Authentizitätsmängel und mindert damit die Rechtssicherheit von $\mathcal{R}$. Ein typisches Beispiel für ein nichtauthentisches Objekt ist ein Programm, das ein →Trojanisches Pferd ist. Entsprechendes gilt für →Computerviren. Während die Sicherstellung der Authentizität der Objekte von $\mathcal{R}$ im wesentlichen eine Anforderung an die Zuverlässigkeit des Systems ist, muß die Authentizität der Subjekte in der Umgebung von $\mathcal{R}$ zusätzlich und dynamisch kontrolliert werden. Eine Möglichkeit hierzu besteht darin, Zugriffe der Umgebung von $\mathcal{R}$ zu reglementieren und mit speziellen Objekten von $\mathcal{R}$ Zugangskontrollen für $\mathcal{R}$ zu realisieren. Die Objekte dieser Zugangskontrollen gehören zum →Betriebssystem von $\mathcal{R}$; sie führen obligatorische Identitäts- und Authentizitätsprüfungen für Subjekte jedes Mehrbenutzer-Rechensystems durch. Für diese Prüfungen werden häufig Passwörter benutzt, die vorgelegt werden müssen und kontrolliert werden. Für rechtssichere Systeme sind strenge Identitäts- und Authentizitätsprüfungen mit speziellen Mitteln und Verfahren erforderlich.

Die Wirksamkeit der Identitäts- und Authentizitätsprüfungen ist von grundlegender Bedeutung für die Sicherheit von $\mathcal{R}$. Wenn es einem Subjekt s' gelingt, die Authentizitätsprüfung für ein Subjekt $s \neq s'$ zu bestehen, dann werden nachfolgende Autorisierungskontrollen für s' mit der Identifikation s durchgeführt, was Verstöße gegen R zur Folge haben kann. Ein Subjekt, das keine Rechte an $\mathcal{R}$ gemäß R hat und versucht, $\mathcal{R}$ zu nutzen, oder ein Subjekt, das Rechte an $\mathcal{R}$ gemäß R hat und versucht, $\mathcal{R}$ in Nichtübereinstimmung mit R zu nutzen, ist ein *Angreifer*; seine Nutzungsversuche sind →Angriffe auf die Rechtssicherheit von $\mathcal{R}$. Die angegebenen Zugangskontrollen dienen also der *Angriffserkennung* und der *Angriffsabwehr*. Wenn ein Angreifer erkannt wird, wird er abgewiesen, so daß er $\mathcal{R}$ nicht nutzen kann. Die Reglementierung der Zugriffe der Umgebung zu $\mathcal{R}$ durch Zugangskontrollen reduziert die Möglichkeiten für Angriffe; sie dient der Angriffsvermeidung und der Angriffsverhinderung.

Die angegebenen Zugangskontrollen sind zur Gewährleistung der Rechtssicherheit von $\mathcal{R}$ in dem Maß wirksam, in dem gewährleistet werden kann, daß sämtliche Zugriffe zu $\mathcal{R}$ über Zugangskontrollen und damit identitäts- und authentizitätskontrolliert erfolgen. Zugriffe zu $\mathcal{R}$ unter Umgehung der Zugangskontrollen können jedoch häufig nicht ausgeschlossen werden: Rechensysteme können abgehört werden. Zugriffe zu $\mathcal{R}$ unter Umgehung der Zugangskontrollen können insbesondere dann nicht ausgeschlossen werden, wenn $\mathcal{R}$ ein vernetztes Rechensystem ist, dessen Nachrichtentransportleitungen abgehört werden können. Diese Möglichkeiten führen zu Klassifikationen der zu betrachtenden Rechensysteme und der zu betrachtenden Angriffe. Das System $\mathcal{R}$ ist *zugriffsabgeschlossen*, wenn sichergestellt ist, daß Zugriffe zu $\mathcal{R}$ allein über die Zugangskontrollen von $\mathcal{R}$ möglich sind; sonst ist $\mathcal{R}$ *zugriffsoffen*. Für Angriffe auf die Sicherheit von $\mathcal{R}$ gilt: Ein Angriff ist ein *passiver* Angriff, wenn er keine → Berechnungen von $\mathcal{R}$ bewirkt, und sonst ein *aktiver* Angriff. Das Abhören der Nachrichtentransportleitungen des Rechnernetzes $\mathcal{R}$ ohne Einwirkungen auf $\mathcal{R}$ ist ein typischer passiver Angriff. Alle Angriffe auf die Sicherheit von $\mathcal{R}$, die auf Auftragsausführungen durch $\mathcal{R}$ beruhen und Ausführungen von Berechnungen bewirken, sind aktive Angriffe auf die Rechtssicherheit von $\mathcal{R}$.

Wenn $\mathcal{R}$ ein zugriffsoffenes System ist, dann ist Angriffsvermeidung durch Zugangskontrollen eine für die Sicherheit von $\mathcal{R}$ unzureichende Maßnahme. Es muß versucht werden, Angriffe, die nicht vermieden werden können, zu tolerieren, was bedeutet, daß Übereinstimmung mit den Rechtsfestlegungen für $\mathcal{R}$ gemäß R auch dann erreicht wird, wenn Angriffe auf $\mathcal{R}$ erfolgen. *Angriffstoleranz* läßt sich durch Anwendung kryptographischer Verfahren erreichen. Diese Verfahren basieren auf kryptographischen Systemen, die festlegen, daß Nachrichten, die als Klartext vorliegen, in Kryptotext verschlüsselt und als solche transportiert oder gespeichert werden können. Kryptotexte können in Klartexte entschlüsselt werden, wenn für die Ver- und Entschlüsselung passende → Schlüssel benutzt werden. Wenn diese Verfahren angewandt werden, Angriffe auf Kryptotexte beschränkt und die jeweils benutzten Schlüssel für Angreifer geheim bleiben, dann sind die entsprechenden Angriffe auf die Sicherheit von $\mathcal{R}$ unwirksam. Ein Angreifer kann Nachrichten, nämlich Kryptotexte, kennenlernen; diese sind jedoch wertlos, weil ihre Bedeutung unbekannt bleibt. Die Angriffstoleranz, die durch Anwendung dieser Verfahren erreicht wird, beruht wesentlich darauf, daß die durch R festgelegten Rechte primär Rechte an Information sind.

Anwendungen kryptographischer Verfahren sind aufwendig. Zudem ist mit ihnen die differenzierte Nutzung der Objekte von $\mathcal{R}$, welche den Rechtsfestlegungen durch $\rho(s, x)$ zugrunde liegt, nur schwer zu erreichen. Es ist deshalb zweckmäßig, zugriffsoffene Systeme so zu konstruieren, daß kryptographische Verfahren für die Teile eingesetzt werden, für die Angriffsvermeidung nicht möglich ist, und sonst Zugangskontrollen einschließlich der Kombination dieser Kontrollen mit kryptographischen Verfahren zu realisieren.

Für das Weitere wird vorausgesetzt, daß für alle Berechnungen, die $\mathcal{R}$ ausführt, die entsprechenden Subjekte und Objekte authentifiziert sind. Das schließt nicht aus, daß Operationen für Angreifer ausgeführt werden, was der Fall sein kann, wenn Fehler der Authentifikation vorliegen. Es ist auch möglich, daß nicht authentische Objekte von $\mathcal{R}$ benutzt werden, was der Fall sein kann, wenn → Fehler bzgl. der funktionalen Eigenschaften von Objekten vorliegen.

Sei s ein Subjekt, für das ein Dienst auf dem Objekt x ausgeführt werden soll. Dann bleibt sicherzustellen, daß dieser Dienst genau dann ausgeführt wird, wenn es hierzu autorisiert ist. Für diese → Autorisierungen sind zu allen Diensten, die von $\mathcal{R}$ auf den Objekten x ∈ X ausgeführt werden sollen, Zugriffskontrollen erforderlich. Das → Zugriffskontrollsystem von $\mathcal{R}$ hat die Aufgabe, für jedes Subjekt s, das die Ausführung des Dienstes d auf dem Objekt x fordert, zu überprüfen, ob d ∈ $\rho(s, x)$ gilt. Der Dienst ist auszuführen, wenn diese Bedingung erfüllt ist. Wenn die Bedingung nicht erfüllt ist, liegt ein → Angriff von s vor; die Ausführung der Operation muß verhindert werden. Das Zugriffskontrollsystem dient also der Angriffserkennung und der Angriffsabwehr.

Die Maßnahmen des Zugriffskontrollsystems von $\mathcal{R}$ zur Angriffserkennung und -abwehr erfordern den Einsatz geeigneter Verfahren und Mechanismen. Zum Verständnis dieser ist es zunächst zweckmäßig, das durch R festgelegte Rechtesystem den Fähigkeiten von $\mathcal{R}$ entsprechend anzupassen. Die Operationen, die $\mathcal{R}$ ausführt, werden von den aktiven Komponenten und Subsystemen von $\mathcal{R}$ ausgeführt. Es ist deshalb zweckmäßig, das Rechtesystem für $\mathcal{R}$ so zu modifizieren, daß auch für die aktiven Komponenten $\mathcal{R}$ Rechte festgelegt werden. Dazu sei X'⊆X die Menge der aktiven Komponenten von $\mathcal{R}$; weiter sei S' ≙ S∪X'. Dann ist mit R

R'=(S', X',($\rho'$(s, x) | s ∈ S', x ∈ X))

als angepaßtes Rechtesystem so zu definieren, daß eine aktive Komponente x' von $\mathcal{R}$, die Berechnungen für s ∈ S ausführt, unter der Voraussetzung, daß die Autorisierung sichergestellt ist, die Rechte von s hat und wahrnimmt. Ein entsprechendes aktives Objekt x', das die Rechte von s wahrnimmt, ist ein *Stellvertretersubjekt* von $\mathcal{R}$. Auch für das Rechtesystem R' werden die s ∈ S' als → Subjekte bezeichnet. Auf der Grundlage dieser Anpassung der Beschreibung des Rechtesystems für $\mathcal{R}$ lassen sich wirksame Zugriffskontrollsysteme konstruieren. Für diese werden insbesondere zwei Verfahren mit entsprechenden Mechanismen benutzt. Sie führen zu Capability-Systemen und zu Systemen mit Zugriffslisten. In Capability-Systemen werden die Zugriffskontrollen auf der Grundlage qualifizierter Zeiger, die Objekte identifizieren und Rechtefestlegungen enthalten, durchgeführt. In → Systemen mit Zugriffslisten werden die Objekte mit ihren Rechtefestlegungen gemäß R' – den Zugriffslisten – konstruiert, und die Kontrollen werden auf ihrer Grundlage bei jedem Versuch einer Operationsausführung durchgeführt.

Alles bisher zur Rechtssicherheit von $\mathcal{R}$ sowie zu Maßnahmen und Verfahren, mit denen die Rechtssicherheit von $\mathcal{R}$ gewährleistet oder gesteigert werden kann, Erklärte geht davon aus, daß das Rechtesystem R (oder R') des Systems bereits festgelegt und die statische Sicht von $\mathcal{R}$ gerechtfertigt ist. Die Festlegung des Rechtesystems muß sich wesentlich daran orientieren, für welchen Anwendungsbereich das betrachtete Rechensystem eingesetzt wird und welche Anforderungen an die Sicherheit sich daraus ergeben. Dazu ist eine geeignete → Rechtssicherheitspolitik oder kurz Sicherheitspolitik erforderlich, aus der die grundlegenden Entscheidungen für die Festlegungen des jeweiligen Rechtesystems abzuleiten sind. Zu den Anwendungsbereichen, für die Rechtssicherheit gefordert ist, gehören insbesondere diejenigen, für die ein Rechensystem *personenbezogene Daten* speichern und verarbeiten muß. Hier sind die Rechte, die Personen an ihren Daten haben, juristisch festgelegt, und diese Festlegungen müssen mit dem Rechtesystem eines Rechensystems erfaßt und dann gewährleistet werden.

Alles bisher zur Rechtssicherheit des Rechensystems $\mathcal{R}$ Erklärte gilt für die statische Sicht eines Schnappschusses von $\mathcal{R}$. Für das dynamische System $\mathcal{R}$ müssen die Festlegungen, welche das Verhalten von $\mathcal{R}$ bei der Ausführung von Berechnungen bestimmen, für die Funktionalität der Berechnungen und für die Rechte, welche Subjekte an den Objekten von $\mathcal{R}$ haben sollen, aufeinander abgestimmt und einander ergänzend erfolgen. Dazu ist ein dynamisches Rechtesystem, mit dem die jeweiligen Rechte in $\mathcal{R}$ festgelegt werden, erforderlich. Die für $\mathcal{R}$ notwendige Sicherheitspolitik muß insbesondere Regeln für die zulässigen Veränderungen der Rechte an $\mathcal{R}$ mit der Zeit so festlegen, daß mit ihnen Aussagen über rechtssicheres Verhalten von $\mathcal{R}$ möglich sind und Rechtssicherheit für das dynamische System gewährleistet wird.

*P. P. Spies*

Literatur: *Amoroso, E. G.*: Fundamentals of computer security technology. Prentice Hall, Englewood Cliffs, NJ 1994. – *Pfleeger, C. P.*: Security in computing. Prentice Hall, Englewood Cliffs, NJ 1989.

**Rechensystem, sequentielles** ⟨sequential computing system⟩. Ein → Rechensystem, das seine nutzbaren Berechnungen als linear geordnete Menge von Berechnungsschritten ausführt.

Die Bedeutung dieser Eigenschaft ergibt sich einerseits aus den Charakteristika komponierter → Berechnungen und andererseits daraus, daß ein Rechensystem seine von Anwendern nutzbaren Speicher- und Rechenfähigkeiten mit seinem → Betriebssystem erhält. Das Betriebssystem stellt nach erfolgreicher Zugangskontrolle einem berechtigten Benutzer eine Benutzermaschine mit einem Interpretierer der Kommandosprache sowie Diensten zur Eingabe von Kommandos und zur Ausgabe berechneter Ergebnisse zur Verfügung. Die weiteren Nutzungsmöglichkeiten ergeben sich dann aus den vom Betriebssystem angebotenen Diensten und aus der Ausdrucksfähigkeit der Kommandosprache.

Dieser Vorgehensweise entsprechend, sind die Benutzermaschinen die Berechnungsschritte, die zu den nutzbaren Berechnungen eines Systems komponiert werden. Ein s. R. liegt entsprechend dann vor, wenn jeweils höchstens eine Benutzermaschine erzeugt und zur Verfügung gestellt wird. Eine Benutzermaschine kann abhängig von der Ausdrucksfähigkeit ihrer Kommandosprache eine sequentielle oder eine parallele Maschine sein. Die Berechnungsschritte, die dabei zu nutzbaren Berechnungen komponiert werden, sind die Kommandos. Es ergibt sich, daß ein bzgl. seiner Benutzermaschinen s. R. Benutzermaschinen zur Verfügung stellen kann, die bzgl. der Ausführung von Kommandos parallele Systeme sind. Diese Zusammenhänge zwischen sequentiell und parallel, die mit Verfeinerungen beim Übergang von der Black-Box-Sicht zur Glass-Box-Sicht zu Tage treten, sind für Rechensysteme charakteristisch.

*P. P. Spies*

**Rechensystem, sicheres** ⟨safe computing system⟩ → Sicherheit von Rechensystemen

**Rechensystem, speicherdominantes** ⟨storage-dominated computing system⟩ → Betriebssystem, prozedurorientiertes

**Rechensystem, verläßliches** ⟨dependable computing system⟩ → Sicherheit von Rechensystemen

**Rechensystem, vernetztes** ⟨network computing system⟩ → Rechensystem, verteiltes

**Rechensystem, verteiltes** ⟨distributed computing system⟩. Ergebnis der Erweiterung prozeßorientierter Rechensysteme mit zentralen auf physisch/räumlich verteilte, vernetzte Hardware-Konfigurationen. Für ein prozeßorientiertes Rechensystem mit zentraler Hardware-Konfiguration ist charakteristisch, daß seine Dienste zur Nutzung der Speicher- und Rechenfähigkeiten von den jeweiligen → Prozessen des Systems angeboten und mit → Berechnungen kooperierender Prozesse (abstrakt) verteilt erbracht werden. Dabei kooperieren die Prozesse mittels Nachrichtenkommunikation, die der zentrale → Betriebssystemkern vermittelt.

Hiervon ausgehend wird ein v. R. mit den beiden folgenden, einander ergänzenden Maßnahmen konstruiert: Die erste Maßnahme ist der Übergang zu einer *Konfiguration* mit einer Menge von physisch/räumlich *verteilten, vernetzten Stellen*(rechnern). Jede Stelle hat zunächst die Fähigkeiten eines zentralen, prozeßorientierten Systems, und die Stellen sind mit einem Nachrichtentransportnetz so miteinander verbunden, daß Nachrichtenaustausch zwischen allen Stellenpaaren möglich ist. Die zweite Maßnahme ist die Erweiterung dieser Konfiguration mit einem *verteilten Betriebssystem*, das die vernetzten Stellen in ein von Anwendern als solches nutzbares Rechensystem integriert. Das Ergebnis dieser Maßnahmen ist ein *verteiltes Rechensystem* $\mathcal{R}$ mit den Kombinationen abstrakter und realer sowie statischer und dynamischer Eigenschaften, die für Rechensysteme charakteristisch sind. Ein Schnappschuß der Black-Box-Sicht von $\mathcal{R}$ zeigt das System als abgegrenzte Einheit, das Anwendern in der Umgebung mit seiner Benutzungsschnittstelle Dienste zur Nutzung seiner Speicher- und Rechenfähigkeiten für Lösungen ihrer entsprechenden Aufgaben anbietet. Ein Schnappschuß der Glass-Box-Sicht von $\mathcal{R}$ zeigt das jeweilige Netz der abstrakten Maschinen, welche die Berechnungen des Systems auf der Basis der verteilten und vernetzten Hardware-Konfiguration ausführen.

Die verteilte, vernetzte Hardware-Konfiguration als Basis und die Integration der vernetzten Stellen in ein System liefern zusammen das Potential für qualitative und quantitative Leistungssteigerungen, die mit $\mathcal{R}$ im Vergleich mit zentralen Rechensystemen erreicht werden können. Einem Benutzer von $\mathcal{R}$ steht – von Beschränkungen durch das Rechtesystem abgesehen – das *gesamte Diensteangebot* des Systems zur Verfügung. Er kann die Dienste als Ergebnis ihrer Integration in $\mathcal{R}$ *ortstransparent*, also ohne Kenntnis der jeweiligen Orte ihrer Realisierungen, und *ortsunabhängig*, also auf der Grundlage ihrer Spezifikationen und unabhängig von den Orten ihrer jeweiligen Realisierungen, nutzen.

Die Speicher- und Rechenfähigkeiten von $\mathcal{R}$ stehen Anwendern zur *gemeinsamen Nutzung* zur Verfügung. Es ergibt sich also als Ergebnis der Integration, daß die Ressourcen – Hardware und Software – wirtschaftlich genutzt werden können. Mit der *räumlichen Verteiltheit* der Hardware-Konfiguration von $\mathcal{R}$ ist auch die Benutzungsschnittstelle von $\mathcal{R}$ räumlich verteilt in der Konsequenz, daß Anwender die Speicher- und Rechenfähigkeiten des Systems räumlich verteilt an ihren jeweiligen *Arbeitsplätzen* nutzen können. Als weitere Konsequenz können räumlich verteilt arbeitende Benutzer-Teams unter Einsatz von $\mathcal{R}$-Diensten zur Lösung ihrer jeweiligen Aufgaben kooperieren. Mit dem verteilten System $\mathcal{R}$ ergeben sich also geeignete Voraussetzungen für *rechnergestützte Anwenderkooperation*.

Neben dieser Möglichkeit ist $\mathcal{R}$ natürlich dazu geeignet, Berechnungen parallel und kooperativ auszuführen. *Prozeßkooperation* ist für $\mathcal{R}$ einerseits *stellenlokal* möglich: In diesen Fällen kooperieren Prozesse, die ihre Berechnungen auf einer Stelle ausführen, mittels Nachrichtenkommunikation, die der jeweilige Stellenkern vermittelt. Darüber hinaus ist *stellenübergreifende* Prozeßkooperation möglich: In diesen Fällen, in denen Prozesse ihre Berechnungen auf verschiedenen Stellen von $\mathcal{R}$ ausführen, kooperieren die Prozesse mittels stellenübergreifender Nachrichtenkommunikation, die von den jeweiligen Stellenkernen mittels des die Stellen verbindenden Nachrichtentransportnetzes vermittelt wird. Berechnungen, die $\mathcal{R}$ parallel und kooperativ ausführt, entsprechen der *abstrakten Verteiltheit* von $\mathcal{R}$. Sie ergibt sich daraus, daß entsprechende Berechnungen (partiell) unabhängig und gleichzeitig ausgeführt werden. Das erfolgt mit den jeweiligen Prozessen von $\mathcal{R}$, die mit den Prozessoren der Hardware-Konfigurationen der einzelnen Stellen von $\mathcal{R}$ realisiert werden.

Damit ergeben sich Möglichkeiten, die Ausführungszeiten für Berechnungen und mit ihnen die Antwortzeiten für Problemlösungen durch *Parallelisierung* der Lösungsverfahren zu verkürzen. Diese für das verteilte System $\mathcal{R}$ wesentliche Nutzungsmöglichkeit erfordert systemweite Koordinierung der jeweiligen Berechnungen als Bestandteil der Integration der Stellen und als maßgeblichen Beitrag des verteilten Betriebssystems zur Leistungsfähigkeit von $\mathcal{R}$.

Die kooperierenden Prozesse, welche die Berechnungen des verteilten Systems $\mathcal{R}$ ausführen, bilden das jeweilige *Netz der abstrakten Maschinen*, das ein Schnappschuß der Glass-Box-Sicht von $\mathcal{R}$ zeigt. Dieses Netz, das auf der Konfiguration von $\mathcal{R}$ mit vernetzten Stellen realisiert ist, kann grob- oder feinmaschig sein, wobei Verfeinerungen wachsenden Abhängigkeiten zwischen den Knoten des Netzes entsprechen. Mit diesen Abhängigkeiten wachsen auch die *Anforderungen an die Qualität* der Knoten und an die Qualität der die Knoten verbindenden Kanten. Diese Anforderungen betreffen sowohl die Berechnungssicherheit als auch die Rechtssicherheit. Es ist also gefordert, daß $\mathcal{R}$ ein verläßliches System ist.

Für die Zuverlässigkeit von $\mathcal{R}$ ergibt sich zunächst, daß die Verfügbarkeit des Systems hoch ist, wenn das Netz der abstrakten Maschinen grobmaschig ist: Auch wenn ein Teil der Stellen von $\mathcal{R}$ ausfällt, bleibt der Rest des Systems verfügbar; das ergibt sich daraus, daß die Konfiguration von $\mathcal{R}$ ein *lose gekoppeltes Netz* von Stellen ist: Nachrichtenaustausch zwischen den Stellen ist möglich, aber nicht immer notwendig. Wenn das Netz der abstrakten Maschinen feinermaschig wird, wachsen die Anzahl der Knoten und Kanten und damit die Anforderungen an ihre Zuverlässigkeit. Diese Anforderungen müssen und können dadurch erfüllt werden, daß $\mathcal{R}$ als fehlertolerantes System konstruiert wird. Die Konfiguration von $\mathcal{R}$ liefert die Basis der hierfür erforderlichen Redundanz, die jedoch konstruktiv genutzt werden muß.

Für die Rechtssicherheit des verteilten Systems $\mathcal{R}$ ergibt sich zunächst, daß $\mathcal{R}$ mit dem Nachrichtentransportnetz, das die Stellen verbindet, ein → zugriffsoffenes System ist. Als Konsequenz ergibt sich, daß zur Durchsetzung von Rechtssicherheitsanforderungen bei stellenübergreifender Nachrichtenkommunikation → kryptographische Verfahren einzusetzen sind. Für die einzelnen Stellen wird Rechtssicherheit dadurch erreicht, daß sie als Zugriffskontroll-Subsysteme konstruiert werden. Zur Durchsetzung von Rechtssicherheit für $\mathcal{R}$ ist also der gezielt aufeinander abgestimmte Einsatz von kryptographischen Verfahren und von Zugriffskontrollverfahren erforderlich.

Das Erklärte gibt einen Überblick über das Potential v. R. für qualitative und quantitative Leistungssteigerungen im Vergleich mit zentralen Systemen, über das breite Spektrum der Anwendungen, für die verteilte Systeme einsetzbar sind, und über die Aufgaben, die zur Nutzung der Systeme zu lösen sind. Trotz bereits erzielter wesentlicher Fortschritte ist das Potential verteilter Systeme nicht ausgeschöpft; es sind vielmehr noch intensive Forschungs- und Entwicklungsarbeiten erforderlich.

Analog zu den Übergängen von prozedurorientierten zu prozeßorientierten zentralen Systemen erfolgen die Übergänge von zentralen zu verteilten Systemen in einem vielgestaltigen evolutionären Prozeß. Existierende Systeme sind häufig vernetzte Rechensysteme, die verteilte Subsysteme, insbesondere verteilte Dateisysteme, enthalten. Dabei ist für *vernetzte Rechensysteme* charakteristisch, daß ihnen die für verteilte Systeme geforderte Integration fehlt. Das hat für Anwender zur Folge, daß sie einzelne, im Netz zusammengefaßte Rechensysteme kennen und als solche explizit nutzen müssen. Vernetzte Rechensysteme sind häufig sog. *Client-Server-Systeme*. Dabei bieten Server ihre dem *Prozedurkonzept* entsprechend definierten Dienste netzweit an; sie können von Clients mittels *RPC*s (Remote Procedure Calls) netzweit genutzt werden. Zur Vereinfachung dieser netzweiten Nutzung werden Hilfsdienste zur Codierung und Decodierung der Aufruf- und der Resultatnachrichten, zur Kommunikation dieser Nachrichten mittels des Netzes sowie zur serverseitigen Ausführung der Diensteberechnungen zur Verfügung gestellt. Für diese serverseitigen Diensteberechnungen ist das für Mikrokernsysteme erklärte Konzept der Tasks mit eingeordneten Prozessen geeignet: In Server-Tasks eingeordnete Prozesse führen als Stellvertreter der aufrufenden Clients die jeweiligen Diensteberechnungen aus.

Auch für die Konstruktion v. R. sind prozeßorientierte Mikrokernsysteme als Stellen eine geeignete Ausgangsbasis. Ein auf dieser Basis konstruiertes verteiltes System $\mathcal{R}$ besteht zunächst aus einer Menge S von vernetzten Stellen. Eine Stelle $s \in S$ besteht jeweils aus einer Menge $T_S$ von Tasks mit einer Familie $(P_t \mid t \in T_S)$ von in die Tasks eingeordneten Prozessen und dem Stellenkern. Die Erweiterungen und die Integration der Stellen in das System $\mathcal{R}$ erfolgen den festgelegten Konzepten entsprechend mit speziellen *Nachrichtenvermittlungs-Tasks* $t_s^n \in T_S$ der Stellen $s \in S$, die stellenübergreifende Nachrichtenkommunikation mittels der Mechanismen der Stellenkerne und des die Stellen verbindenden Nachrichtentransportnetzes vermitteln.

Damit steht das notwendige Instrumentarium für systemweite Nachrichtenkommunikation zwischen Prozessen von $\mathcal{R}$ zur Verfügung: Wenn zwei Prozesse p und q von $\mathcal{R}$ als Sender und Empfänger einem der festgelegten Konzepte für unidirektionale Nachrichtenkommunikation entsprechend Nachrichten kommunizieren sollen, kann mit diesem Instrumentarium ein NBS-Kanal oder ein UDR-Kanal so konstruiert werden, daß die Prozesse p und q, die auf Stellen s, s' $\in$ S von $\mathcal{R}$, wobei s $\neq$ s' gelten kann, ihre Berechnungen ausführen, abstrakt mit diesem Kanal verbunden sind und Nachrichten kommunizieren können. Damit ergeben sich *Sender-Empfänger-Beziehungen* zwischen Prozessen von $\mathcal{R}$. Mit Verallgemeinerungen dieser Vorgehensweise können mit dem verfügbaren Instrumentarium auf der Grundlage von *Konzepten für Prozeßkooperation* auch Kooperationskanäle konstruiert werden. Mit diesen Kanälen werden Prozesse abstrakt so verbunden, daß sich Auftraggeber-Auftragnehmer-Beziehungen zwischen Prozessen von $\mathcal{R}$ ergeben. Von Diensten, die zur Nutzung der Speicher- und Rechenfähigkeiten von $\mathcal{R}$ angeboten werden, sind einerseits die Schnittstellenspezifikation und andererseits die Funktionalität der entsprechenden Diensteberechnungen wesentlich. Unter der Bedingung, daß diese Eigenschaften festgelegt werden, können Dienste mit Prozessen oder mit Datenobjekten definiert und angeboten werden. Dazu sind geeignete Konzepte, also Konzepte für Prozeßkooperation und Konzepte für Zugriffe zu (passiven) Datenobjekten erforderlich. Wenn beide zur Verfügung stehen, kann zwischen den Alternativen ausgewählt werden; dabei ist die Eignung des jeweils gewählten Konzepts zur Gewährleistung der spezifizierten Funktionalität der Dienste für die Wahl ausschlaggebend. Mit entsprechenden Konzepten sowie mit Methoden und Verfahren für die erforderlichen Objektkonstruktionen können *diensteorientierte* v. R. entwickelt werden, also Systeme, deren Speicher- und Rechenfähigkeiten auf der Grundlage der spezifizierten Funktionalität ihrer Dienste und unabhängig von den jeweiligen Realisierungen dieser Dienste genutzt werden können. Dazu sind jedoch weitere Forschungs- und Entwicklungsarbeiten erforderlich. *P. P. Spies*

Literatur: *Nutt, G. J.*: Centralized and distributed operating systems. Prentice-Hall, Englewood Cliffs, NJ 1992. – *Silberschatz, A.; Galvin, P. B.*: Operating system concepts. Addison-Wesley, Reading, MA 1994. – *Tanenbaum, A. S.*: Modern operating systems. Prentice-Hall, Englewood Cliffs, NJ 1992. – *Mullender, S.*: Distributed systems. ACM Press, New York, NY 1993.

**Rechensystem, zentralisiertes** ⟨centralized computing system⟩ → Betriebssystem, prozedurorientiertes

**Rechensystem, zugriffsabgeschlossenes** ⟨access-closed computing system⟩. Ein → rechtssicheres Rechensystem $\mathcal{R}$ ist zugriffsabgeschlossen, wenn $\mathcal{R}$ Zugangskontrollen durchführt und gewährleistet ist, daß jeder Zugriff eines → Subjekts zu $\mathcal{R}$ zugangskontrolliert erfolgt; sonst ist $\mathcal{R}$ ein *zugriffsoffenes System*.

Zugangskontrollen von $\mathcal{R}$ prüfen die Identität und die Authentizität von Subjekten, die $\mathcal{R}$ zu nutzen versuchen, nach festgelegten Regeln. Ein Subjekt, dessen Identität oder Authentizität mit negativem Ergebnis geprüft wird, wird als Angreifer auf die Rechtssicherheit von $\mathcal{R}$ erkannt und abgewiesen. Ein Subjekt, dessen Identität und Authentizität mit positivem Ergebnis geprüft wird, erhält als berechtigter Benutzer Zugang zu $\mathcal{R}$ und kann die Fähigkeiten von $\mathcal{R}$ nutzen; er nimmt die Rechte des identifizierten und authentifizierten Subjekts wahr. Zugangskontrollen dienen also zur Angriffserkennung und zur Angriffsabwehr. Reglementierungen des Zugangs zu $\mathcal{R}$ in der Umgebung von $\mathcal{R}$ dienen der Angriffsvermeidung, und die für Subjekte festgelegten Regeln für Zugangskontrollen von $\mathcal{R}$ dienen dazu, die erforderlichen Überprüfungen wirksam als Maßnahmen der Angriffsverhinderung durchführen zu können.

Weil ein Rechensystem $\mathcal{R}$ als technisches System abgehört werden kann, ist es nicht ohne spezielle Maßnahmen möglich, $\mathcal{R}$ als zugriffsabgeschlossenes System zu konstruieren. Mit diesen Abhörmöglichkeiten ergibt sich, daß $\mathcal{R}$ ein *zugriffsoffenes System* ist. Damit sind passive Angriffe auf die Rechtssicherheit von $\mathcal{R}$ möglich, die nicht erkannt werden und damit nicht abgewehrt werden können. Wenn diese Angriffe nicht vermieden werden, sind für $\mathcal{R}$ Maßnahmen der Angriffstoleranz durch den Einsatz → kryptographischer Verfahren erforderlich. Mit diesen werden Angriffe auf die Rechtssicherheit von $\mathcal{R}$ wirkungslos, weil sie dem Angreifer keine Information von $\mathcal{R}$ liefern.

Zum Abhören von $\mathcal{R}$ muß ein Angreifer Aufwand leisten, der mehr oder weniger hoch ist. Wenn $\mathcal{R}$ ein vernetztes System ist, sind die Nachrichtentransportleistungen des Rechnernetzes mit relativ geringem Aufwand abhörbar. Weil der Aufwand für den Einsatz kryptographischer Verfahren zur Angriffstoleranz ebenfalls hoch ist, ist es geboten, ein Rechensystem $\mathcal{R}$ in Abwägung der Anforderungen an die Rechtssicherheit und der Möglichkeiten für Angriffe von der Glass-Box-Sicht von $\mathcal{R}$ ausgehend so zu konstruieren, daß sowohl Maßnahmen der Angriffserkennung und -abwehr als auch Maßnahmen der Angriffstoleranz eingesetzt werden. Mit den Charakteristika von → Systemen ergibt sich, daß die erklärten Begriffe und Verfahren gleichermaßen auf Komponenten und Subsysteme von $\mathcal{R}$ anwendbar sind. Mit der angegebenen Kombination ist $\mathcal{R}$ ein zugriffsoffenes System mit zugriffsabgeschlossenen und -offenen Subsystemen. Für diese werden die jeweils geeigneten Maßnahmen und Verfahren eingesetzt, so daß Rechtssicherheit von $\mathcal{R}$ mit angemessenem Aufwand erreicht wird.  *P. P. Spies*

**Rechensystem, zugriffsoffenes** ⟨*access-open computing system*⟩ → Rechensystem, zugriffsabgeschlossenes

**Rechensystem, zuverlässiges** ⟨*reliable computing system*⟩ → Zuverlässigkeit von Rechensystemen

**Rechenwerk** ⟨*computational unit*⟩. Das R. ist die Einheit des Computers, in der die eigentliche Verknüpfung der → Daten erfolgt. Die Funktionsweise des R. wird bestimmt durch das Steuerwerk, mit dem zusammen es den → Prozessor bildet.

Das R. verfügt über eine oder mehrere Funktionseinheiten für die paarweise Datenverknüpfung → binärer → Operanden, über → Register zur Aufnahme von Operanden und Zwischenergebnissen, weitere spezialisierte Teileinheiten (z. B. Schiebewerke) und verknüpfende Datenpfade. Funktionseinheiten des R. sind arithmetisch-logische Einheiten (ALU Arithmetic Logical Units) zur Ausführung arithmetischer und logischer → Operationen, aber auch Adreßrechenwerke, Verzweigungswerke und Zugriffswerke auf den → Speicher. Unter den arithmetisch-logischen Einheiten unterscheidet man i. allg. solche für die Verarbeitung von Zahlen in Integer-Darstellung (integer units) und solche in Floating-Point-Darstellung (floating point units).

R. mit mehreren Funktionseinheiten und dynamischer Zuordnung der Befehle zu den Funktionseinheiten durch das Steuerwerk bezeichnet man als superskalar.  *Bode*

**Rechenzeit** ⟨*execution time*⟩. Neben CPU-Zeit oft als Synonym zu Bedienzeit oder → Bearbeitungszeit gebraucht. Die Summe der Zeitspannen, während derer eine bestimmte Aufgabe bzw. ein bestimmter Auftrag bearbeitet wird.  *Fischer*

**Rechenzentrum** ⟨*computer center*⟩. Unter einem R. versteht man einen Komplex, der aus einer oder mehreren → Rechenanlagen, einer größeren Anzahl von → Peripheriegeräten sowie Geräten für Datenerfassung und Datennachbereitung besteht (→ Digitalrechner). Hinzu kommt Personal zur Gerätebedienung und -wartung, zur Programmierung und Verwaltung. Von der Organisationsform her sind die betrieblichen R., Gemeinschafts-R., Dienstleistungs-R. und die R. in Hochschulen und Forschungsstätten zu unterscheiden. Während betriebliche R. Teil eines Unternehmens sind und i. allg. nur von diesem genutzt werden, entstehen Gemeinschafts-R. durch Zusammenarbeit mehrerer (oft kleinerer) Unternehmen oder Behörden. Ein Vorteil liegt in der gemeinsamen Nutzung einzeln nicht auslastbarer Kapazitäten, z. B. bei Spezialgeräten. Dienstleistungs-R. sind von den sie nutzenden Unternehmen organisatorisch unabhängig, gelegentlich aber Tochterunternehmen, und bieten ihre Dienste allen Interessenten an. Bei allen diesen R. stehen die regelmäßig mit vorgegebenen Terminen abzuwickelnden Routineaufgaben im Vordergrund. Dagegen bestimmen in den Hochschulen und Forschungsstätten technisch-wissenschaftliche, meist rechenintensive Aufgaben und Testläufe den Betriebsablauf.

Bei der Betriebsart der R. unterscheidet man zwischen offenem und geschlossenem Betrieb. Beim offenen Betrieb (open shop) erfolgt die Bedienung der Anlage ganz oder teilweise durch den Programmierer oder Benutzer eines → Programmes. Bei dem in größeren R. üblichen geschlossenen Betrieb (closed shop) müssen Programmierer und Benutzer ihre Aufträge dem speziellen Bedienungspersonal (Operateure) übergeben. Ein Vorteil liegt z. B. in der Möglichkeit einer Planung des Arbeitsablaufs und damit einer besseren Kapazitätsauslastung; ferner lassen sich leichter Maßnahmen für → Datensicherheit und → Datenschutz ergreifen. Der Nachteil des fehlenden unmittelbaren Kontaktes zwischen Programmierer und laufendem Programm kann durch Stapelfernverarbeitung und mehr noch durch Dialogbetrieb ausgeglichen werden. Bei der früher weit verbreiteten Stapelfernverarbeitung wurden Lochkartenleser und Schnelldrucker als Stapelfernstation (remote job entry station) außerhalb des eigentlichen Maschinenraums, d. h. für den Benutzer zugänglich, aufgestellt. Bei Dialogverkehr steht dem Programmierer oder Benutzer ein Bildschirmgerät mit Tastatur zur Verfügung, über die er seine Aufträge und Anfragen der Rechenanlage übermittelt und Resultate erhält (→ Datenfernverarbeitung). Mit der Entwicklung immer billigerer Kleinrechner erfolgt heute eine immer stärkere Entwicklung zur Dezentralisierung. Die R. verlieren daher zunehmend an Bedeutung: Sie sind vornehmlich noch bei Anwendungen mit extremen Leistungsanforderungen wichtig (→ Superrechner).

*Bode/Schneider*

Literatur: *Graef, M.* u. *Greiller, R.*: Organisation und Betrieb eines Rechenzentrums. Stuttgart 1975.

**Rechnen** ⟨*computing*⟩ → Rechensystem

**Rechnen, wissenschaftliches** ⟨*scientific computing*⟩. Interdisziplinäres Fachgebiet mit dem Ziel der effizienten Simulation natürlicher und technischer Vorgänge im Computer. Das w. R. vereinigt Teile der Physik, Chemie, Ingenieurwissenschaften (Grundlagen, Modellbildung), Mathematik (Analysis, Numerik) und Informatik (Softwareentwurf, Rechnerarchitektur).

Es ist stark problem- und anwendungsorientiert und umfaßt dabei die numerische Simulation und das symbolische Rechnen. Die Teilbereiche der r numerischen Simulation sind im einzelnen die Modellbildung, die Diskretisierung, die Entwicklung effizienter Algorithmen und schneller Löser, die Parallelisierung der neuen Algorithmen, die Visualisierung der berechneten Ergebnisse sowie deren Validierung.

Die Techniken des w. R. ermöglichen in computergestützten Simulationen die Überprüfung von Hypothesen, deren Untersuchung im physikalischen Experiment zu kostenintensiv, zu gefährlich, zeitlich oder meßtechnisch unmöglich ist, und erlauben so, den Computer als „virtuelles Labor" zu benutzen. *Griebel*

**Rechner** ⟨*computer*⟩. Gerät zur elektronischen Verarbeitung von → Informationen. Die Bestandteile eines R. sind im wesentlichen eine Kontroll- und Recheneinheit (→ Prozessor), → Speicher und → Ein-/Ausgabegeräte. R. sind universell einsetzbar und erfüllen vielfältige Aufgaben, z. B. aus den Bereichen der betrieblichen Informationsverarbeitung (Gehaltsabrechnung), Büroanwendungen (Textverarbeitung), Anlagensteuerung oder der Freizeit (Spiele). Am weitesten verbreitet sind R. in Form von → PCs. *Breitling/K. Spies*

**Rechner, sprachorientierter** ⟨*high level language architecture*⟩. → Rechenanlage, deren Maschinenbefehlssatz in lexikalischer, syntaktischer und semantischer Gestaltung einer problemorientierten höheren → Programmiersprache angenähert ist. Ziel beim Entwurf von s. R. ist es, die semantische Lücke (semantic gap) zwischen dem vom Benutzer in höherer Programmiersprache produzierten Quellcode und dem auf dem Rechner ablauffähigen Objektcode in Maschinensprache zu verringern. Diese Lücke, die durch → Übersetzer (Compiler, Binder, Lader, Interpretierer etc.) überbrückt werden muß, wurde v. a. in den 70er Jahren als Grund für die „Software-Krise" bezeichnet. Das Quellprogramm des Benutzers durchläuft dabei mehrfache Transformationen, bevor es zur Ausführung gelangt. Jede dieser Transformationen birgt neben dem Implementierungs- und Laufzeitaufwand die Möglichkeit von Fehlern. Sie sind oft nicht voll transparent für den Benutzer. Dieser muß daher bei der Fehlersuche neben der höheren Programmiersprache auch die Struktur der Programmtransformatoren und ggf. verschiedene Zwischencodes beherrschen.

Will man Rechenanlagen gemäß der Nähe ihres Maschinenbefehlssatzes zu höheren Programmiersprachen einteilen, liegt es nahe, eine vierstufige Klassifikation einzuführen:
– *von Neumann*-Architektur,
– syntaxorientierte Architektur,
– indirekte Ausführungsarchitektur,
– direkte Ausführungsarchitektur.

Die *von Neumann*-Architektur ist charakterisiert durch einen hardwarenahen Befehlssatz, wie er durch die klassischen Großrechner der 60er und 70er Jahre geprägt wurde und bis heute als Standard gilt. In diese Klasse von Architekturen fällt auch der Ansatz der RISC-Architekturen. Die große semantische Lücke zwischen Quell- und Objektcode wird heute nicht mehr als problematisch angesehen, die → Implementierung der verschiedenen Programmtransformationen erfolgt i. d. R. transparent.

*Syntaxorientierte Architekturen* versuchen, die Stufen des Ladens und Bindens von Programmen einzusparen, indem der → Compiler einen verschieblichen → Code in Postfix-Notation produziert, der unmittelbar durch einen Kellerprozessor ausgeführt wird. Die Maschinensprache ist hier bereits der höheren Programmiersprache angenähert. Syntaxorientierte Architekturen wurden – auch kommerziell erfolgreich – für eine Reihe höherer Programmiersprachen (ALGOL, PASCAL, MODULA, LISP, PROLOG, SMALL-TALK) entworfen.

*Indirekte und direkte Ausführungsarchitekturen* sind dagegen nur im Rahmen von Forschungsprojekten realisiert worden: Erstere ersetzen den Software-Compiler der syntaxorientierten Architektur durch einen Hardware-Übersetzer, letztere führen den Quellcode direkt durch einen Hardware-Prozessor für die höhere Programmiersprache aus.

Der mit Annäherung der Maschinensprache an eine höhere Programmiersprache verbundene Hardware-Aufwand gilt heute als Argument gegen s. R.     *Bode*

**Rechnerarchitektur** *(computer architecture)*. Strukturtheorie über den Aufbau von → Rechenanlagen. Sie macht Aussagen über die interne Struktur der Komponenten von Rechnern (→ Speicher, → Leitwerke, Rechenwerke, Ein-/Ausgabewerke) sowie über deren Kombination und Kommunikation in vollständigen Systemen. Aufgabe der R. ist der Entwurf möglichst geeigneter Rechenanlagen auf der Basis existierender Anforderungen (Leistung, Zuverlässigkeit, Programmierfreundlichkeit, Preis, Abmessung, Gewicht etc.) und gegebener Randbedingungen (Stand der Technologie, Umfeld des Einsatzes usw.). Wegen der vielen Einflußgrößen ist dabei die Bestimmung eines Optimums meist nicht möglich, vielmehr ist ein geeigneter Kompromiß zu finden. *Blaauw* hat folgende, sich teilweise widersprechende Gestaltungsgrundsätze genannt: → Konsistenz, Orthogonalität, Symmetrie, Angemessenheit, Sparsamkeit, Transparenz, Virtualität, → Kompatibilität, All-Anwendbarkeit, dynamische Erweiterbarkeit.

Als Strukturtheorie bedient sich die R. formaler Darstellungshilfsmittel, die über eine abstrakte Beschreibung von Rechnern den Entwurf und Vergleich unterstützen. Wesentliche formale Hilfsmittel sind die → Automatentheorie, → Petri-Netze, Berechnungsschemata und Rechnerentwurfssprachen.

Die von *J. von Neumann* 1946 aufgestellten Prinzipien zum Aufbau von → Digitalrechnern sind auch heute noch die Basis der R.:
– Ein Rechensystem besteht aus Speicher, Leitwerk, Rechenwerk und Ein-/Ausgabegeräten.
– Die Struktur des Systems ist unabhängig vom bearbeiteten Problem; verschiedene Problemlösungen werden durch austauschbare → Programme beschrieben, die in den Speicher geladen werden.
– Anweisungen und → Operanden werden in dem gleichen Speicher untergebracht; er ist in Zellen gleicher Größe eingeteilt, die über → Adressen angesprochen werden können.
– Das Programm besteht aus einer Folge elementarer Anweisungen (→ Befehle), die in der gespeicherten Reihenfolge ausgeführt werden; Abweichungen von dieser Reihenfolge sind durch Sprungbefehle möglich.

Insbesondere durch die enorme Verbilligung und Verkleinerung der → Hardware von Rechenanlagen durch höchstintegrierte Halbleiterbausteine und die weltweite Vernetzung von Rechnern hat die R. heute zunehmend die Aufgabe, parallele und verteilte Rechnerstrukturen zu entwerfen und beherrschbar zu machen.     *Bode*

**Rechnerbewertung** *(performance evaluation)*. Verfahren, um das gewünschte Verhalten von existierenden oder geplanten Rechnersystemen zu erfassen und – soweit möglich – quantitativ zu bestimmen. Als wichtige Komponenten des Verhaltens werden dabei folgende Eigenschaften von Rechnern betrachtet:
– Arbeitsgeschwindigkeit,
– Ausfallsicherheit,
– Benutzerfreundlichkeit.

Während sich die beiden ersten Eigenschaften durch eine größere Anzahl von Verfahren auch quantitativ und objektiv erfassen lassen, bezieht sich die Benutzerfreundlichkeit auf weitgehend subjektive Systemeigenschaften, insbesondere der → Software, so daß hier i. allg. nur qualitative Aussagen möglich sind. Im folgenden werden daher nur die beiden ersten Eigenschaften näher betrachtet.

☐ Die Verfahren zur Bewertung der *Arbeitsgeschwindigkeit* von Rechenanlagen lassen sich nach den Zwecken der Bewertung, der Methode des Vorgehens und nach Aufwand des Verfahrens einteilen (Bild). Als Zwecke für die Bewertung sind zu nennen:
– Auswahl von existierenden → Rechenanlagen,
– Konfigurationsveränderung einer bestehenden Anlage (Tuning),
– Entwurf einer neuen Anlage.

Bei der Rechnerauswahl soll die für ein gegebenes Anforderungsprofil geeignetste Anlage ermittelt werden. Neben objektiven Maßen werden daher hier auch subjektive Werte ermittelt. Die Konfigurationsveränderung von bestehenden Anlagen dient meist der Anpassung an ein erweitertes Anforderungsprofil: Hier müssen spezielle Systemengpässe ermittelt werden, die durch Konfigurationsänderungen zu beseitigen sind. Beim Entwurf von Rechenanlagen wird die Vorhersage von Leistungseigenschaften neuer Konzepte und Strukturen angestrebt, die durch Messungen an bestehenden Anlagen nicht zu ermitteln sind.

Nach der Methode des Vorgehens lassen sich vier große Gruppen von Bewertungsverfahren unterscheiden:
1. Auswertung von Hardware-Maßen und -Parametern,
2. Laufzeitmessung bestehender Programme,
3. Messung des Betriebs bestehender Anlagen,
4. modelltheoretische Verfahren.

Die Gruppen 1 und 2 werden überwiegend für die Auswahl von Rechenanlagen, 3 für die Konfigurationsveränderungen und 4 für den Entwurf angewendet.

Die Auswertung von Hardware-Maßen und -Parametern umfaßt einfache Operationsgeschwindigkeiten

# Rechnerbewertung

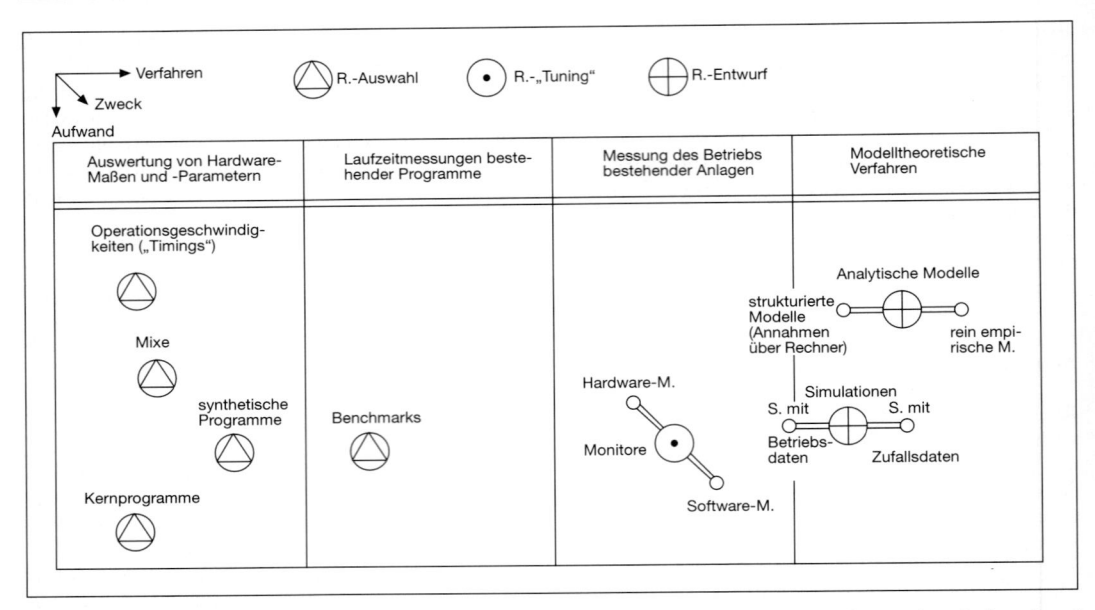

*Rechnerbewertung: Übersicht über R.-Verfahren. Einteilung der Verfahren nach Vorgehensweise, Aufwand und Erhebungszwecken*

("Timings") sowie daraus abgeleitete gewichtete Mittelwerte: → Mixe oder anwendungsspezifisch errechnete Ausführungszeiten: → Kernprogramme. Als Operationsgeschwindigkeiten werden oft die absoluten Ausführungszeiten spezifischer Maschinenbefehle verwendet wie Register-Register-Addition oder Speicher-Speicher-Addition, manchmal auch die Multiplikation sowie Gleitkomma-Operationen. Da diese Ausführungszeiten Parallelitätseigenschaften der Rechner nicht berücksichtigen (Pipelining des Maschinenbefehlszyklus, → Nebenläufigkeit), werden oft gemittelte Durchsatzwerte wie → MIPS, → MFLOPS, → MLIPS verwendet. Weitere gebräuchliche Operationsgeschwindigkeiten sind: Speicherbandbreite (Anzahl der im Speicher zugreifbaren Bits pro Sekunde) und Ein-Ausgabe-Bandbreite. Schließlich werden auch Haupt- und Peripheriespeicher-Kapazitäten als Parameter für die Arbeitsgeschwindigkeit von Systemen verwendet.

Operationsgeschwindigkeiten sind einfache Überschlagsmaße, benötigen zu ihrer Berechnung meist weniger Aufwand als Mixe und Kernprogramme, bewerten jedoch i. allg. nur einen kleinen Ausschnitt aus der gesamten → Hardware eines Rechnersystems, in keiner Weise dessen Software. Sie können daher i. d. R. keine allgemeingültige Aussage zur Gesamtleistung eines Systems liefern.

Bei Laufzeitmessungen bestehender Programme werden ganze Programmpakete, die das zu erwartende Lastprofil möglichst gut repräsentieren sollen, zur Ausführung gebracht. Dabei werden entweder echte Benutzerprogramme (→ Benchmarks) oder parametrisierte synthetische Programme verwendet. Die Gesamtlaufzeit für das Programmpaket wird ermittelt. Es entstehen so Vergleichszahlen, die Eigenschaften der System-Software wie Qualität von → Programmiersprachen, → Compilern und → Betriebssystem sowie die Parallelität der Hardware berücksichtigen. Diese Vergleichszahlen sind in dem Sinne subjektiv, daß sie sich nur auf eine bestimmte Auswahl von Programmen beziehen. Eine Übertragung auf andere Anforderungsprofile ist i. allg. nicht sinnvoll. Allerdings sind in letzter Zeit herstellerunabhängige und repräsentative Programmpakete zusammengestellt worden (z. B. SPEC Benchmark), die auch nach objektiv nachvollziehbaren Kriterien ausgeführt, gemessen und publiziert werden. Auf diese Weise entstehen hinreichend allgemeingültige Leistungsaussagen.

Messungen des Betriebs bestehender Anlagen können durch Programme oder speziell zuschaltbare Hardware durchgeführt werden: → Monitore. Die ermittelten Ereignisse können Vorgänge im Rechner mit fast beliebigem Genauigkeitsgrad aufzeichnen. Probleme sind dabei die geeignete Wahl der zu messenden Ereignisse und die geeignete Auswertung und Interpretation der ermittelten Daten.

Modelltheoretische Verfahren lassen sich in Ansätze einteilen, die Eigenschaften von Rechnern in Form von ausführbaren Programmen dynamisch nachbilden (→ Simulation), und in analytische Modelle, die Verkehrsabläufe im Rechner aufgrund mathematischer Betrachtungen untersuchen. Modelltheoretische Verfahren sind meist mit hohem Aufwand verbunden, ferner ist es notwendig, geeignete Abstraktionen von den hochkomplexen realen Systemen zu finden.

☐ Die *Ausfallsicherheit* von Rechenanlagen wird i. allg. durch Angabe der → Zuverlässigkeit oder der → Verfügbarkeit quantitativ bestimmt. Durch Anwendung der Rechner in Bereichen, bei denen Systemausfälle enorme Kosten oder Verlust an Menschenleben bedingen (Bankensysteme, Flugüberwachung), hat diese Art der Rechnerbewertung stark an Bedeutung gewonnen. Die Technik der → Fehlertoleranz versucht, durch Einbringen nützlicher → Redundanz die Zuverlässigkeit und die Verfügbarkeit von Systemen zu erhöhen.   *Bode*

Literatur: *Dal Cin, M.*: Fehlertolerante Architekturen. In: *K. Waldschmidt* (Hrsg.): Parallelrechner. Stuttgart 1995, S. 273–308. – *Herzog, U.* u. *R. Klar*: Grundbegriffe der Leistungsbewertung. 1995, S. 41–62.

**Rechnereinsatz, sonderpädagogischer** ⟨*computers for handicapped children*⟩. Der Computer stellt ein besonderes Entlastungsinstrument für behinderte Schüler dar, welche in Sonderschulen betreut werden.

Für Blindenschulen sind Displays entwickelt worden, die den Output eines Computerprogramms statt auf einem → Bildschirm auf einem Display mit 120×60 Nadeln entweder mit 20 Zeilen zu 40 erfühlbaren *Braille*-Zeichen wiedergeben oder auch eine Graphik entsprechender → Auflösung, ebenso → Drucker, die direkt *Braille*-Zeichen drucken, während der Input über eine normale Schreibmaschinentastatur erfolgt. Auch werden Versuche mit → Ausgabe natürlicher → Sprache für solche Zwecke unternommen.

Für bewegungsbehinderte Schüler, die eine (frei bewegliche) Tastatur noch bedienen können, z. B. Querschnittgelähmte, stellen → Lernprogramme eine bedeutsame Hilfe dar, weil dadurch der zu umständliche Besuch von Institutionen vermieden werden kann und im Vergleich zu einem reinen Buchstudium doch eine gewisse Dialogsituation durch den interaktiven Verkehr mit einem Rechner aufgebaut wird. Für feinmotorisch an den Händen behinderte Schüler stellt der Computer eine sinnvolle Verlängerung der Möglichkeiten dar, die sonst von der Schreibmaschine übernommen werden.

Für geistig behinderte Schüler entlastet schon ein → Taschenrechner von der Ausführung der Grundrechenarten (z. B. Kenntnis des Einmaleins) und gibt gewisse Möglichkeiten, einfache Sachaufgaben des täglichen Lebens zu lösen.

Für Alphabetisierungsmaßnahmen in Entwicklungsländern, wo selbst genügend ausgebildete Lehrer fehlen, stellen tutorielle Programme eine Hilfe bereit, die geeignet ist, das Disseminationsproblem für große Bevölkerungsmassen zu lösen.   *Klingen*

**Rechnereinsatz in Schulen** ⟨*computers in schools*⟩. Unter dem Szenario des R. i. S. versteht man die Summe der Rahmenbedingungen aus Einrichtung des Computerraumes, → Betriebssystem und schulischer → Software, verbunden mit resultierenden einschlägigen Verlaufsformen und Methodiken des Unterrichts.

Die Einrichtung eines Computerraumes an der Schule sowie weiterer Stützpunkte mit Rechnern folgt notwendig den vorhandenen Anwendungszwecken. Wenn man davon ausgeht, daß tutorielle Zwecke eher die Ausnahme bilden, werden zehn bis zwölf Arbeitsplätze im Computerraum i. allg. ausreichen, um → Informatikunterricht durchzuführen; dabei erscheint Arbeiten zu zweit am → Terminal sinnvoll, zumal die Programmentwicklung eher planend mit Bleistift und Papier erfolgen sollte als unmittelbar am → Bildschirm und deshalb nicht alle Schüler eines Kurses gleichzeitig am Terminal arbeiten.

Die Terminals sollten entweder mit Diskettenlaufwerken und etwa 1 MByte autonom und vernetzt sein oder von zwei oder drei Zentraleinheiten ausreichender Größe (8 MByte CPU) über ein virtuelles → Betriebssystem und eine Platteneinheit (100 MB) im Time-sharing versorgt werden.

Zwei bis drei → Drucker sollten von allen Arbeitsplätzen erreichbar sein, notfalls über Diskettentransport, einfacher über ein intelligentes Warteschlangensystem. Einige Terminals sollten über ein höheres Auflösungsvermögen der Grafikkarte (z. B. 1024×256) so verfügen, daß sie mit einfacher graphischer Software zeichnerische Grundoperationen erlauben.

Ideal ist ein modernes Projektionsdisplay, das auf den Overhead-Projektor aufgesetzt werden kann.

Mit einem solchen Computerraum kann man sich eine Vormittags-Teilauslastung etwa je zur Hälfte mit Übungsbetrieb an den Terminals und mit genetischem Unterricht am Demonstrations-Terminal durch die Informatik-Grundkurse vorstellen, während die restliche Vormittagszeit dem computerunterstützten Fachunterricht zur Verfügung steht. Bei einer U-förmigen Anordnung der Terminals wird man um ergonomisch günstige Bedingungen (unterschiedliche Tastatur- und Bildschirmhöhe, bequeme Stühle, Abdeckung starken Lichteinfalls an der Fensterfront durch leichte Vorhänge) bemüht sein müssen. Am Nachmittag findet teilweise unter Aufsicht geeigneter Schüler ein Übungsbetrieb statt, der Programmvarianten erprobt oder eigene Probleme mit Lösungsansätzen einbringt, in zunehmendem Maße auch Textverarbeitungsmöglichkeiten für Schülerreferate in diesen Schulfächern nutzt. Unsichtbare Verkabelung aller Geräte ist selbstverständlich.

Neben dem Computerraum wird ein Raum der Schulverwaltung einen weiteren Rechner besitzen, der vornehmlich für Verwaltungszwecke genutzt wird, ggf. auch ein zweites Terminal besitzt, das als Lehrerarbeitsplatz dienen kann, sei es zum Studium der Parameter fertiger Software zur Unterstützung des Fachunterrichts oder sei es zur Textverarbeitung für die Herstellung von Arbeitsblättern, Klausurvorlagen usw. Schließlich wird die physikalische Sammlung oft einen eigenen Rechner mit einem bis zwei Arbeitsplätzen besitzen, der auch in On-line-Experimente zur Speicherung und Auswertung der Meßdaten von rasch ablaufenden Experimenten dienen bzw. zur Steuerung und Regelung von Experimenten eingesetzt werden kann. *Klingen*

**Rechnerentwurfssprache** ⟨*computer design language*⟩. → Formale Sprache (→ Programmiersprache) - zur Beschreibung der Architektur von → Rechenanlagen. Die Formalisierung der Beschreibung von Rechenanlagen ist Voraussetzung für die algorithmische und automatische Behandlung von Rechnerbauteilen. R. dienen als
– Kommunikationshilfsmittel (Dokumentation, Vergleich),
– Verifikations- und Simulationshilfsmittel (Test, Leistungsabschätzung),
– Entwurfshilfsmittel (automatische Behandlung von Aufgaben, die sonst manuell erfolgen).

Beschreibungen von Rechnern in R. können je nach Zielsetzung auf verschiedenen Abstraktionsebenen erfolgen:
– Teilwerkebene: → Prozessoren, → Speicher, → Peripheriegeräte und ihre Verbindungen,
– Befehlsebene: Maschinenbefehle und ihre Wirkungen,
– Registertransferebene: → Mikroinstruktionen,
– Logikebene: Gatter und Flip-Flops,
– Schaltkreisebene: Transistoren, Widerstände etc.,
– Layout-Ebene: physikalische Realisierung von Transistoren etc.

Moderne R. erlauben die Beschreibung auf mehreren Ebenen. Sie umfassen i. allg. Werkzeuge zur Generierung von → Masken für die Herstellung der verschiedenen Typen universeller und kundenspezifischer Halbleiterbausteine. Sie sind in diesem Sinne zentrales Element von → CAD-Systemen (Computer Aided Design) für die Herstellung von Bausteinen für Computer und Steuerungen.

Zur vereinfachten Darstellung der parallelen Abläufe und der Zeitverhältnisse in Rechnern sind R. meist nichtprozedural: Während in klassischen (prozeduralen) Sprachen die Ausführungsfolge durch die lineare Befehlsfolge und zusätzliche Kontrollstrukturen definiert ist, ist jede nichtprozedurale Anweisung durch einen logischen Ausdruck gekennzeichnet, der den Ausführungszeitpunkt bestimmt:

$$/t_1/ : R_1 \leftarrow f(R_1, R_2, \ldots, R_n).$$

Ist $t_1$ wahr, so wird Register $R_1$ mit dem Wert geladen, der sich durch Anwendung der Funktion f auf die Inhalte der Register $R_1, R_2, \ldots, R_n$ ergibt. Ferner umfassen R. meist die Möglichkeit, explizite Zeitangaben für die Ausführung von → Operationen zu machen. *Bode*

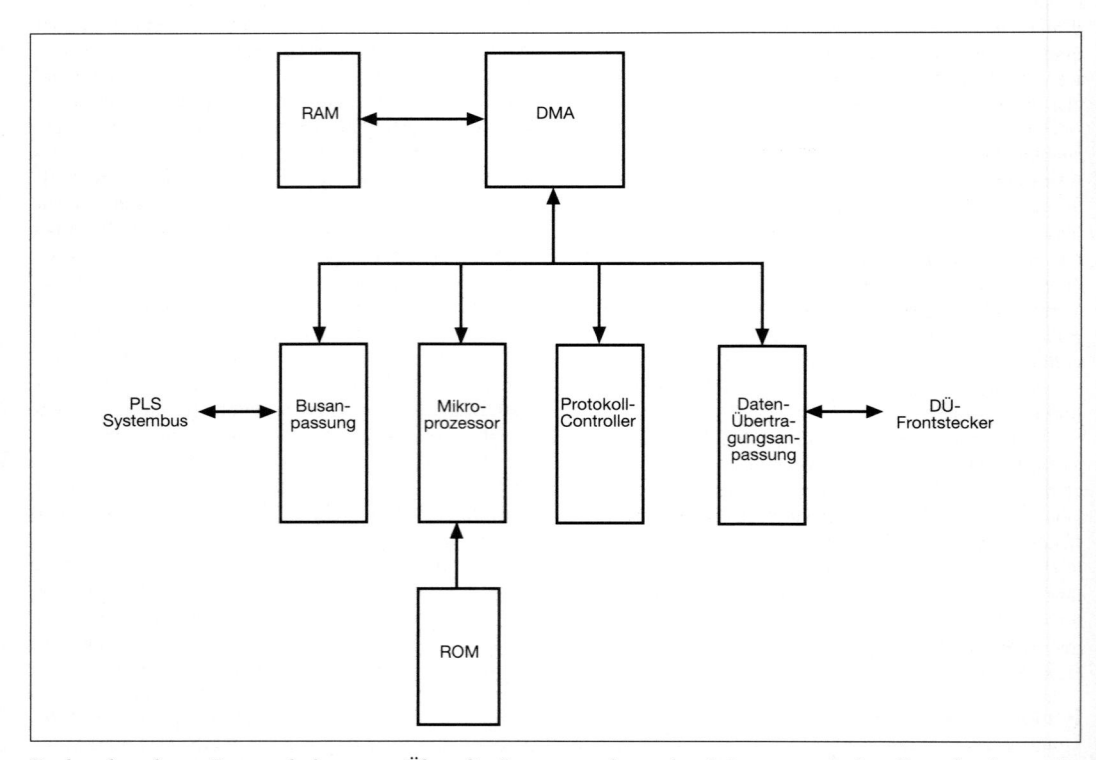

*Rechnerkopplung: Busanschaltgruppe. Über die Baugruppe kann das Leitsystem mit dem Prozeßrechner oder einem Datennetz Daten austauschen. (Quelle: Hartmann & Braun)*

**Rechnerkopplung** ⟨*computer link*⟩. Möglichkeiten des Datenaustausches zwischen Leitsystemen und übergeordneten → Prozeß- oder anderen → Digitalrechnern, die z. B. Optimierungsaufgaben oder Rezeptursteuerungen durchführen und dazu dem Leitsystem Soll-Werte oder Steuerbefehle vorgeben.

Die Kopplung zwischen Digitalrechnern und in digitaler Technik arbeitenden Leitsystemen geschieht über Rechneranschaltbaugruppen, auch Computer-Interface-Stationen oder → Gateways genannt, die den Datenverkehr zwischen dem Systembus des Leitsystems und dem Rechner steuern. Diese Stationen müssen i. allg. mit aufwendiger → Hardware ausgerüstet sein. Die im Bild (S. 608) gezeigte Station hat einen eigenen Mikrorechner sowie eine Leitungsprotokoll-Steuerung mit den zugehörigen Registern. *Strohrmann*

**Rechnerlogik** ⟨*computer hardware*⟩. Beim Entwurf der Schaltungen eines → Digitalrechners werden die Regeln der *Boole*schen Algebra angewandt. Aus den Grundelementen (Konjunktion, Disjunktion, Negation, Exklusion, → *Pierce*-Funktion und → *Sheffer*-Funktion) werden die gewünschten arithmetischen und *Boole*schen Funktionen ebenso zusammengesetzt wie die Steuerung. Aus diesem Grund hat sich für die Schaltungen der Begriff R. eingebürgert. *Bode/Schneider*

**Rechnernetz** ⟨*computer network*⟩. Mit der Verringerung der Kosten für die Datenübertragung und ihrer Beschleunigung ist es wirtschaftlich interessant geworden, verschiedene → Digitalrechner zu einem R. zusammenzuschließen. Dabei können sowohl gleichartige Rechner (homogene Netze) wie auch Rechner verschiedener Art und Hersteller (heterogene Netze) verbunden werden. Voraussetzung für die einfache Verbindung auch heterogener Rechner ist die Vereinheitlichung der Kommunikation (→ Datenübertragung) nach dem ISO-OSI Schichtenmodell. Man unterscheidet lokale Netze (LAN, Local Area Network) mit Rechnern auf einem Gelände, regionale Netze (MAN, Metropolitan Area Network) innerhalb einer Stadt und Weitverkehrs-Netze (WAN, Wide Area Network) in einem Land oder über die ganze Erde. → LAN, → MAN und WAN unterscheiden sich traditionell bezüglich Topologie und Leistungsfähigkeit der Verbindungsmedien. Optische Verbindungsmedien und neue Protokolle (vor allem ATM Asynchronous Transfer Node), die für alle Bereiche in gleicher Weise verwendet werden, lassen diese Unterschiede zunehmend verschwinden. Wichtiger wird daher die Unterscheidung zwischen Netzen, die von einer juristischen Person betrieben werden (→ Intranet), und dem weltweitem öffentliche Netz (→ Internet).

Die Ursache für den Zusammenschluß kann verschiedener Natur sein:

☐ Beim *Lastverbund* geht es um einen Ausgleich von Spitzenbelastungen, die durch die Kapazität eines Rechensystems nicht abgefangen werden können. Voraussetzung für den Lastverbund ist daher, daß die Spitzenbelastungen der zu dem Netz zusammengeschlossenen Rechensysteme zu unterschiedlichen Zeiten auftreten und die Arbeiten (wenigstens zum überwiegenden Teil) nicht an bestimmte Netzkomponenten gebunden sind.

☐ Beim *Funktionsverbund* werden Aufgabenklassen gebildet, die speziellen Netzkomponenten zugeordnet und stets dort ausgeführt werden, an welcher Stelle des Netzes die Aufgabe entstand. Hierbei wird also davon ausgegangen, daß die einzelnen Netzkomponenten unterschiedliche Funktionen haben.

☐ Damit verwandt ist der *Betriebsmittelverbund* (*Ressourcenverbund*). Hierbei verfügen einzelne Netzkomponenten über spezielle Betriebsmittel, z. B. spezielle → Peripheriegeräte oder spezielle → Programme, und diejenigen Aufgaben, die diese nutzen wollen, werden zu dem entsprechenden Netzknoten transportiert. Dies ist insbesondere für solche Betriebsmittel sinnvoll, die durch eine einzelne Netzkomponente nicht ausgelastet wären.

☐ Handelt es sich bei dem Betriebsmittel um Informationen, so steht nicht der Gesichtspunkt der Auslastung, sondern der Verfügbarkeit im Vordergrund. Man spricht dann vom *Informationsverbund*, bei dem netzweit auf gemeinsame Daten zugegriffen wird.

Beim Aufbau eines Netzwerkes hat man die eigentlichen Verarbeitungsfunktionen von den Kommunikationsfunktionen zu unterscheiden, die für den Transport der Daten innerhalb des Netzes sorgen. Sind Verarbeitungs- und Kommunikationsfunktionen in einzelnen Netzkomponenten zusammengefaßt, so spricht man von einem einstufigen Netz; bilden die Kommunikationsfunktionen dagegen eigene Netzkomponenten, die nichts mit der Verarbeitung der Daten zu tun haben, so handelt es sich um ein zweistufiges Netz. Die Kommunikationsfunktionen bilden dann den Netzkern.

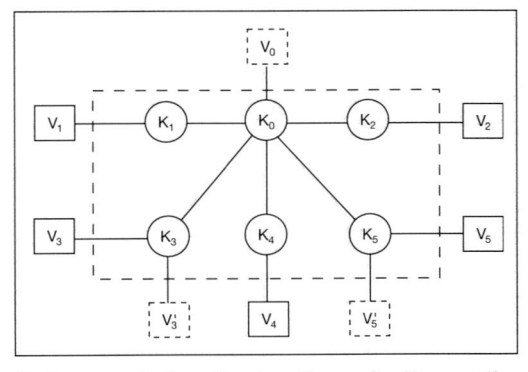

*Rechnernetz 1: Sternförmiges R.; an der Kommunikationskomponente in der Sternmitte kann, muß aber nicht, eine Verarbeitungskomponente angeschlossen sein. An einzelnen Kommunikationskomponenten können u. U. mehrere Verarbeitungskomponenten angeschlossen werden.*

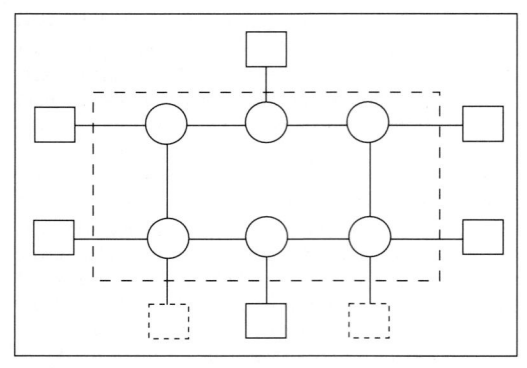

*Rechnernetz 2: Ringförmiges R.*

*Sternförmige Netze* (Bild 1) sind einfach zu verwalten und bezüglich der Zeit, die die Daten im Mittel von einer Komponente zu einer anderen benötigen, günstig. Jedoch ist die Ausfallsicherheit nicht hoch genug. Zwei verschiedene Wege von einer Quelle zu einem Ziel existieren bei der *ringförmigen Netztopologie* (Bild 2). Eine sehr hohe Redundanz an Verbindungswegen existiert bei den *vermaschten Netzen* (Bild 3).

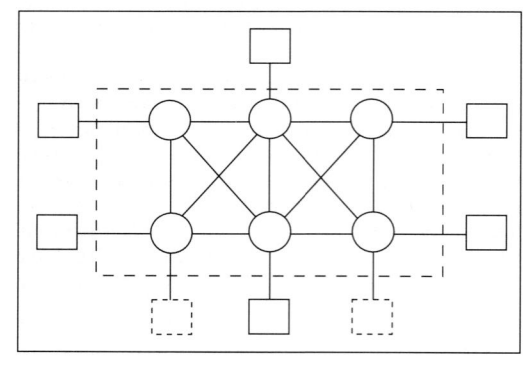

*Rechnernetz 3: Vermaschtes R.*

Ein weiterer Vorteil der vergrößerten Anzahl an Verbindungswegen besteht in der Erhöhung des Durchsatzes, also der Datenmenge, die pro Zeiteinheit durch den Netzkern transportiert werden kann.

Bezüglich der Art, wie die Verbindung zwischen zwei kommunizierenden Netzkomponenten realisiert wird, hat man zwischen der → Leitungsvermittlung, der Nachrichtenvermittlung und der → Paketvermittlung zu unterscheiden.

Bei der *Leitungsvermittlung* führt die Anforderung nach Kommunikation zwischen A und B dazu, daß diesem „Gespräch" ein bestimmter Weg durch das Netz fest zur Verfügung gestellt wird, der erst nach Beendigung der → Kommunikation wieder freigegeben wird.

Bei der *Nachrichtenvermittlung* wird jede einzelne Nachricht, die zwischen den beiden Netzkomponenten ausgetauscht werden soll, über einen gerade verfügbaren Weg geleitet. Aufeinanderfolgende Nachrichten können dabei verschiedene Wege nehmen.

Bei der *Paketvermittlung* werden die Nachrichten in Einheiten fester Länge unterteilt und diese einzeln durch das Netz geschleust. Dabei ist eine besondere Buchführung erforderlich, damit die Nachricht bei der empfangenden Verarbeitungskomponente wieder in der richtigen Weise zusammengesetzt wird.

Mit der Definition der → Programmiersprache Java wird eine neue Art der Nutzung von Rechnernetzen eingeführt: Programme können zur → Laufzeit benötigte Teilprogramme über das Internet von entfernten Rechnern anziehen. Man spricht von dynamischem Binden. Dieses erübrigt den permanenten Besitz von Programmen und damit die Kosten für Kauf, Speicherung und Wartung.

*Bode/Schneider*

**Rechnersimulation** ⟨*simulation with computers*⟩. Unter einer digitalen → Simulation versteht man die Abarbeitung eines mathematischen Modells für eine Situation der Wirklichkeit auf einem Rechner. Ein mathematisches → Modell ist die regelinvariante Zuordnung von Relationen zwischen Variablen zu einem Wirklichkeitsausschnitt zum Studium einiger relevanter Aspekte unter Vernachlässigung anderer. Während das bei statischen Modellen deskriptiv geschieht, versuchen dynamische Modelle, Prognosen zu erstellen. In Schulen verwendete Modelle sind i. allg. deterministisch, weil sie zufällige Störungen nicht vorsehen.

Damit Modelle hinreichend elementar bleiben, muß die Zahl der Variablen begrenzt werden, und es müssen einfache Relationen zwischen ihnen gelten. Die Begrenzung der Variablenzahl geschieht durch Aggregierung gleichartiger Größen zu einer einzigen, sei es z. B. durch statistische Mittel (Zentralwerte) oder sei es durch begriffliche Methoden (Bildung von abstrakten Begriffen wie Schwerpunkt als Massenmittelpunkt in der Mechanik der starren Körper). Als Relationen zwischen den Variablen dienen i. allg. ausschließlich lineare Relationen, weil sie mathematisch einfach erfaßt werden können. Iterationen bei nichtlinearen Relationen können zu Auswirkungen führen, welche weit entfernte Zustände trotz eng benachbarter Anfänge darstellen. Die Computerbehandlung von Simulationen erlaubt eine teilweise Disaggregierung der Variablen, gelegentlich auch explizite Differentialgleichungen 1. und 2. Ordnung unter Verwendung fertiger Software.

☐ *R. in den Naturwissenschaften* in der Schule. Solche Simulationen sollen in keinem Fall das reale Experiment verdrängen, wo immer es möglich ist. Jedoch sind sie angebracht, wenn Phänomene zu schnell bzw. zu langsam ablaufen oder wenn sie nur im zu großen bzw. zu kleinen Umfeld geschehen. In manchen Fällen kann der Rechner teure Einzelapparate ersetzen.

*Beispiele*
– *Physik:* Ein Ball springt nichtelastisch eine Treppe hinunter. Die Simulation des zu schnellen Vorgangs läßt beobachten, daß der Einfallswinkel nicht gleich dem Ausfallswinkel beim Aufprall des Balles ist.
– *Biologie:* Die Evolution hat durch ein Zusammenspiel von Mutation und Selektion Arten überleben lassen. Die Simulation kann angenommene Bedingungen prüfen und einen Zeitraffer für den zu langsamen Vorgang darstellen.
– *Physik:* Satellitenbahnen folgen den drei *Kepler*schen Gesetzen, die man in der Simulation quantitativ nachweisen, im Experiment aber nicht mit einfachen Mitteln realisieren kann.
– *Chemie:* Orbitale für Atommodelle lassen sich als Wahrscheinlichkeitsräume für Elektronen aus der *Schrödinger*-Gleichung herleiten.

Simulationen dieser Art geben auch die Chance, nichtideale Fälle (z. B. Bahnkurven mit Luftwiderstand, Schwingungen bei nichtlinearem Kraftgesetz) zu studieren. Es können sogar Bedingungen eingebracht werden, welche veränderte Naturgesetze zugrunde legen, z. B. ein Gravitationsgesetz, das etwas vom Entfernungsquadrat abweicht.

☐ *R. in den Sozialwissenschaften* in der Schule. Hier kommen Simulationen hauptsächlich in Wirtschaftskunde, Demographie und Geographie vor. Die multikausalen Situationen lassen sich i. allg. nicht wie in den Naturwissenschaften durch Konstanthaltung bestimmter Parameter auf einfache Wirkungszusammenhänge reduzieren, auch ist die Zahl der Variablen in komplexeren Situationen oft größer. Um so mehr empfiehlt sich der Einsatz von Computern, wenn quantitative Indikatoren vorhanden sind. Auch methodisch stellt ein operatives Umgehen mit solchen Simulationen für den Sozialwissenschaftsunterricht eine erwünschte mediale Ergänzung dar.

*Beispiele*
– *Demographie:* Populationsdynamik kann man im ganzen (exponentieller bzw. logistischer Verlauf je nach Wachstumsannahme), in wenigen Altersklassen (etwa Kinder, Eltern, Alte) und differenziert (etwa in Jahrgangsklassen) untersuchen. Im letzten Fall resultieren Bevölkerungspyramiden als Häufigkeitsdiagramm, welche nach Eingabe der aktuellen Wohnbevölkerung, der Fertilitäts- und Mortalitätsraten fortgeschrieben werden können. Das generative Verhalten von Industrie- und Entwicklungsländern kann untersucht werden.
– *Wirtschaftskunde:* Die Entwicklung des Bruttosozialprodukts kann nach einfachen Annahmen über Konsumverhalten und Investitionen untersucht werden. Die Entwicklung von Preisen nach Angebot und Nachfrage kann verfolgt werden.
– *Geographie:* Die flächenhafte Ausdehnung von Innovationen durch nichtzentrale Verbreitung bei Vorhandensein geographischer Barrieren kann z. B. den Gegenstand einer einfachen Simulation bilden.

☐ *R. im mathematischen Unterricht.* Nach ihrer Definition kommt hier Simulation nur in Anwendungsbereichen in Betracht, insbesondere in der Wahrscheinlichkeitsrechnung. So können Zufallsgeräte simuliert werden (Würfel, Lottogerät, Galtonbrett, Roulette usw.). Mit Hilfe geeigneter Zufallsgeneratoren lassen sich stochastische Situationen herstellen, deren Abarbeitung zur → Verifikation theoretischer Berechnungen dienen kann.

R. als Unterrichtsmedium für diversen Fachunterricht benötigen doppelte Lehrererfahrungen: Neben den Fachkenntnissen, die zur Eingabe sinnvoller Parameter unbedingt benötigt werden, muß mindestens das → Betriebssystem des Computers beherrscht werden, insbesondere Teile seines → Editors. In dieser Situation sind kunstvolle Rahmenprogramme mit Menüführung sehr hilfreich, welche dem Fachlehrer die → Mikroprogrammierung z. B. graphischer Programme (Variable 1 gegen Variable 2, Variable 3 gegen Zeit usw.) oder die Synthese von Spalten einer statistischen Tabelle vollends abnehmen. In einer Übergangszeit wird auch die gleichzeitige Anwesenheit eines Informatiklehrers (oder von Schülern, die einen Informatikkurs belegt haben) dem Fachlehrer helfen, insbesondere bei nicht vorhersehbarem irregulärem Verhalten eines Programms. Eine erhebliche Schwierigkeit liegt in der Forderung nach treffsicherer und vollständiger Dokumentation.

Grenzen der Verwendung quantitativer Modelle sollten bei jeder Gelegenheit ebenfalls thematisiert werden, ebenso wie die Schwierigkeit, bei komplexeren Modellen einen Kausalzusammenhang zwischen einer bestimmten Ursache und einem Ausgangskriterium nachzuweisen. *Klingen*

Literatur: *Bossel, H.:* Umweltdynamik. München 1985.

**Rechte** ⟨*rights*⟩ → Rechtssicherheitspolitik

**Rechte an Objekten** ⟨*rights to use objects*⟩ → Rechensysteme, rechtssichere

**Rechte eines Subjekts** ⟨*rights of a subject*⟩ → Rechensystem, rechtssicheres

**Rechte, juristische** ⟨*legal rights*⟩ → Rechtssicherheitspolitik

**Rechte, negative** ⟨*negative rights*⟩ → Rechtssicherheitspolitik, → Rechensystem

**Rechte, positive** ⟨*positive rights*⟩ → Rechtssicherheitspolitik, → Rechensysteme

**Rechteklassifizierung** ⟨*classification of rights*⟩ → Rechtssicherheitspolitik

**Rechteklassifizierung, geordnete** ⟨ordered classification of rights⟩ → Rechtssicherheitspolitik

**Rechtekontrolle** ⟨control of rights⟩ → Zugrifskontrollsystem

**Rechtesystem** ⟨specification of rights⟩ → Rechtssicherheitspolitik

**Rechtevektor** ⟨vector of rights⟩ → Zugriffskontrollsystem

**Rechtsschutz, gewerblicher** ⟨legal protection⟩. Begriff für den Schutz gewerblich-geistiger Leistungen. Hierzu gehören das Patent-, Gebrauchsmuster-, Geschmacksmuster-, Halbleiterschutz-, Sortenschutz- und Markenrecht sowie Teile des Wettbewerbsrechts. Diese Rechte gelten jeweils nur national. Der internationale g. R. wird durch eine größere Anzahl von Verträgen, u. a. durch die Pariser Übereinkunft zum Schutz des gewerblichen Eigentums (PVÜ), durch das Madrider Markenabkommen (internationale Registrierung), durch die VO des Rates der EU über die Gemeinschaftsmarke, durch das Haager Musterabkommen (Geschmacksmuster), durch das Europäische Patentübereinkommen (Europäisches Patent), durch das Gemeinschaftsübereinkommen (Gemeinschaftspatent) und durch den Vertrag über die internationale Zusammenarbeit auf dem Gebiet des Patentwesens – PCT – (→ Patentanmeldung, internationale) geregelt.

*Cohausz*

Literatur: *Fischer, F. B.*: Grundzüge des gewerblichen Rechtsschutzes. 2. Aufl. 1986. – *Nirk, R.*: Gewerblicher Rechtsschutz. 1981.

**Rechtssicherheitspolitik** ⟨security policy⟩. Ein Regelsystem P, mit dem für ein → Rechensystem $\mathcal{R}$ die Rechte der → Subjekte in der Umgebung von $\mathcal{R}$ an der Information der → Objekte von $\mathcal{R}$ spezifiziert werden, ist eine R. für $\mathcal{R}$. Durch Anwendung der Regeln gemäß P auf $\mathcal{R}$ ergibt sich ein *Rechtesystem* R, das die Rechte, welche die jeweiligen Subjekte an den jeweiligen Objekten von $\mathcal{R}$ haben sollen, festlegt. Mit den → Berechnungen, die $\mathcal{R}$ ausführt, und mit Beobachtungen von $\mathcal{R}$ ergeben sich explizite und implizite Zugriffe von Subjekten zu Objekten von $\mathcal{R}$, die Zugriffen zur Information von $\mathcal{R}$ und ausgeübten Ist-Rechten von Subjekten an dieser entsprechen. Das System $\mathcal{R}$ ist in dem Maß *rechtssicher*, in dem die jeweiligen Ist-Rechte mit den jeweils durch R festgelegten Soll-Rechten übereinstimmen.

An eine Politik P für ein rechtssicheres System $\mathcal{R}$ werden vielfältige und hohe Anforderungen gestellt. Das ergibt sich daraus, daß $\mathcal{R}$ als Rechensystem die Fähigkeit besitzt, Information zu speichern und zu verarbeiten. Mit diesen Fähigkeiten soll $\mathcal{R}$ seinen (berechtigten) Benutzern als leistungsfähiges Hilfsmittel zur Lösung ihrer entsprechenden Probleme zur Verfügung gestellt werden. Die Nutzung dieser Fähigkeiten erfolgt mit Berechnungen, die $\mathcal{R}$ auf Anforderung ausführt. Dazu ist erforderlich, daß $\mathcal{R}$ den jeweiligen Anwendungsanforderungen entsprechend mit hardware- und softwaretechnischen Mitteln konstruiert ist. Damit ergeben sich die Komponenten und Subsysteme, die Objekte, aus denen $\mathcal{R}$ besteht. Sie sind nach Gesetzmäßigkeiten der Komposition von Berechnungen wechselseitig abhängig und dementsprechend (strukturiert) vernetzt, und sie werden mit den Berechnungen, die $\mathcal{R}$ ausführt, verändert. Den Objekten ist Information zugeordnet, und mit den Berechnungen, die $\mathcal{R}$ ausführt, wird Information gewonnen. Subjekte in der Umgebung von $\mathcal{R}$ stellen vielfältige Anforderungen an diese Information von $\mathcal{R}$. Die Vielfalt dieser Anforderungen wird hier lediglich mit drei typischen Beispielen umrissen:

– Subjekte, welche die Rechen- und Speicherfähigkeiten von $\mathcal{R}$ zur Lösung ihrer Probleme nutzen möchten, können als *berechtigte Benutzer* registriert werden. Sie werden damit berechtigt, Aufträge an $\mathcal{R}$ zu erteilen und diese ausführen zu lassen. Sie haben damit positive Rechte an Objekten und Anspruch auf Ausführung von Berechnungen, und diese implizieren negative Rechte für andere Subjekte an diesen Objekten, wenn dies zur Gewährleistung der berechtigten Ansprüche erforderlich ist.

– Subjekte, die keine Nutzer von $\mathcal{R}$ sind, können *juristisch* festgelegte *Rechte* an Objekten von $\mathcal{R}$, etwa an gespeicherten, personenbezogenen Daten, für die eingeschränkte zweckgebundene Nutzung und sonst Vertraulichkeit festgelegt sind, haben. Damit ergibt sich, daß für $\mathcal{R}$ sowohl positive als auch negative Rechte an den entsprechenden Objekten festzulegen sind.

– Schließlich können Subjekte, die keine berechtigten Benutzer von $\mathcal{R}$ sind und die keine juristisch festgelegten Rechte an Objekten von $\mathcal{R}$ haben, wegen des Wertes der Information von $\mathcal{R}$ versuchen, diese Information als Angreifer zu gewinnen.

Mit diesen wenigen Beispielen sollten die Vielfalt der Anforderungen, die Subjekte an die Information von $\mathcal{R}$ stellen können, und die Schwierigkeiten, von diesen Anforderungen ausgehend angemessene, präzise und durchsetzbare Regeln für Rechtefestlegungen anzugeben, klar sein. Das Regelsystem einer Politik P für ein rechtssicheres $\mathcal{R}$ soll einerseits den jeweils gestellten Anforderungen Rechnung tragen und andererseits die Nutzungsmöglichkeiten der Rechen- und Speicherfähigkeiten von $\mathcal{R}$ gewährleisten. Dazu ist erforderlich, daß die Konzepte, Verfahren und Mittel, mit denen das Rechensystem $\mathcal{R}$ konstruiert wird, den Charakteristika der Zusammenhänge zwischen Berechnungen, Objekten und Information entsprechend ausgewählt und eingesetzt werden. Dazu ist weiter erforderlich, daß die Rechtefestlegungen für $\mathcal{R}$ den Gesetzmäßigkeiten der vernetzten Objekte, aus denen $\mathcal{R}$ besteht, und den Gesetzmäßigkeiten der Berechnungen, die $\mathcal{R}$ ausführen soll, entsprechend erfolgen.

Für Rechensysteme mit breitem Anwendungsspektrum und mit entsprechend vielfältigen Anforderungen an die Rechtssicherheit sind keine allgemeinen Verfahren zur Festlegung befriedigender Politiken bekannt; sie sind Gegenstand aktueller Forschungs- und Entwicklungsarbeiten. Es gibt jedoch anerkannte Prinzipien, die Orientierung für Politiken liefern, Konzepte und Modelle für die Rechtesysteme, die mit Politiken festgelegt werden, und Kriterien für die Bewertung dieser Rechtesysteme. In diesem Rahmen gibt es zahlreiche Konzept- und Modellvarianten mit zugeordneten Mechanismen und Verfahren zur Festlegung von Rechten und zur Durchsetzung festgelegter Rechte, mit denen Rechensysteme mit einem hohen Maß an Rechtssicherheit entwickelt werden können.

Bereits in den Anfängen der Entwicklung rechtssicherer Systeme wurden *Prinzipien* angegeben, die Orientierung für Rechtsfestlegungen und deren Durchsetzung liefern: das Erlaubnis- und das Vollständigkeitsprinzip sowie die Prinzipien der minimalen Rechte und des offenen Entwurfs. Diese Prinzipien sind im folgenden für ein Rechensystem $\mathcal{R}$ erklärt. Das *Erlaubnisprinzip* (fail-safe defaults) sagt, daß die Nutzung von Information von $\mathcal{R}$ grundsätzlich unzulässig und allein mit explizit festgelegten positiven Rechten (Erlaubnissen) zulässig ist. Das *Vollständigkeitsprinzip* (complete mediation) sagt, daß jede Nutzung von Information von $\mathcal{R}$ explizit zu autorisieren ist. Das *Prinzip der minimalen Rechte* (need-to-know) sagt, daß für berechtigte Subjekte Rechte allein für die Objekte und die Dienste festzulegen sind, die zur Erfüllung ihrer (berechtigten) Nutzungsansprüche nötig sind. Das *Prinzip des offenen Entwurfs* (open design) sagt, daß Rechtssicherheit für $\mathcal{R}$ nicht auf Geheimhaltung der eingesetzten Verfahren und Mechanismen begründet werden darf. Die Verfahren und Mechanismen, die zur Gewährleistung der Rechtssicherheit von $\mathcal{R}$ eingesetzt werden, sind offenzulegen. Diese Prinzipien sind inzwischen allgemein anerkannt. Sie liefern grobe Kriterien für die Bewertung der Rechtssicherheit von Systemen, und zahlreiche bekannte Sicherheitsmängel sind darin begründet, daß die Forderungen der Prinzipien nicht erfüllt werden.

Die Prinzipien liefern ein Kriterium, nach dem rechtssichere Systeme in zwei Klassen aufgeteilt werden können. Die Forderungen des Vollständigkeitsprinzips führen dazu, daß explizite Autorisierungsmaßnahmen und -verfahren eingesetzt werden sollen. Dazu ist zu klären, ob für ein System (wirksame) Zugangs- und Zugriffskontrollen möglich sind. Nach diesem Kriterium ergeben sich die Klasse der zugriffsoffenen Systeme und die Klasse der zugriffsabgeschlossenen Systeme, die wesentlich verschiedene Sicherungsmaßnahmen und -verfahren erfordern. Für ein zugriffsoffenes System $\mathcal{R}$ verliert das Netz der Objekte, aus denen das System $\mathcal{R}$ in Glass-Box-Sicht besteht, seine Bedeutung; es ist also als Basis zur Durchsetzung von Rechtssicherheitsfestlegungen ungeeignet. Es ergibt sich, daß für ein zugriffsoffenes System $\mathcal{R}$ zur Durchsetzung von Sicherheitsfestlegungen allein Maßnahmen der Angriffstoleranz und der Einsatz → kryptographischer Verfahren geeignet sind. Für ein zugriffsabgeschlossenes System $\mathcal{R}$ bleibt das Netz der Objekte, aus dem $\mathcal{R}$ besteht, relevant. Es ist eine geeignete Basis für Rechtefestlegungen und für die Durchsetzung dieser Festlegungen. Das erfolgt, indem $\mathcal{R}$ als Zugriffskontrollsystem gehandhabt wird. Für die Klassifizierung in zugriffsoffen und zugriffsabgeschlossen ist darauf hinzuweisen, daß das klassendefinierende Kriterium den Charakteristika von → Systemen entsprechend auch auf Subsysteme eines Systems $\mathcal{R}$ angewandt werden kann. Es ergibt sich, daß ein zugriffsoffenes $\mathcal{R}$ zugriffsoffene und -abgeschlossene Subsysteme enthalten kann, für die damit das für $\mathcal{R}$ Gesagte gilt. $\mathcal{R}$ ist dann bzgl. der für die Rechtssicherheit relevanten Eigenschaften ein *hybrides System*. Ein typisches Beispiel für ein hybrides System liegt dann vor, wenn $\mathcal{R}$ ein Rechnernetz mit abhörbaren Nachrichtentransportleitungen ist.

Für ein zugriffsabgeschlossenes System $\mathcal{R}$ sind die Eigenschaften der Black-Box-Sicht und insbesondere die Eigenschaften der Glass-Box-Sicht, also das Netz der Objekte, aus denen $\mathcal{R}$ besteht, geeignete Ausgangsbasen für spezifische und differenzierte Rechtefestlegungen und deren Durchsetzung. Die angegebenen Prinzipien liefern Kriterien für die Auswahl der Eigenschaften, die hierfür relevant sind. Das erste Kriterium betrifft die → *Granularität* der Subjekte und der Objekte von $\mathcal{R}$, die grob oder fein sein kann. Die Wahl der Granularität der → Subjekte als auch der → Objekte von $\mathcal{R}$ ist ausschlaggebend für die Differenzierungsmöglichkeiten der Rechtefestlegungen, für die das Prinzip der minimalen Rechte feine Granularität fordert. Sie ist zugleich ausschlaggebend für den Aufwand, der für die erforderlichen Rechtekontrollen zu leisten ist und der nach dem Vollständigkeitsprinzip der Granularität entspricht. Für die Objekte von $\mathcal{R}$ ist die Granularität in Kombination mit den jeweils für ein Objekt x definierten → Diensten $D(x)$ ausschlaggebend für die Differenzierungsmöglichkeiten der Rechtefestlegungen und den für Rechtekontrollen zu leistenden Aufwand.

Dabei spielt die Menge $D(x)$ der für x definierten Dienste eine wesentliche Rolle für die Rechtssicherheit von $\mathcal{R}$: $D(x)$ ist primär die Basis für die Festlegung von Rechten, die Subjekte zum Zugriff zu x haben sollen, und für die durchzuführenden Rechtekontrollen. Darüber hinaus bestimmen die Dienste $d \in D(x)$, welche Teile der Information, die dem Objekt x zugeordnet ist, von Subjekten mit x-Zugriffen gewonnen werden können. Die Dienste $d \in D(x)$ leisten also mit ihrer → Funktionalität einen wesentlichen Beitrag zur Herstellung des Zusammenhangs zwischen den für Subjekte kontrollierbar festgelegten und kontrollierten Zugriffsrechten $\rho(\cdot, x) \subseteq D(x)$ und den Nutzungsmöglichkeiten der Information von x, für die Rechtssicherheit gefordert ist. Diese Möglichkeiten für differenzierte Rechtefestlegungen und -kontrollen setzen das Netz der Objekte, aus denen $\mathcal{R}$ in der Glass-Box-Sicht besteht, voraus. Sie basieren darauf, daß die Objekte von $\mathcal{R}$ den Charakteristika von → Systemen entsprechend abgegrenzte Einheiten mit festgelegten → Schnittstellen und zugeordneter Information sind. Diese Eigenschaften des Rechensystems $\mathcal{R}$ müssen gewährleistet werden. Wenn sie gewährleistet sind, ist das Netz der Objekte des Systems eine geeignete Ausgangsbasis für ein rechtssicheres $\mathcal{R}$. Wenn die Rechtefestlegungen und -kontrollen für $\mathcal{R}$ auf dieser Basis erfolgen, dann ist $\mathcal{R}$ bzgl. seiner Rechtssicherheitseigenschaften ein → Zugriffskontrollsystem; wenn $\mathcal{R}$ ein Zugriffskontrollsystem ist, ist $\mathcal{R}$ notwendig zugriffsabgeschlossen.

Das Regelsystem einer Politik P für ein rechtssicheres Rechensystem $\mathcal{R}$ muß die Rechte, die Subjekte an der Information von $\mathcal{R}$ haben sollen, spezifizieren. Dementsprechend setzt eine Politik für $\mathcal{R}$ voraus, daß die Eigenschaften, die Subjekte und die Objekte von $\mathcal{R}$ haben, geklärt sind. Darüber hinaus muß die Politik P der Tatsache Rechnung tragen, daß $\mathcal{R}$ ein dynamisches System ist: Es sind also Rechtefestlegungen für die jeweiligen Schnappschüsse von $\mathcal{R}$ und Rechtefestlegungsregeln für die Veränderungen von $\mathcal{R}$ erforderlich. Die Veränderungen erfolgen mit → Berechnungen, die $\mathcal{R}$ ausführt, und zu den Veränderungen gehört, daß die Menge der Subjekte und die Menge der Objekte von $\mathcal{R}$ sowie die Rechte der Subjekte an Objekten mit der Zeit variieren. Es ergibt sich, daß die Rechtssicherheitseigenschaften von $\mathcal{R}$ mit einer Familie von *Rechtesystemen* $(R_t)$ mit $R_t = (S_t, X_t, (\rho_t(s, x) \mid s \in S_t, x \in X_t))$ für die Zeit t von $\mathcal{R}$ festzulegen sind. Dabei sind $S_t$ die Menge der Subjekte und $X_t$ die Menge der Objekte in t; für $x \in X_t$ ist $D(x)$ die Menge der für x definierten Dienste. $\rho_t(\cdot, x)$ ist eine linkstotale Abbildung $\rho_t(\cdot, x) : S_t \to POT(D(x))$, die für s $\in S_t$ mit $\rho_t(s, x)$ die *Rechte* von s an x festlegt, und zwar die *positiven Rechte* mit $\rho_t(s, x) \neq 0$ und die *negativen Rechte* mit $\rho_t(s, x) \neq D(x)$. Für die Zeiten t und t′ von $\mathcal{R}$ mit t′ > t sind Übergänge $R_t \to R_{t'}$ relevante Veränderungen, für die mit den Regeln der Politik P Rechte festzulegen sind. Die Schwierigkeiten, eine Politik P für $\mathcal{R}$ festzulegen, ergeben sich daraus, daß von P Konsistenz und Vollständigkeit gefordert sind. Die Forderung nach *Vollständigkeit* ergibt sich aus dem angegebenen Vollständigkeitsprinzip; sie gilt jetzt für die Familie der Rechtesysteme, mit denen die Rechte an $\mathcal{R}$ über der Zeit spezifiziert werden.

Die geforderte *Konsistenz* einer Politik P für $\mathcal{R}$ gilt ebenfalls für die Familie $(R_t)$ der Rechtesysteme für $\mathcal{R}$. Gefordert ist einerseits Verträglichkeit der Rechtefestlegungen mit den Gesetzmäßigkeiten der Berechnungen, die $\mathcal{R}$ ausführen soll; zudem sollen die Rechtefestlegungen gemäß P den (berechtigten) Anforderungen der Subjekte in der Umgebung an die Information von $\mathcal{R}$ entsprechen. Verträglichkeit der Rechtefestlegungen mit den Gesetzmäßigkeiten der → Berechnungen, die $\mathcal{R}$ ausführen soll, setzt voraus, daß die Abhängigkeiten zwischen den Objekten, die der Netzstruktur der Glass-Box-Sicht von $\mathcal{R}$ entsprechen, bekannt sind und berücksichtigt werden. Das entspricht dem engen Zusammenhang zwischen der → Funktionalität und der Rechtssicherheit von $\mathcal{R}$, dem mit methodischer Konstruktion des Gesamtsystems Rechnung zu tragen ist.

Die Forderung, daß die Rechtefestlegungen der Politik P für $\mathcal{R}$ den Anforderungen der Subjekte in der Umgebung an die Information von $\mathcal{R}$ entsprechen soll, setzt voraus, daß diese Anforderungen geklärt und hinreichend präzisiert sind. Das entspricht für die Rechtssicherheit von $\mathcal{R}$ der Erarbeitung der *Anforderungsspezifikation* als Erweiterung der entsprechenden Aufgabe jedes Software-Entwicklungsprozesses. Ein wichtiger spezieller Aspekt der Erfüllung dieser Konsistenzforderung führt zu der Frage, ob die Rechtefestlegungen der Politik P für $\mathcal{R}$ durch berechtigte Subjekte im Rahmen ihrer bereits festgelegten Rechte oder automatisch, also nach für $\mathcal{R}$ und alle Subjekte festgelegten Regeln, erfolgen sollen. Das führt zu zwei Klassen von Politiken, den benutzerbestimmbaren und den systembestimmten R.

Mit einer *benutzerbestimmbaren Politik* (discretionary policy) P für $\mathcal{R}$ werden initial Rechte für berechtigte Subjekte (Benutzer) festgelegt, zu denen insbesondere Eigentümerrechte an Objekten von $\mathcal{R}$ gehören können. Wenn für das Subjekt s und das Objekt x mit $\rho(s, x)$ festgelegt ist, daß s *Eigentümer* (owner) von x ist, dann bedeutet das, daß s die Rechte, die (andere) Subjekte an x haben sollen, festlegt. s wird i. d. R. Eigentümer von x dadurch, daß s das Objekt x erzeugt. Wenn s Eigentümer von x ist, dann kann s für andere Subjekte positive und negative Rechte an x festlegen oder geltende Rechtefestlegungen verändern. Wenn $(R_t)$ die Familie der Rechtesysteme für $\mathcal{R}$ ist, dann sind initiale Rechtesysteme, Eigentümerfestlegungen bei der Erzeugung von Objekten, Rechtefestlegungen und -veränderungen durch Eigentümer und Objektauflösungen die Maßnahmen, mit denen $(R_t)$ verändert wird. Benutzerbestimmbare Politiken werden durchweg in Rechensystemen für allgemeine Anwendungen eingesetzt.

Mit einer *systembestimmten Politik* (mandatory policy) P für $\mathcal{R}$ werden für alle Subjekte und alle Objekte von $\mathcal{R}$ zur Rechtefestlegung einheitliche Kriterien angewandt. Die Regeln basieren darauf, daß Subjekte und Objekte *geordnet rechteklassifiziert* werden, beispielsweise gemäß öffentlich ≤ vertraulich ≤ geheim ≤ streng geheim. Zudem wird festgelegt, daß für Subjekte ihrer Klassifikation und der Klassifikation der Objekte entsprechend Lesezugriffe abwärts und Schreibzugriffe aufwärts gemäß der Ordnung zulässig sind. Die Objekte von $\mathcal{R}$ sind entsprechend Dokumente mit Lese- und Schreibdiensten. Die Politik P verfolgt das Ziel, daß Information von $\mathcal{R}$ gemäß der Ordnung für Objekte aufwärts, nicht jedoch abwärts, fließen darf. Systembestimmte Politiken mit geordneten Klassifizierungen haben ihren Ursprung im militärischen Bereich; sie werden in Rechensystemen für Anwendungen mit entsprechenden Klassifikationsschemata eingesetzt. Prominente Beispiele dieser Politiken sind die nach dem *Bell-LaPadula-Modell*, die formalisiert festgelegt sind.

Benutzerbestimmbare und systembestimmte Teilpolitiken können zu einer Politik P eines Systems $\mathcal{R}$ gemischt werden; dabei sind systembestimmte Rechtefestlegungen dominant gegenüber benutzerbestimmten. Mit benutzerbestimmbaren und mit systembestimmten Politiken können → Zugriffskontrollsysteme konstruiert werden.

Die angegebenen Vollständigkeits- und Konsistenzforderungen, die an R. zu stellen sind, sind sowohl mit benutzerbestimmbaren als auch mit systembestimmten Politiken nur dann erfüllbar, wenn Vereinfachungen, insbesondere grobgranulare Subjekte und Objekte, akzeptiert werden. Darüber hinausgehende Rechtssicherheit erfordert methodische, die Funktionalität und die Rechtssicherheit integriert behandelnde Rechensystemkonstruktionen und weitere Fortschritte bei den hierfür einzusetzenden Konzepten, Verfahren und Mitteln.
*P. P. Spies*

## Rechtssicherheitspolitik, benutzerbestimmbare ⟨discretionary security policy⟩ → Rechtssicherheitspolitik

## Rechtssicherheitspolitik, systembestimmte ⟨mandatory security policy⟩ → Rechtssicherheitspolitik

## Record ⟨record⟩ → Datenstruktur; → PASCAL

## Reduktionsmaschine ⟨reduction machine⟩. Rechenmodell für die Ausführung von → Programmen, die in → funktionaler Programmiersprache geschrieben sind, nach dem Prinzip der Reduktion. Die R. verarbeitet als Anweisungen ausschließlich arithmetische Ausdrücke beliebiger Länge und Schachtelungstiefe. Die Reduktion beinhaltet das schrittweise Ersetzen des Ausdrucks durch Anwendung der in ihm auftretenden Funktionen. Dabei werden die Funktionsargumente, die entweder atomare Werte oder Referenzen auf Funktionen sind, so lange ersetzt, bis alle Argumente des Ausdrucks atomare Werte sind. Dann wird der Ausdruck berechnet. Für die Vereinbarung der Funktionen, die Ersetzung der Ausdrücke und die abschließende Berechnung sind spezielle Speicher- und Verarbeitungsstrukturen notwendig, eine parallele Verarbeitungsstruktur ist möglich.

Wegen der Abweichung vom *von-Neumann*-Ausführungsmodell und der nicht gegebenen → Kompatibilität zu existierenden → Rechenanlagen haben die R. keine kommerzielle Bedeutung gefunden.
*Bode*

## Reduktionssystem ⟨reduction system⟩ → Transitionssystem, → Termersetzungssystem

## Redundanz ⟨redundancy⟩. R. im Zusammenhang mit einem → fehlertoleranten Rechensystem S bezeichnet das Vorhandensein von Nachrichten, Komponenten oder Subsystemen sowie die Ausführung von → Berechnungen, die zur Realisierung der Soll-Eigenschaften von S dann entbehrlich wären, wenn → Störungen und Fehler von S ausgeschlossen werden könnten. R. ist eine notwendige, aber nicht hinreichende Voraussetzung für → Fehlertoleranz von S. Man kann R. nach den Eigenschaften und Fähigkeiten, die mit ihr zusätzlich für S zur Verfügung gestellt werden, klassifizieren. Insbesondere klassifiziert man R. nach der Art ihres Einsatzes; das führt zur Unterscheidung zwischen statischer R. und dynamischer R. SS ist ein → Subsystem von S mit → statischer Redundanz, wenn in SS für die Dauer seiner Existenz redundante Komponenten oder Subsysteme vorhanden und eingesetzt sind. → Dynamische Redundanz liegt dann vor, wenn redundante Komponenten oder Subsysteme bei Bedarf als Ersatz für fehlerhafte Komponenten oder Subsysteme eingesetzt werden. Sie liegt auch dann vor, wenn zusätzliche Berechnungen als Ersatz für fehlerhafte ausgeführt werden.
*P. P. Spies*

## Redundanz, dynamische ⟨dynamic redundancy⟩. D. R. im Zusammenhang mit einem → fehlertoleranten Rechensystem S liegt dann vor, wenn in S redundante Komponenten oder → Subsysteme vorhanden sind und bei Bedarf, d. h. im Fehlerfall, als Ersatz für fehlerhafte Komponenten oder Subsysteme eingesetzt werden. D. R. wird in → Fehlertoleranz-Verfahren häufig zusammen mit Rückwärtsfehlerbehandlung benutzt. Dann wird die → Fehlerbehandlung durch → Übergang zu einem fehlerfreien Subsystem realisiert und das fehlerfreie Subsystem durch → Rekonfiguration gebildet. Wenn eine → Berechnung fehlerhaft ausgeführt ist und als Ersatz für diese zusätzliche Berechnungen ausgeführt werden, sind diese d. R. Für quantitative Analysen der → Zuverlässigkeit von Systemen mit d. R. sind → Zweiphasensysteme geeignete → Modellsysteme.
*P. P. Spies*

## Redundanz, statische ⟨static redundancy⟩. S. R. im Zusammenhang mit einem → fehlertoleranten Rechensystem S liegt für ein → Subsystem SS von S vor, wenn in SS für die Dauer seiner Existenz redundante Komponenten oder Subsysteme vorhanden und eingesetzt sind. S. R. wird in → Fehlertoleranz-Verfahren häufig zusammen mit → Fehlerkompensation benutzt. Dann liefern die redundanten Komponenten oder Subsysteme redundante Zwischenergebnisse, auf deren Grundlage → Fehlererkennung und die Berechnung eines fehlerfreien Ergebnisses durch Fehlerkompensation möglich ist. → TMR-Systeme sind typische Beispiele für Systeme mit s. R. → m-aus-n-Systeme sind typische

→Modellsysteme für quantitative Analysen der →Zuverlässigkeit von Systemen mit s. R. *P. P. Spies*

**Reduzierte-Gradienten-Verfahren** ⟨*reduced gradient method*⟩. Primales Verfahren aus der Klasse der Gradienten-Projektions-Methoden zur Lösung nichtlinearer Programmierungs-Aufgaben der Form

min f(x)

Ax = b, x ≥ 0.

Mit Hilfe des Simplexalgorithmus (→ simplex) lassen sich die Variablen x in einer Basisdarstellung y = $B^{-1}$b – $b^{-1}$Nz, z ≥ 0 auf die unabhängigen Nichtbasisvariablen z reduzierend bestimmen. Das R.- G.-V. ist dann ein modifiziertes → Abstiegsverfahren, welches den neuen Gradienten in bezug auf die unabhängigen Nichtbasisvariablen z (den reduzierten Gradienten) durch Auswertung des Gradienten von f($B^{-1}$b – $B^{-1}$Nz, z) berechnet.

Das verallgemeinerte R.-G.-V. löst das nichtlineare Programm

min f(x) h(x) = 0, u ≤ x ≤ 0

durch lokale Approximation von {x | h(x) = 0} durch seinen Tangentialraum. *Bachem*

**Referenz** ⟨*reference*⟩. Verweis auf ein → Objekt, über das direkt auf das Objekt zugegriffen werden kann, im Gegensatz zum indirekten assoziativen Zugriff über einen → Schlüssel. Auf ein Objekt können beliebig viele R. verweisen. Wenn in einem referenzorientierten → Datenmodell auf ein Objekt keine R. mehr verweist, kann dieses Objekt nicht mehr angesprochen werden (Fremdschlüssel; → Integrität, referentielle). *Schmidt/Schröder*

**Referenzmonitor** ⟨*reference monitor*⟩ → Zugriffskontrollsystem

**Referenzspur** ⟨*reference trace*⟩ → Speichermanagement

**Regelbasis** ⟨*rule base*⟩. Sammlung von Fakten und Regeln in einer → Wissensbank. *Schmidt/Schröder*

**Regionenwachsen** ⟨*region growing*⟩. Verfahren der → Bildsegmentierung in maximale, zusammenhängende, bezüglich eines Kriteriums homogene Bildbereiche (Regionen).

Regionen können berechnet werden, indem man wenige große Startregionen (z. B. das ganze Bild) solange weiter zerlegt, bis nur noch homogene Regionen vorliegen, indem man zahlreiche kleine Startregionen (z. B. alle Bildpunkte) solange vereinigt, bis maximale homogene Regionen vorliegen, indem man beide Prozesse kombiniert oder indem man einige Saatregionen definiert und diese vergrößert. Kriterien für die Homogenität sind z. B. ähnlicher Grau- oder Farbwert in einer Region, ähnliche Tiefe oder Bewegung. Durch eine Region ist stets auch eine geschlossene Konturlinie definiert, die diese Region umrandet. *Niemann*

Literatur: *Jain, A. K.*: Fundamentals of digital image processing. Englewood Cliffs, NJ 1989.

**Register** ⟨*register*⟩. In einer → Rechenanlage versteht man unter einem R. eine Anordnung von Speicherelementen, die kleinere Informationsmengen zu speichern und mit kurzer → Zugriffszeit wieder abzugeben vermag. Sie sind aus → Flip-Flops aufgebaut und haben meist die Länge eines Speicherwortes, eines → Befehls oder einer → Adresse (→ Digitalrechner).

☐ *Adressenregister*: R. zum Zwischenspeichern einer Adresse. So verfügt etwa der → Speicher über ein Speicheradreßregister, das die Adresse desjenigen Speicherplatzes enthält, der gelesen oder beschrieben werden soll.

☐ *Befehlsregister*: R., in dem der auszuführende Befehl gespeichert wird.

☐ *Befehlszähler*: R., das die Adresse desjenigen Befehls enthält, der als nächste Operation auszuführen ist. Sofern kein Sprungbefehl vorliegt, mit dem eine neue Folgeadresse gesetzt wird, wird der Inhalt des Befehlszählers um die Länge des gerade ausgeführten Befehls erhöht.

☐ *Indexregister*: R., das zur Modifikation von Adressen verwandt wird (→ Indexregister).

☐ *Schieberegister*: R., in dem die Zeichen oder Binärstellen um eine oder mehrere Positionen nach rechts oder links geschoben werden können (logische Schaltung).

Seit dem Aufkommen von RISC-Architekturen (→ Befehlssatz, reduzierter) wird die Länge von Adreß-, Befehls- und Datenwort vereinheitlicht (32 oder 64 bit), so daß die Spezialisierung von R. verschwindet. Statt dessen existieren i. d. R. mindestens 32 Universalregister, die für verschiedene Zwecke verwendet werden. Die Optimierungsphase von → Compilern wird dadurch deutlich vereinfacht. *Bode/Schneider*

**Register-Insertion** ⟨*register insertion*⟩. Medienzugangsverfahren für lokale Netze (→ LAN) mit Ringtopologie (→ Ring; andere Strategien sind z. B. → Token Passing und → Cambridge-Ring). Sendewillige Stationen laden die zu übermittelnden → Daten in ein Schieberegister, das zu einem geeigneten Zeitpunkt, wenn eine Lücke zwischen zwei Datenpaketen erkannt wird, in den Ring eingekoppelt wird. Nachfolgende → Pakete, die während der eigenen Übertragung eintreffen, werden unmittelbar anschließend durch das Schieberegister geleitet, um sie vor Verlust zu bewahren; diese neuen Pakete erhalten damit in gewisser Weise Priorität vor den Transitpaketen. Das Schieberegister wird später wieder aus dem Ring ausgekoppelt. Da dieses Zugangsverfahren nicht standardisiert ist, gibt es unterschiedliche praktische Realisierungen. Varianten beziehen sich u. a. auf das → Register selbst (feste oder variable Länge) oder die Entfernung eines Pakets vom Ring (durch den Sender oder den Empfänger).

*Quernheim/Spaniol*

**Registermaschine** ⟨register machine⟩ → Automatentheorie

**Registerzuteilung** ⟨register allocation⟩. In den → Befehlen (Instruktionen) eines Rechners können meist zwei Arten von Speicherressourcen angesprochen werden, die → Register des → Prozessors und die Zellen des → Speichers. Die Zugriffsgeschwindigkeiten zwischen diesen beiden unterscheiden sich i. allg. um eine Größenordnung. Deshalb muß der Codeerzeuger (→ Codeerzeugung) versuchen, die Werte von Programmvariablen und Zwischenergebnisse möglichst in den Prozessorregistern zu halten. Da auf dem Prozessorchip nur eine beschränkte Zahl von Registern Platz hat, können zu jedem Zeitpunkt der Programmausführung nur einer Teilmenge aller Programmvariablen und Zwischenergebnisse Register zugeordnet werden. Die R. versucht, den gesamten Zeitaufwand für die Zugriffe möglichst klein zu halten. Da das Problem, diesen Zeitaufwand zu minimieren, NP-hart ist, verwendet man → Heuristiken und ist mit Lösungen zufrieden, die lokal zu einer Anweisung oder einer Anweisungsfolge eine sehr gute Zuteilung machen.

Ein Problem, auf welches man das R.-Problem reduzieren kann, ist das Graphfärbungsproblem. Ein Graph heißt k-färbbar, wenn man jedem Knoten eine von k Farben so zuordnen kann, daß keine zwei benachbarten Knoten die gleiche Farbe tragen. Wenn man die Werte von Programmvariablen und Zwischenergebnisse k Registern so zuteilen kann, daß keine zwei Werte während ihrer Lebenszeit dem gleichen Register zugeteilt werden, dann entspricht das einer k-Färbung eines aus dem Programm zu konstruierenden Registerkonfliktgraphen. Das entsprechende Graphfärbungsproblem löst man dann heuristisch mit meist guten Ergebnissen.

*Wilhelm*

**Regression** ⟨regression⟩. Die R. ist ein wichtiges Hilfsmittel der → Statistik, insbesondere der *Ökonometrie*.

Man interessiert sich in der R.-Analyse v. a. dafür, ob irgendeine Beziehung

$$y = g(x_1, x_2, \ldots, x_k) + u$$

zwischen einer abhängigen (bzw. endogenen) Variablen y und unabhängigen (bzw. exogenen) Variablen $x_1, \ldots, x_k$ besteht und von welcher Art diese ist; u ist dabei eine Störvariable, in der alle nicht näher spezifizierten Einflußgrößen, die noch auf y einwirken, zusammengefaßt sind.

Um ein Beispiel anzugeben, kann man fragen nach der Abhängigkeit des Ernteertrags y von der Durchschnittstemperatur $x_1$, der Niederschlagsmenge $x_2$, der Bodenbeschaffenheit $x_3$ usw.

□ Der einfachste Fall ist der der *einfachen linearen* R.:

Ausgehend vom Ansatz $y = \alpha + \beta x + u$ und unter der Annahme, daß die → Verteilung von u für alle Werte x von X die gleiche ist mit $E(u/x) = 0$ und $\sigma^2(u/x) = \sigma^2$, werden die unbekannten R.-Koeffizienten $\alpha$ und $\beta$ aufgrund vorgegebener T Wertepaare $(x_t, y_t)$ $t = 1, \ldots, T$ erwartungstreu abgeschätzt durch

$$\hat{\beta} = \frac{\sum (x_t - \bar{x})(y_t - \bar{y})}{\sum (x_t - \bar{x})^2}; \quad \hat{\alpha} = \bar{y} - \hat{\beta}\bar{x},$$

$$\bar{x} = \frac{1}{T}\sum x_t; \quad \bar{y} = \frac{1}{T}\sum y_t.$$

Die Schätzungen $\hat{\alpha}$ und $\hat{\beta}$ wurden gewonnen über die (*Gauß*sche) Methode der kleinsten Quadrate:

$$\sum_{t=1}^{T}(y_t - \hat{\alpha} - \hat{\beta}x_t)^2 \to \min.$$

Unter der Annahme, daß u $(0,\sigma)$-normalverteilt ist, können Vertrauensintervalle für $\alpha$ und $\beta$ angegeben werden. Ist u $(0,\sigma)$-normalverteilt, so ergibt die Maximum-Likelihood-Methode (→ Likelihood) die gleichen Schätzungen $\hat{\alpha}$ und $\hat{\beta}$.

Nimmt man an, daß x und y beide Zufallsvariable sind, so kann auch x auf y regressiert werden. Dies führt zu Schätzungen $\alpha^*$ und $\beta^*$.

Es gilt: $\hat{\beta} \cdot \beta^* = r_{x,y}^2$.

$r_{x,y}$ ist dabei der → Korrelations-Koeffizient zwischen x und y.

□ Bei der *multiplen linearen* R. geht man vom Ansatz

$$y = \beta_1 + \sum_{i=2}^{k} \beta_i x_i + u$$

und den analogen Annahmen zu oben aus. Aufgrund vorgegebener Meßwerte $y_t$, $x_{1t} \equiv 1$, $x_{2t}, \ldots, x_{kt}$ ($t = 1, \ldots T$) lassen sich die Schätzungen $\hat{\beta}_i$ der R.-Parameter $\beta_i$ über die sog. Normalgleichungen

$$\sum_{j=1}^{k} \hat{\beta}_j \sum_{t=1}^{T} x_{it} x_{jt} = \sum_{t=1}^{T} x_{it} y_t \qquad (i = 1, \ldots, k)$$

bestimmen. Die multiple R. ist die Verallgemeinerung der einfachen R. Die Güte der R. wird in beiden Fällen durch das sog. Bestimmtheitsmaß (= Quadrat des multiplen Korrelationskoeffizienten) ausgedrückt:

$$R^2_{y \cdot x_t, \ldots, x_k} = 1 - \frac{\sum_t (y_t - \sum_{i=1}^{k} \hat{\beta}_{it} x_{it})^2}{\sum_t (y_t - \bar{y})^2}.$$

Es gilt $R^2_{y \cdot x} = r^2_{x,y}$

Auch bei der multiplen R. können die $x_i$ Zufallsvariable sein.

Es kann in der R.-Analyse der Fall auftreten, daß die Daten eine mehrdeutige Lösung der Normalgleichungen implizieren. Dann spricht man von *Kollinearität*.

□ Natürlich gibt es auch die nichtlineare R., aber sie führt zu großen Schwierigkeiten bei der Schätzung der Koeffizienten, es sei denn, es ist eine Transformation auf einen linearen Regressionsansatz möglich.

Während bei der R. Abstände von Punkten zur Regressionshyperebene parallel zu einer der Achsen gemessen werden, werden bei der *orthogonalen* R. die senkrechten Projektionen der Punkte auf die Hyperebene betrachtet. Die Berechnung der Schätzungen für die unbekannten Parameter führt auf ein Eigenwertproblem und ist äquivalent mit dem Auffinden der ersten Hauptkomponenten. *Schneeberger*

**Reihenfolgerestriktionen** ⟨*precedence restrictions*⟩ → Berechnung

**Rekonfiguration** ⟨*reconfiguration*⟩. R. im Zusammenhang mit einem → fehlertoleranten Rechensystem S faßt Maßnahmen der → Fehlerbehandlung durch → Übergang zu einem fehlerfreien Subsystem, das mit → dynamischer Redundanz gebildet wird, zusammen. Bezogen auf ein Subsystem SS von S, zu dem mit $n \in \mathbb{N}$ die fehlerhaften Subsysteme $U_1, \ldots, U_n$ gehören, wird das Subsystem SS' aus SS und den redundanten Subsystemen $U'_1, \ldots, U'_n$ durch R. gebildet, indem die $U_1, \ldots, U_n$ ausgegliedert und die fehlerfreien Subsysteme $U'_1, \ldots, U'_n$ eingegliedert werden. Mit dieser R. wird – funktionale Äquivalenz von SS und SS' vorausgesetzt – → Fehlerkorrektur oder → Fehlertoleranz für S erreicht. *P. P. Spies*

**Rekursion** ⟨*recursion*⟩. Allgemeines Lösungsprinzip, bei dem ein Problem durch Zurückführung auf einen „einfacheren Fall" desselben Problems gelöst wird. Man verwendet R. insbesondere zur Beschreibung von → Algorithmen, Funktionen (→ Funktion, rekursive), Prozeduren, → Datentypen und → formalen Sprachen (durch → reguläre und → kontextfreie Grammatiken) und nennt solche Beschreibungen rekursive Definitionen.

Das klassische Beispiel für die Definition einer rekursiven Funktion ist die Fakultät fak(n) = n!, hier in → SML-Syntax:

```
fun fak(n) =
    if n=0 then 1 else n * fak(n-1).
```

Diese Definition ist rekursiv, da die rechte Seite der Gleichung (d. h. der Rumpf der Definition von fak) selbst wieder einen → Aufruf von fak enthält. Man unterscheidet verschiedene Arten von R. anhand der Struktur der rekursiven Aufrufe. Die obige Definition ist in linear-rekursiver Form, da in jedem Zweig der Fallunterscheidung höchstens ein rekursiver Aufruf vorkommt. Für die repetitive Form (tail recursive) wird zusätzlich gefordert, daß die rekursiven Aufrufe jeweils an äußerster Stelle in ihrem Zweig der Fallunterscheidung stehen. Repetitiv-rekursive Definitionen können effizient implementiert werden (→ Entrekursivierung). Ein Beispiel ist die folgende zweistellige Funktion fact, die n! als Spezialfall berechnet (fact(1, n) = n!):

```
fun fact(a, n) =
    if n=0 then a else fact(a*n, n-1).
```

Weitere Rekursionsformen sind die geschachtelte R., bei der rekursive Aufrufe von f der Form f(...f...) vorkommen, die kaskadenartige R., bei der zwei oder mehrere rekursive Aufrufe in einem Zweig der Fallunterscheidung nebeneinander stehen, und verschränkt rekursive Systeme, bestehend aus zwei oder mehr rekursiven Definitionen, die gegenseitig jeweils Aufrufe der anderen Funktionen des Systems enthalten können.

Ein Beispiel für eine rekursive Datenstruktur ist der Typ der binären Bäume mit ganzen Zahlen als Knotenmarkierungen, der in → SML folgendermaßen deklariert werden kann:

```
datatype baum =
    empty (* Definition des leeren
    Baums *) | cons of baum * int
    * baum;
```

(Für zwei Beispiele kaskadenartiger Rekursion über polymorphen binären Bäumen s. depth und map in SML).

Die Menge aller Palindrome über dem Alphabet {a,b} kann als formale Sprache durch folgende → kontextfreie Grammatik definiert werden (wobei e das leere Wort bezeichnet).

P::= ε | "a" | "b" | "a" P "a" | "b" P "b"

Die Semantik rekursiver Funktionsdefinitionen wird mit Hilfe der Fixpunkttheorie (→ Fixpunkt) angegeben, die Semantik rekursiver Datenstrukturen mit Hilfe von → Bereichsgleichungen, auch die Semantik einer kontextfreien Grammatik kann als Fixpunkt einer geeigneten Abbildung auf Mengen definiert werden. Zum Beweis von Eigenschaften rekursiv definierter Probleme verwendet man Induktion.

Die Verwendung rekursiver Definitionen führt (bei entsprechend strukturierten Problemen) i. d. R. auch zu durchsichtigen und verständlichen Formulierungen. Ein Beispiel hierfür ist der Quicksort-Algorithmus (Sortieralgorithmus). Dagegen ist die effiziente → Implementierung rekursiver Funktionen nicht immer einfach, daher sind Techniken zur Transformation rekursiver Algorithmen in eine effizientere iterative Formulierung interessant (→ Entrekursivierung). *Wirsing*

Literatur: *Bauer, F. L.; Wössner, M.:* Algorithmische Sprache und Programmentwicklung. Springer, Berlin 1984.

**rekursiv aufzählbar** ⟨*recursive enumerable*⟩ → Aufzählbarkeit

**Relation** ⟨*relation*⟩ → Datenmodell

**Relationenalgebra** ⟨*relational algebra*⟩ → Datenmodell

**Relationenkalkül** ⟨*relational calculus*⟩ → Datenmodell

**Relativtest** ⟨*comparison test*⟩. R. im Zusammenhang mit einem → Rechensystem S sind → Tests zur Überprüfung der Ist-Eigenschaften des Systems auf der Grundlage von Vergleichen mit entsprechenden Ist-Eigenschaften anderer bzgl. der Soll-Eigenschaften mit S äquivalenter Systeme. Sie werden insbesondere in Verfahren zur → Fehlererkennung angewandt. In der Regel werden R. durchgeführt, indem die Ist-Eigenschaften von $n \in \mathbb{N}$ Systemen festgestellt und miteinander verglichen werden. Wenn eine Mehrheit dieser Eigenschaften übereinstimmt, wird angenommen, daß die Ist-Eigenschaften der Mehrheit mit den Soll-Eigenschaften übereinstimmen. Wenn die Ist-Eigenschaften von S mit denen der Mehrheit übereinstimmen, hat S den R. bestanden und sonst nicht bestanden. Es wird also eine *Mehrheitsentscheidung* getroffen. Den Charakteristika eines → Systems entsprechend, sind R. entsprechend für Komponenten und Subsysteme von S durchführbar. Die für R. benötigten n bzgl. ihrer Soll-Eigenschaften äquivalenten Subsysteme erhält man durch → Diversität, was bedeutet, daß unabhängig voneinander n Subsysteme mit gleichen Vorgaben für ihre Soll-Eigenschaften konstruiert werden. Ein Beispiel für einen R. aus dem Alltag besteht darin, n Personen die gleiche Aufgabe lösen zu lassen und die von der Mehrheit übereinstimmend angegebene Lösung zur „richtigen" Lösung zu erklären.

Wie alle Tests, so liefern auch R. mehr oder weniger scharfe Aussagen über die zu überprüfenden Eigenschaften. Die Ergebnisse von R. können als Grundlage für Schlußfolgerungen über die zu prüfenden Eigenschaften dienen. Die Schärfen der Testergebnisse und die Vorgehensweise bei der Ableitung von Schlußfolgerungen entscheiden über die Qualität der aus Tests gewonnenen Ergebnisse. Dabei können Fehler auftreten, wobei zwischen → Fehlern 1. Art und → Fehlern 2. Art zu unterscheiden ist. *P. P. Spies*

**Relaxationsverfahren** ⟨*relaxation method*⟩ → Multi-Level-Verfahren

**Rendering** ⟨*rendering*⟩ → Animationssystem

**Rendezvous-Kommunikation** ⟨*rendezvous communication*⟩ → Betriebssystem, prozeßorientiertes

**Rendezvous-Konzept, unidirektionales** ⟨*unidirectional rendezvous concept*⟩ → Betriebssystem, prozeßorientiertes

**Repeater** ⟨*repeater*⟩. Verbindet lokale Netze (→ LAN) eines Typs (z. B. → Ethernet) auf der physikalischen → Ebene des → OSI-Referenzmodells, indem der R. die Bits, welche auf einem Netzsegment anliegen, verstärkt und auf die anderen angeschlossenen Segmente kopiert. Da in einem LAN die Kabellänge aus physikalischen Gründen (z. B. Dämpfungen) eingeschränkt ist, kann man durch den Einsatz von R. ein Netz mit größerer geographischer Ausdehnung aufbauen. Durch den Einsatz von R. bleibt ein physikalischer Netzausfall auf einzelne Netzsegmente beschränkt und das Gesamtnetz oft noch funktionsfähig. R. besitzen keine Intelligenz und verteilen die Netzlast einfach auf alle Segmente. Aus diesem Grund werden in größeren LAN zur Verbindung der Netzsegmente zusätzlich → Brücken und → Router (bzw. → Gateways) eingesetzt.
*Hoff/Spaniol*
Literatur: *Tanenbaum, A. S.*: Computer networks. Prentice Hall, 1993.

**Replikation** ⟨*replication*⟩. Im Datenbankkontext das Kopieren eines Datenbestands. Dies kann sinnvoll sein, wenn ein Datenbestand an sehr weit voneinander entfernten Punkten benötigt wird, so daß ein wiederholter Transport dieses Datenbestands über das Netz nicht vertretbar wäre, oder weil die Ausfallsicherheit bzw. Parallelität erhöht werden soll. Nachteilig ist der Aufwand, diese replizierten Datenbestände bei Änderungen konsistent zu halten (→ Fragmentierung).
*Schmidt/Schröder*
Literatur: *Gray, J.* and *A. Reuter*: Transaction processing: Concepts and techniques. Hove, East Sussex 1993.

**Reportgenerator** ⟨*report generator*⟩ → Berichtsgenerator

**Repositorium** ⟨*repository*⟩. Globales Verwaltungswerkzeug für alle im Verlauf von → Software-Projekten anfallenden → Dokumente. Es unterstützt die Bearbeitung und Weiterbearbeitung durch einzelne Bearbeiter, Gruppen und Projektteams sowie die Weitergabe an künftige Weiterentwicklungs- oder Folgeprojekte.
*Hesse*

**Repräsentation eines Objekts** ⟨*representation of an object*⟩ → Rechensystem

**Repräsentationssprache, semantische** ⟨*semantic representation language*⟩. Formalismus zur Repräsentation von Bedeutungen in Systemen der → Künstlichen Intelligenz (KI). Eine s. R. in weiterem Sinne ist Mittel zur → Wissensrepräsentation. Im engeren Sinn dient sie zur Wiedergabe von Textbedeutungen in → natürlichsprachlichen Systemen oder Bildbedeutungen in Systemen zum → Bildverstehen.

Beispiele von s. R. sind konzeptuelle Dependenznetze (*Schank*, 1972), konzeptuelle Graphen (*Sowa*, 1984), die Sprachen SRL (*Habel*, 1980) und KRYPTON (*Vilani*, 1985). Die folgenden Eigenschaften sind für eine s. R. wichtig:
– Sie muß kompositionell sein, d. h., die Bedeutung eines Satzes muß sich systematisch aus den Bedeutungen seiner Teile zusammensetzen lassen.
– Sie muß ausdrucksstark sein und alle Bedeutungsnuancen differenziert wiedergeben können.
– Sie muß Inferenzen und andere Formen semantischer Informationsverarbeitung unterstützen.

– Bedeutungen müssen sich effektiv berechnen lassen. *Neumann*

**Resolutionsverfahren** ⟨*resolution process*⟩. → Kalkül für Widerspruchsbeweise in der → Prädikatenlogik erster Stufe. Der Resolutionskalkül wurde 1965 von *Robinson* für → automatisches Beweisen mit einem → Deduktionssystem vorgeschlagen. Er besteht aus einer einzigen Schlußregel, der Resolutionsregel, die auf Klauseln einer in Klauselform gebrachten prädikatenlogischen Formel anwendbar ist. Die Schlußregel erlaubt es, aus zwei Klauseln mit dem logischen Gehalt „A impliziert B" bzw. „B impliziert C" eine dritte → Klausel „A impliziert C" abzuleiten. Der übereinstimmende Teil „B" der beiden Elternklauseln wird i. allg. durch → Unifizieren geeigneter Teilausdrücke erzeugt. Dies ist eine zentrale → Operation des R. Aus jeder widersprüchlichen Formel kann durch wiederholtes Anwenden der Resolution die leere Klausel (mit der Bedeutung „falsch") abgeleitet werden. Damit ist der Widerspruch bewiesen.

Im Laufe eines Resolutionsbeweises können sehr viele Klauseln entstehen, die für den Beweis letzten Endes irrelevant sind. Effektive Beweisstrategien zeichnen sich dadurch aus, daß möglichst wenig irrelevante Resolutionen durchgeführt werden. *Neumann*

**Ressource** ⟨*resource*⟩. Eine separierbare Menge von Daten für Benutzerschnittstellen-Elemente, die z. B. das Aussehen einer Dialogbox beinhalten. Mittels einer R.-Sprache lassen sich R. über einen → Editor erzeugen, verändern und in einer R.-Datei abspeichern. Zur Abarbeitung dieser R.-Datei wird immer ein → Laufzeitmodul benötigt. R. besitzen den Vorteil, daß sie ohne Eingriffe in Systemprogramme die Veränderung bzw. Anpassung einer → Benutzerschnittstelle ermöglichen. Sie bilden damit eine wesentliche Voraussetzung für eine flexible Projektierung und Konfigurierung (→ Konfiguration) moderner Benutzerschnittstellen. *Langmann*

**Ressourcenmanagement** ⟨*resource management*⟩ → Betriebssystem

**Ressourcennutzung, gemeinsame** ⟨*resource sharing*⟩ → Rechensystem, verteiltes

**Restfehleranteil** ⟨*unrevealed failure fraction*⟩ → Ausfallerkennung

**Restlebenszeit** ⟨*remainding time to failure*⟩. Die R. eines → Systems ist die Zeit, die das System, falls es bis zum Zeitpunkt $x_0$ intakt ist, über $x_0$ hinaus intakt bleibt. Sie ist eine lebenszeitorientierte → Zuverlässigkeitskenngröße und damit primär für → Einphasensysteme von Interesse. Sei S ein Einphasensystem mit der → Lebenszeit L, deren Verteilung mit dem W-Maß P durch die Verteilungsfunktion $F(x) = P\{L \leq x\}$ für alle $x \in \mathbb{R}_+$ definiert ist. Dann ist $L - x_0$ unter der Bedingung $L > x_0$ die R. von S zur Zeit $x_0$ für alle $x_0 \in \mathbb{R}_+$. Für die Verteilungsfunktion $F_{x_0}$ der R. von S zur Zeit $x_0$ gilt $F_{x_0}(x) = P\{L - x_0 \leq x \mid L > x_0\}$ für alle $x \in \mathbb{R}_+$. Man erhält sie aus der Verteilungsfunktion F der Lebenszeit L gemäß

$$F_{x_0}(x) = \frac{F(x_0 + x) - F(x_0)}{1 - F(x_0)},$$

und daraus folgt mit der → Überlebenswahrscheinlichkeit $R(x_0)$ von S zur Zeit $x_0$

$$F_{x_0}(x) = \frac{F(x_0 + x) - F(x_0)}{R(x_0)}.$$

*P. P. Spies*

**RETURN** ⟨*return*⟩. → Funktionstaste auf der Tastatur eines → Terminals, die die Schreibposition (→ Cursor) an den Beginn der nächsten Zeile bewegt. Erzeugt also konzeptionell eine Kombination der → Steuerzeichen → CR und → LF, tatsächlich meist jedoch nur das → Codesymbol für CR. *Schindler/Bormann*

**Review** ⟨*review*⟩. Spezielle Form der → Qualitätsprüfung durch menschliche Begutachtung. Dabei wird ein → Dokument von mehreren Gutachtern gelesen, in einer gemeinsamen Sitzung mit dem Autor besprochen und ggf. aufgrund der R.-Ergebnisse modifiziert. Gegenstand von R. sind in der Regel Analysen, Spezifikationen, Entwürfe oder andere Dokumente der Frühphasen der → Software-Entwicklung. *Hesse*

**RFC** ⟨*RFC (Request For Comments)*⟩. RFCs sind eine Serie von → Dokumenten, die als archivalisches Publikationsmedium für Internet-Standards (→ IETF), aber auch für andere Dokumente aus der → Internet-Welt dienen. Die Publikation von RFCs ist die Aufgabe des RFC-Editors. RFCs werden aufsteigend numeriert; wird eine neue Version eines Dokuments publiziert, erhält es eine neue RFC-Nummer. RFCs sind im Internet für jeden frei zugänglich. Sie liegen stets in formatiertem → ASCII, mitunter auch zusätzlich in anderen Formen, vor.

Einige RFCs dokumentieren Internet-Standards, andere sind Spezifikationen, die auf dem Weg zu Internet-Standards sind (standards-track specifications). Weitere RFCs dokumentieren Aussagen der IETF über den gegenwärtig besten Weg, bestimmte Funktionen durchzuführen, und werden als Best Current Practice (BCP) bezeichnet. Wieder andere RFCs enthalten experimentelle Spezifikationen oder einfach Dokumente von allgemeinem Interesse (informational RFCs).

*Schindler/Bormann*

**RGB (Rot Grün Blau)** ⟨*Red Green Blue*⟩ → Farbmodell

**Ring** ⟨*ring*⟩. Spezielle → Topologie von Kommunikationssystemen, im wesentlichen für lokale Netze

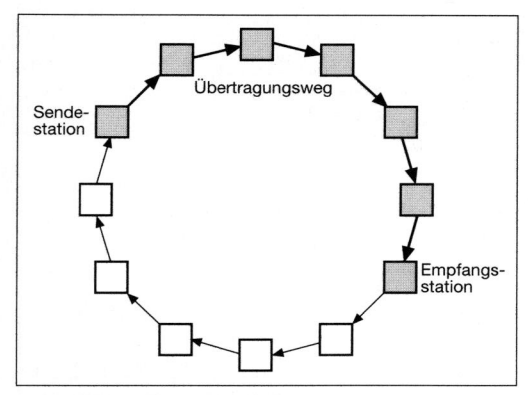

*Ring: Schematische Darstellung*

(→ LAN). n Stationen sind über n Leitungen miteinander verbunden. Die Stationen sind jeweils aktiv an das Medium angeschlossen, d. h., eine Station empfängt permanent auf der einen Leitung und sendet auf der anderen. Somit ist das Eingliedern einer neuen Station während des laufenden Betriebs – anders als beim → Bus – nicht möglich.

Die Überwachung des R. kann durch eine spezialisierte Station erfolgen, es sind aber auch völlig dezentrale Organisationsformen möglich.

Jede Station hat eine bestimmte → Verzögerungszeit, die sog. Latenzzeit, die in der Größenordnung von einem bis zu etwa zehn Bits liegt. Somit hat der R. eine gewisse Speicherkapazität, die als die Anzahl aller Bits definiert ist, die sich gleichzeitig auf dem R. befinden; sie setzt sich zusammen aus den Bits in den einzelnen Stationen und den Bits auf den Leitungen.

Von → IEEE wurden mit der Norm 802 mehrere Varianten von R. standardisiert. Unterschiede liegen in der Art des → Übertragungsmediums (Kupferdoppelader, Koaxialkabel oder Lichtwellenleiter), in der Übertragungsrate und dem Zugriffsprotokoll (→ Netzzugangsverfahren). Letzteres legt fest, nach welchen Regeln Stationen auf dem R. senden dürfen.

Die bekanntesten lokalen Netze mit Ringstruktur sind der getaktete R. (→ Cambridge-Ring), der → Register-Insertion-R. sowie insbesondere der → Token-R. und → FDDI. *Quernheim/Spaniol*

**Ring, getakteter** ⟨*slotted ring*⟩. Der g. R. ist ebenso wie der → Token-Ring und das → Register-Insertion-Verfahren eine Netzzugriffsstrategie auf einer Ringtopologie. Eine Monitor-Station erzeugt Rahmen (frames) fester Länge, die auf dem Ring zirkulieren und von sendebereiten Stationen mit Daten gefüllt werden können. Die Anzahl der Rahmen auf dem als Laufzeitspeicher dienenden Ring ist abhängig von Ringlänge und Rahmenlänge, aber zu jeder Zeit konstant. Ungefüllte Rahmen sind als „frei" markiert. Sendewillige Stationen müssen zunächst ihre Nachrichten entsprechend dem Rahmenformat segmentieren (→ Segmentierung). Daraufhin wartet die Station bis zum Eintreffen eines als frei gekennzeichneten Rahmens, markiert ihn als „belegt" und kopiert ihre Teilnachricht in den Rahmen. Dies wird solange wiederholt, bis die gesamte → Nachricht übertragen ist. Nachdem der Empfänger die Teilnachricht kopiert hat, nutzt er zwei Bits im hinteren Teil des Rahmens zur positiven oder auch negativen Quittierung. Die Freigabe des belegten Rahmens ist dann wiederum Aufgabe des Senders. Interessant ist, daß das Erkennen eigener Sendungen aufgrund der festen Rahmenzahl auf dem Ring durch das Zählen „vorbeikommender" Rahmen vorgenommen werden kann; es muß also nicht etwa die Quelladresse untersucht werden. Um eine Monopolisierung des Mediums zu verhindern, kann die sofortige Wiederauffüllung eines eigenen Rahmens ausgeschlossen werden.

Das Prinzip des g. R. geht auf *J. Pierce* zurück (*Pierce*-Loop) und wurde bereits 1972 implementiert. Es wurde weiterentwickelt zum → Cambridge-Ring mit einer Datenrate von 10 Mbit/s. Der Cambridge-Fast-Ring erlaubt die Integration isochroner Nachrichten bei einer → Bitrate von 100 Mbit/s. *Fasbender/Spaniol*
Literatur: *Halsall, F.*: Data communications, computer networks and open systems. 3rd Edn. Addison-Wesley, 1992. – *Hopper, A.* et al.: Local area network design. Addison-Wesley, 1986.

**RISC** ⟨*RISC (Reduced Instruction Set Computer)*⟩
→ Befehlssatz, reduzierter

**RJE** ⟨*RJE (Remote Job Entry)*⟩. Bietet die Möglichkeit, über ein → Netzwerk Jobs zu einem beliebigen entfernten Rechner zu schicken und sie dort bearbeiten zu lassen (sofern administrative Fragen wie die Zugangsberechtigung geklärt sind). Es ist weiterhin möglich, die Resultate des Auftrags an eine weitere Netzstation zum Drucken weiterzuleiten.

Der Job muß entsprechend den Konventionen des → Betriebssystems des ausführenden Rechners aufgebaut sein. Der → Dienst ist insbesondere im Zusammenhang mit der verstärkten Nutzung entfernter Supercomputer interessant.

Das Analogon zu RJE in der → OSI-Welt ist → JTM (→ Anwendungsebene, → OSI-Referenzmodell, → SASE). *Jakobs/Spaniol*

**Rolle** ⟨*role*⟩ → Subjekt

**Rollkugel** ⟨*track ball*⟩ → Eingabegerät, graphisches

**ROM** ⟨*ROM (Read Only Memory)*⟩. Nur-Lese-Speicher, Festwertspeicher. In strenger Bedeutung des Begriffs versteht man unter einem ROM einen Halbleiter-Festwertspeicher mit wahlfreiem Zugriff, dem durch Programmierung ein festes Datenmuster eingeprägt worden ist und der nur gelesen werden kann.

Im übertragenen Sinne hingegen zählt man zu dieser Gruppe auch jene Speicher, bei denen zwar Schreibvorgänge möglich sind, die aber einen größe-

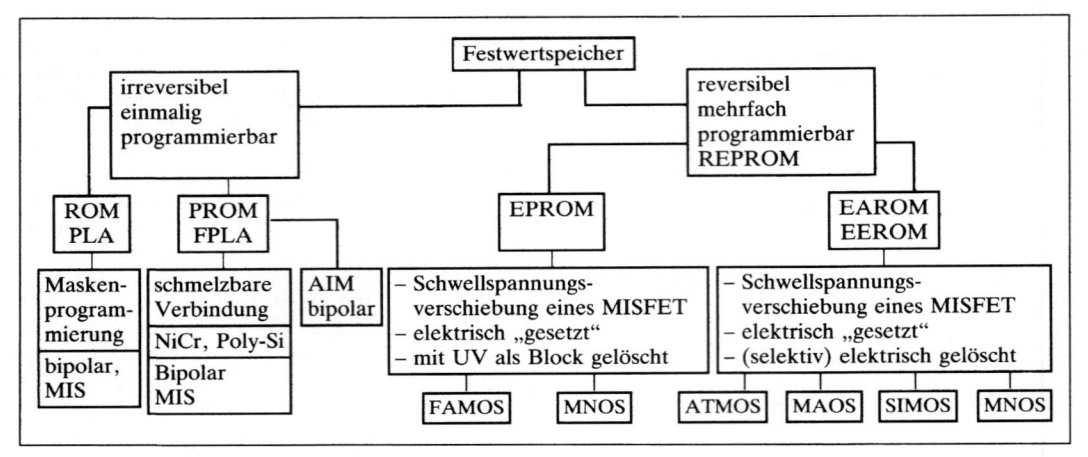

# ROM

```
                        Festwertspeicher
          ┌──────────────────┴──────────────────┐
   irreversibel                            reversibel
   einmalig                                mehrfach
   programmierbar                          programmierbar
                                           REPROM
   ┌──────┬───────┐                  ┌──────────┬──────────┐
  ROM    PROM                      EPROM                EAROM
  PLA    FPLA                                           EEROM
```

| ROM PLA | PROM FPLA | | EPROM | EAROM EEROM |
|---|---|---|---|---|
| Maskenprogrammierung bipolar, MIS | schmelzbare Verbindung NiCr, Poly-Si Bipolar MIS | AIM bipolar | – Schwellspannungsverschiebung eines MISFET<br>– elektrisch „gesetzt"<br>– mit UV als Block gelöscht | – Schwellspannungsverschiebung eines MISFET<br>– elektrisch „gesetzt"<br>– (selektiv) elektrisch gelöscht |
| | | | FAMOS  MNOS | ATMOS  MAOS  SIMOS  MNOS |

*ROM 1: Übersicht der Halbleiter-Festwertspeicher*

ren Zeitaufwand oder zusätzliche Maßnahmen erfordern, so daß eine Informationsänderung nicht zu häufig stattfinden kann: Meist-Lese-Speicher (Read Mostly Memory, RMM, sog. wiederholt programmierbare, also löschbare ROM). Deshalb unterteilt man die ROM häufig in irreversible (einmalig programmierbare) und reversible (mehrfach programmierbare) Festwertspeicher (Bild 1). Nach dem Strukturaufbau gibt es
– die parallele wahlfreie Zugriffsart (RAM-Struktur) und
– das zweistufige PLA-Prinzip. Im letzten Fall spricht man üblicherweise von programmierbaren logischen Arrays, die als eine besonders optimierte Form der Matrixstruktur aufgefaßt werden können.

Gewöhnlich versteht man unter einem ROM nur die matrixartig aufgebaute Struktur mit parallelem wahlfreiem Zugriff, die alle Merkmale eines RAM besitzt, jedoch ohne oder nur mit eingeschränkter Schreibmöglichkeit. Deshalb gelten auch wie dort als wichtige Parameter: Speicherkapazität, Zugriffszeit, Datenrate, Flächenbedarf, Bitkosten u.a.m.

Die im ROM gespeicherte Information ist im Gegensatz zum RAM nichtflüchtig: Sie bleibt bei Ausfall der Betriebsspannung erhalten. Die zu speichernde Information kann in einem ROM auf zwei verschiedene Arten „eingeschrieben" werden:

☐ *Irreversibel* entweder beim Hersteller (in einem der letzten Herstellungsschritte) oder beim Anwender durch entsprechende Programmiergeräte für entsprechend vorbereitete Speicher. Im ersten Fall spricht man von maskenprogrammierbaren ROM oder ROM schlechthin. Die Speicherzelle ist ein Transistor oder eine Diode, die fest und unveränderbar an den entsprechenden Punkten der Speichermatrix eingebaut ist. Die Speicher der zweiten, anwenderprogrammierbaren Gruppe heißen programmierbare ROM (PROM). Als Speicherzelle dient eine Diode oder ein Transistor. Ihr An- oder Abschalten an die Bit- bzw. Wortleitung (und damit die Programmierung) erfolgt z. B. durch Schmelzen einer Verbindungsleitung.

☐ *Reversibel* oder *wiederprogrammierbare*. Hier kann die Information geändert werden, entweder
– durch Bestrahlung des gesamten Speichers mit UV-Licht und Wiederprogrammierung in einem Programmiergerät: Erasable PROM (EPROM),
– durch elektrische Änderung entweder aller Zellen gleichzeitig oder nur der Einzelzellen. Diese Löschung kann in der Schaltung geschehen (Electrically Erasable ROM, EEROM).

Löschen und Programmieren kann in beiden Fällen häufiger erfolgen, wenn es auch eine gewisse Zeit erfordert. Deshalb bezeichnet man diese Speicher nicht als Schreib-Lese-Speicher, sondern als Read Mostly Memories (RMM).

Schaltungstechnisch werden für ROM sowohl Bipolar- als vor allem auch MOS-Techniken eingesetzt, für löschbare Speicher nur MOS-Techniken auf Grundlage

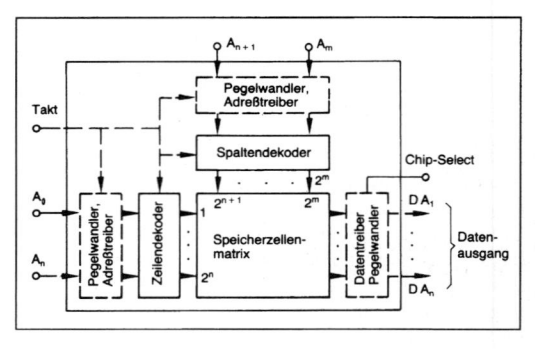

*ROM 2: Prinzipieller Aufbau*

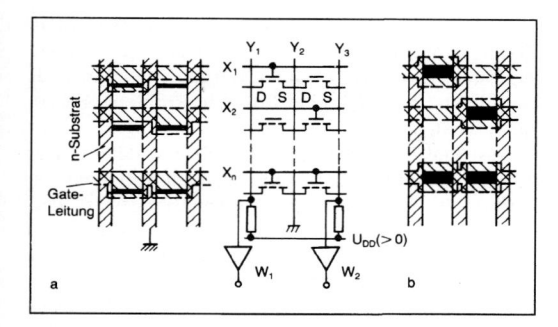

*ROM 3: Maskenprogrammierung in MOS-Technik.*
*a. Programmierung über Gate-Verbindungsleitungen,*
*b. Programmierung über Gate-Elektroden*

z. B. des MNOSFET oder FAMOST. Der Strukturaufbau des ROM gleicht dem eines RAM (Bild 2), er enthält insbesondere
– die Speichermatrix mit der gespeicherten Information, aber hier einfacher aufgebauten Speicherzellen;
– eine Decodiervorrichtung zum Decodieren der Adresse;
– Leseverstärker;
– ggf. eine Steuerlogik zur Steuerung der Lese- und Schreiboperation.

Wie RAM sind auch ROM entweder wort- oder bitorganisiert. Als Speicherzellen, d. h. Koppelelemente zwischen Wort- und Bitleitungen, kommen bei den ROM in Frage: Widerstände, Dioden, Bipolar- und MOS-Transistoren. Ein Widerstand kann dabei nieder- oder hochohmig sein (Zustand L, H), was beim Auslesen festgestellt wird.

Bei der Herstellerprogrammierung z. B. erfolgt die Programmierung mit dem Maskenentwurf. Für die MOS-Technik sind dazu üblich (Bild 3):
– Herstellung matrixartig angeordneter MOSFET und Anbringen von Gate-Elektroden (d. h. Verbindung mit der Adreßleitung) nur dort, wo angesteuert werden soll. Dies erfolgt beim letzten Maskierungsschritt.
– Herstellung von unterschiedlich dicken Isolatorbereichen für die Gate-Elektrode, so daß nur die MOSFET mit dünner Isolatorschicht leitend werden können.

In der Bipolartechnik bestehen die Speicherzellen aus Dioden oder Bipolartransistoren, die durch einen zusätzlichen Maskierungsschritt an die Leitungen angeschlossen werden (PROM). ROM werden heute mit Speicherkapazität bis in den Mbit-Bereich angeboten (vor allem in MOS-Technik) bei Zugriffszeiten um 100 ns. Sie profitieren stark von den Fortschritten der RAM. Die Tendenz geht eindeutig zu programmierbaren RAM, weil die Herstellerprogrammierung weniger Flexibilität als die Anwenderprogrammierung bietet und an eine gewisse Stückzahl gebunden ist. Größte Bedeutung haben heute EPROM und EEROM auf Grundlage des Speicherfeldeffekttransistors (z. B. als Floating-Gate-Transistor) erlangt. Die Speicherzelle läßt sich durch Aufladen eines isolierten Gate (Steuerung der Transistorschwellspannung) mit heißen Elektronen programmieren und z. B. durch UV-Licht (EPROM) oder elektrisch (durch Tunnelvorgang) löschen (EEROM). Die Tabelle enthält einige typische Parameter.

Beim EEROM läßt sich jede Speicherzelle selektiv löschen. Löscht man hingegen gleichzeitig ganze Sektoren, so liegt ein Flash-EPROM oder Flash-Speicher vor.

Das Anwendungsgebiet der ROM ist groß. Es reicht von Codewandlern über Tabellenspeicher, Mikroprogrammspeicher, Zeichengeneratoren bis hin zur Realisierung von Logikstrukturen. Im letzten Fall liegt eine besondere Anwendung der ROM vor, die eine gewisse Verwandtschaft zu den programmierbaren Logiken (PLA) besitzt. *Paul*

Literatur: *Millman, J.* and *A. Grabel*: Microelectronics. New York 1986. – *Tietze, U.* und *Ch. Schenk*: Halbleiterschaltungstechnik. Berlin 1985.

**ROSE** ⟨*ROSE (Remote Operations Service Element)*⟩. Beispiel für ein Common Application Service Element (→ CASE) und somit ein → Dienst der → Anwendungsebene des → OSI-Referenzmodells.

Nachdem eine Kommunikationsverbindung (→ Assoziation, → ACSE) zwischen zwei → Instanzen der → Anwendungsebene aufgebaut worden ist, kann auf dieser Verbindung ein interaktiver Nachrichtenaustausch stattfinden. Hierbei sendet eine Instanz eine Anforderung an die Partnerinstanz. Diese versucht, die erforderlichen → Operationen auszuführen, und meldet das Resultat dem Initiator zurück – eine typische Anfrage/Antwort-Operation. Aufgabe von ROSE ist es, eine solche interaktive → Kommunikation zu unterstützen.

ROSE teilt die Operationen in fünf Klassen ein:

*ROM. Tabelle: Prinzipien von EPROM*

|  | EPROM | EEROM | Flash-EPROM |
|---|---|---|---|
| Transistoren pro Zelle | 1 | 2 | 1 |
| Löschen | UV-Licht | elektrisch | elektrisch |
| Speichern | Ladungsinjektion | Tunnelvorgang |  |
| Programmierzeit/ms | 100 ... 200 | 3 ... 10 | 10 ... 30 |
| Löschzeit/s | 300 ... 500 | 0,001 ... 0,01 | 1 |

– Operationsklasse 1: Synchron, Ergebnisse werden der Instanz, welche die Operation gestartet hat, gemeldet.
– Operationsklasse 2: Asynchron, Ergebnis bzw. Fehler werden der Instanz gemeldet, welche die Operation gestartet hat.
– Operationsklasse 3: Asynchron, nur Fehler werden gemeldet.
– Operationsklasse 4: Asynchron, nur ein Ergebnis wird gemeldet.
– Operationsklasse 5: Asynchron, es wird nichts gemeldet.

Synchron bedeutet hier, daß eine Reaktion auf vorhergehende Operationen eingetroffen sein muß, bevor weitere Operationen gestartet werden dürfen. Im asynchronen Modus können Operationen unabhängig von Reaktionen der ausführenden Instanz gestartet werden.

Auch die Assoziationen zwischen zwei Instanzen der Anwendungsebene werden von ROSE in → Klassen eingeteilt:
– Assoziationsklasse 1: Nur die Instanz, welche die Assoziation initiiert hat, kann Operationen anstoßen (auf der entfernten antwortenden Instanz).
– Assoziationsklasse 2: Nur die antwortende Instanz kann Operationen anstoßen (auf der initiierenden Instanz).
– Assoziationsklasse 3: Beide Instanzen können Operationen anstoßen.

Beide Anwendungsinstanzen müssen Operations- und Assoziationsklasse absprechen. *Jakobs/Spaniol*

Literatur: *Spaniol, O.; Jakobs, K.*: Rechnerkommunikation – OSI-Referenzmodell, Dienste und Protokolle. VDI-Verlag, 1993. – *Halsall, F.*: Data communications, computer networks and open systems. 3rd Edn. Addison-Wesley, 1992.

**Routenoptimierung** ⟨*routing*⟩. Problem, eine feste Anzahl von Kunden an bekannten Standorten mit gegebenem Bedarf mit einer gegebenen Anzahl von Fahrzeugen bestimmter Kapazitäten mit einem bestimmten Gut transportkostenminimal zu beliefern unter Einhaltung von Wegkapazitäts- und Zeitrestriktionen.

Probleme der R. tauchen in den verschiedensten Gebieten der Technik und Wirtschaft in scheinbar völlig verschiedener Problemstellung auf. In der Praxis sind die Tourenplanung (optimale Routenplanung für Werksbusse, Stadtreinigung, Müllabfuhr, Entsorgung von Industriemüll), die Steuerung von NC-Maschinen (Bohrlöcher für Verdrahtungsplatinen), VLSI-Chip-Designplanung, Aggregation von individuellen Präferenzen und Merkmalsclusterung wichtige Spezialprobleme der R.

R.-Probleme werden meist mittels eines → Graphen oder eines → Netzwerkes dargestellt. Man unterscheidet knoten- und kantenorientierte Probleme. Knotenorientierte Probleme verlangen die Bestimmung einer Tour durch das Netzwerk, so daß jeder Knoten höchstens einmal besucht wird, und können als verallgemeinertes → Travelling-Salesman-Problem modelliert werden. Bei kantenorientierten Problemen darf jede Kante höchstens einmal durchlaufen werden. Sie können als verallgemeinerte Chinese-Postman-Probleme dargestellt werden.

Fast alle R.-Probleme sind → NP-vollständig. Zur Lösung können deshalb keine exakten Verfahren mit wirtschaftlich vertretbarem Aufwand eingesetzt werden. Meist werden heuristische Verfahren in der Form der Sukzessiv- oder Parallelverfahren (Tour und Route werden parallel zueinander entwickelt) eingesetzt.
*Bachem*

Literatur: *Christofides, N.*: The vehicle routing problem. In: Christofides, Mingozzi, Thoth und Sandi (Eds.): Combinatorial optimization. Chichester-New York-Brisbane-Toronto 1979, pp. 315–338. – *Domschke, W.*: Logistik: Rundreisen und Touren. München-Wien 1982. – *Liebling, T. M.*: Graphentheorie in Planungs- und Tourenproblemen am Beispiel des städtischen Straßendienstes. Berlin-Heidelberg-New York 1970. – *Neitzel, W.*: Tourenplanung – Problemdarstellung und Lösungsverfahren für das Ein-Depot-Problem. Frankfurt a. M.-Bern-Las Vegas 1977.

**Router (Wegewahleinheit)** ⟨*router*⟩. Dient zur Kopplung von → Netzwerken mit beliebigen (i. allg. unterschiedlichen) → Protokollen der → Ebenen 1 bis 3, aber mit den gleichen Transport- und höheren Protokollen. Die Kopplung findet somit auf Netzwerkebene statt (Bild).

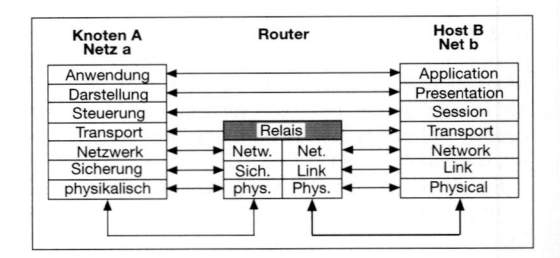

| Knoten A<br>Netz a | Router | | Host B<br>Net b |
|---|---|---|---|
| Anwendung | | | Application |
| Darstellung | | | Presentation |
| Steuerung | | | Session |
| Transport | Relais | | Transport |
| Netzwerk | Netw. | Net. | Network |
| Sicherung | Sich. | Link | Link |
| physikalisch | phys. | Phys. | Physical |

*Router: Netzkopplung über R.*

Zu den Aufgaben eines R. gehören:
– *Adressierung*: Alle Teilnehmer im gesamten Netz müssen eindeutig identifizierbar sein. Da sich die Adressen in den einzelnen Subnetzen bezüglich Länge und/oder Struktur unterscheiden können, muß der R. in der Lage sein, diese Adressen aufeinander abzubilden. Dies kann z. B. mit Hilfe einer Tabelle oder eines speziellen Abbildungsalgorithmus geschehen.
– → *Routing*: Der R. hat die Aufgabe, einen besonders günstigen Weg zwischen Sender und Empfänger(n) zu ermitteln. Hierbei können z. B. hohe Bandbreitenausnutzung, geringe Verzögerungszeit oder geringe Kosten als Kriterien dienen.
– *Protokollkonvertierung*: Um überhaupt eine → Kommunikation zwischen Partnern in unterschiedlichen Netzen zu ermöglichen, müssen die Protokolle der

gekoppelten Netze im R. aufeinander abgebildet werden.
– *Datenpufferung*: Die Übertragungsraten der einzelnen Netze können in weiten Grenzen variieren. Außerdem kann der Fall auftreten, daß ein Teilnetz wegen Überlastung keine weiteren Daten annehmen kann. In solchen Fällen muß der R. in der Lage sein, eine gewisse Menge von Daten zwischenzuspeichern.
– → *Flußkontrolle*: Um ein Überlaufen der Datenpuffer des R. zu vermeiden, ist ein Flußkontrollmechanismus erforderlich. *Jakobs/Spaniol*
Literatur: *Nussbaumer, H.*: Computer communication systems. Vol. 2: Principles, design, protocols. John Wiley, 1990.

**Routing, dynamisches** ⟨*dynamic routing*⟩. Dynamische bzw. adaptive → Routing-Verfahren basieren auf Informationen über den aktuellen Zustand des Netzes. Solche Verfahren erlauben schnellere Reaktionen auf aktuelle Gegebenheiten, bringen aber das Problem mit sich, wie ein Knoten diese Informationen erhält bzw. weitergibt. Hierbei lassen sich zwei Klassen von Verfahren identifizieren, die als Local Routing (→ Routing, lokales) bzw. Distributed Routing (→ Routing, verteiltes) bezeichnet werden.
*Jakobs/Spaniol*

**Routing, gegabeltes** ⟨*bifurcated routing*⟩ → Routing

**Routing, hierarchisches** ⟨*hierarchical routing*⟩. In allen → Routing-Verfahren (ausgenommen → Flooding) muß ein Knoten eine Routing-Tabelle führen. Eine solche Tabelle enthält eine Zeile für jede erreichbare Station und eine Spalte für jeden verfügbaren Ausgangskanal. In großen Netzen kann diese Tabelle sehr umfangreich werden. Bei adaptiven Verfahren bedeutet dies zusätzlich, daß eine große Menge Informationen ausgetauscht werden muß. Eine sehr einfache Möglichkeit, die Tabellengröße zu verringern, liegt in der Einführung von logischen Hierarchiestufen im Netz.

Bei diesem Verfahren werden geographisch relativ nah nebeneinanderliegende Knoten zu einem Gebiet zusammengefaßt. Logisch werden diese einzelnen Gebiete durch ein Netz einer höheren logischen Stufe verbunden. Physikalisch wird ein Zentralknoten aus jedem Gebiet mit „Kollegen" der anderen Gebiete verbunden. In den Tabellen sind nur die Zentralknoten der einzelnen Gebiete enthalten.

Voraussetzung für ein sinnvolles h. R. sind hierarchisch aufgebaute Adressen. Das Verfahren funktioniert analog zum Telephonnetz: Anhand der Landeskennzahl wird ein Anruf zu einem zentralen Knoten in dem gewählten Land weitergeleitet, von dort aus kann er anhand der nationalen Vorwahl zu einem Knoten auf Bereichsebene geleitet werden. Von dort wird zum gewählten Teilnehmer weitergeleitet. Ein Knoten auf Landesebene muß nur die Landeskennzahlen erkennen. *Jakobs/Spaniol*

Literatur: *Nussbaumer, H.*: Computer communication systems. Vol. 2: Principles, design, protocols. John Wiley, 1990.

**Routing, lokales** ⟨*local routing*⟩. Mit Hilfe von lokal verfügbaren → Daten sammeln die Stationen Informationen über den Zustand des Netzes. Setzt man voraus, daß die Übertragungszeiten von Knoten A nach Knoten B und von B nach A identisch sind, so läßt sich aus der Quelladresse eines → Pakets und der Angabe, zu welchem Zeitpunkt das Paket abgeschickt wurde, die Übertragungszeit zu dem sendenden Knoten (über den Kanal, über den es eingetroffen ist) einfach ermitteln. Nach einer gewissen Einschwingzeit ergibt sich bezüglich der Übertragungszeiten eine Sicht des gesamten Netzes.

Der große Vorteil dieses Verfahrens ist, daß keine speziellen Routing-Informationen ausgetauscht werden müssen. Einen Nachteil hat das l. R. mit vielen anderen adaptiven Verfahren gemeinsam: Es reagiert sehr schnell auf „gute Nachrichten" (neue Verbindungsstrecken), aber extrem langsam auf „schlechte Nachrichten" (gestörte Verbindungen). Eine neue Verbindungsstrecke, die sich durch kürzere Übertragungszeiten zu manchen Knoten bemerkbar macht, wird sofort registriert (der alte Wert für diese Strecke wird durch den neuen, besseren ersetzt). Fällt eine Verbindung aus, so werden über diesen Kanal keine Pakete mehr empfangen, und der alte Wert für die Übertragungszeit bleibt lange erhalten. Eine Möglichkeit, dieses Phänomen zu umgehen, besteht darin, bei der Aktualisierung der Tabellen zu jeder Übertragungszeit eines Kanals, über den seit der letzten Aktualisierung keine Pakete mehr empfangen wurden, eine Konstante zu addieren. Hierdurch wächst die angenommene Übertragungszeit für diesen Kanal regelmäßig an.
*Jakobs/Spaniol*

**Routing, statisches** ⟨*static routing*⟩. Eine → Klasse von relativ einfachen → Routing-Verfahren.

Das entscheidende Merkmal aller s.-R.-Strategien ist die Unabhängigkeit vom Routing und der Auslastung des Netzes bzw. einzelner Verbindungswege. Die Routen werden einmal festgelegt, basierend auf Kriterien wie Weglänge und zu erwartendes Verkehrsaufkommen. Diese Routen werden auch dann noch beibehalten, wenn z.B. in einem Transitknoten (→ Router) unverhältnismäßig lange Wartezeiten durch Überlastung entstehen. Man kann drei Strategien unterscheiden:

☐ *Feste Routen*. Jeder Knoten verwaltet eine Tabelle, in der jedem Zielknoten eine möglichst günstige Ausgangsverbindung zugeordnet ist. Alle → Pakete zu einem bestimmten Zielknoten werden nur über diese Verbindung übertragen. Ein Knoten- oder Verbindungsausfall würde automatisch zum Abbruch aller Verbindungen über diese Strecke führen. Es sind Maßnahmen vorzusehen, um auf Knotenausfälle oder auf die Einrichtung von neuen Knoten reagieren zu können. Die Routing-Tabellen müssen von Zeit zu Zeit erneuert werden, wenn ein Knoten oder eine Verbindungsstrecke neu eingerichtet oder abgeschaltet wird. Die Kriterien, die einer solchen Tabelle zugrunde liegen, können von Netz zu Netz variieren. Generell wird von Kosten gesprochen, die mit einer Route assoziiert sind. Diese Kosten können sich aus der zu erwartenden Verzögerungszeit einer Verbindungsstrecke errechnen, aber auch aus pekuniären Kosten, die bei Benutzung einer Strecke entstehen. Ein häufig verwendetes Kriterium ist die Anzahl der Hops (Strecken zwischen zwei Routern). Jedoch macht dieses Kriterium nur dann Sinn, wenn die Verbindungsstrecken in etwa die gleiche Bandbreite haben.

☐ *Feste Routen mit Alternative.* Um eine Verbindungsunterbrechung bei Störung zu vermeiden, wird in der Routing-Tabelle neben der Hauptroute eine Nebenroute eingetragen, über welche die Verbindung im Störfall „umgeleitet" werden kann.

☐ *Gegabeltes Routing.* Beim gegabelten (bifurcated) Routing werden Ausweichrouten zur Lastaufteilung benutzt. Auch im normalen Betrieb wird die Last über alle möglichen Ausgangsleitungen verteilt, wobei eine Wichtung zugunsten der optimalen Verbindungsstrecke möglich ist.

Diese s.-R.-Verfahren benötigen von Zeit zu Zeit eine Aktualisierung der verwendeten Routing-Tabellen. Eine Möglichkeit hierfür ist das Centralized Routing (zentralisiertes Routing). Hierbei senden alle Stationen relevante Meßdaten (Verfügbarkeit der Nachbarn, Kanalauslastung etc.) an eine zentrale Station (häufig als Network Routing Centre, NRC, bezeichnet). Diese Station kann aus den ihr vorliegenden vollständigen Informationen geeignete Routing-Tabellen zusammenstellen und an die einzelnen Knoten verschicken. Das Verfahren ist nicht nur relativ einfach, es ist damit auch möglich, einen komplexen Algorithmus zu verwenden, da die Berechnungen nur auf dem NRC ablaufen. Die Tabellen können somit das Optimalitätskriterium sehr gut erfüllen.

Auf der anderen Seite weist das zentralisierte Routing einige Nachteile auf:
– Der korrekte Betrieb des Netzes hängt ganz wesentlich vom einwandfreien Arbeiten des NRC ab. Wenn dieser Knoten ausfällt, können die einzelnen Tabellen nicht mehr aktualisiert werden. Eine mögliche Ersatzstation könnte hier zwar helfen, würde allerdings auch den Aufwand wesentlich erhöhen.
– Durch die an das NRC gesendeten Informationen (und die von dort zurückgesendeten Tabellen) kann es in der Umgebung dieser zentralen Station zu zeitweiligen Überlastsituationen kommen.
– Ein gleichzeitiges Aktualisieren aller im Netz verwendeten Tabellen ist praktisch nicht realisierbar. Es muß mit zeitweiligen Inkonsistenzen der Tabellen gerechnet werden, wodurch sich die Gefahr von verlorenen Paketen vergrößert.

Die Nachteile des quasi-statischen, zentralisierten Routing können durch dynamische, adaptive Verfahren umgangen werden. *Jakobs/Spaniol*

Literatur: *Halsall, F.*: Data communications, computer networks and open systems. 3rd Edn. Addison-Wesley, 1992. – *Nussbaumer, H.*: Computer communication systems. Vol. 2: Principles, design, protocols. John Wiley, 1990.

**Routing, verteiltes** ⟨*distributed routing*⟩. Während das →lokale Routing lediglich mit Informationen arbeitet, über die ein Knoten ohne einen speziellen zusätzlichen Informationsaustausch mit anderen Knoten verfügt, werden beim v. R. genau solche Extrainformationen zwischen Knoten ausgetauscht.

Die beiden wichtigsten Vertreter des v. R. sind das →Distance Vector Routing und das →Link State Routing. *Jakobs/Spaniol*

Literatur: *Halsall, F.*: Data communications, computer neworks and open systems. 3rd Edn. Addison-Wesley, 1992. – *Comer, D. E.*: Internetworking with TCP/IP. Vol. 1: Principles, protocols and architecture. 2nd Edn. Prentice Hall, 1991. – *Nussbaumer, H.*: Computer communication systems. Vol. 2: Principles, design, protocols. John Wiley, 1990.

**Routing, zentrales** ⟨*centralized routing*⟩ → Routing

**Routing (Wegewahl)** ⟨*routing*⟩. Ein Problem, das von der Netzwerkebene gelöst werden muß, ist die optimale Weiterleitung von →Paketen vom Sender zum Empfänger. Die Komplexität dieser Aufgabe wird klar, wenn man die unterschiedlichen Anforderungen betrachtet, die an ein R.-Verfahren gestellt werden. Ein „idealer" R.-Algorithmus sollte folgende Eigenschaften haben:
– *Korrekt*: Der Algorithmus funktioniert ordnungsgemäß.
– *Einfach:* Rechnerbelastung und erforderliche Netzbandbreite sind möglichst gering.
– *Adaptiv*: Auf gravierende Änderungen der Belastung einzelner Strecken oder Knoten bzw. auf Topologieänderungen wird sofort reagiert.
– *Stabil*: Nach dem Anpassen wird schnell ein stabiler Zustand erreicht.
– *Fair*: Alle Netzknoten werden gleichermaßen gut bedient.
– *Optimal*: Es wird die jeweils beste Route angeboten. Die „beste Route" kann von sehr unterschiedlichen Kriterien abhängen. Als Kriterium kann ein hoher Durchsatz dienen oder eine möglichst kurze Paketlaufzeit. In manchen Netzen mag der Aspekt der Zuverlässigkeit alle anderen Überlegungen in den Schatten stellen, in wieder anderen sind die zu erwartenden Übertragungskosten entscheidend.

Diese Anforderungen schließen einander z. T. aus. Ein schneller adaptiver Algorithmus benötigt immer eine hohe Übertragungsbandbreite bzw. Rechenkapazität.

Prinzipiell können drei Klassen von R.-Verfahren unterschieden werden:
– *(Selektives)* →*Flooding*: Jeder Knoten sendet eine eintreffende →Nachricht entweder über alle oder über einige zufällig ausgewählte Ausgangsleitungen.

– *(Quasi-)statisches R.*: R.-Entscheidungen werden selten (z. B. bei Inbetriebnahme des Netzes oder nach Topologieänderungen) getroffen.
– *Dynamisches R.*: R.-Entscheidungen werden in Abhängigkeit vom Zustand des Netzes (Auslastung einzelner Knoten und Verbindungsstrecken, Ausfall von Netz-Ressourcen usw.) getroffen (→ Flooding; → Distance Vector Routing; →Routing, dynamisches; → Link State Routing; → Routing, hierarchisches; → Source Routing; →Routing, statisches).

*Jakobs/Spaniol*

Literatur: *Halsall, F.*: Data communications, computer networks and open systems. 3rd Edn. Addison-Wesley, 1992. – *Comer, D. E.*: Internetworking with TCP/IP. Vol. 1: Principles, protocols and architecture. 2nd Edn. Prentice Hall, 1991. – *Nussbaumer, H.*: Computer communication systems. Vol. 2: Principles, design, protocols. John Wiley, 1990.

**RPC** ⟨*RPC (Remote Procedure Call)*⟩. → Dienst für den Aufruf von → Operationen auf entfernten Rechnern. Operationen, die entfernt aufgerufen werden sollen, müssen durch eine abstrakte Schnittstellenbeschreibung (→ IDL) definiert werden. Bei dem Aufruf einer entfernten Operation werden die Werte der Aufrufparameter mit Hilfe von → Stubs in eine Transfersyntax übersetzt, bevor sie zum Zielrechner übertragen werden. Analog wird mit den möglichen Rückgabewerten einer Operation verfahren. Die wichtigsten Realisierungen von RPC-Diensten sind im Rahmen des Open Network Computing (ONC) von Sun und dem Distributed Computing Environment (→ DCE) entwickelt worden. Weiterhin ist mit → ROSE auf der → Anwendungsebene von → OSI ein RPC-Dienst standardisiert worden (s. auch → Rechensystem, verteiltes).

*Meyer/Spaniol*

Literatur: *Tanenbaum, A. S.*: Distributed operating systems. Prentice Hall, 1995.

**RS-232-C** ⟨*RS-232-C*⟩. RS Abk. für Recommended Standard. Die → Schnittstelle RS-232-C ist funktional kompatibel zur → V.24-Empfehlung der → ITU.

*Jakobs/Spaniol*

**RSA-Kryptosystem** ⟨*RSA (Rivest-Shamir-Adelman) cryptosystem*⟩ → Kryptosystem, asymmetrisches

**RSA-Verfahren** ⟨*RSA (Rivest-Shamir-Adelman) algorithm*⟩ → Kryptosystem, asymmetrisches

**RSL** ⟨*RSL*⟩. Breitbandsprache, die Konzepte zur formalen → Spezifikation abstrakter und konkreter → Datentypen, zur Strukturierung von Spezifikationen und zum Schreiben funktionaler, imperativer und nebenläufiger Programme enthält. RSL ist die Spezifikationssprache der Software-Entwicklungsmethode RAISE, einer Weiterentwicklung von → VDM zur schrittweisen Entwicklung sequentieller und auch nebenläufiger Software aus formalen Spezifikationen.

*Beispiel*
Spezifikation eines abstrakten Datentyps STACK für Kellerobjekte und eine → Implementierung STACK1 des abstrakten Datentyps durch Listen. Stack repräsentiert die Menge aller Kellerobjekte aus El, Stack1 die Menge der nichtleeren Keller; ⟨⟩, ^, hd,tl sind Standardlistenoperationen über Listen von Elementen aus El* und bezeichnen die leere Liste, Listenkonkatenation, erstes Element und Rest der Liste.

```
STACK0 = structure
  use ELEMENT
  type
    Stack,
    Stack1 = those
      st:Stack. ~is_empty(st)
  value
    empty: Stack,
    is_empty: Stack → Bool,
    push: El×Stack → Stack,
    pop: Stack1 → Stack,
    top: Stack1 → El
  axiom
    ∀st:Stack, x:El
    pop(push(x,st)) = st ∧
    top(push(x,st)) = x ∧
    is_empty(empty) ∧
    ~is_empty(push(x,st))
end STACK0
STACK1 = structure
  use ELEMENT
  type
    Stack = El*,
    Stack1 =
    those st:Stack. ~is_empty(st)
  value
    empty:Stack = ⟨⟩,
    is_empty (st:Stack) : Bool =
    (st = empty),
    push (x:El,st:Stack) : Stack1 =
    ⟨x⟩^ st,
    pop (st:Stack1) : Stack = tl st,
    top (st:Stack1) : El = hd st
end STACK1
```

*Wirsing*

Literatur: *Haxthausen, A.; Pedersen, J.; Prehn, S.*: RAISE: A product supporting industrial use of formal methods. TSI 12 (1993) pp. 319–346.

**RTD** ⟨*RTD (Round Trip Delay)*⟩. Bezeichnet die Zeit, die zwischen dem Absenden eines → Pakets und dem Empfang der Antwort vergeht (wobei die Antwort unmittelbar nach Eintreffen des Pakets beim Empfänger erzeugt wird). RTD kennzeichnet also die gesamte Verzögerung, die durch das → Netzwerk entsteht.

*Jakobs/Spaniol*

**RTI** ⟨*RTI (Road Transport Informatics)*⟩. Unter dem Begriff RTI werden in Europa Telematikanwendungen und -systeme zusammengefaßt, die auf den Straßenverkehr einwirken. In den USA werden entsprechende Systeme unter der Bezeichnung Intelligent Vehicle Highway Systems (→ IVHS) behandelt. Man erwartet von der Einführung dieser Systeme eine Verringerung der Unfallzahlen, eine effizientere Nutzung des Mediums „Straße", eine geringere Umweltbelastung und damit einen besseren Ablauf des Verkehrs. Straße, Fahrzeug und Mensch bilden dabei ein intelligentes kooperierendes System. Beispiele für RTI-Anwendungen sind
– *Notfallwarnung*: Automatischer Notruf; Warnung anderer Verkehrsteilnehmer;
– *Zielführung*: Orientierungshilfe; dynamische verkehrsabhängige Berechnung von Reiserouten;
– *Fracht- und Flottenmanagement*: Überwachung von Positionen, Reise- und Ladezeiten; Unterstützung dynamischer Lade- und Fahrtplanung;
– *Gebührenerfassung*: Automatische Abbuchung von Straßennutzungsgebühren.

Neben Lichtsignalen, Wechselverkehrszeichen und der automatischen Erkennung von Verkehrssituationen aus Videosignalen werden für RTI insbesondere digitale Radiosysteme (→ RDS, → TMC), Mobilfunksysteme (z. B. → GSM und → SRC) und Satellitennavigationssysteme (→ GPS) genutzt. RTI-Anwendungen und Kommunikationsprotokolle werden europaweit über → CEN im TC278 und international von der → ISO im TC204 standardisiert. *Hoff/Spaniol*

Literatur: *Müller, G.; Hohlweg, G.* (Hrsg.): Telematik und Mobilität – Initiative und Gestaltungskonzepte. Springer, Berlin 1995.

**RTK** ⟨*RTK (Real-Time Kernel)*⟩. Häufig gebrauchte Kurzform für → Realzeitkern bzw. → Realzeitbetriebssystem. *Fischer*

**RTSE** ⟨*RTSE (Remote Transfer Service Element)*⟩. Ein Common Application Service Element (→ CASE) und somit ein → Dienst der → Anwendungsebene des → OSI-Referenzmodells. → Instanzen der Anwendungsebene kommunizieren durch den Austausch von Anwendungs-Protokolldateneinheiten (Application Protocol Data Units, APDU). Bei dieser Übertragung garantiert RTS, daß
– APDU vollständig übertragen werden,
– APDU genau einmal übertragen werden,
– der Sender von Ausnahmefällen unterrichtet wird.

RTS muß Mechanismen bereitstellen, die beim Ausfall von Verbindungen oder eines Endsystems reagieren und die z. B. die Anzahl der notwendigen Wiederholungen von → Nachrichten in einem solchen Fehlerfall minimieren. Um die erforderliche Zuverlässigkeit zu erreichen, startet RTS vor der Übertragung jeder APDU eine Aktivität der → Steuerungsebene, die anschließend sofort wieder beendet wird. Die somit gesetzten Synchronisationspunkte gewährleisten eine gesicherte Information über Erfolg bzw. Nichterfolg der Übertragung.

RTS ist Teil eines Anwendungskontextes einer → Assoziation. Die zuverlässige Übertragung von APDU über diese Assoziation wird vom Reliable Transfer Service Element (RTSE) übernommen. Ein RTSE benutzt die Dienste von → ACSE für Aufbau und Kontrolle der Assoziation. Ist der Einsatz von RTSE in einem Anwendungskontext vorgesehen, so ist der RTSE-Dienstanbieter der ACSE-Benutzer. Der RTS-Dienst wird durch sieben → Primitive erbracht.
*Jakobs/Spaniol*

Literatur: *Spaniol, O.; Jakobs, K.*: Rechnerkommunikation – OSI-Referenzmodell, Dienste und Protokolle. VDI-Verlag, 1993. – *Halsall, F.*: Data communications, computer networks and open systems. 3rd Edn. Addison-Wesley, 1992.

**Rucksackproblem** ⟨*knapsack problem*⟩. Ganzzahlige lineare Optimierungsprobleme der Form

max cx

ax ≤ b

x{0,1}n.

Das R. dient zur Modellierung von z. B. Investitions- und Packungsproblemen. Es erhielt seinen Namen durch den Bergsteiger, der aus einer Vielzahl von mit $c_j$ entsprechend dem individuellen Nutzen bewerteten Utensilien vom Gewicht $a_j$ diejenigen für seine Bergtour auswählen möchte, die in ihrer Gesamtheit die Tragkapazität b seines Rucksacks nicht überschreiten, seinen Gesamtnutzen jedoch maximieren.

R. gehören zur Klasse der → NP-vollständigen Probleme, können jedoch aufgrund ihrer speziellen Struktur noch in sehr großen Dimensionen (bis zu 10 000 Variable) effizient gelöst werden. Für das R. existiert eine Reihe von sog. vollständigen, polynomialen Approximationsschemata, d. h. approximative Verfahren, die in polynomialer Zeit eine vorgegebene Güteschranke erreichen.

Eng verwandt sind das Bin-Packing- und das Subset-Sum-Problem. *Bachem*

**Rückkopplung** ⟨*feedback*⟩. Das Prinzip der R. besteht in der Möglichkeit, die Ergebnisse der Verarbeitung von eingegebenen → Daten unter einer bestimmten Bewertung in die Eingabe von neuen Daten einzubeziehen. Auf diese Weise können selbstregelnde oder flexible Systeme entwickelt werden. Dieses Prinzip läßt sich in vielen Bereichen der Ingenieur- und Naturwissenschaften anwenden. Bei der → Software-Entwicklung stellt z. B. die → graphische Ausgabe von eingegebenen Daten zur besseren Interpretation des funktionalen Eingabewertes durch den → Bediener eines Anwendungsprogramms eine R. dar.
*Encarnação/Gutheil*

**Rücksetzen** ⟨*backtracking*⟩. Zurückziehen von Entscheidungen in einem Suchproblem. Probleme der

→ Künstlichen Intelligenz (KI) werden häufig dadurch gelöst, daß eine geeignete Schrittfolge von einem Startzustand zu einem Zielzustand gesucht wird. Erweist sich eine Schrittfolge als ungeeignet, müssen Alternativen erkundet werden. Falls das Suchverfahren nicht alle Alternativen gleichzeitig verwalten kann, ist R. erforderlich.

Bei *chronologischem R.* werden die Entscheidungen in zeitlich umgekehrter Reihenfolge bis zu einem Entscheidungspunkt zurückgezogen, an dem noch Alternativen möglich sind. *Intelligentes* oder abhängigkeitsgesteuertes R. zieht nur solche Entscheidungen zurück, die für das Scheitern der aktuellen Schrittfolge ursächlich sind.

R. wird in einigen Programmiersprachen der KI durch Anweisungen unterstützt, mit denen man Programmzustände abspeichern bzw. restaurieren kann.
*Neumann*

**Rücksetzen, automatisches** ⟨*automatical backtracking*⟩. Kontrollstruktur in → Programmiersprachen der → Künstlichen Intelligenz (KI), durch die → Rücksetzen automatisch durchgeführt wird. Erstmalig in der Programmiersprache → PLANNER eingeführt (implementiert als MICRO-PLANNER). PLANNER führt automatisch chronologisches Rücksetzen durch, wenn ein Ausdruck zu FAIL evaluiert. Entscheidungspunkte mit Alternativen entstehen in PLANNER durch Zugriffe auf eine assoziative Datenbasis. A. R. in PLANNER erwies sich als schwer kontrollierbar.
*Neumann*

Literatur: Sussman, G. J.; McDermott, D. V.: From PLANNER to CONNIVER: A genetic approach. AFIPS 1972, pp. 1171–1180.

**Rücksetzlinie** ⟨*recovery line*⟩. Eine Menge MZ von → Rücksetzzuständen für Komponenten und Subsysteme eines → fehlertoleranten Rechensystems ist für eine Menge von parallelen und wechselseitig abhängigen → Berechnungen MB eine R., wenn MZ ein Rücksetzzustand für MB ist. Die Fehlerfreiheit, die von MZ gefordert ist, bezieht sich auf die Gesamtheit der Berechnungen gemäß MB.
*P. P. Spies*

**Rücksetzzustand** ⟨*recovery state*⟩. R. im Zusammenhang mit einem → fehlertoleranten Rechensystem S sind fehlerfreie Zustände von Komponenten oder Subsystemen von S, die vorbeugend für → Fehlertoleranz-Verfahren mit → Rückwärtsfehlerbehandlung gespeichert werden. Die geforderte Fehlerfreiheit ist dem jeweiligen Verwendungszweck entsprechend definiert und durch Maßnahmen der → Fehlererkennung sicherzustellen. R. werden nach erkannten Fehlern zur → Fehlerbehebung, also zur Überführung von Komponenten oder Subsystemen in einen fehlerfreien Zustand, benutzt. Mit der Überführung eines → Subsystems SS von S in einen fehlerfreien Zustand wird das Ziel verfolgt, daß nachfolgend Aufträge an SS erteilt werden können, die SS fehlerfrei ausführen soll. Diesem Zweck muß die Fehlerfreiheitsforderung, die an einen R. gestellt wird, entsprechen. R. müssen zuverlässig gespeichert werden, was bedeutet, daß die Fehler, die mit ihrer Hilfe toleriert werden sollen, keine Auswirkungen auf die R. haben dürfen. Die Komponenten von S zur Speicherung sind entsprechend auszuwählen; ggf. sind spezielle → zuverlässige Speicher zu benutzen.

Bei → parallelen Rechensystemen mit wechselseitigen Abhängigkeiten zwischen den → Berechnungen können auch Abhängigkeiten zwischen R. bestehen; in diesen Fällen sind die Abhängigkeiten in die Fehlerfreiheitsbedingungen einzubeziehen. Daraus ergeben sich Mengen von R., die als → Rücksetzlinien bezeichnet werden.
*P. P. Spies*

**Rückwärtsfehlerbehandlung** ⟨*backward error recovery*⟩. R. im Zusammenhang mit einem → fehlertoleranten Rechensystem S faßt die Maßnahmen zusammen, die von S nach Erkennung eines Fehlers und nach einer entsprechenden → Fehlerdiagnose unter Einbeziehung von → Rücksetzzuständen zum Tolerieren des Fehlers durchgeführt werden. Voraussetzung für R. ist, daß vorbeugend, also vor dem Auftreten und der Erkennung von Fehlern, systematisch und zuverlässig → Rücksetzzustände gespeichert und → Rücksetzlinien gebildet werden. Die Anforderungen an die Zuverlässigkeit der Speicherung der Rücksetzzustände ergeben sich aus den Fehlern, die toleriert werden sollen. Dabei gilt, daß die Fehler, die toleriert werden sollen, keine Auswirkungen auf die Rücksetzzustände haben dürfen. Dementsprechend sind die Komponenten von S, die zur Speicherung von Rücksetzzuständen benutzt werden sollen, auszuwählen; ggf. sind → zuverlässige Speicher zu benutzen.
*P. P. Spies*

**Rückwärtsverkettung** ⟨*backward chaining*⟩. Inferenzstrategie eines → Expertensystems. Bei Rückwärtsverkettung bringt die → Inferenzkomponente Regeln zur Anwendung, deren Konsequenzteil auf die in der → Wissensbasis eingetragenen Hypothesen oder Ziele paßt. Der Antezedenzteil spezifiziert Bedingungen, die zum Beweis von Hypothesen bzw. zum Erreichen von Zielen erforderlich sind. Werden die Bedingungen durch die Faktenbasis nicht erfüllt, so werden sie als neue Hypothesen oder Ziele in die Wissensbasis eingetragen.

R. realisiert die Suche nach einem Lösungspfad von einem Zielzustand ausgehend. Diagnoseprobleme erfordern hauptsächlich R., Konstruktionsprobleme dagegen → Vorwärtsverkettung.
*Neumann*

**Rundspracheigenschaft** ⟨*broadcast*⟩. Kommunikationsform, bei der eine → Nachricht in einem → Netz von einem Sender an alle anderen Netzstationen verschickt wird. Generell kann eine Nachricht beliebig viele Empfänger haben (→ Unicast, → Multicast). Ein Kommunikationssystem unterstützt die R. von Nachrichten implizit oder explizit. Implizit kann R.-Fähigkeit durch ein Funknetz oder in einem Festnetz durch eine entsprechende → Topologie erreicht werden. In bus- und ringförmigen (→ Bus, → Ring) Netzen zeigt eine spezielle Adresse (R.-Adresse) an, daß diese Nachricht an alle Stationen gerichtet ist. Explizite R. kann durch geeignete → Routing-Verfahren unterstützt werden. Diese Unterstützung ist insbesondere in vermaschten Netzen notwendig. Die R.-Fähigkeit eines Netzes ist für alle Anwendungen mit → Gruppenkommunikation (z. B. → Videokonferenzen, Joint-Editing), aber auch für Funktionen des → Netzwerkmanagements interessant (z. B. Statusabfragen, Statusberichte).

*Hoff/Spaniol*

Literatur: *Wybranietz, D.*: Multicast-Kommunikation in verteilten Systemen. Informatik-Fachber. 242. Springer, 1990.

# S

**S/N-Verhältnis** ⟨*SNR (Signal to Noise Ratio)*⟩ → SNR

**$S_0$-Schnittstelle** ⟨*$S_0$ interface*⟩. Das → ISDN stellt dem Benutzer mit der $S_0$-Schnittstelle einen einheitlichen Zugang für alle Endgeräte zur Verfügung. Die → Schnittstelle bietet zwei → B-Kanäle mit jeweils 64 kbit/s für die Übertragung von Nutzinformationen sowie einen → D-Kanal mit einer Übertragungsrate von 16 kbit/s für Kontroll- und Steuerinformationen.

*Jakobs/Spaniol*

**Sabotage** ⟨*sabotage*⟩. S. eines → Rechensystems S sind äußere → Störungen von S, die darauf ausgerichtet sind, die → Integrität des Systems zu zerstören und Fehler von S, also → Fehlerzustände oder → Fehlverhalten des Systems, zu verursachen. S. können darin bestehen, daß mit physikalischen oder chemischen Mitteln versucht wird, die physische Integrität von S zu zerstören. Sie können auch darin bestehen, daß durch Aufträge an S versucht wird, die in S gespeicherten Nachrichten zu zerstören, wobei diese Nachrichten Programme oder Daten sein können.

Wie alle äußeren Störungen lassen sich S. nach den Arten von Anforderungen, die an ein Rechensystem gestellt werden und bzgl. deren Eigenschaften Fehler verursacht werden sollen, klassifizieren. Die Bereitstellung eines Programms als Komponente von S für die Benutzer des Systems, das absichtlich so konstruiert ist, daß es fehlerhafte Berechnungen ausführt, ist ein Fall von S. bzgl. der → Zuverlässigkeit von S. Die Bereitstellung eines Programms als Komponente von S für die Benutzer des Systems, das absichtlich als → Trojanisches Pferd konstruiert ist, ist ein Fall von S. bzgl. der Rechtssicherheit von S.

*P. P. Spies*

**Sampling** ⟨*sampling*⟩. **1.** Zur Ausgabe von vektoriell beschriebenen Objekten auf Rastersichtgeräten müssen Linien in Pixelmuster überführt werden. Man nennt dies Rasterkonversion. Den wichtigsten Vorgang dieses Verfahrens, die Wahl der Rasterpunkte, die eine Linie darstellen sollen, wird als S. bezeichnet.

**2.** S. wird in der → Nachrichtentechnik das → Abtasten von kontinuierlichen elektrischen Signalverläufen zu diskreten Zeitpunkten genannt. Dem Abtaster ist in der konkreten Schaltungsrealisierung meist ein Halteglied nachgeschaltet, das den Abtastwert für die Spanne zwischen den Abtastzeitpunkten konstant z. B. einem Analog-Digital-Wandler zur Verfügung stellt (Sample-and-Hold-Glied, Abtaster mit Halteglied).

*Encarnação/Ackermann*

**SAP** ⟨*SAP (Service Access Point)*⟩. Eine → Instanz einer → Ebene im → OSI-Referenzmodell stellt ihre → Dienste der nächsthöheren Ebene an SAP (Dienstzugangspunkten) zur Verfügung. Die Dienste werden auch über ihre SAP adressiert (→ Adresse). Daneben werden (interne) Steuer- und Kontrollinformationen wie ein Verbindungsaufbauwunsch via SAP weitergeleitet. SAP spielen damit in → OSI-Umgebungen eine zentrale Rolle. Sie haben die folgenden Eigenschaften:
– (N)-Instanz und (N+1)-Instanz, die über einen (N)-SAP verbunden sind, befinden sich im gleichen System.
– Eine (N+1)-Instanz kann mit mehreren (N)-SAP verbunden sein, welche ihrerseits mit einer oder mehreren (N)-Instanzen verbunden sein können.
– Eine (N)-Instanz kann mit mehreren (N+1)-Instanzen über mehrere (N)-SAP verbunden sein.
– Zu einem gegebenen Zeitpunkt ist ein (N)-SAP mit genau einer (N+1)-Instanz und genau einer (N)-Instanz verbunden.
– Ein (N)-SAP kann von einer (N)-Instanz und/oder einer (N+1)-Instanz getrennt und einer anderen (N)-und/oder (N+1)-Instanz zugeordnet werden.
– Ein (N)-SAP wird über seine (N)-Adresse lokalisiert. Sie wird von (N+1)-Instanzen bei der Anforderung einer (N)-Verbindung benötigt.

*Jakobs/Spaniol*

Literatur: *Spaniol, O.; Jakobs, K.*: Rechnerkommunikation – OSI-Referenzmodell, Dienste und Protokolle. VDI-Verlag, 1993.

**SASE** ⟨*SASE (Specific Application Service Element)*⟩. Entsprechend der möglichen Vielfalt der Kommunikationsanforderungen in einem → Netzwerk werden in der → Anwendungsebene des → OSI-Referenzmodells unterschiedliche → Dienste zur Verfügung gestellt, u. a.
– → X.500 Directory Service, DS;
– Message Handling System, MHS (→ X.400);
– File Transfer, Access and Management, → FTAM;
– Job Transfer and Manipulation, → JTM;
– → Terminal, virtuelles, VT.

Diese Elemente werden als SASE bezeichnet. Sie greifen i. allg. auf unterliegende Common Application Service Elements (→ CASE) zu.

*Jakobs/Spaniol*

Literatur: *Halsall, F.*: Data communications, computer networks and open systems. 3rd Edn. Addison-Wesley, 1992.

**Satellitenkommunikation** ⟨*satellite communication*⟩. Informationsübertragung über Nachrichtensatelliten. Charakteristisch sind die lange → Signallaufzeit (ca. 270 ms bei geostationären Satelliten) und die → Rundsprucheigenschaft: Eine Satellitensendung erreicht viele Stationen in der Ausleuchtzone gleichzeitig. Die

Zuverlässigkeit der Übertragung ist bei geostationären Satelliten sehr hoch, die Bitfehlerrate liegt für große Stationen während mehr als 99% der Zeit im Bereich von $10^{-9}$ oder niedriger. Bei extrem schlechter Witterung oder wenn die Sonne direkt hinter dem Satelliten steht, was zweimal jährlich vorkommt, kann die Fehlerrate kurzzeitig erheblich ansteigen, im Extremfall bis zur Nichtverfügbarkeit der Übertragungsstrecke. Für die → Datenübertragung mit Satelliten wurde als eines der ersten → Netzzugangsverfahren → ALOHA verwendet. Weitere mögliche Zugangsprotokolle sind u. a. → FDMA, → TDMA, → CDMA und Reservierungsverfahren wie → PODA. *Quernheim/Spaniol*

Literatur: *Spaniol, O.*: Satellitenkommunikation. Informatik-Spektrum 6 (1983) S. 124–141. – *Wu, W. W.*: Elements of digital satellite communication. Vol. 1. Rockville 1984/1985. – *Maral, G.; Bousquet, M.*: Satellite communications systems. Chichester 1993.

**Satellitennetz** ⟨*satellite network*⟩. Netz mit Sterntopologie für die Datenkommunikation mittels Funkübertragung. Als Zentrale des → Sterns verstärkt ein Nachrichtensatellit die empfangenen → Signale und sendet sie an alle Stationen weiter (→ Satellitenkommunikation). *Quernheim/Spaniol*

**SBT (Seiten-Blockbereichs-Tabelle)** ⟨*page-block-frame table*⟩ → Speichermanagement

**Scanning** ⟨*scanning*⟩. Für die Darstellung von synthetisch generierten Bildern auf → Rasterbildschirmen müssen die einzelnen → Objekte, die mittels Flächen, Linien oder Konturen beschrieben sind, von ihrer konventionellen geometrischen Darstellung in eine diskrete Punktanordnung transformiert werden. S. bedeutet dabei die Berechnung derjenigen Punkte innerhalb eines diskreten zweidimensionalen Koordinatensystems, die eine darzustellende Linie oder eine polygonal begrenzte Fläche weitgehend repräsentieren können. Dieses Punkt-für-Punkt-Aufzeichnen erfolgt in Anlehnung an den Rasterbildschirm in einem zweidimensionalen → Raster (Matrix), in der jeder Punkt die → Intensität (oder Farbe) des Bildes unter dem Punkt angibt (→ Rasterkonversion).

*Encarnação/E. Klement*

**Schablonenvergleich** ⟨*template matching*⟩. Vergleich eines Bildes mit einer Schablone zur Prüfung der Übereinstimmung oder Ähnlichkeit. Einfaches Verfahren zur → Objekterkennung für wenig variierende Objektformen und eng begrenzte Suchräume, z. B. Erkennung von Druckzeichen. Als Schablonen und Bilder kommen → Grauwertbilder oder → Binärbilder in Frage. Der Vergleich beruht auf einer pixelweisen Bewertung der Übereinstimmung. Die folgenden Vergleichsmaße werden häufig verwendet:
– quadratischer Abstand: Summe der quadrierten Grauwertdifferenzen zwischen Schablone und Bild;
– absoluter Abstand: Summe der absoluten Grauwertdifferenzen;
– Maximalwertabstand: maximale Grauwertdifferenz;
– normierte Kreuzkorrelation: Wurzel aus der Summe der Grauwertprodukte, dividiert durch einen Normierungsfaktor.

Die Kreuzkorrelation kann bei mittleren bis großen Schablonen durch Verwendung der Schnellen Fourier-Transformation (FFT) effektiver berechnet werden als durch das direkte Berechnungsverfahren. *Neumann*

**Schaden** ⟨*damage*⟩. Als S. im Zusammenhang mit einem → Rechensystem $\mathcal{R}$ bezeichnet man die Gesamtheit der durch Fehler von $\mathcal{R}$ verursachten fehlerhaften Eigenschaften des Systems einschließlich nicht vollständig oder fehlerhaft ausgeführter → Berechnungen. Wenn ein Fehler f von $\mathcal{R}$ zur Zeit $t \in \mathbb{R}_+$ auftritt und zur Zeit $t' \in \mathbb{R}_+$ mit $t' > t$ erkannt wird, dann erfaßt der von f bis $t'$ verursachte S. die fehlerhaften Eigenschaften im Zeitintervall $[t, t']$. Dazu gehören in diesem Zeitintervall fehlerhaft berechnete und ausgegebene Ergebnisse, teilweise fehlerhaft ausgeführte Berechnungen einschließlich fehlerhafter Komponenten und Subsysteme, die sich daraus ergeben, sowie von f verursachte → Folgefehler von S. Zur Beschränkung des von f verursachten S. muß man versuchen, die S.-Ausbreitung, also die Wirkung von f über der Zeit, zu beschränken. Das ist durch Verkürzung der Zeitintervalle zwischen dem Auftreten von f und der → Fehlererkennung sowie durch Beschränkung der Wirkungsbereiche, die im Fehlerfall S.-Gebiete sind, der Berechnungen erreichbar.

Wenn $\mathcal{R}$ ein fehlertolerantes System ist, muß das System das Ziel verfolgen, S. von Fehlern von $\mathcal{R}$ zu vermeiden; das ist jedoch nur beschränkt erreichbar. Durch → Fehlertoleranz-Verfahren kann erreicht werden, daß Ersatzleistung für teilweise ausgeführte Aufträge so erfolgt, daß damit die mit den Aufträgen beabsichtigten Ergebnisse erreicht werden. Dazu ist erforderlich, daß Maßnahmen der → Fehlerdiagnose Aussagen über S-Gebiete, also über die bezogen auf den jeweiligen Auftrag fehlerhaften Komponenten und Subsysteme von $\mathcal{R}$, liefern, und Maßnahmen der → Fehlerbehandlung auf S.-Behebung, also auf Ersatzleistung zum Erreichen der beabsichtigten Ergebnisse des jeweiligen Auftrags, ausgerichtet sind. *P. P. Spies*

**Schadensausbreitung** ⟨*damage propagation*⟩ → Schaden

**Schadensbehebung** ⟨*damage recovery*⟩ → Schaden

**Schadensgebiet** ⟨*damage area*⟩ → Schaden

**Schaltfunktion** ⟨*switching function*⟩ → Boolesche Funktion

**Schaltkreis, kundenspezifischer** ⟨*custom integrated circuit*⟩. Monolithischer Halbleiterbaustein, dessen

Internstruktur durch den Anwender modifizierbar ist (kundenspezifisch). Man unterscheidet programmierbare Logik-Schaltkreise, semikundenspezifische Schaltkreise und voll k. S.

☐ *Programmierbare Logik-Schaltkreise* haben eine fest vorgegebene Internstruktur; sie kann aber vom Anwender, z. B. durch Durchbrennen dünner Leiterbahnen, hardwaremäßig modifiziert werden. Dieser Vorgang wird meist etwas irreführend als „Programmieren" der Bausteine bezeichnet. Die fest vorgegebene Internstruktur besteht aus einem Feld von UND-Gattern, gefolgt von einem Feld von ODER-Gattern, die die Eingänge und die invertierten Eingänge mit den Ausgängen des Bausteins verbinden. PAL-Bausteine (*Pro*grammable *A*rray *L*ogic, Bild) haben ein programmierbares UND-, jedoch festes ODER-Feld, PROM-Bausteine (*P*rogrammable *R*ead *O*nly *M*emory) festes UND-, programmierbares ODER-Feld, schließlich PLA-Bausteine (Fuse *P*rogrammable *L*ogic *A*rray) programmierbare UND- und ODER-Felder. Varianten dieser Bausteine umfassen interne → Register und Rückführungen, um auch endliche Automaten zu realisieren.

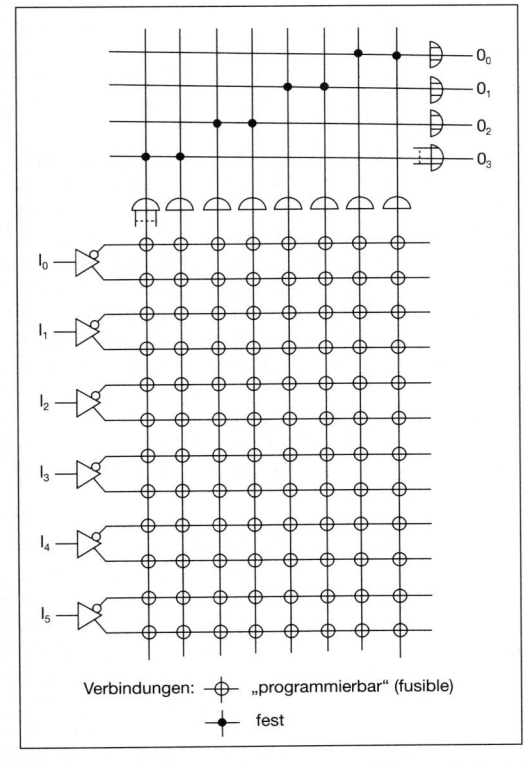

*Schaltkreis, kundenspezifischer: Ausführungsbeispiel PAL. Aus Gründen der einfacheren Darstellung sind die getrennten Eingangsleitungen in die UND- und ODER-Gatter jeweils nur durch eine Linie repräsentiert*

☐ *Semikundenspezifische Schaltkreise* haben Internstrukturen, die der Kunde auf der Basis fest vorgegebener Bibliotheken von Standardfunktionen festlegt. Bei den Gate-Array-Bausteinen liegt diese Bibliothek als auf dem Baustein fest vorfabrizierte Menge einfacher Standardfunktionen vor. Die kundenspezifische Anpassung erfolgt nur durch die Wahl der Verbindungsstruktur. Bei Standardzellenbausteinen ist die Bibliothek als Software-Entwurfssystem vorhanden.

☐ *Voll k. S.* sind ohne Berücksichtigung herstellungstechnischer Vorgaben wie Zellen-Bibliotheken durch den Anwender voll auf die Anwendung maßgeschneidert.
*Bode*

**Schaltkreis, semikundenspezifischer** ⟨*semicustom integrated circuit*⟩. Halbleiterbaustein, dessen Internstruktur durch den Anwender auf der Basis vorgegebener Grundschaltungen in sog. Zellenbibliotheken bestimmt wird. Man unterscheidet Standard-Zellen und Gate-Array-Bausteine (→ Schaltkreis, kundenspezifischer).
*Bode*

**Schaltung** ⟨*circuit, switch*⟩ → Verknüpfungsglied

**Schaltwerk** ⟨*sequential network*⟩. Eine Funktionseinheit zum Verarbeiten von Variablen, die nur endlich viele Werte annehmen kann (digitale Variable); meistens handelt es sich um *Boole*sche Variable, die nur zwei Werte annehmen können. Dabei hängt der Funktionswert am Ausgang des S. zu einem bestimmten Zeitpunkt nur von den Werten am Eingang zu diesem und endlich vielen vorangegangenen Zeitpunkten ab. Im Gegensatz zu den Schaltnetzen (Beispiel: Addierglied) hat das S. also ein Gedächtnis über eine gewisse Anzahl vorangegangener Schritte. Man spricht davon, daß sich das S. in einem von endlich vielen inneren Zuständen befindet. Der Wert am Ausgang hängt bei jedem Schritt vom Wert am Eingang und von dem inneren Zustand ab; gleichzeitig wird, abhängig von den gleichen Größen, ein neuer innerer Zustand bestimmt. Das theoretische Modell ist der endliche Automat. Ein S. ist aus Verknüpfungsgliedern (*Boole*sche Operationen) und Speichergliedern aufgebaut.
*Bode/Schneider*

**Schatten** ⟨*shadow*⟩. Die Darstellung von S. ist ein wichtiges Element in computergenerierten Bildern, die den Eindruck von → Realismus vermitteln sollen. Man kann zwei Arten von S. unterscheiden: den Kernschatten, sehr dunkel und scharf begrenzt, und daran anschließend den Halbschatten, heller und mit verschwimmenden Konturen. Punktlichtquellen generieren nur Kernschatten. Flächige Lichtquellen hingegen erzeugen einen Kernschatten, der vom Halbschatten umgeben ist. Der Kernschatten wird nicht von der → Lichtquelle beleuchtet, während der Halbschatten von Teilen der Lichtquellen beleuchtet wird.

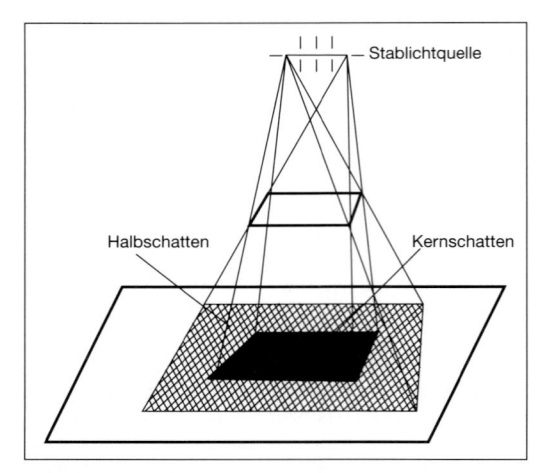

*Schatten: Von einer Lichtquelle erzeugte S.*

Die Generierung von S. verlangt, daß das Visibilitätsproblem nicht nur für den Betrachtungspunkt, sondern auch für jede Lichtquelle in der → Szene gelöst werden muß. Denn die Schattengebiete können von der Position der Lichtquelle, die sie erzeugen, nicht gesehen werden.
*Encarnação/Joseph*

**Schattierung** ⟨shading⟩. Farbverlauf auf der Oberfläche dreidimensionaler Objekte. S. ermöglicht es, dreidimensionale Objekte in der zweidimensionalen Darstellung plastisch hervortreten zu lassen.

Die heute gebräuchlichen Verfahren zur S. computergenerierter Bilder lassen sich einteilen in Interpolationsverfahren und → Ray-Tracing. Während die Interpolationsverfahren den Berechnungsaufwand geeignet beschränken sollen, wird bei Ray-Tracing versucht, den Farbwert jedes Pixels möglichst exakt zu bestimmen. Folgende Interpolationsverfahren sind heute gebräuchlich:
– Flat-Shading,
– *Gouraud*-Shading und
– Phong-Shading.

Diese Verfahren werden verwendet, um durch Polygonnetze (→ Triangulierung) beschriebene gekrümmte Flächen zu schattieren.

*Flat-Shading* bedeutet, daß alle → Pixel, die von einem Polygon überdeckt werden, den gleichen Farbwert erhalten. Dieses Verfahren läßt, wenn nicht sehr kleine Polygone verwendet werden, gekrümmte Oberflächen facettiert erscheinen, was oftmals unerwünscht ist. Die beiden anderen Verfahren werden unter dem Begriff *Smooth Shading* zusammengefaßt, da dieser Effekt hier nicht auftritt.

Beim *Gouraud-Shading* werden zunächst die Farbwerte der Polygoneckpunkte auf der Grundlage eines Beleuchtungsmodells bestimmt, das keine spiegelnde Reflexion beinhaltet. Die zur Auswertung des Beleuchtungsmodells notwendigen Flächennormalen können auf zwei Arten berechnet werden:
– exakte Berechnung aus der Definition der zu approximierenden Fläche,
– Mittelung über alle Normalen der Polygone, die in dem entsprechenden Eckpunkt zusammenstoßen.

Sind die Farbwerte für die Eckpunkte bestimmt, wird der Farbverlauf zwischen ihnen mittels linearer Interpolation berechnet.

Mit Hilfe der *Gouraud*-Interpolation erzielt man eine stetige Farbverteilung in der Darstellung des Polygonnetzes. Da das menschliche Wahrnehmungssystem empfindlich auf Unstetigkeit der ersten Ableitung in der Farbwertverteilung reagiert, tritt der sog. Mach-Band-Effekt auf: Der Betrachter glaubt dort, wo zwei Polygone zusammenstoßen, Farbsprünge wahrzunehmen, die objektiv nicht vorhanden sind.

Der Mach-Band-Effekt tritt beim *Phong-Shading* nicht so deutlich auf. Hierbei wird der Farbverlauf nicht durch die Interpolation der Farbwerte, sondern der Normalenrichtungen erreicht. Ist die Normale bestimmt, läßt sich jedes → Beleuchtungsmodell anwenden.
*Encarnação/Joseph*

Literatur: *Encarnação, J. L.* und *W. Straßer*: Computer Graphics – Gerätetechnik, Programmierung und Anwendung graphischer Systeme. München 1986.

**Scheduler** ⟨scheduler⟩ → Betriebssystem

**Schema** ⟨frame⟩. Formalismus zur → Wissensrepräsentation in der → Künstlichen Intelligenz (KI). Ein S. dient zur Repräsentation von zusammengehörigem Wissen, z. B. den Eigenschaften eines → Objektes. S. bestehen hauptsächlich aus Attributfeldern (slots), in die Werte eingetragen werden können. Sie sind in dieser Hinsicht mit Record-Strukturen vergleichbar (s. auch → Datenbankschema). S. bieten i. allg. jedoch zusätzliche Möglichkeiten zur Wissensrepräsentation, z. B.
– Aufbau von Vererbungshierarchien,
– Facettenorganisation für Wertefelder,
– Vorbesetzungen (defaults) für Attributwerte,
– → Dämonprozeduren,
– assoziativen Zugriff.

Das im Bild gezeigte S. ist in der → Sprache FRL (Frame Representation Language) formuliert (*Roberts* und *Goldstein*, 1977). Es besteht aus einem Namen (S104) und sieben Attributfeldern. Jedes Attributfeld wiederum besteht aus einem Attributnamen (z. B. HOBBIES) und in Facetten organisierten Wertangaben. Facetten werden durch die Schlüsselwörter VALUE, DEFAULT etc. gekennzeichnet. Sie dienen zur Unterscheidung von Wertangaben unterschiedlicher Modalität und sind mit bestimmten Funktionen verknüpft. Wird z. B. nach der Nationalität des Studenten Meier gefragt, so liefert die DEFAULT-Facette des entsprechenden Attributs den Wert „deutsch", solange kein VALUE-Eintrag vorhanden ist. Die übrigen Facetten-

```
(S 104       (INSTANCE-OF       (VALUE (STUDENT)))
             (NAME              (VALUE            (KLAUS MEIER)))
             (FACH              (VALUE            (MEDIZIN)
                                                  (INFORMATIK (SEIT 1985))))
             (NATION            (DEFAULT          (DEUTSCH)))
             (HOBBIES           (VALUE            (MUSIK))
                                (IF-ADDED         (COND ((EQ: VALUE SF)
                                                  (NOTIFY: FRAME SF-CLUB)))))
             (IQ                (VALUE            (145 (NACH EIGENEN ANGABEN))
                                (REQUIRE          (GREATERP: VALUE 100))))
             (TELEFON           (IF-NEEDED        (RETRIEVE: FRAME NAME T-LISTE))))
```

*Schema: S.-Beispiel, formuliert in FRL*

bezeichner kennzeichnen Dämonprozeduren, die beim schreibenden (IF-ADDED, REQUIRE) bzw. beim lesenden (IF-NEEDED) Zugriff auf ein Attributfeld automatisch aktiviert werden. Eine automatische Vererbung von →Attributen kann durch die Angabe von übergeordneten S. (hier INSTANCE-OF) erreicht werden.
*Neumann*

**Schemaevolution** 〈schema evolution〉. Die Änderung eines →Datenbankschemas eines existierenden Datenbestands wird S. genannt. Die Änderungen können dazu führen, daß die Werte in dem Datenbestand nicht mehr zu dem neuen Schema passen. Ein Konzept zur S. muß die flexible Behandlung dieser Fälle, auch im laufenden Betrieb einer Datenbank, vorsehen.
*Schmidt/Schröder*

**Schichtenarchitektur** 〈layered architecture〉. Beschreibt den softwaretechnischen Aufbau eines →Datenbankverwaltungssystems. In ihr spiegelt sich die logische Trennung der Aufgaben wider, die das →System zu lösen hat, z. B. Mehrbenutzersynchronisation, Abbildung auf eine Hierarchie von Speichermedien (Hauptspeicher, Platten, Bänder), Anfrageoptimierung und -auswertung. Die Schichten werden durch →Schnittstellen beschrieben. Sie dienen zur Komplexitätsreduktion, d. h., eine Schicht wird nur mit den von der darunterliegenden Schnittstelle angebotenen →Operationen implementiert. Außerdem kann so →Skalierbarkeit erreicht werden, indem die →Implementierung einer Schicht gegen eine andere ausgetauscht wird. In kommerziellen Datenbankverwaltungssystemen wird die Schichtenbildung gelegentlich zugunsten von Optimierungen zur Performanzsteigerung aufgehoben (→ ANSI/SPARC-Architektur).
*Schmidt/Schröder*

Literatur: *Lockemann, P. C.* und *J. W. Schmidt* (Hrsg.): Datenbankhandbuch. Berlin–Heidelberg–New York 1987.

**Schichtwellenleiter** 〈slab waveguide〉. Ein S. besteht aus einer dünnen transparenten Schicht mit der Brechzahl $n_w$ und der Dicke d, einem ebenfalls transparenten Trägermaterial (Substrat) der Brechzahl $n_s$ und einer oberen Deckschicht der Brechzahl $n_d$. Wellenführung tritt auf, wenn die Bedingung $n_w > n_s, n_d$ erfüllt ist.

Die Lichtausbreitung im Wellenleiter erfolgt nur, wenn sich die Phasenfronten konstruktiv überlagern, d. h., die Phasendifferenz zwischen den beiden Strahlen A und B (Bild 1) muß Null oder ein ganzzahliges Vielfaches von $2\pi$ sein. Neben der durch den geometrischen Wegunterschied bedingten Phasendifferenz $\delta$ müssen die an der Grenzfläche zum Substrat und zur oberen Deckschicht auftretenden Phasensprünge $\Phi_{ws}$ und $\Phi_{wd}$ berücksichtigt werden. Als Grundgleichung für eine ausbreitungsfähige Welle ergibt sich damit

$$\delta + \Phi_{ws} + \Phi_{wd} = N \cdot 2\pi \qquad \text{mit } N = 0, 1, 2, \ldots$$

Nur für ganz bestimmte Winkel ist diese Eigenwertgleichung erfüllt. N bedeutet die Ordnung der ausbreitungsfähigen Eigenwellen (Moden). Bild 2 zeigt die Verteilung des elektrischen Feldes der ersten Moden in einem S. Die Anzahl der Nulldurchgänge gibt die Ord-

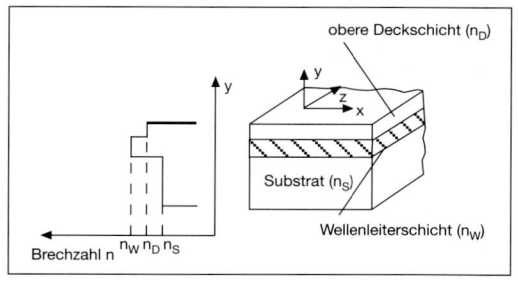

*Schichtwellenleiter 1: Funktionsprinzip*

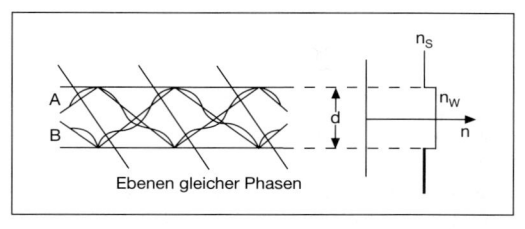

*Schichtwellenleiter 2: Lichtausbreitung im planaren Wellenleiter*

nung des Wellentyps an: Mit $N=0$ wird der Grundmodus bezeichnet. Er besteht aus zwei unterschiedlich polarisierten Eigenwellen transversal elektrischer (TE) und transversal magnetischer (TM) Polarisation, wobei TE-Wellen keine $E_z$-, TM-Wellen keine $H_z$-Komponente besitzen.

Für jeden Modus existiert eine minimale Wellenleiterdicke $d_{min}$ (Cut-off-Dicke), die für die Ausbreitungsfähigkeit des Modus nötig ist. Ebenso gibt es für jeden Modus eine maximale Grenzwellenlänge $\lambda_{max}$, die nicht überschritten werden darf, damit die betreffende Eigenwelle noch ausbreitungsfähig ist. Für $d_{min}$ gilt

$$d_{min} = \frac{\lambda}{2\pi} \cdot \frac{\arctan\left[q \cdot \sqrt{\frac{n_s^2 - n_d^2}{n_w^2 - n_s^2}}\right] + N \cdot \pi}{\sqrt{n_w^2 - n_s^2}}$$

mit $q=1$ für TE-Wellen und $q=(n_w/n_d)^2$ für TM-Wellen.

Sind die Brechzahlen des Substrats $n_s$ und der oberen Deckschicht $n_d$ gleich, liegt ein symmetrischer Wellenleiter vor; im anderen Fall handelt es sich um einen asymmetrischen Wellenleiter. Für den Grundmodus $N=0$ eines symmetrischen S. existiert keine Cut-off-Dicke ($d_{min}=0$) und keine Cut-off-Wellenlänge ($\lambda_{max} \to \infty$).

S. können mit verschiedenen Verfahren hergestellt werden:
– Aufdampfen und Sputtern dielektrischer Schichten,
– Tauchverfahren und Aufschleudern (Spinning) organischer Materialien,
– Aufwachsen kristalliner Schichten auf einem Halbleitermaterial (Epitaxie),
– Diffusions-, Implantations- und Ionenaustauschverfahren.

Als Substratmaterialien werden häufig Glas, $LiNbO_3$, GaAs, InP und Polymere (z. B. Polymethylmethacrylat) eingesetzt.

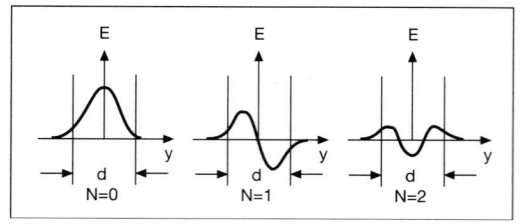

*Schichtwellenleiter 3: Verteilung der elektrischen Feldstärke*                                                            *Krauser*

Literatur: *Ebeling, K. J.*: Integrierte Photoelektronik, Berlin–Heidelberg 1992. – *Hunsperger, R. G.*: Photonic devices and systems. New York 1994.

**Schiebebefehl** ⟨*shift operation*⟩. Ein Maschinenbefehl beim → Digitalrechner, der das Verschieben eines → Operanden um die im → Befehl angegebene Stellenzahl nach links oder rechts veranlaßt. Bei der Darstellung von Zahlen im Dualsystem entspricht jede Verschiebung einer Zahl um eine Stelle nach links einer Multiplikation mit 2, die Verschiebung um eine Stelle nach rechts einer Division durch 2. In der Rechnerarithmetik können die S. bei der Realisierung der Multiplikation und der Division verwandt werden.
*Bode/Schneider*

**Schleife** ⟨*loop*⟩. Folge von Anweisungen, deren letzte eine Sprunganweisung ist, die zum Anfang der Folge zurückführt. S. werden in einem → Programm immer dann eingesetzt, wenn die gleiche Operationenfolge mit verschiedenen → Operanden ausgeführt werden soll. Die Tatsache, daß eine S. nur einmal programmiert werden muß, dann aber beliebig häufig ausgeführt werden kann, ohne daß weitere Eingriffe nötig sind, ist ein wesentlicher Gesichtspunkt bei der Automatisierung.

Man unterscheidet iterative und induktive S. Bei der *iterativen* S. werden beim Durchlaufen → Daten verändert, und die so gewonnenen neuen Werte sind die Ausgangsgrößen für den nächsten Schleifendurchlauf. Iterative S. werden vor allen Dingen bei der Programmierung der aus der Mathematik bekannten Iterationsverfahren eingesetzt. Bei der *induktiven* S. werden verschiedene Daten der Reihe nach bearbeitet, z. B. die Komponenten eines Vektors. Bei jedem Schleifendurchlauf wird ein Datum oder eine Datengruppe behandelt. Neben den eigentlichen Verarbeitungsanweisungen muß die S. organisatorische Anweisungen enthalten, die nach der Bearbeitung einer Datengruppe die Adreßteile in den Verarbeitungsanweisungen so verändern, daß beim nächsten Durchlauf durch die gleiche Anweisungsfolge die nächste Datengruppe bearbeitet wird (→ Befehl).

Die S. müssen eine oder mehrere Verzweigungsanweisungen enthalten, an denen in Abhängigkeit von einer Bedingung ein Verlassen der S. möglich ist. In der Regel handelt es sich um bedingte Sprunganweisungen, die bei erfüllter Bedingung das Verlassen der S. bewirken und bei unerfüllter deren Fortsetzung (oder umgekehrt). Die Bedingungen können sich auf die Anzahl der bereits ausgeführten Schleifendurchläufe, auf Beziehungen zwischen den Daten (z. B. Abstand kleiner als eine vorgegebene Schranke) oder auch andere Eigenschaften (z. B. Markierung der letzten Datengruppe) beziehen.
*Bode/Schneider*

**Schließen, qualitatives** ⟨*qualitative deduction*⟩. Verfahren zur Erzeugung und Auswertung von qualitativen Modellen für quantitative Zusammenhänge. Q. S. wird in der → Künstlichen Intelligenz (KI) als ein wichtiges Verfahren zum Umgang mit Alltagswissen und Erfahrungswissen angesehen, z. B. über technische Geräte. Ein qualitatives → Modell, z. B. das einer Pumpe, unterscheidet sich von einer quantitativen Beschreibung im wesentlichen dadurch, daß die für eine Funktionsbeschreibung verwendeten Zustandsvariablen nur wenige

Werte annehmen. So kann der Pumpeninnendruck die Werte „kleiner", „gleich" oder „größer als der Außendruck" annehmen. Durch ein qualitatives → Kalkül kann die Funktionsweise des Geräts dann ähnlich wie mit quantitativen Differentialgleichungen beschrieben werden.

Q. S. verspricht mehrere Vorteile gegenüber quantitativen Berechnungen:
– Es identifiziert alle wichtigen Systemzustände.
– Es funktioniert auch bei unvollständigen quantitativen Informationen.
– Es ist effizienter.
– Es ermöglicht Erklärungen und kausale Deutungen.

*Neumann*

**Schlüssel** ⟨*key*⟩. Attributkombination, die zur eindeutigen Identifikation eines Elements in einer Relation dient, d. h., es existieren keine zwei Elemente mit demselben Schlüsselwert (relationales → Datenmodell; → Verfahren, kryptographische). Schlüsselkandidaten sind S., welche die eindeutige Identifikation eines Elements in einer Relation erlauben und minimal sind, d. h., wenn ein → Attribut aus dem S. entfernt wird, ist die eindeutige Identifizierung eines Elements nicht mehr möglich. Der *Primärschlüssel* ist ein ausgezeichneter Schlüsselkandidat (→ Schlüsselintegrität). Ein *Sekundärschlüssel* ist eine Attributkombination, die ein oder mehrere Elemente identifiziert, d. h., von einem Sekundärschlüssel wird keine Eindeutigkeit gefordert (→ Index). Ein *Fremdschlüssel* ist der Primärschlüssel einer Relation, der als Attribut(e) in einer anderen Relation auftaucht. Beispiel: Wenn in der Personenrelation das Attribut „Arbeitgeber" eine Zeichenkette enthält, die als Primärschlüssel für die Firmenrelation dient, ist dieses Attribut in der Personenrelation ein Fremdschlüssel (→ Integrität, referentielle).

*Schmidt/Schröder*

Literatur: *Date, C. J.*: An introduction to database systems. Vol. 1. Wokingham, Berks. 1990. – *Lockemann, P. C.* und *J. W. Schmidt* (Hrsg.): Datenbankhandbuch. Berlin-Heidelberg-New York 1987.

**Schlüssel, allbekannter** ⟨*public key*⟩ → Kryptosystem, asymmetrisches

**Schlüssel, geheimer** ⟨*secret key*⟩ → Kryptosystem, symmetrisches

**Schlüssel, gemeinsamer, geheimer** ⟨*shared secret key*⟩ → Kryptosystem, symmetrisches

**Schlüssel, privater** ⟨*private key*⟩ → Kryptosystem, asymmetrisches

**Schlüsselintegrität** ⟨*primary key integrity*⟩. Die S. im relationalen → Datenmodell verlangt, daß in einer Relation nicht zwei Tupel denselben Primärschlüsselwert besitzen dürfen (→ Integritätsbedingung).

*Schmidt/Schröder*

**Schlüsselkanal, sicherer** ⟨*secure key transmission channel*⟩ → Kryptosystem, symmetrisches

**Schlüsselkandidat** ⟨*candidate key*⟩ → Schlüssel

**Schnappschuß von einem System** ⟨*snapshot of a system*⟩ → System

**Schnitt-Fluß-Theorem** ⟨*cut-flow theorem*⟩. In einem (gerichteten) Graphen G(V,E) soll eine Kantenmenge $S = S_{q,z}$ ein Schnitt zwischen den Knoten q (= Quelle) und z (= Ziel) aus V genannt werden, wenn S jeden (gerichteten) Weg von q nach z trennt. Mit anderen Worten: In G(V,E–S) liegen q und z in verschiedenen Komponenten. Ist G = G(v,E,d) ein bewerteter Graph und die Bewertung d die Kantenkapazität, dann heißt

$$c = c(S) = \sum_{\text{Kante}(i,j) \in S} d_{ij}$$

die Kapazität von S. Ein minimaler Schnitt ist ein solcher mit minimaler Kapazität c.

Das S.-F.-T. von *Ford* und *Fulkerson* lautet: Die Stärke f des maximalen Flusses von q nach z ist gleich der Kapazität c des minimalen Schnitts zwischen q und z. Der Beweis des Satzes liefert gleichzeitig ein effektives Verfahren zur Konstruktion von maximalem Fluß und minimalem Schnitt.

Bei planaren Graphen lassen sich minimale Schnitte als kürzeste Wege im Dualgraphen interpretieren, so daß die Bestimmung des max. Flusses in $O(n^2)$ Schnitten möglich ist.

*Knödel*

Literatur: *Ford, Jr., L. R.* and *D. R. Fulkerson*: Flows in networks. 1962.

**Schnittebenenverfahren** ⟨*cutting plane method*⟩. Methode, den zulässigen Bereich eines mathematischen Programmierungsproblems – ausgehend von einem erweiterten (relaxierten) Bereich – mittels Schnittebenen zu approximieren.

S. werden meist in der kombinatorischen Optimierung eingesetzt. Ausgehend von z. B. der zugehörigen linearen Relaxation eines kombinatorischen Problems (d. h. Vernachlässigung der Ganzzahligkeitsbedingung), werden zulässige Schnittebenen generiert, die den augenblicklichen Iterationspunkt des erweiterten relaxierten Bereichs abschneiden, die Menge der zulässigen ganzzahligen Punkte jedoch in dem anderen durch die Schnittebene definierten Halbraum belassen.

In der polyedrischen Kombinatorik werden für spezielle strukturierte Probleme (z. B. → Travelling-Salesman-Problem, Max-Cut-Probleme) Verfahren zur Generierung maximal tiefer Schnitte (nämlich die Facetten der konvexen Hülle der zulässigen ganzzahligen Punkte) hergeleitet.

*Bachem*

**Schnittstelle** ⟨*interface*⟩ (syn.: Nahtstelle). Eine S. ist eine Menge von Vereinbarungen, die zur Beschreibung des Zusammenwirkens von Systemen oder Systemteilen getroffen werden. Diese können sich auf aktive oder passive Elemente beziehen. In Abhängigkeit davon spricht man von funktionalen oder Daten-S.

Die S. eines Software-Bausteins X ist eine Menge von Informationen, die
(a) X anderen Bausteinen des Systems oder seiner Umgebung zur Verfügung stellt, um mit ihnen in Beziehung zu treten,
(b) X von anderen Bausteinen des → Systems oder seiner Umgebung benötigt, um mit ihnen in Beziehung zu treten.

X heißt im Fall (a) „Exporteur" bzw. im Fall (b) „Importeur" der Schnittstelle. *Hesse*

Literatur: *Hesse, W.; Keutgen, H.* u. a.: Ein Begriffssystem für die Softwaretechnik. Informatik-Spektrum (1984) S. 200–213. – *Hesse, W.; Barkow, G.* u. a.: Terminologie der Softwaretechnik – Ein Begriffssystem für die Analyse und Modellierung von Anwendungssystemen. Teil 2: Tätigkeits- und ergebnisbezogene Elemente. Informatik-Spektrum (1994) S. 96–105.

**Schnittstelle eines Systems** ⟨*interface of a system*⟩ → System

**Schnittstelle, graphische** ⟨*graphical interface*⟩. Ein Kernproblem bei der Nutzung graphischer Systeme besteht in der Schaffung einer Geräteunabhängigkeit und Austauschbarkeit der graphischen Daten. Man hat sich deshalb sehr frühzeitig mit standardisierten g. S. für die graphische Programmierung (funktionelle Schnittstelle), für graphische Geräteschnittstellen und für den Aufbau von Archivierungsdateien (→ Archivierungsschnittstelle) beschäftigt (Bild). Dabei werden folgende Zielstellungen verfolgt:
– → Portabilität der Anwendungsprogramme,
– Bereitstellung eines anwendungsunabhängigen Funktionssatzes,
– Unterstützung des Programmierers bei der Benutzung graphischer Methoden,
– Unterstützung des Geräteherstellers bei der Auswahl sinnvoller Fähigkeiten der graphischen Geräte.

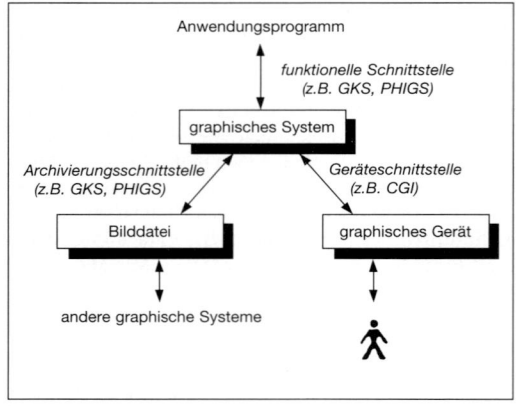

*Schnittstelle, graphische: Schnittstellen eines graphischen Systems*

Eine Reihe von Anwendungsprogrammen im Workstation-, aber auch im PC-Bereich nutzen zur Realisierung g. S. graphische Standards wie → GKS, → PHIGS, → CGM und → CGI. *Langmann*

**Schnittstelle, natürlichsprachliche** ⟨*natural language interface*⟩. Programmteile eines Systems, die eine Ein- und → Ausgabe von Informationen in natürlicher → Sprache ermöglichen, auch als natürlichsprachliches Zugangssystem bezeichnet. Eine n. S. ist eine besondere Form eines → natürlichsprachlichen Systems. Mit Methoden der → Künstlichen Intelligenz (KI) wird aus eingegebenen Sätzen eine interne Bedeutungsrepräsentation bzw. aus einer internen Bedeutungsrepräsentation eine sprachliche Äußerung berechnet.

Eine n. S. erlaubt i. d. R. die Eingabe von → Text über eine Tastatur und die Ausgabe von Text über einen Bildschirm oder → Drucker. Die Eingabe fließend gesprochener Sprache über ein Mikrophon ist noch in Entwicklung begriffen. Die akustische Sprachausgabe ist heute bereits verfügbar.

Eine n. S. hat wichtige Vorteile gegenüber anderen Ein-Ausgabetechniken (z. B. → Kommandosprache oder → Menütechnik):
– Der menschliche Benutzer muß sich nicht dem → System anpassen.
– Natürliche Sprache ist universell verwendbar.

Anwendungsmöglichkeiten sind → Datenbanken, Auskunftssysteme, Hilfssysteme, Reservierungssysteme u. a. *Neumann*

**Schnittstellenobjekt** ⟨*interface object*⟩ → Betriebssystem, prozeßorientiertes

**Schreibmarke** ⟨*cursor*⟩. Markierung auf dem Bildschirm zur Anzeige einer aktuellen Eingabeposition. Bei graphischen Bildschirmen kann die S. (→ Cursor) verschiedenste Formen haben und mit einem → graphischen Eingabegerät gesteuert werden. Die S. gestattet dem Benutzer die Kontrolle über seine Aktionen.

Es gibt drei Methoden zur S.-Positionierung: Die statisch absolute, die statisch relative und die dynamische Positionierung. Im ersten Fall liefert das Eingabegerät die Koordinaten des Punktes, der durch die Stellung des Eingabegerätes festgelegt wird, im zweiten Fall ein Koordinateninkrement entsprechend einer Stellungsänderung des Eingabegerätes und im dritten Fall dynamisch eine Folge von Punktkoordinaten für eine Bewegung der S., deren Richtung und Geschwindigkeit durch die Stellung des Eingabegerätes gegeben ist.

Bei alphanumerischen Bildschirmen zeigt die S. auf die Position des Bildschirmes, an der das nächste, vom Benutzer eingetippte, alphanumerische → Zeichen erscheint. Mit jeder Eingabe bewegt sich die S. in der aktuellen Zeile eine Position weiter nach rechts. Mit Hilfe spezieller Kommandosequenzen ist es möglich, die S. auf dem Bildschirm frei zu positionieren. Eine typische S. ist ein blinkendes Blocksymbol oder ein blinkender Unterstrich. *Encarnação/Felger*

**Schriftsatz** ⟨*font*⟩. Unüblich für → Font (typeface), die graphische Darstellung für alle → Zeichen eines bestimmten Zeichensatzes mit festen Attributen wie Zeichengröße und Schriftstärke. Ein Font gehört zu einer Schriftart oder Fontfamilie.

*Encarnação/Schaub*

**Schriftzeichen** ⟨*graphic character*⟩. Ein → Zeichen, das nicht → Steuerzeichen ist und meist genau einem graphischen Symbol (Glyph) entspricht. S. sind darstellbare Zeichen, z. B.
– alphanumerische Zeichen: A, b, ä, 1 etc.,
– Satzzeichen: !, ;, ? etc.,
– sonstige Sonderzeichen: $ etc.

Ein Sonderfall ist das Leerzeichen (SP), das sowohl Merkmale eines S. als auch eines Steuerzeichens aufweisen kann.

*Schindler/Bormann*

**Schriftzeicheninformation** ⟨*character information*⟩. Art von Inhaltsinformationen eines → Dokuments, die aus Folgen von → Schriftzeichen und → Steuerzeichen eines bestimmten (implizit bekannten oder explizit angegebenen) → Zeichenvorrats bestehen. S. werden dem Menschen i. d. R. als Folgen von Zeilen aus nebeneinander stehenden Schriftzeichen dargestellt. Durch die eingebetteten Steuerzeichen werden Anordnung und Aussehen der Schriftzeichen näher beschrieben.

*Schindler/Bormann*

**Schriftzeichensatz** ⟨*character set*⟩. Menge von → Schriftzeichen und ihren → Codierungen, die im Rahmen einer Anwendung als Einheit implizit oder explizit auswählbar ist (→ Codeerweiterung). S. werden im Deutschen auch G-Satz und im Englischen G-Set genannt.

*Schindler/Bormann*

**Schutz eines Objekts** ⟨*protection of an object*⟩ → Rechensystem, rechtssicheres

**Schutzrechte** ⟨*legal protection*⟩ → Rechtsschutz, gewerblicher

**Screen Sharing** ⟨*screen sharing*⟩. S. S. ist eine mögliche Implementierung von → Application Sharing und wird als Hilfsmittel in Telekonferenzen verwendet. S. S. ermöglicht mehreren Benutzern das synchrone, kooperative Bearbeiten von Dokumenten unter Verwendung von unveränderten → Einbenutzeranwendungen (→ WYSIWIS).

Beim S. S. werden regelmäßig die auf dem Bildschirm eines Rechners A dargestellten Informationen abgegriffen, zu einem Rechner B übertragen und dort dargestellt. (Alternativ kann sich die Übermittlung auch auf Änderungen des Bildschirminhalts beschränken.) Durch die ständige Aktualisierung zeigt B (mit geringer Verzögerung) denselben Bildschirminhalt wie A. Eingaben, die auf Rechner B vorgenommen werden, können zu A übertragen und dort als Eingaben simuliert werden. Auf diese Weise wird eine Fernsteuerung des Rechners A durch B ermöglicht (→ Window Sharing). Der Fernzugriff auf den Rechner A kann durch mehrere Rechner gleichzeitig erfolgen. Systeme, die S. S. implementieren, setzen meist an der Schnittstelle zwischen Anwendung und Betriebssystem, manchmal auch direkt an der Hardware an.

*Schindler/Ott*

**Scrolling** ⟨*scrolling*⟩. Bezeichnet den Vorgang der zeilenweisen Ausgabe von → Text oder Graphik durch ein → Bildschirmsichtgerät. → Zeilen werden grundsätzlich von oben nach unten auf dem → Bildschirm ausgegeben. Wenn der Bildschirm vollgeschrieben ist, wird die erste Zeile nach oben verschoben; sie ist dann auf dem Bildschirm nicht mehr sichtbar. Gleichzeitig wird damit Platz für eine neue Zeile geschaffen. Dieser Vorgang wiederholt sich für alle weiteren eingegebenen Zeilen. Der Benutzer hat die Möglichkeit, durch Anhalten und erneute Freigabe bzw. durch Wahl verschiedener Geschwindigkeiten des S. auf den Ausgabevorgang einzuwirken. S. kann auch horizontal und diagonal geschehen.

*Encarnação/Güll*

**SCSI-Schnittstelle** ⟨*SCSI interface*⟩ → Kontrolleinheit

**SDH** ⟨*SDH (Synchronous Data Hierarchy)*⟩. Ein von der → CCITT (jetzt → ITU) entwickelter Multiplexstandard für Hochgeschwindigkeitsnetze, die auf optischer Übertragung basieren. Hauptziel ist die Vereinbarung international gültiger Hierarchien von Datenraten, die ein einfaches Umsetzen von Verbindungen zwischen nationalen Multiplexstandards unterstützen sollen. Hierzu verwendet SDH eine Hierarchie von vier sog. Synchronen Transport-Modulen (STM): Die niedrigste Rate ist mit 155,52 Mbps als Level 1 (STM-1) festgelegt, die anderen STM sind Vielfache dieser Basisdatenrate und werden entsprechend mit STM-k bezeichnet, wobei k der Faktor im Vergleich zum Basisblock STM-1 ist. → ANSI hat mit → SONET einen vergleichbaren Standard herausgebracht, dessen Multiplexhierarchien (Synchrone Transport-Signale, STS) durch Multiplikation mit dem Faktor 3 auf die von SDH abbildbar sind (s. Tabelle).

*SDH. Tabelle: SDH- und SONET-Datenraten*

| Datenrate | SDH-Block | SONET-Block |
|---|---|---|
| 51,84 Mbps | - | STS-1 |
| 155,52 Mbps | STM-1 | STS-3 |
| 622,08 Mbps | STM-4 | STS-12 |
| 1244,16 Mbps | STM-8 | STS-24 |
| 2488,32 Mbps | STM-16 | STS-48 |

Weitere Teile der Standards befassen sich u. a. mit dem Frame-Format von SONET/SDH-Übertragungsblöcken und einer Layerhierarchie, die in etwa mit den unteren drei Ebenen des → OSI-Referenzmodells korrespondiert und den Ende-zu-Ende-Transport von Daten mit der vereinbarten Datenrate realisiert. Ein Einsatzfeld von SONET/SDH sind z. B. Fernstrecken im Telephonnetz und im (zukünftigen) → B-ISDN.

*Fasbender/Spaniol*

Literatur: *Partridge, C.*: Gigabit networking. Addison-Wesley, 1994.

**SDL** ⟨*SDL (Specification and Description Language)*⟩. → Formale Spezifikationssprache, welche für die Systemspezifikation, speziell von Kommunikationssystemen, entwickelt wurde.

SDL wurde von der → CCITT (jetzt → ITU) standardisiert und existiert bereits in mehreren Versionen: Die aktuellste ist das objektorientierte SDL'92 (→ Objektorientierung), die z. Z. noch am häufigsten benutzte Version ist SDL'88. SDL'88 ist – bis auf eine prozeßorientierte Sicht – nicht objektorientiert. SDL ist aufgrund seiner Struktur besonders geeignet, Systeme topdown zu spezifizieren.

Man beginnt mit der → Spezifikation auf der sog. Systemebene und legt dabei die Signale fest, die zwischen System und Umgebung ausgetauscht werden. → Signale sind → Daten, die asynchron über Kanäle zwischen Blöcken, Prozessen oder System und Umgebung ausgetauscht werden. An die Umgebung (environment) des Systems werden keine Anforderungen gestellt, außer daß sie Signale liefern bzw. verarbeiten kann. In einem System können verschiedene → Funktionalitäten zu Blöcken zusammengefaßt werden. Solche Blöcke enthalten ihrerseits wiederum Blöcke oder Prozesse, wodurch eine Strukturierung des Systems erreicht wird. Blöcke werden untereinander durch Kanäle verbunden, über welche Signale übertragen werden. Die Signale werden innerhalb der Blöcke an die Prozesse weitergeleitet. Durch das sog. Channel Partitioning kann das Übertragungsverhalten eines Kanals spezifiziert werden. Hierbei wird dem Kanal ein Block oder Prozeß zugeordnet, welcher das gewünschte Verhalten festlegt. SDL benutzt zur Spezifikation der Datentypen wie → LOTOS das Konzept der abstrakten Datentypen.

Die Dynamik von → Prozessen beschreibt SDL wie → Estelle mit dem Modell des erweiterten endlichen Automaten. Prozesse haben damit die Möglichkeit, selbständig Anweisungen auszuführen, Entscheidungen zu treffen, Zustände zu wechseln, Signale zu empfangen und zu senden, Timer zu setzen usw. Von Prozessen können mehrere → Instanzen existieren. Außerdem können Prozesse innerhalb eines Blocks andere Prozesse erzeugen. Die Prozesse sind jedoch nicht hierarchisch wie in Estelle gegliedert, sondern völlig gleichberechtigt.

Für SDL-Spezifikationen sind eine Textdarstellung und eine graphische Repräsentation (Bild) standardisiert. *Hoff/Spaniol*

Literatur: *Belina, F.; Hogrefe, D.; Sarma, A.*: SDL with applications from protocol specification. Prentice Hall, 1991. – *ITU-T*

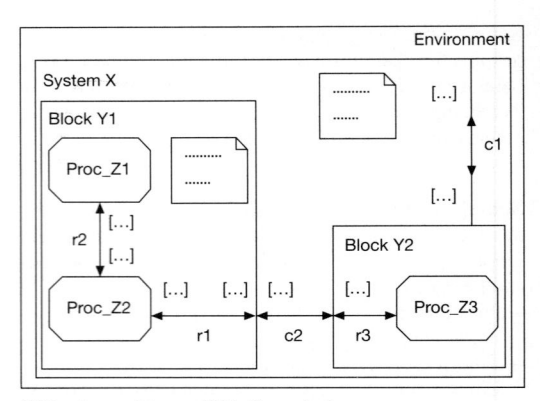

*SDL: Auswahl von SDL-Sprachelementen*

*Recommendations Z. 100*: CCITT Specification and Description Language (SDL). 1993.

**SDLC** ⟨*SDLC (Synchronous Data Link Control)*⟩. Ein von IBM entwickeltes → Protokoll für die → Sicherungsebene des → OSI-Referenzmodells für die Datenkommunikation. SDLC kann als Vorläufer von → HDLC angesehen werden und bietet eine Teilmenge von dessen Befehlen und Möglichkeiten.

*Quernheim/Spaniol*

**SDU** ⟨*SDU (Service Data Unit)*⟩. Im → OSI-Referenzmodell können Daten zwischen → Instanzen derselben (N + 1)-Schicht (→ Partnerinstanz) über (N)-Verbindungen ausgetauscht werden, indem sie an eine (N)-Einheit geleitet und von dort direkt oder indirekt über

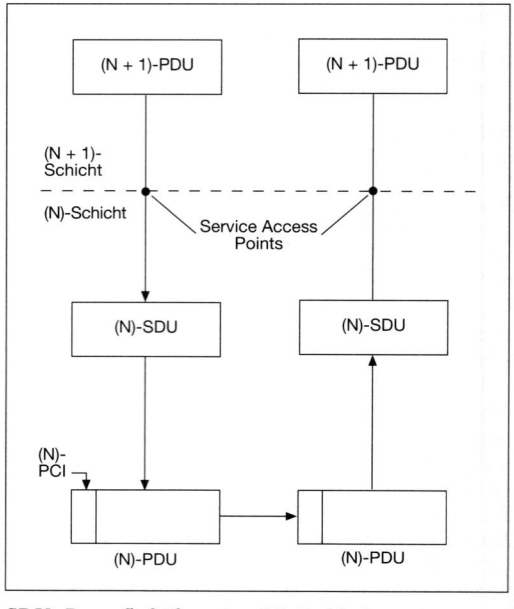

*SDU: Datenfluß über eine (N)-Verbindung*

weitere (N)-Einheiten zur Ziel-(N+1)-Einheit transferiert werden. Diejenigen Daten, die am Übergang von Schicht (N+1) nach Schicht (N) und umgekehrt (also über die sog. Service Access Points, → SAP) fließen, werden als Schnittstellendaten (Interface Data Units, IDU) bezeichnet.

Eine SDU ist ein Block von Schnittstellendaten, der über die ganze (N)-Verbindung unverändert bleibt. Es werden auf Schicht (N) zwar die für eine korrekte Übertragung notwendigen Protokolldaten (Protocol Control Information, PCI) hinzugefügt, die den Block zu einer PDU (Protocol Data Unit) machen, diese werden jedoch beim Übergang auf Schicht (N+1) auf Empfängerseite wieder entfernt (Bild).

*Fasbender/Spaniol*

**Sedezimalzahl** ⟨*hexadecimal number*⟩. S. ist die Darstellung einer Zahl zur Basis 16 (→ Zahlensystem). Die einzelnen Stellen können die Werte 0, 1, 2, 3, 4, 5, 6, 7, 8, 9, A (=10), B (=11), C (=12), D (=13), E (=14), F (=15) annehmen und entsprechen den Potenzen von 16. Da man über keine einstelligen Bezeichnungen für die Werte 10, ..., 15 verfügt, verwendet man dafür die Buchstaben A, ..., F. Die einstellige Sedezimalzahl E entspricht also der Dezimalzahl 14 (Tabelle). S. werden im Zusammenhang mit → Digitalrechnern gerne benutzt, um → Dualzahlen (oder andere binäre Informationen) ohne einen Übersetzungsvorgang in das Dezimalsystem kurz darzustellen. Da $16 = 2^4$ ist, genügt eine Zusammenfassung von je vier Dualstellen zu einer Sedezimalstelle als Umwandlung zwischen diesen beiden Darstellungen. Zum Beispiel ist

$$E6D3_{16} = 1110\ 0110\ 1101\ 0011_2 = 59091_{10}$$

Die S. werden oft auch als *Hexadezimalzahlen* bezeichnet, obwohl die Verwendung der griechischen Vorsilbe einen Bruch in der sonst im Deutschen üblichen Bezeichnung der Zahlensysteme darstellt.

*Bode/Schneider*

*Sedezimalzahl. Tabelle: Zahlen in Dezimal-, S.- und Dualdarstellung*

| dezimal | sedezimal | dual |
|---------|-----------|------|
| 0 | 0 | 0000 |
| 1 | 1 | 0001 |
| 2 | 2 | 0010 |
| 3 | 3 | 0011 |
| 4 | 4 | 0100 |
| 5 | 5 | 0101 |
| 6 | 6 | 0110 |
| 7 | 7 | 0111 |
| 8 | 8 | 1000 |
| 9 | 9 | 1001 |
| 10 | A | 1010 |
| 11 | B | 1011 |
| 12 | C | 1100 |
| 13 | D | 1101 |
| 14 | E | 1110 |
| 15 | F | 1111 |
| 16 | 10 | 10000 |
| 17 | 11 | 10001 |
| 18 | 12 | 10010 |
| 19 | 13 | 10011 |
| 20 | 14 | 10100 |
| 21 | 15 | 10101 |
| 22 | 16 | 10110 |
| 23 | 17 | 10111 |
| 24 | 18 | 11000 |
| 25 | 19 | 11001 |
| 26 | 1A | 11010 |
| 27 | 1B | 11011 |
| 28 | 1C | 11100 |
| 29 | 1D | 11101 |
| 30 | 1E | 11110 |
| 31 | 1F | 11111 |

**Seeheim-Modell** ⟨*Seeheim model*⟩. 1985 wurde auf dem von der Eurographics veranstalteten *Seeheim Workshop* ein Benutzerschnittstellenmodell entwickelt, das in der Folgezeit eine wesentliche Rolle für die Entwicklung graphischer → Benutzerschnittstellen und insbesondere für Dialogmanagementsysteme (→ UIMS) spielt.

Das S.-M. basiert auf einer Trennung der Benutzerschnittstelle in drei Komponenten (Bild). Die → Präsentations-Komponente ist für das physikalische Erscheinungsbild der Benutzerschnittstelle einschließlich aller → Interaktionen verantwortlich. Die → Dialogkontrolle steuert den Dialog zwischen dem → Benutzer und dem → Anwendungsprogramm. Das Anwendungs-Interface organisiert die Verbindung zwischen der Benutzerschnittstelle und den anderen Programmteilen und stellt die Nutzersicht auf das Anwendungsprogramm dar.

Die untere Pipeline im Bild symbolisiert den Fall, daß die Anwendung direkten Zugriff auf ein graphisches Ausgabegerät hat, z.B. in CAD-Systemen (→ CAD). Der Informationsfluß zwischen den drei Komponenten erfolgt in Form von Nachrichtenelementen (→ Token). Jeder Token besteht aus einem Typ, der die Art des Token identifiziert, und aus einer Anzahl von Datenfeldern, die vom Typ des Token abhängen. Diese abstrakte Darstellung ist unabhängig vom konkreten Ein-/Ausgabegerät der Benutzerschnittstelle. Die einzige Komponente, die sich detailliert mit dem → Ein-/Ausgabegerät befassen muß, ist die Präsentationskomponente. Eingabe-Token laufen vom Benutzer zur Anwendung und Ausgabe-Token von der Anwendung zum Benutzer.

Die Präsentationskomponente kann als die lexikalische Form einer Benutzerschnittstelle betrachtet werden. Sie ist verantwortlich für die Bildschirmverwaltung, die Eingabegeräte (Tastatur, Maus), die Interak-

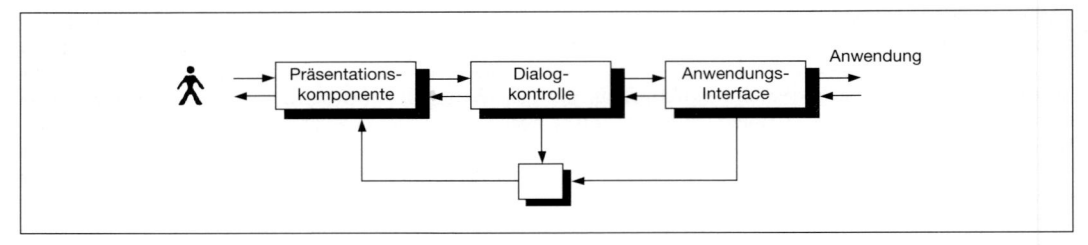

Seeheim-*Modell: Schematische Darstellung*

tionstechniken und die lexikalische Rückkopplung. Die Vorteile bestehen v. a. darin, daß alle Gerätespezifika von der Anwendung getrennt sind und damit die Portierbarkeit der Benutzerschnittstelle auf andere Ein- und Ausgabegeräte erleichtert wird. Weiterhin ermöglicht die separate Präsentationskomponente eine einfache lexikalische Anpassung der Schnittstelle an den individuellen Benutzer (z. B. Anpassung des Bildschirm-Layouts für Rechts- oder Linkshänder, Nutzung bevorzugter Interaktionstechniken) und unterstützt die Entwicklung und Anwendung standardisierter Programmbibliotheken für Benutzerschnittstellen.

Die Dialogkontrolle konvertiert den Strom der Eingangs-Token aus der Präsentationskomponente in eine interne Struktur, aus der die gewünschten → Operationen des Benutzers erkennbar sind. Diese Struktur wird dann in eine weitere Sequenz von Eingangs-Token für die Anwendungsschnittstelle transformiert, um die zugehörigen Kommandos ausführen zu können. Ein ähnlicher Ablauf erfolgt für Ausgangs-Token, die das Anwendungsinterface erzeugt.

Das Anwendungs-Interface beinhaltet die Beschreibung aller Datenstrukturen und Funktionen (Routinen) der Anwendung, auf die der Benutzer zugreifen kann. Diese Beschreibung besteht aus zwei Teilen:
☐ Im ersten Teil befindet sich die eigentliche Beschreibung der Anwendungsfunktionen und -datenstrukturen in abstrakter bzw. logischer Form ohne Implementierungsdetails. Neben Funktionsnamen, -typen und -parametern können hier auch Vorbedingungen (precondition) oder geforderte Reaktionen der Anwendungsfunktionen (postcondition) aufgeführt sein.
☐ Der zweite Teil bezieht sich darauf, wie die Benutzerschnittstelle mit der Anwendung kommuniziert. Man bezeichnet diese Kommunikation als Interaktion und unterscheidet drei Arten:

a) Im benutzerinitiierten Interaktionsmodus aktiviert die Benutzerschnittstelle Anwendungsfunktionen.

b) Im systeminitiierten Interaktionsmodus aktiviert die Anwendung Funktionen in der Benutzerschnittstelle.

c) Ein dritter Interaktionsmodus nutzt zwei Kommunikationsprozesse, einen für die Benutzerschnittstelle und einen für die Anwendung, um (a) und (b) zu mischen. Dazu werden aber spezielle Steuerungsprozesse benötigt, die i. d. R. den Einsatz von Multitask-Systemen erfordern.

Das Vorhandensein des Interaktionsmodus (b) ist für Benutzerschnittstellen im technischen Bereich eine unverzichtbare Voraussetzung, da erst auf diese Weise der technische Anwendungsprozeß vollständig und ohne Zeitverlust mittels der Präsentationskomponente auf dem Ausgabegerät visualisiert werden kann.

Das S.-M. beschäftigt sich nicht mit der → Implementierung einer Benutzerschnittstelle, sondern strukturiert prinzipiell die → Funktionalität der Benutzerschnittstelle in ihrer Gesamtheit. *Langmann*

Literatur: *Pfaff, G.; ten Hagan, P. J. W.*: Seeheim workshop on user interface management systems. Berlin 1985.

**Segment** ⟨segment⟩. Das S., ein Begriff aus der graphischen → Datenverarbeitung, wird als eine Menge von graphischen Darstellungselementen definiert, welche als Einheit manipuliert werden können.

Das Graphische Kernsystem (→ GKS) unterstützt diese → Segmentierung, da es für manche Anwendungen wünschenswert ist, wiederholten Zugriff auf die generierten Darstellungselemente zu behalten, und dies nur durch deren Speicherung in S. möglich ist. Jedes S. wird an allen GKS-Arbeitsplätzen (workstations), die zum Zeitpunkt der Segmenterzeugung aktiv sind, gespeichert und ist durch einen eindeutigen, über die Anwendung bestimmbaren Segmentnamen gekennzeichnet (s. auch → Speichermanagement).

Ein S. beinhaltet alle graphischen Darstellungselemente, die während seiner Erzeugung und dem Schließen generiert wurden. Mit Hilfe der Picker-Kennzeichnung können einzelne dieser Darstellungselemente identifiziert werden; ein nachträgliches Löschen oder sonstige Manipulationen sind jedoch nicht erlaubt. Ferner beinhalten S. keine Referenzen auf andere S., noch können sie geschachtelt sein. Neben den Darstellungselementen, den zugehörigen Darstellungsattributen, den zum Zeitpunkt der Elementerzeugung gültigen Klipp-Rechtecken, werden die zutreffenden Segmentattribute wie → Segmenttransformation (segment transformation), → Sichtbarkeit (visibility), → Hervorheben (highlighting), Segmentpriorität (segment priority) und Ansprechbarkeit (detectability) gespeichert. *Encarnação/Selzer*

**Segment, gemischte AS-HS-Realisierung** ⟨segment with mixed representation in memory and background⟩ → Speichermanagement

**Segment, prozeßprivates** ⟨*process-private segment*⟩
→ Speichermanagement

**Segment-Seitenindexmenge** ⟨*set of page indices of a segment*⟩ → Speichermanagement

**Segmentattribut** ⟨*segment attribute*⟩. In der graphischen → Datenverarbeitung werden S. als Zustandswerte, die alle graphischen Darstellungselemente eines Segmentes betreffen, definiert. Diese können dynamisch für existierende Segmente geändert werden.
Im Graphischen Kernsystem (→ GKS) unterscheidet man zwischen den S. → Sichtbarkeit (visibility), → Hervorheben (highlighting), Ansprechbarkeit (detectability), Segmentpriorität (segment priority) und → Segmenttransformation (segment transformation).
*Encarnação/Selzer*

**Segmentierung** ⟨*segmenting*⟩. Paketvermittelnde → Netzwerke verwenden eine maximale Paketgröße, die von Faktoren wie Bitfehlerrate, Ende-zu-Ende-Verzögerung und Puffergrößen in den Netzknoten bestimmt wird und die typischerweise im Bereich zwischen einigen hundert und einigen tausend Bytes liegt. Große → Nachrichten wie eine Datei von mehreren Megabytes müssen daher vor ihrer Übertragung auf viele kleinere Einheiten verteilt werden, die dann unabhängig voneinander zum Ziel gebracht und dort auf der Basis der mitübertragenen Segmentnummern wieder zusammengesetzt werden. Der Vorgang des Fragmentierens wird als Segmentierung bezeichnet, der des Zusammensetzens als Reassemblierung. Segmentierung kann auf mehreren Ebenen des → OSI-Referenzmodells erforderlich sein (z. B. auf Sitzungsebene zur Steuerung des Datenflusses über Synchronisationspunkte und auf → Vermittlungsebene, bedingt durch die maximale Paketgröße).
*Fasbender/Spaniol*

**Segmentrealisierung, vollständige** ⟨*complete representation of a segment*⟩ → Speichermanagement

**Segmentspeicher** ⟨*segment storage*⟩. Gewährleistet in der graphischen → Datenverarbeitung das Erstellen und Löschen von Segmenten sowie die Änderbarkeit der Segmentattribute. Der S. kann zur Bildwiederholung für die Darstellung eines geänderten Bildes oder Bildteiles benutzt werden. Im Graphischen Kernsystem (→ GKS) sind konzeptionell zwei unterschiedliche S. vorgesehen. Ab der Leistungsstufe 1 a ist an jedem Eingabe- und Eingabe-/Ausgabe-Arbeitsplatz konzeptionell ein arbeitsplatzabhängiger S. (AASS) vorhanden. Ab der GKS-Leistungsstufe 2 a ist ein einziger arbeits-

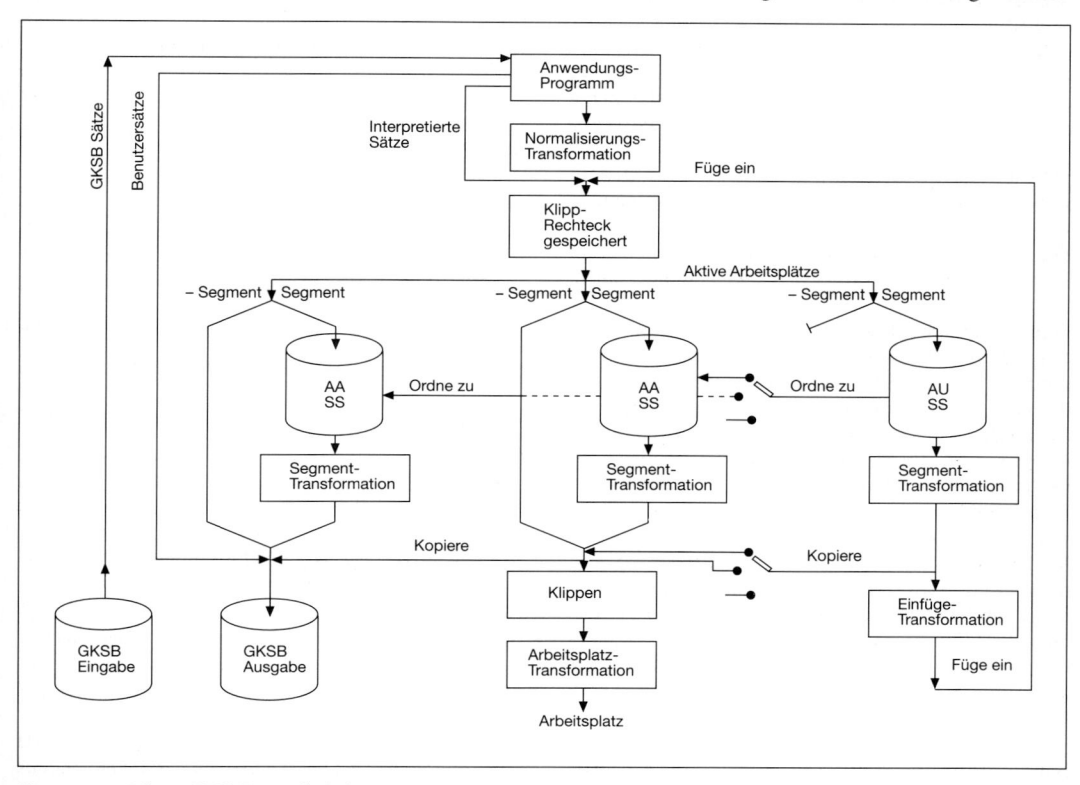

*Segmentspeicher: GKS-Datenflußplan*

platzunabhängiger S. (AUSS) definiert, der das Übertragen eines Segments auf einen anderen graphischen Arbeitsplatz oder das Einsetzen in das offene → Segment ermöglicht.

Im AUSS gespeicherte Segmente können mit der Funktion „Kopiere zum Arbeitsplatz", „Ordne Segment dem Arbeitsplatz zu" und „Füge Segment ein" wiederverwendet werden.

In der GKS-Norm ist lediglich das funktionale Verhalten der S. ab der entsprechenden Leistungsstufe gefordert. Der Implementierer hat die Freiheit, z. B. den AUSS in GKS zu realisieren oder die Fähigkeiten eines speziellen Gerätes und des dazugehörigen Treibers zu nutzen.

Die Eintragung der Darstellungselemente in den AUSS geschieht an der gleichen Stelle, an der die → Daten in der Darstellungsreihe den graphischen Arbeitsplätzen zugeordnet werden (Bild). Deshalb wird der AUSS auch prinzipiell wie ein GKS-Arbeitsplatz behandelt, was eine unnötige Vergrößerung der Komplexität der Anwenderschnittstelle vermeidet.

Darstellungselemente in Segmenten durchlaufen die Normalisierungstransformation, bevor sie in den AUSS gelangen. Die Darstellungselemente werden zusammen mit den Segmentattributen und dem Klipprechteck gespeichert. Erst beim Wiederordnen der Segmente in die Ausgabedarstellungsreihe wird entschieden, ob das abgespeicherte oder das aktuell gültige Klipprechteck zum Klippen (→ Clipping) benutzt wird.

Der AUSS nimmt, solange er aktiv ist, Segmente auf und hält sie zur Wiederverwendung bereit, solange er offen ist. Beim Schließen des AUSS werden alle in ihm enthaltenen Einträge gelöscht. *Encarnação/Selzer*

**Segmentstruktur, eindimensionale** ⟨one-dimensional structure of a segment⟩ → Speichermanagement

**Segmentstruktur, zweidimensionale** ⟨two-dimensional structure of a segment⟩ → Speichermanagement

**Segmenttransformation** ⟨segment transformation⟩. Mit dem Begriff S. wird in der graphischen → Datenverarbeitung ein → Segmentattribut bezeichnet, welches die graphischen Darstellungselemente eines Segmentes an verschiedenen Positionen (→ Translation), in veränderten Größen (→ Skalierung) oder veränderter Lage (Rotation) auf der Darstellungsfläche erscheinen läßt.

Im Graphischen Kernsystem (→ GKS) handelt es sich bei der S. um eine Abbildung von normierten Koordinaten auf sich selbst, wobei die S. nach der Normalisierungstransformation vor dem Klippen (→ Clipping) durchgeführt wird. Spezifiziert wird die S. über eine $2 \times 3$-Transformationsmatrix, welche sich aus einem $2 \times 2$-Skalierungs- und Rotationsteil und einem $2 \times 1$-Translationsteil zusammensetzt.

*Encarnação/Selzer*

**Sehen, aktives** ⟨active vision⟩. Eine Vorgehensweise zur Bildinterpretation, bei der das Verarbeitungssystem selbständig (aktiv) die Bildaufnahmen und -ausschnitte bestimmt, die zur Erfüllung einer definierten Aufgabe bzw. Ausführung einer Handlung erforderlich sind.

Es gibt Problemkreise, bei denen es üblich ist und sinnvoll erscheint, die Art der Bildaufnahme „von außen" vorzugeben, und den gesamten Bildinhalt auszuwerten; ein Beispiel ist die diagnostische Interpretation medizinischer Bilder. Es gibt andere Problemkreise, wo ein sichtgestütztes System weitgehend autonom eine Aufgabe, wie Transport und Montage eines Maschinenteils, ausführen soll. Dann ist es hinreichend, nur den dafür erforderlichen Ausschnitt der Umwelt aufzunehmen und auszuwerten.

Wesentliche Elemente des a. S. sind Echtzeitverarbeitung, die Kontrolle von Blickwinkel und Bildausschnitt, was zur Objektstabilisierung in objektzentrierten (nicht in beobachterzentrierten) Koordinaten genutzt werden kann, und die zielgerichtete (intelligente) Steuerung von Verhaltensweisen. Im allgemeinen werden also Sensoren, Aktoren, Wissen (Modelle) und Verarbeitungsstrategien eingesetzt. Dabei kann die externe Umwelt selbst als ihre eigene „Repräsentation" verwendet und auf eine interne verzichtet werden. Ein Beispiel für eine generelle Verarbeitungsstrategie ist die Trennung zwischen Algorithmen, die interessante Bildausschnitte suchen (Lokalisation), und solchen, die Objekte in fovealisierten Bereichen klassifizieren (Identifikation). *Niemann*

Literatur: *Ballard, D. H.*: Animate vision. Artificial intelligence (1991) 48, pp. 57–86. – *Blake, A.* and *A. Yuille*: Active vision. Cambridge, MA 1992.

**Seite** ⟨page⟩ → Speichermanagement

**Seiten-Blockbereichs-Tabelle (SBT)** ⟨page-block-frame table⟩ → Speichermanagement

**Seiten-Kachel-Tabelle (SKT)** ⟨page table⟩ → Speichermanagement

**Seitenfehler** ⟨page fault⟩ → Speichermanagement

**Seitenfehlerrate** ⟨page fault rate⟩ → Speichermanagement

**Seitenflattern** ⟨thrashing⟩ → Speichermanagement

**Seitenindexmenge eines Segments** ⟨set of page indices of a segment⟩ → Speichermanagement

**Seitenlänge** ⟨page length⟩ → Speichermanagement

**Sekundärschlüssel** ⟨secondary key⟩ → Schlüssel

**selbsttaktend** ⟨self-synchronizing⟩. Ein Leitungscode wird als „s." bezeichnet, wenn sich das Taktsignal aus dem → Code extrahieren läßt. *Jakobs/Spaniol*

**Selektionsoperation** ⟨select operation⟩ → Datenmodell

**Semantik** ⟨semantics⟩ → Sprachverstehen

**Semantik, axiomatische** ⟨axiomatic semantics⟩. Bei der axiomatischen oder logischen Methode der Semantikdefinition wird die Bedeutung von Programmteilen durch die Angabe logischer Formeln beschrieben. Bei → imperativen Programmiersprachen wird häufig das *Hoare*-Kalkül verwendet. Es hat Formeln der Struktur $\{Q\}P\{R\}$, wobei P ein Programmstück ist und Q und R Aussagen über die Werte machen, die in den Programmvariablen abgespeichert sind. Die Formel $\{Q\}P\{R\}$ soll folgendes bedeuten: Wenn vor Ausführen des Programmstücks P Q gegolten hat, dann gilt nachher R. Beispiele gültiger Formeln sind $\{n=1\}n:=n-1\{n=0\}$ oder $\{n<0\}n:=n-1\{n<0\}$.

Eine a. S. einer → Sprache besteht aus → Axiomen, die einige gültige Formeln beschreiben, sowie Inferenzregeln, die es erlauben, aus gültigen Formeln weitere gültige Formeln herzuleiten. Einige Inferenzregeln sind sprachunabhängig, z. B.

$$\frac{\{Q\}P\{R\},\ R \Rightarrow R'}{\{Q\}P\{R'\}}$$

(wenn $\{Q\}P\{R\}$ gilt und R' logisch aus R folgt, dann gilt auch $\{Q\}P\{R'\}$). Als Beispiele für sprachspezifische Inferenzregeln wollen wir die für die Hintereinanderausführung $A_1; A_2$ zweier Anweisungen und die für → Schleifen betrachten.

Für die Hintereinanderausführung gibt es die folgende Inferenzregel:

$$\frac{\{Q\}A_1\{R\},\ \{R\}A_2\{S\}}{\{Q\}A_1; A_2\{S\}}.$$

Sie ist wie folgt zu verstehen: Wenn die Anweisung $A_1$ die Eigenschaft hat, daß nach ihrer Ausführung R gilt, falls vorher Q galt, und wenn $A_2$ die Eigenschaft hat, daß nach ihrer Ausführung S gilt, falls vorher R galt, dann hat $A_1; A_2$ die Eigenschaft, daß nach ihrer Ausführung S gilt, falls vorher Q galt.

Die Inferenzregel für die Schleife sieht wie folgt aus:

$$\frac{\{Q \wedge B\}A\{Q\}}{\{Q\}\ \text{while}\ B\ \text{do}\ A\ \{Q \wedge \neg B\}}.$$

Dabei bedeutet das Zeichen „∧" „und" und „¬" „nicht". Zu beachten ist, wie die Bedingung B in die logischen Formeln hineingenommen wird. Die Inferenzregel bedeutet im wesentlichen das folgende: Wenn die Eigenschaft Q vor der Schleife galt und ihre Gültigkeit durch das Ausführen des Rumpfes A nicht beeinträchtigt wird, dann gilt Q auch nach der Schleife. Dazu kommt das B vor A, da der Rumpf nur ausgeführt wird, wenn die Bedingung wahr ist, und das ¬B am Ende, da die Schleife nur endet, wenn B falsch ist.

Für die folgenden Beispiele sei $A = n:=n-1$ und W = while n≠0 do A, also B = (n≠0). Zunächst untersuchen wir Q = int(n) (d. h., n ist eine ganze Zahl). Da

$$\{\text{int}(n) \wedge n \neq 0\}A\{\text{int}(n)\}$$

gilt (dies gilt intuitiv, kann aber auch mit hier nicht vorgestellten Regeln formal bewiesen werden), folgt nach der Schleifenregel

$$\{\text{int}(n)\}W\{\text{int}(n) \wedge n = 0\}$$

und daraus mit der sprachunabhängigen Folgerungsregel

$$\{\text{int}(n)\}W\{n = 0\}.$$

Wir haben also bewiesen, daß nach der Ausführung von W immer n = 0 gilt, falls vorher n eine beliebige ganze Zahl war. Was ist aber mit dem Fall n = −1? In diesem Fall terminiert die Schleifenausführung ja gar nicht, aber trotzdem soll nachher n = 0 gelten. Die Antwort ist, daß die Formel $\{Q\}P\{R\}$ gar keine Aussage über die → Terminierung von P macht; ihre genaue Bedeutung ist vielmehr: Wenn vor der Ausführung von P die Aussage Q galt und wenn die Ausführung von P terminiert, dann gilt nachher R.

Mit den oben eingeführten logischen Formeln läßt sich also Terminierung nicht beweisen. Dazu müssen andere, stärkere Formeln eingeführt werden, die Terminierung garantieren. Auch für diese Formeln können geeignete Inferenzregeln angegeben werden.

Immerhin läßt sich mit den Formeln der Art $\{Q\}P\{R\}$ in manchen Fällen Nichtterminierung beweisen. Sei dazu im Schleifenbeispiel Q = (n<0). Weil $\{n<0 \wedge n \neq 0\}A\{n<0\}$ gilt, folgt nach der Schleifenregel $\{n<0\}W\{n<0 \wedge n = 0\}$. Aus der Widersprüchlichkeit der rechten Eigenschaft läßt sich schließen, daß W im Falle n<0 nicht terminieren kann. *Heckmann*

Literatur: *Loeckx, J.* and *K. Sieber*: The foundations of program verification. Stuttgart–Chichester, GB 1984. – *Fehr, E.*: Semantik von Programmiersprachen. Berlin–Heidelberg 1989. – *Dijkstra, E. W.* and *C. S. Scholten*: Predicate calculus and program semantics. Berlin–Heidelberg 1989.

**Semantik, denotationelle** ⟨denotational semantics⟩. Bei der denotationellen Methode der Semantikbeschreibung wird jedem Programmteil ein geeignetes mathematisches → Objekt zugeordnet, das seine Bedeutung beschreibt. Betrachten wir als Beispiel eine kleine → imperative Programmiersprache mit Ausdrücken und Anweisungen.

Um einen Ausdruck auszuwerten, muß bekannt sein, welche Werte in den einzelnen Programmvariablen gespeichert sind. Darüber gibt der Speicherzustand Auskunft. Wenn man annimmt, daß die Auswertung eines Ausdrucks den Speicherzustand nicht verändert, dann kann die Bedeutung $[\![E]\!]$ eines Ausdrucks E als Funktion beschrieben werden, die Speicherzustände in Werte abbildet. So erhält man z. B. $[\![n-1]\!](n=1) = 0$.

Die Abarbeitung einer Anweisung verändert den Speicherzustand; der Effekt hängt dabei i. allg. vom Speicherzustand vor der Abarbeitung ab. Daher können wir die Bedeutung $[\![A]\!]$ einer Anweisung A als Funktion auffassen, die Speicherzustände in Speicherzustände abbildet. Ein Beispiel ist $[\![n:=n-1]\!]\,(n=1)=(n=0)$.

Die Semantikdefinition einer Sprache besteht aus einem Satz von Regeln, je eine für jedes Sprachkonstrukt. Die Regel für ein atomares Konstrukt gibt seine Bedeutung direkt an, während die Regel für ein zusammengesetztes Konstrukt definiert, wie sich seine Bedeutung aus den Bedeutungen seiner Bestandteile errechnet.

Die Regel für das Konstrukt der sequentiellen →Komposition sieht daher wie folgt aus:

$$[\![A_1;A_2]\!]\,(s) = [\![A_2]\!]([\![A_1]\!]\,(s))$$

Der Speicherzustand s wird durch $[\![A_1]\!]$ in einen Zwischenzustand abgebildet, der durch $[\![A_2]\!]$ in den Endzustand für das ganze Konstrukt abgebildet wird. Die oben angegebene Regel kann unter Verwendung des Zeichens „o" für die Funktionskomposition kürzer als

$$[\![A_1;A_2]\!] = [\![A_2]\!] \circ [\![A_1]\!]$$

geschrieben werden.

Die semantische Regel für das Schleifenkonstrukt sieht so aus:

$[\![\text{while B do A}]\!]\,(s) =$

$$\begin{cases} s & \text{falls } [\![B]\!]\,(s) = \text{false} \\ [\![\text{while B do A}]\!]([\![A]\!]\,(s)) & \text{falls } [\![B]\!]\,(s) = \text{false} \end{cases}$$

Hierbei ist B die Schleifenbedingung (ein spezieller Ausdruck) und A der Schleifenrumpf, bestehend aus einer Anweisung.

Die Regel hat die Eigenart, daß die zu definierende mathematische Funktion $[\![\text{while B do A}]\!]$ auf der rechten Seite der Definition wieder vorkommt; es handelt sich um eine rekursive Definition. In der üblichen Mathematik machen solche rekursiven Definitionen nicht unbedingt einen Sinn; z. B. gibt es gar keine Funktion f mit $f(x)=f(x)+1$, aber unendlich viele mit $f(x)=f(x)$. In der d. S. wird diese Schwierigkeit umgangen, indem die mathematischen Objekte, die die Bedeutung angeben, als Elemente spezieller semantischer Bereiche gewählt werden. Ein semantischer Bereich trägt eine gewisse mathematische Struktur, die dafür sorgt, daß jede rekursive Definition, die gewissen leicht zu erfüllenden Bedingungen genügt, ein eindeutiges Objekt definiert.

Ein semantischer Bereich beinhaltet insbesondere immer ein „undefiniertes" Element, das als bezeichnet wird. Dieses Element tritt immer dann als Ergebnis auf, wenn sich kein gewöhnliches Element finden läßt. Damit ergibt sich z. B.

$[\![\text{while } n \neq 0 \text{ do } n := n-1]\!]\,(n=1) = (n=0)$

und

$[\![\text{while } n \neq 0 \text{ do } n := n-1]\!]\,(n=-1) = \bot,$

wobei das „undefinierte" Ergebnis die Tatsache widerspiegelt, daß diese Berechnung nicht terminiert.

*Heckmann*

Literatur: *Stoy, J. E.*: Denotational semantics: The Scott-Strachey approach to programming language theory. Cambridge, GB 1977. – *Gordon, M. J. C.*: The denotational description of programming languages. Berlin–Heidelberg 1979. – *Loeckx, J. and K. Sieber*: The foundations of program verification. Stuttgart–Chichester, GB 1984. – *Fehr, E.*: Semantik von Programmiersprachen. Berlin–Heidelberg 1989. – *Tennent, R. D.*: Semantics of programming languages. Englewood Cliffs, NJ 1991. – *Gunter, C. A.*: Semantics of programming languages: Structures and techniques. Cambridge, MA 1992.

**Semantik, formale** ⟨*formal semantics*⟩. Die Semantik beschreibt den Bedeutungsgehalt einer →Sprache; f. S. verwendet Hilfsmittel aus der →formalen Logik und der Algebra, um Bedeutungen sprachlicher Gebilde als mathematische Objekte darzustellen, so daß mit ihnen kalkülmäßig umgegangen (gerechnet) werden kann. F. S. wird verwendet sowohl für →Programmiersprachen als auch für natürliche Sprachen (in der Computerlinguistik und den Untersuchungen zur →Künstlichen Intelligenz).

Die formale Beschreibung natürlicher →Sprachen ist wesentlich schwieriger als die von Programmiersprachen, u.a. deshalb, weil sich Bedeutungen von Worten und Sätzen i. allg. nicht isoliert bestimmen lassen, sondern sehr stark vom Zusammenhang (Kontext), in dem diese verwendet werden, abhängen.

Bei Programmiersprachen und verwandten Formalismen zur Beschreibung von Verfahren oder von Sachverhalten (z. B. von sog. Wissensrepräsentationsformalismen) wird das Problem der Mehrdeutigkeit von vornherein per Konstruktion ausgeschlossen – bis auf gewisse wohldefinierte und einfach zu behandelnde Ausnahmen wie die Mehrfachverwendung von Operatorsymbolen. Trotzdem führt selbst bei solchen Sprachen die formale →Spezifikation ihrer Semantik zu schwierigen Problemen, weil man an die dafür verwendeten Techniken eine Reihe (z. T. miteinander unverträglicher) Forderungen stellt. Denn eine f. S. einer Programmiersprache soll dazu dienen,
– die Konstruktion eines →Übersetzers (→Compiler) zu unterstützen und dessen →Korrektheit nachzuweisen oder gar zu automatischer Übersetzererzeugung zu führen,
– das Erlernen einer Programmiersprache zu erleichtern,
– die Entwicklung korrekter Programme zu unterstützen oder gar teilweise zu automatisieren,
– Programmeigenschaften wie partielle Korrektheit, Terminierung, Äquivalenz zu anderen Programmen zu spezifizieren und zu beweisen.

Ein naheliegender und des öfteren angewandter Trick, den Aufwand einer komplizierten Semantikdefinition einer Sprache P zu umgehen, ist die Angabe eines Übersetzers von P in eine bereits mit einer f. S. versehene Sprache S, wobei der Übersetzer so arbeitet, daß die Grundbausteine der Sprache P jeweils durch Programme der Sprache S simuliert werden und Programme in P in entsprechende Zusammensetzungen von Programmen in S übersetzt werden. Manchmal wählt man als Sprache S eine kleine Teilsprache von P.

Die drei wichtigsten Methoden, f. S. von Programmiersprachen zu konstruieren, sind die operationelle, die denotationelle und die axiomatische. Im Rahmen des Übersetzerbaus werden häufig auch attributierte Grammatiken verwendet, mit denen man sowohl die → Syntax (den formalen Aufbau) als auch wichtige Aspekte der Semantik beschreiben kann.

☐ Mit der *operationellen Methode* erhält man die (operationelle) Semantik eines Programms, indem man für eine passende abstrakte oder konkrete Maschine angibt, welche Folge von Zuständen bei schrittweiser Ausführung eines Programms entsteht. Diese Methode ist nicht nur für sequentielle Programmiersprachen verwendbar – bei parallelen Programmiersprachen kann man entweder jeweils alle möglichen Sequentialisierungen einer Parallelausführung (eines nebenläufigen Prozesses) betrachten (das ergibt eine sog. Interleaving-Semantik), oder man kann ein abstraktes Maschinenmodell, das Parallelverarbeitung ermöglicht, zugrunde legen (wozu sich z. B. → *Petri*-Netze eignen). Eine sehr bekannte allgemeine Methode zur Formulierung operationeller Semantik ist die Wiener Definitionssprache VDL (Vienna Definition Language). Die operationelle Semantik eignet sich besonders als Hilfsmittel bei der → Implementierung von Programmiersprachen. Das Beweisen von speziellen Programmeigenschaften mit Hilfe operationeller Semantik ist i. allg. recht aufwendig.

☐ Bei der (von *R. W. Floyd* und *C. A. R. Hoare* entwickelten) *axiomatischen Methode* geht man im Grunde wie bei der operationellen Methode vor, versucht aber weitgehend von den Zuständen zu abstrahieren, indem man die Wirkung eines Programms P durch logische Formeln Q (Vorbedingung) und R (Nachbedingung) wie folgt beschreibt: {Q} P {R}, was bedeutet: „Wenn die Bedingung Q für einen Zustand unmittelbar vor Beginn der Ausführung von P gilt, dann gilt unmittelbar nach Ausführung von P die Bedingung R. Dabei soll Q eine möglichst schwache (weakest precondition) und R eine möglichst starke Bedingung sein. Man spezifiziert also die Semantik einer Programmiersprache durch Angabe solcher Tripel {Q} P {R} für alle elementaren Bestandteile und durch Angabe von Regeln dafür, wie sich beim Zusammensetzen von solchen Bestandteilen zu Programmen aus den Tripeln dieser Bestandteile die Tripel für die Programme ergeben, so daß man kalkülmäßig die Semantik von Programmen bestimmen kann (Hoare-Kalkül). Diese Methode eignet sich besonders zur Entwicklung beweisbar korrekter Programme sowie zur → Verifikation von Programmen, weil man sowohl alle Beweismethoden der → Prädikatenlogik zur Verfügung hat als auch mathematische Eigenschaften der durch das betreffende Programm zu realisierenden Funktion in den Kalkül direkt einbeziehen kann.

☐ Die *denotationelle Methode* abstrahiert völlig vom Ablauf eines Programms; sie besteht vielmehr darin, den elementaren Bestandteilen der betrachteten Programmiersprache mathematische Objekte in der Weise zuzuordnen, daß die einem Programm entsprechende Zusammensetzung der Objekte die durch das Programm realisierte Funktion darstellt. Man spricht deshalb auch manchmal (insbesondere im Zusammenhang mit applikativen Sprachen) von mathematischer Semantik. Ein wichtiger Aspekt dieser Methode ist, daß sie Programmschleifen durch Fixpunkte von Funktionen darstellt – weshalb auch der Ausdruck Fixpunktsemantik dafür verwendet wird.

Bei nichtsequentiellen Programmiersprachen, bei denen Programme nicht bloß Funktionen, sondern nebenläufige Prozesse realisieren sollen, kann man die denotationelle Methode ebenfalls verwenden, wenn man entsprechend komplexere mathematische Grundobjekte (z. B. partielle Ordnungen oder → *Petri*-Netze) verwendet.

Eine ausgefeilte, recht viel verwendete Variante der denotationellen Methode ist die Wiener Entwurfsmethode VDM (Vienna Development Method). Eng verwandt mit der denotationellen Methode, ist die algebraische Methode, bei der die (algebraische) Semantik eines Programms durch Abbildung in eine durch die elementaren Bausteine der Programmiersprache bestimmte Algebra gewonnen wird, so daß eine Reihe algebraischer Techniken zur Untersuchung von Programmen verwendet werden kann.

Die denotationelle Methode wird im Übersetzerbau (insbesondere zur automatischen Übersetzererzeugung) verwendet und eignet sich auch zum Beweisen von Programmeigenschaften. Die Methode geht im Prinzip zurück auf *G. Frege*, *R. Carnap* und *A. Tarski*, wurde aber im wesentlichen erst von *C. Strachey* und *D. S. Scott* entwickelt. *Brauer*

Literatur: *Fehr, E.*: Semantik von Programmiersprachen. Berlin 1988.

**Semantik, natürliche** ⟨*natural semantics*⟩ → Semantik, operationelle

**Semantik, operationelle** ⟨*operational semantics*⟩. Bei der operationellen Methode zur Semantikdefinition wird die Bedeutung eines → Programms über seine schrittweise Abarbeitung beschrieben. Dazu wird zunächst ein geeigneter Begriff eines Programmzustands eingeführt. Der Programmzustand ändert sich mit der Zeit; er enthält Angaben über das Programmstück, das gerade ausgeführt wird, sowie über die in den einzelnen Programmvariablen gespeicherten Werte.

Ein Programmschritt besteht dann darin, aus einem Programmzustand einen neuen zu erzeugen. Die Programmausführung beginnt in einem Anfangszustand und erzeugt daraus über i. allg. viele Zwischenzustände einen Endzustand, vorausgesetzt, das Programm terminiert, und es gibt keine Laufzeitfehler.

Die o. S. kann auf zwei verschiedene Weisen angegeben werden: entweder durch Übergangsregeln, die für jeden Zustand angeben, was die möglichen Folgezustände nach einem Schritt sind, oder durch Regeln einer sog. natürlichen Semantik, die für jeden Zustand angeben, welche Endzustände sich daraus nach i. allg. vielen Schritten ergeben können. Oft gibt es nur einen Folge- bzw. Endzustand, aber es gibt auch Sprachen, die mehrere erlauben (s. auch → Semantik, formale).

Betrachten wir als Beispiel die o. S. einer Anweisungsfolge $A_1; A_2$ aus zwei Anweisungen $A_1$ und $A_2$ sowie einer Schleife while B do A, wobei B eine Bedingung und A eine Anweisung ist.

Für die Semantik mit Übergangsregeln nehmen wir als Programmzustände Tripel (B|P|s) aus einer Bedingung B, die noch ausgewertet werden muß, einem Restprogramm P, das noch abgearbeitet werden muß, und einem Speicherzustand s, der die in den einzelnen Programmvariablen abgespeicherten Werte aufzählt. Es gibt auch Programmzustände (P|s) ohne Bedingung und sogar solche, in denen auch noch das Restprogramm leer ist; diese bestehen also nur aus einem Speicherzustand s.

Die für $A_1; A_2$ relevanten Übergangsregeln sehen so aus:

$$\frac{(A_1|s) \to (A_1'|s')}{(A_1; A_2|s) \to (A_1'; A_2|s')},$$

$$\frac{(A_1|s) \to s'}{(A_1; A_2|s) \to (A_2|s')}.$$

Die erste Regel ist wie folgt zu lesen: Wenn $A_1$ in einem Schritt zu $A'_1$ abgearbeitet werden kann, wobei sich der Speicherzustand von s in s' verändert, dann kann $A_1; A_2$ in einem Schritt zu $A'_1; A_2$ abgearbeitet werden, wobei sich der Speicherzustand ebenso ändert. Die zweite Regel behandelt den Fall, daß die Abarbeitung von $A_1$ in einem Schritt beendet ist.

Die für die → Schleife relevanten Übergangsregeln sehen wie folgt aus:
(while B do A|s) → (B|while B do A|s)
(false|while B do A|s) → s
(true|while B do A|s) → (A; while B do A|s).

Die erste Regel bewirkt, daß die Abarbeitung der Schleife mit der Auswertung der Bedingung anfängt. Wenn die Bedingung sich zu *false* auswertet, dann endet die Abarbeitung der Schleife durch die zweite Regel. Wenn die Bedingung dagegen *true* ergibt, kann die dritte Regel angewandt werden, die zusammen mit den Regeln für „;" bewirkt, daß zuerst der Rumpf A und dann noch einmal die ganze Schleife abgearbeitet wird.

Mit den obigen Regeln und einigen anderen, die die Auswertung von Bedingungen und die Abarbeitung von Wertzuweisungen beschreiben, ergibt sich z. B. die folgende Kette von Zustandsübergängen:
(while n≠0 do n:=n−1|n=1)
→ (n≠0| while n≠0 do n:=n−1|n=1)
→ (1≠0| while n≠0 do n:=n−1|n=1)
→ (true| while n≠0 do n:=n−1|n=1)
→ (n:=n−1; while n:≠0 do n:=n−1|n=1)
→ ... → (while n≠0 do n:=n−1|n=0)
→ (n≠0| while n≠0 do n:=n−1|n=0)
→ (0≠0| while n≠0 do n:=n−1|n=0)
→ (false| while n≠0 do n:=n−1|n=0)
→ (n=0).

Ausgehend vom Zustand (while n≠0 do n:=n−1|n=−1) würde sich dagegen eine unendliche Kette von Zustandsübergängen ergeben, die die Tatsache widerspiegelt, daß diese Schleife nie terminiert.

Bei der sog. *natürlichen Semantik* werden nicht die direkten Folgezustände, sondern die Endzustände beschrieben. Wir wollen dies wieder für $A_1; A_2$ und die Schleife tun. Als Programmzustände benutzen wir diesmal Paare (B|s) und (A|s), wobei B eine Bedingung, A eine Anweisung und s ein Speicherzustand ist. Als Endzustände dienen Werte v und Speicherzustände s.

Die Anweisungsfolge $A_1; A_2$ kann durch eine Regel beschrieben werden:

$$\frac{(A_1|s) \Rightarrow s', \ (A_1|s') \Rightarrow s''}{(A_1; A_2|s) \Rightarrow s''}.$$

Dies ist wie folgt zu lesen: Wenn bei der Abarbeitung von $A_1$ im Speicherzustand s der Speicherzustand s' erzeugt wird und die Abarbeitung von $A_2$ aus dem (neuen) Zustand s' den Endzustand s" macht, dann ändert die Abarbeitung von $A_1; A_2$ den Zustand s in s".

Eine Schleife kann durch die folgenden zwei Regeln beschrieben werden:

$$\frac{(B|s) \Rightarrow false}{(\text{while B do A}|s) \Rightarrow s},$$

$$\frac{(B|s) \Rightarrow true, \ (A|s) \Rightarrow s', \ (\text{while B do A}|s') \Rightarrow s''}{(\text{while B do A}|s) \Rightarrow s'}.$$

Die erste Regel bedeutet: Wenn sich die Bedingung B im Zustand s zu *false* auswertet, dann endet die im Zustand s begonnene Abarbeitung der Schleife im selben Zustand s (indem nämlich nichts weiter getan wird). Die zweite Regel bedeutet: Wenn B im Zustand s *true* ergibt, A den Zustand s in s' abändert und die im Zustand s' begonnene Abarbeitung der Schleife im Zustand s" endet, dann endet die im Zustand s begonnene Schleifenabarbeitung ebenfalls im Zustand s". Bei diesen Regeln wurde angenommen, daß die Auswertung eines Ausdrucks den Speicherzustand nicht verändern kann.

In der natürlichen Semantik sind alle Aussagen wahr, die sich durch eine endliche Folge von Regelanwendungen beweisen lassen. Aus (n≠0|n=0) ⇒ false folgt z. B. mit der ersten Schleifenregel
(while n≠0 do n:=n−1|n=0) ⇒ (n=0).

Daraus, aus (n≠0|n=1) ⇒ true und
(n:=n−1|n=1) ⇒ (n=0)
(das aus hier nicht genannten Regeln folgt) kann man dann mit der zweiten Schleifenregel
(while n≠0 do n:=n−1|n=1) ⇒ (n=0)
herleiten.

Für den Programmzustand
Z=(while n≠0 do n:=n−1|n=−1)
läßt sich dagegen durch keine endliche Folge von Regelanwendungen eine Aussage der Form Z $\Rightarrow$ s für irgendeinen Endzustand s herleiten. Das entspricht der Tatsache, daß es keinen solchen Endzustand gibt, weil die Abarbeitung von Z nicht terminiert. *Heckmann*
Literatur: *Fehr, E.*: Semantik von Programmiersprachen. Berlin–Heidelberg 1989. – *Hennessy, M.*: The semantics of programming languages. An elementary introduction using structural operational semantics. Chichester, GB 1990. – *Gunter, C. A.*: Semantics of programming languages: Structures and techniques. Cambridge, MA 1992.

**Semantik, statische** ⟨*static semantics*⟩ → Übersetzerstruktur

**Semantik von Programmiersprachen** ⟨*semantics of programming languages*⟩. → Programmiersprachen sind künstliche Sprachen, die Menschen benutzen können, um Computern Anweisungen zu erteilen. Die Definition einer Programmiersprache besteht aus einer Syntax- und einer Semantikdefinition. Die → Syntax beschreibt die lexikalische und die grammatikalische Struktur einer Sprache unabhängig von ihrer Interpretation. Im Gegensatz dazu beschreibt die S. die Interpretation, d. h. den Bedeutungsgehalt einer Sprache. Mitunter liefern Sprachentwickler nur eine informale S. ihrer Sprache, indem sie die Bedeutung der einzelnen Sprachkonstrukte auf englisch oder deutsch zu beschreiben versuchen. So eine informale Beschreibung hat durchaus ihre Vorzüge; sie erlaubt es, einen schnellen Überblick über die Sprache zu gewinnen. Daneben sollte es aber auch eine präzise Semantikdefinition geben aus den folgenden Gründen:
– → Programme höherer Programmiersprachen müssen erst in Maschinensprache übersetzt werden, bevor sie ausgeführt werden können. Zur Erzeugung eines geeigneten → Übersetzers (compiler) benötigt man genaue Kenntnis der S. Bei Vorliegen einer formalen S.-Spezifikation können zumindest gewisse Teile des Übersetzers automatisch erzeugt werden.
– Programmierer brauchen eine genaue Kenntnis der S. der verwendeten Sprache. Zur Formulierung und zum Beweisen von Eigenschaften der von ihnen geschriebenen Programme wie → Korrektheit oder → Terminierung ist ein formaler Rahmen erforderlich.

Zur Definition der S. einer Programmiersprache gibt es verschiedene Methoden.

☐ Bei der *operationellen Methode* (→ Semantik, operationelle) versucht man, die schrittweise Abarbeitung eines Programms zu beschreiben. Dazu wird ein Satz von Regeln angegeben, wobei jede Regel den Effekt eines Ausführungsschritts beschreibt. Diese Art der Semantikbeschreibung ist besonders geeignet im Hinblick auf eine → Implementierung der Programmiersprache. Sie eignet sich weniger dazu, Programmeigenschaften zu beweisen.

☐ Bei der *denotationellen Methode* (→ Semantik, denotationelle) wird jedem Programmteil ein geeignetes mathematisches → Objekt zugeordnet, das seine Bedeutung beschreibt. Die S.-Definition einer Sprache besteht aus Regeln, die atomaren Programmteilen eine Bedeutung zuordnen oder angeben, wie sich die Bedeutung eines zusammengesetzten Programmteils aus den Bedeutungen seiner Bestandteile errechnet. Für die Bedeutung des Gesamtprogramms ergibt sich i. allg. eine Funktion, die Eingabedaten in Ausgabedaten abbildet. Es gibt Ansätze, Übersetzer automatisch aus einer denotationellen S. zu erzeugen, und es gibt mathematische Methoden zum Beweisen von Programmeigenschaften beim Vorliegen einer denotationellen Semantikdefinition.

☐ Bei der *axiomatischen oder logischen Methode* (→ Semantik, axiomatische) wird die S. von Programmen durch Angabe logischer Formeln beschrieben. Die S.-Beschreibung einer Sprache besteht aus → Axiomen, die angeben, wie man logische Formeln findet, die atomare Programmteile erfüllen, und Regeln, die es erlauben, die logischen Eigenschaften eines zusammengesetzten Programmteils aus denen seiner Bestandteile abzuleiten. Aufgrund ihrer logischen Natur sind axiomatische S.-Definitionen besonders geeignet, Programmeigenschaften herzuleiten und zu beweisen. Sie sind weniger günstig, wenn es um die Erstellung eines Übersetzers geht.

Natürlich gibt es zwischen den drei angegebenen Hauptklassen semantischer Beschreibungsmechanismen vielfältige Beziehungen und Übergänge. So läßt sich z. B. aus einer axiomatischen S. eine denotationelle gewinnen, indem man einem Programmstück als Bedeutung die Menge aller logischen Formeln zuordnet, die es erfüllt. *Heckmann*
Literatur: *Riedewald, G.; J. Maluszynski* und *P. Dembinski*: Formale Beschreibung von Programmiersprachen: Eine Einführung in die Semantik. Oldenbourg 1983. – *Alber, K.* und *W. Struckmann*: Einführung in die Semantik von Programmiersprachen. 1988. – *Fehr, E.*: Semantik von Programmiersprachen. Berlin–Heidelberg 1989. – *Tennent, R. D.*: Semantics of programming languages. Englewood Cliffs, NJ 1991. – *Gunter, C. A.*: Semantics of programming languages: Structures and techniques. Cambridge, MA 1992.

**Semaphor** ⟨*semaphore*⟩ → Berechnungskoordinierung

**Semaphor, Boolesches** ⟨*binary semaphore*⟩ → Berechnungskoordinierung

**Semaphor mit passivem Warten** ⟨*semaphore implemented passive waiting*⟩ → Berechnungskoordinierung

**Semaphor, zählendes** ⟨*counting semaphore*⟩ → Berechnungskoordinierung

**Semi-Thue-System** ⟨*semi-Thue system*⟩. Endliche Menge von Regeln, mit deren Hilfe man aus einem gegebenen Startwort eine → formale Sprache erzeugen kann, d. h., es ist ein Tupel S = (X, R, $w_o$), wobei X ein Alphabet, $w_o$ ein → Wort über X und R eine endliche Menge von Regeln der Form u → v mit u und v als Worten über X ist. Die Anwendung solch einer Regel auf ein Wort w besteht im Ersetzen eines (beliebigen) Vorkommens der linken Seite u durch die rechte Seite, falls u in w vorkommt, andernfalls wird w nicht verändert. Ein S.-T.-S. ist also eine nichtdeterministische → Spezifikation eines → Algorithmus.

Die vom S.-T.-S. S erzeugte Sprache ist die Menge aller Worte über X, die sich durch sukzessive Anwendung von Regeln aus dem Startwort $w_o$ erzeugen läßt.

Beispiel: S = ({a, b}, {ab → aab, ab → abb}, ab) erzeugt alle Worte der Form $a^m b^n$ mit m, n ≥ 1.

Zu jeder aufzählbaren Teilmenge von Worten über X gibt es ein S.-T.-S., das sie erzeugt und umkehrt.

Oft werden S.-T.-S. ohne die Angabe eines Startwortes $w_o$ allein im Hinblick auf ihre Fähigkeiten der Ersetzung von Teilworten durch andere Teilworte betrachtet – man spricht dann oft von Ersetzungssystemen (rewriting systems). Die Regeln werden auch oft als Produktionsregeln bezeichnet; man spricht dann auch von Produktionssystemen statt S.-T.-S.   *Brauer*

Literatur: *Avenhaus, J.*: Reduktionssysteme. Springer, Berlin 1995. – *Jantzen, M.*: Confluent string rewriting. Berlin 1988. – *Stetter, F.*: Grundbegriffe der theoretischen Informatik. Berlin 1988. – *Salomaa, A.*: Formale Sprachen. Berlin 1978.

**Senden, nicht blockierendes** ⟨*no-wait-send*⟩ → Betriebssystem, prozeßorientiertes

**Sender** ⟨*sender*⟩ → Betriebssystem, prozeßorientiertes

**Sender-Empfänger-Beziehung** ⟨*sender-receiver relationship*⟩ → Betriebssystem, prozeßorientiertes

**Sender-Empfänger-Zuordnung** ⟨*sender-receiver association*⟩ → Betriebssystem, prozeßorientiertes

**Senderecht** ⟨*right to send*⟩ → Betriebssystem, prozeßorientiertes

**Sendervorsprung** ⟨*sender's forward distance*⟩ → Betriebssystem, prozeßorientiertes

**Sensitivitätsanalyse** ⟨*sensitivity analysis*⟩. Untersuchungen, wie sich Änderungen bei den Eingangsdaten eines Systems bei den Ausgangsdaten auswirken. Ein wichtiger Teil der S. ist die Stabilitätsuntersuchung (können kleine Änderungen bei den Eingangsdaten sehr große Änderungen der Ausgangsdaten bewirken?).

In der Optimierung ist die S. eng verwandt mit der → parametrischen Programmierung, der Untersuchung, wie kleine Änderungen der Problemdaten den optimalen Zielfunktionswert oder den Optimanden beeinflussen.

In der → linearen Programmierung können zu einer gegebenen optimalen Lösung in sehr einfacher Weise Bereiche angegeben werden, in denen einige Problemdaten variieren dürfen, ohne die Optimalität zu beeinflussen.

In der → ganzzahligen und in der → nichtlinearen Programmierung ist die S. aufgrund der enormen Komplexität meist praktisch nicht durchführbar.   *Bachem*

**Separabilität** ⟨*separability*⟩. Möglichkeit, eine Funktion f(x, y) mehrerer Variablen in eine Summe zweier Funktionen g(x) und h(y) aufzuspalten.

Separierbare Optimierungsprobleme sind oft ideal für duale Verfahren geeignet, insbesondere wenn auch die Nebenbedingungen separierbar sind. Meist gelangen dann Penalty-Verfahren zum Einsatz.   *Bachem*

**Sequenzenkalkül** ⟨*sequent calculus*⟩. Ein von *G. Gentzen* entwickelter → Kalkül für das logische Schließen, der das in der Mathematik übliche Vorgehen (oft natürliches Schließen genannt) nachbildet. Er wird heute in der Informatik viel verwendet und bildet auch eine wichtige Grundlage der → linearen Logik.
*Brauer*

Literatur: *Ebbinghaus, H. D.* u. a.: Einführung in die mathematische Logik. 4. Aufl. Spektrum Akad. Verlag, Heidelberg 1992.

**Serialisierbarkeit** ⟨*serializability*⟩. Eigenschaft von parallel ablaufenden → Transaktionen. Eine Ausführungsfolge paralleler Transaktionen ist serialisierbar, wenn es einen seriellen (nicht parallelen) Ablauf der Transaktionen gibt, der zu demselben Ergebnis wie der parallele Ablauf führt. Dieses wird durch Sperrprotokolle (→ Zweiphasen-Sperrprotokoll) zugesichert (→ Parallelitätskontrolle).   *Schmidt/Schröder*

Literatur: *Gray, J.* and *A. Reuter*: Transaction processing: Concepts and techniques. Hove, East Sussex 1993. – *Lockemann, P. C.* und *J. W. Schmidt* (Hrsg.): Datenbankhandbuch. Berlin–Heidelberg–New York 1987.

**Seriellübertragung** ⟨*serial transmission*⟩. Sequentielle Übertragung von Informationsbits über eine einzelne Leitung. Sollen z. B. die acht Bits „01000001" des → ASCII-Zeichens „A" (nach DIN 66003) übertragen werden, so wird zunächst die rechte „1", dann die „0" usw. gesendet. S. wird in → Netzwerken häufig verwendet, u. a. fast immer in lokalen Netzen (→ LAN).   *Quernheim/Spaniol*

**Serienkombination** ⟨*serial combination*⟩ → Zuverlässigkeits-Serienkombination

**Seriensysteme** ⟨*serial systems*⟩. Auf die → Zuverlässigkeit ausgerichtete zusammengesetzte → Systeme, die sich unter speziellen Voraussetzungen durch → Serienkombinationen ergeben. Ein System $\mathcal{R}$ aus n ∈ ℕ Komponenten ist ein S., wenn es genau dann intakt ist, wenn jede seiner n Komponenten intakt ist. Mit den *Boole*schen Zustandsvariablen $z_1, \cdots, z_n \in \mathbb{B}$ der Komponenten ist $\xi(z_1, \ldots, z_n) = z_1 \ldots z_n$ die Systemfunktion von S. S. sind spezielle → m-aus-n-Systeme, nämlich n-aus-n-Systeme; sie sind Musterbeispiele für Systeme ohne → Redundanz.

Sei $S_\wedge(n)$ ein S. aus n Komponenten. Dann gehört $S_\wedge(n)$ bzgl. seiner Zuverlässigkeitseigenschaften zu den → Einphasensystemen, die sich durch ihre → Lebenszeit charakterisieren lassen. Sind L die Lebenszeit von $S_\wedge(n)$ und $L_1, \ldots, L_n$ die Lebenszeiten seiner Komponenten, so gilt
L = min$\{L_1, \ldots, L_n\}$.
Sind mit dem W-Maß P $F_1, \ldots, F_n$ die Verteilungsfunktionen der $L_1, \ldots, L_n$, so gilt, falls die $L_1, \ldots, L_n$ unabhängig sind,

$$P\{L \leq x\} = 1 - \prod_{i=1}^{n}\left(1 - F_i(x)\right)$$

für alle $x \in \mathbb{R}_+$. *P. P. Spies*

**Server (Bedienstation)** ⟨*server*⟩. **1.** Komponenten eines Client-Server-Systems, die → Dienste für andere Komponenten erbringen (→ Client-Server-Modell). Der S. stellt seine Dienste an eindeutigen Dienstzugangspunkten (→ SAP) zur Verfügung und propagiert die Bereitschaft zur Diensterbringung. Eingehende Anfragen von Clients werden bearbeitet (möglicherweise mit Hilfe von Anfragen bei weiteren S.), und die Ergebnisse werden an die entsprechenden Dienstnutzer zurückgeschickt. Beispiele für S. sind Fileserver, Druckserver oder ein Domain Name S. (vergleichbar mit einem Telephonbuch im → Internet).

**2.** Einfache → Warteschlangen zur → Modellierung von Rechenanlagen oder Produktionsflüssen bestehen aus einem Warteraum für eintreffende Aufträge (→ Kunden) sowie einer Bedienstation, die als S. bezeichnet wird; sie modelliert die von den Aufträgen an einer Systemkomponente verbrauchte Zeit. Der S. wählt aus den im Warteraum wartenden Kunden nach einer bestimmten → Bedienstrategie einen oder mehrere aus und bedient diese(n). Der Service je Kunde kann aus einem oder mehreren Abschnitten (Phasen) bestehen. Je nach Art des S. können ein oder mehrere Kunden gleichzeitig bedient werden. Zur Untersuchung solcher Warteschlangen wird die Bedienzeit als eine Zufallsgröße (→ Bedienzeitverteilung) beschrieben.
*Fasbender/Spaniol*

**Server-Client-Struktur** ⟨*server-client structure*⟩. S.-C.-S. finden im Bereich graphischer → Benutzerschnittstellen hauptsächlich ihre Anwendung bei Einsatz des → X-Window-Systems. Da das X-Window-System selbst bereits eine S.-C.-S. darstellt, wird dieser strukturelle Aufbau auch durch die entsprechenden Anwendungssysteme genutzt. Die Anwendungsprogramme fungieren dabei meist als Client, d. h., sie fordern den X-Server (→ Server) auf, eine Funktion zu realisieren bzw. einen → Dienst zu erbringen (z. B. Zeichnen einer Linie auf dem graphischen Ausgabegerät). Der Server stellt den Diensterbringer dar, der nach Aufforderung durch einen Client den betreffenden Dienst (Funktion) erbringt und dies üblicherweise dem Client meldet. Die Clients werden manchmal auch als Kunden des Servers und dieser selbst als Bedienstation bezeichnet.

Auch in der → Leittechnik nutzt eine Reihe von → Prozeßvisualisierungssystemen S.-C.-S. zur effizienten Datenverwaltung der zu visualisierenden Informationen. S.-C.-S. sind darüber hinaus im Bereich der Rechner-Rechner-Kommunikation sehr weit verbreitet.
*Langmann*

**Service** ⟨*service*⟩ → Dienst

**Setup-Zeit** ⟨*latency*⟩. Die Leistungsfähigkeit eines Verbindungsnetzwerkes in Parallelrechnern wird hauptsächlich durch die S.-Z. und die Bandbreite bestimmt. Unter S.-Z. versteht man die Zeit, die vergeht, bis das erste Wort einer Nachricht auf dem Zielprozessor angekommen ist. Die S.-Z. ist besonders für die Übertragung kurzer Nachrichten wichtig. Je geringer die S.-Z. im Vergleich zur Rechenleistung des Parallelrechners ist, desto feingranularere Algorithmen kann man effizient realisieren.
*Bastian*

**SGML** ⟨*SGML (Standard Generalized Markup Language)*⟩. In ISO 8879 genormte Sprachsyntax für die → Auszeichnung von → Dokumenten mit menschenlesbaren Strukturinformationen (→ Dokumentarchitektur). Die Beschränkung der → Normung auf syntaktische Aspekte der Auszeichnung ist bedingt durch die ursprünglich vorgesehene Hauptanwendungsumgebung: die Versendung von Manuskripten von Autoren an Verleger. Es wird davon ausgegangen, daß der Autor die Dokumentdarstellung nicht im einzelnen beeinflussen können soll. Dies wird dem Verleger überlassen (unter Umständen verbunden mit manuellen Eingriffen), da nur ihm das erforderliche Fachwissen für die Erzeugung eines ansprechenden Layout zugemessen wird. Die (informelle) Bedeutung der verwendeten Strukturelemente und Eigenschaften muß zwischen Autor und Verleger ausgehandelt werden bzw. wird im Rahmen von konkreten Anwendungsumgebungen einer Registrierung unterworfen.

In der Auszeichnung werden Anfang und Ende eines Strukturelements durch (meist) in spitze Klammern eingeschlossene Start-Tags und End-Tags markiert.

`...text ⟨Footnote⟩ text ⟨/Footnote⟩...`

Neben dem Verfahren zum Einstreuen von Tags in den → Text normt SGML eine Beschreibungssprache für die → Syntax der Strukturinformationen und die → Attribute der Strukturelemente. Die Bedeutung dieser Deklarationen wird allerdings erst in der entsprechenden Anwendungsumgebung festgelegt.

*Beispiel*
```
⟨!ELEMENT      --Content--
letter (from, to, subject, body, sig)⟩
⟨!ATTRIBUTE    letter
--Attribut Wertebereich Default--
   status   (final |draft) "draft"
   sender   NAME          #IMPLIED⟩
```

Dieses SGML-Beispiel gibt an, daß sich der Elementtyp *letter* aus den Komponenten *from, to, subject, body* und *sig* zusammensetzt und die Attribute *status* und *sender* besitzen soll. Die Attributangaben bestehen aus Attributnamen, Wertebereich und Fehlwert. Attributwerte kann man in den Start-Tags gegenüber dem Fehlwert verändern:

⟨memo status="final"⟩...⟨/memo⟩

SGML bietet auch ein Sprachmittel an, um Anweisungen eines konkreten Bearbeitungsprogramms (z. B. Formatierers) in den Text einstreuen zu können. Dieses Sprachmittel wird „Bearbeitungsanweisungen" (processing instructions) genannt. Dieses Verfahren wird jedoch nur dann anwendbar sein, wenn die verwendeten Anweisungen dem Empfangssystem auch bekannt sind, d. h., der Sender weiß bereits, wie das Empfangssystem das Dokument später weiterbearbeiten wird. Das Konzept der Entities stellt darüber hinaus einen recht universellen Makromechanismus zur Verfügung, um z. B. Zeichenfolgen abzukürzen, die mehrfach vorkommen.

Mit → DSSSL wurde inzwischen ein ISO-Standard festgeschrieben, der SGML-Dokumenten Verarbeitungsregeln zuordnen kann, deren Bedeutung mitgenormt wurde.

Anwendungen von SGML zur Auszeichnung von Hypertextstrukturen (→ Hypertext) wurden durch → HTML (im Umfeld des → WWW) bzw. allgemeiner und auch für zeitbasierte Medien durch → HyTime definiert. *Schindler/Bormann*

**Sharing** ⟨*sharing*⟩. Bezeichnet die gemeinsame Benutzung von → Ressourcen oder Strukturen durch verschiedene, i. d. R. parallel ablaufende → Prozesse. In der Literatur findet man im wesentlichen die folgenden vier unterschiedlichen Gründe für die Einführung von S.

☐ *S. durch Konkurrenz*. Parallel ablaufende Prozesse konkurrieren um die Verfügbarkeit beschränkter Hardware- oder Software-Ressourcen. Das S. dieser Ressourcen ermöglicht es den konkurrierenden Prozessen, diese gleichzeitig zu benutzen. Beispielsweise wird beim Time-S. die gesamte Betriebszeit eines Prozessors unter mehreren rechenwilligen Prozessen so aufgeteilt, daß jeder in schneller Folge abwechselnd und nacheinander kleine Zeitscheiben erhält. Jeder Prozeß arbeitet, als ob der Prozessor ausschließlich ihm zur Verfügung steht. Das Betriebssystem teilt den Prozessen die Zeitintervalle zu, unterbricht sie und läßt sie zu einem späteren Zeitpunkt wieder aufsetzen.

☐ *S. zur Kommunikation*. Parallel ablaufende Prozesse können über gemeinsame Adreßräume kommunizieren. Im Gegensatz zu verteilten Adreßräumen, wo jeder Prozeß einen eigenen Adreßraum besitzt und Kommunikation zwischen Prozessen durch Senden von Nachrichten realisiert wird, teilen sich hier verschiedene Prozesse zusätzlich zu ihrem privaten Adreßraum einen kleinen gemeinsamen Adreßraum. Die Prozesse können auf den gemeinsamen Bereich zugreifen, ihn verändern und so miteinander kommunizieren. Um Konflikte beim simultanen Zugriff auf den gemeinsamen Adreßbereich zu verhindern, wurden Konzepte zum → gegenseitigen Ausschluß eingeführt.

☐ *S. von Datenstrukturen*. Für nahezu alle der in der Informatik üblichen komplexeren → Datenstrukturen wie Bäume oder → Graphen wurde der Begriff des S. eingeführt. Hierbei handelt es sich um die gemeinsame Benutzung derselben Teilstrukturen. Beispielsweise können bei der Repräsentation von → Termen durch Bäume, wie etwa dem Term $g(f(x))+f(x)$, die beiden gemeinsamen Teilterme $f(x)$ durch denselben Baum repräsentiert werden. Dies erlaubt die konsistente Repräsentation von Datenstrukturen, falls sich gemeinsame Teilstrukturen ändern.

☐ *Constraints*. Weitere Anwendungen findet das S. im Übersetzerbau. In manchen Programmiersprachen kann durch die Angabe von S. Constraints (i. d. R. Gleichungen über Elementen der Programmiersprache) erzwungen werden, daß zwei verschiedene Programmbezeichner dasselbe Objekt, oder wenigstens miteinander identifizierbare Objekte, repräsentieren. Beispielsweise erlaubt Standard ML in Signaturen die Angabe von S. Constraints der Form „sharing type t=s". Der Übersetzer prüft hier, ob t und s denselben polymorphen Typ bezeichnen. *Gastinger/Wirsing*

Literatur: *Axford, T.*: Concurrency in software engineering. In: *Marciniak* (Ed.): Encyclopedia of software engineering, Vol. 1. John Wiley & Sons, New York 1994, pp. 165–172. – *Broy, M.*: Formal treatment of concurrency and time. In: *McDermid* (Ed.): Software engineer's reference book. Butterworth-Heinemann, Oxford 1991, pp. 23/1–23/19. – *Buy, U.; Shatz, S.*: Distributed software engineering. In: *Marciniak* (Ed.): Encyclopedia of software engineering, Vol. 2. John Wiley & Sons, New York 1994, pp. 396–407. – *Milner, R.; Tofte, M.*: Commentary on standard ML. MIT Press, Cambridge 1991.

**Sheffer-Funktion** ⟨*NAND function*⟩. Mehrstellige, *Boole*sche Verknüpfung, die genau dann als Resultat eine binäre 0 liefert, wenn alle Parameter den Wert L haben. Da es sich um die Negation (NOT) der Konjunktion (AND) handelt, wird diese Funktion meist

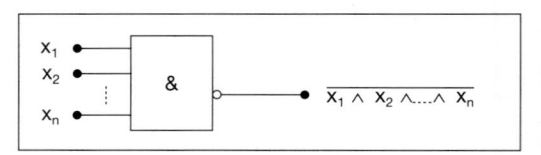

*Sheffer-Funktion: Schaltzeichen*

auch als NAND-Funktion bezeichnet bzw. als Antikonjunktion oder Exklusion. In der Formelsprache der *Boole*schen Algebra wird die zweistellige Funktion als

$$F = A \overline{\wedge} \cdot B = \overline{A \wedge B} = \overline{A} \vee \overline{B}$$

geschrieben. Eine besondere theoretische Bedeutung erhält die S.-F. dadurch, daß sich zeigen läßt, daß man jede beliebige *Boole*sche Funktion unter ausschließlicher Verwendung der S.-F. realisieren kann (Bild).   *Bode*

**Shift** ⟨*shift*⟩ → Schiebebefehl

**Sicherheit** ⟨*safety, security*⟩. **1.** Der Begriff S. charakterisiert die Eigenschaft eines Datenverarbeitungs- oder → Informationssystems, vor einem → Angriff unberechtigter Dritter abgesichert zu sein (security), oder er beschreibt das qualitative Merkmal eines beliebigen technischen Systems, keine Gefährdung für Leib, Leben und Umwelt zu bewirken oder eintreten zu lassen (safety). Darüber hinaus wird der S.-Begriff oft im Umfeld der → Datenübertragung gebraucht (Übertragungssicherheit) und kennzeichnet hier die Sicherung des Datentransfers gegen zufällige oder systematische Störungen (→ Codierungstheorie, → Sicherungsebene).

S. in der Bedeutung von „security" bezieht sich auf den Schutz eines Rechensystems gegen vorsätzliche oder versehentliche Manipulation vorhandener Ressourcen und Datenbestände (→ S. von Rechensystemen, → Kryptographie).

S. im Sinne des englischen Begriffs „safety" kann für komplexe technische Systeme nur innerhalb gewisser Grenzen erfüllt werden, da die Gewährleistung von S. immer mit zusätzlichem Aufwand und damit Kosten verbunden ist – ein Umstand, dem bei der Definition dieses Begriffs in der Norm DIN 31 000 Teil 2 (DIN31000) Rechnung getragen wird. Hier ist die S. als eine Sachlage, bei der das Risiko nicht größer als das Grenzrisiko ist, beschrieben. Das Grenzrisiko wiederum ist als das größte noch vertretbare anlagenspezifische Risiko eines technischen Vorgangs oder Zustands charakterisiert, wobei sich das Risiko R als Kombination der zu erwartenden Häufigkeit H und des dann zu erwartenden Schadensausmaßes S ($R = S \times H$) ergibt. Danach wird das erforderliche Sicherheitsniveau eines Systems und die Wahrscheinlichkeit für dessen Unsicherheit anhand des vorhandenen Gefährdungspotentials bestimmt (Risikoakzeptanz). Auf diese Definition aufbauend, wird in der DIN V 19250 (DIN19250) versucht, das Risikopotential mittels der Parameter Aufenthaltsdauer, Gefahrenabwehr und Wahrscheinlichkeit für das Auftreten einer gefährlichen Fehlfunktion (ohne Schutzmaßnahmen) geeignet zu qualifizieren. Zusammen mit dem Schadensausmaß ergeben sich somit vier Risikoparameter, deren zweckmäßige Kombinationen im Risikograph auf acht Anforderungs- oder Sicherheitsklassen abgebildet wird (Bild).

Die Anwendung des Risikographen erfolgt für die Betrachtungseinheiten eines Systems (vgl. Anhang der Norm) mit dem Ziel einer technologieunabhängigen Risikoabschätzung. Mit steigender Sicherheitsklasse ergeben sich höhere Anforderungen und damit umfangreichere Sicherheitsmaßnahmen.

Das Konzept der Risikoabschätzung und der Anforderungsklassen wird ebenfalls in der internationalen Norm IEC 65 A (IEC65A) angewendet.

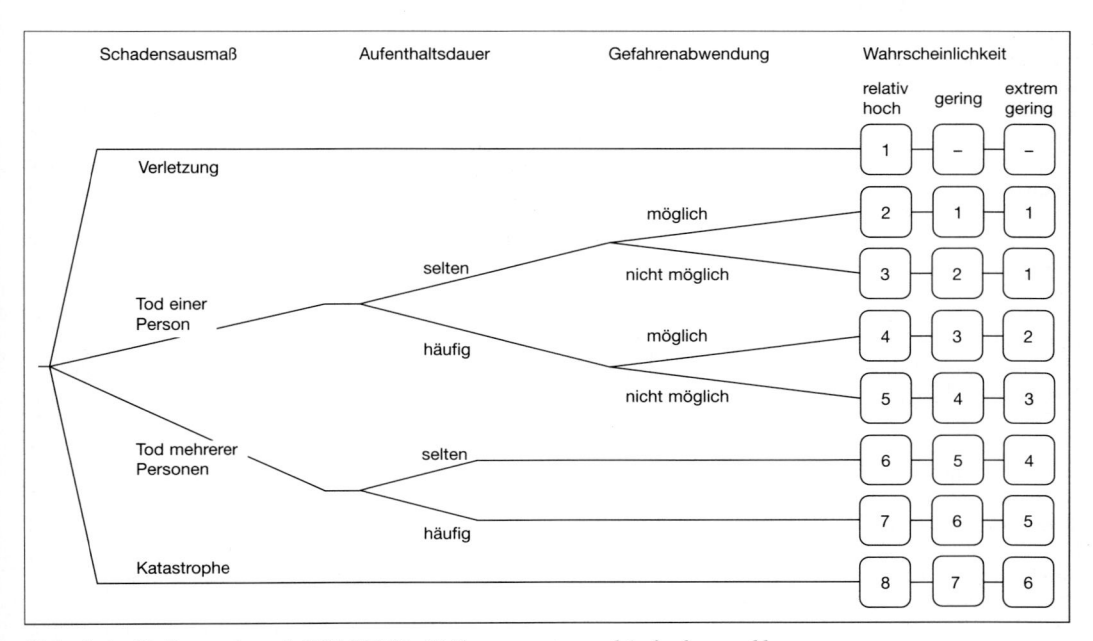

*Sicherheit: Risikograph nach DIN 19250; Risikoparameter und Anforderungsklassen*

Auf Basis der acht Anforderungsklassen werden für Rechner mit Sicherheitsaufgaben in der Norm DIN V VDE 0801 (DINVDE0801) technische und organisatorische Maßnahmen zur → Fehlervermeidung und Fehlerbeherrschung angegeben. Dabei werden die grundlegenden Fehlerarten (→ Bedienungsfehler, → Entwurfsfehler, Hardware-Ausfälle (→ Ausfall) und Umgebungsstörungen (→ Störung)) berücksichtigt. Die möglichen Maßnahmen sind in drei unterschiedliche Gruppen unterteilt. Die Basismaßnahmen (Gruppe I) müssen unabhängig von der Anforderungsklasse erfüllt sein, während die nicht austauschbaren und die austauschbaren Maßnahmen (Gruppen II und III) in Anlehnung an die Anforderungsklassen in Kategorien unterschiedlicher Wirksamkeit (einfach/mittel/hoch) eingestuft sind. Die angegebenen Sicherheitsmaßnahmen zur Fehlerbeherrschung berücksichtigen zufällige Fehler, für die beispielsweise Vorgaben bezüglich → Fehlerdiagnose, → Redundanz und → Fehlertoleranz bestehen. Durch die Maßnahmen zur Fehlervermeidung sollen systematische Fehler während der Entwicklung (→ Konstruktionsfehler), der Fertigung, der Inbetriebnahme und der Wartung eines Systems vermieden werden.

Die Verwendung von Software in Systemen mit Sicherheitsverantwortung erfordert Maßnahmen zur Erhöhung der Software-Zuverlässigkeit und der Software-S. Software-Fehler sind problematisch, da sie bereits bei der Programmerstellung entstehen und nur schwer aufgedeckt werden können. Software kann im Gegensatz zu Hardware-Komponenten nicht ausfallen (→ Spezifikationsfehler, → Verifikation, → Implementierungsfehler, → Test und → Validierung). Eine hohe S. wird für Software-Komponenten beispielsweise durch die similare Software-Entwicklung (Software-Diversität) erreicht. Bei dieser Vorgehensweise werden auf der Grundlage einer Anforderungsspezifikation (→ Anforderungsanalyse) von zwei räumlich und personell getrennten Entwicklungsteams alle Entwicklungsschritte unabhängig voneinander durchgeführt (→ Spezifikation, Design, → Implementierung, Test). Um zusätzlich auch die Hilfsmittel bedingte Fehler aufzudecken, müssen beide Gruppen die Aufgabe mit unterschiedlichen → Programmiersprachen (z. B. Pascal und C) und Entwicklungsumgebungen (→ Software-Entwicklungsumgebung) auf Basis unterschiedlicher Prozessoren ausführen. Ist die Rückwirkungsfreiheit von möglichen Fehlern zwischen den beiden entwickelten Einheiten sichergestellt, können sich diese im Betrieb des Systems gegenseitig überwachen. Tritt eine nicht tolerierbare Abweichung auf, muß die Sicherschaltung des Systems erfolgen (Fail-Safe; z. B. energieloser Zustand durch Abschaltung). Die vorhandene Redundanz dient somit im vorliegenden Fall der S. und erhöht nicht die → Verfügbarkeit des Systems. Im Gegenteil: Durch die erhöhte Anzahl der Komponenten ist eine geringere Verfügbarkeit zu erwarten. Beide Begriffe sind somit streng zu trennen. Lediglich durch eine weitere Erhöhung der Anzahl redundanter Komponenten ist die Verfügbarkeit trotz Ausfalls einer Komponente sichergestellt. So kann z. B. in einem 2 v 3-System (→ m-aus-n-System) trotz der Fehlfunktion einer Komponente ein sicheres Verhalten durch Mehrheitsentscheid gewährleistet sein (Fehlermaskierung). Im besonderen bei Systemen mit Realzeitbedingungen, die bei einem Fehler nicht in den sicheren Zustand überführt werden können, sind Komponenten in statisch redundanter Ausführung unumgänglich (→ Realzeitsystem, fehlertolerantes). Als Beispiel seien Avioniksysteme (z. B. ein Flugzeug) angeführt, die im Betrieb nicht über einen sicheren Zustand verfügen.

Neben den angesprochenen Normen werden Lösungsansätze zur Gewährleistung der S. in Systemen auf Mikroprozessorbasis durch das Handbuch „Mikrocomputer in der Sicherheitstechnik" aufgezeigt (TÜV84). Diese durch die „TÜV-Arbeitsgemeinschaft Rechnersicherheit" erarbeitete Empfehlung gibt für sieben Sicherheitsklassen unterschiedliche Maßnahmenbündel an, die sich durch eine Abstufung der vorzusehenden technischen Maßnahmen gegen Einzelfehler und Fehlerkombinationen ergeben. *Herbig*

Literatur: *DIN 31 000 Teil 2/12.87*: Allgemeine Leitsätze für das sicherheitsgerechte Gestalten technischer Erzeugnisse. Begriffe der Sicherheitstechnik. – *DIN V 19250/01.89*: Grundlegende Sicherheitsbetrachtungen für MSR-Schutzeinrichtungen. – *DIN IEC 65 A (Sec.) 123/03.93 Entwurf*: Funktionale Sicherheit von elektrischen/elektronischen/programmierbar elektronischen Systemen: Allgemeine Aspekte. – *DIN V VDE 0801/01.90*: Grundsätze für Rechner in Systemen mit Sicherheitsaufgaben. – *Hölscher, H.* und *J. Rader*: Mikrocomputer in der Sicherheitstechnik. TÜV-Arbeitsgemeinschaft Rechnersicherheit. Köln 1984.

**2.** Unter der S. eines rechnerbasierten Systems versteht man einerseits ein Maß für die Erbringung von Leistung ohne Auftreten katastrophaler Fehler (safety) und andererseits die Abwendung von Gefahr, Verletzung oder Verlust (security). Die S. eines Systems hängt ab von seinen Subkomponenten, sowohl der Hardware wie der Software. Verwandte Begriffe zur erstgenannten Bedeutung (safety) sind Zuverlässigkeit (reliability) und → Verfügbarkeit (availability). Damit ist S. eine Korrektheitseigenschaft. *Laprie* nennt als mögliche Verfahren zur Gewährleistung von S. die → Fehlervermeidung, die → Fehlertoleranz, die → Fehlerkorrektur (bzw. die → Fehlerkompensation) und die Fehlervorhersage. S. im zweiten Wortsinn (security) kann nur durch ein Zusammenwirken technischer und organisatorischer Maßnahmen erreicht werden. Wichtige Teilaspekte sind hierbei → Datensicherheit, → Zugriffskontrolle und Übertragungssicherheit (→ S. durch Verschlüsselung).

**3.** Eine Sicherheitseigenschaft (safety property) besagt anschaulich, daß eine unerwünschte Situation bzw. ein unerwünschtes Ereignis nie eintritt. Typische Beispiele für Sicherheitseigenschaften sind Invarianten und Präzedenzeigenschaften, etwa die Zusicherung der → FIFO-Eigenschaft eines Übertragungskanals.

Formal ist eine Menge M unendlicher Zustandsfolgen eine Sicherheitseigenschaft, wenn eine Zustandsfolge µ genau dann in M enthalten ist, wenn jeder endliche Präfix von µ Präfix einer Zustandsfolge in M ist. Jede Sicherheitseigenschaft ist somit eine abgeschlossene Menge in der Topologie der unendlichen Zustandsfolgen. Es läßt sich beweisen, daß jede beliebige Menge von Zustandsfolgen als Durchschnitt einer Sicherheitseigenschaft und einer Lebendigkeitseigenschaft (→ Lebendigkeit) dargestellt werden kann.

*Merz/Wirsing*

Literatur: *Laprie, J. C.*: Dependability: A unifying concept for reliable computing and fault tolerance. In: *T. Anderson* (Ed.): Dependability of resilient computers. Blackwell Sci. Publ., Oxford. – *Alpern, B.; Schneider, F. B.*: Recognizing safety and liveness. Distributed Computing 2 (1987) pp. 117–126.

**Sicherheitsabstand** ⟨*guard band*⟩. Bei der magnetischen Signalwiedergabe bewegt sich der Videokopfspiegel entlang der Videospur. Dabei induzieren die magnetischen Feldlinien der ausgerichteten Magnetpartikel eine meßbare Wiedergabespannung in der Wicklung des Magnetkopfes. Liegen die Videospuren direkt nebeneinander, so detektiert der Videokopf magnetische Feldlinien aus den angrenzenden Spurbereichen, sobald der Kopfspiegel infolge mechanischer Unzulänglichkeiten seine Nachbarspur berührt. Mit zunehmender aufgezeichneter Wellenlänge dringen Feldlinien direkt aus den Nachbarspurbereichen in den Magnetkopf ein. Dies gilt auch dann, wenn der Kopfspiegel exakt auf der Videospur geführt wird. Zur Vermeidung dieses Übersprechens aus den Nachbarspuren werden die aufzuzeichnenden Videospuren nicht unmittelbar aneinander gelegt. Wie das Spurbild vieler professioneller Aufzeichnungsformate zeigt, bleibt ein nicht magnetisierter Freiraum zwischen den Videospuren bestehen. Man nennt diesen Freiraum S. oder Guardband. (Häufig wird bei Konsumgeräten eine Aufzeichnung mit Azimut vorgenommen. Hier kann der S. infolge der Azimutdämpfung verringert werden.) Zur Erreichung einer hohen Aufzeichnungsdichte sollte der S. möglichst gering sein. Demgegenüber steht die Erhaltung des hohen Störabstandes im professionell eingesetzten Videosignal, was neben der geforderten Signalqualität auch die Bedingung, eine hohe Anzahl von Generationen ziehen zu können, erfüllen muß.

*Hausdörfer/Weitzel*

**Sicherung von Daten** ⟨*backup*⟩ → Datensicherung

**Sicherungsebene** ⟨*data link layer*⟩. Ebene 2 des → OSI-Referenzmodells. Sie soll eine gesicherte und transparente Übertragung zwischen benachbarten Netzknoten für die Netzwerkebene bereitstellen, wobei sowohl das → Übertragungsmedium als auch die → Bitübertragungsebene als fehleranfällig betrachtet werden. Dazu sind folgende Aufgaben zu lösen: Medienzugang, → Flußkontrolle (z. B. zeitweises Stoppen eines zu schnellen Senders), Erkennung und Behebung von Übertragungsfehlern sowie Meldung nicht behebbarer Fehler an die Ebene 3. Bei Netzen, in denen Stationen um das Medium konkurrieren (z. B. in vielen lokalen Netzen), wird die S. in die beiden Teilebenen → Medienzugangskontrolle (Media Access Control, MAC) und LCC (Logical Link Control) unterteilt.

*Fasbender/Spaniol*

**Sicherungspunkt** ⟨*checkpoint*⟩. Ein Zeitpunkt, an dem ein konsistenter Zustand des Datenbestandes so gesichert wird, daß er zu einem späteren Zeitpunkt wiederhergestellt werden kann, unabhängig von den bis dahin vorgenommenen Änderungen (→ Datensicherung, → Datenwiederherstellung).

*Schmidt/Schröder*

Literatur: *Gray, J.* and *A. Reuter*: Transaction processing: concepts and techniques. Hove, East Sussex 1993.

**Sichtbarkeit** ⟨*visibility*⟩. In der Computergraphik gibt die S. an, ob ein graphisches Element dargestellt wird oder nicht. Die S. eines Objektes kann nach verschiedenen Prinzipien spezifiziert werden. Ein → Objekt kann unsichtbar gesetzt werden, wenn es verdeckt ist, oder aber auch, wenn der Benutzer andere Objekte besser betrachten will. Bei einem graphischen System kann die S. eines graphischen Objektes vom Benutzer mit einer graphischen Funktion gesetzt werden, z. B. mit der Funktion „set-visibility" bei → GKS.

*Encarnação/Dai*

**Sichtbarkeitskriterium** ⟨*visibility criteria*⟩. Das S. dient in der Computergraphik dazu, um zu spezifizieren, welche Gruppe von graphischen Elementen dargestellt werden soll. So können graphische Elemente je nach ihrer Priorität, Farbe und Art der → Primitiven sichtbar oder unsichtbar gesetzt werden.

Eine andere Methode ist, den graphischen Elementen bestimmte Masken (Kennungen) zuzuordnen. Bei der Darstellung kann dann die Sichtbarkeitsmaske gesetzt werden. Elemente mit bestimmten Masken werden dann unsichtbar.

Aus der Anwendungssicht können S. wie Visibilität der Objekte, Deutlichkeit der Darstellung, Komplexität der → Szene sowie Typen der Objekte verwendet werden.

*Encarnação/Dai*

**Sichtgerät** ⟨*display*⟩. S.- oder → Bildschirmgeräte sind Ausgabeeinheiten eines → Digitalrechners, mit denen Informationen als Text oder als graphische Darstellungen dem Benutzer vorübergehend sichtbar gemacht werden. „Vorübergehend" bezieht sich darauf, daß die dargestellte Information (im Gegensatz zu der Ausgabe auf Papier) durch die nachfolgend ausgegebene Information zerstört wird. S. sind teilweise mit einem → Drucker oder Zeichengerät gekoppelt, so daß auf Wunsch die dargestellte Information auf Papier festgehalten werden kann (*Hardcopy*). Wegen des Fehlens mechanisch bewegter Teile ist die Ausgabe über ein S.

sehr schnell, so daß sie dem Benutzer erlaubt, sich in kurzer Zeit einen Überblick über größere Datenmengen zu verschaffen.

Bezüglich des Vorrates darstellbarer Elemente unterscheidet man S. mit vorgegebenen Formelelementen und solche mit freier Darstellung. Da es sich bei den vorgegebenen Formelementen meist um die alphanumerischen → Zeichen handelt, während die freie Darstellung beliebige graphische Formen erlaubt, spricht man auch von *alphanumerischen* und *graphischen S.* Beim graphischen S. kann ein im Digitalrechner ablaufendes → Programm jeden beliebigen Bildpunkt (→ Pixel) ansteuern und so Tabellen, Diagramme, Konstruktionszeichnungen, aber natürlich auch Texte darstellen. Die Qualität der Zeichnungen hängt davon ab, ob ein Punktraster vorgegeben ist, aus dessen Gitterpunkten sie zusammengesetzt werden muß, und wie eng dieses Raster ist oder ob auch Geraden oder sogar andere Kurven (z. B. Kreisbögen) gezeichnet werden können. Die Kenngrößen eines alphanumerischen S. sind der Umfang des Zeichenvorrates (Groß-/Kleinschreibung, Sonderzeichen), die Schriftgröße, die Anzahl der Rasterpunkte für ein Zeichen und die maximale Anzahl der Zeichen auf der Bildfläche. Eine z. Z. typische Zahl hierfür ist 1 920 Zeichen (24 Zeilen zu je 80 Zeichen). Der → *Zeichengenerator* – ein Festprogramm (→ ROM), das die einzelnen Zeichen aus Punkten oder Strichelementen zusammensetzt – kann verhältnismäßig einfach ausgewechselt werden, so daß ein Sichtgerätetyp mit verschiedenen Schriftarten geliefert werden kann.

Üblicherweise wird als → Bildschirm eine Kathodenstrahlröhre verwandt. Dabei regt ein Elektronenstrahl einen auf der Röhre aufgebrachten Leuchtstoff zum Leuchten an; das Bild wird schrittweise durch geeignetes Positionieren des Elektronenstrahles aufgebaut. Ist der Strahl am Ende des Bildes angelangt, so beginnt er wieder von vorne. Um diese Wiederholung zu ermöglichen, ohne auf den Digitalrechner zurückgreifen zu müssen, sind die Geräte oft mit einem → *Bildwiederholspeicher* ausgerüstet, in den das auf dem Digitalrechner laufende Programm (dessen Ergebnis das Bild ist) die Steuerinformation für den Elektronenstrahl schreibt. Um die Wiederholung braucht sich das Programm nicht zu kümmern; sobald es neue Information in den Bildwiederholspeicher schreibt, erscheint das entsprechend geänderte Bild. Ist die Bildwiederholfrequenz hoch genug, so wird dank der Trägheit des Auges und des Nachleuchteffektes ein flackerfreies Bild erzielt.

Eine neuere Entwicklung sind die *Plasma-S.* Hier werden zur Darstellung der Bildpunkte kleine Gasentladungsstrecken zwischen zwei Glasplatten benutzt. Für kleinere Informationsmengen (eine oder wenige Zeilen) eignen sich auch Leuchtdioden und Flüssigkristallanzeigen. Bei diesen Geräten besteht die Möglichkeit, die einzelnen Bildpunkte direkt anzusteuern. Hierzu braucht allerdings jeder Bildpunkt einen eigenen Verstärkertransistor und eine eigene Zuleitung. Bei einer zeilenweisen Ansteuerung wird das Koinzidenzprinzip verwandt, bei dem die einzelnen Punkte durch eine Spalten- und eine Zeilenleitung angesteuert werden; bei dieser Art der Ansteuerung wird jeweils die Hälfte der erforderlichen Spannung an eine Zeilenleitung und an alle Spaltenleitungen angelegt, die zu den zu zeichnenden Punkten der entsprechenden Zeile führen.

Das S. dient zunächst der Datenausgabe. Um im Dialogbetrieb mit einem Digitalrechner dem Bedienungspersonal einen ständigen Gerätewechsel zu ersparen, werden die S. in der Regel durch Eingabevorrichtungen ergänzt. Üblich ist eine Tastatur, wobei die eingetasteten Zeichen gleichzeitig auf dem Bildschirm erscheinen. Die Stelle, an der das nächste Zeichen erscheinen soll, wird auf dem Bildschirm durch eine → *Schreibmarke* (→ Cursor) gekennzeichnet; sie wird bei jeder Zeicheneingabe vom Programm bewegt. Ferner hat der Bediener über spezielle Funktionstasten Einfluß auf ihre Stellung.

Eine andere Eingabemöglichkeit, die insbesondere bei graphischen Geräten eingesetzt wird, ist der → *Lichtgriffel.* Der mit dem Gerät über eine Leitung verbundene, aber über die gesamte Bildfläche frei bewegliche Stift enthält eine Photozelle, die auf das Leuchten des Bildpunktes (auf den er vom Bediener gehalten wird) reagiert. Leuchtet der Punkt nicht, erfolgt keine Reaktion. Die Position des Lichtgriffels kann nun vom Gerät her dadurch bestimmt werden, daß bei dem schrittweisen Aufbau des Bildes der Zeitpunkt des Ansprechens der Photozelle beobachtet wird und aus dem vertikalen und horizontalen Ablenkwinkel des Elektronenstrahls zu diesem Zeitpunkt die Koordinaten des entsprechenden Bildpunktes errechnet werden. Diese Koordinaten werden dem im Rechner ablaufenden Programm als Eingabedaten mitgeteilt. Der Lichtgriffel verlangt von seiner Arbeitsweise her einen punktweisen Aufbau des Bildes und selbstleuchtende Bildpunkte (was z. B. bei den Flüssigkristallanzeigen nicht der Fall ist).

Andere Eingabehilfsmittel gehen davon aus, daß auf dem Bildschirm jeweils ein Bildpunkt als aktuelle Position gekennzeichnet ist (wie die Schreibmarke bei alphanumerischen Geräten) und der Bediener die Möglichkeit hat, die Richtung anzugeben, in der diese Marke zu bewegen ist. Dies kann durch eine *Rollkugel* (trackball) oder einen *Steuerknüppel* (joystick) in jeder Richtung geschehen oder durch *Koordinatentasten* in ausgewählten Richtungen (z. B. links, rechts, oben, unten). Weit verbreitetes Eingabegerät ist die *Maus*, deren Position z. B. durch Veränderungen eines Magnetfeldes festgestellt wird. *Bode/Schneider*

**Sichtmelder** 〈*usual alarm*〉. Optische Einrichtungen zur Meldung von Betriebszuständen. Gebräuchlich sind Signalleuchten, Schauzeichen, pneumatische Binäranzeiger und Signaltableaus; aber auch durch Hervorheben einzelner Felder (z. B. Zeilen) von Videobildern (→ Videobild) auf → Bildschirmen durch unterschiedliche Farbgebung oder Helligkeit lassen sich Betriebszustände optisch melden. Wichtig ist, die S. so anzuordnen, daß eine Meldung leicht lokalisiert und ihre Bedeutung für das Verfahren schnell erkannt werden kann.

Die Farbgebung der S. ist in DIN IEC 73/VDE 0199 festgelegt. Es signalisieren
- Rot „Gefahr",
- Gelb „Vorsicht",
- Grün „Sicherheit",
- Blau „Spezielle Information".

Alle anderen Zustände sind mit weißem Licht zu melden.

Für die Rückmeldung ist die Farbe Grün auch für „Motor ein", „Stellglied auf" oder entsprechende Informationen zulässig, die Farbe Rot nicht.    *Strohrmann*

**Signal** ⟨signal⟩. Darstellung von → Nachrichten oder → Daten mit physikalischen Mitteln, z. B. anhand von Spannungswerten (+5 V, 0 V) oder mit Lichtimpulsen.    *Quernheim/Spaniol*

**Signalisierung** ⟨signalling⟩. Austausch von Steuerungs- und Kontrollinformationen, die den Fluß der Nutzdaten kontrollieren. Derartige Signalisierungsinformationen können entweder über einen eigenen Kanal erfolgen (z. B. → D-Kanal im → ISDN) oder über spezielle → Pakete bzw. Kontrollinformationen, die zusammen mit den Nutzdaten übertragen werden.
*Jakobs/Spaniol*

**Signalisierungssystem Nr. 7** ⟨signalling system no 7⟩. In Fernsprech- und Datennetzen müssen zum Auf- und Abbau von Verbindungen sowie zur Steuerung von → Diensten neben der Benutzersignalisierung (→ D-Kanal) Signalisierungsinformationen zwischen den Vermittlungsstellen ausgetauscht werden. Im → ISDN geschieht diese Zwischenamtssignalisierung auf der Grundlage des → ITU-S. Nr. 7 (Zentralkanal-Zeichengabesystem), das die Signalisierungsinformation in einem separaten, von den Nutzkanälen unabhängigen zentralen Signalisierungskanal (Zeichengabekanal) überträgt. Durch die Verwendung dieses Signalisierungskanals (64 kbit/s), der gleichzeitig eine große Zahl von Nutzkanälen steuern kann, ergibt sich eine höhere Leistungsfähigkeit (z. B. schnellerer Verbindungsaufbau) und eine größere Flexibilität.
*Jakobs/Spaniol*

**Signallaufzeit** ⟨transmission delay⟩. Die S. wird bestimmt durch die Ausbreitungsgeschwindigkeit von → Signalen in einem → Übertragungsmedium und durch die zu überbrückende Distanz. Einige Beispiele für Ausbreitungsgeschwindigkeiten in verschiedenen Medien:

- parallele metallische Leiter             $0,8c$ bis $0,97c$;
- verdrillte metallische Leiter
  (→ Kupferdoppelader)                   $0,56c$ bis $0,65c$;
- Koaxialkabel mit Plastik-
  Dielektrikum (Kabelfernsehen)    $0,77c$;
- Lichtwellenleiter
  (abhängig vom Brechungsindex)    etwa $0,66c$.

Dabei ist c die Lichtgeschwindigkeit im Vakuum (etwa 300 000 km/s).    *Quernheim/Spaniol*

**Signalprozessor** ⟨digital signal processor⟩. → Prozessor einer → Rechenanlage, der in seiner Struktur auf die Aufgabe der digitalen Signalverarbeitung zugeschnitten ist. Digitale Signalverarbeitung beschreibt den Prozeß der Extraktion von Information aus Signalen in diskreter Zeit und mit diskreten Werten durch numerische Verfahren. Wesentliche Schritte sind Filterung, Spektralanalyse, Konvolution und Korrelation sowie Modulation und Dezimierung. Anwendungen der digitalen Signalverarbeitung sind Kommunikationseinrichtungen, Radar, Bild- und Sprachverarbeitung, Steueraufgaben, geologische Untersuchungen und die Medizintechnik.

S. sind auf die schnelle Verarbeitung numerischer → Algorithmen spezialisiert. Sie unterscheiden sich daher v. a. in der Struktur des Rechenwerks von Allzweckprozessoren. Sie umfassen i. d. R. mehrere Rechenwerke (Addierer, Multiplizierer), die in ihrer Arbeitsweise auch unmittelbar verkettet sein können. Neben Allzweckregistern werden meist spezielle → Register oder → Speicher für Daten und Koeffizienten bereitgestellt, deren Adressierung ggf. durch autonome Adreßrechenwerke erfolgt. Entsprechend der größeren Anzahl von verarbeitenden und speichernden Elementen ist auch die Anzahl der verknüpfenden Datenpfade im S. größer als im Allzweckprozessor. Das → Leitwerk von S. ist wegen der hohen Komplexität des Rechenwerkes meist mikroprogrammiert (→ Mikroprogrammierung).

S. können diskret aufgebaut sein, also aus einer größeren Zahl physikalischer Elemente bestehen. Die hohe Integrationsdichte der Halbleitertechnologie erlaubt jedoch auch die Bereitstellung komplexer digitaler S. mit mehreren Rechenwerken auf genau einem → VLSI-Baustein. Man spricht dann von einem Mikroprozessor für die digitale Signalverarbeitung.    *Bode*

**Signalregistrierung** ⟨signal recording⟩. Registrieren des zeitlichen Verlaufes sicherheitsrelevanter Betriebsgrößen. Im einfachsten Fall wird registriert, wann Gut- und wann Fehlsignal anlagen. Es kann aber auch der analoge Wert der Betriebsgröße im Verlauf einer Störung festgehalten werden. Zur Auflösung der zeitlichen Folge zusammengehöriger Signale ist es möglich, das Registriergerät beim Eintreten einer Störung sehr schnell laufen zu lassen. Den Schnellauf kann z. B. das Erstsignal veranlassen.

Für diese Aufgaben stehen speziell entwickelte Geräte zur Verfügung; außerordentlich vorteilhaft lassen sie sich aber mit →Prozeßrechnern erfüllen. Dabei sind den Kombinationsmöglichkeiten kaum Grenzen gesetzt, und der Aufbau aussagekräftiger, leicht auswertbarer Störungsprotokolle ist gut möglich.

*Strohrmann*

**Signatur** ⟨*signature*⟩. Abstraktes Beschreibungsmittel zur Darstellung von → Rechenstrukturen (→ Datentyp) durch Angabe von Namen für die Wertemengen und Operationen. Formal ist eine S. ein Paar $\Sigma = (S, F)$, wobei S eine Menge von → Sorten (Namen für die Wertemengen) und F eine Menge von Funktionssymbolen (Namen für die Operationen) ist. Dabei ist jedem Funktionssymbol f aus F eine Funktionalität $s_1, \ldots, s_n \to s$ mit $s_1, \ldots, s_n, s \in S$ zugeordnet. Diese wird durch die Schreibweise $f: s_1, \ldots, s_n \to s$ festgelegt. Dadurch wird ausgedrückt, daß $s_1, \ldots, s_n$ die Argumentsorten und s die Ergebnissorte des Funktionssymbols f sind. Ist n = 0, dann ist f ein nullstelliges Funktionssymbol, das auch Konstante genannt wird (s. auch → Kryptosystem, asymmetrisches).
*Beispiel:* eine S. für Sequenzen
S = {elem, seq},
F = {emptyseq: → seq, append: elem, seq → seq, first: seq → elem, rest: seq → seq}.

*Hennicker/Wirsing*

**Signatur, digitale** ⟨*digital signature*⟩. → Kryptosystem, asymmetrisches.

**Signaturdiagramm** ⟨*signature diagram*⟩. Darstellung einer → Signatur durch einen → Graphen. Jede → Sorte wird durch einen Sortenknoten und jedes Funktionssymbol durch einen Funktionssymbolknoten dargestellt. Von jedem Knoten eines Funktionssymbols $f: s_1, \ldots, s_n \to s$ gibt es n ungerichtete Kanten zu den Knoten der Argumentsorten $s_1, \ldots, s_n$ und eine gerichtete Kante zu dem Knoten der Ergebnissorte s.

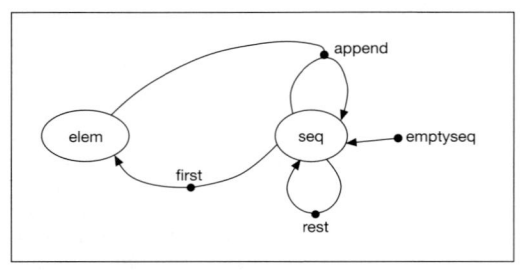

*Signaturdiagramm: S. für Sequenzen (Beispiel)*

*Hennicker/Wirsing*

**Signifikanztest** ⟨*test of significance*⟩. Die → Verteilung einer Zufallsvariablen X enthalte einen unbekannten Parameter $\Theta$. Dann kann man folgende (Null) Hypothese $H_0$ aufstellen: $\Theta = \Theta_0$. Als entsprechende Alternativhypothesen $H_1$ sind sinnvoll $\Theta < \Theta_0$ (bzw. $\Theta > \Theta_0$) oder $\Theta \neq \Theta_0$. Manchmal nimmt man auch $H_1: \Theta = \Theta_t$.
*Beispiel*
X sei Länge, Gewicht oder Festigkeit eines produzierten Werkstücks und $\Theta_0$ der sog. Sollwert. Um aufgrund einer Stichprobe zu testen, inwieweit der Sollwert nicht unterschritten (bzw. überschritten) oder verfehlt wird, erstellt man einen sog. S., der darin besteht, die Zahlengerade in einen Annahmebereich A und einen Ablehnungsbereich oder kritischen Bereich K zu unterteilen.

Bei $H_1: \Theta < \Theta_0$ ergibt sich $A = [c, \infty]$. Sofern für eine Schätzung $\hat{\Theta}$ von $\Theta$ gilt: $\hat{\Theta} \in A$, wird $H_0$ angenommen. Man spricht von einem einseitigen Test.

Bei $H_1: \Theta \neq \Theta_0$ ergibt sich $A = [c_1, c_2]$. Man spricht von einem zweiseitigen Test.

Die Werte c, $c_1$ und $c_2$ sind so zu bestimmen, daß der sog. → Fehler 1. Art (d. h., die Nullhypothese wird verworfen, obwohl sie richtig ist) $\alpha = w(\hat{\Theta} \in K / \Theta = \Theta_0)$ sehr klein ist (d. h. ≤ einem Signifikanzniveau, meist als 0,05 oder 0,01 angenommen).

Man kann die sog. → Fehler 2. Art (d. h., die Nullhypothese wird angenommen, obwohl sie falsch ist) $1 - \beta(\Theta_1) = w(\hat{\Theta} \in A / \Theta = \Theta_1)$ mit $\Theta_1$ aus $H_1$ berechnen. Sie sollten ebenfalls klein sein.

$\beta(\Theta_1)$ heißt Macht des Tests in $\Theta_1$. Die Funktion $\beta(\Theta)$ heißt Gütefunktion des Tests.

*Schneeberger*

**SIMD** ⟨*SIMD (Single Instruction Multiple Data)*⟩. Darunter versteht man nach dem Klassifikationsschema von *Flynn* einen → Parallelrechner, der *eine* Instruktion auf verschiedenen Datenströmen taktsynchron ausführen kann. Ein SIMD-Rechner hat also nur ein Leitwerk. Im deutschen Sprachraum werden diese Rechner auch als „Feldrechner" bezeichnet.

*Bastian*

**simplex** ⟨*simplex*⟩. Richtungsbetrieb bei der → Datenübertragung (→ halbduplex bzw. → vollduplex). Bei S.-Übertragung werden → Daten immer nur in eine Richtung übertragen. Diese Art der Datenübertragung wird bei Verteildiensten (analog zur Rundfunk- bzw. Fernsehübertragung) angewandt, z. B. Übermittlung von Börsenkursen über ein → Satellitennetz.

Vorteil: Der Empfänger benötigt nur ein sehr einfaches Endgerät ohne Sendeeinrichtung. Nachteil: Der Sender erfährt nicht, ob seine gesendeten Daten richtig beim Empfänger angekommen sind.

*Quernheim/Spaniol*

**Simplexverfahren** ⟨*simplex method*⟩. Ein Teilgebiet der Unternehmensforschung (→ Operations Research) ist die Theorie der → linearen Programmierung. Viele Probleme lassen sich in die Form eines linearen Programmes bringen:

– Die Variablen unterliegen linearen Restriktionen

$$\sum_{j=1}^{n} a_{ij} x_j \leq b_i \ (i = 1 \ (1)k). \quad (1)$$

$$x_j \geq 0 \ \text{(Nichtnegativitätsbedingung)}. \quad (2)$$

$$z = \sum_{j=1}^{n} c_j x_j \to \text{Max. (bzw. Min.)}. \quad (3)$$

Die klassische Lösungsmethode eines linearen Programmes ist das S. von *Dantzig*. Bei diesem → Iterationsverfahren startet man mit einer Basislösung, die einer Ecke des zulässigen Bereichs entspricht. Der zulässige Bereich, die Lösungsmenge von (1) und (2), ist ein konvexer Bereich, d. h., mit zwei Punkten liegt die ganze Verbindungsgerade im Bereich. Ausgehend von der Anfangs-Basislösung, findet das S. eine neue Basislösung mit größerem (bzw. kleinerem) Wert der Zielfunktion z. Das Verfahren konvergiert nach einer endlichen Zahl von Iterationsschritten gegen ein eindeutiges Maximum (bzw. Minimum). *Schneeberger*

**Simulation** ⟨*simulation*⟩. Durchführung von Experimenten an einem → Modell, d. h. die Beobachtung des Modellverhaltens über der Zeit. Simulationsmodelle können oft vollständig im Computer realisiert werden, die S. entspricht dann dem Lauf eines Computerprogramms. Die zeitliche Dynamik vieler → Systeme, deren Verhalten durch Zufallseinflüsse geprägt ist (z. B. Wetter oder Straßenverkehrsfluß), führt zu schwer beherrschbaren Problemen in der mathematischen Analyse. Hier ist die Domäne der S., und oft ist sie das einzige verbleibende Bewertungsmittel. Die typischen Ziele einer S. zur Leistungsbewertung von Systemen sind, analog zum klassischen Experiment, die Prognose und Optimierung des Systemverhaltens und die → Validierung eines geplanten Systems.

*Hoff/Spaniol*

Literatur: *Jain, R.*: The art of computer systems performance analysis: Techniques for experimental design, measurement, simulation, and modeling. John Wiley, 1991. – *Spaniol, O.; Hoff, S.*: Ereignisorientierte Simulation. Konzepte und Systemrealisierung. Thomson, 1995.

**Simulation betrieblicher Systeme** ⟨*simulation of business systems*⟩. Nachbilden (Modellieren) eines betrieblichen Systems oder eines Ausschnitts anhand eines (Simulations-)Modells und Untersuchen des Modells mit Hilfe von Simulationsexperimenten.

Die verwendeten Modelle sind formale Systeme, bestehend aus Variablen und Konstanten sowie Operationen zu deren Verknüpfung. Sie werden i. d. R. mit Hilfe spezieller → Programmiersprachen, den Simulationssprachen, beschrieben und können daher computergestützt untersucht werden. Simulationsmodelle erfassen insbesondere das zeitliche Verhalten von Merkmalen betrieblicher Systeme. Abhängig von der zugrunde gelegten Zeitachse wird zwischen kontinuierlicher und diskreter S. unterschieden. Global ausgerichtete Simulationsmodelle betrieblicher Systeme oder volkswirtschaftliche Modelle verwenden eher eine kontinuierliche Zeitachse, Detailmodelle (z. B. Modellierung des Produktionsgeschehens) dagegen eher eine diskrete Zeitachse mit Zustandsübergängen zu diskreten Zeitpunkten. Ein wichtiges Modellierungselement sind Zufallsvariable für die Erfassung von Merkmalen, deren Ausprägungen nur mit Hilfe von Wahrscheinlichkeitsverteilungen angegeben werden können (z. B. Bearbeitungszeit eines Werkstücks).

Bei der Untersuchung eines Simulationsmodells in einem Simulationsexperiment wird in ähnlicher Weise wie bei der experimentellen Untersuchung realer Systeme vorgegangen. Nach Belegen der unabhängigen Variablen eines Modells mit konkreten Werten, den Inputwerten, wird die Entwicklung der daraus resultierenden Werte der abhängigen Variablen entlang der Zeitachse berechnet, d. h., die Werte der abhängigen Variablen jedes Zeitpunkts nach dem Beginnzeitpunkt werden aus den Werten der unabhängigen und abhängigen Variablen vorangegangener Zeitpunkte ermittelt. Die Werte von Zufallsvariablen liefern → Zufallszahlengeneratoren. Anhand der Durchführung vieler Experimente kann dann die Reaktion eines Modells auf den bezüglich des Untersuchungsziels relevanten Wertebereich der unabhängigen Variablen ermittelt werden.

*Ferstl*

Literatur: *Zeigler, B. P.*: Theory of modeling and simulation. Melbourne 1984.

**Simulation, graphisch-dynamische** ⟨*graphic-dynamical simulation*⟩. Wird parallel zur fortschreitenden Entwicklung der graphischen Datenverarbeitung in vielen Anwendungsbereichen verstärkt eingesetzt, um z. B. die innere Struktur und das Verhalten technischer Prozesse zu verdeutlichen.

In den 80er Jahren haben sich unter dem Begriff g.-d. S. Techniken in der → Benutzerschnittstelle etabliert, die, basierend auf einer Rechnersimulation von Fertigungs- bzw. Montageprozessen, diese realistisch und möglichst zeitsynchron am → Bildschirm darstellen. Eine besondere Bedeutung hat die g.-d. S. für solche Benutzerschnittstellen haben die Anwendungsschwerpunkte Steuerung von Werkzeugmaschinen und Off-line-Programmierung von Robotern erlangt.

Hochautomatisierte Werkzeugmaschinen erfordern in besonderem Maße den Einsatz neuer und innovativer Techniken für die Mensch-Maschine-Kommunikation, um die Bedienbarkeit dieser Fertigungseinrichtungen zu sichern. Neben der traditionellen Maschinenbedienung beinhaltet das → Mensch-Maschine-System solcher Werkzeugmaschinen deshalb unter anderem g.-d.-S.-Systeme, mit denen der Bearbeitungsvorgang eines Werkstücks, bewirkt durch den Ablauf eines NC-Programms (NC Numerical Control), am Bildschirm verfolgt werden kann. Im Prinzip werden mit dieser → Simulation drei Ziele verfolgt:

## Simulation, graphisch-dynamische

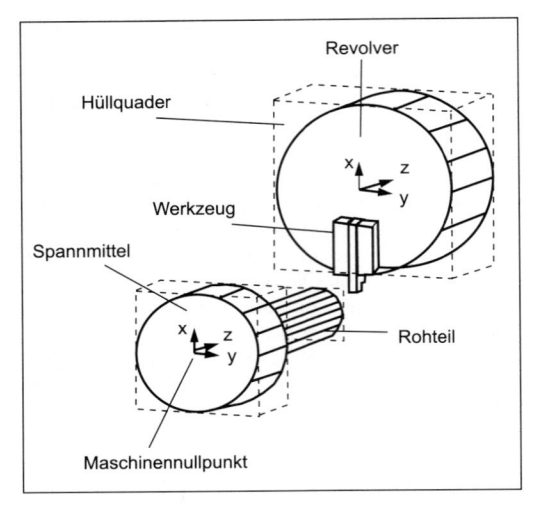

*Simulation, graphisch-dynamische 1: Aufbau eines Kollisionsmodells für eine Werkzeugmaschine*

☐ *Verifizierung des NC-Programms.* Das NC-Programm wird auf Lauffähigkeit, d.h. auf Einhaltung technologischer Randbedingungen und Kollisionsfreiheit, überprüft. Neben der algorithmischen Prüfung der Kollisionsfreiheit soll der → Bediener diese auch über eine → Visualisierung des Maschineninnenraumes mit den wichtigsten Komponenten (Bild 1) erkennen können. Für die Visualisierung ist eine wirklichkeitsnahe 3D-Graphik erforderlich. Die Verifizierung erfolgt off line, so daß sich die Zeitanforderungen für Simulation und Visualisierung in Grenzen halten.

☐ → *Validierung des NC-Programms.* Vor dem eigentlichen Fertigungsvorgang erfolgt die Überprüfung der Richtigkeit des NC-Programms hinsichtlich der vorgegebenen Produktdaten durch Vergleich mit dem bei der g.-d. S. erzeugten Werkstückmodell. Die Zeitbedingungen sind gleichfalls unkritisch. Für die Visualisierung kommen unterschiedliche Verfahren zum Einsatz (2D-, 3D-Graphik).

☐ *Visualisierung des Bearbeitungsvorgangs.* Zur Unterstützung des Maschinenpersonals bei der Beherrschung moderner Fertigungstechnologien wird angestrebt, eine realistische Darstellung der Bearbeitungsoperationen mit möglichst aussagekräftigen Ansichten bzw. Schnitten → on line, zeitsynchron zum Fertigungsablauf zu erzeugen. Es erfolgt hier eine g.-d. S. parallel zum Bearbeitungsvorgang. Wegen der Echtzeitanforderungen kommen meist 2D-Darstellungen des Bearbeitungsvorgangs entweder als Schnittdarstellungen in Form von → Drahtmodellen oder Flächendarstellungen mit Radierfunktionen zum Einsatz (Bild 2). Weniger häufig werden 3D-Darstellungen gleichfalls als Drahtmodelle oder aber in Oberflächendarstellungen mit Höhenlinienzeichnungen oder Schattierungen angewendet.

Um das Bearbeiten eines Werkstücks simulieren zu können, benötigt man für dieses Werkstück ein rechner-

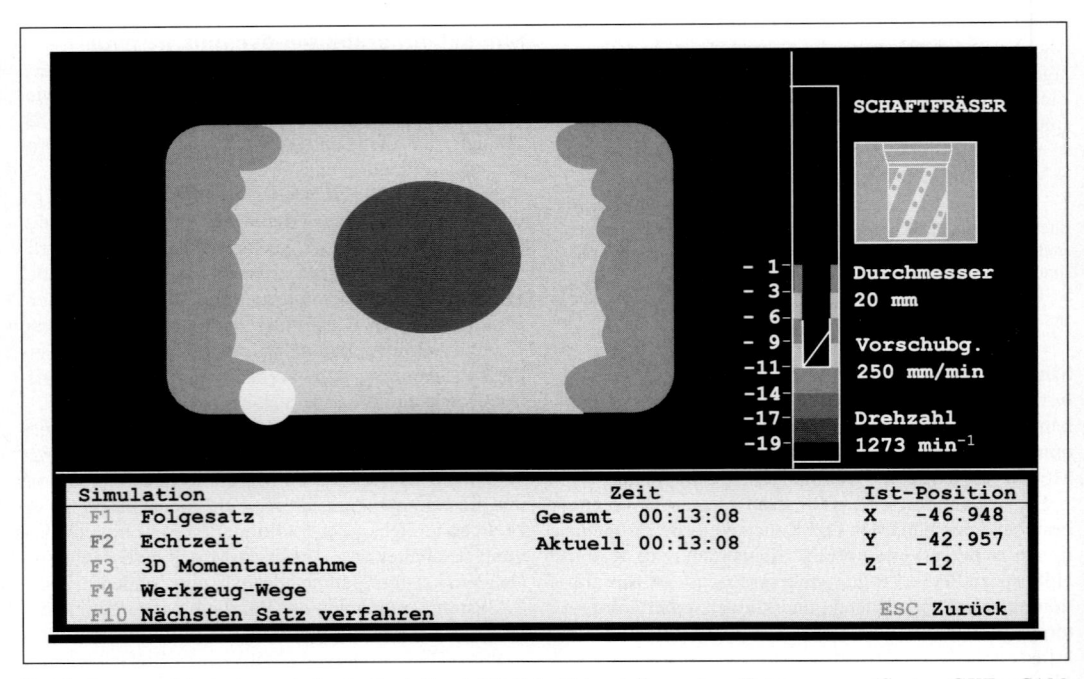

*Simulation, graphisch-dynamische 2: G.-d. S. mit 2D-Schnittdarstellung eines Fräsvorgangs (System GKE + CAM, R. & S. Keller)*

internes →Modell. Dieses Modell wird entsprechend dem realen Bearbeitungsvorgang aktualisiert und mit Hilfe graphischer Verfahren am Bildschirm angezeigt.

Grundsätzlich gibt es drei Möglichkeiten, den Bearbeitungsvorgang graphisch darzustellen:
– Darstellung des Rohteils und des Fertigteils ohne Zwischenschritte,
– Darstellung der aktuellen Werkstückform nach jedem NC-Satz (Programmschritt eines NC-Programms),
– stetiges Darstellen des gesamten Fertigungsvorgangs.

In allen drei Fällen muß die g.-d. S. das rechnerinterne Modell des Werkstücks laufend aktualisieren. In den ersten beiden Fällen genügt eine satzweise Modellaktualisierung. Im dritten Fall müssen innerhalb eines NC-Satzes noch Zwischenschritte eingefügt werden, die zusätzlichen rechnerischen und graphischen Aufwand benötigen. Häufig wird deshalb bei Einsatz einer maschinennahen 3D-Simulation nur eine satzweise Werkstückaktualisierung durchgeführt.

Die Zielstellung der g.-d. S. bei der Off-line-Programmierung von Industrierobotern besteht darin, die Erstellung eines Roboterprogramms anhand einer graphisch simulierten Arbeitsumgebung sowie der simulierten Bewegungen des Roboters in dieser Umgebung zu unterstützen (Bild 3). Die Unterschiede zur g.-d. S. des Bearbeitungsvorgangs an einer Werkzeugmaschine bestehen v. a. in folgenden Punkten:
– Die g.-d. S. des Roboters und seiner Arbeitsumgebung kann nur sinnvoll auf der Basis von 3D-Modellen erfolgen. Entsprechende Simulationswerkzeuge bieten deshalb meist einen hochentwickelten Satz an CAD-Funktionen zur Erstellung von 3D-Modellen.
– Es sind komplizierte kinematische Strukturen zu modellieren, deren Bewegungen zu simulieren und zu visualisieren.
– Die g.-d. S. erfolgt praktisch ausnahmslos →off line und unter zeitunkritischen Bedingungen.

Im On-line-Betrieb spielt die graphisch-dynamische Robotersimulation bisher noch keine große Rolle. Dies kann sich jedoch zukünftig bei sinkenden Kosten für weiter steigende Rechner- und Graphikleistung schnell ändern. *Langmann*

Literatur: *Langmann, R.*: Graphische Benutzerschnittstellen. Düsseldorf 1994. – *Pritschow, G.* u. a. (Hrsg.): Simulationstechnik in der Fertigung. 1986. – *Potthast, A.* u. a.: Rechnerische Kollisionskontrolle mit einem dynamischen 3D-Simulationssystem. ZwF 83 (1988) 3, S. 153–157. – *Müller, P.* u. a.: Maschinennahe 3D-Simulation von Bearbeitungsvorgängen. wt – Z. ind. Fertig. 76 (1986) S. 625–628. – *Dai, F.; Kampfmann, T.*: Graphische Simulation von Robotern mit einem graphisch-funktionellen Modell. Robotersysteme (1987) 3, S. 73–77.

**Simulation, numerische** ⟨*numerical simulation*⟩. Durch die stürmische Entwicklung der Computer im allgemeinen und von parallelen Hochleistungsrechnern im besonderen hat sich in den Naturwissenschaften neben dem traditionellen praktischen Weg (Experiment und Beobachtung) und dem theoretischen mathematischen Ansatz (Gesetzmäßigkeiten zwischen verschie-

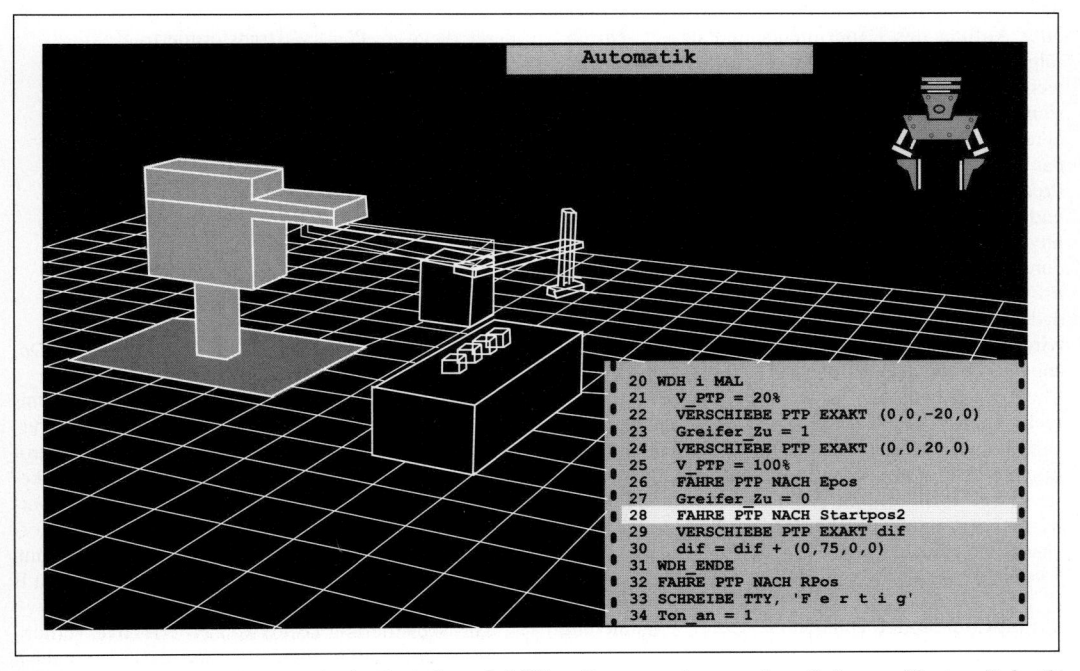

*Simulation, graphisch-dynamische 3: G.-d. S. und Off-line-Programmierung eines Roboters (System Robotik, R. & S. Keller)*

denen Größen) mit der n. S. ein dritter Weg zur Beschreibung der Realität in den Natur- und Ingenieurwissenschaften herausgebildet. Dabei ist das folgende Vorgehen typisch: Aus der Beobachtung der Wirklichkeit wird ein (meist kontinuierliches) mathematisches Modell entwickelt, das auf möglichst feinen → Gittern näherungsweise betrachtet wird und nach geeigneter → Diskretisierung numerisch gelöst wird. Mittels verschiedener Visualisierungsmethoden können schließlich die berechneten Ergebnisse interpretiert werden. Dabei ergeben sich um so wirklichkeitsnähere Resultate, je feiner die verwendeten Gitter sind. Prinzipiell ist dieses Vorgehen universell einsetzbar, in der Praxis jedoch limitieren Speicherplatz- und Rechenzeitanforderungen verfügbarer Computer den Einsatz der n. S. Ziel ist es somit, möglichst schnelle und speicherplatzsparende numerische Methoden zu entwickeln und diese auf parallelen Rechenanlagen effizient zu implementieren sowie diese Verfahren auf praxisrelevante Probleme der Natur- und Ingenieurwissenschaften anzuwenden. Die dabei eingesetzten Methoden, Techniken, Verfahren und Vorgehensweisen der Mathematik und Informatik zählen i. allg. zu den grundlegenden Methoden des → wissenschaftlichen Rechnens.

Dieser Zugang verspricht bis zu einem gewissen Punkt, auf reale Experimente verzichten zu können und statt dessen in naher Zukunft u. U. nur noch virtuelle Experimente im Rechner auszuführen. Er vermeidet damit die Schwierigkeiten des physikalischen experimentellen Vorgehens, wie Probleme beim Messen (die interessierenden Größen sind technisch nicht meßbar) oder Aufbau des Experiments und dessen Durchführung. Darüber hinaus ist die n. S. der einzige Weg, wenn es sich um Fragestellungen handelt, bei denen sich die Durchführung eines Experiments von vornherein verbietet (irreversible Schäden, Gefahren durch das Experiment beispielsweise für die Umwelt) oder Prozesse studiert werden sollen, die extrem langsam und über große Zeitspannen ablaufen (wie in der Astrophysik oder Geophysik). Selbst wenn Experimente durchführbar sind, lassen sich mit Hilfe der n. S. teure Prototypen und Versuchsaufbauten vermeiden und dadurch Entwicklungskosten reduzieren. Bereits heute wird die n. S. deshalb in der Industrie auf Gebieten angewandt wie dem Automobil- und Flugzeugbau, der Chemie, der Biologie, der Verfahrenstechnik oder der Elektrotechnik. Auch in der Forschung können mit ihrer Hilfe komplexe Zusammenhänge verstanden und neue Erkenntnisse gewonnen werden. N. S.-Techniken lassen sich mittlerweile in vielen Bereichen der Naturwissenschaften nicht mehr wegdenken. *Griebel*

Literatur: *Kaufmann, W. J.* und *L. L. Smarr*: Simulierte Welten. Spektrum Verlag, Heidelberg 1994.

**Simulationsmodell** ⟨simulation model⟩ → Validierung

**Skalierbarkeit** ⟨scalability⟩. **1.** Maß für die Anpaßbarkeit bereits bestehender → Programme, Software-Entwicklungsmethoden oder Systemarchitekturen an einen veränderten Umfang der Aufgabenstellung bzw. der → Plattform. *Breitling/K. Spies*

**2.** Die S. ist ein Maß zur Beurteilung der Qualität einer → Parallelisierung. Wie bei der → skalierten, parallelen Effizienz wird dabei das Verhalten bei konstanter Problemgröße pro Prozessor untersucht. Sei $T(N,P)$ die Zeit, die zur Lösung eines Problems der Größe N auf P Prozessoren benötigt wird, so definiert man die S. SC von $P_1$ auf $P_2$ Prozessoren $(P_2 > P_1)$ bei Problemgröße K pro Prozessor als

$$SC(P_1, P_2, K) = \frac{T(KP_2, P_2)}{T(KP_1, P_1)}.$$

Bei *linearer* Komplexität des zugrundeliegenden Algorithmus ist eine S. mit dem Wert 1 optimal. *Bastian*

**Skalierung** ⟨scaling⟩. Geometrische Grundtransformation, bei welcher graphische Objekte bezüglich einer oder mehrerer Koordinatenachsen gestaucht oder gestreckt werden. Die S. eines (z. B. dreidimensionalen) Objektes erfolgt durch Multiplikation seiner Punktkoordinaten mit den Skalierungsfaktoren $S_x, S_y, S_z$.

Ein Punkt $P = \begin{pmatrix} x \\ y \\ z \end{pmatrix}$ wird durch die S. in $P' = \begin{pmatrix} x' \\ y' \\ z' \end{pmatrix}$ transformiert:

$x' = x\, s_x$
$y' = y\, s_y$ bzw. $P' = S\, P$
$z' = z\, s_z$.

S ist dabei die → Transformationsmatrix für die S.:

$$S = \begin{pmatrix} s_x & 0 & 0 & 0 \\ 0 & s_y & 0 & 0 \\ 0 & 0 & s_z & 0 \\ 0 & 0 & 0 & 1 \end{pmatrix}.$$

*Encarnação/Dai*

**Skelettieren** ⟨skeletization⟩. Extrahieren eines Linienskeletts aus einem Bildbereich. Schmale und verzweigte Bildbereiche (z. B. Linienzeichnungen, Chromosomen) lassen sich häufig vorteilhaft durch ein Skelett aus axialen Linien beschreiben. Ein bekanntes Verfahren zur Skelettierung ist die Medialachsentransformation: Ein Punkt P in einem Bereich B ist genau dann ein Skelettpunkt, wenn er zu zwei Randpunkten von B denselben minimalen Abstand hat.

Zur Skelettierung (Bild) können effektive Verdünnungsalgorithmen verwendet werden, die einen Bereich von der Kontur her aufzehren, bis das Skelett übrig bleibt.

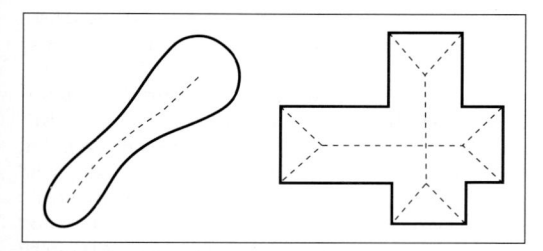

*Skelettieren: Skelette (gestrichelt) von zwei Beispielsbereichen (Medialachsen)*     Neumann

Literatur: *Ballard, D. H.; Brown, C. M.*: Computer vision. London 1982, pp. 252 ff.

**Skizze, primäre** ⟨*primal sketch*⟩. Eine von *Marr* geprägte Bezeichnung für die Repräsentationsebene, die das erste Zwischenergebnis beim → Bildverstehen aufnimmt. Die p. S. enthält Kanten, Linien, Endpunkte und Flecken eines Bildes sowie Gruppierungen aus diesen Elementen in einer symbolischen Repräsentation. Sie stellt die Ausgangsdaten für die weitere → Bildanalyse dar. *Marr* stützt sein Konzept der p. S. auf neurophysiologische und psychophysische Erkenntnisse über das Sehsystem des Menschen.     Neumann

Literatur: *Marr, D.*: Vision. New York 1982.

**Skolemisieren** ⟨*skolemization*⟩. Eliminieren von existentiell quantifizierten Variablen in prädikatenlogischen Formeln. Diese nach dem norwegischen Mathematiker *Skolem* benannte Vereinfachung ist einer der Schritte zur Überführung einer prädikatenlogischen Formel in die Klauselform (→ Klausel). Eine existentiell quantifizierte Variable wird durch eine „Skolem-Funktion" ersetzt, die alle übergeordneten allquantifizierten Variablen als Argumente hat. Falls keine allquantifizierten Variablen übergeordnet sind, ist die *Skolem*-Funktion eine einfache Konstante.

Durch S. werden Formeln i. allg. nicht in äquivalente Formeln umgeformt. Die skolemisierte Formel ist aber genau dann erfüllbar bzw. unerfüllbar, wenn dies auch für die ursprüngliche Formel gilt. S. ist deshalb zulässig, wenn es um das Beweisen von Unerfüllbarkeit geht (→ Resolutionsverfahren).     Neumann

**Skript** ⟨*script*⟩. Wissensstruktur, mit der eine stereotype Aktionsfolge beschrieben wird. Ein S. ist eine spezielle Form der → Wissensrepräsentation in der → Künstlichen Intelligenz (KI). Ein S. kann z. B. den typischen Ablauf eines Restaurantbesuchs, die Benutzung eines Taxis oder das Erledigen von Einkäufen beschreiben.

S. sind zur Unterstützung der → Sprachverarbeitung in → natürlichsprachlichen Systemen entwickelt worden. Mit S. können Vorwertungen über den Fortgang einer Handlung generiert und fehlende Informationen erschlossen werden, wie das folgende Beispiel zeigt. „John ging ins Restaurant. Er bestellte Hummer. Er hinterließ ein stattliches Trinkgeld."

Mit Hilfe eines Restaurant-S. kann erschlossen werden, daß John den Hummer vermutlich erhalten und mit Genuß verspeist hat. S. können auch alternative Handlungsverläufe enthalten, mit denen Varianten beschrieben werden (z. B. wenig Trinkgeld bei schlechtem Essen). Verschiedene S. können einander überlappen oder umfassen. Deckt ein S. die sich entwickelnde Handlung nicht mehr ab, so kann ggf. auf ein anderes S. übergegangen werden.     Neumann

**SKT (Seiten-Kachel-Tabelle)** ⟨*page table*⟩ → Speichermanagement

**Slot (Zeitschlitz)** ⟨*slot*⟩ → Ring, getakteter

**Smart Card (Chipkarte)** ⟨*smart card*⟩. Plastikkarte mit den Maßen 85,6 mm × 53,98 mm × 0,76 mm, implantierter integrierter Schaltung und der Möglichkeit zur Kommunikation.

Eine einfache S. C. kann Informationen speichern, und an speziellen → Terminals können diese (z. B. zur Identifikation) wieder ausgelesen und ggf. manipuliert werden (z. B. die Zahl der noch zur Verfügung stehenden Einheiten auf einer Telephonkarte). Eine S. C. kann über einen eigenen → Mikroprozessor verfügen, der in Abhängigkeit von internen oder externen Zuständen die Schreib- und Leserechte auf bestimmte Speicherbereiche der S. C. ändern kann. Die höchstentwickelte Form einer S. C. verfügt zusätzlich über integrierte Mikrocontroller, die ein- und ausgehende Datenströme überwachen und manipulieren können. In einer solchen S. C. können moderne kryptographische Verfahren (→ Kryptographie) realisiert werden. Man betrachtet eine S. C. daher als ein geeignetes Medium zur Speicherung von personenbezogenen Daten. Die Anwendungen von S. C. liegen z. B. in der Zugangskontrolle, Bezahlsystemen und in → mobilen Funknetzen wie → GSM.

Die Verbindung zwischen S. C. und Terminal (inklusive Stromversorgung) wird meist direkt über Kontakte auf der Kartenoberfläche hergestellt. Aufbau und → Protokolle einer solchen S. C. sind von der → ISO im Standard ISO/IEC 7816 festgelegt worden. Bei kontaktlosen Karten findet die Kommunikation z. B. über Mikrowellen oder induktive Übertragung bei einer geringen Entfernung (z. B. wenige cm) vom Kartenlesegerät statt.     Hoff/Spaniol

Literatur: *ISO/IEC 7816*: Identification cards – integrated circuit cards with contacts (1994).

**SMDS** ⟨*SMDS (Switched Multi-Megabit Data Service)*⟩. Eine Netztechnologie, die speziell für Datenübertragungen mit hohen Anforderungen an Übertragungskapazität und Übertragungsgeschwindigkeit entwickelt wurde. SMDS wird i. d. R. als Weitverkehrs- → Backbone-Netz zur Kopplung lokaler Netze (→ LAN) verwendet und von einigen Netzbetreibern als Basisdienst zur Bildung sog. Corporate Networks angeboten. Die Deutsche Telekom bietet z. B. einen SMDS-Dienst unter der Bezeichnung Datex-M an.

Eine andere Netztechnologie mit vergleichbarem Einsatzgebiet, aber einem anderen Dienstkonzept, ist das → Frame Relay.

Der Anschluß an ein SMDS-Netz erfolgt i. d. R. über einen → Router mit SMDS-Schnittstelle (sog. Subscriber Network Interface, SNI) und nicht direkt an Endgeräte (z. B. Drucker oder Computer).

SMDS realisiert verbindungslose Punkt-zu-Punkt- und → Multicast-Datenübertragungsdienste auf dem Niveau der → Sicherungsebene des → OSI-Referenzmodells. SMDS basiert auf dem → DQDB-Protokoll mit weitestgehend identischer Dienstschnittstelle und Übertragungsverfahren. Wie bei DQDB werden in SMDS-Netzen die Nutzdaten in Zellen (sog. Slots) fester Größe (53 Oktetten) aufgeteilt und übertragen. Als maximale Datenübertragungsraten an der SNI-Schnittstelle werden 1,544 Mbit/s und 44,736 Mbit/s vorgeschlagen. Netzbetreiber können jedoch abweichende Raten anbieten.

Die → Funktionalität des SMDS-Dienstes umfaßt die Adressierung von SMDS-Endgeräten, die Erkennung von Netzwerk- und Protokollfehlern und eine rudimentäre → Flußkontrolle. Auf den Nutzdaten wird keine → Fehlersicherung vorgenommen. Diese Aufgabe müssen höhere Protokollebenen oder die kommunizierenden Anwendungen übernehmen. Es werden begrenzte Garantien bezüglich Übertragungszeitschwankungen (→ Jitter) von Frames gegeben. Beispielsweise soll auf einer 1,544 Mbit/s-Übertragungsstrecke die Ende-zu-Ende-Verzögerung in 95% der Fälle unter 130 ms liegen. Damit ist SMDS eingeschränkt für die Übertragung von interaktiver Sprache oder Video geeignet. Als Haupteinsatzgebiet ist jedoch die Übertragung großer, unregelmäßig anfallender Datenmengen anzusehen.

SMDS wurde von der amerikanischen Firma Bellcore entwickelt. → Spezifikationen sind als „Bellcore Technical Advisories" erhältlich. *Hermanns/Spaniol*
Literatur: *Dix, F.; Kelly, M.; Klessing, R.*: Access to a public switched multi-megabit data service. ACM Computer Communications Rev. 20 (1990) 3, pp. 46–61. – *Black, U.*: Emerging communications technologies. Prentice Hall, 1994.

**SML** ⟨*SML (Standard ML)*⟩. Standard ML (kurz: SML) ist eine → funktionale Programmiersprache, die durch Elemente → imperativer Programmiersprachen angereichert ist. SML besitzt eine einfache und an mathematische Schreibweisen angelehnte → Syntax, die sich insbesondere zur leicht lesbaren Formulierung von rekursiven → Datentypen und → Algorithmen (→ Rekursion) eignet. Die → Semantik der Funktionsanwendung in SML ist strikt (Call-by-Value-Semantik). SML besitzt ein strenges polymorphes → Typsystem (→ Polymorphie) und unterstützt ein ausdrucksstarkes Modulkonzept mit → Modulen höherer Ordnung. Die Bedeutung von SML-Programmen, also deren Semantik, ist mathematisch präzise festgelegt. SML unterstützt interaktives Programmieren (→ Interaktion).

SML ist das Ergebnis eines Standardisierungsprozesses der verschiedenen Sprachen der Familie → ML und der Sprache HOPE. Bislang wurde der Kern von SML, die sog. „core language", festgelegt. Mögliche Erweiterungen dieses Kerns werden noch untersucht.

☐ Als *funktionale Programmiersprache* unterstützt SML die Deklaration von polymorphen, rekursiven Datentypen sowie die Konstruktion und Anwendung von rekursiven Funktionen. Funktionen werden in SML als Objekte auf der Ebene der Programmierung zur Verfügung gestellt; so kann eine Funktion andere Funktionen als Argumente übernehmen, und sie kann neue Funktionen berechnen und als Ergebnis liefern.

Als ein typisches SML-Programm betrachten wir die Definition polymorpher binärer Bäume mit einer Funktion depth zur Berechnung der Tiefe eines Baumes und einer Funktion map, die einen Baum kopiert und dabei eine gegebene Funktion f auf alle Elemente des Baumes anwendet.

```
    datatype 'a Tree =
    empty
   |node of 'a
   |tree of 'a Tree * 'a * 'a Tree
fun depth(empty) = 0
   |depth(node(x)) = 1
   |depth(tree(t1, x, t2)) =
    1+max(depth(t1), depth(t2))
fun map(f)(empty) = empty
   |map(f)(node(x)) = node(f(x))
   |map(f)(tree(t1, x, t2)) =
    tree(map(f)(t1), f(x),
    map(f)(t2))
val t = tree(node("hello"), "world!",
empty)
    val d = depth(t)
    val map' = map(length)
    val s = map'(t)
```

Binäre Bäume werden als Datentyp mit dem Typkonstruktor Tree und der Typvariablen 'a (sprich α) definiert. Typvariablen werden in SML den Typkonstruktoren vorangestellt und können mit beliebigen Typausdrücken instantiiert werden. Binäre Bäume werden über die angegebenen Konstruktoren gebildet: Sie sind entweder leer (empty), Blätter (node) mit einem Element aus 'a, oder sie werden über tree aus zwei anderen binären Bäumen und einem Element aus 'a gebildet. Die Funktionen werden durch Patternmatching mit Fallunterscheidung über die verschiedenen Konstruktoren für binäre Bäume definiert.

☐ *Typisierung von SML-Programmen*. SML besitzt ein ausdrucksstarkes Konzept zur → Typisierung von Objekten und Funktionen, einen mächtigen Mechanismus zur automatischen Ableitung von → Typen (→ Typinferenz) sowie strenge Regeln zur Überprüfung der → Typkorrektheit (→ Type Checking) von Pro-

grammen. Für das Beispielprogramm leitet der Typinferenz-Algorithmus folgende Typisierung ab:
```
> val depth: 'a Tree → int
> val map: ('a → 'b) → 'a Tree → 'b Tree
> val t = ... : string Tree
> val d = 2 : int
> val map': string Tree → int Tree
> val s = tree(node(5),6,empty) : int Tree
```
☐ *Imperative Programmierelemente.* Neben den rein funktionalen Programmierelementen unterstützt SML imperative Elemente wie die Zuweisung von Werten zu Variablen sowie die Behandlung von Ausnahmezuständen. Damit bietet SML dem Programmierer die Möglichkeit, die Verständlichkeit → referentiell transparenter Programme gezielt mit Elementen imperativer Programmierung zu kombinieren.

☐ *Modularisierung.* SML besitzt ein ausdrucksstarkes Konzept zur Modularisierung von Programmen, das Strukturen, Signaturen und Funktoren unterstützt. Strukturen dienen zur Einkapselung von Ansammlungen von Deklarationen und können hierarchisch organisiert werden. Eine Signatur beschreibt die Funktionalitäten der in einer Struktur enthaltenen Funktionen und dient auch dazu, in Strukturen deklarierte oder sichtbare Symbole nach außen zu verstecken. Funktoren sind Operationen, die eine oder mehrere Strukturen als Parameter nehmen, eine andere Struktur als Ergebnis liefern und dabei die Parameterstrukturen in irgendeiner Weise miteinander kombinieren.

☐ *Auswertung von SML-Programmen.* Die Auswertung von SML-Programmen wird in zwei Phasen durchgeführt. In der statischen Phase wird die Wohldefiniertheit eines Programms vollständig überprüft. Dies schließt das polymorphe Type Checking ebenso ein wie die Prüfung der Verwendung des Modulkonzepts. In der anschließenden dynamischen Phase kann das Programm dann ohne weitere Überprüfungen ausgeführt werden. Zur Auswertung (→ Interpretation) von SML-Programmen existiert eine Vielzahl unterschiedlicher → Implementierungen durch → Interpretierer und → Compiler, etwa SML/NJ, Edinburgh ML, Poly/ML oder sml2c.
*Gastinger/Wirsing*

Literatur: *Milner, R.; Tofte, M.; Harper, R.*: The definition of standard ML. MIT Press, 1990. – *Milner, R.; Tofte, M.*: Commentary on standard ML. MIT Press, 1991. – *Paulson, L. C.*: ML for the working programmer. Cambridge Univ. Press, 1991. – *Ullmann, J. D.*: Elements of ML programming. Prentice Hall, 1994. – *Wilkström, Å.*: Functional programming using standard ML. Prentice Hall, 1987.

**SMTP** ⟨*SMTP (Simple Mail Transfer Protocol)*⟩. Internet-Standard für die Übertragung von → E-Mail zwischen Systemen, festgelegt im Internet-Standard STD 10, bestehend aus den → RFCs 821, 1869 und 1870. Das Format der Mitteilungen ist hingegen in STD 11, bestehend aus den RFCs 822 und 1049, festgelegt.
*Schindler/Bormann*

Aufgabe des SMTP ist es nicht, Mitteilungen zwischen Benutzern im → Internet zu transportieren. Das lokale System ist dafür verantwortlich, daß die Mitteilungen an einen SMTP-Prozeß übergeben bzw. ankommende Mitteilungen korrekt an den Empfänger ausgeliefert werden (Bild). SMTP sorgt lediglich für die Übertragung von → Nachrichten zwischen Computern.

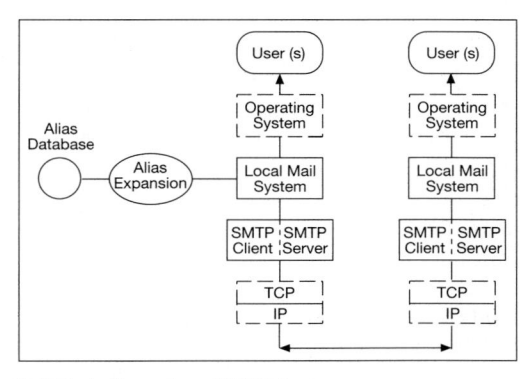

*SMTP: Aufbau eines SMTP-Systems*

Wenn eine Nachricht übertragen werden soll, prüft das lokale Mail-System zunächst, ob die Nachricht an einen lokalen Benutzer adressiert ist. In diesem Fall wird sie in der entsprechenden → Mailbox abgelegt. Anderenfalls wird die Mitteilung an den SMTP-Client übergeben (der Client-Prozeß ist für das Versenden von Nachrichten zuständig, der Server-Prozeß für den Empfang). Nachdem die zum globalen Teil des Empfängernamens gehörige Adresse ermittelt worden ist, wird versucht, eine Verbindung zu dem entfernten SMTP-Server aufzubauen. Bei der Adressierung ist die Verwendung von Alias-Namen möglich.

SMTP-Protokolldateneinheiten werden als Commands bezeichnet. Ein Command ist eine ASCII-Zeichenkette, die aus einer dreistelligen Zahl und/oder Klartext besteht.
*Jakobs/Spaniol*

Literatur: *Comer, D. E.*: Internetworking with TCP/IP. Vol. 1: Principles, protocols and architecture. 2nd Edn. Prentice Hall, 1991.

**SNA** ⟨*SNA (Systems Network Architecture)*⟩. Eine von IBM eingeführte Netzwerkarchitektur, die in großem Maße Einfluß auf die Definition des → OSI-Referenzmodells und seiner Schichten genommen hat. Sie zielte darauf ab, die große Anzahl der bis dahin existierenden, untereinander nicht kompatiblen IBM-Netzwerke und → Protokolle durch die Definition eines Referenzmodells in einer standardisierten Kommunikationsarchitektur zu vereinen.
*Fasbender/Spaniol*

Literatur: *Meijer, A.*: Systems network architecture. Pitman, London 1987.

**SNMP** ⟨*SNMP (Simple Network Management Protocol)*⟩. Das am weitesten verbreitete Managementprotokoll im → Internet. Wie alle → Protokolle des Internet bietet auch SNMP eine Teilmenge dessen, was in den Standards zum → Netzwerkmanagement für eine → OSI-Umgebung beschrieben wird. SNMP erbringt lediglich Funktionen zum Fault Management und Performance Management. Das Bild zeigt die Managementumgebung.

| Gateway A | Gateway B | Manager |
|---|---|---|
| Agent Process | Agent Process | Manager Process |
| SNMP | SNMP | SNMP |
| UDP | UDP | UDP |
| Internet (IP) | | |

*SNMP: SNMP-Umgebung*

SNMP erlaubt dem Netzwerkmanager, über seinen lokalen Managerprozeß mit den entfernten Managementprozessen Informationen auszutauschen. Jeder Host und jedes Gateway der Managementumgebung soll den Managementprozeß implementieren.

SNMP betrachtet alle Elemente eines Netzwerks (Hosts, → Gateways, → Protokolle usw.) als Managed Objects. Jedes Element ist in der → MIB als Objekt abgelegt; seine Eigenschaften werden über Variablen beschrieben. Üblicherweise erfolgt die → Kommunikation auf → Polling-Basis durch den Managerprozeß, nur in Ausnahmefällen setzen die Managed Objects selbständig Alarmmeldungen ab. *Jakobs/Spaniol*
Literatur: *Comer, D. E.:* Internetworking with TCP/IP. Vol. 1: Principles, protocols and architecture. 2nd Edn. Prentice Hall 1991. – *Stallings, W.:* SNMP, SNMPv2 and CMIP – The practical guide to network management standards. Addison-Wesley, 1993.

**SNR** ⟨*SNR (Signal to Noise Ratio)*⟩. Das Signal-Rausch-Verhältnis (S/N-Verhältnis) ist als Quotient der mittleren Leistungen von Nutzsignal und → Rauschen definiert. Im Fall eines stochastischen → Signals kann die mittlere Leistung aus der Autokorrelationsfunktion oder dem Leistungsdichtespektrum ermittelt werden. Unter Rauschen sind hierbei auch Signalverfälschungen wie Quantisierungsfehler bei der Analog-Digital-Wandlung (A/D-Wandlung) zu verstehen. Beispielsweise errechnet sich die mittlere Leistung des Quantisierungsrauschens bei einer A/D-Wandlung mit Quantisierungsstufen der Höhe q zu $q^2/12$. Ein Sinussignal der Amplitude 1 besitzt die mittlere Leistung 1/2. Daher gilt für das S/N-Verhältnis des Sinussignals nach A/D-Wandlung

$$\frac{S/N}{dB} = 10 \log_{10} \frac{1/2}{q^2/12} = 7{,}8 - 20 \log_{10} q$$

mit der Einheit Dezibel (DB). Für 8 bit → Auflösung gilt in diesem Beispiel $q = 2^{-7}$ und S/N = 49,9 dB. Jedes zusätzliche Bit vergrößert, d.h. verbessert, das S/N-Verhältnis um 6 dB.

Als Verzerrung in der → Bildcodierung wird oft das Peak Signal to Noise Ratio (PSNR)

$$\frac{PSNR}{dB} = 10 \log_{10} \frac{MNA^2}{\sum_{m=0}^{M} \sum_{n=0}^{N} (x(m,n) - y(m,n))^2}$$

verwendet. Das PSNR setzt die Differenz zwischen dem Originalbild x und dem am → Decoder rekonstruierten Bild y zur Maximalamplitude A ins Verhältnis. Bei 8 bit Auflösung beträgt A = 255. Beide Bilder enthalten M×N Bildpunkte (→ Pixel). Das PSNR erlaubt allerdings nur begrenzt Aussagen über die subjektiv empfundene visuelle Bildqualität. *Grigat*
Literatur: *Ohm, J.-R.:* Digitale Bildcodierung. Springer, Berlin. – *Fliege, N.:* Systemtheorie. Teubner, Stuttgart.

**Softkey** ⟨*softkey*⟩. → Funktionstasten mit variabler → Semantik für eine → Benutzerschnittstelle. Sie sind in ihrer Bedeutung vom jeweiligen Kontext abhängig, haben also nur eine lokale, nicht aber eine globale Semantik. Ihre Betätigung hat damit in unterschiedlichen Bediensituationen unterschiedliche Auswirkungen. Damit sich der → Benutzer nicht die wechselnde Bedeutung der S. merken muß, wird die aktuelle in auf dem Bildschirm nachgebildeten Funktionstasten angezeigt. S. werden häufig für die Bedienung technischer Anlagen und Geräte eingesetzt, wenn sich der Einsatz einer vollständigen Rechnertastatur z. B. wegen schwieriger oder rauher Umgebungsbedingungen verbietet.
*Langmann*

**Software** ⟨*software*⟩. Menge von → Programmen oder → Daten zusammen mit begleitenden → Dokumenten, die für ihre Anwendung notwendig oder hilfreich sind. *Hesse*
Literatur: *Hesse, W.; Keutgen, H.* u. a.: Ein Begriffssystem für die Softwaretechnik. Informatik-Spektrum (1984) S. 200–213.

**Software-Analyse** ⟨*software analysis*⟩. Teil des Prozesses der → Software-Entwicklung. In der Analysephase geht es darum, die Projektziele und den Gegenstandsbereich der → Systementwicklung festzulegen und die Anforderungen an das künftige Anwendungssystem zu erarbeiten. *Hesse*
Literatur: *Hesse, W.:* Systemanalyse. In: *Zilahi-Szabó, M. G.* (Hrsg.): Kleines Lexikon der Informatik. München 1995.

**Software-Anwendung** ⟨*software application*⟩ → Software-Anwendungssystem

**Software-Anwendungsmodell** ⟨*software application model*⟩ → Anwendungsmodell

**Software-Anwendungssystem** ⟨*software application system*⟩. Als S.-A. oder DV-Anwendungssystem bezeichnet man ein dynamisches, aktives, offenes System, dessen Systembereich ein Ausschnitt der realen Welt (kurz: die Anwendung) ist und das ein techni-

sches (Teil-)System mit Software- bzw. DV-Komponenten enthält. Dieses Teilsystem kann im Gesamtsystem z. B. prüfende, steuernde oder administrative Aufgaben übernehmen. Daneben existiert ein organisatorisches (Teil-)System, zu dem die beteiligten Menschen, Organisationseinheiten und die von ihnen verrichteten Tätigkeiten gehören. *Hesse*
Literatur: *Hesse, W.; Keutgen, H.* u. a.: Ein Begriffssystem für die Softwaretechnik. Informatik-Spektrum (1984) S. 200–213.

**Software-Architektur** ⟨*software architecture*⟩. **1.** In einem konkreten → Informatikprojekt das Ergebnis des Grobentwurfs. In der S.-A. wird festgelegt, wie sich das zu entwickelnde Software-System in seine Umgebung einbettet, auf welchen vorhandenen Systemen und Komponenten es aufbaut und welche neuen Komponenten dazukommen.
**2.** Von industriellen Konsortien, Normungsgremien oder einzelnen Herstellern kodifizierte System-Strukturen und -Schnittstellen. Beispiele dafür gibt es im Netzwerkbereich (System-Netzwerk-Architektur von IBM), im Bereich der Graphischen Benutzerschnittstellen (Common User Access, Motif), bei der Interaktion von Objekten (Common Object Request Broker Architecture) und beim Layout von Dokumenten (Open Document Architecture).
**3.** Im allgemeinen Sinne Grundsätze und Ausprägungsformen für die globale Strukturierung und Gestaltung von Software-Systemen. Dabei richtet sich die Darstellungsweise primär an den externen Nutzer des Systems, sei es ein menschlicher Nutzer oder ein anderes System. S.-A. unterscheidet sich von der internen Struktur (Konstruktion) der Teile und der technischen Realisierung (Implementierung) derselben. Eine gute S.-A. unterstützt die Anforderungen des Nutzers in optimaler Weise, berücksichtigt aber auch die Erfordernisse des Entwicklers bezüglich Wartbarkeit und Erweiterbarkeit.
**4.** Ein Forschungsgebiet innerhalb der Software-Technik, das versucht, allgemeine Prinzipien für die Strukturierung von Software-Systemen zu identifizieren sowie die Beschreibungsmittel zu entwickeln, um unterschiedliche Architektur-Ansätze (Architektur-Stile, Entwurfsmuster) miteinander vergleichen zu können. Solche unterschiedlichen Ansätze drücken sich in den folgenden Begriffen aus: hierarchische Schichten, ereignisgetriebenes System, Client-Server-Struktur und kooperierende Agenten. *Endres*
Literatur: *Garlan, D.* and *M. Shaw*: An introduction to software architectures. In: Advances in software engineering and knowledge engineering. 1993.

**Software-Baustein** ⟨*software building block, module*⟩. Teil eines → Software-Systems, der in technischer oder organisatorischer Hinsicht eine eigenständige Einheit bildet. S.-B. können sein: Komponenten, → Module, → Programme, → Klassen, → Subsysteme, …, evtl. auch das System selbst. *Hesse*

Literatur: *Hesse, W.; Keutgen, H.* u. a.: Ein Begriffssystem für die Softwaretechnik. Informatik-Spektrum (1984) S. 200–213.

**Software-Datenbank** ⟨*repository*⟩. Als Bestandteil einer Anwendungsentwicklungsumgebung unterstützt die S. den Systementwicklungsprozeß, indem sie neben den bei der Entwicklung anfallenden Entwicklungsdaten (Dokumente, Diagramme, Protokolle usw.) wiederverwendbare Programmteile (Bibliotheken) und die entwickelten Anwendungen verwaltet. Neben der Unterstützung von langen → Transaktionen ist dazu eine → Versions- und → Konfigurationsverwaltung nötig. *Schmidt/Schröder*

**Software-Engineering betrieblicher Anwendungssysteme** ⟨*software engineering of business application systems*⟩. Entwicklung der Anwendungs-Software für → betriebliche Anwendungssysteme nach ingenieurmäßigen Prinzipien.
Die Darstellung der Aufgaben des S.-E. betrieblicher Anwendungssysteme erfolgt aus drei unterschiedlichen Blickwinkeln:
– Software-System,
– Leistung, die gegenüber dem Auftraggeber erbracht wird, und
– Projektdurchführung.
☐ Betriebliche Anwendungssysteme bilden den automatisierten Teil eines → betrieblichen Informationssystems. Ganzheitlich betrachtet, wird die Systemabgrenzung eines betrieblichen Anwendungssystems in einer Folge von Abgrenzungsschritten bestimmt:
– betriebliches System (gegenüber Umwelt),
– betriebliches Informationssystem,
– Gesamt-Anwendungssystem,
– Einzel-Anwendungssystem.
Jeder Abgrenzungsschritt schließt die → Identifikation der → Schnittstellen zu den jeweils umgebenden Teilsystemen mit ein. Die zusätzliche Unterscheidung zwischen der Aufgabenebene und der Aufgabenträgerebene eines betrieblichen Anwendungssystems führt schließlich zu dem in Bild 1 dargestellten Software-Systemmodell.

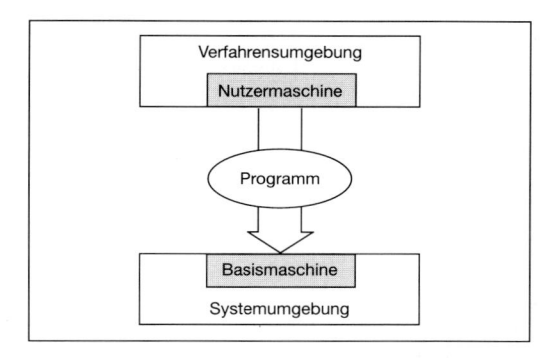

*Software-Engineering 1: Software-Systemmodell*

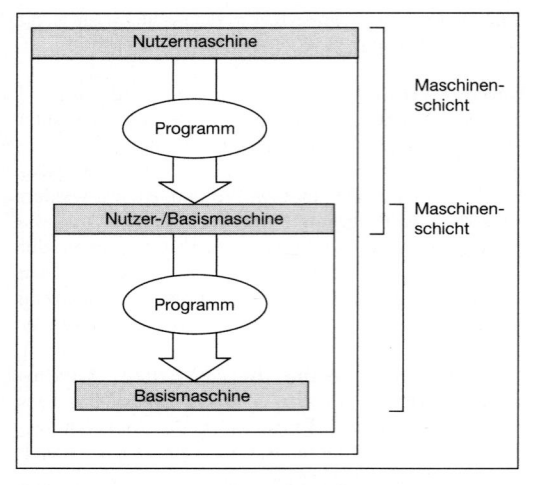

*Software-Engineering 2: Mehrstufige Anordnung von Maschinenschichten*

Aufgabe des S.-E. ist die → Spezifikation von Nutzermaschinen und ihre Abbildung auf Basismaschinen mit Hilfe von Programmen. Nutzermaschinen spezifizieren die im Rahmen des S.-E. zu entwickelnden Aufgabenträger für die Aufgaben eines betrieblichen Anwendungssystems. Sie sind in eine Verfahrensumgebung eingebettet, welche die Beziehungen zu anderen – automatisierten oder nichtautomatisierten – Aufgaben beschreibt (→ Automatisierung betrieblicher Aufgaben). Basismaschinen spezifizieren die verfügbaren Aufgabenträger. Sie stellen Systemplattformen dar, die ihrerseits in eine Systemumgebung eingebettet sind. Die Beschreibung von Nutzer- und Basismaschinen erfolgt anhand ihrer (Daten-)Objekte und Operatoren. Die zur Abbildung von Nutzer- auf Basismaschinen verwendeten Programme werden i. allg. aus Komplexitätsgründen mehrstufig in Maschinenschichten gegliedert (Bild 2).
☐ Grundsätzlich stellt das eingeführte Programmsystem die vom Auftragnehmer im Rahmen des S.-E. gegenüber dem Auftraggeber zu erbringende Leistung dar. Die Komplexität dieser Leistung, der mit ihrer Erstellung verbundene Ressourcenverbrauch (Zeit, Kosten) sowie die Erfüllung der Qualitätsanforderungen machen aber eine Zerlegung der Leistung in Teilleistungen erforderlich. Diese Teilleistungen werden nacheinander dem Auftraggeber zur Verfügung gestellt, von ihm abgenommen und zur Aufdeckung von Projektrisiken genutzt (Bild 3). Aus der Sicht des Auftragnehmers erfolgt die → Software-Entwicklung damit in einem mehrstufigen Produktionsprozeß. Die Leistungen vorgelagerter Produktionsstufen bilden dabei den Input für nachgelagerte Produktionsstufen.

Die Leistungspakete Fachkonzept, Software-Konzept und Programmsystem werden aus der Sicht des Software-Systemmodells „von den Rändern zur Mitte" abgegrenzt. Das Fachkonzept spezifiziert die Nutzermaschinen und ihre Verfahrensumgebung sowie die einzusetzenden Basismaschinen und ihre Systemumgebung. Das Software-Konzept strukturiert das Programmsystem in Software-Komponenten und ihre Beziehungen und ordnet die Software-Komponenten den einzelnen Maschinenschichten zu. Das Programmsystem stellt schließlich die implementierte Anwendungs-Software dar.

In vielen Fällen werden die einzelnen Teilleistungen von unterschiedlichen Auftragnehmern erstellt. Beispielsweise werden bei der Einführung von → Standard-Software häufig die Leistungen Projektplan, Fachkonzept und eingeführtes Programmsystem von einer Unternehmensberatung erbracht, während das Programmsystem selbst vom Hersteller der Standard-Software geliefert wird.

Zur Erhöhung der Wirtschaftlichkeit und der Qualität der Software-Entwicklung werden in den einzelnen Produktionsstufen wiederverwendbare Entwicklungsobjekte und höhere Systemplattformen eingesetzt. Beispiele hierfür sind der Einsatz von Referenzmodellen in der Analyse, der Einsatz von Patterns in Analyse und Design sowie der Einsatz von Klassenbibliotheken, ComponentWare und MiddleWare in Design und Realisierung. Darüber hinaus wird eine lückenlose und

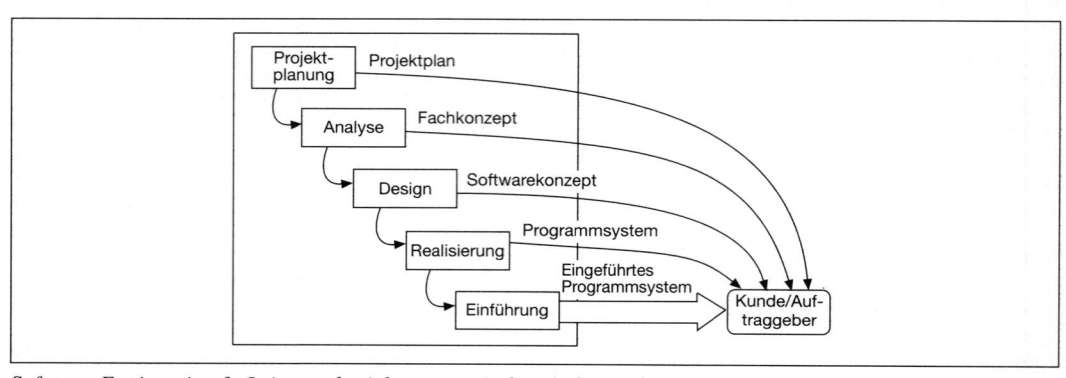

*Software-Engineering 3: Leistungsbeziehungen zwischen Auftragnehmer und Auftraggeber*

durchgängige Unterstützung der Software-Entwicklung durch eine → Software-Produktionsumgebung (SPU) angestrebt.

☐ Für die Lenkung der Durchführung von Software-Entwicklungsprojekten werden Vorgehensmodelle verwendet. Ein Vorgehensmodell strukturiert die Durchführung eines Projekts in Phasen und ggf. Teilphasen, spezifiziert die Reihenfolge- und Koordinationsbeziehungen sowie die Schnittstellen zwischen den Phasen (Phasenübergänge) und bestimmt die → Granularität der in einem Phasenübergang zu übergebenden Leistungspakete.

Ein weit verbreitetes Vorgehensmodell ist das → Wasserfallmodell, dessen Phasen sich an der in Bild 3 dargestellten Leistungszerlegung orientieren. Dabei wird unterstellt, daß das gesamte Leistungspaket eines Projekts in Form eines Entwicklungsdokuments kaskadisch von Phase zu Phase übergeben und abgenommen wird. Die vielfach als letzte Phase angefügte Wartung läßt sich aus der Leistungszerlegung heraus nicht begründen und stellt einen methodischen Bruch dar. Vielmehr umfaßt die Wartungsphase wiederum Leistungspakete aus allen vorausgehenden Phasen.

Wegen seiner konzeptuellen und praktischen Probleme wurde das Wasserfallmodell zu iterativen Vorgehensmodellen weiterentwickelt. Beispiele hierfür sind → Prototyping- und → Spiralmodelle. Ziel dieser Weiterentwicklungen ist es, Leistungspakete bereits während ihrer Erstellung mit dem Auftraggeber und nachgelagerten Produktionsstufen rückzukoppeln und dadurch Projektrisiken aufzudecken und auszuschalten. Wegen des stets möglichen Rückgriffs auf vorgelagerte Produktionsstufen wird allerdings die Messung des Projektfortschritts erschwert.

Die jüngste Entwicklung wird durch Vorgehensmodelle für die Entwicklung objektorientierter Anwendungs-Software markiert. Objektorientierte Programme bestehen aus lose gekoppelten Objektklassen, d. h. aus Objektklassen, die durch → Nachrichten interagieren. Diese Eigenschaft wird dahingehend genutzt, daß die Leistungspakete der Produktionsstufen bis auf die Granularität einer oder mehrerer Objektklassen zerlegt werden. Dies ermöglicht eine teilweise Parallelbearbeitung von Teil-Leistungspaketen in den einzelnen Produktionsstufen. Rückbeziehungen zu vorgelagerten Produktionsstufen ermöglichen eine evolutionäre Software-Entwicklung.

Parallel zum Software-Entwicklungsprojekt werden die projektbegleitenden Maßnahmen → Projektmanagement, → Konfigurationsmanagement und Qualitätssicherung (→ Qualitätsmanagement) durchgeführt. *Sinz*

Literatur: *Denert, E.*: Software-Engineering. Methodische Projektabwicklung. Berlin-Heidelberg-New York 1991. – *Gamma, E.; Helm, R.* et al.: Design patterns. Elements of reusable object-oriented software. Reading, MA 1995. – *Pressman R. S.*: Software engineering. A practitioner's approach. 2nd Edn. New York 1987. – *Sommerville, I.*: Software engineering. 4th Edn. Wokingham, England 1992.

**Software-Entwicklung** ⟨*software devellopment*⟩ (auch: → Systementwicklung, Software-Produktion). Gesamtheit von Tätigkeiten, die zur Herstellung eines (neuen oder veränderten) Software-Produkts führen. Die S.-E. wird häufig in Phasen gegliedert, etwa in die Phasen Analyse, (fachlicher und technischer) Entwurf, → Implementierung (→ Programmierung und → Test), Integration, Installation, Nutzung und Pflege. *Hesse*

Literatur: *Hesse, W.*: Systemanalyse. In: *Zilahi-Szabó, M. G.* (Hrsg.): Kleines Lexikon der Informatik. München 1995.

**Software-Entwicklungsumgebung** ⟨*software development environment, software production environment*⟩ (syn.: Programmierumgebung, Produktionsumgebung, Software Engineering Environment, kurz: SEU, SPU, SEE). Menge der Methoden, Werkzeuge und sonstigen Hilfsmittel, die für die → Software-Entwicklung zur Verfügung stehen. Im besonderen ist man an integrierten Umgebungen interessiert, d. h. solchen, deren Komponenten miteinander verträglich und abgestimmt sind und keinen zusätzlichen Aufwand an den Übergängen erfordern. *Hesse*

**Software-Entwurf** ⟨*software design*⟩. Beschreibung der Struktur eines zu erstellenden → Software-Systems. Häufig wird zwischen einer Beschreibung aus Sicht der Anwendung (fachlicher Entwurf) sowie aus Sicht der technischen Umsetzung (technischer Entwurf) unterschieden. Im technischen Entwurf wird das System in Bausteine (z. B. Komponenten und Module) zerlegt, und deren → Schnittstellen werden spezifiziert. Um die Zugriffsmöglichkeiten der Bausteine untereinander einzuschränken und gewissen Regeln zu unterwerfen, können Schichten gebildet werden. Wiederverwendbare Bausteine früherer Entwicklungen werden identifiziert und in ggf. angepaßter Form in den Entwurf übernommen. *Hesse*

**Software-Ergonomie** ⟨*software ergonomics*⟩. Teilbereich der Ergonomie. Die Ergonomie bedient sich naturwissenschaftlicher Methoden zur Beschreibung menschlicher Eigenschaften, von Arbeitsabläufen, -plätzen, -organisationen und -umgebungen. Zielstellung der Ergonomie ist die Anpassung der Arbeit an die menschlichen Eigenschaften. Die S.-E. beschäftigt sich dabei im engeren Sinne mit der menschengerechten Gestaltung von → Benutzerschnittstellen. Für die softwareergonomische Gestaltung von Benutzerschnittstellen sind insbesondere drei Gestaltungsaufgaben zu lösen, die dem Ziel dienen, die Benutzerschnittstelle auf die Eigenschaften der Ausgabe, Verarbeitung und Aufnahme von Informationen durch den Menschen abzustimmen:

☐ Als erste Gestaltungsaufgabe ist die *Anpassung an die Motorik und Sensorik des Menschen* zu lösen. Die Eingabeelemente sind unter Beachtung der Handmotorik und der Auge-Hand-Koordination zu wählen. Die Darstellungsparameter der Anzeigen und → Visualisierungen sind den Eigenschaften der Sinnesorgane anzupassen. Bei optischen Anzeigen sind z. B. Farbe, Helligkeit, Kontrast, Größe, Anordung und Gruppierung zu beachten.

☐ Bei der zweiten Gestaltungsaufgabe, der *Codierung der Information*, sind die mit dem technischen System über die Benutzerschnittstelle auszutauschenden → Nachrichten auf motorische Aktivitäten und Sinnesreize abzubilden. Dabei sind Eingabe- und Ausgabecodes aufeinander abzustimmen (Bild). Der Mensch realisiert hierbei folgende Aufgaben:
- Registrierung eines Ausgabecodezeichens als Sinnesreiz (z. B. rotes Signalfeld),
- Zuordnung: Sinnesreiz ↔ Bedeutung (rot = Alarm),
- Zuordnung: empfangene Nachricht ↔ auszugebende Nachricht (z. B. Alarm = Fehlerbeseitigung erforderlich),
- angemessene Reaktion des Menschen als Antwort (z. B. Tastenbedienung),
- Umsetzung der Antwort als Eingabecode (z. B. Drücken der Taste F9).

Für die Klassifikations- und Zuordnungsvorgänge benötigt der Mensch Zeit, und es besteht die Möglichkeit der Fehlklassifikation. Eine den Eigenschaften und Aufgaben des Menschen angepaßte → Codierung hilft, Zeitbedarf, Fehlerrate und auch die mentale Beanspruchung möglichst klein zu halten.

☐ Die dritte Gestaltungsaufgabe ist die *Organisation der Informationen*. Hierbei geht es um die Gestaltung der Eingabe bzw. der Ausgabe (Anzeige) von Informationen über einen z. B. technischen Prozeß unter Berücksichtigung der Relationen zwischen den Informationen. Die Informationen sind z. B. nach zeitlichen, örtlichen und inhaltlichen Gesichtspunkten zu strukturieren. Ein Beispiel für die örtliche Organisation von Eingabeinformationen ist die Zuordnung der zehn Ziffern zu einer Zehnertastatur, bei der sich die zwei Varianten Telefon- und Rechnertastatur durchgesetzt haben. Die Organisation der Informationen stellt die eigentliche Herausforderung an die Gestaltung moderner graphischer Benutzerschnittstellen dar, da im Gegensatz zu den klassischen starren Bedienfeldern (mit z. B. Tasten und Leuchtmeldern) der Rechnereinsatz für die Benutzerschnittstelle nun eine Anpassung des Informationsangebotes an verschiedene Situationen zuläßt.

*Langmann*

Literatur: *Geiser, G.*: Mensch-Maschine-Kommunikation. München–Wien 1990.

**Software-Komponente** ⟨software component⟩
→ Software-Baustein

**Software-Konfiguration** ⟨software configuration⟩
→ Rechensystem

**Software-Konstruktion** ⟨software construction⟩. Tätigkeit mit dem Ziel, für eine spezifizierte Aufgabenstellung eines vorgegebenen → Software-Bausteins Lösungen aufzufinden und darzustellen. Dazu gehört insbesondere die (weitere) Zerlegung des gegebenen Bausteins und die Festlegung von → Anforderungen an die dabei entstehenden (Teil-)Bausteine.

Im Gegensatz zur → Software-Spezifikation, die beschreibt, was ein Baustein leisten soll, beschreibt die S.-K., wie er es leisten soll.                        *Hesse*

**Software-Korrektheit** ⟨software correctness⟩ → Korrektheit

**Software-Metrik** ⟨software metric⟩. Eine Maßzahl oder ein Maßsystem, mit dessen Hilfe sich quantifizierbare Eigenschaften von Software-Produkten oder -Prozessen vergleichbar darstellen lassen. Produktbezogene Metriken drücken Eigenschaften aus wie Größe, Komplexität, Entwicklungsdauer, Entwicklungskosten, Pfadlänge und Fehleranzahl. Beispiele für Prozeßmetriken sind Tätigkeitsdauer, Produktivität und Anzahl der durchgeführten Testläufe. Jedes dieser Maße setzt eine sehr sorgfältige Definition voraus, sollen damit Vergleiche von Produkt zu Produkt oder von Projekt zu Projekt ermöglicht werden. Erfahrungsgemäß ist dies innerhalb derselben Organisation eher zu erreichen als über Organisationsgrenzen hinweg. Versuche hierfür, zu nationalen oder gar internationalen Normen zu gelangen, waren bisher nur wenig erfolgreich. Besonders das Gebiet der → Qualitäts- und → Komplexitätsmaße führte zu einer Vielzahl von Vorschlägen. Ein weiteres Problem besteht darin, daß man, um Vergleiche durchführen zu können, die durch Messen, d. h. durch Programmanalyse gewonnenen Werte normalisieren, also auf

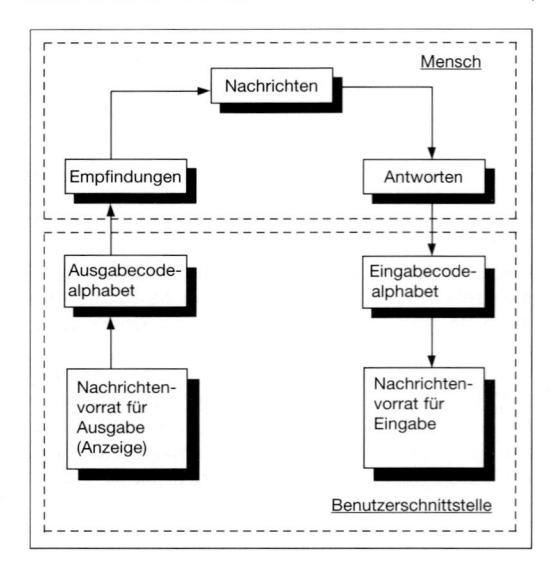

*Software-Ergonomie: Prinzipieller Ablauf für die Codierung von Informationen an einer Benutzerschnittstelle*

eine gemeinsame Basis stellen muß. Hierfür wird bei Software-Produkten fast immer die Größe des Programmtextes (Programmzeilen) genommen. Bei Prozessen ist es entweder die Dauer (in Monaten oder Jahren) oder die Projektgröße (in Anzahl der Mitarbeiter), die bei Vergleichen ausgeklammert wird. Da S.-M. sich teilweise sehr leicht ermitteln lassen, können sie – wenn sie richtig eingesetzt werden – ein wertvolles Hilfsmittel sein, um ansonsten nicht offensichtliche Eigenschaften eines Software-Systems zu veranschaulichen. *Endres*

Literatur: *Möller, K. H.* und *D. J. Paulisch*: Software-Metriken in der Praxis. München 1993. – *Dumke, R.*: Software-Entwicklung nach Maß. Wiesbaden 1992.

**Software-Modul** *(software module)*. Baustein eines → Software-Systems, der i. d. R. nicht mehr in kleinere Bausteine zerlegt werden soll. *Hesse*

Literatur: *Hesse, W.; Keutgen, H.* u. a.: Ein Begriffssystem für die Softwaretechnik. Informatik-Spektrum (1984) S. 200–213.

**Software-Pflichtenheft** *(software specification)* → Aufgabendefinition

**Software-Produktionsumgebung** *(SPU)* *(software development environment)*. Nach dem IEEE-Standard „Glossary of Software Engineering Terminology" eine Sammlung von integrierten Werkzeugen, die über eine gemeinsame Schnittstelle (Kommandosprache) verfügbar sind und zusammen eine → Software-Entwicklung über den gesamten Software-Lebenszyklus unterstützen. Der Begriff SPU bezieht sich ausschließlich auf Werkzeugaspekte und ist damit dem Begriff → CASE unterzuordnen.

Mit dem Begriff (CASE-)Werkzeug werden rechnergestützte Hilfsmittel bezeichnet, die im Software-Entwicklungsprozeß eingesetzt werden. Einzelne CASE-Werkzeuge unterstützen typischerweise spezialisierte Aufgaben und Phasen einer Software-Entwicklung. Eine SPU integriert CASE-Werkzeuge und zielt auf die Unterstützung einer Software-Entwicklung über den gesamten Software-Lebensweg ab.

Hierzu besteht eine SPU aus einem Rahmenwerk (Framework) und den einzelnen CASE-Werkzeugen. Das Rahmenwerk legt die Gesamtarchitektur im Sinne einer Integrationsplattform für einzelne CASE-Werkzeuge fest und stellt zentrale Basisdienste bereit. Die Basisdienste umfassen typischerweise eine einheitliche Mensch-Computer-Schnittstelle, eine integrierte Datenverwaltung und Kommunikationsdienste für die unmittelbare → Interaktion der Werkzeuge.

Beispiele für veröffentlichte Rahmenwerke sind das Portable Common Tool Environment (PCTE) der European Computer Manufactures Association (ECMA) und der Application Development Cycle (AD-Cycle) von IBM. Mittlerweile sind vielfältige kommerzielle SPU und CASE-Werkzeuge verfügbar. *Amberg*

Literatur: *Balzert, H.* (Hrsg.): CASE – Systeme und Werkzeuge. 5. Aufl. Mannheim-Leipzig-Wien-Zürich 1993. – *Sommerville, I.*: Software engineering. 4th Edn. Wokingham, England 1992.

**Software-Projekt** *(software project)*. Projekt, das die Herstellung und/oder Anwendung von → Software zum Ziel hat. *Hesse*

**Software-Qualität** *(software quality)*. Als Qualität eines → Software-Bausteins oder -Produkts wird die Gesamtheit seiner charakteristischen Eigenschaften bezeichnet. *Hesse*

Literatur: *Hesse, W.; Keutgen, H.* u. a.: Ein Begriffssystem für die Softwaretechnik. Informatik-Spektrum (1984) S. 200–213.

**Software-Qualitätssicherung** *(software quality assurance)* → Qualitätssicherung

**Software-Recht** *(legal aspects of software)*. Gesamtheit aller für den Schutz, die Verwertung und die Nutzung von Software relevanten Gesetze und Verordnungen. Aus der Sicht des Entwicklers eines Software-Produktes spielen → Urheberrecht und → Patentschutz eine zentrale Rolle. Sie legen fest, welche Rechte der Autor an seinem geistigen Werk hat. Eine Sonderrolle spielt im Moment noch das Recht der Datenbanken, das sich noch in Entwicklung befindet. Bei der Vermarktung von Software-Produkten kann das Warenzeichenrecht oder das Gebrauchsmusterrecht zur Anwendung kommen, wenn gewisse Kennzeichnungen für das Produkt reserviert werden sollen. Eine sehr wichtige Rolle aus der Sicht der Nutzer spielt das Vertrags- und Lizenzrecht. Es ist die Basis für Überlassungsverträge und die Lizenzierung von Software. Schließlich können noch das Wettbewerbsrecht, das Arbeitsrecht und das Steuerrecht von Bedeutung sein, die teilweise softwarespezifische Regelungen enthalten. In demselben Maße wie Software als Wirtschaftsgut einen immer größeren Stellenwert annimmt, paßt sich das Rechtssystem den Besonderheiten dieses Produkttyps an. *Endres*

Literatur: *Koch, F. A.* und *P. Schupp*: Software-Recht. Heidelberg 1991.

**Software-Sanierung** *(software reengineering)*. Verbesserung der Struktur und der Qualität eines Software-Systems (Renovierung) mit dem Ziel, Wartungskosten zu sparen oder zukünftige Erweiterungen zu erleichtern. Durch S.-S. wird ein bestehendes Software-System ggf. von einer technologischen Ebene auf eine andere gebracht, ohne neue Funktionalität hinzuzufügen. Für die S.-S. stehen diverse Werkzeuge zur Verfügung, die die Umstellung partiell automatisieren. Nach heutigem Stand der Technik ist ein relativ großer manueller Aufwand erforderlich. Deshalb werden Sanierungsprojekte nicht selten in Billiglohnländer vergeben. *Endres*

**Software-Schutz** *(software protection)* → Urheberrecht

**Software-Spezifikation** ⟨software specification⟩. Tätigkeit des Präzisierens von → Anforderungen, die an einen → Software-Baustein für dessen Verwendung gestellt werden.

Einen Baustein spezifizieren heißt also, Aussagen darüber zu machen, was der Baustein tut bzw. tun soll, nicht, wie dies zu geschehen hat. Das bedeutet eine Abstraktion von der beabsichtigten Realisierung des Bausteins. Insbesondere gehört zur → Spezifikation eines Bausteins die Beschreibung seiner → Schnittstellen. *Hesse*

Literatur: *Hesse, W.; Keutgen, H.* u. a.: Ein Begriffssystem für die Softwaretechnik. Informatik-Spektrum (1984) S. 200–213.

**Software-System** ⟨software system⟩. Unter einem → System versteht man einen abstrakten, d. h. aus der Sicht eines Betrachters oder einer Gruppe von Betrachtern bestimmten und explizit von seiner Umgebung (also z. B. von anderen Systemen) abgegrenzten Gegenstand. Systeme sind aus Teilen (Systemkomponenten oder → Subsystemen) zusammengesetzt, die untereinander in verschiedenen Beziehungen stehen können. Systemteile, die nicht weiter zerlegbar sind oder zerlegt werden sollen, werden als Systemelemente bezeichnet.

Ein System ist demnach kein objektiv gegebenes Gebilde, keine eindeutig (d. h. nur auf eine einzige Weise) beschreibbare oder abgrenzbare Anordnung, sondern wird erst durch die Sichtweise menschlicher Beobachter zu einem solchen. Systeme entstehen durch gedankliche Abstraktion ihrer Beobachter und existieren als Gedankengebilde und in der Kommunikation der Beobachter untereinander. Aussagen über ein System können in Form einer (oder mehrerer) Systembeschreibung(en) – auch Systemmodell(e) genannt – niedergelegt und kommuniziert werden.

Damit ist der Systembegriff untrennbar mit dem des Systembeobachters verbunden. Zu einem System gehören
– ein Systembereich (system domain), bestehend aus einer Menge von Systemkomponenten bzw. Systemelementen, die zueinander in bestimmten Beziehungen stehen,
– mindestens eine systemische (oder emergente) Eigenschaft, die dem System als Ganzem, nicht jedoch einer seiner Komponenten zukommt,
– Menschen, die als Systembeobachter für die Systemdefinition, -abgrenzung, -beschreibung und -betrachtung zuständig sind,
– eine Systembeschreibung (oder Systemmodell), die die vorgenannten Bestandteile explizit aufführt.

Beispiele von Systemen sind das Sonnensystem, ein Computer-Betriebssystem, ein Unternehmen mit den daran beteiligten Menschen, Maschinen, Materialien, Produkten und organisatorischen Regelungen sowie Hard- und Software. *Hesse*

Literatur: *Hesse, W.*: Systemanalyse. In: *Zilahi-Szabó, M. G.* (Hrsg.): Kleines Lexikon der Informatik. München 1995.

**Software-Technik** ⟨software engineering⟩. Fachgebiet der Informatik, das sich mit der Bereitstellung und systematischen Verwendung von Methoden und Werkzeugen für die Herstellung und Anwendung von → Software beschäftigt. *Hesse*

Literatur: *Hesse, W.; Keutgen, H.* u. a.: Ein Begriffssystem für die Softwaretechnik. Informatik-Spektrum (1984) S. 200–213.

**Software-Technologie** ⟨software technology⟩. Wissenschaft und Lehre von der Herstellung und Anwendung von → Software-Systemen und den dazu benötigten Methoden und Werkzeugen (→ Software-Technik). *Hesse*

**Software-Test** ⟨software test⟩. Ausführung von Experimenten zum Zwecke des Prüfens eines → Software-Bausteins, → Subsystems oder → Software-Systems. Im allgemeinen ist damit die Durchführung von systematischen Stichproben anhand eines Testplans oder Testentwurfs gemeint. Ein Software-Baustein kann entweder von seiner → Schnittstelle her (z. B. durch Aufruf angebotener → Operationen mittels eines Testtreibers) getestet werden (→ Black-Box-Test) oder intern, z. B. durch Überwachung einzelner Daten-, Steuerungs- oder Ablaufstrukturen (White-Box- oder → Glass-Box-Test). *Hesse*

**Software-Werkzeug** ⟨software tool⟩. Als S.-W. bezeichnet man jedes aus → Software bestehende oder Software enthaltende Hilfsmittel, das der automatisierten Unterstützung von Methoden und Verfahren zur → Software-Entwicklung dient.

Es läßt sich unterscheiden zwischen lokalen Werkzeugen, die spezielle Entwicklungs- oder Prüftätigkeiten unterstützen und globalen Werkzeugen, die über den gesamten Entwicklungsprozeß (oder über weite Teile davon) einzusetzen sind. Beispiele lokaler Werkzeuge sind Editoren, Übersetzer, Fehlerdetektoren (debugger), Analyse- und Entwurfshilfen; Beispiele globaler Werkzeuge sind → Datenlexika, → Projektbibliotheken, → Entwicklungsdatenbanken oder → Repositorien. *Hesse*

**Software-Wiederverwendbarkeit** ⟨software reusability⟩. Die Wiederverwendbarkeit von → Software oder Software-Teilen ist ein Faktor zur Bewertung der → Software-Qualität. Sie macht Aussagen darüber, inwieweit und wie einfach ein Programm, das für einen bestimmten Kontext entwickelt worden ist, auch in einem anderen Kontext (z. B. bei der Entwicklung einer anderen Anwendung) eingesetzt werden kann. Als Bemessungsgrundlage für die Wiederverwendbarkeit von Software-Produkten unterscheidet man im wesentlichen zwei Kriterien: seine Nützlichkeit und seine Nutzbarkeit. Ein Software-Produkt kann als nützlich angesehen werden, wenn es eine Lösung für ein verbreitetes Problem bereitstellt. Es kann als nutzbar ange-

sehen werden, wenn es leicht zu verstehen und einzusetzen ist. *Gastinger/Wirsing*
Literatur: *McCall, J. A.*: Quality factors. In: *Marciniak* (Ed.): Encyclopedia of software engineering, Vol. 2. Wiley & Sons, New York 1994, pp. 958–969. – *Mili, H.; Mili, F.; Mili, A.*: Reusing software: Issues and research directions. IEEE Trans. on Software Eng. 21 (1996) No 6.

**Software-Wiederverwendung** ⟨*software reuse*⟩. Grundsätze und Methoden, um Software so zu entwickeln, daß sie leicht für andere als den beabsichtigten Zweck eingesetzt werden kann, sowie die Entwicklung neuer Software-Systeme mit Hilfe vorgefertigter Bausteine und Halbfabrikate. Man zielt darauf nicht, nicht nur den Quellcode wiederzuverwenden, sondern möglichst alle Arten von Entwicklungsend- oder -zwischenprodukten. Dazu rechnen Testfälle, Dokumentation, Entwurfskonzepte und Anforderungsdefinitionen. In praktischen Situationen wird der Entwicklungsprozeß dahingehend geändert, daß zusätzlich zum jeweiligen Projektteam eine zentrale Gruppe eingeschaltet wird, die prüft, ob vorhandene Bausteine zur Anwendung kommen können und ob von dem Projekt Funktionen entwickelt werden, die ein Wiederverwendungspotential haben. In diesem Fall muß sichergestellt werden, daß diese Funktionen hinreichend generalisiert werden und dem zentralen Repertoire zur Verfügung gestellt werden. S.-W. wird technisch durch die Konzepte der objektorientierten Programmierung (Datenkapslung, Vererbung) begünstigt, die entscheidenden Erfolgsfaktoren liegen jedoch im organisatorischen Bereich. *Endres*

**Software-Zuverlässigkeit** ⟨*software reliability*⟩. → Qualitätseigenschaft eines → Software-Bausteins oder -Produkts, die besagt, daß er/es die spezifizierten Leistungen unter vorher festgelegten Voraussetzungen und mit einer vorher festgelegten statistischen Wahrscheinlichkeit erbringt. *Hesse*

**SONET** ⟨*SONET (Synchronous Optical NETwork)*⟩. Ein auf einem Vorschlag der Fa. Bellcore aufbauender und von ANSI standardisierter Medienzugang, der auf optischer synchroner Übertragung im Zeitmultiplexverfahren basiert. SONET ist Teil der Standardreihe der → CCITT (jetzt → ITU), unter dem Namen Synchronous Data Hierarchy (→ SDH) vereinigt, und legt u. a. fest: eine Hierarchie von Datenraten (hierzu vgl. → SDH) und dazugehörigen Multiplexformaten, ein Referenzmodell zur optischen Verbindung von Multiplexern verschiedener Hersteller, das in etwa mit den unteren drei Ebenen des → OSI-Referenzmodells vergleichbar ist, sowie die Spezifikation umfangreicher Managementfunktionalität zur Administration und Wartung von SONET-Netzwerken. Einsatzfelder von SONET/SDH sind z. B. die Fernstrecken im Telephonnetz und im (zukünftigen) → B-ISDN.
*Fasbender/Spaniol*

Literatur: *Partridge, C.*: Gigabit networking. Addison-Wesley, 1994.

**Sorte** ⟨*sort*⟩. Name für eine Wertemenge einer → Rechenstruktur. S. sind zentraler Bestandteil von → Signaturen. *Hennicker/Wirsing*

**Sortenlogik** ⟨*sorting logic*⟩. Variante der → Prädikatenlogik erster Stufe, bei der die Variablen verschiedenen Sorten angehören können. Die Argumente von Funktionen und Prädikaten sind auf bestimmte Sorten beschränkt. Beispielsweise kann das Prädikat
MUTTER-VON (x, y)
auf x-Werte der Sorte „weibliches Wesen" und y-Werte der Sorte „Lebewesen" beschränkt werden.

S. erlaubt häufig eine natürlichere Ausdrucksweise als normale Prädikatenlogik, ist allerdings nicht mächtiger. Mit zusätzlichen Prädikaten über die Sortenzugehörigkeit (z. B. LEBEWESEN (y)) kann in der Prädikatenlogik alles ausgedrückt werden, was in einer S. ausdrückbar ist. S. werden z. B. als Grundlage von → semantischen Repräsentationssprachen in Systemen der → Künstlichen Intelligenz (KI) verwendet.
*Neumann*

**Source Routing (Quellenwegewahl)** ⟨*source routing*⟩. Dieses → Routing-Verfahren wird heute im wesentlichen für die Verbindung von → Token-Ring-Netzen (→ LAN) verwendet. Es basiert auf der Annahme, daß jede Maschine den genauen Pfad zu jeder anderen Maschine kennt. Ein solcher Pfad besteht aus einer Folge LAN → Brücke, → LAN → ..., wobei jedes LAN eine eindeutige und jede → Brücke eine relativ zum jeweiligen LAN eindeutige Kennung hat. Dieser Pfad wird jedem → Paket, das an ein Gerät in einem entfernten LAN adressiert ist, in seinem Header mitgegeben.

Ist der Pfad zu einem Zielgerät nicht bekannt, so wird per Broadcast ein Discovery Frame gesendet, der von jeder Brücke kopiert und in jedem LAN empfangen wird. In der Antwortnachricht fügt jede Brücke ihre Identität der Nachricht bei, so daß der Sender die Route der Antwort erkennen kann. Da dieses Verfahren alle Routen zu einem Zielgerät findet, findet es auch die optimale Route. Der Nachteil liegt in der ggf. extrem hohen Anzahl von Discovery Frames, die von den Brücken erzeugt werden.
*Jakobs/Spaniol*

**Spalte** ⟨*column*⟩ → Datenmodell

**SPARC** ⟨*SPARC (Systems Planning and Requirements Committee)*⟩ → ANSI/SPARC-Architektur

**SPECTRUM** ⟨*SPECTRUM*⟩. Formale Spezifikationssprache zur → Spezifikation modularer Systeme unter Einbeziehung von polymorphen Typen, partiellen Funktionen und Funktionen höherer Ordnung, die an der TU München in der Forschungsgruppe von *M. Broy* entwickelt wurde. Abstrakte Datentypen werden durch → Signaturen und Axiome der → Prädikatenlogik erster Stufe beschrieben. Im Gegensatz etwa zu → OBJ und → ACT ist die → Semantik einer SPECTRUM-Spezifikation „lose", d. h., jede Algebra mit passender Signatur, die die Axiome erfüllt, ist ein → Modell der Spezifikation.

*Beispiel*
Spezifikation von Listen mit polymorphem Typ List α, Konstruktoren nil, ladd und partiellen Funktionen hd und tl.

```
LIST = {
    sort List α;
    nil: List α
    ladd: α, List α → List α; ladd total;
    hd: List α → α;
    tl: List α → List α;
    List α generated by nil, ladd;
    axioms ∀ x: α, l: List α in
        ¬ δ (hd(nil));    -- hd(nil) ist
                             undefiniert.
        ¬ δ (tl(nil));    -- tl(nil) ist
                             undefiniert.
        hd(ladd(x,l)) = x;
        tl(ladd(x,l)) = l;
    endaxioms;
}                                   Wirsing
```

Literatur: Broy, M.; Jähnichen, S. (Eds.): KORSO: Methods, languages, and tools for the construction of correct software. Final Report. Lecture Notes in Computer Sci. 1009. Springer, Berlin 1995, pp. 27–54.

**Speedup** ⟨*speed-up*⟩. Der S. ist ein Maß zur Beurteilung der Qualität einer → Parallelisierung, das eng mit der → parallelen Effizienz verwandt ist. Genauer berechnet sich der S. als

$$S(P) = E(P) \cdot P = \frac{T_S}{T_P(P)}.$$

Zur Erläuterung der Symbole sei auf die Definition der parallelen Effizienz verwiesen. Der S. ist eine Zahl zwischen 0 und P. Analog zur → skalierten, parallelen Effizienz kann auch ein skalierter S. definiert werden:

$$S_S(K,P) = E_S(K,P) \cdot P = \frac{T(KP,1)}{T(KP,P)}. \quad \textit{Bastian}$$

**Speicher** ⟨*memory, storage*⟩. Funktionseinheit innerhalb eines → Digitalrechners, die digitale Daten aufnehmen, aufbewahren und auf Anforderung wieder abgeben kann. Neben den → Daten (Eingabe-, Ausgabedaten, Zwischenergebnisse) müssen auch die → Programme gespeichert werden. So ergibt sich die Forderung einerseits nach einer großen Kapazität, andererseits nach schneller Erreichbarkeit der gespeicherten Information (kurze → Zugriffszeit). Beide Forderungen sind mit den gleichen Speicherungsverfahren nicht zu realisieren, woraus die Vielfalt der verschiedenen S.-Typen resultiert.

Bezüglich der *Zugriffsart* unterscheidet man sequentielle S. sowie S. mit wahlfreiem und zyklischem Zugriff. Beim sequentiellen Zugriff (z. B. Magnetband) kann die gespeicherte Information nur in der Reihenfolge gelesen werden, in der sie auf dem Trägermedium gespeichert ist. Die Zugriffszeit hängt in starkem Maße von dem Ort ab, wo sich das gesuchte Datum befindet und somit von der Reihenfolge der Speicherung und der Reihenfolge des Lesens. Eine optimale Nutzung der Geschwindigkeit solcher S. ist nur möglich, wenn die Daten in der gleichen Reihenfolge verarbeitet werden, wie sie zuvor in den S. geschrieben wurden.

Beim S. mit wahlfreiem Zugriff bzw. beim → Direktzugriffsspeicher ist die Zugriffszeit zu einem Datum unabhängig von dem Speicherplatz der zuletzt entnommenen Information (RAM, Random Access Memory). Die als → Hauptspeicher oder → Cachespeicher eingesetzten Halbleiterspeicher sowie die früher verwendeten Magnetkernspeicher haben diese Eigenschaft.

S. mit zyklischem Zugriff (z. B. Magnetplattenspeicher, Magnettrommelspeicher) enthalten eine wahlfreie und eine sequentielle Zugriffskomponente: Die Spur wird wahlfrei angesprochen, innerhalb der Spur jedoch sequentiell zugegriffen. Generell kann man sagen, daß die Kosten pro Bit gespeicherter Information beim direkten Zugriff am größten, beim sequentiellen Zugriff am kleinsten sind, so daß bei der Auswahl der S. zwischen Kosten und Zeit abgewogen werden muß.

Nach der *Funktion* unterscheidet man zunächst Hauptspeicher (Arbeits-, Zentral-, Primärspeicher) und periphere S. (Sekundär- und Tertiärspeicher). Die Speicherplätze des Hauptspeichers sind für den → Prozessor direkt adressierbar, d. h., er kann jeden einzelnen unmittelbar ansprechen. Im Hauptspeicher werden die auszuführenden Programme und die dafür benötigten Daten bereitgehalten. Aus diesem Grunde muß die Geschwindigkeit des Hauptspeichers der des Prozessors angepaßt sein. Es ergibt sich jedoch ein günstigeres Preis-Leistungsverhältnis, wenn man Hauptspeicher etwas langsamer und damit billiger auslegt und den Geschwindigkeitsverlust durch eine oder mehrere Ebenen schneller Pufferspeicher (Cachespeicher) ausgleicht. In diesem Fall befinden sich Kopien von Teilen des Hauptspeicherinhaltes (Seiten) im Pufferspeicher. Ist ein vom Prozessor benötigtes Wort des Hauptspeichers nicht im Puffer, so muß die entsprechende Seite des S. in den Puffer gebracht werden. Wegen Regelmäßigkeiten in der Folge der Speicherzugriffe wird die Wartezeit bei den meisten Speicherzugriffen entfallen.

Im → Mehrprogrammbetrieb reicht auch der große Hauptspeicher i. d. R. nicht aus, um alle Programme gleichzeitig vollständig und zusammen mit ihren Daten unterzubringen. Auch Seiten von gerade laufenden Programmen müssen daher vorübergehend aus dem

Hauptspeicher ausgelagert werden. Da auf solche Seiten aber mit großer Wahrscheinlichkeit wieder zugegriffen wird, müssen sie schneller erreichbar sein als z. B. die Seiten zur Zeit nicht aktiver Programme; sie werden daher oft auf Plattenspeichern untergebracht. Als Archivspeicher werden in der Regel Magnetbänder benutzt.

Hauptspeicher werden aus technischen Gründen aus mehreren Blöcken (Bänken) zusammengesetzt. Für den Käufer eines Rechensystems ergibt sich hieraus der Vorteil, den Ausbau stufenweise vornehmen zu können. Aber auch die Geschwindigkeit des S. kann dadurch erhöht werden, nämlich durch die Speicherverschränkung. Darunter versteht man ein Adressierungsschema, bei dem aufeinanderfolgende Speicherwörter in unterschiedlichen Blöcken untergebracht werden. Bei dem häufig vorkommenden Lesen aus aufeinanderfolgenden Speicherplätzen werden verschiedene Blöcke angesprochen, so daß mit dem Start eines Lesevorganges nicht gewartet werden muß, bis der vorhergehende beendet ist. *Bode/Schneider*

## Speicher der Hardware-Konfiguration ⟨storage devices of the hardware configuration⟩ → Speichermanagement

## Speicher, magnetomotorischer ⟨magnetic storage⟩.

In Datenverarbeitungssystemen werden weit mehr → Daten und → Programme benötigt als der → Hauptspeicher faßt (→ Digitalrechner). Werden Daten oder Programmteile vorübergehend (dieser Zeitraum kann von Millisekunden bis zu Jahren reichen) nicht bearbeitet, so lagert man sie auf periphere Speicher aus. Neben dem Aspekt, den Hauptspeicher kurzfristig für andere Aufgaben frei zu machen, spielt die Möglichkeit der → Datensicherung eine Rolle, wenn der → Datenträger aus dem System entfernt und an einem anderen Ort aufbewahrt werden soll.

Als periphere Speichermedien verwendet man heute Magnetschichten, in denen die Information durch Magnetisierungsänderungen festgehalten wird (→ Magnetschichtspeicher). Diese Magnetschichten sind auf einem Trägermedium aufgebracht, nach dessen Form man → Magnetband-, → Magnetbandkassetten-, → Magnetplatten-, Magnetkarten- und → Magnettrommelspeicher unterscheidet. Gemeinsam ist den m. S., daß zum Schreiben und Lesen der Information eine Relativbewegung zwischen der Schreib-/Lesevorrichtung (Magnetkopf) und der Magnetschicht erforderlich ist. Diese wird in erster Linie durch die Bewegung des Trägermediums, in einigen Fällen aber auch durch zusätzliche Positionierung des Magnetkopfes realisiert.

Bei den *Magnetband- und Magnetbandkassettenspeichern* ist die Magnetschicht auf einer schmalen bandförmigen Folie aufgebracht und auf Metall- oder Kunststoffspulen aufgewickelt. Die Dicke der Bänder liegt bei weniger als 50 µm, wobei etwa 15 µm auf die Beschichtung entfallen. Zum Schreiben und Lesen der Informationen wird die Magnetbandspule bzw. die Kassette auf einer Bandtransporteinheit montiert; das Band wird auf eine Aufnahmespule in der Einheit oder innerhalb der Kassette umgespult, wobei es an der Schreib-/Lesevorrichtung vorbeigeführt wird. Je nach Art des Aufzeichnungsverfahrens werden die Informationen in parallelen Spuren oder bitseriell abgelegt. In den meisten Fällen werden die Daten sequentiell aufgezeichnet, d. h., sie werden in der Reihenfolge, wie sie vom System zur Speichereinheit geschickt werden, in hintereinanderliegenden Blöcken abgelegt. In einigen Fällen ist jedoch auch das Schreiben mit einem wahlfreien Zugriff auf eine beliebige Stelle möglich, dabei ist jedoch immer die im Bereich von Minuten liegende Positionierungszeit des Bandes zu berücksichtigen (Bild 1).

*Magnetkartenspeicher* sind heute in vielfältiger Form am Markt. In erster Linie sind hier die von den Banken und Kreditkarteninstituten ausgegebenen Scheckkarten zu nennen, auf denen sich auf der Rückseite ein Streifen mit einer magnetisierbaren Schicht befindet. Das Schreiben und Lesen geschieht durch motorischen Transport der Karte an einem Magnetkopf vorbei. Zum reinen Lesen der Information wird oft eine Lesestation mit manuellem Durchzug der Karte verwendet. Weitere Formen der Magnetkarte sind heute üblich für Zutrittsberechtigungen und Zeiterfassung (z. B. in Parkhäusern), Personenidentifizierung etc.

Beim *Magnettrommelspeicher* bewegt sich ein Magnetkopf parallel zur Achse einer mit einer magnetisierbaren Schicht versehenen Trommeloberfläche. Die Trommel rotiert dabei mit hoher Geschwindigkeit um ihre Längsachse. Die Datenspuren sind ringförmig auf der Zylinderoberfläche angeordnet und in Sektoren unterteilt. Aufwendige Versionen besitzen pro Datenspur einen Magnetkopf, so daß die zeitaufwendige Positionierung entfällt. Magnettrommelspeicher

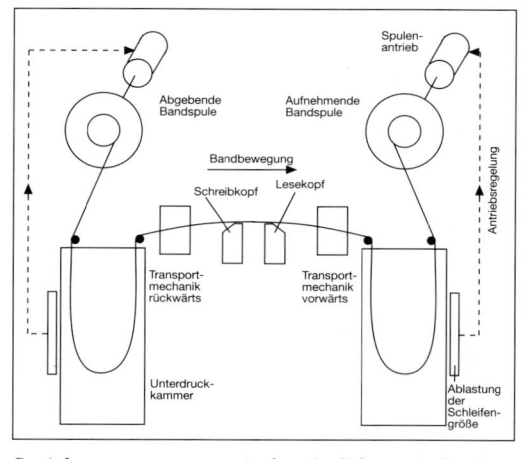

*Speicher, magnetomotorischer 1: Schematische Darstellung eines Magnetbandes*

spielen in der heutigen Datenverarbeitung keine Rolle mehr.

Bei *Magnetplattenspeichern* ist die Information in konzentrischen Kreisen beidseitig auf den Oberflächen von Scheiben angeordnet, die sich mit hoher Geschwindigkeit (3 600 bis 7 200 min$^{-1}$) drehen. Einzelne Scheiben (hard disk) werden in auswechselbaren Datenträgern (Wechselplatten, → Disketten) oder in kleinen → Winchester-Laufwerken verwendet, bei größeren Winchester-Laufwerken werden Plattenstapel mit übereinander angeordneten Scheiben verwendet, die sich um ihre gemeinsame Achse drehen. Die Ansteuerung der einzelnen Datenspuren erfolgt mittels eines einzelnen Zugriffsarmes oder bei Plattenstapeln mittels eines Zugriffskammes mit parallel geführten Schreib-/Leseköpfen.

Beim m. S. durchfließt beim Schreiben ein informationsabhängiger Strom die Schreib-/Lesewicklungen des Magnetkopfes (Bild 2) und magnetisiert so das Kopfmaterial (Ferrite). Die Magnetisierung der Speicherschicht erfolgt durch das Streufeld am Kopfspalt. Beim Lesevorgang induziert das (schwache) Magnetfeld, das aus der Schicht austritt, in der Wicklung einen Strom, aus dessen Richtungsänderungen (Flußwechsel) das Lesesignal durch Verstärkung und Umformung zurückgewonnen wird. Um aus der gespeicherten Information gleichzeitig deren Takt zu erhalten, werden nicht die ursprünglichen Bitfolgen, sondern aus ihnen gebildete codierte Bitfolgen aufgeschrieben (z. B. Lauflängencodes), bei denen ein Flußwechsel nach einigen Bits garantiert erfolgt.

Beim Schreiben und Lesen ist ein möglichst enger Kontakt zwischen dem Kopfspalt und der Speicherschicht herzustellen. Hier wird unterschieden zwischen berührenden (contact recording) und berührungsfreien (contactless recording) Aufzeichnungsverfahren. Zu den berührenden Verfahren gehören die Floppy Disk sowie sämtliche Magnetbänder und Kassetten. Bei letzteren kann sich jedoch aufgrund aerodynamischer Effekte ein Luftpolster zwischen Kopf und Speicherschicht bilden, welches einerseits zu verringertem Abrieb, andererseits zu schlechterem Schreib-/Leseverhalten führen kann. Zu den berührungsfreien Verfahren gehören Magnettrommel- sowie Magnetplattenspeicher. Bei den relativ langsamen Trommeln wurde ein Abstand von mehr als 10 μm eingehalten, bei den heutigen Magnetplatten fliegt der Kopf auf einem Luftpolster, welches durch die schnelle Umdrehung erzeugt wird, im Abstand von einigen Zehntel Mikrometern über der Platte. Zur Erzeugung höherer Bitdichten wird hier intensiv an der Entwicklung von quasi-kontaktierenden Verfahren gearbeitet, bei denen ein Gleitfilm zwischen Kopf und Medium eine Flughöhe von weniger als 100 nm erlaubt. *Pott*

**Speicher, monolithischer** ⟨*monolithic memory*⟩. → Speicher bzw. → Prozessor einer → Rechenanlage (→ Digitalrechner), der auf genau einem Halbleiterbaustein (Monolith) integriert ist. Vorteile monolithischer Lösungen gegenüber einer diskreten Aufbautechnik, die mehrere Bausteine für die Funktionseinheit benötigt, liegen in der höheren Schaltgeschwindigkeit, der größeren Zuverlässigkeit, den kleineren Abmessungen und den niedrigeren Kosten (integrierte Schaltung). *Bode*

**Speicher, optischer** ⟨*optical storage, optical disk*⟩. Als o. S. werden die Speichermedien bezeichnet, bei denen die Information durch Licht- oder Wärmeeinwirkung auf das Medium gespeichert oder von diesem ausgelesen wird. Prinzipiell gehören hierzu abbildende o. S. wie Mikrofilm und -fiche, opto-elektronische Speicher sowie → Holographie-Speicher. In der Informationsverarbeitung wird der Begriff o. S. auf die opto-elektronischen Speichermedien angewandt.

Opto-elektronische Speichertechnologien und -verfahren werden seit Anfang der 70er Jahre intensiv entwickelt und haben zu einer Reihe von Speicherprodukten geführt, die unter dem Sammelbegriff *Optical Disk* bekannt sind. Die optischen Verfahren basieren auf der Fähigkeit, mit Hilfe von Laserstrahlen Informationseinheiten auf einen Datenträger zu speichern oder von diesem herunterzulesen. Die entwickelten Verfahren eignen sich prinzipiell zur Aufzeichnung bzw. zur Verarbeitung digitaler und analoger, codierter und nichtcodierter Informationen, auf die beim Lesen direkt zugegriffen wird oder die sequentiell verarbeitet werden sollen. Dementsprechend werden optische Speicher als → Massenspeicher in Ergänzung oder als Ersatz zu magnetischen Aufzeichnungsmedien wie → Disketten, → Magnetplatten, → Magnetbänder und → Magnetbandkassetten eingesetzt. Neben der hohen Aufzeichnungsdichte und entsprechend hoher Kapazität pro optischem Medium liegt ihr Vorteil insbesondere in der Unempfindlichkeit gegenüber Umwelteinflüssen. Durch die berührungsfreie optische Abtastung sowie die Fokussierung des Laserstrahls auf Schichten inner-

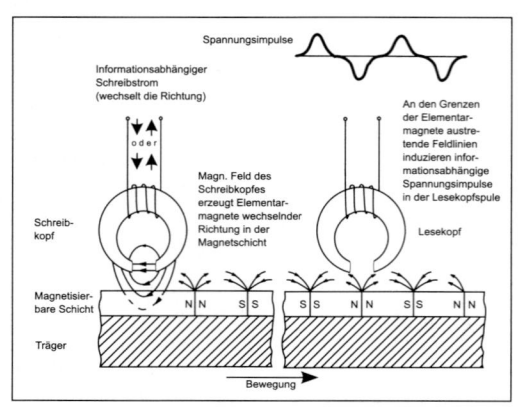

*Speicher, magnetomotorischer 2: Prinzip des Schreibens und Lesens*

halb des Mediums haben Staub, Kratzer und Feuchtigkeit nur geringen Einfluß auf die Wiedergewinnung der gespeicherten Informationen.

☐ *Technologie.* Grundsätzlich sind drei optische Speichertypen zu unterscheiden:
– ROM (Read Only Memory), angewendet bei der Audio-CD, der gleichgroßen CD-ROM sowie bei der Laser-Vision-Bildplatte,
– WORM (Write Once Read Many), die nur einmal beschrieben, aber beliebig oft gelesen werden kann, sowie
– ROD (Rewritable Optical Disk), die wiederbeschreibbare optische Platte, die gelöscht und nahezu beliebig oft überschrieben werden kann.

Für diese Typen werden unterschiedliche Aufzeichnungs- bzw. Lesetechniken verwendet:
– Audio-CD/CD-ROM: Die aus dem Konsumbereich bekannte Audio-CD und die in der Informationstechnik verwendete CD-ROM basieren auf der gleichen Technologie und werden als →Compact Disk (CD) bezeichnet. Die Informationen werden in Form von Vertiefungen einseitig auf eine Trägerscheibe aus Polycarbonatsubstrat gepreßt und mit einer reflektierenden Aluminiumschicht bedampft, die wiederum mit einem Schutzlack überzogen wird. Zum Pressen wird ein Glas-Master verwendet, der in einem komplexen Prozeß hergestellt wird. Das relativ aufwendige und teure Mastering und die Vervielfältigung werden in speziellen Preßwerken vorgenommen. Durch hohe Stückzahlen amortisiert sich das Mastering und führt zu sehr geringen Herstellkosten (ca. 2 DM/CD).

Das Auslesen der Informationen von der CD geschieht mit einem Laserstrahl geringer Intensität, der auf die Aluminiumschicht fokussiert wird. Während die Reflexion in den Vertiefungen (pits) und den dazwischenliegenden Stellen (lands) relativ hoch ist, wird der Laserstrahl an den Übergängen von „pits" zu „lands" und umgekehrt gestreut, so daß nur ein geringer Teil des Lichtes zur Leseeinheit reflektiert wird. Aus der zeitlichen Abfolge dieser Reflexionseinbrüche wird die zu lesende Information zurückgewonnen. Im Gegensatz zu anderen motorischen Speichern ist die Information auf der CD nicht in konzentrischen Kreisen, sondern in einer einzigen spiralförmigen Spur angeordnet, die wiederum in Sektoren unterteilt ist. Sowohl das physikalische Aufzeichnungsformat als auch das logische Dateiformat sind bei der CD-ROM als Standard festgelegt. Während auf einer Audio-CD von 120 mm Durchmesser über 70 Minuten Audio-Informationen in digitaler Form gespeichert werden können, bietet die CD-ROM eine Speicherkapazität von etwa 650 MByte. Die kleinere Ausführung mit 80 mm Durchmesser bietet immerhin noch eine Kapazität von 200 MByte.

Durch die Erweiterung der ursprünglichen Audio-CD- bzw. CD-ROM-Spezifikationen hat sich in den letzten Jahren eine Reihe von Varianten herausgebildet. Diese CDs enthalten neben alphanumerischen und grafischen Daten auch Audio- und Videoinformationen. Sie können auf CD-ROM-Laufwerken, die an Fernsehgeräten oder →Personal Computern mit entsprechenden Audioausrüstungen angeschlossen sind, abgespielt werden. So können z. B. Lexika zu Stichworten nicht nur statische Informationen (Text, stehende Bilder) liefern, sondern auch kurze Filme und Tondokumente dazu einspielen. Zur CD-ROM sind z. Z. bereits einmal beschreibbare CDs verfügbar, wiederbeschreibbare CDs stehen kurz vor der Serienreife.

– WORM (Write Once Read Many)/CD-R (Compact Disk Recordable): Im Gegensatz zur gepreßten CD kann eine WORM-Platte einmalig vom Anwender in einem entsprechenden Laufwerk beschrieben werden. Auf einem Polycarbonatsubstrat ist eine Schicht aus photosensitiven Verbindungen (meist Tellur-Verbindungen) aufgebracht, in die mittels eines fokussierten Laserstrahls Vertiefungen (pits) eingebrannt werden (sog. „ablative WORM"). In einem anderen Verfahren wird eine Farbverbindung durch den Laserstrahl so manipuliert, daß sich der Reflexionsgrad ändert (dye polymer). Das Auslesen der Information geschieht mit einem schwächeren Laserstrahl, wobei die Veränderungen in der Reflexion zur Rückgewinnung der Daten herangezogen werden.

Das einmalige Abspeichern von Daten ist seit einigen Jahren auch in den Standardformaten der CD-ROM möglich, so daß individuelle CDs und Kleinserien kostengünstig hergestellt werden können. Diese als CD Recordables (CD-R) bezeichneten Datenträger lassen sich in den normalen CD-ROM-Laufwerken abspielen. Eine Variante der CD-R ist die von Kodak entwickelte Photo-CD, auf der bis zu 100 Bilder in hochauflösender Qualität gespeichert werden können.

– Rewritable Optical Disk (ROD): Die bisher jüngsten optischen Aufzeichnungstechnologien erlauben das Beschreiben, Löschen und Wiederbeschreiben von optischen Speicherplatten. Bislang wurden zwei Verfahren zur Serienreife entwickelt: das magneto-optische sowie das kristallin-amorphe Verfahren. Beim magneto-optischen (MO-) Verfahren (auch thermo-magnetisches Verfahren genannt) wird in einem von außen angelegten konstanten Magnetfeld eine aus einer hartmagnetischen Seltene-Erden-Verbindung bestehende Schicht durch den Laserstrahl punktuell erhitzt, wobei die erhitzte Stelle durch die kurzzeitige Überschreitung einer Kompensationstemperatur (unterhalb der *Curie*-Temperatur) ihre magnetische Polarität entsprechend dem angelegten Magnetfeld ändert. Die Speicherung erfolgt hierbei also magnetisch, wobei die Optik zur Eingrenzung des magnetisierten Bereichs dient und somit v. a. höhere Spurdichten als bei herkömmlichen magnetischen Aufzeichnungsmedien zuläßt. Beim Lesen wird der polarisierte Laserstrahl bei der Reflexion je nach Magnetisierung um einige Grad nach rechts oder links aus seiner Polarisationsebene ausgelenkt (*Kerr*-Effekt). Diese Drehung wird durch einen Photodetektor zur Rückgewinnung der Informationen ausgewertet. Zum Löschen der Daten wird das Magnetfeld umgekehrt, und die zu löschenden Stellen werden mit dem Laser erhitzt.

Beim Kristallin-Amorph-Verfahren (phase change) geht die stark reflektierende kristalline Molekularstruktur der Speicherschicht an den durch den Laser erhitzten Stellen in einen schwach reflektierenden amorphen Zustand über. Durch das unterschiedliche Verhalten des Materials bei verschiedenen Temperaturgradienten kann der Zustand durch einen Laserstrahl von geringerer Energie als beim Schreiben umgekehrt werden. Im Gegensatz zum magneto-optischen Verfahren läßt die Phase-Change-Technik das direkte Überschreiben von Daten zu, ein Löschzyklus ist also nicht unbedingt notwendig. Die Phase-Change-Technologie wird auch bei der in der Entwicklung befindlichen Compact Disc Erasable (CD-E) angewandt, bei der der spiralförmige standardisierte CD-ROM-Aufschrieb benutzt wird.

□ *Ausführungen von optischen Speicherlaufwerken* (optical disk drives): Die Speichergeräte werden in den üblichen Baugrößen (Geräte-Formfaktoren) angeboten. CD-ROM-, CD-R- und demnächst CD-E-Laufwerke sind in der 5,25″-Baugröße verfügbar. Diese Geräte waren anfangs wegen der ständig nachzuführenden Umdrehungsgeschwindigkeit (zur Erzielung einer konstanten Lineargeschwindigkeit) und einer wegen des relativ hohen Gewichts der Optik großen Zugriffszeit (im Bereich von 400 bis 800 ms) insgesamt recht langsame Speichergeräte. Heute sind Laufwerke mit 8- bis 16facher Umdrehungsgeschwindigkeit und Zugriffszeiten von unter 200 ms auf dem Markt, die geeignet sind, selbst Videoapplikationen ruckfrei wiederzugeben.

Reine WORM-Laufwerke sind heute nur noch von einigen Spezialanbietern am Markt. Hier werden große Bauformen mit 12″- und 14″-Speicherplatten eingesetzt, die bis zu 15 GByte (beidseitig) aufnehmen können. In großen Wechselmagazinen mit einigen hundert WORM-Platten lassen sich einige Terabyte an Informationen speichern.

Bei den wiederbeschreibbaren optischen Speichern herrschen die Normgrößen 3,5″ und 5,25″ vor, die sich problemlos in die Aufnahmeschächte von Computersystemen einbauen lassen. Bis zu 5 GByte lassen sich auf den 5,25″- und 650 MByte auf den 3,5″-Medien speichern. Für beide Baugrößen gibt es ebenfalls automatische Zuführsysteme in unterschiedlichen Größen, so daß Gesamtkapazitäten von einigen 100 Gigabyte in einem solchen System erreicht werden können. Kleinere Ausführungen, z. B. auf der von Sony für den Audiobereich entwickelten MD-Cartridge, sind denkbar, haben aber aufgrund fehlender Standardisierungen nur Außenseiterchancen.

□ *Besonderheiten der Technologien.* Die o. S.-Technologien verlangen im Gegensatz zu magneto-motorischen Verfahren weder Reinstraumbedingungen bei der Herstellung noch hochpräzise Aerodynamik im Bereich von Kopf und Medium. Die Schreib-/Leseeinrichtung tastet den → Datenträger im Abstand von einigen Millimetern berührungslos ab. Der Laserstrahl wird innerhalb der transparenten Schutzschicht des Mediums auf die Informationsschicht fokussiert, so daß Staub, Kratzer oder andere kleinere Verunreinigungen nur geringe Auswirkungen auf die Auslesbarkeit der Informationen haben. Besondere Servospuren wie bei den Magnetplatten entfallen, da die Servoinformationen zur Nachführung der Kopfeinheit direkt aus den Datenspuren gewonnen werden. Zur Erhöhung der Datensicherheit werden Korrektur-Codes (EDC/ECC, Error Detection/Correction Codes) mit aufgezeichnet, die bis zu 30% Anteil an den gespeicherten Informationen erreichen können.

□ *Kosten.* Während bei der CD-ROM die Kosten für die Geräte und Datenträger durch die starke Kommerzialisierung des Verfahrens (Audio-CD) niedrig sind, liegen sie für die WORM- und ROD-Verfahren durch bislang geringe Stückzahlen, hohe Entwicklungsaufwände und beschränkte Einsatzgebiete im Vergleich zu anderen Speichersystemen recht hoch (→ Medienkosten). Ein Durchbruch in dieser Hinsicht ist zu erwarten, wenn sich die o. S. in Massenmärkten wie dem Personal-Computer-Bereich etablieren sollten oder neue Anwendungsgebiete wie das Aufzeichnen von Videoinformationen in den Datenverarbeitungsbereich Einzug halten.

Insgesamt haben die o. S. ihren Vorsprung in bezug auf Kapazität und Flexibilität gegenüber den herkömmlichen Speichern wie Magnetplatte und Bandkassette nicht halten können. Gründe dafür sind zum einen die Standardisierungsprozeduren, wie sie für austauschbare Medien notwendig sind. Zum anderen schreitet die technische Entwicklung nicht so schnell voran wie z. B. bei den Magnetplatten; Kapazitätsverdopplungen werden nur etwa alle drei Jahre erreicht gegenüber einem Zyklus von derzeit 15 bis 18 Monaten bei den Festplatten. Auch die Zugriffszeiten und Umdrehungsgeschwindigkeiten, die wesentliche Faktoren für den Datendurchsatz sind, liegen noch um die Faktoren 2 bis 5 über denen der Plattenlaufwerke.

□ *Entwicklungspotential.* Kapazitätserhöhungen lassen sich derzeit durch zwei unterschiedliche Techniken erreichen:

– Mit mehrlagigen beschreibbaren Schichten und einem Laser, der auf die jeweilige zu bearbeitende Schicht fokussiert wird, werden in naher Zukunft Kapazitäten von mehreren Gigabytes pro optischer Platte erreicht. Die einzelnen Lagen des Mediums müssen dazu halbtransparent sein, damit der Laserstrahl zu allen Schichten durchdringen kann, andererseits muß ein gewisses Reflexionsvermögen vorhanden sein. Laborversuche mit bis zu zehn Lagen wurden bereits erfolgreich durchgeführt.

– Durch Verwendung von Lasern mit kürzeren Wellenlängen als die bisher verwendeten Infrarot-Laser (ca. 680 nm Wellenlänge) können die Informationseinheiten

kleiner gehalten werden, was zu höherer Bit- und Spurdichte führt. Da jedoch blaue Laser mit einer Wellenlänge von 400 nm extrem teuer in der Herstellung und nicht in der erforderlichen Größe zu bauen sind, wird an Verfahren gearbeitet, die Frequenz roter Laserquellen zu verdoppeln, um so zu den erforderlichen kürzeren Wellenlängen zu kommen.
– Erhöhungen der Zugriffsgeschwindigkeiten lassen sich durch die Verringerung des Massenträgheitsmomentes der Schreib-/Leseeinheiten erreichen. Bei der sog. Split-Optics-Technik wird nur noch das Linsensystem bewegt, der Laserstrahl wird über Glasfaserkabel vom bzw. zum fest installierten Sender-/Empfänger geleitet. Denkbar sind auch nahezu massenträgheitsfreie Systeme mit schwenkbaren Spiegeln oder starre Lichtleitersysteme, in denen der Laserstrahl an unterschiedlichen Positionen austritt, gesteuert z. B. durch magnetische Induktion.
– Den Datendurchsatz (Transferrate) kann man durch höhere Umdrehungsgeschwindigkeiten der Platten und eine direkte Überschreibbarkeit des Mediums (Wegfall des heute bei MO-Medien notwendigen Löschzyklusses) vergrößern. Dazu werden neue Materialien auf der Basis von Gadolinium, Terbium, Eisen und Kobalt erforscht.
– Preisgünstige Speichermedien (kristallin-amorph, dye polymer) zur Erlangung eines konkurrenzfähigen Preis-Leistungsverhältnisses werden weiterentwickelt.
☐ *Anwendungen.* Die o. S. haben entgegen euphorischer Aussagen in den 80er Jahren herkömmliche Massenspeicher wie Magnetplatte, Diskette oder Magnetband bzw. -kassette in Standardanwendungen nicht verdrängen können. Ihre Einsatzgebiete beschränken sich heute auf einige Spezialgebiete und Projektlösungen, wobei sie in den meisten Fällen die konventionellen Speicher sinnvoll ergänzen.
– CD-ROM: Wegen der im Vergleich zur Diskette hohen Speicherkapazität und der bei großen Stückzahlen geringen Herstellungskosten hat sich die CD-ROM in den letzten Jahren als Verteilmedium für Informationen auf breiter Front etabliert. Rechnersysteme der Personal-Computer- und der mittleren Leistungsklassen (Mehrplatzsysteme) werden heute mehrheitlich mit CD-ROM-Laufwerken ausgeliefert. → Betriebssystem- und Anwendungssoftware wird zum großen Teil über dieses Medium eingespielt, so daß die Diskettenversionen zwar noch angeboten, aber zunehmend verdrängt werden. Weitere Einsatzgebiete sind Kataloge aller Art (Ersatzteil-, Versandhauskataloge), Lexika, → Datenbanken sowie Multimedia-Anwendungen wie Schulungsmaterial, Reisekataloge und Lexika mit integrierten Audio- und Video-Clips.
– WORM: Einsatzgebiete der einmal beschreibbaren WORM-Medien liegen v. a. in der Langzeitarchivierung großer Datenmengen, wie sie bei Versicherungsunternehmen, Banken und Patentämtern anfallen. WORM-Medien werden überall dort eingesetzt, wo die nachträgliche Änderung von gespeicherten Informationen aus rechtlichen Gründen ausgeschlossen werden muß.
– Rewritable (ROD): Die wiederbeschreibbaren optischen Speicher eignen sich als Auslagerungs- und Datensicherungsmedium für kurz- bis mittelfristig sich ändernde Daten. Sie bilden eine neue Stufe in der Speicherhierarchie von Computersystemen, angesiedelt zwischen den schnellen, aber recht teuren Magnetplatten und den in den Zugriffszeiten langsamen, weil sequentiell arbeitenden Magnetbändern und -kassetten.

Da die o. S. für automatische Wechselsysteme geeignet sind, stehen mit solchen Speichersystemen große Kapazitäten im direkten, wahlfreien Zugriff (random access) zur Verfügung. Zur Verwaltung solcher Informationsmengen und zum Wiederauffinden bestimmter Daten sind entsprechende → Programme notwendig (hierarchisches Speichermanagement, Retrieval-Programme).
*Pott*

**Speicher, virtueller (VM)** ⟨*virtual memory*⟩ → Speichermanagement

**Speicher, virtueller gemeinsamer** ⟨*virtual shared memory*⟩. Programmiermodell für Parallelrechner, bei dem dem Programmierer ein globaler Adreßraum zur Verfügung steht, d. h., auf alle Speicherzellen des Parallelrechners kann in derselben Art und Weise zugegriffen werden. Physikalisch ist jedoch jedem Prozessor ein privater Speicher zugeordnet. Der Zugriff auf „fremde" Speicherzellen wird ohne Eingriff des Programmierers durch Senden entsprechender Nachrichten realisiert. Zusätzlich können Cache-Strategien realisiert sein, um die Anzahl der Nachrichten zu reduzieren. Bei der Programmierung ist jedoch weiterhin auf Datenlokalität zu achten, falls gute Effizienzen erreicht werden sollen.
*Bastian*

**Speicher, zuverlässiger** ⟨*stable storage*⟩. Z. S. im Zusammenhang mit einem → Rechensystem sind Speicher, für die durch → Perfektionierung und durch → Fehlertoleranz hohe → Zuverlässigkeit erreicht ist. Sie werden insbesondere in → fehlertoleranten Rechensystemen zur Speicherung von Daten mit hohen Zuverlässigkeitsanforderungen und zur Speicherung der → Rücksetzzustände für Verfahren der Fehlertoleranz mit → Rückwärtsfehlerbehandlung eingesetzt.
*P. P. Spies*

**Speicherelement** ⟨*memory element*⟩. Elektronische Anordnung, die in der Lage ist, einen elektrischen Zustand kurz- oder langfristig mit oder ohne äußere Energiezufuhr zu erhalten. S. können in der Elektronik sowohl durch elektronische Bauelemente als auch Schaltungen realisiert werden, ebenso wie durch nichtelektronische Prinzipien.

In der Elektronik zählen zu den S.:
☐ *Bauelemente*, die elektrische Ladungen oder magnetische Energie speichern können (z. B. Kondensatoren,

Induktivitäten) sowie alle Bauelemente, in denen diese Vorgänge ausgeprägt vorkommen.
☐ *Elektronische Schaltungen*, die einen Zustand über längere Zeit speichern, z. B. Multivibrator (Flip-Flop).
☐ *Schaltungsgrundstrukturen*, bestehend aus Bauelementen der ersten und/oder Schaltungen der zweiten Gruppe, die üblicherweise als Speicherzelle bezeichnet werden. *Paul*

**Speicherfähigkeit** ⟨*storage capability*⟩. Einrichtungen, in die man Informationen zum Zwecke der Aufbewahrung eingeben kann, um sie zu einem späteren Zeitpunkt wiederzufinden und zu benutzen, besitzen S.

Bei allen erforschten Prozessen der Informationsspeicherung und -übertragung in Natur und Technik bilden physische Phänomene die Grundlage. Sie werden als → Signale bezeichnet und können z. B. elektrische, magnetische, optische und chemische Tatbestände sein.

In der Praxis werden häufig gleiche Informationen gewandelt, d. h., in eine physikalisch andere Form überführt. Beispiel: Ein schriftliches (optisches) Dokument wird von einem Scanner Punkt für Punkt in elektronische Impulse gewandelt, die wiederum als magnetische Felder auf einer Platte gespeichert, also nochmals gewandelt werden. Das Abbild des Dokuments ist über → Drucker oder → Bildschirm wieder optisch reproduzierbar.

Von Speichersystemen werden auch Fähigkeiten der Wandlung, Übertragung, Adressierung und ggf. logisch/arithmetischer Operationen gefordert, um Informationen in vordefinierter physikalischer Größe, digital oder analog, codiert oder nicht codiert, an einer → Schnittstelle geprüft und fehlerfrei zur Verfügung stellen zu können. Digitale Speicherelemente (Basissignale) müssen nur zwei Zustände darstellen können: „Ja" und „Nein" oder „logisch 1" und „logisch 0". Beim Lochstreifen wäre das: Loch oder kein Loch. Durch Kombination solcher Binärinformationen kann ein Zeichensatz dargestellt werden, z. B. die 32 Zeichen des Fernschreibcode durch Ausschöpfen der Kombinationen mit fünf Löchern. Manchmal muß ein System in der Lage sein, Codes umzusetzen, z. B. den Fernschreibcode in die entsprechenden Kombinationen mit acht Elementen (Bits) eines Rechners.

Im Beispiel mit dem Scanner wird das Dokument Punkt für Punkt aufgelöst und z. B. mit logisch 1 = schwarz und logisch 0 = weiß wiedergegeben. Das wäre digital, aber nicht codiert (kein Zeichensatz).

Analogspeicher haben die Fähigkeit, kontinuierlich veränderbare Informationen durch kontinuierlich veränderbare Signale darzustellen, z. B. Frequenz und Lautstärke bei akustischen Aufzeichnungen. Gewandelt oder umgesetzt, die Information bleibt immer die gleiche. Man kann sie als Klassenkennzeichen äquivalenter Signale ansehen (→ Speichertechnologien; → Massenspeicher; → Datendichte). *Voss*

**Speicherfähigkeit, abstrakte** ⟨*capability of abstract memory*⟩ → Speichermanagement

**Speicherfähigkeit, statische** ⟨*capability of static storage*⟩ → Speichermanagement

**Speicherfähigkeit von Prozessen** ⟨*memory capability of processes*⟩ → Speichermanagement

**Speicherfunktion einer Datei** ⟨*mapping function of a file*⟩ → Speichermanagement

**Speicherfunktion, einstufig lineare** ⟨*one-level linear mapping function*⟩ → Speichermanagement

**Speicherfunktion, zweistufig lineare** ⟨*two-level linear mapping function*⟩ → Speichermanagement

**Speicherhierarchie** ⟨*storage hierarchy*⟩ → Speichermanagement

**Speichermanagement** ⟨*storage management*⟩. Zusammenfassung der Konzepte, Objekte und Dienste des → Betriebssystems, mit denen ein → Rechensystem seine für Anwender nutzbaren Speicherfähigkeiten erhält. Diese Fähigkeiten stehen z. T. mit persistenten Datenobjekten des Dateimanagements statisch auch in Betriebspausen des Rechensystems zur Verfügung. Sie stehen zum anderen Teil mit transienten, an die Lebenszeiten von → Prozessen oder bei in Tasks eingeordneten Prozessen an die Lebenszeiten von Tasks gebundenen Datenobjekten zur Verfügung, und sie sind sämtlich allein mit → Berechnungen, die das System in Betriebsphasen ausführt, nutzbar. Berechnungen werden von den jeweiligen Prozessen des Systems ausgeführt. Dementsprechend ist das S. in das Prozeßmanagement des Betriebssystems integriert. Es hat die Aufgabe, die transienten und die persistenten Datenobjekte der Wirkungsbereiche der Berechnungen, mit denen das Rechensystem genutzt werden kann, zur Verfügung zu stellen.

Die Anforderungen, die an das S. gestellt werden, sind von den Kombinationen abstrakter und realer sowie statischer und dynamischer Eigenschaften, die für Rechensysteme charakteristisch sind, bestimmt. Für Anwender werden Datenobjekte mit anwendungsgeeigneten abstrakten Eigenschaften benötigt, für die zunächst allein die Speicher der Hardware-Konfigurationen eines Rechensystems zur Verfügung stehen. Die Datenobjekte werden primär zur Ausführung der Berechnungen der jeweiligen Prozesse des Systems benötigt. Sie müssen jedoch, wenigstens zum Teil, auch die Ausführung von Berechnungen und Betriebspausen des Systems überdauern können.

Diese vielfältigen Anforderungen müssen mit methodischem Vorgehen schrittweise erfüllt werden. Der erste wesentliche Schritt besteht darin, daß Konzepte für *einfache, universell verwendbare Datenobjekte*, die von den technischen Eigenschaften der Hardware-Konfiguration abstrahieren, festgelegt und entsprechende Datenobjekte zur Verfügung gestellt werden. Das erfolgt mit dem *Dateimanagement*, das Dateien als einfache persistente Datenobjekte einführt, und mit dem *Management für virtuelle Speicher*, das abstrakte Speicher und Segmente als einfache transiente Datenobjekte für Berechnungen einführt. Die Dateien und die virtuellen Speicher mit ihren Segmenten sind einerseits mit den Speichern, welche die Hardware-Konfiguration eines Rechensystems zur Verfügung stellt, so zu realisieren, daß sie als persistente bzw. transiente Datenobjekte mit den für sie festgelegten Eigenschaften benutzbar sind. Sie sind andererseits Ausgangsbasis für die Einführung weiterer Datenobjekte mit anwendungsgeeigneteren Eigenschaften.

Konzepte für Dateien und für virtuelle Speicher mit ihren Segmenten sind Ergebnisse typischer Abstraktionen von den technischen Eigenschaften der Speicher, die Hardware-Konfigurationen von Rechensystemen zur Verfügung stellen. Die Hardware-Konfiguration eines Rechensystems stellt eine mehrstufige *Hierarchie von Speichern* zur Verfügung. Die Hierarchiebildung erfolgt relativ zu den Prozessoren der Hardware-Konfiguration, welche Lese-/Schreiboperationen auf den Speichern ausführen, mit den Ausführungszeiten für diese Operationen, die von unten nach oben anwachsen. Weitere Charakteristika der Hierarchie sind die mit der Höhe zunehmenden Kapazitäten und abnehmbaren Kosten pro Bit der entsprechenden Speicher. Vergröbert können diese Speicher in zwei Ebenen, die Ebene der Arbeitsspeicher und die Ebene der Hintergrund- oder E/A-Speicher, eingeordnet werden.

Die *Ebene der Arbeitsspeicher* besteht durchweg aus Speichern, die im Detail eine dreistufige Hierarchie, bestehend aus den *Prozessorregistern*, den *Caches* als Zwischenspeicher und dem Haupt- oder Arbeitsspeicher, bilden. Diese haben die Eigenschaft, daß ihre Inhalte verloren gehen, wenn der Strom abgeschaltet wird oder ausfällt; sie sind also nicht für persistente Datenobjekte geeignet. Die Speicher haben zudem die Eigenschaft, daß Rechenprozessoren auf ihnen unmittelbar Lese-/Schreiboperationen ausführen können. Für Datenobjektkonzepte und für Realisierungen von Datenobjekten ist von dieser Ebene der *Arbeitsspeicher* (*AS*) wesentlich. Er besteht aus einer (großen) linear geordneten Menge von Byte-Zellen, von denen jede ein 8-bit-Byte speichern kann. Die Zellen werden ihrer linearen Ordnung entsprechend mit festgelegten numerischen Bezeichnern, AS-Adressen genannt, identifiziert; die geordnete Menge dieser Adressen ist der *Adreßraum* des AS. Die Operationen, die auf AS ausgeführt werden können, sind Lese- bzw. Schreiboperationen für Bytes oder Byte-Folgen unter Verwendung der Adressen der Zellen, aus denen gelesen oder in die geschrieben werden soll. Die Zellen sind also Container für Byte-Datenobjekte, die mit den Adressen ihrer Container identifiziert werden.

Die *Ebene der Hintergrundspeicher* besteht durchweg aus Magnetplattenspeichern, aus optischen Plattenspeichern und aus Magnetbandspeichern. Sie haben die Eigenschaft, daß die Daten, die sie speichern, bei Stromausfall erhalten bleiben. Sie sind also für persistente Datenobjekte geeignet. Platten- und Bandspeicher können Byte-Folgen mit festen oder mit wählbaren Längen, *Blöcke* fester oder variabler Länge genannt, speichern. Die entsprechenden Lese- und Schreiboperationen werden von E/A-Prozessoren als Datentransporte zwischen dem Arbeitsspeicher und dem jeweiligen Platten- oder Bandspeicher ausgeführt. Dem entspricht die Bezeichnung *E/A-Speicher* als Alternative zu Hintergrundspeicher.

*Plattenspeicher* werden durchweg zur Speicherung von Blöcken fester Länge benutzt. Ein Plattenspeicher verfügt hierfür über Sektoren als *Blockbereiche*; diese werden mit festgelegten numerischen Bezeichnern, Sektor- oder Blockbereichsadressen genannt, identifiziert. Die Bereiche können für Lese- oder Schreiboperationen frei ausgewählt werden. Die Operationen, die auf einem Plattenspeicher ausgeführt werden können, sind Lese- bzw. Schreiboperationen für Blöcke unter Verwendung der Blockbereichsadressen. Die Blockbereiche sind also Container für Blockdatenobjekte, die mit den Adressen ihrer Container identifiziert werden. *Bandspeicher* werden durchweg zur sequentiellen Speicherung von Blöcken variabler Längen benutzt; die Blöcke werden ihrer Einordnung entsprechend identifiziert. Für die Ebene der Hintergrundspeicher ergibt sich damit vergröbert eine zweistufige Hierarchie: Die Plattenspeicher mit adressierten Blockbereichen und wahlfreiem Zugriff werden als *Hintergrundspeicher* (*HS*) für persistente Datenobjekte und zur Erweiterung des Arbeitsspeichers benutzt; die Bandspeicher mit sequentiellem Zugriff werden als *Aktivspeicher* benutzt.

Als Ausgangsbasis der festzulegenden Konzepte für Dateien und für virtuelle Speicher mit ihren Segmenten ergibt sich mit dem Erklärten, daß die Hardware-Konfiguration eines Rechensystems im wesentlichen eine *zweistufige Speicherhierarchie* zur Verfügung stellt: Die erste Stufe ist der lineare Arbeitsspeicher AS mit dem AS-Adreßraum A. Die zweite Stufe ist der Hintergrundspeicher HS; er faßt die Menge der Plattenspeicher HP der Konfiguration zusammen. Für jedes dieser Geräte $h \in HP$ sind die Länge der Blöcke block(h) und der Adreßraum HA(h) der Blockbereiche festgelegt. Dabei können die Längen der Blöcke von h und h' mit $h, h' \in HP$, $h \neq h'$, verschieden sein. Die Container, die zu AS und zu HS zusammengefaßt sind, stehen für Realisierungen von Datenobjekten zur Verfügung.

Mit dem *Dateimanagement* des Betriebssystems werden auf dieser Basis die Konzepte für Dateien als einfache, universell nutzbare, persistente Datenobjekte festgelegt und die Dienste zum Umgang mit Dateien bereitgestellt. Dem Ziel dieser Festlegungen, große Mengen von Datenobjekten nutzbar zur Verfügung zu stellen, werden zwei Datenobjektarten, Datendateien oder einfach Dateien sowie Verzeichnisdateien oder einfach Verzeichnisse genannt, so benötigt, daß mit den Verzeichnissen jeweils alle existierenden Dateien und Verzeichnisse strukturiert zusammengefaßt werden können.

Eine *Datei* als abstraktes Datenobjekt ist eine mit einem für sie festgelegten Bezeichner identifizierte Folge von Bytes mit in festgelegten Grenzen variierender Länge; dieser einfachen Struktur entspricht die Bezeichnung *Byte-Folge-Datei (BFD)*. Das Dateimanagement stellt die Dienste zum Umgang mit Dateien zur Verfügung. Dazu gehören Dienste zur Erzeugung neuer sowie zur Nutzung und zur Auflösung existierender Dateien. Wenn eine neue Datei erzeugt wird, werden ihr Bezeichner und weitere ihre Eigenschaften beschreibenden Attribute festgelegt; dabei ist für den Bezeichner Eindeutigkeit bzgl. aller Dateien und Verzeichnisse gefordert. Eine existierende Datei kann mit Lese- und Schreibdiensten für Byte-Folgen relativ zur jeweiligen Startposition genutzt werden. Die jeweilige Startposition kann gewählt und die aktuelle Länge festgelegt werden. Folgen von Ausführungen dieser Dienste auf einer Datei sind durch Öffnen und Schließen der Datei zu klammern. Die jeweiligen Eigenschaften einer existierenden Datei werden mit dem *Deskriptor* der Datei beschrieben.

Ein *Verzeichnis* als abstraktes Datenobjekt ist eine mit einem festgelegten Bezeichner identifizierte Folge von Deskriptoren von Dateien und Verzeichnissen. Die Länge der Folge ist in festgelegten Grenzen variabel, und die Bezeichner der Dateien und Verzeichnisse, deren Deskriptoren ein Verzeichnis enthält, müssen verschieden sein. Das Dateimanagement stellt die Dienste zum Umgang mit Verzeichnissen zur Verfügung. Dazu gehören Dienste zur Erzeugung neuer sowie zur Nutzung und zur Auflösung existierender Verzeichnisse. Die Dienste und die weiteren Festlegungen für Verzeichnisse entsprechen den für Dateien erklärten. Sie sind jedoch daran angepaßt, daß mit den Verzeichnissen die jeweilige Menge der existierenden Dateien und Verzeichnisse strukturiert wird. Eine geeignete und häufig benutzte Struktur hierfür ist die eines Baumes, so daß sich insgesamt ein *Dateisystembaum* ergibt. Das ist ein spezieller azyklischer Graph mit Knoten und Kanten, für den mit dem Dateimanagement folgende Regeln festgelegt sind:
– Die jeweils existierenden Dateien und Verzeichnisse sind die Knoten des Graphen. Das Dateimanagement stellt ein ausgezeichnetes Verzeichnis, das Wurzelverzeichnis oder die *Wurzel* des Baums, zur Verfügung.
– Die Kanten des Graphen sind gerichtete Knotenpaare. Wenn x und y zwei Knoten sind, sagt die Kante (x, y): x ist Verzeichnis und enthält den Deskriptor von y; x ist *direkter Vorgänger* von y.
– Zu jedem Knoten y des Graphen, der nicht Wurzel ist, gilt: Es gibt genau einen Knoten x ≠ y des Graphen so, daß (x, y) Kante des Graphen ist. Die Wurzel hat keine Vorgänger und für alle weiteren Knoten gilt *Eindeutigkeit des direkten Vorgängers*.

Die angegebenen Regeln, mit denen sich der Dateisystembaum ergibt, werden mit den Diensten des Dateimanagements durchgesetzt. Der Rolle entsprechend, welche die Verzeichnisse für die Strukturierung des Dateisystems spielen, ist festgelegt, daß Dateien und Verzeichnisse jeweils bzgl. der Verzeichnisse, die ihre Deskriptoren aufnehmen sollen oder enthalten, erzeugt bzw. aufgelöst werden. Mit den Strukturierungsregeln ergibt sich, daß die jeweiligen Dateien sämtlich *Blätter* des Baumes sind. Mit den Regeln ergibt sich weiter, daß die notwendige *Eindeutigkeit* der Datei- und Verzeichnisbezeichner abgeschwächt werden kann. Sie bleibt lediglich für Bezeichner der Dateien und Verzeichnisse, deren Deskriptoren in einem Verzeichnis zusammengefaßt werden, bestehen. Damit folgt, daß die Dateien und Verzeichnisse ihrer Einordnung in den Baum entsprechend mit *Pfadnamen*, und zwar mit *vollständigen Pfadnamen*, die von der Wurzel ausgehen, oder mit *relativen Pfadnamen*, die von einem beliebigen Knoten ausgehen können und die Eindeutigkeit der direkten Vorgänger nutzen, identifiziert werden können.

Das bisher für das Dateimanagement und den Dateisystembaum Erklärte legt die Eigenschaften fest, mit denen die Dateien und Verzeichnisse als abstrakte Datenobjekte benutzbar sein sollen. Sie sind erst dann benutzbar, wenn sie als persistente Datenobjekte mit den Speichern, welche die Hardware-Konfiguration eines Rechensystems hierfür zur Verfügung stellt, realisiert sind. Dementsprechend gehört die *Realisierung des Dateisystembaums* wesentlich zu den Aufgaben des Dateimanagements. Die Anforderungen, die dabei zu erfüllen sind, ergeben sich aus den Kombinationen abstrakter und realer sowie statischer und dynamischer Eigenschaften, deren Kombination in den Dateien und Verzeichnissen zusammentreffen: Während der gesamten Lebenszeit einer Datei oder eines Verzeichnisses muß gewährleistet werden, daß sie mit ihren konzeptionell festgelegten abstrakten Eigenschaften konsistent realisiert benutzbar zur Verfügung stehen.

Die Realisierungsaufgaben, die sich damit ergeben, lassen sich dem Lebenszyklus der Datenobjekte entsprechend in zwei Teile aufteilen: Die Aufgaben, die sich daraus ergeben, daß die Dateien und Verzeichnisse für Berechnungen benutzt und mit diesen verändert werden können, und die Aufgaben, die sich daraus ergeben, daß Dateien und Verzeichnisse unbenutzt als statische und persistente Datenobjekte auf einem Hintergrundspeicher realisiert bereitgestellt werden müssen. Das Wesentliche dieser zweiten Teilaufgabe wird im folgenden erklärt; die Nutzung für Berechnungen wird im Zusammenhang mit dem S. für Prozesse behandelt.

Ein Dateisystembaum wird mit seinen persistenten Datenobjekten wesentlich auf den Hintergrundspeichern eines Rechensystems realisiert. Wenn eine Datei oder ein Verzeichnis nicht für Berechnungen benutzt wird, liegen die Eigenschaften des Datenobjekts fest; es

wird als (temporär) *statisches Datenobjekt* vollständig auf einem Hintergrundspeicher realisiert. Das wird im folgenden für ein Datenobjekt d und einen Hintergrundspeicher h mit Blöcken block(h) und dem Adreßraum HA(h) der Blockbereiche erklärt. Die für die Realisierung primär wichtige Eigenschaft von d ist die Länge l(d) des Datenobjekts: d ist also eine Folge von l(d) Bytes, deren Elemente mit Indizes aus I(d) = {0, 1, ..., l(d)−1} identifiziert werden. d wird mit Blöcken von h realisiert. Das erfolgt, indem dem eindimensionalen Datenobjekt d (für diesen Zweck) eine zweidimensionale, an block(h) angepaßte Struktur aufgeprägt wird. Diese zweidimensionale Struktur liefert Blöcke für d, und diese Blöcke werden in Blockbereichen von h gespeichert. Sei bl die Länge von block(h) in Bytes. Dann sind zur Speicherung von d offenbar $|B| = l(d)/bl$ Blockbereiche erforderlich. Mit $C = \{0, ..., bl−1\}$ und $B(d) = \{0, ..., |B|−1\}$ läßt sich die aufgeprägte *zweidimensionale blockorientierte Struktur* des Datenobjekts d mit der linkstotalen, injektiven Abbildung
$\beta_d : I(d) \to B(d) \times C$
beschreiben; dabei gilt für alle $i \in I(d)$: $\beta_d(i) = (b, c) \Leftrightarrow i = b \cdot bl + c$. B(d) ist die Blockindexmenge von d bzgl. h; für $b \in B(d)$ ist der b-te Block von d die Folge der Bytes mit der Indexmenge $\{b \cdot bl, b \cdot bl + 1, ..., (b+1) \cdot bl − 1\} \subseteq I(d)$. Weil dabei $l(d) = |I(d)| < |B(d)| \cdot bl$ möglich ist, ist in diesem Fall der letzte Block von d partiell undefiniert. Das ist charakteristisch für diese aufgeprägten blockorientierten Strukturen und wird wegen der resultierenden unvollständigen Nutzung des Blockbereichs für den letzten Block als *interne Fragmentierung* bezeichnet.

Für das Datenobjekt d ist die Blockindexmenge B(d) die Grundlage für HS-Realisierungen von d mit dem Hintergrundspeicher h. Hierfür sind Blockbereiche von h erforderlich, in denen die Blöcke von d gespeichert werden. Eine entsprechende Realisierung wird mit einer linkstotalen, injektiven Abbildung, der *Speicherfunktion* für d, $\sigma_d : B(d) \to HA(h)$, beschrieben. Das Datenobjekt d ist mit der Speicherfunktion $\sigma_d$ *vollständig HS-realisiert*, wenn die Blockbereiche von h mit den Adressen $\sigma_d(B(d))$ die Blöcke von d enthalten. Die Speicherfunktion $\sigma_d$ beschreibt die HS-Realisierung von d; sie ist Realisierungsattribut von d.

Im Dateisystembaum gibt es voraussetzungsgemäß, wenn d nicht die Wurzel des Baumes ist, ein Verzeichnis v, das den Deskriptor von d enthält. Dieser *d-Deskriptor* besteht aus den Attributen, die realisierungsunabhängige Eigenschaften von d beschreiben, sowie aus Attributen, welche den Nutzungszustand und die jeweilige d-Realisierung beschreiben. Hierzu gehört die Speicherfunktion $\sigma_d$, die zweckmäßig als Tabelle repräsentiert wird. Ein Rechensystem verfügt in Betriebspausen mit seinen persistenten Datenobjekten über - *statische Speicherfähigkeiten*. Sie ergeben sich daraus, daß der Dateisystembaum mit den Hintergrundspeichern HS der Hardware-Konfiguration des Rechensystems vollständig HS-realisiert ist. Die Wurzel des Baumes wird dabei in Blockbereichen mit festgelegten Adressen eines festgelegten HS-Elements gespeichert.

Für die erklärte HS-Realisierung des Datenobjekts d mit der Blockindexmenge B(d) werden vom Hintergrundspeicher h Blockbereiche benötigt und belegt. Für entsprechende Maßnahmen ist *Hintergrundspeicherverwaltung* für h erforderlich. Das bedeutet folgendes: Für h mit dem Adreßraum HA(h) muß jeweils registriert werden, welche Blockbereiche für HS-realisierte Datenobjekte belegt bzw. unbenutzt/frei sind. Zudem müssen bei Bedarf bis dahin freie Blockbereiche belegt und bis dahin belegte Blockbereiche freigegeben und entsprechend registriert werden. Zur Beschreibung der jeweils belegten und freien Blockbereiche von h kann ein *Bit-Vektor* benutzt werden; erforderlich ist ein Vektor der Länge $|HA(h)|$. Mit einem Bit-Vektor lassen sich die notwendigen Belegungen bzw. Freigaben einfach registrieren. Das Verfahren ist jedoch für große Plattenspeicher ungeeignet, weil sehr lange Vektoren erforderlich sind. Wenn HA(h) groß ist, ist es zweckmäßig, freie Blockbereiche mit aufeinanderfolgenden Adressen zu Folgen zusammenzufassen und diese Folgen mit einer (oder mehreren) verketteten Liste, der *Frei-Liste*, zu beschreiben. Wenn die freien Blockbereiche von h mit der Frei-Liste FBL(h) beschrieben werden, sind für Belegungen jeweils geeignete Folgen von freien Blockbereichen in FBL(h) zu suchen.

Dafür können mehrere Verfahren angewandt werden. Verwaltung von FBL(h) nach *First Fit* bedeutet, daß Belegungsanforderungen jeweils mit der ersten hinreichend langen Folge freier Blockbereiche gemäß der Listenordnung erfüllt werden. Verwaltung von FBL(h) nach *Best Fit* bedeutet, daß Belegungsanforderungen jeweils mit der ersten, kürzesten, hinreichend langen Folge freier Blockbereiche gemäß der Listenordnung erfüllt werden. Mit Best Fit soll der „Zerstückelung" von Folgen freier Blockbereiche entgegengewirkt werden. Das Verfahren erfordert jedoch aufwendiges Suchen, was bei First Fit entfällt. Eine zweckmäßige Modifikation von First Fit ist *Rotierendes First Fit*. Dabei wird FBL(h) zu einer zyklisch verketteten Liste erweitert, und das Suchen von geeigneten Folgen freier Blockbereiche erfolgt zyklisch. Neben Belegungen sind Freigaben von Blockbereichen mit FBL(h) zu registrieren. Bei Freigaben werden Folgen freier Blockbereiche zweckmäßig zusammengefaßt. Die hier zur Verwaltung der freien Blockbereiche des Hintergrundspeichers h angegebenen Verfahren können mit Anpassungen an die jeweiligen Rahmenbedingungen allgemein zur Verwaltung von Speichern angewandt werden. Für Plattenspeicher sind Anpassungen an die Geometrie der Speicher zweckmäßig.

Im weiteren wird das *S. für Berechnungen* eines Rechensystems erklärt. Dabei ist die Aufgabe gestellt, die jeweils benötigten Datenobjekte so zur Verfügung zu stellen, daß Berechnungen effizient ausgeführt werden können. Sei $\mathcal{R}$ ein Rechensystem. Dann werden die

Berechnungen von $\mathcal{R}$ von den jeweiligen →Prozessen von $\mathcal{R}$ ausgeführt. Ein Prozeß hat konzeptionell festgelegte abstrakte Speicher- und Rechenfähigkeiten. Die konzeptionellen Speicherfähigkeiten sind direkt für den Prozeß oder bei in Tasks eingeordneten Prozessen für die Task, in die der Prozeß eingeordnet ist, festgelegt. Von diesen beiden Alternativen wird hier die erste behandelt; die Spezifika der zweiten Alternative ergeben sich durch naheliegende Verallgemeinerungen der hier erklärten Konzepte und Verfahren des S.

Die Berechnungen von Prozessen werden überwiegend mit Rechenprozessoren der Hardware-Konfiguration ausgeführt. Für die Datenobjekte, die benötigt werden, ist deshalb wesentlich, daß Zugriffe zu ihnen mit Rechenprozessoren effizient erfolgen können. Von den Speichern der Hardware-Konfiguration ist dementsprechend der Arbeitsspeicher AS von $\mathcal{R}$ primär für Realisierungen der Datenobjekte geeignet. Weil die Kapazität von AS beschränkt und für viele Zwecke klein ist, müssen jedoch auch HS-Realisierungen der Datenobjekte mitberücksichtigt werden. Das S. für Berechnungen des →Betriebssystems stellt Konzepte und Dienste, mit denen diese Anforderungen erfüllt werden, zur Verfügung. Das S. stellt den konzeptionellen Speicherfähigkeiten und den Schnittstellen der Prozesse entsprechend Konzepte für virtuelle Adreßräume, für virtuelle Speicher und für Segmente zur Verfügung. Diese Konzepte sind aufeinander abgestimmt und ergänzen einander; Prozesse erhalten mit ihnen virtuelle Speicher, mit denen sie ihre Berechnungen abstrakt ausführen können. Als weitere wesentliche Aufgabe des S. ergibt sich, daß die virtuellen Speicher der Prozesse mit den Speichern der Hardware-Konfiguration realisiert werden müssen. Diesen Gegebenheiten trägt die Bezeichnung *Management für virtuelle Speicher* Rechnung.

Ein sequentieller Prozeß ist eine abstrakte Maschine, die sequentielle Berechnungen ausführt. Als solche erhält ein Prozeß bei Erzeugung die abstrakten Speicher- und Rechenfähigkeiten, die zur Ausführung seiner Berechnungen benötigt werden. Die Berechnungen, die ein Prozeß ausführt, werden mit dem Prozeßprogramm spezifiziert. Die Speicherfähigkeiten, die der Prozeß benötigt, ergeben sich folglich primär aus der (dynamischen) Programmstruktur mit dem Code und mit den Datenobjekten der Programmausführung. Hinzu kommt, daß der Prozeß an der Schnittstelle des →Betriebssystemkerns so gebunden wird, daß er die Speicherfähigkeiten des Kerns – selektiv und kontrolliert – mitbenutzen kann.

Die *Anforderungen an die abstrakten Speicherfähigkeiten der Prozesse* ergeben sich also aus den Strukturen der Prozeßprogramme und der Prozeß-Kern-Schnittstelle sowie daraus, daß Prozesse ihre Berechnungen in abgegrenzten Wirkungs- und Privilegierungsbereichen ausführen sollen. Diesen Anforderungen entsprechend, stellt das S. für Prozesse Konzepte für virtuelle Adreßräume, für virtuelle Speicher und für Segmente zur Verfügung. Ein virtueller Adreßraum ist zunächst ein (großer) linearer Raum mit numerischen, von Rechenprozessoren interpretierbaren, aber bedeutungslosen Bezeichnern, die *virtuelle Adressen* genannt werden. Sei VA ein virtueller Adreßraum. Ein $v \in$ VA ist undefiniert, wenn $v$ keine Bedeutung zugeordnet ist, und sonst definiert. $v$ kann Adresse einer Byte-Zelle als Bedeutung zugeordnet werden, und diese Zelle kann Container eines Byte-Datenobjekts sein, das dann mit $v$ identifiziert wird; den VA-Elementen werden Bedeutungen in Kontexten zugeordnet.

Ein Prozeß p erhält seine abstrakten Speicherfähigkeiten, indem p bei Erzeugung der *virtuelle Adreßraum* VA(p) zugeordnet und p als Bedeutungskontext für die VA(p)-Elemente festgelegt wird. Die zunächst undefinierten Elemente von VA(p) werden definiert, indem ihnen Bedeutungen zugeordnet werden. Der jeweils definierte Teil von VA(p) adressiert den jeweiligen *virtuellen Speicher* VM(p) des Prozesses. Er enthält (abstrakt) die Datenobjekte, die p zur Verfügung stehen und mit den definierten Elementen von VA(p) identifiziert werden. Virtuelle Adreßräume und die ihnen zugeordneten virtuellen Speicher liefern die Basis und den Rahmen für die abstrakten Speicherfähigkeiten der Prozesse; zusätzlich sind Strukturierungs- und Einordnungsmaßnahmen erforderlich. Die virtuellen Adreßräume der Prozesse sind disjunkt und bis auf ihre Zuordnungen zu Prozessen äquivalent. Sie werden den Strukturen der Prozeßprogramme und den Bindungen der Prozesse an die Schnittstelle des Kerns entsprechend strukturiert.

Die *Strukturierung der virtuellen Adreßräume* erfolgt durch Zerlegungen in Teilräume; dabei werden überwiegend äquivalente, grobgranulare Zerlegungen benutzt. Allein dieser Fall wird im weiteren berücksichtigt. Ein Teilraum ist für die *Integration des Kerns* in die virtuellen Adreßräume aller Prozesse erforderlich; dieser Teilraum wird hier mit VABK bezeichnet. Für einen Prozeß p ergibt sich mit dieser Zerlegung die Teilung von VA(p) in den Kernteil VABK und in den p-privaten Teil VA(p) – VABK, die Grundlage für die Festlegung der Privilegierungsbereiche des Kerns einerseits und der Prozesse p andererseits ist. Der *p-private Teil* von VA(p) wird (häufig) in zwei Teile VACH(p) und VAK(p) zerlegt, wobei VACH(p) zur Adressierung des Codes und der Halde sowie VAK(p) zur Adressierung des Kellers der (dynamischen) Struktur des Programms des Prozesses p dient. Die angegebene Strukturierung der virtuellen Adreßräume der Prozesse impliziert eine entsprechende *Strukturierung der virtuellen Speicher* der Prozesse. Mit den Datenobjekten in den virtuellen Speichern ergeben sich *Segmente*, und zwar für den Betriebssystemkern das *Kernsegment* bk_segment, das allen Prozessen zur Verfügung steht, sowie für jeden Prozeß p das *Code- und Haldensegment* ch_segment(p) und das *Kellersegment* k_segment(p), die p-privat sind. Diese Segmente sind die abstrakten, dynamischen Datenobjekte, die zur Ausführung von Berechnungen benötigt werden.

Mit den erklärten Konzepten für virtuelle Adreßräume, für virtuelle Speicher und für Segmente wird die Aufgabe des S. in zwei Teile zerlegt. Mit der ersten Teilaufgabe werden die für Berechnungen benötigten *abstrakten Speicherfähigkeiten* für den Kern und für die Prozesse zur Verfügung gestellt. Dazu dienen die virtuellen Adreßräume mit der angegebenen Strukturierung. Zu dieser Aufgabe gehört wesentlich die *Verwaltung der virtuellen Adreßräume* mit dem Ziel, den Elementen der virtuellen Adreßräume Bedeutungen so zuzuordnen, daß einerseits die benötigten Datenobjekte (abstrakt) zur Verfügung stehen und andererseits die Segmente die einfachen, möglichst linearen Strukturen erhalten, welche die Lösung der zweiten Teilaufgabe erleichtern. Für die Prozesse gehört zur Verwaltung der virtuellen Adreßräume, daß bei Erzeugung eines Prozesses p den Elementen des privaten Teils von VA(p), insbesondere den Elementen von VACH(p), die initialen Bedeutungen zugeordnet werden, die zum Start der Berechnungen von p erforderlich sind. Für die Verwaltung der virtuellen Adreßräume ist wesentlich, daß ihre Strukturen den Programmstrukturen so angepaßt sind, daß der Umgang mit dynamischen Datenobjekten einfach ist.

Mit den virtuellen Adreßräumen und den ihnen zugeordneten virtuellen Speichern wird erreicht, daß die für Berechnungen benötigten Datenobjekte abstrakt zur Verfügung stehen. Damit ergibt sich als zweite Teilaufgabe die *Realisierung der virtuellen Speicher*: Die Datenobjekte, die in den virtuellen Speichern zur Verfügung stehen, also das Kernsegment und die privaten Segmente der jeweiligen Prozesse, müssen mit den Speichern der Hardware-Konfiguration so realisiert werden, daß die Berechnungen tatsächlich und möglichst effizient ausgeführt werden können. Weil Berechnungen überwiegend mit Rechenprozessoren ausgeführt werden, kommen primär Arbeitsspeicherrealisierungen der Segmente in Betracht, und die erklärten Konzepte sind auf diese Realisierungen zugeschnitten. Es ergeben sich jedoch weiterreichende Notwendigkeiten und Möglichkeiten. Die wesentlichen Konzepte und Verfahren zur Lösung dieser Realisierungsaufgabe werden im folgenden erklärt.

Dazu sei $\mathcal{R}$ ein Rechensystem mit dem Arbeitsspeicher AS und dem Hintergrundspeicher HS der Hardware-Konfiguration; weiter sei P die (als fest angenommene) Menge der koexistierenden Prozesse von $\mathcal{R}$. Dann sind Konzepte und Verfahren zur Realisierung der virtuellen Speicher von $\mathcal{R}$ oder kurz *VM-Realisierungen* für $\mathcal{R}$ erforderlich. Mit P ergibt sich, daß $2 \cdot |P| + 1$ Segmente, je 2 Segmente der $p \in P$ und das Kernsegment, mit AS und HS realisiert werden müssen. Die Segmente sind (für Realisierungen) *lineare Datenobjekte*: Wenn s ein Segment der Länge $l_s$ ist, dann ist s eine Folge von Bytes, deren Elemente mit Indizes aus $I(s) = \{0, 1, \ldots, l_s - 1\}$ identifiziert werden können. Zu der Forderung, daß die Berechnungen von $\mathcal{R}$ möglichst effizient ausgeführt werden sollen, liefert der Parallelitätsgrad $|P|$, der sich für die abstrakten Prozesse ergibt, Orientierung. Für die Segmente von $\mathcal{R}$ sind AS- und HS-Realisierungen möglich. Das Segment s ist *vollständig AS-realisiert*, wenn alle s-Elemente mit AS-Zellen realisiert sind. s ist *vollständig HS-realisiert*, wenn alle s-Elemente mit HS-Blöcken realisiert sind. Für eine HS-Realisierung von s ist erforderlich, daß dem Segment s eine zweidimensionale, blockorientierte Struktur aufgeprägt wird. Zudem sind Rechenprozessorzugriffe zu s nicht möglich, wenn s vollständig HS-realisiert ist. HS-Realisierungen für Segmente von $\mathcal{R}$ sind folglich allein als ergänzende Maßnahmen für die erforderlichen AS-Realisierungen geeignet.

Wenn das Segment s vollständig AS-realisiert ist und Zugriffe von Rechenprozessoren zu s effizient möglich sein sollen, müssen die virtuellen Adressen, die den Indizes gemäß I(s) entsprechen, von Rechenprozessoren effizient in die Adressen der AS-Zellen, mit denen die s-Elemente realisiert sind, umgerechnet werden können. Für diese Umrechnungen ist eine Speicherfunktion erforderlich, die den Elementen von I(s) die entsprechenden AS-Adressen zuordnet. Diese Speicherfunktion muß beschrieben werden und von Rechenprozessoren effizient berechnet werden können. Es ergibt sich, daß für eine vollständige AS-Realisierung des Segments s zusätzlich zu den benötigten AS-Zellen auch eine geeignete Speicherfunktion erforderlich ist. Das wird erreicht, indem s mit einem linearen AS-Bereich realisiert wird. Damit ergeben sich die Verfahren der segmentbasierten VM-Realisierung; sie sind bedingt zur Lösung der gestellten Aufgabe geeignet.

Für ein Verfahren der *segmentbasierten VM-Realisierung* gilt folgendes:
– die Segmente von $\mathcal{R}$ werden jeweils entweder vollständig AS-realisiert oder vollständig HS-realisiert;
– die Segmente werden jeweils mit einem (zusammenhängenden) linearen Bereich AS-realisiert.

Sei A der Adreßraum von AS. Für das Segment s mit der Länge $l_s$ und der Indexmenge I(s) sei $\{a, a+1, \ldots, a+l_s-1\} \subseteq A$ der Bereich einer vollständigen AS-Realisierung. Die linkstotale, injektive *Speicherfunktion* dieser Realisierung von s ist $\sigma_s : I(s) \rightarrow A$ mit $\sigma_s(i) = a + i$ für alle $i \in I(s)$; sie ist *einstufig linear*; sie kann einfach beschrieben und berechnet werden. Anwendungen dieses Verfahrens für VM-Realisierungen für $\mathcal{R}$ setzen voraus, daß alle Segmente von $\mathcal{R}$ mit jeweils einem AS-Bereich vollständig realisierbar sind. Wenn diese Voraussetzung erfüllt ist, ist eine bereichsorientierte AS-Verwaltung erforderlich. Die Bedingung, daß alle Segmente von $\mathcal{R}$ mit jeweils einem AS-Bereich vollständig realisierbar sind, schränkt die Längen zulässiger Segmente in Abhängigkeit von der AS-Kapazität von $\mathcal{R}$ ein. Das sind Beschränkungen der abstrakten Speicherfähigkeiten der Prozesse von $\mathcal{R}$, die mit dem Konzept der virtuellen Adreßräume für Prozesse vermieden werden sollen. Das Verfahren ist also nur bedingt für VM-Realisierungen geeignet. Wenn diese Beschränkungen bei großer AS-Kapazität von $\mathcal{R}$ oder bei entsprechenden Anwendungsanforderungen unkritisch sind, bleibt das Verfahren bedingt geeignet, weil es bereichsorientierte AS-Verwaltung erfordert und den Parallelitätsgrad von $\mathcal{R}$ beschränkt.

Für *bereichsorientierte AS-Verwaltung* sind Verfahren, die freie AS-Bereiche mit einer Frei-Liste beschreiben und verwalten, anwendbar. Sie erfordern das Suchen von Freibereichen mit geeigneten Längen. Sie führen zudem dazu, daß kleine, nicht nutzbare Freibereiche entstehen. Diese Einschränkung der Nutzung der verfügbaren AS-Kapazität wird als *externe Fragmentierung* bezeichnet; sie erfordert das Zusammenfassen von kleinen Freibereichen als aufwendige Zusatzmaßnahmen. Beschränkungen des *Parallelitätsgrads* von $\mathcal{R}$ ergeben sich immer dann, wenn gleichzeitig lediglich die Segmente eines kleinen Teils der Prozesse gemäß P vollständig AS-realisiert werden können. Die Prozeßmenge P zerfällt bzgl. der Realisierungen der Segmente jeweils in drei Teilmengen. Seien $P_{in}$ und $P_{out}$ die Teilmengen von P der Prozesse, deren Segmente vollständig AS- bzw. HS-realisiert sind. Prozesse $p \in P_{in}$ werden als *eingelagert* bezeichnet; Prozesse $p \in P_{out}$ werden als ausgelagert oder als *verdrängt* bezeichnet.

Neben diesen Prozessen gibt es weitere, deren Segmente zwischen AS und HS umgespeichert werden. Sei $P_{trans}$ die Menge dieser Prozesse. Damit gilt $P = P_{in} \cup P_{trans} \cup P_{out}$. Von diesen Prozessen belegen die, welche zu $P_{in} \cup P_{trans}$ gehören, AS-Bereiche. Allein die Berechnungen der $p \in P_{in}$ können fortschreiten. Damit ergibt sich $|P_{in}|$ als Parallelitätsgrad von $\mathcal{R}$ unter Berücksichtigung der VM-Realisierungen, wobei $|P_{in}| \ll |P|$ gelten kann. Verfahren der segmentbasierten VM-Realisierung für $\mathcal{R}$ sind damit allein dann geeignet, wenn die abstrakten Speicherfähigkeiten der für Anwendungen benötigten Prozesse nicht (substantiell) beschränkt werden und der Parallelitätsgrad von $\mathcal{R}$ unter Berücksichtigung der VM-Realisierungen (im zeitlichen Mittel) nicht entartet. In anderen Fällen sind geeignetere Verfahren erforderlich; das sind insbesondere Verfahren seitenbasierter VM-Realisierung.

Mit Verfahren der *seitenbasierten VM-Realisierung* können Segmente von $\mathcal{R}$ gemischt AS-HS-realisiert werden. Damit wird der gravierende Mangel segmentbasierter VM-Realisierungen, daß die Längen zulässiger Segmente in Abhängigkeit von der AS-Kapazität beschränkt werden, überwunden. Zudem können Prozeßberechnungen auch dann fortschreiten, wenn die Segmente der Prozesse lediglich partiell AS-realisiert sind, so daß mit geeigneten Verfahren auch vermieden werden kann, daß der Parallelitätsgrad von $\mathcal{R}$ unter Berücksichtigung der VM-Realisierungen entartet. Diese Möglichkeiten werden dadurch erreicht, daß Segmente in Blöcke fester Länge, *Seiten* genannt, zerlegt und auf der Grundlage der zweidimensionalen Struktur, die sich damit ergibt, realisiert werden. Der Zerlegung der Segmente in Seiten entsprechend, wird auch der Arbeitsspeicher AS in (zusammenhängende) Bereiche mit der Länge einer Seite, *Kacheln* genannt, zerlegt, und diese Kacheln werden für AS-Realisierungen von Segmenten benutzt. Mit Hintergrundspeicherblöcken, die ebenfalls die Länge einer Seite haben, werden auch HS-Realisierungen von Segmenten auf der Basis der Seiten möglich. Für seitenbasierte VM-Realisierungen für $\mathcal{R}$ ist die *Seitenlänge* festzulegen; sie sei pl. Es ist zweckmäßig, für pl eine 2er-Potenz zu wählen; damit werden die notwendigen Speicherfunktionen-Berechnungen vereinfacht. pl sei entsprechend gewählt; als Längen sind $2^9$ bis $2^{12}$ gebräuchlich. Mit pl sei $D = \{0, \ldots, pl-1\}$. Mit der Seitenlänge pl wird AS eine zweidimensionale Struktur aufgeprägt. Für den AS-Adreßraum A gelte $A \equiv 0(pl)$. Dann seien $|K| = |A|/pl$ und $K = \{0, \ldots, |K|-1\}$; K ist der *Kacheladreßraum* von AS. Eine Kachel ist eine Folge von AS-Zellen mit Adressen $\{a, a+1, \ldots, a+pl-1\} \subseteq A$ mit $a \equiv 0(pl)$. Der Zusammenhang zwischen der eindimensionalen und der zweidimensionalen Struktur von AS wird mit der Bijektion
$\beta_{AS}: A \to K \times D$ mit $\beta_{AS}(a) = (b, d) \Leftrightarrow a = b \cdot pl + d$ für alle $a \in A$ hergestellt, so daß beide Strukturen nach Zweckmäßigkeit benutzt werden können.

Sei s ein Segment mit der Länge $l_s$ und der Indexmenge $I(s) = \{0, \ldots, l_s-1\}$. Dem Segment s wird ebenfalls eine zweidimensionale Struktur aufgeprägt. Mit $b_s = l_s/pl$ sei $B(s) = \{0, \ldots, b_s-1\}$; $B(s)$ ist die *Seitenindexmenge* von s. Der Zusammenhang zwischen der ein- und der zweidimensionalen Struktur des Segments s wird durch die linkstotale, injektive Abbildung $\beta_s: I(s) \to B(s) \times D$ mit $\beta_s(i) = (b, d) \Leftrightarrow i = b \cdot pl + d$ für alle $i \in I(s)$ hergestellt. Weil nicht notwendig $l_s \equiv 0(pl)$ gilt, ist $\beta_s(I(s)) \subset B(s) \times D$ möglich. Dem entspricht, daß bei seitenbasierter Segmentrealisierung *interne Fragmentierung* auftreten kann. Die den Segmenten aufgeprägten zweidimensionalen Strukturen sind die Grundlage für seitenbasierte Realisierungen der Segmente. Für das Segment s wird eine *seitenbasierte AS-Realisierung* durch eine injektive Abbildung $\sigma_s^{AS}: B(s) \to K$ beschrieben; $\sigma_s^{AS}$ kann linkstotal oder partiell sein. Für $b \in B(s)$ sagt $\sigma_s^{AS}(b) = k$, daß die Seite von s mit dem Index b mit der Kachel k AS-realisiert ist. $\sigma_s^{AS}(b) = \bot$ sagt, daß die Seite nicht AS-realisiert ist. Dementsprechend beschreibt $\sigma_s^{AS}$ eine *vollständige oder partielle AS-Realisierung* des Segments s. Analog zu AS-Realisierungen können auch HS-Realisierungen von s beschrieben werden. Dazu sei h ein Hintergrundspeicher mit dem Blockadreßraum $HA(h)$, dessen Blöcke zum Speichern von Seiten geeignet sind. Dann wird für das Segment s eine *seitenbasierte HS-Realisierung* mit h durch eine injektive Abbildung $\sigma_s^{HS}: B(s) \to HA(h)$ beschrieben. Dabei gilt das für $\sigma_s^{AS}$ Gesagte für $\sigma_s^{HS}$ entsprechend, so daß $\sigma_s^{HS}$ eine *vollständige oder* eine *partielle HS-Realisierung* des Segments s beschreibt. Wenn das Segment s als Datenobjekt benutzbar sein soll, muß s vollständig realisiert sein. Das Abbildungspaar ($\sigma_s^{AS}$, $\sigma_s^{HS}$) beschreibt eine *vollständige Realisierung* von s, wenn für alle b ∈ B(s) gilt: $\sigma_s^{AS}$(b) oder $\sigma_s^{HS}$(b) ist definiert; wenn $\sigma_s^{AS}$(b) und $\sigma_s^{HS}$(b) definiert sind, sind die Inhalte von $\sigma_s^{AS}$(b) und $\sigma_s^{HS}$(b) gleich. Im weiteren wird vorausgesetzt, daß sämtliche Segmente von $\mathcal{R}$ vollständig realisiert sind. ($\sigma_s^{AS}$, $\sigma_s^{HS}$) beschreibt eine *gemischte AS-HS-Realisierung* des Segments s, wenn $\sigma_s^{AS}$ oder $\sigma_s^{HS}$ partiell ist.

Für Zugriffe eines Rechenprozessors zum Segment s müssen von den virtuellen Adressen ausgehend, die den Indizes i ∈ I(s) entsprechen, die AS-Adressen der Zellen berechnet werden können, mit denen die s-Elemente realisiert sind, sofern dies möglich ist. Dazu muß die *Speicherfunktion* der jeweiligen mit ($\sigma_s^{AS}$, $\sigma_s^{HS}$) beschriebenen Realisierung von s berechnet werden, die als injektive Abbildung $\sigma_s$ : I(s) → A mit $\sigma_s^{AS}$ definiert ist. Für i ∈ I(s) sei $\beta_s(i) = (b, d)$. Dann ist $\sigma_s(i)$ definiert, wenn $\sigma_s^{AS}$(b) = k definiert ist, und es gilt $\sigma_s(i) = k \cdot pl + b$; sonst ist $\sigma_s(i)$ undefiniert. Wenn $\sigma_s(i) = a \in A$ definiert ist, ist die Seite mit dem Index b von s AS-realisiert, und der Zugriff kann erfolgen. Wenn versucht wird, $\sigma_s(i)$ zu berechnen und $\sigma_s(i)$ undefiniert ist, tritt ein sog. *Seitenfehler* auf; der Zugriff ist erst möglich, wenn die Seite AS-realisiert ist. Die Berechnung der Speicherfunktion $\sigma_s$ erfordert die Berechnung von $\sigma_s^{AS}$, und dazu muß $\sigma_s^{AS}$ geeignet beschrieben sein. $\sigma_s^{AS}$ wird zweckmäßig mit einer Tabelle, der *Seiten-Kachel-Tabelle* SKT(s), mit den $\sigma_s^{AS}$(B(s)) als Elementen beschrieben; für s ist also eine Tabelle mit |B(s)| Elementen erforderlich. Mit SKT(s) ist $\sigma_s$ eine *zweistufig lineare Funktion*, für deren Berechnung Zugriffe zu SKT(s) erforderlich sind. Die Seiten-Kachel-Tabellen der jeweiligen Segmente von $\mathcal{R}$ sind Datenobjekte des Betriebssystemkerns, also Bestandteile des Kernsegments bk_segment. Rechenprozessoren sind mit einer speziellen *MMU* (Memory Management Unit) und mit speziellen Assoziativspeichern *TLB* (Translation Look-aside Buffer) so ausgestattet, daß die Speicherfunktionen effizient berechnet werden können. Analog zu $\sigma_s^{AS}$ wird $\sigma_s^{HS}$ zweckmäßig mit einer *Seiten-Blockbereichs-Tabelle* SBT(s) beschrieben. Sie wird benötigt, wenn $\sigma_s(i)$ für i ∈ I(s) undefiniert ist und die entsprechende Seite AS-realisiert werden muß. Die Seiten-Blockbereichs-Tabellen der jeweiligen Segmente von $\mathcal{R}$ sind, wie die SKT, Datenobjekte des Betriebssystemkerns. Damit ist das Instrumentarium seitenbasierter VM-Realisierungen für $\mathcal{R}$ erklärt; zum Einsatz ist kachelorientierte AS-Verwaltung erforderlich.

Mit Verfahren zur *kachelorientierten AS-Verwaltung* für $\mathcal{R}$ wird das Instrumentarium, das für seitenbasierte VM-Realisierungen zur Verfügung steht, so eingesetzt, daß die Prozesse gemäß P ihre Berechnungen möglichst effizient ausführen können. Dabei sind primär die Kacheln von AS zu verwalten und für AS-Realisierungen von Seiten und Segmenten einzusetzen. Dabei werden Teile des Hintergrundspeichers als AS-Erweiterung eingesetzt, so daß also auch Verfahren zur kachelorientierten HS-Verwaltung erforderlich sind. Als Ziel dieser integrierten Verwaltungsverfahren soll erreicht werden, daß den Prozessen P jeweils die für ihre Berechnungen benötigten Seiten AS-realisiert zur Verfügung stehen. Zu den Verfahren gehört, daß die jeweils belegten und freien Kacheln sowie die Blockbereiche, die für HS-Realisierungen zur Verfügung stehen, beschrieben, belegt und freigegeben werden. Das wesentliche der Verfahren sind jedoch die Entscheidungen darüber, welche Segmente und Seiten jeweils AS-realisiert werden sollen. Die Anforderungen, die dabei zu erfüllen sind, werden von den Prozessen gestellt und ergeben sich aus dem Fortschreiten der Berechnungen der Prozesse. Von den $2 \cdot |P| + 1$ Segmenten von $\mathcal{R}$ spielt das Kernsegment bk_segment eine Sonderrolle, die sich daraus ergibt, daß der Kern die gemeinsame Basis der Prozesse von $\mathcal{R}$ ist. Für die Paare der übrigen Segmente ergeben sich die Realisierungsanforderungen aus dem Fortschreiten der Berechnungen der einzelnen Prozesse p ∈ P.

Als Grundlage für die zu treffenden Realisierungsentscheidungen sind demnach Kenntnisse über das → Verhalten, genauer über das Zugriffsverhalten der p ∈ P zu Seiten, erforderlich. Sie werden für den Prozeß p mit einer Zugriffs- oder *Referenzspur* R(p) beschrieben. R(p) ist eine Folge von Segmentseitenindizes, die den Zugriffen von p zu Seiten entspricht. Der Sonderrolle von bk_segment entsprechend, sei R(p) die Projektion der Referenzspur auf die p-privaten Segmente ch_segment(p) und k_segment(p). Als Ausgangsbasis für Verfahren zur kachelorientierten AS-Verwaltung ergibt sich damit, daß die $2 \cdot |P| + 1$-Segmente von $\mathcal{R}$ realisiert sind. Ihre Seiten sollen den Anforderungen der Prozesse entsprechend mit den Kacheln von AS realisiert werden, und für p ∈ P werden die Anforderungen bzgl. der p-privaten Segmente mit der Referenzspur R(p) beschrieben. Zur Lösung dieser Realisierungsaufgabe gibt es zahlreiche Verfahren. Zwei grobe Klassen von Verfahren ergeben sich mit dem Kriterium, wann die Realisierungsentscheidungen getroffen werden: Mit *vorausplanenden Verfahren* wird versucht, die Entscheidungen im voraus, also bevor die Zugriffe erfolgen, zu treffen. Mit *Anforderungsverfahren* werden die Entscheidungen jeweils dann getroffen, wenn Zugriffe oder Zugriffsversuche erfolgen. Zwei weitere grobe Klassen von Verfahren ergeben sich mit dem Kriterium, welche Anforderungen bei den einzelnen Realisierungsentscheidungen berücksichtigt werden: Mit *prozeßlokalen Verfahren* werden die Anforderungen der einzelnen Prozesse separat behandelt. Mit *prozeßglobalen Verfahren* werden die Anforderungen der Prozesse gemäß P gemeinsam behandelt. Im Rahmen dieser Klassen gibt es zahlreiche Varianten und natürlich gemischte Verfahren. Von dieser Vielfalt wird im folgenden lediglich das Wesentliche für zwei Verfahrensfamilien erklärt.

Von den Verfahren zur kachelbasierten AS-Verwaltung sind die *prozeßlokalen Einzelseiten-Anforde-*

*rungsverfahren* besonders einfach. Sie legen fest, daß einem Prozeß $p \in P$ auf Lebenszeit eine Kachelmenge $K_p \subset K$ für AS-Realisierungen der Seiten der p-privaten Segmente zugeordnet wird. Die Realisierungsentscheidungen werden jeweils für einzelne Seiten dann getroffen, wenn entsprechende Anforderungen gestellt werden, wenn also Seitenfehler auftreten. Für einen Prozeß p, dem die Kachelmenge $K_p$ zugeordnet ist, und der seine Berechnungen gemäß der Referenzspur $R(p) = r_1 r_2 \ldots$ ausführt, sei $Z_n$ mit $n \in \mathbb{N}_0$ der Belegungszustand im n-ten Schritt. Dabei ist $Z_0 = 0$ und für $n \in \mathbb{N}$ ist $Z_n$ die Menge der Indizes der mit $K_p$ AS-realisierten Seiten im n-ten Schritt. Für alle $n \in \mathbb{N}_0$ gilt also $0 \leq |Z_n| \leq |K_p|$. Die Folge $(Z_n)$ ergibt sich mit den Anforderungen gemäß $R(p)$ und den Realisierungsentscheidungen; für alle $n \in \mathbb{N}$ muß $r_n \in Z_n$ gelten. Sei $n \in \mathbb{N}_0$; von $R(p)$ seien n Schritte ausgeführt, so daß der Belegungszustand $Z_n$ ist. Für den Folgeschritt mit $r_{n+1}$ liegt eine relevante Situation dann vor, wenn $|Z_n| = |K_p|$ gilt. Wenn $r_{n+1} \in Z_n$ gilt, kann der Zugriff zu $r_{n+1}$ erfolgen, und für den Folgezustand gilt $Z_{n+1} = Z_n$. Wenn $r_{n+1} \notin Z_n$ gilt, tritt ein *Seitenfehler* auf. Dann ist eine Realisierungsentscheidung zu treffen und durchzusetzen: Ein $r \in Z_n$ ist auszuwählen, und die Seite muß in HS verdrängt werden; mit der damit freien Kachel muß die Seite $r_{n+1}$ AS-realisiert werden. Mit diesen Maßnahmen ergibt sich für den Folgezustand $Z_{n+1} = (Z_n - \{r\}) + \{r_{n+1}\}$; in diesem Zustand kann der Zugriff mit $r_{n+1}$ erfolgreich ausgeführt werden. Es ergibt sich, daß im wesentlichen eine *Verdrängungsentscheidung* zu treffen ist, so daß ein Kriterium für die Auswahl der jeweils zu verdrängenden Seite erforderlich ist; dieses Kriterium bestimmt die *Verdrängungsstrategie*.

Es gibt zahlreiche Kriterien, die angewandt werden, und nach ihnen bezeichnete Strategien. *RANDOM* mit zufälliger Auswahl, *FIFO* mit Verdrängung der Seiten in der Reihenfolge, in der sie AS-realisiert werden, *LRU* (Least Recently Used) mit Verdrängung der Seite mit dem größten Rückwärtsabstand gemäß $R(p)$ und *BO* (Belady's Optimal) mit Verdrängung der Seite mit dem größten Vorwärtsabstand gemäß $R(p)$ sind einige häufig auftretende Verdrängungsstrategien. Ziel der Auswahl einer Strategie ist, daß die *Seitenfehlerrate* möglichst klein oder die *Trefferrate* möglichst groß sein soll. Dabei sind für $n \in \mathbb{N}$ und die Anzahl $f_n$ der Seitenfehler bei Abarbeitung des Präfix $r_1 \ldots r_n$ von $R(p)$ die Seitenfehlerrate $\varphi_n = f_n/n$ und die Trefferrate $1 - \varphi_n$. Die Strategie BO ist bzgl. der Seitenfehlerrate optimal. Sie ist jedoch unrealistisch, weil sie voraussetzt, daß $R(p)$ im voraus bekannt ist; das trifft höchstens in Ausnahmefällen zu. Für realistische Strategien müssen Beobachtungen der Historien von $R(p)$ erfolgen und ausgewertet werden. Das ist bei FIFO und bei LRU der Fall. LRU berücksichtigt zusätzlich die *Lokalität* des Zugriffsverhaltens. Wegen der großen Unterschiede zwischen den Lese-/Schreibzeiten von AS und von HS muß versucht werden, sehr kleine Seitenfehlerraten

(etwa $10^{-5}$) zu erreichen. Dazu trägt neben der Verdrängungsstrategie natürlich die Anzahl $|K_p|$ der zur Verfügung stehenden Kacheln bei.

Als Minimalforderung an eine geeignete Strategie, die diesem Zusammenhang Rechnung trägt, ergibt sich, daß die Anzahl der Seitenfehler nicht wächst, wenn die Anzahl der Kacheln vergrößert wird. Diese Forderung wird nicht von allen Strategien erfüllt; FIFO ist ein Beispiel hierfür; das wird als *FIFO-Anomalie* bezeichnet. Die Minimalforderung wird von der Klasse der *Kellerstrategien* mit der definierenden Eigenschaft $Z_n(R(p), m) \subseteq Z_n(R(p), m+1)$ für alle Referenzspuren $R(p)$, $n \in \mathbb{N}_0$ und $m \in \mathbb{N}$ erfüllt; dabei ist $Z_n(R(p), k)$ für $k \in \mathbb{N}$ der Belegungszustand im n-ten Schritt bei $|K_p| = k$. LRU ist ein Beispiel für eine Kellerstrategie. Auch mit einer Kellerstrategie können sich hohe Seitenfehlerraten ergeben; sie können zum sog. *Seitenflattern* (Thrashing) führen, was bedeutet, daß die Berechnungen des Prozesses p wegen der notwendigen AS-HS-Umspeicherung nicht mehr fortschreiten.

Mit *prozeßglobalen Verfahren zur kachelorientierten AS-Verwaltung* können diese gravierenden Mängel prozeßlokaler Verfahren überwunden werden. Sie treffen die Realisierungsentscheidungen unter Berücksichtigung der Anforderungen aller koexistierenden Prozesse gemäß P, und sie teilen den Prozessen Kachelmengen mit variablen Mächtigkeiten zu. Damit ergibt sich die Möglichkeit der Anpassung an das Zugriffsverhalten der Prozesse. Für diese Anpassungen ist erforderlich, daß Historien der Referenzspuren $R(p)$ der $p \in P$ beobachtet und ausgewertet werden. Mit diesen Beobachtungen sollen *variierende Lokalitäten* des Zugriffsverhaltens der Prozesse erkannt werden. Für den Prozeß p mit $R(p)$ und $n, m \in \mathbb{N}$ ist dabei die *Working Set* mit Fenstergröße m des Prozesses p zur Zeit n $W(R(p), n, m) = \{r_{n-m+1}, r_{n-m+2}, \ldots, r_n\}$ eine geeignete, häufig benutzte Bewertungskenngröße. Sie sagt, zu welchen Seiten p mit den jüngsten m Schritten bis zum aktuellen n-ten Schritt zugegriffen hat. m ist ein Parameter, mit dem die Dauer der Historie, die beobachtet wird, festgelegt werden kann. Die Working Set ist unabhängig davon, daß die Seiten AS- oder HS-realisiert sind, also unabhängig von getroffenen Realisierungsentscheidungen. Sie liefert jedoch Kriterien für Realisierungsentscheidungen: Wenn dem Prozeß p die Kachelmenge $K_p$ zur Verfügung steht, liefert der Vergleich von $|K_p|$ mit $|W(R(p), n, m)|$ Aussagen über die geeignete oder ungeeignete Wahl von $K_p$, so daß auf dieser Grundlage $K_p$ beibehalten, verkleinert oder vergrößert werden kann.

Die Working Sets der Prozesse gemäß P sind eine geeignete Ausgangsbasis für Realisierungsentscheidungen *im Großen*, also für Entscheidungen darüber, welche Prozesse in HS verdrängt bzw. (partiell) eingelagert werden sollen. Als Kriterium hierbei gilt, daß die Working Sets der jeweils eingelagerten oder einzulagernden Prozesse AS-realisiert werden sollen. Mit den Realisierungsentscheidungen im Großen wird also die

Prozeßmenge P jeweils in {$P_{in}$, $P_{trans}$, $P_{out}$} zerlegt. Dabei sind die p ∈ $P_{in}$ die Prozesse, deren Segmente partiell so AS-realisiert sind, daß die Berechnungen fortschreiten können. Einem Prozeß p, der eingelagert wird, für den also die Überführung von $P_{out}$ über $P_{trans}$ in $P_{in}$ erfolgt, wird die Working Set AS-realisiert zur Verfügung gestellt. Damit ergibt sich die Menge $K_p$ der Kacheln, die p für das Folgezeitintervall zugeteilt ist. Für die folgenden Schritte der Abarbeitung von R(p) werden Realisierungsentscheidungen *im Kleinen* mit $K_p$ und mit einer Einzelseiten-Anforderungsstrategie getroffen und durchgesetzt, wobei die jeweiligen Working-Set-Seiten, wenn möglich, nicht verdrängt werden. Auf der Grundlage der beobachteten Entwicklung der Working Sets von p wird die Entscheidung, p die Menge $K_p$ zuzuteilen, bei Bedarf revidiert. Die Kachelzuteilung für p wird den jeweiligen Anforderungen angepaßt. Mit diesen adaptiven Verfahren, die Realisierungsentscheidungen im Großen und im Kleinen kombinieren, ist effiziente kachelorientierte AS-Verwaltung mit (im zeitlichen Mittel) hohem Parallelitätsgrad für $\mathcal{R}$ möglich.

Zum *S. für Berechnungen* von $\mathcal{R}$ gehört, daß die Prozesse von $\mathcal{R}$ zusätzlich zu ihren privaten Segmenten und dem Kernsegment auch Dateien und Verzeichnisse benutzen können. Die Nutzung von persistenten Datenobjekten des *Dateisystembaums* durch einen Prozeß p ∈ P, wird durch Öffnen der entsprechenden Dateien und Verzeichnisse eingeleitet. Sie erfolgt dann mit Lese- und Schreibdiensten, die das Dateimanagement zur Verfügung stellt. Die persistenten Datenobjekte werden, wie erklärt, primär mit HS-Blöcken realisiert. Für Lese- und Schreiboperationen, die der Prozeß p auf Dateien und Verzeichnissen ausführt, ist jedoch erforderlich, daß die jeweils benötigten Teile AS-realisiert werden. Das kann dadurch erfolgen, daß die jeweils benötigten Blöcke von Dateien und Verzeichnissen mit *Blockpuffern* AS-realisiert werden. Damit ergibt sich, daß zusätzlich *blockbasierte Datei- und Verzeichnisrealisierungen* mit AS, also blockpufferorientierte AS-Verwaltung, erforderlich ist. Hinzu kommt, daß die Prozesse von $\mathcal{R}$ Dateien und Verzeichnisse gemeinsam und konkurrierend benutzen können, so daß entsprechende → Berechnungskoordinierung für die Prozesse gemäß P erforderlich ist.

An blockpufferorientierte AS-Verwaltung werden Anforderungen gestellt, die denen für kachelorientierte AS-Verwaltung ähnlich sind. Es ist deshalb geboten, Dateien und Verzeichnisse für Berechnungen den Segmenten entsprechend zu handhaben. Damit ergeben sich *Dateien und Verzeichnisse in virtuellen Speichern* (memory mapped files); das sind die Dateien und Verzeichnisse, die jeweils für die Prozesse von $\mathcal{R}$ geöffnet sind. Dateien und Verzeichnisse sind damit lineare Datenobjekte, die analog zu den Segmenten gemischt AS-HS-realisiert werden können. Diese Zusammenführung vereinfacht die Verwaltung der Speicher und die Koordinierung der Berechnungen von $\mathcal{R}$. Die AS- und die HS-Realisierungen von Dateien und Verzeichnissen müssen der Anforderung Rechnung tragen, daß Dateien und Verzeichnisse temporär transiente oder persistente Datenobjekte sein können. *P. P. Spies*

Literatur: *Nutt, G. J.*: Centralized and distributed operating systems. Prentice Hall, Englewood Cliffs, NJ 1992. – *Silberschatz, A.; Galvin, P. B.*: Operating system concepts. Addison-Wesley, Reading, MA 1994. – *Tanenbaum, A. S.*: Modern operating systems. Prentice Hall, Englewood Cliffs, NJ 1992.

**Speicherröhre** ⟨storage tube⟩. Modifizierte *Braunsche Röhre*. Sie wird in der Meßtechnik eingesetzt, um kurzzeitige, einmalige Vorgänge zu visualisieren, sowie als Ein- und Ausgabemedium in der graphischen → Datenverarbeitung. Sie besteht aus zwei Elektronenkanonen, einem Fokussier- und Ablenksystem und drei dicht vor der Phosphorschicht gelegten feinen Gittern (Bild). Das Schreibgitter ist mit einem Dielektrikum beschichtet. Um den → Bildschirm zu beschreiben, werden von der Schreibkanone hochenergetische Elektronen emittiert, die an der Auftrittstelle des Dielektrikums mehrere Sekundärelektronen emittieren, so daß die betreffende Stelle gegenüber ihrer Umgebung positiv geladen wird. Die sekundären Elektronen werden von dem Kollektorgitter gesammelt. Die Überflutungskanone emittiert Elektronen niedriger Energie, die das Schreibgitter nur an den positiv geladenen Stellen durchfliegen können. Diese Elektronen werden durch die zwischen dem zweiten und dritten Gitter gelegte hohe Spannung beschleunigt und bringen die Phosphorschicht zum Leuchten. Durch diesen Vorgang bleibt ein einmal geschriebenes Bild ohne Bildwiederholung (→ Bildwiederholrate) für längere Zeit gespeichert. Aufgrund des Schreibvorgangs ist die S. für das Zeichnen von Punkten und Linien besonders gut geeignet (→ Vektorbildschirm). In bezug auf die Datenverarbeitung hat die S. folgende Vorteile:

– Interne Bildspeicherung. Dadurch wird die → Logik des Graphikprozessors vereinfacht, und der Bildwiederholspeicher entfällt.

– Durch das Fehlen der Bildwiederholung flimmerfreies Bild.

– Langsam ablaufender Schreibvorgang, dadurch billigere Schaltkreise.

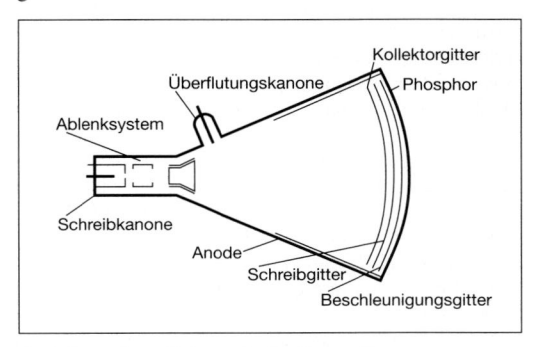

*Speicherröhre: Schematische Darstellung*

– Einfacher und kostengünstiger Aufbau.
  Demgegenüber stehen folgende Nachteile:
– Eingeschränkte Möglichkeiten für interaktives Arbeiten.
– Keine Farben- und Schattenwiedergabe.
– Darstellung nur von Drahtmodellen, dadurch eingeschränkte Darstellung räumlicher Szenen.
  Aufgrund der fallenden Preise für Rasterbildschirme werden S. kaum noch verwendet.   *Encarnação/Sakas*
Literatur: *Newmann, W. R.* and *R. F. Sproull*: Principles of interactive computer graphics. New York 1979 – *Encarnação, J. L.* und *W. Strasser*: Computer Graphics – Gerätetechnik, Programmierung und Anwendung graphischer Systeme. München–Wien 1986 – BMFT Forschungsbericht T76-02: Neuartige Speicherröhren. Juli 1976.

**Speichersystem** ⟨*storage system*⟩. S. (auch Speichersubsystem) ist die Bezeichnung für die Summe der Funktionselemente, die in ihrem Zusammenwirken einem Rechner Informationen mit definiertem Aufbewahrungsort (physische Adresse) in Form von fehlerfreien → Signalen an einer → Schnittstelle zur Verfügung stellen (lesen) oder zum Zwecke der Aufbewahrung vom Rechner übernehmen (schreiben) können.
  Ein S. muß nicht notwendig in beide Richtungen arbeiten können – lesen und schreiben.
  Die Schnittstellen sind häufig *Kanäle*, Einrichtungen im Rechner – manchmal als freistehende Einheiten ausgeführt –, die der Übertragung von Signalen vom → Arbeitsspeicher nach außen und umgekehrt dienen. An Kanäle werden externe Einheiten aller Art angeschlossen, neben S. beispielsweise auch Druck- und Datenfernverarbeitungssysteme. Demzufolge sind Kanäle nicht Bestandteil der hier beschriebenen S.
  Der Arbeitsspeicher (→ Hauptspeicher) wird als *interner Speicher* bezeichnet, die jenseits der Schnittstelle befindlichen Speicher (z. B. → Magnetplatten oder → Magnetbänder) sind *extern*.
  Wenn externe Speichereinheiten in das gleiche Gehäuse eingebaut sind, in dem sich auch der Rechner befindet, und möglicherweise Gesamtsystemkomponenten wie das Netzteil gemeinsam benutzt werden, spricht man von integrierten Einheiten.
  Es gibt einstufig organisierte Datenverarbeitungssysteme, bei denen z. B. der heute meist auf → Halbleitertechnologie basierende Hauptspeicher mit magnetisch aufzeichnenden Plattenspeichern – integriert oder nicht – einen gemeinsamen → Adreßraum bildet (single level storage).
  Einstufige Organisation oder integrierte Einheiten ändern nichts an der Tatsache, daß ab einer bestimmten Schnittstelle mit physischen statt mit logischen Adressen gearbeitet werden muß. Das ist dann die Schnittstelle zwischen Rechner und externem S.
  Weil ein Programmierer nicht wissen kann, wo die → Daten, auf die sein → Programm zugreift, physisch untergebracht sein werden, arbeitet er mit logischen Adressen wie Dateinamen sowie Ordnungsbegriffen wie Artikelnummer und Kontonummer. Im praktischen Einsatz muß eine Komponente des Basissteuerungsprogrammes im Rechner (oft Zugriffsmethode im → Betriebssystem) in der Lage sein, physische Adressen zu ermitteln, bei Magnetplattensystemen z. B. → Kontrolleinheit, Einheit oder Zugriffsmechanismus, Zylinder, Spur, Sektor (→ Magnetplattenlaufwerk).
  Ein S. aus Kontrolleinheit und Laufwerken kann nur arbeiten, wenn an der Schnittstelle zum Rechner eine solche Adresse vorgegeben wird. Die Kontroll- oder → Steuereinheit steuert die physischen Abläufe, die notwendig sind, damit so definierte Informationen gelesen und geschrieben werden. Sie erkennt und korrigiert fehlerhafte Signale der Einheiten (→ Magnetplattenlaufwerk und → Magnetbandeinheit).

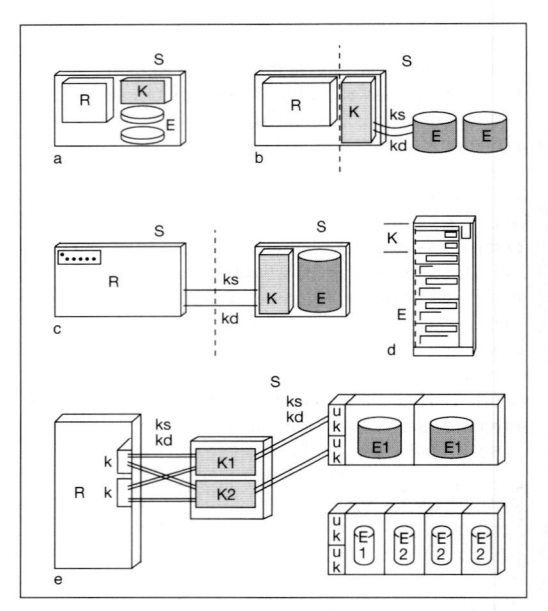

*Speichersystem: Möglichkeiten der Anordnung. a. Rechner und Speichersystem im gemeinsamen Gehäuse, b. Integrierte Kontrolleinheit im Rechnergehäuse, c. Direktanschluß, Kontrolleinheit und Speichereinheiten im gleichen Gehäuse, d. Kontrolleinheiten und Speichereinheiten als Einschübe im Standardgehäuse (-rahmen), e. Beispiel einer häufig anzutreffenden Version eines Magnetplattenspeichersystems im Großrechnerbereich: Doppelkontrolleinheit an zwei Kanälen eines Rechners (umschaltbar) und verschiedene Typen von Magnetplatteneinheiten an den Kontrolleinheiten, als Laufwerksstränge konfiguriert, deswegen Kontrolleinheitenkomponenten in der ersten (Haupt-)Einheit jedes Stranges, die gegenüber der Kontrolleinheit eine einheitliche Schnittstelle herstellen.*

E Speichereinheiten, K Kontrolleinheiten, R Rechner, S Speichersystem, ks Steuerungskabel, kd Datenkabel, k Kanal, uk Kontrolleinheitenkomponenten

Die Funktionselemente externer S. sind heute innerhalb von Datenverarbeitungsanlagen unterschiedlich plaziert (Bild).

Schnittstellen zwischen Rechnern und Speichersystemen, die früher herstellerindividuell waren, werden zunehmend standardisiert. Die Funktionen von separaten Kontrolleinheiten zwischen Rechner und S. werden in die S. verlagert. Somit können heute Produkte verschiedener Hersteller untereinander verbunden werden. Die maximale Länge der Anschlußkabel ist aus physikalischen Gründen begrenzt (Signallaufzeiten, Übersprechverhalten, Kabelimpedanzen), daher werden bei größeren Entfernungen zwischen Rechner und S. heute Glasfaserkabel verwendet. Sie erlauben neben den größeren Entfernungen auch höhere Übertragungsraten als Kupferkabel. Die seriellen Übertragungsraten auf solchen Strecken liegen bereits bei 1 Gigabit/s. Voraussetzung für Glasfaserkabel sind Wandler, die die elektrischen Signale in optische umsetzen und umgekehrt. Die Wandler sind dabei zwischengeschaltet oder in die Rechner, Kontrolleinheiten und S. integriert.

Größere S., auf denen Primärdaten gehalten werden (Plattenspeichersysteme), werden aus Gründen der höheren → Verfügbarkeit in ihren Komponenten zunehmend redundant ausgelegt. Neben Verfahren zur redundanten Datenspeicherung (Spiegelplatten, → RAID-Verfahren) sind redundant ausgelegte Zugriffspfade, Stromversorgungen und Überwachungsmechanismen eingebaut. Somit verhält sich das S. fehlertolerant gegenüber einem Ausfall einer Komponente, die dann häufig während des laufenden Betriebs ausgetauscht werden kann. *Pott/Voss*

**Speichertechnologie, magnetische** ⟨*magnetic storage technology*⟩ → Speichertechnologien; → Magnetbandeinheit; → Magnetplattenlaufwerk; → Magnetblasenspeicher

**Speichertechnologie, magnetooptische** ⟨*magnetic optical storage technology*⟩ → Speicher, optischer

**Speichertechnologie, optische** ⟨*optical storage technology*⟩ → Speicher, optischer

**Speichertechnologien** ⟨*storage technologies*⟩. Als S. (auch Speichertechniken) werden die physikalisch/technischen Grundlagen für Vorrichtungen bezeichnet, die dazu dienen, Informationen so aufzubewahren, daß sie zu beliebigen Zeitpunkten wiedergefunden und abgerufen werden können. Gegenstand dieses Überblicks sind die sog. → Massenspeicher, die nicht auf Halbleitertechnologie aufgebaut und als externe Speicher an Rechner angeschlossen sind. Innerhalb der Systeme zur Informationsverarbeitung werden verbreitet → magnetomotorische Speicher eingesetzt wie

– → Magnetplattenlaufwerke,
– → Magnetbandeinheiten,
– → Diskettenlaufwerke,

außerdem zunehmend optische Speicherplatten (optical disc).

Bis zur Serienfertigung entwickelt – wenn auch nur begrenzt eingesetzt – wurden → Magnetblasenspeicher. Ladungskopplungsspeicher, wenn auch nicht als Massenspeicher realisiert, sind interessant wegen ihrer Fähigkeit der taktgebundenen Verarbeitung auch analoger Signale.

Zukünftig können bedeutungsvoll werden: → Holographie-Speicher, aber eher noch Speicher, die das → Frequenz-Domänen-Verfahren benutzen.

Die → Laser-Vision-Bildplatte, im analog aufzeichnenden Gerät, ist ein Medium zum Übertragen auch bewegter Bilder in Verbundnetzen der Informationsverarbeitung.

Magnetkernspeicher waren bis zum Ende der 60er Jahre als → Arbeitsspeicher der Rechner weit verbreitet, wurden aber ab etwa 1970 von den schnelleren und preisgünstigeren Halbleiterspeichern abgelöst. → Magnettrommelspeicher, die nach dem gleichen Prinzip arbeiten wie Magnetplattenspeicher mit feststehenden Schreib-/Leseköpfen, waren in den 60er und 70er Jahren verbreitet eingesetzt worden für Daten, auf die besonders häufig zugegriffen wurde.

Unter → Speichersystem und → Kontrolleinheit sind Prinzipien erläutert, nach denen Anlagen zur Informationsverarbeitung Daten adressieren und abrufen. Gleiche Verfahren – z. B. magnetische und optische Aufzeichnung – können sich für digitale und analoge Darstellung eignen.

Für die hier überwiegend betrachteten Massenspeicher ist die digitale Aufzeichnung von Bedeutung. Zähleinheit für digitale Binärentscheidungen ist das → Bit. Sie wird auch als Maßeinheit zur Quantifizierung der Speicherkapazität und der Übertragungsleistung (bit/s) von Informationsspeichern benutzt. Häufig werden die Elemente eines Zeichensystems in Form einer Verschlüsselung mit 8 bit dargestellt, z. B. die Buchstaben des Alphabets, die Zahlen von 0 bis 9 und eine Reihe von Sonderzeichen. Dafür hat sich die Bezeichnung *Byte* eingebürgert, die ebenfalls als Maßeinheit für Kapazität und Leistung benutzt wird. Oft wird statt „Byte" einfach „Zeichen" verwendet.

Andere S. als die der überaus leistungsfähigen Halbleiter (heute als integrierte Schaltungen ausgeführt) sind wegen ihrer physikalischen Eigenschaften und aus Gründen der Wirtschaftlichkeit notwendig oder berechtigt, z. B.:

□ *Physikalische Eigenschaften.* Halbleiterspeicher verlieren bei Abfall oder Unterbrechung der für ihre Funktion notwendigen elektrischen Spannung die Information. Magnetische Aufzeichnung – weil von Energiezufuhr unabhängig – bleibt auch dann erhalten, wenn ein auf dieser Grundlage arbeitendes Gerät abgeschaltet wird. Magnetische → Datenträger eignen sich demzufolge für die dauerhafte Aufbewahrung von Informationen, Halbleiterspeicher nicht.

☐ *Wirtschaftlichkeit.* Zu einem Zeitpunkt, als die Anschaffungskosten für eine Erweiterung des → Hauptspeichers in einem bestimmten Rechner um 1 Million Byte etwa 13 000 DM und die des sog. Erweiterungsspeichers etwa 5 000 DM betrugen, kostete die gleiche Kapazität auf einem betriebsfertig angeschlossenen Magnetplattenspeicher etwa 28 DM, auf einem Magnetband im Archiv (→ Medienkosten) etwa 0,06 DM. Die Wirtschaftlichkeit der Datenverarbeitung wird also in starkem Maße von einer sinnvollen Zuordnung der größeren Datenbestände zu verschiedenen Arten von Speichern bestimmt:

– Während der unmittelbaren Verknüpfung von Informationen in Rechnern mit einer Leistung bis zu einigen Millionen Verarbeitungsschritten (Instruktionen) pro Sekunde sollten die zum jeweiligen Zeitpunkt relevanten Daten im Hauptspeicher, soweit vorhanden, mindestens im nachgeschalteten Erweiterungsspeicher mit kürzesten Zugriffszeiten stehen, damit die Rechnerkapazität ausgenützt wird und der Rechner nicht auf die Daten als Gegenstand der Verknüpfung oder auf Programmbestandteile warten muß.

– Aktive Daten, auf die mit hoher Wahrscheinlichkeit in absehbarer Zeit zugegriffen wird, sollten innerhalb von Millisekunden von einem an den Rechner angeschlossenen (On-line-)Massenspeicher in den Rechner abrufbar sein.

– Datenbestände mit periodischer Aktivität sollten – solange sie inaktiv sind – auf dem Speicher mit den niedrigsten Kosten liegen. Das kann ein manuell verwaltetes, nicht im Zugriff des Systems liegendes (Off-line-)Archiv sein. Die Wirtschaftlichkeit ist allerdings nur solange gegeben, wie die Perioden der Inaktivität lang genug sind, damit die Kosten für das Ausfassen, die Montage und ggf. noch das Übertragen der Daten auf einen Plattenspeicher den Vorteil der kostengünstigen Lagerung außerhalb des Systems nicht überkompensieren.

Die absoluten Werte der im Beispiel erwähnten Speicherkosten sind nur zeitlich begrenzt gültig, denn mit der immer noch fortschreitenden Steigerung der Datendichte, bezogen auf den Flächen- und Raumbedarf etablierter Technologien, und der Serienreife weiterer Technologien werden → Medienkosten und Verfahrenskosten unverändert stark sinken.

Aber Kostenunterschiede in Größenordnungen zwischen einer und drei Zehnerpotenzen zwischen benachbarten Stufen einer Speicherhierarchie nach Preis und vier bis sechs Zehnerpotenzen zwischen der höchsten und niedrigsten Stufe bleiben wahrscheinlich.

Die Leistung der Speicher, hauptsächlich gemessen nach der Zugriffsgeschwindigkeit, aber auch nach der Übertragungsgeschwindigkeit, wird bei ständiger Verbesserung ebenfalls weiterhin Unterschiede zwischen

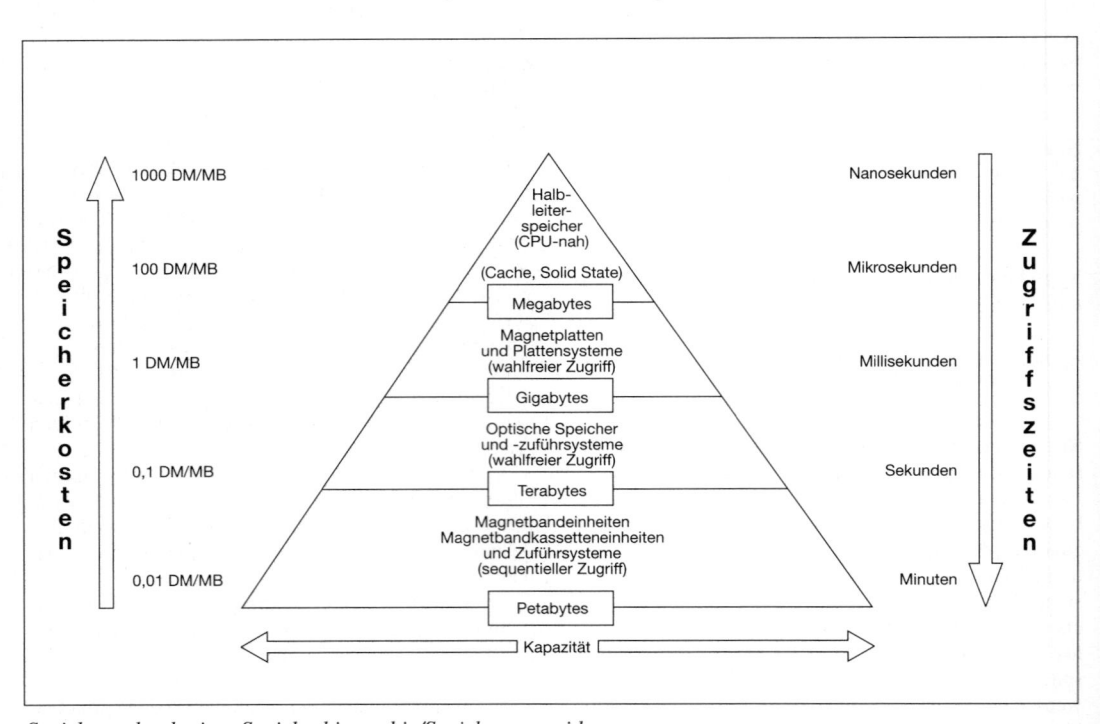

*Speichertechnologien: Speicherhierarchie/Speicherpyramide*

einer und vier Zehnerpotenzen von Stufe zu Stufe aufweisen, bei entsprechend höheren Differenzen zwischen der höchsten und niedrigsten Stufe.

Die sog. Speicherpyramide verdeutlicht, in welchen Größenordnungen heute die einzelnen S. innerhalb von Datenverarbeitungssystemen eingesetzt werden (Bild). Schnelle, von den Kosten pro Megabyte sehr teure Halbleiterspeicher werden in verschiedenen Stufen als prozessornahe Speicher genutzt, sie sind über durchsatzstarke Bussysteme oft direkt mit dem → Mikroprozessor gekoppelt und dienen zur Zwischenspeicherung von → Befehlen und Verarbeitungsergebnissen. Weniger schnelle, etwas kostengünstigere Halbleiterspeicher werden als Hauptspeicher oder Schreib-/Lese-Caches eingesetzt, zunehmend auch als Ersatz für eine oder mehrere Festplatten zur schnellen Zwischenspeicherung (solid state disk). In großen Serversystemen werden den Hauptspeicher mit Kapazitäten bis in den Gigabytebereich eingesetzt.

In der Speicherhierarchie schließen sich an die Halbleiterspeicher die motorischen Aufzeichnungsmedien an. Durch kurze → Zugriffszeiten und hohe Umdrehungsgeschwindigkeiten und dadurch quasi wahlfreien Zugriff liegen die hohen Magnetplattenlaufwerke an erster Stelle der externen Speichereinheiten. Sie werden daher auch als Primär- oder On-line-Speicher bezeichnet. Sie sind heute unverzichtbarer Bestandteil von Datenverarbeitungssystemen und stoßen durch die rasante Entwicklung in immer neue Dimensionen vor.

Als „Near On-line"-Speicher werden diejenigen Speicher bezeichnet, die einen Zugriff auf Informationen in wenigen Sekunden erlauben. Diese Anforderung erfüllen die optischen Speichermedien, die in automatischen Wechselsystemen große Kapazitäten bis in den Terabyte-Bereich bereitstellen. Sie werden hauptsächlich für die Datenarchivierung und Vorgangsbearbeitung eingesetzt.

Sekundär- oder Off-line-Speicher dienen zur Auslagerung, Sicherung und Langzeitarchivierung von Daten. Ihren niedrigen Kosten pro Megabyte und den großen Kapazitäten stehen große mittlere Zugriffszeiten auf einzelne Daten gegenüber. Der Grund hierfür liegt in der sequentiellen Bearbeitung der Aufzeichnungsmedien, im wesentlichen sind dies → Magnetbänder und → Magnetbandkassetten.

Intelligente Software-Mechanismen, das sog. Hierarchische Speichermanagement (HSM), lagert die weniger gebräuchlichen Daten in immer tiefere Ebenen der Speicherpyramide aus, um die teureren Speichereinheiten für andere, häufiger benutzte Daten freizumachen. Durch dieses Verfahren wird eine Kostenoptimierung der gesamten externen Speichereinheiten erreicht. *Pott/Voss*

**Speicherzykluszeit** ⟨*memory cycle time*⟩. Zeitintervall, das erforderlich ist, um eine vollständige Speicheroperation durchzuführen. Es ist gleichzeitig der kleinste Zeitabstand zwischen dem Beginn zweier aufeinanderfolgender Speicheroperationen. Handelt es sich um einen Speicher, bei dem das Lesen durch Zerstören der gespeicherten Information geschieht (→ Kernspeicher), so gehört zur S. auch die Wiederherstellung der ursprünglichen Information. Die → Zugriffszeit ist daher nur die Zeitspanne, die erforderlich ist, die gelesene Information zur weiteren Verarbeitung bereitzustellen; bei zerstörungsfreiem Lesen sind beide identisch. *Bode/Schneider*

**Sperre** ⟨*lock*⟩. Eine S. wird auf ein Datum gesetzt, wenn eine → Transaktion bestimmte → Operationen (Lesen, Schreiben) darauf ausführt bzw. ausführen möchte. S. verhindern, daß parallel ablaufende Transaktionen inkompatible Operationen durchführen, die zu einer Verletzung der Isolationseigenschaft (→ ACID-Eigenschaften) einer Transaktion führen könnten (→ Zweiphasen-Sperrprotokoll). Die → Granularität der S. ist abhängig vom Datenbanksystem. Die → Kompatibilität der Operationen wird durch eine Matrix beschrieben. Eine einfache Sperrmatrix sieht folgendermaßen aus: Wenn eine Transaktion ein Datum liest, darf eine andere Transaktion das Datum auch lesen, aber nicht schreiben; wenn eine Transaktion ein Datum schreibt, darf keine andere Transaktion dieses Datum lesen oder schreiben. Eine feine Granularität, z.B. ein Sperren auf Attributebene, erlaubt hohe → Parallelität, denn z.B. können zwei Transaktionen mit demselben Tupel arbeiten, wenn sie nur unterschiedliche → Attribute bearbeiten. Allerdings ist der Verwaltungsaufwand für so eine feine Granularität beim Sperren sehr hoch, so daß meistens gröbere S., z.B. auf Tupel, oder Sperrhierarchien eingesetzt werden. *Schmidt/Schröder*

Literatur: *Gray, J.* and *A. Reuter*: Transaction processing: Concepts and techniques. Hove, East Sussex 1993.

**Spezialisierung** ⟨*specialization*⟩. Bildung einer Untermenge (→ Subtyp) aus einer oder mehreren Obermengen (→ Supertypen), indem Eigenschaften (→ Attribute) der Elemente hinzugefügt werden. Beispiel: Die Menge (→ Typ) Student ist eine S. der Menge (Typ) Person unter Hinzufügen der Eigenschaft (Attribut) Semester (→ Generalisierung). *Schmidt/Schröder*

**Spezialrechner** ⟨*special purpose computer*⟩. → Rechenanlage, die in ihrer → Konfiguration (Art und Anzahl der → Prozessoren, → Speicher, → Ein-/Ausgabegeräte) auf eine spezielle Anwendung besonders zugeschnitten ist. Der → Digitalrechner ist i. allg. universell in dem Sinne, daß er jede berechenbare Aufgabe ausführen kann, wenn man ein entsprechendes → Programm in seinen Speicher lädt. Eine Spezialisierung erfolgt über die Konfiguration: → Prozeßrechner verfügen beispielsweise über spezielle Anschlußmöglichkeiten für die Meßwerterfassung und die Ausgabe von Stellgrößen, digitale Signalprozessoren über Prozessoren mit mehreren verketteten Rechenwerken und Rechner für die → Bildverarbeitung über Felder von

Einzelbit-Rechenwerken. S. für Steuerungsaufgaben (eingebettete Systeme) werden oft mittels kundenspezifischer Erweiterungen von Standard-Mikroprozessoren aufgebaut. *Bode*

**Spezifikation** ⟨*specification*⟩. Dokument zur präzisen, möglichst implementierungsunabhängigen Beschreibung der Eigenschaften und der Wirkungsweise von Programmen und Software-Systemen. S. werden sowohl bei der Festlegung der Anforderungen an ein zu erstellendes System als auch beim Systementwurf oder zur Beschreibung schon existierender Software-Komponenten eingesetzt, wobei meist von den Einzelheiten einer Implementierung (wie etwa konkreten Datenrepräsentationen) abstrahiert wird. Die Verwendung von S. im Software-Entwicklungsprozeß hat im wesentlichen vier Ziele:
– Eine S. soll zur klaren und vollständigen Erfassung eines gegebenen Problems beitragen und zur exakten Beschreibung möglicher Lösungsansätze dienen. Dabei sollen etwaige Inkonsistenzen, Mehrdeutigkeiten und Unvollständigkeiten aufgedeckt werden.
– Auf der Grundlage einer gegebenen S. soll nachgewiesen werden können, ob eine konkrete Implementierung die gewünschten Anforderungen erfüllt, also bezüglich der S. korrekt ist.
– Die S. einer Software-Komponente soll auf einer abstrakten Ebene alle Informationen liefern, die zur geeigneten Verwendung der Komponente benötigt werden (→ wiederverwendbare Komponente).
– S. sollen als Grundlage automatischer Entwurfshilfen dienen. Insbesondere sollen sie mit Hilfe von Werkzeugen analysiert und zur schnellen Generierung von Prototypen verwendet werden können.

S. können in natürlicher Sprache (informelle S.), in einer rein formalen Sprache (formale S.) oder in einer Mischung aus beidem gegeben sein (semi-formale S.). Mehrdeutigkeiten können jedoch nur bei formalen S. ausgeschlossen werden, da diese auf einer eindeutigen → Semantik beruhen. Ebenso können formale Korrektheitsbeweise und automatische Entwurfshilfen nur auf der Basis formaler S. erstellt werden. Es gibt im wesentlichen zwei Ausprägungen formaler S., nämlich modellbasierte und eigenschaftsorientierte S.

☐ *Modellbasierte S.* In einer modellbasierten S. wird das Verhalten eines Systems durch explizite Konstruktion eines auf mathematischen Objekten (wie Mengen, Tupel, Relationen, Funktionen) beruhenden Modells des Systems beschrieben. Wichtige Beispiele modellbasierter Methoden sind die auf Mengentheorie begründete Spezifikationssprache → Z und die Entwicklungsmethode → VDM mit einer Reihe vordefinierter Datentypen (wie Mengen, Listen und Abbildungen). Auf verteilte Systeme zugeschnitten sind *Milner*s Calculus of Communicating Systems (→ CCS), basierend auf einer Modellierung des Systemverhaltens durch Baumstrukturen, *Hoare*s Sprache → CSP (Communicating Sequential Processes), die ein Sequenzenmodell für nebenläufige Prozesse verwendet, und *Broy*s Konzept der stromverarbeitenden Funktionen. Ein graphisches Modell zur S. verteilter Systeme wird in der bekannten Beschreibungstechnik der → *Petri*-Netze verwendet.

Häufig kann die Grenze zwischen modellbasierten und eigenschaftsorientierten S. nicht genau gezogen werden. So können etwa in VDM, basierend auf einem Zustandsmodell, die Eigenschaften der Operationen durch Angabe von → Vor- und → Nachbedingungen spezifiziert werden (vgl. unten). In CSP werden nebenläufige Prozesse modelltheoretisch spezifiziert, jedoch können die Eigenschaften der Prozesse mit Hilfe eines algebraischen Gleichungskalküls beschrieben und verifiziert werden.

☐ *Eigenschaftsorientierte S.* Das Verhalten eines Systems wird indirekt beschrieben, indem die Eigenschaften des Systems bzw. die Eigenschaften einzelner Datentypen und Operationen, üblicherweise durch eine Menge von Axiomen, angegeben werden. Man spricht dann auch von axiomatischen S. Wichtige Ausprägungen sind zustandsorientierte S., die von *Hoare*s axiomatischer Methode zum Beweisen der Korrektheit von Programmen abstammen (→ *Hoare*-Logik), und applikative S., deren Grundkonzepte (rekursive) Funktionen und → Terme sind.

Grundlegendes Konzept zustandsorientierter S. ist die Beschreibung der Vor- und Nachbedingungen, die in den Zuständen vor und nach Ausführung einer Operation gelten müssen. Dazu werden Formeln eines geeigneten Prädikatenkalküls (z. B. Prädikatenlogik erster Stufe oder dynamische Logik) verwendet. Sprachen, die die S. von Operationen durch Vor- und Nachbedingungen unterstützen, sind z. B. VDM und → Larch. Während in VDM Formeln in dem gewählten Datenmodell interpretiert werden, werden in einer Schnittstellen-S. von Larch die Vor- und Nachbedingungen in einem durch eine algebraische S. gegebenen, abstrakten Datentyp interpretiert.

Ein bedeutender Repräsentant der applikativen S.-Methode sind algebraische S. Grundidee hierbei ist es, abstrakte Datentypen durch Angabe von Namen (→ Sorte, → Funktionssymbol) für die relevanten Datenmengen und Funktionen zu spezifizieren, wobei die charakteristischen Eigenschaften der Funktionen durch geeignete Axiome (häufig Gleichungen) beschrieben werden. Als semantische Bereiche dienen → heterogene Algebren. Seit Ende der 70er Jahre wurde eine Reihe algebraischer S.-Sprachen entwickelt, darunter CLEAR, → OBJ, → ACT ONE/ACT TWO und die vor kurzem fertiggestellte Sprache SPECTRUM zur S. modularer Systeme unter Einbeziehung von polymorphen Typen und Funktionen höherer Ordnung. Die Sprache LOTOS integriert algebraische S. von abstrakten Datentypen im Stil von ACT ONE mit Elementen von CCS und CSP zur Beschreibung verteilter Systeme. Ein rein algebraischer Ansatz zur Beschreibung von nebenläufigen Prozessen sind Prozeßalgebren.

Zu den eigenschaftsorientierten S.-Methoden für verteilte Systeme zählen auch Kalküle der → temporalen Logik. Hier werden modale Operatoren, die es gestatten, auf vergangene, gegenwärtige und zukünftige Systemzustände zu verweisen, zur S. des Systemverhaltens eingesetzt. In neueren S.-Sprachen wie TROLL wird temporale Logik kombiniert mit algebraischen S.-Techniken zur Beschreibung objektorientierter Systeme eingesetzt. *Hennicker/Wirsing*

**Spezifikationsfehler** ⟨specification fault⟩. S. bzgl. eines → Rechensystems $R$ sind Fehler der Spezifikation der Soll-Eigenschaften von $R$; sie sind also keine Fehler des Systems. Da von $R$ verlangt wird, daß seine Ist-Eigenschaften mit seinen Soll-Eigenschaften übereinstimmen, haben S. bzgl. $R$ in der Regel schwerwiegende Konsequenzen. Sie können dazu führen, daß $R$ fehlerfrei ist und trotzdem nicht die gewünschten Eigenschaften besitzt. Dies gilt für die Gesamtheit der Eigenschaften von $R$ und insbesondere für die Schnittstelleneigenschaften des Systems.

Spezifikationen der Soll-Eigenschaften eines Rechensystems $R$ dienen als Basis für die Konstruktion und für die Nutzung von S. Von diesen Spezifikationen sind entsprechend Präzision, Konsistenz und Vollständigkeit gefordert. Dabei bezieht sich Vollständigkeit auch auf die Arten der Anforderungen, die bei seiner Nutzung an $R$ gestellt werden; dies gilt insbesondere für Anforderungen an die → Zuverlässigkeit und die Rechtssicherheit von $R$. *P. P. Spies*

**Spezifikationssprache** ⟨specification language⟩
→ Spezifikation

**Spezifikationssprache, formale** ⟨formal specification language⟩ → Spezifikationstechniken, formale; → Estelle; → LOTOS; → SDL; → ASN.1

**Spezifikationstechniken, formale** ⟨formal specification techniques⟩. Bei der Entwicklung von sehr komplexen Systemen kommt der → Spezifikation der Aufgaben und Eigenschaften dieser Systeme große Bedeutung zu. Die einfachste Form einer Spezifikation besteht aus einer natürlichsprachlichen Beschreibung, die sich jedoch in den meisten Fällen als zu unpräzise erweist. Sie ist häufig nicht eindeutig und somit unterschiedlich interpretierbar, und die Überprüfung, ob das später realisierte System allen Punkten der Spezifikation entspricht, ist nicht möglich.

Für die verschiedenen Arten von Systemen wurden daher auf die jeweiligen Problemstellungen zugeschnittene S. entwickelt. Beispiele für S. sind elektrische Schaltbilder und Baupläne. F. S. zeichnen sich dadurch aus, daß analog zu konventionellen → Programmiersprachen neben einer formalen → Syntax die → Semantik der Methoden exakt spezifiziert und teilweise sogar international standardisiert ist, was den Einsatz mathematischer Methoden zur Abschätzung wesentlicher Eigenschaften der zu beschreibenden Systeme ermöglicht. Hierdurch kann der Spezifikationsprozeß weitestgehend computergestützt durchgeführt werden.

Im Bereich der Protokollspezifikation konnten sich infolge der Bemühungen um eine internationale Standardisierung von Kommunikationsprotokollen die vier formalen Spezifikationssprachen → Estelle, → LOTOS, → SDL und → ASN.1 durchsetzen. Hierbei sind die ersten drei insbesondere zur Spezifikation von Kommunikationssystemen geeignet. Die Sprache ASN.1 dient der eindeutigen maschinenunabhängigen Spezifikation von Datenstrukturen. Wesentliches Merkmal dieser Sprachen ist die Möglichkeit der strukturierten hierarchischen Spezifikation des Systems. Als Beispiel nichtstandardisierter Spezifikationsmethoden seien hier nur die → *Petri-Netze* erwähnt, die sich insbesondere zur Spezifikation und Untersuchung nichtsequentieller Systeme eignen, jedoch den Nachteil haben, daß sie schwer zu strukturieren sind und somit leicht unübersichtlich werden.

Ausgehend von einer zunächst nur informellen Beschreibung der Anforderungen an ein System wird eine Anforderungsspezifikation mit Hilfe einer f. S. erstellt. Dadurch können Unklarheiten, Mehrdeutigkeiten und Lücken entdeckt und geschlossen werden. Der nächste Schritt ist die Verhaltensspezifikation, bei der nur die → Schnittstellen des Systems und deren mögliche Reaktionen beschrieben werden. In weiteren Schritten wird die Spezifikation immer weiter verfeinert, bis schließlich auch implementierungsabhängige Details beschrieben werden. Bei allen Schritten ist der Einsatz von Werkzeugen möglich:
– Editoren, die syntaxgesteuert und mit graphischen Mitteln die Eingabe erleichtern;
– Reportgeneratoren, die statische Aussagen über die Spezifikation zu Dokumentationszwecken und zur Kontrolle des Fortschritts ermöglichen;
– Sprachanalyse, welche die Spezifikation auf syntaktische und semantische Fehler überprüft;
– formale Verifikation zur Feststellung von Deadlocks und unerreichbaren Zuständen;
– Testfallgeneratoren, die Sequenzen zum Test der Spezifikation erzeugen;
– Codegeneratoren, die eine automatische Codegenerierung aus der Spezifikation heraus anbieten; der Code kann dann als Systemprototyp oder zu Simulationszwecken dienen. *Hoff/Spaniol*

Literatur: *Hogrefe, D.*: Estelle, LOTOS und SDL – Standard-Spezifikationssprachen für verteilte Systeme. Springer, Berlin 1989.

**Spielgraph** ⟨game graph⟩. Formale Struktur für Zweipersonenspiele in der → Künstlichen Intelligenz (KI). Die Knoten eines S. entsprechen Spielsituationen, die Kanten erlaubten Zügen. Der Startknoten des → Graphen ist die aktuelle Spielsituation, für die ein gewinnbringender Zug berechnet werden soll (Bild). Die Spie-

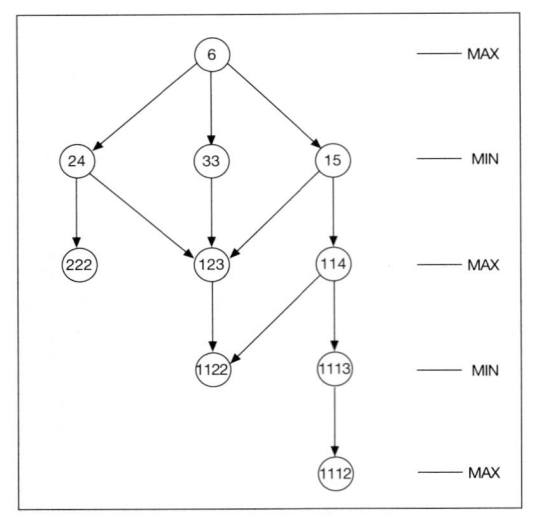

*Spielgraph: S. für ein einfaches Zerlegungsspiel*

ler müssen nacheinander einen Stapel aussuchen und in zwei Teilstapel zerlegen, von denen mindestens einer mehr als ein Element enthalten muß. Wer keinen Stapel mehr teilen kann, verliert.

Der Startknoten entspricht der Anfangssituation mit einem Stapel aus sechs Elementen. Der Spieler MAX ist am Zug. Ein Lösungsgraph für MAX ist ein Teilgraph L mit folgenden Eigenschaften:
– Der Startknoten des Spielgraphen ist auch Startknoten von L.
– Alle Terminalknoten von L sind Gewinnknoten für MAX.
– Alle MAX-Knoten, die keine Terminalknoten sind, haben genau einen Nachfolger in L.
– Alle MIN-Knoten, die keine Terminalknoten sind, haben alle Nachfolger in L.

Im Beispiel gibt es zwei Lösungsgraphen, die beide auf den mittleren Terminalknoten führen.

S. können nur bei einfachen Spielen vollständig entwickelt werden. (Der S. für ein vollständiges Schachspiel würde ca. $10^{120}$ Knoten umfassen!) Eine Zugauswahl kann deshalb i. allg. nur aufgrund eines Teilgraphen erfolgen. Die Erfolgsaussichten der Terminalknoten des Teilgraphen werden mit Hilfe einer Bewertungsfunktion bemessen. Die Ermittlung des bestbewerteten Zuges erfolgt durch das → Minimax-Verfahren.
*Neumann*

**Spielraum** ⟨*laxity*⟩. Bei einem Rechenprozeß die Zeitspanne vom gegenwärtigen Zeitpunkt bis zur maximal zulässigen → Antwortzeit (→ Deadline), vermindert um die noch benötigte → Bearbeitungszeit. Der S. gibt somit die Zeitspanne an, die der Rechenprozeß insgesamt noch maximal warten darf, ohne daß er seine Deadline verletzt. Um den S. zu bestimmen, muß also im voraus die noch benötigte Bearbeitungszeit bekannt sein. Der S. kann als Kriterium für die Prozessorzuteilung beim Deadline-Scheduling verwendet werden.
*Fischer*

**Spiralmodell** ⟨*spiral model*⟩. Ein Vorgehensmodell, das eine iterative Abfolge von Tätigkeiten betont. Seine Entwicklung geht auf *Boehm* zurück. Das S. wird vorwiegend im Forschungsbereich und bei stark risikobehafteten und experimentellen Projekten verwandt. Das S. (Bild) geht davon aus, daß die Risiken, die sich aus einer nur unscharf definierten Aufgabenstellung oder aus neuen Methoden und Werkzeugen ergeben, am besten dadurch eliminiert werden können, daß zunächst eine Folge von Prototypen entwickelt und bewertet wird, ehe man an die Entwicklung des endgültigen Produkts geht. Das S. hat den Vorteil, daß es die potentiellen Nutzer des zu entwickelnden Systems stark in den Entwicklungsprozeß einbezieht, in dem ihnen die Bewertung von Prototypen übertragen wird.

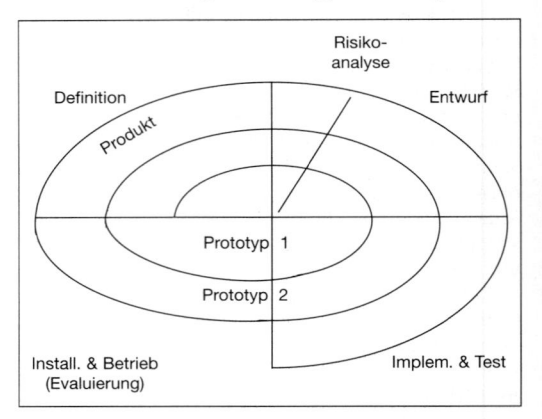

*Spiralmodell: Schematische Funktionsdarstellung*
*Endres*

Literatur: *Boehm, B.*: A spiral model of software development and enhancement. IEEE Computer (1988) 21, S. 61–72.

**Sprachcodierung** ⟨*speech coding*⟩. Verfahren zur Umwandlung des (analogen) zeit- und amplitudenkontinuierlichen Sprachsignals in ein zeit- und amplitudendiskretes (digitales) → Signal.

Die digitale Darstellung von → Sprache ist vorteilhaft für Speicherung, Übertragung, Verschlüsselung, fehlerkorrigierende Maßnahmen und allgemein digitale Signalverarbeitung inklusive Sprachverarbeitung. Die theoretische Basis der zeitdiskreten Darstellung bildet das *Abtasttheorem*. Es besagt, daß ein zeitkontinuierliches Signal mit der Bandbreite W ohne Informationsverlust durch zeitdiskrete Abtastwerte dargestellt werden kann, wenn diese mit einer → Abtastfrequenz von mindestens 2 W bestimmt werden. Die Basis für den Übergang von einer amplitudenkontinuierlichen zu einer amplitudendiskreten Darstellung bildet die empirische Tatsache, daß zwei Signale subjektiv nur dann als unterschiedlich laut empfunden werden, wenn ihr Unterschied einen bestimmten Mindestwert hat (*Weber-Fechner*sches Gesetz). Der inverse Vorgang wird als → Decodierung bezeichnet.

Eine wichtige Kenngröße einer → Codierung ist die → Bitrate, d. h. die Zahl der zur Übertragung erforderlichen Bits pro Sekunde. Werden zur Quantisierung der Amplituden $2^B$ Amplitudenstufen verwendet, so braucht man dafür B bit pro Abtastwert. Die Bitrate ist also das Produkt aus Abtastfrequenz und B. Aus wirtschaftlichen Gründen ist man bestrebt, die Bitrate möglichst klein zu halten. Andererseits führt die Verringerung der Bitrate bei gegebenem Codierverfahren zu einer Reduzierung der Qualität des codierten Signals. Die Qualität kann objektiv z. B. durch den mittleren quadratischen Fehler zwischen analogem Ausgangssignal und digitalem codiertem Signal gemessen werden oder subjektiv durch Beurteilung der Sprachqualität. Ein Bestreben der Codierung ist die Minimierung der Bitrate bei vorgegebener Qualität bzw. die Maximierung der Qualität bei vorgegebener Bitrate. In der Regel erfordert bei vorgegebener Qualität eine kleinere Bitrate auch ein komplexeres Codierverfahren. Bei der Auswahl eines Codierverfahrens ist also ein Kompromiß zu schließen zwischen Bitrate, Qualität und Komplexität des Codierers.

Informationstheoretisch äußerst wichtig ist die sog. Rate-Distortion-Funktion. Sie gibt den Zusammenhang zwischen Codierungsfehler und Bitrate an und läßt sich unter bestimmten Voraussetzungen berechnen. Der Entwurf effizienter Codierverfahren erfordert Kenntnisse über die statistischen Eigenschaften der Sprache. Bei fest dimensionierten Codierern werden dafür Langzeitwerte verwendet, adaptive → Codierer berücksichtigen die Kurzzeiteigenschaften.

Ein grundlegendes Codierverfahren, das vielfach die Basis für die digitale Darstellung von Sprache und Ausgangspunkt anderer Codierverfahren bildet, ist die Puls-Code-Modulation (PCM). Die Sprache wird durch Bandpaßfilterung auf das gewünschte Frequenzband W begrenzt, das resultierende Signal wird mit einer Abtastfrequenz von mindestens 2 W abgetastet, die Abtastwerte werden mit $2^B$ Amplitudenstufen linear quantisiert. Standardwerte für den digitalen Telephonkanal sind W = 4 kHz, $2^B = 256$ Amplitudenstufen, was zu einer Bitrate von 64 kbit/s führt. Zum Vergleich sei erwähnt, daß zur PCM-Darstellung von Musik mit Studioqualität die korrespondierenden Werte W = 20 kHz, $2^B = 4096$ Amplitudenstufen und 480 kbit/s Bitrate sind. Der resultierende PCM-Codierer ist äußerst einfach.

Differentielle PCM (DPCM) ist ein Codierverfahren, bei dem nicht das Signal selbst, sondern die Differenz zwischen Signal und einem Vorhersagewert codiert wird. Es ist anschaulich klar, daß bei einem korrelierten Signal der als nächstes zu beobachtende Abtastwert relativ zuverlässig vorhergesagt werden kann und daher das Differenzsignal relativ klein wird.

Die Zahl der Amplitudenstufen kann also bei gegebener Qualität gegenüber der PCM verringert werden, die Bitrate nimmt ab, der Codierer wird komplizierter. Der Vorhersagewert wird z. B. als lineare Funktion von m vorhergegangenen Abtastwerten bestimmt.

Ein besonders einfacher Fall ergibt sich, wenn man m = 1 und für die Quantisierung der Differenz nur ein Bit wählt – Deltamodulation. Die Arbeitsweise dieses Codierers besteht für hochkorrelierte Abtastwerte einfach darin, den aktuellen Abtastwert vom vorigen zu subtrahieren; ist die Differenz negativ, wird das Codewort 0 erzeugt, dem ein Rekonstruktionswert von −b zugeordnet wird, sonst ist das Codewort +1 mit dem Rekonstruktionswert +b. Der Decodierer subtrahiert bei Empfang von 0 den Wert b, sonst addiert er ihn. Die → Korrelation der Abtastwerte läßt sich erhöhen, wenn mit deutlich höherer Frequenz als 2 W abgetastet wird.

PCM und DPCM haben gemeinsam, daß ein Abtastwert unmittelbar nach Empfang codiert wird. Die sog. Blockcodierer beobachten zunächst eine Folge von N Abtastwerten und berechnen dann für diese N Werte ein Codewort. Wichtige Vertreter dieser Codierverfahren sind die → Vektorquantisierung, die Baum- und Trelliscodierer. Bei diesen werden i. allg. N Abtastwerte beobachtet und mit B bit quantisiert, so daß sich B/N bit je Abtastwert ergeben, wobei B/N < 1 durchaus möglich ist.

Diese Verfahren lassen sich als Codierer im Zeitbereich auffassen. Daneben gibt es Codierer, die im Frequenzbereich arbeiten. Dazu gehören die Vocoder, „Subband"-Codierung und die Transformationscodierung. Bei ersteren wird der Frequenzbereich des Sprachsignals in z. B. vier Frequenzbänder zerlegt, die durch → Modulation je in ein bei Null beginnendes Band transformiert werden. Die resultierenden Signale werden dann z. B. mit PCM codiert. Die Transformationscodierung geht von einer Folge von N Abtastwerten aus, die durch eine lineare Transformation in einen Koeffizientenvektor transformiert werden, dessen reellwertige Komponenten quantisiert werden. Bei geeigneten Werten von N und geeigneter Quantisierung reichen für gute Qualität der Codierung 1 bis 2 bit je Abtastwert. Übliche lineare Transformationen sind z. B. die diskrete *Fourier*-Transformation, die *Walsh-Hadamard*-Transformation oder die Hauptachsentransformation. *Niemann*

Literatur: *Papamichalis, P. E.*: Practical approaches to spreech coding. Prentice Hall, Englewood Cliffs, NJ 1987. – *Jayant, N. S.* and *P. Noll*: Digital coding of waveforms. Englewood Cliffs, NJ 1984.

**Sprache** ⟨language⟩. Formalismus zur Darstellung von Sachverhalten durch Folgen von → Zeichen, in natürlichen S. durch Folgen von Wörtern, deren Reihenfolge durch Regeln der → Syntax definiert wird.

Eine formale S. in der → Informatik wird definiert durch je eine endliche Menge terminaler und nichtterminaler Symbole, ein Startsymbol und eine endliche Menge von Regeln oder Produktionen, die die → Grammatik der S. definieren.

Wichtigste Elemente einer natürlichen S. sind Wörter, deren Rechtschreibung durch Buchstaben und deren Aussprache durch Phoneme definiert werden. Die Zahl der Buchstaben und Phoneme einer S. ist relativ klein, typisch weniger als 100; die Zahl der Wörter relativ groß, typisch einige hunderttausend. Technische sprachverarbeitende Systeme verwenden heute je nach Typ etwa 100 bis 40000 Wörter. Regeln zur Definition der Syntax werden bisher nur für Teilmengen einer natürlichen S. angegeben.

Die Verarbeitung natürlicher S. beschäftigt sich mit geschriebenen Texten, die automatische → Sprachverarbeitung mit gesprochener S. Für die Sprachverarbeitung wichtige Parameter sind der Frequenzbereich (etwa 50 bis 10000 Hz, bei Telephonbandbreite etwa 300 bis 3400 Hz), die Energie (etwa $10^{-8}$ bis $10^{-11}$ W/cm$^2$ im Hauptbereich) sowie die Amplitudenverteilungsdichte (in erster Näherung n-dimensionaler *Gauß*-Prozeß, verbessert ein sphärisch invarianter Prozeß) des Sprachsignals der gesprochenen S.
*Niemann*

**Sprache, formale** ⟨*formal language*⟩. In einem sehr allgemeinen Sinne bezeichnet man in der theoretischen Informatik häufig jede aufzählbare Teilmenge eines freien endlich erzeugten → Monoids als f. S. Dabei denkt man sich dann immer einen (aufgrund der → Aufzählbarkeit existierenden) Erzeugungsmechanismus gegeben. Die üblicherweise betrachteten Erzeugungsmechanismen sind mit Ergänzungen oder Einschränkungen versehene → Semi-Thue-Systeme, insbesondere die → Phrasenstrukturgrammatiken, aber auch → *Lindenmayer*-Systeme. Formelsprachen, → Programmiersprachen und andere künstliche → Sprachen lassen sich als f. S. in diesem Sinne auffassen, wobei dadurch jeweils nur die → Syntax (der formale Aufbau), nicht die → Semantik (die Bedeutung) erfaßt wird. *Brauer*
Literatur: *Bucher, W.; Maurer, H.*: Theoretische Grundlagen der Programmiersprachen. Mannheim 1984. – *Stetter, F.*: Grundbegriffe der theoretischen Informatik. Berlin 1988. – *Salomaa, A.*: Formale Sprachen. Berlin 1978.

**Sprache, funktionale** ⟨*functional language*⟩ → Programmiersprache, funktionale

**Sprache, imperative** ⟨*imperative language*⟩ → Programmiersprache, imperative

**Sprache, kontextfreie** ⟨*context-free language*⟩. Eine → formale Sprache heißt kontextfrei, wenn sie von einer → kontextfreien Grammatik erzeugt werden kann. Übliche formale Sprachen, → Programmiersprachen, Formelsprachen der → Logik und der Mathematik (z.B. die Menge der arithmetischen Ausdrücke) sind kontextfrei.

Typische Beispiele für k. S. sind die → *Dyck*-Sprachen. Jede k. S. läßt sich darstellen als homomorphes Bild des Durchschnitts einer *Dyck*-Sprache mit einer regulären → Sprache.

Die k. S. bilden eine volle → abstrakte Sprachfamilie. Sie sind genau die von nichtdeterministischen → Kellerautomaten akzeptierbaren Sprachen. Speziell für die Definition von Programmiersprachen wichtige Sprachen können mit Hilfe von → LL(k)- oder von → LR(k)-Grammatiken erzeugt werden (Übersetzerbau, → Compiler). *Brauer*
Literatur: *Salomaa, A.*: Formale Sprachen. Berlin 1978. – *Stetter, F.*: Grundbegriffe der theoretischen Informatik. Berlin 1988.

**Sprache, logische** ⟨*logical language*⟩ → Programmiersprache, logikbasierte

**Sprache, objektorientierte** ⟨*object-oriented language*⟩ → Programmiersprache, objektorientierte

**Sprache, reguläre** ⟨*regular language*⟩. Eine → formale Sprache, die durch einen → regulären Ausdruck dargestellt werden kann, heißt r. S. Es sind genau die von einseitig linearen → Grammatiken erzeugbaren → Sprachen; sie bilden die unterste Schicht in der → *Chomsky*-Hierarchie. *Brauer*
Literatur: *Salomaa, A.*: Formal languages. New York 1973.

**Sprache, systemexterne** ⟨*system-external language*⟩ → Rechensystem

**Sprache, systeminterne** ⟨*system-internal language*⟩ → Rechensystem

**Spracherkennung** ⟨*speech recognition*⟩. Verfahren zur automatischen → Klassifikation bzw. Erkennung von Wörtern in gesprochenen Sätzen, kurzen Wortfolgen oder auch einzeln gesprochenen Wörtern.

Mit Klassifikation ist hier gemeint, daß ermittelt wird, welches → Wort oder welche Wörter aus einer dem System bekannten Menge möglicher Wörter gesprochen wurden. Die Ermittlung spezieller Bedeutungen bei Wörtern mit mehreren alternativen Bedeutungen sowie des Anliegens einer gesprochenen Äußerung werden als Aufgabe des → Sprachverstehens betrachtet. Vordringliches Problem der S. ist die Entwicklung leistungsfähiger → Algorithmen zur zuverlässigen Erkennung von Wörtern, Sätzen und Äußerungen. Dazu kommt das Problem der Entwicklung leistungsfähiger → Hardware, mit der S. in Echtzeit betrieben werden kann.

Bei Aufgaben der S. hängt die Komplexität des Problems und damit die zu erwartende Fehlerrate hauptsächlich von folgenden Faktoren ab:
– Vokabular, d.h. Zahl und Art der dem System bekannten Wörter. Die Zahl der Wörter oder der Umfang des Vokabulars (oder des Lexikons) liegt etwa zwischen 100 und 40000 Wörtern. Neben der Zahl der Wörter

spielt für die Erkennungsrate auch ihre Art eine Rolle, da Wörter wie „Dorf" und „Torf" wesentlich schwerer unterscheidbar sind als z. B. „Dorf" und „Rang".
– Zahl der Sprecher: Da die Unterschiede in der akustischen Realisierung des gleichen Wortes von Sprecher zu Sprecher sehr unterschiedlich sind, ist es nach wie vor ein zentrales Problem automatischer Spracherkenner, sprecherunabhängig zu arbeiten, d. h. die gesprochenen Äußerungen vieler verschiedener Sprecher mit etwa gleich hoher Sicherheit zu erkennen.
– Art der Sprache: Man unterscheidet in der → Sprachverarbeitung isoliert gesprochene Wörter, kurze zusammenhängend gesprochene Wortfolgen, zusammenhängend gesprochene Sprache und spontane Sprache. Die beiden letzten Fälle sind die schwierigsten, da es hier keine Wortgrenzen im Sprachsignal gibt und Koartikulationen, Verschleifungen und im letzten Falle auch nichtsprachliche Äußerungen (wie Husten, Räuspern) und Satzabbrüche möglich sind.
– Aufnahmebedingungen: Es ist offensichtlich ein Unterschied, ob Sprache zu erkennen ist, die mit hoher Bandbreite und einem guten Mikrofon in einem ruhigen Raum aufgenommen wird oder mit reduzierter Bandbreite (z. B. Telephonbandbreite) in einer lärmerfüllten Fabrikhalle.
– Sonstige Bedingungen: Hierzu zählen z. B. syntaktische und sonstige Beschränkungen in den zugelassenen Äußerungen, die Frage ob man mit trainierten oder untrainierten sowie mit kooperativen oder gleichgültigen Sprechern zu rechnen hat.

Bei kleinem Lexikon (etwa 30 bis 300 Wörter), isoliert gesprochenen Wörtern und einem oder einigen wenigen Sprechern erzielt man mit kommerziellen → Einzelworterkennern Erkennungsraten, die nach Herstellerangaben je nach System und Testbedingungen bei etwa 97% bis 99,9% liegen. Man muß damit rechnen, daß sich bei anderen Testbedingungen u. U. erheblich andere Werte für die Erkennungsraten ergeben. Für Systeme zur Erkennung kurzer Wortfolgen (z. B. bis zu etwa fünf Wörter von zusammen etwa 4 s Dauer) gelten ähnliche Angaben. Auch für einen großen Wortschatz isoliert gesprochene Wörter (20 000 bis 40 000) werden kommerzielle Systeme (Diktiersysteme) angeboten.

Sprecherunabhängige Systeme für kontinuierliche Sprache mit großem Wortschatz (etwa ab 1 000 Wörter und darüber) sind nach wie vor Gegenstand intensiver Forschung und Entwicklung, allerdings gibt es auch dafür erste kommerzielle Systeme.

Für die S. wird das Sprachsignal abgetastet, vorverarbeitet, normiert und parametrisch repräsentiert (→ Mel-Cepstrum-Koeffizient). Dieses ist die Beobachtung o bzw. die akustische Information. Für jedes zu erkennende Wort wird ein Wortmodell (→ Hidden-Markoff-Modell) angelegt, dessen Parameter in der Lernphase mit einer hinreichend großen Stichprobe gesprochener Sprache automatisch trainiert werden. Die Erkennungsphase basiert auf dem → *Bayes*-Klassifikator. Für isoliert gesprochene Wörter werden die a-posteriori-Wahrscheinlichkeiten $P(w_\lambda | o)$ je Wort berechnet und das Wort $w_\kappa$ mit maximaler a-posteriori-Wahrscheinlichkeit ausgewählt.

Für kontinuierlich gesprochene Sprache wird die beste Wortfolge auf der Basis der Gleichung

$$w^* = \operatorname*{argmax}_{\{w\}} \left\{ \frac{P(o|w)P(w)}{P(o)} \right\}$$

berechnet. Da in der Beobachtung das gesprochene Wort sowie sein Anfang und Ende unbekannt sind, ergibt sich bei längeren Äußerungen (Beobachtungen o) und größerem Lexikon ein komplexes Suchproblem, für das effiziente Algorithmen bekannt sind. In der obigen Gleichung enthält der Term $P(o|w)$ die akustische Information, der Term $P(w)$ die linguistische Information, die in Form eines stochastischen Sprachmodells repräsentiert wird.

Das Sprachmodell enthält die Information, die zur Berechnung der Wahrscheinlichkeit einer Wortfolge erforderlich ist. Es gilt

$$P(w) = P(w_1) \cdot \prod_{i=2}^{N} P(w_i | w_1, ..., w_{i-1}).$$

Dieses wird approximiert durch

$$P(w_i | w_1, ..., w_{i-1}) \approx P(w_i | w_{i-m}, ..., w_{i-1}),$$

wobei in der Regel m = 1 (Wortbigramme) oder m = 2 (Worttrigramme) gewählt wird. Die entsprechenden Bi- bzw. Trigrammwahrscheinlichkeiten werden aus einer hinreichend großen Sprachstichprobe geschätzt.

Um die Zuverlässigkeit zu erhöhen, wird oft nicht nur die beste Wortkette w berechnet, sondern die n besten Ketten, die in einem Wortgraphen repräsentiert werden. Eine etwa nachfolgende linguistische Verarbeitung muß dann auf Wortgraphen abgestimmt sein.

*Niemann*

Literatur: *Rabiner, L.* and *B.-H. Juang*: Fundamentals of speech recognition. Englewood Cliffs, NJ 1993. – *Schukat-Talamazzini, E. G.*: Automatische Spracherkennung. Wiesbaden 1995.

**Sprachfamilie, abstrakte** ⟨*abstract family of languages*⟩. Eine Klasse von → formalen Sprachen heißt a. S., wenn sie wenigstens eine nichtleere Sprache enthält und abgeschlossen ist unter folgenden Operationen (d. h. wenn die Anwendung folgender Operationen auf Sprachen aus der Familie wieder nur Sprachen, die zur Familie gehören, ergibt):
– Vereinigung zweier Sprachen,
– Bildung der durch eine Sprache S erzeugten freien Unterhalbgruppe (d. h. von $S^* \setminus \{\Lambda\}$) (→ Monoid),
– Anwendung eines $\Lambda$-freien Homomorphismus, d. h. eines Homomorphismus, der kein nichtleeres → Wort auf das leere Wort $\Lambda$ abbildet,
– Anwendung eines inversen Homomorphismus (d. h. der Umkehrrelation zu einem Homomorphismus),
– Bildung des Durchschnitts mit einer regulären Sprache.

Eine a. S. heißt voll, wenn sogar die Anwendung beliebiger Homomorphismen zugelassen ist. Jeder der vier Typen von → Phrasenstrukturgrammatiken erzeugt a. S., wobei sowohl die aufzählbaren als auch die kontextfreien und die regulären Sprachen voll sind.

*Brauer*

Literatur: *Salomaa, A.*: Formale Sprachen. Berlin 1978.

**Sprachkommunikation** ⟨voice communication⟩. In Kommunikationsnetzen seit über 100 Jahren als Fernsprechen realisiert und immer noch der meistgenutzte Kommunikationsdienst. Das Fernsprechnetz arbeitet leitungsvermittelnd. Mit zusätzlichem Aufwand zum Ausgleich von Laufzeitschwankungen ist S. auch in paketvermittelnden Netzen, z. B. dem → Internet, möglich, jedoch oft unter Qualitätsverlusten.

*Quernheim/Spaniol*

**Sprachmodell** ⟨language model⟩ → Spracherkennung

**Sprachparadigma** ⟨language paradigma⟩. Ein nach bestimmten logischen oder technischen Konzepten ausgerichtetes Sprachmuster, welches auf jeweils eine ganze → Klasse von → Programmiersprachen anwendbar ist. Die wesentlichen Paradigmen, die man heute unterscheidet, sind durch die Klassen der imperativen, funktionalen, logischen und objektorientierten → Sprachen repräsentiert.

*Ganzinger*

**Sprachproduktion** ⟨speech production⟩. Erzeugung hörbarer und verständlicher → Sprache durch den menschlichen Vokaltrakt oder mit Verfahren der → Sprachsynthese, letzteres ein Teilgebiet der → Sprachverarbeitung.

Der menschliche Vokaltrakt erlaubt, im Prinzip eine sehr große Zahl von Lauten zu generieren, von denen die Phonologie einer Sprache eine Teilmenge zulässiger Laute auswählt. Neben den eigentlichen Lauten wird durch die Intonation weitere Information vermittelt wie Frage, Feststellung usw. Schließlich können globale akustische Eigenschaften wie Flüstern oder Rufen zur weiteren Differenzierung herangezogen werden. Als Vokaltrakt wird der Bereich vom Kehlkopf bis zu den Lippen bezeichnet.

Phonetik beschäftigt sich mit der Produktion oder Artikulation von Phonen durch den Vokaltrakt. Phone werden durch folgende Parameter charakterisiert:
– Art des Luftstroms. Dieser wird i. d. R. durch die Lungen angeregt, seltener auch durch die Glottis oder die Zunge.
– Richtung des Luftstroms. Dieser kann einwärts oder auswärts sein. Bei westeuropäischen Sprachen wird nur ein durch die Lunge verursachter auswärts gerichteter Luftstrom verwendet.
– Art der Verengung. Bei der Artikulation hat mindestens eine Stelle des Vokaltraktes einen minimalen Querschnitt. Beispielsweise entsteht bei vollkommener Blockierung ein Plosivlaut (wie „p" oder „k"), bei starker Verengung ein Frikativ (wie „s" oder „f"), bei geringer oder keiner Verengung ein Vokal (wie „a" oder „o").
– Supraglottaler Durchlaß. Durch die Stellung des Velums kann die Luft durch den Mund- oder den Nasenraum oder beide geleitet werden.
– Lage der Verengung. Eine Verengung kann z. B. durch die Lippen (bilabial), durch Zungenspitze und harten Gaumen (palatal) oder durch Zungenrücken und Velum (velar) verursacht werden.
– Phonation. Hier ist hauptsächlich zu unterscheiden, ob ein Laut stimmhaft oder stimmlos gesprochen oder auch geflüstert wird.
– Energie. Es besteht die Möglichkeit, in einem Paar von Lauten den einen mit mehr Energie zu artikulieren als den anderen.

Für die → Spracherkennung ist zu berücksichtigen, daß der Vokaltrakt nicht isolierte Laute aneinanderreiht, sondern als träges mechanisches System eine kontinuierliche Folge von Lauten, deren Artikulation von benachbarten Lauten beeinflußt wird. Weiterhin sind als „gleich" wahrgenommene Laute wie das „i" in „sie" bezüglich Sprachsignal und akustischen Parametern wie Formanten und Grundfrequenz sehr verschieden, wenn sie von verschiedenen Personen, insbesondere Kindern, Frauen und Männern, gesprochen werden.

*Niemann*

Literatur: *Jassem, W.* and *F. Nolan*: Speech sounds and languages. In: *G. Bristow* (Ed.): Electronic speech synthesis. Granada-London 1984, pp. 19–47.

**Sprachschale** ⟨language binding⟩. Bei der Entwicklung neuer → Software-Systeme wird meist nur deren → Funktionalität festgelegt. Für jede → Programmiersprache, in die dieses System eingebettet werden soll, ist dann eine eigene S. zu definieren. Über diese → Schnittstelle kann ein Programmierer seine → Algorithmen und → Datenstrukturen formulieren. Systemaufrufe werden damit als einfache Funktions- oder Unterprogrammaufrufe ausgewertet.

Prinzipiell sind zwei verschiedene Ansätze möglich, um Systemfunktionen auf Unterprogramme abzubilden:
– Jede Systemfunktion wird auf ein eigenes Unterprogramm abgebildet.
– Alle Systemfunktionen werden auf ein Unterprogramm abgebildet. Die entsprechende Funktion wird dann über einen dieser Funktion zugeordneten → Code selektiert.

Im → GKS entspricht die S. der sprachabhängigen Schicht. Diese Schicht stellt sprachabhängige GKS-Funktionen zur Verfügung, die den Konventionen der betreffenden Programmiersprache (z. B. Fortran, → Pascal, → C) genügen.

*Encarnação/Felger*

**Sprachsegmentierung** ⟨speech segmentation⟩. Automatische oder manuelle Bestimmung von Intervallen eines Sprachsignals, die zu lautlichen Einheiten der gesprochenen Äußerung gehören, und die Klassifizierung dieser Einheiten.

Als lautliche Einheiten werden z. B. Phone, Diphone, Halbsilben oder Silben verwendet. Der Zweck der Segmentierung im Rahmen der Spracherkennung besteht v. a. darin, → Sprache zunächst durch eine relativ kleine Menge von Einheiten zu repräsentieren, wobei der Umfang dieser Menge unabhängig von der Größe des verwendeten Lexikons ist. Wenn es weiter noch gelingt, diese Einheiten relativ zuverlässig sprecherunabhängig zu bestimmen, so ist das Problem der Sprechunabhängigkeit bereits auf dieser Ebene gelöst. Wenn man berücksichtigt, daß natürliche Sprachen einige hunderttausend Wörter umfassen und Spracherkennungssysteme immerhin mit Lexika von etwa 1 000 bis 40 000 Wörtern arbeiten, wenn man weiter berücksichtigt, daß der gesamte Wortschatz einer Sprache i. d. R. mit weniger als 100 Phonen gesprochen werden kann, so wird deutlich, daß Segmentierung für Systeme mit großem Wortschatz unverzichtbar ist.

Es ist bisher offen, welches die für die Spracherkennung besten lautlichen Untereinheiten sind. Phone haben den Vorteil, daß ihre Zahl relativ gering ist; sie haben den Nachteil, daß sie als kurze Untereinheiten sehr stark durch lautlichen Kontext beeinflußt werden und ihre Ermittlung daher schwierig ist. Demgegenüber haben z. B. Silben oder Halbsilben den Vorteil, daß sie als größere Untereinheiten bereits einen gewissen Kontext enthalten; sie haben den Nachteil, daß ihre Zahl deutlich größer ist als die der Phone. Große Bedeutung haben z. Z. Laute im Kontext wie Triphone oder Polyphone.

S. kann explizit oder implizit erfolgen; für die explizite S. gibt es im Prinzip zwei Vorgehensweisen. Bei der einen wird die Sprache zunächst in Datenfenster fester Länge von etwa 10 ms zerlegt, parametrisch repräsentiert, und dann werden die Datenfenster klassifiziert. Benachbarte Datenfenster mit gleicher oder ähnlicher Klasse werden zu einem längeren Segment zusammengefaßt. Bei der anderen Vorgehensweise wird das Sprachsignal zunächst anhand einiger globaler Parameter wie Energieverlauf in bestimmten Frequenzbändern in Segmente mit annähernd konstanten Eigenschaften zerlegt. Die Segmente werden anschließend klassifiziert. Bei der impliziten S. werden zunächst Wörter oder Wortfolgen in einer Äußerung gesucht, aus denen sich dann die Segmente ergeben (→ Spracherkennung).

Voraussetzung für die S. ist i. allg. eine Trainingsstichprobe mit handsegmentierter Sprache, um einen automatischen Klassifikator damit trainieren zu können. Wenn eine gewisse Anfangsleistung des Segmentierers mit einer kleinen Trainingsstichprobe erreicht wurde, ist auch eine weitere Verbesserung mit entscheidungsüberwachten Lernverfahren möglich. *Niemann*

Literatur: *Lea, W. A.* (Ed): Trends in speech recognition. Englewood Cliffs, NJ 1980.

## Sprachsynthese ⟨speech synthesis⟩.
Verfahren zur automatischen Umsetzung eines geschriebenen Textes in hörbare gesprochene → Sprache.

S. ist ein Teilgebiet der → Sprachverarbeitung. Die angewendeten Verfahren lassen sich je nach Sprachqualität – ein Begriff der bisher nur subjektiv beurteilt wird – und Vokabular in folgende drei großen Klassen unterteilen:

☐ *Für kleines Vokabular* bzw. einige wenige Standardsätze kann man einfach die Abtastwerte oder eine geeignete → Codierung derselben abspeichern. Das macht es erforderlich, die Wörter wenigstens einmal zu sprechen, wobei man einen für die Anwendung geeigneten Sprecher (z. B. befehlend, überzeugend usw.) wählen kann. Die Qualität ist hoch aber auch der Speicherbedarf, die Flexibilität gering. Es handelt sich in der einfachsten Form weniger um S. als um Aufzeichnung und Wiedergabe einer begrenzten Zahl von Wörtern oder Sätzen. Eine gewisse Flexibilität wird erreicht, indem man die Möglichkeit der Bildung von Folgen gespeicherter Wörter vorsieht. Dieses führt jedoch sofort auf das Problem, daß Wörter in unterschiedlichem Kontext i. allg. mit unterschiedlicher Betonung und Tonhöhe zu sprechen sind, will man eine völlig monotone Sprache vermeiden.

☐ In der Formantsynthese (→ Formant) wird ein Lexikon von Wörtern, die durch einige charakteristische Parameter wie Formanten, Dauer und Tonhöhe repräsentiert werden, bestimmt. Bei der Synthese einer vorgegebenen Wortfolge werden die gespeicherten Parameter ermittelt, an den Wortgrenzen glatte Übergänge zwischen Parametern berechnet und die Parameter durch elektronische Schaltkreise in Sprachsignale umgesetzt. Dieser Ansatz eignet sich *für mittlere Vokabulare.*

☐ Von der Formantsynthese ist es ein natürlicher Schritt zu regelbasierten Systemen, die einen beliebigen → Text in gesprochene Sprache umsetzen (auch als *text-to-speech,* konstruktive Synthese, Synthese durch Regeln bezeichnet); hier gibt es *(fast) keine Beschränkung des Vokabulars* mehr. Das Problem wird üblicherweise in zwei Teilschritten gelöst: Zunächst wird der Text in eine symbolische Transkription umgesetzt, die aus geeigneten lautlichen Untereinheiten eines Wortes besteht. Dabei sind Probleme wie die Behandlung von „sch" in „Häschen" und in „Taschen" zu lösen. Danach wird die Folge von Untereinheiten in Schallwellen umgesetzt; dabei ist die Verständlichkeit eine Mindestanforderung, i. allg. wird auch noch eine nichtmonotone „natürlich klingende" Sprache angestrebt.

Als geeignete Untereinheiten eines Wortes werden vielfach *Phoneme* als Basis verwendet. Phoneme sind abstrakte Einheiten, die zur Unterscheidung zweier Wörter führen (z. B. /d/ und /t/ in „Dorf" und „Torf"). Phoneme legen gewissermaßen nur Mindesteigenschaften fest, Details können in gesprochener Sprache situationsabhängig ergänzt werden. Ein Phonem, das als abstrakte Einheit definiert wird, nimmt im Kontext anderer Phoneme bestimmte Charakteristiken seiner Nachbarn an, wenn es tatsächlich gesprochen wird. Bestimmte phonologische Regeln legen fest, wie dieses im Detail geschieht. Der tatsächlich gesprochene und damit hörbare Laut, das „Phon", das durch Anwendung solcher Regeln aus einem Phonem entsteht, wird auch als *Allophon* dieses Phonems bezeichnet. Ein menschlicher Sprecher, der eine Sprache beherrscht, macht diese Umsetzung eines Textes in Sprache unbewußt; ein automatisches System braucht dafür eine explizit definierte Regelmenge.

Das Textverständnis gehört nicht zum Umfang heutiger S.-Systeme. Zum Umfang gehört aber i. d. R. die Fähigkeit zur Behandlung von Abkürzungen und Zahlen.

Schließlich gehört zu der Umsetzung eines Textes in lautliche Untereinheiten auch die Charakterisierung der Intonation durch Festlegung von Parametern wie Tonhöhe und Lautstärke, da andernfalls eine monotone Sprache resultiert. Ein weiteres Problem besteht darin, daß der menschliche Vokaltrakt ein mechanisches System ist, das nicht sprunghaft von Allophon zu Allophon umgeschaltet wird, sondern stetige Übergänge vornimmt. Eine Folge von Allophonen sollte also nicht einfach aneinandergereiht werden, sondern so interpoliert werden, daß eine natürlich klingende Sprache entsteht. Daher werden auch andere Untereinheiten als Phoneme verwendet, z. B. Halbsilben oder Diphone, in denen zumindest Teile der Übergänge bereits enthalten sind.

Für die Umsetzung von lautlichen Untereinheiten, die symbolisch codiert sind, in hörbare Sprache gibt es die beiden Hauptklassen der Zeitbereichs- und der Frequenzbereichsverfahren. In ersteren wird die Wellenform der Untereinheiten als Funktion der Zeit gespeichert, wobei eine Reihe von Techniken angewendet wird, um den Speicheraufwand zu reduzieren. Bei der Synthese werden lediglich die gespeicherten Schablonen „entpackt". In Frequenzbereichsverfahren wird die menschliche → Sprachproduktion durch zeitveränderliche Filter und Anregung der Filter modelliert. Eine lautliche Untereinheit wird durch Filterparameter und Parameter der Anregung repräsentiert, wodurch eine sehr starke Datenreduktion erreicht wird. Bei der Synthese werden diese Parameter mit digitalen oder analogen Schaltungen wieder in Signale des Zeitbereichs umgesetzt. Eine spezielle Vorgehensweise dabei ist die Verwendung der linearen Vorhersage zur Modellierung des Vokaltraktes und zur S. Für alle diese Verfahren sind inzwischen integrierte Schaltungen entwickelt worden. *Niemann*

Literatur: *Bristow, G.* (Ed.): Electronic speech synthesis. London 1984. – *Keller, E.*: Fundamentals of speech synthesis and speech recognition. J. Wiley, Chichester 1994.

**Sprachverarbeitung** ⟨*speech processing*⟩. Übliche zusammenfassende Bezeichnung aller Techniken, die sich mit der Aufnahme, Verarbeitung, Interpretation und Synthese gesprochener Sprache befassen. Geschriebene Sprache oder Texte interessieren dabei nur insoweit, als sie für das genannte Ziel hilfreich sind; die automatische Verarbeitung geschriebener Texte wird zur Unterscheidung i. allg. als natürliche S. oder Verstehen natürlicher Sprache bezeichnet.

S. wird heute überwiegend mit digitalen Methoden betrieben. Die Grundlage dafür ist das Abtasttheorem. Die durch Sprache bedingten Luftdruckänderungen werden mit einem Mikrofon in eine analoge zeitveränderliche elektrische Spannung gewandelt. Mit einem Analog-Digital-Wandler wird die Spannung an diskreten Zeitwerten gemessen (bei Sprache etwa alle 62,5 bis 125 µs, entsprechend einer → Abtastfrequenz von 16 bis 8 kHz) und mit endlich vielen Amplitudenwerten (etwa 1 024 bis 4 096 entsprechend 10 bis 12 bit, aufgerundet 2 Byte) dargestellt. Man bezeichnet dies auch als Puls-Code-Modulation (PCM). Anfänglich wird Sprache also einfach als Folge ganzer Zahlen repräsentiert. Für eine Sekunde Sprache sind in dieser Darstellung ca. 16 bis 32 kByte erforderlich.

Die genannten Werte für Abtastfrequenz und Zahl der Amplitudenstufen haben erfahrungsgemäß praktisch keine oder nur geringe subjektiv empfundene Qualitätsminderung der Sprache zur Folge. S. läßt sich in mehrere Teilgebiete gliedern:

☐ *Verfahren zur Aufnahme, Übertragung, Speicherung und Wiedergabe von Sprache.* Dabei sind effiziente und störsichere Ansätze zur Sprachcodierung von besonderer Wichtigkeit. Das Ziel ist, Sprache mit möglichst geringer Bandbreite, also mit möglichst wenig Aufwand, zu repräsentieren, ohne daß untragbare Einbußen in der Qualität auftreten.

Die Anforderungen an die Qualität sind je nach Anwendungsfall verschieden. Praktisch nutzbare Anwendungsmöglichkeiten liegen im Bereich der direkten Sprachkommunikation über Telephonkanäle, der Speicherung von Sprache und der Verbesserung gestörter Sprache.

☐ *Verfahren zur Sprechererkennung*, die wiederum in zwei Untergebiete zu gliedern sind:

– Die → Sprecherverifikation, d. h. die Bestätigung, daß ein bestimmter Sprecher tatsächlich die von ihm behauptete Identität besitzt. Zu diesem Zweck muß der Sprecher einen bestimmten → Text sprechen und seine Identität nennen. Durch Vergleich der Eigenschaften der Stimme des Sprechers mit den gespeicherten Referenzdaten der Person mit der angegebenen Identität wird festgestellt, ob Stimme und Referenzdaten genügend gut übereinstimmen. Verfahren der Sprecherverifikation haben potentielle Anwendungen in der Zugangskontrolle zu Geländen und Gebäuden sowie in der Zugriffskontrolle zu Informationssystemen.

– Die → Sprecheridentifikation, d. h. die Ermittlung der Identität eines Sprechers allein aufgrund seiner Stimme und gespeicherter Sprachproben. Man muß hier i. d. R. davon ausgehen, daß in Frage kommende Sprecher sich unkooperativ verhalten, d. h. eine Identifikation nicht fördern. Sprecheridentifikation ist v. a. für die Kriminalistik von Interesse, um eine anonyme Sprachprobe einem oder einigen wenigen Kandidaten

aus einer größeren Menge von Verdächtigen zuzuordnen.
☐ *Verfahren der → Spracherkennung*, die sich allgemein in vier Untergebiete gliedern lassen.
– Die → Klassifikation oder Erkennung einer relativ kleinen Zahl (typisch sind 10 bis 300) von isoliert gesprochenen Wörtern. Damit ist eine Sprechweise gemeint, bei der Wortgrenzen durch deutliche Pausen im Sprachsignal markiert sind. Die Erkennung isoliert gesprochener Wörter findet seit mehreren Jahren Anwendung in sog. Kommandosystemen, die Maschinen aufgrund kurzer gesprochener Kommandos wie Start, Stop, Links, Schneller usw. steuern. Eine weitere Anwendungsmöglichkeit besteht in der Dateneingabe in Rechner mit Hilfe gesprochener Wörter. Hierfür sind auch verschiedene → Einzelworterkenner als kommerzielle Produkte auf dem Markt. Auch für Diktiersysteme wird Einzelworterkennung genutzt, wobei das Vokabular bei 20 000 bis 40 000 Wörtern liegt.
– Die Erkennung von relativ kurzen Folgen zusammenhängend gesprochener Wörter aus einem relativ kleinen Vokabular. Ein Beispiel für die Erkennung einiger weniger fließend gesprochener Wörter ist die Telephonwahl durch Sprechen der Rufnummer (z. B. nullneuneinsdreieins).
– Das Verstehen kontinuierlich gesprochener Sprache oder fließender Rede mit einem Vokabular, das bei 1 000 bis 20 000 Wörtern liegt. In kontinuierlich gesprochener Sprache fehlen die ausdrücklichen Sprechpausen zwischen Wörtern. Das Verstehen der fließenden Rede wird der Mensch-Maschine-Kommunikation neue Dimensionen erschließen und Anwendungen eröffnen, die von der automatischen Schreibmaschine bis zum natürlichsprachlichen Dialog mit Informations- und Auskunftssystemen reichen.
– Das Verstehen spontaner Sprache. Diese ist charakterisiert durch das Auftreten nichtsprachlicher Äußerungen wie Husten und Räuspern, durch Satzabbrüche und nichtgrammatikalische Konstruktionen sowie durch Wörter, die nicht im Lexikon des Systems enthalten sind. Ein Ansatzpunkt besteht hier darin, auf die korrekte Erkennung aller Wörter zu verzichten und nur die Erkennung semantisch und pragmatisch wichtiger Konzepte anzustreben.
☐ *Die → Sprachsynthese*, d. h. die automatische Umsetzung eines geschriebenen Textes in hörbare Sprache. Die Anwendungen der Sprachsynthese umfassen kurze Hinweise (wie „bitte angurten"), kurze Auskünfte („die gewünschte Rufnummer ist 8 51, die Vorwahl 091 31"), Vorleseautomaten und schließlich natürlichsprachlich formulierte Antworten und Rückfragen in künftigen Informations- und Dienstleistungssystemen.

Für den praktischen Einsatz von Verfahren der S. ist eine effiziente und wirtschaftliche Realisierung notwendige Voraussetzung. Die → Mikroelektronik hat mit der Entwicklung von preiswerten Speicherbausteinen und leistungsfähigen → Mikro- und → Signalprozessoren wesentlich dazu beigetragen, daß wirtschaftliche Anwendungen der S. in zunehmendem Maße möglich werden. *Niemann*

**Sprachverstehen** ⟨speech understanding⟩. Im Kontext der → Sprachverarbeitung die automatische Abbildung einer Folge von Wörtern in eine problemspezifische → Wissensbasis eines Systems.

Man hat die beiden Fälle zu unterscheiden, daß die Folge von Wörtern als geschriebener Text oder als gesprochene → Sprache vorliegt. Im ersten Fall kann man grundsätzlich davon ausgehen, daß die Identität eines Wortes durch einfachen zeichenweisen Vergleich von Text und Lexikoneintrag zu ermitteln ist, daß also das Problem der → „Worterkennung" mit 100% Sicherheit und einfach lösbar ist; weiterhin kann man davon ausgehen, daß man in Texten i. d. R. vollständige Sätze im Sinne einer → Grammatik der Sprache vorliegen hat. Im zweiten Fall ist wegen des derzeitigen Standes der → Spracherkennung grundsätzlich damit zu rechnen, daß an jeder Position des Sprachsignals mehrere alternative Worthypothesen angeboten werden und daß das richtige → Wort unter den angebotenen Alternativen in deutlich weniger als 100% zu finden ist. Wie in gesprochenen Texten, insbesondere in gesprochenen Dialogen, üblich, muß man mit Äußerungen rechnen, die im Sinne einer Standardgrammatik kein Satz sind, da sie z. B. kein Verb enthalten – z. B. die Äußerung „nein, lieber einen späteren" als Antwort auf die Frage „Wollen Sie den Zug um 10.15 Uhr nehmen?". Wir betrachten hier nur den zweiten Fall.

S. stützt sich als wissensbasierter Prozeß auf drei wesentliche Wissensquellen, nämlich auf → Syntax, → Semantik und Pragmatik. Jedes Wort hat bestimmte syntaktische, semantische und pragmatische Eigenschaften, die durch entsprechende Einträge im Lexikon des Systems definiert werden. In den aus der Literatur bekannten Laborsystemen zum S. (mit gesprochener Sprache als Eingabe) ist die Trennung zwischen den drei Bereichen entweder oft nicht explizit vorhanden oder in unterschiedlicher Form vorgenommen worden.

☐ *Syntax* definiert die Regeln, nach denen Wörter einer Sprache kombiniert werden dürfen, wobei nur ihre Eigenschaften als Element einer bestimmten Wortklasse, nicht aber ihre Bedeutungen berücksichtigt werden. Wichtigste Aufgabe der syntaktischen Analyse im Rahmen des Sprachverstehens ist die Ermittlung der syntaktischen Struktur einer Äußerung, d. h. von Wortgruppen, die eine sinnvolle syntaktische Konstituente bilden und von deren syntaktischen Eigenschaften. Solche Wortgruppen können im Sprachsignal zeitlich aufeinanderfolgen – wie in der Nominalgruppe „das grüne Auto ist verrostet", oder auch nicht – wie in der Verbalgruppe „ich habe den Zug nicht mehr erreichen können". Die syntaktische Struktur wird in einem Strukturbaum repräsentiert.

Ein wesentliches Problem bei der syntaktischen Analyse besteht darin, solche syntaktischen Regeln zu finden, die eine für den Problemkreis des Systems angemessene Untermenge einer natürlichen Sprache definieren (das Problem der Akquisition syntaktischen Wissens). Dieses erfolgt z. Z. in der Regel manuell.

☐ *Semantik* berücksichtigt die allgemeinen sprachlichen Bedeutungen von Wörtern, d. h. die Bezüge der Wörter zu den von ihnen bezeichneten Objekten oder Konzepten der realen Umwelt. Dadurch werden insbesondere weitere Einschränkungen für die Kombination von Wörtern definiert, und es ergibt sich die Möglichkeit, unter den i. allg. zahlreichen Bedeutungen eines Wortes eine oder einige wenige auszuwählen, die mit den Bedeutungen anderer Wörter einer syntaktischen Konstituente kompatibel sind. Theoretische Grundlagen liefern die Kasus- und Valenztheorie der Linguistik. Die semantische Verarbeitung erlaubt einem sprachverstehenden System auch, eine weitere Auswahl unter den von der Erkennung gelieferten Worthypothesen durch Eliminierung von Wörtern mit inkompatiblen Bedeutungen zu treffen.

☐ Es ist zweckmäßig, in einem sprachverstehenden System der *Pragmatik* die Berücksichtigung der aufgabenspezifischen Bedeutungen von Wörtern zuzuweisen. Dieses hat den Vorteil einer strikten Modularisierung von Verarbeitungsaufgaben und → Wissensbasen. Bei einer Änderung des Problemkreises bleibt die Semantik unverändert und nur die pragmatische Komponente muß ergänzt oder erneuert werden. Für die pragmatische Verarbeitung muß das relevante Wissen aus dem Problemkreis systemintern modelliert werden, z. B. durch Konzepte in einem semantischen Netzwerk. Bestimmten Objekten, Ereignissen und Sachverhalten aus dem Problemkreis werden Konzepte zugewiesen, die deren relevanten Eigenschaften und Relationen modellieren. Wenn beispielsweise Sätze aus dem Problemkreis von Auskünften über Zugverbindungen zu verstehen sind, wird man u. a. das generelle Konzept „Verbindungsauskunft" zu modellieren haben. Eine Verbindungsauskunft erfordert z. B. Information über „Abfahrtsort", „Ankunftsort", „Umsteigepunkte", „gewünschte Abfahrtszeit", „gewünschte Ankunftszeit" usw., wobei i. allg. diese einzelnen Punkte selbst wieder durch Konzepte modelliert werden. Die allgemeine sprachliche (semantische) Bedeutung von Abfahrts- und Ankunftsort wird lediglich „Ortsbezeichnung" sein, die syntaktische „Nomen proprium".

Es ist demnach also Aufgabe der Worterkennung, ein bestimmtes Intervall des Sprachsignals z. B. als das gesprochene Wort „Nürnberg" zu identifizieren. Es ist Aufgabe des S., dieses Intervall als Instanz z. B. des problemspezifischen Konzepts „Abfahrtsort" zu ermitteln – das Wort „Nürnberg" hätte im Rahmen dieses Problemkreises genauso gut eine Instanz der Konzepte „Ankunftsort" oder „Umsteigepunkt" sein können. In diesem Sinne wird, wie definiert, ein Signalabschnitt und letztlich eine Folge von Wörtern in eine systeminterne Wissensbasis abgebildet.

S. im hier definierten Sinne beschränkt sich auf das Verstehen einer einzelnen Äußerung. Die Verfolgung einer Folge von Äußerungen im Rahmen eines gesprochenen Dialogs ist Aufgabe einer eigenen dialogorientierten Verarbeitung. *Niemann*

**Spreadsheet** *⟨spreadsheet⟩*. Tabellarische Aufstellung, in der einzelne Einträge über mathematische Beziehungen verknüpft sind und von denen deswegen Teile automatisch berechnet werden können. Anwendungen finden sich in betriebswirtschaftlicher Planung und in der Statistik. Gleichzeitig Bezeichnung für eine Klasse von Büroanwendungsprogrammen, die neben S.-Funktionalität meist auch die Bürographik abdecken, d. h. eine automatisierte graphische Darstellung von tabellarischen Informationen in übersichtlicher Weise, z. B. als Tortendiagramme (pie chart) oder Balkendiagramme (bar chart).

*Tortendiagramme* sind Verfahren zur Veranschaulichung tabellarischer Informationen durch Kreissekto-

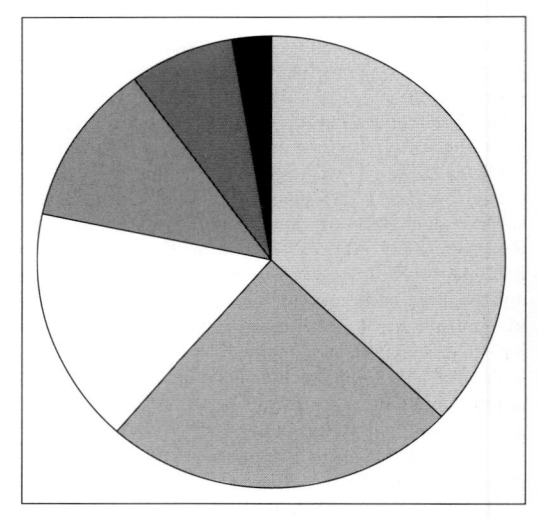

*Spreadsheet 1: Tortendiagramm*

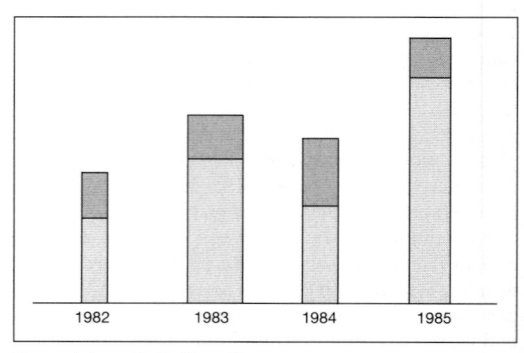

*Spreadsheet 2: Balkendiagramm*

ren, deren Winkel der zu veranschaulichenden Information entspricht (Bild 1).

*Balkendiagramme* sind hingegen Verfahren zur Veranschaulichung von tabellarischen Informationen durch Balken, deren Höhe bzw. Breite der zu veranschaulichenden Information entspricht (Bild 2).

*Schindler/Bormann*

**Sprecheridentifikation** ⟨*speaker identification*⟩. Verfahren innerhalb der → Sprachverarbeitung zur automatischen Bestimmung der Identität eines unbekannten Sprechers anhand einer Sprachprobe aus einer vorgegebenen Menge von Kandidaten.

Da typische Anwendungen in der Kriminalistik liegen, muß man mit unkooperativen Sprechern rechnen und i. d. R. textunabhängig arbeiten, d. h., der von den Kandidaten vorliegende Referenztext stimmt nicht mit dem des unbekannten Sprechers überein. Als Beispiel einer typischen Vorgehensweise kann folgende angesehen werden:
– Das Sprachsignal wird energienormiert, und Störungen werden reduziert.
– Sprache wird parametrisch repräsentiert, z. B. durch das Frequenzspektrum. Um textunabhängig zu arbeiten, werden die Parameter zeitlich gemittelt bzw. Langzeitwerte berechnet.
– Es wird ein Abstandsmaß zwischen gespeicherten Referenzparametern der bekannten Kandidaten und den Parametern des zu identifizierenden Sprechers berechnet, z. B. der *Euklid*ische Abstand oder der *Mahalanobis*-Abstand.
– Die Entscheidung erfolgt für den Kandidaten mit kleinstem Abstand oder für eine Teilmenge von Kandidaten, deren Abstände unter einer Schwelle liegen.
– Um eine größere Menge von Kandidaten erfassen zu können, werden Sprechergruppen mit ähnlichen Eigenschaften, z. B. mittlerer Sprachgrundfrequenz, gebildet.

Nach experimentellen Befunden können automatische Verfahren bei kurzen Texten und vielen Kandidaten zuverlässiger arbeiten als menschliche Zuhörer.

*Niemann*

Literatur: *Doddington, G.*: Speaker recognition – identifying people by their voices. Proc. IEEE 73 (1985) pp. 1651–1664.

**Sprecherverifikation** ⟨*speaker verification*⟩. Verfahren in der → Sprachverarbeitung zur automatischen Bestätigung der Identität eines Sprechers anhand einer gespeicherten Sprachprobe.

Da Anwendungen im Bereich der Kontrolle des Zugangs zu Gebäuden und Informationssystemen liegen, kann man von kooperativen Sprechern und i. d. R. von textabhängiger → Verifikation ausgehen, d. h., der gesprochene Referenztext stimmt mit dem Testtext im Wortlaut – aber natürlich nicht in der akustischen Realisierung – überein.

Eine typische Vorgehensweise ist die folgende:
– Das Sprachsignal wird energienormiert, und Störungen werden durch Filterung reduziert.
– Die Sprache wird parametrisch repräsentiert, z. B. durch Berechnung von Koeffizienten der linearen Vorhersage, der → Mel-Cepstrum-Koeffizienten oder Kurzzeitspektren.
– Mit Hilfe der dynamischen Programmierung wird eine nichtlineare Zeitnormierung zwischen Test- und Referenztext vorgenommen und ein Abstandsmaß zwischen beiden berechnet. Da der zu verifizierende Sprecher neben dem zu sprechenden Testtext auch seine behauptete Identität nennen muß, kann gezielt der Referenztext des Sprechers mit der behaupteten Identität herangezogen werden.
– Wenn der berechnete Abstand unter einer Schwelle liegt, wird angenommen, daß der zu überprüfende Sprecher tatsächlich die von ihm behauptete Identität besitzt.

*Niemann*

Literatur: *O'Shaughnessy, D.*: Speaker recognition. IEEE ASSP Magazine 3 (1986) 4, pp. 4–17.

**SPU** ⟨*software development environment*⟩ → Software-Produktionsumgebung

**SQL** ⟨*SQL (Structured Query Language)*⟩. SQL ist eine Sprache zur Datendefinition (→ DDL) und Datenmanipulation (→ DML) für relationale Datenbanksysteme (und neuerdings darüber hinausgehend). Durch die revidierten (erweiterten) Standardisierungsdokumente entstehen die verschiedenen Versionen von SQL (SQL-2, SQL-3). SQL-Anweisungen werden in → Programmiersprachen eingebettet (embedded SQL), was aufgrund der unterschiedlichen Konzepte von Programmiersprachen und SQL (z. B. zeiger- vs. mengenorientierter Zugriff) zu Problemen führt (impedance mismatch) (→ Anwendungsprogrammierschnittstelle).

*Schmidt/Schröder*

Literatur: ISO/ANSI: Database Language SQL (SQL3). Working Draft 1993. – ISO/IEC 9075: Database Language SQL. 1992 (in Deutschland DIN 66315). – *O'Neil, P.*: Database. Principles, programming, performance. Hove, East Sussex 1994.

**SRC** ⟨*SRC (Short-Range Communication)*⟩. SRC (Nahbereichskommunikation) ist ein spezieller Typ → mobiler Funknetze, welcher für die Unterstützung von Telematikanwendungen (→ Telematikdienste) im Straßenverkehr (→ RTI, → IVHS) entwickelt worden ist. Man unterscheidet zwei Varianten von SRC:
– Bei der *Interfahrzeugkommunikation* stehen die Fahrzeuge in direkter Funkverbindung. Anwendungen liegen im Bereich des kooperativen Fahrens, z. B. automatische Abstandskontrolle zum vorausfahrenden Fahrzeug oder Überwachung von Überholmanövern.
– Bei der *Fahrzeug-Baken-Kommunikation* werden sehr kleine, nicht überlappende Gebiete (Kommunikationszonen) von einer Kommunikationseinrichtung (Bake) versorgt. Die Größe der Kommunikationszone liegt im Bereich weniger Meter (z. B. 5 m). Die Baken sind nicht notwendig untereinander oder mit einem Zentralrechner vernetzt und bilden zumeist räumlich getrenn-

te Kommunikationsinseln. Baken können am Straßenrand und an Signalbrücken montiert werden. Als Übertragungsmedien sind Mikrowellen im 5,8- und im 63-GHz-Band sowie Infrarot bei einer Wellenlänge von 850 nm vorgesehen. Die Datenraten liegen im Bereich von mehreren hundert kbit/s (z. B. 500 kbit/s). Typische Anwendungen sind automatische Gebührenerfassung und dynamische Zielführung, also Anwendungen, deren Informationen ein hohes Maß an lokaler Relevanz besitzen oder die eine genaue Positionierung bei gleichzeitiger Datenübertragung erfordern.

*Hoff/Spaniol*

Literatur: Müller, G.; Hohlweg, G. (Hrsg.): Telematik und Mobilität – Initiativen und Gestaltungskonzepte. Springer, Berlin 1995.

**Stack** ⟨stack⟩ → Kellerspeicher

**Stand-by** ⟨stand-by⟩. Technik der dynamischen → Fehlertoleranz zur Überbrückung von Hardware-Fehlern in → Rechenanlagen. Im Fehlerfall wird nach der Erkennung eines defekten Moduls auf Reservemoduln umgeschaltet. Man unterscheidet hot-stand-by und cold-stand-by. Im ersten Fall sind die Ersatzmoduln bereits in Betrieb und werden lediglich zugeschaltet (logical switching). Bei cold-stand-by muß zum Einschalten der Reservemoduln deren Stromversorgung eingeschaltet werden (power switching). *Bode*

**Stand-by-System** ⟨stand-by system⟩. Synonyme Bezeichnung für → Back-up-System. *Strohrmann*

**Standard ML** ⟨Standard ML⟩ → SML

**Standard-Software** ⟨standard (application) software⟩. Anwendungs-Software (→ Anwendungssystem, betriebliches), die auf der Grundlage prognostizierter Anforderungen (anonymer Markt) für wiederholt vorkommende Aufgabenstellungen bei unterschiedlichen Anwendern entwickelt wird (Erstellungsart Vorratsfertigung). Wird in Abgrenzung zur Kategorie → Individual-Software verwendet.

S.-S. wird überwiegend dort eingesetzt, wo Inhalt und Durchführung betrieblicher Aufgaben weitgehend festgelegt sind, z. B. aufgrund betriebswirtschaftlicher Modelle oder gesetzlicher Regelungen. Es werden funktionsneutrale S.-S. (z. B. Textverarbeitung, Tabellenkalkulation, Datenbankverwaltung), funktionsbezogene S.-S. (z. B. Finanzbuchhaltung, Lohn und Gehalt) sowie funktionsübergreifende, integrierte Branchen-Software unterschieden.

S.-S. ermöglicht eine Senkung der Stückkosten von Software-Produkten und damit eine wirtschaftliche → Software-Entwicklung. Jedoch sind Nutzen und Einsatzmöglichkeit einer S.-S. entscheidend von der Flexibilität hinsichtlich Variantenbildung (Abdeckung fachlicher Unterschiede), der Integrationsfähigkeit (Standardschnittstellen und Schnittstellen zu Altsystemen), der Portierbarkeit (z. B. Unterstützung unterschiedlicher Hardware-Plattformen) und der unterstützten Sprachen (Internationalisierung) abhängig.

Die individuelle Anpassung an ein spezifisches Unternehmen wird typischerweise durch Offenlegung der Konfigurierung, Parametrisierung und Programmierung (Customizing) unterstützt. Voraussetzung hierfür ist eine Erweiterbarkeit und Wiederverwendbarkeit von Software-Produkten (→ Anwendungssystem).

*Amberg*

**Standardabweichung** ⟨standard deviation⟩. Die S. einer → Wahrscheinlichkeitsverteilung ist die Quadratwurzel ihrer Streuung (→ Varianz). *Schneeberger*

**Standarddatenbank** ⟨standard database⟩ → Datenbank

**Standbildspeicher** ⟨still store⟩ → Bildspeicher, digitaler

**Standortwahlproblem** ⟨location problem⟩. Problem, unter den gegebenen Erfordernissen des einzelnen Industriebetriebs einen optimalen Standort auszuwählen. Meist werden S. als mehrstufige → Transportprobleme modelliert, wobei die Transport-, Herstellungs- und Lagerhaltungskosten bei gegebenen Produktions-, Zwischenlagerungs- und Abnahmestätten im Vordergrund stehen. *Bachem*

**Standverbindung** ⟨dedicated line⟩. DIN 44 330 definiert die S. als „feste Verbindung zwischen zwei Endstellen" (Endsystem). *Quernheim/Spaniol*

**Stapelbetrieb** ⟨batch processing⟩. Betriebsart eines → Digitalrechners, bei der eine Aufgabe vollständig gestellt sein muß, bevor mit ihrer Abwicklung begonnen wird (Gegenteil: Dialogbetrieb). Die ursprüngliche Vorstellung ist die, daß → Zentraleinheit und → Peripheriegeräte erst dann für das nächste → Programm zur Verfügung stehen, wenn das vorhergehende beendet ist, und dann das begonnene Programm bis zu seinem Ende durchführen. (Die Reihenfolge der Bearbeitung kann mit der Reihenfolge der Eingabe übereinstimmen oder auf Grund von Vorrangregeln davon abweichen.) Wegen der unterschiedlichen Geschwindigkeit von Peripherie und Zentraleinheit hat sich jedoch schon bald ein → Mehrprogrammbetrieb durchgesetzt, bei dem die Wartezeiten eines Programmes auf Peripheriegeräte dem nächsten Programm zugute kommen.

Eine Alternative bietet die Stapelverarbeitung über den → Teilnehmerbetrieb. Auch hier muß die Aufgabe vollständig vorliegen; die Aufgabenstellung wird jedoch über Datenendgeräte eingegeben und ggf. durch Datenfernübertragung dem Rechensystem übermittelt (*remote job entry*). *Bode/Schneider*

**Statechart** ⟨*state chart*⟩ → Zustandsübergangsdiagramm

**Statistik** ⟨*statistics*⟩. Eine S. ist eine Funktion der Beobachtungswerte aus einer → Stichprobe und stellt meist die Schätzung eines Parameters der Grundgesamtheit dar, welcher die Stichprobe entnommen wird. *Schneeberger*

**Stellenrechner** ⟨*computer node*⟩ → Rechensystem, verteiltes

**Stellenrechner, vernetzter** ⟨*network of computer nodes*⟩ → Rechensystem, verteiltes

**Stellenschreibweise** ⟨*scientific notation*⟩. Schema zur Darstellung reeller Zahlen. Dabei wird eine Folge von Ziffern so interpretiert, daß aufeinanderfolgende Ziffern als Koeffizienten aufeinanderfolgender, ganzzahliger Potenzen einer vorgegebenen Zahl (*Basis*) aufgefaßt werden. Demnach ist

$$A_n A_{n-1} \ldots A_2 A_1 A_0, A_{-1} A_{-2} \ldots A_{-m}$$

eine Abkürzung für

$$\sum_{i=-m}^{n} A_i r^i,$$

wobei die $A_i$-Ziffern und die Basis r ganze Zahlen größer als 1 sind. Die Vorzeichen aller $A_i$ stimmen mit dem Vorzeichen der darzustellenden Zahl überein. Die Darstellung ist eindeutig, wenn man

$$0 \leq |A_i| < r$$

vorschreibt. Im Dezimalsystem ist die Basis 10, im Dualsystem 2. Verwendet man eine Basis größer als 10, wie beim Sedezimalsystem (Basis 16), so muß man Buchstaben für die über 9 hinausgehenden Ziffern verwenden. *Bode/Schneider*

**Stellvertretersubjekt** ⟨*substitute subject*⟩ → Subjekt

**Stern** ⟨*star*⟩. Spezielle → Topologie von Kommunikationssystemen, bei der die Stationen über individuelle Leitungen an eine Zentrale angeschlossen sind. Neue Stationen können daher im laufenden Betrieb an das Netz angeschlossen werden, sofern die Zentrale um neue Leitungen erweitert werden kann (Bild). Umgekehrt bleibt bei Ausfall einer Station der restliche Netzbetrieb unbetroffen.

Für Sprachübertragung mit → Leitungsvermittlung sind Sternnetze besonders geeignet (→ digitale Nebenstellenanlagen). Die Zuverlässigkeit des Gesamtsystems ist von der Zuverlässigkeit der Zentrale abhängig. Aber auch lokale Netze auf der Basis von Twisted Pair oder Glasfaserkabeln werden immer häufiger in Sternstrukturen realisiert. *Quernheim/Spaniol*

**Sternkoppler** ⟨*star coupler*⟩. **1.** Zentrales Element in einem sternförmigen (→ Topologie) optischen Netz (→ Übertragungsmedium). Man unterscheidet zwischen aktiven S., die mit einem – elektrischen – Verstärker ausgestattet sind, und passiven S. In jedem Fall sind die einzelnen Stationen über eine Duplex-Verbindung (→ vollduplex, je ein Leiter für Hin- und Rückrichtung) mit dem S. verbunden. *Jakobs/Spaniol*

**2.** Ein S. besteht aus mehreren ankommenden und abgehenden Lichtwellenleitern. Das an einem Eingang eintreffende Signal wird gleichmäßig auf alle Ausgänge verteilt.

Die Lichtaufteilung kann durch Stirnflächenkopplung realisiert werden. Dazu werden die Glasfasern stumpf an ein Mischerplättchen gekoppelt (Bild 1), so daß das von irgendeiner Eingangsfaser kommende Licht über die ganze Querschnittsfläche verteilt und in die Ausgangsfasern gleichmäßig eingekoppelt wird

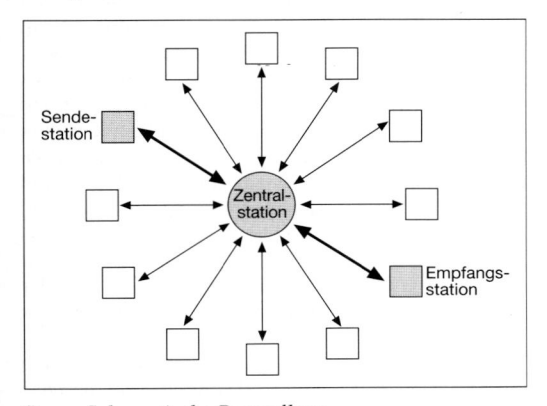

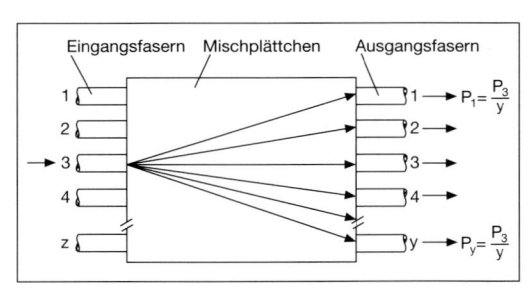

*Stern: Schematische Darstellung*

*Sternkoppler 1: Schematische Darstellung eines S. mit Mischerplättchen*

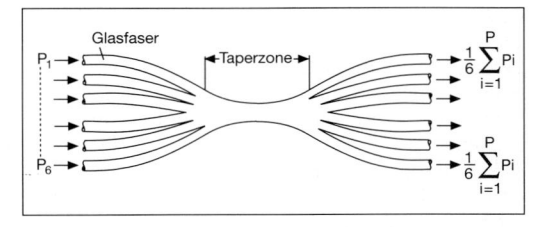

*Sternkoppler 2: Schematische Darstellung eines Glasfasersternkopplers*

(Transmissionstyp). Wird das Mischerplättchen halbiert und auf der Ausgangsseite mit einer Reflexionsschicht versehen, wird das Licht auf alle Eingangsfasern verteilt. Eine Entkopplung zwischen Sende- und Empfangsseite ist aber nur beim Transmissionstyp möglich.

S. beider Typen können auch vollständig aus Glasfasern hergestellt werden (Bild 2). Dabei werden die Fasern verdrillt, entlang der Koppelstrecke erhitzt und beim Schmelzen zum Taper auseinander gezogen. Das von einer Eingangsfaser geführte Licht wird auf den gesamten Taperquerschnitt verteilt, von den Ausgangsfasern aufgenommen und weitergeleitet. In dieser Form können sowohl monomodale (→ Monomodefaser) als auch multimodale (→ Multimodefaser) S. hergestellt werden.

Auch in integriert optischer Form können S. aufgebaut werden. Bild 3 zeigt eine Kombination von 3-dB-Richtkopplern. Jedes an einem der acht Eingänge ankommende Signal wird zu je einem Achtel auf jeden der acht Ausgänge aufgeteilt.

S. werden in optischen Verteilnetzen eingesetzt.

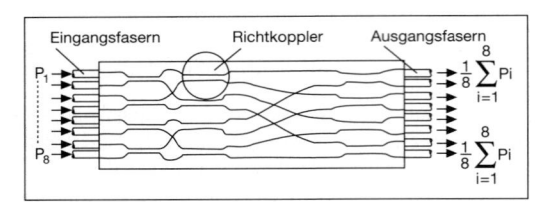

*Sternkoppler 3: Schematische Darstellung eines integriert optischen 8×8-S., bestehend aus zwölf 3-dB-Richtkopplern*   *Krauser*

Literatur: *Grimm, E.* u.a.: Lichtwellenleitertechnik. Heidelberg 1989.

**Sternverbund** ⟨*star connection*⟩. Leitungsnetz mit Punkt-zu-Punkt-Verbindung und unidirektionaler Einzelsignalübertragung zwischen zentralen Teilen eines Systems und seinen peripheren Komponenten. In Prozeßleitsystemen, in denen die Meß- und Stellwerte als analoge Einheitssignale übertragen werden, ist der S. noch vorherrschend, ggf. läßt dieser sich durch Einsatz von Feldmultiplexern auf räumlich begrenzte Anlagenteile einschränken. Vorteilhaft ist, daß sich durch die Punkt-zu-Punkt-Verbindung eine kurze → Reaktionszeit und eine hohe → Verfügbarkeit ergeben, daß die Signalübertragung standardisiert ist – Geräte verschiedener Hersteller lassen sich problemlos miteinander verbinden – und daß über die Signalkabel auch die Sensoren und Aktoren mit Hilfsenergie versorgt werden können. Nachteilig ist, daß der Informationsinhalt der Signale beschränkt ist – Grenz- und Statussignale können z. B. nicht gleichzeitig übertragen werden –, daß die Übertragungsgenauigkeit begrenzt und der Verdrahtungsaufwand erheblich ist (→ Feldbus).   *Strohrmann*

**Steuercode** ⟨*control code*⟩. Gibt an, in welcher Weise → Daten zu verarbeiten oder zu modifizieren sind. Der Ausdruck S. wird daher sowohl in Verbindung mit Ablaufsteuerungen in der → Hardware als auch mit Programmteilen in der → Software verwendet.

In einer → Programmiersprache definierte Funktionen oder Prozeduren sind ein Beispiel für Software-Anwendungen. Abhängig von dem der Funktion übergebenen S., können von derselben Funktion verschiedene Aktionen ausgeführt werden.

S., die z. B. dem Steuerwerk eines → Graphikprozessors übergeben werden, bestimmen die graphische → Operation, die von diesem durchzuführen ist. Ein Graphikbefehl kann beispielsweise aus einem oder mehreren S. und sich daran anschließenden Daten (z. B. Koordinaten) bestehen.   *Encarnação/Haaker*

**Steuereinheit** ⟨*control unit*⟩ → Kontrolleinheit

**Steuerknüppel** ⟨*joystick*⟩ → Joystick

**Steuerungsebene** ⟨*session layer*⟩. Ebene 5 des → OSI-Referenzmodells. Ihre Hauptaufgabe ist die Synchronisation und die Organisation des Datenaustausches. Hierfür überwacht, regelt und synchronisiert sie den von der → Transportebene erbrachten → Dienst. Hierzu gehört z. B. die Kompensation von möglichen negativen Folgen, die durch einen zeitweiligen Zusammenbruch der unterliegenden Transportverbindung entstehen können (z. B. aufgrund eines ausgefallenen Übertragungskanals oder des zeitweisen Ausfalls eines Endsystems). Dies geschieht durch die Verwendung von Marken (Token) zur Steuerung des Datenaustauschs und zur → Synchronisation der Verbindung. Die Einrichtung von Synchronisationspunkten ermöglicht zusätzlich das Wiederaufsetzen einer Verbindung nach einem derartigen Fehlerfall. Von der Steuerungsebene werden folgende Leistungen angeboten:
– Aufbau einer Verbindung mit einem anderen → Benutzer, Austausch von Daten mit diesem Benutzer, ordnungsgemäßer Abbau der Verbindung.
– Verwendung von Marken zur Steuerung des Datenaustauschs und zur Synchronisation der Verbindung. Ein → Token kann zu einem Zeitpunkt genau einem Dienstbenutzer zugewiesen werden. Der Besitz eines bestimmten Token beinhaltet jeweils ein mit diesem Token assoziiertes Recht. Ein Token kann verfügbar oder nicht verfügbar sein. Ein verfügbares Token ist immer genau einem Benutzer zugeordnet, der dann über das mit diesem Token verknüpfte Recht verfügt. Ist ein Token nicht verfügbar, so ist das mit ihm verknüpfte Recht entweder für beide Benutzer verfügbar (z. B. das Recht, Daten zu übertragen, gilt im Vollduplex-Betrieb) oder für keinen Benutzer (z. B. zur Synchronisation).
– Einrichtung von Synchronisationspunkten innerhalb eines → Dialogs. Nach einem Fehlerfall kann die Verbindung auf solchen Synchronisationspunkten wieder

eindeutig aufgesetzt werden. Hierzu werden Dialogeinheiten definiert. Unter einer Dialogeinheit wird ein eigenständiger Kommunikationsabschnitt verstanden. Informationen, die innerhalb einer solchen Einheit übertragen werden, sind damit unabhängig von vorausgegangenen bzw. nachfolgenden Übertragungen. Bei der Übertragung eines Buches könnten z. B. die einzelnen Kapitel solche Dialogeinheiten bilden. Dialogeinheiten werden durch Hauptsynchronisationspunkte begrenzt. Ein Benutzer kann innerhalb einer solchen Einheit beliebig viele Nebensynchronisationspunkte zur weiteren Strukturierung setzen, z. B. nach jeder Buchseite (Bild).

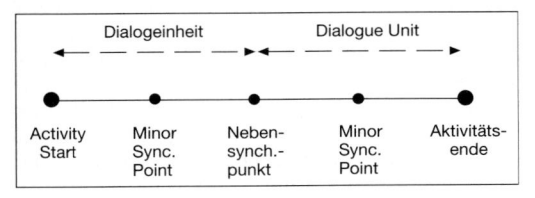

*Steuerungsebene: Synchronisationspunkte*

Eine Aktivität ist eine der Dialogeinheit übergeordnete Strukturierung. Sie kann aus einer beliebigen Anzahl von Dialogeinheiten bestehen (die Übertragung des gesamten Buches wäre dann eine Aktivität). Zu einem Zeitpunkt ist nur eine Aktivität pro Steuerungsverbindung erlaubt, es dürfen aber mehrere Aktivitäten nacheinander über eine Verbindung abgewickelt werden. Ebenso ist es möglich, daß sich eine Aktivität über mehrere Verbindungen erstreckt.

Der Dienst der Steuerungsebene gliedert sich in zwölf funktionale Einheiten (FU). Eine FU ist die Zusammenfassung mehrerer verwandter Dienste. Lediglich die Funktionalität des Kernel muß angeboten werden, alle anderen FU können ausgehandelt werden.
*Jakobs/Spaniol*

Literatur: *Spaniol, O.; Jakobs, K.*: Rechnerkommunikation – OSI-Referenzmodell, Dienste und Protokolle. VDI-Verlag, 1993. – *Dickson, G.; Lloyd, A.*: Open systems interconnection. Prentice Hall, 1992.

**Steuerzeichen** ⟨control character⟩. Ein → Zeichen, dessen Auftreten eine Steuerfunktion auslöst, also einen Vorgang, der das Aufzeichnen, Verarbeiten, Übertragen oder Interpretieren von Informationen (z. B. eines → Dokuments) beeinflußt. S. können z. B. dazu dienen, (sichtbare) Attribute von nachfolgenden → Schriftzeichen auszudrücken – wie Farben, Hervorhebungsarten, Hochstellungen, Tiefstellungen – bzw. das → Layout des Dokuments selbst steuern, z. B. Seitenformate, Zeilenabstände. Andere S. werden zur → Codeerweiterung verwendet (→ Umschaltzeichen).
*Schindler/Bormann*

**Steuerzeichensatz** ⟨control set⟩. Menge von → Steuerzeichen und ihren → Codierungen, die im Rahmen einer Anwendung als Einheit implizit oder explizit auswählbar ist (→ Codeerweiterung). S. werden im Deutschen auch C-Satz und im Englischen C-Set genannt.
*Schindler/Bormann*

**Stichprobe** ⟨sample⟩. Eine S. ist eine Menge von Einheiten, die einer Gesamtheit entnommen wurde. In der Regel sollen von der S. auf die Gesamtheit Schlüsse gezogen werden; daher muß die S. ein repräsentativer Teil der Gesamtheit sein.

Die einfachste Methode der Stichprobenentnahme ist die einfache Zufallsauswahl: Die Einheiten der Gesamtheit werden durchnumeriert und die S. mit Hilfe einer Tabelle von → Zufallszahlen oder einem ähnlichen Mechanismus entnommen. Um eine gleichmäßigere Verteilung der Stichprobeneinheiten auf die Gesamtheit zu gewährleisten, kann geschichtete einfache Zufallsauswahl angewendet werden: Die Gesamtheit wird in eine Anzahl möglichst homogener → Klassen (die Schichten) eingeteilt, und jeder Schicht wird eine S. durch einfache Zufallsauswahl entnommen. Werden nicht alle, sondern wird nur eine Zufallsauswahl von Schichten in die S. einbezogen, so liegt zweistufige Zufallsauswahl vor; in ähnlicher Weise funktioniert drei- und mehrstufige Zufallsauswahl. Bei zweiphasiger Auswahl wird ein Merkmal y nur mit Hilfe einer kleinen S. erhoben, während ein anderes Merkmal x (das i. allg. leichter und billiger zu erheben ist) mit Hilfe einer größeren S. erhoben wird; → Regressions- und Verhältnisschätzungen liefern mit Hilfe der S.-Ergebnisse beider Phasen eine Schätzung für den Totalwert (oder Mittelwert) von y der Einheiten der größeren S. Zufallsauswahl der S. kann verhindern, daß der S.-Schätzwert verzerrt ist und ermöglicht es, den Fehler dieser Schätzung zu schätzen (→ Stichprobenverfahren).
*Schneeberger*

**Stichprobenverfahren** ⟨sampling method⟩. Dieser Begriff umfaßt die verschiedenen Methoden der Stichprobenentnahme. Werden aus einer Gesamtheit mehrere → Stichproben gezogen und aus jeder Stichprobe jeweils eine Schätzgröße (z. B. der Mittelwert) berechnet, so haben diese Schätzungen wieder eine Verteilung, die *Stichprobenverteilung* der Schätzung. Der *Auswahlsatz* ist der Anteil der Stichprobeneinheiten an den Einheiten der Gesamtheit oder der Schicht oder der Auswahleinheit höherer Stufe, denen die Stichprobe durch einfache Zufallsauswahl entnommen wird. Bei Auswahl mit Zurücklegen der Einheiten werden dabei die Einheiten entsprechend der Häufigkeit ihres Ziehens gezählt. Die Auswahlsätze werden dementsprechend für verschiedene Schichten oder Auswahleinheiten höherer Stufe unterschiedlich sein. Den reziproken Auswahlsatz bezeichnet man als Hochrechnungsfaktor. Wird das Stichprobenergebnis, z. B. in einer Schicht, mit diesem Faktor multipliziert, so erhält man eine Schätzung der Gesamtheit in dieser Schicht. Ist der Hochrechnungsfaktor einheitlich, so spricht man von selbstgewichteter Stichprobe. Das ist der Fall bei proportionaler Auswahl aus den Schichten,

d. h. falls die Zahl der Stichprobeneinheiten proportional der Zahl der Einheiten in jeder Schicht ist; man spricht dann von proportionaler Aufteilung des Stichprobenumfangs. Die Auswahl aus Schichten erfolgt mit variablem Auswahlsatz, wenn der Anteil ausgewählter Stichprobeneinheiten von Schicht zu Schicht unterschiedlich ist.

☐ *Auswahl mit Zurücklegen*: Man spricht von Auswahl mit Zurücklegen, wenn eine Stichprobeneinheit aus einer endlichen Gesamtheit gezogen wird und in diese Gesamtheit zurückgelegt wird, nachdem die Merkmale erhoben wurden; erst danach wird eine neue Stichprobeneinheit der Gesamtheit entnommen. Die alternative Auswahlmethode ist Auswahl „ohne Zurücklegen". Eine andere Bedeutung hat der Begriff, wenn Stichproben wiederholt durchgeführt werden. Falls die gleichen Einheiten in wiederholten Stichproben erhoben werden, hat man Auswahl ohne Ersetzen; falls aber einige Einheiten wiederholt erhoben, andere durch neue ersetzt werden, spricht man von „teilweisem Ersetzen".

☐ Eine *direkte Auswahl* wird getroffen, wenn die Einheiten der Gesamtheit selbst in der Stichprobe erhoben werden und nicht in indirekter Weise z. B. aus vorhandenen Lochkarten ihre Daten erhoben werden. Dies ist notwendig, wenn die zu erfragenden Merkmale in den Dateien nicht vorhanden sind.

☐ Das *Flächenstichprobenverfahren* wendet man z. B. an, wenn bei mehrstufigen Auswahlverfahren als Auswahleinheiten 1. Stufe wohlbegrenzte Flächen ausgewählt werden oder wenn keine Kartei der Einheiten der Gesamtheit vorliegt. Hierbei wird die zu untersuchende Gesamtfläche in Teilflächen (z. B. Häuserblocks oder ländliche Gemeinden) aufgeteilt und hieraus eine Zufallsstichprobe entnommen. In jeder der ausgewählten Teilflächen werden die Einheiten ausgezählt und evtl. in einer anschließenden Stichprobe Merkmale erfaßt.

☐ *Gemischte Auswahl* liegt vor, wenn im Stichprobenplan zwei oder mehrere S. angewendet werden. Dieser Fall liegt z. B. vor, wenn bei mehrstufiger Auswahl die Auswahleinheiten einer Stufe durch einfache Zufallsauswahl, die einer anderen Stufe durch systematische Auswahl erhoben werden.

Die Verwendung dieses Begriffes ist nicht einheitlich. So ist es besser, eine Auswahl, bei der in einer Stufe die Auswahleinheiten durch Zufallsauswahl mit Zurücklegen, in einer anderen Stufe durch Zufallsauswahl ohne Zurücklegen gezogen werden, nicht als gemischt zu bezeichnen, da in beiden Stufen die wesentliche Auswahlmethode die gleiche ist.

☐ *Gitterpläne*: Liegen z. B. zwei Schichtkriterien, jedes p-fach vor, so erhält man $p^2$ Teilschichten, und es ist möglich, p Teilschichten so auszuwählen, daß keine öfter als in einer Zeile oder Spalte des Gitters auftritt, das die $p^2$ Teilschichten repräsentiert: In diesem Fall der Auswahl der Einheiten spricht man von Gitterplänen. Lateinische Quadrate sind solche Gitterpläne. Ähnliche Pläne existieren für Dreifach- und Mehrfachklassifikation. Statt von mehrfacher Schichtung spricht man auch von „tiefer" Schichtung.

☐ Von *intensiver Erhebung* spricht man, wenn entweder
– die geographische oder sonstige Verteilung der Stichprobeneinheiten unter den Einheiten der Gesamtheit besonders dicht ist oder
– die Befragung der Erhebungseinheiten besonders intensiv durchgeführt wird; dies wird vor allem durch Interviewer möglich sein.

Gewöhnlich unterscheidet man zwischen raum-, zeit- und fragenintensiver Erhebung. Das Gegenteil einer intensiven ist eine extensive Erhebung.

☐ *Klumpenauswahlverfahren* werden angewendet, wenn die Gesamtheit in Klumpen oder Klustern (z. B. Gemeinden oder Haushalte) vorliegt. Klumpen werden entweder durch einfache Zufallsauswahl oder Auswahl mit unterschiedlichen Wahrscheinlichkeiten (z. B. proportional dem Umfang des Klumpens) erhoben. Sämtliche Einheiten der ausgewählten Klumpen kommen in die Stichprobe. Eine spezielle Klumpenauswahl (und auch Flächenstichprobe) liegt vor, wenn die Gesamtheit in Form eines geographischen *Rasters* gegeben ist und diesen eine Stichprobe entnommen wird.

☐ Als lineare Auswahlmethode bezeichnet man folgendes geographisches Auswahlverfahren: Es werden über das zu erhebende Gebiet Geraden gezogen und alle Einheiten, die auf der Geraden liegen oder von ihr durchschnitten werden, kommen in die Stichprobe. Falls die Geraden parallel und äquidistant sind, liegt ein Spezialfall einer systematischen Stichprobe vor. Falls nicht alle von der Geraden getroffenen Einheiten in die Stichprobe kommen, sondern äquidistante Einheiten auf jeder Geraden ausgewählt werden, liegt der Fall einer zweistufigen Geraden-Auswahl vor.

☐ Unter *Lotterie-Auswahl* versteht man die Zufallsauswahl aus einer Gesamtheit, indem man sich ein Abbild der Gesamtheit macht (z. B. indem man die Merkmalswerte jeder Einheit auf eine Karte schreibt) und aus dieser eine Zufallsstichprobe zieht (z. B. durch Mischen der Karten und zufälliges Ziehen). Dieses Verfahren wird üblicherweise beim Lotteriespiel angewendet, woher der Name rührt. Nachteilig ist, daß die Vorbereitung der Karten beträchtlichen Aufwand erfordert und die Zufallsauswahl zur Vermeidung eines verzerrten Ergebnisses große Umsicht erfordert.

☐ *Mehrphasige Auswahl*: Gelegentlich ist es günstig und ökonomisch, bestimmte Informationen von sämtlichen Einheiten einer Stichprobe zu erfassen und andere (i. allg. detailliertere) Informationen von den Einheiten einer Unterstichprobe der ursprünglichen Stichprobe. Die Erhebung z. B. einer zweiphasigen Stichprobe liegt nahe, wenn die Erfassung eines Merkmals y kostspielig ist, während ein anderes Merkmal x, das mit y stark positiv korreliert ist, relativ billig zu erheben ist: In der ersten Phase wird x erhoben, und die damit erhaltene Information wird benützt, um
– die Gesamtheit in der zweiten Phase zu schichten, in der y erhoben wird, oder
– die zweite Phase dient zur Schätzung des Totalwertes von y mit Hilfe der Verhältnis- oder Regressionsme-

thode. Man verwechsle mehrphasige nicht mit mehrstufiger Auswahl.

☐ *Mehrstufige Auswahlverfahren*: Das Klumpenauswahlverfahren ist ein Spezialfall *mehrstufiger Auswahlverfahren* (die Anzahl der Stufen ist 1). Beispielsweise wird bei einem zweistufigen Auswahlverfahren in der 1. Stufe eine Stichprobe von Auswahleinheiten 1. Stufe (etwa Gemeinden), in der 2. Stufe aus diesen ausgewählten Gemeinden eine Stichprobe von Auswahleinheiten 2. Stufe (etwa Haushalte) ausgewählt. Die Haushalte sind hier die Erhebungseinheiten.

☐ *Proportionale Auswahl* bei geschichteter einfacher Zufallsauswahl liegt vor, wenn in den einzelnen Schichten der jeweilige Stichprobenumfang proportional dem Umfang der Gesamtheit in dieser Schicht ist.

☐ *Quotenauswahl* (i. allg. von Menschen) ist ein Verfahren, bei dem jeder Befrager den Auftrag hat, Daten einer vorgegebenen Anzahl (der Quote) von Einheiten zu erheben; die Auswahl der Einheiten ist dabei Sache des Befragers. In der Praxis wird diese Auswahlmöglichkeit durch „Kontrollen" eingeschränkt, d.h., der Befrager hat die Auflage, eine bestimmte Anzahl von Einheiten in bestimmten Altersgruppen, die gleiche Anzahl von männlichen und weiblichen Einheiten, bestimmte Anzahlen in besonderen sozialen Klassen usf. zu erheben. Aufgrund dieser Kontrollen, die das Ziel haben, die Stichprobe möglichst zufällig zu machen, ist der Befrager nicht gezwungen, bestimmte Einheiten zu befragen, wie es bei den meisten Methoden der Wahrscheinlichkeitsauswahl der Fall ist.

☐ *Repräsentative Auswahl*: Im weitesten Sinn eine Stichprobe, die die Gesamtheit repräsentiert. Nicht ganz eindeutig ist, ob diese Aussage bedeutet „ausgewählt mit einem Verfahren, die allen Stichproben die gleiche Chance gibt, die Gesamtheit zu repräsentieren" oder „typisch hinsichtlich bestimmter Eigenschaften, unabhängig von der Auswahlmethode". Die beste Lösung scheint zu sein, die Bezeichnung „repräsentativ" auf repräsentative Stichproben unabhängig von der Auswahlmethode zu beschränken und sie nicht auf solche anzuwenden, die mit dem Ziel, repräsentativ zu sein, ausgewählt wurden.

☐ *Routen-Auswahl*: Ein der linearen Auswahlmethode ähnliches Verfahren, das man bei Erhebungen von Anbauflächen in Distrikten anwendet, die ein gutausgebautes Straßennetz haben. Eine Route, die den Distrikt repräsentiert, wird ausgewählt, und die längs der Straßen sich erstreckenden Felder der verschiedenen Früchte werden ausgemessen (in m oder km). Da i. allg. Straßen nicht zufällig liegen, werden i.d.R. die in dieser Weise gewonnenen Schätzungen von Anbauflächen verzerrt sein. Für Änderungen von Anbauflächen kann dieses Verfahren allerdings angewendet werden, wenn man die gleiche Route über Jahre hinweg benutzt. Die Routenauswahl ist eine spezielle systematische Auswahl und kann ebenfalls für Ernteschätzungen verwendet werden.

Der *Stichprobenfehler* ist ein Maß für die Abweichung einer Stichprobenschätzung von dem zu schätzenden Wert der Gesamtheit. Voraussetzung ist hierbei die Entnahme der Stichprobe durch Zufallsauswahl. Daneben können systematische Fehler (z. B. Meßfehler in der Qualitätskontrolle), Fehler durch Mängel in der Auswahl oder Auswertung oder durch Antwortverweigerung (non-response-Effekt) auftreten.

*Unverzerrte Stichprobe* ist eine Stichprobe, deren Schätzwerte unverzerrt (= erwartungstreu) sind, d. h. für die die Verzerrung (der bias) Null ist. Das bedeutet nicht nur, daß keine Verzerrung bei der Auswahlmethode (z. B. Zufallsauswahl) vorliegt, sondern auch bei der Stichprobendurchführung, z. B. durch falsche Definition, Nicht-Beantwortung (non-response-Effekt), Fragestellung, Interviewer-bias etc. Eine derart definierte unverzerrte Stichprobe ist zu unterscheiden von unverzerrten Schätzmethoden, die man auf die Daten anwendet.

☐ *Wahrscheinlichkeitsauswahl*: Darunter versteht man jede Auswahlmethode, denen die Gesetze der Wahrscheinlichkeitstheorie zugrunde liegen; in jeder Auswahlstufe muß die Auswahlwahrscheinlichkeit bekannt sein. Wahrscheinlichkeitsauswahl ist das einzige bekannte Verfahren, für das Genauigkeitsaussagen der Schätzungen möglich sind. Gelegentlich spricht man auch von Zufalls- anstelle von Wahrscheinlichkeitsauswahl.

*Schneeberger*

**Störung** ⟨disturbance⟩. S. eines →Rechensystems $\mathcal{R}$ sind Einwirkungen der technischen Bauteile der Hardware-Komponenten von $\mathcal{R}$ oder Einwirkungen der Umgebung des Systems, die nicht mit den Soll-Eigenschaften der Bauteile bzw. der Umgebung, die Vorbedingungen für die Funktionsfähigkeit von $\mathcal{R}$ sind, übereinstimmen. Entsprechende Einwirkungen von Bauteilen sind innere S. von $\mathcal{R}$; sie werden durch Materialmängel, durch Alterung oder durch Verschleiß der Bauteile verursacht. Entsprechende Einwirkungen der Umgebung sind äußere S. von $\mathcal{R}$; sie lassen sich in nutzungsorientierte und nutzungsunabhängige klassifizieren. Zu den nutzungsorientierten S. gehören →Bedienungsfehler und insbesondere →Fehlverhalten der Umgebung bei der Erteilung von Aufträgen an $\mathcal{R}$. Zu den nutzungsunabhängigen Störungen gehören Einwirkungen auf $\mathcal{R}$ mit physikalischen und chemischen Mitteln, welche die →Integrität von $\mathcal{R}$ zerstören; zu ihnen gehören insbesondere Einwirkungen durch →Sabotage.

S. von $\mathcal{R}$ erhalten ihre wesentliche Bedeutung aus dem Zusammenhang, in dem sie mit Fehlverhalten des Systems stehen. S. von $\mathcal{R}$ können →Fehlerursachen für Fehlverhalten von $\mathcal{R}$ sein. Genauer gilt: →Fehlerzustände und S. von $\mathcal{R}$ sind notwendige, aber nicht hinreichende Voraussetzungen für Fehlverhalten von $\mathcal{R}$. Daraus ergibt sich, daß durch Maßnahmen der →Fehlertoleranz Fehlverhalten des Systems auch dann vermindert werden kann, wenn S. von $\mathcal{R}$ nicht ausgeschlossen werden können. S. von $\mathcal{R}$ können auch →Fehlerzustände von $\mathcal{R}$ verursachen. Wenn man Fehlverhalten und Fehlerzustände zusammenfassend als Fehler bezeichnet, ergibt sich also: S. von $\mathcal{R}$ können Fehler von $\mathcal{R}$ verursachen.

Äußere S. eines Rechensystems $\mathcal{R}$ als Fehlverhalten der Umgebung, die auf $\mathcal{R}$ einwirken, lassen sich nach den Arten der Anforderungen, die an das System gestellt werden, klassifizieren. S. von $\mathcal{R}$, welche Fehlverhalten von $\mathcal{R}$ bzgl. seiner →Funktionalität verursachen, beeinträchtigen die →Zuverlässigkeit des Systems. S. von $\mathcal{R}$, welche Fehlverhalten von $\mathcal{R}$ bzgl. des Rechtesystems von $\mathcal{R}$ verursachen, beeinträchtigen die Rechtssicherheit des Systems. In diesem Fall nennt man die S. auch →Angriffe auf $\mathcal{R}$. *P. P. Spies*

**Store-and-Forward-Speicherbetrieb** ⟨*store-and-forward*⟩. Ein Verfahren, nach dem viele Datennetze arbeiten. Hierbei werden in einem Zwischenknoten (→Gateway, →Router) eintreffende →Pakete zunächst zwischengespeichert, bevor sie über eine geeignete Ausgangsleitung weitergesendet werden (→Routing). Ein Beispiel ist →X.400. *Jakobs/Spaniol*

**Story** ⟨*story*⟩. Begriff aus der Computeranimation (→Animation). Damit wird der Ablauf einer Produktion geregelt und der Inhalt des Films festgelegt. Insbesondere ist die S. die →Spezifikation der Bewegung von Figuren der Handlung des zu erstellenden Films (Drehbuchfunktion). In diesen Kontext gehören auch die Begriffe Synopsis, Scenario, Storyboard und Shot.

Am Anfang einer Computeranimationsproduktion steht immer eine konkrete Idee und/oder eine konkrete Anwendung. Aus dieser ergibt sich eine Inhaltsangabe (*Synopsis*) über die Handlung des Filmes. Aus der Synopsis heraus muß nun ein Handlungsablauf erstellt werden, das ist das *Scenario*. Dieses sieht ungefähr so aus wie ein Comicstrip mit Kommentaren: Es enthält Skizzen zum Bildaufbau einzelner Szenen sowie eine (ungefähre) Beschreibung der in diesen Szenen vorkommenden Objekte.

Ausführlicher ist dann das *Storyboard* (Drehbuch): Hier werden exakt die Bewegungen von Objekten und der →Kamera festgelegt, das Aussehen von Objekten wird genauer spezifiziert (vorbehaltlich der späteren technischen Machbarkeit), und weitere Details der →Szene werden festgelegt (Beleuchtungsverhältnisse, Hintergründe). Das Storyboard ist in einzelne Szenen unterteilt, die wiederum in Einzelbilder (sog. *Shots*) zerfallen. Diese Shots sind die später vom Computer zu berechnenden Einzelbilder (frames) des computeranimierten Films.

Man beachte, daß für die bisherigen Arbeiten noch nicht unbedingt ein Computer gebraucht wird, da diese lediglich Entwurfs- und Planungsarbeiten sind!

Es schließen sich die Arbeiten der eigentlichen Produktion an: Der erste Schritt ist die *Object Creation*. Hier werden die geometrischen →Daten von in der Produktion vorkommenden Objekten festgelegt und in den Rechner eingegeben (→Modelldaten).

Die →Modellierung von Objekten erfolgt, indem ein darzustellendes →Objekt in die entsprechende Objektrepräsentation gebracht wird. Dazu werden spezielle Benutzerschnittstellen des Modellierungssystems eingesetzt, die eine möglichst einfache und bequeme Eingabe der geometrischen Daten des zu modellierenden Objekts gestatten. Eine solche →Benutzerschnittstelle kann z. B. mit einem Digitalisierungstablett realisiert werden, so daß Objekte direkt mit einem Stift geometrisch abgetastet werden können. Mit Dials (Dreh-Potentiometer zur Eingabe analoger Größen) können Objekte graphisch-interaktiv innerhalb einer Szene positioniert werden.

Wenn alle in einer Szene vorkommenden Objekte mit Hilfe des Modellierungssystems definiert und korrekt positioniert sind, müssen einige (im Extremfall alle) dieser Objekte animiert werden, d. h., es muß eine Bewegungsspezifikation, wie sie im Drehbuch festgelegt ist, in eine zeitlich veränderliche Positionierung der Objekte innerhalb der Szene umgesetzt werden.

Im ungünstigsten Fall muß dabei eine Frame-by-Frame-Animation vorgenommen werden: Für jedes Einzelbild des zu produzierenden Films muß eine gesonderte Positionierung der Objekte vorgenommen werden.

Gewisse einfachen physikalischen Gesetzmäßigkeiten gehorchende Vorgänge können programmtechnisch erfaßt werden: Beispielsweise gehorcht das freie Fallen von Gegenständen den physikalischen Gesetzen der Gravitation. Für andere kinematische Vorgänge (insbesondere der Bewegungen von menschlichen Körpern und anderen Lebewesen) sind derartige Automatisierungsvorgänge noch im Entwicklungsstadium bzw. noch nicht realisiert. Dies resultiert aus der Komplexität der Mechanik dieser Bewegungen (sehr viele Gelenke mit Drehpunkten, oft mit Drehwinkeln in mehreren Ebenen), aber auch aus der komplexen Kinematik verschiedener Materialien: Die typische Mitbewegung der Kleidung eines Menschen (etwa beim Gehen im leichten Wind) kann nicht mit trivialen physikalischen Gleichungen als Positionierung in Abhängigkeit von der Zeit ausgedrückt werden. Die Spezifikation (*Story*) der zeitabhängigen Bewegung (Position im Raum in Abhängigkeit von der Zeit) ist ein aktueller Forschungsgegenstand.

Einzelne Shots einer Sequenz werden mitunter noch von Hand in bezug auf bestimmte Effekte verbessert: So werden in manchen Bildern effektvolle Highlights (das sind die Glanzstellen auf der Oberfläche von Objekten, die mitunter keine Entsprechung in der Physik des Lichts haben) von Hand nachträglich in an sich fertig berechnete Bilder eingefügt (→Maltechnik). *Encarnação/Hofmann*

**Strahlablenkung** ⟨*ray deflection*⟩. Die Kathodenstrahlröhre (CRT) als →Sichtgerät ist bei den graphischen Arbeitsplätzen die am häufigsten eingesetzte Komponente.

Die Positionierung des Elektronenstrahls auf dem → Bildschirm bzw. der Phosphorschicht erfordert eine definierte S. Das Ablenksystem kann elektrostatisch mit Ablenkplatten oder elektromagnetisch mit Ablenkspulen ausgeführt sein.

Die elektromagnetische S. hat gegenüber der elektrostatischen den Nachteil der geringeren Ablenkgeschwindigkeit, kommt aber u. a. wegen besserer Fokussierung und kürzerer Bauweise der Röhre bei graphischen Sichtgeräten fast ausschließlich zum Einsatz.

*Encarnação/Selzer*

**Streuspeicherung** ⟨*hashing*⟩. Technik zur Speicherung einer Menge von Elementen, die ein effizientes Einfügen und Wiederfinden der Elemente ermöglicht.

Sei eine Menge durch ihre Schlüsselmenge K charakterisiert und in einem → Adreßraum A zu speichern. Die zentrale Rolle bei der S. spielt eine effizient berechenbare Hash-Funktion h: K → A, die einem Schlüssel k eines Datums eine Adresse a zuordnet, an der dieser zu speichern ist. Dabei sollten durch h die Schlüssel möglichst gleichmäßig über A verteilt werden, um Kollisionen nach Möglichkeit zu vermeiden. Eine Kollision liegt vor, wenn zwei verschiedene Schlüssel der gleichen Adresse zugewiesen werden ($k_1 \neq k_2 \wedge h(k_1) = h(k_2)$; *Primärkollision*). In einem solchen Fall muß durch eine Strategie zur Kollisionsauflösung auf andere Speicherplätze ausgewichen werden. Wird dazu ein (Überlauf-)Bereich außerhalb von A verwendet, z. B. durch verkettete → Listen, spricht man von *offener* S. Bei *geschlossener* S. wird innerhalb des Adreßraumes S auf $h(k) + \delta$ ausgewichen. Dabei werden sukzessive andere Speicherplätze untersucht (*Sondierung*), bis ein leerer Platz gefunden ist. Beispiele sind die lineare ($\delta = 1, 2, 3 \ldots$) und die quadratische ($\delta = 1^2, 2^2, 3^2 \ldots$) Kollisionsauflösung. Dabei eventuell erneut auftretende Konflikte nennt man *Sekundärkollisionen*.

Die S. ist zur Speicherung einer Menge ideal geeignet, wenn die Größe der Menge abschätzbar ist und als Zugriffsoperationen nur das Hinzufügen von Elementen zur Menge und das Wiederauffinden von Elementen verwendet werden (z. B. beim Aufbau von Symboltabellen bei der Übersetzung von → Programmen), nicht aber z. B. das Löschen von Elementen oder komplexe Mengenoperationen wie Vereinigung, Schnitt usw. Der Adreßraum kann dann groß genug gewählt werden, so daß der Füllgrad etwa 80% bis 90% nicht überschreitet, wodurch die o. g. Zugriffsoperationen mit linearem Aufwand (unabhängig von der Anzahl der gespeicherten Daten) ausgeführt werden können.

*Breitling/K. Spies*

Literatur: Wirth, N.: Algorithmen und Datenstrukturen. Teubner, Stuttgart 1983.

**Strichcode** ⟨*barcode*⟩. Eine Möglichkeit, Informationen maschinenlesbar zu verschlüsseln (Datenerfassung). Dabei werden Striche unterschiedlicher

*Strichcode: Darstellung einer Artikelnummer*

Dicke und unterschiedlichen Abstandes zur Darstellung der → Zeichen benutzt. Eine breite Anwendung findet der S. bei der Europäischen Artikelnummer zur eindeutigen Kennzeichnung von Handelswaren (DIN 66 236) (Bild).

*Bode/Schneider*

**Strichgeber** ⟨*stroke*⟩. Logisches → Eingabegerät, das eine Folge von Positionen liefert. Geeignete physikalische Eingabegeräte sind Fadenkreuz, Rollkugel, Tablett, → Digitalisierer, → Lichtgriffel, aber auch Tastaturen, über die Koordinaten eingegeben werden können. Ein → Lokalisierer liefert genau eine Position.

Wenn eine gekrümmte Linie digitalisiert wird, so erhält man eine Reihe von Positionen, die die Form der Kurve beschreiben. Alle diese Punkte werden vom S. gesammelt und als ein Ergebnis zur Verfügung gestellt. Es ist folglich nicht notwendig, diese Positionen als eine Folge von Lokalisiererergebnissen zu ermitteln.

S. ist eine Eingabeklasse aus den in → GKS definierten sechs Eingabeklassen neben Lokalisierer, → Wertgeber, Auswähler, → Picker und → Textgeber.

*Encarnação/Felger*

**Strichgraphik** ⟨*vector graphics*⟩. Ein Zweig der generativen Computergraphik, in dem Geraden und Kurvenabschnitte als → Primitive verwendet werden. In der → Vektorgraphik sind Geraden die einzigen Primitive.

*Encarnação/Karlsson*

**Stroke** ⟨*stroke*⟩. → Strichgeber. S. gibt im → GKS-Sprachgebrauch die Textqualität an. Die geforderte Textqualität muß dabei der Strichqualität genügen, d. h., eine Textzeichenfolge wird in der geforderten Schriftart durch Auswertung aller Textattribute an der Textposition dargestellt. Die Zeichenfolge wird exakt am Klipprechteck geklippt. Die Strichqualität fordert nicht notwendigerweise Vektoren. Sie wird aber häufig durch die Benutzung von aufwendigen Software-Buchstabengeneratoren erreicht, die einen Buchstaben als eine Folge von Vektoren beschreiben.

*Encarnação/Felger*

**Stroke-Maschine** ⟨*stroke machine*⟩. Mathematisches → Modell zur Beschreibung von sog. „linienschreiben-

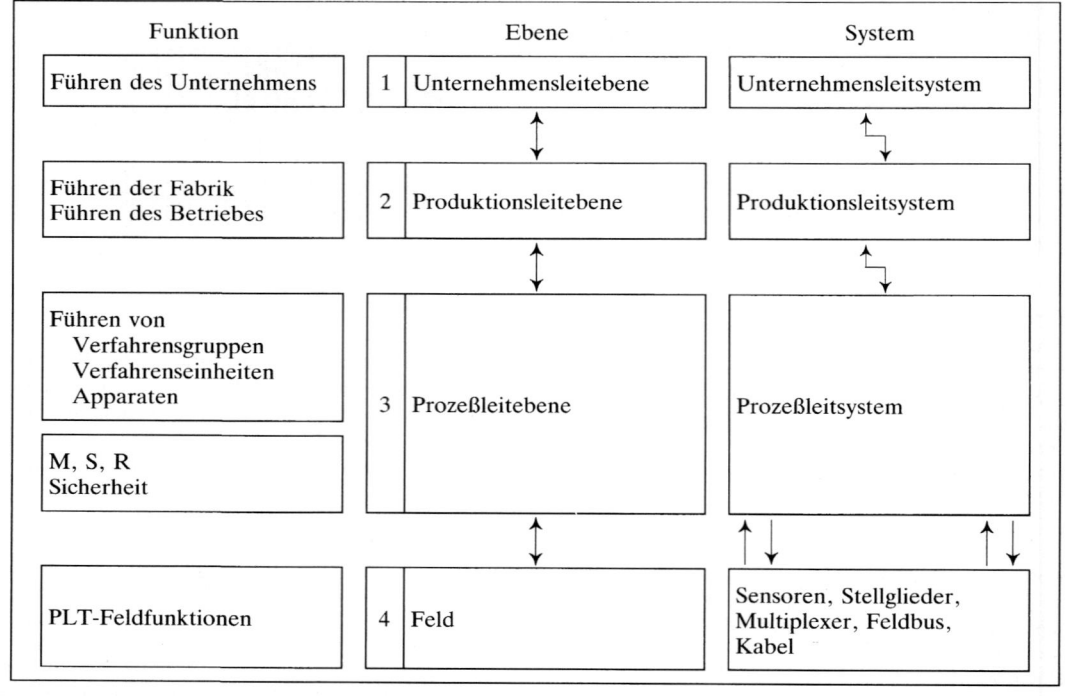

| Funktion | Ebene | System |
|---|---|---|
| Führen des Unternehmens | 1 Unternehmensleitebene | Unternehmensleitsystem |
| Führen der Fabrik / Führen des Betriebes | 2 Produktionsleitebene | Produktionsleitsystem |
| Führen von Verfahrensgruppen, Verfahrenseinheiten, Apparaten; M, S, R Sicherheit | 3 Prozeßleitebene | Prozeßleitsystem |
| PLT-Feldfunktionen | 4 Feld | Sensoren, Stellglieder, Multiplexer, Feldbus, Kabel |

*Struktur, hierarchische 1: Ebenenmodell (nach R. W. Peters)*

den" Geräten. Eine S.-M. ist eine Modifikation einer → Dot-Maschine.

Die i. allg. rechteckige Darstellungsfläche wird in ein Gitter mit den Gitterkonstanten (gx, gy), die meist identisch sind, aufgeteilt. Die S.-M. zeichnet Strecken zwischen zwei Gitterpunkten. Diese können sichtbar oder unsichtbar sein und verschiedene Farbwerte besitzen, wobei die Farbwertmenge, wie bei der Dot-Maschine, in zwei disjunkte Teilmengen aufgespalten wird, wodurch weitere Ausprägungen (z. B. Strichstärke) als Look-up-Table (Farbtabelle) dargestellt werden können.

Zur Beschreibung einer S.-M. benötigt man eine Referenzbildalgebra, die aus Primitivbildern, Transformationen und zweistelligen Verknüpfungen besteht, und eine Befehlsstruktur.

Ein Beispiel einer S.-M. ist der → Plotter, der u. a. die Befehle *draw* für das sichtbare Zeichnen und *move* für das unsichtbare Zeichnen einer Strecke hat. Der Plotter besitzt nur eine begrenzte → Auflösung, welche durch die → Gitterkonstante g bestimmt ist. Beim Darstellen eines Kreises beispielsweise wird ein geschlossener Polygonzug gezeichnet, der den Kreis näherungsweise beschreibt. Die Ecken des Polygons liegen auf den Gitterpunkten der Darstellungsfläche und nicht unbedingt auf dem Kreis. Eine weitere Realisierung ist der → Vektorbildschirm.

In Zusammenhang mit der Dot-Maschine sei erwähnt, daß die S.-M. durch eine Dot-Maschine mittels des → *Bresenham*-Algorithmus simuliert werden kann. *Encarnação/Loseries*

**Struktur, hierarchische** ⟨hierarchical architecture⟩. Pyramidenartige Struktur in Leitsystemen zur Erhöhung der → Verfügbarkeit oder zur Verbesserung der → Prozeßführung. Bei einem hierarchisch strukturierten Ebenenmodell (Bild 1) ist zu ersehen, welche leittechnischen Funktionen den vier Ebenen zugeordnet sind und mit welchen technischen Systemen sie so realisiert werden können, daß die Teilsysteme möglichst eigenständig ihre Funktionen erfüllen.

Hierarchisch strukturiert sind meist auch die Informations- und Eingriffsmöglichkeiten der → Videobilder zur bildschirmgestützten Prozeßführung: Je höher die Ebene, desto besser ist die Übersicht, desto mehr sind aber auch die Informationen verdichtet. Je niedriger die Ebene, desto detaillierter sind die Darstellungen und desto besser sind die Möglichkeiten, auf den Prozeß einzuwirken (Bild 2 s. S. 715). *Strohrmann*

Literatur: *Peters, R. W.*: Informationshaushalte in Labor und Produktion. Chem.-Ing.-Tech. 57 (1985) 3, S. 210–218. – *Polke, M.*: Prozeßleittechnik für die Chemie – Status und Trend. Automatisierungstechnische Praxis 27 (1985) 5, S. 214–223.

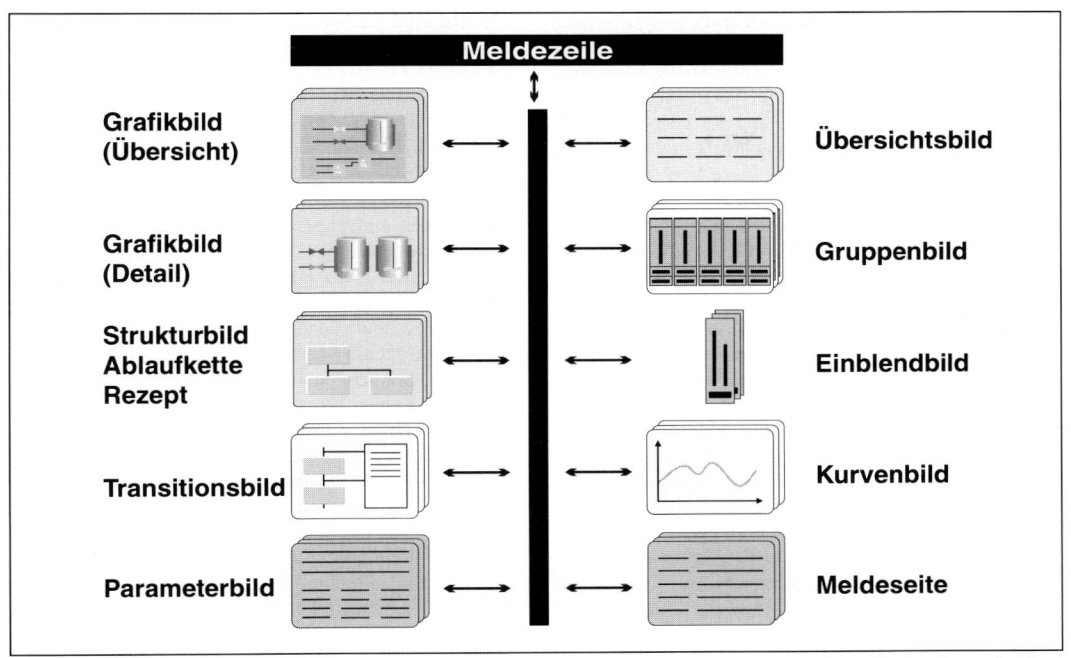

*Struktur, hierarchische 2: Grafische (links) oder blockartig angeordnete alphanumerische Informationen (rechts) lassen sich hierarchisch (von oben nach unten) strukturieren. Oberhalb aller Videobilder bleibt eine Meldezeile eingeblendet, um den Kontakt zu den auf dem Bildschirm nicht zu beobachtenden Prozeßgrößen zu behalten. (Quelle: Hartmann & Braun)*

**Struktur von Leitsystemen** ⟨architecture of control systems⟩. Es ist zu unterscheiden zwischen voll parallelen, dezentralen und zentralen Leitsystemen (Bild).

In *voll parallelen Systemen* ist jedem Regelkreis ein Einzelregler zugeordnet. Der Ausfall eines Reglers ist meist unproblematisch, eine zentrale Prozeßführung über Bildschirme ist nicht möglich, und ein Anpassen an die Struktur des zu automatisierenden Prozesses ist nur durch geeignete Gruppierung der Kompaktregler, Anzeiger und Schreiber im Leitstand erforderlich.

In *dezentralen Systemen* bearbeitet ein Mikrorechner zyklisch eine Anzahl bis etwa 150 Regelkreise, die einem in sich möglichst autarken Prozeßabschnitt zuzuordnen sind. Die so entstehenden Untersysteme können den Prozeß auch weiterführen, wenn die zentrale bildschirmgestützte Bedienungseinheit ausfällt, ggf. mit gewissen Einschränkungen der Bedien- und Optimierungsfunktionen.

In *zentralen Systemen* laufen alle Automatisierungsfunktionen über einen → Prozeßrechner, der aus Zuverlässigkeitsgründen meist redundant ausgelegt sein muß. Das Strukturieren der Regel-, Steuerungs- und Kommunikationsfunktionen geschieht über konfigurierbare und freiprogrammierbare → Software. *Strohrmann*

Literatur: *Hengstenberg, J.; Sturm, B.; Winkler, O.*: Messen, Steuern und Regeln in der Chemischen Technik. 3. Aufl. Bd. III, IV. Berlin–Heidelberg 1981, 1983. – *Strohrmann, G.*: Automatisierungstechnik. Bd. 1: Grundlagen, analoge und digitale Prozeßleitsysteme. 4. Aufl. München–Wien 1997.

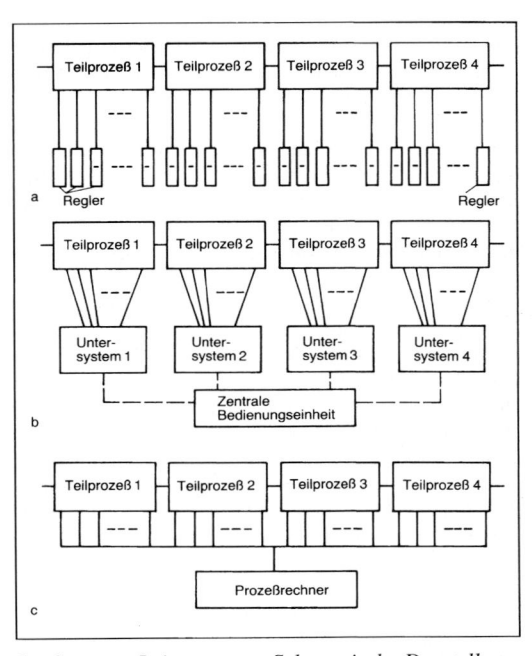

*Struktur von Leitsystemen: Schematische Darstellung. a. voll paralleles System, b. dezentrales System, c. zentrales System*

**Strukturvorhersage, biomolekulare** ⟨*biomolecular structure prediction*⟩. Aufgrund der Schwierigkeiten und hohen Aufwände bei der experimentellen Bestimmung von (räumlichen) Strukturen von Biomolekülen werden Verfahren entwickelt, die eine Vorhersage der Struktur mit Hilfe des Rechners bewerkstelligen sollen (→ Modellierung, molekulare). Diese Verfahren fußen zum größten Teil auf statistischen Auswertungen des Datenbestandes bereits aufgeklärter Strukturen.

Von den drei Biomolekülklassen *DNA, RNA* und *Proteine* ist das Strukturvorhersageproblem für Proteine am interessantesten. DNA ist durch die Doppelhelixform strukturell im wesentlichen festgelegt. Die Strukturdatenbestände von RNA reichen heute für eine molekulare Modellierung der Tertiärstruktur von RNA noch nicht aus. Dahingehend ist der Strukturdatenbestand bei Proteinen heute schon beachtlich (→ Datenbank, biologische) und befindet sich weiter in rapidem Wachstum. Ferner sind Proteinstrukturen äußerst vielseitig. Das Problem, die Struktur eines Proteins aus der Kenntnis seiner Sequenz und ggf. weiterer Informationen zu berechnen, wird weithin als *Grand Challenge* der rechnergestützten Molekularbiologie angesehen.

Das Proteinstruktur-Vorhersageproblem ist kein gängiges Optimierungsproblem. Während die Natur bei der Faltung der Proteinketten eines Ensembles von gleichartigen Proteinmolekülen die freie Energie des Systems minimiert, ist die Nachstellung dieses Optimierungsprozesses im Rechner undenkbar – sowohl aufgrund der Größe der Moleküle (von einigen hundert bis vielen zigtausend Atomen) als auch aufgrund deren delikaten energetischen Gleichgewichtes. Ferner kann davon ausgegangen werden, daß sich nur ein verschwindend geringer Prozentsatz der denkbaren Proteinketten überhaupt eindeutig faltet. Von diesen wenigen Proteinen hat die biologische Evolution (bisher) einen Satz von geschätzt 6000 wesentlich unterschiedlichen Strukturen ausgewählt. Das Verständnis des evolutiven Prozesses gewinnt daher eine zentrale Bedeutung bei der Strukturvorhersage von Proteinen.

Der bis heute – und zu erwarten auch auf weiteres – einzig erfolgversprechende Zugang zur Proteinstrukturvorhersage ist die *homologiebasierte Modellierung*. Dabei wird von einer Proteinsequenz A ausgegangen, deren Struktur bestimmt werden soll. In einem ersten Schritt wird mittels Alignment-Verfahren (→ Alignment biologischer Sequenzen) nach einem Protein B gesucht, das mit A evolutionär verwandt ist und dessen Struktur bekannt ist. Diese Suche läuft über die gesamte Strukturdatenbank (PDB; → Datenbank, biologische). Die evolutionäre Verwandtschaft zwischen B und A äußert sich etwa in einem Prozentsatz von mehr als 25% einander zugeordneter identischer Aminosäurereste. Wird ein solches Protein B nicht gefunden, endet die Proteinstrukturvorhersage erfolglos. Andernfalls wird die Struktur des Proteins B als Vorlage für ein Strukturmodell des Proteins A verwendet.

Dazu muß zunächst ein strukturgenaues Alignment der Kette A in die Struktur B berechnet werden (Schritt 1). Hier werden u. a. Methoden verwendet, die auf dynamische Programmierung zurückgreifen (Alignment biologischer Sequenzen), die Aminosäure-Austauschmatrizen jedoch durch komplexere Umgebungsbeschreibungen, sog. *Profile*, erweitern. Will man jedoch Strukturinformation in das Alignment mit hoher Genauigkeit einbringen, so müssen Paarinteraktionen berücksichtigt werden, die mit dynamischer Programmierung nicht mehr optimiert werden können. Dafür werden komplexere → Algorithmen benötigt, und die zu optimierenden Kostenwerte werden, wie beim klassischen Sequenz-Alignment, aus dem Datenbestand bekannter Sequenzen und Strukturen abgeleitet.

Das Alignment von A und B legt Koordinaten für die Atome entlang des Rückgrats der Proteinkette fest, zumindest für solche Atome in Resten in A, die Resten in B zugeordnet sind. Diese Rückgratabbildung (Schritt 2) ist jedoch nur partiell. Lücken im Alignment führen zu Unterbrechungen des Rückgratverlaufs. Die zwischen die schon in die Struktur abgebildeten Rückgratbereiche fallenden Sequenzstücke von A werden als *Schleifen* bezeichnet. Ihre Plazierung in die Struktur findet wieder auf der Basis von statistischen Daten über Schleifenverläufe in Proteine statt (Schritt 3). Grundlage für die Statistiken sind geeignete Datenbanken von Strukturüberlagerungen von Proteinstücken. Nach der Schleifenplazierung ist das gesamte Proteinrückgrat plaziert. Nun müssen noch die Seitenketten der Aminosäurereste plaziert werden (Schritt 4). Dies geschieht häufig mit Energieminimierungsmethoden (Bild).

Liegt keine homologe Struktur für die Proteinkette A vor, so bezeichnet man die Modellierung der Struktur von A als *de novo*. In diesem Bereich gibt es erst allererste Ansätze für Vorhersagemethoden, und das Problem ist von einer Lösung weit entfernt. Einige der Ansätze in diesem Bereich zielen darauf, nicht nur die endgültige Faltung des Proteins, sondern den Faltungsweg zu berechnen.

Neben der räumlichen (Tertiär-)Struktur sind auch andere Strukturbegriffe bei Biomolekülen von Interesse. So legt die *Sekundärstruktur* von Proteinen fest, welche Aminosäurereste sich in einem der beiden häufig auftretenden Strukturmuster α-Helix und β-Strang befinden. Zum einen können Aussagen über die Sekundärstruktur eines Proteins beträchtlich bei der Strukturvorhersage helfen. Zum anderen wurde aber die Schwierigkeit des Sekundärstrukturvorhersageproblems vielfach unterschätzt. Insbesondere die Lage der β-Stränge ist hoch mit der Tertiärstruktur eines Proteins selbst korreliert, so daß die Sekundärstruktur eines Proteins eher als eine Folge seiner Tertiärstruktur als eine Voraussetzung dieser anzusehen ist. Über eine ausgewogene Menge von Proteinen gemittelt, beträgt die Genauigkeit der besten heute bekannten Sekundärstrukturvorhersagemethoden etwa 72%. Solche Methoden setzen → Neuronale Netze ein und verwerten

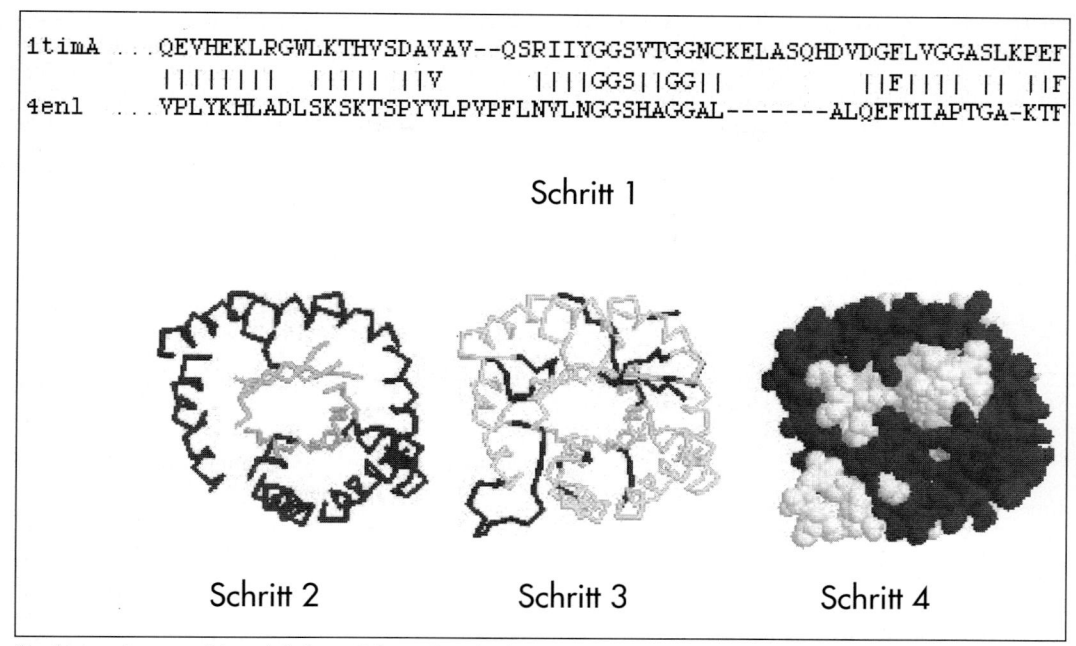

```
1timA  ...QEVHEKLRGWLKTHVSDAVAV--QSRIIYGGSVTGGNCKELASQHDVDGFLVGGASLKPEF
          ||||||||  |||||  ||V     ||||GGS||GG||              ||F||||  ||  ||F
4enl   ...VPLYKHLADLSKSKTSPYVLPVPFLNVLNGGSHAGGAL-------ALQEFMIAPTGA-KTF
```

Schritt 1

Schritt 2　　　　　　　　Schritt 3　　　　　　　　Schritt 4

*Strukturvorhersage, biomolekulare: Schritte bei der homologiebasierten Modellierung von Proteinstrukturen*

Informationen aus multiplen Sequenz-Alignments zur Schärfung der Vorhersage.

Auch bei RNA gibt es das Konzept der Sekundärstruktur. Hier bezeichnet dieser Begriff die Anordnung von Basenpaarungen zwischen komplementären Nukleotiden in der RNA-Sequenz, die der wesentliche Strukturbildner für RNA-Tertiärstrukturen sind. Zur Bestimmung von RNA-Sekundärstrukturen gibt es sowohl experimentelle als auch algorithmische Methoden. Die algorithmischen Methoden basieren häufig auf dynamischer Programmierung und minimieren entweder einen geeigneten statistischen Energiebegriff oder maximieren die Ähnlichkeit mit in ihrer Sekundärstruktur bekannten RNA-Ketten (*Comparative Sequence Analysis*). *Lengauer*

Literatur: *Bowie, J. U.* and *R. Lüthy, D. Eisenberg*: A method to identify protein sequences that fold into a known three-dimensional structure. Science 253 (1991) pp. 164–170. – *Jones, D. T.* and *W. R. Taylor, J. M. Thornton*: A new approach to protein fold recognition. Nature 358 (1992) pp. 86–89. – *Orengo, C. A.* et al.: Identification and classification of protein fold families. Protein Engineering 6 (1993) pp. 485–500. – *Richards, F. S. Frederick*: The protein folding problem. Scientific American 264 (1991) 1, pp. 34–41. – *Jaeger, J. A.* and *D. H. Turner, M. Zuker*: Improved prediction of secondary structures for RNA. Biochemistry 86 (1989) pp. 7706–7710. – *Rost, B.* and *C. Sander*: Prediction of protein secondary structure at better than 70% accuracy. J. Molecular Biology 232 (1993) pp. 584–599. – *Chan, H. S., Taylor, W. R.*: Patterns in protein sequence and structure. Springer Series in Biophysics (1992) Vol. 7.

**Stub** ⟨*stub*⟩. Teil einer verteilten Plattform, der einen → RPC in Nachrichten transformiert, die von einem → Dienst der → Transportebene übertragen werden. Er besteht aus → Operationen, die die Werte der Operationsparameter eines RPC in eine Transfersyntax übersetzen. Diese Operationen werden Marshalling- bzw. Unmarshalling-Routinen genannt und automatisch aus einer abstrakten Schnittstellenbeschreibung (→ IDL) erzeugt. *Meyer/Spaniol*

Literatur: *Tanenbaum, A.*: Distributed operating systems. Prentice Hall, 1995.

**Student-Verteilung** ⟨*student's distribution*⟩. Ist X eine standardnormalverteilte Zufallsvariable, Y eine mit n Freiheitsgraden $\chi^2$-verteilte Zufallsvariable und sind X und Y unabhängig, dann heißt die Verteilung der Zufallsvariablen

$$t = \frac{X}{\sqrt{\frac{Y}{n}}}$$

die S.-V. (oder t-V.) mit n Freiheitsgraden. Sie besitzt die Dichtefunktion

$$f(t) = \frac{1}{\sqrt{n\pi}} \frac{\Gamma\left(\frac{n+1}{2}\right)}{\Gamma\left(\frac{n}{2}\right)} \cdot \frac{1}{\left(1 + \frac{t^2}{2}\right)^{\frac{n+1}{2}}} \text{ für } -\infty < t < \infty.$$

Für große n geht die S.-V. in die Normalverteilung über. Unter dem Pseudonym „Student" veröffentlichte der englische Bierbrauer *W. S. Gosset* 1908 erstmals die Herleitung dieser Verteilung. Sie ist in der → Statistik von großer Bedeutung, da sie es ermöglicht, Vertrauensintervalle für den Mittelwert einer normalverteilten Grundgesamtheit anzugeben, wenn die → Varianz aus der → Stichprobe geschätzt werden muß. Im Fall einer $(\mu,\sigma)$-normalverteilten Grundgesamtheit ist nämlich

$$\frac{\bar{x}-\mu}{\sigma/\sqrt{n}} \cdot \frac{1}{s/\sigma} = \frac{\bar{x}-\mu}{s/\sqrt{n}}$$

Student-verteilt mit $n-1$ Freiheitsgraden, wobei

$$\bar{x} = \frac{1}{n}\sum_{i=1}^{n} x_i \quad \text{und} \quad s^2 = \frac{1}{n-1}\sum_{i=1}^{n} (x_i - \bar{x})^2.$$ *Schneeberger*

**Subgradientenverfahren** ⟨subgradient method⟩. Verfahren zur Lösung der → *Lagrange*-Relaxation eines kombinatorischen Optimierungsproblems.

Das S. löst das *Lagrange*-Problem
$f(u):= \min cx + u(Ax - b)$
$Dx \le e$
$x \ge 0$ und $x$ ganzzahlig.

Hierbei wird $R:=\{x \in R^n \mid Dx \le e, x \ge 0, x \text{ ganzzahlig}\}$ dargestellt als diskrete Menge

$R = \{x^t \in Z^n \mid t = 1, \ldots, T\}$.

Das nichtrestringierte Minimierungsproblem

$f(u) = \min \{cx^t + u(Ax^t - b) \mid t = 1,\ldots T\}$

wird nun mit einem → Abstiegsverfahren gelöst, in welchem die Gradienten durch Subgradienten ersetzt werden. Ein Vektor s heißt Subgradient der konkaven Funktion $f: R^n \to R$ an der Stelle u, falls für alle Vektoren v $f(v)-f(u) \le s(v-u)$ gilt. Die Menge aller Subgradienten heißt das Subdifferential der Funktion f an der Stelle u. *Bachem*

**Subjekt** ⟨subject⟩. S. im Zusammenhang mit einem rechtssicheren System $\mathcal{R}$ sind primär Personen, Personengruppen oder Institutionen der Umgebung von $\mathcal{R}$, die Rechte an den → Objekten von $\mathcal{R}$ und an der Information, die diesen Objekten zugeordnet ist, haben oder haben können. Sekundär können aktive Objekte von $\mathcal{R}$ *Stellvertreter-S.* von $\mathcal{R}$, also Stellvertreter von S. der Umgebung von $\mathcal{R}$, deren Rechte sie wahrnehmen, sein. Für $\mathcal{R}$ sind die Menge S der S. und die Menge X der Objekte so zu wählen, daß die Rechte an $\mathcal{R}$ vollständig mit einem Rechtesystem $R=(S, X, (\rho(s, x) \mid s \in S, x \in X))$ beschrieben werden können. R spezifiziert die Soll-Rechte für $\mathcal{R}$ und ist damit die Grundlage für alle Aussagen über die Rechtssicherheit von $\mathcal{R}$. Mit der Wahl der Menge S der S. wird also ebenso wie mit der Wahl der Menge X der Objekte von $\mathcal{R}$ insbesondere über die → Granularität möglicher Rechtefestlegungen entschieden. Wenn also für eine Person der Umgebung von $\mathcal{R}$ unterschiedliche Rechte an Objekten von $\mathcal{R}$ festgelegt werden sollen,
dann ist diese Person als mehrere S. in das Rechtesystem R von $\mathcal{R}$ aufzunehmen. Dieser Gegebenheit kann auch dadurch Rechnung getragen werden, daß eine Person bzgl. der Rechte an $\mathcal{R}$ mehrere *Rollen* spielen kann; wesentlich dabei bleibt die Differenzierungsmöglichkeit der Rechtefestlegungen und natürlich der → Autorisierungen. *P. P. Spies*

**Subjektautorisierung** ⟨authorization of subjects⟩ → Zugriffskontrollsystem

**Subjekte, Authentizitätsprüfung für** ⟨authentication of subjects⟩ → Authentifikation

**Subjektegranularität** ⟨subject granularity⟩ → Rechtssicherheitspolitik

**Subnetz** ⟨subnet⟩ → ISO definiert den Term S. als „Sammlung von Geräten und physikalischen Medien, die ein autonomes Ganzes formen und zur Verbindung zwischen Endsystemen zum Zweck der → Kommunikation benutzt werden können". Lokale Netze (→ LAN) in Büroumgebungen oder ein stadtweites Hochschulnetzwerk (→ MAN) sind Beispiele für Subnetze. Einzelne Subnetze können durch → Gateways zu einem → Internet zusammengeschlossen werden.

*Fasbender/Spaniol*

Literatur: *Lenzini, L.*: Network interconnection: Principles, architecture and protocol implications. Final report COST 11 BIS. 1984. – *ISO 7498*: Open systems interconnection. Basic reference model (1984).

**Substitution** ⟨substitution⟩. Die Ersetzung von Variablen in Termen/Formeln in der → (Prädikaten-)Logik und in anderen formalen Systemen durch → Terme. Der Begriff der S. ist wichtig, um formale Ableitungssysteme mit Variablen überhaupt definieren zu können. Eine S. läßt sich beschreiben als Abbildung $\Theta: V \to T_\Sigma$, wobei V eine Variablenmenge und $T_\Sigma$ die → Terme über einer Signatur $\Sigma$ sind (→ Prädikatenlogik). Alle Variablen mit $\Theta(x) \ne x$ werden dabei ersetzt durch den Term $\Theta(x)$. Die Substitution $\Theta$ kann auf Formeln (bzw. Termen) zu $\Theta^*: WFF_\Sigma \to WFF_\Sigma$ fortgesetzt werden. Dabei muß beachtet werden, daß gebundene Variablen niemals ersetzt werden.

Wenn durch die Substitution $\Theta$ keine Variable durch einen Quantor in $\phi$ gebunden wird, so heißen $\phi$ und $\Theta$ verträglich, d.h., für alle Belegungen $\beta$ gilt: $I_\beta(\Theta^*(\phi)) = I_{\hat{\beta} \circ \Theta}(\phi)$ (→ Prädikatenlogik). Jede Formel kann durch geeignete Umbenennung der gebundenen Variablen (→ Lambda-Kalkül) verträglich gemacht werden. Normalerweise versteht man unter S. bereits diese verträgliche S. Wird nur eine Variable x in einer Formel/Term $\phi$ durch einen Term s ersetzt, so schreibt man oft $\phi[s/x]$, manchmal liest man aber auch umgekehrt $\phi[x/s]$ und viele andere Schreibweisen.

In allen Kalkülen mit S. ist beim Korrektheitsbeweis erst die Korrektheit der S. zu zeigen, das sog. S.-

Lemma, d. h. $I_\beta(\phi[s/x]) = I_{\beta'}(\phi)$, wobei $\beta'(y) = \hat{\beta}(s)$, falls $x = y$, und $\beta'(y) = \beta(y)$, sonst. *Reus/Wirsing*

**Subsystem** ⟨*subsystem*⟩. Teil eines → Software-Systems, das für sich allein lauffähig ist und gegenüber dem Gesamtsystem eingeschränkte, aber verwendbare Resultate erbringt (s. auch → System). *Hesse*

**Subsystem, fehlerfreies** ⟨*fault-free subsystem*⟩ → Rekonfiguration

**Subsystem, fehlerhaftes** ⟨*faulty subsystem*⟩ → Rekonfiguration

**Subsystem, redundantes** ⟨*redundant subsystem*⟩ → Rekonfiguration

**Subtyp** ⟨*subtype*⟩. Ein Typ A ist ein S. eines (Super) Typs B, wenn A alle Eigenschaften von B erfüllt, d. h., Werte des Typs A können überall dort eingesetzt werden, wo Werte von Typ B erwartet werden. Beispiel: Ein → Typ Angestellter mit den → Attributen Name, Alter und Gehalt ist S. eines Typs Person mit den Attributen Name und Alter, wenn die Typen der Attribute Name und Alter auch in Subtypbeziehung stehen (→ Supertyp, → Generalisierung, → Spezialisierung). *Schmidt/Schröder*

**Suchalgorithmus** ⟨*search algorithm*⟩. Bezeichnung für einen → Algorithmus, mit dem in einem definierten Suchraum die Lösung eines definierten Problems i. d. R. in effizienter Weise gefunden werden kann.

Suchprobleme treten in vielen Anwendungen und Varianten auf. Hier sollen nur zwei Typen dargestellt werden, nämlich die *dynamische Programmierung* (*DP*) und der *Graph-S.* (*GS*) sowie Hinweise ihrer Nutzung in der → Spracherkennung. Beiden ist gemeinsam, daß ein Suchraum als Menge von Zuständen (Knoten) mit bestimmten Übergängen (Kanten), deren Interpretation anwendungsabhängig ist, definiert wird. Der Suchraum ist also i. allg. ein → Graph.

In der Spracherkennung ist z. B. eine mögliche Interpretation, daß ein Zustand dem Vergleich eines bestimmten Phons eines Referenzwortes mit einem bestimmten Phon eines Testwortes entspricht und ein Übergang von einem Zustand zu einem anderen der Einfügung eines im Referenzwort nicht vorhandenen Phons im Testwort. Die Aufgabe besteht darin, in dem Graphen einen optimalen Pfad von einem Anfangs- zu einem Endzustand zu finden. Im erwähnten Beispiel läßt sich der optimale Pfad z. B. durch eine Kostenfunktion definieren, welche ein Maß für die Ähnlichkeit zwischen Test- und Referenzwort ist.

☐ *S. vom Typ DP* setzen monotone und separierbare Kostenfunktionen voraus. Dazu gehören insbesondere solche, die durch Addition von geeigneten Kantengewichten definiert sind. In diesem Fall gilt das Optimalitätsprinzip. Es besagt, daß ein optimaler Pfad von einem Knoten $v_0$ über einen Knoten $v_i$ zu einem Knoten $v_g$ den optimalen Teilpfad von $v_0$ nach $v_i$ enthält. Bei der Suche nach einem global optimalen Pfad von $v_0$ nach $v_g$ muß man also in den Zwischenschritten nicht alle Teilpfade von $v_0$ zu irgendeinem Zwischenzustand aufheben, sondern nur den optimalen. Dieses führt zu einer ganz drastischen Reduzierung des Speicher- und Rechenaufwandes. Ein entsprechender → Algorithmus läßt sich in einfacher Weise angeben.

☐ *S. vom Typ GS* erfordern in ihrer allgemeinen Form keine monotone separierbare Kostenfunktion, werden jedoch aus Effizienzgründen i. d. R. auch nur für spezielle Kostenfunktionen verwendet. Sie gehen von einer impliziten Definition des Suchgraphen aus, d. h. von einer Vorschrift, mit der bei Bedarf zu einem Knoten alle Nachfolger generiert werden können, und von der Möglichkeit der Bewertung eines Knotens. Die Suche beginnt im Startknoten. Von ihm werden alle Nachfolger generiert und bewertet. In irgendeinem Zwischenschritt der Suche wird der am besten bewertete, noch nicht bearbeitete Knoten betrachtet. Ist er der Zielknoten, so ist die Suche erfolgreich beendet, sonst werden alle seine Nachfolger generiert und wieder der bestbewertete Knoten expandiert. Es läßt sich zeigen, daß man mit dieser Vorgehensweise unter recht allgemeinen Bedingungen einen optimalen Pfad findet, wenn einer existiert. *Niemann*

Literatur: *Niemann, H.* und *H. Bunke*: Künstliche Intelligenz in der Bild- und Sprachanalyse. Stuttgart 1987. – *Nilsson, N. J.*: Principles of artificial intelligence. Berlin-Heidelberg 1982.

**Suchbaum** ⟨*search tree*⟩. Das Suchen in großen Datenbeständen ist eine in der Praxis häufige Aufgabe. Beispiele: In einer Liste sind paarweise gespeichert: Die Artikelnummer und der Bestand an diesem Artikel oder Kontonummer und Kontostand. Zu einer gegebenen Artikelnummer (Suchschlüssel) soll der Bestand festgestellt werden, oder zu einer gegebenen Kontonummer soll der Kontostand festgestellt werden. Zum effektiven Suchen werden die Datenpaare als Knoten in einen höhenbalanzierten binären Baum eingebaut. Für jeden Knoten mit dem Schlüssel s ist der linke Sohn Wurzel eines Baumes, der alle Schlüssel $< s$ enthält, der rechte Sohn ist Wurzel eines Baumes, der alle Schlüssel $> s$ enthält. In einem Bestand von Schlüsseln kann dann jeder Schlüssel nach höchstens $\lceil ld\ n \rceil + 1$ Vergleichen gefunden werden. Auch Einfügen und Löschen von Datenpaaren ist in höhenbalanzierten binären S. durch lokale Korrekturen möglich, ohne den gesamten Baum zu rekonfigurieren. *Knödel*

**Suchgraph** ⟨*search graph*⟩. Formale Struktur für Suchprobleme in der → Künstlichen Intelligenz (KI). Die Knoten entsprechen Problemzuständen (→ Zustandsraum), die Kanten Operatoranwendungen, die einen Zustand in einen anderen transformieren. Probleme werden mit einem S. gelöst, indem ein Pfad von einem Startknoten (dem Ausgangszustand) zu einem Zielknoten (einem Lösungszustand) gesucht wird.

Bei der Bearbeitung durch Rechnerverfahren kann ein S. im allgemeinen nicht vollständig entwickelt werden. Man unterscheidet deshalb den *impliziten* (durch das Problem definierten) S. und den *expliziten* (im Suchverfahren entwickelten) S.

Bei der Suche nach einem Lösungsknoten geht man vom Startknoten aus. Ist dieser Knoten die Lösung, so endet die Suche. Andernfalls werden die Nachfolger erzeugt und auf eine Kandidatenliste gesetzt. Dann wird ein Knoten der Kandidatenliste gewählt und geprüft usw. Je nachdem, welcher Knoten aus der Kandidatenliste zuerst bearbeitet wird, ergeben sich unterschiedliche Suchstrategien (→ Breitensuche, → Tiefensuche). *Neumann*

**Superrechner** ⟨*supercomputer*⟩. → Rechenanlage der obersten Leistungsklasse. Die Rechenleistung bezieht sich i. allg. auf die Anzahl der pro Zeiteinheit ausführbaren Gleitkommaoperationen (Megaflops). S. sind durch die Verwendung der jeweils neuesten und schnellsten Technologie gekennzeichnet. Die Architektur und Organisation von S. ist stark vom Wandel der Technologie beeinflußt. Man unterscheidet drei Generationen von S. Die S. der 1. Generation in den 60er und 70er Jahren waren vornehmlich mit arithmetischem Pipelining ausgestattet und leisteten bis zu 200 Megaflops. Die S. der 2. Generation in den 80er Jahren verfügten zusätzlich über mehrere Prozessoren und Anwendung des Prinzips des Funktions-Pipelining. Die Leistung dieser Klasse von Rechnern ging bis in den Bereich von einigen Gigaflops. Die S. der 3. Generation (ab ca. 1990) sind massiv parallele Systeme, i. allg. Multiprozessoren mit einer großen Anzahl von Prozessoren, die nach dem Prinzip des verteilten bzw. virtuell gemeinsamen Speichers organisiert sind. Während S. der 1. und 2. Generation diskret aufgebaut waren, nutzen die S. der 3. Generation i. allg. Standardmikroprozessoren als Komponenten der einzelnen Knotenprozessoren. S. der 3. Generation leisten bis zu einigen Teraflops. *Bode*

**superskalar** ⟨*superscalar*⟩. → Attribut für den → Prozessor einer → Rechenanlage, der mehrere Rechenwerke beinhaltet, die – gesteuert durch ein zentrales → Leitwerk – mehrere Maschinenbefehle aus einem Befehlsstrom gleichzeitig ausführen. Die → Parallelisierung der Maschinenbefehle erfolgt dabei zur → Laufzeit durch geeignete Hardware-Unterstützung. Die Codegenerierungsphase von → Compilern für höhere → Programmiersprachen kann die Parallelisierung durch geeignete Anordnung der generierten → Befehle unterstützen. S. Rechenwerke sind heute Stand der Technik bei fast allen → Mikroprozessoren. Der Parallelitätsgrad liegt zwischen 3 und 5. Im allgemeinen handelt es sich dabei um verschiedenartige Rechenwerke, die z. B. auf Festkommaoperationen, Gleitkommaoperationen und Adreßrechnung bzw. Speicherzugriffe spezialisiert sind. *Bode*

**Supertyp** ⟨*supertype*⟩. Ein Typ B ist S. eines (Sub-) Typs A, wenn B einige Eigenschaften des → Typs erfaßt, d. h., Werte des Typs A können als Werte des Typs B betrachtet werden (→ Subtyp, → Generalisierung, → Spezialisierung). *Schmidt/Schröder*

**Supraleitung** ⟨*superconductivity*⟩. Unter S. versteht man das widerstandslose Fließen des elektrischen Stroms. Entdeckt wurde diese Tatsache 1911 von *H. Kamerlingh-Omnes*, als er mit Hilfe von flüssigem Helium Quecksilber auf 4,15 Kelvin abkühlte und dessen elektrischer Widerstand plötzlich verschwand. Dieser Zustand wurde auch bei anderen Materialien wie Zinn, Blei und Thallium entdeckt. Dabei besitzt jedes supraleitende Material eine für sich charakteristische, sog. kritische Temperatur, bei der dieser Zustand sprunghaft auftritt.

Ein weiterer Effekt besteht darin, daß ein angelegtes Magnetfeld nicht in ein sich im supraleitenden Zustand befindliches Material eindringt bzw. aus dem Material beim Übergang in diesen herausgedrängt wird. Dieser Zustand erhielt nach seinem Entdecker (*Meissner* und *Ochsenfeld* im Jahr 1933) die Bezeichnung *Meissner*-Effekt. Das Magnetfeld ist von der Temperatur und vom Material abhängig. Anhand des Verhaltens von Supraleitern im Magnetfeld werden diese in Supraleiter 1. und 2. Art eingeteilt. Im ersten Fall tritt der *Meissner*-Effekt bei einer kritischen Magnetfeldstärke plötzlich ein, während sich im anderen Fall zunächst ein Mischzustand, die sog. *Abrikosov*-Phase (*Abrikosov* 1957) ausbildet. Dann befindet sich die Probe nur teilweise im supraleitenden Zustand. Dieser Mischzustand ist charakterisiert durch eine obere und eine untere kritische Magnetfeldstärke.

Für technische Anwendungen sind sog. Hochtemperatur-Supraleiter von größerem Interesse. Im Jahre 1986 fanden *Bednorz* und *Müller* ein keramisches Material aus den Elementen Lanthan, Barium, Kupfer und Sauerstoff, das bei 35 Kelvin supraleitend ist. Seitdem werden immer neue, meist keramische Verbindungen mit immer höherer kritischer Temperatur entdeckt (1987 *P. Chu* et al.: $YBa_2Cu_3O_7$ mit einer kritischen Temperatur von 93 K; 1988 Univ. Arkansas: $T_{12}Ba_2Ca_2Cu_3O_{10}$, 125 K etc.). Damit wurde es möglich, zur Kühlung anstelle von flüssigem Helium (Siedepunkt 4,2 K) nun flüssigen Stickstoff (Siedepunkt 77 K) zu verwenden, was wesentlich billiger und auch technisch einfacher zu handhaben ist. Ziel der aktuellen Forschung ist es nun, weitere Materialien zu finden, die eventuell sogar unter Raumtemperatur (300 K) supraleitend sind und deren Materialeigenschaften (z. B. Elastizität) vielfältige technische Anwendungen und eine kostengünstige industrielle Fertigung erlauben. *Griebel/Merz*

**Symbol** ⟨*symbol*⟩. S. werden in Form von → Icons in → Benutzerschnittstellen für die Bilddarstellung eines Objektes, einer Aktion, einer Eigenschaft oder eines Sachverhaltes verwendet. Im Gegensatz zu Piktogrammen, deren Bedeutung allgemein bekannt ist und die sehr sprachorientiert sind, enthalten S. in der Regel komplexere Darstellungen, die u. U. auch erst nach detaillierter Betrachtung (evtl. unter Zuhilfenahme des spezifischen Anwendungskontextes) verstanden werden. *Langmann*

**Symbolverarbeitung** ⟨*symbol processing*⟩. Informationsverarbeitung durch den Rechner, bei der die zu verarbeitenden → Zeichen für beliebige → Objekte (nicht nur Zahlen) stehen. S. ist eine grundlegende Methode der → Künstlichen Intelligenz (KI). Symbolverarbeitende KI-Systeme basieren auf der Hypothese, daß alle intelligenten Leistungen und kognitiven Prozesse des Menschen als symbolverarbeitende Prozesse modellierbar sind.

Die erste → Programmiersprache, die die S. unterstützte, war IPL (1957). Sie erlaubte die Konstruktion komplexer Listenstrukturen und bot bereits eine dynamische Speicherverwaltung. Heute ist → LISP die verbreitetste Programmiersprache für S.

Informationsverarbeitung in rechnersimulierten → Neuronalen Netzen wird von einigen KI-Forschern als Alternative bzw. Ergänzung zur S. angesehen.
*Neumann*

**synchron** ⟨*synchronous*⟩. Synonym für gleichzeitig oder gleichlaufend, Gegenteil von → asynchron. In der → Informatik werden die s. Arbeitsweise von → Schalterwerken und die s. → Kommunikation als Konzepte zur Nachrichtenübertragung betrachtet. Bei der s. Arbeitsweise werden die Komponenten eines Systems durch einen zentralen (physikalischen) Taktgeber gesteuert und arbeiten somit gleichzeitig. Diese hardwareorientierte Sichtweise wird durch das Konzept der s. Kommunikation verallgemeinert. Hierbei muß die empfangende Komponente bereit sein, eine → Nachricht, die ihr zugeschickt wird, sofort zu empfangen. Im Gegensatz zur asynchronen Übertragung fehlt in diesem Fall die interne Pufferung der Nachrichten durch das Kommunikationssystem. Ein gängiges Beispiel für s. Nachrichtenübertragung ist die Rendez-vous-Kommunikation, bei der sich die beteiligten Komponenten mittels blockierendem Senden und Empfangen der Nachrichten synchronisieren. Beispiele für formale Ansätze, die auf dem Konzept der s. Kommunikation basieren, sind → CSP und → CCS (s. auch → Occam).
*Breitling/K. Spies*

**Synchronisation** ⟨*synchronization*⟩. Zeitlicher Gleichtakt zwischen kommunizierenden → Prozessen.
☐ *Datenübertragung.* Bei der synchronen Übertragung müssen Sender und Empfänger im zeitlichen Gleichtakt (synchron) arbeiten. Dies wird i. allg. durch das Senden von Synchronisationsbits zu Beginn einer Übertragung erreicht. Die Zeichen werden anschließend nach einem festen Zeitraster übertragen. Im Gegensatz dazu wird bei der asynchronen Übertragung kein gemeinsames Zeitraster benötigt; die S. der einzelnen Zeichen wird statt dessen durch Start- und Stopbits realisiert (s. auch → Berechnungskoordinierung).
☐ → *Steuerungsebene.* Zu den von dieser → Ebene angebotenen → Diensten gehört die S. von Verbindungen. Dies geschieht durch Einrichten und Verwalten von Synchronisationspunkten, auf welchen eine Verbindung nach einer Unterbrechung wieder aufgesetzt werden kann.
☐ → *CCR.* In Umgebungen, in denen entweder mehrere → Benutzer gleichzeitig auf eine Datei zugreifen können oder in denen Datenbestände repliziert gehalten werden, sind Maßnahmen zur Konsistenzsicherung erforderlich. CCR unterstützt dies durch das Konzept der → atomaren Aktion, das auf die von der Steuerungsebene angebotenen Synchronisationspunkte zurückgreift. Derartige Probleme treten z. B. in verteilten → Datenbanken auf. *Jakobs/Spaniol*

**Synchronisationsaufgabe** ⟨*synchronization problem*⟩
→ Berechnungskoordinierung

**Syntax** ⟨*syntax*⟩. Sprachliche Äußerungen, sowohl in natürlichen Sprachen als auch in → Programmiersprachen, besitzen eine Struktur, d. h. eine Zerlegung in Bestandteile. Verschiedene Bestandteile haben verschiedene Funktionen. Typische Bestandteile von → Programmen einer Programmiersprache sind Schlüsselwörter wie *begin*, *end*, und *for*, Bezeichner, Darstellungen von Zahlen, Zeichen und Zeichenketten (strings), Deklarationen, Ausdrücke und Anweisungen. Mit Hilfe von Formalismen aus der Theorie der → formalen Sprachen, nämlich → regulären Ausdrücken und → kontextfreien Grammatiken, wird der Aufbau von Programmen aus diesen Bestandteilen beschrieben. Den Aufbau einer Schleife aus einer Bedingung, einer Anweisungsfolge und den entsprechenden Schlüsselwörtern beschreibt z. B. die folgende Regel (Produktion) der → Grammatik:

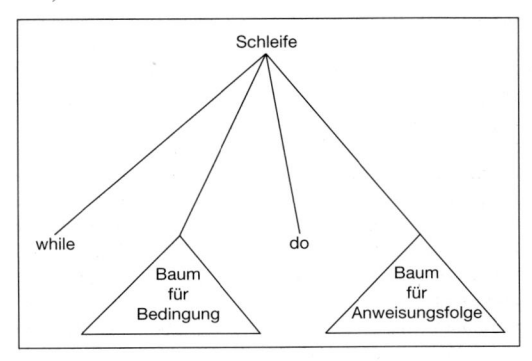

*Syntax: Teilbaum einer Schleife*

Schleife → while Bedingung do Anweisungsfolge.

Die (syntaktische) Struktur eines Programms gemäß einer solchen Grammatik läßt sich dann als ein Baum darstellen. Ein Vorkommen einer Schleife würde etwa einen Teilbaum produzieren (Bild).

Die syntaktische Struktur von Programmen dient häufig als Ausgangspunkt für die Bestimmung der → Semantik des Programms und für die Übersetzung des Programms in eine andere → Sprache, etwa die Maschinensprache eines Rechners (→ Übersetzer).

*Wilhelm*

**System** ⟨*system*⟩. Ein für einen bestimmten Zweck gebildeter, zu einer abgegrenzten Einheit zusammengefaßter, vollständiger Ausschnitt aus einer wirklichen oder gedachten Welt, einem Universum.

Dieser Systembegriff ist so weit gefaßt, daß er in vielen Gebieten anwendbar ist. Er liefert lediglich die Charakteristika allgemeiner S.: die Zweckbestimmung und -bindung eines S. sowie die beiden einander ergänzenden Sichten von einem S., nämlich die abgegrenzte Einheit im Universum und die Bestandteile, die zu der Einheit zusammengefaßt sind.

Am Anfang einer Systembildung stehen ein Universum und ein Zweck; sie sind die Ausgangsbasis für Auswahl- und Abgrenzungsmaßnahmen. Dazu sind vom jeweiligen Zweck bestimmte Unterscheidungen zwischen wichtigen und weniger wichtigen Bestandteilen des Universums und deren Eigenschaften zu treffen. Der Auswahl- und Abgrenzungsprozeß dient dazu, Interessen zu klären und Interessensbereiche festzulegen; er trägt der Notwendigkeit von Beschränkungen und Vergröberungen Rechnung. Das Ergebnis dieses Prozesses ist eine Zweiteilung des Universums mit der Bildung einer abgegrenzten Einheit, einem System S, für die *innen* und *außen* definiert sind. Das, was innen ist, gehört zum *System S*. Das ist der Bereich, der primär interessiert, dessen Bestandteile und Eigenschaften genauer zu klären sind. Das, was außen ist, gehört nicht zum System S. Es ist als *Umgebung U(S)* der Bereich, der nicht oder lediglich teilweise interessiert und dessen Bestandteile und Eigenschaften so weit zu klären sind, wie dies zum Verständnis des S. erforderlich ist. Die abgegrenzte Einheit S kann von außen, von U(S) aus, zu einem schwarzen Kasten vergröbert betrachtet werden; das entspricht der *Black-Box-Sicht* des Systems S. Die zweite Sicht zeigt die Bestandteile des Universums, die zu der Einheit S zusammengefaßt sind: Das System S besteht aus Komponenten und aus Verbindungen zwischen diesen. Die *Systemkomponenten* sind ihrerseits abgegrenzte Einheiten, für die innen und außen definiert sind und die Zusammenfassungen ihrer Bestandteile sein können. Die Verbindungen zwischen den Komponenten entsprechen Abhängigkeiten zwischen diesen. Die Einheit S kann mit ihren Komponenten und Verbindungen als gläserner Kasten betrachtet werden; das entspricht der *Glass-Box-Sicht* des Systems S.

Der allgemeine Systembegriff dient dazu, komplexe Sachverhalte als S. zu klären und zu verstehen. Er liefert Orientierungshilfen und ein Instrumentarium für das schrittweise und methodische Vorgehen, das dazu erforderlich ist. Für Anwendungen des Instrumentariums ist folgendes hervorzuheben:

– Die Maßnahmen zur Bildung eines S. werden vom jeweiligen Zweck bestimmt. Der Systembegriff ist relativ. Alle Aussagen über die Eigenschaften eines S. haben ihre Bedeutungen relativ zu dem Zweck, für den das S. gebildet ist.

– Ein S. ist eine für einen Zweck gebildete, abgegrenzte Einheit, deren Abgrenzung sowohl Ausgrenzung von Unwesentlichem als auch Eingrenzung von Wesentlichem, also Vollständigkeit relativ zum jeweiligen Zweck, impliziert.

– Die Komponenten der Glass-Box-Sicht eines S. haben die Charakteristika von S. Der Systembegriff ist rekursiv. Als Rekursionsbasis sind atomare Komponenten erforderlich, also Komponenten, die nicht weiter aufgeteilt werden und deren Eigenschaften bekannt sind.

– Für ein System S gibt es jeweils zwei aufeinander abgestimmte, einander ergänzende Sichten: Die Black-Box-Sicht zeigt eine Vergröberung der Glass-Box-Sicht, und die Glass-Box-Sicht zeigt eine Verfeinerung der Black-Box-Sicht des Systems S. Den beiden Sichten entsprechend, sind Vergröberungen und Abstraktionen sowie Verfeinerungen und Konkretisierungen wichtige Instrumente zum Klären und zum Verstehen komplexer Sachverhalte.

Wenn ein System S für einen Zweck gebildet ist, kann es den beiden Sichten entsprechend als Einheit oder mit seiner Zusammensetzung betrachtet werden. Von der Glass-Box-Sicht ausgehend, können Ausschnitte von S, Komponenten, Verbindungen sowie Teilmengen der Komponenten mit ihren Verbindungen gebildet werden; das sind *Ausschnitte* oder *Teile* des Systems S. Zudem kann S als Ausgangsbasis für Systembildungen dienen. Wenn ein Teil S′ von S die Charakteristika eines S. hat, also vollständig relativ zum jeweiligen Zweck ist, dann ist S′ ein *Teilsystem* oder ein *Subsystem* von S.

Wenn komplexe Sachverhalte als S. erklärt werden sollen, sind Einschränkungen und Präzisierungen der Systemeigenschaften erforderlich; mit diesen können *Systemarten* oder -klassen eingeführt und unterschieden werden. Von den zahlreichen Möglichkeiten, die es hierfür gibt, werden hier lediglich vier Unterscheidungskriterien bzgl. der Eigenschaften allgemeiner S. angegeben. Jedes dieser Kriterien liefert zwei Systemarten, die häufig auftreten. Zudem verdeutlicht die Anwendung der Kriterien die Vorgehensweise bei Klärungen komplexer Sachverhalte als S.

Wenn ein S. von einem Universum und einem Zweck ausgehend gebildet werden soll, ist das erste Ziel eine Zweiteilung des Universums mit der Bildung einer abgegrenzten Einheit: Es ergibt sich ein System S mit seiner Umgebung U(S). Die Schärfe der Abgrenzung zwischen S und U(S) liefert ein Kriterium für die Einführung von zwei Systemarten. Es trägt den Gegebenheiten des Universums Rechnung, in dem Abhängigkeiten zwischen S und U(S) möglich sind. Zur Systembildung gehört, daß die Bedeutung dieser Abhängigkeiten geklärt wird. Das System S mit U(S) ist ein *abgeschlossenes S.*, wenn es keine Abhängigkeiten zwischen S und U(S) gibt. „Das System S ist abgeschlossen" besagt, daß S relativ zu seinem Zweck ohne Berücksichtigung von Umgebungsabhängigkeiten vollständig ist. S mit U(S) ist ein *offenes S.*, wenn es Abhängigkeiten zwischen S und U(S) gibt, die berücksichtigt werden müssen. Daraus ergibt sich das Wesentliche der Unterscheidung zwischen abgeschlossenen und offenen S. sowie das Wesentliche des Beitrags, den die Umgebung U(S) zur Bildung eines offenen Systems S leistet: U(S) dient dazu, Interessensbereiche abgestuft festlegen zu können. S ist der primär interessierende Bereich; U(S) ist der Bereich, der nicht unberücksichtigt bleiben kann, dessen Eigenschaften jedoch unvollständig, nämlich soweit dies für S erforderlich ist, erfaßt werden. Die von U(S) zu erfassenden Eigenschaften entsprechen den Abhängigkeiten zwischen S und U(S). Für die Abgrenzung von S ergibt sich eine Zweiteilung mit einem Teil, der *S-U(S)-Schnittstelle* oder der *Systemschnittstelle*, die den Abhängigkeiten zwischen S und U(S) Rechnung trägt.

Als Ausgangsbasis für die Bildung eines S. dient ein Universum, das wirklich oder gedacht sein kann, das jedoch als gegeben vorausgesetzt wird. Die Eigenschaften dieses Universums liefern zahlreiche Kriterien für die Einführung von Systemarten. Zwei dieser Kriterien, die zu häufig unterschiedenen Systemarten führen, werden hier angegeben. Wenn ein S. als Ausschnitt aus einem wirklichen bzw. gedachten Universum gebildet wird, ergibt sich ein Wirklichkeitssystem oder *reales S.* bzw. ein Gedankensystem oder *abstraktes S.* Neben diesem Kriterium kann man Universen nach ihrer Entstehung und den mit dieser festgelegten Gesetzmäßigkeiten unterscheiden. Wenn ein S. als Ausschnitt aus einem naturgegebenen bzw. von Menschen geschaffenen Universum gebildet wird, ergibt sich ein *natürliches S.* bzw. ein *künstliches S.* Diese Begriffe sind dazu geeignet, die Rolle des Universums als Ausgangsbasis einer Systembildung und die Möglichkeiten zur Klärung komplexer Sachverhalte als S. zu verdeutlichen.

Das als gegeben vorausgesetzte Universum, das als Ausgangsbasis benutzt wird, schafft die Voraussetzungen für den Auswahl- und Abgrenzungsprozeß, der entscheidend wichtig für jede Systembildung ist; es stellt die festliegenden Gegebenheiten und Eigenschaften bereit. Diese Situation liegt im wörtlichen Sinn vor, wenn die benutzte Ausgangsbasis das naturgegebene Universum ist. Systembildungen dienen insbesondere dazu, festliegende, noch nicht geklärte Eigenschaften zu erklären. Das ist ein wichtiger Anwendungsbereich für S.: S. werden eingesetzt zur *Erklärung gegebener, komplexer Sachverhalte*. Eine Situation, die sich grundlegend von der gerade betrachteten unterscheidet, liegt dann vor, wenn künstliche S., die komplexen Sachverhalten entsprechen, zu schaffen sind. Das ist ein weiterer wichtiger Anwendungsbereich für S.: S. werden eingesetzt zur *Konstruktion künstlicher, komplexer Sachverhalte*. In diesen Fällen legt das Universum Gegebenheiten und Eigenschaften fest, die konstruktiv zu verfeinern und zu konkretisieren sind. Zu diesem Anwendungsbereich gehören insbesondere *technische S.*, also künstliche S., die mit technischen Mitteln realisiert sind; → Rechensysteme sind technische S.

Die Variabilität der Eigenschaften ist das Kriterium für die Einführung der beiden folgenden Systemarten. Ein S. mit zeitlich invarianten Eigenschaften ist ein *statisches S.*; seine Eigenschaften können mit einem *Schnappschuß* erfaßt werden. Ein S., dessen Eigenschaften sich mit der Zeit ändern können, ist ein *dynamisches S.* Von einem dynamischen S. können sich die Eigenschaften der Black-Box-Sicht und die der Glass-Box-Sicht verändern. Von der Glass-Box-Sicht können sich die Komponenten, die Verbindungen und die Komponentenmengen (und mit diesen die Verbindungen) ändern. Die Eigenschaften eines dynamischen S. lassen sich mit einem Schnappschuß für einen Zeitpunkt erfassen. Wesentlich ist jedoch die Erfassung seines *Verhaltens* über die Zeit, das mit Übergängen zwischen Schnappschüssen beschrieben werden kann.

Die Einordnung eines S. in eine der beiden Arten „statisch" und „dynamisch" ist dem jeweiligen Zweck und den Anforderungen an die Vollständigkeit entsprechend zu treffen. Natürliche S. sind als solche dynamisch; häufig sind jedoch statische natürliche S. zweckmäßig. Abgeschlossene und offene S. können statisch oder dynamisch sein. Von besonderem Interesse sind S., die offen und dynamisch sind. Für ein entsprechendes System S mit seiner Umgebung U(S) sind den Abhängigkeiten entsprechend Wechselwirkungen, *Interaktionen zwischen S und U(S)* auf der Grundlage der S-U(S)-Schnittstelle möglich. Damit können Eigenschaften und Fähigkeiten, die S hat, von der Umgebung U(S) genutzt werden, und das Verhalten von S kann von der Umgebung beeinflußt und mitbestimmt werden. Zur Dynamik von S können in diesem Fall auch Veränderungen der S-U(S)-Schnittstelle gehören.

→ Rechensysteme sind offene, dynamische S., für die Interaktionen mit ihren Umgebungen wesentlich zur Zweckbestimmung gehören: Sie ermöglichen es Benutzern in der Umgebung eines S., die Fähigkeiten des S. für Aufgaben, die sie bearbeiten, zu nutzen.

*P. P. Spies*

**System, abgeschlossenes** ⟨closed system⟩ → System

**System, abstraktes** ⟨abstract system⟩ → System

**System, allgemeines** ⟨general system⟩ → System

**System, betriebliches** ⟨*business system*⟩. Bezeichnet im weitesten Sinne Organisationen in Wirtschaft und Verwaltung, d. h. Unternehmen, Unternehmensverbunde, Geschäftsbereiche von Unternehmen, Verwaltungen oder Verwaltungseinheiten. Beispiele für b. S. sind Industrie- und Handelsunternehmen, Dienstleistungsunternehmen (z. B. Banken, Versicherungen), öffentliche Betriebe (z. B. Energieversorger, Krankenhäuser) und die öffentliche Verwaltung (z. B. Finanzverwaltung, Kommunalverwaltung).

Aus systemtheoretischer Sicht sind b. S. als offen, zielgerichtet und sozio-technisch charakterisierbar:

☐ B. S. sind *offen*, weil sie in Form von Leistungs- und Lenkungstransaktionen einen „Stoffwechsel" mit ihrer Umgebung durchführen. B. S. empfangen von ihrer Umgebung Input-Leistungen (Gebrauchsgüter, Verbrauchsgüter, Arbeitsleistung) und kombinieren diese zu Output-Leistungen (Güter, Dienstleistungen), welche sie an ihre Umgebung abgeben. Gegenläufige Zahlungen dienen der Kompensation von Leistungen. Alle Leistungstransaktionen werden durch zugehörige Lenkungstransaktionen (Angebote, Aufträge, Rechnungen) angebahnt, vereinbart, gesteuert und kontrolliert.

☐ B. S. sind *zielgerichtet*. Sachziele bestimmen Art und Zweck der Leistungserstellung und Leistungsverwertung. Formalziele bestimmen die Güte der Leistungen und des Leistungsprozesses in technischer und wirtschaftlicher Hinsicht. Zum Beispiel besteht das oberste Sachziel eines Handelsbetriebes in der Distribution einer bestimmten Art von Gütern. Technische Formalziele beziehen sich u. a. auf die Dauer und die Qualität des Distributionsprozesses, wirtschaftliche Formalziele u. a. auf die Gewinn- oder Rentabilitätsmaximierung. Die Umsetzung der Sach- und Formalziele erfolgt im Rahmen von Leistungs- und Lenkungstransaktionen durch die Aufgaben eines b. S.

☐ B. S. sind *sozio-technisch*, da bei ihrer Aufgabenerfüllung zwei Arten von Aufgabenträgern, Mensch und Maschine (z. B. Werkzeugmaschinen, Anwendungssysteme), zusammenwirken. Die Gesamtaufgabe eines b. S. ist somit teilautomatisiert (→ Automatisierung betrieblicher Aufgaben) und wird kooperativ von Mensch und Maschine durchgeführt. Aufgrund der zunehmenden Leistungsfähigkeit maschineller Aufgabenträger in quantitativer und qualitativer Hinsicht verändert sich die Beziehung zwischen Mensch und Maschine von einer Mensch-Werkzeug-Beziehung zunehmend hin zu einer Partner-Partner-Beziehung. Die damit einhergehenden psychologischen und sozialen Fragen sind heute noch weitgehend ungelöst. → Modellierung betrieblicher Systeme, → Simulation betrieblicher Systeme. *Sinz*

Literatur: *Ferstl, O. K.* u. *E. J. Sinz*: Grundlagen der Wirtschaftsinformatik. 2. Aufl. München-Wien 1994.

**System, dynamisches** ⟨*dynamic system*⟩ → System

**System, eingebettetes** ⟨*embedded system*⟩. → Realzeitsystem, insbesondere reaktives Rechnersystem, das eng in ein einbettendes System, z. B. eine Maschine, ein Gerät oder eine Peripheriesteuereinheit (Controller) „eingebettet" ist. E. S. haben nach außen die folgenden Schnittstellen (Bild):

– Eingabesignale in analoger und digitaler Form, die z. B. über Sensoren die Erfassung des aktuellen Gerätezustands erlauben;
– Ausgabesignale, mit denen über Aktoren elektrische oder mechanische Komponenten beeinflußt werden können;
– eine Mensch-Maschine-Schnittstelle – meist in Form einer einfachen Anzeige und weniger Tasten –, über welche nicht der Rechner, sondern das einbettende Gerät bedient wird, und
– eine Kommunikationsschnittstelle (z. B. → Feldbus), über die ein Informationsaustausch mit (gelegentlich auch ein Programm-Download von) übergeordneten informationsverarbeitenden Systemen möglich ist.

E. S. sind nach außen nicht als Rechnersysteme zu erkennen, sie bestimmen jedoch immer stärker die Funktionalität der sie enthaltenden Geräte durch ihre

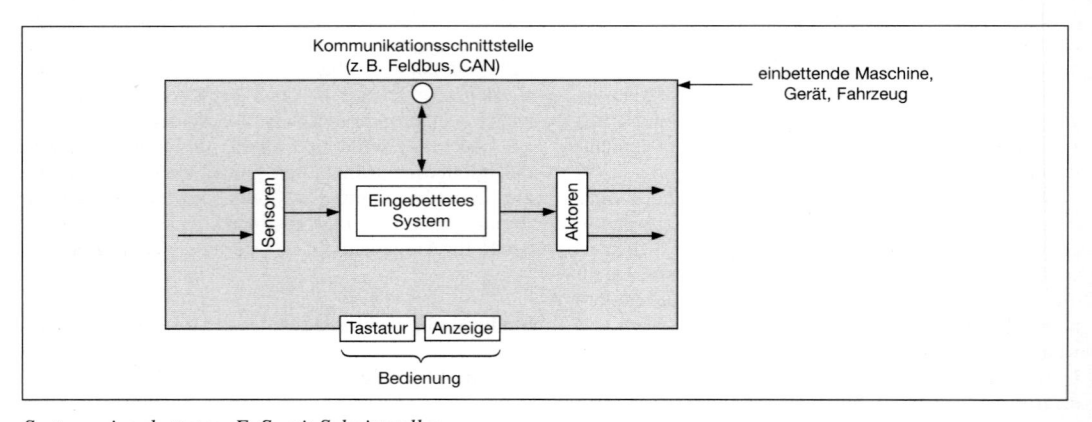

*System, eingebettetes: E. S. mit Schnittstellen*

Software, die typisch viele MBytes Programmspeicher benötigt (meist in festprogrammierten Speichern wie EPROM). Neben Prozessor, Programm- und Datenspeicher sowie Peripherieanschaltungen verfügen e. S. über eine → Realzeituhr, die auch zur Überwachung und Einhaltung der → Realzeitbedingungen dient.

Typische e. S. sind
– Steuerungen in Werkzeug- und anderen Maschinen,
– Peripheriecontroller für z. B. Laserdrucker oder Netzwerkanbindung,
– Steuerung in Meß- und Analysegeräten,
– Steuersysteme im Fahrzeug (Auto, Flugzeug usw.) und
– Steuersysteme in Geräten der Haushaltsgeräte- und Unterhaltungsindustrie. *Färber*

**System F** ⟨*system F*⟩. Von *J. Y. Girard* 1971 entwickelte → Typtheorie, um *Gödel*s Dialectica-Interpretation auf die Analysis zu erweitern. In der Tat konnte *Gödel* beweisen, daß alle in der Arithmetik 2. Stufe beweisbar → rekursiven Funktionen in diesem System darstellbar sind. *Gödel*s Dialectica-Theorem besagte, daß alle in Arithmetik erster Stufe beweisbar rekursiven Funktionen durch primitive → Rekursion in allen endlichen Typen repräsentierbar sind (auch *Gödel*s System T).

*Reynolds* entdeckte System F parallel zu *Girard* unter dem Namen „Polymorpher Lambda-Kalkül" (second-order λ-calculus).

Zusätzlich zum → Lambda-Kalkül enthält System F Quantifikation und Abstraktion über Typen (→ Typtheorie). So ist etwa $\Pi X. X \to X$ (oder auch $\forall X. X \to X$) der Typ der (polymorphen) Identität. Diese wird durch den Term $t \equiv \Lambda X. \lambda x: X. x$ beschrieben. Hier bezeichnet $\Lambda X.$ die Abstraktion über dem Argumenttyp der Identität. Die polymorphe Identität t kann für jeden beliebigen Typ instantiiert werden, z. B. $t(A \to A)$ entspricht der Identität $\lambda x: A \to A. x$ auf $A \to A$. Dem Reduktionssystem des Lambda-Kalküls müssen analog zu den Regeln auf Termen noch weitere Regeln für die Reduktion von Typen (Abstraktion und Applikation) beigefügt werden, sozusagen ein weiterer „Lambda-Kalkül auf Typebene". Das Produkt Π ist imprädikativ (→ Typtheorie). *Girard* zeigte jedoch, daß das entsprechend erweiterte Reduktionssystem stark normalisierend und damit logisch konsistent ist. Die mittels *Curry-Howard*-Isomorphismus erhältliche Logik ist intuitionistische Aussagenlogik zweiter Stufe. *Reus/Wirsing*

Literatur: System F und mehr findet man im Standardwerk *Girard, J.-Y.; Lafont, Y.; Taylor, P.*: Proofs and types. Cambridge Univ. Press, 1989.

**System, fehlertolerantes** ⟨*fault-tolerant system*⟩ → Rechensystem, fehlertolerantes

**System, kryptographisches** ⟨*encryption system*⟩ → Verfahren, kryptographische

**System, künstliches** ⟨*artificial system*⟩ → System

**System mit geordneter BM-Benutzung** ⟨*system with ordered resource allocation*⟩ → Berechnungskoordinierung

**System, multimediales** ⟨*multimedia system*⟩. Gesamtheit der → Hardware- und → Software-Komponenten, die für die Realisierung von → Multimedia in Zusammenhang mit einer bestimmten Anwendung erforderlich sind. *Langmann*

**System, natürliches** ⟨*natural system*⟩ → System

**System, natürlichsprachliches** ⟨*natural language system*⟩. System der → Künstlichen Intelligenz (KI), dessen Ein- und → Ausgabe (teilweise) in natürlicher → Sprache (auch → Text) erfolgt. N. S. sind eines der Hauptanwendungsgebiete der KI und auch Gegenstand der Computerlinguistik. Zahlreiche Forschungsgruppen in aller Welt beschäftigen sich mit der Entwicklung von n. S. und mit den dafür erforderlichen theoretischen Grundlagen. Es gibt bereits mehrere kommerziell erhältliche Systeme, die als → natürlichsprachliche Schnittstelle zu Datenbanken, Graphiksystemen u. a. eingesetzt werden können.

Im Gegensatz zu textverarbeitenden Systemen spricht man nur dann von einem n. S., wenn eine computerinterne Bedeutungsrepräsentation die zentrale Rolle spielt. Analog zum menschlichen → Sprachverstehen „versteht" ein n. S. eine sprachliche Eingabe, indem es sie in eine interne Bedeutungsrepräsentation überführt. Der umgekehrte Vorgang heißt → Textgenerierung: Eine interne Bedeutungsrepräsentation wird in eine sprachliche Ausgabe transformiert. Automatische Übersetzung erfordert Prozesse in beide Richtungen: Von der Quellsprache in eine interne Repräsentation und von der internen Repräsentation in die Zielsprache.

Die Bedeutung von Text hängt i. allg. von vielfältigem Wissen ab. In n. S. unterscheidet man traditionell syntaktisches, semantisches und pragmatisches Wissen. Die → Syntax befaßt sich mit Satzbildungsregeln, die → Semantik mit Satzbedeutungen und die Pragmatik mit Handlungszusammenhängen. Alle drei Wissensbereiche tragen zur inhaltlichen Deutung eines Satzes bei, wie das folgende Beispiel zeigt:
„Gestern wurde der neue Bildband von Peter ausgesprochen gut verkauft."

Die syntaktische Analyse ermittelt die grammatikalischen Konstituenten des Satzes. Eine Mehrdeutigkeit verbleibt: Peter kann Verkäufer oder Autor des Bildbandes sein. Die semantische Analyse überführt den Satz in eine → semantische Repräsentationssprache. Auch hier verbleiben Ambiguitäten: „Gut verkaufen" kann „häufig verkaufen" oder „mit großem Gewinn verkaufen" bedeuten.

Die pragmatische Analyse versucht, den Satz in einem sinnvollen Handlungszusammenhang zu verstehen. Dazu müssen Kontext und Weltwissen über sinnvolle Aktionsfolgen (z. B. in Form von Skripten) zur Verfügung stehen. Die pragmatische Deutung des Beispielsatzes könnte z. B. ein Lob für Peter sein oder die Aufforderung, mehr Bildbände auf Lager zu legen.

Es gibt zahlreiche Formalismen, die für n. S. entwickelt wurden. Erste Ansätze (z. B. → ATN) bezogen sich im wesentlichen auf die syntaktische Analyse. Es zeigte sich, daß diese nicht völlig von einer semantischen Analyse zu trennen ist. Kasusrahmen und konzeptuelle Dependenz sind Formalismen, in denen Syntax mit Semantik verknüpft wird. Neuere Ansätze (z. B. die Diskursrepräsentationstheorie) versuchen, satzübergreifende Zusammenhänge (pragmatische Aspekte) mit einzubeziehen.

N. S. können in verschiedenen Ausprägungen vorkommen:
– textverstehende Systeme (z. B. zur Erzeugung von Kurzfassungen),
– Zugangssysteme (z. B. zu → Datenbanken, → Expertensystemen, Handhabungssystemen, Graphiksystemen),
– Dialogsysteme (speziell Frage-Antwort-Systeme),
– Übersetzungssysteme (computerunterstützte und automatische Übersetzung),
– akustisches Sprachverstehen (zusammen mit Spracherkennungssystemen),
– sprachliche Szenenbeschreibung (zusammen mit einem bildverstehenden System).

Weitere Anwendungskategorien sind automatisches → Programmieren, automatische Dokumentation u. a.
*Neumann*

**System, offenes** ⟨*open system*⟩. Das → OSI-Referenzmodell bezeichnet als ein reales System eine Menge von einem oder mehreren Computern, zugehöriger Software, Peripherie, Datenstationen, menschlicher Benutzer, physikalischer Prozesse, Informationsübertragungsmedien usw., die ein autonomes Ganzes bilden, welches in der Lage ist, Informationen zu verarbeiten und/oder zu übertragen. Ein reales o. S. ist ein reales System, welches den Anforderungen des OSI-Referenzmodells bezüglich der → Kommunikation mit anderen realen Systemen genügt. Ein o. S. schließlich ist die Darstellung derjenigen Aspekte eines realen o. S., die für OSI von Bedeutung sind. → OSI beschreibt die Regeln für einen Informationsaustausch zwischen solchen o. S.

Als „offen" werden häufig auch solche → Systeme bezeichnet, die auf einer veröffentlichten und weit genutzten → Spezifikation basieren, z. B. Unix-Systeme.
*Jakobs/Spaniol*

**System, paralleles** ⟨*parallel system*⟩ → Parallelsysteme

**System, reaktives** ⟨*reactive system*⟩. Es handelt sich um → Realzeitsysteme, die ohne Einwirkung eines Operators auf Änderungen in ihrer direkt gekoppelten Umgebung unter Einhaltung vorgegebener → Realzeitbedingungen reagieren. Sie können durch speziell entwickelte Hardware (Analogschaltungen wie Regler oder Digitalschaltungen wie festverdrahtete Ablaufsteuerungen) oder aber durch → realzeitfähige Rechnersysteme realisiert werden.

Die Änderungen in der Umgebung (z. B. Änderungen von Analogwerten eines Temperatursensors oder Zustandswechsel an binären Signalgebern) können in den Rechnersystemen entweder durch zyklische Abfrage (polling) oder durch per Hardware ausgelöste → Unterbrechungen (interrupts) erfaßt und zur Aktivierung von Programmen (Rechenprozessen, Tasks) genutzt werden. Diese müssen dann innerhalb von maximal zulässigen → Antwortzeiten eine Reaktion zur Umgebung hin auslösen. Typische r. S. auf Rechnerbasis sind die → Prozeßrechner und die → eingebetteten Systeme.
*Färber*

**System, reales** ⟨*real system*⟩ → System

**System, rechtssicheres** ⟨*secure system*⟩ → Rechensystem, rechtssicheres

**System, regelbasiertes** ⟨*rule-based system*⟩. → Programm, das → Daten mit Hilfe von Regeln bearbeitet. Eine Regel besteht aus einer linken Seite, dem *Wenn*-Teils (auch Situations- oder Bedingungsteil), und einer rechten Seite, dem *Dann*-Teil (auch Aktions- oder Konsequenzteil). Eine Regel kann auf Daten angewendet werden, wenn ein → Mustervergleich des *Wenn*-Teils mit den Daten erfolgreich ist. Der *Dann*-Teils kann beliebige Aktionen vorschreiben, z. B. Veränderung der Daten. R. S. wird häufig synonym zu → Produktionensystem verwendet.
*Neumann*

**System, responsives** ⟨*responsive system*⟩ → System, reaktives

**System, sequentielles** ⟨*sequential system*⟩. Ein → System, dessen Gesamtzustand sich schrittweise (aufgrund von Ereignissen) ändert und das deshalb modelliert werden kann durch einen Automaten oder ein → Transitionssystem, d. h. einen gerichteten → Graphen, dessen Knoten die Zustände und dessen Kanten die Zustandsübergänge darstellen und mit den verursachenden Ereignissen beschriftet sind.
*Brauer*

**System, sicheres** ⟨*safe system*⟩ → Sicherheit von Rechensystemen

**System, statisches** ⟨*static system*⟩ → System

**System, technisches** ⟨*technical system*⟩ → System

**System, textverstehendes** ⟨*text understanding system*⟩. System der → Künstlichen Intelligenz (KI), das einen sprachlichen → Text in eine Bedeutungsrepräsentation überführt. Textverstehen (oft Synonym mit → Sprachverstehen) ist neben → Textgenerierung die zentrale Aufgabe eines → natürlichsprachlichen Systems. Der Begriff „Verstehen" wird analog zum menschlichen Textverstehen verwendet und operational definiert: Ein System „versteht" Text, wenn es auf eine sprachliche Eingabe „sinnvoll" reagiert, z. B.
– Fragen beantwortet,
– eine Paraphrase oder Kurzfassung erzeugt,
– Kommandos ausführt,
– Aufgaben bearbeitet.
Forschungen im Bereich natürlichsprachlicher Systeme beziehen sich überwiegend auf Textverstehen.
*Neumann*

**System, verläßliches** ⟨*dependable system*⟩ → Sicherheit von Rechensystemen

**System, verteiltes** ⟨*distributed system*⟩. System, das aus mehreren Komponenten besteht, die räumlich oder konzeptionell verteilt sind und über sie verbindende Kommunikationskanäle interagieren können.
*Breitling/K. Spies*

**System, wissensbasiertes** ⟨*knowledge-based system*⟩ → Wissensbasis; Expertensystem

**System, zugriffsabgeschlossenes** ⟨*access-closed system*⟩ → Rechensystem, zugriffsabgeschlossenes

**System, zugriffsoffenes** ⟨*access-open system*⟩ → Rechensystem, zugriffsabgeschlossenes

**System zur Erklärung gegebener Sachverhalte** ⟨*system to explain given facts*⟩ → System

**System zur Konstruktion künstlicher Sachverhalte** ⟨*system to design artificial facts*⟩ → System

**Systemanalyse** ⟨*system analysis*⟩. 1. Teilgebiet der → Systemtheorie, das die Definition, Abgrenzung, Untersuchung und Modellierung von Systemen zum Thema hat.
*Hesse*
2. Schritt der → Systementwicklung, in dem die (statischen) Datenstrukturen (→ Datenwörterbuch) und (dynamischen) Abläufe vorgegebener Systemteile bzw. -umgebungen erfaßt werden.
*Schmidt/Schröder*

**Systemanalytiker** ⟨*system analyst*⟩. Informatik-Berufsbild für eine Tätigkeit im Vor- und Umfeld der Systementwicklung, oft auch als DV-Organisator oder DV-Berater bezeichnet. Der S. hat die Aufgabe, betriebliche Abläufe und Geschäftsprozesse auf Verbesserungsmöglichkeiten hin zu untersuchen. Das kann (muß aber nicht) zu neuen Informatik-Anwendungen führen. Der S. ist der Mittler zwischen den Sachbearbeitern in der Fachabteilung und den DV-Spezialisten in der Informatik-Abteilung. Auch die Beratertätigkeiten in den Vertriebsbereichen von Hardware- und Software-Anbietern fallen in diese Kategorie. Innerhalb eines Projektzyklus tritt der S. am deutlichsten bei der Definitionsphase in Erscheinung, die oft auch als Systemanalyse bezeichnet wird. Er kann später bei der Abnahme und Einführung eines Systems nützliche Dienste leisten. Von einem S. werden weniger technische Detailkenntnisse erwartet als von allen anderen Informatik-Berufsbildern. Die Funktion wird deshalb sehr oft von Wirtschaftsinformatikern oder von Vertretern von Mischberufen wahrgenommen. Unverzichtbar sind Abstraktionsvermögen und Kommunikationsfähigkeit.
*Endres*

**Systemanforderung** ⟨*system requirement*⟩. Aussagen über zu erbringende Leistungen eines Gegenstands sowie seine qualitativen und quantitativen Eigenschaften. Zu den S. an ein → Anwendungssystem gehören in der Regel
– funktionale Anforderungen, gegliedert nach Funktionskomplexen und einzelnen Funktionen, ihren Ein- und Ausgaben;
– Qualitätsanforderungen an das System oder an einzelne Komponenten wie Antwortzeiten, Speicherkapazität, Zuverlässigkeit, Änderbarkeit, Wartbarkeit oder Portabilität;
– Anforderungen an die Benutzbarkeit des Systems wie ergonomische Gestaltung der Benutzungsschnittstelle, Aufgabenangemessenheit, Erlernbarkeit, Fehlerrobustheit;
– Anforderungen an die Realisierung des Systems, bestehend aus Entwicklungsumgebung, Zielumgebung (Hardware/Software-Plattform, sonstigen Geräten und Schnittstellen), Methoden, Werkzeugen und Vorgehensweisen;
– Anforderungen an die Einführung und Nutzung des Systems wie Übergangsmöglichkeiten, Versionsführung, Änderungs- und Weiterentwicklungsverfahren, Benutzungsdokumentation und Handbücher.
*Hesse*
Literatur: Hesse, W.; Barkow, G. u. a.: Terminologie der Softwaretechnik – Ein Begriffssystem für die Analyse und Modellierung von Anwendungssystemen. Teil 2: Tätigkeits- und ergebnisbezogene Elemente. Informatik-Spektrum (1994) S. 96–105.

**Systemarten** ⟨*types of systems*⟩ → System

**Systemauswahl** ⟨*system selection*⟩. Auswahl eines geeigneten Leitsystems durch Entscheidungshilfen wie Checklisten, Fragebögen, katalogartige Marktübersichten und Leistungstests. Checklisten enthalten Stichworte, die bei der Auswahl oder beim Auslegen eines Leitsystems Punkt für Punkt durchgesprochen werden

Systemauswahl

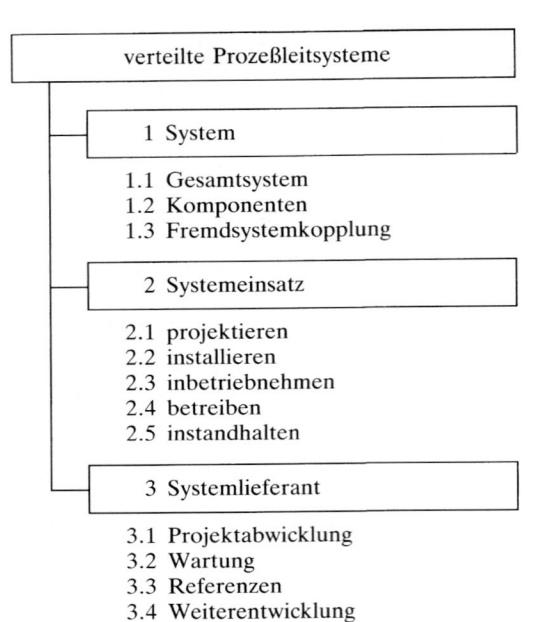

```
┌─ verteilte Prozeßleitsysteme
│
├── 1 System
│     1.1 Gesamtsystem
│     1.2 Komponenten
│     1.3 Fremdsystemkopplung
│
├── 2 Systemeinsatz
│     2.1 projektieren
│     2.2 installieren
│     2.3 inbetriebnehmen
│     2.4 betreiben
│     2.5 instandhalten
│
└── 3 Systemlieferant
      3.1 Projektabwicklung
      3.2 Wartung
      3.3 Referenzen
      3.4 Weiterentwicklung
```

*Systemauswahl: Gliederung der Prüfliste von VDI/VDE 3659*

müssen. Das hat projektbezogen zu geschehen, denn ein System, das für alle Projekte gleich gut geeignet ist, gibt es nicht. Checklistenartig ist z. B. die Richtlinie VDI/VDE 3693 aufgebaut, die sich mit verteilten Prozeßleitsystemen befaßt (Bild). Daraus ergibt sich, daß bei der S. nicht nur die → Hardware, sondern auch die Aktivitäten beim Systemeinsatz und – was bei komplexen Systemen oft besonders wichtig ist – die Zusammenarbeit mit dem Systemlieferanten ins Kalkül zu ziehen sind. Fragebögen sind oft so aufgebaut, daß jede Frage entweder mit einer Zahl oder mit Ja oder Nein zu beantworten ist. Von neutralen Stellen erstellte katalogartige Übersichten oder Marktanalysen sind ein weiteres Mittel der S. *Strohrmann*

Literatur: *Klinker, W.*: atp-Marktanalyse: Speicherprogrammierbare Steuerungen 1993. Teil 1: Kleinsteuerungen. Automatisierungstechnische Praxis. 35 (1993) 3, S. 180–199. Teil 2: Mittlere Systeme. 4, S. 250–266. Teil 3: Komplexe, große Systeme. 5, S. 318–329. – VDI/VDE 3552: Leistungskriterien von Prozeßrechensystemen (1977). – VDI/VDE 3693: Verteilte Prozeßleitsysteme, Prüfliste für den Einsatz (1985). – *Weidlich, S.*; *Prutz, G.*: Auswahlkriterien für den Einsatz digitaler dezentraler Automatisierungssysteme. Regelungstechnische Praxis 24 (1982) 5, S. 146–152.

**Systemdokumentation** ⟨system documentation⟩. Broschüren und Handbücher, die ein Informatiksystem (→ Informatik) für Zwecke der Nutzung und Weiterentwicklung beschreiben und erklären. Obwohl heute die Tendenz besteht, daß zumindest jedes interaktive System selbsterklärend sein muß, stellt sich bei jedem System die Aufgabe, es ausreichend zu dokumentieren. Je nachdem wie das System eingesetzt wird, besteht Bedarf, die unterschiedlichsten Personengruppen anzusprechen: Führungskräfte, Fachjournalisten, DV-Spezialisten, Sachbearbeiter, Wissenschaftler, Schüler und Studenten. Die Vorzüge und die Einsatzmöglichkeiten müssen dem Leserkreis entsprechend dargestellt werden. Wird das System in internationalen Märkten angeboten oder in multinationalen Firmen eingesetzt, ist eine Übersetzung in verschiedene Sprachen zu planen.

Die S. kann in Ausnahmefällen von den Entwicklern selbst erstellt werden. Normalerweise sollten hierfür speziell ausgebildete technische Autoren eingesetzt werden. Einen fast fließenden Übergang zwischen Dokumentation und Code gibt es im Bereich der Hilfefunktionen. Hier ist daher eine enge Zusammenarbeit zwischen Code- und Dokumentationsentwickler nötig. Für die Erstellung und Verteilung von Systembeschreibungen bieten sich heute Textverarbeitungssysteme und CD-ROM-Datenträger an. Auch die Verteilung über On-line-Netze nimmt an Bedeutung zu. Es muß auch daran gedacht werden, daß viele Dokumente selektiv im On-line-Suchmodus genutzt werden. Hypermedia-Ansätze sind daher zu erwägen. Im normalen Projektverlauf ist die S. eine Tätigkeit, die leicht zu kurz kommt. Auch deshalb ist es sinnvoll, die Verantwortung hierfür nicht auch den Entwicklern zu übertragen. Die Dokumentation muß einer eigens darauf abgestimmten → Qualitätssicherung unterzogen werden. Sie hat entscheidenden Anteil an der ergonomischen Qualität des Produkts. *Endres*

**Systementwicklung** ⟨system development⟩. Gesamtheit der planenden, analysierenden, entwerfenden, ausführenden und prüfenden Tätigkeiten, die der Schaffung eines neuen (d. h. früher nicht betrachteten) → Systems oder der technischen Veränderung eines bestehenden Systems dienen.

Es ist üblich, S.-Prozesse zu strukturieren, d. h. in kleinere – meist Phasen oder Abschnitte genannte – Einheiten zu zerlegen. In technischen Disziplinen nutzt man dazu sog. Phasen- oder Prozeßmodelle (life cycle models, process models). *Hesse*

**Systemfunktion** ⟨system function⟩ → Zuverlässigkeits-Systemfunktion

**Systemimplementierung** ⟨system implementation⟩. Tätigkeit, ein → System für seinen Einsatz vorzubereiten, in der Zielumgebung einzurichten und seiner Nutzung zuzuführen.

„System" kann sich hier sowohl auf das → Software-System beziehen (enge Bedeutung) als auch auf das → Anwendungssystem (weite Bedeutung).

Im engeren Sinne bedeutet → Implementierung, die spezifizierten Bausteine, in die das Software-System beim → Entwurf zerlegt wurde, in → Programme umzu-

setzen, diese zusammenzufügen und (einzeln und gemeinsam) zu prüfen. *Hesse*
Literatur: *Hesse, W.; Keutgen, H.* u. a.: Ein Begriffssystem für die Softwaretechnik. Informatik-Spektrum (1984) S. 200–213.

**Systeminstallation** ⟨*system installation*⟩. Tätigkeit, ein → System in dessen Zielumgebung einzurichten, zu prüfen und seiner Nutzung zuzuführen. *Hesse*
Literatur: *Hesse, W.; Keutgen, H.* u. a.: Ein Begriffssystem für die Softwaretechnik. Informatik-Spektrum (1984) S. 200–213.

**Systemintegration** ⟨*system integration*⟩. Tätigkeit des Zusammenfügens (einzeln) geprüfter → Software-Bausteine und → Subsysteme zum (Gesamt-)System und gemeinsame Prüfung. *Hesse*
Literatur: *Hesse, W.; Keutgen, H.* u. a.: Ein Begriffssystem für die Softwaretechnik. Informatik-Spektrum (1984) S. 200–213.

**Systemkomponente** ⟨*component of a system*⟩ → System

**Systemmodellierung** ⟨*system modelling*⟩. Tätigkeit, für ein existierendes oder zu entwickelndes System ein → Modell zu erstellen.
Zur Modellierung eines → Software-Anwendungssystems werden die folgenden Tätigkeiten gerechnet: ein → Anwendungsmodell zu erstellen, das organisatorische und das technische Teilsystem voneinander abzugrenzen sowie die Benutzungsschnittstelle festzulegen und zu beschreiben.
☐ *Anwendungsmodell erstellen*: Ein Anwendungsmodell ist die zu einem Anwendungssystem gehörige Systembeschreibung (vgl. oben), die mit dem Ziel erstellt wird, daran bestimmte Eigenschaften des Anwendungssystems besser studieren zu können. Anwendungsmodelle setzen sich häufig aus einem → Datenmodell, einem → Funktionsmodell und einem → Ablaufmodell zusammen.
– Das Datenmodell beschreibt die statische Struktur des Gegenstandsbereichs: → Entitätstypen, deren → Attribute und Beziehungen untereinander.
– Im Funktionsmodell werden die aktiven Elemente des Gegenstandsbereichs beschrieben: Funktionen, ihre Ein- und Ausgaben, Verarbeitungsvorschriften, dabei benötigte → Masken und zu erzeugende Listen.
– Das Ablaufmodell enthält solche Systemelemente, die den Zusammenhang zwischen aktiven und passiven Systemelementen herstellen, z. B. Geschäftsprozesse, Ablauffolgen von Funktionen, deren Sichten auf die Datenbestände, Dialogbeschreibungen und bausteinübergreifende Routinen für Fehler-, Ausnahme- und Notfallbehandlungen.
In neueren objektorientierten Modellen werden diese drei Sichten in integrierter Form dargeboten.
☐ *Das organisatorische und technische Teilsystem voneinander abgrenzen*: Die Funktionen und Abläufe werden auf ihre Automatisierbarkeit hin analysiert. D. h. unter den gegebenen technischen, ökonomischen und sozialen Rahmenbedingungen ist festzustellen, ob und inwieweit eine DV-Realisierung möglich, sinnvoll und gerechtfertigt ist.
☐ *Benutzungsschnittstelle festlegen und beschreiben*: Die Interaktion des künftigen Benutzers mit dem System wird in der sog. Benutzungsschnittstelle festgelegt. Dazu werden Dialoge, Masken und Listen entworfen und ggf. graphisch gestaltet. Anhand exemplarischer Abläufe oder → Prototypen wird der Entwurf gemeinsam mit Benutzervertretern evaluiert und deren Bedürfnissen angepaßt.
Jede der genannten Tätigkeiten wird durch Ergebnisse dokumentiert. Diese liegen in der Form von schriftlichen Texten, Graphiken, Tabellen, Spezifikationen (in einer formalen Sprache) oder Software-Prototypen vor. Zu ihrer Verwaltung und Weitergabe im Projekt wird i. d. R. ein globales Werkzeug (z. B. eine → Entwicklungsdatenbank) eingesetzt. *Hesse*

**Systemprogramm** ⟨*system program*⟩ → Anwendungsprogramm

**Systemprogrammierer** ⟨*system programmer*⟩. Informatik-Berufsbild für eine Tätigkeit, deren Schwerpunkt auf der Konzeption, Entwicklung, Bereitstellung und Wartung von System-Software liegt. Die Tätigkeit wird sowohl als Dienstleistung bei Rechenzentrums- oder Netzbetreibern ausgeübt, wird aber auch bei Software- und Hardware-Anbietern als Entwicklertätigkeit angetroffen. Gerade diese Tätigkeit erfordert ein hohes Maß an systemtechnischem Wissen, aber auch an Abstraktionsvermögen, um zu breit einsetzbaren Standardlösungen zu kommen. Die Kombination von fachlichen und betrieblichen Anforderungen führte zu einer weiteren Spezialisierung, die mit den Bezeichnungen → Datenbankadministrator und → Netzadministrator belegt wurden. Bei der Entwicklung von Anwendungssystemen üben S. eine unterstützende Funktion aus. Sie beraten → Anwendungsprogrammierer bezüglich der Einsatzmöglichkeiten von Software-Plattformen (Betriebssysteme, Datenbanken, Benutzeroberflächen) und Entwicklungswerkzeugen und stellen diese für das Projekt oder den Betrieb bereit. *Endres*

**Systemprozeß** ⟨*system process*⟩ → Betriebssystem, prozeßorientiertes

**Systemschnittstelle** ⟨*interface of a system*⟩ → System

**Systemspezifikation** ⟨*system specification*⟩. Beschreibung der Leistung und Eigenschaften eines → Systems. Erster Schritt der S. ist das Erstellen eines Pflichtenheftes, dann folgt die mehr oder weniger detaillierte Ausarbeitung insbesondere der Schnittstellen des Systems nach außen und ggf. der internen Komponenten. *Bastian*

**Systemtheorie** ⟨*system theory*⟩. Die S. untersucht die Funktionsweise von → Systemen und dabei insbesondere die Abhängigkeit der Ausgangsgrößen von den Eingangsdaten. Ziel ist es z. B., Fragen nach der Steuerbarkeit, Beobachtbarkeit oder Stabilität zu beantworten. *Bastian*
Literatur: *Unbehauen, R.*: Systemtheorie. Eine Darstellung für Ingenieure. Oldenbourg, München-Wien 1983.

**Systemumgebung** ⟨*environment of a system*⟩ → System

**Systemverhalten** ⟨*behavior of a system*⟩ → System

**Szene** ⟨*scene*⟩. Begriff aus der → Animation und der → Perspektive.

Eine Szene $\Sigma$ kann definiert werden als ein Triple
$$\Sigma = (V, O, L),$$
wobei
- V die → Kamera oder der Beobachter ist,
- O die Menge der Objekte (→ Modelldaten) als irgendwelche $o \subset R^3$ ist,
- L die Beschreibung des Lichts (→ Beleuchtungsmodell) in der Szene ist.

Die S. bestimmt die perspektivische Ansicht, die via Kamera auf der Bildebene erscheint, vollständig. Änderungen einer der Komponenten der S. führen unabhängig voneinander zu Änderungen der perspektivischen Ansicht. Die S. ist von der Szenerie zu unterscheiden. *Encarnação/Hofmann*

# T

**T-Serie** ⟨*T-series*⟩. Sammelbezeichnung für Empfehlungen der International Telecommunication Union (→ ITU, vormals → CCITT), welche die Kennung T.nnn tragen (z. B. T.150: Telewriting Terminal Equipment). In der T-S. werden → Dienste und → Protokolle für Telekommunikationsendgeräte und anwendungsorientierte Protokollebenen des → OSI-Referenzmodells spezifiziert. Die offizielle Bezeichnung der T-S. lautet „Terminal characteristics and higher layer protocols for telematic services, document architecture".

In der T-S. wurden insbesondere Normen zur Telefaxübertragung veröffentlicht (T.0 bis T.42). Ein weiteres Beispiel ist die T.120-Gruppe „Data protocols for multimedia conferencing", welche in → Videokonferenzen zum Einsatz kommen soll. Ein anderes ist die T.400-Gruppe über Dokumentarchitekturen (→ ODA). *Hermanns/Spaniol*

**T-Verteilung** ⟨*Hotelling's t-distribution*⟩. Die Verallgemeinerung der t-Verteilung (→ Student-Verteilung) auf den mehrdimensionalen Fall, die T.-V., stammt von H. Hotelling.

$$T^2 = n \sum_{i,j=1}^{p} D_{ij}(\bar{x}_i - \mu_i)(\bar{x}_j - \mu_j).$$

Hierbei ist n der Stichprobenumfang, p die Anzahl der Variablen, $\mu_1, \ldots, \mu_p$ sind die Komponenten des Erwartungswertes der zugrundeliegenden p-dimensionalen Normalverteilung, $\bar{x}_1, \ldots, \bar{x}_p$ sind die Stichprobenmittel, $D = (D_{ij})$ ist die Inverse der aus der Stichprobe gewonnenen Kovarianzmatrix. Mit Hilfe von $T^2$ können Vertrauensbereiche für $(\mu_1, \ldots, \mu_p)$ angegeben werden. *Schneeberger*

**Tabelle** ⟨*relation, table*⟩ → Datenmodell

**Tabellenkalkulation** ⟨*spreadsheet*⟩. Deutscher Begriff für → Spreadsheet. *Schindler/Bormann*

**Tablett, graphisches** ⟨*graphical tablet*⟩. Dateneingabegerät für Computer. Der Benutzer kann mit ihm graphische Informationen in gewohnter Weise (wie bei Verwendung von Papier und Bleistift) zum Computer übertragen. Mit Hilfe eines Stiftes können auf einer rechteckigen, planen Fläche Positionen bestimmt werden. Diese werden dem Computer mitgeteilt.

Die möglichen Realisierungen eines g. T. sind:
– das potentiometrische Tablett (galvanische Kopplung),
– das Ultraschall-Tablett (akustische Kopplung),
– das Phasenfeld-Tablett (kapazitive Kopplung),
– das magnetisch gekoppelte Tablett und
– das magnetostriktive Tablett (*Joule*-Effekt).

Das magnetostriktive Tablett hat sich bezüglich → Genauigkeit und Robustheit im Betrieb bewährt und wird am meisten verwendet.

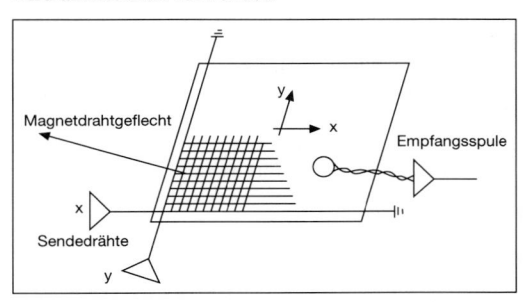

*Tablett, graphisches: Beispiel für eine Ausführungsform (Digitalisieren mit magnetostriktiver Kopplung)*

*Encarnação/Stärk*

**Tafelsystem** ⟨*blackboard system*⟩. Systemstruktur für Probleme der → Künstlichen Intelligenz (KI), bei der eine zentrale Datenbasis als Kommunikationstafel benutzt wird (Bild).

Ein T. besteht aus einer Datenbasis (Tafel), spezialisierten Prozeduren (Spezialisten) und einer Kontrollkomponente. Die Datenbasis wird bei der Bearbeitung eines Problems schrittweise verändert, indem Spezialisten die Tafel inspizieren, → Daten auswerten und neue Ergebnisse (auch Hypothesen) eintragen. Die Reihenfolge, in der Spezialisten tätig werden, ist prinzipiell unbestimmt. Die Spezialisten prüfen unabhängig von-

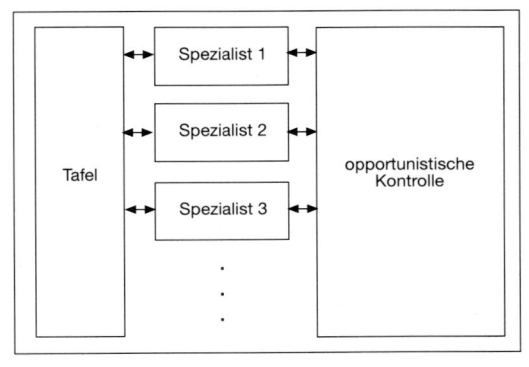

*Tafelsystem. Grobstruktur*

einander, ob sie anwendbar sind. Eine Auswahl erfolgt durch die Kontrollkomponente unter Berücksichtigung der jeweiligen Erfolgsaussicht („opportunistische Kontrollstrategie"). Dazu kann eine → Agenda verwendet werden.

Systeme mit Tafelarchitektur ermöglichen einen flexiblen, datenabhängigen Kontrollfluß. Beispiele sind HEARSAY-II (Verstehen gesprochener → Sprache), CRYSALIS (Interpretation von Elektronendichteverteilungen in der Protein-Kristallographie) und VISIONS (→ Bildverstehen von natürlichen Szenen). *Neumann*

Literatur: *Cohen, P. R.; Feigenbaum, E. A.*: The handbook of artificial intelligence. Vol. I–III. Zürich 1982.

**Takt** ⟨*clock pulse*⟩. Das rechteckförmige T.-Signal wird in Rechnern und Kommunikationssystemen zur → Synchronisation von Teilnehmern verwendet. Ein synchronisierter Betrieb ist u. a. bei → TDMA erforderlich. Der T. wird von einem T.-Generator erzeugt, meist aus einem hochgenauen sinusförmigen → Signal.

*Quernheim/Spaniol*

**Taschenrechner** ⟨*notebook*⟩. Sammelbegriff für → Digitalrechner in einer sehr handlichen Größe. Wie beim → Tischrechner kann die Technik einfacher gehalten werden als beim allgemeinen Digitalrechner. Es gelten jedoch die gleichen Verarbeitungsprinzipien wie dort. *Bode/Schneider*

**Task** ⟨*task*⟩ → Betriebssystem, prozeßorientiertes

**Tastenfeld, virtuelles** ⟨*virtual key pad*⟩. Tastenfeld mit variabler, aufgabenbezogener Einblendung der Tasten. Die Tasten werden auf dem → Bildschirm abgebildet und können durch Maus-, Rollkugel- oder Lichtgriffelbetätigung oder – bei Vorhandensein eines sensitiven Displays – durch Fingerberührung gestellt werden (→ Darstellung, vorgestaltet in Videobild; → Fließbilddarstellung; → Lichtgriffelbedienung). *Strohrmann*

**TCP** ⟨*TCP (Transmission Control Protocol)*⟩. Eines der beiden Transportprotokolle des → Internet (→ UDP). Es bietet einen verbindungsorientierten Transportdienst an, der in seiner → Funktionalität etwa dem des Transportprotokolls der Klasse 4 des → OSI-Referenzmodells entspricht.

Eine TCP-Verbindung besteht zwischen zwei Ports, über welche TCP-Benutzer (Anwendungsprogramme) adressiert werden können. Jede Verbindung wird durch (Hostid ID, Port ID) eindeutig beschrieben. Da die Verbindung durch diese beiden Endpunkte eindeutig identifiziert werden kann, ist es möglich, über denselben Port in einem Endsystem mehrere Verbindungen zu unterschiedlichen Zielports aufzubauen.

Die Tabelle faßt die wesentlichen Unterschiede zwischen TCP und OSI TP4 zusammen.

*TCP. Tabelle: Die wesentlichen Unterschiede zwischen TCP und OSI TP4*

| Eigenschaft | TP4 | TCP |
| --- | --- | --- |
| TPDU-Typen | 9 | 1 |
| Adressierung | nicht definiert | 32 bit |
| QoS | bedingt verhandelbar | über bestimmte Optionen |
| Übertragung | Nachrichten | Bytes |
| explizite Flußkontrolle | optional | immer |

*Jakobs/Spaniol*

Literatur: *Comer, D. E.*: Internetworking with TCP/IP. Vol. 1: Principles, protocols and architecture. 2nd Edn. Prentice Hall, 1991.

**TDMA** ⟨*TDMA (Time Division Multiple Access)*⟩. Verfahren, um den Zugriff auf ein Kommunikationsmedium zu organisieren (MAC, Medium Access Control; → Multiplexverfahren).

Bei den TDMA-Verfahren liegt die Grundidee in einer gleichmäßigen Aufteilung der zur Verfügung stehenden Bandbreite auf die einzelnen Teilnehmer. Es gibt einen Zeitrahmen der Länge T, der bei N Teilnehmern meistens in N gleichgroße Zeitscheiben (time slot) unterteilt wird, wobei jedem Teilnehmer eine Zeitscheibe zugeordnet wird. Benötigt ein Teilnehmer mehr Bandbreite als ein anderer, so ist es in manchen Systemen auch möglich, mehrere Zeitscheiben an einen Teilnehmer zu vergeben. Die Zuteilung an sich ist aber in jedem Fall statisch und ändert sich während des Betriebs nicht. TDMA-Verfahren weisen folgende Vorteile auf:
– Die Übertragungsleistung ist pro Teilnehmer garantiert und unabhängig von der von den anderen Knoten erzeugten Busbelastung (deterministisch).
– Es handelt sich um ein sehr einfaches Protokollschema mit wenig → Overhead.

Beispiele für → Feldbusse mit TDMA-Zugriffsverfahren sind Interbus-S, SERCOS, MARS, MERKUR, TTP.

Eine besondere Bedeutung haben TDMA-Verfahren in der digitalen Übertragungstechnik:
– Klassische PCM-Verfahren (Puls-Code-Modulation) nutzen in der Telemetrie oder Telekommunikation sog. PCM-Rahmen zur Aufnahme der Netzinformation.
– → ISDN (Integrated Services Digital Network) nutzt eine Übertragungsleitung, um 2 bzw. 31 B-(Basis) Kanäle mit 64 kbit/s sowie einen D-Kanal zur Signalisierung zu bedienen.

– → MAN (Metropolitan Area Network), ein Hochgeschwindigkeitsnetz zur Kommunikation im Stadtbereich, nutzt ebenfalls TDMA-Techniken.

*Färber/Pfefferl*

Literatur: *Färber, G.*: Feldbus-Technik heute und morgen. Automatisierungstech. Praxis (atp) (1994) Nr. 36.

**Teilberechnung** ⟨*partial evaluation*⟩. Ein Aufruf einer Funktion, bei dem mindestens ein Parameter eine Konstante ist, kann durch Expansion der Funktionsdefinition und anschließende Vereinfachung vorberechnet werden, was (bei mehrmaligem Aufruf der Funktion) einen Effizienzgewinn zur Laufzeit bedeuten kann.

*Beispiel*
Definition einer Funktion square zum Quadrieren mit Hilfe einer allgemeinen Potenzfunktion pow in der Sprache → SML:
```
fun pow x y =
  if y=0 then 1 else x * (pow x (y-1));
fun square x = pow x 2;
```
Durch Teilberechnung des Aufrufs pow x 2 kann die Definition von square vereinfacht werden:
pow x 2 = x * (pow x 1) = x * x * (pow x 0) = x * x * 1
Anwendung findet die Technik der T. in der Konstruktion von → Übersetzern, wo Parser aus einem allgemeinen Parser und der Eingabe einer konkreten Grammatik erzeugt werden können oder aus einem Interpreter ein → Compiler generiert werden kann.

*Merz/Wirsing*

Literatur: *Bauer, F. L.; Wössner, H.*: Algorithmische Sprache und Programmentwicklung. Springer, Berlin 1984. – *Partsch, H. A.*: Specification and transformation of programs. Springer, Berlin 1990.

**Teilbild** ⟨*image part*⟩. Ausschnitt aus einem Bild. Bilder können örtlich oder zeitlich unterteilt sein. T. können in sehr unterschiedlichen Bereichen benutzt und sehr unterschiedlich definiert sein. Beispiele:
– Ein Window-Manager verwaltet mit den einzelnen Fenstern verschiedene T. des → Monitors.
– Ein dreidimensionales → Objekt wird in vier verschiedenen Ansichten gleichzeitig in vier T. dargestellt.
– Die verschiedenen Teile eines Bildes sind an unterschiedlichen Orten oder auch in unterschiedlichem Format im Rechner gespeichert und werden bei der Ausgabe zu einem Gesamtbild zusammengesetzt.
– Bei der dynamischen Darstellung der Bewegung eines Objektes sind die einzelnen T. durch schrittweise Transformation des geometrischen Objektes entstanden.
– Ein → Bildschirm (Refresh-Ausgabe) arbeitet in Interlace-Technik. Dabei werden abwechselnd nur die geraden oder ungeraden Horizontalen angesteuert (zwei Halbbilder). Diese Technik wird auch beim Fernsehen angewandt.

*Encarnação/Noll*

**Teiler, größter gemeinsamer** ⟨*greatest common divisor*⟩. Sind $a_\nu$ ($\nu = 1, 2, \ldots, n$) ganze Zahlen mit der Primfaktorzerlegung

$$a_\nu = \pm \prod_{j \in \mathbb{N}} p_j^{\alpha_{\nu j}},$$

wobei $p_j$ die j-te Primzahl und $\alpha_{\nu j}$ nicht negativ ganzzahlige Exponenten bezeichnet, so ist

$$t := \prod_{j \in \mathbb{N}} p_j^{\gamma_j}$$

mit $\gamma_j = \min\{\alpha_{1j}, \alpha_{2j}, \ldots, \alpha_{nj}\}$, der g. g. T. von $a_1, a_2, \ldots, a_n$.

*Schmeißer*

**Teilnehmerbetrieb** ⟨*time-sharing*⟩. Betriebsart eines Rechensystems, das die quasi-gleichzeitige Bedienung mehrerer → Benutzer durch das → Betriebssystem mittels Zeitscheibenbetrieb ermöglicht (s. auch → Time-sharing).

*Bode*

**Teilnetz** ⟨*subnetwork*⟩ → Subnetz

**Teilsystem** ⟨*subsystem*⟩ → System

**Telebox** ⟨*Telebox*⟩. Ein → Mailbox-Dienst der Deutschen Telekom seit 1984 (→ Post, elektronische). Der neuere T.-400-Dienst basiert auf den → X.400-Empfehlungen der → ITU. Der → Dienst erlaubt das Senden und Empfangen von elektronischen → Nachrichten. Übergänge zu anderen → Telematikdiensten wie → Telefax und → Telex werden angeboten.

*Jakobs/Spaniol*

**Telefax** ⟨*facsimile*⟩. Ein → Telematikdienst, der den Inhalt bedruckter Seiten (Texte, Zeichnungen, Graphiken, Tabellen usw.) überträgt. Der → Dienst, der typischerweise das Telephonnetz oder das → ISDN-Netz benutzt, ist – neben anderen – von der → ITU in den Empfehlungen der → T-Serie spezifiziert worden.

*Jakobs/Spaniol*

**Telekooperation** ⟨*telecooperation*⟩. Oberbegriff für den Prozeß der rechnerunterstützten, synchronen (z. B. → Videokonferenz, → Anwendungskooperation) oder asynchronen (z. B. → elektronische Post) Zusammenarbeit zwischen mehreren Personen, die sich an verschiedenen Orten aufhalten können.

*Schindler/Ott*

**Telematikdienste** ⟨*telematic services*⟩. Telematik ist ein allgemeiner Oberbegriff für eine Anzahl verschiedener Kommunikationsdienste (→ Dienst). Hierzu gehören u. a. → Telefax, Kurzmitteilungsdienste und → X.400.

*Jakobs/Spaniol*

**Telephonnetz, öffentliches** ⟨*public switched telephone network*⟩ → PSTN

**Telepointer** ⟨*telepointer*⟩. T. sind eine Form der → Anwendungskooperation und werden als Hilfsmittel in Telekonferenzen eingesetzt. T. werden als graphische Symbole repräsentiert, die sich analog zum Mauszeiger über eine kooperierende Anwendung bewegen lassen. Sie werden auf allen an der Anwendungskooperation beteiligten Rechnern jeweils an der gleichen Position dargestellt, so daß sie als Zeiger in Dokumenten, bei Präsentationen usw. genutzt werden können.

T. bilden zusammen mit Funktionen zur Darstellung von Texten und Graphiken (joint viewing) eine eigenständige kooperative Anwendung, z. B. zur Präsentation in Telekonferenzen. Um Annotationsmechanismen ergänzt, können T. über das Zeigen hinaus auch für textuelle und graphische Anmerkungen sowie Hervorhebungen an den dargestellten Dokumenten eingesetzt werden. T. sind oftmals Bestandteil von → Whiteboards, → Screen-Sharing- oder → Window-Sharing-Systemen. *Schindler/Ott*

**Telepresence** ⟨telepresence⟩. Erzeugen einer Fern-Gegenwärtigkeit, d. h., es erfolgt eine Verbindung der materiellen Welt (menschlicher Körper mit seinen Aktivitäten und sensorischen Fähigkeiten) mit der synthetischen Welt des Computers unter Zuhilfenahme von durch Stereo-Videokameras bzw. Sensoren vermittelten Informationen aus (entfernten) Räumen. Der → Benutzer erhält den Eindruck, vor Ort zu sein (→ Realität, virtuelle). *Langmann*

**Telescript** ⟨Telescript⟩. → Objektorientierte Programmiersprache (→ Objektorientierung), in der verteilte Anwendungen geschrieben werden können (verteiltes System). T. basiert auf dem Konzept eines → intelligenten Agenten, der in T. programmiert ist, sich aktiv im T.-→ Netzwerk bewegt und mit anderen Agenten interaktiv seine ihm vom Benutzer übertragene Aufgabe bearbeitet. Im T.-Netzwerk wird ein in T. geschriebener Agent durch spezielle → Server, sog. T.-Engines, interpretiert. *Hoff/Spaniol*
Literatur: *Etzioni, O.; Weld, D. S.*: Intelligent agents on the Internet: Fact, fiction and forecast. IEEE expert, 1995. – *Boone, B.*: Magic cap programmer's cookbook. Addison-Wesley, 1995.

**Telex** ⟨telex⟩. Ein in den 20er Jahren eingeführter → Dienst der Textkommunikation. T. benutzt ein eigenes Netz und einen eigenen Code, den Fernschreibcode. Aufgrund der geringen Übertragungsrate $6\,2/3$ Zeichen/s und der geringen Anzahl übertragbarer Zeichen (58) spielt T. heute nur noch eine untergeordnete Rolle, wird aber nach wie vor speziell für die Kommunikation mit und innerhalb von Entwicklungsländern mit schlechter Infrastruktur eingesetzt. *Jakobs/Spaniol*

**Telnet** ⟨Telnet⟩. Erlaubt dem Benutzer des → Internet den interaktiven Zugang zu einem entfernten Rechner. Das Äquivalent in der → OSI-Welt ist das → virtuelle Terminal.
Zwei T.-→ Instanzen kommunizieren über den Austausch von sog. Commands, die im Network Virtual Terminal (NVT) Format codiert sind. Alle Daten werden im ASCII-Format übertragen. Kommandos, die in den → Datenfluß eingefügt wurden, können sehr leicht als solche erkannt werden, da NVT eine 8-bit-Codierung verwendet (Standard ASCII benutzt nur eine 7-bit-Codierung). *Jakobs/Spaniol*
Literatur: *Comer, D. E.*: Internetworking with TCP/IP. Vol. 1: Principles, protocols and architecture. 2nd Edn. Prentice Hall, 1991.

**Template** ⟨template⟩. Im Sinne der → objektorientierten Programmierung vorgefertigte → Objekte, die ihre Eigenschaften beim Definieren vererben. Anwendung finden T. beispielsweise beim Entwurf graphischer → Benutzerschnittstellen mittels → UIMS. Die Benutzerschnittstelle wird in verschiedene → Modulen unterteilt, die jeweils eine Reihe von T. enthalten. Ein T. besteht dabei aus einer Widget-Hierarchie (→ Widget). Die Modulen mit den T. sind in einer Datei abgelegt, die zur → Laufzeit der Benutzerschnittstelle in den → Arbeitsspeicher geladen, aber noch nicht angezeigt werden. Die → Anzeige erfolgt dann – bestimmt durch die → Dialogkontrolle – mittels spezieller Funktionen. *Langmann*

**temporale Eigenschaften einer Berechnung** ⟨temporal characteristics of a computation⟩ → Rechensystem

**TERENA** ⟨TERENA (Trans-European Research and Education Networking Association)⟩. Entstand 1994 durch die Vereinigung von → RARE und → EARN; die Ziele und Aufgaben ähneln denen dieser beiden Organisationen. TERENA fördert die Entwicklung einer hochwertigen Telekommunikationsinfrastruktur für Forschung und Lehre. *Jakobs/Spaniol*

**Term** ⟨term⟩. Endlicher Ausdruck, der aus den → Funktionssymbolen einer → Signatur $\Sigma$ und möglicherweise aus Variablen aufgebaut ist. Ein T., der keine Variablen enthält, wird Grundterm genannt.
Beispiele für T. über einer Signatur für Sequenzen sind
empty, append(x, append(y, empty)),
 first(append(x, rest(append
 (y, empty)))),
wobei empty eine Konstante ist, first sowie rest einstellige Funktionssymbole sind und append ein zweistelliges Funktionssymbol ist. Formal werden T. folgendermaßen gebildet: Sei $\Sigma = (S, F)$ eine Signatur und $X = (X_s)_{s \in S}$ eine Familie von Variablenmengen $X_s$ (die disjunkt zu den Konstanten in F sind). Dann besteht ein $\Sigma(X)$-Term der Sorte s entweder aus einem nullstelligen Funktionssymbol f: → s aus F oder aus einer Variablen x aus $X_s$ oder aus einem Ausdruck $f(t_1, \ldots, t_n)$, wobei $f: s_1, \ldots, s_n \to s$ ein Funktionssymbol aus F und $t_i \Sigma(X)$-Terme der Sorte $s_i$ für $i = 1, \ldots, n$ sind.
Mit Hilfe von T. können Werte einer → Rechenstruktur bzw. einer → Algebra syntaktisch repräsentiert

werden. Der zugehörige Wert eines T. wird durch dessen → Interpretation in der entsprechenden Algebra berechnet.
*Hennicker/Wirsing*

**Term-Algebra** ⟨*term algebra*⟩. Spezielle → (heterogene) Algebren, die für theoretische und praktische Untersuchungen wichtig sind. Ihre Trägermengen werden aus → Termen gebildet. Die Term-Algebra $T_\Sigma(X)$ über einer → Signatur $\Sigma = (S, F)$ und über einer Familie $X = (X_s)_{s \in S}$ von Variablenmengen $X_s$ hat als Trägermengen die Mengen $T_\Sigma(X)_s$, bestehend aus allen $\Sigma(X)$-Termen der Sorte s. Für jedes Funktionssymbol $f: s_1, \ldots, s_n \to s$ ist die zugehörige Funktion $f^{T_\Sigma(X)}: T_\Sigma(X)_{s_1} \times \ldots \times T_\Sigma(X)_{s_n} \to T_\Sigma(X)_s$, definiert durch $f^{T_\Sigma(X)}(t_1, \ldots, t_n) =_{def} f(t_1, \ldots, t_n)$, d. h., das Ergebnis der Funktionsanwendung ist der Term $f(t_1, \ldots, t_n)$.

Ein wichtiger Spezialfall ist die Term-Algebra $T_\Sigma$, die über der leeren Menge von Variablen gebildet wird, d. h., die Trägermengen bestehen aus den Grundtermen einer Sorte. Ist die Menge S der Sorten der Signatur $\Sigma$ einelementig, dann bildet die Menge der $\Sigma$-Grundterme ein *Herbrand*-Universum, das einen uniformen Bereich für die → Interpretation prädikatenlogischer Formeln darstellt.
*Hennicker/Wirsing*

**Termersetzung** ⟨*term rewriting*⟩. Ist B eine beliebige Menge von Objekten und → eine binäre Relation über B, so heißt das Paar (B, →) Ersetzungssystem. Gewöhnlich verlangt man, daß B und die Relation → rekursiv aufzählbar sind und daß jedes Element von B eine endliche Darstellung besitzt. Ist $B = X^*$ die Menge aller Wörter über einem Alphabet $X$ bzw. ist $B = T$ die Menge aller Terme eines formalen Systems (z. B. einer Logik oder einer Algebra) und wird $u \to v$ interpretiert als „ersetze u durch v", so ist $(X^*, \to)$ ein → Semi-Thue-System (Zeichenersetzungssystem) bzw. $(T, \to)$ ein → Termersetzungssystem.

Bei solchen Systemen interessiert man sich u. a. dafür, ob zwei Objekte $x, y$ aus B bzgl. der Relation → bzw. ihrer mehrfachen Anwendung gleiche Vorgänger oder gleiche Nachfolger haben, ob sich aus der Existenz gemeinsamer Vorgänger die Existenz gemeinsamer Nachfolger ergibt, ob es stets nicht weiter umformbare Nachfolger gibt und ob diese eindeutig bestimmt sind.

Ersetzungssysteme spielen eine Rolle bei der Untersuchung von → formalen Sprachen (Zeichenersetzungssysteme), in der Ablauftheorie (Trace-Ersetzungssysteme) und bei der algebraischen Spezifikation sowie der Computeralgebra (Termersetzungssysteme).
*Brauer*

Literatur: *Avenhaus, J.*: Reduktionssysteme. Springer, Berlin 1995.

**Termersetzungssystem** ⟨*term replacement system*⟩. Komponente eines → Deduktionssystems zur Behandlung von Gleichheitsproblemen. Für eine eingeschränkte Menge von Gleichheitstheorien reicht es aus, Gleichungen nur in einer bestimmten Richtung anzuwenden, z. B. um → Terme auf eine Normalform zu bringen. Eine einseitig anwendbare Gleichung heißt Termersetzungsregel, Mengen dieser Gleichungen bilden ein T. Das folgende ist ein T. für Gruppenaxiome:

$0 + X \to X$
$-X + X \to 0$
$(X + Y) + Z \to X + (Y + Z)$
$X + 0 \to X$

Termersetzungsregeln werden in Deduktionssystemen dazu benutzt, die syntaktische Gleichheit zweier Terme durch systematische Substitutionen zu zeigen. Forschungen auf diesem Gebiet zielen darauf ab, den Suchraum einzuschränken, ohne die Vollständigkeit des Verfahrens zu gefährden. Dabei spielt es eine wichtige Rolle, ob ein T. „terminierend" und „konfluent" ist. Es gibt automatische Verfahren zur Vervollständigung von Termersetzungsregeln im Hinblick auf Konfluenz.
*Neumann*

Literatur: *Bläsius, K. H.; Bürckert, H.-J.* (Hrsg.): Deduktionssysteme. München 1987.

**Terminal** ⟨*terminal*⟩. Datensichtgerät, speziell für den Dialogbetrieb eines Benutzers mit einem (entfernten) Rechner (→ Terminal, virtuelles). Es besteht i. allg. aus einer alphanumerischen Tastatur und einer → Maus zur Daten- bzw. Texteingabe sowie einem → Monitor zur Datenausgabe.
*Jakobs/Spaniol*

**Terminal, virtuelles** ⟨*virtual terminal*⟩. → Dienst der → Anwendungsebene des → OSI-Referenzmodells. Die Idee des v. T. (VT) beruht auf der Überlegung, daß bei insgesamt M unterschiedlichen Endgerätetypen nur M Anpassungen an ein standardisiertes, allgemein verfügbares hypothetisches VT erforderlich sind, während man ohne dieses Konzept $M \cdot (M-1)/2$ Anpassungsvorgänge („jeder zu jedem") benötigen würde.

Neben dem Dateitransfer (→ FTAM, → FTP) und dem Versenden von Nachrichten (→ Post, elektronische) ist der interaktive Zugriff auf einen entfernten Rechner eine der „klassischen" Anwendungen eines Datennetzes. → OSI bietet dem Benutzer für VT-Anwendungen jedoch keinen ausgereiften Dienst, wie es → FTAM oder → MHS sind. Bisher ist nur die einfache Basic Class für textorientierte Terminals standardisiert worden. Das Bild zeigt das Modell des Dienstes.

VT-Benutzer kommunizieren über eine Conceptual Communication Area (CCA). Dies ist eine Menge von Objekten und Objekttypdefinitionen, welche die Terminalumgebung repräsentieren. Dieses gemeinsame virtuelle Gerät wird auf der einen Seite der Verbindung auf das physikalische → Endgerät abgebildet, auf der anderen Seite kommuniziert es mit einer Anwendung. In einer CCA sind Modelle für I/O-Geräte wie → Bildschirm, Tastatur oder → Maus enthalten. Ein solches → Modell besteht aus abstrakten → Datentypen. Anwendungen arbeiten auf diesem Modell über den Austausch von VT-Dienstprimitiven.

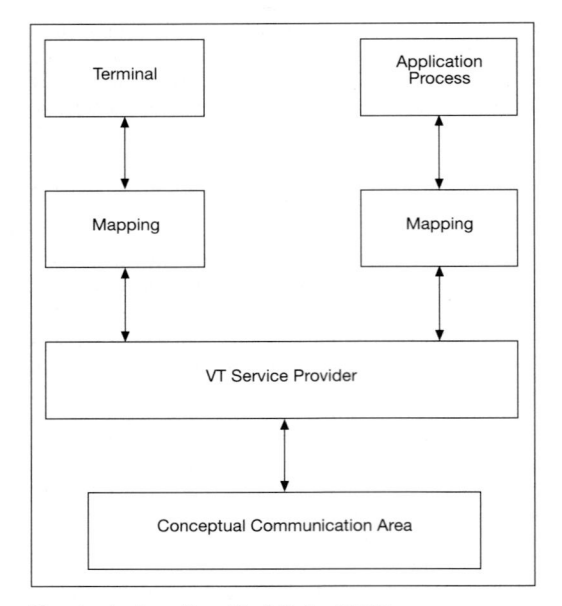

*Terminal, virtuelles: Modell des VT-Dienstes*

Die Übertragung von Daten und Kontrollinformationen sowie die entsprechenden Manipulationen von CCA-Objekten finden immer im Rahmen eines VT-Environment statt. Ein solches VT-Environment wird durch eine Menge VT Parameter Values definiert. Diese Parameter beschreiben
– den Kommunikationsmodus und die zugehörigen Control Token für den Schreibzugriff;
– die einzelnen Objekte zusammen mit ihrer jeweiligen Semantik.

Die in der VT-Dienstspezifikation definierten Dienste erlauben
– Aufbau, Kontrolle und Abbau einer → Assoziation zwischen VT-Benutzern;
– das Aushandeln der Charakteristika des VT-Environment;
– die Übertragung von Daten, unabhängig von der jeweiligen lokalen Darstellung und den Eigenschaften der physikalischen Endgeräte;
– die Kontrolle der Korrektheit der Datenübertragung;
– den Austausch von Nachrichten mit höherer Priorität. *Jakobs/Spaniol*

Literatur: *Spaniol, O.; Jakobs, K.*: Rechnerkommunikation – OSI-Referenzmodell, Dienste und Protokolle. VDI-Verlag, 1993. – *Dickson, G.; Lloyd, A.*: Open systems interconnection. Prentice Hall, 1992.

**Terminierung** ⟨*termination*⟩. Ein Programm terminiert, wenn es einen Endzustand erreicht, in dem kein Zustandsübergang mehr möglich ist. Die T. ist eine der Bedingungen für die totale → Korrektheit eines → sequentiellen Programms. Aus der Unentscheidbarkeit des → Halteproblems folgt, daß es nicht algorithmisch feststellbar ist, ob ein beliebiges Programm terminiert oder nicht. Methoden zum Nachweis der T. beruhen auf der Verwendung von Terminierungsfunktionen und *Noether*schen Ordnungen: Man zeigt, daß mit jedem Programmschritt eine charakteristische Größe bezüglich der Ordnung echt kleiner wird. Da eine *Noether*sche Ordnung keine unendlichen absteigenden Ketten erlaubt, muß das Programm schließlich terminieren. Die folgende Variante der Schleifenregel der → *Hoare*-Logik erlaubt den Nachweis der totalen Korrektheit (dabei komme die Variable z nicht frei in B, S, p oder t vor):

$$\frac{\{p \wedge B \wedge t = z\} S \{p \wedge t < z\}}{\{p\} \text{ while } B \text{ do } S \text{ end } \{p \wedge \neg B\}} \quad p \Rightarrow t \in \mathbb{N}.$$

Ein → Termersetzungssystem heißt terminierend, wenn es keine unendlichen Ersetzungsketten erlaubt. Diese Eigenschaft garantiert die Existenz von Normalformen bezüglich der Ersetzungsrelation.

Bei nebenläufigen →reaktiven Systemen ist die T. des Systems oder einzelner → Prozesse nicht mehr in jedem Fall gewünscht bzw. gewährleistet. Soll ein Prozeß terminieren, so sind dazu i. allg. → Fairneß-Annahmen erforderlich. Man spricht in diesem Fall von fairer T. In verteilten Systemen ist bereits die Erkennung der T. ein nichttriviales Problem. *Merz/Wirsing*

Literatur: *Apt, K. R.; Olderog, E.-R.*: Programmverifikation. Springer, Berlin 1994. – *Chandy, K. M.; Misra, J.*: Parallel program design. Addison-Wesley, Reading, MA 1989.

**Terminierungsereignis** ⟨*event of termination*⟩ → Berechnungskoordinierung

**Test** ⟨*test*⟩. T. im Zusammenhang mit einem → Rechensystem S sind Verfahren und Maßnahmen, die zur Überprüfung von Eigenschaften von S angewandt werden. Sie liefern Aussagen über S, aus denen Schlußfolgerungen auf Eigenschaften gezogen werden können. T. werden insbesondere in Verfahren zur → Fehlererkennung für S angewandt. Man kann T. nach den Zielen, die mit ihnen verfolgt werden, nach den Sichten von → Systemen, deren Eigenschaften überprüft werden sollen, oder nach den Grundlagen für die Schlußfolgerungen, die aus den T.-Ergebnissen gezogen werden, klassifizieren. Ein T., mit dem die äußeren Eigenschaften von S überprüft werden sollen und für den dabei die Black-Box-Sicht auf ein System angenommen wird, ist ein → Black-Box-Test für S. Ein T., mit dem die äußeren Eigenschaften von S überprüft werden sollen und für den dabei die Glass-Box-Sicht auf ein System mit entsprechenden Kenntnissen über innere Eigenschaften von S angenommen wird, ist ein → Glass-Box-Test für S. Ein T., mit dem eine Ist-Eigenschaft E von S dadurch überprüft wird, daß a priori spezifizierte Eigenschaften von E überprüft werden, ist ein → Absoluttest für die Eigenschaft E von S. Ein T., mit dem eine Ist-Eigenschaft E von S dadurch überprüft wird, daß E mit der Ist-Eigenschaft E′ eines mit S bzgl.

seiner Soll-Eigenschaften als äquivalent angenommenen Systems S' verglichen wird, ist ein → Relativtest für die Eigenschaft E von S.

Alle T. liefern mehr oder weniger scharfe Aussagen über die zu überprüfenden Eigenschaften, die als Grundlagen für Schlußfolgerungen benutzt werden können. Die Schärfen der T.-Ergebnisse und die Vorgehensweisen bei der Ableitung von Schlußfolgerungen entscheiden über die Qualität der aus T. gewonnenen Ergebnisse. Dabei können Fehler auftreten, wobei zwischen → Fehlern 1. Art und → Fehlern 2. Art zu unterscheiden ist.
*P. P. Spies*

**TETRA** ⟨*TETRA (Trans-European Trunked Radio System)*⟩. Ein von → ETSI erarbeiteter Standard für → Bündelfunk-Systeme. TETRA legt zwei Systemklassen fest:
– Voice + Data (V + D) zur Übertragung von Sprache und Daten sowie
– Data Optimized (DO) zur verbindungsorientierten und verbindungslosen Paketdatenübertragung.

In TETRA steht für Sprach- und Datendienste eine Bitrate von 19,2 kbit/s pro Träger (vier für V + D, einer für DO) zur Verfügung. Die Träger werden im Time Division Duplex zwischen Funkfeststationen und Mobilstationen betrieben.
*Hoff/Spaniol*

**Text** ⟨*text*⟩. In seiner allgemeineren Bedeutung jegliche Art von Informationen, die den Inhalt eines → Dokuments (oder Teile davon) ausmachen (→ Schriftzeicheninformationen, → Rasterbildinformationen, Graphiken, evtl. sogar Sprache und Bewegtbilder; s. auch → Multimedia). In eingeschränkterer Bedeutung wird der T.-Begriff nur auf die Schriftzeicheninformationen innerhalb eines Dokuments angewendet.
*Schindler/Bormann*

**Text und Graphik** ⟨*text and graphics*⟩. Die Schlagworte *Text und Graphik* sowie → *Graphik in Dokumenten* umreißen gleichermaßen die Probleme der Vereinigung dieser verschiedenartigen Bestandteile eines Dokuments. Das Textmodell in einem integrierten → Dokument muß herkömmlichen Satz- und Fontspezialisten einerseits und Graphiksystemen andererseits genügen.

Graphiksysteme und Fontspezialisten stellen sehr unterschiedliche Anforderungen an die Qualität der Darstellung von → Zeichen. Beispielsweise sind herkömmliche Fonts grundsätzlich in ihrer Größe und Form festgelegt, wogegen Texte in einem Graphiksystem ebenso wie andere Ausgabeelemente etwa für Ausschnittvergrößerungen transformierbar sein müssen. Dies ist jedoch i. allg. nur mit erheblichen Qualitätseinbußen möglich.

Eine neue Qualität haben die Forderungen an Text, der im Zusammenhang mit 3D-Graphik verwendet wird: perspektivische Verzerrungen, Überdeckungen mit Vorder- oder Hintergrund.

Das zentrale Problem bei der Integration von T. u. G. ist ein einheitliches → Modell für die Darstellung von Zeichen, das die Qualitätsanforderungen von beiden Seiten unterstützt.
*Encarnação/Schaub*

**Textgeber** ⟨*text input*⟩. In der graphischen → Datenverarbeitung wird mit dem Begriff T. eine Eingabeklasse bezeichnet, der alle → funktionalen Eingabegeräte angehören, die eine Zeichenkette liefern. Das einzige echte physische Gerät zur Erzeugung von Zeichenketten ist die Tastatur. Eine Emulation der Tastatur kann jedoch auch z. B. durch eine auf dem Display dargestellte Tastatur und einen → Lichtgriffel, der zur Auswahl der → Zeichen verwendet wird, erreicht werden.
*Encarnação/Alheit/Haag*

**Textgenerierung** ⟨*text generation*⟩. Erzeugen einer Textausgabe durch ein → natürlichsprachliches System. T. ist die Transformation einer rechnerinternen Bedeutungsrepräsentation in eine sprachliche Oberflächenform. T. ist eine wichtige Komponente in Frage-Antwort-Systemen, Hilfesystemen, Tutorsystemen sowie Forschungssystemen zur kognitiven → Modellierung.

Das Wissen, auf das sich der zu erzeugende → Text stützt, muß vorgegeben und in einer → semantischen Repräsentationssprache codiert sein. Hauptprobleme der T. sind strategische Entscheidungen über das, was gesagt werden soll, und taktische Entscheidungen darüber, wie es gesagt werden soll. Diese Entscheidungen können auch als Planungsproblem angesehen werden. Zur T. werden im wesentlichen dieselben Wissensquellen wie beim Textverstehen benötigt. Neuere Ansätze zur T. versuchen, diesen Zusammenhang durch Invertieren der entsprechenden Formalismen des → Sprachverstehens auszunutzen. Praktische Systeme zur T. beruhen vielfach auf vorbereiteten Satzschablonen.
*Neumann*

**Textur** ⟨*texture*⟩. Periodisches oder regelhaftes Muster im Bild einer sichtbaren Oberfläche (z. B. Wasserwellen, Gras, Dachziegel, Gewebe). Eine T. besteht aus primitiven T.-Elementen (Texeln), die eine Fläche in unterschiedlichen Positionen, Orientierungen und Deformationen bedecken. Ein *strukturelles* T.-Modell beschreibt die Anordnung von Texeln durch deterministische feste Regeln. Einem *statistischen* T.-Modell liegen statistische Regeln zugrunde. Die Eigenschaften einer T. hängen wesentlich vom Abstand und von der relativen Orientierung zum Betrachter ab. T.-Analyse und das Finden von T.-Grenzen sind Teilaufgaben beim → Bildverstehen. Der T.-Gradient kann zur Berechnung von Oberflächenneigung verwendet werden.
*Neumann*

**Theorembeweiser** ⟨*theorem prover*⟩. Programm zur Ableitung von Formeln einer → Theorie oder eines Ableitungskalküls. Wichtige Einsatzmöglichkeiten für T. finden sich bei der → Verifikation von Software oder Hardware. Dabei muß das vorhandene Korrektheitsproblem zunächst in der → formalen Sprache des T., die eine Logik umfaßt, mit Hilfe von Axiomen und Behauptungen beschrieben werden. Die Logik muß geeignet sein, um die zu untersuchenden Objekte und deren Eigenschaften auszudrücken. Die Gültigkeit der Behauptungen wird dann entweder automatisch oder interaktiv abgeleitet. Dies geschieht durch Transformation der Formeln anhand von Vorschriften, die den Regeln eines Ableitungskalküls für die intendierte Logik entsprechen. Dabei geht man zumeist von der zu beweisenden Formel aus (goal) und versucht, den Beweis mit Rückwärtsschließen (backward reasoning) zu konstruieren. Die möglichen Beweisschritte sind aber nicht eindeutig bestimmt. Taktiken dienen deshalb zur Steuerung des Ableitungsprozesses. Eine Taktik gibt an, wie ein Goal in Teilprobleme zerlegt werden kann und wie aus deren Beweisen wieder der Gesamtbeweis zusammensetzbar ist.

*Beispiel*
Um $A \wedge B$ zu beweisen, beweise man A und B. Sind $\Pi_A$ und $\Pi_B$ Ableitungen von A bzw. B, dann ist

$$\frac{\Pi_A \quad \Pi_B}{A \wedge B}$$

der Gesamtbeweis. In Systemen, die das Propositions-as-Types-Paradigma (→ Typtheorie) verwenden (→ Lego), wird kein Beweisbaum, sondern ein Beweisterm konstruiert; in diesem Fall sind $\Pi_A \in A$ und $\Pi_B \in B$ Beweisterme und auch pair $(\Pi_A, \Pi_B) \in A \wedge B$.

Kompliziertere Taktiken sind z. B. die Vereinfachung von (bedingten) Gleichungen durch → Termersetzung, Anwendung des *Knuth-Bendix*-Vervollständigungsalgorithmus oder einer expliziten Induktionsregel oder Resolutionsregel. Andere Verfahren basieren auf Connection-Tableau-Methoden.

Tacticals sind Funktionen, die aus Taktiken neue zusammengesetzte Taktiken generieren. Beispiel: „Wende Taktik A an, und wenn diese nicht zum Ziel führt, wende Taktik B an." Wenn man nun über A und B abstrahiert, erhält man eine taktikerzeugende Funktion, ein sog. Tactical. Durch geschickte Komposition solcher Taktiken und Tacticals kann bisweilen eine recht effiziente Beweissuche erreicht werden. Wenn ein eingeschlagener Beweisweg nicht zum Ziel führt, wird Backtracking nötig.

Bekannte Theorembeweiser sind z. B. → *Boyer-Moore*-Beweiser, → Isabelle und → LCF. Systeme, die neben einem T. auch noch weitere Werkzeuge wie die automatische Erzeugung von Beweisverpflichtungen und Verwaltungswerkzeuge zur Verfügung stellen, nennt man auch → Verifikationssysteme; Beispiele hierfür sind → KIV und → PVS. *Reus/Wirsing*

**Theorie** ⟨theory⟩. Unter einer T. über einer Signatur $\Sigma$ versteht man in der Logik (→ Prädikatenlogik) eine nichtleere Teilmenge von Formeln $\Theta \subseteq \text{WFF}_\Sigma$, für die die folgenden Bedingungen erfüllt sind:
– Konsistenz: $\Theta$ enthält nicht alle Formeln aus $\text{WFF}_\Sigma$.
– Logischer Abschluß: Alle logischen Konsequenzen von $\Theta$ sind bereits in $\Theta$ enthalten, d. h. $\text{Cons}(\Theta) \subseteq \Theta$.
Beispiele für T. sind → *Presburger*-Arithmetik, *Peano*-Arithmetik oder die Theorie der Gruppen: Man betrachte alle Formeln über der Signatur ($\{0, +\}, \emptyset$) in Prädikatenlogik mit Gleichheit, die aus den bekannten Gruppenaxiomen folgen (Assoziativität von +, Neutralität von 0 und Existenz inverser Elemente).

Eine T. heißt vollständig, wenn für jede geschlossene Formel $\phi$ der betreffenden Signatur (d. h. eine Formel, die keine freien Variablen enthält) entweder $\phi$ oder $\neg \phi$ gilt.

Prädikatenlogik und Gruppentheorie sind nicht vollständig. *Peano*-Arithmetik ist nicht vollständig, volle → Arithmetik und *Presburger*-Arithmetik sind vollständig. *Reus/Wirsing*

**Thesaurus** ⟨thesaurus⟩. Ein Lexikon, das Relationen zwischen Begriffen definiert, z. B. Synonyme oder Oberbegriffe. Ein T. ist nötig, wenn Informationen semantisch gesucht werden sollen (→ Informationsgewinnung), um auch semantisch äquivalente Informationen aufzufinden. Wenn z. B. nach dem Begriff „Automobil" gesucht wird, sollten auch die Begriffe „Auto" oder „Motorfahrzeug" gesucht werden (→ Volltextrecherche, → Informationsgewinnung).
*Schmidt/Schröder*

**Thrashing** ⟨thrashing⟩ → Speichermanagement

**Thread** ⟨thread⟩ → Betriebssystem, prozeßorientiertes

**Throughput** ⟨throughput⟩ → Durchsatz

**Tiefenschätzung** ⟨depth recovery⟩. Ermittlung des Abstands eines Objektpunktes in einer dreidimensionalen Szene von der Bildebene der Kamera.

Bei der Aufnahme eines → Bildes mit einer Kamera geht die Tiefeninformation verloren. Um sie zu rekonstruieren, wendet man entweder aktive oder passive Verfahren an. Bei aktiven Verfahren wird die Szene bzw. das Objekt z. B. mit einem Laserstrahl abgetastet oder mit codiertem Licht beleuchtet. Bei passiven Verfahren wird nur das von der Umgebungshelligkeit erzeugte Bild aufgenommen. Ein wichtiges Beispiel für ein passives Verfahren ist die Tiefenberechnung aus zwei oder mehr Stereobildern. Von einer Szene werden dabei mindestens zwei Bilder mit zwei Kameras in bekanntem Abstand aufgenommen. Wenn die Brennweiten der Kameras bekannt sind und in den Bildern korrespondierende Objektpunkte gefunden werden können, läßt sich die Tiefe und damit die dreidimensionale Information berechnen. *Niemann*

Literatur: *Barnard, S. T.* and *M. A. Fischler*: Computational stereo. Comp. Surveys (1982) 14, pp. 553–572. – *Shirai, Y.*: Three-dimensional computer vision. Berlin-Heidelberg 1987.

**Tiefenstruktur** ⟨*deep structure*⟩. Repräsentationsstruktur für die → Syntax natürlichsprachlicher Sätze in der Begriffswelt der Transformationsgrammatiken (*Chomsky*, 1965). Eine T. stellt eine einheitliche Repräsentation für inhaltlich gleichbedeutende, aber oberflächlich verschiedene Sätze dar. Transformationen einer Transformationsgrammatik können eine T. in verschiedene Oberflächenstrukturen überführen, z. B. in die alternativen Sätze „Columbus entdeckte Amerika" oder „Amerika wurde von Columbus entdeckt".

Das Ermitteln der T. eines Satzes ist ein erster Schritt in Richtung auf seine → semantische Analyse.

In erweitertem Sinn bezeichnet man mit T. auch systematische Strukturen außerhalb der Theorie von Transformationsgrammatiken, die zum Explizieren von Satzstruktur und teilweise auch von Satzbedeutung geeignet sind (z. B. Kasusrahmen). *Neumann*

**Tiefensuche** ⟨*depth-first search*⟩. Geordnete Suche in einem Baum, bei der vom Startknoten aus in die Tiefe gesucht wird. Dazu wird jeweils derjenige Knoten weiterverfolgt, der als letzter besucht wurde und noch unbekannte Nachfolger hat (Bild).

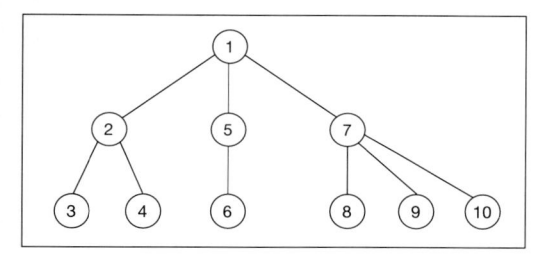

*Tiefensuche: Knotenfolge bei T.*

Für unendliche oder sehr große Suchbäume ist eine Tiefenbeschränkung erforderlich. T. und → Breitensuche sind „blinde" Suchverfahren im Gegensatz zur heuristischen Suche (→ A*-Algorithmus). *Neumann*

**Time-sharing** ⟨*time-sharing*⟩ Verfahren zur koordinierten, gleichzeitigen Benutzung von → Rechenanlagen durch mehrere → Benutzer (→ Generation von Rechensystemen; → Teilnehmerbetrieb). *Bode/Schneider*

**Timeout (Zeitüberschreitung)** ⟨*timeout*⟩. Zeitintervall, das bei vielen → Übertragungsprotokollen zum Sendezeitpunkt einer → Nachricht (Block) gestartet wird. Quittiert der Empfänger den Block innerhalb dieses Zeitintervalls nicht, wird ein Übertragungsfehler angenommen und die Nachricht erneut gesendet. → Signallaufzeit, Übertragungsrate und Verarbeitungszeiten bestimmen die Länge des Zeitintervalls, das z. B. für ein → Satellitennetz anders als für ein lokales Netz (→ LAN) gewählt werden sollte. *Quernheim/Spaniol*

**TINA** ⟨*TINA (Telecommunications Information Networking Architecture)*⟩. Eine integrierte Software-Architektur, die sowohl die schnelle Einführung neuer Telekommunikationsdienste als auch deren Management erleichtern soll. Sie wird von einem Konsortium, bestehend aus Netzbetreibern, Telekommunikationsunternehmen und Computerherstellern, entwickelt. Diese Architektur bleibt unabhängig von der Technologie des Telekommunikationsnetzes. Schnittstellen von TINA-Diensten werden mit Hilfe der Object Definition Language (ODL) definiert, welche wiederum eine Erweiterung der entsprechenden Sprache (→ IDL) von → CORBA darstellt. TINA-Dienste werden auf einer speziellen verteilten Plattform, dem Distributed Processing Enviroment (DPE), ausgeführt. DPE bietet einen gegenüber → DCE und CORBA erweiterten Funktionsumfang. Für das Management von Telekommunikationsdiensten sowie das Management des DPE werden für TINA Konzepte des Telecommunications Management Network (→ TMN) verwendet.
*Meyer/Spaniol*

**Tintenstrahlplotter** ⟨*ink jet plotter*⟩ → Ink-Jet-Plotter

**Tischplotter** ⟨*flat bed plotter*⟩ → Plotter

**Tischrechner** ⟨*desktop computer*⟩. Sammelbegriff für → Digitalrechner, die tragbar sind und auf den Schreibtisch gestellt werden können. T. sind → PCs und → Arbeitsplatzrechner mit 32/64-bit-Mikroprozessoren, einigen MBytes Hauptspeicherausbau, Plattenlaufwerken, Netzanschlüssen und (ausklappbarem) → Bildschirm mit Eingabetastatur. *Bode*

**TLB** ⟨*TLB (Translation Look-aside Buffer)*⟩ → Speichermanagement

**TMC** ⟨*TMC (Traffic Message Channel)*⟩. Über den TMC werden im Radio Data System (→ RDS) digitale Verkehrsnachrichten – mit einer maximalen Kapazität von knapp 250 bit/s – zusätzlich zum UKW-Hörfunkprogramm übertragen. Codierungen und Protokolle von TMC-Informationen wurden europaweit im Rahmen des Projekts RDS-ALERT (Advice and Problem Location for European Road Traffic) entworfen, in Feldtests untersucht und als „ALERT-C, Traffic Message Coding Protocol" in die europäische Standardisierung gebracht.

Die Übertragung von Verkehrsinformationen über den TMC geschieht durch → Protokolle, die sich an den grundsätzlichen → Funktionalitäten des → OSI-Referenzmodells orientieren. Die → Anwendungsebene von ALERT-C abstrahiert von konkreten Empfängerarchitekturen durch Definition des „virtuellen TMC-Terminals". Die Information des Fahrers erfolgt ereignisorientiert. Hierzu definiert ALERT-C in der Darstellungsebene Datenformate und einen Satz vordefinierter → Nachrichten. Die Sitzungsebene erlaubt Einfügen, Löschen und Ändern von TMC-Nachrichten im allgemeinen Nachrichtenpool und steuert die zyklische Übertragung des Nachrichtenpools auf Senderseite. Im Empfänger hat diese Schicht die Aufgabe, den Pool aktuell zu halten und den Zugriff auf Einzelelemente zu ermöglichen. Die → Transportebene erzeugt aus den TMC-Nachrichten schließlich RDS-Gruppen zur Übertragung via RDS. *Hoff/Spaniol*

Literatur: *Holy, A.; Davies, P.; Klein, G.*: RDS-ALERT – Advice and problem location for European road traffic. Tag.-Bd. DRIVE Conf. „Advanced Telematics in Road Transport". Elsevier, Brüssel 1991. – *Walker, J.*: Mobile information systems. Artech House Publ., 1990.

**TMN** ⟨*TMN (Telecommunications Management Network)*⟩. Managementarchitektur für Telekommunikationsnetze, die auf Konzepten des Systems Management von → OSI aufbaut (→ Netzwerkmanagement). Dabei sieht TMN für den Austausch von Managementinformationen zwischen den Geräten eines Telekommunikationsnetzes und den TMN-Komponenten ein (zumindest logisch) separates Datenkommunikationsnetz vor.

Die Management-Software eines TMN-Systems wird in TMN-Funktionen unterteilt. Über die Network Element Function kann das TMN-System auf Daten und → Operationen eines Geräts eines Telekommunikationsnetzes zugreifen. Die Mediation Function kann eingesetzt werden, um die Daten, die von der Network Element Function an das TMN-System weitergereicht werden, zu filtern oder anzupassen. Mit Hilfe der Q Adaptor Function können auch Geräte vom TMN-System verwaltet werden, die keine TMN-konforme Schnittstelle besitzen. Die eigentliche Managementfunktion wird von der Operations System Function bereitgestellt. Dort werden die Daten, die von der Network Element Function geliefert werden, analysiert, und es wird entschieden, welche Aktionen auszuführen sind. Die Workstation Function ermöglicht es Systemadministratoren, mit dem TMN-System in Verbindung zu treten. Über sie können sie sich den aktuellen Zustand des Telekommunikationsnetzes anzeigen lassen und diesen mit Hilfe von Managementaktionen modifizieren.

Diese TMN-Funktionen können in einem TMN-System von verschiedenen Rechnern oder Geräten erbracht werden. Während z. B. eine Vermittlungsanlage die Network Element Function realisiert, wird die Operations System Function häufig von einem getrennten Rechner erbracht. Jedoch kann ein Gerät auch mehrere TMN-Funktionen übernehmen. Zwischen diesen Geräten definiert TMN eine Reihe von → Schnittstellen. Die wichtigste davon ist die Q3-Schnittstelle, über die Rechner und Geräte des TMN-Systems miteinander kommunizieren. Sie schreibt eine → Implementierung des → CMIP auf einem kompletten OSI-Stack vor. Zwischen Geräten mit Network Element Function, die keine Q3-Schnittstelle anbieten, und einer Operations System Function wird eine Mediation Function eingefügt. Network Element Function und Mediation Function kommunizieren über eine Qx-Schnittstelle, die anstatt eines kompletten OSI-Stack zumindest einen Dienst der OSI-Ebene 2 erfordert. Über X-Schnittstellen können getrennte TMN-Systeme miteinander kooperieren, während Workstations über F-Schnittstellen an das TMN-System angeschlossen werden (Bild).

TMN unterscheidet vier Ebenen, auf denen Managementanwendungen angesiedelt sein können. Auf der untersten Ebene (Network Element Management Layer) stehen die Netzwerkelemente wie Vermittlungsanlagen oder → Gateways im Vordergrund. Im Gegensatz dazu beschäftigt sich die Netzebene (Network Management Layer) mit dem Management von Teilnetzen oder einem kompletten Telekommunikationsnetz. Auf der nächsthöheren Ebene (Service Management Layer) werden die Dienste verwaltet, die → Kunden angeboten werden. Hierbei ist insbesondere die → Dienstgüte von Bedeutung. Auf der höchsten Ebene (Business Layer) wird die übergreifende Planung für ein TMN-System sowie die Koordination zwischen TMN-Systemen verschiedener Betreiber durchgeführt. Auf jeder dieser Ebenen findet eine Strukturierung in die fünf funktionalen Bereiche Abrechnung, Fehler, Konfiguration, Leistung und Security des OSI Systems Management statt.

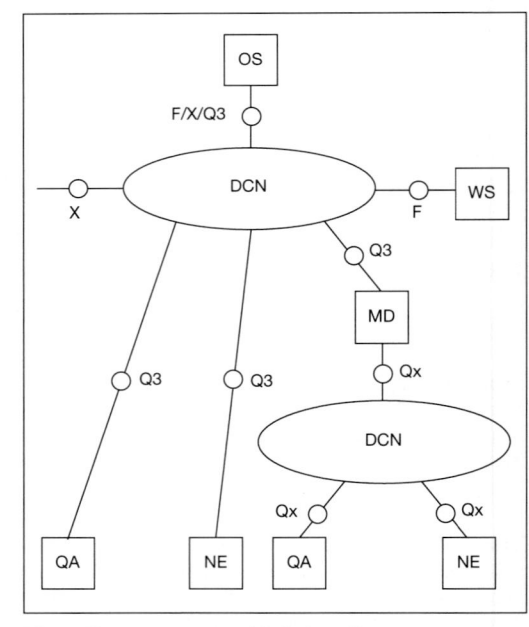

*TMN: Komponenten und Schnittstellen*

| | |
|---|---|
| DCN | Data Communications Network |
| MD | Mediation Device |
| NE | Network Element |
| OS | Operations System |
| QA | Q Adaptor |
| WS | Workstation |

*Hoff/Meyer/Spaniol*

Literatur: *Aidarous, S.; Plevyak, T.*: Telecommunications network management into the 21st century. IEEE Press, 1994. – *Sloman, M.* (Ed.): Network and distributed systems management. Addison-Wesley, 1994.

**TMR-Systeme** ⟨*TMR (Triplicated Modular Redundancy) systems*⟩. Einfache Beispiele für →Modellsysteme, die mit →statischer Redundanz hohe →Zuverlässigkeit erreichen sollen. Es sind spezielle →m-aus-n-Systeme, nämlich $\binom{3}{2}$-Systeme, die aus drei Komponenten bestehen und genau dann intakt sind, wenn wenigstens zwei ihrer Komponenten intakt sind.

Sei R ein TMR-S. Dann gehört R bzgl. seiner Zuverlässigkeitseigenschaften zu den →Einphasensystemen, die sich durch ihre →Lebenszeit charakterisieren lassen. Mit den *Boole*schen Zustandsvariablen $z_1, z_2, z_3 \in \mathbb{B}$ der Komponenten $R_1, R_2, R_3$ ist $\xi(z_1, z_2, z_3) = z_1 z_2 + z_1 z_3 + z_2 z_3$ die Systemfunktion von R. Sind L die Lebenszeit von R und $L_1, L_2, L_3$ die Lebenszeiten der Komponenten, so ergibt sich mit dem W-Maß P unter der Voraussetzung, daß die $L_1, L_2, L_3$ unabhängig und identisch mit der Verteilungsfunktion F verteilt sind,
$$P\{L \leq x\} = 3F^2(x) - 2F^3(x)$$
für alle $x \in \mathbb{R}_+$.

Wenn ein System S, das eine Funktion $\sigma: E \to A$ berechnen soll, als TMR-S. zu konstruieren ist, dann werden drei Rechenkomponenten $R_1, R_2, R_3$ benötigt, deren Soll-Funktionalität durch $\sigma$ festgelegt ist. Zudem werden für jede Komponente D, welche Eingaben $e \in E$ für S an die Komponenten $R_1, R_2, R_3$ verteilt, und eine Komponente V, welche die von den $R_1, R_2, R_3$ berechneten Ergebnisse miteinander vergleicht, benötigt. S ist dann eine Serienkombination der Komponente D, des Systems R und der Komponente V. R besteht aus den Komponenten $R_1, R_2$ und $R_3$. Mit den *Boole*schen Zustandsfunktionen $z_0$ von D, $z_1, z_2, z_3$ von $R_1, R_2, R_3$ und $z_4$ von V ist
$$\varphi(z_0, z_1, z_2, z_3, z_4) = z_0 (z_1 z_2 + z_1 z_3 + z_2 z_3) z_4$$
die Systemfunktion von S. Das System S berechnet eine Funktion $\bar{\sigma}: E \to A \cup \{?\}$, wobei ? als Ausgabe von S dann geliefert wird, wenn bei Ausführung einer Berechnung ein nicht tolerierter Fehler auftritt.

Für die Bewertung der Zuverlässigkeit von S als fehlertolerantes System, das die Funktion $\sigma$ realisieren soll, sind zwei Vorgehensweisen zu unterscheiden, die für Berechnungen mit der Eingabe $e \in E$ erklärt werden.

Im ersten Fall gilt für das System $S_1$ mit der Struktur von S:
– $R_i$, $i \in \{1, 2, 3\}$ ist bei Ausführung einer Berechnung genau dann intakt, wenn $R_i$ ein Ergebnis $a \in A$ liefert;
– falls V intakt ist, liefert V das Ergebnis $a \in A$ genau dann, wenn es $i, j \in \{1, 2, 3\}$ mit $i \neq j$ so gibt, daß $R_i$ das Ergebnis $a_i \in A$ liefert, $R_j$ das Ergebnis $a_j \in A$ liefert und $a_i = a_j \triangleq a$ gilt;
– $S_1$ liefert das Ergebnis $a \in A$ genau dann, wenn D, R und V intakt sind und V das Ergebnis a liefert, sonst liefert $S_1$ die Fehlermeldung ?.

Im zweiten Fall gilt für das System $S_2$ mit der Struktur von S:
– $R_i$, $i \in \{1, 2, 3\}$ ist bei Ausführung einer Berechnung genau dann intakt, wenn $R_i$ das Ergebnis $\sigma(e) \in A$ liefert;
– falls V intakt ist, liefert V das Ergebnis $a \in A$ genau dann, wenn es $i, j \in \{1, 2, 3\}$ mit $i \neq j$ so gibt, daß $R_i$ und $R_j$ das Ergebnis $\sigma(e) \triangleq a$ liefern;
– $S_2$ liefert das Ergebnis $a \in A$ genau dann, wenn D, R und V intakt sind, und V das Ergebnis a liefert; sonst liefert $S_2$ die Fehlermeldung ?.

Die beiden Systeme $S_1$ und $S_2$ berechnen Funktionen $\bar{\sigma}_1, \bar{\sigma}_2: E \to A \cup \{?\}$. Beide sind fehlertolerante Systeme mit →statischer Redundanz. Sie unterscheiden sich wesentlich in ihrer →Fehlererkennung, die in den unterschiedlichen Definitionen der Zustände intakt und der Funktionalitäten der Vergleichskomponente V zum Ausdruck kommt. Für das System $S_1$ erfolgt Fehlererkennung im wesentlichen durch Vergleiche der Ergebnisse der Rechenkomponenten, also durch →Relativtests. Das Ergebnis, das V liefert, ergibt sich jeweils als *Mehrheitsentscheidung*. Für das System $S_2$ erfolgt Fehlererkennung im wesentlichen durch Vergleiche der Ergebnisse der Rechenkomponenten mit den Soll-Ergebnissen, also durch →Absoluttests. Zur Bewertung der Zuverlässigkeiten beider Systeme als Realisierungen der Funktion $\sigma$ sind Vergleiche der gelieferten Ergebnisse mit den Soll-Ergebnissen gemäß $\sigma$ erforderlich. Für beide Systeme sind →Fehler 1. Art und →Fehler 2. Art möglich. *P. P. Spies*

**Token** ⟨*Token*⟩. Ein spezielles – sonst nicht vorkommendes – Bitmuster, das den konfliktfreien Zugriff mehrerer Stationen auf ein gemeinsames Kommunikationsmedium ermöglicht. T.-Zugriffsverfahren werden vorzugsweise bei lokalen Netzen angewandt (→LAN, →Token-Ring, →Token-Bus). Sie sind grundsätzlich bei jeder →Topologie einsetzbar. Das Senderecht (T.) wird zum jeweiligen Nachfolger entsprechend einem physikalischen →Ring oder einem zwischen den beteiligten Stationen vereinbarten logischen Ring weitergeleitet. Es müssen nicht notwendigerweise alle Netzstationen zum logischen Ring gehören, außerdem kann stationsabhängig das T. für eine unterschiedlich lange Zeit „festgehalten" werden. In seiner einfachsten Form (keine Prioritätenregelungen, alle Stationen permanent im logischen Ring, beschränkte T.-Haltezeit pro Station) liefert das T.-Verfahren einen fairen Reihumzugang mit garantierter maximaler →Wartezeit bis zum nächsten Sendezeitpunkt. *Quernheim/Spaniol*

**Token-Bus** ⟨*Token bus*⟩. Medienzugriffsverfahren für lokale Netze (→LAN). Er wurde vom Standardisierungsgremium →IEEE 802.4 genormt.

Die Stationen sind passiv an einen →Bus angeschlossen, die Übertragung kann unidirektional oder auch bidirektional erfolgen. Das Senderecht wird an den Nachfolger entsprechend einem zwischen den Stationen vereinbarten logischen → Ring weitergeleitet; dies geschieht durch Aussenden einer Token-Nachricht, die u. a. die Adresse der Nachfolgerstation enthält. Soll der aktuelle logische Ring durch Stationen erweitert werden oder scheiden Stationen aus, muß er mit entsprechendem Verwaltungsaufwand umkonfiguriert werden. Der T.-B. wird bei hohen Übertragungsraten und/oder bei größerer geographischer Ausdehnung durch den Einfluß von hohen → Signallaufzeiten für die Token-Nachrichten ineffizient; dieses Problem verschärft sich noch bei ungünstiger geographischer Lage der logischen Nachfolgerstation.

Trotz dieser Probleme hat der T.-B. zeitweise Bedeutung in seiner → Breitband-Version als → Übertragungsprotokoll des Manufacturing Automation Protocol (→ MAP) erlangt. *Quernheim/Spaniol*

Literatur: *IEEE 802.4*: Token-passing bus. Access method and physical layer specification (1994).

**Token-Ring** ⟨Token ring⟩. Ein Medienzugangsverfahren für lokale Netze (→ LAN). Er wurde vom Standardisierungsgremium → IEEE 802.5 genormt.

Das Verfahren basiert auf der → Topologie des physikalischen unidirektionalen → Rings und ist deterministisch, d. h., es garantiert eine maximale Wartezeit bis zur Übertragung. Standardisierte Übertragungsraten sind 4 oder 16 Mbit/s bei Twisted-Pair-Verkabelung (Kupferdoppelader). Die Stationen sind als aktive Komponenten ausgelegt; sie prüfen, regenerieren und kopieren eintreffende Nachrichten. Durch Stations- oder Leitungsausfall wird der Kommunikationsfluß unterbrochen. Dieses Problem läßt sich durch einen „sternförmigen Ring" beheben; hierbei werden alle Ringleitungen durch einen zentralen → Sternkoppler gelegt, wo im Fall einer Störung eine Überbrückung erfolgt (by-pass). Der Medienzugang wird dezentral durch ein zirkulierendes Senderecht (→ Token) realisiert (Bild).

Eine sendewillige Station wandelt das eintreffende Token von „frei" zu „belegt" und hängt die zu übertragende → Nachricht an. Wenn die Station ihren eigenen Nachrichtenkopf zurückempfangen hat, wird ein neues „freies" Token erzeugt und an den Ringnachfolger weitergeleitet. Ergänzend dazu kann eine Reihe von Prioritätsmechanismen implementiert werden. Empfangende Stationen kopieren die Nachricht und leiten das Original in quittierter Form weiter. Der Sender ist für das Entfernen seiner eigenen Nachricht vom Ring verantwortlich. Das erstmalige Generieren eines Token, die Erkennung und Behebung von Fehlersituationen (Token-Verlust, dupliziertes Token etc.) sowie die evtl.

Gewährung von Sonderzugriffsrechten vor Eintreffen eines regulären Token gehören zu den Aufgaben einer Monitorstation.

Der T.-R. ermöglicht einen fairen Zugriff mit garantierten maximalen Wartezeiten; seine Vorteile gegenüber anderen Netzzugangsverfahren zeigen sich v. a. bei hoher und gleichmäßiger Stationslast, da Übertragungskonflikte (→ CSMA/CD) vermieden und damit fast die gesamte Übertragungskapazität genutzt werden kann. Die garantierte maximale → Wartezeit bis zum nächsten Zugriff ist für Realzeitanwendungen von besonderer Bedeutung. Im Schwachlastfall (niedrige Rate von zu übertragenden Daten im Vergleich zur Gesamtkapazität des Mediums) und bei zeitlich stark schwankendem Lastaufkommen einer einzelnen angeschlossenen Station ist CSMA/CD eine einfachere, schnellere und daher vorzuziehende Zugriffsmethode. Dieser Anwendungsfall ist für die Vernetzung von relativ einfachen Datenendgeräten (wenig Graphikanwendungen, seltener File-Transfer) typisch.

Eine Weiterentwicklung des T.-R. stellt → FDDI dar, das mehrere Nachrichten gleichzeitig auf dem Ring zuläßt (Multiple-Token-Verfahren) und eine Übertragungsrate von 100 Mbit/s anbietet. *Quernheim/Spaniol*

**TOP** ⟨*TOP (Transport and Office Protocol)*⟩. Pendant zu → MAP für den Bürobereich. Ursprünglich von Boeing entwickelt, wird auch TOP heute von Benutzervereinigungen weiter fortgeschrieben.

In einer Büroumgebung können Stationen ihren Standort am Netz relativ häufig ändern. Da das Entfernen und Hinzufügen von Stationen an einem → Bus völlig problemlos ist und es im Bürobereich normalerweise keine Echtzeitanforderungen gibt, ist → Ethernet in dieser Umgebung der geeignetste Kandidat für das unterliegende lokale Netz ( LAN). Das Bild zeigt die TOP-Architektur.

| Starting Delimiter | P | P | T | M | R | R | R | Ending Delimiter |
|---|---|---|---|---|---|---|---|---|

*Token-Ring: Token-Format.*
P Prioritätsbit, T Tokenbit, M Monitorbit, R Reservierungsbit

| File Transfer FTAM | Job Transfer JTM | Directory X.500 | Terminal VT | MHS X.400 (88) |
|---|---|---|---|---|
| ACSE | ACSE | ACSE, ROSE | ACSE | ACSE, ROSE |
| Connection oriented presentation protocol ISO 8823 ||||| 
| Connection oriented session protocol ISO 8327 ||||| 
| Connection oriented transport protocol ISO 8073, class 4 ||||| 
| Connectionless network protocol ISO 8473 ||||| 
| LLC 1 ISO 8802.2 ||||| 
| MAC + PHY ISO 8802.3 ||||| 

*TOP: Architektur* *Jakobs/Spaniol*

**Top-down-Entwurf** ⟨*top down design*⟩. Vorgehensweise beim Entwurf von → Software-Systemen. Dabei wird die gesamte, vom System zu erbringende Leistung in (vorwiegend funktionale) Komponenten und diese nach Bedarf in weitere (Sub-)Komponenten und Module zerlegt.
*Hesse*

**Topologie** ⟨*topology*⟩. In der Datenkommunikation beschreibt die T. eines Netzes, wie die einzelnen Netzstationen (Knoten) miteinander verbunden sind.

Die T. eines Weitverkehrsnetzes (WAN) wird durch geographische Bedingungen (z. B. Lage der Ballungsräume und erwartetes Kommunikationsaufkommen zwischen Netzknoten) diktiert. Aus ökonomischen Gründen (rationeller Einsatz von Leitungen und Netzknoten) entstehen dabei meist unregelmäßig vermaschte Netze (Bild a).

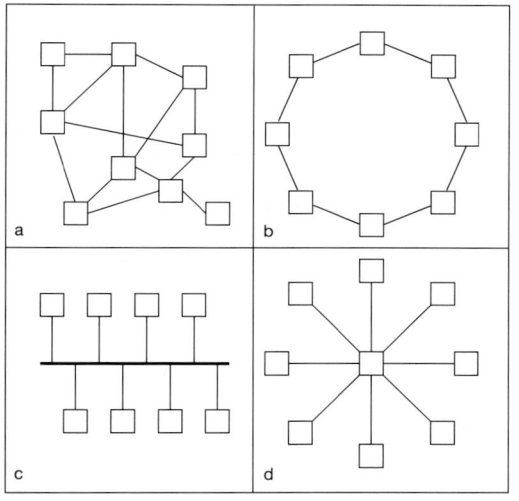

*Topologie: a. allgemein vermaschtes Netz, b. Ring, c. Bus, d. Stern*

Die T. eines lokalen Netzes (→ LAN) ist dagegen klarer strukturiert, da es hier weniger auf Leitungsökonomie als auf die Gesamtfunktionalität ankommt. Typische T. für LAN sind → Ring, → Bus und → Stern (Bilder b, c und d). Hierbei kann logisch eine andere Struktur als von der physikalischen T. vorgegeben realisiert werden, z. B. beim → Token-Bus ein „logischer Ring" auf einem physikalischen Bus.
*Quernheim/Spaniol*

**TPC** ⟨*TPC (Transaction Processing Performance Council)*⟩. Ein Industriekonsortium, das standardisierte → Benchmarks (TPC-A, -B, -C) definiert hat, um die Performanz von transaktionsverarbeitenden Systemen (→ Datenbankverwaltungssystemen) zu messen.
*Schmidt/Schröder*

Literatur: *Gray, J.* (Ed.): The benchmark handbook for database and transactions processing systems. Hove, East Sussex 1991. – *Gray, J.* and *A. Reuter*: Transaction processing: Concepts and techniques. Hove, East Sussex 1993.

**Trace-Theorie** ⟨*trace theory*⟩ → Ablauf

**Trackball** ⟨*trackball*⟩. Rollkugel zur graphischen Eingabe von relativen Koordinaten.

Die Rollkugel steht i. allg. auf einem Tisch, und der Benutzer bewegt die Kugel mit seiner Handfläche. Um eine ruhige Bewegung zu erreichen, ist die Masse der Kugel relativ hoch, was große und schnelle Positionsänderungen erschwert. Im Prinzip kann die Rollkugel als eine auf dem Rücken liegende → Maus bezeichnet werden.
*Encarnação/Noll*

**Trader** ⟨*trader*⟩. → Dienst einer verteilten Plattform für die Dienstvermittlung zur Laufzeit. Er verwaltet Dienste, die ihm von sog. Exportern angeboten werden. Dienste werden anhand ihres Typs sowie von Diensteigenschaften klassifiziert. Auf die Anfrage eines sog. Importers liefert der T. Referenzen auf Exporter, die einen Dienst des gesuchten Typs sowie mit den geforderten Eigenschaften anbieten. Im Gegensatz zu einem Directory erfordert eine Anfrage nicht den Namen des Exporters, sondern nur den Diensttyp und Eigenschaften, die der gesuchte Dienst haben soll. Darüber hinaus kann er einen Dienst auswählen, der bezüglich einer (oder mehrerer) Diensteigenschaft optimal ist. Um den Suchraum eines T. zu erweitern, kann er mit anderen T. kooperieren (→ Föderation). Der T.-Dienst ist im Rahmen des Referenzmodells Open Distributed Processing (→ ODP) standardisiert worden und wird in → CORBA übernommen.
*Meyer/Spaniol*

Literatur: *Spaniol, O.; Popien, C.; Meyer, B.*: Dienste und Dienstvermittlung. Thomson, 1995. – *Popien, C.; Schürmann, G.; Weiß, K.*: Verteilte Verarbeitung in offenen Systemen. Teubner, 1996.

**Trägerfrequenzsystem** ⟨*carrier frequency system*⟩. Die Breitbandigkeit (→ Breitband) von Nachrichtenübertragungsmitteln wie Richtfunk und Kabel ermöglicht die Vielfachausnutzung der Übertragungsstrecke. Hierfür wird im Verein mit der Multiplextechnik die Trägerfrequenztechnik (TF) eingesetzt. Ihr Kennzeichen ist, daß sie gleichzeitig viele unabhängige Nachrichtensignale durch Zuordnung zu je einem eigenen Trägerfrequenzband überträgt. Dies geschieht durch Frequenzumsetzung vom → Basisband in das frequenzhöhere Trägerfrequenzband. Systeme mit über tausend Kanälen sind bekannt.

Gegenwärtige Weitverkehrs-Nachrichtensysteme zeichnen sich betreffs ihrer Übertragungswege durch Breitbandigkeit aus. Dies ermöglicht die Anwendung von → Multiplexverfahren. Die auf diese Art erreichte Mehrfachausnutzung der Übertragungsmedien verhalf der TF zu einem beachtlichen Aufschwung. Richtfunk- und Kabelverbindungen, insbesondere für das Fernsprechen, gestatten durch Anwendung der TF die gleichzeitige Übertragung vieler Fernsprechsignale in gestaffelter Frequenzlage.

## Trägerfrequenzsystem

☐ *Prinzip der Trägerfrequenztechnik.* Als Träger bezeichnet man in diesem Zusammenhang die mit dem Nachrichtensignal modulierte Sinusschwingung. Von den bei der → Modulation gebildeten Seitenbändern wird eines sowie die Trägerschwingung selbst zwecks Einsparung von Frequenzband und Signalleistung durch ein Frequenzfilter unterdrückt (Bild 1). Damit ist das Nachrichtensignal aus der Niederfrequenzlage in die Trägerfrequenzlage angehoben (Frequenzumsetzung). Wird anstelle des oberen Seitenbandes (Regellage) das untere verwendet, was bedeutet, daß die Frequenzfolge gegenüber der des Basisbandes umgekehrt verläuft, dann spricht man von Kehrlage.

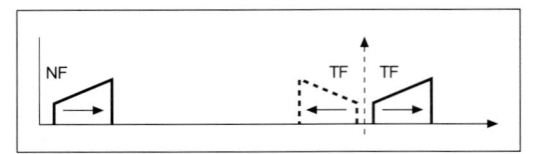

*Trägerfrequenzsystem 1: Bildung eines Einseitenband-Trägerfrequenzsignals*

NF Niederfrequenz-Nachrichtensignal im Basisband, TF Trägerfrequenzsignal

Um die → Nachricht auf der Empfangsseite in die Basisbandlage zurückführen zu können (→ Demodulation), muß dieselbe Trägerfrequenz $f_o$ wieder hinzugefügt werden.
Charakteristisch für die TF ist nun, daß auf einer Übertragungsstrecke mehrere unabhängige Nachrichtensignale übertragen werden können. Dabei wird jedem → Signal eine eigene Trägerfrequenz zugeordnet. Die Summe der Trägerfrequenzsignale bildet das Frequenzmultiplexsignal (Bild 2).

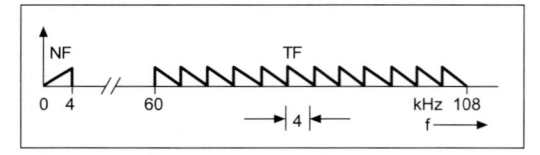

*Trägerfrequenzsystem 2: Beispiel eines Frequenzmultiplexsignals: Zwölf Trägerfrequenz-Fernsprechkanäle in Kehrlage zwischen 60 und 108 kHz (Grundprimärgruppe)*

Gemäß → CCITT haben die einzelnen Trägerfrequenzen einen Abstand von 4 kHz.
☐ *Grundkanalgruppen.* Zwecks Erhöhung der gleichzeitig zu übertragenden Kanäle wird das TF-Übertragungsband durch weitere Frequenzumsetzungen verbreitert. So werden in einer zweiten Modulationsstufe fünf Grundprimärgruppen zu einer 240 kHz breiten Grundsekundärgruppe umgesetzt (Bild 3). Am Ausgang der fünf Modulatoren entsteht so das lückenlose Frequenzband von

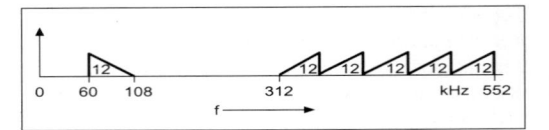

*Trägerfrequenzsystem 3: Bildung einer Grundsekundärgruppe aus fünf Grundprimärgruppen mit je zwölf Kanälen*

$5 \times 12 = 60$ Kanälen in der Frequenzlage der Grundsekundärgruppe von 312 bis 552 kHz.
In ähnlicher Weise vereinigt eine dritte Modulationsstufe fünf Grundsekundärgruppen zu einer 300kanäligen Grundtertiärgruppe (812 bis 2044 kHz) und eine vierte Modulationsstufe drei Grundtertiärgruppen zur Grundquartärgruppe mit 900 Kanälen (8,516 bis 12,388 MHz).
Neben diesen quasi genormten Grundkanalgruppen bestehen in Europa – aus historischen Gründen – noch Systeme mit 960 und 10 800 Kanälen.
☐ *Aufbau der Primärgruppe.* Zum Aufbau der Grundprimärgruppe – für die Wirtschaftlichkeit der TF-Anlage von besonderer Bedeutung – werden unterschiedliche Verfahren angewandt:
– Direktmodulation: Bei diesem Verfahren wird jeder Sprachkanal in einer einzigen Modulationsstufe direkt in die vorgesehene Frequenzlage verschoben (Bild 2). Daher sind zur Abtrennung der unerwünschten Seitenbänder zwölf verschiedene Kanalfilter (Quarzfilter) nötig.
– Vormodulation: Dieses Verfahren arbeitet mit zwölf gleichen Kanalfiltern. Jeder der zwölf Sprachkanäle einer Grundprimärgruppe wird zunächst in eine für alle Kanäle gleiche Vormodulationslage von 128,3 bis 131,4 kHz moduliert. Aus dieser Vormodulationslage erfolgt dann die Umsetzung in die vorgesehene Frequenzlage.
☐ *Trägerversorgung.* Die Zahl der notwendigen Trägerfrequenzen wird aus einem zentralen Oszillator durch Frequenzvervielfachung, -teilung, -addition und -subtraktion (Frequenzaufbereitung) abgeleitet. Der Quarzgrundoszillator schwingt auf der Frequenz 4,096 MHz. Diese auf 8 kHz geteilte Frequenz steuert einen Generator, der gerad- und ungeradzahlige Vielfache von 8 kHz abgibt. Aus diesem Oberwellenspektrum werden mittels → Filter die gewünschten Frequenzen herausgesiebt. Für die Vervielfachung werden auch häufig phasengeregelte Oszillatoren (PLL) verwendet.
Die notwendige Frequenzübereinstimmung aller im TF-System installierten Grundoszillatoren wird durch „Pilottöne" aufrechterhalten. Dazu überträgt man diese „Pilote" (60, 300, 308 oder 4200 kHz) in alle TF-Stationen und vergleicht ihre Frequenz mit der des dortigen Grundoszillators. Durch manuelle oder automatische Nachstimmung wird eine Frequenzübereinstimmung von etwa $3 \cdot 10^{-9}$ erreicht.

☐ **Andere Dienste.** TF-Systeme können auch andersartige als Sprachsignale übertragen. Diese können zweiseitig gerichtet sein wie die → Datenübertragung oder der Fernschreibdienst oder einseitig wie bei den Rundfunkleitungen. Nach dem beschriebenen Prinzip sind darüber hinaus die großen TF-Systeme auf den transatlantischen Seekabeln aufgebaut. Auf einem einzigen Koaxialkabel besitzen bis zu 5000 Kanäle in jeder Richtung. Auch der Satellitenfunk bedient sich der Trägerfrequenztechnik, wenn auch in abgewandelter Form. Hier sind es Vielfachzugriffsverfahren wie → FDMA und → TDMA (→ Multiplexverfahren), die die Satellitenübertragung bestimmen. *Kümmritz*

Literatur: *Autorenkoll.*: Nachrichtenübertragungstechnik. Siemens-Z. (1974) Nr. 48 (Beiheft). – *Bell*: Transmission systems for communications. Bell Telephone Laboratories Inc. 4. Edn. 1971. – *Hekler, O.*: Übertragungstechnik im Fernmelde-Weitverkehr. Berlin 1957. – *Hölzler, E.; Thierbach, D.*: Nachrichtenübertragung. Springer, Berlin 1966. – *Meinke, H.; Gundlach, F. W.*: Taschenbuch der Hochfrequenztechnik. Springer, Berlin 1986. – *Prechtl H.; Volejnik, W.*: Ein hochwertiger und zuverlässiger Modulator für Trägerfrequenzsysteme. Frequenz (1977) Nr. 31. – *Stoll, D.*: Einführung in die Nachrichtentechnik; Fachbuchsonderausgabe für Studierende. Berlin 1978.

**Transaktion** ⟨transaction⟩. Zusammengehörige Folge von → Operationen, die auf eine → Datenbank zugreifen und evtl. den Datenbankzustand ändern, so daß die Datenbank von einem konsistenten Zustand in einen (anderen oder den gleichen) konsistenten Zustand überführt wird. T. dienen dazu, Anomalien zu verhindern, die bei der parallelen Ausführung von Datenbankoperationen entstehen können, also im Mehrbenutzer- oder Mehrprozeßbetrieb. (Standard-)T. müssen dazu die ACID-Eigenschaften erfüllen (→ ACID). Um die ACID-Eigenschaften zu sichern, werden Sperren und Sperrprotokolle (→ Zweiphasen-Sperrprotokoll) eingesetzt. Diese gehen davon aus, daß T. kurz und Sperren daher nur kurze Zeit wirksam sind. Moderne Anwendungen, z.B. Entwurfsanwendungen, enthalten dagegen *lange T.*, die Stunden, Tage oder Wochen aktiv sind. Sperren, die über den gesamten Zeitraum der T. gehalten werden und den Zugriff anderer Prozesse verhindern, behindern die Arbeit und sind nicht akzeptabel. Daher werden in Nicht-Standarddatenbanksystemen neue Transaktionsmodelle (→ Versionsverwaltung) angeboten. *Schmidt/Schröder*

Literatur: *Gray, J.* and *A. Reuter*: Transaction processing: Concepts and techniques. Hove, East Sussex 1993. – *Lockemann, P. C.* und *J. W. Schmidt* (Hrsg.): Datenbankhandbuch. Berlin–Heidelberg–New York 1987.

**Transaktion, kompensierende** ⟨compensating transaction⟩. → Transaktion, die die Änderungen einer anderen Transaktion rückgängig macht. K. T. werden verwendet, um Transaktionsverhalten zu implementieren, wenn die Isolationseigenschaft (→ ACID-Eigenschaften) nicht eingehalten werden kann oder eine Transaktion schon beendet ist und die Änderungen zurückgenommen werden sollen. *Schmidt/Schröder*

Literatur: *Gray, J.* and *A. Reuter*: Transaction processing: Concepts and techniques. Hove, East Sussex 1993.

**Transaktionsmonitor** ⟨transaction monitor⟩. Überwacht die Abarbeitung von parallel arbeitenden, evtl. verteilten → Transaktionen. Er sichert die → ACID-Eigenschaften zu und vermeidet Blockaden (deadlocks) bzw. löst sie auf. Blockaden können auftreten, wenn mehrere Transaktionen auf denselben Daten inkompatible → Sperren setzen möchten. Der T. setzt in so einem Fall eine der Transaktionen zurück (→ Zurücksetzen von Transaktionen) und wiederholt ihre Ausführung (→ Transaktionswiederholung). *Schmidt/Schröder*

Literatur: *Gray, J.* and *A. Reuter*: Transaction processing: Concepts and techniques. Hove, East Sussex 1993.

**Transaktionswiederholung** ⟨transaction redo⟩. Ein → Datenbankverwaltungssystem sorgt für eine T., wenn eine → Transaktion aus Gründen, die nicht in ihrem Ablauf zu suchen sind, scheitert. Dies kann z.B. auftreten, wenn ein → Transaktionsmonitor eine Blockade erkennt, die Transaktion zurücksetzt (→ Zurücksetzen von Transaktionen) und erneut startet. Wenn eine Transaktion dagegen scheitert, weil ihr Ablauf fehlerhaft ist, z.B. bei einer Division durch Null, wird diese Transaktion nur zurückgesetzt und mit einer Ausnahme (→ Ausnahmebehandlung) beendet. *Schmidt/Schröder*

**Transceiver** ⟨transceiver⟩. Der Begriff leitet sich ab von „Transmitter" und „Receiver". T. dienen also zum Senden und Empfangen von → Daten. Typischerweise werden → Endgeräte (→ PCs, → Workstations) über T. an lokale Netze (→ LAN) angeschlossen. *Jakobs/Spaniol*

**Transduktor** ⟨transducer⟩. Automat mit Eingabe-, Ausgabe- und eventuell Speicherbändern, dessen Aufgabe es ist, Tupel von Eingabeworten in Tupel von Ausgabeworten zu transformieren. Im allgemeinen werden nur T. mit einem Eingabe- und einem Ausgabeband betrachtet, und es werden vornehmlich endliche T., die kein Speicherband besitzen oder Keller-T., deren → Speicher ein → Keller ist, behandelt. Ein endlicher T. ist eine Verallgemeinerung eines → *Mealy*-Automaten, wobei die Verallgemeinerung darin besteht, daß beliebige Worte (auch das leere) in einem Zustand ausgegeben werden dürfen, und daß i. allg. der T. nichtdeterministisch arbeiten darf.

Ein Keller-T. ist ein → Kellerautomat mit Ausgabeband. Ein T. hat i. allg. einen festgelegten Startzustand: Sind auch gewisse Endzustände ausgezeichnet, so spricht man von einem a-T. (d.h. einem T. mit akzeptierten Zuständen), denn nur solchen Eingabeworten, die zu einem Endzustand führen, werden hier Ausgaben zugeordnet. Statt von endlichen T. spricht man öfter auch von (sequentiellen) Maschinen. *Brauer*

Literatur: *Brauer, W.*: Automatentheorie. Stuttgart 1984. – *Berstel, J.*: Transductions and context-free languages. Stuttgart 1979.

**Transfersyntax** ⟨*transfer syntax*⟩ → ASN.1

**Transformation** ⟨*program transformation*⟩ → Programmtransformation

**Transformation, geometrische** ⟨*geometric transformation*⟩. G. T. sind solche, die die geometrische Position, Orientierung und Form, aber nicht die Struktur der Objekte verändern. Grundtransformationen sind die → Translation, Rotation, → Skalierung, perspektivische Transformation und Projektion.

G. T. können auch unterschieden werden in metrische, affine und projektive Transformationen.

Die grundlegendsten g. T. sind metrische Transformationen. Sie sind Rotationen um den Ursprung des Raums oder Translationen.

Affine Transformationen beinhalten zusätzlich noch die Skalierung sowie alle aus Rotation, Translation und Skalierung zusammengesetzten Transformationen.

Projektive Transformationen enthalten dazu noch die perspektivischen Transformationen und Projektionen. Alle projektiven Transformationen können aus den genannten Grundtransformationen zusammengesetzt werden. *Encarnação/Dai*

**Transformationsfunktion** ⟨*transformation function*⟩. In einem graphischen System wie → GKS können verschiedenartige Transformationen auf → graphische Objekte angewendet werden. Die Transformationen können z. B. geometrische Transformationen, Normierungen, Projektionen, aber auch Windowing sein. Die dazugehörigen Anwendungsfunktionen werden T. genannt. In GKS sind dies z. B. set-window, set-viewport, set-view-representation, select-normalization-transformation, LP. *Encarnação/Dai*

**Transformationsmatrix** ⟨*transformation matrix*⟩. → Geometrische Transformationen lassen sich geschlossen in Matrizen darstellen, wobei für eine projektive Transformation homogene Koordinaten verwendet werden müssen. Durch Multiplikation mit einer solchen Matrix M kann ein Punkt P der in der Matrix repräsentierten Transformation unterzogen werden:
$P' = MP$.

Dies bietet den Vorteil, komplexe Transformationen aus einfachen Transformationen durch Matrixkonkatenation nachbilden zu können:

$M_1(M_2 P) = (M_1 M_2) P$.

Weitere Vorteile sind die Umkehrung einer Transformation durch Matrixinversion und die Linearisierung der perspektivischen Transformation. *Encarnação/Dai*

**Transienz** ⟨*transience, transiency*⟩ → Persistenz

**Transitionssystem** ⟨*transition system*⟩. T. (auch Zustandsübergangssysteme genannt) dienen zur formalen Beschreibung von Zustandsübergängen, z. B. von Automaten; sie bilden die Grundlage der Definition → operationeller Semantik und (unter der Bezeichnung Reduktionssystem) von → Termersetzung. Ein T. besteht aus einer Menge K von Konfigurationen (oder Zuständen) und einer zweistelligen Relation → auf K, der Transitionsrelation. Manche Autoren zeichnen außerdem Teilmengen von K als Anfangs- bzw. Endkonfigurationen aus. Markierte T. (labelled transition system) mit einer dreistelligen Transitionsrelation $\to\, \subseteq K \times A \times K$ werden zur → Spezifikation der operationellen Semantik nebenläufiger Systeme (→ Methode, formale) eingesetzt. Dabei bezeichnet A eine Menge von Marken oder Aktionen.

T. werden unter Zuhilfenahme von Ableitungssystemen (→ Ableitung) durch Axiome und Regeln definiert. Ein Beispiel ist der folgende Ausschnitt einer strukturellen operationellen Semantik für while-Programme: K spezifiziert die Menge der Konfigurationen einer abstrakten Maschine als Paare ⟨S, σ⟩, bestehend aus einem while-Programm S und einem → Zustand σ, der Programmvariablen Werte zuordnet. Die Transitionsrelation spezifiziert den Übergang von einer Konfiguration zur nächsten.

Das Axiom für die Zuweisung ⟨x := exp, σ⟩ → ⟨ε, σ'⟩, wobei σ'(x) = I(exp) σ und σ'(y) = σ(x), sonst, führt auf eine Endkonfiguration mit dem „leeren" Restprogramm ε und dem Zustand σ', in dem x die → Interpretation I von exp unter der Belegung σ zugeordnet wird. Die Regeln für die sequentielle Komposition unterscheiden zwei Fälle, nämlich ob das erste Teilprogramm $S_1$ das leere Programm ist oder nicht:

$$\frac{\langle S_1, \sigma\rangle \to \langle S_1', \sigma\rangle}{\langle S_1; S_2, \sigma\rangle \to \langle S_1'; S_2, \sigma'\rangle} \qquad \overline{\langle \varepsilon; S_2, \sigma\rangle \to \langle S_2, \sigma\rangle}.$$

Ein Beispiel für eine markierte Transitionsregel ist die Regel zur Definition der synchronen Kommunikation zweier Prozesse in → CCS, die komplementäre Aktionen a und ā ausführen; die Konfigurationen bestehen hier aus CCS-Programmen:

$$\frac{P_1 \xrightarrow{a} P_1' \quad P_2 \xrightarrow{\bar{a}} P_2'}{P_1 | P_2 \xrightarrow{\tau} P_1' | P_2'}.$$

*Wirsing*

Literatur: *Avenhaus, J.*: Reduktionssysteme. Springer, Berlin 1995. – *Nielson, H. R.*; *Nielson, F.*: Semantics with applications. Wiley & Sons, Baffins Lane (UK) 1992. – *Milner, R.*: Semantics of concurrent programs. In: *J. van Leeuwen* (Ed.): Handbook of theoretical computer science, Vol. B. Elsevier, Amsterdam 1990, pp. 1203–1242.

**Translation** ⟨*translation*⟩. Eine der geometrischen Grundtransformationen.

Die T. eines Punktes $P = \begin{pmatrix} x \\ y \\ z \end{pmatrix}$ in $P' = \begin{pmatrix} x' \\ y' \\ z' \end{pmatrix}$

mit dem Translationsvektor $t=(t_{x,y,z})$ erfolgt durch die Addition der einzelnen Punktkoordinaten mit den entsprechenden Translationskomponenten:

$x' = x + t_x$,
$y' = y + t_y$ bzw. $P' = TP$,
$z' = z + t_z$.

Die → Transformationsmatrix T lautet dementsprechend:

$$T = \begin{pmatrix} 1 & 0 & 0 & t_x \\ 0 & 1 & 0 & t_y \\ 0 & 0 & 1 & t_z \\ 0 & 0 & 0 & 1 \end{pmatrix}.$$

Die T. eines Objektes entspricht der T. aller Produkte des Objektes um den gleichen Vektor.

*Encarnação/Dai*

**Transparenz, referentielle** ⟨*referential transparency*⟩. Charakteristische Eigenschaft reiner funktionaler Programme, die besagt, daß die Auswertung von Ausdrücken (→ Term) keine Seiteneffekte hat: Die Auswertung eines Ausdrucks in einem Programmteil kann keinen Einfluß auf die Auswertung eines Ausdrucks in einem anderen Programmteil haben. Diese Eigenschaft vereinfacht das Verständnis wie die → Verifikation von Programmen, da der Wert eines Ausdrucks ausschließlich von den Werten seiner Teilausdrücke, also Parameter und Konstanten, abhängt. In diesem Sinne verhalten sich reine funktionale Programme wie mathematische Funktionen. Beispielsweise kann man in dem Ausdruck $f(x)+g(x)$ den Wert von x nehmen, die Funktionen f und g in beliebiger Reihenfolge darauf anwenden und die beiden Ergebnisse addieren. In jedem Fall erhält man denselben Wert für den Gesamtausdruck. Ebenso kann man die Funktion f durch eine Funktion f' ersetzen, wenn bekannt ist, daß diese dasselbe Ergebnis liefert.

Im Gegensatz dazu sind Programme konventioneller Programmiersprachen nicht referentiell transparent. Der Effekt der Auswertung einer Anweisung hängt von dem Zustand des Gesamtprogramms ab, in dem die Auswertung stattfindet. Die Auswirkung der Auswertung einer Anweisung kann i. allg. nur unter Berücksichtigung der von ihr verursachten Änderung des Zustands des Gesamtprogramms verstanden werden. Bei der Auswertung des Beispielausdrucks $f(x)+g(x)$ etwa in Pascal gelten die genannten Eigenschaften referentiell transparenter Programme nicht notwendigerweise. So könnten f und g ihre Parameter als Referenzen erhalten und verändern, oder sie könnten eine globale Programmvariable verändern. Der Wert des Gesamtausdrucks hängt dann von der Reihenfolge der Auswertung der Teilausdrücke ab, und es ist nicht sichergestellt, daß $f(x)+g(x)=g(x)+f(x)$ gilt.

*Gastinger/Wirsing*

Literatur: *Ghezzi, C.*: Modern non-conventional programming language concepts. In: *McDermid* (Ed.): Software engineer's reference book. Butterworth-Heinemann, Oxford 1991, pp. 44/1–44/16. – *Meeson, R. N.*: Functional programming. In: *Marciniak* (Ed.): Encyclopedia of software engineering, Vol. 2. Wiley & Sons, New York 1994, pp. 524–526.

**Transponder** ⟨*transponder*⟩. Aktive Funk-Antwortgeräte, zumeist in Luft- und Raumfahrzeugen (Satelliten) installiert, heißen T., ein Wortgebilde aus „transmitter" und „responder". T. empfangen Signale und senden Antwortsignale nach Frequenzumsetzung wieder aus. Verwendet werden sie im Satellitenfunk, als Antwortgerät sowohl beim Sekundärradar (SSR) als auch beim Funknavigationssystem DME und bei Radarbaken zur Hervorhebung besonderer Radarziele.

Bekannt geworden sind T. vor allem durch ihre Verwendung im Satellitenfunk. Sie empfangen die von der → Erdfunkstelle gesendeten Signale und strahlen sie nach Frequenzumsetzung in Abwärtsrichtung wieder ab. Als günstig hat sich hierbei der Frequenzbereich zwischen 4 und 11 GHz erwiesen (Mikrowellen, Richtfunk). Wegen der starken Belegung dieser Frequenzbänder durch den terrestrischen Richtfunk wird der angegebene → Frequenzbereich wahrscheinlich nach oben bis 31 GHz erweitert werden.

Früher als in der Raumfahrt wurden T. für die Ortung und Identifizierung von Luftfahrzeugen in Verbindung mit dem Sekundärradar (SSR) eingesetzt. Der an Bord von Luftfahrzeugen befindliche Transponder antwortet auf Anfragen seitens des stationären Bodenradars mit Impulstelegrammen. Aus ihnen kann die Bodenstelle neben anderem Identität und Flughöhe des Flugobjekts entnehmen. Anfrage und Antwort werden mit unterschiedlichen Frequenzen (1030 bzw. 1090 MHz) übertragen.

Ähnlich antwortet der DME-T. (Distance Measuring Equipment) auf Abfrageimpulse mit codierten Impulsgruppen. Er ermöglicht damit dem Ortungsobjekt die Entfernungsmessung zum T. der Bodenstelle (Funknavigationsverfahren). Gilt es, Punkte oder Ziele – auch terrestrische – besonders hervorzuheben, so geschieht dies ebenfalls mit Hilfe von T. Als typisches Beispiel hierfür können mit Transpondern ausgerüstete „Meldepunkte" in Funk-Verkehrsleitsystemen angeführt werden. Werden die T. durch Ausstrahlung bewegter

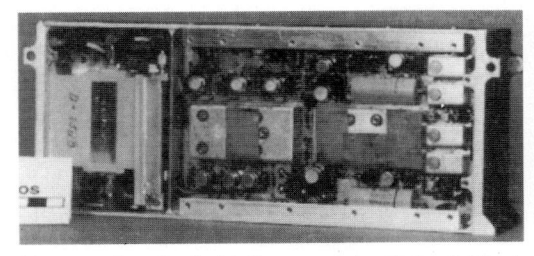

*Transponder: Gerät der Sonnensonde „Helios" (Quelle: AEG)*

Sender aktiviert, so antworten sie mit (Orts)Kennung (Ortsbake). Der Verkehrsteilnehmer, sich im Nahbereich der Bake befindend, erhält auf diese Weise seinen Standort. Darüber hinaus informiert die aktivierte Bake die Verkehrsleitstelle über die aktuelle Verkehrslage im Bakennahbereich. *Kümmritz*

**Transportebene** ⟨transport layer⟩. → Ebene des → OSI-Referenzmodells und die oberste der kommunikationsorientierten Schichten. Ihre Aufgabe ist der Ende-zu-Ende-Datentransport. Insbesondere bietet die T. Mechanismen an, um die möglicherweise unterschiedliche Zuverlässigkeit der einzelnen unterliegenden Netzwerke auszugleichen.

Neben einem → verbindungsorientierten → Dienst ist auf T. ein verbindungsloser, datagrammähnlicher Dienst möglich. Ein solcher Dienst erscheint bei der steigenden Zuverlässigkeit der Netzwerke für einige Anwendungen sinnvoll. Aufgrund der im Vergleich zu einem verbindungsorientierten → Protokoll reduzierten → Funktionalität ist ein verbindungsloses Protokoll einfacher zu implementieren. Anwendungen, für die ein verbindungsloser Transportdienst günstig ist, sind etwa transaktionsorientierte Dienste. Dabei werden einzelne kurze Nachrichten verschickt, für die der Auf- und Abbau von Transportverbindungen zu zeitaufwendig wäre. Ein verbindungsloser Transportdienst ist außerdem für Broadcast- (→ Rundspruheigenschaft) oder → Multicast-Übertragungen vorteilhaft. Wegen der noch geringen Bedeutung des verbindungslosen Transportdienstes wird hierauf im folgenden nicht mehr eingegangen.

Um eine möglichst optimale Anpassung an die Güte der unterliegenden Netzwerkebene zu gewährleisten, wurden mehrere Klassen von Transportprotokollen mit stark unterschiedlichen → Funktionalitäten definiert. Es wird damit möglich, eine geeignete Protokollklasse netzwerkabhängig auszuwählen.

Das Bild zeigt zwei typische Varianten. In einem Netz, das bereits einen zuverlässigen verbindungsorientierten Dienst wie → X.25 anbietet, reicht ein sehr einfaches Protokoll aus (Klasse 0). Setzt dagegen die T. direkt auf einem verbindungslosen Dienst der → Sicherungsebene auf, so muß sie Funktionen wie → Flußkontrolle, Reihenfolgeerhaltung und die Gewährleistung einer → Dienstgüte übernehmen.

Die einzelnen Protokollklassen sind:
– *Klasse 0* (Simple Class): Protokollfehler können erkannt und gemeldet, aber nicht behoben werden. Wird von der unterliegenden → Vermittlungsebene ein Fehler gemeldet, so wird die Verbindung abgebrochen. Das Klasse-0-Protokoll wird z. B. im Telexdienst verwendet.
– *Klasse 1* (Basic Error Recovery Class): Das wesentliche Merkmal des Protokolls dieser Klasse ist die Fähigkeit, die Verbindung nach einem gemeldeten Fehler in der Netzwerkebene aufrechtzuerhalten. Nach Wiederaufnahme der Netzwerkverbindung kann das Protokoll resynchronisieren (der Zustand der Transportverbindung bei Eintreten des Fehlers wird wiederhergestellt). → Segmentierung und beschleunigte Übertragung (→ Vorrangdaten) werden ebenfalls unterstützt. Das Transportprotokoll dieser Klasse war ursprünglich für den Einsatz oberhalb eines X.25-Netzes vorgesehen.
– *Klasse 2* (Multiplexing Class): Diese Klasse erweitert die Funktionalität der Klasse 0 um die Möglichkeit, mehrere Transportverbindungen über eine Netzwerkverbindung zu betreiben. Zusätzlich ist ein Flußkontrollmechanismus vorgesehen. Wie in Klasse 0 werden weder Mechanismen zur Fehlerbehebung noch zur Fehlererkennung angeboten.
– *Klasse 3* (Error Recovery and Multiplexing Class): Das Protokoll der Klasse 3 vereinigt die Funktionalitäten der Klassen 1 und 2.
– *Klasse 4* (Error Detection and Recovery Class): Das Protokoll mit der umfangreichsten Funktionalität ist für den Einsatz in relativ unzuverlässigen → Netzwerken gedacht. Neben allen Funktionen der Klassen 1 bis 3 werden Verfahren zur Fehlererkennung und -behebung unterstützt. Verlorene oder duplizierte Datenpakete werden erkannt und Korrekturmaßnahmen eingeleitet. Optional werden Übertragungsfehler anhand einer Prüfsumme (→ Blockprüfung) erkannt und – in Grenzen – behoben.

Das heute wohl am weitesten verbreitete Transportprotokoll ist jedoch → TCP, das verbindungsorientierte Transportprotokoll des → Internet. *Jakobs/Spaniol*
Literatur: *Spaniol, O.; Jakobs, K.*: Rechnerkommunikation – OSI-Referenzmodell, Dienste und Protokolle. VDI-Verlag, 1993. – *Nussbaumer, H.*: Computer communications systems. Vol. 2: Principles, design, protocols. John Wiley, 1990.

**Transportproblem** ⟨routing problem⟩. Problem, ein homogenes Gut (bzw. mehrere Güter, die hinsichtlich ihrer Transportmöglichkeiten wie ein einheitliches Gut behandelt werden können), welches an n Orten angeboten (Angebotsknoten), an k Orten umgeladen (Umladeknoten) und an m Knoten nachgefragt wird, durch ein gegebenes Transportnetz, welches Angebots-, Umlade- und Nachfrageknoten verbindet, derart zu transportieren, daß bei gegebenen mengenabhängigen

| ISO Transport Klasse 0 | ISO Transport Klasse 4 |
|---|---|
| X.25/3 | Netzwerk (leer) |
| HDLC | LLC Typ1 1 |
| | MAC |
| physikalisch | physikalisch |

*Transportebene: Verwendung der unterschiedlichen Protokollklassen*

Transportkosten zwischen je zwei Knoten die Gesamttransportkosten minimal sind und angebotene, umgeladene sowie nachgefragte Menge an jedem Knoten ab- bzw. eingeht.

T. können als → lineare Programmierungs-Probleme modelliert werden, lassen sich jedoch aufgrund ihrer speziellen Struktur auch mit graphentheoretischen Methoden (Out-of-Kilter-Algorithmus) lösen. Die Netzwerksimplexmethode gilt heute als das schnellste Verfahren zur Lösung von großen T. (bis zu mehreren Millionen Knoten). *Bachem*

**Transputer** ⟨transputer⟩. Spezieller → Mikroprozessor, der von der Fa. INMOS mit dem Ziel entwickelt wurde, in → Occam geschriebene → Programme ausführen zu können. Occam kann als die Assemblersprache eines T. verstanden werden. T. verfügen über spezielle → Schnittstellen (Kanalprozessoren), über die sie zu einer Rechnerarchitektur beliebiger Größe zusammengeschaltet werden können. Aufgrund spezieller Hardware-Unterstützung wird die effiziente Nutzung derartiger T.-Systeme gewährleistet.

*Breitling/K. Spies*

**Travelling-Salesman-Problem** ⟨travelling salesman problem⟩. Eine anschauliche Darstellung einer in der Praxis häufig auftretenden Sorte von Problemen (Problem des Handlungsreisenden) spielt auch in der theoretischen und praktischen Informatik eine wichtige Rolle als prototypisches Problem, an dem verschiedenste Lösungsansätze ausprobiert werden (→ NP-vollständig). *Brauer*

**Trefferrate** ⟨hit rate⟩ → Speichermanagement

**Treppeneffekt** ⟨aliasing⟩ → Aliasing

**Triangulierung** ⟨triangulation⟩. Beschreibt die Zerlegung komplexer und zweidimensionaler → Objekte in mehrere, in derselben Ebene liegende, geschlossene und einfache Polygone mit Dreieckstrukturen. Dadurch wird die i. allg. komplexe Polyederstruktur und deren Attributierung auf einfache Dreiecke zurückgeführt, so daß dadurch die Objekte einfacher handhabbar werden. Außerdem haben Dreiecke den Vorteil, daß sie immer in einer Ebene liegen und so bei vielen Anwendungen verwendet werden.

Dreiecke besitzen – zumindest geometrisch gesehen – eine elementare Bedeutung. Sie können z. B. dazu benutzt werden, die graphische → Semantik des Füllgebiets-Darstellungselements von → GKS nach einer anderen Methode festzulegen. GKS benutzt das Halbstrahl-Kriterium, um zu entscheiden, welche Punkte innere Punkte eines Füllgebietes sind. Dieser Punktklassifizierungstest würde durch eine T. des Füllgebietes einfacher ausfallen, das Problem verlagert sich damit auf das Finden einer T.

Die Berechnung der Fläche eines Polyeders läßt sich z. B. nach einer T. einfacher bestimmen, indem man die Fläche der einzelnen Dreiecke, die sich sehr leicht aus den drei Eckpunkten bestimmen läßt, aufsummiert. *Encarnação/E. Klement*

**Trigger** ⟨trigger⟩. Besteht aus einem Prädikat oder einem → Ereignis und einer Folge von → Operationen. Wenn das Prädikat erfüllt ist bzw. das Ereignis eintritt, werden die zugehörigen Operationen ausgeführt (s. auch → Auslöser). *Schmidt/Schröder*

**Triple-X-Protokoll** ⟨triple-X protocol⟩ → PAD, → X-Serie

**Trojanisches Pferd** ⟨Trojan horse⟩. Ein Programm oder allgemeiner ein → Objekt eines → Rechensystems ist ein T. P., wenn seine spezifizierte Soll-Funktionalität nicht mit seiner Ist-Funktionalität übereinstimmt. Das Objekt enthält also → Konstruktionsfehler, die in der Regel Ursache für → Folgefehler sind.

Ein Objekt eines → rechtssicheren Rechensystems, das ein T. P. ist, gefährdet die Rechtssicherheit des Systems, weil es ein nichtauthentisches Objekt ist. Wenn es fehlerhaft authentifiziert wird, ist dies ein typischer → Fehler 2. Art der Authentizitätsprüfung.

*P. P. Spies*

**Trommelplotter** ⟨drum plotter⟩ → Plotter

**Tupel** ⟨tuple⟩ → Datenmodell

**Turing-Maschine** ⟨Turing machine⟩. Erstes abstraktes, mathematisches → Modell für eine universelle Rechenmaschine. Sie bildet die Grundlage für viele Untersuchungen zu Fragen der → Berechenbarkeit, der → Komplexitätstheorie, der → Automatentheorie und der Theorie → formaler Sprachen.

Das Modell wurde 1936 von *A. M. Turing* zur Präzisierung der Begriffe der Berechenbarkeit und der → Entscheidbarkeit aus einer Analyse des Vorgehens eines Menschen beim Ausführen von (mathematischen oder logischen) Rechnungen heraus entwickelt, wobei es *Turing*s Prinzip war, sowohl die einzelnen dabei auszuführenden Tätigkeiten als auch die dafür benötigten Hilfsmittel auf möglichst elementare Bestandteile zu reduzieren. Vorausgesetzt ist dabei, daß der rechnende Mensch nach genau vorgegebenen Regeln und Anweisungen arbeitet, d. h. eine Rechenvorschrift, einen → Algorithmus ausführt. Man stelle sich vor, daß die Rechenvorschrift als eine endliche numerierte Folge von Anweisungen gegeben ist und daß die Rechnungen auf Karopapier mit Hilfe von Bleistift und Radiergummi ausgeführt werden.

Die T.-M. besteht also aus
– einem beliebig vergrößerbaren, in Zellen eingeteilten linearen → Speicher (wobei in jeder Zelle ein einzelnes → Zeichen gespeichert werden kann); er wird gewöhn-

lich als Speicherband (ähnlich einem → Magnetband) aufgefaßt, das sich unter einem Lese-/Schreibkopf hin- und herbewegen kann (jeweils in einem Arbeitsschritt um eine Zelle); die jeweils unter dem Lese-/Schreibkopf befindliche Zelle heiße Arbeitszelle;
– einem beliebig vergrößerbaren Speicher zur Aufnahme der jeweils auszuführenden Rechenvorschrift (die oft *Turing*-Programm genannt wird), die aus einer endlichen Folge von numerierten Anweisungen besteht;
– einem endlichen Steuerwerk, das die Anweisungen des *Turing*-Programms interpretieren und dementsprechend folgende Aktionen ausführen kann:
Lesen des Zeichens in der Arbeitszelle,
Schreiben eines Zeichens in die Arbeitszelle (wobei das vorherige Zeichen gelöscht wird),
Verschieben des Bandes um eine Zelle (nach links oder rechts),
Übergang zur als nächstes auszuführenden Anweisung.

Sei $X = \{x_1, x_2, \ldots, x_n\}$ das endliche Alphabet der Zeichen, die die T.-M. verwendet. Dann besteht die i-te Anweisung für M aus n Teilanweisungen der Form
i: Wenn $x_p$ in der Arbeitszelle steht, dann schreibe $x_q$ in diese Zelle, verschiebe das Arbeitsband (nach rechts oder nach links) und gehe über zur k-ten Anweisung (k=0 bedeutet, daß M hält), andernfalls führe eine andere Teilanweisung mit der Nummer i aus.

Eine solche Teilanweisung läßt sich darstellen als Quintupel ixyvk mit $x, y \in X$ und $v \in \{R, L\}$, $k \in \{0, 1, 2, \ldots\}$. Eine T.-M. ist also bestimmt durch eine endliche Folge $T_1, T_2, \ldots, T_m$ von Anweisungen $T_i$ der Form

$T_i$ :
$ix_1 \, y_1 \, v_1 \, k_1$
$ix_2 \, y_2 \, v_2 \, k_2$
:
$ix_n \, y_n \, v_n \, k_n$.

*Beispiel*
Sei $X = \{0, 1\}$, wobei 0 das Leerzeichen sei, d. h. das Zeichen, das in jeder unbeschrifteten Zelle des Arbeitsbandes steht. Stellen wir jede natürliche Zahl a durch a Einsen in aufeinanderfolgenden Zellen des Arbeitsbandes dar (also etwa 3 durch 111) und lassen bei Zahlenpaaren genau eine Zelle zwischen den beiden Zahldarstellungen frei, so beschreibt das folgende *Turing*-Programm eine T.-M., die zwei positive ganze Zahlen addiert:

Die T.-M. muß links von der Darstellung des Paars der Summanden beginnen. Sie löscht die erste 1, schreibt eine 1 in die leere Zelle zwischen den Darstellungen der Summanden und kehrt nach links zurück.

Die These von *Turing* besagt, daß jeder Algorithmus in ein *Turing*-Programm übersetzt werden kann, daß jede in irgendeinem vernünftigen Sinne berechenbare

| 1 | 0 | 0 | R | 1 | 3 | 0 | 0 | R | 4 |
| 1 | 1 | 0 | R | 2 | 3 | 1 | 1 | L | 3 |
| 2 | 0 | 1 | L | 3 | 4 | 0 | 0 | R | 0 |
| 2 | 1 | 1 | R | 2 | 4 | 1 | 1 | L | 0 |

Funktion von einer T.-M. berechnet werden kann. Für jede bekannte Formalisierung der Begriffe Algorithmus (z. B. die des → *Markoff*schen Algorithmus) und berechenbare Funktion (z. B. die der rekursiven Funktion oder die der mit Hilfe des → Lambda-Kalküls definierbaren Funktion) gilt die Behauptung dieser These. Es gibt jedoch im mathematischen Sinne einfach definierbare Funktionen, die nicht durch T.-M. (also überhaupt nicht) berechenbar sind. Das hängt damit zusammen, daß es kein Verfahren gibt, mit dessen Hilfe man entscheiden kann, ob eine T.-M. mit gegebenem *Turing*-Programm und Speicherinhalt je hält oder unendlich weiterarbeitet. *Brauer*

Literatur: *Brauer, W.*: Grenzen maschineller Berechenbarkeit. Informatik-Spektrum 13 (1990) S. 61–70 – *Stetter, F.*: Grundbegriffe der theoretischen Informatik. Berlin 1988.

**Turingsche These** ⟨*Turing thesis*⟩ → Churchsche These; → Turing-Maschine

**Typ** ⟨*type*⟩. Schützt eine zugrunde liegende untypisierte Repräsentation (→ Typisierung) vor willkürlicher oder unvorhergesehener Benutzung, indem er Bedingungen an die Art und Weise stellt, in der Objekte miteinander interagieren können (→ Type Checking). T. dienen damit der Abstraktion von der Repräsentation von Objekten.

Die Objekte eines (untypisierten) Universums werden mit Hilfe von T. in Kategorien, entsprechend ihrer Benutzung und ihres Verhaltens, eingeteilt. Mengen von Objekten mit gleichartigem Verhalten werden mit Bezeichnungen versehen und als T. bezeichnet. Beispielsweise bezeichnet Integer den T. aller ganzen Zahlen und String den T. aller endlichen Zeichenketten. Die Objekte vom T. Integer zeichnen sich dadurch aus, daß auf sie dieselben Operationen, etwa die ganzzahlige Addition oder Multiplikation, anwendbar sind. Und dadurch unterscheiden sie sich von den Objekten vom T. String.

Neben einfachen Objekten werden auch Funktionen in T. eingeteilt. So bezeichnet der T. Integer×Integer → Integer alle Funktionen, die auf zwei Objekte vom T. Integer angewendet werden können und ein Objekt vom T. Integer als Ergebnis liefern.
*Gastinger/Wirsing*

Literatur: *Cardelli, L.; Wegner, P.*: On understanding types, data abstraction, and polymorphism. ACM Computing Surveys, Vol. 17. 1985, pp. 470–522. – *Di Cosmo, R.*: Isomorphisms of types: From λ-calculus to information retrieval and language design. Birkhäuser, Boston 1995. – *Strachey, C.*: Fundamental concepts in programming languages. Lecture notes for International Summer School in Computer Programming, Copenhagen 1967.

**Type Checking** ⟨*type checking*⟩. Vorgang der Überprüfung der → Typkorrektheit von Ausdrücken (→ Term). Sowohl in der Mathematik als auch in der Informatik hilft das T. C. der Sicherstellung der Korrektheit von Ausdrücken in formalen Beschreibungen wie Programmen.

In gebräuchlichen typisierten Programmiersprachen ist das T. C. maschinenunterstützt und mit dem →Übersetzer oder Interpreter (→ Interpretation) integriert. Das T. C. ist i. allg. dem eigentlichen Übersetzungs- oder Interpretierungsvorgang, auf jeden Fall der Ausführung eines Programms, vorgeschaltet. In der Regel werden nur typkorrekte Programme ausgeführt.

Bei statisch typisierten Programmiersprachen kann das T. C. stets zur Übersetzungszeit durchgeführt werden, in streng typisierten Programmiersprachen kann das T. C. im allgemeinen, jedenfalls teilweise, erst zur Laufzeit durchgeführt werden. *Gastinger/Wirsing*

Literatur: *Cardelli, L.*: Basic polymorphic typechecking. Computing Sci. Tech. Rep. 119. AT&T Bell Laboratories, Murray Hill, NJ 1984. – *Cardelli, L.; Wegner, P.*: On understanding types, data abstraction, and polymorphism. ACM Computing Surveys, Vol. 17. 1985, pp. 470–522.

**Typinferenz** ⟨*type inferency*⟩. In konventionellen typisierten Programmiersprachen weist der →Übersetzer jedem Ausdruck (→ Term), der in einem Programmtext auftritt, einen →Typ zu, der aus dem lokalen Kontext abgeleitet wird. Diesen Prozeß der Ableitung von Typen für Ausdrücke nennt man T. Auf der Grundlage der hergeleiteten Typisierungen wird beim → Type Checking die → Typkorrektheit, also die Konsistenz der Anwendungen von Symbolen mit den entsprechenden Typdeklarationen, überprüft. Abhängig von der Mächtigkeit des Systems zur T. müssen Typisierungen nur an einigen ausgezeichneten Stellen im Programm angegeben werden.

In → Pascal beispielsweise muß der Programmierer Typinformation für alle neu deklarierten Variablensymbole sowie für die Argumente und das Ergebnis von Funktionssymbolen explizit angeben. So könnte in Pascal die Fakultätsfunktion folgendermaßen definiert werden:

```
function fac(integer n): integer
  begin
    integer r;
    if n = 0
    then r:=1;
    else r:=n * fac(n-1);
    return(r);
  end;
```

Der Algorithmus zur T. leitet aus der gegebenen Information die Typisierungen aller im Programm auftretenden Ausdrücke, etwa n*fac(n-1), ab. Dabei geht er üblicherweise nach dem Prinzip „bottom-up" vor: Ist die Typisierung der Konstanten und Variablen gegeben und gibt es Inferenzregeln zur Ableitung der Typisierung von zusammengesetzten Ausdrücken aus den Typisierungen der Teilausdrücke, so kann die Typisierung des Gesamtausdrucks abgeleitet werden, falls alle Symbole korrekt verwendet werden.

Ein weit ausgeklügelteres System zur T. besitzt die Programmiersprache Standard ML (→ SML), wo explizite Typdeklarationen soweit möglich vermieden werden können. SML unterstützt nicht nur die Herleitung der Typisierung von Ausdrücken aus dem lokalen Kontext, sondern auch von den Deklarationen der Variablen-, Konstanten- und Funktionssymbole. So kann die Fakultätsfunktion in SML, völlig ohne die Angabe von Typinformation, folgendermaßen definiert werden:

```
fun fac 0 = 1
  | fac n = n * fac(n-1)
```

Das System leitet die Typisierungen aller Teilausdrücke her. Der resultierende Typ der Funktion fac wird vom System ausgegeben:

```
>val fac = fn: int → int.
```

Typinformation muß nur an kritischen Stellen eingefügt werden, etwa bei der Verwendung von überladenen Symbolen wie der Multiplikation, die sowohl für ganze Zahlen als auch für Gleitkommazahlen definiert ist.

*Gastinger/Wirsing*

Literatur: *Cardelli, L.; Wegner, P.*: On understanding types, data abstraction, and polymorphism. ACM Computing Surveys, Vol. 17. 1985, pp. 470–522. – *Robinson, J. A.*: A machine-oriented logic based on the resolution principle. In: Journal of the ACM 12, pp. 23–49.

**Typisierung** ⟨*typing*⟩. Zuordnung von → Typen zu den Konstanten-, Variablen- und Funktionssymbolen eines Programms. Die Überprüfung der → Typkorrektheit und die Vermeidung von Typverletzungen bei der Benutzung von Symbolen stellt sicher, daß vom → Type Checking akzeptierte Programme ohne Typfehler ablaufen werden. Einige gebräuchliche Programmiersprachen wie →Pascal oder SML sind mit einem T.-Konzept versehen. Man spricht von typisierten Programmiersprachen.

Bei der T. von Programmiersprachen unterscheidet man → Typsysteme unterschiedlicher Ausdrucksstärke (→ monomorphe T., → polymorphe T., → Typtheorie) sowie verschiedene Konzepte zur Typüberprüfung (→ statische T., → strenge T., Type Checking zur Übersetzungs- oder Laufzeit). *Gastinger/Wirsing*

Literatur: → Typ

**Typisierung, dynamische** ⟨*dynamic typing*⟩ → Typsystem

**Typisierung, monomorphe** ⟨*monomorphic typing*⟩. Getypte Programmiersprachen wie Pascal basieren auf der Idee, daß alle Funktionen und Prozeduren und damit auch ihre Argumente monomorph typisiert sind, d. h. einen eindeutigen →Typ besitzen. Solche Sprachen werden als monomorph bezeichnet. Sie unterstützen ausschließlich die Einführung von monomorphen Typen.

Beispielsweise kann in Pascal kein Typ für Listen über Objekten verschiedener Typen eingeführt werden. Die m. T. der Sprache zwingt den Programmierer dazu, für jeden konkreten Elementtyp, etwa den Typ string aller Zeichenketten, einen separaten Typ für Listen über diesen Objekten, etwa stringListe, explizit zu definieren.

```
type stringListePtr = ^stringListe;
type stringListe = {
    elem: string;
    next: stringListePtr }
```
Genauso verhält es sich mit den Operationen über diesen Typen. Die m. T. der Sprache verbietet, eine Operation zu definieren, die auf verschiedenen Typen von Listen operiert. Beispielsweise muß in Pascal die Funktion, die überprüft, ob ein bestimmtes Element in einer Liste enthalten ist, für jeden verschiedenen Listentyp explizit definiert werden, auch wenn sich der Rumpf der einzelnen Funktionen nicht unterscheidet.

```
function stringIsMember (string x;
stringListePtr l): boolean
begin
    if x = l^elem
    then return (true);
    else return
    (stringIsMember (x; l^next));
end
```

So arbeitet die Funktion stringIsMember ausschließlich auf Listen von Zeichenketten. Im Gegensatz hierzu stehen polymorph typisierte Sprachen (→ Typisierung, polymorphe), bei denen Typen und Operationen so definiert werden können, daß sie auf verschiedenartige Elemente anwendbar sind. *Gastinger/Wirsing*

Literatur: → Typ

**Typisierung, polymorphe** ⟨*polymorphic typing*⟩. Im Gegensatz zu monomorph typisierten Sprachen (→ Typisierung, monomorphe), können in polymorph typisierten Programmiersprachen Werte und → Variablen mehr als einen möglichen → Typ besitzen. Polymorph typisierte Funktionen akzeptieren Argumente mehrerer möglicher Typen. Polymorph typisierte Sprachen werden als polymorphe Sprachen bezeichnet. Wie die folgende Grafik verdeutlicht, unterscheidet man verschiedene Arten des Polymorphismus.

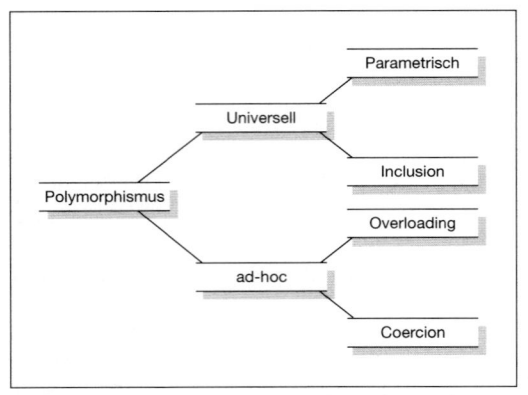

*Typisierung, polymorphe: Arten des Polymorphismus. Entnommen aus:* Jones, C. B.: *Systematic software development using DVM.* Prentice Hall, 1990

Unter die Kategorie des universellen Polymorphismus fallen der parametrische Polymorphismus und die Inclusion. Beim parametrischen Polymorphismus arbeitet eine Funktion auf einer Auswahl von Typen einheitlich, die Typen weisen dabei i. d. R. eine einheitliche Struktur auf. Die Inclusion modelliert die Konzepte Subtyping (→ Subtyp) und → Vererbung der → objektorientierten Programmierung.

Ein Beispiel für eine Programmiersprache, die parametrischen Polymorphismus unterstützt, ist → SML. Hier kann ein polymorpher Typ für Listen über Objekten beliebiger Typen folgendermaßen eingeführt werden:

```
datatype 'a list =
    nil |
    cons of 'a * 'a list
```

Die Instantiierung der Listen für konkrete Typen von Elementen, wie ganzen Zahlen oder polymorphen Listen, geschieht einfach durch die Angabe von konkreten Elementen.

```
val l1 = cons (1, cons (2, nil))
val l2 = cons (nil, nil)
> val l1 = ... : int list
> val l2 = ... : ('a list) list
```

Beim Ad-hoc-Polymorphismus arbeitet eine Funktion auf verschiedenen Typen, die keine gemeinsame Struktur besitzen, wobei sich die Funktion für jeden Typ anders verhalten kann. Die Kategorie des Ad-hoc-Polymorphismus umfaßt → Overloading und → Coercion. *Gastinger/Wirsing*

Literatur: *Cardelli, L.*: Basic polymorphic typechecking. Computing Science Tech. Rep. 119, AT&T Bell Laboratories, Murray Hill, NJ 1984. – *Cardelli, L.; Wegner, P.*: On understanding types, data abstraction, and polymorphism. ACM Computing Surveys. Vol. 17, 1985, pp. 470–522. – *Strachey, C.*: Fundamental concepts in programming languages. Lecture notes for International Summer School in Computer Programming, Copenhagen 1967.

**Typisierung, statische** ⟨*static typing*⟩. Programmiersprachen mit s. T. zeichnen sich dadurch aus, daß der → Typ jedes im Programm auftretenden Ausdrucks (→ Term) durch eine Analyse des Programmtextes bestimmt werden kann. Das → Type Checking kann also zur Übersetzungszeit stattfinden. In Programmiersprachen wie Pascal und C muß der Typ von Variablen- und Funktionssymbolen durch redundante Deklarationen explizit angegeben werden. In Programmiersprachen wie → SML werden explizite Typdeklarationen wo immer möglich vermieden.

Die s. T. ist eine nützliche Eigenschaft von Programmiersprachen, aber die Forderung, daß alle Ausdrücke zur Übersetzungszeit an einen Typ gebunden werden, ist restriktiv und kann durch das Konzept der → strengen Typisierung abgeschwächt werden.

*Gastinger/Wirsing*

Literatur: → Typ

**Typisierung, strenge** ⟨*strong typing*⟩. Programmiersprachen mit s. T. zeichnen sich dadurch aus, daß für alle in einem Programm auftretenden Ausdrücke die Typkonsistenz garantiert wird, auch wenn die → statische Typisierung der Ausdrücke unbekannt ist. Der Übersetzer für eine streng getypte Sprache kann sicherstellen, daß akzeptierte Programme ohne Typfehler ablaufen werden. Das → Type Checking streng typisierter Sprachen wird i. allg., zumindest teilweise, zur → Laufzeit durchgeführt. Programmiersprachen, in denen die Typkonsistenz aller Ausdrücke garantiert wird, werden als streng typisierte Sprachen bezeichnet.

Die s. T. einer Programmiersprache ist eine abgeschwächte Forderung der statischen Typisierung: Jede statisch typisierte Sprache ist gleichzeitig streng typisiert, die Umkehrung gilt i. allg. jedoch nicht.

*Gastinger/Wirsing*

Literatur: → Typ

**Typkorrektheit** ⟨type correctness⟩. In konventionellen typisierten Programmiersprachen (→ Typisierung) wird jedem → Term, der in einem Programmtext auftritt, durch den Vorgang der → Typinferenz ein → Typ zugewiesen. Diese abgeleiteten Typen werden zur Überprüfung der → Konsistenz der Anwendungen von Symbolen, wie Variablen- und Funktionssymbolen, mit den Typangaben der Deklarationen der entsprechenden Symbole benutzt. Können für ein gegebenes Programm mit Hilfe des → Type Checking alle Konsistenzprüfungen bezüglich Typisierungen erfolgreich durchgeführt werden, so spricht man von einem typkorrekten Programm.

Die T. eines Programms garantiert, daß bei dessen Ausführung keine Laufzeitfehler durch willkürlichen oder unvorhergesehenen Zugriff auf die zugrundeliegende untypisierte Repräsentation von Objekten auftreten. Dies könnte etwa durch die Übergabe einer Zeichenkette als Argument für die Multiplikationsfunktion in dem Term x∗5 geschehen, wobei x eine Zeichenkette mit dem Wert „hallo" ist. Voraussetzung ist allerdings, daß ganze Zahlen und Zeichenketten unterschiedlichen Typen zugeordnet sind.

Die T. kann jedoch keine Laufzeitfehler abdecken, die durch die Übergabe unerwarteter Objekte innerhalb eines Typs hervorgerufen werden, wie bei der Division einer ganzen Zahl durch die ganze Zahl Null.

*Gastinger/Wirsing*

Literatur: → Typ, → Type Checking

**Typsystem** ⟨type system⟩. → Typen sind nach operativen Merkmalen gebildete Mengen von Werten, die ein → Programm definiert oder mit denen das Programm rechnet. Ein T. dient dazu, Programmgrößen (Variablen, Funktionen, Prozeduren, Module, Typen) Typen zuzuordnen, die angeben, in welchem Wertebereich die Größe bei jedem Lauf des Programms liegt. Bei einer Variablen sind dies die Werte, die die Variable annehmen kann. Für eine Funktion spezifiziert der Typ Definitions- und Wertebereich. Den Typ eines Typs nennt man auch Typklasse. Er spielt bei Typpolymorphie eine Rolle. Primitive Typen, die man in praktisch allen → Sprachen findet, sind beispielsweise die ganzen Zahlen, die Gleitkommazahlen, die Wahrheitswerte oder die → ASCII-Zeichen. Typen legen fest, welche → Operationen auf einer Programmgröße definiert sind. Umgekehrt ergeben sich oft Typen in natürlicher Weise aus der Menge der Operationen, die ein Programm auf einem → Objekt ausführt.

Die meisten Sprachen, auch viele der sog. untypisierten Sprachen wie LISP, haben ein T. Ein wesentliches Unterscheidungskriterium ist, ob die → Typisierung statisch oder dynamisch geprüft wird. Bei der → statischen Typung weist der → Übersetzer Programme zurück, die nicht wohlgetypt sind. Bei der dynamischen Typisierung werden Typfehler, wenn überhaupt, erst zur → Laufzeit erkannt. Andere Unterschiede betreffen den Gegensatz zwischen Typprüfung und Typinferenz. Typprüfung beweist Konsistenz zwischen Deklaration und Verwendung von Programmgrößen. → Typinferenz versucht, aus der Verwendung alleine den Typ abzuleiten.

T. dienen der Erhöhung von Programmiersicherheit. Typfehler zeigen Programmfehler an, während umgekehrt → Typkorrektheit normalerweise nicht schon Programmkorrektheit impliziert. Diese Erhöhung von → Sicherheit muß in vielen herkömmlichen Sprachen mit statischer Typung mit einer starken Beschränkung der Flexibilität in der Programmierung erkauft werden. In diesen Sprachen (z. B. Pascal, Modula) wird Typisierung statisch gefordert, ohne daß eine ausreichend mächtige Sprache zur Definition von Typen bereitgestellt wird. Dies führte in der Vergangenheit dazu, daß für viele Anwendungsbereiche untypisierte Sprachen bzw. Sprachen mit dynamischer Typung (LISP) verwendet werden oder aber Sprachen wie C, in denen die Typisierung durch Löcher im T. aufgeweicht ist. Solche Löcher bergen allerdings erhebliche Sicherheitsrisiken. Eine Verbesserung in dieser Hinsicht bieten Sprachen mit polymorphen T. (→ Polymorphie), zu denen man auch die → objektorientierten Programmiersprachen rechnen kann.

Während bei in der Praxis verwendeten Sprachen Typkorrektheit nur ein notwendiges Kriterium für Programmkorrektheit darstellt, weil Typen nur eine grobe Obermenge der vom Programm tatsächlich berechneten Werte darstellen, gibt es auch Sprachen (→ Typtheorie), in denen die Typen die Rolle der → Spezifikation spielen. Hier ist ein Programm typkorrekt genau dann, wenn es die Spezifikation erfüllt. Solche T. können naturgemäß nicht rekursiv entscheidbar sein. Typtheorie ist daher mehr ein Konzept zur → Programmentwicklung denn zur Programmprüfung und -ausführung.

*Ganzinger*

**Typtheorie** ⟨type theory⟩. Bereits 1908 versuchte *Russell* die Paradoxa der Mengenlehre durch Typisierung zu vermeiden und führte so die erste T. ein. Komplexere T. entstanden aus dem Wunsch heraus, daß alle für die Mathematik und Informatik relevanten Objekte – z. B. Theoreme, Beweise, Funktionen, Programme, Spezifikationen – Objekte eines bestimmten → Typs sind. Eine T. ist ein formales System, dessen Regeln die Formation von Typen und von Objekten in diesen Typen festlegt im Stil eines → Typsystems. Somit stellt bereits der getypte → Lambda-Kalkül eine einfache T. dar. Die syntaktisch definierten Objekte des Ableitungssystems nennt man Urteile (judgements). Man unterscheidet dabei folgende Arten:

$\Gamma$ ok ($\Gamma$ ist ein korrekter Kontext),

$\Gamma = \Gamma'$ ($\Gamma$ und $\Gamma'$ sind gleiche Kontexte),

$\Gamma \vdash A$ type (A ist ein Typ im Kontext $\Gamma$),

$\Gamma \vdash x \in A$ (x ist ein Element vom Typ A im Kontext $\Gamma$),

$\Gamma \vdash A = B$ (A und B sind im Kontext $\Gamma$ gleiche Typen)

$\Gamma \vdash x = y \in A$ (x und y sind im Kontext $\Gamma$ gleiche Objekte vom Typ A).

Unter einem Kontext stelle man sich eine Liste von getypten Variablendeklarationen vor, wobei der Typ einer Variablen x von denjenigen Variablen abhängen kann, die vor x in der Liste erscheinen, z. B. $\Gamma \equiv x_1 : A_1, x_2 : A_2[x_1], \ldots, x_n : A_n[x_1, \ldots x_{n-1}]$.

Obige Notation deutet darauf hin, daß Typen von Objekten abhängen dürfen. Man spricht von abhängigen Typen (dependent types) wie das abhängige Produkt oder die Summe. Das abhängige Produkt verallgemeinert den Funktionstyp $A \to B$, indem der Typ B abhängig vom Argument x: A der Funktion gewählt werden darf, man schreibt $\pi x : A. B(x)$. Bei der Summe wird das kartesische Produkt $A \times B$ im obigen Sinne verallgemeinert. Hier kann der Typ B von der ersten Projektion des Produkts x: A abhängen, man schreibt $\Sigma x : A. B(x)$.

Dadurch sind Terme und Typen nicht mehr unabhängig voneinander definierbar. Die Kalküle und deren Semantik werden komplizierter als bei Typsystemen von herkömmlichen Programmiersprachen. Insbesondere ist die Typkorrektheit nicht mehr statisch überprüfbar, denn zur Typkorrektheit müssen bei abhängigen Typen eventuell Terme ausgewertet werden.

Die Regeln einer T. lassen sich schematisch in Gruppen gliedern:

☐ Formationsregeln (formation rules) für Kontexte und Typen, z. B. für das abhängige Produkt

$$\frac{\Gamma \vdash A \text{ type} \quad \Gamma, x : A \vdash B \text{ type}}{\Gamma \vdash \Pi x : A. B \text{ type}}.$$

B heißt in einem solchen Fall auch eine Familie von Typen (family of types).

☐ Für Objekte werden folgende Formationsregeln unterschieden:

– Einführungsregeln (introduction rules) entsprechen Konstruktoren für einen Typ, z. B.

$$\frac{\Gamma, x : A \vdash t \in B}{\Gamma \vdash \lambda x : A. t \in \Pi x : A, B}.$$

– Eliminationsregeln (elimination rules) entsprechen Destruktoren für einen Typ, z. B. die Applikation für Elemente aus $\Pi$-Typen:

$$\frac{\Gamma \vdash f \in \Pi x : A. B \quad \Gamma \vdash y \in A}{\Gamma \vdash f(y) \in B[y/x]}.$$

Ist B eine konstante Familie, so entspricht $\Pi x : A. B$ dem üblichen Funktionenraum $A \to B$.

☐ Gleichheitsregeln (equational rules). Diese werden auch manchmal in Form von Reduktionssystemen angegeben. Sie definieren den Berechnungsbegriff. Ein Beispiel ist die β-Regel (→ Lambda-Kalkül):

$$\frac{\Gamma, x : A \vdash t \in B \quad \Gamma \vdash s \in A}{\Gamma \vdash (\lambda x : A. t)(s) = t[s/x] \in B[s/x]}.$$

Im Unterschied zum einfach getypten Lambda-Kalkül muß hier auch im Typ B substituiert werden.

Damit das → Type Checking entscheidbar ist, muß das Reduktionssystem stark normalisierend sein, d. h., es darf keine unendlichen Reduktionssequenzen geben. Starke Normalisierungsbeweise sind für diese Theorien bisweilen sehr kompliziert. Eine generelle Methode (candidats de réductibilité) wurde von *Tait* (1966) erfunden und später für andere Systeme adaptiert.

Logische Formeln können als Typen aufgefaßt werden (Propositions-as-Types-Paradigma, *Curry-Howard*-Korrespondenz) und Objekte dieses Typs als Beweise. Das Beweisen reduziert sich auf das Programmieren eines Objekts, das den Typ bewohnt. Die Proposition $A \supset (B \supset A)$ wird etwa durch den Typ $A \to (B \to A)$ repräsentiert, und $\lambda x : A. \lambda y : B. x$ ist ein Term dieses Typs, also ein Beweisterm für die Proposition. Je nach Stärke der Theorie resultiert daraus ein Subsystem der intuitionistischen Logik höherer Stufe (minimale Logik, Aussagenlogik, Prädikatenlogik). Damit sind starke T. besonders geeignet als formale Metasysteme zur Programmentwicklung und Verifikation.

T. arbeiten mit sog. Universen. Ein Universum ist ein Typ, dessen Elemente wieder als Typen aufgefaßt werden können, z. B. das Universum der Propositionen Prop (in → *Martin-Löf*-Typtheorie auch mit Set bezeichnet), d. h. $\vdash$El(Set) type, oft wird das El einfach weggelassen. Man unterscheidet imprädikative Universen U, für die gilt ($\Pi x : U. M) \in U$ mit $M \in U$. In gewisser Weise ist die Definition von U zirkulär, denn zur Definition des Elements $\Pi x : U. M$ in U wird bereits über alle Elemente von U, insbesondere das gerade zu definierende (!), quantifiziert. Durch Einziehen von Schichten von Universen kann dies verhindert werden; man spricht von prädikativen Universen. Imprädikative Universen können trotzdem konsistent sein. Für imprädikative Produkte existieren nur sog. beweisirrelevante mengentheoretische Modelle, d. h., ein $A \in$ Set kann höchstens ein Element enthalten. Es gibt auch bereichstheoretische Modelle, bei denen allerdings jeder Set nichtleer ist, und auf Realisierbarkeit basierende Modelle, die nur berechenbare Funktionen zulassen.

Die bekanntesten T. sind → *Martin-Löf*-Typtheorie, → System F und diverse Ableger sowie der → Kalkül der Konstruktionen (Calculus of Constructions) und seine Derivate. Das AUTOMATH-Projekt unter der Leitung von *De Bruijn* Ende der 60er Jahre war der erste Versuch einer Formulierung von Programmen und Beweisen in einer T. Die AUTOMATH-Sprache enthält abhängige $(\Pi, \Sigma)$-Typen, aber keine Universen. Verschiedenste T. wurden inzwischen auch erweitert um Subtypes (Teiltypen), Intersection Types (Typen mit einem Schnittoperator), rekursive Typen usw.

*Reus/Wirsing*

Literatur: *Martin-Löf*: Intuitionistic type theory. Bibliopolis, Napoli 1984. – Ein durchaus einführendes Buch in die *Martin-Löf*sche Typtheorie ist *Nordström, B.; Petersson, K.; Smith, J. M.*: Programming in Martin Löf's type theory. Oxford Univ. Press, 1990. – *Oddifreddi, P.* (Ed.): Logic and computer science. Academic Press, 1990 enthält verschiedene Übersichtsaufsätze zu den genannten T. und ihrer Semantik und vermittelt auch Zusammenhänge. – Syntax und Semantik vermittelt auch *Hofmann, M.*: Syntax and semantics of dependent types. In: *Pitts, A. M.; Dybjer, P.* (Eds.): Semantics and logics of computation. Cambridge University Press, 1997.

**Typung, statische** ⟨*statical typing*⟩. Unter einer s. T. versteht man eine zur Übersetzungszeit berechnete Zuordnung von → Typen zu Programmgrößen gemäß eines gegebenen → Typsystems. S. T. ist unabhängig von den Programmdaten. Statisch getypte Programme können zur Laufzeit keinen Typfehler produzieren. Dementsprechend braucht man auch keinen → Code für Typberechnung und -überprüfung zur → Laufzeit zu generieren. S. T. erhöht die Programmiersicherheit, da Typfehler bereits vor Programmausführung gefunden werden. Da zur Laufzeit keine Typprüfung mehr stattfinden muß, bringen statische Typsysteme auch einen nicht unerheblichen Effizienzvorteil.

Nicht alle Typsysteme, die in Programmiersprachen Verwendung finden, erlauben eine s. T. Insbesondere ist die Methodensuche in einigen → objektorientierten Programmiersprachen (Smalltalk, z. T. auch in C++) dynamisch. Man spricht in diesem Zusammenhang von dynamischem → Binden.

S. T. ist entweder Typprüfung, bei der Konsistenz zwischen Deklaration und Applikation von Programmgrößen (z. B. Variablen) festgestellt werden muß, oder → Typinferenz, bei der ein Typ gesucht wird, der mit allen Verwendungen der Variablen im Einklang steht.

*Ganzinger*

# U

**UA** ⟨*UA (User Agent)*⟩ → X.400

**Übergang zu einem fehlerfreien Subsystem** ⟨*transition to a fault-free subsystem*⟩. Im Zusammenhang mit einem → fehlertoleranten Rechensystem eine Maßnahme der → Fehlerbehandlung. Das fehlerfreie Subsystem, zu dem übergegangen werden soll, wird den Ergebnissen der vorangegangenen → Fehlerdiagnose entsprechend durch → Rekonfiguration gebildet.
P. P. Spies

**Übergangsnetzwerk, erweitertes** ⟨*augmented transition network*⟩ → ATN

**Überlagerungsempfang** ⟨*heterodyne reception*⟩ → Empfänger

**Überlastkontrolle** ⟨*congestion control*⟩. Ermöglicht die Regulierung des übertragenen Datenvolumens in einem Kommunikationssystem, basierend auf den momentan zur Verfügung stehenden → Ressourcen in den Endsystemen einerseits (→ Flußkontrolle) und in den Zwischenknoten auf dem Weg vom Sender zum Empfänger andererseits (Überlastkontrolle).
Die Flußkontrolle dient der Bremsung eines zu schnellen Senders durch den Empfänger. Dies wird in paketorientierten → Netzwerken üblicherweise durch den Einsatz von Fenstermechanismen (sliding window) realisiert, wobei dem Sender eine maximale Anzahl unquittiert versendeter Datenpakete zugestanden wird. Beim Eintreffen positiver → Quittungen durch den Empfänger kann das Fenster entsprechend der Anzahl quittierter → Pakete weitergeschoben werden. Bleiben Quittungen aus, wird die Sendung weiterer → Nachrichten unterbunden. Beispiele für → Protokolle, die Fenstermechanismen einsetzen, sind das High Level Data Link Control Protokol (→ HDLC) und, allerdings auf Byte- statt auf Paketbasis, das Transmission Control Protocol (→ TCP) im → Internet.
Bei der Ü. liegt der Engpaß auf Netzseite, und es muß versucht werden, die zur Verfügung stehende Netzbandbreite in fairer Weise auf eine möglichst große Anzahl von potentiellen Sendern zu verteilen. Hier werden prinzipiell drei Verfahren eingesetzt:
– Die einfachste Form besteht im gezielten Verwerfen von Paketen, wodurch akute Überlastsituationen abgebaut werden können. Problematisch ist, daß durch Paketverwerfungen üblicherweise auch Paketwiederholungen induziert werden und somit die Überlastsituation nur auf einen späteren Zeitpunkt verschoben wird. Applikationen wie Video oder Sprache tolerieren allerdings ein gewisses Maß an Paketverlusten, das man sich zunutze machen kann.
– Bei Kreditverfahren wird einem sendenden Prozeß in gewissen zeitlichen Abständen die Sendung von Paketen ermöglicht. Dies kann z. B. über Genehmigungen (Permits) erreicht werden, die zum Senden von Paketen akquiriert werden müssen und beim Empfang von Paketen wieder freigegeben werden (isarithmetische Überlastkontrolle).
– Registrierungsverfahren handeln die von einem Sender nutzbare Netzkapazität in der Verbindungsaufbauphase aus und können so z. B. durch Verbindungsablehnungen oder durch das Herunterfahren des garantierten Mindestdurchsatzes einzelner Verbindungen auf aktuelle Überlastsituationen im Netz reagieren.
Neuere Überlastkontrollmechanismen wie der Leaky-Bucket-Algorithmus, der bei → ATM-Netzen in Verbindung mit Registrierungsverfahren eingesetzt wird, zielen dagegen hauptsächlich auf eine Glättung des beim Sender eingespeisten Verkehrsflusses ab (traffic shaping). Damit können zum einen netzseitig zukünftige Verkehrsmuster besser abgeschätzt werden, und zum anderen können Überlastspitzen, die durch die kurzfristige Addition mehrerer Hochlastsituationen auf einzelnen Verbindungen entstehen, vermieden werden.
Fasbender/Spaniol
Literatur: *Partridge, C.*: Gigabit networking. Addison-Wesley, 1994. – *Halsall, F.*: Data communications, computer networks and open systems. 3rd Edn. Addison-Wesley, 1992.

**Überlastverhalten** ⟨*overload behavior*⟩. Funktionelles und zeitliches Verhalten von Systemen, deren Übertragungs-, Speicher- oder Verarbeitungskapazität den momentanen Anforderungen nicht gerecht wird. Solche Überlastsituationen treten auf in:
□ *Übertragungsnetzen.*
– Bei leitungsvermittelten Übertragungsdiensten (z. B. Telephondienst) reagiert das System auf Überlastsituationen (z. B. zu wenig Leitungen auf einem Übertragungsabschnitt) mit der Rückmeldung „belegt".
– Bei paketvermittelten Übertragungsdiensten tritt der Überlastfall vor allem dann auf, wenn in den Vermittlungsrechnern nicht mehr genug Speicher für die Paket- → Warteschlange vorhanden ist. Eine → Flußkontrolle sorgt dann dafür, daß keine Pakete mehr zu dem Vermittlungsknoten gelangen; für den Teilnehmer ergibt sich als Ü. ein schlechterer Durchsatz (weniger Pakete/Zeit).
– In lokalen Netzen entscheidet das Medium-Access-Control(MAC)-Verfahren über das Ü. Während bei

TDMA- oder Token-Bus/Token-Ring-Verfahren ein kontrolliertes Ü. erreicht wird (jeder Teilnehmer erhält auch in Überlastsituationen seinen Anteil an der Übertragungskapazität, bei hoher Last werden nur die Übertragungszeiten länger), führt das bei „Ethernet" eingesetzte CSMA/CD-Verfahren bei hoher Last wegen der zunehmenden Zahl von Kollisionen (bei denen die Übertragungskapazität ungenutzt bleibt) zu einem sehr schlechten Ü., die erreichbare Übertragungskapazität sinkt, die Wartezeiten steigen extrem an.

☐ *Multiprogramming-Systeme* (→ Mehrprogrammbetrieb), bei denen für die gerade aktiven Rechenprozesse nicht genug Speicher(-Seiten) vorhanden sind, wodurch eine besonders hohe Seitenwechselaktivität ausgelöst wird (thrashing). Das Ü. zeigt sich dadurch, daß die Verarbeitungskapazität besonders für die Rechenprozesse mit niedriger Priorität stark abnimmt.

☐ *Transaktionsorientierten Informationssystemen* (z. B. Auskunfts- oder Buchungssystemen). Überlastsituationen sind hier gekennzeichnet durch die Anforderung von mehr Transaktionen, als das System aufgrund seiner Verarbeitungskapazität oder Plattenbandbreite leisten kann. Dabei nehmen die Wartezeiten zu (z. B. bei der Kreditkartenverifikation in der Haupt-Checkout-Zeit der Hotels), sie stabilisieren sich jedoch wegen der begrenzten Teilnehmerzahl.

☐ → *Realzeitsystemen*. Diese sollten eigentlich so ausgelegt sein, daß sie auch im „worst case" alle → Realzeitbedingungen einhalten; unvorhergesehene Überlastsituationen dürften damit nicht eintreten. Bei Realzeitsystemen mit weichen Realzeitbedingungen führt eine Überlastsituation zur Verlängerung der → Antwortzeiten. In manchen Systemen werden Lastabwurfstrategien eingesetzt (z. B. unkritische Rechenprozesse beendet oder alternative Algorithmen mit geringer Rechenarbeit – z. B. Default-Werte – verwendet).

*Färber*

**Überlebenswahrscheinlichkeit** ⟨*reliability*⟩. Die Ü. eines → Systems ist die Wahrscheinlichkeit dafür, daß das System für ein Zeitintervall gegebener Länge intakt bleibt. Sie ist eine lebenszeitorientierte → Zuverlässigkeitskenngröße und damit primär für → Einphasensysteme von Interesse. Sei S ein Einphasensystem mit der → Lebenszeit L, deren Verteilung mit dem W-Maß P durch die Verteilungsfunktion $F(x) = P\{L \leq x\}$ für alle $x \in \mathbb{R}_+$ definiert ist. Dann ist $R(x) = P\{L > x\} = 1 - F(x)$ für alle $x \in \mathbb{R}_+$ die Ü. von S zur Zeit x. Wenn das System S für die Ausführung einer Berechnung, die $b \in \mathbb{R}_+$ Zeiteinheiten dauert, eingesetzt werden soll, dann ist also $R(b)$ die Wahrscheinlichkeit dafür, daß S die Berechnung vollständig ohne Defekt ausführen kann. Sei nun B die Dauer der auszuführenden Berechnung, und B sei eine stochastische Variable mit Werten aus $\mathbb{R}_+$; dann ist gefordert, daß $L > B$ gilt. Mit der Verteilungsfunktion G von B ergibt sich $P\{L > B \mid B = b\} = R(b)$ und daraus

$$P\{L > B\} = \int_0^\infty R(b)\,dG(b).$$

Wenn für $x_0 \in \mathbb{R}_+$ bekannt ist, daß $L > x_0$ gilt, und S von $x_0$ an benutzt werden soll, dann interessiert die *bedingte Ü.* von S zur Zeit x nach $x_0$, die durch $P\{L - x_0 > x \mid L > x_0\}$ definiert ist. Dabei gilt $P\{L - x_0 > x \mid L > x_0\} = 1 - P\{L - x_0 \leq x \mid L > x_0\} = 1 - F_{x_0}(x)$ für alle $x_0, x \in \mathbb{R}_+$ mit der Verteilungsfunktion $F_{x_0}$ der → Restlebenszeit von S zur Zeit $x_0$. *P. P. Spies*

**Überlebenswahrscheinlichkeit, bedingte** ⟨*conditional reliability*⟩ → Überlebenswahrscheinlichkeit

**Überprüfung durch Beobachtung** ⟨*validation by observations*⟩ → Validierung

**Überprüfung durch Experimente** ⟨*validation by experiments*⟩ → Validierung

**Übersetzer** ⟨*compiler*⟩. → Programme in → Programmiersprachen werden nicht unmittelbar von → Rechnern verstanden. Sie müssen erst in die Maschinensprache von Rechnern übersetzt werden. Diese Aufgabe erledigt ein Ü. Das zu übersetzende Programm heißt Quellprogramm, die Programmiersprache, in der es geschrieben ist, die Quellsprache. Das zu erzeugende Maschinenprogramm nennt man Zielprogramm und die Sprache Zielsprache.

Eine Anforderung an einen Ü. ist, daß er jedes Quellprogramm in ein äquivalentes Zielprogramm übersetzt. Dabei heißt Äquivalenz, daß beide Programme dasselbe Ein-/Ausgabeverhalten, d. h. dieselbe → Semantik haben. Die Zeit, zu der die Übersetzung geschieht, heißt Übersetzungszeit. Das erzeugte Zielprogramm wird zu einer auf die Übersetzungszeit folgenden Zeit, genannt Laufzeit, mit Eingabedaten ausgeführt. Ü. haben eine bewährte modulare Struktur (→ Übersetzerstruktur, → Compiler). *Wilhelm*

Literatur: *Wilhelm, R.* und *D. Maurer*: Übersetzerbau – Theorie, Konstruktion, Generierung, 2. Aufl. Berlin–Heidelberg 1997. – *Kastens, U.*: Übersetzerbau. München–Wien 1990.

**Übersetzerstruktur** ⟨*compiler structure*⟩. → Übersetzer für → Programmiersprachen sind große, komplexe → Software-Systeme. Glücklicherweise haben sie eine sehr gut definierte → Funktionalität, beruhen auf gut entwickelten theoretischen Grundlagen und sind gemäß bewährten Strukturierungsprinzipien modular gegliedert.

Die im folgenden vorgestellte Ü. ist eine konzeptionelle Struktur, d. h., sie identifiziert die Teilaufgaben der Übersetzung einer Quellsprache in eine Zielsprache und legt mögliche → Schnittstellen zwischen den → Moduln fest, die jeweils eine solche Teilaufgabe realisieren. Die reale Modulstruktur des Übersetzers wird später aus dieser konzeptionellen Struktur durch Aufspaltung oder Zusammenfassung von Moduln abgeleitet.

Die erste Grobstrukturierung des Übersetzungsprozesses ist die Einteilung in eine Analysephase und eine Synthesephase. In der Analysephase werden die syntaktische Struktur (→ Syntax) und ein Teil der semantischen Eigenschaften des Quellprogramms berechnet. Die von einem Übersetzer berechenbaren semantischen Eigenschaften nennt man die *statische Semantik*. Sie umfaßt alle semantische Information, die man nur aufgrund des vorliegenden → Programms, also ohne die Ausführung mit Eingabedaten, herausfinden kann. Die Analysephase hat als Ergebnis entweder Meldungen über im Programm vorhandene syntaktische oder semantische Fehler – d. h. eine Zurückweisung des Programms – oder eine geeignete Darstellung der syntaktischen Struktur und der statischen Eigenschaften des Programms. Die Synthesephase eines Übersetzers bekommt diese Programmdarstellung und wandelt sie in evtl. mehreren Schritten in ein äquivalentes Zielprogramm um (Bild).

Der Übersetzungsprozeß zerfällt dabei in eine Folge von Teilprozessen. Jeder Teilprozeß erhält eine Darstellung des Programms und produziert eine weitere Darstellung anderen Typs oder gleichen Typs, aber modifizierten Inhalts. Die Teilprozesse sind durch Kästen dargestellt, in denen der Name für die von dem Prozeß geleistete Übersetzerteilaufgabe steht und zusätzlich der Name eines entsprechenden Moduls, wenn ein solcher eingeführt ist.

Die modulare Struktur ist durch folgende Eigenschaften charakterisiert:
– der Übersetzungsprozeß ist in eine Folge von Teilprozessen gegliedert;
– jeder Teilprozeß kommuniziert mit seinem Nachfolger ohne Rückkopplung; der Informationsfluß geht nur in eine Richtung;
– die Zwischendarstellungen des Quellprogramms sind teilweise durch Mechanismen aus der Theorie der formalen Sprachen beschreibbar; z. B. reguläre Ausdrücke, kontextfreie Grammatiken (→ Syntax) und → Attributgrammatiken;
– die Aufteilung von Aufgaben auf Teilprozesse basiert teilweise auf der Korrespondenz zwischen den zitierten Beschreibungsmechanismen und Automatenmodellen (→ Automatentheorie), teilweise wurde sie pragmatisch vorgenommen, um eine komplexe Aufgabe in zwei getrennt besser beherrschbare Teilaufgaben zu zerlegen. *Wilhelm*

Literatur: *Wilhelm, R.* und *D. Maurer*: Übersetzerbau – Theorie, Konstruktion, Generierung. Berlin–Heidelberg 1992. – *Kastens, U.*: Übersetzerbau. München–Wien 1990.

**Übertragung, asynchrone** ⟨*asynchronous transmission*⟩ → Synchronisation

**Übertragung, digitale** ⟨*digital transmission*⟩. Übertragung von digitalen Signalen; hierbei repräsentieren die Signalparameter eine → Nachricht, die ausschließlich aus → Zeichen eines endlichen Zeichenvorrats bestehen. D. Ü. bezeichnet aber auch allgemeiner den Austausch beliebiger zeit- und wertdiskreter → Signale. Die Übertragung digitaler Signale erfolgt häufig durch → Modulation. *Fasbender/Spaniol*

Literatur: *Lücke, H. D.*: Signalübertragung. 4. Aufl. Springer, Berlin 1990.

**Übertragung, parallele** ⟨*parallel transmission*⟩. Zeitgleiche Übertragung mehrerer – zusammengehöriger – Informationen über verschiedene Datenwege (im Gegensatz zur → Seriellübertragung; s. auch → Parallelübertragung). Sollen z. B. alle acht Bits „01000001"

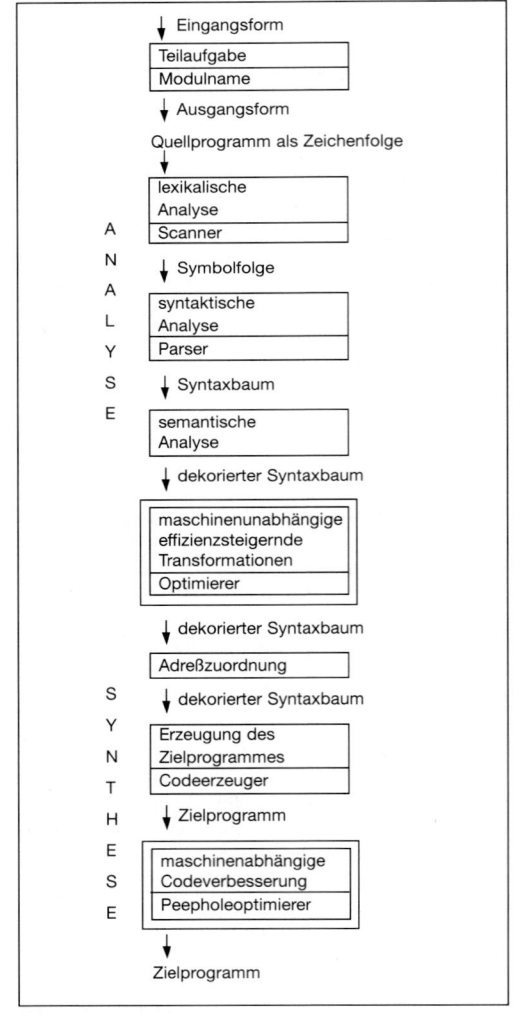

*Übersetzerstruktur: Konzeptionelle Ü. mit Programmzwischendarstellungen; optionale Moduln sind doppelt umrandet*

des ASCII-Zeichens „A" (nach DIN 66003) zeitgleich übertragen werden, so kann dies durch acht parallele Leitungen oder durch acht verschiedene Modulationsfrequenzen (→ Modulation) auf einer einzigen → Leitung realisiert werden. Insbesondere Rechnerbusse arbeiten mit p. Ü. (z. B. 32 bit parallel).

*Quernheim/Spaniol*

**Übertragung, serielle** ⟨serial transmission⟩ → Seriellübertragung

**Übertragung, synchrone** ⟨synchronous transmission⟩ → Synchronisation

**Übertragungsmedium** ⟨transmission medium⟩. Träger von → Signalen zum Austausch von Informationen zwischen Kommunikationspartnern. Einige der gebräuchlichsten Ü. werden im folgenden kurz beschrieben:
□ *Luft/Vakuum (Äther)*. Dieses Medium findet für terrestrische Funknetze (z. B. → WLAN oder Mobilfunknetze) und für die → Satellitenkommunikation Verwendung. Die verfügbaren Funkkanäle haben im Idealfall eine sehr niedrige Bitfehlerrate (besser als $10^{-8}$), die allerdings von der → Dämpfung des Kanals und vielen anderen Faktoren wie Mehrwegeausbreitung, Abschattung und anderen Störeinflüssen abhängig ist. Als Resultat kann z. B. bei geostationären Satelliten, die im 12/14-GHz-Bereich senden, die Fehlerrate bei Niederschlägen sehr stark schwanken.
□ *Verdrilltes Kabel* (Twisted Pair). Das verdrillte Kabel ist das Standardmedium für herkömmliche Telephonnetze, es wird jedoch auch für lokale Datennetze immer populärer. Im Vergleich zu Koaxialkabel bzw. Glasfaser ist das verdrillte Kabel mechanisch unbeständiger und anfälliger gegen äußere elektromagnetische Einflüsse. Vorteilhaft ist dagegen, daß sich der Anschluß von → Endgeräten an verdrilltes Kabel sowie dessen Verlegung leichter gestalten als bei anderen Medien. Verdrillte Kabel eignen sich daher besonders zur Verkabelung innerhalb von Gebäuden (Sterntopologie, → Stern, → Topologie). Im Fall digitaler Übertragung (→ Übertragung, digitale) liegt die maximal erreichbare Übertragungsrate mittlerweile im Bereich von 100 Mbit/s. Die Signale breiten sich mit ca. 2/3 der Lichtgeschwindigkeit über das Medium aus.
□ *Koaxialkabel*. Das Koaxialkabel ist das z. Z. gebräuchlichste Übertragungsmedium für lokale Netze (→ LAN). Es können Daten mit einer Rate von mehreren hundert Mbit/s übertragen werden. Das Koaxialkabel besitzt bessere mechanische und elektromagnetische Eigenschaften als verdrilltes Kabel, die mittlere Bitfehlerrate liegt im Bereich von $10^{-9}$. Die Signalausbreitungsgeschwindigkeit beträgt etwa 77% der Lichtgeschwindigkeit. In der Datenkommunikation (→ Kommunikationstechnik) werden derzeit hauptsächlich zwei Typen von Koaxialkabeln eingesetzt:

– 75-Ohm-CATV-Kabel. Dieser Typ ist der US-Standard für Bewegtbildübertragung (Kabelfernsehen). Er wird für breitbandige Übertragung (→ Breitband) eingesetzt.
– 50-Ohm-Kabel für Basisbandübertragung (→ Basisband). Ein populäres Beispiel hierfür ist → Ethernet.
□ *Glasfaser*. Die verwendeten Wellenlängen liegen in der Größenordnung von 1000 nm, was einer Frequenz von 300 Hz entspricht. Zur Zeit werden Übertragungsraten im Gigabitbereich erreicht. Die Ausbreitungsgeschwindigkeit des Signals liegt unter 2/3 der Lichtgeschwindigkeit. Glasfaser hat sich insbesondere zur Verkabelung von Hochgeschwindigkeitsnetzen und Wide Area Networks (WAN) durchgesetzt (→ ATM, → FDDI).

*Fasbender/Spaniol*

Literatur: Halsall, F.: Data communications, computer networks and open systems. 3rd Edn. Addison-Wesley, 1992. – Collin, R. E.: Antennas and radiowave propagation. McGraw-Hill, 1985. – Geckeler, S.: Lichtwellenleiter für die optische Nachrichtenübertragung. Springer, Berlin 1986.

**Übertragungsprotokoll** ⟨transmission protocol⟩. In der → Datenübertragung ist es notwendig, feste Regeln für die zeitliche Reihenfolge eines Nachrichtenaustauschs zu vereinbaren. Derartige Regeln werden z. B. in den Dienstspezifikationen der einzelnen → Ebenen des → OSI-Referenzmodells beschrieben. Die Ü. stellen dann eine mögliche Realisierung dieser → Dienste dar (→ FTAM, → MHS, VTAM, → CASE, → V-Serie, → X-Serie, → TCP/→ IP).

*Fasbender/Spaniol*

**Übertragungsrate** ⟨transmission rate⟩ → Bitrate

**Überzeugungssystem** ⟨belief system⟩. → System zur Repräsentation von subjektivem Wissen, inklusive Prozeduren zum Wissenserwerb und zur Wissensverwaltung. Im Gegensatz zur → Wissensrepräsentation im üblichen Sinn geht es bei einem Ü. besonders um Probleme mit unvollständigem oder hypothetischem Wissen von Individuen. Ü. spielen in zahlreichen Anwendungen der → Künstlichen Intelligenz (KI) eine wichtige Rolle, z. B. in Dialogsystemen, Planungssystemen, Beratungssystemen sowie bei der → Modellierung menschlichen Verhaltens in der Kognitionswissenschaft.

Wissensrepräsentation in Ü. berührt verschiedene philosophische Probleme, insbesondere in den Bereichen Epistemologie, Sprachphilosophie und → Logik. Wie soll z. B. eine Aussage wie die folgende repräsentiert werden?

„Karl glaubt, daß Otto von ihm glaubt, er habe ihm absichtlich eine falsche Telefonnummer von Ingrid gegeben".

Ein wichtiges Konzept von Ü. besteht darin, Überzeugungsräume (auch Kontexte, Sichten genannt) gegeneinander abzugrenzen. Beispielsweise sind die Überzeugungen von Otto im Beispiel ein Überzeugungsraum innerhalb der Überzeugungen von Karl. Zu den relevanten Theorien gehören epistemische Logik, insbesondere Modallogiken, sowie psychologisch begründete Theorien, z. B. die Sprechakttheorie. Das System PARRY (*Colby*, 1971) ist ein psychologisch basiertes Ü., das einen Paranoiden simuliert.

*Neumann*

**UDP** ⟨*UDP (User Datagram Protocol)*⟩. → Protokoll, das in seiner → Funktionalität der → Transportebene im → OSI-Referenzmodell zuzuordnen ist. Im Gegensatz zu → TCP ist UDP ein projektorientiertes Ende-zu-Ende-Protokoll. Es bietet einen unzuverlässigen, unquittierten (best effort) Transportdienst zwischen Applikationsprozessen im → Internet. Der geringe Funktionsumfang von UDP, der im Prinzip nur in der Weiterreichung der Applikationspakete an die Netzwerkebene und der Adressierung der Prozesse über Portnummern besteht, ermöglicht anders als bei TCP eine sehr schnelle Bearbeitung der → Pakete bei Sender und Empfäger. Daher eignet sich dieses Protokoll gut für realzeitkritische Anwendungen, die eine gewisse Rate an fehlerhaften Paketen tolerieren können (z.B. Audio und unkomprimiertes Video) sowie für transaktionsorientierte Anwendungsprotokolle wie → RPC.

*Fasbender/Spaniol*

**UDR-Kanal** ⟨*unidirectional rendezvous channel*⟩.
→ Betriebssystem, prozeßorientiertes

**UDR-Konzept** ⟨*unidirectional rendezvous concept*⟩.
→ Betriebssystem, prozeßorientiertes

**UIMS** ⟨*UIMS (User Interface Management System)*⟩. UIMS oder auch Dialogmanagementsysteme sind die Antwort der Informatiker auf die steigenden Anforderungen und die Komplexität moderner graphischer → Benutzerschnittstellen. Sie basieren im wesentlichen auf dem → *Seeheim*-Modell und ermöglichen – gemessen an der gewünschten → Funktionalität – eine effiziente Realisierung leistungsfähiger Benutzerschnittstellen.

UIMS bestehen üblicherweise aus zwei Teilen: einem Werkzeug zur Off-line-Gestaltung der Benutzerschnittstelle und einem → Laufzeitmodul, der die externen → Spezifikationen verarbeiten kann.

Die Struktur des Laufzeitmoduls orientiert sich bei den bekannten UIMS praktisch ausnahmslos am *Seeheim*-Modell. Unterschiede bestehen v. a. in der Art und Weise der Dialogentwicklungswerkzeuge.

Voraussetzung für ein UIMS ist, daß der Laufzeitmodul sowohl formale Beschreibungen des statischen Layouts der Benutzerschnittstelle als auch das dynamische Verhalten der → Schnittstelle verarbeiten kann. Dazu kommt für den Einsatz als → Mensch-Prozeß-Schnittstelle noch die Forderung nach einer möglichst einfachen Anbindung komplexer Anwendungsfunktionen und eine formalisierbare Beschreibung der Komponenten zur → Prozeßvisualisierung.

Die Komponenten eines typischen UIMS (System TeleUSE) sind im Bild illustriert. Der VIP-Editor

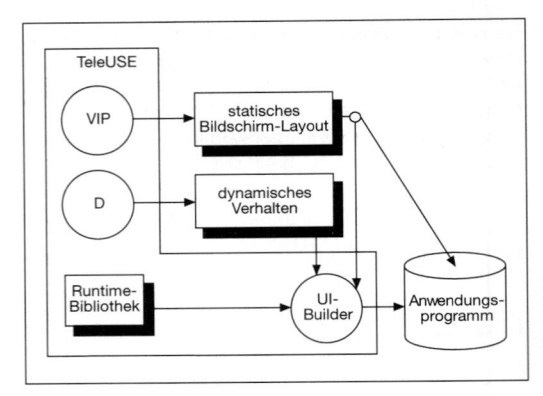

*UIMS: Struktur eines typischen Systems (TeleUSE)*

erlaubt das Generieren des graphischen → Layout und das hierarchische Strukturieren der Benutzerschnittstellen-Elemente. Der D-Sprachmodul realisiert eine ereignisgetriebene, regelbasierende Sprache zur Verbindung der Anwendung mit der Benutzerschnittstelle. Damit kann das dynamische Verhalten (→ Dialogkontrolle) beschrieben und getestet werden. Die Runtime-Bibliothek beinhaltet Funktionen zur Ablaufsteuerung der Benutzerschnittstelle, und der UI-Builder erzeugt das ablauffähige Benutzerschnittstellen-Programm.

Bisherige UIMS ermöglichen es praktisch nicht, daß ein Endnutzer die erzeugte graphische Benutzerschnittstelle individuell anpassen kann. Dazu ist jedes Mal ein Off-line-Prozeß durch den Schnittstellendesigner erforderlich. Außerdem erfordert die Anbindung von Anwendungsfunktionen an die Benutzerschnittstelle immer noch einen beträchtlichen Systemprogrammieraufwand.

Eine grundlegende Problemstellung beim Aufbau von UIMS ist die Modellierbarkeit von Objekten (Module), die im Kontext der Aufgabenstellung des Benutzers sinnvolle Einheiten bilden und nicht nur eine graphische → Präsentation beschreiben. Beispielsweise kann eine Werkzeugmaschine in einem Fertigungssystem durch ein Piktogramm, eine dynamische Vektorgraphik oder durch ein Fenster mit einer Liste der aktuellen Arbeitsaufträge – u. U. auch gleichzeitig – dargestellt werden. Für den Aufbau eines UIMS ergibt sich deshalb u. a. die Schlußfolgerung, daß Schnittstellenobjekte zur Laufzeit dynamisch generierbar sind und sich die Objektbeschreibung an der konkreten Benutzeraufgabe orientieren muß.

Der Einsatz eines UIMS schafft prinzipiell folgende Vorteile:
– Aufwand und Kosten für die Entwicklung und Änderung graphisch-interaktiver Benutzerschnittstellen können deutlich gesenkt werden.
– Komponenten für Benutzerschnittstellen werden zu eigenständigen Produkten, deren Qualität auch der Evaluation durch den Markt unterworfen ist.

– Es werden neue Vorgehensweisen zur Systemgestaltung wie schnelles → Prototyping, die eine stärkere Einbeziehung des Benutzers und eine frühzeitige Systemevaluation ermöglichen, unterstützt.
– Sie erhöhen die Änderungsfreundlichkeit der Benutzerschnittstelle, so daß erforderliche Verbesserungen erst dadurch in der Praxis realisiert werden können.
– UIMS und die zugrundeliegenden Bausteine bewirken eine stärkere Standardisierung und damit eine verbesserte → Konsistenz der Benutzerschnittstelle.
– Falls die Beschreibung der Benutzerschnittstelle in geeigneter Weise dem Benutzer zugänglich gemacht wird, kann der Endnutzer off line die Schnittstelle an seine Bedürfnisse zumindest inkrementell anpassen bzw. projizieren. Diese Möglichkeit wird besonders bei funktional hochintegrierten Systemen bedeutsam, die sehr flexible Anwendungsanforderungen unterstützen.

Die Entwicklung aufgabenbezogener UIMS führt dazu, daß ein größerer Anteil der Gesamtanwendung im UIMS lokalisiert ist. Dies bezieht sich insbesondere auf diejenigen Teile der Anwendung, die die Kontrollstruktur bei der Aufgabenbearbeitung durch den Benutzer betreffen. Diese Strukturierung steht im Einklang mit der zunehmenden Anforderung, den Benutzer nicht nur durch das Zugänglichmachen von → Interaktions-Techniken und geeigneten Informationsdarstellungen zu unterstützen, sondern auch Hilfsmittel zur eigentlichen Aufgabenbearbeitung in der Benutzerschnittstelle bereitzustellen. *Langmann*

Literatur: TeleUSE users guide. Fa. Telesoft, Brüssel 1991. – *Hasselhof, D.*: Geregelte Gesprächsführung. iX (1992) 7, S. 38–41. – *Myers, B.*: User interface tools: Introduction and survey. IEEE Software 6 (1989) 1, pp. 15–23.

**$U_{k0}$-Schnittstelle** ⟨$U_{k0}$ *interface*⟩. Eine → Schnittstelle des → ISDN zwischen digitaler Ortsvermittlung und dem benutzerseitigen Netzabschluß NT. An dieser Schnittstelle steht eine Übertragungsrate von 192 kbit/s zur Verfügung, die sich auf zwei → B-Kanäle mit jeweils 64 kbit/s, einen D-→ Kanal mit 16 kbit/s und 48 kbit/s für Synchronisierungsinformationen aufteilt. *Jakobs/Spaniol*

**Umgebung** ⟨*environment*⟩ → Zustand

**Umgebung eines Systems** ⟨*environment of a system*⟩ → System

**Umgebungslicht** ⟨*ambient light*⟩. Bezeichnet in der Computergraphik die Lichtintensität, die dafür sorgt, daß auch Oberflächen, die von keiner → Lichtquelle direkt angestrahlt werden (d. h. im → Schatten liegen), Licht in Richtung des Betrachters reflektieren können und somit sichtbar sind. Physikalisch läßt sich das Phänomen, daß auch auf abgeschattete Flächen noch Licht einfällt, mit Mehrfachreflektionen im Raum erklären. In der Computergraphik wird das U. im allgemeinen mit einer konstanten → Intensität, die in alle Richtungen wirkt, approximiert. Diese beträgt üblicherweise 5% bis 20% der in der → Szene vorkommenden maximalen → Helligkeit. Seit neuestem ist ein Verfahren unter dem Namen *Radiosity Approach* bekannt, das die grobe Approximation durch die explizite Berechnung der Mehrfachreflektionen ersetzt. Dieses Verfahren ist allerdings sehr zeit- und rechenintensiv. *Encarnação/Joseph*

**Umschaltzeichen** ⟨*shift character*⟩. → Steuerzeichen, mit dessen Hilfe man zwischen verschiedenen Bedeutungen von → Codesymbolen umschalten kann (→ Codeerweiterung). *Schindler/Bormann*

**UMTS** ⟨*UMTS (Universal Mobile Telecommunications System)*⟩. Als Nachfolger der zweiten Generation digitaler mobiler Kommunikationssysteme wie → GSM ist mit UMTS die dritte Generation geplant, die neben einer Verbesserung der Qualität der Sprachübertragung die Integration von Satelliten-, drahtloser Tele- und Datenkommunikation zum Ziel hat. Die europäische Standardisierung von UMTS wird seit 1991 vom → ETSI durchgeführt. Auf internationaler Ebene wird dieses System unter der Bezeichnung → FPLMTS von der → ITU standardisiert. Mit einer Einführung erster Systeme ist erst vom Jahr 2000 an zu rechnen.

UMTS wird u. a. die → Dienste des Schmalband- → ISDN anbieten und Universal Personal Telecommunications (→ UPT) unterstützen. Als → Backbone-Netzwerk für UMTS soll Breitband-ISDN (→ B-ISDN) genutzt werden. Im Gegensatz zu GSM soll die dienst- und mobilitätsspezifische Signalisierung durch ein intelligentes Netz (→ IN) realisiert werden. Um flexibel unterschiedlichen Kommunikationsanforderungen und Umgebungsbedingungen angepaßt werden zu können, spezifiziert UMTS eine hierarchische Zellstruktur aus Makrozellen (Radius von mehreren Kilometern), Mikrozellen (Radius ca. 100 bis 200 m) und Pikozellen (wenige Meter Radius, z. B. 20 m), die ineinander verschachtelt sein können. In verschiedenen Zelltypen sind unterschiedliche Datenraten möglich, um die angestrebte Bandbreite an Diensten zu gewährleisten (z. B. in Makrozellen weniger als 500 kbit/s, in Mikrozellen bis zu 2 Mbit/s und in Pikozellen innerhalb von Gebäuden bis zu 8 Mbit/s). Zur Funkübertragung in UMTS (bzw. FPLMTS) wurden 1992 die Frequenzbereiche 1885 bis 2025 MHz und 2110 bis 2200 MHz von der World Administrative Radio Conference (WARC) identifiziert. Dabei ist ein Spektrum von 2×30 MHz für die Satellitenkomponente von UMTS festgelegt (1980 bis 2010 MHz uplink und 2170 bis 2200 MHz downlink). *Hoff/Spaniol*

Literatur: *Chia, S.*: The universal mobile telecommunication system. IEEE Communications Mag. (1992). – *Rapeli, J.*:

UMTS: Targets, system concept, and standardization in a global framework. IEEE Personal Communications Mag. (1995).

**Unabhängigkeit** ⟨*independence*⟩. Zwei Ereignisse A und B heißen voneinander unabhängig, wenn die → Wahrscheinlichkeit, daß A eintritt, gleich der bedingten Wahrscheinlichkeit ist, daß A eintritt unter der Bedingung, B ist eingetreten. Formal: w(A) = w(A/B) oder (Produktsatz) w(AB) = w(A) · w(B).

In Verallgemeinerung heißen zwei Zufallsvariable X und Y voneinander unabhängig, wenn gilt:

w(X ≤ x; Y ≤ y) = w(X ≤ x) · w(Y ≤ y) für alle x und y.

*Beispiel*
Würfelt man zweimal mit einem Würfel, so ist das Ergebnis des zweiten Wurfes unabhängig vom Ergebnis des ersten Wurfes. Zieht man dagegen aus einem Kartenspiel mit 32 Karten nacheinander 2 Karten ohne Zurücklegen, so ist das Ergebnis der zweiten Karte nicht unabhängig, sondern abhängig vom Ergebnis der ersten Karte.

Unabhängige Zufallsvariable sind immer unkorreliert, d.h., der Korrelationskoeffizient hat den Wert 0. Die U. ist ein sehr wichtiger Begriff in der → Statistik und ist sowohl bei der Definition von Verteilungen (z.B. → Chi-Quadrat-Verteilung) als auch bei bedeutenden Sätzen (z.B. → Grenzwertsatz, zentraler) ein entscheidender Faktor. *Schneeberger*

**UND-ODER-Graph** ⟨*AND-OR graph*⟩. Gerichteter → Graph, dessen Knoten mit UND- oder ODER-Kanten verbunden sind. U.-O.-G. stellen die formale Struktur von Problemlösungen durch → Problemreduktion dar. Ein Knoten mit UND-Nachfolgern (Bild 1 a) entspricht einer Zerlegung eines Problems in Teilprobleme, die alle gelöst werden müssen. ODER-Nachfolger eines Knotens (Bild 1 b) stellen alternative Transformationen eines Problems dar, von denen nur eines gelöst werden muß.

Ein U.-O.-G. (hier ein Baum) für ein einfaches Transformationsproblem wird in Bild 2 dargestellt. Eine Zeichenkette (ABC) ist mit Hilfe von vier Ersetzungsregeln in eine andere Kette (XX...) zu transformieren. Die UND-Verzweigungen stehen für die Zerlegung einer Kette in Einzelzeichen. ODER-Verzweigungen entstehen, wenn mehr als eine Ersetzungsregel anwendbar ist.

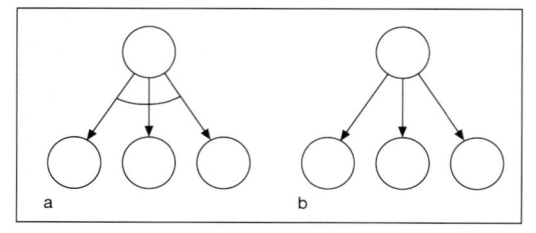

*UND-ODER-Graph 1: a. UND-Nachfolger, b. ODER-Nachfolger*

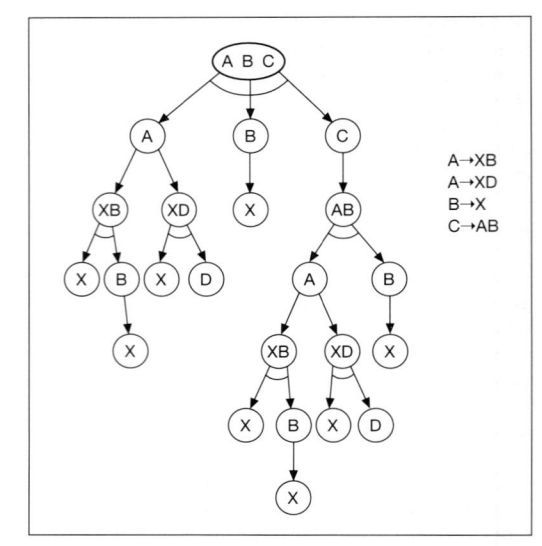

*UND-ODER-Graph 2: UND-ODER-Baum für ein Transformationsproblem*
*Neumann*

**Unentscheidbarkeit** ⟨*undecidability*⟩ → Entscheidbarkeit

**Unicast** ⟨*unicast*⟩. 1:1-Kommunikation; es gibt hierbei genau einen Sender und genau einen Empfänger (→ Multicast, → Rundsprucheigenschaft, Broadcast).
*Hoff/Spaniol*

**Unicode** ⟨*unicode*⟩. Bezeichnung für einen umfassenden → Zeichensatz von z.Z. 34168 verschiedenen Zeichen aus 24 Schreibsystemen aus den meisten Teilen der Welt, darunter auch die ideographischen Schriften aus China, Japan und Korea. Der U.-Zeichensatz fand Eingang in den Standard ISO/IEC 10646-1. Verschiedene Repräsentationen für U.-Zeichenströme sind im Einsatz: die kanonische Form (UCS-2), bei der jedes Zeichen über einen 16-Bit-Wert (zwei Bytes) dargestellt wird; UTF-8, die Zeichen, die auch in → ASCII vorkommen, wie in ASCII repräsentiert, dafür aber mehr als zwei → Codesymbole für andere, als die ersten 2048 Codepositionen benötigt; und UTF-7, das ausschließlich mit Codesymbolen auskommt, die auch in ASCII vorkommen, dies aber mit einer besonderen → Codierung für die als Fluchtsymbole verwendeten ASCII-Zeichen erkauft. *Schindler/Bormann*

**Unifikation** ⟨*unification*⟩. Verfahren, das für zwei → Terme s, t über einer → Signatur Σ eine → Substitution σ der Variablen in s und t ermittelt, so daß σs und σt syntaktisch gleich sind. Die Substitution σ heißt dann Unifikator von s und t; sie heißt „allgemeinster Unifikator", falls sie allgemeiner als jeder andere Unifikator $\tau$ von s und t ist, d. h., falls es für jeden Unifikator $\tau$ eine Substitution $\rho$ gibt mit $\rho \circ \sigma = \tau$.

Beispielsweise für die Terme $s = f(x, g(y, b))$ und $t = f(g(y, b), x)$ ist die Substitution $\sigma = [g(a, b)/x, a/y]$ ein Unifikator von s und t (a, b bezeichnen hier Konstante, x, y Variable). Die Substitution $\sigma$ ist jedoch kein allgemeinster Unifikator von s und t, da die Substitution $\tau = [g(y, b)/x]$ auch Unifikator von s und t ist, aber allgemeiner als $\sigma$. Wie man leicht sieht, ist $\tau$ ein allgemeinster Unifikator von s und t.

Ist man für zwei Terme s und t an einer Substitution $\sigma$ interessiert, so daß $\sigma s$ und $\sigma t$ gleich sind bzgl. einer Gleichungstheorie E, so spricht man von E-Unifikation. Zum Beispiel sei E die durch die Gleichungsmenge $\{f(z_1, z_2) = f(z_2, z_1)\}$ axiomatisierte Gleichungstheorie der Kommutativität. Die obigen Substitutionen $\sigma$ und $\tau$ sind nun auch E-Unifikatoren von s und t. Die Substitution $\tau$ ist jedoch hier kein allgemeinster E-Unifikator, da s und t wegen des Kommutativitätsaxioms in E bereits gleich sind, d. h. $s =_E t$. Ein allgemeinster E-Unifikator von s und t ist somit die identische Substitution.

In der Unifikationstheorie beschäftigt man sich u. a. mit der → Entscheidbarkeit von Unifikationsproblemen für bestimmte Gleichungstheorien sowie mit effizienten Unifikationsalgorithmen. Wichtige Unifikationsalgorithmen sind die Algorithmen von *Robinson* und *Martelli/Montanari*.

Die U. spielt eine zentrale Rolle bei → Resolutionsverfahren, die u. a. in der → logikbasierten Programmiersprache → PROLOG verwendet werden. Ähnliche Techniken finden Einsatz in der → Künstlichen Intelligenz (KI), insbesondere bei → regelbasierten Systemen. *Mück/Wirsing*

Literatur: *Siekmann, J. H.*: An introduction to unification theory. In: *R. B. Banerji* (Ed.): Formal techniques in artificial intelligence. Elsevier, Amsterdam 1990, pp. 369–425.

## Unifikationsgrammatik ⟨unification grammar⟩.

Der heutzutage in der Computerlinguistik am häufigsten verwendete Formalismus zur Darstellung linguistischen Wissens ist der einer U., von der es viele verschiedene Ausprägungen gibt, wie Categorial Unification Grammar, Functional Unification Grammar, Generalized Phrase Structure Grammar, Head-Driven Phrase Structure Grammar, Lexical Functional Grammar. Kern einer U. ist das Konzept der Merkmalstruktur, einer strukturierten Zusammenstellung von (linguistischen) Merkmalen wie Wortart (Verb, Hauptwort), Fall und Geschlecht. Auf Merkmalstrukturen sind dann Begriffe wie Subsumption (Spezialisierung), Verträglichkeit und Generalisierung sowie (neben anderen insbesondere) die Operation der → Unifikation (Prüfung auf Verträglichkeit und Konstruktion der schwächsten Generalisierung zweier Strukturen) definiert. *Brauer*

Literatur: *Görz, G.* (Hrsg.): Einführung in die Künstliche Intelligenz. Springer, Berlin 1993.

## Unifizieren ⟨unification⟩

Gegenseitiges Anpassen von → Klauseln, z. B. zur Anwendung der Resolution (→ Resolutionsverfahren). Auf zwei Klauseln kann die Resolutionsregel angewendet werden, wenn sie gleiche Literale mit unterschiedlichem Vorzeichen besitzen. Gleichheit von Literalen kann durch Umbenennung von Variablen und Substitution von Termen für Variable erreicht werden. Unifikation ist ein systematisches Verfahren zum Gleichmachen zweier Literale (vom Vorzeichen abgesehen).

*Beispiel*
Klausel 1   $\neg P(x, a, y) \vee Q(x)$
Klausel 2   $R(u) \vee P(f(v), v, w)$
Unifikator  $x\ f(a), \vee a, y\ w$

Unifizierungsalgorithmen haben i. allg. die Aufgabe, den allgemeinsten Unifikator zu finden. Die Unifizierungstheorie macht Aussagen über die Existenz eines allgemeinsten Unifikators für verschiedene Gleichheitstheorien. *Neumann*

## Unity ⟨Unity⟩.

Formalismus zur Entwicklung nebenläufiger Programme. U. umfaßt ein Berechnungsmodell, eine Programmnotation und ein Beweissystem (die „U.-Logik"). Der Name leitet sich ab von „unbounded nondeterministic iterative transformation", dem Grundkonzept des Berechnungsmodells.

Ein U.-Programm besteht aus einer Menge von Variablendeklarationen, einem Prädikat zur Angabe der Anfangswerte der Variablen und einer Menge von bedingten Mehrfachzuweisungen, in Anlehnung an *Dijkstra*s bewachte Anweisungen. Ein Ablauf eines U.-Programms ist eine unendliche Zustandsfolge; er beginnt in einem Zustand, der die Anfangsbedingung erfüllt, und führt in jedem Schritt eine beliebig gewählte Zuweisung des Programms aus, wobei eine Zuweisung keinen Effekt hat, wenn ihre Bedingung nicht erfüllt ist. Jede Zuweisung des Programms muß in jedem Ablauf unendlich oft ausgewählt werden.

*Beispiel*
Das Programm
```
Program GCD
    declare    m, n, x, y: integer
    initially  x>0 ∧ y>0 ∧ m=x ∧ n=y
    assign     n, m := n−m, m   if n>m
       []      n, m := m−n, n   if n<m
end {GCD}
```
berechnet den größten gemeinsamen Teiler zweier positiver ganzer Zahlen x und y nach dem *Euklid*ischen Algorithmus in dem Sinn, daß m und n in jedem Fixpunkt des Programms (d. h. in jedem Zustand, der unter Ausführung einer beliebigen Zuweisung des Programms unverändert bleibt) den größten gemeinsamen Teiler von x und y enthalten.

Die U.-Logik basiert auf Formeln der Bauart $\{p\}\ S\ \{q\}$, wobei p und q Prädikate sind und S eine bedingte Mehrfachzuweisung ist; die Bedeutung solcher Tripel ist definiert wie in der →*Hoare*-Logik. Im Gegensatz zur *Hoare*-Logik erlaubt U. aber, über die Zuweisungen eines Programms zu quantifizieren. Damit können temporallogische Operatoren wie invariant, unless oder leadsto definiert werden. Die U.-Logik bietet eigene Beweisregeln für diese Operatoren, die sich an den Regeln der →temporalen Logik orientieren.

Das einfache Berechnungsmodell von U. führt einerseits zu einem eleganten Satz elementarer, aber mächtiger Beweisregeln. Andererseits können unterschiedlichste Berechnungs- und Kommunikationsmodelle, etwa über gemeinsame Variablen bzw. synchronen oder asynchronen Nachrichtenaustausch, in einer gemeinsamen Darstellungsform modelliert werden. Der Anspruch, formale Entwicklung nebenläufiger Programme von einer abstrakten Ausgangsspezifikation über mehrere Verfeinerungsschritte bis hin zu einer konkreten Zielarchitektur innerhalb desselben Formalismus durchführen zu können, wird durch zahlreiche Fallstudien untermauert. *Merz/Wirsing*

Literatur: *Chandy, K. M.; Misra, J.*: Parallel program design – a foundation. Addison-Wesley, Reading, MA 1988.

**Universalrechner** *(general purpose computer)*. Ein →Digitalrechner ist durch die Speicherprogrammierung nicht auf eine bestimmte Aufgabe festgelegt. Das bedeutet, daß er jede beliebige, berechenbare Aufgabe lösen kann, sofern nur ein dafür geeignetes →Programm in seinen →Speicher geladen wird. Von daher muß jeder moderne Digitalrechner (seit *von Neumann*) als U. bezeichnet werden, mit Ausnahme der Rechner, deren Programm sich in einem Festspeicher befindet und die somit auf die Lösung einer Aufgabe festgelegt sind. (Durch Auswechseln des Festspeichers kann jedoch auch hier jede andere Aufgabe bearbeitet werden.) In der Praxis hat sich aber ein Sprachgebrauch herausgebildet, der sich an der →Konfiguration des gesamten Rechensystems (Größe des Speichers, Anzahl und Art der Peripheriegeräte usw.) orientiert. Dabei wird als U. nur ein Rechensystem bezeichnet, dessen Konfiguration nicht auf eine spezielle Klasse von Anwendung (z. B. Prozeßdatenverarbeitung) zugeschnitten ist (→Spezialrechner). *Bode/Schneider*

**UNIX** *(UNIX (Uniplexed Information and Computing Service))*. Entstand gegen Ende der 60er Jahre in den AT&T Bell Laboratories als →Betriebssystem für einen der frühen Minirechner. UNIX war von Anfang an auf interaktives Arbeiten ausgerichtet; es zeichnet sich durch seine einfache Architektur und wenige, einfache, universell einsetzbare Konzepte für Abstraktionen von den Eigenschaften der Hardware-Konfiguration aus. Hiervon ausgehend, wurde UNIX im Laufe der Zeit mit vielen Verbesserungen und Erweiterungen zu dem nach seiner Verbreitung und Vorbildwirkung erfolgreichsten Betriebssystem für parallele →Mehrbenutzer-Rechensysteme. Mit den zahlreichen Varianten, die im Laufe der Jahre entstanden, sind UNIX und UNIX-artige Betriebssysteme heute für Rechner aller Klassen von →PCs über Workstations bis zu Hochleistungs-Mainframes im Einsatz.

Die Architektur von UNIX ist die eines zentralen →prozedurorientierten Betriebssystems mit den drei Hauptteilen Prozeßmanagement, Dateimanagement und →Betriebssystemkern. Die Hardware-Konfiguration, das Prozeß- und Dateimanagement sind in den Kern integriert. Mit dem Dateimanagement werden Dateien als einfache abstrakte Datenobjekte eingeführt; mit seinen Dateien erhält ein →Rechensystem seine langfristig nutzbaren →Speicherfähigkeiten. Mit dem Prozeßmanagement werden sequentielle Prozesse als abstrakte, an den Kern gebundene →Maschinen mit Rechen- und Speicherfähigkeiten eingeführt; mit seinen Prozessen erhält ein →System seine nutzbaren Rechenfähigkeiten. Die →Benutzerschnittstelle eines Systems wird entsprechend mit Prozessen festgelegt. Für interaktives Arbeiten an →Terminals erfolgt dies zunächst mit Login-Prozessen für Zugangskontrollen. Nach erfolgreicher Zugangskontrolle erhält ein berechtigter →Benutzer mit einem Shell-Prozeß seine Benutzermaschine, die eine Kommandosprache für das weitere Arbeiten zur Verfügung stellt. Für ein entsprechendes Rechensystem ergeben sich damit drei relevante →Schnittstellen: die Benutzerschnittstellen der jeweils koexistierenden Benutzerprozesse, die prozedurale Prozeß-Kern-Schnittstelle und die Hardware-Schnittstelle. Die Prozeß-Kern-Schnittstelle stellt den Prozessen einerseits die →Dienste des Kerns zur Verfügung; sie ist andererseits Grenzwall zwischen den Benutzerprozessen mit eingeschränkten Privilegien und dem Kern mit den für die Koordinierung der Berechnungen des Systems erforderlichen hohen Privilegien. Dieser Grenzwall kann von Benutzerprozessen allein mit kontrollierten Kerndienstaufrufen überschritten werden. Der Kern ist die gemeinsame Realisierungsbasis der Prozesse; er koordiniert, steuert und kontrolliert die →Berechnungen der Prozesse, und er kapselt die Hardware-Konfiguration.

Die Konzepte des Prozeß- und des Dateimanagements zusammen mit den Diensten, die der Kern für ihre Nutzung zur Verfügung stellt, ergeben die für UNIX charakteristischen Systemeigenschaften.

Ein Dateisystem ist realisierungsseitig ein abstrakter Plattenspeicher für Blöcke und nutzungsseitig ein dynamisches abstraktes Datenobjekt, das jeweils die Struktur eines →Baumes mit benannten Dateien als Knoten hat. Eine Datei ist entweder eine Folge von →Bytes mit in festgelegten Grenzen variabler Länge, eine Byte-Folgen-Datei (file), und damit ein Blatt des Baumes, oder sie ist ein Verzeichnis für Dateien (directory) und damit Strukturierungsobjekt des Baumes. Mit diesen Festlegungen und den Kerndiensten zum Umgang mit Dateien werden einfache, uniforme und flexible Möglichkeiten zur Nutzung der →Hintergrundspeicher der Hardware-Konfiguration geschaffen. Diese Möglichkeiten werden noch dadurch erweitert, daß die Ein-/Ausgabegeräte der Hardware-Konfiguration als Spezialdateien in das Dateisystem integriert sind; Ein- und Ausgabeoperationen können damit analog zu Operationen auf Byte-Folgen-Dateien ausgeführt werden. Die Byte-Folgen-Dateien können zum Speichern aller Arten von Daten einschließlich Programmen in Quell- und Zwischensprachen sowie in → Maschinensprache genutzt werden. Dateien können Benutzern zugeordnet sein, und für Benutzer können Nutzungsrechte an Dateien festgelegt werden, die kontrolliert werden. Die Baumstruktur des Dateisystems vereinfacht diese Zuordnungen und Kontrollen.

Die Berechnungen eines Systems werden von seinen koexistierenden Prozessen ausgeführt; damit ergibt sich ein abstrakt paralleles System. Die Menge der Prozesse hat jeweils die Struktur eines Baumes; dabei werden Ressourcen entlang der Kanten von Eltern zu Kindern vererbt; es ergeben sich Unterbäume mit Prozessen, die Ressourcen gemeinsam benutzen und damit kooperieren können. Mit entsprechenden Kerndiensten können Prozesse als Kinder erzeugt und – wenn sie ihre Berechnungen ausgeführt haben – wieder aufgelöst werden. Ein Kindprozeß führt seine Berechnungen parallel zu denen seines Elternprozesses aus, und ein Elternprozeß kann auf den Abschluß der Berechnungen seiner Kinder warten; die entsprechenden Kerndienste sind die Grundlagen des parallelen Systems. Jedem Prozeß sind ein Progammsegment, das die Berechnungen spezifiziert und das mit einer entsprechenden Datei initialisiert werden kann, sowie ein Daten- und ein Kellersegment als privater Wirkungsbereichsteil zugeordnet. Darüber hinaus können Prozesse bei Bedarf Dateien benutzen. Gemeinsam benutzte Dateien sind einfache Möglichkeiten zur Kooperation von Prozessen. Spezielle Byte-Folgen-Dateien (pipes) ermöglichen unidirektionale Nachrichtenkommunikation zwischen Sender- und Empfängerprozessen.

Die einfachen und für viele Zwecke einsetzbaren Konzepte des Prozeß- und des Dateimanagements haben wesentlich zum Erfolg von UNIX und zu seiner Entwicklung beigetragen. Zwei weitere Neuerungen sind ebenfalls wichtig: Bereits in der ersten Hälfte der 70er Jahre wurde UNIX (weitgehend) in der für diesen Zweck entwickelten → Programmiersprache → C implementiert; das war ein großer Fortschritt gegenüber den bis dahin üblichen Assemblersprachen. Die zweite Neuerung bestand darin, daß Hochschulen von Mitte der 70er Jahre an kostengünstig Lizenzen erwerben konnten; das hat der Weiterentwicklung großen Auftrieb gebracht.

In der zweiten Hälfte der 70er Jahre war die Entwicklung des frühen UNIX abgeschlossen; das Betriebssystem hatte die erforderliche Reife erreicht und war an Hochschulen weit verbreitet. Dies war jedoch erst der Auftakt zur eigentlichen Verbreitung. In der Folgezeit wurde UNIX weiterentwickelt, und es entstanden zahlreiche UNIX-artige Systeme. Zu den Entwicklungen dieser Phase gehören insbesondere die AT&T-Produkte mit schließlich UNIX-System V Release 4 (SVR4) sowie die Systeme der Berkeley Software Distribution mit schließlich 4.4 BSD. Mit diesen Systemen wurde das Konzept der prozeßspezifischen virtuellen Adreß- und Speicherräume realisiert. Zudem wurden die Systeme zur Vernetzung und zur Nachrichtenkommunikation auf der Grundlage der → TCP/IP-Protokolle erweitert; das war ein wichtiger Beitrag sowohl zur Verbreitung der Betriebssysteme als auch dieser → Protokolle. In dieser Phase entstanden v. a. auch zahlreiche Anwendungs- und Dienste-Software-Pakete. Ihre Verbreitung wurde jedoch zunehmend durch die Unverträglichkeiten der Betriebssystemvarianten, die entstanden, behindert. Zur Überwindung dieser Hindernisse wurden Standardisierungsversuche unternommen. Sie führten zu den POSIX-Standards des IEEE (POSIX Portable Operating Systems Interfaces), zu denen insbesondere der Standard 1003.1 der Kernschnittstelle gehört, der 1988 beschlossen wurde.

Mit dem ständig wachsenden Diensteangebot wurde der monolithische Kern der prozedurorientierten Betriebssysteme mehr und mehr zum gravierenden Engpaß. Als Alternative wurden → prozeßorientierte Betriebssysteme und insbesondere → prozeßorientierte Mikrokernsysteme entwickelt. Mit den Begriffen dieser Systeme ist ein UNIX-Prozeß ein Task mit genau einem eingeordneten Prozeß. Die Konzepte prozeßorientierter Betriebssysteme werden zunehmend auch auf die UNIX-artigen Systeme übertragen. Das gilt für die lizenzpflichtigen Systeme und für das lizenzfreie UNIX-artige System Linux, das seit einigen Jahren entwickelt wird.
*P. P. Spies*

Literatur: *Ritchie, D. M.; Thompson, K.*: The UNIX time-sharing system. Communications of the ACM, 17 (1974) 7, pp. 365–375. – *McKusik, M. K.; Bostic, K.* u. a.: The design and implementation of the 4.4 BSD operating system. Addison-Wesley, Reading, MA 1996. – *Beck, M.; Böhme, H.* u. a.: Linux-Kernel-Programmierung. Addison-Wesley-Longman, Bonn 1997.

**Unsichtbarkeit** ⟨invisibility⟩ → Sichtbarkeit

**Unterbrechbarkeit** ⟨interruptibility⟩. Kann bei einem → Rechensystem die Bearbeitung einer bestimmten Teilaufgabe unterbrochen und zu einem späteren Zeitpunkt wieder fortgesetzt werden, so spricht man von der U. dieser Bearbeitung bzw. Teilaufgabe. Der Begriff U. wird häufig angewendet auf Unterbrechungsroutinen (→ Interrupt-Service-Routine), auf Tasks bzw. Threads, aber auch auf Systemaufrufe.

Unterbrechungsroutinen werden in der Regel auf einer bestimmten Prioritätsebene bearbeitet und können nur durch → Unterbrechungen höherer Priorität unterbrochen werden. Bei Tasks bzw. Threads wird die U. wesentlich bestimmt durch die Scheduling-Strategie des Betriebssystems. Insbesondere bei Realzeitbetriebssystemen wird die U. der Systemaufrufe gefordert, um möglichst kurze → Latenzzeiten des Betriebssystems zu erhalten.

Die U. muß eingeschränkt werden, wenn Zugriffe auf gemeinsame Daten unter → wechselseitigem Ausschluß erfolgen müssen, um die Konsistenz der Daten zu gewährleisten. *Quade/F. Fischer*

**Unterbrechung** *(interrupt/trap)*. → Signal, das den → Prozessor eines → Digitalrechners veranlaßt, seinen Zustand zu ändern. Die U. bewirkt ein (u. U. nur vorübergehendes) Abgehen von der normalen Reihenfolge der Befehlsausführung. Sie kann von peripheren Geräten hervorgerufen werden, um beispielsweise das Ende eines Datenübertragungsvorganges zu signalisieren. Bei Erkennen einer U. wird der gerade laufende → Prozeß angehalten und eine speziell dieser U. oder einer Gruppe von U. zugeordnete U.-Routine aufgerufen. Nach deren Bearbeitung entscheidet die Prozeßverwaltung an Hand verschiedener Kriterien und unter Auswertung der von der U.-Routine hinterlegten Informationen, ob der unterbrochene Prozeß an der Stelle, wo er unterbrochen wurde, fortgesetzt wird oder ob ein anderer Prozeß an die Reihe kommt.

Wenn in einem System mehr als eine U. möglich ist, muß eine Reihenfolge (Priorität) festgelegt sein, in der die U. bei einem eventuellen Zusammentreffen bedient werden. Wird eine U. bearbeitet, so werden zwischenzeitlich eintreffende U. zurückgestellt, bis die U.-Routine wieder neue U. erlaubt. Zusätzlich zu den hardwaremäßig vorgegebenen Prioritätsstufen kann eine feinere Einteilung durch den Programmierer erfolgen. In diesem Fall muß die U.-Routine zunächst herausfinden, zu welcher der Unterstufen die konkret aufgetretene U. gehört und dann die für diese Stufe spezifische U.-Routine aufrufen.

Innerhalb eines Prozessors können U. z. B. durch Überlauf (etwa bei der Addition großer Zahlen) oder durch Zugriff auf nicht zugeteilte Speicherbereiche erzeugt werden. Diese Art der U. wird im Englischen meist als „trap" bezeichnet. *Bode/Schneider*

**Unterbrechungssperre** *(interrupt lock, interrupt mask)*. Teil des Unterbrechungswerks, der es ermöglicht, bestimmte oder alle Unterbrechungen für einen bestimmten Zeitraum zu unterbinden. Üblicherweise können Unterbrechungen auf verschiedenen Prioritätsebenen gesperrt werden.

Auf Einprozessorsystemen kann eine U. verwendet werden, um Zugriffe auf Daten aus Gründen der Konsistenz ununterbrechbar (→ atomare Aktion) durchzuführen. Auf Multiprozessorsystemen müssen hierfür Synchronisationsmechanismen verwendet werden, die auf unteilbaren Buszugriffen basieren (→ ununterbrechbar).

U. können auch verwendet werden, wenn aufgrund der zeitlichen Randbedingungen eine Verzögerung der Bearbeitung durch eine Unterbrechung nicht tolerierbar ist. *Quade/F. Fischer*

**Unterbrechungsvektor** *(interrupt vector)*. Mit U. wird die (Start-)Adresse einer Unterbrechungsroutine (→ Interrupt-Service-Routine) bezeichnet. U. werden im Regelfall in einer nach Unterbrechungsursachen geordneten Tabelle abgelegt. In dieser Tabelle befinden sich U. sowohl für interne als auch für externe Ereignisse (interrupts). Bei internen Ereignissen ist die Wahl des Indexes in der Vektortabelle entweder durch die Hardware oder durch einen Microcode vorgegeben. Bei einem Unterbrechungswunsch aufgrund eines externen Ereignisses (z. B. Peripheriegerät) muß sich die unterbrechende Einheit durch die Vektornummer identifizieren. Aufgrund der Vektornummer berechnet das → Unterbrechungswerk den Tabellenindex.
*Quade*

Literatur: *Rembold; Levi*: Realzeitsysteme zur Prozeßautomatisierung. München 1994.

**Unterbrechungswerk** *(interrupt control unit)*. Teilwerk von → Rechenanlagen, das die → Unterbrechung der zyklischen Arbeitsweise der → Zentraleinheit zum Zwecke der Reaktion auf ein asynchrones → Ereignis ermöglicht. Im klassischen Universalrechner bearbeitet die Zentraleinheit nach einmal erfolgter → Initialisierung zyklisch die zu einem Prozeß gehörigen Maschinenbefehle. Innerhalb oder außerhalb der Zentraleinheit können asynchron zu dieser Arbeitsweise jedoch Ereignisse auftreten, die eine Reaktion der Zentraleinheit erfordern, ohne daß dies durch den in Ausführung befindlichen Prozeß explizit vorgesehen wird. Man unterscheidet vier Klassen solcher Ereignisse:
– interne Ereignisse (Division durch Null, arithmetischer Überlauf, Adreßüberlauf, nicht implementierter → Befehl etc.),
– externe Ereignisse (Rückmeldung eines → Peripheriegerätes, Dialogwunsch eines Benutzers, Wartungsfeldeingaben, Speicherfehler, Netzausfall etc.),
– Software-Ereignisse (Aufruf eines Betriebssystemdienstes, Starten eines Prozesses höherer Priorität etc.),
– Multiprozessor-Kommunikation (Datenaustausch, Statusaustausch etc.).

Die Ereignisse werden i. d. R. als Einbitsignale an das U. mitgeteilt, das diese in einem Unterbrechungseingangsregister abspeichert und so mit der internen Arbeitsweise der Zentraleinheit synchronisiert.

Die Zentraleinheit wird das Vorliegen von Unterbrechungswünschen regelmäßig abfragen (polling), bei Realzeitunterbrechungen wird die Zentraleinheit sofort unterbrochen. Die eigentliche Unterbrechungsbehandlung erfolgt je nach → Implementierung durch Systemsoftware, Mikroprogramme oder spezielle Hardware. Vor Aufruf der Unterbrechungsbehandlungsprogramme muß der Zustandsvektor des unterbrochenen Prozesses gerettet werden (meist durch Abspeichern aktiver → Register und → Flags, die durch die Unterbrechungsbehandlung möglicherweise im → Hauptspeicher überschrieben werden). Nach Abschluß der Unterbrechungsbehandlung wird der alte Zustand dann wieder hergestellt, der unterbrochene → Prozeß neu gestartet.

Bei Unterbrechungswünschen mit Prioritäten wird man ferner zulassen, daß auch die Unterbrechungsbehandlung von Ereignissen niedriger Priorität von Ereignissen höherer Priorität unterbrochen wird. Eine solche geschachtelte Behandlung setzt im Hauptspeicher eine kellerartige Organisation der Zustandsvektoren voraus. Weitere Funktionen von U. können sein:
– Maskierung bestimmter Unterbrechungseingänge,
– Unterbinden jeglicher Unterbrechungen,
– Rückmeldung an das unterbrechende Gerät. *Bode*

**Unterstützungssystem** ⟨*support system*⟩. Moderne → Benutzerschnittstellen beinhalten U., die den → Benutzer des jeweiligen Anwendungsprogramms in verschiedener Form bei seiner Arbeit unterstützen. Die U. lassen sich wie folgt klassifizieren:
☐ *Aktive und passive Hilfesysteme.* Sie bilden die älteste Form von U. und sind auch bei einfachen Anwendungen sinnvoll. Bei passiven Hilfesystemen fordert der Benutzer explizit Hilfe an; die Initiative bleibt bei ihm. Sie gehören heute – wenn auch oft noch in einfacher Form – zu den Standardtechniken der → Mensch-Prozeß-Kommunikation. Aktive Hilfesysteme beobachten das Verhalten des Benutzers und werden von sich aus tätig.
☐ *Navigationswerkzeuge.* Sie unterstützen die Ermittlung der in einem Anwendungssystem enthaltenen → Funktionalität durch den Benutzer und erlauben es, die der Anwendung zugrundeliegenden Konzepte zu inspizieren; sie stehen damit den passiven Hilfesystemen nahe. Meist handelt es sich um spezielle, durch Visualisierungstechniken unterstützte Systeme zur → Navigation durch → Netze, deren Knoten abgeschlossene Informationseinheiten (z. B. Dialogknoten) darstellen.
☐ *Baukästen.* Sie vereinfachen den Umgang mit einer Anwendung dadurch, daß sie einen Teil ihrer Funktionalität vor dem Benutzer verstecken, indem sie Standardlösungen anbieten, die dann vom Benutzer modifiziert werden können.
☐ *Kritisierende Systeme.* Sie zeichnen sich dadurch aus, daß in der → Interaktion zwischen Mensch und Rechner die „Hörerrolle" vom Rechner ausgefüllt wird. Der Benutzer arbeitet an einer von ihm gewählten inhaltlichen Aufgabe; die Kritik des Computers bezieht sich auf die Art der Lösung dieses Problems. Es ist offensichtlich, daß insbesondere hier das Erkennen der vom Benutzer verfolgten Ziele und die Modellierung seiner Fähigkeiten (→ Benutzermodell) unabdingbare Voraussetzungen sind.
☐ *Tutorielle Komponenten.* Sie dienen dazu, Benutzer mit neuen Begriffen und unbekannter Funktionalität von Anwendungssystemen vertraut zu machen. Der Benutzer soll z. B. erst mit wachsender Erfahrung mit der vollen Funktionalität einer Anwendung konfrontiert werden. *Langmann*

**ununterbrechbar** ⟨*uninterruptible*⟩. Sowohl einzelne Maschinenbefehle als auch Folgen von Maschinenbefehlen können u. sein, wobei die Bedeutung von u. leicht unterschiedlich ist. U. (eigentlich unteilbare) Maschinenbefehle sind beispielsweise zur Realisierung von Semaphoren notwendig. Mit einem derartigen Maschinenbefehl wird ohne Unterbrechung – auch nicht durch andere Prozessoren, die zum selben Speicher Zugriff haben – ein Lese- und dann ein Schreibzugriff auf dieselbe Speicherzelle durchgeführt (Read-modify-write-Zyklus).

Bereiche von Maschinenbefehlen müssen vor → Unterbrechungen geschützt werden, um Datenkonsistenz sicherstellen zu können (→ Unterbrechungssperre). *Quade*

**$U_{p0}$-Schnittstelle** ⟨$U_{p0}$ *interface*⟩. Eine einfache Schnittstelle des → ISDN, speziell für den Bereich von Nebenstellenanlagen. Diese → Schnittstelle ermöglicht es, intern bereits vorhandene Telephonkabel auch für ISDN zu nutzen. *Jakobs/Spaniol*

**Uplink** ⟨*uplink*⟩. In einem Funknetz (→ Funknetz, mobiles) bezeichnen → Downlink (D.) und U. eine Kommunikationsrichtung. Kanäle, die für die Übertragung von der (mobilen) Benutzerstation bzw. einer Bodenstation hin zur Funkfeststation bzw. zum Satelliten bestimmt sind, werden als U.-Kanäle bezeichnet. Die Trennung zwischen D. und U. kann in der Frequenz durch Zuweisung unterschiedlicher Teilbänder des Spektrums (→ FDMA) oder in der Zeit durch Zuweisung unterschiedlicher Slots (→ TDMA) für D. und U. realisiert sein. *Hoff/Spaniol*

**UPT** ⟨*UPT (Universal Personal Telecommunications)*⟩. Charakterisiert durch die Auftrennung der klassischen Verknüpfung von Rufnummer und Teilnehmeranschluß. UPT ermöglicht eine personen- und dienstbezogene Mobilität im Telekommunikationsnetz, d. h., ein Teilnehmer kann sich an einem „beliebigen" Endgerät unter Angabe seiner persönlichen Rufnummer (Personal Telephone Number, PTN) und der gewünschten → Dienste anmelden; das Endgerät wird also zeitweise „personalisiert". Der Teilnehmer ist dann (für die Dauer der Registrierung) an diesem Endgerät unabhängig vom Gerätestandort unter seiner PTN erreichbar. Die Gebührenabrechnung erfolgt ebenfalls personenbezogen, im Gegensatz zu konventionellen Telekommunikationsnetzen (z. B. → ISDN), in denen die Gebühren für einen Teilnehmeranschluß berechnet werden.

UPT wird als Dienst in einem intelligenten Netz (→ IN) realisiert. Das IN liefert dabei die Grundbausteine, die z. B. die erforderliche Verwaltung des Dienstprofils und des aktuellen Aufenthaltsortes eines Teilnehmers ermöglichen.

UPT wird von → ITU und → ETSI standardisiert. *Hoff/Spaniol*

Literatur: *Lauer, G.*: Architectures for implementing universal personal telecommunications. IEEE Network, 1994. – *Zaid, M.*: Personal mobility in PCS. IEEE Personal Communications, 1994.

**Urheberrecht** ⟨*copyright*⟩. Durch das U. werden Werke der Literatur, Wissenschaft und Kunst – z. B. Bücher, Aufsätze, Musikstücke, Bilder, Zeichnungen, Pläne, Fotos, Filme, Bauwerke, auch Darstellungen wissenschaftlicher und technischer Art sowie Programme der Datenverarbeitung – insbesondere gegen unberechtigtes Kopieren geschützt (§ 2 U.-Gesetz). Voraussetzung ist, daß es sich um eine persönliche, geistige, schöpferische Leistung handelt. Dem Urheber stehen insbes. das Urheberpersönlichkeitsrecht und die Verwertungsrechte an seinem Werk zu. Im Gegensatz zum → gewerblichen Rechtsschutz ist es nicht erforderlich und in Deutschland auch nicht möglich, daß der Urheber sein Werk bei einem Amt anmeldet. Das U. entsteht mit der Schaffung des Werkes. Der Urheber muß aber darauf achten, daß er später nachweisen kann, Urheber des Werkes zu sein, um bei einer Nachahmung seine Ansprüche auf Unterlassung und Schadenersatz durchsetzen zu können.

Das U. erlischt 70 Jahre nach dem Tod des Urhebers. Um bei anonymen oder pseudonymen Werken der Literatur und Tonkunst feststellen zu können, wann die Frist von 70 Jahren endet, besteht beim Deutschen Patentamt eine Urheberrolle, in die der wahre Name des Urhebers eingetragen wird (§ 66 U.-Gesetz). *Cohausz*

Literatur: *Fromm, F.; Nordemann, W.*: Urheberrecht (Komment.). 6. Aufl. 1986. – Schricker, G. (Hrsg.): Urheberrecht (Komment.). 1987. – *Ulmer, E.*: Urheber- und Verlagsrecht. 3. Aufl. 1980.

**Urheberrechtsschutz** ⟨*copyright protection*⟩. Das deutsche Urheberrecht schützt Programme als Sprachwerke. Geschützt sind die Rechte des Autors an der jeweiligen von ihm geschaffenen Ausprägung, nicht jedoch die darin enthaltenen Ideen. Diese sind Gegenstand des Patentschutzes. Nach der Novellierung des Urheberrechtsgesetzes vom 9. 6. 1993 sind alle Programme geschützt, sofern sie eine eigene geistige Schöpfung des Autors darstellen. Die früher in Deutschland übliche Unterscheidung zwischen trivialen und hochwertigen Programmen ist nicht mehr anwendbar. Das Gesetz gibt dem Autor das ausschließliche Recht der Vervielfältigung, Bearbeitung und Verbreitung. Von der Zustimmungspflicht des Autors ausgenommen sind Handlungen, die für die bestimmungsgemäße Nutzung des Programms erforderlich sind, nämlich das Laden, Anzeigen, Beobachten und Sichern des Programms. Erlaubt sind auch Fehlerkorrekturen sowie – unter bestimmten Bedingungen – die Dekompilierung, d. h. die Erzeugung von Quellcode aus Maschinencode. Der U. wird ohne Anmeldung wirksam. Er gilt für die Lebenszeit des Autors und 70 Jahre danach. Im Falle von Software ist jede Form der Ausprägung (Quellcode, Maschinencode) geschützt, ebenso alle dazugehörigen Entwurfsunterlagen. *Endres*

Literatur: *Haberstrumpf, H.*: Der urheberrechtliche Schutz von Computerprogrammen. In: *Lehmann, M.* (Hrsg.): Rechtsschutz und Verwertung von Computerprogrammen. Köln 1993.

**User Agent** ⟨*user agent*⟩. Ein Benutzer greift auf den → X.400-Dienst über einen U. A. zu. *Jakobs/Spaniol*

**UTF** ⟨*UTF (UCS Transformation Format)*⟩ → Unicode

**UUCP** ⟨*UUCP (Unix to Unix Copy)*⟩. Ursprünglich ein System zur Datenübertragung zwischen Unix-Rechnern, wurde es später auch auf anderen → Betriebssystemen installiert. UUCP entstand Mitte der 70er Jahre in den Bell-Laboratorien. Die → Dienste sind → Post, elektronische; File-Transfer und → RJE. *Hoff/Spaniol*

**UXBM (Unterbrechbares XBM)** ⟨*preemptable serially reusable resource*⟩ → Berechnungskoordinierung

# V

**V-Serie** ⟨*V-series*⟩. Die →ITU/→CCITT-Empfehlungen der V-S. befassen sich mit Problemen der →Datenübertragung über das Fernsprechnetz. Besondere Bedeutung hat die Empfehlung V.24 (Liste der Definitionen für Schnittstellenleitungen zwischen Datenend- und Datenübertragungseinrichtungen). Nach dieser Empfehlung werden insbesondere asynchrone Endgeräte über →Modems an Übertragungseinrichtungen angeschlossen. *Quernheim/Spaniol*

**V.24** ⟨*V.24*⟩. Eine von der →ITU standardisierte →Schnittstelle für Verbindungen zwischen Datenendgeräten (Endsystem) und →Modems.
*Jakobs/Spaniol*

**VA (Virtueller Adreßraum)** ⟨*virtual address space*⟩ →Speichermanagement

**Validierung** ⟨*validation*⟩. Im Software-Engineering die den Software-Entwicklungsprozeß begleitenden Aktivitäten zur Überprüfung der Produkte hinsichtlich der Benutzerwünsche. *Boehm* (1981) grenzt Validierung von →Verifikation folgendermaßen ab:
Verifikation: Bauen wir das Produkt richtig?
Validierung: Bauen wir das richtige Produkt?

V. zieht sich durch alle Phasen des Entwicklungsprozesses, beginnend mit der Phase der →Anforderungsdefinition. Die in dieser Phase erstellte Anforderungsspezifikation muß u. a. dahingehend überprüft werden, daß sie
(a) die Benutzerwünsche adäquat und vollständig erfaßt,
(b) konsistent ist und
(c) auf realistische Art und Weise implementierbar ist.
Die Überprüfung von (a) kann durch die Entwicklung eines Prototyps und gemeinsame Reviews mit den Kunden erfolgen. Zur Unterstützung der Überprüfung von Konsistenzbedingungen (b) können →CASE-Tools eingesetzt werden. Dies setzt allerdings voraus, daß die Anforderungen in einer formalen Notation (graphisch oder textuell) formuliert sind. (c) kann z. B. durch die Konstruktion eines Simulationsmodells nachgewiesen werden.

Die V.-Anforderungen in der Entwurfsphase beziehen sich auf die Systemarchitektur, die Schnittstellen und v. a. auf die Benutzungsschnittstelle, die üblicherweise anhand von →Prototypen validiert wird.

Da die vollständige formale Verifikation der Implementierung von Systemen anhand ihrer Anforderungsspezifikation noch unrealistisch ist und sich meist auch nur auf die funktionalen →Anforderungen beschränkt, wird die erstellte Software durch Testen bezüglich der Spezifikation validiert. Dabei ist es sinnvoll, durchzuführende →Tests schon in einer frühen Phase der Software-Entwicklung auf systematische Art und Weise vorzuplanen und die Testfälle direkt aus der Anforderungsspezifikation abzuleiten. Im Gegensatz zur formalen Verifikation hat eine V. durch Testen, auch wenn sie systematisch geplant ist und auf statistischen Daten beruht, aber stets Stichprobencharakter und liefert keinen Beweis für die Korrektheit eines Systems bezüglich seiner Spezifikation. *Nickl/Wirsing*
Literatur: *Boehm, B.*: Software engineering economics. Prentice Hall, 1981, p. 37. – *Sommerville, I.*: Software Engineering, 3. Aufl. Addison-Wesley, 1989. – *Pomberger, P.; Blaschek, G.*: Software Engineering, Prototyping und objektorientierte Softwareentwicklung. Hanser, München 1993.

**Valuator** ⟨*valuator*⟩ →Wertgeber

**Variable** ⟨*variable*⟩. In →funktionalen Programmiersprachen sowie in der Mathematik ist eine V. eine frei gewählte Bezeichnung (Name), die frei oder gebunden auftreten kann (→Lambda-Kalkül, →Parameter). Als Bedeutung wird einer V. ein Wert zugeordnet, der (in ihrem Gültigkeitsbereich) unverändert für jedes Auftreten der V. gilt. Neben V. zur Bezeichnung von Elementen eines →Datentyps gibt es in neueren funktionalen Sprachen auch Typvariablen (→Typisierung, polymorphe).

In →imperativen Programmiersprachen ist der Begriff der V. mit dem des →Speichers verbunden. Eine V. hat einen Namen und repräsentiert einen logischen Speicher, hinter dem sich der reale Speicher verbirgt (Programmvariable). Die Bedeutung einer V. besteht aus zwei Komponenten: einer →Adresse im Speicher, dem sog. L-Wert, und einem Wert, dem R-Wert, der unter dieser Adresse eingetragen ist. Die Präfixe L- und R- sind durch die beiden Seiten einer Zuweisung motiviert. Ein L-Wert paßt zur linken Seite einer Zuweisung und ein R-Wert zur rechten Seite. Zum Beispiel wird bei der Zuweisung $x := y + 1$ zunächst der Wert von $y + 1$ durch Addition von 1 aus dem R-Wert von y berechnet und dann als neuer R-Wert von x an der durch den L-Wert von x angegebenen Adresse im Speicher eingetragen. Verschiedene Auftreten derselben V. in einem Programm haben also i. allg. verschiedene Bedeutungen: Während eines Programmablaufs ändert sich i. allg. der R-Wert der V.

Das Verhalten des L-Werts hängt von der Speicherorganisation ab. Bei kellerartiger Organisation bleibt der L-Wert einer V. unverändert über ihre gesamte Lebensdauer; liegt die V. auf der Halde, so kann sich der L-Wert bei einer Speicherbereinigung ändern.

In →logikbasierten Programmiersprachen (→PROLOG) sind V. in Regeln universell über die jeweilige Regel quantifiziert: Jede →Instanz der Regel, die sich durch →Substitution von Werten für die V. der Regel ergibt, wird als wahr in der formalisierten →Theorie betrachtet. Dagegen werden V. in Anfragen als existentiell quantifiziert aufgefaßt: Ein Ablauf eines Logikprogramms sucht nach Belegungen der V. der Anfrage, für welche die Anfrage aus dem Programm folgt. Zentrale Technik bei der Suche nach entsprechenden Lösungen ist die →Unifikation. *Wirsing*

Literatur: *Sethi, R.*: Programming languages. Addison-Wesley, Reading, MA 1989.

**Varianz** ⟨*variation*⟩. Die V. Var(X) einer kontinuierlichen Zufallsvariablen X, auch als zweites Moment der Verteilung bezeichnet, ist definiert als

$$\text{Var}(X) = \int_{-\infty}^{\infty} x^2 f(x) \, dx - (E(X))^2,$$

wobei $f_X(x)$ die Dichte und $E(X)$ der →Erwartungswert der Zufallsvariablen ist. Analog ist die V. einer diskreten Zufallsvariablen definiert als

$$\text{Var}(X) = \left(\sum_{i=0}^{\infty} x_i^2 \, p(x_i)\right) - (E(X))^2,$$

wobei $p(x_i)$ die Wahrscheinlichkeit für das Eintreten des Ereignisses $X = x_i$ ist. Die V. ist eine wichtige Kenngröße zur Beschreibung von Wahrscheinlichkeitsverteilungen. Sie gibt die mittlere quadratische Abweichung einer Zufallsvariablen von ihrem Erwartungswert an. *Fasbender/Spaniol*

**VDE Verband Deutscher Elekrotechniker e.V.** ⟨*Association of German Electrical Engineers*⟩. Der 1893 gegründete VDE ist ein technisch-wissenschaftlicher Verein. Er fördert die Schlüsseltechnologie Elektrotechnik/Elektronik/Informationstechnik sowie die Berufsgruppe der Elektroingenieure und -techniker. Der VDE ist gemeinnützig und hat in 34 Bezirksvereinen mit 55 Zweigstellen 36000 Elektrotechniker und Studierende der Elektrotechnik als persönliche Mitglieder (Stand: 1997). Als korporative Mitglieder gehören ihm alle bedeutenden Unternehmen der Elektroindustrie, der Elektrizitätswirtschaft sowie Forschungsinstitutionen und Bundesbehörden mit einschlägigen Arbeitsgebieten an.

Zu den Aufgaben des VDE gehört u. a. die fachliche Betreuung seiner Mitglieder in vier wissenschaftlichen Fachgesellschaften:
– Informationstechnische Gesellschaft im VDE (→ITG),
– Energietechnische Gesellschaft im VDE (ETG) und gemeinsam mit dem →VDI Verein Deutscher Ingenieure,
– VDE/VDI-Gesellschaft Mikroelektronik, Mikro- und Feinwerktechnik (GMM) sowie
– VDI/VDE-Gesellschaft Meß- und Automatisierungstechnik (GMA).

Zu den ständigen Aufgaben des VDE zählt neben der Herausgabe und Förderung des technisch-wissenschaftlichen Schrifttums u. a. das Mitwirken bei der Gestaltung des technischen Bildungswesens und bei der Unfallforschung auf dem Gebiet der Elektrotechnik, ferner beim Sichtbarmachen der Zusammenhänge von Technik und Gesellschaft und ihren Auswirkungen. Darüber hinaus vertritt der VDE berufsorientierte Interessen auf der Basis der Berufsforschung.

Der VDE ist Herausgeber des VDE-Vorschriftenwerkes, das die Deutsche Elektrotechnische Kommission im →DIN und VDE (→DKE) erarbeitet und das im VDE-Verlag, Berlin, erscheint. Die DKE wird vom VDE getragen und ist ein Organ des →DIN und des VDE. VDE-Bestimmungen (VDE-Vorschriftenwerk) sind DIN-VDE-Normen und damit Bestandteil des Deutschen Normenwerkes. Elektrotechnischen Erzeugnissen, die diesen Bestimmungen entsprechen, wird vom VDE-Prüf- und Zertifizierungsinstitut auf Antrag das VDE-Prüfzeichen erteilt.

Im übrigen ist der VDE Gesellschafter des VDI/VDE-Technologiezentrums Informationstechnik in Teltow (b. Berlin). *Lang*

**VDI Verein Deutscher Ingenieure** ⟨*Association of German Engineers*⟩. Gemeinnützige, von wirtschaftlichen und parteipolitischen Interessen unabhängige Organisation von ca. 130000 Ingenieuren und Naturwissenschaftlern; rund 10000 Fachleute sind im VDI ehrenamtlich tätig.

Der 1856 gegründete VDI ist heute der größte technisch-wissenschaftliche Verein Europas und gilt in Deutschland
– als Sprecher der Ingenieurinnen und Ingenieure sowie der Technik in Fachwelt und Öffentlichkeit;
– als führende Institution für die Weiterbildung und den Erfahrungsaustausch technischer Fach- und Führungskräfte;
– als kompetenter Partner im Vorfeld technologiepolitischer Entscheidungen sowie in allen Fragen, die sich dem Ingenieur in seinem beruflichen und gesellschaftlichen Umfeld stellen.

Die regionale Struktur des VDI umfaßt 45 VDI-Bezirksvereine mit etwa 100 Bezirksgruppen. In rund 580 Arbeitskreisen und bei ca. 5500 Veranstaltungen vermitteln sie jährlich ca. 200000 Teilnehmern Fachinformationen auf über 40 technisch-wissenschaftlichen und berufspolitischen Themengebieten und fördern den Erfahrungsaustausch wie auch die persönlichen Kontakte der Ingenieure auf regionaler Ebene.

International kooperiert der VDI mit maßgebenden ausländischen Ingenieurvereinen; in zehn Ländern sind „VDI-Freundeskreise" tätig.

Die technisch-wissenschaftliche Arbeit bildet den Schwerpunkt der VDI-Tätigkeit. Sie wird in 18 VDI-Fachgliederungen mit über 800 Ausschüssen geleistet. Dabei sichert eine fachübergreifende Zusammenarbeit von Experten aus Wissenschaft, Industrie und öffentlicher Verwaltung kompetente und allgemeingültige Arbeitsergebnisse (z. B. die „VDI-Richtlinien" als anerkannte Regeln zum Stand der Technik). Jährlich besuchen 20000 Experten die rund 120 nationalen und internationalen Tagungen der VDI-Fachgliederungen.

Die VDI-Fachgliederungen sind auf folgenden Gebieten tätig: Bautechnik; Energietechnik; Entwicklung, Konstruktion, Vertrieb; Fahrzeug- und Verkehrstechnik; Fördertechnik, Materialfluß, Logistik; Kunststofftechnik; Max-Eyth-Gesellschaft Agrartechnik; VDI/VDE Meß- und Automatisierungstechnik; VDE/VDI Mikroelektronik; Mikro- und Feinwerktechnik; Nals im DIN und VDI; Produktionstechnik, Kommission Reinhaltung der Luft im VDI und DIN; Systementwicklung und Projektgestaltung; Technische Gebäudeausrüstung; Textil und Bekleidung; Umwelttechnik; Verfahrenstechnik und Chemieingenieurwesen sowie Werkstofftechnik.

Die VDI-Hauptgruppe „Der Ingenieur in Beruf und Gesellschaft" befaßt sich in zehn Bereichen mit den Zusammenhängen zwischen technischer und gesellschaftlicher Entwicklung und fördert die Aus- und Weiterbildung sowie die Berufschancen von Ingenieuren.

Mehrere VDI-Beteiligungsgesellschaften unterstützen die gemeinnützigen Aktivitäten des VDI. Hierzu zählen u. a. der VDI Verlag (mit der Wochenzeitung VDI nachrichten), das VDI-Bildungswerk, der VDI-Versicherungsdienst, die VDI-Projekt und Service GmbH und die VDI-Ingenieurhilfe. Über zwei Technologiezentren (Informationstechnik, Physikalische Technologien) fördert der VDI den schnellen Transfer neuer Schlüsseltechnologien von der Wissenschaft in die betriebliche Praxis. *Herrmann*

**VDM** ⟨VDM (Vienna Development Method)⟩. → Formale Methode zur systematischen Entwicklung von → Software-Systemen. Die Anfänge von VDM gehen in die 70er Jahre zurück, als am Wiener Labor der IBM die Spezifikationssprache VDM-SL entwickelt wurde, um eine → formale denotationelle Semantik für die → Programmiersprache PL/I anzugeben. Seit dieser Zeit haben sich sowohl die Sprache als auch die Methode durch akademische Forschung und industriellen Einsatz entscheidend weiterentwickelt. Zur Zeit wird ein ISO/VDM-Standard entwickelt.

☐ *Die Sprache VDM-SL.* Die Spezifikationssprache VDM-SL unterstützt einen modellbasierten Spezifikationsstil: Das Verhalten eines Systems wird definiert durch Konstruktion eines Zustandsraums, basierend auf mathematischen Strukturen wie Mengen, Tupeln, Sequenzen, Funktionen, und der → Spezifikation von → Operationen auf diesem → Zustandsraum. Dabei können durch die Spezifikation von „Invarianten" zusätzliche Bedingungen an die Wohlgeformtheit von → Zuständen gestellt werden. Die Operationen werden durch → Vor- und → Nachbedingungen spezifiziert. Dabei betrifft die Vorbedingung nur den Zustand vor Ausführung der Operation (Initialzustand), während die Nachbedingung die Beziehung zwischen Initialzustand und Nachfolgezustand beschreibt.

Das folgende Beispiel einer VDM-SL-Spezifikation spezifiziert eine einfache → Datenbank, in der Angaben über das Geschlecht und den Ehestand von Personen festgehalten werden:

```
World ::   male    : Name-set
           female  : Name-set
           married : Name-set
inv (mk-World (m, f, e)) ≙ is-disj (m, f) ∧ e ⊆ (m ∪ f)

MARRIAGE (m : Name, f : Name)
ext rd  male    : Name-set
    rd  female  : Name-set
    wr  married : Name-set
pre  m ∈ (male − married) ∧ f ∈ (female − married)
post married = married̄ ∪ {m, f}
```

*VDM: VDM-SL-Spezifikation einer einfachen Personendatenbank (entnommen aus* C. B. Jones: Systematic software development using VDM. Prentice Hall Int. 1990*)*

In diesem Beispiel besteht ein Zustand der Datenbank aus drei Mengen von Namen, jeweils eine für die Namen von männlichen, weiblichen und verheirateten Personen. Die Invariante zeichnet diejenigen Zustände als wohlgeformt aus, in denen die Mengen der Namen der weiblichen und männlichen Personen disjunkt sind und die Menge der Namen von verheirateten Personen in der Vereinigung der beiden anderen Mengen enthalten ist. Die Operation *MARRIAGE* mit den Parametern *m* und *f* hat nur lesenden Zugriff auf die Zustandsvariablen *male* und *female*, aber lesenden und schreibenden Zugriff auf die Zustandsvariable *married*. Die Vorbedingung (pre) spezifiziert Anforderungen an die Parameter und den Zustand, die gewährleistet sein müssen, damit die Nachbedingung der Operation garantiert werden kann. Die Nachbedingung (post) beschreibt den Zustand nach Ausführung der Operation. Dabei steht $\overline{married}$ für den Wert der Variable *married* vor Ausführung der Operation.

Eine wichtige Beweisverpflichtung an die Spezifikation einer Operation ist der Nachweis ihrer Implementierbarkeit. Dazu muß gezeigt werden, daß es zu jeder Kombination aus Parametern und Initialzustand, welche die Vorbedingung und die Invariante erfüllen, einen Nachfolgezustand und (bei einer Operation mit Ausgabe) eine Ausgabe gibt, welche die Nachbedingung und die Invariante erfüllen.

☐ *Die Methode VDM.* Im Zuge einer Systementwicklung mit VDM werden Spezifikationen mit steigendem Detaillierungsgrad entwickelt und formal zueinander in Beziehung gesetzt: Ausgehend von einer abstrakten

Spezifikation werden sukzessive Designdetails einbezogen. Dabei muß in jedem Verfeinerungsschritt bewiesen werden, daß die konkretere (d. h. die detailliertere) Spezifikation eine → Implementierung der abstrakteren Spezifikation darstellt. Zum Beweis wird eine retrieve-Funktion verwendet, die die konkreteren Zustände in die abstrakteren Zustände abbildet. Bezüglich dieser retrieve-Funktion muß dann insbesondere gezeigt werden, daß für jede Operation die Vorbedingung bei der Konkretisierung schwächer wird, die Nachbedingung dagegen stärker.

☐ *Erweiterungen von VDM.* Die Software-Entwicklungsmethode RAISE (Rigorous Approach to Industrial Software Engineering) erweitert VDM um Möglichkeiten zur Modularisierung von Spezifikationen und zur Spezifikation nebenläufiger Systeme. Während VDM eine rein modellbasierte Sprache ist, ist in RAISE auch die eigenschaftsorientierte Spezifikation → abstrakter Datentypen möglich. Die Spezifikationssprache VDM++ ist eine Erweiterung von VDM zur Spezifikation objektorientierter Systeme. *Nickl/Wirsing*

Literatur: *Jones, C. B.*: Systematic software development using VDM. Prentice Hall, 1990. – *Jones, C. B.; Shaw, R. C.* (Eds.): Case studies in systematic software development. Prentice Hall 1990. – The RAISE specification language. BCS Practitioner Series. Prentice Hall, 1992.

**VdTÜV** ⟨*Corporation of the Technical Expections Associations*⟩ → Vereinigung der Technischen Überwachungs-Vereine

**Vektorbildschirm** ⟨*vector display*⟩. Ein Vektor-Display hat als Anzeigemedium einen V. und dient der Darstellung von Informationen durch einen Computer. Der Vektor-Display besteht aus einer Kathodenstrahlröhre. Im Gegensatz zu einem Raster-Display, wo die Bewegung des Elektronenstrahls durch zwei Sägezahngeneratoren gesteuert wird, kann hier der Elektronenstrahl direkt, entsprechend der zu zeigenden Objekte, geführt werden. *Encarnação/Stärk*

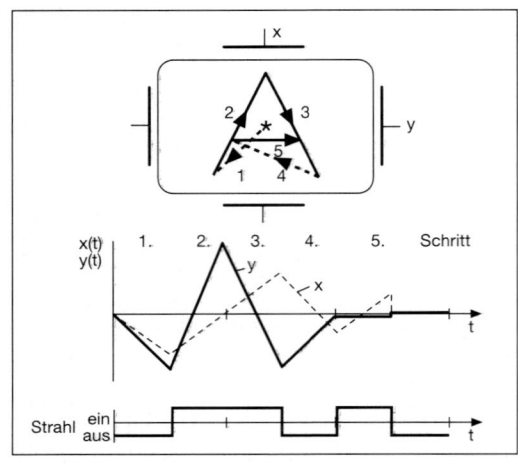

*Vektordarstellung: V. eines Zeichens*

**Vektordarstellung** ⟨*vector representation*⟩. Darstellung computergraphischer Bilder mit einzelnen Strichen (Vektoren). Damit kann man Linien in vielen Farben erzeugen, Flächen einfarbig ausfüllen und somit einfache Farbbilder erstellen. Um eine Linie zwischen zwei Punkten zu erzeugen, wird der Elektronenstrahl des Bildschirms (bzw. Zeichenkopf des Plotters) ausgeschaltet an dem ersten Punkt positioniert. Der Strahl wird dort eingeschaltet und zu dem zweiten Punkt bewegt. *Encarnação/Karlsson*

**Vektorgenerator** ⟨*vector generator*⟩. Zur Darstellung von Strichzeichnungen auf einem Rastergerät müssen die errechneten Linien (Vektoren) in entsprechenden Punktfolgen konvertiert werden (Bild). V. haben die Aufgabe, diese Rasterpunkte auszuwählen. Die Wahl der Rasterpunkte ist nicht eindeutig und führt, je nach verwendeter Methode, oft zu Unschönheiten (→ Aliasing). Die Punkte sollten so ausgewählt werden, daß Linien gerade aussehen, eine konstante → Dichte haben, alle Linien gleichmäßig hell erscheinen, die Eckpunkte exakt sind etc. Es gibt eine Vielzahl von → Algorithmen für V., von denen der *Bresenham*-Algorithmus die größte Bedeutung erlangt hat. (→ DDA)

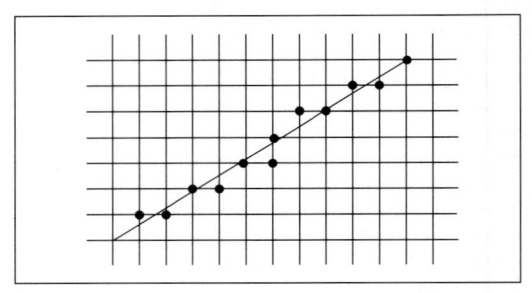

*Vektorgenerator: Punktdarstellung einer Linie*
*Encarnação/Karlsson*

**Vektorgraphik** ⟨*vector graphics*⟩. Technik, Zeichnungen aus einzelnen Strichen zusammenzusetzen (im Gegensatz zur → Rastergraphik).

Vom Rechner aufbereitete Bilder werden in zwei Klassen unterschieden: Linienzeichnungen (V., → Vektordarstellung) und flächengraphische Darstellungen (Rastergraphik). Diese beiden Klassen sind nicht nur unterschiedlich in der Erscheinungsform, sondern sie erfordern auch sehr verschiedene Techniken der Aufbereitung. Linienzeichnungen sind in vieler Hinsicht einfacher aufzubauen, da ihr Generatoralgorithmus simpel und die Menge von Informationen gering ist.

Graphische Systeme erzeugen Bilder von graphischen Objekten. Die Bildkomponenten oder Bildteile sind mit bestimmten Eigenschaften versehen, z. B. → Sichtbarkeit, Farbe und Priorität. Auf diese Objekte ist eine durch das graphische → System definierte Menge graphischer Operationen ausführbar, die diese Objekte in ihrer Darstellung verändern können, z. B.

Erzeugen von Objekten, Löschen und Kopieren. Ein graphisches → Objekt kann aus weiteren, weniger komplizierten Objekten zusammengesetzt sein. Die kleinsten unteilbaren graphischen Objekte, graphische → Primitive genannt, sind je nach der Art der graphischen → Daten verschieden. In V. werden ausschließlich Geraden bzw. Geradenabschnitte als Primitive für die graphische Darstellung herangezogen. Allen graphischen Systemen ist eine gewisse Menge von Primitiven gleich, sobald ein System geräteunabhängig ist, muß es sowohl Elemente der V. als auch der Rastergraphik in sich vereinen. In einem interaktiven System gibt es neben den Datentypen zur Ausgabe auch Datentypen, aus denen unterschiedliche Eingaben (z. B. Deuten, Zeigen, Wählen und Benennen) herzuleiten sind.

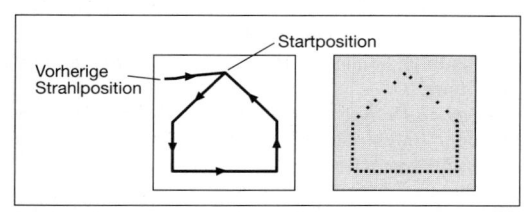

*Vektorgraphik 1: Punktdarstellung einer Linie*

Die → Hardware, die aus der Bilddefinition ein Bild auf dem → Bildschirm erzeugt und graphische Eingaben des Benutzers verarbeitet, nennt man Display-Prozessor (DPU). Das Prinzip des Bildaufbaus läßt zwei Klassen von Display-Prozessoren unterscheiden (Bild 1):
– kalligraphische oder Vektorgeräte (manchmal auch mit „beliebig positionierbar" bezeichnet) und
– Rastergeräte.
Eine weitere Klassifizierung ist:
– Speicherung auf dem Ausgabemedium und
– periodische Bildwiederholung zur Regeneration.
Auf Bildschirme, auf die das Bild einmal gezeichnet wird und der Phosphor dann weiterleuchtet, können auch sehr komplexe Bilder flackerfrei gezeichnet werden. Um das Bild zu verändern, muß aber der ganze Schirm gelöscht und das Bild neu gezeichnet werden, was oft sehr lange dauert. Zur Erzeugung eines flimmerfreien Bildes auf einem Bildwiederholschirm muß die Bildinformation (je nach Phosphorart) 25 bis 60mal in der Sekunde auf den Bildschirm geschrieben werden.

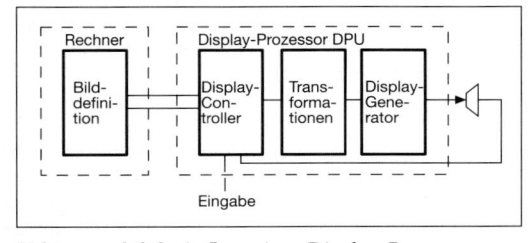

*Vektorgraphik 2: Aufbau eines Display-Prozessors*

Der Display-Prozessor besteht aus einem Kontrollteil (Display-Controller), einem Teil für geometrische Transformationen und einem Bilderzeugungsteil (Display-Generator) (Bild 2). Der Display-Controller hat die Aufgabe, die Bilddefinition zu interpretieren. Die Bilddefinition besteht aus Befehlen, die den Elektronenstrahl von einem Punkt am Bildschirm zum nächsten bewegen, um eine Gerade zu erzeugen oder, wenn der Elektronenstrahl ausgeschaltet ist, den Strahl zu einem anderen Punkt ablenken, um dort eine Gerade zu erzeugen. Die Befehle spezifizieren auch → Clipping und Transformationen (z. B. → Translation, Rotation, → Skalierung).

Der Display-Generator hat die Aufgabe, die x-y-Ablenkung und die → Intensität des Sichtgeräts zu steuern. Bilder werden bei Vektorsichtgeräten aus Linien (Vektoren) und → Zeichen aufgebaut. Zur Erzielung einer hohen Schreibgeschwindigkeit und damit hoher Bildkomplexität bei flimmerfreier Darstellung werden spezielle Generatoren eingesetzt. Sie können nach analogen, digitalen oder auch hybriden Prinzipien arbeiten. In Zukunft werden sich die digitalen Generatoren durchsetzen.

Der → Zeichengenerator speichert Zeichen als Vektorkomponenten. Vor der Ausgabe können diese Vektoren transformiert werden, um z. B. Maßstab oder Schreibrichtung festzulegen. Dabei beeinflussen diese Transformationen die Zeichenqualität nicht. Zeichengeneratoren nach diesem Verfahren sind zur Qualitätstexterzeugung geeignet.

Noch vor wenigen Jahren bildeten Vektorwiederholbildschirme die dominierende Methode, um sich ändernde Bilder darzustellen. Mittlerweile wurden sie von den wesentlich billigeren Rasterbildschirmen in ihrer Bedeutung stark zurückgedrängt. Ein Rasterschirm mit hoher → Auflösung, hoher Intelligenz und tausenden von Farben ist heute in der Anschaffung billiger als ein guter Vektorbildschirm, und er ist ebenfalls imstande, die meisten Aufgaben zu erfüllen. Außerdem wurden die dargestellten Bilder immer komplexer, so daß Vektorschirme oft nicht mehr flimmerfrei arbeiten konnten. *Encarnação/Karlsson*

Literatur: *Encarnação, J. L.* und *W. Straßer*: Computer Graphics – Gerätetechnik, Programmierung und Anwendung graphischer Systeme. München 1985. – *Newman, W. M.* und *R. F. Sproull*: Grundzüge der interaktiven Computergrafik. Hamburg 1986.

**Vektorisierung** ⟨vectorizing⟩. Codegenerierung bzw. Optimierung des → Code eines → Programms für die effiziente Ausführung auf einem Vektorrechner (→ Parallelrechner). Die V. erfolgt i. allg. durch einen vektorisierenden → Compiler, muß jedoch oft wegen der Schwierigkeit der Aufgabe durch manuelle Eingriffe des Programmierers ergänzt werden.

Vektorrechner verfügen i. allg. über spezielle Rechenwerke mit arithmetischem Pipelining, bei dem die Ausführungsphase des Maschinenbefehls in elementare Teilschritte zerlegt ist, die quasi gleichzeitig auch verschiedene Datenpaare verknüpfen können. Insbesondere bei Pipelines hoher Stufigkeit, bei denen die Ausführungsphase in sehr elementare Einzelfunktionen zerlegt ist, kann durch die dadurch mögliche hohe Taktrate eine sehr hohe Rechenleistung erzielt werden, allerdings nur unter der Voraussetzung, daß die Pipeline lange im eingeschwungenen Zustand arbeiten kann. Voraussetzung hierfür ist einerseits die Bereitstellung der zu bearbeitenden → Operanden durch schnelle → Register, Pufferspeicher etc., andererseits das Ausbleiben von Pipeline-Hemmnissen wie Datenabhängigkeiten, Kontrollflußabhängigkeiten, Ressourcenkonflikten etc.

Die V. ist also die Tätigkeit des Compiler und/oder des Programmierers, die Befehle bei der Codegenerierung so anzuordnen, daß die Pipelines möglichst lange ungestört arbeiten können. Diese Tätigkeit ist weitgehend systemabhängig und muß die Anzahl der zur Verfügung stehenden Pufferspeicher, die Art und Anzahl der vorhandenen Rechenwerke, ihre Verknüpfungsmöglichkeiten, die Tiefe der Pipelines und weitere Parameter berücksichtigen.

Eine typische V. ist etwa die Zusammenfassung gleichartiger → Operationen auf Vektoren oder Matrizen, die in der Schreibweise der Iteration in höherer → Programmiersprache zunächst durch die Abfolge der Anweisungen innerhalb des Schleifenkörpers voneinander getrennt sind.
*Bode*

**Vektorquantisierung** ⟨vector quantization⟩. Verfahren zur → Sprachcodierung, bei dem eine Folge von Werten – also ein Datenvektor – gemeinsam durch ein Codewort repräsentiert wird; die Folge von Werten können Abtastwerte des Sprachsignals oder eine parametrische Repräsentation desselben sein.

V. beruht auf der Verwendung eines geeigneten Codebuches. Dieses enthält N Referenzvektoren, denen N Symbole zugeordnet werden, die mit $\log_2 N$ bit codierbar sind. Jeder Referenzvektor repräsentiert einen bestimmten Teilraum des $R^n$, wobei die N Teilräume disjunkt sind. Für einen zu codierenden Datenvektor wird der Teilraum bestimmt, in dem er liegt, indem z. B. der Referenzvektor bestimmt wird, zu dem er den kleinsten Abstand besitzt; dieses sei der k-te Teilraum. Der Datenvektor wird nun durch das k-te Symbol des Codebuches repräsentiert. Auf diese Weise lassen sich sehr geringe Bitraten für die → Codierung erreichen.

Das wesentliche Problem der V. ist die Berechnung eines geeigneten Codebuches, d. h. von N Referenzvektoren und zugehörigen Teilräumen, die eine möglichst gute Codierung erlauben. Dieses geschieht iterativ nach folgendem Prinzip (→ EM-Algorithmus):
– Es wird eine anfängliche Menge von Referenzvektoren und eine Trainingsfolge von Datenvektoren vorgegeben.
– Für jeden Datenvektor wird der Referenzvektor bestimmt, der zum kleinsten Codierungsfehler führt.
– Die Datenvektoren, die dem gleichen Referenzvektor zugeordnet wurden, werden zur Berechnung eines neuen Referenzvektors verwendet, der als Schwerpunkt dieser Datenvektoren definiert wird.
– Die vorangehenden zwei Schritte werden iteriert, bis ein vorgegebenes Fehlermaß unterschritten wird.
*Niemann*
Literatur: *Buzo, A.*; *Gray, A. H. et al.*: Speech coding based upon vector quantization. IEEE Trans. Acoustics, speech, and signal processing ASSP-28 (1980) pp. 562–574. – *Gersho, A.* and *R. M. Gray*: Vector quantization and signal compression. Boston 1992.

**Vektorrechner** ⟨vector computer⟩. → Rechenanlage, die durch ihre Architektur geeignet ist, strukturierte → Daten (Vektoren, Matrizen etc.) besonders schnell zu bearbeiten. V. sind in der Regel → Parallelrechner, wobei zwei wesentliche Gruppen zu unterscheiden sind:
☐ *Feldrechner*, die durch n Rechenwerke n Datenpaare gleichzeitig – gesteuert aus einem Maschinenbefehl – verknüpfen können (z. B. Addition zweier n-stelliger Vektoren).
☐ *Pipeline-Rechner*, die mit arithmetischen Pipelines und/oder Befehls-Pipelines eine größere Anzahl von → Befehlen gegeneinander überlappt ausführen können.

Um den schnellen Zugriff auf die → Operanden der Vektoroperation zu unterstützen, bieten V. spezielle Speicherstrukturen an. Bei → Feldrechnern sind dies z. B. den Rechenwerken zugeordnete Privatspeicher, bei Pipeline-Rechnern ein- oder mehrstufige Registerfelder. Das schnelle Nachladen dieser Spezialspeicher wird i. allg. durch hochparallele → Busse unterstützt, die den gleichzeitigen Zugriff auf mehrere Operanden ermöglichen.

V. bieten i. allg. „vektorisierende Compiler" an, die die speziellen Parallelrechnereigenschaften für den Benutzer transparent machen: Der → Compiler optimiert → Programme, die in höheren → Programmiersprachen für einen konventionellen Allzweckrechner erstellt sind, durch entsprechende Transformationen. Um den durch den Rechner angebotenen Parallelitätsgrad tatsächlich voll zu nutzen, muß der Benutzer dennoch Details der Hardware-Architektur in seinem Programm berücksichtigen.
*Bode*

**Verarbeitung, schritthaltende** ⟨real-time processing⟩. Betriebsweise einer Rechenanlage (→ Realzeitbetrieb), welche die durch den Prozeß gestellten Aufgaben zeitlich schritthaltend verarbeiten kann (→ Realzeitbedingungen). Dazu ist es notwendig, daß jeder einzelne Rechenprozeß typisch innerhalb einer maximal zulässigen → Antwortzeit (→ Deadline) ausgeführt werden kann (Rechtzeitigkeit):

Antwortzeit $t_A \leq t_{A_{max}}$.

Im allgemeinen muß der Rechner vor dem Auslösen einer neuen Anforderung (→ Ereignis) reagiert haben.

Eine notwendige, aber nicht hinreichende Bedingung für die gleichzeitige Bearbeitung mehrerer Rechenprozesse ist, daß die Auslastung des Rechners durch die

Summe seiner Aufgaben auch im „worst case" kleiner als 100% bleibt:

Auslastung $\rho = \sum_{i=1}^{n} \frac{t_{vi,max}}{t_{pi,min}} < 1$,

($t_{v,max}$ maximale Verarbeitungszeit und $t_{p,min}$ minimaler Zeitabstand zwischen Ereignissen im technischen Prozeß). *Quade*

Literatur: *Färber, G.*: Prozeßrechentechnik, 3. Aufl. Berlin-Heidelberg 1994.

**Verarbeitung, symbolische** ⟨*symbolic processing*⟩. Bei Termumformungen und beim Lösen von Gleichungen in der Schulalgebra spricht man von s. V., wenn die Umformungen ohne Belegung der Variablen mit numerischen Werten erfolgen.

Algebraische Terme werden im einfachen Fall durch Anwendung der vier arithmetischen Grundoperationen auf Variable und numerische Werte gebildet. Dabei gilt eine rekursive Termdefinition: Die Verknüpfung eines Terms mit denselben Operationen und alten oder neuen Variablen bildet wieder einen Term:

$(a+b) \cdot (a-b)$ oder $\frac{4x+y}{2x^2-3}$.

In weiteren Fällen treten höhere Operationen oder Funktionen hinzu:

$\sqrt{(a+b-c)}$ oder $\log(a^2 b^3)$ oder $\sin(2a+b)$.

Eine erhebliche Übungszeit wird im Schulunterricht damit verbracht, solche Terme zu vereinfachen oder aufzulösen:

$(a+b) \cdot (a-b) = a^2 - b^2$ oder
$\log(a^2 \cdot b^3) = 2\log a + 3\log b$.

Computerprogramme sind in der Lage, solche Terme als Texte zu behandeln und sie so zu verarbeiten, wie es den algebraischen Regeln entspricht. Dabei müssen insbesondere die algebraischen Konventionen beachtet werden, die durch Vereinbarung von Prioritäten zwischen Rechenarten Klammern sparen. Das geschieht durch Ablagerung der Zwischenresultate in geeigneter Stapelverarbeitung.

Am zweckmäßigsten ist die Anwendung rekursiver Prozeduren, um komplizierte Terme sukzessiv abzuarbeiten. Weil solche Termumformungen beim Lösen von Gleichungen unter Erhalt der Lösungsmenge eine große Rolle spielen, werden mit dieser Methode auch Gleichungen lösbar. Das können lineare Gleichungen, quadratische Gleichungen oder Bruchgleichungen mit beliebigen Formvariablen sein, aber auch lineare Gleichungssysteme, wie sie in vielen Anwendungsfällen der Schulmathematik vorkommen.

Für physikalische und andere ähnliche Anwendungen wird auch die automatische Lösung einer Gleichung $s = v \cdot t$ nach beliebigen angegebenen Variablen verlangt und geleistet. Wenn dabei ein Netz von Gleichungen mit teilweise identischen Variablen über einen geschlossenen Sachverhalt vorhanden ist, kann ein Computerprogramm gegebene und gesuchte Größen selbständig in Zusammenhang bringen.

Über die Schulalgebra hinaus lassen sich entsprechende s. V. auch in der Analysis programmieren. Der didaktische Wert ist umstritten; für Kontroll- und Übungszwecke sind s. V. in jedem Fall zu gebrauchen. Ihre Standardverwendung, die z. Z. noch nicht gegeben ist, würde Lehrzeit für die Ansätze solcher Gleichungen usw. beim → Problemlösen freisetzen.

*Klingen*

**Verbindlichkeitsintervall** ⟨*period of commitment*⟩
→ Betriebssystem

**Verbindung, virtuelle** ⟨*virtual circuit*⟩. In einem → verbindungsorientierten paketvermittelnden Netz (→ Paketvermittlung) wird während der Verbindungsaufbauphase eine v. V. etabliert. Alle folgenden Datenpakete werden über diese Verbindung geroutet (→ Routing). *Jakobs/Spaniol*

Literatur: *Nussbaumer, H.*: Computer communication systems. Vol. 2: Principles, design, protocols. John Wiley, 1990.

**verbindungslos** ⟨*connectionless*⟩. Ein → Dienst wird als „v." bezeichnet, wenn keine explizite (weder physikalische noch logische) Verbindung zwischen Sender und Empfänger besteht. Die einzelnen → Pakete werden unabhängig voneinander durch das Netz geroutet (→ Routing). Das Gegenteil ist der verbindungsorientierte Dienst (→ verbindungsorientiert). Der Vorteil des v. Dienstes ist die größere Flexibilität und Ausfallsicherheit, der Nachteil liegt in den benötigten komplizierteren Routing-Verfahren und dem Paket-Overhead (jedes Paket muß die volle Quell- und Zieladresse enthalten). Siehe auch → Datagramm, → Datagrammdienst, → CLNS, → Vermittlungsebene, → IP. *Jakobs/Spaniol*

**verbindungsorientiert** ⟨*connection oriented*⟩. Ein → Dienst wird als „v." bezeichnet, wenn eine explizite (evtl. auch nur logische, d. h. virtuelle) Verbindung zwischen Sender und Empfänger besteht. Die Datenübertragung gliedert sich dann in die drei Phasen Verbindungsaufbau, Datenübertragung und Verbindungsabbau. In der Verbindungsaufbauphase wird eine Verbindung vom Sender (ggf. über Zwischenknoten) zum Empfänger etabliert. Alle folgenden → Pakete werden (wenn keine Störungen auftreten) ebenfalls über diese Strecke geroutet (→ Routing). Anschließend wird die Verbindung explizit abgebaut. Das Gegenteil ist der verbindungslose Dienst (→ verbindungslos). Siehe auch → CONS; → Vermittlungsebene; → Verbindung, virtuelle. *Jakobs/Spaniol*

**Verbindungsstruktur** ⟨*interconnection network*⟩. Menge aller Kommunikationspfade zwischen den aktiven und passiven Teilwerken von → Rechenanlagen: → Speicher (auch Hintergrund-), → Prozessoren (bzw.

Leit- und Rechenwerke), → Ein-/Ausgabegeräte. V. lassen sich nach drei Kriterien einteilen:
– Verbindungstopologie: Welche Verbindungen zwischen den angeschlossenen Elementen werden hergestellt?
– Parallelitätsgrad: Wieviele Kommunikationsvorgänge können gleichzeitig durchgeführt werden?
– Kommunikationsprotokoll: Welche elementaren Arbeitsschritte sind notwendig, um Information zu transferieren und in welchen Quantitäten wird Information verschickt?

Aus der Verbindungstopologie und dem Parallelitätsgrad läßt sich der Aufwand für die Realisierung der V. ablesen. Vom Standpunkt des Anwenders wäre eine vollständige V. mit maximalem Parallelitätsgrad und ohne Verwaltungsaufwand im Protokoll wünschenswert, da diese höchste Geschwindigkeit und minimalen Programmierungsaufwand bietet. Bei n zu verknüpfenden Elementen wären dazu jedoch größenordnungsmäßig $n^2$ Verbindungen (→ Busse) notwendig. Dieser Aufwand ist insbesondere für moderne Rechenanlagen mit mehreren Prozessoren, unabhängigen Speichermoduln und vielen → Peripheriegeräten nicht realisierbar.

In vielen Fällen (insbesondere bei Kleinrechnersystemen) wird aus Aufwandsüberlegungen eine minimale Verbindungstopologie gewählt: das Einbussystem. Bei diesem sind alle Geräte an genau einen Bus angeschlossen, der im Zeitmultiplexbetrieb benutzt wird. Die Verbindungstopologie ist vollständig, jedoch mit geringem Aufwand, der Parallelitätsgrad ist eins (maximal ein Kommunikationsvorgang zu einem Zeitpunkt möglich), das Kommunikationsprotokoll entspricht dem normalen Busprotokoll.

Diese minimale Lösung ist andererseits nicht in der Lage, hinreichend Kommunikationsleistung für Parallelrechnerstrukturen zu erbringen. Es sind daher in den letzten Jahren unterschiedliche V. für → Parallelrechner vorgeschlagen und getestet worden.

Bezüglich der *Verbindungstopologie* unterscheidet man vollständige Verbindung (alle Elemente können mit allen anderen Elementen ohne Vermittlungsschritte kommunizieren) und eingeschränkte Verbindungen, sog. Nachbarschaften (nearest-neighbour, NN-Systeme), bei denen nur räumlich nahe Elemente unmittelbar miteinander verbunden sind (Ringverbindungen, zweidimensionale Felder, dreidimensionale Kuben, allgemein: n-dimensionale Kuben).

Beim *Parallelitätsgrad* sind streng serielle (z. B. Einbussysteme) bis vollparallele V. (z. B. → Kreuzschienenverteiler) zu unterscheiden. Mischformen sind mehrstufige schaltbare Netze (→ Omega-Netz, → Banyan-Netz), bei denen eine vollständige V. vorliegt, die über schaltbare Verbindungen intern teilweise serialisiert wird.

Als *Kommunikationsprotokolle* werden sehr schnelle Varianten (Speicherzugriff bei Kopplung über gemeinsamen Speicher) und aufwendigere Verfahren (Ein-/Ausgabe- bzw. nachrichtenorientierte Kopplung),

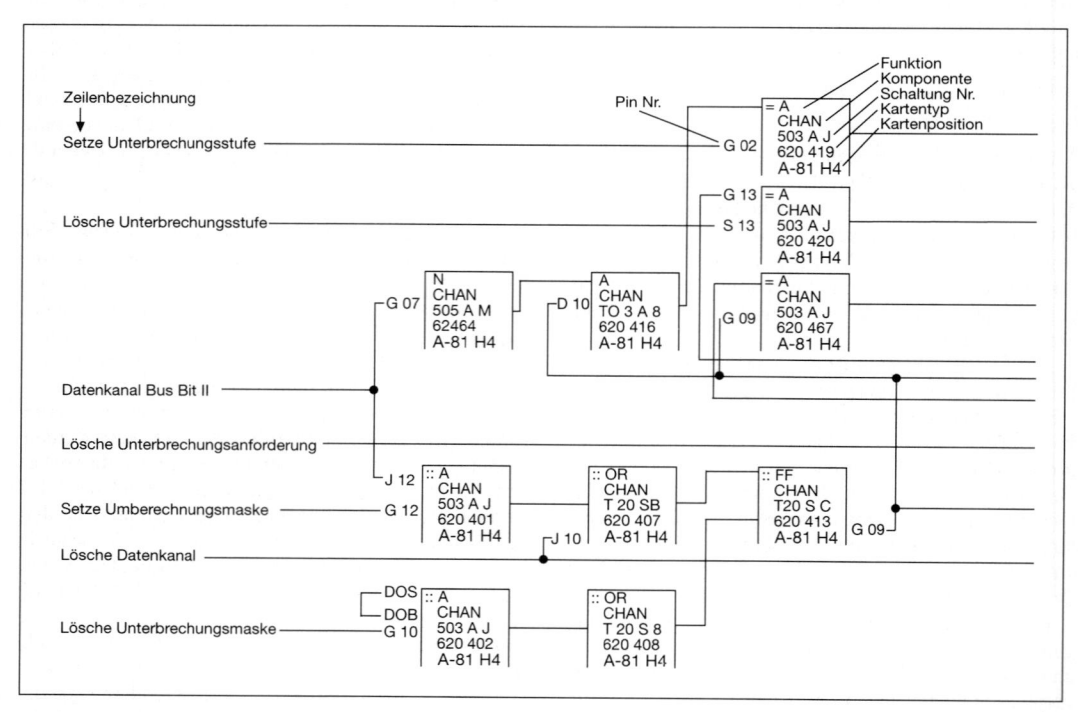

*Verdrahtungsplan: Ausführungsbeispiel*

bei denen die Ausführung der Kommunikation über das → Betriebssystem vermittelt wird und daher wesentlich langsamer ist (im Mikrosekundenbereich gegenüber einigen hundert Nanosekunden bei Speicherkopplung), verwendet.

Die Anforderungen an die Leistungsfähigkeit der V. sind eng mit der Art der Anwendung des Rechensystems verbunden. *Bode*

**Verbraucher** ⟨*consumer*⟩ → Berechnungskoordinierung

**Verbundoperation** ⟨*join operation*⟩ → Datenmodell

**Verdrängungsstrategie** ⟨*replacement policy*⟩ → Speichermanagement

**Verdrahtungsplan** ⟨*floor plan*⟩. Eine Zeichnung, die die Verbindung der einzelnen logischen Elemente in einem Rechensystem angibt. Der V. enthält alle Informationen, um die Verdrahtung eines Rechners zu erstellen oder zu verstehen. Die Funktionsblöcke in der Abbildung enthalten jeweils die Bezeichnung der von ihnen ausgeführten Funktion (A steht für AND, FF für Flip-Flop) und den Ort, wo sich die Schaltung im Rechner befindet (Kartenposition, Kartentyp, Nummer der Schaltung auf einer Karte). Ferner zeigt der Verdrahtungsplan die Verbindung zu anderen Funktionsblöcken.

Der V. dient als Vorgabe für die Erstellung der physikalischen Verdrahtung, wobei es heute üblich ist, die entsprechende gedruckte Schaltung von einem Rechenprogramm bestimmen zu lassen, für das der V. Eingabe ist (Bild s. S. 776). *Bode/Schneider*

**Vereinigung der Technischen Überwachungs-Vereine e. V. (VdTÜV)** ⟨*Corporation of the Technical Expections Associations*⟩. Dachverband der Technischen Überwachungs-Vereine (TÜV) in Deutschland; Mitglieder sind ferner Industrieunternehmen mit betriebsinternen Überwachungsstellen. Sitz: Essen und Bonn.

Zweck der Vereinigung ist die Wahrnehmung gemeinsamer übergeordneter Angelegenheiten der Mitglieder; die Beratung zuständiger Behörden sowie Gremien der EU-Kommission und anderer in Frage kommender Stellen bei der einschlägigen Gesetz- und Vorschriftengebung; Mitarbeit an der Gestaltung von Normen, Regeln und Richtlinien auf dem Gebiet der technischen Überwachung; Durchführung des technischen Erfahrungsaustausches zwecks einheitlicher Handhabung der technischen Überwachung; Mitwirkung beim Aufbau und Betrieb nationaler und internationaler Prüf-, Zertifizierungs- und Akkreditierungssysteme. *Debelius*

**Vererbung** ⟨*inheritance*⟩. Konstruktionsprinzip beim objektorientierten → Software-Entwurf (→ Programmierung, objektorientierte), das es erlaubt, eine → Klasse von → Objekten als Erweiterung einer (Einfachvererbung, single inheritance) oder mehrerer (Mehrfachvererbung, multiple inheritance) bereits definierter Klassen einzuführen. Die neu eingeführte Klasse „erbt" Eigenschaften wie → Attribute und Methoden ihrer Oberklasse(n), darf aber zusätzliche Attribute und Methoden definieren und i. d. R. auch bestehende Methoden neu implementieren. Durch das Potential der Wiederverwendung und Erweiterbarkeit, das im Begriff der V. enthalten ist, verspricht die objektorientierte Programmierung einen Effizienzgewinn bei der Programmierung und Wartung. Der Vererbungsbegriff kann verschiedene Beziehungen zwischen Klassen ausdrücken:

– → Spezialisierung. Die Unterklasse repräsentiert einen Spezialfall der Oberklasse: Ein Rechteck ist ein spezielles Polygon, ein Kunde eine spezielle Person.

– → Implementierung. Die Unterklasse realisiert die in der Oberklasse definierte → Schnittstelle: Eine Liste implementiert eine Menge, eine Hash-Tabelle ist eine spezielle Implementierung eines Wörterbuchs. Diese Relation liegt immer dann vor, wenn die Oberklasse als abstrakte Klasse eingeführt ist, von der selbst keine Objekte erzeugt werden können.

– Verwendung. Die Unterklasse verwendet → Code, der in der Oberklasse eingeführt wurde. Diese Beziehung ist rein technischer Natur, ist aber in gängigen objektorientierten Sprachen mit den obigen inhaltlichen Beziehungen vermischt.

Die technische Realisierung der V. bedingt dynamisches Binden (→ Binden zur Laufzeit): Bei einem Aufruf einer Methode m des Objekts o der Klasse C soll i. allg. die in C definierte → Implementierung von m ausgeführt werden und nicht eine Implementierung, die in einer Oberklasse D von C definiert ist, selbst wenn o im aktuellen Kontext statisch als Objekt der Klasse D bezeichnet ist. Dynamisches Binden entspricht der Idee, daß eine Subklasse eine Spezialisierung ihrer Oberklassen ist, und wird in der objektorientierten Programmierung als → Polymorphie bezeichnet, im Unterschied zum Gebrauch dieses Begriffs in der → funktionalen Programmierung.

Bei parallelen objektorientierten Sprachen ist in einer Unterklasse neben der Erweiterung der → Funktionalität auch Code zur → Synchronisation anzupassen, etwa um Schutz bei nebenläufigem Zugriff auf den Objektzustand zu gewährleisten oder um Klasseninvarianten sicherzustellen. Funktionalität und Synchronisation können häufig nicht unabhängig voneinander formuliert werden, was mit dem Begriff der Vererbungsanomalie (inheritance anomaly) ausgedrückt wird.

Mit dem Begriff der Unterklasse verwandt ist der Begriff der Untersorte (des → Subtyps), der verlangt, daß ein Element der Untersorte überall dort verwendbar ist, wo ein Element der Obersorte verwendet werden kann. *Merz/Wirsing*

Literatur: *Goos, G.*: Vorlesungen über Informatik, Bd. 2. Springer, Berlin 1996. – *Meyer, B.*: Object-oriented software construction. Prentice Hall, New York 1988. – *Agha, G.; Wegner, P.; Yonezawa, A.* (Eds.): Research directions in object-oriented programming. MIT Press, Cambridge, MA 1993.

**Vererbungshierarchie** ⟨*inheritance hierarchy*⟩. Hierarchie von Konzepten in einer → Wissensbasis, in der Eigenschaften aufgrund bestimmter Beziehungen automatisch von einem Konzept auf ein anderes übertragen (vererbt) werden. V. unterstützen eine kompakte und logisch fundierte → Wissensrepräsentation. Eine V. hat die Struktur eines gerichteten → Graphen. Die Knoten des Graphen entsprechen Konzepten, die jeweils durch ein → Schema beschrieben werden. Die Nachfolger eines Knotens sind übergeordnete Konzepte, deren Eigenschaften durch Vererbung auf den Knoten übertragen werden. Die Vorgänger sind Spezialisierungen, auf die der Knoten seine Eigenschaften (incl. der geerbten Eigenschaften) überträgt. Die Spezialisierungsbeziehung wird meist mit „ISA" oder „AKO" (a-kind-of) bezeichnet.

Moderne Programmierwerkzeuge für Wissensrepräsentation erlauben die Konstruktion von V. für beliebige Beziehungen und unter Verwendung frei definierbarer Vererbungsregeln.
*Neumann*

**Vererbungsprinzip** ⟨*inheritance principle*⟩. Vorwiegend im Zusammenhang mit → Objektorientierung verwendetes Entwurfsprinzip, das es erlaubt, → Redundanzen bei der Definition von → Klassen (oder ähnlich gearteten → Software-Bausteinen) zu vermeiden. Dabei wird eine Beziehung zwischen einer vererbenden „Super"- und einer erbenden „Sub"-Klasse hergestellt. Ererbte Merkmale (→ Attribute oder → Operationen) müssen bei der Subklasse nicht neu definiert werden, sondern werden von der Superklasse übernommen.
*Hesse*

**Verfahren, approximatives** ⟨*approximative method*⟩. Methoden zur approximativen Lösung eines ganzzahligen Optimierungsproblems.

In der → Komplexitätstheorie unterscheidet man ε-approximative → Algorithmen, polynomiale Zeit-Approximationsschemata und voll polynomiale Approximationsschemata.

ε-approximative Algorithmen sind Verfahren, die zu gegebenem ε > 0 für jede Eingabe I einen approximativen Wert $F(I)$ liefern, der zum optimalen Wert $F^*(I)$ im Verhältnis

$$F(I) - F^*(I)/F^*(I) \leq 0$$

steht.

Ein Algorithmus, welcher für jedes ε > 0 (und für alle Probleme mit positivem optimalen Zielfunktionswert) ein ε-a. V. ist, heißt Approximationsschema. Dieser Algorithmus ist ein polynomiales Zeit-Approximationsschema, wenn er für festes ε > 0 polynomiales Laufzeitverhalten besitzt. Ein voll polynomiales Approximationsschema besitzt ein Laufzeitverhalten, welches sich durch ein Polynom in der Länge der Eingangsdaten und 1/ε abschätzen läßt.

Voll polynomiale Approximationsschemata existieren nur für sehr wenige kombinatorische Optimierungsprobleme. Bekannte Beispiele sind das → Rucksackproblem und das Subset-Sum-Problem. *Bachem*

**Verfahren der konjugierten Richtungen** ⟨*conjugate gradient method*⟩. Ein Verfahren zur Lösung nichtlinearer Programmierungs-Probleme. Im Fall einer quadratischen Zielfunktion $f(x) = xQx + bx$ (mit positiv definiter (n×n)-Matrix Q) berechnet das Verfahren zu gegebenen Q-orthogonalen Vektoren $d_1, \ldots, d_n$ ($d_i Q d_j = 0$ für alle $i \neq j$) mittels der Iteration

$$x_{k+1} = x_k + r_k d_k, \quad r_k = -((Qx_k - b)d_k/d_k Qdk)$$

in maximal n Schritten das eindeutige Minimum von $f(x)$. In der konjugierten Gradientenmethode werden die konjugierten Richtungen d als die konjugierten Versionen der Gradienten $g_k = Q_{xk} - b^j$ gewählt. Die *Fletcher-Reeves*-Methode ist eine Implementation der konjugierten Gradientenmethode für nichtquadratische Zielfunktionen.
*Bachem*

**Verfahren, duales** ⟨*dual method*⟩. Iteratives Verfahren zur Lösung von mathematischen Optimierungsproblemen, die statt des Ausgangsproblems das Problem in seiner dualen Modellierung lösen.

D. V. können immer dort angewendet werden, wo eine Dualitätstheorie (→ Dualität) zur Verfügung steht. Oft erleichtert die duale Modellierung das Auffinden einer Startlösung für das iterative Verfahren.
*Bachem*

**Verfahren, kryptographische** ⟨*encryption procedures*⟩. Dienen dazu, Nachrichten, die von einem Sender zu einem Empfänger übertragen werden sollen, gegenüber Dritten – *Eindringlinge* oder → Angreifer genannt – geheimzuhalten. Den Nachrichten ist Information zugeordnet. Sie werden verschlüsselt und als solche übertragen mit dem Ziel, daß Eindringlinge zwar zu den Nachrichten zugreifen, mit diesen jedoch keine Information gewinnen können. K. V. werden für Nachrichtenübertragungen mit entsprechenden Anforderungen und allgemein für → rechtssichere Rechensysteme zur Gewährleistung der Rechtssicherheit durch Angriffstoleranz von passiven Angriffen, die nicht vermieden und nicht verhindert werden können, eingesetzt. Darüber hinaus können sie, wenn entsprechende Zusatzbedingungen erfüllt sind, für digitale → Signaturen eingesetzt werden. Das Wesentliche an einem k. V. ist das jeweils eingesetzte kryptographische System.

Ein *kryptographisches System* wird definiert durch $S = (M, K, C)$ mit der nichtleeren endlichen Menge M der Nachrichten, der nichtleeren endlichen Menge K der *Schlüssel* und der Familie $C = (C_k \mid k \in K)$ der Codierungsfunktionen von S. Für jedes $k \in K$ ist $C_k$ die *Codierungsfunktion* zum Schlüssel k. $C_k$ ist eine Codierung, also eine linkstotale injektive Abbildung $C_k : M \to M$. Zudem ist jedem $k \in K$ und $C_k$ die *Decodierungsfunktion* zum Schlüssel k $D_k : M \to M$ so zugeordnet, daß $D_k(C_k(m)) = m$ für alle $m \in M$ gilt.

Das kryptographische System $S = (M, K, C)$ wird für Nachrichtenübertragungen mit Geheimhaltung wie folgt benutzt: Wenn ein Sender X einem Empfänger Y eine Nachricht übermitteln will, dann vereinbaren X und Y hierzu einen Schlüssel $k \in K$. Die Nachricht, die X übermitteln will, sei $m \in M$; m liegt bei X zunächst als *Klartext*, das bedeutet unverschlüsselt, vor. X verschlüsselt m mit der Codierungsfunktion $C_k$, indem er $n \triangleq C_k(m)$ berechnet. Damit liegt die Nachricht bei X auch in *Kryptotext*, das bedeutet verschlüsselt, vor. X übermittelt die Nachricht in Kryptotext, also n, an Y. Wenn Y die Nachricht n erhält, entschlüsselt er sie mit der Decodierungsfunktion $D_k$. Er berechnet $D_k(n) = m$, und damit liegt die Nachricht beim Empfänger in Klartext vor.

Sender X und Empfänger Y stehen in der betrachteten Situation für Benutzer, die das Recht haben, die Nachricht m in Klartext, also mit der ihr zugeordneten Information, zu kennen. Die Nachricht n in Kryptotext wird über einen unsicheren Kanal übertragen, was bedeutet, daß sie auf einem Medium gespeichert oder über eine Leitung transportiert wird, zu denen Zugriffe von Eindringlingen – das sind → Subjekte, die nicht berechtigt sind, die der Nachricht m zugeordnete Information kennenzulernen – nicht vermieden werden können. Eindringlinge können die Nachricht n in Kryptotext kennenlernen. Sie dürfen jedoch die Bedeutung der Nachricht nicht kennenlernen, was bedeutet, daß ausgeschlossen werden muß, daß sie aus der Nachricht n in Kryptotext die zugeordnete Nachricht m in Klartext berechnen können. Das kryptographische System S muß so konstruiert und benutzt werden, daß dieses Ziel möglichst weitgehend erreicht wird; das Wesentliche dabei sind die jeweils benutzten Schlüssel.

Eindringlingen stehen für die Verfolgung ihrer Ziele, Nachrichten in Klartext kennenzulernen, viele Möglichkeiten zur Verfügung. Dazu gehören, daß sie Kryptotexte erfahren und das kryptographische System S kennen. Wesentlich ist, daß sie die jeweils benutzten Schlüssel $k \in K$ nicht kennenlernen dürfen. Der Aufwand, der zum Erreichen dieses Ziels notwendig ist, ist das Maß an Sicherheit eines kryptographischen Systems.

Zur Konstruktion kryptographischer Systeme werden im wesentlichen zwei Ansätze verfolgt, die zu symmetrischen und asymmetrischen Kryptosystemen führen.

Für → symmetrische Kryptosysteme wird versucht, hohe Sicherheit auf der Grundlage der Wahrscheinlichkeits- und Informationstheorie zu erreichen. Für sie ist vorgeschrieben, daß ein Sender und ein Empfänger, die Nachrichten austauschen wollen, hierzu einen gemeinsamen geheimen Schlüssel benutzen. Diesen Schlüssel müssen Sender und Empfänger vereinbaren und gegenüber Eindringlingen geheimhalten.

Die Problematik symmetrischer Kryptosysteme besteht nicht darin, daß geheime Schlüssel benutzt werden, sondern darin, daß diese geheimen Schlüssel zwischen Sendern und Empfängern vereinbart und kommuniziert werden müssen. Dieses Hindernis beseitigen → asymmetrische Kryptosysteme, für die versucht wird, hohe Sicherheit auf der Grundlage der Komplexitätstheorie unter Verwendung von → Einwegfunktionen zu erreichen. Asymmetrische Kryptosysteme verwenden allbekannte oder öffentliche Schlüssel und zusätzlich geheime Schlüssel, die jedoch für Sender und Empfänger privat sind, also nicht übertragen werden müssen.

*P. P. Spies*

Literatur: *Bauer, F. L.*: Entzifferte Geheimnisse. Berlin: Springer 1997.

**Verfahren, numerisches** ⟨*numerical method*⟩ → Gitterstruktur, numerisches Verfahren auf

**Verfahren, primal-duales** ⟨*primal dual method*⟩. Allgemeines Verfahren zur Lösung linearer Programmierungsprobleme der Form (P): $\min\{cx \mid Ax = b, x \geq 0\}$ bzw. in der dualen Form (D): $\max\{ub \mid u^T A \leq c\}$ unter Ausnutzung der Komplementaritätsbedingungen (KB):

$u_i^T(A_i - b_i) = 0$ für alle i

$(c_j - uA_j)^T x_j = 0$ für alle j.

P.-D.-V. starten mit einem zulässigen Vektor u des dualen Problems (D) und suchen nun, mittels eines Hilfsproblems eine für (P) zulässige Lösung x (mit $x_j = 0$ immer dann, wenn $c_j - u^T A_j > 0$ gilt) zu bestimmen. Aufgrund der Komplementaritätsbedingungen ist eine solche Lösung dann optimal für das primale Problem (P). Wird im ersten Schritt (bei der Lösung des Hilfsproblems) ein solches x nicht gefunden, so kann mit Hilfe der Dualvariablen des Hilfsproblems ein neuer für (D) zulässiger Vektor $u^1$ gefunden werden, mit dem man erneut in das Hilfsproblem einsteigt. Nach endlich vielen Iterationen dieser Art erhält man eine primal zulässige Lösung x, welche die Komplementaritätsbedingungen (KB) erfüllt.

Die eigentliche Lösung des Problems (P) wird durch das P.-D.-V. auf die Lösung des Hilfsproblems bzw. des dazugehörenden dualen Problems verlagert. Da das Hilfsproblem stets ein lineares Programm mit der Zielfunktion $x_1 + \ldots + x_n$ ist, erlauben P.-D.-V. die Rückführung eines linearen Problems mit einer beliebigen Zielfunktion („gewichtetes Problem") auf das zugehörige „Kardinalitätsproblem". Dies wird oft bei Verfahren zur Lösung kombinatorischer Probleme (→ Matching-, → Netzwerkfluß- und Matroidschnitt-Probleme) genutzt.

*Bachem*

**Verfahren, primales** ⟨*primal method*⟩. Iterative Verfahren zur Lösung von mathematischen Optimierungsproblemen, die die primale Modellierung des Problems verwenden (→ Dualität).

P. V. iterieren im zulässigen Bereich und können deshalb bei Erreichung der gewünschten Genauigkeit oder aber eines Zeitlimits mit einer approximativen zulässigen Lösung abgebrochen werden.

*Bachem*

**Verfahren, rigorose** ⟨*rigorous procedures*⟩ → Fehlervermeidung

**Verfeinerung** ⟨*refinement*⟩. Übergang von einer abstrakten zu einer konkreteren Beschreibung innerhalb eines gemeinsamen formalen Rahmens zur Programmentwicklung. Typischerweise werden zunächst noch offen gelassene Entwurfsentscheidungen in einer V. präzisiert und abstrakt beschriebene Datentypen und Funktionen durch die Wahl von konkreten Datenrepräsentationen und Algorithmen implementiert (→ Implementierung).

Ein wesentliches Prinzip zur Strukturierung von Software-Entwürfen ist das Prinzip der schrittweisen V., das auf *N. Wirth* und *E. W. Dijkstra* zurückgeht. Hierbei wird die Entwicklung eines Programms in eine Folge einzelner, aufeinander aufbauender Entwicklungsschritte zerlegt, so daß – ausgehend von einer Anforderungsspezifikation (→ Spezifikation) oder einem abstrakt formulierten Programm – Schritt für Schritt zu immer konkreteren Strukturen übergegangen wird, bis schließlich ein auf dem Rechner ausführbares Programm erreicht ist.

Diese Technik erweist sich insbesondere bei der V. algebraischer Spezifikationen als geeignet, wobei – ausgehend von einer abstrakten Spezifikation $SP_0$ – in mehreren Entwicklungsschritten die Spezifikation $SP_n$ eines lauffähigen Programms bzw. eine ausführbare Spezifikation konstruiert wird:
$SP_0 \quad SP_1 \quad \ldots\ldots \quad SP_n$.

Die Korrektheit eines Verfeinerungsschrittes ist gegeben, wenn die in einer abstrakten Spezifikation beschriebenen Eigenschaften auch in der Spezifikation der nächsten Verfeinerungsstufe gelten. Die Korrektheit ist *bewiesen*, wenn die abstrakt beschriebenen Eigenschaften aus den Axiomen der konkreten Spezifikation herleitbar sind.

In vielen Fällen ist es sinnvoll, von internen, nichtbeobachtbaren Eigenschaften zu abstrahieren und lediglich die Erfüllung aller durch Ein-/Ausgabe-Operationen beobachtbaren Eigenschaften einer abstrakten Spezifikation zu verlangen (→ Beobachtbarkeit). Entscheidend für die Korrektheit der gesamten Programmentwicklung ist, daß korrekte Einzelschritte jeweils zu einem korrekten Gesamtschritt zusammengesetzt werden können (→ Komposition).

*Beispiel*
Die Darstellung total geordneter, endlicher Mengen durch binäre Bäume und die Darstellung binärer Bäume durch Zeigerstrukturen ergibt eine schrittweise V., die zu einer Implementierung von Mengen durch Zeigerstrukturen führt.
SET → TREE → POINTER      *Hennicker/Wirsing*

**Verfeinerung, lokale** ⟨*local refinement*⟩. Um insbesondere partielle → Differentialgleichungen numerisch zu lösen, werden diese üblicherweise auf einem Gitter mit einer gegebenen festen Maschenweite h diskreti-

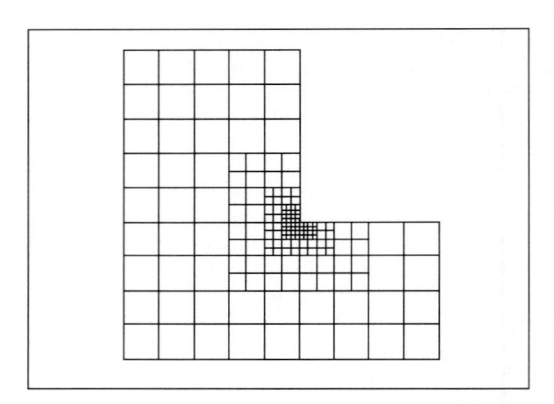

*Verfeinerung, lokale 1: Diskretisierungsgitter mit l. V. in der Nähe einer einspringenden Ecke des Grundgebietes*

siert (z. B. mit Hilfe von → Differenzenverfahren). Wird statt dessen in einem oder mehreren Teilgebieten die Maschenweite kleiner als im restlichen Teil des Gebietes gewählt, so spricht man von l. V. Diese dienen dem

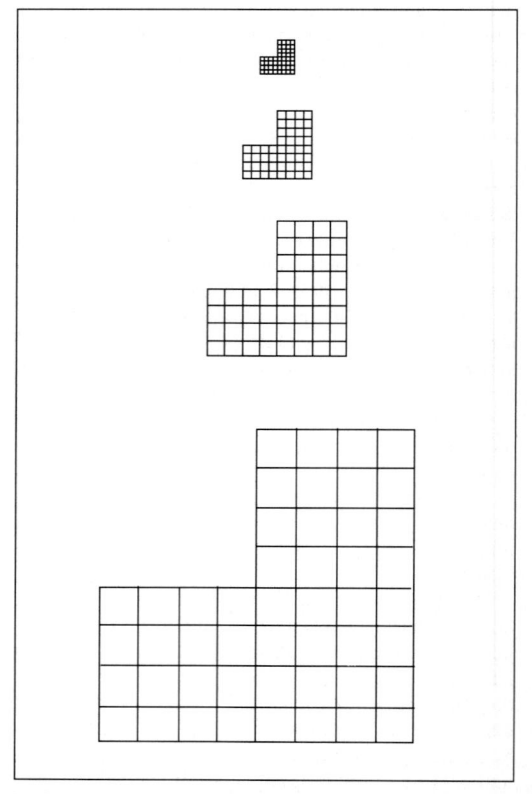

*Verfeinerung, lokale 2: Natürliche Sequenz von Gittern zur Lösung einer Differentialgleichung auf dem in Bild 1 dargestellten Gitter mit Mehrgitterverfahren*

Ziel, die gewünschte Lösung so genau wie möglich zu berechnen, ohne dabei die Schrittweite des Gesamtgitters global sehr fein wählen zu müssen (was auf sehr viel mehr Gitterpunkte und damit mehr Unbekannte führen würde).

L. V. sind in Teilgebieten sinnvoll, in denen die zu berechnende Lösung besonders stark variiert. Ein klassisches Beispiel hierfür sind Lösungen von partiellen Differentialgleichungen in der Nähe von „einspringenden Ecken" des Grundgebietes (Bild 1). Es existieren zwei Strategien, um lokal zu verfeinern:
– Die lokalen Verfeinerungsgebiete werden explizit vor Beginn des Lösungsprozesses definiert.
– Die l. V. werden selbstanpassend innerhalb des Lösungsprozesses in Abhängigkeit von den Genauigkeitsanforderungen erzeugt.

Die selbstanpassende Verfeinerungsstrategie ist günstiger, weil die Gebiete, in denen lokal verfeinert werden sollte, i. allg. von der a priori unbekannten Lösung abhängen. Allerdings ist dazu ein Steuerungsprozeß erforderlich, der dem Verhalten der Lösung Rechnung trägt.

L. V. sind besonders natürlich und effizient, falls zur numerischen Lösung → Mehrgitterverfahren benutzt werden. Bei diesen Verfahren werden ohnehin Gitter verschiedener Diskretisierungsgenauigkeit verwendet. Damit stehen in natürlicher Weise Informationen (Schätzungen des lokalen Abschneidefehlers) zur Verfügung, die zur Steuerung eines Verfeinerungsalgorithmus herangezogen werden können (Bild 2).

*Stüben/Trottenberg*

**Verfeinerung, schrittweise** ⟨*stepwise refinement*⟩. Vorgehensweise beim Entwurf und bei der Programmierung von → Software-Bausteinen, die eine funktionale Gliederung zum Ziel hat. Komplexe Funktionen werden schrittweise entwickelt, indem Teilfunktionen zunächst ausgespart und dann später weiterentwickelt werden. Dieses Vorgehen kann mehrfach iteriert werden. *Hesse*

**Verfügbarkeit** ⟨*availability*⟩. Eine → Zuverlässigkeitskenngröße für → Einphasensysteme und für → Zweiphasensysteme. Es sind zwei Varianten zu unterscheiden, nämlich die V. des Systems zu einem Zeitpunkt $t \in \mathbb{R}_+$ und die stationäre V. eines Systems. Die Verfügbarkeit $A(t)$ eines Systems S zur Zeit $t \in \mathbb{R}_+$ ist die Wahrscheinlichkeit dafür, daß S in t intakt ist. Sie ist damit gleichbedeutend mit der → Intakt-Wahrscheinlichkeit von S zur Zeit t. Wenn S ein Einphasensystem ist, dann ist $A(t)$ gleich der für diese Art von Systemen charakteristischen → Überlebenswahrscheinlichkeit zur Zeit t. Die *stationäre Verfügbarkeit* A ist als Grenzwert von $A(t)$ für $t \to \infty$ für Zweiphasensysteme definiert und für diese gleichbedeutend mit der stationären Intakt-Wahrscheinlichkeit.

Wenn ein System S aus Komponenten zusammengesetzt ist, dann läßt sich die V. von S aus dem Zuverlässigkeitsverhalten der Komponenten berechnen. Das gilt für die Verfügbarkeit $A(t)$ von S zur Zeit $t \in \mathbb{R}_+$ und für ein entsprechendes System S auch für die stationäre Verfügbarkeit A. Zur Berechnung von $A(t)$ bzw. A ist die gemeinsame Verteilung der Zustandsvariablen der Komponenten zur Zeit t bzw. die gemeinsame stationäre Verteilung der Zustandsvariablen der Komponenten erforderlich. Die Berechnungsverfahren sind die gleichen; man gibt sie zur Vereinfachung der Aufschreibung zweckmäßig für die stationäre V. an.

Seien $n \in \mathbb{N}$ und S ein System aus n Komponenten mit der Systemfunktion $\xi(z_1, \ldots, z_n)$ für $(z_1, \ldots, z_n) \in \mathbb{B}^n$. Mit dem W-Maß P sei die gemeinsame stationäre Verteilung der Zustandsvariablen $Z_1, \ldots, Z_n$ der Komponenten von S gegeben. Dann gilt unter der Verwendung der disjunktiven kanonischen Form von $\xi$ für die stationäre Verfügbarkeit A von S

$$A = \sum_{(b_1 \ldots b_n) \in \mathbb{B}^n} \xi(b_1, \ldots, b_n) P\left\{Z_1^{b_1} = 1, \ldots, Z_n^{b_n} = 1\right\}.$$

Dies gilt für beliebige Verteilungen der $(Z_1, \ldots, Z_n)$ und insbesondere für den Fall, daß die Zustandsvariablen abhängig sind. Summiert wird über die Wahrscheinlichkeiten, die von den $2^n$ Elementen $(b_1, \ldots, b_n) \in \mathbb{B}^n$ denen entsprechen, für die $\xi(b_1, \ldots, b_n) = 1$ gilt. Wenn die Zustandsvariablen $Z_1, \ldots, Z_n$ unabhängig sind, dann vereinfacht sich die Berechnungsvorschrift zu

$$A = \sum_{(b_1 \ldots b_n) \in \mathbb{B}^n} \xi(b_1, \ldots, b_n) \prod_{i=1}^{n} P\left\{z_i^{b_i} = 1\right\}.$$

Eine weitere Vereinfachung ergibt sich, wenn die $Z_1, \ldots, Z_n$ unabhängig und identisch mit $p \triangleq P\{Z_i = 1\}$ verteilt sind. Ist dann für $b = (b_1, \ldots, b_n) \in \mathbb{B}^n$ $l(b)$ die Anzahl der $b_i$ mit $i \in \{1, \ldots, n\}$ und $b_i = 1$, so gilt

$$A = \sum_{b \in \mathbb{B}^n} \xi(b) \cdot p^{l(b)} \cdot (1-p)^{n-l(b)}.$$

Die Berechnung der V. unter Verwendung der Systemfunktion in disjunktiver kanonischer Form ist aufwendig, wenn die Anzahl der auftretenden Summanden groß ist. Für gewisse Arten von Systemen ist die direkte Berechnung einfacher; das ist für $\binom{n}{m}$-Systeme (m-aus-n-Systeme) der Fall.

Mit $n \in \mathbb{N}$ sei $S(m, n)$ ein → m-aus-n-System. Die Zustandsvariablen der Komponenten seien unabhängig und mit p identisch verteilt. Dann gilt

$$A_{S(n,m)} = \sum_{k=m}^{n} \binom{n}{k} p^k (1-p)^{n-k}.$$

*P. P. Spies*

**Verfügbarkeit, stationäre** ⟨*stationary availability*⟩ → Verfügbarkeit

**Verhalten** ⟨*behavior*⟩. Im Zusammenhang mit der Entwicklung effizienter → Mensch-Maschine-Systeme spielt die Kenntnis über das V. des Menschen als → Bediener bzw. → Benutzer eine wesentliche Rolle.

Man unterscheidet dabei drei wesentliche kognitive Verhaltens- oder Fertigkeitsebenen:

☐ *Sensomotorische Fertigkeiten.* Diese Fertigkeiten im Sinne gewohnheitsmäßigen V. sind erlernte, stark automatisierte sensomotorische Verhaltensweisen, bei denen mehr oder weniger nichtbewußte Programme benutzt werden. Sie erfordern keine willentliche Aufmerksamkeit oder Steuerung mehr. Die verfügbaren Informationen werden als zeit- und ortsabhängige → Signale wahrgenommen. Die meisten Kontrolltätigkeiten in normalen Betriebssituationen sowie auch sehr einfache Problemlösungstätigkeiten werden auf dieser niedrigsten Regulationsebene ausgeführt.

☐ *Regelbasiertes V.* Dieses V. liegt in vertrauten Situationen vor, die durch gespeicherte Regeln behandelt werden können. Regelbasierte menschliche Leistung gründet sich auf die Erkennung von Situationen, die mit erlernten oder aus Instruktionen abgeleiteten Handlungsregeln assoziiert werden. Die gespeicherten Regeln stehen auf einer höheren kognitiven Ebene bereit, um Unterprogramme (z.B. Bewegungsentwürfe) auf der niedrigeren Ebene der sensomotorischen Fertigkeiten zu koordinieren. Die verfügbaren Eingangsinformationen bestehen aus Zuständen oder Ereignissen, die sich aus einer Informationsreduktion ergeben und als Zeichen verstanden werden. Stereotype Tätigkeiten in vielen Aufgabensituationen der Mensch-Maschine-Kommunikation vermitteln den äußeren Gesamteindruck regelbasierten V.

☐ *Wissensbasiertes V.* Dieses V. wird erforderlich, wenn Situationen unbekannt und geeignete Regeln nicht vorhanden sind. Die Informationen aus der Umgebung sowie über das technische System werden auf dieser Ebene als Symbole für komplexe funktionelle und strukturelle Zusammenhänge interpretiert. Auf dieser Grundlage wird eine Situation identifiziert und werden Entscheidungen getroffen bzw. auch neue Regeln gebildet.
*Langmann*

Literatur: Rasmussen, J.: Skills, rules and knowledge; signals, signs, symbols and other distinctions in human performance models. IEEE Trans. Systems, Man, Cybernetics (1983) No. SMC-13, pp. 257–266.

**Verhalten, beobachtbares** ⟨observational behaviour⟩
→ Beobachtbarkeit

**Verhalten eines Systems** ⟨behaviour of a system⟩
→ System

**Verhaltensbeobachtung** ⟨observation of the behaviour⟩ → Fehlererkennung

**Verhinderung von Deadlock-Zuständen** ⟨avoidance of deadlock states⟩ → Berechnungskoordinierung;
→ Verklemmung

**Verifikation** ⟨verification⟩. V. im Zusammenhang mit einem → Rechensystem S bedeutet, daß die Soll-Eigenschaften einer Komponente oder eines Subsystems von S durch einen exakten Beweis nachgewiesen sind. Die Beweisführung erfolgt durch logische Schlüsse auf der Grundlage von Axiomen und bereits bewiesenen Aussagen. Dazu sind Formalisierungen erforderlich, so daß die nachzuweisenden Soll-Eigenschaften formal spezifiziert werden müssen. Das Ergebnis der V. einer Komponente von S ist deren → Korrektheit: Es ist bewiesen, daß eine Komponente oder ein Subsystem die spezifizierten Soll-Eigenschaften hat; mit diesen Eigenschaften kann die Komponente oder das Subsystem für weitere Konstruktionen benutzt werden.

Formale Spezifikation und V. sind *rigorose Maßnahmen* der → Fehlervermeidung, die insbesondere während des Konstruktionsprozesses für ein System intensiv angewandt werden sollen. Sie liefern im Gegensatz zu experimentellen Maßnahmen der → Validierung, zu denen auch → Tests gehören, allgemeingültige Aussagen über die Komponenten eines Systems, auf die sie angewandt werden. Die Anwendung rigoroser Verfahren gewährleistet jedoch nicht, daß für hardwaretechnisch realisierte Komponenten oder Subsysteme die Ist-Eigenschaften mit den spezifizierten Soll-Eigenschaften übereinstimmen, so daß hierfür zusätzliche experimentelle Maßnahmen notwendig sind.
*P. P. Spies*

**Verifikationssystem** ⟨verification system⟩. Software-Paket zur Überprüfung der → Korrektheit von Programmen bzw. Hardware-Systemen. Es beinhaltet als Herzstück einen → Beweiser und/oder arbeitet mit → Model Checking. Ferner kann es eine Systemumgebung zur Verfügung stellen, die das Verwalten von Theorien erleichtert, Beweise graphisch anzeigt oder formatierte Dokumente erstellt. Für die Praxis besonders relevant ist die automatische Generierung von Beweisverpflichtungen. Dies bedeutet, daß die Eingabe eines Korrektheitsproblems in abstrakter Form geschehen kann und das V. die konkreten, zu beweisenden Formeln selbst erzeugt.

Beispiele für V. sind → KIV und → PVS.
*Reus/Wirsing*

**Verkehrstelematik** ⟨road transport informatics⟩
→ RTI

**Verkehrstheorie** ⟨queueing theory⟩. Modelltheoretische Verfahren für die Bewertung der Leistungsfähigkeit von → Rechenanlagen. Die V. untersucht Abläufe im Rechner aufgrund der mathematischen Betrachtung struktureller Modelle. Die Befehls- und Datenströme und ihre Verarbeitung in Rechenanlagen werden durch → Warteschlangennetze beschrieben. Die Betrachtung dieser Netze erlaubt die Untersuchung des dynamischen Ablaufgeschehens, die Bestimmung charakteristischer Gütemerkmale (Wartezeiten, Bedienzeiten, Warteschlangenlängen etc.) und das Aufdecken und Beseitigen systeminterner Engpässe.

Verkehrsläufe sind abhängig von
- Ankunftsprozeß: Anzahl der Verkehrsquellen, mittlere Ankunftszahl, Verteilung der Ankunftsabstände,
- Bedien- bzw. Endeprozeß: mittlere Bedienzeit, Verteilung der Bedienzeiten,
- Systemeinfluß: Anzahl der Bedieneinheiten, Speicherplätze, Systemstruktur inklusive Erreichbarkeit, Konnektivität, Organisation der Speicherplätze, Abfertigungsdisziplin.

Für die Beschreibung von Bedien- und Ankunftsprozessen wird häufig die negativ-exponentielle Verteilung angenommen:

$$P(T \leq t) = 1 - e^{-\frac{t}{t_m}}, \; t > 0.$$

P ist die Wahrscheinlichkeit, daß der Ankunftsabstand bzw. die Bedienzeit T höchstens gleich der beliebigen Zeit t ist, $t_m$ ist der Mittelwert der Verteilung von T.

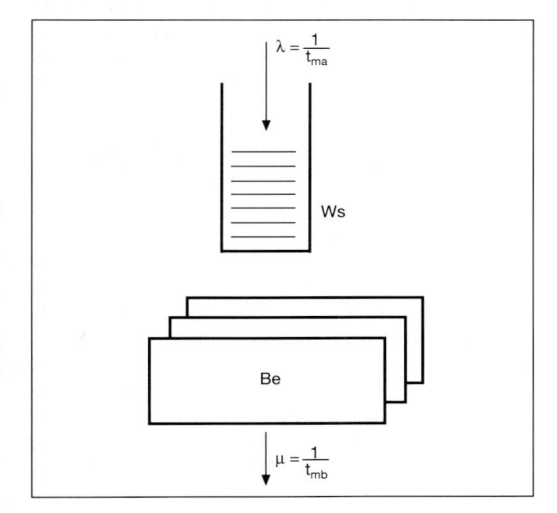

*Verkehrstheorie: Symbolische Darstellung eines verkehrstheoretischen Modells*         *Bode*

**Verkehrswert** ⟨*traffic flow*⟩. Maß für die Verkehrsintensität in einem Kommunikationssystem, d. h. Anteil der Zeit mit Belegungen von Leitungen in der → Hauptverkehrsstunde (busy hour). Die dimensionslose Einheit für den V. ist → Erlang.      *Quernheim/Spaniol*

**Verklemmung** ⟨*deadlock*⟩. Zustand, in dem z. B. zwei Prozesse auf Betriebsmittel, die jeweils der andere Prozeß belegt (Semaphor, → Monitor), bzw. auf Ergebnisse, die der jeweils andere Prozeß liefert, warten. Die V. kann durch Betriebsmittel verursacht werden, wenn diese exklusiv und nicht entziehbar sind. Dies bedeutet, daß diese Betriebsmittel immer nur von einem Prozeß benutzt werden können (→ Ausschluß, gegenseitiger). So geraten beide Prozesse in einen Wartezustand, bei dem sie gegenseitig aufeinander warten. Dieser Zustand

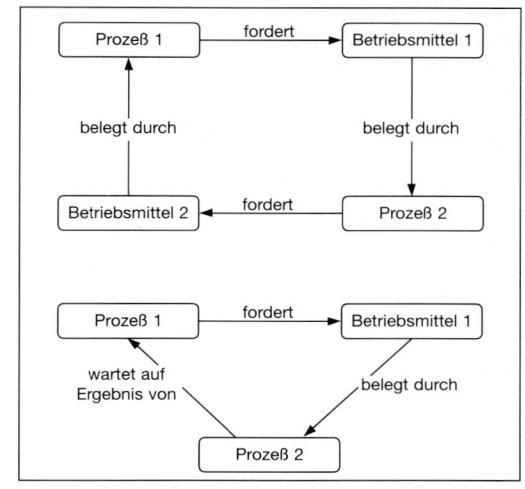

*Verklemmung: Beispiele*

kann nur durch Abbruch mindestens eines der beiden Prozesse und gegebenenfalls Freigabe der Betriebsmittel gelöst werden (s. auch → Berechnungskoordinierung).

Verklemmungsbedrohte Zustände lassen sich einfach entdecken, wenn man, wie im Bild exemplarisch gezeigt, alle auf einem Rechner laufenden Prozesse und die exklusiven Betriebsmittel mit den entsprechenden Abhängigkeiten verbindet. Treten im so entstehenden Prozeß-Betriebsmittel-Graph Zyklen auf, so sind die in den Zyklen enthaltenen Prozesse verklemmungsbedroht und müssen dann noch im Hinblick auf zeitliche Abfolge untersucht werden.

Zur Behandlung von V. sind vier Grundverfahren üblich:

☐ *Fehlermeldung*, wenn das Betriebsmittel nicht frei ist. Hierbei wird keinerlei Unterstützung beim Auftreten von V. geleistet. Es ist Sache des Benutzers, aus dem Wissen über Konkurrenten eine entsprechende Fehlerbehandlung vorzusehen.

☐ *Auflösung der V. durch Abbruch*. In dieser Variante obliegt es einer Instanz (Benutzer, Operateur oder einer automatischen Prozeßüberwachung), Prozesse zu beenden, die längere Zeit im Zustand „Warten auf Betriebsmittel" sind.

☐ *Vermeidung durch Einschränkung der Anforderung*. Bei diesem Verfahren gibt es wiederum drei Varianten zur Vermeidung von V. Alle Varianten erlauben aber nur eine Vermeidung von V., die von Betriebsmittelanforderungen verursacht werden. Um das Warten auf Ergebnisse mit einzubeziehen, kann z. B. ein reservierter Speicherbereich für die Ergebnisse hinzugezogen werden.
- Alle Betriebsmittel werden geordnet und dürfen nur in der Reihenfolge ihrer Ordnung belegt werden.
- Die Prozesse müssen im Zustand „keine Betriebs-

mittel belegt" ihren kompletten Bedarf anmelden, der dann virtuell belegt wird. Nachforderungen sind nicht zugelassen.
– Ein Prozeß wird beim Entstehen einer Verklemmung auf einen früheren Zustand zurückversetzt. Diese Variante ist allerdings nur sehr beschränkt einsetzbar.
☐ *Verklemmungsfreie Zuteilungsstrategie.* Hierbei werden die Betriebsmittel nur dann zugeteilt, wenn eine V. ausgeschlossen ist. Als Verfahren werden dazu u. a. der Bankier-Algorithmus oder *Habermann*-Algorithmus verwendet. Bei diesen Algorithmen werden die Prozesse, deren Anforderungen V. verursachen können, in den Zustand „wartend" versetzt. Nach Freiwerden von Betriebsmitteln wird wieder getestet, ob eine Zuteilung erfolgen kann. Diese Algorithmen sind aber sehr zeit- und speicherplatzaufwendig. *Petters*

Literatur: *Siegert, H.-J.*: Betriebssysteme: Eine Einführung, 2. Aufl. Handbuch der Informatik, Bd. 4.1. München–Wien 1989.

**Verknüpfungsglied** ⟨*logical gate*⟩. Bestandteil eines → Digitalrechners, der eine Verknüpfung von Schaltvariablen bewirkt: Abhängig von dem Wert der Eingangsvariablen wird der Wert einer Ausgangsvariablen bestimmt. Die V. bilden somit die Bausteine für die logischen Schaltungen. Sie entsprechen mathematisch den *Boole*schen Operationen. Spezielle V. sind das NICHT-, UND-, ODER-, NAND- und das NOR-Glied. Die beiden letzten haben insofern eine besondere Bedeutung, als jede Schaltung allein aus NAND- bzw. allein aus NOR-Gliedern aufgebaut werden kann.

Die früher übliche Bezeichnung „Gatter" soll als mißverständlich vermieden werden. *Bode/Schneider*

**Verknüpfungssteuerung** ⟨*logic control*⟩. V. werden auf unterschiedliche Art in Automatisierungskonzepte integriert: Für sicherheitsrelevante Aufgaben setzt man bevorzugt gesonderte, bauteilfehlersichere oder redundante, meist verbindungsprogrammierte Systeme ein, während andere Aufgaben mit in den Prozeßleitsystemen oder → Prozeßrechnern vorhandenen Möglichkeiten *Boole*scher Verknüpfungen softwaremäßig gelöst werden. Das kann durch freie Programmierung geschehen oder durch Konfigurierung, letzteres in Form von Anweisungslisten, durch Kontaktplandarstellung oder durch Funktionsplandarstellung. *Strohrmann*

Literatur: *Strohrmann, G.*: Automatisierungstechnik. Bd. 1: Grundlagen, analoge und digitale Prozeßleitsysteme. 4. Aufl. München–Wien 1997.

**Verlagerung, vertikale** ⟨*vertical migration*⟩. Verschiebung der Implementierungsebene von → Algorithmen in hierarchisch strukturierten → Rechenanlagen. Voraussetzung ist die Schichtung von Rechenanlagen als mehrstufige interpretierende → Modelle. Jede Stufe dieses Modells entspricht einer abstrakten → Maschine, die durch die auf ihr ausführbaren → Dienste (→ Operationen) definiert ist. Die Ausführung eines Dienstes einer abstrakten Maschine der Hierarchiestufe n setzt den Aufruf einer Folge von Diensten auf der Hierarchiestufe n – 1 voraus, die diesen interpretieren usw. bis zur untersten Hierarchiestufe 0.

Rechenanlagen umfassen i. d. R. eine größere Anzahl solcher Stufen, die unterste ist die Hardware-Maschine. Diese interpretiert die Stufe der mikroprogrammierten Maschine, darüber liegt die Maschinenbefehls-Maschine, die Betriebssystem-Maschine sowie ggf. anwendungsorientierte Maschinen. Jede der aufgezählten Stufen kann durch mehrere Stufen realisiert sein (Beispiel: Anstelle einer Firmware-Stufe gibt es die Picoprogramm-, Nanoprogramm- und Mikroprogramm-Maschine).

Die → Implementierung von Algorithmen auf Rechenanlagen ist im Prinzip auf jeder Stufe der abstrakten Maschinen möglich. Je näher an der Hierarchiestufe 0 der Hardware-Maschine die Implementierung erfolgt, desto kürzer wird die Ausführungszeit sein, jedoch um so höher der Programmierungsaufwand (Implementierung auf Ebene 0 entspricht dem Entwurf von Spezial-Hardware).

Die längere Ausführungszeit bei Implementierung auf höheren abstrakten Maschinen läßt sich durch den Vorgang des Aufrufes von Diensten erklären. Jeder Dienst einer Stufe n besteht aus zwei Komponenten: abbildende und ausführende Aktionen. Abbildende Aktionen dienen der Abbildung des Steuerflusses und der Datenparameter von der Stufe des Aufrufers auf die Stufe des aufgerufenen Dienstes und zurück. Die Aktionen des Aufrufs werden als Prolog zusammengefaßt, die für den Rücksprung als Epilog. Ausführende Aktionen sind dagegen diejenigen Schritte, die die semantischen Operationen des aufgerufenen Dienstes ausführen. Vom Standpunkt der Ausführung eines Algorithmus stellen Prolog und Epilog Verwaltungsaufwand dar, die „Netto-Datenverarbeitung" geschieht durch die ausführenden Aktionen. Beispiel für Prolog und Epilog beim Aufruf der Betriebssystem-Maschine durch eine anwendungsorientierte Maschine ist die Ausführung eines unterbrechenden Mechanismus (SVC-Aufruf), die zugehörigen Schritte zum Kontextwechsel wie das Retten, die Manipulation und die Wiederherstellung des Systemzustandes. Ausführende Aktion ist in diesem Fall die Ausführung des Programms.

Die Technik der v. V. versucht, durch Verschieben von Funktionen aus höheren Stufen in tiefere Stufen die Anzahl der Prologe und Epiloge zu verringern bzw. die längeren abbildenden Aktionen höherer Stufen durch kürzere in tieferen Stufen zu ersetzen. Im klassischen Sinn wird darunter die Verschiebung der Implementierungsebene aus der → Software in die → Firmware verstanden. Diese Technik wird bei zeitkritischen Anwendungsalgorithmen, aber auch bei Teilen der System-Software, insbesondere des → Betriebssystems, angewendet. *Bode*

**Vermeidung von Deadlock-Zuständen** ⟨*prevention of deadlock states*⟩ → Berechnungskoordinierung

**Vermittlungsebene** ⟨*network layer*⟩. Ebene 3 des →OSI-Referenzmodells. Sie sorgt für den Aufbau, den Betrieb und den Abbau von Netzwerkverbindungen zwischen logischen Endsystemen.

Wie auf keiner anderen →Ebene ist auf der Netzwerkebene die Entscheidung „→verbindungslos oder →verbindungsorientiert" zu treffen. Dies liegt im wesentlichen in den beiden unterschiedlichen Philosophien des →Internet und der Betreiber öffentlicher Datennetze (→X.25) begründet.

Ein verbindungsloser Netzwerkdienst (→Datagrammdienst, →CLNS) überträgt jedes einzelne →Paket unabhängig von Vorgängern und Nachfolgern. Es wird keine Garantie übernommen, daß das Paket sein Ziel erreicht. Für jedes Paket wird in jedem Zwischenknoten eine Routing-Entscheidung getroffen. Es ist somit erforderlich, daß Quell- und Zieladresse in jedem Paket (→Datagramm) enthalten sind. Da Datagramme unabhängig voneinander übertragen werden, ist es durchaus möglich, daß sie über verschiedene Routen vom Sender zum Empfänger gelangen und einander unterwegs überholen. Es kann also nicht garantiert werden, daß die korrekte Reihenfolge der Pakete beim Empfänger noch erhalten ist. Eine →Flußkontrolle findet ebenfalls nicht statt. Da keine explizite Verbindung gibt, ist es den Dienstbenutzern nicht oder nur in sehr eingeschränktem Maße möglich, die →Dienstgüte der Verbindung auszuhandeln.

Im Gegensatz hierzu wird beim verbindungsorientierten Netzwerkdienst (→CONS) explizit eine →virtuelle Verbindung aufgebaut. Bei Verbindungsaufbau wird ein Paket, ähnlich wie ein Datagramm, von Knoten zu Knoten weitergeleitet. Bei Sender, Empfänger und Zwischenknoten wird für ein solches Paket eine virtuelle Verbindung eingerichtet, über die auch alle späteren, zur gleichen Verbindung gehörigen Pakete weitergeleitet werden. Es ist daher nicht mehr erforderlich, die Adressen in jedem Paket mitzusenden, ein eindeutiger Identifikator für die jeweilige virtuelle Verbindung reicht aus. Es wird dem Benutzer somit eine gesicherte Übertragung mit einer Reihe von möglichen Dienstgüteparametern angeboten, die dann auch leicht zu tarifieren ist. Die reihenfolgerichtige Auslieferung der Pakete beim Empfänger wird garantiert, und eine Flußkontrolle ist möglich.

Neben dem altbewährten X.25-Protokoll hat →ISO inzwischen auch ein verbindungsloses Netzwerkprotokoll (→CLNS) definiert, das in seiner Funktion sehr dem →IP des →Internet ähnelt.

Unabhängig von dieser Diskussion gilt: Um die Unabhängigkeit der →Transportebene von den Details des unterliegenden Netzwerkes zu gewährleisten, muß die Netzwerkebene alle Funktionen übernehmen, die sich auf die realen Charakteristika des Gesamtnetzes beziehen. Zu den Funktionen der Netzwerkebene gehören (neben dem reinen Datentransport) unter anderem

☐ →*Routing*. Eine der wesentlichen Aufgaben ist die Auswahl eines geeigneten Kommunikationspfades. Zwischen rufender und gerufener Instanz kann eine große Anzahl von Relaissystemen liegen, die jeweils einzelne Teilnetze oder einzelne Stationen innerhalb eines Teilnetzes verbinden.

☐ *Fehlererkennung*. Es werden Fehlererkennungsmechanismen verwendet, welche auch entsprechende Dienste der unterliegenden Sicherungsebene nutzen.

☐ *Fehlerbehebung*. Diese Funktion kann unterschiedlich aussehen. Ein sehr einfaches Verfahren ist das Verwerfen eines Pakets im Fehlerfall.

Vom verbindungsorientierten Netzwerkdienst werden weiterhin folgende Funktionen erbracht:

☐ *Betreiben von Netzwerkverbindungen*. Netzwerkverbindungen werden zwischen zwei →Instanzen der Transportebene betrieben, wobei von den Diensten der unterliegenden →Sicherungsebene Gebrauch gemacht wird. Eine Netzwerkverbindung kann über eine Reihe von hintereinandergeschalteten Teilnetzen betrieben werden, wobei jedes Teilnetz über eigene Charakteristika verfügen kann. Die Verbindung von zwei Teilnetzen mit ggf. unterschiedlicher Dienstgüte ist auf zwei Arten realisierbar:

– Die beiden Teilnetze werden direkt miteinander verbunden. Dieses scheinbar einfache Verfahren hat den Nachteil, daß die Dienstgüte des hieraus resultierenden Gesamtnetzes nicht besser ist als die des schlechteren Teilnetzes.

– Das schlechtere Teilnetz wird zunächst durch zusätzliche Funktionen auf das Niveau des besseren „aufgerüstet". Das resultierende Gesamtnetz hat dann etwa die Güte des besseren Teilnetzes.

☐ *Reihenfolgeerhaltung*. Auf Anforderung einer Instanz der Transportebene kann die Vermittlungsebene die reihenfolgetreue Auslieferung der Pakete garantieren. Diese Funktion kann auch von der Transportebene übernommen werden. Wo sie ausgeführt wird, hängt von der jeweiligen Auswahl der Protokolle in den beiden Ebenen ab.

☐ *Einrichtung und Sicherstellung der Dienstgüte-Parameter*. Die für die Dauer einer Netzwerkverbindung ausgewählte Dienstgüte wird von der Vermittlungsebene eingerichtet und sichergestellt. Zu den Parametern, welche die ausgewählte Dienstgüte beeinflussen, gehören:

– *Restfehlerrate* (residual error rate): Sie gibt das Verhältnis der nicht entdeckten fehlerhaften, duplizierten oder verlorengegangenen Pakete zur Anzahl der insgesamt weitergegebenen Pakete an.

– *Verfügbarkeit des Dienstes* (service availability): Sie wird z. B. von der Verfügbarkeit der Netzknoten beeinflußt.

– *Zuverlässigkeit* (reliability): In diesen Parameter gehen zusätzlich etwaige Ausfälle von Übertragungskanälen ein.

– →*Durchsatz* (throughput): Der Durchsatz macht eine Aussage über die Anzahl der korrekt weitergeleiteten Daten pro Zeiteinheit.
– *Übertragungsverzögerung* (transit delay): Sie setzt sich zusammen aus der Laufzeit der einzelnen Pakete und der Summe der Verarbeitungszeiten in den beteiligten Knoten.
– *Flußkontrolle*: Zur Abwehr von lokalen Überlastsituationen. *Jakobs/Spaniol*

Literatur: *Spaniol, O.; Jakobs, K.*: Rechnerkommunikation – OSI-Referenzmodell, Dienste und Protokolle. VDI-Verlag, 1993. – *Nussbaumer, H.*: Computer communication systems. Vol. 2: Principles, design, protocols. John Wiley, 1990.

**Vermittlungsobjekt** ⟨*mediator object*⟩ → Betriebssystem, prozeßorientiertes

**Verschiebung** ⟨*translation*⟩ → Translation

**Verschlüsselung** ⟨*encryption*⟩ → Verfahren, kryptographische; → Kryptographie

**Versionsverwaltung** ⟨*version management*⟩. Übernimmt die Verwaltung von verschiedenen Versionen eines Datums, die gleichzeitig existieren oder in einer Abfolge die Änderungsschritte an einem Datum dokumentieren. Die V. sieht Mechanismen zur Verwaltung konsistenter →Konfigurationen und zum Zusammenführen (merge) unterschiedlicher Versionen eines Datums vor. Daten können entweder unmittelbar geändert werden (in place) oder zu verschiedenen (nebeneinander existierenden oder zeitlich gestaffelten) Versionen des Datums führen. Während bei kurzen →Transaktionen (durch Sperren des Datums oder →Rücksetzen der Transaktion) ausgeschlossen wird, daß zwei Transaktionen gleichzeitig ein Datum ändern, ist dies bei langen (evtl. Wochen dauernden) Transaktionen nicht akzeptabel. In diesem Fall kommt eine V. zum Einsatz (→ Software-Datenbank, → CAD-Datenbank, Nicht-Standarddatenbank). *Schmidt/Schröder*

Literatur: *Heuer, A.*: Objektorientierte Datenbanken. Bonn–München 1992. – *Loonies, M. E. S.*: Object databases: The essentials. Wokingham, Berks. 1994.

**Verstärker, optischer** ⟨*optical amplifier*⟩. In o. V. wird Licht ohne optoelektronische Wandlung direkt verstärkt. Im Gegensatz zu konventionellen Signalregeneratoren findet in o. V. nur die Regeneration der Amplitude, nicht aber der Impulsform statt.

O. V. können als Halbleiterlaser-Verstärker oder Faserverstärker mit Erbium-dotierten Glasfasern (EDFA) oder Praseodym-dotierten Fluoridfasern (PDFA) realisiert werden.

Sie werden als Leistungsverstärker, Zwischenverstärker und Vorverstärker eingesetzt.

Der Halbleiterlaser-Verstärker (Bild 1) besteht aus einer entspiegelten Laserdiode auf der Basis von GaAs oder InP (InGaAsP); die Verstärkung beträgt ca. 20 dB bei einer Bandbreite von bis zu 10 000 GHz und kann entsprechend der Materialzusammensetzung der aktiven Schicht in den gewünschten Wellenlängenbereich gelegt werden.

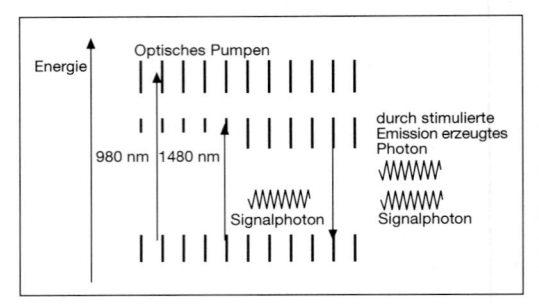

*Verstärker, optischer 2: Energieniveauschema von Erbium-dotierten SiO*

Faserverstärker für den Wellenlängenbereich um 1550 nm bestehen aus einer ca. 10 m langen Glasfaser, die mit Erbium dotiert ist; diese wird mit einer Laserdiode bei 980 oder 1480 nm mit einer Leistung von 20 bis 40 mW optisch gepumpt. Dadurch werden Elektronen in den Erbiumionen vom Grundzustand je in einen

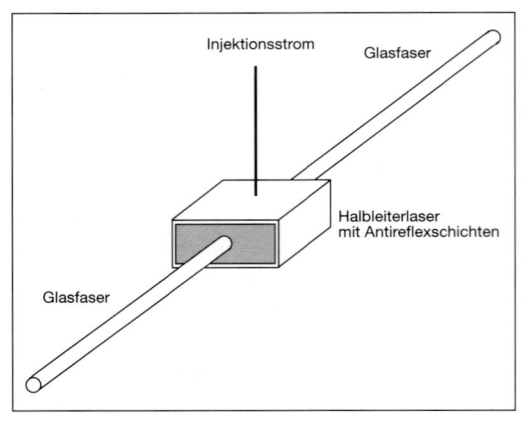

*Verstärker, optischer 1: Schematischer Aufbau eines Halbleiterlaserverstärkers*

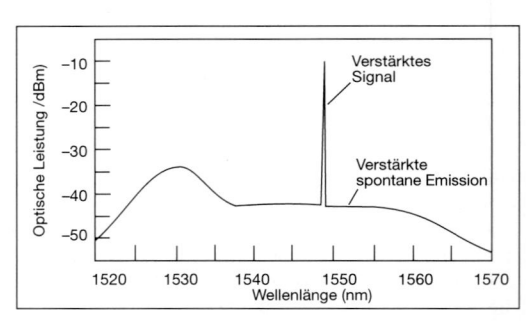

*Verstärker, optischer 3: Emissionsspektrum einer Erbium-dotierten Glasfaser*

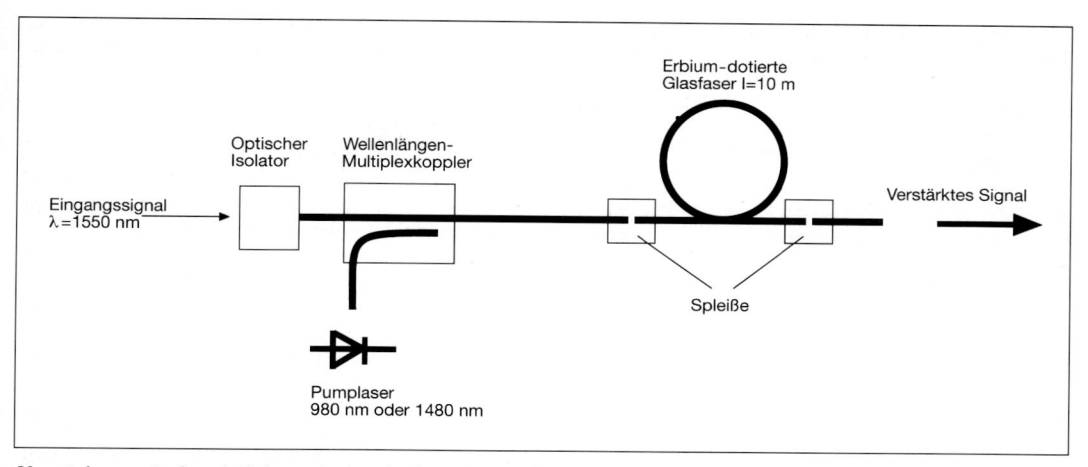

*Verstärker, optischer 4: Schematischer Aufbau eines Erbium-dotierten Glasfaserverstärkers*

höheren Zustand angeregt (Bild 2). Dieser Zustand ist instabil, so daß nach kurzer Zeit die Elektronen strahlungslos in den metastabilen Zustand fallen, wo die Verweildauer ca. $10^{-2}$ s beträgt. Trifft nun ein Signalphoton der passenden Wellenlänge (1520 bis 1560 nm) auf ein angeregtes Erbiumion, geht dieses in den Grundzustand über unter Emission eines weiteren Photons der gleichen Wellenlänge, Phase und Richtung wie das einfallende Photon (Bild 3). Diese Photonen können weitere Erbiumionen zur Emission weiterer Photonen stimulieren, so daß eine Verstärkung des Signalphotons auftritt. Der Verstärkungsfaktor ist von der Pumpleistung und der Faserlänge abhängig und kann bis zu 40 dB erreichen. Ist kein Signalphoton vorhanden, gehen die Erbiumionen spontan unter Aussendung von Photonen in den Grundzustand über; dies ist die verstärkte spontane Emission.

Die Vorteile des Erbium-dotierten Faserverstärkers im Vergleich zum Halbleiterlaser-Verstärker sind vor allem der hohe Verstärkungsfaktor, hohe Ausgangsleistung, geringes Rauschen und die Polarisationsunabhängigkeit, nachteilig sind die geometrischen Abmessungen und der auf 1520 bis 1560 nm zur Verstärkung nutzbare Wellenlängenbereich.

Beim Erbium-dotierten Glasfaserverstärker (EDFA, Bild 4) verwendet man als Pumplaser Laserdioden, deren Licht über einen wellenlängenselektiven Koppler in die Erbium-dotierte Faser eingekoppelt wird. Über den anderen Arm des Kopplers wird das Signallicht in die Faser eingestrahlt. Um Rückreflexion in den Sendelaser zu vermeiden, wird ein optischer Isolator eingesetzt. Die verstärkende Faser wird durch thermisches Spleißen in die Übertragungsstrecke eingefügt. Das Pumplicht kann auch in kontradirektionaler Richtung zugeführt werden, ebenso wie auch bidirektionales Pumpen möglich ist.

Das Einsatzgebiet des EDFA liegt sowohl im Weitverkehr also auch im Teilnehmeranschlußbereich. Bei-

*Verstärker, optischer. Tabelle: Vergleich Halbleiterlaser-/Faserverstärker*

| | Halbleiterlaser-Verstärler | Faser-Verstärker | |
| --- | --- | --- | --- |
| | | Er-Faser-Verstärker | Pr-Faser-Verstärker |
| Wellenlängenbereich | 1.3 ... 1.6 µm | 1.55 µm | 1.3 µm |
| Verstärkung | 28 dB | 40 dB | 18 dB |
| Bandbreite | 50 ... 100 nm | 30 nm | 40 nm |
| Größe/Faserlänge | Laserdiode | ca. 10 m | 20 m |
| Polarisationsempfindlichkeit | Ja | Nein | Nein |
| Pumpvorgang | Strom | optisch $\lambda = 0{,}98;\ 1{,}48$ µm | optisch $\lambda = 1{,}02$ µm |

spielsweise sind die Transatlantikkabel TAT 12 und TAT 13 mit o. V. ausgerüstet. In der optischen Vielkanaltechnik können mehrere Wellenlängenkanäle in einem EDFA verstärkt werden, wodurch die hohen Kosten für Regeneratoren mit elektrooptischer Wandlung eingespart werden.

Für den Wellenlängenbereich um 1300 nm sind Faserverstärker aus Fluoridfasern, die mit Praseodym dotiert sind, in der Entwicklung. Erste Exemplare werden bereits kommerziell angeboten. Die Probleme liegen v. a. in der hohen erforderlichen Pumpleistung (ca. 500 mW bei 1047 nm) und der Ankopplung der Fluoridfaser an die $SiO_2$-Faser. Diese Verbindung kann nur durch Klebung oder Stecker hergestellt werden und führt zu einem relativ hohen Koppelverlust.

In der Tabelle auf S. 787 werden Halbleiterlaser-Verstärker und Faserverstärker miteinander verglichen.

*Krauser*

Literatur: *Shimada, S.*: Optical amplifiers and their applications. Chichester 1994.

**Verteilerliste** ⟨*distribution list*⟩. Ein Begriff aus dem Bereich der Electronic Mail (→ Post, elektronische). Eine V. (Distribution List, DL) bietet einen einfachen Weg, eine Gruppe von Empfängern zu adressieren.

Eine V. wird über eine normale → Adresse (einen → O/R-Namen in → X.400) adressiert. Ihre Aufgabe ist es, eintreffende → Nachrichten an die endgültigen Empfänger weiterzuleiten. Hierzu wird die Adresse der V. expandiert. Das Bild veranschaulicht dieses Konzept. → User Agent 1 (UA 1) schickt eine Nachricht an DL 1. Dort wird die Adresse expandiert, und Nachrichten werden an die UA 2, 3 und 4 sowie an DL 2 geschickt. Hier wird wiederum expandiert, und die Nachricht wird an die UA 5, 6 und 7 gesendet.

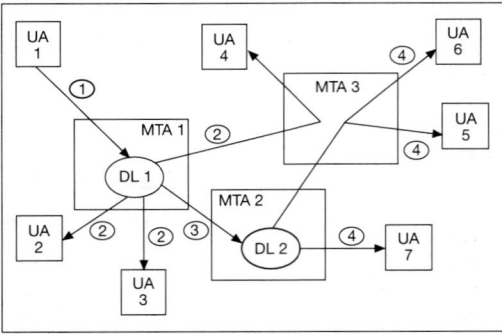

*Verteilerliste: Prinzip der V.*
UA User Agent, MTA Message Transfer Agent

*Jakobs/Spaniol*

**Verteiltheit, abstrakte** ⟨*logically distributed system*⟩ → Rechensystem, verteiltes

**Verteiltheit, räumliche** ⟨*geographically distributed system*⟩ → Rechensystem, verteiltes

**Verteilung** ⟨*distribution*⟩. Betrachtet man eine statistische Größe (z. B. das Körpergewicht eines Erwachsenen), so kann man bzgl. einer → Stichprobe von n Einheiten (hier also Personen) angeben, mit welcher relativen Häufigkeit die Größe in einzelnen vorgegebenen → Klassen Werte annimmt (z. B. 30% aller Personen sind zwischen 70 und 75 kg schwer). Man spricht von der V. der Größe, und man kann diese z. B. durch ein Histogramm oder Stabdiagramm darstellen.

Allgemein kann man Zufallsvariablen X Verteilungen zuordnen, die darüber Auskunft geben, mit welcher Wahrscheinlichkeit X Werte in Intervallen annimmt (→ Wahrscheinlichkeitsverteilung, → Verteilungsdichte).

Bei mehreren betrachteten Zufallsgrößen spricht man von multivariaten V., speziell bei zweien von einer bivariaten V.

*Schneeberger*

**Verteilung der Ordnungsgrößen** ⟨*distribution of order statistics*⟩ → Lebenszeit

**Verteilung, deterministische** ⟨*deterministic distribution*⟩. Verteilungsfunktion, die mathematisch durch $F_X(x) = 0$ für $x < d$; sonst 1 definiert ist. Der Parameter d ist frei vorgebbar. Für den → Erwartungswert $E(X)$ und die → Varianz $Var(X)$ erhält man $E(X) = d$ und $Var(X) = 0$.

Eine deterministisch verteilte Zufallsvariable X nimmt also mit Wahrscheinlichkeit 1 den Wert des Parameters d an.

*Fasbender/Spaniol*

**Verteilung, exponentielle** ⟨*exponential distribution*⟩ → Erneuerungsprozeß

**Verteilung, geometrische** ⟨*geometric distribution*⟩ → Erneuerungsprozeß

**Verteilung, hypergeometrische** ⟨*hypergeometric distribution*⟩. Sie taucht im Zusammenhang mit folgender Fragestellung auf:

Gegeben sei eine Menge von N Elementen (z. B. Werkstücke), M davon besitzen die Eigenschaft A (z. B. Ausschuß), die restlichen N−M Elemente die Eigenschaft Nicht-A (sind z. B. brauchbar).

Eine Stichprobe von n Elementen werde (ohne Zurücklegen) der Menge der N Elemente entnommen (n < N). Wie groß ist die Wahrscheinlichkeit, in der Stichprobe x Elemente ($0 \leq x \leq \min(n, M)$) mit der Eigenschaft A zu finden? Diese → Wahrscheinlichkeit berechnet sich als

$$w_H(x) = \frac{\binom{M}{x}\binom{N-M}{n-x}}{\binom{N}{n}} \text{ für } x = 0, ..., \text{Min}(n; M).$$

Dabei ist allgemein

$$\binom{a}{b} = \frac{a \cdot (a-1) \cdot ... \cdot (a-b+1)}{1 \cdot 2 \cdot ... \cdot b}$$

der *Binomialkoeffizient*.

Die diskrete → *Wahrscheinlichkeitsverteilung* der x, $w_H(x)$ nennt man h. V.
Für
$N \to \infty$ und $M \to \infty$, so daß
$$\frac{M}{N} = p$$
konstant bleibt, geht die h. V. in die → Binomialverteilung über.
Schneeberger

**Verteilung von Berechnungen** ⟨*distribution of computations*⟩ → Betriebssystem, prozeßorientiertes

**Verteilung, zusammengesetzte** ⟨*joint distribution*⟩. In der → Statistik wird dieser Ausdruck in drei Bedeutungen verwendet:
**1.** Werden zwei oder mehr homogene Gesamtheiten zusammengefaßt, so bezeichnet man die resultierende → Verteilung als zusammengesetzte oder Mischverteilung.
**2.** Die Überlagerung mehrerer statistischer Verteilungen zu einer neuen Verteilung wird bisweilen als z. V. bezeichnet.
**3.** Hängt die Verteilung einer Variablen X von einem Parameter Θ ab, der seinerseits selbst einer Verteilung unterliegt, so wird gelegentlich das Ergebnis der Integration über die Verteilung von Θ z. V. genannt.
Als Beispiel stelle man sich einen Satz von Beobachtungen X vor, die jeweils als Stichprobe einer → *Poisson*-Verteilung mit

$$w_p = \frac{e^{-\mu} \mu^x}{x!}$$

entstammen, wobei sich aber μ von Beobachtung zu Beobachtung ändert entsprechend der Verteilungsfunktion F(μ). Dann nennt man die resultierende Verteilung eine zusammengesetzte *Poisson*-Verteilung.
Schneeberger

**Verteilungsdichte** ⟨*density*⟩. Ist eine Zufallsvariable X stetig verteilt (→ Wahrscheinlichkeitsverteilung), so existiert eine V. oder kurz: Dichte f(x), so daß für a ≤ b gilt:

$$w(a \leq X \leq b) = \int_a^b f(x)\,dx;$$

in Worten: Die → Wahrscheinlichkeit, daß X Werte im Intervall [a, b] annimmt, ist gleich der Fläche unter f(x) im entsprechenden Intervall. f(x) ist dabei bis auf endlich oder abzählbar unendlich viele Punkte überall stetig und größer gleich Null. Die bekannteste V. ist die der → Normalverteilung. Sie besitzt die Form einer Glocke.
Schneeberger

**Verwaltung des Hintergrundspeichers** ⟨*background storage management*⟩ → Speichermanagement

**Verwaltung virtueller Adreßräume** ⟨*management of virtual address spaces*⟩ → Speichermanagement

**Verzeichnis** ⟨*directory*⟩ → Speichermanagement

**Verzeichnisdatei** ⟨*directory file*⟩ → Betriebssystem, → Speichermanagement

**Verzeichnisdienst** ⟨*dire ctory service*⟩ → X.500

**Verzeichnisse in virtuellen Speichern** ⟨*directories in virtual memory*⟩ → Speichermanagement

**Verzögerungszeit** ⟨*delay time*⟩. **1.** Bei *Transistoren*: Zeit, die vom Anlegen eines rechteckförmigen Steuersignals vergeht bis zu dem Zeitpunkt, an dem der Ausgangsstrom (Kollektor-, Drain-Strom) 10% seines Maximalwertes erreicht hat. Die V. hängt bei größeren Lastelementen auch von der Belastung ab, sowie bei Großsignalsteuerung von der Aussteuerung. Die gesamte Einschaltzeit wird jedoch – bauelementetypisch – durch mehrere Zeiten gekennzeichnet.

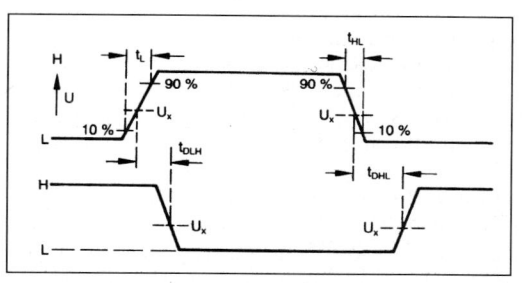

*Verzögerungszeit: Verlauf bei Gattern $U_x$ wird für jede Schaltkreisfamilie vereinbart*

**2.** Bei → *Gattern*: Hier unterscheidet man zwischen den Verzögerungszeiten $t_{DHL}$ und $t_{DLH}$ der HL- und LH-Flanke des Ausgangssignals (Bild). Die Gatterverzögerungszeit $t_D$ eines Gatters

$$t_D = 1/2 \ /t_{DHL} + t_{DLH})$$

ist dann der arithmetische Mittelwert der beiden V. Sie wird bei bestimmten Spannungspegeln gemessen, die für die jeweilige Schaltungsfamilie festliegen. Schaltet man n Gatter hintereinander, so beträgt die gesamte Verzögerungszeit n $t_D$. Die Gatterverzögerungszeit begrenzt die Arbeitsgeschwindigkeit logischer Schaltungen. Sie ist deswegen ein wichtiger Kennwert und wird – zusammen mit der Gatterverlustleistung – im Verlustleistungs-Verzögerungszeit-Produkt als Gütemaß für logische Grundschaltungen verwendet.
**3.** Bedingt durch die in jedem elektronischen Bauelement – insbesondere *Halbleiterbauelement* – vorhandene Zeitverzögerung zwischen einer erregenden Ursache (z.B. Eingangsspannung) und der sich einstellenden Wirkung (z.B. Ausgangsstrom) läßt sich grundsätzlich eine zugeordnete V. definieren. Aus

Zweckmäßigkeitsgründen wird sie aber z. B. den Steuer- und Abschlußbedingungen, auch dem typischen Verhalten des Bauelementes, angepaßt und dann sehr unterschiedlich bezeichnet. In diesem Sinne sind z. B. Anstiegs-, Speicher- und Abfallzeit beim Bipolartransistor speziell vereinbarte V.
*Paul*

**Video-on-Demand** ⟨*video on demand*⟩. Bei „Near-Video-on-Demand" bietet die Fernsehanstalt den Beitrag um jeweils einige Minuten zeitversetzt mehrfach an, so daß der Kunde daraus den Startzeitpunkt des für ihn kostenpflichtigen Beitrags wählen kann. Die Auswahl erfolgt vorerst über eine Set-Top-Box, d. h. ein dem Fernsehempfänger vorangeschaltetes Steuergerät. Beim „Interactive Video-on-Demand" kann der Kunde seine private Kopie des Beitrags exakt zum gewünschten Zeitpunkt entgeltpflichtig anfordern. Dabei kann der Beitrag auch mit Videorecorder-Funktionen beeinflußt werden. Die Abrechnung erfolgt pro Beitrag per Chipkarte oder über einen Rückkanal (Pay-per-View) oder pauschal für den Empfangskanal (Pay-per-Channel).
*Grigat*

**Videobild** ⟨*display*⟩. Alphanumerische oder graphische, meist farbige Darstellungen auf → Bildschirmen zur → Prozeßführung oder zum Konfigurieren von → Anwendungsprogrammen (→ Informationsdarstellung auf Bildschirmen).
*Strohrmann*

**Videokonferenz** ⟨*video conference*⟩. Nachrichtenaustausch in Echtzeit zwischen Teilnehmern an verschiedenen Orten, wobei Ton und Bewegtbilder übertragen werden. V. stellen spezielle Anforderungen an die → Dienste des unterliegenden → Netzwerks.
*Jakobs/Spaniol*

**Videotex** ⟨*videotex*⟩. Internationale Sammelbezeichnung für → Bildschirmtext und Videotext (Ausstrahlung von Informationsseiten in der Austastlücke von Fernsehsignalen).
*Schindler/Bormann*

**Vielfachzugriff** ⟨*multiple access*⟩ → Multiplexverfahren

**Vier-GL** ⟨*4GL (Fourth Generation Language)*⟩. Eine → Programmiersprache der vierten Generation; sie bietet zusätzlich zu den Daten- und Ablaufabstraktionen einer → Drei-GL Abstraktionen zur Verwaltung von persistenten (→ Persistenz) Datenbeständen und zum Aufbau graphischer Benutzeroberflächen. In 4GLs werden Anwendungen meist deklarativ beschrieben. Das 4GL-System interpretiert diese Beschreibung oder generiert aus der Beschreibung eine → Implementierung, evtl. indem als Zwischenschritt Programme in einer Sprache der dritten Generation (Drei-GL) erzeugt werden. Meistens sind 4GLs proprietär mit einem → Datenbankverwaltungssystem und einer graphischen Benutzeroberfläche verknüpft, was die Verwendbarkeit in heterogenen Umgebungen, in denen → Portabilität eine Rolle spielt, einschränkt. Außerdem sind die datenbank- und benutzeroberflächenspezifischen Abstraktionen meist nicht orthogonal in die Sprache integriert, wodurch konzeptuelle Probleme verursacht werden (→ SQL, → Datenbankprogrammiersprache, → Wirtssprache).
*Schmidt/Schröder*
Literatur: *Date, C. J.*: An introduction to database systems. Vol. 1. Wokingham, Berks. 1990.

**Vierdrahtleitung** ⟨*four-wire circuit*⟩ → Übertragungsmedium

**Viewport** ⟨*viewport*⟩. Die V. (Darstellungsfelder) sind ein Teil der Transformationsbeschreibung eines graphischen Systems. Die Transformationen in einem graphischen → System können wie folgt beschrieben werden: Die Plazierung der in verschiedenen Anwenderkoordinatensystemen erzeugten Darstellungselemente auf einer normierten → Darstellungsfläche wird vom graphischen System verwaltet.

Die V. beschreiben einen rechteckigen Bereich auf einem Zwei-Dimensionen-Darstellungsfeld bzw. einem Quader auf einem dreidimensionalen → Darstellungsbereich. Die V. werden in normierten → Gerätekoordinaten gehalten. Die V. definieren zusammen mit den → Windows die Normierungstransformation, die graphische Objekte aus einem Window im Weltkoordinatensystem in ein V. in normierten Gerätekoordinaten transformiert.

Den Weg vom Anwendungsprogramm über die Abbildungstransformation auf die Darstellungsfläche eines Gerätes, den ein Darstellungselement bei der Ausgabe durchlaufen muß, bezeichnet man als Darstellungsreihe (viewing pipeline). Das Anwendungsprogramm kann diese Darstellungsreihe über die Parameter von Transformationsfunktionen kontrollieren.
*Encarnação/Poller*

**virtuelle Speicher mit Dateien** ⟨*virtual memory with files*⟩ → Speichermanagement

**virtuelle Speicher mit Verzeichnissen** ⟨*virtual memory with directories*⟩ → Speichermanagement

**virtueller Adreßraum, Verwaltung eines** ⟨*management of virtual address space*⟩ → Speichermanagement

**virtueller Speicher, Realisierung eines** ⟨*implementation of virtual storage*⟩ → Speichermanagement

**Visualisierung** ⟨*visualisation*⟩. V. bezeichnet die Aufbereitung und graphische Darstellung von in einer Simulation berechneten Daten zu deren Veranschaulichung, Interpretation und besserem Verständnis. Insbesondere bei der numerischen Simulation zeitabhängiger Prozesse in drei Raumdimensionen hilft die V.

der Daten, einen Eindruck der Dynamik der Vorgänge zu erhalten und so der Flut der berechneten Daten in schneller Weise erste Information zu entnehmen. Hierbei werden Werkzeuge der Computergraphik modifiziert für die jeweilige Aufgabenstellung eingesetzt.
*Griebel*

Literatur: *Keller, P.* and *M. Keller*: Visual cues, practical data visualization. IEEE Computer Soc. Press, Hong Kong 1993.

**VLSI** ⟨*VLSI (Very Large Scale Integration)*⟩. Höchstintegration. Integrierte Schaltung mit einem Integrationsgrad zwischen $10^5$ und $10^6$ Funktionselementen bzw. über 10 000 äquivalenten Gatterfunktionen. Die Packungsdichte liegt im Bereich 20 000 FE/cm$^2$ (bei Strukturgrößen um 2 μm) für MOS-Techniken.

Bipolartechniken werden wegen ihrer deutlich kleineren Packungsdichte nur sehr selten im VLSI-Bereich verwendet. Der breite Übergang von der LSI- zur VLSI-Technik zu Beginn der 80er Jahre war mit einem durchgängigen Einsatz neuer Herstellungsschritte für kleinere Strukturbreiten verbunden: Strukturerzeugung durch Projektionsbelichtung bzw. Elektronenstrahl-Lithographie, breiter Einsatz von Trockenätzverfahren (Plasma- und Ionenstrahlätzen), definierte Erzeugung dünner Halbleiter- und Isolatorschichten durch Niederdruck-CVD- und Zerstäubungsverfahren, durchgängiger Einsatz der Implantation zur Dotierung anstelle der Diffusion.

Typische Schaltkreise mit VLSI-Komplexität sind Halbleiterspeicher, Mikroprozessoren, Signalprozessoren, Peripherieschaltungen für Mikrorechner und zunehmend auch Telekommunikationsschaltungen.

Die heute erreichbaren Integrationsgrade tendieren bereits zu ULSI (Ultra Large Scale Integration) mit zwischen $10^6 \ldots 10^8$ Funktionselementen. *Paul*

**VM** ⟨*VM (Virtual Memory)*⟩ → Speichermanagement

**VM-Realisierung** ⟨*implementation of virtual storage*⟩ → Speichermanagement

**VM-Realisierung, segmentbasierte** ⟨*segment-based implementation of virtual memory*⟩ → Speichermanagement

**VM-Realisierung, seitenbasierte** ⟨*page-based implementation of virtual memory*⟩ → Speichermanagement

**Vocoder** ⟨*vocoder*⟩ → Sprachcodierung

**Vollbildspeicher** ⟨*frame store*⟩ → Bildspeicher, digitaler

**vollduplex** ⟨*full duplex*⟩. Gegenbetrieb bei der → Datenübertragung. Bei (Voll-)Duplexübertragung werden (im Gegensatz zu → simplex und → halbduplex) Daten zwischen zwei Stationen (zumindest scheinbar) zeitgleich in beiden Richtungen und i. d. R. mit derselben Geschwindigkeit übertragen. Man benötigt dazu zwei unabhängige Übertragungswege, die z. B. auch durch Zeitmultiplex auf einer Leitung bereitgestellt werden können, und bei jeder Station Sender- und Empfängereinrichtungen, die zeitgleich arbeiten können (→ Fernschreiber). *Quernheim/Spaniol*

**Vollständigkeit einer Rechtssicherheitspolitik** ⟨*completeness of a security policy*⟩ → Rechtssicherheitspolitik

**Vollständigkeitsprinzip** ⟨*principle of complete mediation*⟩ → Rechtssicherheitspolitik

**Volltextdatenbank** ⟨*full-text database*⟩. → Datenbank, in der (unstrukturierte) Texte beliebigen Umfangs abgelegt sind (evtl. ergänzt um strukturierte Informationen), wobei mit → Volltextrecherchen nach relevanten Textstellen gesucht werden kann. *Schmidt/Schröder*

**Volltextrecherche** ⟨*full-text retrieval*⟩. Eine Methode der → Informationsgewinnung, die aus den in einer → Volltextdatenbank als unstrukturierte → Texte abgelegten Informationen die zur Lösung eines Problems relevanten Texte herausfiltert (→ Anfrage, → Thesaurus). *Schmidt/Schröder*

**Volumenmodell** ⟨*volume model*⟩. Dient zur Beschreibung von dreidimensionalen → Objekten. Im Gegen-

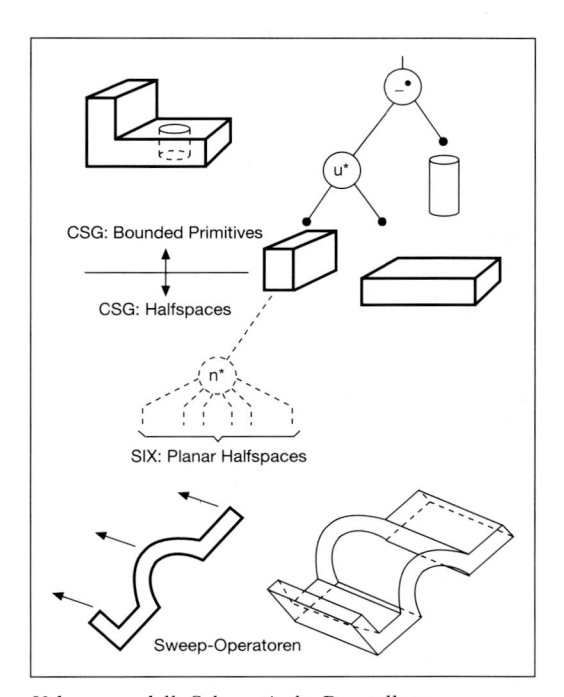

*Volumenmodell: Schematische Darstellung*

satz zum Linienmodell und → Flächenmodell werden die Objekte nicht nur durch ihre Kanten oder Oberflächen, sondern hauptsächlich durch ihren Rauminhalt beschrieben. Grundlage dieser Nachbildung sind Basiskörper und eine Menge von regulären Operatoren, die Körper in Körper überführen. Die Basiskörper können entweder mit expliziten Funktionen wie $(x-x_o)^2+(y-y_o)^2+(z-z_o)^2=r$ für eine Kugel oder auch mit Hilfe von → Flächendarstellung beschrieben werden.

Die Basiskörper und Operatoren können in einer Baumstruktur repräsentiert werden. Bei der Darstellung durch konstruktive Geometrie (CSG) bestehen die Knoten des Baumes aus Operatoren und die Blätter aus Körpern. Die Operatoren sind regularisierte Formen von Vereinigung, Durchschnitt und Differenz.

Eine andere Methode, V. zu bilden, ist die Darstellung durch Plane-Sweep-Algorithmen. Hier bestehen die Blätter eines Baumes aus jeweils einer Grundfläche und einer zugeordneten Bewegungsrichtung. Diese kann gerade oder gekrümmt sein. Die übrigen Knoten bestehen aus dem Sweep-Operator oder dem Glueing-Operator, einem eingeschränkten Vereinigungsoperator, der nur das Zusammensetzen von Körpern erlaubt.

Eine Mischung der beiden Baumstrukturen ist auch möglich. *Encarnação/Dai*

Literatur: *Encarnação, J. L.* und *W. Straßer*: Computer Graphics – Gerätetechnik, Programmierung und Anwendung graphischer Systeme. Berlin 1986.

## von-Neumann-Maschine ⟨*von Neumann computer*⟩.

Grundlegende Organisation der Arbeitsweise von Rechnern, wie sie 1946 *von Neumann* formuliert hat. Die im folgenden angeführten sieben Prinzipien gelten bis heute – teilweise in leicht modifizierter Form – für die überwiegende Zahl aller Computer.
– Der Rechner besteht aus → Haupt- bzw. → Arbeitsspeicher für → Programme und → Daten, → Leitwerk, das das Programm interpretiert, → Rechenwerk, das die arithmetischen → Operationen ausführt, Ein-/Ausgabewerk, das mit der Umwelt kommuniziert, und Sekundärspeicher, der als Langzeitspeicher fungiert.
– Die Struktur des Rechners ist unabhängig vom bearbeiteten Poblem: Programmsteuerung.
– Programm und Daten stehen in demselben → Speicher, dem Hauptspeicher, und können von der → Maschine verändert werden.
– Der Hauptspeicher ist in Zellen gleicher Größe geteilt, die mit fortlaufenden Nummern (→ Adressen) bezeichnet werden.
– Das Programm besteht aus einer Folge von → Befehlen, die i. allg. nacheinander ausgeführt werden (Prinzip der Sequentialität als implizite Fortschaltungsregel).
– Von der sequentiellen Abfolge der Ausführung der Maschinenbefehle kann durch bedingte oder unbedingte explizite Sprungbefehle abgewichen werden, die die Programmfortsetzung aus einer anderen Zelle des Hauptspeichers bewirken. Bedingte Sprünge sind von gespeicherten Werten abhängig.
– Die Maschine benutzt Binärcodes, Zahlen werden dual dargestellt. *Bode*

## Vorbedingung ⟨*precondition*⟩.
**1.** Ein Prädikat $\alpha$ ist eine V. bezüglich eines Programms P und einer → Nachbedingung $\beta$, wenn nach jeder Ausführung von P, beginnend in einem Zustand, der $\alpha$ erfüllt, das Prädikat $\beta$ erfüllt ist. Je nachdem, ob auch die Terminierung von P gefordert wird oder nicht, heißt P total korrekt oder partiell korrekt bezüglich $\alpha$ und $\beta$.

Die schwächste Vorbedingung wp(P, $\beta$) von P bezüglich $\beta$ charakterisiert die Menge aller Zustände, von denen aus P terminiert und anschließend $\beta$ erfüllt ist. Diese Definition bildet die Grundlage für den → WP-Kalkül. Die schwächste liberale Vorbedingung wlp(P, $\beta$) von P bezüglich $\beta$ ist die Menge aller Zustände, von denen aus P nicht terminiert oder nach Ausführung von P das Prädikat $\beta$ erfüllt ist. In der → Hoare-Logik gilt daher die Formel $\{wlp(P, \beta)\}$ P $\{\beta\}$.

**2.** Die V. einer Funktion oder Prozedur ist ein Prädikat (→ Zusicherung) über ihre Parameter sowie die globalen Variablen des Programms, das beim Aufruf der Funktion erfüllt sein muß. In Sprachen wie → VDM oder RAISE (→ RSL) werden Operationen durch Angabe ihrer Vor- und → Nachbedingungen spezifiziert. Programmiersprachen wie Eiffel oder Setl erlauben die Angabe einfacher V. und Nachbedingungen im Programmcode und – optional – deren Überprüfung zur Laufzeit. V. bezeichnen Anforderungen an den Kontext, in dem eine Funktion verwendet werden darf. Sie sind damit Teil eines „Kontrakts" zwischen Ersteller und Benutzer einer Funktion bzw. Funktionsbibliothek.

**3.** In einem Bedingungs-Ereignisnetz (→ *Petri*-Netz) ist jede Bedingung b, die vor Eintritt eines Ereignisses e erfüllt sein muß, eine V. von e. In der graphischen Darstellung von *Petri*-Netzen wird dies durch einen Pfeil von b nach e repräsentiert. *Merz/Wirsing*

## Vorgehensmodell ⟨*process model*⟩.
Grundsätze und Ausprägungsformen für die zeitliche Ablaufsteuerung eines Projekts. Die Wahl eines passenden V. ist ein Hilfsmittel für das → Projektmanagement, um durch sachgerechte Auswahl und optimale Reihung der einzelnen Aktivitäten einen möglichst schnellen und reibungslosen Ablauf des Projekts zu bewerkstelligen. Unterschiedliche V. bringen unterschiedliche Auffassungen und Erfahrungen zum Ausdruck, welchen relativen Einfluß einzelne Aktivitäten auf das Projektergebnis haben, welche Abhängigkeiten zwischen Aktivitäten bestehen, welche Risiken oder kostenverursachenden Mehrarbeiten auftreten können und wie der in jedem Projekt erforderliche Lernprozeß am besten gefördert werden kann. Die explizite Wahl und Beschreibung eines V. schafft die Basis dafür, daß eine Organisation über ihre Prozesse reflektieren und aus ihren eigenen Erfahrungen lernen kann. Die Auswer-

tung der Prozeßerfahrungen eines Projekts führt dann zu einem verbesserten V. für das nächste Projekt.

Die in der Informatik üblichen V. unterscheiden sich primär dadurch, wie sehr sie von einer strikt linearen Vorgehensweise abweichen oder iterative Schritte enthalten, um gewisse Risiken möglichst früh zu eliminieren. Bekannte Vertreter sind das → Wasserfall- und das → Spiralmodell. Vorgehensmodelle können nur als Papierdokumente existieren oder aber von → Projektverwaltungssystemen explizit unterstützt werden. Im letzteren Fall nehmen diese Systeme die Rolle von Workflow-Systemen an.  *Endres*

**Vorhersage, lineare** ⟨*linear prediction*⟩. Ansatz zur parametrischen Repräsentation von → Sprache, der auf der → Modellierung des menschlichen Vokaltrakts durch ein lineares System ohne Nullstellen beruht.

Man geht von der Vorstellung aus, daß die Formung der Laute durch die Übertragungsfunktion des Vokaltrakts näherungsweise beschrieben werden kann. Die Parameter der Übertragungsfunktion sind aus einer Stichprobe von Abtastwerten des Sprachsignals zu schätzen. Dieser Ansatz läßt sich auch so interpretieren, daß für einen Abtastwert $f_n$ des Sprachsignals ein Schätzwert $\hat{f}_n$ aus m vorherigen Abtastwerten gemäß der Gleichung

$$\hat{f}_n = -\sum_{\mu=1}^{m} a_\mu \, f_{n-\mu}$$

berechnet wird, woraus sich der Name l. V. ergibt. Die Parameter $a_\mu$ der Schätzgleichung werden so bestimmt, daß der mittlere quadratische Fehler zwischen dem Schätzwert und dem tatsächlichen Wert minimiert wird. Die Berechnung erfordert die Lösung eines linearen Gleichungssystems, wofür effiziente Verfahren bekannt sind.

Für Sprache ist die Verwendung von m = 10 bis 16 Parametern der l. V. üblich. Die Parameter werden für Signalabschnitte von etwa 15 bis 35 ms Dauer berechnet. Aus den Parametern der l. V. lassen sich verschiedene weitere Parameter berechnen, darunter ein geglättetes Modellspektrum und cepstrale Koeffizienten. Daher und wegen der guten Ergebnisse, die sich auf der Basis der l. V. erzielen lassen, gehört dieser Ansatz zu den Standardverfahren für eine parametrische Darstellung von Sprache.  *Niemann*

Literatur: *Gray, A. H.* and *J. D. Markel*: Linear prediction of speech. Communications and Cybernetics, Vol. 12. Berlin-Heidelberg 1976.

**Vorrangdaten** ⟨*expedited data*⟩. Ein Dienstelement (→ Dienst), das von verschiedenen → Ebenen des → OSI-Referenzmodells angeboten wird. Es dient dazu, bestimmte dringende Daten, z. B. Kontroll- oder Steuerungsinformationen, schneller als normale Benutzerinformationen übertragen zu können.  *Jakobs/Spaniol*

**Vorsprung des Senders vor dem Empfänger** ⟨*forward distance between sender and receiver*⟩ → Betriebssystem, prozeßorientiertes

**Vorwärtsfehlerbehandlung** ⟨*forward error recovery*⟩. V. im Zusammenhang mit einem → fehlertoleranten Rechensystem S faßt die Maßnahmen zusammen, die von S nach Erkennung eines Fehlers vom jeweils erreichten (fehlerhaften) Zustand ausgehend zur Fortsetzung der Ausführung des Auftrags, bei welcher der Fehler erkannt wird, durchgeführt werden. V. erfordert, daß die Fehler, auf die reagiert werden soll, spezifiziert und entsprechende Operationen für die Reaktionen im Fehlerfall definiert sind. Wenn das der Fall ist, lassen sich differenziertere Fehlerbehandlungen

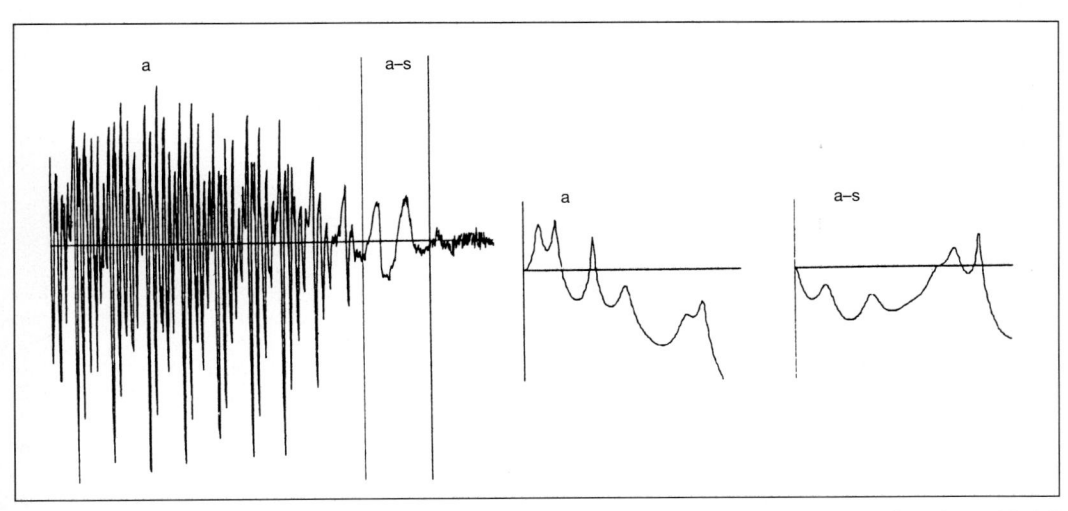

*Vorhersage, lineare: Ausschnitt aus einem Sprachsignal (links); zwei aus den l.-V.-Koeffizienten berechnete Modellspektren (rechts), wobei in ersterer die Formanten erkennbar sind*

erreichen, und zwar in dem Maße, in dem Kenntnisse über den ausgeführten Auftrag genutzt werden können.

V. ist wirksam einsetzbar in Anwendungsprogrammen, die mit Fehlerspezifikationen und Operationen zur Fehlerbehandlung konstruiert werden. Hierzu stellen Programmiersprachen *Ausnahme-* und *Ausnahmebehandlungskonzepte* (exceptions und exception handling) zur Verfügung. *P. P. Spies*

**Vorwärtsfehlerbehebung** *(forward error recovery)*
→ Vorwärtsfehlerbehandlung

**Vorwärtsfehlerkorrektur** *(forward error correction)*
→ FEC

**Vorwärtsverkettung** *(forward chaining)*. Inferenzstrategie eines → Expertensystems. Bei V. bringt die → Inferenzkomponente Regeln zur Anwendung, deren Antezedenzteil durch die Faktenbasis erfüllt ist. Der Konsequenzteil spezifiziert ableitbare Fakten, die in die Faktenbasis eingefügt werden. V. realisiert die Suche einer Lösung vom Startzustand ausgehend. Konstruktionsprobleme erfordern hauptsächlich V., Diagnoseprobleme hauptsächlich → Rückwärtsverkettung.
*Neumann*

**VSAT** *⟨VSAT (Very Small Aperture Terminal)⟩*. VSAT-Netze bilden eine wichtige → Klasse von → Satellitennetzen. Viele kleine (Antennendurchmesser 0,9 bis 1,8 m) und damit preiswerte Satellitenstationen, die unmittelbar bei den Nutzern installiert werden, kommunizieren über einen (i. d. R. geostationären) Nachrichtensatelliten und eine größere Hubstation. Eine → Nachricht wird von der Sendestation über den Satelliten zur Hubstation und von dieser wiederum über den Satelliten zur Zielstation geschickt, so daß die → Signallaufzeit über 0,5 s liegt. Typische Anwendungen sind einerseits Datenkommunikationsdienste (Datenbankabfragen, z. B. für Kreditkarten oder Buchungen, Verbindung lokaler Netze (→ LAN) usw.), andererseits Telephonie, Videoübertragungen und → Videokonferenzen. Innerhalb der EU besteht ein weitgehend freier Wettbewerb für VSAT-Dienste.
*Quernheim/Spaniol*

Literatur: Maral, G.: VSAT-Networks. John Wiley, 1995.

**VT** *⟨VT (Virtual Terminal)⟩* → Terminal, virtuelles

**VTP** *⟨VTP (Virtual Terminal Protocol)⟩* → Terminal, virtuelles

# W

**Wählverbindung** ⟨*switched connection*⟩. Wird zwischen den Teilnehmern durch direktes Anwählen des Kommunikationspartners aufgebaut. Wichtige Netze mit W. sind das analoge Fernsprechnetz und → ISDN. *Quernheim/Spaniol*

**Wahrscheinlichkeit** ⟨*probability*⟩. Bei Durchführung eines Versuchs tritt ein sog. Elementarereignis ein. E sei die Menge sämtlicher Elementarereignisse; A, B, ... Mengen von Elementarereignissen. Die Menge F enthalte E und mit A und B auch $\bar{A}$ (Komplement von A in E), A+B (Vereinigungsmenge), A · B (Durchschnitt). Den Mengen von F werden in axiometrischer Weise nach *Kolmogorov* W. zugeordnet:

$w(A) > 0$,
$w(E) = 1$,
$w(A + B) = w(A) + w(B)$,

falls A und B unvereinbar sind, d. h. keine gemeinsamen Elementarereignisse enthalten (→ Normalverteilung, → Verteilungsdichte). *Schneeberger*

**Wahrscheinlichkeitsverteilung** ⟨*probability distribution*⟩. Ist X eine Zufallsvariable, so besitzt X eine sog. W. (oder kurz: → Verteilung).
□ *Diskrete Verteilungen*. X nimmt die Werte $x_i$ mit den → Wahrscheinlichkeiten $w_i$ an, d. h. $w(X = x_i) = w_i$. Dabei gilt $\sum w_i = 1$.
Die bekanntesten diskreten Verteilungen sind die → Binomialverteilung, die → hypergeometrische Verteilung und die → *Poisson*-Verteilung.
□ *Stetige Verteilungen*. Es existiert eine fast überall stetige Funktion f(x) mit $f(x) \geq 0$ für alle x und $\int f(x)\,dx = 1$, und es gilt für $a \leq b$ beliebig:

$$w(a \leq X \leq b) = \int_a^b f(x)\,dx.$$

f(x) heißt → Verteilungsdichte oder Dichte von X. Die bekanntesten stetigen Verteilungen sind die → Normalverteilung, die → t-Verteilung, die → Chi-Quadrat-Verteilung, die → F-Verteilung sowie allgemeiner die *Pearson*schen Verteilungen.
Vektoren $(X_1, \ldots, X_n)$ von Zufallsvariablen $X_i$ genügen in Verallgemeinerung n-dimensionalen W. *Schneeberger*

**WAN** ⟨*WAN (Wide Area Network)*⟩ → Weitverkehrsnetz

**Ward-Mellor-Entwicklungsmethode** ⟨*Ward-Mellor development method*⟩. Für den → Realzeitsystementwurf ist die von *DeMarco* entwickelte Methode der → strukturierten Analyse nicht ausreichend. Aus diesem Grund wurden zuerst von *Ward* und *Mellor* im Jahr 1985 und anschließend im Jahr 1987 von *Hatley* und *Pirbhai* Ergänzungen für Realzeitsysteme vorgestellt. Hier soll insbesondere auf die Erweiterungen von *Ward* und *Mellor* eingegangen werden.

Die Realzeiterweiterungen von *Ward* und *Mellor* erlauben zusätzlich zur Notation von *DeMarco* folgende Symbolik (Bild). Die Darstellung von zeitkontinuierlichen Datenflüssen wird durch gerichtete Pfeile mit doppelter Pfeilspitze ermöglicht. Dies soll die andersartigen Anforderungen an das Realzeitsystem durch nicht diskrete Signale verdeutlichen. Desweiteren können die Datenflußdiagramme (DFD) der strukturierten Analyse durch die Darstellung von Kontrollprozessen, Kontrollflüssen (events) und Kontrollflußspeichern (control stores) erweitert werden. Die Form entspricht dabei der ursprünglichen Symbolik von *DeMarco*, wobei Linien durch gestrichelte Linien und Kreise durch gestrichelte Kreise ersetzt werden. Zusätzlich können mehrfach instanziierte, aber äquivalente Prozesse durch einen schattierten Pseudo-3D-Kreis dargestellt werden. Dies kann bei der Modellierung von Multitasking-Systemen hilfreich sein.

Zur Beschreibung der Kontrollprozesse empfehlen *Ward-Mellor* die Verwendung von Zustandsübergangsdiagrammen (STD, FSM), zur Spezifikation der eigent-

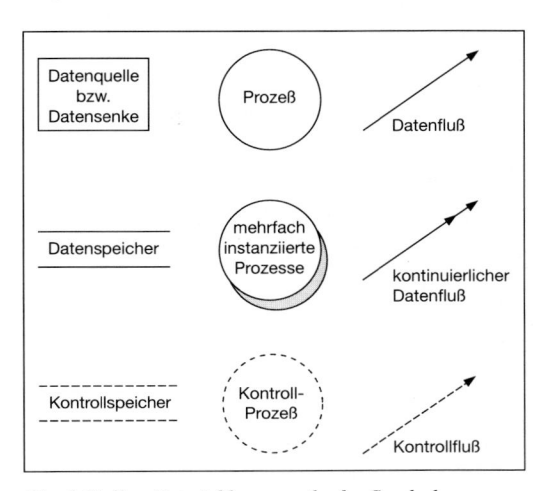

*Ward-Mellor-Entwicklungsmethode: Symbole*

lichen Prozesse kann jede verständliche Form der Beschreibung herangezogen werden. Mögliche Formen sind Entscheidungsbäume, Prosa, Pseudo-Code, Zustandsübergangstabellen und Automaten. Prinzipien der schrittweisen Verfeinerung, des Balancing und der Auto-Numerierung der verschiedenen Detailierungsebenen werden ebenso angewandt wie die Pflege eines Datenverzeichnisses aller verwendeten Daten- und Kontrollflüsse. *Kolloch*

Literatur: *Ward; Mellor*: Structured development for real-time systems. 1985. – *DeMarco, T.*: Structured analysis and system specification. Prentice Hall 1979. – *Pressman, R. S.*: Software engineering, A practitioner's approach. Maidenhead, Berkshire 1992.

**Warten, aktives** ⟨*busy waiting*⟩ → Berechnungskoordinierung

**Warten, passives** ⟨*passive waiting*⟩ → Berechnungskoordinierung

**Warteschlange** ⟨*queue*⟩. Wenn Aufträge (z. B. zur Informationsübertragung oder -verarbeitung) schneller eintreffen, als sie bearbeitet werden können, müssen sie in eine Warteposition gebracht werden, also in eine Position einer W., von der aus sie dann der Reihenfolge nach zur Bearbeitung aufgerufen werden. Im allgemeinen wird dabei als Bedienstrategie das Prinzip FIFO (First In First Out) bzw. FCFS (First Come First Served) verwendet. Der Begriff W. kommt in drei Kontexten vor:
☐ Zur zeitlichen Entkopplung von Hardware-Subsystemen (z. B. Rechnerkerne oder Peripheriesteuerungen) werden Hardware-W. eingesetzt: Es handelt sich um → FIFO-Bausteine (z. B. 8 bit Wortbreite mit 512 Worten FIFO-Tiefe) oder um entsprechend beschaltete RAM-Speicherbausteine.
☐ Programmtechnisch werden W. meist als Ringpuffer mit einem Lese- und einem Schreibzeiger implementiert. Sie werden z. B. für die Interprozeßkommunikation (Mailbox-W.) oder für die Peripherie (z. B. W. für Druckaufträge) benötigt.
☐ Mit W. (→ Warteschlangennetz, Warteschlangensystem, Warteschlangenmodell, → Verkehrstheorie) wird das zeitliche Verhalten von Übertragungs- oder Verarbeitungssystemen (Bediener, Server) modelliert. Mit Annahmen über die Wahrscheinlichkeitsverteilung der Zwischenankunftszeiten und Bedienzeiten können Aussagen über die mittlere Länge von W. und damit über die Wartezeiten gemacht werden.

Zur Beschreibung einer W. hat sich eine allgemein übliche Notation der Form A/B/m/N – durchgesetzt. A und B bezeichnen dabei Zwischenankunftszeit- und Bedienzeitverteilung, m die Anzahl parallel arbeitender Server je W., N die maximale Anzahl von Kunden in der W. und S eine Bedienstrategie.

Übliche Abkürzungen für A und B sind
M → Exponentialverteilung,
$E_k$ Erlang-Verteilung mit k Phasen,
$H_k$ Hyperexponentialverteilung mit k Phasen,
D deterministische Verteilung,
G allgemeine Verteilung (Verteilungsfunktion),
GI allgemeine unabhängige Verteilung.

Für endliches N kann es vorkommen, daß eintreffende Ereignisse von der W. wegen Platzmangels nicht aufgenommen werden können. Diese Ereignisse gehen verloren oder werden zurückgewiesen (Blockiernetz, Warteschlangennetz). Mögliche Bedienstrategien sind dabei FCFS, LCFS, RR, PS, Random (Bedienstrategie) u. a. W. mit ihren Servern lassen sich – entsprechend den technischen Subsystemen – zu Warteschlangennetzen zusammenschalten und erlauben damit eine Leistungsanalyse von Rechner- und Kommunikationssystemen. *Färber/Spaniol*

Literatur: *Bolch, G.; Akyildiz, I. F.*: Analyse von Rechensystemen. Teubner, 1982.

**Warteschlangennetz** ⟨*queueing network*⟩. Zusammenschluß einzelner einfacher Wartesysteme (→ Warteschlange) zu einem Netz von Knoten. Stellt die Warteschlange ein stochastisches → Modell für eine leistungserbringende Einheit dar, bestehend aus Warteraum und → Server, so stellt das W. ein stochastisches Modell für deren Zusammenschluß dar. Beispiele für Systeme, die mittels W. modelliert werden können, sind Produktionsstraßen, die von stufenweise zu produzierenden Produkten durchlaufen werden müssen (Fließband, Walzstraße), oder auch Rechenanlagen, an deren Systemkomponenten (CPU, → Speicher, → Ein-/Ausgabegeräte usw.) Aufträge (Jobs oder → Kunden) → Ressourcen verbrauchen.

Entsprechend der Beschreibung der realen Umgebung durch ein W., das ein stochastisches Modell darstellt, ist der genaue Weg eines Kunden durch das Netz im voraus nicht angebbar. Die Entscheidung, zu welcher Warteschlange ein Kunde nach vollendeter Bedienung an einem Server gelangt, wird daher über Wahrscheinlichkeiten spezifiziert. Das aktuelle Verhalten eines Auftrags ist also nicht bei der Kundenankunft im System festgelegt, sondern wird bei jeder Änderung des Systemzustands neu ausgewürfelt. Man nennt diese Eigenschaft auch gedächtnislos (memoryless). Systeme, die durch gedächtnislose W. modelliert werden können, sind relativ problemlos mathematisch handhabbar. Die Übergangswahrscheinlichkeiten zwischen den Netzknoten wie auch die Biendauern an den einzelnen Servern können kundenspezifisch sein, was über die sog. Kundenklasse modelliert wird.

Ein einfaches Beispiel für ein W. kann z. B. in einem Rechnermodell angegeben werden:
Wenn Kunden im Netz ankommen oder abgehen können, wird das Netz „offen" genannt, ansonsten „geschlossen". In der Analyse von Rechensystemen können z. B. offene Netze zur Modellierung von Vermittlungssystemen und geschlossene, wie gezeigt, zur Modellierung von Rechenanlagen verwendet werden. Falls die einzelnen Warteschlangen nur begrenzten

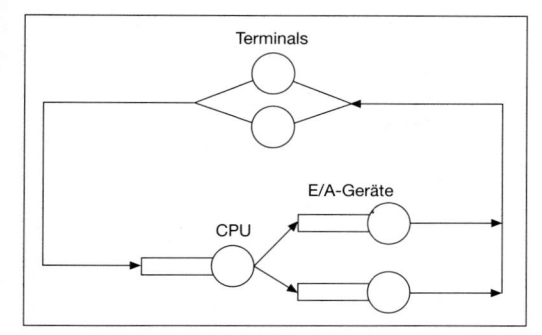

*Warteschlangennetz: Central-Server-Modell*

Warteraum für Kunden haben, wie Teilelager bei Produktionsstraßen oder Speicher von Rechenanlagen, können eventuell neu an einer Warteschlange ankommende Kunden nicht aufgenommen werden. Sie blockieren dann entweder den Service an der Warteschlange, von der sie kommen, oder gehen verloren (wie Datenpakete bei Vermittlungseinrichtungen) und müssen dann zu einem späteren Zeitpunkt wiederholt werden. *Fasbender/Spaniol*

Literatur: *Bolch, G.; Akyildiz, I. F.*: Analyse von Rechensystemen. Teubner, 1982. – *Bode, A.; Händler, W.*: Rechnerarchitektur. Springer, Berlin 1980.

**Wartezeit** ⟨waiting time⟩. Die Zeit, die ein Kunde oder eine andere Bedienung benötigende Einheit auf den → Bediener (→ Server) warten muß. In der → Leistungsanalyse von Warteschlangensystemen (→ Warteschlange) ist die W. neben dem → Durchsatz ein grundlegendes Leistungsmaß.

Bei → Betriebssystemen bzw. → Realzeitsystemen insbesondere die Zeit, die ein Rechenprozeß bzw. ein Thread auf die Ausführung durch den Prozessor (oder einen der Prozessoren) des Rechensystems wartet.
*Fischer*

**Wasserfallmodell** ⟨waterfall model⟩. Ein Vorgehensmodell, das eine weitgehend lineare Abfolge von Tätigkeiten vorsieht. Das W. ist das weitaus am häufigsten verwandte Vorgehensmodell. Es geht davon aus, daß

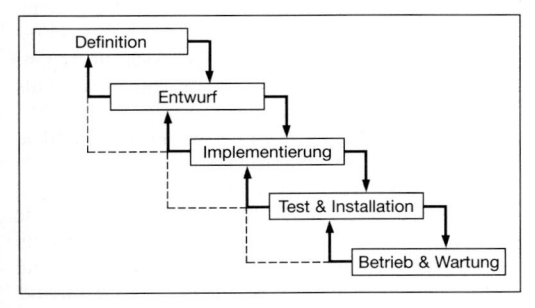

*Wasserfallmodell: Schematische Darstellung des Ablaufs*

der Software-Entwicklungszyklus in klar zu trennenden Phasen abläuft, die sich wenig überlappen und in zeitlich sequentieller Folge durchlaufen werden. Das W. ist immer dann adäquat, wenn die zu lösende Aufgabe bereits am Anfang des Projekts relativ gut verstanden wird und wenn die vom Projektteam eingesetzten Methoden und Werkzeuge gut beherrscht werden. Das W. wird fast immer in der Form verwandt, daß sich einem konstruktiven Schritt unmittelbar danach ein Prüfschritt anschließt (Bild).

Das W. ist immer dann ungeeignet, wenn die beschriebenen Voraussetzungen nicht erfüllt sind. Außerdem hat es den Nachteil, daß es die potentiellen Nutzer des zu entwickelnden Systems nur sehr indirekt einbindet.
*Endres*

**WBM (Wiederholt Benutzbares Betriebsmittel)** ⟨reusable resource⟩ → Berechnungskoordinierung

**WC** ⟨WC (World Coordinates)⟩ → Weltkoordinaten

**Wechselmedien** ⟨removeable media⟩. Unter W. werden in der Datenverarbeitung alle diejenigen Speichermedien verstanden, die sich aus einer Datenaufzeichnungseinheit herausnehmen und somit außerhalb dieser aufbewahren lassen. Hierzu gehören alle → Magnetbänder und → Magnetbandkassetten, → Disketten sowie alle heute üblichen optischen Speichermedien. Weiterhin zählen dazu Wechselplatten sowie eine Reihe weiterer diskettenähnlicher Medien (Markenbezeichnungen wie „Bernoulli-Box", „Floptical" etc.).

Wechselplatten wurden Anfang der 60er Jahre entwickelt und gehörten über 20 Jahre zur Standardausrüstung von Rechnersystemen. Bei ihnen wurden sog. Wechselpacks, Plattenstapel mit oft mehreren Platten, in die Laufwerke eingesetzt, verriegelt und durch den Antriebsmotor der Laufwerkeinheit in Rotation versetzt. Die Schreib-/Leseköpfe fuhren von außen in den Plattenstapel hinein und schwebten auf einem Luftpolster wenige Mikrometer über den Platten. Zwar wurde durch eine geschickte Luftführung der Kopf-/Plattenbereich möglichst staubfrei gehalten, doch kamen bei diesem Prinzip durch die nicht hermetische Versiegelung dieses Bereichs (→ Winchester-Laufwerk) immer wieder Partikel zwischen Kopf und Platte, die zu den sog. Kopflandungen mit Datenverlust führten.

Heutige Wechselplattenmedien bestehen meist aus einer, in einigen Fällen auch aus zwei Magnetplatten in einer diskettenähnlichen festen Hülle, die mit einem verschiebbaren Schreib-/Lesefenster versehen sind. Nach dem Laden der Wechselplatte in die Laufwerkeinheit fahren auch hier die Köpfe von außen in die Wechselplatte hinein. Verbesserte Luftführung, niedrigere Flughöhen und härtere Oberflächen haben sie weitgehend unempfindlich gegen Fremdpartikel gemacht. Mit neuesten Entwicklungen werden einige Gigabyte Kapazität auf einer Wechselplattendiskette untergebracht. Wegen fehlender Standardisierungen spielen sie im Vergleich zu anderen W. und insbesondere zu Festplatten nur eine untergeordnete Rolle.

Zu den W. werden seit einigen Jahren auch Halbleiterspeicher gezählt, die in einem scheckkartengroßen Format in standardisierten Einschubschächten (PCMCIA- oder PC-Card-Schnittstelle) insbesondere in tragbaren Rechnern (Notebooks, Laptops) Verwendung finden. Einsatz finden darin EEPROMs oder batteriegepufferte RAM-Bausteine. Zur Zeit werden Kapazitäten bis zu 80 MByte erreicht, der Speicherpreis liegt jedoch um das 10- bis 20fache über dem von vergleichbaren rotierenden W.

Für die gleiche Schnittstelle, in einer Ausführung mit einem höheren Einführschacht, findet man auch Anbieter von miniaturisierten, wechselbaren Festplattenlaufwerken im 1,8″-Format. Diese Laufwerke enthalten alle Elemente einer Festplatte und sind besonders gegen Schockempfindlichkeit gesichert. Ihre Kapazitäten reichen bereits bis zu 500 MByte. Noch kleinere Laufwerke im 1,3″-Format haben sich wegen fehlender Anwendungen nicht durchsetzen können. *Pott*

**wechselseitiger Ausschluß, dezentrale Durchsetzung** ⟨decentralized solution of the mutual exclusion problem⟩ → Berechnungskoordinierung

**wechselseitiger Ausschluß, freier** ⟨unconditional mutual exclusion⟩ → Berechnungskoordinierung

**wechselseitiger Ausschluß, zentrale Durchsetzung** ⟨central solution of the mutual exclusion problem⟩ → Berechnungskoordinierung

**Wegewahl** ⟨routing⟩ → Routing

**Weitverkehrsnetz** ⟨wide area network⟩. Der Begriff bezieht sich lediglich auf die geographische Ausdehnung eines → Netzwerks. Funktionale Eigenschaften des Netzes wie Übertragungsrate, → Übertragungsmedium, → Protokolle usw. haben keinen Einfluß auf die → Klassifikation eines Netzes als WAN. Eine exakte Einteilung von Netzen in die verschiedenen Klassen → LAN, → MAN oder WAN ist aufgrund unscharfer Grenzen nicht möglich; der Begriff WAN wird bei einer Ausdehnung des Netzes über mehr als 25 bis 100 km verwendet. *Quernheim/Spaniol*

**Welle, elektromagnetische** ⟨electromagnetic wave⟩. Phase, Amplitude und Frequenz sind Kenngrößen einer harmonischen Schwingung. Die Schwingung kann auf zwei Weisen mathematisch beschrieben werden:
– durch eine Sinusfunktion (Cosinusfunktion) (Bild 1)

$$s(t) = A \cdot \sin(\Phi(t)) = A \cdot \sin(\omega t + \Phi_0) = A \cdot \sin(2\pi f t + \Phi_0);$$

– durch eine komplexe Exponentialfunktion (Bild 2)

$$s(t) = A \cdot \exp(i \Phi(t)) = A \cdot \exp(i(\omega t + \Phi_0)) = A \cdot (\cos(\Phi(t)) + i \sin(\Phi(t))).$$

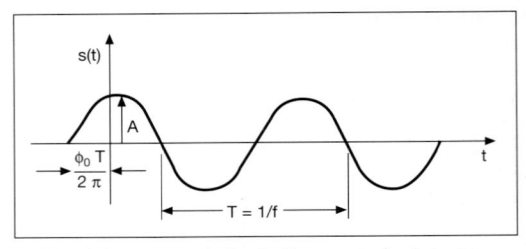

*Welle, elektromagnetische 1: Harmonische Schwingung*

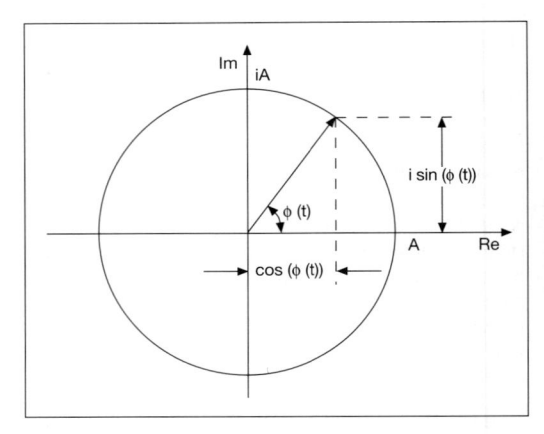

*Welle, elektromagnetische 2: Zeigerdiagramm einer harmonischen Schwingung in der komplexen Zahlenebene*

Dabei bezeichnet A die Amplitude oder den Scheitelwert, $\Phi(t) = \omega t + \Phi_0 = 2\pi f t + \Phi_0$ den Phasenwinkel, $\Phi_0$ den Phasenwinkel zur Zeit $t = 0$, $\omega = 2\pi f$ die Kreisfrequenz und f die Frequenz.

$1/f = T$ heißt Periodendauer, d.h. der Zeitraum zwischen zwei gleichen Phasen. Die Amplitude gibt die maximale Auslenkung der Schwingung an, der Phasenwinkel den der Auslenkung s(t) entsprechenden Winkel des Sinusarguments bzw. den Winkel der komplexen Auslenkung in der Exponentialfunktion; $\omega$ ist die Winkelgeschwindigkeit, mit der sich f ändert, f selbst bezeichnet die Anzahl der Perioden pro Zeiteinheit.

A und $\omega$ bzw. f sind zeitlich konstant, $\Phi$ ist eine lineare Funktion der Zeit. In der → Nachrichtentechnik spricht man auch dann noch von Amplitude und Frequenz, wenn sich diese, verglichen mit der Periodendauer, nur langsam ändern, und vom Phasenwinkel, wenn dieser nur wenig von einer linearen Funktion der Zeit abweicht. Werden Amplitude, Phasenwinkel und Frequenz von einem Nachrichtensignal beeinflußt, spricht man von Amplitudenmodulation, Phasenmodulation oder von Frequenzmodulation (→ Modulation, Frequenz). *Quernheim/Spaniol*

Literatur: *DIN 1311.*

**Weltkoordinaten** ⟨*world coordinates*⟩. Ziel von graphischen Systemen ist es, graphische Anwenderprogramme möglichst geräteunabhängig zu machen. Um das zu ermöglichen, ist es v. a. nötig, dem Anwendungsprogrammierer die Möglichkeit zu geben, seine Bilder in einem ihm genehmen Koordinatensystem zu spezifizieren und nicht auf jene der verwendeten Geräte Rücksicht nehmen zu müssen.

Das Koordinatensystem, in dem der Benutzer nun sein Bild beschreibt, heißt in GKS/GKS-3D Weltkoordinatensystem. Obwohl natürlich eine Fülle unterschiedlicher Typen von Koordinatensystemen (etwa kartesische oder Polarkoordinaten mit linearem oder logarithmischem Maßstab) dafür in Frage kommen, hat man sich auf linear skalierte kartesische Koordinatensysteme beschränkt.

Die W. beschreiben die graphischen → Objekte in der Ansicht, die sie in der Welt haben. In einem zweidimensionalen Raum wäre dies der R2, in einem dreidimensionalen Raum der R3. In diesem Koordinatensystem definiert der Anwender seine graphischen Objekte. Diese Objekte werden dann mit einer Normierungstransformation in den Bereich [0,1]2 bzw. [0,1]3 transformiert.

In manchen graphischen Standards sind die W. anders definiert. In → PHIGS werden z. B. die mit der Modellierungstransformation transformierten → Koordinaten als W. bezeichnet. *Encarnação/Poller*

**Weltobjekt** ⟨*world object*⟩. Bei graphischen → Benutzerschnittstellen ein → Objekt der physikalischen Realität, das als graphisches → Abbild in der Benutzerschnittstelle dem → Benutzer am → Bildschirm seine reale Arbeitsumgebung vermitteln soll. Die konsequente Weiterentwicklung der rechnergenerierten Nachbildung realer W. führt zur → virtuellen Realität. *Langmann*

**Wertaufruf** ⟨*call by value*⟩ → Aufruf

**Wertgeber** ⟨*valuator*⟩. In der graphischen → Datenverarbeitung wird darunter eine Eingabeklasse bezeichnet, der alle → funktionalen Eingabegeräte angehören, die einen reellen Wert liefern. Typische Eingabegeräte der Klasse W. sind Dreh- und Gleitpotentiometer. Wenn möglich, sollten diese entsprechend der Interpretation der Werte, welche sie hervorbringen, angewendet werden. Beispielsweise sollte ein Drehpotentiometer eher zum Drehen von Objekten verwendet werden, während ein Schiebepotentiometer besser zum Skalieren von Objekten geeignet ist; u. U. können reelle Werte auch mit Hilfe einer alphanumerischen Tastatur eingegeben werden.

Eingabegeräte der Klasse W. sind beim Graphischen Kernsystem (→ GKS) mit einem niedrigen und einem hohen Wert versehen, welche die Schranken für den möglichen Eingabewert festlegen. Diese Werte und ein Anfangswert können vom Anwendungssystem festgelegt und modifiziert werden. *Encarnação/Alheit/Haag*

**Whiteboard** ⟨*whiteboard*⟩. W. sind kooperierende Anwendungen und werden als Hilfsmittel in Telekonferenzen eingesetzt. Sie bilden aus Konferenzen bekannte Diskussionshilfsmittel (Diaprojektor, OH-Projektor, Wandtafel) im Rechner nach. W. werden verwendet, um allen Konferenzteilnehmern im Rechner vorliegende Informationen synchronisiert zu präsentieren.

Zum Funktionsumfang eines W. zählen i. d. R.: Darstellung von Texten, Grafiken und Bildern, die in verschiedenen Formaten vorliegen können; Eingabe und Modifikation von Texten und Grafiken (Anmerkungen, Hervorhebungen, geometrische Objekte); Speicherung bzw. Ausgabe dieser Informationen auf Peripheriegeräten; Bereitstellung von → Telepointern.

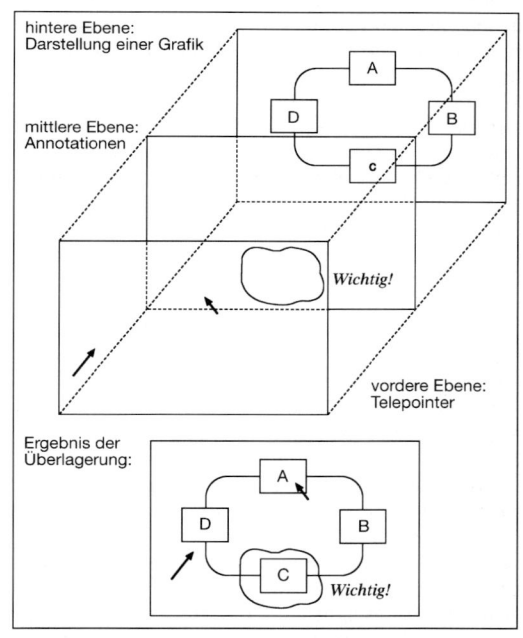

*Whiteboard: Überlagerung von Telepointer, Annotationen und der Darstellung einer Graphik*

W. unterstützen – im Gegensatz zu z. B. verteilten Editoren – nicht nur eine bestimmte Art der Anwendung (z. B. Bearbeitung von Text), sondern lassen sich vielmehr für eine Vielzahl von Anwendungen einsetzen, und zwar zur Entwicklung und Diskussion von Entwürfen ebenso wie zu einer Präsentation. *Schindler/Ott*

**Widget** ⟨*widget*⟩. Der Begriff stammt aus dem → X-Window-System. Man versteht darunter ein Fenster, mit der diesem Fenster zugeordneten → Funktionalität, gekennzeichnet durch Programmcode und Statusinformation. W. sind damit komplexe Interaktions- bzw. Dialogobjekte, über die sich eine enge Kopplung zwischen → Fenstertechnik und → Dialog vollzieht. Die Präsentationsparameter eines W. sind in → Ressourcen zusammengefaßt, die → off line mittels einer Fachsprache beschrieben werden können.

W. verwalten die ihnen zugeordneten → Ereignisse selbständig und reagieren darauf. Die Verbindung zum Anwendungsprogramm (z. B. Starten einer Anwendungsfunktion aufgrund der Auswahl eines Menüeintrages in einem Menü-Widget) realisieren sie mittels → Callback-Funktionen. Die Verwendung von W. als Interaktionsobjekte zwischen einem Anwendungsprogramm und dem → Server des X-Window-Systems (X-Server) verdeutlicht das Bild. Erkennbar ist die über die W. bereits weitgehende Entkopplung zwischen den spezifischen Widget-Operationen und deren → Präsentation in der → Benutzerschnittstelle, charakterisiert durch die Präsentationsressourcen. W. verhalten sich aktiv, da sie Ereignisse, die vom X-Server kommen (z. B. Tastendruck, Mausbewegung) selbständig verarbeiten. Das W. aktiviert bei einem solchen Ereignis eine Aktion, die z. B. den sichtbaren Teil des W. auf dem Bildschirm neu zeichnet. Dies geschieht ohne Beteiligung des Anwendungsprogrammes. Falls erforderlich, können auch Anwendungsfunktionen über den Callback-Mechanismus aufgerufen werden. Die Zuordnung der Eingabeereignisse zu Ausgabeaktionen und/oder zu Callback-Funktionen erfolgt über editierbare Tabellen, die Bestandteil der W. sind.

Zusammengefaßt besitzen W. folgende Funktionalität:
– zu einem W. gehört genau ein Fenster,
– W. können sich selbst darstellen,
– W. verwalten eigenständig die Eingaben des Benutzers,
– Anwenderfunktionen werden durch die W. über Callbacks aufgerufen.

Eine intensive Verwendung finden W. in Benutzerschnittstellen-Umgebungen für Anwendungen unter UNIX z. B. im System → OSF/Motif. Hier unterscheidet man drei wesentliche Widget-Gruppen:
– Einfache W. beinhalten Basis-Dialogobjekte wie Knöpfe, Marken, Rollbalken usw.
– Zusammengesetzte W. (composite widget) besitzen als Elemente meist einfache W. und bilden komplexe Dialogobjekte wie Auswahlboxen und Eingabemasken.
– Die Shell-W. dienen als Träger für andere W. und sind selbst an der → Bedienoberfläche nicht sichtbar. Sie stehen an oberster Stelle einer Anwendungsfensterhierarchie und schaffen die Verbindung zum Fensterverwalter (→ Fenstertechnik).

Unter dem Aspekt einer informatikorientierten Betrachtung realisieren W. die grundlegenden Eigenschaften von Informationsobjekten: Informationskapselung (information hiding), Klassenbildung und → Vererbung. Diese → Objektorientierung gestattet es dem Programmierer, z. B. aus einem Sortiment vorhandener W.-Klassen durch Instanzierung einfach ein neues W. zu erzeugen. Dieses W. besitzt über die Vererbung automatisch die Eigenschaften der entsprechenden W.-Klasse. *Langmann*

Literatur: *Gottheil, K.*: X und Motif. Berlin–Heidelberg 1992.

**Wiederholgenauigkeit** ⟨*accuracy*⟩. Maß für eine Abweichung, mit der ein elektromechanisches Zeichengerät (→ Plotter) eine Bahnkurve mehrmals abfahren kann. Bei der Ausgabe von Bildern über einen Plotter werden Positionen des Bildes mehrfach beschrieben. Können diese Positionen aus Mangel an W. des Plotters nicht genau genug erreicht werden, so leidet die Qualität des Bildes. *Encarnação/Stärk*

**Wiederverwendbarkeit** ⟨*reusability*⟩ → Software-Wiederverwendbarkeit

**Wiederverwendung** ⟨*reuse*⟩ → Software-Wiederverwendung

**Wiener-Definitionsmethode** ⟨*Vienna definition method*⟩ → Semantik, formale

**Winchester-Festplatte** ⟨*winchester disk drive*⟩. *Winchester* war der Laborname für ein Magnetplattenspeicher-Entwicklungsprojekt eines Herstellers (IBM, 1973).

Die gesamte Industrie übernahm wesentliche konstruktive Merkmale, die zum großen Teil bis heute in Magnetplattenlaufwerken für hohe Leistung zu finden sind:
– Magnetplattenstapel und Zugriffsmechanismus (Schreib-/Leseköpfe, gefedert an den Armen des Zugriffskammes befestigt) bilden eine Einheit im geschlossenen Gehäuse (Head Disc Assembly, HDA). Im Gegensatz zu den bis dahin üblichen Wechselplattenspeichern liest immer der gleiche Kopf, der auch geschrieben hat. Seine Lage relativ zum Servokopf bleibt unverändert: keine Justage wie bei Wechselplattenspeichern, keine Toleranzen, wesentlich höhere Spurdichte möglich. In der ersten Ausführung waren die Datenmoduln (später HDA) mit maximal 70 Mio. Zeichen Kapazität noch auswechselbar. Ab 1976 führte gesteigerte Aufzeichnungsdichte zu über 20 000 Mio.

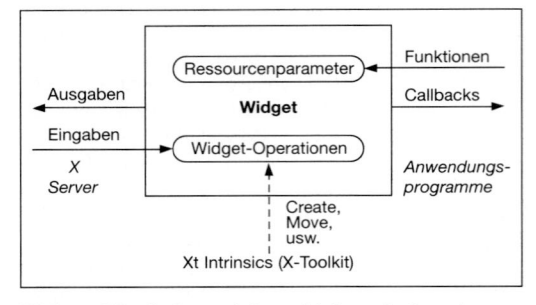

*Widget: W. als Interaktionsobjekt zwischen Anwendungsprogramm und X-Server*

Zeichen pro Zugriffsmechanismus 1997. Auswechselbare → Datenträger aus Wirtschaftlichkeitsgründen wurden überflüssig. Mit dem festen Einbau der Datenmoduln entfielen ca. 70% der potentiellen Störstellen.
– Reinstluftumgebung durch Absolutfilter, notwendig wegen der geringen Flughöhe der Schreib-/Leseköpfe (0,5 µm und darunter). Partikel, die Platte oder Schreib-/Leseköpfe beschädigen könnten, werden ausgefiltert.
– Neuartige miniaturisierte Schreib-/Leseköpfe aus einem Ferritkörper mit manuell aufgebrachter Wicklung, Gleitkufen, Federandruck gegen die Platte < 5 g, senken sich beim Abschalten auf die Plattenoberfläche ohne Beschädigung von Platte und Kopf. Ein dünner Film flüssigen Schmiermittels auf der Platte erhöht die Sicherheit.
– Zwei Schreib-/Leseköpfe je Oberfläche beschreiben zwei relativ schmale Speicherbänder je Plattenoberfläche: kurze Suchwege, schnelle Suchbewegung bei geringer Kraft, verbesserter Ausgleich des Unterschiedes der Nutzsignale in Abhängigkeit von der Entfernung zum Plattenmittelpunkt.
– Prinzip des servogesteuerten Zugriffsmechanismus unter Verbesserung von früheren Magnetplattenspeichern übernommen, wegen der kurzen Suchwege jedoch nur ein Teil der Servoplatte belegt (nur ein Servo-Speicherband). Das zweite Speicherband wurde gelegentlich für den Spuren fest zugeordnete, nicht bewegliche Schreib-/Leseköpfe genutzt, die ohne Suchzeit zu besonders kurzen Antwortzeiten führen. Heute wegen der Möglichkeit von Pufferspeichern in den → Kontrolleinheiten nicht mehr üblich.
– Prinzip von Platten und Plattenbeschichtung wie bei früheren Magnetplatten.

☐ *Weiterentwicklungen (realisiert):*
– photolithographisch mit geringeren Toleranzen hergestellte noch kleinere Schreib-/Leseköpfe,
– verbesserte → Magnetplatten für höhere Bitdichte,
– leichtere, schnellere Zugriffsmechanismen, geringere Massenträgheit,
– Magnetplattenstapel horizontal beidseitig gelagert (ursprünglich senkrecht, einseitig gelagert),
– verfeinerte Routinen zur → Fehlererkennung und -korrektur im → Speichersystem.
  Auswirkungen:
– steigende Bitdichten: von etwa 5 000 bpi (bits per inch) Ende der 70er Jahre auf über 100 000 bpi (1996).
– Steigende Spurdichten: von etwa 200 tpi (tracks per inch) Ende der 70er Jahre auf bis zu 6 000 tpi (1996).
– größere Anzahl von Magnetplatten: Durch kleinere Schreib-/Leseköpfe und dünneres Trägermaterial der Platten können bis zu 14 Magnetplatten in einem $5^{1}/_{4}''$ großen Laufwerk untergebracht werden, in der Baugröße 3,5'' sind es bis zu zehn Platten,
– höhere Umdrehungsgeschwindigkeiten: von 2 400 bis zu 7 200 $min^{-1}$, zukünftig auch über 10 000 $min^{-1}$, dieses führt zu höheren Übertragungsraten: von 1,2 MByte/s (1976) auf über 10 MByte/s (1996). Durch diese Entwicklung hat sich die Kapazität der W.-F. in den letzten 15 Jahren um den Faktor 1 000 erhöht (→ Magnetplattenlaufwerk). Für die gesamte Technologie besteht noch ein hohes Entwicklungspotential, so daß auch in den kommenden Jahren mit stetigen Kapazitäts- und Leistungssteigerungen gerechnet werden kann.

☐ *Ausführungen:*
W.-F. mit Plattendurchmessern von 8'' bis 14'', wie sie in den 70er und 80er Jahren in Großrechenanlagen und Plattensubsystemen eingesetzt wurden, sind nahezu vom Markt verschwunden. Statt dessen werden hier wie auch in → Arbeitsplatzrechnern (Personal Computer, Workstation) W.-F. in einer Baugröße von 3,5'' und $5^{1}/_{4}''$ eingesetzt. Die weitaus größten Stückzahlen erreichen die 3,5''-Laufwerke, die mit Kapzitäten zwischen 200 MByte und 9 GByte aufwarten (1996).

In tragbaren Rechnern (Laptop, Notebook) werden Laufwerke in den Baugrößen 2,5'' mit Kapazitäten bis zu 2 GByte und 1,8'' mit bis zu 250 MByte eingesetzt, letztere auch als → Wechselmedien. Noch kleinere Ausführungen, die wie Mikrochips auf Elektronikplatinen untergebracht werden können, wurden bereits entwickelt, haben sich aber bisher wegen fehlender Anwendungen am Markt nicht durchsetzen können.

In den letzten Jahren wurden sog. Disk Arrays entwickelt, bei denen eine Reihe kleinerer W.-F. so zusammengeschaltet werden, daß sie sich für den Rechner wie ein einziges großes → Plattenlaufwerk verhalten. Durch den Einsatz spezieller → Kontrolleinheiten kann dabei ein erheblich höherer Datendurchsatz erreicht werden. Durch Einfügen von redundanten Laufwerken und geeignete Fehlererkennungs- und Korrekturalgo-

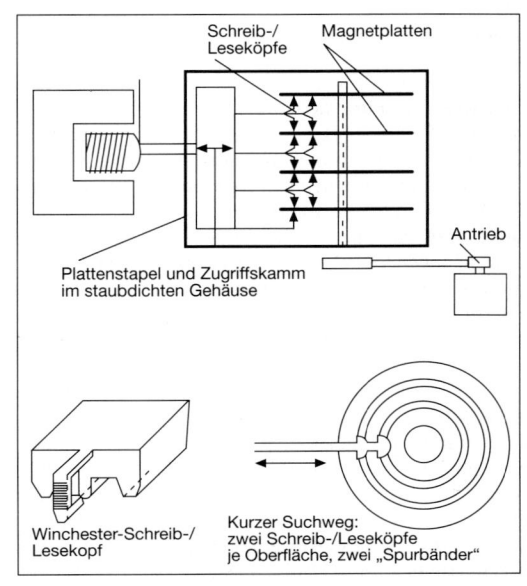

*Winchester-Festplatte: Prinzip der Winchester-Magnetplattenspeicher-Technologie*

rithmen läßt sich die → Verfügbarkeit eines solchen Arrays um ein Vielfaches gegenüber einzelnen großen Geräten steigern. Dieses macht sie v. a. für ausfallsichere und hochverfügbare Rechner interessant. Wegen der durch die Massenfertigung billigen kleinen W.-F. ist ein solches Disk Array oft auch noch preisgünstiger als ein vergleichbares großes Plattensystem. *Pott/Voss*

**Window** ⟨window⟩. Fenster können in der graphischen → Datenverarbeitung in zwei Formen vorkommen: einmal als Ausgabefenster bei Window-Managementsystemen, zum anderen als Teil der Transformationsbeschreibung.

Die W., die hier beschrieben werden, sind Teil der Transformationsbeschreibung eines graphischen Systems. Im Zusammenhang mit graphischen Systemen beschreiben Fenster einen rechteckigen Bereich in 2D bzw. einen Quader in 3D in einem unendlichen Raum, der auf das → Viewport in den normalisierten Koordinaten abgebildet wird. Damit wird ein Ausschnitt aus der komplexen Welt betrachtet.

Bei der → Gerätetransformation wird dann der in normalisierten Koordinaten ausgewählte Bereich als Fenster bezeichnet.

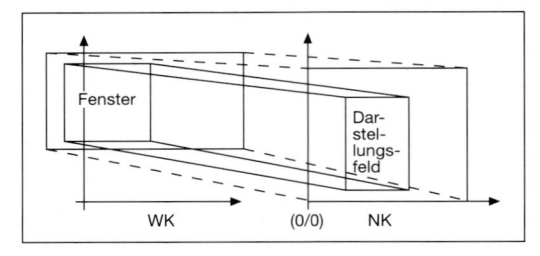

*Window: Transformationsbeschreibung*
*Encarnação/Poller*

**Window Sharing** ⟨window sharing⟩. W. S. ist eine mögliche Implementierung von → Application Sharing und wird als Hilfsmittel in Telekonferenzen verwendet. W. S. ermöglicht mehreren Benutzern das synchrone, kooperative Bearbeiten von → Dokumenten unter Verwendung von unveränderten → Einbenutzeranwendungen (→ WYSIWIS). Der Einsatz von W. S. ist auf Einbenutzeranwendungen in fensterorientierten (Betriebs-)Systemumgebungen beschränkt.

Beim W. S. wird im Gegensatz zum → Screen Sharing nicht der gesamte Bildschirminhalt, sondern nur der Inhalt eines oder aller Fenster(s) einer Anwendung eines Rechners A auf einem anderen Rechner B repliziert. Eingaben, die auf dem Rechner B vorgenommen werden, können zu A übertragen und dort als Eingaben simuliert werden. Auf diese Weise wird die Fernsteuerung einer Anwendung auf A durch B ermöglicht. Der Fernzugriff auf diese Anwendung kann durch mehrere Rechner gleichzeitig erfolgen; auch lassen sich mehrere Anwendungen unabhängig voneinander gleichzeitig fernsteuern. Systeme, die W. S. implementieren, setzen i. d. R. an der Schnittstelle zwischen Anwendung und Fenstersystem an. *Schindler/Ott*

**Windows NT** ⟨Windows NT⟩. Seit Anfang der 90er Jahre von Microsoft als → Betriebssystem für zeitgemäße → PCs entwickelt und – 1993 mit der Version NT 3.1 beginnend – seit 1996 mit der Version NT 4.0 im Einsatz. Das Betriebssystem ist als Nachfolger für MS-DOS und zur Nutzung der Kapazitäten leistungsfähiger → Mikroprozessorsysteme einschließlich derjenigen mit mehreren Prozessoren konzipiert. Es ist als kommerzielles → System darauf ausgerichtet, einen großen Marktbereich abzudecken. Das soll einerseits dadurch erreicht werden, daß nach außen → Anwenderschnittstellen mehrerer unterschiedlicher Betriebssysteme so zur Verfügung gestellt werden, daß entsprechende Anwendungs-Software-Pakete weiterbenutzt werden können. Das soll andererseits dadurch erreicht werden, daß unterschiedliche Hardware-Konfigurationen mehrerer Hersteller als Realisierungsbasis benutzt werden können. Das Betriebssystem, mit dem diese weitreichenden Ziele erreicht werden sollen, ist ein zentrales, erweitertes und modifiziertes → prozeßorientiertes Mikrokernsystem. Mit ihm werden Anwendern um Zugangskontrollen erweiterte parallele → Einbenutzer-Rechensysteme zur Verfügung gestellt.

Den prozeßorientierten Mikrokernsystemen entsprechend, ist das dominante Konzept, das der → Betriebssystemkern von W. NT zur Verfügung stellt, ein Konzept für Tasks mit eingeordneten Prozessen (in der W.-NT-Nomenklatur „processes and threads" genannt). Dabei ist einer Task ein virtueller 32-bit-Adreß- und -Speicherraum zugeordnet. Diese Taskspezifischen Räume sind in zwei gleich große Teile, den privaten Wirkungsbereichs- und den Kernwirkungsbereichsteil, zerlegt. Damit ist eine Task eine abstrakte, an den Kern gebundene Anwendungs- oder Dienstleistungsmaschine mit Rechen- und Speicherfähigkeiten. Sie erhält ihre Rechenfähigkeiten durch ihre eingeordneten Prozesse, deren Anzahl variieren kann; sie ist also eine abstrakt parallele → Maschine. Ihre → Speicherfähigkeiten erhält sie durch ihren privaten Wirkungsbereichsteil. Tasks können bei Bedarf erzeugt und – wenn sie nicht mehr erforderlich sind – wieder aufgelöst werden. Die nachrichtenorientierte Task-Kern-Schnittstelle stellt Anwendungs- und Dienstleistungsmaschinen einerseits die Dienste des Kerns zur Verfügung; sie ist andererseits Grenzwall zwischen diesen Maschinen mit eingeschränkten Privilegien und dem Kern mit den für die Koordinierung der Berechnungen des Rechensystems erforderlichen hohen Privilegien. Dieser Grenzwall kann von den Anwendungs- und Dienstleistungsmaschinen allein mit kontrollierten Kerndienstaufrufen überschritten werden. Der Kern ist die gemeinsame Realisierungsbasis der jeweils koexistierenden Anwendungs- und Dienstleistungsmaschinen. Er koordiniert, steuert und kontrolliert die → Berechnungen dieser → Maschinen, und er kapselt die Hardware-Konfiguration.

Mit Tasks werden von W. NT Dienstleistungsmaschinen für Zugangskontrollen, die Client-Server-Kooperation in vernetzten Rechensystemen und für weitere Zwecke zur Verfügung gestellt. Mit Tasks werden zudem die Maschinen zur Verfügung gestellt, die Benutzungs- und Anwendungsschnittstellen Microsoft-eigener Betriebssysteme sowie Anwendungsschnittstellen weiterer Betriebssysteme anbieten.

Der Kern von W. NT ist ein erweiterter und modifizierter Mikrokern. Er ist vertikal in die Ebene der jeweils eingesetzten Hardware-Konfiguration, eine Hardware-Abstraktionsebene, die Ebene der Gerätetreiber und des Mikrokerns sowie eine Erweiterungsebene (executive), strukturiert. Die Erweiterungsebene definiert die Task-Kern-Schnittstelle. Sie ist ihrerseits horizontal strukturiert und stellt Module als Manager für Objektklassen und entsprechende Objekte zur Verfügung. Tasks und eingeordnete → Prozesse sind Objekte der Erweiterungsebene. Entsprechendes gilt für Dateien und Ein-/Ausgabegeräte, die von den Prozessen der Tasks bei Bedarf benutzt werden können, sowie für Datenobjekte, die von den Prozessen zur Synchronisation, Kooperation und andere Zwecke benötigt werden.

W. NT ist ein ambitiöses Betriebssystem mit zeitgemäßen Konzepten. Der Kern mit seiner Erweiterungsebene ist ein interessanter Ansatz für Mikrokernerweiterungen, mit denen gleichzeitig Struktur und Effizienz erreicht werden sollen. *P. P. Spies*

Literatur: *Solomon, D. A.*: Inside Windows NT. Microsoft Press, Redmond 1998.

**Winkelmodulation** ⟨angle modulation⟩ → Modulation

**Wirkung** ⟨effect⟩ → Berechnung

**Wirkung eines Dienstes** ⟨effects of a service⟩ → Rechensystem

**Wirkungsbereich** ⟨range of effects⟩ → Berechnung

**Wirtschaftsinformatik** ⟨science of information systems⟩. Die W. ist nach vorherrschender Auffassung ihrer Fachvertreter ein eigenständiges interdisziplinäres Fachgebiet. Gegenstand der W. sind Informationssysteme in Wirtschaft und Verwaltung. Die Mutterdisziplinen der W. sind die Wirtschaftswissenschaften, insbesondere die Betriebswirtschaftslehre, und die Informatik (Bild 1).

*Wirtschaftsinformatik 1: W. als interdisziplinäres Fachgebiet*

Die wissenschaftliche Fundierung eines Fachgebiets wird durch seinen Gegenstandsbereich, seine Erkenntnisziele sowie die eingesetzten Methoden und Verfahren bestimmt. Gegenstand der W. ist das → betriebliche Informationssystem, welches als das informationsverarbeitende Teilsystem eines → betrieblichen Systems verstanden und gegenüber dem Basissystem abgegrenzt wird (Bild 2).

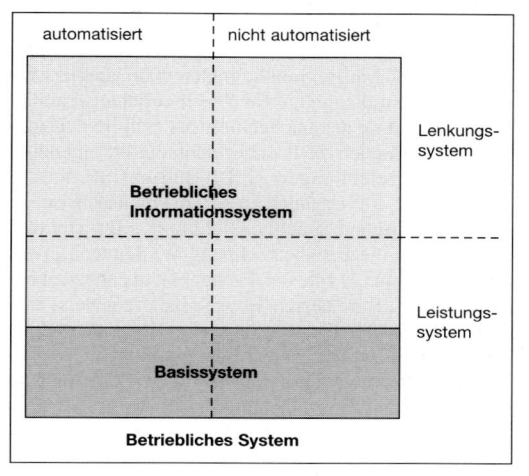

*Wirtschaftsinformatik 2: Betriebliches System und seine Teilsysteme*

Das betriebliche Informationssystem plant, steuert und kontrolliert die Aktivitäten des betrieblichen Systems (Lenkungssystem) und umfaßt darüber hinaus die informationsverarbeitenden Teile der betrieblichen Leistungserstellung (Leistungssystem). Die Aufgaben des betrieblichen Informationssystems sind automatisierte und nichtautomatisierte Informationsverarbeitungsaufgaben (Transformations- und Entscheidungsaufgaben), seine Aufgabenträger sind Menschen und Maschinen (Rechner- und Kommunikationssysteme).

Die Erkenntnisziele der W. beziehen sich im weitesten Sinne auf die Analyse, Gestaltung und Nutzung betrieblicher Informationssysteme. Sie decken den gesamten Lebensweg betrieblicher Informationssysteme ab, der von der Planung und Entwicklung bis zu Betrieb und Anpassung reicht.

Hinsichtlich der eingesetzten Methoden und Verfahren schöpft die W. aus dem Fundus der Wirtschaftswissenschaften, speziell der Betriebswirtschaftslehre, sowie der Informatik und entwickelt zunehmend eigene, am spezifischen Gegenstandsbereich und den Erkenntniszielen ausgerichtete Ansätze. Letztere werden auch als die methodischen Kerninhalte der W. bezeichnet.

Ihr Gegenstandsbereich weist die W. zunächst als wirtschaftswissenschaftliche Disziplin aus. Gegenstandsbereich und Erkenntnisziele begründen zusammen jedoch eine Eigenständigkeit gegenüber der

803

Betriebswirtschaftslehre, welche sich als Lehre vom wirtschaftlichen Handeln begreift. Hinsichtlich der eingesetzten Methoden und Verfahren ist die W. schließlich interdisziplinär, da sie Ansätze der Wirtschaftswissenschaften und der Informatik integriert. Letztere wird dabei als Ingenieurdisziplin verstanden. Zusammenfassend ist die W. damit als „sozial- und wirtschaftswissenschaftliche Disziplin mit starker ingenieurwissenschaftlicher Durchdringung" charakterisierbar.

W. wird an Hochschulen seit Anfang der 70er Jahre im Rahmen von wirtschaftswissenschaftlichen Studiengängen gelehrt. Beginnend in den 80er Jahren, wurden eigene Studiengänge für W. eingerichtet. Parallel zur Entwicklung des Fachgebiets hat sich im deutschsprachigen Bereich die Fachbezeichnung W. gegenüber anderen Bezeichnungen (z. B. Betriebsinformatik) durchgesetzt. Im Vergleich zu der im angelsächsischen Bereich üblichen Fachbezeichnung „Information Systems" ist die Fachbezeichnung W. dennoch etwas mißverständlich, da sie das Fachgebiet als angewandte Informatik („Bindestrich-Informatik") ausweist und nicht auf den spezifischen Gegenstandsbereich und die zugehörigen Erkenntnisziele Bezug nimmt.

Die Studienplanempfehlungen für W.-Studiengänge sehen in Grund- und Hauptstudium etwa in gleichem Umfang Lehrinhalte aus der Betriebswirtschaftslehre, aus der Informatik und aus Kerninhalten der W. vor. Hinzu kommen Mathematik, Entscheidungslehre und weitere Ergänzungsgebiete.

Zu den Kerninhalten der W. gehören insbesondere diejenigen Wissensgebiete, die Inhalte der Betriebswirtschaftslehre und der Informatik integrativ verbinden und in bezug auf den Gegenstandsbereich die Erkenntnisziele sowie Methoden und Verfahren der W. weiterentwickeln. Hinsichtlich des Gegenstandsbereichs lassen sich diese Kerninhalte unmittelbar den Teilsystemen in Bild 2 zuordnen. Beispiele sind die strategische Informationssystemplanung und das → Informationsmanagement (Gegenstandsbereich: betriebliches Informationssystem), Computer Integrated Manufacturing (→ CIM; Leistungssystem im Produktionsbereich und zugehöriges Lenkungssystem), Entwicklung betrieblicher Anwendungssysteme (→ Software-Engineering, automatisiertes Teilsystem des betrieblichen Informationssystems), → Modellierung betrieblicher Systeme und betrieblicher Informationssysteme.

Entsprechend der wissenschaftlichen Fundierung des Fachgebiets W. beziehen sich die Forschungsgegenstände auf das betriebliche Informationssystem und die Beziehungen zu seiner Umgebung. Abhängig vom jeweiligen Erkenntnisziel, kommt eine breite Palette von Untersuchungsmethoden und -verfahren zum Einsatz. Als Beispiel sei ein konstruktiver Ansatz angeführt: Dabei wird ein betriebliches System aus Außensicht durch seine Systemabgrenzung, seine Sach- und Formalziele und die zu erbringenden betrieblichen Leistungen beschrieben. In der Innensicht werden Lösungsverfahren zur Umsetzung der Ziele und zur Erbringung der geforderten Leistungen spezifiziert. In einem ganzheitlichen Ansatz wird das betriebliche System in eine Struktur aus Teilsystemen zerlegt, die ihrerseits wiederum aus Außensicht betrachtet werden usw. Das betriebliche Informationssystem wird dabei erst im Verlauf dieses Zerlegungsprozesses identifiziert. Diese Zerlegung wird zunächst unter ausschließlicher Betrachtung der Aufgabenebene, d. h. unabhängig von der Zuordnung von Aufgabenträgern, durchgeführt. Erst im nächsten Schritt findet eine Entscheidung über die → Automatisierung betrieblicher Aufgaben statt, bei der den einzelnen Aufgaben der Teilsysteme die Aufgabenträger Mensch bzw. Maschine zugeordnet werden. *Sinz*

Literatur: *Ferstl, O. K.* u. *E. J. Sinz*: Grundlagen der Wirtschaftsinformatik. 2. Aufl. München-Wien 1994. – *Heinrich, L. J.*: Wirtschaftsinformatik. Einführung und Grundlegung. München-Wien 1993. – *WKWI94*: Profil der Wirtschaftsinformatik. Mitt. d. Wiss. Kommission Wirtschaftsinformatik (WKWI). Wirtschaftsinformatik 36 (1994) 1, S. 80–81.

**Wirtssprache** ⟨*host language*⟩. → Programmiersprache, in die Anweisungen einer spezialisierten → Sprache (z. B. Datenbanksprache) eingebettet sind. Beispielsweise sind Cobol und → C gebräuchliche W. für eingebettetes → SQL. Die W. ist algorithmisch vollständig, d. h. in ihr können vollständige Anwendungsprogramme geschrieben werden. Die eingebettete Sprache hingegen erfüllt nur bestimmte Funktionen, z. B. die Datenverwaltung und den Datenzugriff. Unterschiedliche Konzepte in der W. und der eingebetteten Sprache, z. B. Datentypen oder Benennungen, führen zu Problemen an der → Schnittstelle zwischen den Sprachen (impedance mismatch). *Schmidt/Schröder*

Literatur: *Ullmann, J. D.*: Database and knowledge-base systems. Vol. 1. Rockville, MA 1988.

**Wissen zur Authentizitätsprüfung** ⟨*knowledge used in authentication*⟩ → Authentifikation

**Wissensakquisition** ⟨*knowledge acquisition*⟩. Beschaffen und Aufbereiten von Wissen für den Aufbau oder die Erweiterung einer → Wissensbasis in Systemen der → Künstlichen Intelligenz (KI). W. ist in der KI ein wichtiger Prozeß, denn die Leistungen von wissensbasierten Systemen hängen entscheidend von der Vollständigkeit und Präzision des bereitgestellten Wissens ab. Man unterscheidet interaktive und automatische → Wissensakquisitions-Verfahren.

Bei interaktiven Verfahren ist es die Aufgabe eines Wissensingenieurs, das erforderliche Wissen zu beschaffen (z. B. durch Befragen von Experten). Die Eingabe in eine Wissensbasis erfolgt im Dialog zwischen dem Wissensingenieur und der → Benutzerschnittstelle des Systems. Das System kann dabei beträchtliche Unterstützung gewähren, wenn es → Metawissen über Inhalt und Struktur seiner Wissensbasis besitzt. Beispiel: Die Wissensakquisitionskomponente TEIRESIAS hilft bei der Eingabe neuer Regeln in das →Expertensystem MYCIN (Diagnose und Therapieberatung für bakterielle Infektionskrankheiten).

Automatische Akquisitionsverfahren beruhen meist auf Induktion. Neues Wissen wird dabei durch Erkennen von Gesetzmäßigkeiten in Beispielen gewonnen. Das Verfahren rechnet man zu den Lernverfahren ähnlich wie grammatikalische Inferenz, Konzeptformierung und Reihenextrapolation. Beispiel: Das System Meta-DENDRAL erzeugt neue Interpretationsregeln für das Expertensystem DENDRAL (Interpretation von Massenspektrogrammen) aufgrund von Lernbeispielen. *Neumann*

**Wissensbank** ⟨knowledge base⟩. Deduktive →Datenbank, in der das Wissen eines bestimmten Bereichs abgelegt ist (→Expertensystem). Eine W. besteht aus Fakten und Regeln. Sie kann aus dem vorhandenen Wissen in Form der Fakten anhand der Regeln neues Wissen ableiten (inferieren). *Schmidt/Schröder*
Literatur: *Date, C. J.*: An introduction to database systems. Vol. 1. Wokingham, Berks. 1990. – *Ullmann, J. D.*: Database and knowledge-base systems. Vol. 1. 1988. – Vol. 2. Rockville, MA 1989.

**Wissensbasis** ⟨knowledge base⟩. Rechnerintern repräsentiertes Wissen in Systemen der →Künstlichen Intelligenz (KI). Man spricht von einer W. anstatt einer Datenbasis, wenn die folgenden Merkmale erfüllt sind:
– Die W. enthält Fakten, Zusammenhänge, Regeln oder Methoden in einer strukturierten und expliziten Repräsentation.
– Der Repräsentationsformalismus umfaßt Vorschriften zur sinnvollen Interpretation und Manipulation der W.

Hinweise auf Repräsentationsformalismen finden sich unter →Wissensrepräsentation.

Ein wissensbasiertes System ist ein System, dessen Verhalten durch seine W. bestimmt wird. Die Aufgabe des eigentlichen Programms beschränkt sich im wesentlichen darauf, die W. zu interpretieren. Das interpretierende Programm kann weitgehend anwendungsunabhängig konzipiert sein, so daß sich die Entwicklung eines Anwendungssystems im Extremfall auf die Bereitstellung einer anwendungsspezifischen W. reduziert. →Expertensysteme sind Beispiele für wissensbasierte Systeme. *Neumann*

**Wissensrepräsentation** ⟨knowledge representation⟩. Repräsentation strukturierter, bedeutungsvoller →Daten in Systemen der →Künstlichen Intelligenz (KI). Mit Wissen werden analog zu menschlichem Wissen Fakten, Zusammenhänge, Methoden und Regeln bezeichnet, die für komplexe Informationsverarbeitungsprozesse erforderlich sind. W. umfaßt die computerinterne, operationale Repräsentation von Wissen und von Verfahren zur →Wissensverarbeitung. Sorgfältige und fundierte W. ist ein wesentliches Mittel zur Bewältigung komplexer KI-Aufgaben.

Ein W.-Formalismus enthält Vorschriften zur W. Wichtige Repräsentationsformalismen sind →semantische Netze, Schemata, logische Formeln, Produktionen (→Produktionensysteme) und Beschränkungen (→Beschränkungssysteme).

Strukturiertes Wissen wird computerintern durch Symbole und Beziehungen zwischen Symbolen repräsentiert. Die ISA- und INSTANCE-Beziehung haben grundlegende Bedeutung. ISA bedeutet Subsumption (auch „Teilklasse-von", „Spezialisierung-von") und setzt zwei Konzepte (Klassen, Mengen) in Beziehung (Bild a).

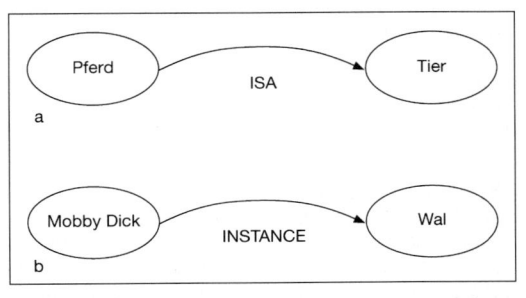

*Wissensrepräsentation: a. Beispiel für ISA-Beziehung und b. INSTANCE*

Das speziellere Konzept (Pferd) erbt alle Eigenschaften des allgemeinen Konzepts (Tier). Durch ISA-Beziehungen können →Vererbungshierarchien aufgebaut werden. INSTANCE weist ein konkretes →Objekt (eine →Instanz) als Mitglied einer →Klasse (Element einer Menge) aus (Bild b).

Instanzen erben alle Eigenschaften eines mit INSTANCE angebundenen Konzepts.

Prozeduren zum Aufbau einer →Wissensbasis, zum Zugriff und zur Konsistenzwahrung sind Bestandteile des W.-Formalismus. Moderne Programmierwerkzeuge zur Entwicklung von KI-Systemen umfassen Werkzeuge zur W. (→Expertensystem-Shell). *Neumann*

**Wissensrepräsentation, deklarative** ⟨declarative knowledge representation⟩. Grundform der →Wissensrepräsentation in Systemen der →Künstlichen Intelligenz (KI), bei der Wissenseinheiten explizit und modular repräsentiert werden. Gegensatz zu →prozeduraler Wissensrepräsentation, bei der Wissen implizit durch ein Programm (eine Prozedur) repräsentiert wird. Typische Mittel der d. W. sind →semantische Netze, Schemata, Produktionen (→Produktionensysteme) und Beschränkungen (→Beschränkungssysteme). D. W. bietet aufgrund der guten Lesbarkeit der →Wissensbasis Vorteile beim Beherrschen und Verstehen komplexer Systeme. Gegenüber einer prozeduralen Repräsentation können sich allerdings Effizienznachteile ergeben, weil deklaratives Wissen interpretiert werden muß und nicht von sich aus ablauffähig ist. *Neumann*

**Wissensrepräsentation, hybride** ⟨*hybrid knowledge representation*⟩. Wissensrepräsentation mit gemischten Repräsentationsformalismen. Durch Verwenden mehrerer Repräsentationsformalismen innerhalb einer einzigen → Wissensbasis können
– die Vorteile der jeweiligen Formalismen ausgenutzt und
– die Inhalte in der adäquatesten Weise repräsentiert werden.

Komplexe Schemata sind Beispiele hybrider Repräsentation. Sie verbinden die deklarative Repräsentation durch → semantische Netze mit der prozeduralen Repräsentation durch → Dämonprozeduren. Moderne Programmierwerkzeuge der → Künstlichen Intelligenz (KI) bieten häufig hybride Repräsentationsmöglichkeiten durch die gleichzeitige Verwendungsmöglichkeit von Regeln, Schemata, logischen Formeln und Beschränkungen. Das Expertensystemwerkzeug BABYLON ist ein Beispiel dafür. *Neumann*

**Wissensrepräsentation, prozedurale** ⟨*procedural knowledge representation*⟩. Grundform der → Wissensrepräsentation in Systemen der → Künstlichen Intelligenz (KI), bei der Wissen implizit durch ablauffähige Programmteile (Prozeduren) repräsentiert wird. Gegensatz zu → deklarativer Wissensrepräsentation, bei der Wissen explizit und modular in Datenstrukturen repräsentiert wird. P. W. kann verschiedene Vorteile bieten:
– Wissen braucht erst bei Bedarf berechnet zu werden (z. B. mit Hilfe von → Dämonprozeduren).
– Wissen kann effektiv und anwendungsbezogen eingesetzt werden. Eine Interpretation (z. B. durch eine → Inferenzkomponente) entfällt.

Ein bekanntes → System mit vorwiegend p. W. ist *Winograd*s SHRDLU. Es erlaubt einen natürlichsprachlichen Dialog über Manipulationen in der → Blockswelt. → Grammatik, → Semantik und Pragmatik sind als mustergesteuerte Prozeduren in der → Programmiersprache → PLANNER repräsentiert. *Neumann*

**Wissensverarbeitung** ⟨*knowledge processing*⟩. Informationsverarbeitung in wissensbasierten Systemen der → Künstlichen Intelligenz (KI). W. in engerem Sinn beschreibt die Aktivität einer → Inferenzkomponente, die nützliche Folgerungen aus einer → Wissensbasis ableitet. Im weiteren Sinne umfaßt W. alle → Prozesse und die ihnen zugrundeliegenden Methoden, die in wissensbasierten Systemen eine Rolle spielen. Dazu gehören insbesondere → Wissensakquisition, → Wissensrepräsentation, Deduktionstechniken, Lernverfahren, KI-Programmierwerkzeuge sowie KI-Rechner (z. B. LISP-Maschinen).

W. bietet gegenüber herkömmlicher → Datenverarbeitung Vorteile bei der Bewältigung komplexer Aufgaben aus dem Bereich der KI. Ein wesentlicher Vorteil liegt in der expliziten und modularen Repräsentation der für eine Aufgabe relevanten Informationen in einer Wissensbasis und der Verwendung standardisierter Inferenztechniken. *Neumann*

**WLAN** ⟨*WLAN (Wireless Local Area Network)*⟩. Ein WLAN ist dadurch gekennzeichnet, daß die letzten Meter zu den angeschlossenen Stationen oder in seltenen Fällen auch das gesamte Netz durch kabellose Übermittlungssysteme realisiert sind. Kabellose Systeme weisen gegenüber starren Netztopologien einige Vorteile auf: Die Verlagerung von Stationen (z. B. im Fall eines firmeninternen Umzugs) wie auch deren Neuanschluß sind mit erheblich kleinerem Aufwand durchführbar und damit mit geringeren Kosten verbunden. WLAN können auch in Gebäuden eingesetzt werden, bei denen z. B. aus Gründen des Denkmalschutzes keine Kabelschächte verlegt werden können, und eignen sich hervorragend für den Einsatz in Großraumbüros. Zudem kann ein gewisser Grad an Nutzermobilität unterstützt werden. Problematisch sind jedoch die mit funk- oder infrarotbasierter Übertragung verbundenen niedrigeren Bandbreiten (z. Z. arbeiten die meisten WLAN mit einer Übertragungsrate von 1 bis 2 Mbit/s) und höheren Fehlerraten solcher Systeme (z. B. durch Abschattung, Signaldämpfung oder -mehrwegeausbreitung). Zudem gestalten sich aufgrund der nötigen Verwaltung von Lokalisierungsinformationen der angeschlossenen Stationen und der höheren Sicherheitsanforderungen von WLAN die verwendeten Medienzugangsprotokolle weit aufwendiger, als dies bei kabelbasierten → LAN der Fall ist.

Auf der Basis proprietärer, untereinander inkompatibler Produkte wurde 1991 das IEEE-802.11-Subkomitee gebildet, das die Standardisierung eines einheitlichen Medienzugangsprotokolls (DFWMAC, Distributed Foundation Wireless Medium Access Control; → Medienzugangskontrolle) und der → Schnittstellen zu verschiedenen Übertragungsverfahren (z. B. Direct Sequence/Frequency Hopping Spread Spectrum (→ CDMA) oder Infrarot) zum Ziel hat. Hierbei werden sowohl asynchrone (→ Übertragung, asynchrone) als auch isochrone → Dienste unterstützt.

In Europa arbeitet eine Untergruppe der → ETSI an der Standardisierung eines Hochgeschwindigkeits-WLAN (HIPERLAN: High Performance Radio Local Area Network) mit einer Zielbandbreite von 20 Mbit/s. Für dieses System wurde von der → CEPT ein Frequenzbereich von 350 MHz Bandbreite im GHz-Bereich reserviert, wodurch in Zukunft auch weit höhere Netzkapazitäten (100 Mbit/s und mehr) realisierbar sein werden. *Fasbender/Spaniol*

Literatur: *Davis, P. T.; McGuffin, C. R.*: Wireless local area networks – technology, issues and strategies. McGraw-Hill, 1995.

**Workflow-Managementsystem** ⟨*workflow management system*⟩. → Betriebliches Anwendungssystem zur rechnergestützten Planung, Steuerung, Kontrolle und Durchführung von Workflows. W.-M.-S. berücksichtigen sowohl die Aufgabenebene als auch die Aufgabenträgerebene eines → betrieblichen Systems. Sie stellen zur Laufzeit primär eine prozeßorientierte Unterstützung bereit.

Auf der Aufgabenebene fokussieren W.-M.-S. auf die datenflußbedingten (Reihenfolge-)Beziehungen zwischen Aufgaben unabhängig von deren Automatisierung (→ Automatisierung betrieblicher Aufgaben). Auf der Aufgabenträgerebene wird die Zuordnung der Aufgaben zu personellen und maschinellen Aufgabenträgern einbezogen. Hier werden zusätzlich ressourcen- bzw. betriebsmittelbedingte (Reihenfolge-)Beziehungen sowie die Kommunikation zwischen den Aufgabenträgern berücksichtigt. In Abgrenzung zu → Groupware-Systemen werden eher strukturierte Workflows unterstützt, bei denen die Teilaufgaben eindeutig individuellen Aufgabenträgern zugeordnet werden.

Die Workflow Management Coalition hat ein Referenzmodell für W.-M.-S. vorgeschlagen. Es werden sechs zentrale Komponenten unterschieden: Die Gestaltung von Workflows erfolgt mit Hilfe von *Process Definition Tools*. Basisdienste für die Lenkung der Workflow-Durchführung werden durch *Workflow Enactment Services* bereitgestellt. Die Durchführung manueller und nichtintegrierter automatisierter Aufgaben wird durch *Workflow Client Applications* unterstützt, automatisierte Aufgaben durch *Invoked Applications* integriert ausgeführt. Die Zusammenarbeit unterschiedlicher W.-M.-S. zur Laufzeit wird durch *Workflow Interoperability* ermöglicht. Die administrative Kontrolle der Workflow-Durchführung wird durch *Administration & Monitoring Tools* unterstützt.

Bei den verfügbaren W.-M.-S. sind derzeit Defizite erkennbar: W.-M.-S. stehen hinsichtlich Funktionsumfang und umfassender Unterstützung von Workflows erst am Beginn ihrer Entwicklung. Nicht geklärt sind die Abgrenzung und die Zusammenarbeit zu weiteren MiddleWare-Komponenten wie Datenbanksysteme, Transaktionssysteme und Groupware-Systeme.
*Amberg*

**Working Set** ⟨working set⟩ → Speichermanagement

**Workstation** ⟨workstation⟩ → Arbeitsplatzrechner

**World Wide Web** ⟨World Wide Web⟩ → WWW

**WORM** ⟨WORM (Write Once Read Many)⟩ → Speicher, optischer

**Worst-Case-Analyse** ⟨worst case analysis⟩. **1.** Die W.-C.-A. eines → Algorithmus ist die Messung der maximalen Laufzeit T(L) eines Algorithmus bzgl. aller Problembeispiele einer Problemklasse mit Codierungslänge L.

Kann ein beliebiges Problembeispiel der Problemklasse PK mit Inputlänge n (Anzahl der Zeichen in einer binären Inputcodierung) mit einem Algorithmus A in der Zeit f(n) berechnet werden, so heißt f(n) die Worst-Case-Komplexität von A.

**2.** Sie ist eine spezielle Art der Toleranzanalyse.
Unterstellt wird, daß in einer Schaltung die Bauelemente jeweils die für die Schaltung ungünstigsten, gerade noch innerhalb der Toleranz liegenden Parameterwerte haben. Untersucht wird, wie weit die Zielfunktion der Schaltung bei den minimalen bzw. maximalen Bauelementwerten von ihrem Sollwert abweicht.

Da die Bauelementkennwerte oft normalverteilt sind, mit positiven und negativen Abweichungen vom Mittelwert, ist es äußerst unwahrscheinlich, daß sich in einem Gerät jeweils die ungünstigsten Toleranzen addieren. Sie werden sich vielmehr jeweils ausmitteln. Der Worst-Case-Zustand wird also äußerst selten auftreten.
*Bachem/Schrüfer*

**Worst-Case-Laufzeit** ⟨worst case execution time⟩ (WCET). Jede Task führt bei ihrer Abarbeitung eine bestimmte Anzahl an Maschinenbefehlen aus. Wird die Task mehrmals hintereinander ausgeführt, so ist es sehr wahrscheinlich, daß jedesmal eine unterschiedliche Anzahl an Maschinenbefehlen ausgeführt wird. Die Ursache dafür liegt in der Programmstruktur begründet. Jedes Programm besitzt in aller Regel Verzweigungen und Schleifenkonstrukte. Bestimmte Bedingungen sorgen nun dafür, daß in einem Fall z. B. die Schleife nur zweimal und in einem anderen Fall zehnmal durchlaufen wird.

Unter der W.-C.-L. versteht man die Bearbeitungszeit, die im schlimmsten Fall für die Abarbeitung des Codes benötigt wird. Zur Bestimmung dieser Zeit ist eine Analyse des Maschinencodes notwendig. Prinzipiell kann auch der in einer höheren Programmiersprache verfaßte Quellcode benutzt werden. Dazu ist aber dann Kenntnis über die genaue Arbeitsweise des → Compilers notwendig. Zudem ist weiterhin ein Modell der Arbeitsweise des Prozessors unverzichtbar, wenn zusätzlich noch die Auswirkungen eines vorhandenen → Cachespeichers oder von Verzögerungen, die durch → DMA-Zugriffe verursacht werden, auf die Laufzeit eines Programmabschnitts berücksichtigt werden sollen.
*Pfefferl*

**Wort** ⟨word⟩. **1.** Eine geordnete Menge von → Zeichen, die in einer → Rechenanlage als Einheit behandelt und verarbeitet wird. Man spricht dann von der Wortlänge des Rechners. Typische Wortlängen sind 8, 16, 32, 48 und 64 bit, teilweise werden auch zusätzliche Paritätsbitstellen mitgeführt.

Bei einigen Rechenanlagen unterscheidet man zwischen logischer und physikalischer Wortlänge. Die logische Wortlänge bezeichnet dabei die in Maschinenbefehlen ansprechbare Informationseinheit (→ Daten). Die physikalische Wortlänge entspricht der in der → Hardware gleichzeitig verarbeiteten → Information. Ein logisches 32-bit-Wort kann z. B. auf einer 8-bit-

Rechenwerkstruktur durch Iteration verarbeitet werden. Insbesondere bei Mikrorechnersystemen ist der → Speicher oft byteadressierbar, auch wenn der → Prozessor eine größere Wortlänge verarbeitet.

**2.** In der theoretischen Informatik bezeichnet man als Wort über einem Alphabet (= Menge von Zeichen) jede endliche Folge von Zeichen aus diesem Alphabet; die Menge aller Wörter über einem Alphabet A (einschl. des aus keinem Zeichen bestehenden leeren Wortes) wird mit A* bezeichnet. Zur Beschreibung von unendlichen Abläufen (in reaktiven Systemen) werden auch unendliche Wörter (ω-Wörter) verwendet, d. h. Abbildungen der Menge der natürlichen Zahlen in ein Alphabet A. *Brauer*

**Worterkennung** ⟨word recognition⟩. Problem, in der automatischen → Spracherkennung die gesprochenen Wörter in einer Äußerung zu finden bzw. zu erkennen. *Niemann*

**WP-Kalkül** ⟨WP calculus⟩. Beschreibt axiomatisch die Semantik von while-Programmen. Er erlaubt die Berechnung der schwächsten → Vorbedingung wp(P, α) eines Programms P bezüglich einer → Nachbedingung α. Im Unterschied zur → *Hoare*-Logik formalisiert der WP-K. das Konzept der totalen Korrektheit, d. h., er umfaßt neben der partiellen Korrektheit auch die → Terminierung von Programmen.

Typische Beweisregeln des WP-K. für eine einfache Sprache von while-Programmen sind
  wp(x := t, α) = α[t/x]
  (Zuweisung),
  wp(P; Q, α) = wp(P, wp(Q, α))
  (Hintereinanderausführung),
  wp(if b then P else Q fi, α) =
    (b ∧ wp(P, α)) ∨ (¬b ∧ wp(Q, α))
  (bedingte Anweisung),
  wp(while b do P od, α) = μ 𝔅 (P, α)
  (while-Schleife),
wobei μ 𝔅 den kleinsten Fixpunkt des Prädikatentransformators 𝔅 bezeichnet und 𝔗 (P, α) definiert ist durch
  𝔗 (P, α)(β) = (¬b ∧ α) ∨ (b ∧ wp(P, β)).

*Beispiel*
Zum Programm
P = while x ≠ 0 do x := x-1 od
berechnet man im WP-K.
  wp(P, true) = μ𝒟
mit
  𝒟 (β) = (¬(x≠0) ∧ true) ∨ (x≠0 ∧ wp(x := x-1, β))
       = (x = 0) ∨ wp(x := x-1, β).
Den kleinsten Fixpunkt dieses Prädikatentransformators 𝒟 kann man als kleinste obere Schranke der folgenden Kette von Prädikaten $β_1$ berechnen:
  $β_0$ = false
  $β_1$ = 𝒟($β_0$) = (x = 0) ∨ wp(x := x-1, false)
       = (x = 0) ∨ false
       = (x = 0)
  $β_2$ = 𝒟($β_1$) = (x = 0) ∨ wp(x := x-1, x = 0)
       = (x = 0) ∨ (x-1) = 0
       = (x = 0) ∨ (x = 1)
  ...
  $β_i$ = 𝒟($β_{i-1}$) = (x = 0) ∨ ... ∨ (x = i).

Die kleinste obere Schranke dieser Kette von Prädikaten ist $β_∞$ = (∃i ≥ 0: $β_i$) = x ∈ ℕ, und man verifiziert leicht, daß $β_∞$ tatsächlich ein Fixpunkt von 𝒟 ist. Somit ist bewiesen, daß P genau dann terminiert, wenn der Wert von x im Anfangszustand eine natürliche Zahl ist. *Merz/Wirsing*

Literatur: *Dijkstra, E. W.*: A discipline of programming. Prentice Hall, New York 1976. – *Dijkstra, E. W.; Scholten, C. S.*: Predicate calculus and program semantics. Springer, Berlin 1990. – *Apt, K.; Olderog, E.*: Programmverifikation: sequentielle, parallele und verteilte Programme. Springer, Berlin 1994. – *Best, E.*: Semantik: Theorie sequentieller und paralleler Programmierung. Vieweg, Braunschweig 1995.

**Wurzel des Dateisystembaums** ⟨root node of the file system tree⟩ → Speichermanagement

**Wurzelverzeichnis** ⟨root directory⟩ → Speichermanagement

**WWW** ⟨WWW (World Wide Web)⟩. Eine Internet-Anwendung, die in den letzten Jahren weite Verbreitung erfahren und wesentlich zum Erfolg des → Internet beigetragen hat. Das WWW ist im Prinzip ein großes virtuelles Teilnetz im Internet, in dem multimediale Informationen wie Bilder, Sprache, Video und Texte, die einheitlich in der Hypertext Markup Language (HTML) dargestellt werden, verbreitet werden. Mittels eines WWW-Browsers können diese Informationen dann prinzipiell an jedem Host im Internet abgerufen werden. Zusätzlich ermöglicht HTML die Definition von einheitlich strukturierten Referenzpunkten (Uniform Resource Locator, URL), mittels derer eine schnelle und gezielte Informationssuche im Netz ermöglicht wird. WWW-Server und WWW-Clients kommunizieren über das Hypertext Transfer Protocol (HTTP), das auf → TCP aufsetzt. *Fasbender/Spaniol*

**WYSIWIS** ⟨WYSIWIS (What You See Is What I See)⟩. Unter W. versteht man die übereinstimmende Darstellung einer bestimmten Informationsmenge (Bildschirm-, Fensterinhalt) im Rahmen der → Anwendungskooperation bei den Teilnehmern einer Telekonferenz.

Es lassen sich unterschiedliche Ausprägungen des W. unterscheiden bezüglich
– der Eigenständigkeit der einzelnen kooperierenden Anwendungsinstanzen und
– der Bildschirmaufteilung bei den einzelnen Teilnehmern.

☐ *Eigenständigkeit*. Das Bild illustriert drei Ausprägungen des W.:

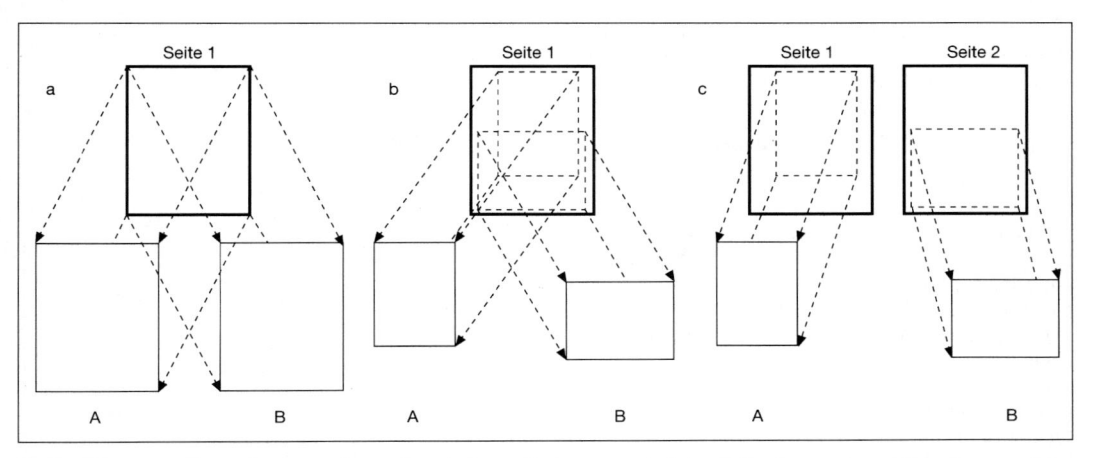

*WYSIWIS: Darstellung eines gemeinsam bearbeiteten Dokumentes bei den Teilnehmern A und B in den verschiedenen Ausprägungen des W.*

a) In der stärksten Form des W. ist der dargestellte Ausschnitt auf allen beteiligten Systemen identisch. Die Teilnehmer können nicht unabhängig voneinander in der gemeinsam genutzten Anwendung navigieren.

b) In einer schwächeren Form des W. werden auf den beteiligten Systemen unterschiedliche Ausschnitte der von der kooperierenden Anwendung zur Verfügung gestellten Informationsmenge angezeigt.

c) In einer noch schwächeren Form sehen die Teilnehmer zwar dieselbe Version eines Dokumentes vor sich, können in diesem aber völlig unabhängig voneinander agieren.

Die Formen (a) und (b) des W. sind in Systemen zur kooperativen Nutzung von → Einbenutzeranwendungen vorherrschend. → Mehrbenutzeranwendungen können alle drei Formen des W. implementieren und mehreren Benutzern gleichzeitige Modifikationen an unterschiedlichen Stellen gestatten: in demselben Dokumentausschnitt (a), auf derselben Seite (b) oder auf verschiedenen Seiten (c).

☐ *Bildschirmaufteilung.* a) Der gesamte Bildschirm(inhalt) eines Teilnehmers wird mit den anderen geteilt, gehört also zum gemeinsamen Informationsraum (shared information space) wie etwa beim → Screen Sharing.

b) Alternativ hat jeder Teilnehmer auch einen privaten Bildschirmbereich (private information space), den er parallel zur Telekonferenz nutzen kann, z. B. für Notizen, nicht kooperierende Anwendungen usw. Dieser Ansatz findet sich fast immer in fensterorientierten Systemen, etwa → Window Sharing und in vielen Mehrbenutzeranwendungen. *Schindler/Ott*

**WYSIWYG** ⟨*WYSIWYG (What You See Is What You Get)*⟩. Bezeichnung für einen → Editor, in den direkt ein Formatierer integriert ist, so daß jederzeit ein Ausschnitt aus dem aktuellen fertigen → Layout des → Dokuments auf dem → Bildschirm angezeigt wird (Approximation an den entsprechenden Ausdruck) und jede Änderung des zu editierenden Dokuments sofort dazu führt, daß auch das angezeigte Layout entsprechend modifiziert wird. *Schindler/Bormann*

# X

**X-Serie** ⟨*X-series*⟩. Die →ITU/→CCITT-Empfehlungen der X-S. behandeln Probleme der →Datenübertragung über öffentliche Datenübermittlungsnetze. Die wichtigsten Empfehlungen sind:
– *X.3*: Paketierungs-/Depaketierungseinrichtung in einem →öffentlichen Datennetz.
– *X.28*: →Schnittstelle zwischen Datenendeinrichtung (→DEE) und Datenübertragungseinrichtung (→DÜE) für eine Start-Stop-Datenendeinrichtung, die eine Paketierungs-/Depaketierungseinrichtung (→PAD) eines öffentlichen Datennetzes im gleichen Land erreicht.
– *X.29*: Verfahren für den Austausch von Steuerinformationen und von Benutzerdaten zwischen einer Paket-DEE und einer Paketierungs-/Depaketierungseinrichtung.
Diese als Triple-X-Protokolle bekannten Empfehlungen beinhalten die Schnittstellendefinition zur Realisierung eines →PAD für den Zugang zu Time-Sharing-Diensten (→Dienst) eines anderen Rechners im zeilenorientierten Dialog auf der Basis eines paketvermittelnden (→Paketvermittlung) Netzes nach Empfehlung →X.25 (→DATEX-P).
– *X.21*: Schnittstelle zwischen Datenendeinrichtung (DEE) und Datenübertragungseinrichtung (DÜE) für synchrone Übertragung in öffentlichen Datennetzen.
– *X.25*: Schnittstelle zwischen Datenendeinrichtung (DEE) und Datenübertragungseinrichtung (DÜE) für Endeinrichtungen, die im Paketmodus in öffentlichen Datennetzen arbeiten (→X.25).
– *X.200ff*: Diese Empfehlungen entsprechen den Dienst- und Protokollspezifikationen der →ISO von der →Bitübertragungsebene bis zu den Common Application Service Elements (X.200, →CASE).
– *X.400ff*: Diese Empfehlungen beschreiben das Message Handling System (→X.400).
– *X.500ff*: Diese Empfehlungen beschreiben den Directory-Dienst (→X.500).
– *X.700*: →Netzwerkmanagement.

*Jakobs/Quernheim/Spaniol*

**X-Window-System** ⟨*X window system*⟩. De-facto-Standard für das →Fenstersystem von auf →UNIX basierenden Rechnern. Es wurde im Rahmen des Projektes *Athena* am Massachusetts Institute of Technology (MIT) mit Unterstützung der Firmen DEC und IBM entwickelt, mit dem Ziel, eine auf verteilten Systemen ablauffähige hardwareunabhängige Benutzerschnittstellenplattform anzubieten. Ein Konsortium von →Hardware- und →Software-Firmen schloß sich 1987 zusammen, um gemeinsam einen Standard zu entwickeln und zu unterstützen. Das Ergebnis der Zusammenarbeit war die Version 11 von X.

X-W.-S. ist in Schichten, ausgehend vom Basis-Fenstersystem, aufgebaut (Bild). Das X-Protokoll stellt die einzige Verbindung zum Basis-Fenstersystem dar und unterstützt das Arbeiten mit einem Rechner, aber auch die →Kommunikation zwischen verschiedenen Rechnern. X W. S. ist damit ein verteiltes Fenstersystem, das zwei wichtige Ziele erreicht:
– Hardware-Unabhängigkeit und
– Netzwerktransparenz.

X-Anwendungen, die auf einem Rechner laufen, können entweder auf einem →Bildschirm dieses Rechners oder eines anderen, auch räumlich entfernten, angezeigt werden. Die →Spezifikation des X-Protokolls legt nicht den →Typ der Netzwerkkommunikation fest. Eine Anwendung nutzt das X-Protokoll nicht direkt, sondern arbeitet über die Programmierschnittstelle Xlib, eine Bibliothek mit zahlreichen Funktionen in der →Programmiersprache →C.

X besitzt eine →Server-Client-Struktur. Alle Anwendungen – die Clients – müssen, um auf dem Bildschirm zu schreiben, mit dem →Server kommunizieren. Die Kommunikation zwischen Client und Server vollzieht sich hardwareunabhängig, da alle Gerätespezifika im Server implementiert sind. Da X nicht direkt auf dem →Betriebssystemkern basiert, ist es mit kleinem Aufwand auf verschiedene →Betriebssysteme portierbar. Diese Portierbarkeit ermöglicht auch eine einfache Übertragung der Anwendungsprogramme. X steht praktisch für alle UNIX-basierten Rechner sowie auch für Echtzeitbetriebssysteme wie OS-9000, OS-9 und pSOS+ zur Verfügung.

Bezüglich der Gestaltung von graphischen →Benutzerschnittstellen stellt X nur die Mechanismen, aber keine Verfahrensweisen zur Standardisierung, d. h. keine Gestaltungselemente (Menüs, Dialogfenster

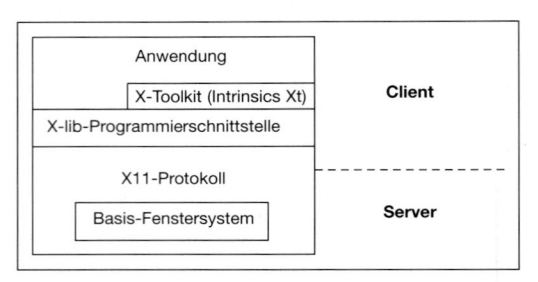

*X-Window-System: Schichtenstruktur*

usw.) oder Richtlinien, zur Verfügung. Dazu existiert für X mittlerweile eine Reihe spezieller Werkzeuge. Das bekannteste ist das X-Toolkit (auch als X Intrinsics Xt bezeichnet; s. Bild) mit einer Sammlung grundlegender Verfahren und Funktionen und einer Menge von vordefinierten visuellen Elementen der Benutzerschnittstelle (X-Widget-Set, → Widget).

X bietet keine höheren Funktionen zum Ansprechen von Druckern oder verschiedene Dateiformate zum Speichern von Fensterinhalten. Gleichfalls stellt das Fenstersystem keine Funktionen zur Verfügung, die ein logisches Koordinatensystem auf den Ausgabebereich transformieren. Jede Funktion zum Zeichnen → graphischer Objekte benutzt physikalische Koordinaten. Unterstützt werden nur einfache graphische Darstellungselemente in einer Ebene.

X bietet eine Vielzahl von flexiblen Möglichkeiten, die Darstellungselemente zu verändern. Jeder Bildpunkt (→ Pixel) ist einzeln ansprechbar und manipulierbar. Dieses Konzept ist sehr komplex und aufwendig in der Programmierung, aber auch sehr vielseitig.

Das Neuzeichnen aufgedeckter Fenster ist in X in der Regel Aufgabe des Anwendungsprogrammierers. Eine Ausnahme bilden Rechner, die einen → Off-Screen-Speicher besitzen und eine X-Implementierung, die diese Hardware-Funktion unterstützt. *Langmann*

Literatur: *Mansfield, N.*: Das Benutzerhandbuch zum X-Window-System. Bonn 1990.

**X.21** ⟨*X.21*⟩. Eine von der → ITU definierte → Schnittstelle für den Zugriff auf digitale → Netzwerke. *Jakobs/Spaniol*

**X.21bis** ⟨*X.21bis*⟩. Eine von der → ITU definierte → Schnittstelle für den Anschluß von synchronen → Endgeräten mit einer → V.24-Schnittstelle an öffentliche Netze. X.21bis ist eine Zwischenlösung und soll durch → X.21 abgelöst werden. *Jakobs/Spaniol*

**X.25** ⟨*X.25*⟩. In den späten 60er bis frühen 70er Jahren begann das → CCITT, Empfehlungen zu → Protokollen für öffentliche Datennetze zu erarbeiten. Als Resultat wurde 1976 erstmalig die X.25-Empfehlung veröffentlicht. X.25 beschreibt Protokolle, deren → Funktionalität im wesentlichen derjenigen der unteren drei → Ebenen des → OSI-Referenzmodells entspricht. X.25 bildet heute die Grundlage praktisch aller öffentlichen Datennetze (PSPDN).

An dieser Stelle soll nur auf das X.25/3-Protokoll (Packet Level Protocol, X.25/PLP) eingegangen werden. Nach Erweiterung des Protokolls 1988 werden diejenigen → Dienste erbracht, die für den verbindungsorientierten OSI-Vermittlungsdienst (→ Vermittlungsebene) spezifiziert wurden.

Die X.25-Terminologie unterscheidet sich wesentlich von derjenigen, die von OSI verwendet wird. In dieser Terminologie definiert X.25 die → Schnittstelle zwischen einer Datenendeinrichtung (→ DEE), dem Endsystem und einer Datenübertragungseinrichtung (→ DÜE), dem Host. Ein Netzknoten wird als Datenvermittlungsstelle (DVST; Data Switching Exchange, DSE) bezeichnet. Das Bild veranschaulicht den Gültigkeitsbereich von X.25. Man beachte noch, daß das Protokoll, das zwischen zwei DÜE benutzt wird, nicht Bestandteil von X.25 ist (dieses Protokoll ist nicht von CCITT spezifiziert; es liegt im Ermessen des jeweiligen Netzbetreibers, welches Protokoll er hierfür implementiert).

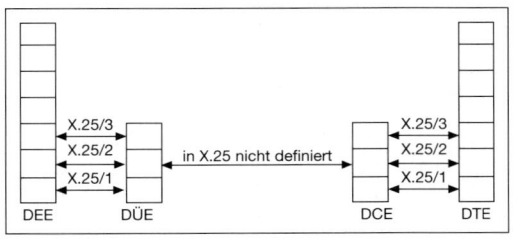

*X.25: Gültigkeitsbereich*

X.25 stellt dem Benutzer gewählte → virtuelle Verbindungen (virtual calls) und feste virtuelle Verbindungen (permanent virtual calls) zur Verfügung. Unter einer festen virtuellen Verbindung ist eine permanente Verbindung zwischen zwei DEE zu verstehen.

Da X.25 ein verbindungsorientiertes Protokoll ist, findet man auch hier die Phasen Aufbau, Datenübertragung und Abbau wieder. *Jakobs/Spaniol*

Literatur: *Halsall, F.*: Data communications, computer networks and open systems. 3rd Edn. Addison-Wesley, 1992.

**X.400** ⟨*X.400*⟩. Die → ITU-Empfehlung der X-400-Serie spezifizieren einen → Dienst für den Austausch von elektronischen Nachrichten (→ MHS, Message Handling System). Eine → Nachricht wird lokal erzeugt und von einem privaten → User Agent (UA) entweder direkt oder über einen lokalen → MS (Message Store) an das → MTS (Message Transfer System) weitergegeben. Das MTS besteht aus einer Anzahl von → MTA (Message Transfer Agents). Die Nachricht wird von MTA zu MTA weitergeleitet, bis sie schließlich den Ziel-MTA erreicht (Bild 1). Das MTS realisiert einen Store-and-Forward-Dienst. Vom Ziel-MTA wird die Nachricht an den Empfänger übermittelt. Dieser Empfänger kann der private UA des Benutzers sein oder auch sein Message Store.

Es ist ebenfalls möglich, → Benutzer zu erreichen, die nicht über einen UA verfügen, aber an einen anderen → Telematikdienst (z. B. → Telex) angeschlossen sind. Die Verbindung MHS – Telematikdienste erfolgt über eine → Zugangseinheit (Access Unit, AU). Darüber hinaus besteht über eine Physical Delivery Access Unit (PDAU) auch eine Verbindung zur normalen Briefpost.

Der Aufbau der innerhalb des MHS verschickten Nachrichten erinnert stark an einen normalen Brief. Ein

Umschlag (envelope) enthält u. a. die erforderlichen Adressierungs- (→ Adresse) und → Routing-Informationen, die vom MTS zur korrekten Auslieferung der Nachricht benötigt werden. Der Inhaltsteil (contents) enthält die eigentliche Nachricht, die an den Empfänger ausgeliefert wird.

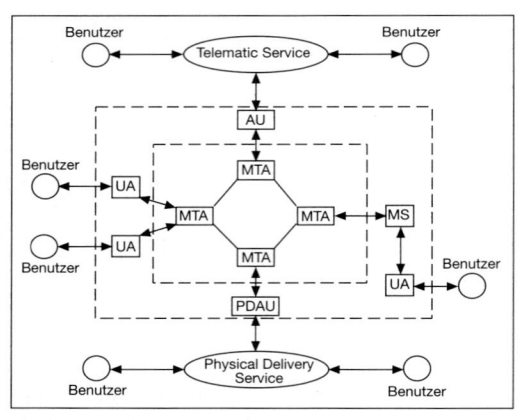

*X.400 1: Funktionales MHS-Modell*

Der → MS (Message Store) dient einer erhöhten Verfügbarkeit des Dienstes (Bild 2). UA werden häufig auf PC installiert, die nicht rund um die Uhr eingeschaltet sind. Daher ist eine → Instanz erforderlich, in der eintreffende Nachrichten solange gespeichert werden, bis der Empfänger, der UA, wieder aktiv ist. Darüber hinaus bietet der MS datenbankähnliche Funktionen.

Neben dem technischen Modell gibt es noch das organisatorische Modell. Der gesamte Dienst ist in unterschiedliche → Domänen (domains) aufgeteilt, wobei zwei Arten unterschieden werden:
– *Administration Management Domain* (ADMD): Eine ADMD steht i. allg. unter der Kontrolle einer öffentlichen Instanz (z. B. der Deutschen Telekom). Es ist allerdings auch möglich, daß eine private Organisation im Auftrag dieser Instanz eine ADMD betreibt.
– *Private Management Domain* (PRMD): Eine PRMD wird von einer privaten Organisation kontrolliert.

Bild 3 zeigt eine hypothetische Konfiguration von ADMS und PRMD.

Eine Erweiterung des Basis-MHS ist der Interpersonal Messaging Service (IPMS). Es werden hier zusätzliche Dienstelemente angeboten, die speziell für

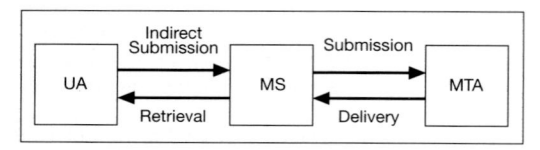

*X.400 2: Verwendung eines Message Store*

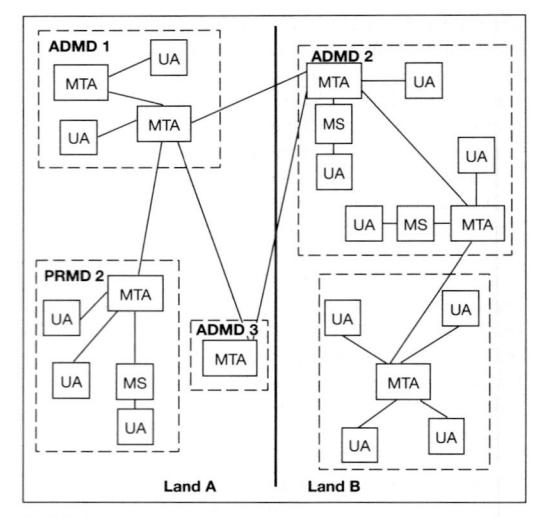

*X.400 3: Management Domains*

den komfortablen Austausch von Nachrichten zwischen menschlichen Dienstbenutzern gedacht sind. Eine ganz wesentliche Erweiterung betrifft den Aufbau der Nachrichten. Der Inhalt einer IPM-Nachricht kann aus mehreren Teilen (body parts) bestehen, die jeweils Informationen unterschiedlichen Typs (Text, Graphik, Video etc.) enthalten können (→ Multimedia-Mail). Bild 4 zeigt den prinzipiellen Aufbau einer IPM-Nachricht.

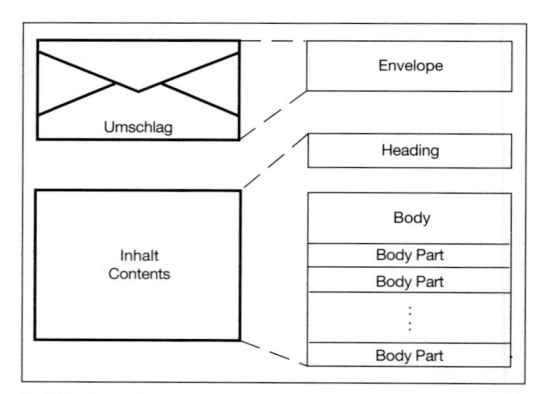

*X.400 4: Aufbau einer IPM-Nachricht*

Benutzer werden über Originator/Recipient-Namen (→ O/R-Namen) identifiziert. Jeder Benutzer hat einen oder möglicherweise auch mehrere solcher Namen. Ein O/R-Name kann aus einem Directory-Namen, einer → O/R-Adresse oder einer Kombination aus beiden bestehen. Wegen eines noch weitgehend fehlenden → X.500-Dienstes wird praktisch ausschließlich die O/R-Adresse verwendet. Eine typische O/R-Adresse sieht wie folgt aus:

G = Josef;   I = JK;   S = Schmitz;   OU = Informatik; O = RWTH Aachen;  P = RWTH Aachen;  A = DBP; C = DE.

Um eine Nachricht an verschiedene Empfänger schicken zu können, bietet MHS → Verteilerlisten (Distribution Lists, DL) an. Eine DL wird über einen O/R-Namen identifiziert. Ihre Aufgabe ist es, eintreffende Nachrichten an die endgültigen Empfänger weiterzuleiten. Hierzu wird der O/R-Name der Verteilerliste expandiert.

Über → Gateways können auch Nachrichten in das → Internet geschickt bzw. von dort empfangen werden.

X.400-Systeme werden heute im wesentlichen als → Backbone-Netzwerk für firmeneigene internationale Electronic-Mail-Dienste eingesetzt.

Die wichtigsten Empfehlungen:
X.400: System and service overview,
X.402: Overall architecture,
X.408: Encoded information type conversion rules,
X.411: MTS: abstract service definition and procedures,
X.413: MS: abstract service definition,
X.419: Protocol specifications,
X.420: Interpersonal messaging system.
X.435: Electronic data interchange messaging system. *Jakobs/Spaniol*

Literatur: *Spaniol, O.; Jakobs, K.*: Rechnerkommunikation – OSI-Referenzmodell, Dienste und Protokolle. VDI-Verlag, 1993. – *Plattner, B.* et al.: X.400 Message handling systems – standards, interworking and applications. Addison-Wesley, 1991. – *Palme, J.*: Electronic mail. Artech House Publ., 1995.

**X.500** ⟨*X.500*⟩. Der Directory-Service (DS) ist der Auskunftsdienst der → OSI-Architektur. Er stellt Informationen über beliebige → Objekte zur Verfügung, z. B. → Drucker, Rechner, → Modems, Länder, Organisationen und Personen. Zusätzlich bietet das Directory die Möglichkeit, solche Objekte durch Namen benutzerfreundlich zu identifizieren. Der angebotene Funktionsumfang entspricht damit etwa dem der „weißen" und der „gelben" Seiten des Telephonbuchs. Das heißt, daß das Directory zwei unterschiedliche Dienstarten anbietet:
– die Abbildung eines → Namens auf eine beliebige Information (z. B. die Adresse; die „weißen Seiten"),
– die Abbildung einer beliebigen Information (z. B. „alle Schuster in Köln") auf eine Anzahl Namen (die „gelben Seiten").

Das Directory muß Informationen über viele Millionen, möglicherweise Milliarden von unterschiedlichen Objekten bereitstellen. Eine solche Informationsmenge ist nur durch Verteilung der Daten auf mehrere Rechner beherrschbar. Man kann sich den DS somit als eine verteilte Datenbank vorstellen. Die Daten werden in → DSA (Directory System Agents) gehalten.

Um diesen verteilten Dienst erbringen zu können, muß jeder DSA Wissen über die Informationen besitzen, die von anderen DSA gehalten werden. Bei der großen Menge von Informationen, die vom DS insgesamt verwaltet wird, sind die erforderliche Verfügbarkeit und Ausfallsicherheit sowie ein akzeptables Antwortzeitverhalten nur durch Replikation der Daten zu erzielen.

Die Kommunikation des Benutzers mit dem DS erfolgt über das Directory-Zugangsprotokoll (Directory Access Protocol, → DAP). Die DS-interne Kommunikation wird über das Directory-Systemprotokoll (Directory System Protocol, → DSP) abgewickelt (Bild 1).

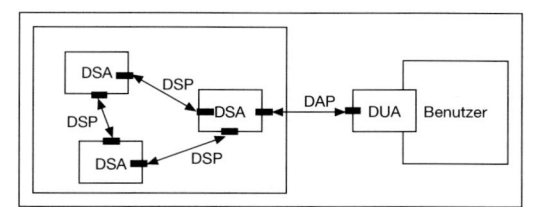

*X.500 1: Verteilter Directory-Dienst*

Kommunikationsnetze sind hierarchisch aufgebaut. Entsprechend sind die Informationen, die im Directory gehalten werden, hierarchisch strukturiert. Die Gesamtmenge der Informationen bildet die Directory-Informationsbasis (Directory Information Base, DIB). Durch die hierarchische Strukturierung der DIB entsteht der Directory-Information-Baum (Directory Information Tree, → DIT).

Die Regeln, welche den konkreten Aufbau des DIT und seinen Inhalt festlegen, die Definitionen der Objektklassen, der pro Klasse erlaubten → Attribut-Typen sowie deren jeweilige → Syntax werden durch das Directory-Schema spezifiziert (Bild 2).

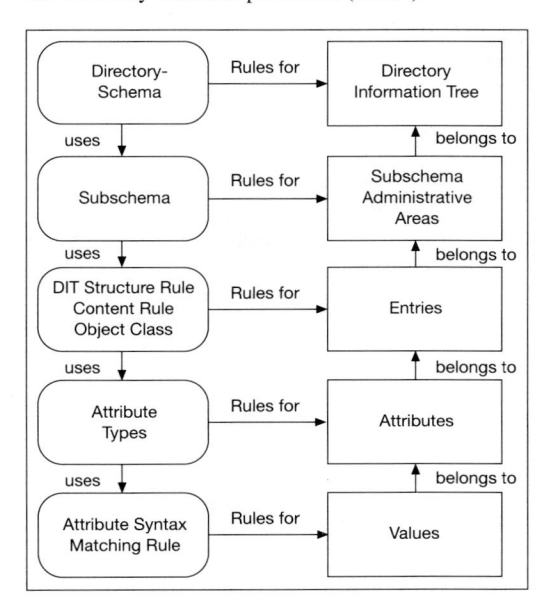

*X.500 2: Directory-Schema*

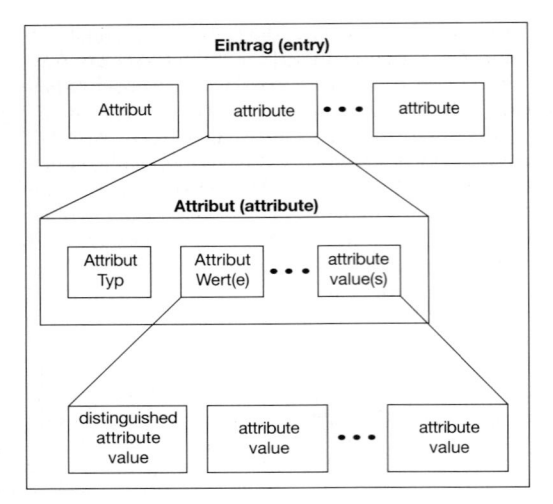

*X.500 3: Directory Entry*

Der DS hält Informationen in Form von Einträgen (Bild 3).

Jeder Eintrag gehört zu einer oder mehreren Objektklassen. Die Informationen werden in einem Eintrag in der Form von Attributen gehalten. Dabei ist ein Attribut ein Tupel ⟨Attribut-Typ, Attribut-Werte⟩.

Mit jedem Eintrag ist ein Name assoziiert, der als eindeutiger Name (Distinguished Name, DN) bezeichnet wird. Dieser global eindeutige DN ist eine Folge von relativ zum Vorgänger eindeutigen Namen (Relative Distinguished Names, RDN). RDN identifizieren einen Eintrag relativ zu seinem Vorgänger (Bild 4).

Neben denjenigen Informationen, die für den Benutzer von Interesse sind, enthält der DIT auch Informationen, die für das interne Systemmanagement des Directory erforderlich sind. Diese Informationen werden in speziellen Verwaltungseinträgen (administrative entries) gehalten.

Obwohl in einem Auskunftsdienst wie dem Directory Informationen i. allg. frei zugänglich sein sollten, müssen manche Informationen vor unberechtigtem Zugriff geschützt werden. Das DS bietet Mechanismen für eine Zugriffskontrolle (access control) an, die es ermöglichen, Einträge, Attribute und Attributwerte zu schützen.

Prinzipiell sind zwei Verfahren vorstellbar, wie Zugriffsrechte zugeordnet werden können:
– *Capabilities*: Jedem Benutzer sind Rechte assoziiert, die ihm erlauben, bestimmte → Operationen auf gewissen Elementen des DIT auszuführen.
– *Access Control Lists*, ACL: Jedem geschützten Objekt werden logisch bestimmte Zugriffskontrollen zugeordnet, anhand derer entschieden wird, ob ein → Benutzer eine gewünschte Operation ausführen darf oder nicht.

Ein weitergehender Schutz, der auch von anderen OSI-Diensten genutzt werden kann, ist die → Authentisierung (authentication). Hierdurch kann die Identität eines Benutzers verifiziert werden.

Die wichtigsten Empfehlungen:
X.500: Overview of concepts, models and services,
X.501: Models,
X.509: Authentication framework,
X.511: Abstract service definition,
X.518: Procedures for distributed operation,
X.519: Protocol specifications,
X.520: Selected attribute types,

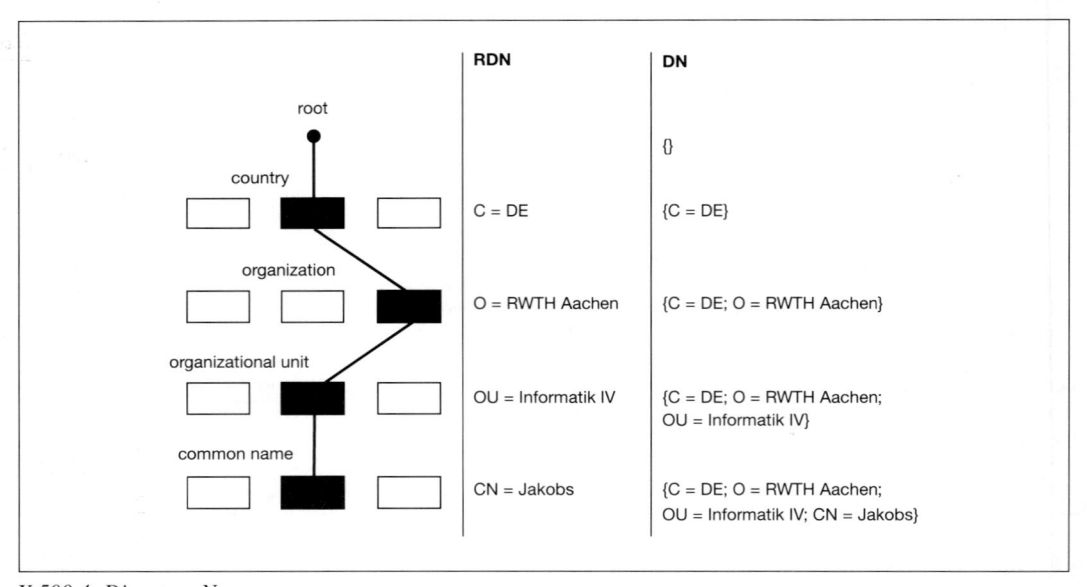

*X.500 4: Directory-Name*

X.521: Selected object classes,
X.525: Replication. *Jakobs/Spaniol*

Literatur: *Spaniol, O.; Jakobs, K.*: Rechnerkommunikation – OSI-Referenzmodell, Dienste und Protokolle. VDI-Verlag, 1993. – *Chadwick, D.*: Understanding X.500 – The directory. Chapman & Hall, 1994.

**X.700** ⟨*X.700*⟩ → Netzwerkmanagement

**XBM (Exklusiv Benutzbares Betriebsmittel)** ⟨*serially reusable resource*⟩ → Berechnungskoordinierung

**XBM, nicht unterbrechbares** ⟨*non-preemptable serially reusable resource*⟩ → Berechnungskoordinierung

**XBM, unterbrechbares** ⟨*preemptable serially reusable resource*⟩ → Berechnungskoordinierung

**XTP** ⟨*XTP (eXpress Transfer Protocol)*⟩. Hochleistungsprotokoll, das die → Funktionalität von → Protokollen der → Ebenen 3 und 4 des → OSI-Referenzmodells umfaßt und als Transferprotokoll bezeichnet wird. Zu den Standarddiensten, die von XTP erbracht werden, gehören u. a. verbindungsorientierte sowie verbindungslose Übertragung, Adressierungs- und Routingfunktionen, Flußkontrollmechanismen und Prüfsummenberechnungen. Neben der Gewährleistung einer zuverlässigen Ende-zu-Ende-Datenübertragung werden jedoch von XTP einige Funktionen und Mechanismen unterstützt, die von → TCP oder OSI-TP4 nicht erbracht werden. Dazu gehört v. a. die Integration von Funktionen der Netzwerkebene, da ein noch so effizient arbeitendes Transportprotokoll bei Aufsatz auf einem leistungsschwachen Netzwerkservice viel von seiner Leistungsstärke verliert. Infolge der geringen Fehlerraten auf heutigen Übertragungsmedien erübrigen sich bei entsprechenden Mechanismen auf Transportebene weitere Fehler- und Flußkontrollmechanismen auf → LLC-Ebene. Aus diesem Grund wird ein verbindungsloser LLC-Dienst eingesetzt, der nicht zu einem Engpaß innerhalb der Protokollverarbeitung werden kann. XTP zählt aufgrund des Einsatzes möglichst einfacher Algorithmen zu den sog. Lightweight Protocols.

*Jakobs/Spaniol*

# Y

**Yuv** ⟨*Yuv*⟩ → Farbmodell

# Z

**Z** ⟨Z⟩. Eine auf der elementaren Mengenlehre basierende formale Spezifikationssprache, die aufsetzend auf Arbeiten von *J.-R. Abrial* an der Universität Oxford Anfang der 80er Jahre entwickelt wurde. Z unterstützt (ebenso wie → VDM) einen modellbasierten Spezifikationsstil und kann zur abstrakten Beschreibung des Verhaltens sequentieller → Software-Systeme eingesetzt werden. Dabei bietet Z die Möglichkeit, formale → Spezifikationen auf strukturierte Art und Weise zu erstellen. Die elementare Strukturierungseinheit in Z ist das Schema.

Ein Schema hat einen Namen und besteht aus einem Deklarationsteil (declaration part) und einem Prädikatenteil (predicate part). Im Deklarationsteil werden → Variable deklariert und im Prädikatenteil → Anforderungen an die Werte dieser Variablen formuliert. Ein Beispiel für ein Z-Schema ist das Schema *Library* im folgenden Bild. In diesem Schema wird der abstrakte Zustand einer Bibliothek spezifiziert.

```
┌─Library─────────────────────────────
│ on_loan, on_shelves, books: ℙ Book
│ borrowers: ℙ Person
│ lent_to: Book ↔ Person
│─────────────────────────────────────
│ on_loan = dom lent_to
│ ran lent_to ⊆ borrowers
│ on_loan ∪ on_shelves = books
│ on_loan ∩ on_shelves = ∅
└─────────────────────────────────────
```

*Z 1: Schema zur Spezifikation des abstrakten Zustands einer Bibliothek (aus:* Wordsworth, J. B.: *Software development with Z. Addison-Wesley 1992, p. 104)*

Der Name eines Schemas kann im Deklarationsteil eines anderen Schemas wiederverwendet werden. So werden z. B. in dem abgebildeten Schema *Add book to library ok* (zur Spezifikation einer Operation zum Hinzufügen eines Buches in die Bibliothek) durch die Deklaration *Library* alle Deklarationen im Deklarationsteil von *Library* verfügbar gemacht und alle Prädikate von *Library* in den Prädikatenteil eingefügt. Durch die Deklaration *Library*' werden analog alle Deklarationen von *Library* – dekoriert mit ' – und alle entsprechenden Prädikate verfügbar gemacht.

Die dekorierten Variablen werden im Prädikatenteil dazu benötigt, um den Zustand der Bibliothek nach Ausführung der Operation zu beschreiben. Mit dem Schema *Add book to library ok* wird nur der Fall des Hinzufügens beschrieben, in dem sich das einzufügende Buch (im Deklarationsteil als Input deklariert durch *b?:Book*) noch nicht im Bestand der Bibliothek befindet (ausgedrückt durch *b? ∉ books* im Prädikatenteil).

```
┌─Add_book_to_library_ok──────────────
│ Library
│ Library'
│ b?: Book
│ r!: LMSResponse
│─────────────────────────────────────
│ b? ∉ books
│ on_loan' = on_loan
│ on_shelves' = on_shelves ∪ {b?}
│ borrowers' = borrowers
│ lent_to' = lent_to
│ r! = book_added
└─────────────────────────────────────
```

*Z 2: Schema zur Spezifikation einer Operation zum Hinzufügen eines Buches in die Bibliothek (aus:* Wordsworth, J. B.: *Software development with Z. Addison-Wesley 1992, p. 114)*

Mit einem Schema-Kalkül können in Z Schemata zu neuen Schemata kombiniert werden. Dazu stellt Z eine Reihe von → Operationen zur Verfügung (z. B. Schema-Disjunktion, Schema-Konjunktion, Schema-Negation und Schema-Quantifikation).

Die Sprache Z ist Inhalt aktueller Forschung: Themen sind u. a. Erweiterungen der Sprache um objektorientierte Konzepte (*Lano* und *Haughthon* 1993) sowie die Kombination von Z mit Methoden der strukturierten Analyse wie SSADM (*Polack, Whiston* und *Mander* 1993).

Ein Standard für → Syntax und → Semantik von Z wurde im Rahmen des ZIP-Projekts in Großbritannien entwickelt (*Brien* und *Nicholls* 1992). Zur Zeit ist ein ISO-Standard für Z in Bearbeitung. *Nickl/Wirsing*
Literatur: *Brien, S. M.; Nicholls, J. E.* (Eds.): Z Base standard (Version 1.0). Oxford Programming Research Group, 1992. – *Lano, K.; Haughton, H.*: Object-oriented specification case studies. Prentice Hall, 1994. – *Polack, F.; Whiston, M.; Mander, C.*: The SAZ project: Integrating SSADM and Z. In: *J. C. P. Woodcock, P. G. Larsen* (Eds.): FME '93: Industrial-strength formal methods. Springer LNCS 670, 1993, pp. 541–557. – *Spivey, J. M.*: Understanding Z: A specification language and its formal semantics. Cambridge Univ. Press, 1988. – *Wordsworth, J. B.*: Software development with Z. Addison-Wesley, 1992.

**Z-Serie** ⟨Z-series⟩. In den Empfehlungen der Z-Serie der ITU-T (→ ITU) sind die → Spezifikationen zum Themenbereich „Programmsprachen für rechnergesteuerte Vermittlungen" zusammengefaßt. Die Serie umfaßt die Standards zu

– → SDL (Specification and Description Language),
– → CHILL (CCITT High Level Language),
– MML (Man-Machine Language).   *Jakobs/Spaniol*

**Zählerautomat** ⟨*counter automaton*⟩. → Kellerautomat, dessen Kellerzeichenalphabet einelementig ist, d. h. der im Keller nur zählen kann.   *Brauer*

**Zählprozeß** ⟨*counting process*⟩ → Erneuerungsprozeß

**Zahlendarstellung** ⟨*presentation of numbers*⟩ → Zahlensystem

**Zahlensystem** ⟨*number system*⟩. In → Digitalrechnern werden polyadische Z. benutzt. Das sind Z., in denen jede Zahl n nach Potenzen einer Basis B zerlegt wird:

$$n = b_N B^N + b_{N-1} B^{N-1} + b_{N-2} B^{N-2}$$
$$+ \ldots + b_2 B^2 + b_1 B + b_0.$$

Die Zahlendarstellung ist bei vorgegebener Basis B eindeutig, wenn die Ziffern $b_i$ der Bedingung $0 \leq b_i \leq B-1$ gehorchen. Das bekannteste polyadische Z. ist das Dezimalsystem, bei dem die Basis B = 10 verwandt wird. Andere Systeme sind das Dualsystem (B = 2), das Oktalsystem (B = 8) und das Sedezimalsystem (B = 16). Als Beispiel betrachten wir die Zahl 201 (dezimal) in diesen vier Z.:

$201_{10}$   $= 2 \cdot 10^2 + 0 \cdot 10^1 + 10^0$
$311_8$   $= 3 \cdot 8^2 + 1 \cdot 8^1 + 1 \cdot 8^0$
   $= 192_{10} + 8_{10} + 1_{10} = 201_{10}$
$11\,001\,001_2$   $= 1 \cdot 2^7 + 1 \cdot 2^6 + 0 \cdot 2^5 + 0 \cdot 2^4 + 1 \cdot 2^3$
   $+ 0 \cdot 2^2 + 0 \cdot 2^1 + 1 \cdot 2^0$
   $= 128_{10} + 64_{10} + 8_{10} + 1_{10} = 201_{10}$
$C9_{16}$   $= 12 \cdot 16^1 + 9 \cdot 16^0 = 192_{10} + 9_{10} = 201_{10}$

Die Indizes 2, 8, 10, 16 sollen andeuten, in welchem der Z. die Zahl dargestellt ist, da beispielsweise 201 im Dezimalsystem eine andere Zahl bedeutet als 201 im Oktalsystem ($= 129_{10}$). Da es für die Zahlen 10, 11, 12, 13, 14, 15, 16 keine Ziffern gibt, verwendet man zu ihrer Darstellung (die in allen polyadischen Zahlensystemen mit $B \geq 10$ erforderlich ist) die Buchstaben A, B, C, D, E, F.

Negative Zahlen werden üblicherweise durch ihren Betrag und ein vorangestelltes Minuszeichen dargestellt. Diese Darstellung ist zwar auch in Digitalrechnern möglich, erschwert jedoch die Realisierung der Rechenoperationen. Will man die Subtraktion auf die Addition zurückführen, so bietet sich die Komplementdarstellung an, bei der die negativen Zahlen als Komplement zu einer vorgegebenen positiven Zahl dargestellt werden: –n(mit positivem n) wird dargestellt durch die Zahl C–n. Je nachdem, ob es nur eine Null oder zwei Nullen (+0 und –0) geben soll, wählt man die B-Komplementdarstellung mit $-n = B^N$ oder die $(B-1)$-Komplementdarstellung mit $-n = B^N - 1 - n$. Beide Darstellungen werden an den → Dualzahlen erläutern (Bild 1, 2).

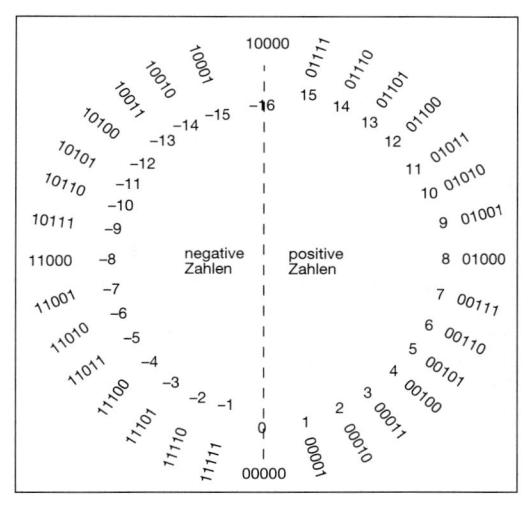

*Zahlensystem 1: Zahlenring im B-Komplement*

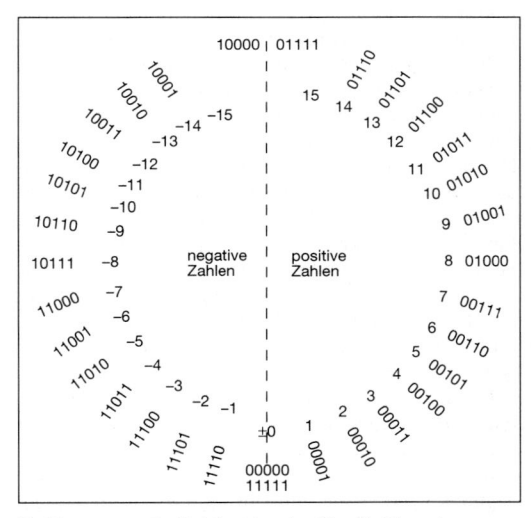

*Zahlensystem 2: Zahlenring im (B–1)-Komplement*

Beim B-Komplement werden alle Zahlen, die an der vordersten Stelle eine 0 haben, als positive Zahlen, alle anderen als negative Zahlen aufgefaßt. Dadurch wird die Null als positive Zahl betrachtet, so daß auf dieser Seite eine Zahl weniger zur Verfügung steht: Die größte darstellbare positive Zahl ist $2^{N-1}-1$, die kleinste Zahl auf der negativen Seite $-2^{N-1}$, wenn N die Anzahl der Dualstellen ist. Der Übergang von einer Zahl n zu der Zahl –n ist dann durch die folgende Regel gegeben: Invertiere alle Stellen der Zahl, d. h. ersetze alle Einsen durch Nullen und umgekehrt, und addiere anschließend eine 1, um das Komplement zu $2^N$ zu erhalten:

```
 7      00 111      14      01 110
        11 000      –7      11 001
        ──────      ────    ──────
             1      14–7    00 111
–7_B    11 001
```

Die Subtraktion 14–7 kann dann als Addition (14+(–7)) ausgeführt werden, indem (wie auch im Dezimalsystem) stellenweise addiert und ein ggf. entstehender Übertrag der jeweils links davon stehenden Stelle zugeschlagen wird. Ein Überlauf aus der vordersten Stelle wird nicht beachtet.

Beim (B–1)-Komplement entsteht eine symmetrische Darstellung. Auf beiden Seiten ist die betragsmäßig größte Zahl $2^{N-1}-1$. Dafür hat diese Darstellung sowohl eine positive Null (00 000) als auch eine negative Null (11 111). Der Übergang von n zu –n besteht nur noch in der Invertierung aller Stellen:

```
 7       00 111      14         01 110
–7_B     11 000     –7_{B–1}    11 001
                    14–1        00 110
                                     1
                                ──────
                                00 111
```

Da das Weglassen des Überlaufs bei der Subtraktion einer Subtraktion von $2^N$ entspricht, aber im (B–1)-Komplex mit $2^N-1$ gearbeitet wird, muß im Falle eines Überlaufs eine 1 als Korrektur addiert werden.

Beiden Zahlendarstellungen ist gemeinsam, daß unbemerkt bleibt, wenn das Ergebnis einer Rechenoperation betragsmäßig zu groß wird. Aus diesem Grund wird oft ein Zahlenring mit Schutzstelle verwendet: Die obere Hälfte des Zahlenringes, d. h. die Zahlen, deren erste beide Stellen voneinander verschieden sind, sind verbotene Darstellungen; tritt eine dieser Darstellungen als Ergebnis einer Rechenoperation auf, so bedeutet dies ein Verlassen des darstellbaren Zahlenbereichs. Es genügt übrigens, diese zusätzliche Stelle bei Rechenoperationen hinzuzufügen, so daß sie nur im Rechenwerk und nicht in den speichernden Elementen erforderlich ist.

Neben den polyadischen Z. gibt es noch die Darstellung von Zahlen durch Restklassensysteme, die aber in Digitalrechnern keine Bedeutung hat. Hierbei werden N natürliche Zahlen $p_i$, die zueinander prim sind, vorgegeben, und jede Zahl wird durch die Ziffern $z_i$ mit $n = z_i \mod p_i$ dargestellt. Eindeutig ist diese Darstellung, wenn man die Zahlen von 0 (einschließlich) bis zum Produkt der vorgegebenen Zahlen (ausschließlich) zuläßt. Wählen wir die Zahlen 5 und 7, so können wir die Zahlen bis 34 einschließlich eindeutig darstellen, z. B. die $29_{10}$ durch 41 wegen
29 = 4 mod 5,
29 = 1 mod 7. *Bode/Schneider*

**Zeichen** ⟨*symbol*⟩. Ein Element aus einer zur Darstellung von → Information vereinbarten endlichen Menge von verschiedenen Elementen. Z. ist im Sinne von DIN 44 300 nicht gleichbedeutend mit Symbol. Z. können sein: die Ziffern von 0 bis 9, die Buchstaben von A bis Z, Interpunktionszeichen und Steuerzeichen für Geräte.

□ Das *Leerzeichen* (blank) entspricht dem Zwischenraum bei Druckern und ungelochten Spalten bei Lochkarten.
□ Ein *Prüfzeichen* enthält Information, die erforderlich ist, um die → Korrektheit der vorhergehenden Information zu überprüfen (→ Informationstheorie).
□ Ein *Steuerzeichen* dient dazu, in einem der beteiligten Geräte eine Aktion auszulösen, zu beeinflussen oder zu stoppen. Solche Aktionen können z. B. bei einem Drucker der Zeilenvorschub, bei einem Lochkartengerät das Aussondern von Karten sein.
□ Ein *Fluchtzeichen* zeigt an, daß das oder die folgenden Z. nicht dem bisher betrachteten → Code angehören. Fluchtzeichen werden oft verwendet, wenn Z. dargestellt werden sollen, die auf dem entsprechenden Gerät nicht darstellbar sind.
□ Unter *Sonderzeichen* versteht man alle Z., die weder dem gewöhnlichen Alphabet angehören, noch zu den Ziffern zählen, noch der Zwischenraum sind.
*Bode/Schneider*

**Zeichen, diakritisches** ⟨*diacritical character*⟩. → Schriftzeichen, das in einigen → Zeichensätzen (z. B. ISO 6937) verwendet wird, um in Kombination mit alphabetischen Zeichen akzentuierte Buchstaben und Umlaute verschiedenster Art zu repräsentieren. Übliche d. Z. sind z. B. ¨, ´, `, ^, °. Die Verwendung von d. Z. führt im Gegensatz zu anderen Schriftzeichen nicht zu einer automatischen Weiterpositionierung der Schreibposition (→ Cursor), so daß das d. Z. mit dem nachfolgenden Buchstaben übereinandergelagert ausgegeben wird. Beispiele:
¨ + a → ä
´ + e → é
¸ + c → ç
*Schindler/Bormann*

**Zeichenfläche** ⟨*viewport*⟩. Der Teil der Darstellungsfläche eines graphischen Geräts, der für das Zeichnen eines Bildes zur Verfügung steht. Beispielsweise kann in einem interaktiven graphischen → System der → Bildschirm in die Teile Z., Menüfeld und Bereich für alphanumerischen → Dialog geteilt sein.
*Encarnação/Karlsson*

**Zeichengenerator** ⟨*character generator*⟩. Komponente eines Graphiksystems oder eines Graphikgerätes zur Umwandlung von Character-Codes in das Bild der zugehörigen → Zeichen. Er benutzt dazu Rohdaten, die in gewissem Rahmen durch → Attribute modifiziert werden können.
Ein Z. kann in → Hardware oder → Software realisiert sein und ist entsprechend effizient oder flexibel. Die Rohdaten eines Z. sind die Beschreibungen eines oder mehrerer → Fonts in Form von Vektoren, Kurven oder gerasterten Zeichen. Sie werden je nach Typ des Ausgabegerätes unter Berücksichtigung der Zeichenattribute in vektorisierte oder gerasterte Zeichen umge-

setzt. Für Rastergeräte ist es üblich, einmal gerasterte Zeichen eine Zeit lang zwischenzuspeichern; dann brauchen bei wiederholter Verwendung desselben Zeichens nur Rasterkopieroperationen durchgeführt zu werden; der Aufwand kann dadurch erheblich reduziert werden. *Encarnação/Schaub*

**Zeichenmaschine** ⟨*stroke machine*⟩ → Plotter

**Zeichensatz** ⟨*character set*⟩. Menge von → Schriftzeichen (→ Schriftzeichensatz) oder → Steuerzeichen (→ Steuerzeichensatz) und ihre → Codierung, die im Rahmen einer Anwendung als Einheit implizit oder explizit auswählbar ist (→ Codeerweiterung).
  Der Begriff Z. wird häufig auch im Sinne von → Zeichenvorrat verwendet. *Schindler/Bormann*

**Zeichenvorrat** ⟨*character repertoire*⟩. Der Gesamtumfang der in einem Standard beschriebenen bzw. in einer Anwendungsumgebung benutzten → Schriftzeichen und → Steuerzeichen. *Schindler/Bormann*

**Zeiger** ⟨*pointer*⟩. Programmiersprachliches Konzept zur Referenzierung von → Daten. Ein Z. wird realisiert durch eine Variable (oder ein → Register), die die Speicheradresse enthält, an der das Datum abgelegt ist.
*Breitling/K. Spies*

**Zeiger, qualifizierter** ⟨*qualified pointer*⟩ → Zugriffskontrollsystem

**Zeile** ⟨*line*⟩. Für den Begriff Z. lassen sich verschiedene Ausprägungen innerhalb der graphischen → Datenverarbeitung finden (s. auch → Datenmodell):
□ *Rasterzeile*. Rastergeräte haben für die → Darstellungsfläche eine Aufteilung in einzelne Bildpunkte, die innerhalb eines Koordinatennetzes in Spalten und Zeilen organisiert sind. Eine Rasterzeile entspricht dann den aufeinanderfolgenden Bildpunkten innerhalb einer Z. Bei hochauflösenden graphischen Displays können diese Bildpunkte einzeln angesprochen werden.
□ *Ausgabezeile*. In nicht hochauflösenden graphischen Displays können einzelne Bildpunkte nicht angesprochen werden. Es werden nur jeweils rechteckige Bereiche in Form einer kleinen Punktmatrix (z. B. 7×9 Bildpunkte) jeweils gleichzeitig ausgegeben. Die Darstellungsfläche ist hierbei auch in Z. und Spalten aufgeteilt (typischerweise in 25 Zeilen und 40 Spalten).
*Encarnação/Zuppa*

**Zeilensprungverfahren** ⟨*interlacing*⟩ → Interlacing

**Zeit** ⟨*time*⟩. Da → Software meist auf unterschiedlichen Rechnersystemen verwendet werden kann und die Ausführungsgeschwindigkeit von äußeren Faktoren wie der Last des Rechnersystems und der Verfügbarkeit von Betriebsmitteln abhängt, abstrahiert man i. allg. bei der Entwicklung und Modellierung von Software von absoluter Z. und beschränkt sich auf die Betrachtung von kausalen Abhängigkeiten. Bei der Analyse von → Algorithmen spielen Zeitmodelle, die von der absoluten Z. abstrahieren (z. B. die Anzahl der benötigten Elementarschritte) dagegen eine Rolle bei der Untersuchung der Komplexität eines Programms (Zeitkomplexität).
  Bei → eingebetteten Systemen und anderen Systemen zur → Echtzeitbearbeitung stellen Zeitanforderungen ein wesentliches Korrektheitskriterium dar, da etwa Reaktionen auf Umgebungseingaben innerhalb festgesetzter Zeitschranken erfolgen müssen.
  Zeitmodelle spielen auch eine Rolle bei der Beschreibung und → Verifikation von Software durch → temporale Logiken. Abhängig von der Art der zu modellierenden Systeme und der gewünschten Ausdrucksmächtigkeit, werden dabei lineare, baumartige oder allgemeinere partielle Ordnungen zur Modellierung der Kausalität sowie diskrete oder kontinuierliche Zeitmodelle verwendet. *Merz/Wirsing*

**Zeitgetrenntlageverfahren** ⟨*echo-compensation operation*⟩ → Ping-Pong-Verfahren

**Zeitgleichlageverfahren** ⟨*burst operation*⟩. Übertragungsverfahren, bei dem auf einem Adernpaar zeitgleich bidirektional übertragen wird. Das Z. wird u. a. im → ISDN zwischen Vermittlungsstelle und Netzabschluß (NT) eingesetzt (→ $U_{k0}$-Schnittstelle). Aufgrund der erforderlichen → Echokompensation ist das Z. aufwendig, weshalb für die → Schnittstellen in Nebenstellenanlagen meist das → Ping-Pong-Verfahren verwendet wird. *Quernheim/Spaniol*

**Zeitkomplexität, polynomiale** ⟨*polynomial time complexity*⟩. Probleme einer Problemklasse mit p. Z. können mit einem → Algorithmus gelöst werden, dessen Laufzeitverhalten maximal polynomial mit der Länge der Codierung der Problembeschreibungsdaten wächst.
  Ein Beispiel einer Problemklasse mit p. Z. ist die → lineare Programmierung (→ Karmarkar-Algorithmus).
  Die Klasse aller Problemklassen mit p. Z. bezeichnet man mit P. Die wichtigste Vermutung der → Komplexitätstheorie besagt, daß kein → NP-vollständiges Problem eine p. Z. besitzt. *Bachem*

**Zeitmultiplex** ⟨*time division multiple access*⟩ → Multiplexverfahren, → Betriebssystem

**Zeitreihe** ⟨*time series*⟩. Über einen gewissen Zeitraum aufgenommene Menge von Daten (Beobachtungen, Meßwerte). Z. können direkt oder indirekt (d. h. nach Weiterverarbeitung z. B. in Korrelationsrechnungen) als Eingabe für eine → Simulation dienen. *Bastian*

**Zeitsynchronisation** ⟨clock synchronization⟩. Die Synchronisation lokaler Zeiten ist in räumlich verteilten Systemen aus mehreren kommunizierenden Rechnerknoten erforderlich, wenn die Systemfunktion von den Parametern Raum und Zeit abhängt. In verteilten → Realzeitsystemen müssen Auftrittszeitpunkte von Ereignissen erfaßt und Zeitintervalle zwischen Ereignissen, die auf unterschiedlichen Recheneinheiten auftreten sind, exakt ermittelt werden. Daten entstehen an beliebigen Orten des Systems und treffen mit unterschiedlichen Übertragungszeiten in einer Datensenke ein. Dort kann nur anhand eines gültigen Zeitstempels und einer systemweit verbindlichen Zeitbasis über die Reihenfolge des Eintreffens von Ereignissen und über die Aktualität der Daten entschieden werden (Datenkonsistenz).

Die einzelnen Recheneinheiten besitzen in der Regel einen Uhrenbaustein (Hardware-Timer, → Realzeituhr), der von einem Oszillator den Zeittakt erhält. Da der Betrag der Oszillatorfrequenz, bedingt durch Parametertoleranzen, Temperaturdrift und Alterung, innerhalb eines Toleranzbereiches liegt, können die lokalen Zeiten von identischen Recheneinheiten auch nach gleichzeitiger Initialisierung innerhalb eines Tages um einige Sekunden voneinander abweichen. Aus diesem Grund müssen die lokalen Zeiten regelmäßig abgeglichen werden. Abhängig davon, wie eine für das System verbindliche Basiszeit bereitgestellt wird, unterscheidet man zwischen zwei Synchronisationsarten.

Bei der *externen* Synchronisation wird die lokale Zeit der Recheneinheiten auf eine exakte externe Zeitquelle, z. B. eine Atomuhr, abgestimmt. Meist wird die Weltzeit (Universal Time Coordinated) an einer oder mehreren Recheneinheiten über Funk empfangen (→ GPS, DCF77) und von dort aus im System verteilt.

Bei der *internen* Synchronisation wird eine von der Weltzeit unabhängige systemweite Basiszeit vor jedem Synchronisationszyklus aus den lokalen Zeiten der Recheneinheiten ermittelt, um die Vertrauenswürdigkeit der ermittelten Zeitbasis zu erhöhen (→ Redundanz) und gleichzeitig lokale Ungenauigkeiten auszumitteln.

In beiden Fällen wird nach Initialisierung der lokalen Zeitgeber versucht, Abweichungen zwischen der systemglobalen Basiszeit und einer lokalen Zeit (einer Systemkomponente) auf einen maximalen Differenzbetrag zu begrenzen. Die Realisierung dieser Zielvorstellung ist mit verschiedenen Schwierigkeiten verbunden. Die endlichen Übertragungsgeschwindigkeiten führen zu wegabhängigen Laufzeiten im System. Übertragene Referenzzeitwerte sind also mit einer Unsicherheit behaftet. Darüber hinaus können lokale Zeitabweichungen durch Fehler im System bedingt sein, welche die Bestimmung einer Basiszeit nicht beeinflussen dürfen (→ Realzeitsystem, fehlertolerantes). Als mögliche Fehlerquellen werden der Defekt eines Uhrenbausteins, eines Rechnerknotens oder der Verlust von Nachrichtenpaketen angeführt. Daneben bereitet der lokale Zeitabgleich selbst Probleme. Er kann nicht in jedem Fall durch eine Übernahme der ermittelten Basiszeit erfolgen. Das Zurückstellen oder Anhalten der Uhr kann zu unerwünschten Nebeneffekten führen.

In der Vergangenheit wurden verschiedene Algorithmen und Hardware-Komponenten entwickelt, die den angesprochenen Schwierigkeiten Rechnung tragen (*Kopetz*). Die verfügbaren Lösungen unterscheiden sich bezüglich der erreichbaren maximalen Zeitabweichungen, der benötigten Systemressourcen (Rechen- und Netzlast), der Aufdeckung und Behandlung von Fehlern sowie der Abwicklung des lokalen Zeitabgleichs. *Herbig*

Literatur: *Kopetz, H.* and *W. Ochsenreiter*: Clock synchronisation in distributed real-time systems. IEEE Trans. on Computers, Vol. C-36, No. 8, 1987.

**Zeitüberwachung** ⟨watchdog⟩. Die Z. wird in → Prozeßrechnern von einer → Realzeituhr übernommen. Sie dient zur Überwachung von Aufrufen, deren Fehlfunktionen anhand von Zeitbedingungen (→ Timeout) erkannt werden können. Zum einen fallen darunter Systemaufrufe, zum anderen Aufrufe an Peripheriegeräten. Auch die Ausführungszeit eines Rechenprozesses kann so überwacht werden. Tritt ein Timeout ein, so wird dem Aufruf eine entsprechende Fehlermeldung zurückgegeben. Somit ist es möglich, die Software mit entsprechenden Fehlerbehandlungs-Routinen auszustatten.

Einsatz findet eine derartige Z. auch bei diversen Kommunikationsprotokollen, um die korrekte Übertragung sicherzustellen. Nach dem Versenden einer Nachricht erwartet der Sender innerhalb einer gewissen Zeit eine Bestätigung (acknowledge) vom Empfänger. Bleibt die Bestätigung aus, so wird die Nachricht erneut gesendet. Ein Watchdog-Timer ist eine in → Hardware realisierte Z. des Rechnersystems, die bei Bedarf z. B. Interrupts, Resets oder Neustarts auslösen kann.

*Petters*

**Zeitunschärfe** ⟨time uncertainty⟩. Eine Ungenauigkeit in der Zeitmessung bei → Prozeßrechnern. Sie kann verschiedene Ursachen haben. So können z. B. höher- oder gleichpriorisierte Unterbrechungen den Beginn der zeitaufnehmenden → Interrupt-Service-Routine (ISR) verzögern. Eine weitere Ursache kann ein ununterbrechbarer Bereich sein, da vor Ausführung der ISR der begonnene Systemaufruf zu Ende geführt und dann erst die ISR gestartet wird. Auch → DMA-Zugriffe (Direct Memory Access) tragen zur Z. bei. Eine weitere Ursache, die meist durch die anderen Ursachen überdeckt wird, ist der auftretende Quantisierungsfehler.

*Petters*

Literatur: *Gresser, K.*: Echtzeitnachweis ereignisgesteuerter Realzeitsysteme. VDI-Fortschrittsber. R. 10, Nr. 268. Düsseldorf 1993.

**Zentraleinheit** ⟨central processing unit⟩. Bei → Digitalrechnern der → Prozessor (Leit- und Rechenwerk) sowie der → Hauptspeicher. In einigen Fällen zählt man zur Z. (CPU, *Central Processing Unit*) auch die → Kanalwerke für den Anschluß von Peripheriespeichern und → Ein-/Ausgabegeräten. *Bode*

**Zertifizierung** ⟨*certification*⟩ → Normenkonformität; → Deutsche Gesellschaft zur Zertifizierung von Managementsystemen mbH (DQS).

**Ziffer** ⟨*digit*⟩. Ein → Zeichen aus einem Zeichenvorrat von N Zeichen, denen als Zahlenwerte die ganzen Zahlen 0, 1, 2, 3 ..., N–1 umkehrbar eindeutig zugeordnet sind. Je nach der Anzahl N nennt man die zugrunde liegenden Z. *Dualziffern* (N=2), *Oktalziffern* (N=8), *Dezimalziffern* (N=10), *Sedezimalziffern* (N=16). Die Verwendung der aus dem Amerikanischen kritiklos übernommenen Bezeichnung Binärziffer für Dualziffer verwischt den Unterschied zwischen binärer und dualer Zahlendarstellung. Ebenso ist der Begriff Hexadezimalziffer (für Sedezimalziffer) abzulehnen, da alle anderen Zahlensysteme mit aus dem Lateinischen stammenden Begriffen belegt sind.

☐ *Prüfziffer*. Eine oder mehrere redundante Z., die zusammen mit anderen Informationen gespeichert oder übertragen werden, um Fehler zu erkennen oder zu korrigieren (→ Informationstheorie).

☐ *Vorzeichenziffer*. Eine Z., die das Vorzeichen einer Zahl darstellt. In → Digitalrechnern werden hierfür meist die Dualziffern 0 (für positive Zahlen) und 1 (für negative Zahlen) verwendet (→ Zahlensystem).

*Bode/Schneider*

**Zufallszahlen** ⟨*random numbers*⟩. Eine Folge von Zahlen, die als Ergebnis eines Zufallsexperimentes entsteht (z. B. wiederholtes Werfen eines Würfels). Der Wertevorrat der Z. kann endlich, abzählbar unendlich (in beiden Fällen spricht man von diskreten Werten) oder überabzählbar sein. Man unterscheidet verschiedene Verteilungen von Z. Darunter versteht man eine Funktion, die die Wahrscheinlichkeit des Auftretens einer Zahl in der Folge angibt. Wichtig sind gleichverteilte (d. h. jede Zahl kommt mit derselben Wahrscheinlichkeit vor) Z., da sich daraus Z. mit anderen Häufigkeitsverteilungen erzeugen lassen. Für Z. verwendet man in Rechner die von → Pseudo-Zufallszahlengeneratoren erzeugten Zahlenfolgen. *Bastian*

**Zufallszahlengenerator** ⟨*random number generator*⟩. Ein Z. (streng genommen Pseudo-Z.) ist ein → Algorithmus, der eine Zahlenfolge mit Werten im Intervall [0, 1] ausgibt, die bei einer statistischen Untersuchung keinen Widerspruch zur Hypothese liefert, daß diese Zahlen Realisationen stochastisch unabhängiger, stetig gleichverteilter Zufallsvariablen über [0, 1] seien (Zufallsvariable, → Zufallszahlen). Eine wichtige Klasse von Z. sind die Kongruenzgeneratoren.

☐ *Kongruenzgenerator*. Seien $m>0$, $a>0$, $c\geq 0$ natürliche Zahlen. Gebildet wird die Folge $z_{i+1}=(az_i+c)$ mod m mit Startwert $z_0 \geq 0$. Mit $u_i = z_i/m$ erhält man eine reelle Zahlenfolge über dem Intervall [0, 1). Dieses Verfahren heißt linearer Kongruenzgenerator, im Fall c=0 multiplikativer Kongruenzgenerator. Die Wahl der Parameter bestimmt die Qualität des Z. Gebräuchlich ist z. B. $m=2^{31}-1$, $a=16807$, $c=0$.

☐ *Transformationen*. Beliebig verteilte Zufallszahlen können durch Transformationen erzeugt werden: Sei U eine stetig gleichverteilte Zufallsvariable über [0, 1], F eine beliebige Verteilungsfunktion, und $F^{-1}(x)=\inf\{y\,|\,F(y)>x\}$ die inverse Verteilungsfunktion. Dann hat die Zufallsvariable $X=F^{-1}(U)$ die Verteilung F. Beispielsweise erhält man mit $(-\log U)/\lambda$, $\lambda>0$, eine exponentiell verteilte Zufallsvariable.

*Hoff/Spaniol*

Literatur: *Spaniol, O.; Hoff, S.*: Ereignisorientierte Simulation. Konzepte und Systemrealisierung. Thomson, 1995. – *Mathar, R.; Pfeifer, D.*: Stochastik für Informatiker. Teubner, 1990. – *Knutz, D. E.*: The art of computer programming. Vol. 2: Seminumerical algorithms. 2. Edn. Addison-Wesley, 1981.

**Zugangseinheit** ⟨*access unit*⟩. Begriff aus der → X.400-Welt. Über eine Z. können X.400-Benutzer andere → Telematikdienste wie Faksimile oder → Telex erreichen. *Jakobs/Spaniol*

**Zugangskontrolle** ⟨*access control*⟩ → Betriebssystem

**Zugangssteuerung** ⟨*access control*⟩ → X.500

**Zugriffskontrolle** ⟨*access control*⟩. Der klassische Begriff der Z. beschreibt die Überprüfung, ob ein → Benutzer berechtigt ist, einen bestimmten Zugriff auf ein → Objekt durchzuführen. Inzwischen hat sich jedoch der Begriff → Autorisierung dafür durchgesetzt. *Schmidt/Schröder*

**Zugriffskontrollsystem** ⟨*access control system*⟩. Ein → Rechensystem $\mathcal{R}$ ist bzgl. seiner Rechtssicherheit ein Z., wenn die Rechte der → Subjekte in der Umgebung von $\mathcal{R}$ an der Information der → Objekte von $\mathcal{R}$ auf der Grundlage der für die Objekte definierten Dienste spezifiziert, kontrolliert und gewährleistet werden.

Für ein Z. basieren die Rechtssicherheitseigenschaften wesentlich auf den Charakteristika von → Systemen, nach denen $\mathcal{R}$ in der Black-Box-Sicht eine abgegrenzte Einheit mit einer Umgebung $U(\mathcal{R})$ und einer → Schnittstelle, der $\mathcal{R}$-$U(\mathcal{R})$-Schnittstelle, mit der die Möglichkeiten für Interaktionen zwischen $\mathcal{R}$ und $U(\mathcal{R})$ festgelegt sind, und nach denen $\mathcal{R}$ in der Glass-Box-Sicht jeweils aus einer strukturierten Menge von Komponenten und Subsystemen, den Objekten von $\mathcal{R}$, besteht. Die Objekte von $\mathcal{R}$ sind ihrerseits abgegrenzte Einheiten mit Schnittstellen und festgelegten wechselseitigen Abhängigkeiten. Die Schnittstelle eines Objekts x spezifiziert die Menge D(x) der für x definierten Dienste, und das Objekt kann mit → Berechnungen der Dienste gemäß D(x) genutzt werden. Dem

Objekt x als Einheit ist Information zugeordnet, und die Dienste d ∈ D(x) bestimmen, welche Teile der Information von x mit d-Berechnungen gewonnen werden können. Die Dienste der Schnittstellen der Objekte von $\mathcal{R}$ und der $\mathcal{R}$-U($\mathcal{R}$)-Schnittstelle liefern die Basis zur Festlegung von Rechten, die Subjekte in der Umgebung von $\mathcal{R}$ an der Information von $\mathcal{R}$ haben sollen. Sie stellen den Zusammenhang zwischen der →Funktionalität der Berechnungen, die $\mathcal{R}$ ausführt, und der Rechtssicherheit von $\mathcal{R}$ her. Mit dem Zugriffskontrollsystem $\mathcal{R}$ werden diese Gegebenheiten genutzt; die Rechte von Subjekten an $\mathcal{R}$ werden entsprechend spezifiziert und kontrolliert. Zudem wird versucht, Rechtssicherheit für $\mathcal{R}$ auf dieser Grundlage zu gewährleisten.

Sei P eine →Rechtssicherheitspolitik für das Zugriffskontrollsystem $\mathcal{R}$. Dann werden die Rechte von Subjekten an $\mathcal{R}$ nach den Regeln von P spezifiziert und mit einer Familie ($R_t$) von Rechtesystemen, die mit der Zeit t variieren, beschrieben. Für einen Schnappschuß von $\mathcal{R}$ zur Zeit t ergibt sich ein Rechtesystem $R = (S, X, (\rho(s, x) \mid s \in S, x \in X))$; dabei sind S die Menge der Subjekte und X die Menge der Objekte von $\mathcal{R}$. Die Abbildung $(\rho(s, x))$ legt für $x \in X$ mit $\rho(\cdot, x): S \to POT(D(x))$ die Soll-Rechte der Subjekte an den Objekten von $\mathcal{R}$ fest. Das Rechtesystem R der statischen Sicht von $\mathcal{R}$ ist – von den Rechtefestlegungen abgesehen – die Basis der grundlegenden Maßnahmen zur Gewährleistung von Rechtssicherheit für $\mathcal{R}$: der Protokollierung und Rechtekontrollen von Zugriffen zu $\mathcal{R}$ sowie der Gewährleistung der Übereinstimmung von Ist- und Soll-Rechten.

Jede dieser Maßnahmen setzt voraus, daß die Identität und die Authentizität der $\mathcal{R}$ nutzenden Subjekte gewährleistet ist. Dementsprechend wird vorausgesetzt, daß $\mathcal{R}$ ein zugriffsabgeschlossenes System ist; die auftretenden Subjekte seien identifiziert und authentifiziert. Unter diesen Voraussetzungen werden im folgenden die für die Rechtssicherheit von $\mathcal{R}$ notwendigen Maßnahmen der Protokollierung von Zugriffen und der Rechtekontrollen erklärt.

Bei gegebenem Rechtesystem R für die statische Sicht auf das Zugriffskontrollsystem $\mathcal{R}$ sagt das Vollständigkeitsprinzip, daß jede Nutzung von Information von $\mathcal{R}$ explizit zu autorisieren ist. Im Vorfeld dieser Autorisierungen ergibt sich die Forderung, die Zugriffe zu $\mathcal{R}$ zu protokollieren und für die einzelnen Zugriffe Rechtekontrollen durchzuführen. Die Forderung nach *Protokollierung der Zugriffe* ist eine Minimalforderung für jedes rechtssichere System: Für $\mathcal{R}$ ist gefordert, daß sämtliche rechtsrelevanten Zugriffe von Subjekten zu Objekten, also sowohl Zugriffe von berechtigten Benutzern in Übereinstimmung mit den Festlegungen gemäß R als auch die unberechtigten Zugriffe und Zugriffsversuche von →Angreifern, protokolliert werden. Mit den Zugriffsprotokollen sollen (wenigstens) nachträgliche Analysen und entsprechende Aussagen über die Rechtssicherheit von $\mathcal{R}$ ermöglicht werden. Rechtsrelevante Zugriffe zu $\mathcal{R}$ werden durch Tripel (s, x, d) mit $s \in S, x \in X$ und $d \in D(x)$ beschrieben; dabei sind s Subjektidentifikator, x Objektidentifikator und d Identifikator eines Dienstes von x.

Zugriffsprotokolle erfordern entsprechend die Aufzeichnung von *Zugriffsspuren* mit diesen Tripeln. Wenn $\mathcal{R}$ ein → paralleles Rechensystem ist, sind die Zugriffsspuren der parallel ausgeführten Berechnungen aufzuzeichnen. Für ein rechtssicheres $\mathcal{R}$ ist zusätzlich zur Protokollierung der Zugriffe gefordert, daß *Rechtekontrollen* für die einzelnen Zugriffe durchgeführt werden: Für jeden Zugriffsversuch mit einem Tripel (s, x, d) sind die Identität und die Authentizität von x und d sowie die Zulässigkeit des beabsichtigten Zugriffs gemäß R, also $d \in \rho(s, x)$, zu kontrollieren. Mit diesen Kontrollen werden Zugriffsversuche in Übereinstimmung mit R und →Angriffe auf die Rechtssicherheit von $\mathcal{R}$ unterschieden; sie dienen also der Angriffserkennung.

Die erklärten Rechtekontrollen für jeden Versuch eines Subjekts, zu einem Objekt von $\mathcal{R}$ zuzugreifen, sind notwendige Maßnahmen zur Gewährleistung der Übereinstimmung von Ist- und Soll-Rechten für $\mathcal{R}$ durch *Autorisierung* der Subjekte zur Nutzung und durch Beschränkung ihrer Zugriffe zu Objekten auf gemäß R zulässige. Diese für die Rechtssicherheit von $\mathcal{R}$ unerläßlich notwendigen Maßnahmen sind die Aufgabe eines Autorisierungs- oder *Referenzmonitors* für $\mathcal{R}$. Für einen Referenzmonitor gilt das für die Protokollierung von Zugriffsspuren Gesagte entsprechend: Wenn $\mathcal{R}$ ein → paralleles Rechensystem ist, sind Referenzmonitore für die parallel ausgeführten Berechnungen erforderlich. Zur Autorisierung ist jeder Zugriffsversuch mit einem Tripel $(s, x, d) \in S \times X \times D(x)$ zu kontrollieren. Im Fall $d \in \rho(s, x)$ wird das Subjekt s autorisiert, die beabsichtigte d-Berechnung auf dem Objekt x auszuführen. Im Fall $d \notin \rho(s, x)$ wird ein Angriff erkannt. Der beabsichtigte Zugriff von s zu x ist bzgl. R unzulässig und zu verhindern. Maßnahmen zur Verhinderung des Zugriffs dienen der Angriffsabwehr. Maßnahmen zur Verhinderung der Fortsetzung der Berechnungen von s dienen der Angriffsverhinderung durch den Angreifer s. Wenn mit diesen Maßnahmen erreicht wird, daß allein autorisierte Zugriffe von Subjekten zu Objekten stattfinden, dann sind Übereinstimmung zwischen den Ist- und den Soll-Rechten für $\mathcal{R}$ und Rechtssicherheit von $\mathcal{R}$ erreicht.

Die erklärten Maßnahmen zur Protokollierung der Zugriffe, zur Kontrolle der Rechte bei Zugriffsversuchen und zur Gewährleistung der Übereinstimmung zwischen den Ist- und den Soll-Rechten zeigen die Schwierigkeiten, die für hohe Rechtssicherheit von $\mathcal{R}$ zu meistern sind. Sie zeigen zugleich, welche Möglichkeiten das Zugriffskontrollsystem $\mathcal{R}$ für hohe Rechtssicherheit bietet. Zunächst ist offenkundig, daß der Aufwand für Protokollierungen der Zugriffe und der *Aufwand für die Kontrollmaßnahmen* hoch ist. Der Aufwand, der zu leisten ist, ergibt sich aus der →Granularität der Subjekte und der Objekte von $\mathcal{R}$ sowie aus dem Aufwand, der für die einzelnen Kontrollen erforderlich ist; für diese sind entsprechend effiziente Mechanismen und Verfahren einzusetzen. Auch mit diesen bleibt, daß der zu leistende Aufwand mit Verfeinerungen der Granularität der Subjekte und Objekte von $\mathcal{R}$ wächst. Damit ergibt sich die Notwendigkeit, die Granularität angemessen festzulegen. Möglichkeiten hierfür bieten die Strukturen des Netzes der Objekte, aus denen das System $\mathcal{R}$ in der Glass-Box-Sicht besteht.

Die Wirksamkeit der erklärten Kontrollmaßnahmen basiert darauf, daß die Identität und die Authentizität der Subjekte und der Objekte von $\mathcal{R}$ gewährleistet sind. Seien also das Subjekt mit dem Identifikator $s \in S$ und das Objekt mit dem Identifikator $x \in X$ authentifiziert. Die Rechtekontrolle für einen Zugriffsversuch mit dem Tripel $(s, x, d) \in S \times X \times D(x)$ erfordert, daß $d \in \rho(s, x)$ überprüft wird. Für effiziente Durchführungen dieser Kontrollen gibt es zwei alternative Verfahren mit zugeordneten Mechanismen: Objekte mit Kontrolleuren und Verfahren mit Capabilities bzw. mit qualifizierten Zeigern.

Eine Möglichkeit zur effizienten Durchführung der notwendigen Rechtekontrollen besteht darin, *Objekte mit Kontrolleuren* zu konstruieren. Für das Objekt $x \in X$ bedeutet das, daß x unter Bezugnahme auf die Rechtefestlegungen gemäß R mit der *Zugriffsliste* – häufig als *ACL* für Access Control List bezeichnet – $(\rho'(\cdot, x)) = (\rho(s, x) \mid s \in S, \rho(s, x) \neq \emptyset)$ so konstruiert wird, daß alle Zugriffsversuche zu x auf der Grundlage dieser Liste von x kontrolliert werden. Eine Rechtekontrolle wird durchgeführt, wenn ein Subjekt s einen Dienst $d \in D(x)$ aufruft. Dabei ist gefordert, daß ein Subjekt seinen Identifikator präsentiert. Beim Aufruf von d auf x durch s wird $d \in \rho(s, x)$ geprüft. Wenn $d \in \rho(s, x)$ gilt, ist s autorisiert, und die d-Berechnung wird für s ausgeführt. Wenn $d \notin \rho(s, x)$ gilt, wird der Aufruf abgewiesen, und der Angriff von s auf x ist abgewehrt. Das Kontrollverfahren setzt voraus, daß die Subjekte authentisch und die Identifikatoren, die sie präsentieren, *fälschungssicher* sind: Die Identifikatoren sind der Besitz der Subjekte, mit dem diese von den Objekten authentifiziert werden. Die Zugriffslisten sind Teile der Objekte mit Kontrolleuren; bei Veränderungen der Rechtefestlegungen gemäß R sind die Zugriffslisten der betroffenen Objekte zu verändern.

Eine weitere Möglichkeit zur effizienten Durchführung der notwendigen Rechtekontrollen besteht darin, daß für $\mathcal{R}$ spezielle Kontrollobjekte eingeführt werden. Berechtigte Subjekte erhalten ihren festgelegten Rechten entsprechende Kontrollobjekte als Besitz und präsentieren diese bei Zugriffsversuchen zu Objekten. Die Rechtekontrollen erfolgen auf der Grundlage dieser Kontrollobjekte. Ein *Kontrollobjekt* besteht aus wenigstens zwei Teilen: einem Objektidentifikator und einem *Rechtevektor* mit positiven Rechten an dem entsprechenden Objekt. Für Kontrollobjekte sind zwei Varianten zweckmäßig. Kontrollobjekte der ersten Variante, *Capabilities* genannt, sind für Rechtekontrollen, die von der Hardware durchgeführt werden, geeignet. Sie bestehen aus einem Paar (Objektidentifikator, Rechtevektor) mit Rechten für primitive Dienste auf hardwarenahen Objekten wie Lesen, Schreiben oder Ausführen. Sie sind eingeschränkt einsetzbar, aber für häufig durchzuführende Kontrollen effizient.

Kontrollobjekte der zweiten Variante, *qualifizierte Zeiger* genannt, sind für Objekte mit benutzerdefinierten Diensten und für Rechtekontrollen, die mit Software durchgeführt werden, geeignet. Sie bestehen aus einem Tripel (Objektidentifikator, Objekttypidentifikator, Rechtevektor). Wenn ein Objekt x mit der Dienstemenge $D(x)$ definiert ist, dann spezifiziert ein qualifizierter Zeiger für x mit seinem Rechtevektor Elemente von $D(x)$. Berechtigte Subjekte erhalten die Kontrollobjekte, Capabilities oder qualifizierte Zeiger, die den für sie festgelegten Rechten entsprechen, als Besitz. Das ist Teil der Rechtefestlegungen gemäß R. Rechtekontrollen setzen voraus, daß die Kontrollobjekte *fälschungssicher* und stets genau im Besitz der berechtigten Subjekte sind. Die Kontrollobjekte, die ein Subjekt besitzt, sind Teile des Subjekts. Bei Veränderungen der Rechtefestlegungen gemäß R, sind entsprechend die Kontrollobjekte der betroffenen Subjekte zu verändern.

Ein Zugriffskontrollsystem $\mathcal{R}$ kann mit Objekten mit Kontrolleuren, mit Kontrollobjekten oder unter Verwendung einer Mischung beider Verfahren mit den zugehörigen Mechanismen so konstruiert werden, daß die erforderlichen Rechtekontrollen mit geringem Aufwand effizient durchführbar sind. Beide Verfahren erfordern, daß die Subjektidentifikatoren bzw. die Kontrollobjekte, welche die Grundlage aller Rechtekontrollen sind, fälschungssicher und jeweils genau im Besitz der Subjekte sind, für welche die entsprechenden Rechte mit dem jeweiligen Rechtesystem R von $\mathcal{R}$ als Soll-Rechte spezifiziert sind. Die Forderungen nach Vollständigkeit und Konsistenz einer →Rechtssicherheitspolitik P für R gelten für die jeweiligen Rechtefestlegungen mit R und für die Zuteilungen der Subjektidentifikatoren bzw. der Kontrollobjekte an Subjekte. Damit ergibt sich das Wesentliche eines rechtssicheren Zugriffskontrollsystem $\mathcal{R}$:

– $\mathcal{R}$ ist in der Black-Box-Sicht eine abgegrenzte Einheit mit einer festgelegten Schnittstelle, die Grundlage für Interaktionen zwischen $\mathcal{R}$ und Subjekten in der Umgebung von $\mathcal{R}$ ist. $\mathcal{R}$ besteht in der Glass-Box-Sicht jeweils aus einem strukturierten Netz von Objekten.

– Die Objekte von $\mathcal{R}$ sind abgegrenzte Einheiten mit festgelegten Schnittstellen und wechselseitigen Abhängigkeiten sowie mit →Diensten, deren →Funktionalität die →Berechnungen, die $\mathcal{R}$ ausführen kann, bestimmen. Die Gesetzmäßigkeiten der Berechnungen bestimmen die Strukturen des Netzes der Objekte.

– Die →Rechtssicherheitspolitik P von $\mathcal{R}$ spezifiziert die Rechte, die Subjekte der Umgebung an der Infor-

mation der Objekte von $\mathcal{R}$ haben sollen, vollständig und konsistent auf der Grundlage der Dienste, welche für die Objekte definiert sind.
– Die Dienste der Objekte von $\mathcal{R}$ stellen den Zusammenhang zwischen den Berechnungen auf den Objekten und der Information, die den Objekten zugeordnet ist, her. Sie bestimmen die Möglichkeiten zur Nutzung der Objekte und zur Gewinnung von Information mit entsprechenden Berechnungen.
– Rechtssicherheit setzt → Zuverlässigkeit voraus. Wenn $\mathcal{R}$ ein verläßliches Rechensystem sein soll, muß das System methodisch mit aufeinander abgestimmten funktionalen Eigenschaften und Rechtssicherheitseigenschaften konstruiert werden. Die Strukturen des jeweiligen Netzes der Objekte von $\mathcal{R}$ liefern Richtlinien für die Konstruktion und vereinfachen ihre erfolgreiche Durchführung. *P. P. Spies*

**Zugriffsliste** ⟨*access list*⟩ → Zugriffskontrollsystem

**Zugriffspfad** ⟨*access path*⟩. Unterstützt den effizienten Zugriff auf einen Datenbestand nach ausgewählten → Attributen. Z. werden durch Sekundärdaten (z. B. → B-Baum) oder -funktionen (z. B. Lastfunktionen) realisiert. Es kann mehrere Z. auf einem Datenbestand geben, z. B. über verschiedene Sortierkriterien (→ Index). *Schmidt/Schröder*
Literatur: *Gray, J.* and *A. Reuter*: Transaction processing: Concepts and techniques. Hove, East Sussex 1993.

**Zugriffsprotokoll** ⟨*access protocol*⟩ → Zugriffskontrollsystem

**Zugriffsspur** ⟨*access trace*⟩ → Speichermanagement, → Zugriffskontrollsystem

**Zugriffsverhalten** ⟨*access behaviour*⟩ → Speichermanagement

**Zugriffsverhalten, Lokalität von** ⟨*locality rule of the access behaviour*⟩ → Speichermanagement

**Zugriffszeit** ⟨*memory access time*⟩. Die Zeit, die in einem → Digitalrechner erforderlich ist, um einen → Operanden oder einen → Befehl in einem → Speicher zu lokalisieren und in den → Prozessor zu bringen. Beim → Hauptspeicher versteht man darunter das Zeitintervall, das vergeht, bis der Operand verfügbar ist; bei Speichern, die die Information durch Zerstören lesen (z. B. → Kernspeicher), ist diese Zeitspanne kürzer als die Speicherzykluszeit, weil diese noch die Wiederherstellung des alten Speicherzustandes umfaßt. Bei peripheren Speichern (z. B. → Magnetplatten) enthält die Z. die Zeitspanne, die für das Positionieren des Lesekopfes auf die entsprechende Spur und das Abwarten der Umdrehung des Trägermediums bis zur gewünschten Position benötigt wird; letzteres ist durchschnittlich eine halbe Umdrehung. *Bode/Schneider*

**Zuordnung, 1 : 1-** ⟨*1 : 1-association*⟩ → Betriebssystem, prozeßorientiertes

**Zuordnung, m : n-** ⟨*m : n-association*⟩ → Betriebssystem, prozeßorientiertes

**Zurücksetzen von Transaktionen** ⟨*transaction undo/rollback*⟩. Eine → Transaktion wird von einem → Datenbankverwaltungssystem zurückgesetzt, wenn während des Ablaufs der Transaktion ein Fehler auftritt, der entweder in dem Ablauf der Transaktion begründet ist (z. B. Verletzung einer → Integritätsbedingung) oder extern ausgelöst wurde, z. B. durch einen → Transaktionsmonitor. Alle Änderungen, die die Transaktion an dem Datenbestand durchgeführt hat, werden zurückgenommen und alle → Sperren, die sie hält, freigegeben. Falls der Abbruch extern begründet ist, kann die Transaktion wiederholt werden (→ Transaktionswiederholung), ansonsten wird eine Ausnahme ausgelöst (→ Ausnahmebehandlung). *Schmidt/Schröder*

**Zusicherung** ⟨*assertion*⟩. Im Kontext der Programmverifikation bezeichnet man ein Prädikat, das immer dann erfüllt ist bzw. von der Umgebung erfüllt werden soll, wenn eine bestimmte Stelle in der Programmausführung erreicht wird, als Z.
Die folgende Funktion zur Berechnung des größten gemeinsamen Teilers ggT (x, y) zweier positiver ganzer Zahlen in Pascal-ähnlicher Schreibweise enthält Z. (in geschweiften Klammern):

```
function gcd(x, y: integer): integer;
{x>0, y>0}                              (1)
var m, n: integer;
begin
  m:=x; n:=y;
  while (m<>n) do
    {ggT(m, n) = ggT(x, y)}             (2)
    if m<n
    then n:=n-m
    else m,n:=n,m;
  gcd:=m
  {gcd = ggT(x, y)}                     (3)
end
```

Spezielle Z. sind Invarianten sowie → Vor- und → Nachbedingungen von Funktionen und Prozeduren. Im Beispiel ist (1) eine Vorbedingung für die Funktion gcd, (3) eine Nachbedingung und (2) eine Schleifenvariante.
 Z. dienen im einfachsten Fall der Dokumentation, sie bilden aber auch die Grundlage der → Spezifikation und → Verifikation von Programmen. So basieren Spezifikationssprachen wie → VDM oder RAISE (→ RSL) auf der Angabe von Vor- und Nachbedingungen sowie (Datentyp-)Invarianten. Verifikationskalküle wie die → Hoare-Logik und der → WP-Kalkül basieren auf der Angabe bzw. Berechnung von Vor- und Nachbedingungen von Programmen. Programmiersprachen wie Eiffel oder Setl erlauben die Angabe bestimmter, syn-

taktisch eingeschränkter Zusicherungen wie Vor- und Nachbedingungen von Funktionen und Prozeduren, Schleifen- oder Klasseninvarianten sowie – optional – deren Überprüfung zur Programmlaufzeit.

*Merz/Wirsing*

**Zustand** ⟨*state*⟩. Der Z. eines imperativen Programms gibt den Zusammenhang zwischen den → Variablen des Programms und ihren Werten an, d. h., ein Zustand ist eine (endliche) Abbildung, die jeder Variablen einen Wert zuweist. Die Werte sind, je nach Typ der Variablen, Wahrheitswerte, Zahlen usw. Ein ähnlicher Z.-Begriff liegt der Semantik von → dynamischen Algebren und → temporaler Logik zugrunde. In der mathematischen Logik entspricht dem Z. der Begriff der Belegung (→ Interpretation).

Will man einem Namen eine Adresse oder Code und weitere Informationen zuweisen, so spricht man allgemeiner von Umgebung (environment). Damit kann man z. B. die Korrespondenz zwischen Variablennamen, den L-Werten und den R-Werten präzisieren (→ Variable): Die Umgebung bildet den Variablennamen auf eine Speicheradresse, den L-Wert der Variablen, ab; eine Speicherabbildungsfunktion bildet den L-Wert auf den oben als Wert bezeichneten R-Wert ab. Der Zustand ist also gleich der Komposition von Umgebung mit Speicherabbildungsfunktion. Ein anderes Beispiel ist die Umgebung für (parameterlose) Prozeduren, die jedem Prozedurnamen den Rumpf der Prozedur und die Umgebung für die im Prozedurrumpf verwendeten Prozeduren zuweist.

Ebenso spricht man in der → funktionalen Programmierung und in der → denotationellen Semantik von Programmiersprachen von Umgebung, um damit Abbildungen von (Funktions-)Namen auf deren Bedeutungen zu bezeichnen.

Bei → Transitionssystemen und Automaten ist ein Z. ein Element der Zustandsmenge; die Struktur von Z. wird dort i. allg. nicht näher untersucht. *Wirsing*

Literatur: *Sethi, R.*: Programming languages. Addison-Wesley, Reading, MA 1989. – *Nielson, H. R.; Nielson, F.*: Semantics with applications. John Wiley & Sons, Baffins Lane (UK) 1992.

**Zustand, BMV-sicherer** ⟨*safe state*⟩ → Berechnungskoordinierung

**Zustandsdiagramm** ⟨*state diagram*⟩. Zur Darstellung logisch bedingter Funktionsabläufe. Im Bereich der Hardware-Entwicklung und Simulationstechnik dienen sie zur Beschreibung der logischen Zustände in Schaltungen und Netzwerken. Z. finden ebenso auf dem Gebiet der Software-Entwicklung Verwendung, insbesondere zur Beschreibung von interaktiven Dialogsprachen.

Die Reaktionen eines interaktiven Systems hängen sowohl von den jeweiligen Aufträgen des Bedieners als auch von den momentanen Zuständen des Systems ab. Als momentaner Zustand kann z. B. der Wartemodus eines Dialogprogramms nach der Präsentation eines Menüs und vor der erwarteten → Benutzereingabe gesehen werden. Der interne Zustand eines Programms wird dabei durch die Gesamtheit der momentanen Werte (Inhalte) aller variablen Größen dieses Programms beschrieben.

Z. werden nicht nur zur bildlichen Darstellung existierender Sprachen benutzt, sondern umgekehrt auch zur Definition und → Modellierung neuer interaktiver Sprachen. Ein Z. kann als Komplement zu einem Flußdiagramm betrachtet werden; es beschreibt den gleichen Sachverhalt aus einem anderen Blickwinkel. Während die Grundelemente in einem Flußdiagramm Operationen oder → Daten verkörpern, so stehen bei Z. die momentanen Zustände im Mittelpunkt. Die einzelnen möglichen Zustände werden darin durch Knoten repräsentiert. Der Übergang von einem Zustand in einen anderen entspricht der Ausführung eines Programms bzw. eines Programmteils und wird jeweils durch die Kante eines gerichteten Graphen dargestellt. Die auslösenden Bedienerreaktionen sind dabei in den Anfangspunkten der Graphen zu sehen.

Ein Z. beschreibt somit, welche Zielzustände mit welchen und wievielen Schritten von einem bestimmten Ausgangszustand erreicht werden können. In der Mehrzahl der praktischen Anwendungen ergibt sich hieraus eine charakteristische Baumstruktur. Typisches Beispiel für eine solche Struktur ist ein Menübaum, versehen mit gerichteten Graphen, die in ihrer Summe sämtliche zugelassenen Menüsprünge repräsentieren.

*Encarnação/Redmer*

**Zustandsgraph** ⟨*state graph*⟩. Darstellung eines endlichen Automaten als gerichteter kantenbewerteter → Graph. Die Zustände des Graphen werden als Ecken, die durch Eingaben x bewirkten Zustandsübergänge durch mit x bewertete gerichtete Kanten dargestellt.

Bei Automaten mit → Ausgabe werden die Ausgaben an den Kanten (beim → *Mealy*-Automaten) oder in den Ecken (beim → *Moore*-Automaten) angegeben. *Brauer*

**Zustandsmaschine** ⟨*state machine*⟩. Mathematisches → Modell aus der → Automatentheorie, das die Abstraktion einer → Maschine beschreibt, deren → Berechnung oder Ablauf durch eine Folge von Zustandsübergängen charakterisierbar ist. *Breitling/K. Spies*

**Zustandsraum** ⟨*state space*⟩. Menge aller Zustände beim → Problemlösen in der → Künstlichen Intelligenz (KI). Das Lösen von KI-Problemen läßt sich vielfach als Suche in einem → Suchgraph darstellen. Die Knoten des Suchgraphen entsprechen möglichen Zuständen, in die das Problem durch Anwendung von Operatoren gebracht werden kann (dem Z.). Eine Lösung ist gefunden, wenn das Problem aus dem Anfangszustand durch eine Kette von Operatoranwendungen in einen Zielzustand gebracht wird.

Eine Zustandsbeschreibung umfaßt alle relevanten Eigenschaften der am Problem beteiligten Objekte.

Beispiel: Mit Hilfe zweier Gefäße von 5 bzw. 7 Liter Fassungsvermögen soll 1 Liter Wasser aus einem großen Wasservorrat abgemessen werden. Das Ziel wird durch sukzessives Füllen, Leeren und Übergießen von einem Gefäß ins andere erreicht. Eine Zustandsbeschreibung besteht offenbar aus dem Füllungsstand beider Gefäße. Ein Zustandsübergang erfolgt durch Ausführen einer der genannten Aktionen. *Neumann*

**Zustandsspur** ⟨*trace of states*⟩ → Berechnungskoordinierung

**Zustandsübergangsdiagramm** ⟨*state transition diagram*⟩. Ein gerichteter → Graph, dessen Knoten → Zustände repräsentieren und dessen Kanten mit Ereignissen markiert sind und Zustandsübergänge repräsentieren. Z. können somit als graphische Repräsentation endlicher Automaten betrachtet werden. Manchmal werden den Übergängen zusätzlich zu den auslösenden Ereignissen noch Bedingungen zugeordnet, die gelten müssen, damit der Übergang stattfinden kann, sowie Ausgabeaktionen, die durch den Übergang ausgelöst werden.

Z. werden zur Beschreibung des dynamischen Verhaltens von → Systemen verwendet. Zum Beispiel kann auf diese Weise die Dialogsteuerung einer Benutzeroberfläche spezifiziert werden. Insbesondere werden Z. in Methoden der objektorientierten Modellierung zur Beschreibung des dynamischen Verhaltens von → Objekten verwendet.

Da flache Z. oft nicht ausreichend sind zur Beschreibung komplexer Systeme, führte *Harel* 1987 die Technik der Statecharts ein, mit der es möglich ist, → Zustandsdiagramme hierarchisch zu strukturieren. Dabei kann ein Zustand (als OR-Superstate) selbst wieder durch ein Z. beschrieben werden, und mit dem Konzept der AND-Superstates ist es möglich, Zustände in mehrere parallele Subkomponenten zu zerlegen.

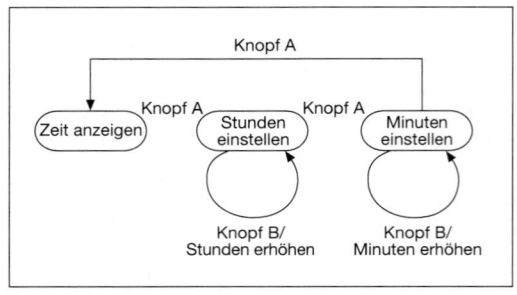

*Zustandsübergangsdiagramm: Beschreibung des Verhaltens einer einfachen Digitaluhr, angelehnt an* Rumbaugh et al. *1991, Fig. A5.5*   *Nickl, Wirsing*

Literatur: *Harel, D.*: Statecharts: A visual formalism for complex systems. Sci. of Computer Programming 8 (1987) pp. 231–274. – *Rumbaugh, J.; Blaha, M.* et al.: Object-oriented modeling and design. Prentice Hall, 1991.

**Zustandsübergangssystem** ⟨*state transition system*⟩ → Transitionssystem

**Zuverlässigkeit von Rechensystemen** ⟨*reliability of computing systems*⟩. **1.** Die Zuverlässigkeit eines → Rechensystems ist ein zusammengefaßtes, quantifiziertes Maß für die Übereinstimmung zwischen den funktionalen Eigenschaften, die das System haben soll und tatsächlich hat. Zuverlässigkeit ist ein Qualitätsattribut und steht in engem Zusammenhang mit dem Qualitätsattribut Rechtssicherheit. Systeme, die beide Qualitätseigenschaften in hohem Maß besitzen, sind verläßliche Systeme.

Aussagen zur Zuverlässigkeit eines Rechensystems erfordern die Abgrenzung des betrachteten Systems und seiner Umgebung nach den Charakteristika eines → Systems sowie die Präzisierung seiner Funktionalität. Sei S das betrachtete System. Die → Funktionalität von S als Einheit erfaßt die Speicher- und Rechenfähigkeit, die S seinen Benutzern für die Ausführung von Aufträgen bietet. Zuverlässigkeitsaussagen für S ergeben sich, indem die Funktionalität, die das System erbringen soll und seine Benutzer erwarten können – die Soll-Funktionalität von S –, und die Funktionalität, die das System seinen Benutzern tatsächlich erbringt – die Ist-Funktionalität von S –, miteinander verglichen werden. Wenn man bei definierter, bekannter Soll- und Ist-Funktionalität von allen speziellen Details abstrahiert, dann beschreibt man das für die Zuverlässigkeit von S über der Zeit $\mathbb{R}_+$ Wesentliche zweckmäßig durch eine Zustandsfunktion $Z: \mathbb{R}_+ \to \mathbb{B} \triangleq \{0, 1\}$ mit folgender Interpretation: $\mathbb{R}_+$ ist die Zeit, für die Aussagen über die Zuverlässigkeit von S gemacht werden. Für $t \in \mathbb{R}_+$ besagt $Z(t)=1$ ($Z(t)=0$), daß S zur Zeit t intakt (defekt) ist, was bedeutet, daß Soll- und Ist-Funktionalität übereinstimmen (nicht übereinstimmen).

Eine Zustandsfunktion $(Z(t) \mid t \in \mathbb{R}_+)$ für S beschreibt das für die Zuverlässigkeit des Systems Wesentliche relativ zur Soll- und Ist-Funktionalität. Die Soll-Funktionalität muß durch Spezifikation definiert sein; die Ist-Funktionalität muß durch Beobachtungen des Verhaltens von S oder durch entsprechendes Wissen bekannt sein. Beobachtungen des Verhaltens eines Systems haben die charakteristischen Eigenschaften stochastischer Experimente. Dementsprechend ist es zweckmäßig, einen Wahrscheinlichkeitsraum vorauszusetzen und davon auszugehen, daß Z(t) für jedes $t \in \mathbb{R}_+$ eine stochastische Variable mit Werten aus $\mathbb{B}$ ist; dementsprechend ist $(Z(t) \mid t \in \mathbb{R}_+)$ ein stochastischer Prozeß.

Die Beschreibung von Zuverlässigkeitseigenschaften eines Systems durch einen stochastischen Prozeß mit einer Zustandsfunktion $(Z(t) \mid t \in \mathbb{R}_+)$ läßt viele Anwendungs- und Differenzierungsmöglichkeiten zu. Man kann aus den Zustandsfunktionen weitere Zuverlässigkeitskenngrößen ableiten. Man kann die Zusammensetzung eines Systems aus Komponenten einbeziehen und den Charakteristika eines Systems entsprechend die Zuverlässigkeitseigenschaften von Komponenten durch Zustandsfunktionen beschreiben. Auf dieser Grundlage kann man die Gesetzmäßigkeiten der Zusammenhänge zwischen den Zuverlässigkeitseigenschaften eines Systems und seiner Komponenten analysieren. Daraus ergeben sich Anregungen für konstruktive Maßnahmen zur Steigerung der Zuverlässigkeit von Systemen.

Für die Ableitung von →Zuverlässigkeitskenngrößen sind drei Klassen von Zustandsfunktionen zu unterscheiden. Zunächst sei S ein System mit der Zustandsfunktion $(Z(t) \mid t \in \mathbb{R}_+)$, für die
– $Z(0)=1$ und
– aus $Z(t)=0$ für $t \in \mathbb{R}_+$ folgt, daß $Z(t')=0$ für alle $t' \in \mathbb{R}_+$ mit $t' \geq t$

gelten. Dann ist S ein System mit genau einer Intakt-Phase und der →Lebenszeit $L \triangleq \inf \{t \in \mathbb{R}_+ \mid Z(t)=0\}$; S ist ein →Einphasensystem. Die Lebenszeit L von S ist eine stochastische Variable mit Werten aus $\mathbb{R}_+$. Sie ist insbesondere dann von Interesse, wenn das System S Berechnungen, die eine gewisse Zeit dauern, ausführen soll. Für Einphasensysteme lassen sich die Zuverlässigkeitseigenschaften anhand der Lebenszeit-Verteilungen analysieren.

Als nächstes sei S ein System mit der Zustandsfunktion $(Z(t) \mid t \in \mathbb{R}_+)$, für die
– $Z(t)=1$ für alle $t \in \mathbb{R}_+$

gilt. Diese Situation ergibt sich theoretisch für ein perfektes System und praktisch dadurch, daß S ein System mit Komponenten ist, die spontan erneuert werden können; S ist ein →Erneuerungssystem. In diesem Fall beschreibt man S zweckmäßig durch einen →Erneuerungsprozeß mit den Lebensdauern seiner Komponenten. Man erhält mit der zugeordneten →Erneuerungsfunktion insbesondere Aussagen über die in Zeitintervallen gegebener Länge erforderlichen →Erneuerungen.

Schließlich sei S ein System mit der Zustandsfunktion $(Z(t) \mid t \in \mathbb{R}_+)$, für die gilt:
– $(Z(t))$ beschreibt eine alternierende Folge von Intakt- und Defekt-Phasen.

Diese Situation ergibt sich, wenn S ein System mit Komponenten ist, die nach einer gewissen Verzögerung erneuert werden können; S ist ein →Zweiphasensystem. In diesem Fall beschreibt man S zweckmäßig durch einen alternierenden Erneuerungsprozeß. Die auftretenden Verzögerungen können durch Maßnahmen für →Fehlerdiagnosen und →Fehlerkorrekturen begründet sein.

Für jedes der betrachteten Systeme S mit der Zustandsfunktion $(Z(t) \mid t \in \mathbb{R}_+)$ ist, wenn P das zugrundeliegende W-Maß ist, die →Verfügbarkeit $A(t)$ von S zur Zeit t durch $A(t) \triangleq P\{Z(t)=1\}$ definiert. Wenn die Folge der Verteilungen der $Z(t)$ für $t \to \infty$ konvergiert, dann ist

$$A \triangleq \lim_{t \to \infty} A(t)$$

die Verfügbarkeit des stationären Systems. Das ist insbesondere für alternierende Erneuerungsprozesse der Fall; dann ist A eine Funktion der Erwartungswerte der Intakt- und Defekt-Phasenlängen.

Für ein System S mit der Zustandsfunktion $(Z(t) \mid t \in \mathbb{R}_+)$ bedeutet $Z(t)=0$, daß die Soll- und die Ist-Funktionalität von S zur Zeit t nicht übereinstimmen. Die Gründe hierfür sind Fehler von S, wobei →Fehlerursachen und →Fehlverhalten zu unterscheiden sind. $Z(t)=0$ bedeutet, daß Fehlverhalten vorliegt. Wenn man ein System S mit hoher Zuverlässigkeit benötigt, dann muß Fehlverhalten von S möglichst ausgeschlossen werden. Das ist durch Fehlervermeidung, durch Fehlerkorrektur und durch Fehlertoleranz zu erreichen.

Maßnahmen der →Fehlervermeidung zielen darauf ab, Fehlerursachen auszuschließen, was bedeutet, daß bereits bei der Entwicklung eines Systems versucht wird, durch →Perfektionierung ein fehlerfreies System mit fehlerfreien Hardware- und Software-Komponenten zu konstruieren. Da es einfacher ist, die Entstehung von Fehlern zu vermeiden, als vorhandene Fehler zu beseitigen, sollten systematische Verfahren der Fehlervermeidung in den Entwicklungsprozeß eines Systems integriert möglichst weitgehend angewandt werden.

Maßnahmen der →Fehlerkorrektur gehen von einem System aus, das fehlerhaft ist, und zielen darauf ab, die entsprechenden Fehlerursachen zu beseitigen. Fehlerkorrektur setzt →Fehlererkennung voraus. In der Regel ist Fehlverhalten einfacher zu erkennen, als Fehlerursachen es sind. Wenn man davon ausgeht, daß für ein System S Fehlverhalten erkannt ist, dann sind →Fehlerlokalisierung, also Erkennung der fehlerhaften Komponente, und Erkennung der Fehlerursache als Vorbereitung der Fehlerkorrektur erforderlich. Ist K die fehlerhafte Komponente von S, so besteht die Fehlerkorrektur darin, daß durch Verbesserung von K oder durch Neuentwicklung (Rückgriff) eine Komponente K' mit der Soll-Funktionalität von K konstruiert und K als Komponente von S durch K' ersetzt wird; dadurch ergibt sich ein System S'. Fehlerkorrekturmaßnahmen erfordern demnach Fehlererkennungs- und Fehlervermeidungsmaßnahmen. Das unterstreicht, daß Fehlervermeidungsmaßnahmen integriert in den Entwicklungsprozeß eines Systems möglichst weitgehend angewandt werden sollten.

Maßnahmen der →Fehlertoleranz basieren wesentlich darauf, daß ein Rechensystem nach den Charakteristika eines Systems einerseits eine Einheit und andererseits aus Komponenten zusammengesetzt ist. Sie zielen darauf ab, Fehlverhalten von Komponenten eines Systems bzgl. der Funktionalität des Systems als Einheit unwirksam zu machen. Fehlertoleranz setzt →Fehlererkennung, Lokalisierung des entsprechenden Schadensgebiets, eine entsprechende →Rücksetzlinie und →Redundanz voraus. Die Entwicklung fehlertoleranter Systeme erfordert entsprechend aufeinander abgestimmte konstruktive Maßnahmen, mit denen diese

Voraussetzungen erfüllt werden. Fehlertoleranz geht davon aus, daß Fehlverhalten von Komponenten eines Systems möglich ist und erkannt werden kann. Sie trägt der Tatsache Rechnung, daß Fehlverhalten einfacher erkennbar ist, als Fehlerursachen.

Wenn Fehlverhalten erkannt ist, dann ist → Schaden entstanden. Das Schadensgebiet ist die Gesamtheit der Komponenten, die vom entstandenen Schaden betroffen sein können. Die Operationen, bei deren Ausführung das erkannte Fehlverhalten aufgetreten ist, sollen Beiträge zur Funktionalität des betrachteten Systems leisten. Diese Beiträge sind einerseits unwirksam zu machen, andererseits ist (fehlerfreie) Ersatzleistung zu erbringen. Für eine Ersatzleistung sind ein fehlerfreier Startzustand, zusammenfassend Rücksetzlinie des jeweiligen Schadensgebietes genannt, und redundante Komponenten zur Ausführung der Ersatzoperation erforderlich. Die beschriebenen Anforderungen machen den engen Zusammenhang zwischen Fehlererkennung, Schadensausbreitung und Ersatzleistung deutlich. Offenbar muß man versuchen, „kleine" Schadensgebiete zu erzwingen. Auf der Grundlage dieser Zusammenhänge sind vielfältige Fehlertoleranzmaßnahmen möglich; eine grobe Klassifikation ergibt sich aus der Unterscheidung zwischen statischer und dynamischer Redundanz.

Ein System S mit → statischer Redundanz liegt vor, wenn die Operationen von S in jedem Fall vorbeugend mit redundanten Komponenten so ausgeführt werden, daß Fehlverhalten eines Teils der Komponenten unwirksam bleibt, wenn nur genügend viele Komponenten die Operationen fehlerfrei ausführen. Ersatzleistung wird hier vorbeugend, also bevor bekannt ist, ob sie benötigt wird, erbracht. Fehlererkennung kann zunächst auf die Komponenten beschränkt bleiben. Wenn die Operationen, welche die Komponenten ausführen, lokal wirken, sind die möglichen Schadensgebiete klein. Die Rücksetzlinie für jede Operation von S ist die Schnittstelle von S. Sie wird nur benötigt, wenn Fehler auftreten, die S nicht toleriert, also bei der Ausführung einer Operation von S, bei der nicht ausreichend viele Komponenten fehlerfrei bleiben. Typische Systeme mit statischer Redundanz sind symmetrische Binärkanäle mit fehlerkorrigierenden Codes und → m-aus-n-Systeme.

Ein System S mit → dynamischer Redundanz liegt vor, wenn S Reservekomponenten enthält, die jedoch nur bei Bedarf für die Ausführung von Operationen von S eingesetzt werden. Bedarf bedeutet, daß für eingesetzte Komponenten Fehlverhalten auftritt und erkannt wird. Hier sind alle Maßnahmen, die vorstehend für Fehlertoleranz angegeben sind, einschließlich der → Ausgliederung fehlerhafter Komponenten und der → Eingliederung fehlerfreier Reservekomponenten integriert in S erforderlich, so daß entsprechende konstruktive Maßnahmen bei der Entwicklung sowie Komponenten zur Kontrolle und Durchführung der Fehlertoleranzmaßnahmen von S erforderlich sind. Typische Systeme mit dynamischer Redundanz sind die verschiedenen Varianten von Systemen mit Kontrollkomponenten und → Rekonfiguration.

Alle Arten von Systemen mit Fehlertoleranz erfordern zusätzlichen Aufwand, wobei das Vorhandensein von Redundanz, wie deutlich geworden sein sollte, nicht ausreicht. Für die systematische Anwendung von Fehlertoleranzmaßnahmen sind entsprechende Konzepte, die häufig als → atomare Aktionen bezeichnet werden, erforderlich.

Von den Maßnahmen zur Steigerung der Zuverlässigkeit von Systemen sind die der Fehlervermeidung und die der Fehlertoleranz aus den genannten Gründen hervorzuheben; sie sollten bei der Konstruktion von Systemen einander ergänzend angewandt werden.

*P. P. Spies*

Literatur: *Cinlar, E.*: Introduction to stochastic processes. Prentice Hall, Englewood Cliffs, NJ 1975.

**2.** → Software-Zuverlässigkeit

**Zuverlässigkeitskenngrößen** ⟨reliability measures⟩. Quantitative Maße für spezifische Aspekte der → Zuverlässigkeit von Systemen. Zur Definition von Z. sind formale Modelle für die Beschreibung der Zuverlässigkeitseigenschaften von Systemen erforderlich. Ein allgemein anwendbares Modell erhält man, indem man für ein System die beiden Zustände intakt $\equiv 1$ und defekt $\equiv 0$ mit $\mathbb{B} = \{0, 1\}$ definiert und die Zuverlässigkeitseigenschaften des Systems durch einen stochastischen Prozeß mit einer Zustandsfunktion $(Z(t) \mid t \in \mathbb{R}_+)$ beschreibt, wobei $Z(t)$ für jedes $t \in \mathbb{R}$ eine stochastische Variable mit Werten aus $\mathbb{B}$ ist. Auf dieser Grundlage kann man Z. definieren, die spezifische Aspekte der Zustandsfunktion und mit diesen zusammenhängende Eigenschaften erfassen. Hierzu kann man die Zustandsfunktionen in drei Klassen einteilen; diese Klassenbildung führt zu Einphasen-, Erneuerungs- und Zweiphasensystemen.

Sei S ein System mit der Zustandsfunktion $(Z(t) \mid t \in \mathbb{R}_+)$, für die

– $Z(0) = 1$ und

– aus $Z(t) = 0$ für $t \in \mathbb{R}_+$ folgt, daß $Z(t') = 0$ für alle $t' \in \mathbb{R}_+$ mit $t' \geq t$

gelten. Dann ist S ein System mit genau einer Intakt-Phase und der → Lebenszeit $L \triangleq \inf\{t \in \mathbb{R}_+ \mid Z(t) = 0\}$. S wird mit Ablauf seiner Lebenszeit defekt und bleibt defekt; mit Ablauf der Lebenszeit findet also ein → Ausfall von S statt. Systeme mit dieser Eigenschaft sind → Einphasensysteme. Sei S ein Einphasensystem mit der Lebenszeit L; L ist eine stochastische Variable mit Werten aus $\mathbb{R}_+$. Die Verteilung der Lebenszeit L, die mit einem W-Maß P durch eine Verteilungsfunktion $F(x) = P\{L \leq x\}$ für alle $x \in \mathbb{R}_+$ definiert wird, ist die für S primäre Z.

Von L ausgehend, lassen sich lebenszeitorientierte Z. definieren. Sei $x \in \mathbb{R}_+$; dann ist $R(x) \triangleq P\{L > x\}$ die → Überlebenswahrscheinlichkeit von S zur Zeit x. Aus der Definition von $R(x)$ folgt unmittelbar

$R(x) = 1 - F(x)$ für alle $x \in \mathbb{R}_+$. Sei $x_0 \in \mathbb{R}_+$; dann ist $L - x_0$ unter der Bedingung $L > x_0$ die → Restlebenszeit von S zur Zeit $x_0$. Die Verteilung der Restlebenszeit läßt sich aus der Verteilung von L bei festgelegtem $x_0$ berechnen. Sei $x_0 \in \mathbb{R}_+$; dann ist $P\{L - x_0 > x \mid L > x_0\}$ die bedingte Überlebenswahrscheinlichkeit von S zur Zeit x unter der Bedingung $L > x_0$. Die bedingte Überlebenswahrscheinlichkeit läßt sich aus der Überlebenswahrscheinlichkeit von S bei festgelegtem $x_0$ berechnen.

Alle diese lebenszeitorientierten Z. sind Eigenschaften eines Systems, die dann von Interesse sind, wenn das System zur Ausführung von Berechnungen eingesetzt wird, wobei sicherzustellen ist, daß das System für die gesamte benötigte Zeit intakt bleibt. Wenn man von den Charakteristika eines → Systems S die Zusammensetzung aus Komponenten berücksichtigt, interessieren die Gesetzmäßigkeiten der Zusammenhänge zwischen der Lebenszeit von S und den Lebenszeiten seiner Komponenten.

Sei S ein System mit der Zustandsfunktion $(Z(t) \mid t \in \mathbb{R}_+)$, für die $Z(t) = 1$ für alle $t \in \mathbb{R}_+$ gelte. Dann ist S ein perfektes System, das niemals defekt wird. Diese Eigenschaft läßt sich in der Realität höchstens dadurch erreichen, daß S aus Komponenten zusammengesetzt ist, die defekt werden können, die jedoch, wenn dies eintritt, sofort durch intakte Reservekomponenten ersetzt werden. Systeme mit dieser Eigenschaft sind → Erneuerungssysteme; man beschreibt sie zweckmäßig durch → Erneuerungsprozesse. Sei S ein Erneuerungssystem, das durch den Erneuerungsprozeß $(S_n \mid n \in \mathbb{N}_0)$ mit $(X_n \mid n \in \mathbb{N}_0)$ beschrieben wird. $(X_n)$ ist eine unabhängige Folge von identisch verteilten stochastischen Variablen mit Werten aus $\mathbb{R}_+$; $X_n$ ist die Länge des n-ten Erneuerungsintervalls. Die Verteilung der Längen dieser Intervalle, die Verteilungen der Summen $S_n$ dieser Längen und die Anzahl $N_t$ der → Erneuerungen im Zeitintervall $[0, t]$ für $t \in \mathbb{R}_+$ sind die primären Z. des Erneuerungssystems S.

Sei S ein System mit der Zustandsfunktion $(Z(t) \mid t \in \mathbb{R}_+)$, für die gelten:
- es gibt eine Folge $(t_n \mid n \in \mathbb{N}_0)$ mit $t_n \in \mathbb{R}_+$ für alle $n \in \mathbb{N}_0$ und $t_0 = 0 < t_1 < t_2 < \ldots$;
- für alle $n \in \mathbb{N}_0$ und $t \in [t_{2n}, t_{2n+1})$ ist $Z(t) = 1$;
- für alle $n \in \mathbb{N}$ und $t \in [t_{2n-1}, t_{2n})$ ist $Z(t) = 0$.

S durchläuft also eine alternierende Folge von Intakt- und Defekt-Phasen; die Defekt-Phasen können zur Reparatur oder zur → Rekonfiguration benutzt werden. Systeme mit diesen Eigenschaften sind → Zweiphasensysteme; man beschreibt sie zweckmäßig durch alternierende Erneuerungsprozesse. Sei S ein Zweiphasensystem, das durch den alternierenden Erneuerungsprozeß $(S_n \mid n \in \mathbb{N}_0)$ mit $(U_n \mid n \in \mathbb{N})$ und $(V_n \mid n \in \mathbb{N})$ beschrieben wird. $(U_n)$ ist eine unabhängige Folge von identisch verteilten stochastischen Variablen mit Werten aus $\mathbb{R}_+$; $U_n$ ist die Länge der n-ten Intakt-Phase. $(V_n)$ ist eine unabhängige Folge von identisch verteilten stochastischen Variablen mit Werten aus $\mathbb{R}_+$; $V_n$ ist die Länge der n-ten Defekt-Phase. Alle $U_n$ und $V_n$ sind unabhängig. Für $n \in \mathbb{N}$ sei $X_n \mathrel{\mathop:}= U_n + V_n$; $X_n$ ist die Länge des n-ten Erneuerungsintervalls und $(S_n)$ ist der Erneuerungsprozeß mit $(X_n)$. Das Zuverlässigkeitsverhalten von S wird im wesentlichen durch sein Verhalten in einem Erneuerungsintervall beschrieben. Die Verteilungen der Längen der Intakt- und Defekt-Phasen sind die primären Z. von S. Von diesen lassen sich weitere Z. ableiten.

Für den Erwartungswert einer Intakt-Phase ist die Bezeichnung → MTTF (Mean Time To Failure) üblich; es gilt also $\text{MTTF} = E[U_n]$. Für den Erwartungswert einer Defekt-Phase ist die Bezeichnung → MTTR (Mean Time to Repair) üblich. Es gilt also $\text{MTTR} = E[V_n]$. Für den Erwartungswert der Länge eines Erneuerungsintervalls ist die Bezeichnung → MTBF (Mean Time Between Failures) üblich. Es gilt also $\text{MTBF} = E[X_n] = \text{MTTF} + \text{MTTR}$. Mit diesen Kenngrößen ergibt sich die → Verfügbarkeit A von S, für die

$$A = \frac{\text{MTTF}}{\text{MTBF}} \text{ gilt.}$$

Sei S ein Einphasen-, Erneuerungs- oder Zweiphasensystem mit der Zustandsfunktion $(Z(t) \mid t \in \mathbb{R}_+)$ und dem W-Maß P. Dann ist für S die Verfügbarkeit $A(t)$ zur Zeit $t \in \mathbb{R}_+$ als Z. definiert durch $A(t) \triangleq P\{Z(t) = 1\}$. $A(t)$ ist also die → Intakt-Wahrscheinlichkeit von S zur Zeit t. Wenn S ein Einphasensystem mit der Lebenszeit L ist, dann gilt $A(t) = P\{Z(t) = 1\} = P\{L > t\} = R(t)$ mit der Überlebenswahrscheinlichkeit $R(t)$ von S zur Zeit t. Wenn S ein Erneuerungssystem ist, dann gilt $A(t) = 1$ für alle $t \in \mathbb{R}_+$. Wenn S ein Zweiphasensystem ist, dann ist außer der Verfügbarkeit $A(t)$ von S zur Zeit t und der mittleren Verfügbarkeit A von S auch der Grenzwert von $A(t)$ für $t \to \infty$ von Interesse. Es gilt

$$\lim_{t \to \infty} A(t) = A,$$

und A ist zugleich die Verfügbarkeit und die Intakt-Wahrscheinlichkeit des stationären Systems.

Alle bisher eingeführten Kenngrößen beziehen sich allein auf die Zuverlässigkeit von Systemen. Da noch weitere Systemeigenschaften wichtig sind, sind kombinierte Kenngrößen notwendig. → Performability ist eine Kenngröße, die Performance als Maß für die Zeit, die ein System für die Ausführung einer Berechnung benötigt, und Reliability (→ Überlebenswahrscheinlichkeit) als Maß für die Zuverlässigkeit kombiniert. Solche kombinierten Kenngrößen sind insbesondere für Systeme mit → sanftem Leistungsabfall, für die also Defekte von Komponenten keinen Ausfall, aber eine Reduktion der sonstigen Leistung bewirken, von Interesse.

*P. P. Spies*

**Zuverlässigkeitsparallelkombination** ⟨*parallel combination as reliability model*⟩. Auf die → Zuverlässigkeit ausgerichtete Regeln für die Konstruktion von zusammengesetzten → Systemen. Sie basieren auf

Systemfunktionen und erfassen entsprechend allein die kausalen Zusammenhänge zwischen einem System und seinen Komponenten. Sei $m \in \mathbb{N}$. Für $i \in \{1, ..., m\}$ sei $S_i$ ein System mit der Systemfunktion $\xi_i$. Dann ist das System S mit der Systemfunktion $\xi$ Parallelkombination der Systeme $S_1, ..., S_m$ genau dann, wenn $\overline{\xi} = \overline{\xi_1} \cdots \overline{\xi_m}$ mit ‾ als Zeichen für das Komplement gilt. Die Systemfunktionen sind *Boole*sche Funktionen. Das Komplement der Systemfunktion einer Parallelkombination wird also durch konjunktive Verknüpfung der Komplemente der Systemfunktionen der $S_i$ gebildet.

Eine spezielle Form der Parallelkombination liefern →Parallelsysteme. Mit $m \in \mathbb{N}$ sei für $i \in \{1, ..., m\}$ die Systemfunktion von $S_i$ $\xi_i(z_i) = z_i$ mit $z_i \in \mathbb{B}$, wobei die $z_i$-Zustände von m Komponenten sind. Dann ist die Parallelkombination von $S_1, ..., S_m$ das Parallelsystem $S_\vee(m)$ mit $\overline{\xi(z_1, ..., z_m)} = \overline{z_1} \cdots \overline{z_m}$ für die Systemfunktion.

Im allgemeinen Fall einer Parallelkombination mit $m \in \mathbb{N}$ sind die Systemfunktionen $\xi_i$, $i \in \{1, ..., m\}$, der kombinierten Systeme *Boole*sche Funktionen, die sich auf Zustände von Komponenten beziehen, die gemeinsam in mehreren Systemfunktionen auftreten können. Dann sind die Bezeichner der Zustandsvariablen mit den Komponenten aller kombinierten Systeme zu identifizieren, und die Systemfunktion der Parallelkombination ist nach den Rechenregeln für *Boole*sche Funktionen umzuformen. Dies gilt insbesondere für die Überführung der Systemfunktion in ihre disjunktive kanonische Form, die zur Berechnung der Verteilungen, mit denen →Zuverlässigkeitskenngrößen abgeleitet werden können, geeignet ist.

Für die Konstruktion von Systemen werden Z. und →Zuverlässigkeitsserienkombinationen benutzt.

*P. P. Spies*

**Zuverlässigkeitsserienkombination** ⟨*serial combination as reliability model*⟩. Auf die →Zuverlässigkeit ausgerichtete Regeln für die Konstruktion zusammengesetzter →Systeme. Sie basieren auf Systemfunktionen und erfassen entsprechend allein die kausalen Zusammenhänge zwischen einem System und seinen Komponenten. Sei $m \in \mathbb{N}$. Für $i \in \{1, ..., m\}$ sei $S_i$ ein System mit der Systemfunktion $\xi_i$. Dann ist das System S mit der Systemfunktion $\xi$ Serienkombination der Systeme $S_1, ..., S_m$ genau dann, wenn $\xi = \xi_1 \cdots \xi_m$ gilt. Die Systemfunktionen sind *Boole*sche Funktionen; die Systemfunktionen einer Serienkombination werden also konjunktiv verknüpft.

Eine spezielle Form der Serienkombination liefert →Seriensysteme. Mit $m \in \mathbb{N}$ sei für $i \in \{1, ..., m\}$ die Systemfunktion von $S_i$ $\xi_i(z_i) = z_i$ mit $z_i \in \mathbb{B}$, wobei die $z_i$ die Zustände von m Komponenten sind. Dann ist die Serienkombination von $S_1, ..., S_m$ das Seriensystem $S_\wedge(m)$ mit der Systemfunktion $\xi(z_1, ..., z_m) = z_1 \cdots z_m$.

Im allgemeinen Fall einer Serienkombination mit $m \in \mathbb{N}$ sind die Systemfunktionen $\xi_i$, $i \in \{1, ..., m\}$, der kombinierten Systeme *Boole*sche Funktionen, die sich auf Zustände von Komponenten beziehen, die gemeinsam in mehreren Systemfunktionen auftreten können. Dann sind die Bezeichner der Zustandsvariablen mit den Komponenten aller kombinierten Systeme zu identifizieren, und die Systemfunktion der Serienkombination ist nach den Rechenregeln für *Boole*sche Funktionen umzuformen. Dies gilt insbesondere für die Überführung der Systemfunktion in ihre disjunktive kanonische Form, die zur Berechnung der Verteilungen, mit denen →Zuverlässigkeitskenngrößen abgeleitet werden können, geeignet ist.

Für die Konstruktion von Systemen werden Z. und →Zuverlässigkeitsparallelkombinationen benutzt.

*P. P. Spies*

**Zuverlässigkeitssystemfunktion** ⟨*reliability system function*⟩. Die →Zuverlässigkeit eines Systems S läßt sich durch einen stochastischen Prozeß mit der Zustandsfunktion $(Z(t) \mid t \in \mathbb{R}_+)$ beschreiben. Dabei ist für jedes $t \in \mathbb{R}_+$ $Z(t)$ eine stochastische Variable mit Werten aus $\mathbb{B} \triangleq \{0, 1\}$, wobei 1 als intakt und 0 als defekt interpretiert wird. Wenn das →System S aus den Komponenten $K_1, ..., K_n$ mit $n \in \mathbb{N}$ zusammengesetzt ist, dann gilt für die Beschreibung der Zuverlässigkeit der Komponenten das für S Gesagte entsprechend: Die Zuverlässigkeit der Komponente $K_i$, $i \in \{1, ..., n\}$, läßt sich durch einen stochastischen Prozeß mit der Zustandsfunktion $Z_i(t) \mid t \in \mathbb{R}_+)$ beschreiben.

Mit $n \in \mathbb{N}$ bestehe das System S aus den Komponenten $K_1, ..., K_n$. Zur Festlegung und zur Analyse der Gesetzmäßigkeiten der Zusammenhänge zwischen dem Zuverlässigkeitsverhalten von S und dem seiner Komponenten ist es zweckmäßig, die kausalen Zusammenhänge zwischen den Komponenten in S und die stochastischen Aspekte dieser Zusammenhänge separat zu beschreiben. Die kausalen Zusammenhänge zwischen den Komponenten in S beschreibt man zweckmäßig durch eine Abbildung $\xi: \mathbb{B}^n \to \mathbb{B}$, die linkstotal ist und Systemfunktion von S genannt wird. Ist $z = (z_1, ..., z_n) \in \mathbb{B}^n$ ein Zustand der Komponenten $K_1, ..., K_n$, so ist $\xi(z) \in \mathbb{B}$ der diesem entsprechende Zustand von S.

Die Systemfunktion $\xi$ von S ist eine n-stellige *Boole*sche Funktion. Die Menge der n-stelligen *Boole*schen Funktionen ist mit der Disjunktion, der Konjunktion und dem Komplement ein *Boole*scher Verband. Demnach stehen alle Eigenschaften dieses *Boole*schen Verbands für Systemfunktionen zur Verfügung. Für die n-stellige Systemfunktion $\xi$ von S ist insbesondere ihre Darstellung $\delta: \mathbb{B}^n \to \mathbb{B}$ in disjunktiver kanonischer Form definiert. Es gilt

$$\delta(z_1, ..., z_n) = \sum_{(b_1, ..., b_n) \in \mathbb{B}_n} \xi(b_1, ..., b_n) \, z_1^{b_1} \cdots z_n^{b_n}$$

für alle $(z_1, ..., z_n) \in \mathbb{B}^n$. Dabei sind $z_i^1 \triangleq z_i$ und $z_i^0 \triangleq \overline{z_i} = 1 - z_i$ für alle $i \in \{1, ..., n\}$; $\Sigma$ ist das Zeichen für die Disjunktion und · das Zeichen für die Konjunktion.

Die Menge $\mathbb{B}^n$ mit $n \in \mathbb{N}$ ist ihrerseits mit der Disjunktion, der Konjunktion und dem Komplement ein *Boole*scher Verband. Auf $\mathbb{B}^n$ ist demnach eine reflexive Ordnungsrelation $\leq$ so definiert, daß $(\mathbb{B}^n, \leq)$ eine geordnete Menge ist. Ist $\xi$ die n-stellige Systemfunktion von S, so ist $\xi$ isoton, wenn für alle $z, z' \in \mathbb{B}^n$ aus $z \leq z'$ folgt, daß $\xi(z) \leq \xi(z')$ gilt. Das System S ist isoton, wenn seine Systemfunktion $\xi$ isoton ist.

Sei $\xi$ die n-stellige Systemfunktion von S; dann beschreibt $\xi$ die kausalen Zusammenhänge der Komponenten $K_1, \ldots, K_n$ in S. Für $t \in \mathbb{R}_+$ ist die Zustandsvariable $Z(t)$ eine stochastische Variable mit Werten aus $\mathbb{B}$; ihre Verteilung beschreibt die stochastischen Aspekte der Zuverlässigkeit von S zur Zeit t. Entsprechendes gilt für die Zustandsvariablen $Z_i(t)$ der Komponenten $K_i$ mit $i \in \{1, \ldots, n\}$. Der Zusammenhang zwischen $Z(t)$ und den $Z_i(t)$ ist festgelegt durch die Systemfunktion $\xi$ von S. Es gilt $Z(t) = \xi(Z_1(t), \ldots, Z_n(t))$ für alle $t \in \mathbb{R}_+$. Dieser Zusammenhang ist ein Zusammenhang zwischen Verteilungen. Wenn man für das System S die Systemfunktion $\xi$ kennt und aus der Zuverlässigkeit der Komponenten die Zuverlässigkeit von S berechnen möchte, dann benötigt man dazu die gemeinsame Verteilung der $(Z_1(t), \ldots, Z_n(t))$ für alle $t \in \mathbb{R}_+$.

Wenn für S die Systemfunktion $\xi$ und die gemeinsame Verteilung der $(Z_1(t), \ldots, Z_n(t))$ gegeben sind, dann ist die Funktion $Z(t) = \xi(Z_1(t), \ldots, Z_n(t))$ i. allg. aus wahrscheinlichkeitstheoretischen Gründen nicht unmittelbar für die Berechnung der Verteilung von $Z(t)$ geeignet. Mit der disjunktiven kanonischen Form der Systemfunktion ist dies jedoch immer möglich. Mit dem W-Maß P gilt

$$P\{Z(t) = 1\} = \sum_{(b_1, \ldots, b_n) \in \mathbb{B}^n} \xi(b_1, \ldots, b_n) P\{Z_1^{b_1}(t) \ldots Z_n^{b_n}(t) = 1\}$$

für alle $t \in \mathbb{R}_+$, und damit ist die Verteilung von $Z(t)$ bekannt. Für jedes $(b_1, \ldots, b_n) \in \mathbb{B}^n$ basiert der entsprechende Summand

$$P\{Z_1^{b_1}(t) = \ldots Z_n^{b_n}(t) = 1\} = P\{Z_1^{b_1}(t) = 1, \ldots Z_n^{b_n}(t) = 1\}$$

auf der gemeinsamen Verteilung der $(Z_1(t), \ldots, Z_n(t))$. Das gilt für abhängige und für unabhängige $Z_i(t)$. Wenn die Zustandsvariablen der Komponenten unabhängig sind, vereinfacht sich die Berechnung wesentlich; dann gilt

$$P\{Z_1^{b_1}(t) = 1, \ldots Z_n^{b_a}(t) = 1\} = \prod_{i=1}^{n} P\{Z_i^{b_i}(t) = 1\}$$

für alle $(b_1, \ldots, b_n) \in \mathbb{B}^n$.

Wenn man für ein zusammengesetztes System → Zuverlässigkeitskenngrößen des Systems aus den Zuverlässigkeitskenngrößen seiner Komponenten berechnen möchte, dann ist es zweckmäßig, die Systemfunktion und ihre Bedeutung für die Zustandsfunktion auszunutzen. Das gilt insbesondere für → m-aus-n-Systeme, für Serienkombinationen und für → Parallelkombinationen von Systemen. *P. P. Spies*

**Zweibandautomat** ⟨*two-tape automaton*⟩. Endlicher Automat mit zwei Eingabebändern, die von links nach rechts gelesen werden, der eine Menge von Wortpaaren akzeptiert. Je nachdem, wie die Bewegungen der Leseköpfe gesteuert werden, unterscheidet man verschiedene Typen:
– Auf beiden Bändern wird parallel je ein → Zeichen gelesen. Wenn ein Eingabewort gelesen ist, wird das andere bis zum Ende weitergelesen.
– Die Zustandsmenge ist aufgeteilt in zwei Teile $Z_1$ und $Z_2$. Befindet sich der Automat in einem Zustand aus $Z_1$, so wird nur von Band 1 gelesen, sonst von Band 2.
– Es gibt keine Beschränkung; der Automat arbeitet nichtdeterministisch.

Ein Z. kann auch als endlicher → Transduktor aufgefaßt werden, indem man das zweite Eingabeband als Ausgabeband deutet, umgekehrt kann jeder endliche Transduktor als Z. gedeutet werden. Eine Menge von Wortpaaren W, d. h. eine Teilmenge W von $X^* \times Y^*$, kann also genau dann von einem allgemeinen Z. akzeptiert werden, wenn die folgendermaßen durch W bestimmte Zuordnung von Teilmengen von $X^*$ zu Teilmengen von $Y^*$ eine a-Transduktorabbildung (→ Automatenabbildung) ist: $U \subseteq X^*$ wird zugeordnet die Menge aller $v$ aus $Y^*$, für die es ein $u$ aus $U$ so gibt, daß $(u, v)$ in W liegt: $\{v \in Y^* \mid W \cap U \times \{v\} \neq \emptyset\}$.

Die Menge der von allgemeinen Z. akzeptierten Teilmengen von $X^* \times Y^*$ ist gleich der Menge der rationalen Teilmengen von $X^* \times Y^*$, d. h. der kleinsten Menge von Teilmengen von $X^* \times Y^*$, die die endlichen Teilmengen von $X^* \times Y^*$ und die leere Menge enthält und die mit zwei Teilmengen U und V auch ihre Vereinigung und ihr Komplexprodukt, d. h. die Menge aller Produkte u v mit u aus U und v aus V (wobei das Produkt u v komponentenweise gebildet wird) enthält, sowie mit U auch das von U erzeugte Untermonoid $U^*$ von $X^* \times Y^*$, d. h. die Menge aller endlichen Produkte $u_1 u_2 \ldots u_n$ von Elementen aus U und das Einselement $(\Lambda, \Lambda)$. Eine natürliche und einfache Verallgemeinerung ist der n-Band-Automat (n eine feste natürliche Zahl). *Brauer*

Literatur: *Berstel, J.*: Transductions and context-free languages. Stuttgart 1979. – *Brauer, W.*: Automatentheorie. Stuttgart 1984.

**Zweiphasen-Commit-Protokoll** ⟨*two-phase commit protocol*⟩. Gelangt bei → Transaktionen, die mit verteilten Datenbeständen (→ Datenbank) arbeiten, zum Einsatz. Wenn eine Transaktion beendet werden soll, müssen die Änderungen der Transaktion in allen geänderten Datenbeständen persistent (→ Persistenz) gesichert werden (→ ACID-Eigenschaften). Um dies zu gewährleisten, wird eine entsprechende → Nachricht (*prepare to commit*) an alle beteiligten Rechner geschickt. Wenn alle Rechner positiv geantwortet haben, d. h. alle bereit sind, die Änderungen persistent zu sichern, wird die Transaktion mit dem Schicken der endgültigen Nachricht *commit* beendet. Wenn ein Rechner negativ antwortet, wird das Commit nicht durchgeführt (→ Zurücksetzen von Transaktionen).

*Schmidt/Schröder*

Literatur: *Gray, J.* und *A. Reuter*: Transaction processing: Concepts and techniques. Hove, East Sussex 1993.

**Zweiphasen-Sperrprotokoll** ⟨*two-phase transaction locking*⟩. Eine → Transaktion arbeitet nach dem Z.-S., wenn sie in einer einleitenden Wachstumsphase alle benötigten → Sperren anfordert und in einer abschließenden Schrumpfungsphase alle angeforderten Sperren freigibt. In der Wachstumsphase dürfen keine Sperren freigegeben und in der Schrumpfungsphase keine Sperren angefordert werden. Mit dem Z.-S. sollen → ACID-Eigenschaften sichergestellt werden. Allerdings reicht das → Protokoll nicht aus, um alle Eigenschaften zuzusichern: Wenn in der Schrumpfungsphase eine weitere Transaktion abläuft, die mit den schon freigegebenen Daten arbeitet und vor der ersten Transaktion beendet wird, die erste Transaktion aber abbricht und daher alle Änderungen dieser Transaktion zurückgenommen werden, wird die ACID-Eigenschaft → Dauerhaftigkeit für die zweite Transaktion verletzt. Daher werden beim strikten Z.-S. alle Sperren atomar in der zweiten Phase freigegeben, ohne daß die Transaktion in dieser Phase noch scheitern darf. *Schmidt/Schröder*

Literatur: *Gray, J.* und *A. Reuter*: Transaction processing: Concepts and techniques. Hove, East Sussex 1993.

**Zweiphasensysteme** ⟨*two-phase systems*⟩. → Modellsysteme zur Beschreibung und zur Analyse der → Zuverlässigkeit zusammengesetzter Systeme. Sie sind dadurch charakterisiert, daß sie eine alternierende Folge von Intakt- und Defekt-Phasen durchlaufen. Die Defekt-Phasen können Reparatur- oder Rekonfigurationsphasen entsprechen, so daß Z. insbesondere Modelle für fehlertolerante Systeme sind. Die wahrscheinlichkeitstheoretischen Modelle für die Z. sind die alternierenden → Erneuerungsprozesse. Alternativen zu Z. sind die → Erneuerungssysteme und die → Einphasensysteme.

Sei S ein Z. mit den Längen $(U_n \mid n \in \mathbb{N})$ seiner Intakt-Phasen und den Längen $(V_n \mid n \in \mathbb{N})$ seiner Defekt-Phasen. $(U_n)$ und $(V_n)$ sind zwei unabhängige Folgen von stochastischen Variablen mit Werten aus $\mathbb{R}_+$, die durch ihre Verteilungen charakterisiert werden. Die für die Zuverlässigkeit wesentlichen Eigenschaften von S sind die Verteilungen der $U_n$ und der $V_n$. Wenn diese Verteilungen bekannt sind, können weitere → Zuverlässigkeitskenngrößen abgeleitet werden. Dazu gehören insbesondere die → Verfügbarkeit von S zur Zeit t und die stationäre Verfügbarkeit von S. Diese Kenngrößen kann man mit den Techniken für alternierende Erneuerungsprozesse berechnen.

Die Intakt-Phasen eines Z. können sich daraus ergeben, daß Komponenten des betrachteten Systems nach festgelegten Gesetzmäßigkeiten zusammenwirken. Dann kann man die Längen der Intakt-Phasen den Charakteristika von → Systemen entsprechend als → Lebenszeit eines Einphasensystems definieren und ihre Verteilung mit den für diese zur Verfügung stehenden Techniken berechnen. Entsprechendes gilt für die Defekt-Phasen insbesondere dann, wenn sie Reparatur- oder Rekonfigurationsphasen eines fehlertoleranten Systems modellieren. *P. P. Spies*

**Zweischlüssel-Kryptosystem** ⟨*two-key cryptosystem*⟩ → Kryptosystem, asymmetrisches

**Zweiwegeautomat** ⟨*two-way automaton*⟩ → Automatentheorie

**Zwischensystem** ⟨*intermediate system*⟩. Ein allgemeiner Oberbegriff für → Brücke, → Router und → Gateway, also → Instanzen, über die verschiedene Netze gekoppelt werden. *Jakobs/Spaniol*

**Zyklus** ⟨*cycle, loop*⟩. **1.** In → Programmen eine Folge von → Befehlen, die regelmäßig und in immer der gleichen Reihenfolge wiederholt werden.

**2.** Bei der → Hardware von → Rechenanlagen alle Teiloperationen, die notwendig sind, um eine vollständige → Operation auszuführen. Der Maschinenbefehlszyklus besteht aus Adressierungsphase, Befehlsholphase, Decodierphase, Operandenholphase, Ausführungsphase und Rückschreibphase. Entsprechendes gilt für den Mikroinstruktionszyklus. Beim Speicherzyklus handelt es sich um alle Aktionen, die notwendig sind, ein → Wort im → Speicher zu schreiben oder zu lesen.

**3.** Während beim arithmetischen oder logischen Shift alle Binärstellen des Wortes um die vorgegebene Stellenzahl nach links oder rechts verschoben werden und die dabei das Wort verlassenden Stellen verlorengehen, werden diese Stellen beim zyklischen Shift am anderen Ende wieder in das Wort hineingeschoben.

*Bode/Schneider*

# Übersetzungsliste

Die Übersetzungsliste enthält die englischen Übersetzungen der im Lexikon aufgeführten Stichwörter und Verweiswörter in alphabetischer Reihenfolge. Sie kann einerseits dazu dienen, zu englischsprachigen Begriffen deutschsprachige Übersetzungen zu ermitteln, andererseits aber auch dazu, Erklärungen in den entsprechenden Stichworttexten zu finden. Die Übersetzungsliste zeigt aber auch, daß in vielen Fällen der englischsprachige Begriff Eingang in die deutsche Fachsprache gefunden hat.

Die den englischsprachigen Begriffen gegenüberstehenden deutschen Bezeichnungen entsprechen weitgehend den Ausdrücken, die als Stichwörter im Lexikon enthalten sind. Werden mehrere deutschsprachige Begriffe angeführt, entspricht ihre Reihenfolge der empfohlenen Folge, in der nach diesen Begriffen nachgeschlagen werden sollte.

## A

| | | | |
|---|---|---|---|
| A*-algorithm | A*-Algorithmus | ACL (Access Control List) | ACL |
| a posteriori estimation | Abschätzung, a posteriori | ACM (Association for Computing Machinery) | ACM |
| a priori estimation | Abschätzung, a priori | ACT | ACT |
| abduction | Abduktion | action | Aktion |
| absolute coordinates | Koordinaten, absolute | active attack | Angriff, aktiver |
| abstract data type | Datentyp, abstrakter | active vision | Sehen, aktives |
| abstract family of languages | Sprachfamilie, abstrakte | ACTS (Advanced Communications Technologies and Services) | ACTS |
| abstract interpretation | Interpretation, abstrakte | adaption | Adaption |
| abstract multi-processor machine | Mehrprozessormaschine, abstrakte | adaptive memory management algorithms | Arbeitsspeicherverwaltung, adaptive Verfahren zur |
| abstract single-processor machine | Einprozessormaschine, abstrakte | adder | Addierglied |
| abstract state machine | Abstract State Machine | address | Adresse |
| abstract system | System, abstraktes | address allocation | Adreßzuordnung |
| abstraction | Abstraktion | address register | Adreßregister |
| ACC (Asynchronous Computer Conferencing) | ACC | address space | Adreßraum |
| acceptance test | Absoluttest | addressable point | Punkt, adressierbarer |
| access behavior | Zugriffsverhalten | ADMD (Administration Management Domain) | ADMD |
| access-closed computing system | Rechensystem, zugriffsabgeschlossenes | ADPCM (Adaptive Differential Pulse Code Modulation) | ADPCM |
| access-closed system | System, zugriffsabgeschlossenes | AGC (Asynchronous Group Communication) | AGC |
| access control | Zugriffskontrolle; Zugangskontrolle; Zugangssteuerung | agenda | Agenda |
| | | agent | Agent |
| | | aggregation | Aggregation |
| access control system | Zugriffskontrollsystem | aggregation operation | Aggregationsoperation |
| access list | Zugriffsliste | algebraic multigrid | Mehrgitter, algebraisches |
| access-open computing system | Rechensystem, zugriffsoffenes | algebraic multigrid method | AMG (Algebraisches Mehrgitterverfahren) |
| access-open system | System, zugriffsoffenes | ALGOL 60 | ALGOL 60 |
| access path | Zugriffspfad | algorithm | Algorithmus |
| access protocol | Zugriffsprotokoll | algorithmic logic | Logik, algorithmische |
| access trace | Zugriffsspur | aliasing | Aliasing; Treppeneffekt |
| access unit | Zugangseinheit | aliasing error | Darstellungsfehler |
| accumulator | Akkumulator | alignment of biological sequences | Alignment biologischer Sequenzen |
| accuracy | Wiederholgenauigkeit | all-or-nothing semantics | Alles-oder-nichts-Semantik |
| ACID (Atomicity Consistency Isolation Duration) properties | ACID-Eigenschaften | allocation request state | Belegungsanforderungszustand |
| Ackermann function | Ackermann-Funktion | ALOHA | ALOHA |
| acknowledgement | Quittung | alpha-beta method | Alpha-Beta-Verfahren |

833

## Übersetzungsliste

| | |
|---|---|
| ALU (Arithmetic Logical Unit) | ALU |
| AM (Amplitude Modulation) | AM (Amplitudenmodulation) |
| ambient light | Umgebungslicht |
| Amdahl's formulae | Amdahl-Regeln |
| Amdahl's law | Amdahl-Gesetz |
| AMI (Alternate Mark Inversion) code | AMI-Code |
| amplitude | Amplitude |
| amplitude modulation | Amplitudenmodulation |
| amplitude shift keying | Amplitudenumtastung |
| analog computer | Analogrechner |
| analogue | analog |
| analogue television set | Fernsehempfänger, analoger |
| analytic quality assurance | Qualitätsprüfung |
| And | Konjunktion |
| AND-OR graph | UND-ODER-Graph |
| angle modulation | Winkelmodulation |
| animation | Animation |
| animation system | Animationssystem |
| anisocronous | anisochron |
| annotation | Annotation |
| ANSI (American National Standards Institute) | ANSI |
| ANSI/SPARC architecture | ANSI/SPARC-Architektur |
| antialiasing | Antialiasing |
| APD (Avalanche Photo Diode) | APD (Avalanche-Photo-Diode) |
| aperiodic | aperiodisch |
| API (Application Programming Interface) | API |
| application cooperation | Anwendungskooperation |
| application development environment | Anwendungsentwicklungsumgebung |
| application function | Anwendungsfunktion |
| application interface | Anwenderschnittstelle |
| application layer | Anwendungsebene |
| application model | Anwendungsmodell |
| application program | Anwendungsprogramm |
| application programmer | Anwendungsprogrammierer |
| application programming interface | Anwendungsprogrammierschnittstelle |
| application sharing | Application Sharing |
| approximative method | Verfahren, approximatives |
| architecture of business information systems | Architektur betrieblicher Informationssysteme |
| architecture of control systems | Struktur von Leitsystemen |
| archive storage | Archivspeicher |
| areal data density | Aufzeichnungsdichte |
| ARPA (Advanced Research Project Agency) net | ARPA-Net |
| ARQ (Automatic Repeat Request) | ARQ |
| array processor | Feldrechner |
| arrival process | Ankunftsprozeß |
| artificial intelligence | Künstliche Intelligenz (KI) |
| artificial life | Artificial Life |
| artificial reality | Realität, künstliche |
| artificial system | System, künstliches |
| ASCII (American Standard Code for Information Interchange) | ASCII |
| ASK (Amplitude Shift Keying) | ASK |
| ASN.1 (Abstract Syntax Notation One) | ASN.1 |
| assembler | Assembler; Maschinensprache |
| assertion | Zusicherung |
| association | Assoziation |
| 1:1-association | Zuordnung, 1:1- |
| Association Control Service Element | ACSE |
| Association of German Computer Users | ADI (Anwenderverband Deutscher Informationsverarbeiter) |
| Association of German Electrical Engineers | VDE Verband Deutscher Elektrotechniker e. V. |
| Association of German Engineers | VDI Verein Deutscher Ingenieure |
| associative computer | Assoziativrechner |
| associative database | Datenbasis, assoziative |
| associative memory | Assoziativspeicher |
| asymmetrical cryptosystem | Kryptosystem, asymmetrisches |
| asynchronous | asynchron |
| asynchronous input | Eingabe, asynchrone |
| asynchronous message communication | Nachrichtenkommunikation, asynchrone |
| asynchronous transmission | Übertragung, asynchrone |
| ATM (Asynchronous Transfer Mode) | ATM |
| ATN (Augmented Transition Network) | ATN |
| atomic action | Aktion, atomare |
| atomicity | Atomarität |
| attack | Angriff |
| attack avoidance | Angriffsverhinderung |
| attack detection | Angriffserkennung |
| attack prevention | Angriffsvermeidung |
| attack repulse | Angriffsabwehr |
| attack tolerance | Angriffstoleranz |
| attacker | Angreifer |
| attenuation | Dämpfung |
| attribute | Attribut |
| attribute bundle | Attributbündel |
| attribute grammar | Attributgrammatik; Grammatik, attributierte |
| auditing of accesses | Protokollierung der Zugriffe |
| augmented transition network | Übergangsnetzwerk, erweitertes |
| authentication | Authentifikation; Authentisierung; Authentizitätsprüfung |
| authentication based on a cryptosystem | Authentifikation mit einem Kryptosystem |
| authentication dialogue | Authentifikationsdialog |
| authentication of objects | Authentifikation von Objekten; Objekte, Authentizitätsprüfung für |
| authentication of subjects | Authentifikation von Subjekten; Authentizitätsprüfung von Subjekten |
| authentication using biological characteristics | Authentifikation nach biologischen Merkmalen |
| authentication using knowledge | Authentifikation nach Wissen |
| authentication using passwords | Authentifikation mit Paßwörtern |
| authentication using possession | Authentifikation durch Besitz |

| | | | |
|---|---|---|---|
| authentication using smart cards | Authentifikation mit Chipkarten | behaviour of a system | Systemverhalten; Verhalten eines Systems |
| authenticity | Authentizität | Belady's optimal | Belady's Optimal (BO) |
| authorization | Autorisierung | belief system | Überzeugungssystem |
| authorization of subjects | Subjektautorisierung | Bell LaPadula model | Bell-LaPadula-Modell |
| autocorrelation | Autokorrelation | benchmark | Benchmark |
| automata model | Automatenmodell | Berlin communications system | BERKOM |
| automata theory | Automatentheorie | best fit | Best Fit |
| automatic proof | Beweisen, automatisches | Bézier graphic | Bézier-Kurve |
| automatical backtracking | Rücksetzen, automatisches | BHCA (Busy Hour Call Attempts) | BHCA |
| automation of business tasks | Automatisierung betrieblicher Aufgaben | bifurcated routing | Routing, gegabeltes |
| automaton | Automat | bilevel picture | Binärbild |
| automaton mapping | Automatenabbildung | binary | binär |
| autoregression | Autoregression | binary bilevel graphics | Binärgraphik |
| availability | Verfügbarkeit; Intakt-Wahrscheinlichkeit | binary decision diagram | Binary Decision Diagram |
| | | binary number | Dualzahl |
| avalanche photo diode | Avalanche-Photo-Diode | binary phase shift keying | Phasenumtastung, binäre |
| avoidance of deadlock states | Verhinderung von Deadlock-Zuständen | binary point | Basispunkt |
| | | binary semaphore | Boolesches Semaphor |
| axiom | Axiom | binding | Bindung |
| axiom system | Axiomensystem | binomial distribution | Binomialverteilung |
| axiomatic semantics | Semantik, axiomatische | bioinformatics | Bioinformatik |
| axiomatizable | axiomatisierbar | biological characteristics used in authentication | biologische Merkmale zur Authentizitätsprüfung |
| axiomatization | Axiomatisierung | biological database | Datenbank, biologische |
| | | biomolecular structure prediction | Strukturvorhersage, biomolekulare |

# B

| | | | |
|---|---|---|---|
| | | bipolar device | Bipolar-Bauelement |
| B-channel | B-Kanal | bisimulation | Bisimulation |
| B-ISDN (Broadband Integrated Services Digital Network) | B-ISDN | bit | Bit |
| | | bit-blt | bit-blt |
| | | 7-bit code | 7-bit-Code |
| b-spline | B-Spline | 8-bit code | 8-bit-Code |
| B-tree | B-Baum | bit density | Datendichte; Bitdichte |
| back-up system | Backup-System | 7-bit environment | 7-bit-Umgebung |
| backbone network | Backbone-Netz | 8-bit environment | 8-bit-Umgebung |
| background mode | Background-Betrieb | bit-map | Bit-Map |
| background storage | Hintergrundspeicher | bit rate | Bitrate |
| background storage level | Ebene der Hintergrundspeicher; Hintergrundspeicherebene | bit-transparent transmission | Bittransparenz |
| | | bit vector | Bitvektor |
| | | Bitnet | Bitnet |
| background storage management | Verwaltung des Hintergrundspeichers; Hintergrundspeicherverwaltung | bitslice microprocessor | Bitslice-Mikroprozessor |
| | | black-box test | Black-Box-Test |
| | | black-box view of a system | Black-Box-Sicht eines Systems |
| backtracking | Rücksetzen | | |
| backup | Datensicherung; Sicherung von Daten | blackboard system | Tafelsystem |
| | | blanking interval | Austastlücke |
| | | BLOB (Binary Large Object) | BLOB |
| backward chaining | Rückwärtsverkettung | | |
| backward error recovery | Rückwärtsfehlerbehandlung | block | Block |
| banker's algorithm | Bankier-Algorithmus | block buffer | Blockpuffer |
| Banyan network | Banyan-Netz | block frame | Blockbereich |
| barcode | Strichcode | block frame address | Blockbereichsadresse |
| barrier method | Barriere-Verfahren | block frame address space | Blockbereichs-Adreßraum |
| baseband | Basisband | block structure technology | Blockstrukturtechnik |
| BASIC | BASIC | block-structured grid | Gitter, blockstrukturiertes |
| basic access | Basisanschluß | blocking network | Blockiernetzwerke |
| batch processing | Stapelbetrieb; Batch-Betrieb | blocks world | Blockswelt |
| Bayes classifier | Bayes-Klassifikator | BO (Belady's Optimal) | BO |
| BCD (Binary-Coded Decimal) | Binärcode für Dezimalzahlen | body of German Standards | Deutsches Normenwerk |
| | | body of standards | Normenwerk |
| BCH (Bose-Chaudhuri-Hocquenghem) code | BCH-Code | Boolean algebra | Boolesche Algebra |
| | | Boolean function | Boolesche Funktion |
| BDD (Binary Decision Diagram) | BDD | bootstrapping | Bootstrapping |
| | | Boyer-Moore prover | Boyer-Moore-Beweiser |
| behavior | Verhalten | | |

835

## Übersetzungsliste

| | |
|---|---|
| BPSK (Binary Phase Shift Keying) | BPSK |
| branch-and-bound method | Branch-and-Bound-Verfahren |
| breadth-first search | Breitensuche |
| Bresenham algorithm | Bresenham-Algorithmus |
| bridge | Brücke |
| brightness | Helligkeit |
| broadband | Breitband |
| broadcast | Rundsprucheigenschaft; Broadcast |
| BS (backspace) | BS |
| Btx | Btx |
| buffer | Darstellungsfläche, virtuelle |
| buffer memory | Pufferspeicher |
| bulk data | Massendaten |
| bulk data type | Massendatentyp |
| burn-in method | Einbrennverfahren |
| burst operation | Zeitgleichlageverfahren |
| bus | Bus |
| bus technology | Bustechnik |
| business application system | Anwendungssystem, betriebliches |
| business expert system | Expertensystem, betriebliches |
| business graphics | Business-Graphik |
| business information system | Informationssystem, betriebliches |
| business system | System, betriebliches |
| busy hour | Hauptverkehrsstunde; Busy Hour |
| busy waiting | Warten, aktives |
| busy waiting mechanism to coordinate computations | Koordinierungsmechanismus mit aktivem Warten |
| byte | Byte |
| byte-sequence file | Byte-Folgen-Datei |
| Byzantine failure | Byzantinischer Fehler |

## C

| | |
|---|---|
| C | C |
| C++ | C++ |
| C-PODA | C-PODA |
| cache memory | Cachespeicher |
| CAD (Computer Aided Design) | CAD; Entwurf, rechnerunterstützter |
| CAD database | CAD-Datenbank |
| CAGD (Computer Aided Geometric Design) | CAGD |
| calculus | Kalkül |
| calculus of constructions | Kalkül der Konstruktionen |
| call | Aufruf |
| call by value | Wertaufruf |
| callback function | Callback-Funktion |
| CAM (Computer Aided Manufacturing) | CAM |
| Cambridge ring | Cambridge-Ring |
| camera | Kamera |
| camera transformation | Kamerabewegung |
| CAN (Controller Area Network) bus | CAN-Bus |
| candidate key | Schlüsselkandidat |
| capability | Capability |
| capability of abstract memory | Speicherfähigkeit, abstrakte |
| capability of static storage | Speicherfähigkeit, statische |
| CAPI (Common ISDN Application Interface) | CAPI |
| car telephone | Autotelephon |
| carrier frequency system | Trägerfrequenzsystem |
| CASE (Common Application Service Element) | CASE, 2. |
| CASE (Computer Aided Software Engineering) | CASE, 1. |
| cause of an error | Fehlerursache |
| CC (Calculus of Constructions) | CC |
| CCD (Charge-Coupled Device) | CCD |
| CCITT | CCITT |
| CCR (Commitment, Concurrency and Recovery) | CCR |
| CCS (Calculus of Communicating Systems) | CCS |
| CD (Compact Disk) | CD |
| CD-ROM | CD-ROM |
| CDMA (Code Division Multiple Access) | CDMA |
| cellular automaton | Automat, zellulärer |
| CELP (Code Excited Linear Prediction) | CELP |
| central limit theorem | Grenzwertsatz, zentraler |
| central processing unit | Zentraleinheit |
| central solution of the mutual exclusion problem | wechselseitiger Ausschluß, zentrale Durchsetzung |
| centralized computing system | Rechensystem, zentralisiertes |
| centralized routing | Routing, zentrales |
| CEPI (Connection Endpoint Identifier) | CEPI |
| CEPT | CEPT |
| CEPT T/CD 6-1 | CEPT T/CD 6-1 |
| certification | Zertifizierung |
| CFD (Computational Fluid Dynamics) | CFD |
| CFS (Common Functional Specifications) | CFS |
| CGI (Computer Graphics Interface) | CGI |
| CGM (Computer Graphics Metafile) | CGM |
| channel | Kanal; Kanalwerk |
| channel coding | Kanalcodierung; Leitungscodierung |
| character | Character |
| character generator | Zeichengenerator |
| character information | Schriftzeicheninformation |
| character repertoire | Zeichenvorrat |
| character set | Zeichensatz; Schriftzeichensatz |
| characteristic function | Funktion, charakteristische |
| charge-coupled device storage | Ladungskopplungsspeicher |
| Cheapernet | Cheapernet |
| checkpoint | Sicherungspunkt |
| checksum | Prüfsumme |
| chi-square | Chi-Quadrat |
| CHILL | CHILL |

# Übersetzungsliste

| | | | |
|---|---|---|---|
| chip test | Chipprüfung | coding | Codierung |
| choice | Auswahl | coding theory | Codierungstheorie |
| Chomsky hierarchy | Chomsky-Hierarchie | coercion | Coercion |
| Church-Rosser property | Church-Rosser-Eigenschaft | cognition | Kognition |
| Church thesis | Churchsche These | color display | Farbbildschirm |
| CIF (Common Intermediate Format) | CIF | color graphics | Farbgraphik |
| | | color image | Farbbild |
| CIM (Computer Integrated Manufacturing) | CIM | color model | Farbmodell |
| | | color monitor | Farbmonitor |
| ciphertext | Kryptotext | color selection | Farbselektion |
| circuit | Schaltung | color table | Farbtabelle |
| circuit switched data network | Datennetz, leitungsvermitteIndes | coloring problem | Färbungsproblem |
| | | coloring technique | Färbetechnik; Farbgebungstechnik |
| circuit switching | Leitungsvermittlung | column | Spalte |
| CISC (Complex Instruction Set Computer) | CISC | COMAL (Common Algorithmic Language) | COMAL |
| claim of a subject | Anspruch eines Subjekts | combinatorial optimization | Optimierung, kombinatorische |
| class | Klasse | | |
| class library | Klassenbibliothek | combinatorics | Kombinatorik |
| classification | Klassifikation | command-based editor | Editor, kommandoorientierter |
| classification of rights | Rechteklassifizierung | | |
| clause | Klausel | command error | Bedienungsfehler |
| cleanroom software engineering | Cleanroom Software Engineering | command language | Kommandosprache |
| | | commands | Befehlsvorrat |
| client | Kunde; Klient; Client | common mode voltage | Gleichtaktstörung |
| client-server configuration | Client-Server-Konfiguration | communication | Kommunikation |
| client-server model | Client-Server-Modell | communication in parallel computers | Kommunikation in Parallelrechnern |
| client-server relationship | Auftraggeber-Auftragnehmer-Beziehung | | |
| | | communication primitives | Kommunikationsprimitive |
| client-server system | Client-Server-System | communication technology | Kommunikationstechnik |
| clipping | Clipping; Klippen | commutative diagram of a model | Kommutativität des Modelldiagramms |
| CLNS (Connectionless Network Service) | CLNS | | |
| | | compact disk | Compact Disk; CD |
| clock pulse | Takt | compaction | Kompaktifizierung |
| clock synchronization | Zeitsynchronisation | comparison test | Relativtest |
| closed system | System, abgeschlossenes | compatibility | Kompatibilität |
| closed world assumption | Annahme der geschlossenen Welt | compensating transaction | Transaktion, kompensierende |
| closure | Abgeschlossenheit | | |
| CLP (Constraint Logic Programming) languages | CLP-Sprachen | compiler | Compiler (Übersetzer); Kompilierer |
| cluster | Cluster | compiler structure | Übersetzerstruktur |
| CMIP (Common Management Information Protocol) | CMIP | complementarity problem | Komplementaritätsproblem |
| | | complete path name | Pfadname, vollständiger |
| | | complete representation in background storage | Hintergrundspeicherrealisierung, vollständige |
| CMIS (Common Management Information Service) | CMIS | complete representation in memory | Arbeitsspeicherrealisierung, vollständige |
| CMOS (Complementary MOS) | CMOS | complete representation of a segment | Segmentrealisierung, vollständige |
| coarse grid correction | Grobgitterkorrektur | completeness of a security policy | Vollständigkeit einer Rechtssicherheitspolitik |
| coaxial cable | Koaxialkabel | | |
| Cobol | Cobol | complexity metric | Komplexitätsmaß |
| CoCoMo method | CoCoMo-Methode | complexity theory | Komplexitätstheorie |
| CODASYL (Committee on Data Systems Languages) | CODASYL | component analysis | Komponentenanalyse |
| | | component image format | Komponentenformat |
| | | component of a system | Systemkomponente; Komponente eines Systems |
| code | Code | | |
| code and heap segment | Code- und Haldensegment | composition | Komposition |
| code conversion | Codewandlung; Codekonvertierung | compositionality | Kompositionalität |
| | | computability | Berechenbarkeit |
| code extension | Codeerweiterung | computable function | Funktion, berechenbare |
| code generation | Codeerzeugung | computation | Berechnung |
| code inspection | Codeinspektion | computation-dominated computing system | Rechensystem, berechnungsdominantes |
| code selection | Codeselektion | | |
| code symbol | Codesymbol | computation rule | Berechnungsregel |

# Übersetzungsliste

| | | | |
|---|---|---|---|
| computation structure | Rechenstruktur | connection-oriented service | Dienst, verbindungsorientierter |
| computational chemistry | Computational Chemistry | connectionless | verbindungslos |
| computational molecular biology | Bioinformatik, molekulare | connectionless service | Datagrammdienst |
| computational unit | Rechenwerk | connectionless service | Dienst, verbindungsloser |
| computer | Rechner; Rechenanlage; Computer | CONS (Connection-Oriented Network Service) | CONS |
| computer aided design | CAD | consistence, consistency | Konsistenz |
| computer aided manufacturing | CAM | constraint system | Beschränkungssystem |
| | | construction fault | Konstruktionsfehler |
| computer aided research of learning processes | Lernforschung, rechnerunterstützte | constructor | Konstruktor |
| | | consumable resource | Betriebsmittel, einmal benutzbares (EBM) |
| computer aided tests | Leistungsmessung, rechnerunterstützte | consumer | Verbraucher |
| computer animation | Computeranimation | context-free grammar | Grammatik, kontextfreie |
| computer architecture | Rechnerarchitektur | context-free language | Sprache, kontextfreie |
| computer center | Rechenzentrum | context mechanism | Kontextmechanismus |
| computer design language | Rechnerentwurfssprache | continual authentication | Authentizitätsprüfung, begleitende |
| computer hardware | Rechnerlogik | | |
| computer integrated manufacturing | CIM | continuation | Continuation |
| | | continuous model | Modell, kontinuierliches |
| computer link | Rechnerkopplung | control character | Steuerzeichen |
| computer network | Rechnernetz | control code | Steuercode |
| computer node | Stellenrechner | control flow | Kontrollfluß |
| computer science | Informatik | control flow diagram | Kontrollflußdiagramm |
| computer-supported user cooperation | Anwenderkooperation, rechnergestützte | control function | Kontrollfunktion |
| | | control measures | Kontrollmaßnahmen |
| computer virus | Computervirus | control of rights | Rechtekontrolle |
| computers for handicapped children | Rechnereinsatz, sonderpädagogischer | control set | Steuerzeichensatz |
| | | control system | Leitsystem |
| computers in schools | Rechnereinsatz in Schulen | control technology | Leittechnik |
| computing | Rechnen | control unit | Leitwerk; Steuereinheit |
| computing machine | Maschine, rechenfähige | controller | Kontrolleinheit; Netzwerk-Controller |
| computing profession | Informatik-Berufsbild | | |
| computing science | Informatik | controlling object | Kontrollobjekt |
| computing system | Rechensystem | controlling the authorization | Autorisierungskontrolle |
| concatenation | Konkatenation | controlling the rights of subjects | Kontrolle der Rechte von Subjekten |
| concurrency | Concurrency; Nebenläufigkeit | | |
| | | controlling the rights to use objects | Kontrolle der Rechte an Objekten |
| concurrency control | Parallelitätskontrolle | | |
| concurrent computation | Berechnung, nebenläufige | convex optimization | Optimierung, konvexe |
| concurrent process | Prozeß, nebenläufiger/paralleler | convolutional code | Faltungscode |
| | | cooperating processes | Prozesse, kooperierende |
| concurrent processing | Nebenläufigkeit | cooperative problem solving | Problemlösung, kooperative |
| concurrent program | Programm, nebenläufiges | coordinating computations | Berechnungskoordinierung |
| concurrent programming | Programmierung, parallele | coordination of computations | Koordinierung von Berechnungen |
| conditional reliability | Überlebenswahrscheinlichkeit, bedingte | | |
| | | coordination problem | Koordinierungsaufgabe |
| conference control | Konferenzmanagement; Konferenzsteuerung | copyright | Urheberrecht; Copyright |
| | | copyright protection | Urheberrechtsschutz |
| conference floor | Conference Floor | CORBA (Common Object Request Broker Architecture) | CORBA |
| conference policy | Konferenzpolitik | | |
| confidence factor | Konfidenzfaktor | | |
| confidence interval | Konfidenzintervall | corporate network | Firmennetzwerk |
| configuration | Konfiguration | Corporation of the Technical Expections Associations | VdTÜV |
| configuration management | Konfigurationsmanagement; Konfigurationsverwaltung | | |
| | | Corporation of the Technical Expections Associations | Vereinigung der Technischen Überwachungs-Vereine e. V. (VdTÜV) |
| conflict resolution | Konfliktauflösung | | |
| conflict set | Konfliktmenge | | |
| confluent | konfluent | correctness | Korrektheit |
| conformity with standards | Normenkonformität | correlation | Korrelation |
| congestion control | Überlastkontrolle | COST | COST |
| conjugate gradient method | Verfahren der konjugierten Richtungen | cost/benefit analysis | Kosten-Nutzen-Analyse |
| | | cost estimation | Aufwandschätzung |
| connection graph | Konnektionsgraph | countable set | Menge, abzählbare |
| connection-oriented | verbindungsorientiert | counter automaton | Zählerautomat |

## Übersetzungsliste

| | | | |
|---|---|---|---|
| counting process | Zählprozeß | data definition language | Datendefinitionssprache |
| counting semaphore | Semaphor, zählendes | data dictionary | Datenwörterbuch; Datenlexikon |
| covariance | Kovarianz | | |
| CPN (Customer Premises Network) | CPN | data encapsulation | Datenkapselung |
| | | data flow | Datenfluß |
| cpo (complete partial order) | cpo | data flow analysis | Datenflußanalyse |
| CPU (Central Processing Unit) | Zentraleinheit (CPU) | data flow diagram | Datenflußdiagramm |
| | | data flow graph | Datenflußgraph |
| CR (Carriage Return) | CR | data import/export | Datenimport/-export |
| CRC (Cyclic Redundancy Check) | CRC | data (representation) independence | Datenunabhängigkeit |
| critical path method | Netzplantechnik | data link layer | Sicherungsebene |
| crossbar switch | Kreuzschienenverteiler | data manipulation language | Datenmanipulationssprache |
| cryptography | Kryptographie | data model | Datenmodell |
| cryptosystem | Kryptosystem | data processing | Datenverarbeitung (DV) |
| cryptosystem using public keys | Kryptosystem mit allbekannten Schlüsseln | data protection commissioner | Datenschutzbeauftragter |
| cryptosystem using secret keys | Kryptosystem mit geheimen Schlüsseln | data protection law | Datenschutzrecht |
| | | data radio | Datenfunk |
| CSDN (Circuit Switched Data Network) | CSDN | data rate | Datenrate |
| | | data recovery | Datenwiederherstellung |
| CSMA/CD (Carrier Sense Multiple Access with Collision Detection) | CSMA/CD | data security | Datensicherheit |
| | | data (audio, video) stream | Datenstrom |
| | | data structure | Datenstruktur |
| CSP (Communicating Sequential Processes) | CSP | data termination equipment | Datenendeinrichtung |
| | | data transfer | Datenübertragung |
| CSP system | CSP-System | data type | Datentyp |
| curriculum of computer science | Curriculum des Informatikunterrichts | data warehouse | Data-Warehouse |
| | | database | Datenbank |
| currying | Currying | database administrator | Datenbankadministrator |
| cursor | Cursor; Schreibmarke; Datenbankzeiger | database client | Datenbankklient |
| | | database design | Datenbankentwurf |
| curve representation | Kurvendarstellung | database generator | Datenbankgenerator |
| custom integrated circuit | Schaltkreis, kundenspezifischer | database index | Datenbankindex |
| | | database machine | Datenbankrechner |
| cut-flow theorem | Schnitt-Fluß-Theorem | database management system | Datenbankverwaltungssystem |
| cutting plane method | Schnittebenenverfahren | | |
| cyberspace | Cyberspace | database (stored) procedure | Datenbankprozedur |
| cycle | Zyklus | database programming language | Datenbankprogrammiersprache |
| cycle stealing | Cycle Stealing | | |
| cycle-type | Cycle-Typ | database schema | Datenbankschema |
| cyclic redundancy check | Blockprüfung, zyklische | database server | Datenbankserver |
| | | database view | Datenbanksicht |
| | | dataflow computer | Datenflußrechner |
| | | datagram | Datagramm |
| | | Datex-J | Datex-J |
| **D** | | Datex-L | Datex-L |
| | | Datex-M | Datex-M |
| D-channel | D-Kanal | Datex-P | Datex-P |
| D-channel protocol | D-Kanal-Protokoll | datum | Datum |
| DAB (Digital Audio Broadcasting) | DAB | DBMS (Database Management System) | DBMS |
| damage | Schaden | DBTG (Database Task Group) | DBTG |
| damage area | Schadensgebiet | | |
| damage propagation | Schadensausbreitung | DC (Device Coordinates) | DC |
| damage recovery | Schadensbehebung | DCE (Data Circuit Terminating Equipment) | DÜE (Datenübertragungseinrichtung) |
| DAP (Directory Access Protocol) | DAP | | |
| DARPA (Defense Advanced Research Project Agency) | DARPA | DCE (Distributed Computing Environment) | DCE |
| | | DCL (Data Control Language) | DCL |
| data | Daten | | |
| data abstraction | Datenabstraktion | DCT (Discrete Cosine Transform) | DCT |
| data carrier | Datenträger | | |
| data communication equipment | Datenübertragungseinrichtung | DDA (Digital Differential Analyzer) | DDA |
| data compression | Datenkompression | DDL (Data Definition Language) | DDL |
| data concentration | Datenverdichtung | | |

839

## Übersetzungsliste

| | |
|---|---|
| deadline | Deadline |
| deadlock | Verklemmung; Deadlock |
| deadlock avoidance | Deadlock-Verhinderung |
| deadlock detection | Deadlock-Erkennung |
| deadlock prevention | Deadlock-Vermeidung |
| deadlock state | Deadlock-Zustand |
| decentralization of computations | Dezentralisierung von Berechnungen |
| decentralized solution of the mutual exclusion problem | wechselseitiger Ausschluß, dezentrale Durchsetzung |
| decentralized solution of the producer-consumer problem | Erzeuger-Verbraucher-Problem, dezentrale Lösung des |
| decidability | Entscheidbarkeit |
| decidable set | Menge, entscheidbare |
| decimal number | Dezimalzahl |
| decision function | Entscheidungsfunktion |
| decision support system | Entscheidungsunterstützungssystem |
| decision theory | Entscheidungstheorie |
| declarative knowledge representation | Wissensrepräsentation, deklarative |
| DECnet | DECnet |
| decoder | Decodierer; Decoder |
| decoding | Decodierung |
| decoding function | Decodierungsfunktion |
| decomposition method | Dekompositionsverfahren |
| decryption | Entschlüsselung |
| decryption key | Decodierungsschlüssel |
| DECT (Digital Enhanced Cordless Telecommunications) | DECT |
| dedicated computer | Mikrorechner, dedizierter |
| dedicated line | Standverbindung |
| dedicated program module | Programmbaustein, dedizierter |
| deduction system | Deduktionssystem |
| deductive database | Datenbank, deduktive |
| DEE (Data Terminal Equipment) | DEE (Datenendeinrichtung) |
| deep structure | Tiefenstruktur |
| default | Default |
| defect phase | Defekt-Phase |
| defect state | Defekt-Zustand |
| degree of freedom | Freiheitsgrad |
| degree of parallelism | Parallelitätsgrad |
| delay time | Verzögerungszeit |
| delayed renewal process | Erneuerungsprozeß, verzögerter |
| demand paging algorithms | Anforderungsverfahren der Arbeitsplatzverwaltung |
| demodulation | Demodulation |
| demon procedure | Dämonprozedur |
| denotational semantics | Semantik, denotationelle |
| density | Dichte; Verteilungsdichte |
| dependable computing system | Rechensystem, verläßliches |
| dependable system | System, verläßliches |
| dependencies between processes and operating system kernel | Prozeß-Kern-Abhängigkeiten |
| dependencies between processes and the operating system kernel | Abhängigkeiten zwischen Prozessen und dem Betriebssystem |
| depth-first search | Tiefensuche |
| depth recovery | Tiefenschätzung |
| derivation | Ableitung |
| derivation calculus | Ableitungskalkül |
| derived attribute | Attribut, abgeleitetes |
| DES (Data Encryption Standard) | DES |
| DES cryptosystem | DES-Kryptosystem |
| descent method | Abstiegsverfahren |
| description means | Beschreibungsmittel |
| descriptor | Deskriptor |
| design fault | Entwurfsfehler |
| design model | Entwicklungsmodell; Konstruktionsmodell |
| design-process of computing systems | Entwicklungsprozeß von Rechensystemen |
| desktop computer | Tischrechner |
| desktop multimedia conferencing system | Desktop-Multimediakonferenzsystem |
| desktop publishing | Desktop Publishing |
| detectability | Identifizierbarkeit |
| detection of deadlock states | Erkennung von Deadlock-Zuständen |
| deterministic distribution | Verteilung, deterministische |
| development library | Entwicklungsdatenbank |
| device control | Gerätesteuerungsprogramm |
| device coordinates | Gerätekoordinaten |
| device driver | Gerätetreiber |
| device independence | Geräteunabhängigkeit |
| device interface | Geräteschnittstelle |
| DFR (Document Filing and Retrieval) | DFR |
| diacritical character | Zeichen, diakritisches |
| dialogue | Dialog |
| dialogue control | Dialogkontrolle |
| dialogue design | Dialogentwurf |
| dialogue language | Dialogsprache |
| dialogue modeling | Dialogmodellierung |
| dialogue system | Dialogsystem |
| DIB (Directory Information Base) | DIB |
| didactics of computer science | Didaktik des Informatikunterrichts |
| difference method | Differenzenverfahren |
| differential analysator | Differentialanalysator |
| differential equation | Differentialgleichung |
| Differential GPS | DGPS |
| differential mode voltage | Gegentaktstörung |
| diffusion approximation | Diffusionsapproximation |
| digit | Ziffer |
| digital | digital |
| digital computer | Digitalrechner |
| digital signal processor | Signalprozessor |
| digital transmission | Übertragung, digitale |
| digital video | Fernsehen, digitales |
| digitizer | Digitalisierer |
| digitizing | Digitalisierung |
| DIN | DIN |
| DIN EN Standard | DIN-EN-Norm |
| DIN German Institute for Standardization | DIN Deutsches Institut für Normung e. V. |
| DIN IEC Standard | DIN-IEC-Norm |
| DIN ISO Standard | DIN-ISO-Norm |
| DIN Standards | DIN-Norm |
| direct coding | Codierung, direkte |
| direct manipulation | Manipulation, direkte |
| directories in virtual memory | Verzeichnisse in virtuellen Speichern |
| directory | Verzeichnis |

| | | | |
|---|---|---|---|
| directory file | Verzeichnisdatei | domain decomposition method | Gebietszerlegungsverfahren |
| directory service | Verzeichnisdienst | domain equation | Bereichsgleichung |
| discharge of the kernel | Entlastung des Kerns | domain of privileges | Privilegierungsbereich |
| discrete model | Modell, diskretes | domino effects | Dominoeffekte |
| discretionary policy | Politik, benutzerbestimmbare | dot machine | Dot-Maschine |
| discretionary security policy | Rechtssicherheitspolitik, benutzerbestimmbare | downlink | Downlink |
| | | DQDB (Distributed Queue Dual Bus) | DQDB |
| discretization | Diskretisierung | | |
| disk drive | Plattenlaufwerk | DQS | DQS |
| disk storage | Plattenspeicher | drawing controller | Drawing-Controller |
| dispatcher | Dispatcher | drum plotter | Trommelplotter |
| dispersion | Dispersion | DS (Directory Service) | DS |
| display | Bildschirm; Bildschirmsichtgerät; Display; Sichtgerät; Videobild | DSA (Directory System Agent) | DSA |
| | | DSP (Directory System Protocol) | DSP |
| display controller | Ausgabeprozessor | | |
| display error | Darstellungsfehler | DSS1 (Digital Subscriber Signalling System No 1) | DSS1 |
| display file | Display-File | | |
| display process | Ausgabeprozeß | DSSSL (Document Style Semantics and Specification Language) | DSSSL |
| display processing unit | Bildschirmprozessor | | |
| display subroutine | Bildprozedur | | |
| distance vector routing | Wegewahl über Entfernungsvektor | DTAM (Document Transfer, Access and Manipulation) | DTAM |
| distributed algorithm | Algorithmus, verteilter | | |
| distributed artificial intelligence | Künstliche Intelligenz, verteilte | DTE (Data Termination Equipment) | DTE |
| | | DTP (Desktop Publishing) | DTP |
| distributed business application system | Anwendungssystem, verteiltes betriebliches | DUA (Directory User Agent) | DUA |
| distributed computation | Berechnung, verteilte | dual counter | Dualzähler |
| distributed computing system | Rechensystem, verteiltes | dual method | Verfahren, duales |
| | | duality | Dualität |
| distributed database | Datenbank, verteilte | duplex | duplex |
| distributed operating system | Betriebssystem, verteiltes | durability | Dauerhaftigkeit |
| distributed process control system | Prozeßrechnersystem, verteiltes | DVB (Digital Video Broadcasting) | DVB |
| distributed routing | Routing, verteiltes | Dyck language | Dyck-Sprache |
| distributed system | System, verteiltes | dynamic algebra | Algebra, dynamische |
| distribution | Verteilung | dynamic analysis | Analyse, dynamische |
| distribution list | Verteilerliste | dynamic model | Ablaufmodell |
| distribution of computations | Verteilung von Berechnungen | dynamic optimization | Optimierung, dynamische |
| | | dynamic redundancy | Redundanz, dynamische |
| distribution of order statistics | Verteilung der Ordnungsgrößen | dynamic routing | Routing, dynamisches |
| | | dynamic system | System, dynamisches |
| disturbance | Störung | dynamic typing | Typisierung, dynamische |
| DIT (Directory Information Tree) | DIT | | |
| diversity | Diversität | | |
| DMA (Direct Memory Access) | DMA | **E** | |
| D2MAC | D2MAC | | |
| DMC (Desktop Multimedia Conferencing) system | DMC-System | e-mail (electronic mail) | E-Mail |
| | | EARN (European Academic and Research Network) | EARN |
| DME (Distributed Management Environment) | DME | | |
| | | earth station | Erdfunkstelle |
| DML (Data Manipulation Language) | DML | EBCDIC (Extended Binary Coded Decimal Interchange Code) | EBCDIC |
| DNA (Digital Network Architecture) | DNA | | |
| | | echo | Echo |
| document | Dokument | echo-compensation operation | Zeitgetrenntlageverfahren |
| document architecture | Dokumentarchitektur | echo suppressor | Echokompensator |
| document class | Dokumentklasse | ECITC (European Committee for IT&T Testing and Certification) | ECITC |
| document graphics | Graphik in Dokumenten | | |
| document interchange | Dokumentaustausch | | |
| document interchange format | Dokumentaustauschformat | ECM (Error Correction Mode) | ECM |
| domain | Domäne; Domain | | |

841

## Übersetzungsliste

| | | | |
|---|---|---|---|
| ECMA (European Computer Manufacturers Association) | ECMA | error correction | Fehlerkorrektur |
| | | error correction method | Fehlerkorrekturverfahren |
| edge finding | Kantenfinden | error detecting coding | Codierung, fehlererkennende |
| EDI (Electronic Data Interchange) | EDI | error detection | Fehlererkennung |
| | | error of the first type | Fehler 1. Art |
| EDIFACT (Electronic Data Interchange For Administration, Commerce and Transport) | EDIFACT | error of the second type | Fehler 2. Art |
| | | error processing | Fehlerbehandlung |
| | | error recovery | Fehlerbehebung |
| | | error revelation | Fehleroffenbarung |
| editor | Editor | ESC (escape) | ESC |
| EDTV (Extended Definition Television) | EDTV | ESPRIT (European Strategic Programme for Research and Development in Information Technology) | ESPRIT |
| educational aims of teaching computer science | Bildungswert des Informatikunterrichts | | |
| EEMA (European Electronic Messaging Association) | EEMA | Estelle | Estelle |
| | | Ethernet | Ethernet |
| | | ETSI (European Telecommunications Standards Institute) | ETSI |
| effect | Wirkung | | |
| effects of a service | Wirkung eines Dienstes | | |
| effort of process generation | Aufwand zur Prozeßerzeugung | EUMEL (Extendable Multi User Microprocessor) | EUMEL |
| | | EURO-ISDN | Euro-ISDN |
| EIS (Executive Information System) | Führungsinformationssystem (FIS) | European Committee for Electrotechnical Standardization | CENELEC |
| ELAN (Elementary Language) | ELAN | | |
| | | European Committee for Standardization | CEN |
| electromagnetic wave | Welle, elektromagnetische | | |
| electronic data processing | Elektronische Datenverarbeitung (EDV) | European Patent Office | Europäisches Patentamt |
| | | European Standard | Europäische Norm |
| electronic mail | Post, elektronische; Electronic Mail | event | Ereignis |
| | | event function | Ereignisfunktion |
| electrostatic laser plotter | Laserplotter, elektrostatischer | event model | Ereignisstrommodell |
| | | event of a phase | Phasenereignis |
| elementary computer science | Elementar-Informatik | event of initiation | Initiierungsereignis |
| elimination | Ausgliederung | event of termination | Terminierungsereignis |
| EM algorithm | EM-Algorithmus | evolution strategy | Evolutionsstrategie |
| EMA (Electronic Messaging Association) | EMA | EWOS (European Workshop for Open Systems) | EWOS |
| embedded system | System, eingebettetes | exception concept | Ausnahmekonzept |
| emulator | Emulator | exception handling | Ausnahmebehandlung |
| EN Standard | EN-Norm | exclusive Or | Antivalenz |
| encoder | Codierer; Coder | execution of a service | Ausführung eines Dienstes |
| encoding | Codierung | execution time | Bearbeitungszeit; Rechenzeit; Ausführungszeit |
| encoding function | Codierungsfunktion | | |
| encoding with one-way functions | Codierung mit Einwegfunktionen | execution time of a service | Ausführungszeit eines Dienstes |
| encryption | Verschlüsselung | | |
| encryption key | Codierungsschlüssel | executive nucleus | Realzeitkern |
| encryption procedures | Verfahren, kryptographische | expectation of a random number | Erwartungswert einer Zufallsvariablen |
| encryption system | System, kryptographisches | | |
| end-user system | Endbenutzersystem | expedited data | Vorrangdaten |
| entity | Entität; Instanz | expenditure | Aufwand |
| entity relationship diagram | Entity-Relationship (ER)-Diagramm | expenditure to control the rights | Aufwand für Rechtekontrollen |
| | | experimental procedures | Maßnahmen, experimentelle |
| entity relationship model | ER-Modell | experiments with a system | Experimente mit einem System |
| entity type | Entitätstyp | | |
| entropy | Entropie | expert system | Expertensystem |
| enumerability | Aufzählbarkeit | expert system shell | Expertensystem-Shell |
| enumerable set | Menge, aufzählbare | expert user | Expertennutzer |
| environment | Umgebung | explanation component | Erklärungskomponente |
| environment of a system | Umgebung eines Systems; Systemumgebung | explanation model | Erklärungsmodell |
| | | exploitation | Auswertung |
| Erlang | Erlang | exponential distribution | Exponentialverteilung; Verteilung, exponentielle |
| Erlang distribution | Erlang-Verteilung | | |
| error | Fehler | | |
| error compensation | Fehlerkompensation | external fragmentation | Fragmentierung, externe |
| error control | Fehlersicherung | extreme value selection | Extremwertauswahl |

# F

| | | | |
|---|---|---|---|
| F-PODA | F-PODA | file transfer | File-Transfer; Dateiübertragung |
| facsimile | Telefax; Faksimile | files in virtual memory | Dateien in virtuellen Speichern |
| failure | Ausfall | filter | Filter |
| failure detection | Ausfallerkennung; Fehlererkennung | final algebra | Algebra, finale |
| | | finite-state acceptor | Akzeptor, endlicher |
| failure locating | Fehlerortung | finite-state automaton | Automat, endlicher |
| failure probability | Ausfallwahrscheinlichkeit | finite state machine | Finite-State-Maschine |
| failure strategy | Ausfallstrategie | finite volume method | Finite-Volumen-Methode |
| fair mechanism to coordinate computations | Koordinierungsmechanismus, fairer | finitely generated algebra | Algebra, endlich erzeugte |
| | | FIP (Factory Instrumentation Protocol) | FIP |
| fairness | Fairneß | firmware | Firmware |
| family concept | Familienkonzept | first fit | First Fit |
| Fast Ethernet | Fast-Ethernet | first in first out | First In First Out (FIFO) |
| fault avoidance | Fehlervermeidung | first-order arithmetic | Arithmetik |
| fault diagnosis | Fehlerdiagnose | first-order predicate logic | Prädikatenlogik erster Stufe |
| fault during the running phase | Betriebsfehler | fixed point | Fixpunkt; Festpunktdarstellung |
| fault-free subsystem | Subsystem, fehlerfreies | fixed-point arithmetic | Festpunktarithmetik |
| fault localisation | Fehlerlokalisierung | fixed-program computer | Festprogrammrechner |
| fault tolerance | Fehlertoleranz | flag | Flag |
| fault-tolerance measures | Fehlertoleranzmaßnahmen | flat bed plotter | Flachbettplotter; Tischplotter |
| fault-tolerant computing system | Rechensystem, fehlertolerantes | flicker | Flimmern |
| fault-tolerant real-time system | Realzeitsystem, fehlertolerantes | flip-flop | Flip-Flop |
| | | floating-point arithmetic | Gleitpunktarithmetik |
| fault-tolerant system | System, fehlertolerantes | flooding | Flooding |
| faulty behaviour | Fehlverhalten | floor control | Floor Control |
| faulty state | Fehlerzustand | floor plan | Verdrahtungsplan |
| faulty subsystem | Subsystem, fehlerhaftes | floppy disk | Diskette; Floppy Disk |
| FCS (Frame Check Sequence) | FCS | floppy disk drive | Diskettenlaufwerk |
| | | flow chart | Fließbild |
| FDDI (Fiber Distributed Data Interface) | FDDI | flow control | Flußkontrolle |
| | | FMG (Full Multigrid) | FMG |
| FDMA (Frequency Division Multiple Access) | FDMA | focussing system | Fokussiersystem |
| | | font | Schriftsatz; Font |
| feasibility study | Durchführbarkeitsstudie | foreground/background mode | Foreground-/Background-Betrieb |
| feature | Merkmal | | |
| FEC (Forward Error Correction) | FEC | foreign key | Fremdschlüssel |
| | | form description | Formbeschreibung |
| federal law on data protection | Bundesdatenschutzgesetz (BDSG) | form generator | Maskengenerator |
| | | formal language | Sprache, formale |
| federated database | Datenbank, föderierte | formal logic | Logik, formale |
| federation | Föderation | formal methods | Methoden, formale |
| feed-back control | Feed-back Control | formal semantics | Semantik, formale |
| feed-forward control | Feed-forward Control | formal specification language | Spezifikationssprache, formale |
| feedback | Rückkopplung | | |
| FEM (Finite Element Method) | Finite-Elemente-Methode (FEM) | formal specification techniques | Spezifikationstechniken, formale |
| fiber | Glasfaser | formant | Formant |
| fiber connector | Glasfasersteckverbindung | Fortran | Fortran |
| fiber coupler | Glasfaserkoppler | forward chaining | Vorwärtsverkettung |
| fiber mode | Glasfasermoden | forward distance between sender and receiver | Vorsprung des Senders vor dem Empfänger |
| fiber splitter | Glasfaserverzweiger | | |
| field bus | Feldbus | forward error correction | Vorwärtsfehlerkorrektur |
| FIFO (First In First Out) | FIFO | forward error recovery | Vorwärtsfehlerbehandlung; Vorwärtsfehlerbehebung |
| FIFO (First In First Out) anomaly | FIFO-Anomalie | | |
| | | four-wire circuit | Vierdrahtleitung |
| file | Datei | FPLMTS (Future Public Land Mobile Telecommunication Systems) | FPLMTS |
| file descriptor | Dateideskriptor | | |
| file process | Dateiprozeß | | |
| file system | Dateisystem | fractal | Fraktal |
| file-system management | Dateimanagement; Dateiverwaltung | fragmentation | Fragmentierung |
| | | frame | Schema |
| file system tree | Dateisystembaum | | |

843

## Übersetzungsliste

| | | | |
|---|---|---|---|
| frame buffer | Bildwiederholspeicher (BWS); Bildpuffer | general purpose computer | Universalrechner |
| frame check | Blockprüfung | general system | System, allgemeines |
| frame problem | Rahmenproblem | generalization | Generalisierung |
| frame relay | Frame Relay | generate and test | generiere und teste |
| frame store | Vollbildspeicher | generation | Generation von Rechnersystemen |
| free form surface | Freiformfläche | | |
| free-list | Frei-Liste | generation principle | Erzeugungsprinzip |
| Frege's composition principle | Fregesches Kompositionsprinzip (Frege-Prinzip) | generative computer graphics | Computergraphik, generative |
| frequency | Frequenz | generic operation | Operation, generische |
| frequency band | Frequenzbereiche | genetic algorithm | Algorithmus, genetischer |
| frequency division multiple access | Frequenzaufteilungs-Mehrfachzugriff | genome sequencing | Genomsequenzierung |
| | | geographical information system | Informationssystem, geographisches |
| frequency domain method | Frequenz-Domänen-Verfahren | geographically distributed system | Verteiltheit, räumliche |
| frequency modulation | Frequenzmodulation | geometric data processing | Datenverarbeitung, geometrische |
| frequency multiplexing | Frequenzmultiplexverfahren | | |
| frequency shift keying | Frequenzumtastung | geometric data structure | Datenstruktur, geometrische |
| FSK (Frequency Shift Keying) | FSK | geometric distribution | Verteilung, geometrische |
| | | geometric modeling | Modellierung, geometrische |
| FTAM (File Transfer, Access and Management) | FTAM | geometric transformation | Transformation, geometrische |
| FTP (File Transfer Protocol) | FTP | geometrical object | Objekt, geometrisches |
| full duplex | vollduplex | geometrically distributed | geometrisch verteilt |
| full-text database | Volltextdatenbank | German Association for Documentation | DGD (Deutsche Gesellschaft für Dokumentation) |
| full-text retrieval | Volltextrecherche | | |
| function key | Funktionstaste | German Coordination Body for IT Standards Conformity Testing and Certification | DEKITZ (Deutsche Koordinierungsstelle für IT-Normenkonformitätsprüfung und Zertifizierung |
| function point method | Function-Point-Methode | | |
| function symbol | Funktionssymbol | | |
| functional | Funktional | | |
| functional characteristics of a computation | funktionale Eigenschaften einer Berechnung | German Electrotechnical Commission | DKE (Deutsche Elektrotechnische Kommission) |
| functional dependency | Abhängigkeit, funktionale | German Information Center for Technical Rules | DITR (Deutsches Informationszentrum für Technische Regeln) |
| functional design | Aufgabendefinition; Fachkonzept | | |
| functional language | Sprache, funktionale | German National Research Center for Information Technology | GMD – Forschungszentrum Informationstechnik |
| functional model | Funktionsmodell | | |
| functional programming | Programmierung, funktionale | | |
| | | German Patent Office | Deutsches Patentamt |
| functional programming language | Programmiersprache, funktionale | German Research Network | Deutsches Forschungsnetz (DFN) |
| functional specification | Pflichtenheft; Aufgabendefinition; Fachkonzept | German Society for Medical Informatics, Biometry and Epidemiology | GMDS – Deutsche Gesellschaft für Medizinische Informatik, Biometrie und Epidemiologie |
| functionality | Funktionalität | | |
| functionality of a service | Funktionalität eines Dienstes | | |
| | | German Standard | Deutsche Norm |
| fundamentals in informatics | Grundbildung, informationstechnische | GIS (Geographical Information System) | GIS |
| fuzzy control | Fuzzy-Regelung | GKS (Graphical Kernel System) | GKS (Graphisches Kernsystem) |
| fuzzy logic | Fuzzy-Logik; Logik, unscharfe | | |
| fuzzy set | Fuzzy-Menge | GKS-3D | GKS-3D |
| | | GKSM (GKS Metafile) | GKSM (GKS-Metafile) |
| | | 3GL (Third Generation Language) | Drei-GL |

## G

| | | | |
|---|---|---|---|
| | | 4GL (Fourth Generation Language) | Vier-GL |
| G.711 | G.711 | glass-box test | Glass-Box-Test |
| G.722 | G.722 | glass-box view of a system | Glass-Box-Sicht eines Systems |
| G.723.1 | G.723.1 | | |
| G.728 | G.728 | Go-Back-N | Go-Back-N |
| game graph | Spielgraph | GOSIP (Government OSI Profile) | GOSIP |
| Gantt chart | Gantt-Diagramm | | |
| gate | Gatter | GPS (Global Positioning System) | GPS |
| gateway | Gateway (Übergangseinheit) | | |

844

# Übersetzungsliste

| | |
|---|---|
| graceful degradation | Leistungsabfall, sanfter |
| gradient-index fiber | Gradientenfaser |
| grainsize | Granularität |
| grammar | Grammatik |
| granularity | Granularität |
| graph | Graph |
| graph grammar | Graphgrammatik |
| graphic attribute | Attribut, graphisches |
| graphic character | Schriftzeichen |
| graphic-dynamical simulation | Simulation, graphisch-dynamische |
| graphic output | Ausgabe, graphische |
| graphic primitives | Primitive, graphische |
| graphical command language | Kommandosprache, graphische |
| graphical data analysis | Datenanalyse, graphische |
| graphical data structure | Datenstruktur, graphische |
| graphical dialogue system | Dialogsystem, graphisches |
| graphical input device | Eingabegerät, graphisches |
| graphical interface | Schnittstelle, graphische |
| graphical kernel system | Kernsystem, graphisches |
| graphical object | Objekt, graphisches |
| graphical output function | Ausgabefunktion, graphische |
| graphical tablet | Tablett, graphisches |
| graphical workstation | Arbeitsplatz, graphisch-interaktiver |
| graphics dialogue | Dialog, graphischer |
| graphics display | Ausgabegerät, graphisches |
| graphics editor | Editor, graphischer |
| graphics language | Graphiksprache |
| graphics output device | Darstellungsmedium |
| graphics processor | Graphikprozessor |
| graphics standardization | Normung, graphische |
| graphics workstation | Graphikstation |
| greatest common divisor | Teiler, größter gemeinsamer |
| Greedy heuristic | Greedy-Heuristik |
| grey level graphics | Grautongraphik |
| grey value | Grauwert |
| grey-value image | Grauwertbild |
| grid | Gitter; Raster |
| grid graphics | Rastergraphik |
| grid line distance | Gitterkonstante |
| grid partitioning | Gitterpartitionierung |
| grid transfer operations | Gittertransferoperationen |
| group communication | Gruppenkommunikation |
| groupware system | Groupware-System |
| GSM (Global System for Mobile Communications) | GSM |
| guard band | Sicherheitsabstand; Guardband |

# H

| | |
|---|---|
| H.261 | H.261 |
| H.263 | H.263 |
| H.320 | H.320 |
| H-series | H-Serie |
| half-adder | Halbaddierglied |
| half duplex | halbduplex |
| half tone graphics | Halbtongraphik |
| halting problem | Halteproblem |
| handover | Handover (Kanalübergabe) |
| hard disk drive | Festplatte |
| hardware | Hardware |
| hardware configuration | Hardware-Konfiguration |
| hashing | Streuspeicherung; Hashing |
| Hatley-Pirbhai development method | Hatley-Pirbhai-Entwicklungsmethode |
| HDB (High Density Bipolar) code | HDB-Code |
| HDLC (High-level Data Link Control) | HDLC |
| HDTV (High Definition Television) | HDTV |
| heavyweight process | Prozeß, schwergewichtiger |
| Herbrand universe | Herbrand-Universum |
| heterodyne reception | Überlagerungsempfang; Empfang, heterodyner |
| heterogeneous algebra | Algebra, heterogene |
| heuristics | Heuristik |
| hexadecimal number | Sedezimalzahl |
| hidden line/surface removal | Elimination verdeckter Linien/Flächen; Hidden-Line/Surface-Elimination |
| hierarchical architecture | Struktur, hierarchische |
| hierarchical data model | Datenmodell, hierarchisches |
| hierarchical routing | Routing, hierarchisches |
| hierarchy of storage levels | Hierarchie von Speichern |
| high definition television | Fernsehen, hochauflösendes |
| high level language architecture | Rechner, sprachorientierter |
| high performance computing | Hochleistungsrechnen |
| highlighting | Hervorheben; Highlighting |
| hit rate | Trefferrate |
| HMM (Hidden Markov Model) | Hidden-Markoff-Modell |
| Hoare's logic | Hoare-Logik |
| Hollerith | Hollerith |
| hologram | Hologramm |
| holographic memory | Holographie-Speicher |
| holography | Holographie |
| homodyne reception | Empfang, homodyner |
| Horn clause | Horn-Klausel |
| Horn logic | Horn-Logik |
| host computer | Host-Rechner |
| host language | Wirtssprache |
| hot potato routing | Hot Potato Routing |
| Hotelling's t-distribution | T-Verteilung |
| Hough transform | Hough-Transformation |
| HTML (Hypertext Markup Language) | HTML |
| Huffman coding | Huffman-Codierung |
| human-machine system | Mensch-Maschine-System; MMS |
| hybrid computer | Hybridrechner |
| hybrid knowledge representation | Wissensrepräsentation, hybride |
| hypercube | Hypercube |
| hyperexponential distribution | Hyperexponentialverteilung |
| hypergeometric distribution | Verteilung, hypergeometrische |
| hypermedia | Hypermedia |
| HyperODA | HyperODA |
| hypertext | Hypertext |
| HyTime | HyTime |

# I

| | |
|---|---|
| I/O control (Input-Output control) | Ein-/Ausgabesteuerung |
| I/O device management | E/A-Gerätemanagement |

## Übersetzungsliste

| | |
|---|---|
| I/O process | E/A-Prozeß |
| I/O storage | E/A-Speicher |
| IBC (Integrated Broadband Communication) | IBC |
| icon | Icon |
| ICR (Image Character Recognition) | ICR |
| identification | Identifikation; Identitätsprüfung |
| identification problem | Erkennungsproblem |
| identity | Identität |
| identity card | Identitätskarte |
| IDL (Interface Definition Language) | IDL |
| idle task | Idle Task |
| IDN (Integrated Data Network) | IDN (Integriertes Datennetz) |
| IEC (International Electrotechnical Commission) | IEC |
| IEEE (Institute of Electrical and Electronics Engineers) | IEEE |
| IETF (Internet Engineering Task Force) | IETF |
| IFIP (International Federation for Information Processing) | IFIP |
| IGES (Initial Graphics Exchange Specification) | IGES |
| illustration | Abbild |
| image | Bild |
| image analysis | Bildanalyse |
| image change principle | Bildwechselprinzip |
| image coding | Bildcodierung |
| image description | Bildbeschreibung |
| image dynamics | Bilddynamik |
| image file | Bilddatei |
| image file function | Bilddateifunktion |
| image formats | Bildformate |
| image layer | Bildebene |
| image part | Teilbild |
| image processing | Bildverarbeitung |
| image refresh rate | Bildwiederholrate |
| image restoration | Bildrekonstruktion |
| image segmentation | Bildsegmentierung |
| image space | Bildraum |
| image space method | Bildraumverfahren |
| image understanding | Bildverstehen |
| image variation principle | Bildänderungsprinzip |
| imperative language | Sprache, imperative |
| imperative programming | Programmierung, imperative |
| imperative programming language | Programmiersprache, imperative |
| implementation | Implementierung |
| implementation fault | Implementierungsfehler |
| implementation of programming languages | Implementierung von Programmiersprachen |
| implementation of the file system tree | Dateisystembaum, Realisierung des |
| implementation of virtual storage | virtueller Speicher, Realisierung eines |
| IMT-2000 (International Mobile Telecommunications 2000) | IMT-2000 |
| IN (Intelligent Network) | IN (Intelligentes Netz) |
| independence | Unabhängigkeit |
| index | Index |
| index register | Indexregister |
| individual software | Individual-Software |
| induced error | Folgefehler |
| induction system | Induktionssystem |
| inference component | Inferenzkomponente |
| inference machine | Inferenzmaschine |
| infix notation | Infix-Notation |
| information | Information |
| information and communication system | Informations- und Kommunikationssystem |
| information display on screens | Informationsdarstellung auf Bildschirmen |
| information hiding | Geheimnisprinzip |
| information management | Informationsmanagement |
| information processing | Informationsverarbeitung |
| information retrieval | Informationsgewinnung |
| information superhighway | Information Superhighway; Datenautobahn; Infobahn |
| information system | Informationssystem |
| information system planning | Informationssystemplanung |
| information technology | Informationstechnik |
| Information Technology Society within VDE | ITG (Informationstechnische Gesellschaft im VDE) |
| information theory | Informationstheorie |
| information visualization | Informationsvisualisierung |
| inheritance | Vererbung |
| inheritance hierarchy | Vererbungshierarchie |
| inheritance principle | Vererbungsprinzip |
| initial algebra | Algebra, initiale |
| initial authentication | Authentizitätsprüfung, initiale |
| initialization | Initialisierung |
| initiation event of a phase | Phaseninitiierungsereignis |
| ink jet plotter | Ink-Jet-Plotter; Tintenstrahlplotter; Farbdüsenplotter |
| input function | Eingabefunktion |
| input-output analysis | Input-Output-Analyse |
| input/output device | Ein-/Ausgabegerät |
| input pipeline | Eingabe-Pipeline |
| insertion | Eingliederung |
| inspection | Inspektion |
| instance | Instanz |
| instantiation | Instantiieren; Instanzierung |
| instruction | Befehl |
| instruction mix* | MIX |
| instruction scheduling | Instruktionsanordnung |
| intact phase | Intakt-Phase |
| intact state | Intakt-Zustand |
| integer programming | Programmierung, ganzzahlige |
| integration | Integration |
| integration of business information systems | Integration betrieblicher Informationssysteme |
| integrity | Integrität |
| integrity constraint | Integritätsbedingung |
| intelligent agent | Agent, intelligenter |
| intelligent network | Netz, intelligentes |
| intensity | Intensität |
| interaction | Interaktion |
| interaction diagram | Interaktionsdiagramm |
| interaction of system and environment | Interaktion zwischen System und Umgebung |
| interactive computer graphics | Datenverarbeitung, interaktive graphische; Computergraphik, interaktive |
| interactive programming | Programmieren, interaktives |
| interactive technique | Eingabetechnik |

## Übersetzungsliste

| | |
|---|---|
| interactive video | Fernsehen, interaktives |
| interactivity | Interaktivität |
| interchange format | Austauschformat |
| interconnection network | Verbindungsstruktur |
| interface | Schnittstelle |
| interface generator | Interface-Generator |
| interface object | Schnittstellenobjekt |
| interface of a system | Systemschnittstelle; Schnittstelle eines Systems |
| interface of an object | Objektschnittstelle; Schnittstelle eines Objekts |
| interlacing | Interlacing; Zeilensprungverfahren |
| intermediate system | Zwischensystem |
| internal fragmentation | Fragmentierung, interne |
| International Conference and Research Center for Computer Science | Internationales Begegnungs- und Forschungszentrum für Informatik |
| International Organisation for Standardization | ISO |
| international patent application | Patentanmeldung, internationale |
| international standardization | Normung, internationale |
| Internet | Internet |
| Internet protocol | Internet Protocol |
| interpoint method | Innere-Punkt-Methode |
| interpretation | Interpretation |
| interpreter | Interpretierer |
| interrupt | Interrupt; Unterbrechung |
| interrupt control unit | Unterbrechungswerk |
| interrupt lock | Unterbrechungssperre |
| interrupt mask | Unterbrechungssperre |
| interrupt service routine | Interrupt-Service-Routine |
| interrupt vector | Unterbrechungsvektor |
| interruptibility | Unterbrechbarkeit |
| intranet | Intranet |
| intrinsic image | Bild, intrinsisches |
| intruder | Eindringling |
| invention | Erfindung |
| invisibility | Unsichtbarkeit |
| IP (Internet Protocol) | IP |
| IPC (Inter-Process Communication) | IPC |
| IPMS (Interpersonal Messaging Service) | IPMS |
| irrelevance | Irrelevanz |
| Isabelle | Isabelle |
| ISDN (Integrated Services Digital Network) | ISDN (Diensteintegrierendes digitales Fernmeldenetz) |
| ISO (International Organization for Standardization) | ISO |
| isochronous | isochron |
| isolated word recognizer | Einzelworterkenner |
| isolation | Isolation |
| ISR (Interrupt Service Routine) | ISR |
| IT (Information Technology) | IT (Informationstechnik) |
| iteration | Iteration |
| iterative method | Iterationsverfahren |
| ITU (International Telecommunication Union) | ITU |
| ITU-T | ITU-T |
| IVHS (Intelligent Vehicle Highway Systems) | IVHS |
| IWU (Interworking Unit) | IWU |

## J

| | |
|---|---|
| Java | Java |
| JBIG | JBIG |
| jitter | Jitter |
| job control language | Auftragssprache |
| job management | Auftragsmanagement |
| join operation | Verbundoperation |
| joint distribution | Verteilung, zusammengesetzte |
| joint editing | Joint Editing |
| joystick | Joystick; Steuerknüppel |
| JPEG | JPEG |
| JTM (Job Transfer, Access and Manipulation) | JTM |

## K

| | |
|---|---|
| Kachiyan algorithm | Kachian-Algorithmus |
| Kalman filter | Kalman-Filter |
| Karmarkar algorithm | Karmarkar-Algorithmus |
| kernel | Kern |
| kernel program | Kernprogramm |
| kernel segment | Kernsegment |
| kernel service | Kerndienst |
| kernel service call | Kerndienstaufruf |
| kernel services for message communication | Kerndienste zur Nachrichtenkommunikation |
| kernel software for intelligent terminals | KIT (Kern-Software für intelligente Terminals) |
| key | Schlüssel |
| KIV (Karlsruhe Interactive Verifier) | KIV |
| Kleene algebra | Kleene-Algebra |
| knapsack problem | Rucksackproblem |
| knowledge acquisition | Wissensakquisition |
| knowledge base | Wissensbank; Wissensbasis |
| knowledge-based coding | Codierung, wissensbasierte |
| knowledge-based system | System, wissensbasiertes |
| knowledge processing | Wissensverarbeitung |
| knowledge representation | Wissensrepräsentation |
| knowledge used in authentication | Wissen zur Authentizitätsprüfung |
| Kuhn-Tucker condition | Kuhn-Tucker-Bedingung |

## L

| | |
|---|---|
| $\lambda$-calculus | Lambda-Kalkül; $\lambda$-Kalkül |
| Lagrange relaxation | Lagrange-Relaxation |
| LAN (Local Area Networks) | LAN |
| language | Sprache |
| language binding | Sprachschale |
| language model | Sprachmodell |
| language paradigma | Sprachparadigma |
| LAPB (Link Access Procedure Balanced) | LAPB |
| LAPD (Link Access Procedure on D-channel) | LAPD |
| Larch | Larch |
| large-scale memory management | AS-Verwaltung im Großen |

## Übersetzungsliste

| | |
|---|---|
| large scale optimization | Large-Scale-Optimierung |
| laser diode | Laserdiode |
| laser printer | Laserdrucker |
| laser vision disk | Laser-Vision-Bildplatte |
| latency | Latenzzeit; Setup-Zeit |
| Latin 1 | Latin 1 |
| law of great numbers | Gesetz der großen Zahlen |
| law on data protection | Datenschutzgesetz |
| laxity | Spielraum |
| layer | Ebene |
| layered architecture | Schichtenarchitektur |
| layout | Layout |
| LCF (Logic of Computable Functions) | LCF |
| leaf node of the file system tree | Blatt des Dateisystembaums |
| learning programs | Lernprogramme |
| leased circuit data network | Direktrufnetz |
| leftmost-innermost computation rule | Leftmost-Innermost-Berechnungsregel |
| leftmost-outermost computation rule | Leftmost-Outermost-Berechnungsregel |
| legal aspects of software | Software-Recht |
| legal protection | Rechtsschutz, gewerblicher; Schutzrechte |
| Lego | Lego |
| lemmatization | Lemmatisierung |
| lexical analysis | Analyse, lexikalische |
| LF (Line Feed) | LF |
| licence | Lizenz |
| LIFO (Last In First Out) principle | LIFO-Prinzip |
| light pen | Lichtgriffel |
| light pen operation | Lichtgriffelbedienung |
| light source | Lichtquelle |
| lighting model | Beleuchtungsmodell |
| lightweight process | Prozeß, leichtgewichtiger |
| likelihood | Likelihood |
| Lindenmayer system | Lindenmayer-System |
| line | Zeile |
| line detection | Liniendetektion |
| line drawing | Darstellung, lineare |
| linear bounded automaton | Automat, linear beschränkter |
| linear data object | Datenobjekt, lineares |
| linear logic | Logik, lineare |
| linear prediction | Vorhersage, lineare |
| linear programming | Programmierung, lineare |
| linear system of equations | Gleichungssystem, lineares |
| link state routing | Link State Routing (Wegewahl, basierend auf dem Verbindungszustand) |
| linking | Binden |
| Linux | Linux |
| LISP | LISP |
| list | Liste |
| literal | Literal |
| liveness | Lebendigkeit |
| LL(k) grammar | LL(k)-Grammatik |
| LLC (Logical Link Control) | LLC |
| load | Auslastung |
| load balancing | Lastausgleich |
| load distribution | Lastverteilung |
| local effects of a service | lokale Wirkung eines Dienstes |
| local process cooperation | Prozeßkooperation, stellenlokale |
| local refinement | Verfeinerung, lokale |
| local routing | Routing, lokales |
| locality rule of the access behaviour | Lokalität des Zugriffsverhaltens |
| location independence | Ortsunabhängigkeit |
| location problem | Standortwahlproblem |
| location transparency | Ortstransparenz |
| locator | Lokalisierer |
| lock | Sperre |
| logic | Logik |
| logic control | Verknüpfungssteuerung |
| logic elements | Logik-Bausteine |
| logic programming language | Programmiersprache, logikbasierte |
| logical gate | Verknüpfungsglied |
| logical input device | Eingabegerät, funktionales |
| logical input value | Eingabewert, funktionaler |
| logical language | Sprache, logische |
| logical workstation | Arbeitsplatz, virtueller |
| logically distributed system | Verteiltheit, abstrakte |
| LOGO | LOGO |
| loop | Schleife, Zyklus |
| LOTOS (Language of Temporal Ordering Specification) | LOTOS |
| LP (Larch Prover) | LP |
| LR(k) grammar | LR(k)-Grammatik |
| LRU (Least Recently Used) | LRU |

## M

| | |
|---|---|
| $\mu$-calculus | Mü-Kalkül; $\mu$-Kalkül |
| m from n systems | m-aus-n-Systeme |
| m : n-association | Zuordnung, m : n- |
| MAC (Medium Access Control) | Medienzugangskontrolle; MAC |
| machine | Maschine |
| machine code | Maschinencode |
| machine dependent code optimization | Codeverbesserung, maschinenabhängige |
| machine independent code optimization | Codeoptimierung, maschinenunabhängige |
| machine instruction | Maschinenbefehl |
| machine instruction set | Maschinenbefehlssatz |
| machine language | Maschinensprache |
| machine learning | Lernen, maschinelles; Lernverfahren, maschinelles |
| machine load | Auslastung |
| machine-oriented programming language | Programmiersprache, maschinenorientierte |
| machine scheduling | Maschinenbelegungsplanung |
| macro | Makro |
| magnetic bubble memory | Magnetblasenspeicher |
| magnetic core | Kernspeicher |
| magnetic disk | Magnetplatte |
| magnetic disk drive | Magnetplattenlaufwerk |
| magnetic disk storage | Magnetplattenspeicher |
| magnetic drum | Magnettrommelspeicher |
| magnetic optical storage technology | Speichertechnologie, magnetooptische |
| magnetic storage | Magnetschichtspeicher; Speicher, magnetomotorischer |
| magnetic storage technology | Speichertechnologie, magnetische |

| | | | |
|---|---|---|---|
| magnetic tape | Magnetband | media costs | Medienkosten |
| magnetic tape cartridge | Magnetbandkassette | mediator object | Vermittlungsobjekt |
| magnetic tape cartridge drive | Magnetband-Kassetteneinheit | mel cepstral coefficient | Mel-Cepstrum-Koeffizient |
| magnetic tape unit | Magnetbandeinheit | memory | Arbeitsspeicher (AS); Speicher |
| mailbox | Mailbox; Briefkasten, elektronischer | memory access time | Zugriffszeit |
| main memory | Arbeitsspeicher (AS); Hauptspeicher | memory address space | Arbeitsspeicher-Adreßraum |
| | | memory capability of processes | Prozeßspeicherfähigkeiten |
| mainframe | Mainframe | memory cycle time | Speicherzykluszeit |
| majority voting | Mehrheitsentscheidung | memory element | Speicherelement |
| MAN (Metropolitan Area Network) | MAN | memory management | Arbeitsspeichermanagement |
| | | memory management by demand paging | Arbeitsspeicherverwaltung, Anforderungsverfahren zur |
| man-machine communications | Mensch-Maschine-Kommunikation | | |
| man-machine interface | Mensch-Maschine-Schnittstelle | memory management by single-page demand paging | Arbeitsspeicherverwaltung, Einzelseiten-Anforderungsverfahren zur |
| man-machine system | Mensch-Maschine-System, betriebliches; MMS | memory management using prefetch policies | Arbeitsspeicherverwaltung, vorausplanende |
| man-process communication | Mensch-Prozeß-Kommunikation | menue-based editor | Editor, menüorientierter |
| man-process interface | Mensch-Prozeß-Schnittstelle | menue technique | Menütechnik |
| | | message | Mitteilung; Nachricht |
| man-process system | Mensch-Prozeß-System | message body | Nachrichtenkörper |
| management information system | Managementinformationssystem | message buffer | Nachrichtenpuffer |
| | | message communication | Nachrichtenkommunikation |
| management of virtual address spaces | Verwaltung virtueller Adreßräume | message header | Nachrichtenkopf |
| | | message-oriented operating system | Betriebssystem, nachrichtenorientiertes |
| management of virtual storage | Management für virtuelle Speicher | message passing | Message Passing |
| management tasks of an operating system | Managementaufgaben des Betriebssystems | message passing task | Nachrichtenvermittlungs-Task |
| Manchester code | Manchester-Code | meta computing | Meta-Computing |
| mandatory policy | Politik, systembestimmte | meta data | Metadaten |
| mandatory security policy | Rechtssicherheitspolitik, systembestimmte | metabolic engineering | Metabolic Engineering |
| | | metafile | Metafile |
| manipulation function | Manipulationsfunktion | metaknowledge | Metawissen |
| MAP (Manufacturing Automation Protocol) | MAP | metarule | Metaregel |
| | | metric object | Meterobjekt |
| mapping function of a file | Speicherfunktion einer Datei | MFLOPS (Millions of Floating Point Operations per Second) | MFLOPS |
| Marcov chain | Markoff-Kette | | |
| Markov algorithm | Markoff-Algorithmus | MHEG | MHEG |
| markup | Auszeichnung; Markup | MHS (Message Handling System) | MHS |
| Martin-Loef type theory | Martin-Löf-Typtheorie; MLTT | MIB (Management Information Base) | MIB |
| mask | Maske | microassembler | Mikro-Assembler |
| mass storage | Massenspeicher | microcode | Mikrocode |
| matching problem | Matching-Problem | microelectronics | Mikroelektronik |
| mathematical modeling | Modellierung, mathematische | microinstruction | Mikroinstruktion |
| | | microkernel system | Mikrokernsystem |
| matroid theory | Matroidtheorie | microoperation | Mikrooperation |
| maximum claim for resources | Betriebsmittelanforderung, maximale | microprocessor | Mikroprozessor |
| | | microprogram | Mikroprogramm |
| Maxwell theory | Maxwellsche Theorie | microprogram memory | Mikroprogrammspeicher |
| MBONE (Multicast Backbone) | MBONE | microprogramming | Mikroprogrammierung |
| | | MIMD (Multiple Instruction Multiple Data) | MIMD |
| MBS (Mobile Broadband System) | MBS | | |
| MCU (Multipoint Control Unit) | MCU | MIME (Multi-purpose Internet Mail Extension) | MIME |
| Mealy automaton | Mealy-Automat | Mini MAP | Mini-MAP |
| mean | Durchschnitt | minimax process | Minimax-Verfahren |
| means-ends analysis | Mittel-Zweck-Analyse | MIPS (Millions of Instructions per Second) | MIPS |
| measure process | Maßwertprozeß | | |
| mechanism to coordinate computations | Koordinierungsmechanismus | mixture distribution | Mischungsverteilung |
| | | ML (Meta-Language) | ML |

849

## Übersetzungsliste

| | |
|---|---|
| MLIPS (Millions of Logical Inferences per Second) | MLIPS |
| MMS (Manufacturing Message Service) | MMS |
| MMU (Memory Management Unit) | MMU |
| mobile information system | Informationssystem, mobiles |
| mobile radio networks | Funknetze, mobile |
| mobile radio service | Funkdienste, bewegliche |
| MODACOM (Mobile Data Communication) | MODACOM |
| modal logic | Modallogik |
| model | Modell; Modellsystem |
| model checking | Model Checking |
| model data | Modelldaten |
| model-guided | modellgesteuert |
| modeling | Modellbildung |
| modeling of business information systems | Modellierung betrieblicher Informationssysteme |
| modeling of business systems | Modellierung betrieblicher Systeme |
| modem | Modem |
| Modula | Modula |
| modularity | Modularität |
| modulation | Modulation |
| module | Modul; Baustein |
| molecular computing | Molecular Computing |
| molecular docking | Docking, molekulares |
| molecular modeling | Modellierung, molekulare |
| monitor | Monitor |
| monochromatic display | Display, monochromes |
| monoid | Monoid |
| monolithic memory | Speicher, monolithischer |
| monomorphic typing | Typisierung, monomorphe |
| Monte Carlo method | Monte-Carlo-Methode |
| Monte Carlo simulation | Monte-Carlo-Simulation |
| Moore automaton | Moore-Automat |
| morphological analysis | Analyse, morphologische |
| morphology | Morphologie |
| mosaic character | Mosaikzeichen |
| motion compensation | Motion Compensation |
| motion estimation | Bewegungsschätzung |
| MOTIS (Message-Oriented Text Interchange Standard) | MOTIS |
| mouse | Maus |
| MPEG | MPEG |
| MPS (Massive Parallel Systems) | MPS |
| MS (Message Store) | MS |
| MS-DOS (Microsoft-Disk Operating System) | MS-DOS |
| MS-Windows | MS-Windows |
| MTA (Message Transfer Agent) | MTA |
| MTBF (Mean Time Between Failures) | MTBF |
| MTS (Message Transfer System) | MTS |
| MTTF (Mean Time to Failure) | MTTF |
| MTTFF (Mean Time To First Failure) | MTTFF |
| MTTR (Mean Time To Repair) | MTTR |
| multi-agent systems | Multi-Agenten-Systeme |
| multi-level method | Multi-Level-Verfahren (MLV) |
| multi-user application | Mehrbenutzeranwendung |
| multi-user computing system | Mehrbenutzer-Rechensystem |
| multi-user system | Mehrbenutzersystem |
| multicast | Multicast |
| multifunctional workstation | Arbeitsplatz, multifunktionaler |
| multigrid components | Mehrgitterkomponenten |
| multigrid method | Mehrgitterverfahren auf Gitterstrukturen |
| multimedia | Multimedia |
| multimedia communication | Multimediakommunikation |
| multimedia database | Multimediadatenbank |
| multimedia information system | Multimedia-Informationssystem |
| multimedia mail | Multimedia Mail |
| multimedia system | System, multimediales |
| multimode fiber | Multimodefaser |
| multiple access | Vielfachzugriff |
| multiplex operation | Multiplexverfahren |
| multiplexer | Multiplexer |
| multiprocessing | Multiprocessing |
| multiprocessor | Multiprozessor |
| multiprogramming | Mehrprogrammbetrieb |
| multiscreen technology | Multiscreen-Technik |
| multitasking | Multitasking |
| multithreaded architecture | Multithreaded Architecture |
| mutual exclusion | Ausschluß, wechselseitiger/gegenseitiger |
| MVA (Mean Value Analysis) | Mittelwertanalyse |

## N

| | |
|---|---|
| name | Name |
| naming domain | Namensdomäne |
| NAND function | Sheffer-Funktion |
| nanoprogramming | Nanoprogrammierung |
| narrow-band picture transmission | Bildübertragung, schmalbandige |
| national standardization | Normung, nationale |
| natural language interface | Schnittstelle, natürlichsprachliche |
| natural language system | System, natürlichsprachliches |
| natural semantics | Semantik, natürliche |
| natural system | System, natürliches |
| navigation | Navigation |
| NDC (Normalized Device Coordinates) | NDC |
| negative rights | Rechte, negative |
| net-wide process cooperation | Prozeßkooperation, stellenübergreifende |
| network | Netzwerk |
| network access procedure | Netzzugangsverfahren |
| network administrator | Netzadministrator |
| network computing system | Rechensystem, vernetztes |
| network data model | Netzwerkdatenmodell |
| network flow | Fluß in Netzwerken; Netzwerkfluß |
| network interconnection | Netzkopplung |
| network layer | Vermittlungsebene; Netzwerkebene |
| network management | Netzwerkmanagement; Netzmanagement |

Übersetzungsliste

| | | | |
|---|---|---|---|
| network of computer nodes | Stellenrechner, vernetzter | object-oriented design | Entwurf, objektorientierter |
| network of computing machines | Netz rechenfähiger Maschinen | object-oriented graphics | Graphik, objektorientierte |
| neural network | Neuronales Netz | object-oriented language | Sprache, objektorientierte |
| no-wait-send | Nicht Blockierendes Senden (NBS); No-Wait-Send | object-oriented programming | Programmierung, objektorientierte; Programmieren, objektorientiertes |
| no-wait-send channel | NBS-Kanal | object-oriented programming language | Programmiersprache, objektorientierte |
| no-wait-send concept | NBS-Konzept | object recognition | Objekterkennung |
| noise | Rauschen | object space | Objektraum |
| non-determinism | Nichtdeterminismus | object space method | Objektraumverfahren |
| non-deterministic program | Programm, nichtdeterministisches | object store | Objektspeicher |
| non-first normal form | NF2 | object to coordinate computations | Koordinierungsobjekt |
| non-linear programming | Programmierung, nichtlineare | object type | Objekttyp |
| non-local effects of a service | nichtlokale Wirkung eines Dienstes | objects acting as substitute subjects | Objekte als Stellvertretersubjekte |
| non-preemptable serially reusable resource | NXBM (Nicht Unterbrechbares XBM) | observability | Beobachtbarkeit |
| non-standard database | Nicht-Standarddatenbank | observation of a system | Beobachtung eines Systems |
| non-terminating computation | Berechnung, nichtterminierende | observation of the behavior | Beobachtung des Verhaltens |
| | | observational behavior | Verhalten, beobachtbares |
| non-monotonic logic | Logik, nichtmonotone | occam | Occam |
| NOR | Pierce-Funktion | OCR (Optical Character Recognition) | OCR |
| normal distribution | Normalverteilung | octal number | Oktalzahl |
| normal form | Normalform | octet | Oktett |
| normalization | Normalisierung | ODA (Open Document Architecture) | ODA |
| normalized device coordinates | Gerätekoordinaten, normalisierte | ODBC (Open Database Connectivity) | ODBC |
| NOT-function | Negation | ODBMS (Object Database Management System) | ODBMS |
| not-running phase | Betriebspause | ODIF (Open Document Interchange Format) | ODIF |
| notebook | Taschenrechner | | |
| NP complete | NP-vollständig | ODMG (Object Data Management Group) | ODMG |
| NP-hard | NP-hart | | |
| nullmodem | Nullmodem | ODP (Open Distributed Processing) | ODP |
| number of renewals | Anzahl der Erneuerungen | | |
| number system | Zahlensystem | off line | off line |
| numerical efficiency | Effizienz, numerische | off-screen storage | Off-Screen-Speicher |
| numerical method | Verfahren, numerisches | office communication technology | Bürotechnik |
| numerical methods on grids | Gitterstruktur, numerische Verfahren auf | office document architecture | Bürodokumentarchitektur |
| numerical precision | Genauigkeit | office information system | Büroinformationssystem |
| numerical simulation | Simulation, numerische | OID (Object Identifier) | OID |
| Nuprl (New programming logic) | Nuprl | OLTP (On Line Transaction Processing) | OLTP |
| | | OMA (Object Management Architecture) | OMA |

## O

| | | | |
|---|---|---|---|
| | | Omega network | Omega-Netz |
| O/R address (Originator/Recipient address) | O/R-Adresse | OMG (Object Management Group) | OMG |
| O/R name (Originator/Recipient name) | O/R-Name | on-board processing | On-Board Processing (Verarbeitung durch Bordrechner) |
| OBDD (Ordered Binary Decision Diagram) | OBDD | | |
| OBJ | OBJ | on line | on line |
| object | Objekt | one-dimensional coding | Codierung, eindimensionale |
| object database | Objektdatenbank | one-dimensional structure of a file | Datei, eindimensionale Struktur einer |
| object granularity | Objektgranularität | one-dimensional structure of a segment | Segmentstruktur, eindimensionale |
| object identity | Objektidentität | | |
| object including a controller | Objekt mit Kontrolleur | one-dimensional structure of the memory | Arbeitsspeicherstruktur, eindimensionale |
| object model | Objektmodell | | |
| object orientation | Objektorientierung | one-level linear mapping function | Speicherfunktion, einstufig lineare |
| object-oriented analysis | Analyse, objektorientierte | | |
| object-oriented data model | Datenmodell, objektorientiertes | one-phase systems | Einphasensysteme |
| | | one-way function | Einwegfunktion |

851

## Übersetzungsliste

| | |
|---|---|
| one-way function with trap-door | Einwegfunktion mit Falltür |
| open communication | Kommunikation, offene |
| open document architecture | Bürodokumentarchitektur |
| open system | System, offenes |
| operand | Operand |
| operating system | Betriebssystem |
| operating system kernel | Betriebssystemkern |
| operation | Operation |
| operational analysis | Analyse, operationelle |
| operational semantics | Semantik, operationelle |
| operations of an object | Operationen eines Objekts |
| operations research | Operations Research |
| operative information system | Informationssystem, operatives |
| operator | Bediener |
| operator surface | Bedienoberfläche |
| optical amplifier | Verstärker, optischer |
| optical disk | Optical Disk |
| optical fiber | Lichtwellenleiter (LWL) |
| optical flow | Fluß, optischer |
| optical storage | Speicher, optischer |
| optical storage technology | Speichertechnologie, optische |
| optimality criterion | Optimalitätsbedingungen |
| optimization | Optimierung |
| Or | Disjunktion |
| order statistics | Ordnungsgröße |
| ordered classification of rights | Rechteklassifizierung, geordnete |
| ordered resource allocation | Betriebsmittelbenutzung, geordnete |
| OSF (Open Software Foundation) | OSF |
| OSF/Motif | OSF/Motif |
| OSI (Open Systems Interconnection) | OSI |
| OSI reference model | OSI-Referenzmodell |
| output | Ausgabe |
| output device | Ausgabegerät |
| output pipeline | Ausgabe-Pipeline |
| overhead | Overhead (Verwaltungsmehrbedarf) |
| overload behavior | Überlastverhalten |
| overloading | Overloading |
| Owicki-Gries logic | Owicki-Gries-Logik |
| owner | Eigentümer |
| owner rights | Eigentümerrechte |

## P

| | |
|---|---|
| $\pi$-calculus | Pi-Kalkül; $\pi$-Kalkül |
| PABX (Private Automated Branch Exchange) | PABX |
| packet | Paket |
| packet switched public data network | Paketvermittlungsnetz, öffentliches |
| packet switching | Paketvermittlung |
| packetizing | Paketisierung |
| packing problem | Packungsproblem |
| PAD (Packet Assembly/Disassembly Facility) | PAD |
| page | Seite |
| page-based implementation of virtual memory | (Virtual Memory)-Realisierung, seitenbasierte |
| page-based management of background storage | Hintergrundspeicherverwaltung, kachelorientierte |
| page-based management of memory | Arbeitsspeicherverwaltung, kachelorientierte |
| page-based representation in background storage | Hintergrundspeicherrealisierung, seitenbasierte |
| page-block-frame table | Seiten-Blockbereichs-Tabelle (SBT) |
| page fault | Seitenfehler |
| page fault rate | Seitenfehlerrate |
| page frame | Kachel |
| page frame address space | Kacheladreßraum |
| page length | Seitenlänge |
| page table | Seiten-Kachel-Tabelle (SKT) |
| paging | Funkruf |
| painting technique | Maltechnik |
| palindrome | Palindrom |
| PAM (Pulse Amplitude Modulation) | PAM |
| parallel combination | Parallelkombination |
| parallel combination as reliability model | Zuverlässigkeitsparallelkombination |
| parallel computation | Berechnung, parallele |
| parallel computer | Parallelrechner |
| parallel computing system | Rechensystem, paralleles |
| parallel efficiency | Effizienz, parallele |
| parallel-outermost computation rule | Parallel-Outermost-Berechnungsregel |
| parallel processing | Parallelbetrieb |
| parallel program | Programm, paralleles |
| parallel programming | Programmierung, parallele |
| parallel scaled efficiency | Effizienz, skalierte, parallele |
| parallel system | System, paralleles |
| parallel systems | Parallelsysteme |
| parallel transmission | Übertragung, parallele |
| parallel vector computer | Parallel-Vektor-Computer |
| parallelity | Parallelität |
| parallelization | Parallelisierung |
| parameter | Parameter |
| parameter passing | Parameterübergabe |
| parametric optimization | Optimierung, parametrische |
| parser | Parser |
| partial evaluation | Teilberechnung |
| partial representation in background storage | Hintergrundspeicherrealisierung, partielle |
| partial representation in memory | Arbeitsspeicherrealisierung, partielle |
| partial trace of events | Ereignisspur, partielle |
| particle methods | Partikelmethoden |
| PASCAL | PASCAL |
| passive attack | Angriff, passiver |
| passive computer graphics | Datenverarbeitung, passive graphische |
| passive waiting | Warten, passives |
| passive waiting mechanism to coordinate computations | Koordinierungsmechanismus mit passivem Warten |
| password | Passwort |
| patent | Patent |
| patent office | Patentamt |
| patent protection | Patentschutz |
| path name | Pfadname |
| pattern | Muster |
| pattern matching | Mustervergleich |

## Übersetzungsliste

| | | | |
|---|---|---|---|
| pattern recognition | Mustererkennung | pixel array | Bildelementmatrix |
| PBX (Private Branch Exchange) | PBX | pixel coordinates | Bildkoordinaten |
| PC (Personal Computer) | PC | pixmap | Pixmap |
| PCM (Pulse Code Modulation) | PCM | plain text | Klartext |
| | | plain text coding | Klartextcodierung |
| | | PLANNER | PLANNER |
| PCMCIA (Personal Computer Memory Card International Association) | PCMCIA | planning techniques | Planungstechnik |
| | | plasma display | Plasmabildschirm |
| | | platform | Plattform |
| PDN (Public Data Network) | PDN | plotter | Plotter |
| PDU (Protocol Data Unit) | Protokolldateneinheit; PDU | PODA (Priority-Oriented Demand Assignment) | PODA |
| PDV bus | PDV-Bus | pointer | Zeiger; Pointer |
| Peano arithmetic | Peano-Arithmetik | Poisson distribution | Poisson-Verteilung |
| Pearl | Pearl | Poisson process | Poisson-Prozeß |
| peer entity | Partnerinstanz; Peer Entity | polarization maintaining fiber | Glasfaserlichtwellenleiter, polarisationserhaltender |
| Pel (Picture element) | Pel | | |
| perceptron | Perzeptron | Polish notation | Polnische Notation |
| perfect graph | Graph, perfekter | polling | Polling |
| perfectivation | Perfektionierung | polyedral theory | Polyedertheorie |
| perforated tape | Lochstreifen | polyline | Linienzug; Polyline |
| performability | Performability | polymorphic lambda calculus | Lambda-Kalkül, polymorpher |
| performance analysis | Leistungsanalyse | | |
| performance bottleneck | Leistungsengpaß | polymorphic typing | Typisierung, polymorphe |
| performance evaluation | Rechnerbewertung | polymorphism | Polymorphie |
| period | Periode | polynomial time complexity | Zeitkomplexität, polynomiale |
| period of commitment | Verbindlichkeitsintervall | | |
| periodicity | Periodizität | pop-up menue | Pop-up-Menü |
| peripheral control unit | Kanalwerk | population | Grundgesamtheit |
| peripheral device | Peripheriegerät | port | Port |
| peripheral memory | Hintergrundspeicher (HS) | portability | Portabilität |
| permanent fault | Fehler, permanenter | porting | Portierung |
| permutation network | Permutationsnetz | positive rights | Rechte, positive |
| persistence | Persistenz | POSIX (Portable Operating Systems Interfaces) | POSIX |
| persistency | Persistenz | | |
| persistent data object | Datenobjekt, persistentes | possession used in authentication | Besitz zur Authentizitätsprüfung |
| Personal Computer (PC) | Personal Computer (PC) | | |
| personal data | Daten, personenbezogene | postcondition | Nachbedingung |
| perspective | Perspektive | postfix notation | Postfix-Notation |
| Petri net | Petri-Netz | PostScript | PostScript |
| PEX (PHIGS Extension to X) | PEX | POTS (Plain Old Telephone Service) | POTS |
| phase | Phase | | |
| phase change technology | Kristallin-Amorph-Verfahren | pragmatics | Pragmatik |
| | | PRAM | PRAM |
| phase model | Phasenmodell | pre-formated display in process graphic | Darstellung, vorgestaltet in Videobild |
| phase modulation | Phasenmodulation | | |
| phase of a sequential process | Phase eines sequentiellen Prozesses | precedence restrictions | Reihenfolgerestriktionen |
| | | precondition | Vorbedingung |
| phase shift keying | Phasenumtastung | predictability | Determinismus |
| phase structure | Phasenstruktur | predictable real-time system | Realzeitsystem, deterministisches |
| PHIGS | PHIGS | | |
| phonem | Phonem | preemptable serially reusable resource | Unterbrechbares XBM (UXBM) |
| Phonenet | Phonenet | | |
| photo lithography | Photolithographie | preemptable serially reusable resource | XBM, unterbrechbares |
| phrase structure grammar | Phrasenstrukturgrammatik | | |
| phylogenetic tree | Baum, phylogenetischer | prefix notation | Präfix-Notation |
| physical layer | Bitübertragungsebene; Ebene, physikalische | Presburger arithmetic | Presburger-Arithmetik |
| | | presentation | Anzeige; Präsentation |
| pick | Picker; Identifizieren | presentation graphics | Präsentationsgraphik |
| picoprogramming | Picoprogrammierung | presentation layer | Darstellungsebene |
| pictural object | Bildobjekt | presentation of numbers | Zahlendarstellung |
| picture | Bild | prevention of deadlock states | Vermeidung von Deadlock-Zuständen |
| picture element | Bildelement | | |
| picture memory | Bildspeicher | preventive fault-tolerance measures | Fehlertoleranzmaßnahmen, vorbeugende |
| piggybacking | Piggybacking (Huckepack) | | |
| ping-pong procedure | Ping-Pong-Verfahren | primal dual method | Verfahren, primal-duales |
| pipeline computer | Pipeline-Rechner | primal method | Verfahren, primales |
| pixel | Pixel; Bildpunkt | | |

## Übersetzungsliste

| | |
|---|---|
| primal sketch | Skizze, primäre |
| primary key | Primärschlüssel |
| primary key integrity | Schlüsselintegrität |
| primary rate access | Primärmultiplexanschluß |
| prime number | Primzahl |
| primitive | Primitive |
| principle of complete mediation | Vollständigkeitsprinzip |
| principle of fail-safe defaults | Erlaubnisprinzip |
| principle of need-to-know | Prinzip der minimalen Rechte |
| principle of open design | Prinzip des offenen Entwurfs |
| principles of security policies | Prinzipien für Rechtssicherheitspolitiken |
| printer | Drucker; Printer |
| priority inversion | Prioritätsinversion |
| priority technique | Prioritätsverfahren |
| privacy protection, data protection | Datenschutz |
| private automated branch exchange | Nebenstellenanlage, digitale |
| private key | Schlüssel, privater |
| private-key cryptosystem | Private-Key-Kryptosystem |
| PRMD (Private Management Domain) | PRMD |
| probabilistic algorithm | Algorithmus, probabilistischer |
| probability | Wahrscheinlichkeit |
| probability distribution | Wahrscheinlichkeitsverteilung |
| problem analysis | Problemanalyse |
| problem reduction | Problemreduktion |
| problem solving | Problemlösen |
| procedural knowledge representation | Wissensrepräsentation, prozedurale |
| procedural process-to-kernel interface | Prozeß-Kern-Schnittstelle, prozedurale |
| procedure | Prozedur |
| procedure-oriented computing system | Rechensystem, prozedurorientiertes |
| procedure-oriented operating system | Betriebssystem, prozedurorientiertes |
| process | Prozeß |
| process algebra | Prozeßalgebra |
| process animation | Prozeßanimation |
| process control | Prozeßführung |
| process control computer | Prozeßrechner |
| process control system | Automatisierungssystem, dezentrales; Prozeßleitsystem |
| process display | Fließbilddarstellung |
| process, embedded in a task | Prozeß, in Task eingeordneter |
| process generation | Prozeßerzeugung |
| process-global strategies of memory management | Arbeitsspeicherverwaltung, prozeßglobale Verfahren zur |
| process in memory | Prozeß, eingelagerter |
| process-local strategies of memory management | Arbeitsspeicherverwaltung, prozeßlokale Verfahren zur |
| process management | Prozeßverwaltung; Prozeßmanagement |
| process model | Vorgehensmodell; Funktionsmodell; Ablaufmodell |
| process-oriented computing system | Rechensystem, prozeßorientiertes |
| process-oriented microkernel system | Mikrokernsystem, prozeßorientiertes |
| process-oriented operating system | Betriebssystem, prozeßorientiertes |
| process peripheries | Prozeßperipherie |
| process-private segment | Segment, prozeßprivates |
| process synchronization | Prozeßsynchronisation |
| process-to-kernel interface | Prozeß-Kern-Schnittstelle |
| process variable | Prozeßvariable |
| process visualization | Prozeßvisualisierung |
| process visualization system | Prozeßvisualisierungssystem |
| processor | Prozessor |
| processor management | Prozessormanagement |
| producer | Erzeuger |
| producer-consumer problem | Erzeuger-Verbraucher-Problem |
| production planning and control system | Produktionsplanungs- und -steuerungssystem (PPS) |
| production rules | Produktionsregeln |
| production system | Produktionensystem |
| PROFIBUS | PROFIBUS |
| program counter | Befehlszähler |
| program development | Programmentwicklung |
| program scheme | Programmschema |
| program synthesis | Programmsynthese |
| program transformation | Programmtransformation |
| program verification | Programmverifikation |
| programming | Programmierung |
| programming fault | Programmierfehler |
| programming language | Programmiersprache |
| programming language implementation | Programmiersprachen-Implementierung |
| project library | Projektbibliothek |
| project management | Projektmanagement |
| project management system | Projektverwaltungssystem |
| project operation | Projektoperation |
| project organisation | Projektorganisation |
| project planning | Projektplanung |
| projecting | Projektierung |
| PROLOG | PROLOG |
| prompt | Aufforderung; Prompt |
| proof assistant | Beweisassistent |
| propositional logic | Aussagenlogik |
| prosody | Prosodie |
| protection of an object | Schutz eines Objekts |
| protocol | Protokoll |
| prototype | Prototyp |
| prototyping | Prototypentwicklung; Prototyping |
| prover | Beweiser |
| pseudo random number generator | Pseudo-Zufallszahlengenerator |
| PSK (Phase Shift Keying) | PSK |
| PSNR (Peak Signal to Noise Ratio) | PSNR |
| PSPDN (Packet Switched Public Data Network) | PSPDN |
| PSTN (Public Switched Telephone Network) | PSTN |
| public data network | Datennetz, öffentliches |
| public key | Schlüssel, allbekannter |
| public-key cryptosystem | Public-Key-Kryptosystem |
| public switched telephone network | Telephonnetz, öffentliches |

… Übersetzungsliste

| | | | |
|---|---|---|---|
| punched card | Lochkarte | RAM (Random Access Memory) | RAM |
| punched tape | Lochstreifen | random-access machine | Random-Access-Maschine |
| pushdown automaton | Kellerautomat | random access memory | Direktzugriffsspeicher |
| pushdown stack | Keller | random number generator | Zufallszahlengenerator |
| PVS (Prototype Verification System) | PVS | random numbers | Zufallszahlen |
| | | random replacement | RANDOM |
| | | range finding | Bereichsfinden |
| | | range of effects | Wirkungsbereich |
| | | rapid prototyping | Rapid Prototyping |
| | | RARE | RARE |

## Q

| | | | |
|---|---|---|---|
| QBE (Query By Example) | QBE | raster display | Rasterbildschirm |
| QoS (Quality of Service) | QoS | raster graphics information | Rasterbildinformation |
| QPSK (Quadrature Phase Shift Keying) | QPSK | rate of convergency | Konvergenzrate |
| | | ray deflection | Strahlablenkung |
| quad tree | Bildbaum | ray tracing | Ray Tracing |
| quadratic programming | Programmierung, quadratische | RDA (Remote Data Access) | RDA |
| | | RDBMS (Relational Database Management System) | RDBMS |
| quadrature phase shift keying | Phasenumtastung, quadratische | | |
| qualified pointer | Zeiger, qualifizierter | RDS (Radio Data System) | RDS |
| qualitative deduction | Schließen, qualitatives | reaction time | Reaktionszeit |
| Quality Assessment Company Ltd. | Deutsche Gesellschaft zur Zertifizierung von Managementsystemen mbH (DQS) | reactive system | System, reaktives |
| | | read only memory | Festspeicher |
| | | real system | System, reales |
| | | real-time animation | Echtzeitanimation |
| quality assurance | Qualitätssicherung | real-time behavior | Realzeitverhalten |
| quality characteristic | Qualitätseigenschaft | real-time capable | realzeitfähig; echtzeitfähig |
| quality check | Qualitätsprüfung | real-time clock | Realzeituhr; Echtzeituhr |
| quality control | Qualitätssteuerung | real-time communication system | Realzeit-Kommunikationssystem |
| quality management | Qualitätsmanagement | | |
| quality metric | Qualitätsmaß | real-time constraint | Realzeitbedingung |
| quality of a system to be a model | Modelleigenschaft eines Systems | real-time database | Datenbank, realzeitfähige |
| | | real-time image processing | Realzeitbildverarbeitung |
| quality of service | Dienstgüte | real-time kernel | Realzeitkern |
| quality test | Qualitätsprüfung | real-time operating system | Realzeitbetriebssystem |
| quantization | Quantisierung | real-time processing | Echtzeitbearbeitung; Verarbeitung, schritthaltende; Realzeitverarbeitung; Realzeitbetrieb |
| quantum computing | Quantum Computing | | |
| quasi-Newton method | Quasi-Newton-Methode | | |
| query | Anfrage | | |
| query evaluation | Anfrageverarbeitung | | |
| query language | Anfragesprache; Abfragesprache | real-time programming language | Realzeitprogrammiersprache |
| | | real-time proof | Echtzeitnachweis |
| query optimization | Anfrageoptimierung | real-time requirement | Realzeitanforderung |
| question-answer system | Frage-Antwort-System | real-time signal processing | Realzeitsignalverarbeitung |
| queue | Warteschlange | real-time simulation | Echtzeitsimulation |
| queueing network | Warteschlangennetz | real-time simulation | Real-Time-Simulation |
| queueing theory | Verkehrstheorie | real-time software | Realzeit-Software |
| | | real-time system | Realzeitsystem |
| | | real-time system design | Realzeitsystementwurf |
| | | real-time system development | Realzeitsystementwicklung |

## R

| | | | |
|---|---|---|---|
| | | real-time task | Realzeit-Task |
| Rabin-Scott automaton | Rabin-Scott-Automat | real-time UNIX | Realzeit-UNIX |
| RACE (Research and Technology Development in Advanced Communications Technologies in Europe) | RACE | real-time visualization | Echtzeitvisualisierung |
| | | realism | Realismus |
| | | receiver | Empfänger |
| | | receiving installation | Empfangsanlage |
| | | recognizable set | Menge, erkennbare |
| radio engineering | Funktechnik | reconfiguration | Rekonfiguration |
| radio receiver | Funkempfänger | record | Record |
| RAID (Redundant Arrays of Independent Disks) | RAID | recording interface | Archivierungsschnittstelle |
| | | recovery from deadlock states | Behebung von Deadlock-Zuständen |
| RAID storage (sub)system | RAID-Speichersystem | recovery line | Rücksetzlinie |
| RAISE (Rigorous Approach to Industrial Software Engineering) | RAISE | recovery state | Rücksetzzustand |
| | | recursion | Rekursion |

855

## Übersetzungsliste

| | |
|---|---|
| recursion elimination | Entrekursivierung |
| recursive enumerable | rekursiv aufzählbar |
| recursive function | Funktion, rekursive |
| recursive set | Menge, rekursive |
| recursively enumerable set | Menge, rekursiv aufzählbare |
| Red Green Blue | Rot Grün Blau (RGB) |
| reduced gradient method | Reduzierte-Gradienten-Verfahren |
| reduction machine | Reduktionsmaschine |
| reduction system | Reduktionssystem |
| redundancy | Redundanz |
| redundant subsystem | Subsystem, redundantes |
| reference | Referenz |
| reference monitor | Referenzmonitor |
| reference trace | Referenzspur |
| referential integrity | Integrität, referentielle |
| referential transparency | Transparenz, referentielle |
| refinement | Verfeinerung |
| refresh rate | Auffrischrate |
| region-based memory management | Arbeitsspeicherverwaltung, bereichsorientierte |
| region growing | Regionenwachsen |
| regional standardization | Normung, regionale |
| register | Register |
| register allocation | Registerzuteilung |
| register insertion | Registerinsertion |
| register machine | Registermaschine |
| regression | Regression |
| regular expression | Ausdruck, regulärer |
| regular grammar | Grammatik, reguläre |
| regular language | Sprache, reguläre |
| relation | Relation |
| relational algebra | Relationenalgebra |
| relational calculus | Relationenkalkül |
| relational data model | Datenmodell, relationales |
| relational database | Datenbank, relationale |
| relationship | Beziehung |
| relative coordinates | Koordinaten, relative |
| relative path name | Pfadname, relativer |
| relaxation labelling | Markierungsrelaxation |
| relaxation method | Relaxationsverfahren |
| reliability | Überlebenswahrscheinlichkeit; Zuverlässigkeit |
| reliability measures | Zuverlässigkeitskenngrößen |
| reliability of computing systems | Zuverlässigkeit von Rechensystemen |
| reliability system function | Zuverlässigkeitssystemfunktion |
| reliable computing system | Rechensystem, zuverlässiges |
| remainding time to failure | Restlebenszeit |
| remote database access | Datenbankfernzugriff |
| remote processing | Datenfernverarbeitung |
| removable media | Wechselmedien |
| rendering | Rendering |
| rendezvous communication | Rendezvous-Kommunikation |
| renewal | Erneuerung |
| renewal function | Erneuerungsfunktion |
| renewal process | Erneuerungsprozeß |
| renewal systems | Erneuerungssysteme |
| repeater | Repeater |
| replacement policy | Verdrängungsstrategie |
| replication | Replikation |
| report | Bericht |
| report generator | Berichtsgenerator |
| reporting system | Berichts- und Kontrollsystem (BuK-System) |
| repository | Repositorium; Software-Datenbank; Entwicklungsdatenbank |
| representation in background storage | Hintergrundspeicherrealisierung |
| representation in memory | Arbeitsspeicherrealisierung |
| representation of an object | Repräsentation eines Objekts |
| requirement | Anforderung |
| requirements analysis | Anforderungsanalyse |
| requirements definition | Aufgabendefinition; Fachkonzept |
| requirements specification | Anforderungsdefinition |
| resolution | Auflösung |
| resolution process | Resolutionsverfahren |
| resource | Ressource; Betriebsmittel (BM) |
| resource-admissible computing system | Betriebsmittel-zulässiges Rechensystem |
| resource-admissible trace of events | Betriebsmittel-zulässige Ereignisspur |
| resource allocation matrix | Betriebsmittelbelegungsmatrix |
| resource management | Betriebsmittelverwaltung; Ressourcenmanagement |
| resource management problem | Betriebsmittelverwaltungsaufgabe |
| resource request matrix | Betriebsmittelanforderungsmatrix |
| resource sharing | Ressourcennutzung, gemeinsame |
| resource vector | Betriebsmittelvektor |
| response time | Antwortzeit; Reaktionszeit |
| responsive system | System, responsives |
| return | RETURN |
| reusability | Wiederverwendbarkeit |
| reusability and extensibility of application systems | Wiederverwendbarkeit und Erweiterbarkeit eines Anwendungssystems |
| reusable component | Komponente, wiederverwendbare |
| reusable resource | Betriebsmittel, wiederholt benutzbares (WBM) |
| reuse | Wiederverwendung |
| review | Review |
| RFC (Request For Comments) | RFC |
| right of data correction | berichtigungsrecht |
| right to receive | Empfangsrecht |
| right to send | Senderecht |
| rights | Rechte |
| rights of a subject | Rechte eines Subjekts |
| rights to use objects | Rechte an Objekten |
| rigorous procedures | Maßnahmen, rigorose; Verfahren, rigorose |
| ring | Ring |
| RISC (Reduced Instruction Set Computer) | Befehlssatz, reduzierter (RISC) |
| RJE (Remote Job Entry) | RJE |
| road transport informatics | Verkehrstelematik |
| role | Rolle |
| rollback | Zurücksetzen von Transaktionen |
| ROM (Read Only Memory) | ROM |
| root directory | Wurzelverzeichnis |
| root node of the file system tree | Wurzel des Dateisystembaums |

Übersetzungsliste

| | | | |
|---|---|---|---|
| ROSE (Remote Operations Service Element) | ROSE | science of information systems | Wirtschaftsinformatik |
| rotating first fit | First Fit, rotierendes | scientific computing | Rechnen, wissenschaftliches |
| router | Router (Wegewahleinheit) | scientific notation | Stellenschreibweise |
| routing | Routenoptimierung; Routing; Wegewahl | screen | Raster |
| | | screen presentation | Rasterdarstellung |
| routing problem | Transportproblem | screen sharing | Screen Sharing |
| RPC (Remote Procedure Call) | RPC | script | Skript |
| | | scrolling | Scrolling |
| RS-232-C | RS-232-C | SCSI interface | SCSI-Schnittstelle |
| RSA (Rivest-Shamir-Adelman) algorithm | RSA-Verfahren | SDH (Synchronous Data Hierarchy) | SDH |
| RSA (Rivest-Shamir-Adelman) cryptosystem | RSA-Kryptosystem | SDL (Specification and Description Language) | SDL |
| RSL | RSL | SDLC (Synchronous Data Link Control) | SDLC |
| RTD (Round Trip Delay) | RTD | SDU (Service Data Unit) | SDU |
| RTI (Road Transport Informatics) | RTI | search algorithm | Suchalgorithmus |
| | | search graph | Suchgraph |
| RTK (Real-Time Kernel) | RTK | search tree | Suchbaum |
| RTSE (Remote Transfer Service Element) | RTSE | second-order lambda calculus | Lambda-Kalkül, polymorpher |
| rubber band technique | Dehnlinientechnik; Gummibandtechnik | secondary key | Sekundärschlüssel |
| | | secondary storage management | Hintergrundspeichermanagement |
| rule base | Regelbasis | | |
| rule-based system | System, regelbasiertes | secret key | Schlüssel, geheimer |
| run length coding | Lauflängencodierung | section of a system | Ausschnitt eines Systems |
| run time | Laufzeit | secure computing system | Rechensystem, rechtssicheres |
| running phase | Betriebsphase | | |
| runtime module | Laufzeitmodul | secure key transmission channel | Schlüsselkanal, sicherer |
| runtime system | Laufzeitsystem | | |
| | | secure system | System, rechtssicheres |
| | | security | Sicherheit |
| | | security policy | Rechtssicherheitspolitik |
| | | Seeheim model | Seeheim-Modell |
| **S** | | segment | Segment |
| | | segment attribute | Segmentattribut |
| $S_0$ interface | $S_0$-Schnittstelle | segment-based implementation of virtual memory | Virtual-Memory-Realisierung, segmentbasierte |
| sabotage | Sabotage | | |
| safe computing system | Rechensystem, sicheres | segment storage | Segmentspeicher |
| safe state | Betriebsmittelverwaltungssicherer Zustand | segment transformation | Segmenttransformation |
| | | segment with mixed representation in memory and background | Segment, gemischte Arbeitsspeicher-Hintergrundspeicher-Realisierung |
| safe system | System, sicheres | | |
| safety of computations | Berechnungssicherheit | | |
| safety of functionality | Funktionssicherheit | | |
| safety of sojourn time | Antwortzeitsicherheit | segmentation | Programmsegmentierung |
| safety | Sicherheit | segmenting | Segmentierung |
| sample | Stichprobe | select operation | Selektionsoperation |
| sampling | Abtasten; Sampling | self-synchronizing | selbsttaktend |
| sampling frequency | Abtastfrequenz | semantic analysis | Analyse, semantische |
| sampling method | Stichprobenverfahren; Abtastverfahren | semantic coding | Codierung, semantische |
| | | semantic data model | Datenmodell, semantisches |
| sampling rate | Abtastrate | semantic domain | Bereich, semantischer |
| sampling theorem | Abtasttheorem | semantic net | Netz, semantisches |
| SAP (Service Access Point) | SAP | semantic representation language | Repräsentationssprache, semantische |
| SASE (Specific Application Service Element) | SASE | | |
| satellite communication | Satellitenkommunikation | semantics | Semantik |
| satellite network | Satellitennetz | semantics of an object | Bedeutung eines Objekts |
| satisfiability problem | Erfüllbarkeitsproblem | semantics of programming languages | Semantik von Programmiersprachen |
| scalability | Skalierbarkeit | | |
| scaling | Skalierung | semaphore | Semaphor |
| scan conversion | Rasterkonversion | semaphore implemented passive waiting | Semaphor mit passivem Warten |
| scanning | Scanning | | |
| scene | Szene | semi-Thue system | Semi-Thue-System |
| schedulability analysis | Realzeitnachweis | semiconductor device | Halbleiterbauelement |
| scheduler | Scheduler | semiconductor protection law | Halbleiterschutzgesetz |
| schema evolution | Schemaevolution | | |

857

## Übersetzungsliste

| | | | |
|---|---|---|---|
| semicustom integrated circuit | Schaltkreis, semikundenspezifischer | signalling system no 7 | Signalisierungssystem Nr. 7 |
| sender | Sender | signature | Signatur |
| sender-receiver association | Sender-Empfänger-Zuordnung | signature diagram | Signaturdiagramm |
| | | SIMD (Single Instruction Multiple Data) | SIMD |
| sender-receiver relationship | Sender-Empfänger-Beziehung | simplex | simplex |
| | | simplex method | Simplexverfahren |
| sender's forward distance | Sendervorsprung | simulated computers | Modellrechner |
| sensitivity analysis | Sensitivitätsanalyse | simulation | Simulation |
| separability | Separabilität | simulation model | Simulationsmodell |
| sequent calculus | Sequenzenkalkül | simulation of business systems | Simulation betrieblicher Systeme |
| sequential computation | Berechnung, sequentielle | | |
| sequential computing system | Rechensystem, sequentielles | simulation with computers | Rechnersimulation |
| | | single-key cryptosystem | Einschlüssel-Kryptosystem |
| sequential network | Schaltwerk | single-mode fiber | Monomodefaser |
| sequential process | Prozeß, sequentieller | single-page demand strategies | Einzelseiten-Anforderungsverfahren |
| sequential program | Programm, sequentielles | | |
| sequential system | System, sequentielles | single user application | Einbenutzeranwendung |
| serial combination | Serienkombination | single-user computing system | Einbenutzer-Rechensystem |
| serial combination as reliability model | Zuverlässigkeitsserienkombination | | |
| | | single-user system | Einbenutzersystem |
| serial processing | Betrieb, serieller | skeletization | Skelettieren |
| serial systems | Seriensysteme | skolemization | Skolemisieren |
| serial transmission | Seriellübertragung; Übertragung, serielle | slab waveguide | Schichtwellenleiter |
| | | slot | Slot (Zeitschlitz) |
| serializability | Serialisierbarkeit | slotted ring | Ring, getakteter |
| serially reusable resource | Betriebsmittel, exklusiv benutzbares (XBM) | small-scale memory management | Arbeitsspeicherverwaltung im Kleinen |
| serially reusable resource graph | Belegungsanforderungsgraph | smart card | Smart Card; Chipkarte |
| | | SMDS (Switched Multi-Megabit Data Service) | SMDS |
| server | Server; Bedienstation | | |
| server-client structure | Server-Client-Struktur | SML (Standard ML) | SML |
| service | Dienst; Service | smoothing | Glätten |
| service access point | Dienstzugangspunkt | SMTP (Simple Mail Transfer Protocol) | SMTP |
| service-oriented computing system | Rechensystem, diensteorientiertes | | |
| | | SNA (Systems Network Architecture) | SNA |
| service primitive | Dienstprimitiv | | |
| service strategy | Bedienstrategie | snapshot of a system | Schnappschuß von einem System |
| service time distribution | Bedienzeitverteilung | | |
| service with local effects | Dienst mit lokaler Wirkung | SNMP (Simple Network Management Protocol) | SNMP |
| service with non-local effects | Dienst mit nichtlokaler Wirkung | | |
| | | SNR (Signal to Noise Ratio) | SNR; S/N-Verhältnis |
| services of an object | Dienste eines Objekts; Objektdienste | softkey | Softkey |
| | | software | Software |
| session layer | Steuerungsebene; Kommunikationssteuerungsebene | software analysis | Software-Analyse |
| | | software application | Software-Anwendung |
| set | Menge | software application model | Software-Anwendungsmodell |
| set of block indices of a file | Blockindexmenge einer Datei | | |
| | | software application system | Software-Anwendungssystem |
| set of page indices of a segment | Seitenindexmenge eines Segments | | |
| | | software architecture | Software-Architektur |
| SGML (Standard Generalized Markup Language) | SGML | software building block | Software-Baustein |
| | | software component | Software-Komponente |
| shading | Schattierung | software configuration | Software-Konfiguration |
| shadow | Schatten | software construction | Software-Konstruktion |
| sharable resource | Betriebsmittel, parallel benutzbares (PBM) | software correctness | Software-Korrektheit |
| | | software design | Software-Entwurf |
| shared secret key | Schlüssel, gemeinsamer, geheimer | software development | Software-Entwicklung |
| | | software development environment | Software-Entwicklungsumgebung |
| sharing | Sharing | | |
| shift | Shift | software engineering | Software-Technik |
| shift character | Umschaltzeichen | software engineering of business application systems | Software-Engineering betrieblicher Anwendungssysteme |
| shift operation | Schiebebefehl | | |
| shortest path problem | Kürzeste-Wege-Problem | | |
| signal | Signal | software ergonomics | Software-Ergonomie |
| signal recording | Signalregistrierung | software metric | Software-Metrik |
| signalling | Signalisierung | software module | Software-Modul |

| | | | |
|---|---|---|---|
| software package | Programmpaket | standard (application) software | Standard-Software |
| software production environment | Software-Produktionsumgebung | standardization | Normung |
| software project | Software-Projekt | standards committee | Normenausschuß |
| software protection | Software-Schutz; Programmschutz | standards conformity testing and certification | Normenkonformitätsprüfung und Zertifizierung |
| software quality | Software-Qualität | standards projects | Normungsvorhaben |
| software quality assurance | Software-Qualitätssicherung | standards work | Normungsarbeit |
| software reengineering | Software-Sanierung | star | Stern |
| software reliability | Software-Zuverlässigkeit | star connection | Sternverbund |
| software reusability | Software-Wiederverwendbarkeit | star coupler | Sternkoppler |
| | | state | Zustand |
| software reuse | Software-Wiederverwendung | state chart | Statechart |
| software specification | Software-Pflichtenheft | state diagram | Zustandsdiagramm |
| software specification | Software-Spezifikation | state graph | Zustandsgraph |
| software system | Software-System | state machine | Zustandsmaschine |
| software technology | Software-Technologie | state space | Zustandsraum |
| software test | Software-Test | state transition diagram | Zustandsübergangsdiagramm |
| software tool | Software-Werkzeug | | |
| solver | Gleichungslöser | state transition system | Zustandsübergangssystem |
| SONET (Synchronous Optical NETwork) | SONET | static analysis | Analyse, statische |
| | | static redundancy | Redundanz, statische |
| sort | Sorte | static routing | Routing, statisches |
| sorting logic | Sortenlogik | static semantics | Semantik, statische |
| source coding | Quellencodierung | static system | System, statisches |
| source routing | Source Routing (Quellenwegewahl) | static typing | Typisierung, statische |
| | | statical typing | Typung, statische |
| SPARC (Systems Planning and Requirements Committee) | SPARC | stationary availability | Verfügbarkeit, stationäre |
| | | statistics | Statistik |
| | | status bit | Flag |
| sparse grid | Gitter, dünnes | step of computation | Berechnungsschritt |
| speaker verification | Sprecherverifikation | stepwise refinement | Verfeinerung, schrittweise |
| special purpose computer | Spezialrechner | still store | Standbildspeicher |
| specialization | Spezialisierung | stochastic process | Prozeß, stochastischer |
| specification | Spezifikation | stochastic programming | Programmierung, stochastische |
| specification fault | Spezifikationsfehler | | |
| specification language | Spezifikationssprache | stock keeping problem | Lagerhaltungsproblem |
| specification of rights | Rechtesystem | storage | Speicher |
| SPECTRUM | SPECTRUM | storage capability | Speicherfähigkeit |
| speech coding | Sprachcodierung | storage devices of the hardware configuration | Speicher der Hardware-Konfiguration |
| speech processing | Sprachverarbeitung | | |
| speech production | Sprachproduktion | storage-dominated computing system | Rechensystem, speicherdominantes |
| speech recognition | Spracherkennung | | |
| speech segmentation | Sprachsegmentierung | storage hierarchy | Speicherhierarchie |
| speech synthesis | Sprachsynthese | storage management | Speichermanagement |
| speech understanding | Sprachverstehen | storage management for computations | Speichermanagement für Berechnungen |
| speed-up | Speedup | | |
| speeker identification | Sprecheridentifikation | storage system | Speichersystem |
| spiral model | Spiralmodell | storage technologies | Speichertechnologien |
| spreadsheet | Spreadsheet; Tabellenkalkulation | storage tube | Speicherröhre |
| | | store-and-forward | Store-and-Forward-Speicherbetrieb |
| SQL (Structured Query Language) | SQL | story | Story |
| | | strategic information planning | Informationsplanung, strategische |
| SRC (Short-Range Communication) | SRC | | |
| | | stroke | Liniengeber; Strichgeber; Stroke |
| stable storage | Speicher, zuverlässiger | | |
| stack | Kellerspeicher; Stack | stroke machine | Stroke-Maschine; Zeichenmaschine |
| stack architecture | Kellermaschine | | |
| stack segment | Kellersegment | strong typing | Typisierung, strenge |
| stack strategy | Kellerstrategie | structured analysis | Analyse, strukturierte |
| stand-by | Stand-by | structured data | Daten, strukturierte |
| stand-by system | Stand-by-System | structured grid | Gitter, strukturiertes |
| standard | Norm | structured programming | Programmierung, strukturierte |
| standard database | Standarddatenbank | | |
| standard deviation | Standardabweichung | stub | Stub |
| Standard ML | Standard ML | | |

## Übersetzungsliste

| | |
|---|---|
| student's distribution | Student-Verteilung |
| subgradient method | Subgradientenverfahren |
| subject | Subjekt |
| subject granularity | Subjektegranularität |
| submodular function | Funktion, submodulare |
| subnet | Subnetz |
| subnetwork | Teilnetz |
| substitute subject | Stellvertretersubjekt |
| substitution | Substitution |
| subsystem | Subsystem; Teilsystem |
| subtype | Subtyp |
| supercomputer | Superrechner |
| superconductivity | Supraleitung |
| superscalar | superskalar |
| supertype | Supertyp |
| support system | Unterstützungssystem |
| surface drawing | Darstellung, areale |
| surface model | Flächenmodell |
| surface representation | Flächendarstellung |
| swapped process | Prozeß, verdrängter |
| switched connection | Wählverbindung |
| switching fabric | Koppelfeld |
| switching function | Schaltfunktion |
| symbol | Symbol; Zeichen |
| symbol processing | Symbolverarbeitung |
| symbolic processing | Verarbeitung, symbolische |
| symmetrical cryptosystem | Kryptosystem, symmetrisches |
| synchronization | Synchronisation |
| synchronization problem | Synchronisationsaufgabe |
| synchronous | synchron |
| synchronous message communication | Nachrichtenkommunikation, synchrone |
| synchronous transmission | Übertragung, synchrone |
| syntactic analysis | Analyse, syntaktische |
| syntax | Syntax |
| synthetic benchmark | Programm, synthetisches |
| system | System |
| system analysis | Systemanalyse |
| system analyst | Systemanalytiker |
| system development | Systementwicklung |
| system development project | Informatikprojekt |
| system documentation | Systemdokumentation |
| system-external language | Sprache, systemexterne |
| system F | System F |
| system function | Systemfunktion |
| system implementation | Systemimplementierung |
| system installation | Systeminstallation |
| system integration | Systemintegration |
| system-internal language | Sprache, systeminterne |
| system modeling | Systemmodellierung |
| system process | Systemprozeß |
| system program | Systemprogramm |
| system programmer | Systemprogrammierer |
| system requirement | Systemanforderung |
| system selection | Systemauswahl |
| system specification | Systemspezifikation |
| system theory | Systemtheorie |
| system to design artificial facts | System zur Konstruktion künstlicher Sachverhalte |
| system to explain given facts | System zur Erklärung gegebener Sachverhalte |
| system with ordered resource allocation | System mit geordneter Betriebsmittelbenutzung |
| systolic array | Feld, systolisches |

## T

| | |
|---|---|
| T-series | T-Serie |
| TAB | TAB |
| table | Tabelle |
| tagged architecture | Datentypenrechner |
| tape cartridge | Bandkassette |
| tape storage | Bandspeicher |
| tape unit | Bandeinheit |
| task | Task |
| TCP (Transmission Control Protocol) | TCP |
| TDMA (Time Division Multiple Access) | TDMA |
| teaching informatics | Informatikunterricht |
| teaching of projects | Projektunterricht |
| technical configuration | Konfiguration, technische |
| technical standard | Norm, technische |
| technical standardization | Normung, technische |
| technical system | System, technisches |
| Telebox | Telebox |
| telecommunications engineering | Nachrichtentechnik |
| telecooperation | Telekooperation |
| telematic services | Telematikdienste |
| telepointer | Telepointer |
| telepresence | Telepresence |
| Telescript | Telescript |
| television system | Fernsehsystem |
| telex | Telex; Fernschreiber |
| Telnet | Telnet |
| template | Template |
| template matching | Schablonenvergleich |
| temporal characteristics of a computation | temporale Eigenschaften einer Berechnung |
| temporal logic | Logik, temporale |
| TERENA (Trans-European Research and Education Networking Association) | TERENA |
| term | Term |
| term algebra | Term-Algebra |
| term replacement system | Termersetzungssystem |
| term rewriting | Termersetzung |
| terminal | Datenstation; Endgerät; Terminal |
| terminating computation | Berechnung, terminierende |
| termination | Terminierung |
| termination event of a phase | Phasenterminierungsereignis |
| test | Test |
| test mark | Prüfzeichen |
| test of significance | Signifikanztest |
| TETRA (Trans-European Trunked Radio System) | TETRA |
| text | Text |
| text and graphics | Text und Graphik |
| text generation | Textgenerierung |
| text input | Textgeber |
| text understanding system | System, textverstehendes |
| texture | Textur |
| The German Informatics Society | Gesellschaft für Informatik e. V. (GI) |
| theorem prover | Theorembeweiser |
| theory | Theorie |
| thesaurus | Thesaurus |
| thin-film memory | Dünnschichtspeicher |
| thrashing | Seitenflattern; Thrashing |

| | | | |
|---|---|---|---|
| thread | Thread | transponder | Transponder |
| throughput | Durchsatz; Throughput | transport layer | Transportebene |
| time | Zeit | transputer | Transputer |
| time division multiple access | Zeitmultiplex | trap | Unterbrechung |
| | | trapdoor | Falltür |
| time series | Zeitreihe | travelling salesman problem | Travelling-Salesman-Problem |
| time-sharing | Teilnehmerbetrieb; Time-sharing | tree | Baum |
| | | triangulation | Triangulierung |
| time to failure | Lebenszeit | trigger | Auslöser; Trigger |
| time uncertainty | Zeitunschärfe | triple-X protocol | Triple-X-Protokoll |
| timed Petri-net | Petri-Netz, zeitbewertetes | Trojan horse | Trojanisches Pferd |
| timeout | Timeout (Zeitüberschreitung) | truncation error | Abbruchfehler |
| | | trunk | Leitung |
| timing constraint | Realzeitbedingung | trunked radio | Bündelfunk |
| TINA (Telecommunications Information Networking Architecture) | TINA | tuple | Tupel |
| | | Turing machine | Turing-Maschine |
| | | Turing thesis | Turingsche These |
| TLB (Translation Lookaside Buffer) | TLB | twisted pair | Kabel, verdrilltes; Doppelader |
| TMC (Traffic Message Channel) | TMC | two-dimensional coding | Codierung, zweidimensionale |
| | | two-dimensional structure of a file | Datei, zweidimensionale Struktur einer |
| TMN (Telecommunications Management Network) | TMN | two-dimensional structure of a segment | Segmentstruktur, zweidimensionale |
| TMR (Triplicated Modular Redundancy) systems | TMR-Systeme | two-dimensional structure of the memory | Arbeitsspeicherstruktur, zweidimensionale |
| Token | Token | two-key cryptosystem | Zweischlüssel-Kryptosystem |
| Token bus | Token-Bus | two-level linear mapping function | Speicherfunktion, zweistufig lineare |
| Token ring | Token-Ring | | |
| TOP (Transport and Office Protocol) | TOP | two-phase commit protocol | Zweiphasen-Commit-Protokoll |
| top down design | Top-down-Entwurf | two-phase systems | Zweiphasensysteme |
| topology | Topologie | two-phase transaction locking | Zweiphasen-Sperrprotokoll |
| total deadlock state | Deadlock-Zustand, totaler | | |
| total trace of events | Ereignisspur, vollständige | two-tape automaton | Zweibandautomat |
| TPC (Transaction Processing Performance Council) | TPC | two-way automaton | Zweiwegeautomat |
| | | two-wire circuit | Doppelader |
| trace | Ablauf | type | Typ |
| trace of events | Ereignisspur | type checking | Type Checking |
| trace of states | Zustandsspur | type correctness | Typkorrektheit |
| trace theory | Trace-Theorie | type inferency | Typinferenz |
| trackball | Trackball; Rollkugel | type system | Typsystem |
| trader | Trader | type theory | Typtheorie |
| traffic flow | Verkehrswert | types of standards | Normenarten |
| trajectory representation | Kurvendarstellung | types of systems | Systemarten |
| transaction | Transaktion | typing | Typisierung |
| transaction monitor | Transaktionsmonitor | | |
| transaction redo | Transaktionswiederholung | | |
| transaction undo | Zurücksetzen von Transaktionen | **U** | |
| transceiver | Transceiver | | |
| transducer | Transduktor | UA (User Agent) | UA |
| transfer syntax | Transfersyntax | UDP (User Datagram Protocol) | UDP |
| transformation function | Transformationsfunktion | | |
| transformation matrix | Transformationsmatrix | UIMS (User Interface Management System) | UIMS |
| transience | Transienz | | |
| transiency | Transienz | $U_{k0}$ interface | $U_{k0}$-Schnittstelle |
| transient data object | Datenobjekt, transientes | UMTS (Universal Mobile Telecommunications System) | UMTS |
| transient fault | Fehler, transienter | | |
| transition system | Transitionssystem | | |
| transition to a fault-free subsystem | Übergang zu einem fehlerfreien Subsystem | unconditional mutual exclusion | wechselseitiger Ausschluß, freier |
| translation | Translation; Verschiebung | undecidability | Unentscheidbarkeit |
| transmission delay | Signallaufzeit | unforgeable control object | Kontrollobjekt, fälschungssicheres |
| transmission medium | Übertragungsmedium | | |
| transmission protocol | Übertragungsprotokoll | unforgeable identifier | Identifikator, fälschungssicherer |
| transmission rate | Übertragungsrate | | |

## Übersetzungsliste

| | | | |
|---|---|---|---|
| unicast | Unicast | vector representation | Vektordarstellung |
| unicode | Unicode | vectorizing | Vektorisierung |
| unidirectional message communication | Nachrichtenkommunikation, unidirektionale | verification | Verifikation |
| | | verification system | Verifikationssystem |
| unidirectional rendezvous channel | UDR-Kanal | version management | Versionsverwaltung |
| | | vertical migration | Verlagerung, vertikale |
| unidirectional rendezvous concept | Rendezvous-Konzept, unidirektionales | video coding | Bildcodierung |
| | | video conference | Videokonferenz |
| unification | Unifikation; Unifizieren | video on demand | Video-on-Demand |
| unification grammar | Unifikationsgrammatik | video phone | Bildtelephon |
| uniform distribution | Gleichverteilung | video telephony | Bildtelephonie |
| uninterruptible | ununterbrechbar | videotex | Videotex; Bildschirmtext |
| Unity | Unity | Vienna definition method | Wiener-Definitionsmethode |
| UNIX (Uniplexed Information and Computing Service) | UNIX | viewport | Darstellungsbereich; Zeichenfläche; Viewport |
| | | virtual address space | Adreßraum, virtueller |
| unrevealed failure fraction | Restfehleranteil | virtual circuit | Verbindung, virtuelle |
| unstructured data | Daten, unstrukturierte | virtual key patch | Tastenfeld, virtuelles |
| unstructured grid | Gitter, unstrukturiertes | virtual memory | Speicher, virtueller |
| $U_{p0}$ interface | $U_{p0}$-Schnittstelle | virtual memory with directories | virtuelle Speicher mit Verzeichnissen |
| update operation | Änderungsoperation | | |
| uplink | Uplink | virtual memory with files | virtuelle Speicher mit Dateien |
| UPT (Universal Personal Telecommunications) | UPT | | |
| | | virtual reality | Realität, virtuelle |
| user | Benutzer | virtual shared memory | Speicher, virtueller gemeinsamer |
| user administration | Benutzerverwaltung | | |
| user agent | User Agent | virtual terminal | Terminal, virtuelles |
| user assistant | Benutzerassistent | visibility | Sichtbarkeit |
| user coordinates | Benutzerkoordinaten | visibility criteria | Sichtbarkeitskriterium |
| user function keyboard | Funktionstastatur | visible point | Punkt, darstellbarer |
| user imput | Benutzereingabe | visualisation | Visualisierung |
| user interface | Benutzerschnittstelle | visualization of machines | Maschinenvisualisierung |
| user interface of a computing system | Benutzerschnittstelle eines Rechensystems | VLSI (Very Large Scale Integration) | VLSI |
| user machine | Benutzermaschine | VM (Virtual Memory) | VM |
| user model | Benutzermodell | vocoder | Vocoder |
| user program | Anwendungsprogramm | voice communication | Sprachkommunikation |
| usual alarm | Sichtmelder | volume model | Volumenmodell |
| UTF (UCS Transformation Format) | UTF | von Neumann computer | von-Neumann-Maschine |
| | | VSAT (Very Small Aperture Terminal) | VSAT |
| utility model | Gebrauchsmuster | | |
| UUCP (UNIX to UNIX Copy) | UUCP | VT (Virtual Terminal) | VT |
| | | VTP (Virtual Terminal Protocol) | VTP |

# V

| | | | |
|---|---|---|---|
| V.24 | V.24 | | |
| V-series | V-Serie | waiting time | Wartezeit |
| validation | Validierung | WAN (Wide Area Network) | WAN |
| validation by experiments | Überprüfung durch Experimente | Ward-Mellor development method | Ward-Mellor-Entwicklungsmethode |
| validation by observations | Überprüfung durch Beobachtung | watchdog | Zeitüberwachung |
| | | waterfall model | Wasserfallmodell |
| valuator | Wertgeber; Valuator | WC (World Coordinates) | WC |
| variable | Variable | whiteboard | Whiteboard |
| variation | Varianz | wide area network | Weitverkehrsnetz |
| VDM (Vienna Development Method) | VDM | widget | Widget |
| | | winchester disk drive | Winchester-Festplatte |
| vector computer | Vektorrechner | window | Bildausschnitt; Fenster; Window |
| vector display | Vektorbildschirm | | |
| vector generator | Vektorgenerator | window sharing | Window Sharing |
| vector graphics | Vektorgraphik; Strichgraphik | window technique | Fenstertechnik |
| | | windowing | Fenstertechnik |
| vector of rights | Rechtevektor | Windows NT | Windows NT |
| vector quantization | Vektorquantisierung | wire frame model | Drahtmodell |

# W

| | | | |
|---|---|---|---|
| WLAN (Wireless Local Area Network) | WLAN | **X** | |
| word | Wort | | |
| word recognition | Worterkennung | X.21 | X.21 |
| workflow management system | Workflow-Managementsystem | X.25 | X.25 |
| | | X.400 | X.400 |
| working set | Working Set | X.500 | X.500 |
| working storage level | Arbeitsspeicherebene | X.700 | X.700 |
| workstation | Arbeitsplatzrechner; Workstation | X.21bis | X.21bis |
| | | X.25 NET | X.25 NET |
| workstation attribute | Arbeitsplatzattribut | X-series | X-Serie |
| workstation transformation | Gerätetransformation | X window system | X-Window-System |
| workstation viewport | Gerätebereich | XTP (eXpress Transfer Protocol) | XTP |
| workstation window | Gerätefenster | | |
| world coordinates | Weltkoordinaten | | |
| world object | Weltobjekt | | |
| World Wide Web | World Wide Web | **Y** | |
| WORM (Write Once Read Many) | WORM | | |
| | | Yuv | Yuv |
| worst case analysis | Worst-Case-Analyse | | |
| worst case execution time | Worst-Case-Laufzeit | | |
| WP calculus | WP-Kalkül | **Z** | |
| WWW (World Wide Web) | WWW | | |
| WYSIWIS (What You See Is What I See) | WYSIWIS | Z | Z |
| | | Z-series | Z-Serie |
| WYSIWYG (What You See Is What You Get) | WYSIWYG | zero-one programming | 0-1-Programmierung |
| | | zero value | Nullwert |

# Springer und Umwelt

Als internationaler wissenschaftlicher Verlag sind wir uns unserer besonderen Verpflichtung der Umwelt gegenüber bewußt und beziehen umweltorientierte Grundsätze in Unternehmensentscheidungen mit ein. Von unseren Geschäftspartnern (Druckereien, Papierfabriken, Verpackungsherstellern usw.) verlangen wir, daß sie sowohl beim Herstellungsprozess selbst als auch beim Einsatz der zur Verwendung kommenden Materialien ökologische Gesichtspunkte berücksichtigen.
Das für dieses Buch verwendete Papier ist aus chlorfrei bzw. chlorarm hergestelltem Zellstoff gefertigt und im pH-Wert neutral.

Springer